SI 접두어

일반수	지수형	접두어	
1 000 000 000	10^9	giga	
1 000 00	10^6	mega	M
1 000	10^3	kilo	k
분수			
0.001	10^{-3}	milli	m
0.000 001	10^{-6}	micro	μ
0.000 000 001	10^{-9}	nano	n

단위환산표

1 mi = 5280 ft

1 ft = 0.3048 m

1 kip = 1000 lb

1 lb = 4.448 N

1 slug = 14.59 kg

1 atm = 14.7 lb/in.^{2} (psi) = 101.3 kPa

7.48 U.S. gal = 1 ft^3

1 gal/min (gpm) = 0.002228 ft^3/s

1000 liters (l) = 1 m^3

1 hp = 550 ft · lb/s = 745.7 W

유체역학 FLUID MECHANICS

김경천, 김병수, 김형민, 김희동, 심재술, 윤준원, 전용두 옮김

R. C. HIBBELER

Σ 시그마프레스

유체역학

발행일 | 2015년 11월 20일 1쇄 발행
2016년 7월 20일 2쇄 발행

저자 | R. C. Hibbeler
역자 | 김경천, 김병수, 김형민, 김희동, 심재술, 윤준원, 전용두
발행인 | 강학경
발행처 | (주)시그마프레스
디자인 | 김정하
편집 | 백주옥

등록번호 | 제10-2642호
주소 | 서울특별시 영등포구 양평로 22길 21 선유도코오롱디지털타워 A401~403호
전자우편 | sigma@spress.co.kr
홈페이지 | http://www.sigmapress.co.kr
전화 | (02)323-4845, (02)2062-5184~8
팩스 | (02)323-4197

ISBN | 978-89-6866-423-6

Fluid Mechanics

* 책값은 책 뒤표지에 있습니다.

* 이 도서의 국립중앙도서관 출판시도서목록(CIP)은 서지정보유통지원시스템 홈페이지(http://seoji.nl.go.kr)와 국가자료공동목록시스템(http://www.nl.go.kr/kolisnet)에서 이용하실 수 있습니다. (CIP제어번호: 2015030494)

역자 서문

우리 인류뿐만 아니라 지구상의 모든 생명체는 공기와 물과 더불어 살고 있다. 오늘날의 산업 사회에서 지속 가능한 싱장을 위해서는 에너지 및 환경 관련 기술을 조심스럽고 책임 있게 개발하지 않으면 안 된다. 이러한 기술들의 기반은 유체의 거동을 얼마나 정확히 파악하느냐에 달려있다.

유체역학이란 기초과학과 공학의 중요한 분야로, 유체의 물리적 거동을 다루는 학문이다. 유체역학의 학문적인 역사는 매우 길지만 아직도 해결해야 할 새로운 문제가 많이 남아있으며, 문명의 발전과 함께 새로운 개념의 유체역학도 계속 생겨나고 있다. 유체역학은 물리학, 화학, 기상학 등 기초과학에서 현상을 이해하고 설명하는 데 필요할 뿐 아니라 여러 가지 공학문제를 해결하는 데 중요한 역할을 한다. 자동차, 선박, 비행기 등의 수송기계나 내연기관, 유체기계, 발전소, 화학 플랜트, 냉동공조 시스템 등과 같은 에너지 변환장치, 건물과 운하, 댐의 설계 등 환경관련 공학과 인공심장이나 순환기 계통의 의료기술 개발, 재료의 합성이나 제조 분야의 핵심기술은 유체공학을 기반으로 한다. 따라서 기계공학, 화학공학, 토목공학, 항공공학, 조선공학, 환경공학, 건축공학에서 유체공학을 핵심과목으로 가르치고 있다.

유체역학을 가르칠 때, 학생들이 공통적으로 가지는 어려움은 유체의 복잡한 거동으로 인해 개념의 이해가 어렵고, 문제를 해결하기 위한 방정식이 복잡하고 수학적 해석이 쉽지 않아 흥미를 잃는다는 점이었다. 따라서 수업시간에 유체역학에 대한 흥미를 유발시키면서 어려운 개념을 쉽게 설명하고, 좋은 예제를 통해 해결방법을 쉽게 터득할 수 있는 교재의 필요성이 절실하였다.

이 책의 저자는 다년간 다수의 교재를 집필한 경력이 있으며, 이 교재 또한 학생들의 관점에서 쉽게 이해되고, 문제 해결 능력도 스스로 향상시킬 수 있도록 저술되어 있다. 각 장은 먼저 특정 주제에 대해 설명을 하고 예제문제를 제시한 후, 마지막에는 적절한 연습문제가 배치되어 있다. 특히 예제문제는 이론을 적용할 때 논리적 절차를 배울 수 있게 풀이 과정이 제시되어 있으며, 각 절의 설명 뒤에는 요점을 정리하여 중요한 개념들을 기억하게 하고, 문제를 풀 때 이론을 정확히 적용할 수 있도록 되어 있다. 설명한 내용을 보다 실질적으로 기억할 수 있도록 책 전체에 실제 사진을 많이 넣어서 주제와 연관된 응용 사례들을 볼 수 있게 하였다. 이 책에 나와 있는 연습문제들은 대부분 현장에서 부딪히는 실제 상황들과 연관된 사실성을 담은 문제들이므로 주제에 대한 흥미를 유발시키고 실제 상황으로부터 유체역학적 원리를 적용시킬 수 있도록 어떻게 모델링을 하며 수학적으로 기술할 것인가에 대한 방법을 터득할 수 있게 해주고 있다.

이 책은 원서가 시판되는 시점에 출판이 되도록 기획되었다. 번역진은 각자가 맡은 세부 분야에서 많은 강의 경력과 연구 실적을 가진 학자들로 구성되어 있다. 보다 정확하고 세심하게 번역하여 학생들이 번역서가 아니라 저서를 읽는 것과 같이 느낄 수 있도록 한글의 지식 전달 체계에 맞추어 문장을 세심하게 다듬었으며, 용어들을 학계와 산업계에서 통용되는 용어로 충분히 검토하여 사용하였다.

역자들은 이 책을 유체역학에 입문하는 학생들에게 학습효과를 최대한으로 높일 수 있는 훌륭한 입문서로 자신 있게 추천한다. 끝으로, 번역 과정에서 뜻하지 않은 오류가 있을 수 있으므로 독자들의 예리한 지적과 충고를 열린 마음으로 기다린다.

2015년 11월
역자 일동

저자 서문

이 책이 완성되기까지 9년의 시간이 걸렸다. 책의 내용을 더욱 향상시키기 위해서 학생들과 대학동료 교수들, 그리고 검토위원들의 많은 조언과 제안을 바탕으로 여러 번 수정을 거쳐 완성하였다. 이러한 노력들을 하게 된 이유는 이 책을 읽는 사람들에게 유체역학의 이론과 응용에 대해 보다 명료하고 깊이 있는 지식을 제공하기를 회망하였기 때문이다. 이런 목적을 위해 저자는 그동안 저술하였던 다른 교재에서의 교육학적 방법들을 동원하였다. 그 내용은 다음과 같다.

구성 및 접근법 각 장은 잘 정리된 절들로 이루어져 있다. 먼저 특정 주제에 대해 설명을 하고 예제문제를 제시한 후, 장의 마지막에는 적절한 연습문제를 배치하였다. 각 절에 있는 주제들은 다시 굵은 글씨체의 제목으로 세부 주제로 나누었다. 이러한 구성은 새로운 정의나 개념을 소개하기 위한 구조적 방법으로, 이 책이 나중에 참고자료나 복습자료로 사용되기 위한 편의성을 제공한다.

해석 과정 이 독특한 방식은 학생들로 하여금 특정한 절에서 소개된 이론을 적용할 때 논리적 절차를 배울 수 있게 한다. 예제문제의 풀이에 이 방법을 제시함으로써 구해진 답에 대한 명료성을 부여하였다. 학생들이 풀이 방법에 대한 원리를 파악하게 되면 연습문제를 풀 때, 풀이 과정에 적용하여 본인의 답에 대한 확신과 판단력을 증진시킬 수 있게 된다.

요점 각 절의 설명 뒤에는 요점을 정리하여 중요한 개념들을 기억하게 하고, 문제를 풀 때 이론을 정확히 적용할 수 있도록 하였다. 각 장의 마지막에는 다시 한 번 요점을 정리하여 복습할 수 있게 구성하였다.

사진 설명한 내용을 보다 실질적으로 기억할 수 있도록 책 전체에 실제 사진을 많이 넣어서 주제와 연관된 응용 사례들을 볼 수 있게 하였다. 이 사진들은 유체역학의 이론들이 실제 상황에서 어떻게 사용되는지를 알게 해준다.

기초문제 기초문제들을 예제문제 바로 다음에 배치하였다. 기초문제는 학생들이 배운 이론을 바로 적용할 수 있는 간단한 문제들로, 본격적으로 연습문제를 풀기 전에 문제 풀이에 대한 기법을 연마시키기 위한 것이다. 기초문제들은 이 책의 뒷부분에 완벽한 풀이와 답이 제시되어 있으므로 학생들은 예제문제의 확장이라고 생각할 수 있을 것이다. 이에 더하여 이 문제들은 학생들이 시험을 준비할 때도 유용하게 활용할 수 있다.

연습문제 이 책에 나와 있는 연습문제들은 대부분 현장에서 부딪히는 실제 상황들이다. 사실성을 담은 문제들은 주제에 대한 흥미를 유발시키며, 실제 상황으로부터 유체역학적 원리를 적용시킬 수 있도록 어떻게 모델링을 하며, 수학적으로 기술할 것인가에 대한 방법을 터득할 수 있게 한다.

이 책 전체에서 SI 단위계와 FPS 단위계에 연계된 문제들을 균형 있게 배치하였다. 또한 문제들을 난이도가 낮은 것부터 높은 것까지 순차적으로 배치하였다. 별표(*)가 붙어 있는 매 네 번째 문제를 제외하고 모든 문제의 해답은 이 책의 뒷부분에 나와 있다.

정확성 교재의 내용과 문제의 풀이는 저자뿐 아니라 다른 전문가에게도 정확성에 대한 검증 과정을 거쳤다. 가장 많이 수고해주신 분은 Bittner Development Group의 Kai Beng Yap과 Kurt Norlin 그리고 James Liburdy, Jason Wexler, Maha Haji, Brad Saund이다.

이 책의 내용

이 책은 모두 14개 장으로 나누어져 있다. 제1장에서는 유체역학에 대한 소개와 단위계에 대한 설명 및 유체의 물성에 대해 설명한다. 제2장에서는 유체정역학에 대한 개념과 일정 가속을 받는 유체 및 일정회전수로 회전하는 유체를 다룬다. 제3장에서는 유체의 운동학에 대한 원리를 소개한다. 제4장의 연속방정식을 필두로, 제5장에 베르누이 방정식과 에너지방정식, 제6장에 운동량 방정식이 차례로 나온다. 제7장에서는 이상유체에 대한 미분해석법이 소개된다. 제8장에서는 차원해석과 상사법에 대해 설명한다. 제9장에서는 평행평판 및 관 내부에서의 점성유동을 다룬다. 이를 확장하여 제10장에서는 파이프 시스템의 설계에 대해 설명한다. 제11장에서는 경계층이론, 압력항력과 양력에 대해 설명한다. 제12장에서는 개수로 유동을, 제13장에서는 압축성 유동을 다룬다. 마지막으로 제14장에서는 축류 및 반경류 펌프, 터빈과 같은 유체기계를 소개한다.

이 책의 활용 제1장부터 6장까지 기본원리에 대해 다룬 후, 나머지 장들은 강사의 강의 목적에 따라 순서에 상관없이 진도를 나가더라도 연속성에 지장이 없다. 시간이 허락한다면 좀 더 어려운 주제를 다룰 수도 있을 것이다. 이 책의 후반부에는 심도 있는 주제를 다룬 내용이 많이 있다. 더욱 심도 있는 내용에 대해서는 이 책에 제시된 참고문헌을 활용하기 바란다.

마지막으로 나에게 많은 조언과 제안을 해준 나의 모든 학생들에게 고마움을 전한다. 일일이 거명하기에는 너무 많은 인원이라 익명으로 감사하게 됨을 양해해주기 바란다.

독자들로부터 이 책의 내용을 개선할 수 있는 어떤 제안이나 비평도 언제나 감사한 마음으로 존중하며 받아들이고자 한다.

Russell Charles Hibbeler
hibbeler@bellsouth.net

차례

제1장 기본 개념

제2장 유체정역학

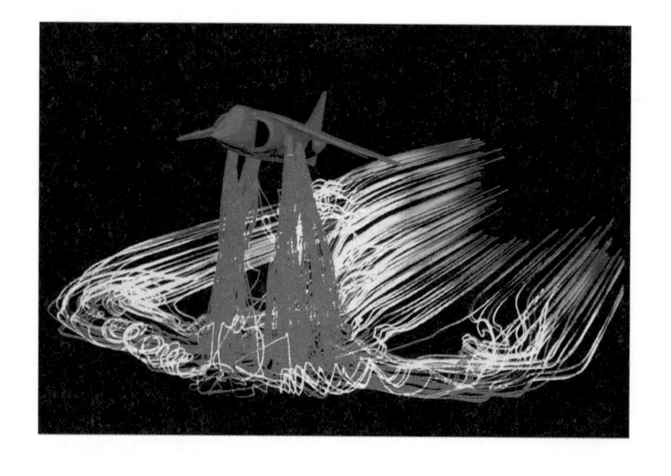

제3장 유체의 운동학

제4장 질량보존의 법칙

제5장 움직이는 유체의 일과 에너지

제6장 유체 운동량

제7장 미분형 유동 해석

제8장 차원해석과 상사성

제9장 닫힌 표면 내부의 점성유동

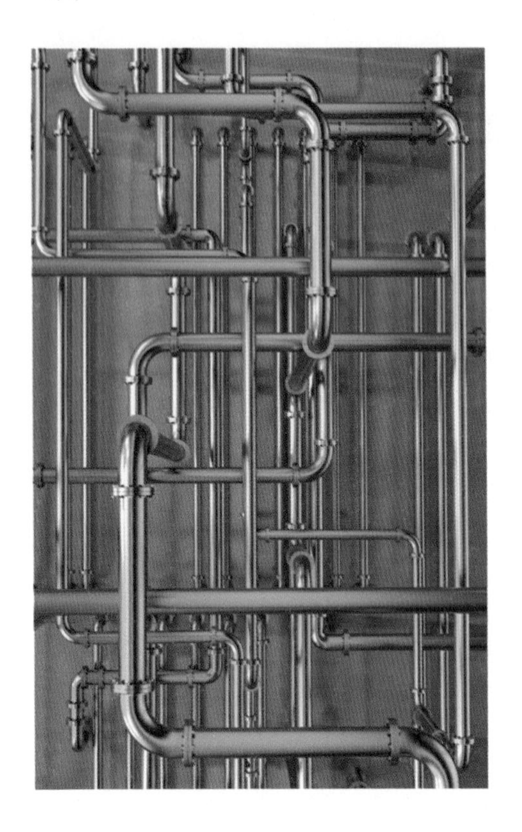

제10장 파이프 유동에 대한 해석과 설계

제11장 외부표면을 지나는 점성유동

제12장 개수로 유동

제13장 압축성 유동

제14장 터보기계

유체역학 FLUID MECHANICS

Chapter 1

(© AZybr/Shutterstock)

화학공장에 사용되는 압력용기 및 배관에 흐르는
유동의 해석은 질량보존의 법칙을 따른다.

기본 개념

학습목표

- 유체역학이란 학문에 대한 설명과 유체역학의 다양한 응용분야에 대해 설명한다.
- 물질을 고체, 액체, 기체로 어떻게 구분하는지에 대해 설명한다.
- 유체의 물성치와 관련된 단위계에 대해 설명하고 올바른 계산법에 대해 논의한다.
- 밀도, 비중량, 체적팽창계수, 점성계수 등 중요한 유체의 물성치를 정의한다.
- 포화증기압, 표면장력, 모세관 현상의 개념을 소개한다.

1.1 서론

유체역학(fluid mechanics)이란 정지해 있거나 움직이는 유체의 거동을 연구하는 학문이다. 유체역학은 여러 가지 공학 분야에서 중요하게 응용되는 핵심적인 학문이다. 예컨대, 항공우주공학에서는 비행에 대한 연구에 유체역학의 원리를 사용하고 추진시스템의 설계에 유체역학을 적용한다. 토목공학에서는 배수로, 상하수도 관로나 댐, 방파제 등 구조물을 설계하는 데 유체역학을 적용한다. 기계공학에서는 펌프, 압축기, 터빈, 여러 가지 공정 제어장치, 냉난방 장치, 풍력 발전기, 태양열 이용 장치 등을 설계하는 데 유체역학을 적용한다. 석유화학공학에서는 여러 가지 화학물질을 정제하거나 이송 및 혼합하는 공정에서 유체역학을 적용한다. 심지어 전자공학이나 컴퓨터공학에서도 스위치 설계나 디스플레이 및 데이터 저장장치에 유체역학의 원리를 적용한다. 공학 분야 외에도 유체역학의 원리를 적용하는 학문 분야가 많이 있다. 생체역학에서는 혈액순환이나 소화기 및 기관지 시스템을 이해하는 데 유체역학을 적용하며, 기상학에서는 토네이도의 움직임이나 태풍의 영향을 연구하는 데 유체역학을 사용한다.

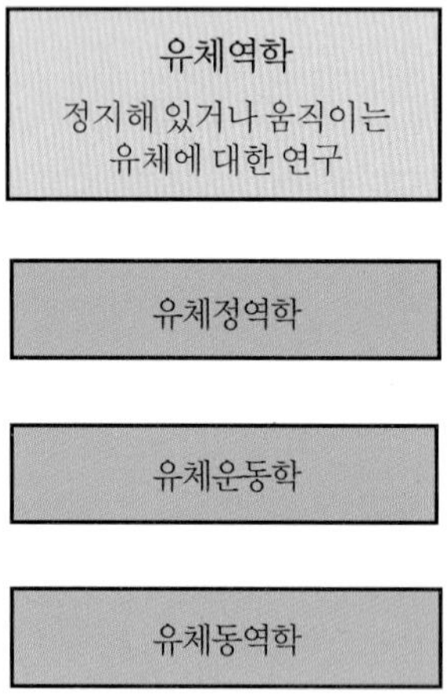

유체역학
정지해 있거나 움직이는 유체에 대한 연구

유체정역학

유체운동학

유체동역학

그림 1-1

유체역학의 분류 유체역학의 원리는 뉴턴의 운동법칙, 질량보존의 법칙, 열역학 제1, 2법칙, 유체의 물성법칙을 기반으로 한다. 유체역학은 그림 1-1에 나타낸 바와 같이 세 개의 부류로 나눌 수 있다.

- 정지된 유체에 작용하는 힘을 다루는 **유체정역학**
- 유체의 움직임을 기하학적으로 연구하는 **유체운동학**
- 유체의 가속도에 의해 발생하는 힘을 다루는 **유체동역학**

역사적 발전과정 유체역학의 원리에 대한 기본적인 지식은 인류의 문화 발전에 지대한 영향을 미쳤다. 역사적 기록에 의하면 로마제국과 같은 초창기에는 시행 오차의 과정을 통해 발전하였는데, 주로 개간이나 용수 확보에 적용되었다. 기원전 3세기 중반에는 Archimedes에 의해 부력의 원리가 발견되었고, 한참 뒤인 15세기에 이르러 Leonardo Da Vinci에 의해 수문의 원리가 발견되어 물 수송에 사용되는 여러 가지 장치가 사용되었다. 그러나 유체역학의 핵심적인 기초 원리의 위대한 발견은 16세기와 17세기에 이루어졌다. 이 시기에 Evangelista Torricelli는 기압계를 고안했고, Blaise Pascal은 유체정역학의 원리를 발견했으며, Isaac Newton은 점성법칙을 발견하여 유동 저항에 대한 원리를 설명하였다.

1700년대에 들어와서 Leonhard Euler와 Daniel Bernoulli에 의해 **수력학**(hydrodynamics) 분야가 개척되었다. 수력학은 응용수학의 한 분야로 유체를 일정한 밀도를 가진 내부 마찰저항이 없는 이상유체라는 가정하에서 유체의 운동을 다루는 학문이다. 수력학은 유체의 물리적 성질을 충분히 반영하지 못하였기 때문에 일부 분야를 제외하고는 공학문제의 해결에 사용되지 않는다. 보다 실질적인 접근법의 필요성에 의해 발전된 학문이 **수리학**(hydraulics)이다. 이 분야는 특히 물의 흐름을 대상으로 실험을 수행한 후 얻어진 데이터를 사용하여 경험식을 도출한 후 이를 설계에 사용하는 방식이다. 수리학 발전에 공헌한 대표적인 학자로는 수차를 개발한 Gustave Coriolis, 관 유동의 마찰을 연구한 Gotthilf Hagen과 Jean Poiseuille를 들 수 있다. 20세기 초반에 공기역학을 연구하던 중 경계층의 개념을 고안한 Ludwig Prandtl에 의해 수력학과 수리학이 통합되었다. 그 후 많은 학자들이 지금의 유체역학으로 발전되어 오는 데 기여를 하였고, 상세한 업적은 추후 소개하도록 하겠다.*

* 참고문헌 [1]과 [2]에 유체역학의 역사적 발전과정이 상세히 소개되어 있다.

1.2 물질의 특성

일반적으로 물질은 상태에 따라 고체, 액체, 기체로 구분된다.

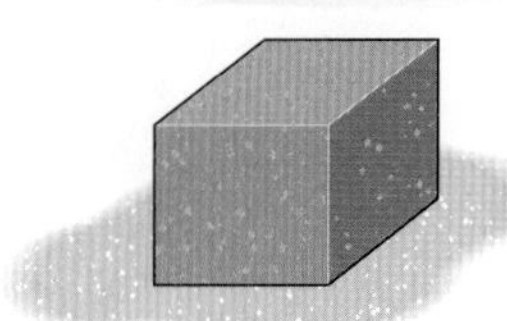
고체는 일정한
형상을 유지한다.
(a)

액체는 담겨진 그릇의
형상을 갖는다.
(b)

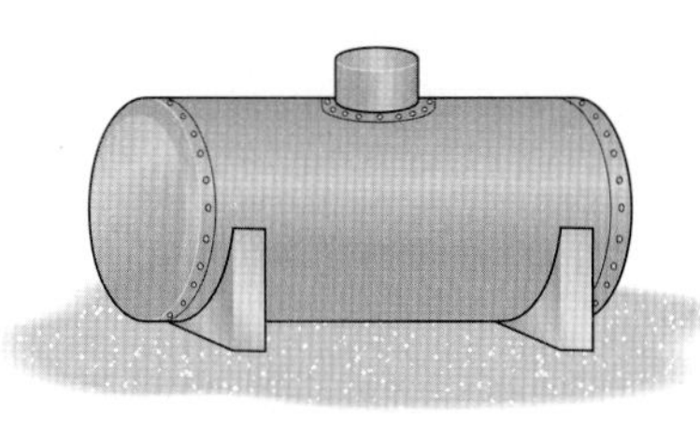
기체는 용기 속의
전체 체적을 채운다.
(c)

그림 1-2

고체 **고체**는 그림 1-2a에 나타낸 바와 같이 분명한 형태와 체적을 유지한다. 고체 내의 분자와 원자는 주로 격자 형태나 기하학적 구조를 가지면서 촘촘히 서로 결합되어 있으므로 형상을 유지한다. 고체 내의 원자들은 매우 큰 결합력을 가지고 있다. 이러한 응집력이 미소한 격자 진동을 제외한 분자 간의 상대변위에 저항한다. 결론적으로 고체란 가해지는 하중에 대해 쉽게 변형되지 않는 물질이며, 변형이 발생된 상태에서도 계속 하중을 지탱할 수 있다.

액체 **액체**는 고체에 비해 분자의 배열이 느슨하게 퍼져 있다. 액체 내의 분자들은 결합력이 약하여 형태를 유지할 수 없다. 액체는 흐를 수 있어서 용기에 담을 경우 그림 1-2b에서 볼 수 있듯이 형태를 가질 수 있다. 액체는 쉽게 변형될 수 있으나, 분자 간의 거리는 가까워서 닫힌 용기 내에서는 매우 큰 압축력에 저항할 수 있다.

기체 **기체**는 그림 1-2c에서 보듯이 닫힌 용기 내에 존재할 때, 내부 전체 체적을 채울 수 있는 물질이다. 기체는 액체에 비해 분자 간의 거리가 훨씬 멀리 떨어져 있다. 따라서 기체 분자는 다른 기체 분자나 고체 또는 액체 경계면에 부착된 기체 분자와 서로 충돌하여 반발력을 받기 전에 상당한 거리를 자유롭게 이동할 수 있다.

유체의 정의 액체와 기체를 모두 **유체**라 하며, **유체란 전단력 또는 접선력이 가해졌을 때 잘 저항하지 못하고 연속적으로 변형되거나 흐르는 물질**로 정의된다. 그림 1-3에 윗판이 움직일 때 발생하는 유체의 미소요소에 대한 거동이 설명되어 있다. 전단응력이 작용하는 동안 유체요소는 계속 변형하게 되며, 전단응력이 제거되더라도 유체요소는 원래의 모습으로 돌아가지 않고 현재의 형태를 유지한다. 이 책에서는 **유체의 거동**을 나타내는 물질을 다룬다. 유체의 거동이란 아무리 약한 전단응력에도 견디지 못하고 변형되며, 아무리 천천히 진행되더라도 변형되는 상황을 지칭한다.

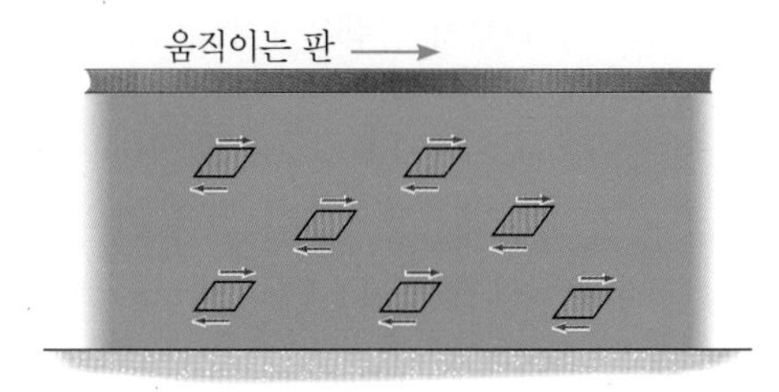

전단력이 가해졌을 때 모든 유체요소들은 변형하게 된다.

그림 1-3

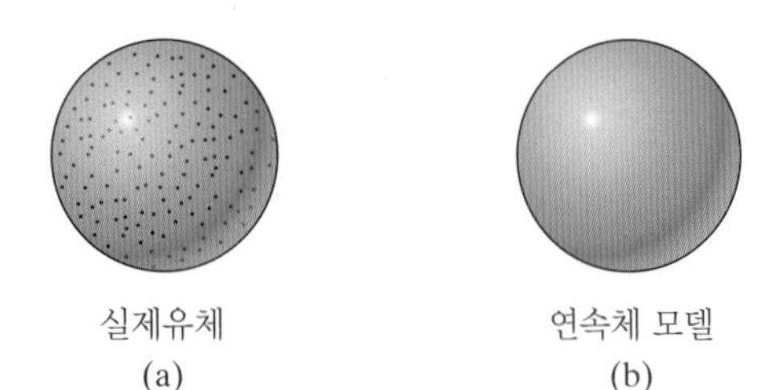

그림 1-4

연속체 유체의 거동을 연구할 때, 유체를 형성하는 모든 분자의 운동을 고려하는 것은 불가능한 일이다(그림 1-4a). 다행히 대부분의 공학문제에서 다루는 유체의 체적은 유체를 이루는 분자 간의 거리에 비해 매우 크다. 따라서 유체가 대상이 되는 공간 내에 균일하고도 연속적으로 분포되었다고 가정하더라도 합리성이 보장된다. 이처럼 해석하고자 하는 공간 속에 물질이 빈틈 없이 분포되었다고 간주할 경우 이를 **연속체**라고 한다(그림 1-4b). 연속체 가설에서 유체의 물리적 성질은 공간을 점유하고 있는 유체의 **평균적 성질**이 된다. 만약 해석공간의 크기가 아주 작아서 분자 간의 거리를 무시할 수 없을 경우에는 연속체 가설을 적용할 수 없으며, 통계적 기법으로 유체의 운동을 기술해야 한다. 이 책에서는 연속체 가설을 만족하는 유체를 다룬다. 연속체가 아닌 유체에 관심이 있으면 참고문헌 [3]을 살펴보기 바란다.

1.3 단위계

유체역학에서 가장 자주 사용되는 다섯 가지 기본 물리량은 길이, 시간, 질량, 힘, 온도이다. 이 중 길이, 시간, 질량, 힘은 뉴턴의 운동 제2법칙인 $F = ma$와 관련이 있다. 이 물리량을 정량화할 때, 모든 물리량에 임의의 단위계를 사용하면 안 된다. 예컨대, $F = ma$로 정의되는 힘의 크기를 표현할 경우 세 가지 물리량에 대해서는 임의의 단위를 정의할 수 있지만, 나머지 하나의 물리량 단위는 식에 의해 유도된다. 이 책에서는 표 1-1과 같이 두 가지 단위계를 모두 사용한다.

1 ft/s²

1 lb

1 slug

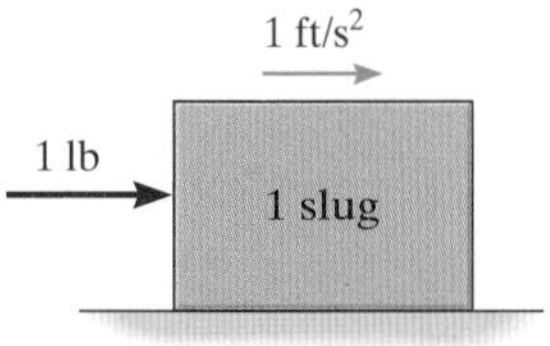

$1\ \text{lb} = (1\ \text{slug})(1\ \text{ft/s}^2)$

(a)

그림 1-5

미국상용단위계 미국상용단위계는 FPS(foot-pound-second) 단위계라고도 하며, 길이는 피트(ft), 시간은 초(s), 질량은 파운드(lb)를 사용한다. 질량의 단위는 $m = F/a$ 식에서 유도된다. 그림 1-5a에 나타낸 바와 같이 힘이 1 lb일 때, 1 ft/s^2으로 가속되는 질량을 1 lb(slug = $\text{lb}\cdot\text{s}^2/\text{ft}$)라고 한다.

무게 유체가 표준 위치(위도 45°, 해수면 위치)에 있을 때 받는 중력가속도는 $g = 32.2\ \text{ft/s}^2$이다. 중량이 W 파운드인 유체의 질량을 slug로 나타내면

$$m\ (\text{slug}) = \frac{W\ (\text{lb})}{32.2\ \text{ft/s}^2} \tag{1-1}$$

따라서 중량이 32.2 lb일 때, 유체의 질량은 1 slug이고, 64.4 lb의 유체 질량은 2 slugs이다.*

* **영국공학단위계**(English Engineering System). 열역학이나 압축성 기체유동을 다룰 때, 영국공학단위계가 사용되는 경우가 있다. 이 단위계에서 힘의 단위는 pound force, 즉 lbf로 표시하며, 질량은 pound mass, 즉 lbm으로 표시한다. 뉴턴의 운동법칙에서는 1 lbm의 질량을 32.2 ft/s^2으로 가속시키는 힘을 1 lbf로 정의한다. 32.2 lbm의 질량을 1 ft/s^2으로 가속시켜도 1 lbf의 힘이 필요하므로, 1 lbf는 1 slug의 질량을 1 ft/s^2으로 가속시킨다. 미국단위계와 영국단위계에서 사용되는 질량 단위는 서로 다음과 같이 연관된다. 1 slug = 32.2 lbm.

표 1–1 단위계

명칭	길이	시간	질량	힘	온도	
미국상용단위계 FPS	푸트 ft	초 s	슬러그* $\left(\frac{lb \cdot s^2}{ft}\right)$	파운드 lb	랭킨 °R	화씨 °F
국제단위계 SI	미터 m	초 s	킬로그램 kg	뉴턴* N $\left(\frac{lb \cdot s^2}{ft}\right)$	켈빈 K	섭씨 °C

* 유도된 단위.

온도 **절대온도**란 물질의 분자상태가 소위 '영에너지(zero energy)' 상태로부터 측정된 온도를 말한다.* 미국상용단위계에서는 절대온도를 랭킨(R)으로 표시한다. 하지만 공학에서는 온도를 화씨(Fahrenheit, F)로 표기할 경우가 많다. 그러나 1°R이나 1°F 모두 동일한 크기이므로 다음 식과 같이 단위 변경이 가능하다.

$$T_R = T_F + 460 \tag{1-2}$$

표준대기압 상태에서 물이 어는 온도와 끓는 온도는 그림 1-5b에서 보듯이 화씨로 각각 32°F, 212°F이며, 랭킨 온도로는 각각 492°R, 672°R이다.

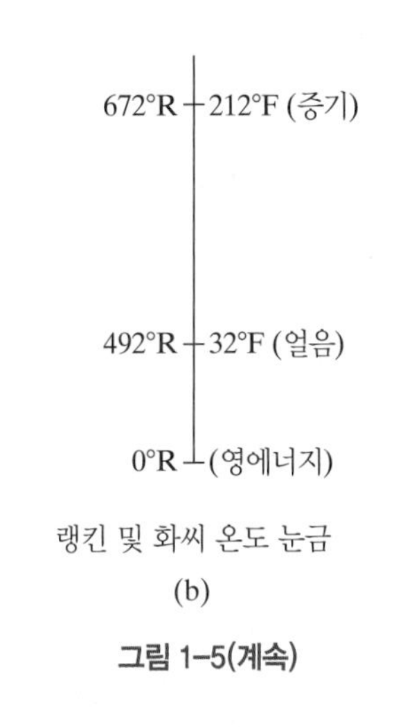

랭킨 및 화씨 온도 눈금

(b)

그림 1–5(계속)

국제단위계 국제단위계(SI Units)는 전 세계적으로 통용되는 단위계이다. 길이는 미터(m), 시간은 초(s), 질량은 킬로그램(kg)을 사용한다. 힘의 단위는 뉴턴(N)으로 사용하는데, $F = ma$ 식으로부터 유도된다. 1뉴턴은 그림 1-6a에서 보듯이 1킬로그램의 질량을 1 m/s^{2}으로 가속하는 데 드는 힘으로 정의한다($N = kg \cdot m/s^2$).

중량 표준 위치에서 중력가속도는 $g = 9.81$ m/s^{2}이다. 유체의 질량이 m일 때, 중력가속도에 의한 중량 W는 다음 식과 같이 표현된다.

$$W\,(\mathrm{N}) = m\,(\mathrm{kg})\ 9.81\ \mathrm{m/s^2} \tag{1-3}$$

따라서 질량이 1 kg인 유체의 무게는 9.81 N이고, 질량이 2 kg인 유체의 무게는 19.62 N이다.

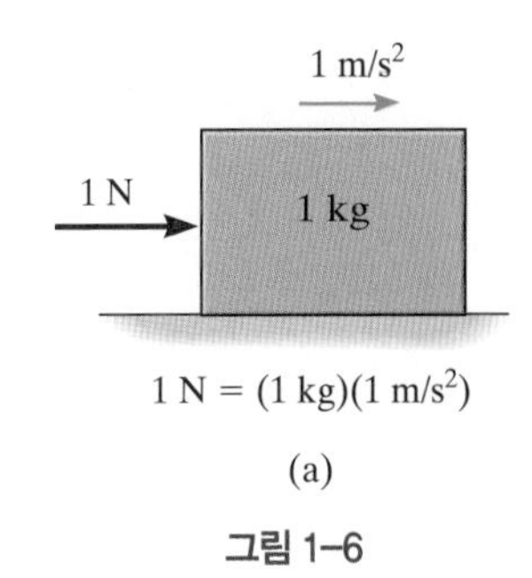

1 N = (1 kg)(1 m/s^2)

(a)

그림 1–6

* 양자역학의 법칙에 의하면 영에너지 상태는 실제로 도달할 수 없는 점이다.

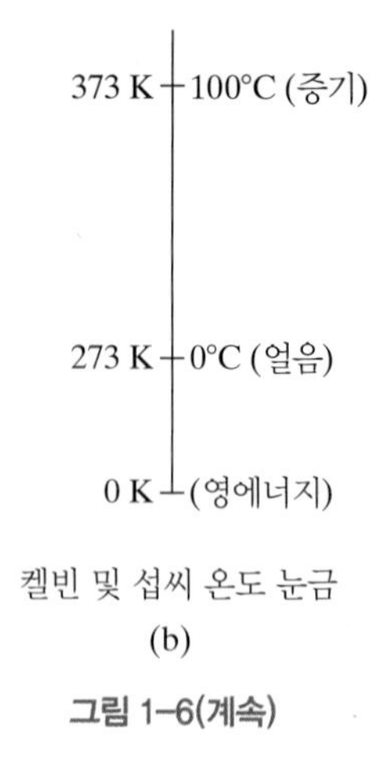

켈빈 및 섭씨 온도 눈금
(b)

그림 1-6(계속)

온도 국제단위계에서 **절대온도**의 단위는 켈빈(K)이다. 랭킨 온도와는 다르게 이 단위는 온도 표시를 사용하지 않는다. 그냥 7 K이면 7켈빈(seven kelvins)으로 읽으면 된다. 공식적인 국제단위는 아니지만 섭씨(Celcius) 온도는 켈빈과 동일한 크기를 가지므로 자주 사용된다. 섭씨 온도는 그림 1-6b에 나타낸 바와 같이 물의 어는점과 끓는점을 기준으로 각각 0°C(273 K), 100°C(373 K)로 정한다. 단위 변환식은 다음과 같다.

$$T_K = T_C + 273 \tag{1-4}$$

이 책에 소개된 식 (1-1)부터 (1-4)까지는 대부분의 공학문제를 다룰 때 사용되는 식이다. 식 (1-2)에서 보다 정밀한 계산을 위해서는 459.67을 사용하고, 식 (1-4)에서는 273.15 K가 사용된다. 같은 의미에서 식 (1-1)과 (1-3)에서 정확한 중력가속도는 각각 32.174 ft/s^2, 9.807m/s^{2}을 사용한다.

단위의 변환 표 1-2에 두 단위계의 길이, 질량, 힘에 대한 환산표가 나와 있다.

랭킨 온도나 켈빈 온도 모두 절대온도 0도에서 물이 어는점까지의 온도가 동일해야 하므로 (32 + 459.67)°R = 273.15 K의 등식이 성립한다. 즉 1°R = 5/9 K이다. 따라서 두 온도 사이의 연관식은 다음과 같다.

$$T_K = \frac{5}{9} T_R \tag{1-5}$$

좀 더 정확히 표현하면 459.67°R와 273.15 K를 사용하여 식 (1-4)와 (1-5)를 등치시켜 T_R을 구하고 식 (1-2)에 대입하면 다음 관계식을 구할 수 있다.

$$T_C = \frac{5}{9}(T_F - 32) \tag{1-6}$$

표 1-2 환산 인자

물리량	FPS 단위	동등한 SI 단위
길이	ft	0.3048 m
질량	slug	14.59 kg
힘	lb	4.448 N

접두어 국제단위계에서 매우 크거나 매우 작은 숫자의 양을 표시할 경우에는 접두어를 사용한다. 표 1-3에는 이 책에 사용되는 접두어가 나와 있다. 소수점 기준으로 앞으로 또는 뒤로 3자리, 6자리, 9자리의 양들을 표현하는 데 사용된다. 예를 들면 5,000,000 g은 5000 kg(kilogram) 또는 5 Mg(Megagram)이고, 0.000006 s는 0.006 ms(milisecond) 또는 6 μs(microsecond)로 쓴다.

일반적으로 접두어를 사용할 경우 혼란을 피하기 위하여 다수의 단위가 복합적으로 사용될 경우 점을 넣어서 구별한다. 즉, m·s는 미터-초이고, ms는 milisecond이다. 지수로 물리량을 표현할 경우 일반 단위나 접두 단위 모두 적용이 가능하다. 예를 들면, $ms^2 = (ms)^2 = (ms)(ms) = (10^{-3}s)(10^{-3}s) = 10^{-6}s^2$이다.

표 1-3 접두 단위

	지수 형태	접두어	SI 기호
소수점 이하			
0.001	10^{-3}	milli	m
0.000 001	10^{-6}	micro	μ
0.000 000 001	10^{-9}	nano	n
소수점 이상			
1 000 000 000	10^{9}	Giga	G
1 000 000	10^{6}	Mega	M
1 000	10^{3}	kilo	k

1.4 계산

유체역학의 원리를 적용할 때 대수 연산으로 계산을 해야 하는 공식들이 많이 등장한다. 정확한 계산을 위해 아래의 개념을 숙지하기 바란다.

동차성의 원리 물리적 과정을 서술하는 공식의 모든 항은 **동일한 차원**을 가져야 하며, 동일한 단위계로 계산되어야 한다. 이 원리를 바탕으로 공식의 각 항에 표시된 변수들이 맞는지, 어떤 숫자를 대입해야 하는지 확인할 수 있다. 예를 들어 일과 에너지의 원리를 적용한 베르누이 방정식을 고려해보자. 제5장에 이 식이 자세히 설명되는데, 우선 식은 다음과 같다.

$$\frac{p}{\gamma} + \frac{V^2}{2g} + z = \text{일정}$$

국제단위계를 사용하면 압력 p는 $\mathrm{N/m^2}$이고, 비중량 γ는 $\mathrm{N/m^3}$, 속도 V는 m/s, 중력가속도 g는 $\mathrm{m/s^2}$, 그리고 위치 z는 m이다. 이 방정식이 어떤 형태의 대수식으로 표시되더라도 반드시 동차성의 원리는 만족되어야 한다. 위의 식을 각 항에 대한 단위로 환산하면 아래와 같이 모두 미터 단위임을 확인할 수 있다.

$$\frac{\mathrm{N/m^2}}{\mathrm{N/m^3}} + \frac{(\mathrm{m/s})^2}{\mathrm{m/s^2}} + \mathrm{m}$$

유체역학에 사용되는 거의 모든 식들은 동차성의 원리를 가지고 있다. 문제를 풀기 위해 공식을 적용할 경우 각 항의 단위를 점검해보고 동일한지 확인하는 것이 중요하다.

계산과정 산술적인 계산을 수행할 때, 먼저 각 변수의 단위를 일치시켜야 한다. 접두어를 사용한 단위는 지수 형태로 변환시켜야 한다. 계산을 수행한 후 마지막 결과는 적절한 접두어를 사용하여 표기할 수 있다. 예를 들면, $3\ \text{MN}(2\ \text{mm}) = [3(10^6)\ \text{N}][2(10^{-3})\ \text{m}] = 6(10^3)\ \text{N}\cdot\text{m} = 6\ \text{kN}\cdot\text{m}$이다.

분수로 표기할 경우 킬로그램을 제외하고는 항상 MN/s, mm/kg처럼 분자에 접두어를 사용해야 한다. 계산을 마친 후에는 숫자가 0.1에서 1000 사이에 오도록 적절한 접두어를 사용해야 한다.

정확도 유체역학에서 계산과정은 주로 계산기나 컴퓨터를 사용하게 된다. 답을 표시할 때, 정확도를 고려하여 적절한 자릿수를 선택하는 것이 매우 중요하다. 일반적으로 계산기를 사용하여 얻는 답은 문제에 주어진 데이터보다 더 많은 자릿수를 가진다. 따라서 해답을 표기할 때에는 유효숫자 세 자리로 반올림하는 것이 타당한데, 그 이유는 유체의 물성 데이터나 실험에서 얻어지는 결과의 정확도가 유효숫자 세 자리를 넘지 않기 때문이다. 이 책에 있는 예제 문제의 풀이에서는 계산과정에서 유효숫자 네 자리 또는 다섯 자리를 표시하더라도 해답에는 유효숫자 세 자리로 표기할 것이다.

복잡한 유동 문제는 컴퓨터를 사용해서 해석한다. 그러나 유체역학의 원리에 입각한 확실하고도 유의미한 예측이 더욱 중요하다. (© CHRIS SATTLBERGER/Science Source)

1.5 문제풀이

겉으로 보면 유체역학 문제가 어렵게 보일지 모른다. 그 이유는 유체역학에 등장하는 개념과 원리가 다른 과목에 비해 복잡하고 많기 때문이다. 하지만 여러분의 태도와 의지에 의해 문제들을 쉽게 풀 수 있다. 이 책을 주의력 있게 잘 읽고 수업시간에 집중을 한다면 유체역학이 어렵지 않을 것이다. Aristotle는 "우리가 배워야만 하는 것은 실천해봄으로써 배울 수 있다."라고 말했다. 실제로 유체역학 문제 풀이에 대한 독자의 능력은 사려 깊은 준비와 깔끔한 정리에 달려있다.

어떤 공학적 주제이든 문제를 풀 때에는 논리적이고도 순차적인 과정을 충실히 따르는 것이 중요하다. 유체역학에서도 아래 표에 정리된 논리적 순서를 잘 따라야 한다.

해석의 일반적 절차

유체 설명

유체는 매우 다른 방식으로 거동을 한다. 따라서 유체의 유동 형태를 잘 정의하고 유체의 물리적 성질들을 정확히 알아야 한다. 이에 따라 해석에 필요한 타당한 공식을 선정할 수 있다.

해석

해석의 순서는 보통 다음의 절차를 따른다.

- 문제에 주어진 데이터와 구해야 할 값을 잘 나열한다. 문제 풀이에 필요한 그림을 의미 있게 크게 그린다.
- 문제에 해당되는 원리를 바탕으로 수학적 형태의 식을 쓴다. 식에 대입하는 수치들은 반드시 단위를 포함시키고, 각 항이 동차성의 원리를 따르는지 점검한다.
- 방정식을 풀고 해답은 유효숫자 세 자리로 표기한다.
- 구해진 답이 공학적인 측면과 상식에 부합되는 타당성을 가졌는지 판단한다.

이러한 절차를 진행해나갈 때, 가능하면 정리를 깔끔하게 해야 한다. 깔끔하게 정리를 해나가면 논리적으로 분명하게 사고하고 있는지를 잘 알 수 있게 된다.

요점 정리

- 고체는 분명한 형상과 체적을 가지며, 액체는 담는 용기에 의해 형태를 가지고, 기체는 담은 용기의 전체 체적을 채우는 물질이다.
- 액체와 기체를 모두 유체라고 하고, 유체는 전단력이 주어졌을 때, 그 힘이 아무리 작다고 하더라도 연속적으로 변형하거나 흐르는 물질이다.
- 대부분의 공학적 적용 문제에서 유체는 연속체라고 가정하며, 유체의 거동을 나타내는 물성은 평균치를 사용한다.
- 미국상용단위계에서 질량은 slug 단위로 표기되며, $m(\text{slug}) = W(\text{lb})/32.2\ \text{ft/s}^2$ 식으로부터 구한다. 국제단위계에서 중량은 뉴턴으로 표시하며, $W(\text{N}) = m(\text{kg})\ 9.81\ \text{m/s}^2$ 식으로부터 구한다.
- 국제단위계에서 접두어를 사용한 단위로 계산을 수행할 경우, 먼저 10의 지수 형태로 모든 단위를 기본 단위로 변환시킨 후 계산을 수행하고 그 결과 값은 다시 적절한 접두어를 사용하여 표기한다.
- 유체역학에서 사용되는 모든 공식의 차원이 동일해야 하며, 각 항의 단위도 일치해야 한다. 방정식을 풀기 위해 변수의 값을 대입할 경우 단위에 주의해야 한다.
- 계산을 수행하는 과정에서 수치에 대한 충분한 정확도를 확보해야 한다. 마지막 해답은 유효숫자 세 자리로 반올림하는 것이 일반적인 규칙이다.

예제 1.1

$(80\ \text{MN/s})(5\ \text{mm})^2$을 계산하고 결과를 적절한 접두어를 붙여 국제단위계로 표시하라.

풀이

먼저 접두어를 모두 10의 지수 형태로 변환시켜 계산을 수행하고 결과는 적절한 접두어를 붙여서 표기한다.

$$\begin{aligned}(80\ \text{MN/s})(5\ \text{mm})^2 &= \left[80(10^6)\ \text{N/s}\right]\left[5(10^{-3})\ \text{m}\right]^2 \\ &= \left[80(10^6)\ \text{N/s}\right]\left[25(10^{-6})\ \text{m}^2\right] \\ &= 2(10^3)\ \text{N}\cdot\text{m}^2/\text{s} = 2\ \text{kN}\cdot\text{m}^2/\text{s}\end{aligned}$$ 답

예제 1.2

$14\ m^3/s$의 유량을 ft^3/h로 변환하라.

풀이

표 1-2에서 1 ft = 0.3048 m이다. 1 h는 3600 s이므로 다음 식과 같이 단위 변환 값을 대입하고 단위들을 약분한다.

$$14\ \mathrm{m^3/s} = \left(\frac{14\ \mathrm{m^3}}{\mathrm{s}}\right)\left(\frac{3600\ \mathrm{s}}{1\ \mathrm{h}}\right)\left(\frac{1\ \mathrm{ft}}{0.3048\ \mathrm{m}}\right)^3$$

$$= 1.78\left(10^6\right)\mathrm{ft^3/h}$$ 답

일반적으로 미국상용단위계에서는 접두어를 사용하지 않고 10의 지수 형태로 표기한다.* 이때 지수는(10^3), (10^6), (10^{-9})처럼 3의 배수를 사용한다.

* 예외로 킬로파운드는 kip로 표시하는데, 여기서 1 kip = 1000 lb이다.

1.6 기본적인 유체의 물성치

유체를 연속체라는 가정하에서 지금부터 자주 사용되는 중요한 물리적 성질에 대해 기술하겠다.

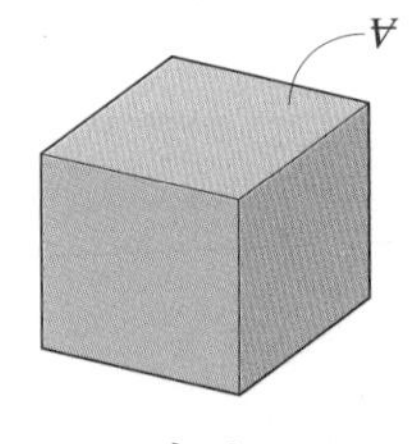

밀도는
질량/체적

그림 1–7

밀도 **밀도**(density) ρ(로)는 단위 체적당 유체의 질량을 말한다(그림 1-7). 단위는 kg/m^3 또는 $slug/ft^3$으로 표기하며, 다음 식으로 구한다.

$$\rho = \frac{m}{\forall} \tag{1-7}$$

여기서 m은 유체의 질량이고, $\forall$는 유체의 체적이다.

액체 실험에 의하면 액체는 실질적으로 비압축성 유체이다. 따라서 압력에 대한 밀도의 변화는 극히 미소하다. 하지만 온도에 대해서는 밀도가 상당히 변할 수 있다. 예를 들면, 4°C에서 물의 밀도 $\rho_w = 1000\ kg/m^3$이지만, 100°C에서는 $\rho_w = 958.1\ kg/m^3$이다. 대부분의 실제 문제에서 온도의 범위가 크지 않으므로 액체의 밀도는 일반적으로 일정하다고 간주한다.

기체 액체와는 달리 기체는 압축성 정도가 높기 때문에 온도와 압력이 모두 밀도에 큰 영향을 준다. 예를 들면, 온도가 15°C이고 압력이 대기압 상태인 101.3 kPa [1 Pa(파스칼) = 1 N/m^2]에서 공기의 밀도는 $\rho = 1.225\ \text{kg/m}^3$인데, 같은 온도에서 압력이 두 배가 되면 공기의 밀도도 두 배($\rho = 2.44\ \text{kg/m}^3$)가 된다.

부록 A에 통상적으로 사용되는 액체와 기체들에 대한 대표적인 밀도들이 나와 있다. 또한 여러 가지 온도 조건에서의 물의 밀도와 여러 가지 온도 및 고도 조건에서의 공기 밀도도 나와 있다.

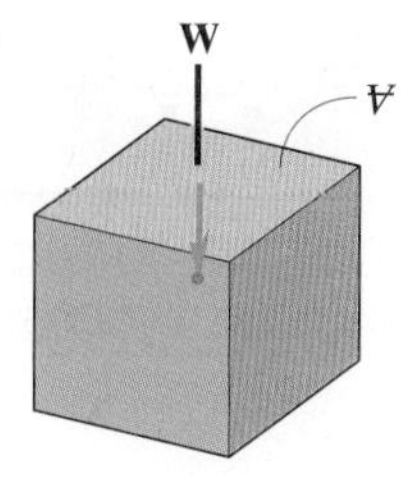

비중량은
중량/체적

그림 1-8

비중량 유체의 **비중량**(specific weight) γ(감마)는 그림 1-8에서 보듯이 단위 부피당 중량으로 정의된다. 단위는 N/m^3 또는 lb/ft^{3}으로 표기한다. 따라서

$$\gamma = \frac{W}{\forall} \tag{1-8}$$

여기서 W는 유체의 중량이고 $\forall$는 유체의 체적이다.

중량과 질량의 관계는 $W = mg$이므로 이 관계식을 식 (1-8)에 대입하고 식 (1-7)과 비교하면 비중량과 밀도는 다음의 관계식을 갖는다.

$$\gamma = \rho g \tag{1-9}$$

통상적인 액체와 기체들에 대한 비중량의 값이 부록 A에 나와 있다.

비중 어떤 물질의 **비중**(specific gravity) S는 무차원량으로, 표준으로 삼는 물질의 밀도나 비중량에 대한 그 물질의 밀도나 비중량의 비를 말한다. 대부분의 경우에는 대기압 상태(101.3 kPa)에서의 4°C 물을 표준 물질로 택한다. 따라서,

$$S = \frac{\rho}{\rho_w} = \frac{\gamma}{\gamma_w} \tag{1-10}$$

국제단위계에서 표준 상태의 물의 밀도는 $\rho_w = 1000\ \text{kg/m}^3$이고, 미국상용단위계에서는 물의 비중량이 $\gamma_w = 62.4\ \text{lb/ft}^2$이다. 예를 들어 밀도가 $\rho_o = 880\ \text{kg/m}^3$인 기름의 경우 비중은 $S_o = 0.880$이다.

이 탱크 내의 기체는 이상기체의 법칙에 의해 체적, 압력 및 온도가 결정된다.

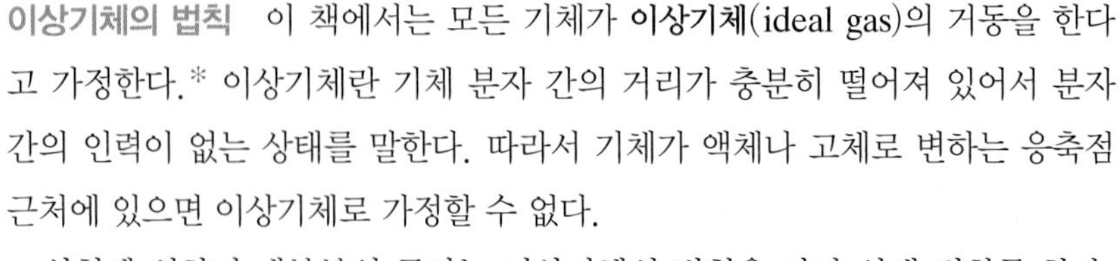

이상기체의 법칙 이 책에서는 모든 기체가 **이상기체**(ideal gas)의 거동을 한다고 가정한다.* 이상기체란 기체 분자 간의 거리가 충분히 떨어져 있어서 분자 간의 인력이 없는 상태를 말한다. 따라서 기체가 액체나 고체로 변하는 응축점 근처에 있으면 이상기체로 가정할 수 없다.

실험에 의하면 대부분의 공기는 이상기체의 법칙을 따라 상태 변화를 한다. **이상기체의 법칙**은 다음 식과 같다.

$$p = \rho RT \tag{1-11}$$

여기서 p는 **절대압력**이다. 즉, 절대 진공을 기준으로 한 단위 면적당 수직력이다. ρ는 기체의 밀도이고 R은 기체상수, T는 **절대온도**이다. 여러 가지 기체들에 대한 기체상수가 부록 A에 나와 있다. 공기의 기체상수는 $R = 286.9\ \text{J/(kg·K)}$이고, 여기서 1 J(줄) = 1 N·m이다.

체적탄성계수 **체적탄성계수**(bulk modulus)는 유체가 압축에 견디는 저항력을 나타내는 수치이다. 그림 1-9에서 보듯이 면적이 A인 정육면체인 유체가 힘의 증분 dF를 받고 있다고 가정한다. 단위 면적당의 힘의 강도는 압력 $dp = dF/A$이다. 이 압력에 의해 초기 체적이 $\forall$이던 유체의 체적이 $d\forall$만큼 줄어든다. 체적탄성계수는 단위 체적당 체적 감소분에 대한 압력 증분으로 정의되고, 다음 식과 같이 표현된다.

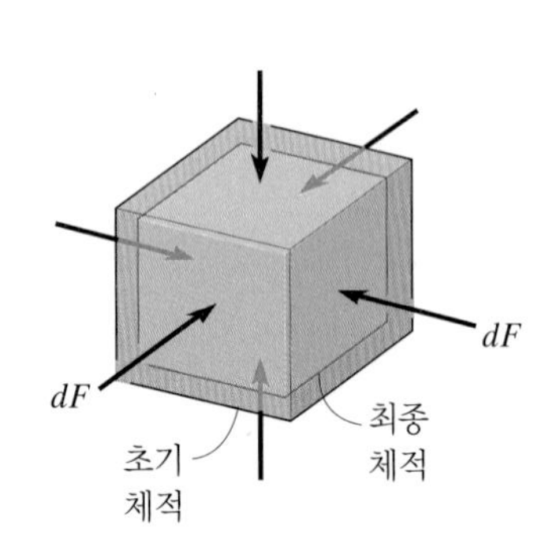

체적탄성계수

그림 1-9

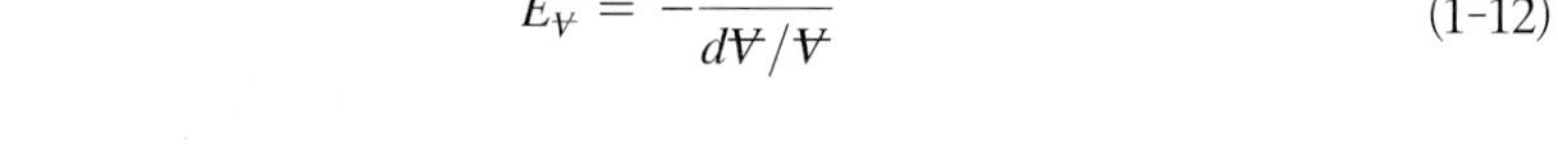

$$E_{\forall} = -\frac{dp}{d\forall/\forall} \tag{1-12}$$

마이너스 기호는 압력의 증가(양)로 인한 체적의 감소(음)를 의미한다.

체적탄성계수 $E_{\forall}$의 단위는 압력과 동일하다. 그 이유는 체적 감소율이 무차원이기 때문이다. 통상적으로 단위는 N/m^2 또는 Pa, lb/in^2을 사용한다.

---

* 비이상기체와 증기에 대해서는 열역학에서 다룬다.

액체 액체는 압력 변화에 따른 밀도 변화가 매우 작기 때문에 체적탄성계수가 매우 크다. 상온의 대기압 상태에서 바닷물의 체적탄성계수 $E_{\forall} = 2.20$ GPa이다.* 이 값과 태평양 가장 깊은 곳의 해수 압력인 110 MPa과 비교해보면 식 (1-12)에서 해수의 압축률은 고작 $\Delta\forall/\forall = [110(10^6)\ \text{Pa}]/[2.20(10^9)\ \text{Pa}] = 5.0\%$이다. 이러한 이유로 실제 적용에서 액체는 **비압축성 유체로 취급하며**, 밀도는 항상 일정하다.**

기체 기체는 밀도가 낮아서 액체에 비해 압축성이 수천 배 크다. 따라서 체적팽창계수도 액체에 비해 매우 작다. 기체의 경우에는 압력이 작용할 때 어떤 과정으로 기체가 압축되는가에 따라 체적 변화가 달라진다. 이 책의 제13장에서 압력의 변화가 중요시 되는 압축성 유동을 상세히 다룬다. 기체가 **저속**으로 흐를 경우 속도가 음속의 30% 이하이면 기체의 압력 변화가 **미소**하고, 기체의 온도 변화가 없을 경우 액체처럼 비압축성 유동으로 간주할 수 있다.

요점 정리

- 유체의 질량은 **밀도** $\rho = m/\forall$로 계산하고, 유체의 중량은 **비중량** $\gamma = \rho g$로 계산한다.
- 비중은 물에 대한 밀도 또는 비중량 비, $S = \rho/\rho_w = \gamma/\gamma_w$로 정의한다. 여기서 $\rho_w = 1000\ \text{kg/m}^3$이고 $\gamma_w = 62.4\ \text{lb/ft}^3$이다.
- 많은 공학 문제에서 기체는 이상기체라고 간주할 수 있으며, **절대압력**과 **절대온도** 및 밀도의 관계는 이상기체의 법칙 $p = \rho RT$를 따른다.
- 유체의 **체적탄성계수**는 압축에 대한 저항 정도를 나타낸다. 액체의 경우 체적탄성계수가 매우 커서 비압축성 유체로 간주할 수 있다. 기체의 경우 유속이 느릴 경우—음속의 30% 이하일 경우—일정 온도 조건에서 압력의 변화가 미미하므로 비압축성으로 가정할 수 있다.

---

* 물론 고체의 경우에는 체적팽창계수가 더 크다. 예컨대 강철의 체적탄성계수는 160 GPa이다.

** 흐르는 액체를 다루는 일부 유동해석 분야에서는 액체의 **압축성**을 고려해야만 한다. 대표적인 예가 '수격현상(water hammer)'이다. 이 현상은 관에 액체가 흐르고 있을 때, 갑자기 밸브를 잠그면 밸브 근처에서 압력파가 발생하고 이 압력파가 관의 곡관 부분이나 장애물에 충돌하여 망치로 치는 듯한 소리가 나는 현상이다. 참고문헌 [7]을 참조하라.

예제 1.3

그림 1-10과 같은 탱크에 공기가 들어있다. 이때 공기의 절대압력은 60 kPa이고 온도는 60°C이다. 탱크 내부 공기의 질량을 구하라.

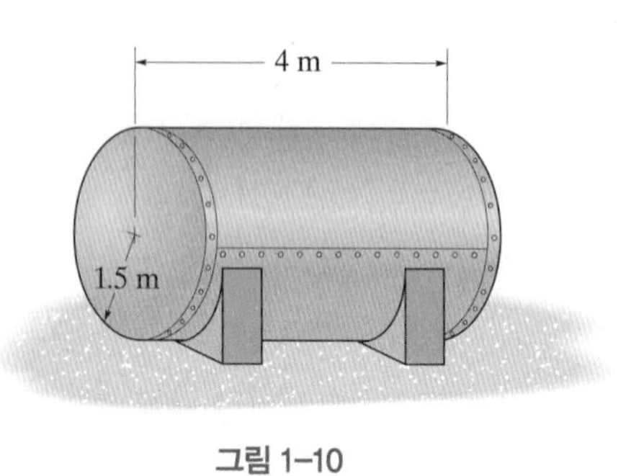

그림 1-10

풀이

먼저 탱크 내의 공기 밀도를 이상기체의 법칙 $p = \rho RT$를 이용하여 구한다. 그다음 탱크의 체적을 알면 질량을 구할 수 있다. 공기의 절대온도는

$$T_K = T_C + 273\text{ K} = 60°\text{C} + 273\text{ K} = 333\text{ K}$$

부록 A로부터 공기의 기체상수는 $R = 286.9\text{ J/(kg}\cdot\text{K)}$이므로

$$p = \rho RT$$
$$60(10^3)\text{ N/m}^2 = \rho(286.9\text{ J/kg}\cdot\text{K})(333\text{ K})$$
$$\rho = 0.6280\text{ kg/m}^3$$

따라서 탱크 내의 공기 질량은 다음과 같다.

$$\rho = \frac{m}{V\!\!\!\!-}$$

$$0.6280\text{ kg/m}^3 = \frac{m}{\left[\pi\left(1.5\text{ m}\right)^2(4\text{ m})\right]}$$
$$m = 17.8\text{ kg}$$ 답

많은 학생들이 탱크 안에 있는 공기의 질량이 생각보다 많다고 놀라기도 한다. 동일한 계산을 일반적인 교실의 체적 4 m × 6 m × 3 m에 대해 수행해보면 20°C 온도의 표준대기압 상태에서 공기의 질량이 86.8 kg이 된다. 중량으로 바꾸면 851 N 또는 191 lb이다! 공기의 유동으로 인해 비행기가 뜨고, 강풍에 건축물이 쓰러지는 것은 크게 놀랄 만한 일이 아니다.

예제 1.4

압력이 120 kPa이고 체적이 1 m^3인 글리세린이 있다. 압력이 400 kPa로 증가하였을 때 세제곱 미터당 체적의 변화를 구하라. 글리세린의 체적팽창계수는 $E_{\forall} = 4.52$ GPa이다.

풀이

계산을 위해 체적탄성계수의 정의 식을 사용한다. 먼저 글리세린 세제곱미터에 작용하는 압력은 다음과 같다.

$$\Delta p = 400\ \text{kPa} - 120\ \text{kPa} = 280\ \text{kPa}$$

이에 따른 체적 변화는 다음과 같다.

$$E_{\forall} = -\frac{\Delta p}{\Delta \forall / \forall}$$

$$4.52\left(10^9\right)\text{N/m}^2 = -\frac{280\left(10^3\right)\text{N/m}^2}{\Delta \forall / 1\ \text{m}^3}$$

$$\Delta \forall = -61.9\left(10^{-6}\right)\text{m}^3$$ 답

이 값은 정말 미소한 체적 변화이다. 체적 감소가 압력 변화에 비례하므로 압력을 두 배로 크게 하면 체적 변화도 두 배가 된다. 글리세린보다 체적탄성계수가 절반밖에 안 되는 물의 경우에도 체적 변화는 여전히 매우 적다.

1.7 점성계수

점성계수(viscosity)란 유체의 매우 얇은 층 사이에서 상대적인 운동에 대해 저항하는 성질을 나타내는 척도이다. 이 저항력은 그림 1-11a에 나타낸 바와 같이 접선력, 즉 전단력이 작용할 때 발생한다. 결과적으로 나타나는 변형률은 유체에 따라 다른 거동을 보인다. 물이나 가솔린(낮은 점성계수)은 타르나 시럽(높은 점성계수)에 비해 같은 접선력에서 전단변형이 커서 빨리 흐른다.

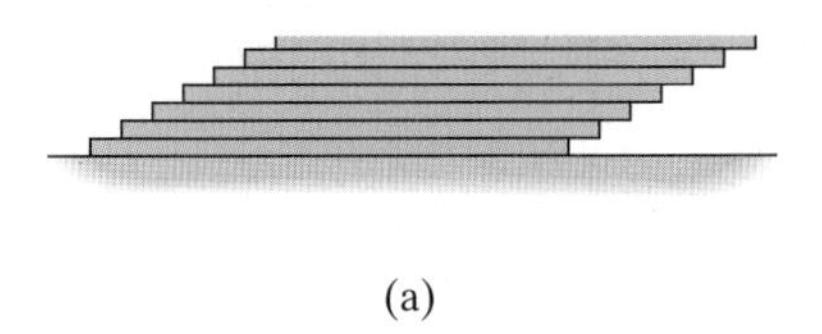

(a)

그림 1–11

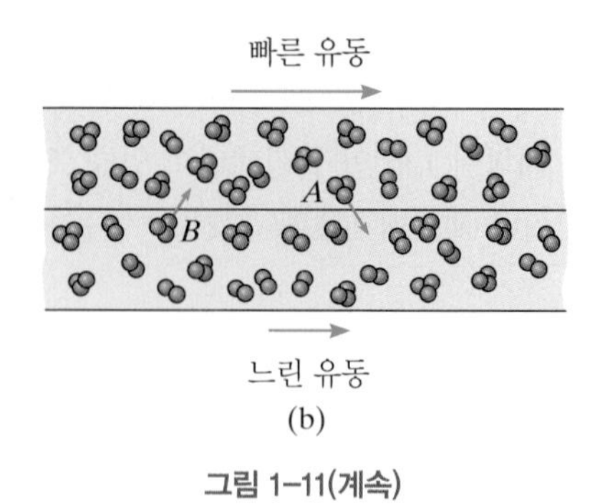

(b)

그림 1-11(계속)

점성계수의 물리적 원인 유체의 점성계수에 의해 발생하는 저항력을 이해하기 위해 그림 1-11b와 같이 서로 미끄러지는 두 개의 얇은 유체층을 고려해보자. 유체를 형성하는 분자들은 항상 연속적으로 움직이고 있다. 더 빨리 움직이는 상부 유체층 내의 분자 A가 더 느리게 움직이는 하부 유체층으로 내려오면 오른쪽으로 움직이는 속도성분을 갖게 된다. 이 분자는 하부층에서 느리게 움직이는 분자와 충돌하게 되고 A 분자와의 운동량 교환에 의해 느린 분자를 밀어낸다. 하부층에 있던 분자 B가 상부층으로 이동하면 반대의 효과가 발생한다. 이들 분자 사이의 운동량 교환으로 느리게 움직이는 분자들이 빠르게 움직이는 분자들을 더디게 만들고, 결과적으로 거시적인 입장에서 저항력, 즉 점성을 야기시킨다.

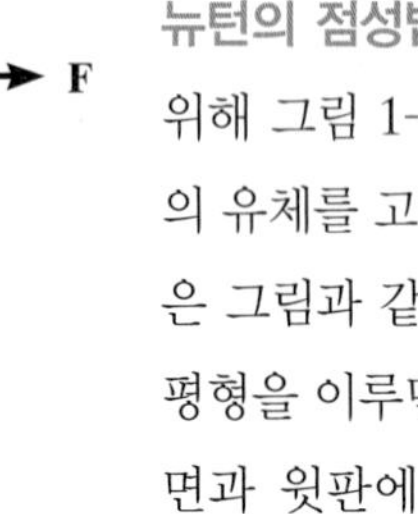

전단에 의해 왜곡되는 유체 요소들

(a)

그림 1-12

뉴턴의 점성법칙 전단력이 작용할 때 유체가 어떤 거동을 하는지를 보여주기 위해 그림 1-12a와 같이 고정된 평면과 매우 넓은 수평판 사이에 갇힌 얇은 층의 유체를 고려한다. 매우 작은 수평력 **F**가 윗판에 작용하면 유체의 미소요소들은 그림과 같이 변형된다. 잠깐의 가속 기간을 지나면 유체의 점성저항이 힘의 평형을 이루면서 평판은 일정한 속도 **U**로 움직이게 된다. 이러한 운동 중에 고정면과 윗판에 부착된 유체분자들은 분자의 접착력에 의해 '점착조건(no-slip condition)'을 형성하게 되어 고정 평면에 붙은 유체입자는 정지해 있으면 움직이는 수평판에 붙은 유체입자는 판과 같은 속도로 움직인다.* 두 평판 사이가 매우 얇으면 판 사이의 유체는 그림 1-12b와 같은 속도분포를 가지면서 평판과 평행하게 움직인다.

* 최근의 발견에 의하면 '점착조건'은 항상 참이 아님이 밝혀졌다. 극도로 매끈한 면 위에서 매우 빠르게 움직이는 유체는 점착력이 거의 없어진다. 또한 유체에 비누성분과 같은 분자들을 첨가하면 이 물질들이 표면을 코팅하면서 표면을 매우 미끄럽게 하여 점착력을 크게 감소시킬 수 있다. 그러나 대부분의 공학적 응용에서는 고체 표면에 인접한 유체분자들은 표면에 부착되므로 경계면에서의 미끄럼 현상과 같은 특수한 상황은 이 책에서 다루지 않는다. 참고문헌 [11]을 참조하라.

전단응력 방금 전에 언급한 유체의 운동은 판의 운동에 의해 유체 내에서 생긴 전단 효과의 결과이다. 이 효과를 유체요소에 적용하면 그림 1-12c에서 보이는 것처럼 **전단응력** τ(타우)가 생기는데, 전단응력은 요소의 면적 ΔA에 작용하는 접선력 ΔF로 정의된다. 식으로 표시하면 다음과 같다.

$$\tau = \lim_{\Delta A \to 0} \frac{\Delta F}{\Delta A} = \frac{dF}{dA} \tag{1-13}$$

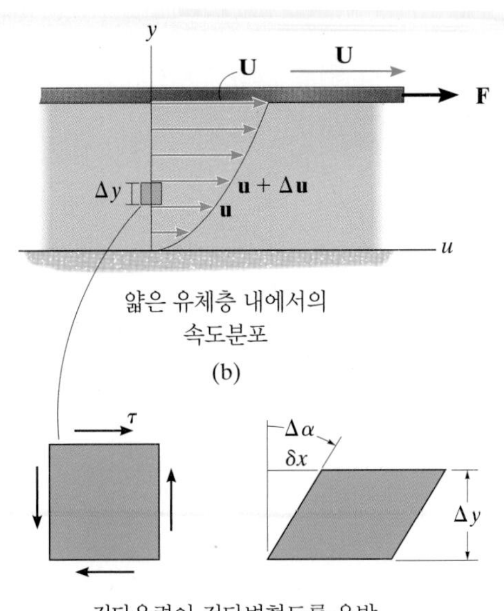

얇은 유체층 내에서의 속도분포

(b)

전단응력이 전단변형도를 유발

(c)

그림 1-12(계속)

전단변형도 유체가 흐르면 그림 1-12c와 같이 전단응력의 작용으로 사각형 유체요소는 평행사변형이 된다. 미소시간 Δt 동안 이루어진 변형을 **전단변형도**라고 하며, 미소 각도 $\Delta\alpha$(알파)로 정의된다.

$$\Delta\alpha \approx \tan \Delta\alpha = \frac{\delta x}{\Delta y}$$

고체의 경우 주어진 하중에서 이 각도가 유지되지만 유체의 경우는 계속해서 변형하게 된다. 따라서 유체역학에서는 **전단변형도의 시간변화율**이 중요해진다. 그림 1-12b에 나타낸 바와 같이 유체요소의 상부는 하부에 비해 상대적으로 Δu만큼 더 빨리 움직인다. $\delta x = \Delta u\, \Delta t$이므로 위의 식에 대입하면 전단변형도의 시간 변화율은

$$\frac{\Delta\alpha}{\Delta t} = \frac{\Delta u}{\Delta y}$$

Δt가 0으로 극한조건이 되면,

$$\frac{d\alpha}{dt} = \frac{du}{dy}$$

윗식의 우변 항을 **속도구배**(velocity gradient)라고 부르며, y축에 대한 속도 u의 변화를 나타낸다.

17세기 말에 Isaac Newton은 유체의 전단응력은 전단변형률 또는 속도구배에 비례함을 제안하였다. 이를 **뉴턴의 점성법칙**(Newton's law of viscosity)이라 부르며, 아래 식과 같이 쓴다.

$$\boxed{\tau = \mu \frac{du}{dy}} \tag{1-14}$$

여기서 비례상수 μ(뮤)는 유체운동에 대한 저항력의 척도로 **유체의 물리적 성질**이며, 이를 절대(absolute) 또는 **동역학적 점성계수**(dynamic viscosity)라 부르며, 줄여서 **점성계수**(viscosity)라고 한다. 단위는 $\text{N}\cdot\text{s/m}^2$ 또는 $\text{lb}\cdot\text{s/ft}^2$을 사용한다.

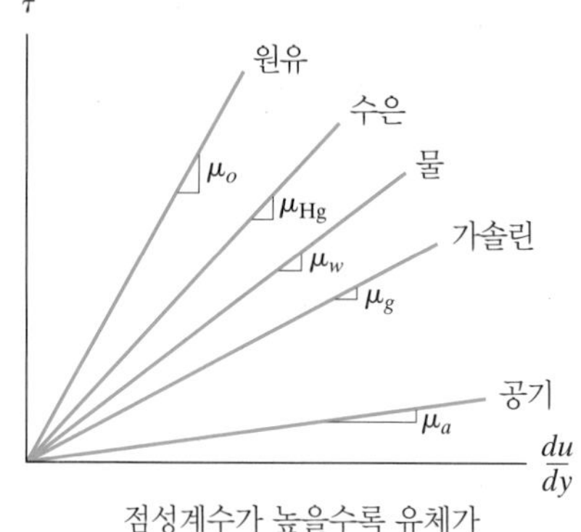

점성계수가 높을수록 유체가
흐를 때 저항력은 더 커진다.

그림 1-13

뉴턴유체 실험에 의하면 많은 일반적인 유체들이 뉴턴의 점성법칙을 따르며, 이들을 **뉴턴유체**라고 부른다. 그림 1-13은 뉴턴유체들의 전단응력과 전단변형률 사이의 관계를 보여준다. 매우 낮은 점성계수를 갖는 공기로부터 매우 높은 점성계수를 갖는 원유까지 기울기(점성계수)가 어떻게 증가하는지를 보여주고 있다. 즉, 점성계수가 높을수록 유체가 흐를 때 저항력은 더 커진다.

비뉴턴유체 얇은 유체층 사이에 작용하는 전단응력과 전단변형률이 비선형 관계를 갖는 유체를 **비뉴턴유체**라 한다. 그림 1-14에서 볼 수 있듯이 비뉴턴유체는 두 가지 형태가 있다. 각각의 유체에 대해 특정한 전단변형률에서 곡선의 기울기를 구할 수 있는데, 이를 그 유체의 **겉보기 점성계수**(apparent viscosity)라고 한다. 겉보기 점성계수가 전단응력이 증가함에 따라 같이 증가하는 유체를 전단농후(shear-thickening) 또는 **팽창유체**(dilatant fluids)라고 한다. 예를 들면 설탕이 진하게 녹아 있는 물이나 유사(quicksand)가 여기에 속한다. 그러나 더 많은 유체들이 반대적인 거동을 하는데, 이들 유체들을 전단희박(shear-thinning) 또는 **유사소성유체**(pseudo-plastic fluids)라고 부른다. 예를 들면 피, 젤라틴, 우유가 여기에 속한다. 이 유체들은 낮은 전단응력에서는 천천히 흐르고 높은 전단응력에서는 빨리 흐른다.

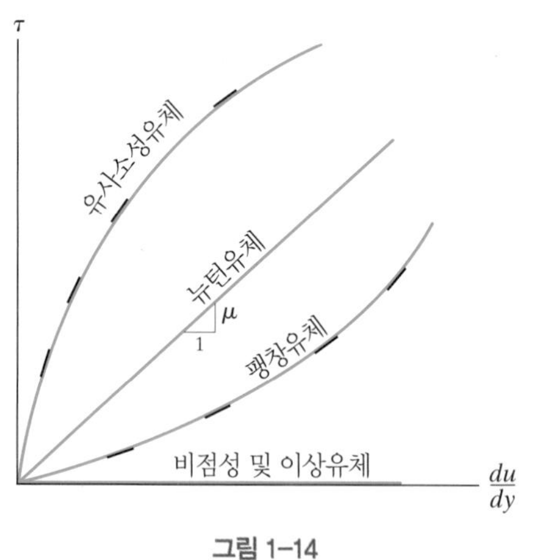

그림 1-14

마지막으로 소개할 물질은 고체와 유체의 특성을 모두 가진 물질로서, 페이스트나 젖은 시멘트처럼 낮은 전단응력에서는 형상을 유지하고 있다가(고체) 높은 전단응력에서는 쉽게 유동하는(유체) 물질이다. 이러한 특이 고체-유체 물질들은 유체역학에서는 다루지 않고 **유변학**(rheology)에서 다룬다. 참고문헌 [8]을 참조하라.

비점성 및 이상유체 많은 공학 문제에서 물이나 공기와 같이 매우 낮은 점성을 가진 유체들을 다룰 경우에 간혹 이 유체들을 비점성유체로 간주하는 경우가 있다. (20°C에서 물의 점성계수는 $1.00(10^{-3})\ \mathrm{N\cdot s/m^2}$, 공기의 점성계수는 $18.1(10^{-6})\ \mathrm{N\cdot s/m^2}$이다.) **비점성유체**는 점성계수가 0인 유체로 그림 1-14에서 보듯이 전단응력에 대한 저항력이 없는 유체로 정의한다. 다른 말로 하면 **마찰이 없는 유체**이다. 그림 1-12에서 유체가 비점성이면 평판에 힘 **F**가 가해질 때, 이 판은 계속 가속이 될 것이며, 비점성유체 내에서는 전단응력이 전달되지 않으므로 아랫면에는 마찰저항이 발생하지 않는다. 비점성에 비압축성을 더한 유체를 **이상유체**(ideal fluid)라고 한다. 실제유체와 이상유체를 비교해보면, 관 내에 흐르는 실제유체는 그림 1-15a와 같은 속도분포를 보이며, 이상유체는 그림 1-15b와 같이 균일한 속도분포를 갖게 된다.

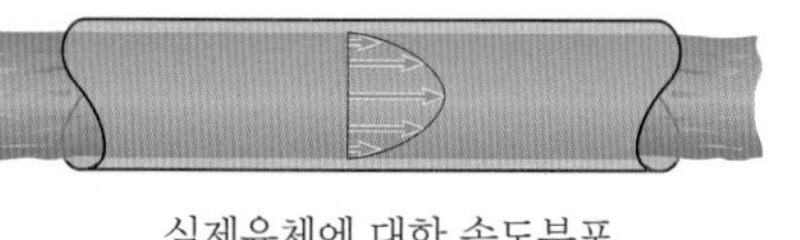

실제유체에 대한 속도분포

(a)

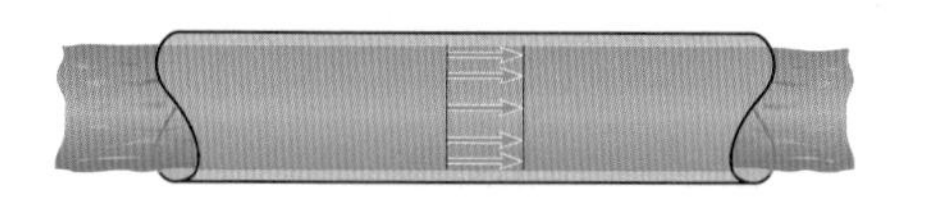

비점성 또는 이상유체에 대한 속도분포

(b)

그림 1-15

압력 및 온도의 영향 실험에 의하면 유체의 점성계수는 압력이 증가하면 점성계수도 증가한다. 그러나 이 효과가 미미하여 실제의 유체역학 응용에는 무시된다. 그러나 온도는 유체의 점성계수에 상당히 광범위한 영향을 준다. 물과 수은 등 액체의 경우 그림 1-16에서 보듯이 **온도가 증가하면 점성계수는 감소한다**(참고문헌 [9]). 이러한 현상은 온도의 증가에 의해 액체의 분자들이 더 활발하게 진동하거나 움직여서 분자 간의 결합력을 감소시키고 유체층 사이의 연결을 느슨하게 하여 더 쉽게 미끌어지도록 하기 때문이다. 반면, 공기나 이산화탄소 등과 같은 기체에서는 그림 1-16에서 볼 수 있듯이, 온도가 증가하면 점성계수도 증가한다(참고문헌 [10]). 기체를 구성하는 분자들은 액체와는 달리 분자 간의 거리가 멀리 떨어져 있고 분자 상호간의 결합력은 매우 낮다. 온도가 상승하면 기체 분자의 운동을 활발하게 하여 서로간의 충돌을 더 유발시키며, 연속적인 층 사이에서 운동량 전달을 활발하게 한다. 분자 간의 충돌에 의해 유발된 추가적인 저항력 때문에 점성계수를 증가시키는 것이다.

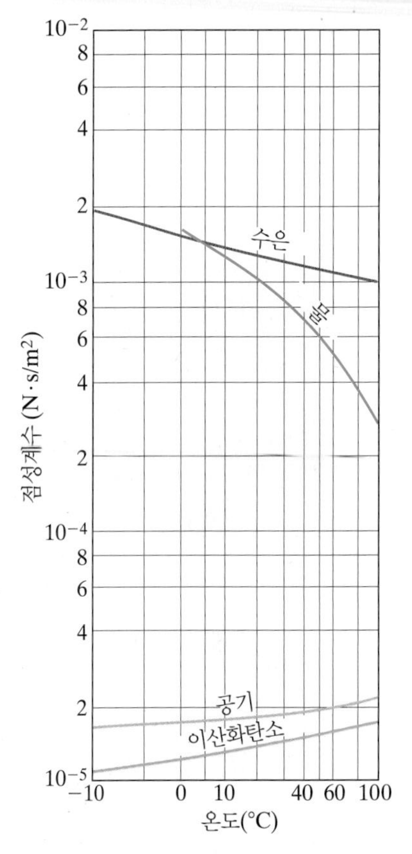

점성계수와 온도와의 관계

그림 1–16

그림 1-16에 나와 있는 여러 가지 액체와 기체에 대한 점성계수와 온도의 상관관계를 실험데이터를 이용하여 경험식을 유도할 수 있다. 액체들에 대해서는 아래 식과 같이 안드레이드(Andrade) 식이 잘 맞는다.

$$\mu = Be^{C/T} \text{(액체)}$$

기체에 대해서는 아래와 같은 서덜랜드(Sutherland) 식이 잘 일치한다.

$$\mu = \frac{BT^{3/2}}{(T + C)} \text{(기체)}$$

여기서 T는 절대온도이며, 상수 B와 C는 두 개의 서로 다른 온도에서 측정된 점성계수들로부터 결정된다.*

동점성계수 유체의 점성계수를 표현하는 또 다른 방법은 동역학적 점성계수를 밀도로 나누어준 **동점성계수**(kinematic viscosity) ν(뉴)를 사용하는 방법이다.

$$\nu = \frac{\mu}{\rho} \qquad (1\text{-}15)$$

단위는 m^2/s 또는 ft^2/s이다.** 동점성계수에서 'kinematic'이란 단어는 차원에 힘이 포함되지 않고 점성의 성질을 표현할 수 있기 때문이다. 통상적으로 사용하는 액체나 기체의 동역학적 점성계수와 운동학적 점성계수(동점성계수)의 대표적인 값이 부록 A에 나와 있고, 물과 공기에 대해서는 더욱 자세한 값이 제시되어 있다.

---

* 연습문제 1-48과 1-50을 참조하라.

** 표준적인 미터계(국제단위계가 아님)에서는 그램과 센티미터를 사용한다. 동역학적 점성계수 μ를 이 단위로 표현할 때 뿌와제(poise)를 사용하며, 1 poise = 1 g/(cm·s)이다. 동점성계수 ν는 스토크스(stokes)를 사용하고 1 stoke = 1 cm^2/s이다.

1.8 점성계수의 측정

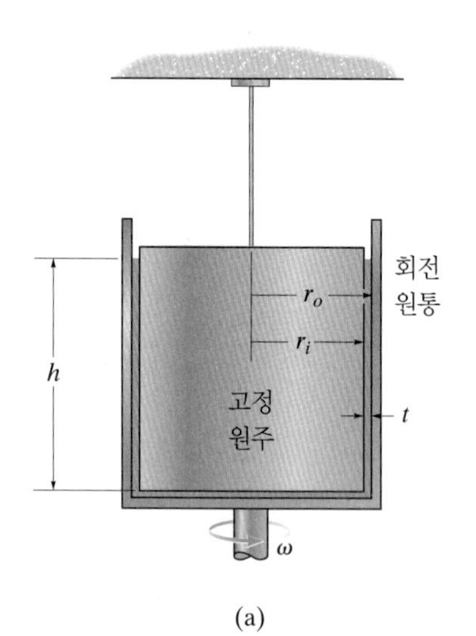

(a)

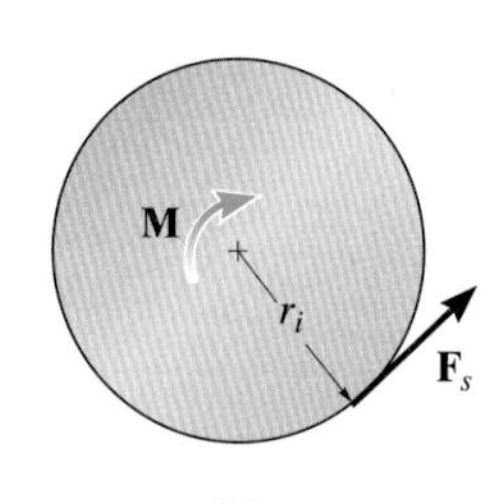

(b)

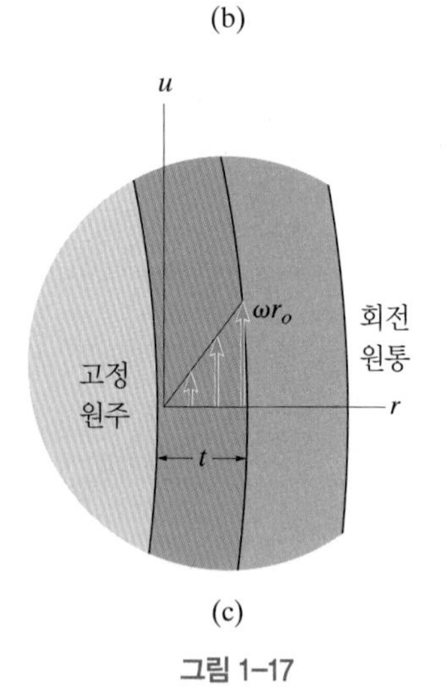

(c)

그림 1–17

액상의 뉴턴유체의 점성계수를 측정하는 방법에는 여러 가지가 있다. 가장 널리 사용되는 방법은 **회전식 점도계**인데 **브룩필드 점도계**(Brookfield viscometer)라고도 부른다. 다음 페이지에 사진이 나와 있는데, 그림 1-17a와 같이 원통형 용기 속에 원주 물체가 매달려 있는 구도이다. 원통과 원주의 틈 사이에 액체를 넣고 바깥 원통을 천천히 일정 각속도 ω로 회전시키면 원주를 매달고 있는 선이 비틀리게 되고 평형 상태가 되면 비틀린 상태로 정지한다. 고체역학 이론을 바탕으로 비틀린 각도로부터 선에 작용하는 토크 M을 구할 수 있다. 이 토크는 원주 표면에 작용하는 전단응력에 의해 발생한 모멘트이다. 토크가 계산되면 뉴턴의 점성법칙에 의해 유체의 점성계수를 구할 수 있다.

이 과정을 설명하기 위해 원주의 수직면에만 작용하는 전단응력을 고려해보자.* 선에 작용하는 토크 M은 그림 1-17b에서 보듯이 원주의 표면에 작용하는 전단응력의 합력이 선의 축에 대해 작용하는 모멘트이다. 전단응력의 합력은 $F_s = M/r_i$이고 전단응력이 작용하는 면적이 $(2\pi r_i)h$이므로, 면에 작용하는 전단응력은 다음 식과 같다.

$$\tau = \frac{F_s}{A} = \frac{M/r_i}{2\pi r_i h} = \frac{M}{2\pi r_i^2 h}$$

그림 1-17c에 나타낸 바와 같이 용기의 각속도에 의해 유체가 접촉되어 있는 면은 $U = \omega r_o$의 속도를 가진다. 간격 t가 매우 작고 원주가 매달린 선이 충분히 비틀린 채로 고정되어 있으면 간격 t를 가로지르는 속도의 구배는 일정하다고 가정할 수 있다. 이때 속도구배는 다음 식으로 표현된다.

$$\frac{du}{dr} = \frac{\omega r_o}{t}$$

뉴턴의 점성법칙을 적용하면,

$$\tau = \mu \frac{du}{dr}; \qquad \frac{M}{2\pi r_i^2 h} = \mu \frac{\omega r_o}{t}$$

μ에 대해서 측정된 변수들을 이용하여 풀면, 점성계수는 아래 식과 같이 된다.

$$\mu = \frac{Mt}{2\pi \omega r_i^2 r_o h}$$

---

* 원주 바닥의 마찰저항력을 감안하여 풀면 더욱 완벽한 식을 구할 수 있다. 연습문제 1-57과 1-58을 참조하라.

액체의 점성계수는 그 외 다른 방법들로 구할 수 있다. 아래의 사진은 W. Ostwald가 발명한 오스왈드 점도계이다. 이 장치에 있는 작은 직경의 관 내에서 액체가 흘러가는 시간을 측정하여 점성계수를 알고 있는 유체가 지나가는 시간과의 상관관계를 이용하여 점도를 측정한다. 이때 미지의 점도는 시간에 정비례하므로 점도가 구해진다. 또 다른 방법으로는 액체 속에 작은 구를 떨어뜨리고 속도를 측정함으로써 액체의 점도를 구하는 방법이다. 11.8절에 원리가 설명되어 있는데, 구의 속도가 점도와 관련된 관계식으로부터 점성계수를 측정한다. 이 방법은 투명한 액체나 점도가 매우 큰 꿀과 같은 액체의 점도를 측정하는 데 유용하다. 그 외에도 점도를 측정하는 방법은 여러 가지가 있다. 여러 가지 점도계의 측정원리는 참고문헌 [14]에 자세히 나와 있다.

브룩필드 점도계

요점 정리

- 물, 기름, 공기 등과 같은 **뉴턴유체**는 연속적인 얇은 유체층 사이에 발생하는 전단응력이 속도구배에 정비례하며, 관계식은 $\tau = \mu(du/dy)$이다.
- 뉴턴유체의 전단저항력은 비례상수인 점성계수 μ에 의해 측정된다. 전단에 의한 유동저항은 점성계수가 클수록 더 큰 값을 갖는다.
- 비뉴턴유체는 겉보기 점성계수를 갖는다. 겉보기 점성계수가 전단응력에 따라 증가하면 팽창유체라고 부르며, 전단응력이 증가할수록 겉보기 점성계수가 감소하면 유사소성유체라고 부른다.
- 비점성유체는 점성이 없는 유체이며, 비점성($\mu = 0$) 비압축성($\rho = 0$) 유체를 이상유체라고 부른다.
- 점성계수는 압력에 대해서는 큰 변화가 없지만 온도에 따라서는 크게 변한다. 액체는 온도가 증가할수록 점성계수가 낮아지고, 기체는 반대로 증가한다.
- 동점성계수는 점성계수를 밀도로 나눈 물성치이고 $\nu = \mu/\rho$로 표기한다.
- 액체의 점성계수는 간접적으로 측정하며, 회전식 점도계, 오스왈드 점도계 등 여러 가지 방법이 있다.

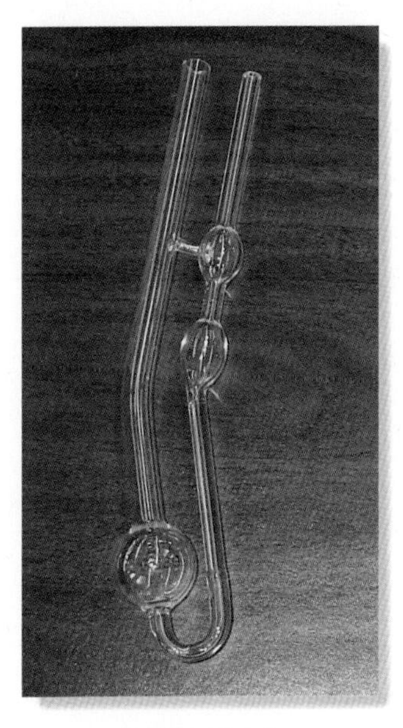
오스왈드 점도계

예제 1.5

그림 1-18과 같이 25°C의 얇은 물 위에 평판이 놓여 있다. 평판에 작은 힘 **F**가 작용하여 유체의 두께 방향으로 $u = (40y - 800y^2)$ m/s의 속도분포가 생겼고, y의 단위는 미터이다. 움직이는 판과 바닥에 고정된 판에서의 전단응력을 구하라.

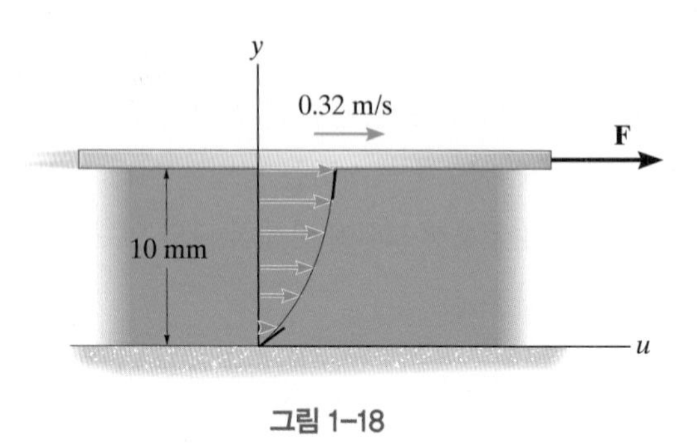

그림 1–18

풀이

유체 설명 물은 뉴턴유체이며, 뉴턴의 점성법칙 적용이 가능하다. 부록 A에서 25°C 물의 점성계수를 구하면 $\mu = 0.897(10^{-3})\ \mathrm{N\cdot s/m^2}$이다.

해석 뉴턴의 점성법칙을 적용하기 전에 속도구배를 먼저 구해야 한다.

$$\frac{du}{dy} = \frac{d}{dy}\left(40y - 800y^2\right)\ \mathrm{m/s} = (40 - 1600y)\ \mathrm{s^{-1}}$$

고정된 판에서의 $y = 0$이므로,

$$\tau = \mu \left.\frac{du}{dy}\right|_{y=0} = \left(0.897\left(10^{-3}\right)\ \mathrm{N\cdot s/m^2}\right)(40 - 0)\ \mathrm{s^{-1}}$$

$$\tau = 35.88\left(10^{-3}\right)\ \mathrm{N/m^2} = 35.9\ \mathrm{mPa}$$ 답

움직이는 판에서는 $y = 0.01$ m이므로,

$$\tau = \mu \left.\frac{du}{dy}\right|_{y=0.01\ \mathrm{m}} = \left[0.897\left(10^{-3}\right)\ \mathrm{N\cdot s/m^2}\right]\left(40 - 1600(0.01)\right)\mathrm{s^{-1}}$$

$$\tau = 21.5\ \mathrm{mPa}$$ 답

계산결과를 비교해보면 고정된 판에서의 전단응력이 **속도구배** 또는 du/dy의 기울기가 크기 때문에 움직이는 판에서의 전단응력보다 크다. 그림 1-18에 굵은 선으로 기울기가 표시되어 있다. 또한 속도의 크기는 점착조건을 만족하며, 고정판에서는 속도가 $y = 0$, $u = 0$, 움직이는 판에서는 $y = 10$ mm, $u = U = 0.32$ m/s임을 알 수 있다.

예제 1.6

그림 1-19a와 같이 100 kg 무게의 판이 SAE 10W-30 기름막 위에 놓여있고, 기름의 점성계수는 $\mu = 0.0652\ \text{N}\cdot\text{s/m}^2$이다. 판이 기름막 위에서 0.2 m/s의 일정 속도로 미끄어지게 하기 위한 힘 **P**를 구하라. 힘은 판의 중심에 작용하고, 기름막의 두께는 0.1 mm이다. 판의 아랫면이 기름과 접촉하는 면적은 $0.75\ \text{m}^2$이다.

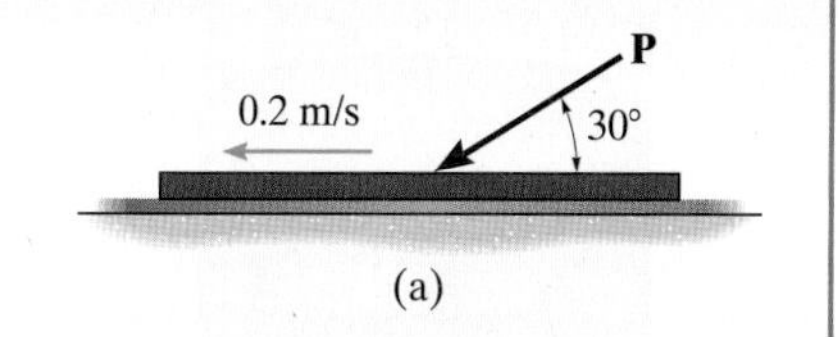

(a)

풀이

유체 설명 기름은 뉴턴유체이므로 뉴턴의 점성법칙을 적용할 수 있다.

해석 먼저 그림 1-19b와 같이 자유물체도를 그려서 작용력 **P**에 의한 전단력 **F**를 구한다. 판이 일정 속도로 움직이므로 수평방향으로 힘의 평형이 적용된다.

$$\overset{+}{\rightarrow}\Sigma F_x = 0; \qquad F - P\cos 30^\circ = 0$$

$$F = 0.8660P$$

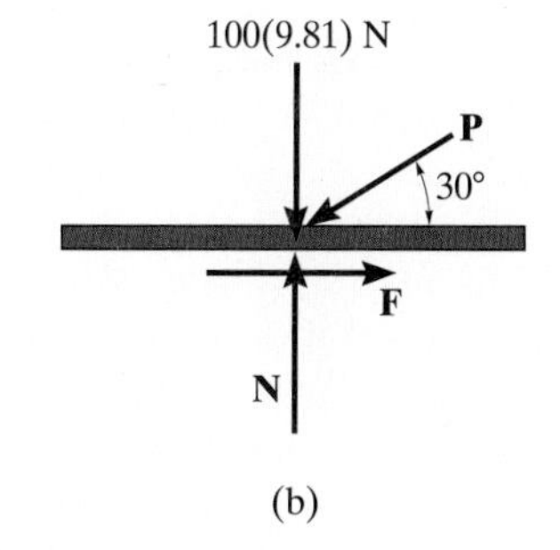

(b)

기름막에 작용하는 힘은 반대방향이며, 기름막 상단의 전단응력이 왼쪽으로 작용한다.

$$\tau = \frac{F}{A} = \frac{0.8660P}{0.75\ \text{m}^2} = (1.155P)\ \text{m}^{-2}$$

속도분포를 그림 1-19c와 같이 선형이라고 가정하면 속도구배는 일정하며 $du/dy = U/t$이다. 따라서,

$$\tau = \mu\frac{du}{dy} = \mu\frac{U}{t}$$

$$(1.155P)\ \text{m}^{-2} = \left(0.0652\ \text{N}\cdot\text{s/m}^2\right)\left[\frac{0.2\ \text{m/s}}{0.1(10^{-3})\ \text{m}}\right]$$

$$P = 113\ \text{N}$$ 답

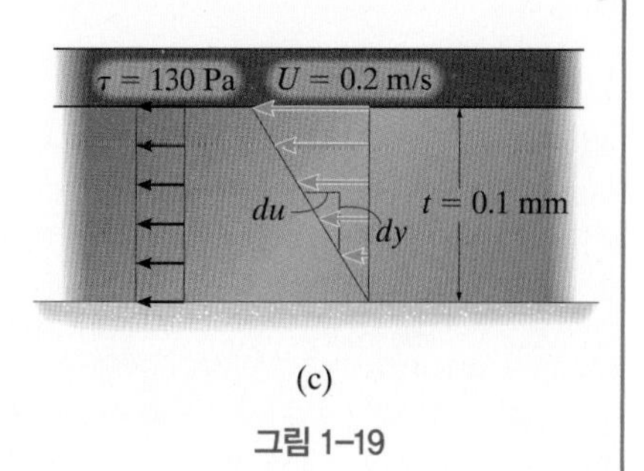

(c)

그림 1-19

속도구배가 일정하면 그림 1-19c와 같이, 기름막의 두께 방향으로 일정한 전단응력 $\tau = \mu(U/t) = 130\ \text{Pa}$을 갖는다.

1.9 증기압

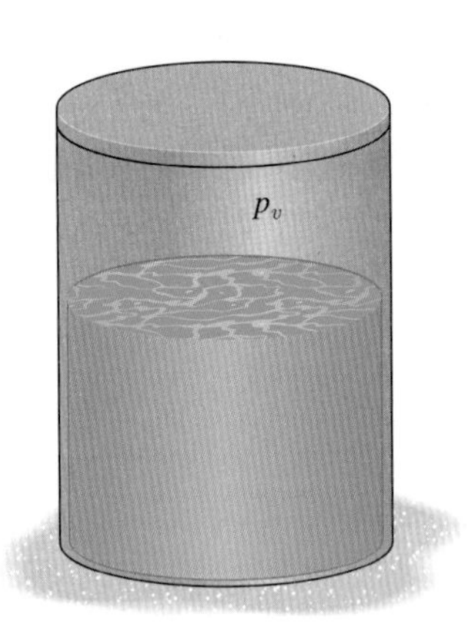

밀폐된 탱크의 위쪽 부분은 원래 진공이지만 그 공간은 증기압 p_v로 채워진다.

그림 1-20

그림 1-20과 같이 밀봉된 탱크 내에 담겨 있는 액체를 생각해보자. 액체는 분자 간의 열운동으로 연속적인 온도 분포를 가지며, 이 중 표면에 있는 분자의 경우 분자 사이의 결합력 이상의 운동에너지를 가지고 있어, 탱크 내부의 빈 공간으로 위로 상승 또는 증발한다. 평형 상태에 도달하면, 액체에서 증발되는 분자 수와 응축되는 분자 수가 같아지게 된다. 이때 이 빈 공간을 **포화되었다**고 한다. 탱크 내부 벽과 액체의 표면에 튕기면서, 증발된 액체의 분자들이 압력을 만든다. 이 압력을 **증기압**(vapor pressure) p_v라고 한다. 액체 온도가 증가하면, 증발되는 액체 분자의 수를 증가시키고, 액체 분자의 운동에너지도 증가시키게 되어, 높은 온도는 높은 증기압을 야기시킨다.

액체는 표면적에서의 절대압력이 증기압보다 낮을 때 끓기 시작한다. 예를 들어, 해수면에서 물이 100°C(212°F)일 때, 증기압과 대기압이 101.3 kPa (14.7 lb/in^2)에서 같아지면 물은 끓기 시작한다. 비슷한 예로, 산 정상에 올라갔을 때 물 표면에서의 대기압이 감소하여 낮은 압력에서 비등이 발생 가능하며, 이때 온도는 100°C보다 낮다. 다양한 온도에서의 물의 증기압은 부록 A에 나와 있다. 온도가 증가할 때 증기압이 분자의 열운동으로 증가한다는 것을 알 수 있다.

공동현상 펌프, 터빈 또는 파이프 시스템을 설계할 경우, 중요한 고려 사항이 있는데, 유체가 흐르고 있는 어떤 지점에서도 압력이 증기압과 같거나 낮아지게 하면 안 된다. 만약 이런 상태가 발생되면, 액체 내에서 증발 또는 비등이 발생하게 된다. 이는 기포가 높은 압력에 의해 휩쓸려가게 되고, 결과적으로 기포의 와해로 이어지는데, 이를 **공동현상**(cavitation)이라 한다. 프로펠러의 블레이드 또는 펌프에서 이러한 현상이 지속적으로 발생하게 되면 표면의 마모를 야기하기 때문에, 이 현상을 방지하는 것은 중요한 문제이다. 이후 제14장에서 공동현상에 관해 더 설명할 것이다.

1.10 표면장력과 모세관 현상

액체는 분자와 분자 사이의 끌어당기는 **응집력**(cohesion)으로 인해 형태를 유지할 수 있다. 이 힘은 유체의 저항력을 만들어내고 이로 인해 **표면장력**이 발생하게 된다. 반면, 유체분자가 다른 물질을 끌어당기는 힘을 **점착력**(adhesion)이라 하고, 이 힘은 응집력과 함께 **모세관 현상**을 만들어낸다.

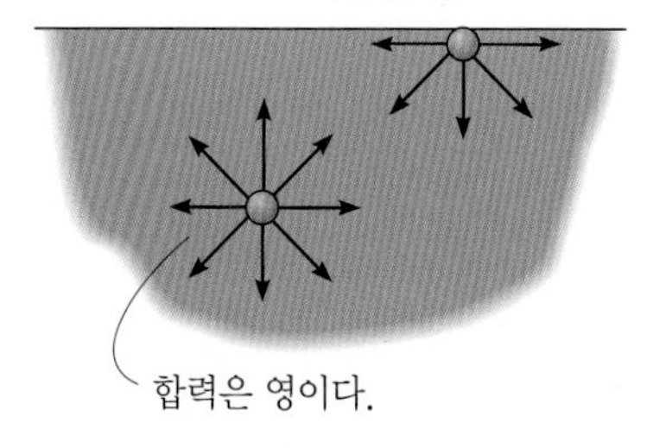

(a)

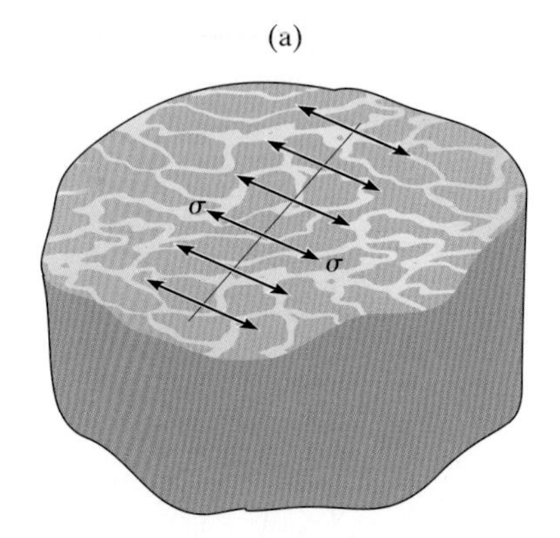

표면장력은 단위 길이당의 힘으로 표면으로부터 분자를 분리하는 데 필요한 힘이다.

(b)

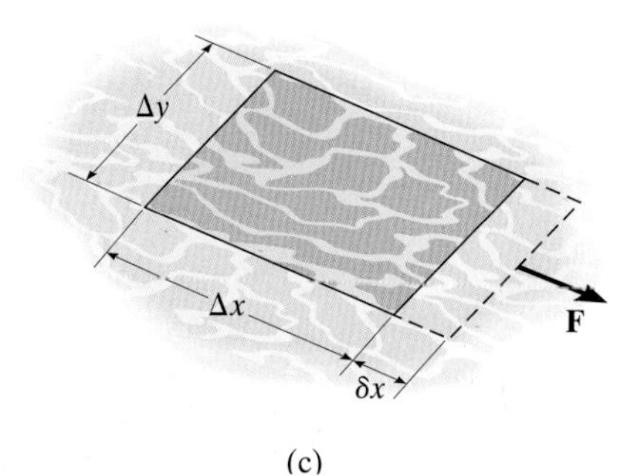

(c)

그림 1–21

표면장력 표면장력은 그림 1-21a와 같이 액체 내부의 두 분자(또는 물질) 주변에 응집력이 발생하는 것을 볼 수 있는데, 이를 이용하여 설명할 수 있다. 액체의 깊은 곳에 있는 분자의 경우 분자 주변으로 같은 양의 응집력이 작용하고 있다. 따라서, 그로 인해 발생되는 힘은 0이 된다. 하지만 액체의 표변에 있는 분자의 경우 옆과 액체 내부 방향으로의 응집력만이 작용하게 된다. 이는 결과적으로 아랫방향으로의 알짜힘을 만들어내고, 이러한 힘은 표면의 **수축**을 발생시킨다. 다시 말해, 응집력으로 인해 발생되는 힘은 표면을 아랫방향으로 끌어당긴다.

표면에 있는 분자를 분리시키기 위해서는 인장력이 필요하다. 그림 1-21b에 나타낸 바와 같이 단위 길이당 인장력을 **표면장력** σ(시그마)라고 한다. 단위는 모든 액체에서 N/m 또는 lb/ft로 나타내며, 이 값은 주로 온도의 형향을 받는다. 높은 온도에서 액체 분자 간의 열운동이 활발히 발생하면, 표면장력은 작아지게 된다. 예를 들어 물 온도 10°C에서 표면장력 $\sigma = 74.2$ mN/m과 비교하여, 온도 50°C에서의 표면장력 값은 $\sigma = 67.9$ mN/m이다. 또한 표면장력은 불순물에 민감하기 때문에 알려진 값을 사용할 때 신중해야 한다.

응집력은 액체의 표면적이 증가하는 것에 대한 저항력이기 때문에 표면적을 작아지게 한다. 분자 사이를 분리시키기 위해서는 일이 필요하고, 이 일로 인해 에너지가 생성되는데, 이를 **자유 표면에너지**(free-surface energy)라고 한다. 예를 들어, 그림 1-21c를 보면 작은 요소의 한 면에 표면장력에 의한 힘이 $F = \sigma\Delta y$만큼 작용하고 있다. 이때 한쪽 방향으로 표면을 δx만큼 증가시키면, 면적은 $\Delta y\,\delta x$만큼 증가하게 된다. 힘 $\mathbf{F}$는 $F\delta x$만큼 일을 하게 되고 그 값을 증가한 면적으로 나누어주게 되면 결과적으로

$$\frac{F\,\delta x}{\Delta y\,\delta x} = \frac{\sigma\Delta y\,\delta x}{\Delta y\,\delta x} = \sigma$$

다시 말해, 표면장력은 액체의 단위 표면적을 증가시킬 때 필요한 자유 표면에너지의 양으로도 정의 가능하다.

빗방울과 같이 분수에서 분출된 물도 표면장력에 의한 응집력으로 구형의 액적이 된다.

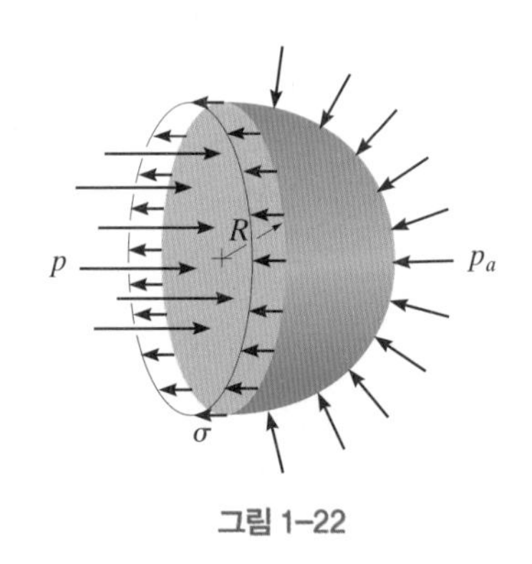

그림 1–22

액적 응집력은 액체가 대기로 분사될 때, 자연스레 형성되는 액적(liquid drops)의 형성 원인이 된다. 응집력은 액적의 모양을 최소화시켜서 구를 형성한다. 응집력이 원인이 되는 액체의 표면장력 σ로부터 액적 안에서 발생되는 압력을 결정할 수 있다. 그림 1-22에 나타낸 것처럼 물방울의 절반에 대한 자유물체도를 고려하자. 중력과 물방울이 떨어질 때 대기의 항력을 무시한다면, 외부 면에서 작용하는 힘은 대기압 p_a로 인한 힘, 절단된 방울의 표면을 따라 작용하는 표면장력 σ, 절단된 면에 작용하는 내부 압력 p가 있다. 다음 장에서 설명되는 것처럼, p_a와 p로 인해 발생하는 수평힘은 물방울의 **투영된 면적**, 즉 πR^2에 대해 각각의 압력을 곱함으로써 결정된다. 표면장력에 의한 힘은 방울 주변의 원주길이 $2\pi R$에 σ를 곱함으로써 결정된다. 수평력 평형은 다음 식과 같이 된다.

$$\overset{+}{\rightarrow}\Sigma F_x = 0; \qquad p\left(\pi R^2\right) - p_a\left(\pi R^2\right) - \sigma(2\pi R) = 0$$

$$p = \frac{2\sigma}{R} + p_a$$

여기서 내부 압력은 2개의 요인으로 형성되는데, 하나는 표면장력으로 인한 것이고, 또 다른 하나는 대기압력에 의한 것이다. 예를 들어, 20°C 온도에서 수은은 σ = 486 mN/m의 표면장력을 가진다. 수은이 2 mm 직경의 방울을 형성하면, 표면장력은 방울 내부에서 대기에 의한 압력을 더하여 p_{st} = 2(0.486 N/m)/(0.001 m) = 972 Pa의 내부 압력을 만들 것이다.

수은은 모서리가 안으로 말려들어가는 것으로 알 수 있듯이 비젖음 유체이다.

모세관 현상 액체의 모세관 현상(capillarity)은 접착력과 응집력 사이의 상호작용으로 발생한다. 용기 표면의 분자와 액체의 접착력이 액체 분자 사이에 응집력보다 더 크면 액체는 **젖음 액체**(wetting liquid)라고 부른다. 이런 경우, 그림 1-23a에서 보이듯이 **액체의 표면**(메니스커스, meniscus)은 좁은 유리 용기에 담겨있는 물처럼 오목하게 될 것이다. 접착력이 응집력보다 작으면 액체는 **비젖**

음 액체(nonwetting liquid)라고 불린다. 그림 1-23b에서 보이듯이 좁은 유리관 내의 수은처럼 메니스커스는 볼록한 표면을 형성한다.

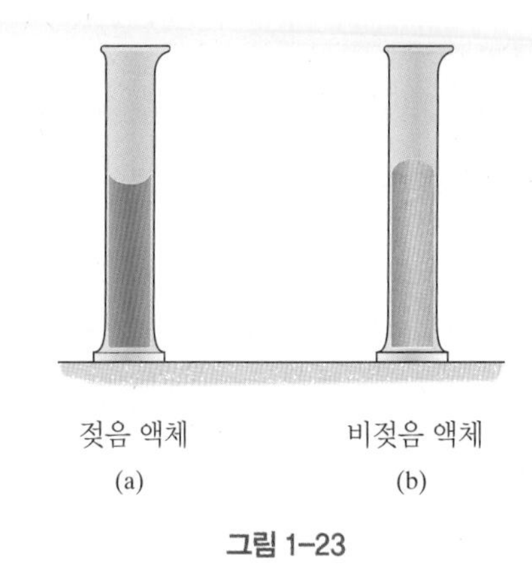

그림 1–23

비젖음 액체는 그림 1-24a에서 볼 수 있듯이, 좁은 관을 따라 올라올 것이고, 그림 1-24b와 같이 관에 매달린 액체 부분의 자유물체도를 고려함으로써 높이 h를 결정할 수 있다. 여기서 자유표면이나 메니스커스는 관과 액체표면 사이의 접촉각 θ를 만든다. 이 각은 접착력의 방향을 정의하는데, 관의 벽에서 액체의 표면장력 σ의 효과로 인한 힘을 형성한다. 따라서 관의 내부 둘레에 작용하는 힘의 합은 $\sigma(2\pi r)\cos\theta$이다. 또 다른 힘은 매달린 액체 $\forall = \pi r^2 h$의 중량 $W = \rho g\forall$이다. 수직힘 평형을 고려하면, 다음 식을 구할 수 있다.

$$+\uparrow \Sigma F_y = 0; \qquad \sigma(2\pi r)\cos\theta - \rho g(\pi r^2 h) = 0$$

$$h = \frac{2\sigma\cos\theta}{\rho g r}$$

실험에 의하면 물과 유리 사이의 접촉각 θ는 거의 0°이고, 그림 1-24a에 나타낸 것처럼 물의 메니스커스 표면은 반구형이 된다. 이때 $\theta = 0°$로 하고 h를 측정함으로써 위의 식은 다양한 온도에서 물에 대한 표면장력 σ을 결정하는 데 사용될 수 있다.

다음 장에서는 유리 관에서 액체의 높이를 측정함으로써 압력을 측정하는 방법을 소개할 것이다. 액체의 높이로 압력을 측정할 경우 관 내의 모세관 현상에 의해 야기된 추가적인 높이로 인한 오차가 발생할 수 있다. 이러한 효과를 최소화하기 위해서는 모세관 현상으로 상승하는 h가 관의 반경과 액체의 밀도에 반비례한다는 점을 고려해야 한다. 관의 반경이 더 작아질수록 h는 더 높아진다. 예를 들어, 20°C에서 물을 채우고 있는 3 mm 직경의 관에서 $\sigma = 72.7\ \text{mN/m}$, $\rho = 998.3\ \text{kg/m}^3$이다. 이때 h는 다음과 같이 구할 수 있다.

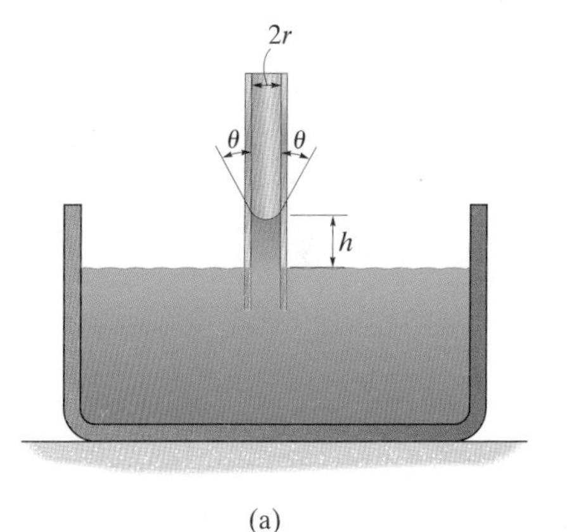

$$h = \frac{2(0.0727\ \text{N/m})\cos 0°}{(998.3\ \text{kg/m}^3)(9.81\ \text{m/s}^2)(0.0015\ \text{m})} = 9.90\ \text{mm}$$

이 결과는 무시할 수 없는 오차를 야기시킨다. 보다 정확한 액주계 압력측정 실험을 위해서는 모세관 현상을 최소화시켜야 하며, $h \approx 3\ \text{mm}$ 정도인 직경 10 mm 이상의 관을 사용하는 것이 좋다.

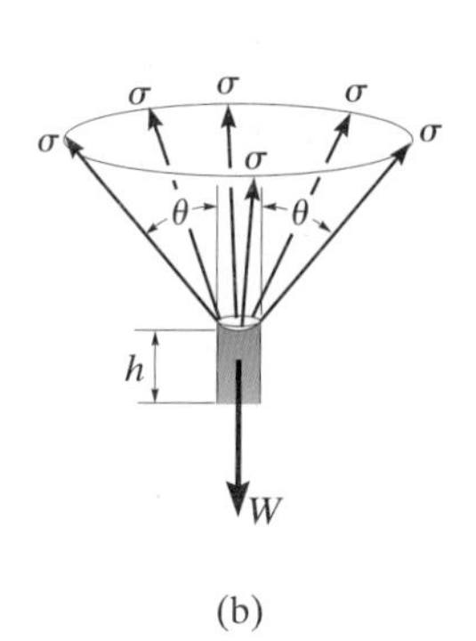

그림 1–24

앞으로 유체역학을 공부해보면 대부분의 경우 응집력과 접착력이 점성, 압력, 중력의 영향에 비해 작다는 것을 알 수 있을 것이다. 그러나 표면에 작용하는 액체 막의 효과를 고려해야 하는 기포의 형성과 성장에 관련된 현상을 연구하거나, 흙과 같은 다공성 물질을 통과하는 액체의 움직임을 연구할 경우 표면장력은 중요한 역할을 한다.

요점 정리

- 액체는 특정 온도에서 액체의 내부나 표면에서의 압력이 포화증기압과 같아질 때 끓기 시작한다.
- 기계 또는 구조물을 설계할 경우 주어진 조건에서 **공동현상**이 발생하는지를 고려해야 한다. 이 현상은 유체 내에서 증기압과 비교하여 압력이 같아지거나 작아지는 경우, 증발 또는 비등이 발생하게 되고, 결과적으로 기포가 높은 압력에 의해 휩쓸려가게 되어 급작스러운 와해로 이어진다.
- **표면장력**(σ)은 유체 내부에서 분자들 간의 응집력으로 인해 발생한다. 이는 유체 표면에서 단위 길이당 힘으로 정의할 수 있다. 온도가 증가할 때 표면장력은 작아진다.
- 좁은 유리 관에서 물과 같은 **젖음 액체**의 모세관 현상은 관의 벽에 붙는 접착력이 액체의 응집력에 의한 힘보다 더 크기 때문에 오목한 표면을 만든다. 수은과 같은 **비젖음 액체**에서는 응집력이 접착력보다 더 크기 때문에 표면이 볼록하다.

참고문헌

1. G. A. Tokaty, *A History and Philosophy of Fluid Mechanics*, Dover Publications, New York, NY, 1994.
2. R. Rouse and S. Ince, *History of Hydraulics*, Iowa Institute of Hydraulic Research, Iowa City, IA, 1957.
3. A. S. Monin and A. M. Yaglom, *Statistical Fluid Mechanics, Mechanics of Turbulence*, Vol. 1, Dover Publications, New York, NY, 2007.
4. *Handbook of Chemistry and Physics*, 62nd ed., Chemical Rubber Publishing Co., Cleveland, OH, 1988.
5. *The U.S. Standard Atmosphere (1976)*, U.S. Government Printing Office, Washington, DC, 1976.
6. *Handbook of Tables for Applied Engineering Science*, Chemical Rubber Publishing Co., Cleveland, OH, 1970.
7. B. S. Massey and J. Ward-Smith, *Mechanics of Fluids*, 9th ed., Spon Press, London and New York, 2012.
8. C. W. Macosko, *Rheology: Principles, Measurements, and Applications*, VCH Publishers New York, NY, 1994.
9. P. M. Kampmeyer, "The Temperature Dependence of Viscosity for Water and Mercury," *Journal of Applied Physics*, 23, 99, 1952.
10. R. D. Trengove and W. A. Wrakeham, "The Viscosity of Carbon Dioxide, Methane, and Sulfur Hexafluoride in the Limit of Zero Density," *Journal of Physics and Chemistry*, Vol. 16, No 2, 1987.
11. S. Granick and E. Zhu, *Physical Review Letters*, August 27, 2001.
12. D. Blevins, *Applied Fluid Dynamics Handbook*, Van Nostrand Reinhold, New York, NY, 1984.
13. R. L. Mott, *Applied Fluid Mechanics*, Prentice Hall, Upper Saddle River, NJ, 2006.
14. R. Goldstein, *Fluid Mechanics Measurements*, 2nd ed., Taylor and Francis, Washington, DC, 1996.
15. P. R. Lide, W. M. Haynes, eds. *Handbook of Chemistry and Physics*, 90th ed., Boca Raton, FL, CRC Press.

연습문제

1.1~1.6절

1-1 적절한 접두어를 사용하여 단위의 조합으로 된 다음의 양들을 알맞은 SI 단위계로 나타내라. (a) GN·μm, (b) kg/μm, (c) N/ks^2, (d) kN/μs.

1-2 적절한 접두어와 SI 단위계로 다음의 답을 유효숫자 세 자리로 표현하라. (a) (425 mN)^2, (b) (67300 ms)^2, (c) [723(10^6)]$^{1/2}$ mm.

1-3 적절한 접두어와 SI 단위계로 다음의 답을 유효숫자 세 자리로 표현하라. (a) 749 μm/63 ms, (b) (34 mm)(0.0763 Ms)/263 mg, (c) (4.78 mm)(263 Mg).

***1-4** (a) 20°C를 화씨 온도로, (b) 500 K를 섭씨 온도로, (c) 125°F를 랭킨 온도로, (d) 215°F를 섭씨 온도로 전환하라.

1-5 수은은 온도가 20°C일 때, 비중량이 133 kN/m^{3}이다. 이 온도에서 수은의 밀도와 비중을 구하라.

1-6 제트 엔진의 연료는 밀도가 1.32 slug/ft^{3}이다. 전체 연료 탱크 A의 부피는 50 ft^{3}이라면, 탱크가 완전히 가득 찰 때의 연료 무게를 구하라.

연습문제 **1–6**

1-7 병 모양의 탱크 안의 공기가 절대압력은 680 kPa, 온도는 70°C인 경우, 탱크 안의 공기의 무게를 구하라. 탱크 내부의 부피는 1.35 m^{3}이다.

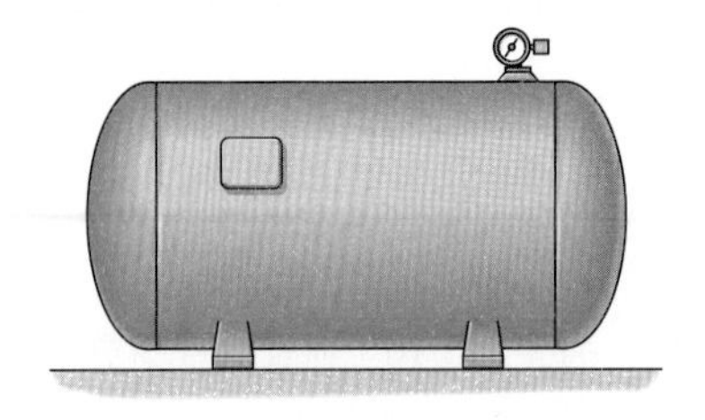

연습문제 **1–7**

***1-8** 병 모양의 탱크의 부피는 0.12 m^{3}이고 절대압력 12 MPa, 온도 30°C의 산소로 채워져 있다. 탱크 안의 산소 질량을 구하라.

1-9 탱크의 부피는 0.12 m^{3}이고 절대압력 12 MPa, 온도 20°C 산소로 채워져 있다. 온도가 20°C ≤ T ≤ 80°C로 변할 때, 탱크 안의 압력의 변화를 그려라. ΔT = 10°C 증가할 때의 값을 구하라.

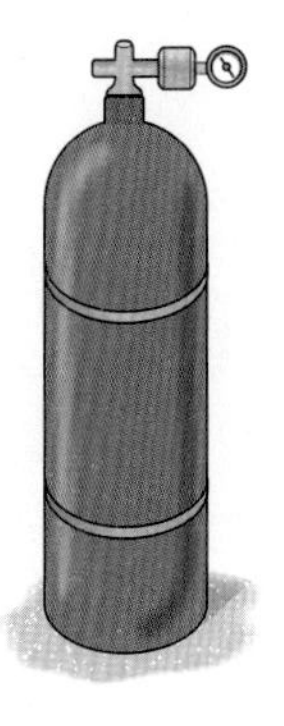

연습문제 **1–8/9**

1-10 100°C의 온도, 400 kPa의 절대압력에서 이산화탄소의 비중량을 구하라.

1-11 100°F의 온도, 80 psi의 절대압력에서 이산화탄소의 비중량을 구하라.

*1-12 25°C의 건공기의 밀도는 1.23 kg/m^{3}이다. 그러나 같은 압력에서 100%의 습도가 있으면 공기의 밀도는 0.65%가 더 작아진다. 온도가 얼마가 되면 건공기가 100%의 습공기와 같은 밀도를 가질 수 있겠는가?

1-13 유조선은 원유 1.5(10^6) 배럴을 운반한다. 원유 비중이 0.94일 때 원유의 무게를 구하라. 1배럴은 42갤런이고, 단위환산 계수는 7.48 gal/ft^{3}이다.

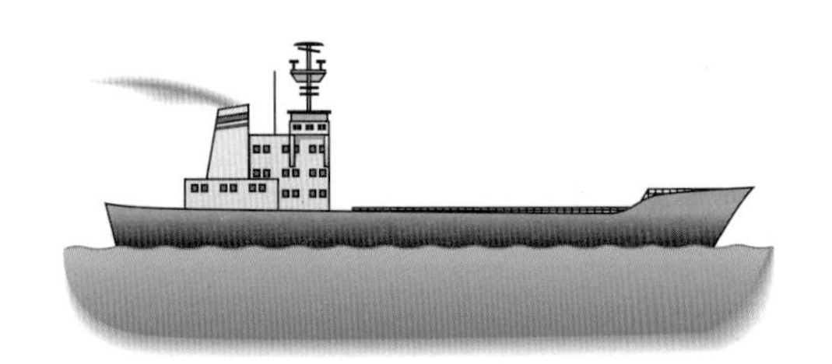

연습문제 **1–13**

1-14 온도가 5°C인 수영장의 수심은 3.03 m이다. 온도가 35°C일 때, 수영장의 수심을 대략적으로 계산하라. 증발로 인한 손실은 무시한다.

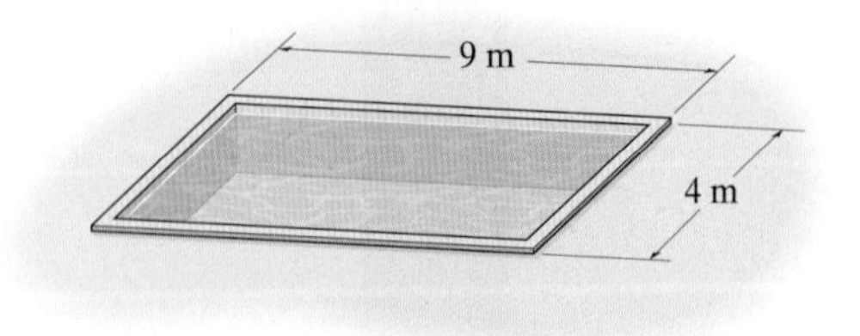

연습문제 **1–14**

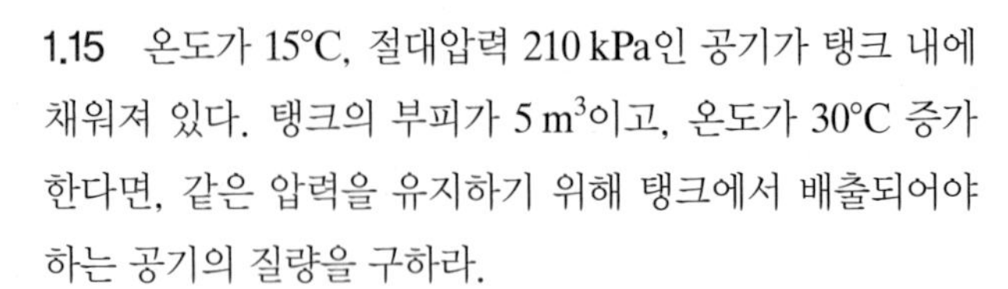

1.15 온도가 15°C, 절대압력 210 kPa인 공기가 탱크 내에 채워져 있다. 탱크의 부피가 5 m^{3}이고, 온도가 30°C 증가한다면, 같은 압력을 유지하기 위해 탱크에서 배출되어야 하는 공기의 질량을 구하라.

*1-16 절대압력은 400 kPa, 온도는 20°C인 2 kg의 공기가 탱크 내에 채워져 있다. 0.6 kg의 공기를 탱크에 더 채우고, 온도를 32°C로 증가시키면, 탱크 내의 압력은 얼마가 되겠는가?

1-17 절대압력은 200 kPa, 온도는 50°C인 이산화탄소가 탱크 내에 채워져 있다. 이산화탄소가 추가로 유입되면서, 압력이 25 kPa/min의 비율로 증가한다. 10분 동안 탱크 안의 압력 변화에 따른 온도 변화를 그래프로 그려라. 2분이 지났을 때의 온도는 얼마겠는가?

연습문제 **1–15/16/17**

1-18 등유의 비중량 $\gamma_k = 50.5$ lb/ft^{3}이고, 벤젠의 비중량 $\gamma_b = 56.2$ lb/ft^{3}이다. 벤젠 8 lb를 추가했을 때, 혼합물의 비중량 $\gamma = 52.0$ lb/ft^{3}이 되도록 등유의 양을 구하라.

1-19 8 m 직경의 구모양의 열기구가 온도는 28°C, 절대압력은 106 kPa인 헬륨으로 채워져 있다. 열기구 안의 헬륨의 무게를 구하라. 구의 부피는 $V = \frac{4}{3}\pi r^3$이다.

연습문제 **1–19**

***1-20** 등유에 에틸알코올 10 ft^3가 혼합되어 14 ft^3의 부피로 탱크 안에 혼합되어 있다. 혼합물의 비중량과 비중을 구하라.

연습문제 **1–20**

1-21 강철로 제작된 탱크는 두께가 20 mm이다. 탱크 안에 온도는 20°C, 절대압력은 1.35 MPa인 이산화탄소가 채워져 있다면, 탱크의 전체 질량은 얼마인가? 강철의 밀도는 7.85 Mg/m^3이고, 냉크 내부직경은 3 m이다. 힌트 : 구의 부피는 $V = \frac{4}{3}\pi r^3$이다.

연습문제 **1–21**

1-22 온도가 20°C로 일정할 경우, 절대압력이 230 kPa에서 450 kPa로 변한다면 헬륨의 밀도는 얼마나 증가하는가? 이 과정은 **등온과정**(isothermal process)이라고 불린다.

1-23 25°C 온도의 물이 채워져 있는 컨테이너의 깊이는 2.5 m이다. 컨테이너의 무게가 30 kg이라면, 컨테이너와 물의 전체 무게는 얼마인가?

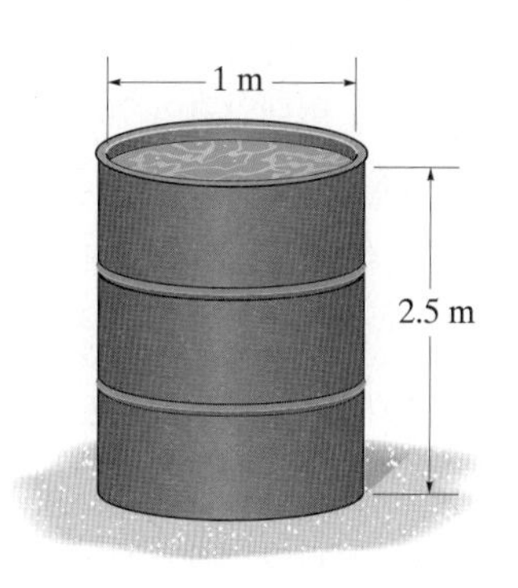

연습문제 **1–23**

*1-24 비구름의 부피는 대략 6.5 mile³이고, 구름의 바닥에서 꼭대기까지 평균높이는 350 ft이다. 직경이 6 ft인 원형 컨테이너로 구름에서 떨어진 비의 강우량을 측정한 결과 2 in.였다. 구름에서 떨어진 비의 전체 중량을 구하라. 1 mile은 5280 ft이다.

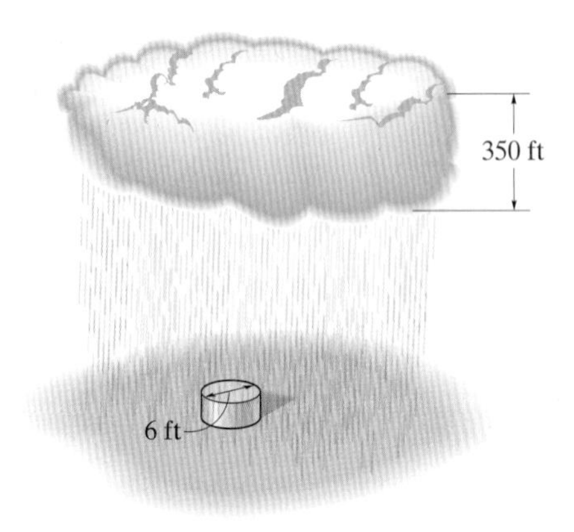

연습문제 1–24

1-25 온도는 20°C, 절대압력은 100 kPa인 헬륨 4 m³이 등온과정에서 절대압력이 600 kPa로 변한다면, 헬륨의 밀도와 부피는 얼마가 되는가?

1-26 20°C의 물이 44 MPa의 압력증가를 받고 있다. 밀도의 증가를 퍼센트로 구하라. $E_V = 2.20$ GPa이다.

1-27 고체의 비중량은 280 lb/ft³이다. 800 psi의 압력 변화가 가해지면, 비중량은 295 lb/ft³으로 증가한다. 대략적인 체적탄성률을 구하라.

*1-28 70°F의 물의 체적탄성률이 319 kip/in²이라면, 부피를 0.3%까지 줄이는 데 필요한 압력 변화를 구하라.

1-29 해수면의 밀도는 절대압력 101 kPa에서 1030 kg/m³이다. 7 km의 깊이에서 절대압력이 70.4 MPa일 때, 밀도를 구하라. 체적탄성률은 2.33 GPa이다.

1-30 해수면의 비중량은 절대압력 14.7 lb/in²에서 63.6 lb/ft³이다. 수면 아래 한 점에서 비중량이 66.2 lb/ft³이라면, 이 점에서의 절대압력을 구하라. $E_V = 48.7(10^6)$ lb/ft²이다.

1-31 2 kg의 산소가 50°C의 온도, 220 kPa의 절대압력하에 있다. 체적탄성률을 구하라.

1.7~1.8절

*1-32 특정 온도에서 기름의 점성계수는 0.354 N·s/m²이다. 동점성을 구하라. 비중은 0.868이다. SI 단위계와 FPS 단위계로 나타내라.

1-33 등유의 동점성은 $2.39(10^{-6})$ m²/s이다. FPS 단위계로 점성계수를 구하라. 온도를 고려할 때, 등유는 비중 $S_k = 0.81$이다.

1-34 $T = 30°C$에서 혈액을 사용한 실험결과는 표면 A(표면에서 측정된 속도구배는 16.8 s⁻¹)에서 $\tau = 0.15$ N/m²의 점성력이 작용한다고 나타낸다. 혈액이 비뉴턴유체일 때, 표면에서의 점성계수를 구하라.

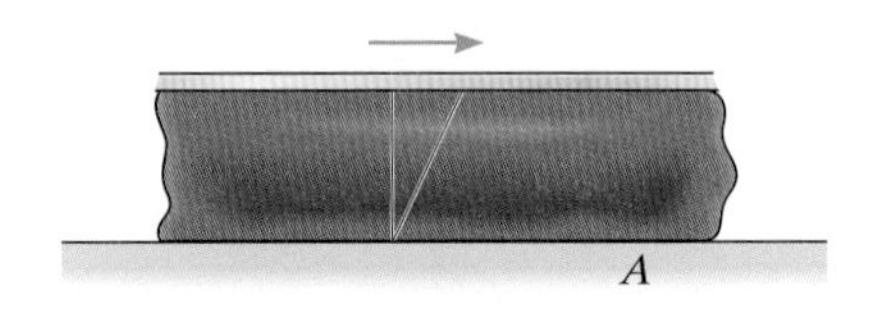

연습문제 1–34

1-35 유체의 표면에서 전단변형률의 변화율과 전단력에 대한 두 가지 측정이 있다. $\tau_1 = 0.14$ N/m², $(du/dy)_1 = 13.63$ s⁻¹이고 $\tau_2 = 0.48$ N/m², $(du/dy)_2 = 153$ s⁻¹이다. 이때 뉴턴유체와 비뉴턴유체로 분류하라.

*1-36 3 mN의 힘이 평판에 가해질 때, 유체의 선 AB는 직선이고 0.2 rad/s의 회전 각속도를 가진다. 유체와 접촉하는 평판 면적이 0.6 m²라면, 유체의 대략적인 점성계수를 구하라.

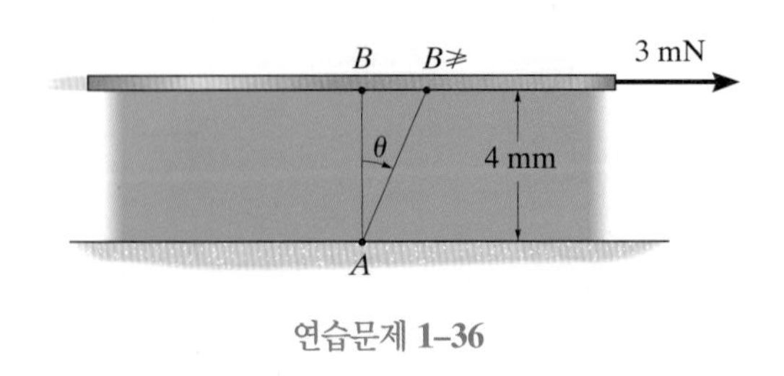

연습문제 1–36

1-37 힘 **P**가 평판에 가해질 때, 평판 아래 국한된 뉴턴유체의 속도분포가 $u = (12y^{1/4})$ mm/s로 추정된다. 여기서 y의 단위는 밀리미터이다. $y = 8$ mm일 때 유체 내의 전단력을 구하라. $\mu = 0.5(10^{-3})$ N·s/m²이다.

1-38 힘 **P**가 평판에 가해질 때, 평판 아래 국한된 뉴턴유체의 속도분포가 $u = (12y^{1/4})$ mm/s로 추정된다. 여기서 y의 단위는 밀리미터이다. 유체 내의 최소 전단력을 구하라. $\mu = 0.5(10^{-3})$ N·s/m²이다.

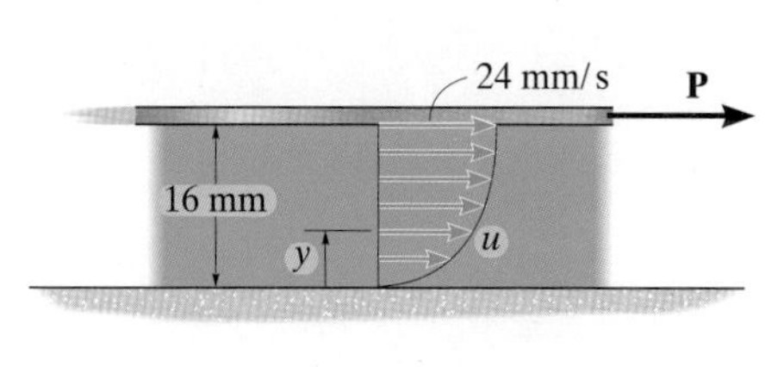

연습문제 **1–37/38**

1-39 평판과 고정된 평면 사이에 국한된 얇은 막의 뉴턴유체가 $u = (10y - 0.25y^2)$ mm/s의 속도분포를 가진다. 여기서 y의 단위는 밀리미터이다. 유체가 평판과 고정된 평면에 가하는 전단력을 구하라. 이때 $\mu = 0.532$ N·s/m²이다.

***1-40** 평판과 고정된 평면 사이에 국한된 얇은 막의 뉴턴유체가 $u = (10y - 0.25y^2)$ mm/s의 속도분포를 가진다. 여기서 y의 단위는 밀리미터이다. 이러한 움직임을 일으키도록 평판에 가해져야 하는 힘 **P**를 구하라. 평판은 유체와 접촉하는 면적이 5000 mm²이다. $\mu = 0.532$ N·s/m²이다.

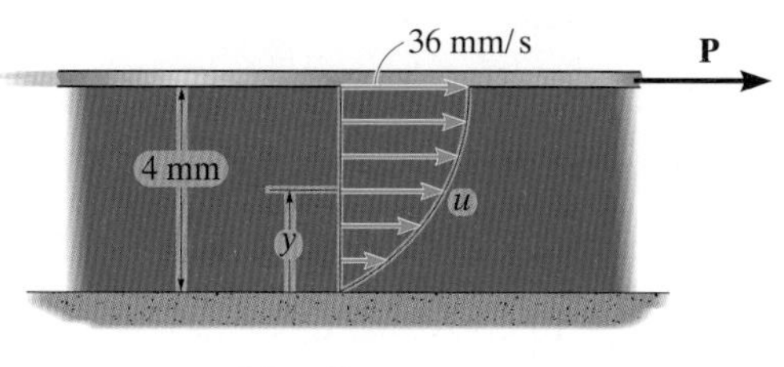

연습문제 **1–39/40**

1-41 고정된 표면에 흐르는 뉴턴유체의 속도분포를 $u = U\sin\left(\frac{\pi}{2h}y\right)$로 가정한다. $y = h$, $y = h/2$에서 전단력을 구하라. 유체의 점성계수는 μ이다.

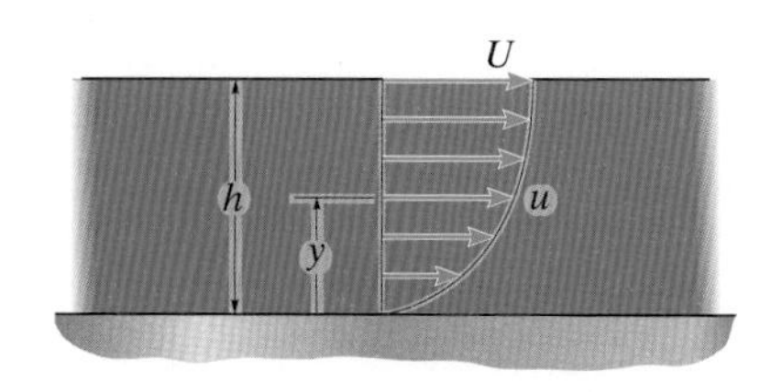

연습문제 **1–41**

1-42 $P = 2$ N의 힘이 작용하여 30 mm 직경의 축을 0.5 m/s의 일정한 속도로 윤활유가 들어있는 베어링을 따라 미끄러지게 한다. 윤활유의 점성계수를 구하고, 힘 $P = 8$ N일 때 축의 속도를 구하라. 윤활유는 뉴턴유체이고, 축과 베어링 사이의 속도구배는 선형이라고 가정한다. 베어링과 축 사이의 간격은 1 mm이다.

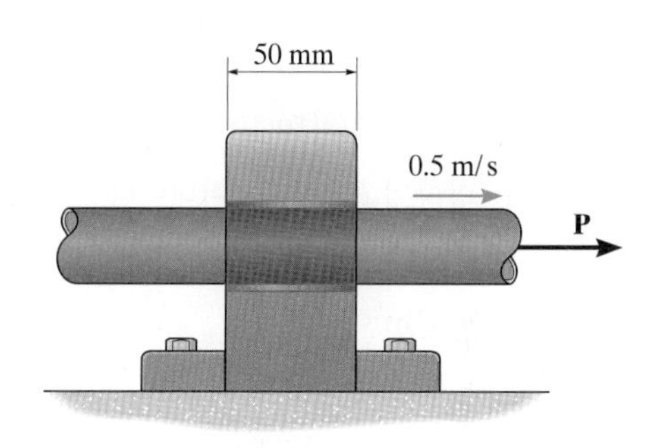

연습문제 **1–42**

1-43 0.15 m 폭의 평판이 두 개의 기름층 A, B 사이를 통과한다. 기름의 점성계수 $\mu = 0.04$ N·s/m²이다. 6 m/s의 일정한 속도로 평판을 움직이는 데 필요한 힘 **P**를 구하라. 지지대의 끝에서 발생하는 마찰력은 무시하고, 각 층을 통과하는 속도구배는 선형이라고 가정한다.

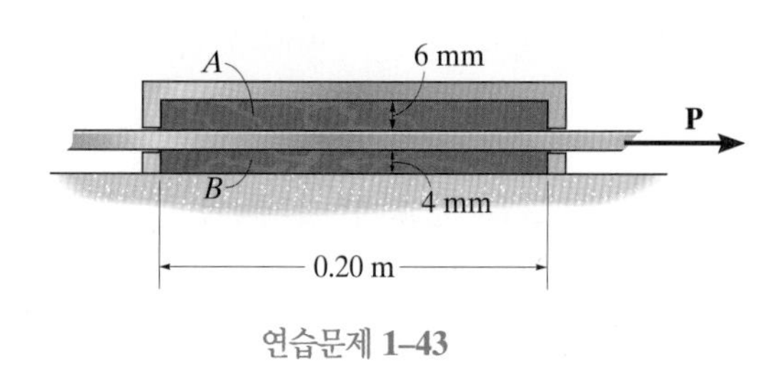

연습문제 **1–43**

***1-44** 0.15 m 폭의 평판이 두 개의 서로 다른 기름층 A, B 사이를 통과한다. 오일의 점성은 각각 $\mu_A = 0.03\ \text{N}\cdot\text{s/m}^2$, $\mu_B = 0.01\ \text{N}\cdot\text{s/m}^2$이다. 6 mm/s의 일정한 속도로 평판을 움직이는 데 필요한 힘 **P**를 구하라. 지지대의 끝에서 발생하는 마찰력은 무시하고, 각 층을 통과하는 속도구배는 선형이라고 가정한다.

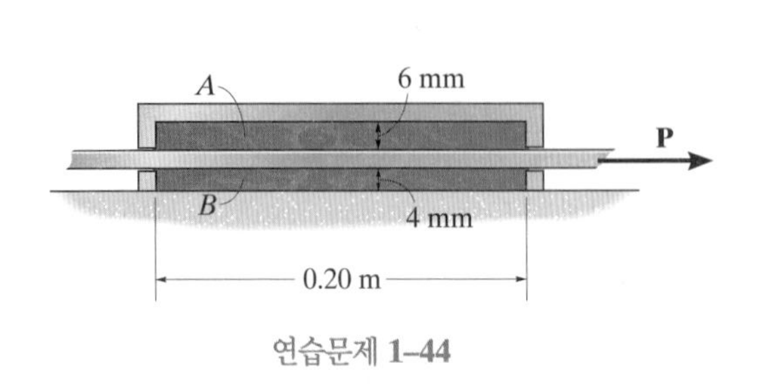

연습문제 **1–44**

1-45 가솔린으로 채워진 탱크의 표면에 10 μm의 평균 폭을 가진 긴 균열이 있다. 균열을 통해 흘러나오는 가솔린의 속도분포는 $u = 10(10^9)[10(10^{-6})y - y^2]$ m/s로 추정된다. y는 수직관 방향이고 단위는 미터이다. 바닥($y = 0$)에서 전단력과 전단력이 0이 되는 균열 위치 y를 구하라. $\mu_g = 0.317(10^{-3})\ \text{N}\cdot\text{s/m}^2$이다.

1-46 가솔린으로 채워진 탱크의 표면에 10 μm의 평균 폭을 가진 긴 균열이 있다. 균열을 통해 흘러나오는 가솔린의 속도분포는 $u = 10(10^9)[10(10^{-6})y - y^2]$ m/s로 추정된다. 여기서 y의 단위는 미터이다. 가솔린이 균열을 흐를 때 가솔린의 속도분포와 전단력분포를 그려라. $\mu_g = 0.317(10^{-3})\ \text{N}\cdot\text{s/m}^2$이다.

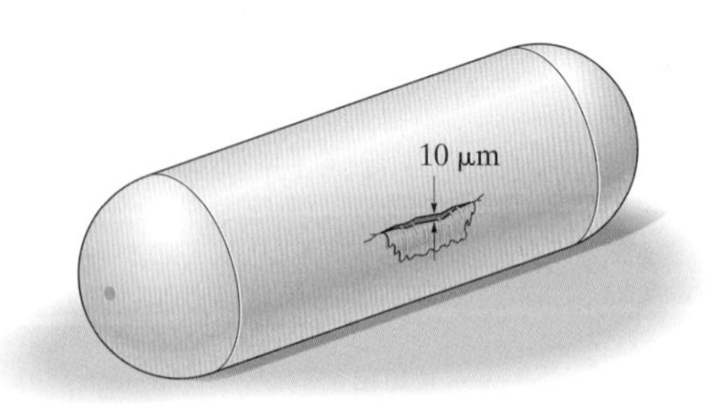

연습문제 **1–45/46**

1-47 A에서 물은 온도가 15°C이고, 평판 C의 윗평면을 따라 흐른다. 속도분포는 $u_A = 10\sin(2.5\pi y)$ m/s이다. B에서 물은 평판 아래로 흐르고, 온도는 60°C이고, 속도분포는 $u_B = 4(10^3)(0.1y - y^2)$ m/s이다. 여기서 y의 단위는 미터이다. 유체가 점성마찰로 인해 평면에 가하는 평판 C의 단위 길이당 힘을 구하라. 폭은 3 m이다.

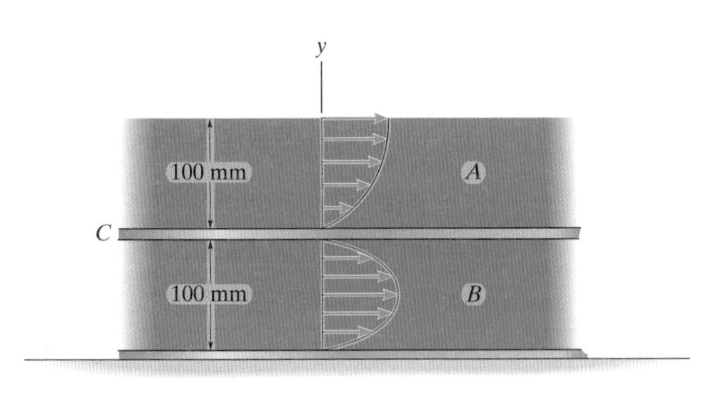

연습문제 **1–47**

***1-48** 실험으로 구한 물의 점성계수가 온도 20°C에서 $\mu = 1.00(10^{-3})\ \text{N}\cdot\text{s/m}^2$, 온도 50°C에서 $\mu = 0.554(10^{-3})\ \text{N}\cdot\text{s/m}^2$이다. 물에 대한 안드레이드 식의 상수 B와 C를 구하라.

1-49 물의 점성계수는 실험에 근거한 안드레이드 식($B = 1.732(10^{-6})\ \text{N}\cdot\text{s/m}^2$, $C = 1863$ K)을 사용하여 구할 수 있다. 부록 A에 나와 있는 표를 참고하여 $T = 10$°C, $T = 80$°C에서 이 수식을 이용한 상수 값과 표에서의 상수 값을 비교하라.

1-50 실험으로 구한 공기의 점성계수가 표준 대기압, 온도 20°C에서 $\mu = 18.3(10^{-6})\ \text{N}\cdot\text{s/m}^2$, 온도 50°C에서 $\mu = 19.6(10^{-6})\ \text{N}\cdot\text{s/m}^2$이다. 공기에 대한 서덜랜드 식의 상수 B와 C를 구하라.

1-51 상수 $B = 1.357(10^{-6})\ \text{N}\cdot\text{s/(m}^2\cdot\text{K}^{1/2})$, $C = 78.84$ K가 표준 대기압하에 공기의 점성계수를 구하기 위한 실험식인 서덜랜드 식에 사용되었다. 부록 A에 표로 나와 있는 값을 참고하여 $T = 10$°C, $T = 80$°C에서 실험식을 이용한 점성계수와 표에서 찾은 점성계수 값을 비교하라.

*1-52 소형 음악 재생기의 판독-기록 헤드는 면적이 0.04 mm^2이다. 헤드는 간격이 0.04 μm이고 디스크 위에서 1800 rpm의 일정 회전속도로 회전한다. 헤드와 디스크 사이에 공기의 마찰 전단저항을 극복하기 위해 디스크에 가해지는 토크 **T**를 구하라. 주변 공기는 표준 대기압이고 온도는 20°C이다. 속도분포는 선형이라고 가정한다.

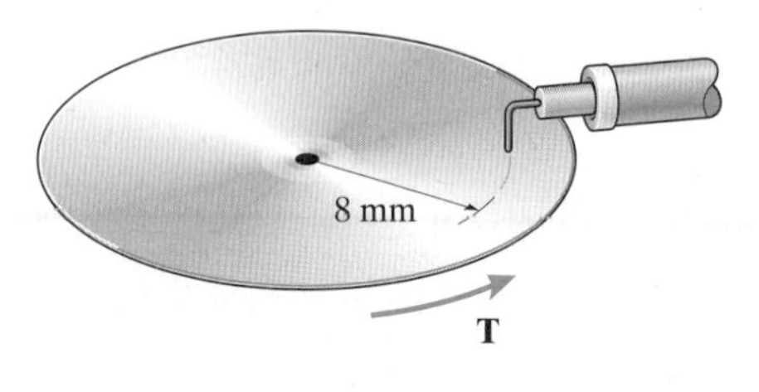

연습문제 **1-52**

1-53 디스크 A와 B가 각각 $\omega_A = 50$ rad/s, $\omega_B = 20$ rad/s 속도로 회전한다. 디스크 B가 움직이는 데 필요한 토크 **T**를 구하라. 디스크 사이의 간격은 $t = 0.1$ mm이고, 점성계수 $\mu = 0.02$ N·s/m^2인 SAE 10 기름이 채워져 있다. 속도분포는 선형이라고 가정한다.

1-54 디스크 A는 정지되어 있고($\omega_A = 0$), 디스크 B는 $\omega_B = 20$ rad/s 속도로 회전한다면 이 운동의 발생에 필요한 토크 **T**를 구하라. 디스크 사이의 간격이 $0 \le t \le 0.1$ mm로 변할 때 토크(수직 축)의 결과를 그래프로 그려라. 틈 사이에는 점성계수 $\mu = 0.02$ N·s/m^2인 SAE 10 기름이 들어 있다. 속도분포는 선형이라고 가정한다.

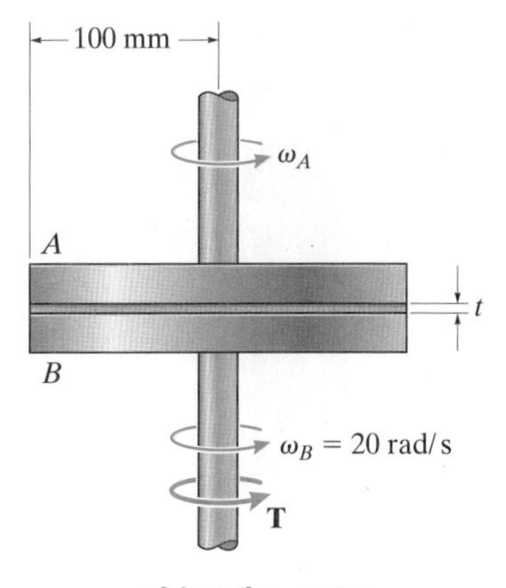

연습문제 **1-53/54**

1-55 폭이 10 mm인 테이프가 그림과 같은 기구를 통해 도포되고 있다. 테이프의 각 면으로 점성계수 $\mu = 0.830$ N·s/m^2의 액체 막(뉴턴유체)이 도포된다. 테이프의 각 면과 도포 기구의 표면 간격이 0.8 mm라면, 바퀴가 0.5 rad/s로 회전하는 데 필요한 토크 **T**를 $r = 150$ mm 위치에 대해 계산하라. 액체 내의 속도분포는 선형이라고 가정한다.

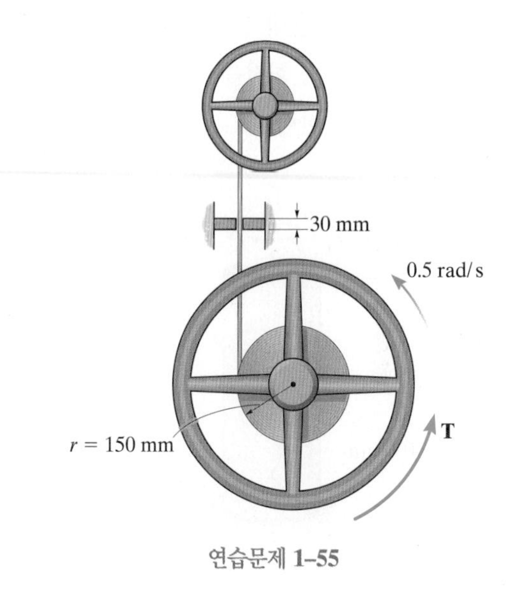

연습문제 **1-55**

*1-56 평균반경 r, 길이 L의 매우 얇은 관 A가 그림처럼 고정된 원형 구멍 안에 놓여져 있다. 구멍과 관의 면 사이의 간격은 t이고, 점성계수 μ를 가지는 뉴턴유체로 채워져 있다. 유체 저항을 극복하고 일정 각속도 ω로 관을 회전시키는 데 필요한 토크 **T**를 구하라. 액체 내의 속도분포는 선형이라고 가정한다.

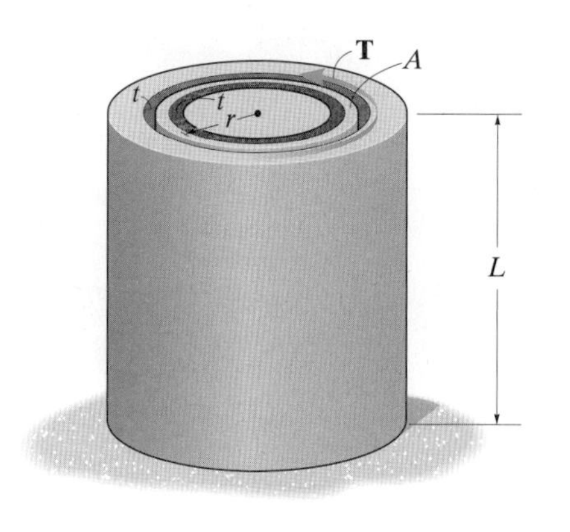

연습문제 **1-56**

1-57 축이 점성계수 $\mu = 0.0657\ \mathrm{N \cdot s/m^2}$이고, 막 두께가 2 mm인 기름막 위에 놓여있다. 축이 일정 각속도 $\omega = 2\ \mathrm{rad/s}$로 회전한다면, 반경 $r = 50\ \mathrm{mm}$, 100 mm에서 기름의 전단력은 얼마인가? 기름 내의 속도분포는 선형이라고 가정한다.

1-58 축이 점성계수 $\mu = 0.0657\ \mathrm{N \cdot s/m^2}$이고, 막두께가 2 mm인 기름막 위에 놓여져 있다. 축이 일정 각속도 $\omega = 2\ \mathrm{rad/s}$로 회전한다면, 회전을 유지하기 위해 축에 가해져야 하는 토크 **T**를 구하라.

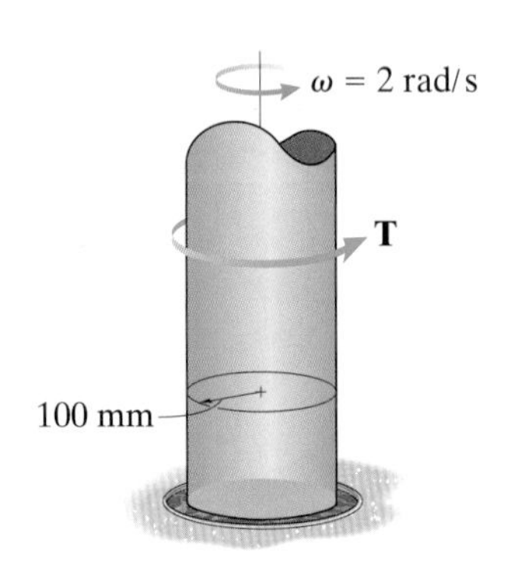

연습문제 **1–57/58**

1-59 원뿔 모양 베어링이 점성계수 μ의 윤활 뉴턴유체에 놓여져 있다. ω의 일정 각속도로 베어링을 회전시키는 데 필요한 토크 **T**를 구하라. 유체의 간격 t를 따라 속도분포는 선형이라고 가정한다.

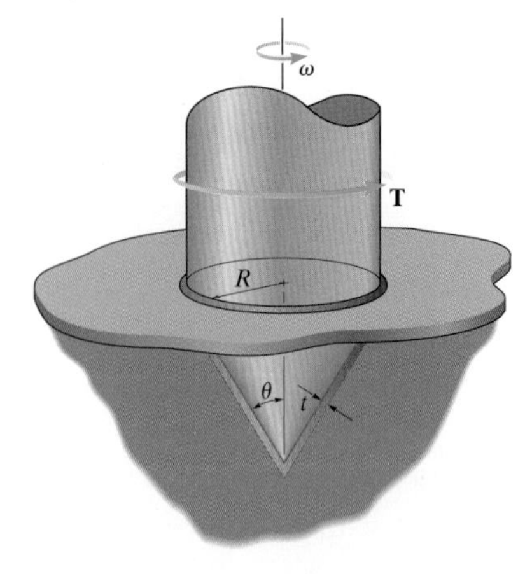

연습문제 **1–59**

1.9~1.10절

***1-60** 콜로라도 주 덴버시는 해수면 기준 1610 m 고도에 있다. 차를 위해 물을 끓일 때 어느 온도에서 비등하는지를 구하라.

1-61 에베레스트 산(29,000 ft)을 등반하는 경우 차를 만들기 위한 물은 어느 온도에서 비등하는가?

1-62 30°C 물에서 터빈 블레이드가 회전하고 있다. 블레이드에서 발생하는 공동현상을 피하기 위한 최소 절대압력을 구하라.

1-63 40°C의 물이 지름이 변하는 관로를 흐를 때, 압력은 감소하기 시작한다. 공동현상이 발생하지 않는 최소 절대압력을 구하라.

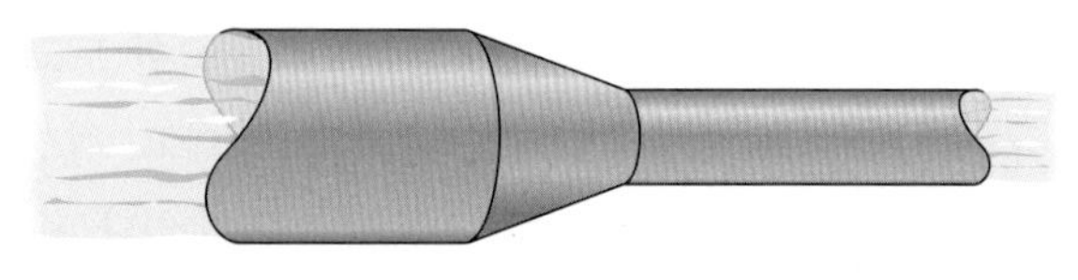

연습문제 **1–63**

***1-64** 70°F의 물이 정원용 호스를 통해 흐르고 있다. 만약 호스가 휜 경우, 소음을 들을 수 있다. 이 휜 지점에서 호스에 흐르는 유체의 속도가 증가하고, 압력이 감소되어 공동현상이 발생한다. 이때 호스 내부의 휜 지점에서 발생되는 최고 절대압력은 얼마인가?

연습문제 **1–64**

1-65 25℃의 물이 정원용 호스를 통해 흐르고 있다. 만약 호스가 휜 경우, 소음을 들을 수 있다. 이 휜 지점에서 호스에 흐르는 유체의 속도가 증가하고, 압력이 감소되어 공동현상이 발생한다. 이때 호스 내부의 휜 지점에서 발생되는 최고 절대압력은 얼마인가?

연습문제 **1–65**

1-66 직경이 0.4 in.인 물줄기가 있다. 이 물줄기가 관에서 나와 떨어지기 시작한다. 관 내부와 외부의 두 지점 사이에 표면장력에 의해 발생하는 압력차를 구하라. σ = 0.005 lb/ft이다.

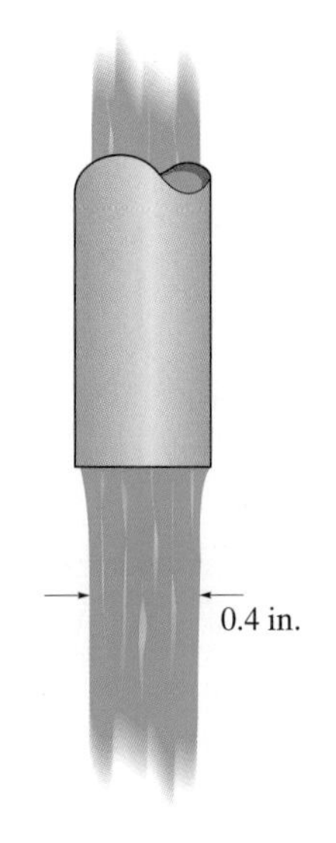

연습문제 **1–66**

1-67 금속 조각들이 그라인더에서 나와 물이 들어있는 탱크 속으로 떨어진다. 금속조각이 온도 80°F의 물 표면에서 접촉각 $\theta = 180°$로 떠있기 위한 최대 직경을 구하라. $\gamma_{st} = 490\ \text{lb/ft}^3$, $\sigma = 0.00492\ \text{lb/ft}$이다. 금속 조각은 구 모양이라고 가정하고, 체적은 $V = \frac{4}{3}\pi r^3$이다.

***1-68** 탄산음료 캔을 개봉할 때, 작은 기포들이 발생한다. 0.02 in. 직경의 기포 내부와 외부의 압력차를 구하라. 외기는 60°F이며, $\sigma = 0.00503\ \text{lb/ft}$이다.

1-69 관이 68°F의 주변 온도에서 수은으로 삽입된 경우, 관 내부의 수은 기둥이 감소되는 높이 h를 구하라. 관의 직경은 $D = 0.12$ in.이다.

1-70 관이 68°F의 주변 온도에서 수은으로 삽입된 경우, 관 내부의 수은 기둥이 감소되는 높이 h를 구하라. h(수직축)와 D(0.05 in. $\le D \le$ 0.150 in.)의 관계를 그래프로 그려라. $\Delta D = 0.025$ in.로 값을 증가시켜라. 이 결과에 관해 토의해보라.

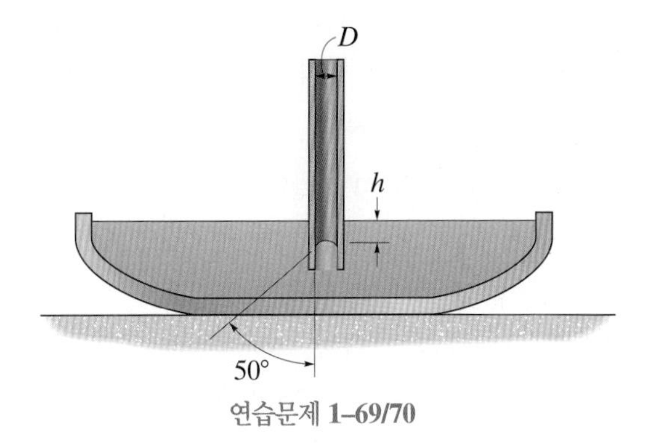

연습문제 **1–69/70**

1-71 유리 관 내부에 40℃ 물이 있다. 물기둥의 높이 h와 관 내부 직경 D(0.5 mm $\le D \le$ 3 mm)의 관계를 0.5 mm 간격으로 값을 증가시켜 그래프로 그려라. $\sigma = 69.6$ mN/m이다.

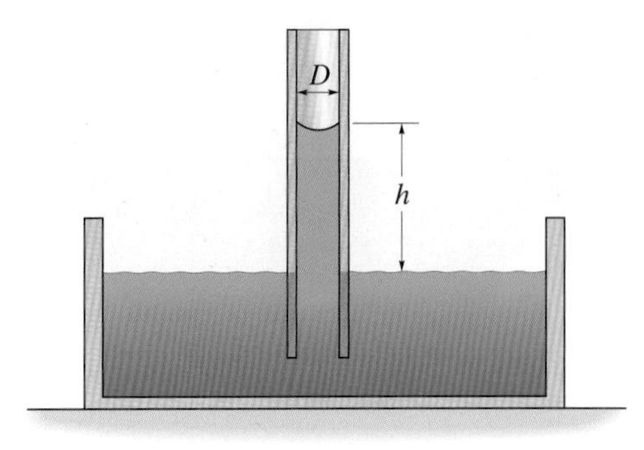

연습문제 **1–71**

***1-72** 최근 많은 카메라 폰에서 액체 렌즈를 사용하면서 빠른 자동초점 기능을 제공한다. 이 렌즈는 전기적 신호를 이용하여 액적 내부의 압력을 제어하고, 이를 통해 메니스커스 액적의 각도에 영향을 주어, 다양한 초점을 만든다. 이 현상을 분석하기 위해, 예를 들어, 직경 3 mm의 구모양 액적의 한 부분을 고려해본다. 액적 내부의 압력은 105 Pa이며, 이는 액적 중심의 작은 점에서 제어한다. 만약 액적 표면의 각이 30°인 경우, 액적의 표면장력을 구하라.

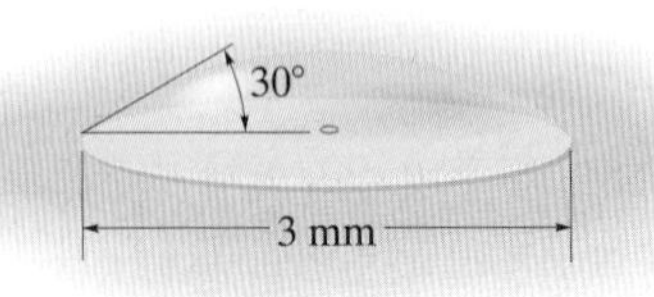

연습문제 **1–72**

1-73 내부직경 d인 수직관을 θ만큼 기울여 물속에 넣는다. 모세관 현상으로 관을 따라 물이 올라올 때 평균길이 L을 구하라. 표면장력은 σ이며, 밀도는 ρ이다.

1-74 내부직경 $d = 2$ mm인 관을 물속에 넣는다. 모세관 현상으로 관을 따라 물이 올라올 때 평균길이 L을 기울기 θ에 따른 함수로 나타내라. L(수직축)과 $\theta(10° \le \theta \le 30°)$의 관계를 그래프로 그려라. $\Delta\theta = 5°$로 값을 증가시켜라. 물의 표면장력은 $\sigma = 75.4$ mN/m이며, 밀도는 $\rho = 1000$ kg/m^{3}이다.

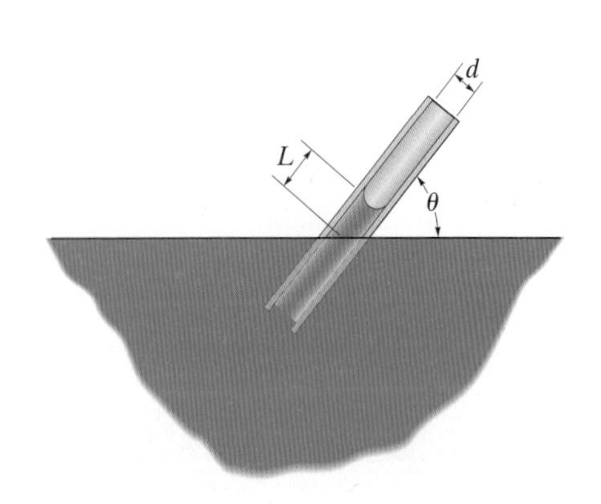

연습문제 **1–73/74**

1-75 소금쟁이의 질량은 0.36 g이다. 이 곤충은 6개의 얇은 다리를 가지고 있는데, 이때 물 $T = 20$°C 위에서 몸을 지지하기 위한 모든 다리의 최소 접촉 길이 합을 구하라. $\sigma = 72.7$ mN/m이고, 다리는 원통형이며 방수가 된다고 가정한다.

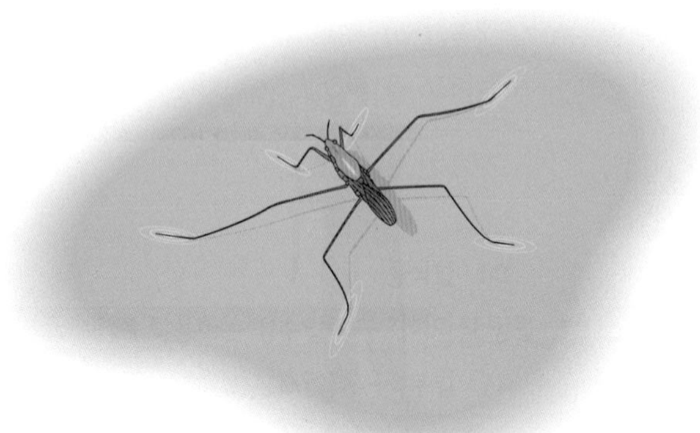

연습문제 **1–75**

***1-76** 중량 0.2 N의 링이 물 표면 위에 매달려 있으며, 이때 $\sigma = 73.6$ mN/m이다. 링을 표면에서 들어올리기 위해서 수직 방향 힘 **P**를 구하라. 주의 : 이 방법은 표면장력을 측정하기 위해 사용된다.

1-77 중량 0.2 N의 링이 물 표면 위에 매달려 있다. 만약 링을 표면에서 들어올리기 위해서 수직방향으로 $P = 0.245$ N의 힘을 가한다면, 물의 표면장력은 얼마인지 구하라.

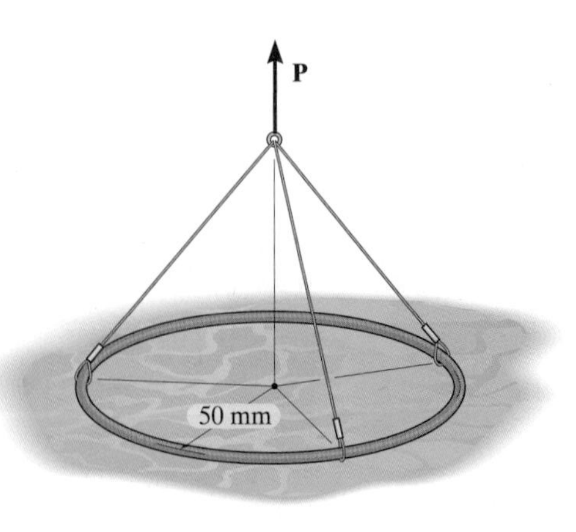

연습문제 **1–76/77**

개념문제

P1-1 자전거 바퀴 내부의 공기압은 32 psi이다. 바퀴 내부의 공기 체적이 일정하다고 가정할 때, 일반적인 여름과 겨울인 경우 압력 차이가 얼마나 되는지 구하라. 이때 그 압력이 주행자가 자전거를 탈 경우 바퀴와 자전거를 지지해 줄 수 있는지 토의해보라.

P1-2 맥주잔을 기울여 물을 붓는 경우 아래 부분에 매달려 떨어지는 경향이 있다. 이 현상에 관해 설명하고 이를 예방하기 위해서 어떻게 해야 하는지 제안하라.

P1-3 기름이 물 표면에 떨어질 때, 기름은 그림에서 볼 수 있듯이 표면 전체로 퍼지는 경향이 있다. 이 현상에 관해 설명하라.

P1-4 도시에 있는 물탱크는 파라핀 종이와 같은 소수성 표면에 액적이 떨어질 때의 형태와 같다. 왜 공학자가 이와 같이 탱크를 디자인하였는지 설명하라.

장 복습

고체로 분류되는 물질은 형태를 유지한다. 액체는 용기에 따른 형태를 가지고, 기체는 용기 내부의 전체 체적을 채운다. FPS 단위계는 길이는 피트(ft), 시간은 초(s), 질량은 힘의 단위인 파운드(lb)를 사용하여 slug(1 slug = 1 lb·s²/ft)로 나타내며, 온도는 화씨(F) 또는 랭킨(R)을 사용한다. SI 단위계는 길이는 미터(m), 시간은 초(s), 질량은 힘의 단위인 뉴턴(N)을 사용하여 킬로그램(kg)으로 나타내며, 온도는 섭씨(C) 또는 켈빈(K)을 사용한다.		
밀도는 단위 질량당 체적으로 정의된다. 비중량은 단위 부피당 중량으로 정의된다. 비중은 물의 밀도 $\rho_w = 1000\ \mathrm{kg/m^3}$ 또는 비중량 $\gamma_w = 62.4\ \mathrm{lb/ft^3}$과 그 물질과의 비를 말한다. 이상기체의 법칙은 기체의 절대압력 그리고 밀도, 절대온도와의 관계를 나타낸다. 체적탄성계수는 유체가 압축에 견디는 저항력을 나타내는 수치이다.	$\rho = \frac{m}{V}$ $\gamma = \frac{W}{V}$ $S = \frac{\rho}{\rho_w} = \frac{\gamma}{\gamma_w}$ $p = \rho R T$ $E_V = -\frac{dp}{dV/V}$	
점성계수란 유체의 층 사이에서 저항하는 성질을 나타내는 척도이다. 높은 점성계수는 높은 저항하는 성질을 가진다.		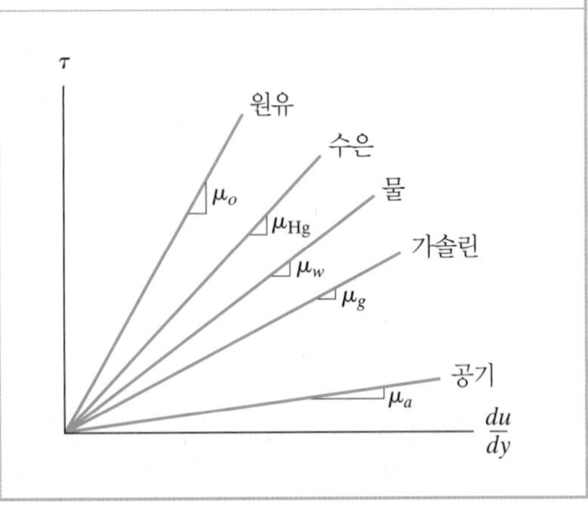

뉴턴유체란 유체의 전단응력과 시간에 따른 전단 변형률 사이의 비례 관계를 나타내며, 이는 속도구배 du/dy를 이용하여 정의한다. 비례상수 μ는 동역학적 점성계수 또는 간단히 점성계수라고 정의된다. 동점성계수는 유체의 점성계수와 밀도의 비로 정의된다. 점성계수는 회전식 점도계인 오스왈드 점도계를 이용하여 측정하거나, 또는 다른 장치를 이용한다.	$\tau = \mu \dfrac{du}{dy}$ $\nu = \dfrac{\mu}{\rho}$	
액체의 압력이 증기압보다 작아지는 경우 비등이 발생한다. 이로 인해 공동현상이 발생되는데, 만들어진 기포가 높은 압력에 의해 휩쓸려가게 되어 와해된다.		 p_v
액체표면에서의 표면장력은 분자 간의 응집력(인력)으로 인해 발생하게 된다. 이는 단위 길이당 힘으로 정의된다.		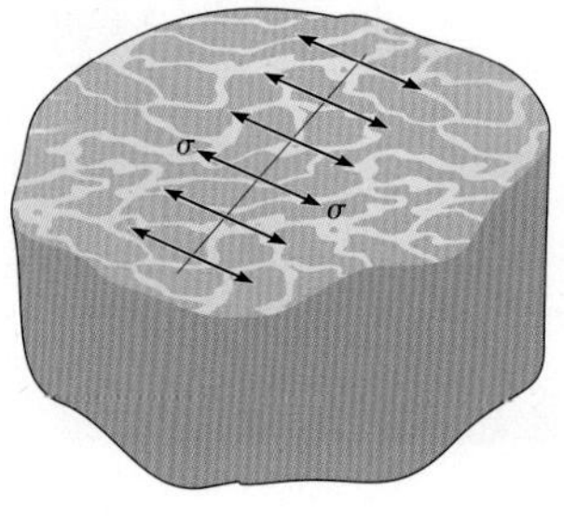 σ σ
액체의 모세관 현상은 접착력과 응집력의 상대적인 힘에 영향을 받는다. 젖음 액체는 접촉하는 면적에 접착력이 액체의 응집력보다 더 크다. 비젖음 액체는 응집력이 접착력보다 더 크기 때문에 반대의 효과가 발생한다.		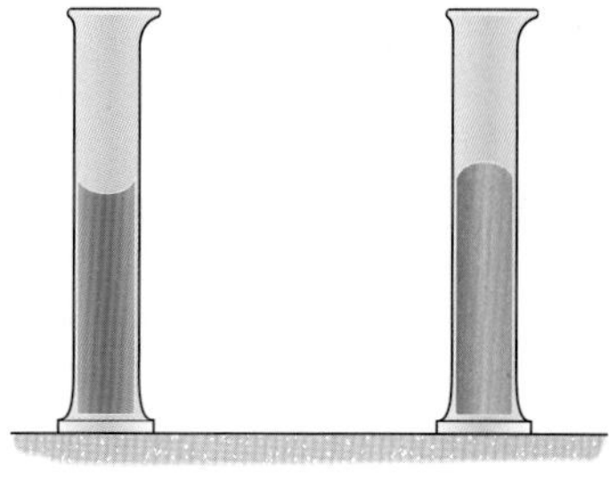

Chapter 2

(© Jim Lipschutz/Shutterstock)

수문이 운하의 정수 압력에 견딜 수 있도록 무겁게 보강되어 설계되어 있다.
또한 제한된 공간에서 수면의 높이를 조절하는 제어장치를 설치함으로써
크기가 다른 배들이 쉽게 운하를 통과할 수 있게 해준다.

유체정역학

학습목표

- 압력에 대하여 정의하고 정지된 유체 속에서 어떻게 달라지는지 보여준다.
- 기압계, 마노미터, 그리고 압력계를 사용하여 정지된 유체의 압력을 측정하는 다양한 방법을 보여준다.
- 정수 압력의 합력을 계산하는 방법을 제시하고, 잠긴 표면에서의 작용점을 찾는 방법을 제시한다.
- 부력과 안정성의 주제를 제시한다.
- 일정가속도가 주어진 액체의 압력과 고정된 축을 중심으로 일정한 회전을 하는 액체의 압력을 계산하는 방법을 보여준다.

2.1 압력

일반적으로 유체의 접촉면에는 수직력과 전단력이 가해질 수 있다. 그러나 유체가 표면을 상대로 **정지 상태**에 있게 되면 유체의 점성은 그 표면에 전단력을 주지 않는다. 대신 유체에는 수직력만 가해지는데, 그 힘의 효과를 **압력**이라고 부른다. 물리적인 관점에서 보게 되면, 유체 표면의 압력은 진동하는 유체분자들이 서로 부딪히고 표면에 충돌하여 가해진 충격의 결과이다.

압력은 일정 면적에 수직으로 가해지는 힘을 그 면적으로 나눈 것으로 정의된다. 유체를 연속체로 가정한다면, 그림 2-1a에서 보이듯이 유체 면의 한 점은 0에 근접해진다. 압력은

$$p = \lim_{\Delta A \to 0} \frac{\Delta F}{\Delta A} = \frac{dF}{dA} \tag{2-1}$$

그림 2-1b에 보이는 것과 같이, 표면이 제한적 면적이고, 압력이 균일하게 면적에 분포하게 되면, 해당하는 **평균압력**은

$$\boxed{p_{avg} = \frac{F}{A}} \tag{2-2}$$

압력의 단위는 Pa (N/m^2), psf (lb/ft^2) 또는 psi (lb/in^2)로 표시한다.

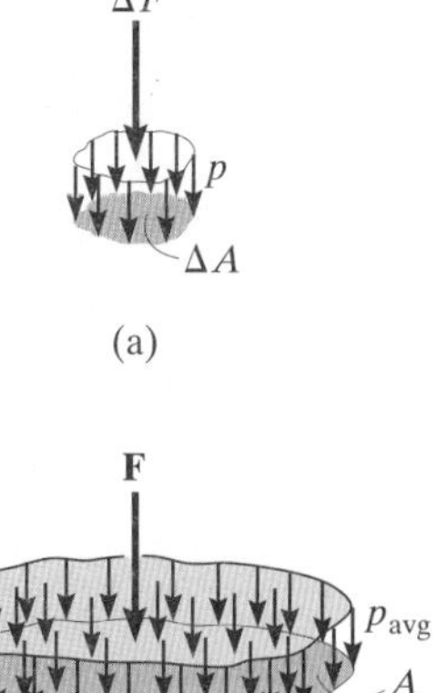

그림 2–1

파스칼의 법칙 17세기 프랑스 수학자 Blaise Pascal은 유체 속의 한 지점에 가해지는 압력의 세기는 모든 방향에서 동일하다는 것을 보였다. Giovanni Benedotti와 Simon Stevin이 16세기 말 이러한 사실을 이미 추론했었음에도 불구하고 **파스칼의 법칙**으로 잘 알려져 있다.

파스칼의 법칙을 직관적으로 생각하더라도 한 지점에서의 압력이 다른 방향에 비해 어느 한 방향으로 더 크게 작용하면 힘의 불균형으로 유체가 움직이거나 회전하게 된다는 점을 고려할 때 잘 이해가 되는 법칙이다. 그림 2-2a에서 보이듯이 유체 속에 놓여있는 미소 삼각형에 대한 힘의 평형을 고려해봄으로써 파스칼의 법칙을 공식적으로 증명할 수 있다. 그림 2-2b의 자유물체도에서 유체가 정지 상태에 있거나 일정한 속도로 움직이고 있을 때, 자유물체도에 작용되는 힘은 압력과 중력뿐이다. 유체의 비중량과 미소요소의 부피를 곱한 값이 중력에 의한 힘이다. 식 (2-1)에 따라 압력에 의해 발생된 힘은 그 압력과 작용된 면적을 곱한 값으로 계산된다. y-z 평면에는 세 개의 압력힘들이 있다. 그림 2-2a에서 경사면의 길이를 Δs라고 가정했을 때, 다른 표면들의 치수는 $\Delta y = \Delta s \cos\theta$와 $\Delta z = \Delta s \sin\theta$로 나타낼 수 있다. 그러므로 y와 z 방향에 대한 평형의 힘 방정식들을 적용하면 다음 식들과 같이 된다.

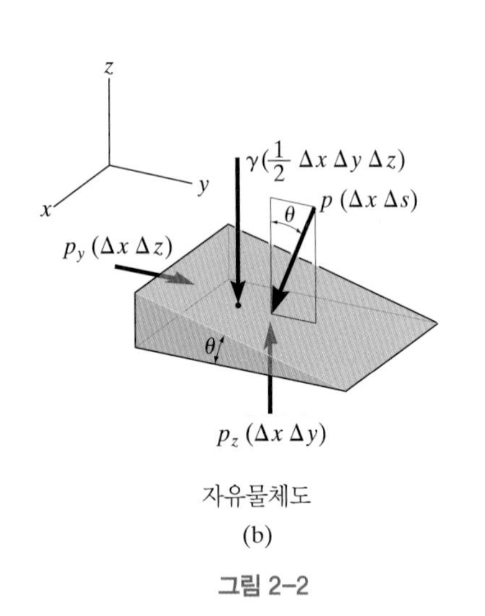

자유물체도
(b)

그림 2–2

$$\Sigma F_y = 0; \qquad p_y(\Delta x)(\Delta s \sin\theta) - [p(\Delta x \Delta s)]\sin\theta = 0$$

$$\Sigma F_z = 0; \qquad p_z(\Delta x)(\Delta s \cos\theta) - [p(\Delta x \Delta s)]\cos\theta - \gamma\left[\frac{1}{2}\Delta x(\Delta s \cos\theta)(\Delta s \sin\theta)\right] = 0$$

$\Delta x \Delta s$로 나누고 $\Delta s \to 0$이라고 할 때, 미소요소의 크기가 줄어듦에 따라 다음과 같이 표기할 수 있다.

$$p_y = p$$
$$p_z = p$$

같은 방식으로 z축을 기준으로 미소요소를 90° 회전시키면 $\Sigma F_x = 0$의 식을 적용할 수 있고 $p_x = p$를 증명할 수 있다. 경사면의 각도 θ가 임의적이기 때문에, 유체는 인접한 유체와의 상대운동이 없기 때문에 압력은 모든 방향으로 동일하다는 것을 알 수 있다.*

한 점에서의 압력은 유체를 통해 다른 점으로 전달되고, 반작용에 의해 인접한 다른 점으로 전달된다. 파스칼의 법칙에 의해 유체의 한 점에서의 압력 증분 Δp는 유체 내에서 다른 모든 점들에게도 동일한 압력 증가를 일으키게 된다. 다음 예제에서 알 수 있듯이, 이러한 법칙은 유압기계의 설계에 널리 적용되고 있다.

* 파스칼의 법칙은 가속 상태의 유체에도 적용할 수 있다. 연습문제 2-1 참조.

예제 2.1

공기압 잭은 정비공들이 자동차 정비서비스에서 사용하고 있으며, 그림 2-3에서 보는 바와 같다. 자동차와 승강기의 무게가 모두 5000 lb이고, 일정한 속력으로 들어올리는 경우 공기압축기 출구 B에서 생성되는 힘을 구하라. A에서 B까지는 공기로 채워져 있고, B에서의 공기관의 지름은 1 in.이고 A의 기둥의 지름은 12 in.이다.

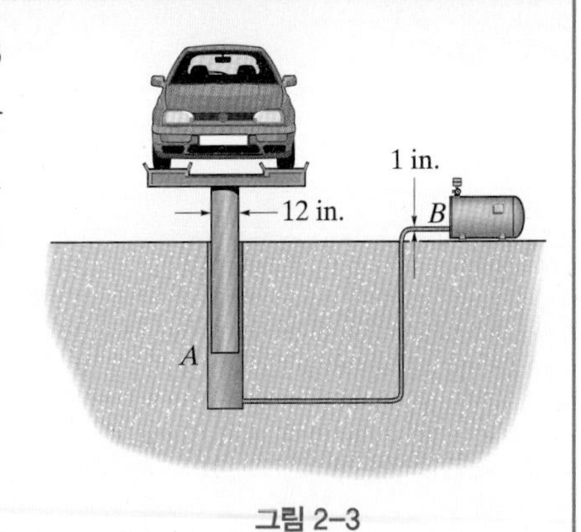

그림 2–3

풀이

유체 설명 공기의 무게는 무시할 수 있다.

해석 힘의 평형으로 인해, A에서 공기압축기에 의해 생성되는 힘은 차와 승강기의 무게와 크기는 같고 반대방향이다. 그러므로 A에서의 평균압력은

$$p_A = \frac{F_A}{A_A}; \qquad \frac{5000 \text{ lb}}{\pi(6 \text{ in.})^2} = 44.21 \text{ lb/in}^2$$

공기의 무게가 제외되기 때문에, 유체의 어느 한 부분에 가해진 압력의 변화가 유체의 다른 부분에 그대로 전달되어(파스칼의 법칙), 같은 압력이 B로 이동된다. 그러므로 B에서의 힘은

$$p_B = \frac{F_B}{A_B}; \qquad 44.21 \text{ lb/in}^2 = \frac{F_B}{\pi(0.5 \text{ in.})^2}$$

$$F_B = 34.7 \text{ lb}$$ 답

비록 A와 B의 압력은 같아도 결과적으로 34.7 lb의 힘으로 5000 lb의 무게를 들어올리게 된다.

이러한 원리는 기름을 이용하여 작동되는 유압 시스템에 더욱 넓게 사용된다. 대표적으로 유압잭, 건설 기기, 유압프레스, 그리고 승강기에 적용된다. 작은 자동자의 경우 시스템의 압력은 8 MPa(1.16 ksi)이고, 유압잭의 경우 60 MPa(8.70 ksi)까지 도달한다. 여기에 사용되는 모든 압축기와 펌프의 와셔와 누설방지 장치는 높은 압력을 오랜 시간 동안 견딜 수 있게 제작되어야 한다.

2.2 절대압력과 계기압력

공기와 같은 유체가 용기에서 제거되면 진공상태가 되고 용기 내의 압력은 0이 된다. 완벽한 진공상태를 **절대 영압력**이라고 한다. 절대 영압력 이상으로 측정되는 모든 압력을 **절대압력** p_{abs}라 부른다. 예를 들어, **표준 대기압**은 바다표면과 15°C(59°F)를 기준으로 측정된 절대압력이다. 표준대기압의 값은

$$p_{atm} = 101.3 \text{ kPa } (14.70 \text{ psi})$$

압력의 측정은 주로 대기압과 비교하여 압력을 측정하기 때문에, 대기압을 기준으로 더 높거나 낮은 모든 압력을 **계기압력** p_g라 부른다. 그러므로 절대압력과 계기압력을 다음과 같이 연결지을 수 있다.

$$p_{abs} = p_{atm} + p_g \tag{2-3}$$

그림 2-4를 통해 계기압력은 양과 음 모두로 표시될 수 있다는 것을 알 수 있다. 예를 들어, 만약 절대압력이 $p_{abs} = 301.3$ kPa일 때, 계기압력은 $p_g = 301.3$ kPa $- 101.3$ kPa $= 200$ kPa이 된다. 절대압력이 $p_{abs} = 51.3$ kPa일 때, 계기압력은 $p_g = 51.3$ kPa $- 101.3$ kPa $= -50$ kPa이 되고, 진공압력은 대기압보다 낮기 때문에 음수로 나타낸다.

이 책에서는 계기압력을 대기압과 연관지어 기술할 것이다. 하지만 정확도를 높이기 위해서는 지역적 대기압이 측정되어야 하고, 그 지역적 대기압으로부터 계기압력이 측정되어야 한다. 또한, 다르게 명시되지 않는 이상, 이 책의 내용과 문제에 표기된 모든 압력들은 계기압력으로 고려할 것이다. 만약 절대압력으로 명시하게 된다면, 예를 들어 5 Pa(abs.) 또는 5 psia로 명확히 표시될 것이다.

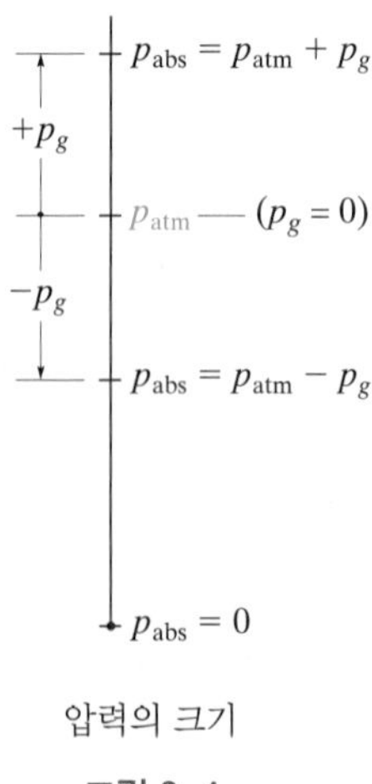

그림 2–4

예제 2.2

그림 2-5에 보이는 자전거 바퀴의 공기압은 10 psi로 측정되었다. 지역적 대기압이 12.6 psi일 때, 자전거 바퀴의 절대압력을 구하라. 파스칼 단위로 표시하라.

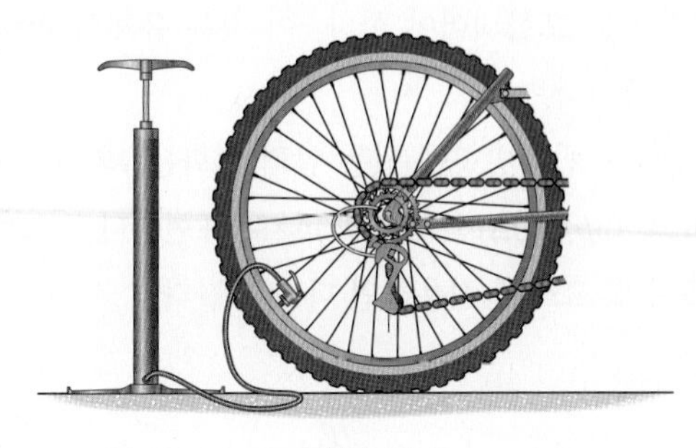

그림 2-5

풀이

유체 설명 대기는 일정한 압력하에 정적인 상태를 유지한다.

해석 바퀴가 공기로 채워지기 전의 압력은 대기압과 같은 12.6 psi이다. 그러므로 공기로 채워진 후의 바퀴의 절대압력은

$$p_{abs} = p_{atm} + p_g$$

$$p_{abs} = 12.6\ \mathrm{lb/in^2} + 10\ \mathrm{lb/in^2}$$

$$= \frac{22.6\ \mathrm{lb}}{\mathrm{in^2}}\left(\frac{12\ \mathrm{in}}{1\ \mathrm{ft}}\right)^2\left(\frac{1\ \mathrm{ft}}{0.3048\ \mathrm{m}}\right)^2\left(\frac{4.4482\ \mathrm{N}}{1\ \mathrm{lb}}\right)$$

$$= 155.82(10^3)\ \mathrm{N/m^2} = 156\ \mathrm{kPa}$$ 답

같은 단위는 서로 제할 수 있기 때문에 단위 선택, 단위 변환과 단위 배열이 중요하다. 언제든지 단위를 변환하기 위해 이러한 연습들이 필요하다. 기억해야 할 또 다른 점은, 단위 뉴턴은 사과의 무게만큼을 나타내는 단위이기 때문에, 같은 무게를 제곱미터로 분산하여 측정할 경우, 즉 파스칼의 단위는 사실상 더욱 작은 압력이다($\mathrm{Pa = N/m^2}$). 이러한 이유로 공학 분야에서는 파스칼 단위로 측정된 압력들은 접두어와 함께 동반되어 표기된다.

2.3 정압변화

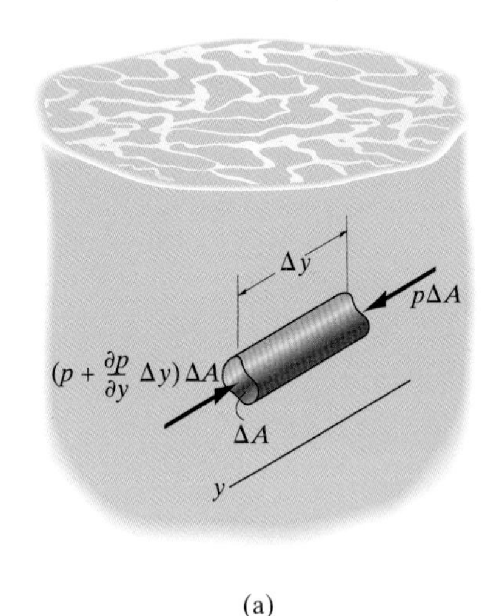

(a)

(b)

그림 2–6

이 절에서는 유체의 무게로 인해 정적유체 속의 압력이 어떻게 달라지는지 계산할 것이다. 이를 위해 작고 가는 단면적 ΔA를 가진 수평과 수직의 각각 가로길이 Δy와 세로길이 Δz를 가진 유체요소를 생각해보자. 그림 2-6에 나타낸 것처럼 y와 z 방향으로 향하는 힘들만 자유물체도에 나타나 있다. z 방향으로 뻗어 있는 요소는 그 무게도 포함되어야 한다. 이 값은 유체의 비중량 γ와 부피($\Delta V\!\!\!/ = \Delta A\,\Delta z$)를 곱한 값이다.

요소의 한 방향에서 반대방향에 있는 압력 변화는 y와 z의 양쪽 방향으로 증가한다고 가정하고, $(\partial p/\partial y)\Delta y$와 $(\partial p/\partial z)\Delta z$로 표현한다.* 그림 2-6a와 같이 힘의 평형방정식을 수평 요소에 적용하면 다음과 같다.

$$\Sigma F_y = 0; \qquad p(\Delta A) - \left(p + \frac{\partial p}{\partial y}\Delta y\right)\Delta A = 0$$

$$\partial p = 0$$

이러한 결과는 x 방향에도 동일하게 나타나며, 압력의 변화가 0이기 때문에, 압력은 수평면에서는 일정하게 유지된다. 따라서 압력은 오직 z만의 함수 $p = p(z)$이며, 압력의 변화는 그림 2-6b와 같이 전체 함수로 나타낼 수 있다.

$$\Sigma F_z = 0; \qquad p(\Delta A) - \left(p + \frac{\partial p}{dz}\Delta z\right)\Delta A - \gamma(\Delta A\,\Delta z) = 0$$

$$dp = -\gamma dz \tag{2-4}$$

음의 부호는 유체의 압력이 z축의 양의 방향, 즉 위로 향하면서 점점 감소하는 것을 나타낸다.

위의 두 결과들은 비압축성 유체, 압축성 유체에 모두 적용되고, 다음의 두 절에서 이러한 두 종류의 유체들에 대해 각각 살펴볼 것이다.

---

* 이 결과는 한 점을 기점으로 $\Delta y \to 0$, $\Delta z \to 0$이므로 $\frac{1}{2}\left(\frac{\partial^2 p}{\partial y^2}\right)\Delta y^2 + \cdots$ 와 $\frac{1}{2}\left(\frac{\partial^2 p}{\partial z^2}\right)\Delta z^2 + \cdots$ 고차 항을 제외한 테일러 급수전개의 결과이다. 또한 압력이 모든 방향으로 변화하기 때문에 편도함수가 사용되어야 하고, 압력은 모든 점에서 $p = p(x, y, z)$의 함수로 정의된다.

2.4 비압축성 유체의 압력분포

만약 유체가 액체와 같은 비압축성이라면, 부피가 변하지 않기 때문에 비중량은 일정하다. 결과적으로, 식 (2-4), $dp = -\gamma dz$ 방정식은 $p = p_0$이 되는 기점인 $z = z_0$으로부터 압력이 p인 때의 지점 z까지 적분할 수 있다(그림 2-7a 참조).

$$\int_{p_0}^{p} dp = -\gamma \int_{z_0}^{z} dz$$

$$p = p_0 + \gamma(z_0 - z)$$

편리상 기준이 되는 기점은 액체의 자유표면을 $z_0 = 0$으로 지정하고 z 좌표의 아래 방향을 양수로 지정한다(그림 2-7b). 따라서 깊이 h만큼 수면 아래의 압력은 다음과 같다.

$$p = p_0 + \gamma h \qquad (2\text{-}5)$$

물탱크는 급수 시스템의 압력을 항상 일정하게 유지시키기 위해 많은 자치구에서 사용된다. 이 방법은 물의 수요가 많은 이른 아침이나 초저녁에 특히 중요하다.

수면의 압력이 대기압과 같다면($p_0 = p_{atm}$), γh는 액체의 계기압력을 나타낸다. 따라서

$$\boxed{p = \gamma h} \qquad (2\text{-}6)$$

비압축성 유체

이러한 결과는 다이버가 물속 깊이 내려갈수록 계기압력이 선형적으로 증가되는 원인은 물의 무게라는 것을 보여준다.

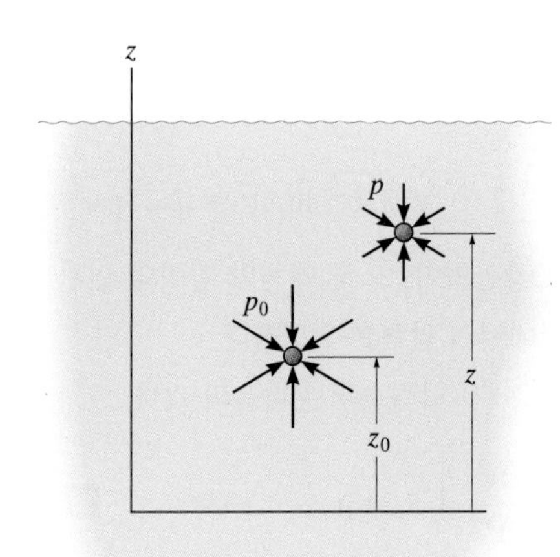

(a)

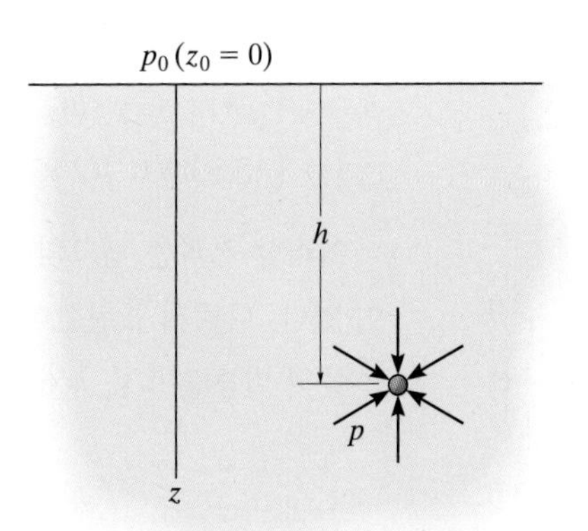

압력은 깊이만큼 증가한다.
$p = \gamma h$

(b)

그림 2-7

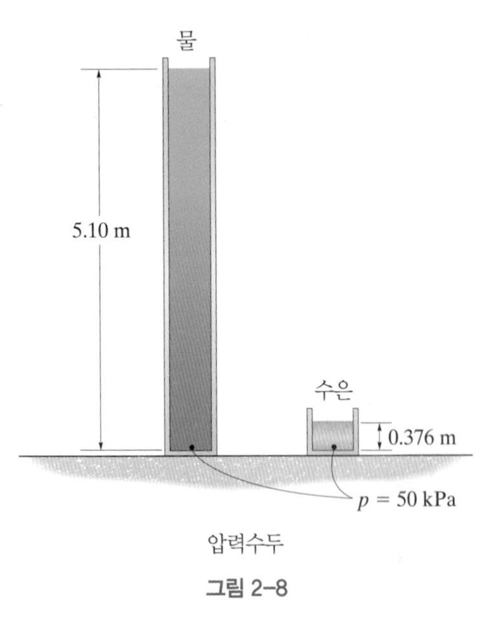

압력수두
그림 2-8

압력수두 h에 관해 식 (2-6)을 풀이하면, 다음과 같다.

$$h = \frac{p}{\gamma} \tag{2-7}$$

h를 **압력수두**라고 부르며, 계기압력 p의 조건에서 관 속의 액체 높이를 나타낸다. 예를 들어, 계기압력이 50 kPa일 때, 그에 해당하는 물(γ_w = 9.81 kN/m^3)과 수은(γ_{Hg} = 133 kN/m^3)의 압력수두는 다음과 같다.

$$h_w = \frac{p}{\gamma_w} = \frac{50(10^3)\ \text{N/m}^2}{9.81(10^3)\ \text{N/m}^3} = 5.10\ \text{m}$$

$$h_{\text{Hg}} = \frac{p}{\gamma_{\text{Hg}}} = \frac{50(10^3)\ \text{N/m}^2}{133(10^3)\ \text{N/m}^3} = 0.376\ \text{m}$$

그림 2-8에서 볼 수 있듯이, 두 액체의 밀도와 비중량이 크게 차이가 나므로 압력수두도 눈에 띄게 큰 차이가 있다.

예제 2.3

그림 2-9에 나와 있는 탱크와 배수관은 각각의 높이만큼 휘발유와 글리세린으로 채워져 있다. C 지점 배수 플러그에서의 압력을 구하라. γ_{ga} = 45.3 lb/ft^{3}과 γ_{gl} = 78.7 lb/ft^{3}을 이용하고 물의 압력수두는 피트 단위로 답하라.

풀이

유체 설명 모든 액체는 비압축성 유체로 가정한다.

해석 휘발유는 비중량이 더 낮기 때문에 글리세린 위에 떠있다. C에서의 압력을 구하기 위해 휘발유로 채워진 깊이 B의 압력을 먼저 구하고, 글리세린으로 채워진 B에서 C의 압력을 더한다. C의 계기압력은 다음과 같다.

$$\begin{aligned} p_C &= \gamma_{ga} h_{AB} + \gamma_{gl} h_{BC} \\ &= \left(45.3\ \text{lb/ft}^3\right)(2\ \text{ft}) + \left(78.7\ \text{lb/ft}^3\right)(3\ \text{ft}) = 326.7\ \text{lb/ft}^2 = 2.27\ \text{psi} \end{aligned}$$

이러한 결과는 탱크의 모양과 크기에 상관없이, 오직 액체의 깊이와 연관이 있다. 다르게 표현한다면 모든 수평면에서의 압력은 일정하다.

물의 비중량이 γ_w = 62.4 lb/ft^{3}일 때, C에서 압력수두는 다음과 같다.

$$h = \frac{p_C}{\gamma_w} = \frac{326.7\ \text{lb/ft}^2}{62.4\ \text{lb/ft}^3} = 5.24\ \text{ft} \qquad \text{답}$$

만약 탱크에 물을 채워, 물로 채워진 탱크가 휘발유와 글리세린으로 인한 C의 압력과 동일한 값을 가지려면 위의 답에서 구한 높이로 탱크에 물을 채워야 한다.

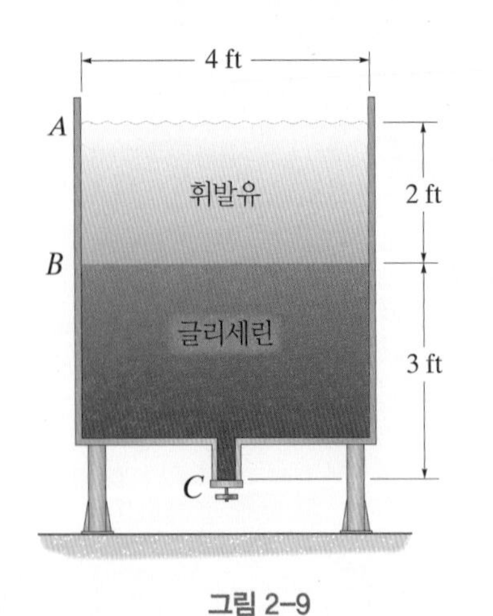

그림 2-9

2.5 압축성 유체의 압력분포

기체와 같은 **압축성 유체**에서는 기체 전체의 비중량이 균일하지 않기 때문에 식 (2-4)($dp = -\gamma\, dz$)를 적분하여 압력을 계산해야 한다. 적분을 하기 위해서는 먼저 γ를 압력 p의 함수로 표현해야 한다. $\gamma = \rho g$의 관계를 가지므로, 이상기체의 상태방정식인 식 (1-11)($p = \rho RT$)을 이용하면 $\gamma = pg/RT$의 관계식을 얻는다. 그러므로

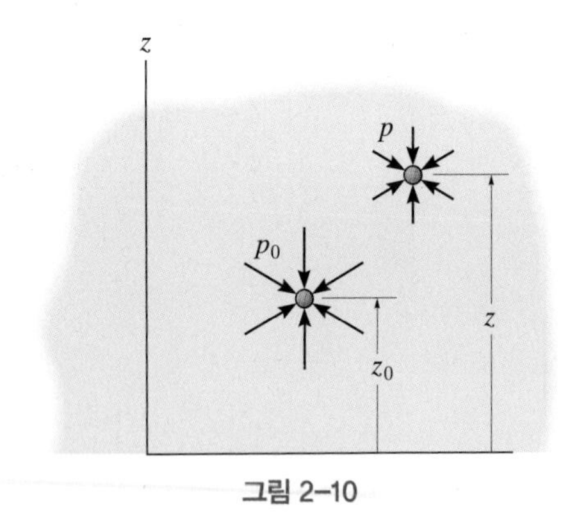

그림 2-10

$$dp = -\gamma\, dz = -\frac{pg}{RT}\, dz$$

또는

$$\frac{dp}{p} = -\frac{g}{RT}\, dz$$

위 관계식에서 압력 p와 온도 T는 절대압력(absolute pressure)과 절대온도(absolute temperature)여야 한다. 절대온도 T를 길이 z의 함수로 나타내면 위 관계식을 적분할 수 있다.

등온조건 기체의 온도가 전 영역에서 온도 $T = T_0$으로 일정하고(isothermal), 그림 2-10과 같이 기준점($z = z_0$)에서 압력이 $p = p_0$라고 가정하면, 다음과 같은 식을 얻는다.

$$\int_{p_0}^{p} \frac{dp}{p} = -\int_{z_0}^{z} \frac{g}{RT_0}\, dz$$

$$\ln \frac{p}{p_0} = -\frac{g}{RT_0}(z - z_0)$$

또는

$$p = p_0 e^{-\left(\frac{g}{RT_0}\right)(z - z_0)} \tag{2-8}$$

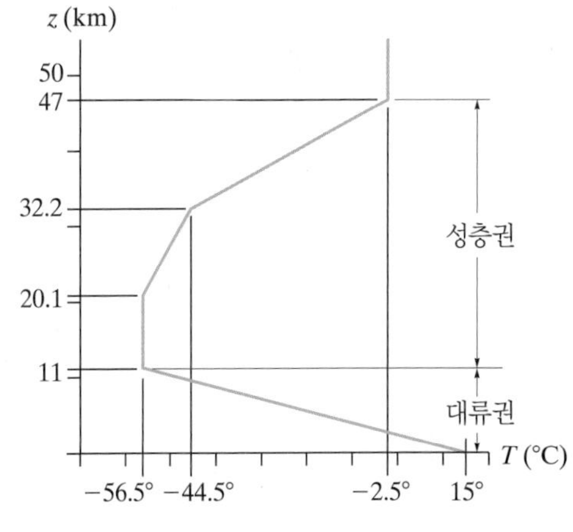

미국 표준 대기의 대략적인 온도분포

그림 2-11

이 식은 성층권에서 가장 낮은 온도 영역의 압력을 계산할 때 사용된다. 그림 2-11은 미국의 표준 대기 그래프를 나타낸다. 온도가 일정한 성층권은 약 11.0 km에서 20.1 km에 이르는 영역이다. 성층권의 해당 영역에서 기온은 −56.5°C(216.5 K)로 일정하다.

예제 2.4

천연가스가 탱크 내 유연막(flexible membrane) 속에 저장되어 있고, 무게가 있는 덮개 때문에 일정한 압력을 받고 있다. 탱크에 저장된 천연가스의 온도가 20°C이고, A에서 600 kPa의 압력으로 배출된다면 이 덮개의 무게는 얼마인가? 단, 덮개는 위 아래로 움직일 수 있다.

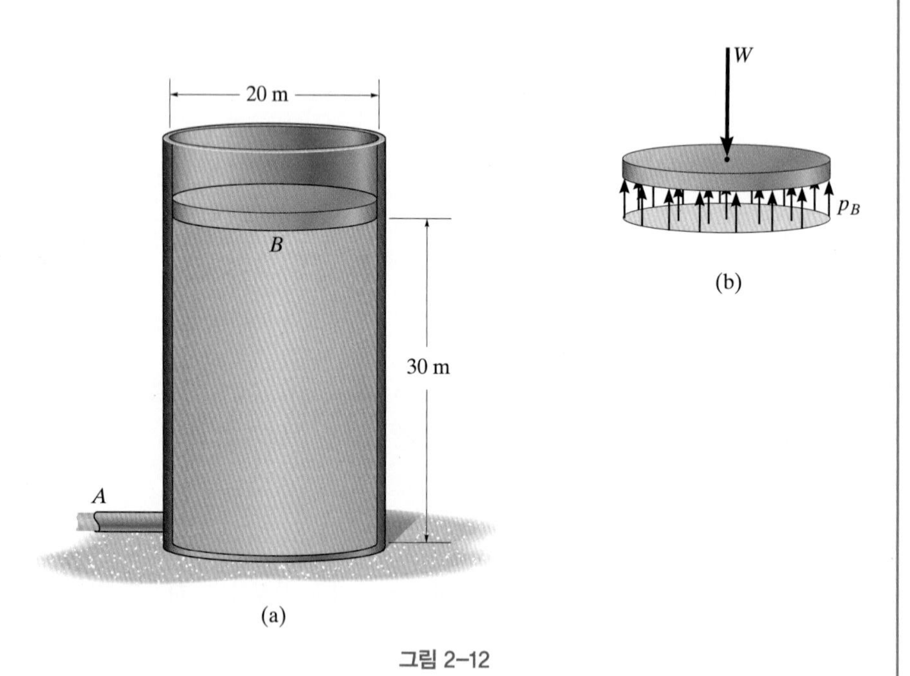

그림 2–12

풀이

유체 설명 유체가 압축성일 때와 비압축성일 때의 결과를 비교한다.

해석 토출구 A의 압력은 계기압력이다. 덮개의 자유물체도에는 그림 2-12b 처럼 두 힘이 작용한다. 이 힘은 기체의 압력 p_B와 뚜껑의 무게 W이다. 이상을 식으로 나타내면 다음과 같다.

$$+\uparrow \Sigma F_y = 0; \qquad p_B A_B - W = 0$$

$$p_B\left[\pi(10\text{ m})^2\right] - W = 0 \tag{1}$$

$$W = \left[314.16\, p_B\right]\text{N}$$

비압축성 기체 탱크 내부의 기체를 비압축성 기체라고 가정하면 토출구 A의 압력은 덮개 B의 압력과 식 (2-5)의 관계를 가진다. 부록 A에서 천연가스의 밀도를 찾을 수 있으며, 밀도 $\rho_g = 0.665\ \mathrm{kg/m^3}$이다. $\gamma_g = \rho_g g$이므로 다음의 식을 얻을 수 있다.

$$p_A = p_B + \gamma_g h$$

$$600\left(10^3\right)\ \mathrm{N/m^2} = p_B + \left(0.665\ \mathrm{kg/m^3}\right)\left(9.81\ \mathrm{m/s^2}\right)(30\ \mathrm{m})$$

$$p_B = 599\,804\ \mathrm{Pa}$$

위 결과를 식 (1)에 대입하면

$$W = \left[314.16(599\,804)\right]\ \mathrm{N} = 188.4\ \mathrm{MN}$$ 답

압축성 기체 기체가 압축됐다고 가정하면 탱크 내부의 천연가스 온도가 일정하기 때문에 식 (2-8)을 적용할 수 있다. 천연가스의 기체 상수 $R = 518.3\ \mathrm{J/(kg\cdot K)}$이고(부록 A), 절대온도 $T_0 = 20 + 273 = 293\ \mathrm{K}$이므로,

$$p_B = p_A e^{-\left(\frac{g}{RT_0}\right)(z_B - z_A)}$$

$$= 600(10^3)e^{-\left(\frac{9.81}{[518.3(293)]}\right)(30-0)}$$

$$= 598\,838\ \mathrm{Pa}$$

이며, 식 (1)에 의해

$$W = \left[314.16(598\,838)\right]\ \mathrm{N} = 188.1\ \mathrm{MN}$$ 답

천연가스를 압축성과 비압축성이라고 가정한 두 경우를 비교하면 압력 차이가 0.2% 이내로 나온다. 또한 이 문제에서 토출구 A와 덮개 B의 압력 차이 역시 매우 작다는 것을 알 수 있다. 비압축성 유체라고 가정한 경우 덮개와 토출구의 압력차는 (600 kPa − 599.8 kPa) = 0.2 kPa이고, 압축성 유체는 덮개와 토출구의 압력 차이가 1.2 kPa이었다. 이상의 이유로 기체의 무게로 인한 압력 변화는 일반적으로 무시할 수 있을 정도로 작다고 볼 수 있으며, 기체의 압력분포 역시 균일하다고 가정할 수 있다. 기체의 무게 효과를 무시하고, 균일한 압력분포를 가진다는 가정하에 압력을 계산하면 $p_B = p_A = 600\ \mathrm{kPa}$이며, 식 (1)에 의해 $W = 188.5\ \mathrm{MN}$이다.

2.6 정압 측정

정지 유체 내부의 절대압력과 계기압력을 측정하는 방법은 다양하다. 이 절에서는 그 중 중요한 방법 몇 가지를 알아본다.

기압계 대기압은 **기압계**(barometer)라고 불리는 간단한 측정기로 계측한다. **기압계**는 Evangelista Torricelli에 의해 17세기 중엽에 발명되었다. Torricelli는 기압계에 수은을 이용했는데, 수은이 높은 밀도와 매우 낮은 증기압을 가졌기 때문이다. 기압계의 원리는 한쪽 끝이 막혀있는 유리관에 먼저 수은을 가득 채우고, 이 유리관을 수은 접시에 담근 후, 그림 2-13처럼 뒤집는다. 이렇게 하면 수은과 유리관 사이에 작은 빈 공간이 생긴다. 이 과정에서 소량의 수은 증기가 생기지만 일반적으로 상온에서 이 증기압은 0이므로 수은주 표면에서의 절대압력은 0이라고 간주할 수 있다.*

대기압 p_{atm}이 접시에 있는 수은의 표면을 누르고 있기 때문에 B의 압력은 수평한 C의 압력과 같다. 유리관의 수은주 높이를 h라고 하면, 대기압은 식 (2-5)를 이용하여 계산할 수 있다.

$$p_B = p_A + \gamma_{Hg} h$$

$$p_{atm} = 0 + \gamma_{Hg} h = \gamma_{Hg} h$$

일반적으로 수은주의 높이 h는 밀리미터나 인치 단위를 사용한다. 예컨대 표준 대기압 101.3 kPa에서 유리관의 수은주($\gamma_{Hg} = 133290\ N/m^3$)는 대략 높이 $h \approx 760$ mm(또는 29.9 in.)까지 상승한다.

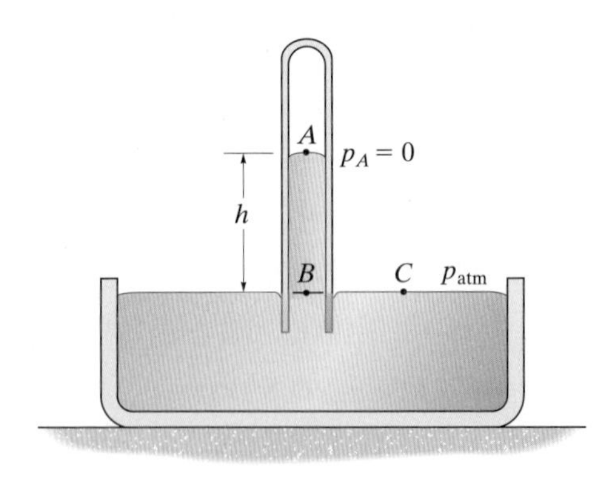

간단한 기압계

그림 2-13

---

* 정확도를 높이기 위해서 측정 시 기록한 온도로 기압계의 빈 공간에 존재하는 수은의 증기압을 계산해야 한다.

마노미터 **마노미터**(manometer)는 액체의 계기압력을 측정하는 투명한 관이다. 가장 단순한 형태의 마노미터는 **피에조미터**(piezometer)이다. 피에조미터는 그림 2-14처럼 한쪽 끝이 대기에 개방되며, 다른 끝은 용기 내부의 측정 지점에 삽입된다. 용기의 내부 압력은 유체를 튜브를 통해 밖으로 밀어올리는데, 이 액체의 비중이 γ이고, 압력수두가 h라면 A의 압력 $p_A = \gamma h$이다. 피에조미터는 계기압력이 큰 경우에는 압력수두가 커져서 사용이 적절하지 않다. 또한 계기압력이 음압이 될 경우에는 공기가 용기 내부로 유입되는 문제가 있다.

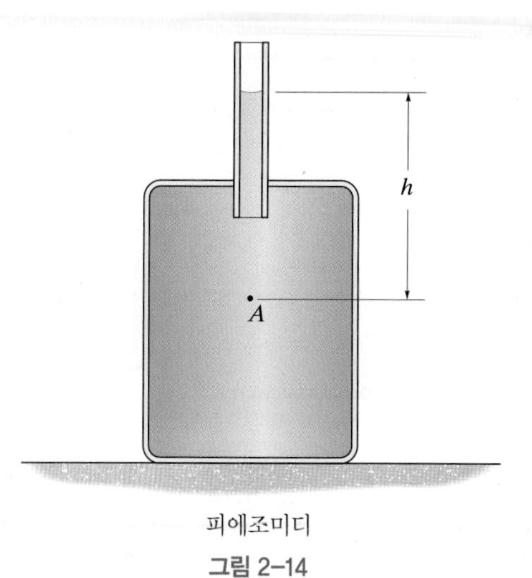

피에조미터

그림 2–14

계기압력의 음압이 높은 경우에는 그림 2-15와 같이 **U관 마노미터**를 사용한다. 용기 내부에 비중이 γ인 액체가 담겨있을 때, U관의 한쪽 끝은 용기와 연결되어 있으며, 반대쪽은 대기 방향으로 열려있다. 고압을 측정하기 위해서 U관 내부엔 수은 같이 비중이 높은 액체를 사용한다. 수은의 비중을 γ'이라고 하면 용기 내의 점 A의 압력은 같은 높이에 있는 유리 관의 점 B의 압력과 같다. 점 C에서 압력은 $p_C = p_A + \gamma h_{BC}$로, 점 D의 압력과 같은 값을 가진다. 이는 C와 D가 같은 높이에 있기 때문이다. 따라서 $p_C = p_D = \gamma' h_{DE}$의 관계가 된다. 즉,

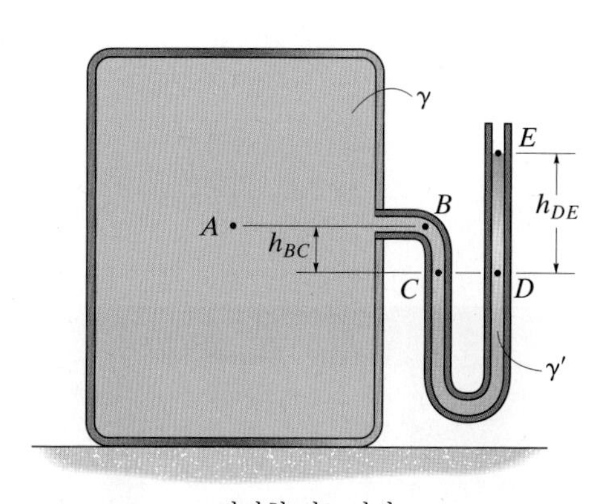

간단한 마노미터

그림 2–15

$$\gamma' h_{DE} = p_A + \gamma h_{BC}$$

이므로

$$p_A = \gamma' h_{DE} - \gamma h_{BC}$$

이다. 용기 내의 유체가 기체라면 비중이 U관 마노미터의 유체에 비해 매우 낮으므로 $\gamma \approx 0$으로 볼 수 있다. 따라서 압력은 $p_A = \gamma' h_{DE}$가 된다.

마노미터의 오차를 줄이기 위해서는 예상되는 압력이 높지 않을 경우 물처럼 비중이 낮은 유체를 이용하면 마노미터의 유체를 더 높이 상승시키기 때문에 보다 정밀하게 압력수두를 읽을 수 있다. 또한 튜브의 지름이 10 mm(0.5 in.) 내외의 모세관이라면, 모세관 현상에 의해 수면에 곡면을 갖는 메니스커스가 발생한다. 1.10절에서 기술한 방법대로 눈금을 읽는다면 계측 오차를 줄일 수 있다. 보다 높은 정밀도가 요구된다면 온도를 고려하여 더 정확한 비중을 계산해야 한다.

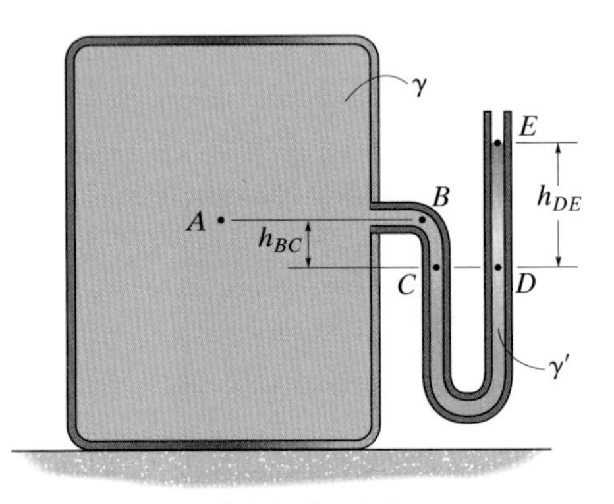

간단한 마노미터

그림 2-15

마노미터 법칙 앞의 결과를 **마노미터 법칙**(manometer rule)을 통해 더 편리하게 계산할 수 있다. 이 법칙은 모든 형태의 마노미터에 적용할 수 있다.

마노미터 법칙은 계산하고자 하는 압력의 위치에서 시작한다. 이 압력에 수직으로 맞닿는 유체의 압력을 더한다. 이 수직 압력을 마노미터의 다른 끝까지 산술적으로 더해간다.

어떤 유체 시스템이든 측정하고자 하는 점 아래에 위치하면 압력 항은 양의 값을 가진다. 그 이유는 유체의 무게로 인해 압력이 증가하기 때문이다. 기준점 위의 압력 항은 음의 값을 가지는데, 기준점의 압력보다 작은 값을 가지기 때문이다. 이와 같은 논리로 그림 2-15의 마노미터는 A의 압력 p_A에서 시작한다. 여기에 γh_{BC}를 더하고, $\gamma' h_{DE}$를 뺀다. 이 산술 합은 대기압인 E의 압력과 같으며, $p_E = 0$이다. 즉, $p_A + \gamma h_{BC} - \gamma' h_{DE} = 0$이므로 A의 압력 $p_A = \gamma' h_{DE} - \gamma' h_{BC}$이다. 이는 앞서 얻은 결과와 같다.

또 다른 예로 그림 2-16의 마노미터를 고려해보자. A에서 시작하면 C의 압력은 0임을 알 수 있으므로,

$$p_A - \gamma h_{AB} - \gamma' h_{BC} = 0$$

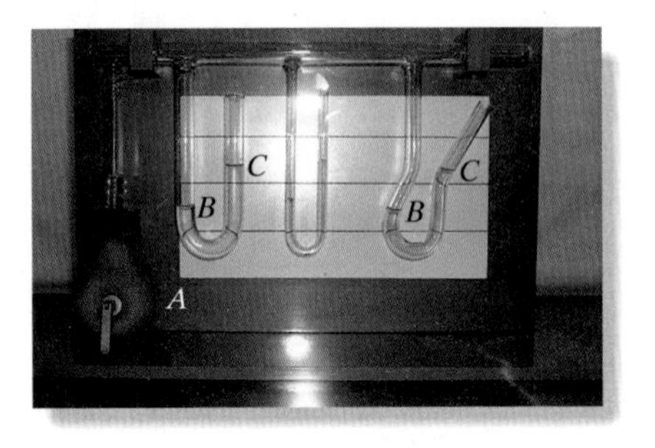

A에 있는 풍선을 압착하여 압력을 증가시키면 B와 C의 높이 차이가 유리관의 형상과 관계없이 같은 크기만큼 증가한다.

이므로

$$p_A = \gamma h_{AB} + \gamma' h_{BC}$$

를 얻는다.

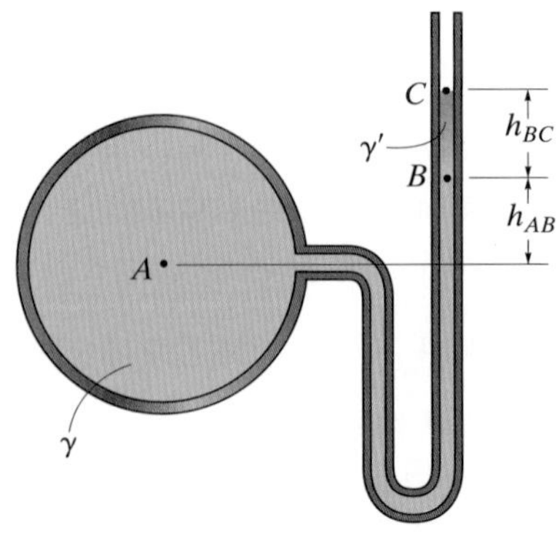

그림 2-16

차동 마노미터 차동 마노미터(differential manometer)는 폐쇄된 유체 시스템에서 두 점의 압력차를 측정할 때 사용된다. 그림 2-17의 차동 마노미터는 배관 내에 흐르는 유체의 점 A와 D의 정압 차를 측정하는 시스템이다. 마노미터의 점 A, B, C, D를 따라 마노미터 법칙으로 압력을 더하면 다음과 같다.

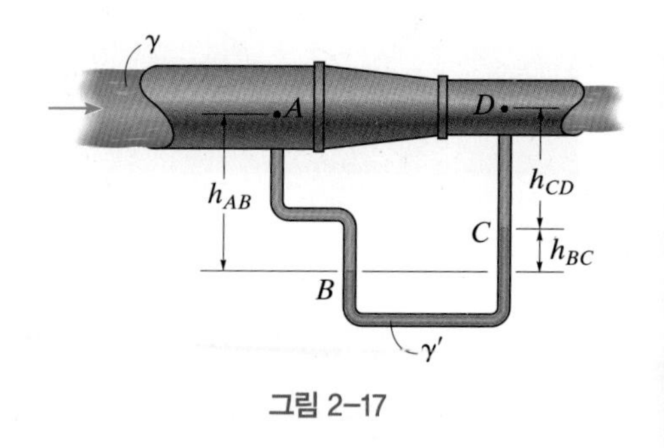

그림 2-17

$$p_A + \gamma h_{AB} - \gamma' h_{BC} - \gamma h_{CD} = p_D$$
$$\Delta p = p_D - p_A = \gamma h_{AB} - \gamma' h_{BC} - \gamma h_{CD}$$

$h_{BC} = h_{AB} - h_{CD}$이므로

$$\Delta p = -(\gamma - \gamma')h_{BC}$$

이 결과는 점 A와 D 사이의 절대압력 또는 계기압력 어느 쪽이든 압력차를 나타낸다. γ'을 γ에 가깝게 선택하면 두 유체의 비중이 비슷해져 h_{BC}의 값이 커지므로 보다 정밀한 압력차를 측정할 수 있다는 점을 주목하라.

압력차가 작은 경우엔 그림 2-18의 뒤집힌 U관 마노미터를 이용하여 측정할 수 있다. 이 뒤집힌 U관 마노미터엔 측정 유체의 비중보다 작은 비중을 가진 유체가 담겨있다. 물과 기름이 들어있다고 생각하라. 앞의 경우와 같이 점 A에서 시작하여 점 D까지 마노미터 법칙으로 더하면 다음의 관계식을 얻는다.

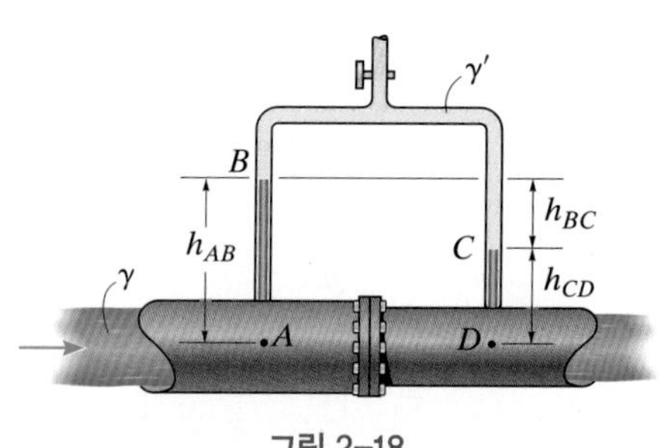

그림 2-18

$$p_A - \gamma h_{AB} + \gamma' h_{BC} + \gamma h_{CD} = p_D$$
$$\Delta p = p_D - p_A = -\gamma h_{AB} + \gamma' h_{BC} + \gamma h_{CD}$$

$h_{BC} = h_{AB} - h_{CD}$이므로

$$\Delta p = -(\gamma - \gamma')h_{BC}$$

를 얻는다.

U관 마노미터의 유체로 공기를 사용한다면 압축 힘이 있으므로 액주가 U관의 꼭대기와 마노미터의 수위를 적절하게 유지하기 위해 사용된 잠금 밸브까지 올라갈 수도 있다. 이 경우, $\gamma' \approx 0$이며, $\Delta p = -\gamma h_{BC}$가 된다.

마노미터 회로를 따라서 서로 다른 높이의 압력을 더해가는 방법만 이해한다면 위 결과들을 외울 필요는 없다.

압력과 압력차를 보다 정확하게 측정하기 위해 다양한 형태의 개선된 U관 마노미터가 많이 개발되어 있다. 가장 일반적으로 사용되는 정밀 마노미터로는 예제 2.7의 한쪽 관이 기울여진 마노미터와 연습문제 2-55의 마이크로 마노미터가 있다.

부르동 압력계 마노미터는 계기압력이 매우 높은 경우에는 사용이 적합하지 않다. 이러한 경우에는 그림 2-9의 **부르동 압력계**를 이용하여 압력을 측정한다. 부르동 압력계는 코일 형태로 감겨있는 금속관으로 한쪽 끝은 압력을 측정할 용기에 붙어있고, 다른 끝은 막혀있다. 금속 관 내부의 압력이 증가하면 감겨있는 관이 풀리면서 탄성 변형을 한다. 금속관 끝에 부착된 연결 장치가 압력계 전면부의 다이얼에 연결되어 측정 압력을 직접 읽을 수 있다. 계기판의 압력 단위는 kPa과 psi 등 다양하게 사용된다.

부르동 압력계

그림 2-19

압력 변환기 **압력 변환기**는 전기기계 장치로서 디지털 판독기로 압력을 측정하는 데 사용된다. 압력 변화에 빠르게 반응할 수 있으며, 시간에 따라 연속적으로 측정할 수 있는 장점이 있다. 그림 2-20은 압력 변환기가 작동하는 원리를 보여준다. A의 끝단을 압력 용기에 부착하면 유체압력이 얇은 판막을 변형시킨다. 판막의 변형은 부착된 디지털 스트레인 게이지로 측정된다. 스트레인 게이지에 조립된 얇은 선의 길이가 변하면 저항이 변하고, 전류의 크기가 바뀐다. 전류의 변화는 압력의 변화에 정비례하기 때문에 전류 값을 압력 값으로 쉽게 변환할 수 있다.

판막 뒤의 B 부분이 밀폐되어 있다면 진공 상태이므로 절대압력을 측정하고 있는 것이며, 개방되어 있다면 B는 대기압 상태이므로 계기압력이 측정된다. 마지막으로 A와 B가 서로 다른 유체 압력을 가지고 있다면 압력 변환기는 압력 차를 측정한다.

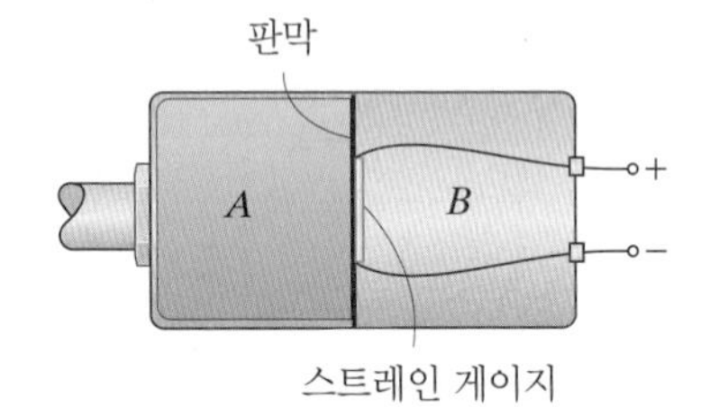

압력 변환기

그림 2-20

기타 압력계 지금까지 논의한 압력계 외에도 압력을 측정하는 방법은 다양하다. 앞서 논의한 압력계보다 정밀한 압력계로 **힘-저울식 용융석영 부르동관**(fused quartz force-balance Bourdon tube)이 있다. 이 부르동관 내부에는 압력에 의해 탄성 변형하는 코일형태의 금속관이 있으며, 금속관의 변형을 광학적으로 측정한다. 변형된 금속관은 자기장에 의해 복원되는데, 이 자기장을 측정하여 변형을 일으킨 압력과 상호 비교한다. 이와 비슷한 방법으로 **압전게이지**(piezoelectric gages)가 있는데, 마찬가지로 수정 결정판을 이용하여 작은 압력이 가해졌을 때 전압의 변화를 측정하여 디지털 판독기로 출력하는 형태로 작동한다. 같은 방식으로 얇은 실리콘 웨이퍼로 제작되는 압력계도 있다. 실리콘 웨이퍼의 변형은 정전 용량과 진동 주파수를 바꾼다. 이런 특성으로 인해 순간적인 압력의 변화에 즉각적으로 반응할 수 있다. 다양한 압력계와 응용 사례에 대한 자세한 내용은 참고문헌 [5]~[11]을 통해 확인할 수 있다.

요점 정리

- 유체가 상대 운동을 하지 않으면 유체 내부의 한 지점에서의 압력은 모든 방향에서 동일하다. 이를 파스칼의 법칙이라 부른다. 따라서 유체 내부의 한 지점에서의 압력 증가 Δp는 다른 지점에서도 같은 압력 증가를 일으킨다.
- 절대압력은 진공을 기점으로 측정한다. 표준대기압은 온도가 15°C (59°F)인 해수면에서 측정되며, 101.3 kPa 또는 14.7 psi이다.
- 계기압력은 대기압을 기준으로 위 또는 아래로 측정된 압력이다.
- 정적 유체의 질량을 고려할 때, 수평방향의 압력은 일정하지만, 수직방향의 압력은 깊이에 따라 증가한다.
- 유체가 액체의 경우와 같이 근본적으로 비압축성이라면 비중량은 일정하고, 압력은 $p = \gamma h$에 의해 결정된다.
- 유체가 기체와 같이 압축성이면, 압력의 정확한 측정값을 얻기 위해서는 압력에 따른 유체의 비중량(또는 밀도)의 변화가 고려되어야 한다.
- 기체의 비중량은 매우 작기 때문에 탱크, 용기, 마노미터, 파이프 내부의 기체 정압은 전체 부피에서 높이의 차이가 크지 않다면 일정하다고 보아도 무방하다.
- 한 점에서의 압력 p는 압력을 생성하기 위해 필요한 유체 기둥의 높이 $h(h = p/\gamma)$인 압력수두로 표시할 수 있다.
- 대기압은 기압계를 사용하여 측정된다.
- 마노미터는 파이프나 탱크의 작은 압력이나, 두 파이프 사이의 차압을 측정하는 데 사용된다. 마노미터의 임의의 두 지점에서의 압력은 마노미터 규칙을 사용하여 계산한다.
- 고압은 일반적으로 부르동 압력계나 압력 변환기를 사용하여 측정된다. 그밖에도 다양한 종류의 압력계가 특수한 응용분야에서 사용된다.

예제 2.5

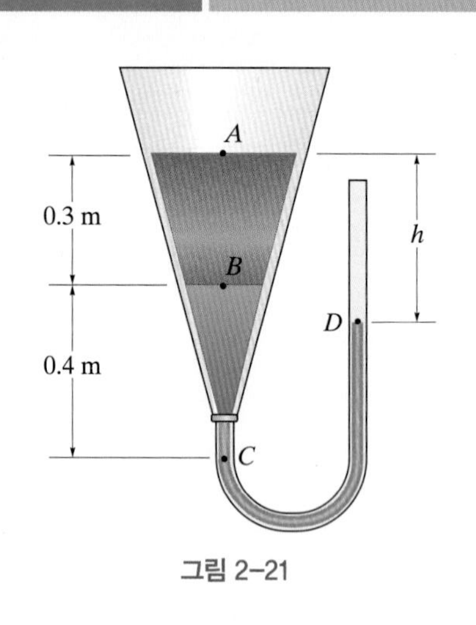

그림 2-21

그림 2-21에서 보이는 깔때기에 표시된 높이만큼 기름과 물이 채워져 있고, CD 부분은 수은으로 채워져 있다. 평형상태일 때의 기름 표면의 상단에서부터 수은까지의 거리인 h를 구하라. $\rho_o = 880\ \text{kg/m}^3$, $\rho_w = 1000\ \text{kg/m}^3$, $\rho_{Hg} = 13550\ \text{kg/m}^3$이다.

풀이

유체 설명 유체는 액체이므로 비압축성임을 고려한다.

해석 '마노미터'를 이용하여 유체의 압력을 계산할 수 있고, A에서 D까지 마노미터 규칙을 사용하여 수식을 유도할 수 있으며, A와 D에서의 (계기)압력은 0임을 알 수 있다.

$$0 + \rho_o g h_{AB} + \rho_w g h_{BC} - \rho_{Hg} g h_{CD} = 0$$

$$0 + (880\ \text{kg/m}^3)(9.81\ \text{m/s}^2)(0.3\ \text{m}) + (1000\ \text{kg/m}^3)(9.81\ \text{m/s}^2)(0.4\ \text{m})$$
$$- (13\ 550\ \text{kg/m}^3)(9.81\ \text{m/s}^2)(0.3\ \text{m} + 0.4\ \text{m} - h) = 0$$

따라서

$$h = 0.651\ \text{m}$$ 답

예제 2.6

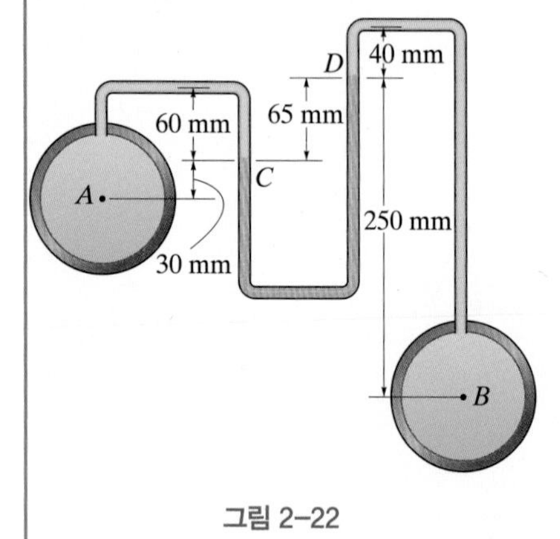

그림 2-22

그림 2-22와 같이 CD 부분에 마노미터 액체가 들어있다. 두 파이프라인의 중심선 지점인 A와 B 사이의 압력차를 구하라. 액체의 밀도는 AC와 DB에서는 $\rho = 800\ \text{kg/m}^3$이고, CD에서는 $\rho_{CD} = 1100\ \text{kg/m}^3$이다.

풀이

유체 설명 액체는 비압축성으로 가정한다.

해석 마노미터 규칙을 사용하여, 점 B에서 시작하여 점 A까지 마노미터를 통과하며 식을 세우면

$$p_B - \rho g h_{BD} + \rho_{CD} g h_{DC} + \rho g h_{CA} = p_A$$

$$p_B - (800\ \text{kg/m}^3)(9.81\ \text{m/s}^2)(0.250\ \text{m}) + (1100\ \text{kg/m}^3)(9.81\ \text{m/s}^2)(0.065\ \text{m})$$
$$+ (800\ \text{kg/m}^3)(9.81\ \text{m/s}^2)(0.03\ \text{m}) = p_A$$

따라서

$$\Delta p = p_A - p_B = -1.03\ \text{kPa}$$ 답

결과가 음의 값이므로, A에서의 압력이 B에서보다 작음을 알 수 있다.

예제 2.7

그림 2-23의 경사관 마노미터는 미소 압력 변화를 측정하는 데 사용된다. 점 A와 E 사이의 압력차를 구하라. 파이프의 A 부분에는 물, BCD 부분에는 마노미터 액체인 수은, E 부분에는 천연가스가 들어 있다. $\gamma_{Hg} = 846\ \text{lb/ft}^3$이다.

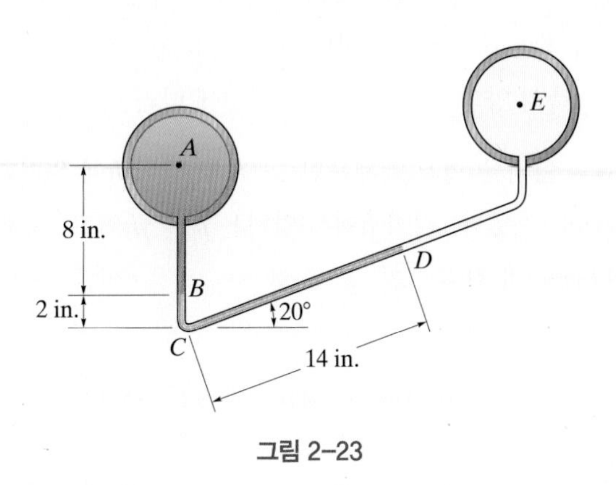

그림 2-23

풀이

유체 설명 액체는 비압축성이고, 천연가스의 비중량은 무시한다. 따라서 E에서의 압력은 D와 같다.

해석 점 A와 D 사이에 마노미터 규칙을 적용하면,

$$p_A + \gamma_w h_{AB} + \gamma_{Hg} h_{BC} - \gamma_{Hg} h_{CD} = p_E$$

$$p_A + (62.4\ \text{lb/ft}^3)\left(\frac{8}{12}\ \text{ft}\right) + 846\ \text{lb/ft}^3\left(\frac{2}{12}\ \text{ft}\right) - (846\ \text{lb/ft}^3)\left(\frac{14}{12}\ \text{ft}\right)(\sin 20°) = p_E$$

$$p_A - p_E = 155\ \text{lb/ft}^2$$ 답

CD관의 기울기로 인하여 작은 압력의 변화에도 액주의 변화는 민감함을 알 수 있다. 압력의 변화가 작더라도 거리 Δ_{CD}는 크게 변하고, 이에 따라 높이 변화 Δh_{CD}는 $\sin 20°$의 인수로 달라진다. 즉, $\Delta_{CD} = \Delta h_{CD}/\sin 20° = 2.92\Delta h_{CD}$이다. 실제로 사용할 경우 5° 미만의 각도는 적용하기 어렵다. 왜냐하면 이러한 작은 각도에서는 메니스커스의 정확한 위치를 감지하기 어렵고, 관 내의 표면에 불순물이 있을 경우 표면장력의 효과가 확대되기 때문이다.

2.7 평면에 작용하는 정수압력—공식법

수문, 선박, 댐 등 액체에 잠긴 물체를 설계할 때, 액체의 압력하중에 의한 합력을 구하는 것과 그 물체 위에 작용하는 힘의 작용점을 구하는 문제는 매우 중요하다. 이 절에서는 수식을 사용하여 평면에 정수압력이 어떻게 작용하는지를 보여줄 것이다.

수식을 일반화하기 위해 그림 2-24a와 같이 액체에 잠겨있고 수평방향의 각도가 θ인 임의의 평판 표면을 고려한다. x, y 좌표계의 원점은 액체의 표면에 위치하기 때문에 y축의 양의 방향은 평판의 평면에 따라 아랫방향으로 연장된다.

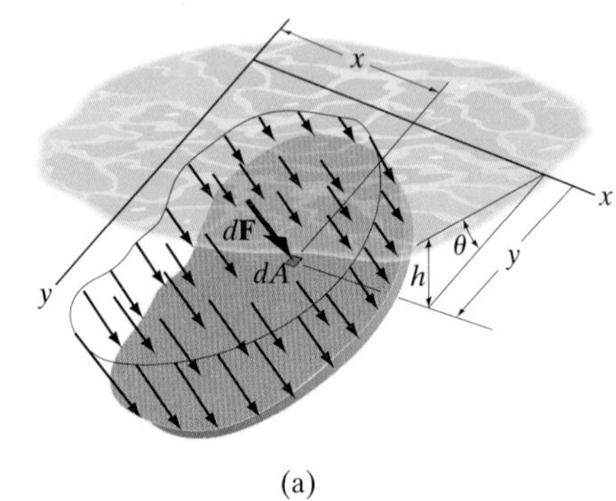

(a)

합력 평판 위의 합력은 먼저 액체표면으로부터 깊이 h에 위치한 미소면적 dA를 고려하여 구할 수 있다. 깊이 h에서 압력은 $p = \gamma h$이고, 미소면적에 작용하는 미소힘은 다음 식과 같다.

$$dF = p\,dA = (\gamma h)\,dA = \gamma\,(y \sin\theta)\,dA$$

평판에 작용하는 합력은 이 미소힘들의 합과 동일하다. 그러므로 전체 면적 A에 대해 적분하면,

$$F_R = \Sigma F; \qquad F_R = \int_A \gamma y \sin\theta\,dA = \gamma \sin\theta \int_A y\,dA = \gamma \sin\theta\,(\bar{y}A$$

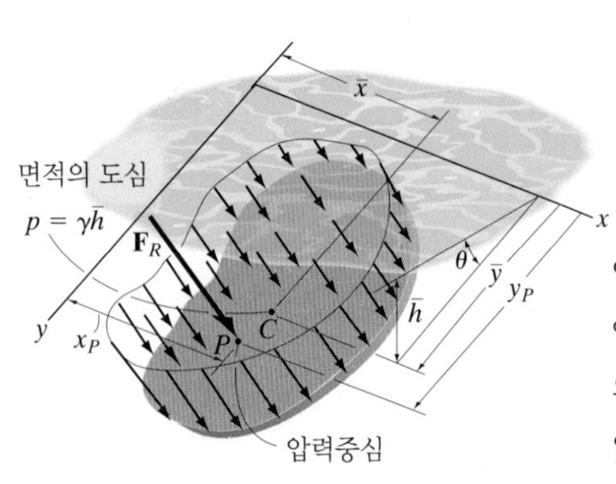

$F_R = \gamma \bar{h} A$

$\mathbf{F}_R$은 압력중심에 작용한다.

(b)

그림 2-24

여기서 $\int_A y\,dA$는 x축에 대한 '면적 모멘트'라고 부른다. 이 식은 그림 2-24b에서 $\bar{y}A$로 대체되고, $\bar{y}$는 x축에서 중심 C 또는 그 면적의 기하학적 중심까지의 거리이다.* 중심의 깊이가 $\bar{h} = \bar{y}\sin\theta$이므로, 위의 식을 다음과 같이 쓸 수 있다.

$$F_R = \gamma \bar{h} A \qquad (2\text{-}9)$$

이 식은 평판 위의 합력의 크기가 평판의 중심에 작용하는 압력 $\gamma\bar{h}$와 평판의 면적 A의 곱임을 나타낸다. 전체적인 압력분포가 평판에 수직방향으로 작용하기 때문에 합력도 평판에 수직방향을 갖는다.

---

* *Engineering Mechanics: Statics*, 13th ed., R. C. Hibbeler, Pearson Education을 참조하라.

이 수문은 운하의 물에 의한 정수압력을 견딜 수 있도록 설계되어 있다.

합력의 작용점 그림 2-24b에서 볼 수 있듯이, 압력분포의 합력은 **압력의 중심** P라고 불리는 평판 위의 점을 통해 작용한다. 이 점의 위치 (x_P, y_P)는 그림 2-24a에서 x축과 y축에 대한 전체적인 압력 분포하중의 모멘트와 그림 2-24b의 각각의 축들에 대한 합력의 모멘트가 같다는 모멘트 평형에 의해 결정된다.

y_P의 좌표 x축에 대한 모멘트 평형식은 다음과 같다.

$$(M_R)_x = \Sigma M_x; \qquad y_P F_R = \int_A y\, dF$$

여기서 $F_R = \gamma \sin\theta(\bar{y}A)$이고, $dF = \gamma(y\sin\theta)dA$이므로,

$$y_P[\gamma \sin\theta(\bar{y}A)] = \int_A y\,[\gamma(y\sin\theta)\,dA]$$

$\gamma \sin\theta$를 약분하면,

$$y_P\,\bar{y}A = \int_A y^2\,dA$$

위의 적분식은 x축에 대한 **면적 관성모멘트 영역** I_x이다.

$$y_P = \frac{I_x}{\bar{y}A}$$

일반적으로 면적 관성모멘트라고 정의되는 I_x는 면적의 도심을 통과하는 축을 기준으로 한다. 몇 가지 일반적인 형태의 면적에 대한 관성모멘트 식이 이 책의 뒤표지 안쪽에 나와 있다. 면적 관성모멘트 식과 **평행축 정리***를 사용하여 I_x를 구할 수 있고, $I_x = \bar{I}_x + A\bar{y}^2$이다. 위의 식을 다시 쓰면,

$$y_P = \frac{\bar{I}_x}{\bar{y}A} + \bar{y} \qquad (2\text{-}10)$$

$\bar{I}_x/\bar{y}A$ 항은 항상 양의 값이므로 그림 2-24b에서 압력 중심까지의 거리 y_P는 평판의 도심까지의 거리 $\bar{y}$보다 항상 아래에 있음을 주목하라.

산업용 탱크의 원형 출입문은 내부 유체의 압력을 받고 있다. 식 (2–9)와 (2–10)을 이용하여 합력의 크기와 작용점을 계산할 수 있다.

* 앞서 제시한 참고문헌 참조

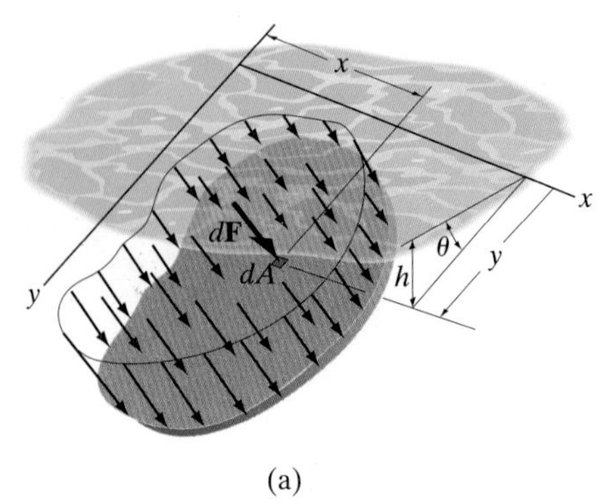

(a)

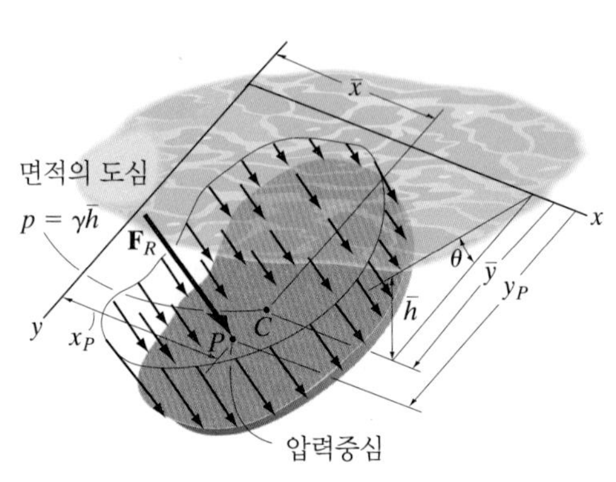

$F_R = \gamma \bar{h} A$

$\mathbf{F}_R$은 압력중심에 작용한다.

(b)

그림 2-24

x_P의 좌표 그림 2-24a와 2-24b에서 압력중심의 측면 위치인 x_P는 y축에 대한 모멘트 평형에 의해 결정된다. 모멘트 평형식은 다음과 같다.

$$(M_R)_y = \Sigma M_y; \qquad x_P F_R = \int_A x\, dF$$

여기서 $F_R = \gamma \sin\theta(\bar{y}A)$과 $dF = \gamma(y \sin\theta)dA$를 대입하면,

$$x_P[\gamma \sin\theta(\bar{y}A)] = \int_A x\,[\gamma(y \sin\theta)\, dA]$$

$\gamma \sin\theta$를 약분하면,

$$x_P\,\bar{y}A = \int_A xy\, dA$$

윗식에서 적분항은 면적에 대한 **관성 상승모멘트** I_{xy}이다.* 따라서 x_P는 다음 식으로 정리된다.

$$x_P = \frac{I_{xy}}{\bar{y}A}$$

평행축 정리를 사용하면* $I_{xy} = \bar{I}_{xy} + A\bar{x}\,\bar{y}$이다. 여기서 $\bar{x}$와 $\bar{y}$는 면적의 도심까지의 거리이다. x_P 좌표는 다음과 같이 표현될 수 있다.

$$x_P = \frac{\bar{I}_{xy}}{\bar{y}A} + \bar{x} \tag{2-11}$$

대부분의 공학적 응용문제에서 액체에 잠긴 영역은 그 중심을 통과하며 지나는 x축이나 y축에 대해 대칭일 경우가 많다. 그림 2-25와 같이 직사각형 평판에서는 $\bar{I}_{xy} = 0$, $\bar{x} = 0$이다. 따라서 식 (2-11)에서 $x_P = 0$이 되고, 그림에서 볼 수 있듯이 압력중심 P는 y 중심축에 위치하게 된다.

* 앞서 제시한 참고문헌 참조

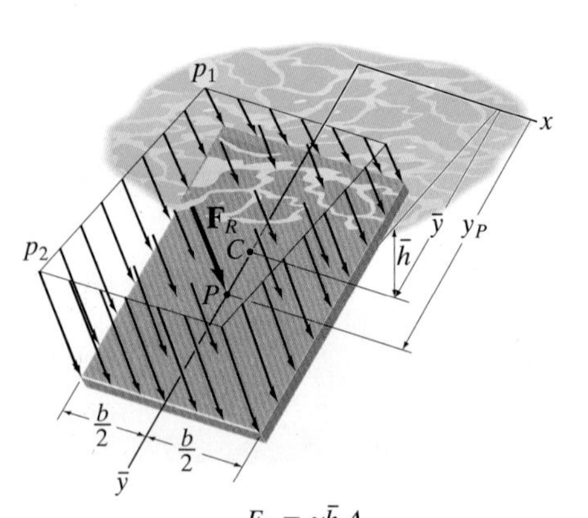

$F_R = \gamma \bar{h} A$

$\mathbf{F}_R$은 압력중심에 작용한다.

그림 2-25

요점 정리

- 액체는 잠긴 표면에 수직으로 작용하는 압력하중을 생성한다. 액체가 비압축성이면 압력의 크기는 깊이에 따라 선형적으로 증가한다($p = \gamma h$).
- 면적 A인 액체에 잠긴 평면의 표면에 작용하는 압력에 의한 합력은 $F_R = \gamma\bar{h}A$에 의해 구해지고, 여기서 $\bar{h}$는 액체의 표면으로부터 면적의 도심 C까지 측정된 깊이이다.
- 압력중심 P를 통해 작용하는 합력은 $x_P = \bar{I}_{xy}/(\bar{y}A) + \bar{x}$와 $y_P = \bar{I}_x/(\bar{y}A) + \bar{y}$에 의해 결정된다. 만일 액체에 잠긴 표면이 y축에 대해 대칭인 경우에는 $\bar{I}_{xy} = 0$이 되고, 따라서 $x_P = 0$이 된다.

예제 2.8

그림 2-26a에서 보이는 저장 탱크의 경사진 면 $ABDE$에 가해지는 물의 정수압력을 구하고, AB 위치에서 합력의 작용점까지의 거리를 구하라.

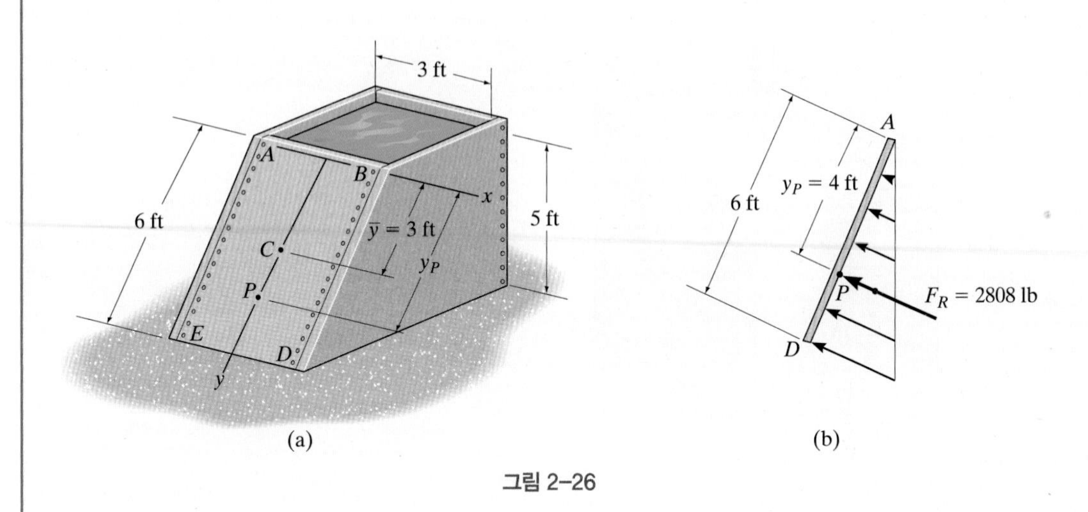

그림 2-26

풀이

유체 설명 물은 비압축성 유체이고, $\gamma_w = 6.24\ \text{lb/ft}^3$이다.

해석 그림 2-26a에서 평판의 도심은 면적의 중앙이므로 선분 AB로부터 $\bar{y} = 3\ \text{ft}$이다. 이 지점에서 물의 깊이는 평균수심이므로 $\bar{h} = 2.5\ \text{ft}$이다. 따라서,

$$F_R = \gamma_w \bar{h} A = \left(62.4\ \text{lb/ft}^3\right)(2.5\ \text{ft})[(3\ \text{ft})(6\ \text{ft})] = 2808\ \text{lb} \qquad \text{답}$$

이 책의 뒤표지 안쪽에서 직사각형 면적에 대한 관성모멘트를 찾아보면, $\bar{I}_x = \frac{1}{12} ba^3$이다. 여기서 $b = 3\ \text{ft}$이고 $a = 6\ \text{ft}$이다. 따라서,

$$y_P = \frac{\bar{I}_x}{\bar{y}A} + \bar{y} = \frac{\frac{1}{12}(3\ \text{ft})(6\ \text{ft})^3}{(3\ \text{ft})(3\ \text{ft})(6\ \text{ft})} + 3\ \text{ft} = 4\ \text{ft} \qquad \text{답}$$

그림 2-26a에서 직사각형은 도심을 통과하는 y축에 대해 대칭이므로, $\bar{I}_{xy} = 0$이 되고, 식 (2-11)을 사용하면

$$x_P = \frac{\bar{I}_{xy}}{\bar{y}_A} + \bar{x} = 0 + 0 = 0 \qquad \text{답}$$

계산 결과는 그림 2-26b에 평판의 측면도로 도시되어 있다.

예제 2.9

그림 2-27a와 같은 통에 물이 채워져 있다. 원형 평판에 가해지는 정수압력의 합력을 구하고, 그 작용점을 찾아라.

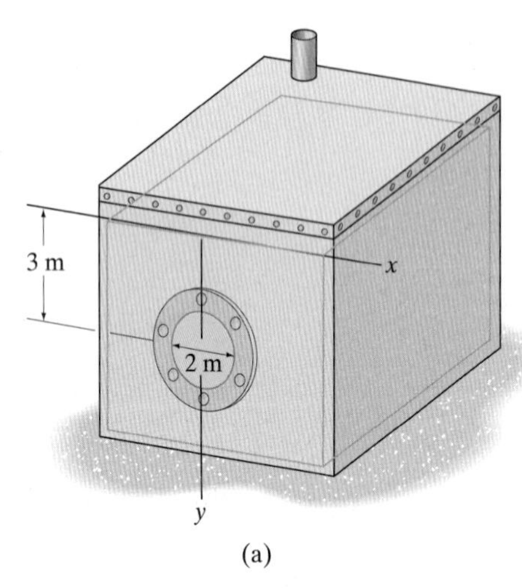

(a)

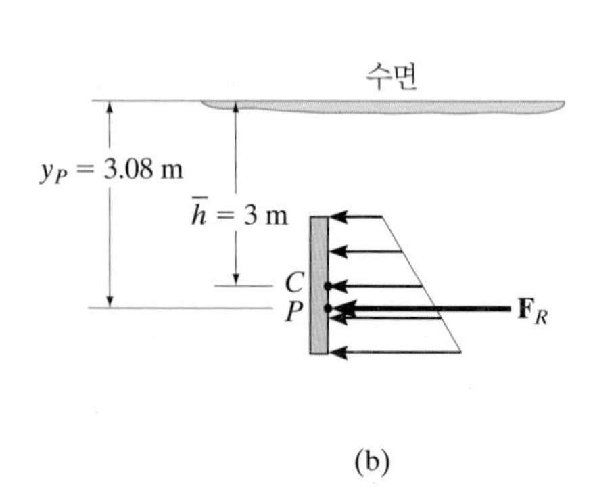

(b)

그림 2-27

풀이

유체 설명 물을 비압축성 유체라고 가정하고, $\rho_w = 1000\ \text{kg/m}^3$이다.

해석 그림 2-27b에서 합력은

$$F_R = \gamma_w \bar{h} A = \left(1000\ \text{kg/m}^3\right)\left(9.81\ \text{m/s}^2\right)(3\ \text{m})[\pi(1\ \text{m})^2] = 92.46\ \text{kN}$$

원의 관성모멘트는 이 책의 뒤표지 안쪽에 있는 표에서 찾을 수 있으며, 합력의 작용점은 다음 식으로부터 구해진다.

$$y_P = \frac{\bar{I}_x}{\bar{y}A} + \bar{y} = \frac{\frac{\pi}{4}(1\ \text{m})^4}{(3\ \text{m})[\pi(1\ \text{m})^2]} + 3\ \text{m} = 3.08\ \text{m}$$ 답

원은 대칭이기 때문에 $I_{xy} = 0$이므로 x_P의 위치는 다음과 같다.

$$x_P = \frac{\bar{I}_{xy}}{\bar{y}A} + \bar{x} = 0 + 0 = 0$$ 답

예제 2.10

그림 2-28a에서 보이는 고정된 삼각형 탱크의 양단판에 작용하는 합력의 크기와 작용점을 구하라. 탱크에는 등유가 들어있다.

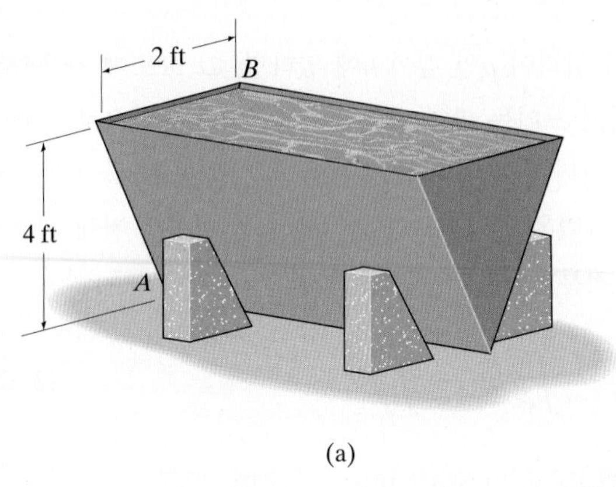

(a)

(b)

그림 2-28

풀이

유체 설명 등유는 비압축성 유체이고, $\gamma_k = \rho_k g = (1.58\ \text{slug/ft}^2)(32.2\ \text{ft/s}^2) = 50.88\ \text{lb/ft}^3$이다(부록 A).

해석 이 책의 뒤표지 안쪽에서 삼각형에 대한 관성모멘트를 찾아서 합력과 작용점을 계산하면 다음과 같다.

$$\bar{y} = \bar{h} = \frac{1}{3}(4\ \text{ft}) = 1.333\ \text{ft}$$

$$\bar{I}_x = \frac{1}{36}ba^3 = \frac{1}{36}(2\ \text{ft})(4\ \text{ft})^3 = 3.556\ \text{ft}^4$$

따라서,

$$F_R = \gamma_k \bar{h} A = \left(50.88\ \text{lb/ft}^3\right)(1.333\ \text{ft})\left[\frac{1}{2}(2\ \text{ft})(4\ \text{ft})\right] = 271\ \text{lb}$$ 답

$$y_P = \frac{\bar{I}_x}{\bar{y}A} + \bar{y} = \frac{3.556\ \text{ft}^4}{(1.333\ \text{ft})\left[\frac{1}{2}(2\ \text{ft})(4\ \text{ft})\right]} + 1.333\ \text{ft} = 2\ \text{ft}$$ 답

삼각형은 y축에 대하여 대칭이므로 $I_{xy} = 0$이다. 따라서,

$$x_P = \frac{\bar{I}_x}{\bar{y}A} + \bar{x} = 0 + 0 = 0$$ 답

결과 값들은 그림 2-28b에 표시되어 있다.

2.8 평면에 작용하는 정수압력 — 기하학적 방법

액체 속에 잠긴 평판에서의 합력과 합력의 작용점은 앞절에서와 같이 수식을 사용하는 대신 기하학적 방법을 이용하여 구할 수 있다. 기하학적 방법이 어떻게 사용되는지 살펴보기 위해 그림 2-29a의 평판을 고려해보자.

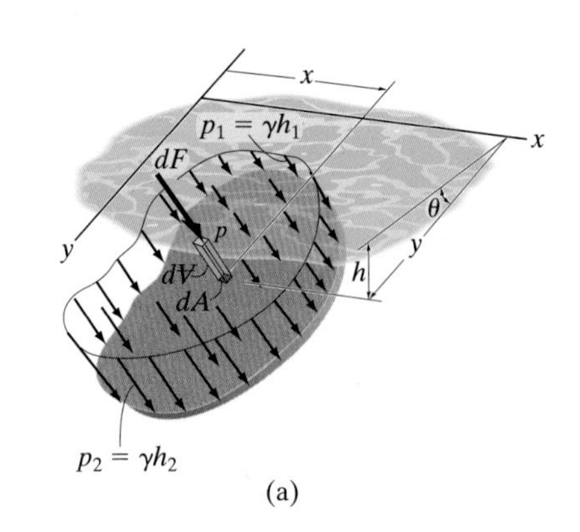

(a)

합력 판의 미소면적 dA가 압력이 p인 깊이 h에 있다면, 그 요소에 작용하는 힘은 $dF = p\,dA$이다. 그림에 보이는 바와 같이, 이 힘은 기하학적으로 압력분포의 미소 체적요소 $d\forall$를 나타낸다. 체적력은 높이 p와 밑면 dA를 가지므로 $dF = d\forall$라고 할 수 있다. 합력은 압력분포와 면적에 의해 형성된 전체 체적에 대해 미소체적력 요소들을 적분함으로써 얻을 수 있다.

$$F_R = \Sigma F; \qquad F_R = \int_A p\,dA = \int_\forall d\forall = \forall \tag{2-12}$$

따라서 합력의 크기는 '압력 프리즘(pressure prism)'의 전체 체적과 같다. 이 프리즘의 밑면은 판의 면적이고, 높이는 $p_1 = \gamma h_1$부터 $p_2 = \gamma h_2$까지 선형적으로 변한다(그림 2-29a).

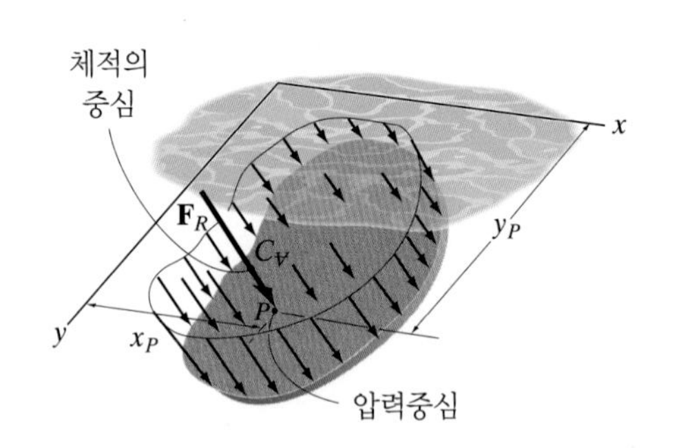

F_R은 압력 프리즘의 체적과 같고, 압력 프리즘 체적의 중심 $C_\forall$를 지난다.

(b)

그림 2-29

작용점 판에 작용하는 합력의 작용점을 찾아내기 위해서는 y축과 x축에 대한 합력의 모멘트를 구해야 한다. 그림 2-29b에서 보듯이 x, y축들에 대한 합력의 모멘트는 전체 압력분포에 의해 발생하는 모멘트와 같다(그림 2-29a). 따라서

$$(M_R)_y = \Sigma M_y; \qquad x_P F_R = \int x\,dF$$

$$(M_R)_x = \Sigma M_x; \qquad y_P F_R = \int y\,dF$$

$F_R = \forall$이고 $dF = d\forall$이므로,

$$x_P = \frac{\int_A x\,p\,dA}{\int_A p\,dA} = \frac{\int_\forall x\,d\forall}{\forall}$$
$$y_P = \frac{\int_A y\,p\,dA}{\int_A p\,dA} = \frac{\int_\forall y\,d\forall}{\forall} \tag{2-13}$$

윗식에서 합력의 중심은 압력 프리즘 체적의 도심 $C_\forall$의 x, y 좌표이다. 따라서, 합력의 작용선은 압력 프리즘 체적의 중심 $C_\forall$와 판에 작용하는 합력의 압력중심을 모두 지나간다(그림 2-29b).

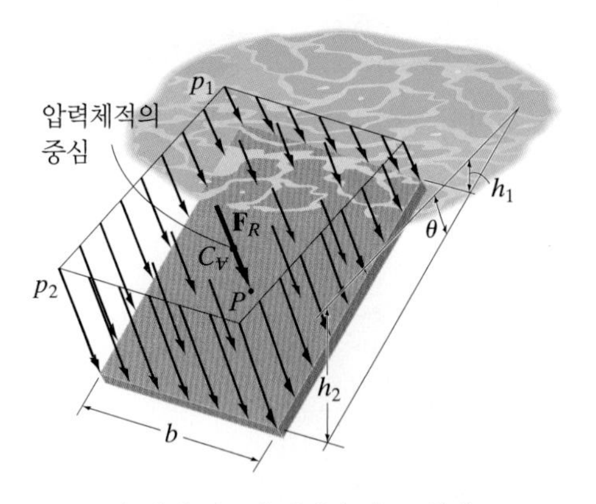

F_R은 압력 선도의 체적과 같고, 압력 프리즘 체적의 중심을 지난다.

(a)

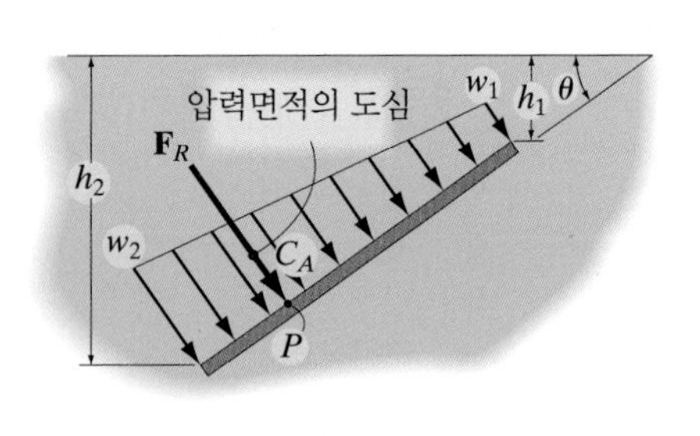

F_R은 w 선도의 면적과 같고, 합력은 이 면적의 도심을 지난다.

(b)

그림 2-30

일정폭을 가진 평판 특수한 경우로 그림 2-30a와 같이 직사각형 판이 일정폭 b를 가진다면, 깊이 h_1과 h_2에서 폭을 따라 작용하는 압력하중은 동일하다. 결과적으로, 압력하중의 분포는 판의 측면을 따라 그림 2-30b와 같이 2차원으로 보여질 것이다. 분포하중의 강도 w를 힘/길이로 정의하면, $w_1 = p_1 b = (\gamma h_1)b$에서 $w_2 = p_2 b = (\gamma h_2)b$까지 선형적으로 변한다. 합력 $\mathbf{F}_R$의 크기는 분포하중으로 표시된 사다리꼴의 면적과 같고, 판 면적의 도심 C_A와 압력중심 P 모두를 지나는 작용선을 가진다. 이 결과는 그림 2-30a에 나타난 바와 같이 압력 프리즘의 사다리꼴 체적으로 합력 F_R을 구하고 사다리꼴 체적중심 C_V를 구하여 압력중심을 구하는 방식과 동일한 의미이다.

요점 정리

- 평면에 작용하는 정수압력의 합력은 압력 프리즘의 체적 $V\!\!\!/$를 구함으로써 도식적으로 구할 수 있다($F_R = V\!\!\!/$). 합력의 작용선은 이 체적의 중심을 지난다. 작용선은 압력중심 P가 위치한 표면에서 만난다.
- 액체 속에 잠긴 표면이 일정폭을 가지면 압력 프리즘은 측면에서 보았을 때 면적이 동일하며, 평면의 분포된 하중 w로 나타낼 수 있다. 압력은 이 하중 선도의 면적과 같고, 합력은 면적의 도심을 통과하여 작용한다.

예제 2.11

그림 2-31a에서 보여지는 탱크에 3 m 깊이의 물이 들어있다. 합력과 합력의 작용점을 구하라. 물의 압력은 탱크의 측면 *ABCD*와 바닥면에 모두 작용한다.

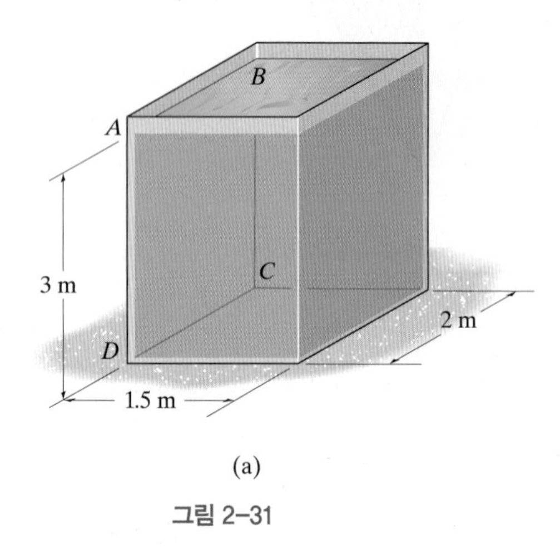

(a)

그림 2-31

풀이

유체 설명 물은 비압축성 유체이며, $\rho_w = 1000\ \text{kg/m}^3$이다.

해석 1

하중 탱크 바닥에서의 압력은 다음과 같다.

$$p = \rho_w g h = \left(1000\ \text{kg/m}^3\right)\left(9.81\ \text{m/s}^2\right)(3\ \text{m}) = 29.43\ \text{kPa}$$

탱크 측면과 바닥면에 분포한 압력은 그림 2-31b와 같다.

합력 합력의 크기는 압력 프리즘의 체적과 같다.

$$(F_R)_s = \frac{1}{2}(3\ \text{m})\left(29.43\ \text{kN/m}^2\right)(2\ \text{m}) = 88.3\ \text{kN}$$ 답

$$(F_R)_b = \left(29.43\ \text{kN/m}^2\right)(2\ \text{m})(1.5\ \text{m}) = 88.3\ \text{kN}$$ 답

합력 벡터들은 각각의 체적중심을 통과하여 작용하고, 그림 2-31에 각 판에서의 압력중심 *P*의 위치를 보여주고 있다.

작용점 이 책의 뒤표지 안쪽에 있는 식을 사용하여 측면 판의 압력 프리즘 도심 z_P는 삼각형일 경우 $\frac{1}{3}a$이다. 따라서

$$x_P = 1\ \text{m}$$ 답

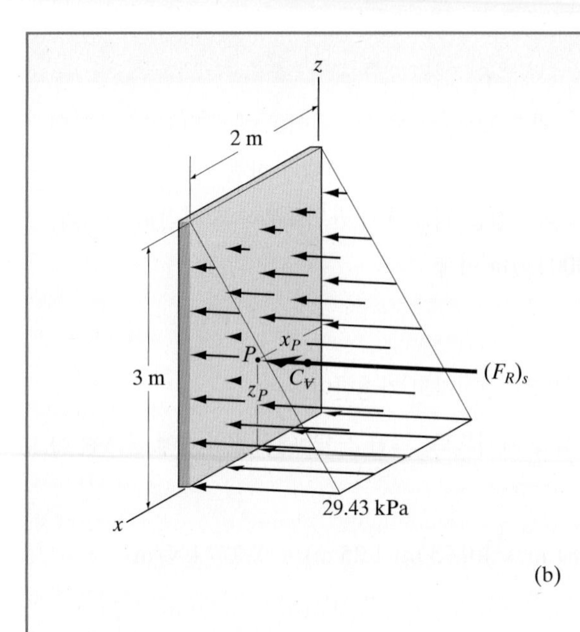

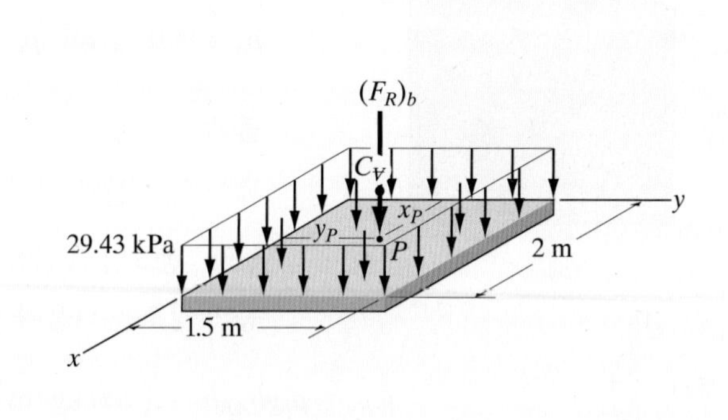

(b)

$$z_P = \frac{1}{3}(3\text{ m}) = 1\text{ m}$$ 답

바닥 판에서의 합력과 작용점은 다음과 같다.

$$x_P = 1\text{ m}$$ 답

$$y_P = 0.75\text{ m}$$ 

해석 2

하중 그림 2-31a에서 측면과 바닥 판 둘 다 $b = 2$ m의 일정한 폭을 가지므로, 압력하중은 2차원 평면으로 나타낼 수 있다. 탱크 바닥에서 하중의 강도는

$$w = (\rho_w g h)b$$
$$= \left(1000\text{ kg/m}^3\right)\left(9.81\text{ m/s}^2\right)(3\text{ m})(2\text{ m}) = 58.86\text{ kN/m}$$

하중분포는 그림 2-31c와 같다.

합력 합력은 하중 선도의 면적과 같다.

$$(F_R)_s = \frac{1}{2}(3\text{ m})(58.86\text{ kN/m}) = 88.3\text{ kN}$$ 답

$$(F_R)_b = (1.5\text{ m})(58.86\text{ kN/m}) = 88.3\text{ kN}$$ 답

작용점 합력의 작용점은 그림 2-31c에 보이는 바와 같이 각각의 면적중심을 통과하여 작용한다.

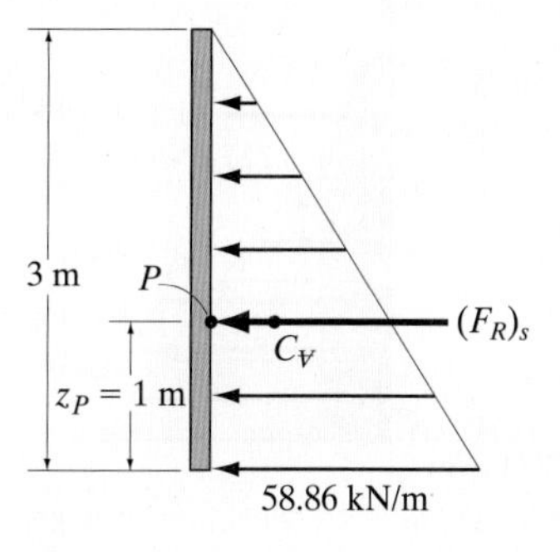

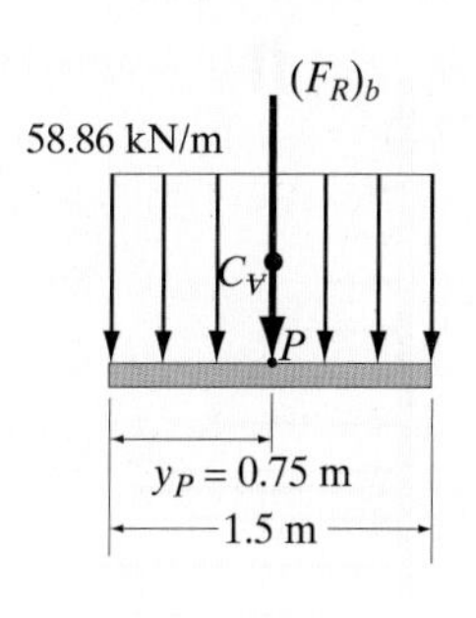

(c)

그림 2-31(계속)

예제 2.12

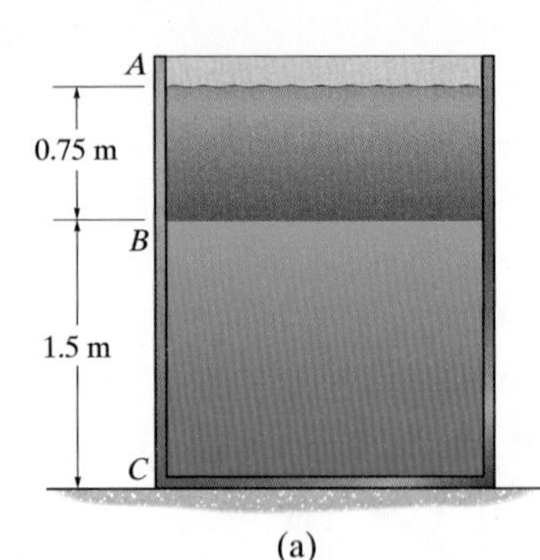

(a)

저장 탱크에 기름과 물이 그림 2-32a에서 보이는 깊이로 채워져 있다. 측면의 폭이 $b = 1.25$ m일 때, 탱크의 측면 ABC에 두 액체가 함께 가하는 정수압력의 합력을 구하라. 합력의 작용점을 탱크의 윗면으로부터의 거리로 구하라. $\rho_o = 900\ \text{kg/m}^3$, $\rho_w = 1000\ \text{kg/m}^3$이다.

풀이

유체 설명 물과 기름 모두 비압축성이라고 가정한다.

하중 탱크의 측면이 일정폭을 가지므로, 그림 2-32b에서 B와 C에 분포된 하중의 강도는 다음과 같다.

A, 0.75 m, B, 8.277 kN/m, 1.5 m, C, 26.67 kN/m

(b)

$$w_B = \rho_o g h_{AB} b = \left(900\ \text{kg/m}^3\right)\left(9.81\ \text{m/s}^2\right)(0.75\ \text{m})(1.25\ \text{m}) = 8.277\ \text{kN/m}$$

$$w_C = w_B + \rho_w g h_{BC} b = 8.277\ \text{kN/m} + \left(1000\ \text{kg/m}^3\right)\left(9.81\ \text{m/s}^2\right)(1.5\ \text{m})(1.25\ \text{m})$$

$$= 26.67\ \text{kN/m}$$

합력 합력은 그림 2-32c에 나타난 바와 같이 두 개의 삼각형과 한 개의 사각형 면적을 더함으로써 구해진다.

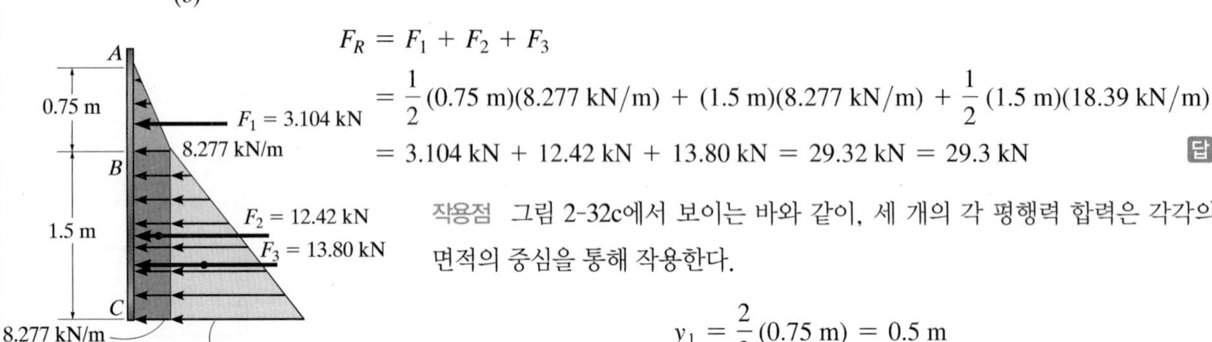

(c)

$$F_R = F_1 + F_2 + F_3$$

$$= \frac{1}{2}(0.75\ \text{m})(8.277\ \text{kN/m}) + (1.5\ \text{m})(8.277\ \text{kN/m}) + \frac{1}{2}(1.5\ \text{m})(18.39\ \text{kN/m})$$

$$= 3.104\ \text{kN} + 12.42\ \text{kN} + 13.80\ \text{kN} = 29.32\ \text{kN} = 29.3\ \text{kN}$$ 답

작용점 그림 2-32c에서 보이는 바와 같이, 세 개의 각 평행력 합력은 각각의 면적의 중심을 통해 작용한다.

$$y_1 = \frac{2}{3}(0.75\ \text{m}) = 0.5\ \text{m}$$

$$y_2 = 0.75\ \text{m} + \frac{1}{2}(1.5\ \text{m}) = 1.5\ \text{m}$$

$$y_3 = 0.75\ \text{m} + \frac{2}{3}(1.5\ \text{m}) = 1.75\ \text{m}$$

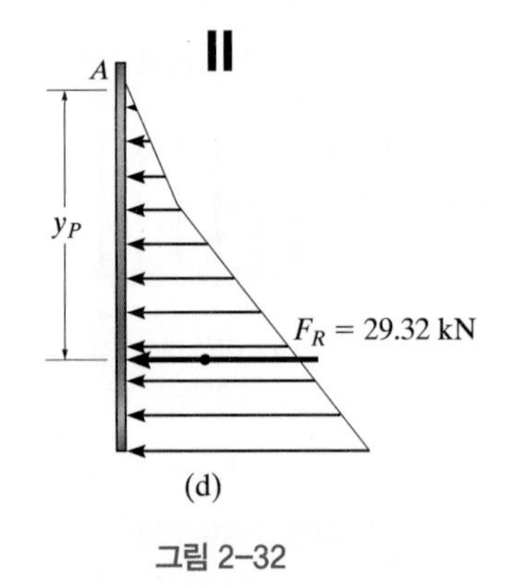

(d)

그림 2-32

합력의 작용점은 그림 2-32d에서와 같이 점 A에 대한 합력의 모멘트를 그림 2-32c에서 점 A에 대한 세 가지 성분의 힘들에 대한 모멘트의 합과 같게 둠으로써 구할 수 있다.

$$y_P F_R = \Sigma \tilde{y} F; \quad y_P(29.32\ \text{kN}) = (0.5\ \text{m})(3.104\ \text{kN})$$

$$+ (1.5\ \text{m})(12.42\ \text{kN}) + (1.75\ \text{m})(13.80\ \text{kN})$$

$$y_P = 1.51\ \text{m}$$ 답

2.9 평면에 작용하는 정수압력—적분법

그림 2-33a에서 보이는 바와 같이 평판의 경계가 xy 좌표계에서 $y = f(x)$의 식으로 정의될 수 있다면 판에 작용하는 합력 F_R과 합력의 작용점 P는 압력분포를 면적에 대해 직접 적분함으로써 구할 수 있다.

이 사진의 물운반용 트럭의 타원형 후면판에 작용하는 정수압력은 적분법으로 구할 수 있다.

합력 압력이 p이고 깊이 h에 위치한 판의 미소면적 dA에 작용하는 힘은 $dF = p\,dA$이다(그림 2-33a). 따라서 전체 면적에 작용하는 합력은

$$F_R = \Sigma F; \qquad F_R = \int_A p\,dA \tag{2-14}$$

작용점 작용점은 y와 x축에 대한 $\mathbf{F}_R$의 모멘트와 각각의 축에 대한 압력분포의 모멘트를 같다고 두고 구한다. dF가 dA의 도심(centroid)을 통해 작용하므로 그 좌표가 $(\tilde{x}, \tilde{y})$일 때 그림 2-33a와 2-33b로부터 작용점은 다음과 같다.

$$(M_R)_y = \Sigma M_y; \qquad x_P F_R = \int_A \tilde{x}\,dF$$

$$(M_R)_x = \Sigma M_x; \qquad y_P F_R = \int_A \tilde{y}\,dF$$

윗식들을 p와 dA의 항으로 표현하면

$$x_P = \frac{\int_A \tilde{x}\,p\,dA}{\int_A p\,dA} \qquad y_P = \frac{\int_A \tilde{y}\,p\,dA}{\int_A p\,dA} \tag{2-15}$$

이 방정식의 적용은 다음의 예제들에 나와 있다.

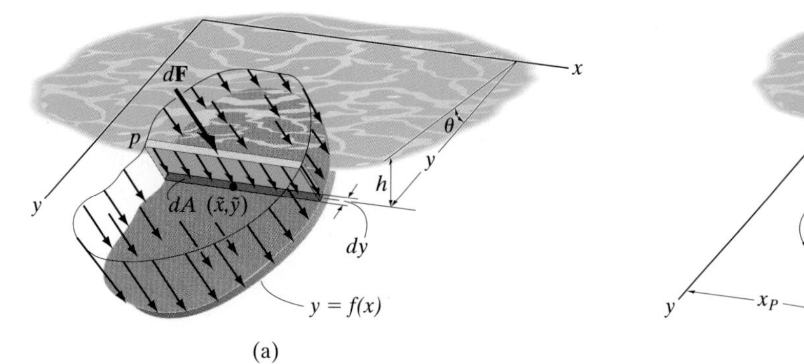

(a)

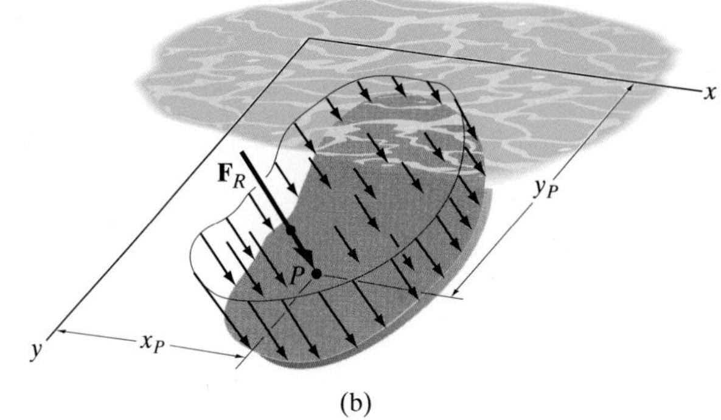

(b)

그림 2-33

예제 2.13

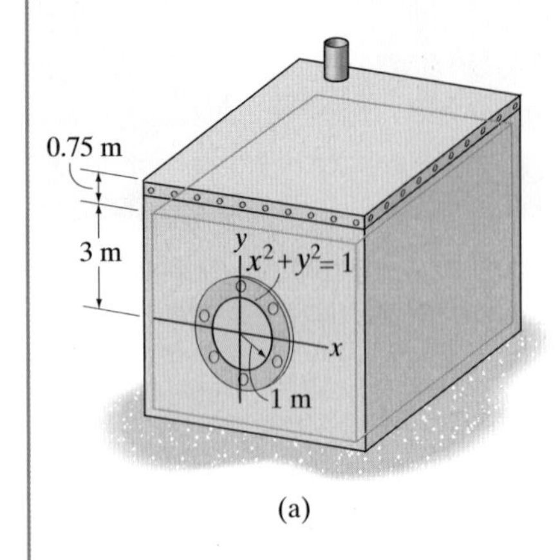

(a)

(b)

그림 2-34

그림 2-34a와 같은 통에 물이 담겨있다. 원형 판에 가해지는 정수압의 합력과 합력의 작용점을 구하라.

풀이

유체 설명 물은 비압축성이라고 가정한다. 밀도는 $\rho_w = 1000\ \text{kg/m}^3$이다.

합력 원형 단면의 경계선은 그림 2-34a에서 보이는 것과 같이 x-y 좌표계에서 함수로 정의되므로, 직접 적분을 이용하여 판에 작용하는 합력을 구할 수 있다. 원의 식은 $x^2 + y^2 = 1$이다. 그림 2-34b에서 사각형의 미소면적 요소는 $dA = 2x\,dy = 2(1 - y^2)^{1/2}dy$이다. 깊이는 $h = 3 - y$ 위치이고, 압력은 $p = \gamma_w h = \gamma_w(3 - y)$이다. 합력을 구하기 위해 식 (2-14)를 적용하면,

$$F = \int_A p\,dA = \int_{-1}^{1}\Big[(1000\ \text{kg})\big(9.81\ \text{m/s}^2\big)(3 - y)\Big](2)\big(1 - y^2\big)^{1/2}\,dy$$

$$= 19\,620\int_{-1}^{1}\Big[3(1 - y^2)^{1/2} - y(1 - y^2)^{1/2}\Big]dy$$

$$= 92.46\ \text{kN}$$ 답

작용점 그림 2-34b에서 볼 수 있듯이 압력중심 P의 위치는 식 (2-15)를 적용하여 구할 수 있다. 여기서 $dF = p\,dA$는 $\tilde{x} = 0$, $\tilde{y} = 3 - y$에 위치하므로

$$x_P = 0$$ 답

$$y_P = \frac{\int_A (3 - y)p\,dA}{\int_A p\,dA} = \frac{\int_{-1}^{1}(3 - y)(1000\ \text{kg})\big(9.81\ \text{m/s}^2\big)(3 - y)(2)\big(1 - y^2\big)^{1/2}dy}{\int_{-1}^{1}(1000\ \text{kg})\big(9.81\ \text{m/s}^2\big)(3 - y)(2)\big(1 - y^2\big)^{1/2}dy} = 3.08\ \text{m}$$ 답

동일한 문제인 예제 2.9와 비교해보라.

예제 2.14

그림 2-35a에 보이는 바와 같이, 수조에는 등유가 담겨져 있다. 이 수조의 양 끝, 삼각형 모양의 평판이 받는 정수압력의 합력의 크기와 작용점을 구하라.

풀이

유체 설명 등유는 비압축성 유체로 고려하며, 등유의 비중량은 $\gamma_k = (1.58\ \text{slug/ft}^3)(32.2\ \text{ft/s}^2) = 50.88\ \text{lb/ft}^3$이다(부록 A).

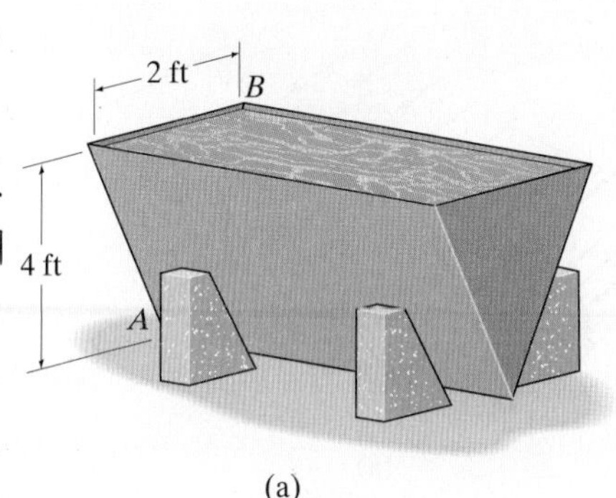

(a)

합력 삼각형 모양의 평판에 작용하는 압력의 분포는 그림 2-35b와 같다. x-y 좌표계를 이용하여 미분요소를 그림 2-35b와 같이 행하면, 다음의 식이 된다.

$$dF = p\,dA = (\gamma_k y)(2x\,dy) = 101.76yx\,dy$$

선 AB의 식은 삼각형의 닮음비를 이용하여 구한다.

$$\frac{x}{4-y} = \frac{1}{4}$$

$$x = 0.25(4-y)$$

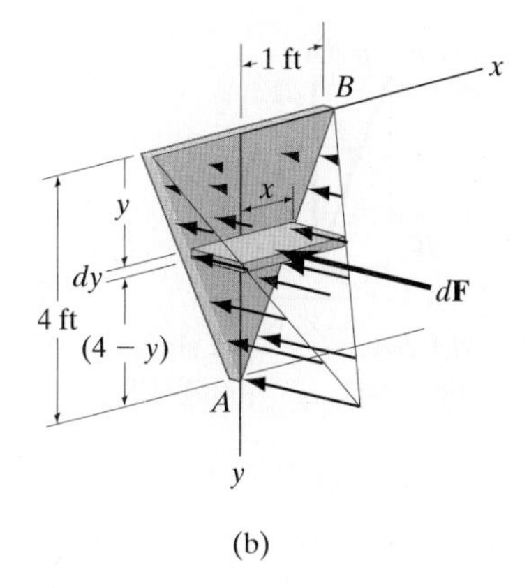

(b)

식 (2-14)를 적용하고, y가 0에서 4까지 y에 대해 적분을 수행하면 결과는 다음과 같다.

$$F = \int_A p\,dA = \int_0^4 101.76y[0.25(4-y)]\,dy$$

$$= 271.36\ \text{lb} = 271\ \text{lb}$$ 답

작용점 y축에 대하여 대칭이므로 $\tilde{x} = 0$이다.

$$x_P = 0$$ 답

식 (2-15)에 $\tilde{y} = y$로 대입하면, 다음 값을 얻는다.

$$y_P = \frac{\int_A \tilde{y}\,p\,dA}{\int_A p\,dA} = \frac{\int_0^4 y(101.76y)[0.25(4-y)]dy}{271.36} = 2.00\ \text{ft}$$ 답

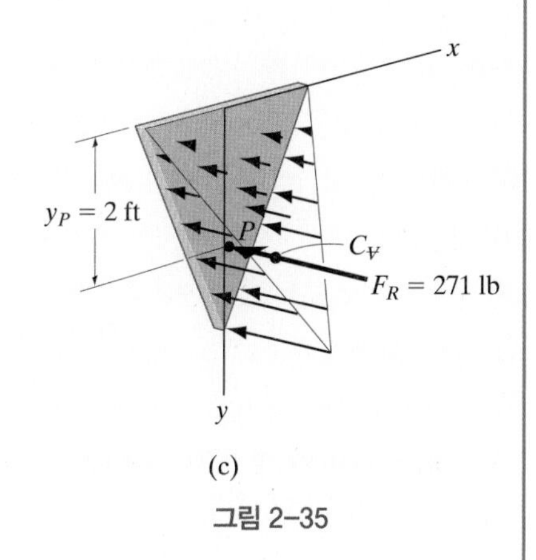

(c)

그림 2-35

결과는 그림 2-35c에 나타나 있다. 이 결과는 공식법이 사용된 예제 2.10에서 구한 결과와 동일하다.

2.10 정사영(projection)을 이용한 경사면 또는 곡면에 작용하는 정수압력의 계산

물속에 잠긴 표면이 곡면인 경우, 압력은 표면에 항상 수직으로 작용하므로, 곡면에 작용하는 압력힘의 크기와 방향은 변할 것이다. 이러한 경우, 가장 좋은 방법은 압력에 의해 발생된 합력을 수평성분과 수직성분으로 나누어서 구한 후 벡터합을 통해 합력을 구하는 것이다. 이 방법을 설명하기 위해 그림 2-36a의 잠긴 곡면을 고려한다. 그림 2-30과 같이 경사면의 경우에도 이 방법을 적용할 수 있다.

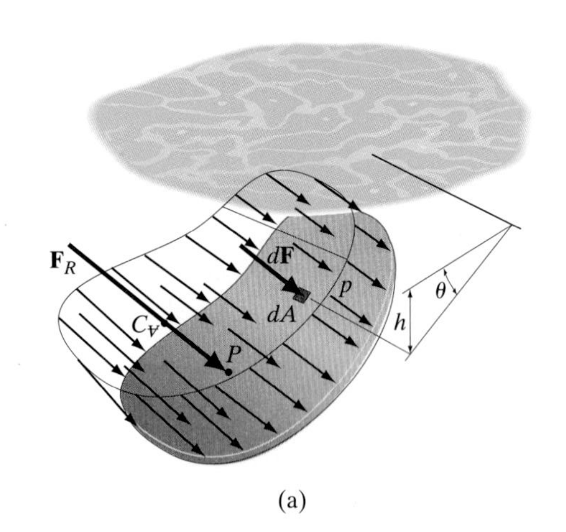

(a)

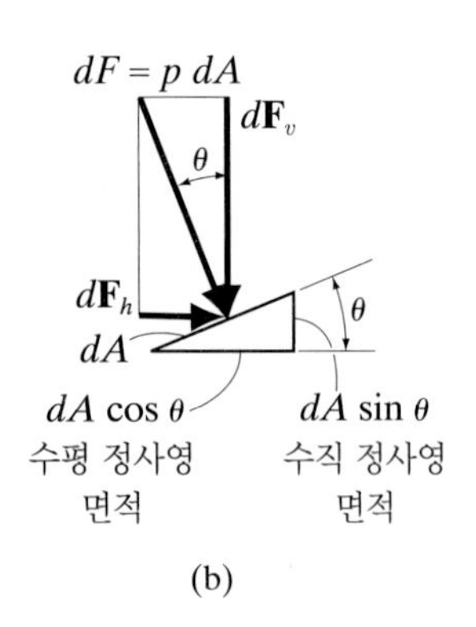

(b)

수평성분 그림 2-36a의 미소요소 dA에 작용하는 힘은 $dF = p\,dA$이다. 그리고 힘의 수평성분은 그림 2-36b에서 보듯이, $dF_h = (p\,dA)\sin\theta$이다. 평판 위의 전체 면적에 대한 적분을 하면 합력의 수평성분을 구할 수 있다.

$$F_h = \int_A p\sin\theta\,dA$$

그림 2-36b에서 보듯이 $dA\sin\theta$는 수직방향의 면으로 정사영된 미소면적이고 점에서의 압력 p는 모든 방향에 대하여 동일하므로 판 위의 전체 면적에 대한 적분은 다음과 같이 해석될 수 있다. 그림 2-36c에서 볼 수 있듯이, 판 위에 작용하는 합력의 수평방향 성분은 판에 수직으로 정사영된 평면에 작용하는 정수압력의 합력과 같다. 정사영된 수직평면의 정수압력은 앞에서 제시한 세 가지 해석방법을 모두 적용할 수 있고 합력 F_h와 작용점을 구할 수 있다.

$\mathbf{F}_h$ = 수직 정사영 면적에 작용하는 압력하중의 합력

$\mathbf{F}_v$ = 판 위에 있는 액체의 부피에 의한 중량

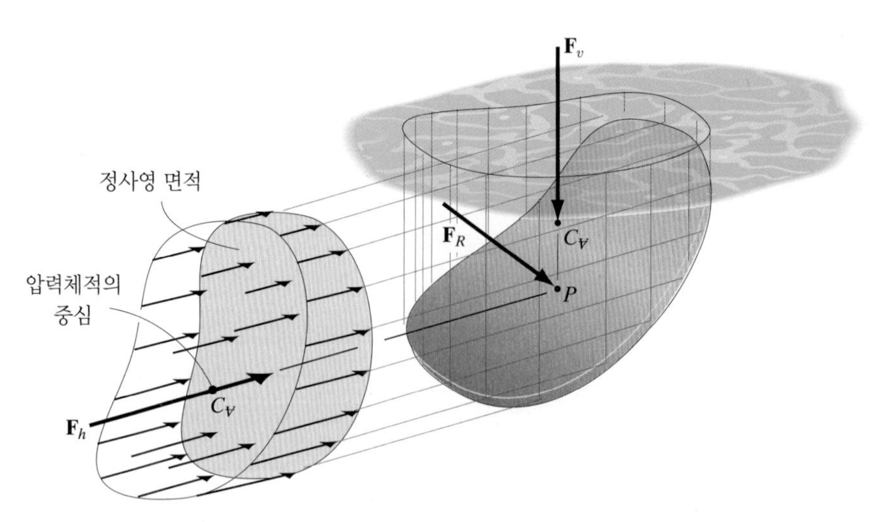

(c)

그림 2-36

수직성분 그림 2-36b의 미소요소 dA에 작용하는 합력의 수성분은 $dF_v = (p\,dA)\cos\theta$이다. 수직성분의 합력은 미소요소 dA를 수평방향의 면으로 정사영 되었을 때의 미소면적 $dA\cos\theta$를 고려하여 같은 결과를 얻을 수 있다.

$$dF_v = p(dA\cos\theta) = \gamma h(dA\cos\theta)$$

dA 위에 위치한 액체는 수직방향으로 기둥 모양의 부피를 가지므로 $d\forall = h(dA\cos\theta)$이며, $dF_v = \gamma d\forall$이다. 따라서 합력의 수직성분은 아래의 식과 같다.

$$F_\forall = \int_\forall \gamma\, d\forall = \gamma\forall$$

즉, 그림 2-36c에서 보듯이 판에 수직방향으로 작용하는 합력은 판 위에 있는 액체의 부피에 의한 중량과 같다. 수직방향으로 작용하는 합력은 부피의 도심 $C_\forall$를 통과하여 작용한다. $C_\forall$는 액체의 비중량이 일정할 때, 액체의 중량에 대한 무게중심과 같은 위치에 있다.

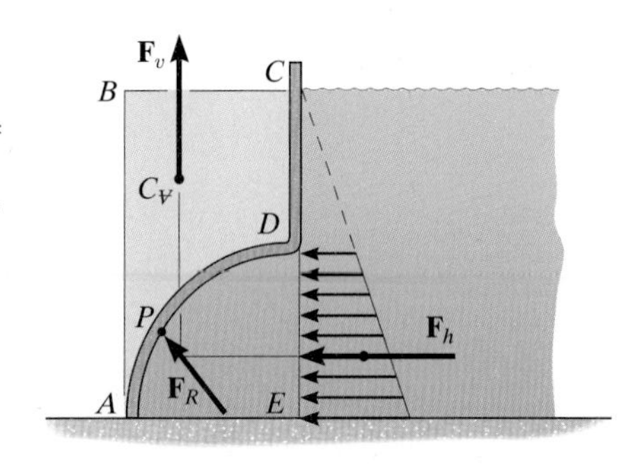

$\mathbf{F}_h$ = 수직 정사영 면적 DE에 작용하는 정수압력의 합력

$\mathbf{F}_v$ = 판 위에 있는 $ADCBA$ 체적에 해당하는 가상적인 액체의 중량

그림 2–37

힘의 수평성분과 수직성분을 구하게 되면 힘의 크기와 방향, 그리고 작용점을 구할 수 있다. 합력은 그림 2-36c에 도시되어 있듯이 압력중심 P를 통과하여 곡면과 만나는 점에 작용한다.

액체가 판의 아래에 위치해 있을 때도 같은 방법으로 해석이 가능하다. 예를 들어 그림 2-37의 곡면 AD를 생각해보자. 합력 $\mathbf{F}_R$의 수평성분은 정사영된 평면 DE에 작용하는 힘 $\mathbf{F}_h$를 구하면 된다. $\mathbf{F}_R$의 수직성분은 그림 2-37에서 유추할 수 있듯이 윗방향으로 작용할 것이다. 액체가 곡면 AD 위의 $ABCD$의 부피만큼을 차지하고 있으므로, AD 면의 위와 아래에서 작용하는 정수압력의 총합 수직방향 힘은 0이 된다. 따라서 곡면 AD의 상하방향의 수직방향 정수압력은 동일하며, 작용점도 동일하다. 이러한 원리를 이용하여 $ABCD$의 부피만큼 가상적인 액체가 존재한다고 생각하여 액체의 중량을 구하고, 중량의 방향을 반대로 하면 곡면 AD에서 위로 작용하는 힘 $\mathbf{F}_v$를 구할 수 있다.

기체 유체가 기체인 경우 일반적으로 기체의 무게는 무시할 수 있으며, 기체 내의 압력은 일정하다. 합력의 수평성분과 수직성분은 그림 2-38에 보이듯이 곡면에 대해 수직방향과 수평방향으로 정사영된 평면을 고려하여 구할 수 있다.

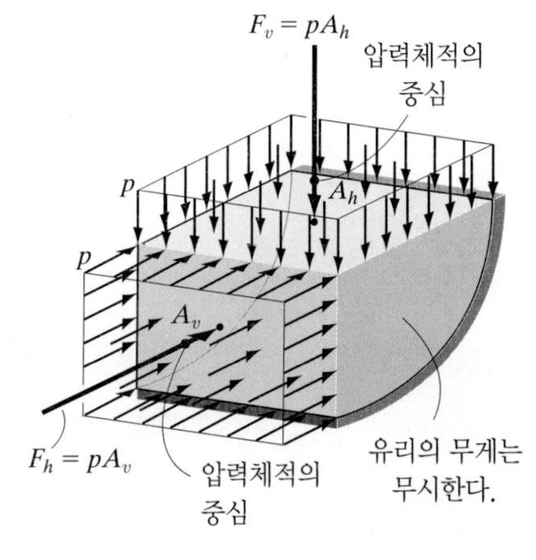

기체의 압력은 일정

그림 2–38

요점 정리

- 잠긴 경사면 또는 곡면에 작용하는 합력의 수평성분은 수직면으로 정사영된 평면에 작용하는 힘과 같다. 수평성분력의 크기와 작용점의 위치는 2.7절에서 2.9절까지 제시된 방법들로 구할 수 있다.

- 잠긴 경사면 또는 곡면에 작용하는 합력의 수직성분은 표면 위에 작용하는 액체의 부피만큼의 중량과 같다. 수직성분력은 부피의 도심을 지나가며, 액체가 경사면 또는 곡면 아래에 있다면, 수직성분력은 표면의 위에 존재하는 가상의 유체 부피만큼의 중량이 반대방향으로 작용한다. 여기서 가상적 유체의 부피는 액체표면과 곡면 사이의 부피이다.

- 기체에 의한 압력은 모든 방향에 대하여 일정하며, 기체의 무게는 일반적으로 무시가 가능하다. 따라서 경사면과 곡면에 작용하는 기체의 압력에 의한 합력의 수평성분과 수직성분은 수직과 수평으로 정사영된 면적들과 압력의 곱으로 구할 수 있다. 각각의 힘성분들은 정사영된 면적의 도심에 작용한다.

물이 담긴 구유나 기름 탱크의 측면판에 작용하는 압력힘의 합력은 공식법, 기하학적 방법, 또는 적분법을 사용하여 구할 수 있다.

예제 2.15

그림 2-39a에서 보이듯이 바다의 벽이 반포물형(semiparabola) 형태이다. 폭 1 m당 작용하는 합력의 크기를 구하고, 힘이 작용하는 지점을 구하라. 밀도는 $\rho_w = 1050\ \text{kg/m}^3$이다.

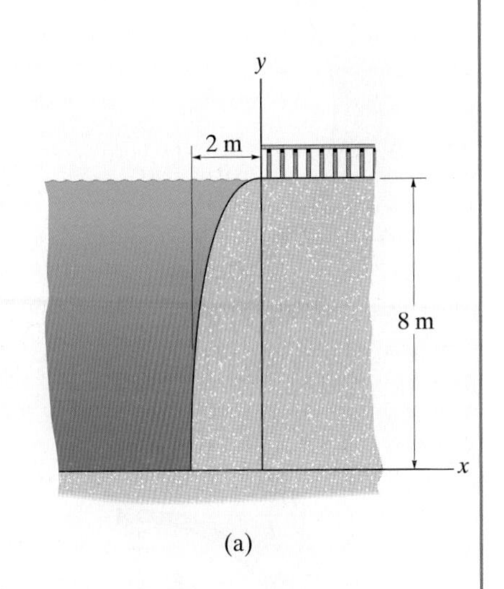

(a)

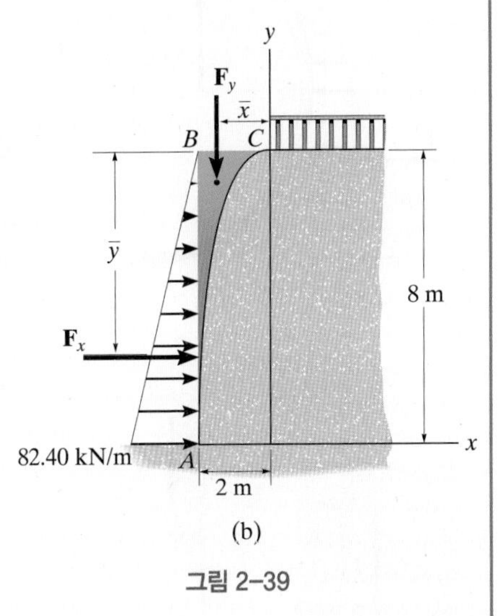

(b)

그림 2-39

풀이

유체 설명 바닷물은 비압축성 유체라고 가정한다.

힘의 수평성분 벽에 수직방향으로 정사영된 평면은 AB이다(그림 2-39b). 점 A에서의 바닷물에 의한 압력의 분포하중은

$$w_A = (\rho_w g h)(1\ \text{m}) = \left(1050\ \text{kg/m}^3\right)\left(9.81\ \text{m/s}^2\right)(8\ \text{m})(1\ \text{m}) = 82.40\ \text{kN/m}$$

따라서

$$F_x = \frac{1}{2}(8\ \text{m})(82.40\ \text{kN/m}) = 329.62\ \text{kN}$$

삼각형에 대해 이 책의 뒤표지 안쪽에 있는 각 도형의 도심을 나타낸 표를 이용하면, 수평성분력은 수면으로부터 아래와 같은 위치에 작용한다.

$$\bar{y} = \frac{2}{3}(8\ \text{m}) = 5.33\ \text{m}$$ 답

힘의 수직성분 수직성분력은 그림 2-39b에서 보듯이 포물면 외부의 부피 ABC를 차지하고 있는 바닷물의 중량과 같다. 이 책의 뒤표지 안쪽에서 외접 포물면의 면적은 $A_{ABC} = \frac{1}{3}ba$이다. 따라서,

$$F_y = (\rho_w g)A_{ABC}(1\ \text{m})$$
$$= \left[1050\ \text{kg/m}^3\left(9.81\ \text{m/s}^2\right)\right]\left[\frac{1}{3}(2\ \text{m})(8\ \text{m})\right](1\ \text{m}) = 54.94\ \text{kN}$$

힘의 수직성분은 부피(면적)의 도심을 통과하여 작용하고 도심의 위치는 이 책의 뒤표지 안쪽에서 구할 수 있다.

$$\bar{x} = \frac{3}{4}(2\ \text{m}) = 1.5\ \text{m}$$ 답

합력 합력은 다음과 같다.

$$F_R = \sqrt{(329.62\ \text{kN})^2 + (54.94\ \text{kN})^2} = 334\ \text{kN}$$ 답

예제 2.16

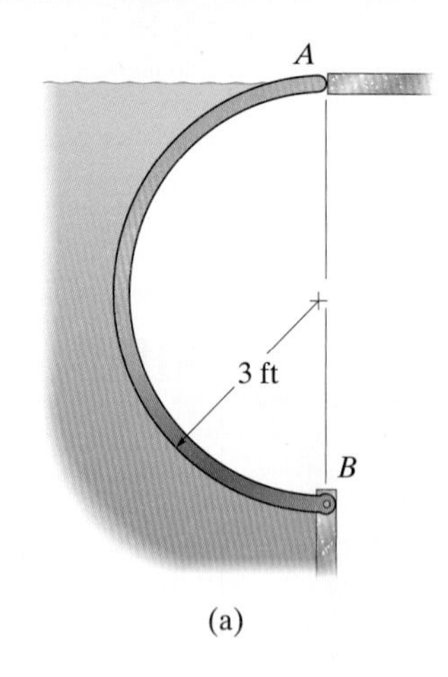

(a)

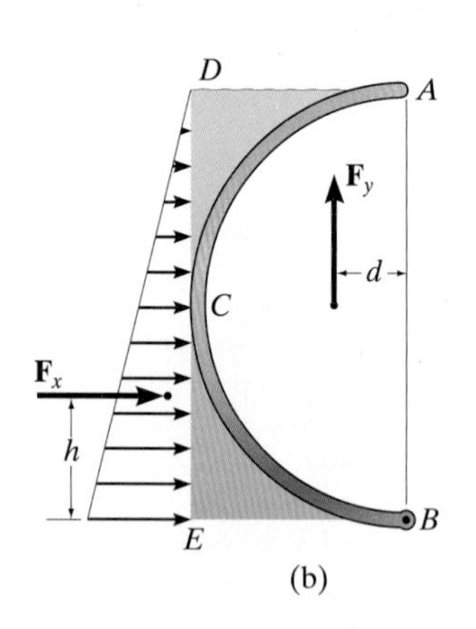

(b)

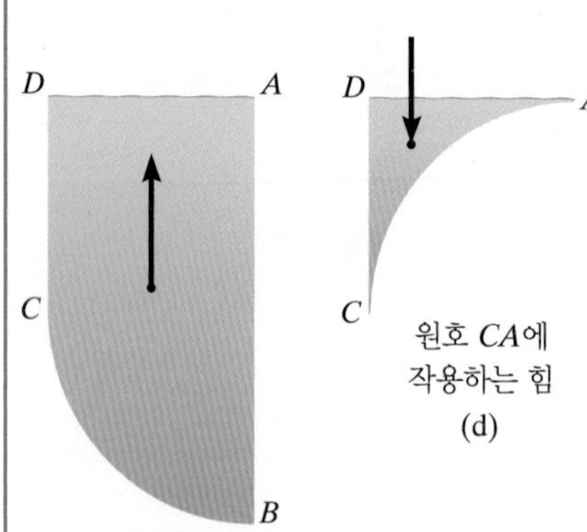

원호 CB에 작용하는 힘
(c)

원호 CA에 작용하는 힘
(d)

그림 2–40

그림 2-40a에서 보이는 반원 모양의 판은 길이가 4 ft이며 운하의 수문으로 이용된다. 물이 판에 가하는 합력을 구하고, 힌지(핀) B와 지지대 A에서의 반력의 성분들을 구하라. 판의 중량은 무시한다.

풀이

유체 설명 물은 비압축성 유체라 가정하고, 비중량은 $\gamma_w = 62.4\ \text{lb/ft}^3$이다.

해석 I

판에 작용하는 합력의 수평성분과 수직성분을 구해야 한다.

힘의 수평성분 AB의 수직방향으로 정사영된 면적은 그림 2-40b에 나타나 있다. B(또는 E)에서 작용하는 하중분포는

$$w_B = \gamma_w h_B b = \left(62.4\ \text{lb/ft}^3\right)(6\ \text{ft})(4\ \text{ft}) = 1497.6\ \text{lb/ft}$$

그러므로 수평성분은

$$F_x = \frac{1}{2}(1497.6\ \text{lb/ft})(6\ \text{ft}) = 4.493\ \text{kip}$$

여기서 1 kip(kilopound) = 1000 lb이다. 힘의 수평성분은 $h = \frac{1}{3}(6\ \text{ft}) = 2\ \text{ft}$에서 작용한다.

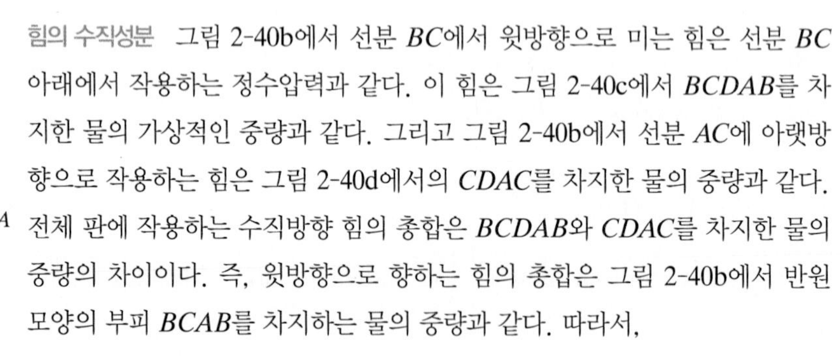

힘의 수직성분 그림 2-40b에서 선분 BC에서 윗방향으로 미는 힘은 선분 BC 아래에서 작용하는 정수압력과 같다. 이 힘은 그림 2-40c에서 $BCDAB$를 차지한 물의 가상적인 중량과 같다. 그리고 그림 2-40b에서 선분 AC에 아랫방향으로 작용하는 힘은 그림 2-40d에서의 $CDAC$를 차지한 물의 중량과 같다. 전체 판에 작용하는 수직방향 힘의 총합은 $BCDAB$와 $CDAC$를 차지한 물의 중량의 차이이다. 즉, 윗방향으로 향하는 힘의 총합은 그림 2-40b에서 반원 모양의 부피 $BCAB$를 차지하는 물의 중량과 같다. 따라서,

$$F_y = \gamma_w \forall_{BCAB} = \left(62.4\ \text{lb/ft}^3\right)\left(\frac{1}{2}\right)\left[\pi(3\ \text{ft})^2\right]4\ \text{ft} = 3.529\ \text{kip}$$

반원 부피만큼을 차지한 물의 도심은 이 책의 뒤표지 안쪽에서 구할 수 있다.

$$d = \frac{4r}{3\pi} = \frac{4(3\ \text{ft})}{3\pi} = 1.273\ \text{ft}$$

합력 합력의 크기는 다음과 같다.

$$F_R = \sqrt{F_x^2 + F_y^2} = \sqrt{(4.493 \text{ kip})^2 + (3.529 \text{ kip})^2} = 5.71 \text{ kip} \quad \text{답}$$

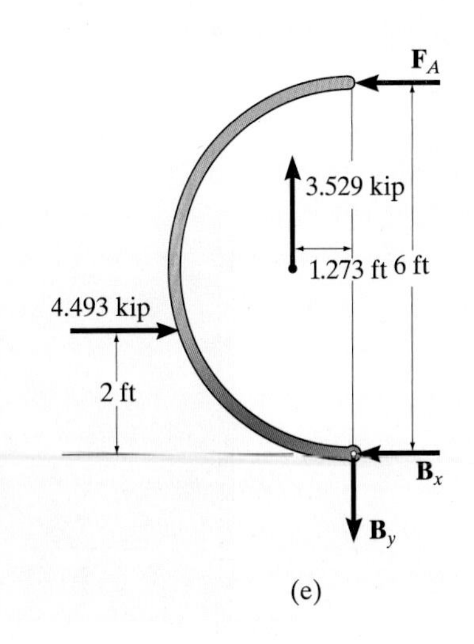

(e)

반력 그림 2-40e에 판의 자유물체도가 나와 있다. 힘의 평형방정식을 적용하면,

$$+\uparrow \Sigma F_y = 0; \quad -B_y + 3.529 \text{ kip} = 0$$

$$B_y = 3.529 \text{ kip} = 3.53 \text{ kip} \quad \text{답}$$

$$+\Sigma M_B = 0; \quad F_A(6 \text{ ft}) - 4.493 \text{ kip } (2 \text{ ft}) - 3.529 \text{ kip } (1.273 \text{ ft}) = 0$$

$$F_A = 2.246 \text{ kip} = 2.25 \text{ kip} \quad \text{답}$$

$$\overset{+}{\rightarrow} \Sigma F_x = 0 \quad 4.493 \text{ kip} - 2.246 \text{ kip} - B_x = 0$$

$$B_x = 2.25 \text{ kip} \quad \text{답}$$

해석 II

직접 적분을 이용하여 반력 성분들을 구할 수 있다. 그림 2-40f에는 단면에 작용하는 압력의 분포가 나와 있다. 해석을 간단하게 하려면 단면의 모양이 원이므로 극좌표계를 적용하는 것이 좋다. 폭 b의 면요소는 $dA = b\,ds = (4 \text{ ft})(3\,d\theta \text{ ft}) = 12\,d\theta \text{ ft}^2$이다. 따라서 면요소에 작용하는 압력은 다음과 같이 구한다.

$$p = \gamma h = \left(62.4 \text{ lb/ft}^3\right)(3 - 3\sin\theta) \text{ ft}$$

$$= 187.2(1 - \sin\theta) \text{ lb/ft}^2$$

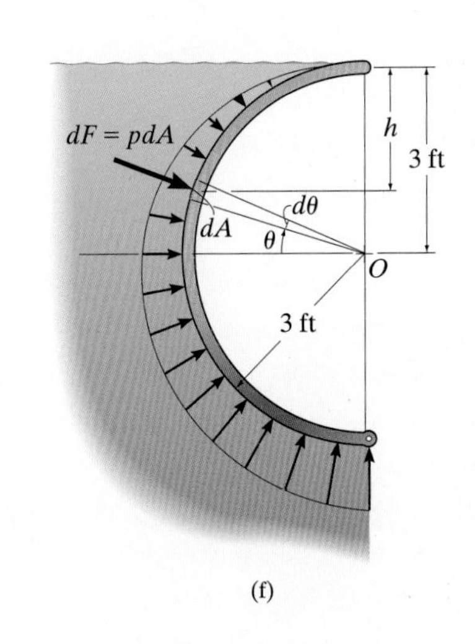

(f)

그림 2-40(계속)

힘의 수평성분은 $dF_x = p\,dA\cos\theta$이다. 따라서

$$F_x = \int_A p\cos\theta\,dA = 187.2\int_{-\pi/2}^{\pi/2}(1 - \sin\theta)(\cos\theta)12\,d\theta = 4.493 \text{ kip}$$

이와 같은 방법으로 힘의 수직성분인 dF_y도 구할 수 있으며, $dF_y = p\,dA\sin\theta$이다. 이 방법을 통하여 앞서 구하였던 힘의 수직성분 F_y에 대해 검증할 수 있다.*

* 이 방법은 오직 합력의 성분을 구하는 데에만 사용될 수 있다. 왜냐하면 $F_R = \int_A p\,dA$의 식은 힘의 방향의 변화를 포함하지 않았기 때문에 합력 벡터를 구할 수 없다.

예제 2.17

그림 2-41a에 나와 있는 50 mm 길이를 가진 플러그의 단면적은 사다리꼴 모양이다. 탱크가 원유로 차있을 때, 원유의 압력에 의해 플러그에 작용하는 합력의 수직성분을 구하라.

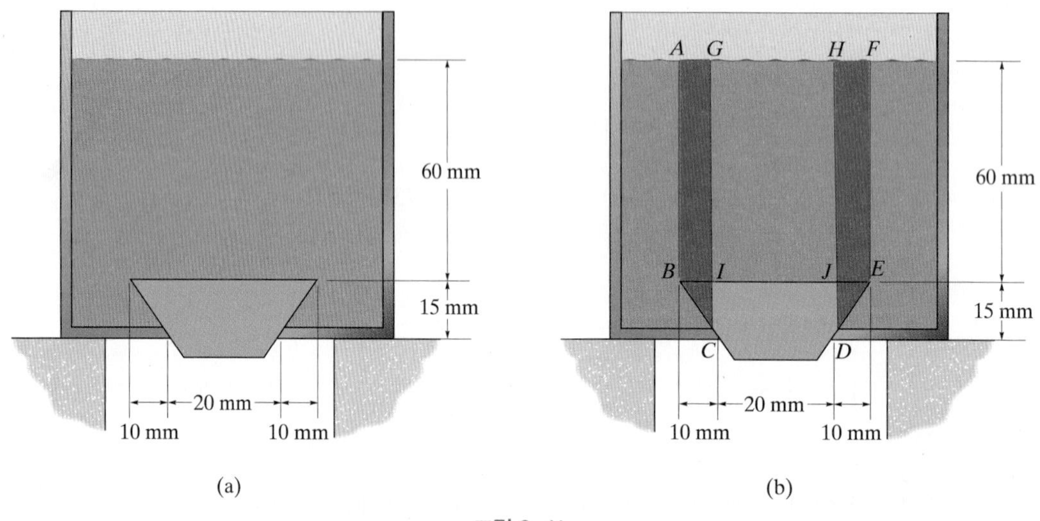

그림 2-41

풀이

유체 설명 원유는 비압축성 유체라 가정하고, 부록 A에서 기름의 밀도는 $\rho_o = 880\ \text{kg/m}^3$이다.

해석 그림 2-41b를 참고하면, 플러그는 사각형 *ABEFA*를 차지하는 기름의 중량에 의해 아래로 향하는 힘을 받고 있다. 이와는 반대로, 면 *BC*와 *ED*를 따라 작용하는 압력에 의해 위로 향하는 힘은 그림 2-41b의 진갈색 영역 *ABCGA*와 *FEDHF*를 차지하는 기름의 중량과 같다. 따라서

$$+\downarrow F_R = \rho_o g\left[\forall_{ABEFA} - 2\forall_{ABCGA}\right]$$

$$= 880\ \text{kg/m}^3(9.81\ \text{m/s}^2)\Big[(0.06\ \text{m})(0.04\ \text{m})(0.05\ \text{m})$$

$$-\ 2\left[(0.06\ \text{m})(0.01\ \text{m}) + \frac{1}{2}(0.01\ \text{m})(0.015\ \text{m})\right](0.05\ \text{m})\Big]$$

$$= 0.453\ \text{N}$$ 답

결과 값이 양이므로, 힘은 플러그의 아래 방향으로 작용한다.

2.11 부력

그리스의 과학자 Archimedes(287~212 B.C.)는 물체가 정지된 유체 내에 있을 때 물체에 의해 배제되는 유체의 무게만큼의 뜨는 힘을 받게 된다는 **부력의 원리**를 발견하였다. 그 이유를 설명하기 위해 그림 2-42a와 같은 잠긴 물체를 생각해보자. 유체압력 때문에 물체의 밑면 *ABC*에서 위로 가해지는 수직반력은 이 표면 위에 있는 유체의 무게, 즉 부피 *ABCEFA*의 무게와 동일하다. 또한 물체의 표면 위에서 *ADC* 아래로 작용하는 압력으로 인한 반력은 부피 *ADCEFA* 내에 포함된 유체의 무게와 동일하다. 이 힘들의 차이에 의해 위로 작용하는 힘이 **부력**(buoyancy)이다. 부력은 물체의 부피 *ABCDA* 내에 포함된 유체의 가상의 양의 무게와 동일하다. 이 힘 $\mathbf{F}_b$는 **부력의 중심** C_b에 작용한다. C_b는 물체에 의해 옮겨진 액체의 부피의 도심에 위치해있다. 유체의 밀도가 일정하면, 물체가 유체 내에 얼마나 깊이 있는지 상관없이 이 힘은 일정할 것이다.

화물선이 균일한 무게분포를 가지고 있고 화물공간이 비어있을 때 배가 수면으로부터 얼마나 높이 떠 있는지를 표시하는 것을 흘수선이라고 한다.

이와 같은 원리는 그림 2-42b에 나와있는 떠있는 물체에도 적용될 수 있다. 여기서 배제된 유체의 양은 *ABC*이고, 부력은 배제된 부피 내의 유체의 무게와 동등하며, 부력의 중심 C_b는 이 부피의 도심이다.

부력이 포함된 유체정역학적 문제를 풀려면, 물체의 자유물체도에 작용하는 힘들을 모두 고려해야 한다. 물체의 무게는 무게중심에서 아래로 작용하는 반면, 부력은 부력중심에서 위로 작용한다.

비중계 부력의 원리는 액체의 비중을 측정하는 **비중계**(hydrometer)에 실용적으로 적용될 수 있다. 그림 2-43a에서 보여지는 것처럼, 한쪽 끝에 무게추가 달린 빈 유리관이 있다. 비중계가 순수 물과 같은 액체 속에 놓여진다면, 무게 *W*

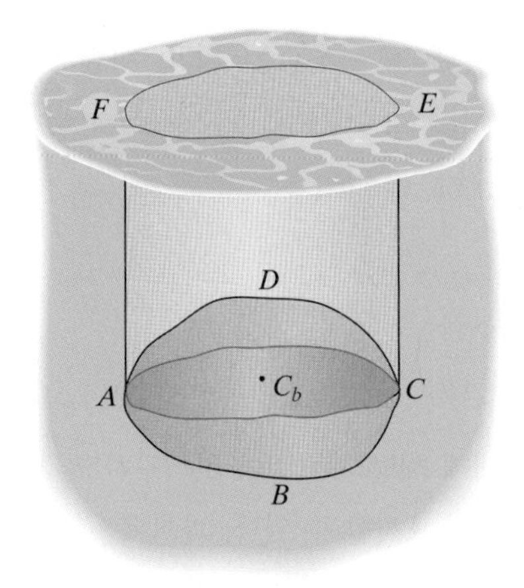

잠겨있는 물체

(a)

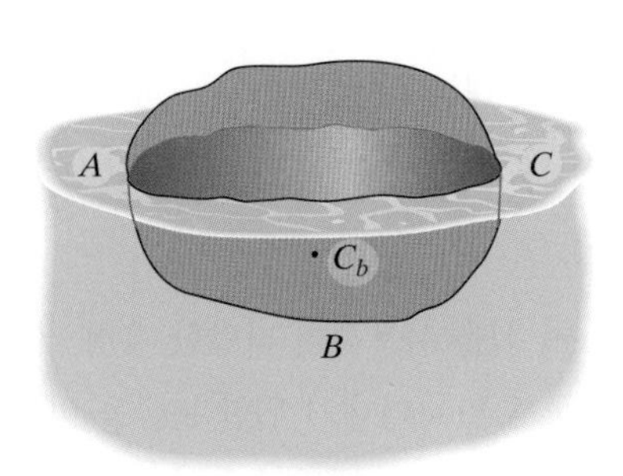

떠있는 물체

(b)

그림 2-42

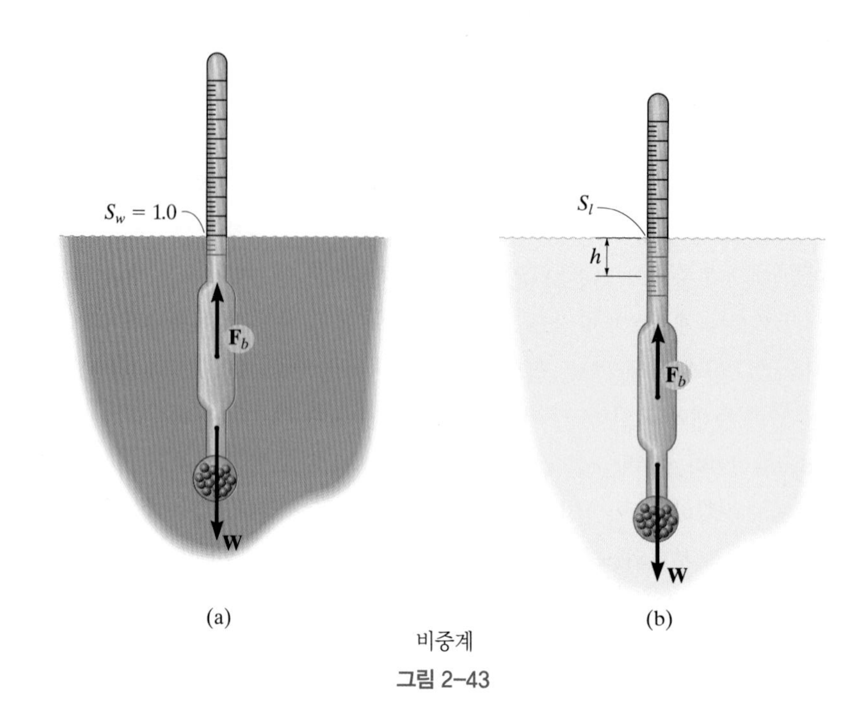

비중계

그림 2–43

가 밀어내는 물의 무게와 같은 평형상태에서 뜰 것이다. 즉, $W = \gamma_w \forall_0$($\forall_0$은 밀려진 물의 부피)이다. 유리막대는 그림 2-43a에서 나타낸 것처럼 수면에서 1로 표시되며, 이 위치는 물의 비중을 표시할 수 있다. 물의 비중은 식 (1-10)에서 $S_w = \gamma_w/\gamma_w = 1.0$이다.

비중계가 다른 액체 내에 놓여져 있을 때, 물에 상대적인 액체의 비중 γ_l에 따라서 더 높이 또는 더 낮게 뜰 것이다. 등유와 같이 액체가 물보다 더 가볍다면 비중계에 의해 배제된 액체의 부피는 더 많이 필요해진다. 그림 2-43b에서 나타난 것처럼, A가 비중계 기둥의 단면적일 때, 밀려난 부피는 $\forall_0 + Ah$이다. 이때 $W = \gamma_l(\forall_0 + Ah)$이다. S_l이 액체의 비중이라면, $\gamma_l = S_l\gamma_w$가 되고, 비중계의 평형에 의해

$$W = \gamma_w \forall_0 = S_l \gamma_w (\forall_0 + Ah)$$

S_l에 대해 풀면,

$$S_l = \left(\frac{\forall_0}{\forall_0 + Ah} \right)$$

이 식을 사용하여 다양한 유형의 액체들에 대해 해당되는 깊이 h를 구하고, 비중 S_l을 나타내기 위한 눈금을 비중계 기둥 위에 표시할 수 있다. 과거에는 비중계가 자동차 배터리에 사용하는 산(acid)의 비중을 측정하는 데 자주 사용되었다. 배터리가 완전히 충전되었을 때에는 배터리가 방전되었을 때보다 산(acid) 액속에 놓인 비중계가 더 높이 뜰 것이다.

예제 2.18

그림 2-44a와 같이 폭이 2.5 ft, 길이가 6 ft, 무게가 135 lb인 바닥이 평면인 컨테이너가 있다. 컨테이너에 150 lb인 강철덩어리가 실려 있다. (a) 강철덩어리가 그림 2-44a와 같이 컨테이너 안에 있을 때, (b) 그림 2-44b와 같이 덩어리가 컨테이너 아래에 줄로 매달려 있을 때, 물속에서 뜨는 깊이를 구하라. $\gamma_{st} = 490\text{ lb/ft}^3$이다.

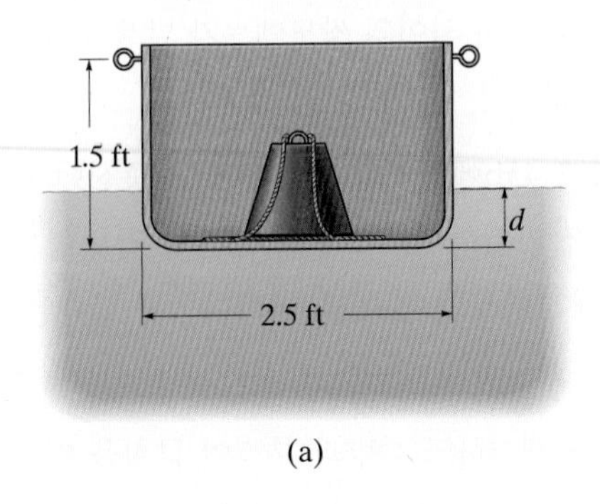

(a)

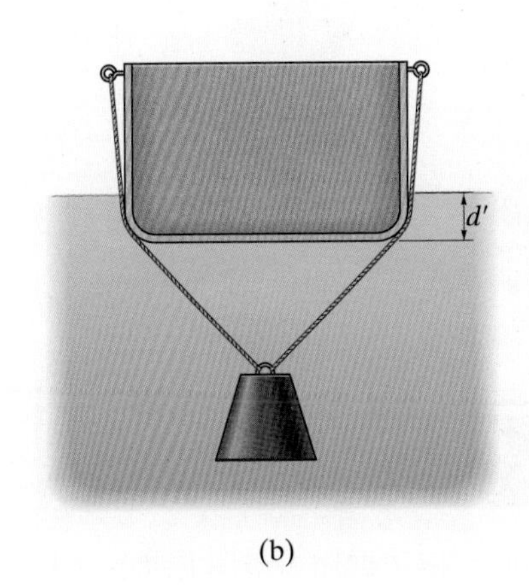

(b)

풀이

유체 설명 물은 비압축성이고, $\gamma_w = 62.4\text{ lb/ft}^3$의 비중량을 가지고 있다.

해석 각각의 경우에 컨테이너와 덩어리의 무게가 부력에 의해 배제된 물의 무게와 같아야 한다.

(a) 형태 그림 2-44c와 같이 자유물체도로부터 다음 식을 얻을 수 있다.

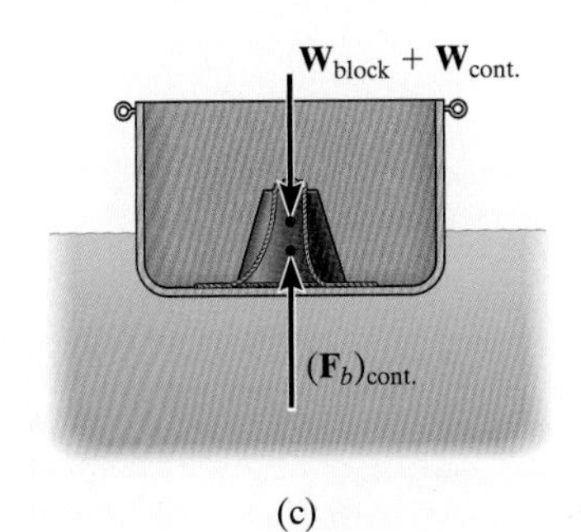

(c)

$$+\uparrow \Sigma F_y = 0; \quad -W_{\text{cont.}} - W_{\text{block}} + (F_b)_{\text{cont.}} = 0$$

$$-135\text{ lb} - 150\text{ lb} + 62.4\text{ lb/ft}^3(2.5\text{ ft})(6\text{ ft})d = 0$$

$$d = 0.304\text{ ft} < 1.5\text{ ft OK}$$ 답

(b) 형태 그림 2-44d와 같이 먼저 강철덩어리를 만드는 데 사용된 강철의 부피를 알아야 한다. 강철의 비중이 주어졌기 때문에, $\forall_{st} = W_{st}/\gamma_{st}$ 식을 사용한다. 부력은 다음 식으로부터 구할 수 있다.

$$+\uparrow \Sigma F_y = 0; \quad -W_{\text{cont.}} - W_{\text{block}} + (F_b)_{\text{cont.}} + (F_b)_{\text{block}} = 0$$

$$-135\text{ lb} - 150\text{ lb} + 62.4\text{ lb/ft}^3[(2.5\text{ ft})(6\text{ ft})d'] + 62.4\text{ lb/ft}^3(150\text{ lb}/490\text{ lb}/$$

$$d' = 0.284\text{ ft}$$ 답

강철덩어리가 물속에서 지지되었을 때, 부력이 강철덩어리를 지지하는 데 필요한 힘을 감소시켰기 때문에 컨테이너가 물속에서 더 높이 뜰 수 있다. 여기서 부력은 강철덩어리가 물속에 매달린 깊이와는 무관하다.

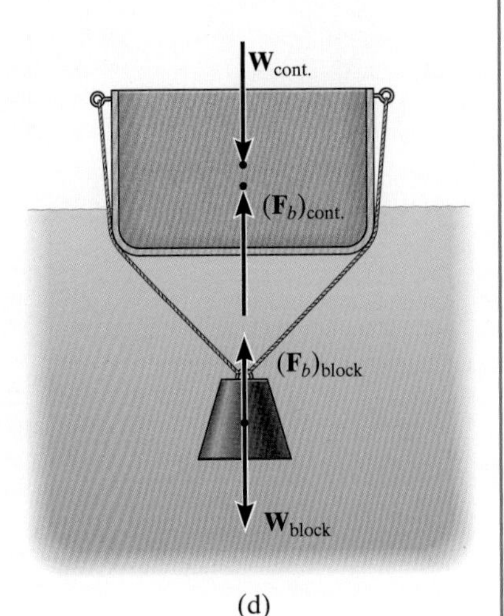

(d)

그림 2-44

이 배는 강을 가로질러 자동차를 운반하는 데 사용된다. 급커브를 틀 경우나 한쪽에 많은 짐을 실었을 경우 불안정성에 대해 주의해야 한다.

2.12 안정성

물체는 액체(또는 기체) 내에서 안정하거나, 불안정하거나, 중립평형 상태로 떠 있을 수 있다. 이를 설명하기 위해 그림 2-45에서 보는 것과 같이 무게중심이 G에 있도록 막대의 끝에 무게추를 가진 균일 질량의 막대를 생각해보자.

안정평형 막대의 무게중심이 부력중심 아래에 있도록 액체 속에 잠겨있다면, 그림 2-45a에서처럼 막대의 약간의 각 변형이 발생하였을 때 수직위치로 막대를 복구시키는 중량과 부력 사이의 쌍모멘트가 발생할 것이다. 이 상태는 안정평형(stable equilibrium)이다.

불안정평형 그림 2-45b에서처럼 막대의 무게중심이 부력중심 위에 위치해 있도록 액체 속에 잠겨있다면, 막대의 약간의 각변형은 평형위치로부터 더 멀리 회전시키는 쌍모멘트가 일어날 것이다. 이 상태는 불안정평형(unstable equilibrium)이다.

중립평형 무게추를 제거하고 중량과 부력이 균형을 이루면서 액체 내에 완전히 잠길 수 있는 충분히 무거운 막대가 있다면, 그림 2-45c처럼 무게중심과 부력중심은 일치할 것이다. 막대를 회전시키면 새로운 평형위치에서 정지할 것이

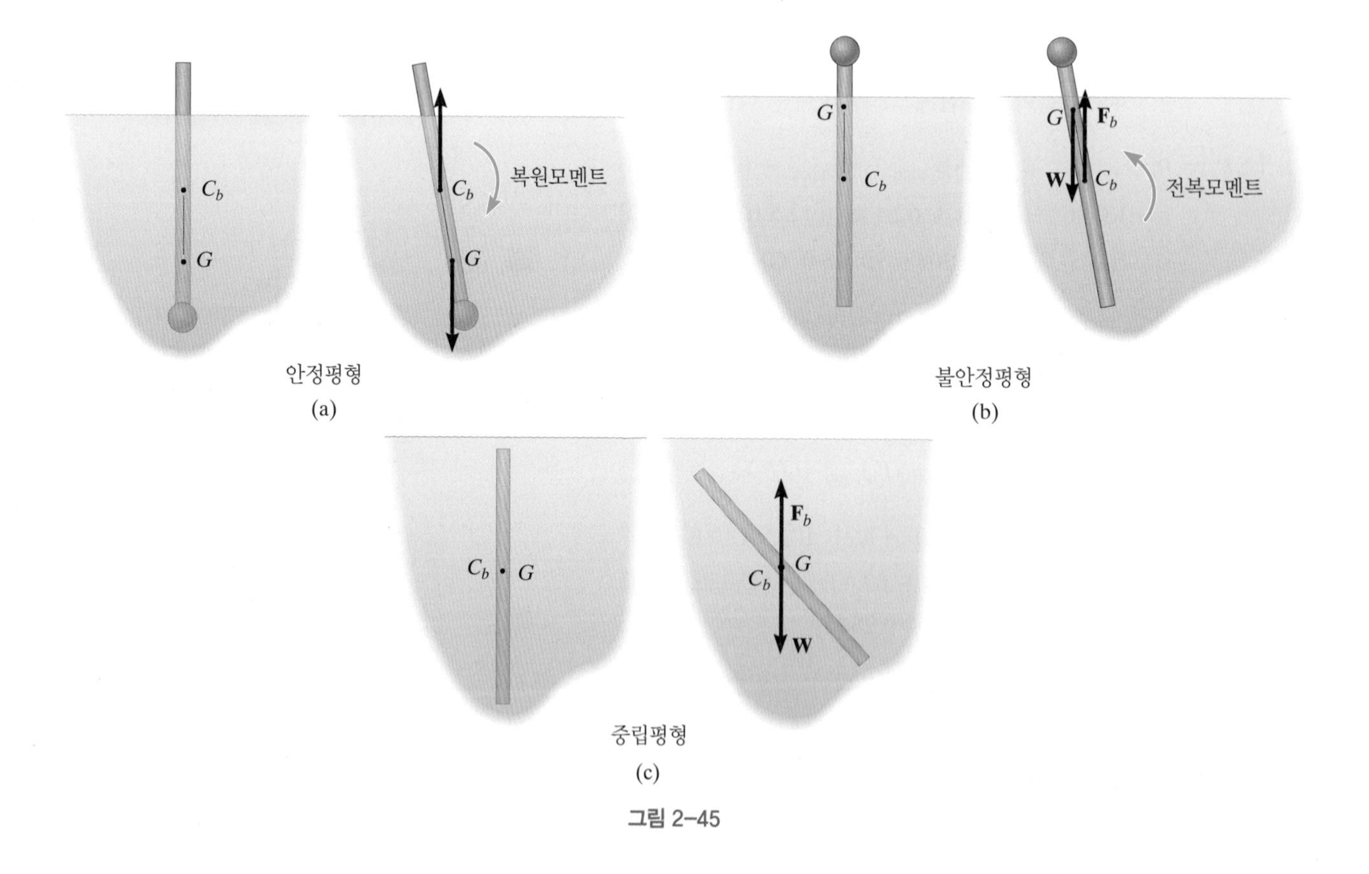

그림 2-45

다. 이 상태는 **중립평형**(neutral equilibrium)이다.

그림 2-45b처럼 막대가 불안정평형 상태에 있다 하더라도, 떠있는 물체의 무게중심이 부력중심보다 위에 있을 때에는 안정평형을 유지할 수 있다. 예를 들어, 그림 2-46a처럼 G에 중력중심이 있고, C_b에서 부력중심이 있는 배를 생각해보자. 배가 약간 기울어져 있을 때, 그림 2-46b처럼 해수면에 점 O가 있고, 새로운 부력중심 $C_{b'}$이 G의 왼쪽에 있다. 배제된 물의 양이 $ODEO$ 부피만큼 잃은 양이, $OABO$의 부피만큼 왼쪽에서 얻어진다. 배제된 유체의 새로운 부피 $ABFDOA$의 부력중심은 $C_{b'}$로 변경된다. $C_{b'}$를 지나는 수직선을 그리면($\mathbf{F}_b$의 작용선), **경심**이라 불리는 점 M에서 배의 중심선과 만날 것이다. 그림 2-46b처럼 M이 G의 위에 있다면, 배의 무게와 부력에 의해 형성하는 시계방향의 쌍모멘트는 배의 상태를 평형상태로 회복시킬 것이다. 그러므로 배는 **안정평형**에 있다.

그림 2-46c처럼 갑판 적재화물이 많은 배에서, M은 G의 아래에 있게 된다. 이런 경우는 $\mathbf{F}_b$와 $\mathbf{W}$에 의해 만들어진 반시계방향 쌍모멘트가 배를 불안정하게 하고 쉽게 전복시킨다. 이 상태는 배를 설계하거나 짐을 실을 때 반드시 피해야 하는 명백한 위험상태이다. 이런 위험을 알고 있으면서도 해양 공학자들은 크루즈선과 같은 고급 배를 설계할 때 무게중심이 부력중심보다 가능한 한 높게 위치하도록 설계한다. 그 이유는 물속에서 배가 출렁이게 속도를 느리게 하기 위함이다. 무게중심과 중력중심이 서로 가까우면 출렁이는 움직임이 더 빨라지고 승객들을 불편하게 할 수 있다.

위에서 논의된 법칙은 그림 2-45에서 보여진 막대에 적용된다. 막대가 얇기 때문에, 경심 M이 막대의 중심선 위에 있고, 부력중심 C_b와 일치한다. 그림 2-45a처럼 G 위에 있을 때 안정평형에 있게 된다. G 아래에 있을 때는 그림 2-45b처럼 불안정평형에 있게 된다. M이 G의 위치에 있을 때는 그림 2-45c처럼 중립평형 상태에 있게 된다.

요점 정리

- 물체에 작용하는 부력은 물체가 배제하는 유체의 무게와 같다. 부력은 부력중심을 통해서 위로 작용한다. 부력중심은 배제된 유체의 부피의 도심에 위치해 있다.
- 비중계는 부력의 원리를 사용하여 액체의 비중을 측정한다.
- 떠있는 물체는 안정, 불안정, 중립평형 상태에 있을 수 있다. 경심 M이 물체의 무게중심 G 위에 있다면 물체는 안정평형상태에서 떠있다. M이 G 아래에 있다면 물체는 불안정평형 상태에 있게 된다.

(a)

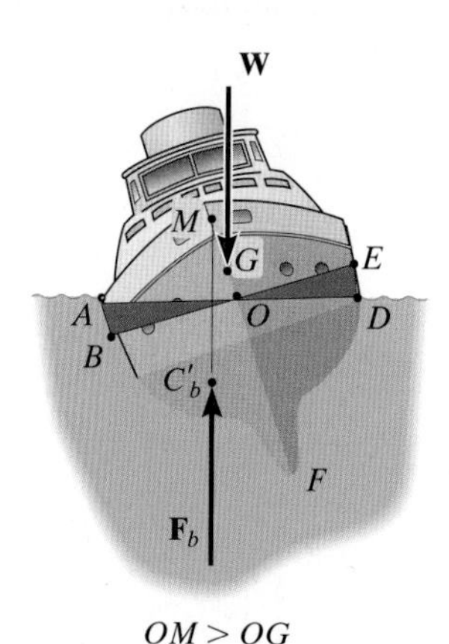

$OM > OG$
안정평형
(b)

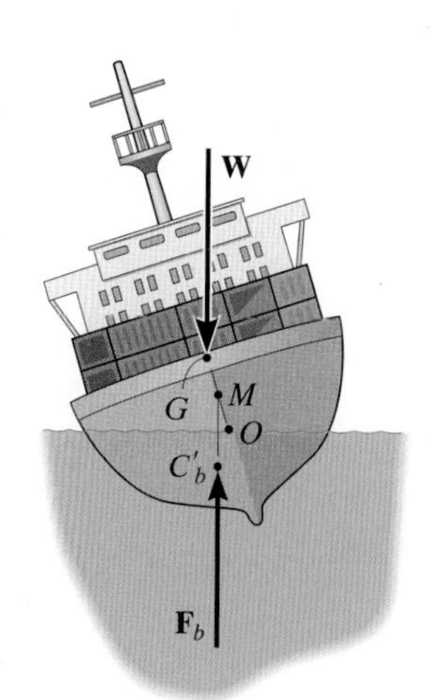

$OG > OM$
불안정평형
(c)

그림 2-46

예제 2.19

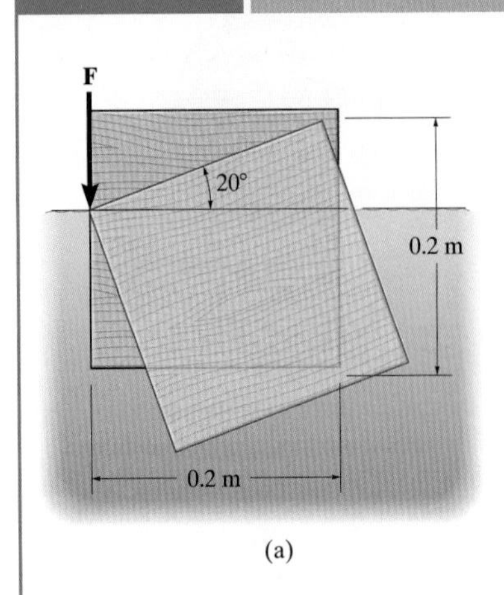

(a)

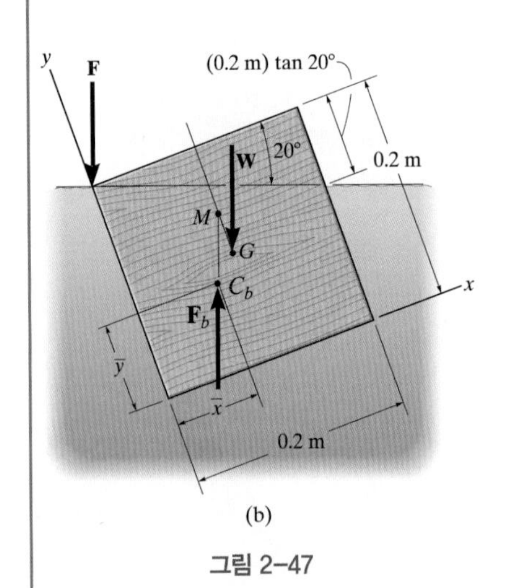

(b)

그림 2-47

그림 2-47a와 같이 정육면체의 나무 블록의 각 변의 길이는 0.2 m이다. 수직력 **F**가 한 면의 끝점에 작용하고 수면에서 20°의 각도를 가지도록 나무덩어리의 모서리를 밀고 있다. 나무 블록에 작용하는 부력을 구하고, 힘 **F**를 제거하면 안정평형 상태에 있다는 것을 보여라.

풀이

유체 설명 물은 비압축성이라 가정하고, $\rho_w = 1000\ \mathrm{kg/m^3}$의 밀도를 가지고 있다.

해석 부력을 구하기 위해서는 그림 2-47b의 자유물체도처럼 먼저 물속에 있는 나무 블록의 부피를 알아야 한다.

$$\forall_{\text{sub}} = (0.2\ \text{m})^3 - \frac{1}{2}(0.2\ \text{m})(0.2\ \tan 20°)(0.2\ \text{m}) = 6.544\left(10^{-3}\right)\ \text{m}^3$$

따라서

$$\begin{aligned} F_b = \rho_w g \forall_{\text{sub}} &= 1000(9.81)\ \text{N/m}^3\left[6.5441\left(10^{-3}\right)\ \text{m}^3\right] \\ &= 64.2\ \text{N} \end{aligned}$$

답

이 힘은 x-y 좌표축으로부터 측정된 잠긴 부피 $\forall_{\text{sub}}$의 도심에 작용한다.

$$\bar{x} = \frac{\Sigma \tilde{x} A}{\Sigma A} = \frac{0.1\ \text{m}(0.2\ \text{m})^2 - \frac{2}{3}(0.2\ \text{m})\left(\frac{1}{2}\right)(0.2\ \text{m})(0.2\ \text{m}\tan 20°)}{(0.2\ \text{m})^2 - \left(\frac{1}{2}\right)(0.2\ \text{m})(0.2\ \text{m}\tan 20°)}$$

$$= 0.0926\ \text{m}$$

$$\bar{y} = \frac{\Sigma \tilde{y} A}{\Sigma A} = \frac{0.1\ \text{m}(0.2\ \text{m})^2 - \left[(0.2\ \text{m}) - \left(\frac{1}{3}\right)(0.2\ \text{m}\tan 20°)\right]\left(\frac{1}{2}\right)(0.2\ \text{m})(0.2\ \text{m}\tan 20°)}{(0.2\ \text{m})^2 - \left(\frac{1}{2}\right)(0.2\ \text{m})(0.2\ \text{m}\tan 20°)}$$

$$= 0.0832\ \text{m}$$

$\mathbf{F}_b$의 위치는 블록의 무게중심 왼쪽에 있고, G에 대한 $\mathbf{F}_b$의 모멘트는 시계방향이므로 힘 **F**가 없어질 때 블록을 복구시킬 것이다. 따라서 블록은 **안정평형** 상태에 있다. 경심 M은 그림 2-47b처럼 G 위에 있을 것이다.

이 문제에서 요구한 사항은 아니지만, 블록의 무게 **W**와 수직력 **F**는 블록에 대해 모멘트 평형식을 적용함으로써 구할 수 있다.

2.13 일정한 병진가속 운동을 하는 액체

이 절에서는 액체를 담은 용기가 수평 또는 수직으로 일정 가속도 운동을 할 때 액체 내의 압력이 어떻게 변하는지 공부할 것이다.

일정한 수평 가속도 그림 2-48a에서 처럼 액체 용기가 일정 속도 $\mathbf{v}_c$로 움직이면, 액체표면은 평형상태에 있기 때문에 수평으로 있을 것이다. 그 결과 용기의 벽으로 가해진 압력은 $p = \gamma h$를 사용하여 일반적인 방법으로 구할 수 있다. 그러나 용기가 일정 가속도 $\mathbf{a}_c$를 가지면 액체표면은 용기의 중심선에 대해 시계방향으로 회전하기 시작할 것이고 그림 2-48b처럼 기울어진 위치 θ에서 고정된 채로 남아있을 것이다. 이러한 상태가 지속되면, 액체는 마치 고체처럼 운동하게 된다. 액체층 사이에 상대운동이 없으므로 액체 내에서 전단응력은 발생하지 않는다. 액체의 수직 및 수평 미소요소에 대한 자유물체도를 사용하여 힘과 운동과의 관계를 해석해보자.

수직요소 그림 2-48c처럼 액체표면에서 아래로 거리 h만큼 단면적 ΔA를 가지는 미소요소를 생각해보자. 미소요소에 작용하는 두 개의 수직 힘은 액체의 무게 $\Delta W = \gamma \Delta V\!\!\!/ = \gamma(h\Delta A)$와 바닥에서 위로 작용하는 압력힘 $p\Delta A$가 있다. 수직방향에서 가속도가 없기 때문에 힘은 평형상태이다.

$$+\uparrow \Sigma F_y = 0; \qquad p\Delta A - \gamma(h\Delta A) = 0$$

$$p = \gamma h \tag{2-16}$$

따라서 경사진 액체표면으로부터 일정 깊이에서의 압력은 액체가 정지된 상태와 같다는 것을 알 수 있다.

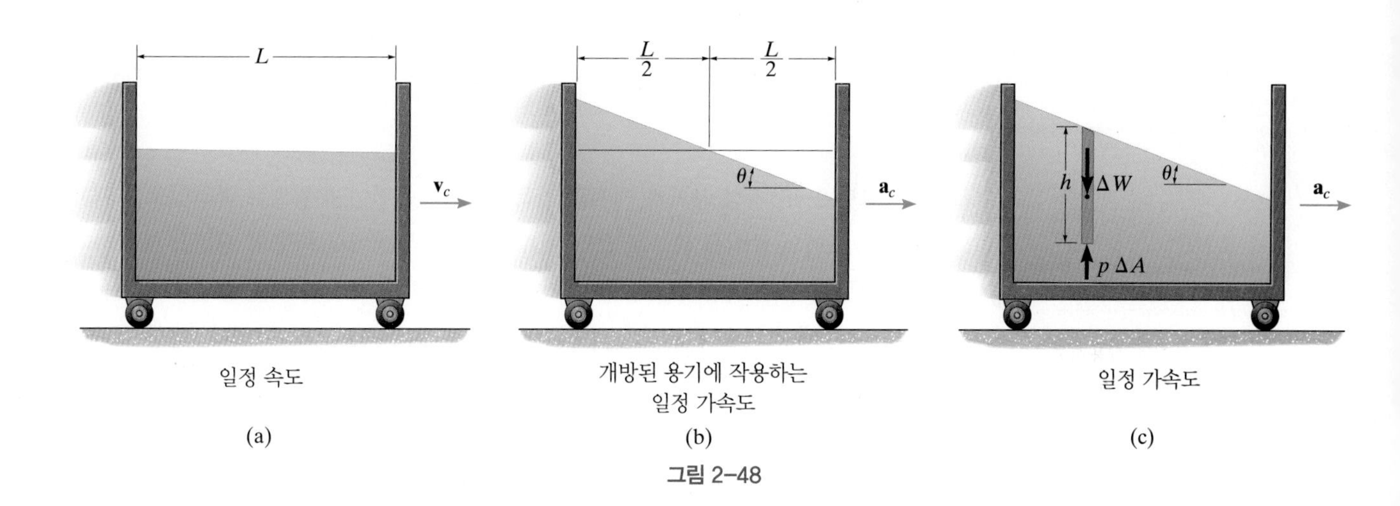

일정 속도

(a)

개방된 용기에 작용하는 일정 가속도

(b)

일정 가속도

(c)

그림 2-48

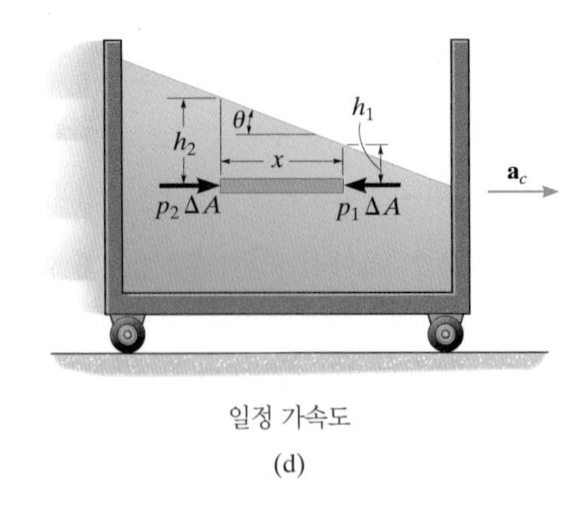

일정 가속도

(d)

탱크 차량은 각종 액체를 운반하는 데 사용된다. 탱크의 끝판들은 차량이 어떠한 가속도를 받을 경우에도 액체의 정수압력을 견딜 수 있게 설계되어야 한다.

수평요소 그림 2-48d처럼 길이 x, 단면적 ΔA인 미소요소를 고려하자. 미소요소에 작용하는 수평 힘은 양단에 인접한 액체의 압력에 의해 발생한다. 미소요소의 질량은 $\Delta m = \Delta W/g = \gamma(x\Delta A)/g$이므로 운동방정식은

$$\overset{+}{\rightarrow} \Sigma F_x = ma_x; \qquad p_2\Delta A - p_1\Delta A = \frac{\gamma(x\,\Delta A)}{g}a_c$$

$$p_2 - p_1 = \frac{\gamma x}{g}a_c \tag{2-17}$$

$p_1 = \gamma h_1$, $p_2 = \gamma h_2$를 사용하면 다음과 같이 쓸 수 있다.

$$\frac{h_2 - h_1}{x} = \frac{a_c}{g} \tag{2-18}$$

그림 2-48d에서 보이는 것처럼, 좌변은 액체의 자유표면의 기울기를 나타낸다. 기울기는 $\tan\theta$와 같다.

$$\boxed{\tan\theta = \frac{a_c}{g}} \tag{2-19}$$

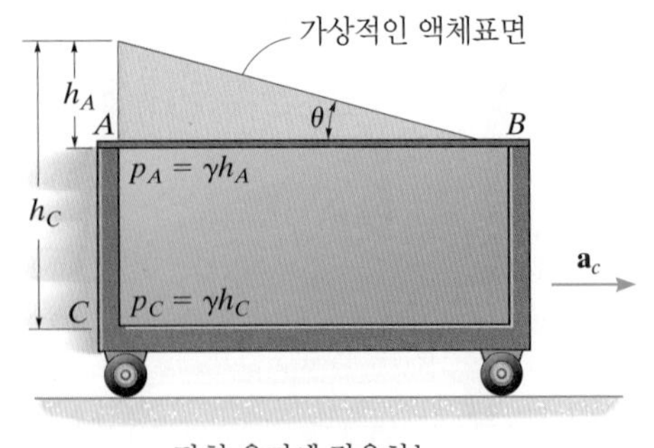

닫힌 용기에 작용하는 일정 가속도

(e)

그림 2-48(계속)

그림 2-48e처럼 용기가 액체로 가득 차있고, 윗면이 뚜껑으로 막혀있으면 액체는 용기의 중심을 축으로 회전할 수가 없다. 뚜껑에서 액체의 변형을 제한하기 때문에 위로 작용하는 압력에 의한 '가상 표면'은 모서리 B를 중심으로 기울어진다. 이런 경우에는 식 (2-19)를 사용하여 각도 θ를 찾을 수 있다. 가상 표면이 형성되면 액체 내 어느 한 점에서 압력은 가상의 표면에서 점 위치까지의 수직 거리를 구함으로써 결정할 수 있다. 예를 들어 점 A에서 압력은 $p_A = \gamma h_A$이고, 용기의 바닥 점 C에서 압력은 $p_C = \gamma h_C$이다.

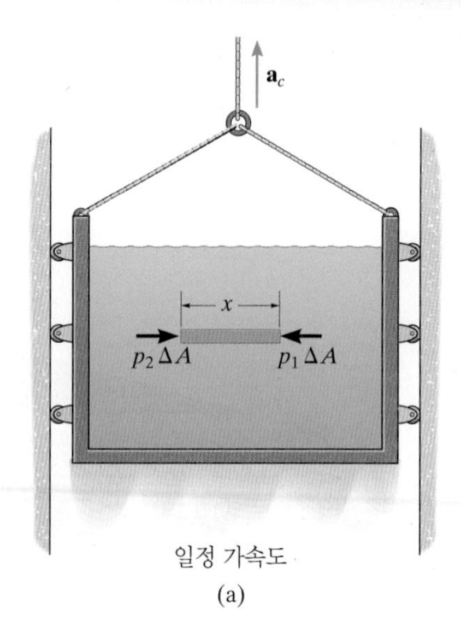

일정 가속도
(a)

일정한 수직 가속도 액체가 담긴 용기가 위쪽 방향으로 가속도 $\mathbf{a}_c$로 움직일 때 액체의 표면은 수평이 유지된다. 하지만 액체 내부의 압력은 변화하게 된다. 이러한 현상에 관해 알아보기 위해 수평과 수직 방향 미소요소에 관한 자유물체도를 그려보자.

수평요소 수평요소는 그림 2-49a에서 보는 것과 같이 액체 내부에서 동일한 깊이 상에 존재하고, 그림과 같이 요소의 끝에 압력이 작용한다. 이러한 경우 x축 방향으로의 움직임은 없다.

$$\overset{+}{\rightarrow} \Sigma F_x = 0; \qquad p_2\Delta A - p_1\Delta A = 0$$
$$p_2 = p_1$$

유체가 정지하고 있는 경우와 마찬가지로 수직가속도 운동을 하는 유체도 수평면에서의 압력은 동일하게 작용한다.

수직요소 그림 2-49b에서 보는 것과 같이 길이가 h이고 면적이 ΔA인 수직요소는 $\Delta W = \gamma \Delta V = \gamma(h\,\Delta A)$인 중량과 아래에서 작용하는 압력에 의한 힘을 받는다. 요소의 질량은 $\Delta m = \Delta W/g = \gamma(h\,\Delta A)/g$이며, 운동방정식은 다음과 같이 적용할 수 있다.

$$+\uparrow \Sigma F_y = ma_y; \qquad p\Delta A - \gamma(h\,\Delta A) = \frac{\gamma(h\,\Delta A)}{g}a_c$$

$$p = \gamma h\left(1 + \frac{a_c}{g}\right) \qquad (2\text{-}20)$$

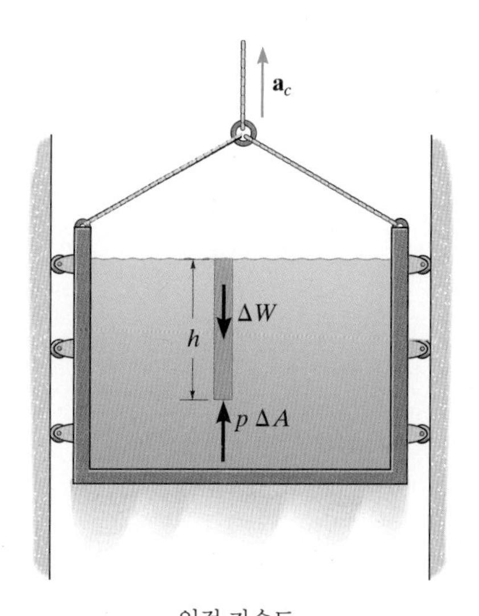

일정 가속도
(b)

그림 2-49

따라서 액체가 담겨있는 용기가 위로 가속할 경우 액체 내부의 압력은 $\gamma h(a_c/g)$만큼 증가한다. 아래로 가속할 경우 같은 크기만큼 감소한다. 또한 자유낙하의 경우 가속도는 $a_c = -g$와 같으며, 액체 내부의 압력(계기압력)은 0이 된다.

예제 2.20

그림 2-50a에서 보는 것과 같이 트럭에 있는 탱크에 가솔린이 가득 차있다. 트럭이 일정한 가속도 4 m/s²를 가진다면, 탱크 내부에서 A, B, C 그리고 D에서의 압력은 얼마인가?

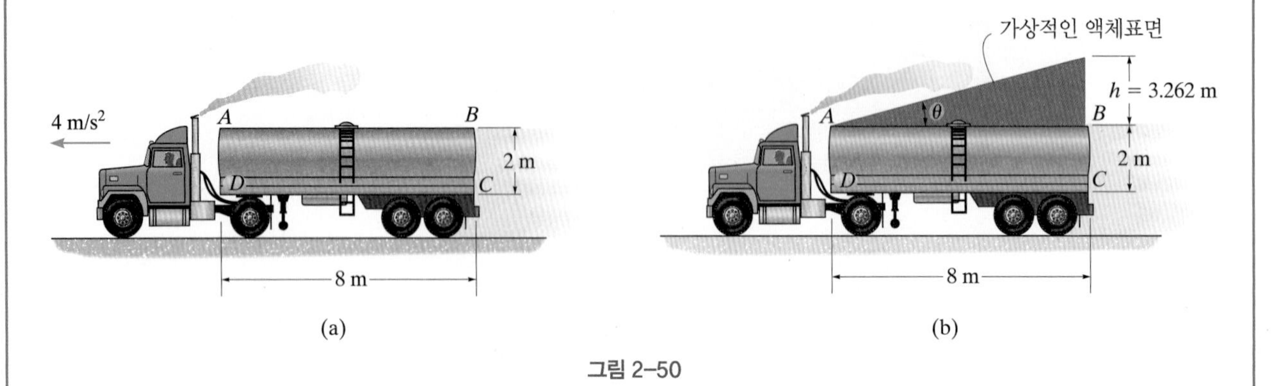

그림 2–50

풀이

유체 설명 가솔린은 비압축성으로 가정하고, 부록 A에서 밀도를 구하면 $\rho_g = 729\ \text{kg/m}^3$이다.

해석 트럭이 멈춘 상태 또는 일정한 속력으로 움직이는 경우, 가솔린 액체 표면은 수평이 유지되면서 A와 B의 압력(계기압력)은 0이 된다. 트럭이 가속할 경우, 그림 2-50b에서 보는 것과 같이 가상의 표면은 A를 기준으로 뒤로 갈수록 높아진다. 식 (2-18)을 이용하여 높이 h를 구하면

$$\frac{h_2 - h_1}{x} = \frac{a_c}{g}$$

$$\frac{h - 0}{8\ \text{m}} = \frac{4\ \text{m/s}^2}{9.81\ \text{m/s}^2}$$

$$h = 3.262\ \text{m}$$

탱크의 천장이 막혀 있기 때문에 식에서 구한 것과 같이 가솔린 액체의 표면은 기울어지지 않고, 압력분포로 인해 가상의 가솔린 액체 면이 생기게 된다. 압력분포는 다음과 같이 식 (2-16), $p = \gamma h$를 적용하여 구할 수 있다.

$$p_A = \gamma h_A = (726\ \text{kg/m}^3)(9.81\ \text{m/s}^2)(0) = 0$$ 답

$$p_B = \gamma h_B = (726\ \text{kg/m}^3)(9.81\ \text{m/s}^2)(3.262\ \text{m}) = 23.2\ \text{kPa}$$ 답

$$p_C = \gamma h_C = (726\ \text{kg/m}^3)(9.81\ \text{m/s}^2)(3.262\ \text{m} + 2\ \text{m}) = 37.5$$ 답

$$p_D = \gamma h_D = (726\ \text{kg/m}^3)(9.81\ \text{m/s}^2)(2\ \text{m}) = 14.2\ \text{kPa}$$ 답

예제 2.21

그림 2-51a에서 보는 것과 같이 폭 3.5 ft, 높이 4 ft의 용기에 원유가 채워져 있다. 크레인을 이용하여 위쪽 방향으로 8 ft/s²의 가속도로 들어올릴 때 탱크 옆면 및 바닥면에 작용하는 힘을 구하라.

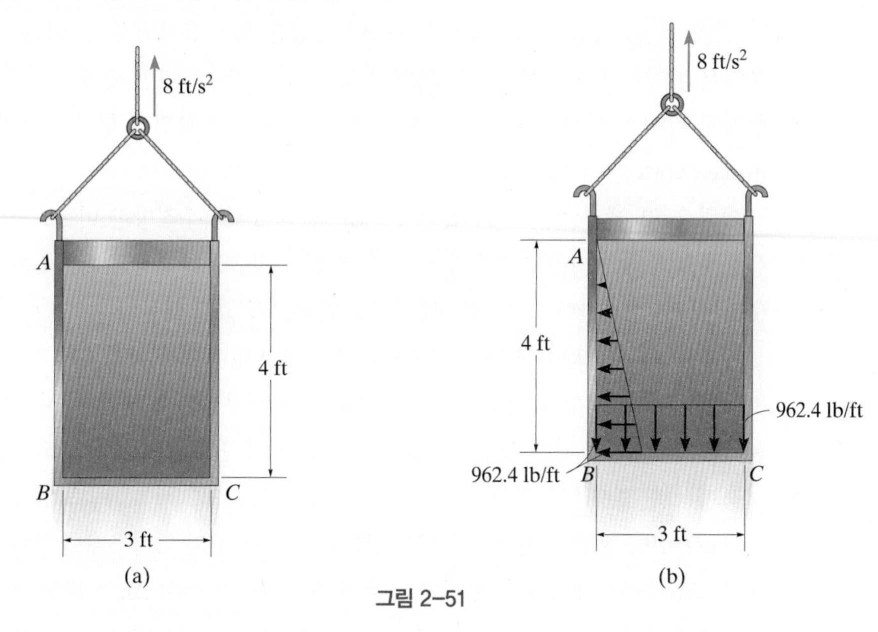

그림 2-51

풀이

유체 설명 원유는 비압축성으로 가정하고, 부록 A에서 비중량을 구하면 $\gamma_o = \rho_o g = (1.71\ \text{slug/ft}^3)\ (32.2\ \text{ft/s}^2) = 55.06\ \text{lb/ft}^3$이다.

해석 A에서 압력(계기압력)은 0이며 B, C에서의 압력은 식 (2-20)을 이용하여 구한다. $a_c = +8\ \text{ft/s}^2$이므로

$$p = \gamma_o h\left(1 + \frac{a_c}{g}\right) = 55.06\ \text{lb/ft}^3(4\ \text{ft})\left(1 + \frac{8\ \text{ft/s}^2}{32.2\ \text{ft/s}^2}\right) = 275.0\ \text{lb/ft}^2$$

그림 2-51b에서 보는 것과 같이 용기의 폭은 3.5 ft이므로, 탱크 바닥면에 작용하는 분포하중의 강도는

$$w = pb = \left(275.0\ \text{lb/ft}^2\right)(3.5\ \text{ft}) = 962.4\ \text{lb/ft}$$

탱크 옆면 탱크의 옆면 AB에 작용하는 삼각형의 분포하중은 다음과 같다.

$$(F_R)_s = \frac{1}{2}(962.4\ \text{lb/ft})(4\ \text{ft}) = 1925\ \text{lb} = 1.92\ \text{kip}$$ 답

탱크 바닥면 탱크의 바닥면에는 등분포하중이 작용한다. 그 힘은 다음과 같다.

$$(F_R)_b = (962.4\ \text{lb/ft})(3\ \text{ft}) = 2887\ \text{lb} = 2.89\ \text{kip}$$ 답

2.14 액체의 등속 회전 운동

그림 2-52a에서와 같이 액체가 원통형 용기에 담겨있고 일정한 각속도 ω로 회전할 때, 액체의 전단응력으로 인해 액체는 결국 용기와 함께 회전하기 시작한다. 시간이 지나가면, 액체 내부에서 상대적인 운동은 없어지고, 액체는 강체와 같이 회전운동을 한다. 이러한 운동이 발생한 경우 유체입자의 속도는 회전축에서의 거리에 비례한다. 유체입자가 회전축에 가까워지면 축에서 멀리있는 입자에 비해 느리게 운동한다. 이와 같은 운동은 유체 표면의 형상을 **강제와류**(forced vortex) 상태로 변형시킨다.

그림 2-52a에서 보는 것과 같이 높이 h, 면적 ΔA의 수직방향 미소요소의 자유물체도에 식 (2-16)을 적용시켜 보면, 액체의 자유표면에서 깊어질수록 압력($p = \gamma h$)은 증가한다. 이는 수직방향으로 가속도가 없기 때문이다.

원통-액체 시스템이 일정한 각속도 ω로 회전하게 되면 유체입자에 작용하는 **반경방향 가속도**로 인해 반경방향으로 압력차, 압력구배가 발생한다. 이 가속도는 입자의 속도 크기는 일정하지만 속도의 방향이 변화됨으로써 발생된다. 회전축에서 반경 r만큼 떨어져 있는 유체입자가 회전할 때 그 가속도의 크기는 $a_r = \omega^2 r$이며, 방향은 회전축 중심을 향한다. 반경방향의 압력구배를 구하기 위해서 그림 2-52b에서와 같이 반경 r, 두께 Δr, 그리고 높이 Δh의 원형 고리 요소를 사용하자. 고리의 내부 면에는 p, 외부 면에는 $p + (\partial p/\partial r)\,\Delta r$만큼의 압력이 작용한다.*

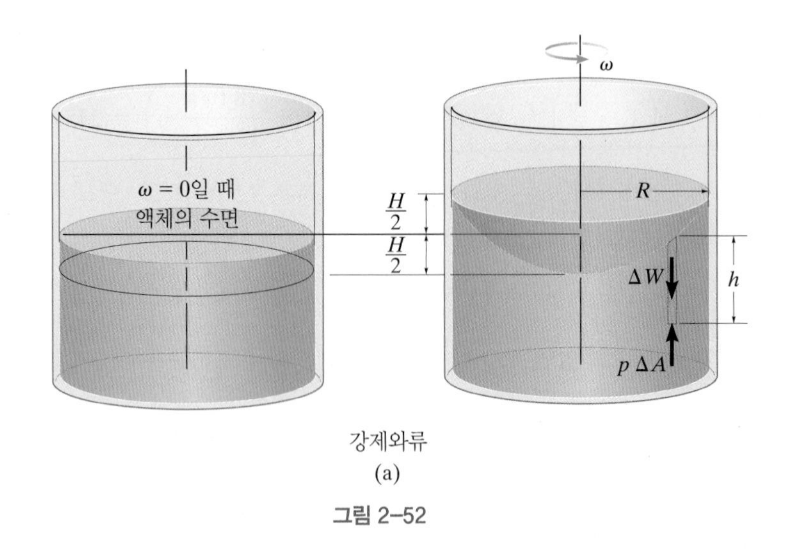

강제와류

(a)

그림 2-52

* 압력은 깊이와 반경의 함수이므로 여기서는 편미분이 사용된다.

원형 고리의 질량은 $\Delta m = \Delta W/g = \gamma\,\Delta\forall/g = \gamma(2\pi r)\,\Delta r\,\Delta h/g$이고, 반경방향의 운동방정식을 식으로 표현해보면

$$\Sigma F_r = ma_r; \quad -\left[p + \left(\frac{\partial p}{\partial r}\right)\Delta r\right](2\pi r\Delta h) + p(2\pi r\Delta h) = -\frac{\gamma(2\pi r)\Delta r\Delta h}{g}\omega^2 r$$

$$\frac{\partial p}{\partial r} = \left(\frac{\gamma\omega^2}{g}\right)r$$

윗식을 적분하면

$$p = \left(\frac{\gamma\omega^2}{2g}\right)r^2 + C$$

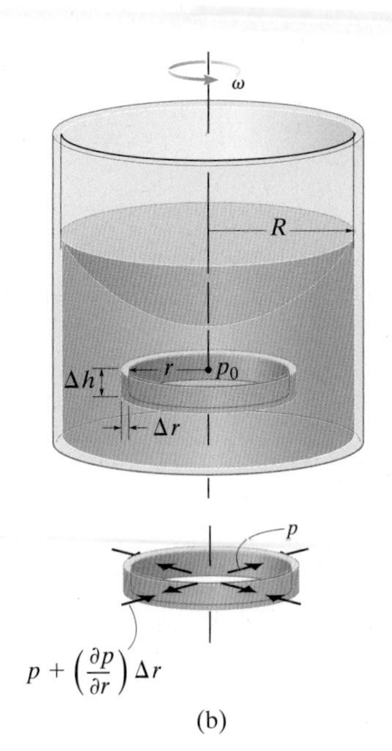

(b)

식의 적분상수는 액체 내부의 특정 위치에서의 압력을 이용하여 구한다. 그림 2-52c를 보면 자유표면과 회전축의 교점인 $r = 0$에서 압력은 $p_0 = 0$이다. $C = 0$이며, 결과적으로

$$p = \left(\frac{\gamma\omega^2}{2g}\right)r^2 \tag{2-21}$$

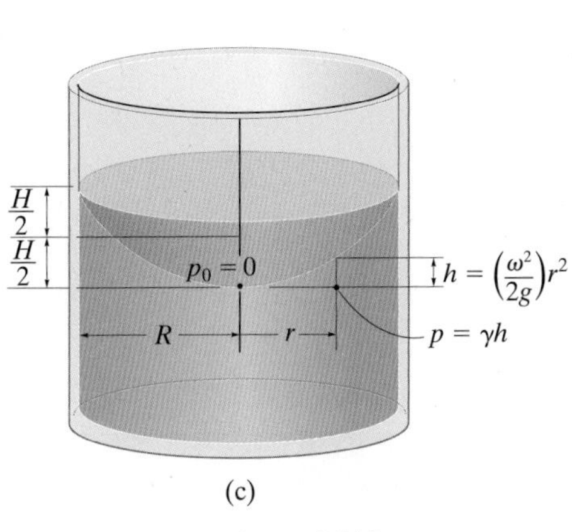

(c)

그림 2-52(계속)

압력은 반경의 제곱에 비례하여 증가한다. 그림 2-52c에서와 같이 $p = \gamma h$라 하고, 자유표면에서의 깊이 h는 다음 식으로 표현된다.

$$h = \left(\frac{\omega^2}{2g}\right)r^2 \tag{2-22}$$

식 (2-22)는 포물선형의 식이다. 따라서, 액체는 **회전에 의해 포물면**을 형성한다. 그림 2-52c와 같이 원통 용기의 내부 반경은 R이며, 포물면의 깊이를 식으로 표현하면 $H = \omega^2 R^2/2g$이다. 이 포물면을 포함하는 부분의 부피는 기저면의 넓이를 πR^2, 포물면이 있는 부분의 깊이를 H라 하고 구한다. 결과적으로 그림 2-52a에서와 같이 회전하는 동안 액체표면의 가장 높은 위치와 낮은 위치는, 유체가 정지해 있는 상태의 표면에서 위 아래로 같은 거리에 위치한다.

만약 회전하는 용기가 뚜껑(lid)으로 인해 밀폐되어 있다면, 가상의 자유표면이 뚜껑(lid) 위로 형성되며, 액체에 가해지는 압력은 가상표면으로부터의 깊이 h 값을 이용하여 구한다.

요점 정리

- 개방된 용기에 담겨있는 액체에 **균일한 수평방향 가속도**가 작용하면 액체의 표면은 θ만큼 기울어지게 되는데, 이 값을 식으로 표현하면 $\theta = a_c/g$이다. 압력은 액체표면에서 깊이에 따라 선형적으로 변화하며, 그 값은 $p = \gamma h$이다. 만약 용기의 뚜껑이 있는 경우 **가상의 표면**을 정의할 수 있고, 특정 위치에서의 압력은 식 $p = \gamma h$를 이용하여 구할 수 있다.

- 액체가 담겨있는 용기에 **균일한 수직방향 가속도**가 작용하면, 액체표면은 수평 상태를 유지한다. 만약 가속도가 위쪽 방향으로 작용하면, 깊이 h에서의 압력은 $\gamma h(a_c/g)$만큼 증가하며, 가속도가 아래 방향으로 작용하면 압력은 $\gamma h(a_c/g)$만큼 감소한다.

- 원통형 용기에 액체가 담겨있고 **고정된 축을 기준으로 회전**하면, 액체는 강**제와류**를 형성하며 표면은 포물선형이 된다. 이때 포물면을 포함하는 부분의 부피는 포물면이 원통형 용기 내부에 외접할 때 차지하는 전체 부피의 1/2이다. 액체의 표면이 회전할 때, 깊이는 $h = (\omega^2/2g)\,r^2$이며, 표면에서 깊이에 따른 압력은 $p = \gamma h$이다. 만약 용기의 뚜껑이 있는 경우 **가상의 액체표면**을 정의할 수 있고, 특정 위치에서의 압력은 표면에서 수직방향으로의 위치에 따라서 정의할 수 있다.

예제 2.22

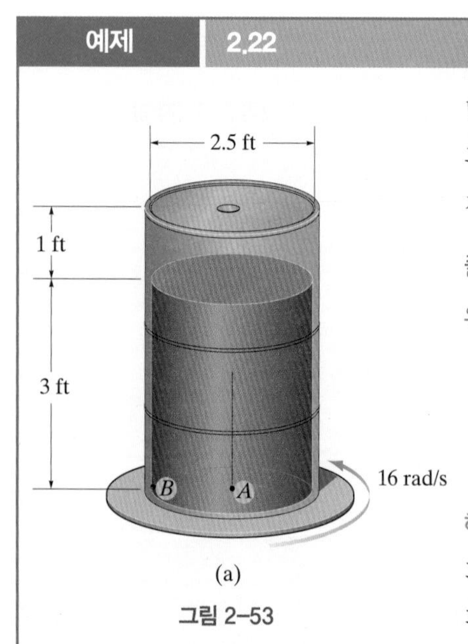

(a)

그림 2–53

밀폐된 원통형 드럼에 원유가 그림 2–53a에 나타낸 바와 같이 채워져 있다. 뚜껑 중앙에 구멍이 뚫려있어서 원유의 표면은 대기압 상태이다. 원통에 일정한 각속도 16 rad/s가 가해질 때 점 A와 B에서의 압력을 구하라.

풀이

유체 설명 원유는 비압축성이라 가정하고, 부록 A에서 비중량을 구하면

$$\gamma_o = \rho_o g = (1.71\ \text{slug/ft}^3)(32.2\ \text{ft/s}^2) = 55.06\ \text{lb/ft}^3$$

해석 압력을 구하기 전에 원유 표면의 형상에 대해서 정의해야 한다. 드럼이 회전할 때, 원유 표면의 형상은 그림 2–53b와 같다. 드럼 내부의 빈 공간의 부피는 일정해야 하기 때문에 미지의 반경 r과 깊이 h를 가지는 포물면을 포함

하는 비어있는 부분의 부피와 같다. 포물면을 포함하는 공간의 부피는 같은 반경과 높이의 원통의 1/2과 같으며, 식으로 표현하면

$$\forall_{\text{cyl}} = \forall_{\text{parab}}$$

$$\pi(1.25\text{ ft})^2(1\text{ ft}) = \frac{1}{2}\pi r^2 h$$

$$r^2 h = 3.125 \quad (1)$$

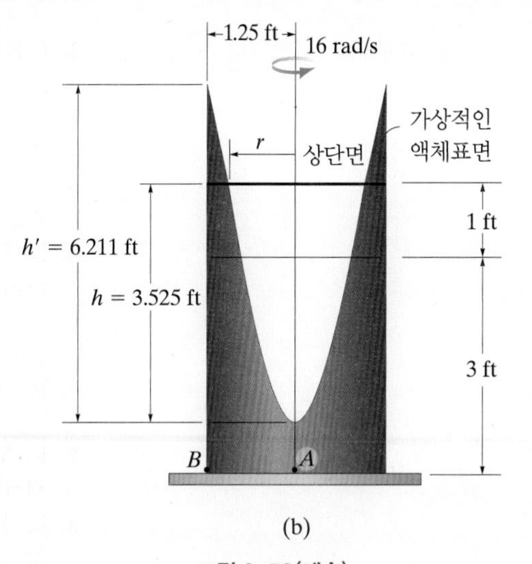

그림 2-53(계속)

또한 식 (2-22)와 같이 원통 내부의 포물면의 깊이를 식으로 표현하면

$$h = \left(\frac{\omega^2}{2g}\right)r^2 = \left(\frac{(16\text{ rad/s})^2}{2(32.2\text{ ft/s}^2)}\right)r^2$$

$$h = 0.2484r^2 \quad (2)$$

식 (1)과 (2)를 연립해 계산을 수행하면

$$r = 0.9416\text{ ft}, \quad h = 3.525\text{ ft}$$

그림 2-53b에서와 같이 뚜껑이 없는 경우 높이 h'을 구하면

$$h' = \left(\frac{\omega^2}{2g}\right)R^2 = \left(\frac{(16\text{ rad/s})^2}{2(32.2\text{ ft/s}^2)}\right)(1.25\text{ ft})^2 = 6.211\text{ ft}$$

위의 식으로 원유의 자유표면을 정의하고, A와 B에서의 압력을 구하면

$$p_A = \gamma h_A = (55.06\text{ lb/ft}^3)(4\text{ ft} - 3.525\text{ ft})\left(\frac{1\text{ ft}}{12\text{ in.}}\right)^2$$
$$= 0.182\text{ psi}$$ 답

$$p_B = \gamma h_B = (55.06\text{ lb/ft}^3)(4\text{ ft} - 3.525\text{ ft} + 6.211\text{ ft})\left(\frac{1\text{ ft}}{12\text{ in.}}\right)^2$$
$$= 2.56\text{ psi}$$ 답

이 예제 2.22와 관련된 문제는 아니지만, 뚜껑의 구멍이 막혀있고 드럼 내부의 압력이 4 psi인 경우, A와 B에서의 압력은 위에서 구한 값에 간단하게 4 psi를 더하면 된다.

참고문헌

1. I. Khan, *Fluid Mechanics*, Holt, Rinehart and Winston, New York, NY, 1987.
2. A. Parr, *Hydraulics and Pneumatics*, Butterworth-Heinemann, Woburn, MA, 2005.
3. *The U.S. Standard Atmosphere*, U.S Government Printing Office, Washington, DC.
4. K. J. Rawson and E. Tupper, *Basic Ship Theory*, 2nd ed., Longmans, London, UK, 1975.
5. S. Tavoularis, *Measurements in Fluid Mechanics*, Cambridge University Press, New York, NY, 2005.
6. R. C. Baker, *Introductory Guide to Flow Measurement*, John Wiley, New York, NY, 2002.
7. R. W. Miller, *Flow Measurement Engineering Handbook*, 3rd ed., McGraw-Hill, New York, NY, 1996.
8. R. P. Benedict, *Fundamentals of Temperature, Pressure, and Flow Measurement*, 3rd ed., John Wiley, New York, NY, 1984.
9. J. W. Dally et al., *Instrumentation for Engineering Measurements*, 2nd ed., John Wiley, New York, NY, 1993.
10. B. G. Liptak, *Instrument Engineer's Handbook: Process Measurement and Analysis*, 4th ed., CRC Press, Boca Raton, FL, 2003.
11. F. Durst et al., *Principles and Practice of Laser-Doppler Anemometry*, 2nd ed., Academic Press, New York, NY, 1981.

기초문제

기초문제의 해답은 이 책의 뒷부분에 수록되어 있다.

2.1~2.5절

F2-1 물로 채워진 파이프 AB에서 A의 절대압력은 400 kPa이다. 대기압력이 101 kPa일 때, B의 마개에 물과 주변공기로 인해 가해지는 힘의 값을 계산하라. 파이프의 안쪽 면의 지름은 50 mm이다.

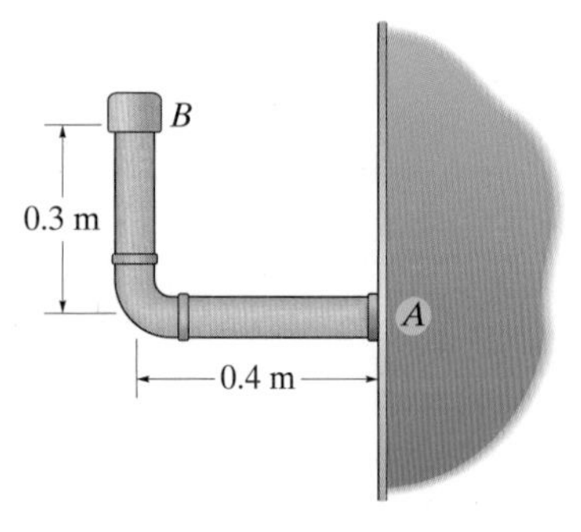

F2–1

F2-2 컨테이너가 부분적으로 물, 기름, 공기로 채워져 있다. A, B, C에서의 압력을 구하라. $\gamma_w = 62.4\ \text{lb/ft}^3$, $\gamma_o = 55.1\ \text{lb/ft}^3$이다.

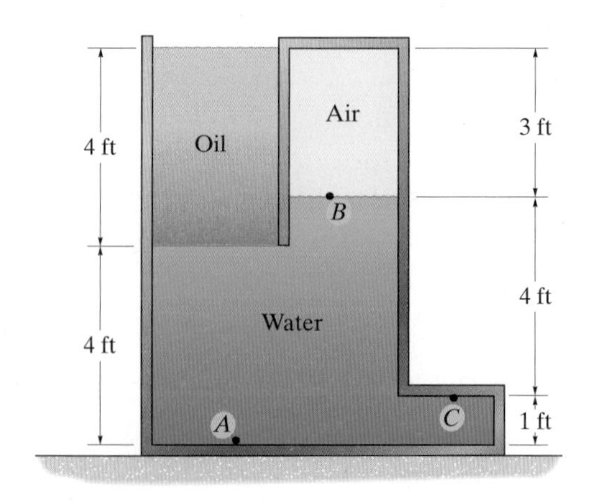

F2–2

2.6절

F2-3 U자형 압력계에 밀도 $\rho_{Hg} = 13550\ \mathrm{kg/m^3}$의 수은이 채워져 있다. 탱크가 물로 채워졌을 때 수은의 높이차 h를 구하라.

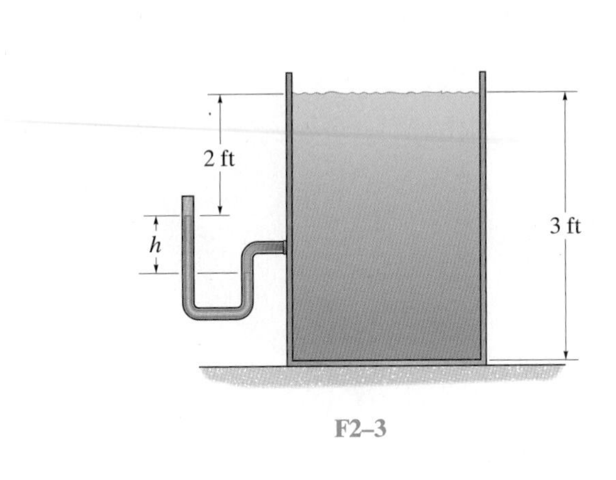

F2–3

F2-4 A에서 B까지 수은으로 채워져 있고, B에서 C까지 물로 채워진 튜브가 있다. 물의 높이차 h를 구하라.

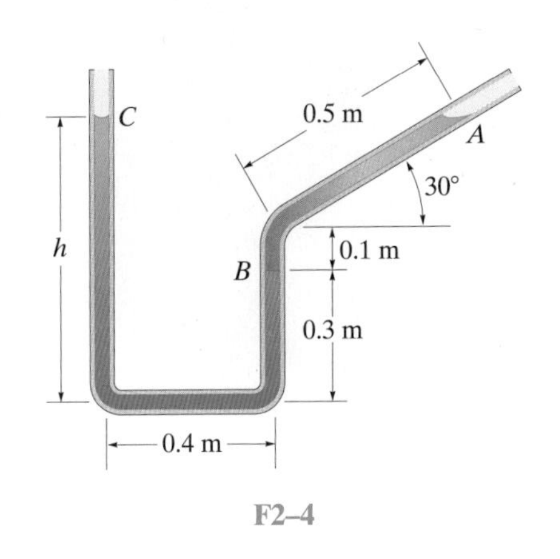

F2–4

F2-5 배관의 A에서 기체의 압력이 300 kPa일 때, B에서 물의 압력을 구하라.

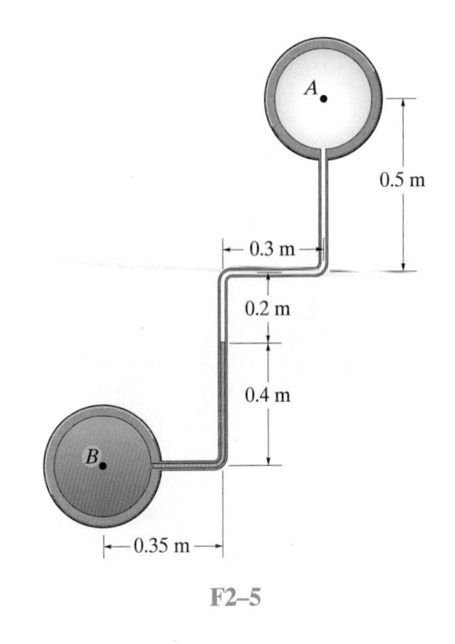

F2–5

F2-6 탱크에 원유가 1.5 m만큼 담겨있다. 배관 B에서 물의 절대압력을 구하라. 단, 대기압은 $p_{atm} = 101\ \mathrm{kPa}$이다.

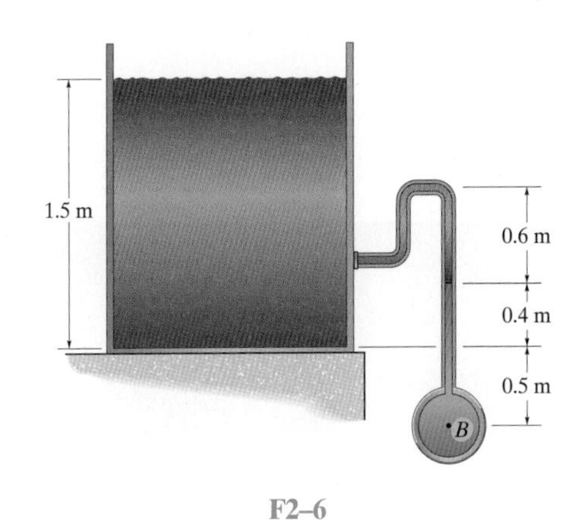

F2–6

2.7~2.9절

F2-7 폭이 1.5 m인 통에 그림과 같이 물이 차있다. 이때 면 AB와 BC에 작용하는 힘을 구하라.

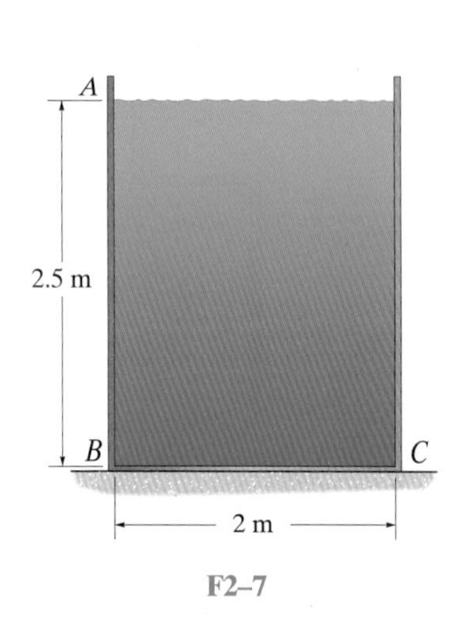

F2–7

F2-8 폭이 2 m인 통에 그림과 같이 기름이 차있다. 경사진 면 AB에 작용하는 힘을 구하라. 기름의 밀도 ρ_o = 900 kg/m^{3}이다.

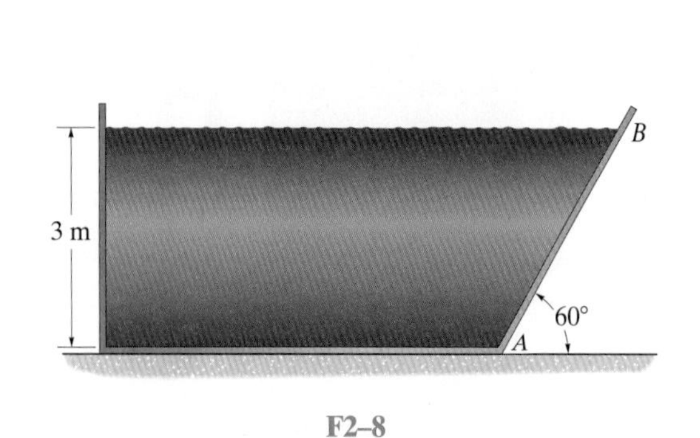

F2–8

F2-9 전체 길이가 2 m인 용기에 주어진 깊이만큼 물이 채워져 있다. 측면 패널 A와 B에 작용하는 합력을 구하라. 물의 표면에서부터 각각 얼마의 합력이 작용하는가?

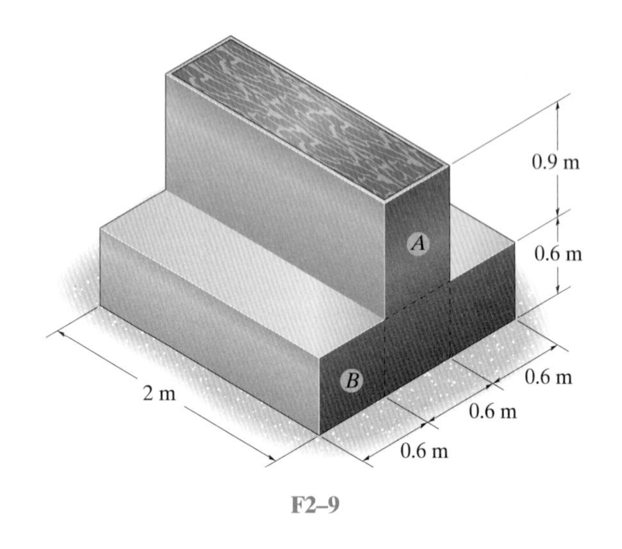

F2–9

F2-10 삼각형의 측면 면적 A에 작용하는 물의 합력의 크기를 구하라. 상단의 개방 부분의 폭은 무시한다. 합력은 물의 표면에서부터 얼마의 거리에서 작용하는가?

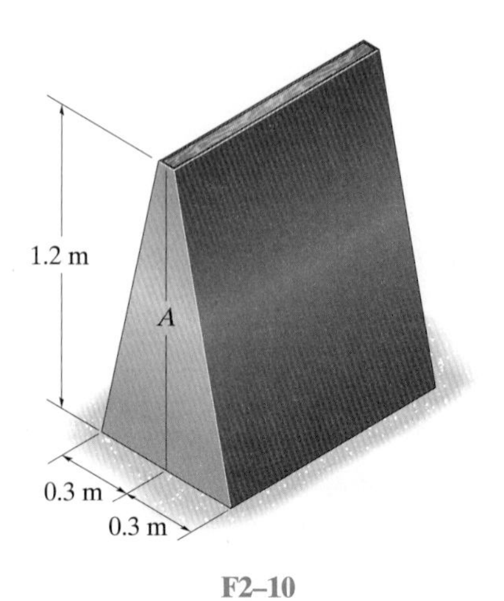

F2–10

F2-11 탱크의 측면 패널에 볼트로 고정된 원형의 유리판에 작용하는 물의 합력의 크기를 구하라. 또한 상단에서부터 측정된 경사진 측면에 대한 압력중심의 작용점을 구하라.

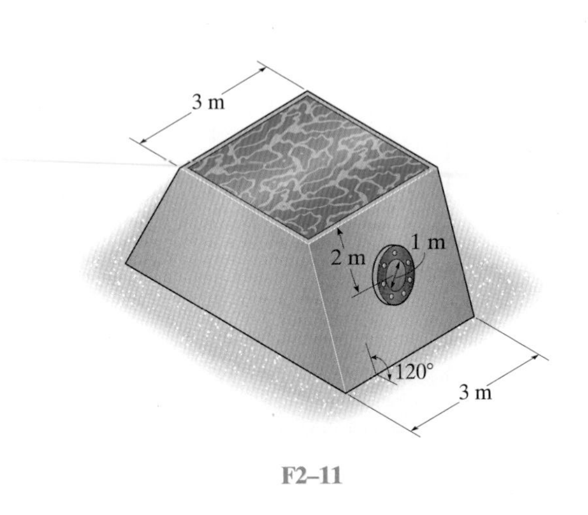

F2–11

F2-12 탱크에 그림에서 보여지는 깊이만큼 물과 등유가 채워져 있다. 물과 등유가 탱크의 측면 AB에 가하는 전체 합력을 구하라. 탱크의 폭은 2 m이다. 액체의 밀도는 각각 $\rho_w = 1000\ \text{kg/m}^3$, $\rho_k = 814\ \text{kg/m}^3$이다.

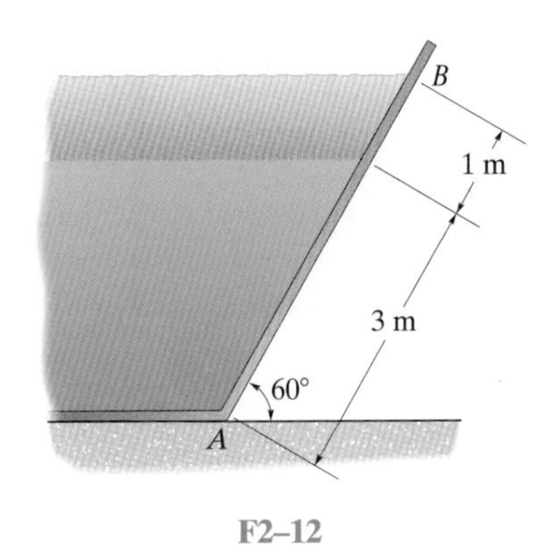

F2–12

F2-13 0.5 m 폭의 경사판이 탱크 속의 물을 지탱하고 있다. A의 지지점에서 판에 가해지는 힘과 모멘트의 수평 및 수직성분을 구하라.

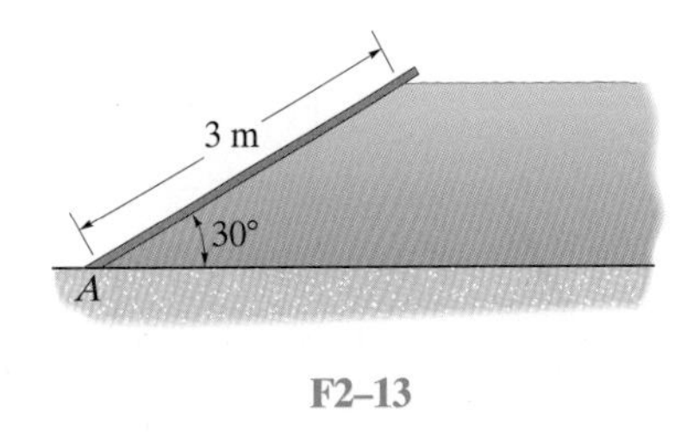

F2–13

F2-14 기름이 반원형의 표면 AB에 가하는 합력을 구하라. 탱크는 폭이 3 m이다. 기름의 밀도 $\rho_o = 900\ \text{kg/m}^3$이다.

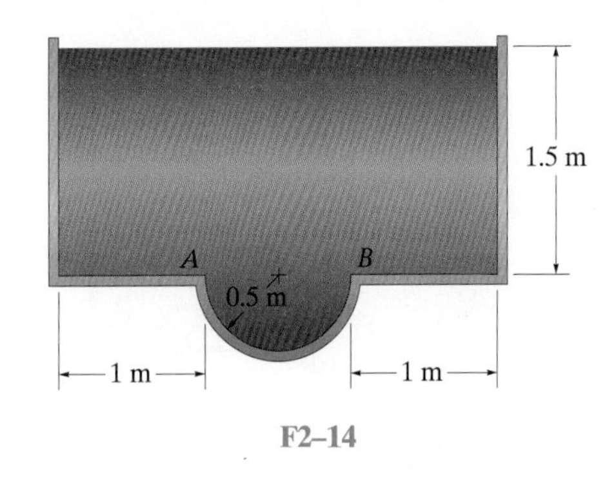

F2–14

F2-15 경사진 벽 AB와 CD에 물이 가하는 합력을 구하라.

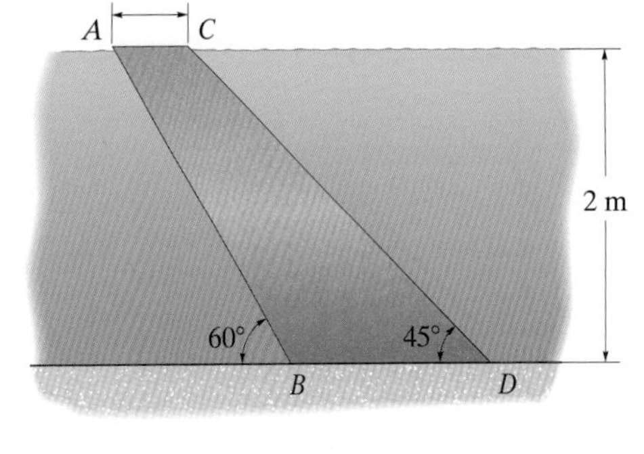

F2–15

2.10절

F2-16 폭이 2 m인 탱크에 물이 가득 차있다. 판 AB에 작용하는 합력의 수평과 수직성분을 구하라.

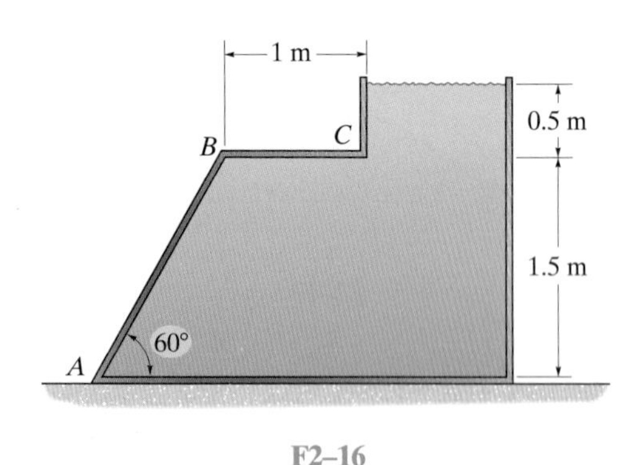

F2–16

F2-17 판 AB와 BC에 물이 가하는 합력의 수평성분과 수직성분을 구하라. 각 판의 폭은 1.5 m이다.

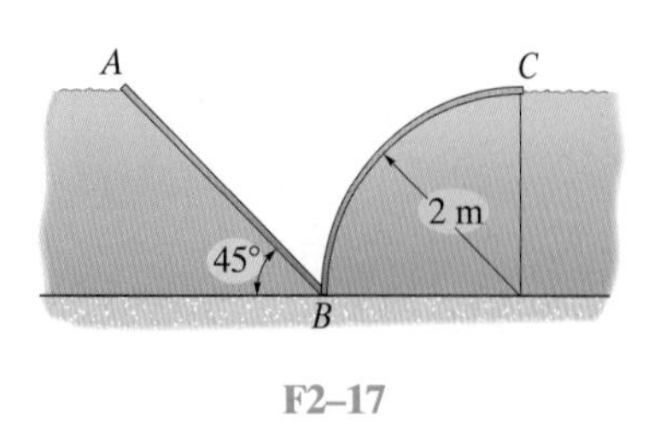

F2–17

F2-18 2 m 폭의 판 ABC가 있다. C에서의 수직 반력이 0이 되는 각도 θ를 구하라. 판은 A에서 핀으로 지지되고 있다.

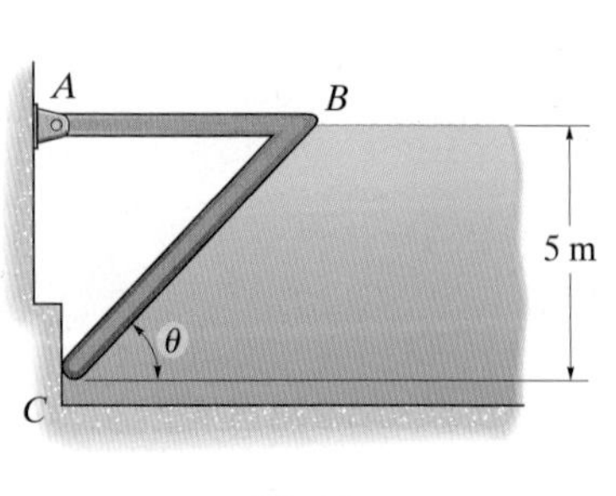

F2–18

2.11~2.12절

F2-19 중량을 무시할 수 있는 컵 A에 2 kg의 블록 B가 담겨있다. 컵을 담그기 전 수조의 물의 높이가 $h = 0.5$ m일 때, 컵을 수조 위에 띄우고 난 후 수조의 높이 h를 구하라.

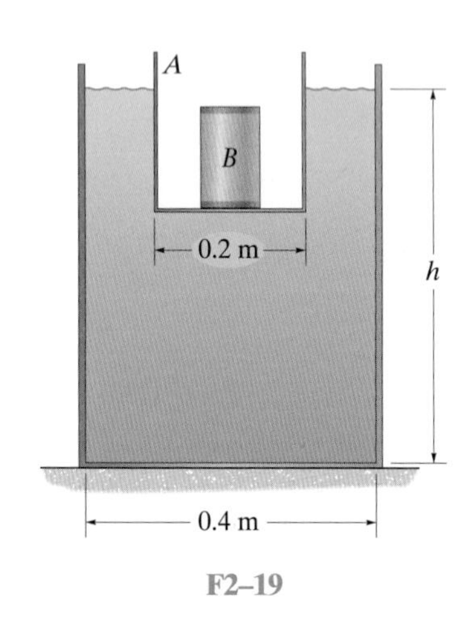

F2–19

F2-20 폭이 3 m인 카트에 물이 바닥에서 점선 높이만큼 차있다. 카트를 4 m/s^{2}로 가속시킬 때, 점선과 수면 사이의 각도 θ와 벽 AB가 받는 합력의 크기를 구하라.

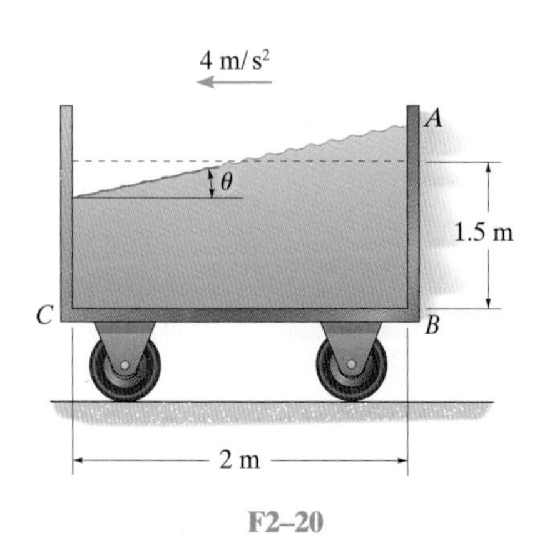

F2–20

F2-21 닫힌 탱크에 기름이 가득차 있고 6 $\mathrm{m/s^2}$의 가속도를 받는다. 점 A와 B에서 탱크 바닥의 압력을 구하라. $\rho_o = 880\ \mathrm{kg/m^3}$이다.

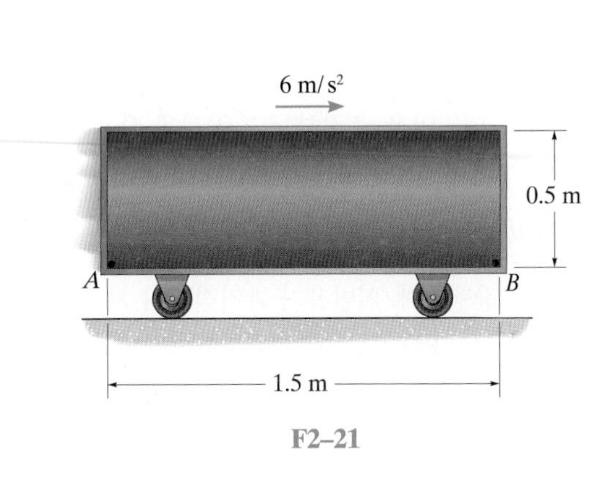

F2–21

F2-22 개방된 원통형 컨테이너에 물이 채워져 있다. 물이 벽을 넘치게 되는 가장 낮은 각속도를 구하라.

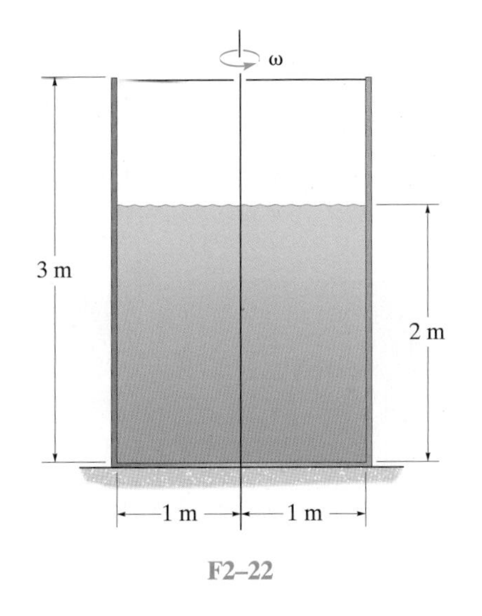

F2–22

F2-23 개방된 원통형 컨테이너가 $\omega = 8\ \mathrm{rad/s}$로 회전하고 있다면 컨테이너의 바닥에 작용하는 물의 최대 및 최소 압력을 구하라.

F2–23

F2-24 밀폐된 통에 원유가 가득 차있다. 통이 4 rad/s로 일정하게 회전하고 있을 때, 뚜껑의 A에서의 압력을 구하라.

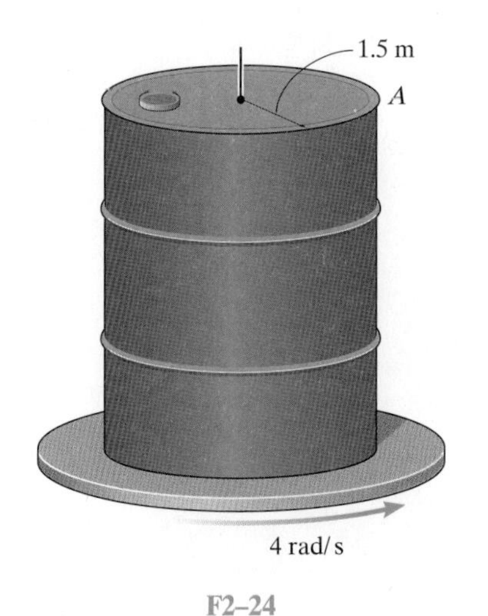

F2–24

연습문제

매 네 번째 문제를 제외하고 모든 연습문제의 해답은 이 책의 뒷부분에 수록되어 있다.

별다른 언급이 없는 경우, 물의 밀도는 1000 kg/m³이며, 물의 비중량은 62.4lb/ft³이다. 또한 모든 압력은 계기압력으로 가정한다.

2.1~2.5절

2-1 유체 내부에 전단응력이 없을 경우 가속하고 있는 유체에 대해서도 파스칼의 법칙을 적용할 수 있음을 보여라.

2-2 호수에 담긴 물의 평균온도는 15°C이다. 대기압이 720 mm(수은)일 때, 14 m 깊이에 있는 물의 계기압력과 절대압력을 구하라.

2-3 탱크 내의 절대압력이 140 kPa이면, 수은의 압력수두를 밀리미터 단위로 구하라. 대기압은 100 kPa이다.

***2-4** 시추 탑에서 원유 매장지에 닿기 직전까지의 깊이 5 km까지 구멍을 뚫었다. 이때 A에서의 압력은 25 MPa이다. 이 압축에서 시추 관에 들어있는 진흙을 원유가 밀어올려야 한다. A에서의 상대압력이 0이 되게 하는 진흙의 밀도는 얼마인가?

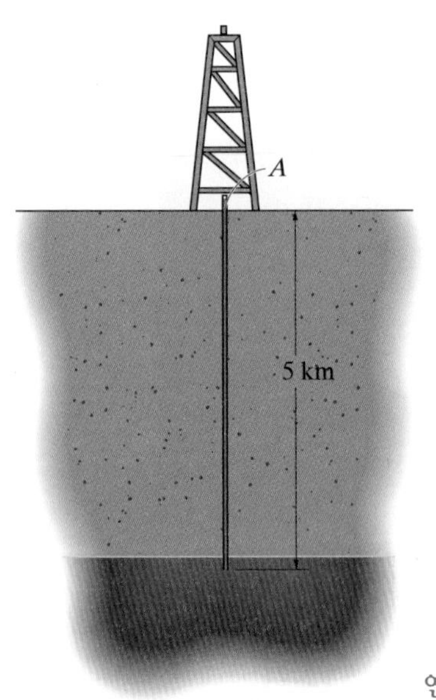

연습문제 **2–4**

2-5 1896년 Riva-Rocci는 피의 압력을 측정하는 혈압계를 개발했다. 이 혈압계를 팔의 윗부분에 착용하고 팽창부를 부풀렸을 때 내부의 공기압은 수은 마노미터와 연결되어 있어 혈압을 측정한다. 최고 120 mm에서 최소 80 mm까지 측정이 되었다면, 이 압력을 psi와 파스칼 단위로 나타내라.

2-6 왜 물이 대기압을 측정하는 기압계에 사용되기에 부적절한지 설명하라. 이 결과를 수은과 비교하라. 물의 비중량은 62.4 lb/ft³이고, 수은의 비중량은 846 lb/ft³이다.

2-7 지하 저장탱크에 휘발유가 A지점까지 채워져 있다. 표시된 다섯 개의 점에서의 압력을 구하라. 점 B는 세로관 시작점에 위치하고, 점 C는 탱크표면 아래에 위치한다. 휘발유의 밀도는 730 kg/m³이다.

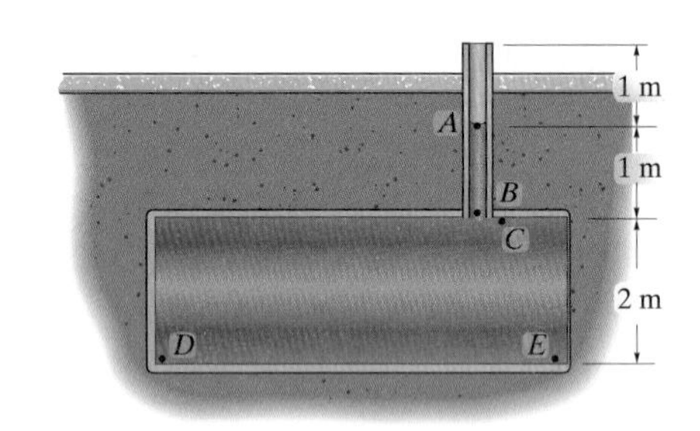

연습문제 **2–7**

***2-8** 지하 저장탱크에 휘발유가 A지점까지 채워져 있다. 대기압이 101.3 kPa일 때, 지정된 다섯 개의 점에서의 절대압력을 구하라. 점 B는 세로 관에 위치하고, 점 C는 탱크표면 아래에 위치한다. 휘발유의 밀도는 730 kg/m³이다.

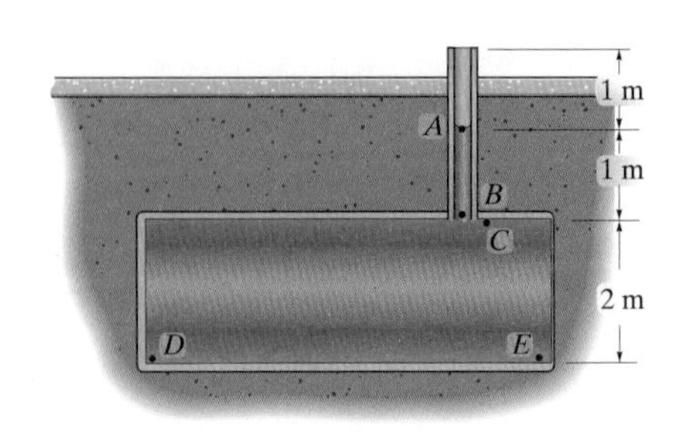

연습문제 **2–8**

2-9 저장탱크에 기름이 채워져 있다. 파이프가 탱크의 C 지점에 연결되어 있고, 탱크의 B와 E지점은 대기 중에 노출되어 있다. 기름이 F지점에 도달할 때 탱크의 최대압력을 psi 단위로 구하라. 또한 탱크에 압력이 최댓값이 되려면 탱크의 기름은 어느 지점에 도달해야 하는지를 구하라. 구한 값의 의미를 설명하라. 기름의 밀도는 1.78 slug/ft³이다.

2-10 저장탱크가 원유로 채워져 있다. 파이프가 탱크의 C지점에 연결되어 있고, 파이프의 E지점은 대기 중에 노출되어 있다. 기름의 밀도가 1.78 slug/ft³일 때, 탱크에서 발생될 수 있는 압력의 최댓값을 구하라. 이 최대압력은 어느 지점에서 발생하는가? B지점은 닫혀있어 대기 중에 노출되어 있지 않다.

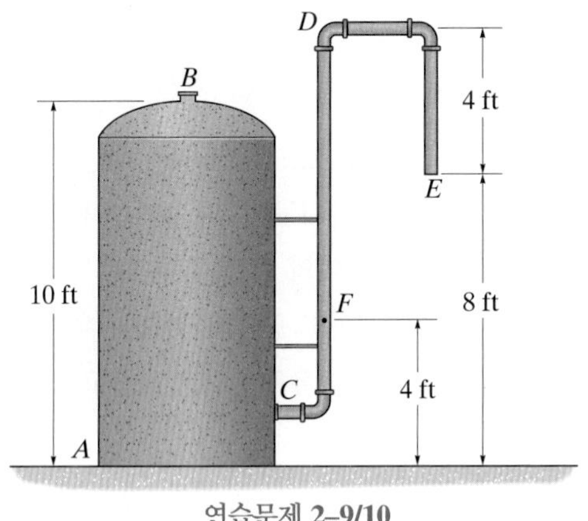

연습문제 **2–9/10**

2-11 밀봉된 탱크에 사염화탄소가 채워져 있다. 밸브 B가 열려 서서히 사염화탄소가 흐르게 되어 있다. 다시 밸브를 잠그면 A공간만큼의 진공이 생긴다. 밸브 B에서부터 A까지의 높이 h가 25 ft일 때, 밸브 위치에서 액체의 압력을 구하라. 밸브를 열어두어도 사염화탄소가 흘러나가지 않는 높이 h를 구하라. 대기압은 14.7 psi이다.

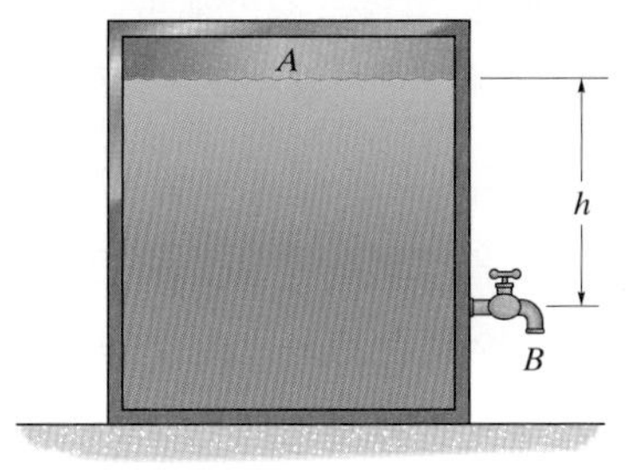

연습문제 **2–11**

***2-12** 자동차 부품을 청소하는 데 에틸알코올로 채워진 통을 사용한다. 높이 h가 7 ft일 때, 점 A에서의 압력과 공기가 채워져 있는 공간에서 B의 압력을 구하라. 에틸알코올의 비중량은 49.3 lb/ft³이다.

2-13 자동차 부품을 청소하는 데 에틸알코올로 채워진 통을 사용한다. 공기가 들어있는 밀폐된 공간 B의 계기압력이 $p_B = 0.5$ psi일 때, 점 A의 압력과 에틸알코올의 높이 h를 구하라. 에틸알코올의 비중량은 49.3 lb/ft³이다.

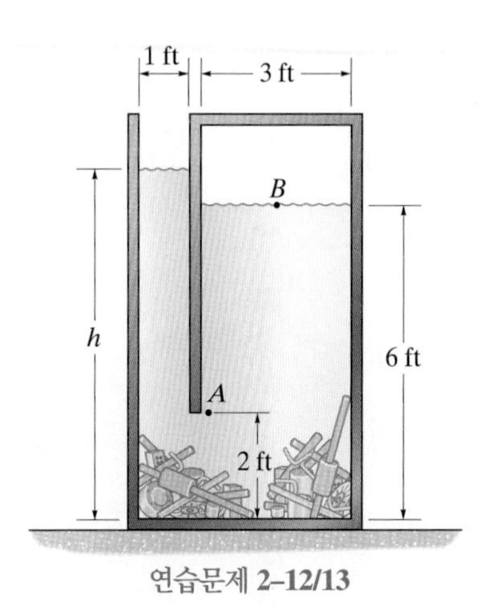

연습문제 **2–12/13**

2-14 물로 완전히 채워져 있는 파이프가 밀봉된 탱크에 연결되어 있다. A지점의 절대압력이 300 kPa일 때, B와 C지점의 마개에 가해지는 힘을 구하라. 파이프의 내경은 60 mm이다.

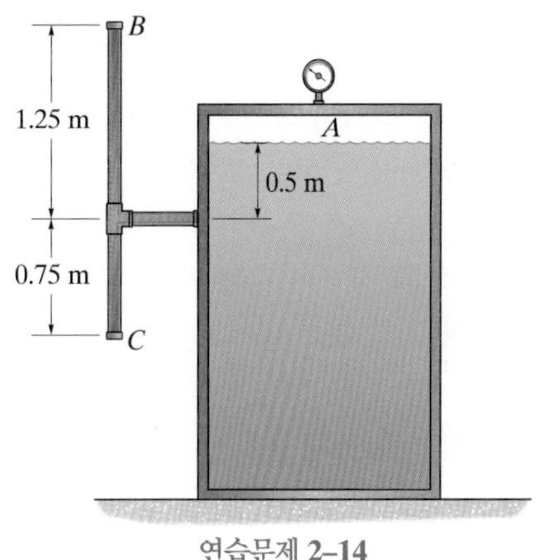

연습문제 **2–14**

2-15 선박으로 적재하기 전에 임시로 원유를 저장하는 탱크가 그림과 같은 구조를 가지고 있다. 원유로 채워져 있지 않을 때, 기둥 안의 물 높이는 B지점(해수면 높이)이다. 그 이유는 무엇인가? 원유가 기둥에 채워짐에 따라 물은 E 지점을 통해 빠져나가게 된다. 기둥의 C지점까지의 깊이로 원유가 채워질 때, 해수면 위로부터 A지점까지의 높이 h를 구하라. 원유의 밀도는 900 kg/m^3, 바닷물의 밀도는 1020 kg/m^{3}이다.

***2-16** 연습문제 2-15에서와 동일한 저장탱크에 물이 원뿔의 바닥 D지점까지 이동했을 때, 해수면 위로 올라가는 원유의 높이 h는 얼마인가? 원유의 밀도는 900 kg/m^3, 바닷물의 밀도는 1020 kg/m^{3}이다.

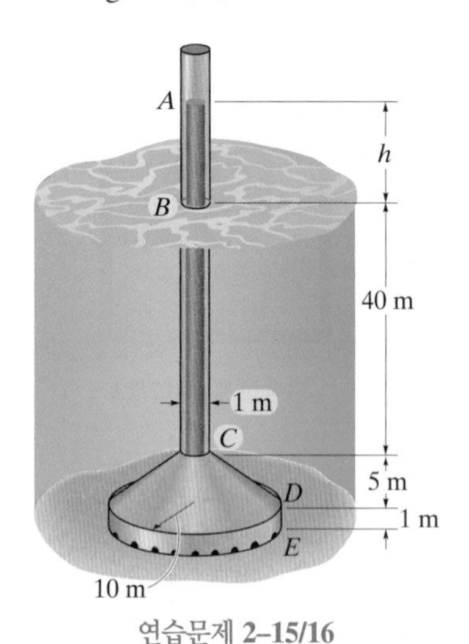

연습문제 **2–15/16**

2-17 액상 암모니아로 채워진 탱크의 깊이는 3 ft이다. 탱크 속 공기로 채워진 남은 공간의 절대압력은 20 psi이다. 탱크의 바닥 부분의 계기압력을 구하라. 곡면 바닥 대신 평면의 바닥으로 만들어진 탱크라면 그 값은 달라지는가? 액상 암모니아의 밀도는 1.75 slug/ft^{3}이고 대기압은 14.7 lb/in^{2}이다.

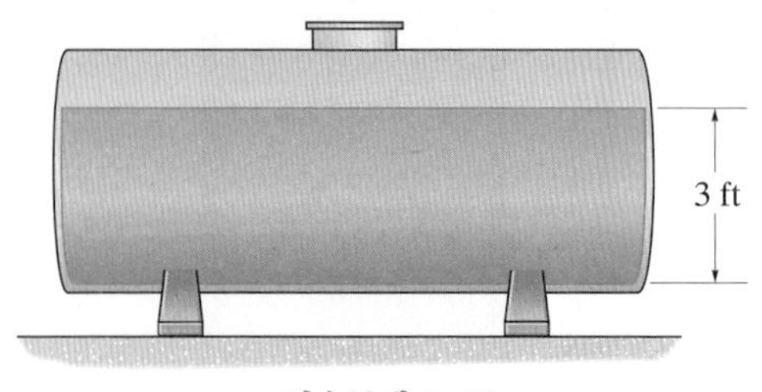

연습문제 **2–17**

2-18 강의 바닥에서부터 지름 0.5 in.인 메탄 기체방울이 올라온다. 이 기체방울이 수면에 닿을 때의 지름을 구하라. 물의 온도는 68°F이고 대기압은 14.7 lb/in^{2}이다.

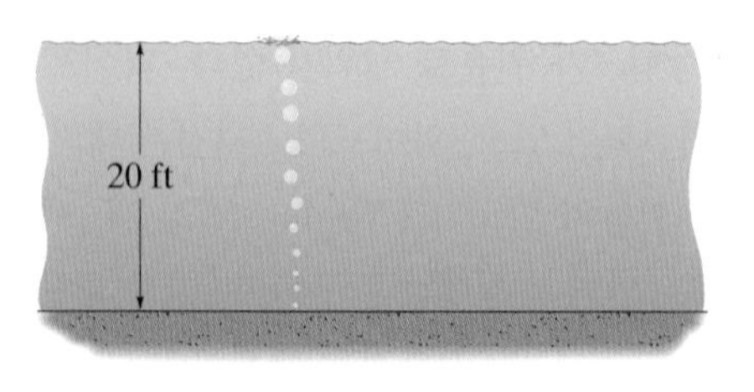

연습문제 **2–18**

2-19 두바이에 있는 부르즈 칼리파는 세계에서 가장 높은 건물이다. 해수면 위의 공기가 40°C이고 대기압이 105 kPa일 때, 828 m 높이의 건물 꼭대기에서의 절대압력을 구하라. 온도는 일정하고 공기는 압축성 유체라 가정한다. 또한 공기를 비압축성 유체라고 가정하고 문제를 다시 풀어보라.

***2-20** 두바이에 부르즈 칼리파는 세계에서 가장 높은 건물이다. 해수면 위의 공기가 100°F이고 대기압이 14.7 psi일 때, 2717 ft 높이의 건물 꼭대기에서의 절대압력을 구하라. 온도는 일정하고 공기는 압축성 유체라 가정한다. 또한 공기를 비압축성 유체라고 가정하고 문제를 다시 풀어보라.

2-21 유체의 밀도는 체적탄성률 E_V이 일정하더라도, 깊이에 따라 달라진다. 압력은 깊이에 따라 어떻게 달라지는지 구하라. 유체의 표면에서의 밀도는 ρ_0로 표기된다.

2-22 약간의 압축성으로 인해 물의 밀도는 깊이에 따라 달라진다. 압축성을 고려하여 300 m 깊이의 물의 압력을 구하라. 물의 표면에서의 밀도는 $\rho_0 = 1000$ kg/m^{3}이다. 이러한 결과를 비압축성 유체로 가정했을 때의 결과와 비교하라.

2-23 열기구가 높이 올라감에 따라 공기의 온도는 일정하게 감소되는 것으로 측정되었다. 높이 $z = 0$일 때 온도 $T = 20°C$이고, 높이 $z = 500$ m일 때 온도 $T = 16°C$이다. 높이 $z = 0$에서 공기의 절대압력과 밀도가 각각 $p = 101$ kPa, $\rho = 1.23$ kg/m^{3}이라면, 높이 500 m에서의 값을 구하라.

***2-24** 열기구가 올라감에 따라 그 온도는 일정하게 감소되는 것으로 측정되었다. 높이 $z = 0$일 때 온도 $T = 20°C$이고, 높이 $z = 500$ m일 때 온도 $T = 16°C$이다. 높이 $z = 0$에서 공기의 절대압력이 $p = 101$ kPa일 때, 높이 $0 \leq z \leq 3000$ m에 대하여 압력의 변화를 도표로 그려라. 높이 간격은 $\Delta z = 500$ m로 택하라.

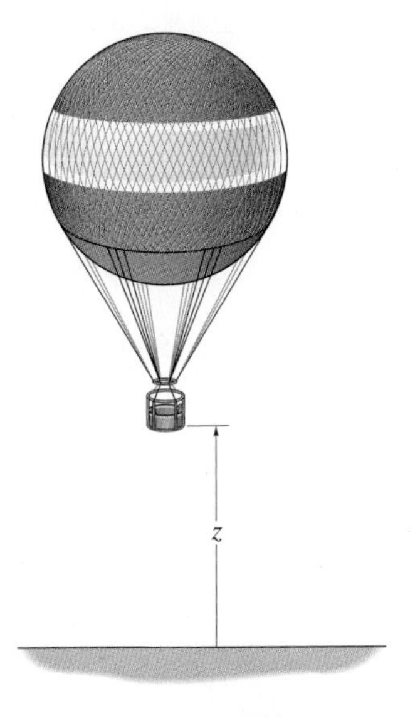

연습문제 **2–23/24**

2-25 대류권에서 높이에 따라 달라지는 공기의 온도는 $T = T_0 - Cz$로 나타낼 수 있고 C는 상수이다. $z = 0$에서 압력 $p = p_0$일 때, 높이에 따른 절대압력을 구하라.

2-26 대류권에서 공기의 절대온도 $T = T_0 = Cz$와 같이 고도 z에 따라 변한다. 이때 C는 상수 값을 갖는다. 그림 2-11을 참고하여 T_0와 C의 값을 구하라. 그리고 $z_0 = 0$일 때, 압력 $p_0 = 101$ kPa이라면 5 km 상공에서 공기의 절대압력은 얼마인가?

2-27 불균일한 액체의 밀도는 깊이 h의 함수이며, $\rho = (850 + 0.2h)$ kg/m^{3}의 관계식을 따른다. h의 단위는 미터이다. $h = 20$ m일 때의 압력의 크기는 얼마인가?

***2-28** 불균일한 액체의 밀도는 깊이 h의 함수이며, $\rho = (635 + 60h)$ kg/m^{3}의 관계식을 따른다. 깊이 h가 $0 \leq h < 10$ m 범위의 값을 가질 때, 압력의 변화를 그래프로 나타내라. 단, 깊이 증분은 2 m로 한다.

2-29 대류권은 해발고도 11 km까지 이르며, 고도 상승에 따라 온도가 $dT/dz = -C$의 관계로 하강한다고 알려져 있다. 이때 C는 상수 값을 갖는다. 온도와 압력의 초기 값이 T_0와 p_0일 때, 압력을 고도의 함수로 나타내라.

2-30 성층권의 하부에서 온도는 $T = T_0$로 일정하다고 가정할 수 있다. $z = z_0$에서 압력이 $p = p_0$라고 할 때, 압력을 고도의 함수로 표현하라.

2-31 성층권 온도 T_0가 $-56.6°C$로 일정할 때, 고도 20 km에서 압력의 크기를 구하라. 단, 성층권은 그림 2-11과 같이 고도 $z = 11$ km에서 시작한다고 가정한다.

***2-32** 무게가 0.2 lb이고 끝이 열려있는 병을 뒤집어서 물 속에서 누르고 있다. 병을 누르고 있는 힘의 크기는 얼마인가? 병 속 공기의 온도는 대기의 온도 70°F와 같다고 가정한다. 힌트 : 병 속의 부피 변화는 압력의 변화로 인해 발생한다. 대기압은 14.7 psi이다.

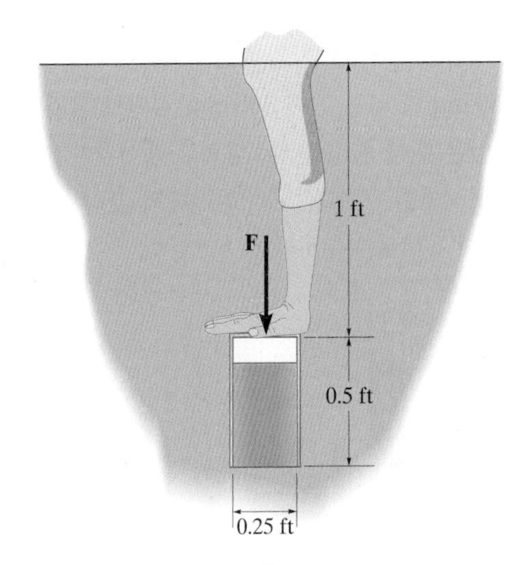

연습문제 **2–32**

2.6절

2-33 그림과 같이 물과 기름이 깔때기에 담겨있다. 물이 C에 위치하기 위한 기름의 깊이 h'은 얼마인가? 단, 수은은 깔때기의 꼭대기로부터 0.8 m 떨어진 곳에 있다. 기름의 밀도는 900 kg/m^3, 물의 밀도는 1000 kg/m^3, 수은의 밀도는 13550 kg/m^{3}이다.

2-34 깔때기에 기름이 0.3 m만큼, 물이 0.4 m만큼 차있다. 깔때기와 수은 사이의 거리 h를 구하라. 기름의 밀도는 900 kg/m^3, 물의 밀도는 1000 kg/m^3, 수은의 밀도는 13550 kg/m^{3}이다.

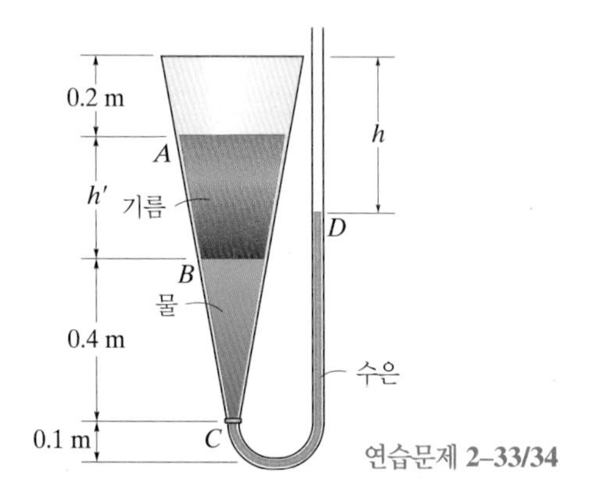

연습문제 **2–33/34**

2-35 지름이 150 mm인 컵에 글리세린이 가득 담겨있고 지름이 50 mm인 얇은 관이 300 mm 깊이로 잠겨있다. 0.00075 m^{3}만큼의 등유를 얇은 관으로 흘렸을 때 글리세린 표면과 등유 사이의 높이 h를 구하라.

***2-36** 지름이 150 mm인 컵에 글리세린이 가득 담겨있고 지름이 50 mm인 얇은 관이 300 mm 깊이로 잠겨있다. 등유를 이 얇은 관에 흘렸을 때, 밑으로 새어나가지 않을 등유의 최대 부피를 구하라. 그리고 이때의 글리세린 표면과 등유 사이의 높이 h를 구하라.

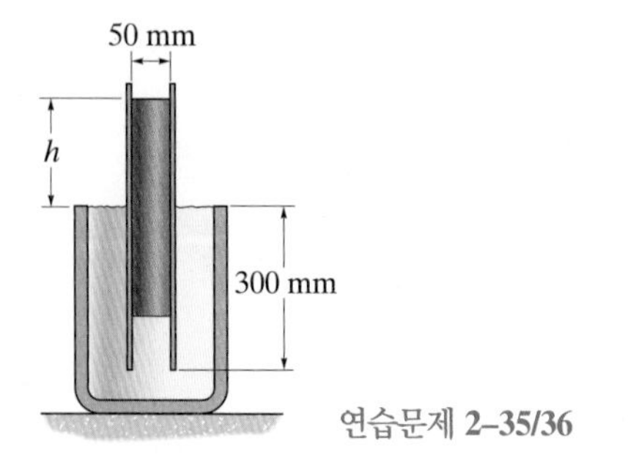

연습문제 **2–35/36**

2-37 다음 그림에서 점 A와 B의 압력을 구하라. 용기에는 물이 담겨져 있다.

2-38 다음 그림에서 점 C의 압력을 구하라. 용기에는 물이 담겨져 있다.

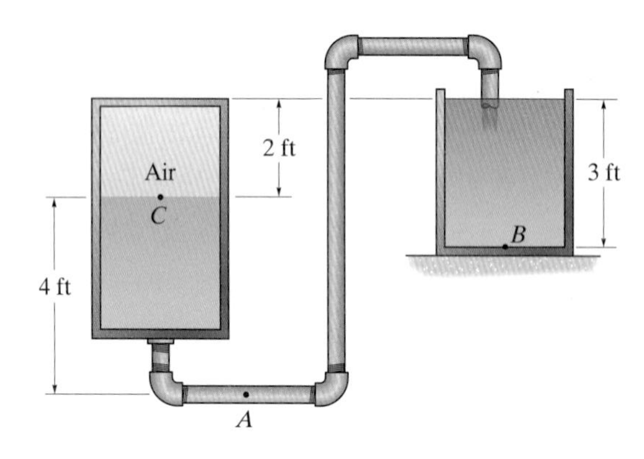

연습문제 **2–37/38**

2-39 플라스틱 제조에 필요한 부틸카비톨을 보관하고 있는 탱크에 U관 마노미터가 달려있다. 마노미터의 수은이 E에 도달한다면, 점 A의 압력은 얼마인가? 수은의 비중은 13.55이고, 부틸카비톨의 비중은 0.957이다.

***2-40** 플라스틱 제조에 필요한 부틸카비톨을 보관하고 있는 탱크에 U관 마노미터가 달려있다. 마노미터의 수은이 E에 도달한다면 점 B의 압력은 얼마인가? 수은의 비중은 13.55이고, 부틸카비톨의 비중은 0.957이다.

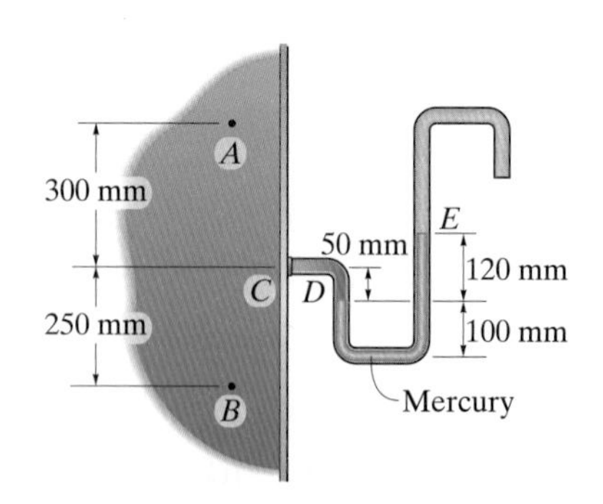

연습문제 **2–39/40**

2-41 저장고의 물을 이용하여 배관 내 A의 압력을 조절한다. h = 200 mm이고 수은의 높이가 그림과 같을 때 점 A의 압력을 구하라. 수은의 밀도는 13550 kg/m^{3}이다. 배관의 지름은 무시한다.

2-42 A에서 배관 내 수압이 25 kPa이다. 이때 저장고의 수위 h는 얼마인가? 배관 내 수은의 높이는 그림과 같으며, 수은의 밀도는 13550 kg/m³이다. 배관의 지름은 무시한다.

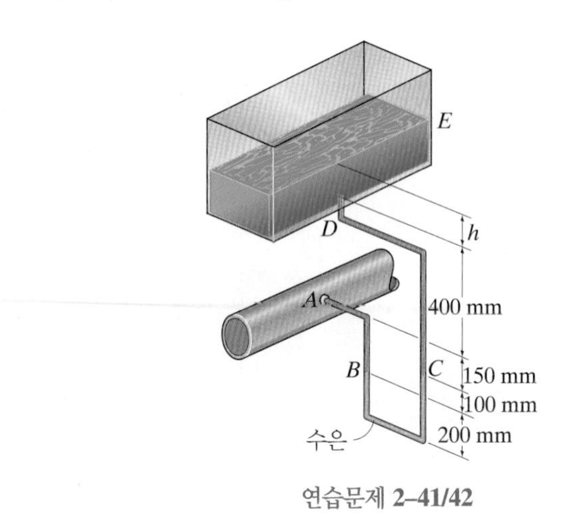

연습문제 **2–41/42**

2-43 플라스틱 제조에 필요한 용액인 시클로헥사놀(cyclohexanol)은 배관 A에서, 에틸락테이트(ethyl lactate)는 배관 B에서 혼합 탱크로 수송된다. 배관 B의 압력이 15 psi라면 배관 A의 압력은 얼마인가? 마노미터의 수은은 그림과 같고, $h = 1$ ft이다. 배관의 지름은 무시하고, 시클로헥사놀의 비중은 0.953, 수은의 비중은 13.55, 에틸락테이트의 비중은 1.03이다.

***2-44** 플라스틱 제조에 필요한 용액인 시클로헥사놀은 배관 A에서, 에틸락테이트는 배관 B에서 혼합 탱크로 수송된다. 배관 A의 압력이 18 psi이고, 배관 B의 압력이 25 psi라면, 마노미터에서 수은의 높이 h는 얼마인가? 배관의 지름은 무시하고 시클로헥사놀의 비중은 0.953, 수은의 비중은 13.55, 에틸락테이트의 비중은 1.03이다.

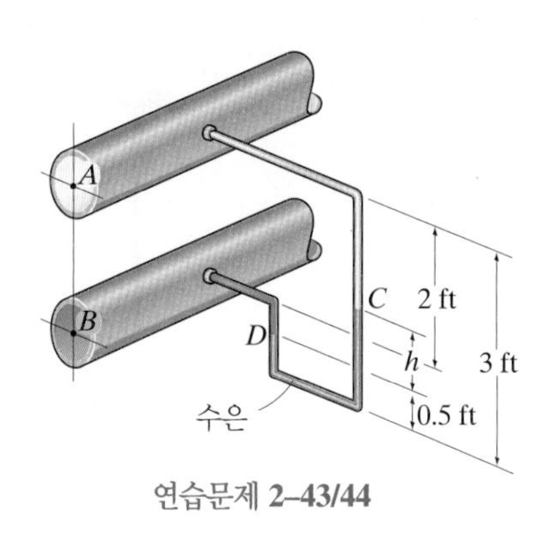

연습문제 **2–43/44**

2-45 헥실렌글리콜이 흐르는 두 배관의 압력차를 수은 마노미터로 측정했을 때, 수은의 높이 $h = 0.3$ m였다. 두 배관의 압력차 $p_A - p_B$를 구하라. 헥실렌글리콜의 밀도는 923 kg/m³이고, 수은의 밀도는 13550 kg/m³이다. 배관의 지름은 무시한다.

2-46 헥실렌글리콜이 흐르는 두 배관의 압력차를 수은 마노미터로 측정했을 때, 수은의 높이 $h = 0.3$ m였다. 측정 후 배관 A의 압력이 6 kPa 증가하고, 배관 B의 압력이 2 kPa 감소했다면 수은의 높이 h는 얼마인가? 헥실렌글리콜의 밀도는 923 kg/m³이고, 수은의 밀도는 13550 kg/m³이다. 배관의 지름은 무시한다.

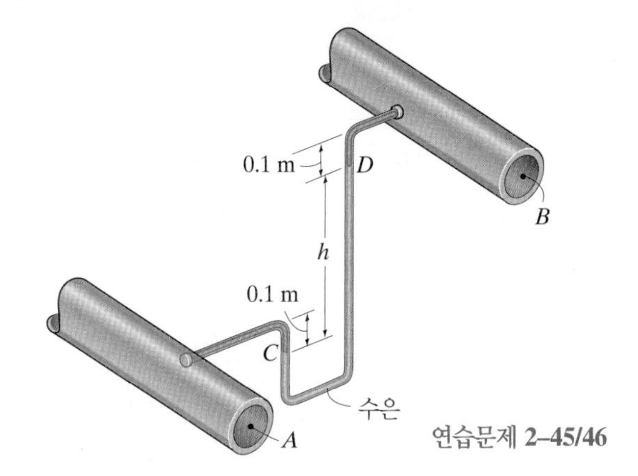

연습문제 **2–45/46**

2-47 뒤집힌 U관 압력계는 두 배관의 수압차를 측정하는 데 사용된다. U관 압력계의 상부에 공기가 차있고, 압력계 내의 수위가 그림과 같을 때, 배관 A와 B의 수압차는 얼마인가? 물의 밀도는 1000 kg/m³이다.

***2-48** 연습문제 2-47에서 U 배관 상부의 유체가 밀도가 800 kg/m³인 기름인 경우에 대해 계산하라.

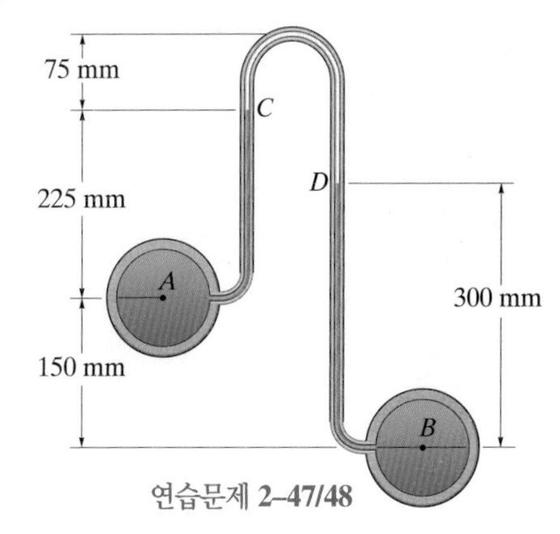

연습문제 **2–47/48**

2-49 탱크의 닫혀있는 밸브 A의 압력은 300 kPa이다. 기름의 높이차 h가 2.5 m라면, 배관 B에 걸리는 압력의 크기는 얼마인가? 기름의 밀도는 900 kg/m^{3}이다.

2-50 배관 B의 압력이 600 kPa이다. 마노미터 기름의 높이차 h가 2.25 m를 가리키고 있다. 닫혀있는 밸브 A의 압력을 계산하라. 기름의 밀도는 900 kg/m^{3}이다.

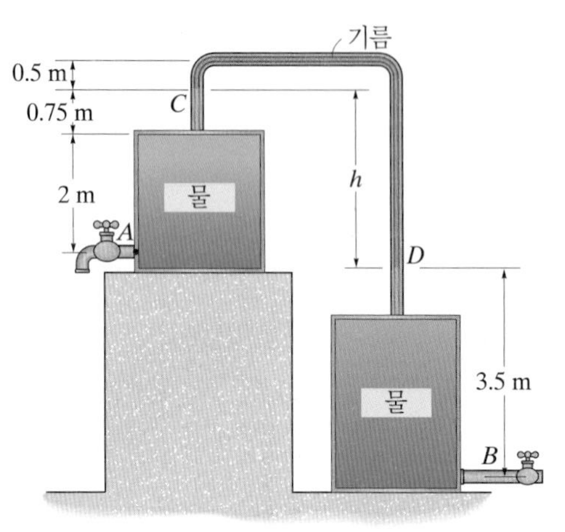

연습문제 2–49/50

2-51 두 탱크 A와 B가 마노미터로 연결되어 있다. 탱크 A에 폐유가 깊이 h = 0.6 m만큼 주입될 때, 탱크 B 내부에 갇힌 공기의 압력을 구하라. 또한 공기는 다음과 같이 CD 부분에도 갇혀있다. 폐유의 밀도는 900 kg/m^{3}이고, 물의 밀도는 1000 kg/m^{3}이다.

***2-52** 두 탱크 A와 B가 마노미터로 연결되어 있다. 탱크 A에 폐유가 깊이 h = 1.25 m만큼 주입될 때, 탱크 B 내부에 갇힌 공기의 압력을 구하라. 또한 공기는 다음과 같이 CD 부분에도 갇혀있다. 폐유의 밀도는 900 kg/m^{3}이고, 물의 밀도는 1000 kg/m^{3}이다.

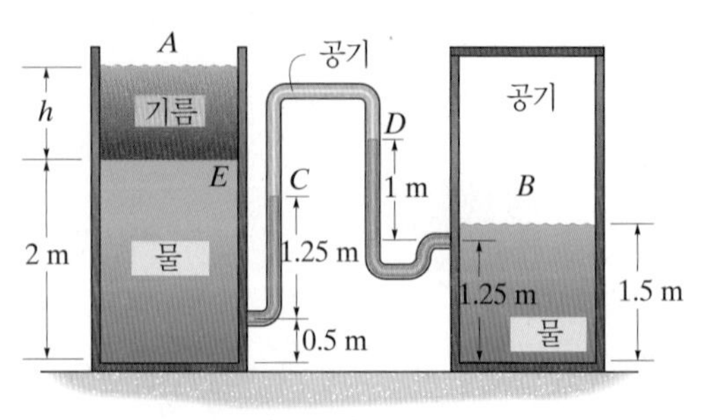

연습문제 2–51/52

2-53 물탱크 A로 계기압력이 20 psi인 공기가 주입되고 있다. 암모니아탱크 하단의 점 B에서의 압력을 구하라. ρ_{am} = 1.75 slug/ft^{3}이다.

2-54 탱크 A 내부의 공기 압력이 50 psi가 되기 위해 암모니아탱크 내부의 B에 펌프를 통해 공급되어야 할 압력을 구하라. 암모니아의 밀도는 1.75 slug/ft^{3}이다.

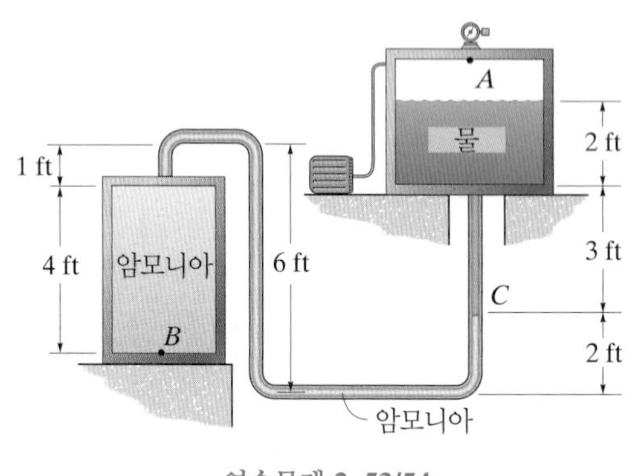

연습문제 2–53/54

2-55 마이크로 마노미터는 작은 압력의 차이를 측정하는데 사용된다. 그림 (a)에서 저장소 R 아래의 튜브의 윗부분은 비중량이 γ_R인 액체로 채워져 있고, 아랫부분은 비중량이 γ_t인 액체로 채워져 있다. 액체가 벤투리 유량계를 통해 흐를 때, 액체의 높이는 기존의 높이에 대해 그림 (b)에서와 같다. 각 저장소의 단면적이 A_R이고 U관의 단면적이 A_t일 때, 압력차 $p_A - p_B$를 구하라. 벤투리 유량계 속의 액체의 비중량은 γ_L이다.

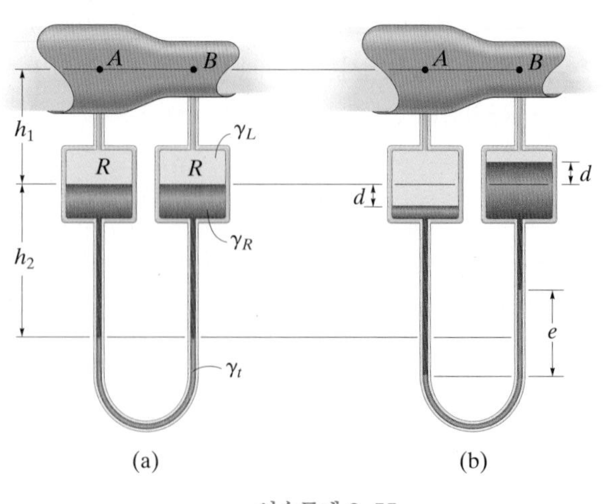

연습문제 2–55

***2-56** Morgan Company는 다음과 같은 원리로 작동하는 마이크로 마노미터를 제작하였다. 두 저장소들은 등유로 채워져 있고, 각각의 단면적은 300 mm^{2}이다. 연결되어 있는 튜브의 단면적은 15 mm^{2}이고 수은으로 채워져 있다. 압력차 $p_A - p_B$가 40 Pa일 때의 h를 구하라. 만약 수은에서 물로 대체된다면 h는 어떻게 될 것인가? $\rho_{Hg} = 13550\ \text{kg/m}^3$이고, $\rho_{ke} = 814\ \text{kg/m}^3$이다. 힌트 : h_1과 h_2 둘 다 무시할 수 있다.

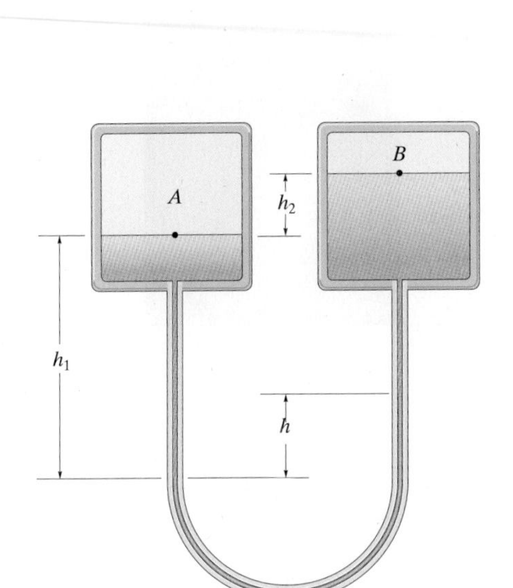

연습문제 2–56

2-57 물로 채워진 파이프의 중심 A와 B 사이의 압력차 $p_B - p_A$를 구하라. 경사관 마노미터 속의 수은은 표시된 높이만큼이고 $S_{Hg} = 13.55$이다.

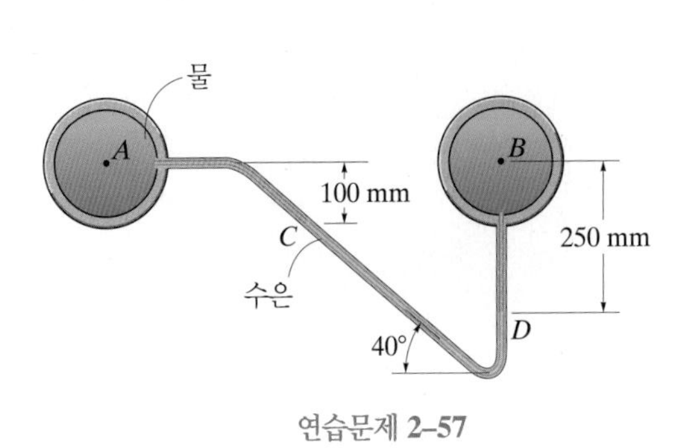

연습문제 2–57

2-58 트리클로로에틸렌은 양쪽의 파이프를 통해 흐르고 있고, 정유공장에서 생성된 제트 연료유에 첨가된다. 경사관 마노미터의 사용을 통한 압력의 주의 깊은 모니터링이 필요하다. A에서의 압력이 30 psi이고 B에서의 압력이 25 psi일 때, 경사관 마노미터 속의 수은의 높이 s의 위치를 구하라. $S_{Hg} = 13.55$이고, $S_t = 1.466$이다. 파이프의 직경은 무시한다.

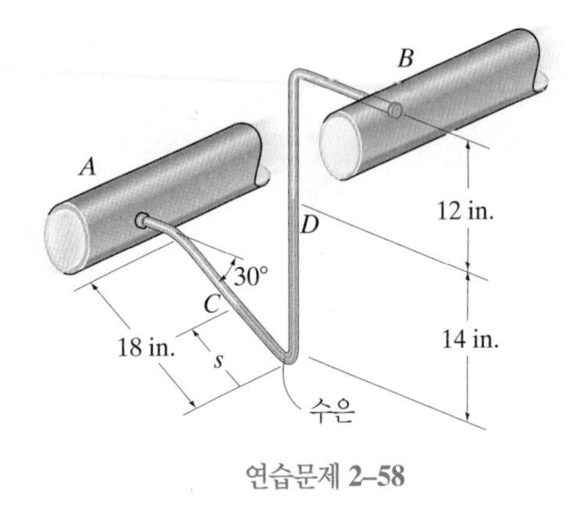

연습문제 2–58

2-59 트리클로로에틸렌은 양쪽의 파이프를 통해 흐르고 있고, 정유공장에서 생성된 제트 연료유에 첨가된다. 경사관 마노미터의 사용을 통한 압력의 주의 깊은 모니터링이 필요하다. A에서의 압력이 30 psi이고 $s = 7$ in.일 때, B에서의 압력을 구하라. $S_{Hg} = 13.55$이고 $S_t = 1.466$이다. 파이프의 직경은 무시한다.

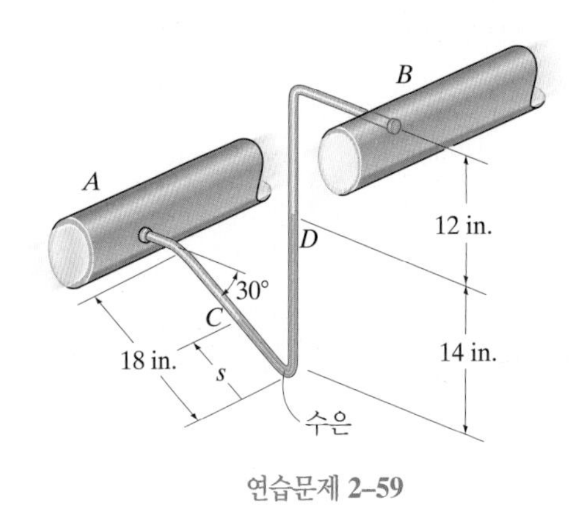

연습문제 2–59

2.7~2.9절

***2-60** 수직 파이프 부분의 내경은 100 mm이고 다음과 같이 수평 파이프가 그 위쪽의 끝부분에 매달려있다. 파이프에 물이 채워지고 A에서의 압력이 80 kPa일 때, 플랜지들을 함께 고정시키기 위한 B의 볼트에서 견딜 수 있는 합력을 구하라. 물을 제외한 파이프의 무게는 무시한다.

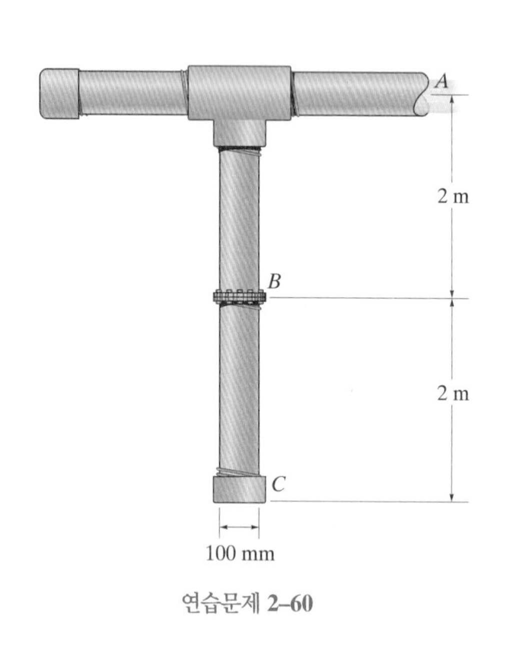

연습문제 2–60

2-61 챔버 내 질소의 압력은 60 psi이다. 접합부 A와 B의 볼트가 압력을 유지하도록 견딜 수 있는 전체 힘을 구하라. B의 덮개 판의 직경은 3 ft이다.

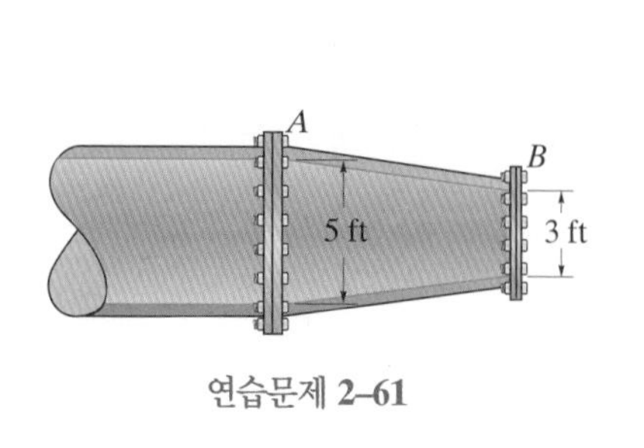

연습문제 2–61

2-62 저장탱크는 다음과 같은 깊이로 기름과 물이 채워져 있다. 측면의 폭이 $b = 1.25$ m일 때 이 두 액체가 탱크의 측면 ABC에 가하는 합력을 구하라. 또한 탱크의 윗면에서부터 측정된 합력의 작용점을 구하라. $\rho_o = 900\ \text{kg/m}^3$이다.

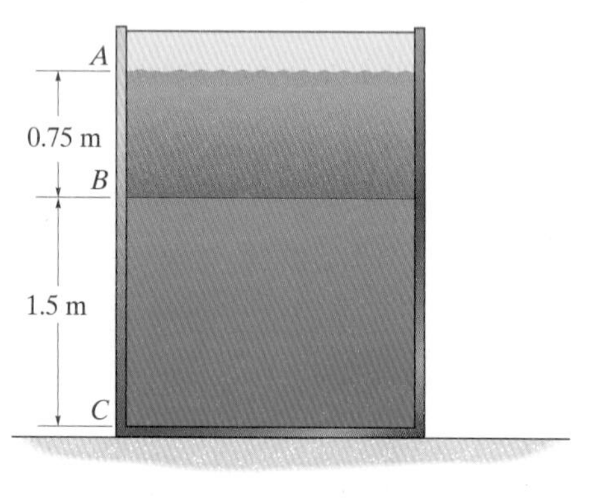

연습문제 2–62

2-63 수위가 수로의 상단에 도달하여($h = 4$ ft) 직사각형 수문 BC가 열리기 시작할 때의 블록 A의 무게를 구하라. 수문의 폭은 2 ft이다. C에는 매끄러운 정지 블록이 있다.

***2-64** 수위가 수로의 상단에 도달하여($h = 4$ ft) 2 ft 반경의 원형 수문 BC가 열리기 시작할 때의 블록 A의 무게를 구하라. C에는 매끄러운 정지 블록이 있다.

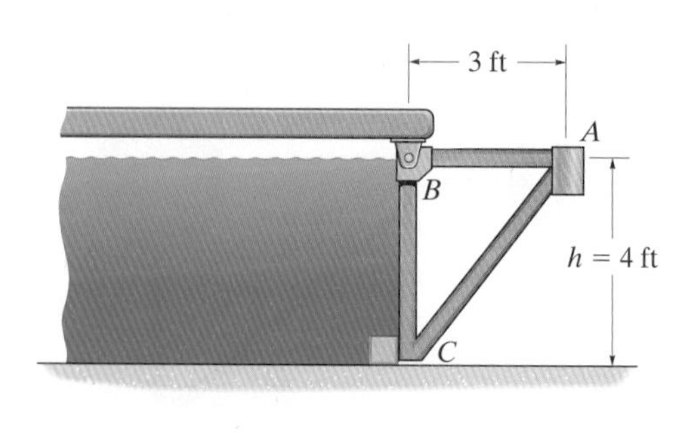

연습문제 2–63/64

2-65 균일한 직사각형 구조의 수문 AB의 무게는 8000 lb이고 폭은 4 ft이다. 수로를 열기 위해 필요한 물의 최소 깊이 h를 구하라. 수문은 B에서 고정되어 있고, A에는 고무로 된 실(seal)이 달려있다.

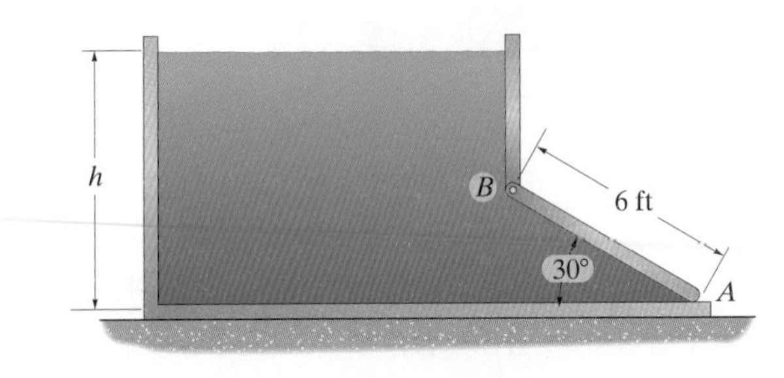

연습문제 **2–65**

2-66 균일한 습지에 사용하는 수문의 질량은 4 Mg이고, 폭은 1.5 m이다. 물이 깊이가 $d = 1.5$ m까지 상승했을 때의 각도 θ를 구하라.

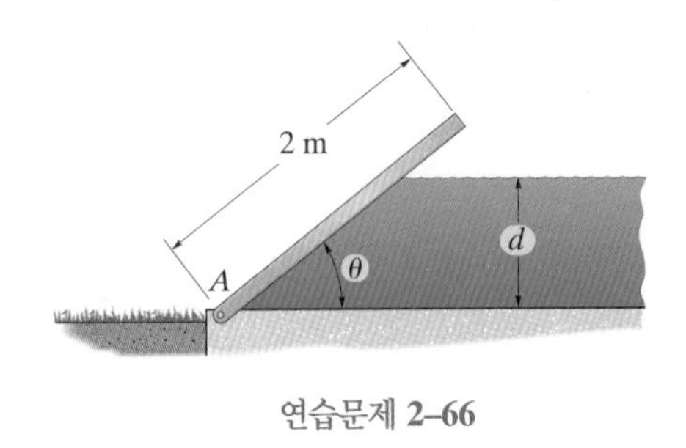

연습문제 **2–66**

2-67 균일한 습지에 사용하는 수문의 질량은 3 Mg이고, 폭은 1.5 m이다. 수문의 각도가 $\theta = 60°$로 고정되었을 때의 물의 깊이 d를 구하라.

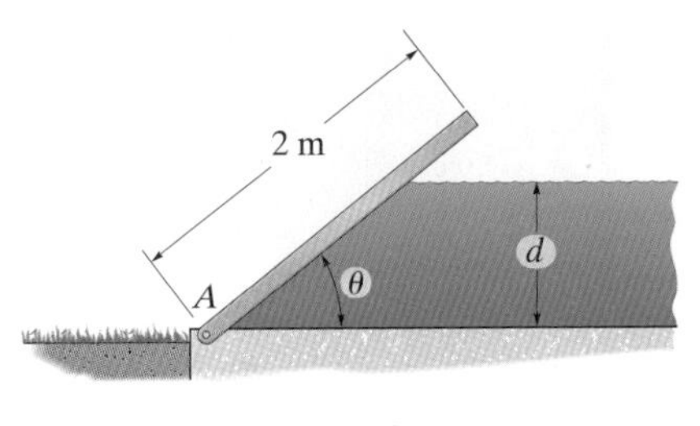

연습문제 **2–67**

***2-68** 콘크리트 중력 댐이 그 표면에 작용하는 물의 압력 때문에 뒤집어지기 시작하기 전의 수위의 임계 높이 h를 구하라. 콘크리트의 비중량은 $\gamma_c = 150\ \text{lb/ft}^3$이다. 힌트 : 폭이 1 ft인 댐을 사용하여 문제를 해결하라.

2-69 콘크리트 중력 댐이 그 표면에 작용하는 물의 압력 때문에 뒤집어지기 시작하기 전의 수위의 임계 높이 h를 구하라. 여기서 물이 댐의 바닥에 스며든다고 가정하라. 콘크리트의 비중량은 $\gamma_c = 150\ \text{lb/ft}^3$이다. 힌트 : 폭이 1 ft인 댐을 사용하여 문제를 해결하라.

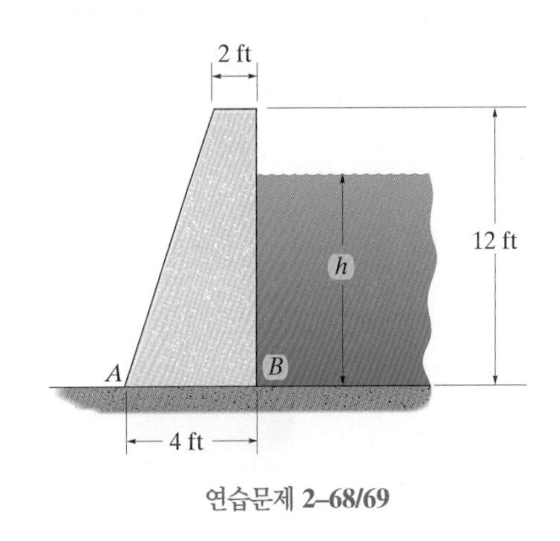

연습문제 **2–68/69**

2-70 게이트의 폭은 2 ft이고 A에서 고정되어 있으며, 게이트에 수직력을 가하는 B에서 매끄러운 걸쇠 볼트로 고정되어 있다. 힘이 평형을 이룰 때 물과 핀에 작용하는 힘을 구하라.

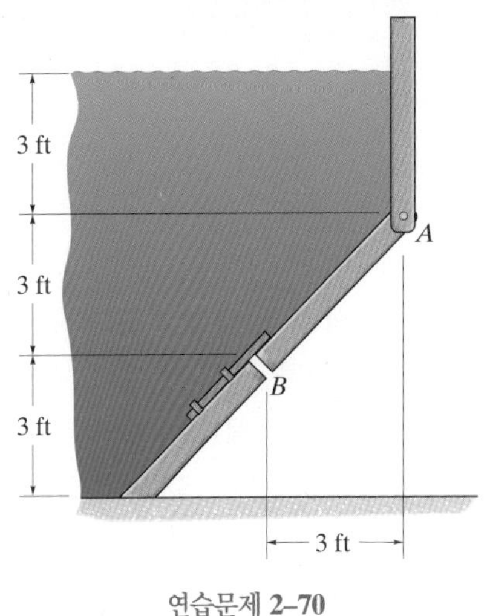

연습문제 **2–70**

2-71 B에서 조수가 빠질 때, 조수 게이트는 자동으로 열리면서 A의 습지에서 자동으로 배수가 되도록 한다. 수위 $h = 4\,\text{m}$일 때, 매끄러운 마개 C에서의 수평방향의 반력을 구하라. 게이트의 폭은 2 m이다. 게이트가 개방되기 직전의 높이 h는 얼마인가?

***2-72** B에서 조수가 빠질 때, 조수 게이트는 자동으로 열리면서 A의 습지에서 자동으로 배수가 되도록 한다. 수위의 깊이 h에 대한 함수로 매끄러운 마개 C에서의 수평방향의 반력을 구하라. $h = 6\,\text{m}$에서 시작하여 게이트가 열리기 시작할 때까지 h가 0.5 m씩 증가할 때의 h의 값을 그래프로 그려라. 게이트의 폭은 2 m이다.

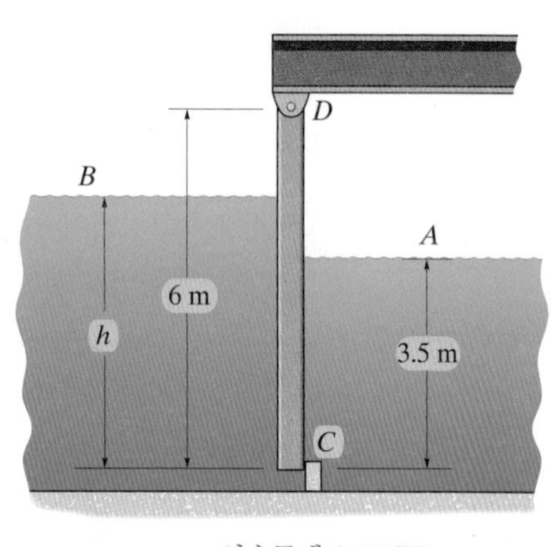

연습문제 2–71/72

2-73 다음 그림의 통은 금속 부품의 세정제로 사용하는 사염화탄소를 저장하는 데 사용된다. 사염화탄소가 꼭대기까지 채워질 때 이 액체가 두 개의 측면 판 $AFEB$와 $BEDC$ 각각에 가하는 합력의 크기와 BE 위치에서 측정된 각 판 위의 압력중심의 위치를 구하라. 사염화탄소의 밀도는 $3.09\,\text{slug/ft}^3$이다.

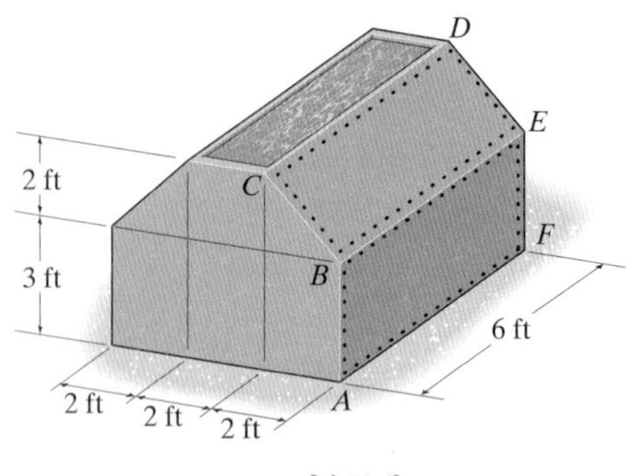

연습문제 2–73

2-74 수영장의 폭은 12 ft이고 측면의 모습은 다음과 같다. 물의 압력이 벽 AB와 DC 그리고 바닥 BC에 가하는 합력을 구하라.

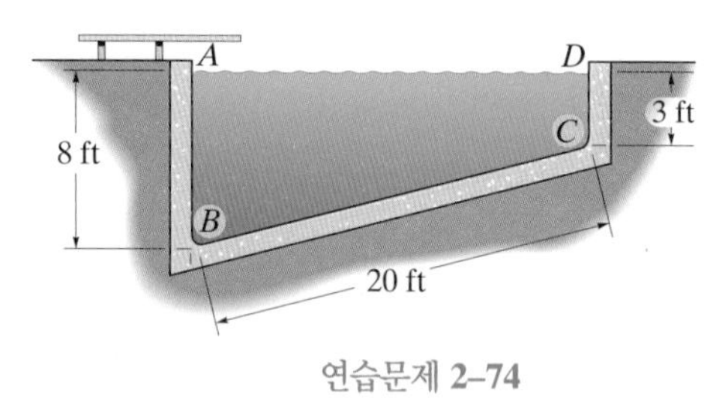

연습문제 2–74

2-75 밀폐된 탱크 내부의 A에서의 압력은 200 kPa이다. 판 BC와 CD에 작용하는 물에 의한 합력을 구하라. 탱크의 폭은 1.75 m이다.

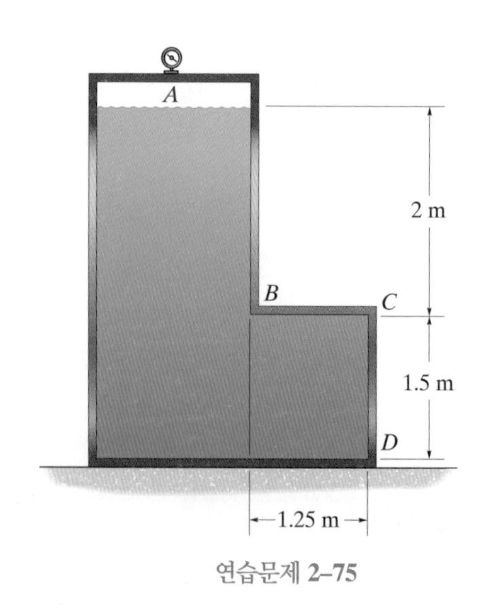

연습문제 2–75

***2-76** 댐 표면에 작용하는 수압 때문에 댐이 뒤집히는 것을 방지할 수 있는 콘크리트 중력 댐 하부의 최소 길이 b를 구하라. 콘크리트의 밀도는 2.4 Mg/m^3이다. 힌트 : 1 m 너비 댐을 사용하여 문제를 해결하라.

2-77 댐 표면에 작용하는 수압 때문에 댐이 뒤집히는 것을 방지할 수 있는 콘크리트 중력 댐 하부의 최소 길이 b를 구하라. 물이 댐의 하부로 배어나온다고 가정한다. 콘크리트의 밀도는 2.4 Mg/m^3이다. 힌트 : 1 m 너비 댐을 사용하여 문제를 해결하라.

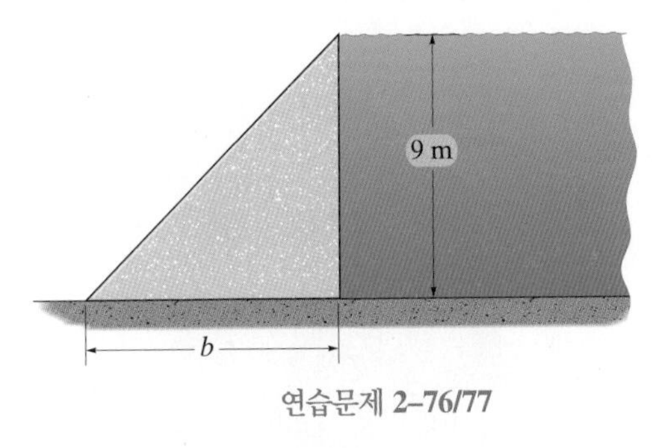

연습문제 **2–76/77**

2-78 2 ft 너비의 직사각형 수문 핀의 위치 d를 폐수의 높이가 h = 10 ft에 도달할 때 수문이 시계방향으로 회전하기 시작하도록 설계하라. 수문에 작용하는 합력은 얼마인가?

2-79 3 ft 직경의 원형 수문 핀의 위치 d를 폐수의 높이가 h = 10 ft에 도달할 때 수문이 시계방향으로 회전하기 시작하도록 설계하라. 수문에 작용하는 합력은 얼마인가? 공식법을 사용하라.

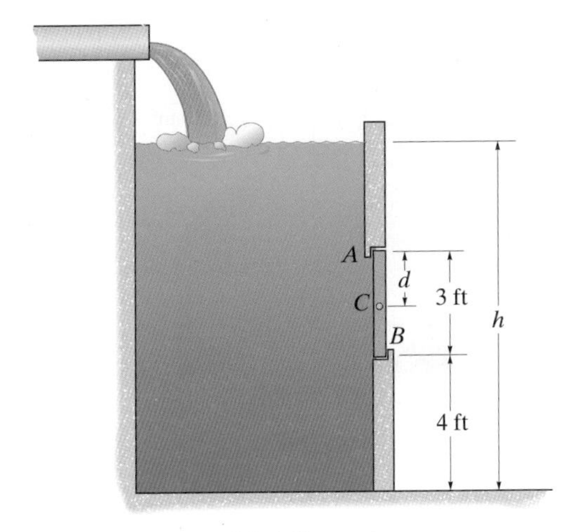

연습문제 **2–78/79**

***2-80** 화학공장에 있는 용기에 사염화탄소(ρ_{ct} = 1593 kg/m^3), 벤젠(ρ_b = 875 kg/m^3)이 들어있다. A에 고정되어 있는 분리 판이 수직으로 유지되도록 하는 왼편의 사염화탄소의 높이 h를 구하라.

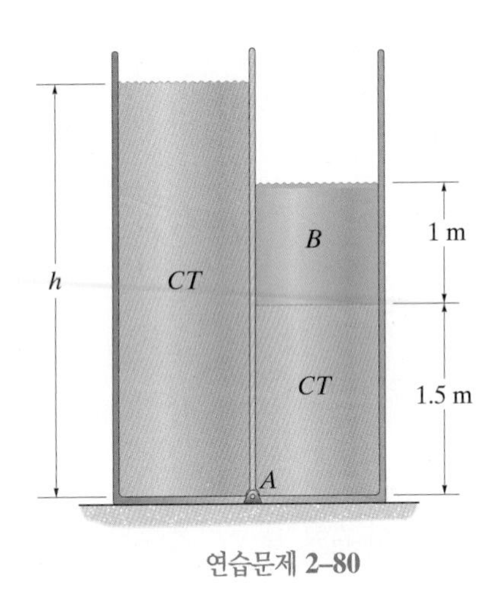

연습문제 **2–80**

2-81 테이퍼진 고정 탱크에 기름이 차있다. 바닥에 위치한 사다리꼴 소제구(clean-out) 판에 기름이 가하는 합력을 구하라. 합력의 작용점은 탱크의 윗부분으로부터 얼마의 거리에 있는가? 공식법을 이용하라. 기름의 밀도는 900 kg/m^3이다.

2-82 테이퍼진 고정 탱크에 기름이 차있다. 바닥에 위치한 사다리꼴 소제구 판에 기름이 가하는 합력을 구하라. 합력의 작용점은 탱크의 윗부분으로부터 얼마의 거리에 있는가? 적분법을 이용하라. 기름의 밀도는 900 kg/m^3이다.

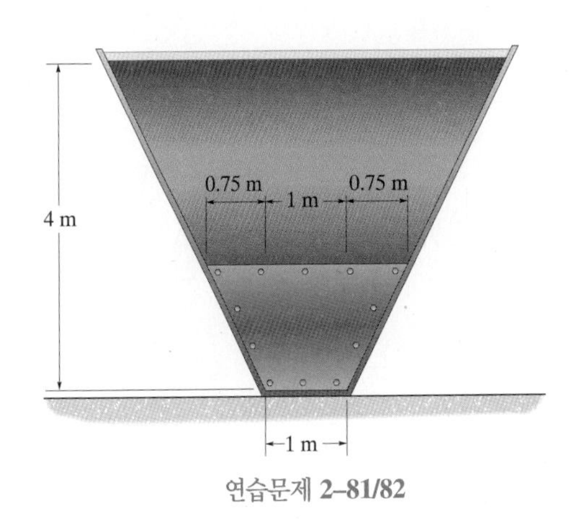

연습문제 **2–81/82**

2-83 에틸알코올이 탱크로 주입되고 있으며, 이 탱크는 네 면의 피라미드 형태이다. 탱크가 완전히 가득 찰 때, 각 면에 작용하는 합력과 A로부터 측면을 따라서 측정된 작용점을 구하라. 공식법을 사용하라. 에틸알코올의 밀도는 789 kg/m^{3}이다.

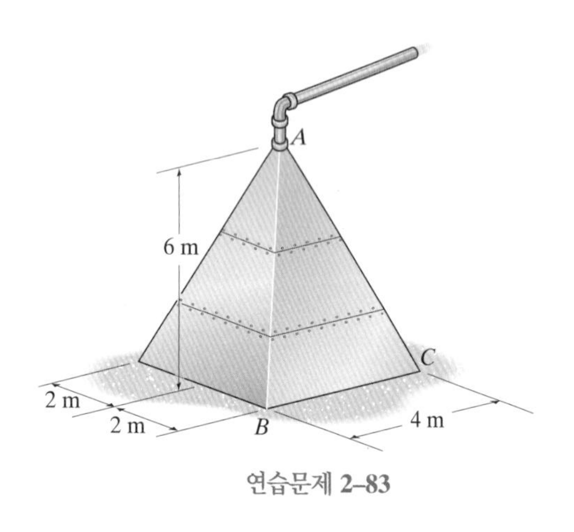

연습문제 **2–83**

***2-84** 탱크에 공업 용매인 에틸에테르로 가득 채워져 있다. 판 ABC에 작용하는 합력과 탱크 하부 AB로부터 측정되는 작용점을 구하라. 공식법을 사용하라. $\gamma_{ee} = 44.5$ lb/ft^{3}이다.

2-85 적분법을 이용하여 연습문제 2-84를 풀어라.

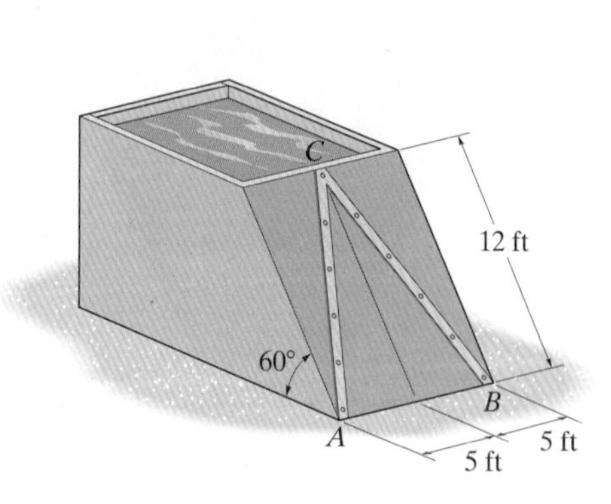

연습문제 **2–84/85**

2-86 산업용 탱크에 보이는 바와 같이 식물성 기름으로 가득 차있다. 판 A에 액체가 가하는 합력과 탱크의 바닥으로부터 측정되는 작용점을 구하라. 공식법을 사용하라. 액체의 밀도는 $\rho_{vo} = 932$ kg/m^{3}이다.

2-87 산업용 탱크에 보이는 바와 같이 식물성 기름으로 가득 차있다. 판 B에 액체가 가하는 합력과 탱크의 바닥으로부터 측정되는 작용점을 구하라. 공식법을 사용하라. 액체의 밀도는 $\rho_{vo} = 932$ kg/m^{3}이다.

***2-88** 적분법을 사용하여 연습문제 2-87을 풀어라.

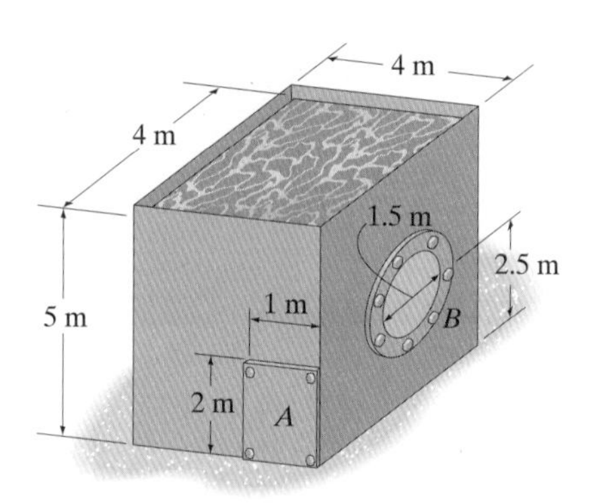

연습문제 **2–86/87/88**

2-89 탱크 트럭의 맨 위까지 물이 가득 차있다. 탱크의 뒤쪽 타원형 판에 가해지는 합력의 크기와 탱크 상부로부터 측정되는 압력중심의 위치를 구하라. 공식법을 이용하여 문제를 풀어라.

2-90 적분법을 사용하여 연습문제 2-89를 풀어라.

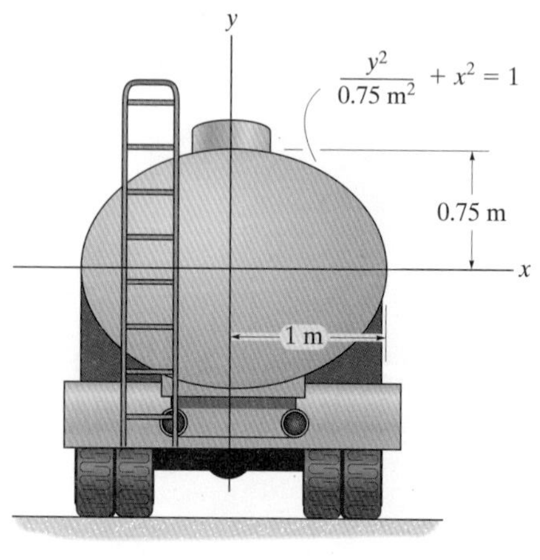

연습문제 **2–89/90**

2-91 탱크 트럭이 물로 반만 차있다. 탱크의 뒤쪽 타원형 판에 가해지는 합력의 크기와 x축으로부터 측정되는 압력중심의 위치를 구하라. 공식법을 사용하여 문제를 해결하라. x축으로부터 측정되는 반 타원형의 도심은 $\bar{y} = \frac{4b}{3\pi}$이다.

***2-92** 적분법을 사용하여 연습문제 2-91을 풀어라.

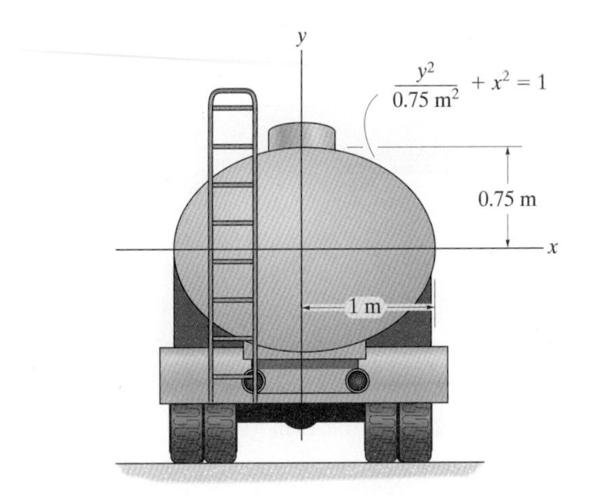

연습문제 **2–91/92**

2-93 여물통 맨 위까지 이황화탄소가 가득 차있다. 포물선 모양의 끝판에 작용하는 합력의 크기와 상부로부터 측정되는 압력중심의 위치를 구하라. 액체의 밀도는 $\rho_{cd} = 2.46\ \text{slug/ft}^3$이다. 공식법을 사용하여 문제를 풀어라.

2-94 적분법을 사용하여 연습문제 2-93을 풀어라.

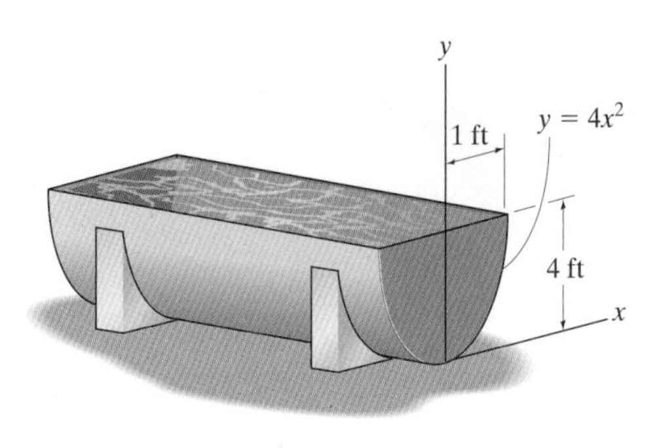

연습문제 **2–93/94**

2-95 탱크에 물이 가득 차있다. 삼각형 판 A에 작용하는 합력과 탱크의 상부로부터 측정되는 압력중심의 위치를 구하라. 공식법을 사용하여 문제를 해결하라.

***2-96** 적분법을 사용하여 연습문제 2-95를 풀어라.

2-97 탱크에 물이 가득 차있다. 반원형 판 B에 작용하는 합력과 탱크의 상부로부터 측정되는 압력중심의 위치를 구하라. 공식법을 사용하여 문제를 해결하라.

2-98 적분법을 사용하여 연습문제 2-97을 풀어라.

2-99 탱크에 물이 가득 차있다. 사다리꼴 판 C에 작용하는 합력과 탱크의 상부로부터 측정되는 압력중심의 위치를 구하라. 공식법을 사용하여 문제를 해결하라.

***2-100** 적분법을 사용하여 연습문제 2-99를 풀어라.

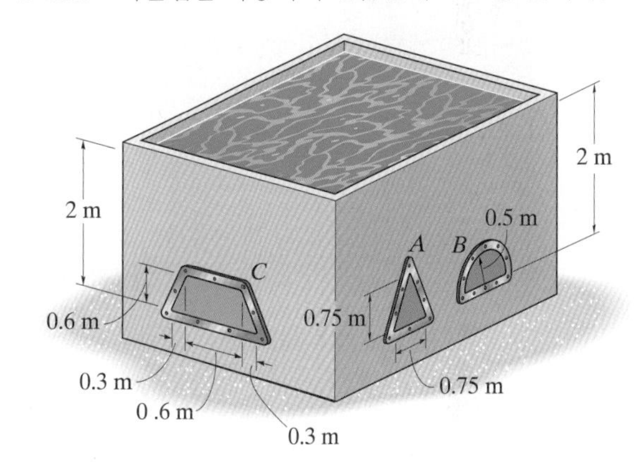

연습문제 **2–95/96/97/98/99/100**

2-101 뚜껑이 없는 수조에 산업용 용제인 부틸알코올(butyl alcohol)이 가득 차있다. 수조의 끝에 위치한 판 $ABCD$가 받는 합력의 크기와 AB에서의 압력중심의 작용점을 구하라. 문제의 해결을 위해 공식법을 이용하라. 비중량은 $\gamma_{ba} = 50.1\ \text{lb/ft}^3$이다.

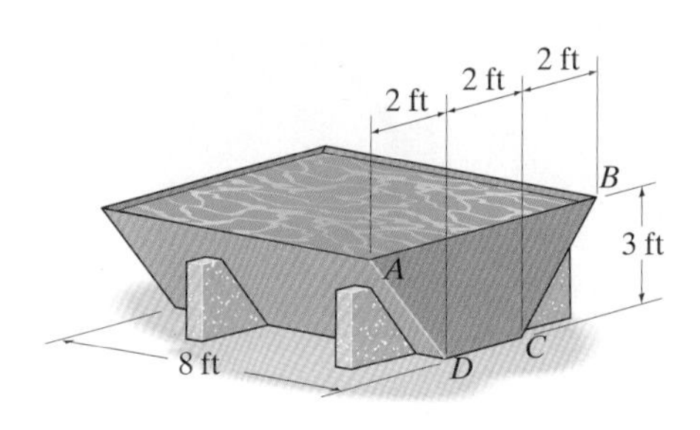

연습문제 **2–101**

2-102 컨트롤 게이트 ACB는 A에 핀으로 고정되어 있고 매끈한 표면 B에서 받치고 있다. 물의 깊이를 $h = 10$ ft로 유지하기 위해 무게 추를 C에 올려야 한다. 추의 무게를 구하라. 게이트의 폭은 3 ft이고, 게이트의 무게는 무시한다.

2-103 컨트롤 게이트 ACB는 A에 핀으로 고정되어 있고, 매끈한 표면 B에서 받치고 있다. C를 누르고 있는 무게 추의 무게가 2000 lb일 때, 저장소에서 물을 배출하려고 할 때 게이트가 열리기 위한 물의 최대깊이 h를 구하라. 게이트의 폭은 3 ft이고, 게이트의 무게는 무시한다.

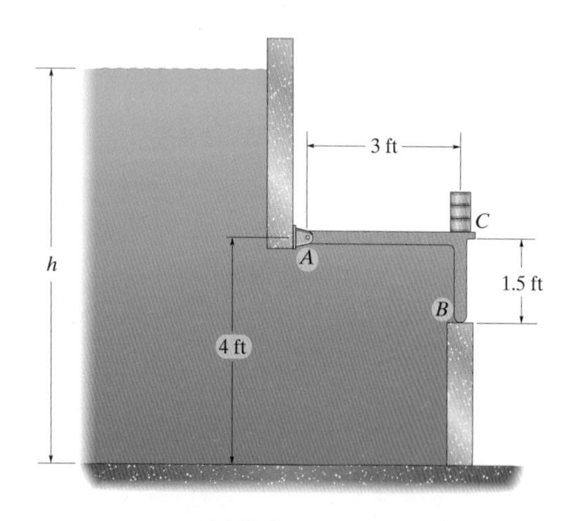

연습문제 **2–102/103**

***2-104** 면이 균일한 판에서 C에, 바닥에서 A까지의 높이 12 ft를 일정하게 유지시켜주는 힌지가 달려있다. 판의 폭이 8 ft이고 무게가 $50(10^3)$ lb일 때, 바닥에서 B까지 최대 높이 h를 구하라. 단, D에서 누수는 발생하지 않는다.

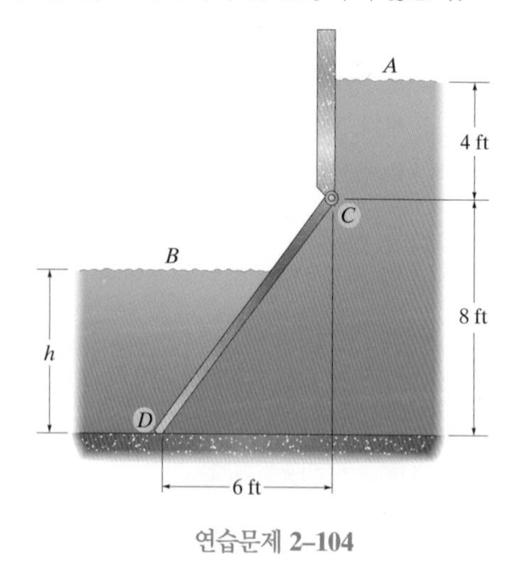

연습문제 **2–104**

2.10절

2-105 폭이 1.5 m인 경사 판이 A에 핀으로 고정되어 있고, B에서 받치고 있다. A에서의 반력의 수평성분과 수직성분을 구하고 B에서의 수직 반력을 구하라. 유체는 물이다.

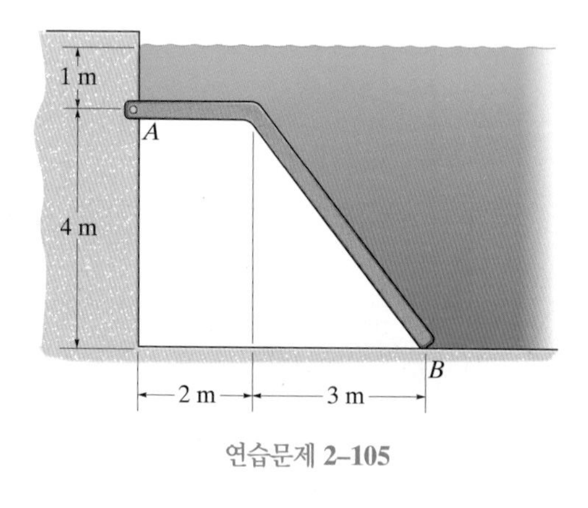

연습문제 **2–105**

2-106 얇은 두께의 아치형 게이트는 사분원 모양이며, 폭은 3 ft이다. A에 핀으로 고정되어 있고, B에서 게이트를 받치고 있다. A와 B에서의 수압으로 인해 발생하는 반력을 구하라.

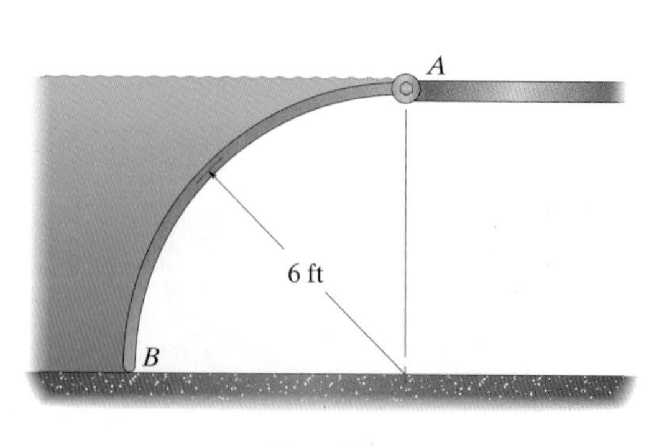

연습문제 **2–106**

2-107 2 m 폭의 수직 공간 안에 물이 차있다. 물이 아치형 지붕 AB에 가하는 합력을 구하라.

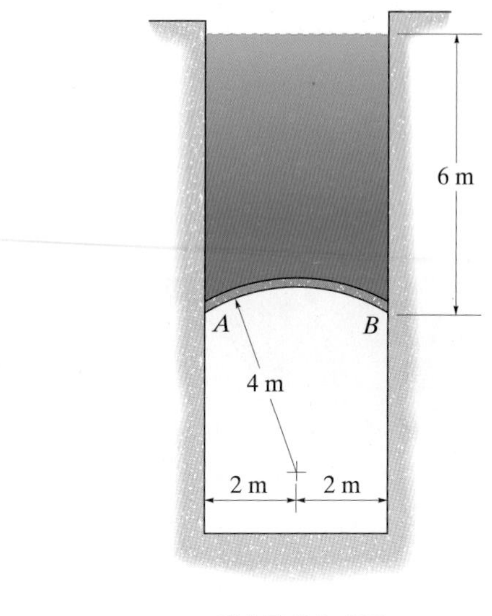

연습문제 **2-107**

***2-108** 힌지 A에서의 수압으로 인한 반력의 수평성분과 수직성분을 구하고, B에서의 수압에 의한 반력을 구하라. 문의 폭은 3 m이다.

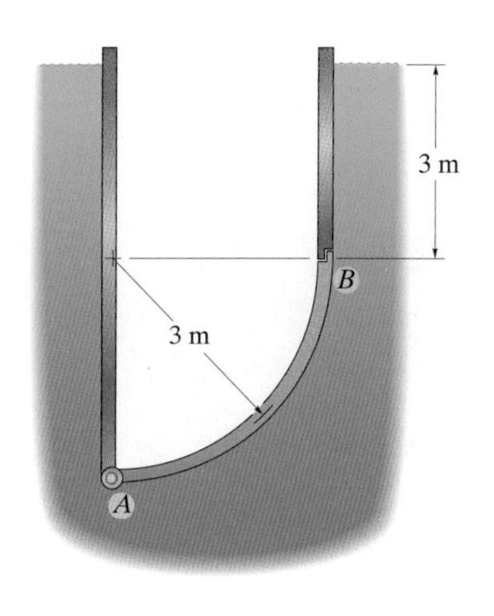

연습문제 **2-108**

2-109 5 m 폭의 돌출부는 아래의 그림과 같이 포물선 형상이다. 돌출부에 작용하는 합력의 크기와 방향을 구하라.

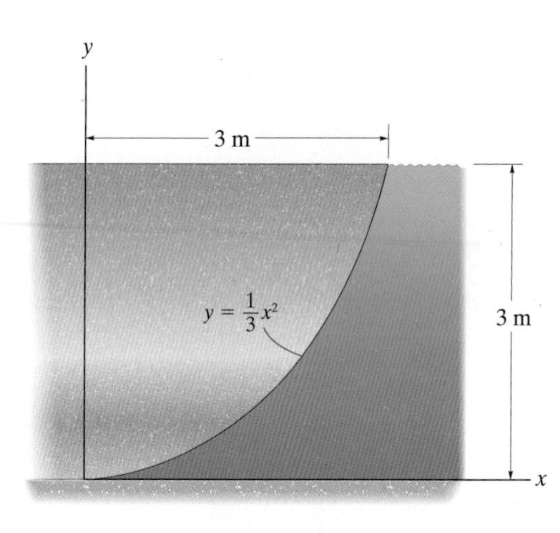

연습문제 **2-109**

2-110 바닷물에 돌출된 벽 ABC에 따라 작용하는 합력을 구하라. 벽의 폭은 2 m이다.

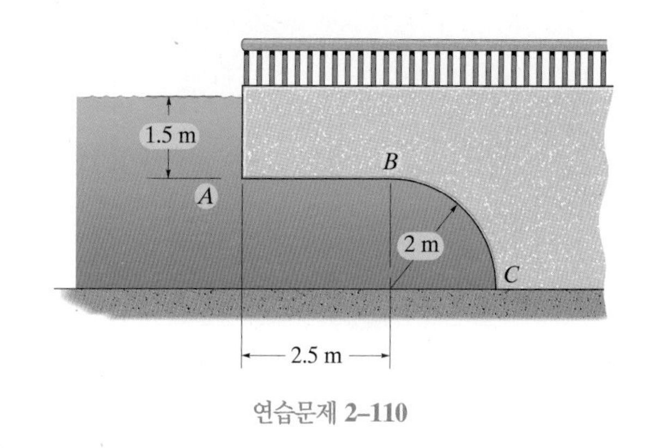

연습문제 **2-110**

2-111 돌출부의 면 AB에 작용하는 정수압력의 합력의 크기와 방향을 구하라. 돌출부의 폭은 2 m이다.

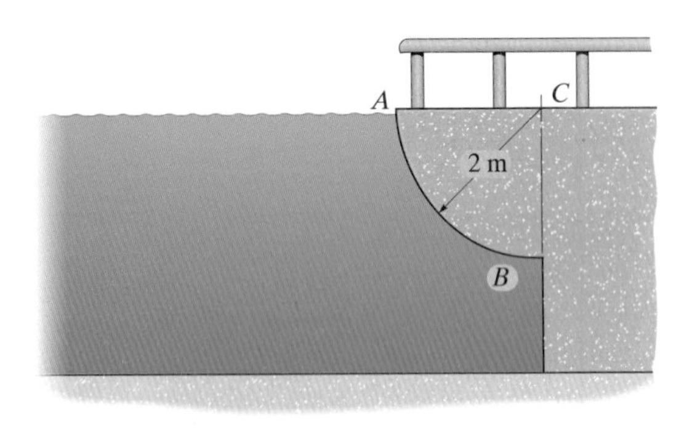

연습문제 **2–111**

***2-112** 아래의 그림에서 벽의 형상은 포물선이고 폭은 5 m이다. 물의 깊이가 $h = 4$ m일 때, 벽에 작용하는 합력의 크기와 방향을 구하라.

2-113 아래의 그림에서 벽의 형상이 포물선이고 폭은 5 m이다. 벽에 작용하는 합력의 크기를 물의 깊이 h에 대한 함수로 구하라. h(수직축)의 범위를 $0 \le h \le 4$ m로 하고, 깊이의 간격을 $\Delta h = 0.5$ m로 하여 합력분포를 그래프로 그려라.

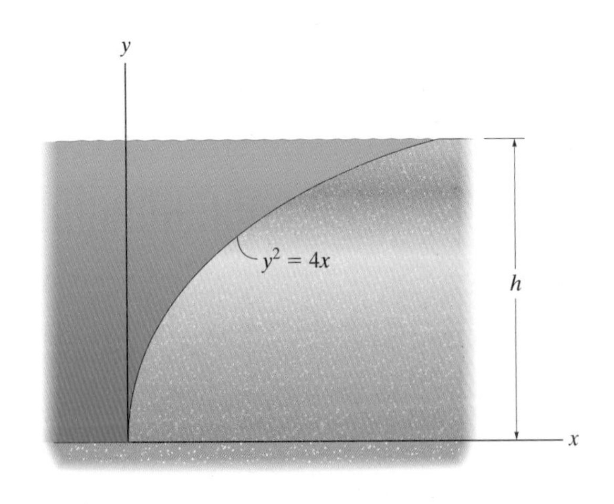

연습문제 **2–112/113**

2-114 물을 가두어 놓은 벽면 AB, BC, CD에 물이 가하는 합력을 구하라. 벽의 폭은 3 m이다.

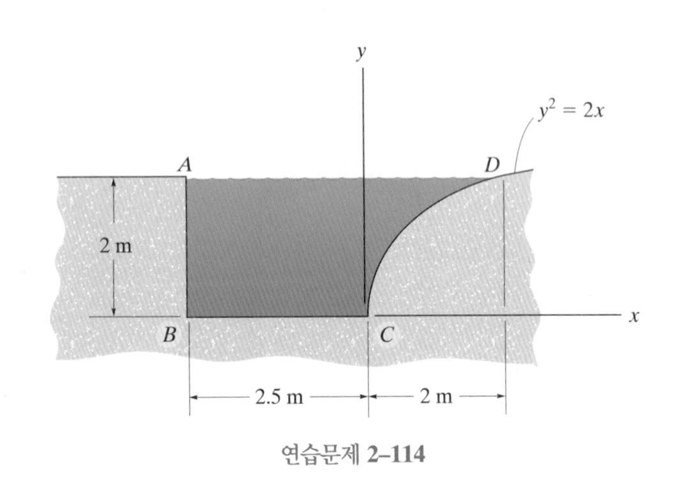

연습문제 **2–114**

2-115 곡면 모양의 수직 벽에 물이 가하는 합력의 크기를 구하라. 벽의 폭은 2 m이다.

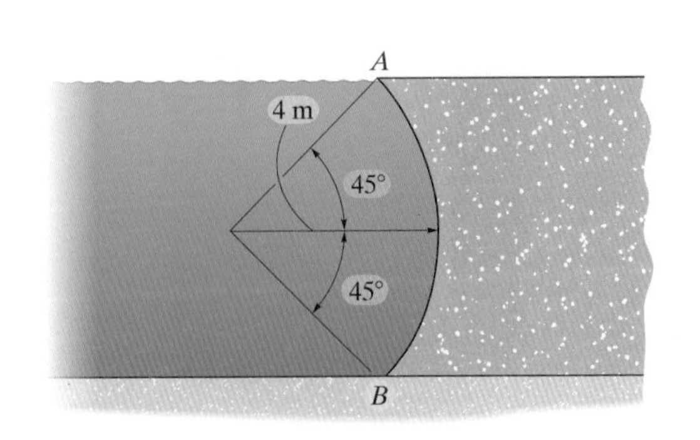

연습문제 **2–115**

*2-116 문 AB의 폭은 0.5 m이고, 반경은 1 m이다. 핀으로 고정된 점 A에서 물에 의한 반력의 수평성분과 수직성분을 구하고, B에서 물에 의한 수평 반력을 구하라.

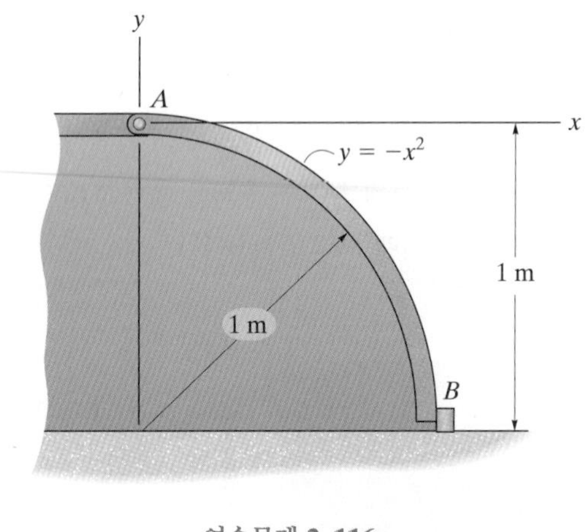

연습문제 2–116

2-117 사분원 모양의 판이 A에서 핀으로 고정되어 있고, 판과 수조의 벽 사이 간격 BC는 줄로 고정되어 있다. 수조와 판의 폭이 4 ft일 때, A에서의 반력의 수평성분과 수직성분과 수압에 의해 발생하는 줄의 장력을 구하라.

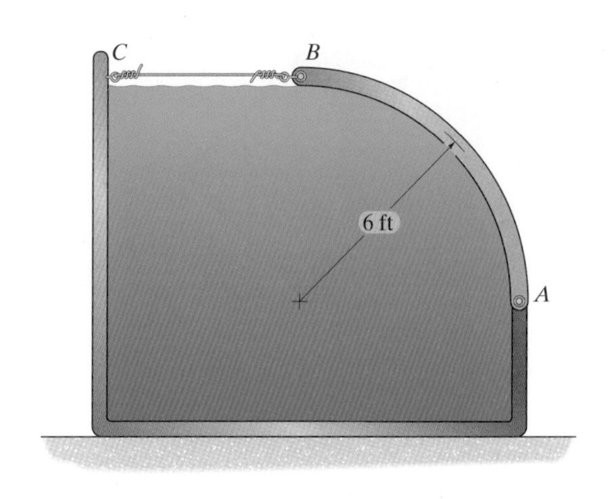

연습문제 2–117

2-118 통의 폭은 4 ft이고 아마인유(linseed oil)로 가득 차 있다. 곡선 부분 AB에 기름이 가하는 합력의 수평성분과 수직성분을 구하고, 수평성분과 수직성분이 작용하는 작용점의 위치를 구하라. 위치의 기준은 점 A이며, 비중량은 $\gamma_{lo} = 58.7\ \text{lb/ft}^3$이다.

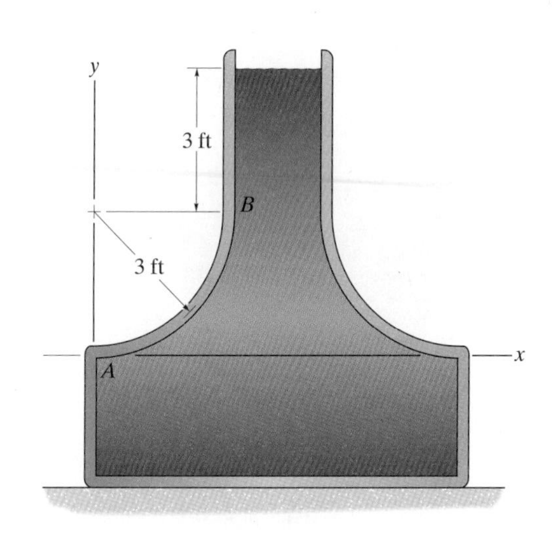

연습문제 2–118

2-119 아래 그림에서 물의 깊이가 $h = 2$ m일 때, 댐의 포물선 표면에 수압에 의한 합력의 수평성분과 수직성분을 구하라. 댐의 폭은 5 m이다.

*2-120 댐의 포물선 표면에 수압에 의한 합력의 크기를 물의 깊이 h에 대한 함수로 구하라. h(수직축)의 범위를 $0 \le h \le 2$ m로 하고, 깊이의 간격을 $\Delta h = 0.5$ m로 하여 합력분포를 그래프로 그려라. 댐의 폭은 5 m이다.

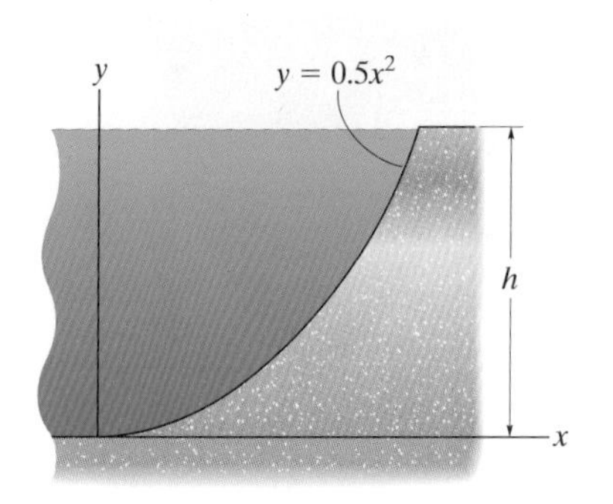

연습문제 2–119/120

2-121 아래 그림은 운하를 채운 물의 단면을 나타낸다. 벽 AB에서의 길이당 합력의 크기와 방향을 구하라. 또한 압력중심의 작용점의 위치도 구하라. 기준선은 아래 그림의 x와 y축이다.

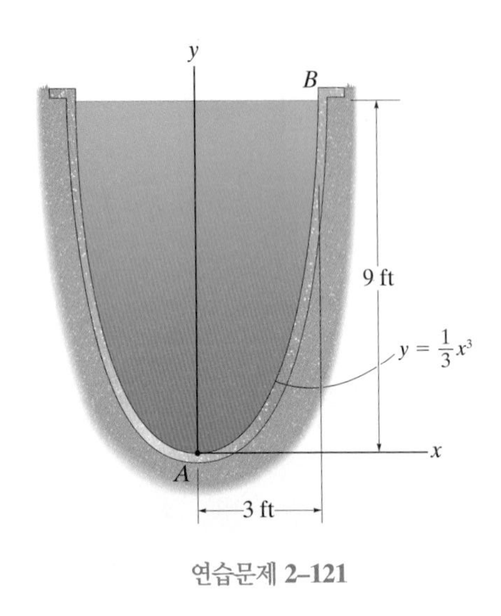

연습문제 **2–121**

2-122 고정된 수조의 폭은 3 m이고, 밀도가 860 kg/m^{3}의 테레빈유(turpentine)로 가득 차있다. 수조의 벽은 포물선 형상이며, $y = (x^2)$ m로 정의된다. 수조의 면 AB에서 테레빈유에 의한 합력의 크기와 방향을 구하라.

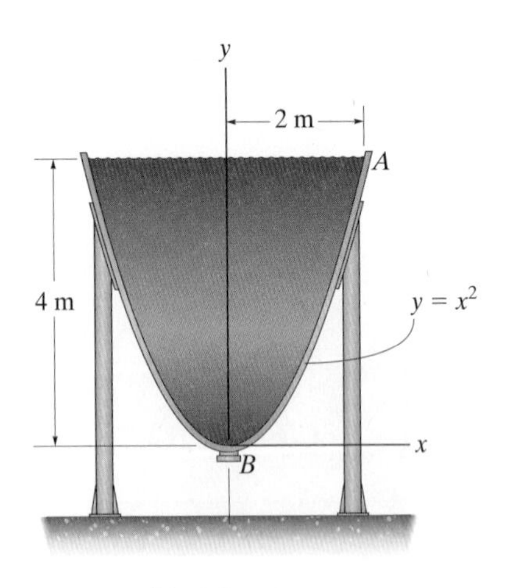

연습문제 **2–122**

2-123 아래 그림의 레이디얼 게이트는 배수로에서의 물의 넘침을 조절한다. 물의 높이가 그림과 같이 최곳점에 이르러 게이트가 열릴 때, 핀 A에서 받는 토크 $\mathbf{T}$를 구하라. 게이트의 질량은 5 Mg이고 질량중심은 G이다. 게이트의 폭은 3 m이다.

***2-124** 아래 그림의 레이디얼 게이트는 배수로에서의 물의 넘침을 조절한다. 물의 높이가 최곳점에 이를 때, 핀 A에서 반력의 수평성분과 수직성분을 구하고 B에서의 수직방향 반력을 구하라. 문의 무게는 5 Mg, 폭은 3 m이고 중력의 중심은 G이다. 이때 토크 $T = 0$이다.

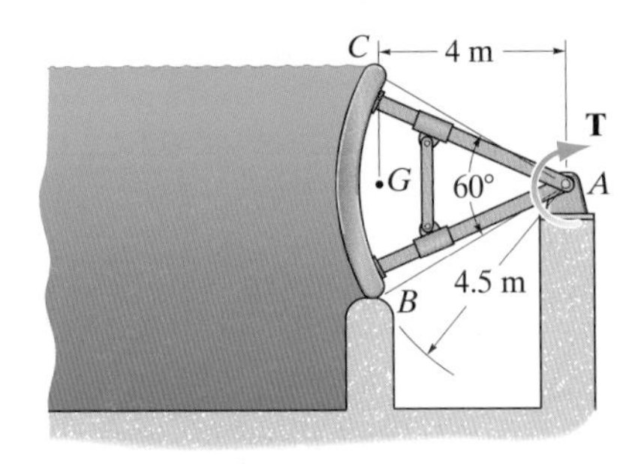

연습문제 **2–123/124**

2-125 슬루스 게이트는 사분원 모양이고, 폭은 6 ft이다. 게이트 베어링 O에서 물에 의한 반력의 크기와 방향을 구하라. 그리고 어떤 힘에 의한 모멘트가 베어링에 작용하는지를 구하라.

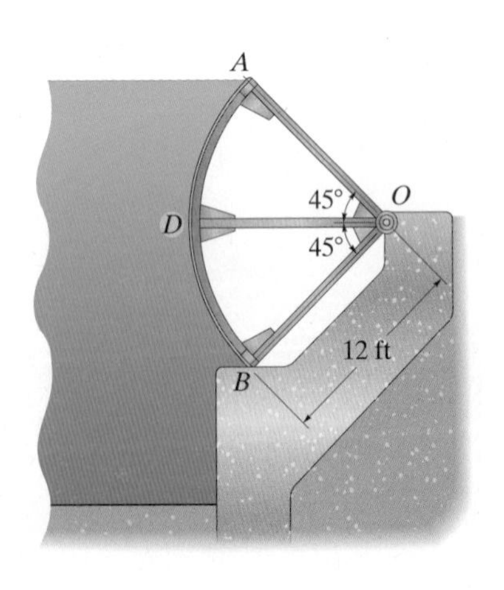

연습문제 **2–125**

2-126 곡선과 평평한 판이 A, B, C에서 핀으로 연결되어 있다. 이 판은 깊은 물 속에 있다. 핀 B에서 반력의 수평 및 수직성분을 구하라. 평판의 폭은 4 m이다.

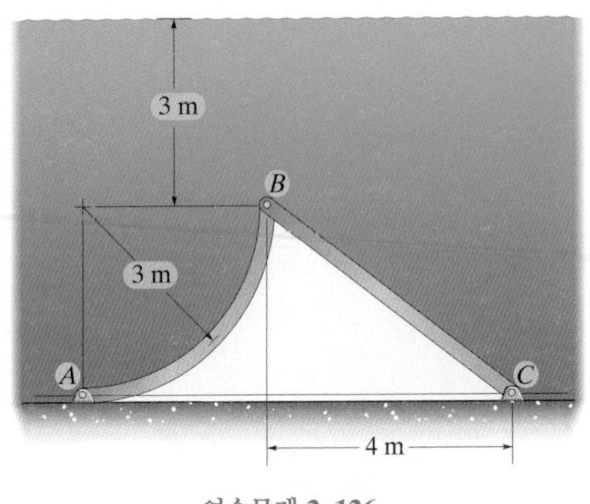

연습문제 **2–126**

2-127 아세트산아밀이 들어있는 탱크에 100 mm 직경의 구멍을 막고 있는 마개가 끼워져 있다. 마개가 견딜 수 있는 가장 큰 수직 힘이 100 N이라면, 끼워지기 전에 깊이 d를 구하라. 액체의 밀도는 $\rho_{aa} = 863\ \text{kg/m}^3$이다. 힌트 : 뿔의 부피는 $V = \frac{1}{3}\pi r^2 h$이다.

***2-128** 아세트산아밀이 들어있는 탱크에 100 mm 직경의 구멍을 막고 있는 마개가 끼워져 있다. 이 액체가 마개에 가하는 수직 힘을 구하라. 이때 $d = 0.6\ \text{m}$, $\rho_{aa} = 863\ \text{kg/m}^3$이다. 힌트 : 뿔의 부피는 $V = \frac{1}{3}\pi r^2 h$이다.

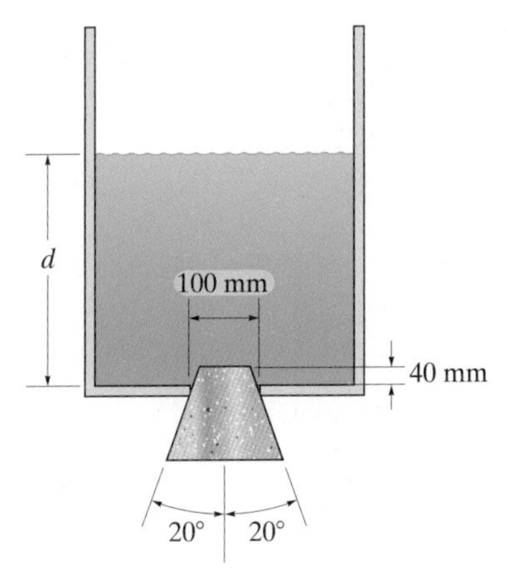

연습문제 **2–127/128**

2-129 강철 원통의 비중이 490 lb/ft^{3}이고, 탱크 안에 1 ft 길이의 구멍에 끼우는 데 사용된다. 탱크 안에 물의 깊이가 2 ft일 때, 탱크의 바닥이 원통에 가하는 합력을 구하라.

2-130 강철 원통의 비중이 490 lb/ft^{3}이고, 탱크 안에 1 ft 길이의 구멍에 끼우는 데 사용된다. 탱크 안에 물이 원통의 꼭대기를 덮을 때($h = 0$), 탱크의 바닥이 원통에 가하는 합력을 구하라.

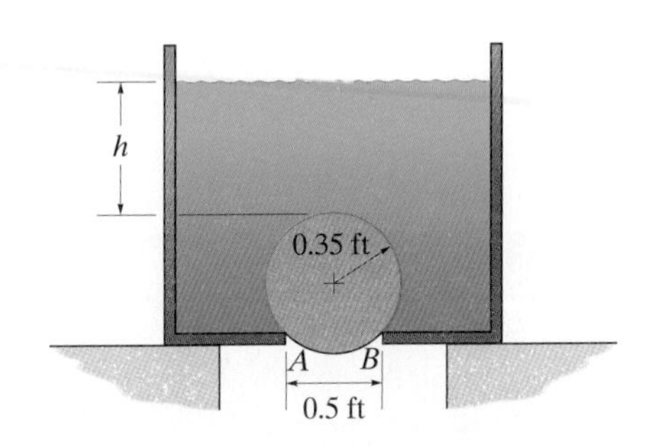

연습문제 **2–129/130**

2-131 수로에서 수문의 폭이 1.5 m이고, 그림에 보이는 것처럼 닫혀있는 상태이다. 수문에 작용하는 물의 합력의 크기를 구하라. 문의 수평, 수직 투영에 작용하는 유체를 고려하여 문제를 풀어라. 무게가 30 kN이고 중력의 중심은 G에 있다면 문을 여는 데 적용되어야 하는 가장 작은 토크 **T**를 구하라.

***2-132** 극좌표를 사용하여 적분법으로 연습문제 2-131의 첫 번째 질문을 해결하라.

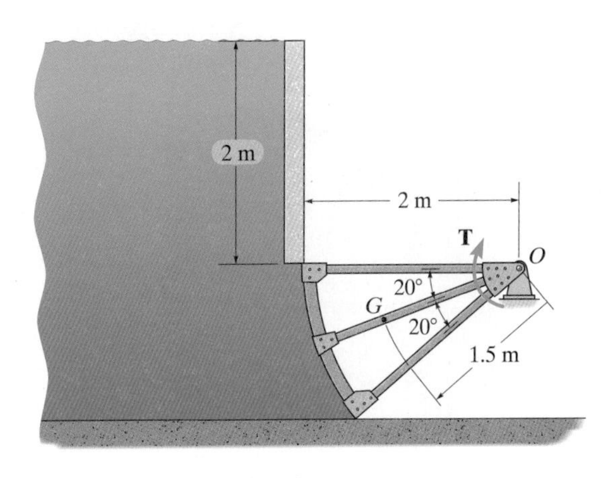

연습문제 **2–131/132**

2.11~2.12절

2-133 수직면과 평평한 바닥으로 만들어진 보트가 있다. 바닥의 면적은 0.75 m^2이다. 흘수가 물속에 떠있을 때 흘수는 수면 아래로 0.3 m이다. 보트의 질량을 구하라. 50 kg의 남자가 보트 중심에 서있을 때, 흘수는 얼마인가?

2-134 2 Mg의 질량을 가지는 뗏목이 4개의 부유물에 의해 떠있다. 부유물의 질량은 120 kg이며, 길이는 4 m이다. 뗏목이 물 표면으로부터 떨어진 높이 h를 구하라. 물의 밀도는 1 Mg/m^3이다.

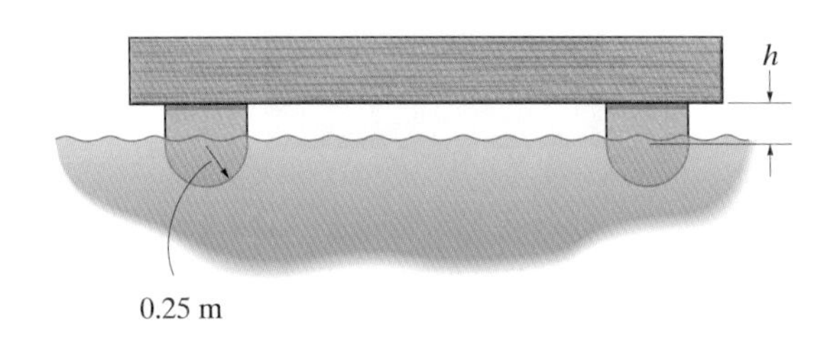

연습문제 **2–134**

2-135 그림처럼 바다에 떠있는 임의의 직경을 가진 원통형 형태의 빙산을 생각해보자. 원통이 바다 표면에서 2 m 높이 떠있다면, 원통의 표면 아래의 깊이를 구하라. 바닷물의 밀도는 1024 kg/m^3이고, 얼음의 밀도는 935 kg/m^3이다.

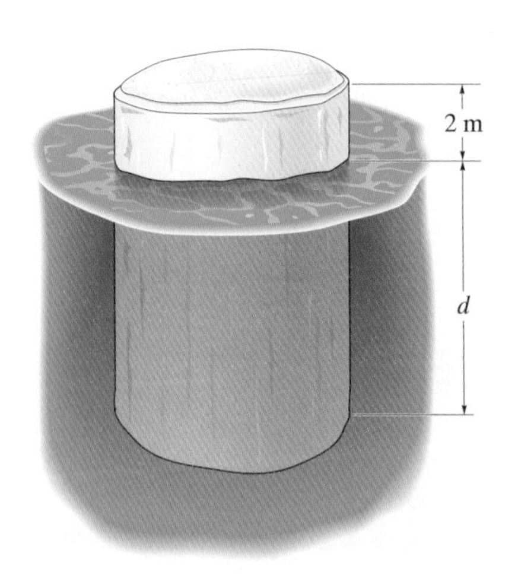

연습문제 **2–135**

***2-136** 그림에 보이는 것처럼 원통이 물과 기름 속에 떠있다. 원통의 질량을 구하라. 기름의 밀도는 910 kg/m^3이다.

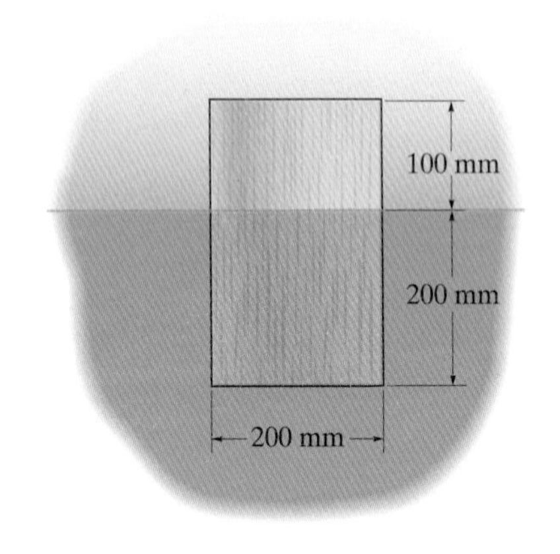

연습문제 **2–136**

2-137 그림에서 보이는 것처럼 직경 50 mm의 유리통에 물로 채워져 있다. 한 변의 길이가 25 mm인 얼음조각이 유리통 속에 들어있을 때, 수면의 높이 h를 구하라. 물의 밀도는 1000 kg/m^3이고, 얼음의 밀도는 920 kg/m^3이다. 얼음조각이 완전히 녹았을 때의 수면 h는 얼마인가?

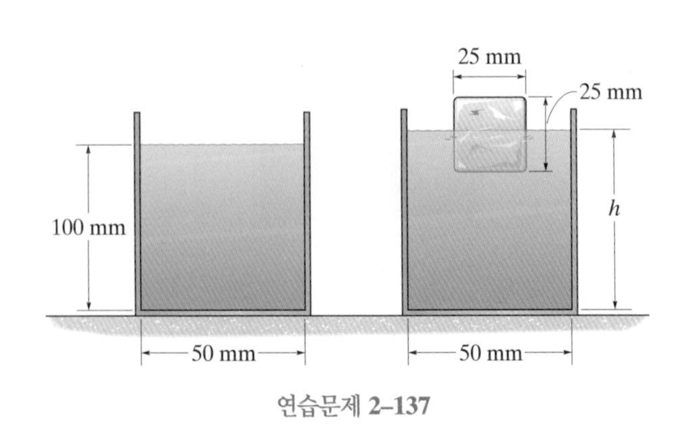

연습문제 **2–137**

2-138 나무 블록의 비중량은 45 lb/ft^{3}이다. 기름–물로 이루어진 액체 위에 떠있는 블록의 높이 h를 구하라. 블록의 폭은 1 ft이고, 밀도는 $\rho_o = 1.75$ slug/ft^{3}이다.

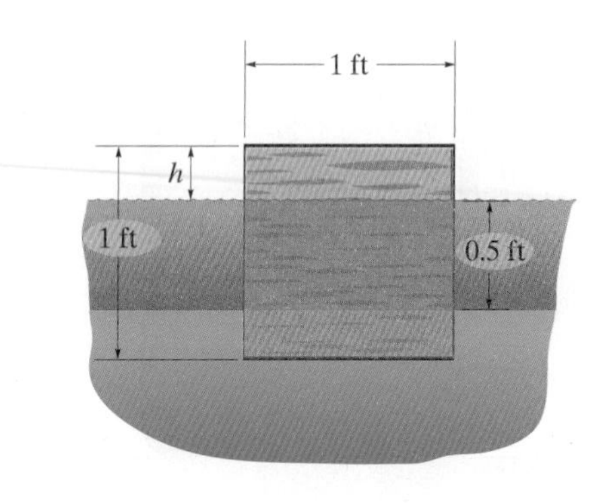

연습문제 **2–138**

2-139 컨테이너의 물의 높이는 원래 $h = 3$ ft이다. 비중량이 50 lb/ft^{3}인 블록을 물속에 넣었을 때 물의 바뀐 높이 h를 구하라. 블록의 바닥 면적은 1 ft^{2}이고, 컨테이너의 바닥 면적은 2 ft^{2}이다.

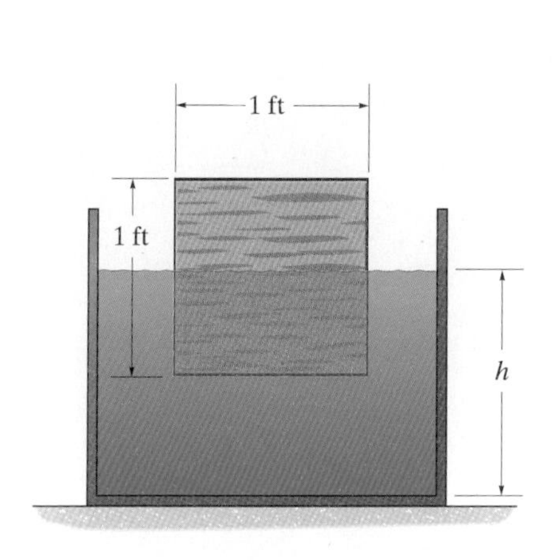

연습문제 **2–139**

***2-140** 바지선의 전면 면적이 그림과 같다. 수면이 그림에서 보이는 깊이에 있으려면 선체의 단위 길이(ft)당 작용하는 부력은 얼마인가?

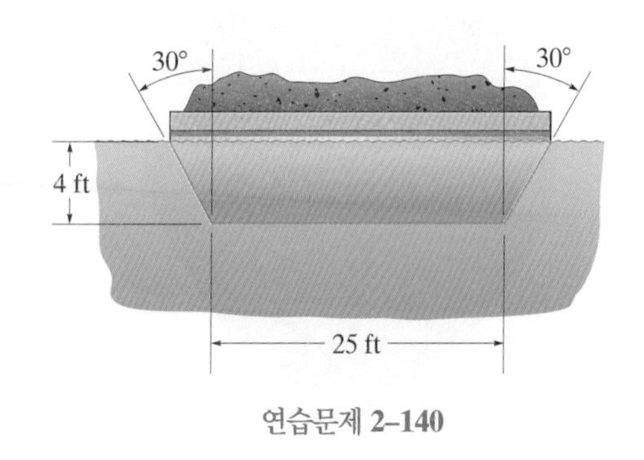

연습문제 **2–140**

2-141 원뿔이 $\rho_{wood} = 650$ kg/m^{3}의 밀도를 가지는 나무로 만들어져 있다. 원뿔이 보이는 것처럼 물속에 잠겨있다면 줄 AB에 걸리는 장력은 얼마인가? 끈이 짧아진다면 장력은 증가하는가, 감소하는가 아니면 그대로 있는가? 왜 그런가? 힌트 : 원뿔의 부피는 $V = \frac{1}{3}\pi r^2 h$이다.

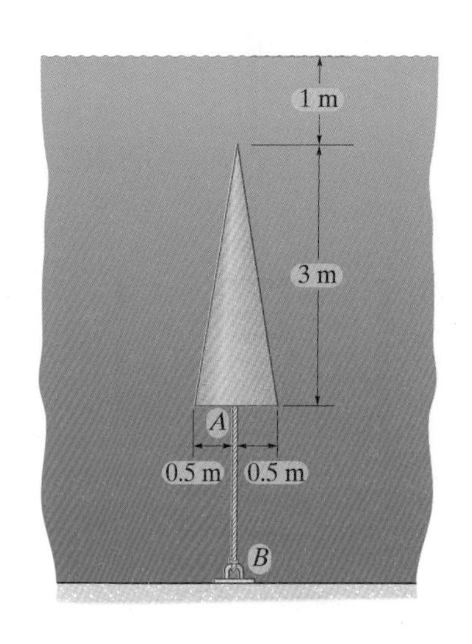

연습문제 **2–141**

2-142 주변온도가 60°F일 때, 열기구가 온도가 180°F인 공기로 채워져 있다. 공기의 부피가 $120(10^3)\ \text{ft}^3$이라면 기구가 떠오를 수 있는 하중의 최대무게를 구하라. 기구의 무게는 200 lb이다.

연습문제 **2–142**

2-143 물로 채워진 컨테이너의 무게가 30 kg이다. 블록 B의 밀도가 $8500\ \text{kg/m}^3$이고, 질량이 15 kg이다. 스프링 C와 D의 평형상태 길이가 각각 200 mm, 300 mm라면, 블록이 물에 잠겨있을 때 각 스프링의 길이를 구하라.

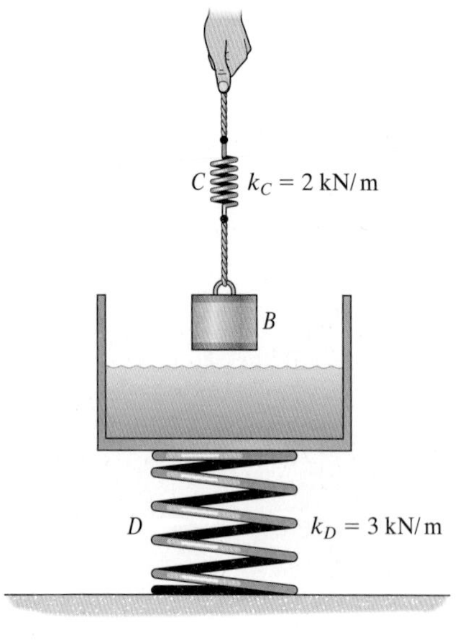

연습문제 **2–143**

***2-144** 내부직경이 r인 끝이 개방된 관이 밀도 ρ_A를 가진 젖음 액체 A 속에 있다. 관의 꼭대기는 밀도 ρ_B를 가진 액체 B로 둘러싸인 표면 아래에 있다. 이때 $\rho_A > \rho_B$이다. 표면장력 σ가 그림에 보이는 것처럼 액체 A가 관벽에 각도 θ를 만들도록 한다면 관 내에 액체 A의 높이 h를 구하라. 이 결과가 액체 B의 깊이 d에 대해서는 무관함을 보여라.

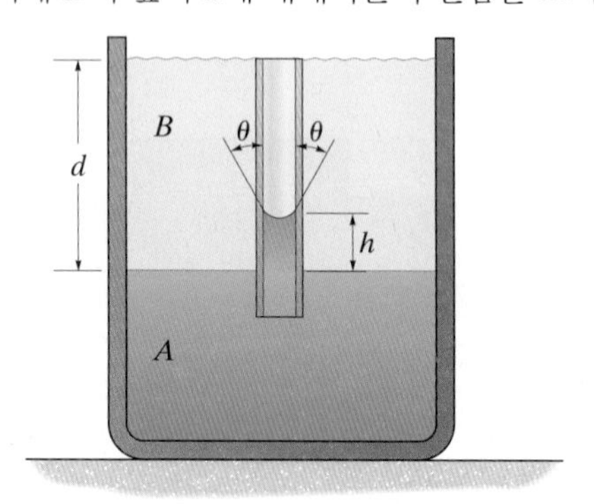

연습문제 **2–144**

2-145 질량 80 Mg의 보트가 호수의 바닥에 있고, 배제된 물의 체적은 $10.25\ \text{m}^3$이다. 크레인이 들어올릴 수 있는 힘은 600 kN밖에 안 되기 때문에, 보트의 양쪽에 공기로 채워진 2개의 풍선을 붙였다. 보트를 들어올릴 수 있는 구형의 풍선의 최소반경 r을 구하라. 공기와 물의 온도가 12°C라면, 각 풍선에 공기의 질량은 얼마인가? 풍선의 평균깊이는 20 m이다. 들어올리는 데 필요한 힘의 계산에서 공기와 풍선의 질량은 무시한다. 구의 부피는 $V = \frac{4}{3}\pi r^3$이다.

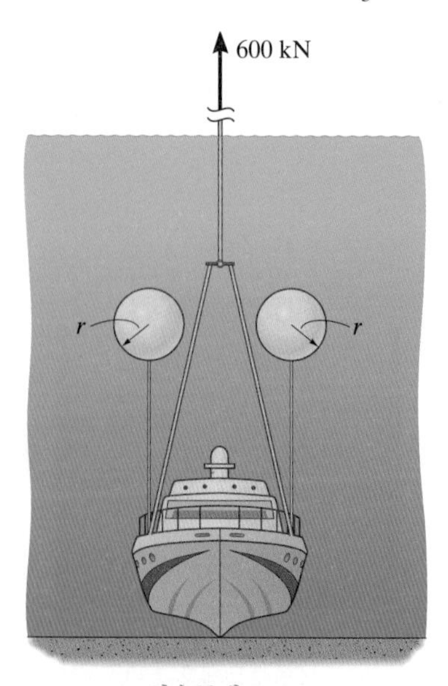

연습문제 **2–145**

2-146 균일한 8 ft 길이의 판자가 물 아래로 잠겨서 수면과 30°의 각도를 이루고 있다. 판자의 단면적은 3 in. × 9 in. 이고 비중량이 30 lb/ft^{3}이라면, 막대가 수중에 잠겨있는 길이 a를 구하고, 그 위치에서 막대의 끝을 지탱할 수직력 **F**를 구하라.

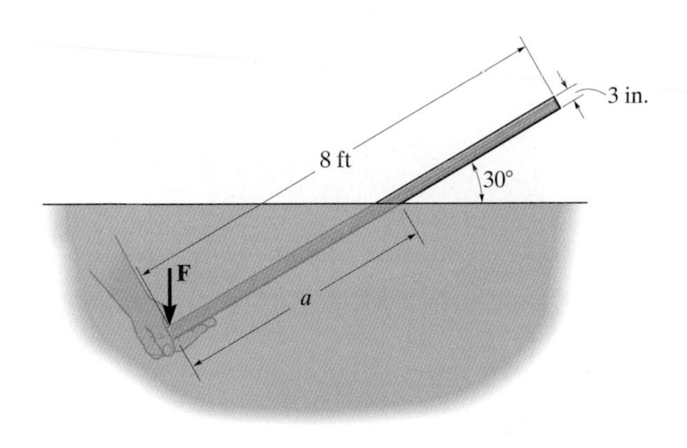

연습문제 **2–146**

2-147 원통의 직경은 75 mm이고, 질량은 600 g이다. 원통이 기름과 물이 포함된 탱크 안에 잠겨있다면, 수직 상태를 유지하면서 떠오를 때에 기름의 표면 위로 나온 높이 h를 구하라. 기름의 밀도는 910 kg/m^{3}이다.

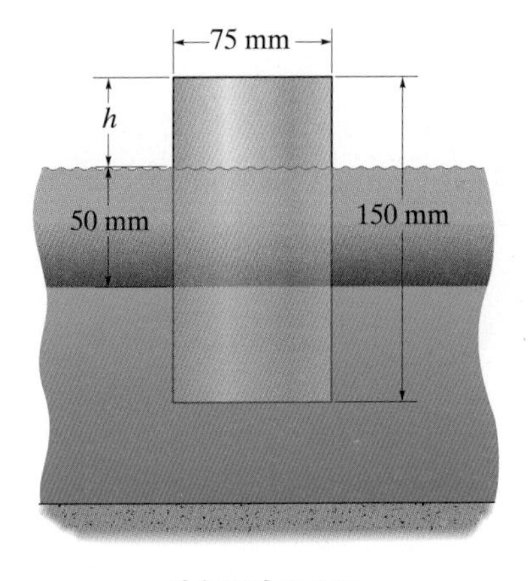

연습문제 **2–147**

***2-148** 자갈로 채워져 있는 바지선이 그림과 같이 물에 떠있다. 무게중심이 G에 위치해 있다면, 파도로 9° 정도 기울어질 때 복원될 수 있는지를 알아보라.

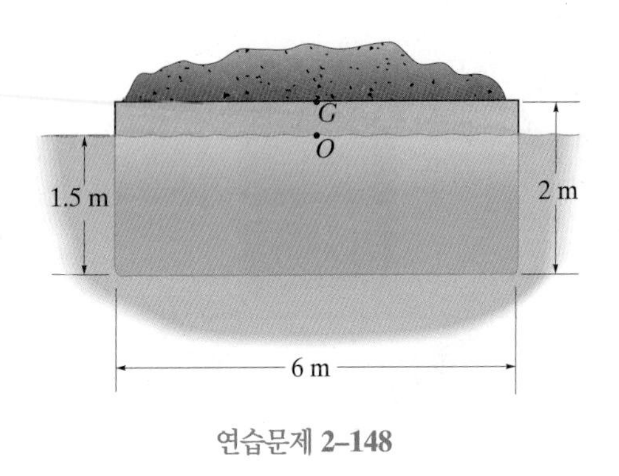

연습문제 **2–148**

2-149 자갈로 채워져 있는 바지선이 그림과 같이 물에 떠있다. 무게중심이 G에 위치해 있다면, 파도로 바지선이 약간 기울어져 끝이 수면에 닿일 경우, 복원될 수 있는지를 알아보라.

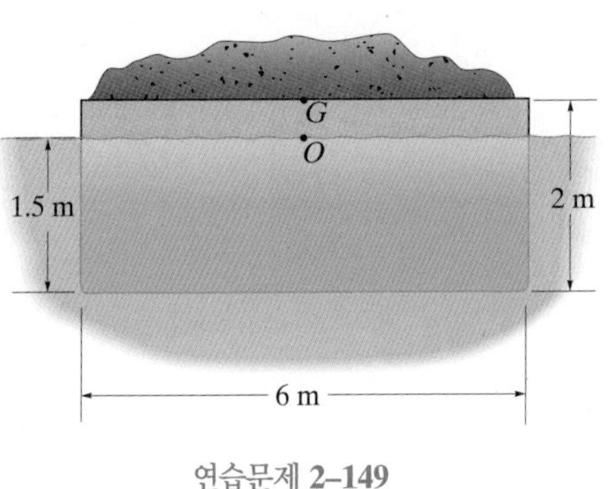

연습문제 **2–149**

2.13~2.14절

2-150 위형 리프트 위에 기름통이 놓여있다. 리프트가 (a) 4 m/s의 일정한 속도로 (b) 2 m/s^{2}의 가속도로 위로 움직인다면 기름이 채워진 통 내부의 최대압력은 얼마인가? 기름의 밀도는 900 kg/m^{3}이다. 통의 윗면은 대기에 열려 있다.

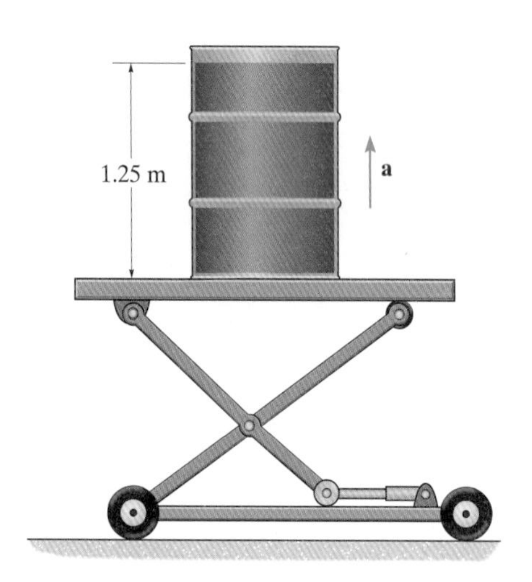

연습문제 **2–150**

2-151 아래 그림에서 볼 수 있듯이 트럭을 이용해 개방된 용기에 들어있는 물을 이동시키고 있다. 만약 일정한 가속도 2 m/s^{2}으로 움직인다면, 물의 자유표면의 기울기 각도를 구하고 용기의 바닥 A와 B에서의 압력을 구하라.

***2-152** 아래 그림에서 볼 수 있듯이 트럭을 이용해 개방된 용기에 들어있는 물을 이동시키고 있다. 물이 용기 밖으로 흘러넘치지 않을 최대 일정 가속도를 구하라.

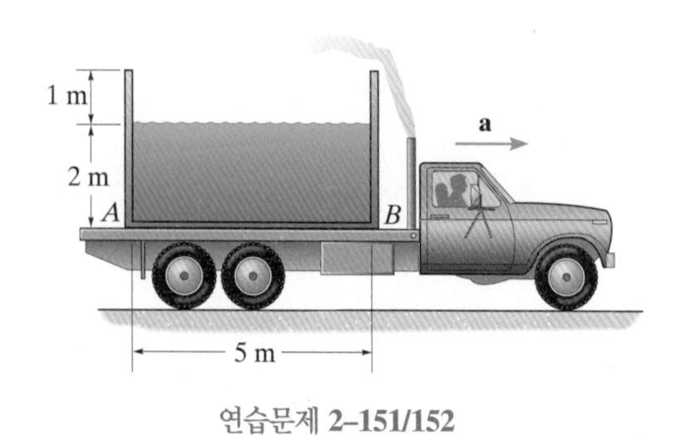

연습문제 **2–151/152**

2-153 폭 6 ft의 개방된 기동차에 그림과 같이 물이 채워져 있다. 위치 B에서 기동차가 움직이는 경우 그리고 멈춰 있는 경우에 위치 B에 가해지는 압력을 구하고, 일정한 가속도 10 ft/s^{2}으로 움직일 때 흘러넘치는 물의 양을 구하라.

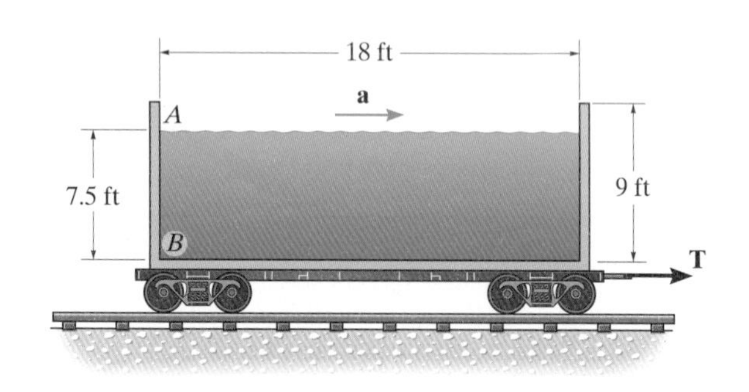

연습문제 **2–153**

2-154 항공기 연료통, 연료 보급로 그리고 엔진이 다음 그림과 같다. 만약 연료탱크에 그림과 같이 연료가 채워져 있을 때, 항공기에 연료 공급이 중단되지 않는 최대 일정 가속도 a를 구하라. 가속도 방향은 그림의 오른쪽으로 가해진다. 최적의 연료 보급로 위치를 제안하라.

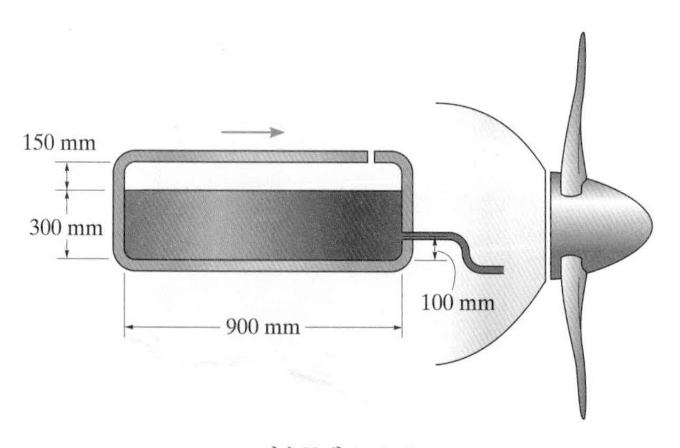

연습문제 **2–154**

2-155 큰 용기에 들어있는 벤젠을 트럭을 이용해 운반하고 있다. 트럭이 일정한 가속도 $a = 1.5\ \mathrm{m/s^2}$으로 움직이고 있을 때 벤젠이 통풍관(vent tube) A와 B에 채워져 있는 높이를 구하라. 트럭이 정지해 있을 때 $h_A = h_B = 0.4\ \mathrm{m}$이다.

***2-156** 큰 용기에 들어있는 벤젠을 트럭을 이용해 운반하고 있다. 통풍관 A와 B에 들어있는 벤젠이 흘러넘치지 않을 최대 일정 가속도를 구하라. 트럭이 정지해 있을 때 $h_A = h_B = 0.4\ \mathrm{m}$이다.

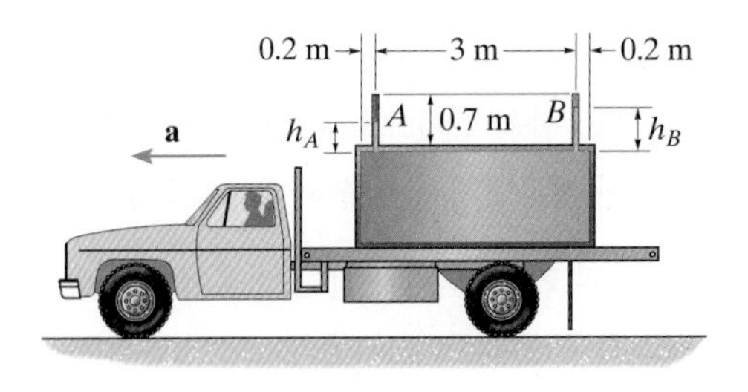

연습문제 **2–155/156**

2-157 밀폐된 원통형 탱크에 밀도 $\rho_m = 1030\ \mathrm{kg/m^3}$인 우유가 채워져 있다. 만약 탱크의 내부 직경이 1.5 m라 하고, 트럭이 가속도 $0.8\ \mathrm{m/s^2}$로 움직이는 경우 탱크 내부 위치 A와 B의 압력차를 구하라.

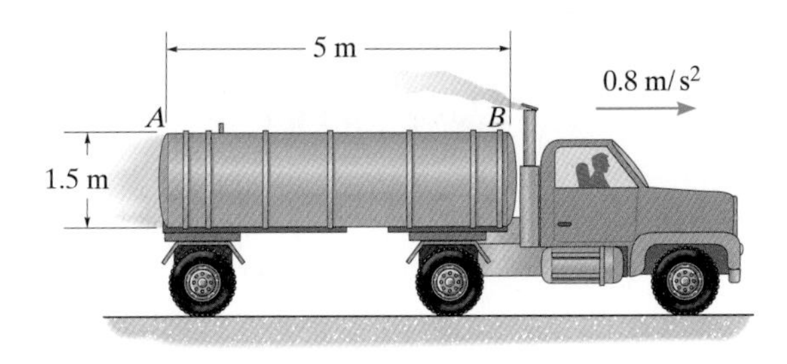

연습문제 **2–157**

2-158 트럭이 일정 가속도 $a_c = 2\ \mathrm{m/s^2}$로 움직이는 경우 물이 채워져 있는 탱크 내부의 B와 C의 압력을 구하라. 트럭이 정지해 있을 때 통풍관 A의 높이는 $h_A = 0.3\ \mathrm{m}$이다.

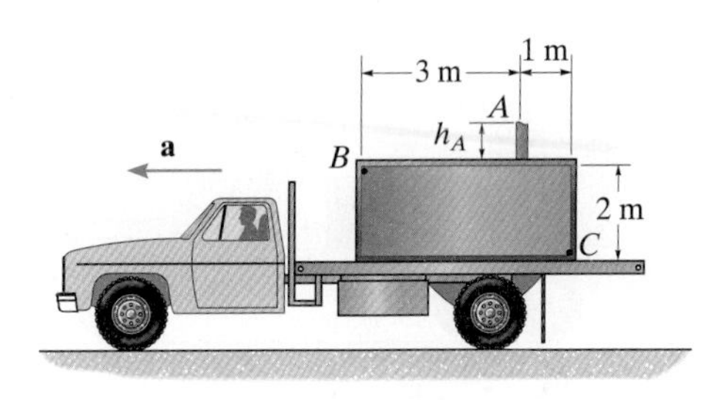

연습문제 **2–158**

2-159 그림과 같이 트럭이 일정 가속도 $2\ \mathrm{m/s^2}$으로 움직이는 경우 용기 바닥의 A와 B 위치에서의 물에 의한 압력을 구하라.

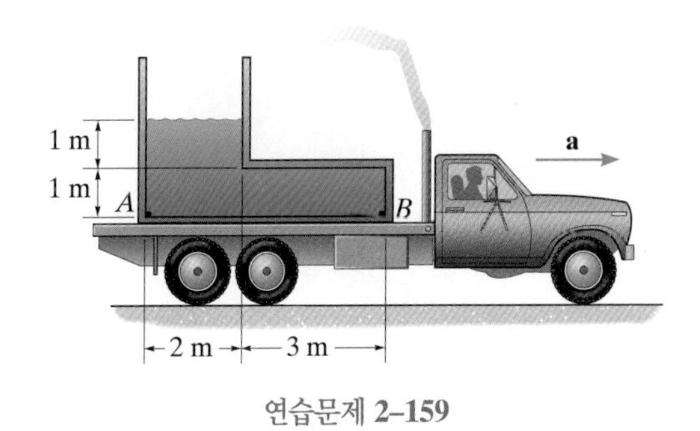

연습문제 **2–159**

*2-160 그림과 같이 트럭이 일정 가속도 2 m/s^{2}으로 움직이는 경우 용기 바닥의 B와 C 위치에서의 물에 의한 압력을 구하라. 단, 위치 A에 조그만 구멍이 나있다.

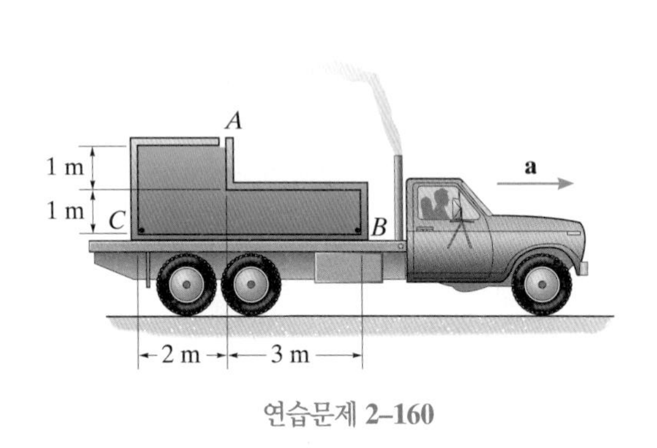

연습문제 2–160

2-161 수레가 아무런 외력 없이 자체의 중량만으로 기울어진 평면을 내려가고 있다. 움직이는 동안 액체표면의 기울기 θ는 $\theta = \phi$로 일정함을 보여라.

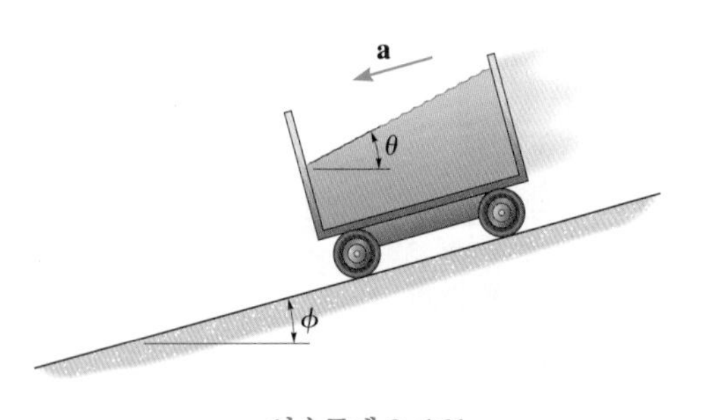

연습문제 2–161

2-162 수레가 일정 가속도 **a**로 기울어진 평면의 위쪽 방향으로 움직인다. 유체 면의 기울기가 $\tan\theta = (a\cos\phi)/(a\sin\phi + g)$일 때 액체 내부의 등압선을 구하라.

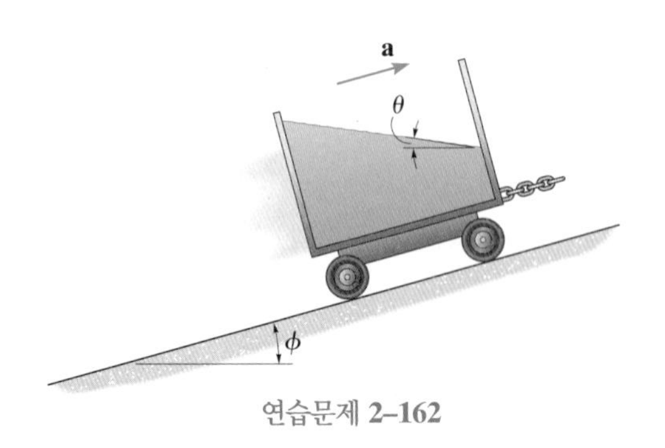

연습문제 2–162

2-163 개방된 기동차가 20°만큼 기울어진 길을 따라 위쪽 방향으로 물을 운반한다. 기동차가 정지한 경우 물의 높이는 그림과 같다. 위쪽 방향으로 기동차를 당겨올리는 경우 용기 내의 물이 흘러넘치지 않을 최대가속도를 구하라.

*2-164 개방된 기동차가 20°만큼 기울어진 길을 따라 위쪽 방향으로 물을 운반한다. 기동차가 정지한 경우 물의 높이는 그림과 같다. 위쪽 방향으로 기동차를 당겨올리다 감속하는 경우 물이 넘치지 않을 최대감가속도를 구하라.

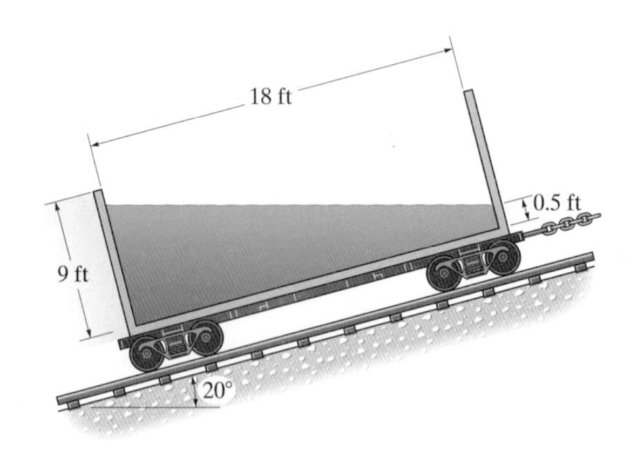

연습문제 2–163/164

2-165 각속도 1.5 rad/s로 회전하고 있는 평판 위에 여자가 서있다. 만약 회전축을 기준으로 4 m 떨어진 위치에서 커피 한 잔을 들고있을 때, 커피 표면의 기울어진 각도를 구하라. 커피 잔의 크기는 무시한다.

2-166 평판 위에 기름으로 가득 차있는 드럼통이 있다. 만약 이 평판이 각속도 $\omega = 12\,\text{rad/s}$로 회전한다면, A 위치에 있는 캡에 가해지는 압력을 구하라. 밀도는 $\rho_o = 900\,\text{kg/m}^3$이다.

2-167 평판 위에 기름으로 가득 차있는 드럼통이 있다. A 위치에 있는 캡이 견딜 수 있는 허용 압력이 $40\,\text{kPa}$이라 할 때, 최대 회전속도를 구하라. 밀도는 $\rho_o = 900\,\text{kg/m}^3$이다.

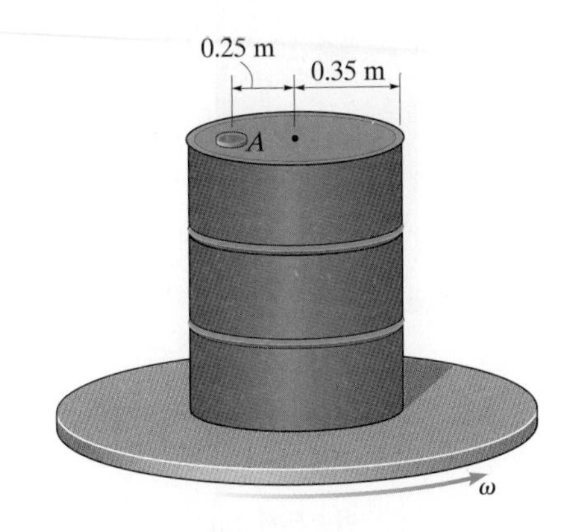

연습문제 **2–166/167**

***2-168** 비커 내부에 등유가 높이 $h = 0.1\,\text{m}$만큼 채워져 평판 위에 놓여있다. 비커 내부의 등유가 흘러넘치지 않을 최대 각속도 ω는 얼마인가?

2-169 비커 내부에 등유가 높이 $h = 0.1\,\text{m}$만큼 채워져 평판 위에 놓여있다. 평판의 각속도가 $\omega = 15\,\text{rad/s}$라 할 때 등유가 비커의 내부 벽에서 올라가는 높이는 얼마인가?

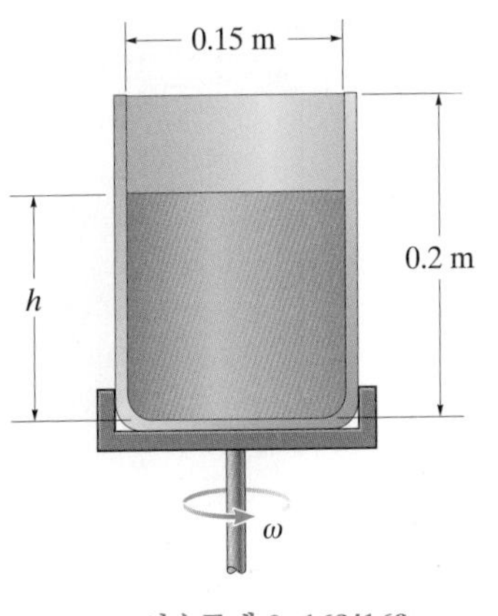

연습문제 **2–168/169**

2-170 관 내부에 높이 $h = 1\,\text{ft}$만큼의 물이 채워져 있다. 관이 각속도 $\omega = 8\,\text{rad/s}$로 회전할 때 점 O에서의 압력을 구하라.

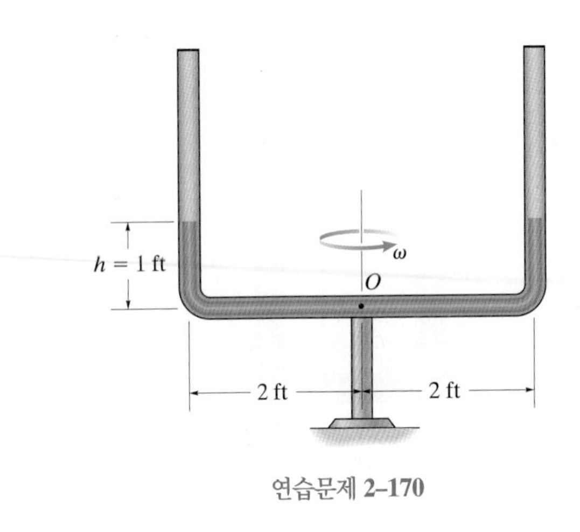

연습문제 **2–170**

2-171 밀봉된 조립관 내부에 물이 완전히 가득 채워져 있고 C와 D 위치에서의 압력은 0이다. 만약 조립관이 각속도 $\omega = 15\,\text{rad/s}$로 회전하면, 점 C와 D 사이의 압력차는 얼마인가?

***2-172** 밀봉된 조립관 내부에 물이 완전히 가득 채워져 있고 C와 D 위치에서의 압력은 0이다. 만약 조립관이 각속도 $\omega = 15\,\text{rad/s}$로 회전하면, 점 A와 B 사이의 압력차는 얼마인가?

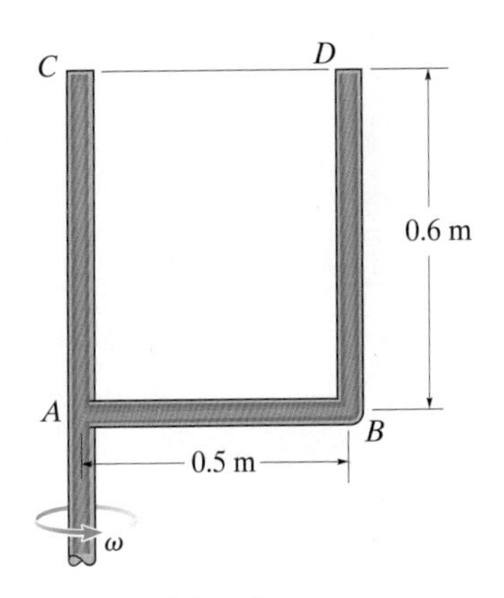

연습문제 **2–171/172**

2-173 U자형 관 내부가 물로 가득 채워져 있고 A 위치는 개방되어 있고 B 위치는 밀폐되어 있다. 만약 $x = 0.2$ m인 지점의 축에서 회전할 때, 점 B에서 압력이 0이 되는 일정 각속도를 구하라.

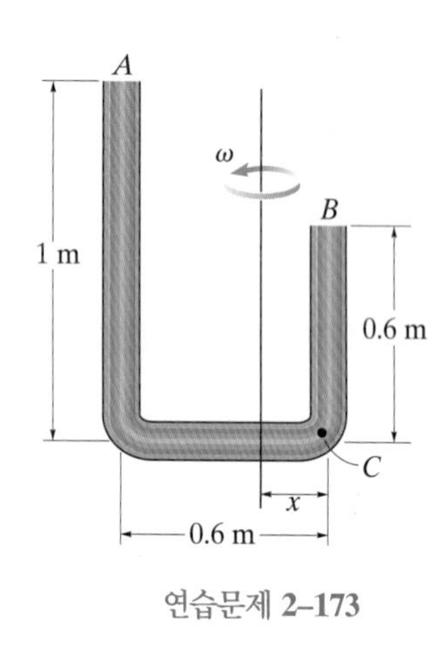

연습문제 **2–173**

2-174 U자형 관 내부가 물로 가득 채워져 있고 A 위치는 개방되어 있고 B 위치는 밀폐되어 있다. 만약 $x = 0.2$ m인 지점의 축에서 일정한 각속도 $\omega = 10$ rad/s로 회전할 때, 점 B와 C에서의 압력을 구하라.

2-175 U자형 관 내부가 물로 가득 채워져 있고 A 위치는 개방되어 있고 B 위치는 밀폐되어 있다. 만약 $x = 0.4$ m인 지점의 축에서 일정한 각속도 $\omega = 10$ rad/s로 회전할 때, 점 B와 C에서의 압력을 구하라.

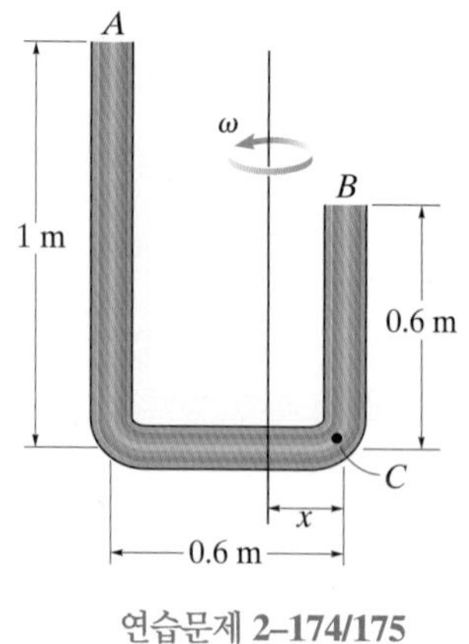

연습문제 **2–174/175**

***2-176** 높이는 3 ft, 직경은 2 ft인 원통형 용기가 있다. 이 용기가 물로 가득 채워지고 중심에 구멍이 있을 때, 아래 그림과 같이 움직이는 경우 물이 용기에 가하는 최대압력을 구하라.

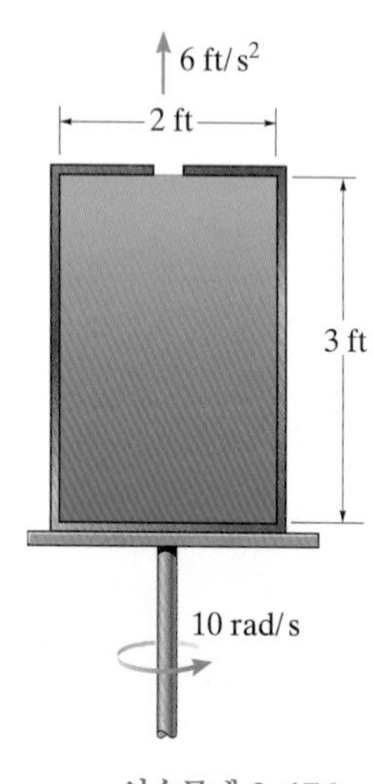

연습문제 **2–176**

2-177 뚜껑의 중심에 구멍이 있는 드럼이 등유로 400 mm 만큼 채워져 있으며, 이때 각속도 $\omega = 0$이다. 만약 드럼을 평판 위에 두고 각속도 12 rad/s로 회전시킬 때, 등유가 뚜껑에 가하는 힘을 구하라.

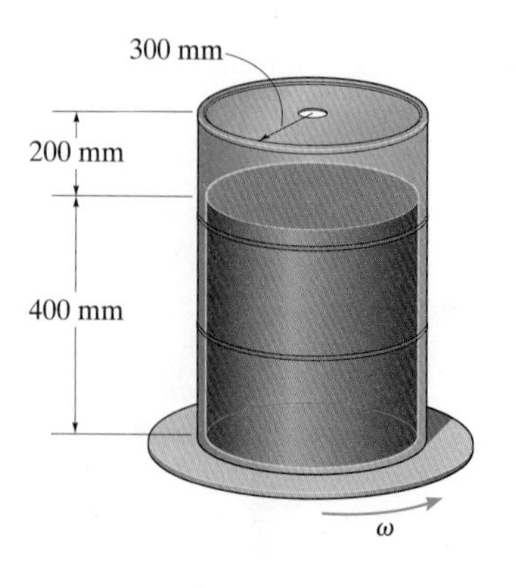

연습문제 **2–177**

개념문제

P2–1 손잡이를 위 아래로 움직이는 수동 펌프를 이용하여 저장소에서 물을 끌어올릴 수 있다. 펌프가 어떻게 작동되는지를 설명하고, 물을 끌어올려 양수 가능한 최대 물 높이를 구하라.

P2–2 1656년 Otto Von Guencke는 내부가 비어있는 직경 300 mm인 반구 2개를 결합시키고 펌프를 이용해 내부 공기를 제거했다. 그는 *A* 위치에 로프를 연결해 나무에 묶어두고 반대편에 8마리의 말을 걸어두었다. 구의 내부가 완전한 진공 상태라고 가정하면, 말이 구를 분리시킬 수 있는지 설명해보라. 만약 한쪽에는 16마리의 말을, 다른 한쪽에는 8마리의 말을 줄을 걸어 당기면 다른 결과를 얻을 수 있는지 설명해보라.

P2–3 얼음이 유리잔 속에 물과 함께 가득 채워져 있다. 얼음이 녹는다면 수면에 무슨 일이 발생할지 설명하라. 수면의 높이가 높아지는가, 낮아지는가, 또는 그대로인가?

P2–4 물이 담겨있는 비커가 저울 위에 놓여있다. 만약 물 내부에 손가락을 넣는다면 저울의 눈금은 증가하는가, 감소하는가, 또는 그대로인가?

장 복습

압력은 단위 면적당에 가해지는 수직력이다. 압력은 유체 속의 한 지점에서 모든 방향으로 동일하다. 이를 파스칼의 법칙이라고 부른다.

절대압력은 대기압과 계기압력의 합이다.

정지된 유체 속의 압력은 같은 수평면 상에 위치한 지점들에서 일정하다. 만약 유체가 비압축성 유체일 경우, 압력은 그 유체의 비중량에 따라 달라지고 깊이에 따라 증가한다.

$$p_{\text{abs}} = p_{\text{atm}} + p_g$$

$$p = \gamma h$$

유체의 깊이가 깊지 않다면, 기체 내부의 압력은 균일하게 분포한다고 가정할 수 있다.

대기압은 기압계를 사용하여 측정한다.

마노미터는 액체 속의 계기압력을 측정하는 용도로 사용된다. 마노미터 법칙을 이용하여 압력을 계산한다. 부르동 압력계 또는 압력 변환기와 같은 다른 기기들을 사용하여 압력을 측정한다.

평판의 표면에 작용하는 정수압력의 합력의 크기는 $F_R = \gamma\bar{h}A$이고, $\bar{h}$는 면적의 도심까지의 깊이이다. 작용점 F_R은 압력중심 $P(x_P, y_P)$에 위치한다.

또한 압력 프리즘의 부피를 구하면 평판의 표면에 작용하는 정수압력의 합력의 크기를 결정할 수 있다. 표면이 일정한 폭을 가진다면, 그 폭에 대해 일정한 압력 기둥이 형성되므로 정수압력의 합력을 분포하중의 면적으로 구할 수 있다. 합력은 프리즘의 부피나 분포하중 면적의 도심을 통해 작용한다.

압력분포의 직접적인 적분 또한 합력을 결정하는 데 사용되고, 그 작용점은 평판의 표면에 있다.

$$x_P = \frac{\bar{I}_{xy}}{\bar{y}A} + \bar{x}$$

$$y_P = \frac{\bar{I}_x}{\bar{y}A} + \bar{y}$$

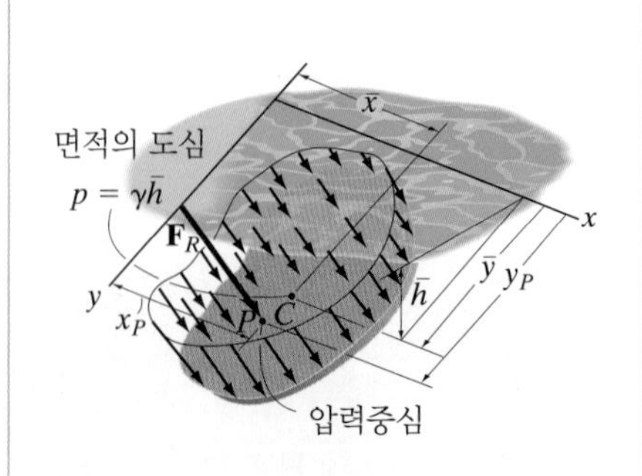

표면이 경사지거나 곡면인 경우 정수압력은 합력의 수평성분과 수직성분으로 나누어 구할 수 있다.

수평성분은 표면이 수직방향으로 정사영된 면에서 평면에 가해진 힘으로 구할 수 있다.

수직성분은 경사진 면이나 곡면 위에 있는 액체의 부피만큼의 중량과 같다. 액체가 표면 아래에 위치한다면 표면 위의 임의의 액체의 중량에 의해 구할 수 있다. 이때 수직성분은 윗방향으로 작용하는데, 수직성분이 표면 아래의 액체의 압력힘과 같기 때문이다.

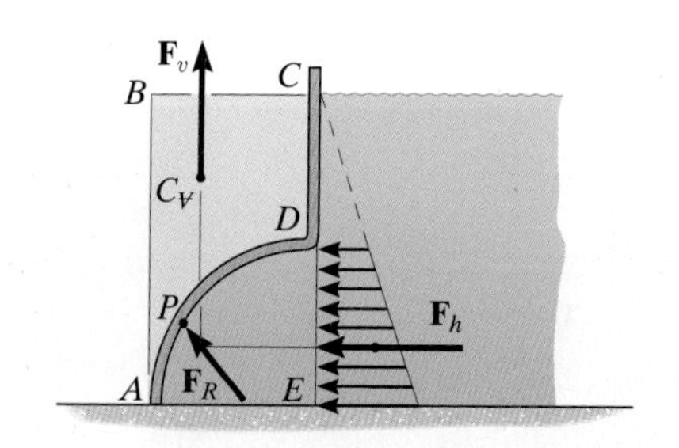

$\mathbf{F}_h$ = 수직 정사영 면적 DE에 작용하는 정수압력의 합력

$\mathbf{F}_v$ = 판 위에 있는 $ADCBA$ 체적에 해당하는 가상적인 액체의 중량

부력의 원리는 액체 내에 담겨진 물체에 작용하는 부력이 물체에 의해 배제된 유체의 무게와 동일하다는 원리이다.

떠있는 물체는 안정, 불안정 또는 중립평형 상태로 존재할 수 있다.

물체는 경심이 무게중심의 위에 위치하면 안정평형 상태에 있게 된다.

액체가 들어있는 개방형 용기가 일정한 수평 가속도 a_c로 운동하면 액체의 표면은 $\tan\theta = a_c/g$에 의해 θ 상태로 기울어진다. 뚜껑이 용기 위에 있을 때, 가상의 액체표면이 만들어진다. 어느 경우에나 액체 내의 한 점에서 압력은 $p = \gamma h$로 결정된다. h는 깊이이고, 액체 표면으로부터 측정된다.

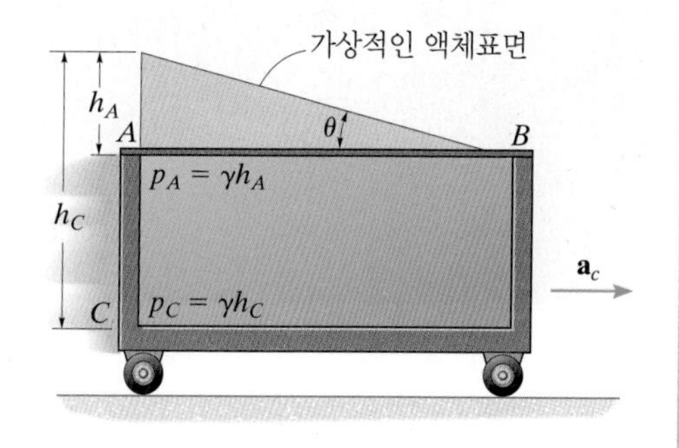

액체가 담겨있는 용기에 위쪽 방향으로 일정한 가속도 a_c가 작용할 때 압력은 깊이 h에 따라 $\gamma h(a_c/g)$만큼 증가한다. 만약 아래 방향으로 같은 크기의 가속도가 작용하면 압력은 같은 크기만큼 감소한다.

만약 고정된 축을 기준으로 용기가 일정한 속도로 회전한다면 유체는 강제와류 상태가 되며, 표면의 형상은 포물선형이다. 표면의 높이는 $h = (\omega^2/2g)r^2$으로 정의된다. 용기에 뚜껑이 있는 경우, 가상의 유체표면을 정의할 수 있다. 유체 내부의 압력은 유체의 표면에서 깊이 h에 의해 식 $p = \gamma h$로 구한다.

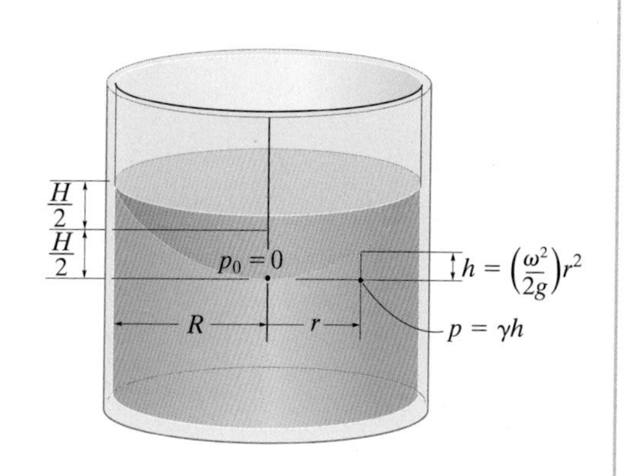

Chapter 3

(© NASA Ames Research Center/Science Source)

전산유체역학 컴퓨터 프로그램을 이용하여 모델링한
제트엔진으로부터 분출되는 배기유동

유체의 운동학

학습목표

- 라그란지와 오일러 관점에서 유체입자의 속도 및 가속도를 정의한다.
- 실험적 유동 가시화 방법과 유동의 분류 방법을 소개한다.
- 유체입자의 속도와 가속도를 일반 직교좌표계과 유선좌표계로 나타내는 방법을 보여준다.

3.1 유동 기술법

대부분의 경우에 유체는 정지상태가 아니라 흐르는 상태이다. 이 장에서는 유체의 유동을 운동학적으로 설명하고자 한다. 여기서 특별히 **운동학**(kinematics)이란 유동하는 유체의 기하학적 특징을 의미하는 것이며, 운동학적으로 표현된 유동을 통해서 유체 시스템의 위치, 속도, 가속도를 기술할 수 있는 방법이다. 여기서 이야기하는 **시스템**이라는 의미는 그림 3-1a에 나타낸 바와 같이 **주변 공간**과 구분된 운동을 고려할 유체가 포함되어 있는 공간이며, 그 시스템은 유체의 정량적인 상태량들로 구성된다.

유동은 기술하는 방법을 통해서 유체의 유동에 대한 역학적 상태를 알 수 있고 또한 유동패턴이나 유체에 잠긴 물체에 작용하는 압력 또는 힘을 정의하고 이를 규명할 수 있기 때문에 이러한 운동기술법은 매우 중요한 요소라고 할 수 있다. 어떤 유동현상을 정확하게 정의하기 위해서는 유동이 포함된 시스템에서 유체입자의 위치와 시간에 따른 속도와 가속도를 정확하게 기술하는 방법에는 다음 두 가지 방법이 주로 이용된다.

라그란지 기술법 시스템을 기반으로 하는 운동기술법이다. 유체 시스템에서 각 유체입자에 '꼬리표를 달아두고' 이 입자의 속도와 가속도를 시간에 대한 함수로 기술하고 또한 이것으로부터 그 유체입자의 위치를 정의하는 방법이다. 이것은 입자운동학에서 사용하는 전형적인 기술방법이며, 이를 이탈리아의 수학

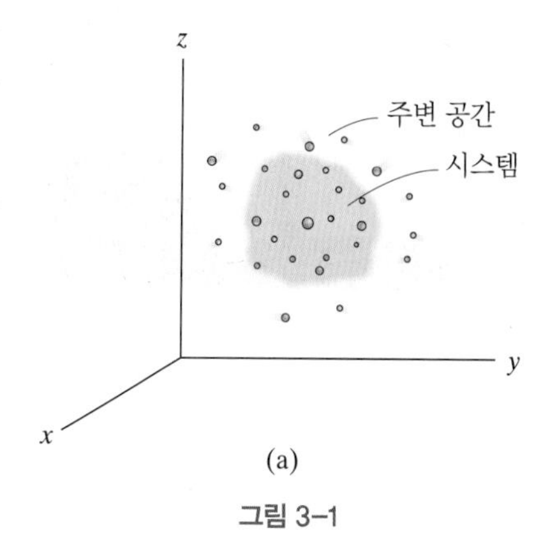

그림 3–1

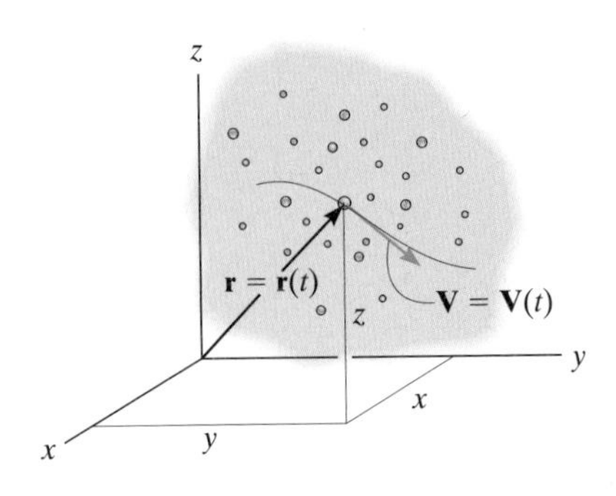

어떤 시스템 안에서 이동하는 한 개의
유체입자 운동의 라그란지 기술법

(b)

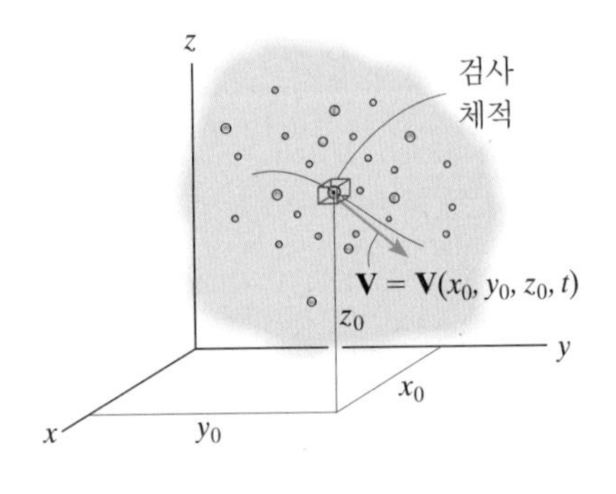

어떤 시스템에서 특정 영역이나 한 점에서
운동의 오일러 기술법과 검사체적 또는
한 점을 지나는 입자의 속도 측정

(c)

그림 3-1(계속)

라그란지 기술법 : 굴뚝에서 나오는 연기 입자에 꼬리표를 달고 어떤 한 공통의 원점으로부터 각 입자들의 운동을 기술하는 방법

오일러 기술법 : 어떤 특정한 점에 검사체적을 만들고 이 점을 통과하는 입자들의 운동을 기술하는 방법

자 Joseph Lagrange의 이름을 따서 **라그란지 기술법**이라고 한다.

그림 3-1b와 같이 어떤 유체입자의 위치벡터를 **r**이라 하고 이 위치벡터 **r**이 시간의 함수라고 할 때 이 위치벡터의 시간미분이 이 입자의 속도로 정의된다.

$$\mathbf{V} = \mathbf{V}(t) = \frac{d\mathbf{r}(t)}{dt} \tag{3-1}$$

이 경우 속도는 시간의 함수로만 나타나게 된다. 다시 말해 유체입자의 위치의 변화율로 입자의 운동을 기술하는 방법이다. 이때 속도는 그림 3-1b와 같이 그 입자의 위치에 대한 함수로 나타나지 않고 시간의 함수, 즉 $\mathbf{r} = \mathbf{r}(t)$로만 나타나게 된다.

오일러 기술법—검사체적 접근법 검사체적을 기반으로 운동을 기술하는 방법이다. 어떤 시스템에 포함된 유체입자의 속도를 고정된 어떤 점 (x_0, y_0, z_0)에 있는 미소공간에 나타낼 수 있다. 이 시스템에 있는 모든 유체입자가 이 고정점을 통과할 때 그 유체입자의 속도는 그 고정점의 속도가 된다고 할 수 있다. 이런 운동기술법을 스위스의 수학자 Leonard Euler의 이름을 따서 **오일러 기술법**이라고 한다(그림 3-1c).

유체입자가 흘러 통과하는 공간을 **검사체적**이라고 하며, 이 공간의 경계면을 **검사표면**이라고 한다. 전체 시스템에 대한 모든 정보를 얻기 위해서는 이 시스템의 임의의 위치 (x, y, z)에 있는 미소 검사체적을 유체입자가 통과할 때, 그 속도를 시간에 따라 측정하여 이 시스템에 대해 시간과 공간의 함수로 표현하면 다음과 같은 속도장 또는 속도분포를 얻을 수 있다.

$$\mathbf{V} = \mathbf{V}(x, y, z, t) \tag{3-2}$$

이 속도분포를 속도벡터의 성분으로 나타내면 다음과 같다.

$$\mathbf{V}(x, y, z, t) = u(x, y, z, t)\mathbf{i} + v(x, y, z, t)\mathbf{j} + w(x, y, z, t)\mathbf{k}$$

여기서 u, v, w는 x, y, z 방향의 속도성분이고 **i**, **j**, **k**는 x, y, z의 각 좌표축의 양의 방향의 단위벡터이다.

일반적으로 유체를 구성하고 있는 모든 유체입자는 불규칙적인 운동을 하고 있고, 이들 입자로 구성되는 유체 시스템은 일정한 형상을 유지하지 않는다. 때문에 유체역학에서는 유체의 운동을 라그란지 기술법보다는 국소적 특정 위치에 있는 공간을 통과하는 유체입자의 운동을 나타내는 오일러 기술법을 이용한다. 유동으로 인해 시스템의 형상은 시시각각으로 변화하기 때문에 모든 유체입자 각각에 대한 위치와 운동을 라그란지 관점으로 기술한다는 것은 매우 어려운 일이다. 하지만 강체운동을 하는 물체의 운동에는 라그란지 기술법이 보다 효과적이다. 강체운동이란 형상이 고정되어 있고, 시스템을 이루는 입자들의 상대운동이 없는 경우를 말한다.

3.2 유동의 분류

유체입자의 운동을 기술하는 데에는 두 가지 방법이 있는 반면에, 유체 시스템에서는 유동을 여러 가지로 분류할 수 있다. 이 절에서는 이들 분류 방법 중 세 가지를 소개하고자 한다.

마찰효과에 의한 유동의 분류 기름과 같이 점도가 상당히 큰 유체가 관을 따라 흐를 때 유동은 매우 느리고 그 경로는 균일하고 교란되지 않고 어떤 층을 유지하면서 흐르는 '정렬된 유동'이다. 그림 3-2a와 같이 어떤 원통형 층을 유지하면서 흐르는 유동의 경우 그 층이 자연스럽게 유지되는 유동으로 이런 유동을 **층류**(laminar flow)라고 한다. 유속이 증가하거나 점도가 낮아지면 그림 3-2b에 나타낸 바와 같이 유동하는 유체입자는 점점 불규칙적인 운동을 하게 되며, 그 경로 역시 매우 불규칙적으로 변화하여 혼합되게 된다. 이런 유동을 **난류**(turbulent flow)라고 한다. 또한 층류에서 난류로 발달되어 가는 중간 과정을 **천이유동**(transitional flow)이라고 하며, 이 유동에는 층류와 난류의 유동특성이 모두 나타난다.

제9장에서는 이와 같은 방법으로 유동을 분류하는 데 가장 큰 요인이라고 할 수 있는 마찰의 영향으로 인한 손실에너지의 양을 결정하는 방법에 대하여 설명할 것이다. 특히 이 손실에너지는 유체를 이송하는 펌프와 관망을 설계하는 데 필수적인 요소이다.

두 평판 사이를 따라 흐르는 층류와 난류의 속도를 그림 3-3에 나타내었다. 층류유동은 점성에 의해서 유동이 층을 이루며 미끄러지듯 흐르는 반면에, 난류유동은 유체가 수평과 수직방향으로 '혼합'하는 유동을 하고 있어 전반적으로 평균유속이 균일한 분포를 갖는 것을 볼 수 있다.

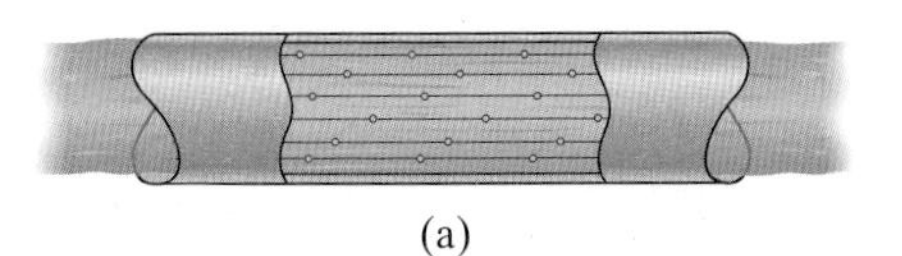

(a)

층류유동
유체입자는 얇은 층을 이루며
직선경로를 따라 흐른다.

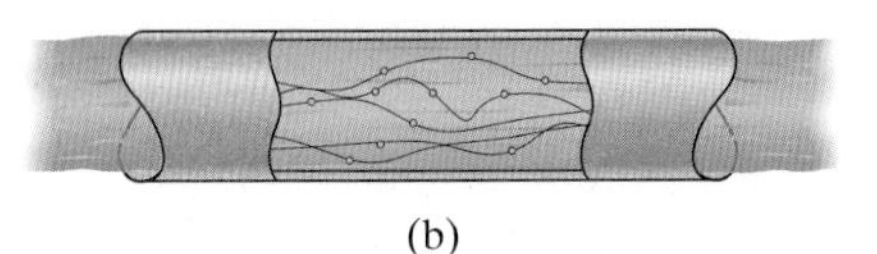

(b)

난류유동
유체입자는 시간과 공간에 대해 그 흐름의
방향이 불규칙인 경로를 따라 흐른다.

그림 3-2

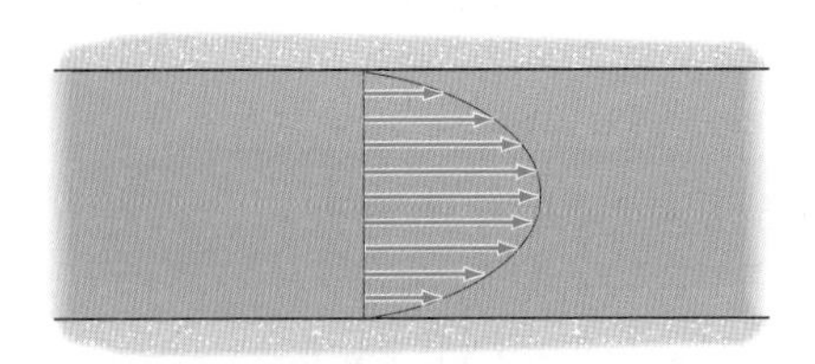

층류유동의 평균 속도분포

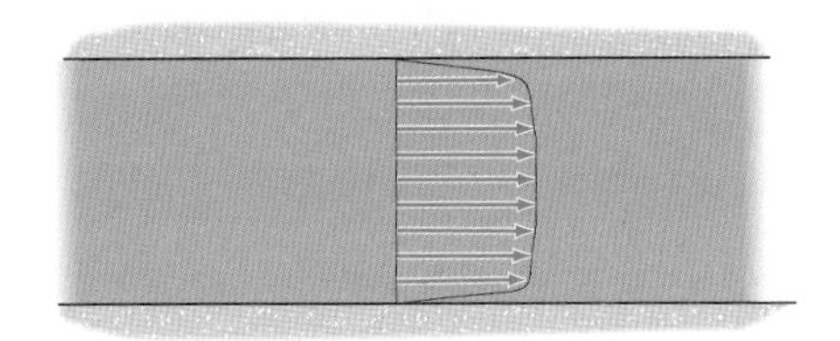

난류유동의 평균 속도분포

그림 3-3

차원에 의한 유동의 분류 유동은 그 유동을 기술하는 데 필요한 공간적인 차원의 수에 따라 분류될 수 있다. 이동하는 잠수함 주위의 물의 유동 또는 자동차 주위의 공기유동과 같이 유동을 기술하는 데 3개의 차원이 모두 필요한 유동을 **3차원 유동**이라 한다. 3차원 유동은 다른 차원의 유동과 비교하여 그 유동이 매우 복잡하고 이를 해석하는 것도 매우 어려워 주로 모델을 이용한 컴퓨터 모사 또는 실험을 통해 해석한다.

대부분의 공학적 문제들의 경우 여러 가지 가정을 통해 2차원, 1차원 또는 무차원 유동으로 단순화하여 해석을 하게 된다. 예를 들어 그림 3-4a와 같은 축소관 유동의 경우 유체입자의 속도는 관의 축방향 x와 반경방향 r에 종속되는 **2차원 유동**으로 간주할 수 있다.

그림 3-4b에서처럼 관의 단면이 변하지 않는다는 가정을 통해서 문제를 단순화하면 속도분포는 반경방향에만 종속되어 1차원 유동으로 가정할 수 있다.

더 나아가 이 유체를 점성이 없는 비압축성 유체, 즉 이상유체라고 가정할 때 관의 단면에 대해 균일한 속도를 갖는 유동으로 간주할 수 있어, 좌표에 귀속되지 않는 그림 3-4c와 같은 **무차원 유동**이 된다.

시간과 공간에 따른 유동의 분류 어떤 한 점에서 유체의 속도가 시간에 따라 변하지 않을 때 이 유동을 **정상유동**이라고 하고, 위치의 변화에 무관하게 일정

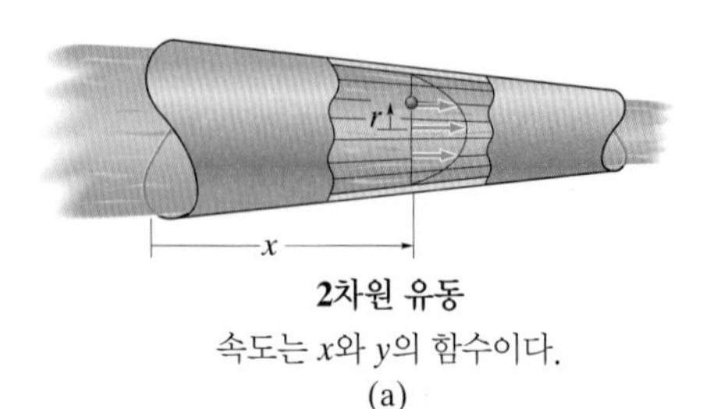

2차원 유동
속도는 x와 y의 함수이다.
(a)

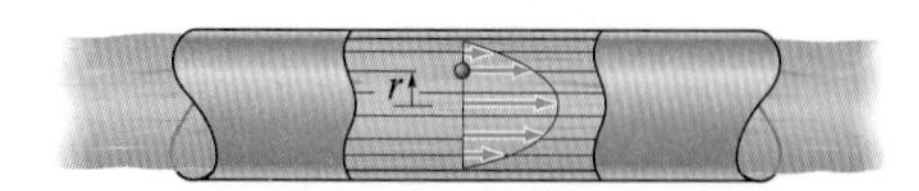

1차원 유동
속도는 r의 함수이다.
(b)

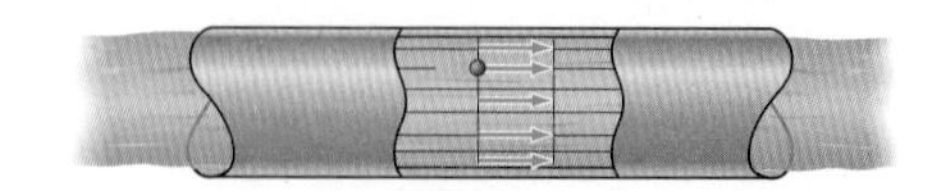

무차원 유동
속도는 일정하다.
(c)

그림 3-4

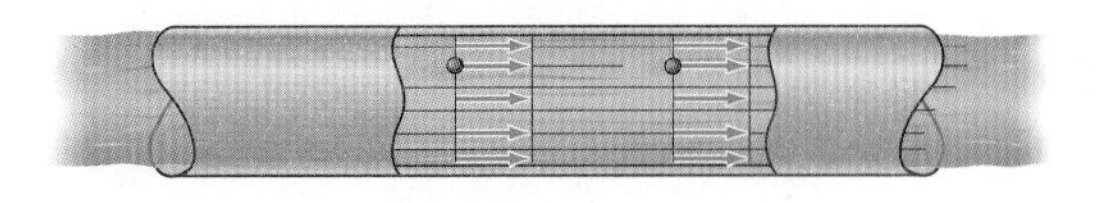

정상 균일유동
이상유체는 시간과 공간에 관계없이
같은 속도를 유지한다.

(a)

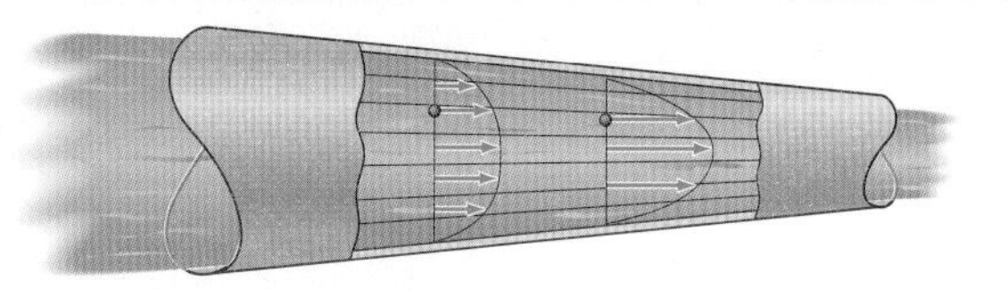

정상 비균일유동
시간이 변하더라도 속도는 변하지 않지만
두 위치에서의 속도는 다르다.

(c)

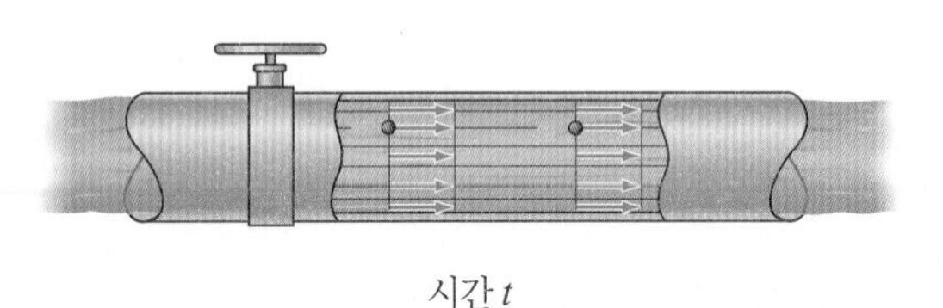

시간 t

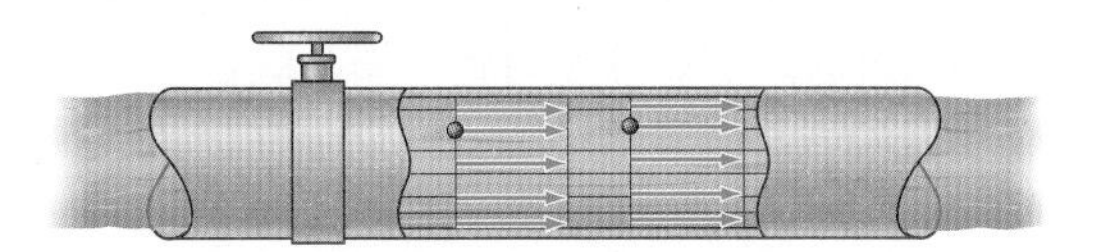

시간 $t + \Delta t$

비정상 균일유동
밸브가 천천히 개방되어 모든 위치에서 이상유체의
속도는 모두 같지만 시간에 따라 변화한다.

(b)

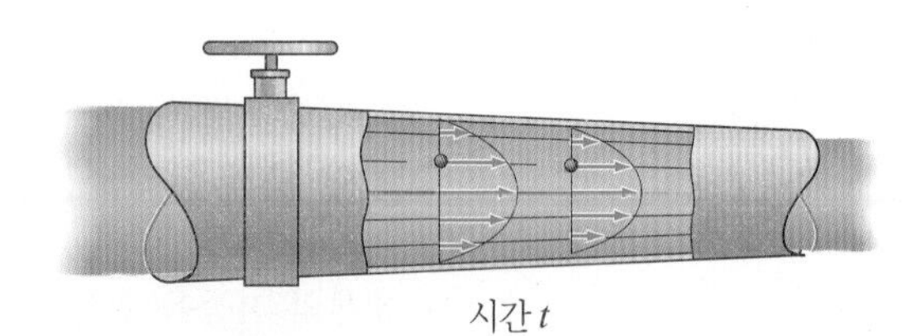

시간 t

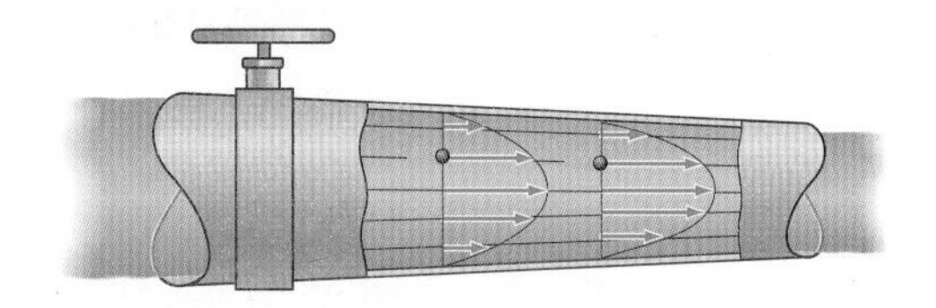

시간 $t + \Delta t$

비정상 비균일유동
천천히 개방되는 밸브는 관의 단면적의 변화를 일으켜
속도는 위치와 시간의 변화에 따라 변화한다.

(d)

그림 3–5

한 속도를 갖는 유동을 **균일유동**이라고 한다. 이 두 가지 유동을 조합하여 그림 3-5에 나타낸 바와 같이 총 네 가지 유동으로 분류할 수 있다.

다행스럽게도 유체역학과 관련된 공학적 응용분야의 대부분은 정상유동이어서 이를 해석하는 데 매우 수월하다. 비정상유동의 경우도 그 변화는 짧은 시간 동안에 이루어지는 경우가 많아서 상당시간이 흐른 후, 유동은 정상유동으로 간주될 수 있다. 예를 들어 펌프유동에서 회전영역을 통과하는 유동의 경우 비정상유동이지만 이 이동이 주기적으로 반복되는 경우 평균적으로 입구와 출구에서는 정상유동이라고 간주할 수 있으며, 또한 이동 물체 위에서 관찰하는 상대유동으로 고려할 때 이 유동은 정상유동이라고 할 수 있다. 마치 어떤 속도로 유동하는 안개가 낀 도로를 운전하는 운전자가 이 안개의 이동방향과 같은 방향으로 일정한 속도로 운전할 때 운전자는 이 안개가 정상유동하는 것처럼 보이지만, 도로에서 이 안개의 유동을 관찰할 때 이 안개는 시간에 따라 변화하는 비정상유동으로 관찰되는 것과 같다.

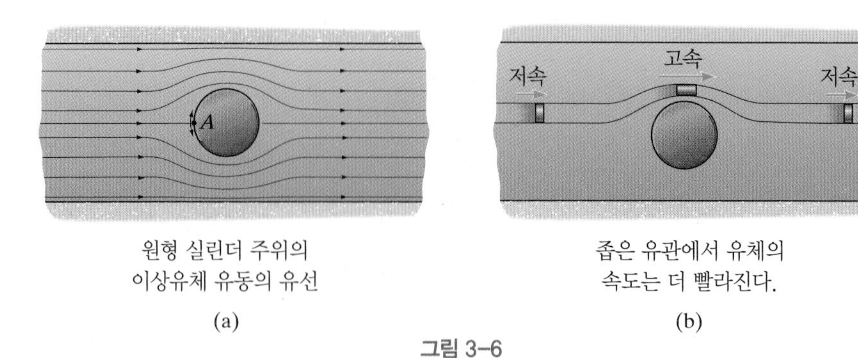

원형 실린더 주위의 이상유체 유동의 유선

(a)

좁은 유관에서 유체의 속도는 더 빨라진다.

(b)

그림 3-6

3.3 유동의 가시화 기법

유체의 거동을 관찰하기 위해 이를 가시화하기 위한 몇몇 기법이 고안되었다. 유동을 가시화하는 데에는 주로 유선 또는 유관을 이용한 해석적 방법과 유적선과 유맥선 또는 광학적 방법으로 가시화하는 실험적인 기법이 활용되고 있다.

유선 **유선**(streamline)은 유동장에서 유동하고 있는 유체입자들이 어떤 순간에 그 입자들이 이동하는 속도의 방향을 나타내는 선이다. 그러므로 그 순간에 유체입자의 속도는 항상 이 유선의 접선방향을 따라 운동하게 되어 이 유선을 가로지르는 유동은 존재하지 않고 유체의 유동은 항상 이 유선을 따라 흐르게 된다. 사각형 덕트에 위치한 원통 주위를 따라 정상유동하는 이상유체의 유선은 그림 3-6a에서 보는 바와 같다. 유선들 중 유동장의 중심에 있는 유선은 원통과 만나는 점 A에서 위아래로 갈라지는 것을 볼 수 있다. 이런 점을 **정체점**(stagnation point)이라고 하며, 이 유선을 따라 유동하는 유체입자는 이 점에 근접할수록 속도가 점진적으로 감소하다가 원통표면의 점 A에 부딪치는 순간 속도는 0이 된다.

유선은 어떤 한 순간에 전체 유동장에 형성되는 선이라는 것을 꼭 기억하자. 주어진 예에서는 시간의 흐름과 상관없이 유선의 방향이 계속 유지되고 있으므로 유체입자는 이 유선을 따라 이동한다는 것을 예측할 수 있다. 하지만 회전하는 관 유동에서 나타나는 것과 같이 유선이 시간과 공간의 함수인 경우 시간이 흐름에 따라 유선이 변하기 때문에 유체입자는 유선을 따라 이동하지 않는다.

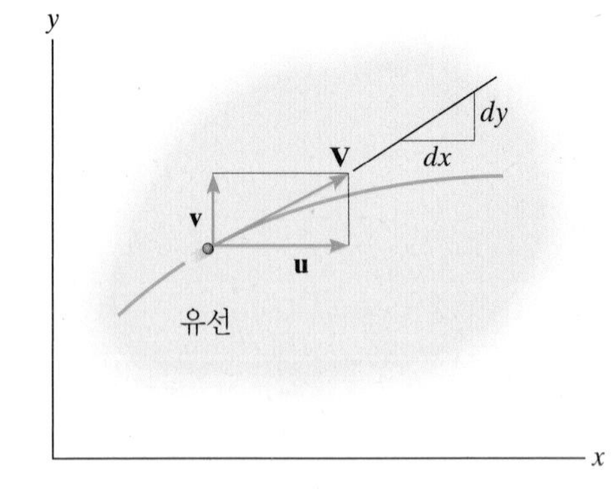

속도는 항상 유선의 접선방향이다.

그림 3-7

유체입자의 속도는 유선의 접선방향을 향하므로 어떤 한 순간의 입자의 속도로부터 그 시점에서 유선을 정의할 수 있는 방정식을 얻을 수 있다. 예를 들어 2차원 유동에서 입자의 속도는 그림 3-7과 같이 x축 방향 속도성분 u와 y축 방향 속도성분 v를 가질 때 이들로부터 다음과 같은 관계를 얻을 수 있다.

$$\frac{dy}{dx} = \frac{v}{u} \tag{3-3}$$

이 식을 적분하면 **유선의 방정식** $y = f(x) + C$를 얻을 수 있고, 어떤 한 점 (x_0, y_0)를 지나는 유선의 방정식은 이 좌표를 식에 대입하여 적분상수 C를 결정하여 정의할 수 있다. 이 식을 구하는 과정은 예제 3.1과 3.2를 참고하기 바란다.

유관 어떤 유동장의 유선을 그림 3-8과 같이 하나의 묶음으로 생각할 때 유체가 어떤 곡관을 따라 흐르는 것처럼 이 유관을 따라 흐르는 것으로 가정할 수 있어 해석이 용이해진다. 이때 이런 **유선의 묶음**을 **유관**(streamtube)이라고 한다.

2차원 유동에서 유관은 두 개의 다른 유선으로 나타나며, 그림 3-6b에 나타낸 바와 같이 원형관 주위 유동에서 작은 유체요소는 이 유관을 따라 이동한다. 두 유선의 간격이 멀어질 때 유속은 느려지고 가까워질 때(또는 유관이 좁아질 때) 유속은 빨라진다. 이 같은 관계는 다음 장에서 설명할 질량보존의 법칙과 연관지어 생각할 수 있다.

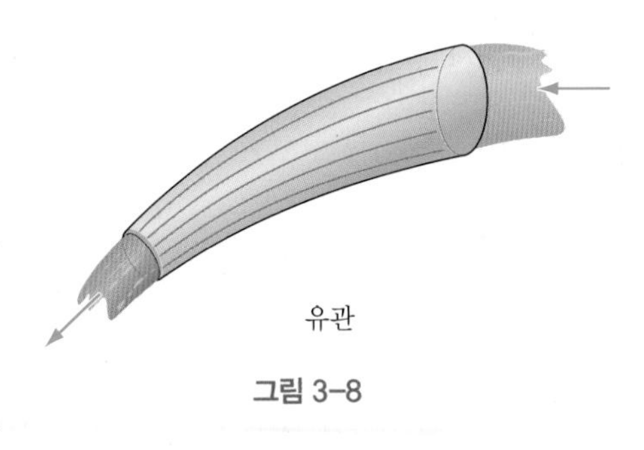
유관

그림 3-8

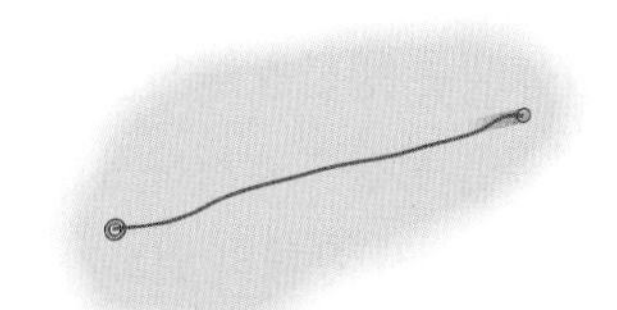
유적선은 $0 \le t \le t_1$ 동안 노출을 지속시킨 사진촬영을 통해 한 입자의 이동경로를 보여준다.

(a)

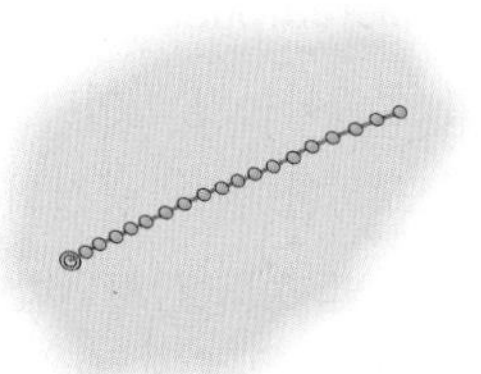
유맥선은 시간 $t = t_1$일 때 입자들의 경로를 보여준다.

(b)

그림 3-9

이 사진은 어떤 한 순간에 스프링클러에서 분출되는 물의 유맥선을 보여준다.

유적선 유체입자가 어느 시간 동안 이동한 '경로'를 나타내는 것이 **유적선**(pathline)이다. 실험적으로 유적선은 한 개의 부유 입자를 유동장의 한 곳에 놓고, 이 입자를 일정 시간 동안 **노출을 유지한 사진기**로 찍은 후 인화된 사진에서 나타나는 선이며, 이 선은 그림 3-9a와 같이 유체입자의 이동경로를 나타낸다.

유맥선 기체의 유동장에서 연기가 연속적으로 분출되거나 액체의 유동장에서 염색액이 연속적으로 분출될 때 이 모든 분출 입자는 그 유동을 따라 흐르게 되는데 이처럼 동일한 지점에서 유동장에 분출된 입자들이 그리는 흔적을 **유맥선**(streakline)이라고 한다. 이 흔적 또는 모든 분출 입자들이 그리는 줄무늬는 그림 3-9b에 나타낸 바와 같이 어떤 순간에 촬영한 사진에서 확인할 수 있다.

유동이 **정상상태**일 때 유선, 유적선, 유맥선은 모두 겹쳐 한 선으로 나타난다. 예를 들어 그림 3-10과 같이 고정된 노즐에서 물이 분사되어 정상유동의 상태를 유지하고 있을 때 유선은 동일한 상태를 유지하며 노즐을 통과하는 모든 유체입

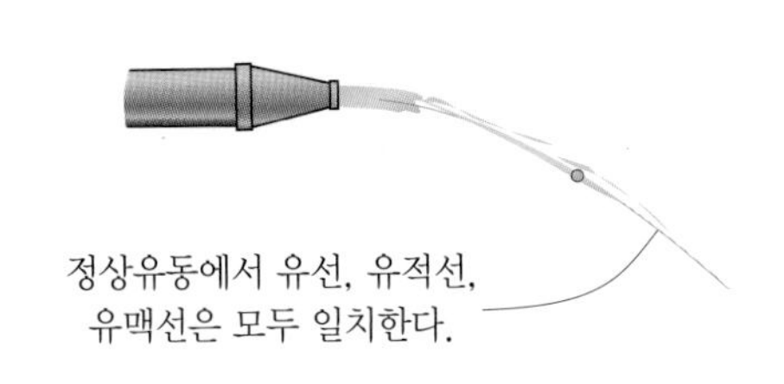

그림 3-10

자는 유선을 따라 이동하게 되어 유적선과 유맥선은 유선과 동일한 선으로 나타나게 된다.

광학적 가시화 방법 공기나 물과 같은 투명한 유체의 유동을 가시화하는 방법에는 빛을 유동하는 유체에 투사하고 투사된 빛과 유체 간섭에 의해 굴절된 빛이 근처에 설치된 막에 유동이 그림자로 나타나게 하는 **음영사진법**(shadowgraph)이 있다. 이는 양초의 불꽃 끝에서 가열된 공기가 위로 올라가는 형상이나 제트 엔진의 배출구에서 배출되는 가스의 유동에서 자주 볼 수 있다. 이 두 가지 유동은 모두 열에 의해서 국소적으로 밀도가 작아져 가벼워진 공기에 투사된 빛이 굴절되어 나타난 영상이다. 유체의 밀도가 많이 변할수록 빛은 더 많이 굴절되어 이 가시화 방법은 제트비행기나 로켓과 같이 가열된 공기의 흐름을 연구할 때 많이 사용된다.

투명한 유체의 유동을 가시화할 수 있는 또 다른 광학적 방법으로는 **슐리렌사진법**(schlieren photography)이 있다. 이 방법 역시 유동에 의한 밀도변화의 기울기를 검출하는 방법이다. 렌즈를 이용해 초점을 맞춘 광선을 물체를 향하거나 평행하도록 한 후 이 광선의 초점에 날카로운 칼끝을 광선에 수직하게 맞춰놓아 광선의 절반 정도를 차단한다. 이 차단된 광선에 의해서 유체의 밀도가 왜곡되고 이로 인해 뒤에 설치된 막에 음양의 형상을 만들어 가시화하는 방법으로, 가열된 공기로 공을 띄우고 있는 유동을 촬영한 사진이 이 방법으로 가시화한 것

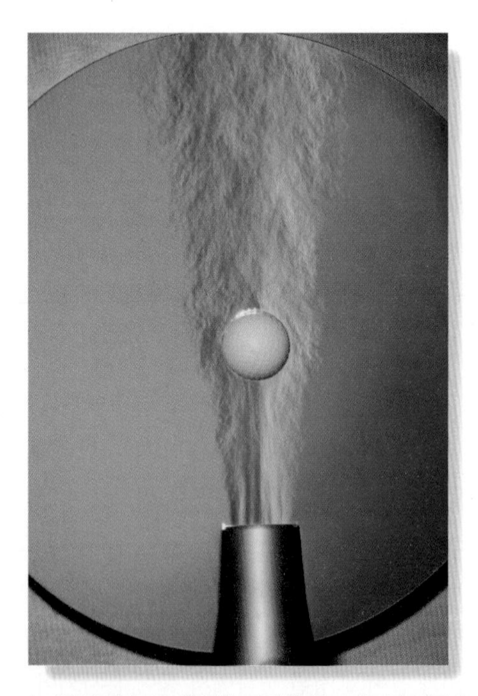

슐리렌사진법으로 촬영한 가열된 공기제트의 유동에 의해 떠있는 공 (© Ted Kinsman/Science Source)

이다. 슐리렌사진법은 주로 항공공학분야에서 제트기 또는 미사일 주위에 형성되는 충격파와 팽창파를 가시화하는 데 이용되는 방법이다. 이 두 가지 광학적 가시화 방법에 대한 보다 자세한 내용은 참고문헌 [5]를 참조하기 바란다.

전산유체역학을 통해 자동차의 주위를 흐르는 유동그림. 이 결과를 바탕으로 향상된 자동차의 외형을 설계할 수 있다. (© Hank Morgan/Science Source)

전산유체역학 현재까지 유동이 매우 복잡한 유동장을 분석하는 연구에는 실험적 방법이 주를 이루고 있으며, 그 결과 역시 매우 중요하게 여겨지고 있다. 한편 연산속도가 빠른 컴퓨터의 발달로 이를 이용하여 유체역학관련 관계식을 수치적 기법으로 해석하는 **전산유체역학**(CFD) 분야로 빠르게 전환되고 있다. 현재 열전달이나 다상유동 등을 전산해석에 포함시킬 수 있는 다수의 전산유체역학관련 상용화프로그램이 관련 연구에 활용되고 있으며, 이들을 이용해 얻은 해석결과는 유선과 유적선, 속도를 다양한 색의 그림으로 보여주며, 정상유동의 형상을 그림파일로 만들 수도 있고 비정상유동의 경우 유체의 흐름을 보여주는 동영상을 만들 수도 있다. 7.12절에서 보다 자세하게 이 내용을 논의할 것이다.

요점 정리

- 유동하는 유체입자의 운동을 기술하는 두 가지 방법 중 시스템을 기반으로 하는 **라그란지 기술법**은 유동하는 입자 각각의 위치를 따라가며 운동을 기술해야 한다는 제한성을 가지고 있다. 반면, 검사체적을 기반으로 하는 **오일러 기술법**은 유동장의 특정 영역이나 좌표점을 통과하는 유체입자의 운동을 기술하는 방법이다.
- 유동을 분류할 수 있는 여러 가지 방법들 중 점성의 영향 정도에 따라 층류와 천이, 난류유동으로 분류할 수 있고, 차원으로는 유동을 무차원, 1차원, 2차원, 3차원 유동으로 분류할 수 있다. 또한 공간과 시간의 변화에 따라 유동이 변화한다고 할 때 시간의 흐름과 관계없이 일정한 유동을 유지하는 정상유동과 위치에 관계없이 일정한 유동을 유지하는 균일유동으로 분류할 수 있다.
- 어떤 한 순간에 유체입자의 운동방향을 접선으로 하는 선을 그릴 수 있는데, 이 선을 유선이라고 한다. 시간에 따라 유동의 변화가 없는 정상유동의 경우 유체입자는 고정된 유선을 따라 흐르지만 유선의 방향이 시간에 따라 변하는 비정상유동의 경우에는 유체입자는 순간순간 변하는 유선을 따라 이동한다.
- 한 개의 유체입자가 시간에 따라 이동하는 경로를 촬영하여 실험적으로 가시화한 것을 유적선이라고 한다. 유맥선은 연기나 염색액이 한 지점에서 유동장으로 연속적으로 분출되어 그리는 입자들의 이동 흔적을 순간적으로 촬영하여 나타낸 그림이다.
- 음영사진법과 슐리렌사진법과 같은 광학적 가시화 방법은 가열된 무색 유체가 고속으로 흐를 때 발생하는 충격파 또는 팽창파를 가시화하는 데 유용한 방법이다.
- 전산유체역학은 수치적 기법을 유체역학관련 방정식에 적용하여 그 해를 구하고, 이 해석결과로 유동을 가시화하는 방법이다.

예제 3.1

그림 3-11에 나타낸 바와 같이 2차원 유동의 속도가 $\mathbf{V} = \{6y\mathbf{i} + 3\mathbf{j}\}$ m/s이고 y의 단위는 미터라고 할 때 좌표점 (1 m, 2 m)를 지나는 유선의 방정식을 구하라.

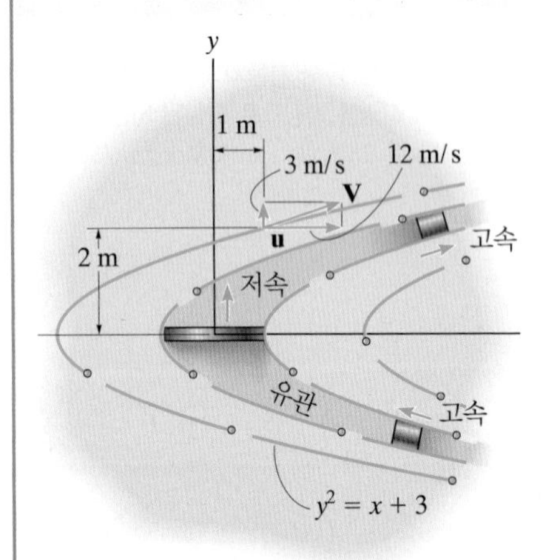

그림 3-11

풀이

유체 설명 공간적 위치를 기준으로 속도를 기술하는 것을 오일러 기술법이라고 한다. 다시 말해서, 유동장의 검사체적의 한 점 (x, y)를 지나는 유체입자의 속도를 기술하는 방법이다. 문제에 주어진 속도분포에는 시간 항이 포함되어 있지 않아 이 유동은 정상유동이며 x와 y 방향의 속도성분은 $u = (6y)$ m/s와 $v = 3$ m/s이다.

해석 식 (3-3)을 이용하여 유선의 방정식을 적용하면

$$\frac{dy}{dx} = \frac{v}{u} = \frac{3}{6y}$$

이 되고, 이 식을 변수분리법으로 적분하면

$$\int 6y\,dy = \int 3\,dx$$

$$3y^2 = 3x + C$$

를 얻을 수 있다. 이 식은 포물선 방정식으로 적분상수 C를 결정함에 따라 한 개의 유선의 방정식을 얻을 수 있다. 따라서 좌표점 (1 m, 2 m)를 통과하는 선은 $3(2)^2 = 3(1) + C$ 또는 $C = 9$를 가지는 방정식이다. 그러므로

$$y^2 = x + 3 \qquad \text{답}$$

이 방정식(유선)을 그림으로 나타내면 그림 3-11과 같다. 이것으로부터 어떤 검사체적의 한 점 (1 m, 2 m)를 지나는 입자의 속도가 $\mathbf{V} = \{12\mathbf{i} + 3\mathbf{j}\}$ m/s임을 알 수 있다. 임의의 검사체적 안의 다른 점을 선택하여 또 다른 적분 상수 C값을 결정하므로 전체 유동장의 모든 유선을 구할 수 있고, 이를 그림으로 나타내면 그림 3-11에서 보는 바와 같이 유동을 가시화할 수 있다. 이 유체요소는 어떤 한 유관을 따라 빠른 속도로 이동하다가 x축에 근접하면서 속도가 느려지고 통과 후에 다시 속도가 빨라지는 것을 볼 수 있다.

참고 : 만약 속도가 시간의 함수인 경우 유동은 비정상상태가 되고 이때 유선은 시간에 따라 그 위치가 변하게 된다. 이런 유동의 유선을 구하기 위해서는 먼저 어떤 한 시간에서 속도 $\mathbf{V}$를 결정하고 이를 식 (3-3)에 대입한 후 같은 방법으로 그 시간에서의 유선을 구할 수 있다.

예제 3.2

유동장의 유체입자의 속도성분이 $u = 3$ m/s, $v = (6t)$ m/s이고 시간 t는 초이다. 시간 $t = 0$일 때 좌표원점에서 있는 유체입자의 유적선을 구하고 $t = 2$ s일 때 이 입자의 유선을 그려라.

풀이

유체 설명 시간만의 함수인 속도는 입자의 운동을 라그란지 기술법으로 기술한 균일하지 않은 유동이다.

유적선 유적선은 시간에 따라 이동하는 입자의 위치를 나타낸 선이다. 시간 $t = 0$일 때 유동장의 한 점 (0, 0)에 있는 입사가 있다고 할 때,

$$u = \frac{dx}{dt} = 3 \qquad v = \frac{dy}{dt} = 6t$$

$$\int_0^x dx = \int_0^t 3\,dt \qquad \int_0^y dy = \int_0^t 6t\,dt$$

$$x = (3t)\text{ m} \qquad y = \left(3t^2\right)\text{ m} \tag{1}$$

두 개의 인수 t와 x로 된 방정식에서 시간을 나타내는 인수 t를 소거하면 다음과 같은 결과 식을 얻을 수 있다.

$$y = 3\left(\frac{x}{3}\right)^2 \quad \text{또는} \quad y = \frac{1}{3}x^2$$ 답

유체입자의 유적선 또는 경로는 그림 3-12에서처럼 포물선으로 나타난다.

유선 유선은 어떤 순간에 운동하는 유체입자의 속도의 방향을 보여주는 선이다. 시간 $t = 2$ s를 식 (1)에 대입하면 그 시간에 입자는 $x = 3(2) = 6$ m, $y = 3(2)^2 = 12$ m에 위치한다는 것을 알 수 있다. 또한 이때 입자의 속도는 $u = 3$ m/s, $v = 6(2) = 12$ m/s임을 알 수 있다. 그림 3-12는 이 시간에서 유선의 방정식인 식 (3-3)을 나타낸 그림이다. 이 관계로부터 다음 식을 얻을 수 있다.

$$\frac{dy}{dx} = \frac{v}{u} = \frac{12}{3} = 4$$

$$\int dy = \int 4\,dx$$

$$y = 4x + C$$

$x = 6$ m, $y = 12$ m인 관계로부터 $C = -12$ m가 된다. 따라서 결과 식은

$$y = 4x - 12$$

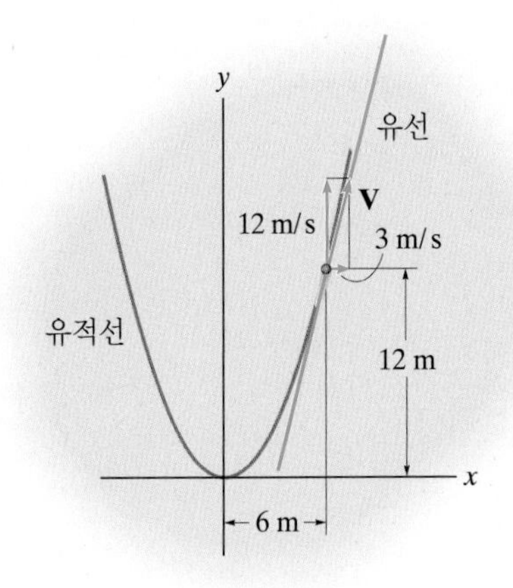

그림 3–12

이며, 이 유선을 그림으로 나타낸 것이 그림 3-12이다. 이 그림으로부터 유선과 유적선이 (6 m, 12 m) 위치에서 같은 기울기를 갖는다는 것을 알 수 있다. 또한 이것으로부터 $t = 2$ s일 때 이 두 선으로부터 속도는 같은 방향을 갖는다는 것을 예측할 수 있으며, 시간이 지남에 따라 유체입자는 유적선을 따라 이동하고 유선은 변화한다.

예제 3.3

그림 3-13은 관의 중심을 따라 흐르는 기체입자의 속도를 나타내며, 이 속도장은 $x \geq 1$ m 구간에서 $V = (t/x)$ m/s이고 시간 t의 단위는 초(s)이고 x의 단위는 미터(m)이다.* 시간 $t = 0$일 때 입자가 $x = 1$ m에 있다고 할 때 이 입자가 $x = 2$ m로 이동했을 때 속도를 구하라.

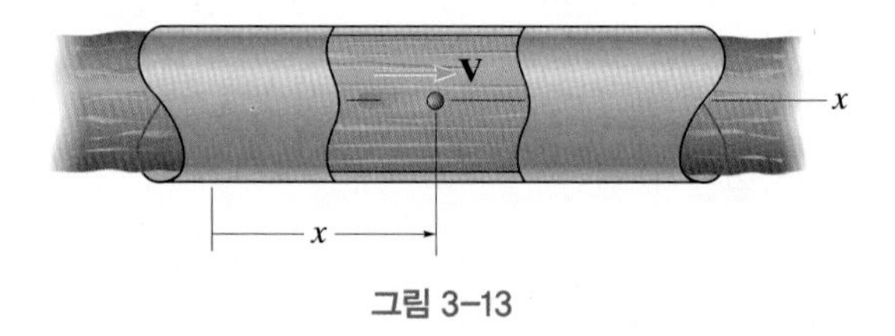

그림 3-13

풀이

유체 설명 속도가 시간의 함수이므로 비정상유동이고 또한 위치의 함수이기 때문에 비균일유동이다. 속도장 $V = V(x, t)$는 오일러 기술법으로 기술한 속도이며 시간 t일 때 x 지점을 통과하는 모든 유체입자의 속도가 $V = (t/x)$이다.

해석 $x = 2$ m에서 속도를 구하기 위해서 먼저 $x = 1$ m에서 $x = 2$ m로 이동하는 데 걸리는 시간을 구해야 하며, 그 시간은 $x = x(t)$ 함수를 구한 후 구할 수 있다. 이 함수는 라그란지 기술법으로 기술한 어떤 한 개 입자의 이동경로를 의미한다.

라그란지 기술법에 따라 유체입자의 위치는 속도장으로부터 정의되므로 식 (3-1)로부터 다음과 같은 식을 얻을 수 있다.

$$V = \frac{dx}{dt} = \frac{t}{x}$$

---

* 참고 : t의 단위 초(s)와 x의 단위 미터(m)를 대입하여 s/m 단위를 얻지만, 상수가 1 m^2/s^2 단위를 가져서 속도는 m/s 단위를 갖게 된다.

변수분리법으로 적분하면

$$\int_1^x x\,dx = \int_0^t t\,dt$$

$$\frac{x^2}{2} - \frac{1}{2} = \frac{1}{2}t^2$$

$$x = \sqrt{t^2 + 1} \tag{1}$$

라그란지 기술법으로 기술한 입자의 속도는 다음과 같이 정의할 수 있으며, 이때 속도는 시간만의 함수가 된다.

$$V = \frac{dx}{dt} = \frac{1}{2}\left(t^2 + 1\right)^{-1/2}(2t)$$

$$= \frac{t}{\sqrt{t^2 + 1}} \tag{2}$$

이 결과로부터 매 순간 경로를 따라 이동하는 유체입자의 위치는 속도관계를 나타낸 식 (1)을 적용하여 찾을 수 있고, 식 (2)로부터 어떤 순간의 입자의 속도를 계산할 수 있다. $x = 2$ m 위치에 입자가 도달했을 때 시간은

$$2 = \sqrt{t^2 + 1}$$

$$t = 1.732 \text{ s}$$

이 된다. 이때 이 입자의 이동속도는

$$V = \frac{1.732}{\sqrt{(1.732)^2 + 1}}$$

$$V = 0.866 \text{ m/s}$$ 답

이다. 이 결과를 오일러 기술법을 이용하여 확인해 보면, $x - 2$ m에 도달했을 때 시간 $t = 1.732$ s이고 이때 속도는

$$V = \frac{t}{x} = \frac{1.723}{2} = 0.866 \text{ m/s}$$ 답

임을 확인할 수 있다.

참고 : 이 예제는 성분 1개를 갖는 속도장으로 $V = u = t/x$, $v = 0$, $w = 0$을 의미한다. 따라서 이 유동은 1차원 유동이며, 유선은 그 방향이 변하지 않고 방향을 유지하게 된다.

3.4 유체의 가속도

속도분포 $\mathbf{V} = \mathbf{V}(x, y, z, t)$ 함수라고 할 때 이 유동의 가속도분포를 이 속도분포로부터 구할 수 있다. 유동에서 힘과 유체입자의 가속도의 관계를 나타낸 것이 뉴턴의 제2법칙($\Sigma\mathbf{F} = m\mathbf{a}$)이며, 이 법칙에 유동을 적용하기 위해서는 가속도분포를 알 필요가 있다. 속도분포가 시간과 공간의 함수로 표현(오일러 기술법)되어 있다면 속도의 변화율(가속도)은 시간과 공간에 의한 변화를 모두 고려해야만 한다. 이 변화율을 어떻게 얻을 수 있는지 알아보기 위해 그림 3-14와 같은 비정상, 비균일 노즐유동의 검사체적에서 운동하고 있는 유체입자 한 개에 대해서 생각해보자. 이때 중심을 지나는 유선에서 입자의 속도가 $V = V(x, t)$이고 이 입자가 검사체적의 어떤 한쪽 검사표면인 x에서 속도는 노즐의 출구 쪽으로 Δx만큼 진행된 $x + \Delta x$ 경계면에서의 속도보다는 작은 값을 갖는다고 할 수 있다. 이는 단면이 점점 작아지는 노즐의 유동에서 노즐의 출구와 가까워질수록 속도가 빨라지기 때문에 $x + \Delta x$이다. 따라서 입자는 Δx만큼 그 위치가 변할 때(비균일유동) 그 속도가 변한다는 것을 알 수 있으며, 또한 밸브가 개방되어 속도가 변할 때 그 검사체적 안의 유체입자의 속도도 시간변화(Δt)에 따라 변하게 된다는 것을 알 수 있다. 결과적으로 $V = V(x, t)$의 변화량은 다음과 같다.

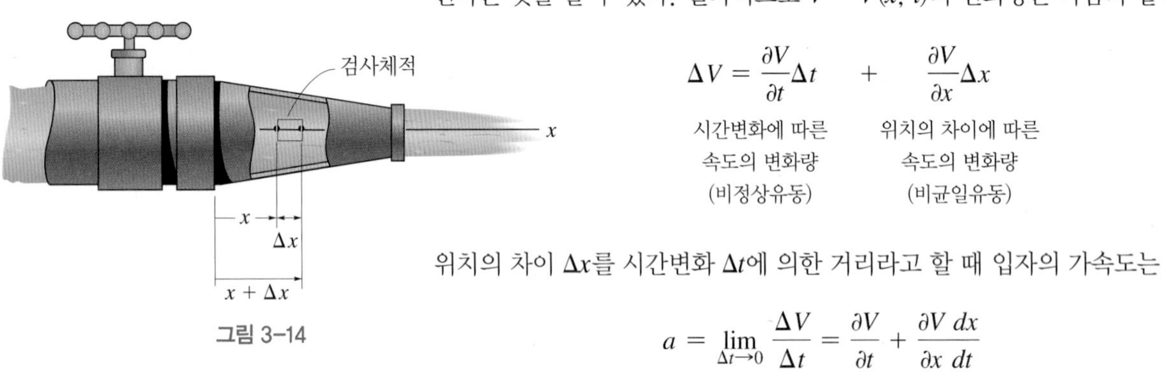

그림 3-14

$$\Delta V = \frac{\partial V}{\partial t}\Delta t \quad + \quad \frac{\partial V}{\partial x}\Delta x$$

시간변화에 따른 속도의 변화량 (비정상유동)   위치의 차이에 따른 속도의 변화량 (비균일유동)

위치의 차이 Δx를 시간변화 Δt에 의한 거리라고 할 때 입자의 가속도는

$$a = \lim_{\Delta t \to 0} \frac{\Delta V}{\Delta t} = \frac{\partial V}{\partial t} + \frac{\partial V}{\partial x}\frac{dx}{dt}$$

이 된다. 미적분학에서 배운 연쇄법칙을 이용하여도 같은 결과를 얻을 수 있다. $V = V(x, t)$라고 할 때 속도 V의 변화를 구하기 위해서 편미분을 하면 $a = \partial V/\partial t(dt/dt) + \partial V/\partial x(dx/dt)$이 되고 여기에 $dx/dt = V$를 대입하면

$$\boxed{\Delta V = \frac{\partial V}{\partial t}\Delta t \quad + \quad \frac{\partial V}{\partial x}\Delta x} \tag{3-4}$$

국소가속도   대류가속도

를 얻는다. 여기서 연산자 $D(\,)/Dt$를 **물질미분**이라고 하며, 이것은 유체입자가 검사체적을 통과해서 흐르는 유체의 어떤 상태량(여기서는 속도)의 변화율을 나타낸다. 이 결과를 정리해보자.

국소가속도 제어체적 안의 유체입자 속도의 시간에 따른 변화율을 나타내는 오른쪽 첫 번째 항인 $\partial V/\partial t$인 가속도를 **국소가속도**라고 한다. 그림 3-14에서 밸브의 개방으로 인한 국소 지점에서의 속도증가를 의미한다. **정상유동**은 이 항이 '0'인 상태로 시간이 변화하더라고 유동은 변화하지 않게 된다.

대류가속도 오른쪽 두 번째 항인 $V(\partial V/\partial x)$를 **대류가속도**라고 하며, 검사체적의 입구에서 유입된 유체입자가 출구로 빠져나갈 때 이 두 지점에서의 속도의 변화량을 나타낸다. 그림 3-14와 같은 원뿔 모양의 노즐을 따라 흐르는 유동에서 나타나는 값이며, 단면이 일정한 관유동과 같은 **균일유동**에서 이 항은 '0'이 된다.

3차원 유동 그림 3-15와 같은 3차원 유동장에서 이 결과를 일반적으로 나타내보자. 검사체적의 한 점 (x, y, z)를 지나는 유체입자의 속도를 일반적으로 나타내면 다음과 같다고 할 수 있다.

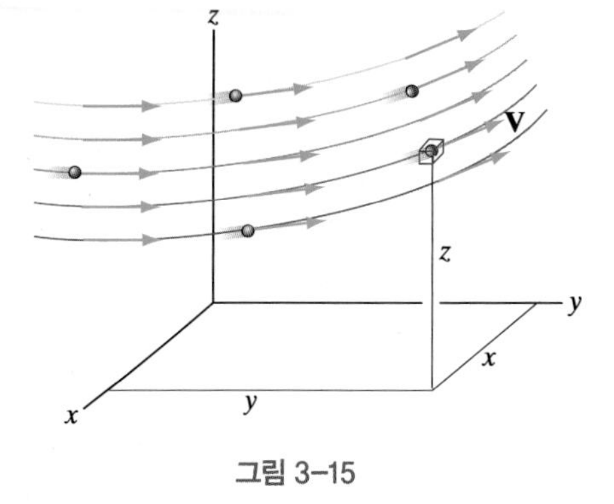

그림 3-15

$$\mathbf{V}(x, y, z, t) = u(x, y, z, t)\mathbf{i} + v(x, y, z, t)\mathbf{j} + w(x, y, z, t)\mathbf{k} \tag{3-5}$$

이 유체입자의 속도는 공간의 변화 dx, dy, dz 또는 시간의 변화 dt에 의해서 속도는 증가 또는 감소하게 된다. 식 (3-4)와 같은 속도변화는 연쇄법칙을 적용한 미분을 통해서 얻을 수 있다.

$$\mathbf{a} = \frac{D\mathbf{V}}{Dt} = \frac{\partial \mathbf{V}}{\partial t} + \frac{\partial \mathbf{V}}{\partial x}\frac{dx}{dt} + \frac{\partial \mathbf{V}}{\partial y}\frac{dy}{dt} + \frac{\partial \mathbf{V}}{\partial z}\frac{dz}{dt}$$

$u = dx/dt$, $v = dy/dt$, $w = dz/dt$이므로 이를 대입하면

$$\underbrace{\mathbf{a} = \frac{D\mathbf{V}}{Dt}}_{\text{총가속도}} = \underbrace{\frac{\partial \mathbf{V}}{\partial t}}_{\text{국소 가속도}} + \underbrace{\left(u\frac{\partial \mathbf{V}}{\partial x} + v\frac{\partial \mathbf{V}}{\partial y} + w\frac{\partial \mathbf{V}}{\partial z}\right)}_{\text{대류가속도}} \tag{3-6}$$

를 얻을 수 있다. 식 (3-5)를 이 식에 다시 대입하여 각 방향의 가속도성분으로 나타내면 다음과 같다.

$$\begin{aligned} a_x &= \frac{\partial u}{\partial t} + u\frac{\partial u}{\partial x} + v\frac{\partial u}{\partial y} + w\frac{\partial u}{\partial z} \\ a_y &= \frac{\partial v}{\partial t} + u\frac{\partial v}{\partial x} + v\frac{\partial v}{\partial y} + w\frac{\partial v}{\partial z} \\ a_z &= \frac{\partial w}{\partial t} + u\frac{\partial w}{\partial x} + v\frac{\partial w}{\partial y} + w\frac{\partial w}{\partial z} \end{aligned} \tag{3-7}$$

물질미분 $\mathbf{V} = \mathbf{V}(x, y, z, t)$인 속도분포 외에 다른 상태량도 오일러 기술법으로 기술할 수 있다. 예를 들어 보일러에서 액체가 가열되는 동안에는 각 지점에 따라 상승되는 온도가 다를 것이다. 이때 유체의 온도분포를 $T = T(x, y, z, t)$라고 할 수 있다. 이 온도는 위치와 시간에 따라 변화하며, 유체를 연속체라고 가정할 때 유체의 압력과 밀도 역시 위치에 따른 분포로 나타내면, $p = p(x, y, z, t)$, $\rho = \rho(x, y, z, t)$로 나타낼 수 있다. 검사체적에서 이 분포의 변화율을 구하면 국소와 대류변화율로 분리되어 나타나게 된다. 온도분포 $T = T(x, y, z, t)$를 예를 들어 보면 다음과 같다.

$$\frac{DT}{Dt} = \underbrace{\frac{\partial T}{\partial t}}_{\text{국소변화}} + \underbrace{u\frac{\partial T}{\partial x} + v\frac{\partial T}{\partial y} + w\frac{\partial T}{\partial z}}_{\text{대류변화}} \tag{3-8}$$

물질미분을 나타내는 벡터연산자를 이용하여 보다 간략한 형태로 표현해보면 다음과 같다.

$$\frac{D(\,)}{Dt} = \frac{\partial(\,)}{\partial t} + (\mathbf{V}\cdot\nabla)(\,) \tag{3-9}$$

속도벡터 $\mathbf{V} = u\mathbf{i} + v\mathbf{j} + w\mathbf{k}$와 구배연산자 $\nabla = (\partial(\,)/\partial x)\mathbf{i} + (\partial(\,)/\partial y)\mathbf{j} + (\partial(\,)/\partial z)\mathbf{k}$의 내적은 $\mathbf{V}\cdot\nabla = u(\partial(\,)/\partial x)\mathbf{i} + v(\partial(\,)/\partial y)\mathbf{j} + w(\partial(\,)/\partial z)\mathbf{k}$가 된다. 식 (3-9)에 V를 대입하여 $D(\mathbf{V})/Dt$를 확장시키면 식 (3-7)을 얻을 수 있다.

스프링클러에서 위로 분사된 물 입자의 속도의 크기는 감소하고 그 방향은 변한다. 이 두 변화는 모두 가속도에 영향을 준다.

예제 3.4

그림 3-16과 같이 밸브가 닫히고 있을 때 기름 입자가 이 노즐의 중심의 유선을 따라 흐르고 있으며, 속도가 $V = [6(1 + 0.4x^2)(1 - 0.5t)]$ m/s이다. x와 t의 단위는 미터와 초이다. 기름 입자가 $t = 1$ s일 때 $x = 0.25$ m에 있다면 이때 이 입자의 가속도를 구하라.

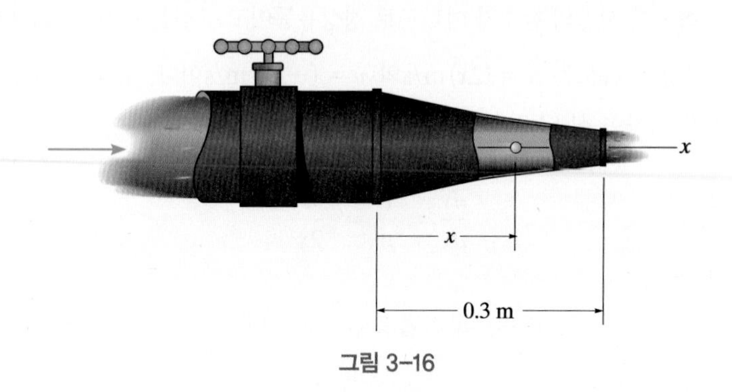

그림 3-16

풀이

유체 설명 오일러 기술법으로 기술된 속도가 시간과 공간의 함수로 되어 있으므로 이 유선을 따라 흐르는 유체입자는 비균일 비정상유동 상태이다.

해석 속도 $V = u$를 식 (3-4)나 식 (3-7)의 첫 번째 식에 적용하면 다음 식을 얻을 수 있다.

$$a = \frac{\partial V}{\partial t} + V\frac{\partial V}{\partial x} = \frac{\partial}{\partial t}\left[6\left(1 + 0.4x^2\right)(1 - 0.5t)\right] + \left[6\left(1 + 0.4x^2\right)(1 - 0.5t)\right]\frac{\partial}{\partial x}\left[6\left(1 + 0.4x^2\right)(1 - 0.5t)\right]$$

$$= \left[6\left(1 + 0.4x^2\right)(0 - 0.5)\right] + \left[6\left(1 + 0.4x^2\right)(1 - 0.5t)\right]\left[6(0 + 0.4(2x))(1 - 0.5t)\right]$$

$x = 0.25$ m, $t = 1$ s를 대입하여 가속도를 구하면

$$a = -3.075\ \mathrm{m/s^2} + 1.845\ \mathrm{m/s^2} = -1.23\ \mathrm{m/s^2}$$ 답

이다. 밸브가 닫히면서 유동이 감소하므로 국소가속도성분 (-3.075 m/s^2)은 음수가 된다. 따라서 $x = 0.25$ m에서 이 입자의 속도가 감소한다는 것을 알 수 있고 위치 x가 커짐에 따라 노즐의 단면은 좁아지고 속도는 빨라져서 대류가속도 (1.845 m/s^2) 성분은 양수가 된다. 결과적으로 이 두 가속도의 합인 가속도는 1.23 m/s^{2}의 비율로 감속하게 된다.

예제 3.5

2차원 유동에서 속도분포를 $\mathbf{V} = \{2x\mathbf{i} - 2y\mathbf{j}\}$ m/s라고 하자. 그리고 x와 y의 단위는 미터이다. 이 유동장의 유선을 그리고 $x = 1$ m, $y = 2$ m인 점에서 입자의 속도와 가속도의 크기를 구하라.

풀이

유체 설명 속도가 시간의 함수가 아니므로 정상유동이고 유선은 변하지 않는다.

해석 각 방향의 속도는 $u = (2x)$ m/s와 $v = (-2y)$ m/s이다. 유선의 방정식을 얻기 위하여 식 (3-3)을 적용하면

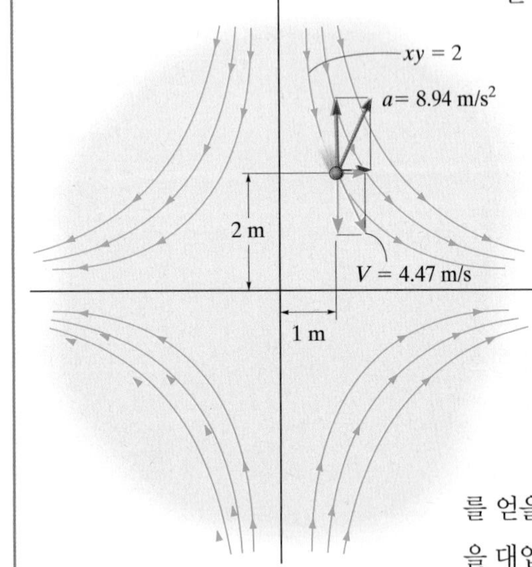

(a)
그림 3–17

$$\frac{dy}{dx} = \frac{v}{u} = \frac{-2y}{2x}$$

을 얻을 수 있고 변수분리법으로 적분하면

$$\int \frac{dx}{x} = -\int \frac{dy}{y}$$
$$\ln x = -\ln y + C$$
$$\ln(xy) = C$$
$$xy = C'$$

를 얻을 수 있다. 여기서 C'은 임의의 적분상수이다. 이 상수에 여러 가지 값을 대입하면 그림 3-17a에서 보는 바와 같은 쌍곡선 형태의 유선들을 그릴 수 있다. 이 중 점 (1 m, 2 m)를 지나는 유선은 이 점의 위치를 이 식에 대입하면 $C' = (1)(2)$이고 $xy = 2$라는 식을 얻을 수 있다.

속도 (1 m, 2 m)에 위치한 검사체적을 통과하는 유체입자의 속도성분은

$$u = 2(1) = 2 \text{ m/s}$$
$$v = -2(2) = -4 \text{ m/s}$$

이므로 이 속도의 크기는

$$V = \sqrt{(2 \text{ m/s})^2 + (-4 \text{ m/s})^2} = 4.47 \text{ m/s}$$ 답

이다. 이 속도성분의 방향을 그림 3-17a에 나타냈으며, 이로부터 속도의 방향이 쌍곡선 형태의 유선을 따른다는 것을 확인할 수 있다. 다른 쌍곡선 형태의 유선에서도 속도가 이 유선을 따른다는 것을, 먼저 위치를 선택하고 이 점에서의 속도를 구한 후 같은 방법으로 유선을 구해 도시하면 확인할 수 있을 것이다.

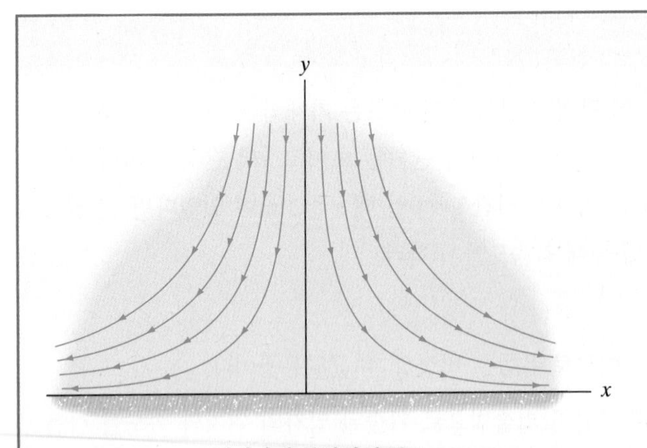

고정평판에 부딪친 유동

(b)

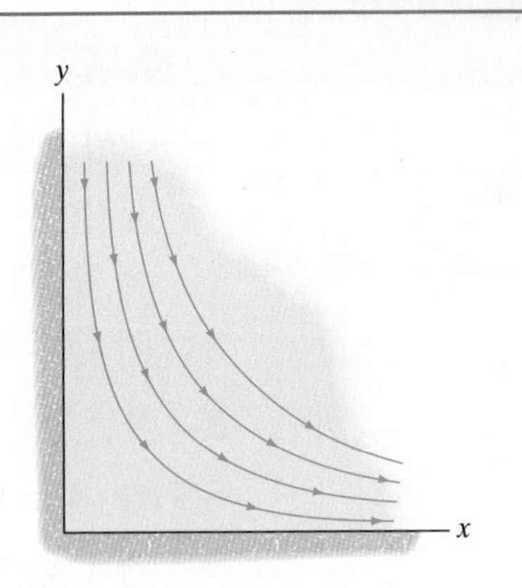

수직을 이루는 두 평판 사이의 유동

(c)

이 결과의 한 부분을 선택하여 그 유동을 보면 아주 흥미로운 점을 알 수 있다. 그림 3-17b는 유동이 수평면에 부딪친 후 좌우로 빠져나가는 유동이며, 그림 3-17c는 직각의 모서리를 따라 흐르는 유동 또는 그림 3-17d처럼 모서리와 쌍곡선 형태의 한 유선 사이를 흐르는 유동이라고 할 수 있다. 이 모든 유동은 원점 (0, 0)에 **정체점**을 가지며, 이곳에서의 속도는 $u = 2(0) = 0$, $v = -2(0) = 0$이 된다. 이 결과로부터 유체가 작은 고체알갱이를 포함하고 있다면 이 알갱이는 원점 주위에 쌓인다는 것을 예측할 수 있다.

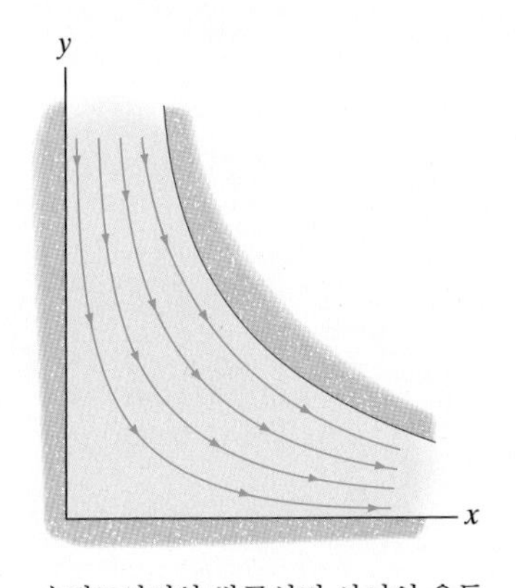

수직모서리와 쌍곡선면 사이의 유동

(d)

그림 3-17(계속)

가속도 식 (3-7)로부터 가속도성분을 구할 수 있고 이 유동은 정상유동으로 국소가속도는 없고 대류가속도만 존재한다.

$$a_x = \frac{\partial u}{\partial t} + u\frac{\partial u}{\partial x} + v\frac{\partial u}{\partial y} = 0 + 2x(2) + (-2y)(0)$$
$$= 4x$$
$$a_y = \frac{\partial v}{\partial t} + u\frac{\partial v}{\partial x} + v\frac{\partial v}{\partial y} = 0 + 2x(0) + (-2y)(-2)$$
$$= 4y$$

점 (1 m, 2 m)에서 이 입자의 가속도성분은

$$a_x = 4(1) = 4 \text{ m/s}^2$$
$$a_y = 4(2) = 8 \text{ m/s}^2$$

이고, 그림 3-17a에 나타낸 바와 같이 그 가속도의 크기는

$$a = \sqrt{(4 \text{ m/s}^2)^2 + (8 \text{ m/s}^2)^2} = 8.94 \text{ m/s}^2 \qquad \text{답}$$

이다.

예제 3.6

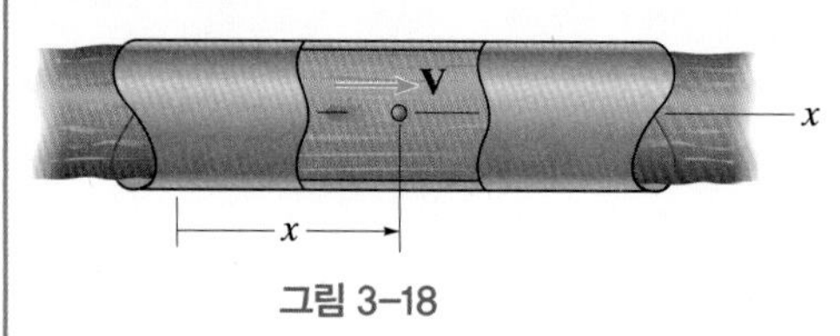

그림 3-18

그림 3-18과 같이 관의 중심을 따라 흐르는 기체입자의 속도가 $x \geq 1$ m 구간에서 $V = (t/x)$ m/s이며, t의 단위는 초이고 x의 단위는 미터이다. 이 유동장에 있는 입자가 시간 $t = 0$일 때 $x = 1$ m에 있었다면 이 입자가 $x = 2$ m에 있을 때 가속도를 구하라.

풀이

유체 설명 $V = V(x, t)$이므로 유동은 비정상, 비균일유동이다.

해석 예제 3.3에서 라그란지 기술법으로 기술된 입자의 위치와 속도를 다음과 같이 구했다.

$$x = \sqrt{t^2 + 1}$$

그리고

$$V = \frac{t}{x} = \frac{t}{\sqrt{t^2 + 1}}$$

이 입자가 $x = 1$ m에 도달했을 때 시간은 $t = 1.732$ s이고 라그란지 관점에서 속도를 시간으로 미분한 가속도는 다음과 같다.

$$a = \frac{dV}{dt} = \frac{\left(t^2 + 1\right)^{1/2}(1) - t\left[\frac{1}{2}\left(t^2 + 1\right)^{-1/2}(2t)\right]}{t^2 + 1} = \frac{1}{\left(t^2 + 1\right)^{3/2}}$$

따라서 $t = 1.732$ s일 때 가속도는

$$a = \frac{1}{((1.732)^2 + 1)^{3/2}} = 0.125 \text{ m/s}^2$$ 답

이다. 이 속도분포를 물질미분한 가속도분포(오일러 기술법)를 이용하여 확인해보자. 1차원 유동이므로 식 (3-4)를 적용하여 가속도분포를 구하면 다음과 같다.

$$a = \frac{DV}{Dt} = \frac{\partial V}{\partial t} + V\frac{\partial V}{\partial x} = \frac{1}{x} + \frac{t}{x}\left(-\frac{t}{x^2}\right)$$

라그란지 기술법으로 정의된 입자는 $t = 1.732$ s일 때 $x = 2$ m의 검사체적에 도달하므로 이를 대입하면 가속도

$$a = \frac{1}{2} + \frac{(1.732)^2}{2}\left(-\frac{1}{(2)^2}\right) = 0.125 \text{ m/s}^2$$ 답

를 얻을 수 있고 두 결과는 일치한다.

3.5 유선좌표계

유체입자의 경로 또는 유선을 알고 있을 때 마치 고정된 관을 따라 흐르는 유동처럼 유선좌표계를 이용하여 운동을 기술할 수 있다. 이 좌표계가 어떻게 형성되는지를 보이기 위해 그림 3-19a와 같이 유선을 따라 이동하는 유체입자를 생각해보자. 이 유선 위에 한 점을 이 좌표계의 원점으로 설정한 후 이 점에서 접선방향의 좌표축을 s축이라 하고, 입자가 이동하는 방향을 양의 방향으로 정하고 이 양의 s방향의 단위벡터를 $\mathbf{u}_s$라고 하자. 수직축을 정하기 전에 도식적으로 어떤 유선을 따르는 곡선을 그림 3-19b처럼 나누었을 때 나누어진 유선의 호를 연속적으로 구성해볼 수 있다. 이때 나누어진 작은 호의 길이를 ds라고 하고 이 호를 어떤 한 점을 중심으로 하는 원호라고 할 때 이 **원호의 중심**을 O', **원호의 곡률 반경**을 R로 정할 수 있다. 그림 3-19a의 경우 검사체적의 s축에 수직이고 원호의 원점 O'을 향하는 수직축을 n축이라 하고, 이 수직축의 단위벡터를 $\mathbf{u}_n$이라고 하자. 이런 방법으로 s와 n축을 만들고 이 좌표축의 함수로 검사체적을 통과하는 유체입자의 속도와 가속도를 나타낼 수 있다.

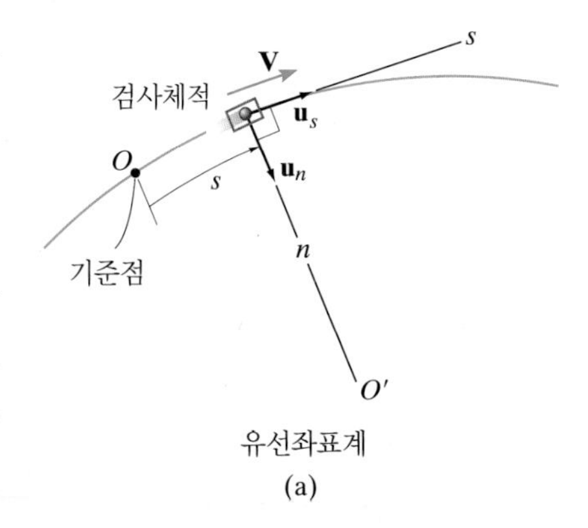

유선좌표계
(a)

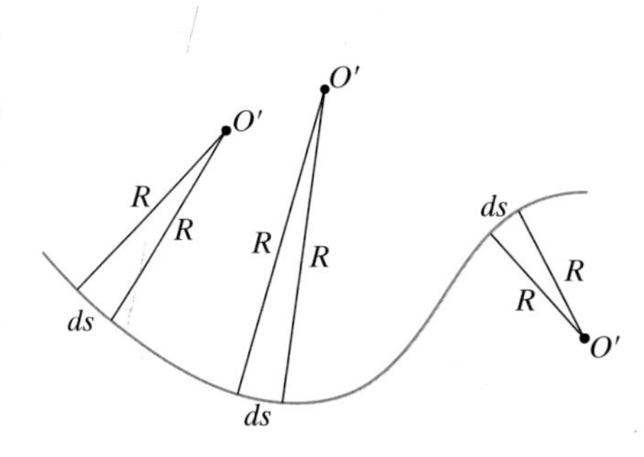

유선 위의 점과 그 점에서
유선의 곡률 반경
(b)

속도 입자의 속도 $\mathbf{V}$의 방향은 항상 그림 3-19a와 같이 그 경로의 접선방향인 양의 s 방향이므로 속도는

$$\mathbf{V} = V\mathbf{u}_s \qquad (3\text{-}10)$$

가 되며 $V = V(s, t)$이다.

가속도 가속도는 속도의 변화율이므로 물질미분으로 이를 정의하면 그림 3-19c와 같이 속도의 국소변화와 공간적으로 Δs만큼 이동할 때 속도변화인 대류변화로 나타낼 수 있다.

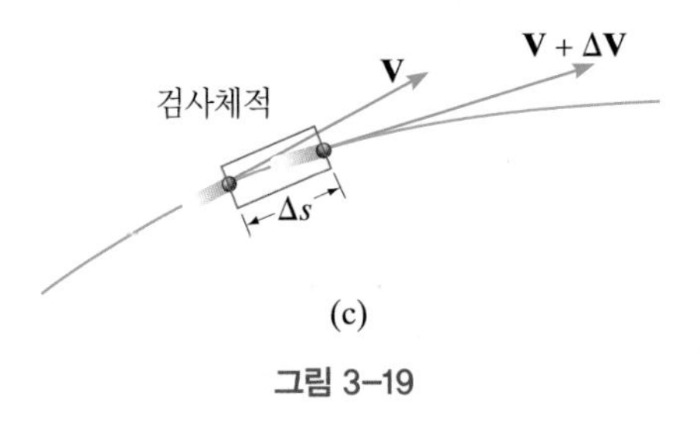

(c)

그림 3–19

국소변화 **비정상유동**의 경우 dt만큼의 시간이 진행되는 동안에 이 검사체적 안에서 입자 속도의 국소변화가 발생한다. 이 국소변화는 다음과 같은 가속도성분으로 나타난다.

$$a_s\Big|_{\text{국소}} = \left(\frac{\partial V}{\partial t}\right)_s \qquad \text{그리고} \qquad a_n\Big|_{\text{국소}} = \left(\frac{\partial V}{\partial t}\right)_n$$

예를 들어, 어떤 한 점에서 **유선 (접선) 방향의 가속도성분** $(\partial V/\partial t)_s$는 밸브의 개폐에 의한 유속이 증감하는 관유동에서 속력과 같은 의미를 가지며, 이 검사체적 안의 입자속도의 크기는 시간에 따라 증가 또는 감소를 하게 된다. 또한 **수직방향 성분의 국소가속도** $(\partial V/\partial t)_n$은 스프링클러처럼 관이 회전할 때 생성되는 가속도이며, 이로 인하여 검사체적 안의 입자의 속도와 유선의 방향이 시간에 따라 변하게 된다.

대류변화 입자의 속도는 그림 3-19c에서처럼 검사표면의 입구에서 출구로 Δs 만큼 이동할 때 속도가 변한다. 이 속도변화를 $\Delta\mathbf{V}$로 나타낸 대류적 속도변화는 그림 3-19d에서와 같이 $\Delta\mathbf{V}_s$와 $\Delta\mathbf{V}_n$의 성분을 갖는다. 특히 $\Delta\mathbf{V}_s$는 속도 $\mathbf{V}$의 크기의 **대류변화량**을 나타내며, 이 변화량은 축소관 또는 노즐을 따라 흐를 때처럼 속력이 빨라지기도 하고 확대관을 따라 흐를 때처럼 속력이 느려지기도 한다. 이 두 경우 모두 비균일 유동이며, s 방향의 대류가속도 성분을 다음과 같이 얻을 수 있다.

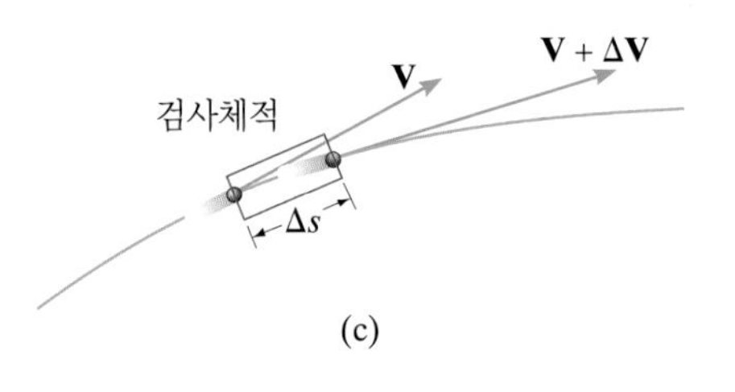

(c)

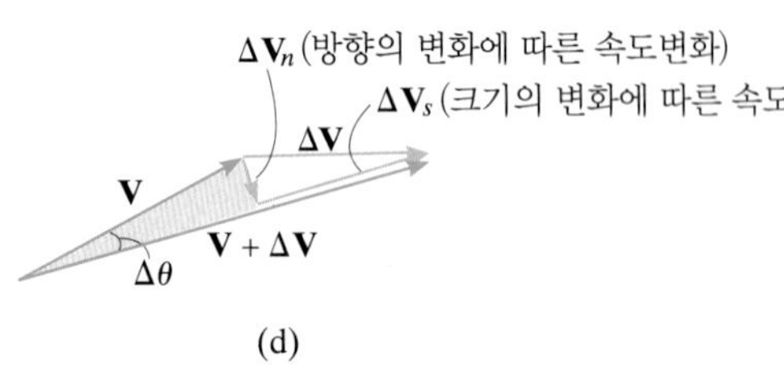

(d)

$$a_s\Big|_{\text{대류}} = \lim_{\Delta t\to 0}\frac{\Delta V_s}{\Delta t} = \lim_{\Delta t\to 0}\frac{\Delta s}{\Delta t}\frac{\Delta V_s}{\Delta s} = V\frac{\partial V}{\partial s}$$

그림 3-19d의 수직방향 성분 $\Delta\mathbf{V}_n$은 $\mathbf{V}$의 **방향변화에 따른 속도변화**이며, 입자의 이동 또는 검사체적을 통과하는 흐름으로 인해 속도벡터가 어떻게 '회전(swing)'하는지를 보여준다. 속도의 방향은 항상 경로의 접선방향이므로 $\mathbf{V}$와 $\mathbf{V} + \Delta\mathbf{V}$ 사이의 아주 작은 각도변화인 $\Delta\theta$는 그림 3-19e에 나타낸 바와 같이 $\Delta\theta = \Delta s/R$이며, 또한 $\Delta\theta = \Delta V_n/V$이기도 하다. 결과적으로 이 둘의 관계로부터 $\Delta V_n = (V/R)\Delta s$임을 알 수 있다. 따라서 n 방향의 대류가속도는 다음과 같이 된다.

(e)

그림 3-19(계속)

$$a_n\Big|_{\text{대류}} = \lim_{\Delta t\to 0}\frac{\Delta V_n}{\Delta t} = \frac{V}{R}\lim_{\Delta t\to 0}\frac{\Delta s}{\Delta t} = \frac{V^2}{R}$$

이는 입자가 검사체적의 입구 면에서 출구 면으로 이동하면서 그 속도의 방향이 변화하는 곡관에서 나타나는 속도성분의 전형적인 예이다.

가속도의 합 앞에서 구한 국소와 대류변화를 모두 합하여 유선과 수직방향의 가속도성분으로 나타내면 다음과 같다.

$$a_s = \left(\frac{\partial V}{\partial t}\right)_s + V\frac{\partial V}{\partial s} \tag{3-11}$$

$$a_n = \left(\frac{\partial V}{\partial t}\right)_n + \frac{V^2}{R} \tag{3-12}$$

요약하면, 이 식의 오른쪽 첫 번째 항은 **비정상유동**에 의한 속도 크기와 방향의 **국소변화**이며, 두 번째 항은 **비균일유동**에 의한 속도 크기와 방향의 변화로 인한 **대류변화**이다.

요점 정리

- 물질미분은 속도분포로부터 가속도를 구할 때 이용된다. 이것은 검사체적에서 시간변화에 의한 **국소변화량**과 검사체적의 입구에서 출구로 이동하는 입자의 위치변화로 나타나는 **대류변화량**으로 구성되어 있다.

- 유선좌표계는 유선 위의 어떤 한 점에 만들어지고 흐름방향을 양의 방향으로 하는 유선의 접선방향인 s축과 그 유선의 곡류반경의 원점을 향하는 s축에 수직인 n축으로 구성되어 있다.

- 유체입자의 속도는 항상 $+s$ 방향으로 이동한다.

- 가속도의 s 방향 성분은 속도의 크기변화를 나타내며, 이는 국소적 시간변화율 $(\partial V/\partial t)_s$과 대류변화율인 $V(\partial V/\partial s)$의 합이다.

- 가속도의 n 방향 성분은 속도의 방향변화를 나타내며, 이는 국소적 시간변화율 $(\partial V/\partial t)_n$과 대류변화율인 V^2/R의 합이다.

연기의 입자를 이용한 유선으로 자동차 차체 주위를 따라 흐르는 공기유동을 가시화하는 방법 (© Frank Herzog/Alamy)

예제 3.7

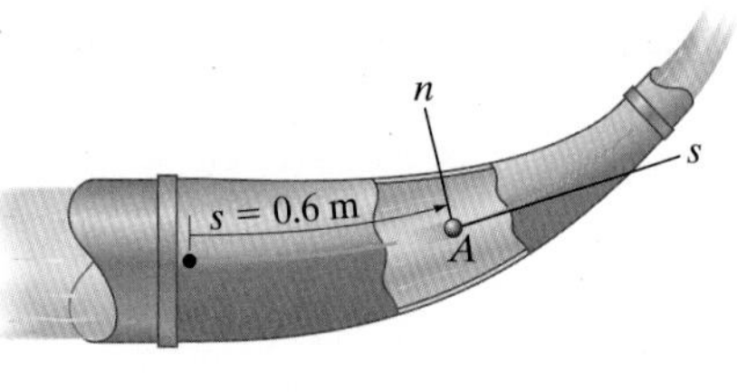

그림 3-20

그림 3-20과 같은 곡관을 따라 흐르는 유동장의 유선에서 입자의 속도는 $V = (0.4s^2)e^{-0.4t}$ m/s라고 하자. 여기서 s의 단위는 미터이고 t의 단위는 초이다. $t = 1$ s일 때 $s = 0.6$ m인 점 A에 있는 유체입자의 가속도의 크기를 구하라. 점 A에서 유선의 곡률 반경은 $R = 0.5$ m이다.

풀이

유체 설명 오일러 기술법에서 운동은 공간과 시간의 함수로 나타나므로 비균일, 비정상유동이다.

해석 점 A에서 유선좌표계를 만들어라.

유선방향성분 가속도 가속도의 유선방향성분은 식 (3-11)을 이용하여 그 속도의 크기의 변화율을 구하면 다음과 같다.

$$\begin{aligned}a_s &= \left(\frac{\partial V}{\partial t}\right)_s + V\frac{\partial V}{\partial s}\\ &= \frac{\partial}{\partial t}\left[(0.4s^2)e^{-0.4t}\right] + \left[(0.4s^2)e^{-0.4t}\right]\frac{\partial}{\partial s}\left[(0.4s^2)e^{-0.4t}\right]\\ a_s &= 0.4s^2\left(-0.4e^{-0.4t}\right) + \left(0.4s^2\right)e^{-0.4t}\left(0.8s\,e^{-0.4t}\right)\\ &= 0.4(0.6\text{ m})^2\left[-0.4\,e^{-0.4(1\text{ s})}\right] + (0.4)(0.6\text{ m})^2e^{-0.4(1\text{ s})}\left[0.8(0.6\text{ m})e^{-0.4(1\text{ s})}\right]\\ &= -0.00755\text{ m/s}^2\end{aligned}$$

수직방향성분 가속도 관이 회전하지 않기 때문에 유선도 회전하지 않는다. 따라서 A에서 n축의 방향은 고정되어 있고 n축을 따르는 속도방향의 변화는 없다. 식 (3-12)를 적용하면 n 방향의 대류변화만을 가진다.

$$\begin{aligned}a_n &= \left(\frac{\partial V}{\partial t}\right)_n + \frac{V^2}{R} = 0 + \frac{\left[0.4(0.6\text{ m})^2e^{-0.4(1\text{ s})}\right]^2}{0.5}\\ &= 0.01863\text{ m/s}^2\end{aligned}$$

가속도 따라서 가속도의 크기는 다음과 같다.

$$\begin{aligned}a &= \sqrt{a_s^2 + a_n^2} = \sqrt{\left(-0.00755\text{ m/s}^2\right)^2 + \left(0.01863\text{ m/s}^2\right)^2}\\ &= 0.0201\text{ m/s}^2 = 20.1\text{ mm/s}^2\end{aligned}$$

답

참고문헌

1. D. Halliday, et. al, *Fundamentals of Physics*, 7th ed, J. Wiley and Sons, Inc., N.J., 2005
2. W. Merzkirch, *Flow Visualization*. 2nd ed., Academic Press, New York, NY, 1897.
3. R. C. Baker, *Introductory Guide to Flow Measurement*, 2nd ed., John Wiley, New York, NY, 2002.
4. R. W. Miller, *Flow Measurement Engineering Handbook*, 3rd ed., McGraw-Hill, New York, NY, 1997.
5. G.S. Settles, *Schlieren and Shadowgraph Techniques: Visualizing Phenomena in Transport Media,* Springer, Berlin, 2001.

기초문제

3.1~3.3절

F3-1 2차원 유동장에서 속도가 $u = \left(\frac{1}{4}x\right)$ m/s, $v = (2t)$ m/s이며 x의 단위는 미터이고, t의 단위는 초이다. 유체입자가 $t = 0$일 때 (2 m, 6 m) 지점을 통과한다고 할 때 $t = 2$ s일 때 이 입자의 위치 (x, y)를 구하라.

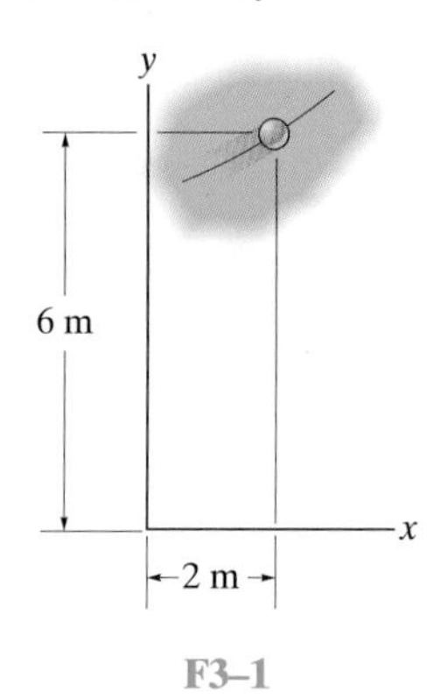

F3–1

F3-2 어떤 유동장의 방향의 속도성분이 각각 $u = (2x^2)$ m/s와 $v = (8y)$ m/s이며 x와 y의 단위는 미터이다. (2 m, 3 m) 점을 통과하는 유선의 방정식을 구하라.

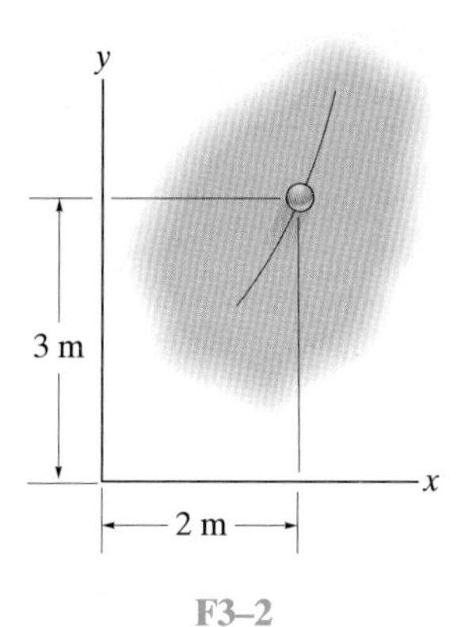

F3–2

3.4절

F3-3 노즐로부터 분사되는 물의 유동에서 노즐의 중심을 지나는 유선을 따라 운동하는 유체입자의 속도분포가 $V = (200x^3 + 10t^2)$ m/s이며 t의 단위는 초이고, x의 단위는 미터이다. 시간 $t = 0.2$ s일 때 $x = 0.1$ m를 지나는 유체입자의 가속도를 구하라.

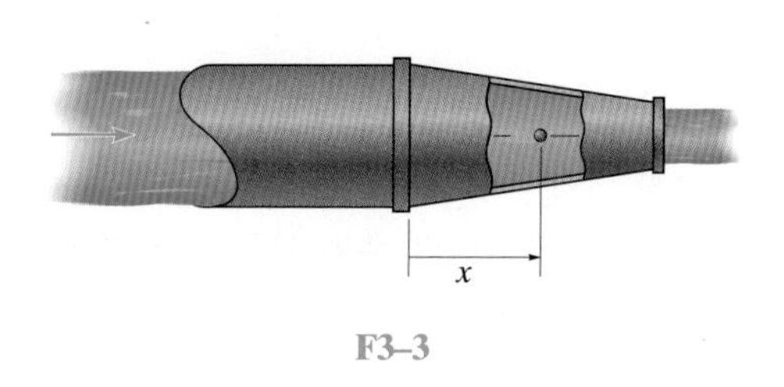

F3–3

F3-4 x축을 따라 흐르는 다이옥시톨의 속도가 $u = 3(x + 4)$ m/s이며 x의 단위는 미터이다. $x = 100$ mm 위치에서 유체입자의 가속도를 구하라. 또한 $t = 0$일 때 $x = 0$에서 출발한 유체입자가 $t = 0.02$ s일 때 위치는 어디인가?

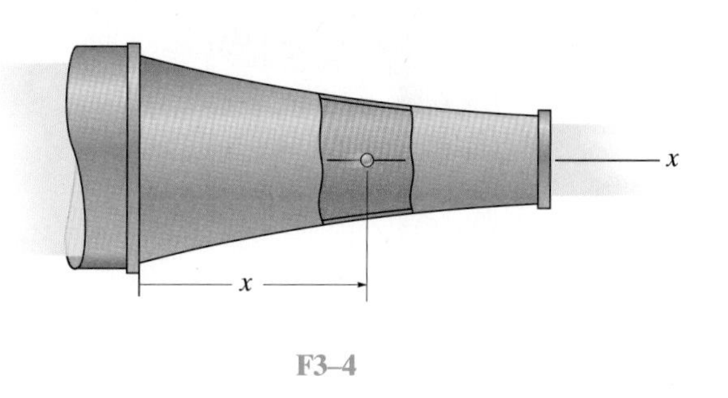

F3–4

F3-5 어떤 유동장의 x, y 방향의 속도성분이 $u = (3x + 2t^2)$ m/s이고 $v = (2y^3 + 10t)$ m/s이며, x와 y의 단위는 미터이고 t의 단위는 초이다. 시간 $t = 2$ s일 때 $x = 3$ m, $y = 1$ m 위치에 있는 유체입자의 국소 및 대류가속도의 크기를 구하라.

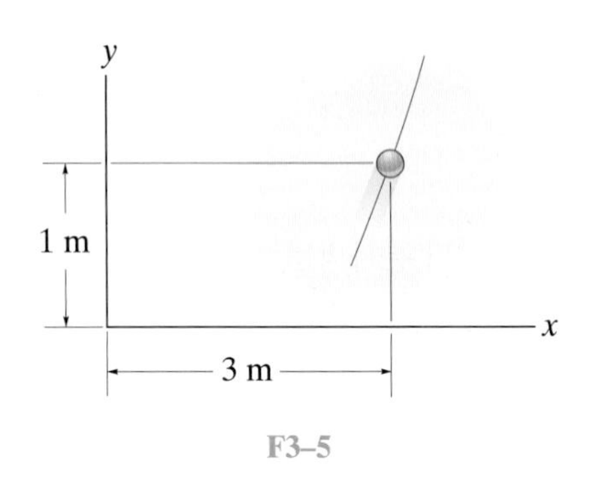

F3–5

F3-7 평균속도가 3 m/s인 곡관을 따라 흐르는 유동이 있다. 곡관의 중심을 지나는 유선을 따라 운동하는 물입자의 가속도의 크기를 구하라.

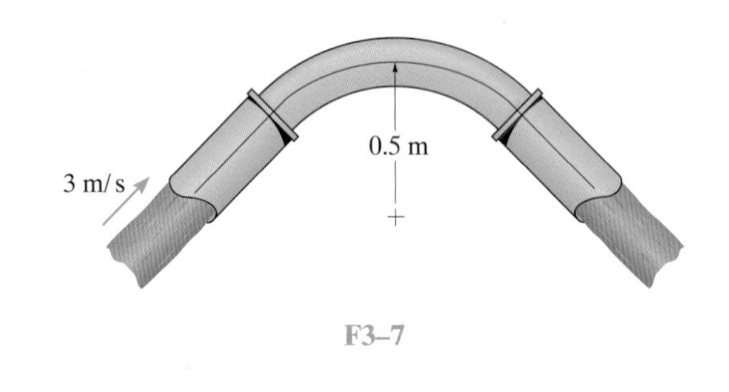

F3–7

3.5절

F3-6 곡관을 따라 흐르는 정상상태의 유동이 있다. 관의 중심을 지나는 유선을 따라 운동하는 유체입자의 속도가 $V = (20s^2 + 4)$ m/s이며, s의 단위는 미터이다. 점 A에 있는 유체입자의 가속도의 크기를 구하라.

F3-8 곡관의 중심을 지나는 유선을 따라 흐르는 유동의 속도가 $V = (20s^2 + 1000t^{3/2} + 4)$ m/s이며, s의 단위는 미터이고 t의 단위는 초이다. 시간 $t = 0.02$ s일 때 $s = 0.3$ m인 점 A를 지나는 유체입자의 가속도의 크기를 구하라.

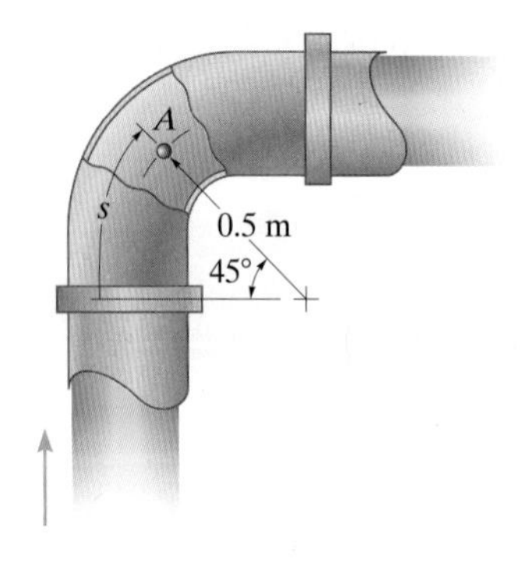

F3–6

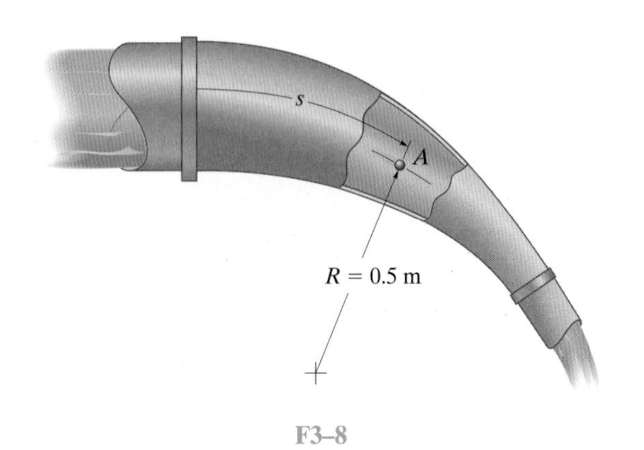

F3–8

연습문제

3.1~3.3절

3-1 시간 $t = 0$일 때 표시가 된 유체입자를 유동장에 놓았더니 유적선이 그려졌다. 시간 $t = 2$ s와 $t = 4$ s일 때 유체입자의 유선과 유맥선을 그려라.

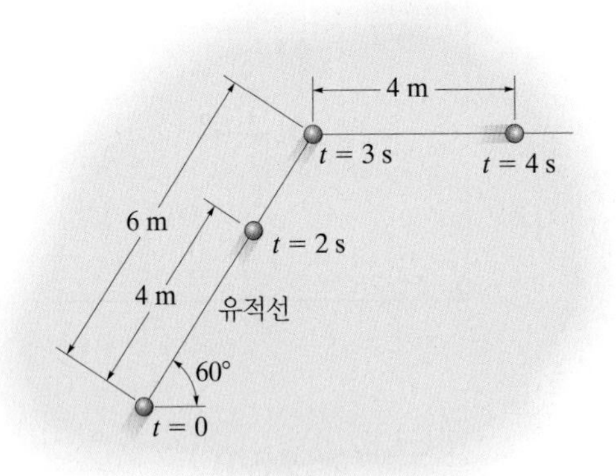

연습문제 **3–1**

3-2 처음에 양의 x축 방향으로 3초 동안 2 m/s의 속도로 흐르는 액체 유동이 $t > 3$ s일 때 갑자기 양의 y축 방향으로 4 m/s로 흐르고 있다. $t = 1$ s와 $t = 4$ s에서 처음에 표시가 된 유체입자의 유선과 유적선을 그리고, 이 두 시간에서 유맥선도 그려라.

3-3 처음에 양의 y축 방향으로 4 s 동안 3 m/s의 속도로 흐르는 액체유동이 $t > 4$ s에서 갑자기 양의 x축 방향으로 2 m/s로 흐르고 있다. $t = 2$ s와 $t = 6$ s에서 처음에 표시가 된 유체입자의 유선과 유적선을 그리고, 이 두 시간에서 유맥선도 그려라.

***3-4** 어떤 유체의 2차원 유동장에서 속도분포가 $\mathbf{V} = \{(2x + 1)\mathbf{i} - (y + 3x)\mathbf{j}\}$ m/s이며, x와 y의 단위는 미터이다. (2 m, 3 m)에서 유체입자의 속도의 크기를 구하고, x축을 기준으로 반시계방향의 각도로 그 방향을 나타내어라.

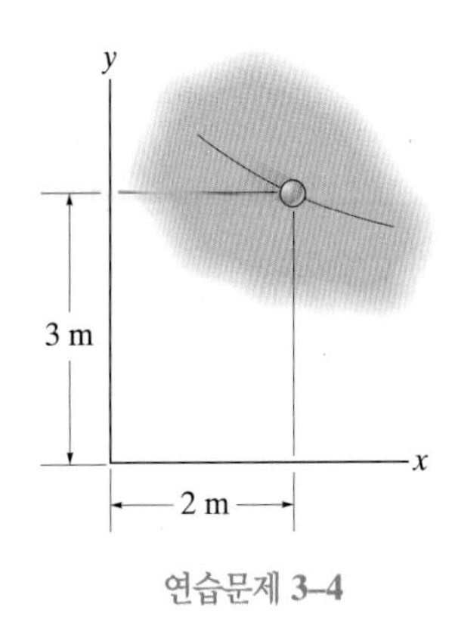

연습문제 **3–4**

3-5 어떤 액체의 2차원 유동장에서 속도분포가 $\mathbf{V} = \{(5y^2 - x)\mathbf{i} + (3x + y)\mathbf{j}\}$ m/s이며, x와 y의 단위는 미터이다. (5 m, −2 m)에 있는 유체입자의 속도의 크기를 구하고, x축을 기준으로 반시계방향의 각도로 그 방향을 나타내어라.

3-6 비눗방울을 공기 중에 띄웠더니 그 속도가 $\mathbf{V} = \{(0.8x)\mathbf{i} + (0.06t^2)\mathbf{j}\}$ m/s이며, x의 단위는 미터이고 t의 단위는 초이다. 시간 $t = 5$ s일 때 비눗방울의 속도의 크기를 구하고 x축을 기준으로 반시계방향의 각도로 그 방향을 나타내고 이 비눗방울이 $x = 2$ m, $y = 3$ m 지점을 지나는 순간의 유선을 그려라.

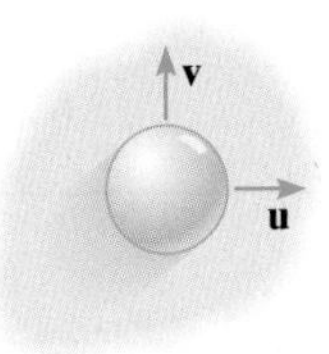

연습문제 **3–6**

3-7 어떤 유체의 유동장의 속도성분식이 $u = (2 + y)$ m/s와 $v = (2y)$ m/s라고 할 때 점 (3 m, 2 m)를 지나는 유선의 방정식과 이 점에서 유체입자의 속도를 구하고 유선을 그려라. 여기서 x와 y의 단위는 미터이다.

***3-8** 어떤 유체의 유동장의 속도성분식이 $u = (x^2 + 5)$ m/s와 $v = (-6xy)$ m/s라고 할 때 점 (5 m, 1 m)를 지나는 유선의 방정식과 이 점에서 유체입자의 속도를 구하고 유선을 그려라. 여기서 x와 y의 단위는 미터이다.

3-9 유체입자들이 속도 $\mathbf{V} = \{2y^2\mathbf{i} + 4\mathbf{j}\}$ m/s인 유동장에서 유동하고 있다. 점 (1 m, 2 m)를 지나는 유선의 방정식과 이 점에서 입자의 속도를 구하고 유선을 그려라.

3-10 일정한 속도 $u = 0.5$ m/s로 바람이 불고 있는 공기 중에 풍선이 이 바람을 따라 이동한다. 또한 이 풍선은 부력과 더운 공기의 영향으로 $v = (0.8 + 0.6y)$ m/s의 속도로 상승하고 있다. 이 풍선의 유선의 방정식을 구하고 유선을 그려라. 여기서 x와 y의 단위는 미터이다.

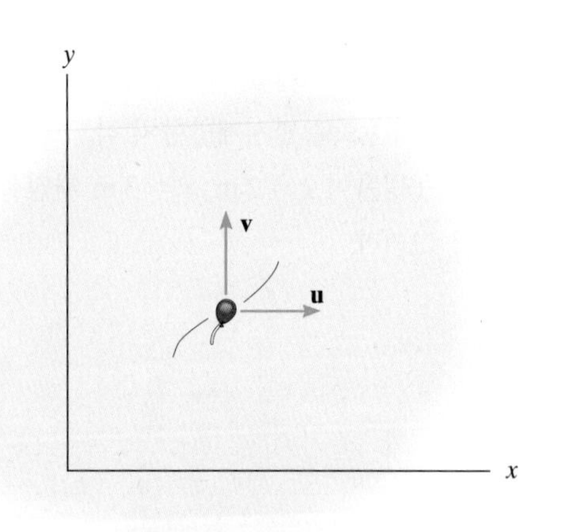

연습문제 3–10

3-11 일정한 속도 $u = (0.8x)$ m/s로 바람이 불고 있는 공기 중에 (1 m, 0)의 위치에 놓인 풍선이 바람을 따라 이동한다. 또한 이 풍선은 부력과 더운 공기의 영향으로 $v = (1.6 + 0.4y)$ m/s의 속도로 상승하고 있다. 이 풍선의 유선의 방정식을 구하고 유선을 그려라. 여기서 x와 y의 단위는 미터이다.

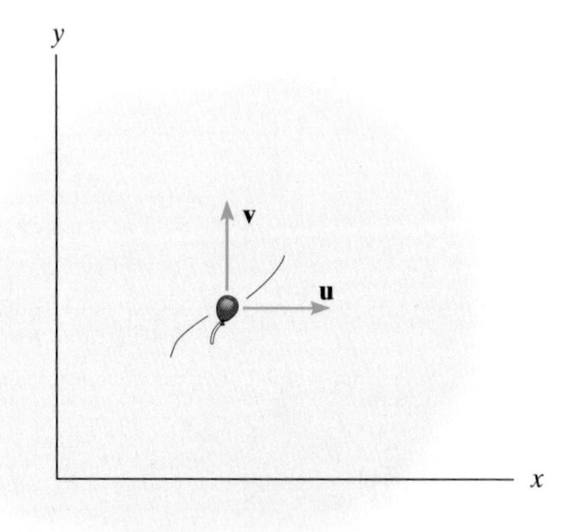

연습문제 3–11

***3-12** 속도성분이 $u = (8y)$ m/s, $v = (6x)$ m/s인 유동장이 있다. 점 (1 m, 2 m)를 지나는 유선의 방정식을 구하고 그 유선을 그려라. 여기서 x와 y의 단위는 미터이다.

3-13 속도성분이 $u = (3x)$ ft/s, $v = (6y)$ ft/s인 유동장이 있다. 점 (3 ft, 1 ft)를 지나는 유선의 방정식을 구하고 그 유선을 그려라. 여기서 x와 y의 단위는 피트이다.

3-14 물의 유동속도가 $u = 5$ m/s, $v = 8$ m/s인 유동장에 금속조각을 원점 (0, 0)에 놓았다. 이 금속조각의 유선과 유적선을 그려라.

3-15 속도성분이 $u = [8x/(x^2 + y^2)]$ m/s, $v = [8y/(x^2 + y^2)]$ m/s인 유동장이 있다. 점 (1 m, 1 m)를 통과하는 유선의 방정식을 구하고 그 유선을 그려라. 여기서 x와 y의 단위는 미터이다.

***3-16** 어떤 유체의 속도성분이 $u = [30/(2x + 1)]$ m/s, $v = (2ty)$ m/s이며, x와 y의 단위는 미터이고 t의 단위는 초이다. $t = 2$ s일 때 점 (2 m, 6 m)를 지나는 유적선을 구하고, $0 \le x \le 4$ m 구간에서 유적선을 그려라.

3-17 어떤 유체의 속도성분이 $u = [30/(2x + 1)]$ m/s와 $v = (2ty)$ m/s이며, x와 y의 단위는 미터이고 t의 단위는 초이다. 시간 $t = 1$ s, $t = 2$ s, $t = 3$ s일 때 점 (1 m, 4 m)를 지나는 세 유선을 구하고, $0 \le x \le 4$ m 구간에서 유선을 그려라.

3-18 어떤 유체의 속도성분이 $u = [30/(2x + 1)]$ m/s와 $v = (2ty)$ m/s이며, x와 y의 단위는 미터이고 t의 단위는 초이다. 시간 $t = 2$ s와 $t = 5$ s일 때 점 (2 m, 6 m)를 지나는 두 유선을 구하고, $0 \le x \le 4$ m 구간에서 유선을 그려라.

3-19 유선의 방정식 $y^3 = 8x - 12$를 따라 이동하는 유체입자가 있다. $x = 1$ m를 지날 때 이 입자의 속도가 5 m/s라면 이 점에서 두 방향의 속도성분을 구하고 유선 위에 속도를 그려보아라.

***3-20** 유동장에서 속도분포가 $u = (0.8t)$ m/s와 $v = 0.4$ m/s이며, t의 단위는 초이다. 시간 $t = 0$일 때 원점을 지나는 입자의 유적선을 그리고 $t = 4$ s일 때 이 입자의 유선을 그려라.

3-21 기름의 속도장이 $\mathbf{V} = \{3y^2\mathbf{i} + 8\mathbf{j}\}$ m/s인 유동장이 있다. 여기서 y의 단위는 미터이다. 점 (2 m, 1 m)를 지나는 유선의 방정식은 무엇인가? 이 입자가 $t = 0$일 때 이 점에 있었다면 $t = 1$ s일 때는 어떤 위치에 있는지 구하라.

3-22 회전하고 있는 유동장의 속도성분이 $u = (6 - 3x)$ m/s와 $v = 2$ m/s이며, x의 단위는 미터이다. $0 \le x < 2$ m 구간에서 원점을 지나는 유선을 그려라.

3-23 시간이 $0 \le t < 10$ s인 구간에서 속도성분이 $u = -2$ m/s, $v = 3$ m/s이고, $10\text{ s} < t \le 15$ s인 구간에서 속도성분이 $u = 5$ m/s, $v = -2$ m/s인 물의 유동장이 있다. 시간 $t = 0$ s일 때 원점에 유체입자를 놓았다. 이 입자의 유선과 유적선을 그려라.

***3-24** 속도성분이 $u = (4x)$ m/s, $v = (2t)$ m/s인 유동장이 있고, 여기서 t의 단위는 초이고 x의 단위는 미터이다. 시간 $t = 1$ s일 때 점 (2 m, 6 m)를 지나는 유선의 방정식을 구하고, $0.25\text{ m} \le x \le 4$ m 구간에서 유선을 그려라.

3-25 속도성분이 $u = (4x)$ m/s, $v = (2t)$ m/s인 유동장이 있고, 여기서 t의 단위는 초이고 x의 단위는 미터이다. 시간 $t = 1$ s일 때 점 (2 m, 6 m)를 지나는 유적선의 방정식을 구하고, $0.25\text{ m} \le x \le 4$ m 구간에서 유적선을 그려라.

3-26 시간이 $0 \le t < 5$ s인 구간에서 유체의 속도성분이 $u = \left(\frac{1}{2}x\right)$ m/s, $v = \left(\frac{1}{8}y^2\right)$ m/s이고, $5\text{ s} < t \le 10$ s인 구간에서는 속도가 $u = \left(-\frac{1}{4}x^2\right)$ m/s, $v = \left(\frac{1}{4}y\right)$ m/s인 유동이 있다. 여기서 x와 y의 단위는 미터이다. $t = 0$ s일 때 점 (1 m, 1 m)에 놓은 입자의 유적선과 유선을 그려라.

3-27 속도장이 $\mathbf{V} = \{(6y^2 - 1)\mathbf{i} + (3x + 2)\mathbf{j}\}$ m/s인 2차원 유동장이 있다. 여기서 x와 y의 단위는 미터이다. 점 (6 m, 2 m)를 지나는 유선과 이 점에서의 속도를 구하고, 이 유선 위에 속도를 그려라.

***3-28** 속도장이 $\mathbf{V} = \{(2x + 1)\mathbf{i} - y\mathbf{j}\}$ m/s인 2차원 액체 유동장이 있다. 여기서 x와 y의 단위는 미터이다. 점 (3 m, 1 m)에 있는 입자의 속도의 크기를 구하고, 유선 위에 속도를 그려라.

3.4절

3-29 수평한 덕트의 중심을 따라 흐르는 균일한 공기유동의 속도가 $V = (6t^2 + 5)$ m/s이고, 여기서 t의 단위는 초이다. 시간 $t = 2$ s일 때 이 유동의 가속도를 구하라.

3-30 지름이 다른 두 관을 연결하는 리듀서의 중심선을 따라 흐르는 기름 유동에서 유체입자의 속도 $V = (4xt)$ in./s이고 여기서 x의 단위는 인치, t의 단위는 초이다. 시간 $t = 2$ s일 때 $x = 16$ in.에서 이 입자의 가속도를 구하라.

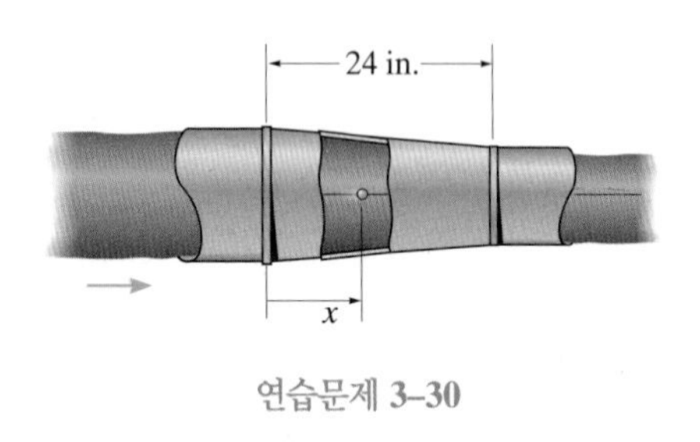

연습문제 3–30

3-31 속도성분이 $u = (6y + t)$ ft/s, $v = (2tx)$ ft/s인 유동이 있다. 여기서 x와 y의 단위는 피트이고, t의 단위는 초이다. 시간 $t = 1$ s일 때 점 (1 ft, 2 ft)를 지나는 입자의 가속도의 크기를 구하라.

***3-32** 관의 중심을 지나는 유선을 따라 흐르는 기체유동의 속도는 $u = (10x^2 + 200t + 6)$ m/s이며, x의 단위는 미터이고 t의 단위는 초이다. 시간 $t = 0.01$ s일 때 노즐의 출구 끝인 점 A를 지나는 유체입자의 가속도를 구하라.

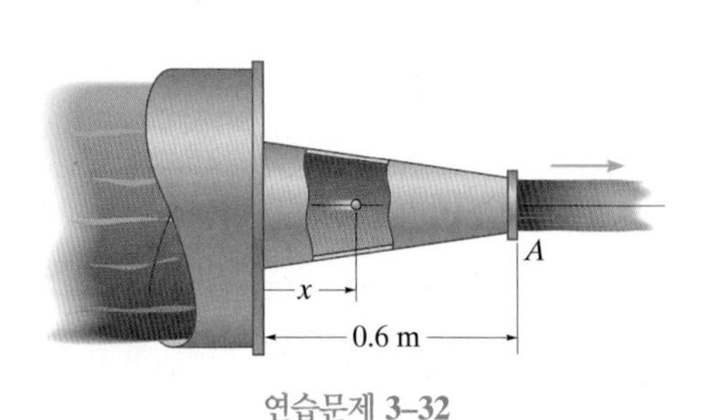

연습문제 3–32

3-33 어떤 유체의 속도성분이 $u = (2x^2 - 2y^2 + y^2)$ m/s, $v = (y + xy)$ m/s이며, x와 y의 단위는 미터이다. 유체입자가 점 (2 m, 4 m)에 있을 때 속도의 크기와 가속도를 구하라.

3-34 어떤 유체의 속도성분이 $u = (5y^2 - x^2)$ m/s, $v = (4x^2)$ m/s이며, x와 y의 단위는 미터이다. 유체입자가 점 (2 m, 1 m)를 통과할 때 속도의 크기와 가속도를 구하라.

3-35 어떤 유체의 속도성분이 $u = (5y^2)$ m/s, $v = (4x - 1)$ m/s이며, x와 y의 단위는 미터이다. 점 (1 m, 1 m)를 통과하는 유선의 방정식을 구하고, 이 점에 있는 유체입자의 가속도성분을 구하라. 또한 속도의 크기와 가속도를 구하고 유선 위에 가속도를 그려라.

***3-36** 덕트의 중심을 따라 흐르는 공기 유동의 속력이 $V_A = 8$ m/s에서 $V_B = 2$ m/s로 선형적으로 감소하고 있다. 덕트를 따라 흐르는 수평유동의 속도와 가속도를 위치 x의 함수로 나타내라. 그리고 시간 $t = 0$일 때 $x = 0$에 위치한 유체입자의 위치변화를 시간의 함수로 나타내라.

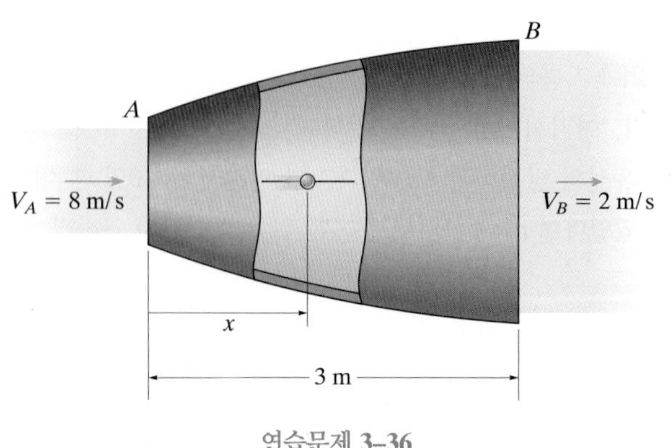

연습문제 3–36

3-37 어떤 유체의 속도성분이 $u = (8t^2)$ m/s, $v = (7y + 3x)$ m/s이며, x와 y의 단위는 미터이고 t의 단위는 초이다. 시간 $t = 2$ s일 때 점 (1 m, 1 m)를 지나는 유체입자의 속도와 가속도를 구하라.

3-38 어떤 유체의 속도성분이 $u = (8x)$ ft/s, $v = (8y)$ ft/s이며, x와 y의 단위는 피트이고 t의 단위는 초이다. 점 (2 ft, 1 ft)를 지나는 유선의 방정식을 구하고, 이 위치에 있는 입자의 가속도를 구하라. 이 유동은 정상유동인가 아니면 비정상유동인가?

3-39 어떤 유체의 속도성분이 $u = (2y^2)$ m/s, $v = (8xy)$ m/s이며, x와 y의 단위는 미터이다. 점 (1 m, 2 m)를 지나는 유선의 방정식을 구하고, 이 위치에 있는 유체입자의 가속도를 구하라. 이 유동은 정상유동인가 아니면 비정상유동인가?

***3-40** 어떤 유동장의 속도장이 $\mathbf{V} = \{4y\mathbf{i} + 2x\mathbf{j}\}$ m/s이며, x와 y의 단위는 미터이다. 점 (2 m, 1 m)를 지나는 유체입자의 속도와 가속도의 크기를 구하라. 그리고 이 점을 지나는 유선의 방정식을 구하고, 유선 위의 이 점에서 속도와 가속도를 그려라.

3-41 어떤 유동장의 속도장이 $\mathbf{V} = \{4x\mathbf{i} + 2\mathbf{j}\}$ m/s이며, x의 단위는 미터이다. 점 (1 m, 2 m)를 지나는 유체입자의 속도와 가속도의 크기를 구하라. 그리고 이 점을 지나는 유선의 방정식을 구하고 유선 위의 이 점에서 속도와 가속도를 그려라.

3-42 어떤 유동장의 속도성분이 $u = (2x^2 - y^2)$ m/s와 $v = (-4xy)$ m/s이며, x와 y의 단위는 미터이다. 점 (1 m, 1 m)를 지나는 유체입자의 속도와 가속도의 크기를 구하라. 그리고 이 점을 지나는 유선의 방정식을 구하고 유선 위의 이 점에서 속도와 가속도를 그려라.

3-43 어떤 유동장의 속도성분이 $u = (-y/4)$ m/s와 $v = (x/9)$ m/s이며, x와 y의 단위는 미터이다. 점 (3 m, 2 m)를 지나는 유체입자의 속도와 가속도의 크기를 구하라. 그리고 이 점을 지나는 유선의 방정식을 구하고 유선 위의 이 점에서 속도와 가속도를 그려라.

***3-44** 테이퍼관의 중심선을 따라 흐르는 휘발유의 속도가 $u = (4tx)$ m/s이며, t의 단위는 초이고 x의 단위는 미터이다. $t = 0.1$ s일 때 속도가 $u = 0.8$ m/s라면 $t = 0.8$ s일 때 이 유체입자의 가속도를 구하라.

3-45 흐르고 있는 물의 속도분포가 $u = (2x)$ m/s, $v = (6tx)$ m/s, $w = (3y)$ m/s이며, t의 단위는 초이고 x, y, z의 단위는 미터이다. 유체입자가 $t = 0$일 때 점 (1 m, 0, 0)에 있다면 $t = 0.5$ s일 때 유체입자의 가속도와 위치를 구하라.

3-46 어떤 유동장의 속도성분이 $u = -(4x + 6)$ m/s와 $v = (10y + 3)$ m/s이며, x와 y의 단위는 미터이다. 점 (1 m, 1 m)를 지나는 유선의 방정식을 구하고, 이 점에 있는 유체입자의 가속도를 구하라.

3-47 기름의 속도성분이 $u = (100y)$ m/s와 $v = (0.03t^2)$ m/s이며, t의 단위는 초이고 y의 단위는 미터이다. 한 유체입자가 시간 $t = 0$일 때 원점이 있었다면 시간 $t = 0.5$ s일 때 이 입자의 가속도와 위치를 구하라.

***3-48** 속도성분이 $u = (2x^2)$ m/s와 $v = (-y)$ m/s이며, x와 y의 단위는 미터이다. 점 (2 m, 6 m)를 지나는 유선의 방정식을 구하라. 또 이 점에서 가속도를 구하고, $x > 0$ 구간에서 유선을 그려라. 그리고 시간 $t = 0$일 때 이 입자가 $x = 2$ m, $y = 6$ m 지점에 있었다면 시간의 함수인 x와 y 방향의 가속도성분을 구하라.

3-49 덕트를 따라 흐르는 공기유동의 속도성분이 $u = (2x^2 + 8)$ m/s와 $v = (-8x)$ m/s이며, x의 단위는 미터이다. 원점 (0, 0)과 점 (1 m, 0)에서 유체입자의 가속도를 구하고, 이 두 점을 지나는 유선을 그려라.

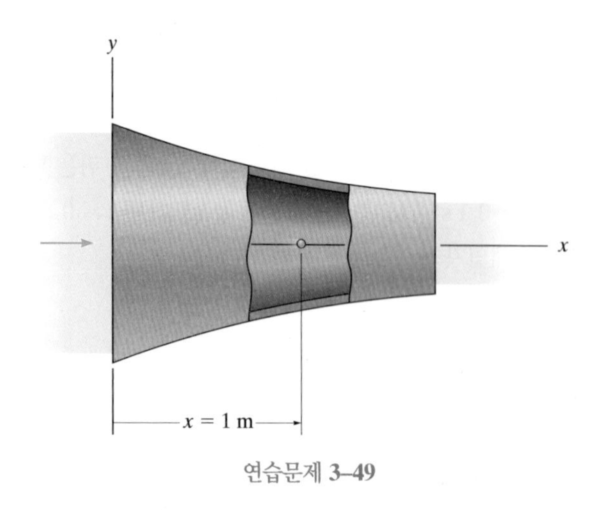

연습문제 **3–49**

3-50 유체의 속도성분이 $u = [y/(x^2 + y^2)]$ m/s와 $v = [4x/(x^2 + y^2)]$ m/s이며, x와 y의 단위는 미터이다. 점 (2 m, 0)과 (4 m, 0)에 위치한 입자의 가속도를 구하고, 이 두 점을 지나는 유선의 방정식을 구하라.

3-51 밸브가 닫히는 동안 노즐의 중심을 지나는 유선을 따라 흐르는 기름유동의 속도분포가 $V = [6(1 + 0.4x^2)(1 - 0.5t)]$ m/s이며, x의 단위는 미터이고, t의 단위는 초이다. 시간 $t = 1$ s일 때 $x = 0.25$ m에 있는 기름입자의 가속도를 구하라.

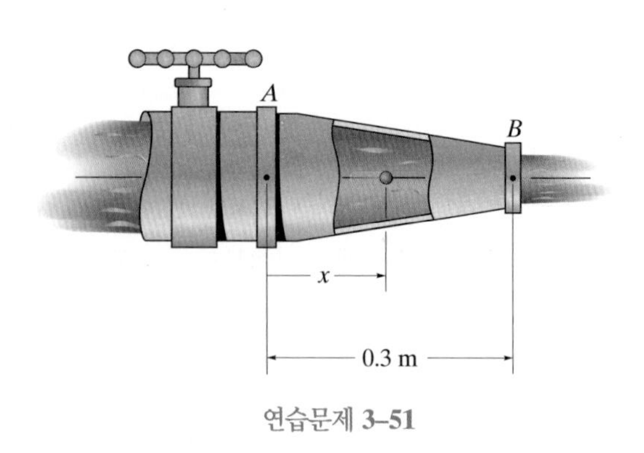

연습문제 **3–51**

3.5절

***3-52** 물이 방수로를 따라 정상유동하는 동안 곡류반경이 16 m인 유선을 따라 흐르는 물입자가 있다. 이 입자가 3 m/s^{2}으로 가속될 때 점 A에서 이 입자의 속력이 5 m/s라면 이 입자의 가속도의 크기를 구하라.

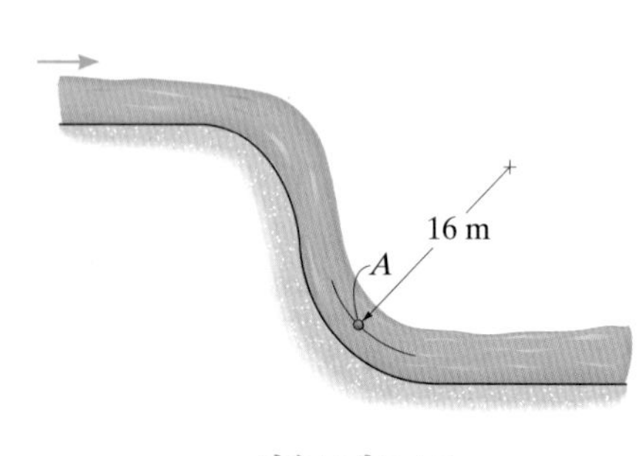

연습문제 **3–52**

3-53 배수구로 향하는 반지름방향의 속도성분이 $V = (-3/r)$ m/s인 물유동이 있으며, 여기서 r의 단위는 미터이다. $r = 0.5$ m, $\theta = 20°$인 점에 있는 유체입자의 가속도를 구하라.

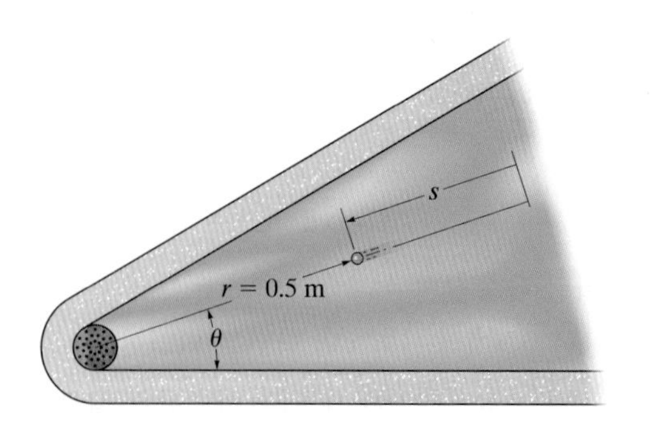

연습문제 **3–53**

3-54 유체유동에서 어떤 한 점에 위치한 유체입자의 속도성분이 $u = 4$ m/s와 $v = -3$ m/s이고, 가속도성분은 $a_x = 2$ m/s²과 $a_y = 8$ m/s²이다. 이 입자의 유선방향과 수직방향의 가속도성분의 크기를 구하라.

3-55 원형의 유선을 따라 3 m/s²으로 가속되어 3 m/s의 속도를 갖는 입자가 있다. 이 입자의 가속도를 구하고 유선 위에 이 가속도를 그려라.

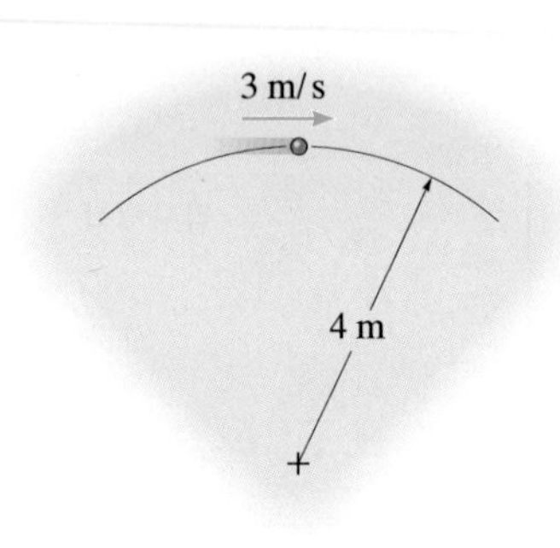

연습문제 **3–55**

***3-56** 토네이도의 유동을 부분적으로 자유와류인 $V = k/r$로 나타낼 수 있다. 이 유동이 반경 $r = 3$ m에서 $V = 18$ m/s인 정상유동이라고 가정할 때 $r = 9$ m인 유선을 따라 유동하는 유체입자의 가속도의 크기를 구하라.

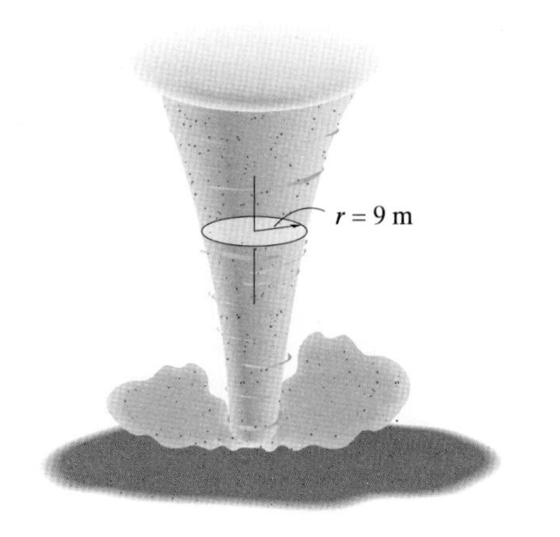

연습문제 **3–56**

3-57 공기가 전면이 원형인 물체의 표면을 따라 흐르고 있다. 이 면으로부터 4 m 상류에서 정상 흐름의 속도가 4 m/s라면 이 면을 따라 흐르는 속도는 $V = (16 \sin \theta)$ m/s라고 할 수 있다. $\theta = 30°$에 위치한 입자의 유선방향과 수직방향 성분의 가속도를 구하라.

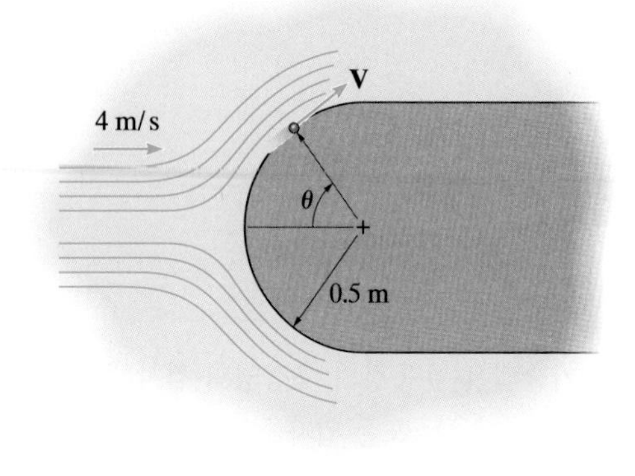

연습문제 **3–57**

3-58 유체입자의 속도성분이 $u = (8y)$ m/s와 $v = (6x)$ m/s이며, x와 y의 단위는 미터이다. 점 (1 m, 2 m)에 있는 유체입자의 유선방향과 수직방향의 가속도성분의 크기를 구하라.

3-59 유체입자의 속도성분이 $u = (8y)$ m/s와 $v = (6x)$ m/s이며, x와 y의 단위는 미터이다. 점 (1 m, 1 m)에 있는 유체입자의 가속도를 구하고, 이 점을 지나는 유선의 방정식을 구하라.

***3-60** 유체입자의 속도성분이 $u = (2y^2)$ m/s와 $v = (8xy)$ m/s이며, x와 y의 단위는 미터이다. 점 (1 m, 2 m)에 있는 유체입자의 유선방향과 수직방향의 가속도성분의 크기를 구하라.

3-61 유체입자의 속도성분이 $u = (2y^2)$ m/s와 $v = (8xy)$ m/s이며, x와 y의 단위는 미터이다. 점 (1 m, 1 m)에 있는 유체입자의 유선방향과 수직방향의 가속도성분의 크기와 이 점을 지나는 유선의 방정식을 구하라. 그리고 이 점에서 유선방향과 수직방향의 가속도성분을 그려라.

장 복습

라그란지 기술법은 유동장에서 운동하는 유체입자 한 개의 운동을 기술한다.

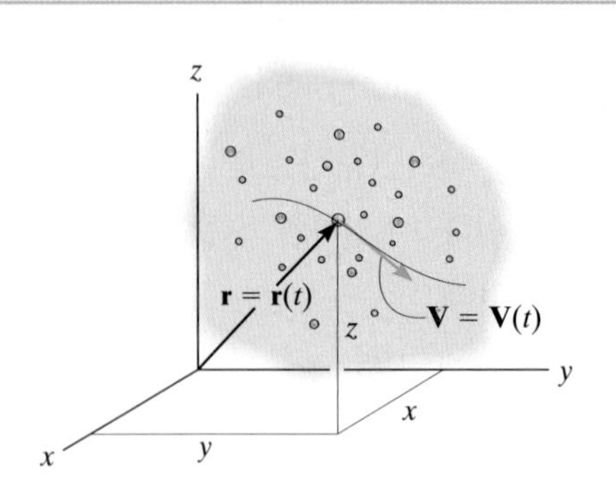

오일러 기술법은 유동장의 특정영역(검사체적)에서 이 영역을 지나는 모든 입자들의 운동이나 유체 물성을 계산하는 기법이다.

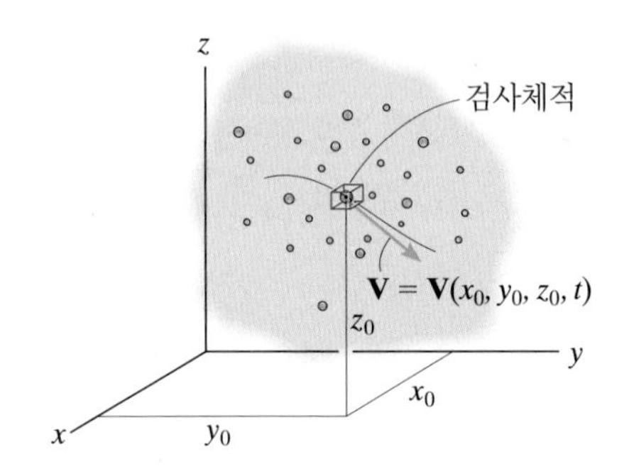

층류유동은 유체가 유동할 때 얇은 층을 유지하여 완곡한 경로를 따라 흐를 때 생성된다.

난류유동은 매운 불규칙한 유동으로, 유체입자를 혼합하여 층류보다 더 큰 내부마찰이 발생한다.

시간에 따라 그 유동이 변화하지 않는 유동을 정상유동이라 한다.

위치에 따라 그 유동에 차이가 없는 유동을 균일유동이라 한다.

유선은 어떤 시간에 이 선 위에 있는 유체입자의 속도의 방향을 나타내는 곡선이다.

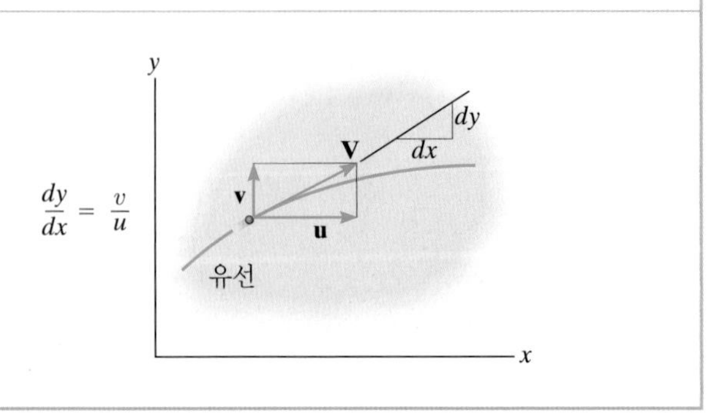

$$\frac{dy}{dx} = \frac{v}{u}$$

유적선은 어느 일정 시간 동안 유체입자의 이동경로를 보여주는 선으로 저속촬영법을 이용하여 촬영할 수 있다.

유맥선은 같은 곳에서 분출되는 연기나 염색액이 그리는 선이며, 어떤 순간에 찍은 사진을 통해 분출된 모든 입자들의 경로를 보여준다.

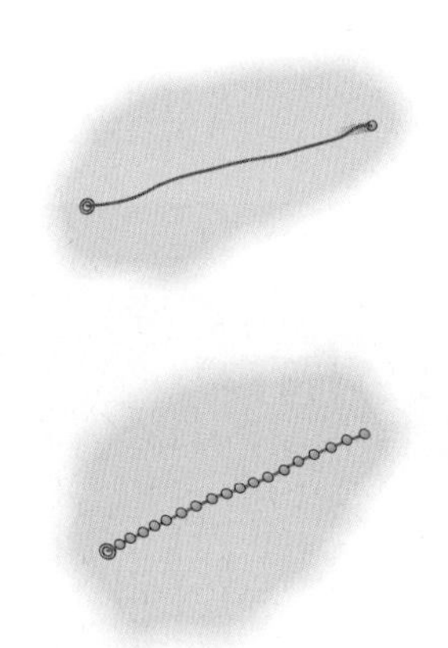

정상유동에서 유선, 유적선, 유맥선은 모두 일치하여 동일한 선으로 나타난다.

고속 흐름이나 열에 의해서 가열된 유체가 어떤 물체의 주위를 따라 흐르는 유동을 가시화할 때 음영사진법이나 슐리렌촬영법이 이용된다. 또한 아주 복잡한 유동은 전산유체역학을 이용한 컴퓨터프로그램을 통해 얻은 해석결과를 이용하여 가시화한다.

오일러 기술법으로 속도분포 $\mathbf{V} = \mathbf{V}(x, y, z, t)$를 정의하면 가속도는 국소가속도와 대류가속도성분으로 나타난다. **국소가속도**는 검사체적에서 시간변화에 대한 속도의 변화율을 의미하며, 검사체적의 입구와 출구를 지날 때 입자의 속도변화, 즉 공간적 변화에 대한 속도의 변화는 **대류가속도**이다.

$$\mathbf{a} = \underbrace{\frac{D\mathbf{V}}{Dt}}_{\text{총가속도}} = \underbrace{\frac{\partial \mathbf{V}}{\partial t}}_{\text{국소 가속도}} + \underbrace{\left(u\frac{\partial \mathbf{V}}{\partial x} + v\frac{\partial \mathbf{V}}{\partial y} + w\frac{\partial \mathbf{V}}{\partial z}\right)}_{\text{대류가속도}}$$

유선좌표계 s, n은 좌표원점을 유선 위의 한 점에 설정하고, 축은 유선의 접선을 따라 유체의 흐름방향을 양의 방향으로 한다. 수직축 n은 유선의 곡률반경의 원점을 향하는 축이다.

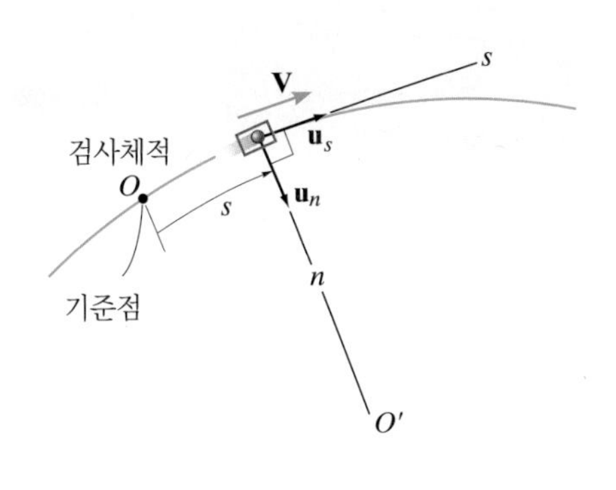

Chapter 4

(© wu kailiang/Alamy)

화학공정에서 여러 가지 관을 따라 흐르는 유동은 질량보존의 법칙을 적용하여 해석한다.

질량보존의 법칙

학습목표

- 레이놀즈수송방정식을 이용하여 라그란지와 오일러 기술법에서 유체의 거동의 관계를 보이고, 이를 통해서 유한한 검사체적에서 개념을 정의한다.
- 관유동에서 평균속도와 체적 및 질량유량을 어떻게 정의하는지 보인다.
- 레이놀즈수송방정식을 이용하여 질량보존의 법칙을 의미하는 연속방정식을 유도한다.
- 고정, 이동 및 변형 검사체적에서 연속방정식과 관련된 응용문제를 통해서 설명한다.

4.1 유한한 검사체적

3.1절에서 유체입자들을 포함하고 있는 시스템 안의 미소체적을 검사체적으로 정의하였다. 체적을 만드는 표면들을 **검사표면**이라고 하며, 이 검사표면의 일부는 개방되어 있어 유체는 이 면을 통해서 검사체적에 유입되거나 밖으로 유출되며, 나머지 검사표면은 닫혀있다. 앞 장에서 고정된 미소한 크기의 검사체적을

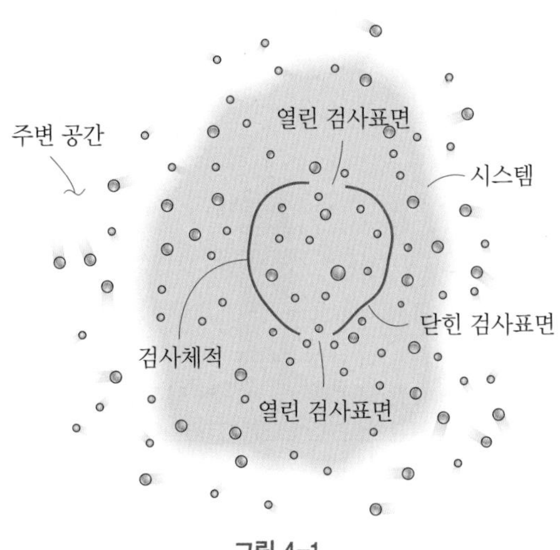

그림 4-1

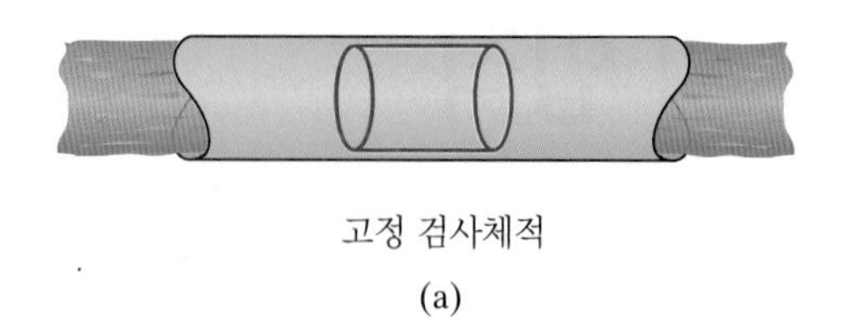

고정 검사체적
(a)

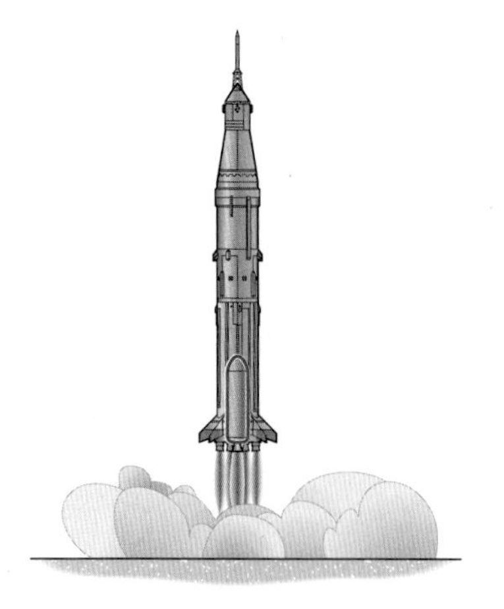

이동 검사체적
(b)

변형 검사체적
(c)

그림 4-2

고려하였듯이 여기서도 그림 4-1에서와 같이 유한한 크기의 검사체적을 고려하여 설명하고자 한다.

해석하고자 하는 문제에 따라서 실제 검사체적은 고정되어 있을 수도 있지만 이동하기도 하고 또 그 형상이 변하기도 하며 또한 검사표면의 한 부분을 고체 물체가 차지하기도 한다. 그림 4-2a의 붉은색으로 표시한 경계는 관에서 고정된 검사체적을 표시한 예이다. 또한 로켓엔진 주위에 그린 외곽선으로 표시한 그림 4-2b의 검사체적은 로켓과 함께 위로 이동하는 검사체적이다. 그리고 그림 4-2c는 열린 검사표면을 통해 공기가 주입됨에 따라 체적이 팽창하는 물체를 포함하고 있는 검사체적으로 그 형상이 변하는 검사체적을 보여주고 있다.

유동해석에 오일러 기술법을 적용하기 위해서 가장 먼저 기본적으로 설정해야 되는 것은 지금까지 예를 든 것과 같은 검사체적이다. 따라서 이 장에서는 검사체적을 이용하여 유동의 연속성과 관련된 문제의 해를 구하는 방법을 중심으로 설명한 후 제5장에서는 에너지 그리고 제6장에서는 운동량과 관련된 문제의 해를 구하는 방법으로 확장해 나갈 것이다. 이를 적용하기 위한 필수적인 개념은 방향과 크기가 제시된 검사표면에서 유출입되는 상태량을 정확하게 정의하는 것이다.

열린 검사표면 검사체적에서 개방된 검사표면 중 유체가 유입되는 면의 면적을 A_{in}, 유출되는 면의 면적을 A_{out}이라고 정의하고 이 면을 유입, 유출에 따라

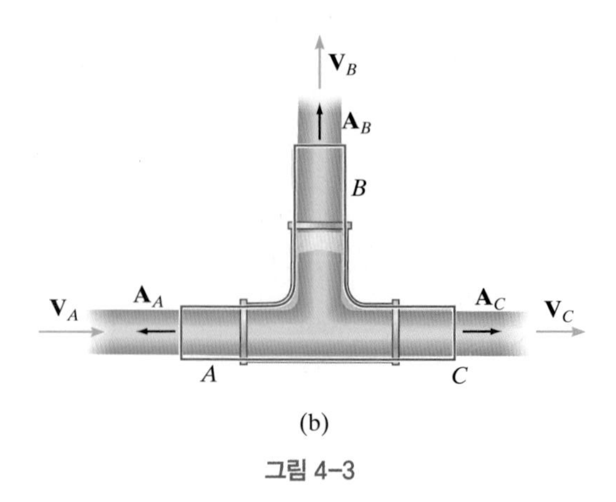

(b)

그림 4-3

수학적으로 정확하게 구별하기 위해서 검사체적의 바깥방향으로 향하고 면에 수직인 벡터를 이용하면 관계식을 단순하게 표현할 수 있다. 예를 들어 그림 4-3과 같이 'T' 형상으로 연결된 관의 검사체적 문제에 이를 적용하는 경우 각 개방면을 검사체적의 바깥방향으로 향하는 면적벡터 $\mathbf{A}_A$, $\mathbf{A}_B$, $\mathbf{A}_C$로 나타낼 수 있다.

속도 검사체적을 이용할 때 각 검사표면을 통해서 유입되거나 유출되는 유체의 속도를 나타낼 필요가 있다. 검사표면에 수직이고 체적의 밖으로 향하는 면적을 '양'이라고 정의했으므로 체적의 안으로 유입되는 유동은 '음'이 되고, 반대로 밖으로 유출되는 유동은 '양'이 된다. 따라서 그림 4-3의 $\mathbf{V}_A$는 음의 방향이고, $\mathbf{V}_B$와 $\mathbf{V}_C$는 양의 방향이다.

정상유동 어떤 문제에서는 이동 검사체적으로 문제를 정의하는 경우 유동이 정상상태로 간주되어 관계식이 보다 단순해져 해석이 용이해질 수 있다. 예를 들어 그림 4-4a와 같이 $\mathbf{V}_b$의의 속도로 운동하고 있는 날개가 있다고 하자. 어떤 시간 t에서 A점에서의 속도를 $\mathbf{V}_f$라 하고, 시간이 좀 더 진행된 후인 $t+\ \Delta t$에서 A점에서의 속도를 $\mathbf{V}'_f$라고 할 수 있다. 이 경우 속도가 시간에 따라 변하기 때문에 이는 **비정상상태의 유동**이라고 할 수 있다. 반면에 날개를 포함한 유체를 검사체적으로 선택하면 이 체적은 날개와 함께 운동하고 또한 관찰자가 $\mathbf{V}_{cv} = \mathbf{V}_b$의 속도로 운동하는 날개와 함께 있다면 관찰자는 A점에서 유동을 그림 4-4b와 같이 **정상유동**으로 볼 것이다. 노즐에서 분출하는 유체 흐름의 속도가 $\mathbf{V}_f$이므로 개방검사면에 대해 상대적인 유체의 정상유동의 속도, $\mathbf{V}_{f/cs}$는 **절대속도와 상대속도 관계식**을 이용하여 정의하면 $\mathbf{V}_f = \mathbf{V}_{cs} + \mathbf{V}_{f/cs}$이거나

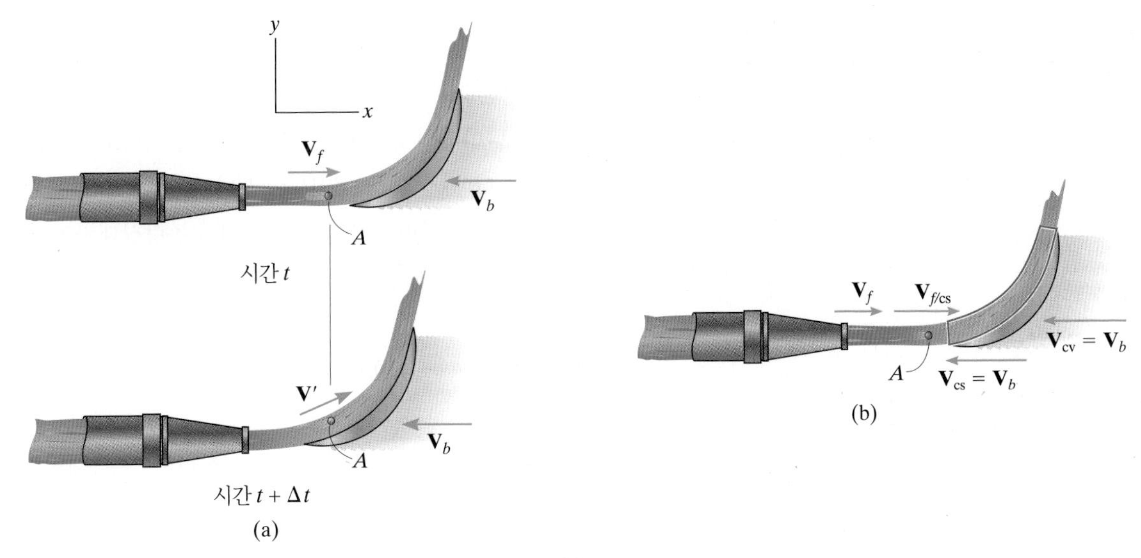

그림 4-4

$$\mathbf{V}_{f/cs} = \mathbf{V}_f - \mathbf{V}_{cs} \tag{4-7}$$

이고, 여기서 $\mathbf{V}_{cs} = \mathbf{V}_b$이다. 이 식을 속도의 크기(스칼라량)만으로 다시 나타내면 다음과 같다.

$$(\overset{+}{\rightarrow}) \qquad V_{f/cs} = V_f - (-V_{cs}) = V_f + V_{cs}$$

4.2 레이놀즈수송정리

유체 거동의 대부분은 질량보존과 일-에너지 및 운동량과 충돌량 이론에 기반을 두고 있다. 이와 관련된 법칙들은 대부분 입자를 중심으로 공식화하고 이를 라그란지 관점에서 기술한다. 하지만 이를 유체역학에 적용하기 위해서는 라그란지 관점에서 기술된 식을 오일러 관점으로 기술된 식으로 변환하는 것이 해석에 용이하며, 이론적으로 기술법을 변환할 수 있는 정리가 레이놀즈수송정리이다. 이 절에서 이 정리를 공식화하고, 다음 절에서는 이를 이용하여 검사체적 기반의 질량보존의 법칙을 정의하고 제5장과 제6장에서는 검사체적 기반의 에너지와 운동량방정식을 정의할 것이다. 이 정리를 설명하기에 앞서 먼저 유체의 상태량을 어떻게 하면 질량과 체적으로 나타낼 수 있는지 논의해보자.

유체의 상태량 체적과 질량과 같은 그 시스템의 크기에 따라 그 양이 결정되는 유체의 상태량을 **종량상태량**(extensive property, N)이라고 한다. 예를 들어, 운동량은 질량과 속도의 곱($N = mV$)으로 표현되는 종량상태량이다. 반면에, 시스템의 질량과 무관한 유체의 상태량을 **강성상태량**(intensive property, η)이라고 하며, 압력과 온도가 대표적인 강성상태량에 속한다.

종량상태량 N은 그 양을 질량으로 나누어 단위질량당의 상태량($\eta = N/m$)으로 나타내어 간단하게 강성상태량으로 표현할 수 있다. 운동량 $N = mV$를 질량으로 나누어 강성상태량으로 나타내면 $\eta = V$가 되며, 같은 방법으로 운동에너지 $N = (1/2)mV^2$도 질량으로 나누어 $\eta = (1/2)V^2$으로 나타낼 수 있다. 또한 질량과 체적의 관계가 $m = \rho \forall$이므로 어떤 시스템에서 유체의 종량상태량과 강성상태량 사이의 관계를 질량 또는 체적의 항으로 나타내면

$$N = \int_m \eta \, dm = \int_{\forall} \eta\rho \, d\forall \tag{4-1}$$

이고, 이 상태량은 시스템 전체의 질량 또는 이 시스템을 포함하고 있는 체적으로 적분하여 얻을 수 있다.

레이놀즈수송정리 어떤 유체 시스템의 종량상태량 N의 변화율은 검사체적에서 나타나는 변화율과 깊은 관계가 있다. 예를 들어 설명해보자. 검사체적이 그림 4-5a의 붉은색 선으로 그린 것과 같이 어떤 관에 고정되어 있다고 하자. 어떤 시간 t에서 모든 유체입자는 시스템 안에 있고 이 시스템은 검사체적(Control Volume, CV)이 완전히 일치한다고 하자. Δt 시간이 지난 $t + \Delta t$ 시간에서 시스템 안의 일부 입자가 개방된 검사표면을 통해서 유출되고, 이 유출된 양은 그림 4-5b에 나타낸 바와 같이 검사체적 밖의 영역 R_{out}에 포함되어 있다. 유체입자의 유출로 생긴 검사체적 안의 공백영역은 R_{in}이다. 다시 말해서, 시스템에서 유체입자는 t에서 CV에 포함되어 있고, $t + \Delta t$일 때 $[CV + (R_{out} - R_{in})]$에 포함되어 있다. Δt 시간 동안에 유체입자를 포함하고 있는 시스템의 상태량의 변화를 미분으로 정의하면 다음과 같다.

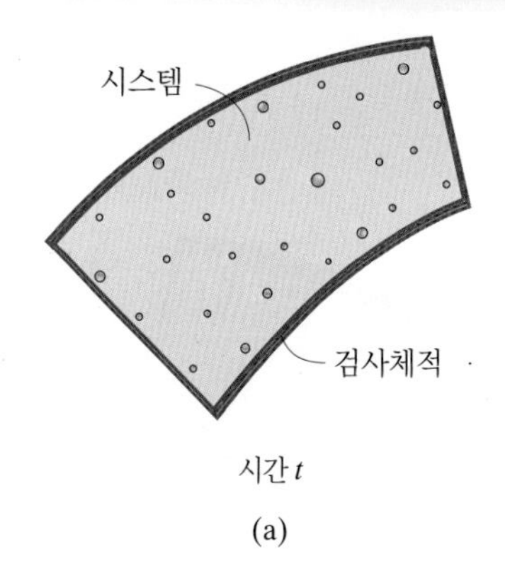

시간 t

(a)

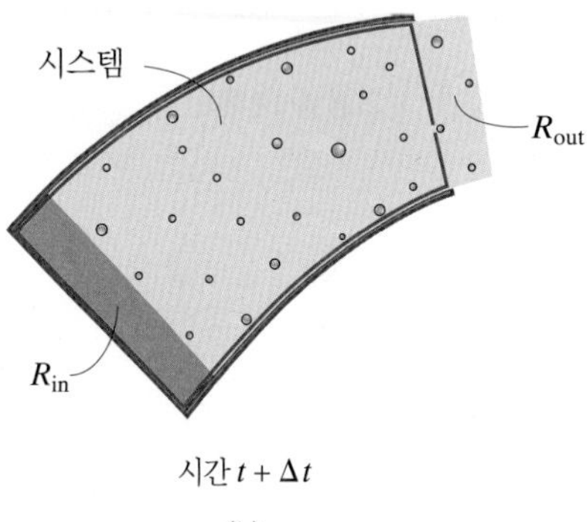

시간 $t + \Delta t$

(b)

그림 4-5

$$\left(\frac{dN}{dt}\right)_{syst} = \lim_{\Delta t \to 0} \frac{(N_{syst})_{t+\Delta t} - (N_{syst})_t}{\Delta t}$$

검사체적에서 한 점에 대한 변화로 간주하여 이 식을 다시 정리하면 다음과 같다.

$$\left(\frac{dN}{dt}\right)_{syst} = \lim_{\Delta t \to 0}\left[\frac{(N_{cv})_{t+\Delta t} + (\Delta N_{out} - \Delta N_{in}) - (N_{cv})_t}{\Delta t}\right]$$

$$= \lim_{\Delta t \to 0}\left[\frac{(N_{cv})_{t+\Delta t} - (N_{cv})_t}{\Delta t}\right] + \lim_{\Delta t \to 0}\left[\frac{\Delta N_{out}}{\Delta t}\right] - \lim_{\Delta t \to 0}\left[\frac{\Delta N_{in}}{\Delta t}\right] \quad (4\text{-}2)$$

식의 오른쪽 첫 번째 항은 검사체적에서 시간변화에 따른 N의 변화를 나타내는 **국소미분항**이며, 이를 식 (4-1)을 이용하여 강성상태량 η로 나타내면 다음과 같다.

$$\lim_{\Delta t \to 0}\left[\frac{(N_{cv})_{t+\Delta t} - (N_{cv})_t}{\Delta t}\right] = \frac{\partial N_{cv}}{\partial t} = \frac{\partial}{\partial t}\int_{cv} \eta\rho\, d\forall \quad (4\text{-}3)$$

식 (4-2)의 오른쪽 두 번째 항은 검사표면을 통해서 시스템으로부터 유출되는 종량상태량의 **대류미분항**이다. $\Delta N/\Delta t = \eta\Delta m/\Delta t$와 $\Delta m = \rho\Delta\forall$의 관계로부터

$$\frac{\Delta N}{\Delta t} = \eta\rho\frac{\Delta\forall}{\Delta t}$$

임을 알 수 있다. 그림 4-5c에서 보는 것처럼 검사표면 ΔA_{out}을 통해서 유출되는 유체입자의 미소량은 $(\Delta\forall)_{out}/\Delta t = \Delta A_{out}[(V_{f/cs})_{out}\cos\theta_{out}]$이다. ΔA_{out}을 벡

터로 나타내고, 벡터의 내적을 이용하면* $\Delta \forall_{out}/\Delta t = (\mathbf{V}_{f/cs})_{out} \cdot \Delta\mathbf{A}_{out}$을 대입하면 윗식을 $(\Delta N/\Delta t)_{out} = \eta\rho(\mathbf{V}_{f/cs})_{out} \cdot \Delta\mathbf{A}_{out}$으로 나타낼 수 있다. 유출되는 검사표면 전체에 이를 적용하면 다음과 같다.

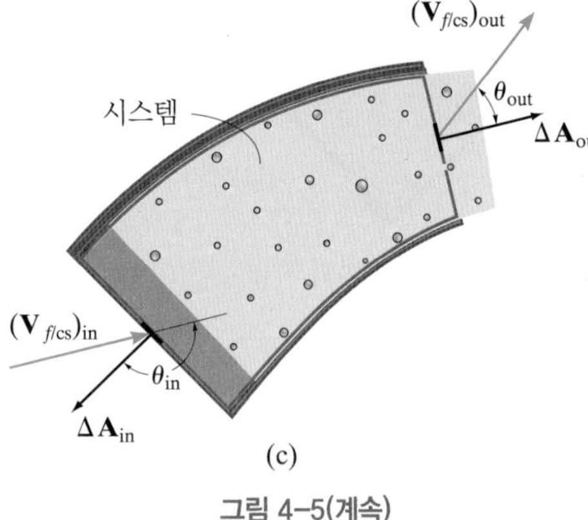

그림 4-5(계속)

$$\lim_{\Delta t\to 0}\left(\frac{\Delta N_{out}}{\Delta t}\right) = \int \eta\rho\left(\mathbf{V}_{f/cs}\right)_{out} \cdot d\mathbf{A}_{out}$$

식 (4-9)의 마지막 항에 동일한 방법을 적용하여 정리하면 다음과 같다.

$$\lim_{\Delta t\to 0}\left(\frac{\Delta N_{in}}{\Delta t}\right) = \int \eta\rho\left(\mathbf{V}_{f/cs}\right)_{in} \cdot d\mathbf{A}_{in}$$

$(\mathbf{V}_{f/cs})_{in}$의 방향은 검사체적 내부를 향하고 있고, $d\mathbf{A}_{in}$의 방향은 검사체적의 밖을 향하고 있어 이 두 벡터의 내적은 음의 값을 갖게 된다. 다시 말해서 $(\mathbf{V}_{f/cs})_{in} \cdot d\mathbf{A}_{in} = (\mathbf{V}_{f/cs})_{in}\, dA_{in} \cos\theta$이고 $\theta > 90°$ 관계를 갖기 때문에 음의 값을 갖는다(그림 4-5c).

위의 두 항을 합하면 순수하게 이 열린 검사표면을 통해서 검사체적에서 유출입되는 양을 나타낼 수 있다. 이 관계를 적용하면 식 (4-2)와 (4-3)은 다음과 같이 된다.

$$\left(\frac{DN}{Dt}\right)_{syst} = \frac{\partial}{\partial t}\int_{cv} \eta\rho\, d\forall + \int_{cs} \eta\rho\mathbf{V} \cdot d\mathbf{A} \qquad (4\text{-}4)$$

국소변화 대류변화

영국의 과학자 Osborne Reynolds에 의해서 처음 제안된 이 이론을 **레이놀즈수송정리**라고 한다. 다시 요약하면 이 정리는 라그란지 기술법으로 정의된 어떤 유체 시스템의 종량상태량의 변화율과 오일러 기술법으로 정의되는 검사체적에서 그 상태량의 변화율의 관계를 나타낸 것이다. 이 관계식의 오른쪽 첫 번째 항은 **국소변화**로 검사체적 안의 강성상태량의 변화율을 나타내며, 두 번째 항은 **대류변화**로 검사표면에서 강성상태량의 순 유량을 나타낸다.

식 (4-4)의 오른쪽 두 항은 상태량 N의 물질미분이며, 이 식의 왼쪽 항은 물질미분을 기호로 나타낸 것이다. 3.4절에서 논의한 속도가 속도분포(오일러 기술법)로 나타냈을 때 물질미분을 이용하여 한 개의 유체입자의 속도의 변화율을 계산하는 것과 같이, 레이놀즈수송정리 역시 이와 유사한 관계를 가지고 있으며,

---

* 벡터의 내적은 $\mathbf{V}_{f/cs} \cdot \Delta\mathbf{A} = V_{f/cs}\,\Delta A \cos\theta$이며, 각도 $\theta(0° \le \theta \le 180°)$는 두 벡터가 이루는 각도이다.

이는 시스템에 포함되어 있는 유체입자의 상태량의 변화율을 나타내는 것이다.

적용 레이놀즈수송정리를 적용할 때 먼저 유체 시스템의 어떤 한 영역을 검사체적으로 정해야 한다. 검사체적을 정한 후 이 체적 안의 유체 상태량의 국소변화율과 열린 검사표면을 통해서 유출입되는 대류변화율을 계산한다. 이 계산 방법에 대해서는 다음 예를 들어 구체적으로 설명할 것이다.

- 그림 4-6a는 비압축성 유체가 **일정 유량**으로 단면적이 변하는 관을 따라 흐르고 있는 그림이다. 만약 그림에 그린 붉은색 선을 고정 검사체적이라 할 때, 흐르는 유체의 질량유량이 일정하고 검사체적 안의 질량 역시 일정하다면 체적 내의 상태량의 국소변화율은 없지만 두 개의 열린 검사표면을 통해서 유입 및 유출되는 상태량의 변화율은 존재한다.
- 그림 4-6b는 공기가 탱크에 주입되고 있는 그림이다. 탱크를 포함하고 있는 외곽선을 검사체적이라고 할 때 주입된 공기는 시간에 따라 증가하기 때문에 공기의 국소변화율이 있으며, 열린 검사표면에 연결된 관을 통해서 공기가 유입되므로 대류변화율도 존재한다.
- 그림 4-6c는 일정한 양의 공기가 관을 따라 흐르는 동안 가열되고 있는 그림이다. 그림에서 붉은색 선을 검사체적이라고 할 때 열이 공기의 밀도에 영향을 주기는 하지만, 검사체적 안의 질량은 일정하다. 따라서 질량의 **국소변화율은 없지만**, 공기의 팽창으로 인한 밀도변화로 인해 출구에서 유체의 유출 속도가 증가하게 된다. 따라서 이 유동은 비균일유동이며, 또한 유입과 유출 면에서 유동의 차이로 인한 대류변화율이 존재하게 된다.
- 그림 4-6d는 이동하고 있는 자동차에서 비압축성 액체가 새어나오고 있는 것을 보여주는 그림이다. 검사체적에 자동차 안에서 유동하고 변형하는 액체만을 포함시켰을 때 시간에 따라서 액체 질량은 감소되기 때문에 국소변화율이 존재하고 열린 출구 검사표면에서 대류변화율도 있다.
- 그림 4-6e는 이동하고 있는 날개를 따라 유동하는 액체를 그린 그림이다. 이동하는 날개 위에서 이 유동을 관찰하는 경우 유동은 정상상태이므로 유체질량의 국소변화는 생기지 않고 열린 검사표면을 통해서 유입 및 유출되는 대류변화만 존재하게 된다.

질량보존, 일과 에너지 정리, 운동량과 충격량 이론에 레이놀즈수송정리를 적용하여 국소와 대류변화율을 계산하기 위해 검사체적을 선정하는 방법을 다음의 예제를 통해서 설명할 것이다.

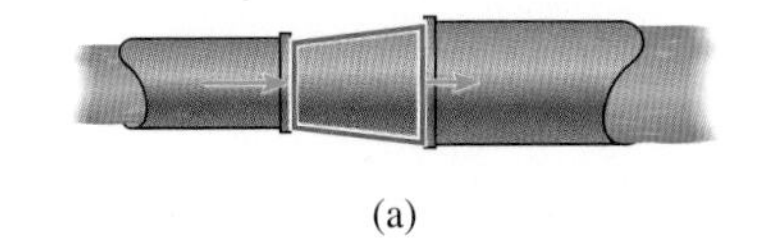
(a)

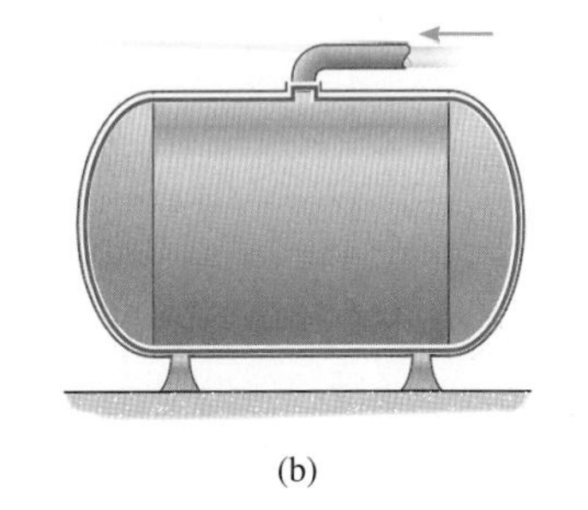
(b)

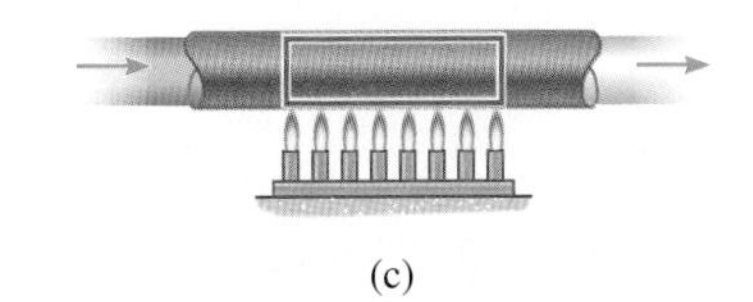
(c)

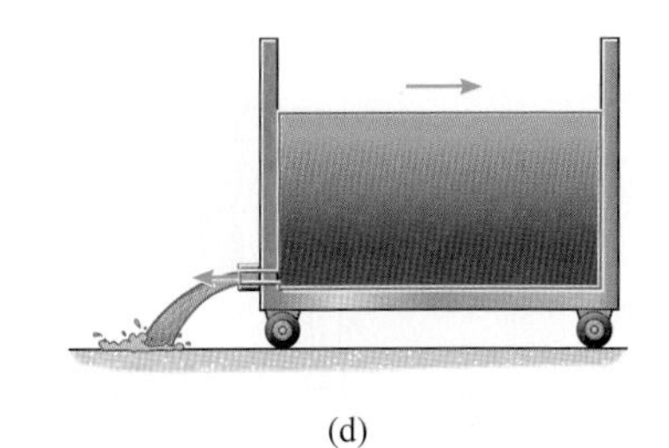
(d)

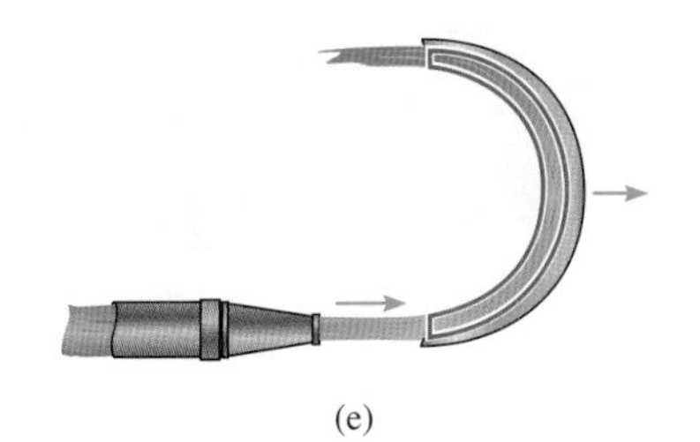
(e)

그림 4–6

요점 정리

- 시스템 안에 있는 유체입자의 운동을 기술하기 위해서 라그란지 기술법을 이용한다. 반면에, 검사표면을 통해서 유입 또는 유출되는 유체입자의 유동을 기술하는 데에는 고정, 이동, 또는 변형하는 검사체적에 대한 오일러 기술법이 이용된다.
- 체적과 질량에 의해 결정되는 에너지나 운동량과 같은 유체의 상태량을 **종량상태량** N이라고 하며, 온도나 압력과 같이 질량에 독립적인 상태량을 **강성상태량** η라고 한다. 유체의 종량상태량은 질량으로 나누어 강성상태량으로 나타낼 수 있다($\eta = N/m$).
- 레이놀즈수송정리는 어떤 유체 시스템에서 측정된 종량상태량 N의 변화율을 검사체적에서의 변화율로 계산할 수 있는 방법이다. 이 검사체적에서의 변화율은 검사체적 안의 종량상태량의 변화를 나타내는 **국소변화율**과 열린 검사표면을 통해서 순수하게 유입되거나 유출되는 상태량을 나타내는 **대류변화율**로 계산된다. 또한 이동 검사체적에서 순수하게 유출되거나 유입되는 상태량은 이동하는 검사표면에 대한 상대적인 값으로 계산한다.

예제 4.1

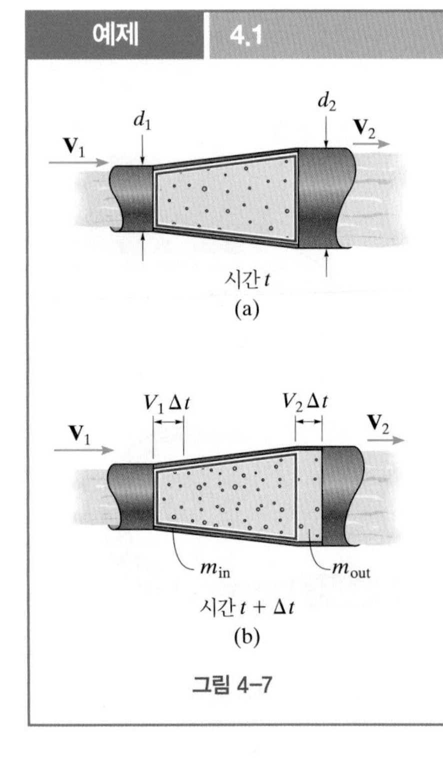

그림 4-7

단면적이 점진적으로 커지는 확대관을 따라 흐르는 이상유체의 유동이 그림 4-7a에서처럼 입구에서 V_1의 속도로 유입된다고 할 때 정상유동인 경우 출구에서 유출되는 유체의 속도 V_2를 구하라.

풀이

유체 설명 이 유동은 1차원 정상유동이고 비균일유동이므로 각 지점에서의 속도가 다르다. 이 유체가 이상유체라고 할 때 밀도는 일정하고 점도는 '0'이다. 따라서 관의 단면에서 속도는 균일하다.

해석 I 그림 4-7a의 확대관을 포함한 유체 시스템에 고정 검사체적을 설정하여 유동을 분석해보자. 시간 $t + \Delta t$에서 이 시스템은 그림 4-7b에서처럼 양의 흐름방향으로 이동할 것이다. Δt 시간 동안에 지름이 d_2인 관의 단면을 통해 유출되는 질량은 $m_{out} = \rho\,\Delta \forall_{out} = \rho(V_2\Delta t)\left(\frac{1}{4}\pi d_2^2\right)$이며, 이는 입구에서 줄어든 질량과 같다. 이 질량은 지름이 d_1인 단면에서 이동한 질량인 $m_{in} = \rho\,\Delta \forall_{in} = \rho(V_1\Delta t)\left(\frac{1}{4}\pi d_1^2\right)$이다.

정상유동이므로 검사체적 안의 질량이 일정하고 또한 시스템의 질량 역시 일정하다. 따라서

$$m_{\text{out}} - m_{\text{in}} = 0$$

$$\rho(V_2\Delta t)\left(\frac{1}{4}\pi d_2^2\right) - \rho(V_1\Delta t)\left(\frac{1}{4}\pi d_1^2\right) = 0$$

$$V_2 = V_1\left(\frac{d_1}{d_2}\right)^2 \qquad \text{답}$$

결과로부터 넓은 곳을 흐를 때 속도가 느려질 것이라는 예측대로 $V_2 < V_1$임을 알 수 있다.

해석 II 레이놀즈수송정리를 이용하여 어떻게 동일한 결과를 얻을 수 있는지 알아보자. 임의의 상태량(N)을 질량(m)이라고 할 때 $N = m$, $\eta = m/m = 1$임을 알 수 있다. 이들을 식 (4-4)에 적용하면

$$\left(\frac{Dm}{Dt}\right)_{\text{syst}} = \frac{\partial}{\partial t}\int_{\text{cv}} \rho d\forall + \int_{\text{cs}} \rho \mathbf{V}_{f/\text{cs}} \cdot d\mathbf{A}$$

을 얻을 수 있다.

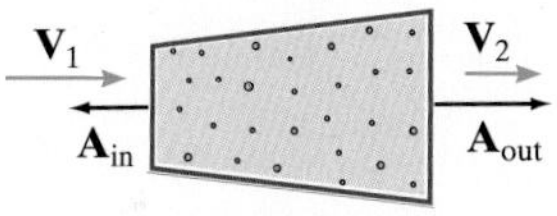

시스템의 질량은 변화하지 않으므로 윗식의 좌항은 '0'이 된다. 또한 이 유동은 정상상태이므로 그림 4-7c의 검사체적 안의 질량의 국소변화가 없어 윗식의 우측 첫 번째 항 역시 '0'이 된다. 열린 검사표면에서 밀도와 속도가 모두 일정하므로 우측 마지막 항의 적분은 유입 및 유출 검사표면의 면적 A_{in}과 A_{out}을 곱하는 것으로 치환할 수 있다. 이 검사표면의 방향은 그림 4-7c에서 보는 바와 같이 검사체적의 바깥으로 향하는 방향으로 정의하였다. 따라서 각 검사표면의 면적과 벡터의 내적을 곱하고 합한 윗식의 마지막 항의 연산결과는

$$0 = 0 + \rho V_2 A_{\text{out}} - \rho V_1 A_{\text{in}}$$

$$0 = 0 + V_2\left(\frac{1}{4}\pi d_2^2\right) - V_1\left(\frac{1}{4}\pi d_1^2\right)$$

$$V_2 = V_1\left(\frac{d_1}{d_2}\right)^2 \qquad \text{답}$$

이다. 이와 같은 레이놀즈수송정리를 적용한 해석 방법을 4.4절에서 더 확장하여 설명할 것이다.

$\mathbf{V}_1$ $\mathbf{V}_2$ $\mathbf{A}_{\text{in}}$ $\mathbf{A}_{\text{out}}$

시간 t

(c)

그림 4-7(계속)

4.3 체적유량과 질량유량 그리고 평균속도

점성으로 인하여 관을 따라 흐르고 있는 유체입자 **속도**는 일반적으로 일정하지 않다. 해석을 좀 단순화하기 위해 특히 1차원 유동 문제의 경우 유동을 평균속도나 단위시간당 체적 또는 질량으로 나타내는 경우가 있다. 이제 유동을 이런 항을 포함시켜 정의해보자.

체적유량 어떤 단면을 통해 일정 시간 동안 흘러간 유체의 체적을 **체적유량**이라고 한다. 또는 간단하게 **유량** 또는 **배출량**이라고도 한다. 이 양은 어떤 단면에 대한 주어진 속도분포로부터 정의할 수 있다. 예를 들어 점성유체가 관을 따라 흐르고 있다고 생각해보자. 이 유체의 속도분포가 그림 4-8과 같이 축대칭 형태일 때 이 입자가 미소면 dA를 v 속도로 dt 시간 동안 지나가며, 통과한 체적은 $d\forall = (v\,dt)(dA)$이다. 어떤 면을 통과한 **체적유량** dQ는 체적을 dt로 나누어 $dQ = d\forall/dt = v\,dA$라고 정의할 수 있다. 이것을 전체 단면으로 적분하여 다음과 같은 식을 얻을 수 있다.

$$Q = \int_A v\,dA$$

여기서 Q의 단위는 m^3/s 또는 ft^3/s이다.

속도가 단면에 대한 함수로 되어 있는 경우에 적분을 수행하여 유량을 계산해야 한다. 제9장에서 다시 설명하겠지만 난류유동의 경우 속도분포는 실험적으로 정의되지만, 그림 4-8과 같은 포물선형의 층류유동 속도분포가 있다고 하자. 이 속도분포의 형상을 적분하거나 아니면 그 식을 기하학적으로 적분을 수행하는 것은 그림 4-8에 나타낸 바와 같이 속도분포의 형상을 나타내는 어떤 도형의 체적을 의미한다.

유량 Q를 계산할 때 속도의 방향은 항상 통과하는 단면에 수직방향이어야 한다는 것을 명심해야 하며, 그렇지 않은 경우 그림 4-9처럼 속도의 수직성분인 $v\cos\theta$를 이용하여 유량을 계산해야 한다. 면적을 벡터 $d\mathbf{A}$로 나타낼 때 이 면에 수직인 양의 방향을 검사체적의 바깥방향으로 정의하고 속도와 이 면적벡터

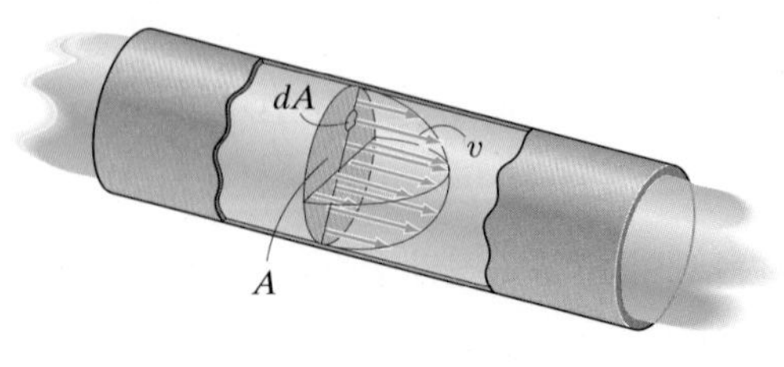

그림 4-8

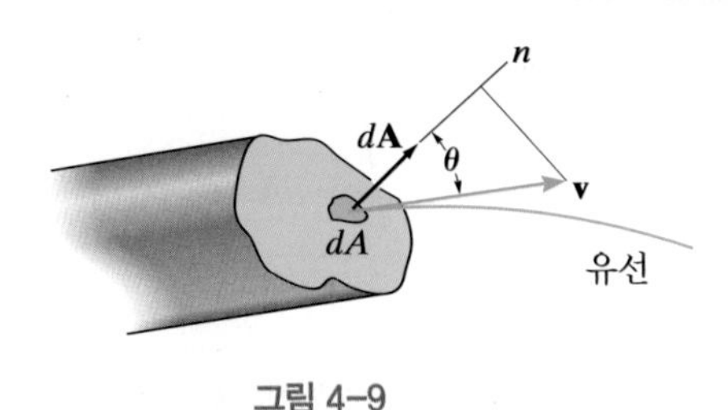

그림 4–9

의 내적인 $\mathbf{v} \cdot d\mathbf{A} = v \cos\theta \, dA$를 이용하여 유량을 적분 식으로 나타내면 다음과 같다.

$$Q = \int_A \mathbf{v} \cdot d\mathbf{A} \tag{4-5}$$

평균유속 점성 또는 마찰 효과가 없는 이상유체의 경우 어떤 단면에서 유체의 속도분포는 그림 4-10에 나타낸 바와 같이 균일하다. 이 분포의 형태는 그림 3-3에서처럼 난류유동에서 혼합으로 인해 평평하고 균일한 속도분포를 갖는 경우와 매우 비슷한 형태를 하고 있다. $\mathbf{v} = \mathbf{V}$인 경우 식 (4-5)는 다음과 같이 표현할 수 있다.

$$Q = \mathbf{V} \cdot \mathbf{A} \tag{4-6}$$

여기서 $\mathbf{V}$는 **평균속도**이고, $\mathbf{A}$는 단면의 면적이다.

실제유체의 경우 평균속도는 그림 4-8 또는 그림 4-10과 같은 실제속도 또는 평균 속도분포와 같은 크기의 유량을 갖도록 정의한 속도이다.

$$Q = VA = \int_A \mathbf{v} \cdot d\mathbf{A}$$

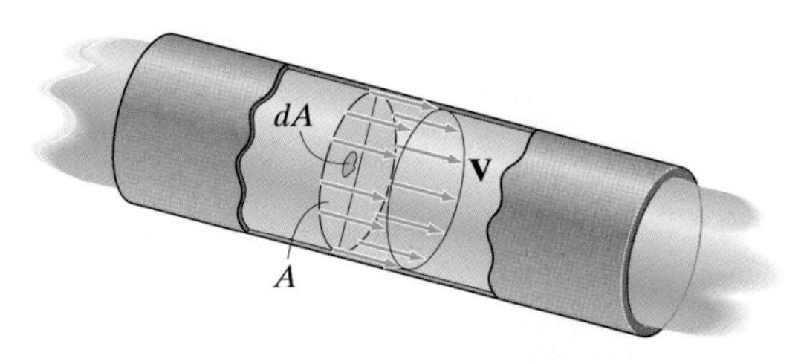

비점성 또는 이상유체 유동에서는
평균 속도분포로 나타난다.

그림 4–10

이 덕트를 통해서 흐르는 공기의 질량유량의 결정은 덕트의 개방된 면과 이 면에 수직방향의 속도성분을 이용하여 결정된다.

그러므로 평균속도는

$$V = \frac{\int_A \mathbf{v} \cdot d\mathbf{A}}{A} \tag{4-7}$$

이며, 대부분의 경우 유동의 **평균속도**는 단면 A를 통해 흘러가는 유량 Q를 알고 있을 때 식 (4-5)와 (4-7)을 결합하여 정의하면 다음과 같다.

$$\boxed{V = \frac{Q}{A}} \tag{4-8}$$

질량유량 그림 4-8에서 질량은 $dm = \rho\, d\forall = \rho(v\, dt)dA$이므로 단면 전체를 통해 흐르는 유체의 **질량유량** 또는 **배출질량**은 다음과 같이 된다.

$$\dot{m} = \frac{dm}{dt} = \int_A \rho \mathbf{v} \cdot d\mathbf{A} \tag{4-9}$$

이 질량유량의 단위는 kg/s 또는 slug/s이다.

밀도 ρ가 일정한 비압축성 유체가 균일한 속도분포를 가지고 있는 특별한 경우에 식 (4-9)는 다음과 같이 단순해진다.

$$\boxed{\dot{m} = \rho \mathbf{V} \cdot \mathbf{A}} \tag{4-10}$$

요점 정리

- 어떤 면을 통해 흘러가는 **체적유량** 또는 **배출유량**은 $Q = \int_A \mathbf{v} \cdot d\mathbf{A}$로 계산할 수 있으며, 여기서 $\mathbf{v}$는 어떤 면을 통과하는 유체입자 각각의 속도이다. 유량은 통과면의 수직인 속도성분을 그 면적으로 적분하여 계산되므로 이를 속도와 면적벡터와의 내적으로 표현할 수 있다. 따라서 체적유량의 단위는 m^3/s 또는 ft^3/s이다.

- 대부분 1차원 유동 문제에서는 평균속도 $\mathbf{V}$를 이용하며, 유량을 알고 있을 때 평균속도는 $V = Q/A$로 나타낼 수 있다.

- 질량유량은 $\dot{m} = \int \rho \mathbf{v} \cdot d\mathbf{A}$로 정의되고, 평균속도를 알고 있는 비압축성 유동의 경우에는 $\dot{m} = \rho \mathbf{V} \cdot \mathbf{A}$로 정의할 수 있다. 여기서 $\dot{m}$의 단위는 kg/s 또는 slug/s이다.

예제 4.2

그림 4-11a는 지름이 0.4 m인 관에서 정상상태이고 층류유동인 물의 유동을 보여주는 그림이다. 이 유동에서 물의 속도분포는 $v = 3(1 - 25r^2)$ m/s이고, 여기서 r의 단위는 미터이다. 이 유동의 체적유량과 평균속도를 구하라.

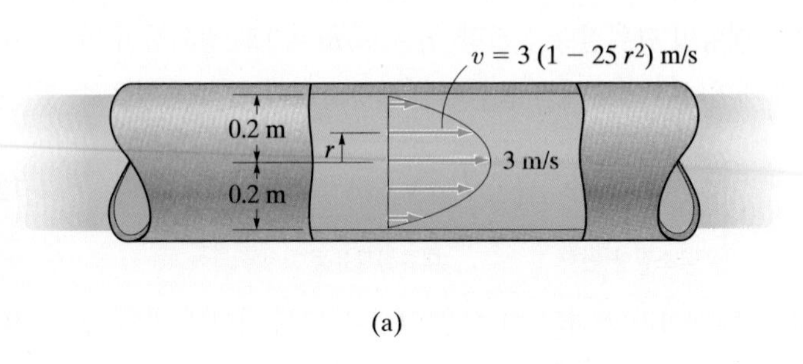

(a)

dA
dr
r

(b)

그림 4-11

풀이

유체 설명 1차원 정상유동이다.

해석 식 (4-5)를 이용하여 체적유량을 계산할 수 있다. 그림 4-11b에서 두께가 dr인 환형의 미소면의 면적은 $dA = 2\pi r\, dr$이므로

$$Q = \int_A \mathbf{v} \cdot d\mathbf{A} = \int_0^{0.2\text{ m}} 3(1 - 25r^2)\, 2\pi r\, dr$$

$$= 6\pi\left[\left(\frac{r^2}{2}\right) - \left(\frac{25r^4}{4}\right)\right]_0^{0.2\text{ m}}$$

$$= 0.1885\text{ m}^3/\text{s} = 0.188\text{ m}^3/\text{s}$$ 답

적분과정 없이 계산하기 위해서 Q는 속도분포가 그리는 반지름이 0.2 m이고 높이가 3 m/s인 포물선을 회전시켜 만든 체적으로 정의할 수 있다.

$$Q = \frac{1}{2}\pi r^2 h = \frac{1}{2}\pi(0.2\text{ m})^2\,(3\text{ m/s}) = 0.188\,\text{m}^3/\text{s}$$ 답

식 (4-4)를 이용하여 평균속도를 계산하면 다음과 같다.

$$V = \frac{Q}{A} = \frac{0.1885\text{ m}^3/\text{s}}{\pi(0.2\text{ m})^2} = 1.5\,\text{m/s}$$ 답

4.4 질량보존의 법칙

어떤 영역 안에서의 질량보존은 어떤 핵반응과는 달리 그 질량이 생성되거나 소멸되지 않는다는 것을 의미한다. 라그란지 관점에서 어떤 입자 시스템에 있는 모든 입자들의 질량은 항상 일정하다고 할 때 질량변화율 $(dm/dt)_{sys} = 0$이라고 할 수 있다. 검사체적에서 이와 동일한 의미를 갖는 식을 만들기 위해서 식 (4-4)인 레이놀즈수송정리를 이용할 수 있다. 종량상태량 $N = m$으로 정하고 이 질량의 강성상태량인 단위질량당 질량, $\eta = m/m = 1$로 정의하여 이를 레이놀즈수송정리에 대입하면 검사체적 관점에서 질량보존의 법칙을 얻을 수 있다.

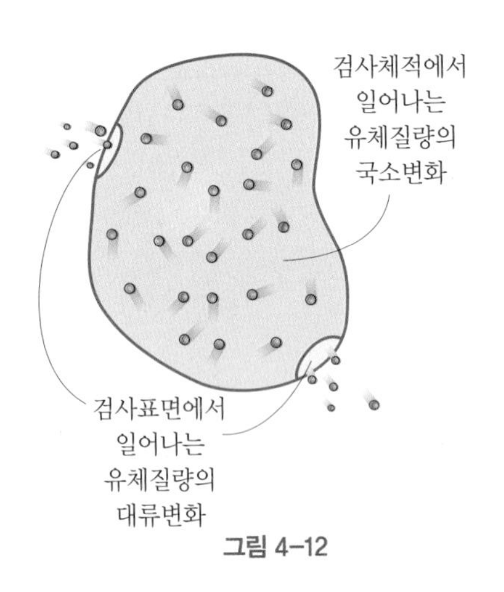

그림 4-12

$$\underbrace{\frac{\partial}{\partial t}\int_{cv} \rho \, d\forall}_{\text{국소질량 변화}} + \underbrace{\int_{cs} \rho \mathbf{V} \cdot d\mathbf{A}}_{\text{대류질량유동}} = 0 \qquad (4\text{-}12)$$

이 방정식을 **연속방정식**이라고 하고 이 식은 그림 4-12에 나타낸 바와 같이 어떤 검사체적 안의 질량의 국소변화율과 열린 검사표면을 통해서 유출 또는 유입된 질량유량의 합은 항상 '0'이라는 것을 의미한다.

특수한 경우 비압축성 유체로 완전히 채워져 있는 고정된 크기의 검사체적이 있고, 검사체적 안에 질량의 국소변화율이 없는 경우, 식 (4-12)의 첫 번째 항은 '0'이므로 이 검사체적에 순수하게 유입되거나 유출되는 질량유량은 없다. 다시 말해서 정상상태이든 비정상상태이든 관계없이 '유입된 질량은 모두 유출된다.'

$$\int_{cs} \rho \mathbf{V} \cdot d\mathbf{A} = \underbrace{\Sigma \dot{m}_{out} - \Sigma \dot{m}_{in} = 0}_{\text{비압축성 유동}} \qquad (4\text{-}13)$$

각각의 검사표면을 통해 흘러들어오거나 나가는 **평균속도**를 V라고 할 때 이 속도를 검사표면으로 적분하면 다음과 같다.

$$\Sigma \rho \mathbf{V} \cdot \mathbf{A} = \underbrace{\Sigma \dot{m}_{out} - \Sigma \dot{m}_{in} = 0}_{\text{비압축성 유동}} \qquad (4\text{-}14)$$

결과적으로 검사체적에 들어있는 유체와 동일한 유체가 **일정비율**로 검사체적에 유입되고 유출된다고 할 때 밀도가 소거되어 식은 다음과 같이 된다.

$$\Sigma \mathbf{V} \cdot \mathbf{A} = \underbrace{\Sigma Q_{out} - \Sigma Q_{in} = 0}_{\text{비압축성 정상유동}} \qquad (4\text{-}15)$$

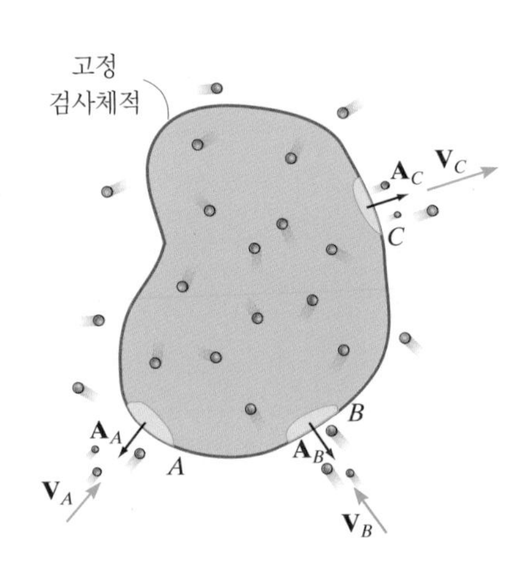

$\Sigma \mathbf{V} \cdot \mathbf{A} = 0$
$-V_A A_A - V_B A_B + V_C A_C = 0$

비압축성 유체의 정상유동

그림 4-13

이 식의 개념을 응용하여 그림으로 나타낸 것이 그림 4-13이다. 검사표면의 양의 방향을 검사체적의 바깥방향으로 설정하였으므로 유체가 유출되는 검사표면 $\mathbf{A}_{out}$의 방향과 이 면을 통해서 유출되는 속도 $\mathbf{V}$의 방향이 모두 '+'방향으로 이 두 벡터의 내적은 '+' 값이 되며, 유체가 유입되는 검사표면 $\mathbf{A}_{in}$의 방향 '+'와 이 면을 통해서 유입되는 속도 $\mathbf{V}$의 방향은 검사체적의 안쪽을 향하는 '−'방향으로 이 두 벡터의 내적은 '−' 값이 된다.

요점 정리

- 연속방정식은 시스템 안의 모든 입자의 질량은 항상 일정하다는 질량보존의 법칙을 기반으로 하는 식이다.
- 검사체적에 비압축성 유체가 완전히 채워져 있는 경우 열린 검사표면을 통해서 순수하게 유출되거나 유입되는 질량의 국소변화는 없고 오직 대류변화만 있다.

다수의 덕트들이 연결된 배관을 따라 흐르는 공기의 질량유량은 외부 공간으로 배출되는 공기량과 균형을 맞추는 계산을 통해서 계산된다.

해석 절차

연속방정식을 적용할 때 다음과 같은 순서를 따라 해석을 수행한다.

유체 설명

- 비정상유동인지 정상유동이지를 먼저 구분한 후 비균일유동인지 아니면 균일유동인지를 확인한다. 또한 유체를 비점성 그리고/또는 압축성 유체로 가정할 수 있는지 확인한다.

검사체적

- 검사체적을 정하고 이 검사체적이 이동 또는 변형하는지를 확인한다. 일반적으로 고정된 검사체적은 관유동과 같이 고정된 검사체적을 통해 일정한 양의 유체가 흐르는 검사체적이고 펌프 또는 터빈의 회전익을 대상으로 하는 경우 이동 검사체적을 이용하며 유체 탱크와 같이 검사체적 안의 유체의 양이 변하는 경우 변형 검사체적을 이용한다. 열린 검사표면의 방향은 이 면을 통해 유입 또는 유출되는 속도의 수직방향으로 정한다. 또한 개방면의 위치는 균일한 속도를 갖는 위치나 그 속도를 쉽게 나타낼 수 있는 위치에 정한다.

연속방정식

- 검사체적 안의 질량의 국소변화율과 열린 각각의 검사표면을 통해서 유입되거나 유출되는 질량유량을 모두 고려한다. 이를 응용할 경우 먼저 항상 연속방정식인 식 (4-12)로부터 시작하여 이 식을 단순화할 수 있는 특별한 경우에 속하는지 검토한다. 예를 들어서 검사체적이 변형하지 않고 비압축성 유체가 완전히 채워져 있다면 검사체적 안의 질량의 국소변화율은 '0'이므로 식 (4-13)~식 (4-15)에 보는 바와 같이 '유입된 질량유량만큼 유출한다.'

  평평하고 열린 검사표면의 면적벡터 **A**의 방향은 항상 검사체적의 바깥으로 향하는 면의 수직방향을 '+'로 설정한다. 따라서 이 개방면을 통해서 유체가 유입되는 경우 유입속도 **V**와 면적벡터 **A**는 서로 반대방향의 벡터이므로 유체의 유량은 '−' 부호를 갖는다. 반면에, 검사표면을 통해서 질량이 유출되는 경우 면적벡터와 속도가 같은 방향이므로 유출유량은 '+' 부호를 갖게 된다. 검사체적이 이동하는 정상유동의 경우 검사체적에 유입되거나 유출되는 양의 계산은 검사체적의 이동속도에 대한 상대속도 $\mathbf{V}_{f/cs}$로 계산되며 윗식에서 $\mathbf{V} = \mathbf{V}_{f/cs}$로 치환한 식을 이용한다.

예제 4.3

지름이 6 in.인 소화전에 유량 $Q_C = 4\ \text{ft}^3/\text{s}$의 물이 그림 4-14a와 같이 공급되고 있다. 지름이 2 in.인 노즐 A를 통해서 분출되는 물의 속도가 60 ft/s일 때 지름이 3 in.인 노즐 B를 통해서 분출되는 물의 유량을 구하라.

풀이

유체 설명 이 유동은 물을 이상유체라 간주한 정상유동이므로 평균속도로 계산한다.

검사체적 소화전의 내부 영역을 고정 검사체적으로 설정하고 그림에서 보는 것처럼 호스영역으로 확장한다. 이 유동은 정상상태이므로 검사체적 안의 질량의 국소변화율은 없지만 세 부분의 열린 검사표면에서 대류변화율이 존재한다.

C에서 유동을 알고 있으므로 평균속도는 다음과 같다.

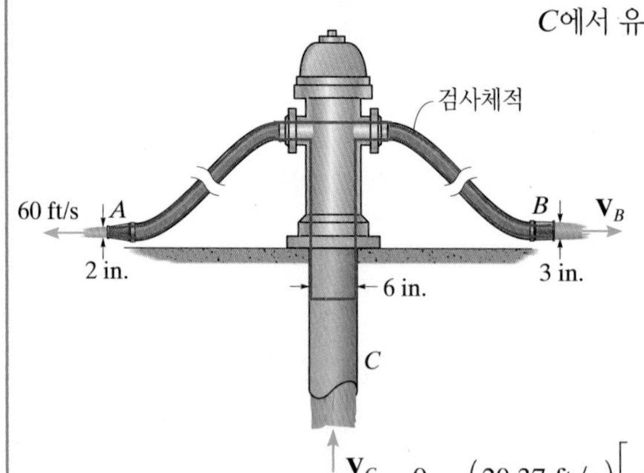

(a)

$$V_C = \frac{Q_C}{A_C} = \frac{4\ \text{ft}^3/\text{s}}{\pi\left(\frac{3}{12}\ \text{ft}\right)^2} = 20.37\ \text{ft/s}$$

연속방정식 비압축성 유체의 정상유동의 경우

$$\frac{\partial}{\partial t}\int_{\text{cv}} \rho\, d\forall + \int_{\text{cs}} \rho\, \mathbf{V} \cdot d\mathbf{A} = 0 \tag{1}$$

$$0 - V_C A_C + V_A A_A + V_B A_B = 0 \tag{2}$$

$$0 - (20.37\ \text{ft/s})\left[\pi\left(\frac{3}{12}\ \text{ft}\right)^2\right] + (60\ \text{ft/s})\left[\pi\left(\frac{1}{12}\ \text{ft}\right)^2\right] + V_B\left[\pi\left(\frac{1.5}{12}\ \text{ft}\right)^2\right] = 0$$

$$V_B = 54.82\ \text{ft/s}$$

그러므로 B에서 분출유량은

$$Q_B = V_B A_B = (54.82\ \text{ft/s})\left[\pi\left(\frac{1.5}{12}\ \text{ft}\right)^2\right] = 2.69\ \text{ft}^3/\text{s}$$ 답

이 풀이에서 사용한 식 (2)는 식 (4-15)를 직접 적용한 것과 같고 B와 C에서의 유량이 $Q_C = V_C A_C$와 $Q_B = V_B A_B$임을 알고 있으므로 V_C와 V_B를 구한 중간과정은 생략해도 된다. 하지만 식 (2)에 Q_C를 이용할 때 이것은 '−' 항이 된다는 것에 주의해야 한다. 따라서 식 (2)는 $0 - Q_C + V_A A_A + Q_B = 0$이 된다.

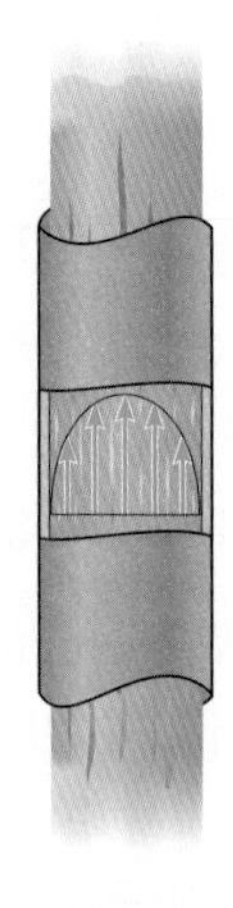
(b)

그림 4–14

참고 : 물을 점성유체로 간주하여 그림 4-14b와 같은 속도분포가 주어진 경우 해를 구하기 위해서는 식 (1)의 두 번째 항의 적분을 수행해야 한다. (예제 4.1의 첫 번째 단계를 참조할 것)

예제 4.4

그림 4-15는 가스 전열기 내의 정상상태의 공기유동을 나타낸 그림이다. A에서 공기의 절대압력은 203 kPa, 온도는 20°C이고 속도는 15 m/s이다. B에서 유출되는 공기의 절대압력은 150 kPa, 온도는 75°C일 때 B에서 공기의 속도를 구하라.

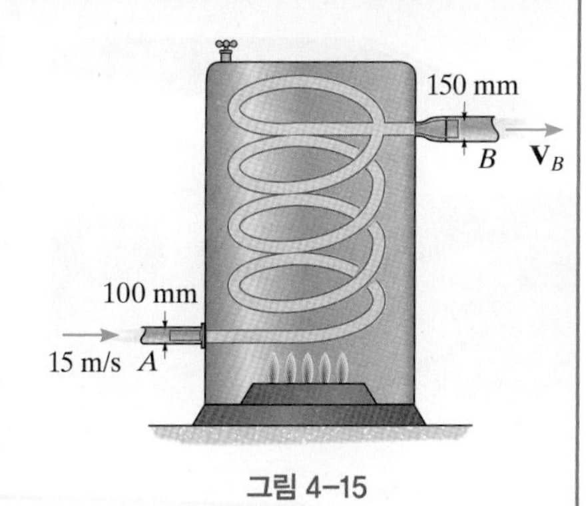

그림 4-15

풀이

유체 설명 문제에서 설명한 바와 같이 정상유동이므로 공기의 점성은 무시하고 관을 따라 흐르는 평균속도를 이용한다. 전열기 안의 압력과 온도에 의해서 공기의 밀도가 변하므로 공기의 압축성 효과가 고려되어야 한다.

검사체적 그림에서 보는 것처럼 전열기 내부의 관 영역과 이를 조금 확장한 고정 검사체적을 설정한다. 유동은 정상상태이므로 검사체적 안의 질량의 국소변화율은 없지만 열린 검사표면을 통해서 공기가 유출입하기 때문에 대류변화율은 있다.

연속방정식 열린 검사표면에서 압력과 온도는 공기의 밀도에 영향을 주고 A에서 유입되는 유량은 '−' 부호를 갖는다.

$$\frac{\partial}{\partial t}\int_{cv} \rho\, d\forall + \int_{cs} \rho\, \mathbf{V} \cdot d\mathbf{A} = 0$$

$$0 - \rho_A V_A A_A + \rho_B V_B A_B = 0$$

$$-\rho_A (15 \text{ m/s})\left[\pi(0.05 \text{ m})^2\right] + \rho_B V_B \left[\pi(0.075 \text{ m})^2\right] = 0$$

$$V_B = 6.667\left(\frac{\rho_A}{\rho_B}\right) \tag{1}$$

이상기체 상태방정식 A와 B에서 공기의 밀도는 이상기체 상태방정식을 이용하여 구할 수 있다.

$$p_A = \rho_A R T_A; \qquad 203\left(10^3\right) \text{ N/m}^2 = \rho_A R (20 + 273) \text{ K}$$

$$p_B = \rho_B R T_B; \qquad 150\left(10^3\right) \text{ N/m}^2 = \rho_B R (75 + 273) \text{ K}$$

R은 공기의 기체상수로 부록 A에서 그 값을 찾을 수 있지만, 여기서는 두 식을 나눔으로써 기체상수 R을 소거한다.

$$1.607 = \frac{\rho_A}{\rho_B}$$

이 값을 식 (1)에 대입하여 B의 속도를 구하면 다음과 같다.

$$V_B = 6.667(1.607) = 10.7 \text{ m/s}$$ 답

예제 4.5

그림 4-16과 같이 체적이 1.5 m^3인 탱크에 지름이 10 mm인 호스를 연결하여 공기를 채우고 있으며, 이 호스에서 공기의 평균속도는 8 m/s이다. 탱크에 유입되는 공기의 온도는 30°C이고 절대압력은 500 kPa이다. 공기의 유입으로 인하여 탱크 안의 공기밀도의 변화율을 구하라.

풀이

유체 설명 유입된 공기가 잘 혼합된다고 가정할 때 탱크 안에서 공기의 밀도는 균일하다고 할 수 있으며, 또한 공기는 압축성 유체이므로 밀도는 변한다. 유입되는 공기의 유동은 정상상태이다.

검사체적 탱크에 들어있는 공기 영역을 고정 검사체적으로 설정한다. 시간에 따라 탱크 안의 공기의 질량이 변하므로 검사체적 안의 공기질량의 국소변화가 있다. 속도는 열린 검사표면 A에서는 공기유동의 평균속도로 한다.

연속방정식 연속방정식의 적용에서 검사체적(탱크)의 체적이 일정하다는 것을 고려하여 그 안의 공기의 밀도는 전체적으로 균일하게 변한다고 가정하면 다음 식을 얻을 수 있다.

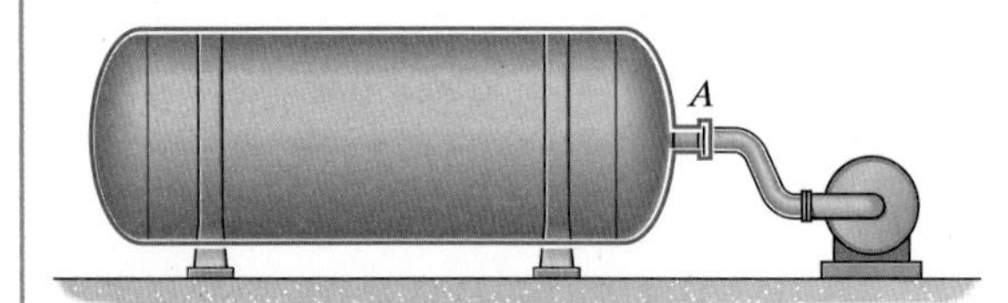

그림 4-16

$$\frac{\partial}{\partial t}\int_{cv}\rho\, d\forall + \int_{cs}\rho\,\mathbf{V}\cdot d\mathbf{A} = 0$$

$$\frac{\partial \rho_a}{\partial t}\forall_t - \rho_A V_A A_A = 0 \tag{1}$$

이상기체 상태방정식 탱크로 유입되는 공기의 밀도는 이상기체 상태방정식을 이용하여 결정할 수 있다. 부록 A에서 $R = 286.9$ J/(kg·K)을 이용하여 밀도를 계산하면 다음과 같다.

$$p_A = \rho_A R T_A; \qquad 500\left(10^3\right)\text{ N/m}^2 = \rho_A\left[286.9\text{ J/(kg}\cdot\text{K)}\right](30 + 273)\text{ K}$$

$$\rho_A = 5.752\text{ kg/m}^3$$

그러므로

$$\frac{\partial \rho_a}{\partial t}\left(1.5\text{ m}^3\right) - \left[\left(5.752\text{ kg/m}^3\right)\left(8\text{ m/s}\right)\right]\left[\pi(0.005\text{ m})^2\right] = 0$$

$$\frac{\partial \rho_a}{\partial t} = 2.41\left(10^{-3}\right)\text{ kg/}\left(\text{m}^3\cdot\text{s}\right)$$ 답

양의 값을 갖는다는 것으로 탱크 안의 공기의 밀도가 증가한다는 것을 예측할 수 있다.

예제 4.6

그림 4-17과 같은 로켓썰매가 연료가 60 kg/s로 연소되는 제트엔진에 의해서 추진된다. A에 있는 공기덕트는 0.2 m^{2}이 열려있고 밀도가 1.20 kg/m^{3}인 공기가 들어온다. 엔진이 노즐 B를 통해서 가스를 평균속도 300 m/s로 분출시킨다고 할 때 노즐에서 분출되는 공기의 밀도를 구하라. 이 썰매는 80 m/s의 일정한 속도로 이동하며, 노즐의 출구 단면적은 0.35 m^{2}이다.

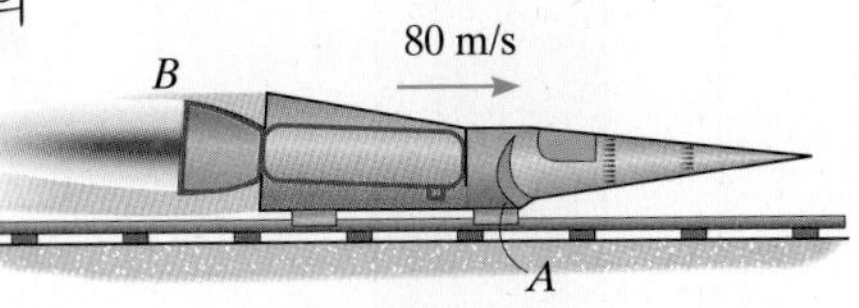

그림 4-17

풀이

연료 설명 공기-연료 시스템은 압축성 유체이므로 입구 A와 출구 B에서 밀도는 다르다. 속도는 평균속도를 이용한다.

검사체적 엔진에 공기와 연료가 유입되고 연소하고 분출되는 영역을 포함한 전체를 검사체적으로 설정한다. 이 검사체적은 로켓과 함께 이동한다고 가정하여 로켓을 타고 있는 사람의 관점에서 유동은 정상상태이므로 검사체적에서 공기-연료의 질량의 국소변화율은 없다. 공기의 유입구와 연료주입구 그리고 노즐 출구에서의 대류변화는 있으며, 또한 로켓 밖의 공기는 정지해 있다고 가정할 때 A에서 유입되는 공기유동의 상대속도는

$$\overset{+}{\rightarrow} V_A = V_{cs} + V_{A/cs}$$
$$0 = 80\text{ m/s} + V_{A/cs}$$
$$V_{A/cs} = -80\text{ m/s} = 80\text{ m/s} \leftarrow$$

B에서 분사되는 가스의 속도는 노즐이 있는 검사표면에서 분사되는 상대속도이므로 $V_{B/cs} = 300$ m/s이다.

연속방정식 연료의 질량유량은 $\dot{m}_f = 60$ kg/s이고, 국소변화는 없으므로

$$\frac{\partial}{\partial t}\int_{cv}\rho\, d\forall + \int_{cs}\rho \mathbf{V}_{f/cs}\cdot d\mathbf{A} = 0$$
$$0 - \rho_a V_{A/cs} A_A + \rho_g V_{B/cs} A_B - \dot{m}_f = 0$$
$$-1.20\text{ kg/m}^3(80\text{ m/s})(0.2\text{ m}^2) + \rho_g(300\text{ m/s})(0.35\text{ m}^2) - 60\text{ kg/s} = 0$$
$$\rho_g = 0.754\text{ kg/m}^3$$ 답

설정한 감사체적이 어떤 공간의 고정된 위치에 있고 로켓썰매가 이 지점을 통과하면 검사체적 안의 질량의 국소변화율이 존재하게 된다. 다시 말해서 설정된 검사체적을 통과하는 유동은 비정상상태의 유동이 된다.

예제 4.7

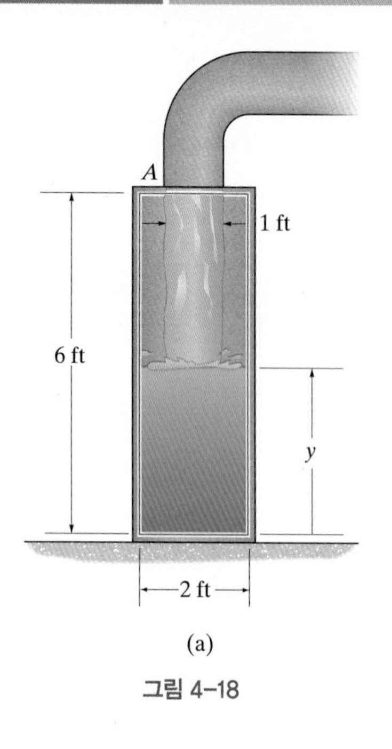

(a)

그림 4–18

그림 4-18a는 지름이 2 ft인 탱크에 지름이 1 ft인 관을 통해서 물이 채워지고 있는 그림이며, 유출량은 4 ft^3/s이다. 탱크 안에서 수면이 상승하는 속도를 구하라.

풀이

유체 설명 정상상태의 유동이고 물은 비압축성 유체로 밀도 ρ_w는 일정하다.

검사체적 I 그림 4-18a처럼 탱크 전체를 포함하는 고정 검사체적을 설정한다. 이 검사체적에서 유동이 정상상태라고 하더라도 검사체적에 물이 완전히 채워져 있지 않기 때문에 질량의 국소변화율이 있다. 다시 말해서 탱크 안의 물의 질량이 시간에 따라 변한다는 것을 의미하며, A의 열린 검사표면에서 대류변화는 존재한다. 탱크의 상부에서 배출되는 공기의 질량과 같은 탱크 내부의 공기질량의 변화는 고려하지 않고 탱크 안의 물의 체적을 계산하기 위해서 물은 관에서 배출될 때 지름을 그대로 유지한다고 가정한다.*

연속방정식 $Q_A = V_A A_A$를 이해하고 연속방정식을 적용하며,

$$\frac{\partial}{\partial t}\int_{\text{cv}} \rho_w \, d\forall + \int_{\text{cs}} \rho_w \mathbf{V} \cdot d\mathbf{A} = 0$$

$$\rho_w \frac{d\forall}{dt} - \rho_w Q_A = 0$$

여기서 $\forall$는 탱크 안에 깊이가 y인 물 전체 체적이다. 윗식에서 ρ_w를 소거하고 정리하면

$$\frac{d}{dt}\left[\pi(1\text{ ft})^2 y + \pi(0.5\text{ ft})^2(6\text{ ft} - y)\right] - \left(4\text{ ft}^3/\text{s}\right) = 0$$

$$\pi \frac{d}{dt}(0.75y + 1.5) = 4$$

$$0.75\frac{dy}{dt} + 0 = \frac{4}{\pi}$$

$$\frac{dy}{dt} = 1.70\text{ ft/s}$$ 답

검사체적 II 그림 4-18b와 같이 탱크 안에 있는 물만을 검사체적으로 선택하여 이 문제의 해를 구할 수 있다. 이 경우 검사체적 안의 물이 비압축성 유체

---

* 이 물기둥이 모두 확산된다면, 동일한 체적이 탱크를 채우게 된다.

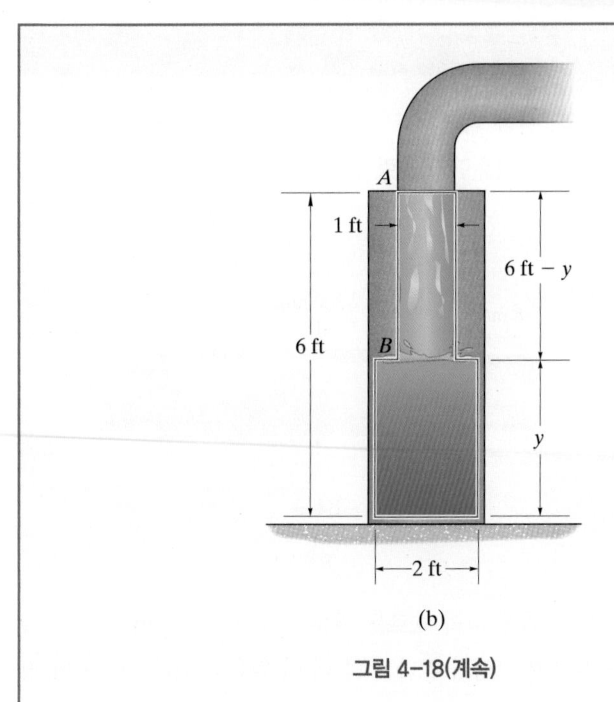

(b)

그림 4-18(계속)

이기 때문에 국소변화율은 없어 질량은 일정하게 된다. 하지만 개방된 검사표면 A의 면적 $\pi(0.5\text{ ft})^2$을 통해서 물이 유입되고 면적 $[\pi(1\text{ ft})^2 - \pi(0.5\text{ ft})^2]$인 검사표면 B에서 유출되기 때문에 대류변화율은 있다.

연속방정식 $Q_A = V_A A_A$이므로

$$\frac{\partial}{\partial t}\int_{cv} \rho_w \, d\forall + \int_{cs} \rho_w \mathbf{V} \cdot d\mathbf{A} = 0$$

$$0 - V_A A_A + V_B A_B = 0$$

$$-\left(4\text{ ft}^3/\text{s}\right) + V_B\left[\left(\pi(1\text{ ft})^2 - \pi(0.5\text{ ft})^2\right)\right] = 0$$

$$V_B = \frac{dy}{dt} = 1.70\text{ ft/s}$$ 답

참고문헌

1. ASME, *Flow Meters*, 6th ed., ASME, New York, NY, 1971.
2. S. Vogel, *Comparative Biomechanics*, Princeton University Press, Princeton, NJ, 2003.
3. S. Glasstone and A. Sesonske, *Nuclear Reactor Engineering*, D. van Nostrand, Princeton, NJ, 2001.

기초문제

4.3절

F4-1 물을 사각형 관을 통해서 탱크에 공급하고 있다. 유동의 평균속도가 16 m/s이고, 물의 밀도를 $\rho_w = 1000\ \text{kg/m}^3$이라고 할 때 질량유량을 구하라.

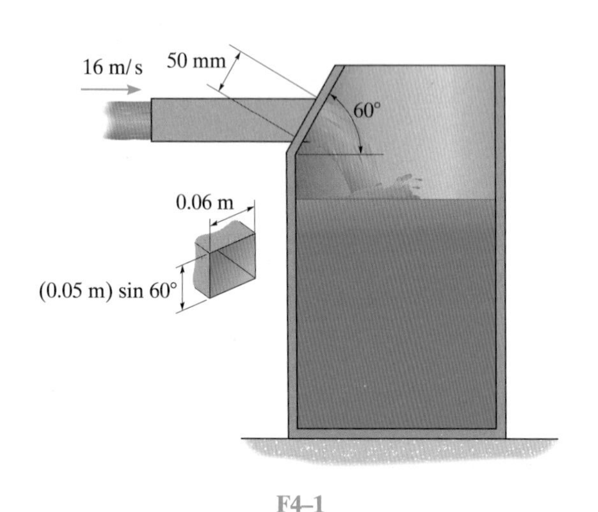

F4–1

F4-2 단면 모양이 삼각형인 관을 통해서 공기가 0.7 kg/s의 유량으로 흐르고 있다. 이때 공기의 온도는 15°C이고 계기압력은 70 kPa이다. 표준대기압을 $\rho_{\text{atm}} = 101\ \text{kPa}$이라고 할 때 이 공기 유동의 평균속도를 구하라.

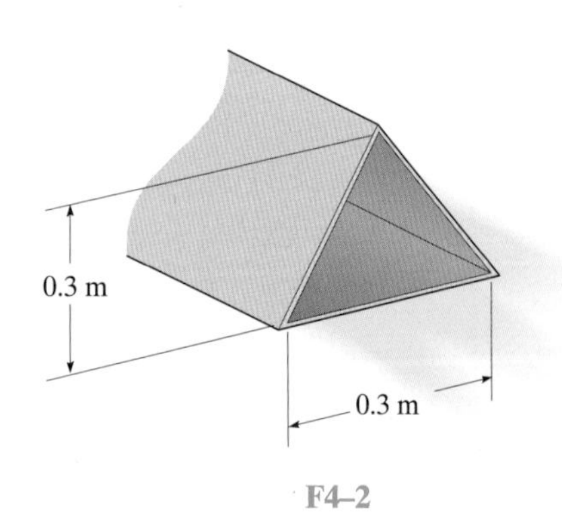

F4–2

F4-3 관을 따라 흐르는 물의 평균속도가 8 m/s이다. 이 유동의 체적유량과 질량유량을 구하라.

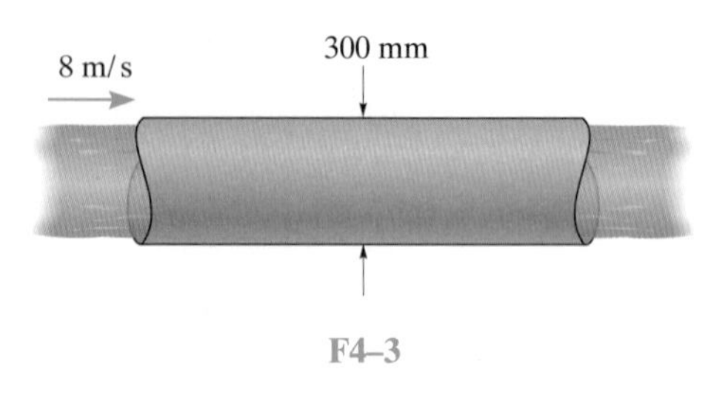

F4–3

F4-4 관을 따라 흐르는 원유의 유량이 $0.02\ \text{m}^3/\text{s}$이다. 속도분포가 그림과 같다고 할 때 이 원유의 최대속도 V_0와 평균속도를 구하라.

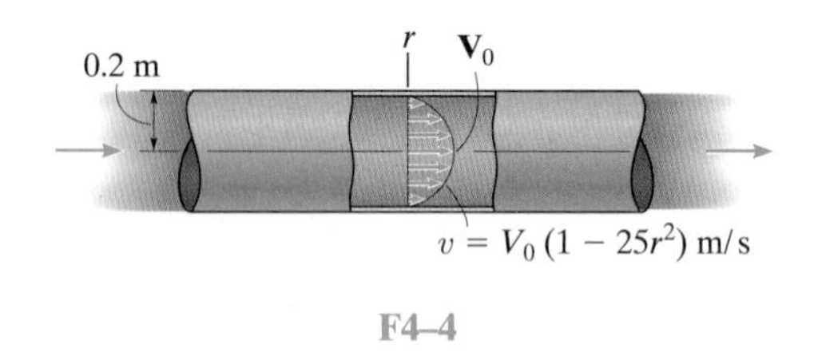

F4–4

F4-5 온도가 20°C이고 압력이 80 kPa인 공기가 원형관을 평균속도 3 m/s로 흐르고 있다. 이 공기유동의 질량유량을 구하라.

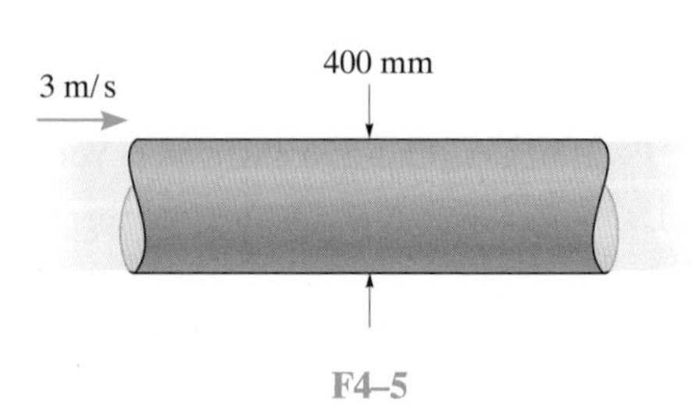

F4–5

F4-6 매우 큰 점성을 가지고 있는 유체가 폭이 0.5 m인 사각형 관을 따라 흐를 때 속도분포가 $u = (6y^2)$ m/s이며, y의 단위는 미터이다. 이 유동의 체적유량을 구하라.

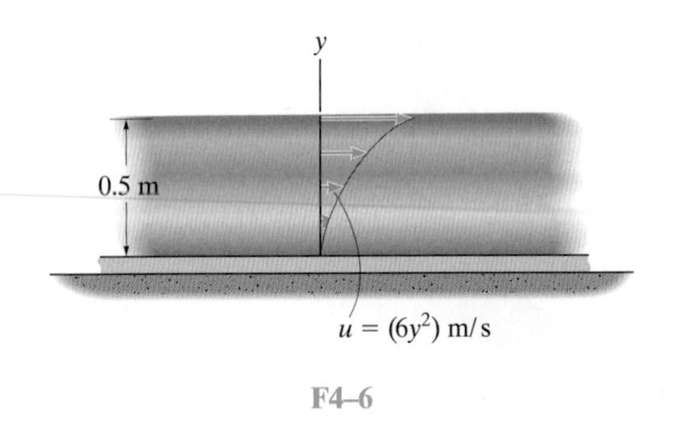

F4–6

4.4절

F4-7 A와 B에서 정상유동으로 흐르는 유체의 평균속도가 그림에서 보는 것과 같을 때 C에서 평균속도를 구하라. 단, 이 관의 각 단면의 넓이는 $A_A = A_C = 0.1\ \text{m}^2$이고, $A_B = 0.2\ \text{m}^2$이다.

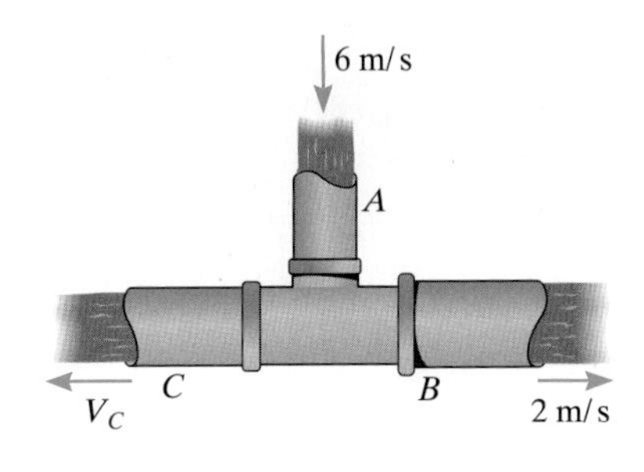

F4–7

F4-8 어떤 탱크의 급수관이 연결된 A를 통해서 4 m/s의 속도로 액체가 흘러들어갈 때 이 액체탱크의 수면의 높이 y가 상승한다면 이 수면의 높이의 상승률 dy/dt를 구하라. 급수관 단면의 넓이는 $A_A = 0.1\ \text{m}^2$이다.

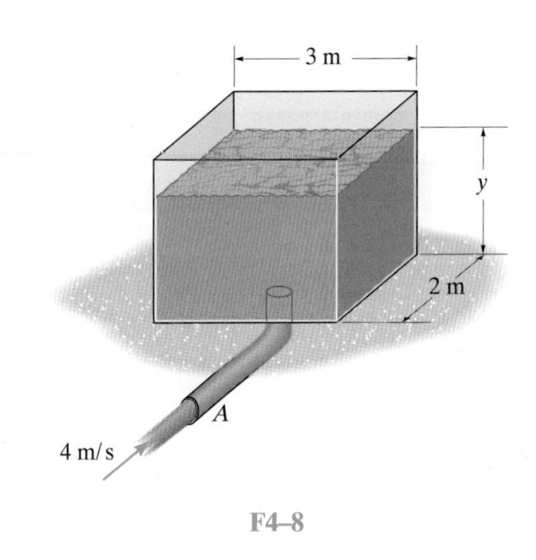

F4–8

F4-9 탱크에서 배출되는 공기의 유량은 0.05 kg/s이고, 이 공기는 배출관에 연결된 수관을 통해서 유입되는 질량유량이 0.002 kg/s인 물과 혼합된다. 이 혼합유체의 밀도가 1.45 kg/m^{3}이라고 할 때 지름이 20 mm인 관을 통해 배출되는 혼합유체의 평균속도를 구하라.

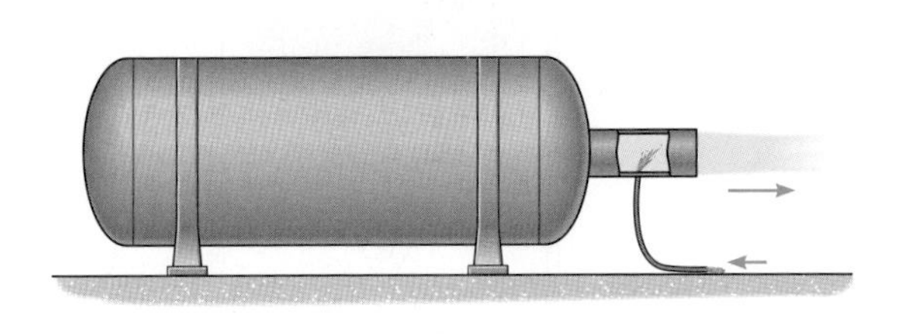

F4–9

F4-10 온도가 16°C이고 계기압력이 200 kPa인 공기가 A를 통과할 때의 속도가 12 m/s였다. B에서 공기의 온도가 70°C라고 할 때 이 점에서 평균속도를 구하라.

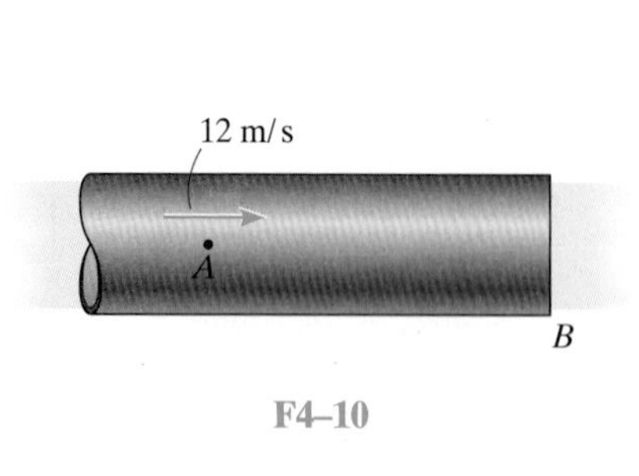

F4–10

F4-12 그림에 나타난 속도로 물이 흐르고 있을 때 C에서 관의 지름을 구하라.

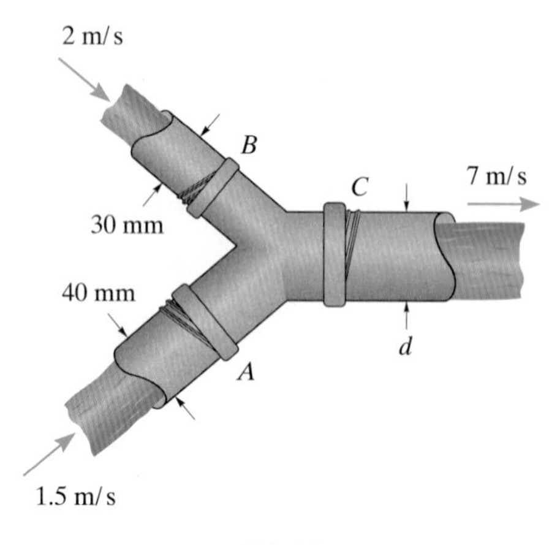

F4–12

F4-11 단면의 모양이 삼각형인 탱크에 지름이 50 mm인 관을 통해서 물이 채워지고 있고, 이 관에서 물의 평균속도는 6 m/s이다. 시간 $t = 10$ s일 때 이 물의 높이 상승률을 구하라. 이 탱크의 길이는 1 m이고 시간 $t = 0$ s일 때 물의 높이 $h = 0.1$ m였다.

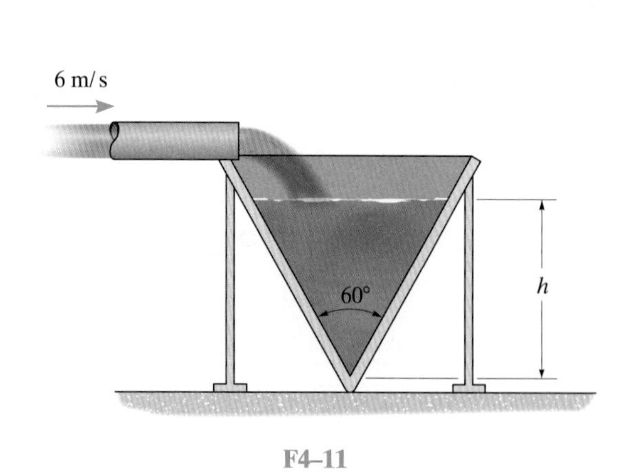

F4–11

F4-13 지름이 50 mm인 관이 연결된 탱크의 A를 통해서 기름이 평균속도 4 m/s로 공급되고 있다. 탱크의 B에 연결된 지름 20 mm인 관을 통해서 평균속도 2 m/s로 기름이 배출된다고 할 때 탱크에서 기름의 깊이 y의 변화율을 구하라.

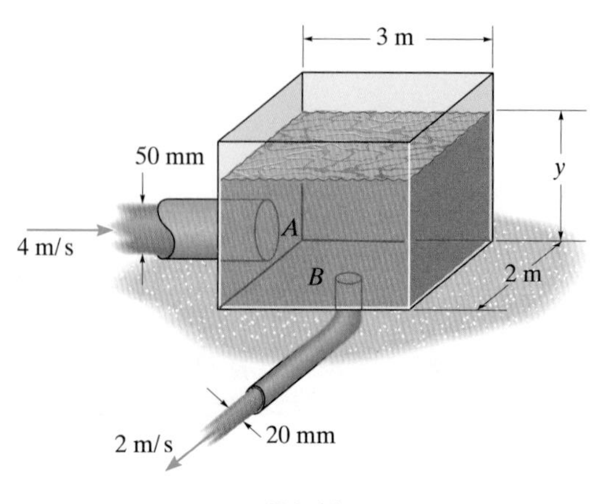

F4–13

연습문제

4.1~4.2절

4-1 어떤 배관에서 그림과 같은 평균속도로 물이 정상상태로 흐르고 있다. 이 배관시스템을 포함하는 외곽을 따라 검사체적을 설정하고 열린 검사표면과 이 면적의 양의 방향을 보여라. 또한 이 면에서 유체의 속도의 방향을 표시하고, 국소와 대류속도의 변화가 있는지 확인하라. 물은 비압축성 유체라고 가정한다.

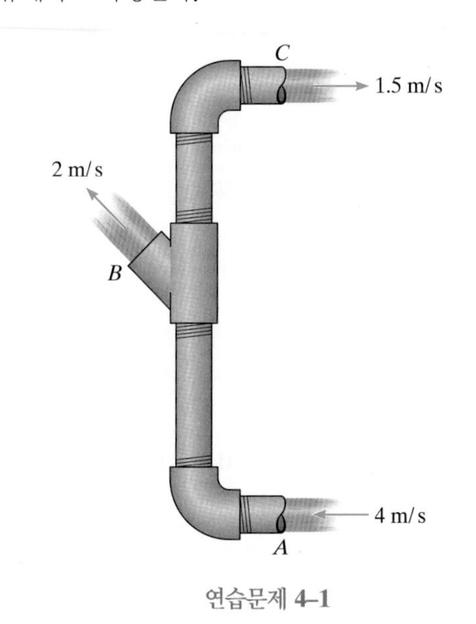

연습문제 **4–1**

4-2 펌프를 이용하여 물을 정상상태로 배출시킬 때 평균속도를 그림에 표시하였다. 펌프의 물을 포함한 검사체적을 정하고 흡입 토출관을 따라 검사체적을 확장하라. 열린 검사표면을 표시하고 그 면적의 양의 방향을 보여라. 또한 이 면에서 속도의 방향을 표시하고, 국소와 대류변화가 발생하는지 알아보아라. 물은 비압축성 유체라고 가정한다.

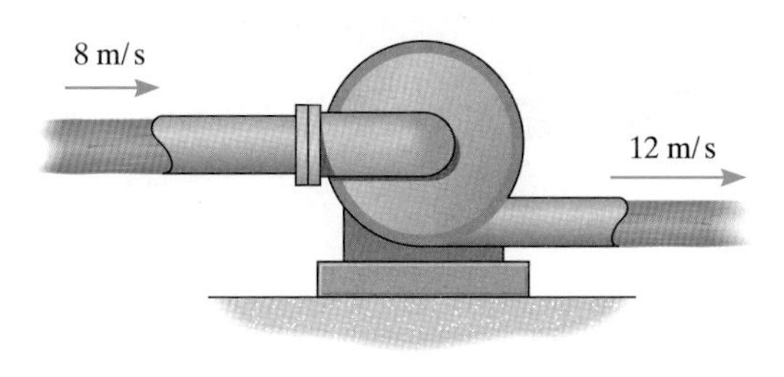

연습문제 **4–2**

4-3 평균속도로 물이 노즐을 통해 정상상태로 흐르고 있다. 만약에 노즐의 접착제로 관의 끝에 부착시켰다고 할 때 노즐 전체와 그 안의 물을 포함시킨 검사체적과 노즐 안의 물만을 포함시킨 또 다른 검사체적을 정했을 때 이 두 경우에 대해서 열린 검사표면과 검사표면의 양의 방향 및 이 면을 통과하는 속도의 방향을 표시하라. 그리고 국소와 대류변화가 있는지 확인하라. 물은 비압축성 유체라고 가정한다.

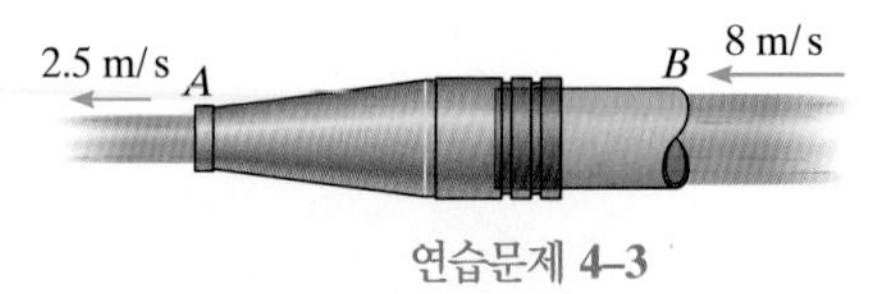

연습문제 **4–3**

***4-4** 관의 단면이 선형적으로 좁아지는 관을 통해서 흐르는 공기가 가열되고, 이 공기의 밀도는 변하고 있다. 이때 이 관에서 공기의 평균속도가 그림과 같다. 공기와 관을 포함한 검사체적을 정하고, 열린 검사표면에서 그 면적의 양의 방향과 속도의 방향을 표시하라. 국소와 대류변화가 발생하는지 확인하라. 공기는 비압축성 유체라고 가정한다.

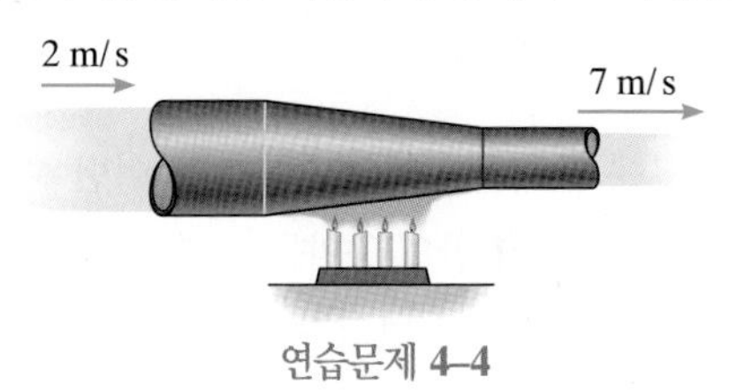

연습문제 **4–4**

4-5 물탱크에 A를 통해서 물이 유입되고 B를 통해서는 유출되고 있다. 유입유량이 유출유량보다 크며, 유출 및 유입되는 평균속도는 그림과 같다. 검사체적을 탱크 안의 물만을 포함시켜 선택하여 열린 검사표면을 표시하고, 이 면적의 양의 방향과 이 면을 통과하는 속도의 방향을 표시하라. 그리고 국소와 대류변화가 있는지 확인하라. 물은 비압축성 유체라고 가정한다.

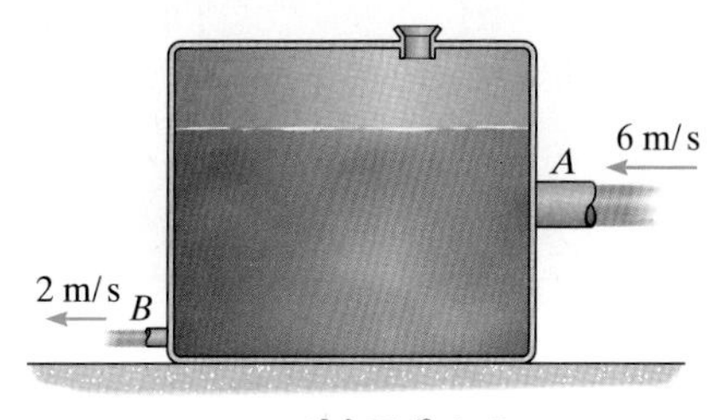

연습문제 **4–5**

4-6 공기가 채워진 풍선을 그림과 같이 자유롭게 놓아 주었다. 풍선이 가속되는 동안 풍선으로부터 배출되는 공기의 풍선에 대한 상대 평균속도가 4 m/s이다. 왜 이동 검사체적을 선택하는 것이 이 문제를 해석하는 데 적합한지를 설명하라. 풍선 안의 공기를 포함한 검사체적을 선택하여 열린 검사표면과 그 면의 면적의 양의 방향과 배출되는 속도의 방향을 표시하고, 국소와 대류변화가 있는지 확인하라. 공기는 비압축성 유체라고 가정한다.

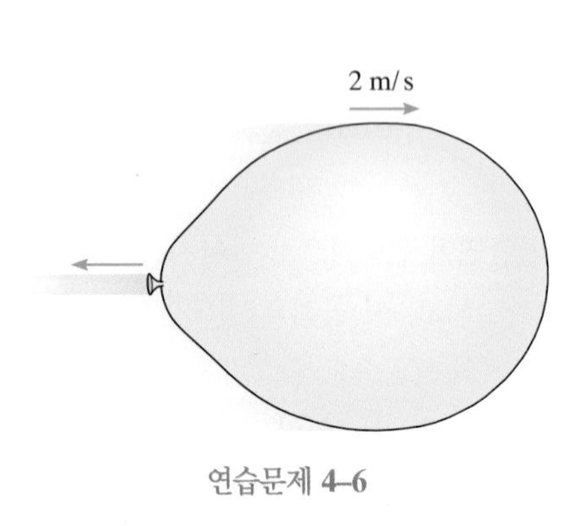

연습문제 **4–6**

4-7 탱크에 압축된 공기가 분출하는 어떤 순간에 그 속도가 3 m/s였다. 탱크 안의 공기를 포함한 검사체적을 선택하고 열린 검사표면과 그 면의 면적의 양의 방향 그리고 분출되는 속도의 방향을 표시하고, 국소와 대류변화가 있는지 확인하라. 공기는 압축성 유체라고 가정한다.

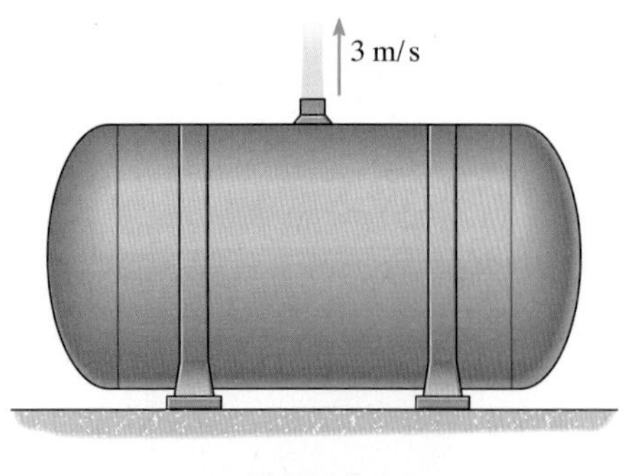

연습문제 **4–7**

***4-8** 터빈의 회전익이 왼쪽 방향으로 6 m/s의 속도로 이동하고 있다. 노즐출구 A에서 물이 평균속도 2 m/s로 분사되고 있다. 이 문제를 해석하기 위해서 왜 이동 검사체적을 선택하는 것이 적합한지를 설명하라. 익을 따라 흐르는 물을 포함한 검사체적을 그리고 열린 검사표면과 그 면에서 면적의 양의 방향을 그려라. 또한 그 면에서 상대속도의 방향과 크기를 표시하고, 국소와 대류변화가 있는지 확인하라. 물은 비압축성 유체라고 가정한다.

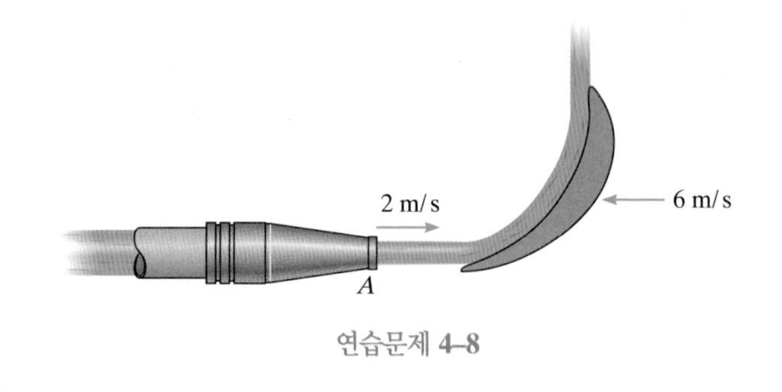

연습문제 **4–8**

4-9 비행기의 제트엔진이 800 km/h의 속도로 이동하고 이다. 연료는 탱크에서 제트엔진으로 공급되어 공기와 혼합되어 연소된 후 1200 km/h의 상대속도로 배출되고 있다. 제트엔진과 연료, 공기를 포함한 검사체적을 선택하고 왜 이동 검사체적이 이 문제를 해석하는 데 가장 적합한지를 설명하라. 열린 검사표면과 그 면의 면적의 양의 방향 그리고 상대속도의 크기와 방향을 표시하고, 국소와 대류변화가 있는지 확인하라. 연료는 비압축성 유체이고, 공기는 압축성 유체라고 가정한다.

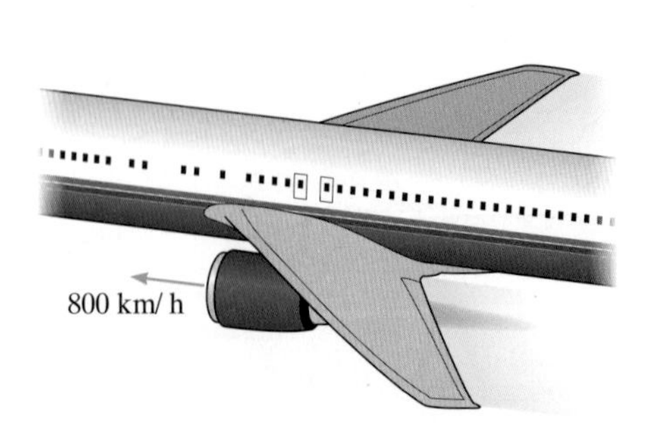

연습문제 **4–9**

4-10 열기구의 중심 A에서 버너를 이용해 가열된 공기를 열기구 안에 1 m/s의 평균상대속도로 공급하여 열기구는 3 m/s의 일정한 속도로 올라가고 있다. 이 문제를 해석하기 위해서 왜 이동 검사체적이 가장 적합한지 설명하라. 열기구 안의 공기를 포함한 검사체적을 그리고, 열린 검사표면에서 면적의 양의 방향과 속도의 크기와 방향을 표시하고 국소와 대류변화가 있는지 확인하라. 공기는 비압축성 유체라고 가정한다.

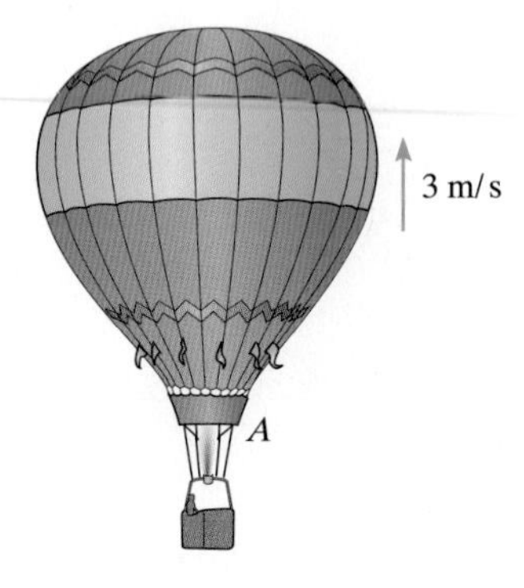

연습문제 **4–10**

4-11 노즐에서 분사되는 물에 의해서 반구체가 떠있고 반구에 분사되는 물의 속도와 반구형 벽면을 따라 흘러내려오는 물의 평균속도가 그림과 같다. 반구체와 물을 포함한 검사체적을 그리고, 열린 검사표면과 그 면의 면적의 양의 방향을 그리고, 속도의 방향을 표시하고 국소와 대류변화가 있는지 확인하라. 물은 비압축성 유체라고 가정한다.

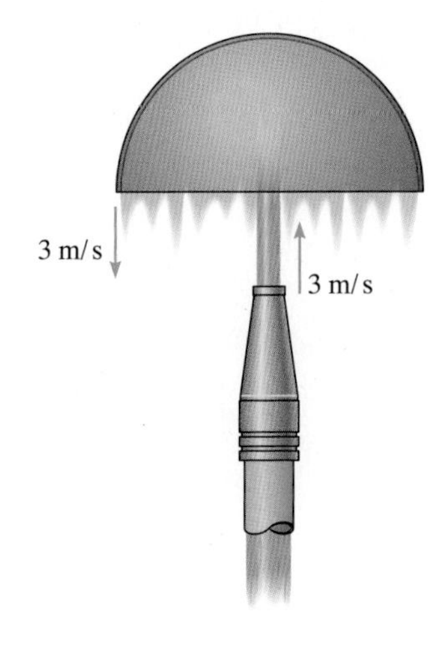

연습문제 **4–11**

4.3절

***4-12** 폭이 0.75 m인 사각형 수로를 따라 흐르는 물의 평균속도가 2 m/s이다. 배출되는 물의 체적유량을 구하라.

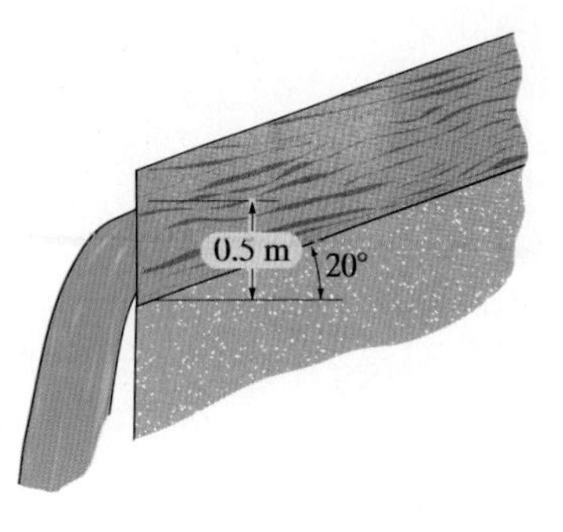

연습문제 **4–12**

4-13 단면이 삼각형인 수로를 따라 물이 평균속도 5 m/s로 흐르고 있다. 수로의 수직 깊이가 0.3 m일 때 배출되는 물의 체적유량과 질량유량을 구하라.

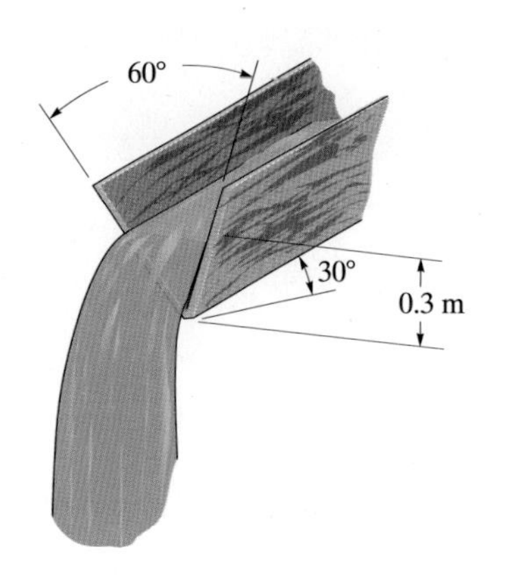

연습문제 **4–13**

4-14 제트엔진의 터빈에 공기 40 kg/s가 유입되고 배출구에서 배출될 때 이 유체의 절대압력이 750 kPa이고, 온도는 120°C이다. 배출구의 지름이 0.3 m일 때 배출구에서 평균속도를 구하라.

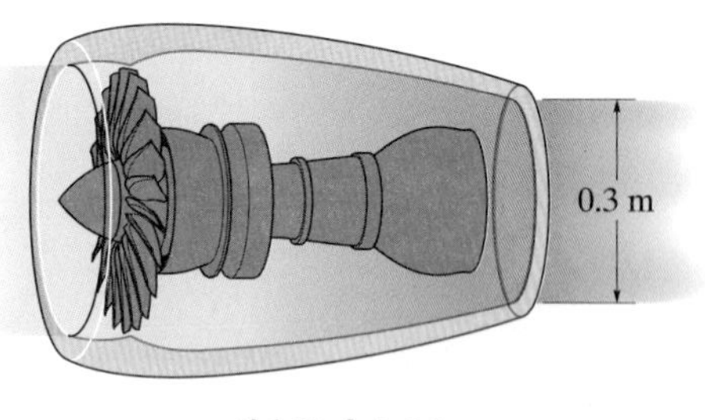

연습문제 **4-14**

4-15 이산화탄소가 지름이 4 in.인 도관에서 평균속도 20 ft/s로 흐르고 있다. 이 이산화탄소의 질량유량을 구하라. 이 가스의 온도는 70°F이고 압력은 6 psi이다.

***4-16** 이산화탄소가 지름이 4 in.인 도관에서 평균속도 10 ft/s로 흐르고 있다. 이때 계기압력으로 8 psi를 유지한다고 할 때 $0°F \le T \le 100°F$의 온도구간에 $\Delta T = 20°$의 간격으로 온도가 변화할 때 질량유량의 변화 그래프를 그려라.

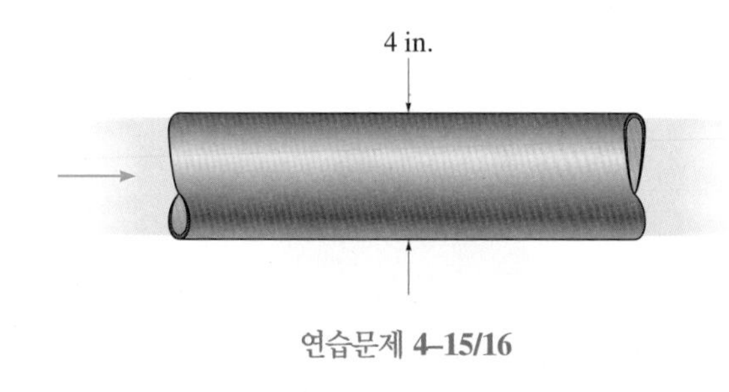

연습문제 **4-15/16**

4-17 물이 일정한 유량으로 탱크에 공급되어 5분 동안 $h = 3$ m 높이의 물이 채워졌다. 탱크의 폭이 1.5 m라면 지름이 0.2 m인 관 A를 통해서 급수되는 물의 평균속도를 구하라.

4-18 물이 관을 따라 평균속도 0.5 m/s로 흐르고 있다. 지름이 D인 급수관 A로부터 공급되는 물을 탱크에 $h = 3$ m 깊이로 채우는 데 걸리는 시간을 구하라. 이 문제에서 물탱크의 폭은 1.5 m이다. 급수관의 지름이 $0.05\text{ m} \le D \le 0.25\text{ m}$인 구간에 있다고 할 때 관의 지름이 $\Delta D = 0.05$ m씩 증가할 때 걸리는 급수시간(분)의 그래프를 그려라.

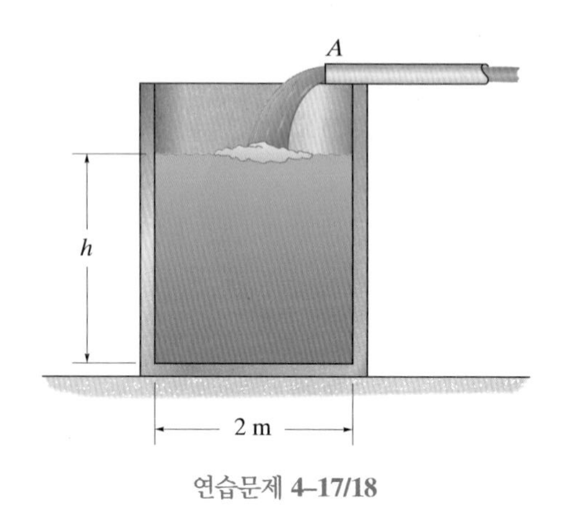

연습문제 **4-17/18**

4-19 도관 안에서 흐르는 공기의 평균속도가 15 m/s일 때 질량유량을 구하라. 이 문제에서 공기의 온도는 30°C이고, 압력은 계기압력으로 50 kPa이다.

***4-20** 도관 안에서 공기가 20°C의 온도를 유지하면서 평균속도 20 m/s로 흐르고 있다. 공기의 압력이 $0 \le p \le 100$ kPa인 구간에서 $\Delta p = 20$ kPa씩 증가할 때 압력에 대한 공기의 질량유량의 변화 그래프를 그려라. 대기압은 101.3 kPa이다.

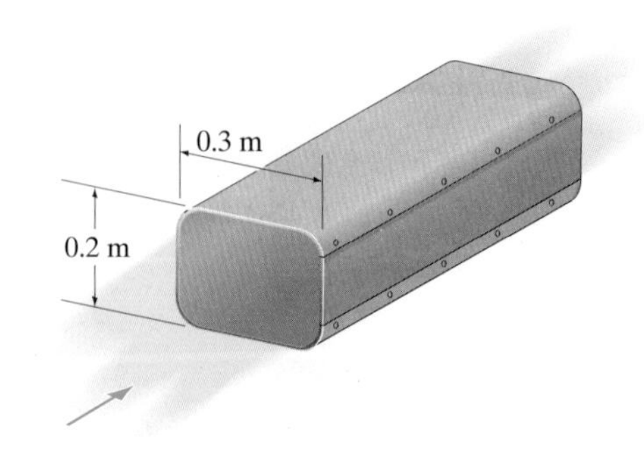

연습문제 **4-19/20**

4-21 두 평판 사이를 흐르는 유체의 선형적인 속도분포가 그림과 같다. 평균속도와 체적유량을 U_{max}와 평판 폭 w의 함수로 나타내라.

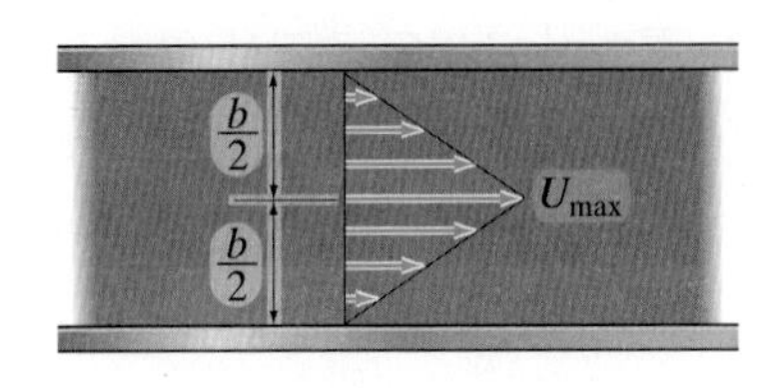

연습문제 **4–21**

4-22 관을 따라 흐르는 액체의 대략적인 속도분포가 그림과 같다. 이 유동의 평균속도를 구하라. 힌트 : 원뿔의 체적은 $\forall = \frac{1}{3}\pi r^2 h$이다.

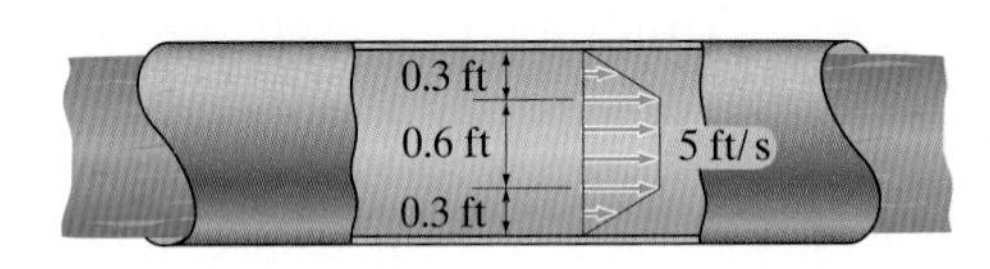

연습문제 **4–22**

4-23 관을 따라 흐르는 액체의 대략적인 속도분포가 그림과 같다. 이 유체의 비중량 $\gamma = 54.7\ \text{lb/ft}^3$일 때 이 유동의 질량유량을 구하라. 힌트 : 원뿔의 체적은 $\forall = \frac{1}{3}\pi r^2 h$이다.

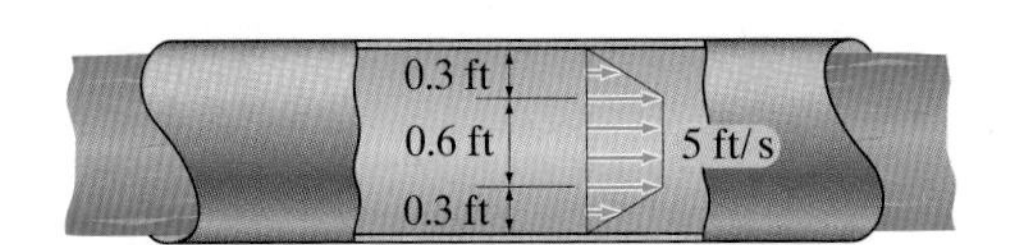

연습문제 **4–23**

*4-24 점성이 큰 유체가 8 ft 폭의 사각형 개수로를 따라 유입될 때 그 속도분포가 $u = 0.8(1.25y + 0.25y^2)$ ft/s라고 할 때 평균속도 V를 구하라. 여기서 y의 단위는 피트이다.

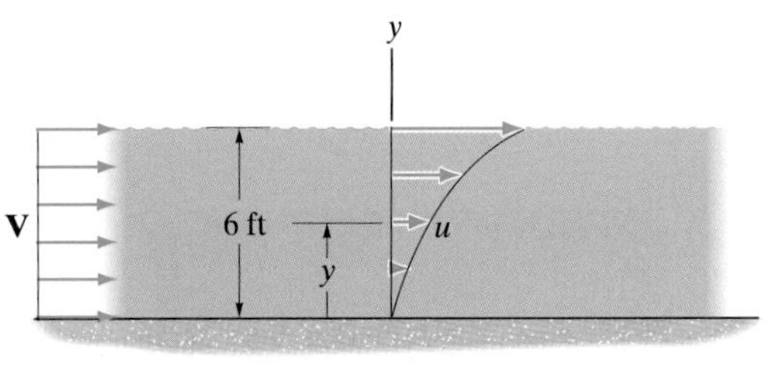

연습문제 **4–24**

4-25 점성이 매우 큰 유체가 3 ft 폭의 사각형 개수로를 따라 유입될 때 그 속도분포가 $u = 0.8(1.25y + 0.25y^2)$ ft/s라고 할 때 질량유량을 구하라. 이 유체의 비중량 $\gamma = 40\ \text{lb/ft}^3$이고, y의 단위는 피트이다.

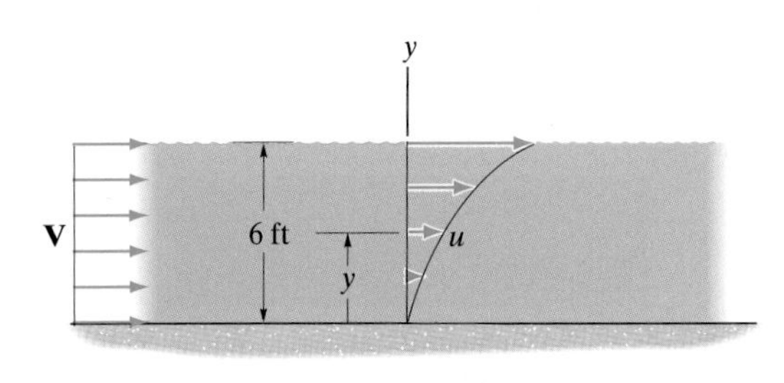

연습문제 **4–25**

4-26 어떤 유동의 속도분포가 $u = (6x)$ m/s이고, $v = (4y^2)$ m/s이다. A와 B면을 통해서 유출되는 유량을 구하라. 여기서 x와 y의 단위는 미터이다.

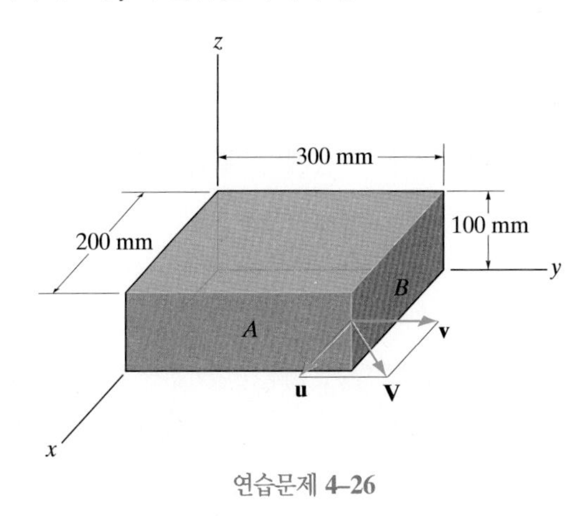

연습문제 **4–26**

4-27 점성이 매우 큰 유체가 수로에서 속도분포 $u = 3(e^{0.2y} - 1)$ m/s로 흐르고 있다. 이 수로의 폭이 1 m라고 할 때 체적유량을 구하라. 여기서 y의 단위는 미터이다.

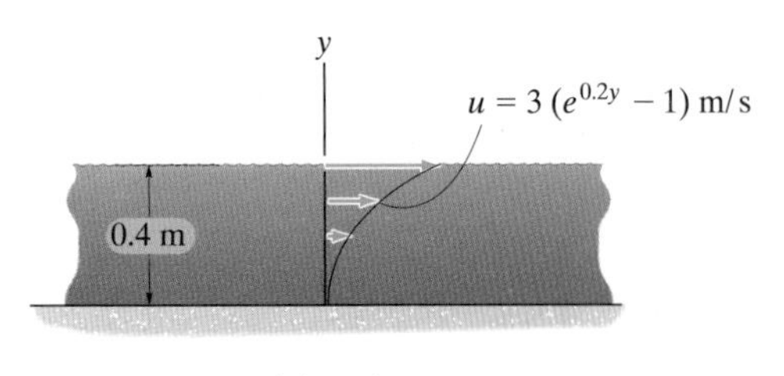

연습문제 4–27

***4-28** 수로를 따라 흐르는 유체의 속도분포가 $u = 3(e^{0.2y} - 1)$ m/s이다. 이 수로의 폭이 1 m라고 할 때 평균속도를 구하라. 여기서 y의 단위는 미터이다.

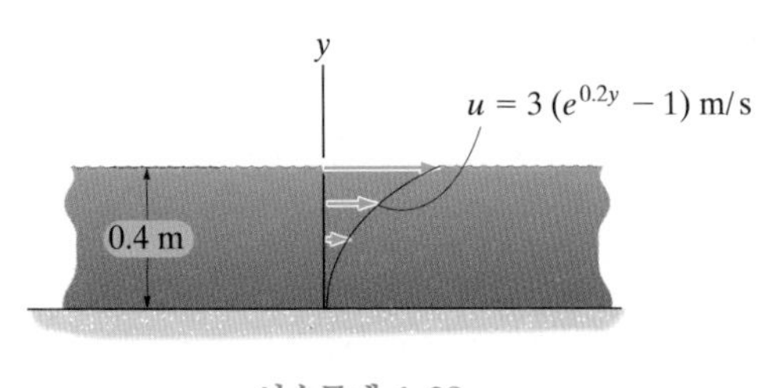

연습문제 4–28

4-29 원형관 유동에서 완전히 발달한 난류유동을 Prandtl의 1/7승 법칙 모델을 이용하여 나타낸 속도분포가 $u = U(y/R)^{1/7}$이다. 이 유동의 평균속도를 구하라.

4-30 원형관 유동에서 완전히 발달한 난류유동을 Prandtl의 1/7승 법칙 모델을 이용하여 나타낸 속도분포가 $u = U(y/R)^{1/7}$이다. 이 유체의 밀도를 ρ라고 할 때 질량유량을 구하라.

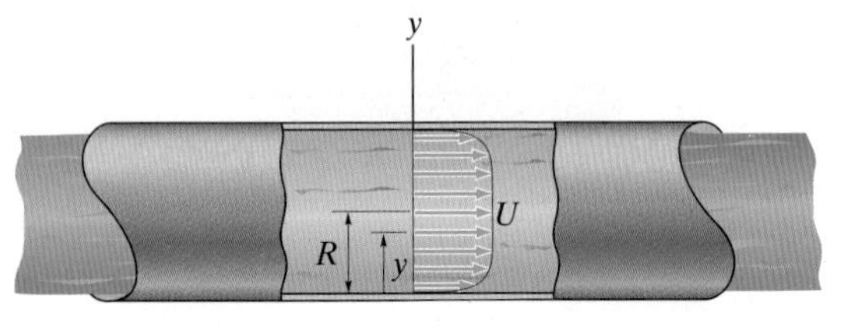

연습문제 4–29/30

4-31 수로를 따라 흐르는 액체 유동의 속도분포를 측정하는 실험을 통해서 측정된 결과를 곡선적합을 통해서 $u = (8y^{1/3})$ m/s임을 알았다. 수로의 폭이 0.5 m일 때 이 유동의 유량을 구하라. 여기서 y의 단위는 미터이다.

***4-32** 수로를 따라 흐르는 액체 유동의 속도분포를 측정하는 실험을 통해서 측정된 결과를 곡선적합을 통해서 $u = (8y^{1/3})$ m/s임을 알았다. 수로의 폭이 0.5 m일 때 이 유동의 평균속도를 구하라. 여기서 y의 단위는 미터이다.

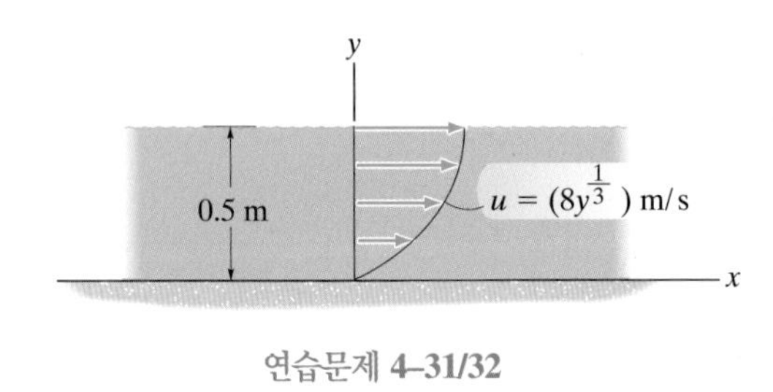

연습문제 4–31/32

4-33 점성이 매우 큰 유체가 경사진 사각형 수로를 따라 흘러내려갈 때 속도분포가 $u = 4(0.5y^2 + 1.5y)$ ft/s이다. 수로의 폭이 2 ft일 때 이 유동의 질량유량을 구하라. 단 이 유체의 비중량은 $\gamma = 60\ \text{lb/ft}^3$이고 y의 단위는 피트이다.

4-34 점성이 매우 큰 유체가 경사진 사각형 수로를 따라 흘러내려갈 때 속도분포가 $u = 4(0.5y^2 + 1.5y)$ ft/s이다. 수로의 폭이 2 ft일 때 이 유동의 평균유속을 구하라. 단 y의 단위는 피트이다.

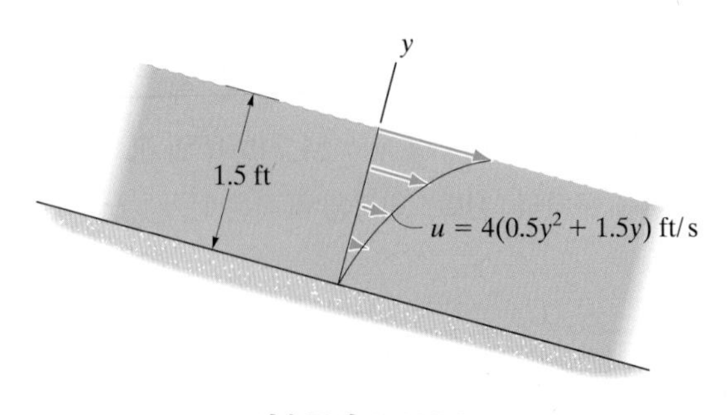

연습문제 4–33/34

4-35 소방선에 있는 지름이 50 mm인 노즐 A에서부터 B 지점까지 분사거리 $R = 24$ m일 때 분사된 물의 체적유량을 구하라. 이 소방선은 움직이지 않는다고 가정한다.

*4-36 소방선에 있는 지름이 50 mm인 노즐 A에서부터 B에 분사된 물의 체적유량을 분사거리 R의 함수로 나타내라. 분사거리 $0 \le R \le 25$ m의 구간에 대해서 거리가 $\Delta R = 5$ m씩 증가될 때 체적유량의 변화그래프를 그려라. 이 소방선은 움직이지 않는다고 가정한다.

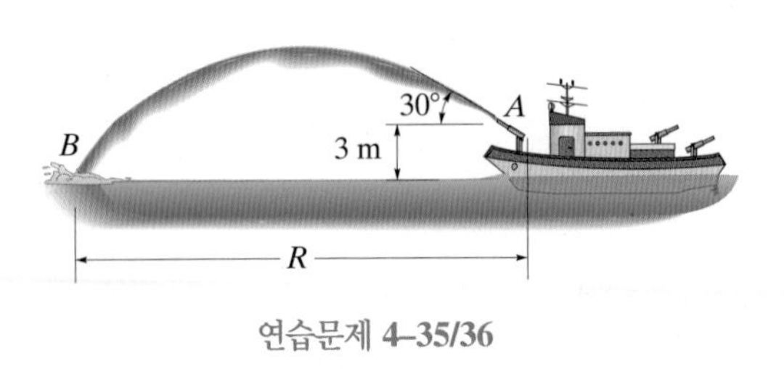

연습문제 4–35/36

4-37 짧은 시간 동안 원형 관을 따라 흐르는 사염화탄소의 유량이 $Q = (0.8t + 5)(10^{-3})$ m^3/s라고 할 때 시간 $t = 2$ s일 때 A와 B에 있는 유체입자의 평균속도와 평균가속도를 구하라. t의 단위는 초이다.

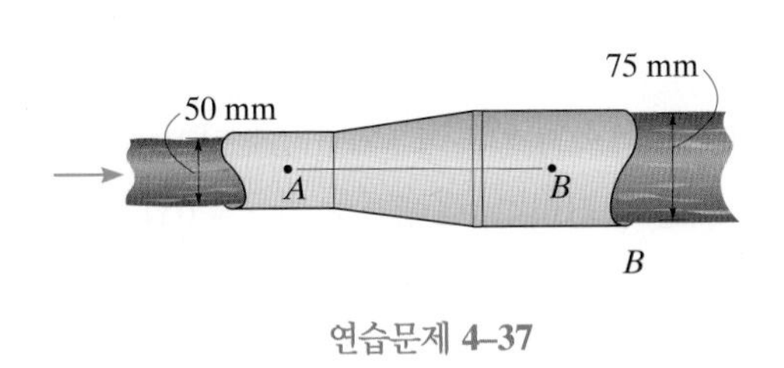

연습문제 4–37

4-38 두 개의 익 사이를 흐르는 공기의 유량이 0.75 m^3/s이다. 입구 A와 출구 B에서 공기의 평균속도를 구하라. 이 익의 폭은 400 mm이고, 이 두 익 사이의 수직거리는 200 mm이다.

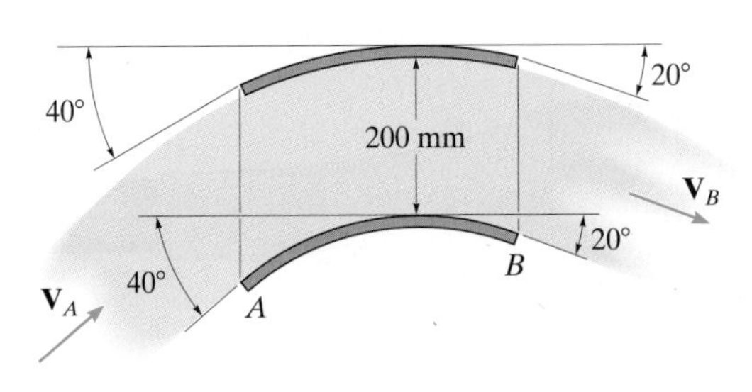

연습문제 4–38

4-39 인간의 심장에서 혈액의 토출유량은 $0.1(10^{-3})$ m^3/s이다. 1회의 심장박동에 토출되는 혈액량과 심장박동률을 구하라. 모세혈관에서 측정된 유속은 0.5 mm/s이고, 모세혈관의 평균지름은 6 μm라고 할 때 신체의 모세혈관의 수를 예측해보라.

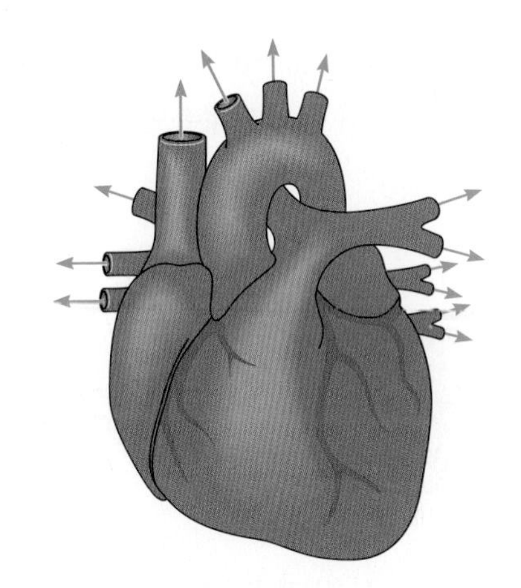

연습문제 4–39

*4-40 어떤 집의 지붕에 수직으로 떨어지는 비의 평균속도가 12 ft/s이다. 지붕의 측면 폭은 15 ft이고, 경사는 그림에서 보는 것과 같다. 지붕에 떨어진 빗물이 처마 끝 수평홈통에 모여 배수홈통을 통해 배수되는 배수량은 6 ft^3/min이다. 체적 1 ft^{3}의 공기 중에 내리는 비의 양은 얼마인가? 만약 빗방울의 평균지름이 0.16 in.라면 체적 1 ft^{3}의 공기 중에 빗방울의 수는 몇 개인가? 힌트 : 물방울의 체적은 $V = \frac{4}{3}\pi r^3$이다.

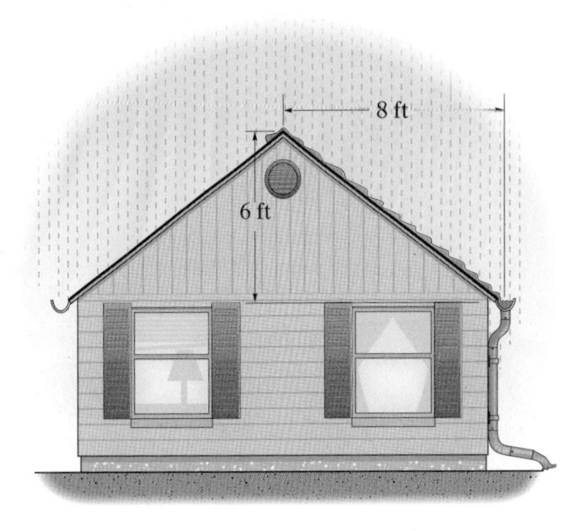

연습문제 4–40

4-41 아세트산이 노즐을 통해서 2 ft^3/s의 유량으로 흐르고 있다. x축을 따라 이동하는 입자가 $x = 0$에서 출발하여 $x = 6$ in.에 도달하는 데 걸리는 시간은 얼마인가? 입자의 이동거리에 따라 걸리는 시간을 그래프로 그려라.

4-42 아세트산이 노즐을 통해서 2 ft^3/s의 유량으로 흐르고 있다. 시간 $t = 0$일 때 $x = 0$에 있던 입자가 x축을 따라 $x = 3$ in.에 도달했을 때 이 입자의 속도와 가속도를 구하라.

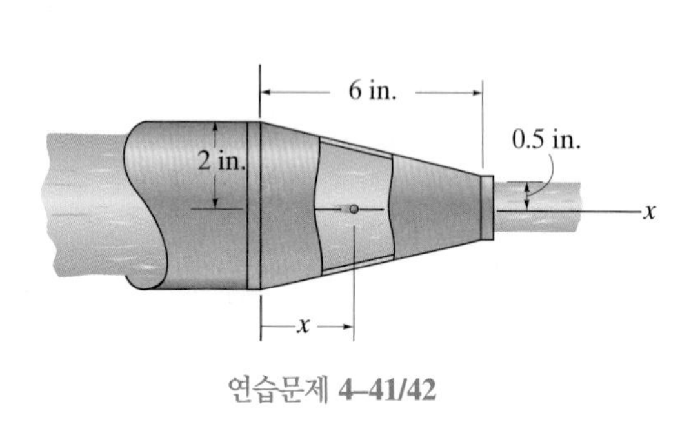

연습문제 **4–41/42**

4-45 원형 도관의 반지름이 $r = (0.05e^{-3x})$ m이고, 여기서 x의 단위는 미터이다. A에서 시간 $t = 0$일 때 유량이 $Q = 0.004$ m^3/s이고, 이 유량은 $dQ/dt = 0.002$ m^3/s^2의 비율로 증가한다. 시간 $t = 0$일 때 $x = 0$에 위치한 입자가 $x = 100$ mm의 위치에 도달하는 데 걸리는 시간을 구하라.

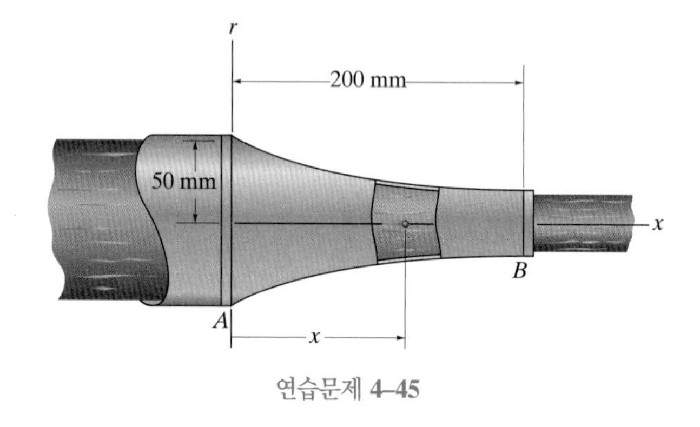

연습문제 **4–45**

4-43 단면이 점점 작아지는 관을 통해서 에틸알코올을 혼합탱크에 유입시키고 있다. A의 위치에서 이 입자의 속도가 2 m/s였다. $x = 75$ mm 지점인 B에서 이 입자의 속도와 가속도를 구하라.

***4-44** 단면이 점점 작아지는 관을 통해서 에틸알코올을 혼합탱크에 유입시키고 있다. A의 위치에서 이 입자의 속도가 2 m/s이고, 가속도는 4 m/s^2였다. 이 입자가 $x = 75$ mm 지점인 B에 도달했을 때 입자의 속도를 구하라.

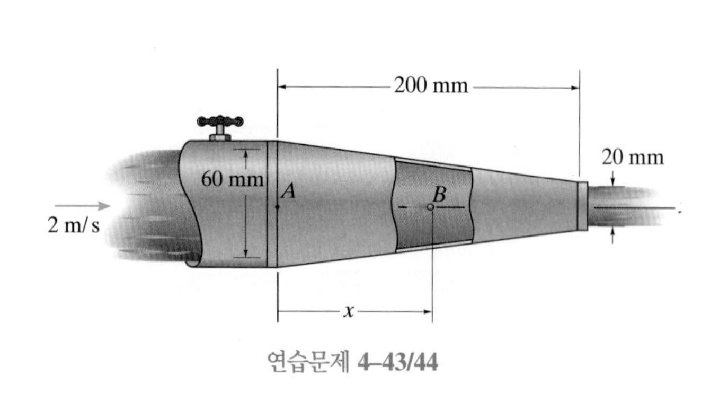

연습문제 **4–43/44**

4-46 원형 도관의 반지름이 $r = (0.05e^{-3x})$ m이고, 여기서 x의 단위는 미터이다. A에서 시간 $t = 0$일 때 유량이 $Q = 0.004$ m^3/s이고, 이 유량은 $dQ/dt = 0.002$ m^3/s^2의 비율로 증가한다. 시간 $t = 0$일 때 $x = 0$에 위치한 입자가 $x = 200$ mm의 위치에 도달하는 데 걸리는 시간을 구하라.

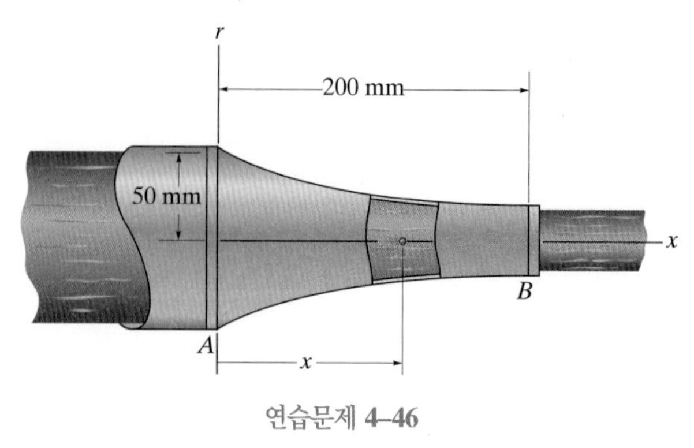

연습문제 **4–46**

4.4절

4-47 어떤 관의 A에서 물의 유량이 300 kg/s이고, 두 개의 Y자 분지관을 따른 분류 중 B에서의 평균속도가 3 m/s이고, C에서의 평균속도는 2 m/s였다. D 분지관을 따라 흐르는 유체의 평균속도를 구하라.

***4-48** 두 개의 Y형 분지관 B를 따라 흐르는 유체의 평균유량이 150 kg/s이고, C 분지관에서는 50 kg/s 그리고 D 분지관에서는 150 kg/s라고 할 때 A 분지관에서의 평균속도를 구하라.

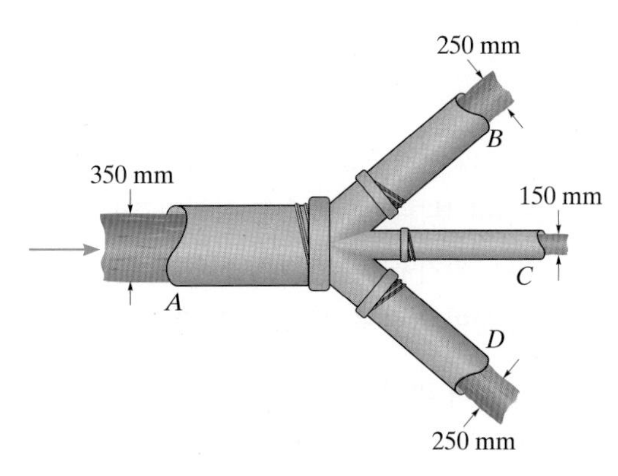

연습문제 **4–47/48**

4-49 비중량이 0.0795 lb/ft^{3}인 공기가 A에서 5 ft/s의 평균속도로 도관에 유입되며 B에서 이 공기의 밀도는 0.00206 slug/ft^{3}였다. B에서의 평균속도를 구하라.

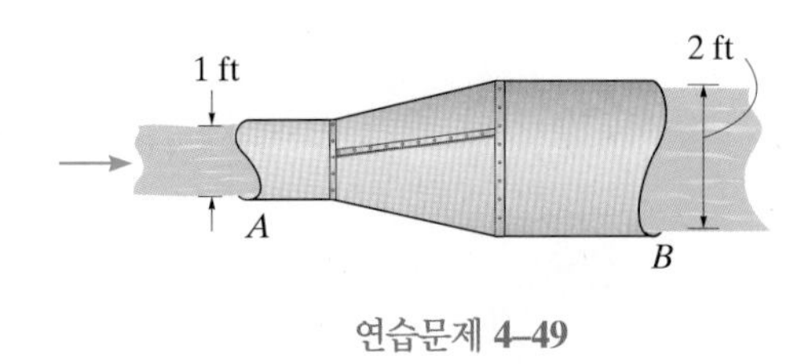

연습문제 **4–49**

4-50 진동수주형 파력 발전기(OWC)는 파동에 의해 공기실에 유입된 물에 의해 토출되는 공기를 터빈을 통과시켜 에너지를 생성하며, 다시 공기실에서 빠져나갈 때도 마찬가지 방법으로 터빈을 반대방향으로 회전시켜 에너지를 생성시킨다. 해수파가 0.8 m의 공기실 B에서 평균 $h = 0.5$ m 높이까지 유입되고 다시 빠져나갈 때의 평균속도가 1.5 m/s라고 할 때 터빈의 A를 통과하는 공기의 속도를 구하라. A의 평균단면적은 0.26 m^{2}이고 공기의 온도는 A에서는 $T_A = 20°C$이, B에서는 $T_B = 10°C$이다.

4-51 진동수주형 파력 발전기는 파동에 의해 공기실에 유입된 물에 의해 토출되는 공기를 터빈을 통과시켜 에너지를 생성하며, 다시 공기실에서 빠져나갈 때도 마찬가지 방법으로 터빈을 반대방향으로 회전시켜 에너지를 생성시킨다. 터빈의 A를 통과하는 공기의 평균속도를 구하라. A의 평균단면적은 0.26 m^{2}이고, 지름이 0.8 m인 공기실에서의 물의 속도는 5 m/s이며, 공기의 온도는 A에서는 $T_A = 20°C$이고, B에서는 $T_B = 10°C$이다.

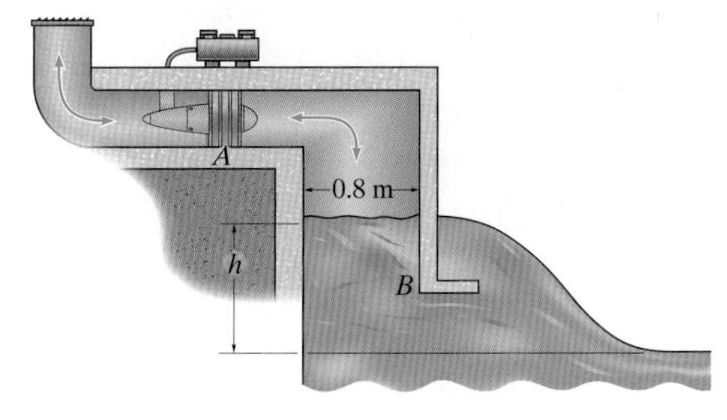

연습문제 **4–50/51**

***4-52** 항공기의 제트엔진에 공기가 25 kg/s로 들어오고, 연료는 0.2 kg/s가 유입된다. 추진시키는 공기와 연료 혼합기체의 밀도가 1.356 kg/m^{3}이라면 비행기에 대한 평균추진 상대속도를 구하라. 추진노즐의 지름은 0.4 m이다.

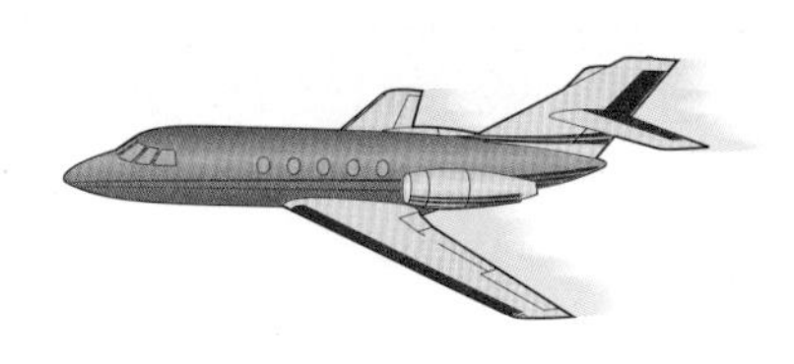

연습문제 **4–52**

4-53 이산화탄소가 탱크의 A를 통해서 $V_A = 4$ m/s의 속도로 유입되고, 질소는 탱크에 B를 통해서 $V_B = 3$ m/s의 속도로 유입되고 있다. 유입되는 두 기체의 계기압력은 모두 300 kPa이고, 온도는 250°C이다. 탱크의 C를 통해서 유출되는 혼합기체의 정상상태에서 질량유량을 구하라.

4-54 이산화탄소가 탱크의 A를 통해서 $V_A = 10$ m/s의 속도로 유입되고, 질소는 탱크에 B를 통해서 $V_B = 6$ m/s의 속도로 유입되고 있다. 유입되는 두 기체의 계기압력은 모두 300 kPa이고, 온도는 250°C이다. 탱크의 C를 통해서 유출되는 혼합기체의 밀도가 $\rho = 1.546$ kg/m^{3}이라면 이 점을 통해서 유출되는 유량이 일정하다고 할 때 혼합기체의 속도를 구하라.

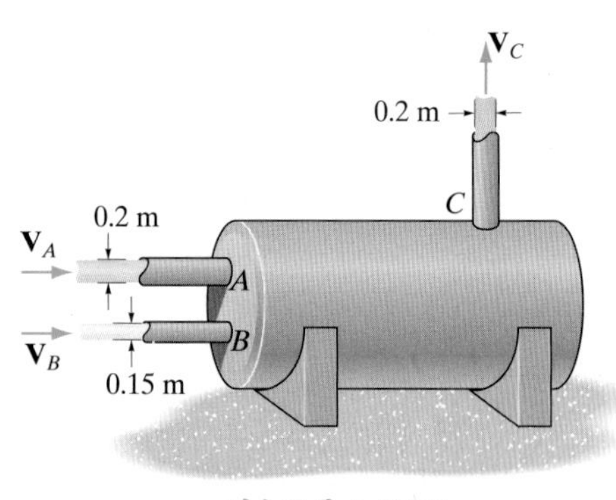

연습문제 **4-53/54**

4-55 평판에 페인팅을 하는 지름이 2 mm인 6개의 노즐이 지름이 20 mm인 관에 장치된 분체도장 장치가 있다. 이 장치로 폭이 50 mm인 평판에 1 mm 두께로 페인트 칠을 할 수 있다고 할 때 관을 통해서 공급되는 페인트의 속도가 1.5 m/s라고 할 때 6개의 노즐을 통과하는 평판의 속도를 구하라.

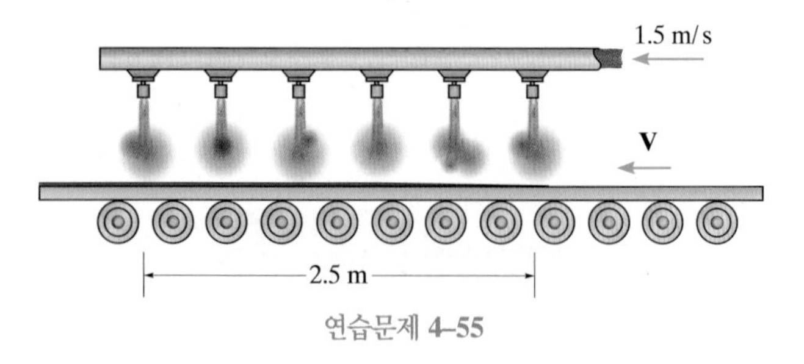

연습문제 **4-55**

***4-56** 6개의 노즐이 지름이 20 mm인 관에 장치된 분체도장 장치가 있다. 이 장치로 폭은 50 mm인 평판에 1 mm 두께로 페인트 칠을 할 수 있고, 페인트가 관을 통해서 공급되는 속도가 1.5 m/s라고 할 때 평판의 속도를 관의 지름의 함수로 나타내라. 그리고 관의 지름의 범위가 10 mm $\le D \le$ 30 mm일 때 이 함수를 $\Delta D = 5$ mm로 증가시킬 때마다 필요한 속도를 그래프로 그려라.

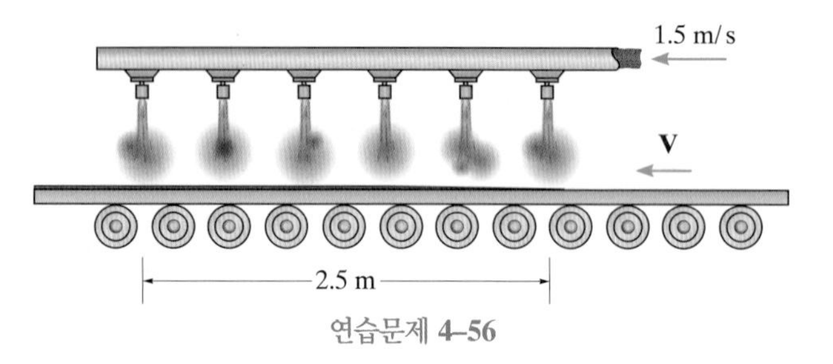

연습문제 **4-56**

4-57 어떤 건물의 환기구에 설치된 출입구가 일부 열려있어 이 열린 출입구 부분을 통해서 공기가 평균속도 4 ft/s로 빠져나가고 있다. 환기구의 상부에서 유입되는 공기의 평균속도를 구하라. 문이 열린 폭은 3 ft이고, 각도 $\theta = 30°$이다.

4-58 어떤 건물의 환기구에 설치된 출입구가 일부 열려있어 이 열린 출입구 부분을 통해서 공기가 평균속도 4 ft/s로 빠져나가고 있다. 환기구의 상부에서 유입되는 공기의 평균속도를 문의 열린 각도 θ의 함수로 나타내라. 문의 열린 각도 구간이 $0° \le \theta \le 50°$라고 할 때 $\Delta\theta = 10°$ 간격으로 각도가 증가할 때 공기의 평균속도를 그래프로 그려라.

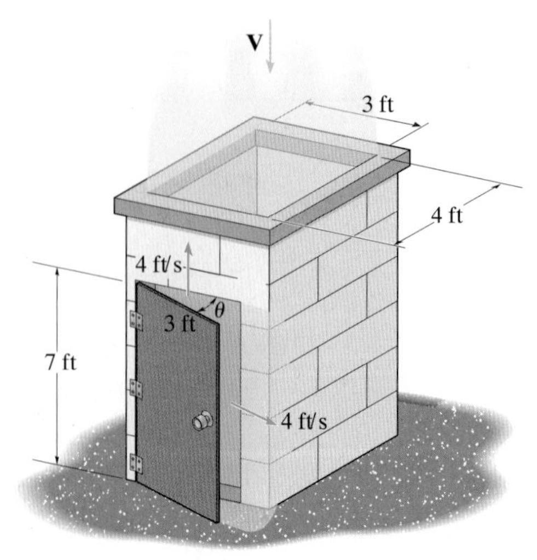

연습문제 **4-57/58**

4-59 절삭유가 동심원 관의 안쪽 관으로 압입되어 두 동심원 관 사이의 환형 간극을 통해서 유출되고 있다. 압입되는 절삭유의 속도와 환형간극을 통해서 유출되는 속도가 같은 속도로 유지하기 위한 안쪽 원형관의 지름을 구하라. 유출유량이 $0.02\ \text{m}^3/\text{s}$일 때 평균속도는 얼마인가? 관의 두께는 무시한다.

***4-60** 절삭유가 동심원 관의 안쪽 관으로 압입되어 두 동심원관 사이의 환형 간극을 통해서 유출되고 있다. 압입되는 절삭유의 속도가 $V_{\text{in}} = 2\ \text{m/s}$라 할 때 환형간극을 통해서 유출되는 속도를 안쪽 원형관의 지름 d의 함수로 나타내라. 안쪽 관의 지름을 $50\ \text{mm} \le d \le 150\ \text{mm}$에서 $\Delta d = 25\ \text{mm}$씩 증가시킬 때 유출되는 절삭유의 속도를 그래프로 그려라. 관의 두께는 무시한다.

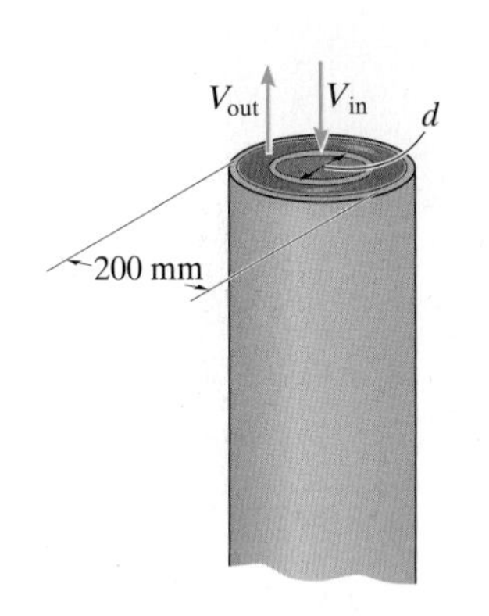

연습문제 **4–59/60**

4-61 관의 지름이 선형적으로 줄어드는 관을 글리세린의 A에서 비정상상태의 속도 $V_A = (0.8\,t^2)\ \text{m/s}$이고, 시간 t의 단위는 초이다. B에서의 평균속도와 A에서 시간 $t = 2\ \text{s}$일 때의 가속도를 구하라. 관의 지름은 그림과 같다.

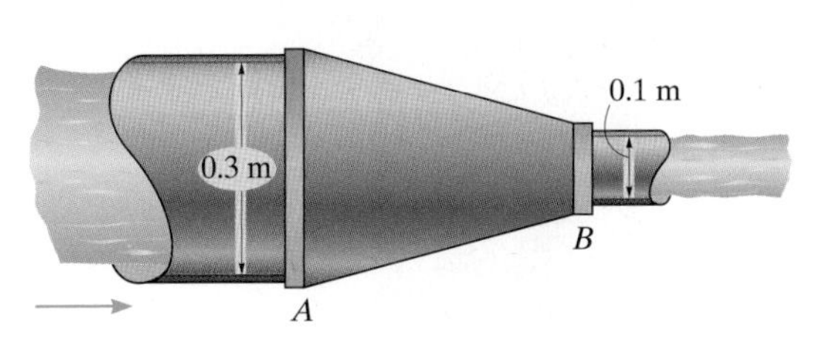

연습문제 **4–61**

4-62 기름이 관의 A에서 평균속도 $0.2\ \text{m/s}$로 흐르고, B에서 평균속도는 $0.15\ \text{m/s}$이다. C를 통해서 배출되는 기름이 속도 $v_C = V_{\max}(1 - 100r^2)$의 포물선 함수의 분포를 갖는다고 할 때 최대속도 $V_{\max}$를 구하라. 여기서 r은 관의 중심으로부터 측정되는 좌표이며, 단위는 미터이다.

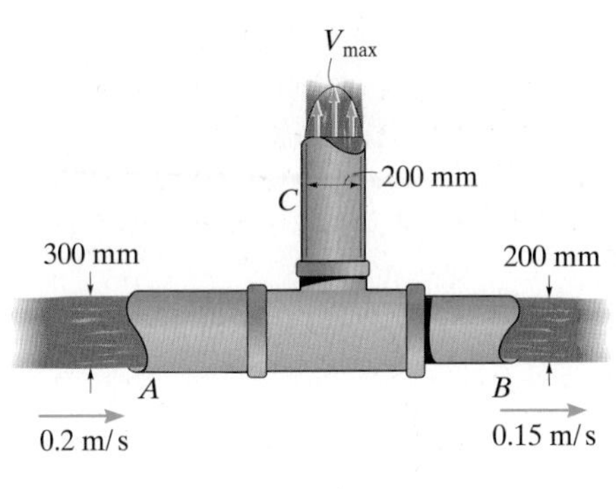

연습문제 **4–62**

4-63 비정상유동하는 아마씨유의 A에서의 속도가 $V_A = (0.7t + 4)\ \text{m/s}$이고, 시간 t의 단위는 초이다. 시간 $t = 1\ \text{s}$일 때 $x = 0.2\ \text{m}$에 있는 유체입자의 가속도를 구하라. 힌트 : $V = V(x, t)$라고 할 때 식 (3-4)를 이용한다.

***4-64** 비정상유동하는 아마씨유의 A에서의 속도가 $V_A = (0.4t^2)\ \text{m/s}$이고, 시간 t의 단위는 초이다. 시간 $t = 2\ \text{s}$일 때 $x = 0.25\ \text{m}$에 있는 유체입자의 가속도를 구하라. 힌트 : $V = V(x, t)$라고 할 때 식 (3-4)를 이용한다.

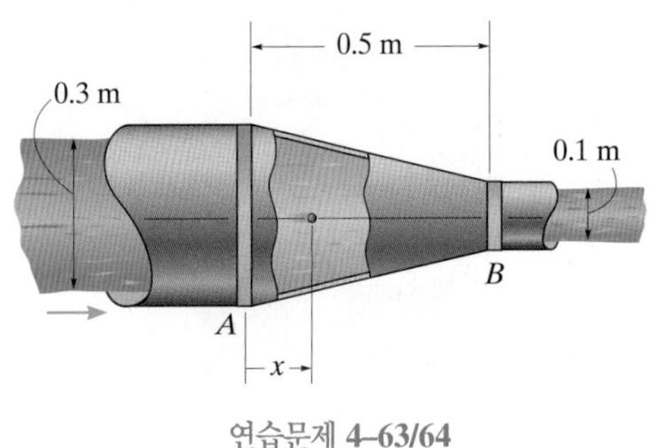

연습문제 **4–63/64**

4-65 물이 0.2 m^3/s의 유량으로 노즐을 통해 흐르고 있다. 이 노즐의 중심축을 따라 흐르는 입자의 속도를 x의 함수로 나타내라.

4-66 물이 0.2 m^3/s의 유량으로 노즐을 통해 흐르고 있다. 이 노즐의 중심축을 따라 흐르는 입자의 가속도를 x의 함수로 나타내라.

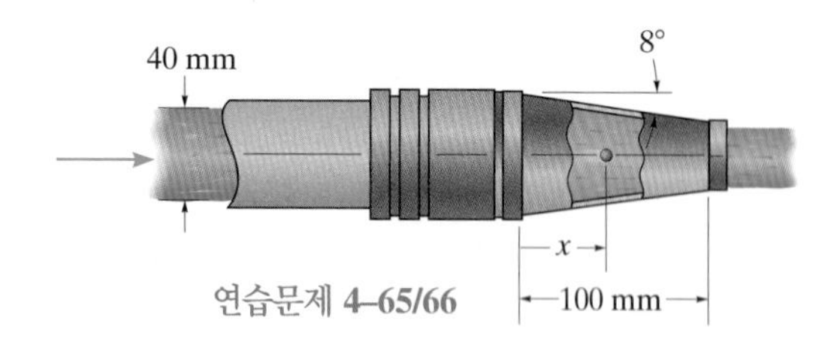

연습문제 **4–65/66**

4-67 원형 플런저를 $V_p = (0.004t^{1/2})$ m/s의 속도로 이동시켜 액체플라스틱을 구를 만들기 위한 주물 틀에 압입하고 있다. 플런저의 지름 $d = 50$ mm라고 할 때 액체플라스틱을 틀에 채우는 데 걸리는 시간을 구하라. 구의 체적은 $V = \frac{4}{3}\pi r^3$이다.

***4-68** 원형 플런저를 $V_p = (0.004t^{1/2})$ m/s의 속도로 이동시켜 액체플라스틱을 구를 만들기 위한 주물 틀에 압입하고 있다. 액체플라스틱을 틀에 채우는 데 필요한 시간을 플런저의 지름 d의 함수로 나타내라. 플런저의 지름 $10\text{ mm} \le d \le 50\text{ mm}$ 구간에서 $\Delta d = 10$ mm씩 증가시킬 때마다 액체플라스틱으로 채우는 데 걸리는 시간을 그래프로 그려라. 구의 체적은 $V = \frac{4}{3}\pi r^3$이다.

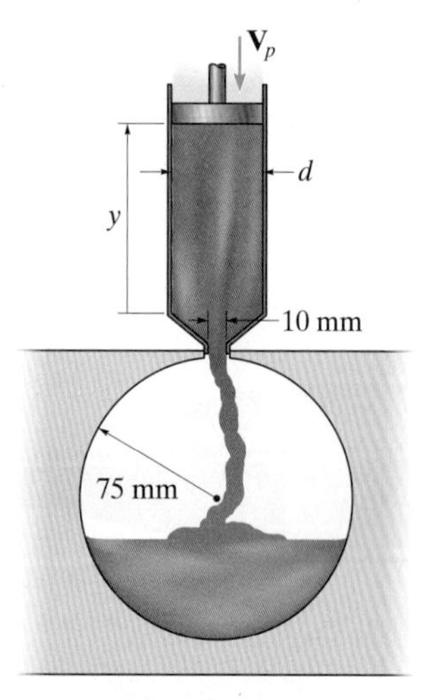

연습문제 **4–67/68**

4-69 핵반응기의 압력탱크에 밀도가 $\rho_w = 850\text{ kg/m}^3$인 끓는 물이 채워져 있으며, 체적은 185 m^3이다. 펌프의 고장으로 냉각이 필요하여 밸브 A를 개방해 밀도 $\rho_s = 35\text{ kg/m}^3$인 수증기를 평균속도 $V = 400$ m/s로 배출시켜 내부압력을 줄이고 있다. 배출관의 지름이 40 mm라고 할 때 탱크의 물을 모두 배출시키는 데 걸리는 시간을 구하라. 배출되는 동안 물의 온도와 A에서의 배출속도는 일정하다고 가정한다.

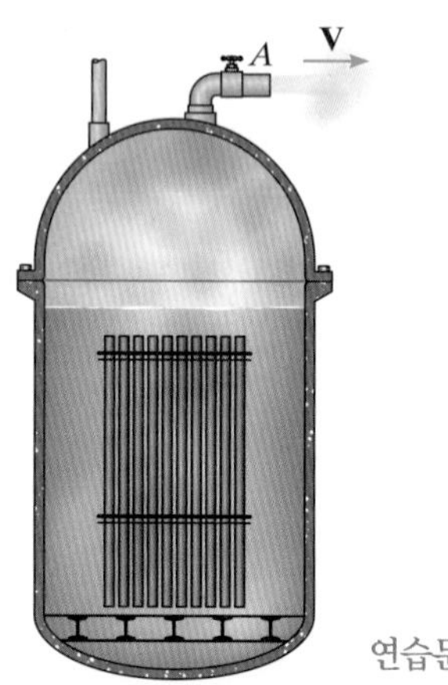

연습문제 **4–69**

4-70 핵반응기의 압력탱크에 밀도가 $\rho_w = 850\text{ kg/m}^3$인 끓는 물이 채워져 있으며, 체적은 185 m^3이다. 펌프의 고장으로 냉각이 필요하여 밸브 A를 개방해 밀도 $\rho_s = 35\text{ kg/m}^3$인 수증기를 배출시켜 내부압력을 줄이고 있다. 배출관의 지름이 40 mm라고 할 때 탱크 안에 물을 모두 배출시키는 데 필요한 배출속도를 배출시간의 함수로 나타내라. 배출시간 구간을 $0 \le t \le 3$ h라 하고, $\Delta t = 0.5$ h씩 증가시킬 때마다 배출속도를 그래프로 그려라. 배출되는 동안 물의 온도와 A에서의 배출속도는 일정하다고 가정한다.

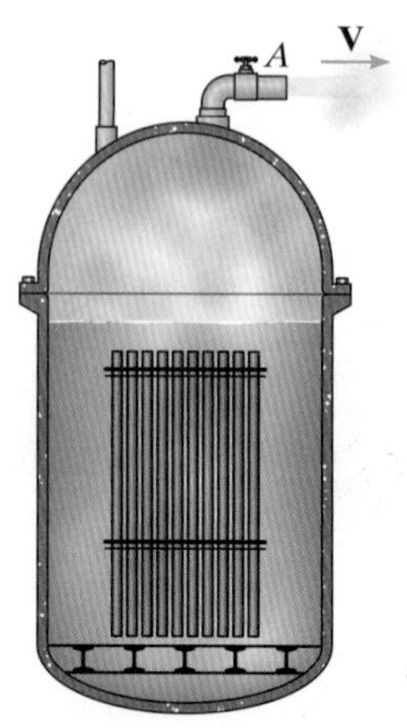

연습문제 **4–70**

4-71 풍동실험장치에서 실험영역 B의 벽면에서 경계층의 두께와 벽면에서 마찰효과를 줄이기 위해 벽면에 작은 구멍을 뚫고 벽면 밖의 압력을 낮춰 풍동 안의 공기의 일부를 배출시키고 있다. 이 영역 B의 벽면에 지름이 3 mm인 구멍 2000개가 뚫려있다고 할 때 압력은 일정하게 유지되고 이 구멍을 통해 배출되는 공기의 평균속도는 40 m/s이다. 풍동 C영역을 통해서 배출되는 공기의 평균속도를 구하라. 공기는 비압축성 유체라고 가정한다.

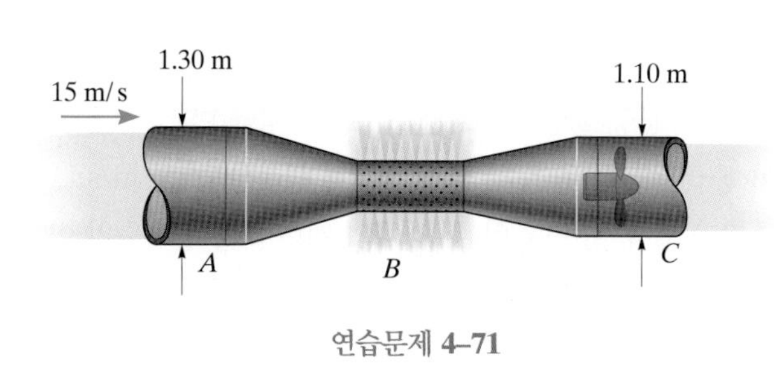

연습문제 **4–71**

***4-72** 관을 통해서 흐르는 물의 속도분포가 $V = 3(1 - 100r^2)$ m/s이고, r의 단위는 미터이다. 시간 $t = 0$일 때 깊이 $h = 0$이었다면 깊이 $h = 1.5$ m까지 물을 채우는 데 걸리는 시간을 구하라. 탱크의 폭은 3 m이다.

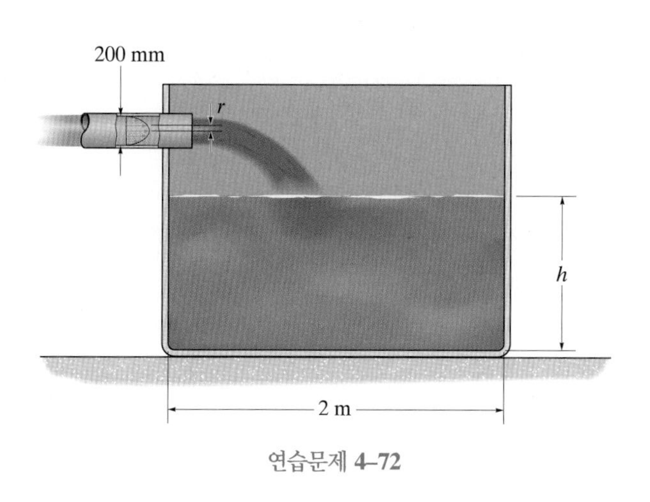

연습문제 **4–72**

4-73 관의 A에서 에틸알코올의 평균속도가 4 ft/s이고, 관의 B에서 기름의 속도가 2 ft/s라고 할 때 관의 C를 흐르는 혼합액체의 평균밀도를 구하라. 두 유체는 혼합 관에 유입되어 관의 체적이 200 in^{3}이 되는 구간 안에서 균일하게 혼합된다고 가정한다. 두 유체의 밀도는 $\rho_{ea} = 1.53$ slug/ft^{3}이고, $\rho_o = 1.70$ slug/ft^{3}이다.

4-74 에틸알코올은 관의 A에서 0.05 ft^3/s의 유량으로 흐르고, 기름은 관의 B에서 0.03 ft^3/s의 유량으로 흐르고 있다. 관의 C를 흐르는 혼합액체의 평균밀도를 구하라. 두 유체는 혼합 관에 유입되어 관의 체적이 200 in^{3}이 되는 구간 안에서 균일하게 혼합된다고 가정한다. 두 유체의 밀도는 $\rho_{ea} = 1.53$ slug/ft^{3}이고, $\rho_o = 1.70$ slug/ft^{3}이다.

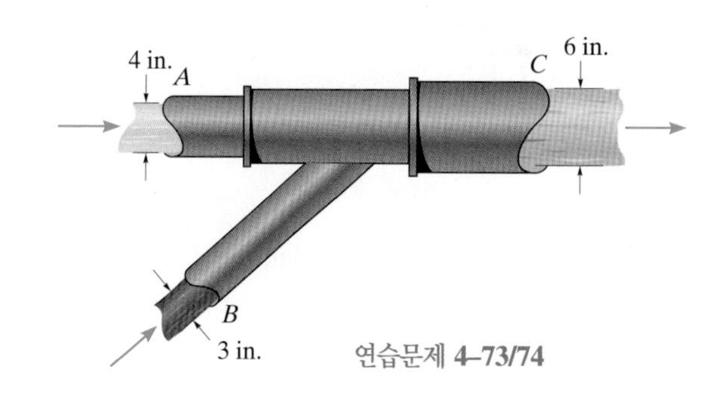

연습문제 **4–73/74**

4-75 두 개의 급수관을 통해 탱크에 물이 공급되고 있다. A에서는 400 gal/h의 유량으로 유입되고, B에서는 200 gal/h의 유량으로 유입된다. $d = 6$ in.일 때 이 탱크에서 물의 수위의 변화율을 구하라. 단위환산인수는 7.48 gal/ft^{3}이다.

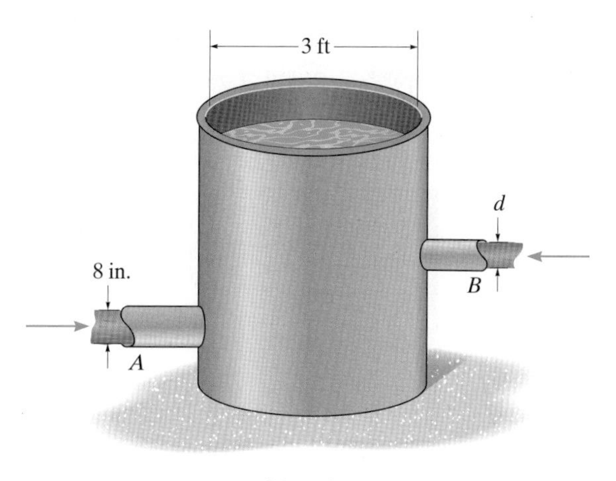

연습문제 **4–75**

***4-76** 두 개의 급수관을 통해 탱크에 물이 공급되고 있다. A에서는 400 gal/h의 유량으로 공급된다고 할 때 이 탱크에서 물의 수위의 변화율을 B에서 공급하는 물의 유량의 함수로 나타내라. 이 B에서 공급되는 급수량이 $0 \le Q_B \le 300$ gal/h 범위일 때 $\Delta Q_B = 50$ gal/h씩 증가시킬 때 물의 수위의 변화율을 그래프로 그려라. 단위환산인 수는 7.48 gal/ft^{3}이다.

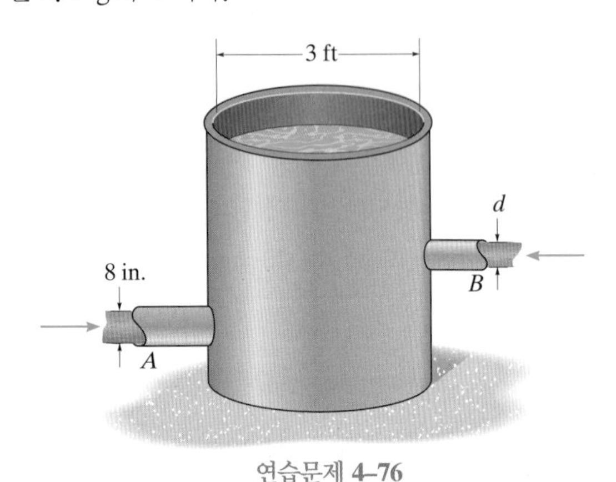

연습문제 **4–76**

4-77 실린더 안의 피스톤을 $V_p = 3$ m/s 속도로 하강시켜 실린더 아래의 개방면을 통해서 공기가 빠져나간다. 공기가 빠져나가는 평균속도를 구하라. 공기는 비압축성 유체라고 가정한다.

4-78 실린더 안의 피스톤을 일정한 속도로 하강시켜 실린더 아래의 개방면을 통해서 공기가 빠져나간다. 공기가 아래 개방면을 통해서 빠져나가는 평균속도를 V_p의 함수로 나타내라. 피스톤의 하강속도를 $0 \le V_p \le 5$ m/s의 범위에서 $\Delta V_p = 1$ m/s씩 증가시킬 때 공기의 배출속도를 그래프로 그려라. 공기는 비압축성 유체라고 가정한다.

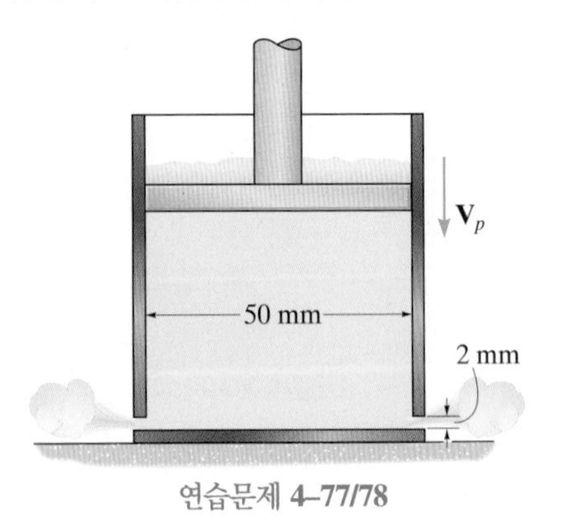

연습문제 **4–77/78**

4-79 플런저를 눌러 액체를 주입시키는 주사기에서 플런저를 10 mm/s의 속도로 눌렀을 때 주사기 바늘을 통해서 빠져나가는 액체의 평균속도를 구하라.

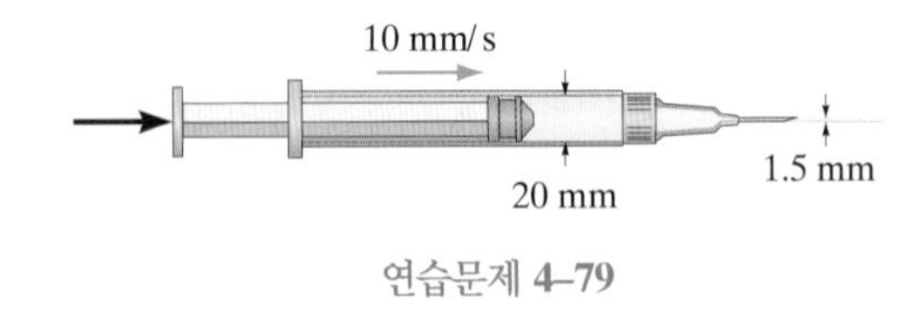

연습문제 **4–79**

***4-80** 원형 물탱크에 A관을 통해서 평균속도 2 m/s로 물이 공급되고, B관을 통해서 기름이 평균속도 1.5 m/s로 배출되고 있다. 수면 C와 두 액체의 계면 D에서 기름의 이동속도를 구하라. 기름의 밀도는 $\rho_o = 900$ kg/m^{3}이다.

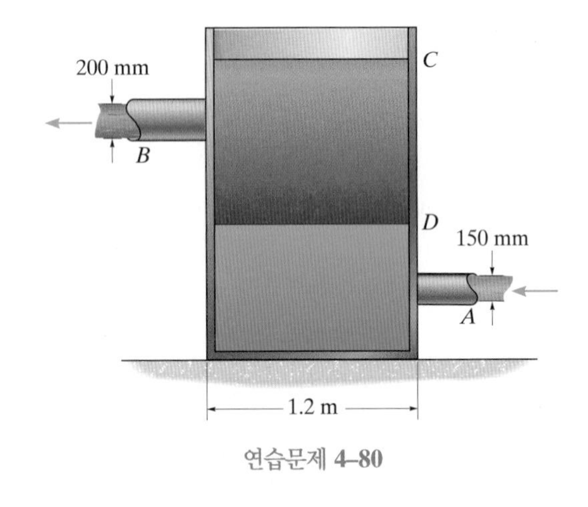

연습문제 **4–80**

4-81 공기가 채워져 있는 탱크의 온도가 20°C이고, 절대압력은 500 kPa이다. 탱크의 상부에 지름이 15 mm인 노즐을 통해서 공기가 평균속도 120 m/s로 배출되고 있다. 탱크의 체적이 1.25 m^{3}이라면 탱크 안의 공기의 밀도의 변화율을 구하라. 이 유동은 정상상태인가 또는 비정상상태인가?

연습문제 **4–81**

4-82 메탄가스와 원유가 혼합된 유체가 분리기의 A에서 6 ft^3/s의 유량으로 유입되고 B에 있는 수분 추출기를 통과한다. 원유는 C를 통해서 800 gal/min의 유량으로 배출되고, 메탄가스는 D에 있는 지름 2 in.인 관을 통해서 V_D = 300 ft/s 속도로 배출되고 있다. 분리기의 A를 통해서 유입되는 혼합유체의 비중량을 구하라. 이 공정에서 온도는 68°F로 유지되고, 원유의 밀도는 ρ_o = 1.71 $slug/ft^3$이며, 메탄가스의 밀도는 ρ_{me} = 1.29(10^{-3}) $slug/ft^3$이다. 단, 1 ft^3은 7.48 gal이다.

4-83 메탄가스와 원유가 혼합된 밀도가 0.51 $slug/ft^3$인 유체가 분리기의 A에서 6 ft^3/s의 유량으로 유입되고 B에 있는 수분 추출기를 통과한다. 원유는 C의 관을 통해서 800 gal/min의 유량으로 배출되고 있다. D에 있는 지름 2 in.인 관을 통해서 배출되는 메탄가스의 평균 속도를 구하라. 이 공정에서 온도는 68°F로 유지되고, 원유의 밀도는 ρ_o = 1.71 $slug/ft^3$이고, 메탄가스의 밀도는 ρ_{me} = 1.29(10^{-3}) $slug/ft^3$이다. 1 ft^3 = 7.48 gal이다.

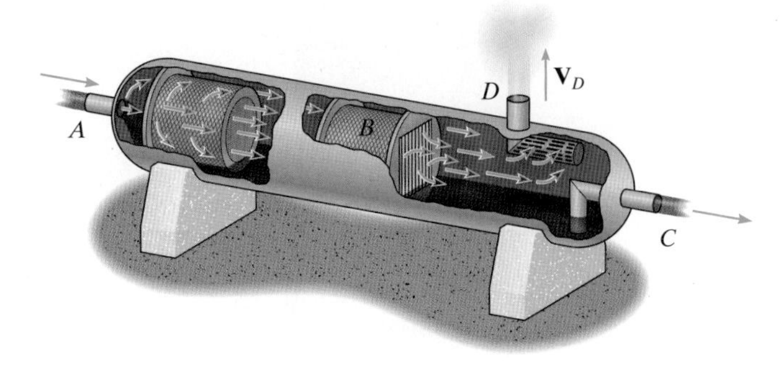

연습문제 **4–82/83**

***4-84** 실린더 형태의 수조에 지름이 3 in.인 관을 통해서 유체를 채우고 있다. A의 관을 통해서 유체가 40 gal/min의 유량으로 유입될 때 수면의 상승률을 구하라. 1 ft^3 = 7.48 gal이다.

4-85 실린더 형태의 수조에 지름이 D인 관을 통해서 액체가 채워지고 있다. A의 관을 통해서 액체가 6 ft/s의 속도로 유입될 때 수면의 상승률을 D의 함수로 나타내라. 관의 지름을 $0 \le D \le 6$ in. 구간에서 ΔD = 1 in.씩 증가시킬 때 수면의 상승률 변화 그래프를 그려라.

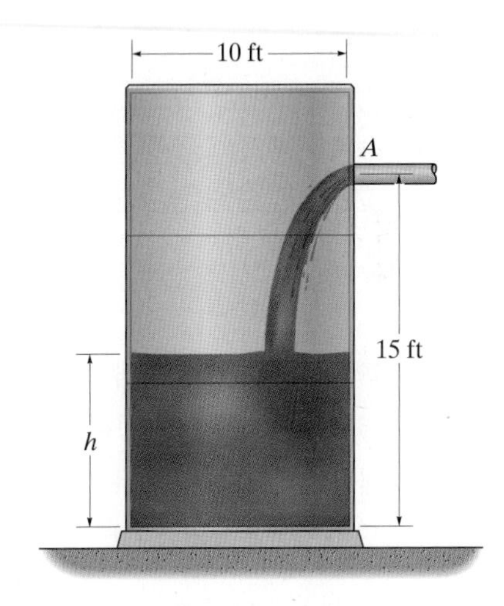

연습문제 **4–84/85**

4-86 내경이 6 mm인 호스를 이용하여 공기를 탱크에 주입하고 있다. 공기의 주입속도가 6 m/s이고, 공기의 밀도는 1.25 kg/m^3일 때 이 탱크 안의 공기의 초기 밀도 변화율을 구하라. 탱크의 체적은 0.04 m^3이다.

연습문제 **4–86**

4-87 평판 위를 흐르는 공기의 유동에서 평판과 공기 사이의 마찰효과로 인하여 평판 위에는 경계층이 형성되고, 또한 균일한 속도분포에서 $u = [1000y - 83.33(10^3)y^2]$ m/s 분포로 변화한다. 여기서 y의 단위는 미터이고, 구간은 $0 \le y < 6$ mm이다. 이 평판의 폭은 0.2 m이고, 공기는 평판을 따라 0.5 m 떨어진 지점에서 위의 속도분포로 변했다면 AB와 CD를 통과하는 질량유량을 구하라. 이 두 유량이 같지 않다면 이 유량 차는 무엇을 의미하는지 설명하라. 공기의 밀도는 1.226 kg/m³이다.

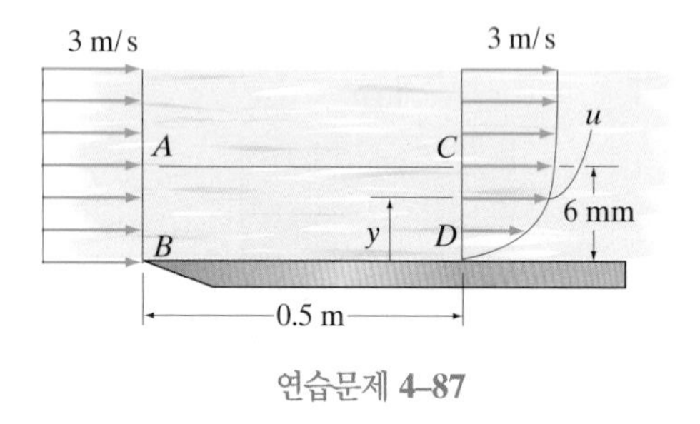

연습문제 **4–87**

***4-88** 사각형 탱크에 A와 B의 관을 통해서 3 ft/s와 2 ft/s의 속도로 등유를 채우고 있다. C의 관을 통해서 등유가 1 ft/s의 일정한 속도로 배출되고 있을 때 등유의 수면의 상승률을 구하라. 탱크 밑면의 규격은 6 ft × 4 ft이다.

4-89 지름이 4 ft인 원통형 탱크에 A와 B의 관을 통해서 3 ft/s와 2 ft/s의 속도로 등유를 채우고 있다. C의 관을 통해서 등유가 1 ft/s의 일정한 속도로 배출되고 있을 때 이 탱크에 등유를 완전히 채우는 데 걸리는 시간을 구하라. 시간 $t = 0$일 때 등유의 수면 $y = 0$이었다.

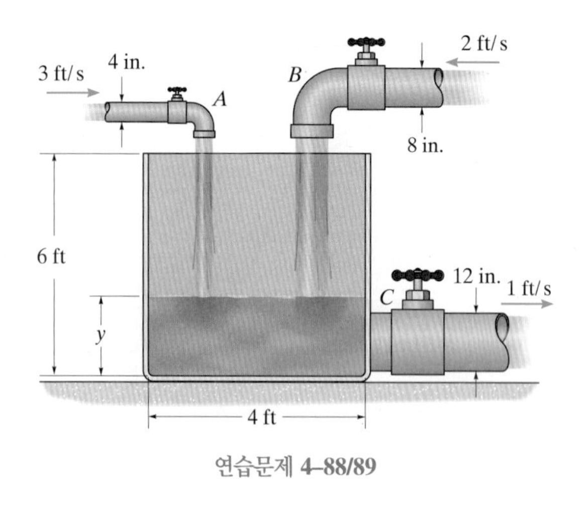

연습문제 **4–88/89**

4-90 원뿔형 축이 원뿔형 홈에 일정한 속도 V_0로 끼워지고 있다. 수평 틈 AB를 통해서 배출되는 액체의 평균속도를 y의 함수로 나타내라. 힌트 : 원뿔의 체적은 $\mathcal{V} = \frac{1}{3}\pi r^2 h$이다.

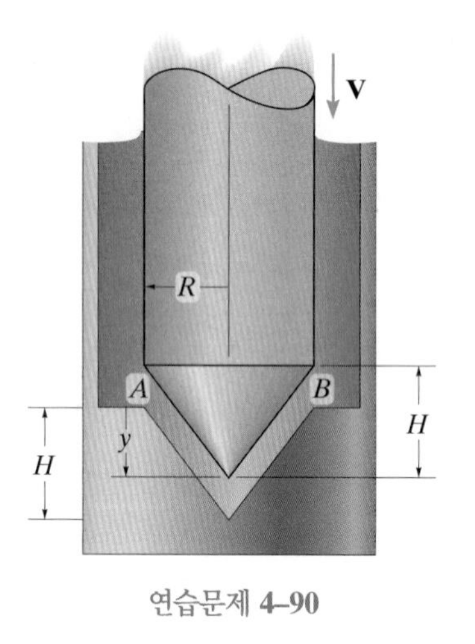

연습문제 **4–90**

4-91 폭이 0.5 m인 그릴의 덮개가 열린 각도 $\theta = 90°$에서부터 일정한 각속도 $\omega = 0.2$ rad/s로 덮어지고 있다. 이 과정에서 측면은 차단되어 있어 AB면만을 통해서 공기가 반경방향으로 배출된다고 할 때 덮개의 열린 각도가 $\theta = 45°$일 때 그릴의 앞쪽으로 배출되는 공기의 평균속도를 구하라. 공기는 비압축성 유체라고 가정한다.

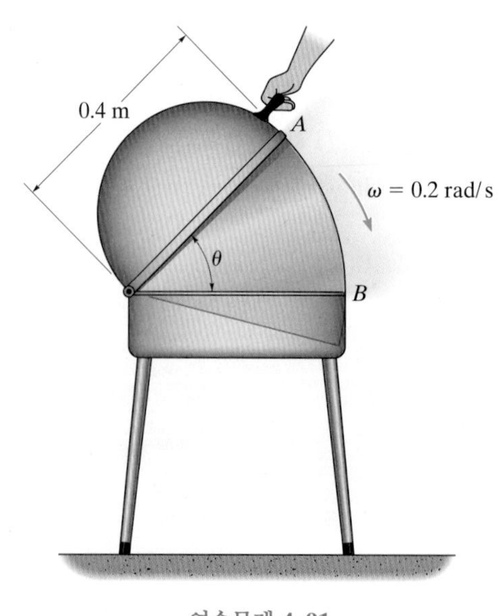

연습문제 **4–91**

*4-92 실린더를 어떤 관에 $V = 5$ m/s의 속도로 밀어넣고 있다. 관 안의 액체의 평균상승속도를 구하라.

4-93 실린더를 어떤 관에 일정한 속도로 밀어넣을 때 관 안의 액체의 평균상승속도가 4 m/s라면 실린더의 속도 V를 구하라.

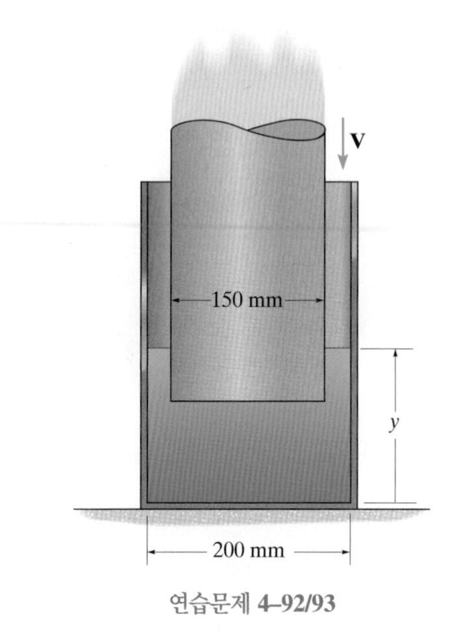

연습문제 4–92/93

4-94 기름이 들어있는 탱크가 있다. 등유가 A의 관을 통해서 0.2 kg/s의 유량으로 유입되어 혼합되고 이 액체가 B 관을 통해서 0.28 kg/s의 유량으로 배출된다면 탱크 안의 혼합된 액체의 밀도의 변화율을 구하라. 탱크의 폭은 3 m이다.

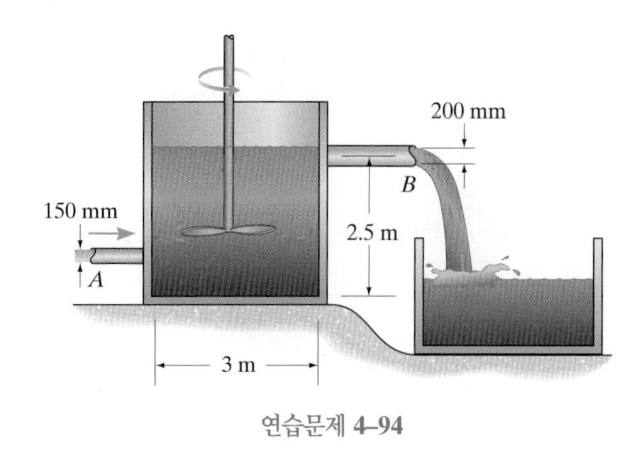

연습문제 4–94

4-95 벤젠이 A에 관을 통해서 4 ft/s의 평균속도로 흐르고, 등유는 B에 관을 통해서 6 ft/s의 평균속도로 흐른다. 탱크에서 혼합된 액체의 수위를 $y = 3$ ft로 유지하기 위해서 C에 관을 통해서 배출되는 혼합액체의 평균속도를 구하라. 탱크의 폭은 3 ft이다. 또한 C에 관을 통해서 배출되는 혼합액체의 밀도는 얼마인가? 벤젠의 밀도는 $\rho_b = 1.70$ slug/ft^{3}이고, 등유의 밀도 $\rho_{ke} = 1.59$ slug/ft^{3}이다.

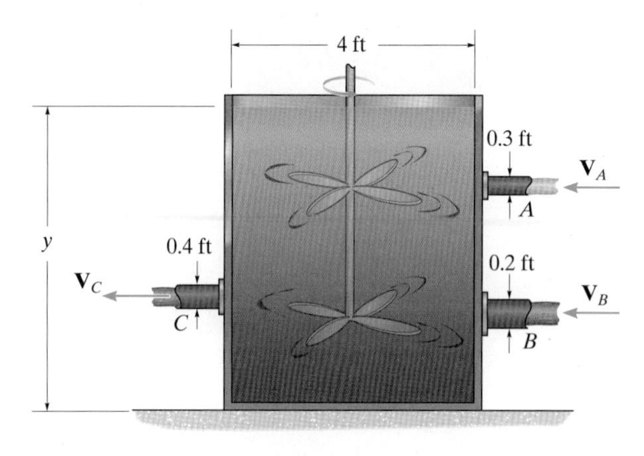

연습문제 4–95

*4-96 벤젠이 A에 관을 통해서 4 ft/s의 평균속도로 흐르고, 등유는 B에 관을 통해서 6 ft/s의 평균속도로 흐른다. C에 관을 통해서 배출되는 혼합액체의 평균속도가 $V_C = 5$ ft/s일 때 탱크에서 혼합된 액체의 수위의 변화율을 구하라. 탱크의 폭은 3 ft이다. 혼합액체의 수위는 상승하는가 아니면 하강하는가? 또한 C에 관을 통해서 배출되는 혼합액체의 밀도는 얼마인가? 벤젠의 밀도는 $\rho_b = 1.70$ slug/ft^{3}이고, 등유의 밀도 $\rho_{ke} = 1.59$ slug/ft^{3}이다.

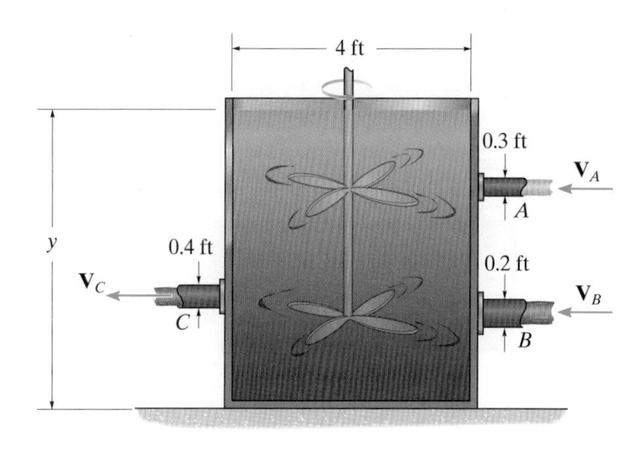

연습문제 4–96

4-97 물탱크에 세 개의 관이 연결되어 있다. 이 관의 평균 유속은 각각 $V_A = 4$ ft/s, $V_B = 6$ ft/s, $V_C = 2$ ft/s이다. 탱크의 폭이 3 ft일 때 탱크 안의 수면의 변화율을 구하라.

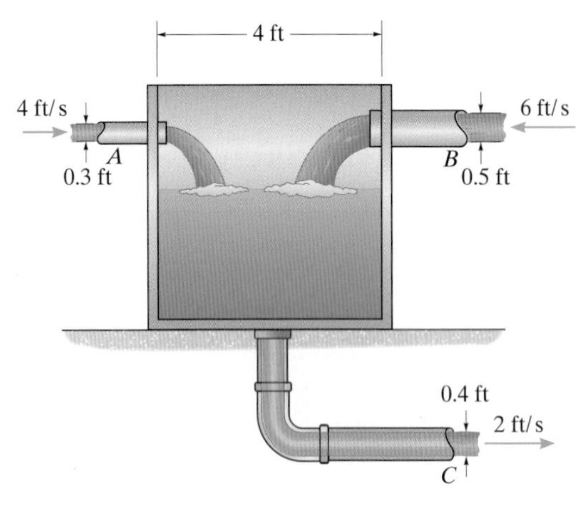

연습문제 **4–97**

4-98 지름이 2 m인 유화액 탱크에 싸이클로헥사놀이 A의 관을 통해서 평균속도 $V_A = 4$ m/s로 유입되고, 티오펜은 B의 관을 통해서 평균속도 $V_B = 2$ m/s로 유입된다. 혼합액체의 깊이 상승률을 h의 함수로 나타내라.

4-99 지름이 2 m인 유화액 탱크에 싸이클로헥사놀이 A의 관을 통해서 평균속도 $V_A = 4$ m/s로 유입되고, 티오펜은 B의 관을 통해서 평균속도 $V_B = 2$ m/s로 유입된다. 혼합액체의 깊이 $h = 1$ m일 때 혼합액체 수면의 상승률은 얼마인가? 또한 혼합액체의 평균밀도는 얼마인가? 싸이클로헥사놀의 밀도 $\rho_{cy} = 779$ kg/m^{3}이고, 티오펜의 밀도 $\rho_{ke} = 1051$ kg/m^{3}이다.

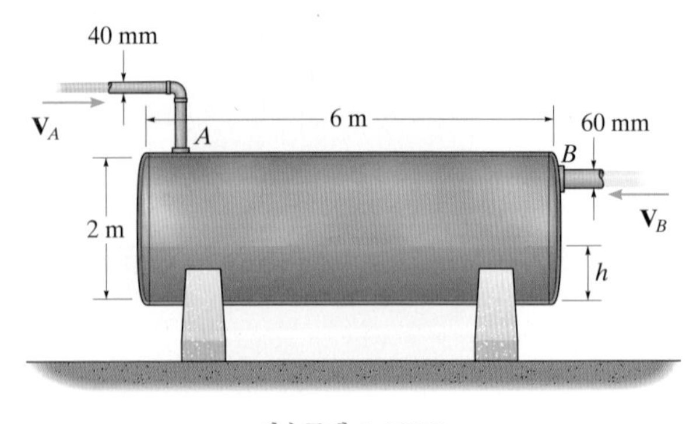

연습문제 **4–98/99**

***4-100** 헥실렌글라이콜이 사다리꼴의 탱크에 600 kg/min의 유량으로 유입되고 있다. $y = 0.5$ m일 때 수면의 상승률을 구하라. 이 탱크의 폭은 0.5 m이고, 헥실렌글라이콜의 밀도는 $\rho_{hg} = 924$ kg/m^{3}이다.

4-101 헥실렌글라이콜이 컨테이너에 600 kg/min의 유량으로 유입되고 있다. $y = 0.5$ m일 때 수면의 상승률을 구하라. 이 탱크는 원통형 각뿔의 형태이다. 힌트 : 원뿔의 체적은 $V = \frac{1}{3}\pi r^2 h$이고, 헥실렌글라이콜의 밀도는 $\rho_{hg} = 924$ kg/m^{3}이다.

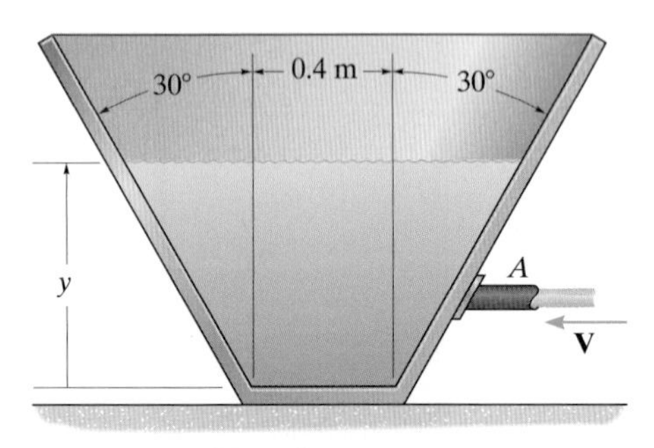

연습문제 **4–100/101**

4-102 삼각형 모양의 홈통에 깊이 $y = 3$ ft로 물이 있다. 홈통의 아래 배수구를 열었을 때 물의 배출속도는 $V = (8.02y^{1/2})$ ft/s이다. 이 홈통의 물을 완전히 배출시키는 데 걸리는 시간을 구하라. 이 홈통의 폭은 2 ft이고 홈통아래 열린 틈의 면적은 24 in^{2}이다.

4-103 삼각형 모양의 홈통에 깊이 $y = 3$ ft로 물이 있다. 홈통의 아래 배수구를 열었을 때 물의 배출속도는 $V = (8.02y^{1/2})$ ft/s이다. 물의 깊이 $y = 2$ ft가 되는 데 걸리는 시간은 얼마인가? 이 홈통의 폭은 2 ft이고, 홈통 아래 열린 틈의 면적은 24 in^{2}이다.

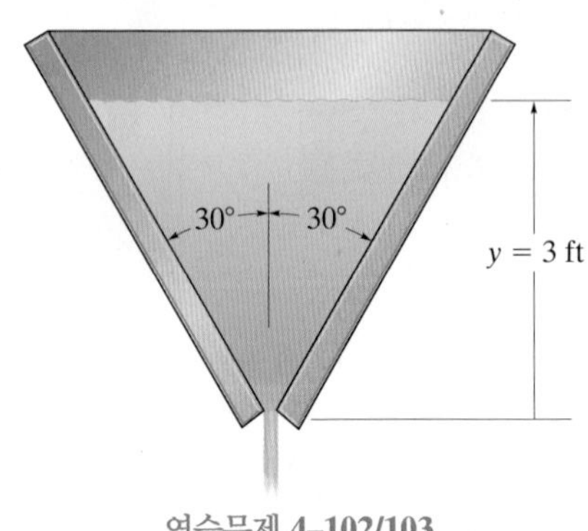

연습문제 **4–102/103**

***4-104** 어떤 생산 공정 중 0.1 m 폭의 평판을 타르에 담갔다 빼는 공정에서 타르가 평판에서 흘러내려 떨어지고 이것을 측면에서 본 것이 다음 그림이다. 평판의 아래에서 타르의 두께 w는 시간에 따라 얇아지지만, 이 두께는 그림에서 보는 것처럼 높이에 따라 선형적인 변화를 유지한다고 가정하자. 평판 끝에서 속도분포가 $u = [0.5(10^{-3})(x/w)^{1/2}]$ m/s(여기서 x와 w의 단위는 미터)라고 할 때 두께 w를 시간의 선형적인 함수로 나타내라. 초기두께는 $t = 0$일 때, $w = 0.02$ m이다.

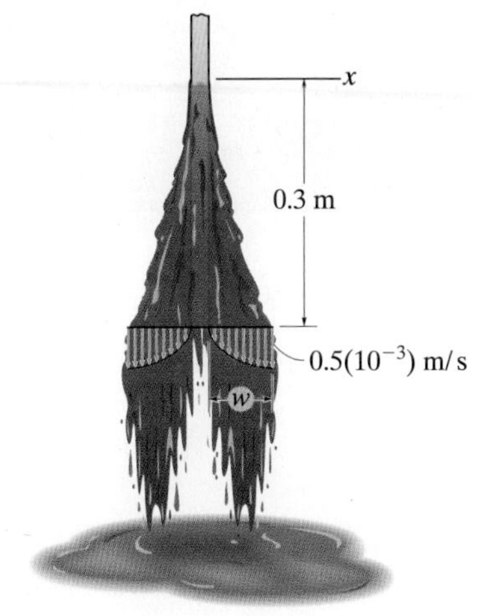

연습문제 **4–104**

4-105 식품 생산 공정에서 원통형 탱크에 초기 밀도가 $\rho_s = 1400$ kg/m^{3}인 농축된 액상설탕을 채우고 있다. A의 관을 통해서 물이 0.03 m^3/s의 유량으로 들어가 액상설탕과 혼합된다. 동일한 유량으로 B의 관을 통해서 희석된 액상설탕이 배출된다면 액상설탕의 밀도를 10% 줄이는 데 필요한 물의 양을 구하라.

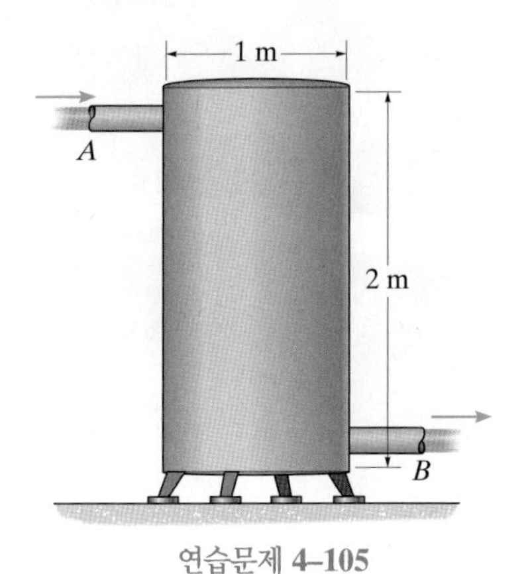

연습문제 **4–105**

4-106 원통형 압력탱크에 메탄이 절대압력 2 MPa로 채워져 있다. 노즐이 열리면 배출되는 메탄의 질량유량은 절대압력에 따라 $\dot{m} = 3.5(10^{-6})p$ kg/s라고 한다. 여기서 p의 단위는 파스칼이다. 온도가 20°C로 유지된다고 할 때 압력이 1.5 MPa로 떨어지는 데 걸리는 시간을 구하라.

4-107 원통형 압력탱크에 메탄이 절대압력 2 MPa로 채워져 있다. 노즐이 열리면 배출되는 메탄의 질량유량은 절대압력에 따라 $\dot{m} = 3.5(10^{-6})p$ kg/s라고 한다. 여기서 p의 단위는 파스칼이다. 온도가 20°C로 유지된다고 할 때 탱크의 압력을 시간의 함수로 나타내라. 시간구간 $0 \le t \le 15$ s에서 $\Delta t = 3$ s씩 증가될 때 탱크압력의 변화를 그래프로 그려라.

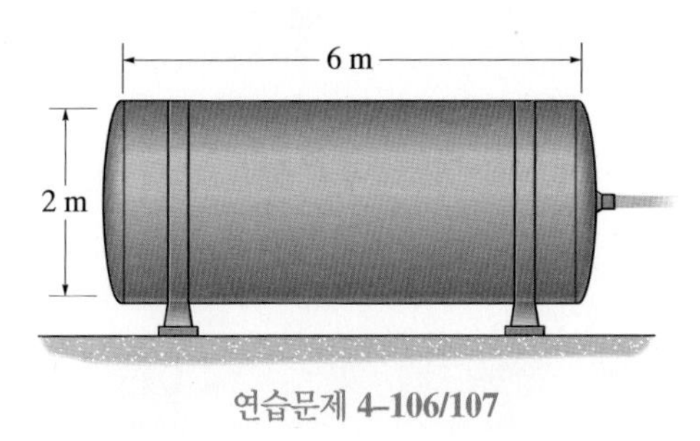

연습문제 **4–106/107**

***4-108** 질소를 원통형 탱크에 $\dot{m} = (0.8\rho^{-1/2})$ slug/s의 질량유량으로 펌프로 주입하고 있다. 펌프를 가동한 후 시간 $t = 5$ s가 지났을 때 탱크 안의 질소의 밀도를 구하라. 초기에 탱크에는 0.5 slug의 질소가 있었다고 가정한다.

4-109 질소를 원통형 탱크에 $\dot{m} = (0.8\rho^{-1/2})$ slug/s의 질량유량으로 펌프로 주입하고 있다. 펌프를 가동한 후 시간 $t = 10$ s가 지났을 때 탱크 안의 질소의 밀도를 구하라. 초기에 탱크에는 0.5 slug의 질소가 있었다고 가정한다.

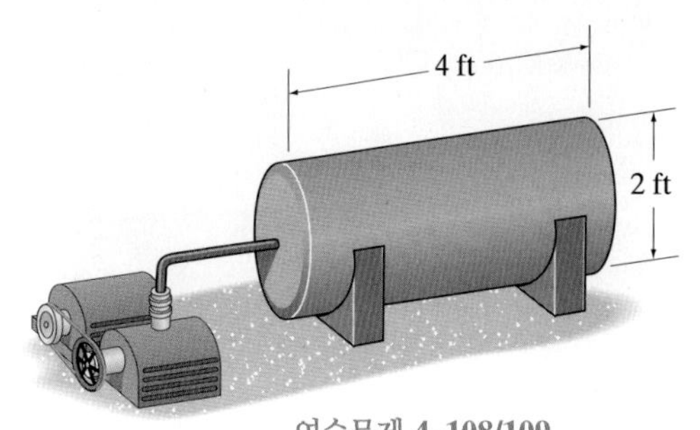

연습문제 **4–108/109**

4-110 깔때기에 물이 평균속도 $V = (3e^{-0.05t})$ m/s로 배출되고 있다. 깔때기의 물의 높이 $y = 100$ mm가 될 때의 속도를 구하라. 초기에 물의 높이 $y = 200$ mm였다.

연습문제 **4–110**

4-111 어떤 생산 공정에서 용융플라스틱이 들어있는 사다리꼴통에 실린더 형태의 틀을 20 mm/s의 일정한 속도로 밀어넣는다. 플라스틱의 상승 속도를 형상의 높이 y_c의 함수로 나타내라. 통의 폭은 150 mm이다.

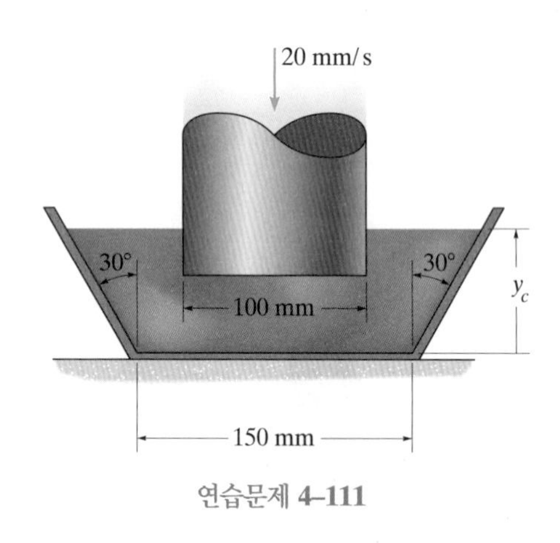

연습문제 **4–111**

개념문제

P4-1 공기가 도관의 왼쪽 방향으로 흐르고 있다. 이 공기의 속도가 가속되는가 아니면 감속되는가? 그 이유를 설명하라.

P4–1

P4-2 개방된 구멍을 통해서 물이 나와 떨어질 때 물줄기의 폭이 좁아지는 현상을 베나 콘트랙타라고 한다. 이 현상이 일어나는 이유와 물은 왜 그림과 같은 물줄기를 유지하는지 설명하라.

P4–2

장 복습

검사체적은 유동을 오일러 기술법으로 기술하기 위한 것이며, 문제에 따라 고정 검사체적, 이동 검사체적 그리고 변형 검사체적으로 설정할 수 있다.

레이놀즈수송정리를 이용하여 입자 시스템에서 유체 상태량 N의 변화율과 검사체적에서 측정된 상태량 변화율의 관계를 알 수 있다. 검사체적에서 이 변화는 검사체적 안의 **국소변화**와 검사표면을 통과하는 유체에 의한 **대류변화**로 정의된다.

주변 공간
열린 검사표면
시스템
닫힌 검사표면
검사체적
열린 검사표면

체적유량 또는 평면 A를 통과하는 배출량 Q는 그 면의 수직 방향 속도성분에 의해서 정의된다. 속도분포를 알고 있다면 그 속도의 적분으로 유량 Q를 구할 수 있으며, 평균속도 V를 알고 있는 경우 유량은 $Q = \mathbf{V}\cdot\mathbf{A}$가 된다.

$$Q = \int_A \mathbf{v}\cdot d\mathbf{A}$$

질량유량은 유체의 밀도와 그 면을 통해 흐르는 속도분포에 의해서 결정된다. 평균속도 V를 이용하면 질량유량은 $\dot{m} = \rho\mathbf{V}\cdot\mathbf{A}$가 된다.

$$\dot{m} = \int_A \rho\mathbf{v}\cdot d\mathbf{A}$$

연속방정식은 시스템에서 질량은 항상 일정한 양을 유지한다는 질량보존의 법칙을 기반으로 하는 식이다. 다시 말해서, 질량의 변화율이 '0'임을 의미한다.

연속방정식을 고정, 이동, 변형 검사체적에 이용할 수 있으며, 특히 어떤 유체가 검사체적에 완전하게 채워져 있고 정상상태인 경우 이 검사체적 안에서 국소변화는 나타나지 않고 대류변화만 나타나므로 이 대류변화만을 고려하면 된다.

$$\frac{\partial}{\partial t}\int_{cv} \rho\, d\forall + \int_{cs} \rho\,\mathbf{V}\cdot d\mathbf{A} = 0$$

검사체적이 일정한 속도로 이동하는 물체에 함께 이동하고 유동이 정상상태인 경우, 연속방정식에서 검사표면에서의 속도는 $\mathbf{V} = \mathbf{V}_{f/cs}$인 상대속도를 이용해야 한다.

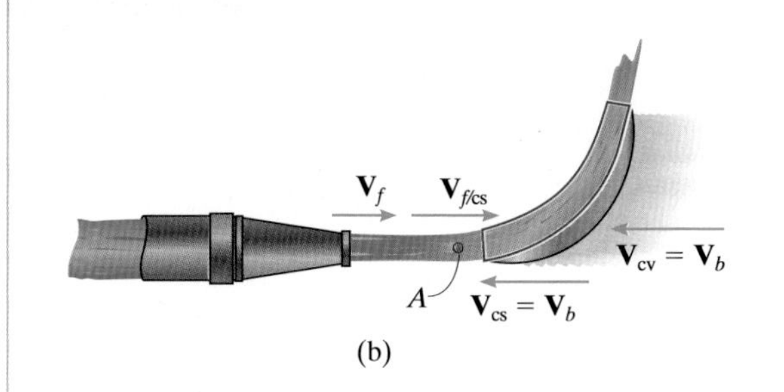

(b)

Chapter 5

(© Don Andreas/Fotolia)

분수를 설계할 때 일과 에너지의 원리를 적용한다. 여기서 노즐 밖으로 분출되는 물의 속도는 물을 최대 높이로 끌어올리는 에너지로 변환된다.

움직이는 유체의 일과 에너지

학습목표

- 유선좌표계에서 오일러의 운동방정식과 베르누이 방정식을 전개하는 것과 몇 가지 중요한 적용을 보여준다.
- 유체 시스템의 에너지구배선(EGL)과 수력구배선(HGL)을 어떻게 세우는지 보여준다.
- 열역학 제1법칙으로부터 에너지방정식을 전개하는 것과 펌프, 터빈, 마찰손실을 포함하는 문제를 어떻게 푸는지 보여준다.

5.1 오일러의 운동방정식

이 절에서는 뉴턴의 운동 제2법칙을 그림 5-1a와 같이 정상유동의 유선을 따라서 움직이는 단일 유체입자의 운동을 연구하기 위해서 적용할 것이다. 여기서 유선좌표계 s는 운동방향에 있고, 유선에 접선방향이다. 직교좌표계 n은 유선의 곡률 중심으로 향하며, 입자는 길이 Δs, 높이 Δn, 폭 Δx를 가지고 있다. 유동이 정상이므로 유선은 고정될 것이고, 곡선 상에 있다면 입자는 두 개의 가속도성분을 가질 것이다. 3.4절을 상기해보면, 접선 또는 유선성분 a_s는 입자의 속도 크기의 시간변화율로 측정하고, $a_s = V(dV/ds)$로 결정된다. 법선성분 a_n은 속도의 방향으로의 시간변화율로 측정하고, $a_n = V^2/R$로부터 결정되고, R은 입자가 위치하는 점에서 유선의 곡률 반경이다.

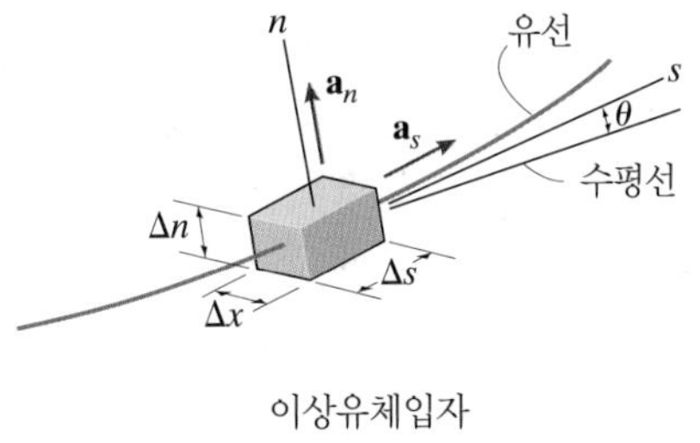

이상유체입자

(a)

그림 5–1

입자의 자유물체도는 그림 5-1b에 보여진다. 만약 유체를 비점성으로 가정한다면, 점도에 의한 전단력은 나타나지 않을 것이며, 오직 무게와 압력에 의해 발생되는 힘이 입자에 작용한다. 만약에 입자의 중심에서 압력을 p라고 하면, 유한한 크기*로 인한 유체입자의 각 면에서의 압력 $\Delta W = \rho g \Delta \forall = \rho g(\Delta s \Delta n \Delta x)$, $\Delta m = \rho \Delta \forall = \rho(\Delta s \Delta n \Delta x)$이다.

* 이 변화에서 우리는 입자의 크기가 아주 작게 되면 고차항은 소거되므로 테일러 급수(Taylor series)의 확장을 오직 첫 번째 항만 고려한다.

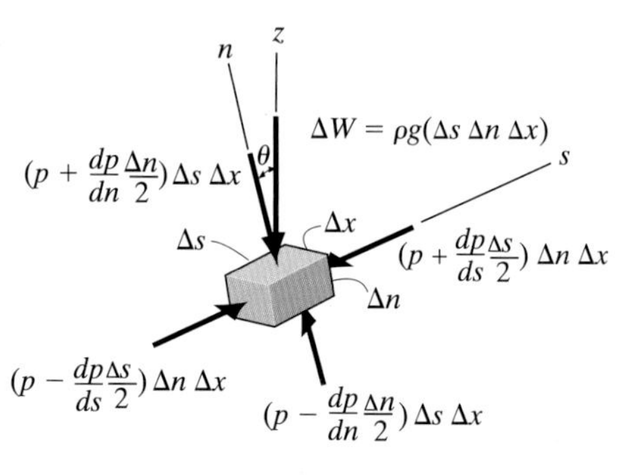

자유물체도

(b)

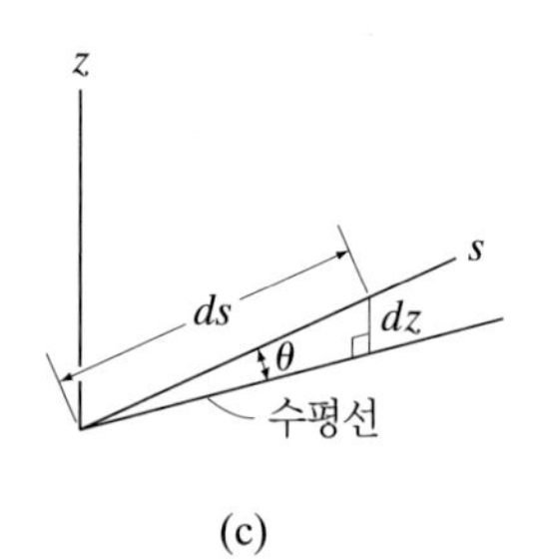

(c)

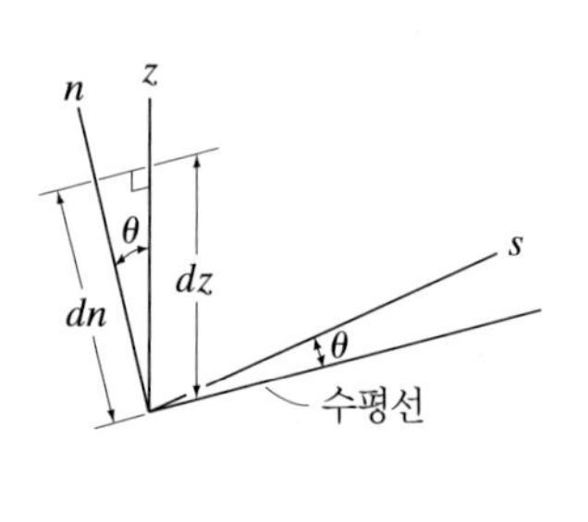

(d)

그림 5-1(계속)

s 방향 s 방향으로 운동방정식 $\Sigma F_s = ma_s$를 적용하면 다음과 같다.

$$\left(p - \frac{dp}{ds}\frac{\Delta s}{2}\right)\Delta n \Delta x - \left(p + \frac{dp}{ds}\frac{\Delta s}{2}\right)\Delta n \Delta x - \rho g(\Delta s \Delta n \Delta x)\sin\theta = \rho(\Delta s \Delta n \Delta x)V\left(\frac{dV}{ds}\right)$$

$\rho(\Delta s \Delta n \Delta x)$으로 나누고, 항을 재배열하면 아래와 같이 된다.

$$\frac{1}{\rho}\frac{dp}{ds} + V\left(\frac{dV}{ds}\right) + g\sin\theta = 0 \tag{5-1}$$

그림 5-1c에서 보듯이, $\sin\theta = dz/ds$이다. 그러므로,

$$\frac{dp}{\rho} + V\,dV + g\,dz = 0 \tag{5-2}$$

n 방향 n 방향으로 운동방정식 $\Sigma F_n = ma_n$을 적용하면 다음과 같다.

$$\left(p - \frac{dp}{dn}\frac{\Delta n}{2}\right)\Delta s \Delta x - \left(p + \frac{dp}{dn}\frac{\Delta n}{2}\right)\Delta s \Delta x - \rho g(\Delta s \Delta n \Delta x)\cos\theta = \rho(\Delta s \Delta n \Delta x)\left(\frac{V^2}{R}\right)$$

그림 5-1d에서 $\cos\theta = dz/dn$을 체적 $(\Delta s \Delta n \Delta x)$로 나누면, 이 방정식은 아래와 같이 요약된다.

$$-\frac{dp}{dn} - \rho g\frac{dz}{dn} = \frac{\rho V^2}{R} \tag{5-3}$$

식 (5-2)와 (5-3)은 스위스 수학자 Leonhard Euler에 의해 처음 개발된 운동방정식의 미분 형태이다. 이러한 이유로 이것을 **오일러의 미분 운동방정식**이라 종종 부른다. 오일러의 미분방정식은 s와 n 방향에서 유선을 따라서 움직이는 비점성유체입자의 정상유동에 오직 적용된다. 우리는 지금 몇 가지 중요한 적용에 대해서 고려할 것이다.

이상유체의 정상 수평유동 그림 5-2에서 이상유체가 일정한 속도로 흐르는 직선 수평 열린 관로(open conduit)와 닫힌 관로(closed conduit)를 보여준다. 두 경우에서, 만약 A에서 압력은 p_A이고, 점 B와 C에서 압력을 결정하고 싶다. A와 B는 같은 유선에 놓여져 있기 때문에, 우리는 s 방향에서 오일러 방정식[식 (5-2)]을 적용할 수 있고, 이러한 두 개의 점 사이에서 운동하고 있는 입자에 대

하여 오일러 방정식을 적분한다. 여기서 $V_A = V_B = V$이고, 높이의 변화가 없으므로 $dz = 0$이다. 또한 유체 밀도는 상수이므로 아래와 같다.

$$\frac{dp}{\rho} + V\,dV + g\,dz = 0$$

$$\frac{1}{\rho}\int_{p_A}^{p_B} dp + \int_{V}^{V} V\,dV + 0 = 0$$

$$\frac{1}{\rho}(p_B - p_A) + 0 + 0 = 0 \quad \text{or} \quad p_B = p_A$$

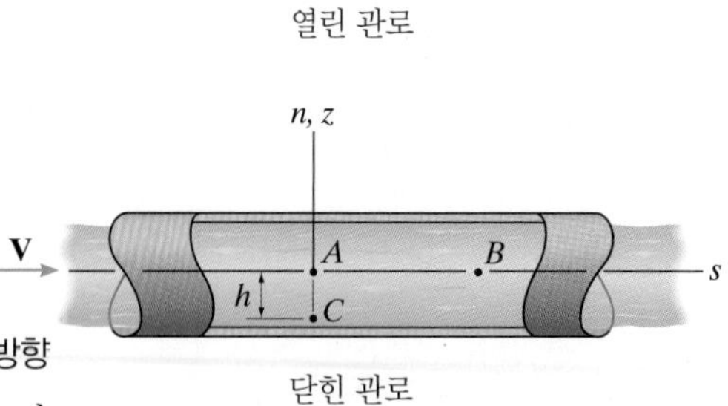

열린 관로

닫힌 관로

그림 5–2

그러므로 이상유체에서 두 개의 열린 관로와 닫힌 관로를 따라 압력은 수평방향에서 상수가 된다. 이 결과는 유체를 앞으로 미는 압력에 의해 이겨내는 점성 마찰력이 없기 때문에 예상될 수 있다.

C에서 압력을 결정하기 위해, 그림 5-2와 같이 A와 C는 s축 상의 다른 유선에 놓여있는 것을 주목하라. 그러나 C는 A에서 원점을 가지는 n축 상에 있다. A에서 수평 유선의 곡률 반경은 $R \rightarrow \infty$이기 때문에, 식 (5-3)은 아래와 같이 된다.

$$-\frac{dp}{dn} - \rho g \frac{dz}{dn} = \frac{\rho V^2}{R} = 0$$

$$-dp - \rho g\,dz = 0$$

A에서 C까지 적분하고, A로부터 C까지 $z = -h$임을 주목하면, 아래와 같다.

$$-\int_{p_A}^{p_C} dp - \rho g \int_{0}^{-h} dz = 0$$

$$-p_C + p_A - \rho g(-h - 0) = 0$$

$$p_C = p_A + \rho g h$$

이 결과는 수직방향으로 압력은 유체가 마치 정지해 있는 것과 같다는 것을 가리킨다. 즉, 식 (2-5)와 같은 결과이다. '정압(static pressure)'은 유동에 상대적인 압력의 척도이기 때문에 종종 유체가 정지해 있는 경우의 용어로 사용된다.

만약 관로가 유선을 가지면서 굽어져 있다면, A와 C에서 유체입자들이 다른 곡률 반경을 갖고 있는 유선을 따라서 움직이고, 다른 속도로 속도의 방향을 변경시키기 때문에 우리는 이 결과를 얻지 못할 것이다. 다른 말로, $\rho V^2/R \neq 0$이므로 R이 작아지면 작아질수록 유체입자들의 방향을 바꾸고, 입자들이 각자의 유선을 유지하기 위해서 더 큰 압력을 필요로 한다. 다음의 예제는 이것을 설명하는 데 도움을 줄 것이다.

예제 5.1

(a)

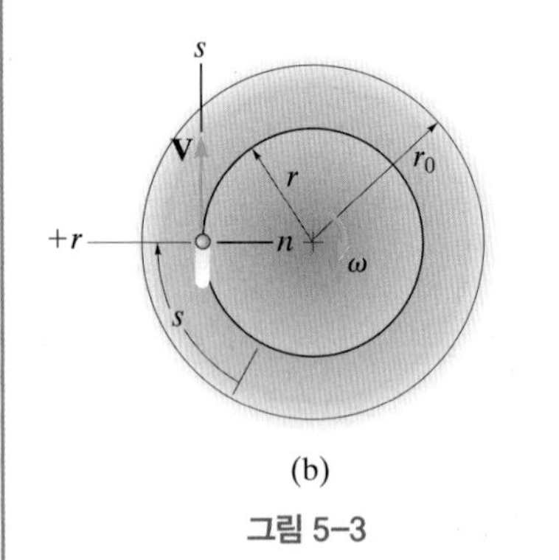

(b)

그림 5-3

토네이도는 근본적으로 그림 5-3a와 같이 수평의 원형 유선을 따라 움직이는 바람이다. $0 \le r \le r_0$인 토네이도의 눈에서 강제와류(forced vortex)를 보여주는 바람속도는 $V = \omega r$이다. 2.14절에서 서술되었듯이 일정한 각속도 ω로 회전하는 유동이다. 만약 $r = r_0$에서 압력이 $p = p_0$라면, 토네이도의 눈에서 r의 함수로의 압력분포를 구하라.

풀이

유체 설명 정상유동에서 공기를 일정한 밀도 ρ를 가지고 비점성인 이상유체로 가정한다.

해석 반지름 r을 가지는 유체입자의 유선이 그림 5-3b에 나와있다. r의 함수(양의 바깥쪽 방향)로써 압력분포를 찾기 위해서, n 방향(양의 안쪽 방향)으로 오일러 방정식을 적용해야 한다.

$$-\frac{dp}{dn} - \rho g \frac{dz}{dn} = \frac{\rho V^2}{R}$$

경로가 수평이기 때문에 $dz = 0$이다. 또한 선택된 유선은 $R = r$ 그리고 $dn = -dr$이다. 그림 5-3b에서와 같이, 입자의 속도는 $V = \omega r$이기 때문에 위의 방정식은 다음과 같이 된다.

$$\frac{dp}{dr} - 0 = \frac{\rho(\omega r)^2}{r}$$

$$dp = \rho\omega^2 r\, dr$$

중앙으로부터 $+dr$만큼 멀어질 때, 압력이 증가($+dp$)함을 주목하라. 이 압력은 공기입자의 속도방향을 변화시키며, 원형 경로를 유지하는 데 필요하다. 비교하자면, 수평의 원형 경로에서 원형을 그리며 도는 공의 움직임을 유지하는 줄(cord)에서도 같은 효과가 발생한다. 줄이 더 길면 길수록, 같은 회전을 유지하기 위해서 줄이 공에 가해지는 힘이 더 크다.

$r = r_0$에서 $p = p_0$이므로,

$$\int_p^{p_0} dp = \rho\omega^2 \int_r^{r_0} r\, dr$$

$$p = p_0 - \frac{\rho\omega^2}{2}(r_0^2 - r^2)$$ 답

5.2 베르누이 방정식

앞에서 설명했듯이 오일러 방정식은 비점성 유체입자의 정상유동에 대한 뉴턴의 제2법칙의 적용을 나타내고, 유선좌표계 s와 n으로 표현된다. 오직 s 방향에서 입자의 운동이 발생하기 때문에, 유선을 따라서 식 (5-2)를 적분할 수 있고, 따라서 입자의 운동과 압력과 입자에 작용하는 중력 사이의 관계를 얻을 수 있다.

$$\int \frac{dp}{\rho} + \int V\,dV + \int g\,dz = 0$$

만약 유체 밀도가 압력의 함수로 주어질 수 있다면, 첫 번째 항의 적분은 가능할 것이다. 그러나 가장 일반적인 경우는 비점성, 비압축성인 이상유체로 고려하는 것이다. 유체를 비점성으로 가정했기 때문에 지금부터 유체는 **이상유체**로 간주한다. 이 경우에 적분은 아래와 같이 된다.

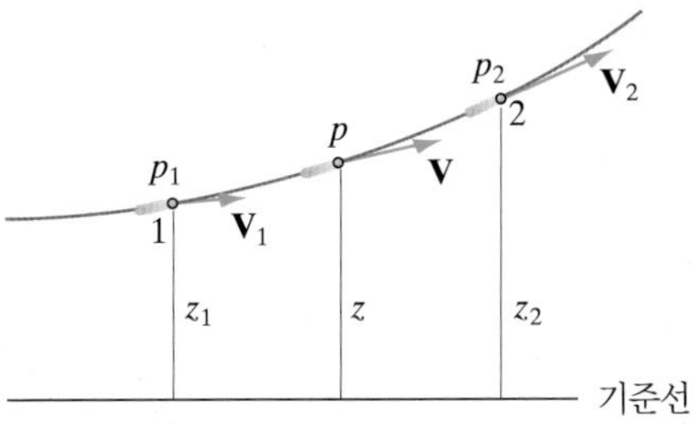

$$\frac{p}{\rho} + \frac{V^2}{2} + gz = \text{상수} \tag{5-4}$$

그림 5–4

여기서 z는 그림 5-4에서 임의로 선택된 고정된 수평면 또는 기준선으로부터 측정된 입자의 **높이**이다. 이 기준선 위의 입자에 대해서, z는 양(+)이고, 그 아래의 입자에서 z는 음(−)이다. 기준선 위에 있는 입자에 대해서 $z = 0$이다.

식 (5-4)는 18세기 중반쯤에 이 식에 대해서 서술한 Daniel Bernoulli의 이름을 따서 **베르누이 방정식**으로 불린다. 훗날 이 방정식은 Leonhard Euler의 공식으로 표현되었다. 베르누이 방정식이 그림 5-4에서 같은 유선에 위치한 1과 2의 어떤 두 점 사이에 적용되었을 때, 다음과 같은 형태로 표현할 수 있다.

$$\boxed{\frac{p_1}{\rho} + \frac{V_1^2}{2} + gz_1 = \frac{p_2}{\rho} + \frac{V_2^2}{2} + gz_2} \tag{5-5}$$

정상유동, 이상유체, 동일 유선

만약 유체가 공기와 같은 기체라면 기체의 밀도는 작기 때문에 높이의 항은 일반적으로 무시할 만하다. 다른 말로, 공기의 무게는 기체 내에 압력에 의해 발생되는 힘과 비교하면 중요한 힘으로 간주되지 않는다.

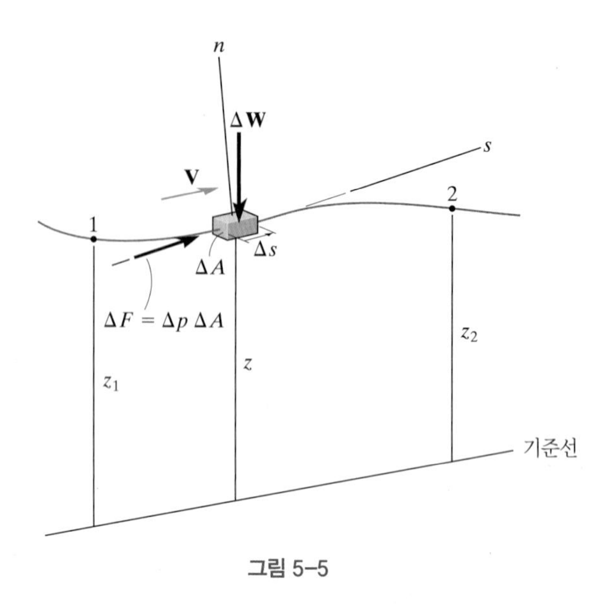

그림 5–5

항들의 설명 베르누이 방정식의 유도로부터 알 수 있듯이, 베르누이 방정식은 실제로 s 방향에서 이상유체의 정상유동에 대하여 적용된 뉴턴의 제2법칙의 적분된 형태이다. 베르누이 방정식이 **유체의 단위질량**으로 표현되는 입자에 적용될 때 이 식은 일과 에너지의 원리로써 해석될 수 있다. 이를 증명하기 위해서 베르누이 방정식을 아래와 같이 다시 적어 보자.

$$\left(\frac{V_2^2}{2} - \frac{V_1^2}{2}\right) = \left(\frac{p_1}{\rho} - \frac{p_2}{\rho}\right) + g\,(z_1 - z_2)$$

여기서 괄호 속에 있는 각각의 항들은 J/kg 또는 ft·lb/slug와 같이 단위질량당 에너지 또는 일의 단위들을 가지고 있다. 위 형태의 베르누이 방정식은 위치 1에서 위치 2로 입자가 움직일 때 단위질량당 입자의 운동에너지 변화는 압력과 중력에 의해 행해지는 일과 같음을 설명한다. 일은 변위의 방향으로 힘 성분의 곱임을 기억하라. 압력힘에 의해 만들어지는 일은 **유동일**이라 불리고, 유동일은 언제나 그림 5-5와 같이 유선을 따라서 생성된다. 중력 일은 무게가 수직방향 (z)이기 때문에, 수직방향으로 행해진다. 5.5절에서 베르누이 방정식이 실제로는 에너지방정식의 특별한 경우임을 보여주는 개념에 대해 더 논의할 것이다.

제약사항 베르누이 방정식은 비압축성(ρ가 일정)이고 비점성($\mu = 0$)인 **이상유체의 정상유동**일 때 적용될 수 있음을 기억하는 것은 매우 중요하다. 또한 베르누이 방정식은 **동일 유선**에 놓여있는 어떤 두 점 사이에 적용되는 식이다. 만약 이러한 조건들이 맞지 않다면, 이 방정식의 적용은 잘못된 결과들을 초래할 것이다. 그림 5-6에는 베르누이 방정식을 적용할 수 없는 몇 가지 상황들을 보여준다.

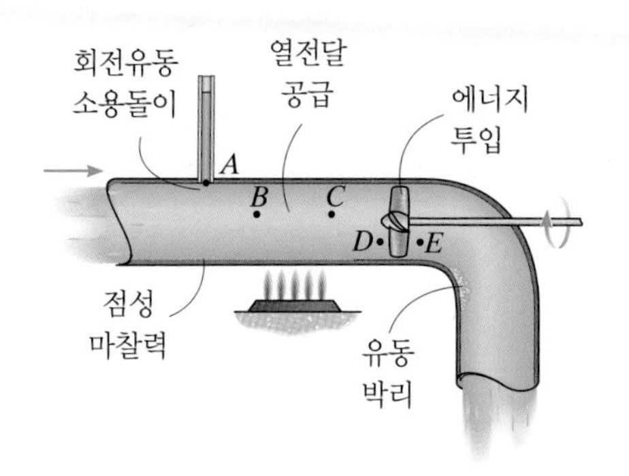

베르누이 방정식이
적용되지 않는 장소들

그림 5–6

- 공기와 물 같은 많은 유체들은 비교적 점도가 낮다. 따라서 어떤 상황에서는 이상유체로 가정될 수도 있다. 하지만 유동영역에 따라 점도의 효과가 무시될 수 없을 경우도 많이 있다. 예를 들면, 점성유동은 그림 5-6에서 관 벽면과 같은 고체 경계 근처에서 항상 나타난다. 이 지역을 **경계층**이라 부른다. 제 11장에서 이에 대해 더 자세히 논의할 것이다. 경계층에서는 속도구배가 크고, 경계층 형성을 유발하는 유체 마찰 또는 전단력이 열을 생성하여 유동으로부터 에너지를 소모할 것이다. 이렇게 에너지손실을 유발하기 때문에 베르누이 방정식은 경계층 내에서 적용될 수가 없다.
- 고체 경계의 갑작스런 방향변화는 경계층을 두껍게 만들 수 있고 경계로부터 유동박리를 만들 수 있다. 그림 5-6에서 유동박리는 굽은 관의 내부 벽면을 따라 발생한다. 여기서 유체의 난류 혼합은 마찰 열 손실을 생성할 뿐 아니라, 속도 형상에 크게 영향을 주고 매우 큰 압력강하를 유발한다. 이 지역 내의 유선들은 형태가 잘 정의되지 못하여 베르누이 방정식을 적용하지 못한다. T자-관(tees)이나 밸브 같은 연결 장치를 통한 유동은 유동박리 때문에 유사한 에너지손실을 생성할 수 있다. 그뿐만 아니라 유동박리와 유동 내에 난류 혼합의 발달은 그림 5-6의 관-튜브(pipe-tube) 연결부 A에서 발생한다. 그러므로 베르누이 방정식은 이러한 연결부에서는 적용되지 못한다.
- 유동 내에서 에너지변화는 B와 C 사이와 같이 열을 제거하거나 또는 열을 공급하는 영역 내에서 발생한다. 또한 D와 E 사이의 펌프나 터빈은 유동으로부터 에너지를 공급하거나 제거할 수 있다. 베르누이 방정식은 이러한 에너지 변화가 고려되지 않았으므로 이러한 지역 내에서는 적용될 수 없다.
- 만약 유체가 기체라면, 그 밀도는 유동의 속도가 증가함에 따라 변할 것이다. 일반적으로 공학 계산에 대한 일반적인 규약으로써, 기체가 소리가 공기에서 주파하는 속도의 30% 이하의 속도로 유지된다면 비압축성으로 고려될 수 있다. 예를 들어, 15°C에서 공기에서의 음속은 340 m/s이다. 그러므로 한계값은 102 m/s일 것이다. 한계값 이상의 유동에서 압축 효과는 열 손실을 유발하므로 압축 효과가 중요해진다. 이렇게 높은 속도에서, 베르누이 방정식은 좋은 결과를 내지 못한다.

5.3 베르누이 방정식의 적용

이 절에서는 유선 상의 서로 다른 점들에서 속도나 압력을 어떻게 결정하는지 보여주기 위해 베르누이 방정식의 몇 가지 기본적인 적용을 시도할 것이다.

대형 저수지로부터의 유동 그림 5-7과 같이 물이 배수구를 통해서 탱크 혹은 저수지로부터 흐를 때, 유동은 실제로 **비정상적**이다. 거리 h가 클 때 배수구에서 큰 수압이 발생하여, h가 작을 때보다 빠른 속도로 떨어지고 이 때문에 비정상 유동이 발생한다. 그러나 만약 저수지가 큰 체적을 가지고 있거나 배수구가 상대적으로 직경이 작다면, 저수지 내에서 물의 움직임은 아주 느리다. 그러므로 그림 5-7의 표면 $V_A \approx 0$이다. 이러한 경우에 배수구를 통해 정상유동으로 가정하는 것은 타당하다. 또한 작은 직경의 출구에서 C와 D 사이의 높이 차(elevation difference)는 작다. 그러므로 $V_C \approx V_D \approx V_B$이다. 그뿐만 아니라 출구의 중앙선 B에서 압력은 대기에 노출되어 있고, C와 D도 마찬가지이다.

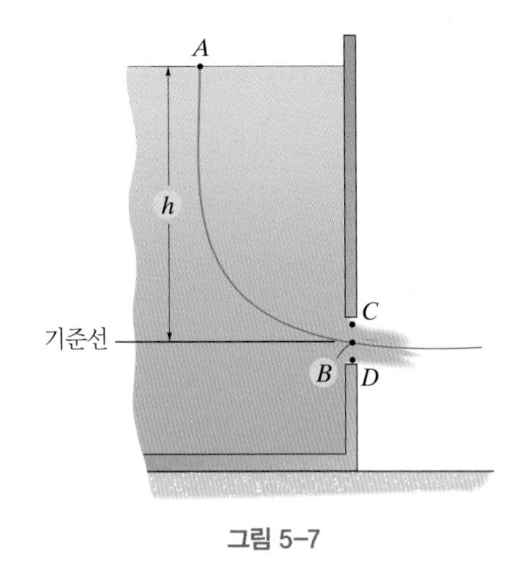

그림 5-7

만약 물을 이상유체로 가정한다면, 베르누이 방정식은 그림 5-7에서 선택된 유선 위에 놓여있는 점 A와 B 사이에 적용될 수 있다. B에서 중력의 기준선을 잡고, $p_A = p_B = 0$인 지역에서 계기압력을 사용하면 아래와 같다.

$$\frac{p_A}{\rho} + \frac{V_A^2}{2} + gz_A = \frac{p_B}{\rho} + \frac{V_B^2}{2} + gz_B$$

$$0 + 0 + gh = 0 + \frac{V_B^2}{2} + 0$$

$$V_B = \sqrt{2gh}$$

이 결과는 17세기 Evangelista Torricelli에 의해 처음으로 공식화되었기 때문에 **토리첼리의 법칙**(Torricelli's law)으로 알려져 있다. 알아두면 도움이 될 만한 사실은 자유 낙하를 하는 고체입자의 이동 시간은 유체가 탱크를 통해 흐르는 것보다 훨씬 짧음에서 불구하고, 유체의 속도 V_B는 같은 높이 h에서 자유낙하를 하는 고체입자의 속도와 같다는 것을 알 수 있다.

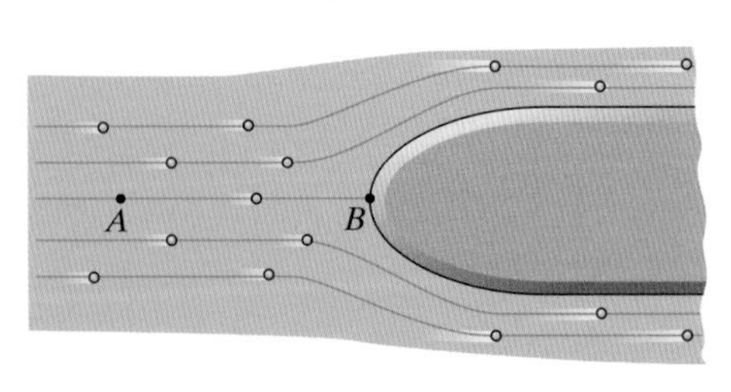

그림 5-8

곡면 경계 주위의 유동 매끄러운 장애물 주위로 유체가 이동할 때, 유체의 에너지는 하나의 형태에서 다른 형태로 변환된다. 예를 들어, 그림 5-8에서 굽어진 표면의 정면에 교차하는 수평 유선을 고려해보자. B는 **정체점**(stagnation point)이기 때문에, A에서 B로 움직이는 유체입자들은 유체입자가 경계로 접근할수록 속도가 줄어들어야 한다. 그러므로 점 B에서 유체의 속도는 영(0)이 되고, 유체는 분리되어, 표면의 측면을 따라서 움직일 것이다. 점 A와 B 사이에 베르누이 방정식을 적용하면 다음과 같다.

$$\frac{p_A}{\rho} + \frac{V_A^2}{2} + gz_A = \frac{p_B}{\rho} + \frac{V_B^2}{2} + gz_B$$

$$\frac{p_A}{\rho} + \frac{V_A^2}{2} + 0 = \frac{p_B}{\rho} + 0 + 0$$

$$\underset{\text{정체압}}{p_B} = \underset{\text{정압}}{p_A} + \underset{\text{동압}}{\rho\frac{V_A^2}{2}}$$

정체점 B에서 압력은 유체에 의해 작용되는 **전압**(total pressure)을 나타내기 때문에 이 압력(p_A)을 **정체압**(stagnation pressure)이라 부른다. 앞 장에서 보았듯이, 압력 p_A는 유동에 대하여 상대적으로 측정되기 때문에 **정압**(static pressure)이다. 한편, 압력의 증가($\rho V_A^2/2$)는 B에서 유체를 정지시키는 데 필요한 추가적인 압력을 나타내기 때문에 **동압**(dynamic pressure)이라 부른다.

개방 채널 내부 유동 강과 같은 개방 채널 내의 움직이는 액체의 속도를 결정하는 한 가지 방법은 흐르는 액체에 굽은 튜브를 담그고 그림 5-9와 같이 튜브 내에서 액체가 상승한 높이 h를 관찰하는 것이다. 이러한 장치는 **정체관**(stagnation tube) 또는 18세기 초에 이것을 발명한 Henri Pitot의 이름을 딴 **피토관**(Pitot tube)이라 불린다.

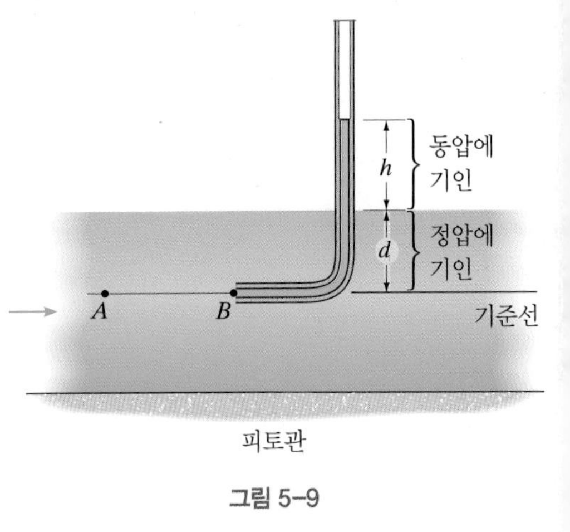

그림 5–9

이것이 어떻게 작동하는지 보기 위해 수평의 유선 위에 위치한 두 점 A와 B를 고려해보자. 점 A는 유체 내의 상류 지역에 있고, 유동의 속도는 V_A, 압력은 $p_A = \rho g d$이다. 점 B는 관의 입구에 있다. 관 내의 액체와의 충격 때문에 유동의 속도는 순간적으로 제로가 되어서 정체점이라 한다. 점 B에서 액체는 튜브 내의 액체를 d 수위로 상승시키는 정압과 추가적인 액체를 액체표면 위로 높이 h로 올리는 동압을 함께 나타낸다. 그러므로 B에서 액체의 전압은 $p_B = \rho g(d + h)$이다. 유선을 따라 단위 중력당 베르누이 방정식을 적용하면 아래와 같다.

$$\frac{p_A}{\rho} + \frac{V_A^2}{2} + gz_A = \frac{p_B}{\rho} + \frac{V_B^2}{2} + gz_B$$

$$\frac{\rho g d}{\rho} + \frac{V_A^2}{2} + 0 = \frac{\rho g(d + h)}{\rho} + 0 + 0$$

$$V_A = \sqrt{2gh}$$

이런 원리로, 피토관 위의 상승된 액주 높이 h를 측정함으로써 유동의 속도를 구할 수 있다.

닫힌 관로 내부 유동 만약 액체가 그림 5-10a와 같이 닫힌 관로 또는 관 내부에서 흐른다면, 유동의 속도를 결정하기 위해서 피에조미터(piezometer)와 피토관 둘 다 사용할 필요가 있다. **피에조미터**는 A에서 **정압**을 측정한다. 이 압력은 관 내의 내부 압력 ρgh와 유체의 무게에 의한 정수압 ρgd에 의해서 유발된다. 그러므로 A에서 전압은 $\rho g(h + d)$이다. 정체점 B에서 전압은 동압$(\rho V_A^2/2)$에 의해 A의 전압보다 더 커질 것이다. 이러한 두 관들로부터 측정한 h와 $(l + h)$를 이용하여 유선 위에 있는 점 A와 B에서 베르누이 방정식을 적용한다면, 속도 V_A가 얻어질 수 있다.

정압
동압 l
h 내부정압으로 인한 액주
d 유체의 무게로 인한 액주
기준선
A B

피에조미터와 피토관
(a)

$$\frac{p_A}{\rho} + \frac{V_A^2}{2} + gz_A = \frac{p_B}{\rho} + \frac{V_B^2}{2} + gz_B$$

$$\frac{\rho g(h + d)}{\rho} + \frac{V_A^2}{2} + 0 = \frac{\rho g(h + d + l)}{\rho} + 0 + 0$$

$$V_A = \sqrt{2gl}$$

방금 전에 설명했던 방식대로 두 개의 분리된 관들을 사용하기보다는 **피토정압관**(Pitot-static tube)이라고 불리는 더 정교한 하나의 관이 닫힌 관로의 유동의 속도를 구하기 위해서 자주 사용된다. 피토정압관은 그림 5-10b에 보여지듯이 두 개의 동심관을 사용하여 만든다. 그림 5-10a의 피토관과 같이 B에서 정체압은 내부 관의 E에서 압력탭으로부터 측정된다. B로부터 하류에는 바깥 관의 측면에 몇 개의 개방된 구멍들이 D에 뚫려 있다. 이 바깥 관은 그림 5-10a의 피에조미터처럼 작용한다. 따라서 정압은 C에서 압력탭으로부터 측정된다. 두 가지의 측정된 압력을 이용하고, 점 A와 B 사이의 베르누이 방정식을 적용하여 C와 E 사이의 높이차를 무시하면 아래와 같은 식을 얻는다.

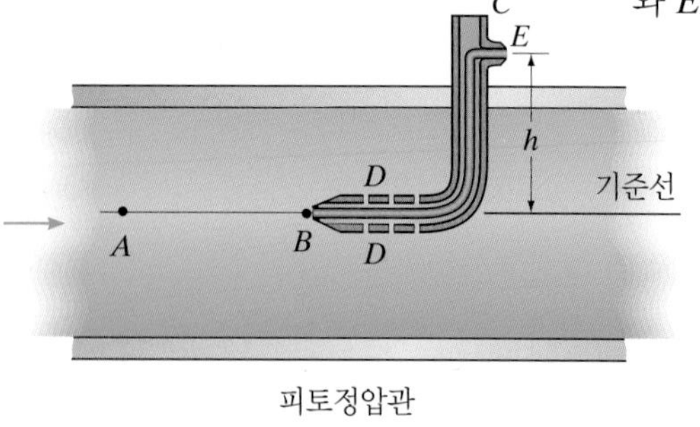

피토정압관
(b)

그림 5–10

$$\frac{p_A}{\rho} + \frac{V_A^2}{2} + gz_A = \frac{p_B}{\rho} + \frac{V_B^2}{2} + gz_B$$

$$\frac{p_C + \rho gh}{\rho} + \frac{V_A^2}{2} + 0 = \frac{p_E + \rho gh}{\rho} + 0 + 0$$

$$V_A = \sqrt{\frac{2}{\rho}(p_E - p_C)}$$

실제 문제에서 압력차는 출구 C와 E에 부착된 마노미터 액의 높이차를 측정하는 마노미터를 사용하거나 압력변환기를 사용함으로써 구할 수 있다. B 지점의 관 끝단 주위의 유동교란과 수직성분으로 인해, 입구 구멍의 측면 D에서 유동이 조금씩 방해를 받기 때문에 측정값을 수정해야 할 경우도 있다.

벤투리 유량계 그림 5-11의 **벤투리 유량계**(venturi meter)는 하나의 관을 사용하여 비압축성 유체의 평균속도와 유량을 측정하기 위해서 사용되는 장치이다. 1797년 Giovanni Venturi에 의해 고안되었지만 거의 100년 뒤에 미국인 공학자 Clemens Herschel에 의해 이 원리를 적용하였다. 이 장치는 리듀서(reducer)와 리듀서에 연결된 **벤투리 튜브** 또는 직경 d_2의 목(throat)으로 구성되어 있다. 그리고 원래의 관까지 뒤쪽은 점진적인 변위 구간이 있다. 리듀서를 통해서 유동이 흐를 때, 유체는 가속되고 더 높은 속도와 더 낮은 압력을 목 내에서 만든다. 관 내의 점 1과 목 내의 점 2 사이의 중앙 유선을 따라서 베르누이 방정식을 적용하면 다음과 같다.

$$\frac{p_1}{\rho} + \frac{V_1^2}{2} + gz_1 = \frac{p_2}{\rho} + \frac{V_2^2}{2} + gz_2$$

$$\frac{p_1}{\rho} + \frac{V_1^2}{2} + 0 = \frac{p_2}{\rho} + \frac{V_2^2}{2} + 0$$

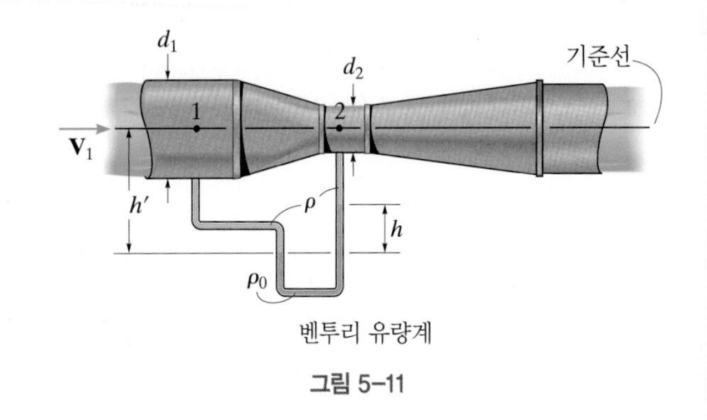

벤투리 유량계

그림 5–11

정상유동에 대해 연속방정식을 점 1과 2에 적용하면,

$$\frac{\partial}{\partial t}\int_{\text{cv}} \rho d\forall + \int_{\text{cs}} \rho \mathbf{V} \cdot d\mathbf{A} = 0$$

$$0 - V_1 \pi\left(\frac{d_1^2}{4}\right) + V_2 \pi\left(\frac{d_2^2}{4}\right) = 0$$

위의 두 결과를 결합하여 V_1에 대해 풀면, 아래와 같은 결과를 얻는다.

$$V_1 = \sqrt{\frac{2(p_2 - p_1)/\rho}{1 - (d_1/d_2)^4}}$$

정압차 $(p_2 - p_1)$는 압력 변환기 또는 마노미터를 사용하여 측정된다. 예를 들어, 그림 5-11과 같이 마노미터가 사용되고, ρ가 관 내의 유체의 밀도이고, ρ_0는 마노미터 내부 유체의 밀도라고 한다면 마노미터 규칙을 적용하여 아래와 같은 결과를 얻는다.

$$p_1 + \rho g h' - \rho_0 g h - \rho g(h' - h) = p_2$$

$$p_2 - p_1 = (\rho - \rho_0) g h$$

h가 측정되면, 결과 $(p_2 - p_1)$는 V_1을 얻기 위해서 위의 방정식으로 대체된다. 체적유량은 $Q = V_1 A_1$으로부터 결정된다.

요점 정리

- 운동에 대한 오일러 미분방정식은 유선을 따라서 움직이는 유체입자에 적용한다. 오일러 방정식은 **비점성유체의 정상유동**을 근거로 한다. 점성이 무시되기 때문에 유동은 오직 압력과 중력에 영향을 받는다. s 방향에서 이러한 힘들은 유체입자의 접선방향의 가속도를 제공하는 속도의 **크기 변화**를 유발하고, n 방향에서 이러한 힘들은 법선가속도를 생산하는 속도의 **방향변화**를 유발한다.

- 유동에서 유선이 **곧은 수평선들**일 때, 오일러 방정식은 정상유동인 이상(무마찰) 유체에 대해 **수평방향**에서 압력 p_0는 **상수**임을 보여준다. 그뿐만 아니라 속도는 방향을 바꾸지 않기 때문에 법선가속도는 없다. 결과적으로 수평의 열린 또는 닫힌 관로에서 수직방향의 압력 변화는 정수압이다. 다시 말해서, 이것은 움직이는 유체에 상대적으로 측정될 수 있기 때문에 **정압**의 측정이 가능하다.

- 베르누이 방정식은 s 방향에서 오일러 방정식의 적분된 형태이다. 이 식은 유체의 일과 에너지의 보존식으로 해석될 수 있다. 베르누이 방정식은 **동일한 유선**에 위치한 두 점에 적용되고, **이상유체의 정상유동** 조건을 필요로 한다. 이 방정식은 점성유체 또는 유동이 박리되고 난류가 형성되는 천이영역에는 적용될 수 없다. 또한 펌프나 터빈과 같이 외부로부터 유체에너지가 들어오거나 나가는 경우에도 적용될 수 없고, 열이 들어오거나 나가는 지역에도 적용될 수 없다.

- 베르누이 방정식은 만약 유동이 수평이면 z는 일정해지고 따라서 $p/\rho + V^2/2 =$ 상수가 됨을 의미한다. 그러므로 단면이 축소되는 덕트나 노즐을 통해서는 속도가 증가할 것이고 압력은 줄어들 것이다. 똑같은 원리로 단면이 넓어지는 덕트의 경우에 속도는 줄어들 것이고, 압력은 늘어날 것이다. (다음 페이지의 사진을 보라.)

- **피토관**은 개방 채널의 한 점에서 유체속도를 측정하는 데 사용될 수 있다. 유동은 관의 정체점에서 동압($\rho V^2/2$)을 야기시키고, 유체를 관 위로 상승하도록 힘을 가한다. **닫힌 관로**에서는 피에조미터와 피토관을 모두 사용해서 속도를 측정해야 한다. 이러한 두 관을 조합한 장치를 피토정압관이라고 부른다.

- **벤투리 유량계**는 닫힌 덕트나 관을 통해 흐르는 유체의 속도나 체적유량을 측정하는 데 사용한다.

해석 절차

다음의 절차는 베르누이 방정식을 적용하는 방법을 제공한다.

유체 설명

- 유체가 비압축성이고 비점성인 이상유체로 가정될 수 있는지 확인하라.

베르누이 방정식

- 몇 개의 압력과 속도값이 알려진 유동 내에서 같은 유선 위의 두 점을 선택하라. 이러한 점들의 높이는 임의의 정해진 고정 기준점으로부터 측정된다. 대기로의 관의 출구나 개방 표면에서 압력은 대기압으로 가정될 수 있고, 계기압력은 0이다.
- 만약 체적유량과 관로의 단면적이 $V = Q/A$로 알려졌을 때, 각각의 점에서 속도는 결정될 수 있다.
- 천천히 배수하는 탱크 또는 저수조는 필수적으로 정지해 있는, 즉 $V \approx 0$인 액체표면을 가지고 있다.
- 이상유체가 기체일 때, 기준선으로부터 측정된 높이변화는 일반적으로 무시된다.
- 일단 아는 값과 모르는 값인 p, V, z가 각각의 두 점에서 확인되었을 때, 베르누이 방정식은 적용될 수 있다. 데이터를 대입할 때, 일관된 종류의 단위를 사용하도록 하라.
- 만약 한 가지 이상의 모르는 값들을 결정해야 한다면, 연속방정식을 이용한 속도 관계식 또는 마노미터 방정식을 사용한 압력 관계식을 고려하라.

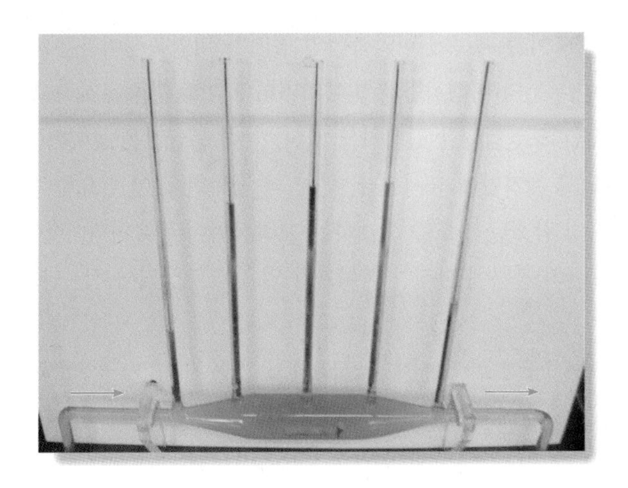

피에조미터에서 수위에 의해 언급된 바와 같이, 피에조미터의 관을 통해서 흐르는 물의 압력은 베르누이 방정식에 따라 변할 것이다. 직경이 작은 곳에서 속도는 높고 압력은 낮다. 그리고 직경이 큰 곳에서 속도는 낮고 압력은 높다.

예제 5.2

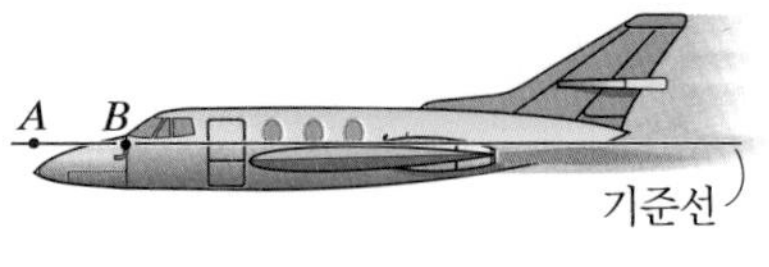

그림 5–12

그림 5-12의 제트기는 피에조미터와 피토관을 장착하고 있다. 피에조미터는 절대압력 47.2 kPa을 지시한다. 반면에 피토관 B는 절대압력 49.6 kPa을 가리킨다. 비행기의 고도와 속도를 구하라.

풀이

피에조미터는 공기의 정압을 측정한다. 그리고 비행기의 높이는 부록 A의 표로부터 결정될 수 있다. 절대압력 47.2 kPa일 때, 높이는 대략 다음과 같다.

$$h = 6\text{ km}$$ 답

유체 설명 비행기의 속도는 공기가 이상유체인 비압축성이고 비점성으로 간주될 수 있는 만큼 충분히 느리다고 가정할 수 있다. 만약 정상유동을 관찰한다면, 베르누이 방정식을 적용할 수 있다. 만약 우리가 비행기*로부터 움직임을 본다면 **정상유동**임을 확인할 수 있다. 그러므로 비행기로부터 관찰되었을 때, A에서 정지해 있는 공기는 실제로 비행기와 같은 속도 $V_A = V_p$를 가질 것이다. 비행기로부터 관찰될 때 정체점 B에서 공기는 정지해 있는 상태인 $V_B = 0$으로 보일 것이다. 부록 A로부터 6 km의 높이에서 공기는 $\rho_a = 0.6601\text{ kg/m}^3$이다.

베르누이 방정식 수평 유선 위의 점 A와 B에 베르누이 방정식을 적용하면, 아래와 같다.

$$\frac{p_A}{\rho} + \frac{V_A^2}{2} + gz_A = \frac{p_B}{\rho} + \frac{V_B^2}{2} + gz_B$$

$$\frac{47.2(10^3)\text{ N/m}^2}{0.6601\text{ kg/m}^3} + \frac{V_p^2}{2} + 0 = \frac{49.6\,(10^3)\text{ N/m}^2}{0.6601\text{ kg/m}^3} + 0 + 0$$

$$V_p = 85.3\text{ m/s}$$ 답

참고 : 우리는 제13장에서 비행기의 속도가 음속의 25% 정도인 것을 보여줄 것이고, 25% < 30%이기 때문에 비압축성인 공기가 비압축성이라는 가정은 유효할 것이다. 대부분의 비행기들은 피에조미터나 피토관을 장착하고 있거나, 두 개의 조합인 피토정압관을 장착하고 있다. 압력 눈금값은 높이와 공기속도로 바로 변환되고 계기판에 표시된다. 만약 더 정확한 값이 필요하다면, 높은 고도에서 공기의 감소된 밀도를 고려하는 교정작업이 필요하다. 정상 작동을 위해서는 피토관의 출구에 벌레가 끼이거나 얼음이 형성되어서는 안 된다.

---

* 만약 유동이 땅에서 관찰된다면, 비행기가 공기의 입자들을 지나갈 때 공기입자들의 속도는 시간에 따라 변하기 때문에 유동은 비정상이다. 베르누이 방정식은 비정상유동에 적용되지 않음을 기억하라.

예제 5.3

그림 5-13과 같이 관 내부에 흐르는 물의 평균유동속도와 점 B에서의 정압과 동압을 구하라. 각각의 피에조미터에서 수위는 지시되어 있다. $\rho_w = 1000\,\text{kg/m}^3$이다.

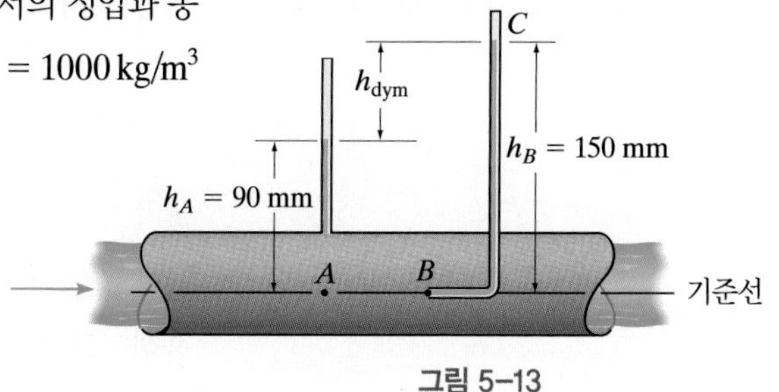

그림 5-13

풀이

유체 설명 정상유동에서 물을 이상유체로 가정한다.

베르누이 방정식 A에서 전압은 $p_A = \rho_w g h_A$로부터 구해지는 정압이고, B에서 전압(또는 정체압)은 $p_B = \rho_w g h_B$로부터 구해지는 정압과 동압의 조합이다. 이러한 압력들을 알면, 베르누이 방정식을 사용하여 점 A와 B에 적용된 유동의 평균속도 V_A를 구할 수 있다. B는 유선 위의 정체점이다.

$$\frac{p_A}{\rho} + \frac{V_A^2}{2} + gz_A = \frac{p_B}{\rho} + \frac{V_B^2}{2} + gz_B$$

$$\frac{\rho_w g h_A}{\rho_w} + \frac{V_A^2}{2} + 0 = \frac{\rho_w g h_B}{\rho_w} + 0 + 0$$

$$\frac{V_A^2}{2} = g(h_B - h_A) = (9.81\,\text{m/s}^2)(0.150\,\text{m} - 0.090\,\text{m})$$

$$V_A = 1.085\,\text{m/s} = 1.08\,\text{m/s}$$ 답

A와 B 모두에서 정압은 피에조미터 수두로부터 결정된다.

$$(p_A)_{\text{static}} = (p_B)_{\text{static}} = \rho_w g h_A = (1000\,\text{kg/m}^3)(9.81\,\text{m/s}^3)(0.09\,\text{m}) = 883\,\text{Pa}$$ 답

B에서 동압은 다음 식으로부터 결정된다.

$$\rho_w \frac{V_A^2}{2} = (1000\,\text{kg/m}^3)\frac{(1.085\,\text{m/s})^2}{2} = 589\,\text{Pa}$$ 답

이 값은 또한 아래의 방법에 의해서도 얻어질 수 있다.

$$h_{\text{dyn}} = 0.15\,\text{m} - 0.09\,\text{m} = 0.06\,\text{m}$$

그러므로,

$$(p_B)_{\text{dyn}} = \rho_w g h_{\text{dyn}} = (1000\,\text{kg/m}^3)(9.81\,\text{m/s}^2)(0.06\,\text{m}) = 589\,\text{Pa}$$ 답

예제 5.4

그림 5-14의 직사각형 공기 덕트 안에 관로 이음관이 놓여져 있다. 만약 3 lb/s의 공기가 정상적으로 덕트를 통해서 흐를 경우, 관로 이음관의 두 끝단 사이에서 발생하는 압력의 변화를 구하라. $\gamma_a = 0.075\ \text{lb/ft}^3$이다.

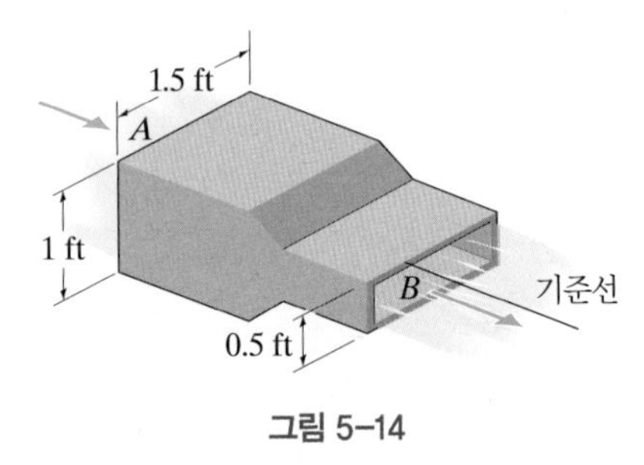

그림 5-14

풀이

유체 설명 유동은 정상유동이다. 낮은 속도에서 덕트를 지나는 공기는 비압축성이고 비점성인 이상유체로 간주한다.

해석 이 문제를 풀기 위해서 처음에 A와 B에서 유동의 평균속도를 얻기 위한 연속방정식을 사용한다. 그다음 A와 B 사이의 압력차를 결정하기 위해서 베르누이 방정식을 사용한다.

연속방정식 그림 5-14에서 덕트 내부의 공기를 포함하는 고정 검사체적을 고려한다. 따라서, 정상유동에서

$$\frac{\partial}{\partial t}\int_{\text{cv}} \rho\, d\mathcal{V} + \int_{\text{cs}} \rho \mathbf{V}\cdot d\mathbf{A} = 0$$

$$0 - V_A A_A + V_B A_B = 0$$

$$Q = V_A A_A = V_B A_B$$

그러나

$$Q = \frac{\dot{m}}{\rho} = \frac{(3\ \text{lb/s})/32.2\ \text{ft/s}^2}{\left(0.075\ \text{lb/ft}^3\right)/32.2\ \text{ft/s}^2} = 40\ \text{ft}^3/\text{s}$$

그래서

$$V_A = \frac{Q}{A_A} = \frac{40\ \text{ft}^3/\text{s}}{(1.5\ \text{ft})(1\ \text{ft})} = 26.67\ \text{ft/s}$$

그리고

$$V_B = \frac{Q}{A_B} = \frac{40\ \text{ft}^3/\text{s}}{(0.5\ \text{ft})(1.5\ \text{ft})} = 53.33\ \text{ft/s}$$

베르누이 방정식 수평유선 위의 A와 B 점들을 선택하면, 아래와 같다.

$$\frac{p_A}{\rho} + \frac{V_A^2}{2} + gz_A = \frac{p_B}{\rho} + \frac{V_B^2}{2} + gz_B$$

$$\frac{p_A}{\left(\dfrac{0.075\ \text{lb/ft}^3}{32.2\ \text{ft/s}^2}\right)} + \frac{(26.67\ \text{ft/s})^2}{2} + 0 = \frac{p_B}{\left(\dfrac{0.075\ \text{lb/ft}^3}{32.2\ \text{ft/s}^2}\right)} + \frac{(53.33\ \text{ft/s})^2}{2} + 0$$

$$(p_A - p_B) = \left(2.484\ \text{lb/ft}^2\right)\left(\frac{1\ \text{ft}}{12\ \text{in.}}\right)^2 = 0.0173\ \text{psi}$$ 답

이러한 작은 압력강하 또는 낮은 속도는 공기의 밀도를 크게 바꾸지 못할 것이며, 그러므로 비압축성인 공기로 가정하는 것은 타당하다.

예제 5.5

수직 관을 통해서 위로 흐르는 물은 그림 5-15와 같이 관로 이음관에 연결되어 있다. 만약 체적유량이 $0.02\ m^3/s$이라면, 피토관 안으로 물이 오를 수 있는 높이 h를 구하라. A에 피에조미터의 높이는 나타나 있다.

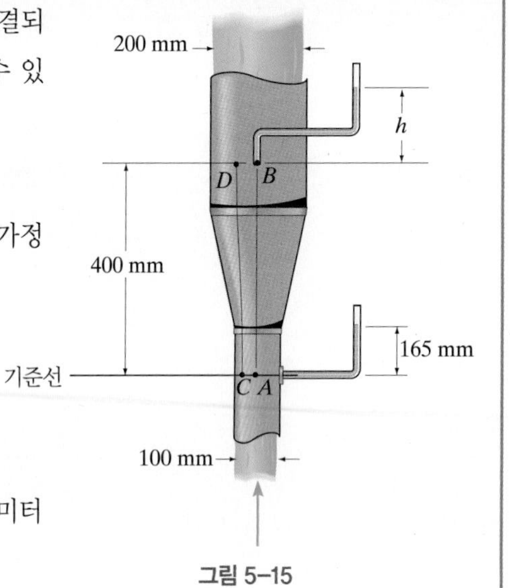

그림 5-15

풀이

유체 설명 유동이 정상유동이고 물은 $\rho_w = 1000\ kg/m^3$인 이상유체로 가정한다.

베르누이 방정식 피에조미터 눈금으로부터 A에서 압력은 다음과 같다.

$$p_A = \rho_w g h_A = (1000\ kg/m^3)(9.81\ m/s^2)(0.165\ m) = 1618.65\ Pa$$

피에조미터의 전압은 물의 정압에 의해 발생한다. 다시 말하면, 피에조미터의 전압은 그 수위에서 닫힌 관 내에서 정압이다.

유량을 알고 있기 때문에 A에서 속도는 결정된다.

$$Q = V_A A_A; \qquad 0.02\ m^3/s = V_A[\pi(0.05\ m)^2]$$
$$V_A = 2.546\ m/s$$

또한 B는 정체점이기 때문에 $V_B = 0$이다. 이제 그림 5-15에서 수직 유선 위에 점 A와 B에서 베르누이 방정식을 적용함으로써 B에서의 압력을 구할 수 있다. 기준선은 A에 위치하고 있으므로,

$$\frac{p_A}{\rho_w} + \frac{V_A^2}{2} + gz_A = \frac{p_B}{\rho_w} + \frac{V_B^2}{2} + gz_B$$

$$\frac{1618.65\ N/m^2}{1000\ kg/m^3} + \frac{(2.546\ m/s)^2}{2} + 0 = \frac{p_B}{1000\ kg/m^3} + 0 + (9.81\ m/s^2)(0.4\ m)$$

$$p_B = 936.93\ Pa$$

B는 정체점이기 때문에 이 전압은 B에서 정압과 동압 모두에 의해 발생한다. 피토관에서의 수위는 아래와 같이 구한다.

$$h = \frac{p_B}{\rho_w g} = \frac{936.93\ Pa}{(1000\ kg/m^3)(9.81\ m/s^2)} = 0.09551\ m = 95.5\ mm$$ 답

참고 : 이 문제에서 질문한 내용은 아니지만, D에서의 압력은 유선 CD를 따라서 베르누이 방정식을 적용함으로써 얻어진다($p_D = 734\ Pa$). 먼저, 속도 $V_D = 0.6366\ m/s$는 $Q = V_D A_D$에 의해서 구해진다.

예제 5.6

장시간 저장 후에 가솔린 탱크는 그림 5-16과 같이 깊이 6 in.의 가솔린과 깊이 2 in.의 물을 담고 있다. 만약 배수 구멍의 직경이 0.25 in.라면 물을 배수하는 데 필요한 시간을 구하라. 탱크는 폭이 1.5 ft이고, 길이는 3 ft이다. 가솔린의 비중량은 $\gamma_g = 45.4\ \text{lb/ft}^3$이고, 물의 비중량은 $\gamma_w = 62.4\ \text{lb/ft}^3$이다.

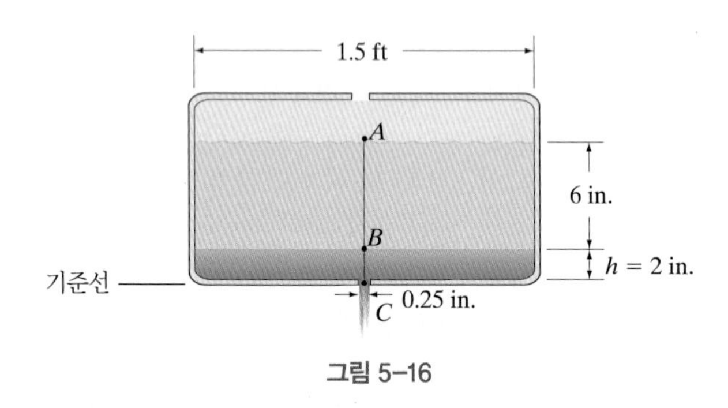

그림 5–16

풀이

유체 설명 가솔린의 비중(specific gravity)이 물의 비중보다 작기 때문에 가솔린은 물 위에 있다. 탱크는 배수 구멍보다 상대적으로 크기 때문에, 정상유동으로 가정할 수 있고 두 유체를 이상유체로 간주한다.

베르누이 방정식 그림 5-16에서와 같이 점 B와 C를 포함하는 수직 유선을 선택한다. 기준선으로부터 측정했을 때 임의의 순간에 물의 높이는 h이다. 그리고 B의 압력은 물 위에 있는 가솔린의 무게 때문에 생긴다. 즉,

$$p_B = \gamma_g h_{AB} = \left(45.4\ \text{lb/ft}^3\right)\left[\frac{6}{12}\ \text{ft}\right] = 22.70\ \text{lb/ft}^2$$

베르누이 방정식을 사용하여 해석을 간단하게 하기 위해서 $V_B \approx 0$이기 때문에 B에서의 속도는 매우 작고, V_B^2는 더욱 작아 무시할 것이며, C는 대기에 노출되어 있기 때문에 $p_C = 0$이다. 따라서,

$$\frac{p_B}{\rho} + \frac{V_B^2}{2} + gz_B = \frac{p_C}{\rho} + \frac{V_C^2}{2} + gz_C$$

$$\frac{22.70\ \text{lb/ft}^2}{\left(\dfrac{62.4\ \text{lb/ft}^3}{32.2\ \text{ft/s}^2}\right)} + 0 + \left(32.2\ \text{ft/s}^2\right)h = 0 + \frac{V_C^2}{2} + 0$$

$$V_C = 8.025\sqrt{0.3638 + h} \qquad (1)$$

연속방정식 B와 C에서 유동의 연속성으로 V_B와 V_C의 관계는 0이 아니다. 깊이 h까지 모든 물을 포함하는 검사체적을 선택하면, V_B는 음의 방향이고, h는 양의 방향이므로 검사표면의 상단에서 $V_B = -dh/dt$이다. 따라서,

$$\frac{\partial}{\partial t}\int_{cv} \rho d\forall + \int_{cs} \rho \mathbf{V} \cdot d\mathbf{A} = 0$$

$$0 - V_B A_B + V_C A_C = 0$$

$$0 - \left(-\frac{dh}{dt}\right)[(1.5 \text{ ft})(3 \text{ ft})] + V_C\left[\pi\left(\frac{0.125}{12} \text{ ft}\right)^2\right] = 0$$

$$\frac{dh}{dt} = -75.752\left(10^{-6}\right)V_C$$

식 (1)을 이용하여

$$\frac{dh}{dt} = -75.752\left(10^{-6}\right)\left[(8.025)\sqrt{h + 0.3638}\right]$$

또는

$$\frac{dh}{dt} = -607.91\left(10^{-6}\right)\sqrt{h + 0.3638} \qquad (2)$$

$h = 2$ in. $= 0.1667$ ft에서 $V_B = dh/dt = -0.443(10^{-3})$ ft/s이고, 이 값은 식 (1)로부터 결정된 값 $V_C = 5.84$ ft/s와 비교하면 아주 느리다는 것을 주목하라.

만약 t_d가 탱크를 배수하는 데 필요한 시간이라면, 식 (2)를 변수 분리하고 적분하면

$$\int_{(2/12)\text{ ft}}^{0} \frac{dh}{\sqrt{h + 0.3638}} = -\int_0^{t_d} 607.91\left(10^{-6}\right)dt$$

$$2\sqrt{h + 0.3638}\Big|_{(2/12)\text{ ft}}^{0} = -607.91\left(10^{-6}\right)t_d$$

상하한 값을 대입하여 계산하면 아래와 같다.

$$-0.2504 = -607.91\left(10^{-6}\right)t_d$$

$$t_d = 412 \text{ s} = 6.87 \text{ min.}$$

답

5.4 에너지 및 수력구배선

액체와 연관된 몇 가지 응용사례들에서 베르누이 방정식을 $\gamma = \rho g$를 이용하여 다음과 같은 형태로 다시 표현하는 것이 편리할 때가 많다.

$$H = \frac{p}{\gamma} + \frac{V^2}{2g} + z \tag{5-6}$$

여기서 각각의 항은 J/N 또는 ft·lb/lb의 단위를 가지고 있는 단위중량당 에너지로써 표현된다. 이러한 항들을 m 또는 ft와 같은 길이의 단위로 표현된다. 우변의 첫 번째 항은 기둥의 바닥에 작용하는 압력 p를 견디는 유체 기둥의 높이인 정적 **압력수두**를 나타낸다. 두 번째 항은 유체입자가 속도 V를 얻기 위해서 정지상태에서 낙하하는 수직 거리를 나타내는 **동적** 또는 **속도수두**이다. 세 번째 항은 선택된 기준선 위(또는 아래)에 위치한 유체입자의 높이인 **중력수두**이다. **총수두** H는 이러한 세 항들의 합이고, 유체를 포함하는 관 또는 채널의 길이에 따라 표현된 총수두 값에 대한 그래프를 **에너지구배선**(EGL)이라고 부른다. 식 (5-6)의 각각의 항들은 변할지라도, 펌프나 터빈과 같이 외부 원인에 의해 마찰 손실이나 에너지의 공급 또는 손실이 없다면 그들의 합 H는 같은 유선 위의 모든 점에서 일정하다. 실험적으로 H는 그림 5-17에서 보여진 바와 같이 피토관을 사용하여 어떤 점에서든지 같은 값으로 얻어진다.

관 시스템이나 채널의 설계와 관련된 문제들에서 에너지구배선(EGL)과 **수력구배선**(HGL)을 표현하면 해석이 편리하다. 수력구배선은 **수력학적 수두**(hydraulic head) $p/\gamma + z$가 관 또는 채널을 따라서 어떻게 변하는지를 보여준다. 그림 5-17에서 보는 바와 같이 수력학적 수두를 실험적으로 얻기 위해서는 피에조미터를 사용할 수 있다. 에너지구배선(EGL)은 항상 $V^2/2g$의 거리만큼 수력구배선(HGL) 위에 놓여있음을 주목하라.

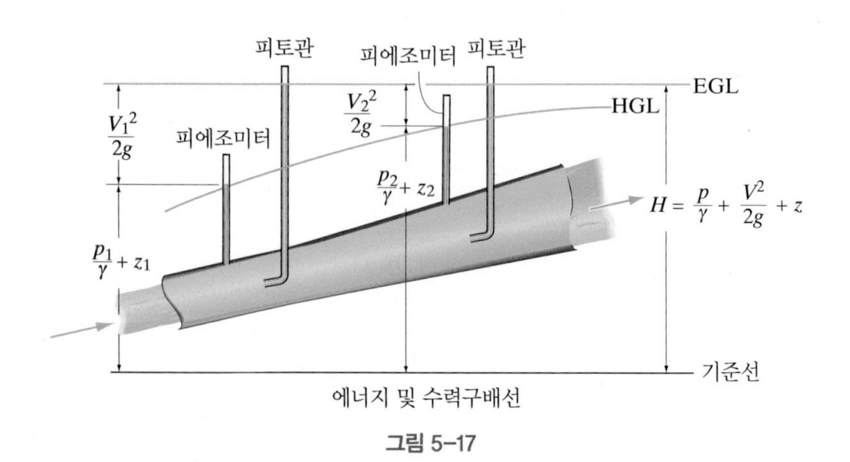

그림 5-17

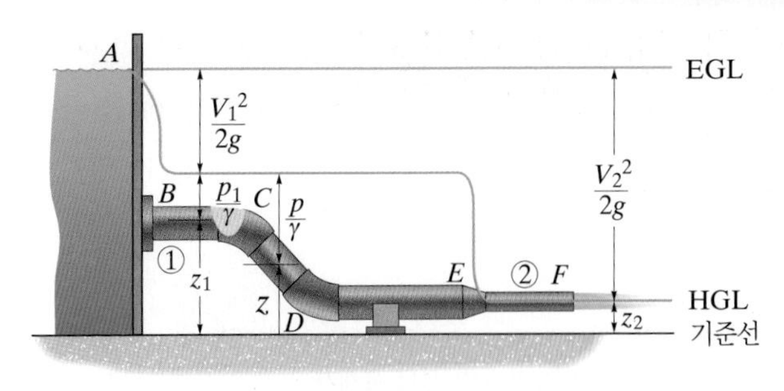

그림 5-18

그림 5-18은 수력구배선(HGL)이 관의 중앙선에서 유선을 따라 어떻게 변하는지를 보여준다. 에너지구배선(EGL)은 실제적으로 속도가 없는 저수지 A의 물 표면과 같다. 이상유체로 가정된 물은 B에서 관을 통해서 흐르기 시작하기 때문에, 속도 V_1으로 가속된다. 따라서 수력구배선(HGL)은 $V_1^2/2g$만큼 낮아진다. 유동의 연속성 때문에 이 속도는 관 $BCDE$를 통해서 반드시 유지되어야 한다. 결과적으로, 중력수두 z는 관의 중심선과 같고 압력수두 p/γ가 그 위에 있다. 단면 BC 내에서 수력구배선은 $p_1/\gamma + z_1$이고, 기울어진 단면 CD를 따라서 압력수두는 중력수두의 감소에 비례하여 증가할 것이다. 유체의 연속성으로 관로 이음관 E로부터는 V_2까지 속도가 증가하며, 이 속도는 관 EF에 걸쳐서 유지된다. 이 증가된 속도는 F에서 관의 내 · 외부 모두에서 압력수두가 영으로 (또는 대기압) 하강하도록 하는 원인이 된다. 관 EF에서 수력구배선은 오직 기준

요점 정리

- 베르누이 방정식은 유체의 총수두 H로 표현될 수 있다. 이 수두는 길이의 단위로 측정되고 마찰손실이 발생하지 않거나, 외부로부터 유체에 에너지가 더해지지 않거나 또는 손실되지 않는다면 유선을 따라서 상수이다. $H = p/\gamma + V_1^2/2g + z =$ 상수

- 유동방향으로 거리에 대한 총수두 H를 그리는 그래프를 에너지구배선(EGL)이라고 부른다. 이 선은 항상 수평이며, 그 값은 유동을 따라서 p, V, z가 알려진 어떤 점에서든지 계산될 수 있다.

- 수력구배선(HGL)은 유동방향으로의 거리에 대한 수력학적 수두 $p/\gamma + z$의 그래프이다. 만약 에너지구배선이 알려져 있다면, 수력구배선은 항상 에너지구배선보다 $V^2/2g$만큼 아래일 것이다.

점 위의 중력수두에 의해 정의된다.* 5.1절에서 논의했듯이, 쭉 뻗은 수평관을 통해서 흐르는 이상유체의 균일한 유동은 압력이 마찰저항을 극복할 필요가 없기 때문에 관의 길이 방향을 따라서 관에서 흐르는 유체를 밀기 위한 압력차는 필요가 없다.

* 실제로 관 내의 유체는 관에 의해서 지탱되기 때문에 225쪽에 언급된 것처럼 관의 직경을 따라서 작용하는 수압의 차가 있을 것이다. 일단 유체가 관 밖으로 배출되면, 유체는 자유낙하하게 되고 대기압이 된다.

예제 5.7

그림 5-19a에서 물은 $0.2\ \mathrm{ft^3/s}$의 유량으로 직경 2 in.의 관을 통해서 흐른다. 만약 A에서 압력이 30 psi라면, C에서 압력을 결정하고, A부터 D까지 에너지구배선과 수력구배선을 그려라. $\gamma_w = 62.4\ \mathrm{lb/ft^3}$이다.

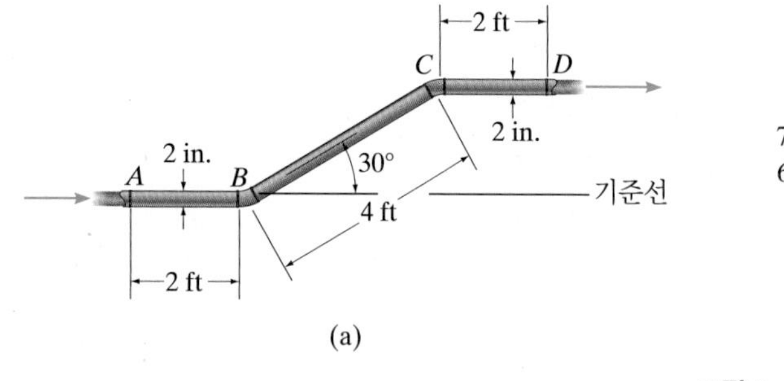

(a)

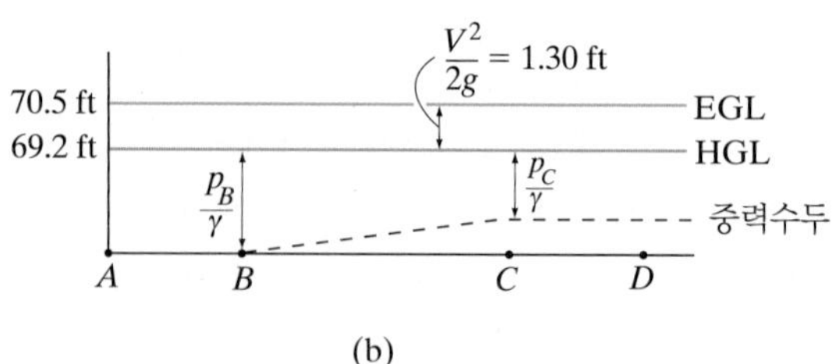

(b)

그림 5–19

풀이

유체 설명 정상유동이고 물을 이상유체라고 가정하자.

베르누이 방정식 관을 통해서 흐르는 유동의 평균속도는

$$Q = VA; \qquad 0.2\ \mathrm{ft^3/s} = V\left[\pi\left(\frac{1}{12}\ \mathrm{ft}\right)^2\right]$$

$$V = 9.167\ \mathrm{ft/s}$$

관은 관의 길이에 걸쳐서 일정한 직경을 가지고 있기 때문에 이 속도는 연속방정식을 만족하기 위해서 상수가 될 것이다.

AB 부분은 수평이기 때문에 A와 B에서 압력은 같다. 우리는 같은 유선 위에 놓여있는 점 B와 C에 베르누이 방정식을 적용함으로써 C(그리고 D)에서 압력을 찾을 수 있다. $V_B = V_C = V$를 참고하고 AB를 통과하는 중력 기

준점을 이용하면, 아래와 같다.

$$\frac{p_B}{\gamma_w} + \frac{V_B^2}{2g} + z_B = \frac{p_C}{\gamma} + \frac{V_C^2}{2g} + z_C$$

$$\frac{(30\ \mathrm{lb/in^2})(12\ \mathrm{in./1\ ft})^2}{62.4\ \mathrm{lb/ft^3}} + \frac{(9.167\ \mathrm{ft/s})^2}{2(32.2\ \mathrm{ft/s^2})} + 0 =$$

$$\frac{p_C}{62.4\ \mathrm{lb/ft^3}} + \frac{(9.167\ \mathrm{ft/s})^2}{2(32.2\ \mathrm{ft/s^2})} + (4\ \mathrm{ft})\sin 30°$$

$$p_C = p_D = (4195.2\ \mathrm{lb/ft^2})\left(\frac{1\ \mathrm{ft}}{12\ \mathrm{in.}}\right)^2 = 29.1\ \mathrm{psi}$$ 답

B에서 압력은 C로 유체를 들어올리기 위해서 일을 해야 하기 때문에 C에서 압력은 감소되었음을 주의하라.

에너지 및 수력구배선 마찰손실이 없기 때문에 총수두는 상수이다. 이 수두는 관을 따라서 어떤 점에서든지 조건들로부터 결정할 수 있다. B를 이용하면 아래와 같다.

$$H = \frac{p_B}{\gamma} + \frac{V_B^2}{2g} + z_B = \frac{(30\ \mathrm{lb/in^2})(12\ \mathrm{in./ft})^2}{62.4\ \mathrm{lb/ft^3}} + \frac{(9.167\ \mathrm{ft/s})^2}{2(32.2\ \mathrm{ft/s^2})} + 0$$
$$= 70.5\ \mathrm{ft}$$

에너지구배선은 그림 5-19b와 같다.

관을 통해서 흐르는 속도는 상수이다. 그리고 속도수두는 다음과 같다.

$$\frac{V^2}{2g} = \frac{(9.167\ \mathrm{ft/s})^2}{2(32.2\ \mathrm{ft/s^2})} = 1.30\ \mathrm{ft}$$

이 결과로부터 수력구배선이 그림 5-19b와 같이 에너지구배선보다 1.30 ft 아래에 그려진다. 수력구배선은 아래와 같이 AB를 따라서 계산될 수 있다.

$$\frac{p_B}{\gamma} + z_B = \frac{(30\ \mathrm{lb/in^2})(12\ \mathrm{in./ft})^2}{62.4\ \mathrm{lb/ft^3}} + 0 = 69.2\ \mathrm{ft}$$

또는 아래와 같이 CD를 따라서

$$\frac{p_C}{\gamma} + z_C = \frac{4195.2\ \mathrm{lb/ft^2}}{62.4\ \mathrm{lb/ft^3}} + (4\ \mathrm{ft})\sin 30° = 69.2\ \mathrm{ft}$$

BC를 따라서 중력수두가 증가함에 따라 압력수두는 상응하여 줄어들 것이다 ($p_C/\gamma < p_B/\gamma$).

예제 5.8

그림 5-20처럼 물이 큰 탱크와 관라인을 통해서 흘러나온다. 관의 에너지구배선과 수력구배선을 그려라.

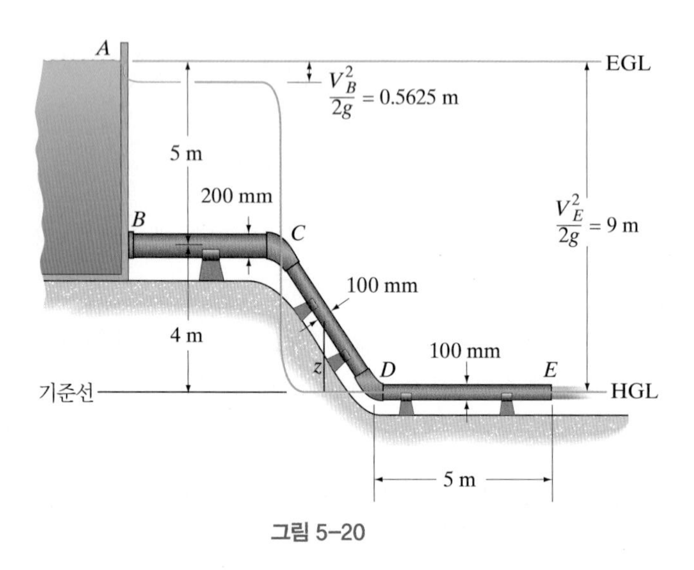

그림 5-20

풀이

유체 설명 정상유동이 유지되도록 탱크 내의 수위가 일정한 값으로 유지된다고 가정한다. 물은 이상유체라고 가정한다.

에너지구배선 DE를 통과하는 중력 기준선을 사용하자. A에서 속도와 압력수두는 모두 영이고, 총수두는 중력수두와 같고,

$$H = \frac{p_A}{\gamma} + \frac{V_A^2}{2g} + z = 0 + 0 + (4\text{ m} + 5\text{ m}) = 9\text{ m}$$

유체는 이상유체이기 때문에 에너지구배선은 이 높이를 유지한다. 따라서 물이 관을 통해서 흐를 때 마찰로 인한 에너지손실은 없다.

수력구배선 A와 E 모두에서 계기압력은 0이기 때문에, E에서 관을 통해서 나가는 물의 속도는 같은 유선에 놓여있는 베르누이 방정식을 적용함으로써 구할 수 있다.

$$\frac{p_A}{\gamma} + \frac{V_A^2}{2g} + z_A = \frac{p_E}{\gamma} + \frac{V_E^2}{2g} + z_E$$

$$0 + 0 + 9\text{ m} = 0 + \frac{V_E^2}{2(9.81\text{ m/s}^2)} + 0$$

$$V_E = 13.29\text{ m/s}$$

관 BC를 통해서 흐르는 물의 속도는 이제 전체 관 내부의 물을 포함한 고정 검사체적을 고려하여 연속방정식으로부터 구한다.

$$\frac{\partial}{\partial t}\int_{cv} \rho\, d\forall + \int_{cs} \rho \mathbf{V} \cdot d\mathbf{A} = 0$$

$$0 - V_B A_B + V_E A_E = 0$$

$$-V_B\left[\pi(0.1\text{ m})^2\right] + 13.29\text{ m/s}\left[\pi(0.05\text{ m})^2\right] = 0$$

$$V_B = 3.322\text{ m/s}$$

수력구배선은 속도수두 $V^2/2g$만큼 에너지구배선 아래에 위치한다. 관 BC 부분에서 속도수두는

$$\frac{V_B^2}{2g} = \frac{(3.322\text{ m/s})^2}{2(9.81\text{ m/s}^2)} = 0.5625\text{ m}$$

수력구배선은 $9\text{ m} - 0.5625\text{m} = 8.44\text{ m}$로 유지된 후에, 관로 이음관 C에서부터 CDE 내부의 속도수두는 다음과 같이 변한다.

$$\frac{V_E^2}{2g} = \frac{(13.29\text{ m/s})^2}{2(9.81\text{ m/s}^2)} = 9\text{ m}$$

따라서 수력구배선은 $9\text{ m} - 9\text{ m} = 0$으로 떨어지게 된다. 그러므로 관 CDE를 따라서 수력구배선은 중력 기준선에 있다. 그림 5-20에서와 같이 CD를 따라서 z는 항상 양(+)이다. 그러므로 수력수두를 0으로($\rho/\gamma + z = 0$) 유지하기 위해서는 이에 음(−)의 압력수두 $-p/\gamma$가 유동 내에서 만들어져야 한다. 만약 이 음(−)의 압력이 충분히 커진다면, 다음 예제에서 논의할 공동현상(cavitation)을 유발할 수 있다. 마지막으로 DE를 따라서 $z = 0$이고 또한 $p_D = p_E = 0$이다.

예제 5.9

그림 5-21a의 사이펀은 큰 열린 탱크로부터 물을 빼내는 데 사용된다. 만약 물의 절대 증기압력이 $p_v = 1.23$ kPa이라면, 50 mm 직경의 관 내에서 공동현상을 유발하는 가장 짧은 하강 거리 L을 구하라. 관의 유동 에너지와 수력구배선을 그려라.

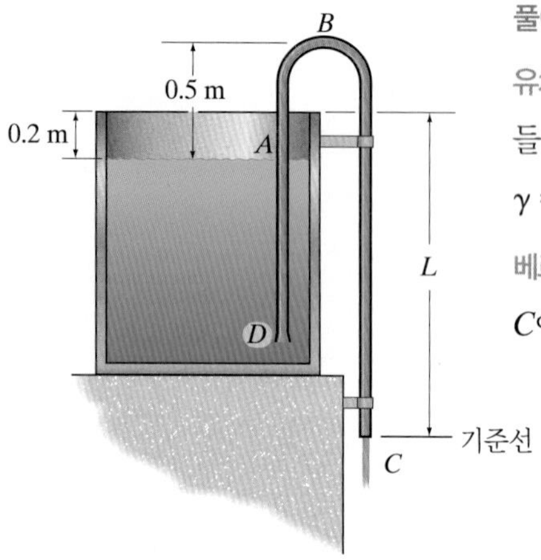

0.5 m
0.2 m
B
A
D
L
C
기준선

(a)

그림 5-21

풀이

유체 설명 앞의 예제에서와 같이 물은 이상유체로 가정하고, 정상유동을 만들기 위해 탱크의 수위는 일정하게 유지된다고 가정한다. 물의 비중량은 $\gamma = 9810\ \text{N/m}^3$이다.

베르누이 방정식 C에서 속도를 얻기 위해서 같은 유선 위에 놓여있는 점 A와 C에 베르누이 방정식을 적용한다. C점을 중력 기준선으로 사용하면,

$$\frac{p_A}{\gamma} + \frac{V_A^2}{2g} + z_A = \frac{p_C}{\gamma} + \frac{V_C^2}{2g} + z_C$$

$$0 + 0 + (L - 0.2\ \text{m}) = 0 + \frac{V_C^2}{2(9.81\ \text{m/s}^2)} + 0$$

$$V_C = 4.429\sqrt{(L - 0.2\ \text{m})} \qquad (1)$$

이 결과는 관 내에 어느 점에서도 압력이 증기압 또는 증기압 미만으로 떨어지지 않는다면 유효하다. 만약 증기압 미만으로 떨어진다면, 물이 '부글부글' 소리를 내며 에너지손실을 유발하고 끓게 된다(공동현상). 물론 이 경우에는 베르누이 방정식을 적용할 수 없다. 유동이 정상상태이므로 관의 직경이 일정하면, 연속성으로 인하여 $V^2/2g$는 관 전체에서 일정하다. 그러므로 수력학적 수두 $(p/\gamma + z)$는 반드시 상수여야 한다.

관에서 최소 압력은 기준선으로부터 측정된 최대 z 지점인 B에서 발생하고, 101.3 kPa의 표준대기압을 사용하면 물의 증기압력(계기압력)은 1.23 kPa − 101.3 kPa = −100.07 kPa이다. 동일한 음(−)의 압력이 B에서 발생한다고 가정하면, $V_B = V_C$라는 사실을 이용하여 점 B와 C에 베르누이 방정식을 적용한다.

$$\frac{p_B}{\gamma} + \frac{V_B^2}{2g} + z_B = \frac{p_C}{\gamma} + \frac{V_C^2}{2g} + z_C$$

$$\frac{-100.07(10^3)\ \text{N/m}^2}{9810\ \text{N/m}^3} + \frac{V^2}{2g} + (L + 0.3\ \text{m}) = 0 + \frac{V^2}{2g} + 0$$

$$L + 0.3\ \text{m} = 10.20\ \text{m}$$

$$L = 9.90\ \text{m}$$ 답

식 (1)로부터 임계속도는 다음과 같다.

$$V_C = 4.429\sqrt{(9.90 \text{ m} - 0.2 \text{ m})} = 13.80 \text{ m/s}$$

만약 L이 9.90 m와 같거나 크다면, B에서 압력은 −100.07 kPa과 같거나 작기 때문에 공동현상은 사이폰(siphon)의 B에서 발생할 것이다.

처음에 V_B를 얻기 위해서 A와 B 사이에서, 그리고 L을 얻기 위해서 B와 C 사이에서 베르누이 방정식을 적용하여 이러한 결과를 얻을 수 있음을 주목하라.

에너지 및 수력구배선 $V_B = V_C = 13.80$ m/s이므로 속도수두는*

$$\frac{V^2}{2g} = \frac{(13.80 \text{ m/s})^2}{2\left(9.81 \text{ m/s}^2\right)} = 9.70 \text{ m}$$

이 결과를 이용하여 총수두는 C에서 결정될 수 있다.

$$H = \frac{p_C}{\gamma} + \frac{V_C^2}{2g} + z_C = 0 + 9.70 \text{ m} + 0 = 9.70 \text{ m}$$

에너지구배선과 수력구배선 모두 그림 5-21b에 나타나 있다. 여기서 속도수두의 갑작스러운 증가에 상응하여 수력구배선이 A로부터 9.70 m 떨어진다. 튜브를 통과하는 속도는 일정해서 $H = V^2/2g$이므로 수력구배선은 0으로 유지된다. 튜브를 따라서 압력수두 p/γ는 A에서 0에서 시작하여 B에서 $p/\gamma = -100.07(10^3)\text{ N/m}^2/9810\text{ N/m}^3 = -10.2$ m로 줄어든다. 반면에 중력수두 z는 그림 5-21b에서와 같이 $L = 9.70$ m에서 9.70 m + 0.5 m = 10.2 m로 증가한다. B에서 관의 상단 이후에는 압력수두는 증가하고, 반면에 중력수두는 상응하는 총량만큼 줄어든다.

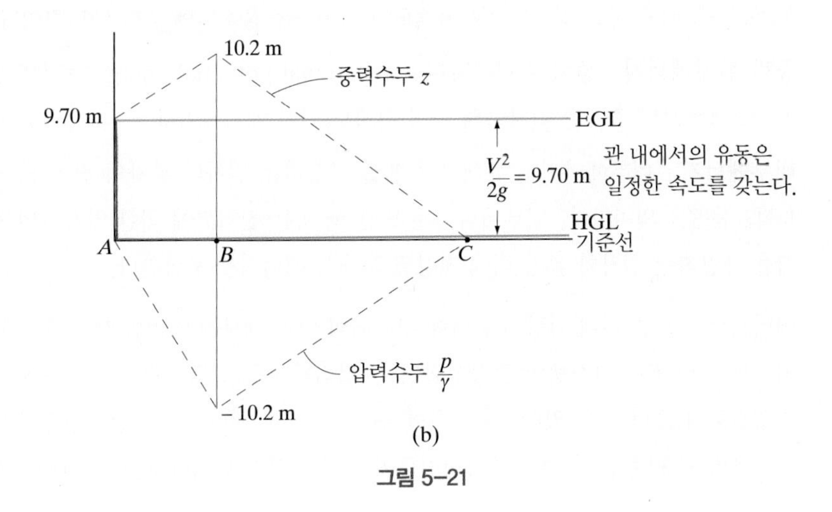

그림 5-21

* V_C가 실제로 이 값보다 조금만 작아도 공동현상은 방지된다.

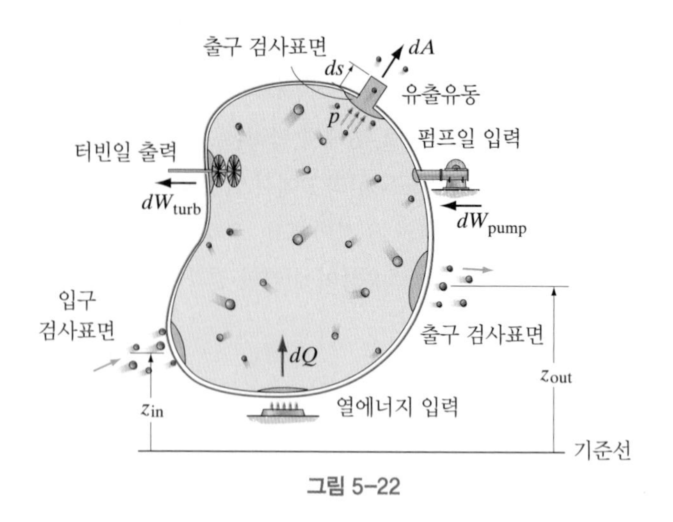

그림 5-22

5.5 에너지방정식

이 절에서는 베르누이 방정식의 한계를 넘어 일과 에너지보존법칙의 적용으로 확장시킬 것이며, 펌프로부터의 일 입력과 터빈으로의 일 출력과 더불어서 열과 점성유체유동을 포함할 것이다. 그전에 그림 5-22와 같이 다양한 형태의 에너지가 검사체적 내에 포함되어 있을 때, 유체 시스템이 가질 수 있는 다양한 형태의 에너지에 대해 먼저 논의한다.

시스템 에너지 임의의 순간에, 유체 시스템의 총에너지 E는 세 부분으로 구성된다.

운동에너지 운동에너지(kinetic energy)는 관성 기준계(inertial reference frame)로부터 측정된 입자의 거시적 속도에 의존하는 움직임에 의한 에너지이다.

중력 위치에너지 중력 위치에너지(gravitational potential energy)는 선택된 기준선으로부터 측정된 입자들의 수직 위치로 인한 에너지이다.

내부에너지 내부에너지는 유체 시스템을 구성하는 원자나 분자의 진동 및 거시적인 운동을 의미한다. 내부에너지는 또한 핵 또는 전기력에 의한 입자들의 결합을 유발하는 원자와 분자 내에 저장된 포텐셜 에너지를 포함한다.

에너지는 시스템 내에 질량의 총량에 관련되어 있기 때문에 이러한 세 가지 에너지들의 총합 E는 시스템의 종량성질이다. 그러나 E를 질량으로 나눔으로써 종속성질로써 표현할 수 있다. 이 경우에 위의 세 가지 에너지들은 단위질량당 에너지로써 표현할 수 있으며, 종속성질로써 표현된 시스템 에너지는 다음과 같다.

$$e = \frac{1}{2}V^2 + gz + u \tag{5-7}$$

그림 5-22에서 열에너지와 유체 시스템에 의해 행해지는 다양한 형태의 일을 고려해보자.

열에너지 열에너지 dQ는 열린 검사표면을 통과하여 전도, 대류, 또는 복사의 과정을 통해서 더해지거나 또는 빼질 수 있다. 만약 열에너지가 안으로 들어오면 (시스템은 가열) 검사체적 내에서 시스템의 총에너지는 증가하고, 열에너지가 밖으로 나가면(시스템은 냉각) 총에너지는 감소한다.

일 일 dW는 열린 검사표면을 통해서 주위의 닫힌 시스템에 의해 행해진다. 일이 시스템에 의해 행해졌을 때 시스템의 총에너지는 감소한다. 일이 시스템으로 행해졌을 때 시스템의 총에너지는 증가한다. 유체역학에서 우리는 세 가지 종류의 일에 관심을 가질 것이다.

유동일 유체가 압력을 받을 때, 유체는 검사표면 출구로부터 바깥으로 시스템의 질량의 체적 $d\mathcal{V}$를 밀어낼 수 있다. 이것이 **유동일** dW_p이다. 유동일을 계산하기 위해서, 시스템 내에서 (계기)압력 p에 의해 밖으로 밀려나는 그림 5-22의 시스템의 작은 체적 $d\mathcal{V} = dA\, ds$를 고려하라. dA는 이 체적의 단면적이기 때문에, 시스템에 의해 작용된 힘은 $dF = p\, dA$이다. 만약 체적이 바깥방향으로 움직이는 거리가 ds라면, 이 작은 체적에 대한 유동일은 $dW_p = dF\, ds = p(dA\, ds) = p\, d\mathcal{V}$이다.

축일 만약 일이 검사체적 내에 유체 시스템에 의해서 터빈에 행해진다면, 일은 그림 5-22의 열린 검사표면의 시스템으로부터 에너지를 뺄 것이다. 그러나 일이 펌프에 의해 시스템에 행해지게 하는 것도 또한 가능하다. 두 가지 경우에서, 이러한 형태의 일은 축이 일을 공급하거나 빼내는 데에 사용되기 때문에 **축일**(shaft work)이라 불린다.

전단일 모든 실제유체의 점성은 전단응력을 야기시켜 검사체적의 내부 표면에 접선방향으로 작용한다. 고정 검사표면의 점착조건으로 인하여, 전단응력은 표면을 따라서 움직이지 못하기 때문에 표면으로 어떠한 일도 행해질 수 없다. 오직 열린 검사표면을 따라서 이 전단응력이 움직일 수 있다면, **전단일** dW_τ를 생성한다. 그러나 여기서 우리는 모든 열린 검사표면은 항상 검사체적으로 들어오고 나가는 유체의 유동에 대해 수직으로 선택되기 때문에 이러한 형태의 일을 무시될 수 있다. 따라서 유체의 변위는 열린 검사표면에 접선으로 발생하지 않고, 전단응력에 의한 일이 발생하지 않는다.*

---

* 만약 유동이 균일하지 않다면 수직 점성응력이 발생할 수 있다. 그러나 이러한 응력에 의해 행해진 모든 일은 유체가 비점성이라면 0이 될 것이다. 또는 만약 유체가 점성을 가지고 있다면, 수직 응력은 유선들이 평행할 경우 압력과 같을 것이다. 이 내용은 본문에서 사례로 취급할 것이다. 또한 402쪽의 각주를 보라.

에너지방정식 검사체적 내에 있는 유체 시스템의 에너지보존은 **열역학 제1법칙**에 의해 공식화된다. 이 법칙은 시스템으로 추가되거나 들어가는 단위 시간당 열($\dot{Q}_{in}$)에서 시스템에 의해 행해진 단위 시간당 일을 뺀 것은 시스템 내에서 총 에너지의 시간변화율과 같다고 설명한다.

$$\dot{Q}_{in} - \dot{W}_{out} = \left(\frac{dE}{dt}\right)_{syst.} \tag{5-8}$$

오른쪽의 항은 식 (5-7)에 의해 정의된 $\eta = e$를 사용하여 식 (3-17)의 레이놀즈 수송정리를 사용하여 검사체적 내의 에너지변화율로 변환될 수 있다. 이제 우리는 아래와 같은 식을 갖는다.

$$\dot{Q}_{in} - \dot{W}_{out} = \frac{\partial}{\partial t}\int_{cv} e\rho \, d\forall + \int_{cs} e\rho \mathbf{V}\cdot d\mathbf{A}$$

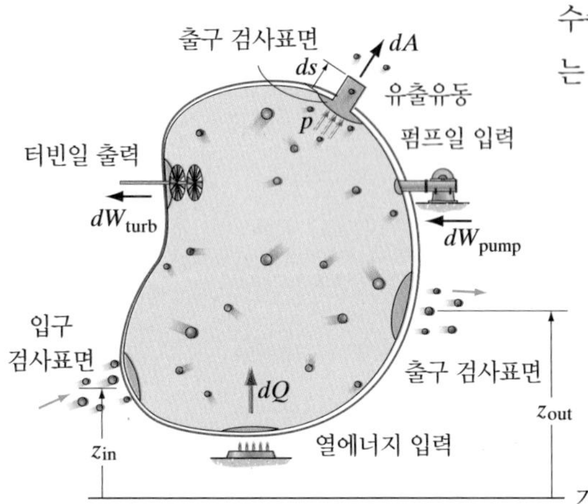

그림 5-22

오른쪽의 두 항은 검사체적 내에서 단위질량당 에너지의 국소변화율에 열린 검사표면을 통해서 지나가는 단위질량당 에너지의 순 대류량을 합한 것을 가리킨다. 유동을 정상이라고 가정하면, 이 첫 번째 항은 0이 된다. $\eta = e$에 대해서 식 (5-7)을 마지막 항으로 대체하면 아래와 같다.

$$\dot{Q}_{in} - \dot{W}_{out} = 0 + \int_{cs}\left(\frac{1}{2}V^2 + gz + u\right)\rho\mathbf{V}\cdot d\mathbf{A} \tag{5-9}$$

출력일의 시간 비율은 단위 시간당 유동일과 축일로써 나타낼 수 있다. 이전에 언급했듯이, 유동일은 $dW_p = p(dA\, ds)$이므로 압력에 의해 유발된다. 그러므로 검사표면을 통해서 나가는 유동일률은

$$\dot{W}_p = \frac{dW_p}{dt} = \int_{cs} p\left(\frac{ds}{dt}dA\right) = \int_{cs} p\mathbf{V}\cdot d\mathbf{A}$$

터빈은 (양의) 출력의 축일 dW_{turb}를 생성하고, 펌프는 (음의) 공급 축일을 생성한다. 그러므로 시스템 밖으로 나가는 전일의 시간 비율은 아래와 같이 표현된다.

$$\dot{W}_{out} = \int_{cs} p\mathbf{V}\cdot d\mathbf{A} + \dot{W}_{turb} - \dot{W}_{pump}$$

이 결과를 식 (5-9)로 대입하고 항들을 재정리하면

$$\dot{Q}_{in} - \dot{W}_{turb} + \dot{W}_{pump} = \int_{cs}\left[\frac{p}{\rho} + \frac{1}{2}V^2 + gz + u\right]\rho\mathbf{V}\cdot d\mathbf{A} \tag{5-10}$$

이 식은 검사표면의 출구와 입구에 대해서 적분이 수행되어야 한다. 이 경우에 유동은 균일한 1차원으로 가정할 것이며, 평균속도가 사용될 것이다. 또한 그림 5-22와 같이 각각의 출구에서 압력 p와 위치 z는 상수로 가정할 것이다. 연속방정식으로부터 들어오는 질량유량을 나가는 질량유량과 같아야 하므로

$\dot{m} = \rho_{\text{in}} V_{\text{in}} A_{\text{in}} = \rho_{\text{out}} V_{\text{out}} A_{\text{out}}$이고, 식 (5-10)은 아래와 같이 된다.

$$\dot{Q}_{\text{in}} - \dot{W}_{\text{turb}} + \dot{W}_{\text{pump}} = \left[\left(\frac{p_{\text{out}}}{\rho_{\text{out}}} + \frac{V_{\text{out}}^2}{2} + gz_{\text{out}} + u_{\text{out}}\right) - \left(\frac{p_{\text{in}}}{\rho_{\text{in}}} + \frac{V_{\text{in}}^2}{2} + gz_{\text{in}} + u_{\text{in}}\right)\right]\dot{m} \quad (5\text{-}11)$$

이 식은 1차원 정상유동의 에너지방정식이고, 압축성과 비압축성 유체 모두에 적용된다.

비압축성 유동 만약 유동이 정상이고 비압축성이라고 가정한다면, $\rho_{\text{in}} = \rho_{\text{out}} = \rho$이다. 더 나아가, 만약 식 (5-11)을 $\dot{m}$으로 나누고 항들을 재정리하면 아래와 같다.

$$\frac{p_{\text{in}}}{\rho} + \frac{V_{\text{in}}^2}{2} + gz_{\text{in}} + w_{\text{pump}} = \frac{p_{\text{out}}}{\rho} + \frac{V_{\text{out}}^2}{2} + gz_{\text{out}} + w_{\text{turb}} + (u_{\text{out}} - u_{\text{in}} - q_{\text{in}})$$

여기서 각각의 항은 단위질량당 에너지 J/kg 또는 ft·lb/slug를 나타낸다. 구체적으로 말하면, w_{pump}와 w_{turb}는 각각 펌프와 터빈에 의해 행해진 단위질량당 축일이다. 그리고 스칼라 항 q_{in}은 시스템으로 들어가는 단위질량당 열에너지이다.

나중에 제7장에서 속도 계수들로써 내부에너지$(u_{\text{out}} - u_{\text{in}})$ 변화를 생성하는 마찰손실을 표현할 것이다. 여기서 내부에너지는 총괄하여 fl(마찰손실)로써 간단히 언급한다. 마지막으로, 만약 열전달과 관련된 문제를 제외한다면, $q_{\text{in}} = 0$이 될 것이다. 에너지방정식의 일반적인 표현은 아래와 같다.

$$\frac{p_{\text{in}}}{\rho} + \frac{V_{\text{in}}^2}{2} + gz_{\text{in}} + w_{\text{pump}} = \frac{p_{\text{out}}}{\rho} + \frac{V_{\text{out}}^2}{2} + gz_{\text{out}} + w_{\text{turb}} + fl \quad (5\text{-}12)$$

이 방정식은 검사표면의 입구를 통해서 들어가는 단위질량당 가능한 총에너지와 펌프에 의한 검사체적 내의 유체에 더해진 단위질량당 일의 합은 검사표면의 출구를 통해서 나가는 단위질량당 총에너지와 터빈에 의해 검사체적 내의 유체로부터 나가는 에너지와 유체마찰에 의해 검사체적 내에 발생하는 에너지손실의 합과 같다.

식 (5-12)를 g로 나누면, 항들은 단위 무게당 에너지 또는 유체의 수두로 나타난다.

검사체적 내에 발생

$$\frac{p_{\text{in}}}{\gamma} + \frac{V_{\text{in}}^2}{2g} + z_{\text{in}} + h_{\text{pump}} = \frac{p_{\text{out}}}{\gamma} + \frac{V_{\text{out}}^2}{2g} + z_{\text{out}} + h_{\text{turb}} + h_L \quad (5\text{-}13)$$

열린 검사 표면에 발생

마지막 항은 **수두손실**(head loss) $h_L = fl/g$이라고 부르고, 항 h_{pump}와 h_{turb}는 각각 **펌프수두**(pump head)와 **터빈수두**(turbine head)라고 부른다. 그러므로 이러한 형태의 에너지방정식은 총입력수두와 펌프수두의 합은 총출력수두 및 터빈수두와 수두손실의 합들과 같다. 식 (5-13)은 축일과 유체 내부에너지의 변화($h_L = 0$)가 없을 때, 베르누이 방정식으로 축약됨을 유의하라.

압축성 유체 압축성 기체 유동의 경우, 식 (5-11)은 일반적으로 기체 단위질량당 엔탈피로 표현된다. **엔탈피**(h)는 유동일과 내부에너지의 합으로 정의된다. 유체 체적의 유동일은 $p\,d\forall$이므로 단위 질량의 경우 $p\,d\forall/dm = p/\rho$이다. 그러므로,

$$h = p/\rho + u \tag{5-14}$$

엔탈피로 식 (5-11)을 대체한다면 아래와 같다.

$$\dot{Q}_{\text{in}} - \dot{W}_{\text{turb}} + \dot{W}_{\text{pump}} = \left[\left(h_{\text{out}} + \frac{V_{\text{out}}^2}{2} + gz_{\text{out}}\right) - \left(h_{\text{in}} + \frac{V_{\text{in}}^2}{2} + gz_{\text{in}}\right)\right]\dot{m} \tag{5-15}$$

이 방정식의 응용을 압축성 유동을 논의할 제13장에서 중요하게 다룰 것이다.

동력과 효율 터빈의 동력 출력 또는 펌프의 동력 입력은 행하는 일의 시간 비율($\dot{W} = dW/dt$)로써 정의된다. SI 시스템에서 동력은 와트(1 W = J/s)로 측정되고, FPS 시스템에서는 ft·lb/s 또는 1 hp = 550 ft·lb/s인 마력으로 측정된다. $w_s = \dot{W}_s/\dot{m}$ 또는 $\dot{W}_s = w_s\dot{m}$을 대입하면, **축수두**(shaft head) 또는 h_s로 표현하는 펌프 또는 터빈수두로 동력을 표현할 수 있다. 식 (5-13)의 유도로부터 $h_s = w_s/g$ 또는 $w_s = h_s g$를 기억하라. $\dot{m} = \rho Q = \gamma Q/g$이므로 아래와 같다.

$$\boxed{\dot{W}_s = \dot{m}gh_s = Q\gamma h_s} \tag{5-16}$$

펌프(그리고 터빈)는 마찰손실을 가지고 있으므로 절대로 효율 100%를 낼 수 없다. 펌프에서 **기계적 효율**(mechanical efficiency) e는 유체로부터 전달되는 기계적 동력 $(\dot{W}_s)_{\text{out}}$을 펌프를 작동하기 위해서 필요한 전기적 동력 $(\dot{W}_s)_{\text{in}}$으로 나눈 비율이다.

$$e = \frac{(\dot{W}_s)_{\text{out}}}{(\dot{W}_s)_{\text{in}}} \qquad 0 < e < 1 \tag{5-17}$$

비균일 속도 식 (5-10)에서 에너지방정식의 속도 항의 적분은 입구와 출구 검사표면에 대해 균일 또는 비균일 유동 모두 계산이 가능하다. 그러나 펌프와 터빈 내의 유동은 유체가 그 기계를 통해서 지나갈 때, 정상유동일 수가 없다. 일정한 회전속도의 경우에서 발생하는 경우라 하더라도 유동은 주기적이며, 대부분은 주기는 빠르다. 유동을 관찰하기 위해 고려된 시간이 단일 주기의 시간보다 크다면, 열린 검사표면을 통해서 지나가는 유동의 시간 평균은 에너지방정식

에 타당하게 사용될 수 있다. 열린 검사표면을 통해서 지나가는 이러한 유동을 **준정상유동**이라고 부른다.

입구와 출구 검사표면에서 유동의 속도 형상이 비균일이면, 점성유동의 모든 경우들에 해당되기 때문에 식 (5-10)의 적분을 수행하기 위해서 속도 형상은 반드시 알아야 한다. 이러한 적분을 표현하는 한 가지 방법으로 무차원 **운동에너지계수** α를 사용한다. 식 (4-3)으로부터 속도 형상의 평균속도 $V(V=\int v\,dA/A)$는 속도 형상의 적분으로 구한다. 따라서 식 (5-10)의 속도항은 $\int_{cs}\frac{1}{2}V^2\rho\mathbf{V}\cdot d\mathbf{A}=\alpha\frac{1}{2}V^2\dot{m}$로 표현되고 α는 다음과 같이 구한다.

$$\alpha=\frac{1}{\dot{m}V^2}\int_{cs}V^2\rho\mathbf{V}\cdot d\mathbf{A} \tag{5-18}$$

검사표면에서 속도의 비균일을 고려하는 것이 필수적일 경우에 에너지방정식의 V^2과 관련된 항들은 αV^2으로 대체할 수 있다. 예를 들어, 그림 5-23a와 같이 관 내 유체가 유동일 경우에 속도분포는 포물선 형상이며, 이 내용은 제9장에 나온다. 이러한 경우에 대해서 적분하면 $\alpha=2$가 된다.* 난류유동의 경우 유체의 난류 혼합으로 인해 속도 형상이 그림 5-23b와 같이 대략적으로 균일해지기 때문에 보통 $\alpha=1$을 사용하면 충분하다.

다음의 예제들은 에너지방정식을 열과 점성 마찰에 의한 수두손실과 터빈이나 펌프에 의한 추가적인 일과 관련된 문제들에 대한 다양한 적용들을 설명한다. 이 중요한 방정식은 다른 장들에서도 더 적용될 것이다.

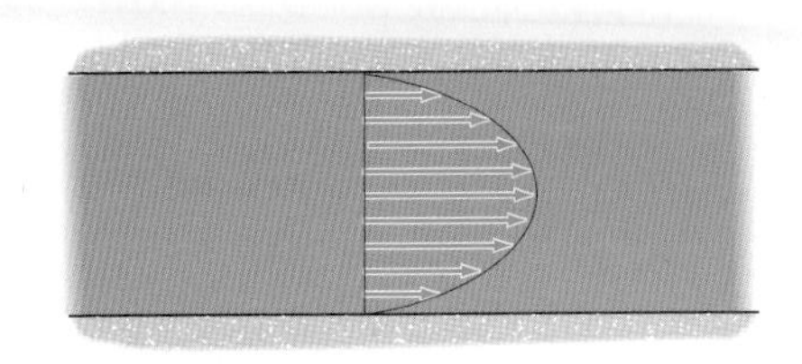

층류유동 속도 형상
(a)

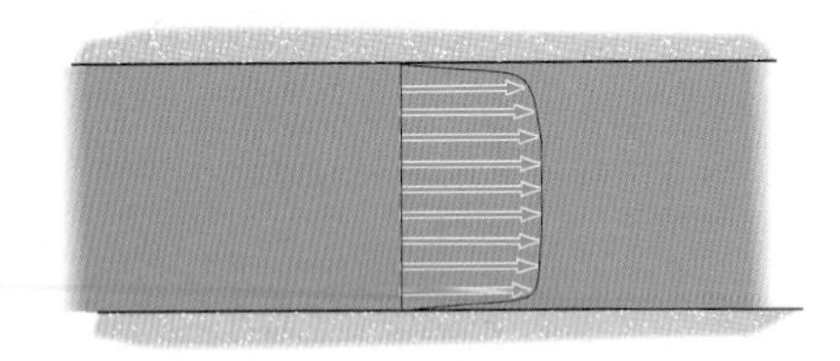

난류유동 평균속도 형상
(b)

그림 5–23

요점 정리

- 에너지방정식은 유체 시스템 내에 총에너지 시간변화율은 시스템으로 추가된 열전달률에서 시스템에 의해 행해진 일률을 뺀 비율과 같음을 설명하는 열역학 제1법칙을 근거로 한다.
- 일반적으로 검사체적 내에서 시스템의 총에너지 E는 모든 유체입자들의 운동에너지와 위치에너지, 원자 또는 분자 내부에너지로 구성된다.
- 시스템에 의해 행해진 일은 압력에 의한 **유동일**, 펌프 또는 터빈에 의한 **축일**, 또는 열린 검사표면의 한쪽에서 발생한 점성마찰에 의해 유발된 **전단일**이 될 수 있다. 유동은 모든 열린 검사표면에 항상 수직하기 때문에 전단일은 여기서 고려되지 않는다.
- 내부마찰손실과 열전달 및 축일이 없을 때의 에너지방정식은 베르누이 방정식과 같다.

---

* 연습문제 5-77 참조

해석 절차

다음의 절차는 다양한 형태의 에너지방정식을 적용할 때 사용된다.

- 유체 설명　에너지방정식은 압축성 또는 비압축성 1차원 정상유동에 적용한다.

- 검사체적　유체를 포함하는 검사체적을 선택하라. 그리고 열린 검사표면을 나타내라. 이러한 검사표면들은 유동이 균일하고 잘 정의된 지역에 위치하도록 하라.

  각각의 검사표면으로 들어오거나 나가는 유체의 높이(위치에너지)를 측정하기 위해서 고정된 기준선을 선택하라.

  만약 유체가 비점성 또는 이상유체라고 가정한다면, 속도분포 형상은 열린 검사표면을 통해서 지나갈 때에 균일하다. 이 경우에는 평균속도 V를 사용한다. 만약 점성유체가 고려되었을 때에는 V^2 대신에 αV^2이 사용되며, 계수 α는 식 (5-17)을 사용하여 구한다. 열린 검사표면을 통해 출입하는 유체의 평균속도는 체적유량 $Q = VA$ 식으로부터 구한다.

- 에너지방정식　에너지방정식을 적어라. 그리고 각 항은 일관된 종류의 단위를 사용한 수치적인 데이터를 대입하라. 만약 열이 검사체적으로 흘러들어온다면 열에너지 dQ_{in}는 양(+)이다. 그리고 만약 열이 흘러 나간다면 음(−)이다.

  천천히 배수하는 저수지 또는 큰 탱크의 액체표면은 $V \approx 0$인 정지해 있는 액체표면으로 간주한다.

  식 (5-13)에서 항 $(p/\gamma + z)$는 검사표면을 '들어오거나' 또는 '나가는' 수력학적 수두를 나타낸다. 이 수두는 각각의 표면에 걸쳐서 일정하다. 그리고 표면의 어떤 점에서도 계산이 가능하다. 이 점이 기준선 위에 있으면 높이 z는 양(+)이고, 기준선 아래에 있으면 음(−)이다.

  만약 한 개 이상으로 미지수가 있을 경우에는 연속방정식을 사용하여 속도를 연관짓거나 마노미터 방정식을 사용하여 압력을 연관짓는 것을 고려하라.

예제 5.10

그림 5-24의 터빈은 직경 0.3 m의 관과 더불어서 작은 수력발전소에서 사용된다. 만약 B에서 체적유량이 1.7 m³/s라면, 물로부터 터빈 블레이드로 전달되는 총동력을 구하라. 관과 터빈을 통해 발생하는 마찰손실수두는 4 m이다.

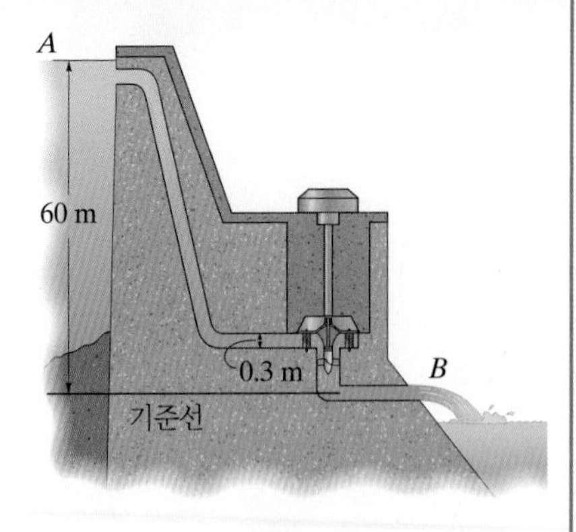

그림 5–24

풀이

유체 설명 이 문제는 정상유동의 경우에 해당한다. 여기서 점성 마찰손실은 유체 내에서 발생한다. 물은 $\gamma_w = 9810\ \text{N/m}^3$인 비압축성으로 간주한다.

검사체적 관과 터빈 내의 물과 더불어서 저수지의 일부는 고정 검사체적으로 선택한다. B에서 평균속도는 물의 체적유량으로부터 결정될 수 있다.

$$Q = V_B A_B; \qquad 1.7\ \text{m}^3/\text{s} = V_B\left[\pi(0.15\ \text{m})^2\right]$$
$$V_B = 24.05\ \text{m/s}$$

에너지방정식 편의를 위해서 관의 중심선으로부터 기준선까지 수직 측정치가 z가 된다.* B에서 중력 기준선을 설정하여 A(입구)와 B(출구) 지점에 베르누이 방정식을 적용하면, 아래와 같다.

$$\frac{p_A}{\gamma} + \frac{V_A^2}{2g} + z_A + h_{\text{pump}} = \frac{p_B}{\gamma} + \frac{V_B^2}{2g} + z_B + h_{\text{turb}} + h_L$$

$$0 + 0 + 60\ \text{m} + 0 = 0 + \frac{(24.05\ \text{m/s})^2}{2\left(9.81\ \text{m/s}^2\right)} + 0 + h_{\text{turb}} + 4\ \text{m}$$

$$h_{\text{turb}} = 26.52\ \text{m}$$

예상했듯이 결과값은 양(+)이다. 이 결과는 에너지가 물(시스템)에 의해 터빈에 전달됨을 의미한다.

동력 식 (5-16)을 사용하여 터빈으로 전달된 동력을 구하면

$$\dot{W}_s = Q\gamma_w hs = \left(1.7\ \text{m}^3/\text{s}\right)\left(9810\ \text{N/m}^3\right)(26.52\ \text{m})$$
$$= 442\ \text{kW}$$ **답**

마찰효과로 인한 동력손실은 아래와 같다.

$$\dot{W}_L = Q\gamma_w h_L = \left(1.7\ \text{m}^3/\text{s}\right)\left(9810\ \text{N/m}^3\right)(4\ \text{m}) = 66.7\ \text{kW}$$

저수지로부터 터빈까지 물을 전달하는 도관을 수압관(penstock)이라고 부르며, 알아두면 도움이 된다.

---

* 수력학적 수두 $H = p/\gamma + z$는 관의 수평부분의 단면적 전체에 대해서 일정하기 때문에, 단면적의 어떤 점에서의 측정도 고려될 수 있다. 다음의 예제를 보라.

예제 5.11

그림 5-25에 나타낸 바와 같이 댐의 방수로(spillway)로 물이 내려올 때, 물은 6 m/s의 평균속도로 흐르고 있다. 짧은 거리 내에서 수력도약이 발생하고, 이로 인해 0.8 m의 깊이에서 2.06 m로 수위가 변하는 원인이 된다. 도약하는 동안 난류에 의해 발생하는 에너지손실을 구하라. 방수로는 폭이 2 m로 일정하다.

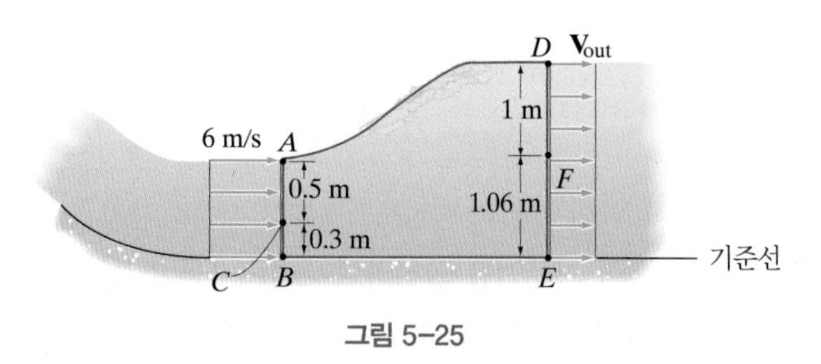

그림 5-25

풀이

유체 거동 도약 이전과 이후는 정상유동이다. 물은 비압축성으로 가정한다.

검사체적 그림 5-25에 나타낸 바와 같이, 도약 내에 있는 물과 도약으로부터 짧은 거리를 포함하는 고정 검사체적을 고려하라. 열린 검사표면은 유동이 잘 정의되지 않는 도약 내에 있는 영역을 제거할 수 있기 때문에, 열린 검사표면을 통해 정상유동이 흐른다고 간주할 수 있다.

연속방정식 AB와 DE의 단면적을 알고 있으므로 연속방정식을 이용하여 DE로 나가는 평균속도를 결정할 수 있다.

$$\frac{\partial}{\partial t}\int_{cv} \rho \forall dA + \int_{cs} \rho \mathbf{V} \cdot d\mathbf{A} = 0$$

$$0 - \left(1000 \text{ kg/m}^3\right)(6 \text{ m/s})(0.8 \text{ m})(2 \text{ m}) + \left(1000 \text{ kg/m}^3\right)V_{out}(2.06 \text{ m})(2 \text{ m}) = 0$$

$$V_{out} = 2.3301 \text{ m/s}$$

에너지방정식 그림 5-25의 검사표면의 바닥에 기준선을 둔다. 이것으로부터 각각의 열린 검사표면에서 수력학적 수두 $(p/\gamma + z)$를 결정할 수 있다. 만약 점 A와 D를 선택한다면, $p_{in} = p_{out} = 0$이기 때문에 아래와 같다.

$$\frac{p_{in}}{\gamma} + z_{in} = 0 + 0.8\text{ m} = 0.8\text{ m}$$

$$\frac{p_{out}}{\gamma} + z_{out} = 0 + 2.06\text{ m} = 2.06\text{ m}$$

만약 점 B와 E를 사용한다면, $p = \gamma h$이므로 아래와 같다.

$$\frac{p_{in}}{\gamma} + z_{in} = \frac{\gamma(0.8\text{ m})}{\gamma} + 0 = 0.8\text{ m}$$

$$\frac{p_{out}}{\gamma} + z_{out} = \frac{\gamma(2.06\text{ m})}{\gamma} + 0 = 2.06\text{ m}$$

마지막으로, 만약 점 C와 F의 중간을 사용한다면, 동일한 원리로 아래와 같다.

$$\frac{p_{in}}{\gamma} + z_{in} = \frac{\gamma(0.5\text{ m})}{\gamma} + 0.3\text{ m} = 0.8\text{ m}$$

$$\frac{p_{out}}{\gamma} + z_{out} = \frac{\gamma(1\text{ m})}{\gamma} + 1.06\text{ m} = 2.06\text{ m}$$

모든 경우에서 같은 결과를 얻게 된다. 따라서 선택된 검사표면에서는 어떤 곳이든지 한 쌍의 점들에 크게 영향을 받지 않음을 알 수 있다. 여기서는 점 A와 D를 선택하면, 행해진 축일은 없으므로 에너지손실은 아래와 같다.

$$\frac{p_{in}}{\gamma} + \frac{V_{in}^2}{2g} + z_{in} + h_{pump} = \frac{p_{out}}{\gamma} + \frac{V_{out}^2}{2g} + z_{out} + h_{turb} + h_L$$

$$0 + \frac{(6\text{ m/s})^2}{2(9.81\text{ m/s}^2)} + 0.8\text{ m} + 0 = 0 + \frac{(2.3301\text{ m/s})^2}{2(9.81\text{ m/s}^2)} + 2.06\text{ m} + 0 + h_L$$

$$h_L = 0.298\text{ m}$$ 답

손실된 에너지는 도약하는 동안 난류와 마찰 발열을 야기시킨다.

예제 5.12

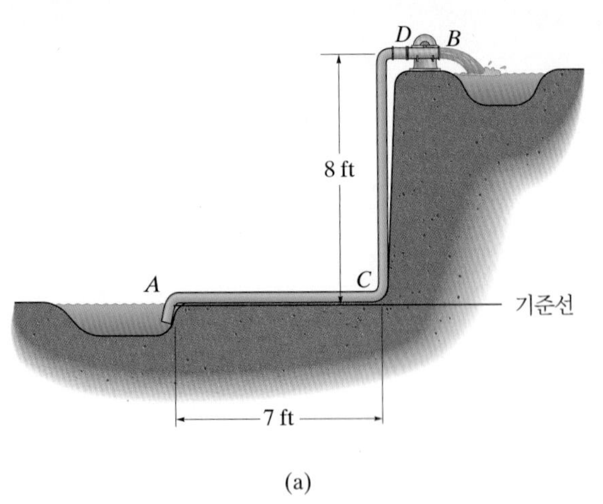

(a)

그림 5-26

그림 5-26a의 관개용 펌프는 2 ft^3/s의 유량으로 B에서 물을 연못으로 공급하는 데 사용된다. 관의 직경이 6 in.일 때, 펌프의 필요 마력을 구하라. 관의 피트 길이당 마찰 수두손실이 0.1 ft/ft라고 가정하라. 이 시스템의 에너지구배선과 수력구배선을 그려라.

풀이

유체 설명 여기서 유동은 정상이다. 물은 비압축성으로 가정되지만, 점성 마찰손실이 발생한다. $\gamma_w = 62.4\ \text{lb/ft}^3$.

검사체적 관과 펌프 내부의 물과 더불어 저수지 A 내에 물을 포함하는 고정 검사체적을 선택한다. 이러한 경우에, A에서 속도는 필수적으로 0이고, 입구 A와 출구 B의 압력도 0이다. 체적유량이 알려져 있으므로 출구에서의 평균속도는

$$Q = V_B A_B; \qquad 2\ \text{ft}^3/\text{s} = V_B\left[\pi\left(\frac{3}{12}\ \text{ft}\right)^2\right]$$

$$V_B = 10.186\ \text{ft/s}$$

에너지방정식 A에서 중력 기준선을 잡고 A(입구)와 B(출구) 사이에 에너지방정식을 적용하면 아래와 같다.

$$\frac{p_A}{\gamma} + \frac{V_A^2}{2g} + z_A + h_{\text{pump}} = \frac{p_B}{\gamma} + \frac{V_B^2}{2g} + z_B + h_{\text{turb}} + h_L$$

$$0 + 0 + 0 + h_{\text{pump}} = 0 + \frac{(10.186\ \text{ft/s})^2}{2(32.2\ \text{ft/s}^2)} + 8\ \text{ft} + 0 + (0.1\ \text{ft/ft})(15\ \text{ft})$$

$$h_{\text{pump}} = 11.11\ \text{ft}$$

여기서 이 양(+)의 결과는 펌프에 의해서 시스템으로 전달되는 펌프수두 또는 물의 무게당 에너지를 의미한다.

동력 펌프에서 필요한 동력은 다음고 같다.

$$\dot{W}_s = Q\gamma_w h_s = (2\ \text{ft}^3/\text{s})(62.4\ \text{lb/ft}^3)(11.11\ \text{ft})\left(\frac{1\ \text{hp}}{550\ \text{ft}\cdot\text{lb/s}}\right)$$

$$= 2.52\ \text{hp}$$ 답

이 중에서 마찰 수두손실을 극복하기 위해 필요한 동력은

$$\dot{W}_L = Q\gamma_w h_L = (2\ \text{ft}^3/\text{s})(62.4\ \text{lb/ft}^3)(1.5\ \text{ft})\left(\frac{1\ \text{hp}}{550\ \text{ft}\cdot\text{lb/s}}\right) = 0.340\ \text{hp}$$

에너지 및 수력구배선 에너지구배선은 관을 따라서 총수두 $H = p/\gamma + V^2/2g + z$의 그래프이다. 수력구배선은 에너지구배선보다 $V^2/2g$만큼 아래에 놓여있다. 이러한 선들을 그리기 전에, 먼저 에너지방정식을 사용하여 C와 D에서 압력수두를 결정할 것이다. 속도수두는 아래와 같다.

$$\frac{V^2}{2g} = \frac{(10.186\ \text{ft/s})^2}{2(32.2\ \text{ft/s}^2)} = 1.61\ \text{ft}$$

관은 길이를 따라서 같은 직경을 가지기 때문에 속도수두는 일정한 값을 갖는다. C에서 압력수두는

$$\frac{p_A}{\gamma} + \frac{V_A^2}{2g} + z_A + h_{\text{pump}} = \frac{p_C}{\gamma} + \frac{V_C^2}{2g} + z_C + h_{\text{turb}} + h_L \qquad \text{검사체적}$$

$$0 + 0 + 0 + 0 = \frac{p_C}{\gamma} + 1.611\ \text{ft} + 0 + 0 + (0.1\ \text{ft/ft})(7\ \text{ft})$$

$$\frac{p_C}{\gamma} = -2.311\ \text{ft}$$

그리고 D에서

$$\frac{p_A}{\gamma} + \frac{V_A^2}{2g} + z_A + h_{\text{pump}} = \frac{p_D}{\gamma} + \frac{V_D^2}{2g} + z_D + h_{\text{turb}} + h_L$$

$$0 + 0 + 0 + 0 = \frac{p_D}{\gamma} + 1.611\ \text{ft} + 8 + 0 + (0.1\ \text{ft/ft})(15\ \text{ft})$$

$$\frac{p_D}{\gamma} = -11.11\ \text{ft}$$

− 부호는 펌프의 흡입에 의해 유발되는 음(−)의 압력을 의미한다. 그러므로 A, C, D, B에서 총수두는

$$H = \frac{p}{\gamma} + \frac{V^2}{2g} + z$$

$$H_A = 0 + 0 + 0 = 0$$

$$H_C = -2.311\ \text{ft} + 1.611\ \text{ft} + 0 = -0.7\ \text{ft}$$

$$H_D = -11.11\ \text{ft} + 1.611\ \text{ft} + 8\ \text{ft} = -1.5\ \text{ft}$$

$$H_B = 0 + 1.611\ \text{ft} + 8\ \text{ft} = 9.61\ \text{ft}$$

그림 5-26b에 관을 일직선으로 늘려서 에너지구배선과 수력구배선을 도시하였다. 수력구배선은 에너지구배선보다 1.61 ft만큼 아래에 놓인다.

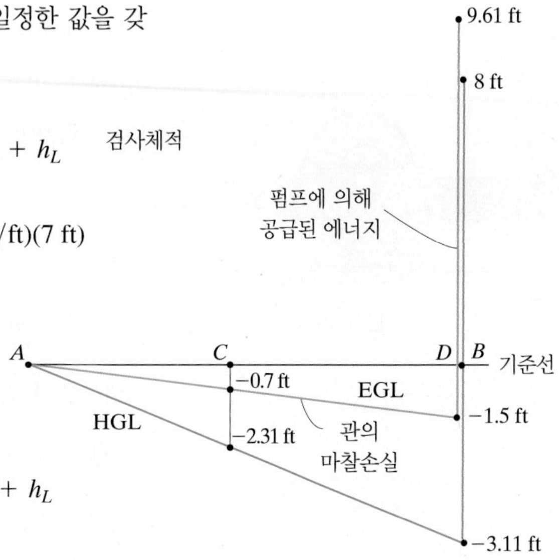

(b)

그림 5-26(계속)

예제 5.13

그림 5-27의 펌프는 물을 4000 gal/h로 배출한다. A에서 압력은 20 psi이고, B에서 관의 출구 압력은 60 psi이다. 관 필터는 물의 내부에너지가 마찰발열로 인해 출구에서 400 ft·lb/slug로 증가시킨다. 반면에, 물로부터 20 ft·lb/s의 열전도 손실이 있다. 펌프에 의해 생성된 마력을 구하라.

그림 5-27

풀이

유체 설명 펌프로부터 들어오고 나가는 유동은 정상유동이다. 물은 비압축성이고, 점성 마찰손실이 발생한다. $\gamma_w = 62.4\ \text{lb/ft}^3$.

검사체적 펌프, 필터, 연결관의 물을 포함한 고정 검사체적을 잡는다. 물이 $1\ \text{ft}^3$은 7.48 gal이기 때문에, 체적유량과 질량유량은

$$Q = \left(\frac{4000\ \text{gal}}{\text{h}}\right)\left(\frac{1\ \text{h}}{3600\ \text{s}}\right)\left(\frac{1\ \text{ft}^3}{7.48\ \text{gal}}\right) = 0.1485\ \text{ft}^3/\text{s}$$

그리고

$$\dot{m} = \rho Q = \left(\frac{62.4\ \text{lb/ft}^3}{32.2\ \text{ft/s}^2}\right)(0.1485\ \text{ft}^3/\text{s}) = 0.2879\ \text{slug/s}$$

그러므로 A(입구)와 B(출구)에서 속도는

$$Q = V_A A_A;\quad 0.1485\ \text{ft}^3/\text{s} = V_A\left[\pi\left(\frac{1.5}{12}\ \text{ft}\right)^2\right];\quad V_A = 3.026\ \text{ft/s}$$

$$Q = V_B A_B;\quad 0.1485\ \text{ft}^3/\text{s} = V_B\left[\pi\left(\frac{0.5}{12}\ \text{ft}\right)^2\right];\quad V_B = 27.235\ \text{ft/s}$$

에너지방정식 열전도 손실이 있기 때문에, $\dot{Q}_{\text{in}}$은 음(−)이다. 즉, 열이 흘러나감을 의미한다. 또한 A에서 B까지 유동의 높이변화는 없다. 이 문제에서는 식 (5-11)을 적용해야 한다.

$$\dot{Q}_{\text{in}} - \dot{W}_{\text{turb}} + \dot{W}_{\text{pump}} = \left[\left(\frac{p_B}{\rho} + \frac{V_B^2}{2} + gz_B + u_B\right) - \left(\frac{p_A}{\rho} + \frac{V_A^2}{2} + gz_A + u_A\right)\right]\dot{m}$$

$$-20\ \text{ft}\cdot\text{lb/s} - 0 + \dot{W}_{\text{pump}}$$
$$= \left[\left(\frac{60\ \text{lb/in}^2(12\ \text{in./ft})^2}{62.4\ \text{lb/ft}^3/32.2\ \text{ft/s}^2} + \frac{(27.235\ \text{ft/s})^2}{2} + 0 + 400\ \text{ft}\cdot\text{lb/slug}\right) - \left(\frac{20\ \text{lb/in}^2(12\ \text{in./ft})^2}{62.4\ \text{lb/ft}^3/32.2\ \text{ft/s}^2} + \frac{(3.026\ \text{ft/s})^2}{2} + 0 + 0\right)\right](0.2879\ \text{slug/s})$$

$$\dot{W}_{\text{pump}} = \left(\frac{1096.2\ \text{ft}\cdot\text{lb}}{\text{s}}\right)\left(\frac{1\ \text{hp}}{550\ \text{ft}\cdot\text{lb/s}}\right) = 1.99\ \text{hp}$$ 답

양(+)의 결과는 펌프의 사용으로 인하여 검사체적 내의 물로 에너지가 유입됨을 의미한다.

예제 5.14

그림 5-28의 터빈에 $h_A = 2.80$ MJ/kg의 엔탈피를 증기가 40 m/s 속도로 유입된다. 1.73 MJ/kg의 엔탈피를 가진 증기-물 혼합물이 속도 15 m/s로 터빈을 나간다. 이 과정 동안 주위로의 열손실이 500 J/s라면, 유체가 터빈으로 공급하는 동력은 얼마인가? 터빈을 통해 흘러가는 유체의 질량유량은 0.8 kg/s이다.

그림 5-28

풀이

유체 설명 터빈 외부에서의 증기는 움직이는 터빈 블레이드로부터 멀리 떨어져 있기 때문에 균일 정상유동으로 볼 수 있다. 압축성과 마찰효과가 발생하고 엔탈피의 변화가 나타난다.

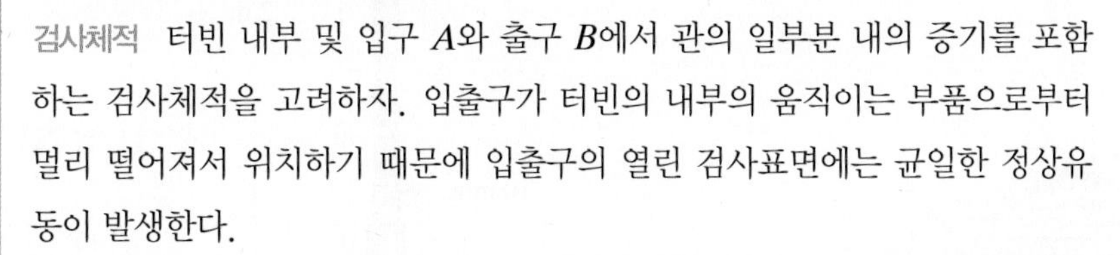

검사체적 터빈 내부 및 입구 A와 출구 B에서 관의 일부분 내의 증기를 포함하는 검사체적을 고려하자. 입출구가 터빈의 내부의 움직이는 부품으로부터 멀리 떨어져서 위치하기 때문에 입출구의 열린 검사표면에는 균일한 정상유동이 발생한다.

에너지방정식 에너지의 일부는 증기의 엔탈피 ($h = p/\rho + u$)로 나타내기 때문에 식 (5-15)를 사용해야 한다. 여기서 증기의 높이변화는 0이다. 또한 열은 검사체적으로부터 나가므로, 음(−)의 값을 가진다. 따라서,

$$\dot{Q}_{\text{in}} - \dot{W}_{\text{turb}} + \dot{W}_{\text{pump}} = \left[\left(h_B + \frac{V_B^2}{2} + gz_B\right) - \left(h_A + \frac{V_A^2}{2} + gz_A\right)\right]\dot{m}$$

$$-500\text{ J/s} - \dot{W}_{\text{turb}} + 0 =$$

$$\left[\left(1.73\left(10^6\right)\text{ J/kg} + \frac{(15\text{ m/s})^2}{2} + 0\right) - \left(2.80\left(10^6\right)\text{ J/kg} + \frac{(40\text{ m/s})^2}{2} + 0\right)\right](0.8\text{ kg/s})$$

$$\dot{W}_{\text{turb}} = 856\text{ kW}$$ 답

결과는 양(+)이다. 이 의미는 에너지 또는 동력이 시스템으로부터 터빈으로 전달되는 것을 말한다.

참고문헌

1. D. Ghista, *Applied Biomedical Engineering Mechanics*, CRC Press, Boca Raton, FL, 2009.
2. A. Alexandrou, *Principles of Fluid Mechanics*, Prentice Hall, Upper Saddle River, NJ, 2001.
3. I. H. Shames, *Mechanics of Fluids*, McGraw Hill, New York, NY, 1962.
4. L. D. Landau, E. M. Lifshitz, *Fluid Mechanics*, Pergamon Press, Addison-Wesley Pub., Reading, MA, 1959.

기초문제

5.2~5.3절

F5-1 물이 A에서 관을 통해 6 m/s로 흐른다. A에서의 압력과 물이 관에서 나갈 때, B에서의 속도를 구하라.

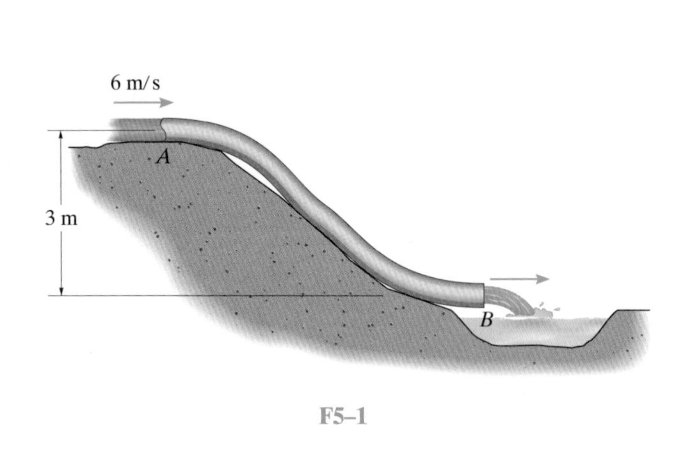

F5-1

F5-2 위치 A에서 기름의 속도는 7 m/s이고 압력은 300 kPa이다. 위치 B에서 속도와 압력을 구하라. 지름의 밀도는 940 kg/m^{3}이다.

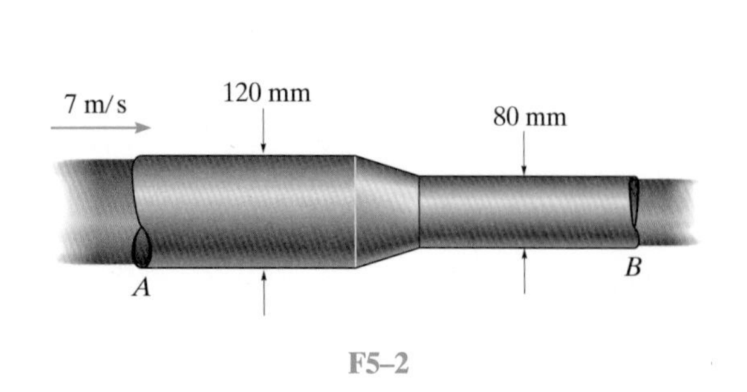

F5-2

F5-3 노즐로부터 분사된 물이 2 m의 최대 높이를 가지도록 분수가 설계되었다. 노즐 출구 B로부터 짧은 거리에 있는 A에서 요구되는 관 내의 수압을 구하라.

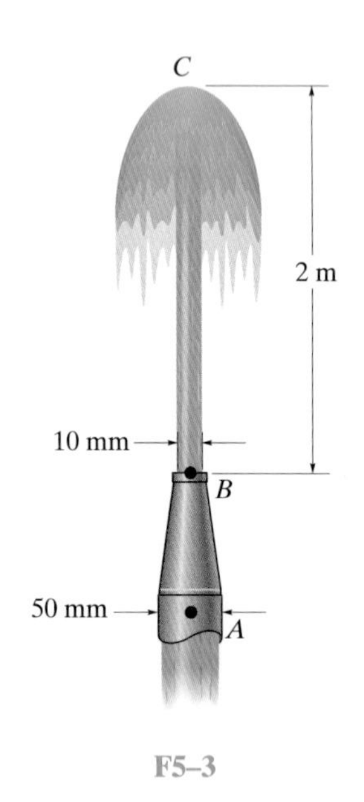

F5-3

F5-4 물이 관을 통해 8 m/s로 흐른다. A에서 압력이 80 kPa이라면, C에서 계기압력은 얼마인가?

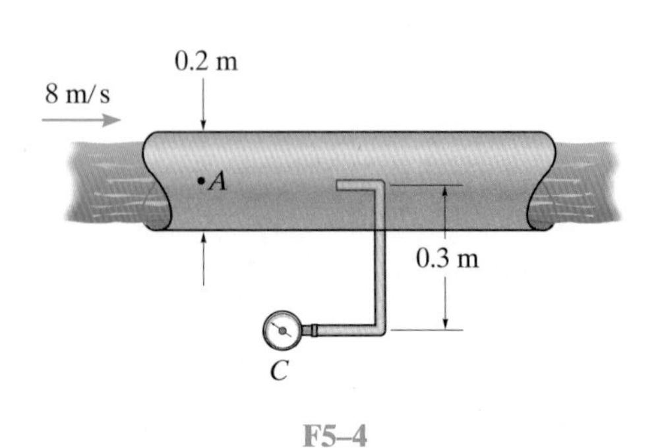

F5-4

F5-5 바닥이 사각형인 탱크에 $y = 0.4$ m 깊이로 물이 채워져 있다. 직경 20 mm의 배수관이 열려있을때 물의 초기 체적유량과 $y = 0.2$ m일 때의 체적유량을 구하라.

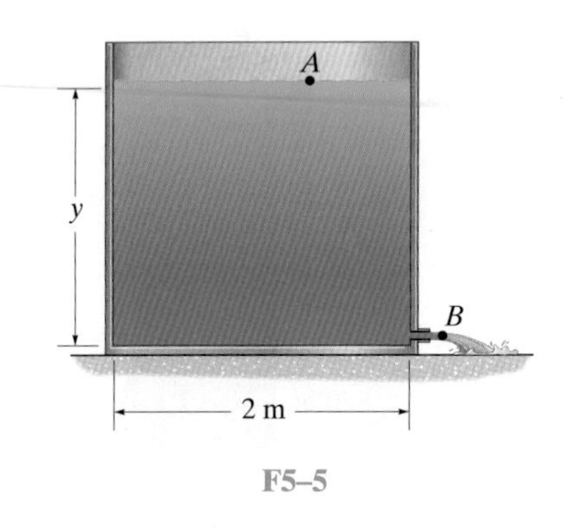

F5–5

F5-6 80°C의 온도인 공기가 관을 통해서 흐른다. A에서 압력은 20 kPa이고, 평균속도는 4 m/s이다. B에서 측정된 압력을 구하라. 공기는 비압축성이라고 가정한다.

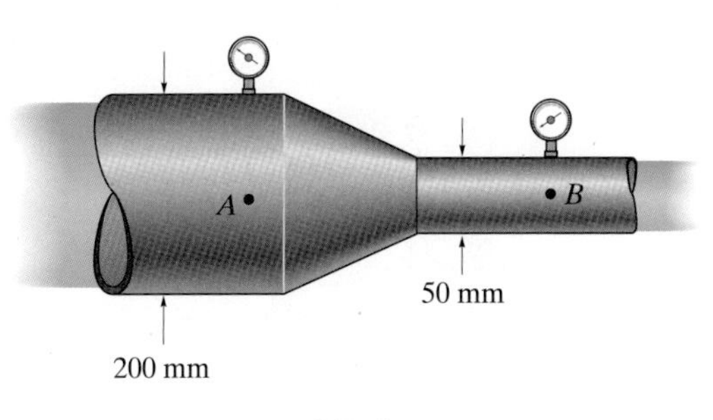

F5–6

5.4~5.5절

F5-7 물이 저수지로부터 직경 100 mm의 관을 통해서 흐른다. B에서 체적유량을 구하라. A로부터 B까지 유동의 에너지구배선과 수력구배선을 그려라.

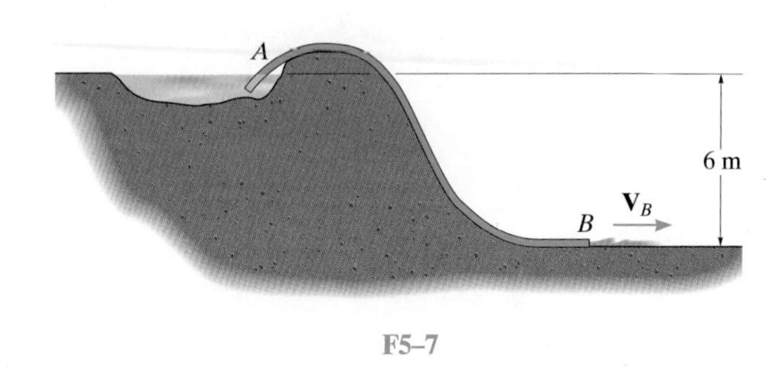

F5–7

F5-8 직경 50 mm의 관을 통해서 원유가 흐른다. A에서 평균속도는 4 m/s이고, 압력은 300 kPa이다. B에서 원유의 압력을 구하라. A로부터 B까지 유동의 에너지구배선과 수력구배선을 그려라.

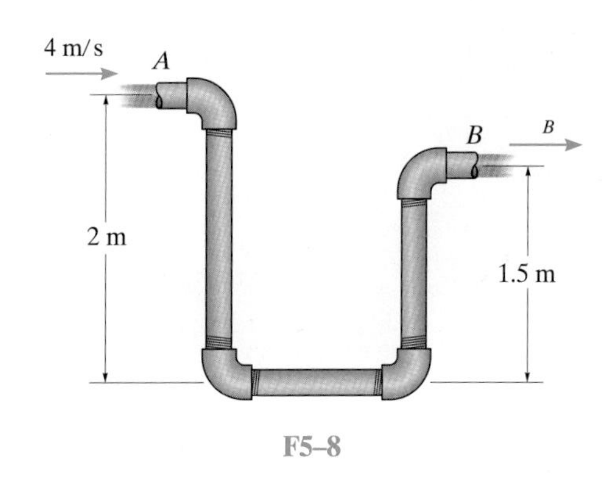

F5–8

F5-9 A에서 400 kPa의 압력과 3 m/s 속도의 물이 관로 이음관을 통해서 흐른다. B와 C에서 압력과 속도를 구하라. A로부터 C까지 유동의 에너지구배선과 수력구배선을 그려라.

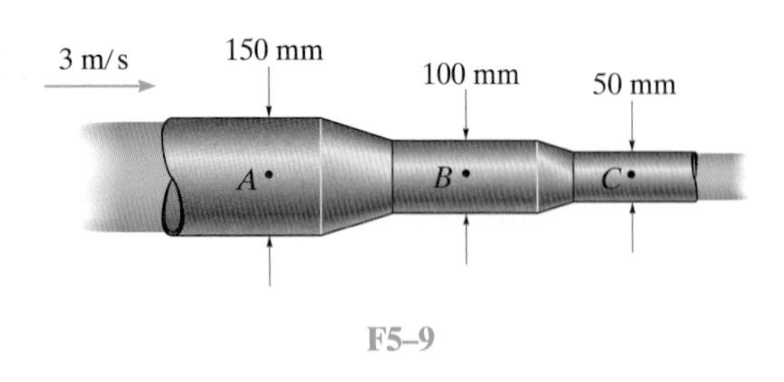

F5–9

F5-10 저수지로부터의 물이 길이 150 m이고, 직경 50 mm의 관을 통해서 B에서 터빈으로 흘러 들어간다. 만약 관에서 수두손실이 100 m의 관 길이마다 1.5 m가 된다면, 물이 C에서 8 m/s의 평균속도로 관을 나갈 때, 터빈의 출력을 구하라. 터빈은 60%의 효율로 작동한다.

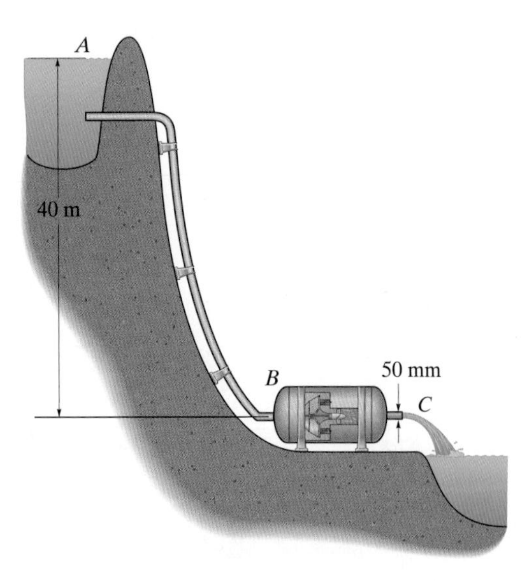

F5–10

F5-11 물이 80 kPa의 압력과 $V_A = 2$ m/s의 속도로 펌프로 공급된다. 직경 50 mm의 관을 통해서 0.02 m^3/s의 체적유량이 요구된다면, 펌프가 물을 8 m 높이로 끌어올리기 위해 물에 공급해야 하는 동력은 얼마인가? 총 수두손실은 0.75 m이다.

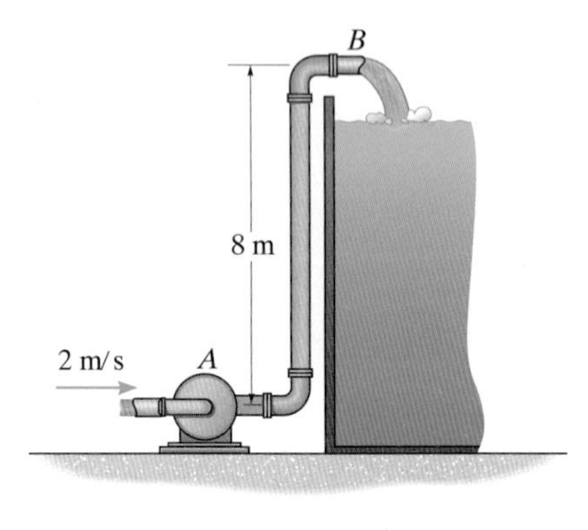

F5–11

F5-12 제트엔진이 12 m/s의 속도로 600 kJ/kg의 엔탈피를 가지는 공기와 연료를 흡입한다. 배기구에서 엔탈피는 450 kJ/kg이고, 속도는 48 m/s이다. 만약 질량유량이 2 kg/s이고 열손실률이 1.5 kJ/s라면, 엔진의 출력은 얼마인가?

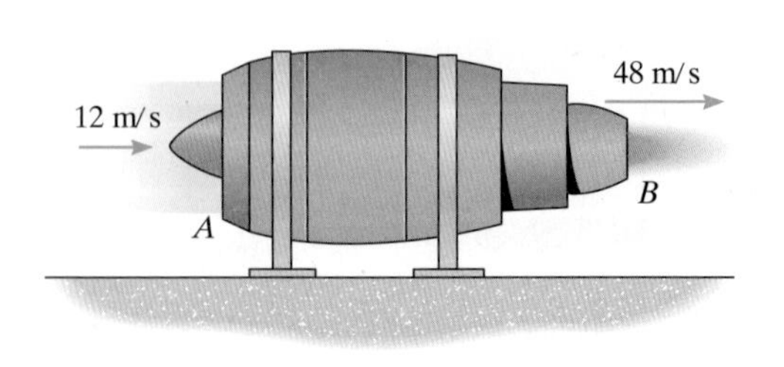

F5–12

연습문제

특별한 언급이 없으면 아래의 문제들에서 유체는 비압축성이고 마찰이 없는 이상유체라고 가정한다.

5.1~5.3절

5-1 물은 수평으로 좁아지는 관 내부를 흐른다. 물이 $0.5\ \text{m/s}^2$의 가속도를 가지는 경우 4 m의 수평 유선을 따라서 감소하는 평균압력 차이를 구하라.

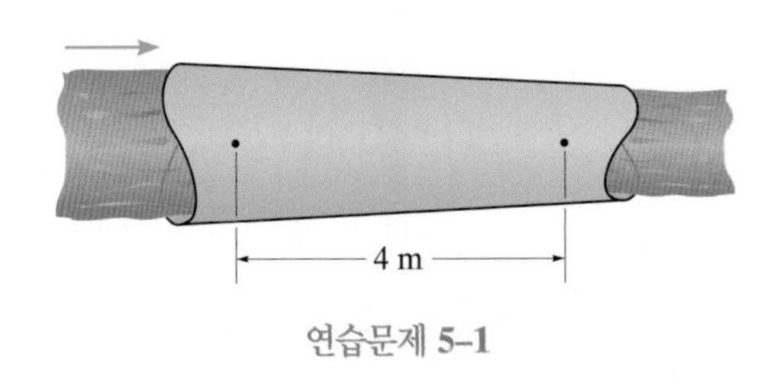

연습문제 **5–1**

5-2 직경 100 mm의 관이 300 mm의 곡률 반경으로 휘어져 있다. 점 A와 B 사이에 압력차가 $p_B - p_A = 300\ \text{kPa}$이라면, 관을 통해서 흐르는 물의 체적유량은 얼마인가?

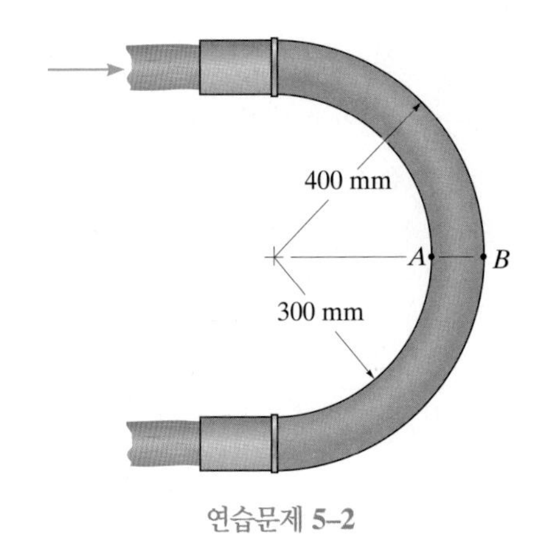

연습문제 **5–2**

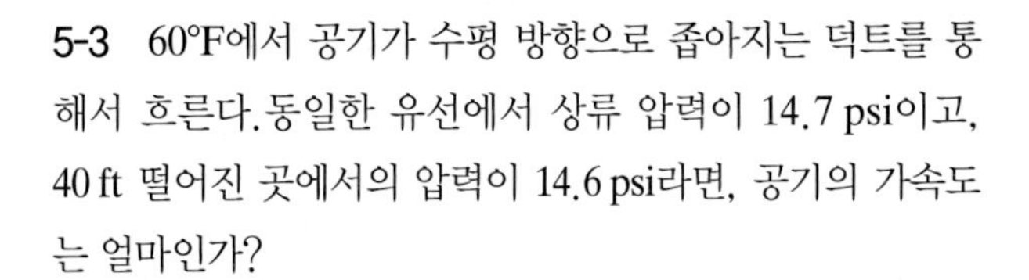

5-3 60°F에서 공기가 수평 방향으로 좁아지는 덕트를 통해서 흐른다. 동일한 유선에서 상류 압력이 14.7 psi이고, 40 ft 떨어진 곳에서의 압력이 14.6 psi라면, 공기의 가속도는 얼마인가?

***5-4** 60°F에서 공기가 수평으로 좁아지는 덕트를 통해서 흐른다. 공기가 $150\ \text{ft/s}^2$의 가속도를 가질 때, 40 ft 간격의 덕트에서 평균압력 감소량을 구하라.

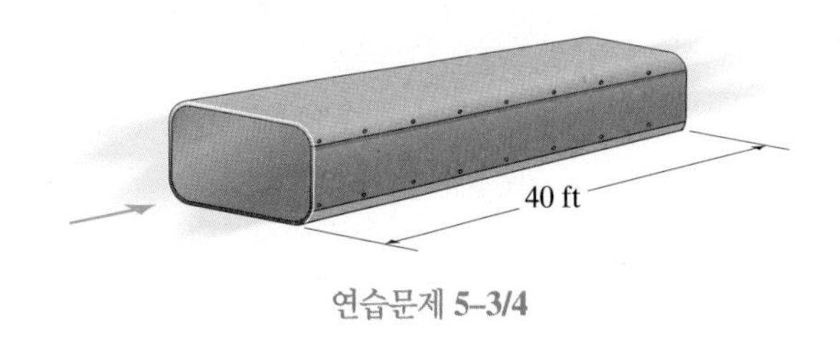

연습문제 **5–3/4**

5-5 밀도 ρ를 가지는 이상유체가 굽어진 관의 수평 부분을 통해서 V의 속도로 들어온다. $r_i \le r \le r_o$이고 $r_o = 2r_i$인 경우, 유체 내에 압력 변화를 반경 r의 함수로 도시하라.

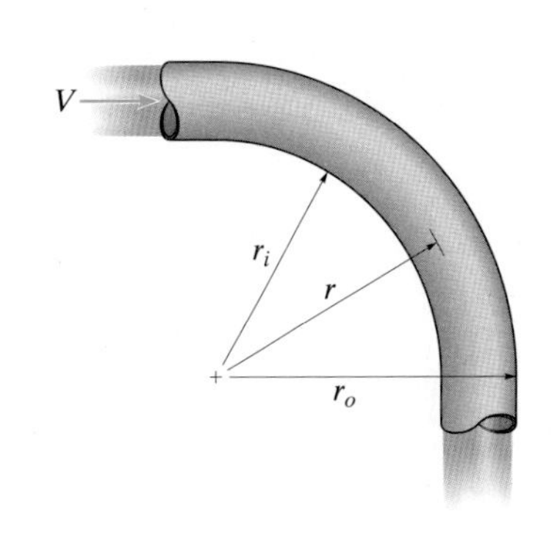

연습문제 **5–5**

5-6 물이 4 ft/s의 균일한 속도로 수평으로 놓인 원형단면 관을 통해서 흐른다. 만약 점 D에서 압력이 60 psi라면, C에서 압력은 얼마인가?

5-7 관을 수직으로 놓았다고 가정하고, 연습문제 5-6을 풀어라.

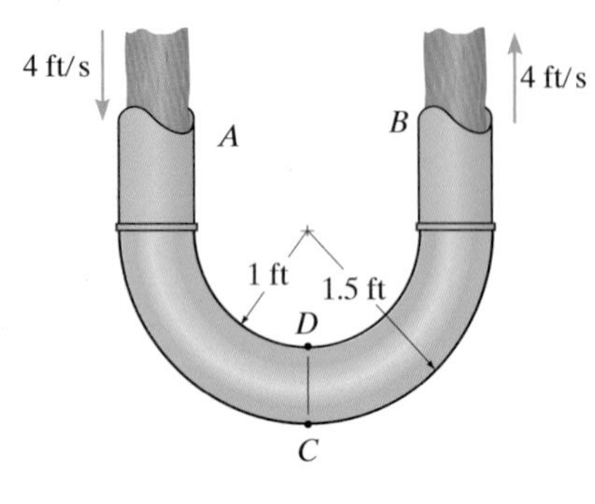

연습문제 **5-6/7**

***5-8** 힘 **F**를 적용함으로써 소금물(식염수)이 직경 15 mm의 주사기로부터 직경 0.6 mm의 바늘을 통해서 빠져나간다. 만약 주사기 내에 생성된 압력이 60 kPa이라면, 바늘을 통해서 나온 용액의 평균속도는 얼마인가? 소금물의 밀도는 1050 kg/m^{3}이다.

5-9 힘 **F**를 적용함으로써 소금물(식염수)이 직경 15 mm의 주사기로부터 직경 0.6 mm의 바늘을 통해서 빠져나간다. 바늘을 통해서 나가는 용액의 평균속도를 플런저(plunger)에 적용된 힘 F의 함수로 구하라. 수직축은 속도로, 수평축은 $0 \leq F \leq 20$ N 범위의 힘으로 택하라. 힘의 증분치는 $\Delta F = 5$ N로 택하라. 식염수의 밀도는 1050 kg/m^{3}이다.

연습문제 **5-8/9**

5-10 약물 주입펌프가 플런저 A에서 20 mm/s 속도가 되도록 주사기 내에 압력을 가한다. 식염수의 밀도가 1050 kg/m^{3}라면, B에서 주사기에 생성된 압력은 얼마인가?

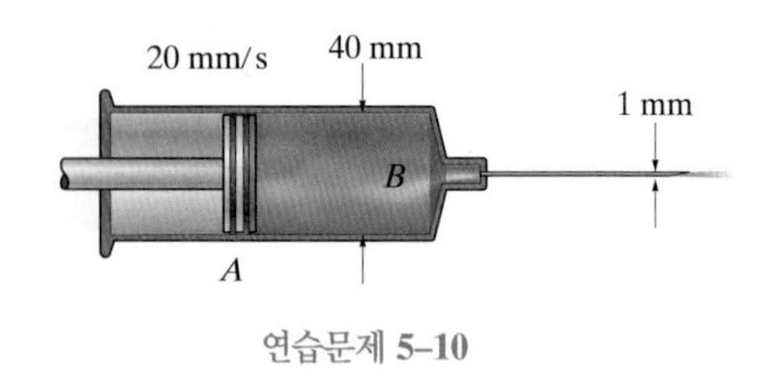

연습문제 **5-10**

5-11 분수 노즐이 물을 공기 중으로 2 ft 높이로 뿌린다면, A에서 노즐을 떠나는 물의 속도는 얼마인가?

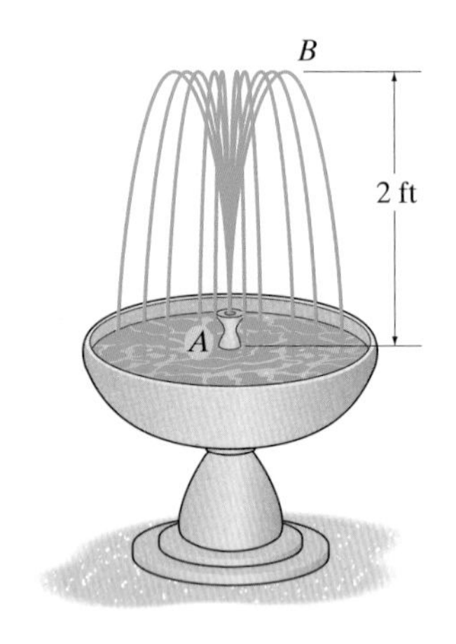

연습문제 **5-11**

***5-12** 3 km 상공의 정지된 공기 A에서 제트 비행기가 80 m/s의 속도로 날아가고 있다. 날개의 선단 B에서의 정체압은 절대압력으로 얼마인가?

5-13 4 km 상공의 정지된 공기 A에서 제트 비행기가 80 m/s의 속도로 날아가고 있다. 만약 공기가 90 m/s의 속도로 날개 근처의 점 C를 지나서 흘러간다면, 날개의 선단 B 근처의 공기와 점 C 사이의 압력차는 얼마인가?

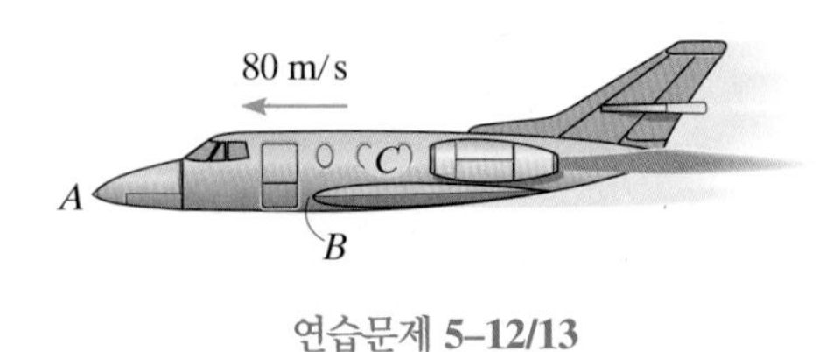

연습문제 **5-12/13**

5-14 강이 12 ft/s로 흐르다가 방향을 바꾸어 80 ft 높이에서 폭포처럼 떨어진다. 폭포 아래의 돌과 부딪치기 바로 직전의 물의 속도를 구하라.

5-15 물이 큰 웅덩이(basin)으로부터 B에서의 배수관을 통해서 0.03 m^3/s로 배수된다. 만약 배수관의 직경이 d = 60 mm라면, 물의 깊이가 h = 2 m일 때 배수관 내부 B에서의 압력을 구하라.

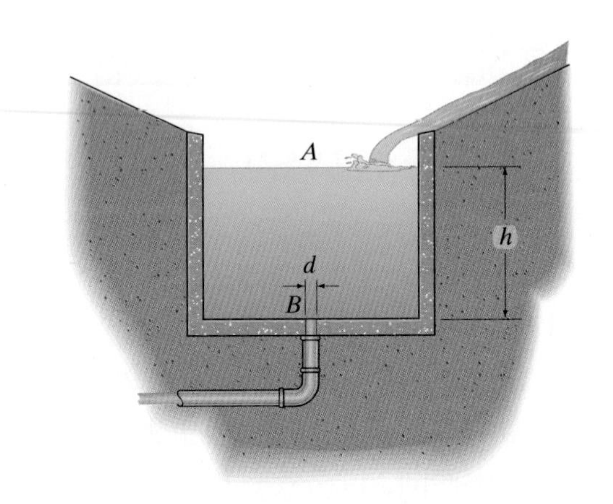

연습문제 **5–15**

***5-16** 물이 큰 웅덩이로부터 B에서의 배수관을 통해서 0.03 m^3/s로 배수된다. 배수관의 직경 d의 함수로서 배수의 내부 B의 압력을 구하라. 물의 높이는 h = 2 m로 유지된다. 60 mm < d < 120 mm에 대하여 직경 대 압력(수직축)의 그래프를 그려라. Δd = 20 mm의 증분치를 주어라.

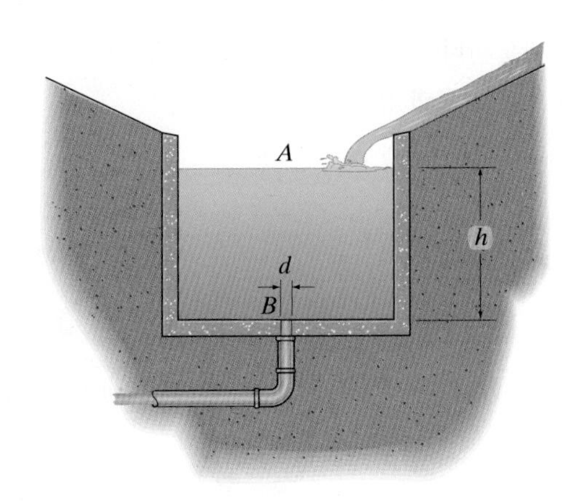

연습문제 **5–16**

5-17 물이 $Q = 0.08\ m^3/s$로 튜브를 통해 흘러올라가서 분수를 만든다. 대기 중으로 나가기 전에 두 원통형의 판을 통해서 반경방향으로 흐른다. 점 A에서 물의 속도와 압력을 구하라.

5-18 물이 $Q = 0.08\ m^3/s$로 튜브를 통해 흘러올라가서 분수를 만든다. 물은 대기 중으로 나가기 전에 두 원통판 사이를 반지름방향으로 흐른다. 물의 압력을 반경 거리 r의 함수로 구하라. 200 mm ≤ r ≤ 400 mm에 대하여 r에 대한 압력(수직축)을 그려라. Δr = 50 mm를 증분치로 주어라.

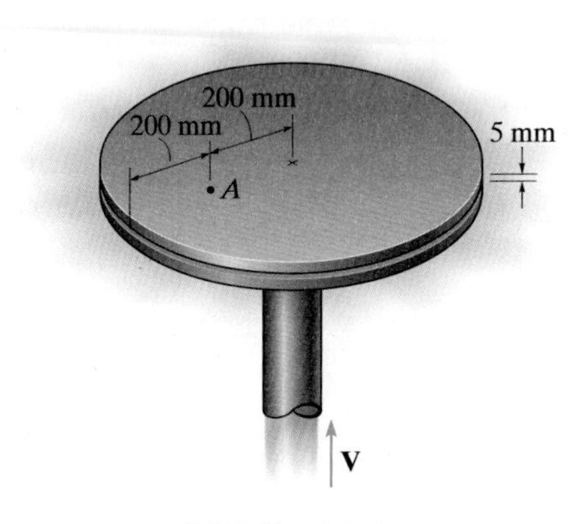

연습문제 **5–17/18**

5-19 평균적인 인간의 폐는 입과 코 A를 통해서 한 번의 흡입으로 공기 0.6리터를 마신다. 흡입은 대략 1.5초 동안 지속된다. 만약 125 mm^2의 단면적을 가지는 기도 B를 통해서 호흡이 발생한다면, 공기를 흡입하기 위해 필요한 동력을 구하라. $\rho_a = 1.23\ kg/m^3$을 사용하라. 힌트 : 동력은 $F = pA$일 때 힘 F와 속도 V의 곱임을 기억하라.

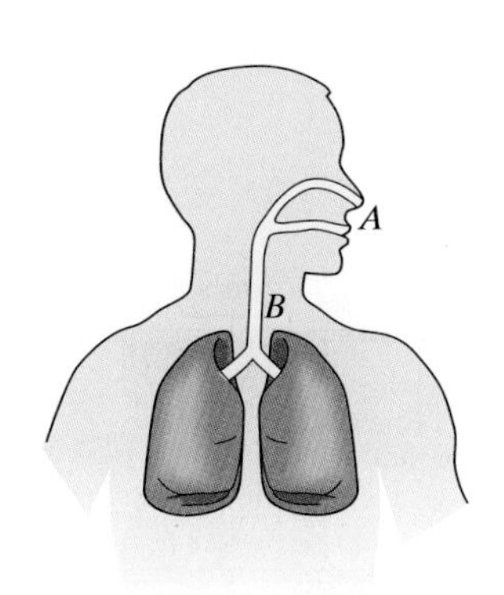

연습문제 **5–19**

***5-20** 큰 탱크 안에 수위가 0.5 m일 때 물은 4 m/s의 속도에서 호스 B로부터 흐른다. 탱크의 꼭대기 A로 펌핑되는 공기의 압력을 구하라.

5-21 A에서 호스가 150 kPa 압력으로 탱크속으로 공기를 펌핑하는 데 사용된다면, 수위가 0.5 m일 때 B에서 직경 15 mm의 호스로 나오는 물의 체적유량을 구하라.

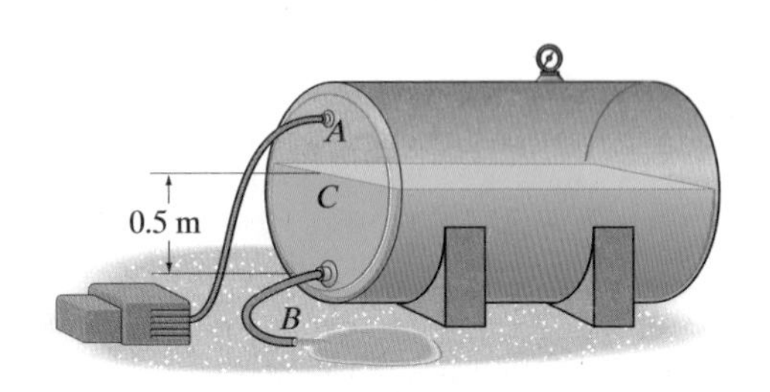

연습문제 5–20/21

5-22 피스톤 C가 5 m/s의 일정한 속도로 오른쪽으로 이동한다. 이때 대기압의 바깥 공기가 B의 입구를 통해서 원형 실린더 안으로 흘러들어온다. 실린더 내부의 압력과 피스톤을 움직이기 위해 필요한 동력을 구하라. $\rho_a = 1.23\ \text{kg/m}^3$을 사용하라. 힌트 : 동력은 $F = pA$일 때 힘 F와 속도 V의 곱임을 기억하라.

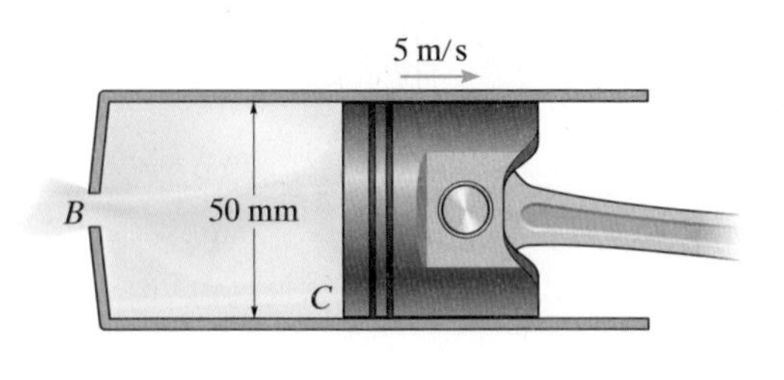

연습문제 5–22

5-23 분수가 10 mm의 내부 직경을 가진 네 개의 노즐을 통해서 물을 분사된다. 물줄기가 항상 $h = 4$ m의 높이에 이를 수 있도록 공급관에 흘러가는 물의 압력과 필요한 체적유량을 구하라.

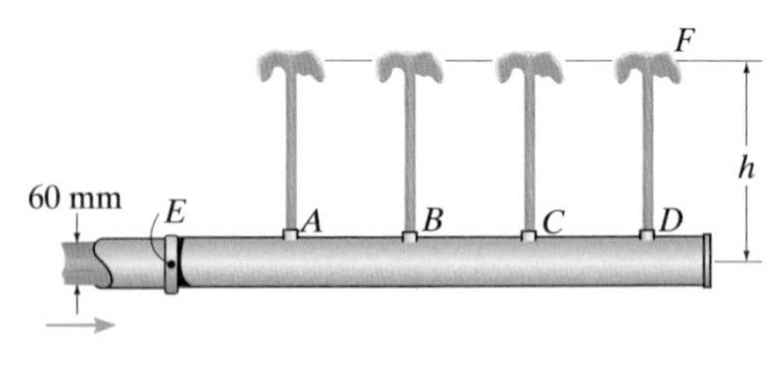

연습문제 5–23

***5-24** 분수가 10 mm의 내부 직경을 가진 네 개의 노즐을 통해서 물을 분사된다. 노즐을 통해서 솟아오르는 물줄기의 최대 높이 h를 E에서 직경 60 mm의 관으로 들어가는 체적유량의 함수로써 구하라. 또한 E에서 상응하는 압력을 h의 함수로 나타내어라.

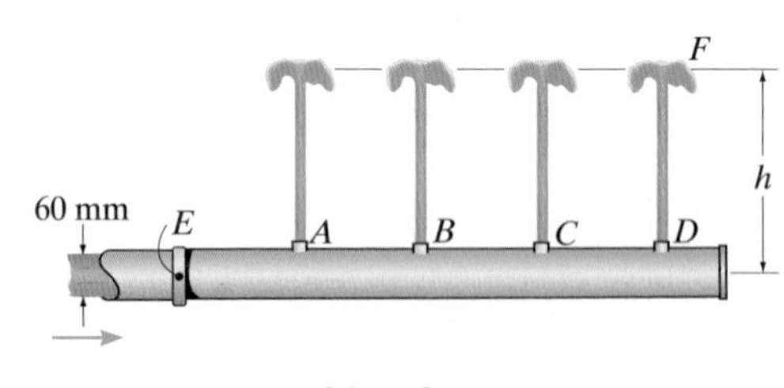

연습문제 5–24

5-25 마노미터에 그림과 같이 수은이 들어있다면, 관을 통해서 흐르는 물의 유속은 얼마인가?

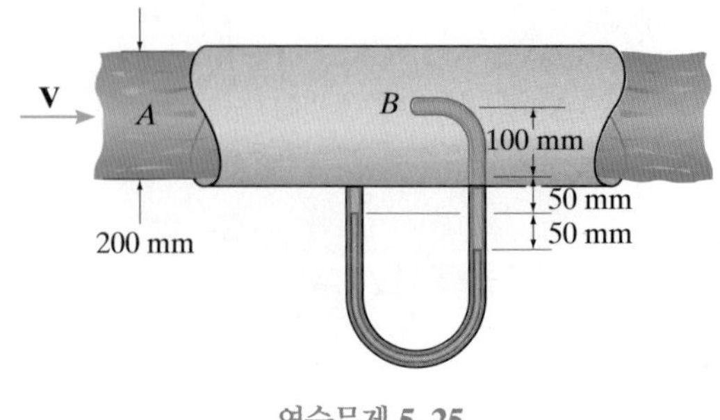

연습문제 5–25

5-26 수냉식 원자로는 3 mm 공간으로 떨어져 있고 길이 800 mm의 플레이트 형상의 연료 요소로 만들어져 있다. 초기 시험 동안, 물은 원자로의 바닥(플레이트)에 들어가고 0.8 m/s로 위쪽 방향으로 흐른다. A와 B 사이에서 물의 압력차를 구하라. 평균수온은 80°C로 사용하라.

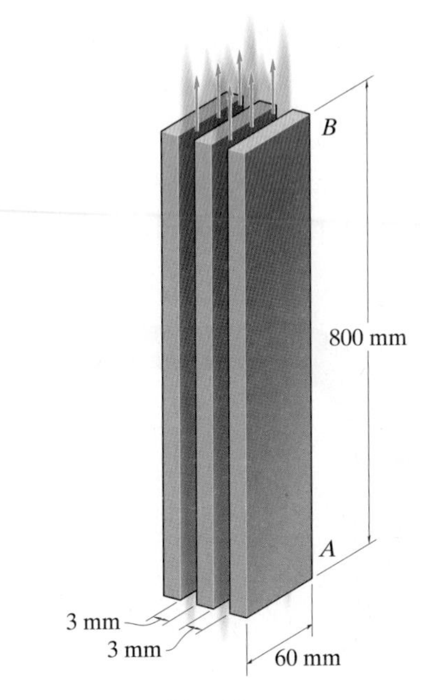

연습문제 **5–26**

5-27 혈액이 직경 $d_2 = 8$ mm의 협착 대동맥 판막을 통해서 $d_1 = 16$ mm의 출구 직경을 가지고 있는 심장의 좌심실로부터 흘러나오고, 직경 $d_3 = 20$ mm의 대동맥으로 흘러 들어간다. 심박수는 분당 90번 뛰고, 각각의 혈액의 배출은 0.31초 동안 지속된다. 만약 심장의 배출량이 분당 4리터라면, 심장 판막을 지나갈 때의 압력 변화를 구하라. 혈액의 밀도는 1060 kg/m^{3}이다.

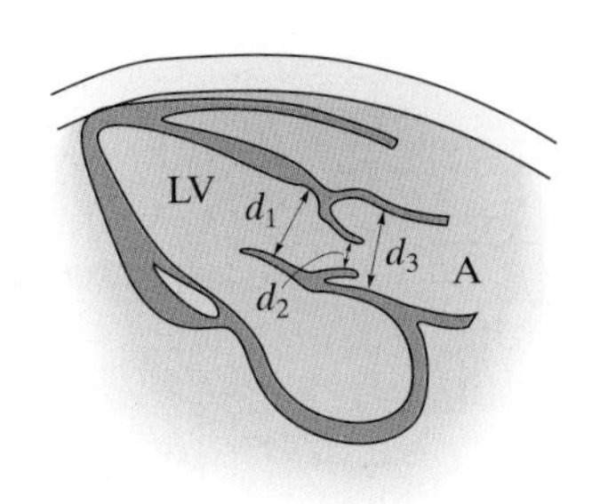

연습문제 **5–27**

***5-28** A에서 공기가 원뿔형 천막의 문에 2 m/s의 평균속도로 들어가고 꼭대기 B에서 나간다. 두 점 사이의 압력차를 구하고 B에서 공기의 평균속도를 구하라. 입구와 출구의 면적은 $A_A = 0.3$ m^{2}과 $A_B = 0.05$ m^{2}이다. 공기의 밀도는 1.20 kg/m^{3}이다.

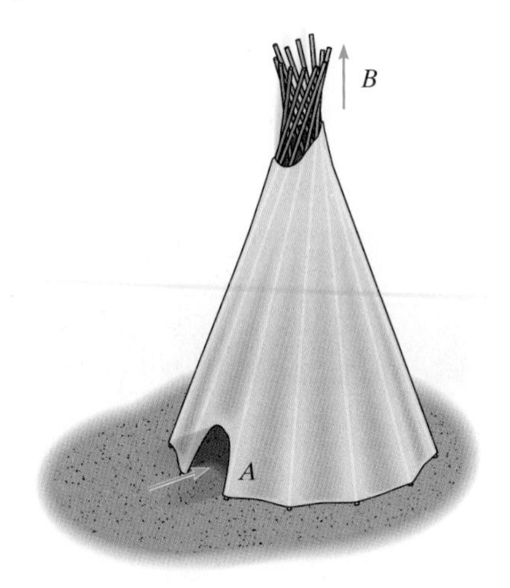

연습문제 **5–28**

5-29 에너지를 생산하는 한 가지 방법으로 그림에 나타낸 바와 같이 해수를 저수지로 방향을 바꾸게 하는 좁아지는 채널(TAPCHAN)을 이용하는 방법이 있다. 파도가 A에서 양 옆이 막혀있는 좁아지는 채널을 통해서 해안으로 다가옴에 따라, 파도의 높이는 측면을 넘어 넘치고 저수지로 들어올 때까지 증가할 것이다. 저수지의 물은 동력을 생산하기 위해서 C의 건물 내부의 터빈을 통해 지나가고 D에서 바다로 돌아올 것이다. 만약 A에서 물의 유속이 $V_A = 2.5$ m/s이고 수심은 $h_A = 3$ m라면, 물이 저수지로 들어갈 수 없는 채널의 배면 B의 최소 높이 h_B를 구하라.

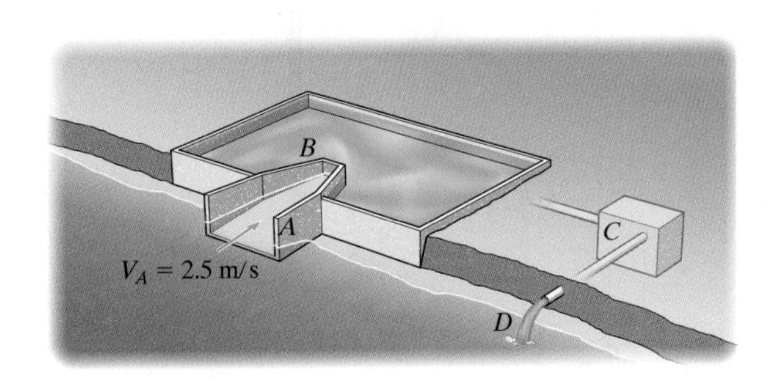

연습문제 **5–29**

5-30 큰 탱크에 도시된 깊이까지 휘발유와 기름으로 채워져 있다. 만약 A에서 밸브가 열려있다면, 탱크로부터 흘러나오는 초기 체적유량은 얼마인가? 휘발유의 밀도는 1.41 slug/ft^{3}이고, 기름의 밀도는 1.78 slug/ft^{3}이다.

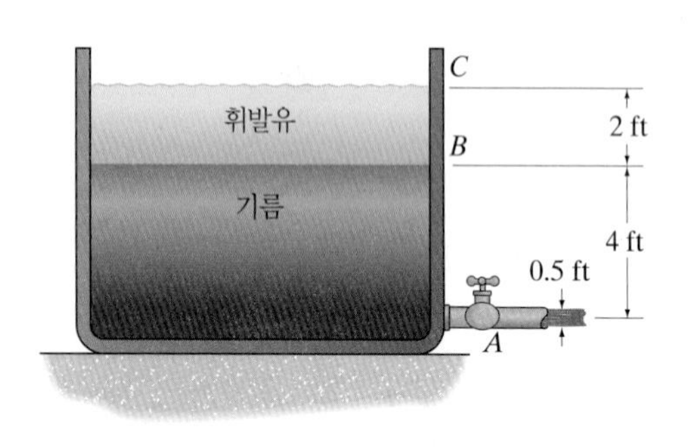

연습문제 **5–30**

5-31 배출구 A에서 밸브가 열릴 때, A의 배수관을 통해서 흘러나가는 초기 체적유량이 0.1 m^3/s가 되기 위해서는 등유가 들어있는 탱크 상부 B에 작용해야 하는 공기압은 얼마가 되어야 하는가?

***5-32** 탱크 내의 등유 상부에서 작용하는 공기압이 80 kPa이라면, 밸브가 열릴 때 A의 배수관을 통해서 흘러나가는 초기 체적유량을 구하라.

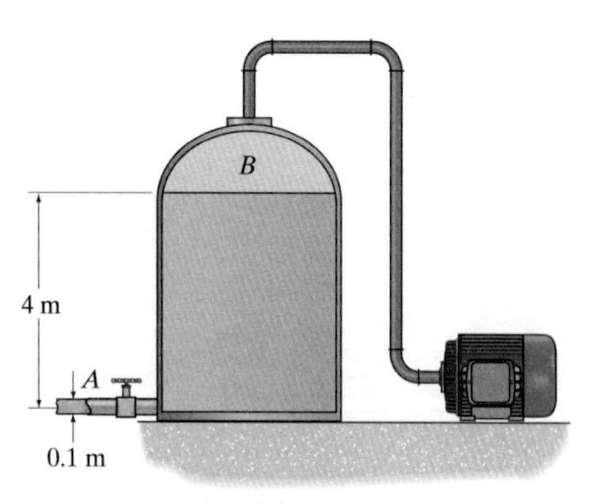

연습문제 **5–31/32**

5-33 물이 A에서 수직관을 통해서 위로 흘러갈 때, 150 kPa의 압력을 받고 3 m/s의 속도를 가지게 된다. B에서 물의 압력과 속도를 구하라. 관의 직경 d = 75 mm이다.

5-34 물이 A에서 수직관을 통해서 위로 흘러갈 때, 150 kPa의 압력을 받고 3 m/s의 속도를 가지게 된다. B에서의 압력과 속도를 관의 직경 d의 함수로 구하라. 25 mm ≤ d ≤ 100 mm에 대해서 직경에 대해 압력과 속도를 수직축으로 그래프를 그려라. Δd = 25 mm의 증분치로 주어라. 만약 d_B = 25 mm라면, B에서 압력은 얼마인가? 그래프에서 아래로 내려가는 부분은 타당한지 설명하라.

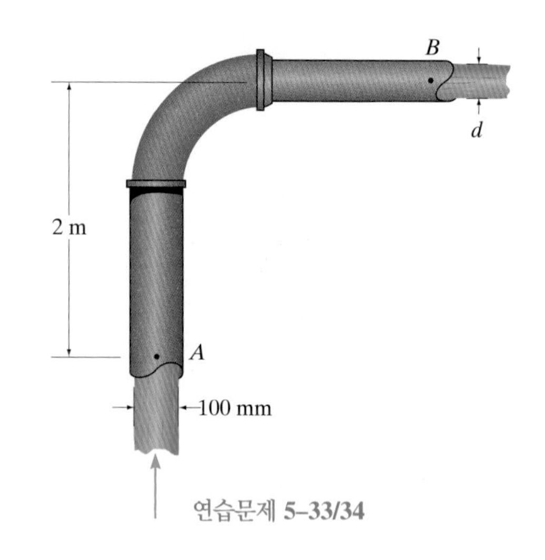

연습문제 **5–33/34**

5-35 관로 이음관을 따라서 물의 속도가 V_A = 10 m/s에서 V_B = 4 m/s로 균일하게 변한다면, A와 x 사이의 압력차를 구하라.

***5-36** 관로 이음관을 따라서 물의 속도가 V_A = 10 m/s에서 V_B = 4 m/s로 균일하게 변한다면, A와 x = 1.5 m 사이의 압력차를 구하라.

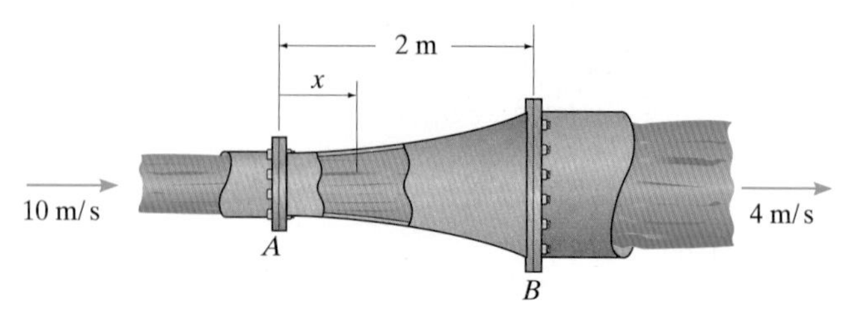

연습문제 **5–35/36**

5-37 물이 수직관을 통해서 윗방향으로 흘러간다. B에서 평균속도가 4 m/s라면, A에서의 압력은 얼마인가?

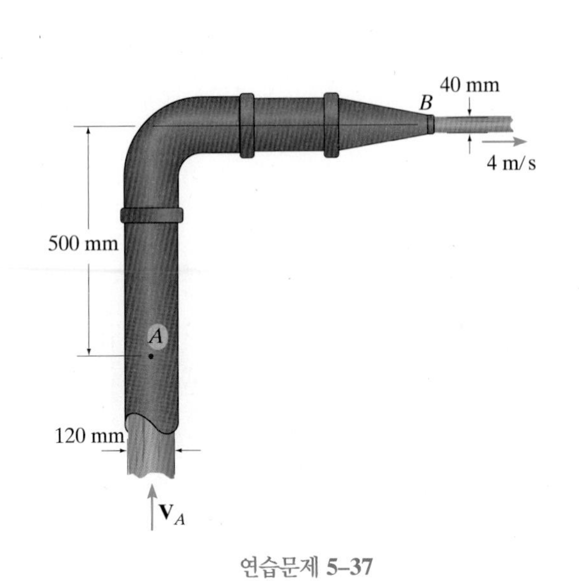

연습문제 **5–37**

5-38 물이 낮은 높이로 떨어진 후에 깊이가 $h = 0.3$ m로 유지되어 직사각형 채널을 따라 흐른다. 채널을 통해 흘러가는 체적유량을 구하라. 채널의 폭은 1.5 m이다.

5-39 물이 폭 1.5 m인 직사각형 채널을 따라서 A에서 3 m/s로 흐른다. A에서 깊이가 0.5 m라면, B에서의 깊이는 얼마인가?

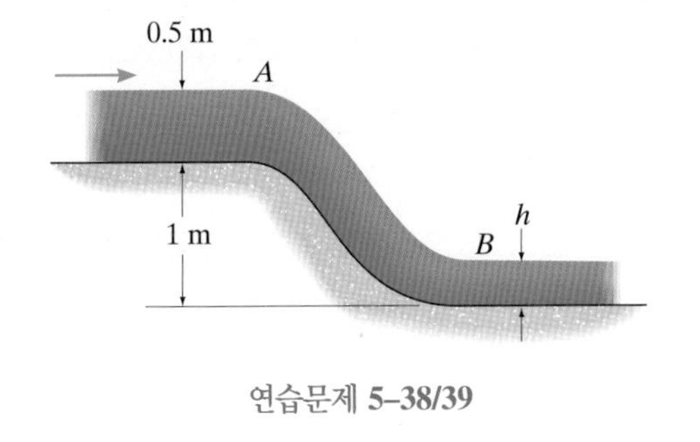

연습문제 **5–38/39**

***5-40** 40°C 온도의 공기가 6 m/s로 노즐로 흘러들어가고, 온도가 0°C인 대기 B로 나간다. A에서의 압력을 구하라.

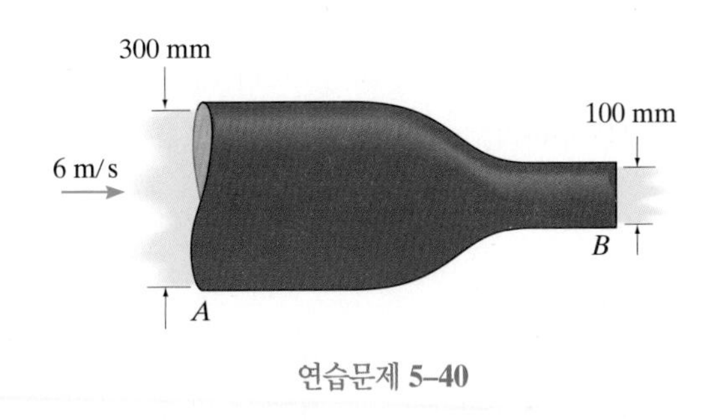

연습문제 **5–40**

5-41 물이 A에서 6 m/s의 속도와 280 kPa의 압력으로 관을 통해서 흘러간다. B에서 유속과 마노미터 내부의 수은의 높이변화 h를 구하라.

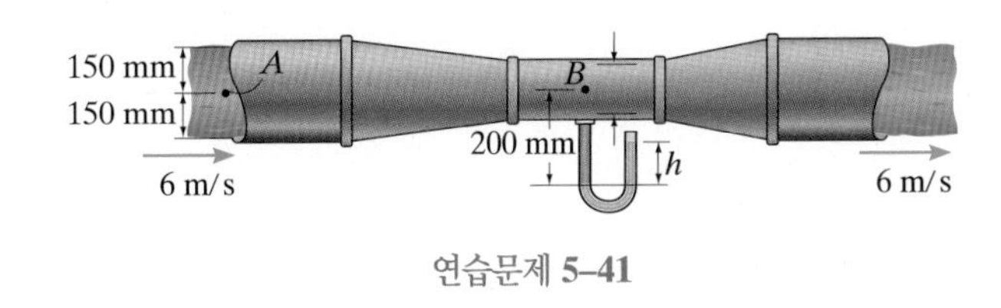

연습문제 **5–41**

5-42 직사각형 채널 내부의 유량을 결정하기 위해서 높이 0.2 ft의 요철이 바닥 표면에 만들어져 있다. 만약 요철에서 유동의 측정된 깊이가 3.30 ft라면, 체적유량은 얼마인가? 유동은 균일하고 채널 깊이는 2 ft이다.

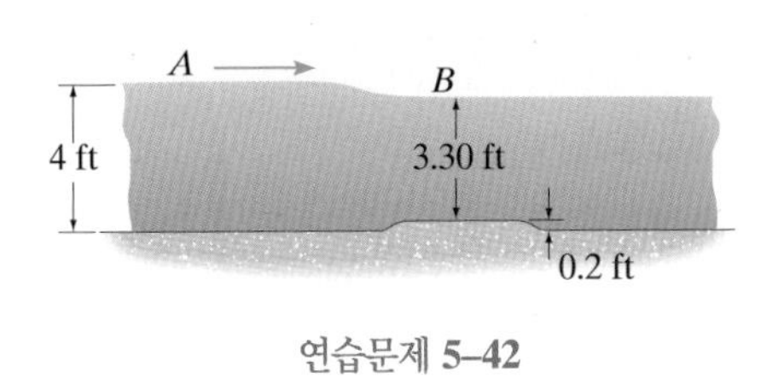

연습문제 **5–42**

5-43 물이 관을 통해서 흐를 때, A와 B의 피에조미터 내에서 높이 $h_A = 1.5$ ft와 $h_B = 2$ ft로 상승한다. 체적유량을 구하라.

***5-44** 이음관을 통과하는 물의 체적유량은 3 ft^3/s이다. 만약 $h_B = 2$ ft라면, A에서 피에조미터 내부에서 상승하는 물의 높이를 구하라.

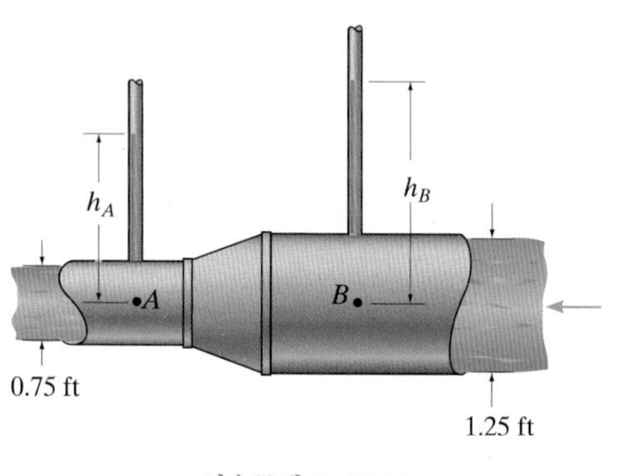

연습문제 **5–43/44**

5-45 마노미터 내에서 물기둥의 높이차가 $h = 100$ mm라면, 관을 통해서 흐르는 기름의 유량은 얼마인가? 기름의 밀도는 875 kg/m^{3}이다.

5-46 관을 통해서 흐르는 기름의 유량이 0.04 m^3/s라면, 마노미터 내에서 물기둥의 높이차는 얼마인가? 기름의 밀도는 875 kg/m^{3}이다.

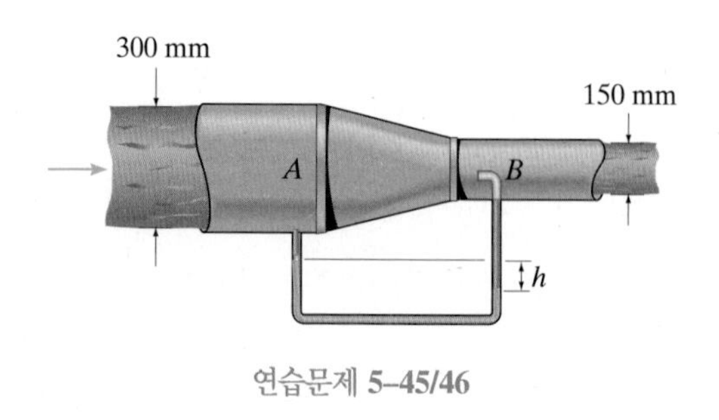

연습문제 **5–45/46**

5-47 60°F의 공기가 A에서 압력이 2 psi이고 B에서 압력이 2.6 psi인 덕트를 통해서 흐른다. 덕트를 통해서 흐르는 체적유량을 구하라.

***5-48** 100°F의 공기가 A에서 1.50 psi 압력하에 200 ft/s의 속도로 덕트를 통해 흐른다. B에서의 압력을 구하라.

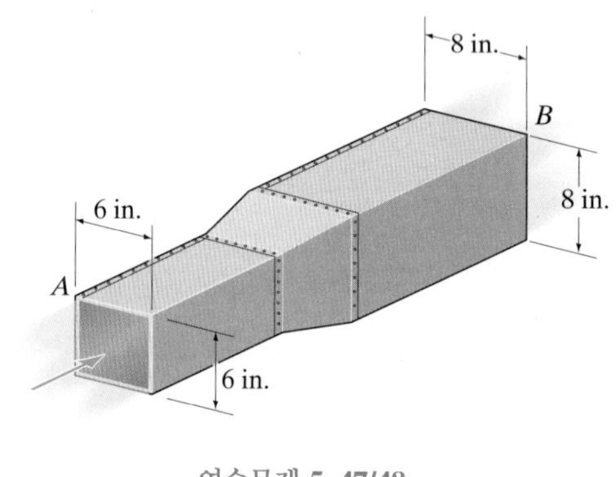

연습문제 **5–47/48**

5-49 20°C의 이산화탄소가 피토관 B를 지나서 흐르고 마노미터 내부의 수은이 그림처럼 50 mm 아래에 위치해 있다. 덕트가 0.18 m^{2}의 단면적을 가지고 있다면 질량유량은 얼마인가?

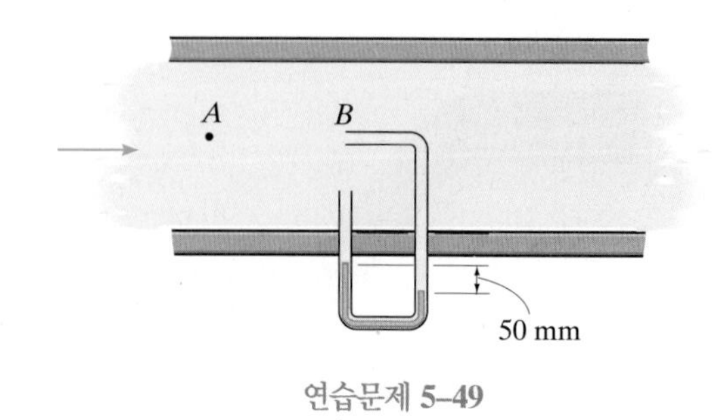

연습문제 **5–49**

5-50 기름이 400 kPa의 압력하에 A에서 2.5 m/s의 속도로 수평관을 통해서 흐른다. C에서 압력이 150 kPa이라면, B에서 관 내부의 압력은 얼마인가? 높이차를 무시하라. 기름의 밀도는 880 kg/m^{3}이다.

5-51 기름이 100 kPa의 압력하에 A에서 2.5 m/s의 속도로 수평관을 통해서 흐른다. B에서 압력이 95 kPa이라면, C에서 관 내부의 압력은 얼마인가? 기름의 밀도는 880 kg/m^{3}이다.

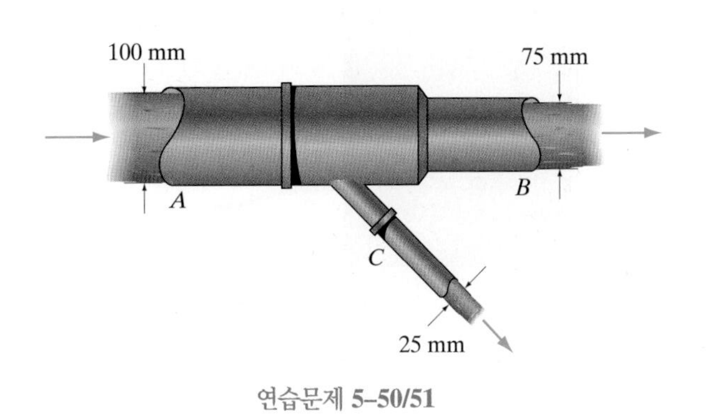

연습문제 **5–50/51**

***5-52** 물이 A에서 6 m/s의 속도로 이음관을 통해서 흐른다. 마노미터 내에서 수은의 높이차를 구하라. 수은의 밀도는 13550 kg/m^{3}이다.

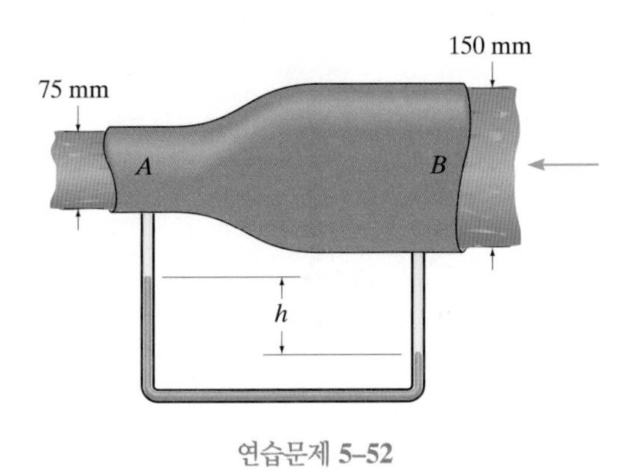

연습문제 **5–52**

5-53 표면장력 효과로 인해 수도꼭지로부터 물이 10 in.를 떨어진 뒤에 0.5 in.의 직경에서 0.3 in.의 직경으로 가늘어 진다. A와 B에서 물의 평균속도를 구하라.

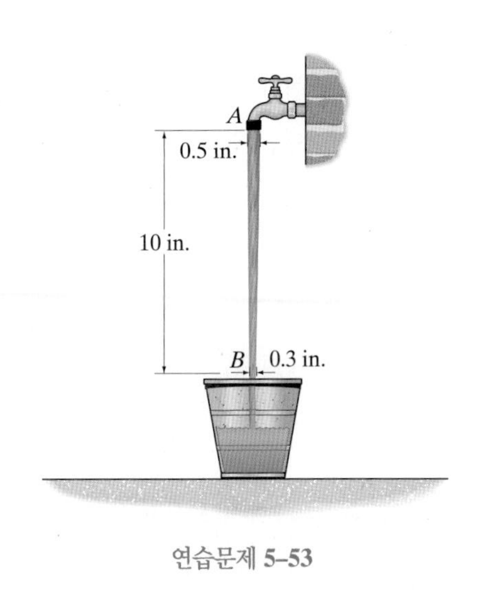

연습문제 **5–53**

5-54 표면장력 효과로 인해 수도꼭지로부터 물이 10 in.를 떨어진 뒤에 0.5 in.의 직경에서 0.3 in.의 직경으로 가늘어 진다. slug/s의 단위로 질량유량을 구하라.

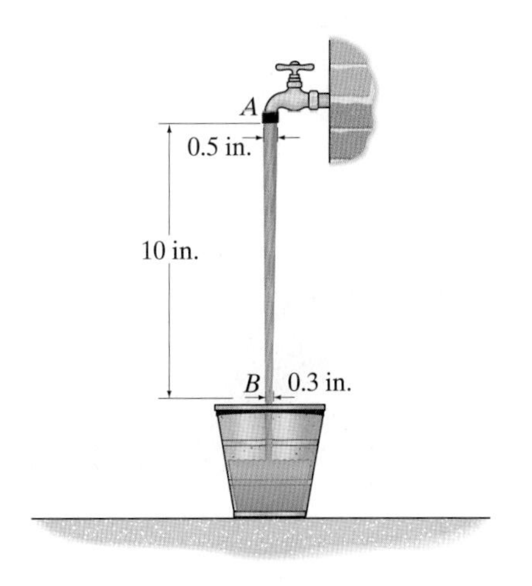

연습문제 **5–54**

5-55 15°C의 온도와 275 kPa의 절대압력을 가진 공기가 $V_A = 4$ m/s로 직경 200 mm의 덕트를 통해서 흐른다. 이음관을 통과한 공기는 직경 400 mm의 덕트 B로 들어간다. 공기의 절대압력을 구하라. 공기의 온도는 일정하다.

***5-56** 15°C의 온도와 250 kPa의 절대압력을 가진 공기가 $V_A = 20$ m/s로 직경 200 mm의 덕트를 통해서 흐른다. 공기가 이음관을 통과하여 직경 400 mm의 덕트로 들어갈 때, 압력상승 $\Delta p = p_B - p_A$는 얼마인가? 공기의 온도는 일정하다.

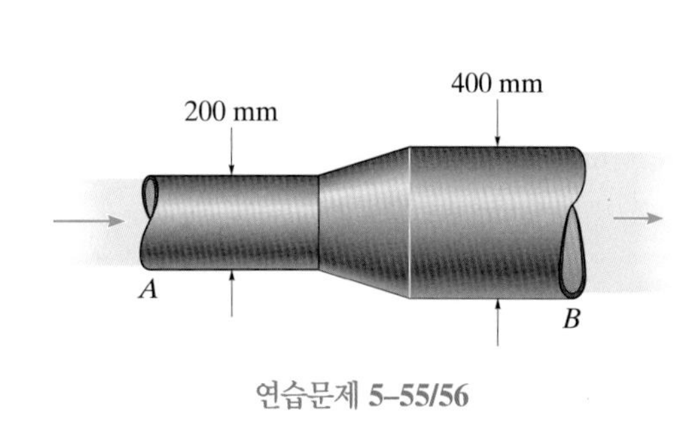

연습문제 **5–55/56**

5-58 물탱크의 상단 A에서 공기의 압력이 60 psi이다. 물이 B에서 노즐로부터 배출된다면, 구멍을 통해서 나가는 유속과 출구로부터 물이 땅과 부딪치는 평균거리 d를 구하라.

5-59 공기는 물탱크의 상단 A로 유입되고, 물은 B에서 작은 구멍으로부터 배출된다. 물이 땅과 부딪치는 거리 d를 A에서의 계기압력의 함수로 구하라. $0 \le p_A \le 100$ psi에 대해서 압력에 대한 거리(수직축)를 그려라. $\Delta p_A = 20$ psi로 증분치를 주어라.

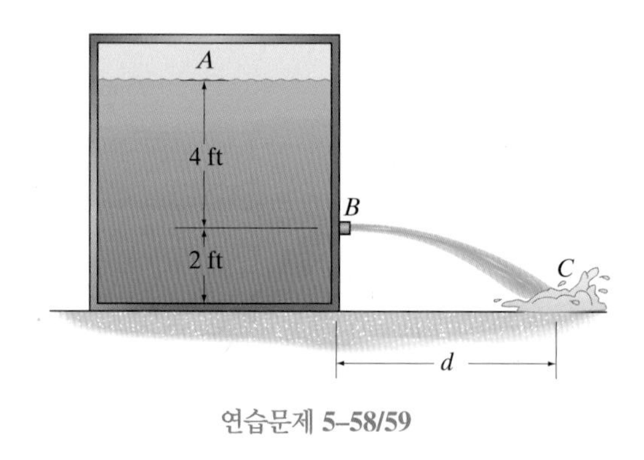

연습문제 **5–58/59**

5-57 물이 1 m 내려간 뒤에 직사각형 채널 내부로 흘러 들어간다. 채널의 폭이 1.5 m일 때 채널 내에서 체적유량을 구하라.

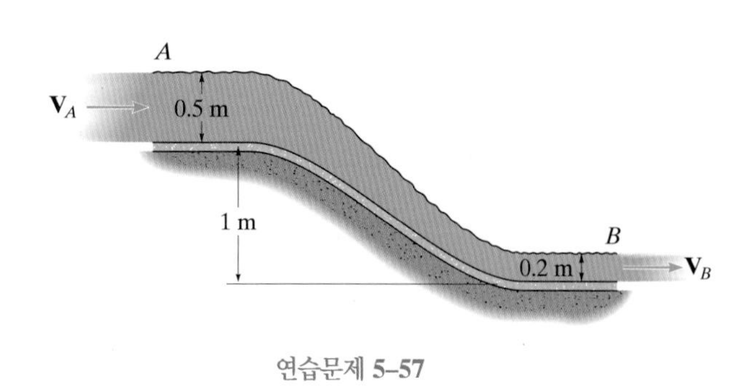

연습문제 **5–57**

***5-60** 직경 6 in.의 관 내부의 수압이 A에서 10 psi이고 물이 6 ft/s의 속도로 이 점을 지나간다면, 물기둥의 높이 h와 C에서의 평균속도는 얼마인가?

5-61 직경 6 in.의 관 내부의 압력이 A에서 10 psi이고 물기둥이 $h = 30$ ft의 높이로 상승한다면, C에서 관 내부의 압력과 속도는 얼마인가?

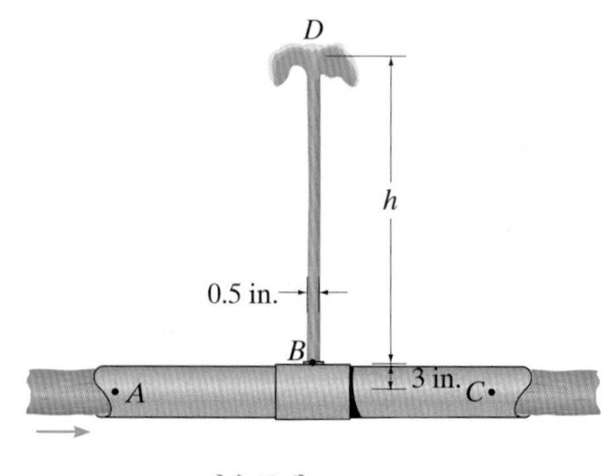

연습문제 **5–60/61**

5-62 물이 40 kPa 압력하에 8 m/s로 T형상 관으로 흘러 들어간다면, *A*와 *B*에서 수직관을 흘러나가는 속도는 얼마인가?

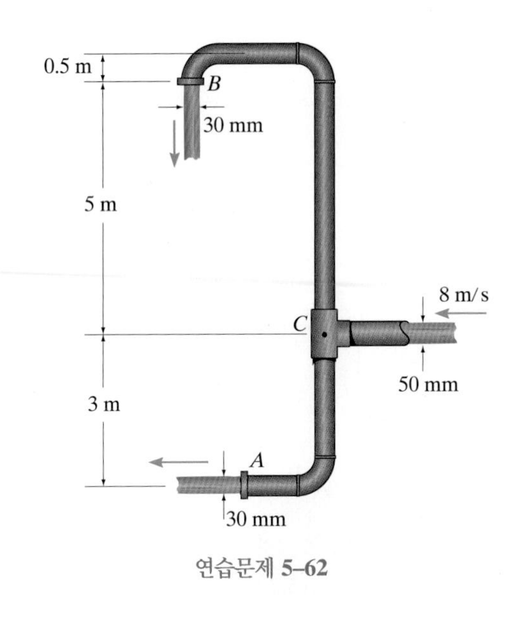

연습문제 **5–62**

5-63 개방 원통 탱크에 린시드유(linseed oil)가 채워져 있다. 50 mm의 길이와 2 mm의 평균높이를 갖는 틈이 탱크의 바닥에 발생하였다. 여덟 시간 동안 얼마나 많은 양의 기름이 탱크로부터 배수될 것인가? 기름의 밀도는 940 kg/m^{3}이다.

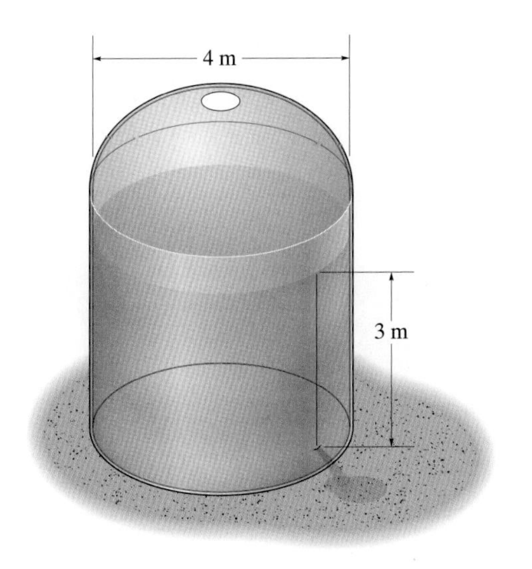

연습문제 **5–63**

***5-64** 아래 그림과 같이 물이 콘 깔대기에 들어있고 최초의 수위는 y = 200 mm이다. 내부직경이 5 mm인 끝단이 개방될 경우, 물의 표면 수위가 하강하는 속도를 구하라.

5-65 콘 깔때기의 끝단의 직경이 5 mm라면, 물의 표면 수위가 하강하는 속도를 깊이 y의 함수로 구하라. 정상유동으로 가정한다. 참고 : 콘의 체적은 $V = \frac{1}{3}\pi r^2 h$이다.

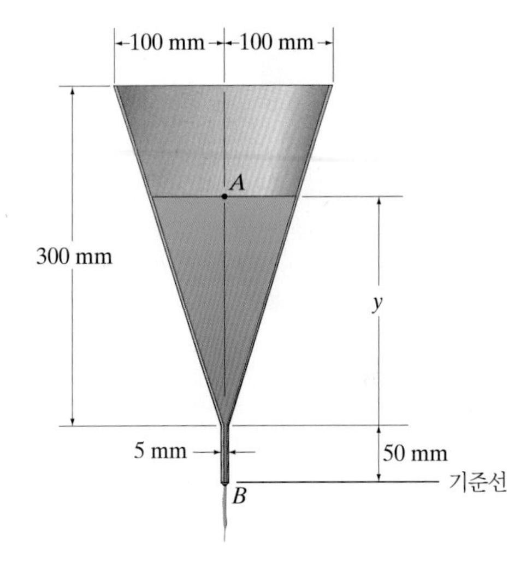

연습문제 **5–64/65**

5-66 큰 용기로부터 물이 *B*에서 노즐을 통해 흐른다. 물의 절대 증기압이 0.65 psi라면, *B*에서 공동현상(cavitation)이 발생하지 않기 위한 물의 최대 높이 *h*를 구하라.

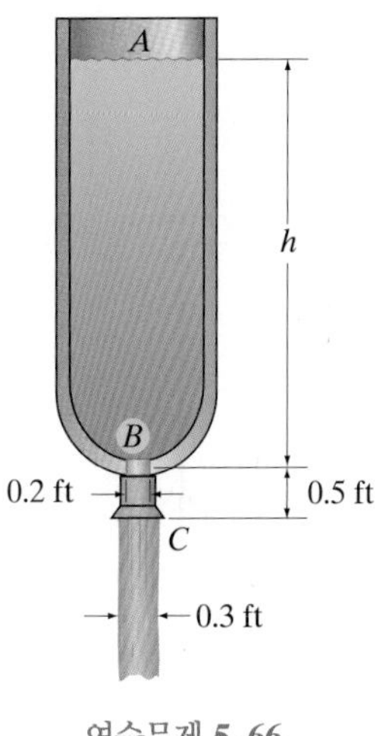

연습문제 **5–66**

5-67 물이 분수 컵 A에서 컵 B로 옮겨진다. 정상유동으로 유지되기 위한 B에서의 물의 깊이 h를 구하라.

***5-68** 물이 분수 컵 A에서 컵 B로 옮겨진다. 컵 B에서 깊이가 $h = 50$ mm라면, 정상유동이 되기 위해 C에서의 물의 유속과 D에서 출구의 직경 d를 구하라.

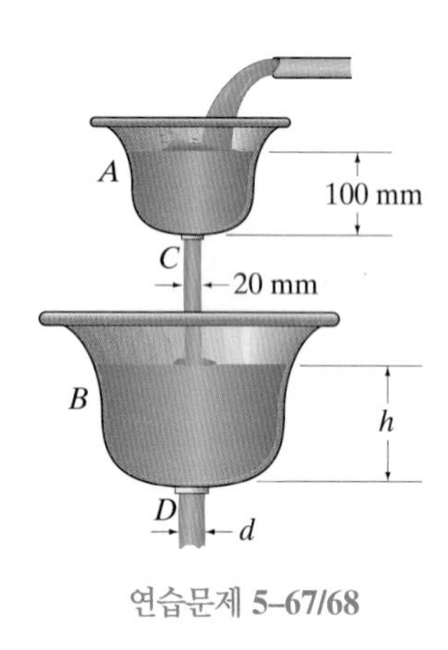

연습문제 **5–67/68**

5-69 공기가 벤투리의 좁아지는 부분을 통해 아래로 흘러갈 때, 에틸알코올이 튜브를 통해 올라오도록 공기 흐름은 낮은 압력을 만들어낸다. 만약 공기가 C에서 대기로 배출된다면, 에틸알코올을 올리기 위해 필요한 공기의 최소 체적유량을 구하라. 에틸알코올의 밀도는 789 kg/m^{3}이고, 공기의 밀도는 1.225 kg/m^{3}이다.

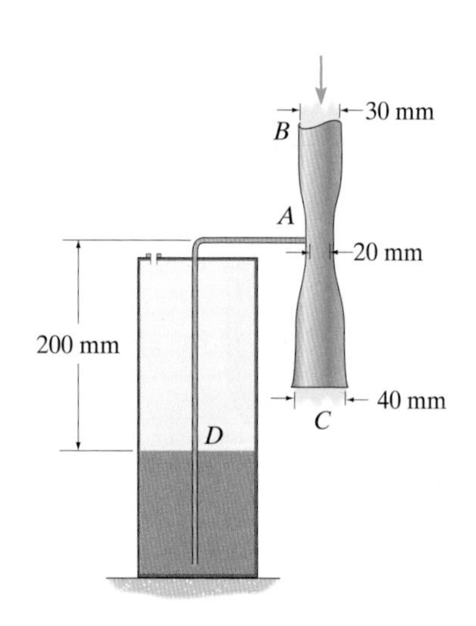

연습문제 **5–69**

5-70 공기가 벤투리의 좁아지는 부분을 통해 아래로 흘러갈 때, 에틸알코올을 튜브에서 올라오도록 공기 흐름이 낮은 압력을 만들어낸다. 에틸알코올을 올리기 위해 B에서 벤투리관을 통과해 지나가는 공기의 속도를 구하라. 공기는 C에서 대기압으로 배출된다. 에틸알코올의 밀도는 789 kg/m^{3}이고, 공기의 밀도는 1.225 kg/m^{3}이다.

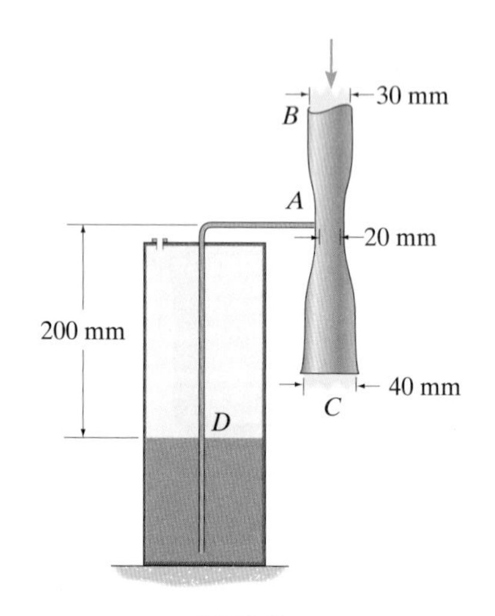

연습문제 **5–70**

5-71 닫힌 큰 탱크로부터 물이 A와 B에서 관을 따라서 배수된다. B에서 밸브가 열릴 때, 초기 체적유량은 $Q_B = 0.8$ ft^3/s이다. 이때 C에서의 압력과 A에서의 초기 체적유량을 구하라.

***5-72** 닫힌 큰 탱크로부터 물이 A와 B에서 관을 따라서 배수된다. B에서 밸브가 열릴 때, 초기 체적유량은 $Q_A = 1.5$ ft^3/s이다. 이때 C에서의 압력과 B에서의 초기 체적유량을 구하라.

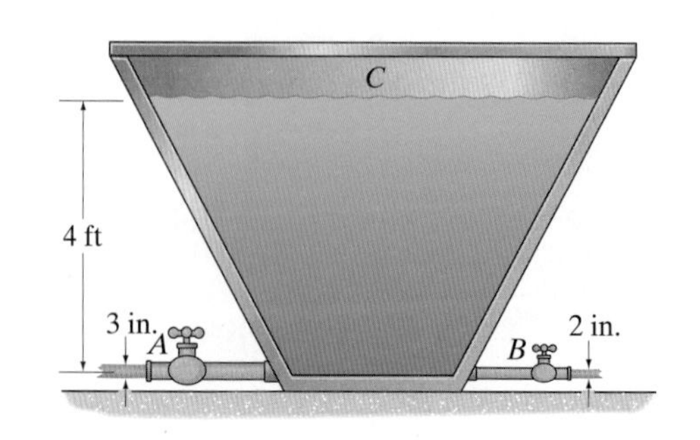

연습문제 **5–71/72**

5-73 피토관 내부의 물의 높이가 0.3 m이고 피에조미터 내부의 높이가 0.1 m일 때 체적유량과 A에서의 압력을 구하라.

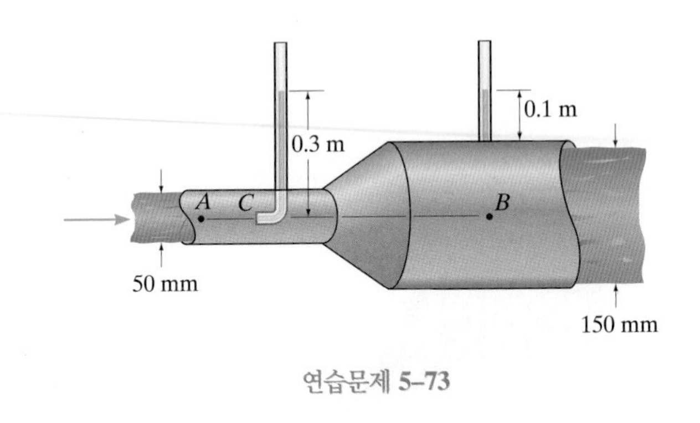

연습문제 **5–73**

5-74 마노미터 내부의 수은이 $h = 0.15$ m의 높이차를 가진다. 관을 통해 흐르는 휘발유의 체적유량을 구하라. 휘발유의 밀도는 726 kg/m^{3}이다.

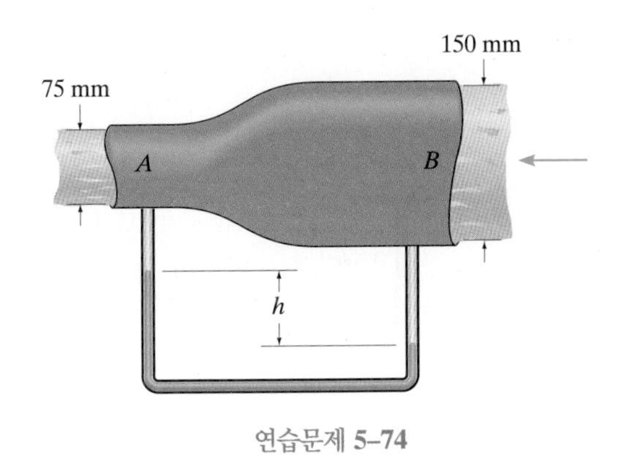

연습문제 **5–74**

5-75 물이 30 kg/s의 일정한 질량유량으로 관으로 흘러들어가고 $y = 0.5$ m일 때 입구 A에 작용하는 압력을 구하라. $y = 0.5$ m일 때 B에서 물 표면이 상승하는 속도는 얼마인가? 용기의 단면은 원형이다.

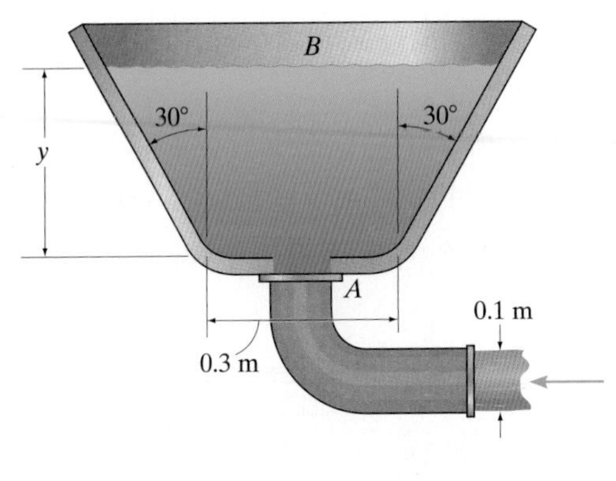

연습문제 **5–75**

***5-76** 20°C의 온도에서 이산화탄소가 그림과 같이 마노미터 내부의 수은이 머물러 있도록 팽창 챔버를 통해 지나간다. A에서의 기체 속도를 구하라. 수은의 밀도는 13550 kg/m^{3}이다.

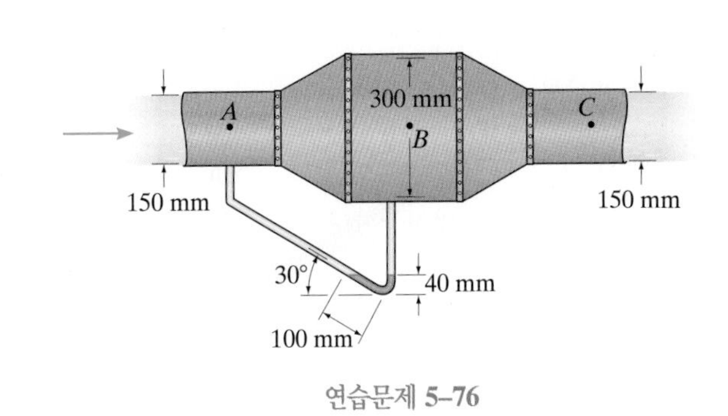

연습문제 **5–76**

5.4~5.5절

5-77 매끄러운 관에서 층류유동의 속도분포가 $u = U_{max}(1 - (r/R)^2)$에 의해 정의된 속도 형상을 가질 때, 운동에너지 계수 α를 구하라.

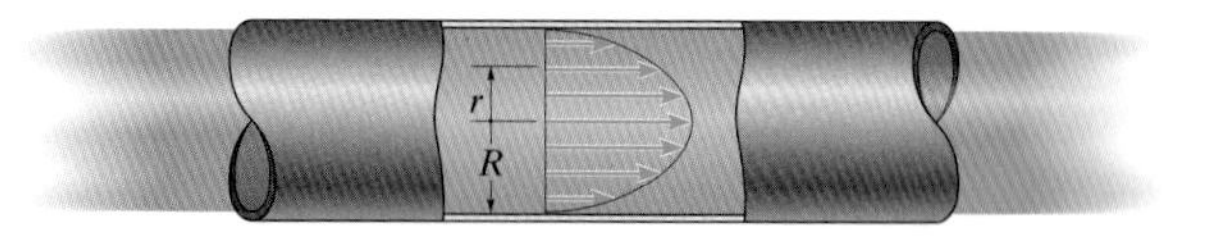

연습문제 **5–77**

5-78 만약 매끄러운 관에서 난류유동의 속도분포가 Prandtl의 1/7 멱급수식인 $u = U_{max}(1 - (r/R)^{1/7}$에 의해 정의된 속도 형상을 가질 때, 운동에너지 계수 α를 구하라.

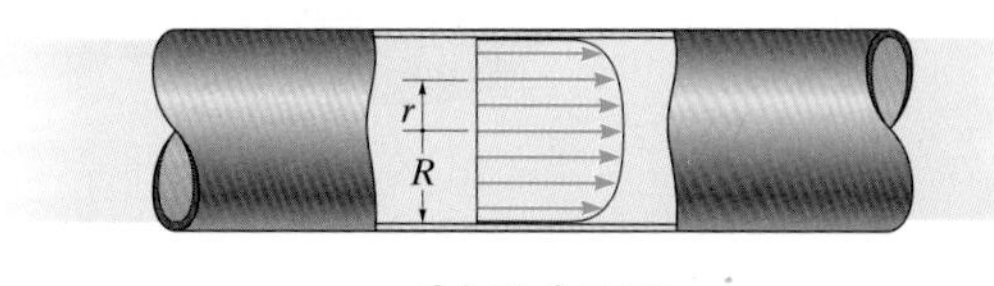

연습문제 **5–78**

5-79 기름이 A에서 압력이 50 kPa이고 속도가 2 m/s인 일정한 직경의 관을 통해서 흐른다. B에서의 압력과 속도를 구하라. B를 기준선으로 하여 AB의 에너지구배선과 수력구배선을 구하라. 기름의 밀도는 900 kg/m^{3}이다.

***5-80** 기름이 A에서 압력이 50 kPa이고 속도가 2 m/s인 일정한 직경의 관을 통해서 흐른다. B를 기준선으로 사용하여 AB의 압력수두와 중력수두를 그려라. 기름의 밀도는 900 kg/m^{3}이다.

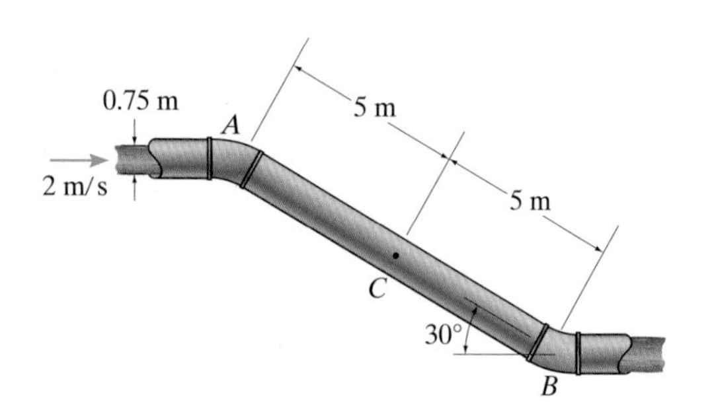

연습문제 **5–79/80**

5-81 A에서 80 kPa의 압력과 2 m/s의 속도로 물이 관로 이음관을 통해서 흐른다. B에서의 속도와 압력을 구하라. B를 기준선으로 사용하여 A에서 B까지 유동의 에너지구배선과 수력구배선을 그려라.

5-82 A에서 80 kPa의 압력과 2 m/s의 속도로 물이 관로 이음관을 통해서 흐른다. C에서의 속도와 압력을 구하라. B를 기준선으로 사용하여 AB의 압력수두와 중력수두를 그려라.

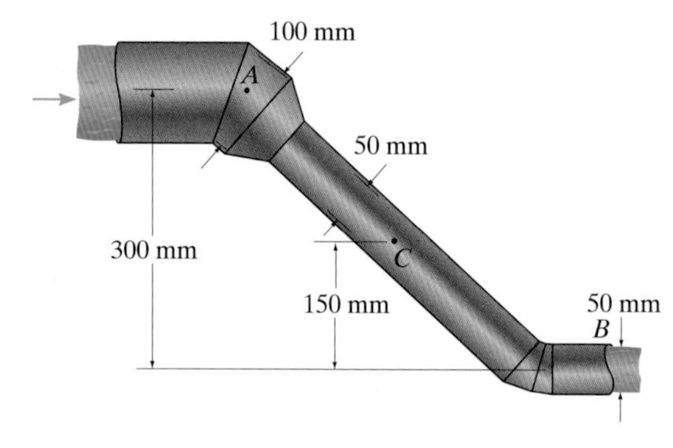

연습문제 **5–81/82**

5-83 물이 A에서 6 ft/s의 속도와 30 psi의 압력을 가지는 일정한 직경의 관을 통해서 흐른다. CD를 기준선으로 사용하여 A에서 F까지 유동의 에너지구배선과 수력구배선을 그려라.

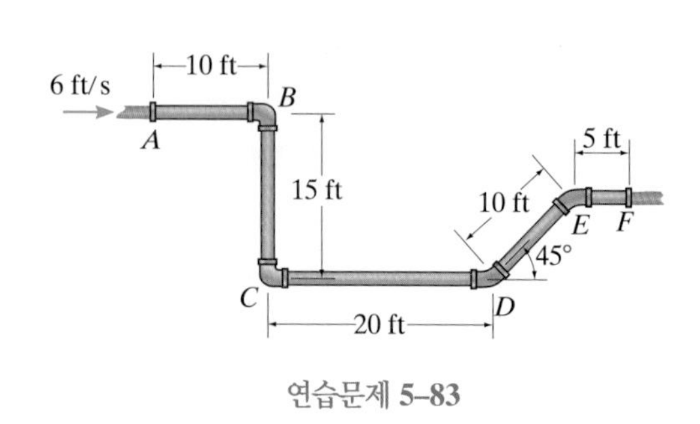

연습문제 **5–83**

***5-84** 탱크로부터 물을 옮기는 사이펀으로 호스가 사용된다. 호스는 0.75 in.의 내부직경을 갖는다. 호스의 최소압력과 체적유량을 구하라. C를 기준선으로 사용하여 호스의 에너지구배선과 수력구배선을 그려라.

5-85 탱크로부터 물을 옮기는 사이펀으로 호스가 사용된다. 점 A'와 B의 압력을 구하라. 호스는 0.75 in.의 내부직경을 갖는다. B를 기준선으로 사용하여 호스의 에너지구배선과 수력구배선을 그려라.

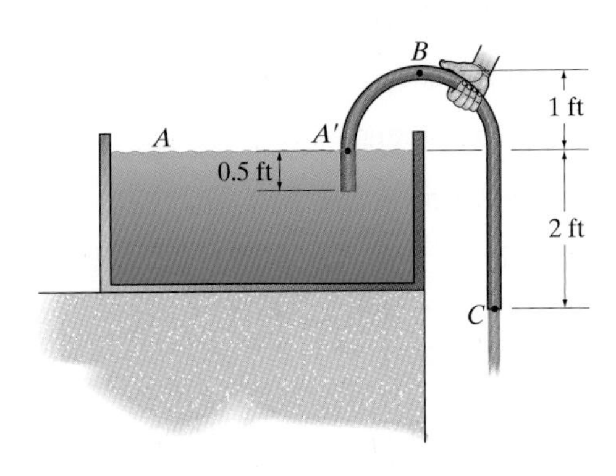

연습문제 **5–84/85**

5-86 물이 열린 탱크로부터 옮겨진다. 20 mm 직경의 호스로부터 나오는 체적유량을 구하라. B를 기준선으로 사용하여 호스의 에너지구배선과 수력구배선을 그려라.

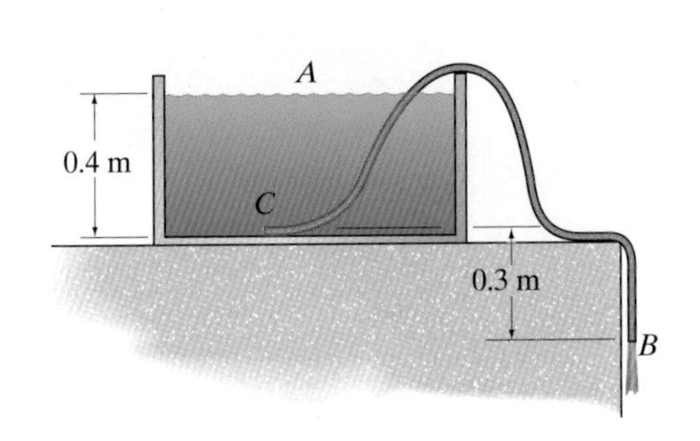

연습문제 **5–86**

5-87 휘발유가 열린 큰 탱크로부터 아래로 옮겨진다. 0.5 in. 직경의 호스로부터 나오는 체적유량을 구하라. B를 기준선으로 사용하여 호스의 에너지구배선과 수력구배선을 그려라.

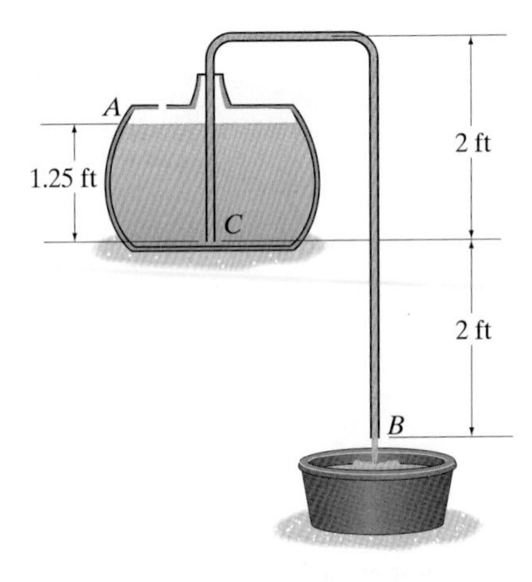

연습문제 **5–87**

***5-88** 펌프가 0.05 m^3/s로 물을 배출한다. 입구 A와 출구 B 사이의 마찰 수두손실이 0.9 m이고 펌프의 동력이 8 kW로 입력되면, A와 B 사이의 압력차는 얼마인가? 펌프의 효율은 $e = 0.7$이다.

5-89 펌프의 동력 입력은 10 kW이고 A와 B 사이의 마찰 수두손실이 1.25 m이다. 만약 펌프의 효율이 $e = 0.8$이고 A에서 B까지 압력의 증가가 100 kPa일 때 펌프를 통해서 흐르는 물의 체적유량을 구하라.

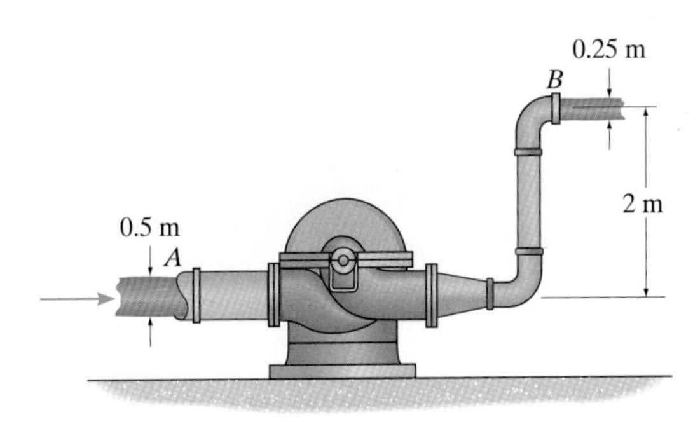

연습문제 **5–88/89**

5-90 공기가 덕트를 통해 흘러가면서 절대압력이 220 kPa(A)에서 219.98 kPa(B)로 변한다. 만약 온도가 T = 60°C로 일정하다면, 이 점들 사이에서 수두손실을 구하라. 공기는 비압축성으로 가정한다.

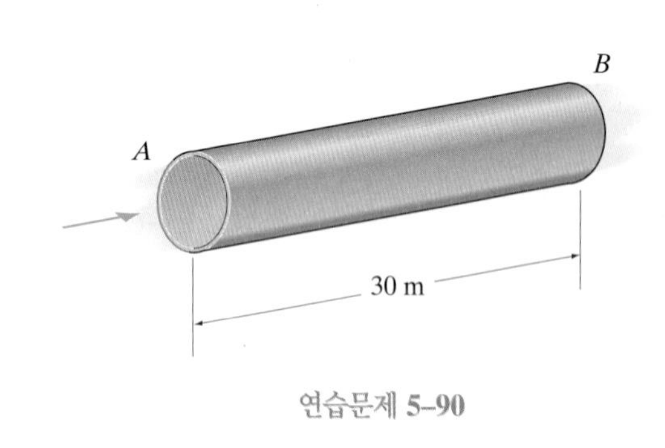

연습문제 5–90

5-91 저수지의 물이 A에서 직경 0.2 m의 관을 통해서 터빈으로 흐른다. B에서 체적유량이 0.5 m^3/s일 때 터빈의 출력 동력을 구하라. 터빈은 65%의 효율로 작동된다고 가정한다. 관의 마찰손실은 무시한다.

***5-92** 저수지의 물이 A에서 직경 0.2 m의 관을 통해서 터빈으로 흐른다. B에서 체적유량이 0.5 m^3/s일 때 터빈의 출력 동력을 구하라. 터빈은 65%의 효율로 작동되고, 관을 통해서 0.5 m의 수두손실이 있다고 가정한다.

5-93 같은 수위를 가지는 두 개의 큰 개방 저수지와 연결된 직경 300 mm의 수평 기름 관의 길이가 8 km이다. 관의 마찰로 인해 200 m의 관 길이마다 3 m의 수두손실을 만들어낸다면, 관을 통해서 6 m^3/min의 체적유량을 보내기 위해 펌프에 의해 공급해야 하는 동력을 구하라. 관의 끝은 저수지 속에 잠겨있다. 기름의 밀도는 880 kg/m^{3}이다.

5-94 큰 저수지로부터 20 m 더 높은 다른 큰 저수지로 물을 옮기는 데 펌프가 사용된다. 직경 200 mm이고, 길이 4 km의 관에서 마찰 수두손실이 500 m의 관 길이마다 2.5 m라면, 체적유량이 0.8 m^3/s가 되기 위한 펌프의 필요 동력을 구하라. 관의 끝은 저수지 속에 잠겨있다.

5-95 물은 B에서 우물로부터 직경 3 in.의 흡입관을 통해서 올려지고, A에서 같은 크기의 관을 통해서 배출된다. 만약 펌프가 물로 1.5 kW의 동력을 공급한다면, A에서 나가는 물의 유속을 구하라. 관 시스템 내에서 마찰 수두손실은 $1.5V^2/2g$라고 가정한다. 746 W = 1 hp이고, 1 hp = 550 ft·lb/s를 참고하라.

***5-96** 점 B를 기준선으로 하여 연습문제 5-95의 관 BCA의 에너지구배선과 수력구배선을 그려라. 수두손실은 관을 따라서 $1.5V^2/2g$로 일정하다고 가정한다.

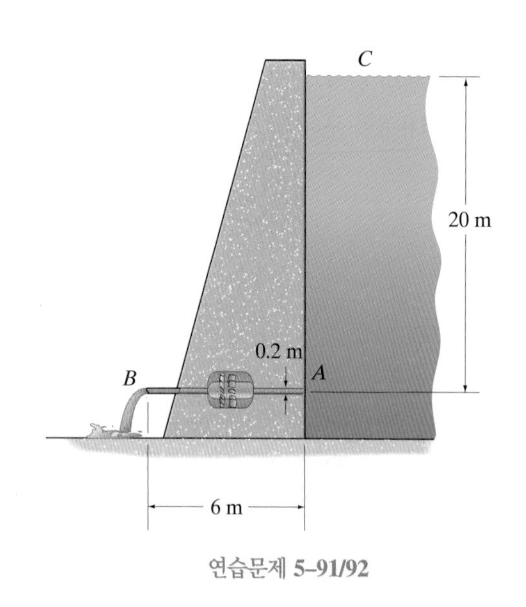

연습문제 5–91/92

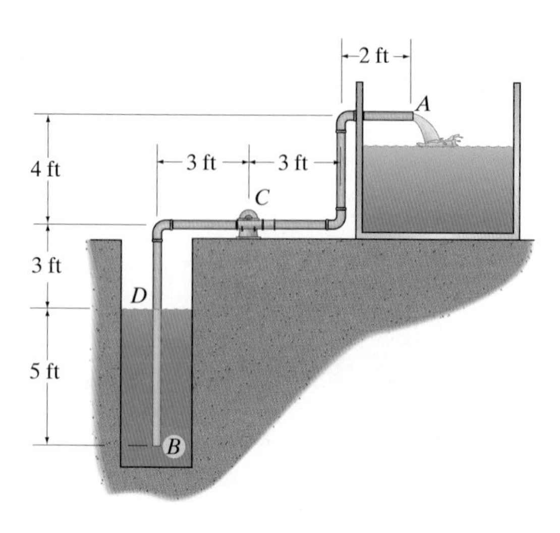

연습문제 5–95/96

5-97 밸브가 열렸을 때, 탱크 *A*에서 탱크 *B*로 흐르는 물의 초기 체적유량과 관의 끝 *C*에서 압력을 구하라. 관의 직경은 0.25 ft이다. 관, 밸브, 연결부분 내에서 마찰손실은 $1.28V^2/2g$로 계산한다. *V*는 관 유동의 평균속도이다.

5-98 두 개의 탱크에서 정해진 기준선을 사용하여 점 *A*와 *B* 사이의 에너지구배선과 수력구배선을 그려라. 밸브는 열려있다. 관, 밸브, 연결부분 내에서 마찰손실은 $1.28V^2/2g$로 계산한다. *V*는 0.25 ft 직경 관 유동의 평균속도이다.

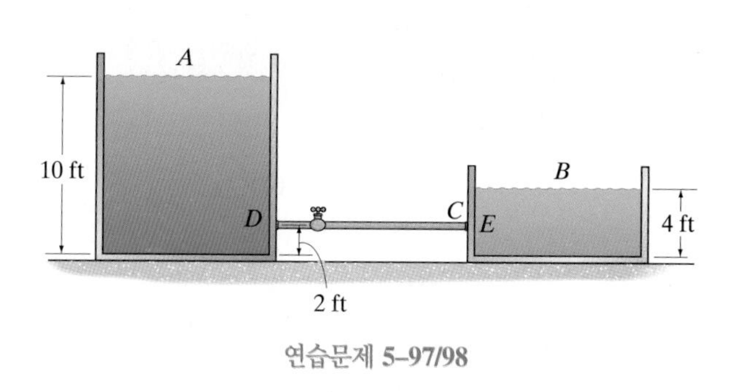

연습문제 **5–97/98**

5-99 물이 입구 *A*에서 압력이 −35 kPa이고, *B*에서 압력이 120 kPa인 펌프 속으로 흡입된다. *B*에서 체적유량이 $0.08\ m^3/s$일 때 펌프의 동력을 구하라. 마찰손실은 무시하라. 관은 100 mm의 일정한 직경을 가진다. $h = 2$ m이다.

***5-100** *A*를 기준선으로 사용하여 연습문제 5-99의 관 *ACB*의 에너지구배선과 수력구배선을 그려라.

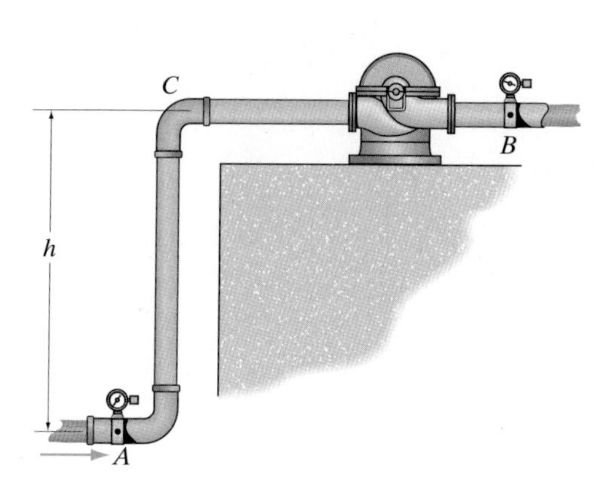

연습문제 **5–99/100**

5-101 물이 펌프 속으로 흡입된다. 입구 *A*에서 압력은 $-6\ lb/in^2$이고, *B*에서 압력은 $20\ lb/in^2$이다. *B*에서 체적유량이 $4\ ft^3/s$일 때 펌프의 동력을 구하라. 관은 4 in.의 직경을 가진다. $h = 5$ ft이고 물의 밀도는 $1.94\ slug/ft^3$이다.

5-102 *A*를 기준선으로 사용하여 연습문제 5-101의 관 *ACB*의 에너지구배선과 수력구배선을 그려라.

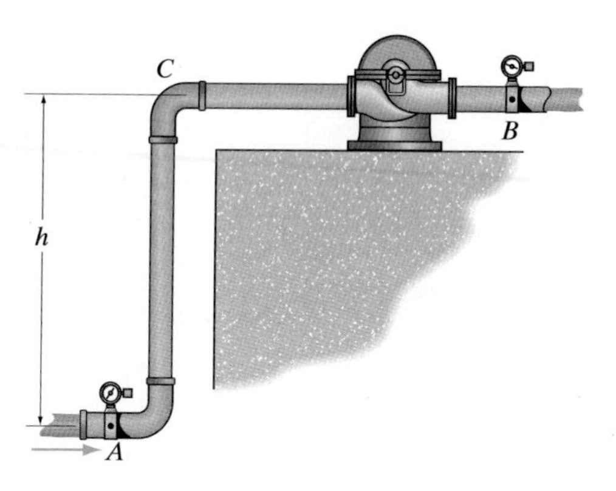

연습문제 **5–101/102**

5-103 펌프는 큰 저수지 *A*에서 물을 흡입하고 *C*에서 $0.2\ m^3/s$로 배출한다. 관의 직경이 200 mm일 때 펌프가 물을 옮기기 위한 동력을 구하라. 마찰손실은 무시하라. *B*를 기준선으로 사용하여 관의 에너지구배선과 수력구배선을 그려라.

***5-104** 펌프에서 0.5 m의 마찰 수두손실과 관의 5 m 길이마다 1 m의 마찰손실을 포함시켜 연습문제 5-103을 풀어라. 관은 저수지로부터 *B*까지 거리가 3 m이고, *B*에서 *C*까지의 거리는 12 m이다.

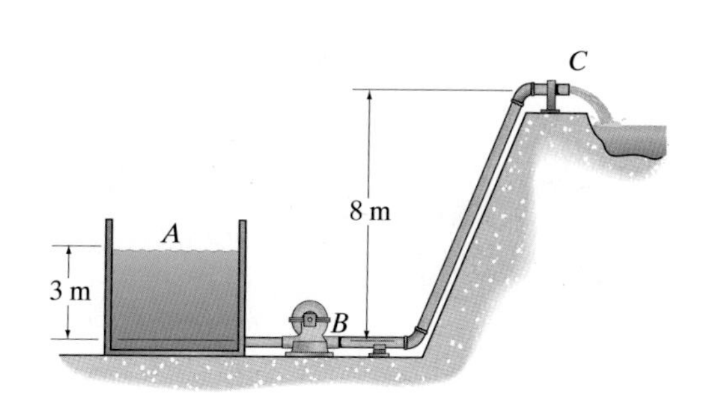

연습문제 **5–103/104**

5-105 직경 2 ft의 관을 통해서 20 ft^3/s를 배수하는 동안 터빈이 저수지 물의 위치에너지를 축동력으로 변환시킨다. 터빈으로 전달되는 마력을 구하라. *C*를 기준선으로 사용하여 관의 에너지구배선과 수력구배선을 그려라. 마찰손실은 무시한다.

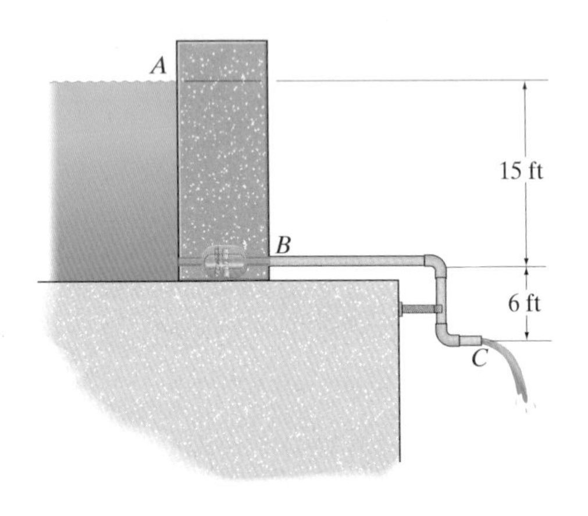

연습문제 **5–105**

5-106 터빈 *C*는 터빈을 통과하는 물로부터 300 kW의 동력을 얻는다. 입구 *A*에서 압력이 $p_A = 300$ kPa이고 속도가 8 m/s일 때 출구 *B*에서 물의 압력과 속도를 구하라. *A*와 *B* 사이의 마찰손실은 무시한다.

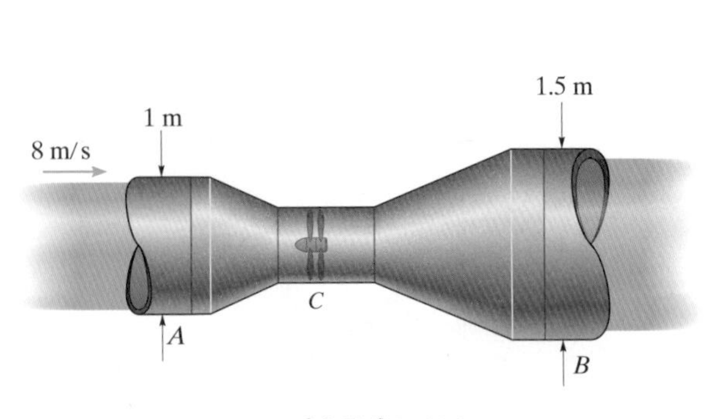

연습문제 **5–106**

5-107 *A*의 연못으로부터 *B*의 연못까지 물을 옮기는 펌프는 0.3 ft^3/s의 체적유량을 가진다. 만약 호스가 0.25 ft의 직경을 가지고 마찰손실이 $5\,V^2/g$로 표현될 수 있다면, 펌프가 물로 공급하는 마력을 구하라. *V*는 유동의 평균속도이다.

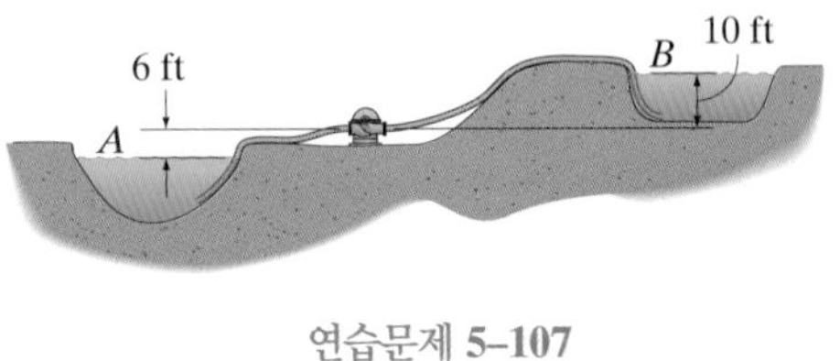

연습문제 **5–107**

***5-108** 저수지로부터 물이 18 ft^3/s의 유량으로 터빈을 통해서 흘러 지나간다. 만약 15 ft/s의 속도로 *B*에서 배출되고 터빈이 100 hp을 얻는다면, 시스템에서의 수두손실은 얼마인가?

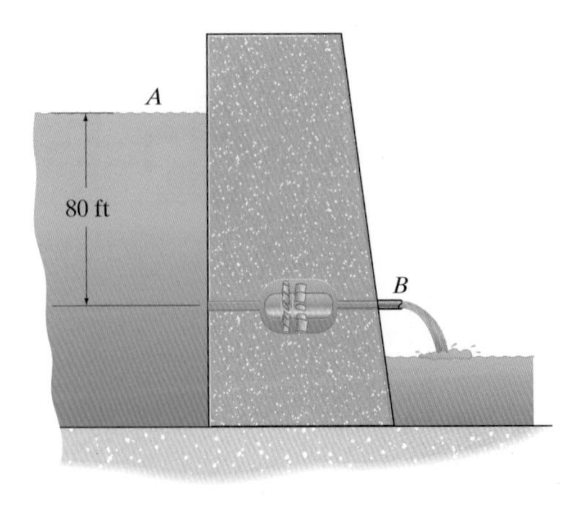

연습문제 **5–108**

5-109 수직관에 기름이 가득 차있다. 밸브가 닫혀있을 때, A에서의 압력은 160 kPa이고 B에서는 90 kPa이다. 밸브가 열리면 기름은 2 m/s로 흐르고, A에서의 압력은 150 kPa이고 B에서는 70 kPa이다. A와 B 사이에서 발생하는 수두손실을 구하라. 기름의 밀도는 900 kg/m^3이다.

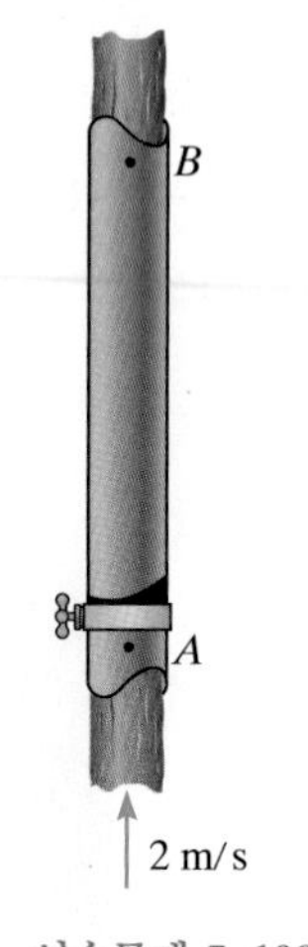

연습문제 **5–109**

5-110 강에서 B의 연못으로 80 gal/min으로 물을 배출하는 데 펌프를 사용한다. 호스를 통해서 마찰 수두손실이 3 ft이고 호스의 직경이 0.25 ft라면, 펌프의 필요 동력은 얼마인가? 7.48 gal = 1 ft^3임을 참고하라.

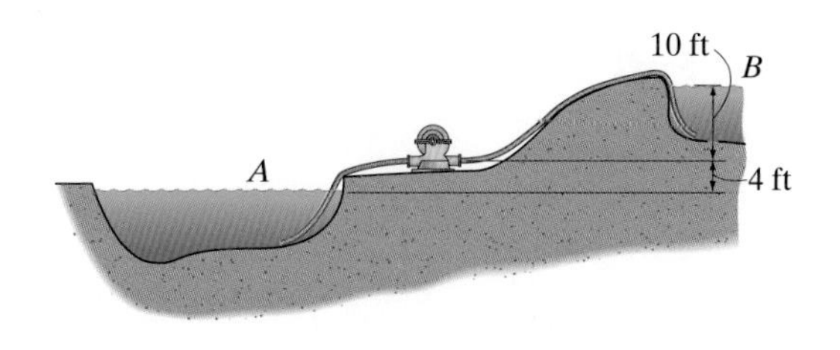

연습문제 **5–110**

5-111 B의 큰 공동(cavity)으로부터 배수를 하는 데 6 hp의 펌프와 직경 3 in.의 호스가 사용된다. C에서의 체적유량을 구하라. 마찰손실과 펌프의 효율은 무시하라. 1 hp = 550 ft·lb/s이다.

***5-112** 큰 공동(cavity)으로부터 물을 끌어올리기 위해 펌프와 직경 3 in.의 호스를 사용한다. 체적유량이 1.5 ft3/s라면, 펌프에서 필요한 동력은 얼마인가? 마찰손실은 무시한다.

5-113 20 ft의 호스 길이당 1.5 ft의 마찰 수두손실을 포함하여 연습문제 5-112를 풀어라. 호스의 총길이는 130 ft이다.

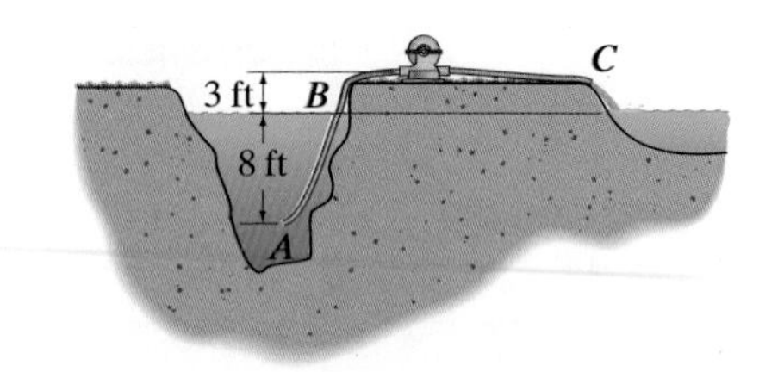

연습문제 **5–111/112/113**

5-114 직경 200 mm의 덕트에 유입되는 공기의 유동은 180 kPa의 절대 입구압력, 15℃의 온도, 10 m/s의 속도를 가진다. 덕트 하류에 있는 2 kW의 배기장치로 공기의 속도를 25 m/s까지 증가시킨다. 출구에서 공기의 밀도와 공기의 엔탈피 변화를 구하라. 관을 통해서 전달되는 열전달은 무시한다.

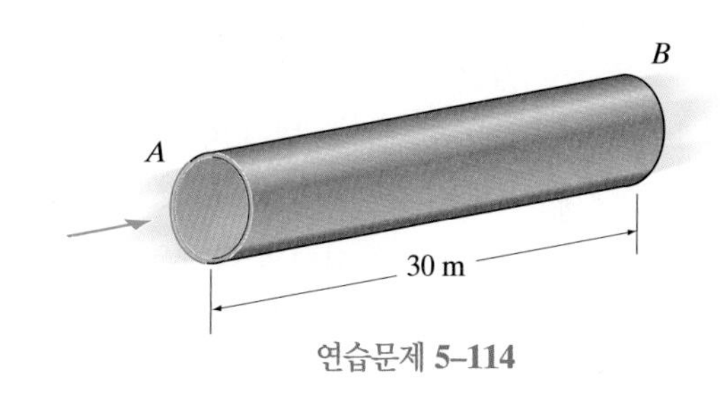

연습문제 **5–114**

5-115 250 J/kg의 엔탈피를 가지는 질소가 A에서 길이 10 m의 관속으로 6 m/s의 속도로 유입된다. 덕트의 벽면을 통한 열손실이 60 W라면, 출구 B에서 기체의 엔탈피는 얼마인가? 기체는 비압축성이고, 밀도는 1.36 kg/m^3이다.

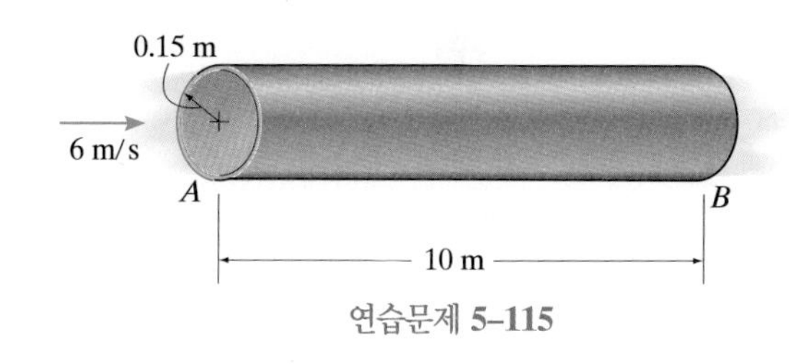

연습문제 **5–115**

***5-116** 펌프에 연결된 관의 입구부와 출구부에서 측정된 물의 압력이 아래 그림과 같이 표시되었다. 유량이 $0.1\ \mathrm{m^3/s}$일 때 펌프의 동력을 구하라. 마찰손실은 무시한다.

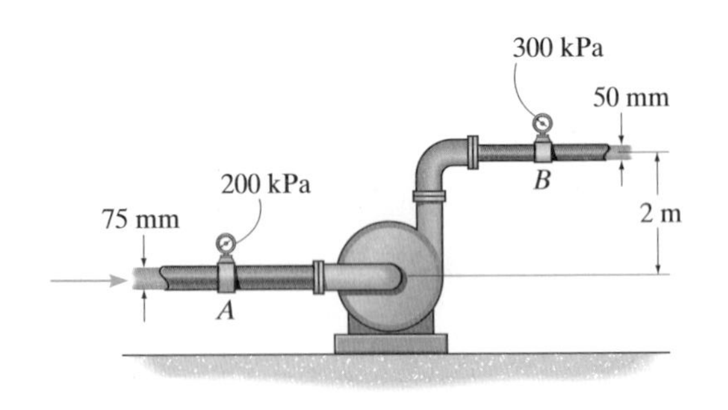

연습문제 5-116

5-117 파력발전장치(wave overtopping device)는 파도에 의해서 끊임없이 물이 채워지도록 부상된 저수조로 구성되어 있다. 저수조에서의 물의 수위는 주위 대양의 물의 수위보다 항상 높다. A에서 물을 배수할 때, 낮은 수두 수력발전 터빈에 의해 전기가 얻어진다. 만약 저수지의 수위가 항상 바다 1.5 m 위에 있다면, 이 시스템에 의해 생성될 수 있는 동력을 구하라. 파도는 저수지에 $0.3\ \mathrm{m^3/s}$로 체적유량을 더해주고, 터빈을 포함하는 터널의 직경은 600 mm이다. 터빈을 통한 수두손실은 0.2 m이다. 바닷물의 밀도는 $1050\ \mathrm{kg/m^3}$이다.

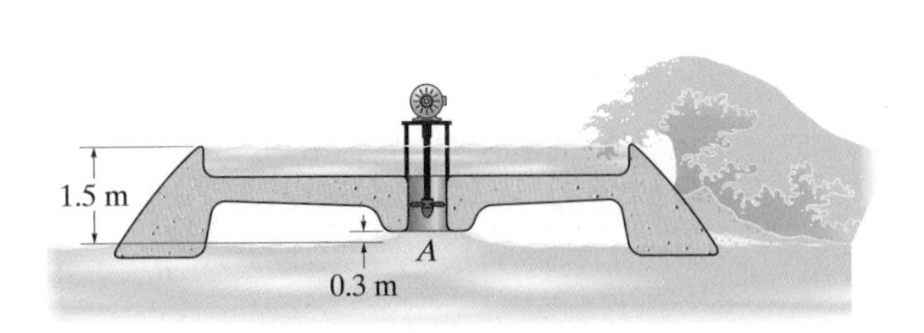

연습문제 5-117

5-118 A의 시험 분리기로부터 저장탱크로 직경 4 in.의 아연도금강관을 사용하여 펌프에 의해 원유가 옮겨진다. 관의 총길이가 180 ft이고, A에서의 체적유량이 400 gal/min이라면 펌프에 의해 공급되는 필요 마력은 얼마인가? A에서의 압력은 4 psi이고, 저장탱크는 대기로 열려있다. 관에서의 마찰 수두손실은 0.25 in./ft이고, 네 군데의 굽은 부분에서 각각의 수두손실은 $K(V^2/2g)$이다. 여기서 K는 0.09이고 V는 관의 유동의 속도이다. 원유의 비중량은 $55\ \mathrm{lb/ft^3}$이고, $1\ \mathrm{ft^3} = 7.48$ gal을 참고하라.

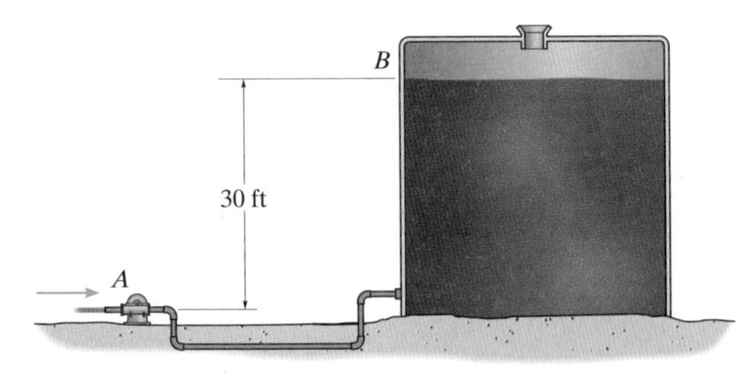

연습문제 5-118

5-119 개울로부터 20 ft 둑까지 $90\ \mathrm{ft^3/min}$으로 물을 옮기는 데 펌프가 사용된다. 직경 3 in의 관에서 마찰 수두손실이 $h_L = 1.5$ ft라면, 펌프의 동력은 얼마인가?

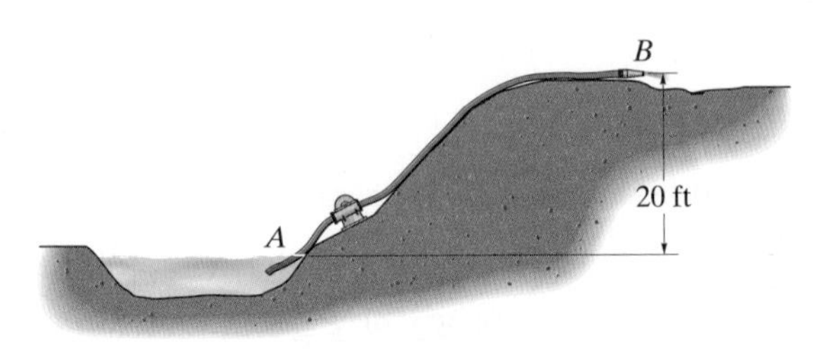

연습문제 5-119

***5-120** 화학 처리공장에서 저장탱크 A에서 혼합탱크 C로 사염화탄소(carbon tetrachloride)를 운반하는 데 펌프를 사용된다. 마찰과 시스템의 관 이음장치로 인한 총수두손실이 1.8 m이고 관의 직경이 50 mm일 때 $h = 3$ m일 때 펌프에 필요한 동력을 구하라. 관 출구 속도는 10 m/s이고, 저장탱크는 대기로 열려있다. 사염화탄소의 밀도는 1590 kg/m^{3}이다.

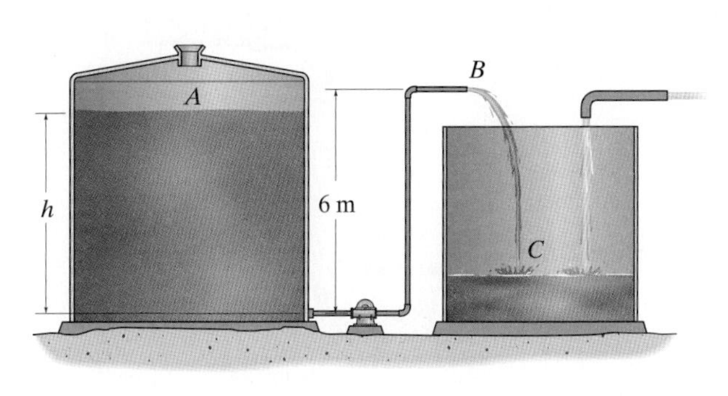

연습문제 **5–120**

5-121 펌프가 A에서 큰 저수지로부터 물을 흡입하고 B에서 0.8 ft^3/s로 직경 6 in.의 관을 통해서 배출한다. 마찰손실 수두가 3 ft일 때 펌프의 동력을 구하라.

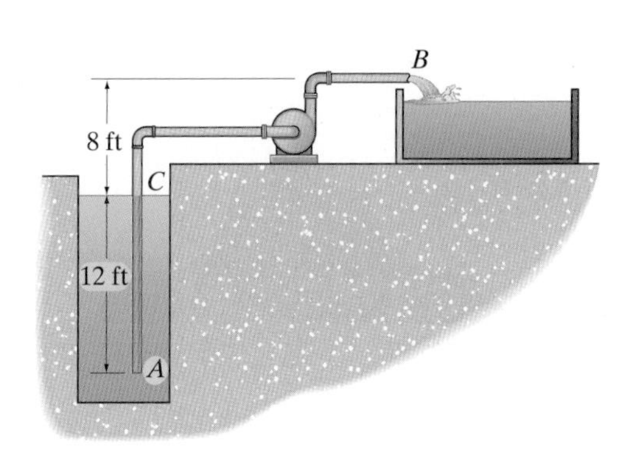

연습문제 **5–121**

5-122 공기와 연료가 800 kJ/kg의 엔탈피와 15 m/s의 상대속도를 가지고 터보제트 엔진(터빈)에 들어간다. 혼합물은 60 m/s의 상대속도와 650 kJ/kg의 엔탈피를 가지고 나간다. 질량유량이 30 kg/s일 때 제트엔진의 동력을 구하라. 열전달은 발생하지 않는다고 가정한다.

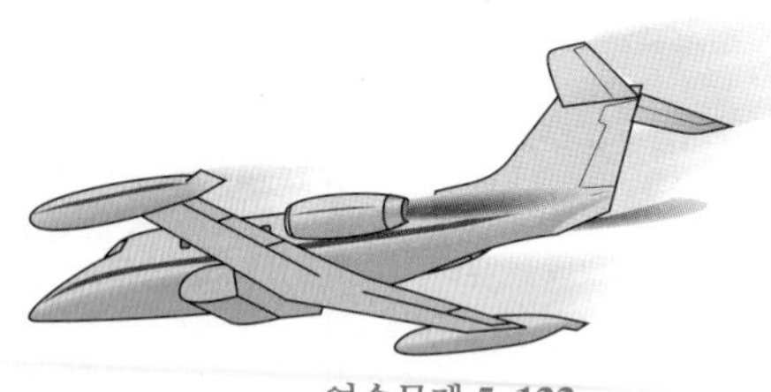

연습문제 **5–122**

5-123 4 psi 압력의 물이 600 gal/min로 펌프로 흘러들어가고, 18 psi로 펌프를 나간다. 펌프의 동력을 구하라. 마찰손실은 무시한다. 1 ft^3 = 7.48 gal을 참고하라.

***5-124** 5 hp의 펌프가 $e = 0.8$의 효율을 가지며, A에서 관을 통해서 3 ft/s 속도를 생성한다. 시스템 내에서 마찰 수두손실이 8 ft일 때 A와 B 사이의 물의 압력차를 구하라.

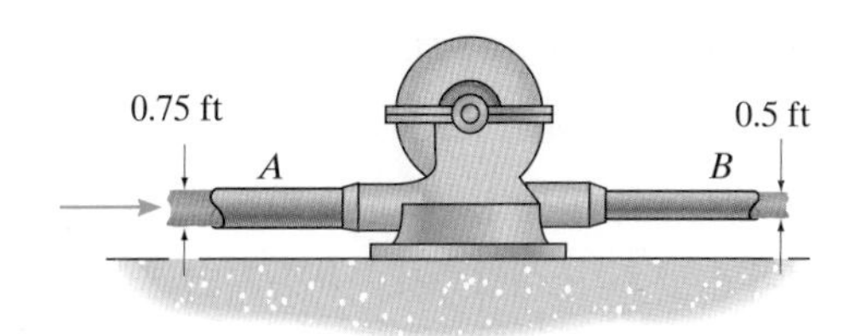

연습문제 **5–123/124**

5-125 물탱크에서 직경 1 in.의 호스를 사용하여 물을 배수한다. 호스의 체적유량이 5 ft^3/min이고, 물 깊이가 $d = 6$ ft일 때 호스의 수두손실을 구하라.

연습문제 **5–125**

5-126 C에서 펌프는 B로 물을 $0.035\ \text{m}^3/\text{s}$로 배수한다. B에서 관이 직경 50 mm이고 A에서 호스가 직경 30 mm를 가진다면, 펌프에 의해 공급되는 동력은 얼마인가? 펌프 시스템 내에서 마찰 수두손실이 $3V_B^2/2g$로부터 결정된다고 가정한다.

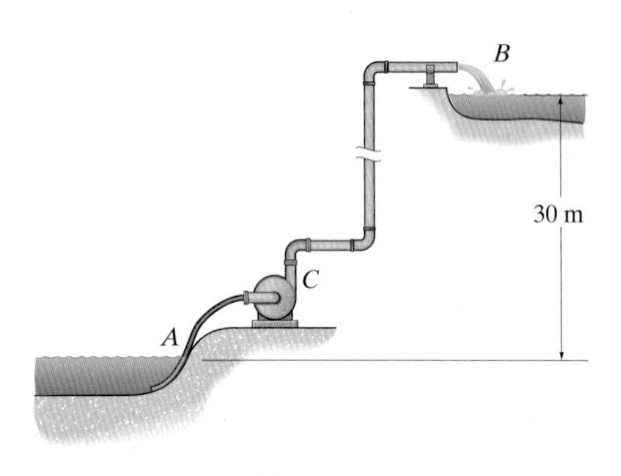

연습문제 **5–126**

5-127 관 시스템이 각각 직경 1.25 in.와 길이 4.2 ft의 23개의 스테인리스강 관으로 구성되어 있다. 액체 금속 고속 증식로(metal fast-breeder reactor)의 중심을 통해서 $3\ \text{ft}^3/\text{s}$로 나트륨 냉각제를 펌핑하기 위한 동력을 구하라. 입구 A에서 압력이 $47.5\ \text{lb/ft}^2$이고, 출구 B에서 $15.5\ \text{lb/ft}^2$이다. 각각의 관에서 마찰 수두손실이 0.75 in.이다. 나트륨의 비중량은 $57.9\ \text{lb/ft}^3$이다.

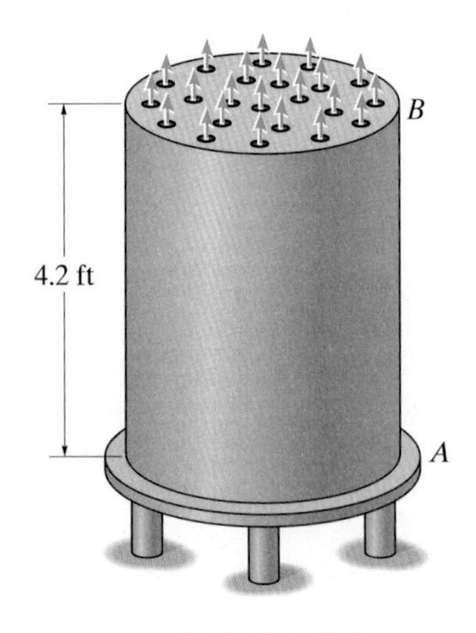

연습문제 **5–127**

***5-128** A에서의 압력이 60 kPa이고, B에서의 압력이 180 kPa이라면, 물이 $0.02\ \text{m}^3/\text{s}$로 흐를 때 펌프에 의해 공급되는 동력을 구하라. 마찰손실은 무시한다.

5-129 펌프는 1.5 kW의 동력을 물에 공급하여 $0.015\ \text{m}^3/\text{s}$의 체적유량을 만들어낸다. 만약 시스템 내에서 총 마찰 수두손실이 1.35 m일 때 관의 입구 A와 출구 B 사이의 압력차를 구하라.

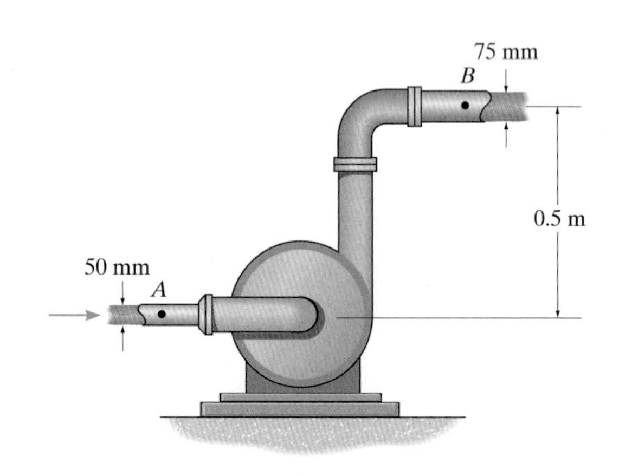

연습문제 **5–128/129**

5-130 원형 공기부양선이 땅으로 1.50 kPa의 압력을 생성하는 팬 A를 통해서 공기를 흡입하고 땅 근처 바닥 B를 통해서 배출한다. 땅으로부터 공기부양선을 100 mm 들어올리기 위해 필요한 A로 들어가는 공기의 평균속도를 구하라. A에서 개방 면적은 $0.75\ \text{m}^2$이다. 마찰손실은 무시하고, $\rho_a = 1.22\ \text{kg/m}^3$을 사용하라.

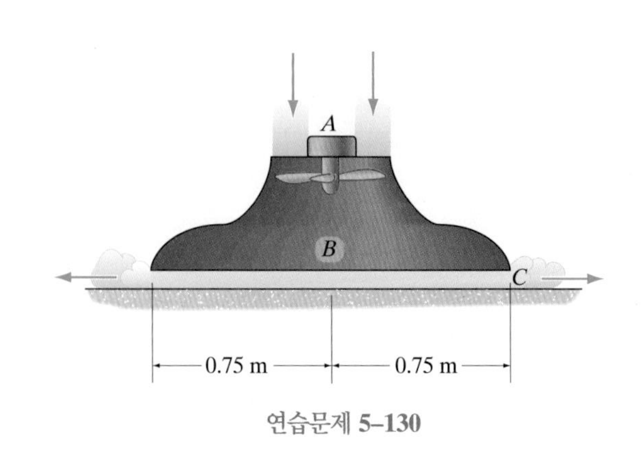

연습문제 **5–130**

개념문제

P5-1 커피의 수위는 스탠드파이프(standpipe) A에 의해 측정된다. 밸브가 밀려서 열리고 커피가 흘러나온다면, 스탠드파이프 내부 커피의 수위가 올라가는가, 내려가는가, 또는 같은 상태로 머물 것인가? 그 이유를 설명하라.

P5-1

P5-2 공은 팬에 의해 생성되는 공기의 흐름으로 인하여 공기 중에 떠있다. 만약 공이 약간 오른쪽 또는 왼쪽으로 옮겨진다면, 왜 원 위치로 돌아오는지 설명하라.

P5-2

P5-3 공기가 호스를 통하여 흐를 때, 종이가 위로 올라가도록 만든다. 왜 이러한 현상이 발생하는지 설명하라.

P5-3

장 복습

비점성유체에서 유선을 따라서 입자의 **정상유동**은 압력과 중력에 의해 발생한다. 오일러 방정식이 이 운동을 설명한다. 유선 또는 s 방향을 따라서 작용하는 힘은 유체입자 속도의 **크기**를 바꾸고, 법선 또는 n 방향을 따라서 작용하는 힘은 유체입자 속도의 **방향**을 바꾼다.

$$\frac{dp}{\rho} + V\,dV + g\,dz = 0$$

$$-\frac{dp}{dn} - \rho g\frac{dz}{dn} = \frac{\rho V^2}{R}$$

베르누이 방정식은 s 방향에서 오일러 방정식의 적분된 형태이다. 이 식은 **이상유체**의 **정상유동**에서 **같은 유선 위에** 있는 두 점들 사이에 적용된다. 베르누이 방정식은 에너지손실이 발생하는 장소 또는 유체에너지가 외부로부터 더해지거나 빠져나가는 장소들에서는 사용될 수 없다. 베르누이 방정식을 적용할 때, 대기로 열려있는 출구에서 지점은 0의 계기압력을 가지고 속도는 정체점에서 0을 가지며 큰 저수지의 상단 표면에서 속도는 0이다.

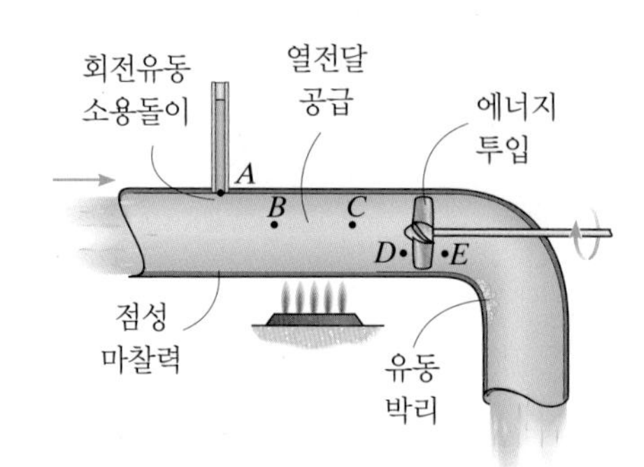

베르누이 방정식이
적용되지 않는 장소들

$$\frac{p_1}{\rho} + \frac{V_1^2}{2} + gz_1 = \frac{p_2}{\rho} + \frac{V_2^2}{2} + gz_2$$

정상유동, 이상유체, 동일유선

피토관은 **개방 채널**에서 액체의 속도를 측정하는 데 사용된다. **닫힌 관로**에서 액체의 속도를 측정하기 위해서, 액체의 정압을 측정하는 피에조미터와 더불어서 피토관을 사용해야 한다. 벤투리 유량계는 평균속도 또는 체적유량을 측정하는 데 사용된다.

베르누이 방정식은 유체의 총수두 H로 표현될 수 있다. 총수두의 그래프는 마찰손실이 없을 경우 항상 일정한 수평선인 에너지구배선(EGL)으로 불린다. 수력구배선(HGL)은 수력수두 $p/\gamma + z$의 그래프이다. 이 선은 항상 에너지구배선보다 동적수두(kinetic head)의 크기 $V^2/2g$만큼 아래에 있다.	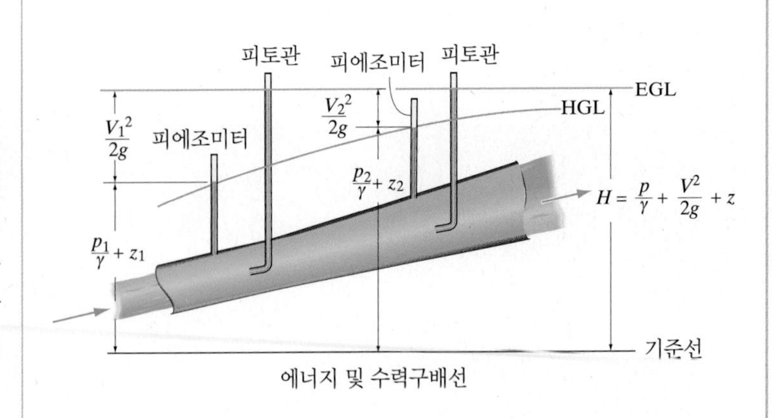 에너지 및 수력구배선 $$H = \frac{p}{\gamma} + \frac{V^2}{2g} + z = c$$
유체가 점성이고 에너지가 유체로부터 더해지거나 또는 빠져나갈 때, 에너지방정식이 사용되어야 한다. 에너지방정식은 열역학 제1법칙을 근거로 하며, 에너지방정식이 적용될 때 검사체적이 반드시 지정되어야 한다. 에너지방정식은 다양한 형태로 표현된다.	$$\dot{Q}_{in} - \dot{W}_{turb} + \dot{W}_{pump} = \left[\left(h_{out} + \frac{V_{out}^2}{2} + gz_{out}\right) - \left(h_{in} + \frac{V_{in}^2}{2} + gz_{in}\right)\right]\dot{m}$$ $$\frac{p_{in}}{\rho} + \frac{V_{in}^2}{2} + gz_{in} + w_{pump} = \frac{p_{out}}{\rho} + \frac{V_{out}^2}{2} + gz_{out} + w_{turb} + fl$$ $$\frac{p_{in}}{\gamma} + \frac{V_{in}^2}{2g} + z_{in} + h_{pump} = \frac{p_{out}}{\gamma} + \frac{V_{out}^2}{2g} + z_{out} + h_{turb} + h_L$$
동력은 단위 시간당 행해지는 축일이다.	$$\dot{W}_s = \dot{m}\, gh_s = Q\gamma h_s$$

Chapter 6

(© Sander van der Werf/Shutterstock)

충격량 및 운동량 원리는 풍차 및 풍력 터빈의 설계에 중요한 역할을 한다.

유체 운동량

학습목표

- 유체의 선형, 각충격량 및 운동량의 원리를 발전시켜 유체가 표면에 작용하는 힘을 결정한다.
- 운동량 방정식을 프로펠러, 풍력 터빈, 터보제트, 로켓에 구체적으로 적용하는 예를 보여준다.

6.1 선형 운동량 방정식

펌프와 터빈뿐만 아니라 수문(floodgates)이나 유동 전환 블레이드(flow diversion blades)와 같은 많은 수력 구조물의 설계는 유체의 유동이 구조물에 작용하는 힘에 의해 결정된다. 이 절에서는 $\Sigma\mathbf{F} = m\mathbf{a} = d(m\mathbf{V})/dt$의 형태로 된 뉴턴의 제2법칙에 기초를 둔 선형 운동량 해석을 사용하여 이러한 힘을 구하고자 한다. 이 식을 적용하기 위해서는 관성(inertial) 또는 비가속(nonaccelerating) 좌표(고정 또는 등속 좌표)에서 운동량($m\mathbf{V}$)의 시간변화율을 측정하는 것이 중요하다.

유체 유동 때문에 운동량의 해석에는 검사체적 방법이 가장 적합하다. 뉴턴의 제2법칙을 적용하기 전에 운동량의 시간 미분 $d(m\mathbf{V})/dt$를 결정하기 위하여 레이놀즈수송정리(Reynolds transport theorem)를 적용해보사. 신형 운동량은 유체의 종량 성질(extensive property)이고, 식 (4-11)은 다음과 같이 된다. 여기서 $\mathbf{N} = m\mathbf{V}$이고 $\boldsymbol{\eta} = m\mathbf{V}/m = \mathbf{V}$이다.

$$\left(\frac{d\mathbf{N}}{dt}\right)_{\text{syst}} = \frac{\partial}{\partial t}\int_{\text{cv}} \boldsymbol{\eta}\rho\, d\forall + \int_{\text{cs}} \boldsymbol{\eta}\rho\mathbf{V}\cdot d\mathbf{A}$$

$$\left(\frac{d(m\mathbf{V})}{dt}\right)_{\text{syst}} = \frac{\partial}{\partial t}\int_{\text{cv}} \mathbf{V}\rho\, d\forall + \int_{\text{cs}} \mathbf{V}\rho\mathbf{V}\cdot d\mathbf{A}$$

윗식을 뉴턴의 제2법칙에 대입하면, 다음과 같은 선형 운동량 방정식을 얻을 수 있다.

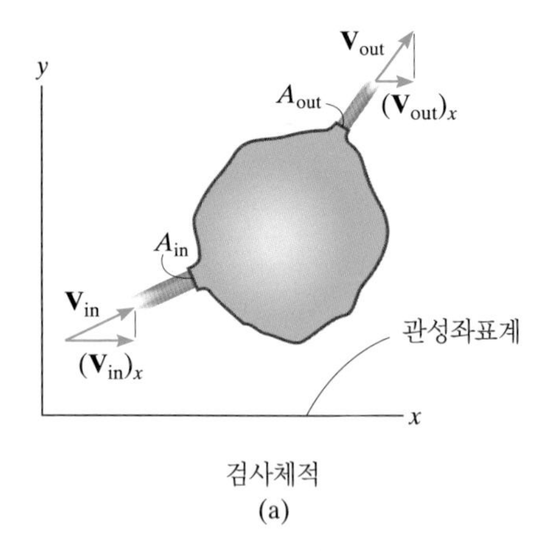

검사체적
(a)

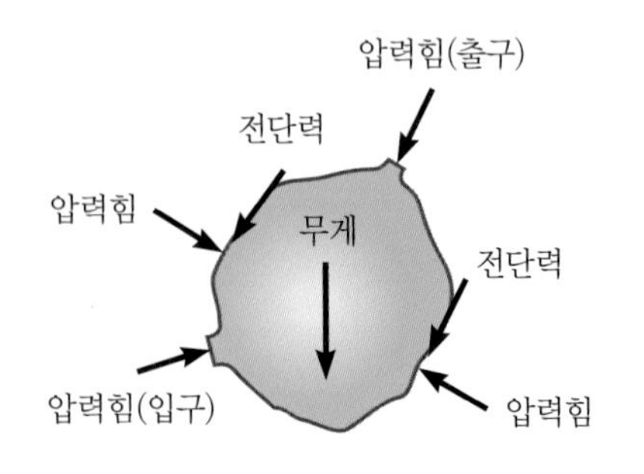

자유물체도
(b)

그림 6–1

$$\Sigma \mathbf{F} = \frac{\partial}{\partial t}\int_{cv} \mathbf{V}\rho\, d\forall + \int_{cs} \mathbf{V}\rho \mathbf{V}\cdot d\mathbf{A} \tag{6-1}$$

여기서 식의 마지막 항에 있는 속도 **V**가 어떻게 사용되는지를 깨닫는 것이 매우 중요하다. **V**는 x, y, z축 상에 성분 값을 가지는 **벡터량**이지만, 열린 검사표면으로 가로지르는 질량유량을 정의하기 위해서 $d\mathbf{A}$를 내적하여 스칼라 $(\rho\mathbf{V}\cdot d\mathbf{A})$가 된다. 그러므로 성분 값을 가지지 않는다. 이 점을 분명히 하기 위해서 그림 6-1a에서 이상유체가 두 개의 검사표면으로 들어오고 나가는 유동을 고려해보자. x 방향으로 볼 때, 식 (6-1)의 마지막 항은 $\int_{cs} V_x\, \rho\, \mathbf{V}\cdot d\mathbf{A} = (V_{in})_x(-\rho\, V_{in}\, A_{in}) + (V_{out})_x(\rho V_{out}\, A_{out})$이 된다. 여기서 $(V_{in})_x$와 $(V_{out})_x$는 $\mathbf{V}_{in}$과 $\mathbf{V}_{out}$의 x 성분이다. 그림 6-1a에 도시된 것처럼 모두 다 양의 x 방향을 가지고 있다. 내적을 사용할 때, 우리는 양의 사인 규약을 따라야 한다. 즉, $\mathbf{A}_{in}$와 $\mathbf{A}_{out}$은 모두 양의 값이나, $\mathbf{V}_{in}$은 검사체적으로 들어가는 방향이기 때문에 음의 값을 가지게 되고 결과적으로 $\rho\, V_{in}\, A_{in}$은 음의 값을 가진다.

정상유동 만약 유동이 **정상**이면, 검사체적 내에 어떠한 국부적인 운동량 변화가 없고, 식 (6-1)의 우측의 첫 번째 항이 0이 된다. 그러므로 식 (6-1)은 다음과 같이 된다.

$$\Sigma \mathbf{F} = \int_{cs} \mathbf{V}\rho \mathbf{V}\cdot d\mathbf{A} \tag{6-2}$$

정상유동

그뿐만 아니라 만약 유체가 **이상유체**라면, ρ는 일정하고, 점성마찰이 0이 되기 때문에 속도는 열린 검사표면에 균일하게 분포하게 되고, 식 (6-2)를 적분하게 되면 다음을 얻을 수 있다.

$$\Sigma \mathbf{F} = \Sigma \mathbf{V}\rho \mathbf{V}\cdot \mathbf{A} \tag{6-3}$$

정상 이상 유동

위의 식은 유동을 편향시키거나 수송시키는 여러 종류의 표면에 작용하는 유체력를 얻기 위해서 공학에서 종종 사용되고 있다.

자유물체도 식 (6-1)이 적용될 때, 일반적으로 검사체적 내부에 포함되어 유체 $\Sigma\mathbf{F}$가 존재한다. 그림 6-1b의 자유물체도에 나타낸 것처럼 닫힌 검사표면의 접선방향으로 작용하는 **전단력**(shear forces), 열린 및 닫힌 검사표면에 법선 방향으로 작용하는 **압력힘**(pressure forces), 검사체적 내에 있는 유체의 질량에 의한 중력중심으로 작용하는 **무게**(weight)가 존재한다. 원활한 해석을 위해서 각각의 독립된 전단력 및 압력힘 결과로 표현한다. 이 합력의 반대는 유체 시스템이 검사표면에 작용하는 힘으로 **동적 힘**(dynamic force)이라 부른다.

6.2 정지 물체로의 응용

베인(vane), 관(pipe) 또는 다양한 종류의 관로(conduit)들은 유체의 방향을 변화시킬 수 있기 때문에 그 표면에 유체력이 작용된다. 이런 경우에, 움직이는 유체가 고정된 표면에 작용하는 압력 및 전단력에 의해서 생긴 힘의 합력을 결정할 수 있는 선형 운동량 해석을 적용하는 데 다음과 같은 절차가 사용될 수 있다.

커버 플레이트에 있는 부착물은 출구로부터 나오거나 플레이트를 타격하는 물의 흐름에 대한 운동량 변화를 저항해야 한다.

해석 절차

유체 설명

- 유동이 정상인지 비정상인지, 균일한지 불균일한지 식별하라. 또한 유체가 압축성인지 비압축성인지, 점성인지 비점성인지 규정하라.

검사체적과 자유물체도

- 검사체적은 고정되거나, 움직일 수 있고, 변형되거나 문제에 따라서 변할 수가 있다. 그리고 검사체적은 고체와 유체를 동시에 포함할 수 있다. 열린 검사표면은 유동이 균일하고 잘 정립되어 있는 영역에 위치해야 한다. 이러한 표면은 유동에 수직인 평면이 되도록 고려되어야 한다. 비점성 이상유체에 대해서 속도 형상은 단면에 걸쳐서 균일하여 평균속도로 나타낸다.
- 검사체적의 자유물체도는 검사체적에 작용하는 모든 외력을 식별할 수 있도록 그려져야 한다. 일반적으로 외력은 검사체적의 고체 영역에 대한 무게 및 검사체적 내의 유체의 무게까지도 포함하고, 마찰전단 및 압력의 합력 또는 닫힌 검사체적 내에 작용하는 모든 힘의 성분들을 포함하며, 열린 검사표면에 작용하는 압력도 포함한다. 만약 검사표면이 대기에 노출되어 있으면 압력은 0이나, 열린 검사표면이 유체 내에 포함되어 있으면, 열린 검사표면에 대한 압력은 베르누이 방정식으로 결정되어야 함을 명심하라.

선형 운동량

- 만약 체적유량을 알고있다면 열린 검사표면의 평균속도는 $V = Q/A$를 사용하여 결정되거나 연속방정식, 베르누이 방정식, 에너지방정식 등을 적용하여 얻을 수 있다.
- x, y 관성좌표계를 설정하고, 열린 검사표면에 도시된 속도 x 및 y의 성분들과 자유물체도에 도시된 힘들을 이용하여 선형 운동량 방정식에 적

용하라. 운동량 방정식에서 $\rho\mathbf{V}\cdot d\mathbf{A}$ 항은 각각의 열린 검사표면의 면적 **A**를 가로지르는 **질량유량**을 의미하는 **스칼라 값**임을 명심하라. 곱 $\rho\mathbf{V}\cdot\mathbf{A}$는 **V**와 **A**가 서로 반대방향이면 검사표면으로 들어가는 질량유량에 대해서 음이고, 반대로 **V**와 **A**가 서로 같은 방향이면 검사표면으로 나오는 질량유량에 대해서 양의 값을 가진다.

예제 6.1

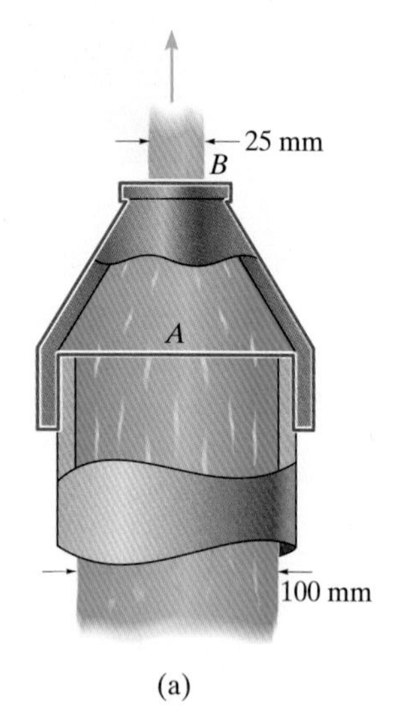

(a)

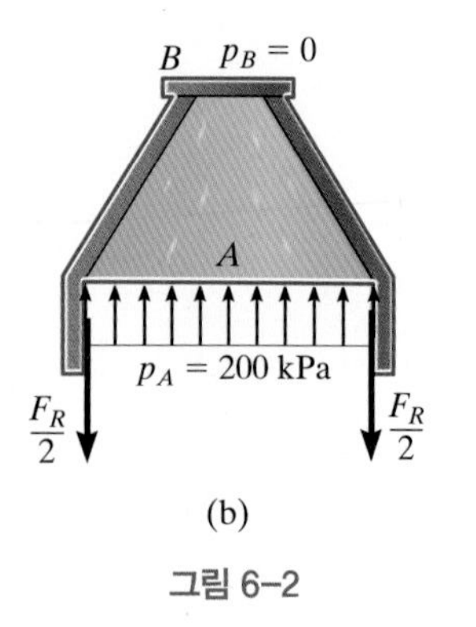

(b)

그림 6–2

그림 6-2a에 나타낸 바와 같이 관의 끝에 리듀서(reducer)가 씌워져 있다. A에서 관 내의 수압이 200 kPa일 때 리듀서가 고정되기 위하여 관의 측면을 따라 접착제가 부착되어 있는 리듀스에 작용하는 전단력을 구하라.

풀이

유체 설명 정상유동이고 이상유체인 물로 가정하고, 밀도는 $\rho_w = 1000\ \text{kg/m}^3$이다.

검사체적과 자유물체도 그림 6-2a에서 파이프 내부의 물의 일부분을 포함하는 리듀서를 검사체적으로 선택한다. 이렇게 검사체적을 선택하는 이유는 그림 6-2b에서 검사체적의 자유물체도에 작용하는 요구되는 전단력 F_R을 표현하기 위한 것이다. 또한 입구 검사표면 A에서의 수압이 p_A이고, 출구 검사표면에서의 압력은 계기압력 $p_B = 0$이기 때문에 검사표면의 출구에는 어떠한 압력도 없다. 리듀서에 접촉되어 있는 관의 벽에 작용하는 수평 또는 법선력은 대칭으로 서로 상쇄된다. 그리고 리듀서의 무게와 리듀서의 내부의 물의 무게는 무시한다.

연속방정식 운동량 방정식을 적용하기에 앞서서, 먼저 A와 B에서 물의 속도를 얻어야 한다. 정상유동에 대한 연속방정식을 적용하면 다음과 같은 식을 얻을 수 있다.

$$\frac{\partial}{\partial t}\int_{cv}\rho\, d\forall + \int_{cs}\rho\mathbf{V}\cdot d\mathbf{A} = 0$$

$$0 - \rho V_A A_A + \rho V_B A_B = 0$$

$$-V_A\left[\pi(0.05\ \text{m})^2\right] + V_B\left[\pi(0.0125\ \text{m})^2\right] = 0$$

$$V_B = 16V_A \tag{1}$$

베르누이 방정식 A와 B에서 압력을 알고 있기 때문에, 이 점들에서의 속도들은 식 (1)에 의해서 구할 수 있고, 베르누이 방정식을 A와 B를 통과하는 수직 유선 위의 점들에 적용할 수 있다.* A에서 B까지의 높이차를 고려하지 않는다면 다음과 같은 결과를 얻을 수 있다.

$$\frac{p_A}{\gamma} + \frac{V_A^2}{2g} + z_A = \frac{p_B}{\gamma} + \frac{V_B^2}{2g} + z_B$$

$$\frac{200(10^3)\ \text{N/m}^2}{\left(1000\ \text{kg/m}^3\right)\left(9.81\ \text{m/s}^2\right)} + \frac{V_A^2}{2\left(9.81\ \text{m/s}^2\right)} + 0 = 0 + \frac{\left(16V_A\right)^2}{2\left(9.81\ \text{m/s}^2\right)} + 0$$

$$V_A = 1.252\ \text{m/s}$$

$$V_B = 16(1.252\ \text{m/s}) = 20.04\ \text{m/s}$$

선형 운동량 F_R을 얻기 위하여 수직방향으로 운동량 방정식을 적용할 수 있다.

$$\Sigma \mathbf{F} = \frac{\partial}{\partial t}\int_{cv} \mathbf{V}\rho\, d\forall + \int_{cs} \mathbf{V}\rho \mathbf{V}\cdot d\mathbf{A}$$

정상유동이기 때문에 국소적인 운동량 변화가 없어서 우측의 첫 번째 항의 값은 0이다. 그리고 이상유체이기 때문에 ρ_w는 일정하고, 평균속도를 사용하면 다음과 같은 결과를 얻는다.

$$+\uparrow \Sigma F_y = 0 + V_B(\rho_w V_B A_B) + (V_A)(-\rho_w V_A A_A)$$

$$+\uparrow \Sigma F_y = \rho_w(V_B^2 A_B - V_A^2 A_A)$$

$$\left[200\left(10^3\right)\ \text{N/m}^2\right]\left[\pi(0.05\ \text{m})^2\right] - F_R = \left(1000\ \text{kg/m}^3\right)\left[\left(20.04\ \text{m/s}\right)^2(\pi)(0.0125\ \text{m})^2 - (1.252\ \text{m/s})^2(\pi)(0.05\ \text{m})^2\right]$$

$$F_R = 1.39\ \text{kN}$$ 답

양의 결과값은 전단력이 리듀서(검사표면)의 아랫방향으로 작용함을 의미한다.

* 실제로는 이러한 이음 부품은 마찰에 의한 손실을 발생시키기 때문에 에너지방정식을 반드시 적용해야 한다. 이것에 대해서는 제10장에서 논의할 것이다.

예제 6.2

그림 6-3a에서 물이 소방 호스의 직경 1 in.의 노즐로부터 180 gal/min의 유량으로 분사되고 있다. 유동은 고정된 표면을 때리고, B를 따라서 3/4과 C를 따라서 1/4의 유량으로 나누어진다. 표면에 작용하는 x와 y의 힘의 성분을 구하라.

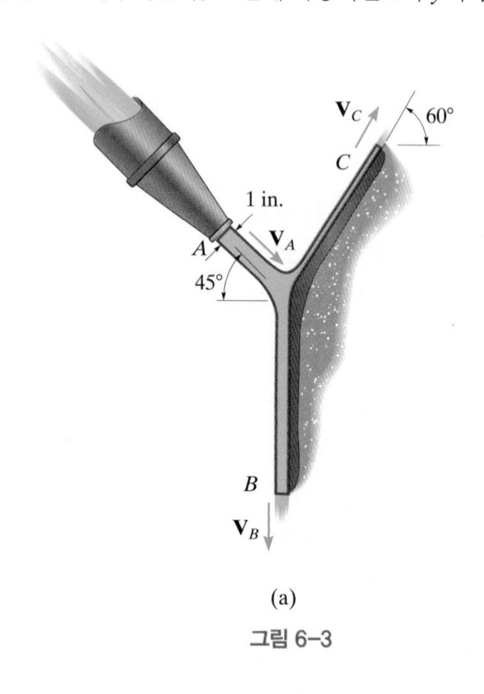

(a)

그림 6-3

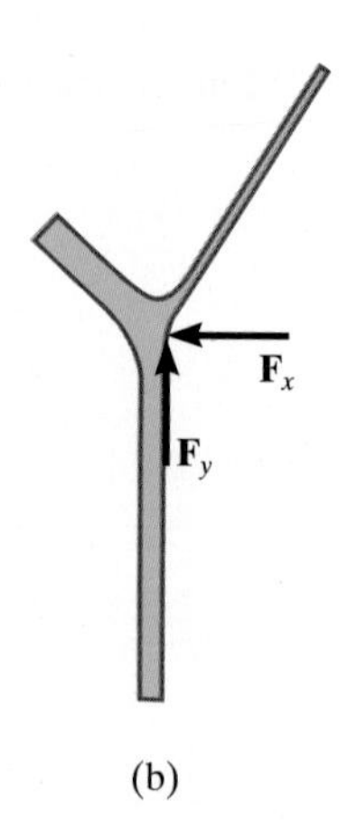

(b)

풀이

유체 설명 정상유동이고, 이상유체로서 물을 고려하자. 비중량은 $\gamma_w = 62.4\ \text{lb/ft}^3$이다.

검사체적과 자유물체도 그림 6-3a와 같이 노즐로부터 시작해서 표면까지 물을 포함하는 고정 검사체적을 선택한다. 표면에 걸쳐서 분포하고 있는 압력의 수평 및 수직 저항의 성분인 $\mathbf{F}_x$ 및 $\mathbf{F}_y$를 닫힌 검사표면 위에 정의하자. 검사체적 내의 물의 무게는 무시한다. 열린 검사표면에 대한 계기압력이 0이기 때문에 표면에 작용하는 힘은 존재하지 않는다.

베르누이 방정식을 A를 따라서 흐르는 유체의 유선 위의 한 점과 B(또는 C)를 따라서 유체의 유선 위의 다른 한 점에 대해서 적용한다. 여기서 이 점들에 대한 높이변화를 무시하고, 계기압력이 0임을 고려하면, $p/\gamma + V^2/2g + z =$ 상수가 된다. 고정된 표면 위나 표면을 따라서 물의 속도는 모든 곳에서 동일하게 $V_A = V_B = V_C$이다. 단지 표면은 속도의 방향만을 변화시킨다.

선형 운동량 속도는 A에서 유량으로부터 결정될 수 있다. 여기서 단면적을 알고 있기 때문에 다음과 같은 결과를 얻을 수 있다.

$$Q_A = \frac{180 \text{ gal}}{1 \text{ min}}\left(\frac{1 \text{ min}}{60 \text{ s}}\right)\left(\frac{1 \text{ ft}^3}{7.48 \text{ gal}}\right) = 0.4011 \text{ ft}^3/\text{s}$$

$$V_A = V_B = V_C = \frac{Q_A}{A_A} = \frac{0.4011 \text{ ft}^3/\text{s}}{\pi\left(\frac{0.5}{12} \text{ ft}\right)^2} = 73.53 \text{ ft/s}$$

정상유동을 고려하면 선형 운동량 방정식은 다음과 같다.

$$\Sigma \mathbf{F} = \frac{\partial}{\partial t}\int_{cv} \mathbf{V}\rho \, d\forall + \int_{cs} \mathbf{V}\rho \mathbf{V}\cdot d\mathbf{A}$$

$$\Sigma \mathbf{F} = 0 + \mathbf{V}_B(\rho V_B A_B) + \mathbf{V}_C(\rho V_C A_C) + \mathbf{V}_A(-\rho V_A A_A)$$

유동이 검사체적 안으로 들어오기 때문에 마지막 항은 음의 값을 가짐을 명심하라. $Q = VA$이기 때문에 다음과 같다.

$$\Sigma \mathbf{F} = \rho(Q_B \mathbf{V}_B + Q_C \mathbf{V}_C - Q_A \mathbf{V}_A)$$

위의 방정식을 x와 y의 방향으로 풀 수 있기 때문에, 속도 $\mathbf{V}$는 성분 값을 가지고, 유량($Q = VA$)은 스칼라 값을 가진다. 따라서,

$$\overset{+}{\rightarrow} \Sigma F_x = \rho(Q_B V_{Bx} + Q_C V_{Cx} - Q_A V_{Ax})$$

$$-F_x = \frac{62.4 \text{ lb/ft}^3}{32.2 \text{ ft/s}^2}\Big[0 + \tfrac{1}{4}(0.4011 \text{ ft}^3/\text{s})\left[(73.53 \text{ ft/s})\cos 60°\right] - (0.4011 \text{ ft}^3/\text{s})\left[(73.53 \text{ ft/s})\cos 45°\right]\Big]$$

$$F_x = -33.27 \text{ lb} = 33.3 \text{ lb} \leftarrow$$ 답

$$+\uparrow \Sigma F_y = \rho\left[Q_B(-V_{By}) + Q_C V_{Cy} - Q_A(-V_{Ay})\right]$$

$$F_y = \frac{62.4 \text{ lb/ft}^3}{32.2 \text{ ft/s}^2}\Big[\tfrac{3}{4}(0.4011 \text{ ft}^3/\text{s})(-73.53 \text{ ft/s}) + \tfrac{1}{4}(0.4011 \text{ ft}^3/\text{s})\left[(73.53 \text{ ft/s})\sin 60°\right] - (0.4011 \text{ ft}^3/\text{s})\left[-(73.53 \text{ ft/s})\sin 45°\right]\Big]$$

$$F_y = 9.923 \text{ lb}\uparrow$$ 답

이 결과로 물에 작용하는 합력은 34.7 lb임을 알 수 있다. 같은 값이지만 반대 방향의 동적 힘(dynamic force)이 표면에 작용하고 있다. 만약 노즐이 편평한 표면에 수직한 방향으로 놓여질 때, 힘의 결과 값은 57.2 lb가 된다. 만약 이 흐름이 사람에게 향한다면 꽤 위험할 수도 있다.

예제 6.3

그림 6-4a와 같이 덕트로 공기가 흐르고, 공기는 A에서 온도는 30°C이고 절대압력은 300 kPa이며, B에서는 냉각되어 온도가 10°C이고 절대압력은 298.5 kPa이 된다. A에서 공기의 평균속도가 3 m/s일 때 이 두 지점 사이에서 덕트 벽면을 따라서 작용하는 전단력의 합력을 구하라.

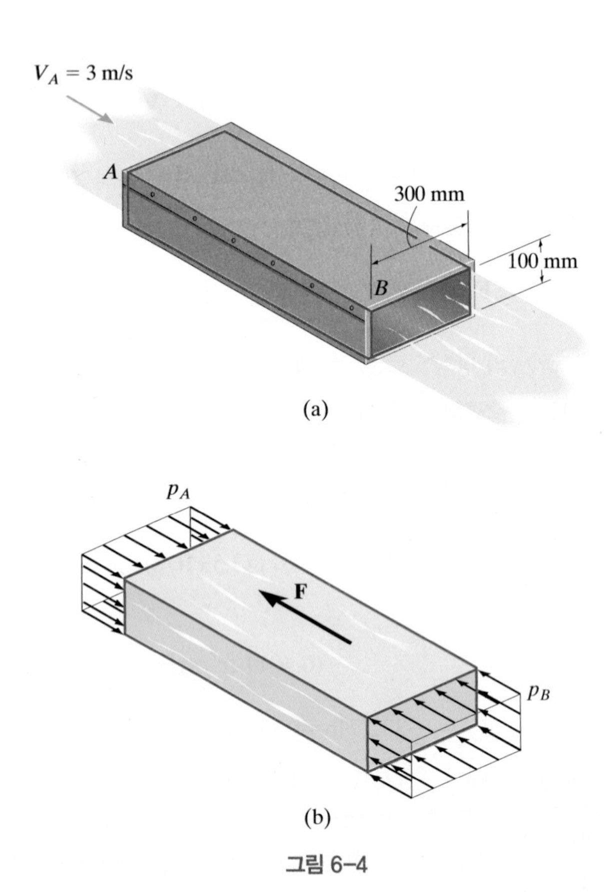

그림 6-4

풀이

유체 설명 공기의 밀도가 변하기 때문에 공기는 압축성 정상점성유동이다. 이 문제에서는 주어진 온도와 압력에서 공기를 이상기체로 가정한다.

검사체적과 자유물체도 그림 6-4a에서 덕트 내의 공기는 고정 검사체적으로 선택한다. 그림 6-4b에서 덕트 벽을 따라서 검사표면에 작용하는 마찰력 **F**는 공기의 점성효과의 결과이다. 공기의 무게는 무시한다. 하지만 A 및 B에서의 압력은 고려되어야 한다. (닫힌 검사체적이거나 검사체적의 측면 위에 가해지는 압력은 유동방향에 수직으로 작용하기 때문에 0의 합력을 만들기 때문에 표시하지 않는다.) **F**를 구하기 위해서 운동량 방정식을 적용해야 하지만, A와 B에서 공기의 밀도와 B에서의 평균속도를 먼저 결정해야 한다.

이상기체의 법칙 부록 A로부터 $R = 286.9\ \text{J/(kg}\cdot\text{K)}$이고,

$$p_A = \rho_A R T_A$$

$$300(10^3)\ \text{N/m}^2 = \rho_A [286.9\ \text{J/(kg}\cdot\text{K)}](30°\text{C} + 273)\ \text{K}$$

$$\rho_A = 3.451\ \text{kg/m}^3$$

$$p_B = \rho_B R T_B$$

$$298.5(10^3)\ \text{N/m}^2 = \rho_B [286.9\ \text{J/(kg}\cdot\text{K)}](10°\text{C} + 273)\ \text{K}$$

$$\rho_B = 3.676\ \text{kg/m}^3$$

연속방정식 비록 속도의 형상은 덕트 내부 표면을 따라서 점도에 의한 마찰 효과에 영향을 받지만, 여기서는 평균속도를 사용하자. 정상유동에 대한 연속방정식을 적용하면 B에서의 공기의 평균속도를 결정할 수 있다.

$$\frac{\partial}{\partial t}\int_{cv} \rho\, d\forall + \int_{cs} \rho \mathbf{V}\cdot d\mathbf{A} = 0$$

$$0 - \rho_A V_A A_A + \rho_B V_B A_B = 0$$

$$0 - (3.451\ \text{kg/m}^3)(3\ \text{m/s})(0.3\ \text{m})(0.1\ \text{m}) + (3.676\ \text{kg/m}^3)(V_B)(0.3\ \text{m})(0.1\ \text{m})$$

$$V_B = 2.816\ \text{m/s}$$

선형 운동량 정상 압축성 유동이 일어나기 때문에,

$$\Sigma\mathbf{F} = \frac{\partial}{\partial t}\int_{cv} \mathbf{V}\rho\, d\forall + \int_{cs} \mathbf{V}\rho \mathbf{V}\cdot d\mathbf{A}$$

$$\xrightarrow{+} \Sigma F = 0 + V_B(\rho_B V_B A_B) + (V_A)(-\rho_A V_A A_A)$$

$$\begin{aligned}[300(10^3)\ \text{N/m}^2](0.3\ \text{m})(0.1\ \text{m}) - [298.5(10^3)\ \text{N/m}^2](0.3\ \text{m})(0.1\ \text{m}) - F \\ = 0 + (2.816\ \text{m/s})[(3.676\ \text{kg/m}^3)(2.816\ \text{m/s})(0.3\ \text{m})(0.1\ \text{m})] \\ - (3\ \text{m/s})[(3.451\ \text{kg/m}^3)(3\ \text{m/s})(0.3\ \text{m})(0.1\ \text{m})]\end{aligned}$$

$$F = 45.1\ \text{N}$$ 답

예제 6.4

그림 6-5a와 같이 수문이 열려진 상태로 깊이 2 ft 아래로 물을 배출하고 있다. 만약 수문의 넓이가 5 ft라면, 수문이 유지할 수 있도록 지지대에 의해서 가해지는 수평 합력을 구하라. 채널의 깊이는 10 ft를 유지한다고 가정한다.

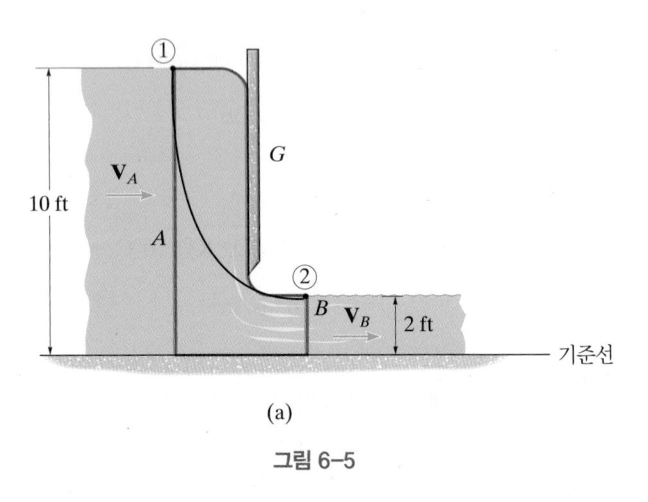

(a)

그림 6–5

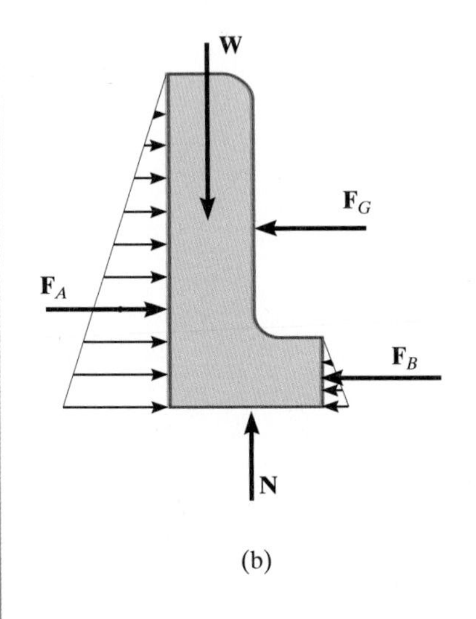

(b)

풀이

유체 해석 채널의 깊이가 일정하다고 가정했기 때문에 유동은 정상상태이고, 물을 이상유체로 가정하면, 물은 수문을 통해 일정한 평균속도를 가질 것이다. 물의 비중량은 62.4 lb/ft^{3}이다.

검사체적과 자유물체도 수문에 가해지는 힘을 결정하기 위해서 그림 6-5a에서, 고정 검사체적은 수문의 표면을 따르는 검사표면 및 수문의 각 측면에서 물의 체적을 포함시키자. 그림 6-5b의 자유물체도에 나타낸 것처럼, 수평 방향으로 검사체적에 작용하는 힘은 3개 존재한다. 3개의 힘은 수문에 작용하는 미지의 힘의 합력 F_G와 A와 B에서 물에 의한 검사표면에 작용하는 수력정역학적인 두 개의 압력의 합력들이다. 수문 및 바닥에 접촉해 있는 닫힌 검사표면에 작용하는 점성 마찰력은 다른 힘에 비해서 매우 작기 때문에 이 문제에서는 비점성유동으로 간주하여 무시할 수 있다.

베르누이 방정식 및 연속방정식 그림 6-5에서, A 및 B에서의 평균속도는 베르누이 방정식 또는 에너지방정식과 연속방정식을 적용하여 결정할 수 있다. 점 1

과 2에 대한 유선이 선택될 때, 베르누이 방정식을 적용하면 다음과 같다.*

$$\frac{p_1}{\gamma} + \frac{V_1^2}{2g} + z_1 = \frac{p_2}{\gamma} + \frac{V_2^2}{2g} + z_2$$

$$0 + \frac{V_A^2}{2(32.2\ \text{ft/s}^2)} + 10\,\text{ft} = 0 + \frac{V_B^2}{2(32.2\ \text{ft/s}^2)} + 2\,\text{ft}$$

$$V_B^2 - V_A^2 = 515.2 \qquad (1)$$

연속방정식에 대해서는 다음과 같다.

$$\frac{\partial}{\partial t}\int_{cv} \rho\, d\forall + \int_{cs} \rho \mathbf{V} \cdot d\mathbf{A} = 0$$

$$0 - V_A(10\ \text{ft})(5\ \text{ft}) + V_B(2\ \text{ft})(5\ \text{ft}) = 0$$

$$V_B = 5V_A \qquad (2)$$

식 (1)과 (2)를 풀면 다음과 같다.

$$V_A = 4.633\ \text{ft/s} \quad \text{and} \quad V_B = 23.17\ \text{ft/s}$$

선형 운동량

$$\Sigma \mathbf{F} = \frac{\partial}{\partial t}\int_{cv} \mathbf{V}\rho\, d\forall + \int_{cs} \mathbf{V}\rho\mathbf{V} \cdot d\mathbf{A}$$

$$\overset{+}{\rightarrow}\Sigma F_x = 0 + V_B(\rho V_B A_B) + (V_A)(-\rho V_A A_A)$$

$$= 0 + \rho\left(V_B^2 A_B - V_A^2 A_A\right)$$

그림 6-5b에서 자유물체도를 참고하면,

$$\tfrac{1}{2}\left[(62.4\ \text{lb/ft}^3)(10\ \text{ft})\right](10\ \text{ft})(5\ \text{ft}) - \tfrac{1}{2}\left[(62.4\ \text{lb/ft}^3)(2\ \text{ft})\right](2\ \text{ft})(5\ \text{ft}) - F_G$$

$$= \left(\frac{62.4}{32.2}\ \text{slug/ft}^3\right)\left[(23.17\ \text{ft/s})^2(2\ \text{ft})(5\ \text{ft}) - (4.633\ \text{ft/s})^2(10\ \text{ft})(5\ \text{ft})\right]$$

$$F_G = 6656\ \text{lb} = 6.66\ \text{kip}$$ 답

유사하게, 수문에 작용하는 정수압력은 다음과 같다.

$$(F_G)_{st} = \tfrac{1}{2}(\gamma h)hb = \tfrac{1}{2}\left[(62.4\ \text{lb/ft}^3)(10\ \text{ft} - 2\ \text{ft})\right](10\ \text{ft} - 2\ \text{ft})(5\ \text{ft}) = 9.98\ \text{kip}$$

---

* 표면에 작용하는 모든 입자들은 수문 아래로 결국은 지나갈 것이다. 여기서 우리는 점 2로 오는 점 1의 입자를 선택하였다.

예제 6.5

그림 6-6a에서 기름이 개방 관 AB를 통해 흘러가고 있다. A 지점에서 속도가 16 ft/s이고 가속도가 2 ft/s^{2}이다. 이러한 유동을 얻기 위한 B 지점에서의 펌프 압력을 구하라. 기름의 비중량은 56 lb/ft^{3}이다.

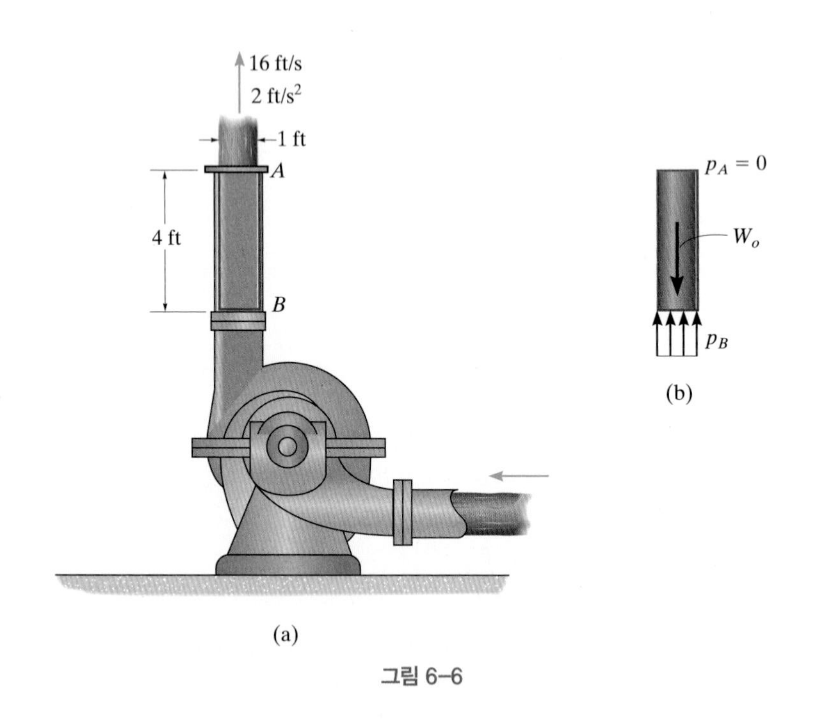

그림 6-6

풀이

유체 설명 기름이 가속되기 때문에 비정상유동의 경우이고, 기름을 이상유체로 가정한다.

검사체적과 자유물체도 그림 6-6a에서 관의 수직 단면 AB 내부의 기름을 포함하는 고정 검사체적을 고려하자. 자유물체도에 나타낸 힘들은 검사체적 내의 기름의 무게, $W_o = \gamma_o \forall_o$와 그림 6-6b에서 B의 압력이다.* A에서의 계기압력은 0이다.

선형 운동량 이상유체에서는 평균속도를 고려하기 때문에 유체의 운동량 방정식은 다음과 같다.

* 검사체적 표면의 관의 측면에 가해지는 수평 압력은 결과력이 0이기 때문에 여기서 고려하지 않는다. 또한 측면을 따라서 가해지는 마찰도 기름이 비점성으로 가정하여 배제되어 있다.

$$\Sigma \mathbf{F} = \frac{\partial}{\partial t}\int_{cv} \mathbf{V}\rho\, d\forall + \int_{cs} \mathbf{V}\,\rho\,\mathbf{V}\cdot d\mathbf{A}$$

$$+\uparrow \Sigma F_y = \frac{\partial}{\partial t}\int_{cv} V\rho\, d\forall + V_A(\rho V_A A_A) + (V_B)(-\rho V_B A_B)$$

ρ는 일정하고, $A_A = A_B$이기 때문에 연속방정식은 $V_A = V_B = V =$ 16 ft/s이다. 결국 마지막 두 항은 서로 상쇄된다. 즉, 유동은 균일하고, 순수 대류효과는 없다.

비정상유동 항(국소 효과)은 유동 속도(비정상유동)의 시간변화율 때문에 검사체적 내의 국소 운동량 변화를 의미한다. 2 ft/s²의 속도변화율과 검사체적에서 일정한 밀도를 고려하면 위의 식은 다음과 같이 된다.

$$+\uparrow \Sigma F_y = \frac{dV}{dt}\rho\forall; \qquad p_B A_B - \gamma_o \forall_o = \frac{dV}{dt}\rho\forall \tag{1}$$

$$p_B[\pi(0.5\text{ ft})^2] - (56\text{ lb/ft})[\pi(0.5\text{ ft})^2(4\text{ ft})] = (2\text{ ft/s}^2)\left(\frac{56}{32.2}\text{ slug/ft}^3\right)[\pi(0.5\text{ ft})^2(4\text{ ft})]$$

$$p_B = (237.9\text{ lb/ft}^2)\left(\frac{1\text{ ft}}{12\text{ in.}}\right)^2 = 1.65\text{ psi}$$ 답

그림 6-6b에서 식 (1)은 실질적으로 $\Sigma F_y = ma_y$의 적용임을 주의하라.

6.3 속도가 일정한 물체에의 적용

어떤 문제에서는 블레이드(blade)나 베인(vane)이 일정한 속도로 움직이는 경우가 있다. 이러한 문제가 발생할 때, 블레이드에 작용하는 힘들은 물체와 함께 움직이는 검사체적을 선택함으로써 얻을 수 있다. 이러한 경우에 운동량 방정식 내의 속도 및 질량유량 항들은 검시체적에 대해서 상대적으로 측정될 수 있다. 따라서 $V = V_{f/cs}$이고, 그러므로 식 (6-1)은 다음과 같이 된다.

$$\Sigma \mathbf{F} = \frac{\partial}{\partial t}\int_{cv} \mathbf{V}_{cv}\,\rho\, d\forall + \int_{cs} \mathbf{V}_{f/cs}\,\rho\mathbf{V}_{f/cs}\cdot d\mathbf{A}$$

이 방정식에 대한 해는 간단하다. 유동이 검사체적에 대해 상대적인 **정상유동**으로 나타나기 때문에 식의 오른쪽 첫 번째 항은 0이 된다.

6.2절에 요약된 해석 절차를 사용하면, 다음의 예들은 일정한 속도로 움직이는 물체에 대해 운동량 방정식을 적용함으로써 설명할 수 있다. 6.5절에서는 이 방정식을 프로펠러나 풍력 터빈에 대해서 적용할 것이다.

예제 6.6

그림 6-7a에서 트럭이 8 liter/s로 분출되고 있는 50 mm 직경의 물줄기를 맞서서 속도 5 m/s로 왼쪽으로 움직이고 있다. 만약 물줄기가 그림과 같이 차량 앞유리로 흘러갈 때, 트럭 위로 작용하는 물줄기에 의한 동적 힘을 구하라.

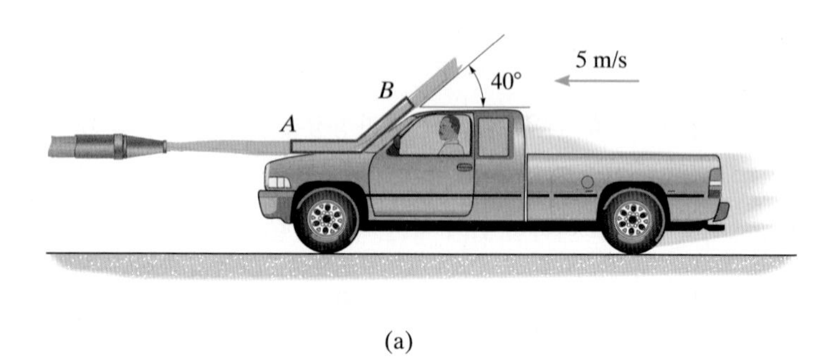

(a)

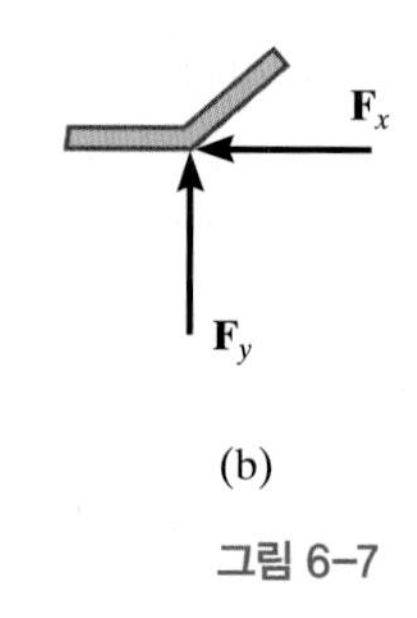

(b)

그림 6-7

풀이

유체 설명 이 문제에서 운전자는 정상유동을 관찰할 것이다. 따라서 트럭 위에 일정한 속도로 움직이는 x, y 관성좌표계를 설정하면 된다. 물을 이상유체로 가정하고 마찰을 무시할 수 있기 때문에 평균속도는 계산될 수 있다. 여기서 물의 밀도는 1000 kg/m^{3}이다.

검사체적과 자유물체도 그림 6-7a에서 트럭에 접촉하고 있는 물줄기의 AB 부분을 포함하고 있는 움직이는 검사체적을 고려하자. 그림 6-7b와 같이 자유물체도에서, 검사체적에 트럭에 의해 야기되는 수평 및 수직력만이 중요하게 고려될 것이다. (열린 검사표면에서의 압력은 대기압이며, 물의 무게는 무시한다.)

물줄기의 노즐 속도를 먼저 계산하면 다음과 같다.

$$Q = VA; \quad \left(\frac{8\ \text{liter}}{\text{s}}\right)\left(\frac{10^{-3}\ \text{m}^3}{1\ \text{liter}}\right) = V\left[\pi(0.025\ \text{m})^2\right] \quad V = 4.074\ \text{m/s}$$

검사체적(또는 운전자)에 대한 A에서의 물의 상대속도는 다음과 같다.

$$\overset{+}{\rightarrow}(V_{f/cs})_A = V_f - V_{cv}$$

$$(V_{f/cs})_A = 4.074\ \text{m/s} - (-5\ \text{m/s}) = 9.074\ \text{m/s}$$

베르누이 방정식을 적용하면 (높이의 효과는 무시) 평균상대속도는 물이 B에서 차량 앞유리를 떠날 때 일정하게 유지됨을 알 수 있다. 또한 B(열린 검사표면)에서의 단면적의 크기는 연속성을 만족시키기 위해서 A와 같이 유지되어야 하기 때문에, 비록 속도의 형상은 확실히 바뀌지만 $V_A A_A = V_B A_B = VA$를 만족시켜야 한다.

선형 운동량 정상 비압축성 유동에 대해서,

$$\Sigma \mathbf{F} = \frac{\partial}{\partial t}\int_{cv} \mathbf{V}_{f/cv}\, \rho\, d\forall + \int_{cs} \mathbf{V}_{f/cs}\, \rho\, \mathbf{V}_{f/cs} \cdot d\mathbf{A}$$

$$\Sigma \mathbf{F} = 0 + (\mathbf{V}_{f/cs})_B\left[\rho(V_{f/cs})_B A_B\right] + (\mathbf{V}_{f/cs})_A\left[-\rho(V_{f/cs})_A A_A\right]$$

여기서 속도는 $\mathbf{V}_{f/cs}$ 성분값을 가지는 벡터의 성분들을 고려해야 한다. 반면에 질량유량 항 $\rho V_{f/cs}A$는 스칼라 값을 가짐에 매우 주의하라. 이 방정식을 x, y 방향으로 적용하면 다음과 같다.

$$\overset{+}{\rightarrow} \Sigma F_x = 0 + \left[(V_{f/cs})_B \cos 40°\right]\left[\rho\,(V_{f/cs})_B A_B\right] - (V_{f/cs})_A\left[\rho\,(V_{f/cs})_A A_A\right]$$

$$-F_x = \left[(9.074\ \text{m/s})\cos 40°\right]\left[\left(1000\ \text{kg/m}^3\right)(9.074\ \text{m/s})\left[\pi(0.025\ \text{m})^2\right]\right]$$

$$- (9.074\ \text{m/s})\left[\left(1000\ \text{kg/m}^3\right)(9.074\ \text{m/s})\left[\pi(0.025\ \text{m})^2\right]\right]$$

$$F_x = 37.83\ \text{N}$$

$$+\uparrow \Sigma F_y = \left[(V_{f/cs})_B \sin 40°\right]\left[\rho\,(V_{f/cs})_B A_B\right] - 0$$

$$F_y = \left[(9.074\ \text{m/s})\sin 40°\right]\left[(1000\ \text{kg/m}^3)(9.074\ \text{m/s})\left[\pi(0.025\ \text{m})^2\right]\right] - 0$$

$$= 103.9\ \text{N}$$

따라서

$$F = \sqrt{(37.83\ \text{N})^2 + (103.9\ \text{N})^2} = 111\ \text{N}$$ 답

이 (동적) 힘은 또한 트럭에 작용하고, 방향은 반대방향이다.

예제 6.7

그림 6-8a에서 단면적이 $2(10^{-3})\ \mathrm{m}^2$이고, 속도가 45 m/s인 물 제트가 터빈의 베인을 때리고 있고, 베인은 20 m/s로 움직이고 있다. 베인에 가해지는 물의 동적 힘과 물에 의해서 발생하는 동력을 구하라.

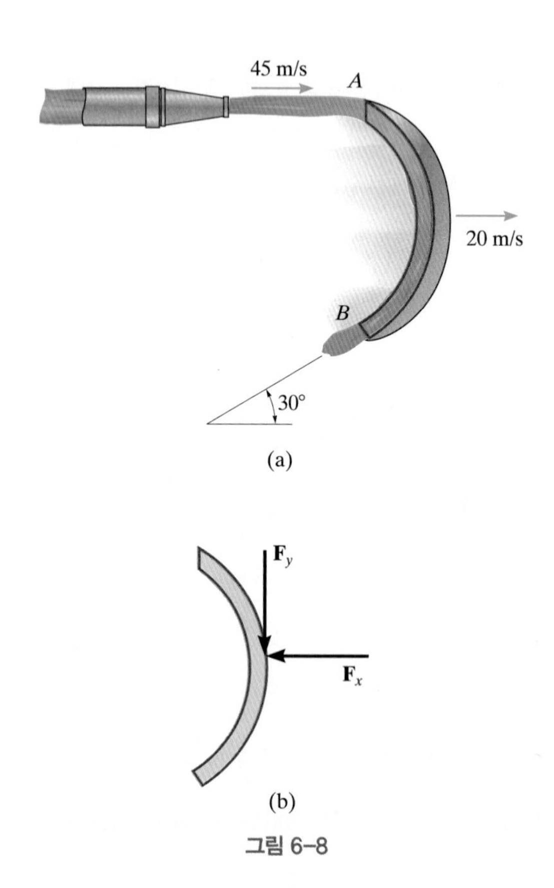

그림 6–8

풀이

유체 설명 정상유동을 얻기 위해서는 x, y 기준점을 베인에 고정시켜야 한다. 베인이 일정한 속도로 움직이기 때문에 관성좌표계로서 고려될 수 있다. 물을 이상유체로 가정하고 물의 밀도는 $1000\ \mathrm{kg/m^3}$이다.

검사체적과 자유물체도 그림 6-8a에서 A에서 B까지 베인 위의 물을 포함하는 움직이는 검사체적을 적용하자. 그림 6-8b의 자유물체도에 나타낸 것처럼 검사체적 위에 작용하는 베인에 대한 힘의 성분은 $\mathbf{F}_x$, $\mathbf{F}_y$로 표시된다. 물의 무게는 무시하고, 열린 검사표면에 대한 압력을 대기압으로 가정한다.

선형 운동량 A에서 검사표면에 대해 제트의 상대속도는 다음과 같다.

$$\xrightarrow{+} V_{f/\text{cs}} = V_f - V_{\text{cv}}$$

$$V_{f/\text{cs}} = 45\text{ m/s} - 20\text{ m/s} = 25\text{ m/s}$$

높이 변화를 무시하고 베르누이 방정식을 적용하면, 물이 같은 속도로 B 위의 베인을 떠나기 때문에 연속성을 만족시키기 위해서 $A_A = A_B = A$여야 한다. 정상상태이고, 이상 유체유동의 경우에 대해서 운동량 방정식은 다음과 같다.

$$\Sigma \mathbf{F} = \frac{\partial}{\partial t}\int_{\text{cv}} \mathbf{V}_{f/\text{cv}}\,\rho\, d\forall + \int_{\text{cs}} \mathbf{V}_{f/\text{cs}}\,\rho \mathbf{V}_{f/\text{cs}} \cdot d\mathbf{A}$$

$$\Sigma \mathbf{F} = 0 + (\mathbf{V}_{f/\text{cs}})_B\left[\rho(V_{f/\text{cs}})_B A_B\right] + (\mathbf{V}_{f/\text{cs}})_A\left[-\rho(V_{f/\text{cs}})_A A_A\right]$$

이전 예제처럼, 속도 $\mathbf{V}_{f/\text{cs}}$는 성분을 가지고 있고, 질량유량 항 $\rho V_{f/\text{cs}}A$는 스칼라 값이다. 그러므로

$$\xrightarrow{+} \Sigma F_x = \left[-(V_{f/\text{cs}})_B \cos 30°\right]\left[\rho\,(V_{f/\text{cs}})_B A_B\right] + (V_{f/\text{cs}})_A\left[-\rho\,(V_{f/\text{cs}})_A A_A\right]$$

$$-F_x = \left[-(25\text{ m/s})\cos 30°\right]\left[\left(1000\text{ kg/m}^3\right)(25\text{ m/s})\left(2\left(10^{-3}\right)\text{ m}^2\right)\right]$$
$$-(25\text{ m/s})\left[\left(1000\text{ kg/m}^3\right)(25\text{ m/s})\left(2\left(10^{-3}\right)\text{ m}^2\right)\right]$$

$$F_x = 2333\text{ N}$$

$$+\uparrow \Sigma F_y = \left[-(V_{f/\text{cs}})_B \sin 30°\right]\left[\rho\,(V_{f/\text{cs}})_B A_B\right] - 0$$

$$-F_y = \left[-(25\text{ m/s})\sin 30°\right]\left[\left(1000\text{ kg/m}^3\right)(25\text{ m/s})\left(2\left(10^{-3}\right)\text{ m}^2\right)\right]$$

$$F_y = 625\text{ N}$$

$$F = \sqrt{(2333\text{ N})^2 + (625\text{ N})^2} = 2.41\text{ kN}$$ 답

크기는 같고 방향은 반대인 힘이 베인에 작용한다. 이 힘은 동적 힘을 나타낸다.

동력 정의에 의해서 동력은 단위 시간당 일 또는 힘과 힘의 방향과 평행한 속도성분의 곱이다. 여기서 $\mathbf{F}_y$는 위 아래로 움직일 수 없으므로 결과적으로 일을 생성시키지 않고 $\mathbf{F}_x$만이 동력을 생성시킬 수 있다. 베인이 20 m/s로 움직이기 때문에 동력은 다음과 같이 구해진다.

$$\dot{W} = \mathbf{F}\cdot\mathbf{V}; \qquad \dot{W} = (2333\text{ N})(20\text{ m/s}) = 46.7\text{ kW}$$ 답

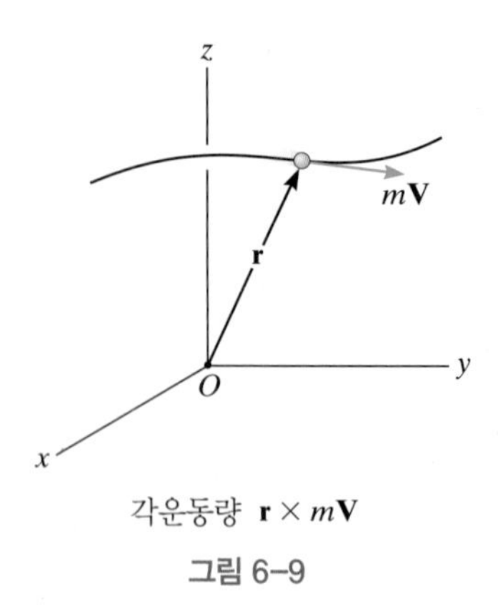

각운동량 $\mathbf{r} \times m\mathbf{V}$

그림 6–9

6.4 각운동량 방정식

그림 6-9에서 질점의 **각운동량**(angular moment)은 한 점 또는 한 축에 대해서 질점의 선형 운동량 $m\mathbf{V}$에 대한 모멘트이다. 이 모멘트를 정의하기 위해서 벡터의 외적을 사용하면, 각운동량은 $\mathbf{r} \times m\mathbf{V}$가 되는데, 여기서 $\mathbf{r}$은 점 O에서 질점까지의 연결된 위치벡터를 말한다. 만약 위치벡터 $\mathbf{r}$과 뉴턴의 운동 제2법칙, $\mathbf{F} = m\mathbf{a} = d(m\mathbf{V})/dt$에 대해서 외적을 수행한다면, 시스템에 작용하는 외력에 대한 모멘트의 총합 $\Sigma(\mathbf{r} \times \mathbf{F})$는 시스템의 각운동량의 시간변화율과 같다. 예를 들면, $\Sigma\mathbf{M} = \Sigma(\mathbf{r} \times \mathbf{F}) = d(\mathbf{r} \times m\mathbf{V})/dt$이다. 오일러식 서술에 대해서 식 (4-11)에서 $\mathbf{r} \times m\mathbf{V}$의 시간변화율을 레이놀즈수송정리를 사용하여 다음과 같이 얻을 수 있다. 여기서 $\mathbf{N} = \mathbf{r} \times m\mathbf{V}$이고, $\boldsymbol{\eta} = \mathbf{r} \times \mathbf{V}$이다.

$$\left(\frac{d\mathbf{N}}{dt}\right)_{\text{syst}} = \frac{\partial}{\partial t}\int_{\text{cv}} \boldsymbol{\eta}\rho\, d\forall + \int_{\text{cs}} \boldsymbol{\eta}\rho\, \mathbf{V}\cdot d\mathbf{A}$$

$$\frac{d}{dt}\left(\mathbf{r} \times m\mathbf{V}\right) = \frac{\partial}{\partial t}\int_{\text{cv}} (\mathbf{r} \times \mathbf{V})\rho\, d\forall + \int_{\text{cs}} (\mathbf{r} \times \mathbf{V})\rho\mathbf{V}\cdot d\mathbf{A}$$

그러므로 각운동량 방정식은 다음과 같다.

$$\Sigma\mathbf{M}_O = \frac{\partial}{\partial t}\int_{\text{cv}} (\mathbf{r} \times \mathbf{V})\,\rho\, d\forall + \int_{\text{cs}} (\mathbf{r} \times \mathbf{V})\,\rho\mathbf{V}\cdot d\mathbf{A} \tag{6-4}$$

정상유동 만약 정상유동이 고려된다면 오른쪽 방정식의 첫 번째 항은 0이 될 것이고, 열린 검사표면을 통해서 평균속도가 사용되며, 유체의 밀도가 일정하다면 이상유체의 경우이기 때문에 우측의 두 번째 항은 적분 가능하고 다음과 같은 식을 얻을 수 있다.

$$\Sigma\mathbf{M} = \Sigma(\mathbf{r} \times \mathbf{V})\rho\mathbf{V} \cdot \mathbf{A} \tag{6-5}$$

정상유동

예제 5.10과 제14장에서 볼 수 있는 것처럼, 이 마지막 결과는 펌프나 터빈의 축에 가해지는 토크를 얻는 데 종종 사용될 수 있다. 또한 정상유동의 힘을 받는 정적 구조물에 대한 반력이나 우력 모멘트를 구할 때에도 사용될 수 있다.

해석 절차

각운동량 방정식의 적용은 선형 모멘트과 같은 적용 절차를 따른다.

유체 설명

유체가 정상 또는 비정상인지 그리고 균일 또는 비균일인지와 같은 유동의 종류를 정의하라. 또한 유체가 점성유동인지 압축성인지 또는 이상유체로 가정할 수 있는지에 대해서도 정의하라. 이상유체의 경우 속도는 균일하고, 밀도는 상수가 될 것이다.

검사체적과 자유물체도

검사체적을 선택하고, 검사체적의 자유물체도는 결정해야 할 미지의 힘과 우력 모멘트 등을 포함시킨다. 자유물체도에 작용하는 힘은 유체 및 고체의 무게를 포함하고, 열린 검사표면의 압력 및 닫힌 검사표면 위에 작용하는 압력 합력 및 마찰전단력 성분들을 포함한다.

각운동량

유량이 알려져 있다면, 열린 검사표면을 통해 흐르는 평균속도는 $V = Q/A$를 사용해서 구할 수 있거나 연속방정식, 베르누이 방정식 또는 에너지방정식을 적용함으로써 얻을 수 있다. x, y, z 관성 좌표축을 설정하고, 각 축에 대해서 각운동량 방정식을 적용하여 선택된 미지의 힘이나 모멘트를 얻을 수 있다.

수차의 블레이드에 간헐적으로 떨어지는 물의 충격량이 수차의 회전을 야기시킨다.

예제 6.8

그림 6-10a와 같이 소화전으로부터 물이 2 ft^3/s의 체적유량으로 나오고 있다. A에서 관의 압력이 35 psi라고 할 때, 소화전을 지지하기 위해서 필요한 고정 지지대에서의 반력을 구하라.

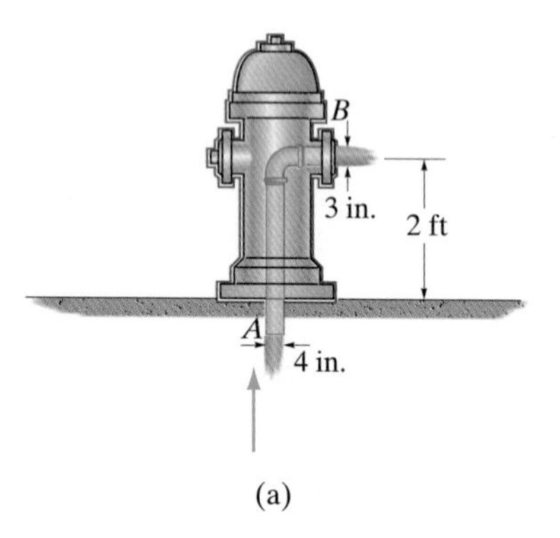

(a)

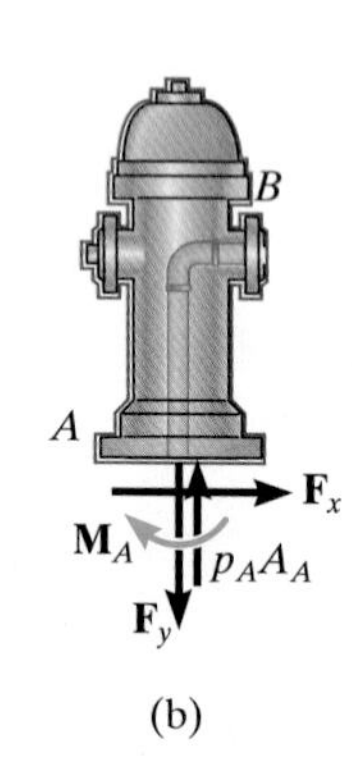

(b)

그림 6-10

풀이

유체 설명 유동은 정상유동이다. 물은 이상유체로 간주하고, 비중량은 62.4 lb/ft^3이다.

검사체적과 자유물체도 소화전 전체와 소화전 내부의 물을 고정 검사체적으로 택한다. A에서 지지대가 고정되어 있기 때문에 그림 6-10b에서 3개의 반력이 자유물체도 위에 그려진다. 또한 압력에 의한 힘 p_AA_A가 A의 열린 검사표면에 작용한다. B는 대기에 노출되어 있으므로 B에서의 압력에 의한 힘은 존재하지 않는다. 여기서 소화전과 소화전 내부의 무게는 무시한다.

베르누이 방정식 A에서의 압력을 먼저 결정해야 한다. A와 B에서의 속도는 다음과 같다.

$$Q = V_AA_A; \qquad (2\ \text{ft}^3/\text{s}) = V_A\left[\pi\left(\frac{2}{12}\ \text{ft}\right)^2\right]; \qquad V_A = 22.92\ \text{ft/s}$$

$$Q = V_BA_B; \qquad (2\ \text{ft}^3/\text{s}) = V_B\left[\pi\left(\frac{1.5}{12}\ \text{ft}\right)^2\right]; \qquad V_B = 40.74\ \text{ft/s}$$

그러므로 A를 기준선으로 택할 때,

$$\frac{p_A}{\gamma} + \frac{V_A^2}{2g} + z_A = \frac{p_B}{\gamma} + \frac{V_B^2}{2g} + z_B$$

$$\frac{p_A}{62.4 \text{ lb/ft}^3} + \frac{(22.92 \text{ m/s})^2}{2(32.2 \text{ ft/s}^2)} + 0 = 0 + \frac{(40.74 \text{ m/s})^2}{2(32.2 \text{ ft/s}^2)} + 2 \text{ ft}$$

$$p_A = 1224.4 \text{ lb/ft}^2$$

선형 및 각운동량 지지대에서 반력은 선형 운동량 방정식으로부터 얻을 수 있다. 정상유동에 대해서

$$\Sigma\mathbf{F} = \frac{\partial}{\partial t}\int_{cv} \mathbf{V}\rho \, d\forall + \int_{cs} \mathbf{V} \, \rho\mathbf{V}\cdot d\mathbf{A}$$

$$\Sigma\mathbf{F} = 0 + \mathbf{V}_B(\rho V_B A_B) + \mathbf{V}_A(-\rho V_A A_A)$$

속도의 x 및 y 성분을 고려하면,

$$\overset{+}{\rightarrow}\Sigma F_x = V_{Bx}(\rho V_B A_B) + 0$$

$$F_x = (40.74 \text{ ft/s})\left(\frac{62.4}{32.2} \text{ slug/ft}^3\right)(40.74 \text{ ft/s})^2\left[\pi\left(\frac{1.5}{12} \text{ ft}\right)^2\right]$$

$$F_x = 158 \text{ lb}$$ 답

$$+\uparrow\Sigma F_y = 0 + (V_{Ay})(-\rho V_A A_A)$$

$$(1224.4 \text{ lb/ft}^2)\left[\pi\left(\frac{2}{12} \text{ ft}\right)^2\right] - F_y = -(22.92 \text{ ft/s})\left(\frac{62.4}{32.2} \text{ slug/ft}^3\right)(22.92 \text{ ft/s})\left[\pi\left(\frac{2}{12} \text{ ft}\right)^2\right]$$

$$F_y = 196 \text{ lb}$$ 답

A에서 반력을 제거하기 위해서 점 A에 대해서 각운동량 방정식을 적용한다.

$$\Sigma\mathbf{M}_A = \frac{\partial}{\partial t}\int_{cv} (\mathbf{r}\times\mathbf{V})\rho \, d\forall + \int_{cs} (\mathbf{r}\times\mathbf{V}) \, \rho\mathbf{V}\cdot d\mathbf{A}$$

$$\circlearrowleft + \Sigma M_A = 0 + (rV_B)(\rho V_B A_B)$$

여기서 벡터의 외적은 점 A에 대한 $\mathbf{V}_B$의 스칼라 모멘트로서 계산된다. 그러므로,

$$M_A = [2 \text{ ft}(40.74 \text{ ft/s})]\left(\frac{62.4}{32.2} \text{ slug/ft}^3\right)(40.74 \text{ ft/s})\left[\pi\left(\frac{1.5}{12} \text{ ft}\right)^2\right]$$

$$= 316 \text{ lb}\cdot\text{ft}$$ 답

예제 6.9

그림 6-11에서 스프링클러의 팔(arm)이 일정한 속도 $\omega = 100$ rev/min로 회전하고 있다. 이 운동은 3 liter/s의 체적유량으로 바닥에서 들어오는 물에 의해서 움직이고 직경 20 mm의 두 개의 노즐로 유출된다. 각속도(rotation rate)를 일정하게 유지시키기 위해 팔의 축에 가해지는 마찰토크를 구하라.

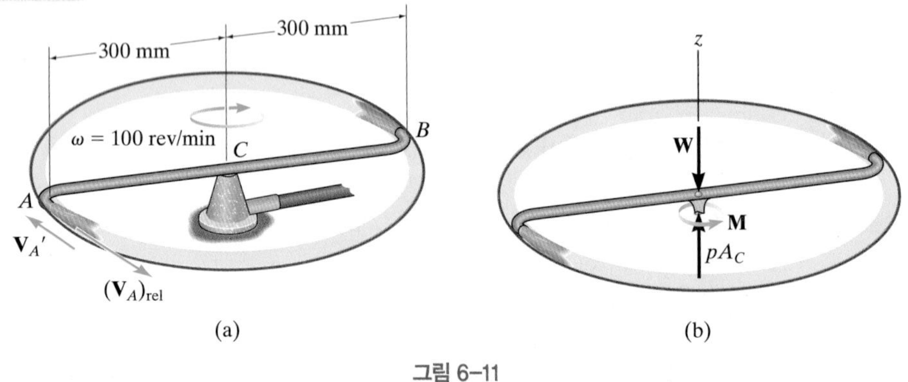

그림 6-11

풀이

유체 설명 팔이 회전할 때, 유체는 준정상상태가 될 것이고, 주기 반복을 계속할 것이다. 즉, **평균적으로** 유동은 정상상태로 간주될 수 있고, 물을 이상유체로 간주할 수 있다. 여기서 밀도는 1000 kg/m^{3}이다.

검사체적과 자유물체도 여기서 움직이는 팔과 팔 속의 물을 포함한 고정 검사체적을 고려한다.* 그림 6-11b의 자유물체도에 나타낸 것처럼, 검사체적에 가해지는 힘들은 팔과 물의 무게 **W**, 물의 공급에 의한 압력 $p_C A_C$ 그리고 팔의 기초에 작용하는 축에서의 마찰토크 **M** 등이 될 수 있다. 노즐로부터 나오는 유체는 대기압에 노출되어 있고, 따라서 압력에 의한 힘은 0이다.

속도 대칭성 때문에 각 노즐을 통해서 배출되는 체적유량은 전체 체적유량의 절반이 된다. 따라서 각 노즐에 대한 상대속도는 다음과 같다.

---

* 만약 팔과 팔 내부의 유체를 포함하고 있는 회전 검사체적을 고려하면, 팔과 함께 움직이는 좌표계는 관성좌표계가 되지 못할 것이다. 좌표의 회전은 운동량 해석에서 고려되어야만 하는 추가적인 가속도 항을 생성하기 때문에 해석을 더욱 복잡하게 만들 것이다. 참고문헌 [2]를 참조하라.

$$Q = VA; \qquad \left(\frac{1}{2}\right)\left[\left(\frac{3\text{ liter}}{\text{s}}\right)\left(\frac{10^{-3}\text{ m}}{1\text{ liter}}\right)\right] = V\left[\pi\left(0.01\text{ m}^2\right)\right]$$

$$V = (V_B)_{\text{rel}} = (V_A)_{\text{rel}} = 4.775\text{ m/s}$$

팔의 회전으로 인하여 A 및 B에서 노즐이 다음과 같은 속도를 갖는다.

$$V'_A = V'_B = \omega r = \left(100\frac{\text{rev}}{\text{min}}\right)\left(\frac{2\pi\text{ rad}}{\text{rev}}\right)\left(\frac{1\text{ min}}{60\text{ s}}\right)(0.3\text{ m}) = 3.141\text{ m/s}$$

그림 6-11a에서 고정 검사체적을 내려다보고 있는 고정된 관찰자가 보는 것처럼 A(또는 B)로부터 물의 접선방향의 출구속도는 다음과 같다.

$$V_A = -V'_A + (V_A)_{\text{rel}} \tag{1}$$

$$V_A = -3.141\text{ m/s} + 4.775\text{ m/s} = 1.633\text{ m/s}$$

각운동량 만약 z축에 대해서 각운동량 방정식을 적용한다면, 유동의 속도가 z축을 따라서 향하기 때문에 검사 입구 표면 C에서 어떠한 각운동량도 발생하지 않을 것이다. 하지만 유체가 검사체적을 떠날 때, 유체 줄기의 접선속도 V_A(그리고 V_B)를 가지므로 z축에 대해서 각운동량을 생성시킬 것이다. $\mathbf{V}_A$ 및 $\mathbf{V}_B$의 모멘트를 위한 벡터 외적은 이를 속도의 스칼라 모멘트로써 구할 수 있다. 모멘트들이 같고 정상유동이므로 다음과 같이 구할 수 있다.

$$\Sigma\mathbf{M} = \frac{\partial}{\partial t}\int_{\text{cv}}(\mathbf{r}\times\mathbf{V})\rho\, d\forall + \int_{\text{cs}}(\mathbf{r}\times\mathbf{V})\rho\mathbf{V}\cdot d\mathbf{A}$$

$$\Sigma M_z = 0 + 2r_A V_A(\rho V_A A_A) = 2r_A V_A^2 \rho A_A \tag{2}$$

$$M = 2(0.3\text{ m})(1.633\text{ m/s})^2\left(1000\text{ kg/m}^3\right)\left[\pi(0.01\text{ m})^2\right]$$

$$M = 0.503\text{ N}\cdot\text{m}$$ 답

만약 축에 가해지는 마찰토크가 0이면, 팔의 각속도 ω는 최대 한계치를 가질 것이다. 이 값을 결정하기 위해서, $V_A' = \omega(0.3\text{ m})$이고 식 (1)은 다음과 같이 된다.

$$V_A = -\omega(0.3\text{ m}) + 4.775\text{ m/s}$$

위의 결과 값을 식 (2)에 대입하면 다음과 같다.

$$0 = 0 + 2(0.3\text{ m})\left[-\omega\,(0.3\text{ m}) + 4.775\text{ m/s}\right]^2\left(1000\text{ kg/m}^3\right)\left[\pi(0.01\text{ m})^2\right]$$

$$\omega = 15.9\text{ rad/s} = 152\text{ rev/min}$$

예제 6.10

그림 6-12a의 축류 펌프(axial-flow pump)는 r_m = 80 mm의 평균반경을 가진 블레이드가 부착된 임펠러(impeller)를 가지고 있다. 임펠러가 ω = 120 rad/s의 각속도로 회전하는 동안 펌프를 통해서 0.1 m^3/s의 물의 유량을 도출할 때, 임펠러에 공급해야 할 평균토크 **T**를 구하라. 임펠러의 개방 단면적은 0.025 m^2이다. 그림 6-12b에 나타낸 것처럼, 물은 펌프의 축을 따라 블레이드 위로 이동되고, 5 m/s의 접선성분 속도를 가지고 블레이드를 떠나간다.

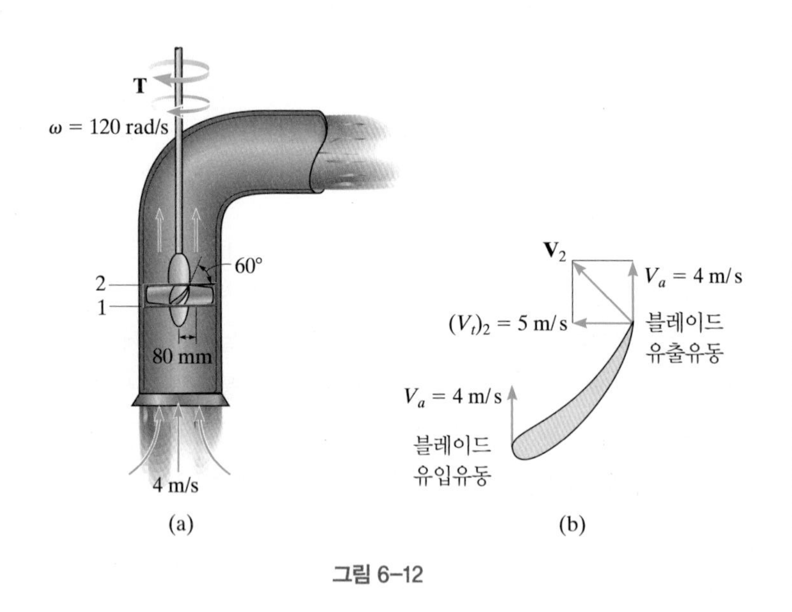

그림 6–12

풀이

유체 설명 펌프를 통해서 나가는 유동은 주기적인 비정상유동이지만, 시간 평균관점에서 평균정상유동으로 고려될 수 있다. 여기서 물은 이상유체로 간주하고, 밀도는 1000 kg/m^3이다.

펌프에 의해 축에 가해지는 토크를 구하기 위해 각운동량 방정식을 적용해야 한다.

검사체적과 자유물체도 이전 예제의 경우 그림 6-12a처럼, 임펠러와 임펠러 주변을 둘러싸고 있는 물을 포함한 고정 검사체적을 고려하자. 그림 6-12c에서 자유물체도에 검사체적 입출구에 작용하는 물의 압력과 임펠러 축에 작용하는 토크 **T**를 포함시킨다. 닫힌 검사표면의 림(rim) 주위로의 압력 분포와 더불어, 물과 블레이드의 무게는 축에 대한 어떠한 토크도 생산하지 않기 때문에 표시하지 않았다.

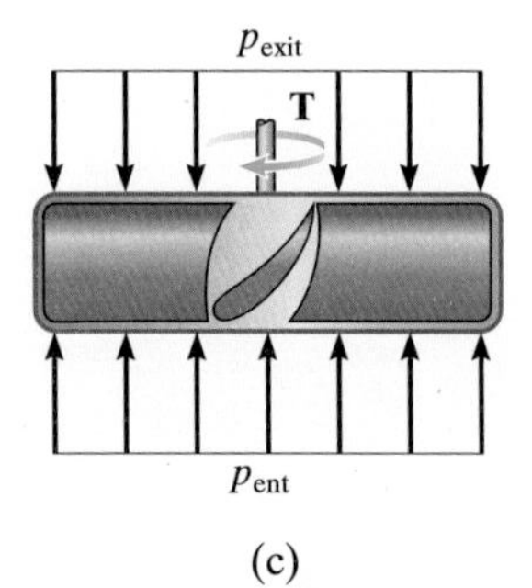

(c)

연속방정식 각각의 열린 검사표면을 통해서 흐르는 축방향 유량은 검사표면의 면적이 일정하기 때문에 일정하다. 즉,

$$\frac{\partial}{\partial t}\int_{cv} \mathbf{V}\rho \, d\forall + \int_{cs} \rho \mathbf{V} \cdot d\mathbf{A} = 0$$

$$0 - \rho V_{a1}A + \rho V_{a2}A = 0$$

$$V_{a1} = V_{a2}$$

축방향으로의 유량은 일정하므로,

$$Q = V_a A; \qquad 0.1\,\text{m}^3/\text{s} = V_a\left(0.025\,\text{m}^2\right)$$

$$V_a = 4\,\text{m/s}$$

각운동량 회전축(shaft)의 유동축(axis)에 대해서 각운동량 방정식을 적용하면 다음과 같다.

$$\Sigma\mathbf{M} = \frac{\partial}{\partial t}\int_{cv} (\mathbf{r} \times \mathbf{V})\rho \, d\forall + \int_{cs} (\mathbf{r} \times \mathbf{V})\rho \mathbf{V} \cdot d\mathbf{A}$$

$$T = 0 + \int_{cs} r_m V_t \rho V_a \, dA \tag{1}$$

여기서 벡터 외적은 물의 속도 $\mathbf{V}$의 접선성분 $\mathbf{V}_t$의 모멘트에 의해서 대체될 수 있다. 그림 6-12b에서 보는 바와 같이 이 성분이 축에 대한 모멘트만을 생성한다. 또한 개방 검사표면을 따라 흐르는 유량은 $\mathbf{V}$의 축성분으로부터 결정될 수 있다. 즉 $\rho\mathbf{V}\cdot d\mathbf{A} = \rho V_a \, dA$이다. 그러므로 면적에 대한 적분을 하면 다음과 같이 된다.

$$T = r_m(V_t)_2(\rho V_a A) + r_m(V_t)_1(-\rho V_a A) \tag{2}$$

열린 검사표면을 통해서 블레이드 위로 들어오고 나가는 유량은 그림 6-12b에 나타나 있다. 여기서 유량이 $V_a = 4\,\text{m/s}$의 속력으로 축방향에 있는 블레이드로 들어오기 때문에, 초기 접선성분의 속도는 0이다($V_{t1} = 0$). 블레이드의 끝지점에서 임펠러는 물의 속도는 $\mathbf{V}_2 = \mathbf{V}_a + (\mathbf{V}_t)_2$이 되지만, 이미 언급한 것처럼, 단지 접선성분만이 각운동량을 생성한다. 위의 결과를 식 (2)에 대입하면 다음과 같다.

$$T = (0.08\,\text{m})(5\,\text{m/s})\left[\left(1000\,\text{kg/m}^3\right)(4\,\text{m/s})\left(0.025\,\text{m}^2\right)\right] - 0$$

$$= 40\,\text{N}\cdot\text{m}$$ 답

축류 펌프와 관련된 문제의 더 많은 해석은 제14장에서 다룰 것이다.

6.5 프로펠러와 풍력 터빈

프로펠러와 풍력 터빈은 둘 다 회전하는 축에 장착된 다양한 블레이드를 사용함으로써 나사와 같이 동작한다. 보트나 항공기의 프로펠러의 경우에, 유체가 블레이드를 통해서 흐를 때 토크를 가해서 프로펠러 전면 유체의 선형 운동량을 증가시킨다. 이러한 운동량 변화는 프로펠러에 가해지는 반력을 만들고, 그 반력으로 유체를 앞으로 밀게 한다. 풍력 터빈은 바람이 프로펠러를 통과할 때, 반대 원리로 작동하여 유체 에너지를 얻어내거나, 바람으로부터 토크를 만들어 낸다.

이러한 두 장치의 설계는 익형(비행기 날개)을 설계할 때 사용되는 동일한 원리에 기초를 두고 있다. 참고문헌 [3]과 [5]를 참조하라. 그러나 이 절에서는 간단한 해석을 통해서 이러한 장치가 작동하는 원리에 대해 관심을 가질 것이다. 먼저 프로펠러에 대해서 논의한 후 풍력 터빈에 대해서도 살펴볼 것이다. 이 두 경우에 있어서 유체는 이상유체로 간주할 것이다.

(a)

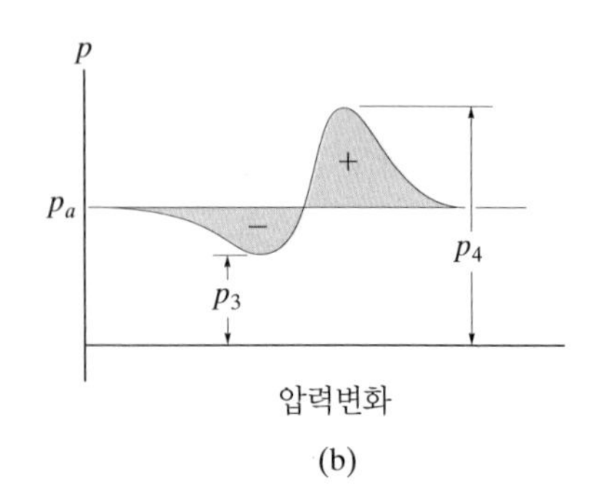

압력변화

(b)

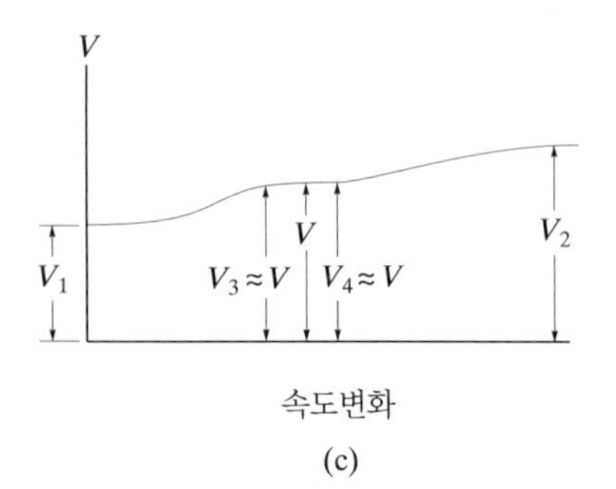

속도변화

(c)

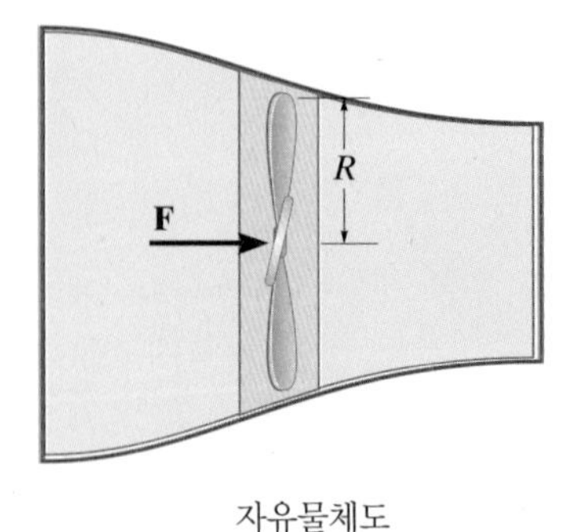

자유물체도

(d)

그림 6-13

프로펠러 그림 6-13a에서 유체는 **정상유동**이고, 검사체적은 **프로펠러의 중심에 상대적으로** 관찰되므로 정지해 있다고 간주할 수 있다.* 이 검사체적은 프로펠러를 배제하지만, 프로펠러를 통해서 흐르는 유체의 후류(slipstream)를 포함한다. 왼쪽 검사표면 1에서의 유체는 V_1 속도로 프로펠러를 향해서 움직인다. 그림 6-13b에서 1에서 3까지 검사체적 내의 유체가 검사체적을 따라서 감속된 압력 때문에 가속된다. 그림 6-13a와 6-13c에서 볼 수 있듯이, 프로펠러가 매우 많은 얇은 블레이드를 가지고 있다면, 속도 V는 유체가 3에서 4까지 프로펠러를 통과하여 흐르기 때문에 **필수적으로 일정한 값**이 된다. 그림 6-13b에서 볼 수 있듯이 프로펠러의 오른쪽에서 발생되는 증가된 압력은 유동을 밀어내고 4에서 2까지 유동을 더 가속시킨다. 마지막으로 그림 6-13a에서, 질량유량의 연속성으로 인해 검사체적, 즉 후류 경계가 줄어들어서 검사체적의 오른쪽 검사표면 2에서 속도는 V_2로 증가된다.

이 유동의 설명은 유체와 프로펠러가 부착된 하우징 사이의 상호 효과를 무시하였기 때문에 다소 단순화되었음을 인식하자. 또한 그림 6-13a에서 1에서 2까지, 닫힌 검사표면의 상부와 하부의 경계는 검사체적의 외부의 정지된 공기와 내부의 유동 사이에 **불연속성**을 가지고 있다. 실제로는 두 경계 사이에는 부드러운 속도분포를 가지고 있다. 실제로 유체는 축방향 유동과 더불어 프로펠러의 회전 운동으로 인해 소용돌이(whirl)를 포함하고 있다. 이 절의 해석에서는 이러한 효과들은 무시한다.

* 두 경우에 대해서 해석방법이 같기 때문에, 프로펠러의 중심이 V_1의 속력으로 왼쪽으로 움직이는 경우도 동일하게 고려할 수 있다.

선형 운동량 선형 운동량 방정식이 검사체적 내의 유체에 대해서 수평방향으로 적용되면, 그림 6-13d에서 보이는 검사체적의 자유물체도에 가해지는 힘은 단지 프로펠러의 힘에 의해서만 발생한다. (운전 중에 모든 검사표면 밖에서 작용하는 압력은 일정하고 유동이 없는 대기압이다. 즉, 계기압력은 0이다.)

$$\Sigma \mathbf{F} = \frac{\partial}{\partial t}\int_{cv} \mathbf{V}\rho \, d\forall + \int_{cs} \mathbf{V}\,\rho \mathbf{V}\cdot d\mathbf{A}$$

$$\xrightarrow{+} \Sigma F = 0 + V_2(\rho V_2 A_2) + V_1(-\rho V_1 A_1)$$

R이 프로펠러의 반경이고, $Q = V_2A_2 = V_1A_1 = VA = V\pi R^2$이기 때문에

$$F = \rho\left[V\left(\pi R^2\right)\right](V_2 - V_1) \qquad (6\text{-}6)$$

그림 6-13c에 표현한 것처럼, 속도는 $V_3 = V_4 = V$이고 단면 3과 4 사이에 어떠한 운동량 변화도 발생하지 않는다. 그러므로 프로펠러의 힘 F는 그림 6-13b에서 프로펠러의 각각의 양면에서 발생하는 압력차 $F = (p_4 - p_3)\pi R^2$로 표현될 수 있다. 그러므로 위의 방정식은 다음과 같이 된다.

$$p_4 - p_3 = \rho V(V_2 - V_1) \qquad (6\text{-}7)$$

이제는 V를 V_1과 V_2로 표현하는 것이 필요하다.

베르누이 방정식 베르누이 방정식($p/\gamma + V^2/2g + z =$ 일정)은 점 1과 3 사이와 점 4와 2 사이의 유선을 따라서 적용할 수 있다.* 만약 높이변화와 계기압력 $p_1 = p_2 = 0$을 무시하면 다음과 같다.

$$0 + \frac{V_1^2}{2} + 0 = \frac{p_3}{\rho} + \frac{V^2}{2} + 0$$

그리고

$$\frac{p_4}{\rho} + \frac{V^2}{2} + 0 = 0 + \frac{V_2^2}{2} + 0$$

이 방정식을 $p_4 - p_3$에 대해서 풀면 다음과 같다.

$$p_4 - p_3 = \frac{1}{2}\rho\left(V_2^2 - V_1^2\right)$$

마지막으로 이 방정식을 식 (6-7)에 대입하면 다음과 같다.

$$V = \frac{V_1 + V_2}{2} \qquad (6\text{-}8)$$

프로펠러의 각속도 ω는 프로펠러의 길이방향에 있는 점들이 $v = \omega r$의 방정식에 따라 다른 속도를 발생시키게 된다. 공기의 흐름에 대해 일정한 받음각(angle of attack)을 유지시키기 위해서 블레이드는 사진에서 보이듯이 비틀림 각(angle of twist)이 주어진다.

---

* 검사체적 내에서 프로펠러에 의해 에너지가 유체로 들어오기 때문에 점 3과 4 사이에서 이 방정식을 쓸 수 없다. 그리고 이 영역 내에서의 유동은 비정상유동이다.

이 결과는 처음 유도한 William Froude의 이름을 따서 **프라우드 이론**(Froude theorem)으로 알려져 있다. 프로펠러를 통해서 흐르는 유동의 속도는 상류 및 하류의 평균속도를 의미한다. 이 속도를 식 (6-6)에 대입하면 유체에 가해지는 프로펠러의 힘(추력)은 다음과 같다.

$$F = \frac{\rho\pi R^2}{2}\left(V_2^{\,2} - V_1^{\,2}\right) \tag{6-9}$$

동력과 효율 프로펠러의 **출력 동력**(power output)은 추력 **F**에 의해서 생성된 단위 시간당 일 때문에 발생한다. 그림 6-13a에서 프로펠러의 앞에 있는 유체가 정지되고, 프로펠러는 비행기에 고정되어 V_1의 속도로 앞으로 움직이고 있다고 생각한다면, **F**에 의해서 생성된 출력 동력은 다음과 같다.

$$\dot{W}_o = FV_1 \tag{6-10}$$

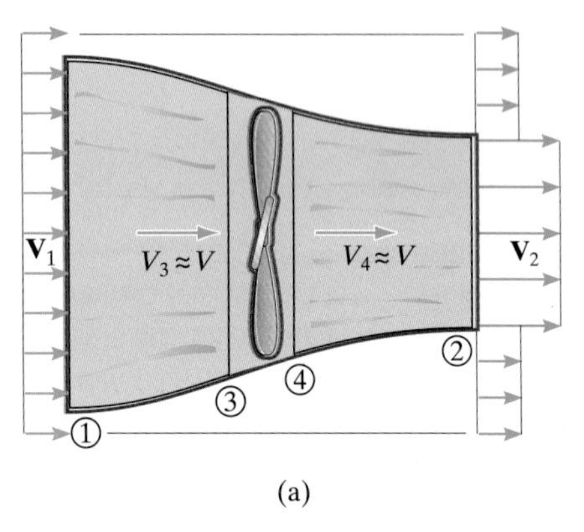

(a)

그림 6-13

입력 동력(power input)은 V_1에서 V_2까지 후류의 속도를 증가시키기 위해서 필요한 단위 시간당 일이다. 유체가 프로펠러를 통해서 속도 V를 가지기 위해서 요구되는 입력 동력은 다음과 같다.

$$\dot{W}_i = FV \tag{6-11}$$

마지막으로 **이상적인 효율**(ideal efficiency) e는 입력 동력에 대한 출력 동력의 비로 다음과 같이 나타낸다.

$$e_{\text{prop}} = \frac{\dot{W}_o}{\dot{W}_i} = \frac{2V_1}{V_1 + V_2} \tag{6-12}$$

마찰에 의한 손실 때문에 효율은 1(100%)이 될 수는 없으며, 일반적으로 프로펠러의 **실제 효율**(actual efficiency)은 프로펠러가 부착된 비행기나 보트의 속도가 증가함에 따라서 증가한다. 속도가 증가할 때라도 효율이 떨어지기 시작하는 점이 있다. 블레이드의 끝이 소리의 속도에 도달하거나 더 빨리 움직일 때 비행기의 프로펠러에서 효율저하가 발생한다. 이러한 현상이 발생할 때 프로펠러에 작용하는 항력(drag force)은 공기의 압축성 때문에 급격하게 증가할 것이다. 또한 보트의 경우에는 블레이드의 끝에 있는 압력이 증기압에 도달할 때, 공동현상(cavitation)이 발생할 수 있기 때문에 효율은 줄어든다. 비행기의 프로펠러에 대해 실험으로부터 구한 실제 효율은 60~80%의 범위에 있고, 보트의 경우에는 작은 직경의 프로펠러들이므로 더 낮은 효율로 40~60%의 범위에 있음을 확인할 수 있다.

풍력 터빈 풍력 터빈(wind turbine)과 풍차(windmill)는 바람으로부터 동적 에너지를 추출해낸다. 이러한 장치에 대한 유동 패턴은 프로펠러와 반대이고, 그림 6-14에 나타낸 것처럼, 블레이드를 통해서 흘러나오는 후류가 더 넓어진다.

프로펠러에 대해서 사용한 방법과 비슷한 해석을 사용하여 프라우드 이론을 적용하면 다음과 같다.

$$V = \frac{V_1 + V_2}{2} \tag{6-13}$$

동력과 효율 **F**에 대해서 식 (6-9)와 유사한 유도를 사용하면 다음과 같다.

$$F = \frac{\rho \pi R^2}{2}\left(V_1^2 - V_2^2\right)$$

여기서 블레이드로 들어오는 공기 다발은 면적 $A = \pi R^2$이고 속도 V이다. 그러므로 출력 동력은 $\dot{W}_o = FV$는 다음과 같이 쓸 수 있다.

$$\dot{W}_o = \frac{1}{2}\rho VA\left(V_1^2 - V_2^2\right) \tag{6-14}$$

이 결과는 실제로 유체가 블레이드를 통과해서 흐를 때 풍력에 의한 운동에너지의 시간 손실률을 의미한다.

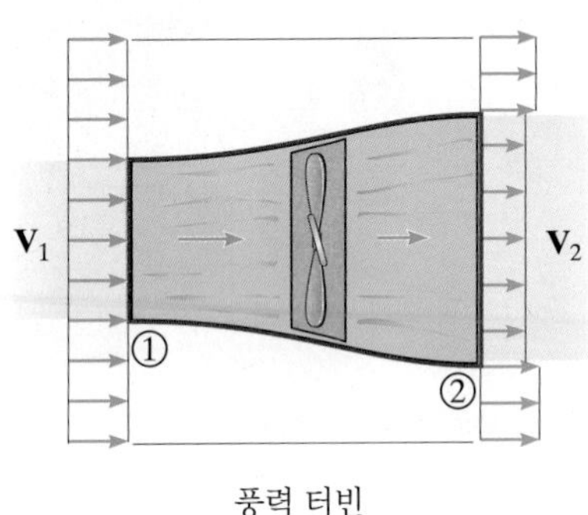

풍력 터빈

그림 6-14

속도 V_1을 방해하는 블레이드가 없는 것은 아니지만, 블레이드에 의해서 휩쓸린 면적(πR^2)을 통해서 통과하는 풍력의 운동에너지의 시간변화율로서 입력 동력을 정의하는 것이 통상적이다. $\dot{m} = \rho A\, V_1$이기 때문에 $\dot{W}_i = \frac{1}{2}\dot{m}V_1^2 = \frac{1}{2}(\rho A\, V_1)V_1^2$이다. 따라서 풍력 터빈의 효율은 다음과 같다.

$$e_{\text{turb}} = \frac{\dot{W}_o}{\dot{W}_i} = \frac{\frac{1}{2}\rho VA\left(V_1^2 - V_2^2\right)}{\frac{1}{2}(\rho AV_1)V_1^2} = \frac{V\left(V_1^2 - V_2^2\right)}{V_1^3}$$

식 (6-13)을 대입하면 다음과 같이 간단해진다.

$$e_{\text{turb}} = \frac{1}{2}\left[1 - \left(\frac{V_2^2}{V_1^2}\right)\right]\left[1 + \left(\frac{V_2}{V_1}\right)\right] \tag{6-15}$$

e_{turb}를 V_2/V_1의 함수로 그리면, $V_2/V_1 = 1/3$일 때 최대값 $e_{\text{turb}} = 0.593$을 가지는 곡선을 볼 수 있다.* 다시 말하면, 풍력 터빈은 풍력에 의한 전체 효율의 최대치인 59.3%의 에너지를 추출할 수 있다. 이 값은 1919년에 이 식을 유도한 독일의 물리학자의 이름을 따서 **베테의 법칙**(Bette's law)으로 알려져 있다. 풍력 터빈은 정해진 풍력 속도에서 정격 동력을 가진다. 이 값은 현재 풍력발전소에서 사용하는 풍력 터빈의 **성능 인자**(capacity factor)에 대한 성능의 기준이 된다. 성능 인자는 1년 동안 정격 출력 동력에 대한 실제 에너지 출력의 비율이다. 최근 설치된 풍력 터빈에 대한 성능 인자는 0.3~0.4 사이의 값을 가진다. 참고문헌 [6]을 참조하라.

풍력 터빈은 에너지를 수확하는 장치로서 인기를 얻고 있다. 비행기의 프로펠러처럼 각 날개는 익형(airfoil, 비행기 날개)처럼 작동한다. 여기에 제시된 단순화된 해석은 기본원리를 제시하지만, 비행기의 날개로서 프로펠러를 다룰 때는 더 복잡한 계산을 해야 한다.

* 연습문제 6-91을 참조하라.

예제 6.11

그림 6-15a의 작은 보트에 부착된 모터는 반경 2.5 in.의 프로펠러를 가지고 있다. 만약 보트가 5 ft/s로 항해하고 있고, 물을 1.2 ft³/s로 배출할 때 보트의 추력과 이상적인 효율을 구하라.

© Carver Mostardi/Alamy

풀이

유체 설명 유동은 균일 정상유동이고 물은 $\gamma = 62.4\ \text{lb/ft}^3$인 비압축성으로 간주한다.

해석 프로펠러를 통해서 흐르는 물의 평균속도는 다음과 같다.

$$Q = VA; \qquad 1.2\ \text{ft}^3/\text{s} = V\left[\pi\left(\frac{2.5}{12}\ \text{ft}\right)^2\right]$$

$$V = 8.801\ \text{ft/s}$$

그림 6-15a에서 정상유동을 얻기 위해서 검사체적은 프로펠러와 함께 움직인다. 그리고 검사체적 내로 들어오는 유동의 속도는 $V_1 = 5\ \text{ft/s}$이다. 식 (6-8)로부터 검사체적 밖으로 나가는 V_2를 구할 수 있다.

$$V = \frac{V_1 + V_2}{2}; \qquad V_2 = 2(8.801\ \text{ft/s}) - 5\ \text{ft/s} = 12.60\ \text{ft/s}$$

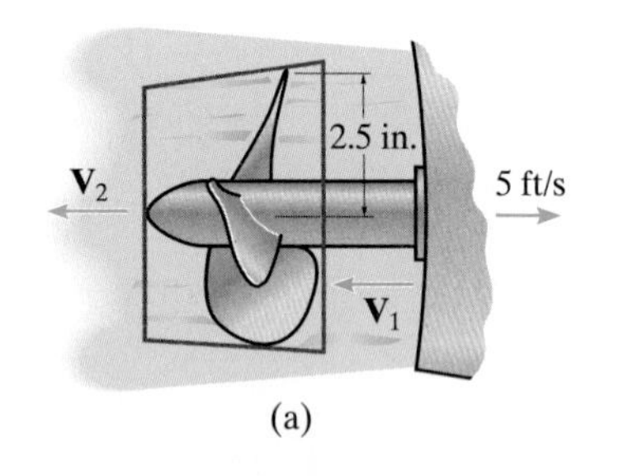

(a)

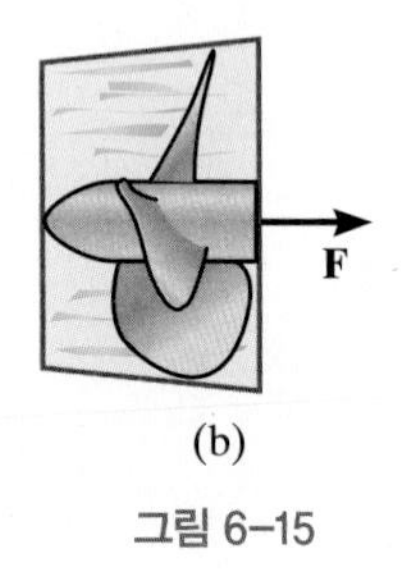

(b)

그림 6-15

그림 6-15b에서 보트에 작용하는 추력을 얻기 위해서 식 (6-9)를 적용하면 다음과 같다.

$$F = \frac{\rho\pi R^2}{2}(V_2^2 - V_1^2)$$

$$= \frac{\left(\dfrac{62.4}{32.2}\ \text{slug/ft}^3\right)\pi\left(\dfrac{2.5}{12}\ \text{ft}\right)^2}{2}\left[(12.60\ \text{ft/s})^2 - (5\ \text{ft/s})^2\right]$$

$$= 17.68\ \text{lb} = 17.7\ \text{lb}$$ 답

출력 동력과 입력 동력은 식 (6-10)과 (6-11)로부터 각각 구할 수 있다.

$$\dot{W}_o = FV_1 = (17.68\ \text{lb})(5\ \text{ft/s}) = 88.38\ \text{ft}\cdot\text{lb/s}$$

$$\dot{W}_i = FV = (17.68\ \text{lb})(8.801\ \text{ft/s}) = 155.56\ \text{ft}\cdot\text{lb/s}$$

그러므로 프로펠러의 이상적인 효율은 다음과 같다.

$$e = \frac{\dot{W}_o}{\dot{W}_i} = \frac{88.38\ \text{ft}\cdot\text{lb/s}}{155.56\ \text{ft}\cdot\text{lb/s}} = 0.568 = 56.8\%$$ 답

같은 결과를 식 (6-12)로부터도 얻을 수 있다.

$$e = \frac{2V_1}{V_1 + V_2} = \frac{2(5\ \text{ft/s})}{(5\ \text{ft/s}) + (12.60\ \text{ft/s})} = 0.568$$

6.6 가속 운동 중인 검사체적에 대한 적용

어떤 문제에 대해서는 가속하고 있는 검사체적을 선택하면 해석이 편리할 때가 많다. 뉴턴의 제2법칙을 유체 시스템에 대해서 가속하는 검사체적을 적용하면 다음과 같다.

$$\Sigma \mathbf{F} = m\frac{d\mathbf{V}_f}{dt} \tag{6-16}$$

만약 유체의 속도 $\mathbf{V}_f$가 고정 관성 기준점으로부터 측정된다면, 유체의 속도는 검사체적의 속도 $\mathbf{V}_{cv}$와 검사표면에 대한 유체의 상대속도를 더해준 것과 같다. 그러므로

$$\mathbf{V}_f = \mathbf{V}_{cv} + \mathbf{V}_{f/cs}$$

이 식을 식 (6-16)에 대입하면 다음과 같다.

$$\Sigma \mathbf{F} = m\frac{d\mathbf{V}_{cv}}{dt} + m\frac{d\mathbf{V}_{f/cs}}{dt} \tag{6-17}$$

레이놀즈수송정리는 검사체적의 운동 $d\mathbf{V}_{cv}/dt$에는 영향을 받지 않는다. 하지만 속도는 **검사표면에 대해 상대적으로** 측정되어야만 한다. 따라서 m가 일정하기 때문에 레이놀즈수송정리와 오일러 기술 방식을 선택하면 윗식의 마지막 항은 다음과 같다.

$$m\left(\frac{d\mathbf{V}_{f/cs}}{dt}\right) = \frac{\partial}{\partial t}\int_{cv}\mathbf{V}_{f/cv}\,\rho\, d\forall + \int_{cs}\mathbf{V}_{f/cs}(\rho\mathbf{V}_{f/cs}\cdot d\mathbf{A})$$

위의 식을 식 (6 – 17)에 대입하면,

$$\Sigma \mathbf{F} = m\frac{d\mathbf{V}_{cv}}{dt} + \frac{\partial}{\partial t}\int_{cv}\mathbf{V}_{f/cv}\,\rho\, d\forall + \int_{cs}\mathbf{V}_{f/cs}(\rho\mathbf{V}_{f/cs}\cdot d\mathbf{A}) \tag{6-18}$$

이 결과는 가속하고 있는 검사체적에 작용하는 외력의 합은 검사체적 내에 포함된 전체 질량의 관성 효과와 검사체적에서의 유체의 운동량의 국소 변화율, 그리고 운동량이 검사표면을 나가거나 들어오는 대류에 의한 변화율의 합과 같다. 다음의 두 절에서 이 방정식의 중요한 응용문제를 다룰 것이다.

6.7 터보제트와 터보팬

그림 6-16a에 나타낸 것처럼, **터보제트**(turbojet)나 터보팬(turbofan) 엔진은 비행기의 추진(propulsion)을 위하여 주로 사용된다. 터보제트는 터보제트의 전면에서 공기를 흡수하고, 다음에 **압축기**(compressor)라 불리는 여러 개의 팬을 공기가 통과함으로써 압력을 증가시키는 방법으로 작동한다. 일단 공기가 고압의 상태에 도달하면, 연료가 분사되고 연소실에서 발화가 된다. 그 결과 뜨거운 가스가 팽창하고 터빈을 통해 고속으로 빠져나간다. 가스의 운동에너지의 일부분

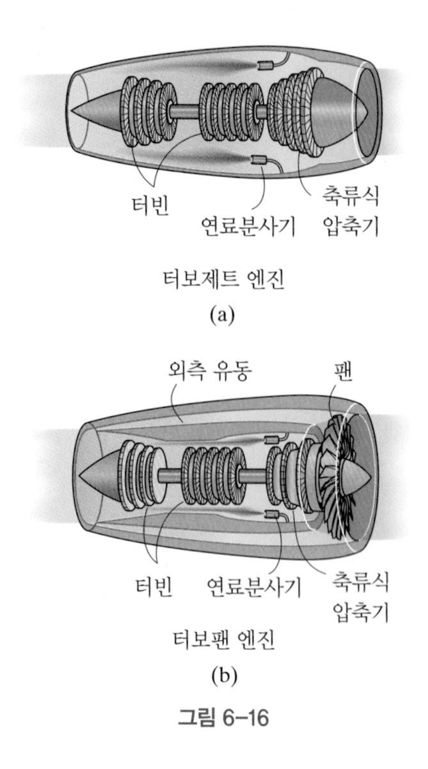

터보제트 엔진

(a)

터보팬 엔진

(b)

그림 6-16

은 터빈과 압축기 모두에 연결된 축을 회전시키는 데 사용된다. 남은 에너지는 가스가 배기 노즐로 분사되면서, 비행기를 추진시키는 데 사용된다. 터보제트의 효율은 프로펠러와 같이 비행기의 속도가 증가할수록 증가한다. 그림 6-16b에 보이는 **터보팬 엔진**(turbofan engine)은 터빈의 전면에 팬이 달려있어서, 터보제트를 둘러싸고 있는 덕트를 통해서 흡입공기의 일부분을 추진에 사용한다. 흡입공기를 좀 더 공급시킬 수 있는 팬의 축을 회전시키는 구조를 제외하고 터보제트와 같은 작동원리로 작동한다. 그 결과 추력을 더 증가시킬 수 있다.

터보제트(또는 터보팬)의 작동과 추력을 분석하기 위해서 그림 6-17a에 나타낸 엔진을 고려해보자.* 여기서 검사체적은 엔진을 둘러싸고 있으며, 엔진 속에 가스(공기)와 연료를 포함한다. 이러한 경우에, 검사체적은 엔진과 함께 가속된다. 그 결과 고정된 (관성) 좌표계로부터 측정된 변수들을 식 (6-18)에 적용해야 한다. 문제를 간단하게 하기 위하여, 엔진을 통해서 흐르는 유동이 1차원, 비압축성 정상유동이라고 고려하자. 그림 6-17b에서 검사체적의 자유물체도에 작용하는 힘은 엔진의 무게 $\mathbf{W}$와 대기의 항력 $\mathbf{F}_D$로 구성된다. 흡입구 및 출구의 공기는 대기압 상태에 있기 때문에 입출구의 검사표면에 작용하는 계기압력은 0이다. 결과적으로 식 (6-18)에서 엔진에 적용된 정상유동에 대한 식은 다음과 같이 된다.

$$\left(\overset{+}{\nearrow}\right) -W\cos\theta - F_D = m\frac{dV_{\text{cv}}}{dt} + 0 + \int_{\text{cs}} \mathbf{V}_{f/\text{cs}}\,\rho\,\mathbf{V}_{f/\text{cs}}\cdot d\mathbf{A}$$

오른쪽의 마지막 항은 흡입구에서 공기 유동이 $\mathbf{V}_{f/\text{cs}} = -\mathbf{V}_{\text{cv}}$의 상대속도를 가지고 있고, 배기구에서 연료와 공기의 혼합물은 $\mathbf{V}_{f/\text{cs}} = \mathbf{V}_e$의 상대속도를 가지고 있음을 알기 때문에 계산이 가능하다. 그러므로 부호 규약에 따라서,

$$-W\cos\theta - F_D = m\frac{dV_{\text{cv}}}{dt} + (-V_{\text{cv}})(-\rho_a V_{\text{cv}} A_i) + (-V_e)(\rho_{a+f} V_e A_e)$$

흡입구에서 $\dot{m}_a = \rho_a V_{\text{cv}} A_i$이고, 배기구에서 $\dot{m}_a + \dot{m}_f = (\rho_{a+f} V_e A_e)$이다. 그러므로,

$$-W\cos\theta - F_D = m\frac{dV_{\text{cv}}}{dt} + \dot{m}_a V_{\text{cv}} - (\dot{m}_a + \dot{m}_f)V_e \qquad (6\text{-}19)$$

엔진의 추력은 엔진의 질량과 엔진의 내용물 때문에 생기는 관성, 즉 $m(dV_{\text{cv}}/dt)$와 더불어 이 방정식 좌변의 두 개의 힘을 극복해야만 한다. 그러므로 추력은 우변의 마지막 두 개의 항의 결과이다.

$$T = \dot{m}_a V_{\text{cv}} - (\dot{m}_a + \dot{m}_f)V_e \qquad (6\text{-}20)$$

추력은 질량유동에 의해 야기된 '효과'이기 때문에 우리는 검사체적의 자유물체도에 작용하는 힘으로 나타내지 않았음을 명심하라.

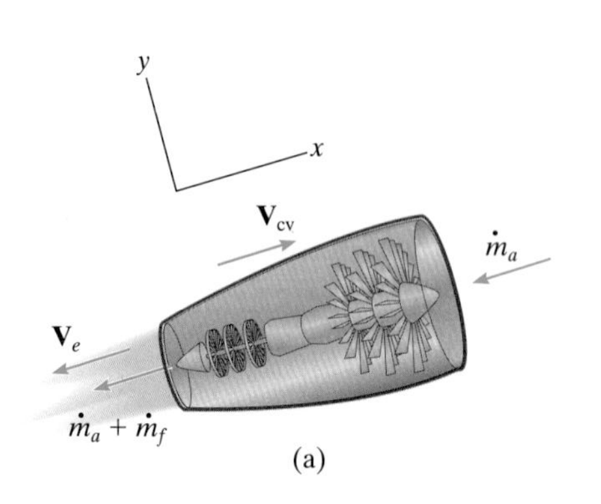

(a)

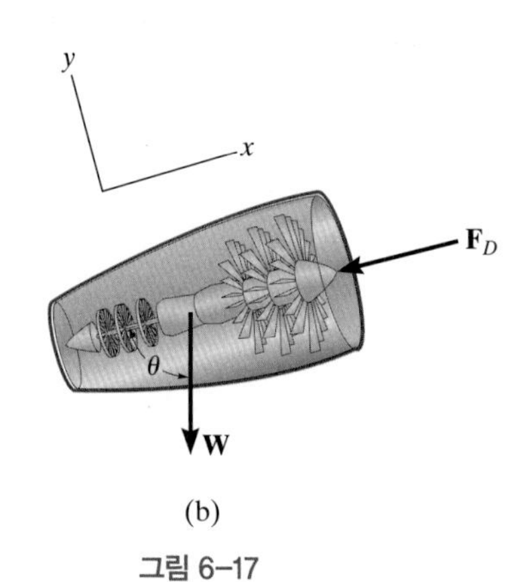

(b)

그림 6-17

* 이 논의에서 엔진은 비행기와 무관하거나 고정된 지지대라고 가정한다.

6.8 로켓

로켓 엔진은 고체 또는 액체의 연료를 사용한다. 고체 연료 엔진은 일정한 추력을 생산하기 위해서 고안되었고, 연료의 균일한 연소를 공급하게 하는 형상으로 추진제를 형성함으로써 일정한 추력을 얻는다. 일단 발화를 하면, 추력을 바꾸거나 제어될 수가 없다. 액체 연료 엔진은 관, 펌프 및 압력 탱크의 사용과 관계된 더 복잡한 설계가 요구된다. 액체 연료 엔진은 연소실로 연료가 들어올 때 산화제(oxidizer)를 액체 연료와 혼합함으로써 작동한다. 추력의 제어는 연료의 유동을 적절하게 제어함으로써 가능하다.

상업용 제트 여객기에 달려있는 터보팬 엔진

이러한 종류의 로켓의 성능은 터보젯에 사용된 방법과 같은 방식으로 선형 운동량 방정식을 적용함으로써 평가할 수 있다. 그림 6-18에서 나타낸 것처럼 검사체적을 로켓 전체로 간주한다면, 식 (6-19)를 적용할 수 있다. 여기서는 연료만 사용되기 때문에 무게는 수직으로 아래로 향하고, $\dot{m}_a = 0$이 되어서, 로켓에 대한 방정식은 다음과 같다.

$$(+\uparrow)\ -W - F_D = m\frac{dV_{\text{cv}}}{dt} - \dot{m}_f V_e \qquad (6\text{-}21)$$

이 방정식의 수치적 적용은 예제 6.13에서 주어진다.

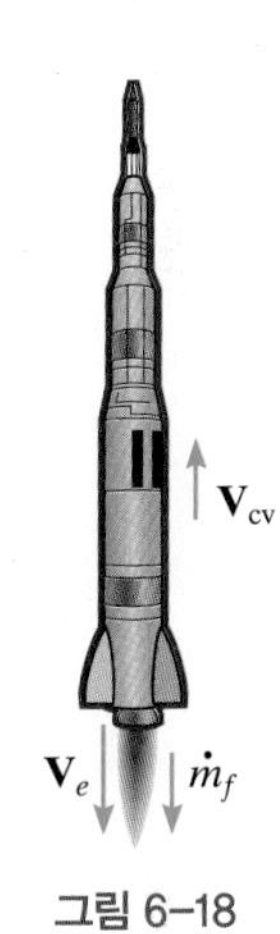

그림 6-18

요점 정리

- 프로펠러는 유체가 블레이드 쪽으로 움직이다가 블레이드를 통과할 때 프로펠러 앞에 있는 유체의 선형 운동량을 증가시키게 하는 나사처럼 작동하는 추진 장치이다. 풍력 터빈은 프로펠러와 반대 방식으로 작동한다. 즉, 바람으로부터 에너지를 빼앗아서 바람의 운동량을 감소시킨다. 선형 운동량 및 베르누이 방정식을 사용함으로써 위의 두 장치들에 대해서 간단하게 해석할 수 있다.
- 만약 가속운동을 하고 있는 검사체적을 선택하면, 운동량 방정식은 반드시 검사체적 내에 질량에 대한 관성을 설명하는 추가적인 항 $m(d\mathbf{V}_{\text{cv}}/dt)$를 포함시켜야 한다. 뉴턴의 제2법칙은 운동량 방정식의 기초이기 때문에 이 항은 반드시 포함되어야 하고, 비가속 또는 관성 기준 좌표계로부터 측정되어야 한다.
- 운동량 방정식은 터보젯이나 로켓의 운동을 해석하는 데 사용된다. 추력은 엔진으로부터 나오는 질량유량에 관계된 결과에 대한 항이기 때문에 자유물체도에는 표현하지 않는다.

예제 6.12

그림 6-19a에서 제트 비행기는 140 m/s의 일정한 속력으로 고도 비행을 하고 있다. 두 개의 터보젯 엔진은 각각 3 kg/s의 질량유량으로 연료를 소모한다. 온도가 15°C인 공기가 0.15 m^{2}의 단면적을 가지고 있는 흡입구로 들어간다. 비행기에서 측정된 배기구의 속도가 700 m/s의 상대속도를 가질 때 비행기에 작용하는 항력(drag)을 구하라.

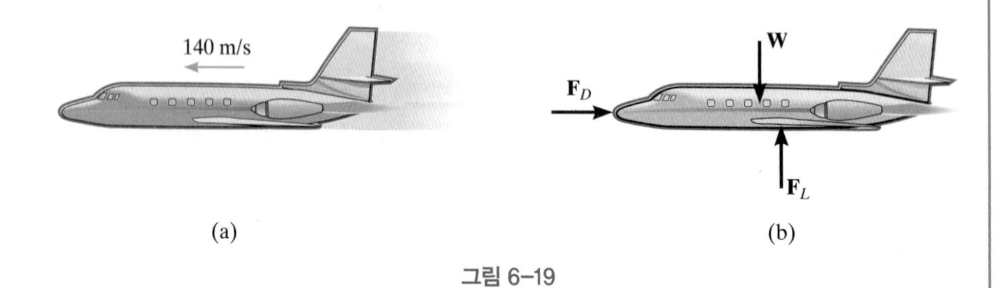

그림 6-19

풀이

유체 설명 비행기에서의 상대적으로 측정된 정상유동을 고려하자. 엔진 내부의 공기는 압축성이다. 하지만 이 문제에서는 배기 속도를 알고 있기 때문에 이 효과를 고려하지 않아도 된다. 부록 A에서 $T = 15°\text{C}$에서 $\rho_a = 1.23\ \text{kg/m}^3$이다.

해석 항력을 측정하기 위해서 그림 6-19a에서 검사체적으로 비행기 전체와 두 개의 엔진 및 엔진 내부의 공기와 연료를 모두 고려할 것이다. 검사체적은 $V_{cv} = 140\ \text{m/s}$의 일정한 속도로 움직이므로 각각의 엔진으로 전달되는 공기의 질량유량은 다음과 같다.

$$\begin{aligned}\dot{m}_a &= \rho_a V_{cv} A = (1.23\ \text{kg/m}^3)(140\ \text{m/s})(0.15\ \text{m}^2)\\ &= 25.83\ \text{kg/s}\end{aligned}$$

질량보존의 법칙을 만족시키기 위해서 같은 질량유량이 엔진을 통과해서 흐른다. 검사체적에 대한 자유물체도는 그림 6-19b에서 볼 수 있다. 두 개의 엔진에 대해서 식 (6-19)를 적용하면 다음과 같다.

$$(\overset{+}{\leftarrow})\quad -W\cos\theta - F_D = m\frac{dV_{cv}}{dt} + \dot{m}_a V_{cv} - (\dot{m}_a + \dot{m}_f)V_e$$

$$0 - F_D = 0 + 2[(25.83\ \text{kg/s})(140\ \text{m/s}) - (25.83\ \text{kg/s} + 3\ \text{kg/s})(700\ \text{m/s})]$$

$$F_D = 33.1(10^3)\ \text{N} = 33.1\ \text{kN}$$ 답

비행기가 평행상태에 있기 때문에 이 항력은 엔진에 의해서 생성된 추력과 같다.

예제 6.13

그림 6-20에서 로켓과 로켓의 연료는 5 Mg의 초기 질량을 가지고 있다. 로켓이 정지상태로부터 발사될 때, 3 Mg의 연료가 $\dot{m}_f = 80$ kg/s로 감소하고, 로켓에 대한 상대속도는 1200 m/s의 속도이며 후방으로 분출된다. 로켓의 최대 속도를 구하라. 고도에 따른 중력변화와 공기의 항력저항은 무시한다.

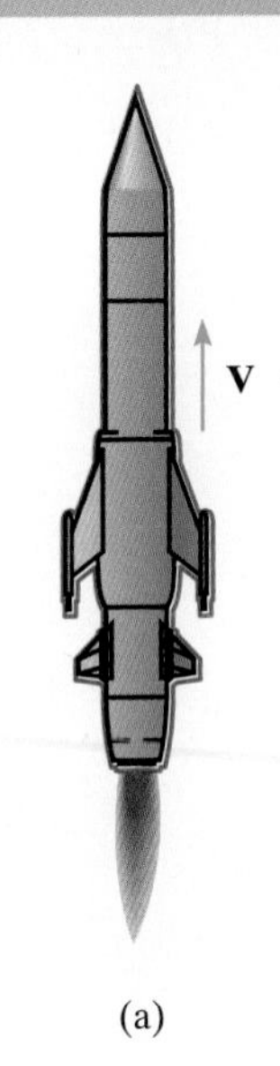

(a)

풀이

유체 설명 로켓으로부터 관측될 때 유동은 정상유동이다. 항력저항을 고려하지 않았기 때문에 로켓 주위의 공기의 압축효과는 여기서 고려하지 않는다.

해석 그림 6-20a와 같이 로켓과 로켓 속의 내용물은 가속하고 있는 검사체적으로 선택한다. 자유물체도가 그림 6-20b에 도시되어 있다. 이 문제를 위해 식 (6-19)를 적용하면,

$$(+\uparrow)\ -W = m\frac{dV_{\text{cv}}}{dt} - \dot{m}_f V_e$$

여기서 $V_{\text{cv}} = V$이고 $W = mg$이기 때문에, 비행 중 어느 t의 순간에서 로켓의 질량은 $m = (5000 - 80t)$ kg이다.

$$-[(5000 - 80t)\text{ kg}](9.81\text{ m/s}^2) = [(5000 - 80t)\text{ kg}]\frac{dV}{dt} - (80\text{ kg/s})(1200\text{ m/s})$$

이 방정식에서 엔진의 추력은 마지막 항으로 표시되어 있다. 변수 분리 후 $t = 0$일 때 $V = 0$으로서 적분을 수행하면 다음과 같다.

$$\int_0^V dV = \int_0^t\left(\frac{80(1200)}{5000 - 80t} - 9.81\right)dt$$

$$V = -1200\ln(5000 - 80t) - 9.81t\Big|_0^t$$

$$V = 1200\ln\left(\frac{5000}{5000 - 80t}\right) - 9.81t$$

최대 속도는 모든 연료가 배출되는 순간에 발생하고, 여기까지 걸린 시간 t'은 다음과 같다.

$$m_f = \dot{m}_f t'; \qquad 3(10^3)\text{ kg} = (80\text{ kg/s})t', \qquad t' = 37.5\text{ s}$$

그러므로

$$V_{\max} = 1200\ln\left(\frac{5000}{5000 - 80(37.5)}\right) - 9.81(37.5)$$

$$V_{\max} = 732\text{ m/s}$$ 답

이렇게 높은 속도에서는 공기의 압축효과가 로켓에 대한 항력에 영향을 줄 것이다. 공기저항을 포함하면 결과가 훨씬 복잡하게 나타난다. 제13장에서 이 문제를 더 자세히 다룰 것이다.

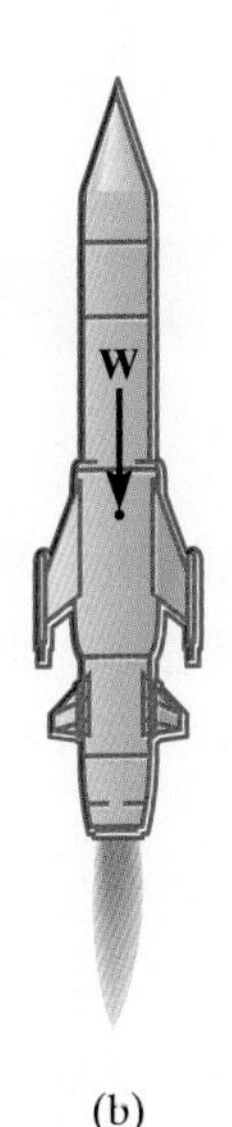

(b)

그림 6-20

참고문헌

1. J. R. Lamarch and A. J. Baratta, *Introduction to Nuclear Engineering*, Prentice Hall, Inc., Upper Saddle River, NJ, 2001.
2. J. A. Fry. *Introduction to Fluid Mechanics*, MIT Press, Cambridge, MA, 1994.
3. National Renewable Energy Laboratory, *Advanced Aerofoil for Wind Turbines (2000)*, DOE/GO-10098-488, Sept. 1998, revised Aug. 2000.
4. M. Fremond et al., "Collision of a solid with an incompressible fluid," *Journal of Theoretical and Computational Fluid Dynamics*, London, UK.
5. D. A. Griffin and T. D. Ashwill "Alternative composite material for megawatt-scale wind turbine blades: design considerations and recommended testing," *J Sol Energy Eng* 125:515–521, 2003.
6. S. M. Hock, R. W. Thresher, and P. Tu, "Potential for far-term advanced wind turbines performance and cost projections," *Sol World Congr Proc Bienn Congr Int Sol Energy Soc* 1:565–570, 1992.
7. B. MacIsaak and R. Langlon, *Gas Turbine Propulsion Systems*, American Institute of Aeronautics and Astronautics, Ruston, VA, 2011.

기초문제

6.1~6.2절

F6-1 물이 0.012 m^3/s로 40 mm의 직경을 가지고 있는 엘보를 통하여 배출되고 있다. 만약 A에서 압력이 160 kPa이라고 하면 엘보가 관에 작용하는 합력은 얼마인가?

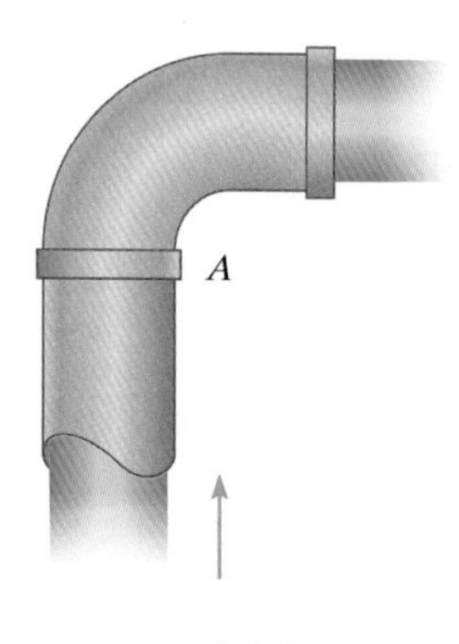

F6–1

F6-2 5 kg의 방패가 직경 40 mm인 물줄기를 60°의 각도로 막고 있다. 물줄기는 0.02 m^3/s의 유량으로 분출되고, 분출되는 양의 30%가 위로 향한다고 하면 방패가 제자리를 유지하기 위해 필요한 합력은 얼마인가?

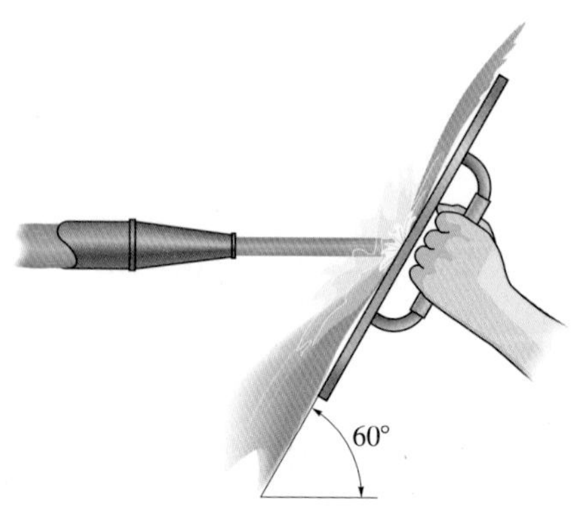

F6–2

F6-3 직경 50 mm의 개방 관 AB로부터 물이 10 m/s로 흘러가고 있다. 만약 유동이 3 m/s^{2}으로 가속된다면 A에서 관의 압력은 얼마인가?

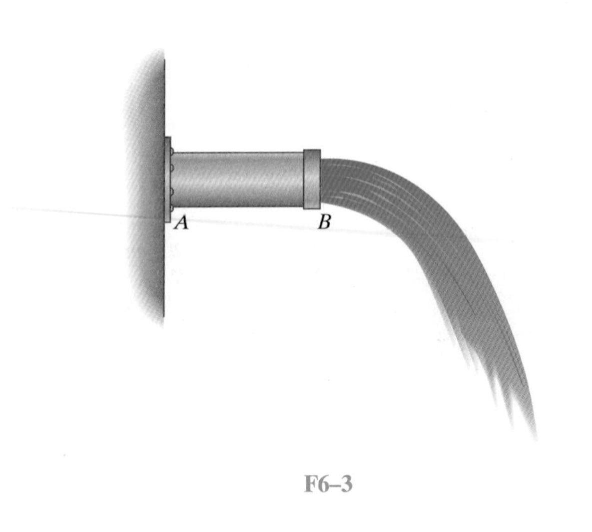

F6–3

F6-4 원유가 Y자형의 이음 부품의 각각의 분지 관으로 같은 유량으로 흐른다. 만약 A에서의 압력이 80 kPa이라고 하면, 이음 부품이 관에 유지되기 위한 A에서의 합력은 얼마인가?

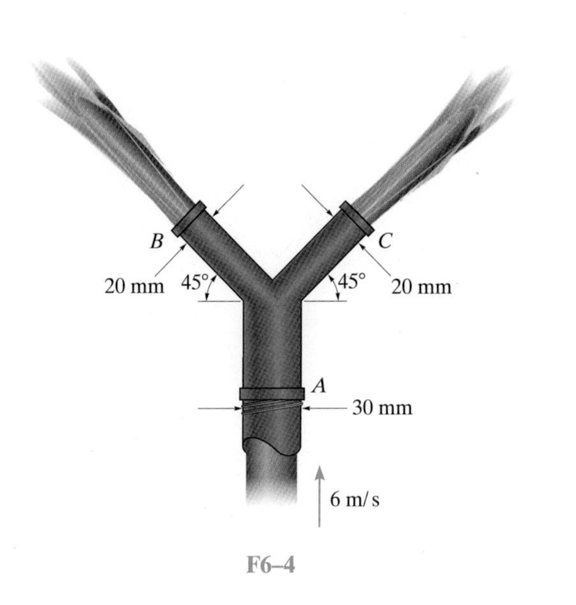

F6–4

6.3절

F6-5 테이블용 팬이 직경 0.25 m의 흐름을 생성시킨다. 만약 공기가 블레이드를 떠날 때 20 m/s의 수평방향 속도를 가질 때 테이블이 팬을 제자리에 유지시키기 위한 팬에 가해지는 수평 마찰력을 구하라. 공기는 1.22 kg/m^{3}의 일정한 밀도를 가지고 있고 블레이드의 오른쪽 바로 앞의 공기는 정지해 있다고 가정한다.

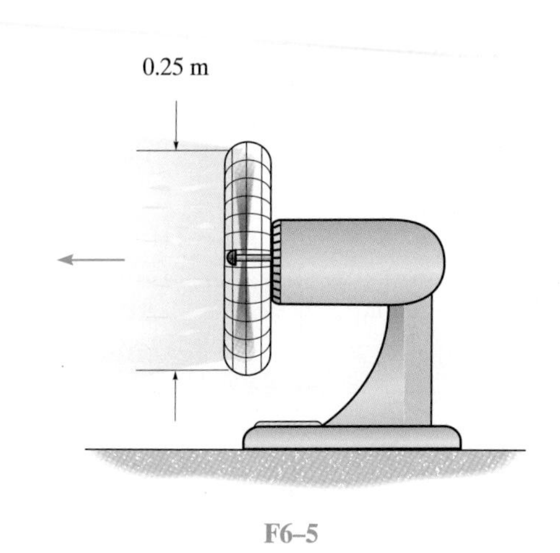

F6–5

F6-6 물이 직경 20 mm의 관으로부터 나와서, 1.5 m/s의 속력으로 왼쪽으로 움직이는 베인을 타격한다. 그림에 나타낸 것처럼 물이 90°로 편향될 때 베인에 가해지는 합력을 구하라.

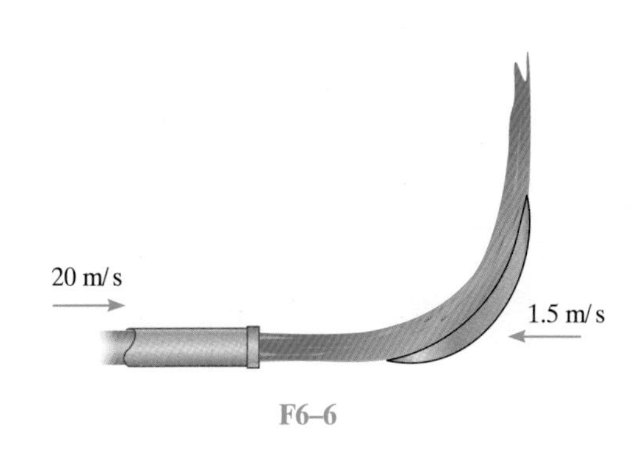

F6–6

연습문제

특별한 언급이 없으면 아래의 문제들에서 유체는 비압축성이고 마찰이 없는 이상유체라고 가정한다.

6.1~6.2절

6-1 유체의 속도 형상이 그림과 같이 포물선일 때 길이가 0.2 m인 관에서 유체의 선형 운동량을 구하라. 유동의 평균속도를 사용한 유체의 선형 운동량과 이 결과를 비교하라. 유체의 밀도는 800 kg/m^{3}이다.

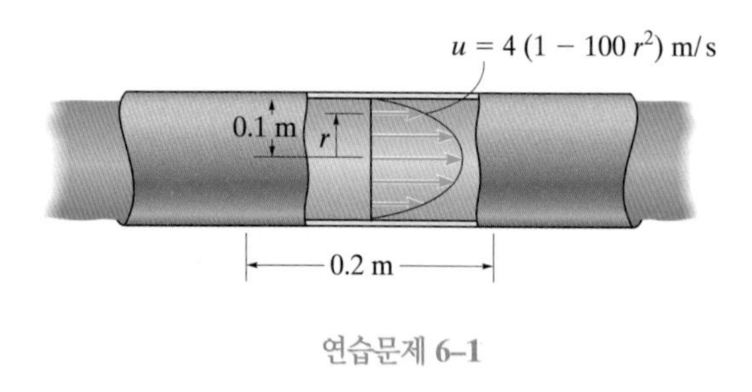

연습문제 6–1

6-2 원형관을 통해 흐르는 유동은 난류이고, 속도 형상은 Prandtl의 1/7 멱급수식인 $v = V_{max}(1 - r/R)^{1/7}$로 가정한다. 만약 ρ가 밀도이면, 관을 통해서 흘러가는 단위 시간당 유체의 운동량이 $(49/72)\pi R^2 \rho V^2_{max}$임을 보이고, V가 유동의 평균속도일 때, $V_{max} = (60/49)V$가 됨을 보여라. 또한 단위 시간당 운동량은 $(50/49)\pi R^2 \rho V^2$임을 보여라.

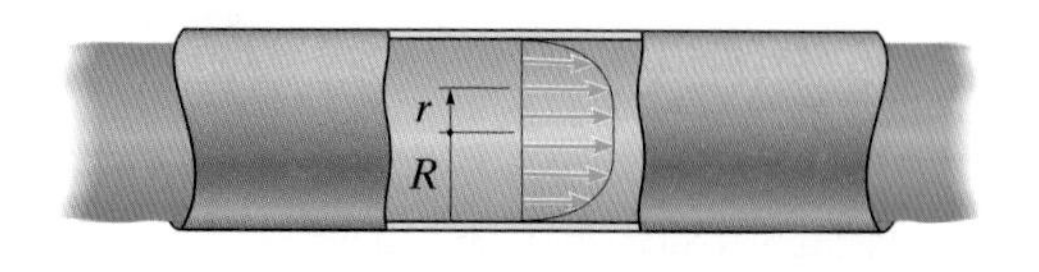

연습문제 6–2

6-3 기름이 관로 이음관을 통해서 0.05 m^3/s로 흘러가고 있다. 만약 관로 이음관 C에서 압력이 8 kPa이면, 뚜껑이 큰 관을 유지하는 이음(seam) AB를 따라 작용하는 수평 전단합력은 얼마인가? 기름의 밀도는 900 kg/m^{3}이다.

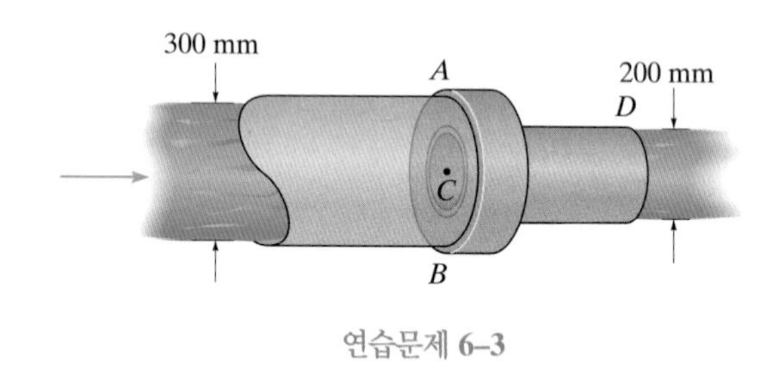

연습문제 6–3

***6-4** 미더덕이라고 불리는 작은 해양 생물이 해저 바닥에 붙어있고, 먹이를 공급하기 위해 물을 몸속으로 넣고 배출시킨다. 만약 입구 A에서 2 mm의 직경을 가지고 있고, 출구 B에서 1.5 mm의 직경을 가지고 있다면 물이 A의 입구로 0.2 m/s의 속도로 들어올 때, 이 생물체가 바닥 C에 붙어있도록 하는 수평력을 구하라. $\rho = 1050$ kg/m^{3}이다.

연습문제 6–4

6-5 물이 12 ft/s의 속도로 직경 3 in.의 관을 빠져나가고 있다. 그다음 쐐기형 확산기에 의해서 갈라지고 있다. 유동이 확산기에 가해지는 힘을 구하라. $\theta = 30°$이다.

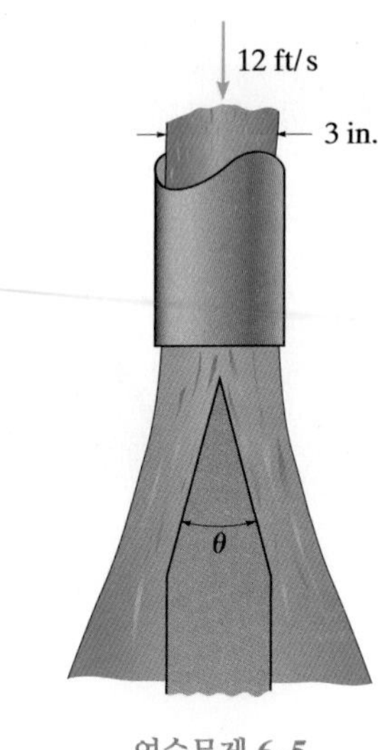

연습문제 6–5

6-6 물이 12 ft/s의 속도로 직경 3 in.의 관을 빠져나가고 있다. 그다음 쐐기형 확산기에 의해서 갈라지고 있다. 유동이 확산기에 가해지는 힘을 확산기의 각도 θ의 함수로서 구하라. $0° \le \theta \le 30°$에 대해서 θ에 대한 힘(수직 축)을 그려라. 증분치를 $\Delta\theta = 5°$로 주어라.

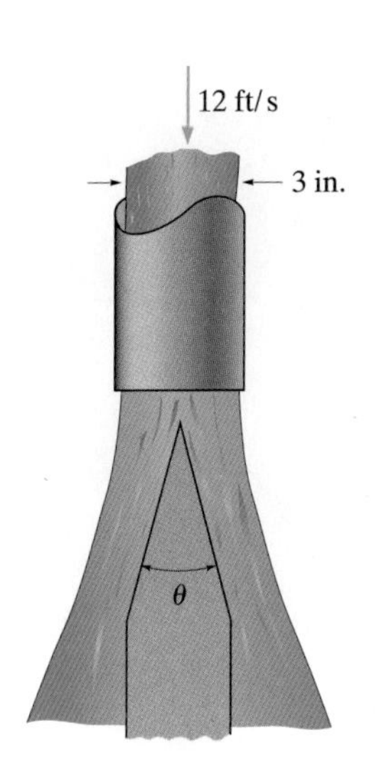

연습문제 6–6

6-7 물이 4 m/s의 속도로 호스를 통해 흐르고 있다. 물이 벽에 작용하는 힘을 구하라. 물이 벽에 튀어서 뒤로 나가지 않는다고 가정한다.

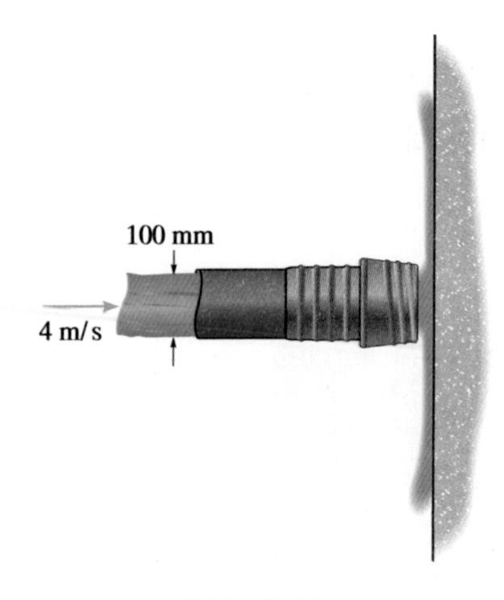

연습문제 6–7

***6-8** 직경이 40 mm인 노즐이 있다. 고정된 블레이드로 20 m/s의 속도로 물이 배출될 때, 물에 의해서 블레이드에 가해지는 수평력을 구하라. 블레이드는 $\theta = 45°$의 각도로 물을 균일하게 나눈다.

6-9 직경이 40 mm인 노즐이 있다. 고정된 블레이드로 20 m/s의 속도로 물이 배출될 때, 물에 의해서 블레이드에 가해지는 수평력을 블레이드 각도 θ의 함수로 구하라. $0° \le \theta \le 75°$에 대해서 θ에 대한 힘(수직 축)을 그려라. 증분치를 $\Delta\theta = 5°$로 주어라. 블레이드는 균등하게 물을 나눈다.

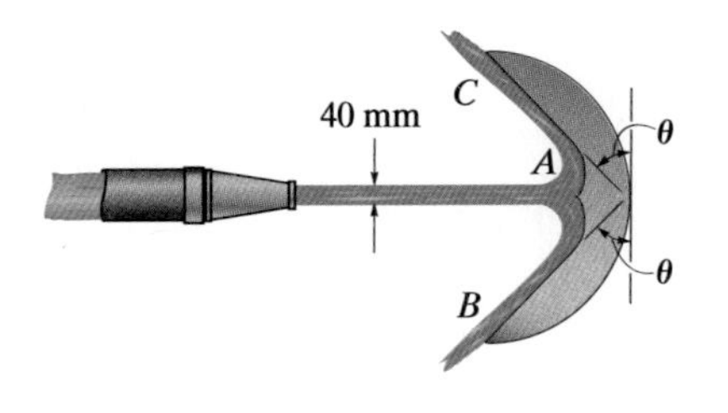

연습문제 6–8/9

6-10 그림에 나타낸 것처럼 스피트 보트는 제트 구동기에 의해서 동력을 받는다. 해수는 직경 6 in.의 흡입구를 통해서 20 ft^3/s의 체적유량으로 펌프 내로 들어간다. 임펠러가 물을 가속시키고, 물을 직경 4 in.의 노즐 B로 흘러가면서 수평방향으로 힘을 가한다. 스피트 보트에 가해지는 추진력의 수평 및 수직성분을 구하라. 해수의 비중량은 $\gamma_{sw} = 64.3$ lb/ft^{3}이다.

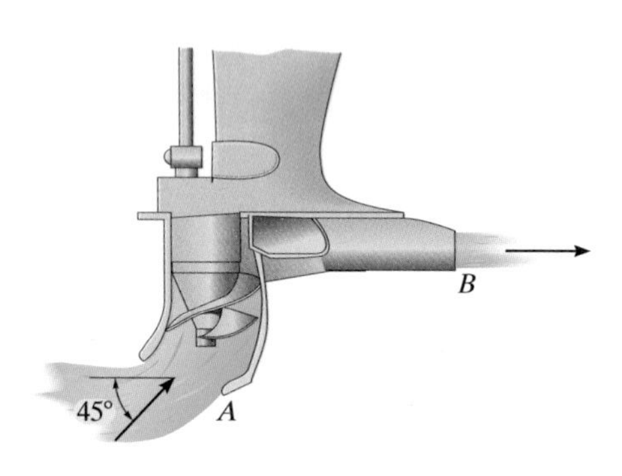

연습문제 **6–10**

6-11 물이 0.4 ft^3/s로 단면이 줄어드는 엘보우를 통해서 배출되고 있다. 엘보우가 A에 유지되기 위해서 필요한 힘의 수직 및 수평성분을 구하라. 엘보우의 크기, 무게 및 엘보우 내의 물의 무게는 무시한다. 물은 B에서 대기로 배출되고 있다.

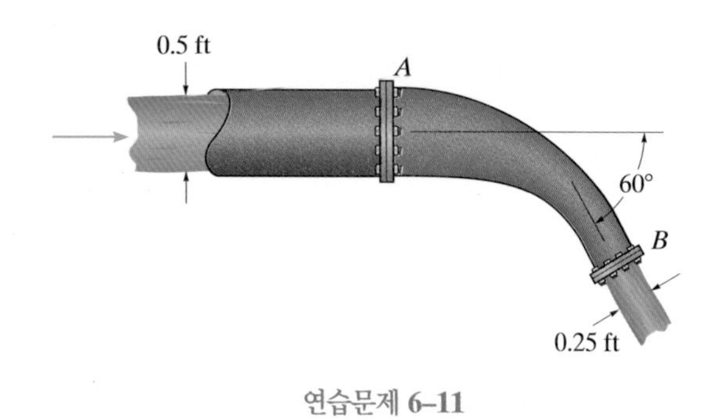

연습문제 **6–11**

***6-12** 기름이 5 m/s의 속도로 직경 100 mm 관을 통해서 흐르고 있다. A와 B에서 관 내의 압력이 80 kPa일 때, 유동이 엘보우에 가하는 힘의 x 및 y 성분을 구하라. 유동은 수평평면에서 발생한다. $\rho_o = 900$ kg/m^{3}이다.

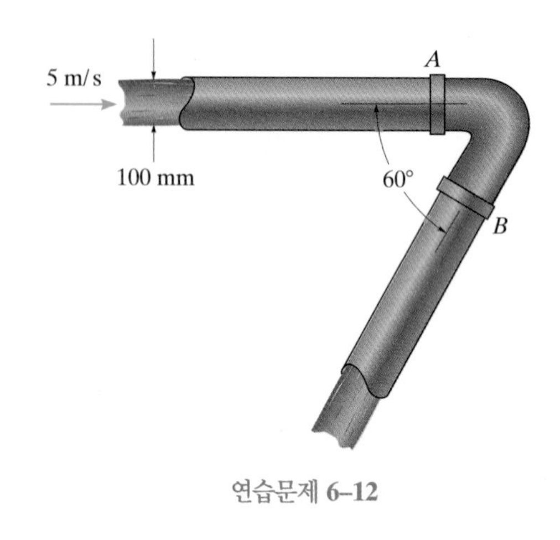

연습문제 **6–12**

6-13 땅속에 매장되어 있는 관에 연결된 엘보우를 통해서 흐르는 물의 속도 $V = 8$ ft/s이다. A와 B에서 관의 연결이 엘보우에 어떠한 저항력을 발생시키지 않는다고 가정한다. 엘보우가 평형을 유지시키기 위해서 흙이 엘보우에 가하는 수평합력 $\mathbf{F}$를 구하라. A와 B에서의 관 내의 압력은 10 psi이다.

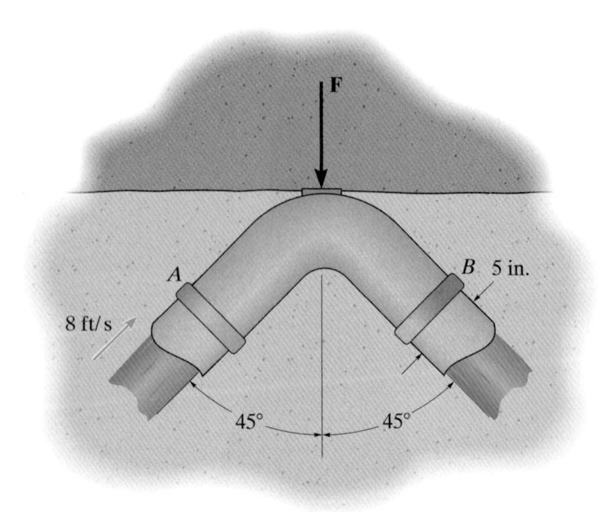

연습문제 **6–13**

6-14 물이 4 m/s로 직경 200 mm의 관을 통해서 흐르고 있다. 노즐을 통해서 대기로 물이 배출된다면, 관에 부착된 노즐을 유지시키기 위해서 연결면 AB의 볼트에 가해지는 합력은 얼마인가?

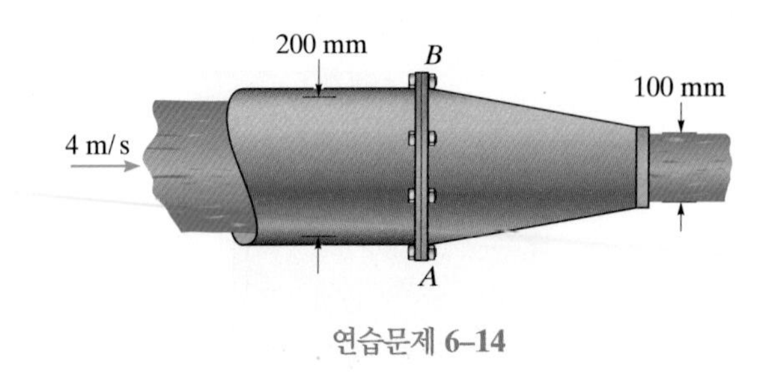

연습문제 **6–14**

6-15 산업용 플랜트에서 사용되는 기계 장치인 제트 펌프는 관 내의 튜브를 삽입하여 제작한다. 만약 직경 200 mm의 관에 흐르는 유동의 속도가 2 m/s이고 직경 20 mm의 튜브로 흐르는 유동의 속도가 40 m/s이면, 관의 후면 A와 전면 B 사이에 발생하는 압력차 $(p_B - p_A)$는 얼마인가? 유체는 에틸알코올이고, 밀도는 $\rho_{ea} = 790\ \text{kg/m}^3$이다. 관의 각 단면에서의 압력은 균일하다고 가정한다.

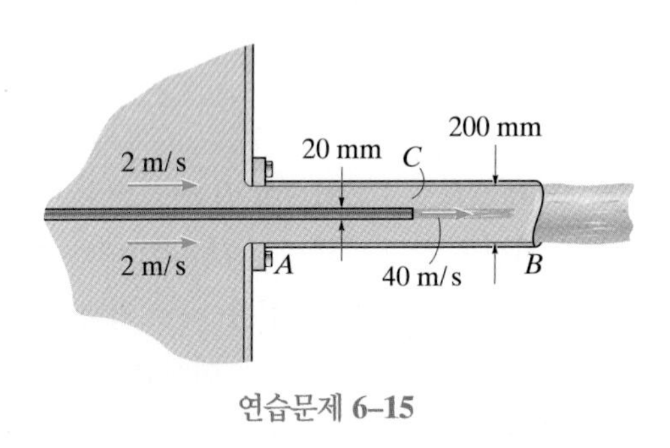

연습문제 **6–15**

***6-16** 물 제트가 4 m/s로 직경 100 mm의 관을 통해서 흐르고 있다. 그림에 나타낸 것처럼 물 제트가 고정된 베인을 타격하고 편향될 때, 물 제트가 베인에 가하는 법선력(normal force)을 구하라.

6-17 물 제트가 4 m/s로 직경 100 mm의 관을 통해서 흐르고 있다. 그림에 나타낸 것처럼 물 제트가 고정된 베인을 타격하고 편향될 때, 만약 물이 베인에 가하는 접선성분이 0이면, A와 B를 향해 흐르는 체적유량은 각각 얼마인가?

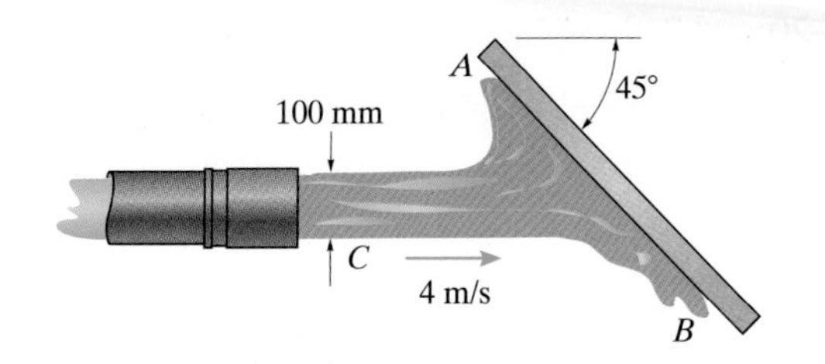

연습문제 **6–16/17**

6-18 물이 5 m/s의 속도로 관을 통해서 흐르고 있을 때, 관 내에 구멍을 가지고 있는 오리피스 플레이트(Orifice plate)를 만난다. A에서의 압력은 230 kPa이고 B에서는 180 kPa일 때, 물이 플레이트에 작용하는 힘을 구하라.

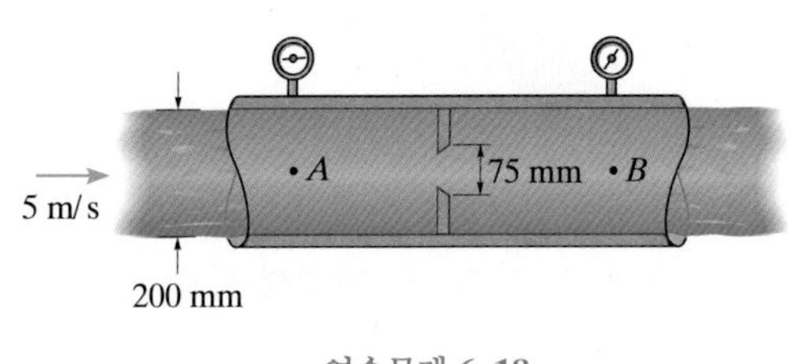

연습문제 **6–18**

6-19 물이 8 m/s의 속도와 70 kPa의 압력으로 A로 들어온다. 만약 C에서 속도가 9 m/s이면 관로 이음관이 제자리를 유지하기 위해서 관로 이음관에 작용하는 합력의 수평 및 수직성분은 얼마인가? 관로 이음관의 크기는 무시한다.

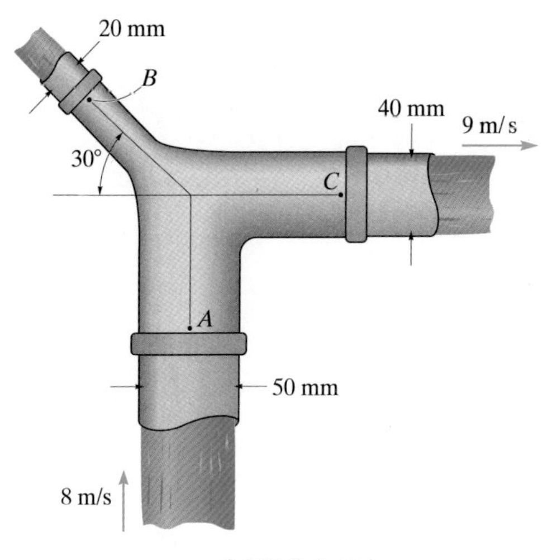

연습문제 **6–19**

***6-20** 원유가 0.02 m^3/s의 유량으로 수평방향에서 45°로 기울어진 엘보우를 통해서 흐른다. 만약 A에서 압력이 300 kPa이면 기름이 엘보우에 가하는 합력의 수평 및 수직 성분은 얼마인가? 엘보우의 크기는 무시한다.

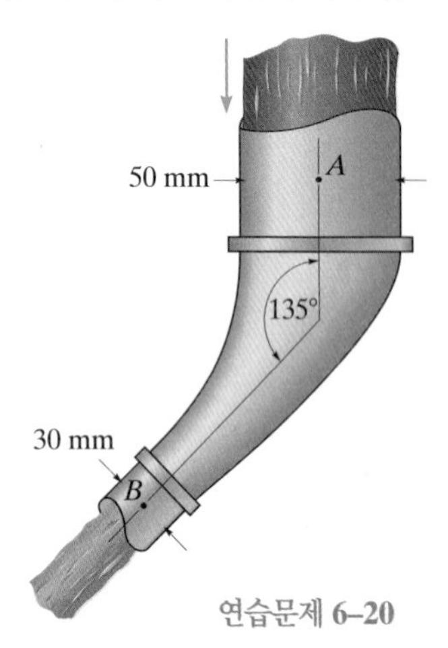

연습문제 **6–20**

6-21 질량이 m인 반구형 그릇이 직경 d의 노즐로부터 배출되는 수직방향의 물 제트의 반력에 의해서 평형상태를 유지하고 있다. 체적유량이 Q일 때, 그릇이 정지되는 높이 h를 구하라. 물의 밀도는 ρ_w이다.

6-22 500 g의 반구형 그릇이 직경 10 mm의 노즐로부터 배출되는 수직방향의 물 제트의 반력에 의해서 평형상태를 유지하고 있다. 그릇의 높이 h를 노즐로부터 나오는 물의 체적유량 Q의 함수로 구하라. $0.5(10^{-3})\ m^3/s \le Q \le 1(10^{-3})\ m^3/s$에 대해서 Q에 대한 높이 h(수직축)를 그래프로 그려라. 증분치는 $\Delta Q = 0.1(10^{-3})\ m^3/s$로 주어라.

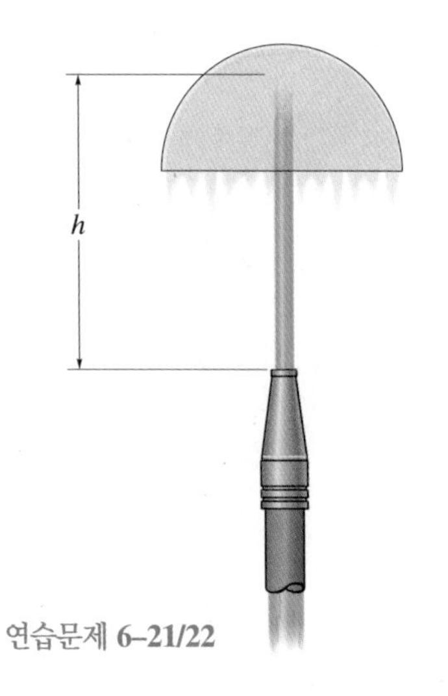

연습문제 **6–21/22**

6-23 A에서 직경 3 in.의 관으로부터 물이 0.5 ft^3/s의 유량으로 사각 탱크 안으로 들어온다. 탱크의 폭이 2 ft이고, 탱크가 비어있을 때의 무게가 150 lb라면, h = 3 ft가 되는 순간 유동에 의해서 생기는 탱크의 겉보기 무게(apparent weight)를 구하라.

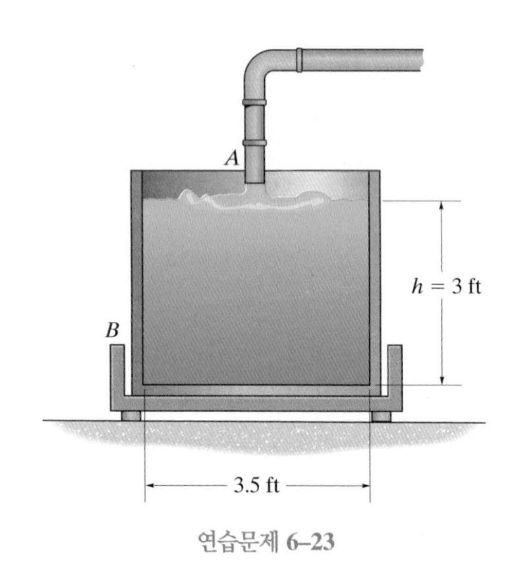

연습문제 **6–23**

***6-24** 바지선이 밀도가 1.2 Mg/m^3인 산업용 폐기 액체를 싣고 있다. 만약 직경 100 mm의 관으로 빠져나가는 평균속도가 V_A = 3 m/s이면 바지선을 고정시키기에 필요한 매듭 끈에 작용하는 힘은 얼마인가?

6-25 바지선이 밀도가 1.2 Mg/m^3인 산업용 폐기 액체를 싣고 있다. 바지선을 정지 상태로 유지하기 위해 매듭 끈에 작용하는 최대 힘을 구하라. 폐기물은 10 m 영역 내에 어느 한 점에서 바지선으로 들어올 수 있다. 이때 A에서 관으로 나오는 폐기물의 속도는 얼마인가? 관의 직경은 100 mm이다.

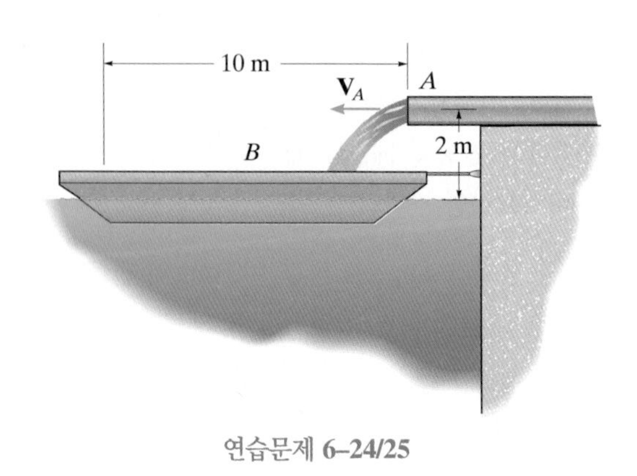

연습문제 **6–24/25**

6-26 원자로는 전자기 펌프를 사용하여 노심을 통해 전달되는 액체 소디움(sodium)으로 냉각된다. 소디움은 *A*에서 15 ft/s의 속도와 20 psi의 압력으로 직경 3 in.의 관을 통해서 이동하고, 사각 덕트를 지나간다. 이곳에서 소디움은 30 ft의 펌프 수두를 주는 전자기력에 의해 펌핑이 된다. 만약 소듐이 직경 2 in.의 관을 통해서 *B*에서 나간다면, 관을 유지하는 데 필요한 각 팔(arm)에 작용하는 구속력 **F**는 얼마인가? $\gamma_{Na} = 53.2\ \text{lb/ft}^3$이다.

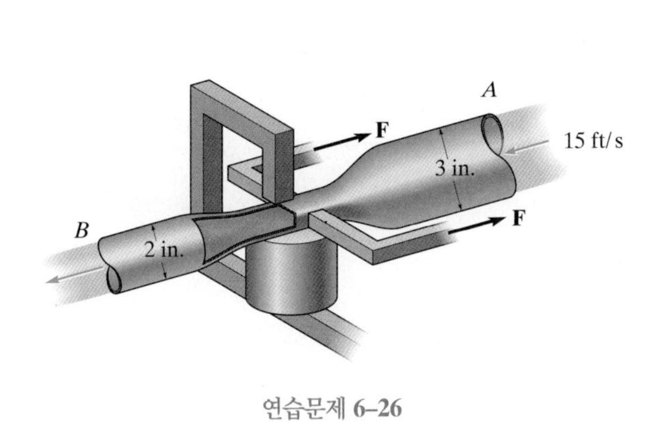

연습문제 **6–26**

6-27 공기가 0.3 m/s의 균일한 속도로 폭이 1 m인 닫힌 덕트를 통해 흐르고 있다. 끈 *C*가 제자리에 유지될 수 있도록 하기 위하여 관로 이음관에 작용하는 수평 힘(**F**)을 구하라. 미끄럼 이음(slip joint)으로 되어있는 *A*, *B*에 작용하는 모든 힘은 무시한다. $\rho_a = 1.22\ \text{kg/m}^3$이다.

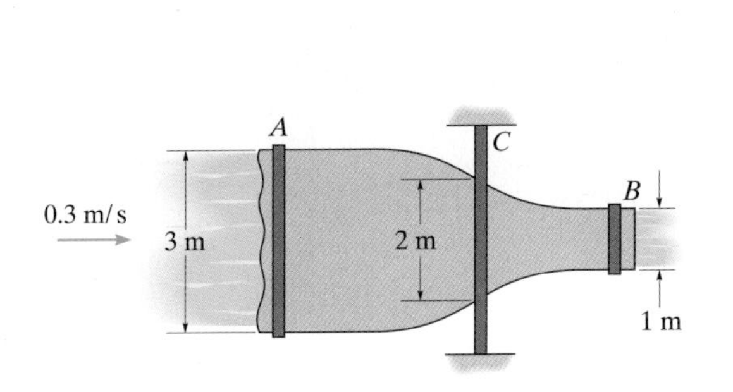

연습문제 **6–27**

***6-28** 기름이 길이가 20 m이고, 직경이 200 mm인 관로를 통해 흘러가고 있다. 기름은 2 m/s의 일정한 평균속도를 가지고 있다. 관에 따라 발생하는 마찰손실은 *B*에서의 압력이 *A*에서의 압력보다 8 kPa이 더 적게 만드는 원인이 된다. 관의 길이에 작용하는 마찰력의 합력을 구하라. $\rho_o = 880\ \text{kg/m}^3$이다.

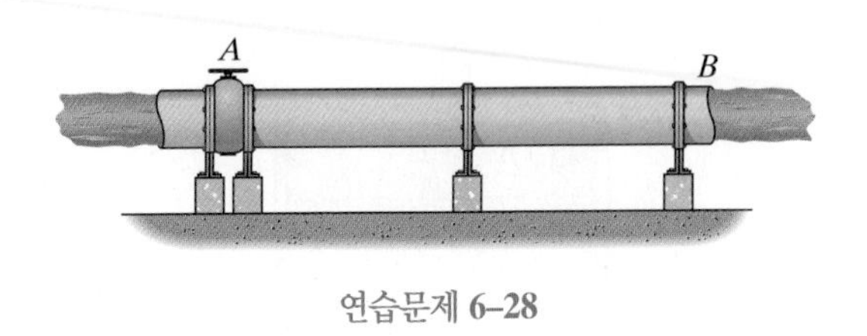

연습문제 **6–28**

6-29 기름이 직경 50 mm의 수직 관로를 통해 흐른다. *A*에서의 압력이 240 kPa이고 속도는 3 m/s이다. U자 관의 *AB* 면에 가해지는 힘의 수평 및 수직성분을 구하라. 관로와 그 안의 기름은 60 N의 무게를 가지고 있다. $\rho_o = 900\ \text{kg/m}^3$이다.

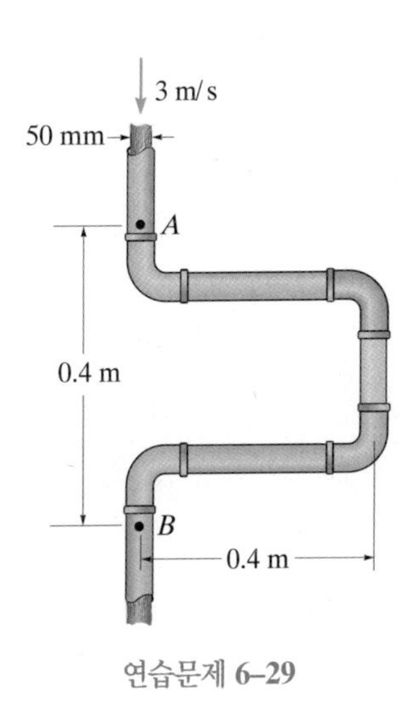

연습문제 **6–29**

6-30 물이 직경 100 mm의 관으로부터 $0.05\ m^3/s$의 유량으로 탱크 안으로 유입된다. 탱크가 바닥면의 각 변의 길이가 500 mm인 경우 물이 깊이 $h = 1$ m에 도달할 때 모서리를 지지하고 있는 네 개의 스프링에 작용하는 압축력을 구하라. 스프링은 모두 $k = 8$ kN/m의 강성을 가지고 있다. 탱크가 비어있을 때, 탱크는 각 스프링을 30 mm만큼 압축한다.

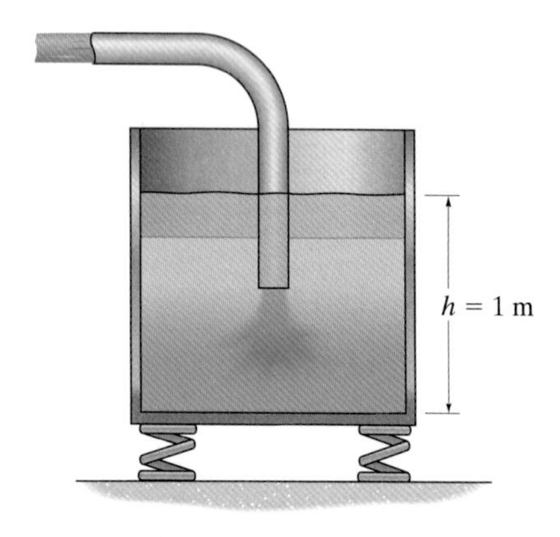

연습문제 **6–30**

6-31 300 kg의 원형 크래프트(craft)가 지상에서 100 mm 높이로 떠있다. 이때 공기는 18 m/s의 속도로 직경 200 mm인 흡입구로부터 유입되고 땅으로 그림과 같이 배출된다. 크래프트가 지상에 가하는 압력을 구하라. $\rho_a = 1.22\ kg/m^3$이다.

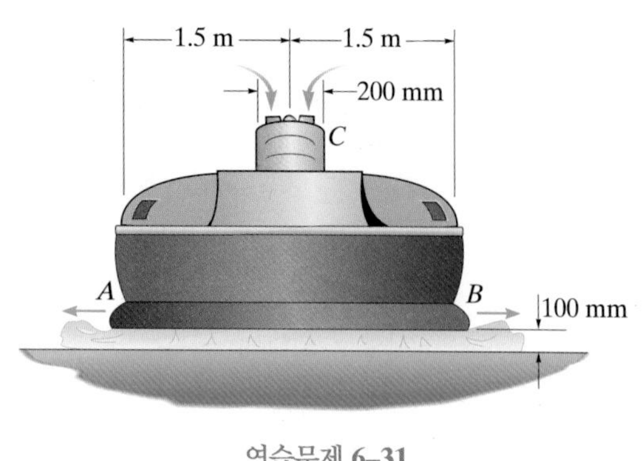

연습문제 **6–31**

***6-32** 원통형 니들 밸브가 직경이 20 mm인 튜브를 통해 물이 $0.003\ m^3/s$의 유량이 되도록 제어하기 위해 사용된다. $x = 10$ mm에서 니들 밸브가 유지되는 데 필요한 힘 **F**를 구하라.

6-33 원통형 니들 밸브가 직경이 20 mm인 튜브를 통해 물이 $0.003\ m^3/s$의 유량이 되도록 제어하기 위해 사용된다. 밸브가 닫힌 상태로부터 임의의 위치 x에 대해서 밸브를 유지하기 위해 필요한 힘 **F**를 구하라.

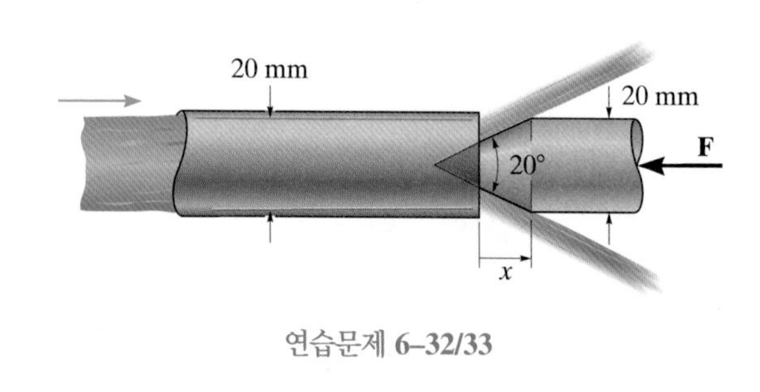

연습문제 **6–32/33**

6-34 디스크 밸브는 직경이 40 mm인 튜브를 통해 물의 유량이 $0.008\ m^3/s$가 되도록 제어하기 위해 사용된다. 밸브가 닫힌 상태로부터 임의의 위치 x에서 밸브를 유지하기 위해 필요한 힘 **F**를 구하라.

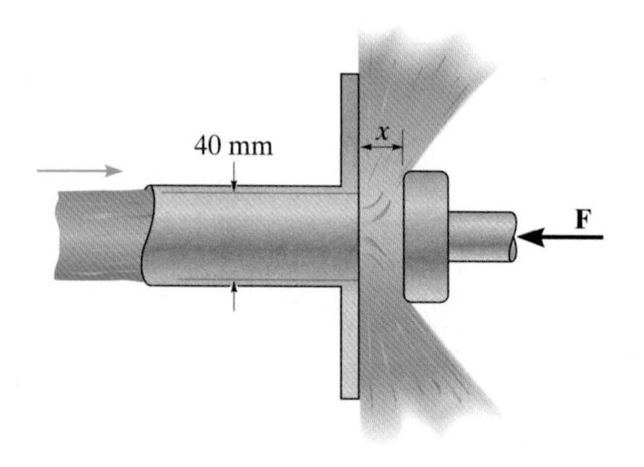

연습문제 **6–34**

6-35 장난감 스프링클러는 하나의 캡(cap)과 직경 20 mm의 강성 튜브(rigid tube)로 구성된다. 물이 $0.7(10^{-3})\ m^3/s$의 유량으로 튜브를 통해 유동하는 경우, 튜브의 벽면이 B에 고정되기 위한 수직력을 구하라. 스프링클러 헤드 및 튜브의 굽어진 부분 안의 물의 중량은 무시한다. 수직 부분 AB 내의 튜브 및 물의 중량은 4 N이다.

***6-36** 장난감 스프링클러는 하나의 캡과 직경 20 mm의 강성 튜브로 구성된다. 스프링클러가 B에서 튜브의 벽면에 6 N의 수직력을 생성하도록 할 때 튜브를 통해 흐르는 유량을 구하라. 튜브의 굽어진 부분과 스프링클러 헤드 및 물의 중량은 무시한다. 수직 부분 AB 내의 튜브 및 물의 중량은 4 N이다.

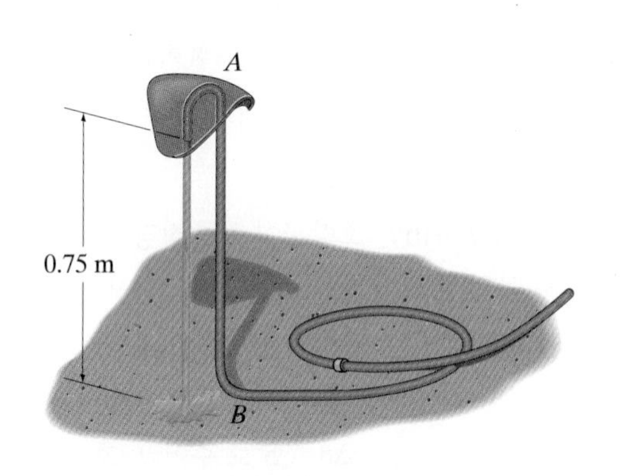

연습문제 **6–35/36**

6-37 공기가 유량 $900\ ft^3/min$로 폭 1.5 ft의 직사각 덕트를 통해 흐르고 있다. 덕트의 끝단인 B에 작용하는 수평방향의 힘을 구하라. $\rho_a = 0.00240\ slug/ft^3$이다.

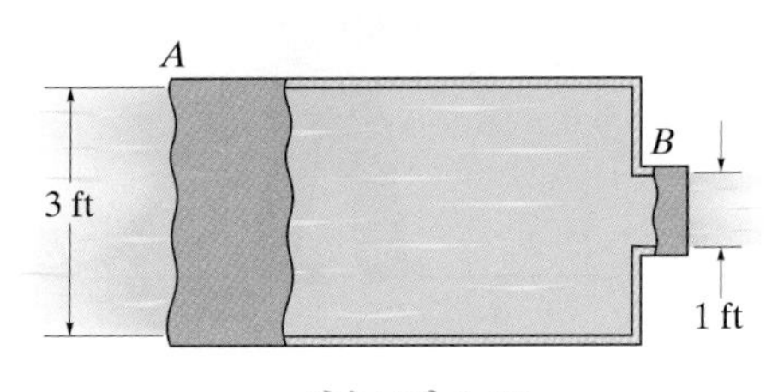

연습문제 **6–37**

6-38 30°C 온도의 공기가 A에서 속도 15 m/s이고, 절대압력이 250 kPa인 팽창 이음 부품을 통해 흐른다. 열 또는 마찰손실이 발생하지 않는 경우, 이음 부품을 유지하는 데 필요한 합력을 구하라.

6-39 30°C 온도의 공기가 A에서 속도가 15 m/s이고, 절대 압력이 250 kPa인 팽창 이음 부품을 통해 흐른다. 팽창 때문에 열과 마찰손실이 발생하는 B에서 공기의 온도 및 절대압력이 20°C 및 7.50 kPa이 된다고 한다면, 이음 부품을 유지하는 데 필요한 합력은 얼마인가?

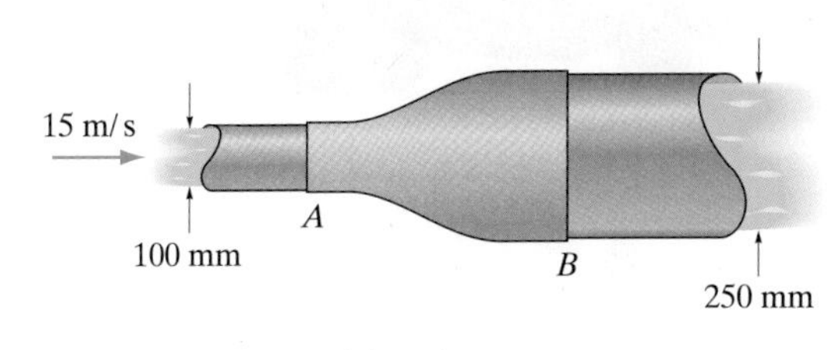

연습문제 **6–38/39**

***6-40** 물이 4 m/s로 C에서 관을 통해서 흐른다. 관로가 평형을 유지하는 데 필요한 엘보우 D에 의해 힘의 수평 및 수직성분을 구하라. 관의 크기와 그 안에 있는 물의 무게는 무시하라. 관은 C에서 직경이 60 mm이고, A와 B에서 직경은 각각 20 mm이다.

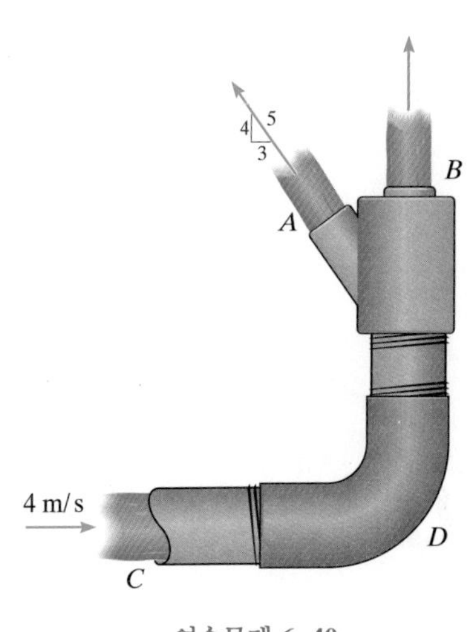

연습문제 **6–40**

6-41 트럭으로부터 60°의 각도로 폭이 100 mm인 출구를 통해 바닥에 물을 버리고 있다. 출구의 길이는 2 m이다. 트럭에서 물의 깊이가 1.75 m가 되는 순간 트럭이 움직이는 것을 막기 위해 지상으로부터 트럭의 모든 바퀴에 가해지는 마찰력은 얼마인가?

연습문제 **6–41**

6-42 소방관이 불타는 건물로 호스로부터 직경 2 in.의 물 제트를 뿌린다. 물이 1.5 ft^3/s로 분사된다면, 물이 벽면에 부딪힐 때 속도의 크기를 구하라. 또한 지상에 있는 소방관의 두 발에 가해지는 법선반력(normal reaction)을 구하라. 소방관의 체중은 180 lb이고, 호스의 무게와 호스 속의 물의 무게 및 지상에 작용하는 호스의 법선반력은 무시한다.

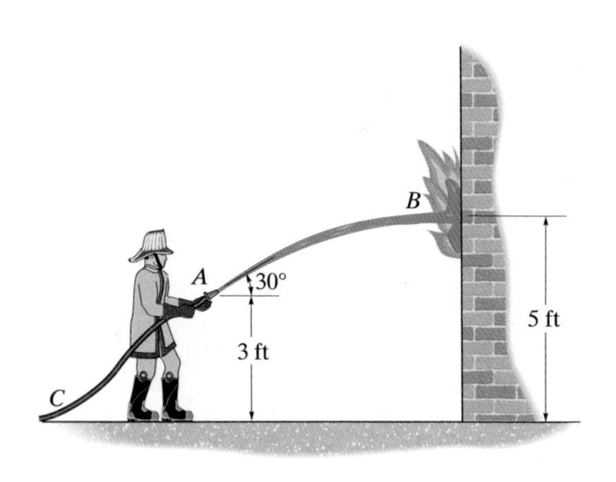

연습문제 **6–42**

6-43 그림에서 보여지는 것처럼 분수는 A에서 물을 분사시킨다. 물이 수평으로부터 30°로 방출되고, 물줄기의 단면적은 대략 2 in^2인 경우, B에서 물이 벽면에 가하는 법선력(normal force)을 구하라.

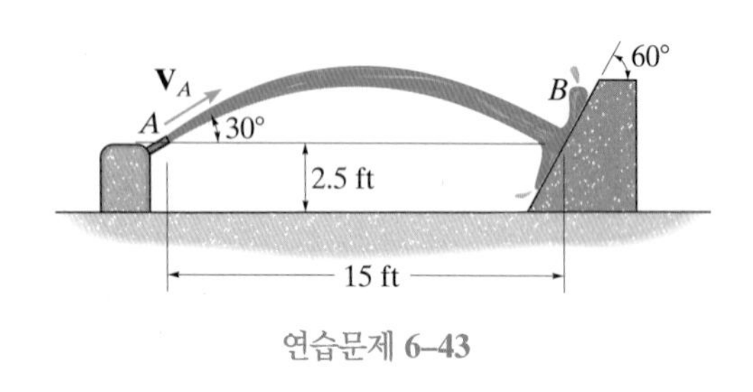

연습문제 **6–43**

***6-44** 체중이 150 lb인 소방관이 노즐직경 1 in.의 호스를 잡고 있다. 노즐에서 물의 속도가 50 ft/s이고, $\theta = 30°$일 때, 지상에 있는 소방관의 두 발에 작용하는 법선방향 합력을 구하라. 호스의 중량과 그 안에 있는 물과 지상에 작용하는 호스의 법선반력은 무시한다.

6-45 체중이 150 lb인 소방관이 노즐직경 1 in.의 호스를 잡고 있다. 물의 속도가 50 ft/s인 경우, 지상에 있는 소방관의 두 발에 작용하는 법선의 합력을 θ의 함수로 구하라. $0° < \theta < 30°$의 범위에 대해서 θ 대 법선반력(수직축)의 그래프를 그려라. 증분치는 $\Delta\theta = 5°$로 주어라. 호스의 중량과 그 안에 있는 물과 지상에 작용하는 호스의 수직반력은 무시한다.

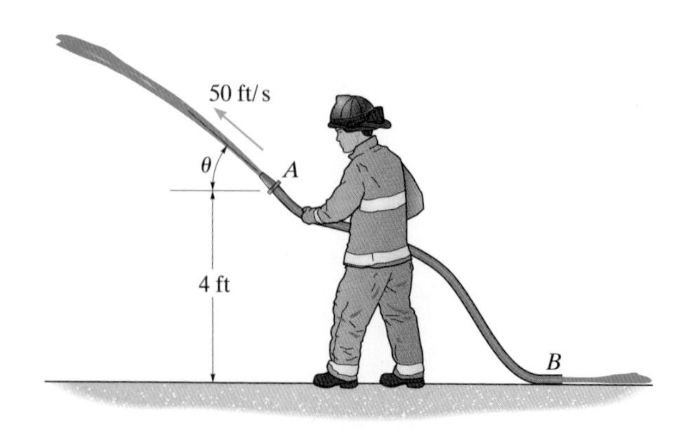

연습문제 **6–44/45**

6-46 체중이 150 lb인 소방관이 노즐직경이 1 in.인 호스를 잡고 있다. 물의 속도가 50 ft/s인 경우, 소방관이 머리 위로 $\theta = 90°$로 직접 호스를 잡고 있다면, 지상에 있는 소방관의 두 발에 작용하는 법선의 합력은 얼마인가? 호스의 중량과 그 안에 있는 물과 지상에 작용하는 호스의 수직반력은 무시한다.

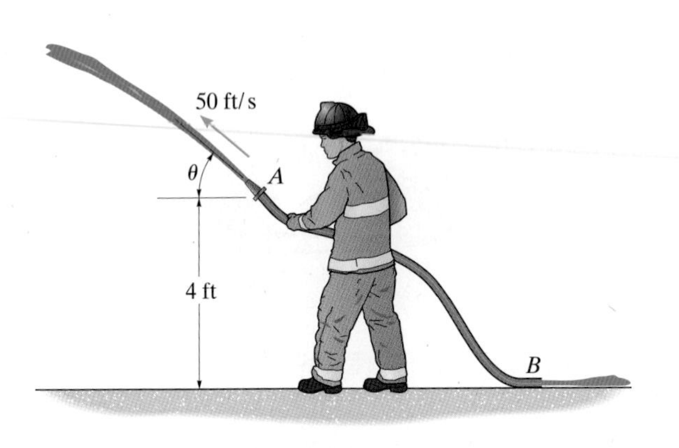

연습문제 **6–46**

6-47 물이 8 ft/s의 속도로 직경 1 in.인 노즐로부터 분출되고 무게가 0.5 lb인 플레이트를 받치고 있다. 플레이트가 물 제트에 의해 지탱될 때 노즐 위로부터의 높이(h)를 구하라.

***6-48** 물이 18 ft/s의 속도로 직경 1 in.인 노즐로부터 분출되고 있다. 물 제트가 노즐 위로 $h = 2$만큼 올라가서 플레이트를 지탱할 때 플레이트의 무게는 얼마인가?

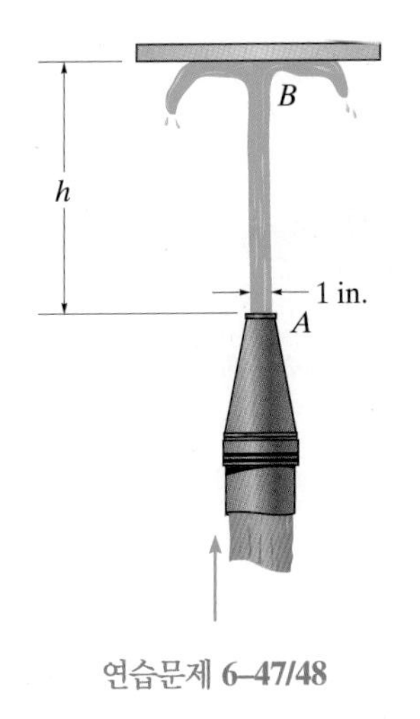

연습문제 **6–47/48**

6.3절

6-49 물이 2 m/s의 속도로 호스를 통해 흐른다. 2 m/s의 속도로 원판을 오른쪽으로 움직이게 하는 데 필요한 힘 **F**를 구하라.

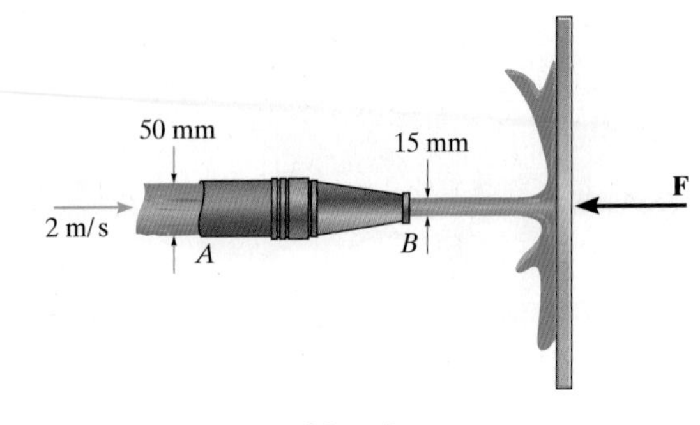

연습문제 **6–49**

6-50 물이 2 m/s의 속도로 호스를 통해 흐른다. 2 m/s의 속도로 원판을 왼쪽으로 움직이게 하는 데 필요한 힘 **F**를 구하라.

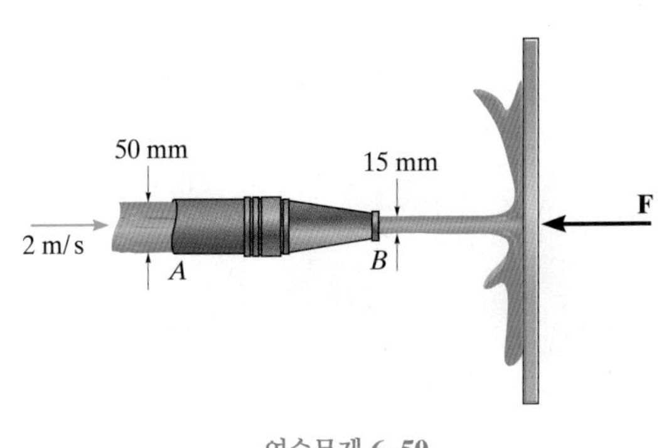

연습문제 **6–50**

6-51 대형 물 트럭이 직경 3 in.의 관을 통해 45 ft³/min의 체적유량으로 물을 방출한다. 트럭 안의 물의 깊이가 4 ft일 때, 트럭이 굴러가는 것을 막기 위해 도로가 타이어에 가해야 할 마찰력을 구하라. 트럭이 4 ft/s의 일정한 속도로 전진하고, 유량이 45 ft³/min으로 유지된다면, 물이 트럭에 작용하는 힘은 얼마인가?

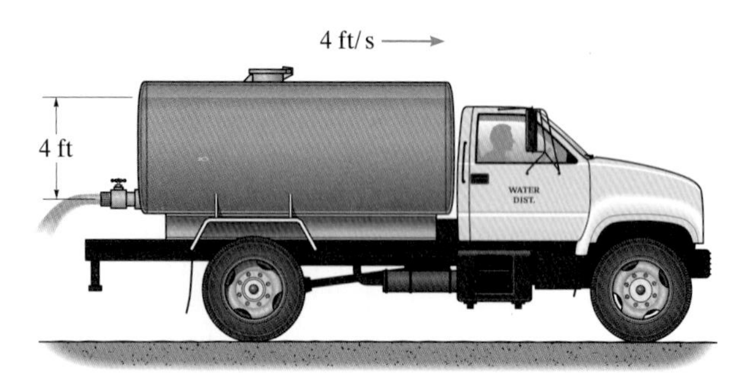

연습문제 **6–51**

***6-52** 트럭의 전면에 있는 플로우(plow)가 12 ft³/s의 체적유량으로 액체 슬러시(liquid slush)를 퍼올리고 있다. 트럭이 14 ft/s의 일정한 속도로 움직일 때, 삽질에 의해서 발생되는 유동의 저항력을 구하라. 슬러시의 비중량은 $\gamma_s = 5.5 \text{ lb/ft}^3$이다.

6-53 트럭이 0.25 m 깊이의 액체 슬러시를 삽으로 퍼올리면서, 5 m/s의 속도로 앞으로 전진하고 있다. 만약 슬러시의 밀도가 125 kg/m³이고 폭이 3 m의 블레이드로부터 $\theta = 60°$의 각도로 상향으로 버려진다면, 이 운동을 유지하기 위해 필요한 바퀴의 견인력을 구하라. 슬러시가 삽에 들어오는 속도와 같은 속도로 버려진다고 가정한다.

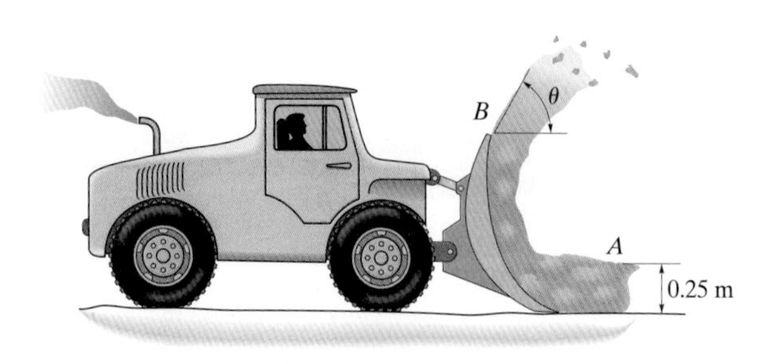

연습문제 **6–52/53**

6-54 보트가 1.25 m의 직경으로 후류를 발생시키는 팬에 의해 동력을 받고 있다. 만약 팬이 보트에 상대적으로 40 m/s의 평균속도로 공기를 토출하고, 보트는 8 m/s의 일정한 속도로 나아가고 있다면, 팬이 보트에 가하는 힘을 구하라. 공기는 $\rho_a = 1.22 \text{ kg/m}^3$의 일정한 밀도를 가지고 있고, A에 들어오는 공기는 바닥에 대해 상대적으로 정지해 있다고 가정한다.

연습문제 **6–54**

6-55 그림에 나타낸 것처럼 25 mm 직경의 물줄기가 블레이드를 향해 10 m/s로 유입되고 180°로 편향된다. 블레이드가 2 m/s로 좌측으로 이동하는 경우, 물에 작용하는 블레이드의 수평력(F)을 구하라.

***6-56** 블레이드가 2 m/s로 오른쪽으로 움직이는 경우에 대해, 연습문제 6-55를 풀어라. 블레이드에 가해지는 힘(F)을 0으로 줄이기 위해서는 얼마의 속도로 오른쪽으로 이동해야 되는가?

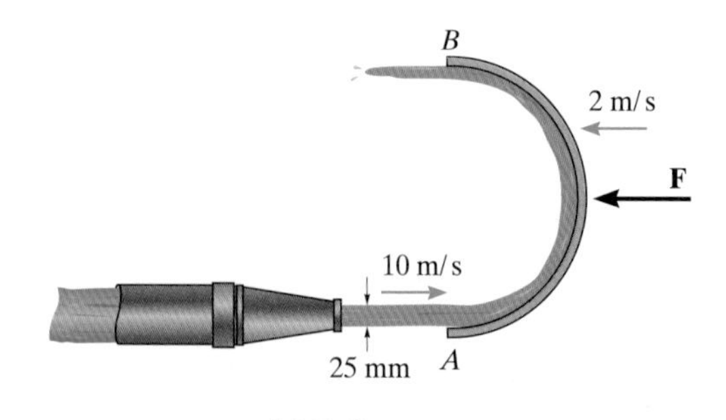

연습문제 **6–55/56**

6-57 150 ft/s의 속도를 가진 물 제트가 A로 들어올 때, 베인은 80 ft/s로 움직인다. 만약 물 제트의 단면적이 1.5 in²이고, 그림처럼 편향된다면, 블레이드에 접촉된 물에 의해 생성되는 동력을 마력으로 구하라. 1 hp = 550 ft·lb/s이다.

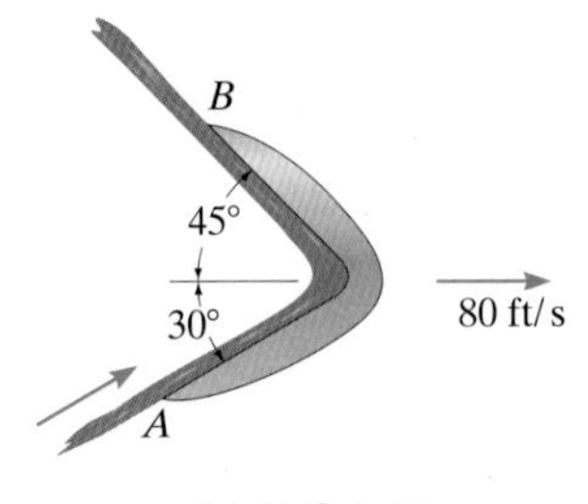

연습문제 **6–57**

6-58 선로에 있는 물을 퍼올리는 데 물통차가 사용된다. 아래의 세 가지 경우에 대해 일정 속도 **v**로 물통차를 앞으로당기는 데 필요한 힘을 구하라. 흡입관의 단면적은 A이고, 물의 밀도는 ρ_w이다.

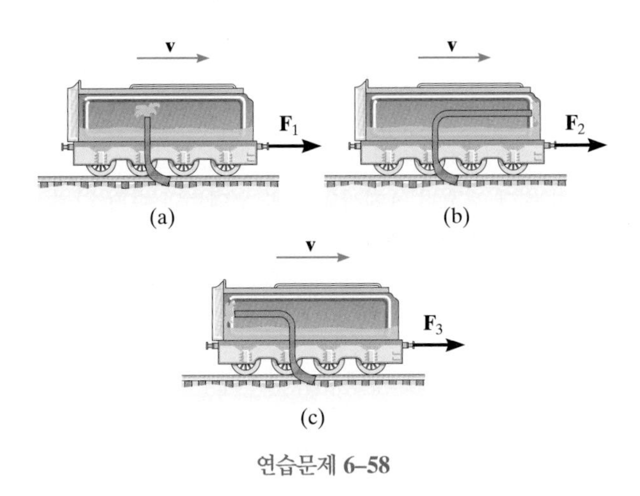

연습문제 **6–58**

6-59 물줄기가 카트(cart)의 경사면에 충돌하고 있다. 구름 마찰에 의해 카트가 2 m/s의 일정한 속도로 오른쪽으로 이동한다면, 물줄기에 의해 생산된 동력을 구하라. 직경 50 mm의 노즐로부터의 토출 유량은 0.04 m^3/s이다. 토출 유량의 1/4은 경사면 아래로 흐르고, 4분의 3은 경사면 위로 흐른다.

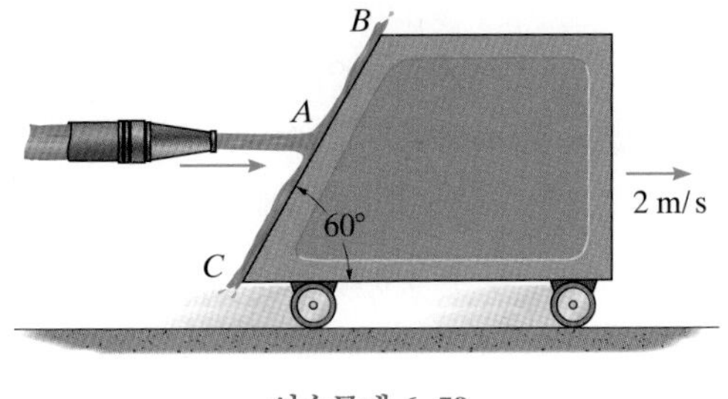

연습문제 **6–59**

***6-60** 물이 0.1 m^3/s의 체적유량으로 직경 100 mm의 노즐을 통해 흘러나와 초기에 정지상태에 있는 150 kg의 카트에 부착된 베인에 충돌한다. 물 제트가 베인을 충돌한 직후 3초가 지난 시간에서 카트의 속도를 구하라.

6-61 물이 0.1 m^3/s의 체적유량으로 직경 100 mm의 노즐을 통해 흘러나와 초기에 정지상태인 150 kg의 카트에 부착된 베인에 충돌한다. 카트의 속도가 2 m/s에 도달할 때 카트의 가속도를 구하라.

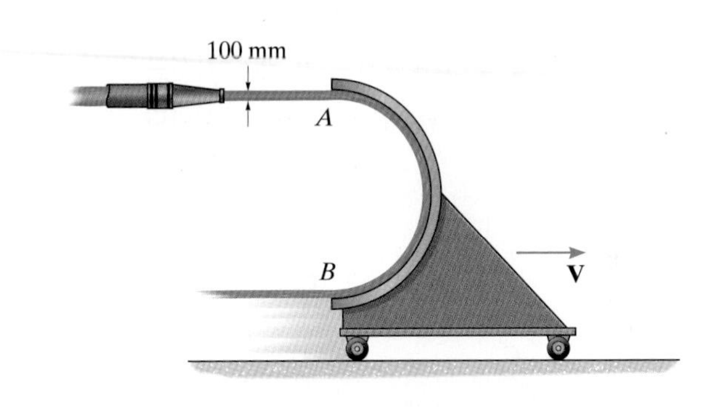

연습문제 **6–60/61**

6-62 물 제트가 베인에 충돌할 때, 카트가 $V_c = 4$ ft/s의 일정한 속도로 오른쪽으로 움직인다. 바퀴의 구름 저항을 구하라. 물 제트는 20 ft/s로 노즐로부터 흘러나오고, 직경은 3 in.이다.

6-63 물줄기가 20 ft/s의 속도로 노즐로부터 흘러나와 베인을 충돌하고 위쪽으로 편향된다면, 정지로부터 시작하여 3초 일 때 무게가 50 lb인 카트의 속도를 구하라. 물줄기의 직경은 3 in.이고, 바퀴의 구름 저항은 무시한다.

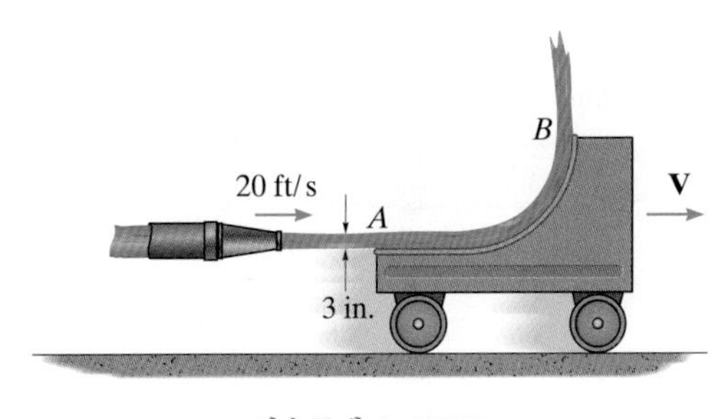

연습문제 **6–62/63**

6.4절

*6-64 물이 0.02 m^3/s의 유량으로 T자형 이음관을 통해 흐른다. 물이 B에서 이음관을 통해 대기로 나간다면, 이음관이 평형을 유지하기 위해 A에서 고정된 버팀대 위에 가해지는 힘과 모멘트의 수평 및 수직성분은 얼마인가? 이음관 및 이음관 속의 물의 무게는 무시한다.

6-65 물이 0.02 m^3/s의 유량으로 T자형 이음관을 통해 흐른다. B에서 관이 연장되어 관 내의 압력이 75 kPa이라면, 이음관이 평형을 유지하기 위해 A에서 고정된 버팀대 위에 가해지는 힘 및 모멘트의 수평 및 수직성분은 얼마인가? 이음관 및 이음관 속의 물의 무게는 무시한다.

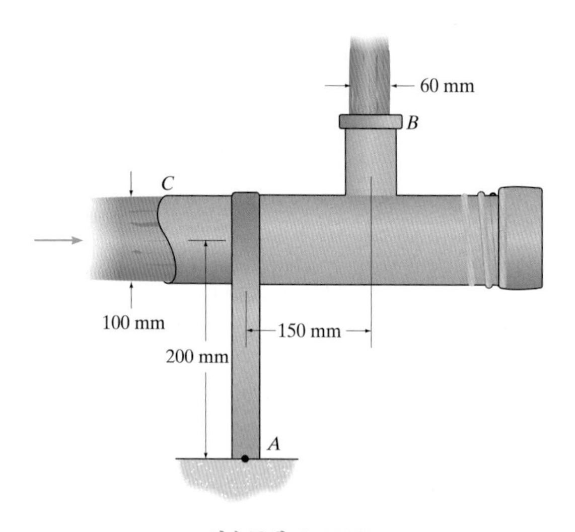

연습문제 6–64/65

6-66 물이 3 m/s의 속도로 굽어진 이음관을 통해 흐른다. 물이 B에서 대기 중으로 나갈 때 이음관의 평형이 유지되는 데 필요한 C에서의 힘과 모멘트의 수평 및 수직성분을 구하라. 이음관 및 이음관 속의 물의 무게는 무시한다.

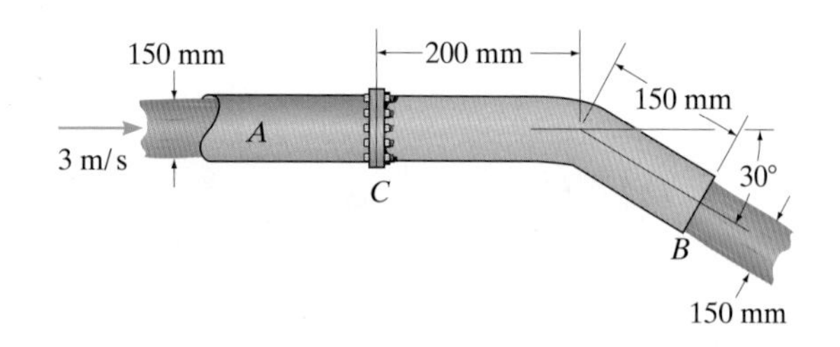

연습문제 6–66

6-67 물이 3 m/s의 속도로 굽어진 이음관을 통해 흐른다. 물이 B에서 10 kPa의 계기압력을 갖는 탱크 안으로 흘러간다면, 이음관이 평형을 유지하는 데 필요한 C에서의 힘과 모멘트의 수평 및 수직성분은 얼마인가? 이음관 및 이음관 속의 물의 무게는 무시한다.

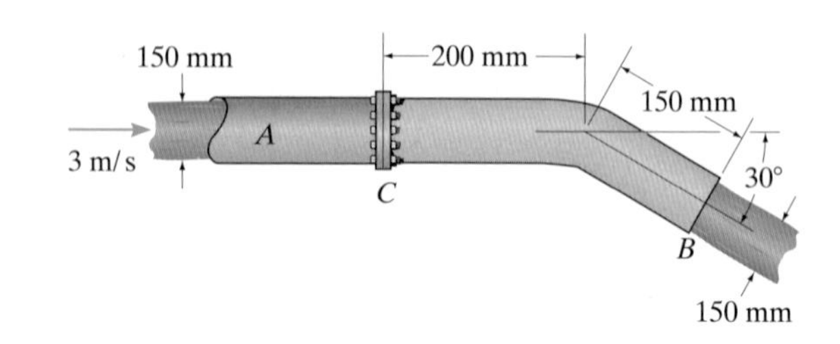

연습문제 6–67

*6-68 물이 5 ft/s의 속도로 관을 통해 흐른다. 엘보우를 지지하는 데 필요한 A에서의 힘과 모멘트의 수평 및 수직성분을 구하라. 엘보우와 그 안에 있는 물의 무게는 무시한다.

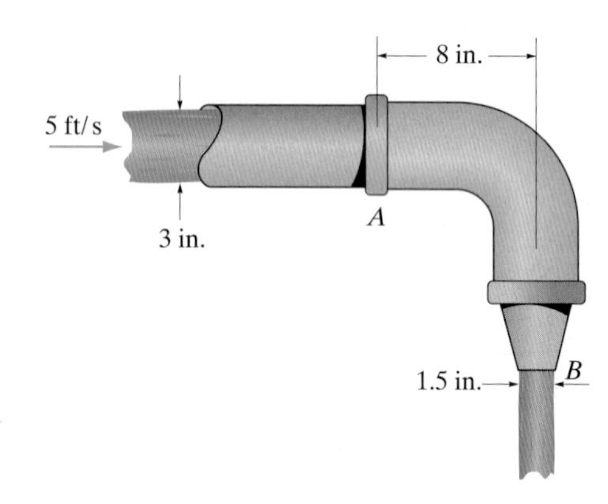

연습문제 6–68

6-69 도시된 바와 같이 굽힘관이 플랜지로 A, B에서 관에 연결되어 있다. 관의 직경이 1 ft이고 관이 50 ft^3/s의 체적유량을 전달할 때, 지지대의 고정베이스 D에서 가해진 힘과 모멘트의 수평 및 수직성분을 구하라. 굽은 관과 그 속의 물의 총 무게는 500 lb이고, 점 G에서 질량중심을 가지고 있다. A에서 물의 압력은 15 psi이다. A와 B에서 플

랜지로 전달되는 힘은 없다고 가정한다.

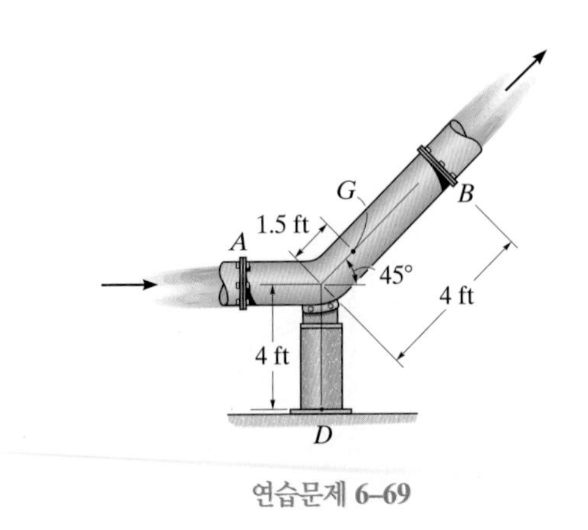

연습문제 **6-69**

6-70 팬이 6,000 ft^3/min의 유량으로 공기를 불어낸다. 팬의 무게가 40 lb이고 G에 무게중심이 있는 경우, 전복되지 않기 위한 팬베이스의 가장 작은 직경(d)을 구하라. 팬으로 들어가는 공기의 유관은 직경이 2 ft이다. 공기의 비중량은 $\gamma_a = 0.076\ \text{lb/ft}^3$이다.

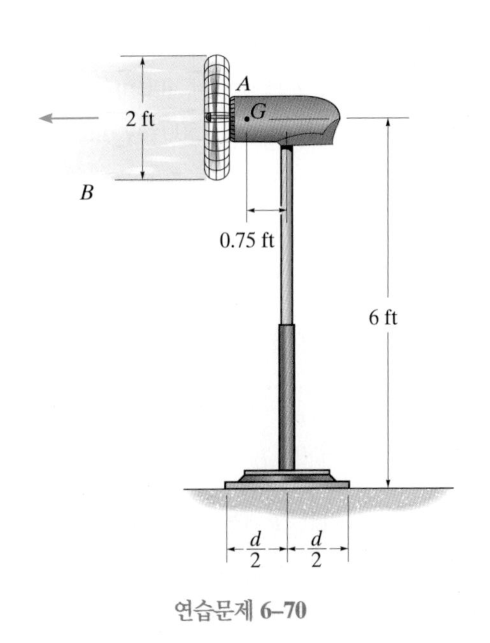

연습문제 **6-70**

6-71 운전 중인 에어 제트 팬이 직경 0.5 m의 유관을 통해 $V = 18$ m/s의 속도로 공기를 토출시키고 있다. 공기의 밀도가 1.22 kg/m^3일 때, C에서의 반력과 D에서 두 개의 바퀴 각각에 걸리는 반력의 수평 및 수직성분을 구하라. 팬과 모터의 질량은 25 kg이고 G에서 질량중심을 가진다. 프레임의 무게는 무시한다. 대칭성 때문에 두 개의 바퀴는 동일한 부하를 지지한다. A에서 팬에 유입되는 공기는 정지해 있다고 가정한다.

***6-72** 공기의 밀도가 1.22 kg/m^3일 때, 팬이 전복되지 않고 B에서 0.5 m 직경의 유관을 통해 배출할 수 있는 에어제트 팬의 최대 속도 V를 구하라. 팬과 모터는 질량이 25 kg이고 G에서 질량중심을 가진다. 프레임의 무게는 무시한다. 대칭성 때문에 두 개의 바퀴는 동일한 부하를 지지한다. A에서 팬에 유입되는 공기는 정지해 있다고 가정한다.

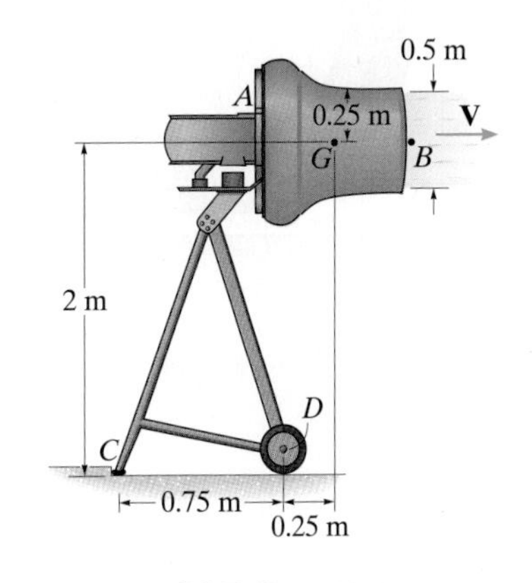

연습문제 **6-71/72**

6-73 물이 5 m/s의 속도로 굽은 관을 통해 흐른다. 관의 직경이 150 mm인 경우, A에서 이음 부품에 작용하는 힘과 모멘트의 수평 및 수직성분을 구하라. 관과 관 내의 물의 중량은 450 N이고 G에서 무게중심을 갖는다.

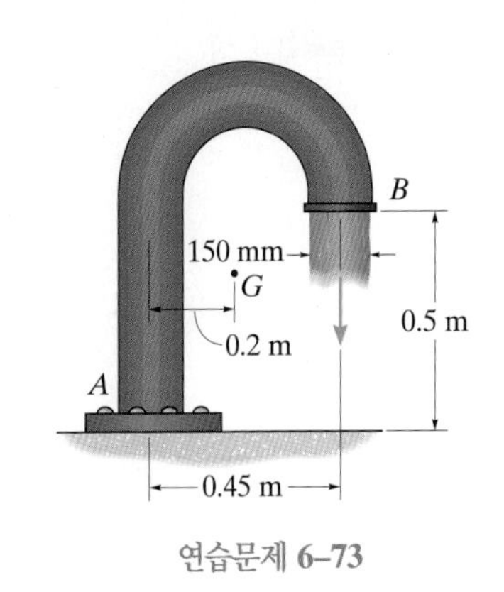

연습문제 **6-73**

6-74 물의 흐름을 전환하기 위해 슈트(chute)를 사용한다. 유량이 0.4 m^3/s이고, 슈트가 0.03 m^2의 단면적을 갖는 경우, 평형을 유지하기 위해 핀(fin) *A*에 걸리는 수평 및 수직력 성분과 롤러 *B*에서의 수평력을 구하라. 슈트와 슈트 내부의 물의 무게는 무시한다.

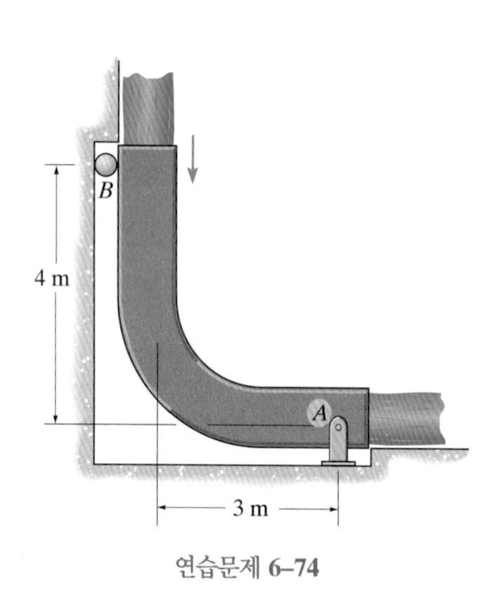

연습문제 **6–74**

6-75 물이 400 gal/min의 유량으로 *A*를 통해서 흐르고, *B*에서 리듀서(reducer)를 통해 대기로 배출된다. *A*에서 이음 부품에 작용하는 힘과 모멘트의 수평 및 수직성분을 구하라. 수직관은 3 in.의 내경을 가지고 있다. 관로와 관로 내부의 물의 무게는 40 lb이고 *G*에서 무게중심을 갖는다. 1 ft^3 = 7.48 gal이다.

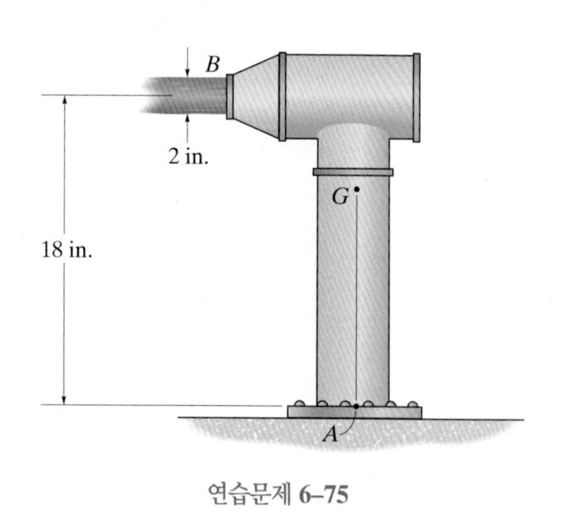

연습문제 **6–75**

***6-76** 폭이 *B*인 수레바퀴는 일자형의 평판으로 구성되어 있고, 평균속도 *V*를 가지는 유동에 의해서 깊이 *h*까지 물 흐름의 영향을 받는다. 수차가 ω의 각속도로 회전할 때, 물에 의해 바퀴에 공급되는 동력을 구하라.

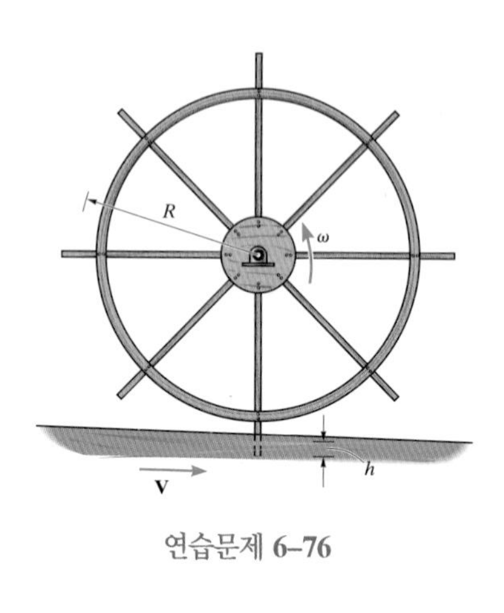

연습문제 **6–76**

6-77 공기가 3 kg/s의 질량유량으로 *A*에서 중공 프로펠러 튜브 안으로 들어오고, 튜브에 대해 400 m/s의 상대속도로 끝단 *B*와 *C*에서 나간다. 튜브가 1500 rev/min의 각속도로 회전할 때, 튜브에 작용하는 마찰토크 **M**을 구하라.

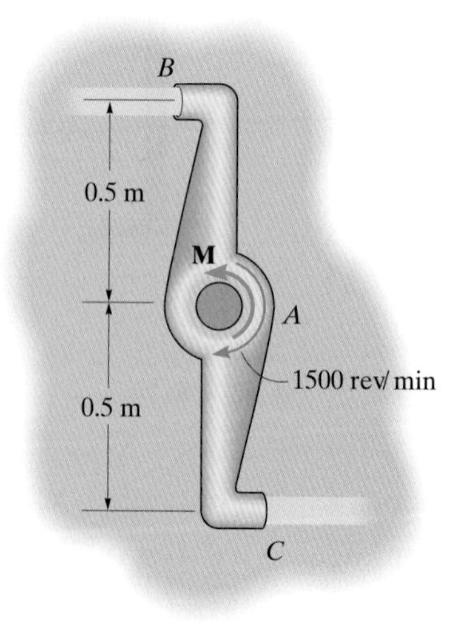

연습문제 **6–77**

6-78 잔디용 스프링클러가 수평면으로 회전을 하는 4개의 팔(arm)으로 구성되어 있다. 각각의 노즐직경은 10 mm 이고, 물은 0.008 m^3/s의 유량으로 호스를 통해 공급되고, 4개의 팔을 통해 수평으로 토출된다. 팔이 회전하지 못하게 할 때 필요한 토크를 구하라.

6-79 잔디용 스프링클러가 수평면으로 회전을 하는 4개의 암으로 구성되어 있다. 각각의 노즐직경은 10 mm이고, 물은 0.008 m^3/s의 유량으로 호스를 통해 공급되고, 4개의 팔을 통해 수평으로 토출된다. 정상상태에서 팔의 각속도를 구하라. 마찰은 무시한다.

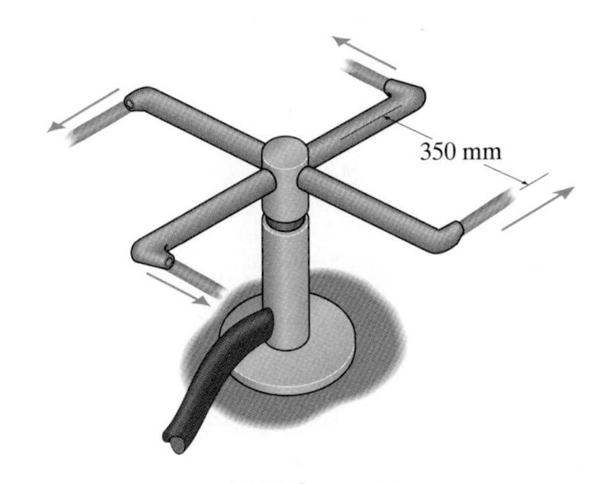

연습문제 **6–78/79**

***6-80** 회전하고 있는 잔디용 스프링클러는 직경 5 mm의 노즐을 가진 두 개의 암으로 구성되며 이 그림에 나타낸 치수로 되어 있다. 물은 6 m/s로 암에서 상대적으로 흘러나가고 있고, 암은 10 rad/s로 회전하고 있다. 고정된 관찰자가 측정했을 때, 물이 노즐로부터 빠져나오는 속도와 베어링 A에서의 마찰 비틀림 저항은 얼마인가?

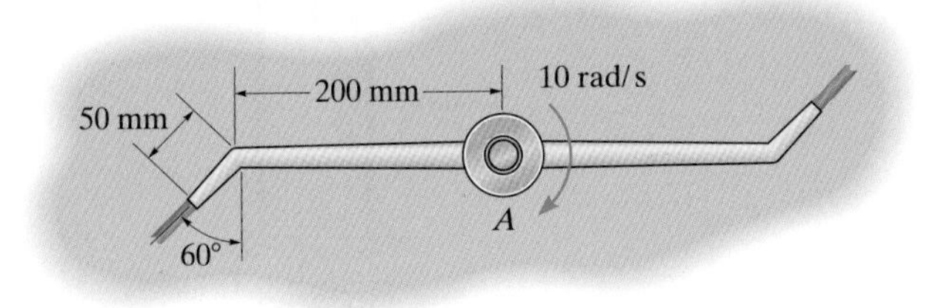

연습문제 **6–80**

6.5~6.8절

6-81 비행기가 250 km/h로 정리된 공기 속을 날고 있다. 이 비행기는 직경 1.5 m의 프로펠러를 통해 350 m^3/s 유량의 공기를 배출한다. 비행기의 추력과 프로펠러의 이상적인 효율을 구하라. $\rho_a = 1.007\ kg/m^3$이다.

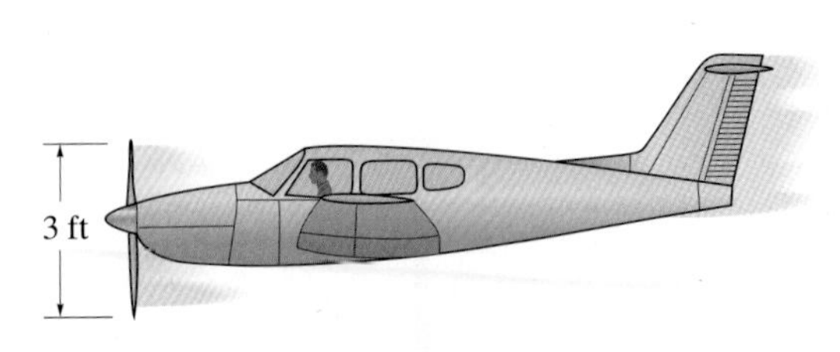

연습문제 **6–81**

6-82 비행기가 정지된 공기 속에서 400 ft/s의 속도로 날고 있다. 비행기에 상대적으로 측정된 공기의 속도가 560 ft/s일 때, 비행기에 의한 추력 및 프로펠러의 이상적인 효율을 구하라. $\rho_a = 2.15(10^{-3})\ slug/ft^3$이다.

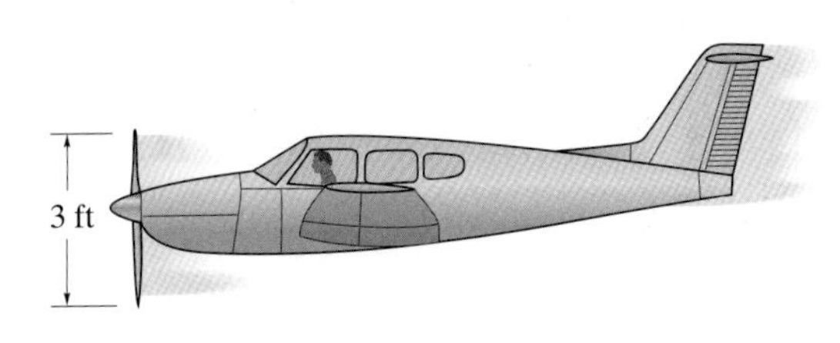

연습문제 **6–82**

6-83 보트가 직경 250 mm의 프로펠러를 가지고 있고, 잔잔한 물에서 35 km/s의 속도로 이동할 때, 0.6 m^3/s의 유량으로 물을 배출한다. 보트의 프로펠러에 의해 생산된 추력을 구하라.

***6-84** 배가 40%의 이상적인 효율을 가진 직경 2.5 m의 프로펠러를 가지고 있다. 프로펠러에 의해서 생성된 추력이 1.5 MN일 때, 정지된 물에서 배의 속도와 배를 움직이는 프로펠러의 공급 동력을 구하라.

6-85 큰 산업용 건물 내의 공기를 순환시키는 데 사용된다. 팬 조립체의 무게는 200 lb이고, 각각 6피트의 길이를 갖는 10개의 블레이드로 구성된다. 팬이 베어링에 지지되어서 마찰 없이 자유롭게 회전할 수 있도록 모터에 공급되어야 하는 동력을 구하라. 팬이 발생시키는 공기의 하강속도는 얼마인가? 허브 H의 크기는 무시한다. $\rho_a = 2.36(10^{-3})\ \text{slug/ft}^3$이다.

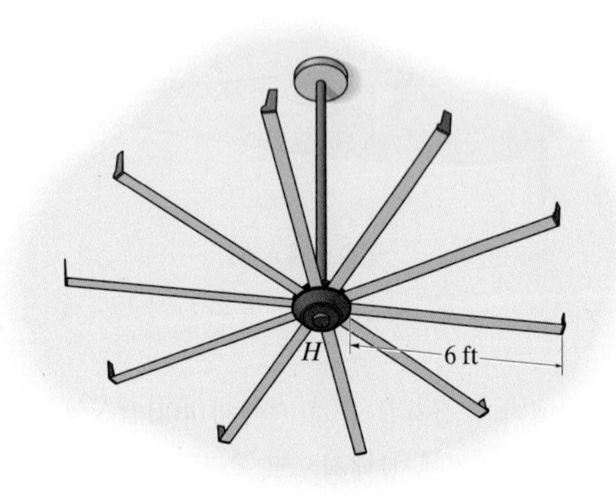

연습문제 **6–85**

6-86 12 Mg 무게의 헬기가 호수 위에 떠다니면서 화재를 진압하는 데 사용되는 물 5 m³를 양동이에 싣고 있다. 호수 위로 물이 가득 채워진 양동이를 들어올리기 위해서 필요한 엔진의 동력을 구하라. 수평 블레이드는 14 m의 직경을 갖는다. $\rho_a = 1.23\ \text{kg/m}^3$이다.

연습문제 **6–86**

6-87 비행기가 정지된 공기 내에서 250 km/h의 일정 속도로 비행하고 있다. 프로펠러의 직경이 2.4 m이고, 비행기에서 측정된 프로펠러 하류의 공기의 상대속도가 750 km/h인 경우, 비행기에 작용하는 힘은 얼마인가? 이때 프로펠러의 이상적인 효율과 프로펠러에 의해 생산된 동력은 얼마인가? $\rho_a = 0.910\ \text{kg/m}^3$이다.

연습문제 **6–87**

***6-88** 무게가 12 kg인 팬이 직경이 0.8 m의 블레이드를 사용하여 10 m/s의 바람을 불어낸다. 팬이 전복되지 않기 위한 지지대의 최소 치수 d를 구하라. $\rho_a = 1.20\ \text{kg/m}^3$이다.

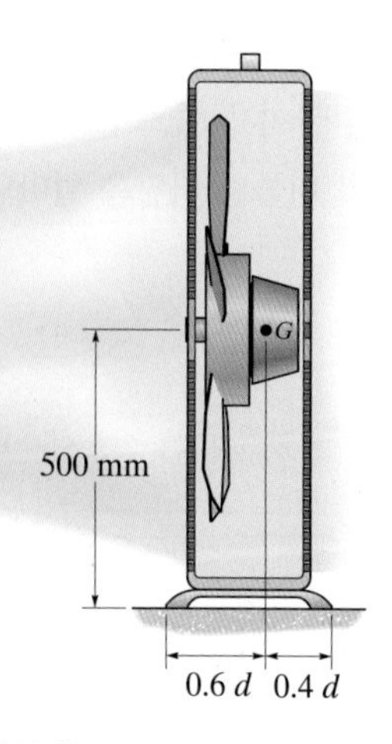

연습문제 **6–88**

6-89 비행기가 10,000 ft의 고도에서 정지된 공기 중에서 160 ft/s의 속도로 날고 있다. 직경 7 ft의 프로펠러가 10,000 ft^3/s의 유량으로 공기를 밀어낸다면, 프로펠러를 회전시키기 위해 필요한 엔진 동력 및 비행기의 추력을 구하라.

6-90 비행기는 10,000 ft의 고도에서 정지된 공기 중에서 160 ft/s의 속도로 날고 있다. 직경 7 ft의 프로펠러가 10,000 ft^3/s의 유량으로 공기를 밀어내고 있다면, 프로펠러의 이상적인 효율과 블레이드 앞면과 뒤면의 압력차는 얼마인가?

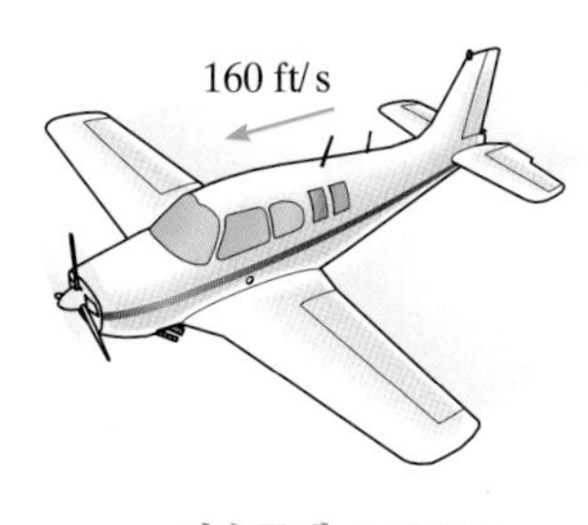

연습문제 **6–89/90**

6–91 식 (6-15)의 그래프를 그리고, 베츠의 법칙(Betz' s law)에 의해서 명시된 것처럼 풍력 터빈의 최대 효율이 59.3%임을 보여라.

***6-92** 로터 직경이 40 m인 풍력 터빈이 12 m/s의 풍속에서 50%의 이상적인 효율을 갖는다. 공기의 밀도가 ρ_a = 1.22 kg/m^3일 경우, 블레이드 축에 작용하는 추력과 블레이드에 의해서 얻을 수 있는 동력을 구하라.

6-93 로터 직경 40 m인 풍력 터빈이 12 m/s의 풍속에서 50%의 이상적인 효율을 갖는다. 공기의 밀도가 ρ_a = 1.22 kg/m^3일 경우, 블레이드의 전면과 후면의 압력차를 구하라. 또한 블레이드를 통과하는 공기의 평균속도를 구하라.

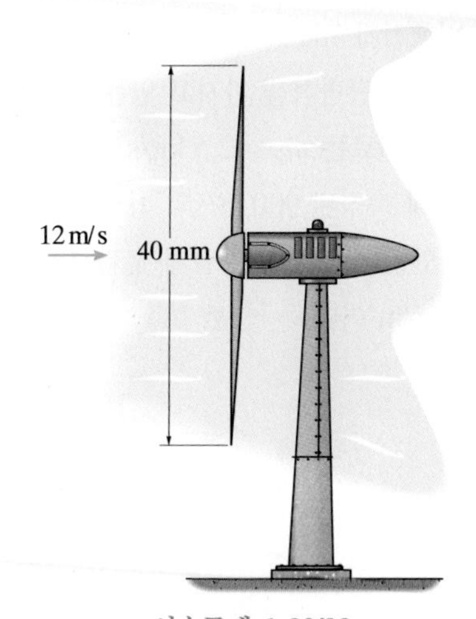

연습문제 **6–92/93**

6-94 정지된 공기 속에서 160 m/s의 속도로 비행하는 비행기의 제트엔진은 직경 0.5 m의 흡입구를 통해 표준 대기온도 및 압력에서 공기를 흡입한다. 2 kg/s의 연료가 연소되어 혼합가스가 엔진에 대해 상대속도 600 m/s로 직경 0.3 m의 노즐을 통해 분출될 때, 터보제트에 의해 공급되는 추력을 구하라.

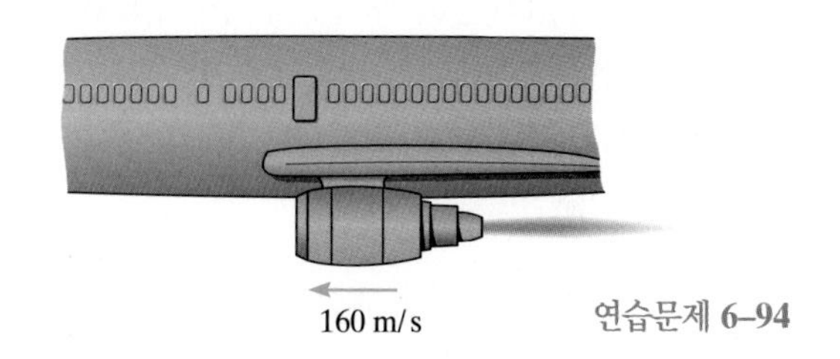

연습문제 **6–94**

6-95 제트엔진을 검사할 때, 제트엔진은 스탠드 위에 장착된다. 연료-공기 혼합가스의 질량유량이 11 kg/s이고, 배기구의 속도가 2,000 m/s일 때, 엔진이 지지대에 가하는 수평력을 구하라.

연습문제 **6–95**

***6-96** 제트 비행기가 750 km/h의 일정한 속도로 날아간다. 공기는 0.8 m^2의 단면적을 가지고 있는 A 지점에서 엔진실로 들어간다. 연료는 $\dot{m}_e = 2.5$ kg/s로 공기와 혼합되고, 비행기에 대해 측정된 900 m/s의 상대속도로 주위 공기로 배출된다. 엔진이 비행기의 날개에 가하는 힘을 구하라. $\rho_a = 0.850$ kg/m^3이다.

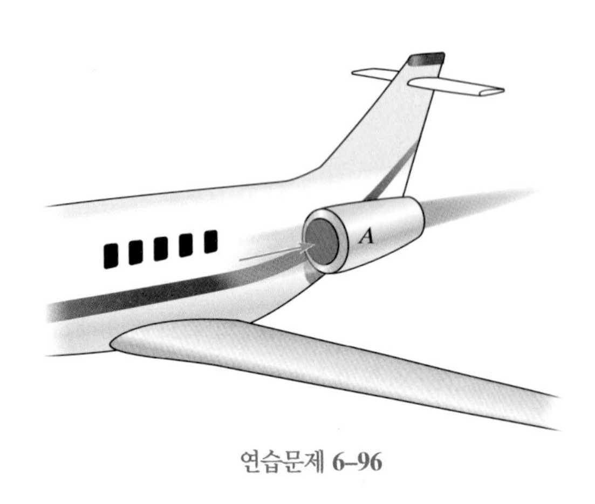

연습문제 **6–96**

6-97 제트 엔진이 고정된 제동 편향 장치로 성능검사를 하기 위해 스탠드에 장착된다. 배기구의 속도가 800 m/s이고 노즐의 외부압력이 대기에 노출되었을 때, 엔진이 지지대에 가하는 수평력을 구하라. 연료-공기 혼합가스의 질량 유량은 11 kg/s이다.

6-98 연습문제 6-97에 나타낸 엔진이 제트 비행기에 부착되어 있고, 연습문제 6-97에 명시된 조건으로 제동 편향 장치가 작동하고 있다면, 30 m/s의 착륙 속도로 착지한 후 5초 후에 비행기의 속도를 구하라. 비행기의 질량은 8 Mg이다. 랜딩 기어의 구름마찰은 무시한다.

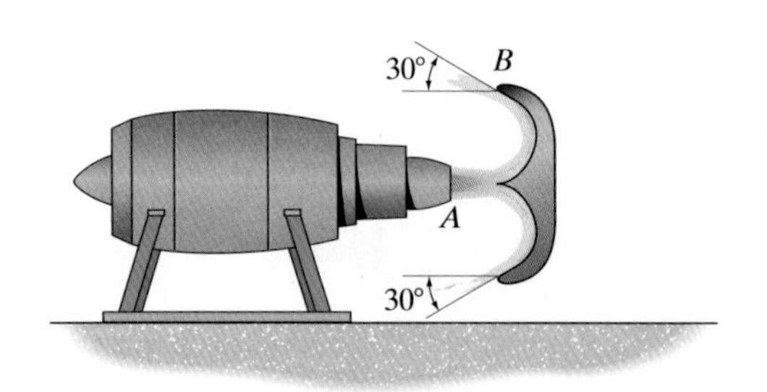

연습문제 **6–97/98**

6-99 180 kg의 질량을 가진 보트가 강에 대해 상대적으로 측정된 70 km/h의 일정 상대속도로 이동하고 있다. 강물은 5 km/h의 속도로 보트와 반대방향으로 흐르고 있다. 그림에 나타낸 바와 같이 튜브를 물속에 넣고 80초에 보트 안으로 물 40 kg을 채집한다면, 물의 채집 때문에 발생하는 튜브의 저항을 극복하는 데 필요한 수평추력 T를 구하라.

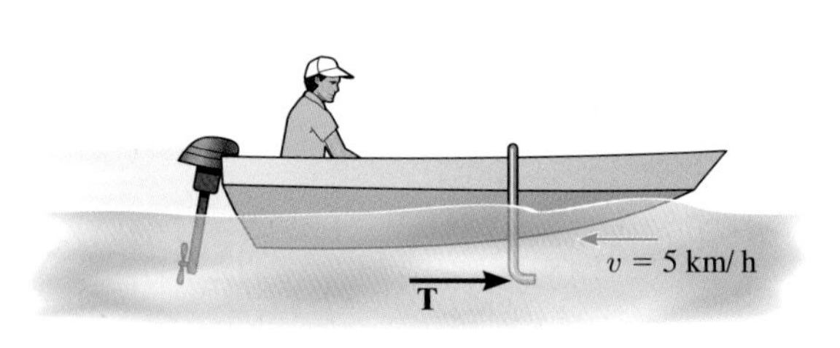

연습문제 **6–99**

***6-100** 제트기가 1.8 kg/s의 비율로 연료를 소비하고 1,200 m/s의 상대속도로 배기가스를 분사하면서 정지된 공기 중을 400 m/s의 일정한 속도로 비행한다. 엔진을 통해서 지나가는 공기 50 kg당 연료 1 kg을 소비하는 경우, 엔진에 의해서 발생하는 추력 및 엔진의 효율을 구하라.

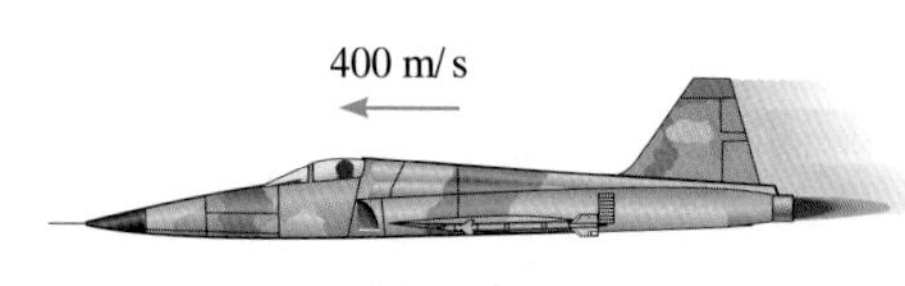

연습문제 **6–100**

6-101 제트 보트가 10 m/s의 일정한 속도로 고요한 물에서 움직이는 동안, 0.03 m^3/s의 유량으로 보우(bow)를 통해 물에 흡입한다. 물이 보트에 대해 상대적으로 측정된 30 m/s의 속도로 선미를 통해 펌프에서 배출될 경우, 엔진에 의해 생산된 추력을 구하라. 보트의 운동 방향에 수직인 보트의 측면을 통해 0.03 m^3/s의 유량으로 물이 들어온다면, 추력은 얼마가 될 것인가? 효율을 단위 시간당 공급되는 에너지로 나눈 단위 시간당 수행 일로 정의하면, 각각의 경우에 대한 효율은 얼마인가?

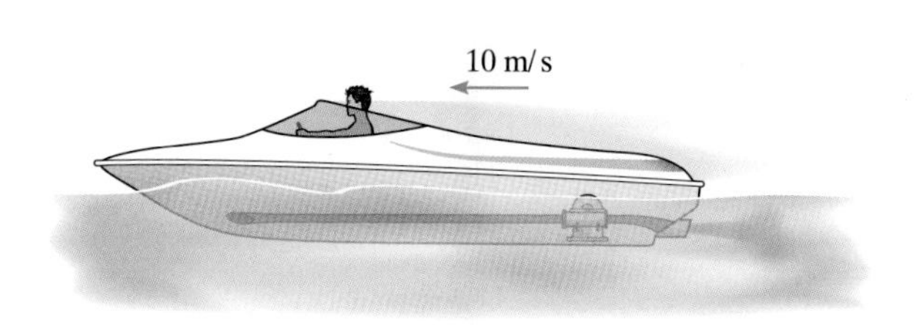

연습문제 **6–101**

6-102 무게가 10 Mg인 제트 비행기가 860 km/h의 일정한 속도로 수평 비행을 할 때, 공기는 40 m^3/s의 유량으로 흡기구 I에 들어온다. 엔진이 2.2 kg/s의 질량유량으로 연료를 연소하고, 기체(공기와 연료)가 비행기에 대해 600 m/s의 상대속도로 배기된다면, 공기 저항에 의해 비행기에 가해지는 항력을 구하라. 공기는 ρ_a = 1.22 kg/m^3의 일정한 밀도를 가지고 있다고 가정한다.

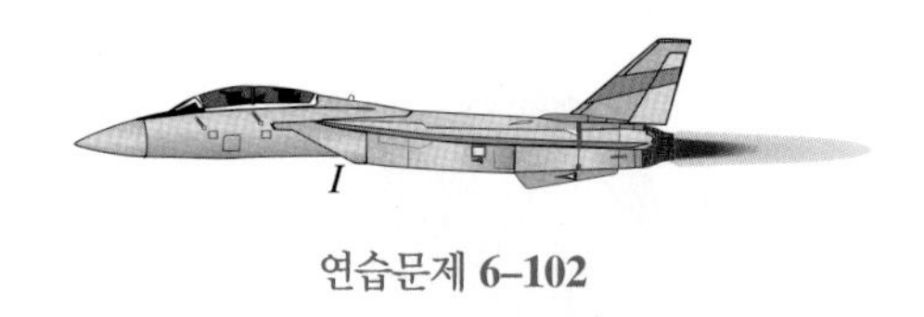

연습문제 **6–102**

6-103 제트기가 수평에서 30°의 방향으로 500 mi/h의 속도로 이동한다. 연료를 10 lb/s의 질량유량으로 소비하면서 엔진에서 900 lb/s로 공기를 흡입하고, 배기가스(공기 및 연료)가 4000 ft/s의 상대속도를 가질 때, 비행기의 가속도를 구하라. 공기의 항력은 속도가 ft/s로 측정이 될 경우에 $F_D = (0.07v^2)$ lb가 된다. 제트기는 무게가 15000 lb이다. 1 mi = 5280 ft임을 이용하라.

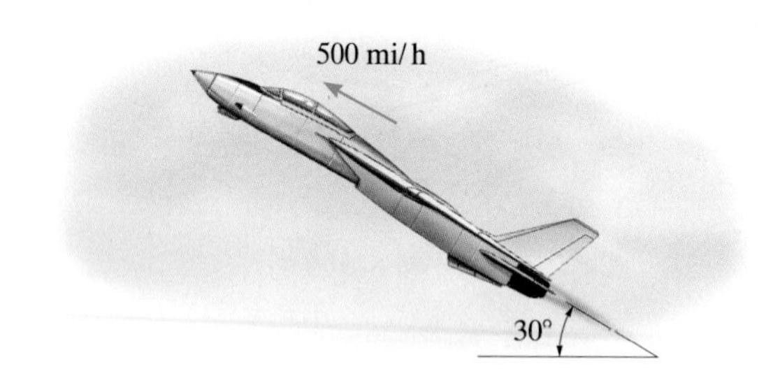

연습문제 **6–103**

***6-104** 12 Mg의 무게를 가진 제트 비행기가 수평 방향으로 950 km/h의 일정속도로 날고 있다. 공기는 50 m^3/s의 유량으로 흡입구 S로 들어간다. 엔진이 연료를 0.4 kg/s의 질량유량으로 연소시키고, 배기가스(공기에 연료)가 비행기에 대한 상대속도 450 m/s로 배출된다면, 공기저항에 의해서 비행기에 가해지는 항력을 구하라. 공기는 1.22 kg/m^3의 일정한 밀도로 가정한다.

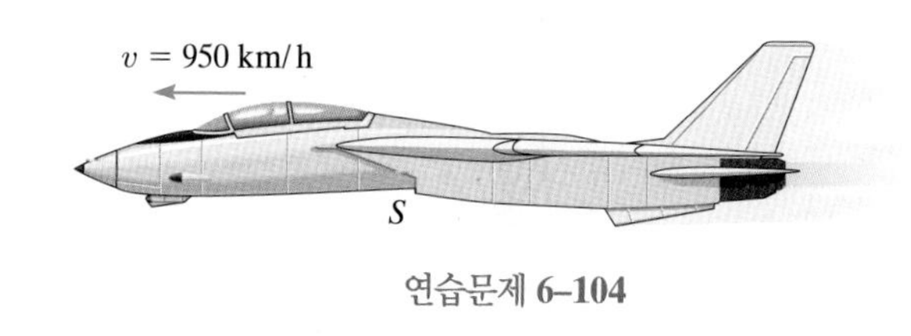

연습문제 **6–104**

6-105 상업용 제트 항공기는 질량이 150 Mg이며, 고도비행(θ = 0°)에서 850 km/h의 일정한 속도로 순항하고 있다. 두 엔진은 각각 1,000 kg/s로 공기를 흡입하고 항공기에 대해 900 m/s의 상대속도로 공기를 배출한다면, 항공기가 750 km/h의 일정한 속도로 비행할 수 있는 최대 상승각

도 θ를 결정하라. 공기저항(항력)은 속도의 제곱에 비례한다고 가정하라. 즉, C가 상수이며, $F_D = cV^2$을 만족한다. 엔진은 두 경우에 동일한 동력으로 작동한다. 소모되는 연료의 양은 무시한다.

연습문제 **6–105**

6-106 미사일의 질량은 1.5 Mg(연료는 무시)이다. 미사일이 20 kg/s로 500 kg의 고체 연료를 소비할 때, 미사일은 2,000 m/s의 상대속도로 가스를 배출한다면, 모든 연료가 소모된 순간의 미사일 속도와 가속도를 구하라. 공기저항과 고도에 따른 중력의 변화는 무시한다. 미사일은 정지상태로부터 수직으로 발사된다.

6-107 고체 연료를 포함하여 무게가 65000 lb인 로켓이 있다. 로켓이 정지상태에서 출발하여 10초 후에 200 ft/s의 속도에 도달하기 위해 소비시켜야 할 연료의 질량유량을 구하라. 연소가스는 로켓에 대해 3000 ft/s의 상대속도로 배출된다. 공기저항과 고도에 따른 중력의 변화는 무시한다.

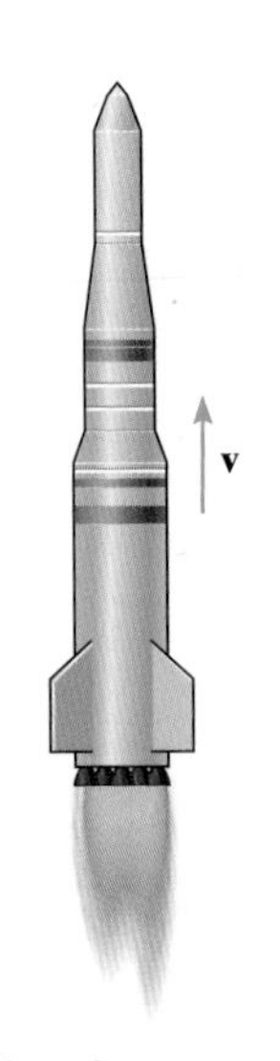

연습문제 **6–106/107**

***6-108** 로켓이 3000 m/h의 속도로 상승할 때 3000 m/s의 상대속도로 50 kg/s의 연소가스를 배출한다. 배기 노즐의 단면적이 0.05 m^{2}일 때, 로켓의 추력을 구하라.

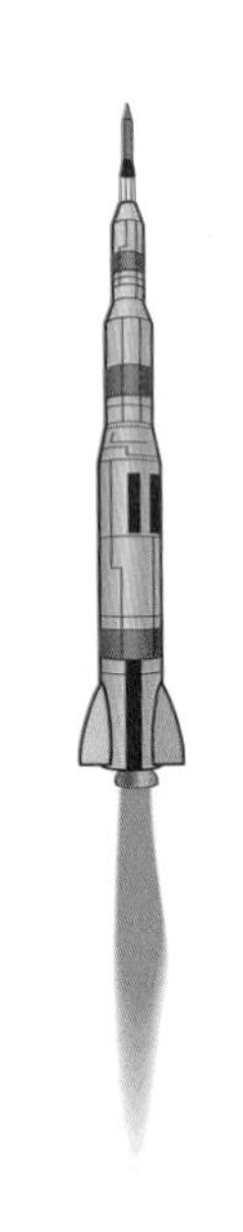

연습문제 **6–108**

6-109 초기 질량 20 g의 풍선 속이 20°C의 온도를 갖는 공기로 채워져 있다. 풍선이 공기를 방출할 때, 풍선은 8 m/s^{2}로 상향으로 가속하기 시작한다. 풍선의 꼭지에서 나오는 공기의 초기 질량유량을 구하라. 풍선은 300 mm의 반경을 갖는 구라고 가정한다.

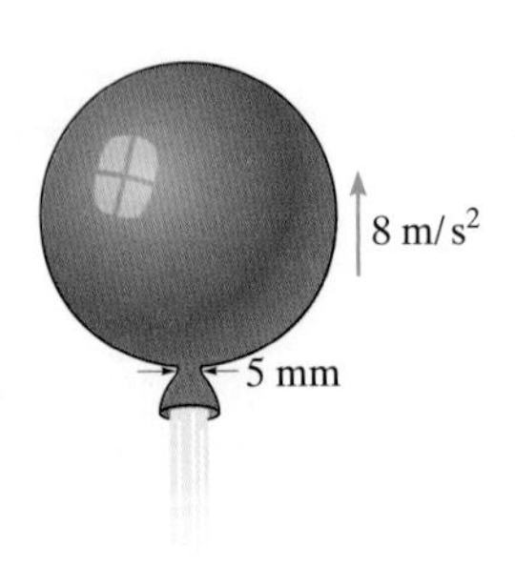

연습문제 **6–109**

6-110 로켓은 연료를 포함해서 초기의 총 질량 m_0을 가지고 있다. 로켓이 점화될 때, 로켓에 대해 측정된 v_e의 상대속도로 $\dot{m}_e$의 질량유량을 방출한다. 이때 단면적이 A_e인 노즐에서의 압력은 p_e이다. 로켓에 대한 항력이 $F_D = ct$일 때 (t는 시간이고, c는 상수), 중력 가속도가 일정하다고 가정하여 로켓의 속도를 구하라.

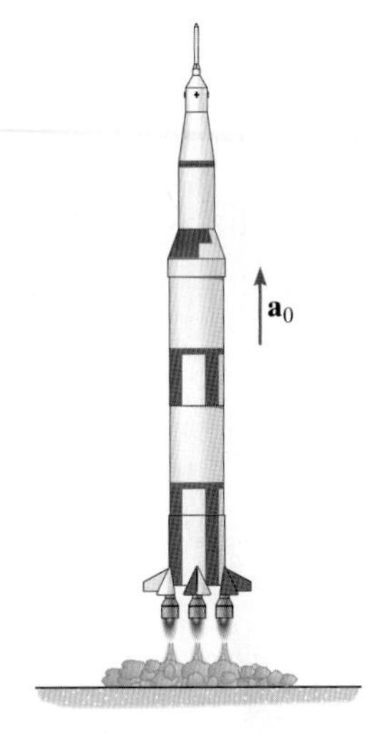

연습문제 **6–110**

6-111 질량이 M인 카트에 초기 질량 m_0을 갖는 물이 채워져 있다. 펌프가 카트에 대해 v_0의 일정한 상대속도로 단면적 A를 갖는 노즐을 통해 물을 배출할 때, 카트의 속도를 시간의 함수로 구하라. 물이 모두 밖으로 배출되었을 경우 카트의 최대 속도는 얼마인가? 카트가 움직이는 방향에 대한 마찰저항은 F이고 물의 밀도는 ρ이다.

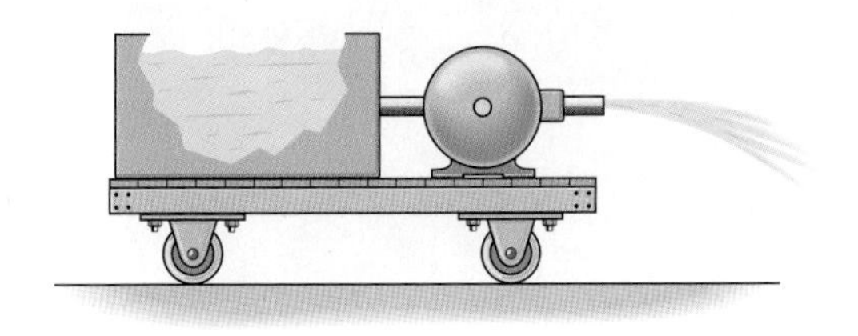

연습문제 **6–111**

***6-112** 10 Mg의 헬기가 화재를 진화하는 데 사용되는 물 500 kg이 담겨있는 양동이를 매달고 있다. 헬기가 고정된 위치의 상공에서 상대속도 10 m/s로 물을 50 kg/s의 질량유량으로 방출한다면, 헬기의 초기 상승 가속도는 얼마인가?

연습문제 **6–112**

6-113 미사일의 초기 전체 중량이 8,000 lb이다. 제트 엔진에 의해 발생하는 일정한 수평 추력은 $T = 7500$ lb로 일정하다. 로켓 부스터 B에 의해 추가적인 추력을 발생시킨다. 각 부스터에서 추진제는 3,000 ft/s의 상대 배기 속도로 80 lb/s의 일정 유량으로 연소된다. 제트 엔진에 의해 소모된 추진체의 질량이 무시된다면, 부스터의 연소 시작 후 3초가 될 때 미사일의 속도를 구하라. 미사일의 초기 속도는 375 ft/s이다. 항력저항은 무시한다.

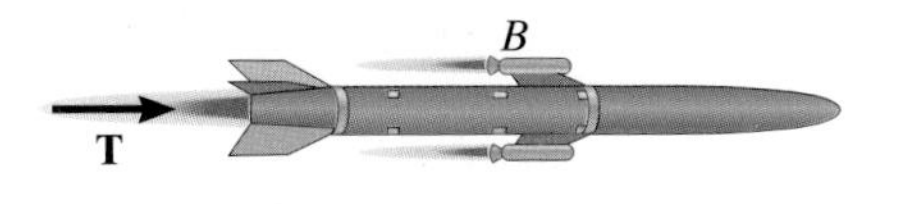

연습문제 **6–113**

6-114 로켓은 연료를 포함하여 초기 질량 m_0을 가지고 있다. 승무원의 편의를 위해, 로켓은 일정한 상승 가속도(a_0)를 유지해야 한다. 만약 연료가 상대속도 v_e로 로켓으로부터 방출된다면, 운동을 유지하기 위해서 소모해야 하는 단위 시간당 연료의 양을 구하라. 공기 저항은 무시하고, 중력 가속도는 일정하다고 가정한다.

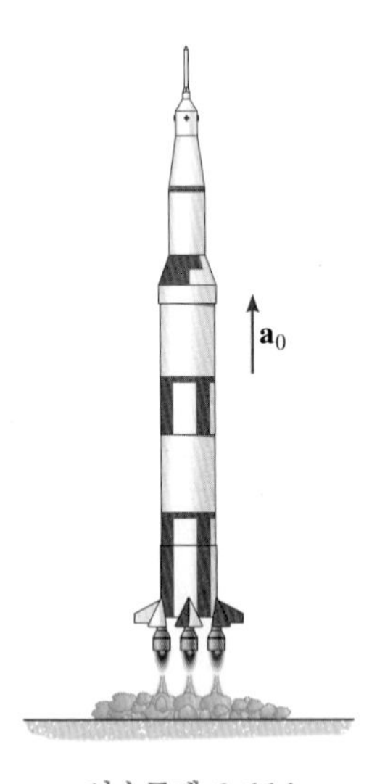

연습문제 **6–114**

6-115 이단 로켓의 이단계 발사체 B는 무게가 2500 lb(비어있을 때)이고, 3000 mi/h 속도로 일단계 발사체로부터 분리되기 시작한다. 이단계 발사체 내에서의 연료의 질량은 800 lb이다. 만약 이 연료가 75 lb/s의 질량유량으로 소모되고, 6000 ft/s의 상대속도로 배출되는 경우, 엔진 발사 직후 이단계 발사체 B의 가속도를 구하라. 모든 연료가 소모되기 직전에 로켓의 가속은 얼마인가? 중력과 공기저항의 영향은 무시한다.

연습문제 **6–115**

개념문제

P6–1 물 대포는 예인선(tug)으로부터 특정한 포물선 모양으로 물을 분출한다. 물의 분출이 예인선에 어떤 영향을 미치는지 설명하라.

P6–1

P6–2 물이 물레방아의 버킷 위로 흐르면서 바퀴를 회전시킨다. 버킷의 형상이 휠에 최대 운동량을 생성하기에 가장 효과적인 방식으로 설계되어 있는지 설명하라.

P6–2

장 복습

<table>
<tr><td>선형 및 각운동량 방정식은 유체의 방향을 변화시키기 위해서 물체 또는 표면이 유체에 가하는 합력이나 우력을 결정하기 위해 사용된다.

운동량 방정식의 적용은 고체와 유체 부분을 모두 포함해서 검사체적을 명시화하는 것이 필요하다. 검사체적에 작용하는 힘과 우력은 자유물체도에 표시한다.</td><td>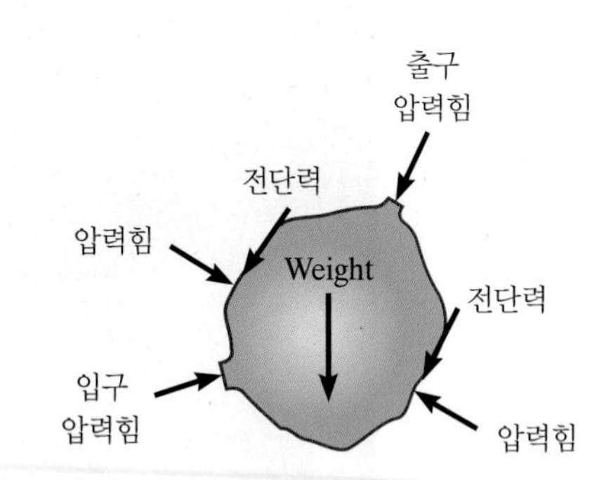</td></tr>
<tr><td>운동량 방정식은 벡터 방정식이기 때문에 x, y, z의 관성 좌표 축을 따라 스칼라 성분으로 분해될 수 있다.</td><td>$$\Sigma \mathbf{F} = \frac{\partial}{\partial t}\int_{cv} \mathbf{V}\rho\, d\forall + \int_{cs} \mathbf{V}\, \rho\mathbf{V}\cdot d\mathbf{A}$$ $$\Sigma \mathbf{M}_O = \frac{\partial}{\partial t}\int_{cv} (\mathbf{r}\times\mathbf{V})\rho\, dV + \int_{cs} (\mathbf{r}\times\mathbf{V})\, \rho\mathbf{V}\cdot d\mathbf{A}$$</td></tr>
<tr><td>검사체적이 움직이고 있다면, 각각의 열린 검사표면으로 들어오거나 나가는 속도는 검사표면에 대해 상대속도로 측정되어야 한다.</td><td>$$\Sigma \mathbf{F} = \frac{\partial}{\partial t}\int_{cv} \mathbf{V}_{f/cv}\rho\, d\forall + \int_{cs} \mathbf{V}_{f/cs}\, \rho\mathbf{V}_{f/cs}\cdot d\mathbf{A}$$</td></tr>
<tr><td>프로펠러는 유체가 나선운동을 하는 블레이드를 통과하는 동안 선형 운동량을 상승시킨다. 풍력 터빈은 유체의 선형 운동량을 감소시켜 유체로부터 에너지를 획득한다. 선형 운동량 방정식과 베르누이 방정식을 사용하여 이러한 두 개의 장치에 대한 유동을 간단히 해석할 수 있다.</td><td></td></tr>
<tr><td>터보제트와 로켓의 경우처럼, 검사체적이 가속운동을 하도록 선택된다면, 운동에 대한 뉴턴의 제2법칙과 운동량 방정식은 검사체적 내부 질량의 가속도를 고려해야만 한다.</td><td>$$\Sigma \mathbf{F} = m\frac{dV_{cv}}{dt} + \frac{\partial}{\partial t}\int_{cv} \mathbf{V}_{f/cv}\rho\, d\forall + \int_{cs} \mathbf{V}_{f/cs}\, (\rho\mathbf{V}_{f/cs}\cdot d\mathbf{A})$$</td></tr>
</table>

Chapter 7

(© Worldspec/NASA/Alamy)

허리케인은 자유와류와 강제와류가 뒤섞인 것으로서 복합와류라고 불린다.
허리케인의 움직임은 미분형 유동 지배방정식의 해를 통하여 분석할 수 있다.

미분형 유동 해석

학습목표

- 미분형 유체요소에 적용되는 기본 운동학 원리를 소개한다.
- 연속방정식과 오일러 운동방정식을 x, y, z 좌표계를 이용하여 미분 형태로 정립한다.
- 이상기체 유동에 대한 베르누이 방정식을 x, y, z 좌표계로 전개한다.
- 유선 함수와 퍼텐셜 함수에 대한 개념을 제시하고, 균일유동, 소스유동, 싱크유동, 자유와류 유동을 포함하여 다양한 이상유체유동 문제들에 어떻게 사용될 수 있는지를 설명한다.
- 이상유체유동들의 중첩을 통하여 실린더와 타원형 물체 주위 유동과 같이 더 복잡한 유동을 어떻게 구현할 수 있는지 설명한다.
- 점성 비압축성 유체의 미소요소에 적용되는 나비에-스토크스 방정식을 전개한다.
- 복잡한 유동 문제들을 풀기 위하여 전산유체역학 기법이 어떻게 사용되는지 설명한다.

7.1 미분형 해석

이전 장들에서는 유동과 관련된 문제를 연구하기 위하여 질량보존, 그리고 에너지 및 운동량 방정식들을 적용하기 위한 대상으로 유한 검사체적을 사용하였다. 이때 표면을 따른 압력과 전단응력의 변화를 결정하거나 또는 닫힌 도관 내에서 유체의 속도와 가속도분포를 알아내야 하는 경우가 생긴다. 이 경우에 필요한 변화 정보는 미분방정식을 적분함으로써 얻어질 수 있으므로 **미분-크기 유체요소**를 고려 대상으로 해야 한다.

이 장의 뒷부분에서 다룰 **실제유체**의 경우 이런 **미분형 유동 해석법**은 그 명칭이 뜻하는 것처럼 해석 범위에 제한이 있다. 그 이유는 유체의 점성과 압축성 효과 등이 유동 현상을 표현하는 미분형 방정식을 더욱 복잡하게 만들기 때문이다. 그러나 이런 효과들을 무시하고 유체를 **이상유체**라고 가정하면, 방정식들은 좀더 처리하기 쉽게 되고, 그 해들은 여러 통상적인 공학 문제들에 대해서 의미 있는 정보를 제공하게 될 것이다.

이상유체유동 문제를 푸는 데 사용되는 기법들은 **수력학** 분야의 기초가 된다. 이 방법은 유체의 밀도를 알아내는 것말고는 실험 측정이 필요없고 이론적 탐구 분야로서의 유체역학에 해당한다. 이 접근법은 비록 점성의 영향을 무시하지만, 이상유체유동에서 얻은 결과들은 실제유체유동의 일반적인 특성을 연구하는 데 있어서 합리적 단순화 해를 종종 제공한다. 미분형 유체유동 해석을 시작하기 전에 운동학(kinematics)과 관련한 몇 가지 중요한 사항을 먼저 논의하고자 한다.

7.2 미분형 유체요소의 운동학

일반적으로 움직이는(흐르는) 유체요소에 작용하는 힘들은 형상 찌그러짐이나 형상 변화는 물론 '강체' 변위를 일으킨다. **강체 운동**은 요소의 병진과 회전으로 구성되어 있다. **찌그러짐**은 요소 모서리 간의 사잇각의 변화는 물론 그들의 확장 또는 축소를 일으킨다. 예를 들어, 병진과 선형변형은 그림 7-1에서와 같이 축소 채널을 흐르는 이상유체유동에서도 발생할 수 있다. 그리고 병진과 각변형은 그림 7-2에서와 같이 점성유체의 정상유동에서 발생할 수 있다. 더 복잡한 유동에서는, 이러한 모든 변형들이 동시에 일어날 수도 있다. 일반적인 운동을 고려하기 전에 각각의 운동과 변형들을 우선 개별적으로 분석하고 나서 그것들이 속도 구배와 어떻게 관련되는지 살펴볼 것이다.

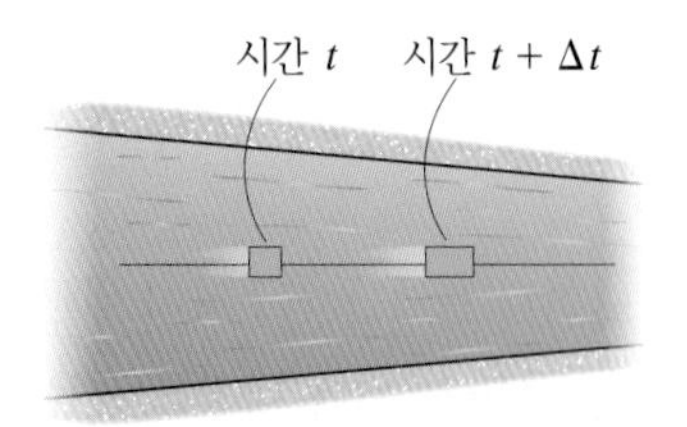

요소 병진과 선형변형

그림 7-1

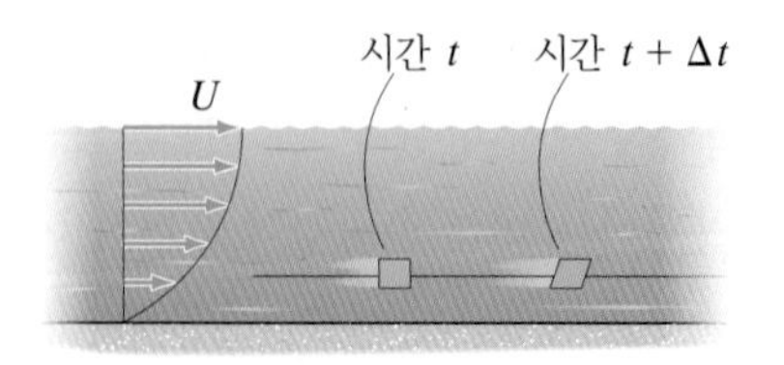

요소 병진과 각변형

그림 7-2

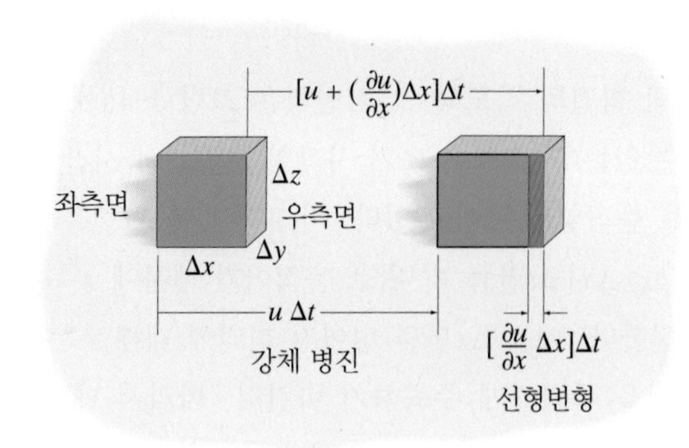

그림 7–3

병진과 선형변형 비정상 3차원 유동장 내에서 움직이는 유체 미분요소를 생각해보자. 요소의 병진률은 그 속도장 $\mathbf{V} = \mathbf{V}(x, y, z, t)$에 의해서 정의된다. u를 그림 7-3에서와 같이 x 방향 속도성분이라고 하면, Δt 시간 동안 요소의 좌측면은 x 방향으로 $u\,\Delta t$만큼 움직이는 데 반해, 우측면은 $[u + (\partial u/\partial x)\,\Delta x]\Delta t$만큼 움직일 것이다. 가속도, 즉 속도에 있어서 ∂u라는 증가분 때문에 우측면은 $[(\partial u/\partial x)\,\Delta x]\,\Delta t$만큼 더 많이 이동할 것이다.* 이 변화량을 편미분(partial derivative)으로 나타냈는데, 그것은 일반적으로 u가 요소 위치와 시간의 함수, 즉 $u = u(x, y, z, t)$이기 때문이다.

따라서 움직임의 결과는 $u\,\Delta t$인 강체의 **병진운동**(rigid-body translation)과 $[(\partial u/\partial x)\,\Delta x]\,\Delta t$인 **선형변형**(linear distortion)이다. $\Delta t \to 0$이고 $\Delta x \to 0$인 극한에서, 이 변형에 의한 요소의 체적변화는 $\partial\forall_x = [(\partial u/\partial x)\,dx]\,dy\,dz\,dt$가 된다. y 방향 속도성분인 v와 z 방향 속도성분인 w를 고려하면 유사한 결과가 얻어진다. 따라서 요소의 일반적인 체적변화는 다음과 같다.

$$\delta\forall = \left[\frac{\partial u}{\partial x} + \frac{\partial v}{\partial y} + \frac{\partial w}{\partial z}\right](dx\,dy\,dz)\,dt$$

단위 체적당 체적변화율을 **체적팽창률**(volumetric dilatation rate)이라고 부른다. 이것은 다음과 같이 표현할 수 있다.

$$\boxed{\frac{\delta\forall/d\forall}{dt} = \frac{\partial u}{\partial x} + \frac{\partial v}{\partial y} + \frac{\partial w}{\partial z} = \nabla\cdot\mathbf{V}} \qquad (7\text{-}1)$$

여기서 벡터연산자 'del'은 $\nabla = (\partial/\partial x)\mathbf{i} + (\partial/\partial y)\mathbf{j} + (\partial/\partial z)\mathbf{k}$로 정의되고, 속도장은 $\mathbf{V} = u\mathbf{i} + v\mathbf{j} + w\mathbf{k}$이다. 벡터 해석에서 이 결과 $\nabla\cdot\mathbf{V}$를 $\mathbf{V}$의 **발산**(divergence)

* 이 장과 다른 장 모두에서, 이 테일러 급수 전개식에서 $(\frac{\partial^2 u}{\partial x^2})\frac{1}{2!}(\Delta x)^2 + \cdots$와 같은 고차항들은 무시할 것이다. 왜냐하면 $\Delta t \to 0$의 극한에서는 그것들은 1차항과 비교해서 모두 크기가 작을 것이기 때문이다.

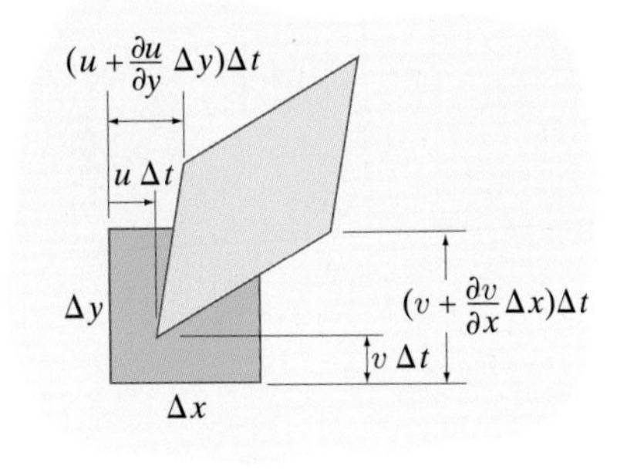

(a)

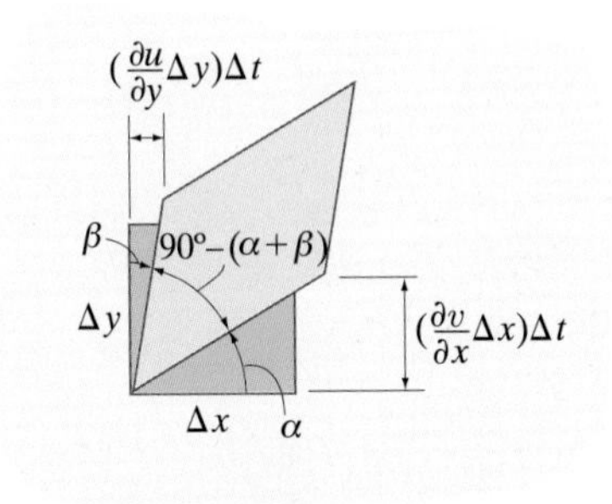

각변형

(b)

그림 7-4

이라고 부르거나, 또는 단순히 div **V**라고 한다.

회전 유체요소의 회전의 척도와 그 각변형은 그림 7-4a에 나온 요소를 고려해서 정립할 수 있는데, 요소는 초기 사각형 모양에서 시간 Δt 동안에 변형된 최종 형상으로 움직임을 보이고 있다. 이 과정에서 Δx변은 오른쪽 끝이 왼쪽 끝보다 $[(\partial v/\partial x)\,\Delta x]\,\Delta t$만큼 더 위로 움직이기 때문에 z축을 기준으로 반시계방향으로 회전한다. 이는 Δx만큼 떨어진 거리에 대해 x축에 대한 v의 변화 때문이라는 것을 주의깊게 주목하기 바란다. 따라서 매우 작은 각도(알파) $\alpha = [(\partial v/\partial x)\,\Delta x]\,\Delta t/\Delta x = (\partial v/\partial x)\,\Delta t$이다. 이 각도는 라디안(radian) 단위를 가지며 그림 7-4b에 나와 있다. 비슷한 방법으로, Δy축은 작은 각도(베타) $\beta = [(\partial u/\partial y)\,\Delta y]\,\Delta t/\Delta y = (\partial u/\partial y)\,\Delta t$만큼 시계방향으로 회전한다. 이 각도들은 서로 다른 값이지만, 이웃한 두 변의 **평균각속도** ω_z(오메가)를 $\Delta t \to 0$에 따른 α와 β의 시간변화율의 평균으로 정의하도록 하자. 오른손 법칙을 사용해서, 엄지를 $+z$축 방향(윗방향)으로 놓으면 α는 양이고 β는 음이다. 따라서, rad/s 단위로 계량되는 평균각속도는

$$\omega_z = \lim_{\Delta t \to 0} \frac{1}{2}\frac{(\alpha - \beta)}{\Delta t} = \frac{1}{2}(\dot{\alpha} - \dot{\beta})$$

또는

$$\boxed{\omega_z = \frac{1}{2}\left(\frac{\partial v}{\partial x} - \frac{\partial u}{\partial y}\right)} \qquad (7\text{-}2)$$

이다. 요약하면, 도함수 $\dot{\alpha} = \partial v/\partial x$와 $\dot{\beta} = \partial u/\partial y$는 유체요소의 변들의 각속도를 나타내고, 그 평균을 취하면 평균각속도가 얻어진다. α와 β의 2등분선의 각도는 $\alpha + \frac{1}{2}(90° - (\beta + \alpha)) = 45° + \frac{1}{2}(\alpha - \beta)$이므로 이 각도의 시간변화율은 $\frac{1}{2}(\dot{\alpha} - \dot{\beta})$이고, 이것을 α와 β의 2등분선의 각속도로 생각해도 무방하다.

유동이 3차원이라면, 동일한 논거로 각속도의 x 및 y 성분을 가지게 될 것이다. 따라서 일반적으로

$$\begin{aligned}
\omega_x &= \frac{1}{2}\left(\frac{\partial w}{\partial y} - \frac{\partial v}{\partial z}\right) \\
\omega_y &= \frac{1}{2}\left(\frac{\partial u}{\partial z} - \frac{\partial w}{\partial x}\right) \\
\omega_z &= \frac{1}{2}\left(\frac{\partial v}{\partial x} - \frac{\partial u}{\partial y}\right)
\end{aligned} \qquad (7\text{-}3)$$

이 세 성분들은 다음과 같이 벡터 형식으로 쓸 수 있다.

$$\boldsymbol{\omega} = \omega_x\mathbf{i} + \omega_y\mathbf{j} + \omega_z\mathbf{k}$$

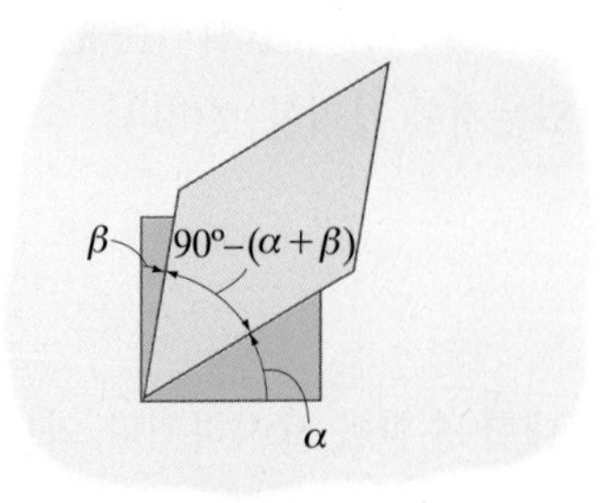

전단변형

(c)

그림 7-4(계속)

식 (7-3)을 속도의 **컬**(curl)의 1/2로 표현할 수 있다. 벡터 해석에서 컬은 벡터 외적으로 정의한다. $\mathbf{V} = u\mathbf{i} + v\mathbf{j} + w\mathbf{k}$이므로,

$$\boldsymbol{\omega} = \frac{1}{2}\nabla \times \mathbf{V} = \frac{1}{2}\begin{vmatrix} \mathbf{i} & \mathbf{j} & \mathbf{k} \\ \frac{\partial}{\partial x} & \frac{\partial}{\partial y} & \frac{\partial}{\partial z} \\ u & v & w \end{vmatrix} \tag{7-3}$$

이다.

각변형 각도 α와 β를 이용해서 요소의 각회전을 표현하는 것 외에도, 그림 7-4c에서와 같이 그들을 요소의 각변형을 정의하는 데 사용할 수도 있다. 즉, 요소의 이웃한 변의 90° 각도는 $90° - (\alpha + \beta)$가 되고, 따라서 이 각도의 변화는 $90° - [90° - (\alpha + \beta)] = \alpha + \beta$이다. 이를 **전단변형** γ_{xy}(감마)라고 부르고, 라디안 단위로 계량된다. 유체가 흐르기 때문에 전단변형의 시간변화율이 더욱 중요하며, $\Delta t \to 0$에 따른 극한에서 다음과 같다.

$$\dot{\gamma}_{xy} = \dot{\alpha} + \dot{\beta} = \frac{\partial v}{\partial x} + \frac{\partial u}{\partial y} \tag{7-4}$$

이 식은 각변형이 z축에 대해서만 나타나는 2차원 유동에 적합하다. 만일 유동이 3차원이면, 비슷한 방법으로 x와 y축에 대한 각변형으로 인한 전단변형으로부터 이 두 축에 대한 전단변형률을 또한 얻을 수 있을 것이다. 3차원 운동에 대한 일반식은 다음과 같다.

$$\begin{aligned} \dot{\gamma}_{xy} &= \frac{\partial v}{\partial x} + \frac{\partial u}{\partial y} \\ \dot{\gamma}_{xz} &= \frac{\partial w}{\partial x} + \frac{\partial u}{\partial z} \\ \dot{\gamma}_{yz} &= \frac{\partial w}{\partial y} + \frac{\partial v}{\partial z} \end{aligned} \tag{7-5}$$

이 장의 뒤에서 전단변형률들과 이를 유발시키는 원인인 유체의 점성으로 인한 전단응력이 어떤 관계가 있는지를 살펴볼 것이다.

7.3 순환과 와도

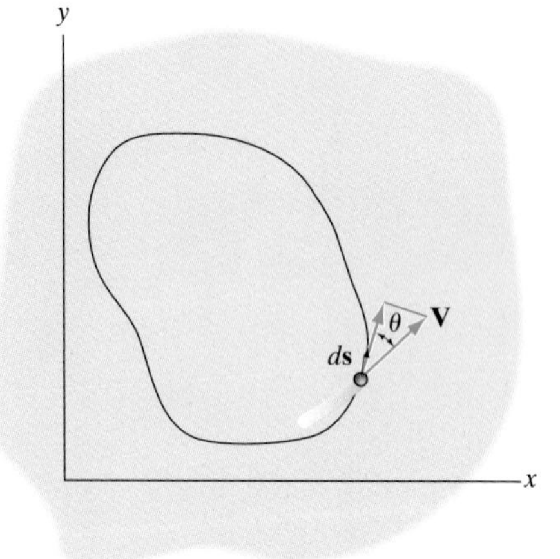

순환

그림 7–5

회전유동은 유동 영역에 대한 순환을 묘사하거나 와도를 확인함으로써 특징지워진다. 이제 이들 특징들에 대해서 정의해보자.

순환 **순환** Γ(대문자 감마)의 개념은 물체의 경계 주위의 유동을 연구했던 Kelvin 경에 의해서 처음 소개되었다. 순환은 임의의 닫힌 3차원 곡선을 따라가는 유동을 정의한다. 단위 깊이 또는 2차원 체적유량에 대해, 순환은 m^2/s 또는 ft^2/s의 단위를 갖는다. 순환을 얻기 위해서는 그림 7-5와 같이 곡선에 항상 접하는 속도성분을 곡선을 따라서 적분해야 한다. 공식으로 표현하면 내적 $\mathbf{V}\cdot d\mathbf{s} = V ds \cos\theta$에 대한 선적분을 취함으로써 이루어지는데, 다음과 같다.

$$\Gamma = \oint \mathbf{V}\cdot d\mathbf{s} \tag{7-6}$$

관례적으로 적분은 반시계방향으로 $+z$ 방향을 규정한다.

응용의 예를 보기 위해서, 그림 7-6과 같이 일반적인 2차원 정상유동장 $\mathbf{V} = u(x, y)\mathbf{i} + v(x, y)\mathbf{j}$ 속에 잠긴 (x, y) 점에 위치한 작은 유체요소 주위를 따른 순환을 계산해보자. 요소의 각 변을 따라서 유동의 평균속도들은 그림에 나타난 크기와 방향을 갖는다. 식 (7-6)을 적용하면,

$$\Gamma = u\,\Delta x + \left(v + \frac{\partial v}{\partial x}\Delta x\right)\Delta y - \left(u + \frac{\partial u}{\partial y}\Delta y\right)\Delta x - v\,\Delta y$$

가 얻어지고, 이를 단순화하면

$$\Gamma = \left(\frac{\partial v}{\partial x} - \frac{\partial u}{\partial y}\right)\Delta x \Delta y$$

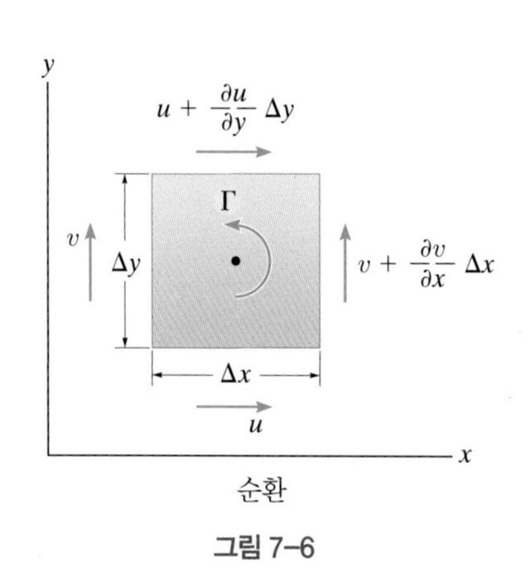

순환

그림 7–6

작은 요소에 대한 이 문제뿐 아니라 다른 크기의 물체에 대한 순환도 개개의 유체입자들이 물체의 경계 주위를 '돈다'는 것을 의미하는 것이 아니라는 점을 명심하기 바란다. 그림 7-6에서와 같이 요소의 서로 마주보는 면에서의 유동은 같은 방향이다. 식 (7-6)에서 결정되는 순환은 단순히 물체 주위를 따른 유동의 최종(net) 결과이다.

와도 점 (x, y)에서의 **와도** ζ(제타)는 그 점에 위치한 요소의 단위 면적당의 순환으로 정의한다. 예를 들어, 그림 7-7a의 요소에 대해서 순환 Γ를 그 면적

$\Delta x \Delta y$로 나누면, 다음과 같이 얻어진다.

$$\zeta = \frac{\Gamma}{A} = \frac{\partial v}{\partial x} - \frac{\partial u}{\partial y} \quad (7\text{-}7)$$

이 식을 식 (7-2)와 비교하면 $\zeta = 2\omega_z$라는 것을 알 수 있다. 와도를 이해하는 또 다른 방법은 그림 7-7b에서와 같이 반지름 Δr인 원형 궤적을 따라서 ω_z로 회전하는 유체입자를 상상하는 것이다. 이 입자는 속도 $V = \omega_z \Delta r$을 가지고 있으므로, 순환은 $\Gamma = V(2\pi \Delta r) = 2\pi\omega_z \Delta r^2$이다. 이 원의 면적은 $\pi \Delta r^2$이고, 따라서 와도는 $\zeta = 2\pi\omega_z \Delta r^2/\pi \Delta r^2 = 2\omega_z$가 된다.

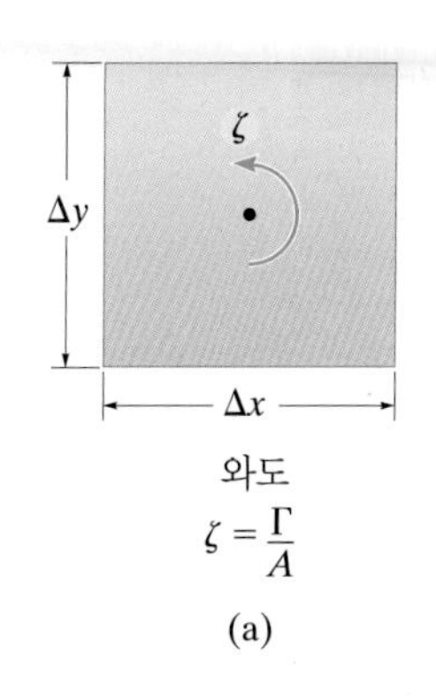

와도
$\zeta = \dfrac{\Gamma}{A}$
(a)

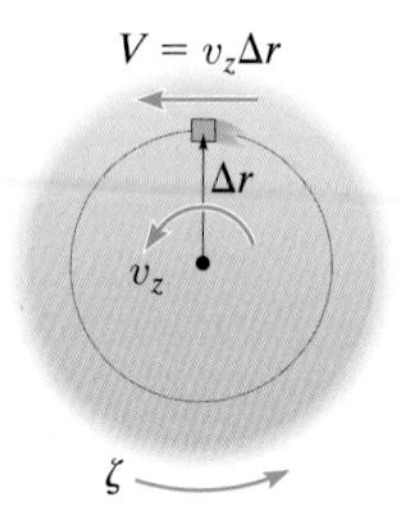

와도
(b)

그림 7-7

와도는 실제로 벡터이다. 2차원 유동의 경우에는 오른손 법칙을 이용하면 z축을 향해 있다. 3차원 유동을 고려해야 한다면, 동일한 전개를 통해서 식 (7-3)을 이용하여 다음을 얻게 된다.

$$\boldsymbol{\zeta} = 2\boldsymbol{\omega} = \nabla \times \mathbf{V} \quad (7\text{-}8)$$

비회전유동 각회전 또는 와도는 유동을 분류하는 수단을 제공한다. 만일 $\boldsymbol{\omega} \neq \mathbf{0}$이면 유동은 **회전유동**이라고 부르고, 반면에 유동장 전체에 걸쳐서 $\boldsymbol{\omega} = \mathbf{0}$이면 **비회전유동**이라는 용어를 사용한다.

이상유체는 유체요소에 작용하는 점성마찰력이 없고, 다만 압력과 중력에 의한 힘만 있으므로 비회전유동의 특성을 갖는다. 이 두 힘들은 항상 동일점에서 만나기 때문에, 이상유체요소가 움직일 때 회전을 만들어낼 수가 없기 때문이다.

회전유동과 비회전유동의 차이는 간단한 예제를 이용해서 도시할 수 있다. 이상유체와 점성(실제)유체에 대한 속도 형상들을 그림 7-8에 나타내었다. 이상유체에서는 그림 7-8a에서와 같이 전체 요소가 동일한 속도로 움직이므로 어떠한 회전도 발생하지 않는다. 이 유동은 비회전유동이다. 반면에, 그림 7-8b의 실제유체에서는 요소의 윗면과 아랫면이 다른 속도로 움직이고, 이로 인해 수직면이 $\dot{\beta}$의 속도로 시계방향으로 회전하는 원인이 된다. 그 결과, 실제 유체유동은 $\omega_z = (\dot{\alpha} - \dot{\beta})/2 = (0 - \dot{\beta})/2 = -\dot{\beta}/2$의 회전유동을 만들어낸다.

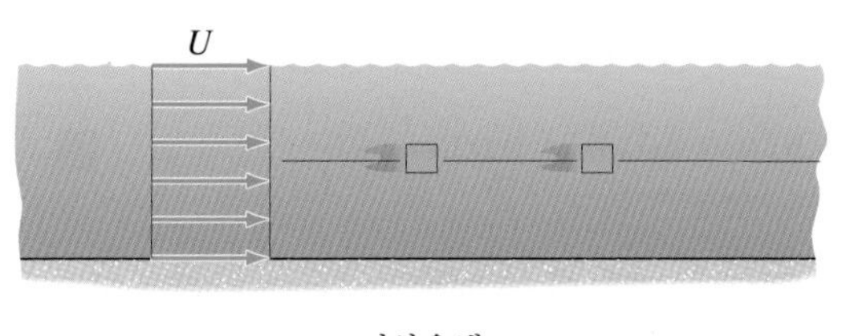

이상유체
(a)

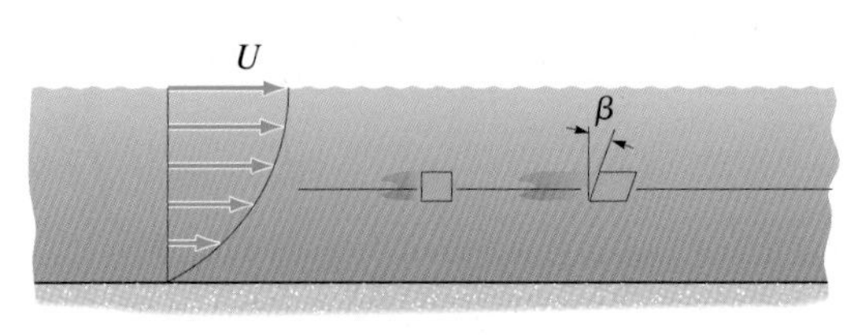

점성유체
(b)

그림 7-8

예제 7.1

그림 7-9의 이상유체는 $U = 0.2\text{m/s}$의 균일한 속도를 갖고 있다. 삼각형과 원형 궤적에 대한 순환을 구하라.

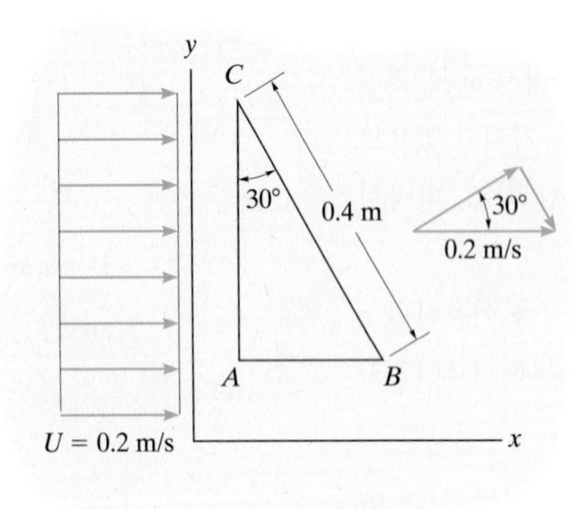

(a)

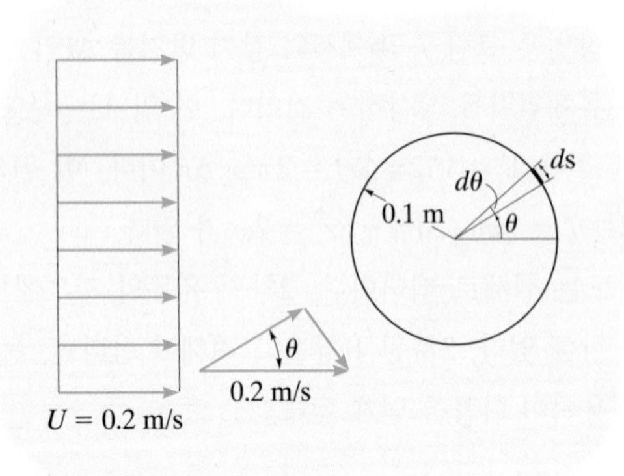

(b)

그림 7-9

풀이

유체 해석 x-y 평면 상에서 이상유체는 정상유동을 한다.

삼각형 궤적 순환은 반시계방향이 양으로 정의된다. 이 경우에 적분을 할 필요는 없다. 대신에 삼각형 각 변의 길이와 속도성분을 결정하면 된다. 그림 7-9a에서 CA, AB, BC에 대해서 다음과 같다.

$$\oint \mathbf{V}\cdot d\mathbf{s} = (0)(0.4\text{ m}\cos 30°) + (0.2\text{ m/s})(0.4\text{ m}\sin 30°) - (0.2\text{ m}\sin 30°)(0.4\text{ m})$$

$$= 0$$ 답

원형 궤적 원의 경계는 극좌표계를 이용하여 쉽게 정의할 수 있고, 그림 7-9b에 나타낸 것처럼 θ는 반시계방향이 양이다. $ds = (0.1\text{ m})\,d\theta$이므로, 다음과 같이 얻어진다.

$$\oint \mathbf{V}\cdot d\mathbf{s} = \int_0^{2\pi} (-0.2\sin\theta)\,(0.1\text{ m})\,d\theta = 0.02(\cos\theta)\Big|_0^{2\pi} = 0$$ 답

이 두 경우 모두 이상기체의 균일유동은 궤적의 모양에 상관없이 순환을 생성하지 않는다는 것을 보여준다. 그리고 $\zeta = \Gamma/A$이므로 와도 또한 생성되지 않는다는 사실도 보여준다.

예제 7.2

그림 7-10a에는 두 평행한 면 사이를 흐르는 점성유체의 속도가 $U = 0.002(1 - 10(10^3)y^2)$ m/s으로 정의되고, y의 단위는 미터이다. 유동 내의 $y = 5$ mm에 위치한 유체요소의 와도와 전단변형률을 구하라.

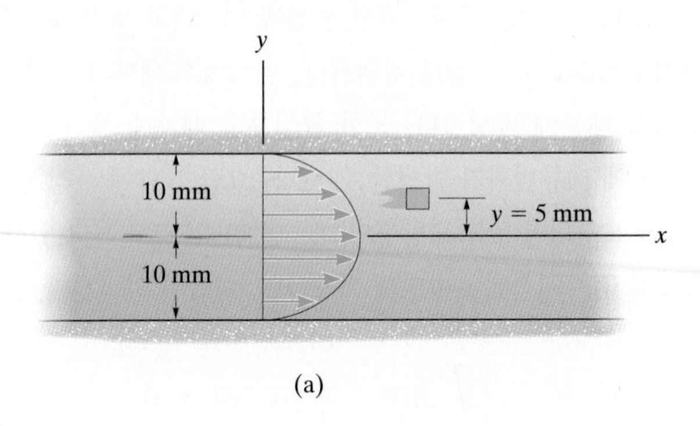

(a)

풀이

유체 설명 실제유체는 1차원 정상유동을 한다.

와도 식 (7-7)을 이용해야 하는데, 여기서 $u = 0.002(1 - 10(10^3)y^2)$ m/s이고 $v = 0$이다.

$$\zeta = \frac{\partial v}{\partial x} - \frac{\partial u}{\partial y}$$

$$= 0 - 0.002\left[0 - 10\left(10^3\right)(2y)\right]\bigg|_{y=0.005\text{ m}} \text{rad/s} = 0.200 \text{ rad/s} \qquad \text{답}$$

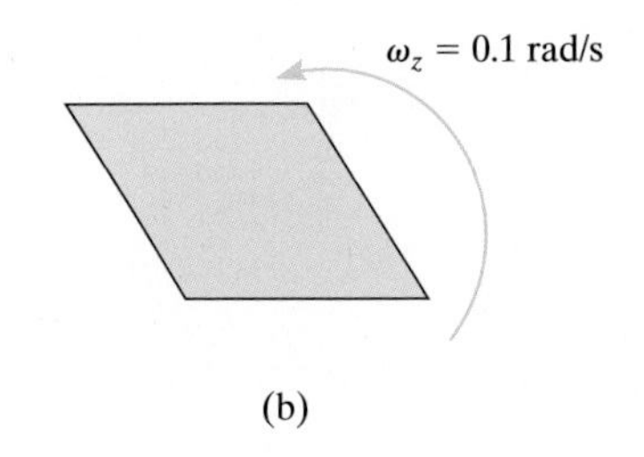

(b)

이 와도는 유체 점성의 결과이고, $\zeta \neq 0$이므로 회전유동을 가지고 있다. 사실상, 이 요소는 그림 7-10b에서처럼 $\omega_z = \zeta/2 = 0.1$ rad/s의 회전을 갖고 있다. 그림 7-10a에서처럼, $y = 0.005$ m에서 속도분포가 요소의 윗면이 아랫면보다 느린 움직임을 보이고 있으므로 회전은 양이다.

전단변형률 식 (7-4)를 적용하면, 다음과 같다.

$$\dot{\gamma}_{xy} = \dot{\alpha} + \dot{\beta} = \frac{\partial v}{\partial x} + \frac{\partial u}{\partial y}$$

$$= 0 + 0.002\left[0 - 10\left(10^3\right)(2y)\right]\bigg|_{y=0.005\text{ m}} \text{rad/s} = -0.200 \text{ rad/s} \qquad \text{답}$$

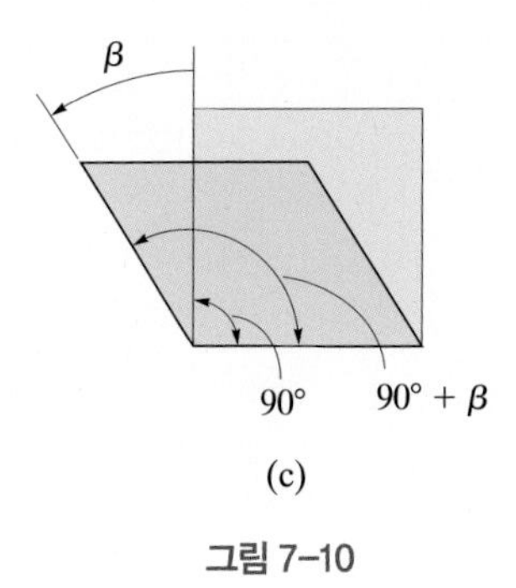

(c)

그림 7–10

결과는 음의 변화율을 갖는다. β가 시계방향일 때 양이고, 전단응력은 그림 7-10c에서처럼, 각도의 차이 $90° - (90° + \beta) = -\beta$로 정의되기 때문이다.

7.4 질량보존의 법칙

이 절에서는 그림 7-11에서와 같이 열린 검사표면만을 갖는 고정 미소 검사체적을 통과하는 유체요소에 대한 연속방정식을 유도할 것이다. 속도장은 성분 $u = u(x, y, z, t)$, $v = v(x, y, z, t)$, $w = w(x, y, z, t)$를 갖는 3차원 유동을 가정할 것이다. 점 (x, y, z)는 검사체적의 중심에 위치하고 있고, 이 점에서의 밀도는 스칼라장 $\rho = \rho(x, y, z, t)$로 정의된다. 검사체적 내에서 질량의 국소변화는 유체의 압축성 때문에 발생한다. 또한 균일유동 때문에 한 검사표면에서 다른 검사표면 사이에 대류변화가 발생할 수 있다. 그림 7-11에는 각 검사표면에서의 편미분항들이 표시되어 있고 x 방향의 대류변화만을 고려하고 있다. 연속방정식인 식 (4-12)를 검사체적에 x 방향에 적용하면, 다음이 얻어진다.

$$\frac{\partial}{\partial t}\int_{\mathrm{cv}} \rho \, d\forall + \int_{\mathrm{cs}} \rho \mathbf{V} \cdot d\mathbf{A} = 0$$

$$\frac{\partial \rho}{\partial t}\Delta x \, \Delta y \, \Delta z + \left(\rho u + \frac{\partial(\rho u)}{\partial x}\frac{\Delta x}{2}\right)\Delta y \, \Delta z - \left(\rho u - \frac{\partial(\rho u)}{\partial x}\frac{\Delta x}{2}\right)\Delta y \, \Delta z = 0$$

$\Delta x \, \Delta y \, \Delta z$로 나누고 간단히 하면, 다음과 같이 정리된다.

$$\frac{\partial \rho}{\partial t} + \frac{\partial(\rho u)}{\partial x} = 0 \tag{7-9}$$

y와 z 방향의 대류변화를 포함하면, 연속방정식은 다음과 같이 된다.

$$\frac{\partial \rho}{\partial t} + \frac{\partial(\rho u)}{\partial x} + \frac{\partial(\rho v)}{\partial y} + \frac{\partial(\rho w)}{\partial z} = 0 \tag{7-10}$$

마지막으로, 구배연산자 $\nabla = \partial/\partial x\mathbf{i} + \partial/\partial y\mathbf{j} + \partial/\partial z\mathbf{k}$를 이용하고, 속도를 $\mathbf{V} = u\mathbf{i} + v\mathbf{j} + w\mathbf{k}$로 표현하면 미분요소에 대한 벡터 형태의 연속방정식을 다음과 같이 정리할 수 있다.

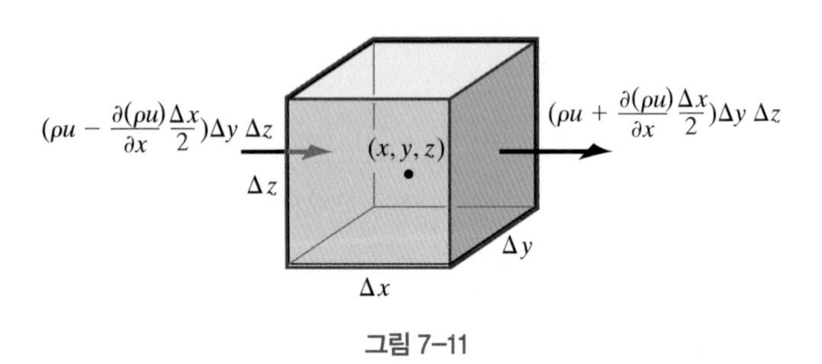

그림 7-11

$$\frac{\partial \rho}{\partial t} + \nabla \cdot \rho \mathbf{V} = 0 \tag{7-11}$$

이상유체의 2차원 정상유동 연속방정식을 가장 일반적인 형태로 유도하였지만, 종종 이상유체의 2차원 정상상태 유동에 적용되는 경우가 있다. 이 특별한 경우에, 유체는 비압축성이고 따라서 ρ는 일정하다. 그 결과로 식 (7-10)은 다음과 같이 된다.

$$\boxed{\frac{\partial u}{\partial x} + \frac{\partial v}{\partial y} = 0} \tag{7-12}$$

정상유동
비압축성 유체

또는 식 (7-11)로부터 다음과 같이 쓸 수 있다.

$$\nabla \cdot \mathbf{V} = 0 \tag{7-13}$$

식 (7-1)에서 언급한 것처럼, 이 식은 **체적팽창률이 0이어야 한다**고 말하는 것과 동일하다. 다시 말하면, 이상유체의 밀도는 일정하기 때문에 유체요소의 체적변화율이 0이어야 한다. 예를 들어, x 방향으로 양의 크기 변화가 발생하면 $(\partial u/\partial x > 0)$, 식 (7-12)에 따라서 y 방향으로 이에 대응하는 음의 크기 변화 $(\partial v/\partial y < 0)$가 발생해야 한다.

원통좌표계 연속방정식은 r, θ, z 원통좌표계를 이용하여 미분요소에 대해서 표현될 수도 있다. 완성된 식을 증명 없이 아래와 같이 결과를 정리할 것이고, 추후 이 식을 이용하여 중요한 유형의 대칭 유동을 기술할 것이다. 일반적인 경우에,

$$\frac{\partial \rho}{\partial t} + \frac{1}{r}\frac{\partial (r\rho v_r)}{\partial r} + \frac{1}{r}\frac{\partial (\rho v_\theta)}{\partial \theta} + \frac{\partial (\rho v_z)}{\partial z} = 0 \tag{7-14}$$

만일 유체가 비압축성이고 유동이 정상이면, (r, θ)의 2차원에서 연속방정식은 다음과 같이 된다.

$$\boxed{\frac{v_r}{r} + \frac{\partial v_r}{\partial r} + \frac{1}{r}\frac{\partial v_\theta}{\partial \theta} = 0} \tag{7-15}$$

정상유동
비압축성 유체

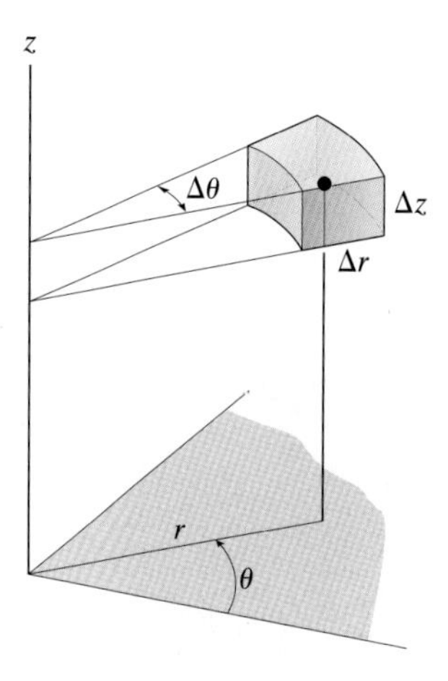

원통좌표계

그림 7–12

7.5 유체입자의 운동방정식

이 절에서는 미분 유체요소에 뉴턴의 운동 제2법칙을 적용하여 그 결과를 가장 일반적인 형식으로 표현할 것이다. 먼저 미분 면적 ΔA에 작용하는 힘 $\Delta \mathbf{F}$의 영향을 나타내는 표현을 수식화해야 한다. 그림 7-13a에 나와있는 것처럼, $\Delta \mathbf{F}$는 수직성분 $\Delta \mathbf{F}_z$와 두 개의 전단성분 $\Delta \mathbf{F}_x$와 $\Delta \mathbf{F}_y$를 가질 것이다. 응력은 이 **표면 힘** 성분들의 결과이다. 면에 작용하는 수직성분은 **수직응력**(normal stress)을 만들어내는데, 그 정의는

(a)

$$\sigma_{zz} = \lim_{\Delta A \to 0} \frac{\Delta F_z}{\Delta A}$$

이고, 전단성분들은 **전단응력**(shear stress)을 만들어낸다.

$$\tau_{zx} = \lim_{\Delta A \to 0} \frac{\Delta F_x}{\Delta A} \qquad \tau_{zy} = \lim_{\Delta A \to 0} \frac{\Delta F_y}{\Delta A}$$

여기서 하첨자 표기법의 첫 철자(z)는 면적요소 ΔA의 방향을 정의하는 것으로서 바깥으로 수직방향을 나타내고, 두 번째 철자는 응력의 방향을 나타낸다. 이 개념을 일반화해서 유체 체적요소의 여섯 면에 작용하는 힘들을 고려하면, 그림 7-13b에 나타난 것처럼 요소의 각 면마다 세 개의 응력성분들이 작용할 것이다.

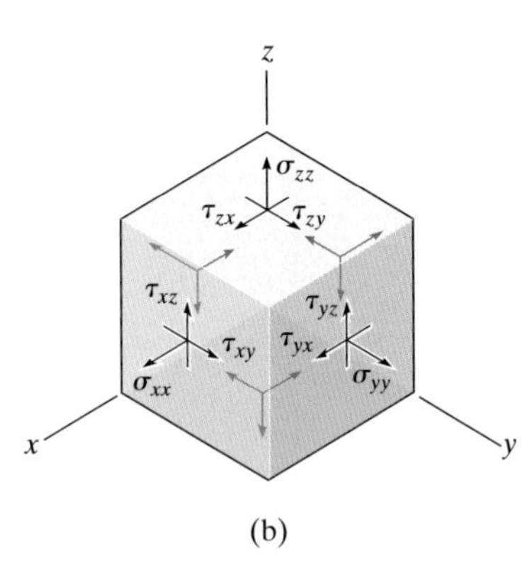

(b)

유체 내의 모든 점에는 이 응력들을 정의하는 **응력장**(stress field)이 존재한다. 그리고 이 응력들이 유체입자(요소)에 만들어내는 힘들의 변화가 반영되어야 한다. 예를 들어, 그림 7-13c의 유체입자에 대한 자유물체도를 고려해보면 x 방향으로 작용하는 응력성분의 힘들만 보여준 경우이다. x 방향의 총 **표면력**(surface force)은 다음과 같다.

$$(\Delta F_x)_{\text{sf}} = \left(\sigma_{xx} + \frac{\partial \sigma_{xx}}{\partial x}\frac{\Delta x}{2}\right)\Delta y\, \Delta z - \left(\sigma_{xx} - \frac{\partial \sigma_{xx}}{\partial x}\frac{\Delta x}{2}\right)\Delta y\, \Delta z$$
$$+ \left(\tau_{yx} + \frac{\partial \tau_{yx}}{\partial y}\frac{\Delta y}{2}\right)\Delta x\, \Delta z - \left(\tau_{yx} - \frac{\partial \tau_{yx}}{\partial y}\frac{\Delta y}{2}\right)\Delta x\, \Delta z$$
$$+ \left(\tau_{zx} + \frac{\partial \tau_{zx}}{\partial z}\frac{\Delta z}{2}\right)\Delta x\, \Delta y - \left(\tau_{zx} - \frac{\partial \tau_{zx}}{\partial z}\frac{\Delta z}{2}\right)\Delta x\, \Delta y$$

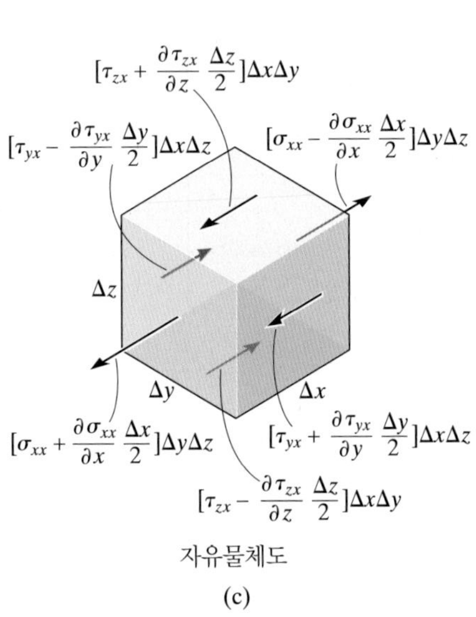

자유물체도

(c)

그림 7-13

항들을 모으면 단순화할 수 있고, 비슷한 방법으로, 응력에 의해서 발생하는 y와 z 방향의 총 표면력을 다음과 같이 얻을 수 있다.

$$(\Delta F_x)_{sf} = \left(\frac{\partial \sigma_{xx}}{\partial x} + \frac{\partial \tau_{yx}}{\partial y} + \frac{\partial \tau_{zx}}{\partial z}\right)\Delta x\ \Delta y\ \Delta z$$
$$(\Delta F_y)_{sf} = \left(\frac{\partial \tau_{xy}}{\partial x} + \frac{\partial \sigma_{yy}}{\partial y} + \frac{\partial \tau_{zy}}{\partial z}\right)\Delta x\ \Delta y\ \Delta z$$
$$(\Delta F_z)_{sf} = \left(\frac{\partial \tau_{xz}}{\partial x} + \frac{\partial \tau_{yz}}{\partial y} + \frac{\partial \sigma_{zz}}{\partial z}\right)\Delta x\ \Delta y\ \Delta z$$

이 힘들 외에도, 입자의 중량에 의한 **체적력**(body force)이 있다. Δm을 입자의 질량이라고 하면, 이 힘은 $\Delta W = (\Delta m)g = \rho g \Delta x\ \Delta y\ \Delta z$이다. 수식 전개를 더욱 일반화하기 위하여, x, y, z 축들이 임의의 방향을 갖는다고 가정하면 중량은 각 축을 따라서 ΔW_x, ΔW_y, ΔW_z의 성분을 가질 것이다. 따라서, 유체입자에 작용하는 체적력과 표면력 성분들을 모두 합치면 다음과 같다.

$$\Delta F_x = \left(\rho g_x + \frac{\partial \sigma_{xx}}{\partial x} + \frac{\partial \tau_{yx}}{\partial y} + \frac{\partial \tau_{zx}}{\partial z}\right)\Delta x\ \Delta y\ \Delta z$$
$$\Delta F_y = \left(\rho g_y + \frac{\partial \tau_{xy}}{\partial x} + \frac{\partial \sigma_{yy}}{\partial y} + \frac{\partial \tau_{zy}}{\partial z}\right)\Delta x\ \Delta y\ \Delta z \qquad (7\text{-}16)$$
$$\Delta F_z = \left(\rho g_z + \frac{\partial \tau_{xz}}{\partial x} + \frac{\partial \tau_{yz}}{\partial y} + \frac{\partial \sigma_{zz}}{\partial z}\right)\Delta x\ \Delta y\ \Delta z$$

이 힘들이 정해지면, 입자에 뉴턴의 운동 제2법칙을 적용할 수 있다. 입자의 속도가 속도장 $\mathbf{V} = \mathbf{V}(x, y, z, t)$로 표현된다고 가정하면, 식 (3-5)의 질량도함수를 사용하여 가속도를 구할 수 있다. 따라서

$$\Sigma \mathbf{F} = \Delta m \frac{D\mathbf{V}}{Dt} = (\rho \Delta x\ \Delta y\ \Delta z)\left[\frac{\partial \mathbf{V}}{\partial t} + u\frac{\partial \mathbf{V}}{\partial x} + v\frac{\partial \mathbf{V}}{\partial y} + w\frac{\partial \mathbf{V}}{\partial z}\right]$$

식 (7-16)을 대입하고, 체적 $\Delta x\,\Delta y\,\Delta z$를 소거하고, $\mathbf{V} = u\mathbf{i} + v\mathbf{j} + w\mathbf{k}$를 이용하면, 이 식의 x, y, z 성분식들은 다음과 같이 된다.

$$\rho g_x + \frac{\partial \sigma_{xx}}{\partial x} + \frac{\partial \tau_{yx}}{\partial y} + \frac{\partial \tau_{zx}}{\partial z} = \rho\left(\frac{\partial u}{\partial t} + u\frac{\partial u}{\partial x} + v\frac{\partial u}{\partial y} + w\frac{\partial u}{\partial z}\right)$$
$$\rho g_y + \frac{\partial \tau_{xy}}{\partial x} + \frac{\partial \sigma_{yy}}{\partial y} + \frac{\partial \tau_{zy}}{\partial z} = \rho\left(\frac{\partial v}{\partial t} + u\frac{\partial v}{\partial x} + v\frac{\partial v}{\partial y} + w\frac{\partial v}{\partial z}\right) \qquad (7\text{-}17)$$
$$\rho g_z + \frac{\partial \tau_{xz}}{\partial x} + \frac{\partial \tau_{yz}}{\partial y} + \frac{\partial \sigma_{zz}}{\partial z} = \rho\left(\frac{\partial w}{\partial t} + u\frac{\partial w}{\partial x} + v\frac{\partial w}{\partial y} + w\frac{\partial w}{\partial z}\right)$$

다음 절에서는 이상유체에 대해서 이 식들을 적용한다. 그 다음 7.11절에서는 뉴턴 유체의 좀더 일반적인 경우에 대해서 살펴볼 것이다.

(b)

그림 7-13

7.6 오일러와 베르누이 방정식

유체가 이상유체라고 가정하면, 운동방정식은 더 단순한 형태로 바뀐다. 특히 입자(요소)에 작용하는 점성 전단응력이 없을 것이고, 세 수직응력들은 압력을 나타낼 것이다. 이 수직응력들은 그림 7-13b에서 바깥방향이 양으로 정의되었으므로, $\sigma_{xx} = \sigma_{yy} = \sigma_{zz} = -p$이다. 그 결과, 이상유체입자에 대한 일반적인 운동방정식은 다음과 같이 된다.

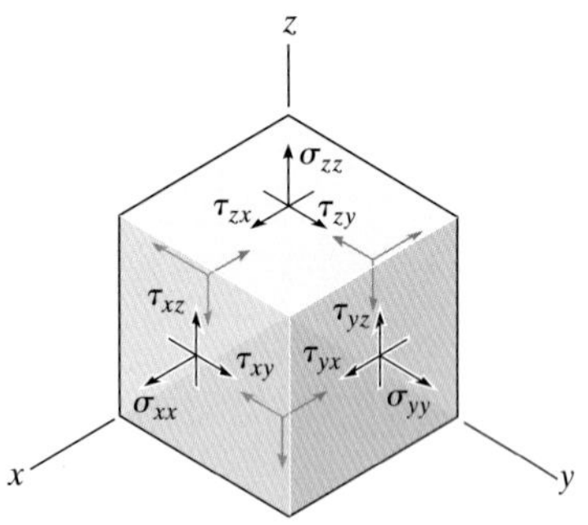

$$\begin{aligned}
\rho g_x - \frac{\partial p}{\partial x} &= \rho\left(\frac{\partial u}{\partial t} + u\frac{\partial u}{\partial x} + v\frac{\partial u}{\partial y} + w\frac{\partial u}{\partial z}\right)\\
\rho g_y - \frac{\partial p}{\partial y} &= \rho\left(\frac{\partial v}{\partial t} + u\frac{\partial v}{\partial x} + v\frac{\partial v}{\partial y} + w\frac{\partial v}{\partial z}\right)\\
\rho g_z - \frac{\partial p}{\partial z} &= \rho\left(\frac{\partial w}{\partial t} + u\frac{\partial w}{\partial x} + v\frac{\partial w}{\partial y} + w\frac{\partial w}{\partial z}\right)
\end{aligned} \tag{7-18}$$

이 식들을 **오일러 방정식**이라고 부르며, x, y, z 축으로 표현된다. 5.1절에서 유선좌표 s, n을 이용해서 위의 식들을 유도했었는데, 더 단순한 형태를 띠고 있었다.

구배연산자를 이용하면, 식 (7-18)을 더욱 간결한 형식으로 쓸 수 있다.

$$\rho\mathbf{g} - \nabla p = \rho\left[\frac{\partial \mathbf{V}}{\partial t} + (\mathbf{V}\cdot\nabla)\mathbf{V}\right] \tag{7-19}$$

2차원 정상유동 많은 경우 정상 2차원 유동을 만나게 되는데, z 방향 속도성분 $w = 0$이다. x와 y축을 $\mathbf{g} = -g\mathbf{j}$가 되도록 방향을 놓으면, 오일러 방정식[식 (7-18)]은 다음과 같이 된다.

$$-\frac{1}{\rho}\frac{\partial p}{\partial x} = u\frac{\partial u}{\partial x} + v\frac{\partial u}{\partial y} \tag{7-20}$$

$$-\frac{1}{\rho}\frac{\partial p}{\partial y} - g = u\frac{\partial v}{\partial x} + v\frac{\partial v}{\partial y} \tag{7-21}$$

만일 이 두 편미분방정식을 식 (7-12)의 연속방정식과 함께 풀 수 있다면, 유체 내의 임의의 점에서 속도성분 u와 v, 압력 p를 얻을 수 있다.

여기서는 오일러 방정식을 x, y 좌표계에 대해서 유도했지만, 어떤 문제들은 r, θ의 극좌표로 표현하는 것이 편리할 것이다. 증명 없이, 그 식들을 나타내면 다음과 같다.

$$-\frac{1}{\rho}\frac{\partial p}{\partial r} = v_r\frac{\partial v_r}{\partial r} + \frac{v_\theta}{r}\frac{\partial v_r}{\partial \theta} - \frac{v_\theta^2}{r} \tag{7-22}$$

$$-\frac{1}{\rho}\frac{1}{r}\frac{\partial p}{\partial \theta} = v_r\frac{\partial v_\theta}{\partial r} + \frac{v_\theta}{r}\frac{\partial v_\theta}{\partial \theta} + \frac{v_\theta v_r}{r} \tag{7-23}$$

베르누이 방정식 5.2절에서는 오일러 방정식을 유선방향으로 적분을 취함으로써 베르누이 방정식을 유도했었다. 그 결과는 동일 유선 상의 임의의 두 점에 대해서 적용된다는 것을 보였다. 만일 비회전유동 조건, 즉 $\boldsymbol{\omega} = \mathbf{0}$이 존재하면, 베르누이 방정식은 서로 다른 유선 상의 임의의 두 점 사이에도 또한 적용할 수 있다. 이것을 보이기 위해서, 비회전 2차원 유동을 가정하면 $\omega_z = 0$ 또는 식 (7-2)에서 $\partial u/\partial y = \partial v/\partial x$가 된다. 이 조건을 식 (7-20)과 (7-21)에 대입하면, 다음이 얻어진다.

$$-\frac{1}{\rho}\frac{\partial p}{\partial x} = u\frac{\partial u}{\partial x} + v\frac{\partial v}{\partial x}$$

$$-\frac{1}{\rho}\frac{\partial p}{\partial y} - g = u\frac{\partial u}{\partial y} + v\frac{\partial v}{\partial y}$$

$\partial(u^2)/\partial x = 2u(\partial u/\partial x)$, $\partial(v^2)/\partial x = 2v(\partial v/\partial x)$, $\partial(u^2)/\partial y = 2u(\partial u/\partial y)$ 그리고 $\partial(v^2)/\partial y = 2v(\partial v/\partial y)$이므로, 위의 식들은 다음과 같이 된다.

$$-\frac{1}{\rho}\frac{\partial p}{\partial x} = \frac{1}{2}\frac{\partial(u^2 + v^2)}{\partial x}$$

$$-\frac{1}{\rho}\frac{\partial p}{\partial y} - g = \frac{1}{2}\frac{\partial(u^2 + v^2)}{\partial y}$$

첫 번째 식을 x에 대해서 적분하고, 두 번째 식을 y에 대해서 적분하면, 다음이 얻어진다.

$$-\frac{p}{\rho} + f(y) = \frac{1}{2}\left(u^2 + v^2\right) = \frac{1}{2}V^2$$

$$\frac{p}{\rho} - gy + h(x) = \frac{1}{2}(u^2 + v^2) = \frac{1}{2}V^2$$

여기서 V는 유체입자의 속도성분들로부터 구한 속도 $V^2 = u^2 + v^2$이다. 위의 두 결과들을 등식으로 놓으면 $f(y) = -gy + h(x)$가 필요하다. x와 y는 서로 독립적인 변수이므로 해를 위해서는 $h(x) =$ 상수가 요구된다. 결과적으로, 미지의 함수는 $f(y) = -gy +$ 상수이다. 이 식과 $h(x) =$ 상수를 위의 두 식에 대입하면, 어느 경우에서든 베르누이 방정식이 얻어진다.

$$\boxed{\frac{p}{\rho} + \frac{V^2}{2} + gy = \text{상수}} \tag{7-24}$$

정상 비회전유동
이상유체

따라서, 유동이 비회전이면, 베르누이 방정식은 동일 유선 상일 필요가 없는 임의의 두 점 (x_1, y_1)과 (x_2, y_2) 사이에 적용될 수 있다. 물론, 유체는 이상적이고 유동은 정상적이라는 조건이 필요하다.

요점 정리

- 일반적으로 유체 미분요소에 힘이 가해지면, 유체요소는 '강체' 병진과 회전운동과 함께 선형 및 각변형을 하게 된다.
- 유체요소의 병진율은 속도장에 의해서 결정된다.
- 선형변형은 유체요소의 단위 체적당 체적변화에 의해서 측정된다. 이 변화가 일어나는 비율을 체적팽창률 $\nabla\cdot\mathbf{V}$라고 한다.
- 유체요소의 회전은 유체요소의 2등분선의 회전 또는 두 변의 평균각속도에 의해서 정의된다. 회전각속도 $\boldsymbol{\omega} = \frac{1}{2}\nabla \times \mathbf{V}$이다. 회전은 또한 와도 $\boldsymbol{\zeta} = \nabla \times \mathbf{V}$에 의해서도 명시될 수 있다.
- 만일 $\boldsymbol{\omega} = \mathbf{0}$이면, 유동은 **비회전유동**이라고 부르고, 회전 운동이 생기지 않는다. 이런 종류의 유동은 이상유체에서는 회전을 야기하는 점성 전단력이 없기 때문에 항상 발생한다.
- 각변형은 전단변형의 변화율 또는 유체요소의 이웃한 두 변의 각도가 변화하는 속도로 정의된다. 이 변형들은 전단응력에 의해서 야기되고, 이는 유체의 점성의 결과이다.
- 이상유체는 **비압축성**이므로, 정상유동의 연속방정식에 따르면 유체요소의 단위 체적당 체적변화율은 $\nabla\cdot\mathbf{V} = 0$이어야 한다.
- 오일러 방정식은 이상유체의 미분 유체입자에 작용하는 압력과 중력들과 그 가속도와의 관계를 제공한다. 이 식들을 정상 비회전유동에 대해서 적분하고 결합하면, 베르누이 방정식이 얻어진다.
- 유체가 **이상적**이고 **정상유동**이 **비회전**이라면, 즉 $\boldsymbol{\omega} = \mathbf{0}$이면, 베르누이 방정식은 동일 유선상에 있지 않은 **임의의** 두 점 사이에서 적용할 수 있다.

예제 7.3

그림 7-14와 같이 속도장 $\mathbf{V} = \{-6x\mathbf{i} + 6y\mathbf{j}\}$m/s인 수직면 위의 2차원 이상유체유동을 정의하자. 점 B(1 m, 2 m)에 위치한 유체요소의 체적팽창률과 회전속도를 구하라. 점 A(1 m, 1 m)에서의 압력이 250 kPa이라면, 점 B에서의 압력은 얼마인가? $\rho = 1200\ \text{kg/m}^3$을 사용하라.

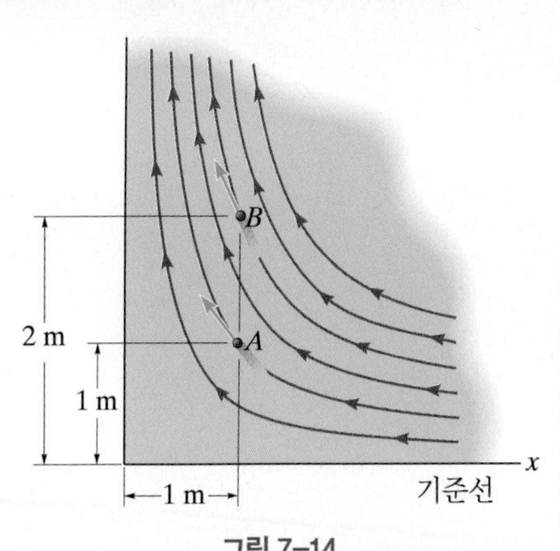

그림 7–14

풀이

유체 설명 속도가 시간의 함수가 아니므로, 유동은 정상유동이다. 유체는 이상유체이다.

체적팽창 식 (7-1)에 $u = (-6x)$ m/s, $v = (6y)$ m/s 그리고 $w = 0$을 적용하면, 다음을 얻는다.

$$\frac{\delta \forall / d\forall}{\partial t} = \frac{\partial u}{\partial x} + \frac{\partial v}{\partial y} + \frac{\partial w}{\partial z} = -6 + 6 + 0 = 0 \quad \text{답}$$

이 결과는 유체요소가 점 B에서 움직일 때 체적의 변화가 없다는 것을 확인시켜준다.

회전 B에서의 유체요소의 각속도는 식 (7-2)로 정의된다.

$$\omega_z = \frac{1}{2}\left(\frac{\partial v}{\partial x} - \frac{\partial u}{\partial y}\right) = \frac{1}{2}(0 - 0) = 0 \quad \text{답}$$

따라서, 유체요소는 z축에 대해서 회전을 하지 않을 것이다. 사실 위의 두 결과는 x와 y에 무관하므로 유체 내의 모든 점에서 적용된다. 다시 말하면, 이상유체는 비압축성이고 비회전유동을 만들어낸다.

압력 유동은 비회전에 정상유동이므로, 베르누이 방정식을 그림 7-14와 같이 동일 유선 상이 아닌 두 점에 대해서 적용할 수 있다. A와 B에서의 속도는 다음과 같다.

$$V_A = \sqrt{[-6(1)]^2 + [6(1)]^2} = 8.485\ \text{m/s}$$
$$V_B = \sqrt{[-6(1)]^2 + [6(2)]^2} = 13.42\ \text{m/s}$$

따라서, x축을 기준선으로 하면 다음과 같다.

$$\frac{p_A}{\gamma} + \frac{V_A^2}{2g} + y_A = \frac{p_B}{\gamma} + \frac{V_B^2}{2g} + y_B$$

$$\frac{250(10^3)\ \text{N/m}^2}{(1200\ \text{kg/m}^3)(9.81\ \text{m/s}^2)} + \frac{(8.485\ \text{m/s})^2}{2(9.81\ \text{m/s}^2)} + 1\ \text{m} = \frac{p_B}{(1200\ \text{kg/m}^3)(9.81\ \text{m/s}^2)} + \frac{(13.42\ \text{m/s})^2}{2(9.81\ \text{m/s}^2)} + 2\ \text{m}$$

$$p_B = 173\ \text{kPa} \quad \text{답}$$

7.7 유선 함수

2차원 유동에서, 연속방정식을 만족시키는 한 가지 방법은 두 개의 미지 속도성분 u와 v를 하나의 미지 함수로 대체하는 것이고, 그렇게 함으로써 미지수의 개수를 줄이고, 이상유체유동 문제의 해석을 단순화한다. 이 절에서는 유선 함수를 이러한 수단으로 사용할 것이고, 다음 절에서는 유선 함수의 상대역(counterpart)인 퍼텐셜 함수를 고려할 것이다.

유선 함수 ψ(프사이)는 모든 유선의 방정식을 나타내는 방정식이다. 2차원에서는 x와 y의 함수이고, 각 유선의 방정식에 대해서 특정 상수 $\psi(x, y) = C$이다. 3.3절에서 유선의 방정식을 속도성분 u와 v를 이용하여 찾는 기법을 다루었던 것을 상기하기 바란다. 여기서는 그 절차를 복습하고, 유용성을 확장할 것이다.

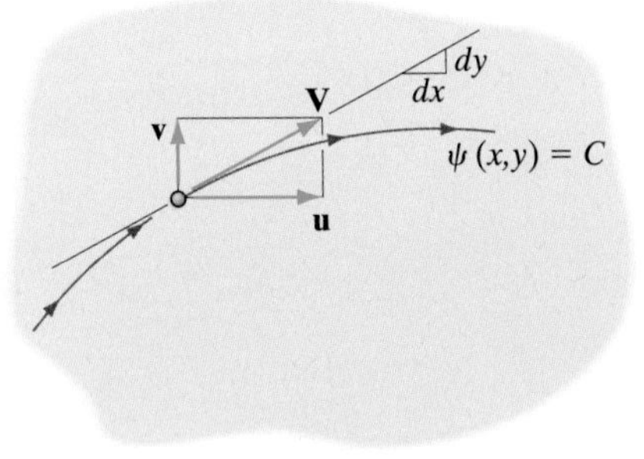

속도는 유선에 접한다.

그림 7–15

속도성분 정의에 따라, 유체입자의 속도는 그림 7-15와 같이 입자가 움직이는 유선에 항상 접한다. 결과적으로, 속도성분 **u**와 **v**는 접선의 기울기와 비례적인 관계식을 맺을 수 있다. 그림에 나와 있듯이, $dy/dx = v/u$ 혹은

$$u\,dy - v\,dx = 0 \tag{7-25}$$

이제 그림 7-15에서 유선을 나타내는 유선의 방정식 $\psi(x, y) = C$의 전미분을 취하면, 다음과 같이 얻어진다.

$$d\psi = \frac{\partial \psi}{\partial x}dx + \frac{\partial \psi}{\partial y}dy = 0 \tag{7-26}$$

이것을 식 (7-25)와 비교하면, 두 속도성분과 ψ의 관계식을 얻을 수 있다. 다음이 얻어진다.

$$u = \frac{\partial \psi}{\partial y}, \qquad v = -\frac{\partial \psi}{\partial x} \tag{7-27}$$

따라서, 만일 인의의 유선 방정식 $\psi(x, y) = C$를 안다면 이로부터 유선을 따라 움직이는 입자의 속도성분을 얻을 수 있다. 이런 방법으로 속도성분을 얻음으로써, 정상유동의 경우 유선 함수는 연속방정식을 자동으로 만족시킨다는 것을 알 수 있다. 식 (7-12)에 직접 대입함으로써 다음을 얻는다.

$$\frac{\partial u}{\partial x} + \frac{\partial v}{\partial y} = 0; \qquad \frac{\partial}{\partial x}\left(\frac{\partial \psi}{\partial y}\right) + \frac{\partial}{\partial y}\left(-\frac{\partial \psi}{\partial x}\right) = 0$$

$$\frac{\partial^2 \psi}{\partial x\,\partial y} - \frac{\partial^2 \psi}{\partial y\,\partial x} = 0$$

문제에 따라서는 유선 함수와 속도성분을 그림 7-16과 같이 극좌표 r과 θ로 표현하는 것이 편리하다는 것을 보일 것이다. 증명 없이 만일 $\psi(r, \theta) = C$가 주어

졌다면, 반경 및 교축 속도성분들은 다음과 같다.

$$v_r = \frac{1}{r}\frac{\partial\psi}{\partial\theta}, \quad v_\theta = -\frac{\partial\psi}{\partial r} \tag{7-28}$$

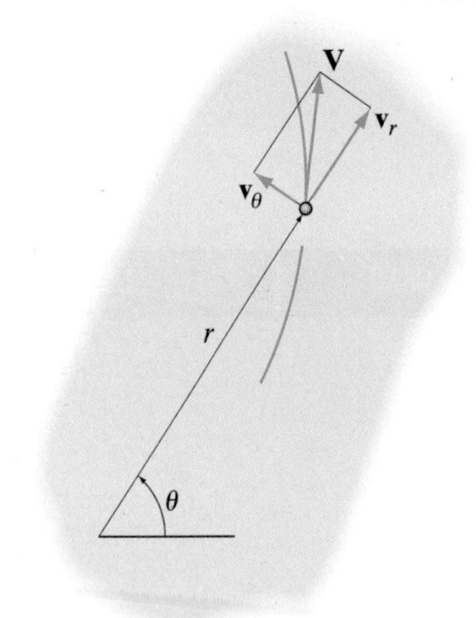

극좌표

그림 7-16

체적유량 유선 함수는 또한 두 유선 사이를 흐르는 체적유량을 구하는 데 사용될 수 있다. 예를 들어, 그림 7-17a에서와 같이 두 유선 ψ와 $\psi + d\psi$ 사이의 유관 속에 위치해있는 삼각형 미분 검사체적을 생각해보자. 2차원 유동의 경우이므로, 이 요소를 지나는 유량 dq를 z축 방향 단위 깊이당 유량으로 생각하고, 단위는 m^2/s 혹은 ft^2/s이다. 이 유동은 유관 내에서만 이루어지는데, 이는 유체 속도가 항상 유선에 접하고, 유선에 절대로 수직이지 않기 때문이다. 유체의 연속성은 검사표면 AB로 들어가는 유량이 검사표면 BC와 AC로 나오는 유량과 같아야 함을 요구한다. 깊이가 단위 1이므로, BC의 경우 유출유량은 $u[dy(1)]$이고, AC의 경우 관례에 따라 v가 윗방향으로 양이므로, 유출유량은 $-v[dx(1)]$이다. 연속방정식을 정상 비압축성 유동에 적용하면 다음과 같이 얻어진다.

$$\frac{\partial}{\partial t}\int_{cv}\rho\, d\forall + \int_{cs}\rho\mathbf{V}\cdot d\mathbf{A} = 0$$
$$0 - \rho\, dq + \rho u[dy(1)] - \rho v[dx(1)] = 0$$
$$dq = u\,dy - v\,dx$$

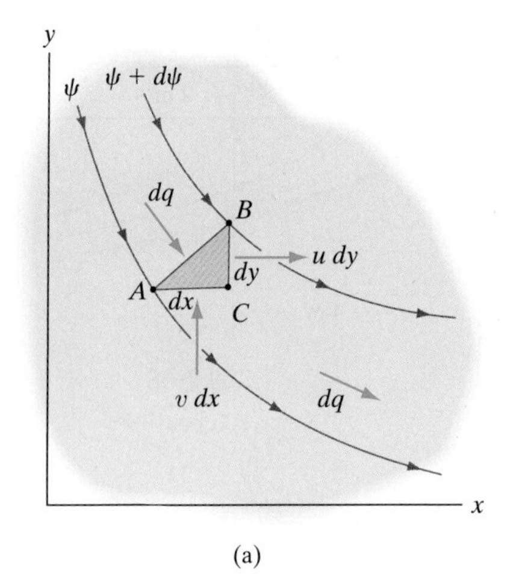

(a)

식 (7-27)을 이 식에 대입하면 우변은 식 (7-26)이 된다. 따라서

$$dq = d\psi$$

그러므로 두 유선 사이의 유량 dq는 그 차이, $(\psi + d\psi) - \psi = d\psi$를 찾음으로써 알 수 있다. 유한한 거리만큼 떨어진 두 유선 사이의 체적유량은 이 결과를 적분함으로써 구할 수 있다. 만일 $\psi_1(x, y) = C_1$이고 $\psi_2(x, y) = C_2$라면,

$$q = \int_{\psi_1}^{\psi_2} d\psi = \psi_2(x, y) - \psi_1(x, y) = C_2 - C_1 \tag{7-29}$$

가 된다.

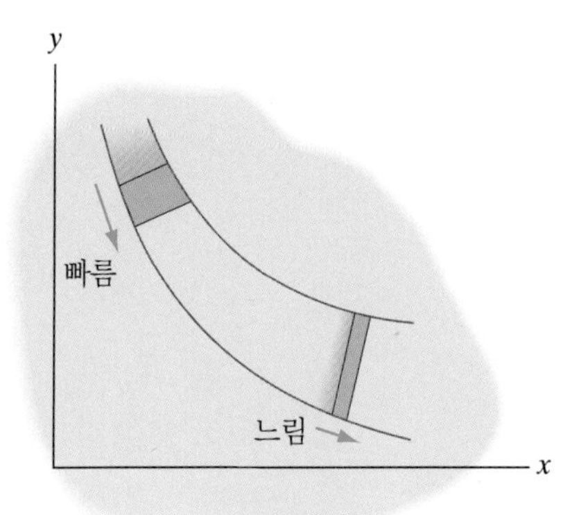

질량보존

(b)

그림 7-17

결과를 요약해보자. 유선 함수 $\psi(x, y)$를 안다면, 다양한 값의 상수와 등식 $\psi(x, y) = C$를 취하면 다른 유선들을 얻고, 유동을 가시화할 수 있다. 그리고 식 (7-27)[또는 식 (7-28)]을 이용해서 유선을 따르는 유동의 속도성분들을 찾을 수 있다. 또한 임의의 두 유선, 즉 $\psi_1(x, y) = C_1$과 $\psi_2(x, y) = C_2$ 사이를 흐르는 체적유량은 식 (7-29)와 같이 그 유선들의 상수값의 차이,즉 $q = C_2 - C_1$을 이용해서 구할 수 있다. 3.3절에서 논의했듯이, 유선들이 결정되고 나면 유선 사이의 거리는 유동의 상대적인 속도에 대한 암시를 제공한다. 예를 들어, 그림

7-17b에서 유체요소가 유관을 따라 흘러가면서 그 질량(또는 체적)을 유지하기 위해서 어떻게 얇아지는지를 주목하라. 따라서, 유선들이 서로 가까운 곳에서는 유동은 빠르고 유선들이 서로 멀리 떨어질수록 유동은 늦어진다.

예제 7.4

유동장이 유선 함수 $\psi(x, y) = y^2 - x$로 정의되어 있다. $\psi_1(x, y) = 0$, $\psi_2(x, y) = 2\ \text{m}^2/\text{s}$ 그리고 $\psi_3(x, y) = 4\ \text{m}^2/\text{s}$인 유선을 그려라. $\psi_2(x, y) = 2\ \text{m}^2/\text{s}$인 유선 상의 $y = 1$ m에 위치한 유체입자의 속도를 구하라.

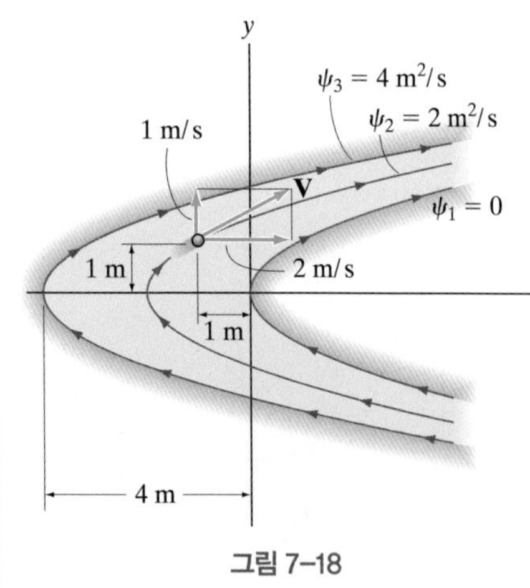

그림 7–18

풀이

유체 설명 시간이 관련이 없으므로, 이 유동은 이상유체의 정상유동이다.

유선 함수 세 유선들의 방정식은 다음과 같다.

$$y^2 - x = 0$$
$$y^2 - x = 2$$
$$y^2 - x = 4$$

이 식들은 그림 7-18에 그림으로 그려져 있다. 각각 포물선들이고 지정된 상수값에 해당하는 유선들을 나타낸다.

속도 각 유선을 따른 속도성분들은

$$u = \frac{\partial \psi}{\partial y} = \frac{\partial}{\partial y}\left(y^2 - x\right) = (2y)\ \text{m/s}$$

$$v = -\frac{\partial \psi}{\partial x} = -\frac{\partial}{\partial x}\left(y^2 - x\right) = -(-1) = 1\ \text{m/s}$$

유선 $y^2 - x = 2$의 경우 $y = 1$ m이면 $x = -1$ m이고, 따라서 이 점에서 $u = 2$ m/s이고 $v = 1$ m/s이다. 이 두 속도성분들은 그림 7-18에서와 같이 이 지점에 위치한 유체입자의 속도를 구성한다. 속도는 다음과 같다.

$$V = \sqrt{(2\ \text{m/s})^2 + (1\ \text{m/s})^2} = 2.24\ \text{m/s} \qquad \text{답}$$

또한 속도성분의 방향은 그림 7-18의 유선 상에 작은 화살표로 표시된 것과 같이 유동의 방향을 정하는 수단을 제공한다는 것을 주목하라.

이 문제와 상관있는 것은 아니지만, 유선 $\psi_1 = 0$과 $\psi_3 = 4\ \text{m}^2/\text{s}$가 그림 7-18과 같이 채널의 고체 경계를 나타낸다고 생각해보자. 그러면 식 (7-29)로부터 이 채널(혹은 유관)의 단위 깊이당 체적유량은 다음과 같다.

$$q = \psi_3 - \psi_1 = 4\ \text{m}^2/\text{s} - 0 = 4\ \text{m}^2/\text{s}$$

예제 7.5

그림 7-19와 같이 균일유동이 y축과 각도 θ를 갖고 흐른다. 이 유동의 유선 함수를 구하라.

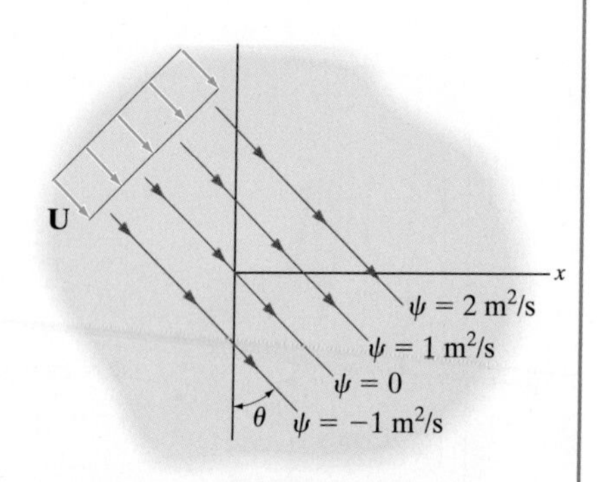

균일유동
그림 7–19

풀이

유체 설명 **U**가 일정하므로, 정상 균일 이상유체유동에 해당한다.

속도 x와 y 속도성분들은

$$u = U\sin\theta \qquad \text{그리고} \qquad v = -U\cos\theta$$

이다.

유선 함수 속도성분 u와 유선 함수와의 관계를 이용하면,

$$u = \frac{\partial\psi}{\partial y}; \qquad U\sin\theta = \frac{\partial\psi}{\partial y}$$

ψ를 구하기 위해서 y에 대해서 적분하면 다음이 얻어진다.

$$\psi = (U\sin\theta)y + f(x) \tag{1}$$

여기서 $f(x)$는 결정이 필요한 미지의 함수이다. 이것은 식 (1)을 사용해서 v에 대해서도 똑같이 함으로써 결정할 수 있다.

$$v = -\frac{\partial\psi}{\partial x}; \qquad -U\cos\theta = -\frac{\partial}{\partial x}\left[(U\sin\theta)y + f(x)\right]$$

$$U\cos\theta = \left(0 + \frac{\partial}{\partial x}[f(x)]\right)$$

적분하면,

$$(U\cos\theta)\,x = f(x) + C$$

유선 함수를 정하기 위해서 편의상 적분상수를 $C = 0$으로 놓을 것이다. 결과를 식 (1)에 대입하면, 다음이 얻어진다.

$$\psi(x, y) = (U\sin\theta)y + (U\cos\theta)x \qquad \text{답}$$

속도성분들이 $u = \partial\psi/\partial y = U\sin\theta$이고 $v = -\partial\psi/\partial x = -U\cos\theta$라는 것을 알고 있으므로, $\psi(x, y)$로부터 속도 U를 얻을 수 있다는 것을 알 수 있다. 따라서, 각 유선 상에서의 유체입자의 속도는 그림 7-19에서 보여주고 있듯이 다음과 같다.

$$V = \sqrt{(U\sin\theta)^2 + (-U\cos\theta)^2} = U$$

예제 7.6

그림 7-20에서 90° 코너를 돌아가는 이상유체 정상유동의 유선이 유선 함수 $\psi(x, y) = (5xy)\ \mathrm{m^2/s}$로 정의된다. 점 $x = 2$ m, $y = 3$ m에서의 유동속도를 구하라. 베르누이 방정식을 유동장 내의 임의의 두 점에 적용할 수 있는가?

90° 코너를 돌아가는 유동

그림 7-20

풀이

유체 설명 언급되었듯이, 이상유체 정상유동이다.

속도 속도성분들은 식 (7-27)로부터 정할 수 있다.

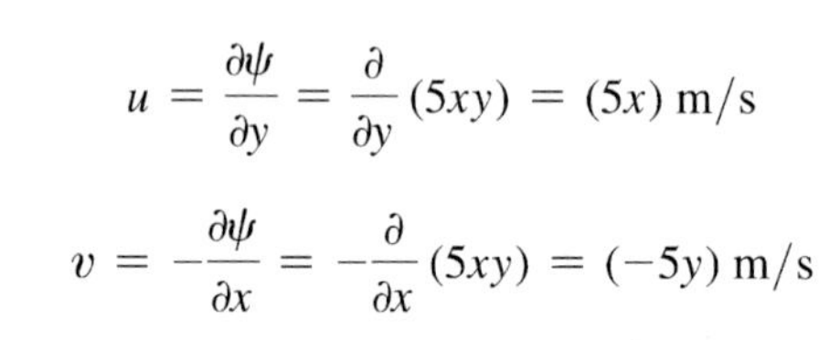

$$u = \frac{\partial \psi}{\partial y} = \frac{\partial}{\partial y}(5xy) = (5x)\ \mathrm{m/s}$$

$$v = -\frac{\partial \psi}{\partial x} = -\frac{\partial}{\partial x}(5xy) = (-5y)\ \mathrm{m/s}$$

점 $x = 2$ m, $y = 3$ m에서는

$$u = 5(2) = 10\ \mathrm{m/s}$$

$$v = -5(3) = -15\ \mathrm{m/s}$$

합속도의 크기는 다음과 같다.

$$V = \sqrt{(10\ \mathrm{m/s})^2 + (-15\ \mathrm{m/s})^2} = 18.0\ \mathrm{m/s}$$ 답

그 방향은 그림 7-20에서 보이는 것처럼 점 (2 m, 3 m)를 지나는 유선에 접한다. 이 유선을 정의하는 식을 찾기 위해서 $\psi(x, y) = 5(2)(3) = C = 30\ \mathrm{m^2/s}$가 만족되도록 한다. 그러면, $\psi(x, y) = 5xy = 30$ 또는 $xy = 6$이 얻어진다.

이상유체는 비회전유동이므로 베르누이 방정식을 적용할 수 있다. 이를 확인하기 위해서 식 (7-2)를 적용하면

$$\omega_z = \frac{1}{2}\left(\frac{\partial v}{\partial x} - \frac{\partial u}{\partial y}\right) = \frac{1}{2}\left(\frac{\partial(-5y)}{\partial x} - \frac{\partial(5x)}{\partial y}\right) = 0$$

가 얻어진다. 따라서 베르누이 방정식은 유체 내 임의의 두 점에 대해서 압력 차이를 구하기 위해서 사용될 수 있다.

7.8 퍼텐셜 함수

앞 절에서는 속도성분들과 유동의 유선을 묘사하는 유선 함수와 관계를 살펴보았다. 속도성분들을 단일 함수와 관련짓는 또 다른 방법은 **속도 퍼텐셜** ϕ(파이)를 사용하는 것이다. 퍼텐셜 함수는 $\phi = \phi(x, y)$로 정의된다. 속도성분들은 $\phi(x, y)$로부터 다음과 같은 식을 이용하여 구한다.

$$u = \frac{\partial \phi}{\partial x}, \quad v = \frac{\partial \phi}{\partial y} \tag{7-30}$$

따라서 속도벡터는

$$\mathbf{V} = u\mathbf{i} + v\mathbf{j} = \frac{\partial \phi}{\partial x}\mathbf{i} + \frac{\partial \phi}{\partial y}\mathbf{j} = \nabla \phi \tag{7-31}$$

퍼텐셜 함수 ϕ는 오직 **비회전유동**에만 적용된다. 이를 확인하기 위해 정의했던 속도성분들을 식 (7-2)에 대입해보자. 그러면 다음과 같이 얻어진다.

$$\omega_z = \frac{1}{2}\left(\frac{\partial v}{\partial x} - \frac{\partial u}{\partial y}\right)$$

$$= \frac{1}{2}\left[\frac{\partial}{\partial x}\left(\frac{\partial \phi}{\partial y}\right) - \frac{\partial}{\partial y}\left(\frac{\partial \phi}{\partial x}\right)\right] = \frac{1}{2}\left[\frac{\partial^2 \phi}{\partial x \partial y} - \frac{\partial^2 \phi}{\partial y \partial x}\right] = 0$$

따라서, 퍼텐셜 함수는 자동적으로 $\omega_z = 0$을 만족시키므로 **유동이 비회전유동이면**, 퍼텐셜 함수 $\phi(x, y)$를 항상 정의할 수 있다.

$\phi(x, y)$의 또 다른 특성은 속도가 **등퍼텐셜선** $\phi(x, y) = C'$에 **항상 수직하다는** 것이다. 그 결과로서, 임의의 등퍼텐셜선은 교차하는 어떤 유선 $\psi(x, y) = C$와도 수직일 것이다. 이 사실은 $\phi(x, y) = C'$의 전미분을 취함으로써 증명할 수 있다.

$$d\phi = \frac{\partial \phi}{\partial x}dx + \frac{\partial \phi}{\partial y}dy = 0$$

$$= u\,dx + v\,dy = 0$$

또는

$$\frac{dy}{dx} = \frac{u}{-v}$$

이다. 도식적으로 표현하면 그림 7-21의 유선 $\psi(x, y) = C$의 접선의 기울기 θ가 등퍼텐셜선 $\phi(x, y) = C'$의 기울기, 즉 식 (7-25)의 음의 역수임을 의미한다. 따라서, 그림에서처럼 **유선들은 등퍼텐셜선들과 항상 수직이다**.

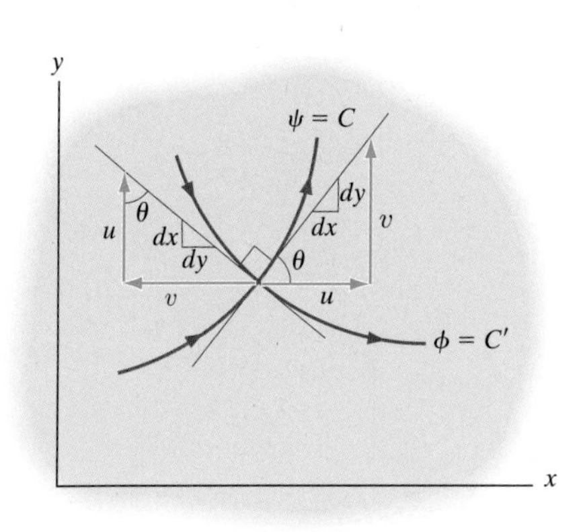

그림 7-21

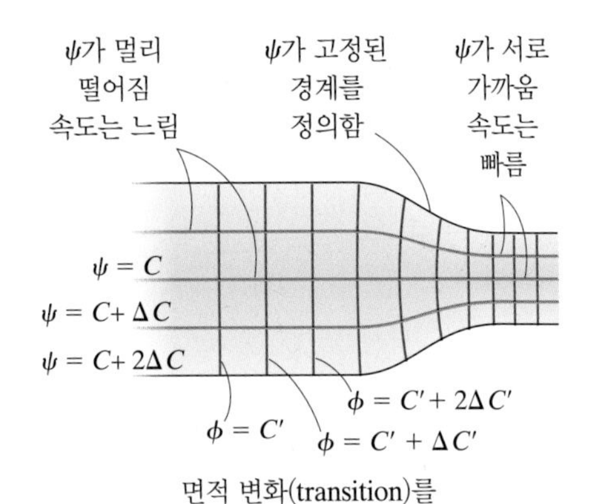

면적 변화(transition)를 지나는 이상유체의 유동망

그림 7–22

마지막으로, 등퍼텐셜 함수를 묘사하기 위하여 극좌표계를 사용한다면, 증명 없이, 속도성분 v_r과 v_θ는 퍼텐셜 함수와 다음과 같은 관계를 갖는다.

$$v_r = \frac{\partial \phi}{\partial r}, \qquad v_\theta = \frac{1}{r}\frac{\partial \phi}{\partial \theta} \tag{7-32}$$

유동망 여러 값의 상수 C와 C'에 대한 유선과 등퍼텐셜선들의 집단은 **유동망**을 형성하는데, 이것은 유동을 가시화하는 데 도식적으로 도움이 된다. 유동망의 한 예가 그림 7-22에 나타나 있다. 여기서 유선들과 등퍼텐셜선들은 서로 항상 수직으로 만나도록 구성되어 있고 그 간격들도 동일한 증분 거리 ΔC와 $\Delta C'$을 유지하도록 정해진다. 이미 지적했듯이, 유선들이 서로 가까운 곳에서는 속도가 높고(빠른 유동), 그 역도 또한 같다. 컴퓨터를 이용하면 방정식 $\psi(x, y) = C$와 $\phi(x, y) = C'$을 그리고 상수값들을 ΔC와 $\Delta C'$만큼씩 증분적으로 증가시킴으로써 편리하게 유동망을 생성할 수 있다.

요점 정리

- 유선 함수 $\psi(x, y)$는 유동의 연속성을 만족시킨다. 만일 $\psi(x, y)$를 안다면, 유동 내의 임의의 점에서의 속도성분들을 식 (7-27)을 이용해서 구할 수 있다. 또한 임의의 두 유선 $\psi(x, y) = C_1$과 $\psi(x, y) = C_2$ 사이의 유량은 유선 상수의 차이, 즉 $q = C_2 - C_1$을 알면 정할 수 있다. 유동은 회전일 수도 혹은 비회전일 수도 있다.
- 퍼텐셜 함수 $\phi(x, y)$는 비회전유동 조건을 만족시킨다. $\phi(x, y)$를 안다면, 유동 내의 임의의 점에서의 속도성분들은 식 (7-30)을 이용해서 구할 수 있다.
- 등퍼텐셜선들은 유선들과 항상 수직하고, 이 두 '선'들의 집단은 유동망을 형성한다.
- 유동의 속도성분들을 안다면, 식 (7-27) 또는 식 (7-30)을 적분함으로써 유선 함수 $\psi(x, y)$ 또는 퍼텐셜 함수 $\phi(x, y)$를 구할 수 있고, 이 때 편의상 적분상수는 0으로 놓는다.
- 특정 점 (x_1, y_1)을 지나는 유선과 등퍼텐셜선의 방정식은 먼저 $\psi(x_1, y_1) = C_1$과 $\phi(x_1, y_1) = C_1'$으로부터 상수를 얻은 후, $\psi(x, y) = C_1$과 $\psi(x, y) = C_1'$의 방정식을 구한다.

예제 7.7

속도장이 $V = \{4xy^2\mathbf{i} + 4x^2y\mathbf{j}\}$ m/s로 정의된 유동장이 있다. 이 유동에 대해서 퍼텐셜 함수가 성립될 수 있는가? 만일 성립된다면 점 $x = 1$ m, $y = 1$ m를 지나는 등퍼텐셜선을 찾아라.

풀이

유체 설명 V는 시간의 함수가 아니므로 정상유동에 해당한다.

해석 퍼텐셜 함수는 유동이 비회전유동일 때만 얻어진다. 이를 확인하기 위하여 식 (7-2)를 적용한다. 여기서 $u = 4xy^2$이고 $v = 4x^2y$이므로,

$$\omega_z = \frac{1}{2}\left(\frac{\partial v}{\partial x} - \frac{\partial u}{\partial y}\right) = \frac{1}{2}(8xy - 8xy) = 0$$

비회전유동에 해당하므로 퍼텐셜 함수가 성립될 수 있다. x 방향 속도성분을 이용하면,

$$u = \frac{\partial \phi}{\partial x} = 4xy^2$$

적분을 취하면,

$$\phi = 2x^2y^2 + f(y) \qquad (1)$$

미지함수 $f(y)$를 정해야 한다. y 방향 속도성분을 이용하면

$$v = \frac{\partial \phi}{\partial y}$$

$$4x^2y = \frac{\partial}{\partial y}\left[2x^2y^2 + f(y)\right]$$

$$4x^2y = 4x^2y + \frac{\partial}{\partial y}\left[f(y)\right]$$

$$\frac{\partial}{\partial y}f(y) = 0$$

따라서 적분을 통해서 다음이 얻어진다.

$$f(y) = C'$$

퍼텐셜 함수는 식 (1)에서부터 편의상 $C' = 0$을 넣으면,

$$\phi(x, y) = 2x^2y^2$$

점 (1 m, 1 m)를 지나는 등퍼텐셜선을 찾기 위해서 $\phi(x, y) = 2(1)^2(1)^2 = 2$를 요한다. 따라서 $2x^2y^2 = 2$ 혹은

$$xy = 1 \qquad \text{답}$$

예제 7.8

유동의 퍼텐셜 함수가 $\phi(x, y) = 10xy$로 주어졌다고 하자. 해당 유동의 유선 함수를 구하라.

풀이

유체 설명 이 유동은 정상유동이고, 퍼텐셜 함수가 정의되어 있으므로 유동은 또한 비회전이다.

해석 풀이를 위해서 우선 속도성분들을 먼저 결정하고, 다음으로 유선 함수를 얻을 것이다. 식 (7-30)을 이용하면,

$$u = \frac{\partial \phi}{\partial x} = 10y \qquad v = \frac{\partial \phi}{\partial y} = 10x$$

식 (7-27)의 u에 대한 첫 식으로부터

$$u = \frac{\partial \psi}{\partial y}; \qquad 10y = \frac{\partial \psi}{\partial y}$$

y에 대해서 적분하면

$$\psi = 5y^2 + f(x) \tag{1}$$

여기서 $f(x)$는 결정되어야 한다. 식 (7-27)의 v에 대한 두 번째 식을 이용하면,

$$v = -\frac{\partial \psi}{\partial x}; \quad 10x = -\frac{\partial}{\partial x}[5y^2 + f(x)] = -\left[0 + \frac{\partial}{\partial x}[f(x)]\right]$$

따라서

$$\frac{\partial}{\partial x}[f(x)] = -10x$$

적분하면 다음이 얻어진다.

$$f(x) = -5x^2 + C$$

$C = 0$이라 놓고 $f(x)$를 식 (1)에 대입하면, 유선 함수는 다음과 같이 얻어진다.

$$\psi(x, y) = 5(y^2 - x^2)$$ 답

유동망은 $\psi(x, y) = 5(y^2 - x^2) = C$와 $\phi(x, y) = 10xy = C'$이라고 놓고 서로 다른 상수 C와 C' 값에 대해서 그려내면 된다. 이렇게 하면, 그림 7-23a와 같은 유동망이 얻어진다. 그림 7-23b와 같이 채널의 옆면을 모형화하기 위해서 두 개의 유선, 예를 들어 $\psi_1 = C_1$과 $\psi_2 = C_2$를 선택하면, 우리가 얻은 해는 유체가 이상유체라는 가정하에서 그림과 같은 채널 내의 유동을 연구하기 위해 사용할 수 있다.

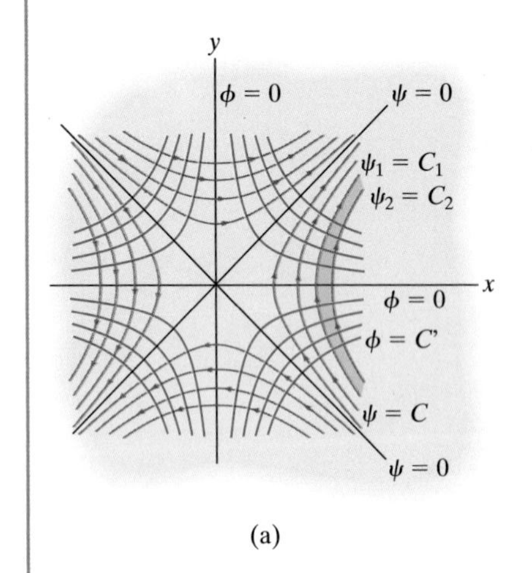

(a)

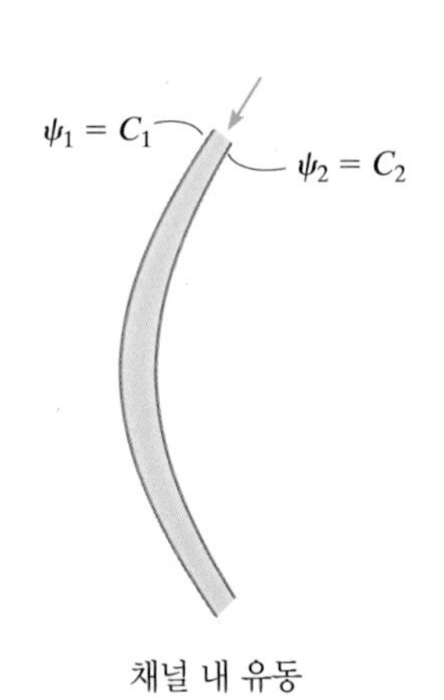

채널 내 유동

(b)

그림 7–23

7.9 기본 2차원 유동

이상유체의 유동은 연속성과 비회전유동 조건 두 가지를 모두 만족시켜야 한다. 앞에서 유선 함수 ψ는 비압축성 유동의 경우에 연속성을 자동으로 만족시킨다고 하였다. 하지만, 비회전성을 만족시킨다는 보장을 하기 위해서는 $\omega_z = \frac{1}{2}(\partial v/\partial x - \partial u/\partial y) = 0$이 요구된다. 속도성분들 $u = \partial\psi/\partial y$와 $v = -\partial\psi/\partial x$를 이 식에 대입시키면, 다음과 같이 얻어진다.

$$\frac{\partial^2\psi}{\partial x^2} + \frac{\partial^2\psi}{\partial y^2} = 0 \tag{7-33}$$

또는 벡터 형식으로는,

$$\nabla^2\psi = 0$$

비슷한 논거로, 퍼텐셜 함수 ϕ는 비회전유동 조건을 자동으로 만족시키므로 연속성 $(\partial u/\partial x) + (\partial v/\partial y) = 0$을 만족시키기 위하여 속도성분들 $u = \partial\phi/\partial x$와 $v = \partial\phi/\partial y$를 이 식에 대입시키면 다음이 얻어진다.

$$\frac{\partial^2\phi}{\partial x^2} + \frac{\partial^2\phi}{\partial y^2} = 0$$

혹은

$$\nabla^2\phi = 0 \tag{7-34}$$

위의 두 방정식들은 **라플라스 방정식** 형태이다. 식 (7-33)의 유선 함수 ψ에 대한 해, 또는 윗식의 퍼텐셜 함수 ϕ에 대한 해는 이상유체의 유동장을 묘사한다. 둘 중 한 방정식을 풀면 두 개의 적분상수들은 유동의 경계조건을 적용함으로써 계산된다. 예를 들어, 경계조건으로 고체표면에 수직방향의 속도성분은 있을 수 없으므로 고체 경계면을 따라 하나의 유선이 정의된다.

그동안 많은 연구자들이 다양한 종류의 이상유동에 대한 ψ나 ϕ를 구하기 위해 위의 방정식들을 **직접적**으로 푸는 방법으로, 또는 유동장의 속도성분을 알아냄으로써 **간접적**으로 찾아냈다. 참고문헌 [10, 11]을 참조하기 바란다. 이 작업들이 19세기 후반에 발전한 **수력학(hydrodynamics)**이라는 학문의 기초를 형성하였다. 이상유체역학에서 사용되는 방법들에 대한 간단한 소개로서, 다섯 개의 기본 유동 패턴을 포함하는 ψ와 ϕ의 해들을 제시하고자 한다. 이 유동들이 소개되고 나면, 그 다음에는 이 결과들을 이용해서 다른 종류의 유동을 묘사하기 위하여 이들을 어떻게 중첩하여 사용하는지를 살펴볼 것이다.

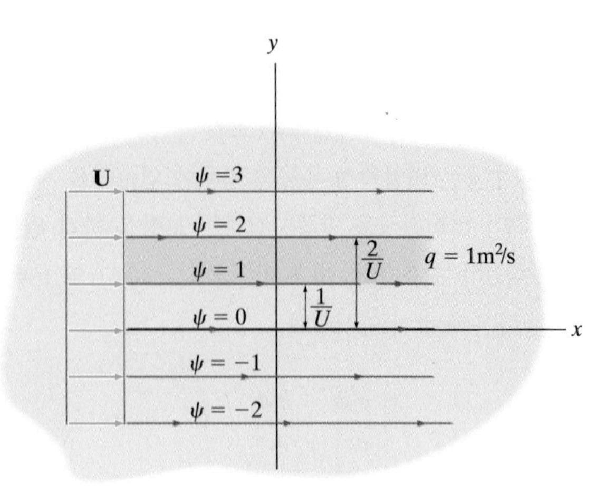

균일유동 유선들

(a)

그림 7–24

균일유동 만일 유동이 균일하고 그림 7-24a에서와 같이 x축 방향의 일정 속도 U를 갖고 있다면, 그 속도성분들은 다음과 같다.

$$u = U$$
$$v = 0$$

식 (7-27)을 적용하면, 유선 함수를 얻을 수 있다. u 속도성분을 먼저 구하면,

$$u = \frac{\partial\psi}{\partial y}; \qquad U = \frac{\partial\psi}{\partial y}$$

y에 대해서 적분하면, 다음과 같이 얻어진다.

$$\psi = Uy + f(x)$$

이 결과를 이용해서 v 속도성분으로부터

$$v = -\frac{\partial\psi}{\partial x}; \qquad 0 = -\frac{\partial}{\partial x}\left[Uy + f(x)\right]$$

$$0 = \frac{\partial}{\partial x}\left[f(x)\right]$$

x에 대해서 적분하면

$$f(x) = C$$

따라서

$$\psi = Uy + C$$

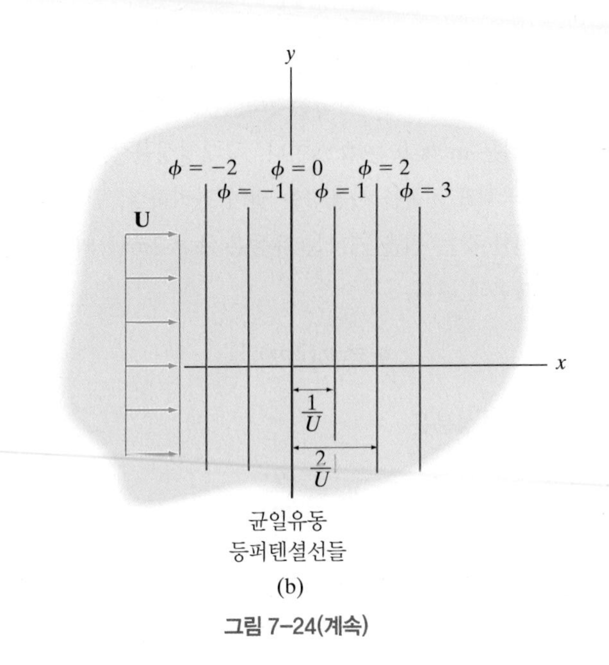

(b)

그림 7-24(계속)

적분상수 $C = 0$으로 놓으면, 유선 함수는 다음과 같이 된다.

$$\psi = Uy$$

ψ에 상수값들을 지정함으로써 그려진 유선들을 그림 7-24a에서 보여주고 있다. 예를 들어, $C = 0$이면 $Uy = 0$이고, 이는 원점을 지나는 유선을 나타낸다. 또한, $\psi = 1\ \text{m}^2/\text{s}$이면 $y = 1/U$이고, $\psi = 2\ \text{m}^2/\text{s}$이면 $y = 2/U$ 등이 된다. 식 (7-29)를 이용하면 $\psi = 1\ \text{m}^2/\text{s}$와 $\psi = 2\ \text{m}^2/\text{s}$ 사이를 통과하는 유량을 정할 수 있는데, 즉 그림 7-24a와 같이 $q = 2\ \text{m}^2/\text{s} - 1\ \text{m}^2/\text{s} = 1\ \text{m}^2/\text{s}$가 된다.

비슷한 방법으로 식 (7-30), 즉 $u = \partial\phi/\partial x$와 $v = \partial\phi/\partial y$를 이용하면, 퍼텐셜 함수를 얻을 수 있다. $U = \partial\phi/\partial x$와 $0 = \partial\phi/\partial y$를 적분함으로써 다음이 얻어진다.

$$\phi = Ux \tag{7-35}$$

등퍼텐셜선들은 ϕ에 상수값을 지정함으로써 얻어진다. 예를 들어, $\phi = 0$은 $x = 0$에 해당하고, $\phi = 1\ \text{m}^2/\text{s}$는 $x = 1/U$에 해당한다. 예상했던 대로, 그림 7-24b에서 보듯이 이 선들은 ψ로 표현되는 유선들과는 서로 수직을 이룬다. 그들은 함께 유동망을 구성한다. 또한, ψ와 ϕ 모두 요구했던 대로 라플라스 방정식, 즉 식 (7-33)과 (7-34)를 만족시킴을 알 수 있다.

선형 소스유동 2차원에서 유동의 소스 q는 그림 7-25와 같이 z축 방향인 선으로부터 x-y 면을 따라 모든 방향으로 유체가 균일하게 반경방향으로 흘러나오는 유동에 대해서 정의된다. 그런 유동은 수평 평판에 직각으로 연결된 파이프에서부터 물이 천천히 흘러나오고 다른 평판이 바로 그 위에 있는 경우를 근사적으로 보여주는 유동이다. 여기서 q는 z축(선)을 따라서 단위 깊이당 계량되고, 따라서 그 단위는 m^2/s 또는 ft^2/s이다. 각대칭성을 갖고 있으므로 이 유동을 기술하기에는 극좌표 r, θ를 사용하는 것이 편리하다. 반지름이 r인 원을 고려하면, 단위 깊이를 갖는 원을 지나는 유동은 $A = 2\pi r(1)$의 면적을 통과하고, $q = v_r A$이므로 다음과 같다.

$$q = v_r(2\pi r)(1)$$

따라서 반경방향 속도성분은

$$v_r = \frac{q}{2\pi r}$$

그리고 대칭성 때문에 원주방향 성분은

$$v_\theta = 0$$

유선 함수는 식 (7-28)을 이용하여 얻어진다. 반경방향 속도성분과 관련해서는

$$v_r = \frac{1}{r}\frac{\partial\psi}{\partial\theta}; \qquad \frac{q}{2\pi r} = \frac{1}{r}\frac{\partial\psi}{\partial\theta}$$

$$\partial\psi = \frac{q}{2\pi}\partial\theta$$

θ에 대해서 적분하면,

$$\psi = \frac{q}{2\pi}\theta + f(r)$$

이제 원주방향 속도성분을 고려하면,

$$v_\theta = -\frac{\partial\psi}{\partial r}; \qquad 0 = -\frac{\partial}{\partial r}\left[\frac{q}{2\pi}\theta + f(r)\right]$$

$$0 = \frac{\partial}{\partial r}[f(r)]$$

r에 대해서 적분하면,

$$f(r) = C$$

따라서,

$$\psi = \frac{q}{2\pi}\theta + C$$

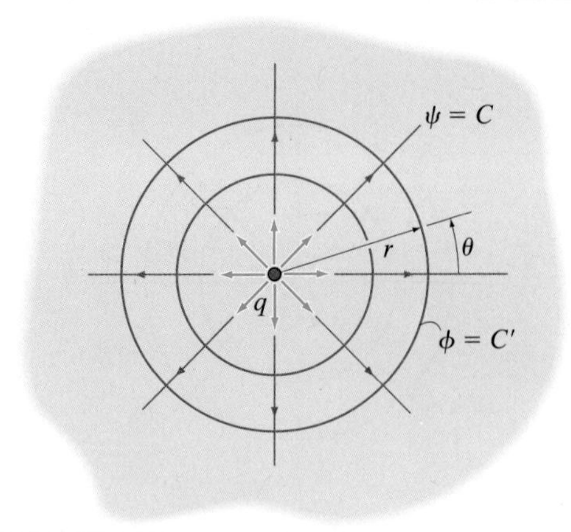

선형 소스유동

그림 7–25

적분상수를 $C = 0$으로 놓으면, 유선 함수는

$$\psi = \frac{q}{2\pi}\theta \qquad (7\text{-}36)$$

따라서, ψ가 임의의 상수값인 유선들은 그림 7-25에서와 같이 예상했던 대로 모든 좌표 θ에 대해서 반경선이 된다. 예를 들어, $C = 0$이면, $(q/2\pi)\theta = 0$ 또는 $\theta = 0$, 즉 수평 반경선이 된다. 비슷하게, 만일 $\psi = 1$이면, $\theta = 2\pi/q$가 되고, 이는 $\psi = 1$인 반경방향 유선의 각좌표값을 알려주고, 다른 경우도 마찬가지이다.

퍼텐셜 함수는 식 (7-32)를 적분함으로써 정해진다.

$$v_r = \frac{\partial \phi}{\partial r}; \qquad \frac{q}{2\pi r} = \frac{\partial \phi}{\partial r}$$

$$v_\theta = \frac{1}{r}\frac{\partial \phi}{\partial \theta}; \qquad 0 = \frac{1}{r}\frac{\partial \phi}{\partial \theta}$$

이 두 식을 적분하면 다음 식이 얻어짐을 확인하라.

$$\phi = \frac{q}{2\pi}\ln r \qquad (7\text{-}37)$$

ϕ가 동일한 등퍼텐셜선들은 중심이 소스에 있는 원들이 된다. 예를 들어, 그림 7-25에서와 같이 $\phi = 1$은 $r = e^{2\pi/q}$인 원을 정의하고, 이외에도 마찬가지이다. 소스는 사실상 r이 영으로 수렴함에 따라 $v_r = q/2\pi r$이 무한대에 접근하므로 수학적으로 특이점이라는 것을 주목하라. 하지만, 구성된 유동망은 소스에서 떨어진 곳에서는 여전히 유효하다.

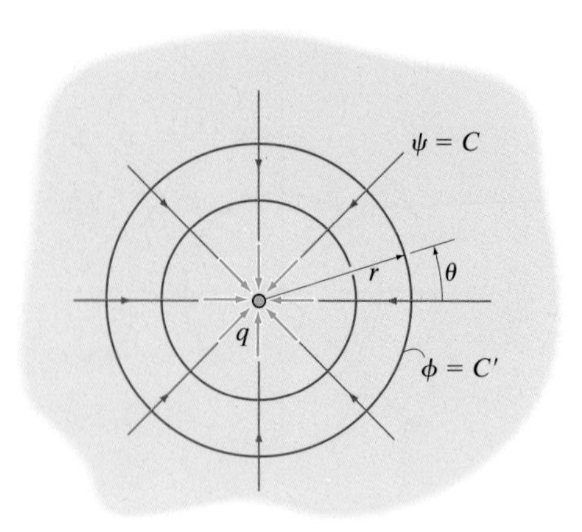

선형 싱크유동

그림 7–26

선형 싱크유동 유동이 그림 7-26과 같이 반경방향으로 선형 소스(축)를 향해서 안쪽으로 향하면, 유동의 강도 q는 음이 되며 유동은 선형 싱크유동이라고 부른다. 이런 종류의 유동은 배수관으로 연결된 평평한-바닥의 싱크에서 얕은 균일 깊이의 물 유동의 특성과 비슷하다. 여기서 속도성분들은

$$v_r = -\frac{q}{2\pi r}$$

$$v_\theta = 0$$

그리고 유선 함수와 퍼텐셜 함수들은

$$\psi = -\frac{q}{2\pi}\theta \tag{7-38}$$

$$\phi = -\frac{q}{2\pi}\ln r \tag{7-39}$$

이 함수들의 유동망을 그림 7-26에서 보여주고 있다.

더블릿 선형 소스와 선형 싱크가 서로 가까워지다가 합쳐지면, 더블릿이 된다. 이 경우에 유선 함수와 퍼텐셜 함수를 어떻게 수식화하는지를 보여주기 위하여 그림 7-27a에서처럼 동일-강도의 소스와 싱크를 생각해보자. 식 (7-36)과 (7-38)을 이용해서 θ_1과 θ_2를 각각 소스와 싱크를 위한 변수로 사용하면,

$$\psi = \frac{q}{2\pi}(\theta_1 - \theta_2)$$

이 식을 다시 정리하고 양변에 탄젠트를 취하고 각도 합에 대한 추가적인 탄젠트 공식을 사용하면, 다음과 같이 얻어진다.

$$\tan\left(\frac{2\pi\psi}{q}\right) = \tan\,(\theta_1 - \theta_2) = \frac{\tan\,\theta_1 - \tan\,\theta_2}{1 + \tan\,\theta_1 \tan\,\theta_2} \tag{7-40}$$

그림 7-27a에서 θ_1과 θ_2의 탄젠트는 다음과 같이 쓸 수 있다.

$$\tan\left(\frac{2\pi\psi}{q}\right) = \frac{[y/(x+a)] - [y/(x-a)]}{1 + [(y/(x+a))(y/(x-a))]}$$

또는

$$\psi = \frac{q}{2\pi}\tan^{-1}\left(\frac{-2ay}{x^2 + y^2 - a^2}\right)$$

거리 a가 점점 줄어들면, 각도들은 $\theta_1 \to \theta_2 \to \theta$, 그리고 각도의 차이 $(\theta_1 - \theta_2)$ 또한 줄어든다. 이렇게 되면, 차이의 탄젠트는 차이 그 자체로 접근하게 되고, 즉 $\tan\,(\theta_1 \to \theta_2) \to (\theta_1 - \theta_2)$, 따라서 윗식에서 $\tan^{-1}$은 제거될 수 있다. 얻어진 결과를 극좌표로 변환하고, $r^2 = x^2 + y^2$과 $y = r\sin\theta$를 이용하면, 다음이 얻어진다.

$$\psi = -\frac{qa}{\pi}\left(\frac{r\sin\theta}{r^2 - a^2}\right)$$

만일 $a \to 0$이면, 소스와 싱크에서의 유동들은 서로 상쇄될 것이다. 하지만, $a \to 0$으로 수렴함에 따라 소스와 싱크 모두의 강도 q가 증가하고, $q \to \infty$로 수렴해서 곱 qa가 일정하게 유지되도록 한다고 가정하자. 편의를 위해서, 이 더블릿의 강도를 $K = qa/\pi$로 정의하면, 극한에서는 유선 함수가 다음과 같이 된다.

$$\psi = \frac{-K\sin\theta}{r} \tag{7-41}$$

비슷한 방법으로 퍼텐셜 함수를 얻을 수 있다.

$$\phi = \frac{K\cos\theta}{r} \tag{7-42}$$

더블릿에 대한 유동망은 그림 7-27b에 보여진 것처럼 원점에서 모두 접하는 일련의 원들로 구성된다. 7.10절에서는 이것을 가지고 균일유동과 중첩을 시킴으로써 어떻게 실린더 주위 유동을 표현할 수 있는지를 보일 것이다.

자유와류유동 자유와류는 원형의 비회전유동이다. 여기서 그림 7-28a와 같이 유선은 원형이고, 등퍼텐셜선들은 방사형이다. 이것을 묘사하기 위해 식 (7-36)의 선형 소스의 유선 함수를 자유와류의 퍼텐셜 함수로 사용해보자. 그러고 나서, 식 (7-28)과 (7-32)의 v_θ에 대한 관계, $-\partial\psi/\partial r = (1/r)\,(\partial\phi/\partial\theta)$로부터 유선 함수를 얻을 수 있다. 그 결과는

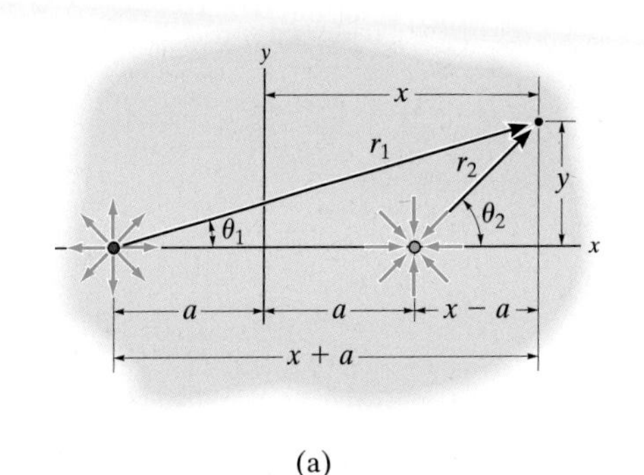

(a)

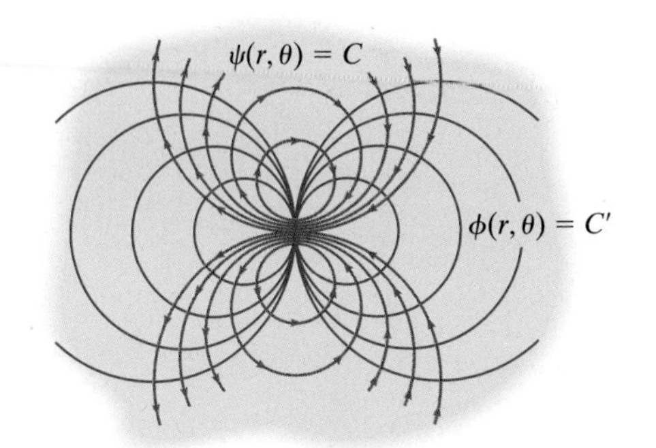

더블릿
(b)

그림 7–27

$$\psi = -k \ln r \tag{7-43}$$

$$\phi = k\theta \tag{7-44}$$

여기서 $k = q/(2\pi)$는 일정하다. 식 (7-28)을 적용하면, 속도성분들은

$$v_r = \frac{1}{r}\frac{\partial\psi}{\partial\theta}; \qquad v_r = 0 \tag{7-45}$$

$$v_\theta = -\frac{\partial\psi}{\partial r}; \qquad v_\theta = \frac{k}{r} \tag{7-46}$$

r이 작아지면 v_θ는 커지고, $r = 0$인 중심은 v_θ가 무한대가 되는 특이점이라는 것을 주의하라. 이 유동은 퍼텐셜 함수를 사용하여 유동을 표현한 것이므로 비회전이다. 그 결과로서 유동 내의 유체요소는 그림 7-28b에서 보여주듯이 회전이 일어나지 않도록 변형될 것이다. 마지막으로 이 와류는 반시계방향향임을 주의하라. 시계방향 와류에 대한 표현은 식 (7-43)과 (7-44)에서 부호가 바뀌어야 한다.

순환 자유와류유동에 대한 유선 함수와 퍼텐셜 함수를 식 (7-6)에 정의된 그 순환 Γ를 이용해서 또한 정의할 수도 있다. 반지름 r의 유선(원형)에 대한 순환을 계산하면

$$\Gamma = \oint \mathbf{V}\cdot d\mathbf{s} = \int_0^{2\pi} \frac{k}{r}(r\,d\theta) = 2\pi k$$

이 결과를 사용하면 식 (7-43)과 (7-44)는 다음과 같이 된다.

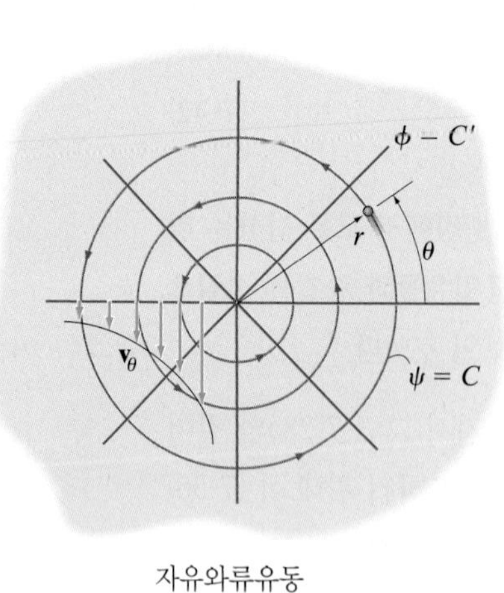

자유와류유동
(a)

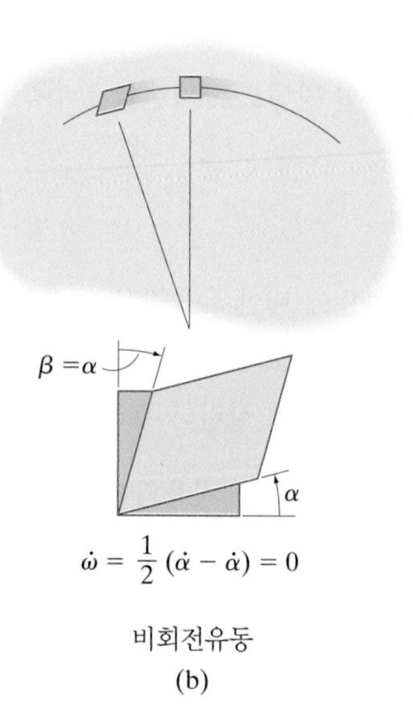

비회전유동
(b)

그림 7–28

$$\psi = -\frac{\Gamma}{2\pi}\ln r \tag{7-47}$$

$$\phi = \frac{\Gamma}{2\pi}\theta \tag{7-48}$$

다음 절에서 회전하는 실린더에 작용하는 유체 압력의 효과를 살펴보기 위해서 이 결과를 이용할 것이다.

강제와류 유동 강제와류는 그림 7-29a와 같이 해당 운동을 일으키거나 또는 '강제'하기 위해서는 외부 토크가 필요하기 때문에 그렇게 불리는 이름이다. 일단 운동이 시작되면, 유체의 점성 효과가 궁극적으로는 유체를 강체로서 회전하도록 만들 것이다. 즉, 유체요소들은 그림 7-29b와 같이 그 모양을 유지하면서 정해진 축에 대해서 회전을 할 것이다. 대표적인 예로 용기 속의 실제유체의 회전을 2.14절에서 다루었다. 유체요소들이 '회전'을 하기 때문에, 퍼텐셜 함수는 성립될 수 없다. 이 경우는, 2.14절에서 다루었던 경우처럼, 속도성분들은 $v_r = 0$이고, $v_\theta = \omega r$이고, ω는 그림 7-29a에서와 같이 유체의 각속도이다.

$$v_\theta = -\frac{\partial\psi}{\partial r} = \omega r$$

적분상수를 배제하면, 유선 함수는

$$\psi = -\frac{1}{2}\omega r^2$$

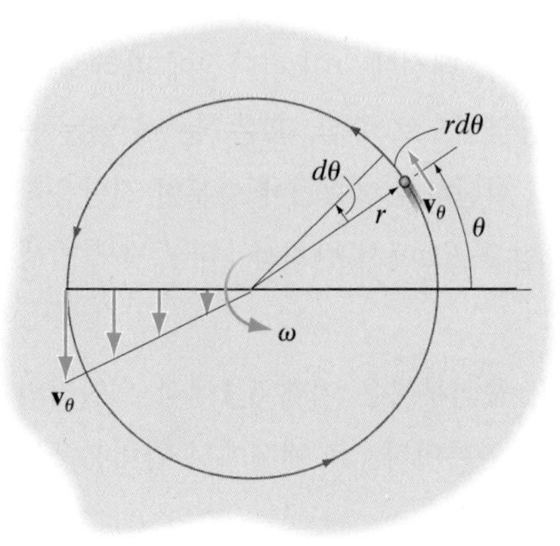

강제와류 유동
(a)

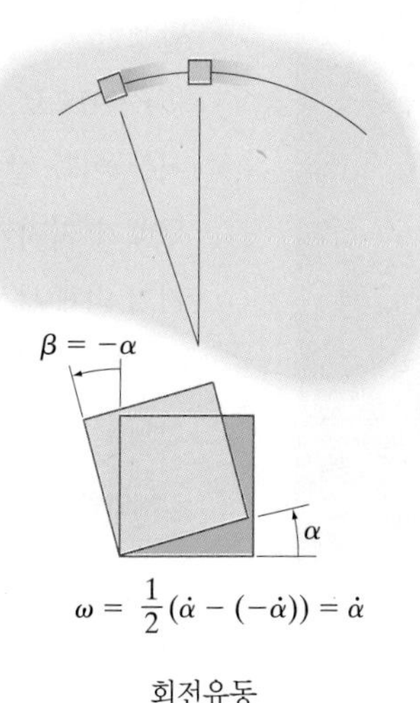

회전유동
(b)

그림 7–29

예제 7.9

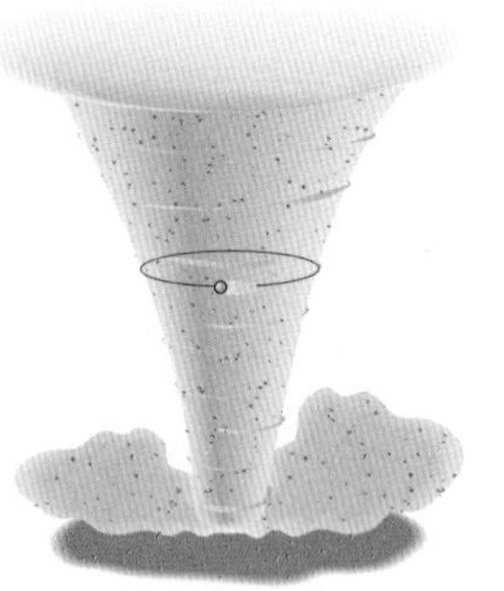

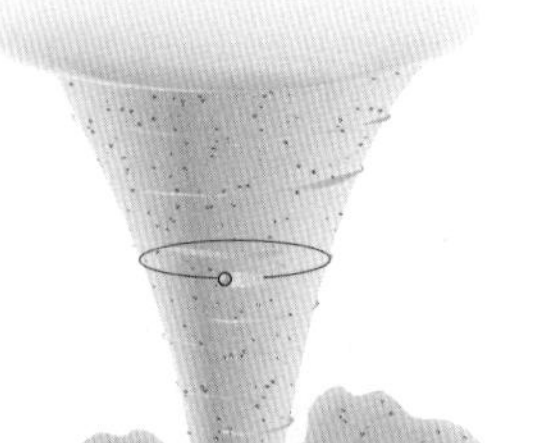

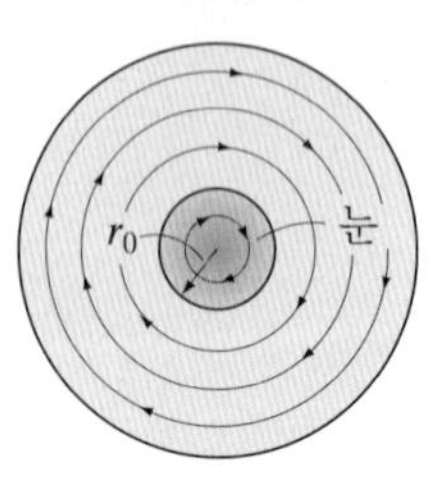

(a)

그림 7-30

토네이도는 그림 7-30a와 같이 수평방향의 원형 유선을 따라 움직이는 소용돌이치는 공기 덩어리로 구성되어 있다. 토네이도 내의 압력분포를 r의 함수로 구하라.

풀이

유체 설명 공기는 이상유체로 가정하고 정상유동을 가정하자. 토네이도의 병진 운동은 무시한다.

자유와류 식 (7-45)와 (7-46)으로부터 속도성분들은

$$v_r = 0 \quad \text{그리고} \quad v_\theta = \frac{k}{r} \tag{1}$$

자유와류 내의 유동은 정상 **비회전유동**이므로, 베르누이 방정식을 서로 다른 유선 상의 두 점에 대해서 적용할 수 있다. 토네이도 내에서 한 점을, 그리고 다른 한 점은 그것과 동일 높이이면서 공기 속도 $V = 0$이고 (계기)압력 $p = 0$인 멀리 떨어진 곳을 선택하면, 식 (7-24)를 이용해서 다음이 얻어진다.

$$\frac{p_1}{\rho} + \frac{V_1^2}{2} + gz_1 = \frac{p_2}{\rho} + \frac{V_2^2}{2} + gz_2$$

$$\frac{p}{\rho} + \frac{k^2}{2r^2} + gz = 0 + 0 + gz$$

$$p = -\frac{\rho k^2}{2r^2} \tag{2}$$

여기서 k는 정해야 하는 상수이다. 이 식에서의 음의 부호는 흡입압력(부압)이 발생한다는 것을 지시하고 있고, 이 압력과 속도는 r이 작아질수록 강해진다.

$r \to 0$으로 가까워지면 속도와 압력이 무한대로 접근해야 하므로 **실제유체**에서는 이와 같은 자유와류는 존재할 수 없다. 대신에, r이 작아짐에 따라 속도 구배가 커지기 때문에, 공기의 점성이 궁극적으로 중심, 혹은 '눈'에 있는 공기가 **강체 시스템**으로 각속도 ω를 가지고 회전하게 만들기에 충분한 전단응력을 만들어낼 것이다. 이러한 천이가 그림 7-30a에서 반지름 $r = r_0$에서 발생한다고 가정하자.

강제와류 '강체' 운동 특성으로 인하여, 중심부분은 예제 5.1에서 오일러의 운동방정식을 이용하여 해석하였던 강제와류이다. 그 예제에서 압력분포는 다음과 같이 정의됨을 보았다.

$$p = p_0 - \frac{\rho\omega^2}{2}\left(r_0^2 - r^2\right) \tag{3}$$

여기서 p_0는 r_0에서의 압력이다.

압력분포를 전체에 대해서 모두 찾아내기 위해서는 두 해를 $r = r_0$에서 일치시켜야 한다. r_0에서의 강제와류의 속도, $v_\theta = \omega r_0$가 자유와류에서의 그것과 같아야 하므로 식 (1)의 상수 k는 정할 수 있다. 따라서

$$v_\theta = \omega r_0 = \frac{k}{r_0} \text{ 이므로 } k = \omega r_0^2$$

식 (2)와 (3)의 압력은 $r = r_0$에서 서로 같아야 하므로,

$$-\frac{\rho(\omega r_0^2)^2}{2r_0^2} = p_0 - \frac{\rho\omega^2}{2}\left(r_0^2 - r_0^2\right)$$

$$p_0 = -\frac{\rho\omega^2 r_0^2}{2}$$

따라서, 식 (3)을 대입하고 정리하면, 강제와류인 $r \le r_0$에 대해서

$$v_\theta = \omega r$$

$$p = \frac{\rho\omega^2}{2}\left(r^2 - 2r_0^2\right)$$

그리고 자유와류인 $r \ge r_0$에서는

$$v_\theta = \frac{\omega r_0^2}{r}$$

$$p = -\frac{\rho\omega^2 r_0^4}{2r^2}$$

답

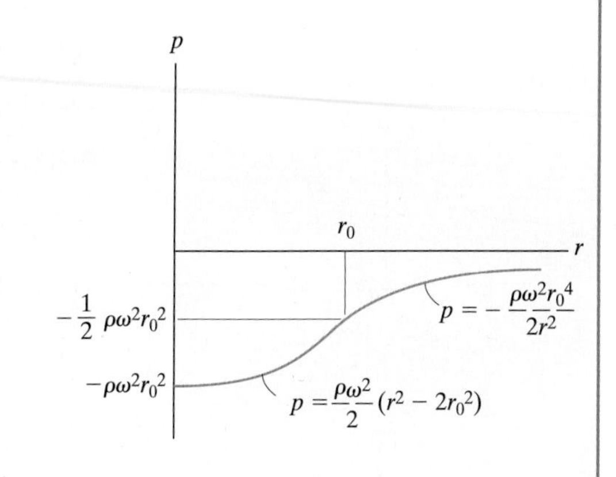

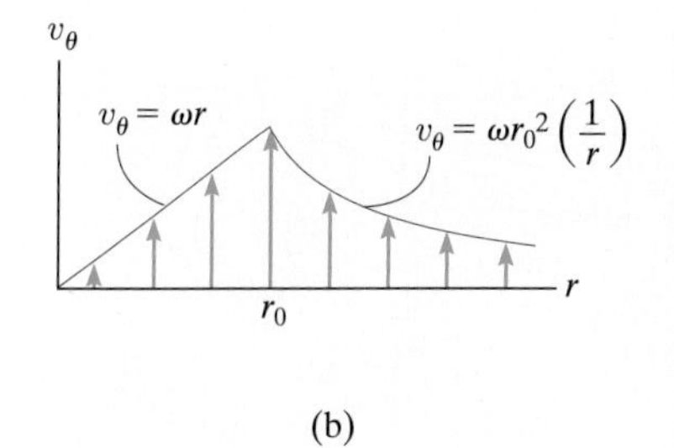

(b)

그림 7-30(계속)

이 결과들을 이용해서, 속도와 압력 변화를 그림 7-30b에서 그림으로 보여주고 있다. 가장 큰 흡입(부압)은 강제와류의 중심 $r = 0$에서 발생하고 있고, 가장 큰 속도는 $r = r_0$에서 발생하고 있음을 주목하라. 토네이도가 그처럼 파괴적일 수 있는 것은 바로 이 낮은 압력과 높은 속도의 조합 때문이다. 사실 토네이도는 종종 200 mi/h(322 km/h) 이상의 풍속에 이르곤 한다. 일기예보에서 잘 지어진 집들을 무너뜨리고 자동차들을 지상에서부터 들어올릴 정도로 토네이도의 위력을 본 적이 있을 것이다.

여기서 살펴본 와류, 즉 강제와류가 자유와류로 둘러싸인 결합인 이 종류를 때로는 **복합와류**라고 부른다. 이 유동은 토네이도에서도 생기지만, 부엌의 싱크대에서 물이 바닥으로 배수될 때, 또는 강에서 보트의 노 주위나 다리 교각 주위를 지나가는 물에서도 발생한다.

7.10 유동의 중첩

앞절에서 어떠한 이상유동도 유선 함수와 퍼텐셜 함수는 라플라스 방정식, 즉 식 (7-33)과 (7-34)를 만족시켜야 한다는 것을 지적하였다. ψ와 ϕ의 2차 도함수들이 라플라스 방정식에서는 1차식이므로 선형함수이다. 따라서 여러 다른 해들은 **중첩** 혹은 서로 합하여 새로운 해를 만들 수 있다. 예를 들어, $\psi = \psi_1 + \psi_2$ 혹은 $\phi = \phi_1 + \phi_2$이다. 이런 방법으로, 복잡한 유동 패턴들을 앞절에서 살펴본 유동들과 같은 일련의 기본 유동 패턴들로부터 구성할 수 있다. 오늘날까지 많은 종류의 해들이 이 방법을 이용하여 구해졌고, 어떤 경우에는 고급의 수학적 해석 적용을 요구하기도 한다. 해를 찾기 위해서 사용되는 여러 가지 기법들이 수력학 관련 책들에 나와있다. 참고문헌 [10]과 [11]을 참조하라. 다음은 중첩을 이용하는 몇 가지 기본적인 적용 예들이다.

(a)

반체를 지나는 유동 균일유동과 선형 소스유동의 결과를 서로 더하면, 총 유선과 퍼텐셜 함수들은

$$\psi = \frac{q}{2\pi}\theta + Uy = \frac{q}{2\pi}\theta + Ur\sin\theta \tag{7-49}$$

$$\phi = \frac{q}{2\pi}\ln r + Ux = \frac{q}{2\pi}\ln r + Ur\cos\theta \tag{7-50}$$

여기서 결과를 극좌표로 나타내기 위해서 좌표 변환식 $x = r\cos\theta$와 $y = r\sin\theta$를 사용했다.

속도성분들은 식 (7-32)[또는 식 (7-28)]로부터 정해질 수 있다.

$$v_r = \frac{\partial\phi}{\partial r} = \frac{q}{2\pi r} + U\cos\theta \tag{7-51}$$

$$v_\theta = \frac{1}{r}\frac{\partial\phi}{\partial\theta} = -U\sin\theta \tag{7-52}$$

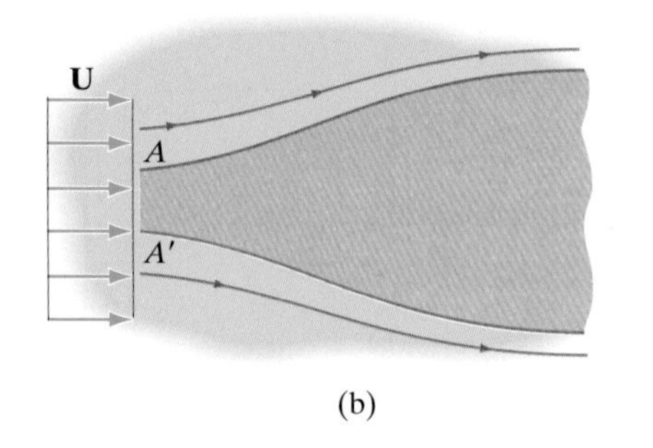

(b)

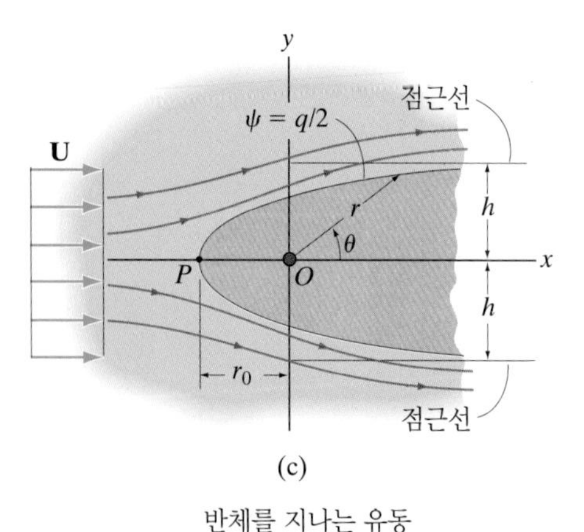

(c)

반체를 지나는 유동

그림 7–31

이 결과 유동은 그림 7-31a에서 보는 것과 비슷하다. 유선들 중 어떤 것이든 이 유동 패턴에 맞는 고체 물체의 경계로 선택될 수 있다. 예를 들어, 유선 A와 A'은 그림 7-31b에서 음영 처리되어 보이는 형상의 무한 연장 물체의 경계를 구성한다. 하지만 여기서는 그림 7-31c에서 정체점 P를 지나는 유선이 만들어내는 모양에 대해서 생각해보자. 이 점은 그림 7-31a에서와 같이 소스 q로부터 나오는 유동의 속도가 크기 영의 균일유동 U와 상쇄될 때 생긴다. 정체점은 $r = r_0$에 위치해 있는데, 그곳에서는 두 속도성분이 모두 영이고, 바로 그 앞에서 유동은 반으로 나뉘어 물체 주위를 지나간다. 횡단 속도성분과 관련하여 다음을 알 수 있다.

$$0 = -U \sin \theta$$
$$\theta = 0, \pi$$

근 $\theta = \pi$는 r_0의 방향을 알려준다. 반경방향 성분과 관련하여

$$0 = \frac{q}{2\pi r_0} + U \cos \pi$$

$$r_0 = \frac{q}{2\pi U} \tag{7-53}$$

예상했던 것처럼, P의 반경방향 위치는 균일유동속도 U와 소스 강도 q의 크기에 의존한다.

물체의 경계는 점 $r = r_0$, $\theta = \pi$를 지나는 유선으로 지정될 수 있다. 식 (7-49)에서부터 이 유선의 상수는

$$C = \frac{q}{2\pi}\pi + U\left(\frac{q}{2\pi U}\right)\sin \pi = \frac{q}{2}$$

따라서, 물체의 경계의 방정식은

$$\frac{q}{2\pi}\theta + Ur \sin \theta = \frac{q}{2}$$

단순화를 위해서 식 (7-53)의 q에 대해서 풀고 그것을 이 방정식에 대입할 수 있다. 그러면,

$$r = \frac{r_0(\pi - \theta)}{\sin \theta} \tag{7-54}$$

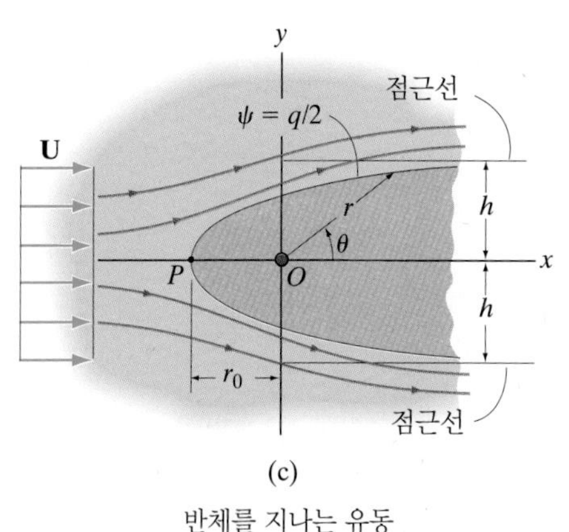

(c)
반체를 지나는 유동

그림 7–31(계속)

물체는 오른쪽으로 무한한 거리로 뻗어나가고, 그 위쪽과 아래쪽 표면은 점근선으로 접근하므로, 닫힌 형상이 아니다. 이런 이유로 인해 **반체**라고 불린다. 반폭 h는 식 (7-54)로부터 정할 수 있는데, $y = r \sin \theta = r_0(\pi - \theta)$를 활용한다. θ가 0 또는 2π로 다가가면, $y = \pm h = \pm \pi r_0 = q/(2U)$이다.

U와 q의 적절한 값을 선택함으로써, 균일유동 U 속에 놓인 익형(날개)의 앞쪽 표면과 같은 대칭 물체의 형상을 모형화하는 데 반체를 사용할 수 있다. 그러나 여기에는 한계가 있다. 모든 실제유체들은 점성으로 인하여 물체 경계에서 '점착(no-slip)' 조건으로 인해 속도가 0이다. 이상유체라는 가정을 하면 경계에서의 속도가 유한한 값을 갖게 된다. 제11장에서는 공기와 같이 상대적으로 낮은 점도를 가진 유체가 높은 속도로 흐를 때 점성 효과는 일반적으로 경계 근처의 매우 얇은 영역에만 제한적으로 나타난다는 것을 볼 것이다. 이 영역 바깥에서 유동은 여기서 보이고 있는 해석 방법으로 묘사될 수 있고, 사실상 그 결과들은 실험 결과들과도 매우 잘 일치한다는 것이 알려져 있다.

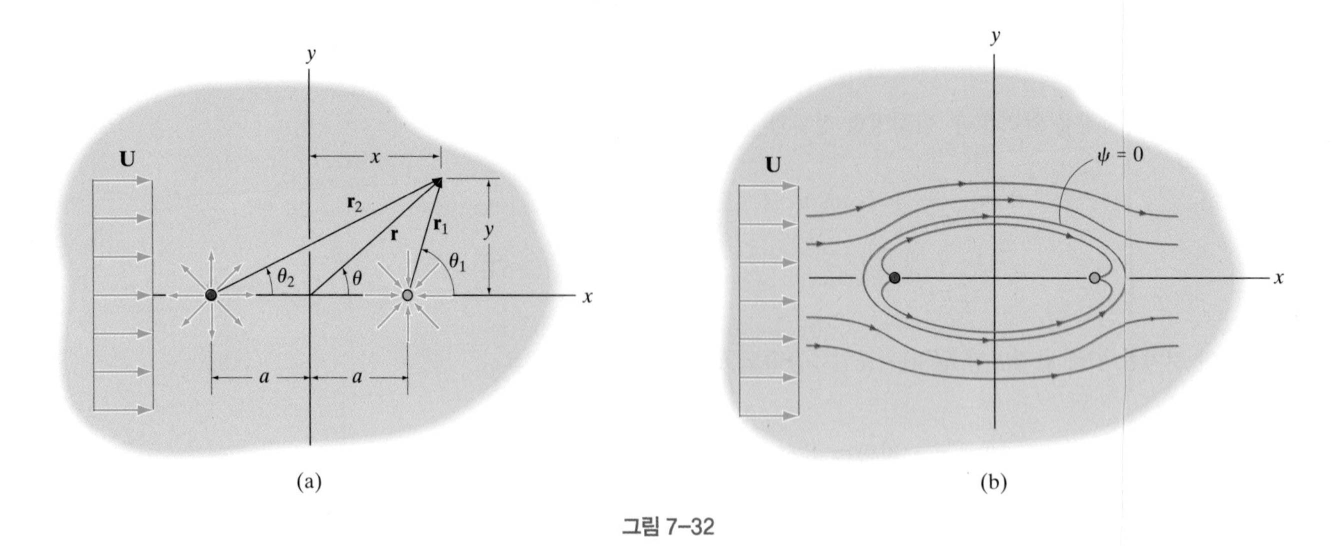

그림 7-32

랭킨 오벌 주위 유동 균일유동을 원점으로부터 각각 거리 a만큼 떨어져서 위치한 동일한 강도의 선형 소스와 싱크에 중첩을 하면(그림 7-32a), 생성된 유선들은 그림 7-32b과 비슷할 것이다. 설정된 좌표를 사용하면, 다음이 얻어진다.

$$\psi = Uy + \frac{q}{2\pi}\theta_2 - \frac{q}{2\pi}\theta_1 = Ur\sin\theta + \frac{q}{2\pi}\left(\theta_2 - \theta_1\right) \tag{7-55}$$

$$\phi = Ux - \frac{q}{2\pi}\ln r_1 + \frac{q}{2\pi}\ln r_2 = Ur\cos\theta + \frac{q}{2\pi}\ln\frac{r_2}{r_1} \tag{7-56}$$

이 함수들을 직교(Cartesian) 좌표로 표현하면

$$\psi = Uy - \frac{q}{2\pi}\tan^{-1}\frac{2ay}{x^2 + y^2 - a^2} \tag{7-57}$$

$$\phi = Ux + \frac{q}{2\pi}\ln\frac{\sqrt{(x + a)^2 + y^2}}{\sqrt{(x - a)^2 + y^2}} \tag{7-58}$$

이때 속도성분들은

$$u = \frac{\partial\phi}{\partial x} = U + \frac{q}{2\pi}\left[\frac{x + a}{(x + a)^2 + y^2} - \frac{x - a}{(x - a)^2 + y^2}\right] \tag{7-59}$$

$$v = \frac{\partial\phi}{\partial y} = \frac{q}{2\pi}\left[\frac{y}{(x + a)^2 + y^2} - \frac{y}{(x - a)^2 + y^2}\right] \tag{7-60}$$

식 (7-57)에서 $\psi = 0$이라고 놓으면, 그림 7-32c의 형상을 얻게 된다. 이 형상은 두 정체점을 지나고 유동패턴들이 합쳐진다는 아이디어를 개발한 수력학자

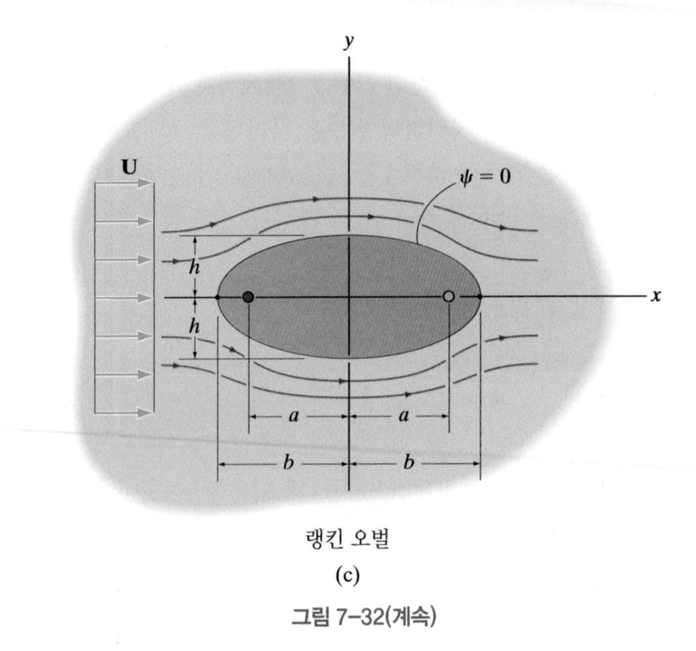

랭킨 오벌
(c)

그림 7-32(계속)

William Rankine의 이름을 따서 **랭킨 오벌 형상**이라 부른다.

정체점의 위치를 찾기 위해서는 $u = v = 0$을 필요로 한다. 따라서 식 (7-60)에서 $v = 0$으로부터 $y = 0$을 얻는다. 그러면 $x = b$, $y = 0$에서 $u = 0$으로부터 식 (7-59)는 다음의 결과를 준다.

$$b = \left(\frac{q}{U\pi} a + a^2 \right)^{1/2} \tag{7-61}$$

이 치수는 또한 그림 7-32c의 물체의 반장(half-length)을 정의한다. 반폭 h는 $\psi = 0$과 y축($x = 0$)의 교점으로부터 찾는다. 식 (7-59)로부터

$$0 = Uh - \frac{q}{2\pi} \tan^{-1} \frac{2ah}{h^2 - a^2}$$

이 항들을 정리하면 다음을 얻는다.

$$h = \frac{h^2 - a^2}{2a} \tan\left(\frac{2\pi Uh}{q} \right) \tag{7-62}$$

이 초월방정식에서의 h에 대한 구체적인 수치해는 수치적 풀이를 필요로 하는데, 예제 7.10에서 실례로 살펴볼 것이다. 일반적으로 해를 찾을 때, 랭킨 오벌의 반폭은 상응하는 반체의 반폭보다 약간 작기 때문에 $q/(2U)$보다 다소 작은 숫자로 시작해야 한다.

실린더 주위의 유동 동일 강도의 소스와 싱크가 같은 위치에 놓이면, 더블릿이 되고, 이것을 균일유동과 중첩하면 그림 7-33a에서와 같이 실린더 주위의 유동을 얻게 된다. 여기서 a는 실린더의 반경을 나타내고, 식 (7-34)와 (7-35) 그리고 식 (7-41)과 (7-42)를 이용하여 $x = r\cos\theta$와 $y = r\sin\theta$를 대체하면, 유선 함수와 퍼텐셜 함수들은 다음과 같이 된다.

$$\psi = Ur\sin\theta - \frac{K\sin\theta}{r}$$

$$\phi = Ur\cos\theta + \frac{K\cos\theta}{r}$$

$\psi = 0$이라고 놓으면 두 개의 정체점을 지나게 되는데, 이것이 실린더의 경계를 정의하게 될 것이다. 그러므로 $(Ua - K/a)\sin\theta = 0$이고, 더블릿의 강도는 $K = Ua^2$이어야 한다. 따라서

$$\psi = Ur\left(1 - \frac{a^2}{r^2}\right)\sin\theta \tag{7-63}$$

$$\phi = Ur\left(1 + \frac{a^2}{r^2}\right)\cos\theta \tag{7-64}$$

그리고 속도성분들은

$$v_r = \frac{\partial\phi}{\partial r} = U\left(1 - \frac{a^2}{r^2}\right)\cos\theta \tag{7-65}$$

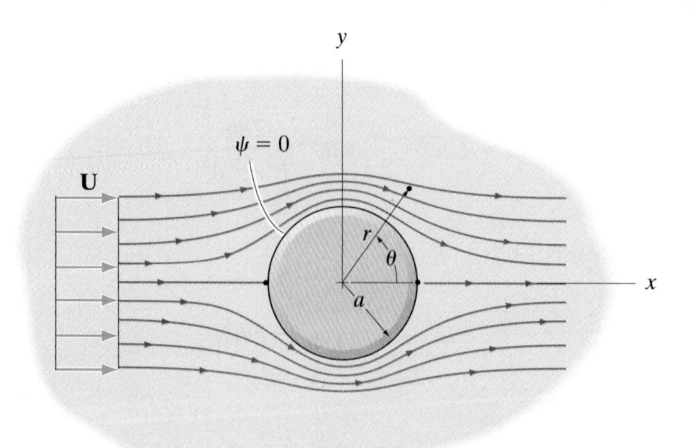

실린더 주위의 균일유동
이상유동
(a)

그림 7-33

$$v_\theta = \frac{1}{r}\frac{\partial \phi}{\partial \theta} = -U\left(1 + \frac{a^2}{r^2}\right)\sin\theta \qquad (7\text{-}66)$$

$r = a$이면 경계로 인해 $v_r = 0$이고, 반면 $v_\theta = -2U\sin\theta$임을 유의하라. 정체점은 $v_\theta = 0$인 곳에 생기는데, 그곳은 $\sin\theta = 0$, 혹은 $\theta = 0°$와 $\theta = 180°$이다. 유선들은 그림 7-33a에서와 같이 $\theta = 90°$인 실린더의 꼭대기(혹은 밑바닥)에서 서로 가까우므로 최대 속도는 이곳에서 발생한다. 최대 속도는 $(v_\theta)_{max} = 2U$이다. 이상유체의 경우, v_θ에 대한 이 유한한 값을 갖지만, 실제유체는 점성으로 인하여 점착(no-slip) 조건이 발생하고 고체 경계에서의 속도는 0이 된다는 것을 기억해야 한다.

실린더 위나 바깥쪽 한 점에서의 압력은 베르누이 방정식을 그 점과 $p = p_0$와 $V = U$의 값을 갖는 실린더로부터 멀리 떨어진 점에 대해서 적용함으로써 찾을 수 있다. 중력의 영향을 무시하면,

$$\frac{p}{\rho} + \frac{V^2}{2} = \frac{p_0}{\rho} + \frac{U^2}{2}$$

또는

$$p = p_0 + \frac{1}{2}\rho\left(U^2 - V^2\right)$$

$r = a$인 표면을 따라서는 $V = v_\theta = -2U\sin\theta$이므로 이것을 윗식에 대입하면 표면에서의 압력이 다음과 같이 얻어지게 된다.

$$p = p_0 + \frac{1}{2}\rho U^2\left(1 - 4\sin^2\theta\right) \qquad (7\text{-}67)$$

그림 7-33b가 그 결과인 $(p - p_0)$의 그래프를 보여주고 있다. 관찰해보면 이 압

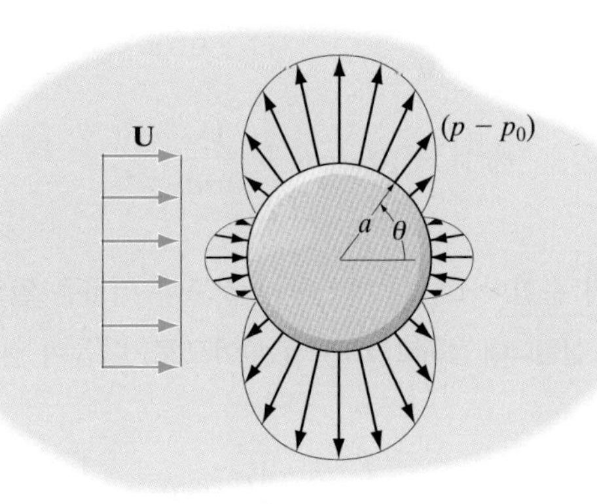

압력분포

(b)

그림 7-33(계속)

력분포는 대칭적이고, 따라서 실린더에 아무런 유효힘(net force)도 만들어내지 않는다. 이상유체는 유동에서 점성마찰의 효과를 포함하지 않기 때문에 예상될 만한 결과이다. 하지만, 제11장에서는 이 효과를 포함할 것이고, 그 결과 압력분포에 어떻게 영향을 미치는지 살펴볼 것이다.

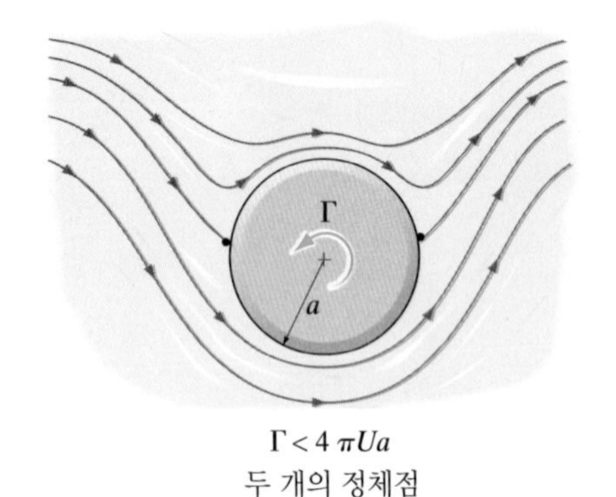

$\Gamma < 4\pi Ua$
두 개의 정체점
(a)

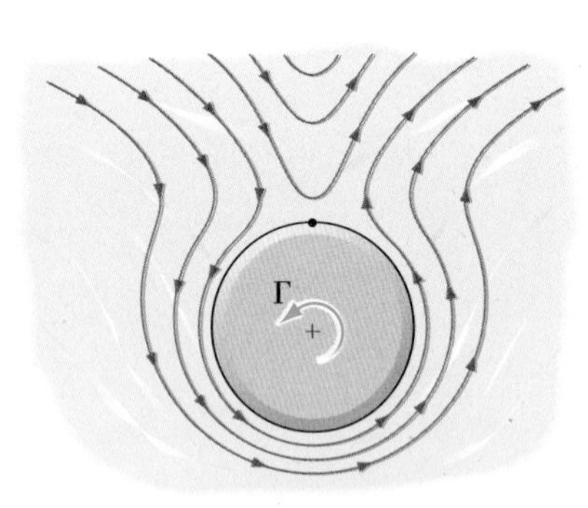

$\Gamma = 4\pi Ua$
한 개의 정체점
(b)

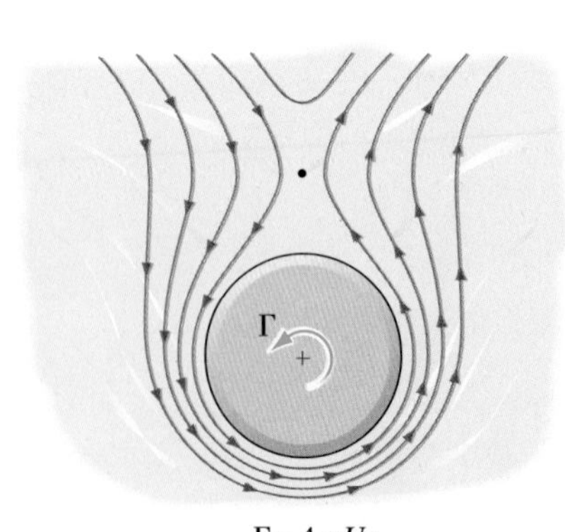

$\Gamma > 4\pi Ua$
실린더 표면에
정체점 없음
(c)

그림 7–34

실린더 주위의 균일유동과 자유와류유동 만일 균일유동의 실제유체 속에서 실린더가 반시계방향으로 회전을 하고 있다면, 실린더 표면과 접촉하고 있는 유체입자들은 표면에 붙을 것이고, 점성으로 인하여 실린더와 함께 움직일 것이다. 이런 종류의 유동을 이상유체를 이용해서 균일유동 속에 놓인 실린더를 그 순환 Γ로 표현된 식 (7-47)과 (7-48)의 자유와류와 중첩시킴으로써 대략적으로 모형화할 수 있다. 이 유동들을 서로 더하면 유선 함수와 퍼텐셜 함수들은

$$\psi = Ur\left(1 - \frac{a^2}{r^2}\right)\sin\theta - \frac{\Gamma}{2\pi}\ln r \tag{7-68}$$

$$\phi = Ur\left(1 + \frac{a^2}{r^2}\right)\cos\theta + \frac{\Gamma}{2\pi}\theta \tag{7-69}$$

따라서 속도성분들은

$$v_r = \frac{\partial\phi}{\partial r} = U\left(1 - \frac{a^2}{r^2}\right)\cos\theta \tag{7-70}$$

$$v_\theta = \frac{1}{r}\frac{\partial\phi}{\partial\theta} = -U\left(1 + \frac{a^2}{r^2}\right)\sin\theta + \frac{\Gamma}{2\pi r} \tag{7-71}$$

이 식들로부터 $r = a$인 실린더 표면을 따라서의 속도분포는 그 성분들이 다음과 같음을 유의하라.

$$v_r = 0$$

$$v_\theta = -2U\sin\theta + \frac{\Gamma}{2\pi a} \tag{7-72}$$

사실 실린더 주위의 순환이 Γ임을 확인하는 것도 흥미로운 일일 것이다. 이 경우는 $v = v_\theta$가 항상 실린더에 접하고, $ds = a\,d\theta$이므로, 다음이 얻어진다.

$$\Gamma = \oint \mathbf{V}\cdot ds = \int_0^{2\pi}\left(-2U\,sin\,\theta + \frac{\Gamma}{2\pi a}\right)(a\,d\theta)$$
$$= \left(2aU\cos\theta + \frac{\Gamma}{2\pi}\theta\right)\Big|_0^{2\pi} = \Gamma$$

실린더 상의 정체점의 위치는 식 (7-72)에서 $v_\theta = 0$으로 놓음으로써 구해진다.

$$\sin\theta = \frac{\Gamma}{4\pi Ua}$$

그림 7-34a의 유선들이 보여주듯이, 만일 $\Gamma < 4\pi Ua$이면, 이 방정식은 두 개의 근을 가질 것이므로 두 개의 정체점이 생긴다. $\Gamma = 4\pi Ua$이면 그 점들은 합쳐져서 그림 7-34b에서처럼 $\theta = 90°$에 위치할 것이다. 마지막으로, $\Gamma > 4\pi Ua$이면, 근이 존재하지 않고, 유동은 실린더 표면에서는 정체되지 않을 것이다. 대신에, 정체점은 그림 7-34c에서처럼 실린더에서 떨어진 점에서 생긴다.

실린더 표면을 따라서의 압력분포는 앞의 경우와 마찬가지로 베르누이 방정식을 동일한 방법으로 적용함으로써 풀 수 있다. 그렇게 하면 다음이 얻어진다.

$$p = p_0 + \frac{1}{2}\rho U^2\left[1 - \left(-2\sin\theta + \frac{\Gamma}{2\pi Ua}\right)^2\right]$$

이 분포 $(p - p_0)$의 일반적인 모양은 그림 7-34d에 나와 있다. 실린더 표면을 따라 이 분포를 x축과 y축 방향으로 적분을 하면, (이상)유체가 단위 길이의 실린더에 가하는 합력의 성분들을 찾을 수 있다. 그 결과는

$$F_x = -\int_0^{2\pi}(p - p_0)\cos\theta\,(a\,d\theta) = 0$$

$$F_y = -\int_0^{2\pi}(p - p_0)\sin\theta(a\,d\theta)$$

$$= -\frac{1}{2}\rho a U^2\int_0^{2\pi}\left[1-\left(-2\sin\theta + \frac{\Gamma}{2\pi Ua}\right)^2\right]\sin\theta\,d\theta$$

$$F_y = -\rho U\Gamma \tag{7-73}$$

y축에 대한 대칭성 때문에 $F_x = 0$이라는 결과는 x축 방향으로 실린더에 '항력' 또는 저항력이 없다는 것을 알려준다.* 오직 수직 아랫방향 힘 F_y가 그림 7-34e에서처럼 존재한다. 이 힘은 균일유동에 수직하므로 '양력'이라고 부른다. 회전하는 공을 공기 중으로 던지면 또한 양력이 생성되고 곡선을 그리도록 만든다. 이것을 **마그누스 효과**라고 부르며, 제11장에서 이 효과에 대해서 더 자세하게 논의할 것이다.

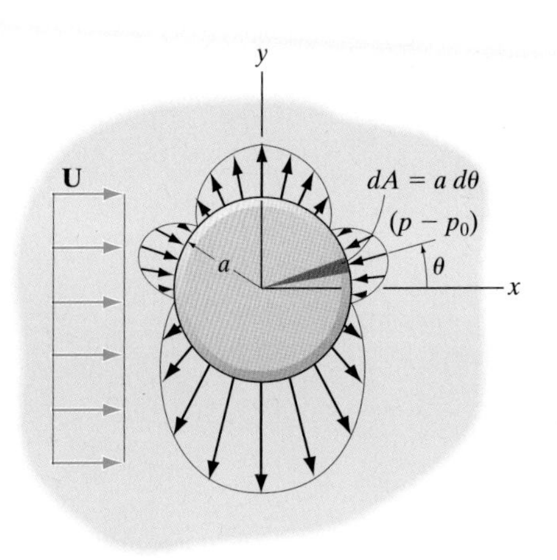

압력분포

(d)

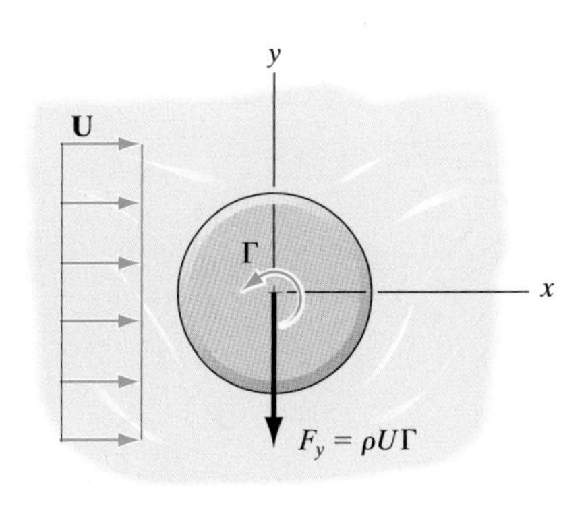

(e)

그림 7-34(계속)

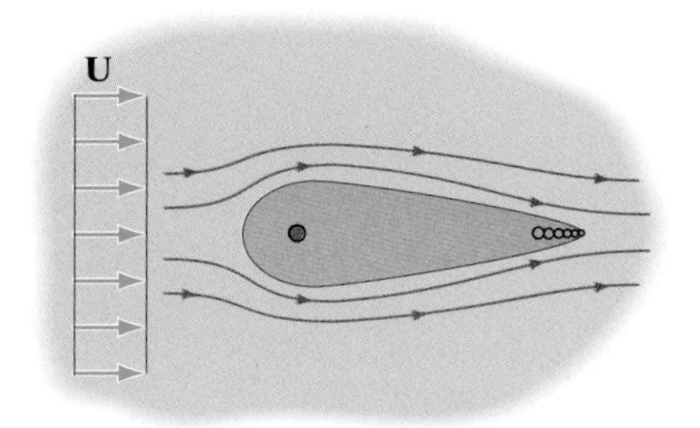

소스와 줄지은 싱크들이 균일유동과 중첩함

그림 7-35

* 역사적으로, 이것을 달랑베르의 모순이라고 부르는데, 이는 1700년대에 왜 실제유체가 물체에 항력을 만드는지 설명할 수 없었던 Jean le Rond d'Alembert의 이름을 딴 것이다. 항력에 대한 원인은 200년 후 1904년에, Ludwig Prandtl이 우리가 제11장에서 다루게 될 경계층의 개념을 개발했을 때 설명되었다.

다른 응용들 이상유체유동을 중첩하는 이 아이디어를 확장하면 다양한 여러 모양의 닫힌 물체들에 대한 유동을 만들 수 있다. 예를 들어, 그림 7-35에서는 익형 또는 날개의 대략적인 모양을 한 물체를 보여주고 있다. 이 물체는 하나의 선형 소스와 그 소스와 총 강도는 같으면서 선형으로 감소하는 강도분포를 갖는 일련의 싱크들을 균일유동과 조합하여 중첩한 결과로 얻어지는 유선으로부터 만들어진다.

요점 정리

- 주어진 유동에 대한 유선 함수 $\psi(x, y)$ 또는 퍼텐셜 함수 $\phi(x, y)$는 연속성과 비회전유동 조건을 동시에 만족시킬 때 라플라스 미분방정식을 적분함으로써 찾아낼 수 있다.

- 유체의 점도가 낮고 유동의 속도가 높을 때, 유동 중에 놓인 물체의 표면에는 얇은 경계층이 형성된다. 따라서, 점성 효과는 이 경계층 내부 유동에 한정되고, 나머지 영역의 유체는 이상유동으로 취급된다.

- 균일유동, 선형 소스와 선형 싱크로부터의 유동, 더블릿, 그리고 자유와류유동 등에 대한 $\psi(x, y)$와 $\phi(x, y)$의 기본 해들을 제시하였다. 이 해들로부터 유동 내의 임의의 점에서의 속도를 구할 수 있고, 압력은 베르누이 방정식을 사용해서 구할 수 있다.

- 강체와류는 **회전유동**이므로, $\psi(x, y)$에 대한 해는 있지만, $\phi(x, y)$는 없다.

- 라플라스 방정식은 $\psi(x, y)$ 또는 $\phi(x, y)$에 대한 선형 미분방정식이고, 따라서 이 방성식에 대한 기본 이상유동해들의 임의의 조합은 더 복잡한 유동을 만들기 위해서 중첩되거나 또는 서로 합해질 수 있다. 예를 들어, 반체 주위의 유동은 균일유동과 선형 소스유동을 중첩시킴으로써 만들어진다. 랭킨 오벌 주위의 유동은 균일유동과 같은 위치에 있지 않은 동일-강도의 선형 소스와 선형 싱크를 중첩시킴으로써 형성된다. 그리고 실린더 주위의 유동은 균일유동과 더블릿을 중첩하여 만들어진다.

- 이상유체 속에 놓인 대칭 물체에는 **항력**이 결코 생겨나지 않는데, 이는 물체에 항력을 만들어내는 점성력이 없기 때문이다.

예제 7.10

랭킨 오벌 형상을 그림 7-36에서와 같이 $8\ m^2/s$ 강도의 선형 소스와 선형 싱크를 2 m 떨어진 곳에 위치시켜 균일유동을 중첩함으로써 형성하였다. 물체 주위 균일유동이 $U = 10\ m/s$라면, 정체점의 위치 b를 구하고, 오벌의 경계를 정의하는 방정식과 그 반폭 h를 구하라.

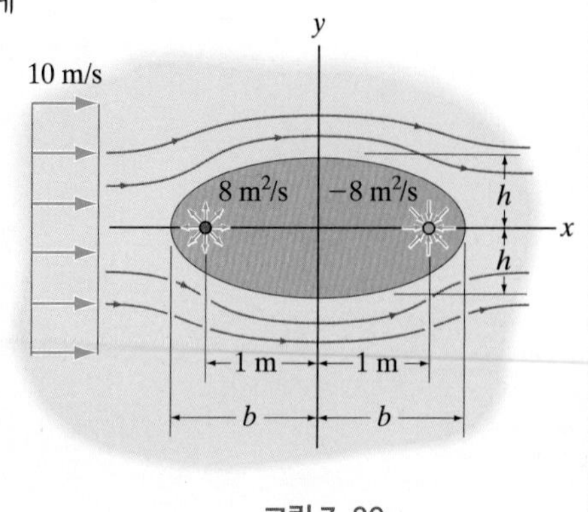

그림 7-36

풀이

유동 설명 밀도 ρ를 가진 이상유체의 정상유동을 가정한다.

해석 정체점에서 속도는 영이다. 식 (7-61)을 사용하면

$$b = \left(\frac{q}{U\pi}a + a^2\right)^{1/2}$$
$$= \left(\frac{8\ m^2/s}{(10\ m/s)\pi}(1\ m) + (1\ m)^2\right)^{1/2}$$
$$= 1.12\ m$$ 답

이 유동의 유선 함수는 식 (7-57)로 정의할 수 있다. 그 식은 다음과 같이 정리된다.

$$\psi = Uy - \frac{q}{2\pi}\tan^{-1}\frac{2ay}{x^2 + y^2 - a^2}$$
$$= 10y - \frac{4}{\pi}\tan^{-1}\frac{2y}{x^2 + y^2 - 1}$$

물체의 경계는 정체점을 포함하므로, $\psi = 0$이라고 놓으면 물체의 경계가 얻어진다.

$$\psi = 10y - \frac{4}{\pi}\tan^{-1}\frac{2y}{x^2 + y^2 - 1} = 0$$
$$\tan(2.5\pi y) = \frac{2y}{x^2 + y^2 - 1}$$ 답

물체의 반폭을 찾기 위해서 그림 7-36에서처럼 이 식에 $x = 0$, $y = h$라고 놓으면 다음이 얻어진다.

$$h = \frac{h^2 - 1}{2}\tan(2.5\pi h)$$

이와 똑같은 결과를 식 (7-62)를 이용해서 얻을 수도 있다. 이를 풀기 위해서 반체의 경우 그 반폭은 $q/(2U) = (8\ m^2/s)/[2(10\ m/s)] = 0.4\ m$이다. 그리고 약간 작은 값, 가령 $h = 0.35\ m$로부터 시작해서 식이 만족될 때까지 조정하면 다음을 찾을 수 있다.

$$h = 0.321\ m$$ 답

7.11 나비에-스토크스 방정식

이전 절들에서는 오직 중력과 압력에 의한 힘들만이 유동에 영향을 미치는 이상유체의 운동방정식의 적용에 대해서 고려하였다. 이 힘들은 각 유체입자 혹은 요소에 동일점에서 만나는 시스템을 형성하므로, 따라서 비회전유동이 생성된다. 하지만, 실제유체는 점성이 있기에 유동을 표현하기 위해 사용되는 더 정확한 방정식들은 점성력을 포함해야 한다.

뉴턴의 운동 제2법칙에서부터 정해진 유체의 일반적인 미분형 운동방정식을 7.5절에서 식 (7-17)로 전개했었다. 편의상 여기에 다시 반복한다.

$$\rho g_x + \frac{\partial \sigma_{xx}}{\partial x} + \frac{\partial \tau_{yx}}{\partial y} + \frac{\partial \tau_{zx}}{\partial z} = \rho\left(\frac{\partial u}{\partial t} + u\frac{\partial u}{\partial x} + v\frac{\partial u}{\partial y} + w\frac{\partial u}{\partial z}\right)$$
$$\rho g_y + \frac{\partial \tau_{xy}}{\partial x} + \frac{\partial \sigma_{yy}}{\partial y} + \frac{\partial \tau_{zy}}{\partial z} = \rho\left(\frac{\partial v}{\partial t} + u\frac{\partial v}{\partial x} + v\frac{\partial v}{\partial y} + w\frac{\partial v}{\partial z}\right)$$
$$\rho g_z + \frac{\partial \tau_{xz}}{\partial x} + \frac{\partial \tau_{yz}}{\partial y} + \frac{\partial \sigma_{zz}}{\partial z} = \rho\left(\frac{\partial w}{\partial t} + u\frac{\partial w}{\partial x} + v\frac{\partial w}{\partial y} + w\frac{\partial w}{\partial z}\right)$$

일반해를 찾기 위해 응력성분들을 유체의 점도와 속도구배와의 관계로 나타냄으로써 이 식들을 속도성분으로 표현하자. 1차원 **뉴턴유체** 유동의 경우 전단응력과 속도구배는 식 (1-14), 즉 $\tau = \mu(du/dy)$의 관계가 있음을 상기하라. 하지만, 3차원 유동의 경우 비슷한 표현식이 훨씬 복잡하다. 밀도가 일정한 뉴턴유체의 특별한 경우에는, 수직 및 전단응력들이 대응되는 변형률들과 선형적인 관계를 갖는다. 응력-변형률 관계식이 다음과 같이 된다는 것을 알 수 있다.* 참고문헌 [9]를 참조하라.

$$\begin{aligned}
\sigma_{xx} &= -p + 2\mu\frac{\partial u}{\partial x} \\
\sigma_{yy} &= -p + 2\mu\frac{\partial v}{\partial y} \\
\sigma_{zz} &= -p + 2\mu\frac{\partial w}{\partial z} \\
\tau_{xy} &= \tau_{yx} = \mu\left(\frac{\partial u}{\partial y} + \frac{\partial v}{\partial x}\right) \\
\tau_{yz} &= \tau_{zy} = \mu\left(\frac{\partial v}{\partial z} + \frac{\partial w}{\partial y}\right) \\
\tau_{zx} &= \tau_{xz} = \mu\left(\frac{\partial u}{\partial z} + \frac{\partial w}{\partial x}\right)
\end{aligned} \qquad (7\text{-}74)$$

---

* 수직응력은 압력 p, 즉 유체요소에 작용하는 평균수직응력인 $p = -\frac{1}{3}(\sigma_{xx} + \sigma_{yy} + \sigma_{zz})$와 유체의 움직임에 의해서 발생하는 점성항 두 가지 모두의 작용이다. 유체가 정지상태($u = v = w = 0$)일 때 파스칼의 법칙의 결과로서 $\sigma_{xx} = \sigma_{yy} = \sigma_{zz} = -p$이다. 또한 유선들이 모두 평행하고, 예를 들어 x축을 향하고 있다면(1차원 유동), $v = w = 0$이고 따라서 $\sigma_{yy} = \sigma_{zz} = -p$이다. $v = w = 0$이면, **비압축성 유체**의 경우 연속방정식인 식 (7-9)는 $\partial u/\partial x = 0$이 되고, 그래서 $\sigma_{xx} = -p$이다.

응력성분들과 관련한 이 식들을 운동방정식에 대입하고, 식들을 정리하면 다음과 같이 얻어진다.

$$\rho\left(\frac{\partial u}{\partial t}+u\frac{\partial u}{\partial x}+v\frac{\partial u}{\partial y}+w\frac{\partial u}{\partial z}\right)=\rho g_x-\frac{\partial p}{\partial x}+\mu\left(\frac{\partial^2 u}{\partial x^2}+\frac{\partial^2 u}{\partial y^2}+\frac{\partial^2 u}{\partial z^2}\right)$$
$$\rho\left(\frac{\partial v}{\partial t}+u\frac{\partial v}{\partial x}+v\frac{\partial v}{\partial y}+w\frac{\partial v}{\partial z}\right)=\rho g_y-\frac{\partial p}{\partial y}+\mu\left(\frac{\partial^2 v}{\partial x^2}+\frac{\partial^2 v}{\partial y^2}+\frac{\partial^2 v}{\partial z^2}\right) \quad (7\text{-}75)$$
$$\rho\left(\frac{\partial w}{\partial t}+u\frac{\partial w}{\partial x}+v\frac{\partial w}{\partial y}+w\frac{\partial w}{\partial z}\right)=\rho g_z-\frac{\partial p}{\partial z}+\mu\left(\frac{\partial^2 w}{\partial x^2}+\frac{\partial^2 w}{\partial y^2}+\frac{\partial^2 w}{\partial z^2}\right)$$

여기서 좌변 항들은 'ma'를 나타내고, 우변 항들은 각각 중력, 압력, 그리고 점성에 의해서 야기된 'ΣF'를 나타낸다. 이 식들은 19세기 초에 프랑스의 공학자 Louis Navier에 의해서, 그리고 수년 뒤에 영국의 수학자 George Stokes에 의해서 유도되었다. 그런 이유로 이 식들을 **나비에-스토크스 방정식**이라고 부른다. 이 식들은 균일, 비균일, 정상, 또는 비정상의 μ가 일정한 비압축성 뉴턴 유체의 유동에 대해서 적용된다.* 연속방정식인 식 (7-10), 즉

$$\frac{\partial\rho}{\partial t}+\frac{\partial(\rho u)}{\partial x}+\frac{\partial(\rho v)}{\partial y}+\frac{\partial(\rho w)}{\partial z}=0 \quad (7\text{-}76)$$

이 네 개의 식들은 유동 내의 속도성분들 u, v, w와 압력 p를 얻어낼 수단을 제공한다.

불행하게도, 세 개의 미지수 u, v, w가 모든 식에 나타나고, 첫 세 개는 비선형이고 2차항이라는 단순한 이유 때문에 일반해는 존재하지 않는다. 이런 어려움에도 불구하고, 몇몇 문제의 경우에는 그 식들이 단순한 형태로 줄어들고, 따라서 해를 구할 수 있다. 이런 경우는 경계 및 초기 조건들이 간단하고, 층류유동이 지배하는 경우에 가능하다. 이런 해들 중 하나는 이어실 예제 문제에서 보일 것이고, 다른 해들은 문제로 주어질 것이다. 나중에 제9장에서, 이 식들이 평행한 두 평판 사이 혹은 파이프 내 층류유동의 경우에 어떻게 풀리는지 보일 것이다.

원통좌표계 앞에서 x, y, z의 직교좌표계로 나비에-스토크스 방정식을 제시하였으나, 원통(혹은 구형)좌표계로 전개할 수도 있다. 증명 없이 그리고 추후의 사용을 위해, 그림 7-37의 원통좌표계로 정리하면,

---

* 압축성 유동에 대해서도 나비에-스토크스 방정식은 유도되었고 가변적인 점도의 유체도 포함하도록 일반화될 수 있다. 참고문헌 [9]를 참조하라.

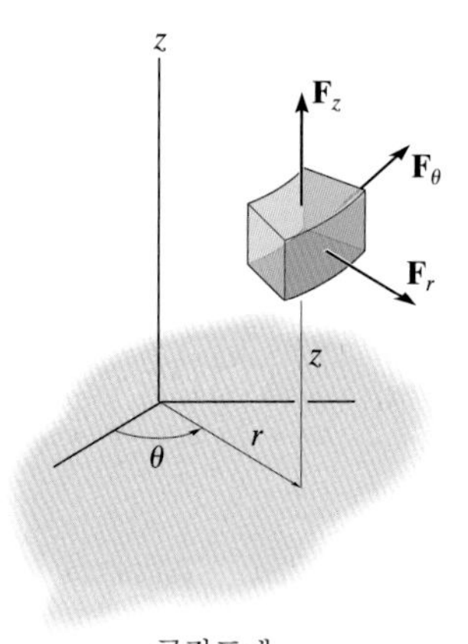

극좌표계

그림 7–37

$$\rho\left(\frac{\partial v_r}{\partial t} + v_r\frac{\partial v_r}{\partial r} + \frac{v_\theta}{r}\frac{\partial v_r}{\partial \theta} - \frac{v_\theta^2}{r} + v_z\frac{\partial v_r}{\partial z}\right)$$
$$= -\frac{\partial p}{\partial r} + \rho g_r + \mu\left[\frac{1}{r}\frac{\partial}{\partial r}\left(r\frac{\partial v_r}{\partial r}\right) - \frac{v_r}{r^2} + \frac{1}{r^2}\frac{\partial^2 v_r}{\partial \theta^2} - \frac{2}{r^2}\frac{\partial v_\theta}{\partial \theta} + \frac{\partial^2 v_r}{\partial z^2}\right]$$
$$\rho\left(\frac{\partial v_\theta}{\partial t} + v_r\frac{\partial v_\theta}{\partial r} + \frac{v_\theta}{r}\frac{\partial v_\theta}{\partial \theta} + \frac{v_r v_\theta}{r} + v_z\frac{\partial v_\theta}{\partial z}\right)$$
$$= -\frac{1}{r}\frac{\partial p}{\partial \theta} + \rho g_\theta + \mu\left[\frac{1}{r}\frac{\partial}{\partial r}\left(r\frac{\partial v_\theta}{\partial r}\right) - \frac{v_\theta}{r^2} + \frac{1}{r^2}\frac{\partial^2 v_\theta}{\partial \theta^2} + \frac{2}{r^2}\frac{\partial v_r}{\partial \theta} + \frac{\partial^2 v_\theta}{\partial z^2}\right] \quad (7\text{-}77)$$
$$\rho\left(\frac{\partial v_z}{\partial t} + v_r\frac{\partial v_z}{\partial r} + \frac{v_\theta}{r}\frac{\partial v_z}{\partial \theta} + v_z\frac{\partial v_z}{\partial z}\right)$$
$$= -\frac{\partial p}{\partial z} + \rho g_z + \mu\left[\frac{1}{r}\frac{\partial}{\partial r}\left(r\frac{\partial v_z}{\partial r}\right) + \frac{1}{r^2}\frac{\partial^2 v_z}{\partial \theta^2} + \frac{\partial^2 v_z}{\partial z^2}\right]$$

그리고 대응되는 연속방정식, 식 (7-14)는 다음과 같다.

$$\frac{\partial \rho}{\partial t} + \frac{1}{r}\frac{\partial(r\rho v_r)}{\partial r} + \frac{1}{r}\frac{\partial(\rho v_\theta)}{\partial \theta} + \frac{\partial(\rho v_z)}{\partial z} = 0 \quad (7\text{-}78)$$

예제 7.11

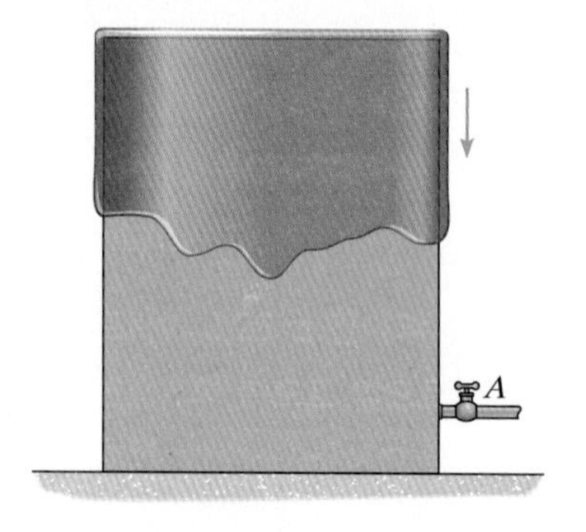

(a)

그림 7–38

공급 밸브 *A*를 조금 열면, 사각형 탱크에 있는 매우 점도가 높은 뉴턴액체가 그림 7-38a처럼 넘친다. 액체가 옆면을 따라 천천히 넘쳐흐를 때의 속도 형상을 구하라.

풀이

유체 설명 액체는 비압축성 뉴턴유체이고 정상 층류유동을 가정하자. 또한 윗부분에서 약간의 거리만큼 떨어진 후, 액체가 일정한 두께 a를 계속 유지한다고 가정한다.

해석 그림 7-38b에 설정한 좌표축을 사용하면, x 방향의 속도 u만 있다. 더구나, 대칭 조건 때문에 그림 7-38c와 같이 u는 y 방향으로만 변화하고, x나 z 방향으로는 변화가 없다. 유동은 정상적이고 액체는 비압축성이므로, 연속방정식은 다음과 같이 된다.

$$\frac{\partial \rho}{\partial t} + \frac{\partial(\rho u)}{\partial x} + \frac{\partial(\rho v)}{\partial y} + \frac{\partial(\rho w)}{\partial z} = 0$$
$$0 + \frac{\partial(\rho u)}{\partial x} + 0 + 0 = 0$$

상수 ρ에 대해서, 적분을 취하면

$$u = u(y)$$

이 결과를 이용하면, x와 y 방향 나비에-스토크스 방정식들은 다음과 같다.

$$\rho\left(\frac{\partial u}{\partial t}+u\frac{\partial u}{\partial x}+v\frac{\partial u}{\partial y}+w\frac{\partial u}{\partial z}\right)=\rho g_x-\frac{\partial p}{\partial x}+\mu\left(\frac{\partial^2 u}{\partial x^2}+\frac{\partial^2 u}{\partial y^2}+\frac{\partial^2 u}{\partial z^2}\right)$$

$$0+0+0+0=\rho g-\frac{\partial p}{\partial x}+0+\mu\frac{\partial^2 u}{\partial y^2}+0 \qquad (1)$$

$$\rho\left(\frac{\partial v}{\partial t}+u\frac{\partial v}{\partial x}+v\frac{\partial v}{\partial y}+w\frac{\partial v}{\partial z}\right)=\rho g_y-\frac{\partial p}{\partial y}+\mu\left(\frac{\partial^2 v}{\partial x^2}+\frac{\partial^2 v}{\partial y^2}+\frac{\partial^2 v}{\partial z^2}\right)$$

$$0+0+0+0=0-\frac{\partial p}{\partial y}+0+0+0$$

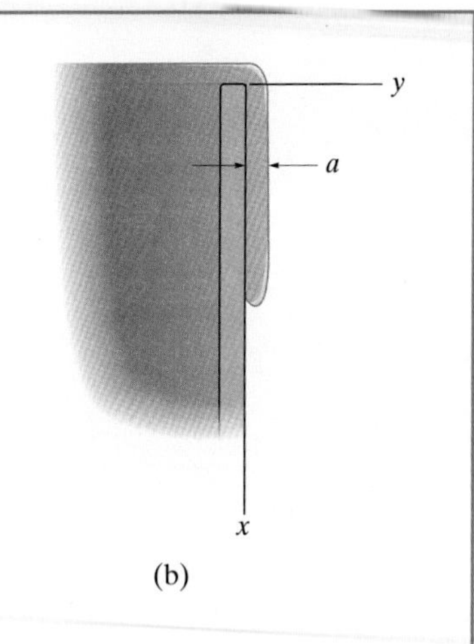

(b)

이 마지막 방정식은 압력이 y 방향으로는 변화가 없음을 보여준. 그리고 액체의 표면에서 p는 대기압과 같으므로, 액체 내부에서도 그 값이 유지된다. 즉 $p = 0$(계기압력)이다. 그 결과로, 식 (1)은 다음과 같이 된다.

$$\frac{\partial^2 u}{\partial y^2}=-\frac{\rho g}{\mu}$$

두 번 적분을 하면, 다음을 얻게 된다.

$$\frac{\partial u}{\partial y}=-\frac{\rho g}{\mu}y+C_1 \qquad (2)$$

$$u=-\frac{\rho g}{2\mu}y^2+C_1 y+C_2 \qquad (3)$$

상수 C_2를 구하기 위해서 점착 조건을 사용한다. 즉, 그림 7-38c에서 $y = 0$에서의 액체의 속도는 $u = 0$이어야 한다. 따라서, $C_2 = 0$이다. C_1을 구하기 위해서, 액체의 자유 표면에는 아무런 전단응력 τ_{xy}도 작용하지 않는다는 것을 이용한다. 이 조건을 식 (7-74)에 적용하면

$$\tau_{xy}=\mu\left(\frac{\partial u}{\partial y}+\frac{\partial v}{\partial x}\right)$$

$$0=\mu\left(\frac{\partial u}{\partial y}+0\right)$$

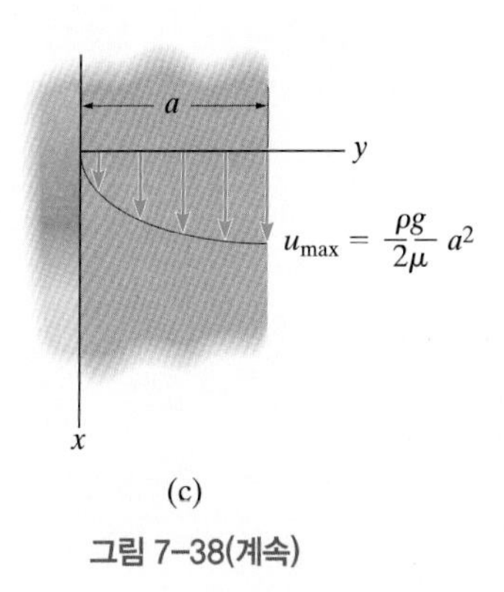

(c)

그림 7-38(계속)

따라서, $y = a$에서 $du/dy = 0$이다. 이것을 식 (2)에 대입하면 $C_1 = (\rho g/\mu)a$를 얻고, 따라서 식 (3)은 다음과 같이 된다.

$$u=\frac{\rho g}{2\mu}\left(2ya-y^2\right) \qquad \text{답}$$

일단 충분히 발달하고 나면, 그림 7-38c에 보인 이 포물선 속도 형상은 액체가 탱크의 모서리 아래로 흘러내리는 동안 유지된다. 이 결과는 아랫방향으로 작용하는 중력과 윗방향으로 작용하는 점성력의 균형의 결과이다.

7.12 전산유체역학

앞절에서 유체유동을 기술하기 위해서는 나비에-스토크스 방정식과 연속방정식을 유동에 대한 적절한 경계 혹은 초기 조건과 함께 만족시켜야 한다는 것을 보았다. 하지만, 이 식들은 매우 복잡하고 단순 해들은 층류유동의 몇몇 특별한 경우에 한해서 얻어졌었다.

다행히도, 지난 수십 년간 고속 컴퓨터들의 처리속도, 기억장치 용량, 그리고 가격면에서 기하급수적인 발전에 힘입어, 이 방정식들의 해를 구하기 위해서 수치기법을 사용하는 것이 가능해졌다. 이런 학문 분야를 **전산유체역학**(CFD)이라고 부르고, 오늘날 많은 다른 종류의 유체유동 문제들을 설계하고 해석하기 위해서 사용되고 있고, 그 중에는 대기 기후 모형화뿐만 아니라 항공기, 펌프와 터빈, 난방 및 환기장치, 건물의 풍력 하중, 화학공정, 그리고 심지어는 생의학적 이식장치 등이 포함된다.

현재는 여러 CFD 컴퓨터 프로그램들이 널리 보급되어 사용되고 있다—예를 들어 FLUENT, FLOW-3D, ANSYS 등 이외에도 많다. 열전달, 화학반응, 그리고 다상변화 등 유체유동과 관련된 다른 현상들도 이 프로그램에 통합되었다. 유동을 예측하는 정확도가 개선됨에 따라, 이 코드들의 사용을 통하여 모형이나 원형들을 이용한 복잡한 실험 수행의 필요성을 배제함으로써 잠재적 이점을 얻을 수 있다. 다음은 CFD 소프트웨어를 개발하기 위해 사용되는 방법의 종류별 간단한 소개와 개괄을 해본다. 이에 대한 더 상세한 정보는 이 장의 끝에 명시된 많은 참고문헌들을 참조하거나, 혹은 많은 공학 교육기관이나 학원 등에서 제공되는 이 주제와 관련한 강의나 세미나를 수강하기 바란다.

CFD 코드 모든 CFD 코드에는 기본적으로 세 개의 파트가 있다. 즉, 입력, 프로그램, 그리고 출력이다. 이들을 차례로 살펴보자.

입력 사용자는 유체 특성과 관련된 데이터를 입력하고, 층류인지 난류인지를 지정하고, 그리고 유동의 정세 외형을 알려줘야 한다.

유체 물성 많은 CFD 패키지들이 밀도, 점도 등과 같이 유체를 정의하기 위해 선택할 수 있는 물리적 특성치 리스트를 포함하고 있다.

유동 현상 사용자는 코드와 함께 제공되는 유동의 종류와 관련된 물리 모형을 선택해야 한다. 이 점에서 많은 상업용 패키지들은 난류 유동을 예측하기 위해 사용되는 여러 종류의 모형을 갖고 있을 것이다. 적절한 모형을 선택하기 위해서는 경험이 필요할 것이고, 한 문제에 맞는 모형이 다른 문제에는 안 맞을 수 있다.

외형 유동 주위의 물리적 외형이 또한 정의되어야 한다. 이는 유체영역 전체에 대한 격자 또는 메시 시스템을 생성함으로써 이루어진다. 이 일을 사용자 편의적으로 만들기 위해서 많은 CFD 패키지들이 계산 속도와 정확도를 개선하기 위해 선택할 수 있는 다양한 종류의 경계 및 메시 형상을 포함한다.

프로그램 CFD 프로그램의 많은 사용자들은 계산을 수행하기 위해서 사용되는 다양한 알고리즘과 수치기법들을 알고 있을 것이다. 계산 과정은 두 부분으로 나뉜다. 첫 부분은 유체를 이산적인 입자들의 계로 생각해서 관련된 편미분 방정식을 연립된 **대수방정식**들로 바꾸는 것이고, 두 번째 부분은 문제의 초기 및 경계조건들을 만족시키면서 이 방정식들의 해를 반복적인 방법으로 찾는 것이다. 이를 위해서 사용할 수 있는 접근법들이 여러 가지 있다. 그들 중에는 유한차분법, 유한요소법, 그리고 유한검사체적법 등이 포함된다.

유한차분법 비정상유동의 경우, 유한차분법은 주변점들의 현재 상태로부터 한 점에서의 다음 시간 간격 후의 상태를 결정하기 위하여 거리-시간 격자를 사용한다. 이 방법의 적용에 대한 이해를 돕기 위해서 제12장에서 비정상 개수로 유동의 모형화를 위해 사용할 것이다.

유한요소법 명칭이 의미하듯이, 이 방법은 유체를 작은 '유한요소'들로 나누고, 각 요소 내의 유동을 기술하는 방정식들을 주변 요소들의 꼭짓점, 혹은 **노드**에서 경계조건을 만족시키도록 만든다. 이 방법은 유한차분법을 사용하는 것보다 높은 차수의 정확도를 갖는다는 장점이 있다. 하지만, 사용되는 방법론은 더 복잡하다. 또한, 요소 또는 격자가 임의의 불규칙한 형상을 가져도 되므로 유한요소법은 어떤 종류의 경계에도 맞출 수 있다.

유한검사체적법 유한검사체적법은 유한차분법과 유한요소법 모두의 가장 좋은 장점들을 결합한 방법이다. 복잡한 경계조건의 모형화가 가능하면서, 동시에 상대적으로 단순명료한 유한차분 관계식을 사용해서 지배 미분방정식을 표현한다. 이 방법의 독특한 특징은 많은 수의 작은 검사체적 각각에 대해 속도, 밀도, 혹은 온도 등의 유동변수들의 검사체적 내의 국소 시간변화율과 그 검사 표면들을 통해 대류되는 변수의 순유량을 고려한다는 것이다. 이 항들은 각각 대수방정식들로 변환되어 모이고, 그 다음은 반복법을 이용해서 풀리게 된다. 이런 장점의 결과로 유한검사체적법은 잘 수립되었고, 현재로서는 대부분의 CFD 소프트웨어에서 사용되고 있다.

출력 출력은 대상 문제의 외형 혹은 때로는 해석에 사용된 격자나 메시를 보여주는 등 보통 유동장의 그래픽한 형태이다. 운영자는 여기에 유동변수의 등고선이나 유선, 또는 유적선, 그리고 속도벡터 그림 등을 포개서 그리기도 한다. 정상유동의 인쇄본을 만들기도 하고, 또는 비정상유동의 시간 애니메이션을 비디오 형식으로 보여줄 수도 있다. 그림 7-39에서 이런 출력의 한 예를 보여주고 있다.

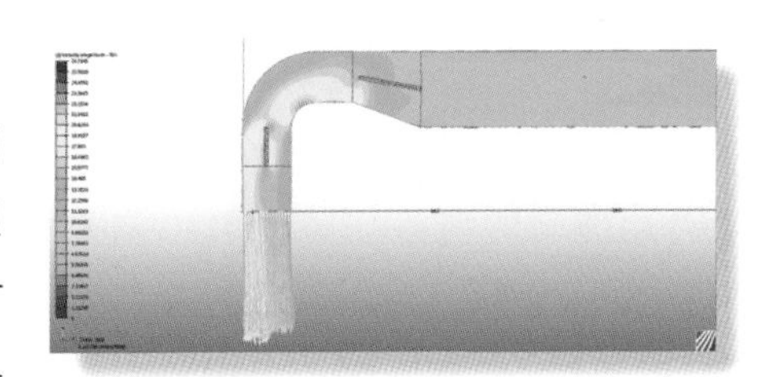

면적 변화와 엘보를 지나는 유동에 대한 이 CFD 해석은 단면을 따라 속도가 어떻게 변하는지를 색상으로 보여준다.

그림 7-39

일반적인 고찰 복잡한 유동에 대해서 실질적인 예측을 얻기 위해서는 사용자는 특정 코드의 실행 경험을 반드시 갖고 있어야 한다. 물론 유동에 적절한 모형을 정의하고 시간-간격 크기와 격자 배치 등을 합리적으로 선택하기 위해서는 유체역학의 기본 원리에 대해 깊이 이해하는 것이 중요하다. 일단 해를 얻으면, 실험 데이터나 혹은 비슷한 기존 유동해와 비교할 수 있다. 마지막으로 CFD 프로그램의 사용 책임은 운영자(공학자)의 손에 달려있음을 항상 기억해야 하고, 그런 이유로 그 결과에 대해서 궁극적으로 책임을 져야 한다.

참고문헌

1. H. Lamb, *Hydrodynamics*, 6th ed., Dover Publications, New York, NY, 1945.

2. J. D. Anderson Jr., *Computational Fluid Dynamics: The Basics with Applications*, McGraw-Hill, New York, NY, 1995.

3. A. Quarteroni, "Mathematical models in science and engineering," *Notices of the AMS*, Vol. 56, No. 1, 2009, pp. 10–19.

4. T. W. Lee, *Thermal and Flow Measurements*, CRC Press, Boca Raton, FL.

5. T. J. Chung, *Computational Fluid Dynamics*, Cambridge, England, 2002.

6. J. Tannechill et al., *Computational Fluid Mechnanics and Heat Transfer*, 2nd ed., Taylor and Francis, Bristol, PA, 1997.

7. C. Chow, *An Introduction to Computational Fluid Mechanics*, John Wiley, New York, NY, 1980.

8. F. White. *Viscous Fluid Flow*, 3rd ed., McGraw-Hill, New York, NY, 2005.

9. H. Rouse, *Advanced Mechanics of Fluids*, John Wiley, New York, NY, 1959.

10. J. M. Robertson, *Hydrodynamics in Theory and Applications*, Prentice Hall, Englewood Cliffs, NJ, 1965.

11. L. Milne-Thomson, *Theoretical Hydrodynamics*, 4th ed., Macmillan, New York, NY, 1960.

12. R. Peyret and T. Taylor, *Computational Methods for Fluid Flow*, Springer-Verlag, New York, NY, 1983.

13. E. Buckingham, "On physically similar system: illustrations of the use of dimensional equations," *Physical Review*, 4, 1914, pp. 345–376.

14. I. H. Shames, *Mechanics of Fluids*, McGraw Hill, New York, NY, 1962.

15. J. Tu et al., *Computational Fluid Dynamics: A Practical Approach*, Butterworth-Heinemann, New York, NY, 2007.

16. A. L. Prasuhn, *Fundumentals of Fluid Mechanics,* Prentice-Hall, Englewood Cliffs, NJ, 1980.

17. L. Larsson, "CFD in ship desgin–prospects and limitations," *Ship Technology Research*, Vol. 44, July 1997, pp. 133–154.

18. J. Piquet, *Turbulent Flow Models and Physics*, Springer, Berlin, 1999.

19. T. Cebui, *Computational Fluid Dynamics for Engineers*, Springer-Verlag, New York, NY, 2005.

20. D. Apsley and W. Hu, "CFD simulation of two- and three-dimensional free-surface flow," *Int J Numer Meth Fluids*, 42, 2003, pp. 465–491.

21. X. Yang and H. Ma, "Cubic eddy-viscosity turbulence models for strongly swirling confined flows with variable density," *Int J Numer Meth Fluids*, 45, 2004, pp. 985–1008.

22. D. Wilcox, *Turbulence Modeling for CFD*, DCW Industries, La Canada, CA, 1993.

연습문제

7.1~7.6절

7-1 윗 평판을 일정속도 **U**로 오른쪽으로 끌면, 두 평판 사이의 유체는 선형 속도분포를 갖게 된다. y에서 유체요소의 회전율과 전단변형률을 구하라.

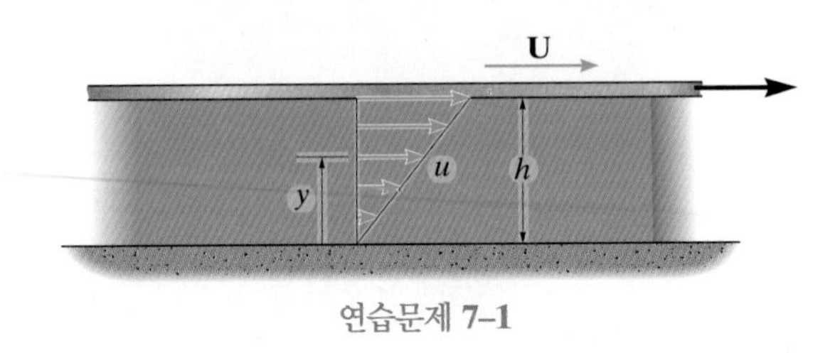

연습문제 7–1

7-2 유동의 속도장이 $u = (4x^2 + 4y^2)$ m/s 그리고 $v = (-8xy)$ m/s로 정의된다. 여기서 x와 y의 단위는 미터이다. 유동이 비회전인지 구하라. 사각형 영역 주위를 따른 순환의 크기는 얼마인가?

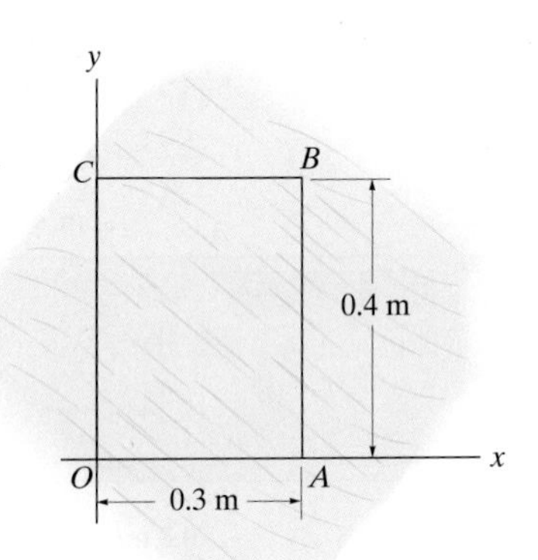

연습문제 7–2

7-3 속도 **V**의 균일유동이 수평축에 대해서 각도 θ를 이루고 있다. 사각형 영역 주위를 따른 순환을 구하라.

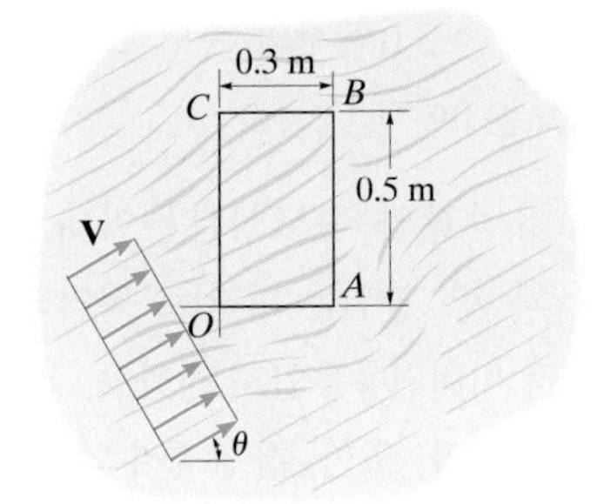

연습문제 7–3

***7-4** 토네이도의 중심부 속도가 $v_r = 0$, $v_\theta = (0.2r)$ m/s로 정의되어 있고, 여기서 r의 단위는 미터이다. $r = 60$ m와 $r = 80$ m에 대한 순환을 구하라.

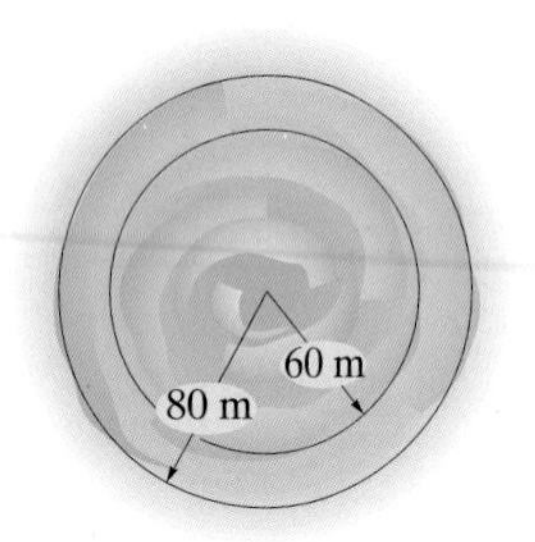

연습문제 7–4

7-5 유체요소가 극좌표계로 그림과 같은 크기를 갖고 경계는 속도 v와 $v + dv$의 유선으로 정의되어 있다. 이 유동의 와도가 $\zeta = -(v/r + dv/dr)$임을 보여라.

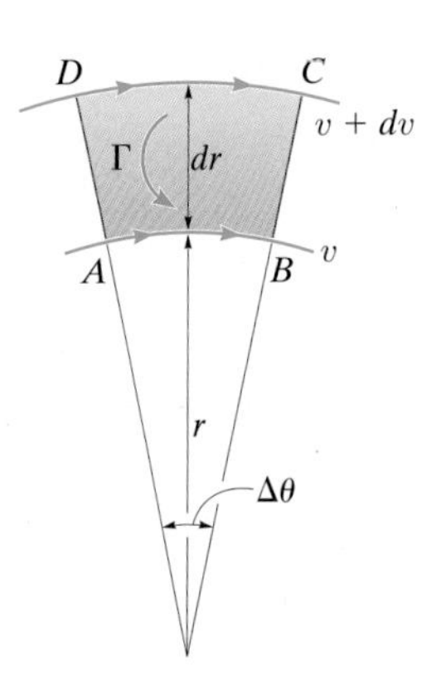

연습문제 7–5

7.7~7.8절

7-6 $\mathbf{V}_0$와 θ를 안다고 할 경우 2차원 유동에 대한 유선 함수와 퍼텐셜 함수를 구하라.

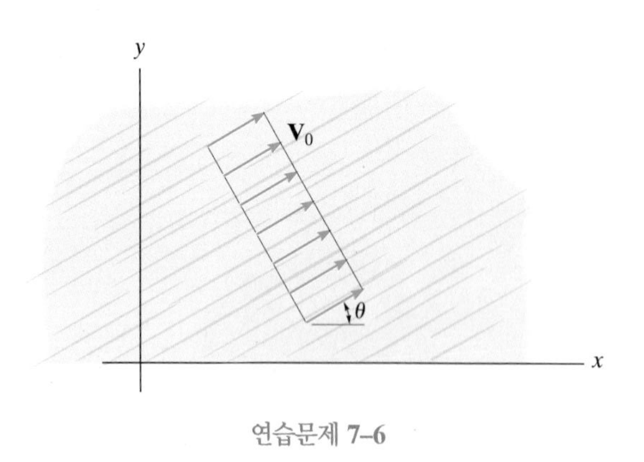

연습문제 7–6

7-7 2차원 유동이 유선 함수 $\psi = (xy^3 - x^3y)\ \mathrm{m^2/s}$로 주어졌고, 여기서 x와 y의 단위는 미터이다. 연속조건이 만족됨을 보이고, 유동이 회전유동인지 또는 비회전인지를 정하라.

***7-8** 유동의 유선 함수가 $\psi = (3x + 2y)$로 주어졌고, x와 y의 단위는 미터라고 하면, 점 (1 m, 2 m)에서 유체입자의 속도의 크기를 구하라.

7-9 일정한 폭의 채널을 따라 흐르는 매우 점도 높은 액체 유동의 속도 형상이 $u = (3y^2)$ mm/s(y의 단위는 밀리미터)로 주어졌다. 유동의 유선 함수를 정하고 $\psi_0 = 0$, $\psi_1 = 1\ \mathrm{mm^2/s}$ 그리고 $\psi_2 = 2\ \mathrm{mm^2/s}$에 대한 유선을 그려라.

7-10 일정한 폭의 채널을 따라 흐르는 매우 점도 높은 액체 유동의 속도 형상이 $u = (3y^2)$ mm/s(y의 단위는 밀리미터)로 주어졌다. 이 유동의 퍼텐셜 함수를 정할 수 있는가? 만일 그렇다면 퍼텐셜 함수를 구하라.

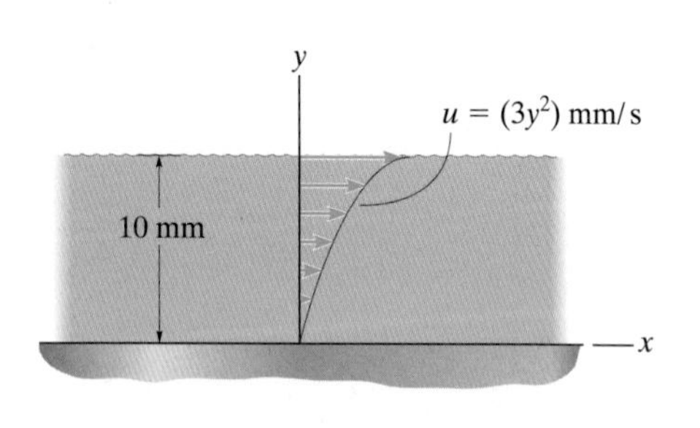

연습문제 7–9/10

7-11 두 평판 사이에 갇힌 액체가 그림과 같이 선형 속도 분포를 갖는 것으로 가정하자. 유선 함수를 구하라. 퍼텐셜 함수는 존재하는가?

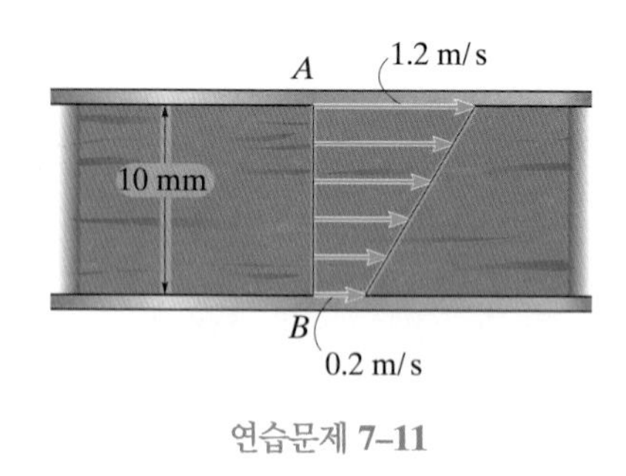

연습문제 7–11

***7-12** 두 평판 사이에 갇힌 액체가 그림과 같이 선형 속도 분포를 갖는 것으로 가정하자. 만일 아래 평판의 윗면에서의 압력이 $600\ \mathrm{N/m^2}$이라면 위 평판의 아랫면에서의 압력을 구하라. $\rho = 1.2\ \mathrm{Mg/m^3}$이다.

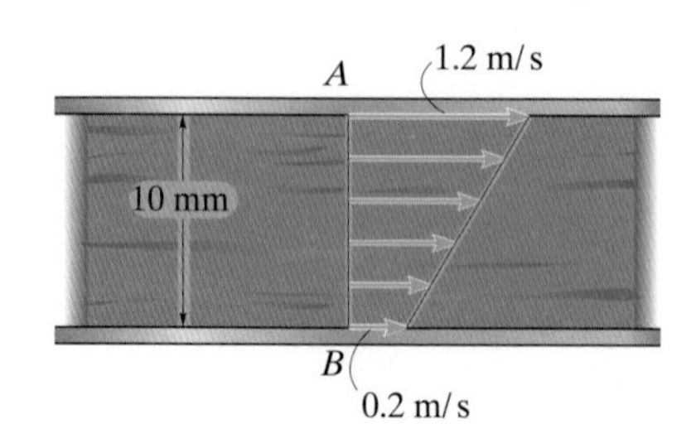

연습문제 7–12

7-13 2차원 유동의 y 속도성분 $v = (4y)$ ft/s(y의 단위는 피트)이다. 유동이 이상적이라면, x 방향 속도성분을 정하고, 점 $x = 4$ ft, $y = 3$ ft에서의 속도 크기를 구하라. 원점에서의 유동속도는 0이다.

7-14 2차원 유동장의 속도성분들이 $u = (3y)$ m/s와 $v = (9x)$ m/s(x와 y의 단위는 미터)로 정의되어 있다. 유동이 회전유동인지 비회전유동인지 정하고, 유동의 연속방정식이 만족됨을 보여라. 또한, 유선 함수와 점 (4 m, 3 m)를 지나는 유선의 방정식을 찾아라. 이 유선을 그려라.

7-15 수평 채널을 지나는 물 유동의 유선 함수가 $\psi = 2(x^2 - y^2)\ \text{m}^2/\text{s}$로 정의된다. B에서의 압력이 대기압이라면, 점 (0.5 m, 0)에서의 압력과 단위 깊이당의 유량을 m^2/s의 단위로 구하라.

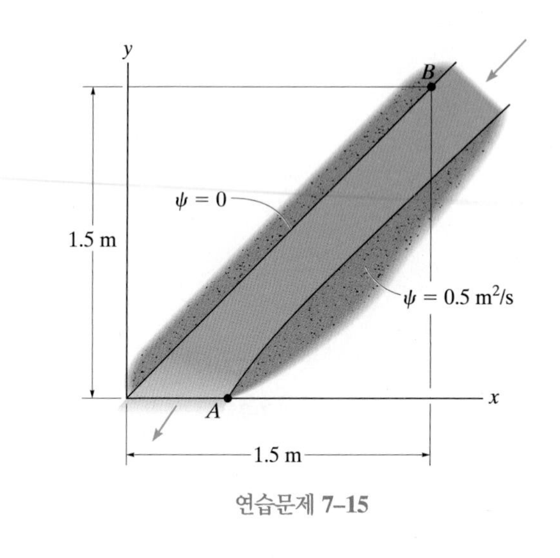

연습문제 **7–15**

***7-16** 유동장이 유선 함수 $\psi = 2(x^2 - y^2)\ \text{m}^2/\text{s}$($x$와 y의 단위는 미터)로 정의되었다. 그림에서 보이는 AB, CB, 그리고 AC를 통과하는 단위 깊이당의 유량을 m^2/s의 단위로 구하라.

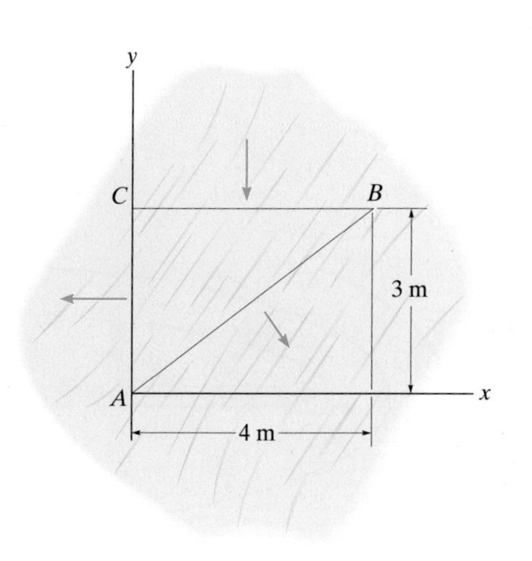

연습문제 **7–16**

7-17 유체가 그림과 같은 속도성분을 가진다. 유선 함수와 퍼텐셜 함수를 구하라. $\psi_0 = 0$, $\psi_1 = 1\ \text{m}^2/\text{s}$ 그리고 $\psi_2 = 2\ \text{m}^2/\text{s}$에 대한 유선을 그려라.

연습문제 **7–17**

7-18 2차원 유동장이 속도성분 $u = (2x^2)$ ft/s와 $v = (-4xy + x^2)$ ft/s(x와 y의 단위는 피트)로 정의된다. 유선 함수를 구하고, 점 (3 ft, 1 ft)를 지나는 유선을 그려라.

7-19 유동장의 유선 함수가 $\psi = (4/r^2)\sin 2\theta$로 정의된다. 유동의 연속성이 만족됨을 보이고, 점 $r = 2$ m, $\theta = (\pi/4)$ rad에서의 유체입자의 r과 θ의 속도성분을 구하라.

***7-20** 유동장의 속도성분이 $u = (x - y)$ ft/s와 $v = -(x + y)$ ft/s(x와 y의 단위는 피트)로 주어진다. 유선 함수를 구하고 원점을 지나는 유선을 그려라.

7-21 유동이 유선 함수 $\psi = (8x - 4y)\ \text{m}^2/\text{s}$($x$와 y의 단위는 미터)로 주어졌다. 퍼텐셜 함수를 구하고, 연속조건이 만족됨과 유동이 비회전임을 보여라.

7-22 유동장의 유선 함수가 $\psi = 2r^3 \sin 2\theta$로 정의되었다. 점 $r = 1$ m, $\theta = (\pi/3)$ rad에 있는 유체입자의 속도 크기를 구하고, $\psi_1 = 1\ \text{m}^2/\text{s}$와 $\psi_2 = 2\ \text{m}^2/\text{s}$에 대한 유선을 그려라.

7-23 이상유체가 두 벽에 의해서 형성된 코너로 흘러든다. 이 유동의 유선 함수가 $\psi = (5\, r^4 \sin 4\theta)\ \text{m}^2/\text{s}$로 정의된다면, 유동의 연속성이 만족됨을 보여라. 또한, 점 $r = 2$ m, $\theta = (\pi/6)$ rad을 지나는 유선을 그리고, 이 점에서의 속도 크기를 찾아라.

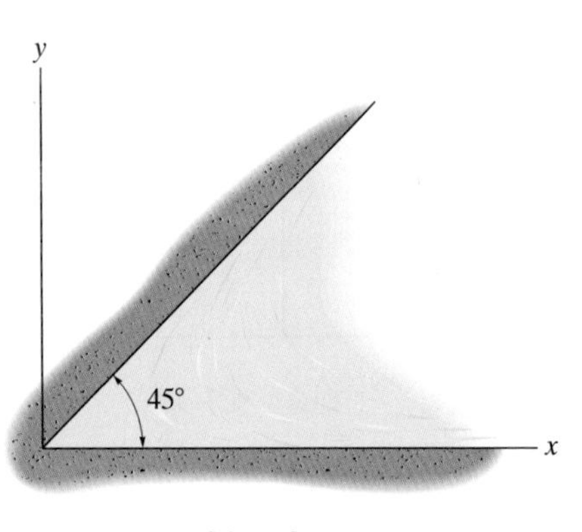

연습문제 **7–23**

***7-24** 벽에 의해서 제한되는 수평 유동의 유선 함수가 $\psi = [4r^{4/3} \sin(\frac{4}{3}\theta)]\ \text{m}^2/\text{s}$($r$의 단위는 미터)로 주어졌다. 점 $r = 2$ m, $\theta = 45°$에서의 속도 크기를 구하라. 유동은 비회전류인가 회전류인가? 점 A와 B 사이의 압력차를 정하기 위해서 베르누이 방정식이 사용될 수 있는가?

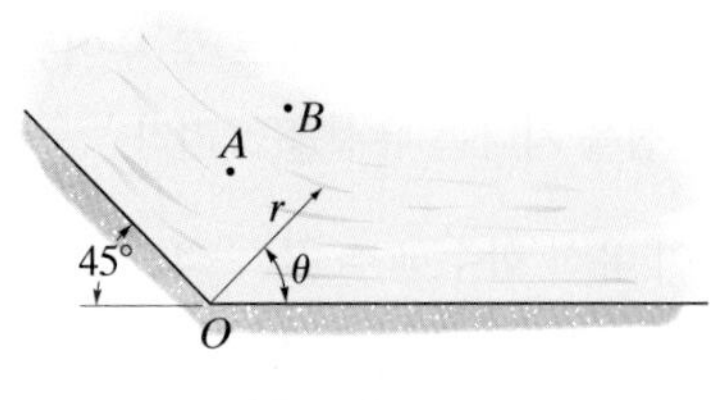

연습문제 **7–24**

7-25 벽에 의해서 제한되는 수평 유동의 유선 함수가 $\psi = [4r^{4/3} \sin(\frac{4}{3}\theta)]\ \text{m}^2/\text{s}$($r$의 단위는 미터)로 주어졌다. 원점 O에서의 압력이 20 kPa이라면, $r = 2$ m, $\theta = 45°$에서의 압력을 구하라. $\rho = 950\ \text{kg/m}^3$이다.

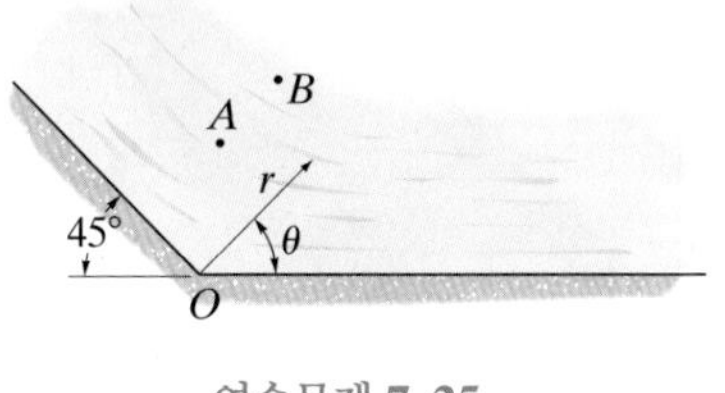

연습문제 **7–25**

7-26 평판이 유선 $\psi = [8r^{1/2} \sin(\theta/2)]\ \text{m}^2/\text{s}$로 정의되는 유동장 속에 있다. 점 $r = 4$ m, $\theta = \pi$ rad을 지나는 유선을 그리고, 이 점에서의 속도 크기를 구하라.

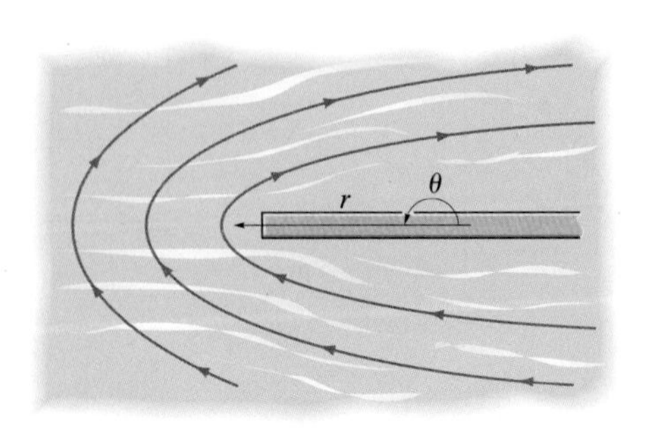

연습문제 **7–26**

7-27 A-형 주택의 우측면에 창문 A가 있다. 이 면의 유동을 모형화하는 유선 함수가 $\psi = (2r^{1.5}\sin 1.5\,\theta)\ \mathrm{ft^2/s}$로 정의된다면 유동의 연속성이 만족됨을 보이고, $r = 10\ \mathrm{ft}$, $\theta = (\pi/3)\ \mathrm{rad}$에 위치한 창문을 지나는 바람의 속력을 구하라. 이 점을 지나는 유선을 그려라.

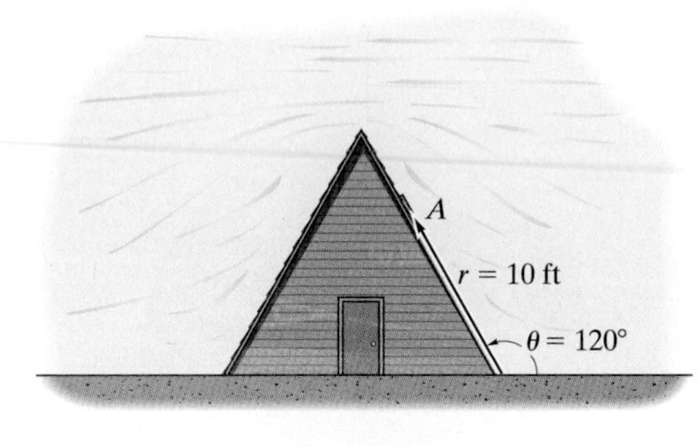

연습문제 7–27

***7-28** 코너 근처에서의 수평 유동의 유선 함수가 $\psi = (8xy)\ \mathrm{m^2/s}$($x$와 y의 단위는 미터)이다. 점 (1 m, 2 m)를 지나는 유체입자의 x와 y의 속도성분들과 가속도를 구하라. 퍼텐셜 함수를 수립할 수 있음을 보여라. 점 (1 m, 2 m)를 지나는 유선과 등퍼텐셜선을 그려라.

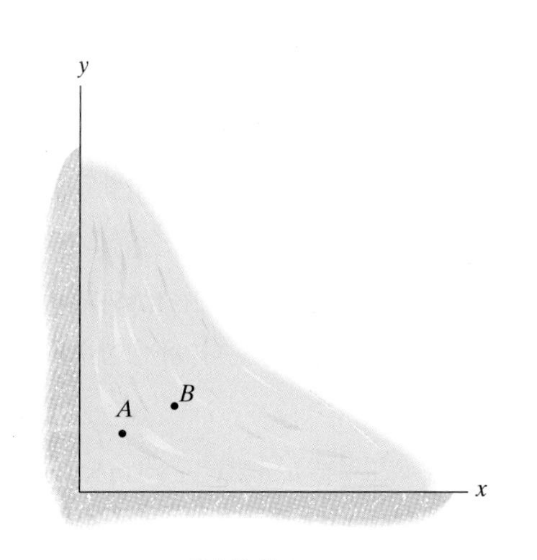

연습문제 7–28

7-29 코너 근처에서의 수평 유동의 유선 함수가 $\psi = (8xy)\ \mathrm{m^2/s}$($x$와 y의 단위는 미터)이다. 유동은 비회전임을 보여라. 점 A(1 m, 2 m)에서의 압력이 150 kPa이라면, 점 B(2 m, 3 m)에서의 압력을 구하라. $\rho = 980\ \mathrm{kg/m^3}$이다.

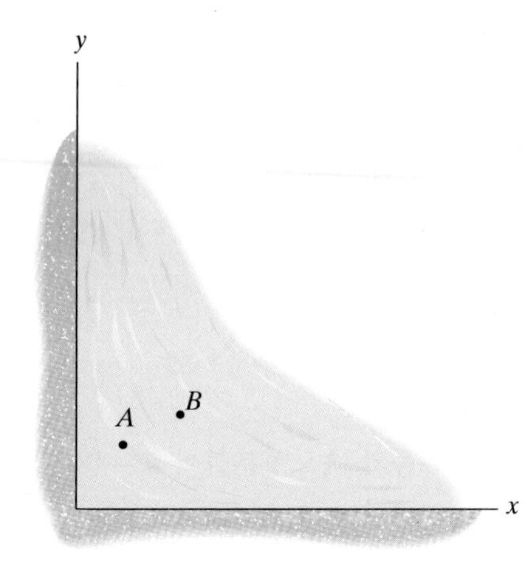

연습문제 7–29

7-30 유동이 속도성분 $u = (2x^2)\ \mathrm{ft/s}$와 $v = (-4xy + 8)\ \mathrm{ft/s}$($x$와 y의 단위는 피트)를 갖고 있다. 점 (3 ft, 2 ft)에 위치한 입자의 가속도 크기를 구하라. 유동은 회전류인가 비회전류인가? 또한, 유동의 연속성이 만족됨을 보여라.

7-31 유동의 퍼텐셜 함수가 $\phi = (x^2 - y^2)\ \mathrm{ft^2/s}$($x$와 y의 단위는 피트)로 주어졌다. 점 A(3 ft, 1 ft)에 위치한 유체입자의 속도 크기를 구하라. 연속성이 만족됨을 보이고 점 A를 지나는 유선을 찾아라.

***7-32** 수평 채널의 곡관을 지나는 유동을 $v_r = 0$, $v_\theta = (8/r)$ m/s(r의 단위는 미터)인 자유와류로 표현할 수 있다. 유동이 비회전유동임을 보여라. 점 A에서의 압력이 4 kPa일 때, 점 B에서의 압력을 구하라. $\rho = 1100\ \text{kg/m}^3$이다.

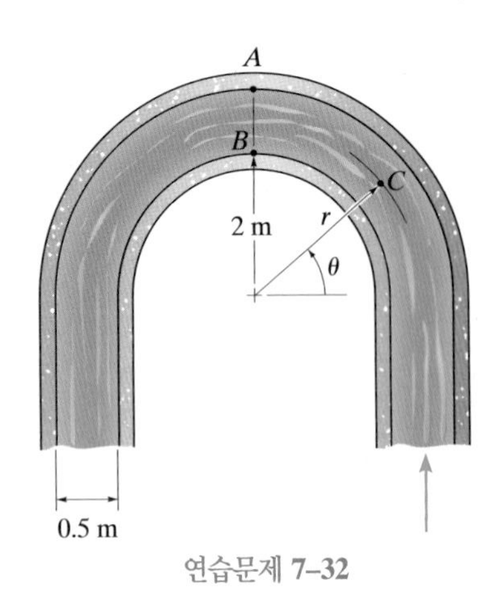

연습문제 7–32

7-33 2차원 유동의 속도성분들이 $u = (8y)$ ft/s와 $v = (8x)$ ft/s(x와 y의 단위는 피트)이다. 유동장이 회전유동인지 비회전유동인지 정하고, 유동의 연속성이 만족됨을 보여라.

7-34 2차원 유동의 속도성분들이 $u = (8y)$ ft/s와 $v = (8x)$ ft/s(x와 y의 단위는 피트)이다. 유선 함수와 점 (4 ft, 3 ft)를 지나는 유선식을 찾아라. 이 유선을 그려라.

7-35 90° 코너 근처의 유동장의 유선 함수가 $\psi = 8r^2 \sin 2\theta$이다. 유동의 연속성이 만족됨을 보여라. $r = 0.5$ m, $\theta = 30°$에 위치한 유체입자의 r과 θ 속도성분을 구하고, 이 점을 지나는 유선을 그려라. 또한, 이 유동의 퍼텐셜 함수를 구하라.

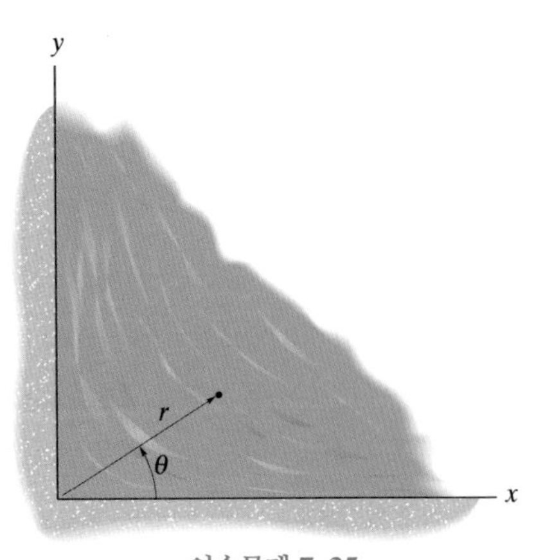

연습문제 7–35

***7-36** 동심 유동의 유선 함수가 $\psi = -4r^2$으로 정의된다. 속도성분 v_r과 v_θ, 그리고 v_x와 v_y를 구하라. 퍼텐셜 함수가 성립될 수 있는가? 만일 그렇다면 퍼텐셜 함수를 구하라.

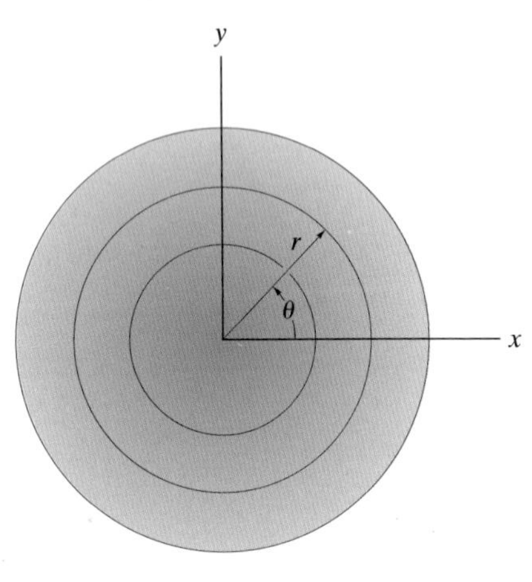

연습문제 7–36

7-37 유체가 속도성분 $u = (x - y)$ ft/s와 $v = -(x + y)$ ft/s (x와 y의 단위는 피트)를 갖는다. 유선 함수와 퍼텐셜 함수를 정하라. 유동은 비회전임을 보여라.

7-38 유체가 속도성분 $u = (2y)$ ft/s와 $v = (2x - 10)$ ft/s (x와 y의 단위는 피트)를 갖는다. 유선 함수와 퍼텐셜 함수를 구하라.

7-39 유체가 속도성분 $u = (x - 2y)$ ft/s와 $v = -(y + 2x)$ ft/s(x와 y의 단위는 미터)를 갖는다. 유선 함수와 퍼텐셜 함수를 구하라.

***7-40** 유체가 속도성분 $u = 2(x^2 - y^2)$ m/s와 $v = (-4xy)$ m/s(x와 y의 단위는 미터)를 갖는다. 유선 함수를 구하라. 또한 퍼텐셜 함수가 존재함을 보이고, 이 함수를 찾아라. 점 (1 m, 2 m)를 지나는 유선과 등퍼텐셜선을 그려라.

7-41 2차원 유동의 퍼텐셜 함수가 $\phi = (xy)\ \text{m}^2/\text{s}$($x$와 y의 단위는 미터)이면, 유선 함수를 정하고, 점 (1 m, 2 m)를 지나는 유선을 그려라. 이 점을 지나는 유체입자의 속도와 가속도는 무엇인가?

7-42 $\mathbf{V}_0$와 θ를 안다고 할 때, 2차원 유동장의 퍼텐셜 함수를 구하라.

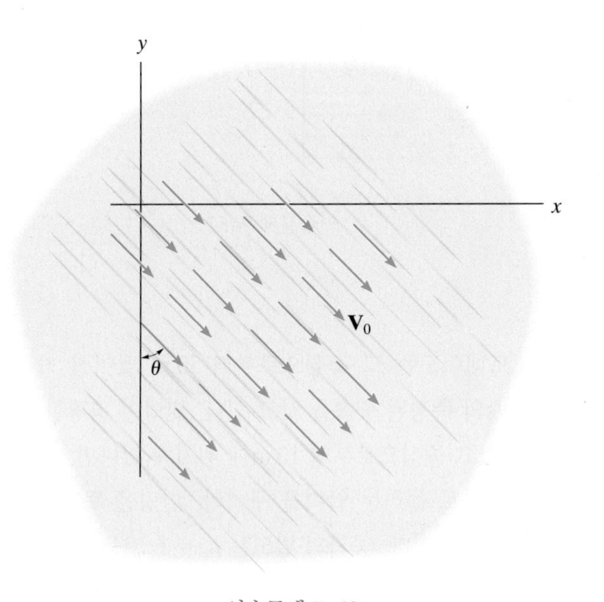

연습문제 **7–42**

7-43 유동의 퍼텐셜 함수가 $\phi = (x^2 - y^2)\ \text{ft}^2/\text{s}$($x$와 y의 단위는 피트)이다. 점 (3 ft, 1 ft)에 있는 유체입자의 속도 크기를 구하라. 연속성이 만족됨을 보이고, 이 점을 지나는 유선을 구하라.

***7-44** 유체가 속도성분 $u = (10xy)\ \text{m/s}$과 $v = 5(x^2 - y^2)\ \text{m/s}$($x$와 y의 단위는 미터)를 갖고 있다. 유선 함수를 구하고, 연속조건이 만족됨과 유동이 비회전유동임을 보여라. $\psi_0 = 0$, $\psi_1 = 1\ \text{m}^2/\text{s}$ 그리고 $\psi_2 = 2\ \text{m}^2/\text{s}$에 대한 유선을 그려라.

7-45 유체가 속도성분 $u = (y^2 - x^2)\ \text{m/s}$와 $v = (2xy)\ \text{m/s}$(x와 y의 단위는 미터)를 갖고 있다. 점 A(3 m, 2 m)에서의 압력이 600 kPa이라면, 점 B(1 m, 3 m)에서의 압력을 구하라. 또한 유동에 대한 퍼텐셜 함수를 구하라. $\gamma = 8\ \text{kN/m}^3$이다.

7-46 수평방향 유동의 퍼텐셜 함수가 $\phi = (x^3 - 5xy^2)\ \text{m}^2/\text{s}$($x$와 y의 단위는 미터)이다. 점 A(5 m, 2 m)에서의 속도 크기를 구하라. 이 점과 원점과의 압력차는 얼마인가? $\rho = 925\ \text{kg/m}^3$이다.

7-47 유체가 속도성분 $u = (10xy)\ \text{m/s}$와 $v = 5(x^2 - y^2)\ \text{m/s}$ (x와 y의 단위는 미터)를 갖고 있다. 퍼텐셜 함수를 구하고, 연속성이 만족됨과 유동이 비회전유동임을 보여라.

***7-48** 속도장이 $u = 2(x^2 + y^2)$ ft/s, $v = (-4xy)$ ft/s로 정의된다. 유선 함수와 그림에 나타난 사각형 주위의 순환을 구하라. $\psi_0 = 0$, $\psi_1 = 1\text{ ft}^2/\text{s}$ 그리고 $\psi_2 = 2\text{ ft}^2/\text{s}$에 대한 유선을 그려라.

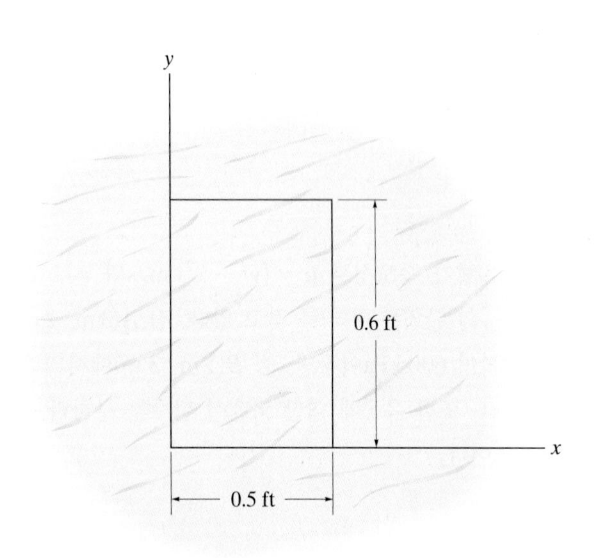

연습문제 7–48

7-49 2차원 유동의 퍼텐셜 함수가 $\phi = (xy)\text{ m}^2/\text{s}$($x$와 y의 단위는 미터)이면, 유선 함수를 구하고, 점 (1 m, 2 m)를 지나는 유선을 그려라. 이 점을 지나는 유체입자의 속도와 가속도의 x와 y 성분들을 구하라.

7-50 2차원 유동이 퍼텐셜 함수 $\phi = (8x^2 - 8y^2)\text{ m}^2/\text{s}$ (x와 y의 단위는 미터)로 정의되었다. 연속조건이 만족됨을 보이고, 유동이 회전유동인지 또는 비회전유동인지 정하라. 또한, 이 유동에 대한 유선 함수를 유도하고, 점 (1 m, 0.5 m)를 지나는 유선을 그려라.

7-51 연속조건을 만족시키는 2차원 비회전유동의 y 방향 속도성분이 $v = (4x + x^2 - y^2)$ ft/s(x와 y의 단위는 피트)이다. 만일 $x = y = 0$에서 $u = 0$이면 x 방향 속도성분을 찾아라.

***7-52** 유동이 속도 $\mathbf{V} = \{(3y + 8)\mathbf{i}\}$ ft/s(y는 수직방향이고, 단위는 피트)를 갖는다. 유동장이 회전류인지 비회전류인지 정하라. 점 A에서의 압력이 6 lb/ft^2이면, 원점에서의 압력을 구하라. $\gamma = 70\text{ lb/ft}^3$이다.

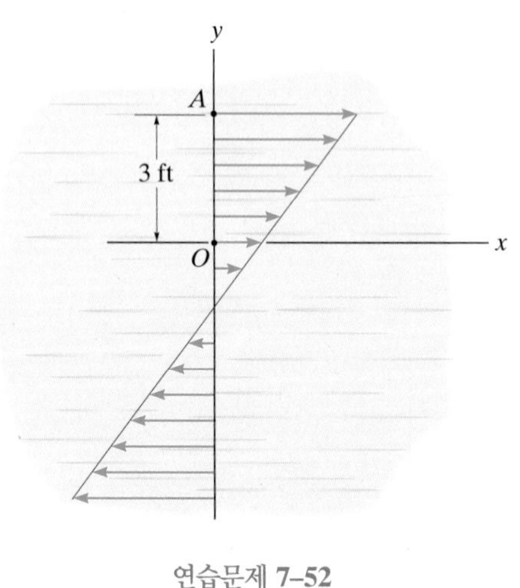

연습문제 7–52

7-53 토네이도는 그 중심으로부터 50 m 떨어진 거리에서 12 m/s의 측정된 풍속을 갖고 있다. 빌딩이 평평한 지붕을 갖고 있고 중심으로부터 10 m에 위치해 있다면, 지붕에 작용하는 위로 들리는 압력을 구하라. 빌딩은 토네이도의 자유와류 내에 있다. 공기의 밀도는 $\rho_a = 1.20\text{ kg/m}^3$이다.

연습문제 7–53

7.9~7.10절

7-54 싱크를 정의하는 방정식은 연속조건을 만족시킴을 보여라. 연속방정식을 극좌표로 표현하면 다음과 같다.

$$\frac{\partial(v_r r)}{\partial r} + \frac{\partial(v_\theta)}{\partial \theta} = 0$$

7-55 O에 있는 소스가 퍼텐셜 함수 $\phi = (8 \ln r)\ \mathrm{m^2/s}$($r$의 단위는 미터)로 나타나는 점 O로부터의 유동을 만들어낸다. 유선 함수를 구하고, 점 $r = 5\ \mathrm{m}$, $\theta = 15°$에서의 속도를 구하라.

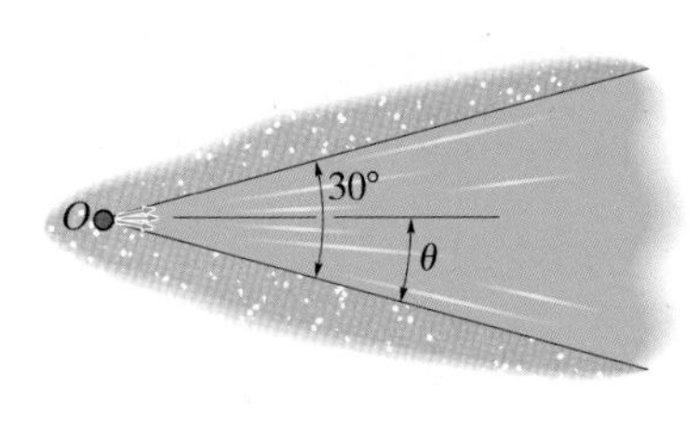

연습문제 **7–55**

***7-56** 강도 q의 소스와 반시계방향의 자유와류를 결합하고, $\psi = 0$에 대한 유선을 그려라.

7-57 자유와류가 유선 함수 $\psi = (-240 \ln r)\ \mathrm{m^2/s}$($r$의 단위는 미터)로 정의된다. $r = 4\ \mathrm{m}$에서의 유체입자의 속도를 구하고, 유선상의 점에서의 압력을 구하라. $\rho = 1.20\ \mathrm{kg/m^3}$이다.

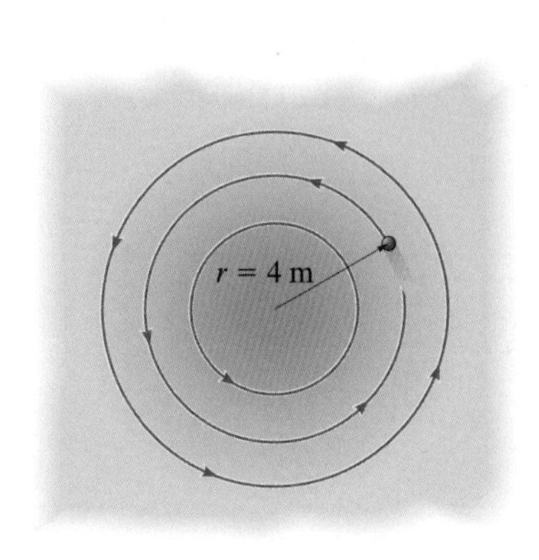

연습문제 **7–57**

7-58 $8\ \mathrm{m/s}$의 균일유동과 $3\ \mathrm{m^2/s}$의 강도의 소스가 결합된 유동의 정체점의 위치를 구하라. 정체점을 지나는 유선을 그려라.

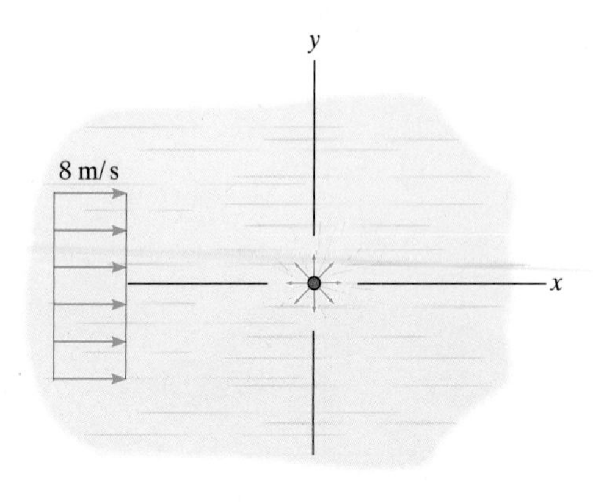

연습문제 **7–58**

7-59 물이 큰 원통형 탱크에서부터 배수될 때, 그 표면이 순환 Γ를 갖는 자유와류를 형성한다. 유체를 이상유체라고 가정하고, 와류의 자유 표면을 정의하는 식 $z = f(r)$을 구하라. 힌트 : 표면상의 두 점에 적용된 베르누이 방정식을 이용하라.

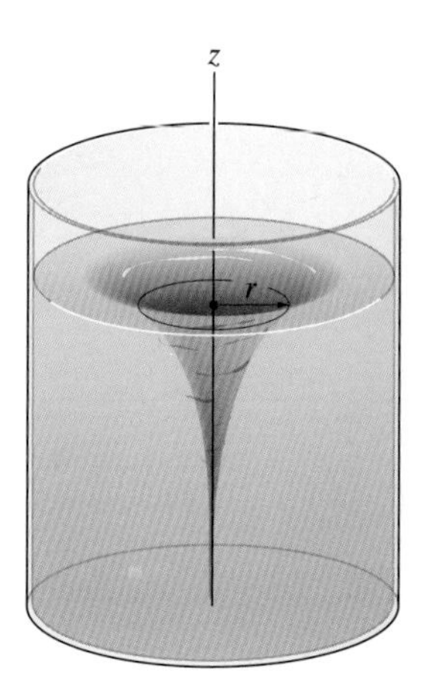

연습문제 **7–59**

***7-60** 파이프 A가 $5\ \mathrm{m^2/s}$의 소스유동을 만들어내고, 반면에 B에 위치한 배수구 혹은 싱크가 $5\ \mathrm{m^2/s}$로 유동을 없앤다. AB 사이의 유선 함수를 구하고, $\psi = 0$에 대한 유선을 그려라.

7-61 파이프 A가 $5\ \mathrm{m^2/s}$의 소스유동을 만들어내고, 반면에 B에 위치한 배수구가 $5\ \mathrm{m^2/s}$로 유동을 없앤다. AB 사이의 퍼텐셜 함수를 구하고, $\phi = 0$에 대한 등퍼텐셜선을 그려라.

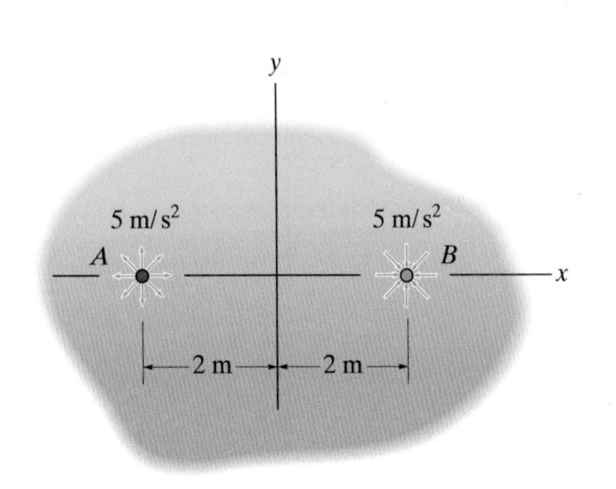

연습문제 **7–60/61**

7-62 강도 $q = 80\ \mathrm{ft^2/s}$인 소스가 점 $A(4\ \mathrm{ft},\ 2\ \mathrm{ft})$에 위치해있다. 점 $B(8\ \mathrm{ft},\ -1\ \mathrm{ft})$의 유체입자의 속도와 가속도 크기를 구하라.

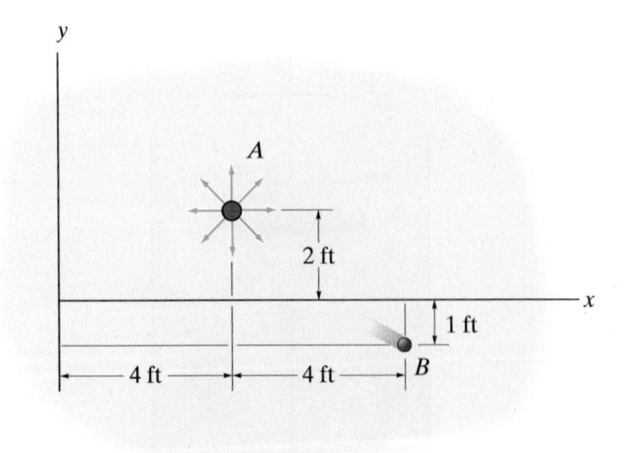

연습문제 **7–62**

7-63 각각의 강도가 $2\ \mathrm{m^2/s}$인 두 개의 소스가 그림과 같이 위치해 있다. 점 (x, y)를 지나는 유체입자의 x와 y 방향 속도성분을 구하라. 직교좌표계로 점 $(0, 8\ \mathrm{m})$를 지나는 유선의 방정식은 무엇인가? 유동은 비회전인가?

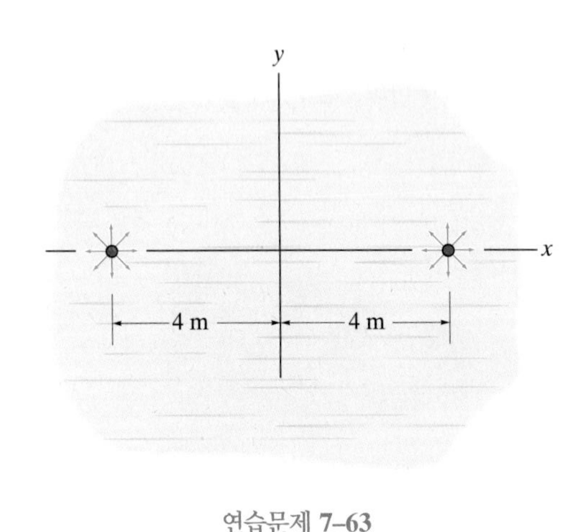

연습문제 **7–63**

***7-64** 동일 강도 q의 소스와 싱크가 그림과 같이 원점으로부터 거리 d만큼 떨어진 곳에 위치한다. 유동의 유선 함수를 구하고, 원점을 지나는 유선을 그려라.

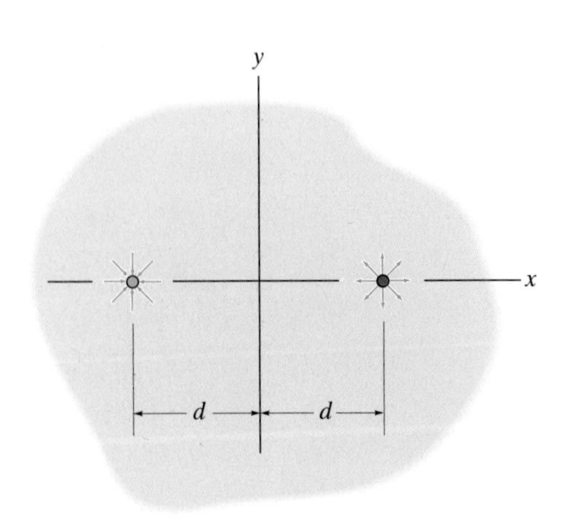

연습문제 **7–64**

7-65 동일 강도 q의 소스 두 개가 그림과 같이 위치해 있다. 유선 함수를 구하고, 이 유동이 하나의 소스가 y축을 따라서 벽을 가진 경우와 같다는 것을 보여라.

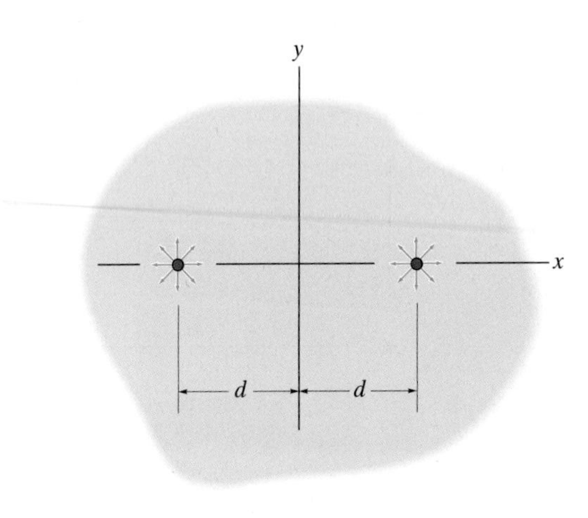

연습문제 **7-65**

7-66 벽에서부터 소스 q의 유동이 뿜어져 나오고 한편으로는 유동이 벽을 향해 불어온다. 유선 함수가 $\psi = (4xy + 8\theta)\ \mathrm{m^2/s}$($x$와 y의 단위는 미터)로 정의된다면, y축을 따라 정체점이 발생하는 곳의 벽으로부터 거리 d를 구하라. 이 점을 지나는 유선을 그려라.

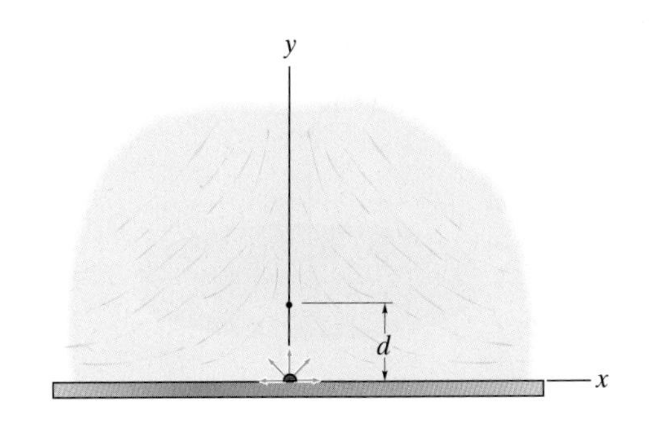

연습문제 **7-66**

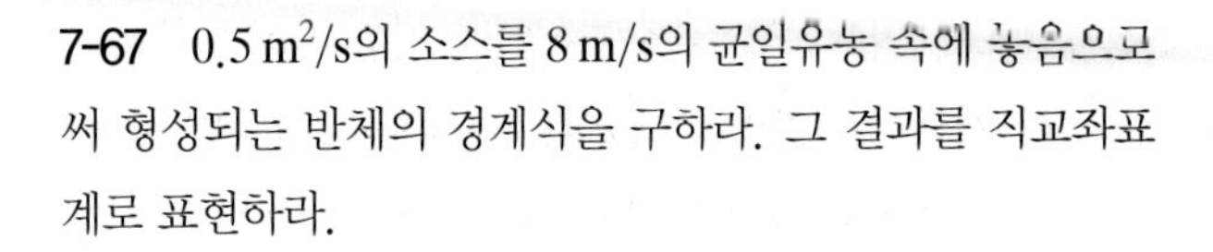

7-67 $0.5\ \mathrm{m^2/s}$의 소스를 $8\ \mathrm{m/s}$의 균일유동 속에 놓음으로써 형성되는 반체의 경계식을 구하라. 그 결과를 직교좌표계로 표현하라.

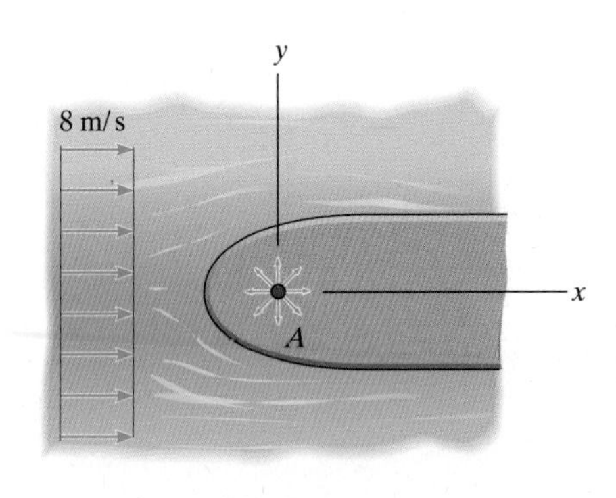

연습문제 **7-67**

***7-68** 날개의 앞전을 반체로 근사화하자. 이 형상은 300 ft/s의 균일 공기 유동과 소스를 중첩함으로써 형성된다. 반체의 폭이 0.4 ft가 되도록 하는 소스의 필요 강도를 구하라.

7-69 날개의 앞전을 반체로 근사화하자. 반체는 300 ft/s의 균일 공기 유동과 $100\ \mathrm{ft^2/s}$ 강도의 소스를 중첩함으로써 형성된다. 반체의 폭을 구하고, $r = 0.3$ ft, $\theta = 90°$일 때 정체점 O와 점 A 사이의 압력차를 구하라. $\rho = 2.35(10^{-3})\ \mathrm{slug/ft^3}$이다.

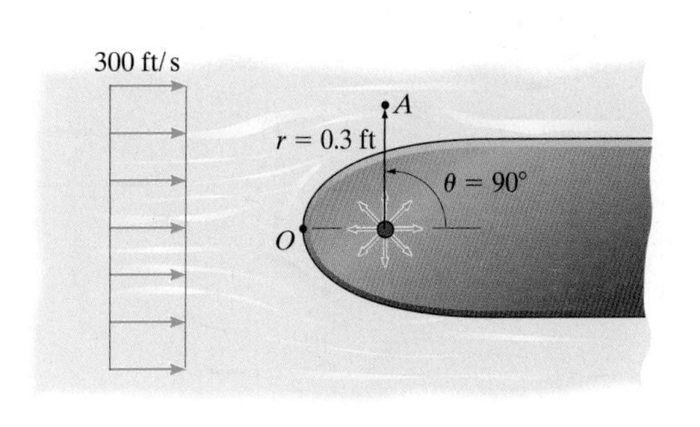

연습문제 **7-68/69**

7-70 속도 U의 균일유동과 강도 q의 점 소스를 결합하여 반체가 정의된다. 균일유동 내의 압력이 p_0라고 할 때, 반체의 위쪽 경계를 따라서의 압력분포를 θ의 함수로 구하라. 중력의 영향은 무시한다. 유체의 밀도는 ρ이다.

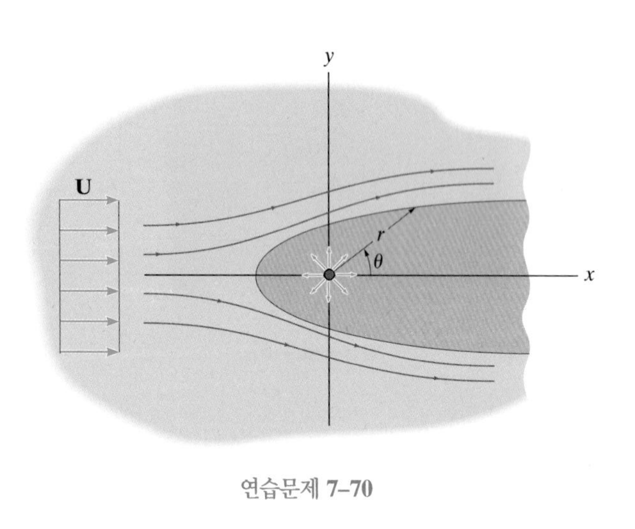

연습문제 **7–70**

7-71 $U = 0.4\ \mathrm{m/s}$와 $q = 1.0\ \mathrm{m^2/s}$인 반체 주위로 유체가 흐른다. 반체를 그리고, $r = 0.8\ \mathrm{m}$와 $\theta = 90°$인 점에서의 유체의 속도 크기와 압력을 구하라. 균일유동 내의 압력은 300 Pa이다. $\rho = 850\ \mathrm{kg/m^3}$이다.

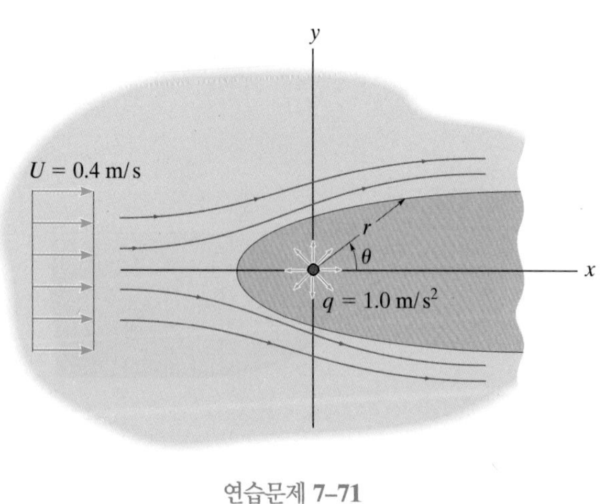

연습문제 **7–71**

***7-72** 속도 U의 균일유동과 강도 q의 점 소스를 결합하여 반체가 정의된다. 반체의 경계 상에서 압력 p가 균일유동 내의 압력 p_0와 같은 위치의 θ를 구하라. 중력의 영향은 무시한다.

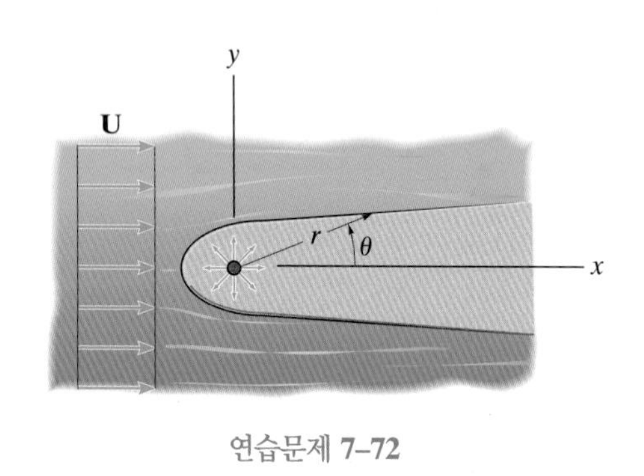

연습문제 **7–72**

7-73 랭킨 물체가 각각 강도 $0.2\ \mathrm{m^2/s}$의 소스와 싱크에 의해서 정의된다. 균일유동의 속도가 4 m/s라면, 물체의 가장 긴 길이와 짧은 길이를 구하라.

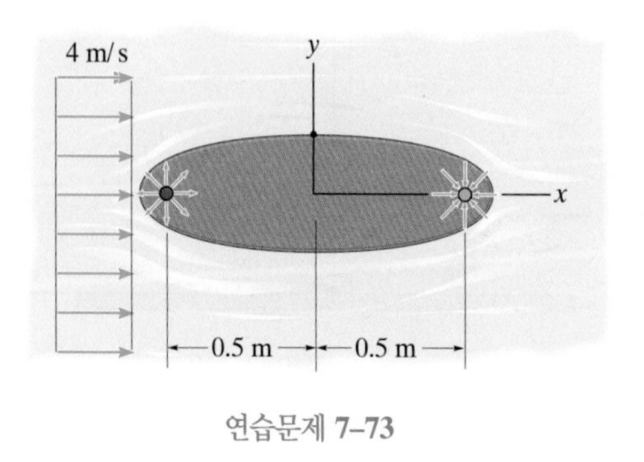

연습문제 **7–73**

7-74 랭킨 오벌이 각각 강도가 $0.2\ \text{m}^2/\text{s}$인 소스와 싱크에 의해서 정의된다. 균일유동의 속도가 $4\ \text{m/s}$라면, 물체의 경계를 정의하는 식을 직교좌표로 구하라.

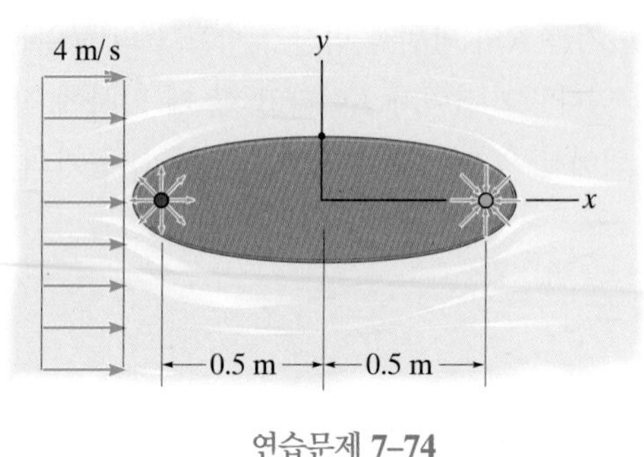

연습문제 **7–74**

7-75 유체가 $U = 10\ \text{m/s}$의 균일유동을 가진다. $q = 15\ \text{m}^2/\text{s}$의 소스가 $x = 2\ \text{m}$에 있고, $q = -15\ \text{m}^2/\text{s}$의 싱크가 $x = -2\ \text{m}$에 있다. 생성되는 랭킨 오벌을 그려라. 점 (0, 2 m)에서의 속도 크기와 압력을 구하라. 균일유동 내의 압력은 40 kPa이다. $\rho = 850\ \text{kg/m}^3$이다.

***7-76** 그림 7-33b의 실린더 표면을 따라서 식 (7-67)의 압력분포를 적분하라. 그리고 합력이 영임을 보여라.

7-77 회전하는 긴 실린더가 3 ft/s의 수평 균일유동 속에 놓여있다. 실린더의 반지름이 4 ft일 때, 정체점의 위치와 단위 길이당 양력을 구하라. 실린더 주위의 순환은 $18\ \text{ft}^2/\text{s}$이다. $\rho = 2.35(10^{-3})\ \text{slug/ft}^3$이다.

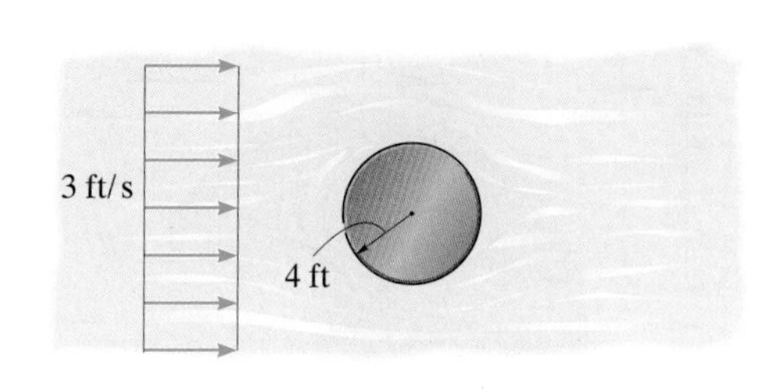

연습문제 **7–77**

7-78 직경 0.5 m의 다리 교각이 4 m/s의 균일유동 속에 놓여있다. 깊이 2 m에서 교각에 가해지는 최대 및 최소 압력을 구하라.

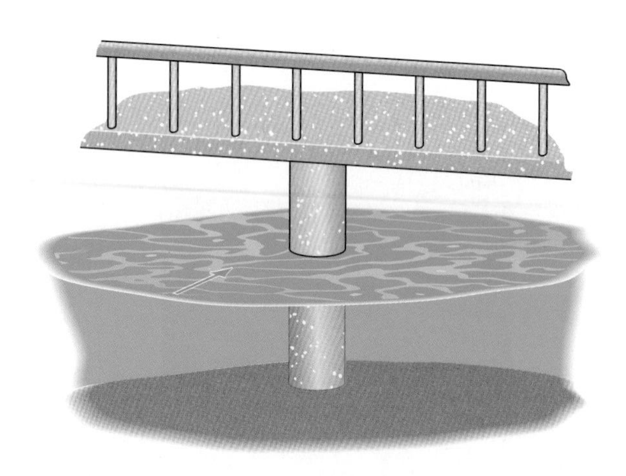

연습문제 **7–78**

7-79 실린더 주위로 공기가 흐르고, A에서 측정된 압력이 $p_A = -4\ \text{kPa}$이다. $\rho = 1.22\ \text{kg/m}^3$일 때, 유동의 속도 U를 구하라. 만일 B에서의 압력이 대신 측정되었다고 했을 때, 이 속도가 정해질 수 있겠는가?

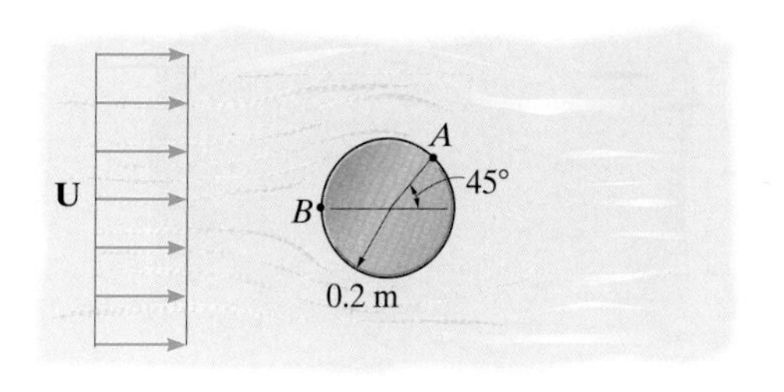

연습문제 **7–79**

***7-80** 직경이 200 mm인 실린더가 속도 6 m/s인 수평 균일유동 속에 놓여있다. 실린더에서 멀리 떨어진 곳에서의 압력은 150 kPa이다. $\theta = 90°$인 반경방향 선 r을 따라서의 속도와 압력의 변화를 그리고, $r = 0.1$ m, 0.2 m, 0.3 m, 0.4 m, 그리고 0.5 m에서의 그 값들을 명시하라. $\rho = 1.5\ \text{Mg/m}^3$이다.

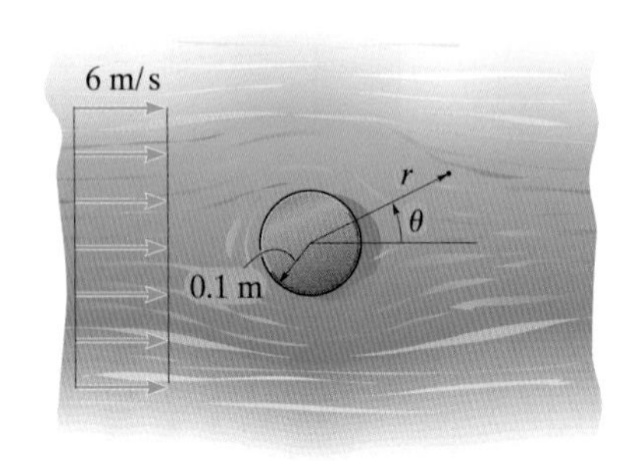

연습문제 **7–80**

7-81 직경이 200 mm인 실린더가 속도 6 m/s인 균일유동 속에 놓여 있다. 실린더에서 멀리 떨어진 곳에서의 압력은 150 kPa이다. $\theta = 0°$인 반경방향 선 r을 따라서의 속도와 압력의 변화를 그리고, $r = 0.1$ m, 0.2 m, 0.3 m, 0.4 m, 그리고 0.5 m에서의 그 값들을 명시하라. $\rho = 1.5\ \text{Mg/m}^3$이다.

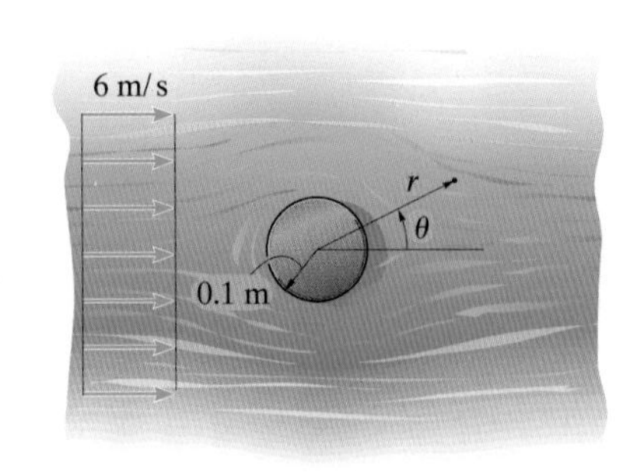

연습문제 **7–81**

7-82 반지름 $R = 3$ m의 반원형 막사(Quonset hut) 주위를 공기가 $U = 30$ m/s의 속도로 흐른다. y축을 따라서 $3\ \text{m} \le y \le \infty$에 대해서 속도와 절대압력의 분포를 찾아라. 균일유동 내의 절대압력은 $p_0 = 100$ kPa이다. $\rho_a = 1.23\ \text{kg/m}^3$이다.

7-83 반지름 R의 반원형 막사가 속도 U의 균일 바람 속에 놓여 있다. 그 길이가 L이라고 할 때 막사에 작용하는 압력에 의해서 생기는 총 수직력을 구하라. 공기의 밀도는 ρ이다.

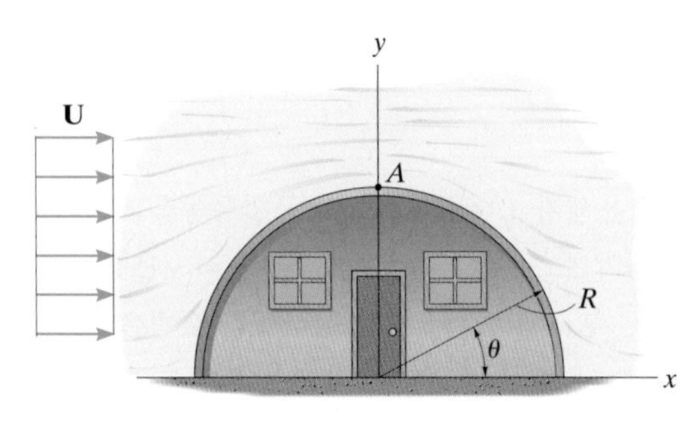

연습문제 **7–82/83**

***7-84** 반지름 R의 반원형 막사가 속도 U의 균일 바람 속에 놓여있다. 점 A에서의 바람의 속력과 계기압력을 구하라. 공기의 밀도는 ρ이다.

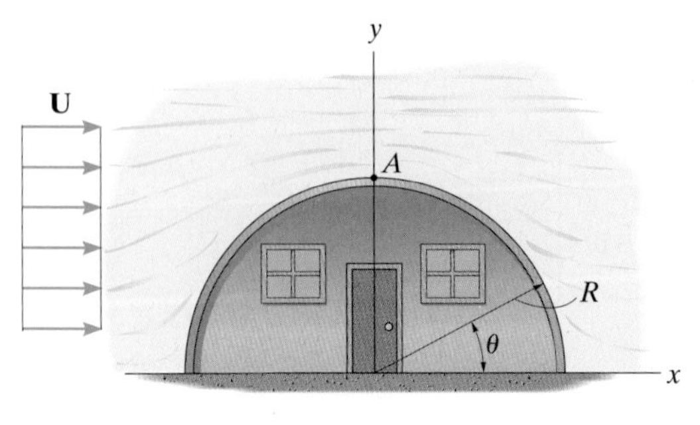

연습문제 **7–84**

7-85 물이 균일 속도 3 ft/s로 원형 기둥을 향하여 흐른다. 기둥의 반경이 4 ft이고, 균일유동 내의 압력이 6 lb/in^{2}이라면, 점 A에서의 압력을 구하라. $\rho_w = 1.94$ slug/ft^{3}이다.

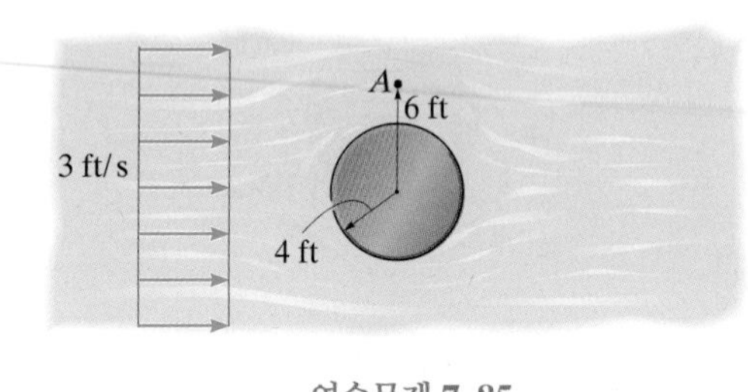

연습문제 7–85

7-86 높은 원형 빌딩이 속도 150 ft/s의 균일 바람 속에 놓여있다. 가장 낮은 압력이 걸리는 창문의 위치 θ를 구하라. 그 압력은 얼마인가? $\rho_a = 0.00237$ slug/ft^{3}이다.

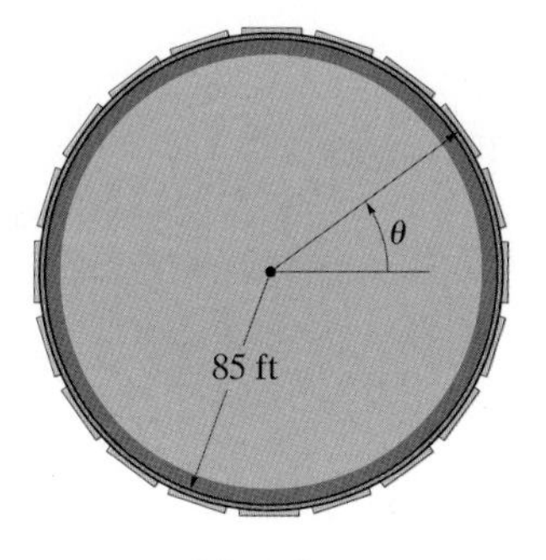

연습문제 7–86

7-87 높은 원형 빌딩이 속도 150 ft/s의 균일 바람 속에 놓여있다. $\theta = 0°$, 90°, 그리고 150°인 벽에서의 압력과 속도를 구하라. $\rho_a = 0.00237$ slug/ft^{3}이다.

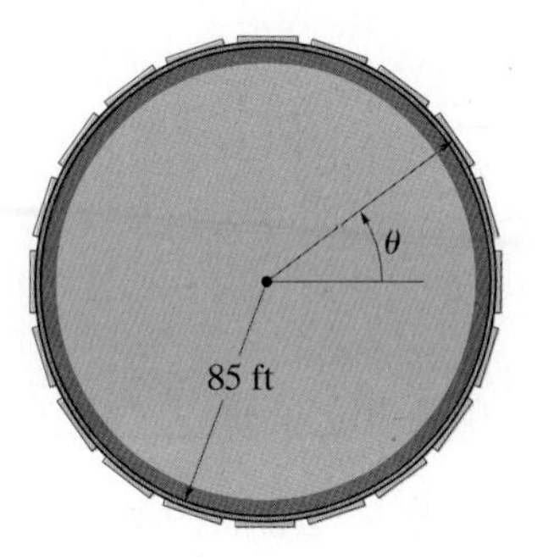

연습문제 7–87

***7-88** 파이프가 네 개의 1/4 조각을 서로 붙여서 만들어졌다. 파이프가 8 m/s 속도의 균일 공기 유동에 노출되었다면, 파이프의 1/4 조각 AB의 단위 길이당 작용하는 압력에 의한 힘을 구하라. $\rho = 1.22$ kg/m^{3}이다.

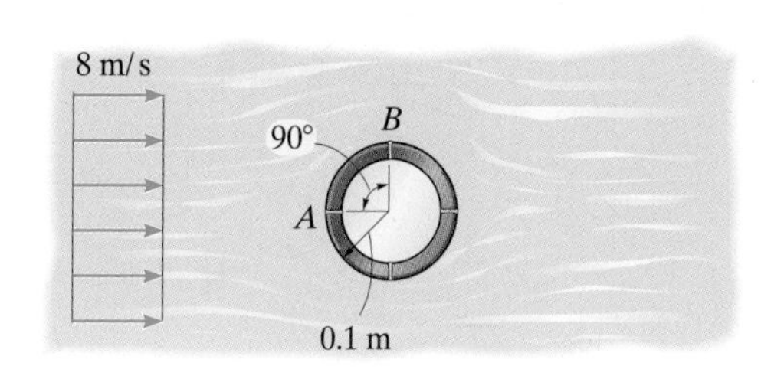

연습문제 7–88

7-89 직경이 1 ft인 실린더가 $\omega = 5$ rad/s로 돌면서 속도 4 ft/s의 균일유동 속에 놓여있다. 단위 길이당 실린더에 작용하는 양력을 구하라. $\rho = 2.38(10^{-3})$ slug/ft^{3}이다.

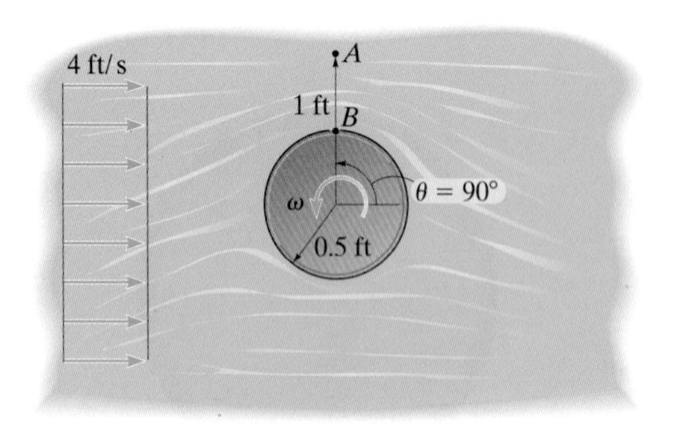

연습문제 7–89

7-90 직경이 1 ft인 실린더가 $\omega = 8$ rad/s로 돌면서 속도 4 ft/s의 수평 균일유동 속에 놓여있다. 균일유동 속의 압력이 80 lb/ft^{2}이라면, $\theta = 90°$인 실린더 표면 B에서의 압력과 $r = 1$ ft, $\theta = 90°$인 점 A에서의 압력을 구하라. 또한 단위 길이의 실린더에 작용하는 합력을 구하라. $\rho = 1.94$ slug/ft^{3}이다.

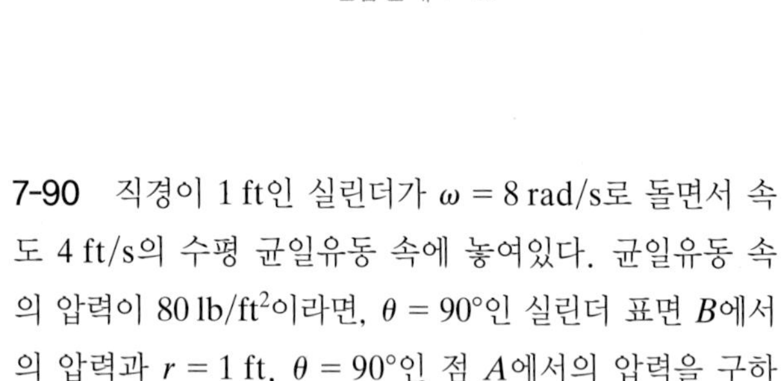

연습문제 7–90

7-91 실린더가 40 rad/s로 반시계방향으로 회전한다. 공기의 균일 속도가 10 m/s이고 균일유동 내의 압력이 300 Pa이라면, 실린더 표면의 최대 및 최소 압력을 구하라. 또한 실린더에 작용하는 양력은 얼마인가? $\rho_a = 1.20$ kg/m^{3}이다.

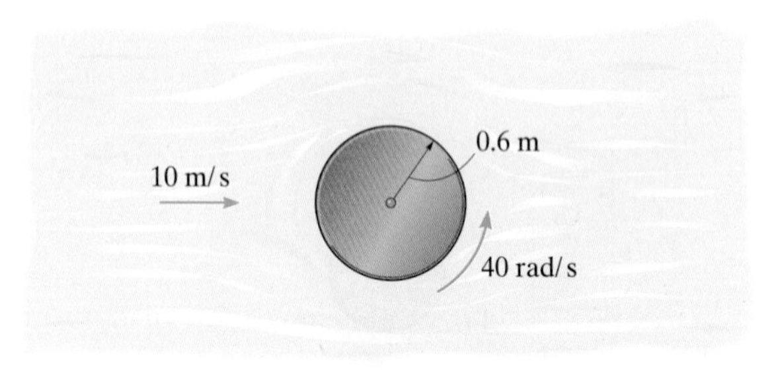

연습문제 7–91

***7-92** 실린더에 토크 **T**가 작용하여 120 rev/min의 등각속도로 반시계방향의 회전을 만든다. 만일 15 m/s의 일정속도로 바람이 분다면, 실린더 표면에서 정체점의 위치를 구하고, 최대 압력을 찾아라. 균일유동 내의 압력은 400 Pa이다. $\rho_a = 1.20$ kg/m^{3}이다.

7-93 실린더에 토크 **T**가 작용하여 120 rev/min의 등각속도로 반시계방향의 회전을 만든다. 만일 15 m/s의 일정속도로 바람이 분다면, 실린더의 단위 길이당 양력과 실린더 상의 최소 압력을 구하라. 균일유동 내의 압력은 400 Pa이다. $\rho_a = 1.20$ kg/m^{3}이다.

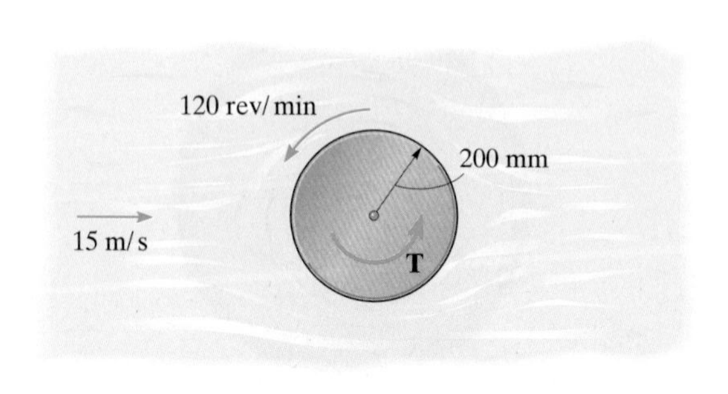

연습문제 7–92/93

7-94 액체가 면적이 A인 위 평판과 고정된 표면 사이에 채워져 있다. 힘 **F**가 평판에 가해져서 평판 속도 **U**를 만들어낸다. 만일 층류유동이 생기고, 압력의 변화가 없다면, 나비에-스토크스 방정식과 연속방정식에 따르면 이 유동의 속도분포가 $u = U(y/h)$, 그리고 액체 내부의 전단응력이 $\tau_{xy} = F/A$임을 보여라.

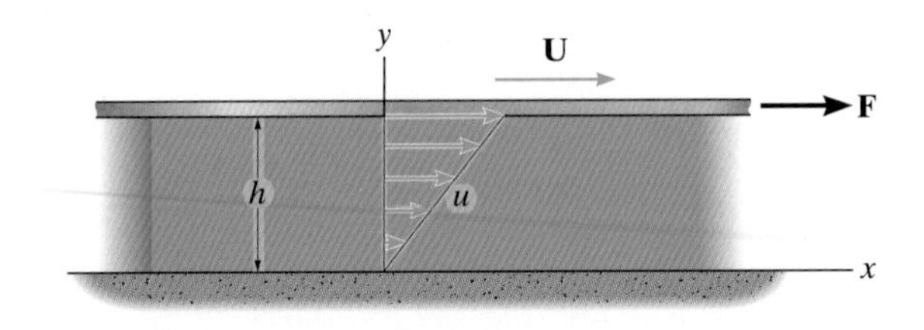

연습문제 **7–94**

7-95 액체에 대한 채널유동은 두 개의 고정된 평판에 의해서 형성된다. 평판 사이에 층류유동이 생긴다면, 나비에-스토크스 방정식과 연속방정식은 $\partial^2 u/\partial y^2 = (1/\mu)\, \partial p/\partial x$와 $\partial p/\partial y = 0$으로 단순화됨을 보여라. 이 식들을 적분하여 유동의 속도 형상이 $u = (1/(2\mu))\,(dp/dx)\,[y^2 - (d/2)^2]$이 됨을 보여라. 중력의 영향은 무시한다.

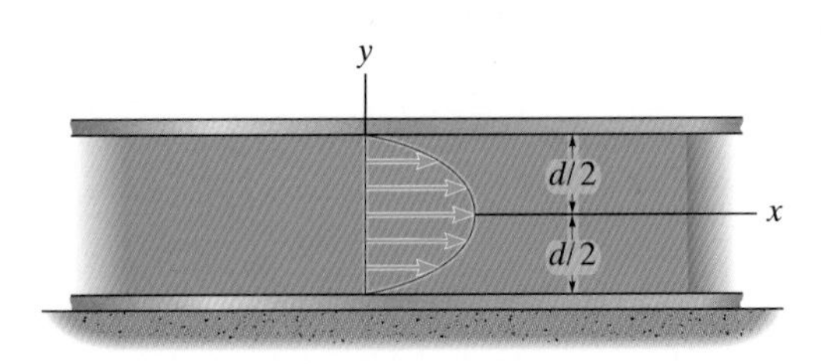

연습문제 **7–95**

***7-96** 밀도가 ρ이고 점도가 μ인 유체가 두 실린더 사이 공간을 채운다. 바깥 실린더가 고정되어 있고, 안쪽 실린더가 ω로 회전할 경우, 나비에-스토크스 방정식을 적용하여 층류유동일 때의 속도 형상을 구하라.

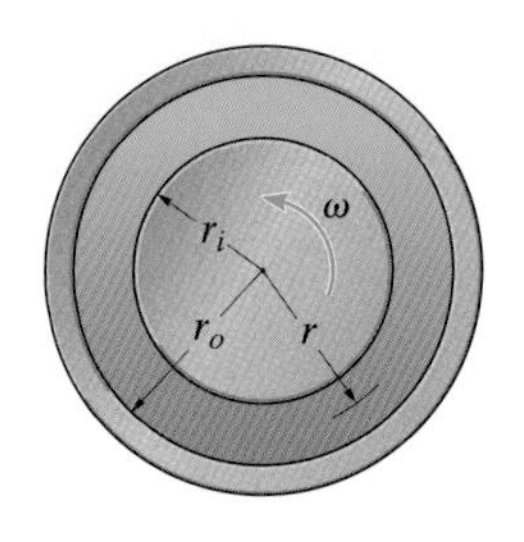

연습문제 **7–96**

7-97 수평 속도장이 $u = 2(x^2 - y^2)$ ft/s과 $v = (-4xy)$ ft/s로 정의된다. 이 표현식은 연속방정식을 만족시킴을 보여라. 나비에-스토크스 방정식을 사용하여 압력분포가 $p = C - \rho V^2/2 - \rho g z$에 의해 정의됨을 보여라.

7-98 경사진 개방채널이 깊이 h의 정상 층류유동을 갖는다. 나비에-스토크스 방정식이 $\partial^2 u/\partial y^2 = -(\rho g \sin\theta)/\mu$와 $\partial p/\partial y = -\rho g \cos\theta$로 단순화됨을 보여라. 이 식들을 적분하여 속도 형상이 $u = [(\rho g \sin\theta)/2\mu]\,(2hy - y^2)$이고, 전단응력 분포는 $\tau_{xy} = \rho g \sin\theta\,(h - y)$임을 보여라.

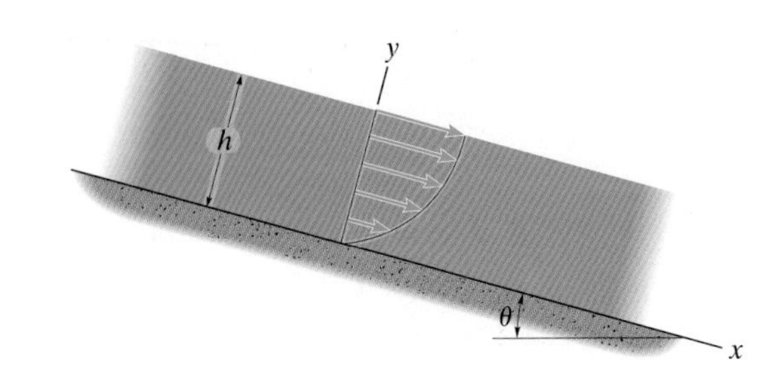

연습문제 **7–98**

7-99 층류유동을 하는 유체가 속도성분 $u = 6x$와 $v = -6y$(y는 수직방향)를 갖고 있다. 점 (0, 0)에서의 압력이 $p = 0$일 때, 나비에-스토크스 방정식을 이용하여 유체 내부의 압력 $p = p(x, y)$를 구하라. 유체의 밀도는 ρ이다.

***7-100** 고정된 표면을 향한 이상유체의 정상 층류유동이 수평방향 유선 AB를 따라서 속도 $u = [10(1 + 1/(8x^3))]$ m/s를 갖고 있다. 나비에-스토크스 방정식을 이용하여 이 유선을 따라서의 압력 변화를 구하고, 그것을 $-2.5\text{ m} \le x \le -0.5\text{ m}$에 대해서 그려라. A에서의 압력은 5 kPa이고, 유체의 밀도는 $\rho = 1000\text{ kg/m}^3$이다.

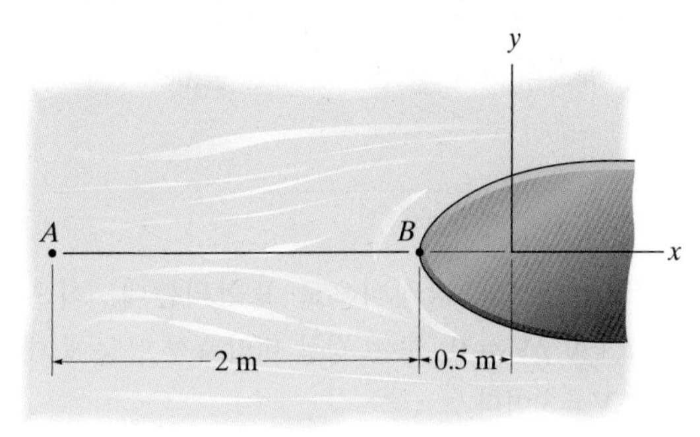

연습문제 **7–99/100**

장 복습

유체요소의 **병진율**은 그 속도장에 의해 정의된다.	$\mathbf{V} = \mathbf{V}(x, y, z, t)$
유체요소의 **선형변형**은 단위 체적당의 체적 변화량에 의해서 측정된다. 이 변형의 시간변화율을 체적팽창률이라고 부른다.	$\dfrac{\delta V\!\!\!\!-/dV\!\!\!\!-}{dt} = \dfrac{\partial u}{\partial x} + \dfrac{\partial v}{\partial y} + \dfrac{\partial w}{\partial z} = \nabla \cdot \mathbf{V}$
유체요소의 **회전율** 또는 **각속도**는 미분요소의 두 이웃한 변의 평균각속도 $\boldsymbol{\omega} = \frac{1}{2}\nabla \times \mathbf{V}$로 측정된다.	$\omega_z = \dfrac{1}{2}\left(\dfrac{\partial v}{\partial x} - \dfrac{\partial u}{\partial y}\right)$
유체요소의 **각변형**은 이웃한 두 변의 90° 사잇각의 시간변화율로 정의된다. 이것은 요소의 전단-변형률이다.	$\dot{\gamma}_{xy} = \dfrac{\partial v}{\partial x} + \dfrac{\partial u}{\partial y}$
이상유체, 즉 비점성이고 비압축인 유체는 비회전유동 특성을 보인다. $\boldsymbol{\omega} = \mathbf{0}$이 만족되어야 한다.	
순환 Γ는 경계 주위의 순유동의 척도(measure)이고, 와도 ζ는 유체의 각 단위 면적에 대한 순(net) 순환이다.	$\Gamma = \left(\dfrac{\partial v}{\partial x} - \dfrac{\partial u}{\partial y}\right)\Delta x \Delta y$ $\quad \zeta = \dfrac{\Gamma}{A} = \dfrac{\partial v}{\partial x} - \dfrac{\partial u}{\partial y}$
질량보존은 연속방정식으로 표현되는데, 식으로는 $\partial\rho/\partial t + \nabla\cdot\rho\mathbf{V} = 0$, 또는 정상 비압축성 유동에 대해서는 $\nabla\cdot\mathbf{V} = 0$이다.	$\dfrac{\partial u}{\partial x} + \dfrac{\partial v}{\partial y} = 0$

오일러의 운동방정식은 이상유체에 적용된다. 이 식들은 미분 유체요소에 작용하는 압력과 중력 힘들을 그 가속도성분들과 관련을 짓는다. 적분을 취하면, 베르누이 방정식이 얻어지는데, 만일 유체가 정상 비회전유동이라면 유체 내의 임의의 두 점 사이에 적용된다.	$\rho g_x + \frac{\partial \sigma_{xx}}{\partial x} + \frac{\partial \tau_{yx}}{\partial y} + \frac{\partial \tau_{zx}}{\partial z} = \rho\left(\frac{\partial u}{\partial t} + u\frac{\partial u}{\partial x} + v\frac{\partial u}{\partial y} + w\frac{\partial u}{\partial z}\right)$ $\rho g_y + \frac{\partial \tau_{xy}}{\partial x} + \frac{\partial \sigma_{yy}}{\partial y} + \frac{\partial \tau_{zy}}{\partial z} = \rho\left(\frac{\partial v}{\partial t} + u\frac{\partial v}{\partial x} + v\frac{\partial v}{\partial y} + w\frac{\partial v}{\partial z}\right)$ $\rho g_z + \frac{\partial \tau_{xz}}{\partial x} + \frac{\partial \tau_{yz}}{\partial y} + \frac{\partial \sigma_{zz}}{\partial z} = \rho\left(\frac{\partial w}{\partial t} + u\frac{\partial w}{\partial x} + v\frac{\partial w}{\partial y} + w\frac{\partial w}{\partial z}\right)$
유선 함수 $\psi(x, y)$는 연속방정식을 만족시킨다. 만일 $\psi(x, y)$를 안다면, 유체 내의 임의의 점에서의 속도성분을 편미분으로부터 알 수 있다.	$u = \frac{\partial \psi}{\partial y} \qquad v = -\frac{\partial \psi}{\partial x}$
임의의 두 유선, $\psi_1(x, y) = C_1$과 $\psi_2(x, y) = C_2$ 사이의 단위 깊이당 유량은 그 유선 함수 상수값의 차로부터 정해진다.	$q = C_2 - C_1$
퍼텐셜 함수 $\phi(x, y)$는 비회전유동 조건을 만족시킨다. 임의의 점에서의 유체의 속도성분은 편미분으로부터 구해진다.	$u = \frac{\partial \phi}{\partial x}, \qquad v = \frac{\partial \phi}{\partial y}$
균일유동, 선형 소스유동부터 선형 싱크유동, 더블릿, 그리고 자유와류유동 등의 $\psi(x, y)$와 $\phi(x, y)$의 해들이 얻어졌다. 이 해들을 중첩함(서로 더하거나 뺌)으로써 반체 주위의 유동이나 랭킨 오벌 주위의 유동, 또는 실린더 주위의 유동 등과 같이 복잡한 유동을 만들어낼 수 있다.	
압력, 중력, 그리고 점성력 등을 모두 고려하면, 운동방정식은 나비에-스토크스 방정식으로 표현된다. 연속방정식과 함께 그 해들이 얻어진 경우는 그 숫자가 사실 제한적이고, 층류유동의 경우들이다. 좀더 복잡한 층류와 난류유동에 대해서 풀기 위해서는 전산유체역학(CFD)의 기법들을 사용해서 이 방정식들의 수치해를 필요로 한다.	$\rho\left(\frac{\partial u}{\partial t} + u\frac{\partial u}{\partial x} + v\frac{\partial u}{\partial y} + w\frac{\partial u}{\partial z}\right) = \rho g_x - \frac{\partial p}{\partial x} + \mu\left(\frac{\partial^2 u}{\partial x^2} + \frac{\partial^2 u}{\partial y^2} + \frac{\partial^2 u}{\partial z^2}\right)$ $\rho\left(\frac{\partial v}{\partial t} + u\frac{\partial v}{\partial x} + v\frac{\partial v}{\partial y} + w\frac{\partial v}{\partial z}\right) = \rho g_y - \frac{\partial p}{\partial y} + \mu\left(\frac{\partial^2 v}{\partial x^2} + \frac{\partial^2 v}{\partial y^2} + \frac{\partial^2 v}{\partial z^2}\right)$ $\rho\left(\frac{\partial w}{\partial t} + u\frac{\partial w}{\partial x} + v\frac{\partial w}{\partial y} + w\frac{\partial w}{\partial z}\right) = \rho g_z - \frac{\partial p}{\partial z} + \mu\left(\frac{\partial^2 w}{\partial x^2} + \frac{\partial^2 w}{\partial y^2} + \frac{\partial^2 w}{\partial z^2}\right)$

Chapter 8

(© Georg Gerster/Science Source)

비행기나 다른 운송체의 모형 혹은 원형(prototype)들을 시험하기 위해서 풍동이 이용된다. 이를 위해서 모형은 그 결과들이 원형과 상관관계를 갖도록 적절히 축척되어야 한다.

차원해석과 상사성

학습목표

- 유체의 거동을 실험적으로 연구하기 위하여 필요한 데이터의 양을 최소화하기 위하여 차원해석이 어떻게 이용되는지 알아본다.
- 유동의 거동에 영향을 미치는 힘의 종류들을 살펴보고, 이런 힘들을 포함하는 중요 무차원수들을 제시한다.
- 버킹험의 파이 정리를 이용하여 무차원수들을 얻어냄으로써 차원해석의 절차를 규격화한다.
- 구조물이나 기계에 대한 실험모형의 크기를 어떻게 정하는지 알아보고, 그 모형에 대한 유체유동의 영향을 실험적으로 연구하기 위하여 어떻게 이용하는지 알아본다.

8.1 차원해석

앞 장에서는 유체역학에서 중요한 여러 방정식들을 제시하였고, 몇몇 실제적 문제의 해를 얻는 데 그 식들이 어떻게 활용되는지 예를 들어 설명하였다. 이 모든 경우들에서 유동을 표현하는 방정식의 대수적 해를 얻을 수 있었다. 그러나 몇몇 경우는 복잡한 유동이 관련되어 있어서 유동을 기술하는 속도, 압력, 밀도, 점도 등과 같은 물리변수들과 유동 성질들의 결합들의 의미가 완전히 이해되지 않을 수 있다. 이런 경우에는 실험을 수행함으로써 유동을 연구할 수 있다.

불행하게도 실험 연구는 비용과 시간이 많이 들고, 따라서 필요한 실험적 데이터의 양을 최소화하는 것이 매우 중요하게 된다. 이를 위한 가장 좋은 방법은 우선적으로 관련된 모든 물리변수들과 유체 성질들에 대해서 차원해석을 수행하는 것이다. 특히 **차원해석**은 이러한 모든 변수들로부터 **무차원항**들의 조합을 구성하는 수학의 한 분야이다. 일단 이 항들이 얻어지면 최소한의 실험 횟수로부터 최대 양의 정보를 얻는 데 활용할 수 있다.

표 8-1

양	기호	M–L–T	F–L–T
면적	A	L^2	L^2
체적	$\forall$	L^3	L^3
속도	V	LT^{-1}	LT^{-1}
가속도	a	LT^{-2}	LT^{-2}
각속도	ω	T^{-1}	T^{-1}
힘	F	MLT^{-2}	F
질량	m	M	FT^2L^{-1}
밀도	ρ	ML^{-3}	FT^2L^{-4}
비중량	γ	$ML^{-2}T^{-2}$	FL^{-3}
압력	p	$ML^{-1}T^{-2}$	FL^{-2}
동적 점성계수	μ	$ML^{-1}T^{-1}$	FTL^{-2}
동점성계수	ν	L^2T^{-1}	L^2T^{-1}
동력	$\dot{W}_s$	ML^2T^{-3}	FLT^{-1}
체적유량	Q	L^3T^{-1}	L^3T^{-1}
질량유량	$\dot{m}$	MT^{-1}	FTL^{-1}
표면장력	σ	MT^{-2}	FL^{-1}
중량	W	MLT^{-2}	F
토크	T	ML^2T^{-2}	FL

차원해석 방법은 1.4절에서 다루었던 차원의 **동차성 원리**에 근거하고 있다. 이 원리에 따르면 방정식의 각 항들은 모두 동일한 단위의 조합을 가져야만 한다는 것이다. 온도를 제외하고 대부분의 유체유동 문제에서의 변수들은 질량 M, 길이 L, 그리고 시간 T, 또는 힘 F, 길이 L, 그리고 시간 T로 이루어진 기초 차원들을 이용하여 표현할 수 있다.* 편의를 위하여 유체역학에서의 여러 변수들의 차원 조합들을 표 8-1에 정리하였다.

비록 차원해석이 해석적 해를 직접 제공하지는 않지만, 문제를 수식화하는데 도움을 주고, 나아가 가능한 가장 단순한 방법으로 그 해를 실험적으로 구할 수 있도록 해준다. 이를 예시하면서 동시에 관련된 수학적 과정을 확인하기 위하여 그림 8-1a에서의 펌프의 파워 $\dot{W}_s$가 A에서 B 사이의 압력 증가 Δp 그리고

* 힘과 질량은 서로 독립적이지 않다는 것을 명심하라. 이 둘은 뉴턴의 운동 법칙, $F = ma$에 의해 관련되어 있다. 따라서 SI 시스템에서 힘은 $ML/T^2(ma)$의 차원을 가졌고, 미국 상용 단위 시스템에서 질량은 $FT^2/L(F/a)$의 차원을 갖는다.

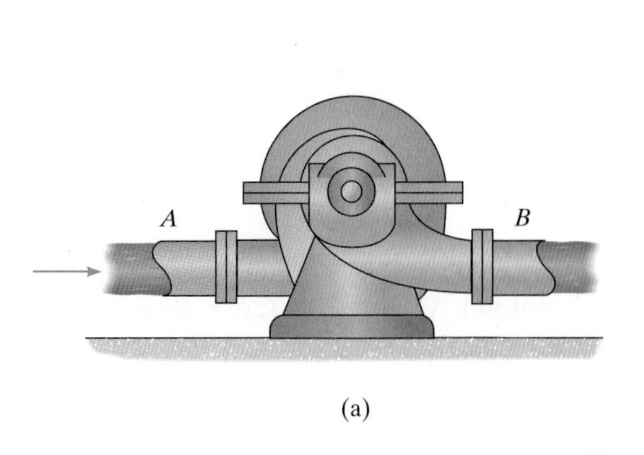

(a)

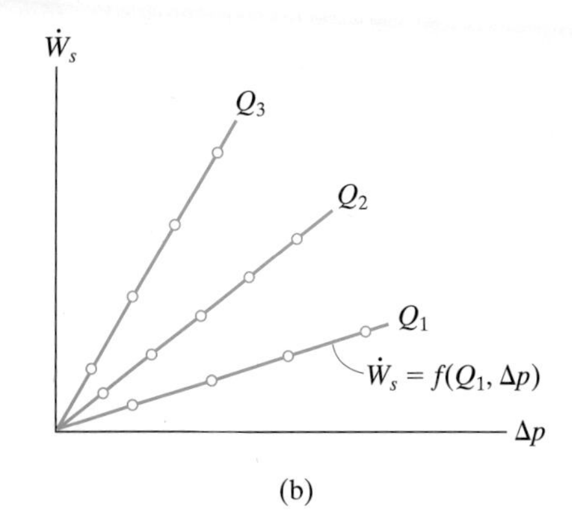

(b)

그림 8-1

펌프에 의한 유량 Q와 어떻게 관련되는지를 알아보는 문제를 생각해보자. 이 미지의 관계를 실험적으로 얻는 방법 중 한 가지는 펌프가 지정된 측정 유량 Q_1을 생성하도록 유지하면서 펌프의 파워를 여러 가지로 바꾸고 그에 따른 압력 증가를 측정하는 방법이다.

그 데이터를 그림으로 그리면 그림 8-1b에서와 같은 $\dot{W}_s = f(\Delta p,\ Q_1)$ 형태의 필요한 관계식으로 나타날 것이다. 이러한 과정을 Q_2 등에 대해서 반복함으로써 그림과 같은 일련의 선분들 혹은 곡선들을 생성할 수 있을 것이다. 불행하게도 충분히 많은 수의 그래프(한 Q에 대해서 한 개의 그래프)가 확보되지 않은 상태에서는 어떤 임의의 Q와 Δp에 대한 값을 얻는 것은 매우 힘들 것이다.

$\dot{W}_s = f(\Delta p,\ Q)$를 얻는 쉬운 방법은 우선 변수들의 차원해석을 수행하는 것이다. 여기서 Q와 Δp의 결합된 단위가 동력을 표현하는 단위와 동일하게 되도록 구성되어야 한다. 더구나 Q와 Δp는 개별적으로는 동력의 단위를 갖고 있지 못하기 때문에 이 변수들을 단순히 서로 더하거나 빼서는 안 되고, 그들을 서로 곱하거나 나눠야 할 것이다. 따라서 미지의 함수적 관계는 다음과 같은 형태를 가져야 할 것이다.

$$\dot{W}_s = CQ^a\left(\Delta p\right)^b$$

여기서 C는 어떤 미지(무차원)의 상수이고, a와 b는 동력의 단위와 차원 동차성을 유지할 수 있도록 하는 미지의 지수들이다. 표 8-1과 M-L-T 시스템을 이용하면, 이 변수들의 기본 차원들은 $\dot{W}_s(ML^2/T^3)$, $Q(L^3/T)$, $\Delta p(M/LT^2)$이다. 이 차원들을 위 방정식에 대입하면 그 결과는 다음과 같다.

$$\begin{aligned} ML^2T^{-3} &= \left(L^3T^{-1}\right)^a\left(ML^{-1}T^{-2}\right)^b \\ &= M^bL^{3a-b}T^{-a-2b} \end{aligned}$$

이 방정식의 좌우변의 M, L 그리고 T의 차원들이 서로 같아야 하므로,

$$M: \quad 1 = b$$
$$L: \quad 2 = 3a - b$$
$$T: \quad -3 = -a - 2b$$

그 해를 구하면 $a = 1$과 $b = 1$이 얻어진다. 달리 말하면, 그림 8-1b에서와 같이 필요한 함수적 관계식은 다음과 같은 형태이다.

$$\dot{W}_s = CQ\Delta p$$

물론 이러한 정형적인 절차를 사용하지 않더라도, Q와 Δp의 단위들은 서로 곱했을 때 상쇄의 결과로 $\dot{W}_s$의 단위와 같은 단위가 만들어진다는 사실을 관찰을 통해서 알아낼 수도 있었을 것이다.

이 관계식이 얻어지고 난 후, 이제는 기지의 동력$(\dot{W}_s)_1$에 대해서 압력강하 Δp_1와 유량 Q_1을 측정하는 단 한 번의 실험만이 요구된다. 이를 통해서 유일한 미지수인 상수 $C = (\dot{W}_s)_1/(Q_1\Delta p_1)$를 정하는 것이 가능해질 것이고, 이 값을 알면 임의의 Q와 Δp의 조합에 대해서도 펌프에 필요한 동력을 계산할 수 있을 것이다.

8.2 중요 무차원수들

앞의 예제에서 보았던 차원해석 적용 기법은 원래 Rayleigh 경에 의해서 개발되었다. 그리고 나서 후에 Edgar Buckingham에 의해서 개선되었고, 8.3절에서 볼 수 있듯이, 그의 방법은 유동을 묘사하는 변수들로부터 무차원비 또는 '수'의 세트가 얻어지도록 조합을 구해야 한다. 때로는 이 수들이 유체의 유동장에 작용하는 힘들의 비로 표현되기도 한다. 그리고 이러한 비들이 실험 유체역학을 공부하는 동안에 빈번히 나타나므로 중요한 몇 가지를 여기서 소개하고자 한다.

관례적으로 각 무차원비들은 동적 힘이나 관성력, 그리고 압력이나 점성, 또는 중력 등과 같이 유동에 의해서 발달하는 몇몇 다른 힘들로 구성된다. **관성력**은 사실 가상적인 힘으로서 운동방정식에서의 관성항 ma를 나타낸다. 특히, $\Sigma F = ma$를 $\Sigma F - ma = 0$으로 쓰면 $-ma$ 항은 유체입자에 작용하는 합력을 0으로 만들기 위해 필요한 관성력으로 생각할 수 있다. 관성력에는 유체입자의 가속도가 포함되어 있고, 따라서 유체유동을 포함하는 거의 대부분의 문제에서 중요한 역할을 하므로 우리는 관성력을 모든 무차원비에 선택할 것이다. 관성력은 ma 혹은 $\rho\forall a$의 크기를 가졌고 따라서 유체 성질인 ρ를 유지한다면 $\rho(L^3)(L/T^2)$의 차원

을 가진다는 것을 주목하라. 속도 V는 L/T의 차원을 가졌기 때문에 시간 차원을 없애고 힘을 길이 차원만으로 표현할 수 있는데, 즉 ρV^2L^2이다.

이제 '수'라고 불리는 각 무차원 힘의 비의 의의에 대해서 간단히 정의하고, 뒤의 절들에서는 특정 응용 문제에서의 이러한 비들의 중요성에 대해서 살펴볼 것이다.

오일러수 유체가 유동을 하게 만드는 것은 유체 내의 두 지점에서의 정압의 차이이고, 따라서 이 압력차에 의해서 유발된 힘과 관성력 ρV^2L^2의 비를 **오일러수** 또는 **압력계수**라고 부른다. 압력힘 ΔpA는 길이 차원을 이용하여 ΔpL^2으로 표현할 수 있고, 따라서 오일러수(Eu)는

$$\text{Eu} = \frac{\text{압력힘}}{\text{관성력}} = \frac{\Delta p}{\rho V^2} \tag{8-1}$$

이 무차원수는 파이프 내의 액체 유동과 같이 압력과 관성력이 지배적인 경우 유동의 움직임을 제어한다. 그것은 액체의 공동현상과 유체에 의해서 생성되는 항력과 양력 효과에 대한 연구에도 매우 중요한 역할을 한다.

레이놀즈수 관성력 ρV^2L^2과 점성력의 비를 **레이놀즈수**라고 부른다. 뉴턴유체의 경우, 점성력은 뉴턴의 점성 법칙 $F_v = \tau A = \mu(dV/dy)A$로부터 정해진다. 유체 성질인 μ를 유지한다면, 점성력은 $\mu(V/L)L^2$ 또는 μVL의 길이 차원을 갖고, 따라서 레이놀즈수(Re)는

$$\text{Re} = \frac{\text{관성력}}{\text{점성력}} = \frac{\rho VL}{\mu} \tag{8-2}$$

가 된다.

이 무차원비는 영국의 공학자인 Osborne Reynolds가 파이프 내의 층류 및 난류의 움직임에 대해서 조사하는 과정에서 처음 개발되었다. 이 목적으로 사용될 때는 '특성길이' L은 파이프의 직경을 사용하게 된다. Re가 큰 경우에는 유동 내의 관성력이 점성력보다 커지게 되고, 그렇게 되면 유동은 난류가 됨을 주목하라. 9.5절에서는 Reynolds가 이런 아이디어를 이용하여 층류가 언제 난류로 천이를 시작하는지를 대략적으로 예측할 수 있었음을 살펴볼 것이다. 파이프처럼 닫힌 유로 내 유동 외에도 점성력은 천천히 움직이는 비행기 주위의 공기 유동과 선박과 잠수함 주위의 물의 유동에도 또한 영향을 미친다. 이런 이유로 레이놀즈수는 여러 유동 현상들에서 중요한 관련성을 가지고 있다.

프라우드수 관성력 ρV^2L^2과 유체의 중량 $\rho \mathcal{V}g = (\rho g)L^3$의 비는 V^2/gL이 된다. 이 무차원 표현식에 제곱근을 취하면, **프라우드수**라고 불리는 또 다른 무차원비가 얻어진다. 즉,

$$\mathrm{Fr} = \sqrt{\frac{\text{관성력}}{\text{중력}}} = \frac{V}{\sqrt{gL}} \tag{8-3}$$

이 수는 선박의 움직임에 의해서 발생되는 표면파에 대해서 연구했던 선박 설계사 William Froude를 기리기 위하여 명명되었다. Fr수는 유체유동에 있어서 관성과 중력에 의한 영향의 상대적 중요도를 의미한다. 예를 들어, 프라우드수가 1보다 크면 관성력의 영향이 중력의 그것보다 훨씬 크다는 것을 의미한다. 이 수는 개방 채널이나 댐 또는 개수로 유동과 같이 자유표면을 갖고 있는 모든 유동에 대해 중요한 역할을 한다.

웨버수 관성력 $\rho V^2 L^2$과 표면장력힘 σL의 비를 웨버수라고 부르는데, 그 이름은 모세관 내에서의 유동의 영향에 대해서 연구했던 Moritz Weber에서부터 온 것이다. 웨버수는

$$\mathrm{We} = \frac{\text{관성력}}{\text{표면장력힘}} = \frac{\rho V^2 L}{\sigma} \tag{8-4}$$

실험에 따르면 웨버수(We)가 1보다 작을 경우 좁은 통로에서의 모세관 유동은 표면장력에 의해서 제어되는 것이 확인되기 때문에 중요하다. 대부분의 공학적 응용에서는 표면장력은 무시할 수 있다. 그러나 표면을 따르는 얇은 액체 막의 유동이나 또는 작은 직경의 제트나 스프레이 유동에 대해서 연구할 경우 중요해진다.

마하수 관성력 $\rho V^2 L^2$과 유체의 압축성을 야기하는 힘의 비의 제곱근은 마하수라고 부른다. 이 비는 압축성 유동의 효과를 연구하기 위하여 이 수를 기준으로 삼았던 오스트리아의 물리학자 Ernst Mach에 의해서 개발되었다. 유체 압축성은 그 체적팽창계수 E_V로 계량하는데, 그것은 식 (1-12)에서와 같이 압력을 체적 변형으로 나눈 것으로서 $E_V = p/(\Delta V/V)$이다. E_V의 단위는 압력과 같고 압력은 힘 $F = pA$를 만들어내므로, 압축성 힘은 $F = E_V L^2$의 길이 차원을 갖는다. 관성력 $\rho V^2 L^2$과 압축성힘의 비는 $\rho V^2/E_V$가 된다. 제13장에서 이상기체의 경우 $E_V = \rho c^2$이라는 것을 살펴볼 것이고, 여기서 c는 압력 교란(소리)이 유체 매질 속을 자연스럽게 진행하는 속도에 해당한다. 이것을 비에 대입하고 제곱근을 취하면 마하수(M)가 얻어진다.

$$\mathrm{M} = \sqrt{\frac{\text{관성력}}{\text{압축성힘}}} = \frac{V}{c} \tag{8-5}$$

초음속 유동의 경우와 같이 M이 1보다 크면 관성 효과가 지배적일 것이고, 유체속도가 압력 교란의 전파속도인 c보다 클 것이다.

8.3 버킹험의 파이 정리

8.1절에서 유체유동과 관련된 변수들을 조합하여 일관된 단위를 갖는 항들로 정리함으로써 차원해석을 수행하는 방법에 대해서 살펴보았다. 이 방법은 많은 변수들을 갖는 문제를 다룰 때는 성가신 방법이 되므로, 1914년에 실험학자 Edgar Buckingham이 더욱 직접적인 방법을 개발하였고 그 이후 버킹험의 파이 정리라고 불리게 되었다. 이 절에서는 이 정리의 적용을 체계화하고 네 개 또는 그 이상의 물리변수들이 유동을 제어할 경우 어떻게 사용되는지 살펴볼 것이다.

버킹험의 파이 정리는 만일 어떤 유동 현상이 속도, 압력, 점성 등과 같은 n개의 물리변수들에 의해 좌우되고, 이 물리변수들 속에 M, L, 그리고 T 등과 같은 m개의 차원이 존재한다면, n개의 변수들은 $(n - m)$개의 독립적인 무차원수 혹은 항들로 정리될 수 있다는 것이다. 이 각각의 항들을 Π(파이)항이라고 부르는데, 그 이유는 수학에서 이 글자는 곱하기를 상징하기 때문이다. 앞절에서 살펴보았던 다섯 개의 무차원항 또는 '수'들은 전형적인 Π항들이다. 일단 Π항들 사이의 함수적 관계가 설정되면 모형을 이용한 실험을 통해서 그것이 유동 움직임과 어떻게 관련되는지를 조사할 수 있다. 가장 큰 영향을 보이는 항들은 살리고, 영향이 단지 미미한 항들은 무시하게 된다. 궁극적으로 이 과정을 통해서 경험식이 얻어지고, 미지의 계수와 지수들은 더 자세한 실험을 통해서 결정된다.

버킹험의 파이 정리의 증명 과정은 다소 길고 차원해석과 관련된 여러 책에서 찾아볼 수 있다. 예를 들면 참고문헌 [1]을 참조하라. 여기서는 그 활용에 대해서만 관심을 가질 것이다.

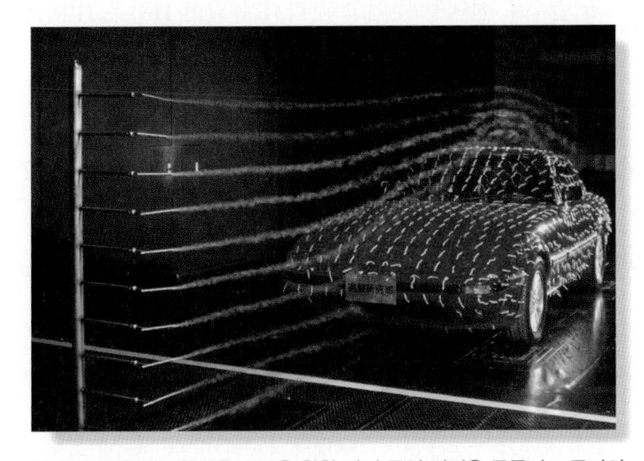

이 차에 작용하는 항력은 유동을 향한 차의 투영 면적은 물론이고 공기의 밀도, 점도, 그리고 속도에 좌우된다. (© Takeshi Takahara/Science Source)

해석 절차

버킹험의 파이 정리는 특정 유동 현상을 묘사하는 변수들 사이의 무차원항들을 찾는 데 사용되고, 따라서 그들 사이의 함수적 관계를 설정한다. 다음의 절차는 이 정리를 적용하는 데 필요한 각 단계들을 간략히 설명하고 있다.

- 물리변수들을 정의하라

  유동 현상에 영향을 끼치는 n개의 물리변수들을 지정하고, 관찰을 통해 Π항들을 구성하는 것이 가능한지 확인한다. 만일 그렇지 않다면, 이 모든 변수들을 통틀어 포함되어 있는 기본 차원들 M, L, T 혹은 F, L, T의 개수 m을 정한다.* 이를 통해 현상을 묘사하는 $(n - m)$개의 Π항들이 정의될 수 있을 것이다. 예를 들어, 압력, 속도, 밀도, 그리고 길이가 예상되는 물리변수들이라고 하면, $n = 4$가 된다. 표 8-1에서 보면, 이 변수들의 차원들은 각각 $ML^{-1}T^{-2}$, LT^{-1}, ML^{-3} 그리고 L이다. M, L 그리고 T가 이 변수들에 포함되어 있으므로 $m = 3$이 되고 따라서 $(4 - 3) = 1$개의 Π항이 얻어지게 될 것이다.

- 반복변수를 선택하라

  n개의 대상 변수들 중에서 m개를 선택하되 이 m개의 변수들 속에는 m개의 기본 차원들이 모두 들어있어야 한다. 일반적으로 차원의 조합이 가장 단순한 변수들을 선택한다. 이 m개의 변수들을 **반복변수**라고 부른다. 작업의 양을 줄이기 위하여 무차원인 반복변수가 선택되어서는 안 된다. 왜냐하면 변수 그 자체가 Π항이기 때문이다. 또한 $Q = VA$처럼 다른 반복변수들의 곱하기나 나누기로 정의되는 변수들을 선택해서도 안 된다. 앞의 예에서 압력, 속도, 그리고 밀도$(m = 3)$를 반복변수로 선택할 수 있는데, 이 차원 모듬속에 M, L, $T(m = 3)$들이 들어있기 때문이다.

- Π항들

  남아있는 $(n - m)$ 변수 리스트에서 아무거나 하나를 선택하고 q라고 부른다면 거기에 m개의 반복변수들을 곱한다. 각각의 m 변수들을 미지의 지수로 멱을 취하되 q 변수의 경우는 1로 기지의 멱을 취한다. 이것이 첫 Π항이 된다. 계속해서 $(n - m)$개의 변수들 중에서 다른 q 변수를 선택하는 절차와 q 변수와 m개의 반복변수들을 미지의 지수들로 각각 멱을 취한 후 곱함으로써 두 번째 Π항 등이 얻어진다. 이러한 작업은 $(n - m)$개의 Π항들이 얻어질 때까지 계속한다. 지금의 예제의 경우 길이 L이 q 변수로 선택될 것이고 따라서 유일한 Π항은 $\Pi = p^a V^b \rho^c L$이 된다.

- 차원해석

  각각의 $(n - m)$개 항들을 기본 차원(M, L, T 혹은 F, L, T)으로 나타내고, Π항은 무차원이어야 하므로 Π항 속의 각 차원들이 상쇄되어 사라지는 조건이 만족되도록 미지 지수들을 푼다. 일단 Π항들이 결정되고 나면, $f(\Pi_1, \Pi_2, \cdots) = 0$ 형태의 함수식 또는 외재적 방정식 형태로 표현되고, 나머지 미지의 상수계수나 지수들의 수치 값들은 실험을 통해서 결정된다.

다음의 예는 이 네 가지 단계를 명확히 하는 데 도움이 될 것이고, 따라서 이 절차의 적용을 예시로 보여줄 것이다.

* 차원해석을 위해서 M-L-T나 F-L-T 시스템 중 어느 것이든 사용할 수 있다. 그러나 이 두 시스템의 경우 각각 기본 차원의 개수인 m의 값이 다른 경우도 있다. 이러한 상황을 차원 행렬 기법을 이용하여 확인해볼 수 있지만, 그리 자주 있는 경우가 아니므로, 이 책에서는 그 기법의 사용을 고려하진 않겠다. 참고문헌 [5]를 참조하라.

예제 8.1

그림 8-2의 파이프 유동과 관련하여 유동은 유체의 밀도 ρ와 점도 μ, 그리고 그 속도 V와 파이프 직경 D의 함수임을 인식하면서 차원해석을 이용하여 레이놀즈수를 도출하라.

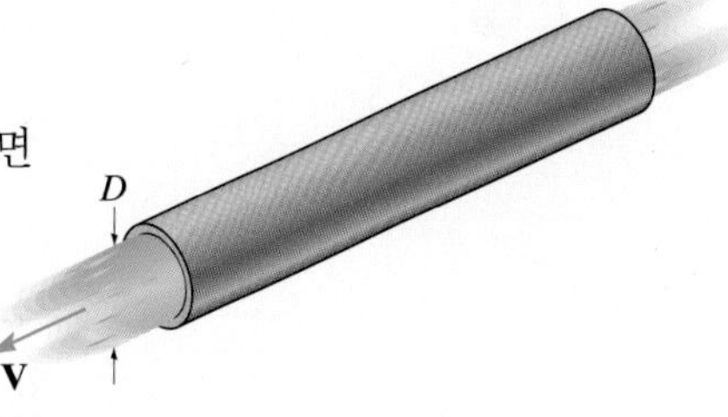

그림 8-2

풀이

물리변수들을 정의하라 여기서 $n = 4$이다. M-L-T 시스템과 표 8-1을 이용하면

밀도, ρ	ML^{-3}
점도, μ	$ML^{-1}T^{-1}$
속도, V	LT^{-1}
직경, D	L

세 개의 모든 기본 차원(M, L, T)들이 여기에 사용되고 있으므로 $m = 3$이 된다. 따라서, $(n - m) = (4 - 3) = 1$개의 Π항이 있다.

반복변수를 선택하라 $m = 3$개의 반복변수로 ρ, μ, V를 선택할 것인데, 이 변수들의 차원 모음에는 $m = 3$의 기본 차원들이 모두 들어있다. (물론 μ, V, D를 이용하는 다른 선택을 할 수도 있다.)

Π항 D D가 아직 남아있으므로, 그 변수가 q 변수가 되고, 1차 거듭제곱(지수 1)이 취해진다. 따라서 Π항은 $\Pi = \rho^a\mu^bV^cD$가 된다.

차원해석 이 항의 차원은

$$\Pi = \rho^a\mu^bV^cD$$
$$= \left(M^aL^{-3a}\right)\left(M^bL^{-b}T^{-b}\right)\left(L^cT^{-c}\right)L = M^{a+b}L^{-3a-b+c+1}T^{-b-c}$$

Π는 무차원이어야 한다. 따라서

M의 경우:	$0 = a + b$
L의 경우:	$0 = -3a - b + c + 1$
T의 경우:	$0 = -b - c$

위를 풀면

$$a = 1, b = -1, c = 1$$

이 되고, 따라서

$$\Pi_{\text{Re}} = \rho^1\mu^{-1}V^1D = \frac{\rho VD}{\mu} \qquad \text{답}$$

이 결과는 식 (8-2)와 같은 레이놀즈수이고, '특성길이' L은 파이프 직경 D이다. 이 책의 뒤에서 그 유용성에 대해서 좀더 상세하게 살펴볼 것이고, 파이프 내부 유동이 층류인지 또는 난류유동으로 천이가 일어나는지를 결정함에 있어서 점성력과 관성력이 어떻게 중대한 역할을 하는지 제시할 것이다.

예제 8.2

그림 8-3

그림 8-3의 항공기 날개에는 그 표면을 지나는 공기 유동에 의해서 생성되는 항력 F_D가 작용한다. 이 힘은 공기의 밀도 ρ와 점도 μ, 날개의 '특성'길이 L, 그리고 유동속도 V의 함수일 것으로 예상된다. 이 변수들이 항력에 어떻게 영향을 미치는지 보여라.

풀이

물리변수를 정의하라 수식적으로 보면, 미지의 함수는 $F_D = f(\rho, \mu, L, V)$이다. 함수 표현을 위해서 모든 변수들을 모으면 다음과 같이 다시 정리할 수 있다.* $h(F_D, \rho, \mu, L, V) = 0$. 따라서, $n = 5$이다. 이 문제를 F-L-T 시스템과 표 8-1을 이용해서 풀어보자. 이 다섯 변수들의 기본 차원들은

항력, F_D	F
밀도, ρ	FT^2L^{-4}
점도, μ	FTL^{-2}
길이, L	L
속도, V	LT^{-1}

이 변수들의 모듬에 세 개의 기본 차원들(F, L, T)이 전부 포함되어 있으므로, $m = 3$이 되고, 따라서 $(n - m) = (5 - 3) = 2$개의 Π항이 있다.

반복변수를 선택하라 $m = 3$개의 반복변수로 밀도, 길이, 그리고 속도를 선택할 것이다. 이 변수들의 차원 모듬에는 요구대로 $m = 3$개의 기본 차원들을 포함하고 있다.

Π_1항 F_D 첫 Π항인 $\Pi_1 = \rho^a L^b V^c F_D$를 위해서 F_D를 q 변수로 고려해보자.

차원해석 이 항의 차원은

$$\Pi_1 = \rho^a L^b V^c F_D$$
$$= \left(F^a T^{2a} L^{-4a}\right)\left(L^b\right)\left(L^c T^{-c}\right)F = F^{a+1} L^{-4a+b+c} T^{2a-c}$$

따라서

F의 경우:	$0 = a + 1$
L의 경우:	$0 = -4a + b + c$
T의 경우:	$0 = 2a - c$

이를 풀면 $a = -1$, $b = -2$, $c = -2$이고, 따라서

$$\Pi_1 = \rho^{-1} L^{-2} V^{-2} F_D = \frac{F_D}{\rho L^2 V^2}$$

Π_2항, μ 마지막으로, μ를 q 변수로 고려해서 두 번째 항인 $\Pi_2 = \rho^d L^e V^f \mu$를 만든다.

* 이 표현은 $y = f(x)$와 $h(x, y) = 0$의 관계처럼 $y = 5x + 6$을 $y - 5x - 6 = 0$으로 쓰는 것과 같다.

차원해석 이 항의 차원은

$$\Pi_2 = \rho^d L^e V^f \mu$$
$$= \left(F^d T^{2d} L^{-4d}\right)\left(L^e\right)\left(L^f T^{-f}\right) FTL^{-2} = F^{d+1} L^{-4d+e+f-2} T^{2d-f+1}$$

따라서,

F의 경우: $0 = d + 1$
L의 경우: $0 = -4d + e + f - 2$
T의 경우: $0 = 2d - f + 1$

이를 풀면 $d = -1$, $e = -1$, $f = -1$이고, 따라서

$$\Pi_2 = \rho^{-1} L^{-1} V^{-1} \mu = \frac{\mu}{\rho V L}$$

Π_2는 Π_2^{-1}로 대체할 수도 있는데, 이것도 또한 무차원수로서 레이놀즈수 Re가 된다. 변수들 간의 미지 함수인 h는 이제 다음과 같은 형태가 된다.

$$h\left(\frac{F_D}{\rho L^2 V^2}, \mathrm{Re}\right) = 0$$ 답

이 식에서 $F_D/\rho L^2 V^2$에 대해서 풀면 F_D가 레이놀즈수와 어떻게 관련되는지를 명시할 수 있다. 즉,

$$\frac{F_D}{\rho L^2 V^2} = f(\mathrm{Re})$$

또는

$$F_D = \rho L^2 V^2 [f(\mathrm{Re})] \qquad (1)$$ 답

추후 제11장에서 실험적 목적을 위해서는 $f(\mathrm{Re})$를 얻는 것보다는 오히려 항력을 유체의 동적 수두 $\rho V^2/2$로 표현하고, 실험을 통해 결정되는 무차원 항력계수 C_D를 이용하는 것이 더 편리하다는 것을 보일 것이다. 이렇게 하면 우리에게 필요한 것은 $F_D = \rho L^2 V^2[f(\mathrm{Re})] = C_D L^2(\rho V^2/2)$ 또는 $f(\mathrm{Re}) = C_D/2$이다. 또한 식 (1)의 L^2을 날개 면적 A로 바꾸면 식 (1)은

$$F_D = C_D \rho A \left(\frac{V^2}{2}\right) \qquad (2)$$ 답

이 된다. 차원해석이 이 문제의 완벽한 해를 주지는 않지만, 11.8절에서 보게 될 것처럼, C_D를 결정하기 위한 실험이 수행되고 나면 식 (2)를 이용해서 F_D를 얻을 수 있게 된다.

예제 8.3

그림 8-4

그림 8-4의 선박에는 선체 표면을 위로 혹은 옆으로 지나가는 물에 의해서 생성된 항력 F_D가 선체에 작용한다. 이 힘은 물의 밀도 ρ와 점도 μ의 함수일 것으로 예상되며, 또한 파도들이 만들어지고 있으므로 중력 g로 정의되는 파도의 무게도 중요할 것이다. 또한 선박의 '특성'길이 L과 유동속도 V가 항력의 크기에 영향을 미칠 것이다. 이 모든 변수들이 이 힘에 어떻게 영향을 미치는지 보여라.

풀이

물리변수를 정의하라 여기서 미지 함수는 $F_D = f(\rho,\ \mu,\ L,\ V,\ g)$인데, 달리 표현하면 $h(F_D,\ \rho,\ \mu,\ L,\ V,\ g) = 0$이 되고, $n = 6$이다. F-L-T 시스템과 표 8-1을 이용해서 문제를 풀어보자. 변수들의 기본 차원들은

항력, F_D	F
밀도, ρ	FT^2L^{-4}
점도, μ	FTL^{-2}
길이, L	L
속도, V	LT^{-1}
중력, g	LT^{-2}

이 모든 변수들의 모듬에는 세 개의 기본 차원(F, L, T)들이 포함되어 있으므로, $m = 3$ 그리고 $(n - m) = (6 - 3) = 3$개의 Π항들이 있을 것이다.

반복변수를 선택하라 밀도, 길이, 그리고 속도의 차원 모듬에는 $m = 3$개의 기본 차원을 포함하고 있으므로, 이들을 반복변수로 선택할 것이다.

Π_1항 F_D와 차원해석 첫 Π항을 위한 q 변수로 F_D를 고려해보자.

$$\begin{aligned}\Pi_1 &= \rho^a L^b V^c F_D \\ &= \left(F^a T^{2a} L^{-4a}\right)\left(L^b\right)\left(L^c T^{-c}\right)F = F^{a+1} L^{-4a+b+c} T^{2a-c}\end{aligned}$$

따라서

F의 경우:	$0 = a + 1$
L의 경우:	$0 = -4a + b + c$
T의 경우:	$0 = 2a - c$

해를 구하면 $a = -1$, $b = -2$, $c = -2$이고, 따라서

$$\Pi_1 = \rho^{-1} L^{-2} V^{-2} F_D = \frac{F_D}{\rho L^2 V^2}$$

Π_2항 μ와 차원해석 여기서는 μ를 q 변수로 고려하여 두 번째 Π항을 만들면,

$$\Pi_2 = \rho^d L^e V^f \mu$$
$$= \left(F^d T^{2d} L^{-4d}\right)\left(L^e\right)\left(L^f T^{-f}\right) FTL^{-2} = F^{d+1} L^{-4d+e+f-2} T^{2d-f+1}$$

F의 경우: $0 = d + 1$
L의 경우: $0 = -4d + e + f - 2$
T의 경우: $0 = 2d - f + 1$

이를 풀면 $d = -1$, $e = -1$, $f = -1$이고, 따라서

$$\Pi_2 = \rho^{-1} L^{-1} V^{-1} \mu = \frac{\mu}{\rho V L}$$

앞 예제에서처럼, Π_2를 레이놀즈수 Re를 나타내는 Π_2^{-1}로 대체할 수 있다.

Π_3항 g와 차원해석 마지막으로 g를 세 번째 항을 위한 q 변수로 고려하자.

$$\Pi_3 = \rho^h L^i V^j g$$
$$= \left(F^h T^{2h} L^{-4h}\right)\left(L^i\right)\left(L^j T^{-j}\right)\left(L T^{-2}\right)$$

F의 경우: $0 = h$
L의 경우: $0 = -4h + i + j + 1$
T의 경우: $0 = 2h - j - 2$

이를 풀면 $h = 0$, $i = 1$, $j = -2$이고, 따라서

$$\Pi_3 = \rho^0 L^1 V^{-2} g = gL/V^2$$

Π_3^{-1}은 프라우드수의 제곱이라는 것을 알고 둘 다 무차원이기 때문에 이것을 Π_3 대신에 사용하자. 따라서, 항들의 미지 함수는 다음과 같은 형태가 된다.

$$h\left(\frac{F_D}{\rho L^2 V^2}, \text{Re}, (\text{Fr})^2\right) = 0 \qquad \text{답}$$

이 방정식을 $F_D/\rho L^2 V^2$에 대해서 풀면, 수식적으로 레이놀즈수와 프라우드수의 함수로서 다음과 같이 정리된다.

$$\frac{F_D}{\rho L^2 V^2} = f\left[\text{Re}, (\text{Fr})^2\right]$$

$$F_D = \rho L^2 V^2 f\left[\text{Re}, (\text{Fr})^2\right] \qquad \text{답}$$

추후 8.5절에서, 선박에 작용하는 실제 항력을 결정하기 위하여 이 결과를 어떻게 사용하는지 토의할 것이다.

예제 8.4

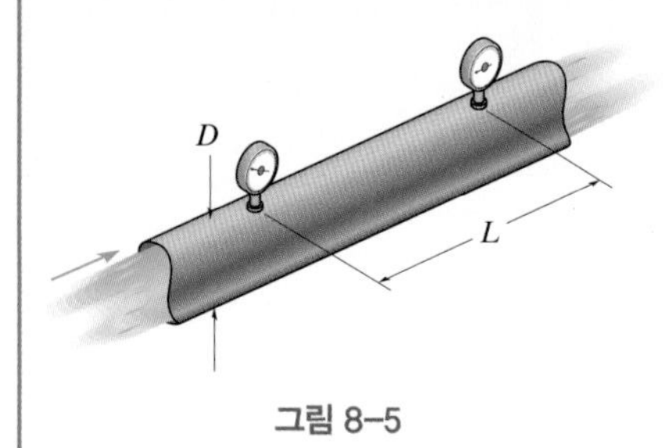

그림 8–5

압력강하 Δp는 그림 8-5에서와 같이 유체가 파이프를 따라서 흐를 때 유체의 마찰손실을 측정할 수 있게 해준다. Δp에 영향을 미치는 변수들, 즉 파이프 직경 D, 그 길이 L, 유체 밀도 ρ, 점도 μ, 속도 V, 그리고 표면 요철의 평균치와 파이프 직경 D의 비인 상대조도 계수 ε/D 등과 어떻게 관계되는지 구하라.

풀이

물리변수를 정의하라 이 경우는, $\Delta p = f(D, L, \rho, \mu, V, \varepsilon/D)$ 혹은 $h(\Delta p, D, L, \rho, \mu, V, \varepsilon/D) = 0$이고, 따라서 $n = 7$이다. M-L-T 시스템과 표 8-1을 사용하면 변수들의 기본 차원들은 다음과 같다.

압력강하, Δp	$ML^{-1}T^{-2}$
직경, D	L
길이, L	L
밀도, ρ	ML^{-3}
점도, μ	$ML^{-1}T^{-1}$
속도, V	LT^{-1}
상대조도, ε/D	LL^{-1}

세 가지 기본 차원들이 모두 나타나므로, $m = 3$이고 $(n - m) = (7 - 3) = 4$개의 Π항들이 나타난다.

반복변수를 선택하라 여기서는 D, V, ρ를 $m = 3$개인 반복변수로 선택할 것이다. ε/D는 이미 무차원수이므로 선택해서는 안 된다는 것을 주의하기 바란다. 또한 속도를 대신해서 길이를 선택할 수도 없는데, 이는 직경과 길이가 동일한 차원을 갖기 때문이다.

Π항들과 차원해석 Π항들은 D, V, ρ를 반복변수로 사용하여 Δp와 함께 Π_1을, L과 함께 Π_2를, μ와 함께 Π_3를, 그리고 ε/D와 함께 Π_4를 구성하게 된다. 따라서 Π_1은

$$\begin{aligned}\Pi_1 &= D^a V^b \rho^c \Delta p \\ &= (L^a)(L^b T^{-b})(M^c L^{-3c})(ML^{-1}T^{-2}) = M^{c+1} L^{a+b-3c-1} T^{-b-2}\end{aligned}$$

M의 경우: $0 = c + 1$
L의 경우: $0 = a + b - 3c - 1$
T의 경우: $0 = -b - 2$

이를 풀면 $a = 0$, $b = -2$, $c = -1$이고, 따라서

$$\Pi_1 = D^0 V^{-2} \rho^{-1} \Delta p = \frac{\Delta p}{\rho V^2}$$

이것은 오일러수이다.

다음은 Π_2로서

$$\Pi_2 = D^d V^e \rho^f L$$
$$= (L^d)(L^e T^{-e})(M^f L^{-3f})(L) = M^f L^{d+e-3f+1} T^{-e}$$

M의 경우: $0 = f$
L의 경우: $0 = d + e - 3f + 1$
T의 경우: $0 = -e$

풀이하면 $d = -1$, $e = 0$, $f = 0$이고, 따라서

$$\Pi_2 = D^{-1} V^0 \rho^0 L = \frac{L}{D}$$

이제는 Π_3에 대해서 살펴보면

$$\Pi_3 = D^g V^h \rho^i \mu$$
$$= (L^g)(L^h T^{-h})(M^i L^{-3i})(ML^{-1}T^{-1}) = M^{i+1} L^{g+h-3i-1} T^{-h-1}$$

M의 경우: $0 = i + 1$
L의 경우: $0 = g + h - 3i - 1$
T의 경우: $0 = -h - 1$

풀면 $g = -1$, $h = -1$, $i = -1$이고, 따라서

$$\Pi_3 = D^{-1} V^{-1} \rho^{-1} \mu = \frac{\mu}{DV\rho}$$

이것은 레이놀즈수의 역수로서, 다음과 같이 바꿀 수 있다.

$$\Pi_3^{-1} = \frac{\rho VD}{\mu} = \text{Re}$$

마지막으로, Π_4에 대해서 살펴보면,

$$\Pi_4 = D^j V^k \rho^l (\varepsilon/D)$$
$$= (L^j)(L^k T^{-k})(M^l L^{-3l})(LL^{-1}) = M^l L^{j+k-3l+1-1} T^{-k}$$

M의 경우: $0 = l$
L의 경우: $0 = j + k - 3l + 1 - 1$
T의 경우: $0 = -k$

이를 풀면, $j = 0$, $k = 0$, $l = 0$이고, 따라서

$$\Pi_4 = D^0 V^0 \rho^0 \left(\frac{\varepsilon}{D}\right) = \frac{\varepsilon}{D}$$

문제 풀이 초기에 관찰을 통해서 $\Pi_2 = L/D$와 $\Pi_4 = \varepsilon/D$를 정할 수 있었고 이 문제를 푸는 데 약간의 시간을 절약할 수도 있었다는 것을 인식하기 바란다. 이는 위 두 항이 길이 나누기 길이의 비이고, 각각의 비는 동일한 두 변수를

포함하지는 않기 때문이다. 이러한 관찰이 처음부터 이루어졌다면, 단지 두 개의 Π항들만 결정되면 되었을 것이다.

어느 경우이든지 얻어진 결과는 다음과 같다.

$$h\left(\frac{\Delta p}{\rho V^2}, \mathrm{Re}, \frac{L}{D}, \frac{\varepsilon}{D}\right) = 0$$

이 방정식을 풀어서 $\Delta p/\rho V^2$ 비에 대해서 정리하면 다음과 같이 쓸 수 있다.

$$\Delta p = \rho V^2 g\left(\mathrm{Re}, \frac{L}{D}, \frac{\varepsilon}{D}\right)$$ 답

제10장에서는 이 결과가 관시스템을 설계할 때 어떻게 중요하게 활용되는지 보일 것이다.

8.4 차원해석과 관련된 몇 가지 일반적 고찰

앞의 네 가지 예제들은 종속변수와 일련의 무차원항들 또는 Π항들 사이의 함수적 관계를 결정하기 위하여 버킹험의 파이 정리를 적용하는 상대적으로 간단한 방법을 예로 보여주었다. 하지만, 이 과정에서 가장 중요한 부분은 분명히 유동에 영향을 미치는 변수들을 정의하는 것이다. 이 과정은 어떤 법칙들과 힘들이 유동을 지배하는지 이해를 할 정도로 유체역학에 대한 충분한 경험이 있어야만 가능할 것이다. 변수 선택과 관련해서 이 변수들에는 밀도와 점도와 같은 유체 성질들, 시스템을 묘사하는 차원들, 그리고 유동 내에 작용하는 힘을 만들어내는 중력, 압력, 그리고 속도와 같은 변수들이 포함되어 있다.

이 선택 과정에서 중요한 변수가 누락되면, 차원해석은 잘못된 결과를 낳을 것이고, 실험을 수행해보면 무언가 잘못되었음이 확연해질 것이다. 또한 무관한 변수들이 선택되거나, 또는 $Q = VA$에서처럼 변수들이 서로 종속된 경우에는, 너무 많은 항들이 얻어지고 실험 작업은 그것들을 제거하기 위한 추가적인 시간과 비용을 필요로 할 것이다.

요약하면, 유동에 영향을 미치는 가장 중요한 변수들이 적절히 선택된다면, 결과적으로 얻어지는 Π항의 숫자도 최소화될 수 있고, 따라서 시간을 단축함은 물론이고 또한 최종 결과를 얻는 데 필요한 실험 비용도 줄일 수 있다. 예를 들면, 예제 8.3에서와 같이 선박의 움직임을 연구하는 경우, 레이놀즈수와 프라우드수가 중요하다는 것을 알았다. 이 수들은 각각 점성력과 중력에 의해 좌우된다. 웨버수에 대응되는 표면장력은 고려하지 않았는데, 이 힘은 장난감의 경우에는 중요해질 수 있지만 대형 선박의 경우에는 무시해도 되기 때문이다.

요점 정리

- 유체역학의 방정식들은 차원 동차성을 갖고 있는데, 방정식의 각 항들은 동일한 조합의 차원들을 가져야 한다는 것을 의미한다.
- 차원해석을 이용하면 유동의 성질을 파악하기 위하여 수행하는 실험에서 변수들로부터 얻어내야 하는 데이터의 양을 줄일 수 있다. 이것은 변수들로부터 적절히 선택된 무차원항들을 구성해냄으로써 가능하다. 차원해석을 하면, 개별 변수들 사이의 여러 관계를 찾을 필요가 없고 무차원항들 사이의 하나의 관계만을 찾으면 된다.
- 유체역학에서 자주 등장하는 다섯 개의 중요한 무차원 힘의 비가 있다. 이 모두는 동적 힘 또는 관성력과 다른 어떤 힘의 비를 포함한다. 이 다섯 개의 '수'는 압력의 오일러수, 점성의 레이놀즈수, 중력의 프라우드수, 표면장력의 웨버수, 그리고 압축성에 기인한 탄성력의 마하수이다.
- 버킹험의 파이 정리는 차원해석을 수행하는 체계적인 방법을 제공한다. 이 정리는 변수들의 무차원항(Π항)이 유일한 것이 몇 개나 얻어지게 될지를 미리 알게 해주고, 그 사이의 관계식을 공식화하는 방법을 제공한다.

8.5 상사성

공학자들은 빌딩, 자동차, 혹은 항공기와 같은 실제 물체, 즉 **원형** 주위의 3차원 유동을 연구하기 위하여 **모형**을 종종 사용한다. 그렇게 하는 이유는 해석적 방법이나 전산해법을 사용하여 유동을 기술하는 것이 오히려 어렵기 때문일 것이다. 설령 유동이 전산해석을 이용해서 기술이 된다 하더라도, 복잡한 경우에는 대응되는 실험적 조사의 뒷받침이 있어야 하고, 모형을 이용하여 결과에 대한 검증이 이루어져야 한다. 이것이 필요한 이유는 전산연구에 사용된 가정들이 유동의 복잡성을 포함하여 실제 상황을 정확히 반영하지 못할 수 있기 때문이다.

만일 모형과 그 시험 환경이 적절히 비례화되어 있다면, 실험은 유동이 원형에 어떻게 영향을 미치는지를 공학자로 하여금 예측을 가능하게 해줄 것이다. 예를 들어, 모형을 이용하여 속도 계측, 액체 유동의 깊이, 펌프나 터빈의 효율 등을 얻을 수 있고, 이 정보를 이용하면 필요 시 모형을 변경하여 원형의 설계를 개선할 수 있다.

일반적으로 모형은 원형에 비해 작게 만들어진다. 하지만, 항상 그렇지만은 않다. 예를 들어, 분사장치를 통과하는 가솔린 유동이나 치과용 드릴에 사용되는 터빈 깃 주위 공기 유동을 연구하기 위하여 큰 모형을 구축하는 경우도 있다. 그 크기가 어떻든지 간에 중요한 것은 실험적 연구에 사용되는 모형이 실제 유체유동에 노출되었을 때의 원형의 거동과 부합해야 한다는 것이다. **상사성**(similitude)은 이러한 상황을 확보하는 수학적 과정이다. 상사성은 그 주위 유

고층 빌딩들에 작용하는 바람의 영향은 유동의 복잡성 때문에 종종 풍동을 이용하여 연구된다.

동이 원형의 그것들과 기하학적으로 상사해야 할 뿐만 아니라, 운동학적으로 그리고 동역학적으로도 상사할 것을 요구한다.

기하학적 상사 만일 모형과 유체유동이 원형과 기하학적으로 닮은꼴이면, 모형의 모든 선형 치수들은 원형의 그것들과 동일한 비례여야 하고, 그 각도들은 모두 같아야 한다. 예를 들어 그림 8-6a에 나온 원형(제트기)을 생각해보자. 이 선형 비례를 **축척비**라고 표현할 수 있고, 이는 모형의 길이 L_m과 원형의 길이 L_p의 비이다.

$$\frac{L_m}{L_p}$$

만일 이 비가 모든 치수에 대해서 유지된다면, 모형과 원형의 면적비는 L_m^2/L_p^2에 비례할 것이고, 그 체적비는 L_m^3/L_p^3에 비례할 것이다.

기하학적 상사가 만족되는 범위는 문제의 종류에 따라, 그리고 요구되는 해의 정확도에 따라 다르다. 예를 들어, 완벽한 기하학적 상사는 모형의 표면 거칠기가 원형의 그것과 비례 관계를 유지할 것을 또한 요구한다. 하지만, 모형의 축소 정도에 따라 그 표면이 불가능할 정도의 매끄러움을 요구할 것이기 때문에 어떤 경우에는 이것은 가능하지 않을 것이다. 또한, 어떤 모형의 경우에는 적절한 유동 특성을 만들어내기 위해서는 모형의 수직 축척이 과장되어야 하는 경우도 있다. 강에 대한 연구의 경우 강 바닥을 축척에 맞춰 모형화하는 것이 어렵기 때문에 이런 경우에 해당한다.

운동학적 상사 운동학적 상사를 정의하는 기본 차원은 길이와 시간이다. 예를 들어, 그림 8-6a의 제트기 모형과 원형의 서로 대응되는 점에서 유체의 속도들은 같은 방향이면서 비례 크기를 가질 것이다. 속도, 즉 $V = L/T$는 길이와 시간에 좌우되기 때문에, 따라서

$$\frac{V_m}{V_p} = \frac{L_m T_p}{L_p T_m}$$

이 요구조건이 사실이면, 기하학적 상사를 위한 길이비 L_m/L_p가 만족되어야 하고, 마찬가지로 시간비 T_p/T_m도 만족되어야 한다. 운동학적 상사를 갖는 대표적인 예로는 행성들 간의 상대적 위치를 보여주고 각각의 궤도에 대한 적절한 시간 축척을 가진 태양계 모형을 들 수 있다.

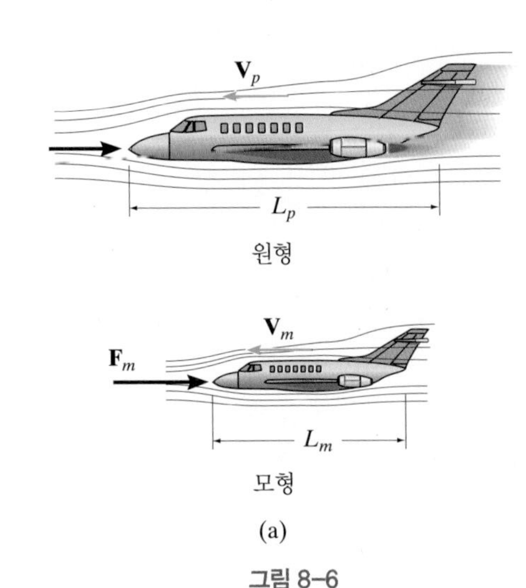

(a)

그림 8–6

동역학적 상사 그림 8-6b에서와 같이 원형과 그 모형 주위를 흐르는 유선들이 닮은꼴 모양을 유지하기 위해서는 두 경우의 유체입자들에 작용하는 힘들이 서로 비례적이어야 할 필요가 있다. 앞에서 언급했듯이, 관성력 F_i는 일반적으로 물체 주위의 유체유동에 영향을 미치는 가장 중요한 힘으로 취급된다. 이러한 이

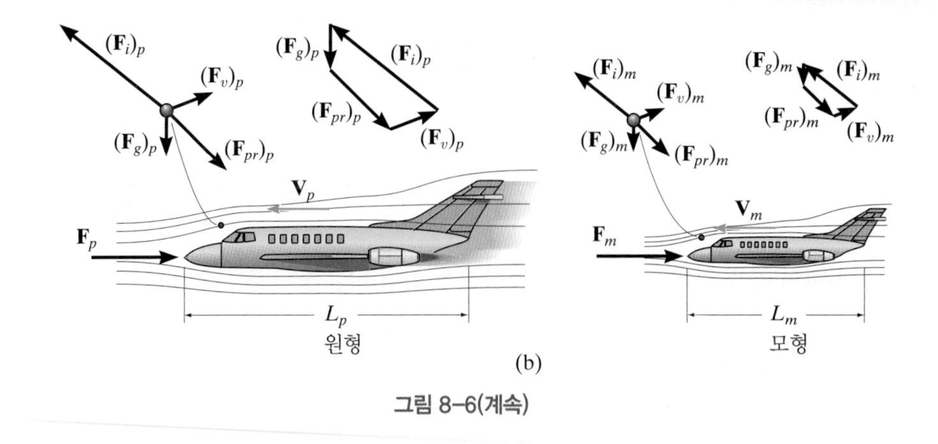

그림 8–6(계속)

유로, 이 힘과 유동에 영향을 미치는 다른 힘 F들을 하나씩 비를 취함으로써 모형과 원형 사이의 동역학적 상사를 위한 비를 생성하는 것이 표준적인 관례이다. 각각의 힘의 비를 기호적으로는 다음과 같이 나타낼 수 있다.

$$\frac{F_m}{(F_i)_m} = \frac{F_p}{(F_i)_p}$$

고려 대상인 여러 가지 힘의 종류에는 압력, 점성, 중력, 표면장력, 그리고 탄성에 의한 것들을 포함한다. 이는 곧 완전한 동역학적 상사를 위해서는 모형과 원형 사이에 오일러수, 레이놀즈수, 프라우드수, 웨버수, 그리고 마하수가 같아야 한다는 것을 의미한다.

사실 완전한 동역학적 상사를 위해서 유동장에 영향을 미치는 모든 힘들에 대해서 그 조건이 만족되어야 하는 것은 아니다. 대신에, 하나를 제외한 모든 힘들에 대한 상사성이 만족되었다면, 이 남은 힘에 대한 조건도 자동으로 만족이 될 것이다. 왜 그러한지 이해하기 위하여, 그림 8-6b와 같이 원형과 모형 간의 상대적으로 동일한 위치에 자리한 동일 질량 m의 두 유체입자에 압력(pr), 점성(v) 그리고 중력(g)에 의한 힘들만이 작용하는 경우를 생각해보자. 뉴턴의 제2법칙에 따르면, 어떤 순간이든 각 입자에 작용하는 이 힘들의 합은 입자의 질량에 가속도의 곱, 즉 $m\mathbf{a}$와 같아야 한다.*

만일 뉴턴의 법칙을 $\Sigma\mathbf{F} - m\mathbf{a} = \mathbf{0}$이라고 쓰고, 관성력 $\mathbf{F}_i = -m\mathbf{a}$가 각 입자에 작용한다고 생각하면, 각 경우에 대해서 이 네 가지 힘들의 벡터 합은 그림 8-6b에서와 같이 벡터 다각형으로 도시될 수 있다.

동역학적 상사를 위해서는 이 다각형의 네 개의 대응되는 힘들이 비례적이어야, 즉 그 크기들이 동일한 축척 길이를 가져야 한다. 하지만, 이 다각형들은 닫

* 입자들은 그 속도의 크기가 변동할 경우 가속도를 가질 수 있고, 입자들이 이동하는 유선에 따라 속도의 방향이 변할 수 있다.

힌 형상이기 때문에 세 변(힘)이 비례성을 만족시킨다면, 네 번째 변(힘)은 **자동으로** 비례적이어야 할 것이다. 따라서 다음과 같이 쓸 수 있다.

$$\frac{(F_{pr})_p}{(F_{pr})_m} = \frac{(F_i)_p}{(F_i)_m}, \qquad \frac{(F_v)_p}{(F_v)_m} = \frac{(F_i)_p}{(F_i)_m}, \qquad \frac{(F_g)_p}{(F_g)_m} = \frac{(F_i)_p}{(F_i)_m}$$

교차하여 곱을 취하면, 다음과 같은 중요한 힘의 비들을 구성할 수 있다.

$$\text{Eu} = \frac{(F_{pr})_p}{(F_i)_p} = \frac{(F_{pr})_m}{(F_i)_m}, \ \text{Re} = \frac{(F_i)_p}{(F_v)_p} = \frac{(F_i)_m}{(F_v)_m}, \ \text{Fr} = \sqrt{\frac{(F_i)_p}{(F_g)_p}} = \sqrt{\frac{(F_i)_m}{(F_g)_m}}$$

달리 말하면, 원형과 모형 사이에 오일러수, 레이놀즈수, 그리고 프라우드수들이 각각 동일해야 한다는 것이다. 힘 다각형과 관련하여 앞에서 언급된 내용으로부터, 유동장이 예를 들어 레이놀즈수와 프라우드수 축척이 만족되는 상태라면, 오일러수 축척도 **자동으로** 만족될 것이라고 결론지을 수 있다. 더구나, 관성력 $(F_i)_p$와 $(F_i)_m$들이 ML/T^2의 단위를 갖고 있으므로, 관성력 $\mathbf{F}_i$들이 비례적이라면 L과 T도 비례적이어야 할 것이므로 동역학적 상사는 **자동으로** 기하학적 상사와 운동학적 상사 모두를 자동으로 만족시킨다.

풍력 터빈들은 종종 해안에서 멀리 떨어져서 설치되는데, 지주에 작용하는 파도 하중은 매우 클 수 있다. 상사성을 이용하여 조파 채널 내에서 그 효과를 연구함으로써 이 지지물들을 적절히 설계할 수 있다.

사실, 모형 제작과 시험 과정에서의 부정확성으로 인하여 원형과 그 모형 사이의 **엄밀한 상사**를 얻는 것은 상당히 어려운 일이다. 대신에, 경험을 통해 얻어지는 좋은 판단력을 이용함으로써 지배적인 매개변수의 상사성만 고려하면서 덜 중요한 것들은 안전하게 무시할 수 있다. 다음 세 가지 경우들을 통해서 실험을 수행할 때 이를 어떻게 얻어내는지 살펴보자.

파이프 내의 정상유동 파이프 내의 물 유동을 연구하기 위하여 그림 8-7과 같이 모형 파이프를 이용한다면, 관성력과 점성력이 중요하다는 것을 경험을 통해서 알고 있다.* 따라서, 파이프 유동의 경우 동역학적 상사를 이루기 위해서는 모형과 원형 사이의 레이놀즈수를 동일하게 해야 한다. 이 비를 위해서 파이프

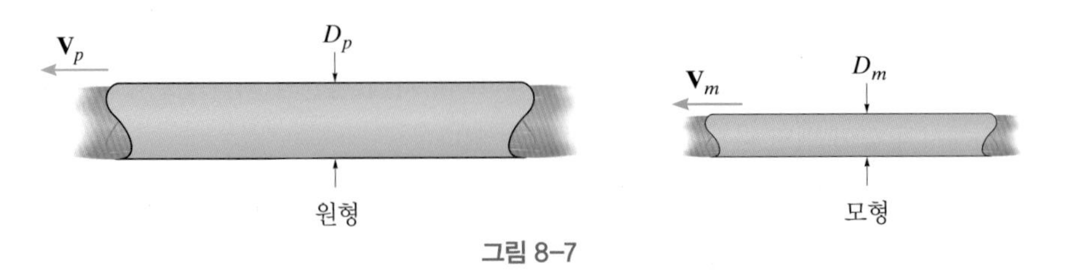

그림 8–7

* 압력힘도 또한 존재하지만, 점성-대-관성 힘의 비가 같다면, 앞에서 살펴본 것처럼 압력-대-관성 힘의 비의 비례성도 자동으로 만족이 될 것이다.

의 직경 D가 '특성길이' L이 되고, 따라서

$$\left(\frac{\rho VD}{\mu}\right)_m = \left(\frac{\rho VD}{\mu}\right)_p$$

종종 동일한 유체가 모형과 원형에 사용되고, 그러면 그 특성치 ρ와 μ는 동일할 것이다. 만일 그런 경우라면,

$$V_m D_m = V_p D_p$$

따라서, 주어진 V_p, D_p, V_m 값들에 대해서 실제 파이프와 그 모형 속의 유동들이 서로 동일한 거동을 갖기 위해서는 모형 파이프의 직경이 $D_m = (VD)_p/V_m$이어야 한다.

개수로 유동 그림 8-8과 같은 개수로 유동의 경우, 표면장력과 압축성에 의해서 생기는 힘들은 감지될 정도의 오차 없이 무시가 가능하고, 수로의 길이가 짧다면 마찰손실도 무시할 만할 것이고, 따라서 점성효과도 무시할 수 있다. 결과적으로, 개수로를 따른 유동은 기본적으로 관성력과 중력의 지배를 받는다. 따라서, 원형과 그 모형 사이의 상사성을 성립시키기 위해서는 프라우드수 $\mathrm{Fr} = V/\sqrt{gL}$가 사용될 수 있다. 이 수에서 수로 내 유체의 깊이 h가 '특성길이' L로 선택되고, 중력 g가 동일하므로 다음과 같다.

$$\frac{V_m}{\sqrt{h_m}} = \frac{V_p}{\sqrt{h_p}}$$

수로 내 유동의 모형화 외에도, 프라우드수는 수문이나 여수로와 같은 여러 수력학적 구조물에 대한 유동의 모형화에도 또한 사용된다. 하지만, 강의 경우 이런 종류의 축척은 모형의 깊이가 너무 작아져서, 결과적으로 점성과 표면장력의 효과가 모형 주위 유동에서 우세해짐으로써 문제가 야기될 수 있다. 하지만, 앞에서 언급했듯이 이런 힘들은 일반적으로 무시되기 때문에, 유동의 대략적 모형화를 통해 성취될 수 있다.

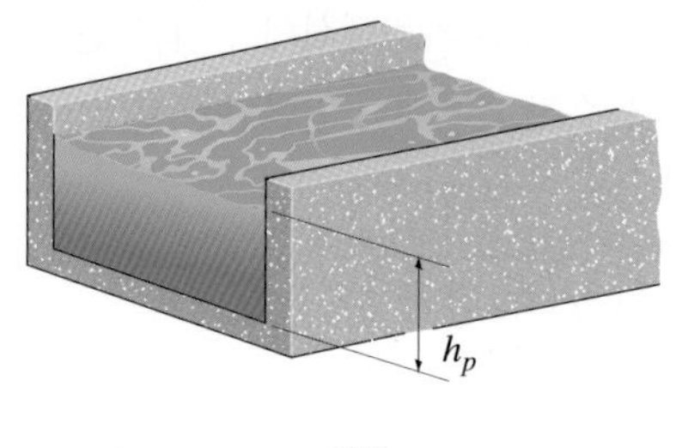

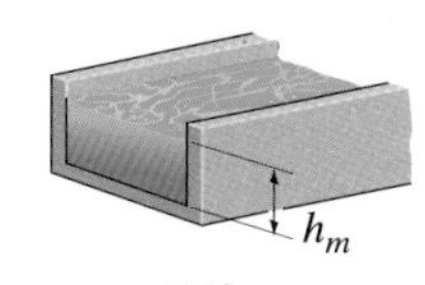

그림 8–8

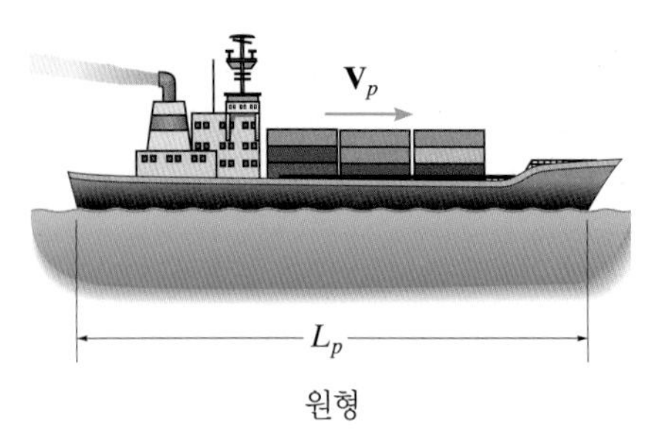

원형

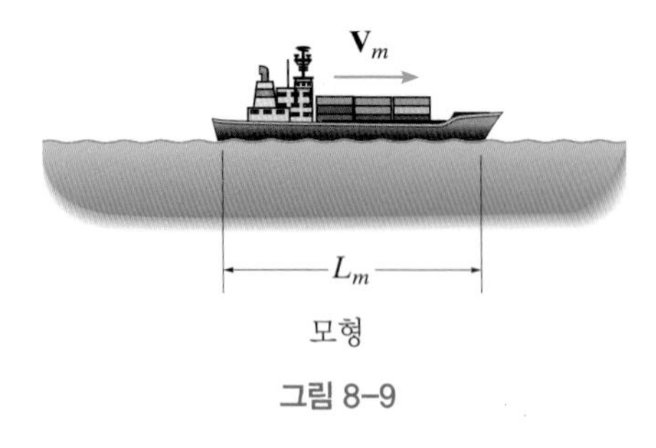

모형

그림 8-9

선박 앞의 두 경우에서는 상사성을 얻기 위하여 단지 한 무차원비만 만족되면 되었다. 그러나 그림 8-9의 선박의 경우, 선체를 따른 마찰(점성)과 선체에 부딪치면서 위로 떠오르는 물이 만들어내는 파(중력)에 의한 힘 두 가지 모두 전진 운동에 대한 항력 또는 저항을 만들어낸다. 그 결과로, 선박에 작용하는 전체 항력은 레이놀즈수와 프라우드수 모두의 함수이다. 따라서 모형과 원형(선박) 간의 상사성은 이 수들이 일치하는 것을 필요로 한다. 따라서

$$\left(\frac{\rho VL}{\mu}\right)_m = \left(\frac{\rho VL}{\mu}\right)_p$$

$$\left(\frac{V}{\sqrt{gL}}\right)_m = \left(\frac{V}{\sqrt{gL}}\right)_p \tag{8-6}$$

동점성계수는 $\nu = \mu/\rho$이고, g는 모형과 원형 모두 같으므로 이 식들은 다음과 같이 된다.

$$\frac{V_p}{V_m} = \frac{\nu_p L_m}{\nu_m L_p}$$

$$\frac{V_p}{V_m} = \left(\frac{L_p}{L_m}\right)^{1/2}$$

이 비들을 등식으로 취하여 속도비를 제거하면 다음과 같이 된다.

$$\frac{\nu_p}{\nu_m} = \left(\frac{L_p}{L_m}\right)^{3/2} \tag{8-7}$$

여기서 어떤 모형이든 그 원형보다는 **훨씬 짧을** 것이므로 비 L_p/L_m은 매우 클 것이다. 그 결과로, 식 (8-7)의 상등 관계를 유지하기 위해서는 모형에 대한 시험은 물보다 훨씬 작은 동점성계수를 갖는 액체에서 이루어질 필요가 있는데, 이를 이루기는 사실상 비현실적이다.*

이러한 어려움을 피하기 위해서 Froude가 제안한 방법을 이용하여 이 문제를 풀어보자. 예제 8.3에서 위의 모든 변수들에 대한 차원해석의 결과로 전체 항력 F_D와 레이놀즈수와 프라우드수 사이의 함수적 관계식이 얻어짐을 보였었고, 그 형태는 다음과 같다.

$$F_D = \rho L^2 V^2 f\left[\mathrm{Re}, (\mathrm{Fr})^2\right]$$

---

* 수은은 매우 낮은 동점성계수를 가진 액체들 중 하나인데, 설령 그것을 이용한다 하더라도, 모형의 크기가 현실적이기에 여전히 큰 값을 필요로 할 것이다.

이를 깨닫고, Froude는 선박에 작용하는 전체 저항을 두 개의 성분들, 소위 레이놀즈수에만 근거하는 표면 혹은 점성 마찰 항력과 프라우드수에만 근거하는 조파에 따른 항력의 합으로 가정하였다. 따라서, 모형과 원형 모두에 대한 함수적 의존성은 두 별개의 미지 함수의 합이 된다.

$$F_D = \rho L^2 V^2 f_1(\text{Re}) + \rho L^2 V^2 f_2\left[(\text{Fr})^2\right] \tag{8-8}$$

조파 작용(중력)의 효과는 가장 예측하기 어렵기 때문에 모형은 프라우드 축척에 근거하여 만들어진다. 따라서 식 (8-6)과 일치하도록 모형의 길이와 그 속도는 선정되고 이에 따라 원형과 동일한 프라우드수가 얻어지게 된다. 모형에 작용하는 **전체 저항** F_D는 지정된 속도로 물속에서 모형을 끄는 데 필요한 힘을 알아냄으로써 측정할 수 있다. 이 힘은 모형에 작용하는 조파와 점성력 두 가지의 작용을 나타낸다. 점성력만을 측정하기 위해서는 모형과 동일한 재질과 거칠기를 갖는 얇은 판을 물속에 완전히 잠긴 상태에서 모형과 동일한 속도로 움직이는 별도의 실험을 통해서 측정할 수 있다. 모형에 대한 조파력은 앞에서 측정된 전체 저항에서 이 점성력을 빼줌으로써 얻을 수 있다.

모형에 대한 점성력과 조파력을 알게 되면, 원형(선박)에 작용하는 전체 저항이 결정될 수 있다. 이를 위해서, 식 (8-8)로부터 원형과 모형에 대한 중력 힘들은 다음을 만족시켜야 한다.

$$\frac{(F_p)_g}{(F_m)_g} = \frac{\rho_p L_p^2 V_p^2 f_2\left[(\text{Fr})^2\right]}{\rho_m L_m^2 V_m^2 f_2\left[(\text{Fr})^2\right]}$$

하지만, 미지 함수 $f_2[(\text{Fr})^2]$은 모형과 원형 모두에 대해서 동일하므로, 소거될 것이고, 따라서 원형(선박)에 작용하는 조파력 혹은 중력 힘은 다음으로부터 정해진다.

$$(F_p)_g = (F_m)_g\left(\frac{\rho_p L_p^2 V_p^2}{\rho_m L_m^2 V_m^2}\right) \qquad \text{(중력)}$$

마침내, 식 (8-8)에 $\rho L^2 V^2 f_1(\text{Re})$로 정의된 원형에 대한 점성력은 유사한 축척법에 의해서 항력계수를 이용하여 결정되는데, 이에 대해서는 제11장에서 논의될 것이다. 이런 두 힘들이 계산되고 나면 그 합이 바로 선박에 작용하는 전체 항력을 나타낸다.

복습 차원해석을 수행하기 위해서는 물론이고, 실험 작업을 하기 위해서도 유동을 지배하는 기본적인 힘들을 인지하기 위해서는 유체역학에 대한 잘 정립된 배경 지식을 갖는 것이 중요하다. 다음은 특정 경우에 대해서 어떤 힘들이 중요한지, 그리고 대응되는 어떤 상사성들이 얻어져야 하는지를 보여주는 예들이다.

- 관성, 압력, 그리고 점성력들은 자동차나 저속으로 날아가는 항공기 주위의 유동이나 파이프와 관내 유동에서 우세하다. 레이놀즈수 상사성.
- 관성, 압력, 그리고 중력들은 개수로, 댐, 그리고 여수로 유동이나 또는 구조물에 작용하는 조파 작용에서 우세하다. 프라우드수 상사성.
- 관성, 압력, 그리고 표면장력들은 액막, 기포 형성, 그리고 모세관이나 작은 직경의 관 내에서의 액체 유동에서 우세하다. 웨버수 상사성.
- 관성, 압력, 그리고 압축성힘들은 고속 항공기 주위의 유동이나 제트나 로켓 노즐을 따른 기체의 고속 유동에서 우세하다. 마하수 상사성

이 모든 예들과 앞으로 볼 예제에서는 압력힘의 상사성(오일러수)은 고려하지 않아도 되는데, 이는 뉴턴의 제2법칙 때문에 자동으로 만족될 것이기 때문이다.

요점 정리

- 모형을 만들거나 시험할 때, 모형과 그 원형 간의 상사성 또는 유사성이 이루어지도록 하는 것은 중요하다. 완벽한 상사성은 모형과 원형이 기하학적으로 상사하고, 유동이 운동학적으로 그리고 동역학적으로 상사할 때 생긴다.
- 기하학적 상사는 모형과 원형의 선형 치수들이 서로 동일한 비례를 갖고, 모든 각도들이 같을 때 생긴다. 운동학적 상사는 속도와 가속도들이 비례적일 경우 생긴다. 마지막으로, 동역학적 상사는 오일러수, 레이놀즈수, 프라우드수, 웨버수, 그리고 마하수로 정의된 모형과 원형 주위의 유동장 내부의 대응되는 유체입자들에 작용하는 힘들의 무차원비들이 지정된 값을 가질 때 생긴다.
- 때로는 완벽한 상사성을 얻기가 어렵다. 대신에, 공학자들은 비용과 시간을 절약하면서도 여전히 합리적인 결과를 얻기 위해서 지배적인 유동 변수들만 고려하기도 한다.
- 동역학적 상사를 만족하는 필요조건은 모형과 원형 모두에 작용하는 힘들의 비 가운데 하나를 빼고 나머지만 같으면 된다. 뉴턴의 제2법칙이 만족되어야 하므로, 나머지 힘 비(일반적으로 오일러수에 해당함)는 자동으로 같아진다.
- 원형의 성능을 예측하기 위하여 그 모형을 이용한 시험이 합리적인 결과를 만들어낼 수 있도록 하기 위하여 유동을 규정하는 주요 힘들이 어떤 것들인지 결정하는 것은 뛰어난 판단과 경험을 필요로 한다.

예제 8.5

그림 8-10과 같이 파이프 커플링을 지나는 유동에 대해서 축소 모형을 이용하여 연구하고자 한다. 실제 파이프의 직경은 6 in.이고, 모형은 직경 2 in.인 파이프를 쓸 것이다. 모형은 원형과 동일한 재질로 만들고 동일한 유체가 지나갈 것이다. 만일 원형을 지나는 유동속도가 6 ft/s로 판단된다면, 모형에 대해서 필요한 속도를 구하라.

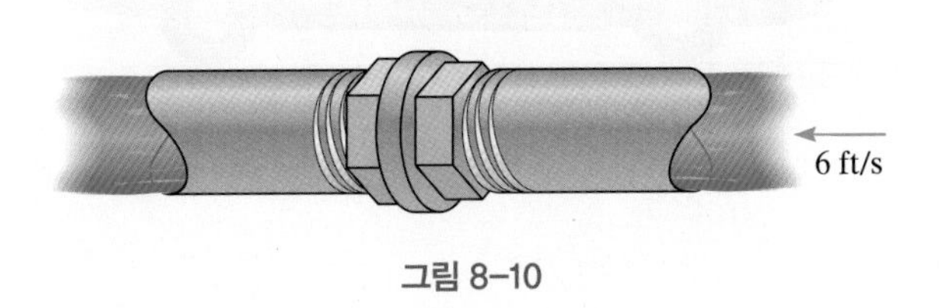

그림 8-10

풀이

유동을 지배하는 힘들은 관성과 점성에 의해서 발생하고, 따라서 레이놀즈수 상사성이 만족되어야 한다. 즉,

$$\left(\frac{\rho VD}{\mu}\right)_m = \left(\frac{\rho VD}{\mu}\right)_p \qquad (1)$$

두 가지 모두 동일한 유체가 사용되고 있으므로,

$$V_m D_m = V_p D_p$$

$$V_m = \frac{V_p D_p}{D_m} = \frac{(6\ \text{ft/s})(6\ \text{in.})}{2\ \text{in.}} = 18\,\text{ft/s}$$ 답

이미 지적한 것처럼 레이놀즈수 상사성은 모형에 대해서 이 축척 인자로 인하여 높은 유동속도가 요구된다.

예제 8.6

그림 8-11과 같이 $\frac{1}{4}$축척의 자동차 모형을 만들어서 80°F의 수동 내에서 시험을 하고자 한다. 실제 자동차가 동일 온도의 공기 속을 100 ft/s로 움직인다면 필요한 물의 속도를 구하라.

그림 8-11

풀이

여기서는 점성이 지배적인 힘을 만들고, 따라서 동역학적 상사는 레이놀즈수를 만족시켜야 한다. $\nu = \mu/\rho$이므로, 레이놀즈수에 대해서는 다음이 얻어진다.

$$\left(\frac{VL}{\nu}\right)_m = \left(\frac{VL}{\nu}\right)_p$$

$$V_m = V_p\left(\frac{\nu_m}{\nu_p}\right)\left(\frac{L_p}{L_m}\right)$$

부록 A로부터 물과 공기의 80°F에서의 동점성계수 값을 이용하면, 다음이 얻어진다.

$$V_m = 100\text{ ft/s}\left(\frac{9.35(10^{-6})\text{ ft}^2/\text{s}}{0.169(10^{-3})\text{ ft}^2/\text{s}}\right)\left(\frac{4}{1}\right)$$

$$= 22.1\text{ ft/s}$$ 답

예제 8.7

그림 8-12의 댐을 그 꼭대기를 지나는 추정 평균유량이 $Q = 3000\ \mathrm{m^3/s}$가 되도록 지으려고 한다. 1/25의 축척으로 만들어진 모형의 꼭대기를 지나는 필요 유량을 구하라.

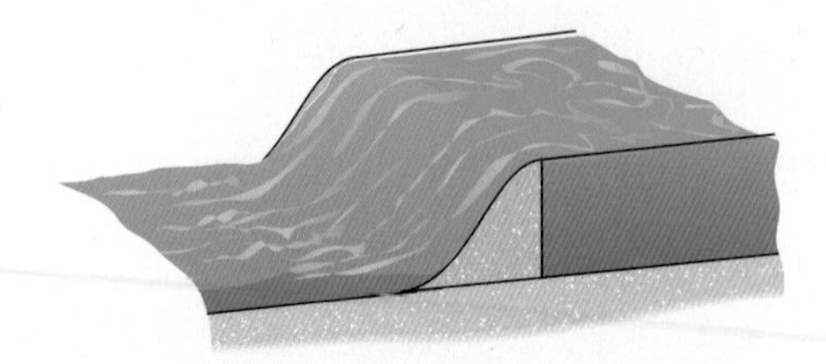

그림 8-12

풀이

여기서는 물의 중량이 유동에 영향을 미치는 가장 중대한 힘이고, 따라서 프라우드수 상사가 얻어져야 한다. 따라서

$$\left(\frac{V}{\sqrt{gL}}\right)_m = \left(\frac{V}{\sqrt{gL}}\right)_p$$

혹은

$$\frac{V_m}{V_p} = \left(\frac{L_m}{L_p}\right)^{1/2} = \left(\frac{1}{25}\right)^{1/2} \tag{1}$$

$Q = VA$이므로 속도비를 유량비를 이용하여 나타낼 수 있고, 여기서 A는 높이 L_h와 너비 L_w의 곱이다. 따라서

$$\frac{V_m}{V_p} = \frac{Q_m A_p}{Q_p A_m} = \frac{Q_m (L_h)_p (L_w)_p}{Q_p (L_h)_m (L_w)_m} = \frac{Q_m}{Q_p}\left(\frac{25}{1}\right)^2$$

이를 식 (1)에 대입하면 다음과 같이 얻어진다.

$$\frac{Q_m}{Q_p} = \left(\frac{1}{25}\right)^{5/2}$$

따라서

$$Q_m = Q_p\left(\frac{1}{25}\right)^{5/2}$$

$$= (3000\ \mathrm{m^3/s})\left(\frac{1}{25}\right)^{5/2} = 0.960\ \mathrm{m^3/s}$$ 답

예제 8.8

동점성계수가 $\nu = 0.035(10^{-3})\ \text{m}^2/\text{s}$인 기름 속에서 기계를 작동시키려 한다. 유동 과정에서 점성과 중력 힘들이 지배적으로 나타난다면, 모형을 사용할 때의 필요한 유체의 점도를 구하라. 모형은 1/10 축척으로 만든다고 가정한다.

풀이

레이놀즈수가 같으면 점성력은 유사할 것이고, 프라우드수가 같다면 중력 힘들이 유사할 것이다. 따라서 식 (8-7)을 이용하면,

$$\nu_m = \nu_p \left(\frac{L_m}{L_p}\right)^{3/2} = \left(0.035\left(10^{-3}\right)\text{m}^2/\text{s}\right)\left(\frac{1}{10}\right)^{3/2}$$

$$= 1.11\left(10^{-6}\right)\text{m}^2/\text{s}$$ 답

이 값은 부록 A에 나와있듯이 15°C에서의 물의 동점성계수 $1.15(10^{-6})\ \text{m}^2/\text{s}$에 가깝다.

참고문헌

1. E. Buckingham, "Model experiments and the form of empirical equations," *Trans ASME*, Vol. 37, 1915, pp. 263–296.
2. S. J. Kline, *Similitude and Approximation Theory*, McGraw-Hill, New York, NY, 1965.
3. P. Bridgman, *Dimensional Analysis*, Yale University Press, New Haven, CN, 1922.
4. E. Buckingham, "On physically similar systems: illustrations of the use of dimensional equations," *Physical Reviews*, Vol. 4, No. 4, 1914, pp. 345–376.
5. T. Szirtes and P. Roza, *Applied Dimensional Analysis and Modeling*, McGraw-Hill, New York, NY, 1997.
6. R. Ettema, *Hydraulic Modeling: Concepts and Practice*, ASCE, Reston, VA, 2000.

연습문제

8.1~8.4절

8-1 다음의 비가 무차원인지 조사하라. (a) $\rho V^2/p$, (b) $L\rho/\sigma$, (c) p/V^2L, (d) $\rho L^3/V\mu$.

8-2 관찰을 통해서 다음의 세 변수들을 무차원비로 구성하라: (a) L, t, V, (b) σ, E_V, L, (c) V, g, L.

8-3 짧은 시간 동안 대동맥 내에서 일어나는 압력 변화를 $\Delta p = c_a(\mu V/2R)^{1/2}$(단, μ는 피의 점도, V는 속도, R은 동맥의 반지름)으로 모형화할 수 있다. 동맥계수 c_a를 M, L, T 차원으로 구하라.

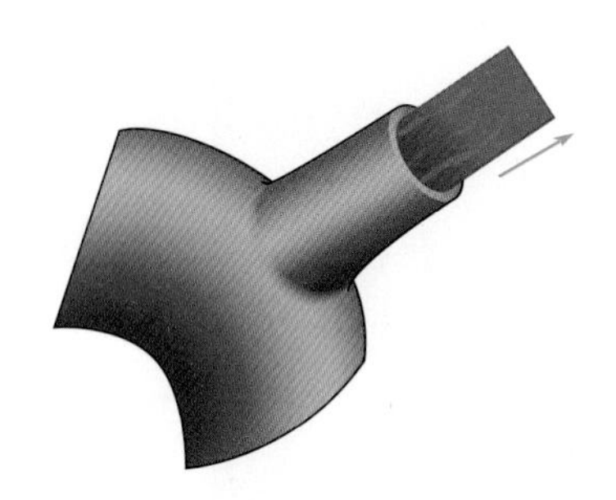

연습문제 **8–3**

***8-4** 고도 1000 ft에서 800 mi/h로 날고있는 제트기의 마하수를 구하라. 공기 중의 음속은 $c = \sqrt{kRT}$로 결정되고, 공기의 비열비는 $k = 1.40$이다. 1 mi = 5280 ft임을 주의하라.

8-5 다음 항들의 F, L, T 차원을 구하라. (a) $Q/\rho V$, (b) $\rho g/p$, (c) $V^2/2g$, (d) ρgh.

8-6 다음 항들의 M, L, T 차원을 구하라. (a) $Q/\rho V$, (b) $\rho g/p$, (c) $V^2/2g$, (d) ρgh.

8-7 M, L, T 차원들과 F, L, T 차원들을 이용해서 웨버수가 무차원임을 보여라. 2 ft의 특성길이에 대해서 8 ft/s로 흐르는 70°F의 물에 대해서 그 값을 구하라. $\sigma_w = 4.98\,(10^{-3})$ lb/ft로 한다.

***8-8** 워머슬리수(Wo)는 생체역학에서 직경 d의 원형관을 따른 맥동 유동이 있을 때 혈액 순환을 연구하기 위해서 많이 사용된다. 그것은 $\text{Wo} = \frac{1}{2}d\sqrt{2\pi f\rho/\mu}$로 정의되고, 여기서 f는 초당 주기(cycle)로 나타내는 압력 진동수이다. 레이놀즈수처럼 Wo는 관성력과 점성력의 비이다. 이 수가 무차원임을 보여라.

8-9 워머슬리수는 심장박동 시 동맥 내 과도 혈액 유동을 연구할 때 사용되는 무차원수이다. 이 수는 과도력과 점성력의 비이고 $\text{Wo} = r\sqrt{2\pi f\rho/\mu}$로 쓰고, 여기서 r은 혈관 반지름, f는 심박 진동수, μ는 겉보기 점도, 그리고 ρ는 혈액 밀도이다. 연구에 따르면 포유류의 대동맥의 반지름 r은 그 질량 m과 $r = 0.0024m^{0.34}$로 관계지을 수 있는데, 여기서 r의 단위는 미터, m의 단위는 킬로그램이다. 질량이 350 kg이고 심박수가 분당 30회(bpm)인 말에 대해서 워머슬리수를 구하고, 그 수를 질량이 2 kg, 심박수가 180 bpm인 토끼의 수와 비교하라. 말과 토끼의 혈액 점도는 각각 $\mu_h = 0.0052\ \text{N}\cdot\text{s/m}^2$과 $\mu_r = 0.0040\ \text{N}\cdot\text{s/m}^2$이다. 혈액 밀도는 두 경우 모두 $\rho_b = 1060\ \text{kg/m}^3$이다. 이 두 동물의 질량에 따른 워머슬리수(수직축)의 변화를 그려라. 그 결과들은 동물의 크기가 커짐에 따라 과도력이 증가함을 보여야 한다. 왜 그런지 설명하라.

8-10 L, μ, ρ, V의 변수 모듬을 무차원비로 표현하라.

8-11 p, g, D, ρ의 변수 모듬을 무차원비로 표현하라.

***8-12** 부력 F는 물체의 체적 $\forall$와 유체의 비중량 γ의 함수이다. F가 $\forall$와 γ에 어떻게 관련되는지 정하라.

8-13 비압축성 유체의 정수압력 p는 유체의 깊이 h와 비중량 γ에 의해 결정된다는 것을 알고 차원해석을 이용하면 결정할 수 있다는 것을 보여라.

8-14 전단응력 τ가 유체의 점도 μ와 각변형 du/dy의 함수임을 이해하고, 차원해석을 사용해서 뉴턴의 점성법칙을 유도하라. 힌트 : $f(\tau, \mu, du, dy)$의 미지 함수를 고려하라.

8-15 초 단위로 측정되는 부이의 진동 주기 τ는 그 단면적 A, 질량 m, 그리고 물의 비중량 γ에 의해 좌우된다. τ와 이 매개변수들 간의 관계를 구하라.

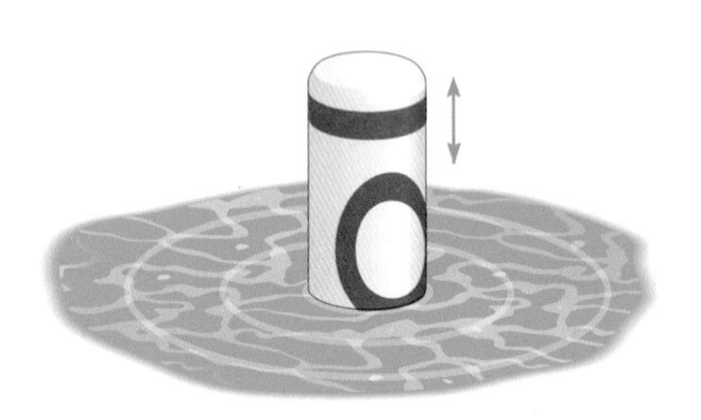

연습문제 8–15

***8-16** 파이프 내의 층류유동은 파이프의 직경 D, 압력 변화 Δp의 단위 길이당 크기 $\Delta p/\Delta x$, 그리고 유체 점도 μ의 함수인 토출 유량 Q를 만들어낸다. Q와 이 매개변수들의 관계를 구하라.

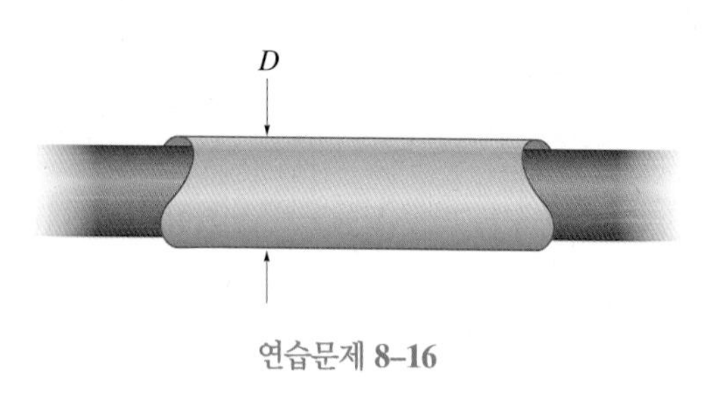

연습문제 8–16

8-17 공기 중의 음속 V는 점도 μ, 밀도 ρ, 그리고 압력 p에 의해 좌우되는 것으로 생각된다. V가 이 매개변수들과 어떻게 관련되는지 보여라.

8-18 파이프를 통한 기체의 유량 Q는 기체의 밀도 ρ, 중력 g, 그리고 파이프의 지름 D의 함수이다. Q와 이 매개변수들의 관계를 구하라.

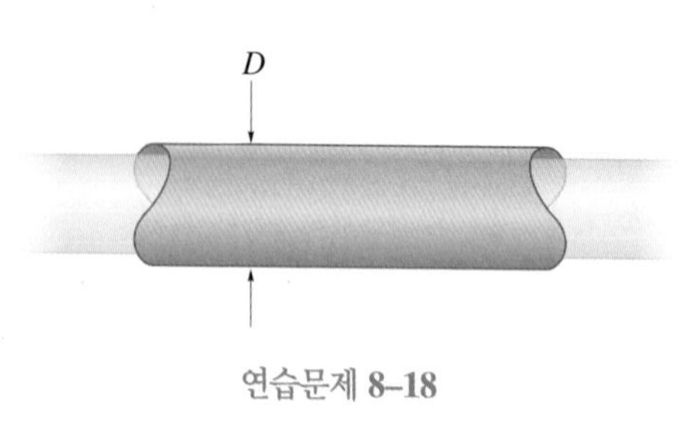

연습문제 8–18

8-19 탱크의 옆면으로부터 흘러나오는 물줄기의 속도 V는 액체의 밀도 ρ, 깊이 h, 그리고 중력가속도 g에 의해서 결정되는 것으로 생각된다. V와 이 매개변수들의 관계를 구하라.

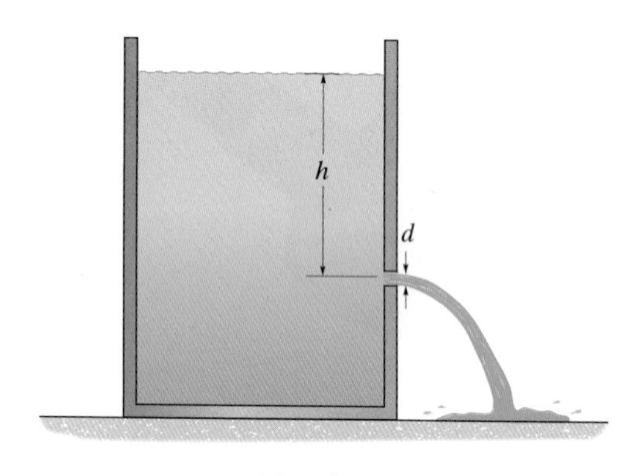

연습문제 8–19

***8-20** 비눗방울 내의 압력 p는 방울의 반지름 r과 액체막의 표면장력 σ의 함수이다. p와 이 매개변수들의 관계를 구하라.

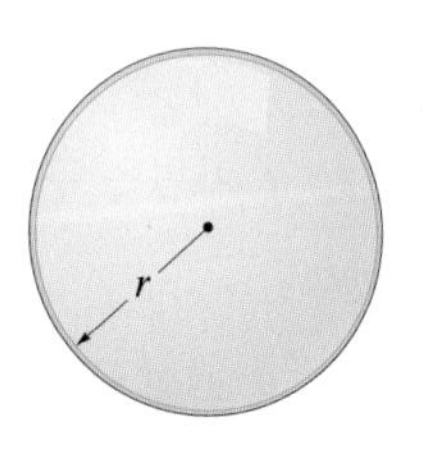

연습문제 8–20

8-21 액체표면의 파의 속도 c가 파장 λ, 밀도 ρ, 그리고 액체의 표면장력 σ에 의해 결정된다. c와 이 매개변수들과의 관계를 구하라. 액체의 밀도가 1.5배 증가하면 c가 몇 퍼센트 감소하는가?

8-22 위어 A를 지나는 토출량 Q는 위어의 폭 b, 물의 수두 H, 그리고 중력가속도 g에 의해 좌우된다. 만일 Q가 b와 비례관계라고 알려졌다면, Q와 이 변수들과의 관계를 구하라. 만일 H가 두 배가 되면, Q에는 어떤 영향을 미치는가?

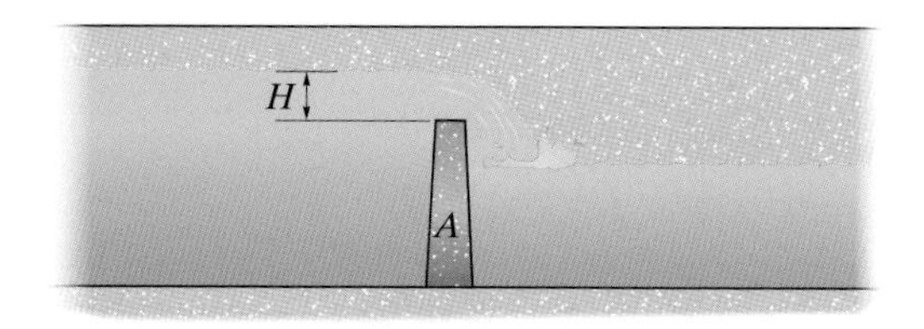

연습문제 **8–22**

8-23 튜브 벽을 따른 유체의 모세관 상승은 유체가 거리 h만큼 상승하도록 만든다. 이 효과는 튜브의 지름 d, 표면장력 σ, 유체 밀도 ρ, 그리고 중력가속도 g에 의해서 결정된다. h와 이 매개변수들과의 관계를 구하라.

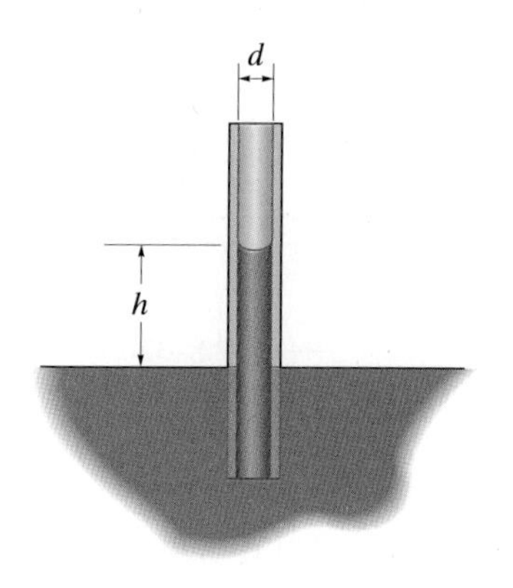

연습문제 **8–23**

***8-24** 추력 베어링의 비틀림 저항 T는 축의 지름 D, 축방향 힘 F, 축 회전속도 ω, 그리고 윤활액의 점도 μ에 의해서 결정된다. T와 이 매개변수들과의 관계를 구하라.

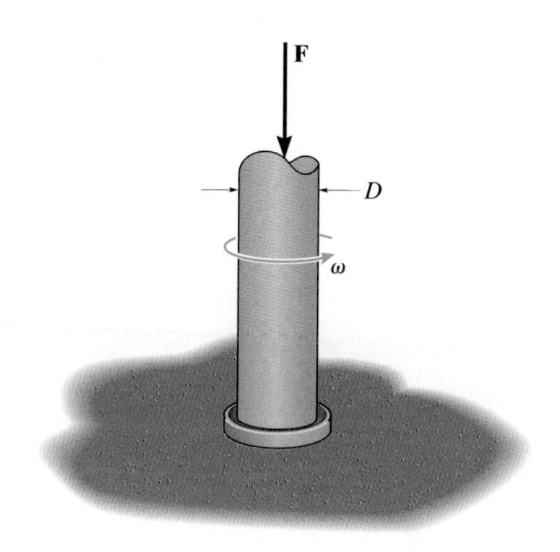

연습문제 **8–24**

8-25 평판 위를 지나가는 유체의 경계층 두께 δ는 평판의 앞전으로부터의 거리 x, 자유류의 속도 U, 그리고 유체의 밀도 ρ와 점도 μ에 의해 결정된다. δ와 이 매개변수들과의 관계를 구하라.

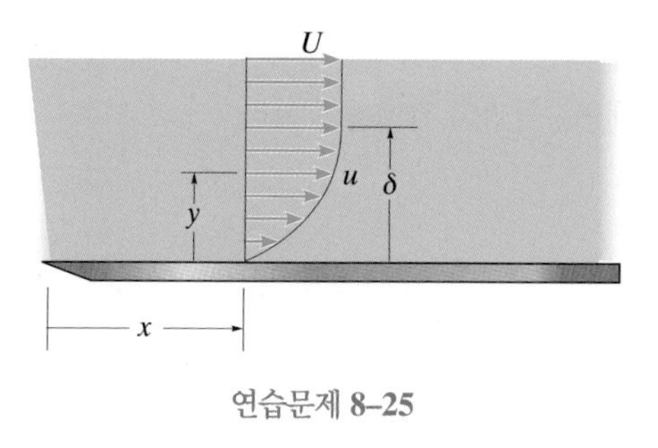

연습문제 **8–25**

8-26 터빈으로부터의 토출유량 Q는 생성 토크 T, 터빈의 각속도 ω, 그 지름 D, 그리고 액체 밀도 ρ의 함수이다. Q와 이 매개변수들과의 관계를 구하라. 만일 Q가 T에 선형적으로 변한다면, 터빈 지름 D에 대해서는 어떻게 변하겠는가?

8-27 물결파의 속도 c는 파장 λ, 중력가속도 g, 그리고 물의 평균깊이 h의 함수이다. c와 이 매개변수들과의 관계를 구하라.

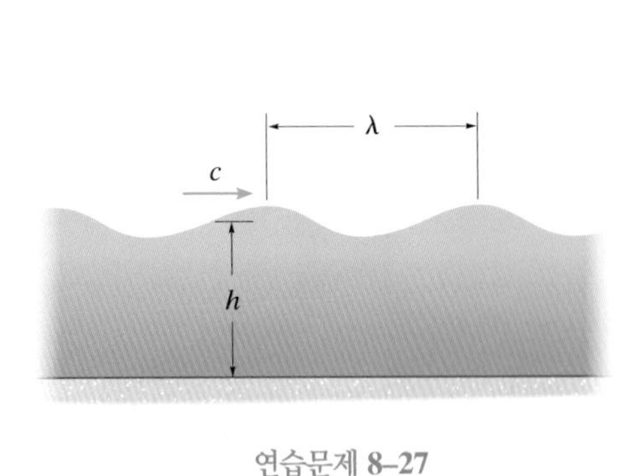

연습문제 8–27

*8-28 터빈에 의해서 생성되는 토크 T는 입구에서의 물의 깊이 h, 물의 밀도 ρ, 유출량 Q, 그리고 터빈의 각속도 ω에 의해서 좌우된다. T와 이 매개변수들과의 관계를 구하라.

8-29 제트기에 작용하는 항력 F_D는 속도 V, 비행기의 특성길이 L, 그리고 공기의 밀도 ρ와 점도 μ의 함수이다. F_D와 이 매개변수들과의 관계를 구하라.

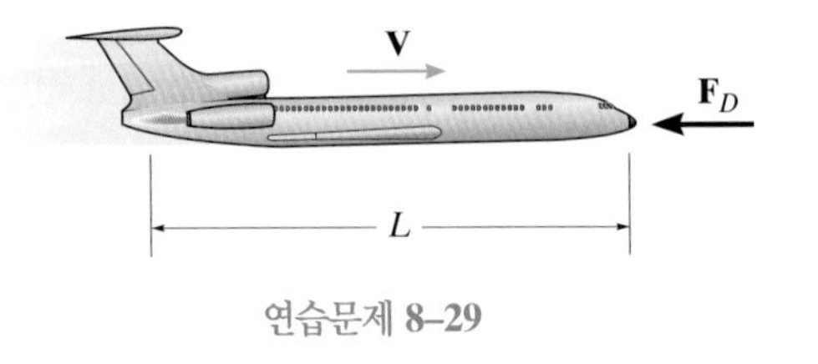

연습문제 8–29

8-30 에틸에테르가 피펫으로부터 배출되는 데 필요한 시간 t는 유체의 밀도 ρ와 점도 μ, 노즐의 지름 d, 그리고 중력 g의 함수로 생각된다. t와 이 매개변수들과의 관계를 구하라.

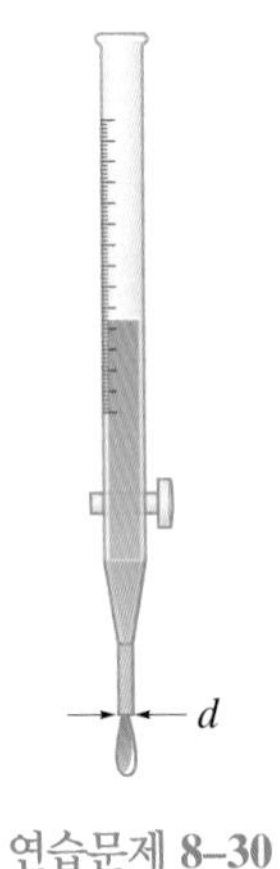

연습문제 8–30

8-31 파이프에서의 수두 손실 h_L은 지름 D, 유동속도 V, 그리고 유체의 밀도 ρ와 점도 μ에 의해서 결정된다. h_L과 이 매개변수들과의 관계를 구하라.

*8-32 선풍기를 지나온 공기의 압력차 Δp는 날개깃의 지름 D, 각속도 ω, 공기의 밀도 ρ, 그리고 유량 Q의 함수이다. Δp와 이 매개변수들과의 관계를 구하라.

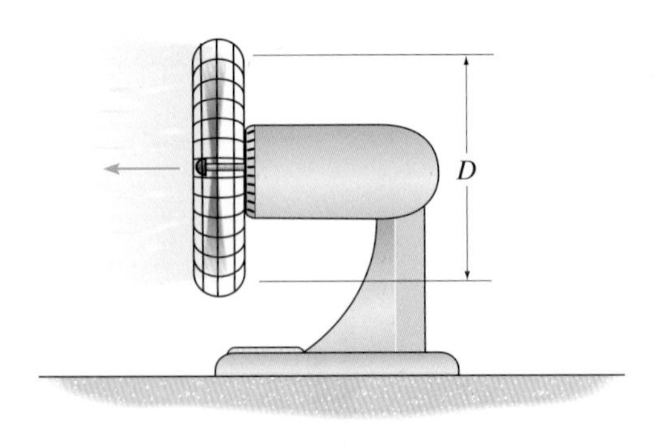

연습문제 8–32

8-33 작은 물결파들 사이의 시간 주기 τ는 파장 λ, 물의 깊이 h, 중력가속도 g, 그리고 물의 표면장력 σ의 함수로 생각된다. τ와 이 매개변수들과의 관계를 구하라.

8-34 불어오는 바람에 수직으로 세운 정사각형 판에 작용하는 항력 F_D는 판의 면적 A와 공기 속도 V, 밀도 ρ, 그리고 점도 μ에 의해서 결정된다. F_D와 이 매개변수들과의 관계를 구하라.

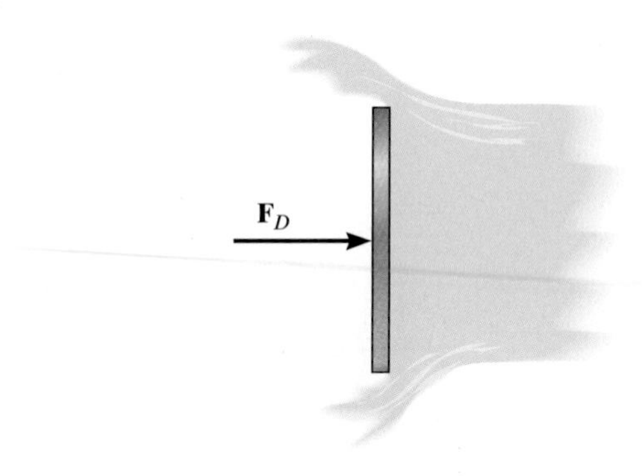

연습문제 **8–34**

8-35 배에 달린 프로펠러의 추력 T는 프로펠러의 지름 D, 각속도 ω, 보트의 속도 V, 그리고 물의 밀도 ρ와 점도 μ에 의해서 좌우된다. T와 이 매개변수들과의 관계를 구하라.

연습문제 **8–35**

***8-36** 송풍기의 동력 P는 회전차의 지름 D, 그 각속도 ω, 유출량 Q, 그리고 유체의 밀도 ρ와 점도 μ에 의해서 결정된다. P와 이 매개변수들과의 관계를 구하라.

8-37 펌프의 유출량 Q는 회전차의 지름 D, 그 각속도 ω, 동력 출력 P, 그리고 유체의 밀도 ρ와 점도 μ의 함수이다. Q와 이 매개변수들과의 관계를 구하라.

8-38 공이 액체 속에서 떨어지고 있을 때, 그 속도 V는 공의 지름 D, 밀도 ρ_b, 유체의 밀도 ρ와 점도 μ, 그리고 중력가속도 g의 함수이다. V와 이 매개변수들과의 관계를 구하라.

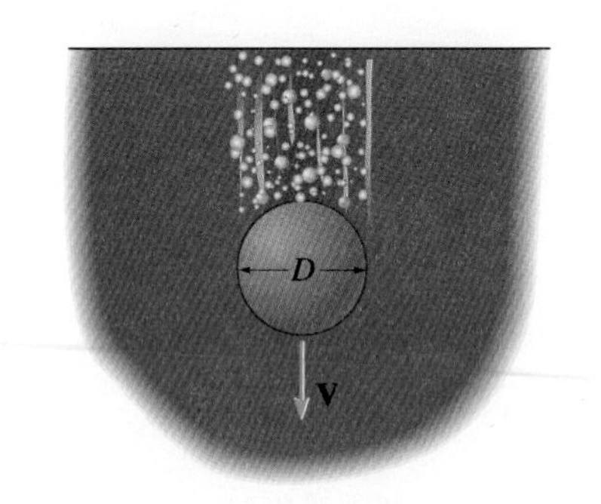

연습문제 **8–38**

8-39 파이프 내의 압력 변화 Δp는 유체의 밀도 ρ와 점도 μ, 파이프 지름 D, 그리고 유동의 속도 V의 함수이다. Δp와 이 매개변수들과의 관계를 세워라.

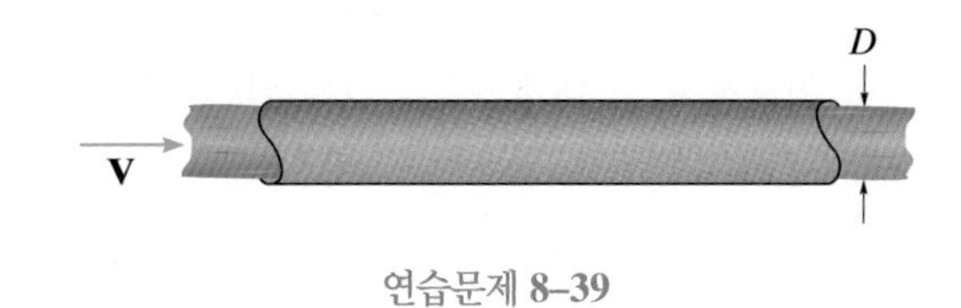

연습문제 **8–39**

***8-40** 자동차의 항력 F_D는 속도 V, 바람 방향으로의 그 투영 면적 A, 그리고 공기의 밀도 ρ와 점도 μ의 함수이다. F_D와 이 매개변수들과의 관계를 구하라.

연습문제 **8–40**

8-41 수중 폭발이 발생할 때, 임의의 순간의 충격파의 압력 p는 폭약의 질량 m, 폭발로 형성된 초기 압력 p_0, 충격파의 구형 지름 r, 그리고 물의 밀도 ρ와 체적팽창계수 E_V의 함수이다. p와 이 매개변수들과의 관계를 구하라.

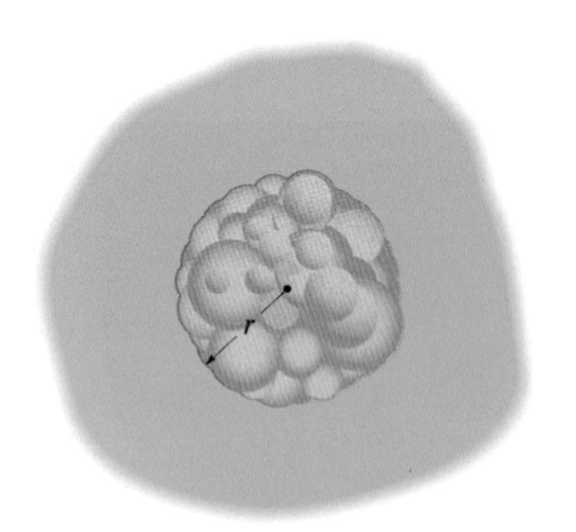

연습문제 **8–41**

8-42 잠수함에 작용하는 항력 F_D는 선체의 특성길이 L, 전진속도 V, 그리고 물의 밀도 ρ와 점도 μ의 영향을 받는다. F_D와 이 매개변수들과의 관계를 구하라.

8-43 펌프에 의해 공급되는 동력 P는 유출량 Q, 입구와 출구의 압력차 Δp, 그리고 유체의 밀도 ρ의 함수로 생각된다. 실험을 통해서 이 관계를 정할 수 있도록 버킹험의 파이 정리를 이용해서 이 매개변수들 간의 일반적인 관계를 수립하라.

***8-44** 다공성 종이 위에 만들어진 기름 얼룩의 지름 D는 분출 노즐의 지름 d, 표면으로부터의 노즐의 높이 h, 기름의 속도 V, 밀도 ρ, 점도 μ, 그리고 표면장력 σ에 의해서 결정된다. 이 과정을 정의하는 무차원비를 구하라.

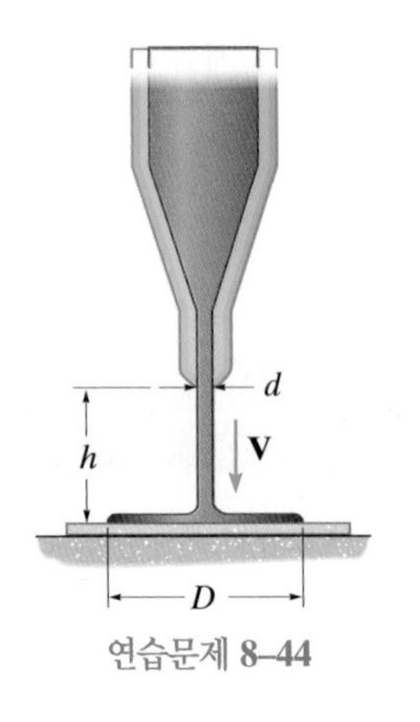

연습문제 **8–44**

8-45 에어로솔로부터 분무되는 연무는 지름 d의 물방울을 만드는데, 이것은 노즐의 직경 D, 물방울의 표면장력 σ, 물방울이 분사되는 속도 V, 그리고 공기의 밀도 ρ와 점도 μ에 의해서 영향을 받는 것으로 생각된다. d와 이 매개변수들과의 관계를 구하라.

연습문제 **8–45**

8-46 유체유동은 점도 μ, 체적팽창계수 E_V, 중력 g, 압력 p, 속도 V, 밀도 ρ, 표면장력 σ, 그리고 특성길이 L에 의해서 영향을 받는다. 이 여덟 개의 변수들에 대한 무차원항들을 구하라.

8-47 작은 위어를 지나는 유출량 Q는 물의 수두 H, 위어의 폭 b와 높이 h, 중력가속도 g, 그리고 액체의 밀도 ρ, 점도 μ, 그리고 표면장력 σ에 의해서 영향을 받는다. Q와 이 매개변수들과의 관계를 구하라.

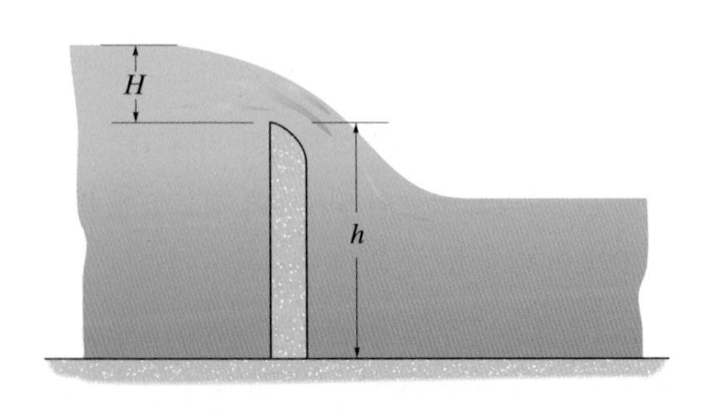

연습문제 **8–47**

8.5절

***8-48** 물이 2 m/s의 속도로 직경 50 mm의 파이프 내를 흐르는 경우와 동일한 동역학적 특성을 가지려면 직경 60 mm의 파이프 내를 사염화탄소는 어떤 속도로 흘러야 하는지 구하라. 두 액체 모두 온도는 20°C이다.

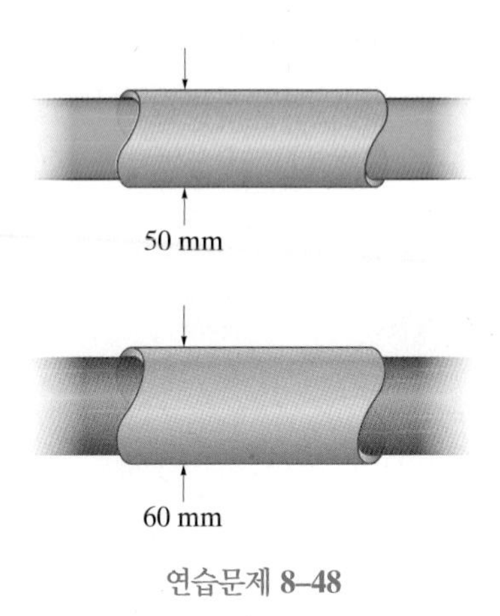

연습문제 **8–48**

8-49 비행기 날개 표면 주위의 유동을 시험하기 위해서 1/15 축척의 모형을 만들어서 물속에서 시험을 하고자 한다. 비행기가 350 mi/h로 날도록 설계되었다면, 동일한 레이놀즈수를 유지하기 위하여 모형의 속도는 얼마여야 하는가? 이 시험은 현실적인가? 공기와 물 모두 온도는 60°F로 한다.

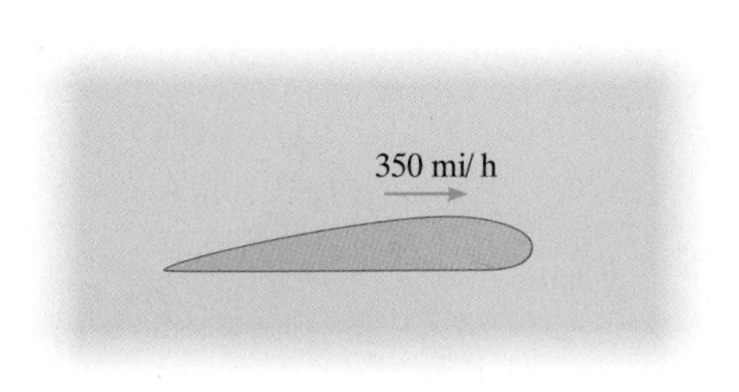

연습문제 **8–49**

8-50 강 모형이 1/60 축척으로 만들어졌다. 강에서 물이 38 ft/s로 흐른다면, 모형에서는 물이 얼마나 빨리 흘러야 하는가?

8-51 지름 100 mm의 파이프 속 물 유동을 이용해서 지름 75 mm의 파이프 속 3 m/s 속도의 가솔린 유동에서의 압력손실을 구하고자 한다. 물 유동 파이프의 압력손실이 8 Pa이라면, 가솔린 유동 파이프의 압력손실은 얼마인가? $\nu_g = 0.465(10^{-6})\ \mathrm{m^2/s}$와 $\nu_w = 0.890(10^{-6})\ \mathrm{m^2/s}$, $\rho_g = 726\ \mathrm{kg/m^3}$, $\rho_w = 997\ \mathrm{kg/m^3}$로 한다.

***8-52** 풍동을 이용해서 200 mi/h의 풍속에서 모형 비행기의 항력 효과를 측정하고자 한다. 같은 모형으로 수중 채널에서 비슷한 실험을 한다면, 온도가 60°F일 때 동일한 결과를 얻기 위해서 물의 속도를 얼마로 해야 하는가?

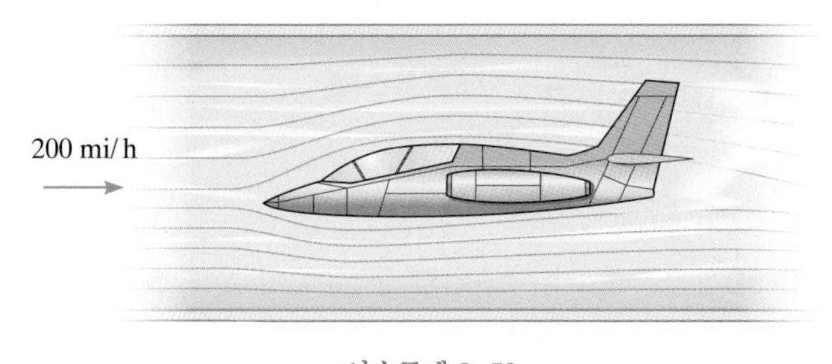

연습문제 **8–52**

8-53 지름 100 mm의 구가 15°C의 물속을 2 m/s의 속도로 움직일 때 항력이 2.80 N이다. 지름 150 mm의 구가 비슷한 조건에서 물속을 움직일 때 속도와 항력을 구하라.

8-54 강에서 장애물 주위의 파의 형성에 대해서 결정하기 위해서 1/10 축척의 모형을 사용한다. 강의 유동속도가 6 ft/s이면, 모형에 대한 물의 속도를 구하라.

8-55 직경 0.5 m인 혼합용 날개의 최적 성능을 시험하기 위해서 원형 크기의 1/4인 모형을 이용하고자 한다. 물 속에서의 모형 실험이 최적 속도가 8 rad/s임을 보였다면, 원형을 에틸알코올을 혼합하기 위해 사용할 경우 최적의 각속도를 구하라. T = 20°C로 한다.

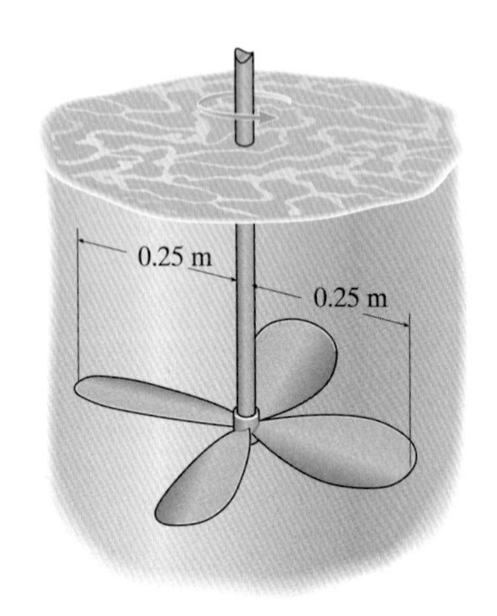

연습문제 8–55

***8-56** 구조물 지주 주위의 물 유동이 온도 5°C일 때 1.2 m/s로 흐른다. 만일 1/20 축척으로 만든 모형을 사용해서 연구를 하고자 한다면, 온도 25°C의 물을 이용할 경우 모형에 대한 물의 속도를 구하라.

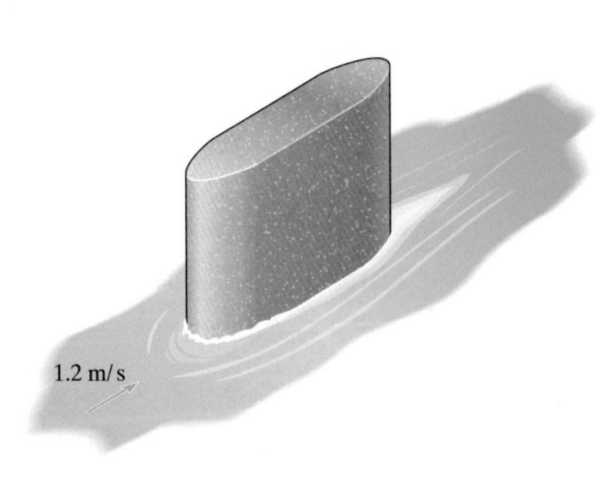

연습문제 8–56

8-57 선박 모형을 1/20 축척으로 만들었다. 선박이 4 m/s으로 운행하도록 설계하고자 한다면, 동일 프라우드수를 유지하기 위한 모형의 속도를 구하라.

8-58 고도 10 km 상공으로 날아가는 항공기 주위 유동을 연구하기 위하여 풍동과 1/15 축척의 모형을 사용하고자 한다. 만일 항공기가 800 km/h의 공기 속도를 갖는다면, 풍동 내의 공기의 속도는 얼마여야 하는가? 이것은 적절한가?

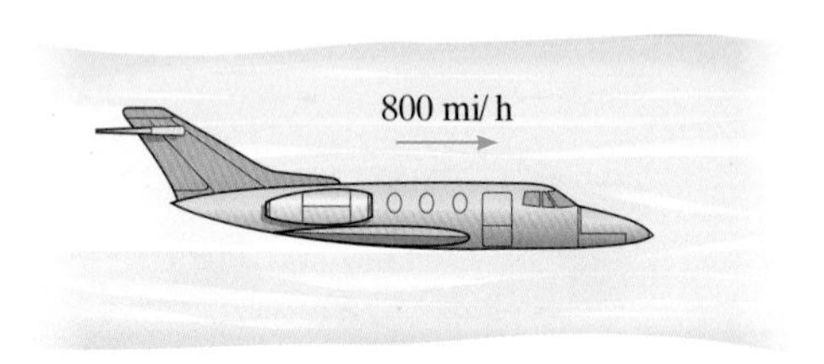

연습문제 8–58

8-59 항공기 모형이 1/3의 축척을 갖고 있다. 항공기가 600 km/h로 날아갈 때 원형에 대한 항력을 구하고자 한다면, 동일한 온도와 압력의 풍동에서의 모형에 대한 공기 속도를 찾아라. 이 실험을 하는 것이 적절한가?

***8-60** 길이 250 ft의 선박에 대한 조파 저항을 15 ft 길이의 모형을 사용해서 수로에서 실험하고자 한다. 선박의 운행 속도가 35 mi/h라면, 파에 저항하기 위한 모형의 속도는 얼마여야 하는가?

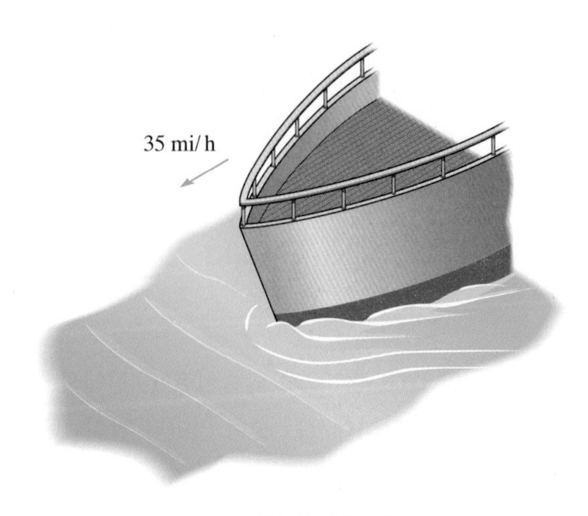

연습문제 8–60

8-61 잠수함의 모형을 1/25 축척으로 만들어서 풍동에서 150 mi/h의 공기 속도로 실험을 하였다. 동일한 60°F의 온도의 물속에서의 원형에 대한 어떤 속도를 의미하고 있는가?

8-62 다리 교각 주위의 유동을 1/15 축척의 모형을 사용해서 연구하고자 한다. 강의 유속이 0.8 m/s라면, 모형에 대한 동일 온도의 물에서의 대응되는 속도를 구하라.

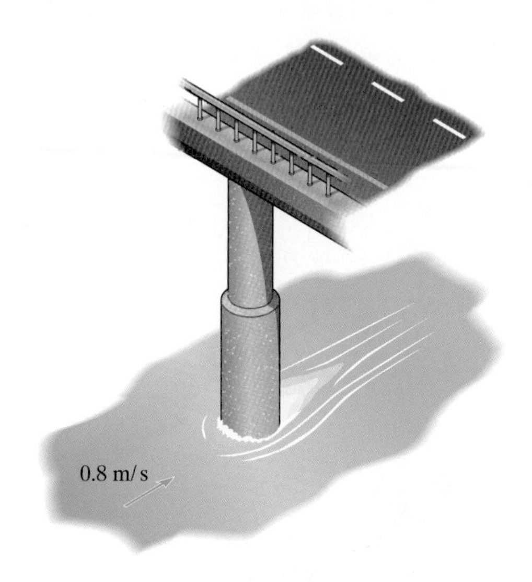

연습문제 **8–62**

8-63 길이 100 m의 선박에 대한 조파 저항을 4 m 길이의 모형을 사용해서 수로 내에서 실험하고자 한다. 선박의 운행 속도가 60 km/h이면, 모형의 속도는 얼마여야 하는가?

***8-64** 채널에서의 물결파의 속도를 연구하기 위해서 실험실에서 실제 크기의 1/12인 모형 채널을 이용하고자 한다. 만일 모형에 대해서 6 m/s의 속도를 갖고 있다면, 채널에서의 파의 속도를 구하라.

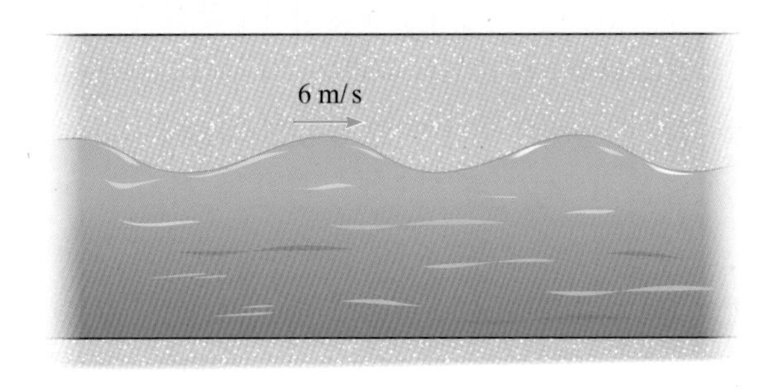

연습문제 **8–64**

8-65 잠수함 원형에 작용하는 항력을 정하기 위해서 모형을 만들었다. 길이 축척은 1/100, 그리고 실험은 20°C의 물속에서 8 m/s의 속도로 수행되었다. 모형에 대한 항력이 20 N이라면, 원형이 동일 속도와 온도의 물속에서 움직일 때의 원형에 대한 항력을 구하라. 이를 위해서는 항력계수 $C_D = 2F_D/\rho V^2L^2$이 모형과 원형에 대해서 모두 동일해야 한다.

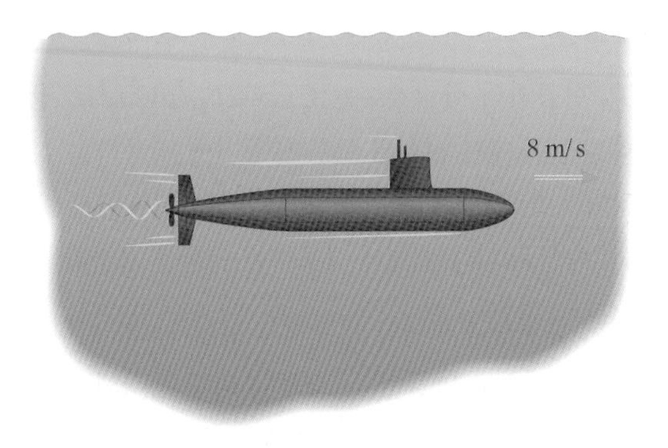

연습문제 **8–65**

8-66 항공기의 모형을 1/15 축척으로 만들고 풍동에서 시험을 하고자 한다. 항공기가 고도 5 km 상공에서 800 km/h로 운행되도록 설계하였다면, 풍동 속의 레이놀즈수와 마하수가 같아지도록 하기 위해서 필요한 공기의 밀도를 구하라. 두 경우 모두 온도는 동일하고, 이 온도에서의 공기 중의 음속은 340 m/s라고 가정한다.

8-67 수로에서의 물결파의 움직임을 연구하기 위해서 실험실에서 1/12 축척의 수로 모형을 사용하고자 한다. 모형에서 파가 10 m 이동하는 데 15초가 걸렸다면, 수로에서 파가 이 거리를 이동하는 데 걸리는 시간은 얼마인가?

***8-68** 화학 공장에서 320 kPa의 압력 상승으로 0.8 m^3/s의 벤젠을 공급하는 펌프를 설계해야 한다. 원형의 1/6 크기의 모형에 의해서 생성되는 예상 유량과 압력상승은 얼마인가? 만일 모형이 900 kW의 동력 출력을 만든다면, 원형의 동력 출력은 얼마인가?

8-69 제트 비행기가 35°F의 공기에서 마하수 2로 난다면, 65°F의 풍동에서 1/25 축척의 모형에 대해서 생성되어야 하는 필요 풍속을 구하라. 힌트 : 식 (13-24), $c = \sqrt{kRT}$를 이용하고, 공기의 경우 $k = 1.40$이다.

연습문제 **8–69**

8-70 항공기의 항력계수는 $C_D = 2F_D/\rho V^2L^2$로 정의된다. 해발 고도에서 시험된 모형 항공기에 작용하는 항력이 0.3 N이라면, 모형보다 15배 크고 3 km 고도에서 모형의 20배의 속도로 나는 원형에 작용하는 저항을 구하라.

8-71 수중익선의 모형을 채널에서 시험하고자 한다. 모형은 1/20 축척으로 만들었다. 모형에 의해 생성되는 양력이 7 kN이라면, 원형에 작용하는 양력을 구하라. 물의 온도는 두 경우 모두 같다고 가정한다. 이를 위해서는 오일러수와 레이놀즈수 상사성을 필요로 한다.

***8-72** 보트의 모형을 1/50 축척으로 만들고자 한다. 모형과 원형에 대해서 프라우드수와 레이놀즈수가 동일하도록 유지하기 위해서 필요한 물의 동점성계수를 구하라. 만일 원형이 $T = 20°C$의 물에서 동작한다고 할 때 이 시험은 현실적인가?

8-73 항공기가 5000 ft의 고도에서는 800 mi/h로 비행한다면, 15000 ft에서 동일한 마하수로 비행하기 위해서는 어떤 속도로 날아야 하는가? 공기는 동일한 체적팽창계수를 갖는다고 가정한다. 식 (13-5), $c = \sqrt{E_V/\rho}$를 이용하라.

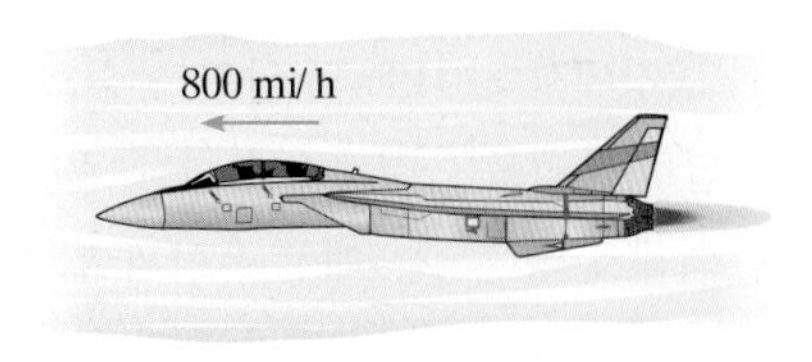

연습문제 **8–73**

8-74 60 ft 길이의 '골막이 댐(check dam)'이 강에서 하류로 흘러가는 파편들을 모아주는 수단으로 사용된다. 만일 댐 위를 흐르는 유량이 8000 ft³/s이고, 이 댐의 모형을 1/20 축척으로 짓고자 할 경우, 모형 위를 흐르는 유량과 꼭대기 위를 흐르는 물의 깊이를 구하라. 원형과 모형의 물의 온도는 같다고 가정한다. 댐 위를 지나는 체적유량은 $Q = C_D\sqrt{g}LH^{3/2}$을 이용해서 정할 수 있는데, 여기서 C_D는 토출계수, g는 중력 가속도, L은 댐의 길이, 그리고 H는 꼭대기 위의 물의 높이이다. $C_D = 0.71$로 한다.

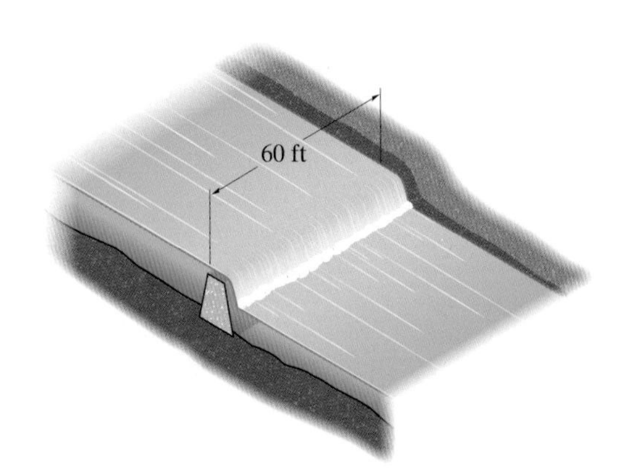

연습문제 **8–74**

8-75 선박이 길이는 18 m이고 $\rho_s = 1030\ \text{kg/m}^3$인 바다에서 운행된다. 모형 선박을 1/60 축척으로 제작하였고, 그것의 배수량은 $0.06\ \text{m}^3$이고 선체의 침수표면적(wetted surface area)은 $3.6\ \text{m}^2$이다. 토잉 탱크에서 0.5 m/s의 속도로 시험했을 때, 모형의 전체 항력이 2.25 N이었다. 선박의 항력과 대응되는 속도를 구하라. 이 항력을 극복하기 위해서 필요한 동력은 얼마인가? 점성(마찰)력에 의한 항력은 $(F_D)_f = (\frac{1}{2}\rho V^2 A)C_D$를 이용해서 구할 수 있는데, 여기서 C_D는 항력계수로서 $\text{Re} < 10^6$이면 $C_D = 1.328\sqrt{\text{Re}}$이고, $10^6 < \text{Re} < 10^9$이면 $C_D = 0.455/(\log_{10}\text{Re})^{2.58}$으로부터 정해진다. $\rho = 1000\ \text{kg/m}^3$ 그리고 $\nu = 1.00(10^{-6})\ \text{m}^2/\text{s}$로 한다.

장 복습

차원해석은 유동에 영향을 미치는 변수들을 무차원수들의 항으로 결합하는 수단을 제공한다. 이를 통해 유동을 기술하는 데 필요한 실험 측정의 수를 줄일 수 있다.

유동 특성을 연구할 때, 다음과 같은 동적 힘 혹은 관성력과 다른 힘의 비인 중요 무차원수들을 만나게 된다.

$$\text{오일러수(Eu)} = \frac{\text{압력힘}}{\text{관성력}} = \frac{\Delta p}{\rho V^2}$$

$$\text{레이놀즈수(Re)} = \frac{\text{관성력}}{\text{점성력}} = \frac{\rho V L}{\mu}$$

$$\text{프라우드수(Fr)} = \sqrt{\frac{\text{관성력}}{\text{중력}}} = \frac{V}{\sqrt{gL}}$$

$$\text{웨버수(We)} = \frac{\text{관성력}}{\text{표면장력힘}} = \frac{\rho V^2 L}{\sigma}$$

$$\text{마하수(M)} = \sqrt{\frac{\text{관성력}}{\text{압축성힘}}} = \frac{V}{\sqrt{gL}}$$

버킹험의 파이 정리는 한 세트의 변수들로부터 변수의 무차원항을 결정하는 수단을 제공한다.

상사성은 유동이 모형에 영향을 미치는 것과 동일한 방법으로 원형에 영향을 미치는 것을 확실히 해주는 수단을 제공한다. 모형은 원형과 기하학적으로 상사해야 하고, 유동은 운동학적으로 그리고 동역학적으로 상사해야 한다.

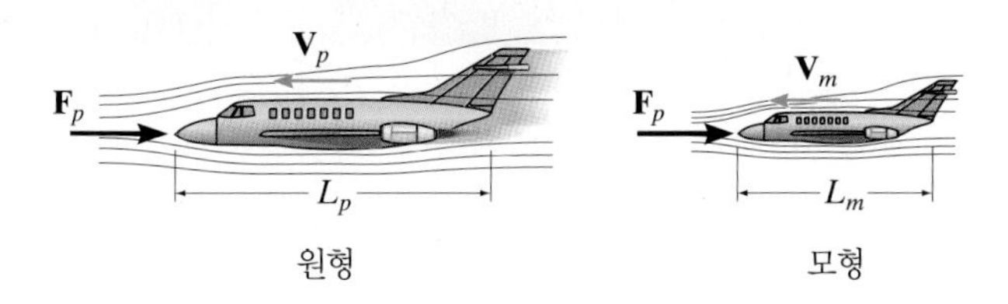

Chapter 9

(© Danicek/Shutterstock)

파이프와 같이 닫힌 도관을 따라 발생하는 압력강하는 유체 내의
마찰손실로 인한 것이다. 이 손실은 층류유동과 난류유동에서 다르게 나타난다.

닫힌 표면 내부의 점성유동

학습목표

- 중력과 압력힘 그리고 점성력이 평행평판 사이 및 파이프 내에 들어있는 비압축성 유체의 층류유동에 미치는 영향을 고찰한다.
- 레이놀즈수에 따라 유동을 분류하는 방법을 설명한다.
- 난류 파이프 유동을 모델링하는 데 사용되는 몇 가지 방법을 제시한다.

9.1 평행평판 사이의 정상 층류유동

이 절에서는 경사진 두 평행평판 사이에 들어있는 뉴턴(점성)유체의 층류유동을 고려한다. 그림 9-1a와 같이 두 판은 거리 a만큼 떨어져 있고, 끝단효과가 무시될 수 있게 충분한 폭과 길이를 갖고 있다. 여기서는 유체를 비압축성, 정상유동으로 가정하여 속도분포를 구하려고 한다. 해를 좀 더 일반화하기 위해 윗판이 아래 판에 상대적으로 속도 $\mathbf{U}$로 움직인다고 가정한다. 이 조건에서 속도는 각 y 값에 대해 x 방향과 z 방향으로는 일정하고 y 방향으로만 변화하므로 유동은 1차원이 된다.

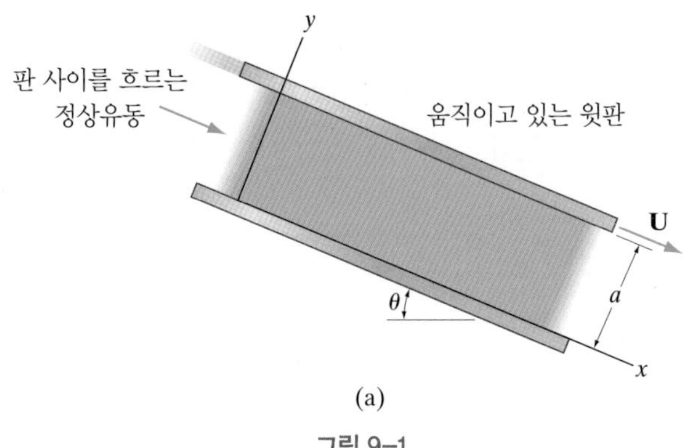

그림 9–1

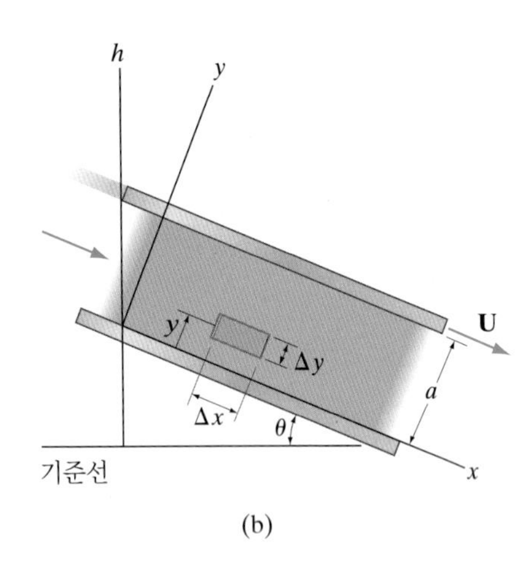

(b)

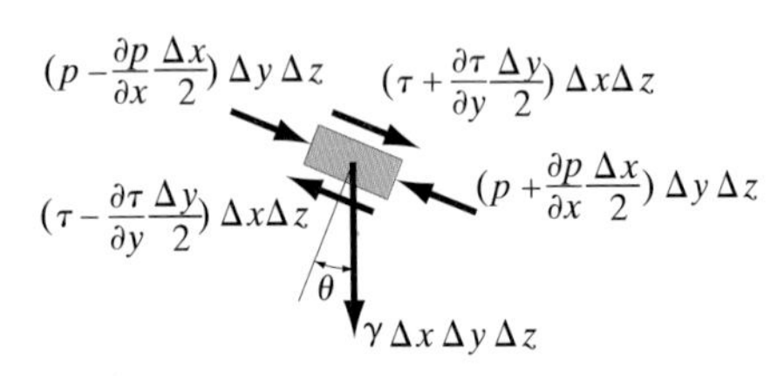

자유물체도

(c)

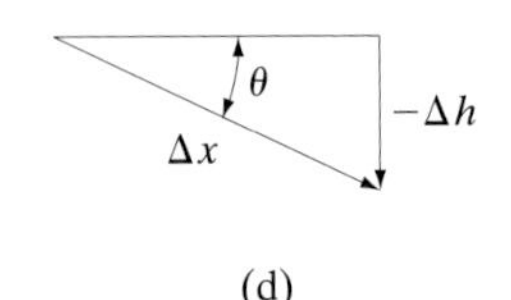

(d)

그림 9–1(계속)

유동을 해석하기 위해 운동량방정식을 적용하고 그림 9-1b의 길이 Δx, 두께 Δy 그리고 폭 Δz를 갖는 미분형 검사체적을 선정한다. 이 검사체적의 자유물체도에서 x 방향으로 작용하는 힘에는 그림 9-1c의 열린 검사표면에 작용하는 압력 힘과 위와 아래의 닫힌 검사표면에 전단응력에 의한 힘 그리고 검사체적 내의 유체무게의 x 성분 등이 있다. 인접한 유선 상에서 유체의 운동이 다르므로 맞은편의 표면에서 전단력은 다르다. 그림에서와 같이 압력과 전단응력은 모두 각각 양의 x 방향 및 y 방향으로 증가한다고 가정한다. 유동은 정상이고 유체는 비압축성이며 $\Delta A_{\text{in}} = \Delta A_{\text{out}}$이므로 국소항과 대류항의 변화는 없고 운동량방정식은 다음과 같은 평형방정식이 된다.

$$\Sigma F_x = \frac{\partial}{\partial t}\int_{\text{cv}} \mathbf{V}\rho\, d\forall + \int_{\text{cs}} \mathbf{V}\rho\, \mathbf{V}\cdot d\mathbf{A}$$

$$\left(p - \frac{\partial p}{\partial x}\frac{\Delta x}{2}\right)\Delta y\ \Delta z - \left(p + \frac{\partial p}{\partial x}\frac{\Delta x}{2}\right)\Delta y\ \Delta z$$
$$+ \left(\tau + \frac{\partial \tau}{\partial y}\frac{\Delta y}{2}\right)\Delta x\ \Delta z - \left(\tau - \frac{\partial \tau}{\partial y}\frac{\Delta y}{2}\right)\Delta x\ \Delta z + \gamma\Delta x\ \Delta y\ \Delta z \sin\theta = 0 + 0$$

각 항에서 공통인수인 검사체적 부피 $\Delta x\Delta y\Delta z$를 약분하고 그림 9-1d의 $\sin\theta = -\Delta h/\Delta x$임을 주목하여 Δx와 Δh를 0으로 하는 극한을 취해서 정리하면 다음의 식을 얻는다.

$$\frac{\partial \tau}{\partial y} = \frac{\partial}{\partial x}(p + \gamma h)$$

우변은 압력구배와 기준선으로부터 측정된 고도구배의 합이다. 유동이 정상이므로 이 합은 y와는 무관하고 각 단면을 따라 동일하다. 압력은 x만의 함수이므로 윗식을 y에 대해 적분하면 다음의 식이 주어진다.

$$\tau = \left[\frac{d}{dx}(p + \gamma h)\right]y + C_1$$

이 식은 단지 힘의 평형에만 근거했으므로 층류유동과 난류유동 모두에 대해 유효하다.

층류유동이 지배적인 뉴턴유체라면 뉴턴의 점성법칙 $\tau = \mu(du/dy)$를 적용하여 다음의 속도분포를 얻는다.

$$\mu\frac{du}{dy} = \left[\frac{d}{dx}(p + \gamma h)\right]y + C_1$$

y에 대해 다시 적분하면

$$u = \frac{1}{\mu}\left[\frac{d}{dx}(p + \gamma h)\right]\frac{y^2}{2} + \frac{C_1}{\mu}y + C_2 \qquad (9\text{-}1)$$

적분상수는 '점착조건', 즉 $y = 0$, $u = 0$와 $y = a$, $u = U$를 사용하여 구할 수 있다. 대입하여 정리하면 τ와 u에 대한 윗식은 다음과 같이 된다.

$$\tau = \frac{U\mu}{a} + \left[\frac{d}{dx}(p + \gamma h)\right]\left(y - \frac{a}{2}\right) \qquad (9\text{-}2)$$

전단응력 분포
층류유동 및 난류유동

$$u = \frac{U}{a}y - \frac{1}{2\mu}\left[\frac{d}{dx}(p + \gamma h)\right](ay - y^2) \qquad (9\text{-}3)$$

속도분포
층류유동

그림 9-1e의 동일 유선 상의 임의의 두 점 1과 2에서 압력과 고도가 알려지면, 압력구배와 고도구배를 구할 수 있다. 예를 들어 점 1과 2가 다음과 같이 선택된다면*

$$\frac{d}{dx}(p + \gamma h) = \frac{p_2 - p_1}{L} + \gamma\frac{h_2 - h_1}{L}$$

압력구배와 고도구배

점성력, 압력힘 그리고 중력이 유동에 미치는 효과를 잘 이해할 수 있는 몇 가지 특별한 경우를 고려한다.

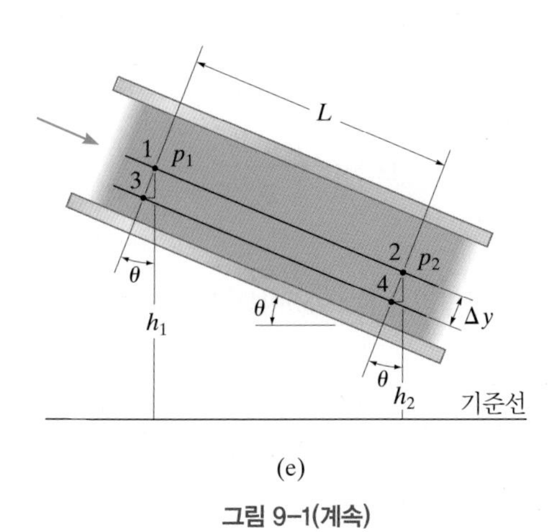

(e)

그림 9-1(계속)

---

* 그림 9-1e에서 점 3과 4를 지나가는 유선을 선택하면 p_1과 p_2는 모두 $\gamma(\Delta y \cos\theta)$만큼 증가하지만 고도 h_1과 h_2는 $(\Delta y \cos\theta)$만큼 감소한다. 이를 윗식에 대입하면 동일한 총 구배를 얻는다.

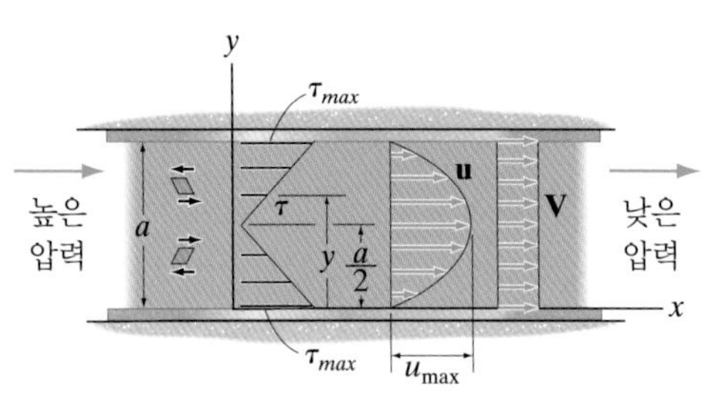

음의 압력구배를 갖는 고정된 판의 경우에 전단응력 분포와 실제 속도분포 및 평균속도분포

그림 9–2

일정한 압력구배에 의한 수평유동—두 판 모두 고정된 경우 이 경우에 그림 9-2와 같이 $U = 0$이고 $dh/dx = 0$이므로 식 (9-2)와 (9-3)은 다음과 같이 된다.

$$\tau = \frac{dp}{dx}\left(y - \frac{a}{2}\right) \tag{9-4}$$

전단응력 분포

$$u = -\frac{1}{2\mu}\frac{dp}{dx}\left(ay - y^2\right) \tag{9-5}$$

속도분포
층류유동

유체가 오른쪽으로 움직이기 위해서 dp/dx는 음이어야 한다. 다시 말해, 유체의 왼쪽에 더 높은 압력이 작용해야만 유체가 오른쪽으로 움직인다. 운동방향으로 압력을 감소시키는 것은 마찰로 인한 전단응력이다.

식 (9-4)를 그래프로 나타내면 전단응력은 y에 따라 선형적으로 변하고 τ_{max}는 그림 9-2와 같이 각 판의 표면에서 나타난다. 판 사이의 중심영역에서는 전단응력이 작으므로 속도는 더 크다. 요컨대, 식 (9-5)의 속도분포는 포물선 형태이며 최대속도는 $du/dy = 0$인 중심에서 나타난다. 식 (9-5)에 $y = a/2$를 대입하면 최대속도는 다음과 같다.

$$u_{max} = -\frac{a^2}{8\mu}\frac{dp}{dx} \tag{9-6}$$

최대속도

체적유량은 속도분포를 판 사이의 단면적에 걸쳐 적분하여 구한다. 판의 폭이 b라면 $dA = b\,dy$이므로

$$Q = \int_A u\,dA = \int_0^a -\frac{1}{2\mu}\frac{dp}{dx}\left(ay - y^2\right)(b\,dy)$$

$$Q = -\frac{a^3 b}{12\mu}\frac{dp}{dx} \tag{9-7}$$

체적유량

마지막으로 판 사이의 단면적은 $A = ab$이므로 그림 9-2의 평균속도는 다음과 같이 구해진다.

$$V = \frac{Q}{A} = -\frac{a^2}{12\mu}\frac{dp}{dx} \tag{9-8}$$

평균속도

이 식을 식 (9-6)과 비교하면

$$u_{max} = \frac{3}{2}V$$

이다.

일정한 압력구배에 의한 수평유동—윗판이 움직이는 경우 이 경우에 $dh/dx = 0$이므로 식 (9-2)와 (9-3)은 다음과 같이 된다.

$$\tau = \frac{U\mu}{a} + \frac{dp}{dx}\left(y - \frac{a}{2}\right) \tag{9-9}$$

전단응력 분포

$$u = \frac{U}{a}y - \frac{1}{2\mu}\frac{dp}{dx}\left(ay - y^2\right) \tag{9-10}$$

속도분포
층류유동

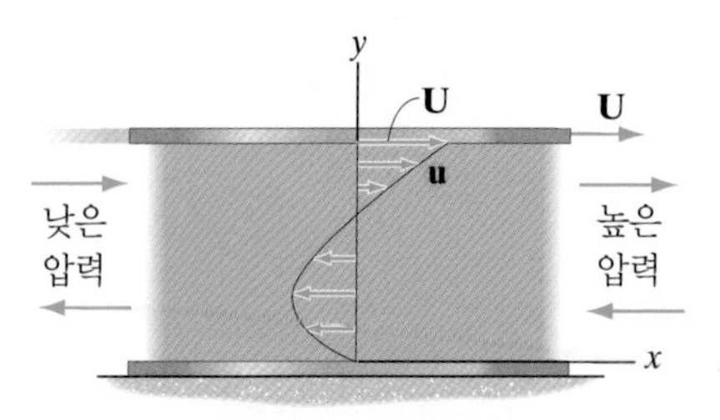

큰 양의 압력구배와 윗판의 운동으로 인한 속도분포

(a)

그리고 체적유량은 다음과 같다.

$$Q = \int_A u\,dA = \int_0^a \left[\frac{U}{a}y - \frac{1}{2\mu}\frac{dp}{dx}\left(ay - y^2\right)\right]b\,dy$$

$$= \frac{Uab}{2} - \frac{a^3 b}{12\mu}\frac{dp}{dx} \tag{9-11}$$

체적유량

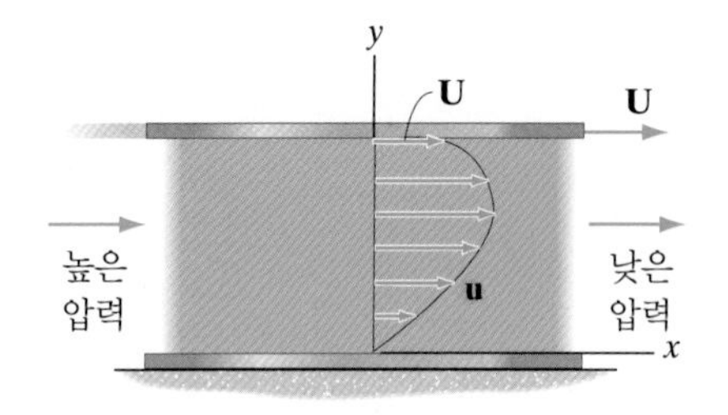

약한 음의 압력구배와 윗판의 운동으로 인한 속도분포

(b)

그림 9–3

그리고 $A = ab$이므로 평균속도는

$$V = \frac{Q}{A} = \frac{U}{2} - \frac{a^2}{12\mu}\frac{dp}{dx} \tag{9-12}$$

평균속도

이다. 최대속도의 위치는 식 (9-10)에서 $du/dy = 0$으로 놓으면 구해진다.

$$\frac{du}{dy} = \frac{U}{a} - \frac{1}{2\mu}\frac{dp}{dx}(a - 2y) = 0$$

$$y = \frac{a}{2} - \frac{U\mu}{a(dp/dx)} \tag{9-13}$$

식 (9-10)에 이 값을 대입하면 최대속도가 얻어진다. 최대속도의 위치는 중간 지점에서 발생하지 않고 윗판의 속력 U와 압력구배 dp/dx에 의존한다. 예를 들어, 충분히 큰 양(positive)의 압력구배 또는 증가하는 압력구배, dp/dx가 발생한다면 식 (9-10)에 따라 순수 역(음)류가 일어날 수 있다. 전형적인 속도분포는 그림 9-3a와 같이 유체의 윗부분은 판의 운동 $\mathbf{U}$에 의해 오른쪽으로 끌리고, 나머지 부분은 양의 압력구배에 밀려 왼쪽으로 움직이는 형태를 보여준다. 압력구배가 음이 되면 이 구배와 판의 운동이 함께 작용해서 그림 9-3b와 같은 속도분포가 나타나게 된다.

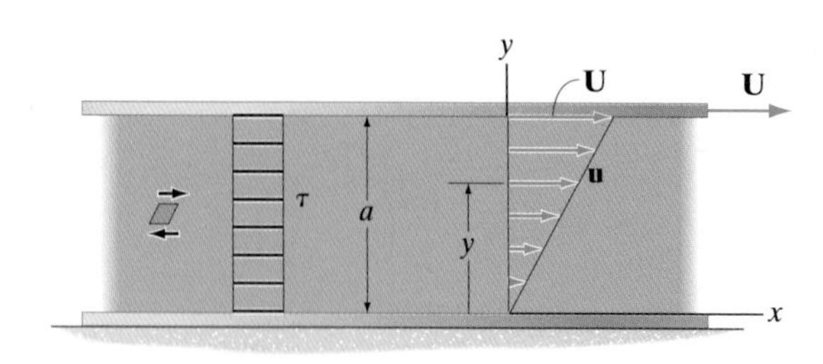

영의 압력구배와 윗판의 운동에 의한
전단응력 분포 및 속도분포

그림 9-4

윗판의 운동만으로 인한 수평유동 압력구배 dp/dx 및 경사 dh/dx가 모두 영이므로 유동은 전적으로 움직이는 판에 의해 발생한다. 이 경우에 식 (9-2)와 (9-3)은 다음과 같이 된다.

$$\tau = \frac{U\mu}{a} \tag{9-14}$$

전단응력 분포

$$u = \frac{U}{a}y \tag{9-15}$$

속도분포
층류유동

이 결과는 그림 9-4와 같이 전단응력은 일정한 반면에, 속도분포는 선형적임을 보여준다.

1.6절에서 이 상황은 뉴턴의 점성법칙과 관련된다는 것을 살펴보았다. 경계(이 경우에는 판)의 운동만으로 인한 유체운동은 Maurice Couette의 이름을 따서 **꾸에떼 유동**으로 알려져 있다. 그렇지만 일반적으로 '꾸에떼 유동'이라는 용어는 경계 운동만으로 인한 층류유동이나 난류유동을 가리킨다.

제한사항 이 절에서 전개된 속도에 관련된 모든 식들은 비압축성 뉴턴유체의 정상 **층류유동**에만 적용된다는 것을 명심해야 한다. 따라서 이 식들을 사용하기 위해서는 층류유동이 지배적임을 분명히 해야 한다. 9.5절에서는 층류유동을 확인하기 위하여 레이놀즈수 $\text{Re} = \rho VL/\mu$이 어떻게 사용되는지 검토할 것이다. 이를 위해 평행평판 사이의 유동에 대해서 판 사이의 거리 a를 '특성길이'로 사용해서 레이놀즈수를 구한다. 또한 레이놀즈수를 구하는 데 평균속도를 사용하면 $\text{Re} = \rho Va/\mu$이다. 실험에 따르면 층류유동은 이 레이놀즈수 값의 좁은 구간까지만 나타난다. 특정한 고유값은 없지만 이 책에서는 $\text{Re} = 1400$을 상한값으로 고려한다. 따라서

$$\underset{\text{판 사이의 층류유동}}{\mathrm{Re} = \frac{\rho V a}{\mu} \leq 1400}$$

이 부등식이 만족되면 여기서 제시된 식들을 사용하여 구한 속도분포는 실험결과와 잘 일치한다.

9.2 평행평판 사이의 정상 층류유동에 대한 나비에-스토크스 해

7.11절에서 살펴본 연속방정식과 나비에-스토크스 방정식에 의해 식 (9-3)의 속도분포가 또 구해질 수 있음을 보이는 것은 유익하다. 이를 위해 그림 9-5와 같이 x, y, z축을 잡는다. x 방향으로만 정상 비압축성 유동이 있고, $v = w = 0$이므로 연속방정식 (7-10)은 다음과 같이 된다.

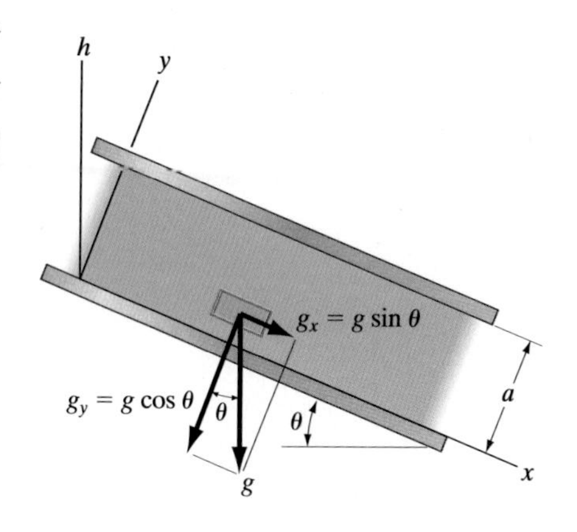

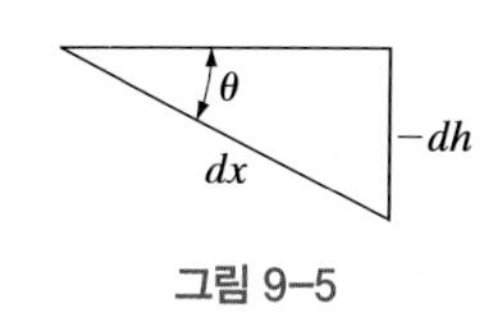

그림 9-5

$$\frac{\partial \rho}{\partial t} + \frac{\partial(\rho u)}{\partial x} + \frac{\partial(\rho v)}{\partial y} + \frac{\partial(\rho w)}{\partial z} = 0$$

$$0 + \rho\frac{\partial u}{\partial x} + 0 + 0 = 0$$

따라서 $\partial u/\partial x = 0$이다.

z 방향으로 유동은 대칭이고 정상이므로 u는 z와 x의 함수가 아니고 y만의 함수로 $u = u(y)$이다. 또한 그림 9-5로부터 $g_x = g\sin\theta = g(-dh/dx)$ 그리고 $g_y = -g\cos\theta$이다. 이 결과를 이용하면 식 (7-75)의 나비에-스토크스 방정식의 세 방향 성분식은 다음과 같이 된다.

$$\rho\left(\frac{\partial u}{\partial t} + u\frac{\partial u}{\partial x} + v\frac{\partial u}{\partial y} + w\frac{\partial u}{\partial z}\right) = \rho g_x - \frac{\partial p}{\partial x} + \mu\left(\frac{\partial^2 u}{\partial x^2} + \frac{\partial^2 u}{\partial y^2} + \frac{\partial^2 u}{\partial z^2}\right)$$

$$0 = \rho g\left(-\frac{dh}{dx}\right) - \frac{\partial p}{\partial x} + \mu\frac{d^2 u}{dy^2}$$

$$\rho\left(\frac{\partial v}{\partial t} + u\frac{\partial v}{\partial x} + v\frac{\partial v}{\partial y} + w\frac{\partial v}{\partial z}\right) = \rho g_y - \frac{\partial p}{\partial y} + \mu\left(\frac{\partial^2 v}{\partial x^2} + \frac{\partial^2 v}{\partial y^2} + \frac{\partial^2 v}{\partial z^2}\right)$$

$$0 = -\rho g\cos\theta - \frac{\partial p}{\partial y} + 0$$

$$\rho\left(\frac{\partial w}{\partial t} + u\frac{\partial w}{\partial x} + v\frac{\partial w}{\partial y} + w\frac{\partial w}{\partial z}\right) = \rho g_z - \frac{\partial p}{\partial z} + \mu\left(\frac{\partial^2 w}{\partial x^2} + \frac{\partial^2 w}{\partial y^2} + \frac{\partial^2 w}{\partial z^2}\right)$$

$$0 = 0 - \frac{\partial p}{\partial z} + 0$$

마지막 식을 적분하면 예상한 대로 p가 z 방향으로는 일정함을 보여준다. 두 번째 식을 적분하면 다음과 같다.

$$p = -\rho(g\cos\theta)y + f(x)$$

우변의 첫 번째 항은 압력이 y 방향에서 **정수압 방식**으로 변함을 보여준다. 우변의 두 번째 항 $f(x)$는 압력이 또한 x 방향으로 변함을 보여준다. 이것은 점성 전단응력에 의한 것이다. 위의 첫 번째 나비에-스토크스 방정식을 $\gamma = \rho g$를 사용해서 다시 정리하고 두 번 적분하면 다음의 식을 얻는다.

$$\frac{d^2u}{dy^2} = \frac{1}{\mu}\frac{d}{dx}(p + \gamma h)$$

$$\frac{du}{dy} = \frac{1}{\mu}\frac{d}{dx}(p + \gamma h)y + C_1$$

$$u = \frac{1}{\mu}\left[\frac{d}{dx}(p + \gamma h)\right]\frac{y^2}{2} + C_1 y + C_2$$

이것은 식 (9-1)과 똑같은 결과이고, 따라서 해석이 앞에서와 같은 방법으로 진행한다.

요점 정리

- 두 평행평판 사이의 정상유동은 압력힘, 중력 그리고 점성력의 평형을 이룬다. 유동이 층류인지 난류인지에 관계없이 점성 전단응력은 유체의 두께를 따라 **선형적**으로 변한다.
- 두 평행평판 사이의 비압축성 뉴턴유체의 **정상 층류유동**에 대한 속도분포는 뉴턴의 점성법칙에 의해 구해진다. 모든 운동의 경우에 판 표면에 있는 유체는 경계를 만나는 곳에서는 정지한 것—'점착조건'으로 가정하기 때문에 판에 **상대적**으로 영의 속도를 갖는다.
- 9.1절의 식은 첫 번째 원리에 의해 전개되었고, 9.2절의 식은 연속방정식과 나비에-스토크스 방정식을 풀어서 구해졌다. 이 결과들은 실험측정치와 잘 일치한다. 실험에 따르면 평행평판 사이의 **층류유동**은 $Re = \rho Va/\mu \leq 1400$인 레이놀즈수의 임계값까지 발생한다. 여기서 a는 판 사이의 거리, V는 유동의 평균속도이다.

해석 절차

9.1절의 식은 다음의 절차에 따라 적용될 수 있다.

유체 설명

유동은 정상이고 비압축성 뉴턴유체여야 한다. 또한 **층류유동**이 존재해야 한다. 따라서 유동조건은 레이놀즈수 $Re = \rho Va/\mu \leq 1400$을 확실히 만족해야 한다.

해석

양의 부호표기법에 따라 좌표계를 설정한다. 여기서 x는 유동방향으로 양이고, y는 바닥판부터 수직하게 위로 양의 방향으로 유동에 수직이다. 그리고 h는 그림 9-1a와 같이 수직하게 위로 양의 방향이다. 마지막으로 모든 식에 수치를 대입할 때 단위계는 일치해야 한다.

예제 9.1

그림 9-6에서 15 mm 간격으로 떨어져 있는 두 매끄러운 판 사이의 좁은 지역을 통해 글리세린이 0.005 m^3/s의 유량으로 흐르고 있다. 글리세린에 작용하는 압력구배를 구하라.

풀이

유체 설명 해석에 있어 끝단 효과를 무시할 수 있도록 판은 충분이 넓다고 (0.4 m) 가정한다. 또한 정상 비압축성 층류유동으로 가정한다. 부록 A로부터 $\rho_g = 1260\ \text{kg/m}^3$ 그리고 $\mu_g = 1.50\ \text{N}\cdot\text{s/m}^2$이다.

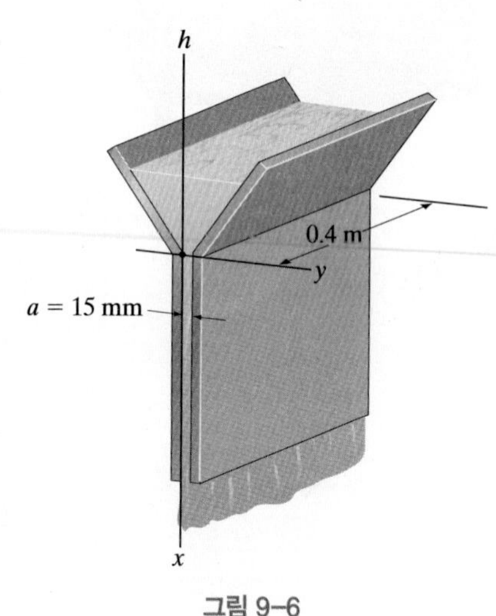

그림 9–6

해석 유량이 알려져 있으므로 번서 식 (9-3)의 속도분포를 구함으로써 압력구배를 얻을 수 있다. 판들은 서로 상대운동이 없으므로 $U = 0$이고 따라서

$$u = -\frac{1}{2\mu}\left[\frac{d}{dx}(p + \gamma h)\right](ay - y^2)$$

좌표계는 그림 9-6과 같이 왼쪽 판의 모서리를 따라 x를 설정하고 유동방향(아래)을 양으로 하며, h는 위를 양으로 잡는다. 따라서 $dh/dx = -1$이고 윗식은 다음과 같이 된다.

$$u = -\frac{1}{2\mu}\left(\frac{dp}{dx} - \gamma\right)(ay - y^2) \tag{1}$$

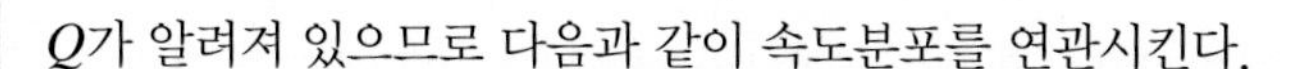

Q가 알려져 있으므로 다음과 같이 속도분포를 연관시킨다.

$$Q = \int_A u\,dA = \int_0^a -\frac{1}{2\mu}\left(\frac{dp}{dx} - \gamma\right)(ay - y^2)\,b\,dy$$

$$= -\frac{b}{2\mu}\left(\frac{dp}{dx} - \gamma\right)\int_0^a (ay - y^2)\,dy = -\frac{b}{2\mu}\left(\frac{dp}{dx} - \gamma\right)\left(\frac{a^3}{6}\right)$$

이 식에 수치를 대입하면 다음과 같다.

$$0.005\ \text{m}^3/\text{s} = \left(-\frac{0.4\ \text{m}}{2(1.50\ \text{N}\cdot\text{s/m}^2)}\right)\left[\frac{dp}{dx} - (1260\ \text{kg/m}^3)(9.81\ \text{m/s}^2)\right]\left(\frac{(0.015\ \text{m})^3}{6}\right)$$

$$\frac{dp}{dx} = -54.3(10^3)\ \text{Pa/m} = -54.3\ \text{kPa/m}$$ 답

음의 부호는 글리세린 내의 압력이 유동방향으로 감소함을 가리킨다. 이는 점성으로 인한 마찰항력에 의한 것이다.

마지막으로 레이놀즈수 결정기준에 의해 유동이 층류인지를 확인할 필요가 있다. $V = Q/A$이므로 다음과 같다.

$$\text{Re} = \frac{\rho V a}{\mu} = \frac{(1260\ \text{kg/m}^3)\left[(0.005\ \text{m}^3/\text{s})/(0.015\ \text{m})(0.4\ \text{m})\right](0.015\ \text{m})}{1.5\ \text{N}\cdot\text{s/m}^2}$$

$$= 10.5 \le 1400 \quad (\text{층류유동})$$

예제 9.2

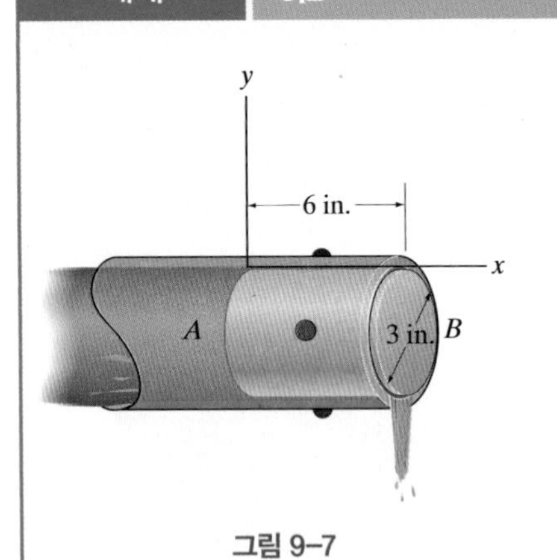

그림 9-7

그림 9-7에서 직경이 3 in.인 마개가 파이프 내에 놓여있고 마개와 파이프 벽 사이에 기름이 흐를 수 있게 지지되고 있다. 마개와 파이프 사이의 간극이 0.05 in.이고 A에서의 압력이 50 psi일 때 간극을 통한 기름의 유출량을 구하라. $\gamma_o = 54\ \text{lb/ft}^3$ 그리고 $\mu_o = 0.760(10^{-3})\ \text{lb}\cdot\text{s/ft}^2$이다.

풀이

유체 설명 기름은 비압축성 정상 층류유동으로 가정한다. 또한 간극 크기는 마개 직경에 비해 매우 작다고 가정하여 파이프의 곡률과 고도변화를 무시한다. 그리고 유동은 정지해 있는 수평 평행평판 사이에서 발생한다고 가정한다.

해석 유출량은 식 (9-7)로부터 구해진다. 유동방향을 x 좌표의 양으로 하면 $dp/dx = (p_B - p_A)/L_{AB}$이다. $p_A = 50$ psi, $p_B = 0$ 그리고 $L_{AB} = 6$ in.이므로 다음과 같다.

$$Q = -\frac{a^3 b}{12\mu_o}\frac{dp}{dx} = -\frac{\left(\frac{0.05}{12}\text{ ft}\right)^3\left[2\pi\left(\frac{1.5}{12}\text{ ft}\right)\right]}{12\left[0.760\left(10^{-3}\right)\right]\text{ lb}\cdot\text{s/ft}^2}\left(\frac{0-50\text{ lb/in}^2(12\text{ in./ft})^2}{\left(\frac{6}{12}\text{ ft}\right)}\right)$$

$$= 0.08971\text{ ft}^3/\text{s} = 0.0897\text{ ft}^3/\text{s}$$ 답

유동이 층류인지를 확인하기 위하여 먼저 식 (9-8)로부터 평균속도를 구한다.

$$V = -\frac{a^2}{12\mu_o}\frac{dp}{dx} = -\frac{\left(\frac{0.05}{12}\text{ ft}\right)^2}{12\left[0.760\left(10^{-3}\right)\text{ lb}\cdot\text{s/ft}^2\right]}\left[\frac{0-\left(50\frac{\text{lb}}{\text{in}^2}\right)\left(12\frac{\text{in.}}{\text{ft}}\right)^2}{\frac{6}{12}\text{ ft}}\right]$$

$$= 27.41\text{ ft/s}$$

그러므로 레이놀즈수는

$$\text{Re} = \frac{\rho_o V a}{\mu_o} = \frac{\left(\frac{54\text{ lb/ft}^3}{32.2\text{ ft/s}^2}\right)(27.41\text{ ft/s})\left(\frac{0.05}{12}\text{ ft}\right)}{0.760\left(10^{-3}\right)\text{ lb}\cdot\text{s/ft}^2} = 252.0 < 1400 \quad \text{(층류유동)}$$

이다.

주의 : 파이프와 마개의 곡률을 고려하면 이 문제에 대한 더 정확한 해석을 할 수 있다. 이 유동은 동심원을 통한 정상 층류유동을 나타내며, 관련된 식은 연습문제 9-54에 일부 나와 있다. 또한 유체가 물이라면 레이놀즈수가 1400보다 크므로 위의 해석은 타당하지 않다.

예제 9.3

폭이 45 mm인 종이 조각이 제조과정 동안 그림 9-8a에서와 같이 접착제 용기로부터 좁은 통로를 통해 0.6 m/s의 속도로 위쪽으로 당겨지고 있다. 종이의 양면에 묻은 접착제의 두께가 0.1 mm라면 통로 안에 있을 때 종이에 가해지는 단위 길이당 힘을 구하라. 접착제는 밀도 $\rho = 735\ \text{kg/m}^3$ 그리고 점성계수 $\mu = 0.843(10^{-3})\ \text{N}\cdot\text{s/m}^2$을 갖는 뉴턴유체로 가정한다.

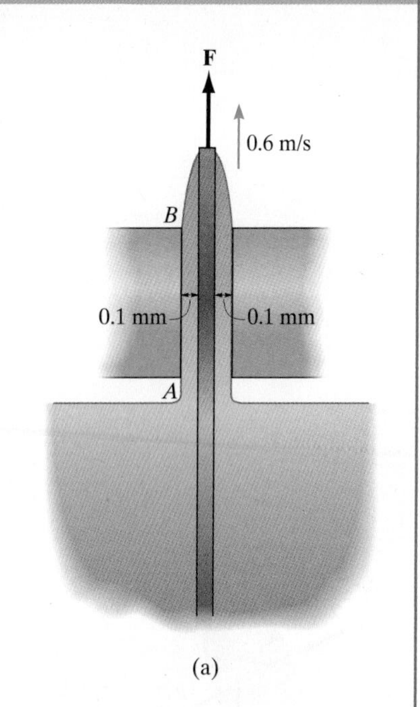

(a)

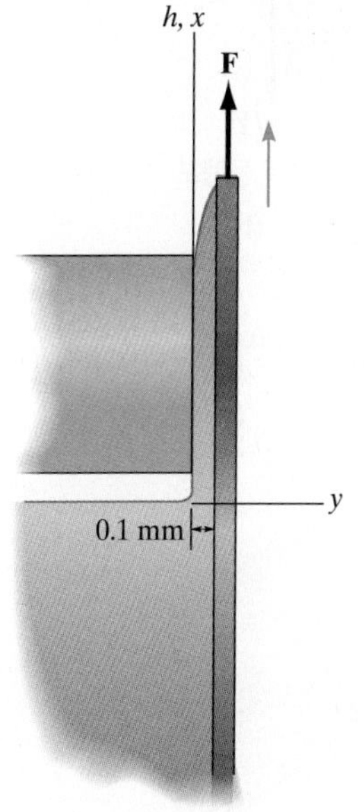

(b)

그림 9–8

풀이

유체 설명 통로 내에 정상유동이 흐른다. 접착제는 비압축성 층류유동으로 가정한다.

해석 이 문제에서는 중력과 점성력이 지배적이다. A와 B에서의 압력이 대기압, 즉 $p_A = p_B = 0$이고 따라서 A에서 B까지 $\Delta p = 0$이므로 접착제에 걸리는 압력구배는 없다.

종이는 움직이는 판처럼 거동하며 종이에 작용하는 단위 길이당 힘을 구하기 위해 먼저 식 (9-2)를 적용하여 종이에 작용하는 전단응력을 구한다. 즉,

$$\tau = \frac{U\mu}{a} + \left[\frac{\partial}{\partial x}(p + \gamma h)\right]\left(y - \frac{a}{2}\right)$$

좌표계는 그림 9-8b의 왼쪽 면에 있는 접착제에 대해 한 방향만 고려한다.

종이가 위로 움직일 때 접착제가 부착되며 $y = a = 0.1$ mm에서 표면에 작용하는 전단응력을 극복해야 한다. $dh/dx = 1$ 그리고 $\partial p/\partial x = 0$이므로 윗식은 다음과 같이 된다.

$$\begin{aligned}\tau &= \frac{U\mu}{a} + \gamma\left(\frac{a}{2}\right)\\ &= \frac{(0.6\ \text{m/s})\left(0.843\left(10^{-3}\right)\ \text{N}\cdot\text{s/m}^2\right)}{0.1\left(10^{-3}\right)\ \text{m}} + \left(735\ \text{kg/m}^3\right)\left(9.81\ \text{m/s}^2\right)\left(\frac{0.1\left(10^{-3}\right)\ \text{m}}{2}\right)\\ &= 5.419\ \text{N/m}^2\end{aligned}$$

종이의 양면에서 이 응력을 극복해야 하며, 종이는 폭이 45 mm이므로 단위 길이당 힘은

$$w = 2\left(5.419\ \text{N/m}^2\right)(0.045\ \text{m}) = 0.488\ \text{N/m}$$ 답

다음은 층류유동 가정을 확인해야 한다. 여기서는 실제 속도분포를 구해 평균속도를 찾기보다는 $y = 0.1$ mm에서 조각에 발생하는 최대속도를 고려한다. $u_{\max} = 0.6$ m/s이며 $u_{\max} > V$이므로 이 최대속도에서도 레이놀즈수는 다음과 같다.

$$\text{Re} = \frac{\rho u_{\max} a}{\mu} = \frac{\left(735\ \text{kg/m}^3\right)(0.6\ \text{m/s})(0.0001\ \text{m})}{0.843\left(10^{-3}\right)\ \text{N}\cdot\text{s/m}^2} = 52.3 \le 1400\ (\text{층류유동})$$

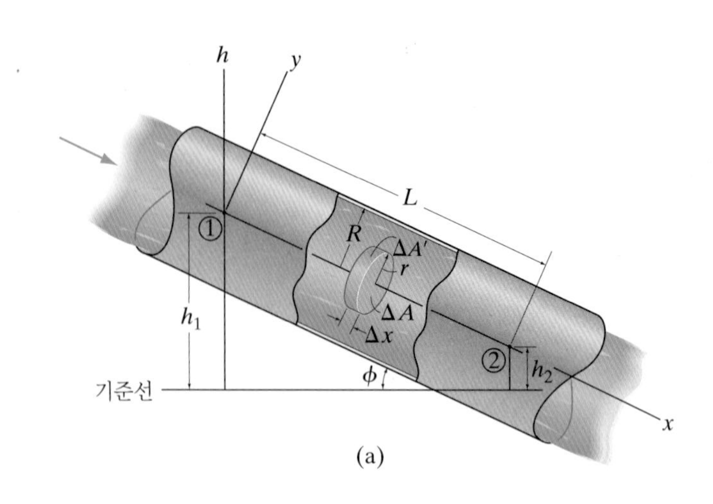

(a)

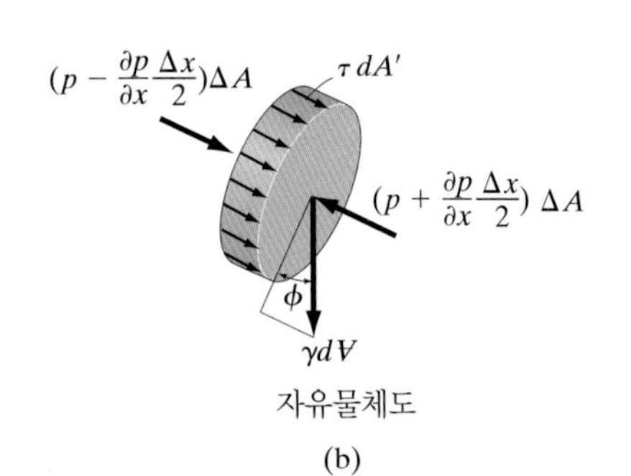

자유물체도

(b)

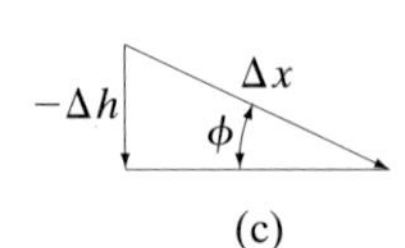

(c)

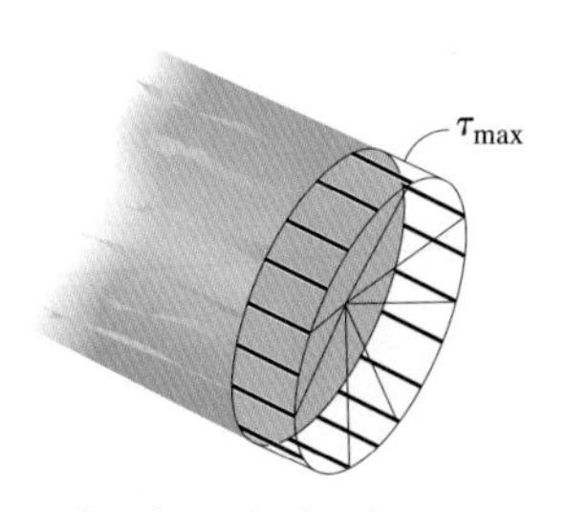

층류유동 및 난류유동
모두에 대한
전단응력 분포

(d)

그림 9-9

9.3 매끄러운 파이프 내의 정상 층류유동

평행평판 사이의 유동에 대한 해석과 유사하게 매끄러운 파이프 내의 비압축성 유체의 정상 층류유동을 해석할 수 있다. 여기서 유동은 축대칭이므로 유체 내의 검사체적 요소를 그림 9-9a와 같이 미분형 원판으로 고려하는 것이 편리하다. 유동이 정상 비압축성이므로 이 검사체적에 운동량방정식을 적용하면 힘의 균형(평형)이 이루어진다. 다시 말해, 열린 검사표면의 앞면과 뒷면에서는 대류 변화가 없고 검사체적 내에서 국소 변화도 없다. 그림 9-9b의 검사체적의 자유물체도에서와 같이 x 방향으로 작용하는 힘은 압력힘, 중력 그리고 점성력으로 다음의 식을 얻는다.

$$\Sigma F_x = \frac{\partial}{\partial t}\int_{cv} \mathbf{V}\rho\, d\forall + \int_{cs} \mathbf{V}\,\rho\mathbf{V}\cdot d\mathbf{A}$$

$$\left(p - \frac{\partial p}{\partial x}\frac{\Delta x}{2}\right)\Delta A - \left(p + \frac{\partial p}{\partial x}\frac{\Delta x}{2}\right)\Delta A + \tau\Delta A' + \gamma\Delta\forall \sin\phi = 0 + 0$$

그림 9-9a로부터 열린 검사표면의 단면적은 $\Delta A = \pi r^2$이고, 닫힌 검사표면의 단면적은 $\Delta A' = 2\pi r\Delta x$, 그리고 검사체적의 부피는 $\Delta\forall = \pi r^2\Delta x$이다. 윗식에 이 값들을 대입하고 그림 9-9c의 $\sin\phi = -\Delta h/\Delta x$임을 고려하여 극한을 취하면 다음의 식을 얻는다.

$$\tau = \frac{r}{2}\frac{\partial}{\partial x}(p + \gamma h) \qquad (9\text{-}16)$$

전단응력 분포
층류유동 및 난류유동

이 식은 유체 내의 전단응력 분포를 나타낸다. 그림 9-9d와 같이 전단응력은 r에 따라 변하고, $r = R$인 벽에서 가장 크고 중심에서 영의 값을 갖는다. τ는 단지 힘의 평형으로부터 구해지므로 이 분포는 **층류유동과 난류유동에 모두** 타당하다.

유동이 **층류**라면, 뉴턴의 점성법칙 $\tau = \mu(du/dr)$을 사용하여 유체 내의 모든 지점에서 전단응력을 속도에 관련시킨다. 이 법칙을 식 (9-16)에 대입하고 항들을 정리하면 다음을 얻는다.

$$\frac{du}{dr} = \frac{r}{2\mu}\frac{\partial}{\partial x}(p + \gamma h)$$

$\partial(p + \gamma h)/\partial x$ 항은 압력구배와 고도구배의 합을 나타낸다. 이 합은 수력학적 구배로 y에는 무관하므로 윗식을 r에 대해 적분하면 다음의 식을 얻는다.

$$u = \frac{r^2}{4\mu}\frac{d}{dx}(p + \gamma h) + C$$

적분상수는 '점착'조건 $r = R$에서 $u = 0$을 사용하여 구할 수 있으며, 결과는 다음과 같다.

$$u = -\frac{\left(R^2 - r^2\right)}{4\mu}\frac{d}{dx}(p + \gamma h) \tag{9-17}$$

속도분포
층류유동

속도분포는 그림 9-9e와 같이 **포물면**의 형태이다. τ는 그림 9-9d와 같이 파이프 중심에서 작기 때문에 유체는 중심에서 가장 큰 속도를 갖는다.

최대속도는 $r = 0$인 파이프 중심에서 나타나는데, 중심에서는 $du/dr = 0$이며 속도는 다음과 같다.

$$u_{\max} = -\frac{R^2}{4\mu}\frac{d}{dx}(p + \gamma h) \tag{9-18}$$

최대속도

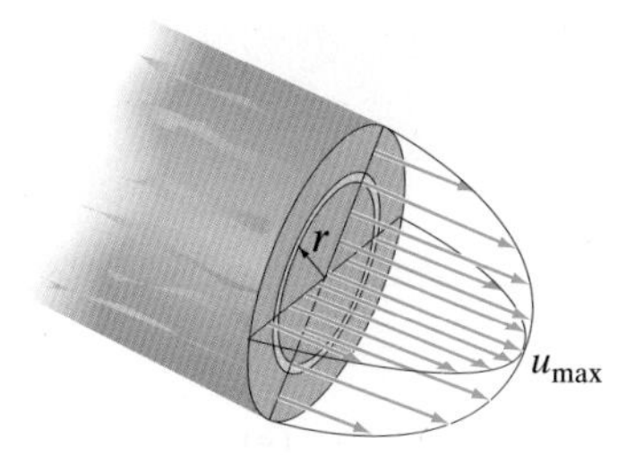

층류유동에 대한 속도분포

(e)

그림 9-9(계속)

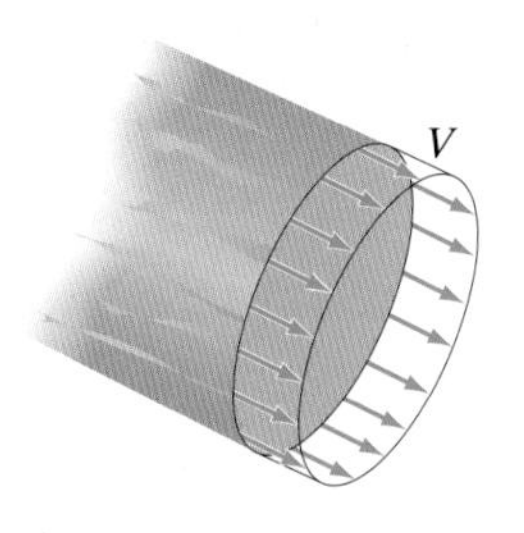

평균속도분포
(f)
그림 9-9(계속)

속도분포를 단면적에 대해 적분하면 체적유량이 구해진다. 그림 9-9e와 같이 미분형 환상 면적요소 $dA = 2\pi r\,dr$을 잡으면 다음의 식을 얻는다.

$$Q = \int_A u\,dA = \int_0^R u\,2\pi r\,dr = -\frac{2\pi}{4\mu}\frac{d}{dx}(p + \gamma h)\int_0^R \left(R^2 - r^2\right) r\,dr$$

또는

$$Q = -\frac{\pi R^4}{8\mu}\frac{d}{dx}(p + \gamma h) \tag{9-19}$$

체적유량

파이프의 단면적은 $A = \pi R^2$이므로 그림 9-9f의 평균속도는 다음과 같다.

$$V = \frac{Q}{A} = -\frac{R^2}{8\mu}\frac{d}{dx}(p + \gamma h) \tag{9-20}$$

평균속도

식 (9-18)과 비교하면 다음과 같다.

$$u_{\max} = 2V \tag{9-21}$$

식 (9-17)에서 (9-20)까지의 우변의 음의 부호는 압력구배와 고도구배, $d(p + \gamma h)/dx$에 대해 설정된 부호표기법에 의한 것이다. 예를 들어 그림 9-9g에서 임의의 유선 상의 두 점 1과 2 사이에 압력 p_1과 p_2 그리고 고도 h_1과 h_2가 알려져 있다면 이 구배는 다음과 같이 된다.*

$$\frac{d}{dx}(p + \gamma h) = \frac{p_2 - p_1}{L} + \gamma\frac{h_2 - h_1}{L} \tag{9-22}$$

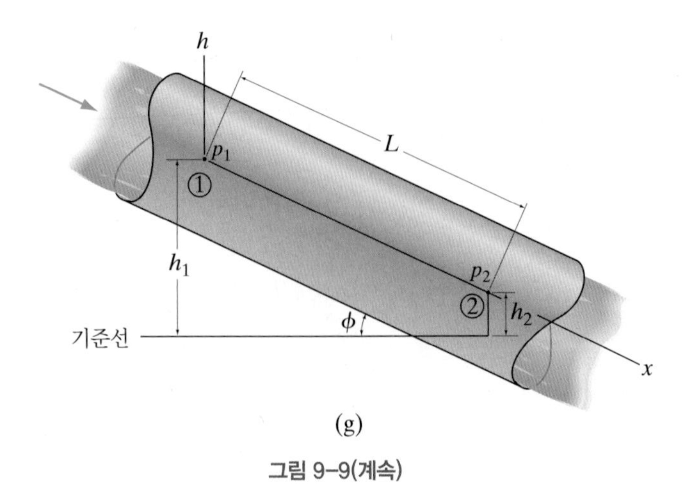

(g)
그림 9-9(계속)

* 유선은 471쪽에 있는 주석의 설명과 같이 선택할 수 있다.

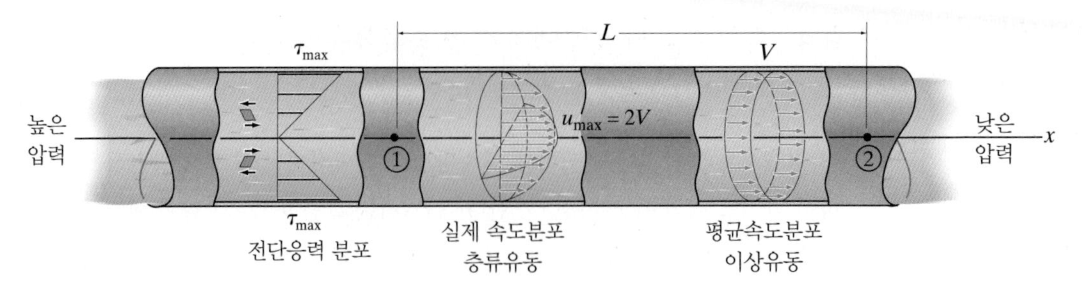

음의 압력구배에 대한 전단응력 분포 및 속도분포

그림 9–10

원형 파이프 내부의 수평유동 파이프가 수평으로 놓여있다면 $dh/dx = 0$이므로 중력은 유동에 영향을 미치지 않는다. 그림 9-10과 같이 파이프 왼쪽면의 압력이 더 높으면 이 압력은 길이 L에 걸쳐 유체를 오른쪽으로 '미는데', 유체 마찰에 의해 압력은 파이프를 따라 감소한다. 부호표기법에 따르면 이것은 음의 압력구배 ($\Delta p/L < 0$)를 발생한다. 파이프 내경 $D = 2R$로 표현된 최대속도, 평균속도 그리고 체적유량에 대한 결과는 다음과 같다.

$$u_{max} = \frac{D^2}{16\mu}\left(\frac{\Delta p}{L}\right) \tag{9-23}$$

$$V = \frac{D^2}{32\mu}\left(\frac{\Delta p}{L}\right) \tag{9-24}$$

$$\boxed{Q = \frac{\pi D^4}{128\mu}\left(\frac{\Delta p}{L}\right)} \tag{9-25}$$

식 (9-25)는 1800년대 중반에 독일의 공학자 Gotthilf Hagen에 의한 실험에서 처음으로 알려졌고, 프랑스 물리학자 Jean Louis Poiseuille*에 의해 독자적으로 유도되었기에 **하겐-쁘와즐리 방정식**으로 알려져 있다. 그 후에 Gustav Wiedemann에 의해 현재와 같은 해석적인 수식이 제공되었다.

체적유량 Q를 알고있다면 파이프 길이 L에 걸쳐 발생하는 압력강하에 대한 식은 하겐-쁘와즐리 방정식으로부터 구할 수 있다.

$$\Delta p = \frac{128\mu LQ}{\pi D^4} \tag{9-26}$$

압력강하에 가장 큰 영향을 미치는 것은 파이프 직경임에 유의하라. 예를 들어 파이프 직경이 반으로 줄면 점성 유체마찰에 의한 압력강하는 16배 증가한다! 이 효과는 부식이나 스케일의 축적으로 좁아진 파이프를 통해 물 유동을 제공하는 펌프능력에 심각한 결과를 미칠 수 있다.

---

* Poiseuille는 물을 사용하여 직경이 작은 관 내의 혈액유동을 연구하였다. 그렇지만 실제로 혈관은 신축성이 있고, 혈액은 비뉴턴유체로 점성계수가 일정하지 않다.

9.4 매끄러운 파이프 내의 정상 층류유동에 대한 나비에-스토크스 해

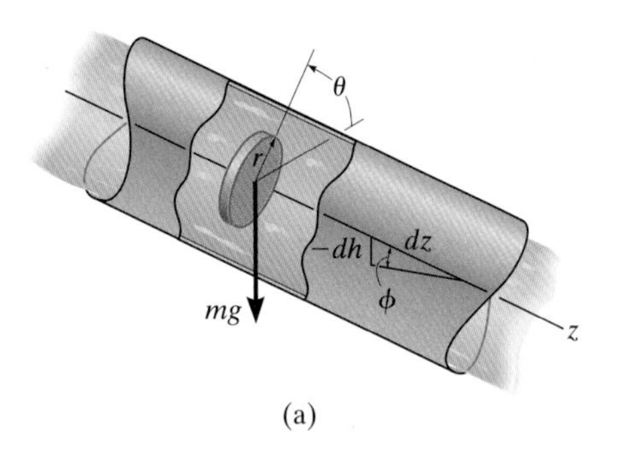

(a)

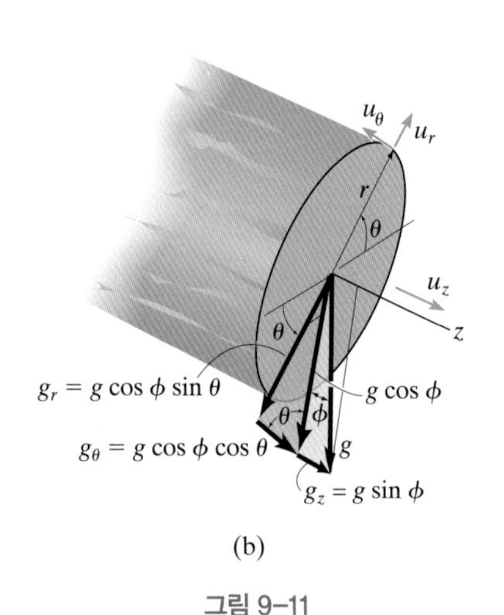

(b)

그림 9-11

이 절에서는 7.11절에서 살펴본 연속방정식과 나비에-스토크스 방정식을 사용하여 파이프 내의 속도분포를 구한다. 여기서는 그림 9-11a와 같이 설정된 원통좌표계를 사용한다.

이 경우는 그림 9-11a의 파이프 축을 따르는 비압축성 유동으로 $v_r = v_\theta = 0$이므로 연속방정식은 다음과 같이 얻어진다.

$$\frac{\partial \rho}{\partial t} + \frac{1}{r}\frac{\partial(r\rho v_r)}{\partial r} + \frac{1}{r}\frac{\partial(\rho v_\theta)}{\partial \theta} + \frac{\partial(\rho v_z)}{\partial z} = 0$$

$$0 + 0 + 0 + \rho\frac{\partial v_z}{\partial z} = 0 \quad \text{또는} \quad \frac{\partial v_z}{\partial z} = 0$$

유동이 정상이고 z축에 대해 대칭이므로 적분하면 $v_z = v_z(r)$이 된다.

그림 9-11b를 잘 살펴보면 **g**의 원통좌표계 성분은 $g_r = -g\cos\phi\sin\theta$, $g_\theta = -g\cos\phi\cos\theta$ 그리고 $g_z = g\sin\phi$이다. 이 값들을 대입하면 원통좌표계로 유도된 첫 번째 나비에-스토크스 방정식은 다음과 같이 된다.

$$\rho\left(\frac{\partial v_r}{\partial t} + v_r\frac{\partial v_r}{\partial r} + \frac{v_\theta}{r}\frac{\partial v_r}{\partial \theta} - \frac{v_\theta^2}{r} + v_z\frac{\partial v_r}{\partial z}\right)$$
$$= -\frac{\partial p}{\partial r} + \rho g_r + \mu\left[\frac{1}{r}\frac{\partial}{\partial r}\left(r\frac{\partial v_r}{\partial r}\right) - \frac{v_r}{r^2} + \frac{1}{r^2}\frac{\partial^2 v_r}{\partial \theta^2} - \frac{2}{r^2}\frac{\partial v_\theta}{\partial \theta} + \frac{\partial^2 v_r}{\partial z^2}\right]$$
$$0 = -\frac{\partial p}{\partial r} - \rho g\cos\phi\sin\theta + 0$$

이 식을 r에 대해 적분하면 다음이 얻어진다.

$$p = -\rho g r\cos\phi\sin\theta + f(\theta, z)$$

두 번째 나비에-스토크스 방정식에 대해

$$\rho\left(\frac{\partial v_\theta}{\partial t} + v_r\frac{\partial v_\theta}{\partial r} + \frac{v_\theta}{r}\frac{\partial v_\theta}{\partial \theta} + \frac{v_r v_\theta}{r} + v_z\frac{\partial v_\theta}{\partial z}\right)$$
$$= -\frac{1}{r}\frac{\partial p}{\partial \theta} + \rho g_\theta + \mu\left[\frac{1}{r}\frac{\partial}{\partial r}\left(r\frac{\partial v_\theta}{\partial r}\right) - \frac{v_\theta}{r^2} + \frac{1}{r^2}\frac{\partial^2 v_\theta}{\partial \theta^2} + \frac{2}{r^2}\frac{\partial v_r}{\partial \theta} + \frac{\partial^2 v_\theta}{\partial z^2}\right]$$
$$0 = -\frac{1}{r}\frac{\partial p}{\partial \theta} - \rho g\cos\phi\cos\theta + 0$$

이 식을 θ에 대해 적분하면 다음이 얻어진다.

$$p = -\rho g r \cos\phi \sin\theta + f(r, z)$$

이 두 결과를 비교하면, r, θ, z는 서로에 무관하게 변하므로 $f(\theta, z) = f(r, z) = f(z)$여야 한다. 그림 9-11c로부터 수직거리 $h' = r\cos\phi\sin\theta$이며, 따라서

$$p = -\rho g h' + f(z)$$

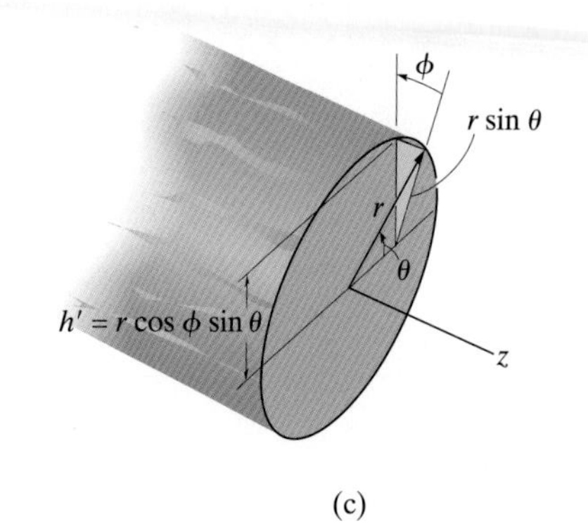

(c)

그림 9-11(계속)

다시 말해, 압력은 수직거리 h'에 의존하므로 수직평면에서 정수압 분포를 갖는다. 마지막 항 $f(z)$는 점성에 의한 압력변화이다. 마지막으로 세 번째 나비에-스토크스 방정식은 다음과 같이 된다.

$$\rho\left(\frac{\partial v_z}{\partial t} + v_r\frac{\partial v_z}{\partial r} + \frac{v_\theta}{r}\frac{\partial v_z}{\partial \theta} + v_z\frac{\partial v_z}{\partial z}\right)$$
$$= -\frac{\partial p}{\partial z} + \rho g_z + \mu\left[\frac{1}{r}\frac{\partial}{\partial r}\left(r\frac{\partial v_z}{\partial r}\right) + \frac{1}{r^2}\frac{\partial^2 v_z}{\partial \theta^2} + \frac{\partial^2 v_z}{\partial z^2}\right]$$
$$0 = -\frac{\partial p}{\partial z} + \rho g \sin\phi + \mu\left[\frac{1}{r}\frac{\partial}{\partial r}\left(r\frac{\partial v_z}{\partial r}\right)\right]$$

그림 9-11a로부터 $\sin\phi = -dh/dz$이며, 이 식을 정리하면 다음과 같이 된다.

$$\frac{\partial}{\partial r}\left(r\frac{\partial v_z}{\partial r}\right) = \frac{r}{\mu}\left[\frac{\partial p}{\partial z} + \rho g\left(\frac{\partial h}{\partial z}\right)\right]$$

두 번 적분하면

$$r\frac{\partial v_z}{\partial r} = \frac{r^2}{2\mu}\left[\frac{\partial p}{\partial z} + \rho g\left(\frac{\partial h}{\partial z}\right)\right] + C_1$$

$$v_z = \frac{r^2}{4\mu}\left[\frac{\partial p}{\partial z} + \rho g\left(\frac{\partial h}{\partial z}\right)\right] + C_1 \ln r + C_2$$

속도 v_z는 파이프 중심에서 유한한 값을 가져야 하는데, $r \to 0$에 따라 $\ln r \to -\infty$이므로 $C_1 = 0$이다. 점착조건에 의해 $r = R$인 벽에서 $v_z = 0$이다. 따라서

$$C_2 = -\frac{R^2}{4\mu}\left[\frac{\partial p}{\partial z} + \rho g\left(\frac{\partial h}{\partial z}\right)\right]$$

최종 결과는 다음과 같다.

$$v_z = -\frac{R^2 - r^2}{4\mu}\frac{\partial}{\partial z}(p + \gamma h)$$

이 결과는 식 (9-17)과 동일하며, 이후의 해석에서 9.3절의 다른 식들이 얻어진다.

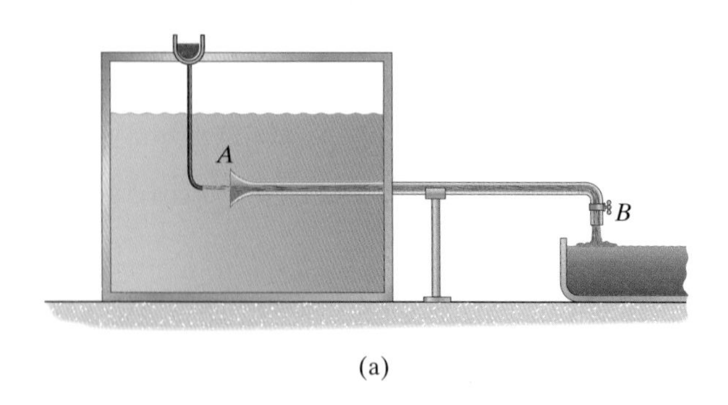

(a)

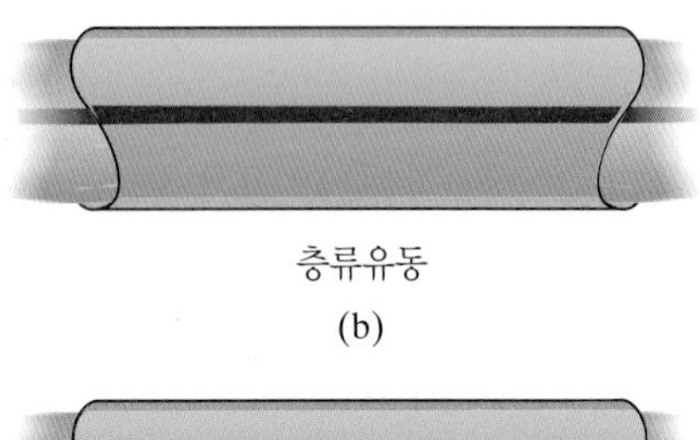

층류유동

(b)

천이유동

(c)

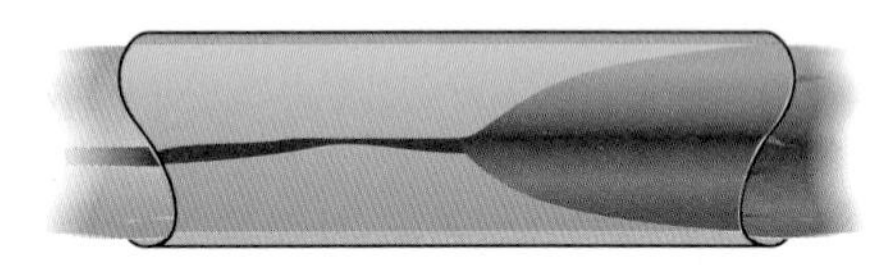

난류유동

(d)

그림 9–12

9.5 레이놀즈수

1883년에 Osborne Reynolds는 파이프 내의 층류유동을 확인할 수 있는 판단기준을 정했다. 그는 그림 9-12a와 유사한 장치를 사용하여 유리관 안을 지나가는 물 유동을 제어하여 가시화 실험을 수행하였다. A에서 흐름 내에 색깔 있는 염료를 주입하고 B에 있는 밸브를 열었다. 유량이 적은 경우에 염료선이 곧고 고르므로 관내의 유동은 **층류**로 관찰되었다. 밸브를 더 열어 유량이 증가함에 따라 염료선은 그림 9-12c의 **천이유동**을 겪으며 붕괴되기 시작했다. 유량이 더 증가함에 의해 마침내 염료가 관 내의 물 전체에 완전히 퍼지는 그림 9-12d의 난류가 발생했다. 기체는 물론 다른 액체를 사용한 실험에서도 같은 거동이 관찰되었다. 이 실험에서 Reynolds는 층류에서 난류로의 천이가 유체의 평균속도 V, 밀도 ρ, 점성계수 μ, 그리고 관 직경 D에 의존한다고 생각하였다.

이들 네 변수를 포함하는 **다른 두 실험적 구성**에 대해 Reynolds는 그림 9-13의 **한 유동**에서 유체입자에 작용하는 **힘들과 다른 유동**에서 입자에 작용하는 힘들 사이에 같은 비를 갖기 때문에 **상사한** 유동이 발생한다고 추론하였다. 다시 말해, 제8장에서 살펴본 바와 같이 이 **역학적 상사**가 유동에 대해 기하학적 상사 및 운동학적 상사를 보장한다.

관성력을 제외하고 파이프 내의 유체유동에 영향을 미치는 두 개의 중요한 힘은 압력과 점성에 기인하며 상사를 위해 이들 모든 힘은 뉴턴의 운동 제2법칙을 만족해야 한다. 그렇지만 8.4절에서 지적한 바와 같이 점성력과 관성력 사이의 상사는 **자동으로** 압력힘과 관성력 사이의 상사를 성립시킨다. 이 점을 인식하여 Reynolds는 예제 8-1의 차원해석에서와 같은 점성력에 대한 관성력의 비를 연구하였고 유동 상사를 위한 결정기준으로 무차원 '레이놀즈수'를 제안했다.

이 비를 위해 임의의 속도와 파이프 치수 L이 선택될 수 있지만 다른 두 유동 상태에 있어 이들은 서로 대응되어야 함을 아는 것이 중요하다. 실제로는 **평균속도** $V = Q/A$가 채택되었고 '특성길이'로 언급되는 치수는 파이프 **내경** D이다.

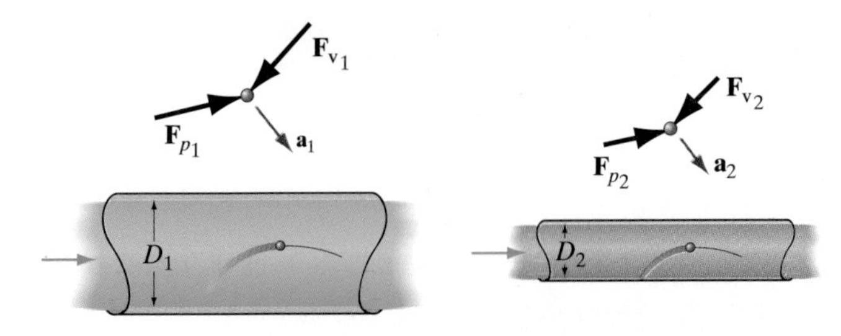

두 개의 다른 실험적 구성에 대한 압력힘,
점성력 그리고 관성력 사이의 상사

그림 9–13

V와 D를 사용해서 레이놀즈수는 다음과 같이 정의된다.

$$\text{Re} = \frac{\rho VD}{\mu} = \frac{VD}{\nu} \tag{9-27}$$

실험에 따르면 이 수가 높을수록 관성력이 점성력을 압도하여 유동을 지배하므로 층류유동이 붕괴될 가능성이 높아지게 된다. 그리고 식 (9-2)로부터 유체유동이 빨라질수록 유체가 불안정해질 가능성이 높아진다. 마찬가지로 파이프 직경이 커질수록 파이프를 지나는 유체 부피가 커지고 불안정성이 쉽게 발생할 수 있다. 마지막으로 동점성계수가 작아질수록 유동 교란이 점성 전단력에 의해 소멸될 기회가 적기 때문에 유동은 불안정하게 된다.

실제로 어느 레이놀즈수에서 파이프 내의 유동이 층류에서 난류로 갑자기 변할지를 정확히 예측하는 것은 매우 어렵다. 실험에 따르면 이것이 발생하는 **임계 속도**는 장비의 초기 진동 또는 교란에 매우 민감하다. 또한 유체의 초기 운동, 파이프 입구 형태, 파이프의 표면조도, 밸브를 열고 닫을 때 발생하는 약간의 변화에 영향을 받는다. 그렇지만 대부분의 공학적 응용에서 층류유동은 약 Re = 2300*에서 천이유동으로 바뀌기 시작한다. 이 값은 **임계 레이놀즈수**라 불리며, 이 책에서 다른 언급이 없는 한 매끄럽고 균일한 곧은 파이프 내의 층류유동에 대한 한계치로 사용한다.

$$\text{Re} \le 2300 \qquad \text{곧은 파이프 내의 층류유동} \tag{9-28}$$

이 임계값은 뉴턴유체에만 적용된다.** 이 값을 층류유동에 대한 임계 상한값으로 사용해서 파이프 내에서 발생하는 에너지손실과 압력강하 그리고 파이프를 통한 유량을 구할 수 있다.

---

* 어떤 저자들은 2000부터 2400까지의 일반적인 범위를 갖는 다른 한계치를 사용한다.

** 현재까지 비뉴턴유체에 대해서는 만족할 만한 결정기준이 수립되지 않았다.

요점 정리

- 파이프 내부의 정상유동은 압력힘, 중력 그리고 점성력이 평형을 이룬다. 이 경우에 점성 전단응력은 중심에서 영이며, 선형적으로 변하고 파이프 벽에서 최댓값을 갖는다. 이 분포는 유동 형태가 층류유동인지 천이유동인지 난류유동인지에 상관없다.
- 파이프 내의 비압축성 유체의 정상 층류유동에 대한 속도분포는 포물면 형태이다. 최대속도는 $u_{max} = 2V$이고, 파이프 중심선을 따라 발생한다. 벽에서의 속도는 고정된 경계—'점착'조건에 의해 영이다.
- 파이프 내의 층류유동에 대한 속도분포는 뉴턴의 힘의 법칙에 의해서도 유도될 수 있고, 연속방정식과 나비에-스토크스 방정식을 풀어서 구할 수도 있다. 그 결과는 실험결과와 아주 잘 일치한다.
- 수평 파이프 내의 유동은 압력힘과 점성력 모두에 의존한다. Reynolds는 이 점을 인식하고 다른 두 유동조건 사이에 역학적 상사를 위한 결정기준으로 레이놀즈수 $\mathrm{Re} = \rho VD/\mu$를 공식화했다.
- 실험에 따르면 $\mathrm{Re} \le 2300$이면 파이프 내에서 층류유동이 발생한다. 상한값에 대한 이러한 일반적인 평가가 이 책에서 사용된다.

해석 절차

다음과 같은 절차로 9.3절에서 전개된 식들이 적용된다.

유체 설명

유체는 비압축성으로 정의되고 유동은 정상이어야 한다. 층류유동이 지배적이어야 하므로 유동조건은 레이놀즈수 결정기준 $\mathrm{Re} \le 2300$을 넘지 말아야 한다.

해석

좌표계를 설정하고 양의 부호표기법을 따른다. 여기서 길이방향 축은 유동방향으로 양이고, 반경방향 축은 파이프 중심선에서 바깥으로 양이며, 수직방향 축은 위가 양의 방향이다. 마지막으로 어떤 식이든지 수치를 대입할 때는 일치된 단위계를 사용해야 한다.

예제 9.4

그림 9-14에서 직경이 100 mm인 파이프를 통해 기름이 흐른다. A에서의 압력이 34.25 kPa일 때 B에서의 유출량을 구하라. $\rho_o = 870\ \text{kg/m}^2$ 그리고 $\mu_o = 0.0360\ \text{N}\cdot\text{s/m}^2$이다.

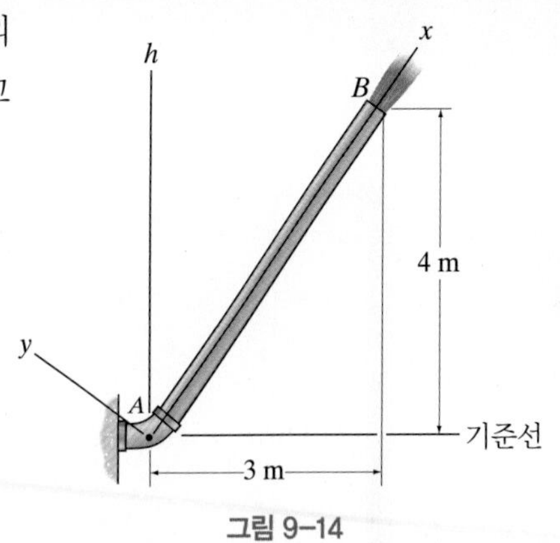

그림 9–14

풀이

유체 설명 기름은 비압축성이며, 정상 층류유동으로 가정한다.

해석 유출량은 식 (9-19)를 사용해서 구한다. x와 h의 좌표계 원점은 A에 두고, 표기법에 의해 양의 x축은 유동방향으로 하고, 양의 h축은 수직 윗방향으로 한다. 따라서

$$Q = -\frac{\pi R^4}{8\mu_o}\frac{d}{dx}(p + \gamma h)$$

$$= -\frac{\pi R^4}{8\mu_o}\left(\frac{p_B - p_A}{L} + \frac{\gamma(h_B - h_A)}{L}\right)$$

$$= -\frac{\pi(0.05\ \text{m})^4}{8(0.0360\ \text{N}\cdot\text{s/m}^2)}\left(\frac{0 - 34.25(10^3)\ \text{N/m}^2}{5\ \text{m}} + \frac{(870\ \text{kg/m}^3)(9.81\ \text{m/s}^2)(4\ \text{m} - 0)}{5\ \text{m}}\right)$$

$$= 0.001516\ \text{m}^3/\text{s} = 0.00152\ \text{m}^3/\text{s}$$ 답

이 결과는 양이므로 유동은 A에서 B로 흐른다.

층류유동 가정은 평균속도와 레이놀즈수 판단기준을 사용해서 확인한다.

$$V = \frac{Q}{A} = \frac{0.001516\ \text{m}^3/\text{s}}{\pi(0.05\ \text{m})^2} = 0.1931\ \text{m/s}$$

$$\text{Re} = \frac{\rho_o V D}{\mu_o} = \frac{(870\ \text{kg/m}^3)(0.1931\ \text{m/s})(0.1\ \text{m})}{0.0360\ \text{N}\cdot\text{s/m}^2} = 467 < 2300 \quad \text{(층류유동)}$$

예제 9.5

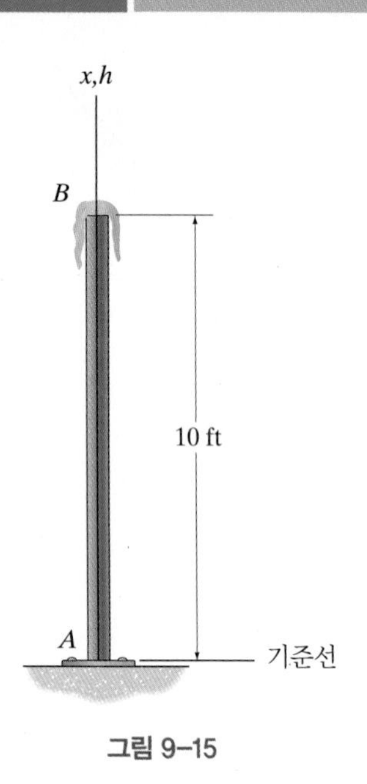

그림 9–15

그림 9-15에서 수직한 입관(standpipe)을 통해 흐르는 물 유동이 층류유동이기 위한 A에서의 최대압력을 구하라. 파이프 내경은 3 in.이다. $\gamma_w = 62.4\ \text{lb/ft}^3$ 그리고 $\mu_w = 20.5(10^{-6})\ \text{lb}\cdot\text{s/ft}^2$이다.

풀이

유체 설명 층류유동이 발생되는 것이 요구된다. 유동은 정상이어야 하며, 물은 비압축성으로 가정한다.

해석 층류유동에 대한 최대 평균속도는 레이놀즈수 판단기준에 근거한다.

$$\text{Re} = \frac{\rho_w V D}{\mu_w}$$

$$2300 = \frac{\left(\dfrac{62.4}{32.2}\text{slug/ft}^3\right)V\left(\dfrac{3}{12}\text{ft}\right)}{20.5\left(10^{-6}\right)\text{lb}\cdot\text{s/ft}}$$

$$V = 0.09732\ \text{ft/s}$$

A에서의 압력을 구하기 위해 식 (9-20)을 적용한다. 부호표기법에 따라 그림 9-15와 같이, 양의 x는 유동방향인 수직 윗방향으로 하고, 양의 h도 수직 윗방향으로 하며, $dh/dx = 1$이므로 다음과 같이 얻어진다.

$$V = -\frac{R^2}{8\mu}\frac{d}{dx}(p + \gamma h)$$

$$0.09732\ \text{ft/s} = -\frac{\left(\dfrac{1.5}{12}\text{ft}\right)^2}{8\left[20.5\left(10^{-6}\right)\text{lb}\cdot\text{s/ft}\right]}\left[\left(\frac{0 - p_A}{10\ \text{ft}}\right) + \left(62.4\frac{\text{lb}}{\text{ft}^3}\right)\left(\frac{10\ \text{ft} - 0}{10\ \text{ft}}\right)\right]$$

$$p_A = 624.01\ \text{lb/ft}^2 = 624\ \text{lb/ft}^2$$ **답**

속도와 점성계수가 매우 작기 때문에 이 압력은 본질적으로 정수압, 즉 $p = \gamma h = (62.4\ \text{lb/ft}^3)(10\ \text{ft}) = 624\ \text{lb/ft}^2$이다. 다시 말해, A에서의 압력은 물기둥을 지지하는 데 주로 사용되고, 층류유동을 유지하기 위한 약간의 마찰저항을 극복하면서 파이프를 통해 물을 밀어올리는 데에는 거의 필요하지 않다.

9.6 입구부터 완전히 발달된 유동

길고 곧은 파이프를 통한 유동은 완전히 발달된다. (© Prisma/Heeb Christian/Alamy)

수조에 부착된 파이프나 도관의 개구를 통해 유체가 흐를 때 유체는 **가속되기** 시작하고 완전한 층류 정상유동 또는 완전한 난류 정상유동의 하나로 천이된다. 이들 각 경우를 따로 분리해서 살펴본다.

층류유동 그림 9-16a에서와 같이 파이프 입구에서 유체의 속도분포는 거의 균일하다. 이후에 유체가 파이프를 따라 더 아래로 흘러가면 벽에서 입자들은 영의 속도를 가져야 하므로 점성에 의해 **벽 근처**에 위치한 입자들은 느려진다. 더 흐르면 벽 근처에서 발달하는 점성층이 파이프 중심선을 향해 퍼져서, 처음에는 균일한 속도를 갖고 있던 유체의 중심영역이 길이 L'에서 사라진다. 이후에 유동은 **완전히 발달되어** 층류유동의 경우 일정한 포물선 속도분포가 된다.

천이 또는 **입구길이** L'은 실제로 파이프 직경 D와 레이놀즈수의 함수이다. Henry Langhaar[2]에 의해 공식화된 식을 사용하여 이 길이에 대해 평가할 수 있다.

$$L' = 0.06(\text{Re})D \qquad \text{층류유동} \qquad (9\text{-}29)$$

파이프 내의 층류유동에 대한 결정기준 $\text{Re} \leq 2300$을 사용해서 입구길이의 **상한**을 구하면 $L' = 0.06(2300)D = 138D$이다. 다음 예제에서 볼 수 있듯이 속도가 빠르거나 파이프 내의 밸브, 천이 또는 곡관에 의해 유동 발달이 방해를 받기 때문에 완전히 발달된 층류유동은 거의 발생하지 않는다.

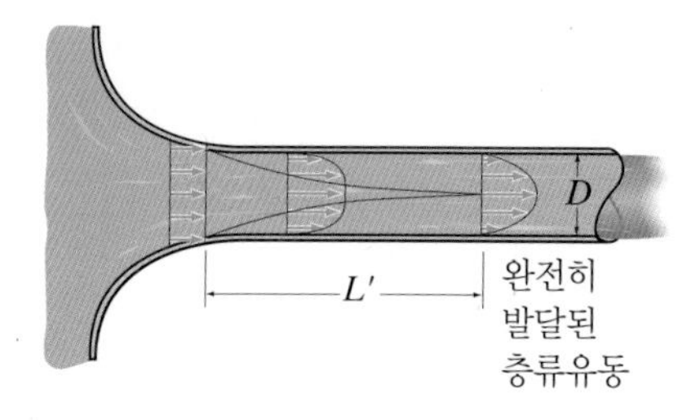

층류유동으로의 천이

(a)

난류유동 실험에 따르면 완전히 발달된 난류유동에 대한 입구길이는 레이놀즈수에 직접적으로 의존하지 않는다. 오히려 입구 형태나 종류 그리고 파이프 벽의 실제 거칠기에 의존한다. 예를 들어 그림 9-16b와 같은 둥근 입구는 날카롭거나 90°인 입구에 비해 완전한 난류로의 천이길이가 더 짧다. 또한 거친 벽을 가진 파이프는 매끄러운 벽을 가진 파이프보다 더 짧은 거리에서 난류가 발생한다. 컴퓨터 해석 및 실험을 통해 완전히 발달된 난류유동은 비교적 짧은 거리 내에 발생한다고 밝혀졌다[3]. 예를 들어 낮은 레이놀즈수, $\text{Re} = 3000$인 경우 $12D$ 정도이다. 더 큰 레이놀즈수에서는 더 긴 천이거리가 발생하지만 대부분의 공학적 해석에서는 비정상에서 평균정상 난류유동으로의 천이가 **입구 근처에 국한된다**고 가정하는 것이 합리적이다. 따라서 공학자들은 다음 장에서 살펴볼 **손실계수**를 사용해서 난류 입구길이에서 발생하는 마찰 또는 에너지손실을 계산한다.

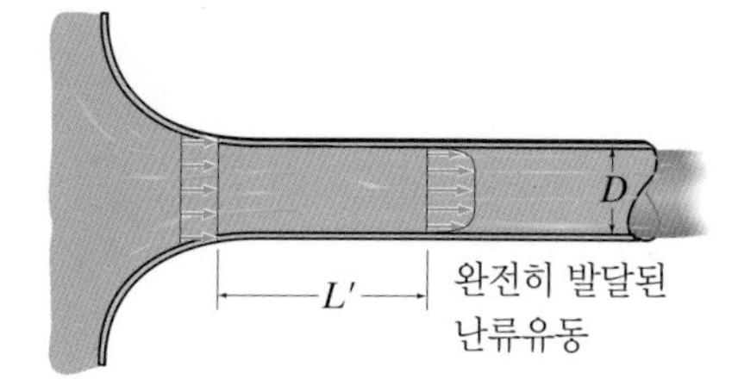

난류유동으로의 천이

(b)

그림 9–16

예제 9.6

그림 9-17에서 직경이 3 in.인 배수파이프를 통한 유량이 $0.02\ \text{ft}^3/\text{s}$라면 유체가 물인 경우와 기름인 경우에 있어서 파이프를 따르는 유동이 층류인지 난류인지를 구분하라. 기름인 경우에 완전히 발달된 유동까지의 입구길이를 구하라. $\nu_w = 9.35(10^{-6})\ \text{ft}^2/\text{s}$ 그리고 $\nu_o = 0.370(10^{-3})\ \text{ft}^2/\text{s}$이다.

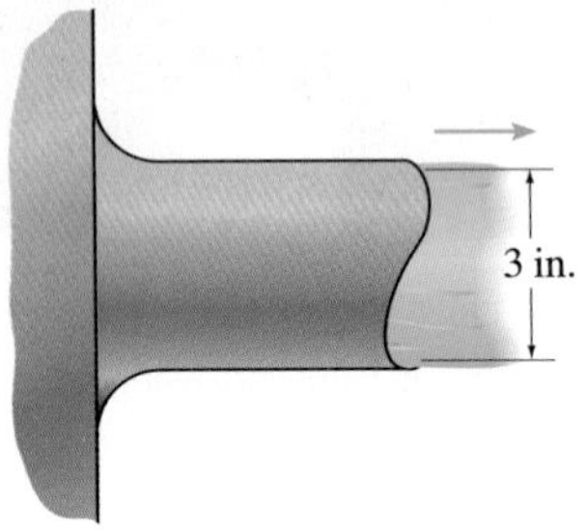

3 in.

그림 9–17

풀이

유체 설명 입구길이를 지나면 유동은 정상으로 간주한다. 물과 기름 모두 비압축성으로 가정한다.

해석 유동은 레이놀즈수에 의해 구분된다. 유동의 평균속도는 다음과 같다.

$$V = \frac{Q}{A} = \frac{0.02\ \text{ft}^3/\text{s}}{\pi\left(\frac{1.5}{12}\ \text{ft}\right)^2} = 0.4074\ \text{ft/s}$$

물 레이놀즈수는

$$\text{Re} = \frac{VD}{\nu_w} = \frac{(0.4074\ \text{ft/s})\left(\frac{3}{12}\ \text{ft}\right)}{9.35\left(10^{-6}\right)\ \text{ft}^2/\text{s}} = 10894 > 2300 \qquad \text{답}$$

으로 유동은 난류이다.

이에 비해 Re = 2300일 때 층류유동에 대한 평균속도는 다음과 같다.

$$\text{Re} = \frac{VD}{\nu_w} = 2300; \qquad 2300 = \frac{V\left(\frac{3}{12}\ \text{ft}\right)}{9.35\left(10^{-6}\right)\ \text{ft}^2/\text{s}}$$

$$V = 0.0860\ \text{ft/s}$$

이 값은 정말 작은 값으로 실제로는 주로 비교적 낮은 점성에 의해 파이프를 통한 물 유동은 대부분 항상 난류이다.

기름 이 경우에는

$$\text{Re} = \frac{VD}{\nu_o} = \frac{0.4074\ \text{ft/s}\left(\frac{3}{12}\ \text{ft}\right)}{0.370\left(10^{-3}\right)\ \text{ft}^2/\text{s}} = 275 < 2300 \qquad \text{답}$$

여기서는 입구 근처 지역 내에서 완전히 발달되지는 못했어도 **층류유동**이 파이프 내에 존재한다. 식 (9-29)를 적용하여 기름의 완전히 발달된 층류유동에 대한 천이길이를 구하면

$$L' = 0.06\,(\text{Re})\,D = 0.06(275)\left(\frac{3}{12}\text{ ft}\right) = 4.125\text{ ft}$$ 답

이는 비교적 긴 거리로 일단 발생하면 층류유동은 잘 인식되며, 9.3절에서 살펴본 바와 같이 압력힘과 점성력의 평형으로 정의된다.

9.7 매끄러운 파이프 내의 층류 전단응력과 난류 전단응력

원형 단면을 갖는 파이프는 가장 흔한 유체 도관으로, 설계나 해석에 있어 층류유동과 난류유동 모두에 대해 전단응력 또는 마찰저항이 파이프 내에서 어떻게 발달되는지 밝히는 것은 중요하다.

층류유동 9.3절에서 점성유체로 가정하여 곧은 파이프를 통한 정상 층류유동에 대한 속도분포를 그림 9-18과 같이 얻었다. 이 포물선 분포에서 유체입자는 벽에 달라붙기 때문에 **매끄러운 벽** 둘레의 유체는 영의 속도를 가져야 한다. 벽으로부터 멀리 떨어진 유체층은 속도가 더 크며, 파이프 중심선에서 최대속도가 된다. 1.7절에서 논의한 바와 같이, 유체 내의 **점성 전단응력** 또는 마찰저항은 각 층이 인접한 층에 대해 미끄러질 때 **유체분자** 사이의 연속적인 운동량 교환에 의해 발생된다.

난류유동 파이프 내의 유량이 증가하면 층류 유체층은 불안정해지고 붕괴되면서 난류로의 유동 천이가 발생한다. 이것이 발생하면서 유체입자는 소용돌이(eddy) 또는 작은 와류를 형성하면서 **무질서한 방식**으로 움직이고 파이프를 통해 유체 혼합이 일어난다. 난류는 더 큰 에너지손실을 일으키며, 따라서 층류에 비해 더 큰 압력강하가 발생한다.

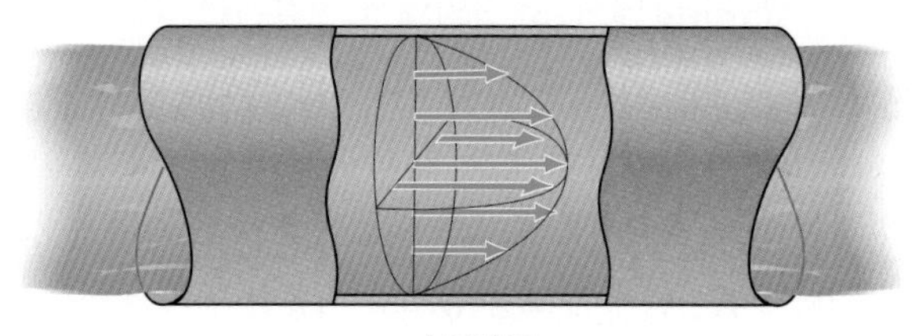

속도분포
층류유동

(a)

그림 9-18

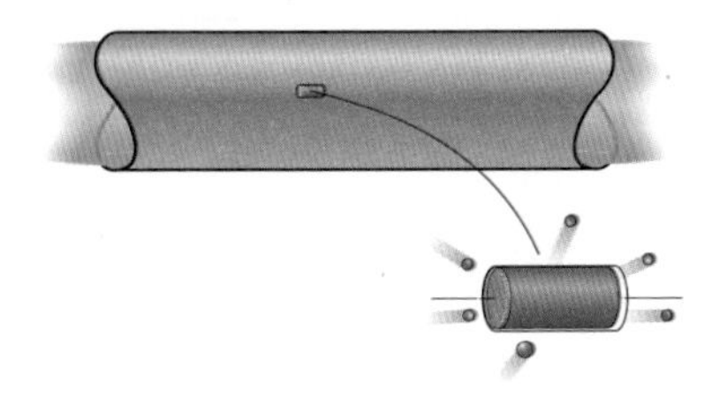

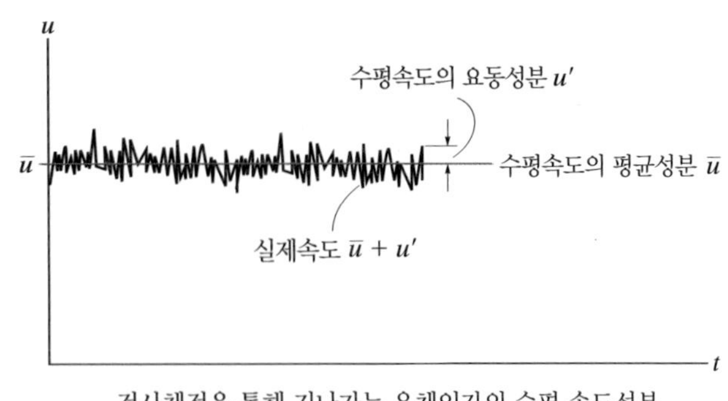

검사체적을 통해 지나가는 유체입자의 수평 속도성분

(b)

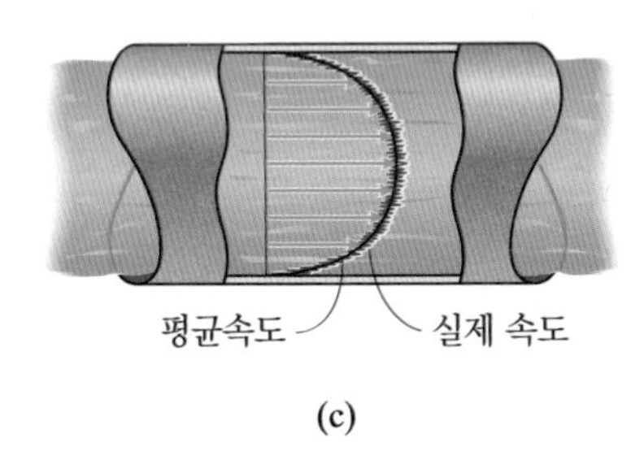

(c)

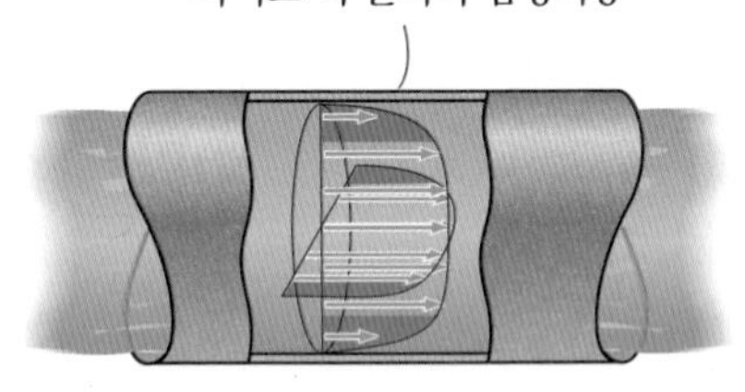

속도분포
난류유동

(d)

그림 9-18(계속)

그림 9-18b의 파이프 내의 임의의 지점에 고정된 작은 검사체적을 고려하여 난류유동의 영향을 고찰한다. 이 검사체적을 지나는 모든 유체입자의 속도는 무작위의 양식을 갖는다. 그렇지만 이 속도는 그림과 같이 수평적인 평균속도 $\bar{u}$와 평균에 대한 무작위의 요동속도 u'으로 분해할 수 있다. 요동은 매우 짧은 주기를 갖고 있으며, 요동의 크기는 평균속도에 비해 작다. 평균속도성분이 일정하다면 유동은 **정상 난류유동** 또는 더 정확히 **평균정상유동**으로 분류할 수 있다. 유체의 '난류 혼합'은 파이프 중심 부근의 큰 지역 내에서 평균수평 속도성분 $\bar{u}$를 평평하게 하려는 경향이 있다. 그 결과로 속도분포는 층류에 비해 균일하다. 속도는 그림 9-18c에서와 같이 실제로는 '흔들거리는' 형태이지만, 검은색 선과 같이 평균화된다.

난류 혼합은 파이프 중심 지역에서는 쉽게 발생하지만, 벽에서 속도가 영인 경계조건을 만족하기 위해서 파이프 내벽 근처에서는 급속히 사라진다. 이 낮은 속도를 갖는 지역에 그림 9-18d와 같이 벽 부근에 **층류 점성저층**이 형성된다. 유동이 빨라질수록 유체 내의 난류영역은 더 커지고 이 저층은 더 얇아진다. 이 저층의 두께는 예제 9.9에서 보듯이 보통은 파이프 내경에 비해 매우 작다.

난류 전단응력 유체의 유동특성은 난류에 의해 크게 영향을 받는다. 난류유동에서 '유체입자'는 층류유동에서 층 사이에서 전달되는 '분자'에 비해 크기가 훨씬 크다. 유동 내에 매우 작은 소용돌이로 인한 혼합으로 형성된 이들 입자를 고려한다. 층류유동과 난류유동 모두에 있어 같은 현상이 발생하는데, 느리게 움직이는 입자는 빨리 움직이는 층으로 이동해서 빠른 층의 운동량을 감소시키려는 경향이 있다. 빠른 층에서 느린 층으로 이동한 입자는 반대 효과로 인해 느린 층의 운동량을 증가시킨다. 난류유동에서 이러한 운동량 전달방식은 유동 내에 분자 교환에 의해 발생하는 점성 전단응력보다 몇 배나 큰 **겉보기 전단응력**(apparent shear stress)이 발생한다.

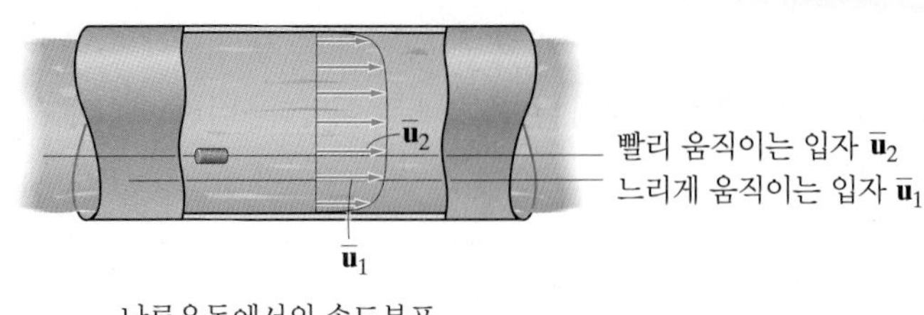

난류유동에서의 속도분포

(a)

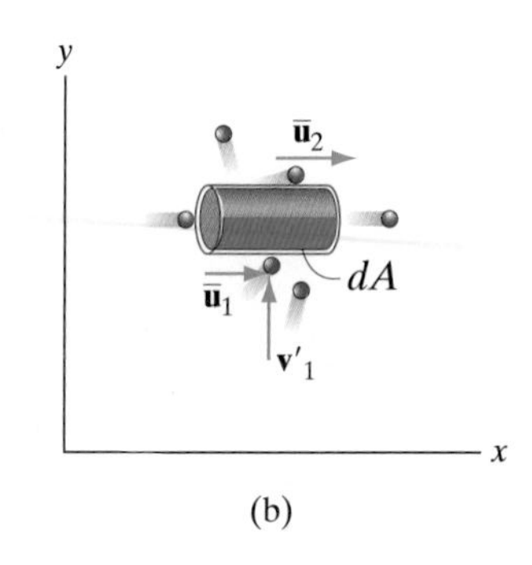

(b)

겉보기 난류 전단응력이 어떻게 발달되는지를 개념적으로 보여주기 위해 그림 9-19a에서 두 인접한 유체층을 따르는 정상 난류유동을 고려한다. 유동방향의 속도성분은 어떤 순간에서도 그림 9-18b에서와 같이 시간평균 $\bar{u}$와 평균수평 요동 u' 성분들에 의해 표현된다. 즉, 임의의 수평유동에 대해

$$u = \bar{u} + u'$$

속도의 수직성분은 이 방향으로 평균유동이 없기 때문에 요동 성분만을 가지고 평균속도성분은 없다. 따라서

$$v = v'$$

이제 그림 9-19b의 느리게 움직이는 아래층으로부터 빨리 움직이는 위층으로의 유체입자의 운동 v_1'을 고려한다. 이 전달은 u_1'에 의해 전달된 유체입자의 수평 속도성분을 증가시킨다. 면적 dA를 지나는 질량유량은 $\rho v_1'\,dA$이므로 순수 운동량 변화량 $u_1'(\rho v_1'\,dA)$은 위층이 전달된 입자에 가한 힘 dF의 결과이다. 전단응력은 $\tau = dF/dA$이며, 따라서 발생한 겉보기 난류 전단응력은 다음과 같다.

$$\tau_{\text{turb}} = \rho\overline{u_1'v_1'}$$

여기서 $\overline{u_1'v_1'}$는 $u_1'v_1'$ 곱의 평균이다.

u_2'이 전달된 유체입자의 수평 속도성분을 감소시킨다는 것을 제외하고는 빨리 움직이는 위층에서 느리게 움직이는 아래층으로 전달되는 입자에 대해 같은 사실을 적용할 수 있다. 여기서 서술된 이 겉보기 난류 전단응력은 1886년에 이를 주장한 Osborne Reynolds의 이름을 따서 종종 **레이놀즈 응력**으로 언급된다.

따라서 난류유동 내의 전단응력은 두 성분으로 구성된다. 점성 전단응력은 시간평균 속도성분 $\bar{u}$에 의한 분자 교환 $\tau_{\text{visc}} = \mu\, d\bar{u}/dy$로 인한 것이고, 겉보기 난류 전단응력은 유체층 사이에서 크기가 더 큰 소용돌이 입자의 교환에 근거한다. 이것은 평균수평 요동성분 u'의 결과이다. 따라서 다음과 같이 나타낼 수 있다.

$$\tau = \tau_{\text{visc}} + \tau_{\text{turb}}$$

식 (9-16)에서 지적한 바와 같이 τ는 그림 9-19c에서와 같이 선형적으로 변한다.

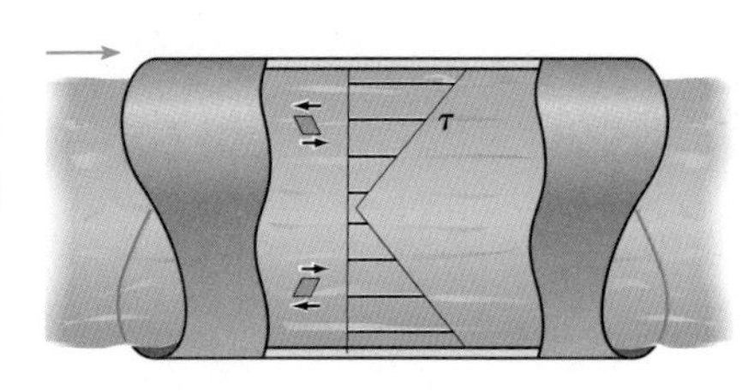

전단응력 분포

(c)

그림 9–19

실제로 수직 및 수평 요동성분 v'과 u'은 유동 내의 각 위치에 따라 다르므로 겉보기 또는 난류 전단응력을 구하는 것은 매우 어렵다. 이런 사실에도 불구하고 Reynolds의 연구에 근거하여 그 후에 프랑스 수학자 Joseph Boussinesq가 유동의 와점성이라 불리는 개념을 사용하여 이 응력에 대한 경험식을 개발하였다. 뒤이어 Ludwig Prandtl이 유동 내에 형성된 소용돌이 크기에 근거한 혼합거리 가정을 만들었다. 이들의 노력으로 난류 전단응력의 개념 및 속도와의 관계에 대한 이해가 증진되었지만 그들의 적용은 제한적으로 오늘날 더 이상 사용되지 않고 있다. 난류유동은 입자들의 불규칙한 운동에 의해 매우 복잡하며, 그 거동을 기술하는 하나의 정확한 수학식을 얻는 것은 실제로 불가능하다. 이러한 어려움으로 인해 난류유동을 포함하는 많은 실험적 연구가 수행되었다[3, 4]. 실험으로부터 공학자들은 난류 거동을 예측할 수 있는 여러 가지 모델을 만들었고, 7.12절에서 논의한 바와 같이 이들 중 일부는 전산유체역학(CFD)에 이용되어 복잡한 컴퓨터 프로그램에 포함되어 있다.

9.8 매끄러운 파이프 내의 난류유동

파이프 내의 난류유동에 대한 속도분포를 면밀히 측정하면 파이프 내에 세 개의 다른 영역이 있다는 것을 확인할 수 있다. 이들 영역은 그림 9-20a에서 보이는 바와 같이 점성저층, 천이 영역, 난류유동 영역으로 구분된다.

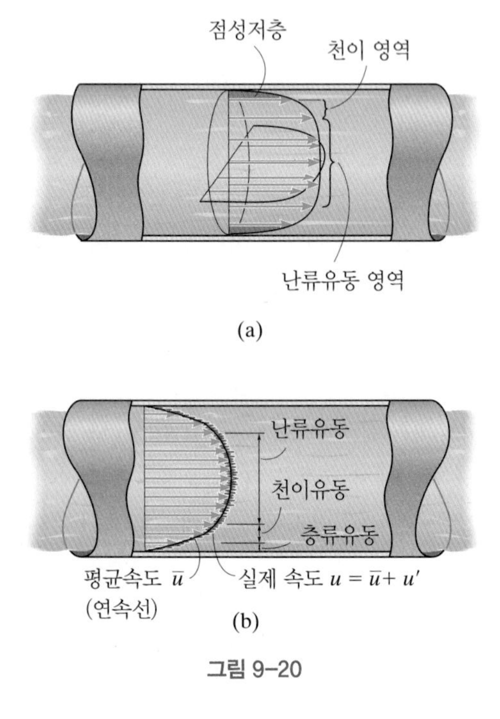

그림 9-20

점성저층 대부분의 모든 유체에 있어 파이프를 통한 유량이 얼마나 큰가에 상관없이 파이프 벽에 있는 입자는 영의 속도를 가진다. 이 입자들은 벽에 '달라붙으며' 그 부근의 유체층은 느린 속도로 인해 층류유동을 나타낸다. 결과적으로 유체 내에 점성 전단응력이 이 영역을 지배하며 유체가 뉴턴유체라면 전단응력은 $\tau_{\text{visc}} = \mu(du/dy)$로 표현될 수 있다. 경계조건 $y = 0$에서 $u = 0$을 사용해서 이 식을 적분하면 벽전단응력 τ_0(상수)가 속도에 관련된다. 층류유동에 대해 $u = \bar{u}$인 그림 9-20b의 시간평균속도이므로 다음을 얻는다.

$$\tau_0 = \mu \frac{\bar{u}}{y} \tag{9-30}$$

보통 '무차원' 변수로 그려지는 실험결과와 비교하기 위하여 이 결과를 **무차원비**로 나타낸다. 이를 위해 연구자들은 $u^* = \sqrt{\tau_0/\rho}$를 인자를 사용하였다. 이 상수는 속도의 단위를 가지며, 마찰속도 또는 **전단속도**라 불린다. 윗식의 양변을 ρ로 나누고 동점성계수 $\nu = \mu/\rho$를 이용하면 다음 식을 얻는다.

$$\frac{\bar{u}}{u^*} = \frac{u^* y}{\nu} \tag{9-31}$$

u^*와 ν는 상수이므로 $\bar{u}$와 y는 그림 9-21a에서와 같이 점성저층 내의 무차원 속도분포를 나타내는 **선형관계**를 형성한다. 식 (9-31)을 **벽법칙**이라고 부른다. 이 식은 그림 9-21b의 준로그 그래프 상에서 곡선으로 그려지며, $0 \le u^*y/\nu \le 5$의 범위에 대해 Johann Nikuradse에 의해 최초로 얻어진 실험자료와 잘 맞는다[6].

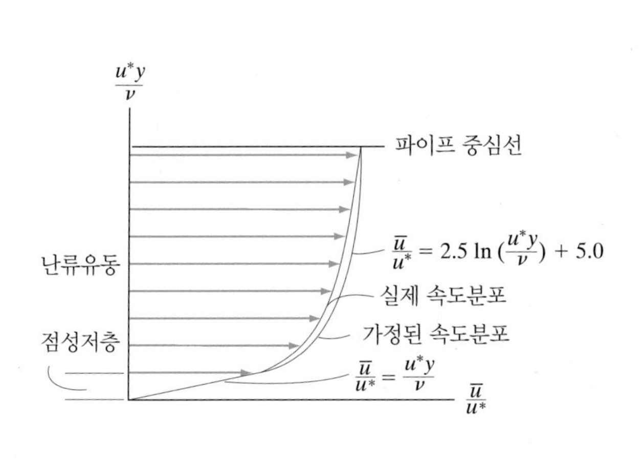

(a)

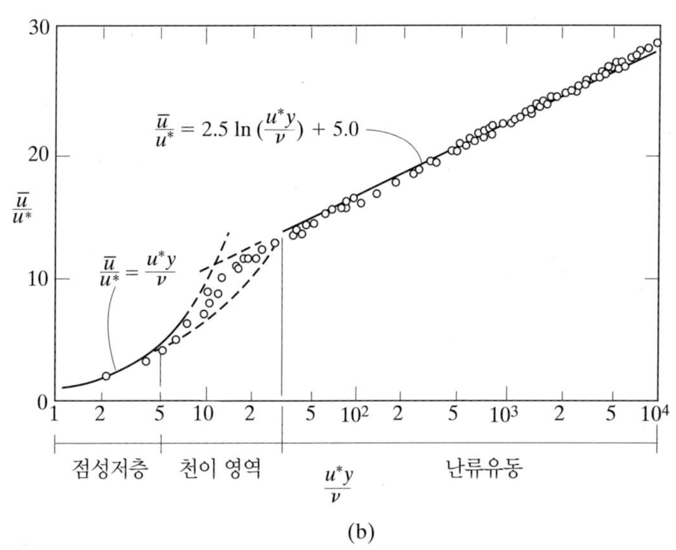

(b)

그림 9–21

천이 및 난류유동 영역 이들 두 영역 내에서 유동은 점성 전단응력과 난류 전단응력을 모두 받는다. 결과적으로 전단응력을 다음과 같이 나타낼 수 있다.

$$\tau = \tau_{\text{visc}} + \tau_{\text{turb}} = \mu \frac{d\bar{u}}{dy} + |\rho \overline{u'v'}| \tag{9-32}$$

앞 절에서의 논의를 상기하면 난류(또는 레이놀즈) 전단응력은 유체층 사이에 큰 입자덩어리 교환으로부터 발생한다. 어떤 의미에서 이런 큰 질량전달은 유동 내에 **소용돌이 흐름**(eddy current)이라 불리는 급속한 요동과 소용돌이 유체의 무작위의 분포로 생각될 수 있다. 식 (9-32)의 두 성분 중에서 파이프 중심 내에서는 난류 전단응력이 지배적이지만 유동이 벽 근처로 갈수록 그 영향은 급격히 감소되고 그림 9-20a와 같은 갑작스런 속도강하가 발생하는 천이 영역으로 들어간다.

난류유동에 대한 속도분포는 그림 9-21b의 J. Nikuradse의 실험에 의해 확립되었다. 이로부터 Theodore von Kármán과 Ludwig Prandtl은 실험결과를 식으로 나타낼 수 있었다.

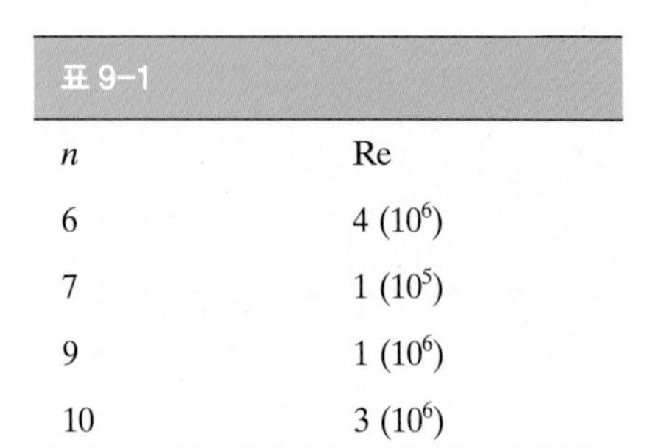

표 9-1

n	Re
6	$4\,(10^6)$
7	$1\,(10^5)$
9	$1\,(10^6)$
10	$3\,(10^6)$

$$\frac{\bar{u}}{u^*} = 2.5 \ln\left(\frac{u^* y}{\nu}\right) + 5.0 \tag{9-33}$$

이 식을 그림으로 그리면 준로그눈금 상에서는 그림 9-21b와 같이 직선으로 나타나지만 그림 9-21a에서는 곡선으로 나타난다.

그림 9-21b의 척도에 주의하라. 점성저층과 점선의 천이 영역은 매우 짧은 거리 $u^*y/\nu \le 30$까지만 나타나는 반면에, 난류유동 영역은 $u^*y/\nu = 10^4$까지 도달한다. 이러한 이유로 대부분의 공학적 응용에서 점성저층과 천이 영역 내의 유동은 무시될 수 있다. 그 대신에 식 (9-33)만이 파이프에 대한 난류 속도분포를 모델링하는 데 사용된다. 여기서는 물론 유체는 비압축성이고 유동은 완전한 난류이며, 평균적으로 정상이며, 파이프 벽은 매끄럽다고 가정한다.

멱법칙 근사 식 (9-33)을 사용하지 않고 난류 속도분포를 모델링하기 위해서는 다른 모델들을 찾아야 한다. 그중 하나가 다음과 같은 형태의 경험적인 멱법칙을 적용하는 것이다.

$$\frac{\bar{u}}{u_{\max}} = \left(1 - \frac{r}{R}\right)^{1/n} \tag{9-34}$$

여기서 $u_{\max}$는 파이프 중심에서 발생하는 최대속도이며, 지수 n은 레이놀즈수에 의존한다. 특정한 n 값에 대한 몇 개의 값이 표 9-1에 주어져 있다[4]. 그림 9-22에 층류유동을 포함한 속도분포들이 나타나 있다. n이 커짐에 따라 이들 분포가 평평해짐을 주목하라. 그 이유는 빠른 유동 또는 높은 레이놀즈수로 인한 것이다. 이 분포들 중에서 $n = 7$이 계산에 자주 사용되며, 많은 경우에 있어 정확한 결과를 제공한다.

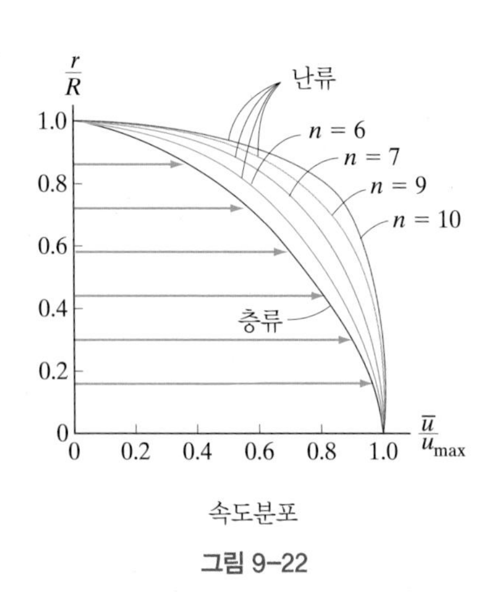

속도분포

그림 9-22

파이프 내의 속도분포는 그림 9-23과 같이 축대칭이므로 식 (9-34)를 적분하면 임의의 n값에 대한 유량을 다음과 같이 구할 수 있다.

$$Q = \int_A \bar{u}\, dA = \int_0^R u_{\max}\left(1 - \frac{r}{R}\right)^{1/n}(2\pi r)dr$$

$$= 2\pi R^2 u_{\max}\frac{n^2}{(n+1)(2n+1)} \tag{9-35}$$

또한 $Q = V(\pi R^2)$이므로 유동의 평균속도는 다음과 같다.

$$V = u_{\max}\left[\frac{2n^2}{(n+1)(2n+1)}\right] \tag{9-36}$$

식 (9-34)를 사용하지 않고도 유동 내의 무질서한 요동을 포함하는 다양한 '난류 모델'을 사용해서 난류 시간평균유동을 예측하려는 시도가 있었다. 이 중요한 분야에서는 계속 연구가 진행 중에 있으며, 잘된다면 앞으로 수년에 걸쳐 이 모델들은 개선될 것이다.

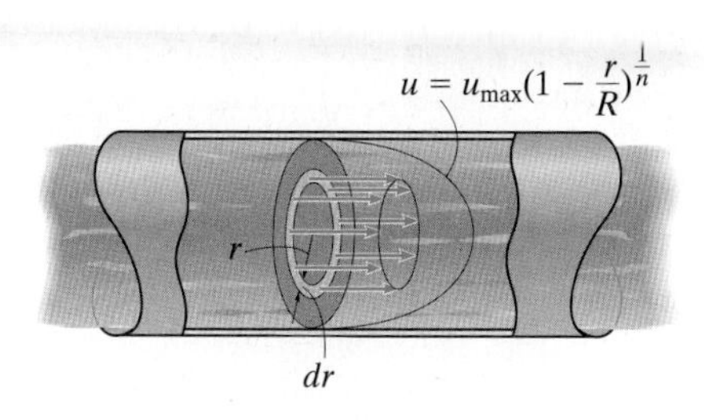

난류 속도분포 근사

그림 9-23

요점 정리

- 수조에서 파이프로 유체가 흐를 때 완전히 발달한 속도분포가 얻어지기 전까지는 파이프를 따라 어느 정도 거리까지 가속이 된다. 정상 층류유동에 있어서 이러한 천이 또는 입구길이는 레이놀즈수와 파이프 직경의 함수이다. 정상 난류유동에서는 입구의 형태뿐만 아니라 파이프의 직경과 표면 조도에 의존한다.
- 난류유동은 유체입자의 무작위적인 복잡한 운동을 포함한다. 작은 소용돌이가 유동 내에 형성되고 국소적인 유체 혼합이 일어난다. 이것이 난류유동에서의 전단응력과 에너지손실이 층류유동보다 훨씬 더 큰 이유이다. 전단응력은 점성 전단응력과 유체의 한 층에서 인접한 층으로 유체 입자덩어리의 전달에 의해 발생하는 '겉보기' 난류 전단응력의 조합이다.
- 난류유동의 혼합 거동은 속도분포를 '평평하게 하려고' 하며, 이상유체와 같이 균일하게 만든다. 이 분포는 파이프 벽 근처에 항상 좁은 점성저층(층류유동)을 갖는다. 여기서 유체는 벽에서 속도가 영인 경계조건에 의해 매우 느리게 움직인다. 유동이 빨라질수록 이 저층은 더 얇아진다.
- 난류유동은 일정치 않으므로 속도분포를 나타내는 해석적 해를 얻을 수 없다. 대신에 속도분포 형태를 정의하기 위해 실험적 방법에 의존하고 식 (9-33)과 (9-34)와 같은 경험적 근사식에 맞추는 것이 필요하다.

예제 9.7

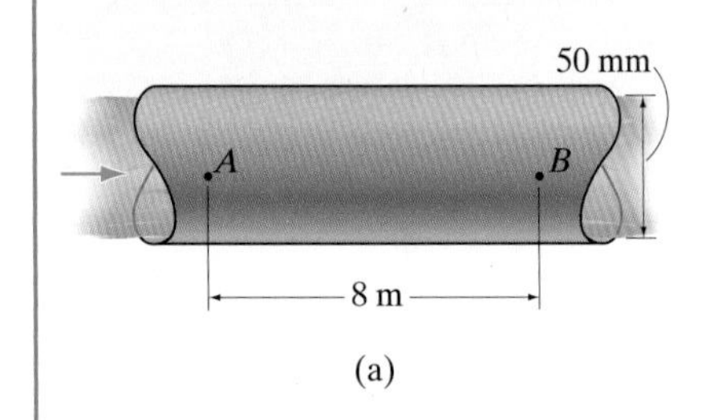

(a)

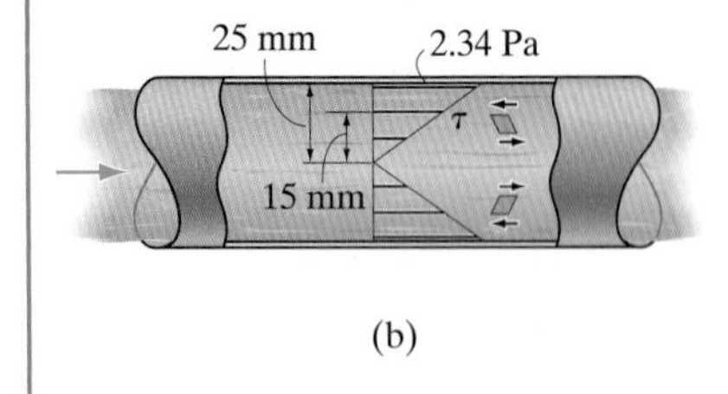

(b)

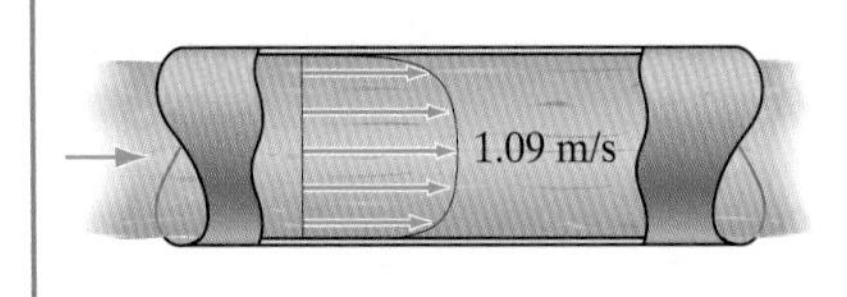

(c)

그림 9-24

그림 9-24a에서 직경이 50 mm인 물 파이프의 내벽은 매끄럽다. 난류유동이 존재하고 A에서의 압력은 10 kPa이고 B에서는 8.5 kPa이라면 파이프 벽면에서와 중심으로부터 15 mm 떨어진 거리에서 작용하는 전단응력의 크기를 구하라. 파이프 중심에서의 속도는 얼마이며, 점성저층의 두께는 얼마인가? $\rho_w = 1000\ \text{kg/m}^3$ 그리고 $\nu_w = 1.08(10^{-6})\ \text{m}^2/\text{s}$이다.

풀이

유체 설명 유동은 정상 난류유동이며, 물은 비압축성으로 가정한다.

전단응력 파이프 벽에서의 전단응력은 층류유동으로 인한 것이다. 따라서 식 (9-16)을 사용하여 구할 수 있다. 파이프는 수평상태이므로 $h = 0$이고 다음을 얻는다.

$$\tau_0 = \frac{r}{2}\frac{\Delta p}{L} = \left|\frac{(0.025\ \text{m})}{2}\left(\frac{(8.5-10)(10^3)\ \text{N/m}^2}{8\ \text{m}}\right)\right| = 2.344\ \text{Pa} = 2.34\ \text{Pa} \qquad \text{답}$$

유체 내의 전단응력은 그림 9-24b에서와 같이 파이프 중심으로부터 **선형적으로** 변한다. 이 결과는 9.3절에서 압력힘과 점성력의 평형으로부터 주어졌으며 층류유동과 난류유동 모두에 유효하다는 것을 상기하라. 비례관계에 의해 $r = 15$ m에서의 최대 전단응력을 다음과 같이 구할 수 있다.

$$\frac{\tau}{15\ \text{mm}} = \frac{2.344\ \text{Pa}}{25\ \text{mm}}; \qquad \tau = 1.41\ \text{Pa} \qquad \text{답}$$

속도 유동이 난류이므로 그림 9-24c의 중심선에서의 속도를 구하기 위해 식 (9-33)을 사용한다. 먼저

$$u^* = \sqrt{\tau_0/\rho_w} = \sqrt{(2.344\ \text{N/m}^2)/(1000\ \text{kg/m}^3)} = 0.04841\ \text{m/s}$$

이고, 그리고 파이프 중심선 $y = 0.025$ m에서

$$\frac{u_{\max}}{u^*} = 2.5\ln\left(\frac{u^*y}{\nu_w}\right) + 5.0$$

$$\frac{u_{\max}}{0.04841\ \text{m/s}} = 2.5\ln\left[\frac{(0.04841\ \text{m/s})(0.025\ \text{m})}{1.08(10^{-6})\ \text{m}^2/\text{s}}\right] + 5.0$$

$$u_{\max} = 1.09\ \text{m/s} \qquad \text{답}$$

점성저층 점성저층은 그림 9-21b의 $u^*y/\nu = 5$까지 주어진다. 따라서

$$y = \frac{5\nu_w}{u^*} = \frac{5[1.08(10^{-6})\ \text{m}^2/\text{s}]}{0.04841\ \text{m/s}} = 0.11154(10^{-3})\ \text{m} = 0.112\ \text{mm} \qquad \text{답}$$

이 결과는 **매끄러운 벽을 가진 파이프에만 적용된다.** 파이프가 **거친 표면을** 가진다면 이 얇은 층을 통해 지나가는 돌기는 유동을 붕괴시켜 추가 마찰을 생성할 수 있다. 이러한 효과는 다음 장에서 살펴볼 것이다.

예제 9.8

그림 9-25a에서 직경이 100 mm인 매끄러운 파이프를 통해 등유가 20 m/s의 평균속도로 흐른다. 점성마찰로 인해 파이프를 따르는 압력강하는 0.8 kPa/m이다. 파이프 중심선으로부터 $r = 10$ mm 위치에서 등유 내의 점성 전단응력 및 난류 전단응력을 구하라. 멱법칙을 사용하고 $\nu_k = 2(10^{-6})\ \text{m}^2/\text{s}$ 그리고 $\rho_k = 820\ \text{kg/m}^3$이다.

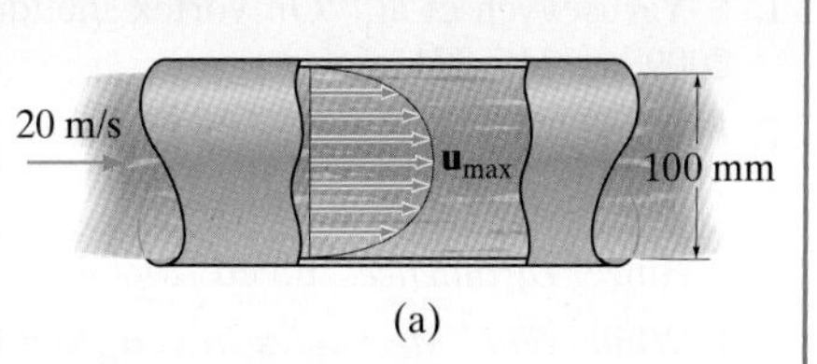

(a)

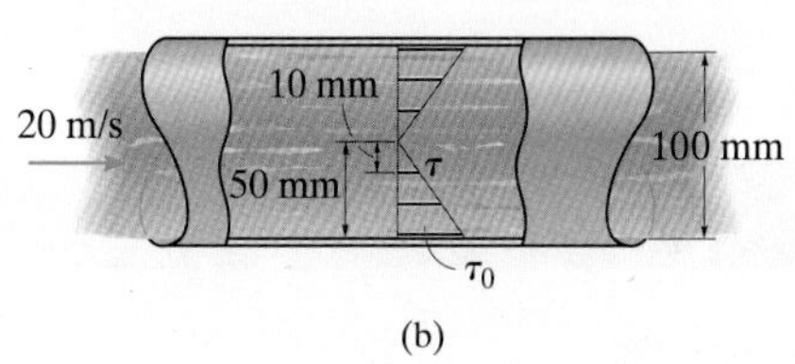

(b)

그림 9–25

풀이

유체 설명 유동은 정상 난류유동이며, 등유는 비압축성으로 간주한다.

해석 멱법칙을 사용하기 위해 먼저 레이놀즈수에 따른 지수 n을 구해야 한다.

$$\text{Re} = \frac{VD}{\nu_k} = \frac{(20\ \text{m/s})(0.1\ \text{m})}{2\left(10^{-6}\right)\ \text{m}^2/\text{s}} = 1\left(10^6\right)$$

표 9-1로부터 이 레이놀즈수에 대해 $n = 9$이다.

전단응력은 그림 9-25b와 같이 선형적이다. 최대 전단응력은 점성저층 내의 벽에서 나타나기 때문에 점성 영향에 의해서만 발생한다. 이 응력의 크기는 식 (9-16)을 사용하여 구한다. $h = 0$이므로

$$\tau_0 = \frac{r}{2}\frac{dp}{dx} = \left|\frac{(0.05\ \text{m})}{2}\frac{\left(800\ \text{N/m}^2\right)}{1\ \text{m}}\right| = 20\ \text{Pa}$$

비례관계에 의해 $r = 10$ mm에서의 총 전단응력은 다음과 같다.

$$\frac{\tau}{10\ \text{mm}} = \frac{20\ \text{N/m}^2}{50\ \text{mm}}; \qquad \tau = 4\ \text{Pa}$$

점성 전단응력 성분은 뉴턴의 점성법칙과 속도분포의 형태를 정의하는 식 (9-34)의 멱법칙을 사용해서 $r = 10$ mm에서 구해질 수 있다. 먼저 그림 9-26a의 최대속도 u_{max}를 구해야 한다. 식 (9-36)에 의해

$$V = u_{\max}\frac{2n^2}{(n+1)(2n+1)}; \qquad 20\ \text{m/s} = u_{\max}\left[\frac{2\left(9^2\right)}{(9+1)[2(9)+1]}\right]$$

$$u_{\max} = 23.46\ \text{m/s}$$

u에 대해 식 (9-34)를 사용하고 $\mu_k = \rho\nu_k$이므로 뉴턴의 점성법칙은 다음과 같다.

$$\tau_{\text{visc}} = \mu_k\frac{d\bar{u}}{dr} = \mu_k\frac{d}{dr}\left[u_{\max}\left(1-\frac{r}{R}\right)^{1/n}\right] = \frac{\mu_k u_{\max}}{nR}\left(1-\frac{r}{R}\right)^{(1-n)/n}$$

$$= \frac{\left(820\ \text{kg/m}^3\right)\left[2\left(10^{-6}\right)\ \text{m}^2/\text{s}\right](23.46\ \text{m/s})}{9(0.05\ \text{m})}\left(1-\frac{0.01\ \text{m}}{0.05\ \text{m}}\right)^{(1-9)/9}$$

$$= 0.1042\ \text{Pa}$$

이 값은 매우 작은 값이다. 그 대신 난류 전단응력 성분이 $r = 10$ mm에서 전단응력의 대부분을 차지한다.

$$\tau = \tau_{\text{visc}} + \tau_{\text{turb}}; \qquad 4\ \text{N/m}^2 = 0.1042\ \text{Pa} + \tau_{\text{turb}}$$

$$\tau_{\text{turb}} = 3.90\ \text{Pa}$$ 답

참고문헌

1. S. Yarusevych et al., "On vortex shedding from an airfoil in low-Reynolds-number flows," *J Fluid Mechanics*, Vol. 632, 2009, pp. 245–271.
2. H. Langhaar, "Steady flow in the transition length of a straight tube," *J Applied Mechanics*, Vol. 9, 1942, pp. 55–58.
3. J. T. Davies. *Turbulent Phenomena*, Academic Press, New York, NY, 1972.
4. J. Hinze, *Turbulence*, 2nd ed., McGraw-Hill, New York, NY, 1975.
5. F. White, *Fluid Mechanics*, 7th ed., McGraw-Hill, New York, NY, 2008.
6. J. Schetz et. al., *Boundary Layer Analysis*, 2nd ed, American Institute of Aeronautics and Astronautics, 2011.
7. T. Leger and S. L., Celcio, "Examination of the flow near the leading edge of attached cavitation," *J Fluid Mechanics*, Cambridge University Press, UK, Vol. 373, 1998, pp. 61–90.
8. D. Peterson and J. Bronzino, *Biomechanics: Principles and Applications*, CRC Press, Boca Raton, FL, 2008.
9. K. Chandran et al., *Biofluid Mechanics: The Human Circulation*, CRC Press, Boca Raton, FL, 2007.
10. H. Wada, *Biomechanics at Micro and Nanoscale Levels*, Vol. 11, World Scientific Publishing, Singapore, 2006.
11. L. Waite and J. Fine, *Applied Biofluid Mechanics*, McGraw-Hill, New York, NY, 2007.
12. A. Draad and F. Nieuwstadt, "The Earth's rotation and laminar pipe flow," *J Fluid Mechanics*, Vol. 361, 1988, pp. 297–308.

연습문제

9.1~9.2절

9-1 A부터 B까지 발생한 4 kPa의 압력강하에 의해 원유가 두 고정된 평행평판 사이의 2 mm 간극을 통해 흐른다. 판의 폭이 800 mm일 때 유량을 구하라.

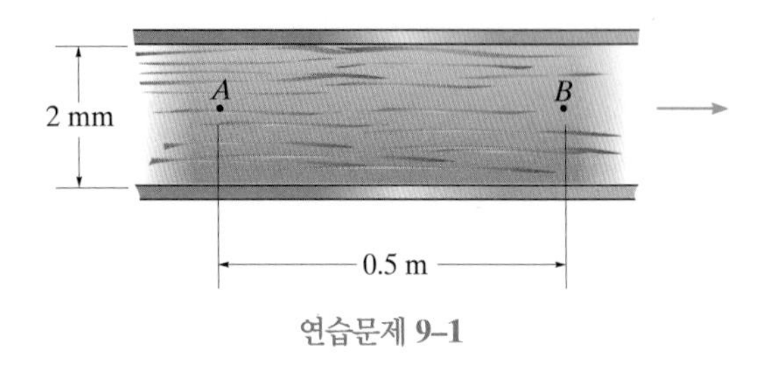

연습문제 **9–1**

9-2 A부터 B까지 발생한 4 kPa의 압력강하에 의해 원유가 두 고정된 평행평판 사이를 통해 흐른다. 기름의 최대속도와 각 판에 작용하는 전단응력을 구하라.

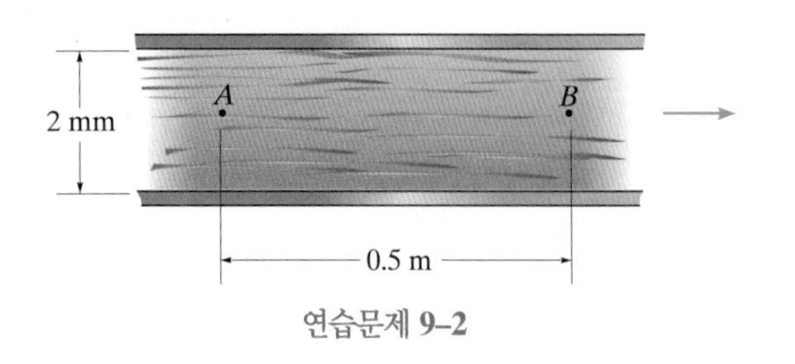

연습문제 **9–2**

9-3 15 ft/s의 평균속도를 갖는 $T = 40°\mathrm{F}$의 공기가 공기청정기의 충전판을 지나 흐른다. 판의 폭은 10 in.이며, 판 사이의 거리는 1/8 in.이다. 완전히 발달된 층류유동일 때, 입구 A와 출구 B 사이에서의 압력차 $p_B - p_A$를 구하라.

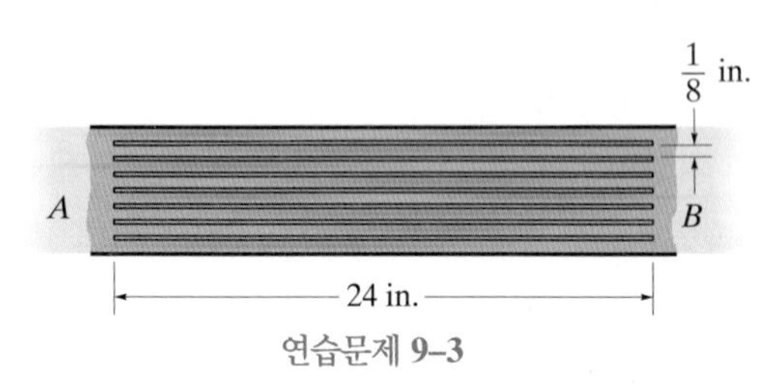

연습문제 **9–3**

***9-4** 용기를 통해 잡아당겨지는 폭이 200 mm인 플라스틱 조각 표면에 접착제가 공급된다. 테이프가 10 mm/s로 움직인다면 테이프에 가해지는 힘을 구하라. $\rho_g = 730\ \mathrm{kg/m^3}$ 그리고 $\mu_g = 0.860\ \mathrm{N \cdot s/m^2}$이다.

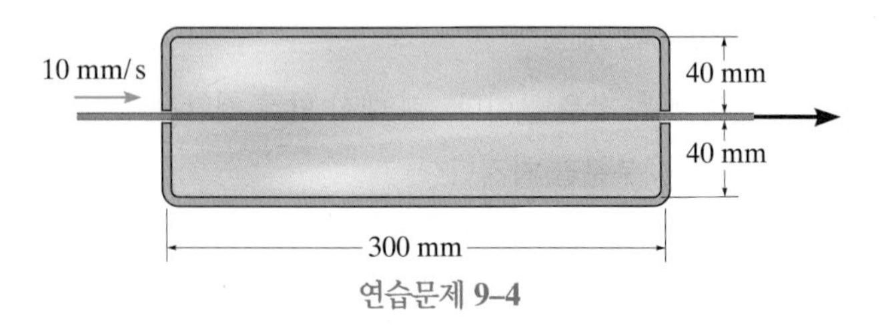

연습문제 **9–4**

9-5 질량이 20 kg인 판이 자유롭게 경사면을 따라 미끄러져 내려온다. 표면 아래에 두께가 0.2 mm인 기름막이 있다면 경사면을 따르는 판의 종속도를 구하라. 판의 폭은 0.5 m이며, $\rho_o = 880\ \text{kg/m}^3$ 그리고 $\mu_o = 0.0670\ \text{N}\cdot\text{s/m}^2$이다.

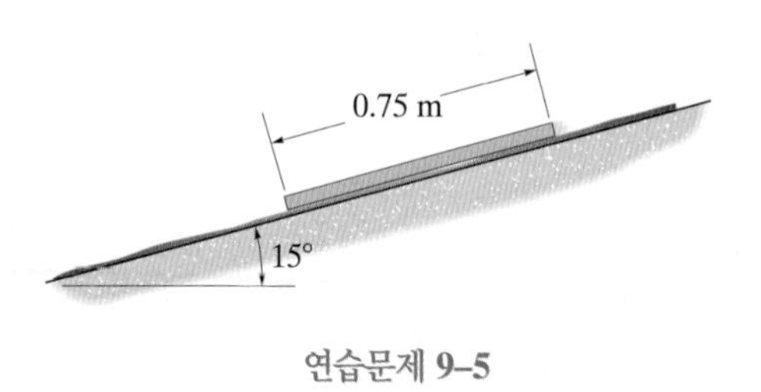

연습문제 9–5

9-6 마개와 벽 사이의 간극이 0.2 mm가 되도록 핀을 사용해서 원통에 마개가 부착되어 있다. 원통에 담긴 기름 내의 압력이 4 kPa이라면 마개 측면을 통해 올라가는 기름의 초기 체적유량을 구하라. 이 유동은 간극 크기가 마개 직경에 비해 매우 작으므로 평행평판 사이의 유동과 유사한 것으로 가정한다. $\rho_o = 880\ \text{kg/m}^3$ 그리고 $\mu_o = 30.5(10^{-3})\ \text{N}\cdot\text{s/m}^2$이다.

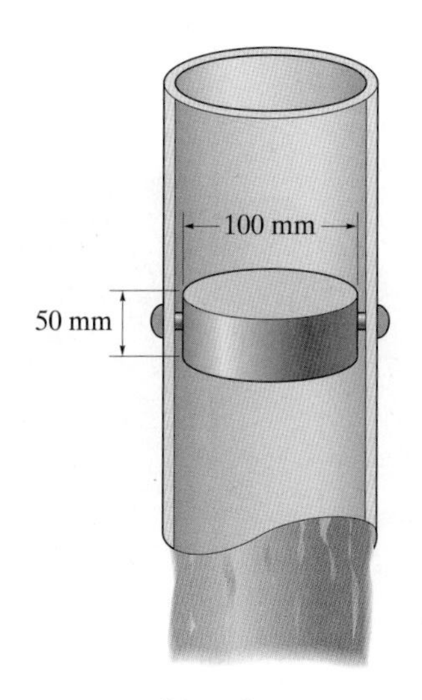

연습문제 9–6

9-7 질량이 50 kg인 소년이 경사면 아래로 미끄러지려 한다. 신발과 표면 사이에 두께가 0.3 mm인 기름막이 형성되어 있다면 경사면 아래로 내려가는 소년의 종속도를 구하라. 신발 양쪽의 총 접촉면적은 $0.0165\ \text{m}^2$이다. $\rho_o = 900\ \text{kg/m}^3$ 그리고 $\mu_o = 0.0638\ \text{N}\cdot\text{s/m}^2$이다.

연습문제 9–7

***9-8** 폭이 8 in.인 2.5 lb의 판이 3° 경사면을 따라 자유롭게 미끄러진다. 종속도가 0.2 ft/s일 때 판 아래에 있는 기름의 대략적인 두께를 구하라. $\rho_o = 1.71\ \text{slug/ft}^3$ 그리고 $\mu_o = 0.632(10^{-3})\ \text{lb}\cdot\text{s/ft}^2$이다.

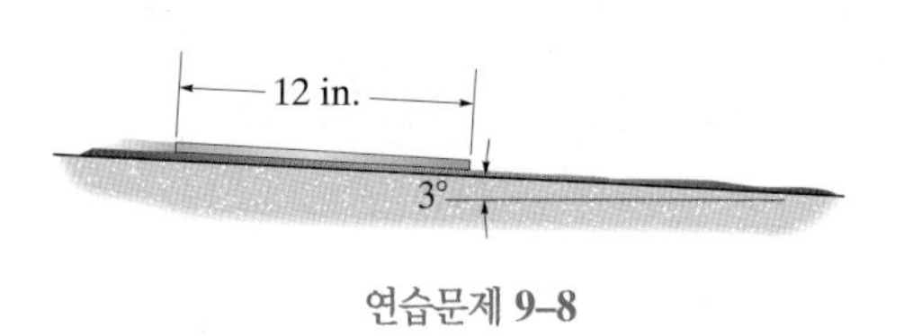

연습문제 9–8

9-9 물탱크 측벽에 폭이 100 mm이고, 평균개구가 0.1 mm인 사각형 균열이 있다. 층류유동이 균열을 통해 흐른다면 균열을 통해 나가는 물의 체적유량을 구하라. 물의 온도는 $T = 20°C$이다.

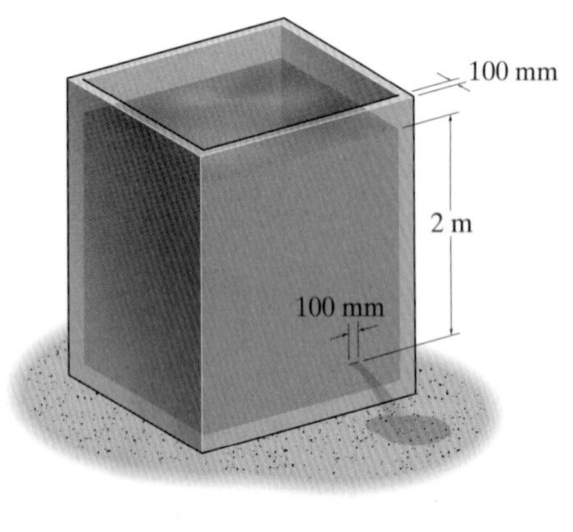

연습문제 **9–9**

9-10 태양열 물 가열기는 지붕에 놓여있는 두 개의 판으로 구성된다. 물은 A로 들어가 B로 나온다. A에서 B까지의 압력강하가 60 Pa일 때 유동이 층류로 유지될 수 있는 판 사이의 최대 간극 a를 구하라. 물의 온도는 평균 40°C이다.

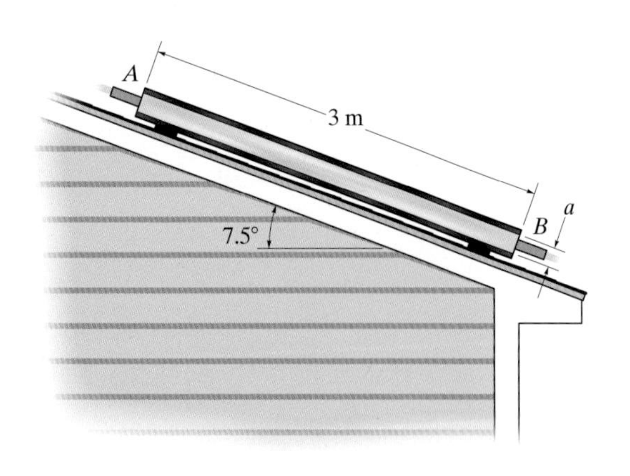

연습문제 **9–10**

9-11 직경이 100 mm인 축이 기름–윤활 베어링에 의해 지지되고 있다. 베어링 내의 간극이 2 mm라면 축이 180 rev/min로 일정하게 회전하는 데 필요한 토크 T를 구하라. 밀봉을 통한 기름 누설은 없고 이 유동은 간극 크기가 축 반경에 비해 매우 작으므로 평행평판 사이의 유동과 유사하다고 가정한다. $\rho_o = 840\ \mathrm{kg/m^3}$ 그리고 $\mu_o = 0.22\ \mathrm{N \cdot s/m^2}$이다.

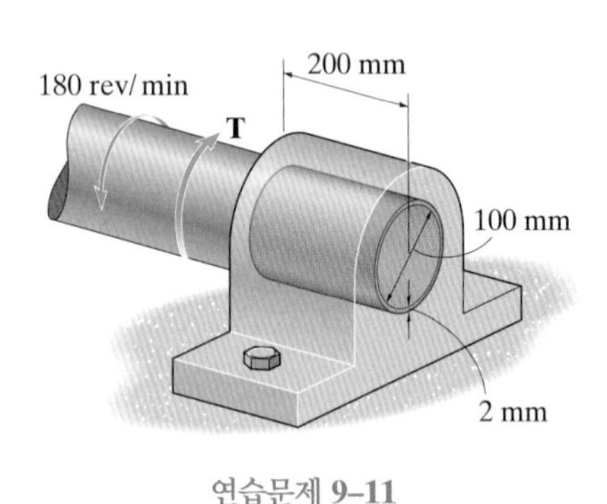

연습문제 **9–11**

***9-12** 건물 벽의 두 단면이 그들 사이에 10 mm 너비의 균열을 가지고 있다. 건물 내부와 외부 사이에 압력차가 1.5 Pa이라면 균열을 통해 건물 밖으로 나가는 공기의 체적유량을 구하라. 공기의 온도는 30°C이다.

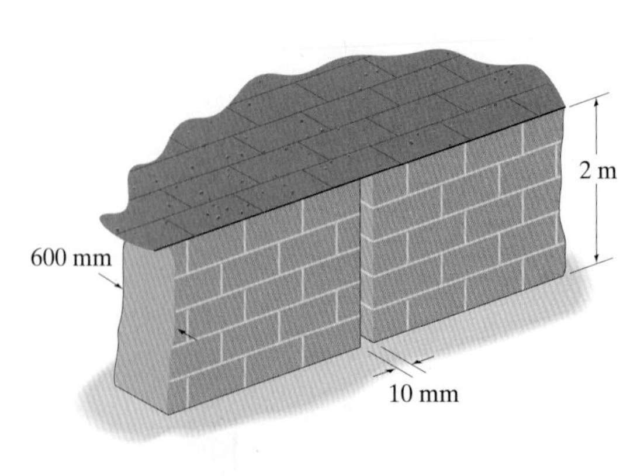

연습문제 **9–12**

9-13 벨트가 3 mm/s의 일정한 속도로 움직이고 있다. 벨트와 표면 사이에 질량이 2 kg인 판이 두께가 0.5 mm인 기름막 위에 놓여있는 데 반해, 판 윗면과 벨트 사이에 들어있는 기름의 두께는 0.8 mm이다. 판이 표면 위를 미끄러질 때 판의 종속도를 구하라. 속도분포는 선형적이라고 가정한다. $\rho_o = 900\ \text{kg/m}^3$ 그리고 $\mu_o = 0.0675\ \text{N}\cdot\text{s/m}^2$이다.

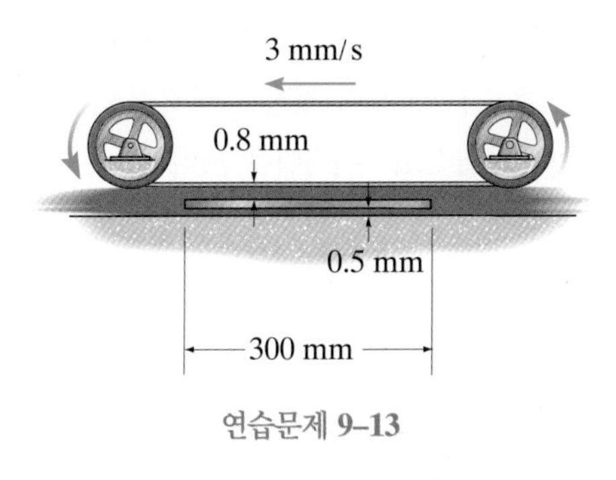

연습문제 **9–13**

9-14 숨을 들이쉬면 공기는 코의 통로에 있는 그림과 같은 비갑개골을 통해 흐른다. 15 mm의 짧은 거리에 대해 평균 총 너비가 $w = 20$ mm이고 간격이 $a = 1$ mm인 평행평판 사이를 유동이 지나간다. 폐에서 $\Delta p = 50$ Pa의 압력강하가 발생하고 공기의 온도가 20°C라면 공기를 들이마시는 데 필요한 동력을 구하라.

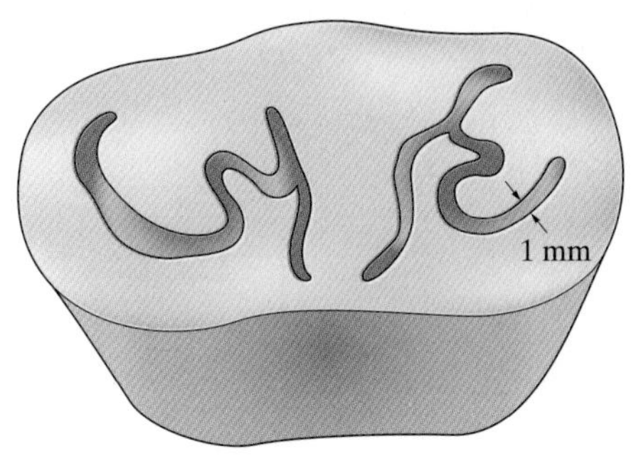

연습문제 **9–14**

9-15 유압식 승강기는 슬리브 내에 맞춰진 지경이 1 ft인 원통으로 구성되며, 그들 사이의 간극은 0.001 in.이다. 플랫폼이 3000 lb의 하중을 지지하고 있고 기름이 25 psi로 가압될 때 플랫폼의 종속도를 구하라. $\rho_o = 1.70\ \text{slug/ft}^3$ 그리고 $\mu_o = 0.630(10^{-3})\ \text{lb}\cdot\text{s/ft}^2$이다. 유동은 층류이고 간극 크기가 원통 직경에 비해 매우 작으므로 평행평판 사이의 유동과 유사하다고 가정한다.

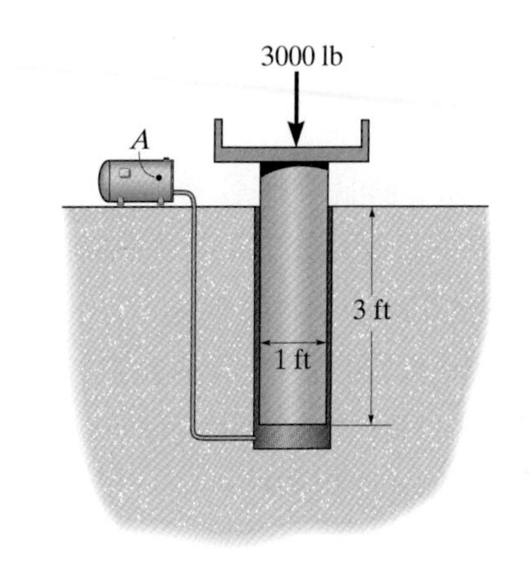

연습문제 **9–15**

***9-16** 액체는 압력구배 dp/dx에 의해 두 고정된 판 사이에 층류유동을 가지고 있다. 그림과 같은 좌표계를 사용하여 액체 내의 전단응력 분포와 액체의 속도분포를 구하라. 점성계수는 μ이다.

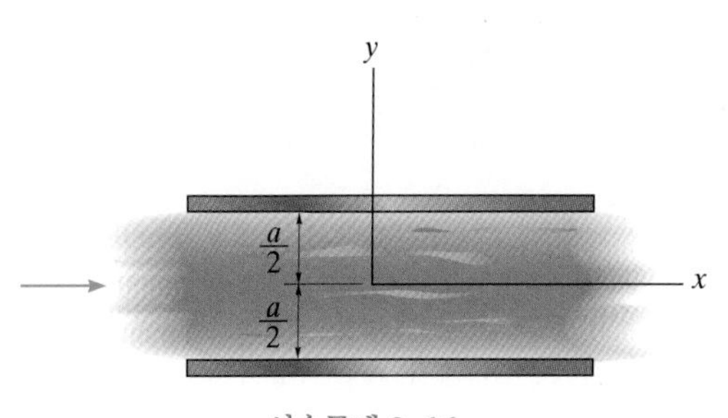

연습문제 **9–16**

9-17 얇은 엔진 기름층이 보이는 바와 같이 다른 속도로 다른 방향으로 움직이는 벨트 사이에서 갇혀 있다. 기름막 내의 속도분포와 전단응력 분포를 그려라. A와 B에서의 압력은 대기압이다. $\rho_o = 876\ \text{kg/m}^3$ 그리고 $\mu_o = 0.22\ \text{N}\cdot\text{s/m}^2$이다.

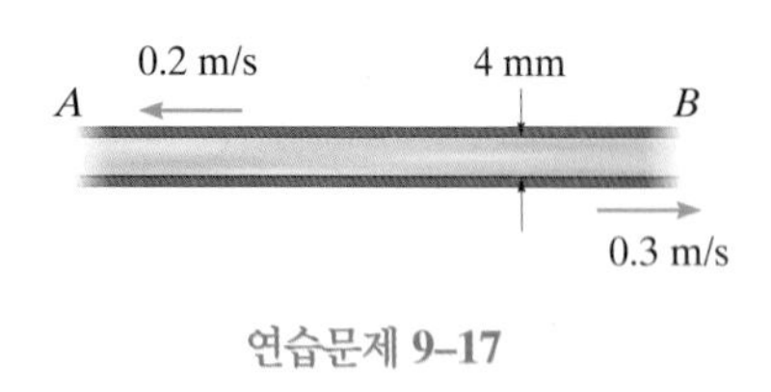

연습문제 9–17

9-18 원자로에 사용하는 재료를 검사하기 위해 냉각수가 흐를 수 있도록 평판 형태의 연료요소가 배치되어 있다. 판들은 1/16 in. 떨어져 있다. 판을 지나는 유동의 평균속도가 0.5 ft/s일 때 연료요소의 길이에 걸쳐 발생하는 물의 압력강하를 구하라. 각 연료요소의 길이는 2 ft이다. 끝단효과는 무시하고 $\rho_w = 1.820\ \text{slug/ft}^3$ 그리고 $\mu_w = 5.46(10^{-6})\ \text{lb}\cdot\text{s/ft}^2$이다.

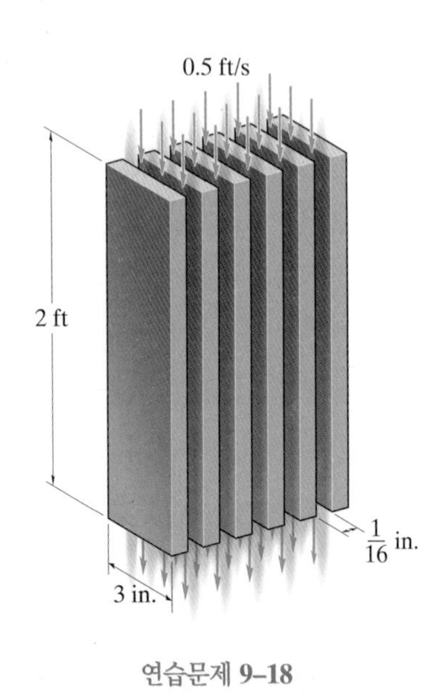

연습문제 9–18

9-19 물과 기름은 두께가 똑같이 a이며, 윗판의 운동을 받고 있다. 각 유체에 대한 속도분포와 전단응력 분포를 그려라. A와 B 사이에 압력구배는 없다. 물과 기름의 점성계수는 각각 μ_w와 μ_o이다.

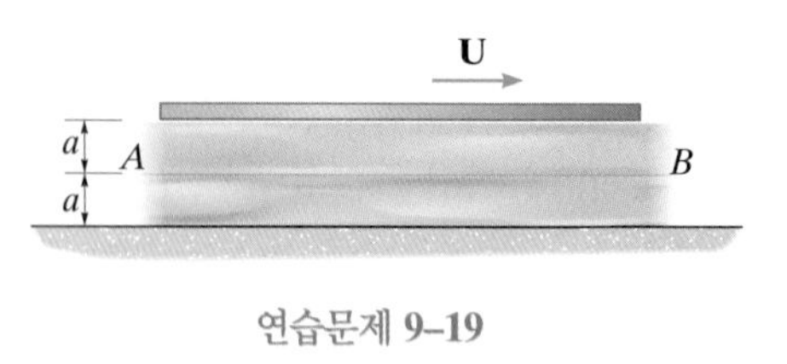

연습문제 9–19

***9-20** 나비에-스토크스 방정식을 사용하여 경사면을 따라 아래로 흐르는 유체의 정상 층류유동의 속도분포가 $u = [\rho g \sin\theta/(2\mu)]\,(2hy - y^2)$임을 보여라. 여기서 ρ는 유체밀도, μ는 점성계수이다.

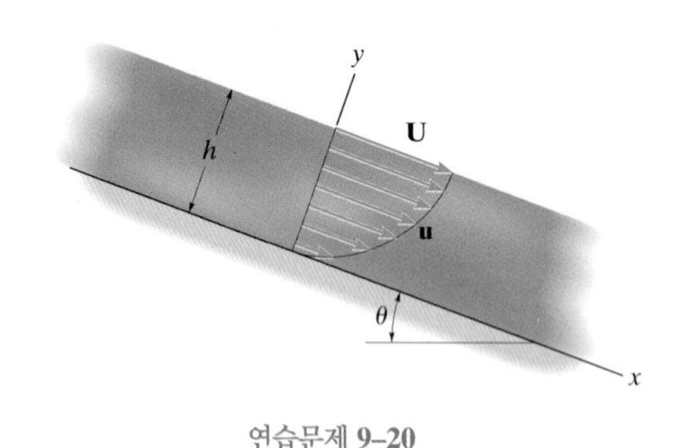

연습문제 9–20

9-21 그림과 같이 유체는 같은 방향이지만 다른 속도로 움직이는 두 평행평판 사이에 층류유동을 가지고 있다. 나비에-스토크스 방정식을 사용하여 유체의 전단응력 분포와 속도분포를 나타내고 이 결과를 그려라. A와 B 사이에 압력구배는 없다.

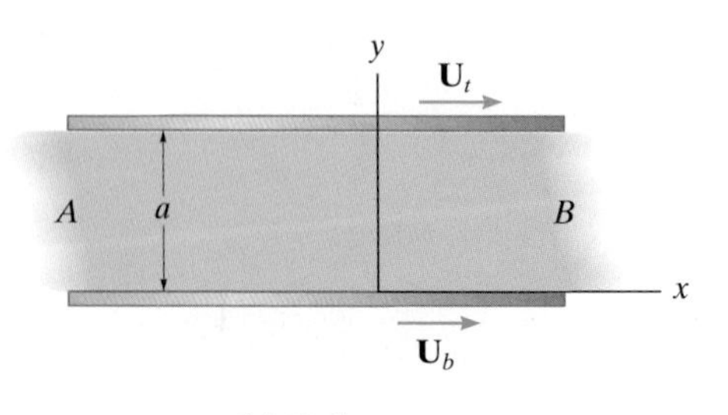

연습문제 9–21

9.3~9.6절

9-22 망막 소동맥은 눈의 망막에 혈액 흐름을 제공한다. 소동맥의 내경은 0.08 mm이고, 유동의 평균속도는 28 mm/s이다. 유동이 층류인지 난류인지 결정하라. 혈액은 1060 kg/m^{3}의 밀도와 0.0036 N·s/m^{2}의 겉보기 점성계수를 갖고 있다.

9-23 직경이 3 in.인 수평 파이프를 통해 기름이 10 ft 길이에 걸쳐 1.5 psi의 압력강하를 발생하면서 흐른다. 기름이 파이프 벽에 작용하는 전단응력을 구하라.

***9-24** 직경이 100 mm인 수평 파이프가 피마자유를 처리 플랜트로 보낸다. 압력강하가 100 kPa이라면 파이프 내의 기름의 최대속도와 기름 안에 최대 전단응력을 구하라. $\rho_o = 960\ \text{kg/m}^3$ 그리고 $\mu_o = 0.985\ \text{N}\cdot\text{s/m}^2$이다.

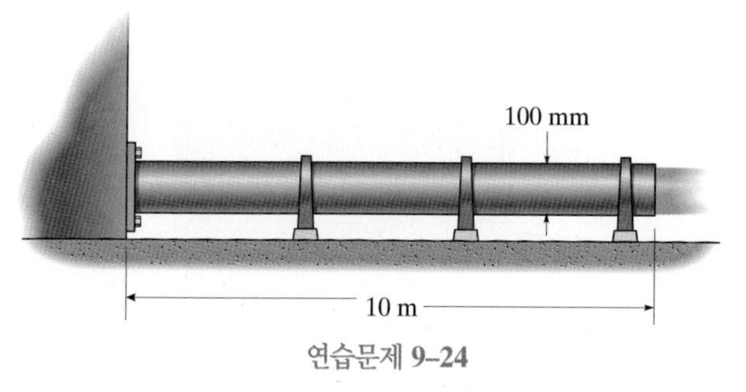

연습문제 9–24

9-25 몸속 대부분의 혈액유동은 층류이며 혈액의 밀도가 1060 kg/m^{3}이고 대동맥의 직경이 25 mm라면 혈액유동이 천이되기 전에 가질 수 있는 최대 평균속도를 구하라. 혈액은 뉴턴유체이고 $\mu_b = 0.0035\ \text{N}\cdot\text{s/m}^2$의 점성계수를 갖는 것으로 가정한다. 이 속도에서 직경이 0.008 mm인 눈의 대동맥에서 난류가 발생할 수 있는지 결정하라.

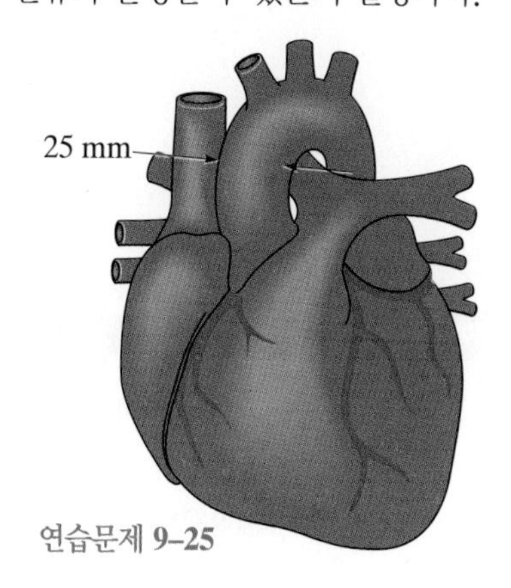

연습문제 9–25

9-26 직경이 50 mm인 수직 파이프가 $\rho_o = 890\ \text{kg/m}^3$의 밀도를 갖는 기름을 운반한다. 2 m의 파이프 길이에 걸쳐 압력강하가 500 Pa일 때, 파이프 벽에 작용하는 전단응력을 구하라. 유동은 아래로 흐른다.

9-27 직경이 1 in.인 수평 파이프가 글리세린을 수송하는데 사용된다. A에서의 압력이 30 psi이고 B에서의 압력이 20 psi일 때 유동이 층류인지 난류인지 결정하라.

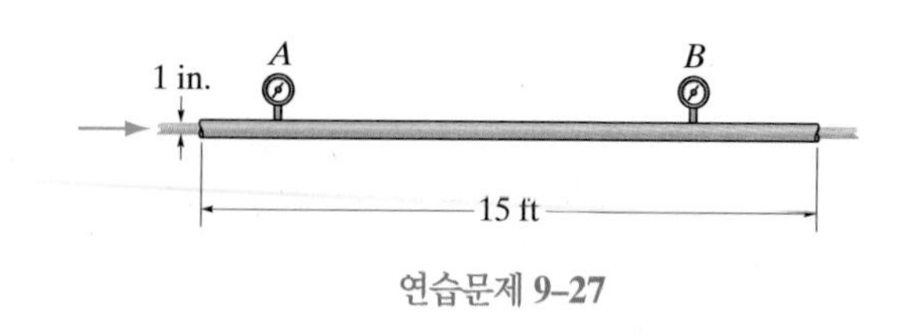

연습문제 9–27

***9-28** 직경이 1 in.인 파이프가 180°F의 물을 수송하는데 사용된다. 유동이 층류라면 점 A와 B 사이에서의 최대 압력차는 얼마인가?

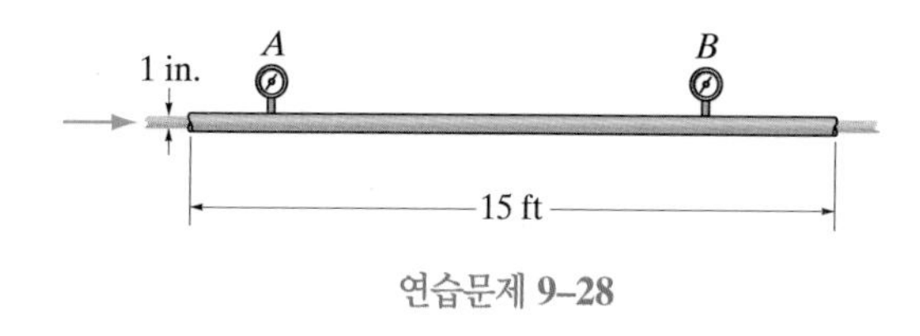

연습문제 9–28

9-29 900 kg/m^{3}의 밀도와 0.370 N·s/m^{2}의 점성계수를 갖는 기름이 직경이 150 mm인 파이프를 통해 0.05 m^3/s의 유량으로 흐른다. 길이가 8 m인 구역에 대해 점성마찰로 인한 압력강하를 구하라.

9-30 기름이 직경이 150 mm인 파이프를 통해 0.004 m^3/s의 유량으로 흐른다. 길이가 8 m인 구역에 대해 점성마찰로 인한 압력강하를 구하라. $\rho_o = 900\ \text{kg/m}^3$ 그리고 $\mu_o = 0.370\ \text{N}\cdot\text{s/m}^2$이다.

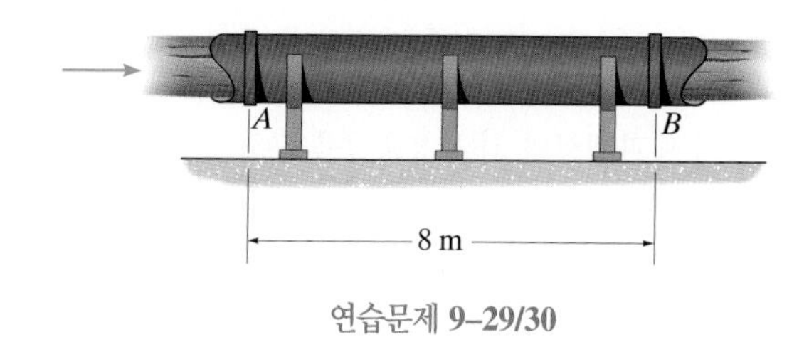

연습문제 9–29/30

9-31 림프는 혈액에서 걸러져 면역체계의 중요 부분을 구성하는 유체이다. 뉴턴유체로 가정하고 동맥으로부터 직경이 0.08 μm인 모세관전 괄약근으로 수은기둥 120 mm의 압력에서 흘러들어가서 길이가 1200 mm인 다리를 통해 수직하게 위로 지나간 후 수은기둥 25 mm의 압력을 나타낼 때 유동의 평균속도를 구하라. $\rho_l = 1030\ \text{kg/m}^3$ 그리고 $\mu_l = 0.0016\ \text{N}\cdot\text{s/m}^2$이다.

***9-32** 수평 파이프가 기름을 수송하는 데 사용된다. 압력손실이 500 ft 길이에 걸쳐 4 psi를 넘는다면 층류유동이 유지될 수 있는 가장 큰 파이프 직경을 구하라. $\rho_o = 1.72\ \text{slug/ft}^3$ 그리고 $\mu_o = 1.40(10^{-3})\ \text{lb}\cdot\text{s/ft}^2$이다.

9-33 직경이 100 mm인 매끄러운 파이프가 20°C의 등유를 0.05 m/s의 평균속도로 전달한다. 20 m 길이에 걸쳐 발생하는 압력강하를 구하라. 또한 파이프 벽면에서의 전단응력은 얼마인가?

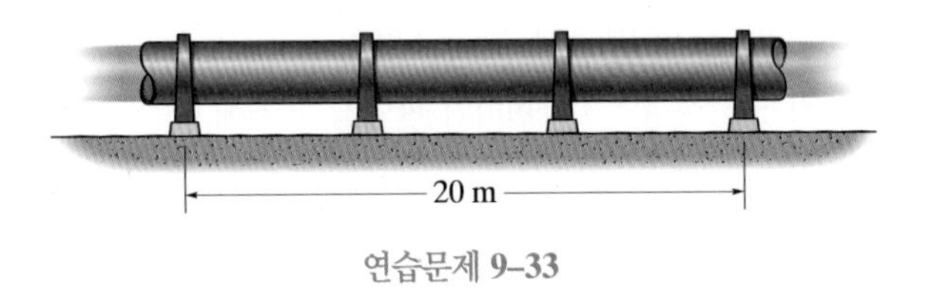

연습문제 9–33

9-34 층류유동인 60°F의 공기에 대해 사용된 직경이 18 in.인 수평관에서의 최대 유출량을 구하라.

9-35 120°F의 공기가 직경이 3 in.인 수평관을 통해 흐른다. 유동이 층류로 유지될 수 있는 최대 유량을 구하라.

***9-36** 직경이 3 in.인 수평 파이프를 통해 원유가 1000 ft 길이에 걸쳐 5 psi의 압력강하를 발생하며 흐른다. 파이프 벽으로부터 0.5 in. 떨어진 거리에서 기름 내의 전단응력을 구하라. 또한 파이프 중심선에서의 전단응력과 유동의 최대속도를 구하라. $\rho_o = 1.71\ \text{slug/ft}^3$ 그리고 $\mu_o = 0.632(10^{-3})\ \text{lb}\cdot\text{s/ft}^2$이다.

9-37 글리세린이 직경이 100 mm인 파이프의 수직단면으로 들어갈 때 A에서의 압력이 15 kPa이다. B에서의 유량을 구하라.

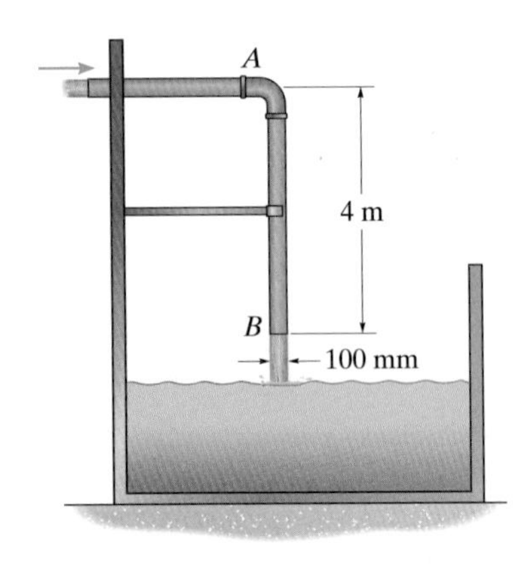

연습문제 9–37

9-38 직경이 50 mm인 매끄러운 파이프가 큰 탱크로부터 엔진오일을 0.01 m^3/s의 유량으로 뽑아내고 있다. 그 위치를 유지하기 위해 탱크가 파이프에 가해야 하는 수평 힘을 구하라. 파이프를 따라 완전히 발달된 유동이 발생하는 것으로 가정한다. $\rho_o = 876\ \text{kg/m}^3$ 그리고 $\mu_o = 0.22\ \text{N}\cdot\text{s/m}^2$이다.

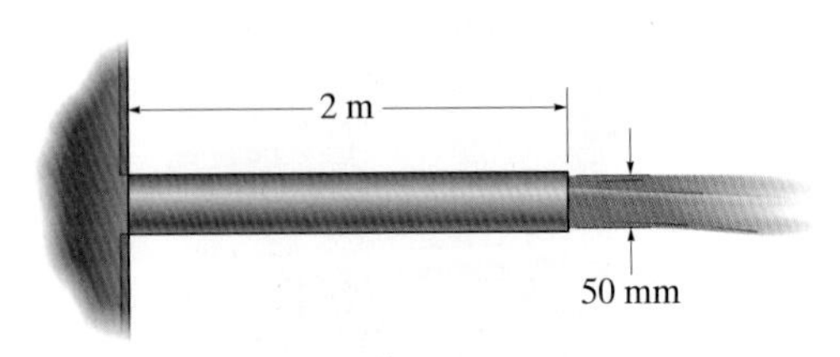

연습문제 9–38

9-39 피마자유가 A에서는 550 kPa의 압력을, B에서는 200 kPa의 압력을 받는다. 파이프의 직경이 30 mm라면 파이프 벽에 작용하는 전단응력과 기름의 최대속도를 구하라. 또한 체적유량 Q는 얼마인가? $\rho_{co} = 960\ \text{kg/m}^3$ 그리고 $\mu_{co} = 0.985\ \text{N}\cdot\text{s/m}^2$이다.

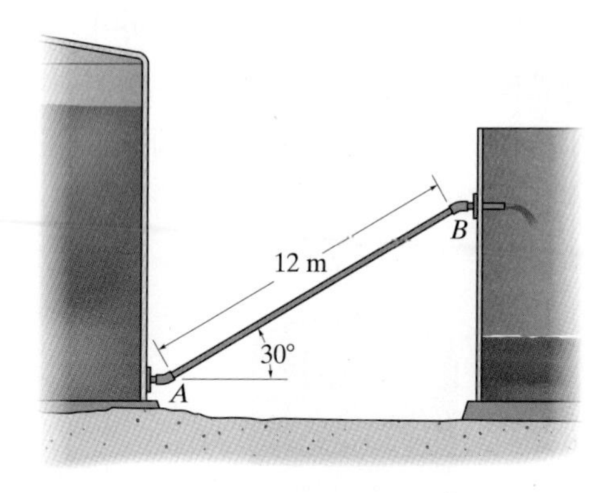

연습문제 **9–39**

***9-40** 유정 바닥에서의 기름의 압력은 그림과 같이 압력게이지를 유정으로 내려보내 측정된다. 눈금이 $p_A = 459.5$ psi일 때 유정 천정에 있는 직경이 6 in.인 파이프로부터 나오는 기름의 유량을 구하라. 파이프는 매끄럽다고 가정한다. $\rho_o = 1.71\ \text{slug/ft}^3$ 그리고 $\mu_o = 0.632(10^{-3})\ \text{lb}\cdot\text{s/ft}^2$이다.

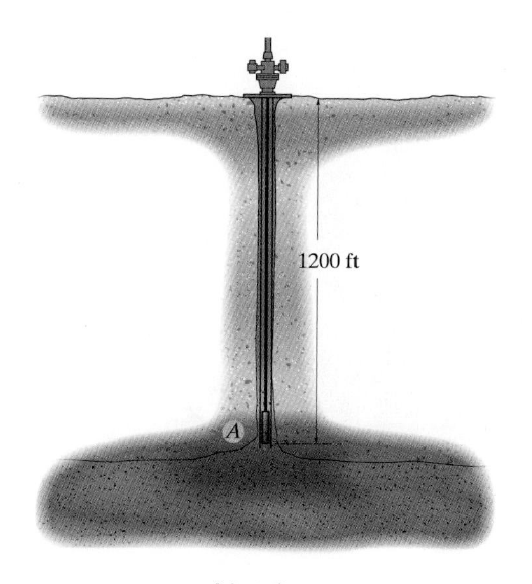

연습문제 **9–40**

9-41 기름과 등유가 그림과 같이 Y형 파이프를 통해 함께 보내진다. 두 유체가 60 mm 직경의 파이프를 따라 섞이면서 흐를 때 난류유동이 발생할지를 판단하라. $\rho_o = 880\ \text{kg/m}^3$ 그리고 $\rho_k = 810\ \text{kg/m}^3$이다. 혼합유체는 $\mu_m = 0.024\ \text{N}\cdot\text{s/m}^2$의 점성계수를 갖는다.

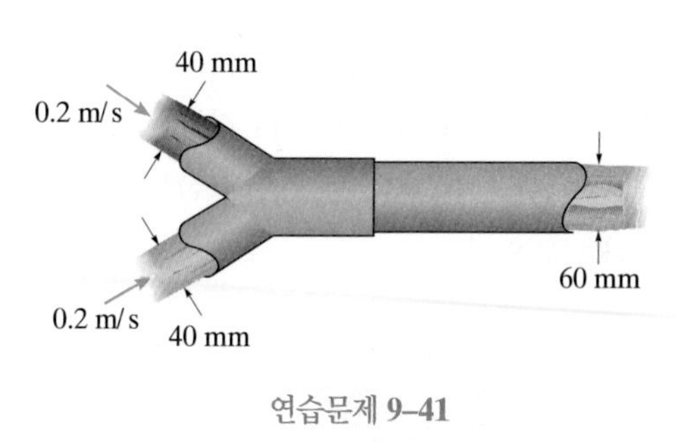

연습문제 **9–41**

9-42 20°C의 원유가 직경이 50 mm인 매끄러운 파이프를 통해 분출된다. A에서 B까지의 압력강하가 36.5 kPa이라면 유동 내의 최대속도를 구하고, 기름 내의 전단응력 분포를 그려라.

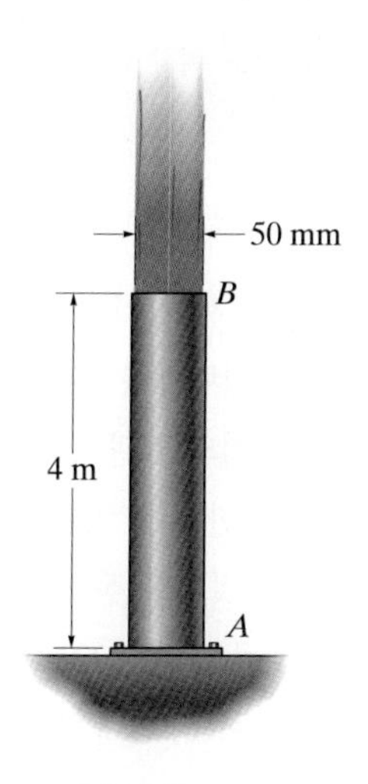

연습문제 **9–42**

9-43 원유가 직경이 50 mm인 파이프를 통해 수직하게 위로 흐르고 있다. 3 m 떨어져 있는 두 지점 사이의 압력차가 26.4 kPa일 때 체적유량을 구하라. $\rho_o = 880\ \text{kg/m}^3$ 그리고 $\mu_o = 30.2(10^{-3})\ \text{N}\cdot\text{s/m}^2$이다.

***9-44** 피마자유가 200 mm의 수위가 유지되도록 깔대기 속에 부어진다. 줄기를 통해 일정한 비율로 흘러서 원통형 용기에 모아진다. 수위가 $h = 50$ mm에 도달하기 위해 필요한 시간을 구하라. $\rho_o = 960\ \mathrm{kg/m^3}$ 그리고 $\mu_o = 0.985\ \mathrm{N \cdot s/m^2}$이다.

9-45 피마자유가 200 mm의 수위가 유지되도록 깔대기 속에 부어진다. 줄기를 통해 일정한 비율로 흘러서 원통형 용기에 모아진다. $h = 80$ mm 깊이까지 용기를 채우는 데 걸리는 시간이 5초라면 기름의 점성계수를 구하라. $\rho_o = 960\ \mathrm{kg/m^3}$이다.

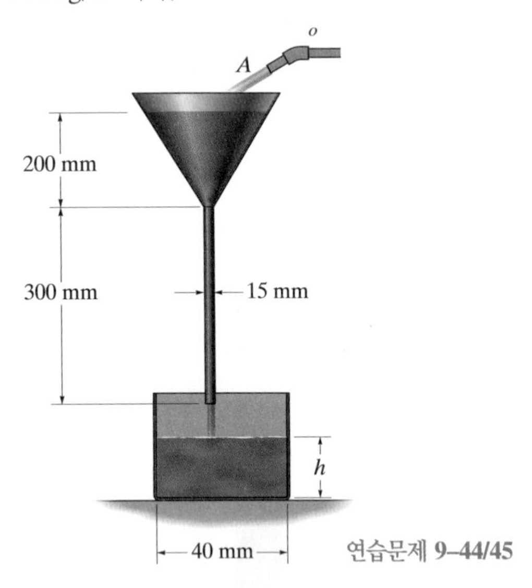

연습문제 9–44/45

9-46 호흡저항은 폐에서 공기를 완전히 빼내는 데 걸리는 시간을 측정하는 폐활량계를 사용하여 측정할 수 있다. 약 20% 저항이 중간 크기의 기관지에서 발생하며 층류유동이 존재한다. 유동에 대한 저항 R은 구동 압력구배 dp/dx를 체적유량 Q로 나눈 것으로 정의될 수 있다. 그 값을 기관지 직경인 D의 함수로 구하라. $2\ \mathrm{mm} \le D \le 8\ \mathrm{mm}$에 대해 그 값을 그려라. $\mu_a = 18.9(10^{-6})\ \mathrm{N \cdot s/m^2}$이다.

9-47 동맥벽에 접한 내피세포는 다양한 혈관 이상의 발생에 중요한 것으로 생각된다. 소동맥(또는 모세혈관) 내에서 혈액유동의 속도분포는 포물선이며 혈관 직경은 80 μm라면 평균속도의 함수로 벽전단응력을 구하라. $20\ \mathrm{mm/s} \le V \le 50\ \mathrm{mm/s}$에 대해 결과를 그려라. 여기서 혈액은 뉴턴유체로 가정하고, $\mu_b = 0.0035\ \mathrm{N \cdot s/m^2}$이다.

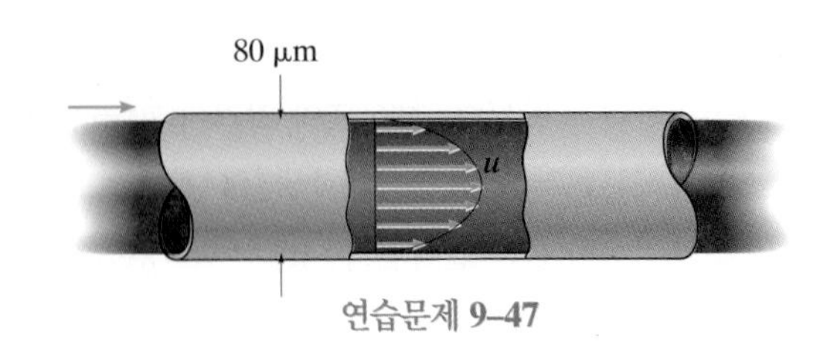

연습문제 9–47

***9-48** 원통형 탱크가 직경이 50 mm인 파이프를 사용해서 글리세린으로 채워진다. 유동이 층류라면 탱크를 2.5 m 깊이까지 채우는 데 걸리는 시간을 구하라. 공기는 탱크 위를 통해 빠져 나간다.

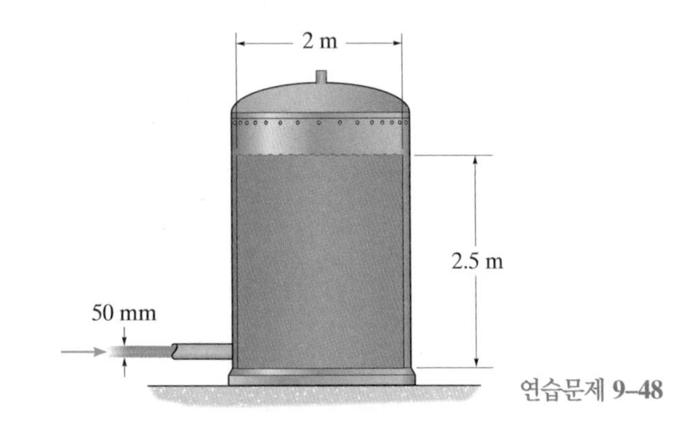

연습문제 9–48

9-49 큰 플라스크가 밀도 ρ, 점성계수 μ인 액체로 채워진다. A에 있는 밸브가 열리면 액체는 $d \ll D$인 수평관을 통해 흐르기 시작한다. $t = 0$에서 $h = h_1$이라면 $h = h_2$일 때의 시간을 구하라. 관 내에서 층류유동이 발생하는 것으로 가정한다.

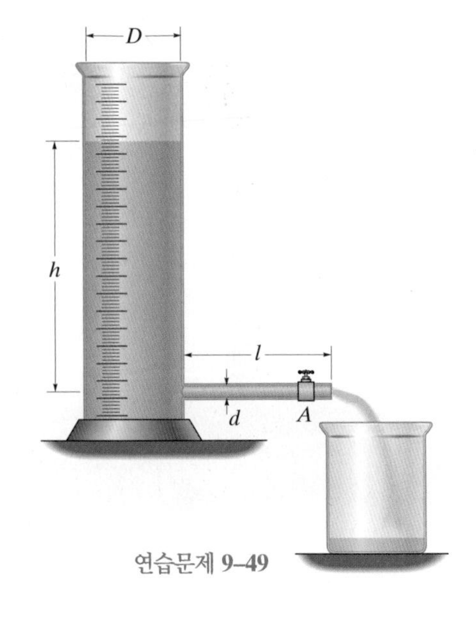

연습문제 9–49

9-50 $\rho_o = 880\ \mathrm{kg/m^3}$의 밀도와 $\mu_o = 0.0680\ \mathrm{N \cdot s/m^2}$의 점성계수를 갖는 기름이 직경이 20 mm인 파이프를 통해 $0.001\ \mathrm{m^3/s}$의 유량으로 흐르고 있다. 수은압력계의 눈금 h를 구하라. $\rho_{Hg} = 13550\ \mathrm{kg/m^3}$이다.

9-51 $\rho_o = 880\ \mathrm{kg/m^3}$의 밀도와 $\mu_o = 0.0680\ \mathrm{N \cdot s/m^2}$의 점성계수를 갖는 기름이 직경이 20 mm인 파이프를 통해 흐르고 있다. 수은압력계의 눈금 $h = 40$ mm라면 체적유량은 얼마인가? $\rho_{Hg} = 13550\ \mathrm{kg/m^3}$이다.

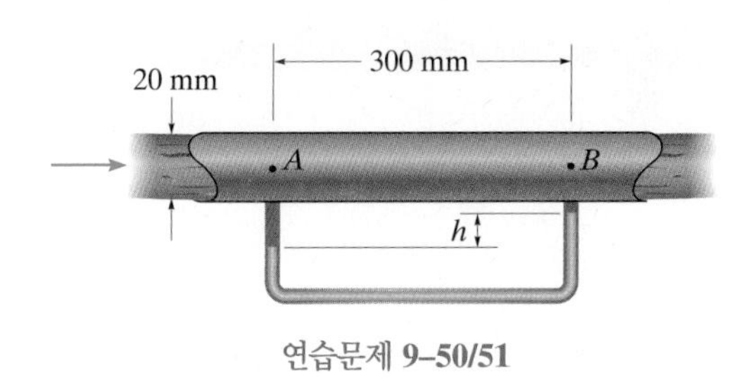

연습문제 9–50/51

***9-52** 동심원에 대한 레이놀즈수 $\mathrm{Re} = \rho V D_h/\mu$는 $D_h = 4A/P$로 정의되는 **수력직경**을 사용해서 구해진다. 여기서 A는 동심원 내의 열린 단면적이고, P는 접수길이이다. 유량이 $0.01\ \mathrm{m^3/s}$일 때 30°C인 물에 대한 레이놀즈수를 구하라. 이 유동은 층류인가? $r_i = 40$ mm와 $r_o = 60$ mm이다.

9-53 뉴턴유체는 동심원을 통해 지나는 층류유동을 갖고 있다. 나비에-스토크스 방정식을 풀어서 유동에 대한 속도분포가 $v_z = \dfrac{1}{4\mu}\dfrac{dp}{dz}\left[r^2 - r_0^2 - \left(\dfrac{r_o^2 - r_i^2}{\ln(r_o/r_i)}\right)\ln\dfrac{r}{r_o}\right]$임을 보여라.

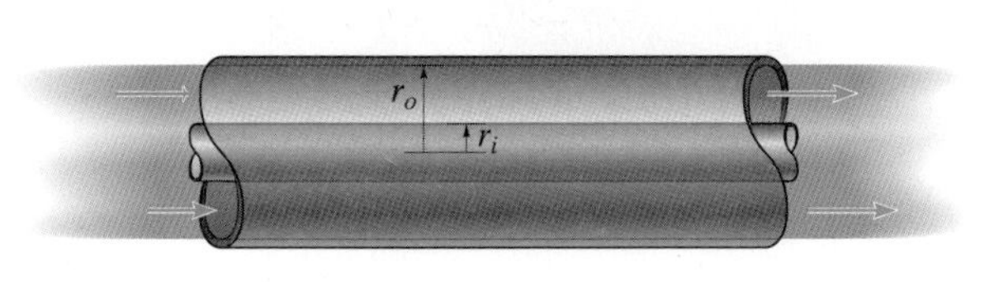

연습문제 9–52/53

9-54 뉴턴유체는 동심원을 통해 지나는 층류유동을 갖고 있다. 연습문제 9-53의 결과를 이용해서 유동에 대한 전단응력 분포가 $\tau_{rz} = \dfrac{1}{4}\dfrac{dp}{dz}\left(2r - \dfrac{r_o^2 - r_i^2}{r\ln(r_o/r_i)}\right)$임을 보여라.

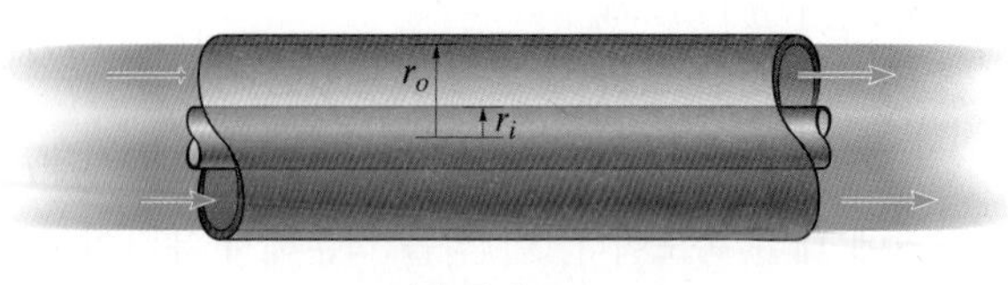

연습문제 9–54

9-55 동심원 통로를 통해 기름이 흐르면서 A에서 B까지 발생하는 압력강하는 40 kPa이다. 통로 벽에 작용하는 전단응력과 유동의 최대속도를 구하라. 연습문제 9-53과 9-54의 결과를 사용하고 $\mu_o = 0.220\ \mathrm{N \cdot s/m^2}$이다.

***9-56** 동심원 통로를 통해 기름이 흐르면서 A에서 B까지 발생하는 압력강하는 40 kPa이다. 체적유량을 구하라. 연습문제 9-53의 결과를 이용하고 $\mu_o = 0.220\ \mathrm{N \cdot s/m^2}$이다.

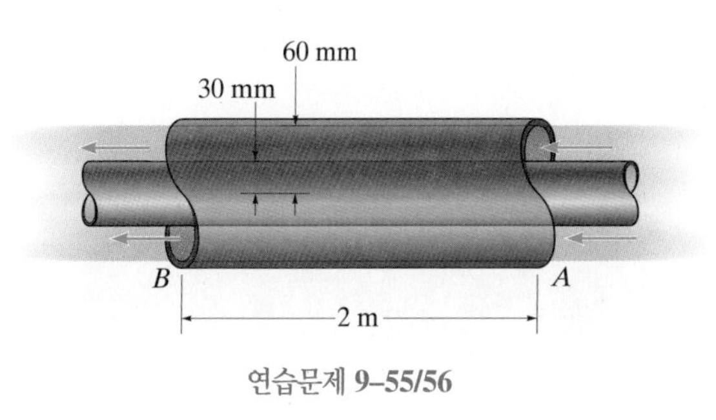

연습문제 9–55/56

9-57 혈액이 큰 동맥을 통해 흐를 때 적혈구로 구성되는 중심부와 무세포인 플라즈마 스키밍(skimming) 층이라 불리는 바깥 동심원으로 분리되려 한다. 이 현상은 동맥을 내경이 R인 원형 관으로 간주하고 무세포 영역이 δ의 두께를 갖는다는 '무세포 한계 계층 모델(cell-free marginal layer model)'로 설명될 수 있다. 이 영역을 지배하는 방정식은 $-\frac{\Delta p}{L} = \frac{1}{r}\frac{d}{dr}\left[\mu_c r \frac{du_c}{dr}\right]$, $0 \le r \le R - \delta$와 $-\frac{\Delta p}{L} = \frac{1}{r}\frac{d}{dr}\left[\mu_p r \frac{du_p}{dr}\right]$, $R - \delta \le r \le R$이다. 여기서 μ_c와 μ_p는 점성계수(뉴턴유체로 가정된)이고, u_c와 u_p는 각 영역에 대한 속도이다. 이 식을 적분해서 유량이 $Q = \frac{\pi \Delta p R^4}{8\mu_p L}\left[1 - \left(1 - \frac{\delta}{R}\right)^4\left(1 - \frac{\mu_p}{\mu_c}\right)\right]$임을 보여라.

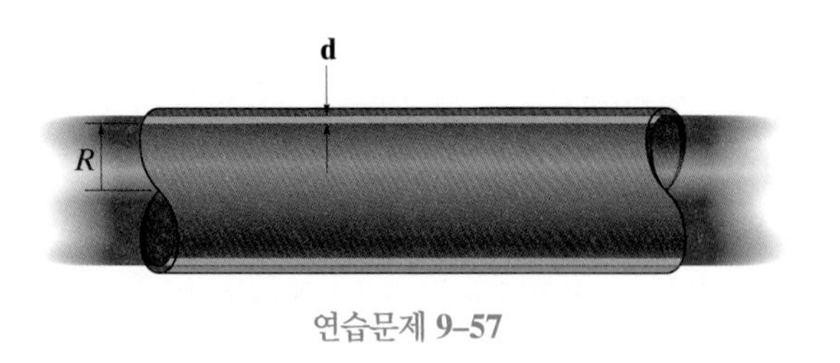

연습문제 9–57

9-58 연습문제 9-57의 결과를 이용해서 혈액의 겉보기 점성계수를 계산하는 데 쁘와즐리 방정식을 사용하면 다음과 같이 나타낼 수 있음을 보여라.

$$\mu_{app} = \frac{\mu_p}{\left[1 - \left(1 - \frac{\delta}{R}\right)^4\left(1 - \frac{\mu_p}{\mu_c}\right)\right]}$$

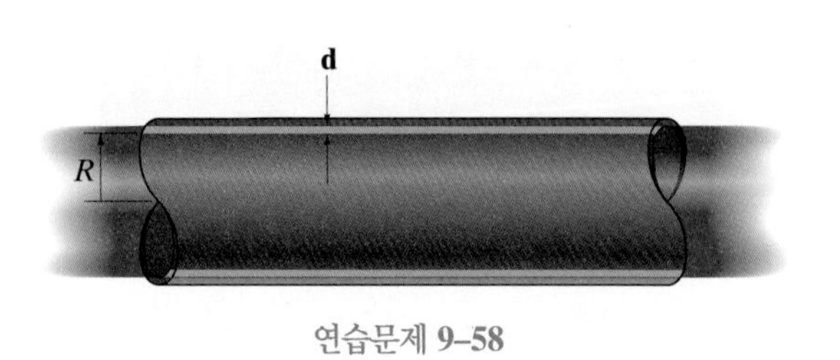

연습문제 9–58

9-59 글리세린이 직경이 100 mm인 매끄러운 파이프를 통해 큰 탱크로부터 흘러나온다. 유동이 층류라면 최대 체적유량을 구하라. 파이프 입구로부터 얼마나 떨어진 L에서 완전히 발달된 층류유동이 발생하는가?

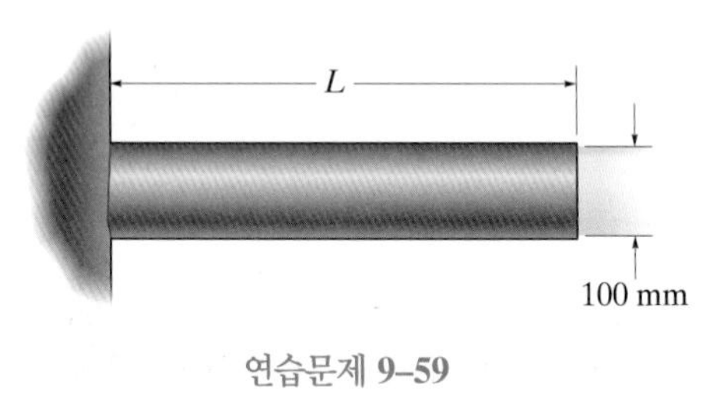

연습문제 9–59

***9-60** 물이 비이커에서 직경이 4 mm인 관으로 0.45 m/s의 평균속도로 흘러간다. 물의 온도가 10°C일 때와 30°C일 때 유동이 층류인지 난류인지 구분하라. 유동이 층류라면 완전히 발달된 유동이 발생하는 파이프 길이를 찾아라.

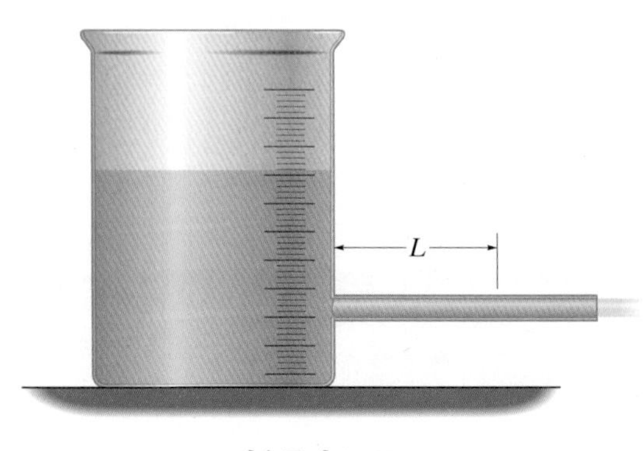

연습문제 9–60

9.7~9.8절

9-61 직경이 70 mm인 수평 파이프가 매끄러운 내부표면을 갖고 있으며 20°C의 기름을 수송한다. 5 m 길이에 걸친 압력감소가 180 kPa이라면 점성저층의 두께와 파이프 중심선을 따르는 속도를 구하라. 유동은 난류이다.

9-62 직경이 50 mm인 매끄러운 파이프를 통해 원유가 흐르고 있다. *A*에서의 압력이 16 kPa이고 *B*에서의 압력이 9 kPa이라면 파이프 벽으로부터 10 mm 떨어진 곳에서 기름 내의 전단응력과 속도를 구하라. 결과를 얻기 위해 식 (9-33)을 이용하라. 유동은 난류이다.

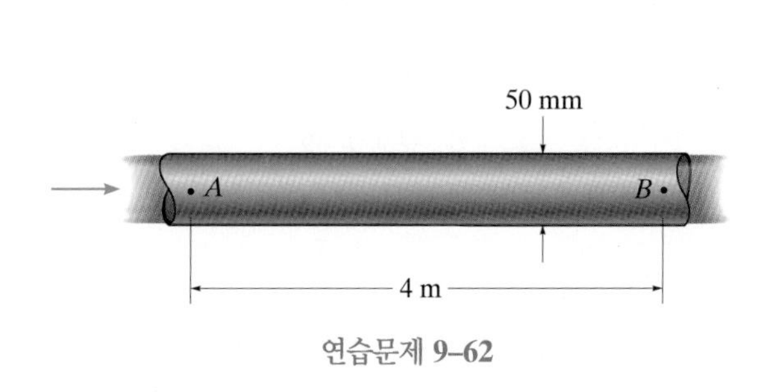

연습문제 **9–62**

9-63 직경이 50 mm인 매끄러운 파이프를 통해 원유가 $0.0054\ m^3/s$의 유량으로 흐르고 있다. *A*에서의 압력이 16 kPa이고 *B*에서의 압력이 9 kPa이라면 파이프 벽으로부터 10 mm 떨어진 곳에서 기름 내의 점성 전단응력과 난류 전단응력을 구하라. 결과를 얻기 위해 식 (9-34)의 멱법칙 속도분포를 이용하라. 유동은 난류이다.

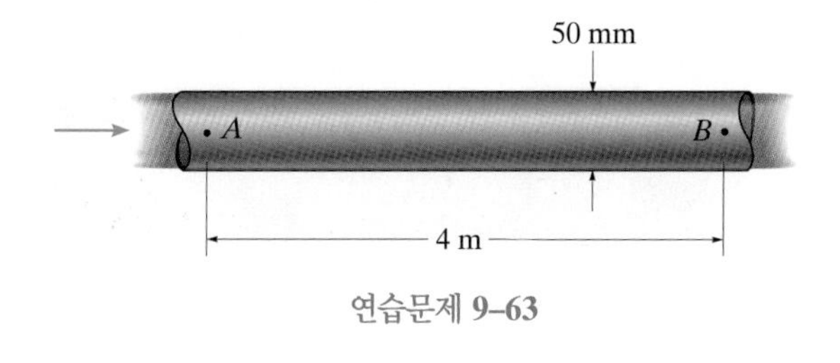

연습문제 **9–63**

***9-64** 직경이 50 mm인 매끄러운 파이프를 통해 원유가 흐르고 있다. *A*에서의 압력이 16 kPa이고 *B*에서의 압력이 9 kPa이라면 점성저층의 두께를 구하고, 파이프 내에서 기름의 최대 전단응력과 최대속도를 찾아라. 결과를 얻기 위해 식 (9-33)을 이용하라. 유동은 난류이다.

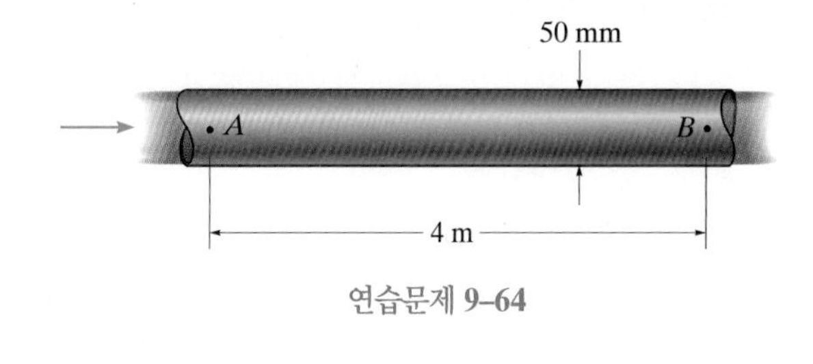

연습문제 **9–64**

9-65 직경이 50 mm인 매끄러운 파이프를 통해 원유가 $0.0054\ m^3/s$의 유량으로 흐르고 있다. 파이프 벽으로부터 10 mm 떨어진 곳에서 기름 내의 속도를 구하라. 결과를 얻기 위해 식 (9-34)의 멱법칙 속도분포를 이용하라. 유동은 난류이다.

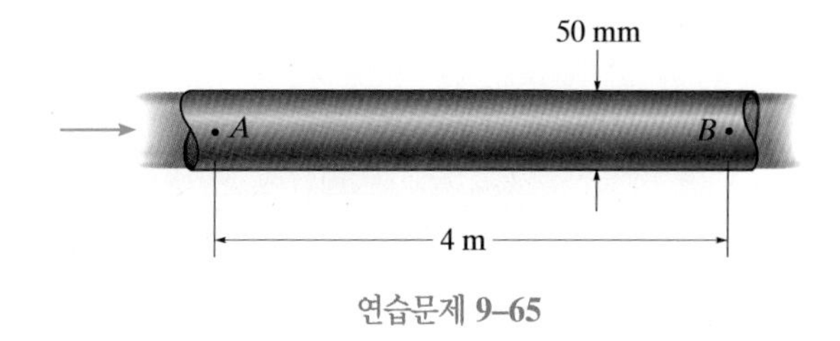

연습문제 **9–65**

9-66 직경이 2 in.인 매끄러운 파이프를 통해 물이 흐르고 있다. 2 ft 길이에 걸쳐 압력강하가 1.5 psi일 때 파이프 벽면과 파이프 중심에서의 전단응력을 구하라. 파이프 중심선에서의 물의 속도는 얼마인가? 유동은 난류이다. 식 (9-33)을 사용하라. $\gamma_w = 62.4\ \text{lb/ft}^3$ 그리고 $\nu_w = 16.6(10^{-6})\ \text{ft}^2/\text{s}$이다.

9-67 직경이 2 in.인 매끄러운 파이프를 통해 물이 흐르고 있다. 2 ft 길이에 걸쳐 압력강하가 1.5 psi일 때 파이프 벽으로부터 0.5 in. 떨어진 곳에서의 전단응력을 구하라. 점성저층의 두께는 얼마인가? 유동은 난류이다. $\gamma_w = 62.4\ \text{lb/ft}^3$ 그리고 $\nu_w = 16.6(10^{-6})\ \text{ft}^2/\text{s}$이다.

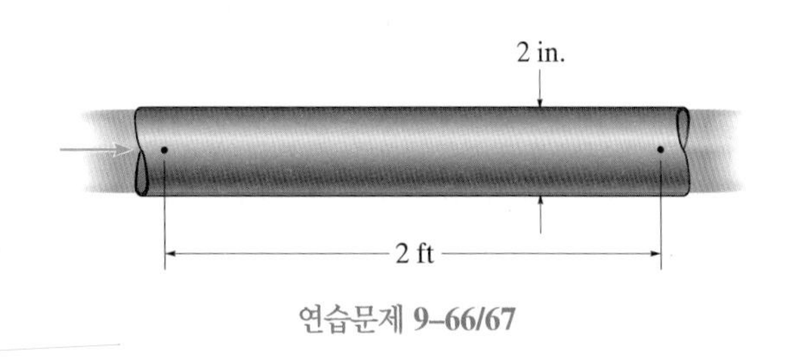

연습문제 **9–66/67**

***9-68** 직경이 4 in.인 매끄러운 파이프가 길이는 12 ft이고 30 ft/s의 최대속도를 갖는 70°C의 물을 수송하고 있다. 파이프의 길이방향 압력구배와 파이프 벽에서의 전단응력을 구하라. 또한 점성저층의 두께는 얼마인가? 식 (9-33)을 사용하라.

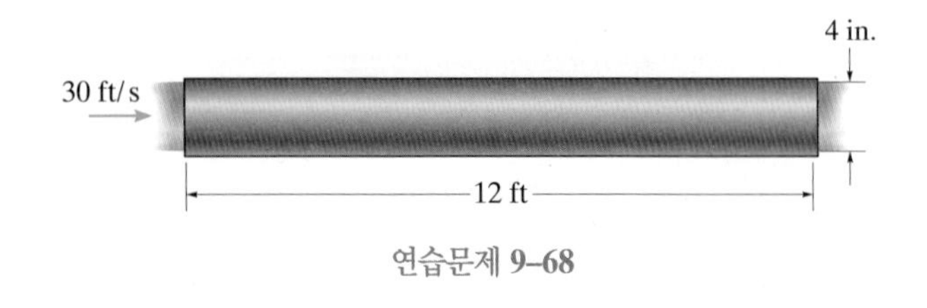

연습문제 **9–68**

9-69 직경이 100 mm인 매끄러운 파이프가 7.5 m/s의 평균속도를 갖는 벤젠을 수송하고 있다. *A*에서 *B*까지의 압력강하가 400 Pa일 때 파이프 중심선으로부터 $r = 25$ mm와 $r = 50$ mm인 곳에서 벤젠 내의 점성 전단응력과 난류 전단응력을 구하라. 식 (9-34)의 멱법칙 속도분포를 사용하라. $\rho_{bz} = 880\ \text{kg/m}^3$ 그리고 $\nu_{bz} = 0.75(10^{-6})\ \text{m}^2/\text{s}$이다.

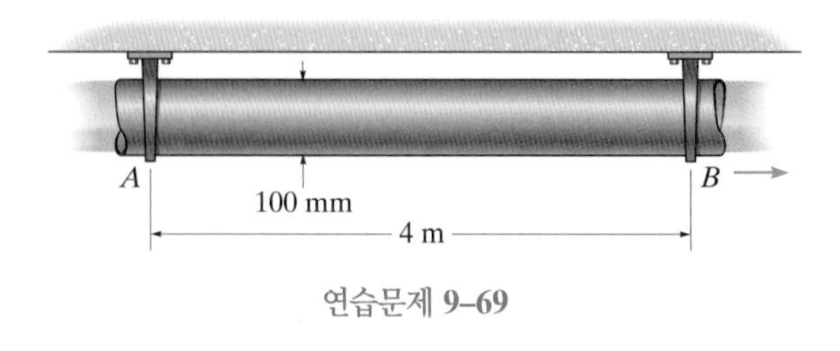

연습문제 **9–69**

9-70 직경이 3 in.인 수평 파이프가 매끄러운 내부 표면을 갖고 있으며, 68°F의 등유를 수송하고 있다. 압력강하가 20 ft 길이에 걸쳐 $17\ \text{lb/ft}^2$일 때 유동의 최대속도를 구하라. 점성저층의 두께는 얼마인가? 식 (9-33)을 사용하라.

9-71 목 동맥의 내벽에 위치한 인공이식 조직편에 대한 실험 검사에 따르면 주어진 순간에 동맥을 지나는 혈액유동은 $u = 8.36(1 - r/3.4)^{1/n}$ mm/s로 근사화한 속도분포를 갖는다. 여기서 r의 단위는 밀리미터이고, $n = 2.3 \log_{10} \text{Re} - 4.6$이다. $\text{Re} = 2(10^9)$일 때 동맥벽 위의 속도분포를 그리고, 이 순간에서의 유량을 구하라.

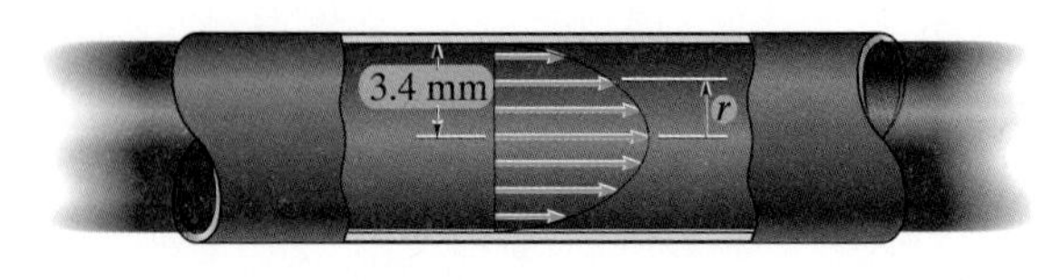

연습문제 **9–71**

장 복습

두 평행평판 사이 또는 파이프 내에서 정상유동이 발생한다면 유동이 층류든 난류든 관계없이 유체 내의 전단응력은 압력힘과 중력 그리고 점성력 사이에 평형을 이루도록 선형적으로 변한다.	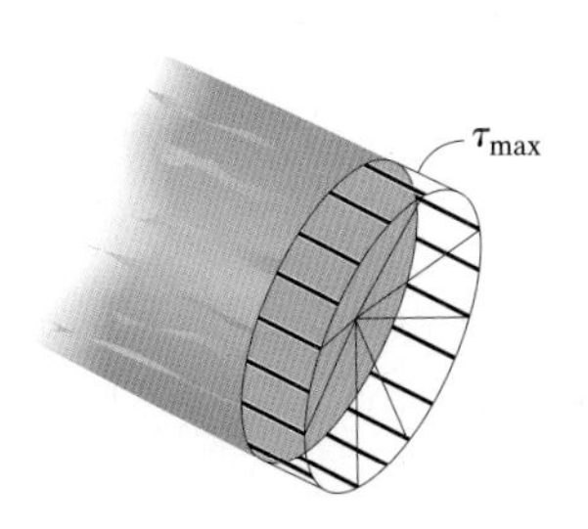 층류유동 및 난류유동 모두에 대한 전단응력 분포
이 책에서 평행평판 사이의 층류유동은 Re ≤ 1400을, 파이프 내의 층류유동은 Re ≤ 2300을 요구한다. 뉴턴유체에 대해 층류유동이 발생하면 뉴턴의 점성법칙을 사용하여 이 도관을 따르는 속도분포와 압력강하를 구할 수 있다. 판 또는 파이프에 대해 관련된 수식을 사용할 때는 설정된 좌표계와 관련된 부호 표기법을 따라야 한다.	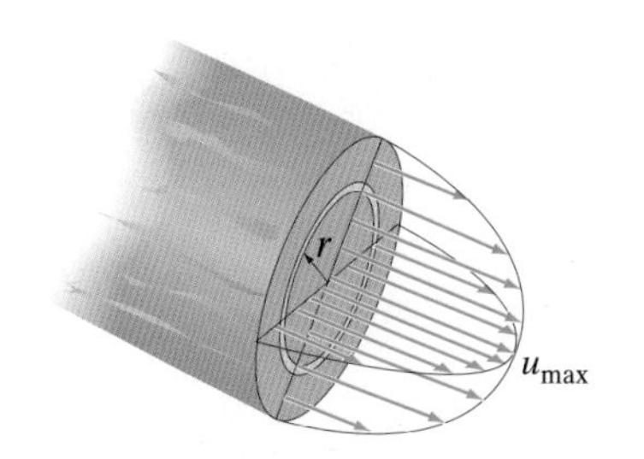 층류유동에 대한 속도분포
큰 수조로부터 파이프로 유체가 흐를 때 완전히 발달된 층류유동 또는 난류유동이 되기까지 어느 정도 거리에 걸쳐 가속이 된다.	
파이프 내의 난류유동은 유체의 일정치 않은 혼합에 의해 추가 마찰손실을 발생시킨다. 혼합은 평균속도분포를 평평하고 더 균일하게 만드는 경향이 있다. 그렇지만 파이프 벽을 따라 층류유동을 갖는 좁은 점성저층이 항상 존재한다.	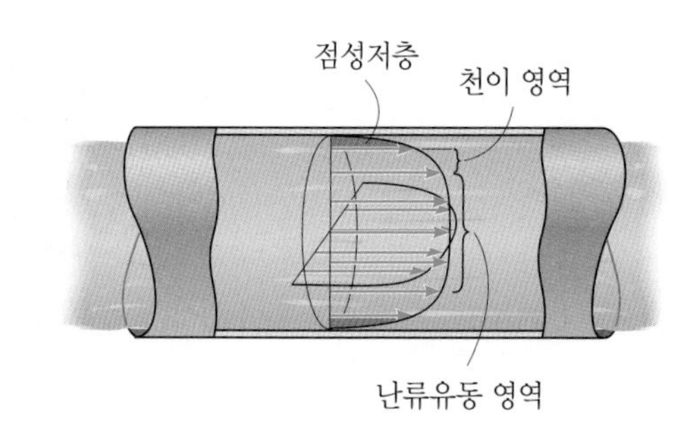
난류유동에 대한 속도분포는 예측할 수 없으므로 해석적으로 구해질 수 없다. 그 대신 실험결과를 이용해서 이 분포를 표현하는 경험적 수식을 사용해야 한다.	$\frac{\bar{u}}{u^*} = 2.5 \ln\left(\frac{u^* y}{\nu}\right) + 5.0$ $\frac{\bar{u}}{u_{max}} = \left(1 - \frac{r}{R}\right)^{1/n}$

Chapter 10

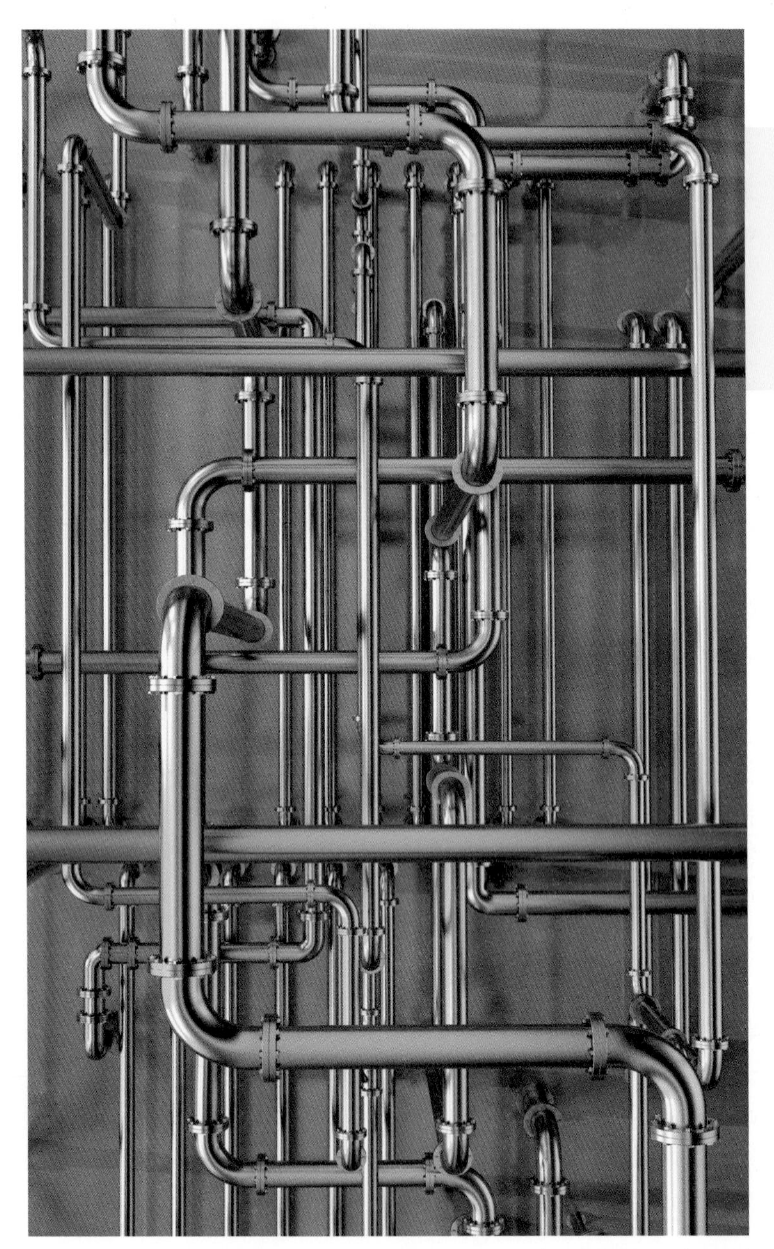

(© whitehoune/Fotolia)

파이프 시스템을 설계하기 위해서는 연결부와 배관요소에서 발생하는 모든 손실과 함께 파이프 내의 마찰손실을 알아야 한다.

파이프 유동에 대한 해석과 설계

학습목표

- 파이프 내의 표면 조도에 의한 마찰손실을 고찰하며 이 손실을 구하기 위해 실험 자료를 사용하는 방법을 설명한다.
- 다양한 배관요소와 연결부를 갖는 파이프 시스템을 해석하고 설계하는 방법을 제시한다.
- 파이프를 통한 유량을 측정하기 위해 사용하는 몇 가지 방법을 설명한다.

10.1 거친 파이프에서 유동에 대한 저항

앞 장의 논의를 확장해서 파이프의 거친 벽에 의한 마찰저항이 파이프 내의 압력강하에 어떻게 기여하는지 살펴볼 것이다. 이는 파이프 시스템을 설계하거나 특정한 유동을 유지하는 데 필요한 펌프를 선택할 때 중요하다. 여기서는 압력을 견디는 데 가장 좋은 구조적 강도를 가지며, 게다가 가장 작은 마찰저항으로 가장 많은 유체를 수송할 수 있기 때문에 원형 단면을 갖는 곧은 파이프에 초점을 맞출 것이다.

공학실무에서는 유체마찰과 벽 조도 모두에 의한 마찰손실 또는 에너지손실을 **주 손실수두** h_L 또는 단순히 **주 손실**이라 부른다. 그림 10-1에서 거리 L 만큼 떨어진 두 지점에서 압력을 측정하고 두 지점 사이에 에너지방정식을 적용하면 파이프 내의 주 손실을 구할 수 있다. 축일이 없고 파이프는 수평으로 $z_{in} = z_{out} = 0$이고 $V_{in} = V_{out} = V$이므로 정상유동에 대해 다음이 얻어진다.

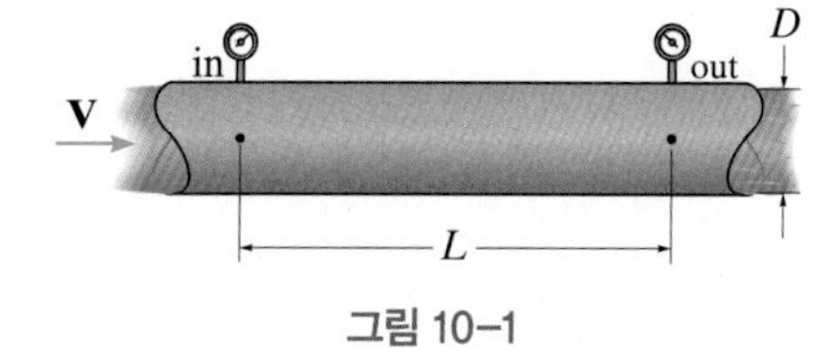

그림 10–1

$$\frac{p_{in}}{\gamma} + \frac{V_{in}^2}{2g} + z_{in} + h_{pump} = \frac{p_{out}}{\gamma} + \frac{V_{out}^2}{2g} + z_{out} + h_{turb} + h_L$$

$$\frac{p_{in}}{\gamma} + \frac{V^2}{2g} + 0 + 0 = \frac{p_{out}}{\gamma} + \frac{V^2}{2g} + 0 + 0 + h_L$$

$$h_L = \frac{p_{in} - p_{out}}{\gamma} = \frac{\Delta p}{\gamma} \qquad (10\text{-}1)$$

따라서 파이프에서의 손실수두 $h_L = \Delta p/L$은 이 손실을 발생시키는 마찰저항을 이기기 위해 압력이 일을 해야 하므로 파이프 길이 L에 걸쳐 압력강하를 유발한다. 이런 이유로 $p_{\text{in}} > p_{\text{out}}$이다. 물론 유체가 이상유체라면 마찰저항이 발생하지 않기 때문에 $h_L = 0$이다.

층류유동 층류유동에 있어 주 손실수두는 유체 내에서 발생한다. 이는 유체층들이 다른 속도를 갖고 서로에 대해 미끄러질 때 그 사이에서 발생하는 마찰저항 또는 전단응력에 기인한다. 뉴턴유체에 대해 이 전단응력은 뉴턴의 점성법칙 $\tau = \mu(du/dy)$에 의해 속도구배에 관계된다. 9.3절에서 파이프 유동의 평균속도를 압력구배 $\Delta p/L$에 관계시키는 데 이 수식을 사용하였다. 식 (9-25)의 $V = (D^2/32\mu)(\Delta p/L)$이 그 결과이다. 이것과 식 (10-1)에 의해 손실수두는 다음과 같이 평균속도에 의해 나타낼 수 있다.

$$h_L = \frac{32\mu VL}{D^2\gamma} \tag{10-2}$$

층류유동

손실은 D의 제곱에 반비례하므로 파이프 내경이 감소함에 따라 손실이 증가함을 주목하라. 이 손실은 전적으로 유체 점성에 의한 것으로 유동을 따라 발생한다. 파이프 벽의 약한 거칠기는 보통은 뚜렷하게 층류유동에 영향을 미치지 않으므로 손실에 미치는 영향을 무시할 수 있다.

나중의 편의를 위해 식 (10-2)를 레이놀즈수 $\text{Re} = \rho VD/\mu$로 표현하여 다시 정리하면

$$h_L = f\frac{L}{D}\frac{V^2}{2g} \tag{10-3}$$

여기서

$$\boxed{f = \frac{64}{\text{Re}}} \tag{10-4}$$

층류유동

f는 **마찰계수**라 한다. 층류유동에 대해 마찰계수는 단지 레이놀즈수만의 함수이며, 파이프 벽의 내면이 매끄럽든 거칠든 상관없다. 여기서 마찰손실은 단지 유체 점성에 의해서만 발생한다.

난류유동 난류유동으로 인한 파이프 내의 손실수두를 구할 수 있는 해석적인 방법이 없기 때문에 그림 10-2a에서와 같이 두 압력게이지 또는 그림 10-2b의 액주계를 사용하여 압력강하를 측정하는 것이 필요하다. 실험에 의하면 압력강

하는 파이프 직경 D, 파이프 길이 L, 유체 밀도 ρ, 점성계수 μ 그리고 조도 또는 파이프 내면에서 돌기의 평균높이 ε에 의존한다. 제8장의 예제 8.4에서 차원해석을 사용하여 이들 변수와 압력강하 사이의 관계는 세 개의 무차원 비에 의해 나타낼 수 있음을 보였다. 즉,

$$\Delta p = \rho V^2 g_1\left(\text{Re}, \frac{L}{D}, \frac{\varepsilon}{D}\right)$$

여기서 g_1은 미지의 함수로 정의된다. 더 많은 실험을 통해 압력강하는 파이프 길이에 **직접 비례하고**—파이프가 길수록 압력강하가 커지지만 파이프 직경에는 **반비례하고**—직경이 작을수록 압력강하가 커지는 것을 알 수 있었다. 따라서 위의 관계는 다음과 같이 된다.

$$\Delta p = \rho V^2 \frac{L}{D} g_2\left(\text{Re}, \frac{\varepsilon}{D}\right)$$

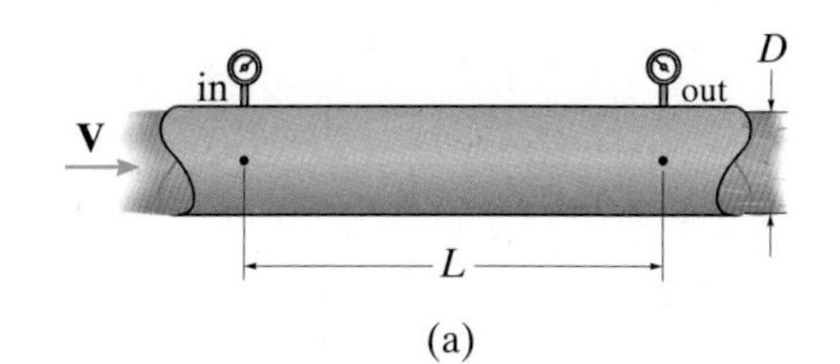

(a)

마지막으로 파이프 내의 손실수두를 구하기 위해 $\gamma = \rho g$임을 인식하고, 이 결과를 이용하여 식 (10-1)을 적용하면 다음을 얻는다.

$$h_L = \frac{L}{D}\frac{V^2}{2g} g_3\left(\text{Re}, \frac{\varepsilon}{D}\right)$$

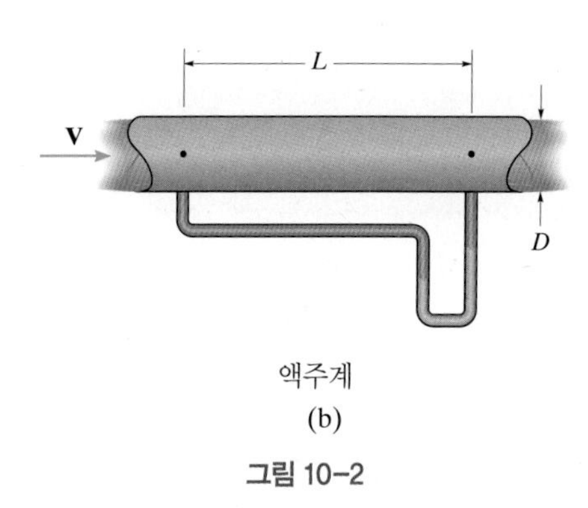

액주계
(b)

그림 10–2

편의를 위해 속도수두 $V^2/2g$로 h_L을 표현하기 위해 2의 인자를 넣는다. 즉, 미지의 함수는 이제 $g_3(\text{Re}, \varepsilon/D) = 2g_2$이다. 손실수두가 또한 속도수두에 **직접 비례한다는** 사실은 실험에 의해 밝혀진 사실이다.

윗식을 식 (10-3)과 비교하고 마찰계수를 다음과 같이 표현하면

$$f = g_3\left(\text{Re}, \frac{\varepsilon}{D}\right)$$

난류유동에 대한 손실수두를 층류유동의 경우와 **동일한 형태**로 나타낼 수 있다.

$$h_L = f\frac{L}{D}\frac{V^2}{2g} \tag{10-5}$$

이 중요한 결과는 19세기 말에 처음으로 이를 제안한 Henry Darcy와 Julius Weisbach의 이름을 따서 **다르시-바이스바흐 식**이라 불린다. 이 식은 차원해석에 의해 유도되었고, 층류와 난류 모두에 적용된다. 층류유동의 경우에 마찰계수는 식 (10-4)로부터 구할 수 있지만, 난류유동의 경우에는 실험을 통해 마찰계수 관계식 $f = g_3(\text{Re}, \varepsilon/D)$을 구해야 한다.

이를 위한 첫 번째 시도는 Johann Nikuradse에 의해 수행되었고, 그 다음에 다른 사람들에 의해 ε으로 정의되는 특정한 크기의 균일한 모래입자에 의해

인공적으로 거칠게 만든 파이프를 사용하여 수행되었다. 불행히도 실제 응용에서 상용 파이프는 잘 정의된 균일한 조도를 가지지 않는다. 그렇지만 Lewis Moody와 Cyril Colebrook은 상사 접근법을 이용하여 상용 파이프를 사용한 실험을 수행하여 Nikuradse의 결과를 확장시켰다.

무디 선도 Moody는 $f = g_3(\text{Re}, \varepsilon/D)$에 대한 자료를 로그-로그 척도에 그려진 그래프 형태로 제시하였다. 이 그래프는 종종 **무디 선도**라 불리며, 편의를 위해 이 책의 뒤표지 안쪽에 제공하였다. 이 도표를 사용하기 위해서는 그림 10-3c의 파이프 내벽의 평균 **표면조도** ε을 아는 것이 필요하다. 무디 선도 위에 나와 있는 표는 파이프가 충분히 좋은 상태라면 전형적인 값으로 사용할 수 있다. 하지만 파이프를 오래 사용하면 부식되거나 찌꺼기가 끼게 될 수 있음을 인식하라. 이렇게 되면 ε의 값은 크게 달라질 수 있으며, 극단적인 경우에는 D의 값을 작게 한다. 적절한 ε을 선택하기 위해 신중한 판단을 하는 것은 이러한 이유이다.

ε이 알려지면 **상대조도** ε/D와 레이놀즈수가 계산될 수 있고, 무디 선도로부터 마찰계수 f를 구할 수 있다. 이 도표에서는 레이놀즈수에 따라 파이프를 지나는 유동을 서로 다른 영역으로 나눔을 주목하라.

층류유동 실험에 의하면 **층류유동**이 유지된다면 마찰계수는 파이프 조도에 무관하고 그 대신 식 (10-4)의 $f = 64/\text{Re}$에 따라 레이놀즈수에 반비례한다. 이는 레이놀즈수가 작고 유동에 대한 저항이 단지 그림 10-3a의 유체 내에 층류 전단응력에 의해서만 발생하므로 예상된 사실이다.

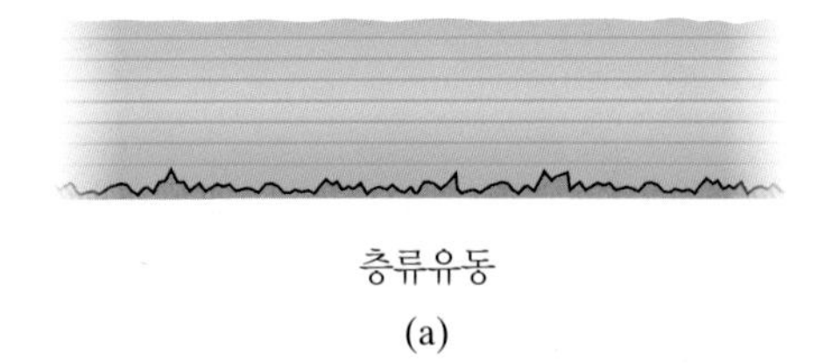

층류유동

(a)

임계영역과 천이유동 파이프 내의 유동이 $\text{Re} = 2300$의 레이놀즈수 이상으로 증가하면 유동이 불안정해지므로 f는 불확실(임계영역)하다. 천이유동에서 유동은 층류와 난류 사이를 왔다갔다 하거나 둘의 조합이기도 하다. 이 경우에는 f를 얼마간 높은 값으로 신중하게 선택하는 것이 중요하다. 이때 난류가 파이프 영역 내에서 발생하기 시작한다. 그렇지만 벽을 따라 느리게 움직이는 유체는 여전히 층류로 남아 있다. 이 **층류저층**은 속도가 증가할수록 얇아지고 결국에 파이프 벽의 얼마간의 조도 요소가 그림 10-3b의 이 저층을 통해 지나간다. 따라서 **표면조도** 효과가 중요해지기 시작하고, 이에 따라 마찰계수는 레이놀즈수와 상대조도 모두의 함수로 $f = g_3(\text{Re}, \varepsilon/D)$가 된다.

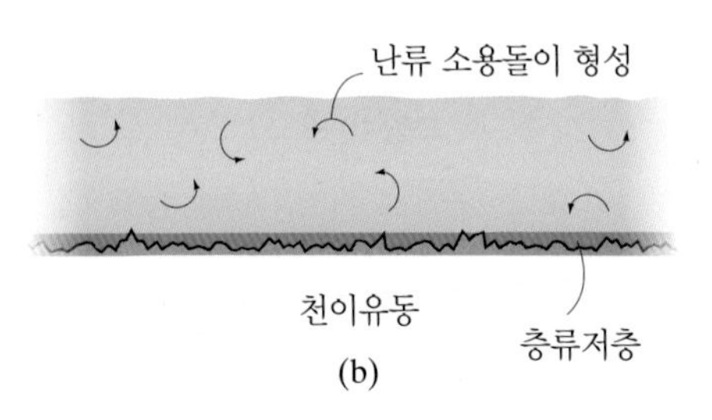

천이유동

(b)

난류유동 레이놀즈수가 매우 크면 거친 요소 대부분은 층류저층을 뚫고 지나가며, 따라서 마찰계수는 기본적으로 그림 10-3c에서와 같이 거칠기 요소의 크기인 ε에 의존한다. 따라서 무디 선도의 곡선들은 **평평해지고** 수평으로 된다. 다시 말해, f 값은 레이놀즈수에 덜 의존하게 된다. **벽 근처의 난류 전단응력은 유체 내의 전단응력보다 마찰계수에 강하게 영향을 미친다.**

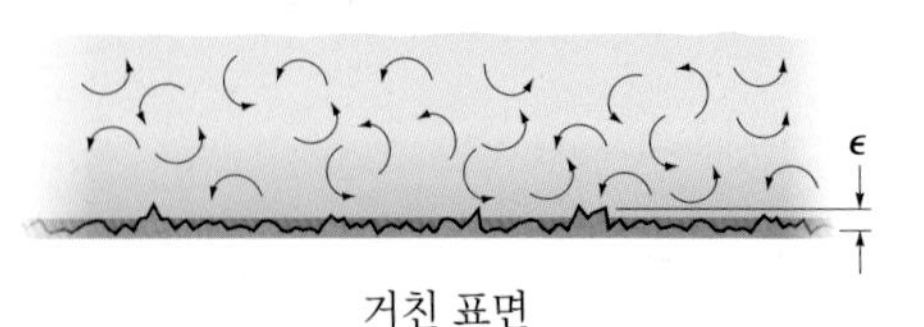

거친 표면
난류유동

(c)

그림 10-3

무디 선도는 또한 아주 **매끄러운 파이프**(ε/D이 작은 값)에서는 거친 벽의 경우와 반대로 레이놀즈수가 증가함에 따라 마찰계수는 급속히 감소함을 보여준다. 또한 특정한 재료의 표면조도 ε은 실제로 이 재료로 만든 모든 파이프 직경에 대해 같으므로 더 작은 직경을 갖는 파이프(ε/D이 큰 값)는 더 큰 직경을 갖는 파이프(ε/D이 작은 값)에 비해 마찰계수가 더 크다.

경험적 공식 f를 구하기 위해 무디 선도를 사용하지 않고 경험식을 사용해서 이 값을 얻을 수 있다. 이 방식은 특히 컴퓨터 프로그램이나 스프레드시트를 사용할 때 유용하다. 콜브룩 식이 완전한 난류 범위에서 무디 선도의 곡선을 잘 나타내므로 이러한 목적으로 종종 사용된다[2].

$$\frac{1}{\sqrt{f}} = -2\log\left(\frac{\varepsilon/D}{3.7} + \frac{2.51}{\mathrm{Re}\sqrt{f}}\right) \tag{10-6}$$

불행히도 이 식은 f에 대해 명시적으로 풀 수 없는 초월함수 방정식이므로 휴대용 계산기나 개인 컴퓨터로 할 수 있는 반복적인 시행오차 절차를 사용해서 풀어야 한다.

더 직접적인 방법은 1983년에 S. Haaland에 의해 유도된 다음의 수식을 사용하는 것이다[5].

$$\frac{1}{\sqrt{f}} = -1.8\log\left[\left(\frac{\varepsilon/D}{3.7}\right)^{1.11} + \frac{6.9}{\mathrm{Re}}\right] \tag{10-7}$$

이 식의 결과는 콜브룩 식을 사용해서 얻은 결과와 매우 근접하다.*

f를 구하기 위해 어떤 방법을 사용하더라도 앞서 언급한 바와 같이 실제로 침전, 스케일 축적 또는 부식 등에 의해 파이프의 표면조도와 직경이 시간이 지날수록 변한다는 것을 명심하라. 따라서 f에 근거한 계산은 신뢰성에 한계가 있다. 적절한 판단에 따라 f 값을 증가시키는 등, 충분한 고려가 앞으로의 사용을 위해 필요하다.

비원형 도관 지금까지의 논의에서는 원형 단면을 갖는 파이프만을 고려하였다. 그렇지만 수식은 타원형이나 사각형과 같이 비원형 단면을 갖는 도관에도 적용될 수 있다. 이러한 도관에 대해 **수력직경**이 보통은 레이놀즈수를 계산할 때 '특성길이'로 사용된다. 이 '직경'은 $D_h = 4A/P$이다. 여기서 A는 도관의 단면적이고, P는 접수길이이다. 예를 들어 원형 파이프에 대해 $D_h = [4(\pi D^2/4)]/(\pi D) = D$이다. D_h가 알려지면 레이놀즈수, 상대조도, 식 (10-4)의 $f = 64/\mathrm{Re}$ 그리고 무디 선도가 일상적인 방식으로 사용된다. 구한 결과는 동심원이나 길쭉한 구멍과 같이 매우 좁은 형상에 있어서는 믿을 만하지 못하지만 일반적으로 공학 실무에 있어서는 허용될 수 있는 정확성의 범위에 있다[19].

---

* 일반적으로 사용되는 또 다른 수식은 P. K. Swamee와 A. K. Jain에 의해 유도되었다[10].

요점 정리

- 거친 파이프에서 층류유동에 대한 저항은 표면상태가 유동을 심하게 붕괴시키지 않으므로 파이프의 표면조도와는 무관하다. 마찰계수는 단지 레이놀즈수만의 함수이며, 이 경우에 $f = 64/\text{Re}$를 사용해서 해석적으로 구할 수 있다.
- 거친 파이프에서 난류유동에 대한 저항은 레이놀즈수와 파이프 벽의 상대조도 ε/D 모두에 의존하는 마찰계수 f에 의해 특징지어진다. 이러한 $f = g_3(\text{Re}, \varepsilon/D)$의 관계는 무디 선도에 의해 그래프로 또는 콜브룩의 경험식에 의해 해석적으로 표현된다. 무디 선도에 나타낸 바와 같이 매우 높은 레이놀즈수에 대해 f는 주로 파이프 벽의 상대조도에 주로 의존하고, 레이놀즈수에는 거의 의존하지 않는다.

해석 절차

단일 파이프 내의 손실수두를 포함하는 많은 문제들은 세 개의 중요한 식들의 조건을 충족할 것이 요구된다.

- 파이프에서의 손실수두는 다르시-바이스바흐 식에 의해 변수 f, L, D 그리고 V와 관계되어 있다.

$$h_L = f\left(\frac{L}{D}\right)\frac{V^2}{2g}$$

- 마찰계수 f는 $f = g_3(\text{Re}, \varepsilon/D)$를 그래프로 나타내는 무디 선도나 해석적으로 식 (10-6) 또는 (10-7)을 사용해서 Re와 ε/D에 관계된다.
- 파이프 길이에 걸친 압력강하 Δp는 에너지방정식을 사용하여 손실수두에 관계된다.

$$\frac{p_{\text{in}}}{\gamma} + \frac{V_{\text{in}}^2}{2g} + z_{\text{in}} + h_{\text{pump}} = \frac{p_{\text{out}}}{\gamma} + \frac{V_{\text{out}}^2}{2g} + z_{\text{out}} + h_{\text{turb}} + h_L$$

문제에 따라 이 세 식을 만족하는 것은 예제 10.1과 10.2와 같이 매우 직접적일 수도 있지만, f와 h_L이 미지수인 경우에는 해를 구하기 위해 무디 선도의 사용이 필요할 수도 있다. 예제 10.3이 이런 유형의 문제이다.

예제 10.1

그림 10-4에서 직경이 6 in.인 아연도금철 파이프는 100°F 온도에서 수조로부터 물을 수송한다. 유량이 $Q = 400$ gal/min(gpm)일 때 길이가 200 ft인 파이프 내의 손실수두와 압력강하를 구하라.

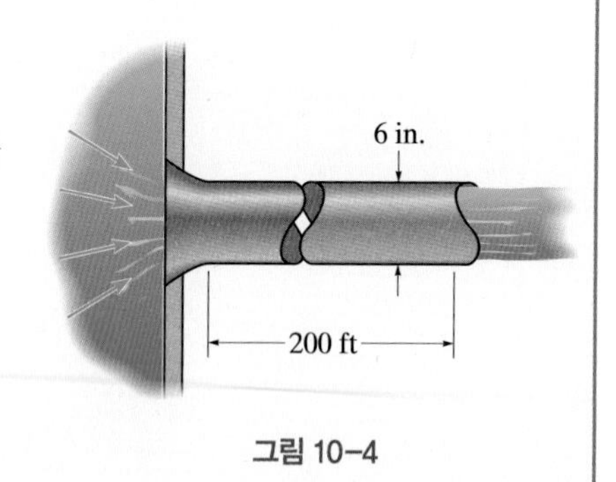

그림 10–4

풀이

유체 설명 완전히 발달된 정상유동으로 가정하고, 물은 비압축성 유체로 간주한다. 부록 A에서 $T = 100°\text{F}$에서 $\rho_w = 1.927\ \text{slug/ft}^3$ 그리고 $\nu_w = 7.39(10^{-6})\ \text{ft}^2/\text{s}$이다. 유동을 분류하기 위해 레이놀즈수를 계산해야 한다.

$$V = \frac{Q}{A} = \frac{\left(\dfrac{400\ \text{gal}}{1\ \text{min}}\right)\left(\dfrac{1\ \text{min}}{60\ \text{s}}\right)\left(\dfrac{1\ \text{ft}^3}{7.48\ \text{gal}}\right)}{\pi\left(\dfrac{3}{12}\ \text{ft}\right)^2} = 4.539\ \text{ft/s}$$

$$\text{Re} = \frac{VD}{\nu_w} = \frac{(4.539\ \text{ft/s})\left(\dfrac{6}{12}\ \text{ft}\right)}{7.39\left(10^{-6}\right)\ \text{ft}^2/\text{s}} = 3.07\left(10^5\right) > 2300\ (\text{난류유동})$$

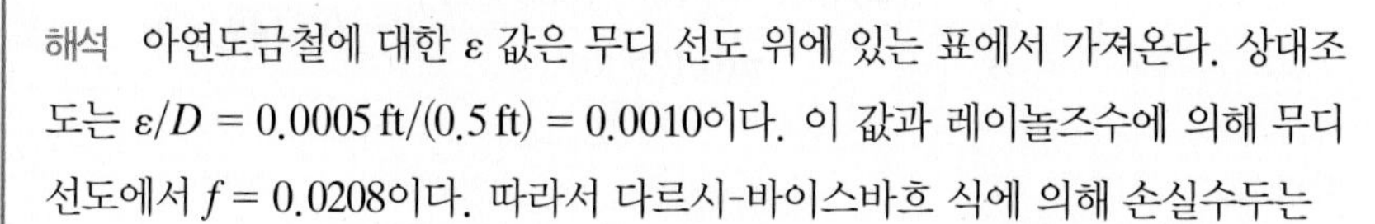

해석 아연도금철에 대한 ε 값은 무디 선도 위에 있는 표에서 가져온다. 상대조도는 $\varepsilon/D = 0.0005\ \text{ft}/(0.5\ \text{ft}) = 0.0010$이다. 이 값과 레이놀즈수에 의해 무디 선도에서 $f = 0.0208$이다. 따라서 다르시-바이스바흐 식에 의해 손실수두는

$$h_L = f\frac{L}{D}\frac{V^2}{2g} = (0.0208)\left(\frac{200\ \text{ft}}{0.5\ \text{ft}}\right)\frac{(4.539\ \text{ft/s})^2}{2(32.2\ \text{ft/s}^2)} = 2.662\ \text{ft} = 2.66\ \text{ft} \qquad \text{답}$$

200 ft의 파이프 길이에 걸친 에너지손실은 식 (10-1)의 에너지방정식으로부터 압력강하로 구할 수 있다.

$$\frac{p_{\text{in}}}{\gamma} + \frac{V_{\text{in}}^{\ 2}}{2g} + z_{\text{in}} + h_{\text{pump}} = \frac{p_{\text{out}}}{\gamma} + \frac{V_{\text{out}}^{\ 2}}{2g} + z_{\text{out}} + h_{\text{turb}} + h_L$$

$$\frac{p_{\text{in}}}{\gamma_w} + \frac{V^2}{2g} + 0 + 0 = \frac{p_{\text{out}}}{\gamma_w} + \frac{V^2}{2g} + 0 + 0 + h_L$$

$$h_L = \frac{\Delta p}{\gamma_w}$$

$$2.662\ \text{ft} = \frac{\Delta p}{\left(1.927\ \text{slug/ft}^3\right)\left(32.2\ \text{ft/s}^2\right)}$$

$$\Delta p = \left(165.17\ \frac{\text{lb}}{\text{ft}^2}\right)\left(\frac{1\ \text{ft}}{12\ \text{in.}}\right)^2 = 1.15\ \text{psi} \qquad \text{답}$$

이 압력강하에 의해 생산된 '유동일'은 파이프 내의 유체의 마찰저항을 극복하기 위해 필요하다.

예제 10.2

그림 10-5에서 직경이 250 mm이고 길이가 3 km인 주철파이프를 통해 중유가 흐르고 있다. 체적유량이 40 liter/s일 때 파이프 내의 손실수두를 구하라. $\nu_o = 0.120(10^{-3})\ \mathrm{m^2/s}$이다.

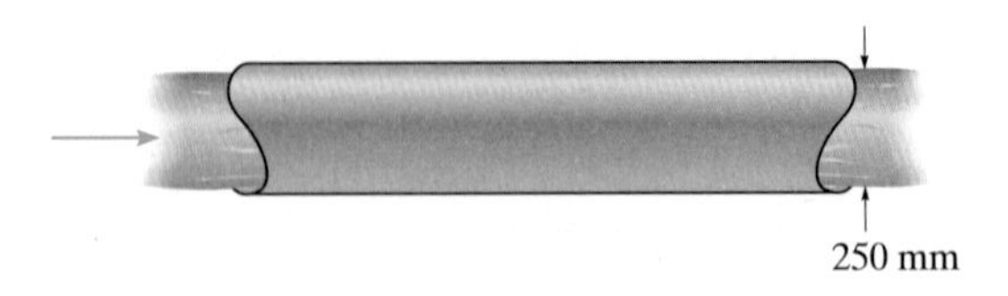

그림 10-5

풀이

유체 설명 완전히 발달된 정상유동으로 가정하고 중유는 비압축성 유체로 간주한다. 유동을 분류하기 위해 레이놀즈수를 확인해야 한다.

$$V = \frac{Q}{A} = \frac{(40\ \text{liter/s})\left(1\mathrm{m^3}/1000\ \text{liter}\right)}{\pi(0.125\ \mathrm{m})^2} = 0.8149\ \mathrm{m/s}$$

따라서

$$\mathrm{Re} = \frac{VD}{\nu_o} = \frac{(0.8149\ \mathrm{m/s})(0.250\ \mathrm{m})}{0.120\left(10^{-3}\right)\mathrm{m^2/s}} = 1698 < 2300\ (\text{층류유동})$$

해석 층류유동에 대한 f는 무디 선도를 사용하기보다는 식 (10-4)에서 직접 f를 얻을 수 있다.

$$f = \frac{64}{\mathrm{Re}} = \frac{64}{1698} = 0.0377$$

따라서

$$h_L = f\frac{L}{D}\frac{V^2}{2g} = (0.0377)\left(\frac{3000\ \mathrm{m}}{0.250\ \mathrm{m}}\right)\left(\frac{(0.8149\ \mathrm{m/s})^2}{2(9.81\ \mathrm{m/s^2})}\right)$$

$$= 15.3\ \mathrm{m}$$ 답

여기서 손실수두는 기름의 점성에 의한 것으로 파이프 표면조도에는 의존하지 않는다.

예제 10.3

그림 10-6에서 팬은 직경이 8 in.인 아연도금 박판관을 통해 온도가 60°F인 공기를 불어넣는 데 사용된다. 관의 길이가 200 ft이고 유량이 240 ft³/min일 때 요구되는 팬의 출력을 구하라. $\varepsilon = 0.0005$ ft이다.

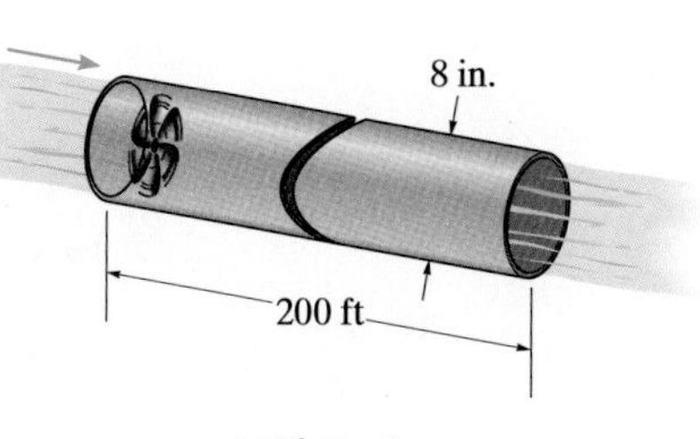

그림 10-6

풀이

유체 설명 공기는 비압축성이고 팬은 완전히 발달된 정상유동을 유지한다고 가정한다. 부록 A에서 60°F 공기의 $\rho_a = 0.00237\ \text{slug/ft}^3$ 그리고 $\nu_a = 0.158(10^{-3})\ \text{ft}^2/\text{s}$이다. 유동의 종류는 레이놀즈수로부터 구할 수 있다.

$$V = \frac{Q}{A} = \frac{240\ \text{ft}^3/\text{min}\ (1\ \text{min}/60\ \text{s})}{\pi(4/12\ \text{ft})^2} = 11.459\ \text{ft/s}$$

$$\text{Re} = \frac{VD}{\nu_a} = \frac{11.459\ \text{ft/s}(8/12\ \text{ft})}{0.158\left(10^{-3}\right)\ \text{ft}^2/\text{s}} = 4.84\left(10^4\right) > 2300\ (\text{난류유동})$$

해석 관의 입구와 출구 사이에 에너지방정식을 적용해서 팬의 축수두를 구할 수 있다. 그러나 먼저 관을 따른 손실수두를 구해야 한다. 여기서 $\varepsilon/D = 0.0005\ \text{ft}/(8/12\ \text{ft}) = 0.00075$이다. 이 값과 레이놀즈수에 의해 무디 선도에서 $f = 0.0235$이다. 따라서 다르시-바이스바흐 식으로부터 손실수두는

$$h_L = f\frac{L}{D}\frac{V^2}{2g} = (0.0235)\left[\frac{200\ \text{ft}}{(8/12)\ \text{ft}}\right]\left[\frac{(11.459\ \text{ft/s})^2}{2\left(32.2\ \text{ft/s}^2\right)}\right] = 14.375\ \text{ft}$$

팬과 팬의 왼쪽에 관 바로 밖의 정지한 공기영역 그리고 관을 따라 흐르는 공기를 포함하는 검사체적을 선정한다. 압력은 대기압이므로 $p_{\text{in}} = p_{\text{out}} = 0$이고, 공기는 정지 상태이므로 $V_{\text{in}} \approx 0$이다. 팬은 펌프와 같이 작동하여 공기에 에너지를 준다. 따라서 에너지방정식은 다음과 같이 된다.

$$\frac{p_{\text{in}}}{\gamma} + \frac{V_{\text{in}}^{\,2}}{2g} + z_{\text{in}} + h_{\text{pump}} = \frac{p_{\text{out}}}{\gamma} + \frac{V_{\text{out}}^{\,2}}{2g} + z_{\text{out}} + h_{\text{turb}} + h_L$$

$$0 + 0 + 0 + h_{\text{fan}} = 0 + \frac{(11.459\ \text{ft/s})^2}{2\left(32.2\ \text{ft/s}^2\right)} + 0 + 0 + 14.375\ \text{ft}$$

$$h_{\text{fan}} = 16.414\ \text{ft}$$

빠른 속도로 인해 이 수두의 대부분은 공기의 마찰저항을 극복하는 데 사용되고(14.375 ft), 운동에너지를 공급하는 데는 거의 사용되지 않는다(2.039 ft). 그러므로 팬의 출력은 다음과 같다.

$$\dot{W}_s = \gamma_a Q h_{\text{fan}} = \left[\left(0.00237\ \text{slug/ft}^3\right)\left(32.2\ \text{ft/s}^2\right)\right]\left(4\ \text{ft}^3/\text{s}\right)(16.414\ \text{ft})$$

$$= (5.010\ \text{ft}\cdot\text{lb/s})(1\ \text{hp}/550\ \text{ft}\cdot\text{lb/s}) = 0.00911\ \text{hp}$$ **답**

예제 10.4

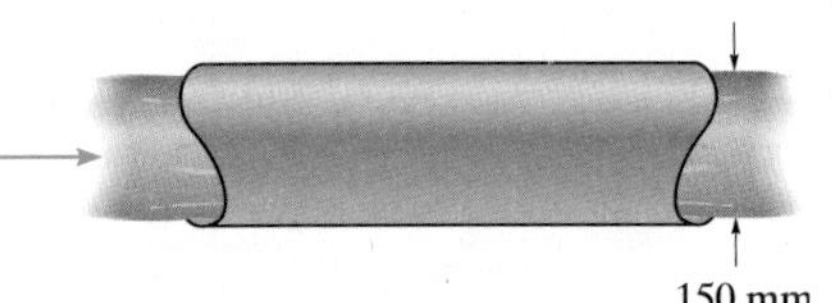

그림 10–7

그림 10-7에서 직경이 150 mm인 강철파이프를 통해 원유가 흐른다. 손실수두가 100 m 길이의 파이프에서 $h_L = 1.5$ m보다 크지 않다면 최대 평균속도는 얼마인가? $\nu_o = 40.0(10^{-6})\ \text{m}^2/\text{s}$ 그리고 $\varepsilon = 0.045$ mm이다.

풀이

유체 설명 원유는 비압축성이고 완전히 발달된 정상유동으로 가정한다.

해석 손실수두가 주어졌으므로 다르시-바이스바흐 식을 사용해서 속도를 구한다.

$$h_L = f\frac{L}{D}\frac{V^2}{2g}; \qquad 1.5\ \text{m} = f\left(\frac{100\ \text{m}}{0.15\ \text{m}}\right)\left(\frac{V^2}{2\left(9.81\ \text{m/s}^2\right)}\right)$$

따라서

$$V = \sqrt{\frac{0.044145}{f}} \tag{1}$$

마찰계수를 얻기 위해 무디 선도를 사용한다. 이를 위해 레이놀즈수를 계산할 필요가 있다. 레이놀즈수를 속도로 표현하면

$$\text{Re} = \frac{VD}{\nu_o} = \frac{V(0.15\ \text{m})}{40.0\left(10^{-6}\right)\ \text{m}^2/\text{s}} = 3750V \tag{2}$$

Re가 10^7 정도로 매우 크다고 가정하면 $\varepsilon/D = 0.045\ \text{mm}/150\ \text{mm} = 0.0003$임을 고려하여 무디 선도로부터 $f = 0.015$이다. 따라서 식 (1)로부터

$$V = \sqrt{\frac{0.044145}{0.015}} = 1.72\ \text{m/s}$$

그리고 식 (2)로부터 $\text{Re} = 3750(1.72\ \text{m/s}) = 6.43(10^3)$의 레이놀즈수가 구해진다.

이 값을 이용하여 무디 선도에서 다시 마찰계수를 구하면 $f = 0.034$의 새로운 값을 얻을 수 있다. 새로운 f값을 사용하면 식 (1)과 (2)로부터 $V = 1.14$ m/s이고 $\text{Re} = 4.27(10^3)$이다. 이 값을 사용해서 무디 선도에서 f를 구하면 $f = 0.038$로 이전 값인 0.034에 근접한다($\leq 10\%$ 차이는 대개 정확하다.). 따라서 식 (1)은 다음의 값을 준다.

$$V = 1.08\ \text{m/s}$$ 답

이 문제는 또한 식 (1)과 (2)를 사용해서 f에 의해 Re를 표현하고 이 결과를 식 (10-6)과 (10-7)에 대입한 후 계산기에서 수치적 방법을 사용하여 f를 풀어서 해결할 수 있다.

예제 10.5

그림 10-8에서 주철파이프가 10 ft^3/s의 유량으로 물을 수송하는 데 사용된다. 손실수두가 파이프의 1 ft 길이당 0.006 ft를 넘지 않을 때 사용 가능한 파이프의 가장 작은 직경 D를 구하라. $\nu_w = 12.5(10^{-6})\ ft^2/s$이다.

그림 10-8

풀이

유체 설명 물은 비압축성으로 가정하고 완전히 발달된 정상유동을 갖고 있다.

해석 이 문제에서 마찰계수 f와 파이프 직경 D는 모두 알려져 있지 않다. 그렇지만 손실수두가 알려져 있으므로 다르시-바이스바흐 식을 사용해서 f와 D를 관계시킬 수 있다.

$$h_L = f\frac{L}{D}\frac{V^2}{2g}$$

$$0.006\ \text{ft} = f\left(\frac{1\ \text{ft}}{D}\right)\frac{\left(\dfrac{10\ \text{ft}^3/\text{s}}{(\pi/4)D^2}\right)^2}{2(32.2\ \text{ft/s}^2)}$$

$$D^5 = 419.55f \qquad (1)$$

(© Prisma/Heeb Christian/Alamy)

레이놀즈수는 다음과 같이 파이프 직경에 의해 나타낼 수 있다.

$$\text{Re} = \frac{VD}{\nu_w} = \frac{\left(\dfrac{10\ \text{ft}^3/\text{s}}{(\pi/4)D^2}\right)D}{12.5\left(10^{-6}\right)\ \text{ft}^2/\text{s}}$$

$$\text{Re} = \frac{1.0186\left(10^6\right)}{D} \qquad (2)$$

무디 선도는 Re를 알아야 f를 구할 수 있다. 그러나 이들 값을 모르므로 시행오차 접근법을 사용해야 한다. f에 대한 값을 가정함으로써 시작한다. 보통은 $f = 0.025$의 중간 값을 선택한다. 그러면 식 (1)과 (2)로부터 $D = 1.60$ ft이고 $\text{Re} = 6.37(10^5)$이다. 주철파이프에 대해 $\varepsilon = 0.00085$ ft이므로 $\varepsilon/D = 0.000531$이다. ε/D와 Re 값을 사용하여 무디 선도로부터 $f \approx 0.0175$를 얻는다. 이 값을 식 (1)과 (2)에 대입하면 $D = 1.49$ ft이고 $\text{Re} = 6.84(10^5)$을 얻는다. 이제 $\varepsilon/D = 0.00057$에 대해 무디 선도로부터 이전 값에 근접한 $f \approx 0.0178$을 얻는다. 따라서

$$D = 1.49\ \text{ft}(12\ \text{in.}) = 17.9\ \text{in.} \qquad \text{답}$$

여기서는 제품 크기이므로 직경이 18 in.인 파이프를 선택해야 한다. 또한 다르시-바이스바흐 식에서 알 수 있듯이, D가 더 커지면 계산된 손실수두는 약간 감소한다.

10.2 파이프 배관요소와 직경변화에서 발생하는 손실

앞 절에서 주 손실수두는 완전히 발달된 유동의 마찰 효과에 의해 파이프 길이를 따라 발생함을 보았다. 이뿐 아니라 손실수두는 또한 곡관, 배관요소, 입구 그리고 직경변화와 같은 파이프 연결부에서 발생한다. 이 손실을 **부차적 손실**이라 부른다. 실제로 많은 산업 및 상업분야에서 이 손실이 파이프 시스템의 주 손실보다 종종 더 크기 때문에 이 용어는 약간 부적절하다.

부차적 손실은 유체가 지나가는 연결부 내에서 발생하는 유체의 난류 혼합의 결과이다. 생성된 소용돌이는 하류로 이동하며 완전히 발달된 층류유동 또는 난류유동으로 회복되기 전에 소멸되어 열을 발생한다. 부차적 손실이 연결부 내에만 국한될 필요는 없지만 주 손실에 대해 다루었던 것처럼 속도수두에 의해 부차적 손실을 표현한다. 따라서 부차적 손실은 다음과 같이 수식화된다.

$$h_L = K_L \frac{V^2}{2g} \tag{10-8}$$

여기서 K_L은 **저항계수** 또는 **손실계수**라 불리며, 실험에서 구해진다.* 배관 설계 안내서에 이 자료들이 제공되어 있다. 그렇지만 보고된 값은 생산업체마다 특정 배관류에 대해서 다를 수 있기 때문에 손실계수를 선택할 때 신중해야 한다[13, 19]. 일반적으로 생산자의 추천을 고려해야 한다. 그 다음에는 실무에서 접하는

밸브, 엘보, 티 그리고 다른 배관요소에서의 마찰 손실수두는 이 파이프 시스템에 사용되는 펌프를 고를 때 고려되어야 한다. (© Aleksey Stemmer/Fotolia)

* **유량계수**는 부차적 손실을 계산하기 위해 밸브산업에서 자주 사용된다. 특히 조절밸브에서 필요하다. 이 인자는 저항계수와 유사하며, 다르시-바이스바흐 식과 관계된다. 더 자세한 사항은 참고문헌 [19]에 있다. 이 장의 뒷부분에서 여러 종류의 노즐과 유량계에서 발생한 손실을 표현하기 위해 **송출계수**가 어떻게 사용되는지 살펴볼 것이다.

몇몇 공통적인 배관 부품들의 K_L에 대한 데이터를 사용해야 한다. 이 책의 문제 해결에는 일반적인 손실계수 값들을 사용할 것이다.

입구와 출구 수조에서 파이프로 유체가 들어갈 때 급격한 단면 변화 형태에 의하여 부차적 손실이 발생한다. 그림 10-9a와 같이 둥글게 잘 가공된 입구는 유동에 점진적인 변화를 주므로 가장 작은 손실이 발생한다. 그림에서 볼 수 있듯이, $r/D \geq 0.15$이면 $K_L = 0.04$가 사용된다. 더 큰 손실을 야기하는 입구변화는 그림 10-9b의 $K_L = 0.5$인 분출된(flush) 입구이거나 그림 10-9c의 $K_L = 1.0$인 재돌입 파이프이다. 이러한 상황은 유체 유선이 모서리를 따라 90°로 휘어질 수 없기 때문에 유체가 파이프 벽에서 박리되어 입구 부근에서 **베나 콘트랙타** 또는 '잘록함(necking)'을 형성하게 한다. 이에 따라 유동을 수축시키고 입구 부근의 속도를 증가시킨다. 모서리에서는 압력이 낮아지고, 그 위치에 국한된 소용돌이를 만들면서 유동박리를 발생시킨다.

커다란 수조로 들어가는 파이프 출구에서 손실계수는 그림 10-9d와 같이 출구형태에 관계없이 $K_L = 1.0$이다. 그 이유는 유체의 운동에너지는 유체가 파이프를 빠져나가 결국에 수조 안에 정지하면서 열에너지로 바뀌기 때문이다.

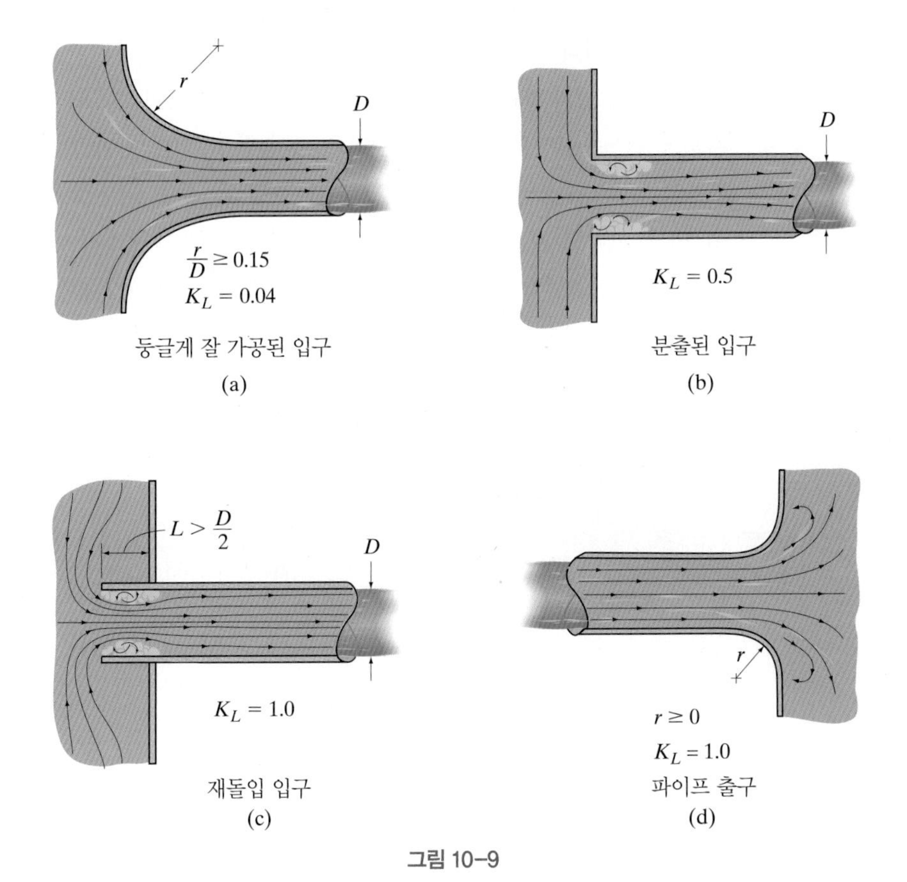

그림 10-9

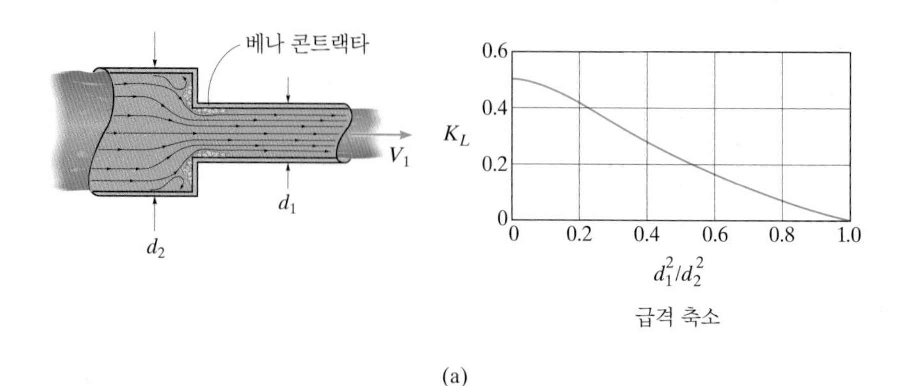

급격 축소

(a)

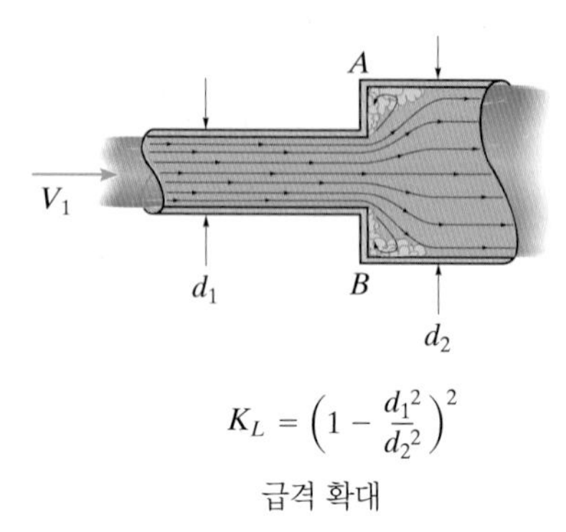

$$K_L = \left(1 - \frac{d_1^2}{d_2^2}\right)^2$$

급격 확대

급격 확대와 급격 축소 파이프의 직경이 갑자기 변하는 급격 확대 또는 급격 축소는 그림 10-10a의 단면 직경의 비에 의존하는 부차적 손실이 발생한다. 급격 확대에 있어 K_L에 대한 식은 연속방정식, 에너지방정식 그리고 운동량방정식으로부터 구해진다. 여기서 직경이 더 큰 파이프의 구석 A와 B에서 일어나는 정체 영역은 손실에 크게 기여하지 않는다. 급격 축소일 때는 그림과 같이 베나 콘트랙타가 직경이 더 작은 파이프 내에서 형성된다. 베나 콘트랙타의 형성 정도는 직경비에 의존하므로 손실계수는 실험적으로 구해야 하며, 그 결과는 그림 10-10a에 있는 그림에 나타나 있다[3].

그림 10-10b의 원뿔 모양의 확대관과 같이 유동 변화가 점진적이면 $\theta < 8°$의 비교적 작은 각도에서는 손실이 상당히 줄어든다. θ 값이 더 커지면 벽 마찰손실뿐만 아니라 유동박리와 소용돌이가 형성된다. 이 경우에 K_L 값은 급격 확대의 경우보다 더 클 수 있으며[17], 전형적인 K_L 값은 그림 10-10b에 주어져 있다. 위의 모든 손실계수는 직경이 더 작은 파이프에서 계산된 속도수두($V^2/2g$)에 적용된다.

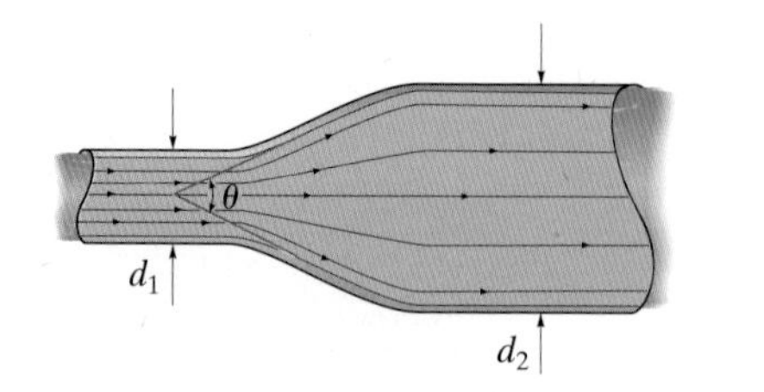

$\theta\ (\frac{d_2}{d_1} = 4)$	K_L
10°	0.13
20°	0.40
30°	0.80

원뿔 모양의 확대관

(b)

그림 10-10

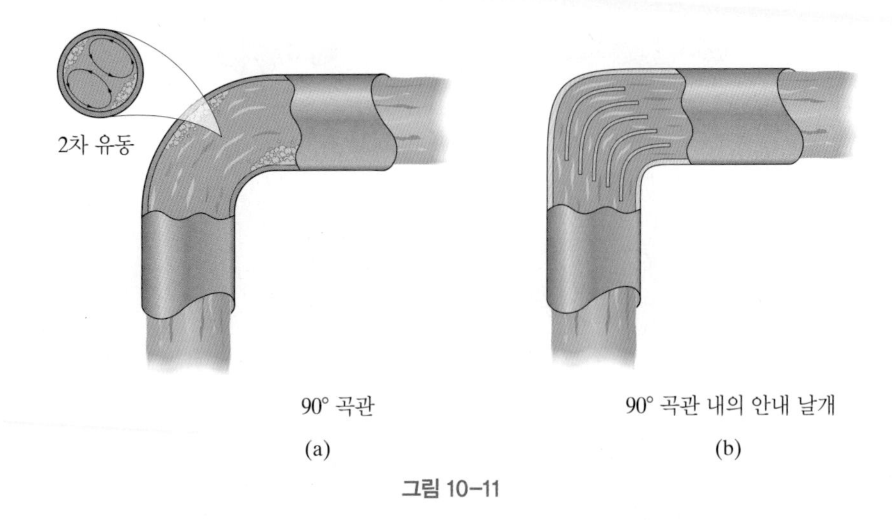

그림 10-11

곡관 유동 방향이 바뀌면 그림 10-11a의 유선을 따라 수직방향 또는 반경방향으로의 가속에 의해 파이프 내벽에서 유동박리가 발생할 수 있다. 곡관 내에 **2차 유동**이 발생할 때 손실은 증가할 수 있다. 2차 유동은 반경방향의 압력변화와 유체 내부 및 파이프 벽면에서 발생하는 마찰저항에 의해 야기된다. 그 결과로 곡관을 지나면서 한 쌍의 소용돌이, 즉 두 개의 회전 운동이 형성된다. 이 현상을 피하기 위해서는 반경이 더 큰 곡관 또는 '긴 곡선 관'을 사용하거나 또는 손실수두를 줄이기 위해 직경이 큰 파이프의 급격한 곡관 내에 그림 10-11b와 같은 안내 날개를 설치할 수 있다.

나사산이 있는 배관요소 밸브, 엘보, 곡관 그리고 티 등 나사산이 있는 파이프 배관부품에 대한 손실계수의 대표적인 목록이 표 10-1에 주어져 있다.

표 10-1

파이프 배관부품에 대한 손실계수	K_L
게이트 밸브-완전히 열림	0.19
글로브 밸브-완전히 열림	10
90° 엘보	0.90
45° 곡관	0.40
파이프 길이측 티	0.40
분지관측 티	1.8

이와 같이 직경이 큰 파이프 시스템에서도 필터, 엘보 그리고 티에서 발생하는 손실수두를 따져야 한다.

그림 10–12

밸브 산업 또는 상업분야에서 유체 유량을 조절하기 위해 많은 종류의 밸브가 사용된다. 특히 **게이트**(gate) **밸브**는 그림 10-12a에서와 같이 유동에 수직한 '게이트' 또는 판으로 유동을 봉쇄해서 작동한다. 게이트 밸브는 주로 액체 유동을 통과시키거나 막기 위해 사용되며, 따라서 완전히 열리든지 완전히 닫힌다. 열린 위치에서는 유동을 조금도 방해하지 않기 때문에 저항은 매우 작다. 그림 10-12b에 보이는 **글로브**(globe) **밸브**는 유량을 조절하기 위해 고안되었다. 밸브는 정지상태의 링 시트(ring seat)로부터 위 아래로 움직이는 스토퍼 원판(stopper disk)으로 구성된다. '글로브'란 명칭은 현대적 디자인이 일반적으로 완전한 구형은 아니지만 바깥 하우징의 구형 형상을 의미한다. 표 10-1에서와 같이 이 밸브에서는 유동이 더 많이 붕괴되므로 손실이 더 크다. 그림 10-12에서 두 개의 추가적인 밸브로 그림 10-12c의 유동의 역류를 막는 **스윙-체크**(swing-check) **밸브**와 그림 10-12d의 가격이 저렴하고 신속한 차폐 수단으로 유량을 조절하는 **나비**(butterfly) **밸브**가 나타나 있다. 모든 밸브에 있어서 완전히 열린 때와 대조적으로 각각의 그림에서와 같이 밸브가 부분적으로 열린 때는 손실이 크게 증가한다.

전형적인 나비 밸브

파이프 연결부 파이프와 파이프 연결부에서 손실수두의 발생 가능성을 고려해야 한다. 예를 들어 직경이 작은 파이프는 일반적으로 나사산이 있어서 잘린 면에 버(burr)가 남아있으면, 유동을 방해하고 연결부를 통해 추가 손실을 발생시킨다. 마찬가지로 직경이 큰 파이프는 용접되거나 플랜지로 연결되어 있으며, 또는 같이 붙어있어 이들 이음매가 제대로 조립되고 연결되지 않으면 더 많은 손실수두가 발생한다.

유동해석에 있어 모든 부차적 손실을 신중히 고려함으로써 만족할 만한 정확도로 총 손실수두를 예측할 수 있어야 한다. 특히 파이프 시스템이 여러 개의 짧은 길이들로 만들어졌거나 여러 개의 배관요소가 단면 변화를 갖고 있다면 더욱 유의해야 한다.

등가길이 밸브와 배관요소에서의 수력학적 저항을 표현하는 또 다른 방법은 **등가길이 비** L_{eq}/D를 이용하는 것이다. 이는 배관요소나 밸브 내의 마찰손실을 파이프의 등가길이 L_{eq}로 바꾸어 손실계수 K_L에 의한 손실과 같게 하는 것이다. 곧은 파이프를 통한 손실수두는 다르시-바이스바흐 식에서 구해지므로 $h_L = f(L_{eq}/D)V^2/2g$이고, 밸브나 배관요소의 손실수두는 $h_L = K_LV^2/2g$로 표현된다. 이를 비교하면

$$K_L = f\left(\frac{L_{eq}}{D}\right)$$

따라서 손실을 발생시키는 등가길이는 다음과 같다.

$$L_{eq} = \frac{K_LD}{f} \quad (10\text{-}9)$$

파이프 시스템에 대한 총 손실수두 또는 압력강하는 파이프의 총 길이와 각 배관요소에 대해 구해진 등가길이의 합으로 계산될 수 있다.

요점 정리

- 곧은 파이프에서의 마찰손실은 다르시-바이스바흐 식 $h_L = f(L/D)V^2/2g$에서 구해지는 '주' 손실수두로 표현된다.
- '부차적' 손실은 파이프 배관요소, 입구, 직경변화 그리고 연결부에서 발생한다. 이 손실은 $h_L = K_L(V^2/2g)$로 표현되며, 여기서 손실계수 K_L은 실험에서 구하거나 설계 핸드북 또는 생산자의 카탈로그에서 제공되는 표 형식의 자료로 주어진다.
- 주 손실과 부차적 손실 모두 파이프를 따라 발생하는 압력강하의 원인이 된다.

10.3 단일 관로 유동

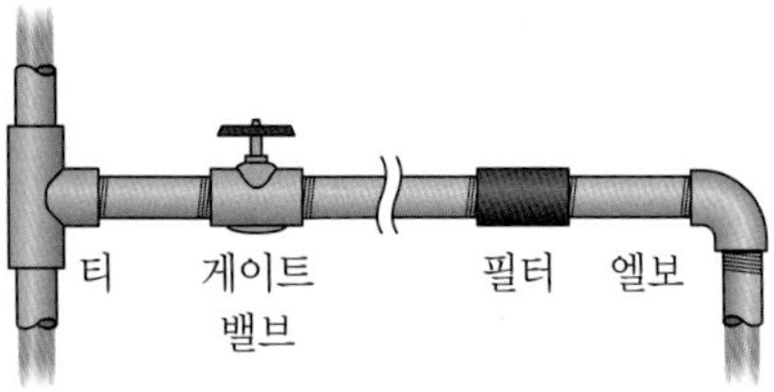

티 게이트 밸브 필터 엘보

그림 10-13

많은 관로들은 그림 10-13과 같이 곡관, 밸브, 필터, 직경변화를 갖는 단일-직경 파이프로 구성된다. 이 시스템은 산업과 주택 그리고 수력발전에 필요한 물을 수송하는 데 종종 사용된다. 또한 원유 또는 기계장치 내의 윤활유를 수송하는 데 사용되기도 한다. 다음의 절차는 이 시스템을 적절히 설계하는 데 사용될 수 있다.

해석 절차

- 단일 관로를 통해 흐르는 유동 문제는 **에너지방정식**과 **연속방정식**을 만족해야 하고, 시스템 내의 모든 주 손실과 부차적 손실을 고려해야 한다. 비압축성, 정상유동에 있어 이 두 방정식은 유동의 '입구'와 '출구'를 기준으로 해서

$$\frac{p_{\text{in}}}{\gamma} + \frac{V_{\text{in}}^2}{2g} + z_{\text{in}} + h_{\text{pump}} = \frac{p_{\text{out}}}{\gamma} + \frac{V_{\text{out}}^2}{2g} + z_{\text{out}} + h_{\text{turb}} + f\frac{L}{D}\frac{V^2}{2g} + \Sigma K_L\left(\frac{V^2}{2g}\right)$$

그리고

$$Q = V_{\text{in}}A_{\text{in}} = V_{\text{out}}A_{\text{out}}$$

기지의 값과 미지의 값에 따라 세 가지 기본적인 문제유형으로 나뉜다.

압력강하를 구하라

- 길이, 직경, 고도, 조도 그리고 유량이 알려진 경우 파이프의 압력강하는 에너지방정식을 사용하여 직접 구할 수 있다.

유량을 구하라

- 파이프 길이, 직경, 고도, 조도 그리고 압력강하가 모두 알려진 경우 유량(또는 평균속도 V)을 구하는 데 있어 레이놀즈수 $\text{Re} = VD/\nu$가 미지수이므로 마찰계수를 무디 선도로부터 직접 구할 수 없기 때문에 시행오차 해법이 필요하다.

파이프 길이 또는 직경을 구하라

- 파이프 설계에서는 일반적으로 파이프의 길이와 직경을 명기할 것이 요구된다. 이들 파라미터 중 하나는 다른 파라미터가 유량(또는 평균속도)과 허용된 압력강하 또는 손실수두와 같이 알려져 있다면 구할 수 있다. 해법은 앞서의 경우처럼 무디 선도에서 레이놀즈수와 마찰계수를 얻어야 하므로 시행오차 절차를 요구한다.

다음 예제는 이들 각 문제유형의 적용을 보여준다.

예제 10.6

그림 10-14의 B에 있는 글로브 밸브가 완전히 열려있을 때 직경이 65 mm인 주철파이프를 통해 물이 2 m/s의 평균속도로 흐르는 것이 관찰되었다. A에서 파이프 내의 압력을 구하라. $\rho_w = 998\ \text{kg/m}^3$ 그리고 $\nu_w = 0.8(10^{-6})\ \text{m}^2/\text{s}$이다.

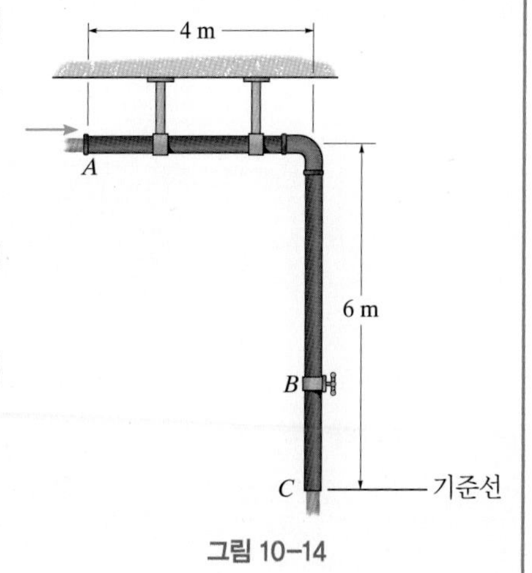

그림 10-14

풀이

유체 설명 정상 비압축성 유동으로 가정하고 평균속도를 사용한다.

해석 압력강하는 에너지방정식에서 구할 수 있는데, 먼저 주 손실과 부차적 손실을 구해야 한다.

주 손실에 있어 마찰계수는 무디 선도에서 구해진다. 주철파이프에 대해 $\varepsilon/D = 0.26\ \text{mm}/65\ \text{mm} = 0.004$이다. 또한

$$\text{Re} = \frac{VD}{\nu_w} = \frac{(2\ \text{m/s})(0.065\ \text{m})}{0.8\left(10^{-6}\right)\ \text{m}^2/\text{s}} = 1.625\left(10^5\right)$$

따라서 $f = 0.0290$이다.

엘보에 대한 부차적 손실은 $0.9(V^2/2g)$이다. 완전히 열린 글로브 밸브에 대한 부차적 손실은 $10(V^2/2g)$이다. 따라서 총 손실수두는

$$\begin{aligned} h_L &= f\frac{L}{D}\frac{V^2}{2g} + 0.9\left(\frac{V^2}{2g}\right) + 10\left(\frac{V^2}{2g}\right) \\ &= 0.0290\left(\frac{10\ \text{m}}{0.065\ \text{m}}\right)\left[\frac{(2\ \text{m/s})^2}{2\left(9.81\ \text{m/s}^2\right)}\right] + (0.9 + 10)\left[\frac{(2\ \text{m/s})^2}{2\left(9.81\ \text{m/s}^2\right)}\right] \\ &= 0.9096\ \text{m} + 2.222\ \text{m} = 3.132\ \text{m} \end{aligned}$$

두 항을 비교해 보면 부차적 손실은 비록 '부차적'으로 언급되지만, 총 손실에 가장 크게 기여한다(2.222 m).

A에서 C까지 파이프 내의 물을 포함하는 검사체적을 고려한다. 파이프 전체에 걸쳐 직경이 같으므로 연속방정식에 의해 $V_A A = V_C A$ 또는 $V_A = V_C = 2\ \text{m/s}$가 요구된다. C를 지나는 중력 기준선에 대해 에너지방정식은 다음과 같다.

$$\frac{p_A}{\gamma_w} + \frac{{V_A}^2}{2g} + z_A + h_{\text{pump}} = \frac{p_C}{\gamma_w} + \frac{{V_C}^2}{2g} + z_C + h_{\text{turb}} + h_L$$

$$\frac{p_A}{\left(998\ \text{kg/m}^3\right)\left(9.81\ \text{m/s}^2\right)} + \frac{(2\ \text{m/s})^2}{2\left(9.81\ \text{m/s}^2\right)} + 6\text{m} + 0 = 0 + \frac{(2\ \text{m/s})^2}{2\left(9.81\ \text{m/s}^2\right)} + 0 + 0 + 3.132\ \text{m}$$

이 식을 풀면

$$p_A = -28.08\left(10^3\right)\ \text{Pa} = -28.1\ \text{kPa}$$ 답

결과는 파이프 내에 흡입압력이 발생함을 보여준다. 그러나 이 압력이 증기압보다 크므로 공동현상이 발생하지는 않는다.

예제 10.7

그림 10-15에서 직경이 3 in.인 상용 강철파이프는 큰 탱크로부터 출구 B까지 물을 전달한다. 탱크 위가 열려있다면 C에 있는 게이트 밸브가 완전히 열렸을 때 B에서의 초기 유출량을 구하라.

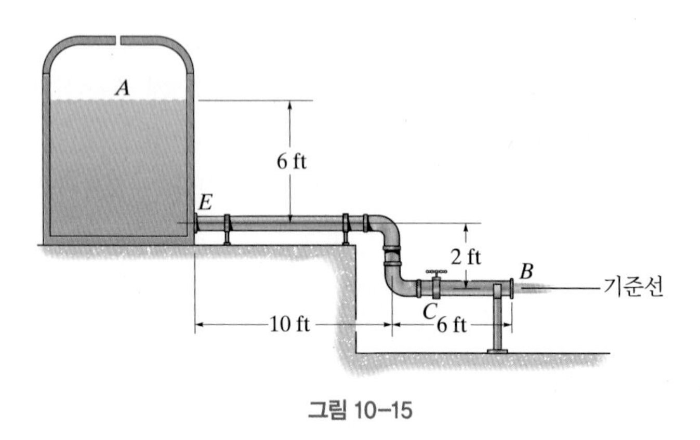

그림 10-15

풀이

유체 설명 $V_A \approx 0$으로 정상 비압축성 유동을 가정하고, 부록 A에서 글리세린에 대해 $\rho_g = 2.44\ \text{slug/ft}^3$ 그리고 $\nu_g = 12.8(10^{-3})\ \text{ft}^2/\text{s}$이다.

해석 검사체적은 수조 내의 글리세린과 파이프를 포함한다. 중력 기준선을 B에 두고 A와 B 사이에 에너지방정식을 적용한다. 파이프 내의 주 손실은 다르시-바이스바흐 식에서 구한다. 부차적 손실은 E에 있는 분출된 입구 $0.5(V^2/2g)$ 및 두 개의 엘보, 즉 $2[0.9(V^2/2g)]$ 그리고 C에 있는 완전히 열린 게이트 밸브 $0.19(V^2/2g)$에 대해 계산되며, 다음과 같이 얻어진다.

$$\frac{p_A}{\gamma} + \frac{V_A{}^2}{2g} + z_A + h_{\text{pump}} = \frac{p_B}{\gamma} + \frac{V_B{}^2}{2g} + z_B + h_{\text{turb}} + h_L$$

$$0 + 0 + 8\,\text{ft} + 0 = 0 + \frac{V^2}{2g} + 0 + 0 + f\left(\frac{10\ \text{ft} + 2\ \text{ft} + 6\ \text{ft}}{\frac{3}{12}\ \text{ft}}\right)\left(\frac{V^2}{2g}\right)$$

$$+ 0.5\left(\frac{V^2}{2g}\right) + 2\left[0.9\left(\frac{V^2}{2g}\right)\right] + 0.19\left(\frac{V^2}{2g}\right)$$

$$8 = (72f + 3.49)\left(\frac{V^2}{2(32.2\ \text{ft/s}^2)}\right) \tag{1}$$

f와 V의 두 번째 관계는 무디 선도와 시행오차 절차를 이용해서 얻을 수 있다. 이를 위해 f나 V 값을 가정하고 식 (1)을 사용하여 다른 값을 구한다. 그 다음에 레이놀즈수를 계산하고 무디 선도를 이용하여 f 값을 확인한다.

하지만 이러한 방법보다는 글리세린이 높은 동점성계수를 가지므로 유동을 층류로 가정한다. 그 다음에 식 (10-4)를 이용해서 f를 V에 관계시킨다.

$$f = \frac{64}{\text{Re}} = \frac{64\nu_g}{VD} = \frac{64\left[12.8\left(10^{-3}\right)\text{ ft}^2/\text{s}\right]}{V\left(\dfrac{3}{12}\text{ ft}\right)} = \frac{3.2768}{V}$$

이 관계를 식 (1)에 대입하면

$$8 = \left[72\left(\frac{3.2768}{V}\right) + 3.49\right]\left[\frac{V^2}{2(32.2\text{ ft/s}^2)}\right]$$

또는

$$3.49V^2 + 235.93V - 515.2 = 0$$

양의 근에 대해 풀면 다음을 얻는다.

$$V = 2.117\text{ ft/s}$$

레이놀즈수를 확인하면 다음을 알 수 있다.

$$\text{Re} = \frac{VD}{\nu_g} = \frac{2.117\text{ ft/s}\left(\dfrac{3}{12}\text{ ft}\right)}{12.8\left(10^{-3}\right)\text{ ft}^2/\text{s}} = 41.4 < 2300 \text{ (층류유동)}$$

따라서

$$Q = VA = (2.117\text{ ft/s})\left[\pi\left(\frac{1.5}{12}\text{ ft}\right)^2\right] = 0.104\text{ ft}^3/\text{s}$$ 답

예제 10.8

그림 10-16에서 C에서의 유출량이 0.475 m^3/s이고 B에 있는 게이트 밸브가 완전히 열려있을 때 아연도금 강철파이프의 요구 직경을 구하라. 수조는 보이는 깊이까지 채워져 있다. $\nu_w = 1(10^{-6})\ m^2/s$이다.

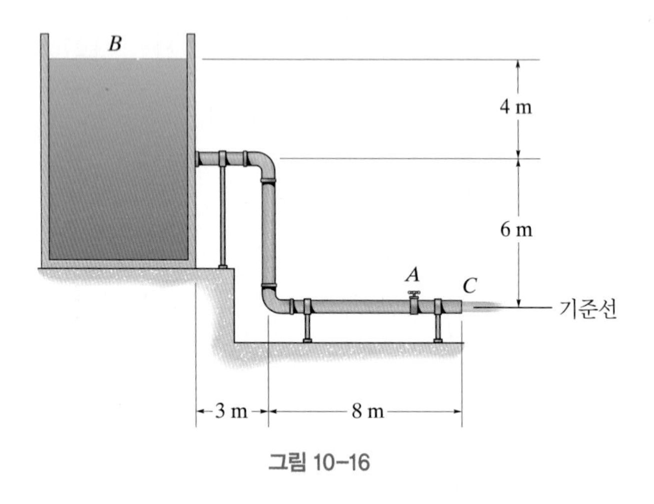

그림 10-16

풀이

유체 설명 수조가 커서 $V_B \approx 0$이므로 유동은 정상으로 가정한다. 또한 물은 비압축성으로 가정한다.

해석 파이프 직경이 전체적으로 일정하므로 연속방정식에 의해 파이프 내의 속도는 모든 곳에서 같아야 한다. 따라서

$$Q = VA; \qquad 0.475\ m^3/s = V\left(\frac{\pi}{4}D^2\right)$$

$$V = \frac{0.6048}{D^2} \tag{1}$$

V와 D를 관계시키는 두 번째 식을 얻기 위해 그림 10-16의 C에 중력 기준선을 두고 B와 C 사이에 에너지방정식을 적용한다. 이 경우에 검사체적은 수조 내의 물과 파이프를 포함한다.

주 손실은 다르시-바이스바흐 식에서 구해진다. 파이프를 통한 부차적 손실은 분출된 입구 $0.5(V^2/2g)$ 및 두 개의 엘보, 즉 $2[0.9(V^2/2g)]$, 그리고 완전히 열린 게이트 밸브 $0.19(V^2/2g)$에서 발생한다.

$$\frac{p_B}{\gamma_w}+\frac{V_B{}^2}{2g}+z_B+h_{\text{pump}}=\frac{p_C}{\gamma_w}+\frac{V_C{}^2}{2g}+z_C+h_{\text{turb}}+h_L$$

$$0+0+(4\text{ m}+6\text{ m})+0=0+\frac{V^2}{2g}+0+0+$$

$$\left[f\left(\frac{17\text{ m}}{D}\right)\left(\frac{V^2}{2g}\right)+0.5\left(\frac{V^2}{2g}\right)+2\left[0.9\left(\frac{V^2}{2g}\right)\right]+0.19\left(\frac{V^2}{2g}\right)\right]$$

또는

$$10=\left[f\left(\frac{17}{D}\right)+3.49\right]\left[\frac{V^2}{2\left(9.81\text{ m/s}^2\right)}\right] \tag{2}$$

V를 제거하여 식 (1)과 (2)를 결합시키면 다음을 얻는다.

$$536.40D^5-3.49D-17f=0 \tag{3}$$

f 값에 대한 가정과 D에 대한 5차 방정식을 푸는 것을 피하기 위해 D 값을 가정하여 f를 계산하고, 그 다음에 무디 선도를 이용해서 이 결과를 검증하는 것이 더 쉽다. 예를 들어 $D = 0.350$ m로 가정하면 식 (3)에서 $f = 0.0939$이다. 식 (1)에서 $V = 4.937$ m/s이며, 따라서

$$\text{Re}=\frac{VD}{\nu_w}=\frac{4.937\text{ m/s }(0.350\text{ m})}{1\left(10^{-6}\right)\text{m}^2/\text{s}}=1.73\left(10^6\right)$$

아연도금 강철파이프에 대해 $\varepsilon/D = 0.15\text{ mm}/350\text{ mm} = 0.000429$이다. 따라서 이 ε/D와 Re를 가지고 무디 선도에서 $f = 0.0165 \neq 0.0939$를 얻는다.

다음 반복에서는 식 (3)의 $f = 0.0939$보다 더 작은 f값을 주는 D를 선택한다. $D = 0.3$ m이면 $f = 0.01508$이다. 그 다음에 $V = 6.72$ m/s, Re = $2.02(10^6)$, 그리고 $\varepsilon/D = 0.15\text{ mm}/300\text{ mm} = 0.0005$이다. 이 새로운 값에 대해 무디 선도로부터 구한 $f = 0.017$이며, 이전 값(0.01508)에 상당히 근접한다. 따라서 다음 값을 사용한다.

$$D = 300\text{ mm}$$ 답

10.4 파이프 시스템

직경과 길이가 각각 다른 몇 개의 파이프가 같이 연결된다면 이 파이프들은 파이프 시스템을 형성한다. 특히 그림 10-17a와 같이 파이프가 연이어 연결된다면 시스템은 **직렬 상태**인 반면에, 그림 10-17b와 같이 파이프가 유동을 다른 분지로 나뉘게 하면 **병렬 상태**에 있다. 두 가지 상태를 따로 다룬다.

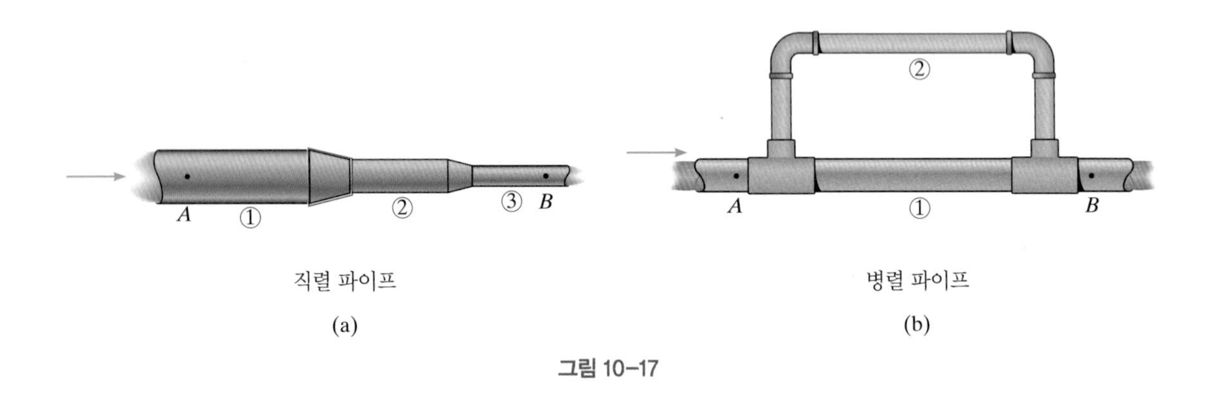

그림 10–17

직렬 파이프 직렬인 파이프 시스템의 해석은 단일관로 해석과 유사하다. 그렇지만 이 경우에 연속방정식을 만족하기 위해 각 파이프를 통한 유량은 같아야 하므로 그림 10-17a의 세 파이프 시스템에 대해

$$Q = Q_1 = Q_2 = Q_3$$

또한 시스템의 총 손실수두는 각 파이프 길이를 따른 주 손실수두의 합과 시스템에 대한 모든 부차적 손실수두를 더한 것이다. 따라서 A(입구)와 B(출구) 사이에 에너지방정식은 다음과 같이 된다.

$$\frac{p_A}{\gamma} + \frac{{V_A}^2}{2g} + z_A = \frac{p_B}{\gamma} + \frac{{V_B}^2}{2g} + z_B + h_L$$

여기서

$$h_L = h_{L1} + h_{L2} + h_{L3} + h_{\text{minor}}$$

앞 절의 단일관로의 경우와 비교해서 여기 문제는 각 파이프에 대해 마찰계수와 레이놀즈수가 다르므로 더 복잡하다.

병렬 파이프 병렬 시스템은 몇 개의 분지를 가질 수 있지만, 여기서는 그림 10-17b에서와 같이 두 개의 분지를 갖는 시스템을 고려한다. 문제에서 A와 B 사이의 압력강하와 각 파이프에서의 유량을 찾아야 한다면 유동의 연속방정식에 의해 다음이 요구된다.

$$Q_A = Q_B = Q_1 + Q_2$$

A(입구)와 B(출구) 사이에 에너지방정식을 적용하면

$$\frac{p_A}{\gamma} + \frac{V_A^2}{2g} + z_A = \frac{p_B}{\gamma} + \frac{V_B^2}{2g} + z_B + h_L$$

유체는 저항을 최소로 받는 경로로 흐르려고 하므로 각 분지를 통한 유량은 각 분지의 유동에 대해 **같은 손실수두** 또는 저항을 유지하도록 자동으로 조정된다. 따라서 각 분지에 대해 $h_{L1} = h_{L2}$가 요구된다. 두 분지를 갖는 시스템의 해석은 단순하며, 위의 두 식에 기초한다.

화학처리 공장에 사용되는 파이프 시스템

물론 병렬 시스템이 두 개 이상의 분지를 갖는다면 해석은 더 어려워진다. 예를 들어 그림 10-18에서 보이는 파이프망의 경우이다. 이 시스템은 회로를 형성하며, 큰 건물, 산업 공정 또는 도시 상수도 시스템에 사용되는 대표적인 형태이다. 그 복잡성으로 인해 유동방향과 각 회로 내의 유량이 분명하지 않고 따라서 해를 구하기 위해 시행오차 해석이 필요하다. 이를 위한 가장 효과적인 방법은 컴퓨터를 이용한 행렬대수에 기초한다. 이 방법은 산업과 상업 분야에 널리 사용된다. 이를 적용하는 것에 대한 자세한 내용은 여기서는 다루지 않는다. 파이프망 내의 유동 해석과 관련된 논문이나 책을 참조하기 바란다[14].

해석 절차

- 직렬 또는 병렬인 파이프 시스템을 포함하는 문제의 해는 앞 절에서 정리한 것과 같은 절차를 따른다. 일반적으로 유동은 연속방정식과 에너지방정식을 모두 만족해야 하며, 이 식들을 적용하는 순서는 풀려는 문제의 유형에 의존한다.

- **직렬 파이프**에 있어 각 파이프를 통한 **유량은 같아야** 하며, **손실수두**는 모든 파이프에 대한 **총합**으로 주어진다. **병렬 파이프**에 있어 **총 유량**은 시스템에서 각 분지에서의 유량을 합한 것이다. 또한 유동은 저항을 최소로 받는 경로를 따르므로 각 분지에 대한 **손실수두는 동일**하다.

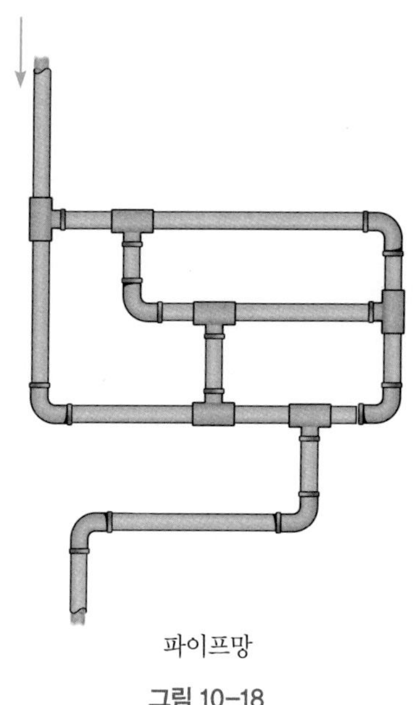

파이프망

그림 10-18

예제 10.9

그림 10-19에서 파이프 BC와 CE는 아연도금철로 만들어졌고, 직경이 각각 6 in.와 3 in.이다. F에 있는 게이트 밸브가 완전히 열렸을 때 E에서의 물의 유출량을 gal/min 단위로 구하라. C에 있는 리듀서(reducer)는 $K_L = 0.7$을 갖는다. $\nu_w = 10.6(10^{-6})\ \text{ft}^2/\text{s}$이다.

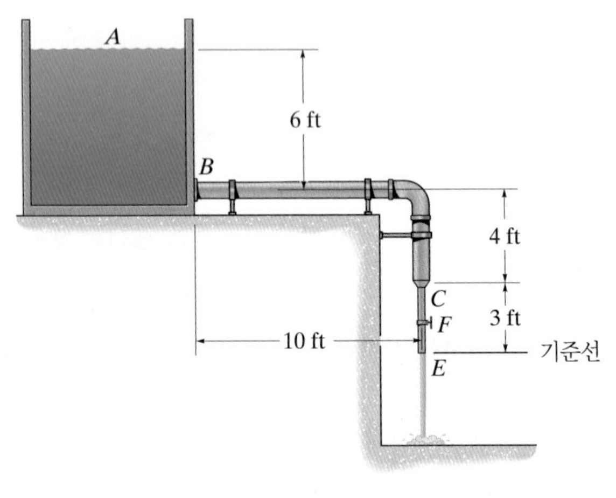

그림 10–19

풀이

유체 설명 정상 비압축성 유동이 발생한다고 가정하고 $V_A \approx 0$이다.

연속방정식 직경이 큰 파이프를 통한 평균속도가 V이고 직경이 작은 파이프를 통한 평균속도가 V'이라면 C에 있는 리듀서 내의 물에 국한된 검사체적을 선정하여 연속방정식을 적용하면 다음을 얻는다.

$$\frac{\partial}{\partial t}\int_{\text{cv}} \rho\, d\forall + \int_{\text{cs}} \rho \mathbf{V}\cdot d\mathbf{A} = 0$$

$$0 - V\pi\left(\frac{3}{12}\text{ ft}\right)^2 + V'\pi\left(\frac{1.5}{12}\text{ ft}\right)^2 = 0$$

$$V' = 4V$$

에너지방정식 이 결과를 이용해서 속도와 마찰계수 사이의 관계를 얻기 위해 A와 E 사이에 에너지방정식을 적용한다. 이 경우의 검사체적은 수조와 파이프 시스템 전체의 물을 포함한다.

$$\frac{p_A}{\gamma_w} + \frac{V_A^2}{2g} + z_A + h_{\text{pump}} = \frac{p_E}{\gamma_w} + \frac{V_E^2}{2g} + z_E + h_{\text{turb}} + h_L$$

$$0 + 0 + 13\text{ ft} + 0 = 0 + \frac{(4V)^2}{2g} + 0 + 0 + h_L \qquad (1)$$

시스템 내의 부차적 손실은 B에 있는 분출된 입구 $0.5(V^2/2g)$, 엘보 $0.9(V^2/2g)$, 리듀서 $0.7(V'^2/2g)$, 완전히 열린 게이트 밸브 $0.19(V'^2/2g)$에서 발생한다. 각 파이프 내의 주 손실수두에 대해서는 다르시-바이스바흐 식을 사용해서 파이프 시스템 내의 총 손실수두를 V에 의해 표현하면 다음을 얻는다.

$$h_L = f\left[\frac{14\text{ ft}}{\left(\frac{6}{12}\text{ ft}\right)}\right]\frac{V^2}{2g} + f'\left[\frac{3\text{ ft}}{\left(\frac{3}{12}\text{ ft}\right)}\right]\left[\frac{(4V)^2}{2g}\right] + 0.5\left(\frac{V^2}{2g}\right) + 0.9\left(\frac{V^2}{2g}\right) + 0.7\left[\frac{(4V)^2}{2g}\right] + 0.19\left[\frac{(4V)^2}{2g}\right]$$

$$h_L = (28f + 192f' + 15.64)\frac{V^2}{2g}$$

여기서 f와 f'은 각각 큰 직경과 작은 직경을 갖는 파이프에 대한 마찰계수이다. 식 (1)에 대입하여 정리하면 다음을 얻는다.

$$837.2 = (28f + 192f' + 31.64)V^2 \qquad (2)$$

무디 선도 아연도금철에 대해 $\varepsilon = 0.0005$ ft이므로

$$\frac{\varepsilon}{D} = \frac{0.0005\text{ ft}}{(6/12)\text{ ft}} = 0.001$$

$$\frac{\varepsilon}{D'} = \frac{0.0005\text{ ft}}{(3/12)\text{ ft}} = 0.002$$

따라서

$$\text{Re} = \frac{VD}{\nu_w} = \frac{V\left(\frac{6}{12}\text{ ft}\right)}{10.6\left(10^{-6}\right)\text{ ft}^2/\text{s}} = 4.717\left(10^4\right)V \qquad (3)$$

$$\text{Re}' = \frac{V'D}{\nu_w} = \frac{4V\left(\frac{3}{12}\text{ ft}\right)}{10.6\left(10^{-6}\right)\text{ ft}^2/\text{s}} = 9.434\left(10^4\right)V \qquad (4)$$

무디 선도의 조건을 만족하기 위해 f와 f'에 대해 중간 값, 즉 $f = 0.021$과 $f' = 0.024$를 가정한다. 식 (2), (3) 그리고 (4)로부터 $V = 4.767$ ft/s, Re = $2.25(10^5)$, 그리고 Re′ = $4.50(10^5)$을 얻는다. 이 결과를 사용해서 무디 선도를 확인하면 $f = 0.021$과 $f' = 0.024$를 얻는다. 이 값은 가정된 값과 같으므로 실제로 $V = 4.767$ ft/s이고, 따라서 송출량은 직경이 6 in.인 파이프를 고려하여 다음과 같이 구해질 수 있다.

$$Q = VA = 4.767\text{ ft/s}\left[\pi\left(\frac{3}{12}\text{ ft}\right)^2\right] = 0.936\text{ ft}^3/\text{s}$$

또는 7.48 gal/ft^{3}이므 다음과 같다.

$$Q = 0.936\text{ ft}^3/\text{s}\left(\frac{7.48\text{ gal}}{\text{ft}^3}\right)\left(\frac{60\text{ s}}{1\text{ min}}\right) = 420\text{ gal/min}$$ 답

예제 10.10

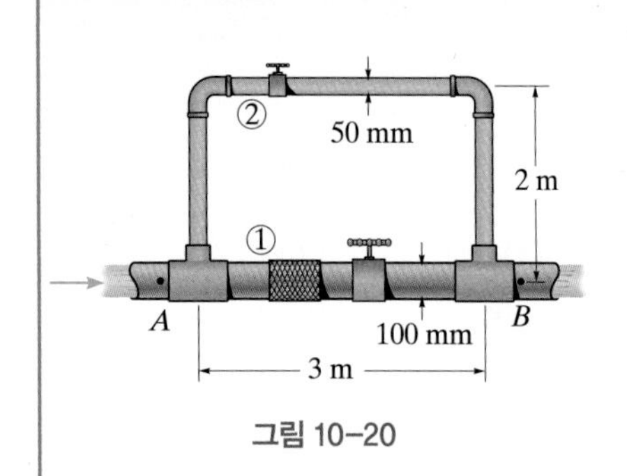

그림 10-20

그림 10-20에서와 같이 분지 파이프 시스템을 통해 $0.03\ \text{m}^3/\text{s}$ 유량으로 물이 흐른다. 직경이 100 mm인 파이프 내에 필터와 글로브 밸브가 있고, 직경이 50 mm인 우회 파이프 내에 게이트 밸브가 있다. 두 밸브가 완전히 열려있을 때 각 파이프를 지나는 유량과 A와 B 사이의 압력강하를 구하라. 필터에 의한 손실수두는 $1.6(V^2/2g)$이다. $\gamma_w = 9810\ \text{N/m}^3$ 그리고 $\nu_w = 1(10^{-6})\ \text{m}^2/\text{s}$이다.

풀이

유체 설명 완전히 발달된 비압축성 정상유동이 발생한다고 가정한다.

연속방정식 A에 있는 티 내의 물을 검사체적으로 고려하면 연속방정식에 의해 다음이 요구된다.

$$Q = V_1A_1 + V_2A_2$$

$$0.03\ \text{m}^3/\text{s} = V_1[\pi(0.05\ \text{m})^2] + V_2[\pi(0.025\ \text{m})^2]$$

$$15.279 = 4V_1 + V_2 \tag{1}$$

무디 선도 이 관계로부터 각 분지를 통한 속도를 구하기 위해 무디 선도를 사용한다. 분지 1은 두 개의 티, 필터, 그리고 완전히 열린 글로브 밸브를 통한 유동을 가지고 있다. 표 10-1을 사용해서 총 손실수두는

$$(h_L)_1 = f_1\left(\frac{3\ \text{m}}{0.1\ \text{m}}\right)\left(\frac{V_1^2}{2g}\right) + 2(0.4)\left(\frac{V_1^2}{2g}\right) + 1.6\left(\frac{V_1^2}{2g}\right) + 10\left(\frac{V_1^2}{2g}\right)$$

$$= (30f_1 + 12.4)\frac{V_1^2}{2g} \tag{2}$$

분지 2는 두 개의 티, 두 개의 엘보 그리고 완전히 열린 게이트 밸브를 통한 유동을 가지고 있다. 따라서

$$(h_L)_2 = f_2\left(\frac{7\ \text{m}}{0.05\ \text{m}}\right)\left(\frac{V_2^2}{2g}\right) + 2(1.8)\left(\frac{V_2^2}{2g}\right) + 2(0.9)\left(\frac{V_2^2}{2g}\right) + 0.19\left(\frac{V_2^2}{2g}\right)$$

$$= (140f_2 + 5.59)\frac{V_2^2}{2g} \tag{3}$$

각 분지에서의 손실수두는 같아야 한다. 즉 $(h_L)_1 = (h_L)_2$이므로,

$$(30f_1 + 12.4)V_1^2 = (140f_2 + 5.59)V_2^2 \tag{4}$$

식 (1)과 (4)는 네 개의 미지수를 포함하고 있다. 무디 선도의 조건이 또한 만족되어야 하므로 마찰계수에 대해 중간 값으로 $f_1 = 0.02$와 $f_2 = 0.025$를 가정한다. 따라서 식 (1)과 (4)로부터 다음의 결과를 준다.

$$V_1 = 2.941 \text{ m/s}$$
$$V_2 = 3.517 \text{ m/s}$$

따라서

$$(\text{Re})_1 = \frac{V_1 D_1}{\nu_w} = \frac{(2.941 \text{ m/s})(0.1 \text{ m})}{1(10^{-6}) \text{ m}^2/\text{s}} = 2.94(10^5)$$
$$(\text{Re})_2 = \frac{V_2 D_2}{\nu_w} = \frac{(3.517 \text{ m/s})(0.05 \text{ m})}{1(10^{-6}) \text{ m}^2/\text{s}} = 1.76(10^5)$$

$(\varepsilon/D)_1 = 0.15 \text{ mm}/100 \text{ mm} = 0.0015$ 및 $(\varepsilon/D)_2 = 0.15 \text{ mm}/50 \text{ mm} = 0.003$ 이므로 무디 선도를 사용하면 $f_1 = 0.022$와 $f_2 = 0.027$을 구한다. 이 값을 이용하여 계산을 반복하면 식 (1)과 (4)로부터 이전 값에 매우 근접한 $V_1 = 2.95 \text{ m/s}$와 $V_2 = 3.48 \text{ m/s}$를 얻는다. 따라서 각 파이프를 통한 유량은

$$Q_1 = V_1 A_1 = (2.95 \text{ m/s})\left[\pi(0.05 \text{ m})^2\right] = 0.0232 \text{ m}^3/\text{s}$$ 답

$$Q_2 = V_2 A_2 = (3.48 \text{ m/s})\left[\pi(0.025 \text{ m})^2\right] = 0.0068 \text{ m}^3/\text{s}$$ 답

요구된 바와 같이 $Q = Q_1 + Q_2 = 0.03 \text{ m}^3/\text{s}$임을 주목하라.

에너지방정식 A와 B 사이의 압력강하는 에너지방정식으로부터 구해진다. 검사체적은 A에서 B까지 시스템 내의 모든 물을 포함한다. A(입구)와 B(출구)를 지나는 기준선을 잡으면 $z_A = z_B = 0$, 그리고 $V_A = V_B = V$이다. 다음과 같이 얻어진다.

$$\frac{p_A}{\gamma_w} + \frac{V_A^2}{2g} + z_A + h_{\text{pump}} = \frac{p_B}{\gamma_w} + \frac{V_B^2}{2g} + z_B + h_{\text{turb}} + h_L$$
$$\frac{p_A}{\gamma_w} + \frac{V^2}{2g} + 0 + 0 = \frac{p_B}{\gamma_w} + \frac{V^2}{2g} + 0 + 0 + h_L$$

또는

$$p_A - p_B = \gamma_w h_L$$

식 (2)를 사용해서 다음을 얻는다.

$$p_A - p_B = \left(9810 \text{ N/m}^3\right)\left[30(0.022) + 12.4\right]\left[\frac{(2.95 \text{ m/s})^2}{2(9.81 \text{ m/s}^2)}\right]$$
$$= 56.8\left(10^3\right) \text{ Pa} = 56.8 \text{ kPa}$$ 답

이 병렬 시스템에 대해 $(h_L)_1 = (h_L)_2$이므로 식 (3)을 사용한 것과 같은 결과를 얻는다.

10.5 유량 측정

오랜 기간 동안 파이프 또는 닫힌 도관을 통해 흐르는 유체의 유량이나 속도를 측정하기 위해 많은 장치들이 개발되었다. 각 방법들은 특정 용도를 가지며, 방법의 선택은 요구되는 정확도, 비용, 유량의 크기 그리고 사용의 편리성 등에 의존한다. 이 절에서는 이러한 목적을 위해 사용되는 보다 일반적인 방법들을 설명한다. 더 상세한 내용은 이 장의 마지막에 있는 참고문헌이나 특정한 생산자의 웹사이트에서 찾을 수 있다.

벤투리 유량계 벤투리 유량계(venturi meter)는 5.3절에서 논의되었고 여기서는 그것의 원리를 간단히 복습한다. 그림 10-21에서와 같이 이 장치는 파이프에서 목까지는 축소되는 유로를 갖고 그 후에 파이프로 다시 돌아가면서 **점진적으로** 확대되는 유로로 구성된다. 이러한 구조는 도관 벽에 발생하는 유동박리를 방지하고 유체 내의 마찰손실을 최소화한다. 5.3절에서 베르누이 방정식과 연속방정식을 적용해서 다음 식과 같이 목에서의 평균속도를 구했다.

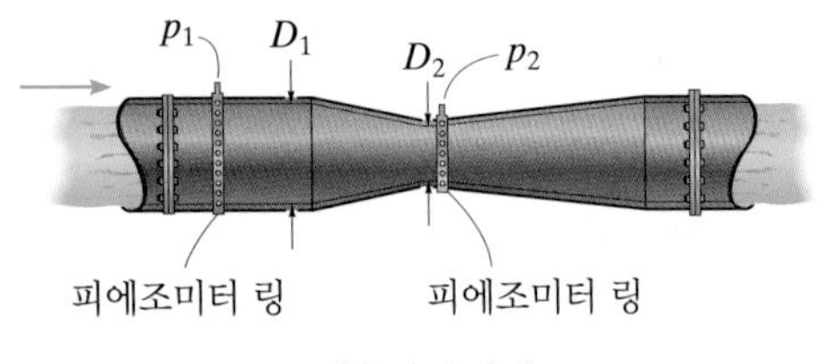

벤투리 유량계

그림 10−21

$$V_2 = \sqrt{\frac{2(p_1 - p_2)/\rho}{1 - (D_2/D_1)^4}} \tag{10-10}$$

정확성을 위해 벤투리 유량계는 종종 그림 10-21과 같이 하나는 유량계 상류에, 다른 하나는 목에 위치시킨 두 개의 **피에조미터 링**(piezometer ring)이 끼워져 있다. 각각의 링은 링 내에 평균압력이 발생할 수 있도록 파이프 내에 일련의 환상 구멍을 둘러싸고 있다. 액주계 또는 압력센서가 각 링에 연결되어 둘 사이의 평균 정압차($p_1 - p_2$)를 측정한다.

베르누이 방정식은 유동 내의 어떠한 마찰손실도 고려하지 않기 때문에 공학실무에서는 실험적으로 구해진 **벤투리 송출계수** C_v를 윗식에 곱한다. 이 계수는 이론속도와 목에서의 실제속도와의 비를 나타낸다. 즉,

$$C_v = \frac{(V_2)_{act}}{(V_2)_{theo}}$$

C_v의 특정 값은 레이놀즈수의 함수로 보통 생산자에 의해 제공된다. C_v가 구해지면 목 내의 실제속도는 다음과 같다.

$$(V_2)_{act} = C_v\sqrt{\frac{2(p_1 - p_2)/\rho}{1 - (D_2/D_1)^4}}$$

$Q = V_2 A_2$이므로 체적유량은 다음과 같이 구해진다.

$$Q = C_v\left(\frac{\pi}{4}D_2^2\right)\sqrt{\frac{2(p_1 - p_2)/\rho}{1 - (D_2/D_1)^4}}$$

노즐 유량계 노즐 유량계(nozzle meter)는 기본적으로는 벤투리 유량계와 같은 방식으로 작동한다. 그림 10-22에서와 같이 이 장치가 유동 통로에 끼워지면 유동은 노즐 앞에서 수축되면서 목을 통해 지나가고 유동의 진로가 바뀌지 않은 상태에서 노즐을 떠난다. 이것은 노즐을 통한 유동의 가속과 이후에 유동이 하류에 맞춰지려는 감속에 의해 국소적인 난류를 발생한다. 그 결과로 노즐을 통한 마찰손실은 벤투리 유량계보다 크다. 1 지점과 2 지점 사이의 압력강하 측정값은 식 (10-10)을 사용해서 이론속도 V_2를 구하는 데 사용된다. 실제 사용에서는 모든 마찰손실을 고려하기 위해 실험에서 구해진 **노즐 송출계수 C_n**을 사용한다. 따라서 유량은 다음과 같다.

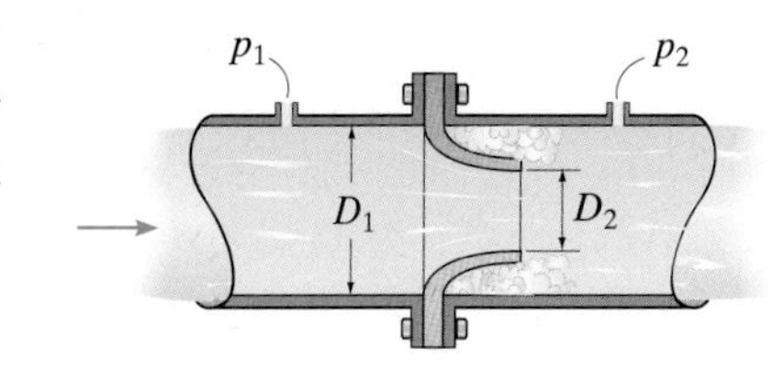

노즐 유량계

그림 10–22

$$Q = C_n\left(\frac{\pi}{4}D_2^2\right)\sqrt{\frac{2(p_1 - p_2)/\rho}{1 - (D_2/D_1)^4}}$$

노즐과 파이프의 여러 면적비에 대한 C_n 값이 상류 레이놀즈수의 함수로써 생산자에 의해 제공된다.

오리피스 유량계 파이프 내의 유량을 측정하는 또 다른 방법은 그림 10-23의 **오리피스 유량계**(orifice meter)에 의해 유동을 수축시키는 것이다. 오리피스는 내부에 구멍이 있는 평판으로 구성된다. 상류지점과 유선이 평행하고 정압이 일정한 베나 콘트랙타에서 압력이 측정된다. 앞서와 같이 이들 지점에 베르누이 방정식과 연속방정식을 적용하면 식 (10-10)으로 정의된 이론적인 평균속도를 구할 수 있다. 유량계를 통한 실제유량은 유동에서의 마찰손실과 베나 콘트랙타의 영향을 모두 고려하여 생산자가 제공하는 **오리피스 송출계수 C_o**를 사용해서 구한다. 따라서

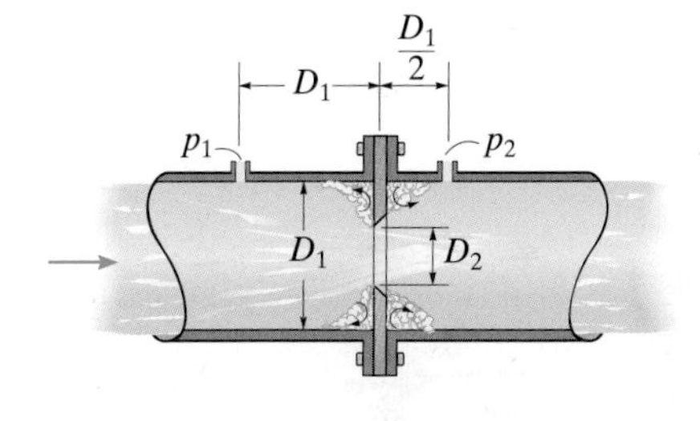

오리피스 유량계

그림 10–23

$$Q = C_o\left(\frac{\pi}{4}D_2^2\right)\sqrt{\frac{2(p_1 - p_2)/\rho}{1-(D_2/D_1)^4}}$$

세 가지 유량계 중에서 벤투리 유량계가 가장 비싸지만 손실이 최소이므로 가장 정확한 측정값을 준다. 오리피스 유량계는 가장 싸고 설치가 쉽지만 베나 콘트랙타의 크기를 명확히 정의할 수 없으므로 가장 부정확하다. 또한 이 유량계는 손실수두 또는 압력강하가 가장 많이 발생한다. 어떤 유량계를 선택하든지 완전히 발달된 유동이 확립될 수 있는 충분한 길이를 갖는 곧은 단면의 파이프에 설치하는 것이 중요하다. 이렇게 해서 얻은 결과는 실험결과와 잘 관련된다.

로타미터 로타미터(rotameter)는 그림 10-24에서와 같이 수직한 파이프에 부착되어 있다. 아래에서 유체가 들어가고 끝으로 갈수록 넓어지는 유리관을 지나서 위를 떠난 후에 파이프로 돌아온다. 관 속의 유동에 의해 위로 떠오르는 무게를 갖는 플로트가 있다. 플로트가 올라감에 따라 관의 면적이 커지므로 유동의 속도는 작아져서 결국에 플로트는 관 표면의 눈금이 가리키는 평형수위에 도달한

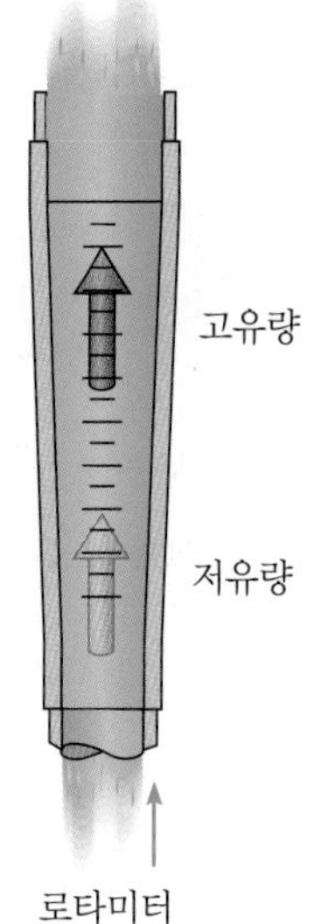

로타미터

그림 10–24

다. 이 수위는 파이프 내의 유량과 직접 관련되므로 플로트 수위를 읽어 유량을 구한다. 수평 파이프에 있어서는 장애물로 하여금 측정된 거리까지 스프링을 압축하게 하고 그 위치를 유리관을 통해 볼 수 있는 유사한 장치가 있다. 이들 유량계 모두 약 99%의 정확도로 유량을 측정할 수 있으나, 기름과 같이 매우 불투명한 유체의 유량을 측정하는 데 사용할 수 없기 때문에 사용에 얼마간 제한이 있다.

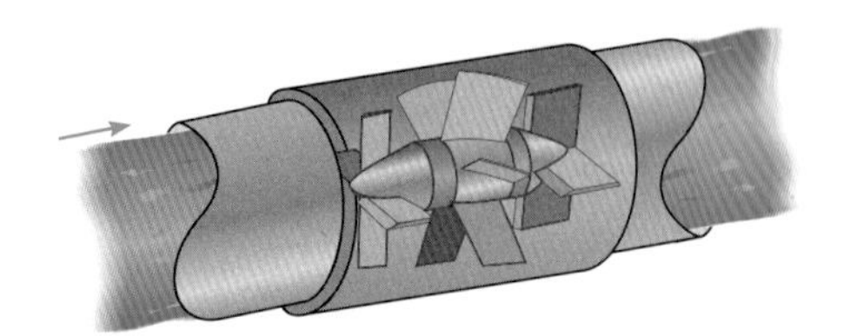

터빈식 유량계

그림 10-25

터빈식 유량계 1.5 in.에서 12 in.까지의 큰 직경을 갖는 파이프에 있어서는 파이프를 지나는 유체유동이 그림 10-25의 터빈 날개를 회전시킬 수 있도록 파이프 단면 내에 터빈 로터가 설치된다. 액체의 경우에 이 장치는 보통 소수의 날개만 갖고 있지만, 기체의 경우는 날개를 회전시키기에 충분한 토크를 발생하기 위해 더 많은 날개가 필요하다. 유량이 클수록 날개는 더 빨리 회전한다. 날개 중 하나에는 날개가 회전하면서 센서를 지나갈 때 발생하는 전기충격에 의해 회전이 감지될 수 있도록 표시가 되어 있다. 터빈식 유량계(turbine flow meter)는 천연가스나 상수도 시스템을 통한 물의 유량을 측정하는 데 자주 사용된다. 이 유량계에는 또한 손으로 잡고, 예를 들어 풍속을 측정하기 위해 날개가 바람 속에서 회전할 수 있도록 제작된 것도 있다. 사진에서 보이는 **풍속계**(anemometer)는 유사한 방식으로 작동한다. 이 장치는 회전축 위에 올려진 컵을 사용해서 바람의 속도와 관련된 축의 회전을 측정한다.

풍속계

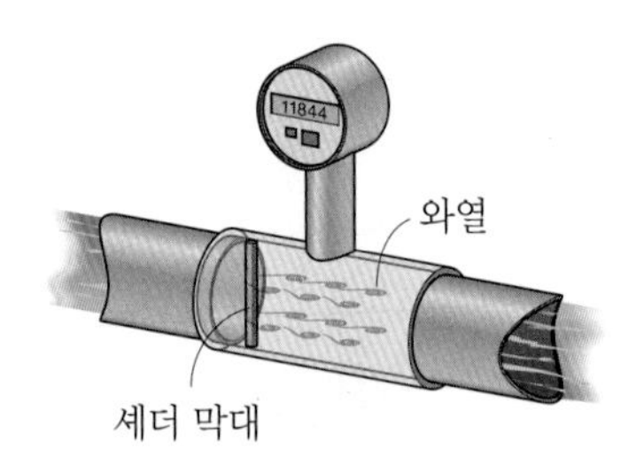

볼텍스 유량계

그림 10-26

볼텍스 유량계 그림 10-26과 같이 **셰더 막대**(shedder bar)라 불리는 원통형의 장애물이 유동 내에 설치되면 유체가 막대 주위를 지나가면서 **본 카르만 와열**(Von Kármán vortex street)이라 불리는 와류열이 발생한다. 막대 양면에 교대로 나타나는 와류의 주파수 f는 모든 요동에 대해 작은 전압펄스를 생성하는 압전결정체(piezoelectric crystal)를 사용해서 측정할 수 있다. 이 주파수 f는 유체 속도 V에 비례하고 **스트로우할수**, $\mathrm{St} = fD/V$에 의해 속도에 관계된다. 여기서 '특성길이'는 셰더 막대의 직경인 D이다. 스트로우할수는 유량계의 특정한 작동 범위에서는 알려져 있는 일정한 값을 갖기 때문에 평균속도 V는 $V = fD/\mathrm{St}$에 의해 구해진다. 그러면 유량은 $Q = VA$이고, 여기서 A는 유량계의 단면적이다. 볼텍스 유량계(vortex flow meter)의 장점은 움직이는 부분이 없고 정확도가 약 99%라는 것이다. 유동 붕괴에 따라 발생하는 손실수두가 하나의 단점이다.

열 질량유량계(Thermal Mass Flow Meter) 명칭이 의미하듯이 이 장치는 유동 내에 매우 국소적인 지역에서 기체 속도를 구하기 위해 온도를 측정한다. 가장 많이 사용되고 있는 종류의 하나는 **정온 풍속계**이다. 이 장치는 보통 텅스텐으로 만들어지며, 예를 들어 그림 10-27의 직경이 0.5 μm이고 길이가 1 mm인 매우 작고 얇은 전선으로 구성된다. 열선이 유동 내에 놓이면 유동 흐름에 의해

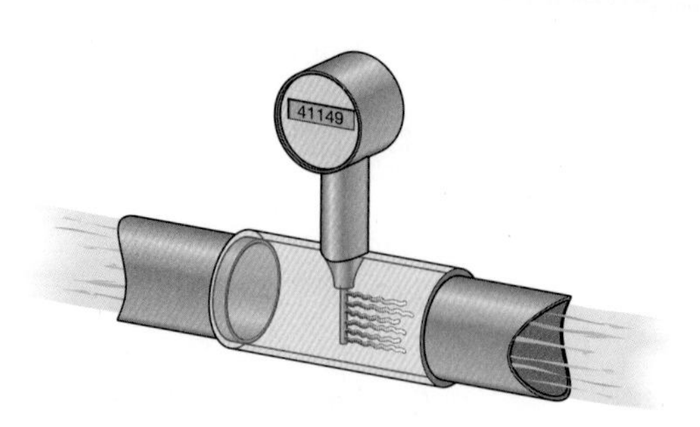

그림 10-27

냉각됨에 따라 전기적으로 유지되는 일정 온도까지 가열된다. 일정 온도를 유지하기 위해 전선에 공급되어야 하는 전압과 유동속도는 서로 관련되어 있다. 두 방향 또는 세 방향에서 유동을 측정하기 위해 몇 개 센서들이 작은 체적 내에 배치될 수도 있다.

전선은 깨지기 매우 쉬우므로 기체 내의 입자상물질이 전선을 손상시키거나 깨트리지 않게 주의해야 한다. 속도가 빠르거나 불순물이 많은 기체의 경우에는 작동원리는 같지만 훨씬 두꺼운 세라믹 지지대에 부착된 얇은 금속 필름 센서로 구성된 **열필름 풍속계**를 사용해서 민감하지 않은 속도를 측정할 수 있다.

양 변위 유량계 흘러 지나가는 액체의 양을 구하기 위해 사용되는 유량계의 한 종류는 **양 변위 유량계**(positive displacement flow meter)라 불린다. 이것은 그림 10-28과 같이 유량계 내에 두 기어의 로브(lobes) 사이의 공간과 같은 측정실로 구성된다. 로브와 케이싱 사이의 근접 공차(close torelance)를 확실히 해서 각 회전마다 정확히 조정된 액체의 양만 통과하게 한다. 기계적으로 또는 전기 펄스에 의해 이 회전수를 계산해서 액체의 총량이 측정된다.

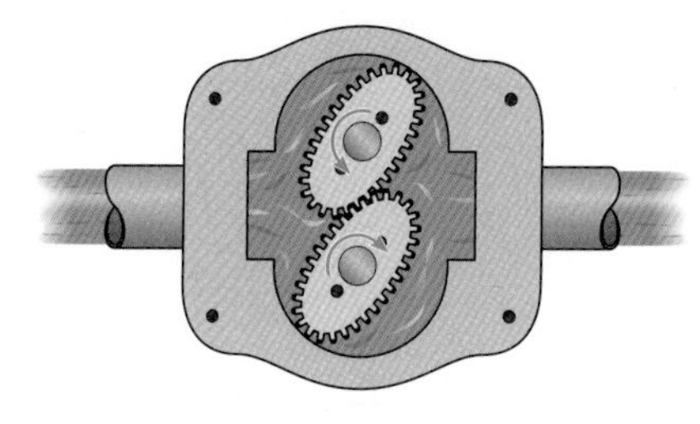

그림 10-28

진동판 유량계(Nutating Disk Meter) 이 유량계는 보통 가정의 물 공급량 또는 펌프로 끌어당긴 가솔린 양을 측정하기 위해 사용된다. 이것은 정확도가 99%이다. 그림 10-29와 같이 유량계 챔버(chamber) 내에 정확히 조정된 액체 체적을 고립시키는 경사진 원판으로 구성된다. 원판 중심이 공과 스핀들(spindle)에 고정되어 있으므로 액체로부터 작용하는 압력이 원판을 수직축에 대해 회전하게 한다. 그것에 의하여 담겨있는 액체 체적이 축에 대한 매 회전마다 챔버를 통과한다. 각 진동판은 회전 원판에 부착된 자석에 의한 자기 요동이나 스핀들에 부착된 기어-레지스터(gear-and-register) 장치에 의해 기록될 수 있다.

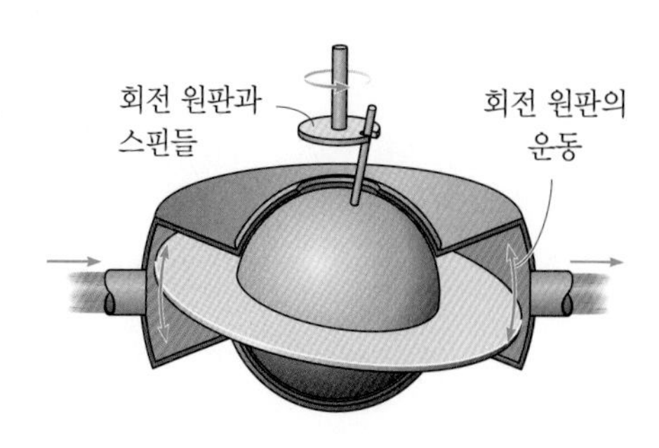

그림 10-29

자기 유량계 이 유량계는 유지보수가 거의 필요 없으며, 바닷물, 하수, 액체나트륨 그리고 여러 종류의 산성용액과 같이 전기가 통할 수 있는 액체의 평균속도를 측정한다. 작동원리는 자기장을 통해 직각으로 움직일 때 어떤 도체(액체)

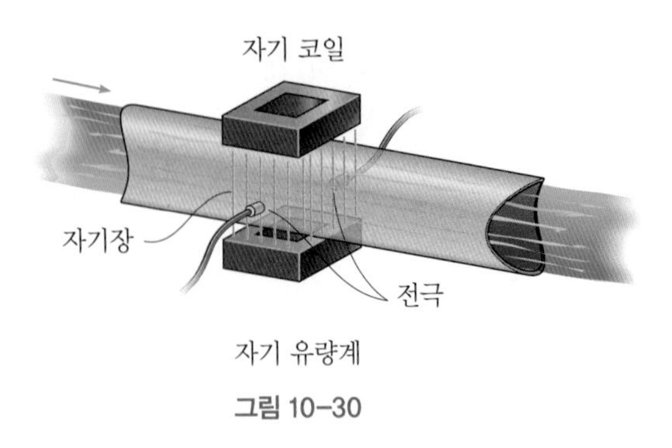

그림 10-30

를 가로질러 유도되는 전압은 도체의 속도에 비례한다는 Michael Faraday 법칙에 근거한다. 유량을 측정하기 위해 두 개의 전극이 내부 파이프 벽의 맞은편에 위치하고 전압계에 부착된다. 그림 10-30의 **웨이퍼**(wafer) **형식의 자기 유량계**에서는 웨이퍼 내의 코일에 전류를 흐르게 하여 전 유동 단면을 가로질러 자기장이 형성된다. 이때 전압계로 전극 사이의 전위 또는 전압을 측정하는데, 이는 유동속도에 직접 비례한다.

자기 유량계(magnetic meter)는 정확도가 99%~99.5%이며, 직경이 12 in.인 파이프까지 사용할 수 있다. 눈금은 전극에 혼입된 공기와 유체 내에 존재하는 모든 정전기에 매우 민감하다. 이런 이유로 최고의 성능을 위해 파이프를 적절히 접지해야 한다.

다른 종류의 유량계 유동 내에 작은 지역에서 속도를 정확히 측정하기 위해 사용되는 여러 종류의 유량계들이 있다. **레이저 도플러 유량계**(laser doppler flow meter)는 목표한 지역을 향해 레이저 빔을 쏘고 그곳을 지나가는 작은 입자들에 의해 반사된 후의 주파수 변화를 측정하는 것에 근거한다.* 이 자료는 특정 방향에서의 속도를 얻기 위해 변환된다. 이 기법은 정확도가 매우 높으며 비록 비싸긴 하지만, 지역 내에 세 모든 방향으로 입자의 속도성분을 구하기 위해 설치된다. **초음파 유량계**(ultrasonic flow meter)는 또한 도플러 원리로 작동한다. 이것은 유체를 통해 음파를 보내고 반사되어 돌아오는 모든 파의 주파수 변화를 압전 변환기(piezoelectric transducer)로 측정하고 변환시켜 속도를 구한다. 마지막으로 **입자영상속도계**(particle image velocimetry, PIV)는 매우 작은 입자들을 유체 내에 풀어놓는 방법이다. 카메라와 레이저 스트로브(strobe light)를 사용해서 빛을 받은 입자를 추적하여 유동의 속도와 방향을 측정할 수 있다.

---

* 도플러 원리는 빛이나 소리의 높은 주파수는 출처가 관찰자를 향해 움직일 때 발생하고 낮은 주파수는 출처가 관찰자에서 멀어질 때 발생한다고 기술한다. 이 효과는 움직이는 경찰차나 소방차의 경적 소리를 들을 때 상당히 두드러진다.

참고문헌

1. L. F. Moody, "Friction Factors for Pipe Flow," *Trans ASME*, Vol. 66, 1944, pp. 671–684.
2. F. Colebrook, "Turbulent flow in pipes with particular reference to the transition region between the smooth and rough pipe laws," *J Inst Civil Engineers*, London, Vol. 11, 1939, pp. 133–156.
3. V. Streeter, *Handbook of Fluid Dynamics*, McGraw-Hill, New York, NY.
4. V. Streeter and E. Wylie, *Fluid Mechanics*, 8th ed., McGraw-Hill, New York, NY, 1985.
5. S. E. Haaland, "Simple and explicit formulas for the friction-factor in turbulent pipe flow," *Trans ASME, J Fluids Engineering*, Vol. 105, 1983.
6. H. Ito, "Pressure losses in smooth pipe bends," *J Basic Engineering*, 82 D, 1960, pp. 131–134.
7. C. F. Lam and M. L Wolla, "Computer analysis of water distribution systems," *Proceedings of the ASCE, J Hydraulics Division*, Vol. 98, 1972, pp. 335–344.
8. H. S. Bean, *Fluid Meters: Their Theory and Application*, ASME, New York, NY, 1971.
9. R. J. Goldstein, *Fluid Mechanics Measurements*, 2nd ed., Taylor and Francis, New York, NY, 1996.
10. P. K. Swamee and A. K. Jain, "Explicit equations for pipe-flow problems," *Proceedings of the ASCSE, J Hydraulics Division* Vol. 102, May 1976, pp. 657-664.
11. H. H. Brunn, *Hot-Wire Anemometry—Principles and Signal Analysis*, Oxford University Press, New York, NY, 1995.
12. R. W. Miller, *Flow Measurement Engineering Handbook*, 3rd ed., McGraw-Hill, New York, NY, 1996.
13. E. F. Brater et al. *Handbook of Hydraulics*, 7th ed., McGraw-Hill, New York, NY, 1996.
14. R. W. Jeppson, *Analysis of Flow in Pipe Networks*, Butterworth-Heinemann, Woburn, MA, 1976.
15. R. J. S. Pigott, "Pressure Losses in Tubing, Pipe, and Fittings," *Trans. ASME*, Vol. 73, 1950, pp. 679–688.
16. *Measurement of Fluid Flow on Pipes Using Orifice, Nozzle, and Venturi*, ASME MFC-3M-2004.
17. J. Vennard and R. Street, *Elementary Fluid Mechanics*, 5th ed., John Wiley and Sons, New York, NY.
18. *Fluid Meters*, ASME, 6th ed., New York, NY.
19. *Flow of Fluid through Valves, Fittings and Pipe*, Technical Paper A10, Crane Co., 2011.

연습문제

10.1절

10-1 직경이 100 mm인 수평 파이프를 통해 기름이 4 m/s의 속도로 흐른다. 마찰계수를 구하라. $\nu_o = 0.0344(10^{-3})\ \mathrm{m^2/s}$이다.

10-2 직경이 12 in.인 수평 파이프를 통해 기름이 8 ft/s의 속도로 흐른다. 길이가 20 ft인 파이프의 수평부분에서의 손실수두를 구하라. $\nu_o = 0.820(10^{-3})\ \mathrm{ft^2/s}$이다.

10-3 밀도가 2.46 slug/ft^{3}인 글리세린이 직경이 10 in.인 파이프를 통해 3 ft/s의 속도로 흐른다. 길이가 8 ft인 파이프 구역에서의 압력강하가 0.035 psi일 때 파이프에 대한 마찰계수를 구하라.

***10-4** 원형관을 통해 공기가 4 m/s의 속도로 흐를 때 길이가 6 m인 관에서 발생하는 압력강하를 구하라. 마찰계수는 $f = 0.0022$이며, 밀도는 1.092 kg/m^{3}이다.

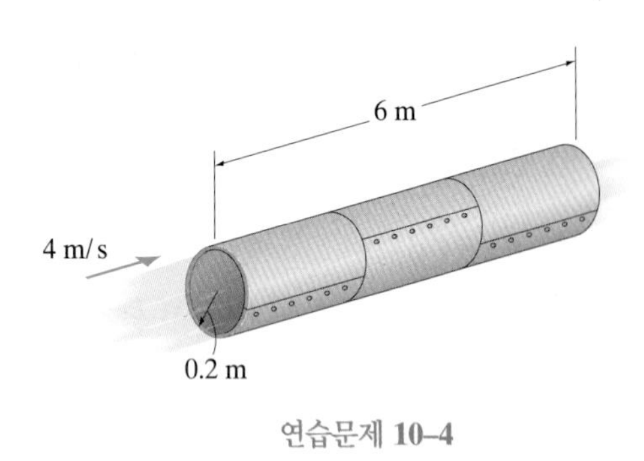

연습문제 **10–4**

10-5 직경이 15 in.인 콘크리트 배수 파이프 내에서 물이 15 ft^3/s의 유량으로 가득 차 흐른다. A에서 B까지의 압력강하를 구하라. 파이프는 수평이고 $f = 0.07$이다.

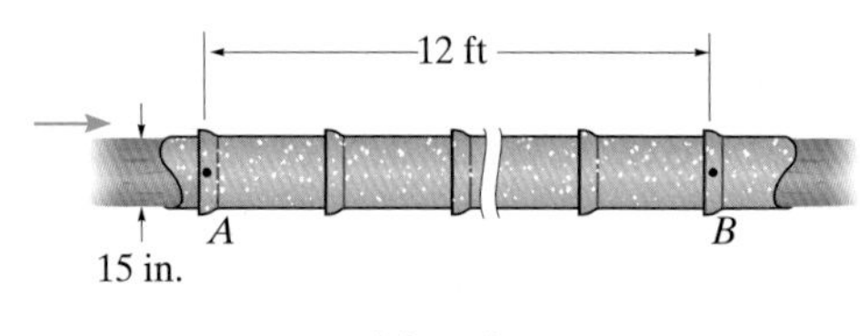

연습문제 **10–5**

10-6 직경이 2 in.인 수평 파이프를 통해 물이 흐른다. 마찰계수가 $f = 0.028$이고 유량이 0.006 ft^3/s일 때 3 ft 길이에 걸쳐 발생하는 압력강하를 구하라.

10-7 공기가 원형관을 통해 보내진다. 유량이 0.3 m^3/s이고 압력강하가 1 m 길이당 0.5 Pa이라면 관의 마찰계수를 구하라. 밀도는 1.202 kg/m^{3}이다.

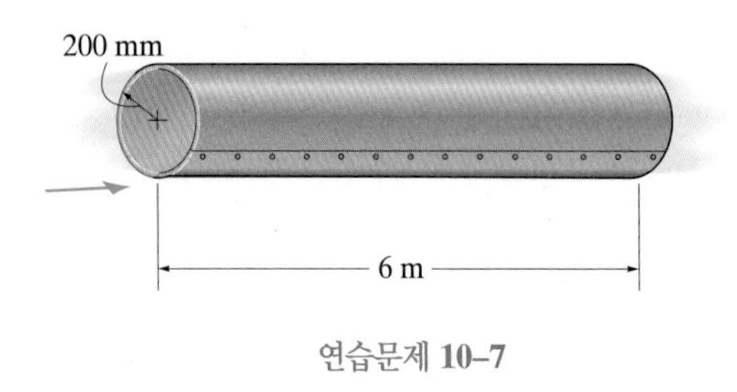

연습문제 **10–7**

***10-8** 직경이 45 mm인 상용 강철파이프가 20°C의 물을 수송하기 위해 사용된다. 2 m 길이에 걸친 손실수두가 5.60 m라면 liter/s의 단위로 체적유량을 구하라.

10-9 직경이 $\frac{3}{4}$ in.인 아연도금강철을 통해 60°F의 물이 2 ft/s의 속도로 위로 흐른다. 10 ft 길이의 AB 구역에서 발생하는 주 손실수두를 구하라. 또한 A에서의 압력이 40 psi라면 B에서의 압력은 얼마인가?

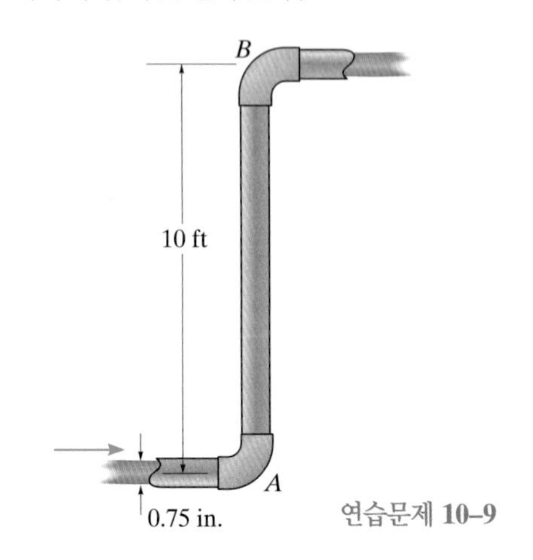

연습문제 **10–9**

10-10 압력강하가 500 kPa을 넘지 않으면서 125 liter/s의 테레빈유를 수송하는 길이가 100 m인 수평 파이프의 직경을 구하라. $\varepsilon = 0.0015$ mm, $\rho_t = 860$ kg/m^3 그리고 $\mu_t = 1.49(10^{-3})$ N·s/m^{2}이다.

10-11 직경이 60 mm이고 길이가 90 m인 파이프가 있다. 20°C인 물이 6 m/s의 속도로 파이프 내를 흐를 때 매끄러운 경우에 0.3 m의 손실수두가 발생한다. 시간이 지나 같은 유동이 0.8 m의 손실수두를 발생할 때 파이프의 마찰계수를 구하라.

***10-12** 직경이 15 in.인 콘크리트 배수 파이프 내에서 물이 15 ft^3/s의 유량으로 가득 차 흐른다. A에서 B까지의 압력강하를 구하라. 파이프는 4 ft/100 ft 기울기를 갖고 약간 아래로 경사져 있다. $f = 0.07$이다.

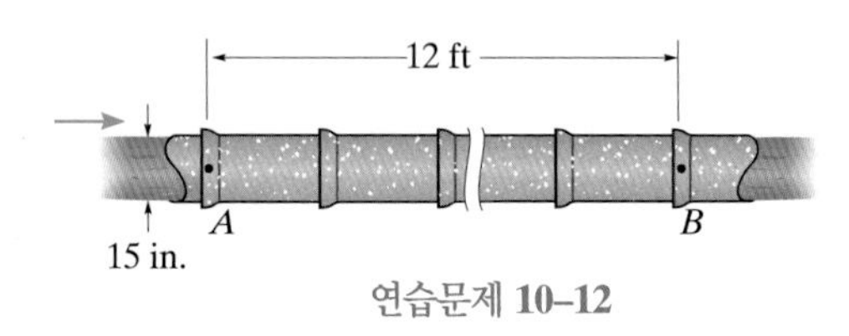

연습문제 **10–12**

10-13 공정 플랜트는 80 psi의 압력에서 펌프로부터 공급되는 70°F인 물을 사용한다. 유량이 1200 gal/min이고 300 ft 후의 파이프 내 압력이 20 psi일 때 수평의 아연도금 강철파이프의 직경을 구하라.

10-14 못 쏘는 총(nail gun)은 직경이 10 mm인 호스를 통해 공급되는 가압된 공기를 사용해서 작동한다. 0.003 m^3/s의 공기유량으로 작동하기 위해 총은 700 kPa을 요구한다. 작동을 위한 호스의 최대 허용 가능한 길이를 구하라. 비압축성 유동과 매끄러운 호스로 가정한다. $\rho_a = 1.202\ kg/m^3$, 그리고 $\nu_a = 15.1(10^{-6})\ m^2/s$이다.

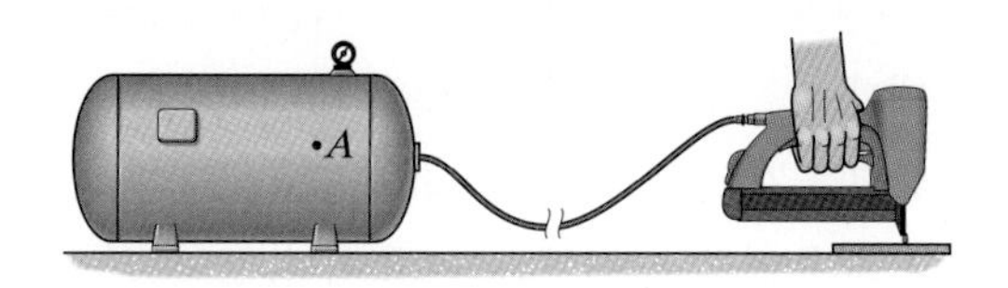

연습문제 **10–14**

10-15 조도가 $\varepsilon = 0.2$ mm이고 직경이 75 mm인 아연도금 강철파이프가 3 m/s의 속도로 60°C의 물을 수송한다. 파이프가 수평이라면 12 m 길이에 걸쳐 발생하는 압력강하를 구하라.

***10-16** 공기가 아연도금 강철관을 통해 4 m/s의 속도로 흐른다. 관 길이 2 m에 걸쳐 발생하는 압력강하를 구하라. $\rho_a = 1.202\ kg/m^3$ 그리고 $\nu_a = 15.1(10^{-6})\ m^2/s$이다.

10-17 유동이 층류로 유지될 수 있는 아연도금 강철관을 통한 최대 공기유량 Q를 구하라. 이 경우에 관 길이 200 m에 걸쳐 발생하는 압력강하는 얼마인가? $\rho_a = 1.202\ kg/m^3$ 그리고 $\nu_a = 15.1(10^{-6})\ m^2/s$이다.

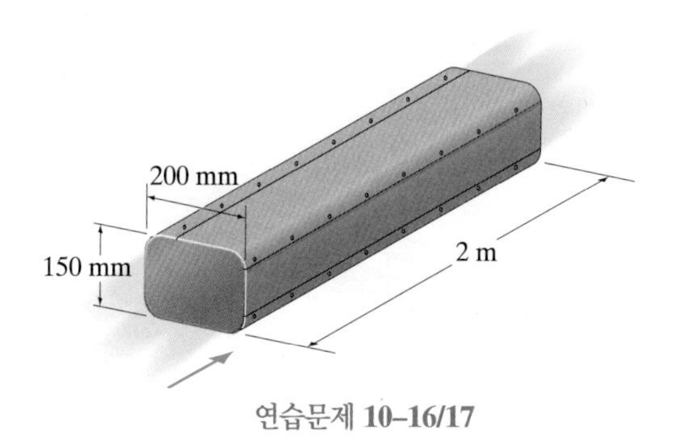

연습문제 **10–16/17**

10-18 20°C인 물이 직경이 150 mm인 상용 강철관을 사용하여 터빈 T를 통해 지나간다. 파이프 길이가 50 m이고 송출량이 0.02 m^3/s일 때 터빈에 의해 물로부터 추출되는 동력을 구하라.

연습문제 **10–18**

10-19 직경이 20 mm인 구리코일이 태양열 온수히터로 사용된다. $T = 50°C$의 평균온도를 갖는 물이 9 liter/min 유량으로 코일을 통해 흐를 때 코일 내에서 발생하는 주 손실수두를 구하라. 곡관부분의 손실은 무시하라. 코일의 조도는 $\varepsilon = 0.03$ mm이다.

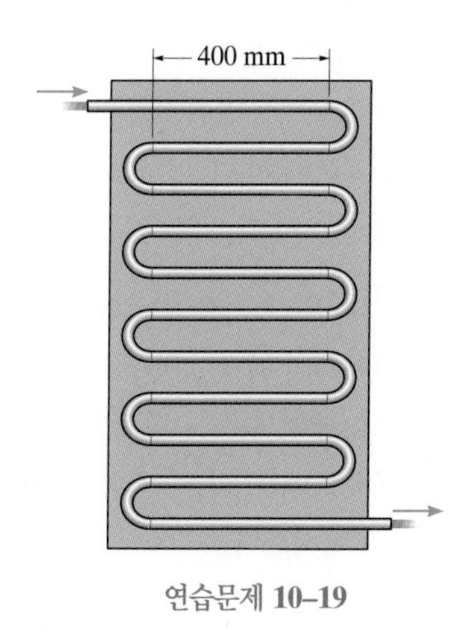

연습문제 **10–19**

***10-20** 20°C인 물이 0.013 m^3/s의 유량으로 송출될 수 있도록 수평 상용강철관을 통해 흐를 것이 요구되고 있다. 5 m 길이에 걸쳐 최대 압력강하가 15 kPa 이상을 넘지 않는다면 허용될 수 있는 파이프의 가장 작은 직경을 구하라.

10-21 직경이 100 mm이고 길이가 200 m인 수평 주철파이프를 통해 30 liter/s의 원유를 끌어올리는 데 요구되는 출력동력을 구하라. 파이프 끝은 대기에 열려있다. 이 요구동력을 같은 파이프를 통해 물을 끌어올리는 경우와 비교하라. 두 경우 모두 온도는 T = 20°C이다.

10-22 60°F인 공기가 직경이 12 in.인 아연도금 강철관을 통해 2 ft^3/s 유량으로 팬에 의해 수송된다. 길이가 40 ft인 관의 수평구역에서 발생하는 압력강하를 구하라.

10-23 60°F인 공기가 직경이 12 in.인 아연도금 강철관을 통해 2 ft^3/s 유량으로 팬에 의해 수송된다. 40 ft 길이에 걸친 손실수두를 구하라.

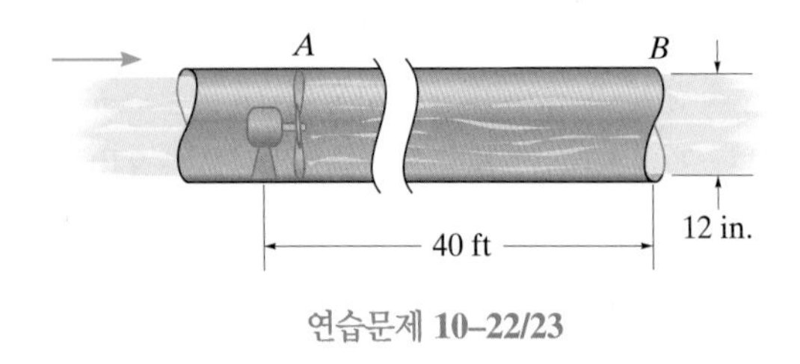

연습문제 **10–22/23**

***10-24** 직경이 $\frac{1}{2}$ in.인 호스가 수조에 물을 채우는 데 사용된다. 공급원 A에서의 압력이 38 psi일 때 수조 수심이 h = 4 ft까지 올라가는 데 필요한 시간을 구하라. 호스는 길이가 100 ft이고 f = 0.018이다. 수조의 폭은 8 ft이며, 호스 내에서 고도변화는 무시한다.

10-25 직경이 $\frac{1}{2}$ in.인 호스가 수조에 물을 채우는 데 사용된다. 공급원 A에서의 압력이 38 psi일 때 수도꼭지가 열린 후 2시간 지났을 때의 수조 수심 h를 구하라. 호스는 길이가 100 ft이고 f = 0.018이다. 수조의 폭은 8 ft이며, 호스 내에서 고도변화는 무시한다.

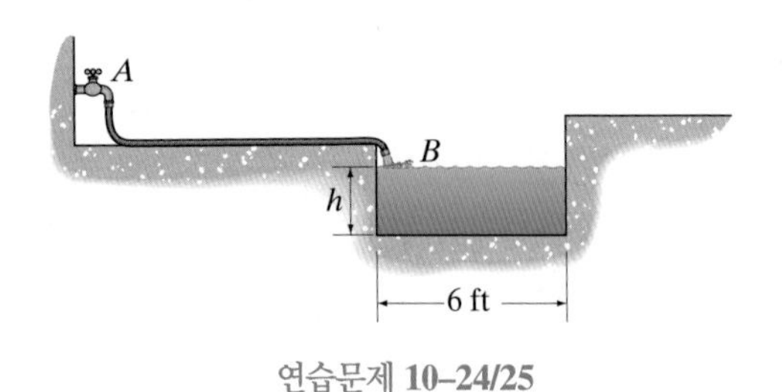

연습문제 **10–24/25**

10-26 직경이 50 mm인 파이프를 통해 물이 흐른다. A와 B에서의 압력이 같을 때 유량을 구하라. f = 0.035이다.

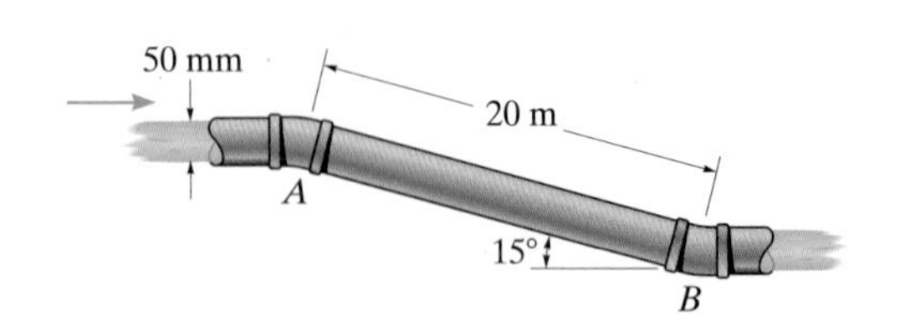

연습문제 **10–26**

10-27 직경이 3 in.인 파이프로부터 기름이 분출된다. 파이프에 대한 마찰계수가 f = 0.083일 때 A에 있는 플랜지 볼트가 장력을 지지할 수 있는 최소 송출량을 구하라. 파이프 무게는 30 lb이고 ρ_a =1.75 slug/ft^3이다.

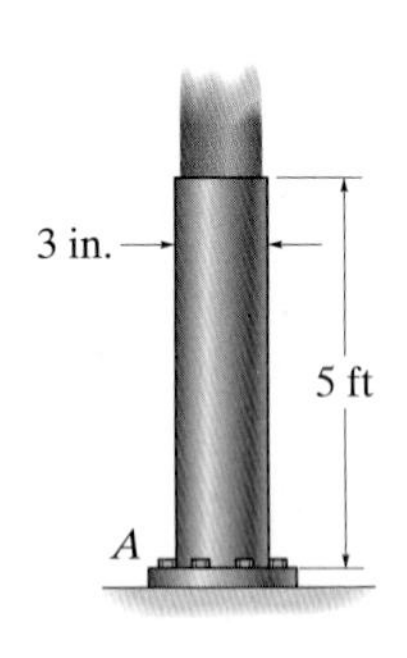

연습문제 **10–27**

***10-28** 직경이 50 mm인 파이프를 통해 기름이 0.009 m^3/s 유량으로 흐른다. 마찰계수가 f = 0.026일 때 80 m 길이에 걸쳐 발생하는 압력강하를 구하라. ρ_o =900 kg/m^3이다.

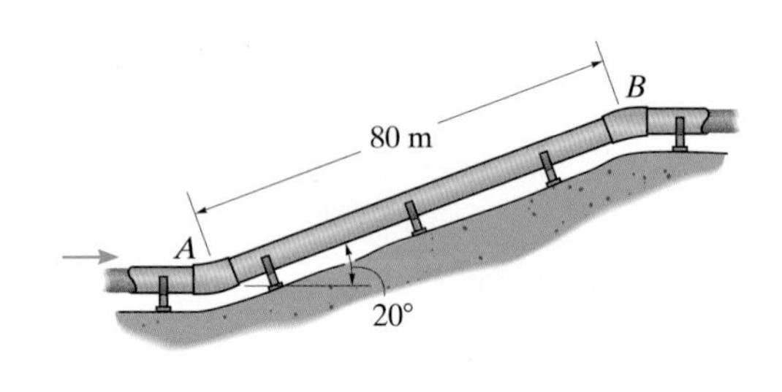

연습문제 **10–28**

10-29 직경이 50 mm인 주철파이프를 통해 기름이 흐른다. 10 m 길이의 수평구역에 걸쳐 발생하는 압력강하가 18 kPa일 때 파이프를 통한 질량유량을 구하라. $\rho_o = 900\ \text{kg/m}^3$ 그리고 $\nu_o = 0.430(10^{-3})\ \text{m}^2/\text{s}$이다.

10-30 $\varepsilon = 0.2$ mm의 조도를 갖고 직경이 75 mm인 아연도금 강철파이프가 60°C인 물을 3 m/s의 속도로 운반하는 데 사용된다. 파이프가 수직이고 물이 위로 올라간다면 12 m 길이에 걸쳐 발생하는 압력강하를 구하라.

10-31 파이프가 직경 D와 마찰계수 f를 갖는다면 체적유량이 두 배가 될 때 파이프 내의 압력강하는 몇 퍼센트 증가하는가? 레이놀즈수가 매우 크기 때문에 f는 일정하다고 가정한다.

***10-32** 20°C인 메탄이 직경이 30 mm인 수평 파이프를 통해 8 m/s의 속도로 흐른다. 파이프 길이가 200 m이고 조도가 $\varepsilon = 0.4$ mm일 때 파이프 길이에 걸친 압력강하를 구하라.

10-33 아연도금 강철파이프가 20°C인 물을 3 m/s의 속도로 운반하는 데 사용된다. 4 m의 파이프 길이에 걸쳐 발생하는 압력강하를 구하라.

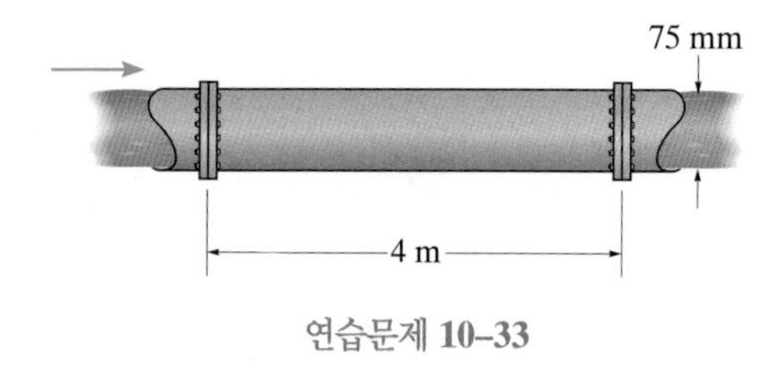

연습문제 **10–33**

10-34 관개를 위해 70°F인 물이 $\varepsilon = 0.00006$ ft의 조도를 갖는 파이프를 사용해서 운하에서 들판으로 빨아들여진다. 파이프 길이가 300 ft라면 0.5 ft³/s의 유량을 제공하는 데 필요한 직경을 구하라.

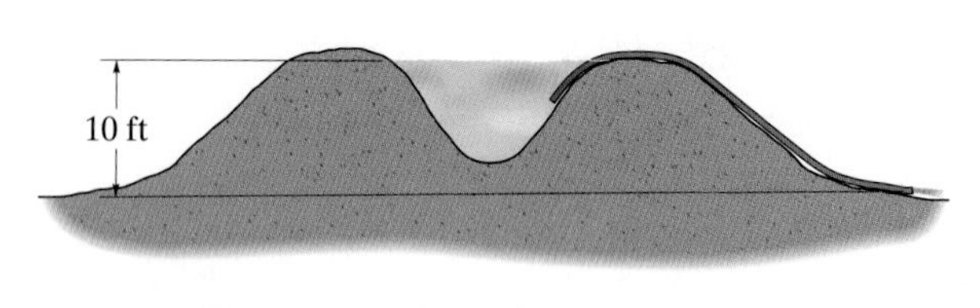

연습문제 **10–34**

10-35 직경이 50 mm인 아연도금 강철파이프를 통해 기름이 2 m/s의 속도로 흐른다. 유동이 층류인지 난류인지 결정하라. 또한 10 m 길이에 걸쳐 발생하는 압력강하를 구하라. $\rho_o = 850\ \text{kg/m}^3$ 그리고 $\mu_o = 0.0678\ \text{N}\cdot\text{s/m}^2$이다.

***10-36** 주어진 체적유량에 대해 수평 파이프에서 압력강하가 5 kPa이다. 유량이 두 배가 될 때 압력강하를 구하라. 유동은 층류이다.

10-37 길이가 3 m이고 직경이 40 mm인 호스를 통해 물이 강으로부터 끌어올려진다. 호스 내에 공동현상이 발생하지 않도록 C에 있는 호스에서의 최대 체적유량을 구하라. 호스에 대한 마찰계수는 $f = 0.028$이고, 물의 계기 증기압은 -98.7 kPa이다.

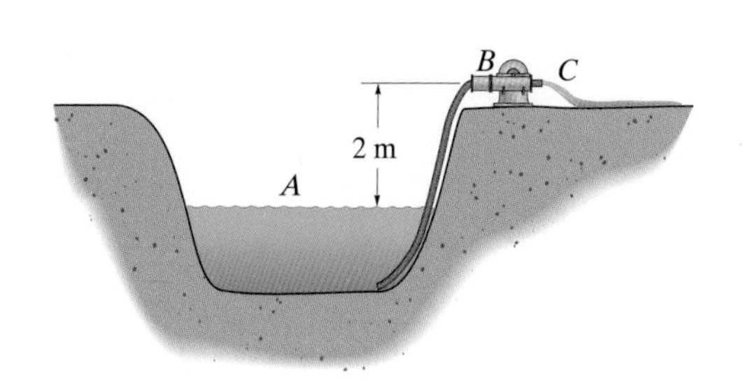

연습문제 **10–37**

10-38 직경이 2 in.인 파이프가 $\varepsilon = 0.0006$ ft의 조도를 갖는다. B에서 직경 1 in.의 노즐을 통한 60°F인 물의 송출량이 0.15 ft^3/s일 때 A에서의 압력을 구하라.

10-39 직경이 2 in.인 파이프가 $\varepsilon = 0.0006$ ft의 조도를 갖는다. 물의 온도가 60°F이고 A에서의 압력이 18 psi일 때 B에서의 송출량을 구하라.

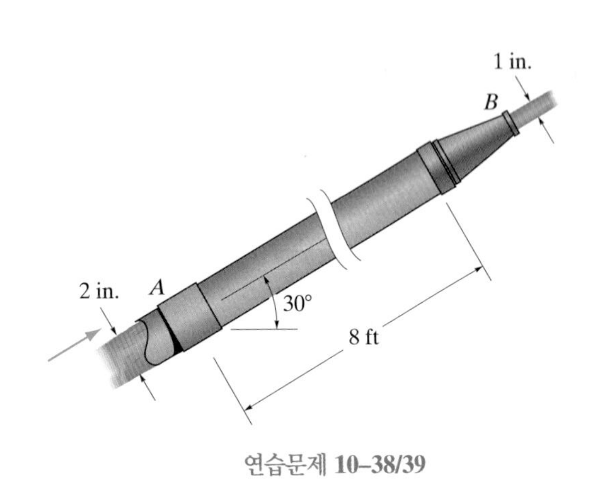

연습문제 **10–38/39**

***10-40** 직경이 100 mm인 아연도금 강철파이프의 AB 구역의 질량이 15 kg이다. 파이프로부터 글리세린이 3 liter/s의 유량으로 송출된다면 A에서의 압력과 A에서 플랜지 볼트에 가해지는 힘을 구하라.

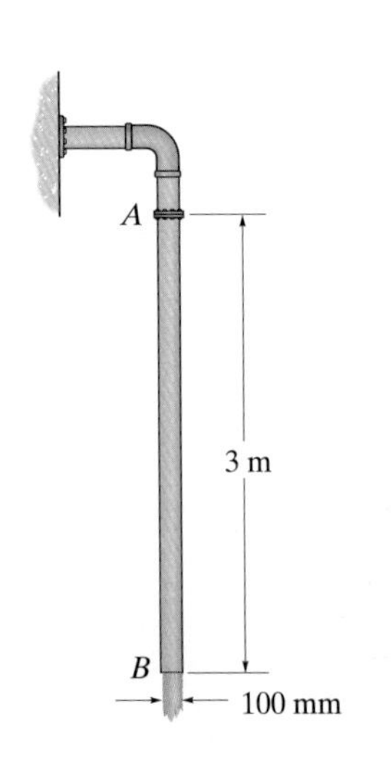

연습문제 **10–40**

10-41 직경이 3 in.인 파이프로부터 기름이 분출된다. 파이프에 대한 마찰계수가 $f = 0.083$일 때 기름이 B에 있는 파이프 끝에서 공기 중으로 12 ft 높이까지 분출된다면 A에 있는 플랜지 볼트에 가해지는 장력을 구하라. 파이프 무게는 30 lb이고 $\rho_o = 1.75$ slug/ft^{3}이다.

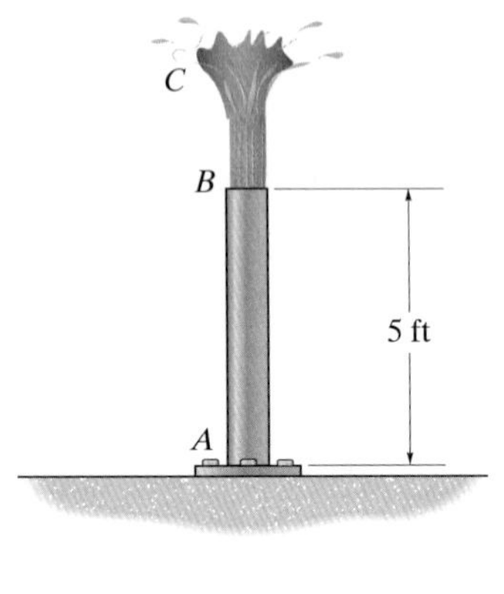

연습문제 **10–41**

10-42 직경이 50 mm인 파이프의 조도가 $\varepsilon = 0.01$ mm이다. 물의 온도가 20°C이고 송출량이 0.006 m^3/s일 때 A에서의 압력을 구하라.

10-43 직경이 50 mm인 파이프의 조도가 $\varepsilon = 0.01$ mm이다. 물의 온도가 20°C이고 A에서의 압력이 50 kPa일 때 B에서의 송출량을 구하라.

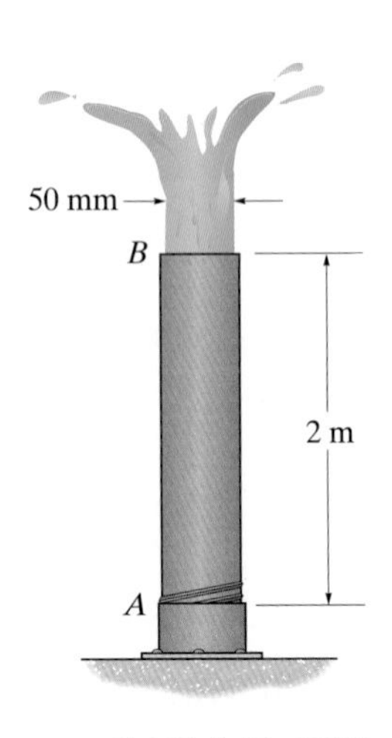

연습문제 **10–42/43**

*10-44 아연도금 강철파이프가 20°C인 물을 3 m/s의 속도로 운반하도록 요구되고 있다. 200 m의 수평 길이에 걸친 압력강하가 15 kPa을 넘지 않을 때 파이프의 요구 직경을 구하라.

10-45 직경이 1.5 in.인 호스를 사용해서 70°F인 물을 90 gal/min 유량으로 강으로부터 끌어올린다. 스프링클러로 들어가기 전에 펌프가 C에 있는 호스 내의 물에 30 psi의 압력을 공급할 때 펌프에 의해 제공된 요구 마력을 구하라. 파이프 길이는 120 ft이고 $\varepsilon = 0.05(10^{-3})$ ft이다.

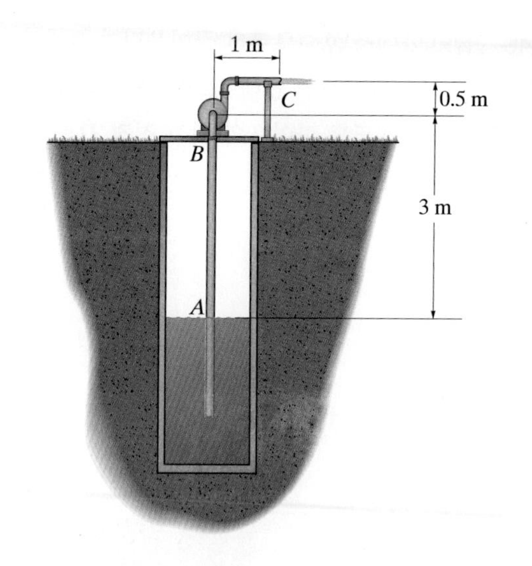

연습문제 10–46/47

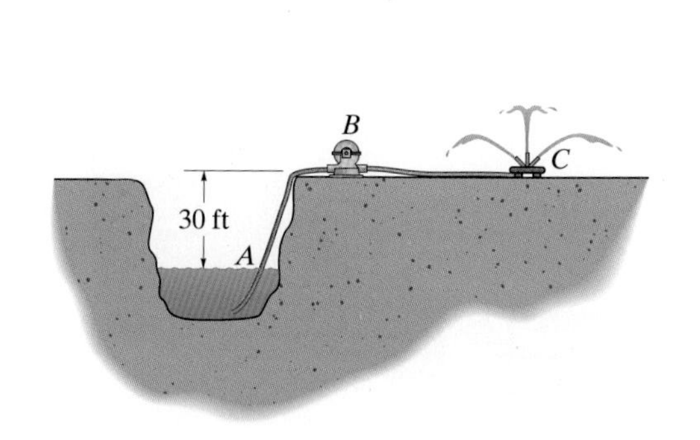

연습문제 10–45

*10-48 20°C인 물이 A에서 수조로부터 끌어올려져 직경이 250 mm인 파이프를 통해 흐른다. B에서의 송출량이 0.3 m^3/s일 때 길이가 200 m인 파이프에 연결된 펌프에 대해 요구되는 출력 동력을 구하고, 파이프에 대해 에너지구배선과 수력구배선을 그려라. 고도변화는 무시한다.

10-46 20°C인 물로 가정할 수 있는 하수가 직경이 50 mm인 파이프와 펌프를 사용해서 우물로부터 끌어올려진다. 공동현상이 발생하지 않는 펌프로부터의 최대 송출량을 구하라. 마찰계수는 $f = 0.026$이며, 20°C 물의 계기 증기압은 −98.7 kPa이다.

10-47 20°C인 물로 가정할 수 있는 하수가 $f = 0.026$의 마찰계수를 갖는 직경이 50 mm인 파이프와 펌프를 사용해서 우물로부터 끌어올려진다. 펌프가 물에 500 W의 동력을 전달한다면 펌프로부터의 송출량을 구하라.

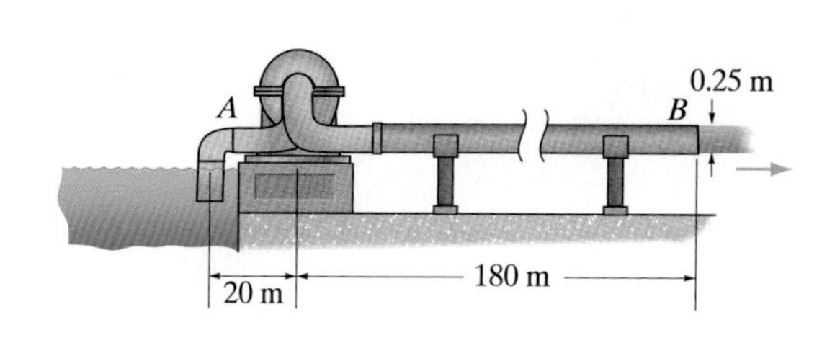

연습문제 10–48

10-49 물이 A에서 호수로부터 끌어올려져 B에서 길이가 150 ft인 주철파이프를 통해 강으로 보내진다. 송출량이 0.65 ft^3/s가 되도록 파이프의 최소 직경 D를 구하라. $\nu_w = 1.15(10^{-6})\ ft^2/s$이다.

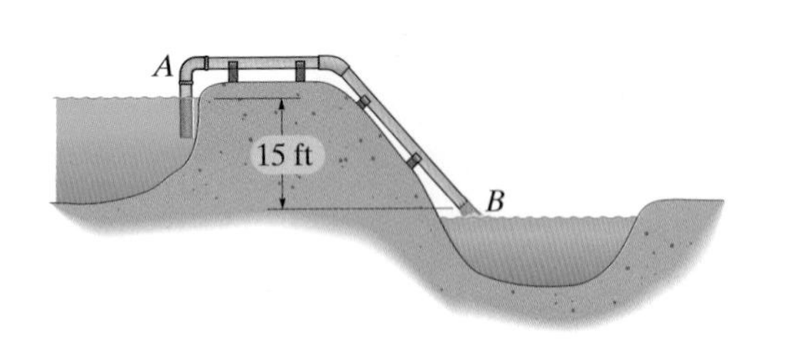

연습문제 **10–49**

10-50 직경이 40 mm인 호스를 통해 300 liter/min의 유량을 공급할 수 있는 펌프를 사용해서 물이 트럭으로 보내진다. 호스의 총 길이가 8 m이고 마찰계수는 $f = 0.018$이며, 탱크는 대기에 열려있다고 할 때 펌프에 의해 공급되어야 하는 동력을 구하라.

10-51 펌프와 직경이 40 mm인 호스를 사용해서 0.003 m^3/s 유량으로 물이 트럭으로 보내진다. C에서 A까지의 호스길이가 10 m이고 마찰계수는 $f = 0.018$일 때 펌프의 출력 동력을 구하라.

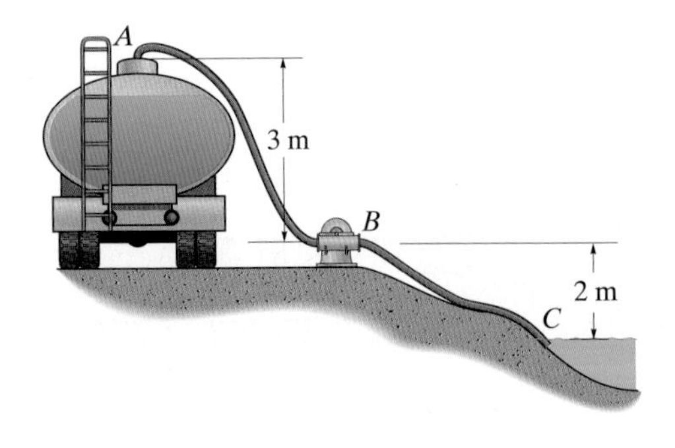

연습문제 **10–50/51**

10.2~10.3절

***10-52** 직경이 30 mm이고 길이가 20 m인 상용 강철파이프가 20°C인 물을 수송한다. A에서의 압력이 200 kPa일 때 파이프를 통한 체적유량을 구하라.

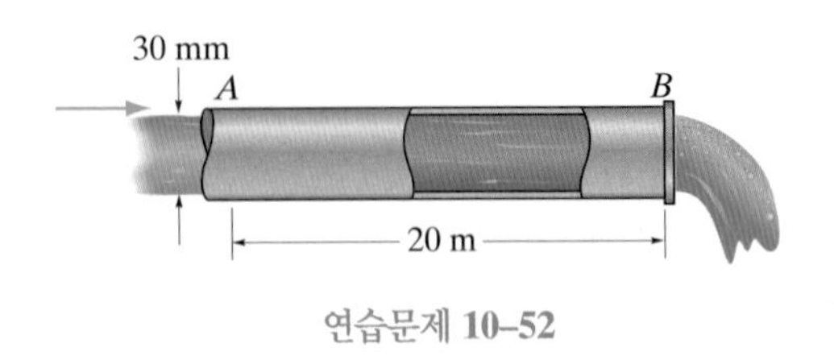

연습문제 **10–52**

10-53 직경 100 mm인 호스로부터 B에서 0.02 m^3/s의 물을 송출하기 위해 펌프가 공급해야 할 동력을 구하라. 마찰계수는 $f = 0.028$이고 호스의 길이는 95 m이다. 부차적 손실은 무시한다.

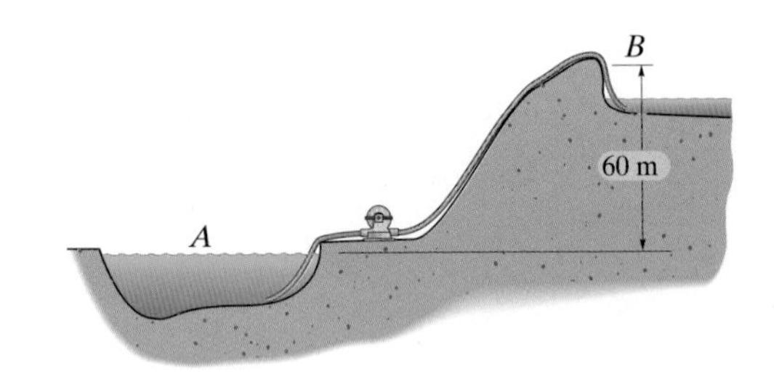

연습문제 **10–53**

10-54 B에서 파이프로부터의 송출량이 0.02 m^3/s일 때 C에서 터빈에 의해 물로부터 추출되는 동력을 구하라. 파이프의 길이는 38 m이고 직경은 100 mm이며, 마찰계수는 $f = 0.026$이다. 또한 파이프에 대한 에너지구배선과 수력구배선을 그려라. 부차적 손실은 무시한다.

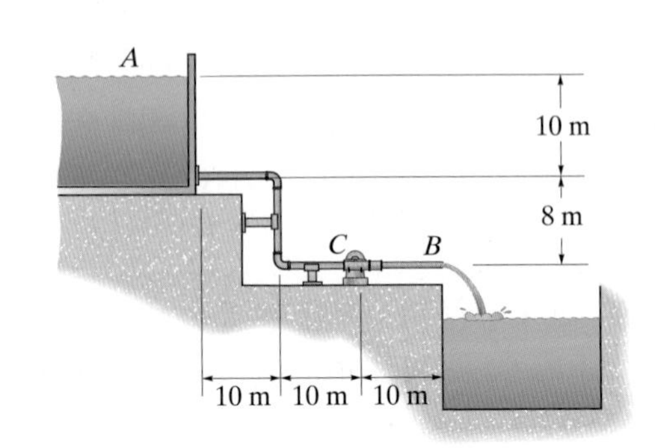

연습문제 **10–54**

10-55 지열 열펌프는 폐쇄회로 시스템에서 작동한다. 회로는 직경이 40 mm이고 총 길이가 40 m이며, $\varepsilon = 0.003$ mm의 조도를 갖는 플라스틱 파이프로 구성된다. 물의 유량이 0.002 m^3/s일 때 펌프의 출력 동력을 구하라. 180° 곡관 $K_L = 0.6$과 두 개의 엘보 $K_L = 0.4$의 각각에 대한 부차적 손실을 포함하라.

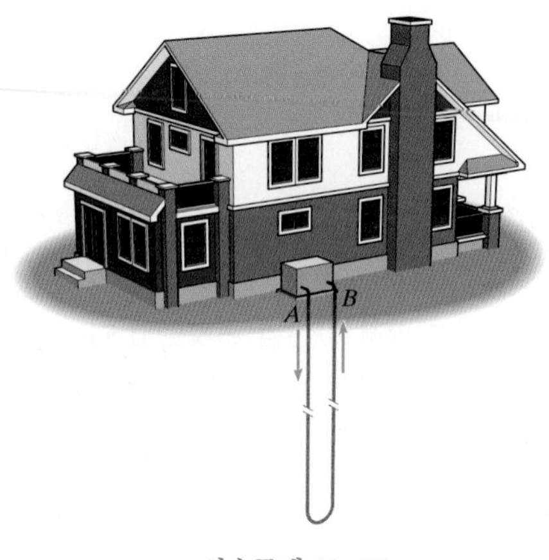

연습문제 **10–55**

10-57 300 W의 동력을 공급하는 A에 있는 펌프를 사용해서 탱크 내에 물이 저장된다. 직경이 50 mm인 파이프가 $f = 0.022$의 마찰계수를 가질 때 보이는 순간에 탱크로의 유량을 구하라. 탱크는 위에서 열려있으며, 90° 엘보와 B에 있는 수조 출구에 대한 부차적 손실을 포함하라.

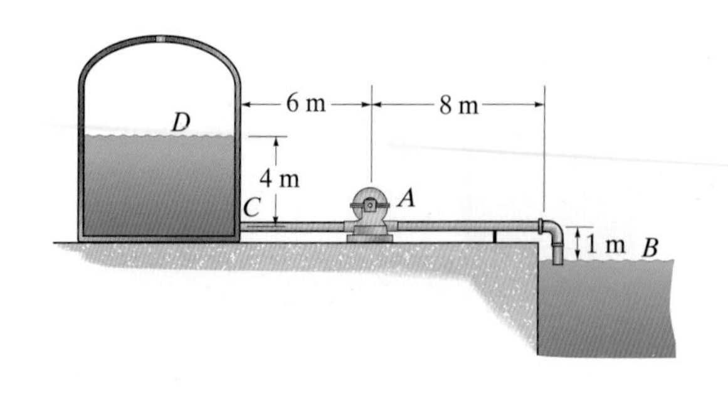

연습문제 **10–57**

***10-56** 수평 평판 태양열 집열기가 수영장 물을 데우기 위해 사용된다. 집열기는 보이는 바와 같이 뱀 모양으로 직경 1.5 in., 길이 60 ft인 ABS 파이프로 구성된다. 평균온도가 120°F인 물이 0.05 ft^3/s 유량으로 파이프로 보내진다. A에서의 압력이 32 psi일 때 출구 B에서의 파이프 내 압력을 구하라. 마찰계수는 $f = 0.019$이며, 각각의 180° 곡관 $K_L = 0.6$과 각각의 90° 엘보 $K_L = 0.4$에 대한 부차적 손실을 포함하라.

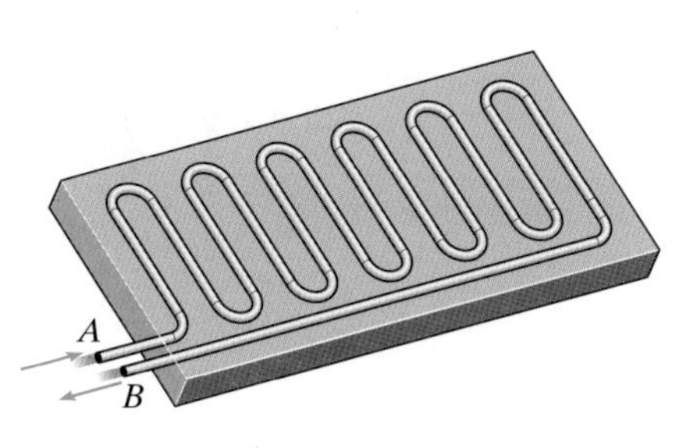

연습문제 **10–56**

10-58 큰 탱크 내의 A에서의 공기압력은 40 psi이다. B에 있는 게이트 밸브가 완전히 열린 후에 탱크로부터 흘러나오는 70°F인 물의 유량을 직경이 2 in.인 파이프는 아연도금 강철로 만들어졌다. 분출된 입구, 두 개의 엘보 그리고 게이트 밸브에 대한 부차적 손실을 포함하라.

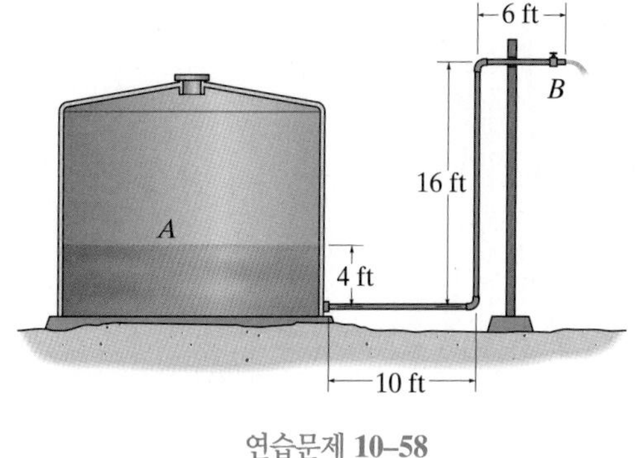

연습문제 **10–58**

10-59 70°F인 물이 직경이 1 in.인 아연도금 강철파이프를 통해 탱크로부터 흘러나온다. 수도꼭지(게이트 밸브)가 완전히 열릴 때 *A*에서의 송출량을 구하라. 분출된 입구, 두 개의 엘보 그리고 게이트 밸브에 대한 부차적 손실을 포함하라.

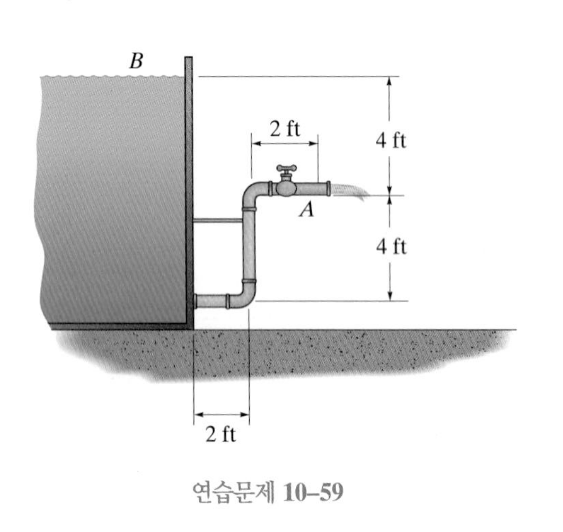

연습문제 **10-59**

***10-60** 큰 탱크가 보이는 깊이까지 70°F인 물로 채워진다. *A*에 있는 게이트 밸브가 완전히 열릴 때 *B*에 있는 노즐 끝에서 흘러나오는 물의 동력을 구하라. 또한 시스템 내의 손실수두는 얼마인가? 아연도금 강철파이프의 길이는 80 ft이고 직경은 2 in.이다. 노즐을 통한 부차적 손실은 무시하지만, 분출된 입구, 두 개의 엘보 그리고 게이트 밸브에 대한 부차적 손실은 포함하라.

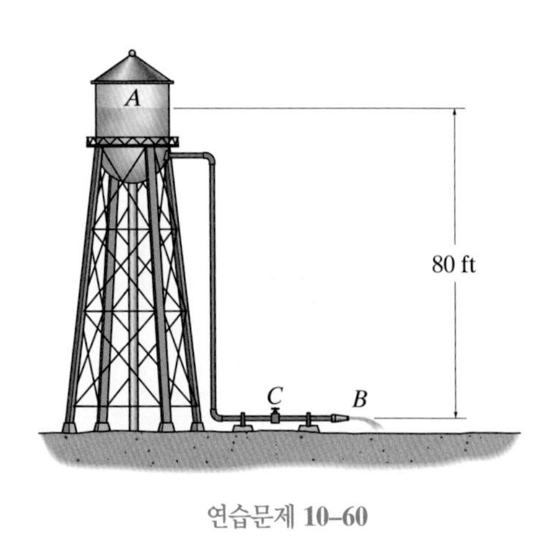

연습문제 **10-60**

10-61 물이 수조로부터 500 m 떨어져 있는 바닥 위 점 *B*로 전달된다. 펌프가 40 kW의 동력을 공급할 때 사용할 수 있는 최소 직경을 구하라. 고도변화는 무시하고 $f = 0.02$이다.

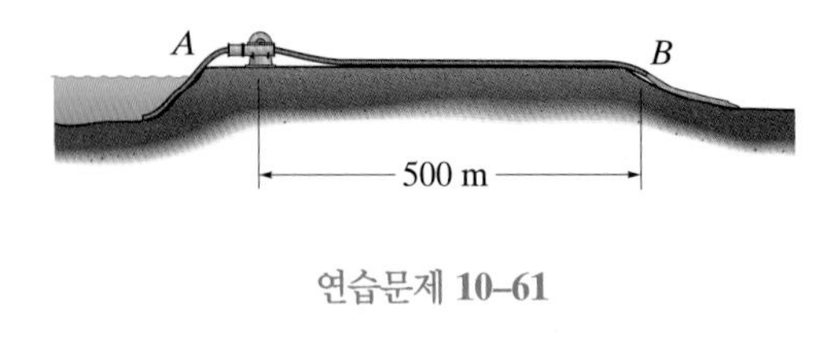

연습문제 **10-61**

10-62 70°F인 물이 0.05 ft^3/s의 송출량으로 게이트 밸브를 빠져나오기 위해 직경이 0.5 in.인 상용 강철파이프를 통해 흐른다. 게이트 밸브의 열린 직경도 0.5 in.일 때 *A*에서 펌프가 생산해야 하는 요구 동력을 구하라. 파이프 내의 주손실만 고려하라. 파이프에 대해 에너지구배선과 수력구배선을 그려라.

10-63 70°F인 물이 0.05 ft^3/s의 송출량으로 완전히 열린 게이트 밸브를 빠져나오기 위해 직경이 0.5 in.인 상용 강철파이프를 통해 흐른다. 게이트 밸브의 열린 직경도 0.5 in.일 때 *A*에서 펌프가 생산해야 하는 요구 동력을 구하라. 세 개의 엘보와 게이트 밸브에 대한 부차적 손실은 포함하라. 파이프에 대해 에너지구배선과 수력구배선을 그려라.

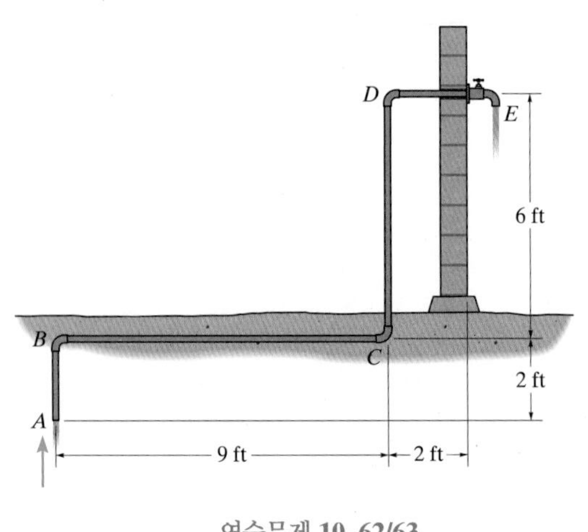

연습문제 **10-62/63**

*10-64 200°F인 물이 4 ft/s의 평균속도와 60 psi의 압력을 갖고 A에서 라디에이터로 들어간다. 각각의 180° 곡관의 부차적 손실계수가 $K_L = 1.03$일 때 출구 B에서의 압력을 구하라. 구리 파이프의 직경은 $\frac{1}{4}$ in.이다. $\varepsilon = 5(10^{-6})$ ft로 한다. 라디에이터는 수직 평면에 있다.

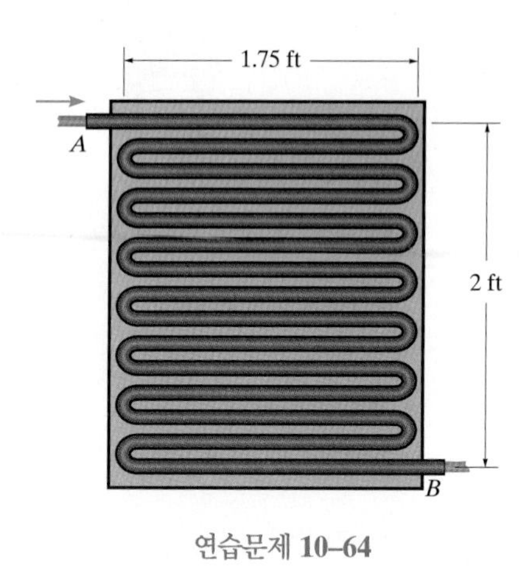

연습문제 10–64

10-65 직경이 8 in.인 파이프를 통해 물이 900 gal/min의 유량으로 흐른다. 필터를 지날 때 압력강하는 0.2 psi이다. 필터에 대한 손실계수를 구하라. 환산계수는 7.48 gal/ft^{3}이다.

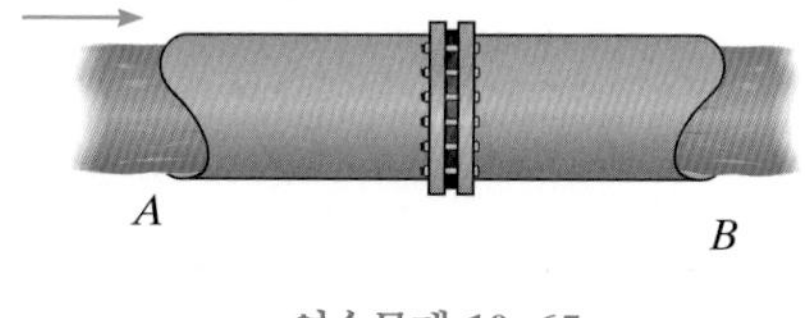

연습문제 10–65

10-66 자동차 탱크 A로부터 연료필터 C를 거쳐 엔진 위에 있는 연료점화기로 가솔린이 보내지기 위해 B에서 끌어올려진다. 연료라인은 직경이 4 mm인 스테인레스 강관이다. 각 연료점화기는 직경이 0.5 mm인 노즐을 갖고 있다. 분출된 입구에서의 손실계수가 $K_L = 0.5$이고 필터를 통해서 $K_L = 1.5$, 각 노즐에서 $K_L = 4.0$일 때 300 kPa의 평균 압력을 받는 네 개의 실린더로 0.15 liter/min의 유량으로 연료를 보내기 위한 펌프의 출력 동력을 구하라. 연료라인의 길이는 2.5 m이고 $\varepsilon = 0.006$ mm이다. 노즐과 탱크는 같은 고도에 있는 것으로 가정한다.

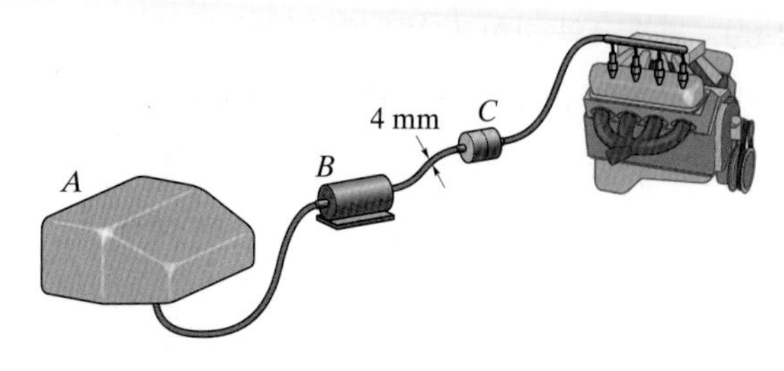

연습문제 10–66

10-67 40°C인 공기가 2 m/s의 속도로 A에 있는 관을 통해 흐른다. A와 B 사이의 압력 변화를 구하라. 관의 급격한 직경변화에 따른 부차직 손실을 감안하라.

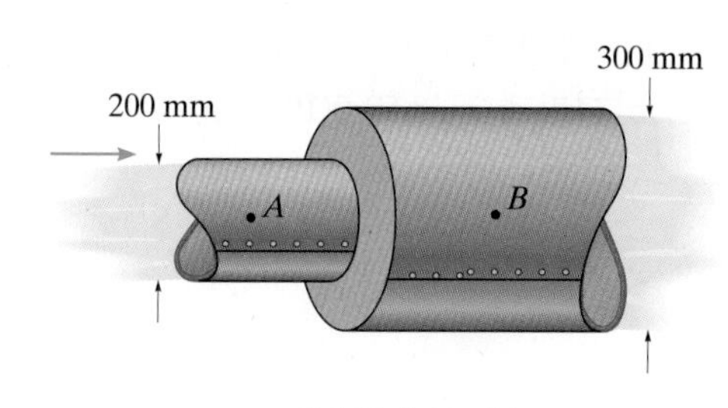

연습문제 10–67

*10-68 C에서 완전히 열린 게이트 밸브 B로부터 20°C인 물이 0.003 m^3/s의 유량으로 송출될 수 있도록 직경이 20 mm인 아연도금 강철파이프를 통해 흐른다. A에서 요구되는 압력을 구하라. 세 개의 엘보와 게이트 밸브의 부차적 손실을 포함하라.

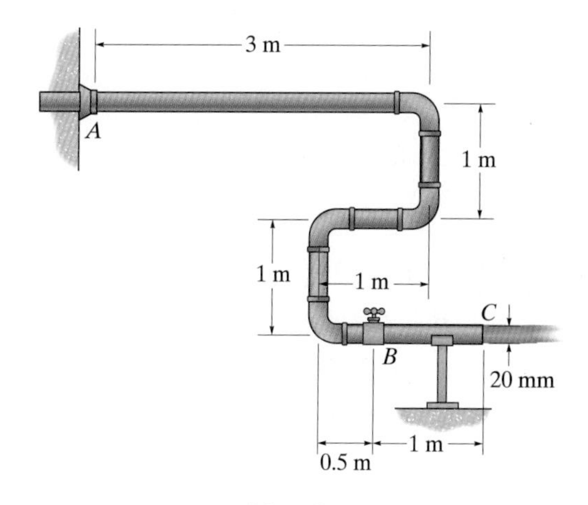

연습문제 10–68

10-69 펌프 A와 파이프 시스템이 기름을 탱크로 수송하기 위해 사용된다. 펌프에 의한 압력이 400 kPa이고 B에 있는 필터가 $K_L = 2.30$의 손실계수를 갖는다면 C에서 파이프로부터의 송출량을 구하라. 직경이 50 mm인 파이프는 주철로 만들어졌다. 필터와 세 개의 엘보의 부차적 손실을 포함하라. $\rho_o = 890\ \text{kg/m}^3$ 그리고 $\nu_o = 52.0(10^{-6})\ \text{m}^2/\text{s}$이다.

10-70 펌프 A와 파이프 시스템이 기름을 탱크로 수송하기 위해 사용된다. 탱크로의 송출량이 $0.003\ \text{m}^3/\text{s}$이기 위해 펌프에 의한 요구압력을 구하라. B에 있는 필터는 $K_L = 2.30$이다. 직경이 50 mm인 파이프는 주철로 만들어졌다. 필터와 세 개의 엘보의 부차적 손실을 포함하라. $\rho_o = 890\ \text{kg/m}^3$ 그리고 $\nu_o = 52.0(10^{-6})\ \text{m}^2/\text{s}$이다.

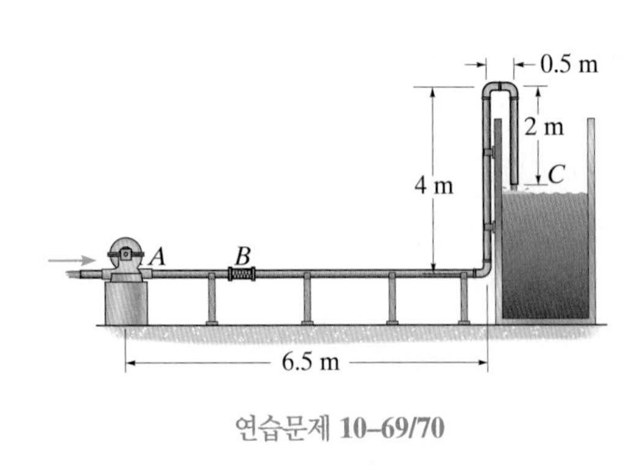

연습문제 10–69/70

10-71 80°F인 물이 직경이 $\frac{3}{4}$ in.인 파이프를 통해 5 ft/s의 속도로 흐른다. B에 있는 직경이 $\frac{1}{2}$ in.인 게이트 밸브가 완전히 열려있을 때 A에서 물의 압력을 구하라. B에 있는 홈통에 대한 손실계수는 $K_L = 0.6$이다. 또한 엘보, 티 그리고 완전히 열린 게이트 밸브에서의 부차적 손실을 감안하라. 파이프에 대해 $f = 0.016$이다.

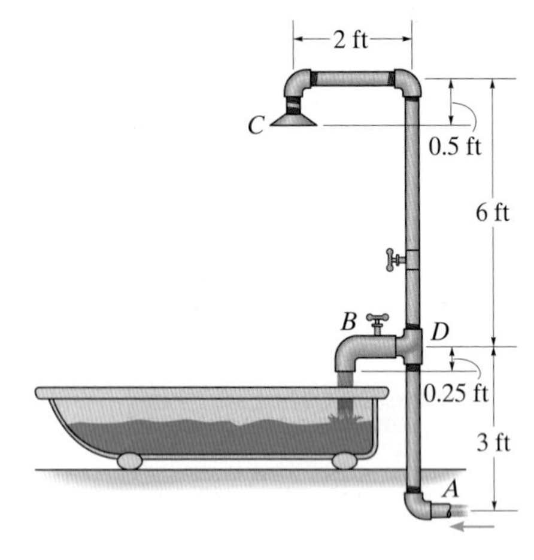

연습문제 10–71

***10-72** 80°F인 물이 직경이 $\frac{3}{4}$ in.인 구리 파이프를 통해 5 ft/s의 속도로 흐른다. 물이 흘러서 각각 직경이 $\frac{1}{16}$ in.인 100개 구멍으로 구성된 샤워기에 나타난다. 샤워기에 대한 손실계수가 $K_L = 0.45$일 때 A에서의 물의 압력을 구하라. 또한 두 개의 엘보, 티 그리고 완전히 열린 게이트 밸브에서의 부차적 손실을 감안하라. 구리 파이프에 대해 $f = 0.016$이다.

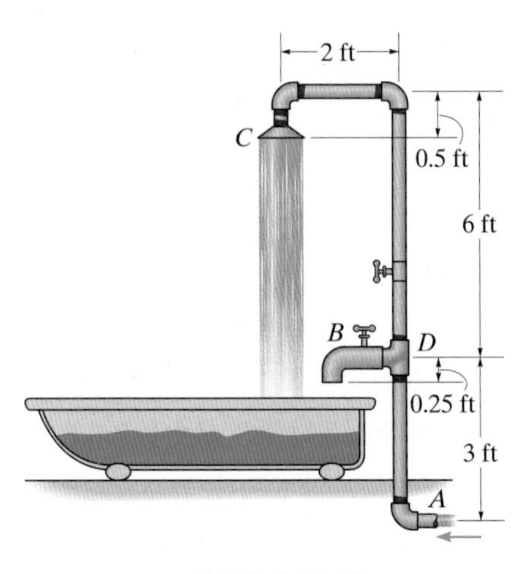

연습문제 10–72

10-73 20°C인 물이 3 kW의 동력을 공급하는 펌프를 사용해서 수조 A에서 끌어올려진다. 파이프가 아연도금 강철 파이프로 만들어졌고 직경이 50 mm라면 C에서의 송출량을 구하라. 부차적 손실은 무시한다.

10-74 20°C인 물이 3 kW의 동력을 공급하는 펌프를 사용해서 수조 A에서 끌어올려진다. 파이프가 아연도금 강철 파이프로 만들어졌고 직경이 50 mm라면 C에서의 송출량을 구하라. 네 개의 엘보의 부차적 손실을 포함하라.

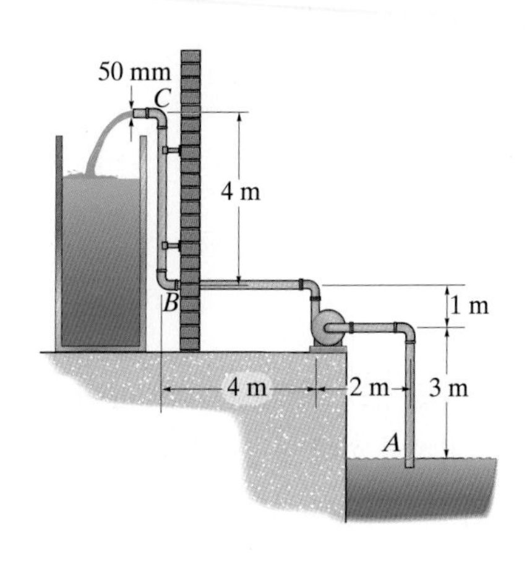

연습문제 **10–73/74**

10-75 E에 있는 수도꼭지(게이트 밸브)가 완전히 열려있고 펌프가 A에서 350 kPa의 압력을 만든다면 티 연결부 C의 바로 오른쪽의 압력을 구하라. B에 있는 밸브는 닫혀있다. 파이프와 수도꼭지 모두 내경이 30 mm이고 $f = 0.04$이다. 티, 두 개의 엘보 그리고 게이트 밸브의 부차적 손실을 포함하라.

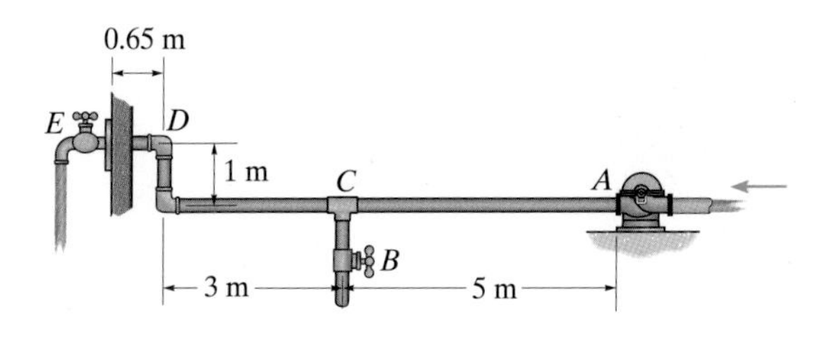

연습문제 **10–75**

***10-76** 물이 수조 A로부터 큰 탱크 B로 끌어올려진다. 탱크 위는 열려있고 펌프의 출력 동력이 500 W라면 $h = 2$ m일 때의 탱크로의 체적유량을 구하라. 주철파이프는 총 길이가 6 m이고 직경이 50 mm이다. 엘보와 급격 확대에 대한 부차적 손실을 포함하라. 물의 온도는 20°C이다.

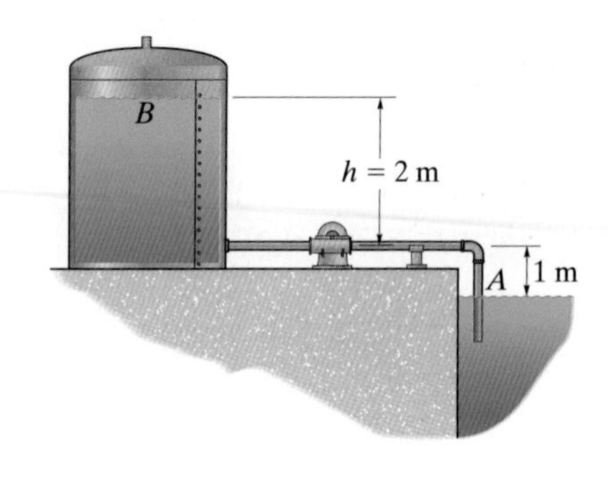

연습문제 **10–76**

10-77 물이 3 m/s의 속도로 수직 파이프를 통해 아래로 내려온다. 수은 액주계의 기둥 높이차가 보이는 바와 같이 30 mm라면 파이프 내에 들어있는 필터 C에 대한 손실계수를 구하라. $\rho_{Hg} = 13550\ \text{kg/m}^3$이다.

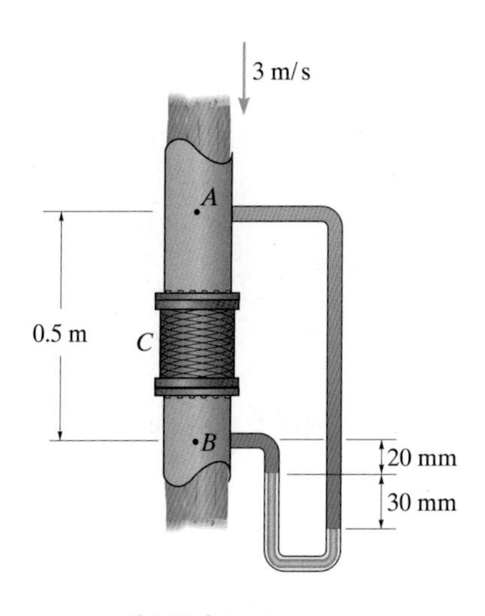

연습문제 **10–77**

10-78 20°C인 물이 직경이 50 mm인 아연도금 강철파이프를 통해 탱크로부터 흘러나온다. 글로브 밸브가 완전히 열려있을 때 끝 지점 B에서의 송출량을 구하라. 파이프 길이는 50 m이다. 분출된 입구, 네 개의 엘보 그리고 글로브 밸브의 부차적 손실을 포함하라.

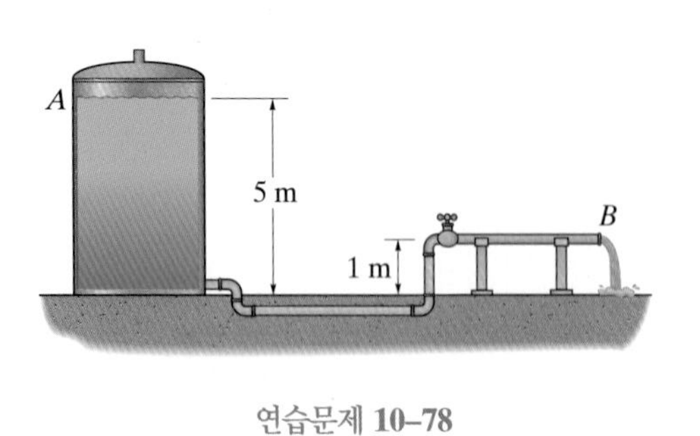

연습문제 **10–78**

10.4절

10-79 마당을 위한 자동 스프링클러가 $\varepsilon = 5(10^{-6})$ ft의 직경이 $\frac{1}{2}$ in.인 PVC 파이프로 만들어졌다. 시스템이 보이는 바와 같은 치수를 갖는다면 각 스프링클러 헤드 C와 D에 보내지는 체적유량을 구하라. A에 있는 수도꼭지는 32 psi 압력으로 70°F인 물을 보낸다. 고도변화는 무시하고 두 개의 엘보와 티에서의 부차적 손실을 포함하라. 또한 C와 D에 있는 직경이 $\frac{1}{8}$ in.인 스프링클러 노즐의 손실계수는 $K_L = 0.05$이다.

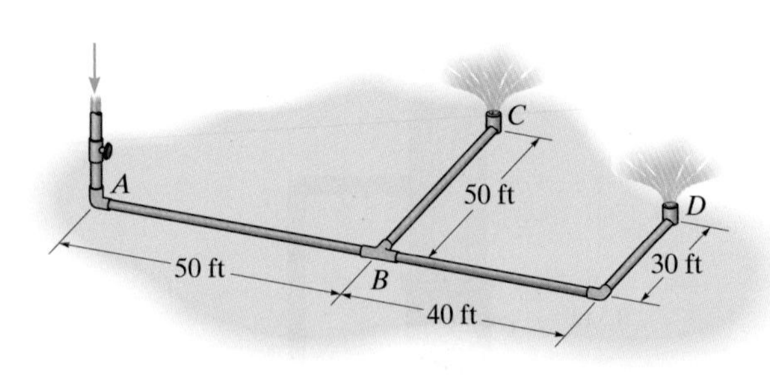

연습문제 **10–79**

***10-80** 글로브 밸브가 완전히 열렸을 때 물은 C에서 $0.003\ \text{m}^3/\text{s}$로 송출된다. A에서의 압력을 구하라. 아연도금 강철파이프 AB와 BC의 직경은 각각 60 mm와 30 mm이다. 단지 엘보와 글로브 밸브로부터의 부차적 손실만 고려하라.

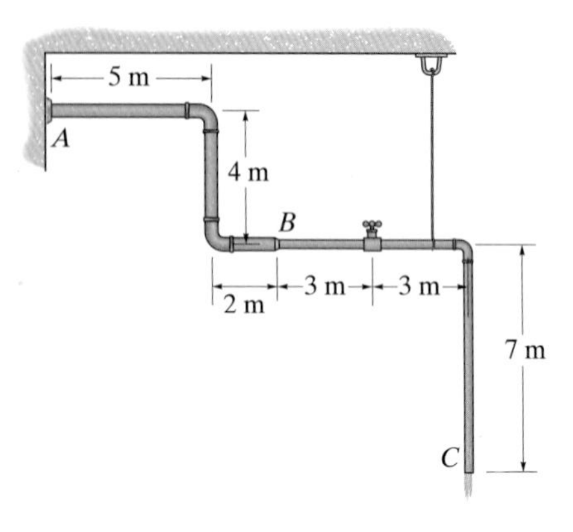

연습문제 **10–80**

10-81 두 개의 물탱크가 직경이 100 mm인 아연도금 강철파이프를 사용해서 함께 연결되어 있다. 각 파이프에 대한 마찰계수가 $f = 0.024$라면 B에 있는 밸브가 닫혀 있는 상태에서 A에 있는 밸브가 열렸을 때 탱크 C로부터 흘러나오는 유량을 구하라. 부차적 손실은 무시한다.

10-82 두 개의 물탱크가 직경이 100 mm인 파이프를 사용해서 함께 연결되어 있다. 각 파이프에 대한 마찰계수가 $f = 0.024$일 때, A와 B의 밸브가 모두 열려 있을 경우 탱크 C로부터 흘러나오는 유량을 구하라. 부차적 손실은 무시한다. $\nu_w = 1.00(10^{-6})\ \text{m}^2/\text{s}$이다.

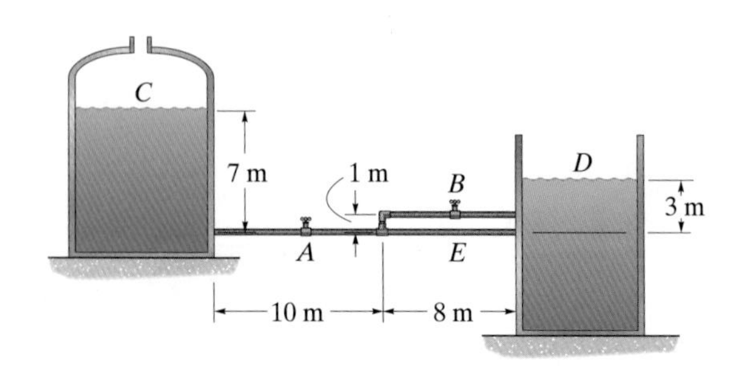

연습문제 **10–81/82**

10-83 A에 있는 수조로부터 직경이 30 mm인 파이프를 통해 물이 배출되고 있다. 상용 강철파이프가 사용된다면 밸브 E가 닫히고 F가 열렸을 때 B로의 초기 송출량을 구하라. 모든 부차적 손실은 무시한다. $\nu_w = 1.00(10^{-6})\ \mathrm{m^2/s}$이다.

***10-84** A에 있는 수조로부터 직경이 30 mm인 파이프를 통해 물이 배출되고 있다. 상용 강철파이프가 사용된다면 밸브 E와 F가 모두 완전히 열렸을 때 수조 A로부터 파이프 D로의 초기 유량을 구하라. 모든 부차적 손실은 무시한다. $\nu_w = 1.00(10^{-6})\ \mathrm{m^2/s}$이다.

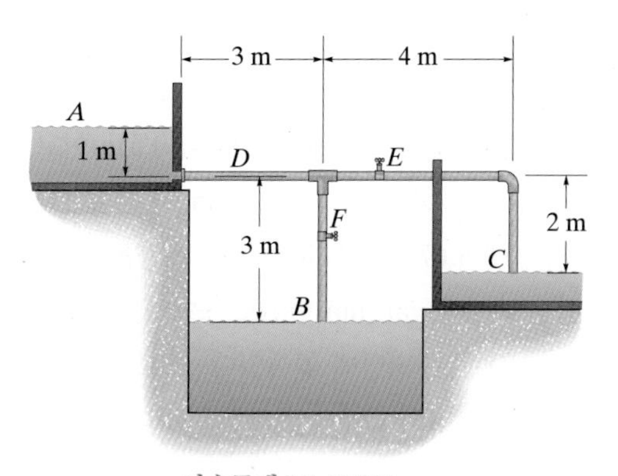

연습문제 **10–83/84**

10-85 20°C인 물이 그림과 같이 직경과 길이를 갖는 두 개의 상용 강철파이프를 통해 끌어올려지고 있다. A에서 작용하는 압력이 230 kPa일 때 C에서의 송출량을 구하라. 부차적 손실은 무시한다.

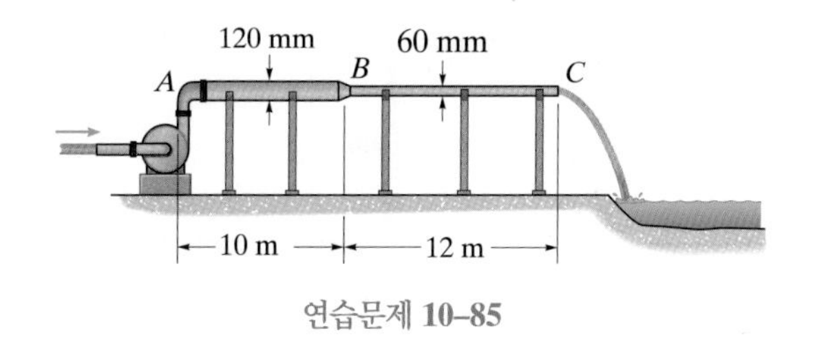

연습문제 **10–85**

10-86 수평의 아연도금 강철파이프가 관개 목적으로 사용되어 두 개의 다른 출구로 물을 보낸다. 펌프가 A에 있는 파이프로 $0.01\ \mathrm{m^3/s}$의 유량을 보낸다면 각 출구 C와 D에서의 송출량을 구하라. 부차적 손실은 무시한다. 각 파이프의 직경은 30 mm이다. 또한 A에서의 압력은 얼마인가?

10-87 엘보와 티의 부차적 손실을 고려하여 연습문제 10-86의 파이프망에 대한 각 출구 C와 D에서의 송출량을 구하라.

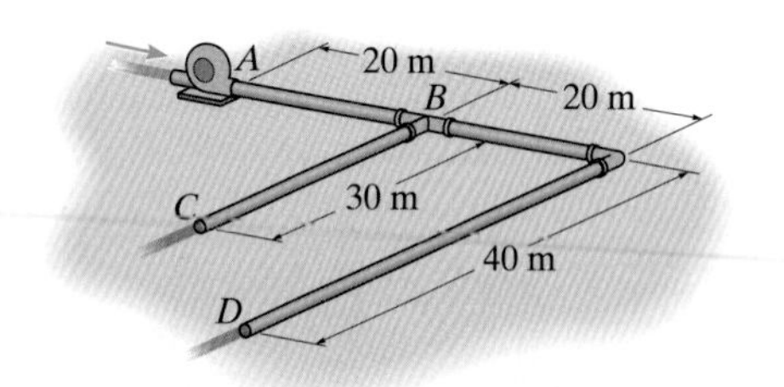

연습문제 **10–86/87**

***10-88** A에 있는 용기 내의 70°F인 물이 직경이 0.5 in.인 상용 강철파이프를 사용해서 B와 C에 있는 양동이로 분배된다. B와 C에서의 초기 송출량을 구하라. 부차적 손실은 무시한다.

10-89 A에 있는 용기 내의 70°F인 물이 직경이 0.5 in.인 상용 강철파이프를 사용해서 B와 C에 있는 양동이로 분배된다. B와 C에서의 초기 송출량을 구하라. 티, 엘보 그리고 D에 있는 분출된 입구에서의 부차적 손실을 포함하라.

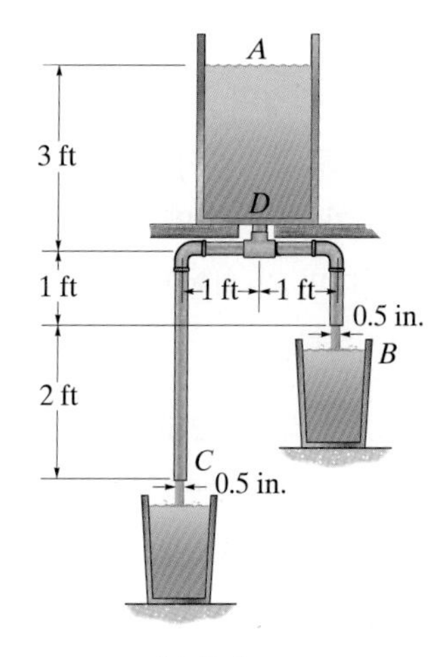

연습문제 **10–88/89**

10-90 두 개의 아연도금 강철파이프가 회로를 형성하기 위해 분지된다. 분지 *CAD*는 길이가 200 ft이고 분지 *CBD*는 100 ft이다. 각 분지를 통해 동일 유량의 70°F인 물이 흐른다면 분지 *CAD*에 사용되는 펌프 마력은 얼마인가? 모든 파이프는 직경이 3 in.이다. 이 관로는 모두 수평이고 부차적 손실은 무시한다.

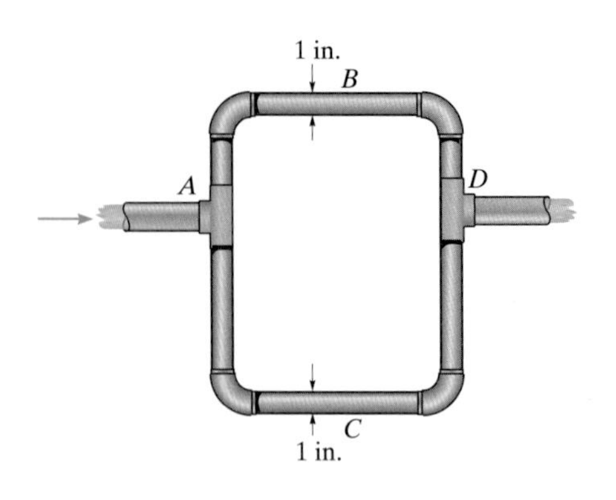

연습문제 10–91/92

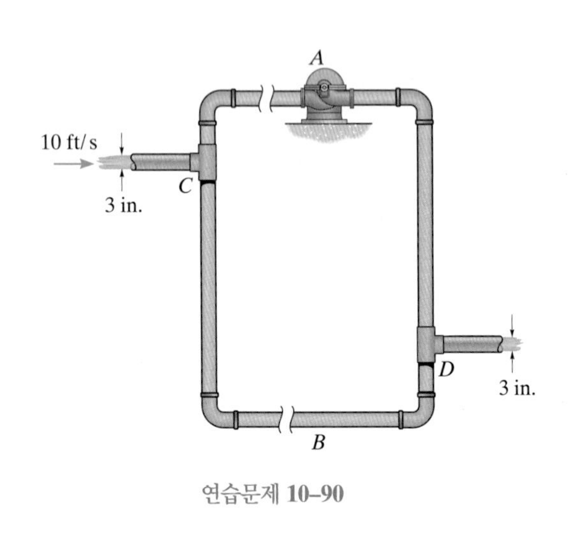

연습문제 10–90

10-91 60°F인 물이 직경이 2 in.인 아연도금 강철파이프로 0.3 ft^3/s의 유량으로 흘러들어간다. 파이프가 두 개의 직경이 1 in.이고 길이가 각각 4 ft와 6 ft인 수평 파이프 *ABD*와 *ACD*로 분기된다면 각 파이프를 통한 유량을 구하라. 부차적 손실은 무시한다.

***10-92** 60°F인 물이 직경이 2 in.인 아연도금 강철파이프로 0.3 ft^3/s의 유량으로 흘러들어간다. 파이프가 두 개의 직경이 1 in.이고 길이가 각각 4 ft와 6 ft인 수평 파이프 *ABD*와 *ACD*로 분기된다면 *A*로부터 *D*까지 각 분지를 가로지르는 압력강하를 구하라. 부차적 손실은 무시한다.

10-93 70°F인 물을 수송하는 구리 파이프 시스템은 두 개의 분지로 구성된다. 분지 *ABC*는 직경이 0.5 in.이고 길이가 8 ft인 반면에, 분지 *ADC*는 직경이 1 in.이고 길이가 30 ft이다. 펌프가 *A*에서 67.3 gal/min의 입구 유량을 제공할 때 각 분지를 통한 유량을 gal/min 단위로 구하라. $\varepsilon = 80(10^{-6})$ ft로 하고 시스템은 수평면에 놓여있다. 엘보와 티의 부차적 손실을 포함하라. *A*와 *C*에서의 직경은 같다.

10-94 *A*에서의 압력이 60 psi이고 *C*에서의 압력이 15 psi일 때 연습문제 10-93에서 설명된 파이프 시스템의 각 분지를 통한 유량을 gal/min 단위로 구하라. 엘보와 티의 부차적 손실을 포함하라. *A*와 *C*에서의 직경은 같다.

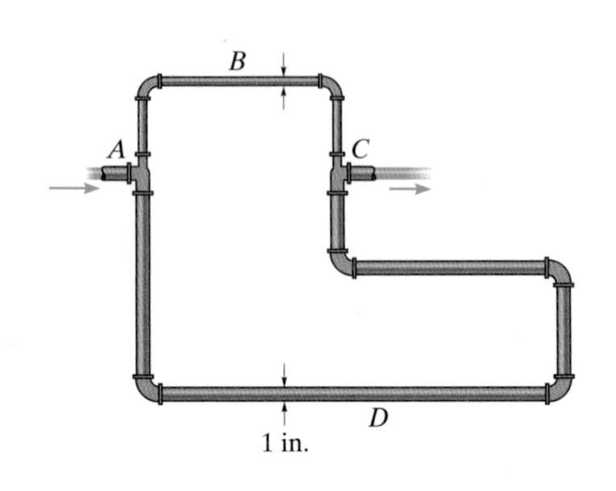

연습문제 10–93/94

장 복습

파이프 내의 마찰손실은 층류유동에 대해서는 해석적으로 구해진다. 마찰계수 $f = 64/\mathrm{Re}$로 정의된다. 천이유동과 난류유동의 마찰계수는 무디 선도나 무디 선도의 곡선에 잘 맞는 경험식을 사용해서 구할 수 있다.	
일단 f가 얻어지면 '주 손실'로 불리는 손실수두는 다르시-바이스바흐 식으로부터 구할 수 있다.	$h_L = f\frac{L}{D}\frac{V^2}{2g}$
파이프망이 배관요소와 직경변화를 가지고 있으면 이들 연결부에서 발생하는 손실수두를 고려해야 한다. 이 손실은 '부차적 손실'로 불린다.	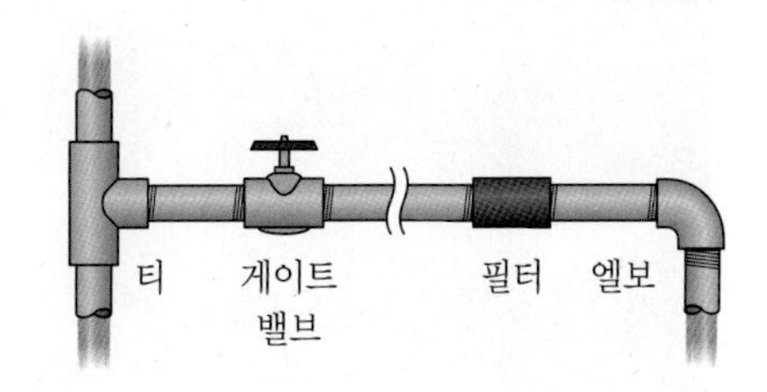 $h_L = K_L\frac{V^2}{2g}$
파이프 시스템이 **직렬**로 배열되면, 각 파이프를 통한 유량이 같아야 하고, 손실수두는 모든 파이프에 대한 손실의 총합이다.	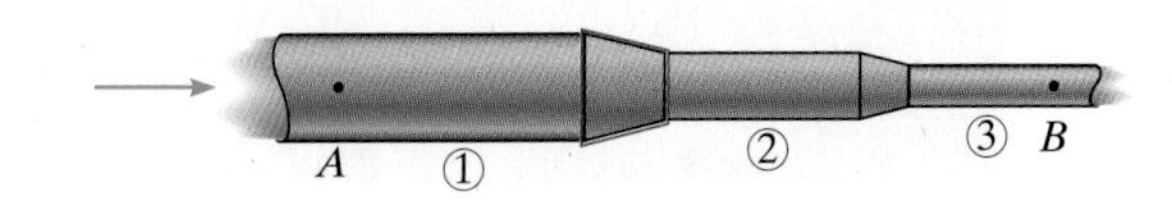 $Q = Q_1 = Q_2 = Q_3$ $h_L = h_{L1} + h_{L2} + h_{L3} + h_{\text{minor}}$
파이프 시스템이 **병렬**로 배열되면, 총 유량은 시스템 내에 각 분지로부터의 유량의 합이고 각 분지에 대한 손실수두는 같다.	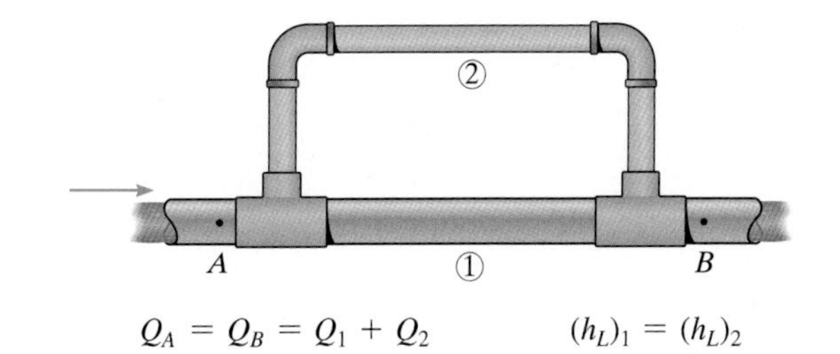 $Q_A = Q_B = Q_1 + Q_2$ $(h_L)_1 = (h_L)_2$
파이프를 통한 유량은 여러 가지 방식으로 측정될 수 있다. 대표적으로는 벤투리 유량계, 노즐 유량계 또는 오리피스 유량계가 있다. 그 외에도 로타미터, 터빈식 유량계가 사용된다.	

Chapter 11

(© B.A.E. Inc./Alamy)

이 비행기의 표면을 지나는 공기흐름은 항력과 양력을 모두 발생시킨다.
이 힘들에 대한 분석은 실험적 연구를 필요로 한다.

외부표면을 지나는 점성유동

학습목표

- 경계층의 개념을 소개하고 그 특성에 대해 논의한다.
- 평면 위에 형성되는 층류와 난류경계층에 의해 만들어지는 전단응력 혹은 전단저항력을 구하기 위한 방법을 소개한다.
- 유체흐름의 압력에 의해 야기되는 물체에 가해지는 수직력과 항력을 결정한다.
- 다양한 형상의 물체에 작용하는 양력과 유동박리 효과에 대해 논의한다.

11.1 경계층의 개념

유체가 평면 위를 흐를 때 표면에 인접한 유체입자들의 층은 **영속도**(zero velocity)이고, 표면에서 멀어질수록 각 층의 속도는 그림 11-1에 나타난 자유유동속도 **U**에 도달할 때까지 증가한다. 이 거동은 유체층 사이에서 작용하는 전단응력에 의해 야기되며, 뉴턴유체의 경우 이 응력은 속도구배에 직접적으로 비례한다: $\tau = \mu(du/dy)$. 이 구배와 전단응력은 **표면에서 가장 크지만** 구배와 전단응력이 영(zero)에 접근하는 표면에서 멀리 떨어진 곳에 도달할 때까지 점차 감소한다. 여기서 유동은 서로 인접한 유체층 간에 전단력이나 미끄러짐이 거의 혹은 전혀 없이 균일하므로 마치 점성이 없는 것처럼 거동한다. 1904년에 Ludwig Prandtl은 유동거동에서의 이런 차이를 식별하고, 속도가 변하는 국부적인 영역을 **경계층**(boundary layer)이라고 명명하였다.

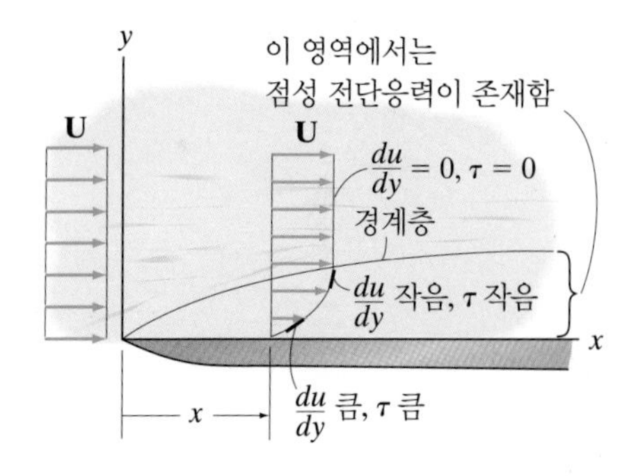

전단응력은 속도구배에 비례한다.

그림 11–1

경계층 형성에 대한 이해는 물체가 유체를 통과할 때 물체의 이동에 대한 저항력을 결정할 필요가 있을 경우에 매우 중요하다. 프로펠러, 날개, 터빈의 깃, 그리고 이동하는 유체와 간섭하는 다른 기계적 및 구조적인 요소들의 설계는 경계층 내에서 작용하는 유동해석에 의존한다. 이 장에서는 얇은 경계층에 의해 나타나는 효과들에 대해서만 논의하며, 이는 유체가 낮은 점성을 갖고 표면 위의 유동속도가 상대적으로 빠를 때 나타난다. 그림 11-2와 같이 느리게 이동하거나 점

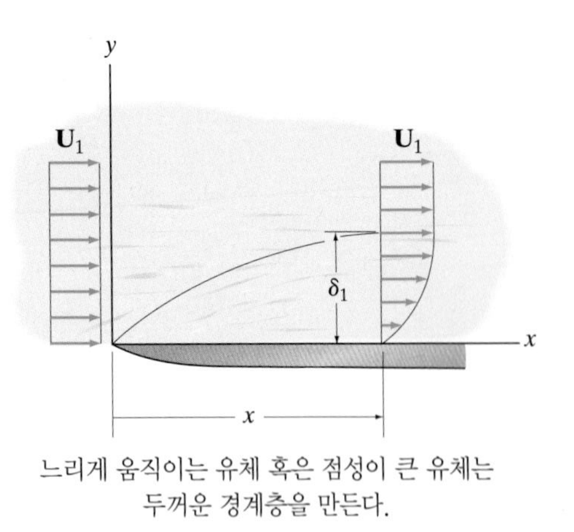

느리게 움직이는 유체 혹은 점성이 큰 유체는 두꺼운 경계층을 만든다.

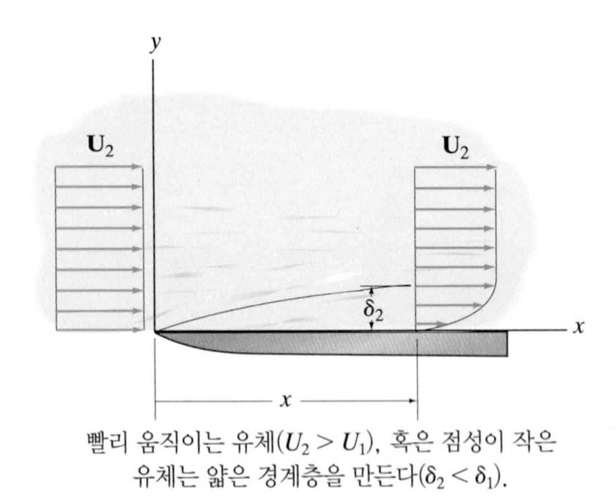

빨리 움직이는 유체($U_2 > U_1$), 혹은 점성이 작은 유체는 얇은 경계층을 만든다($\delta_2 < \delta_1$).

그림 11–2

성이 매우 큰 유체들은 두꺼운 경계층을 만들며, 두꺼운 경계층이 유동에 미치는 영향을 이해하기 위해서는 특별한 실험적 해석 혹은 컴퓨터를 이용한 수치모델링을 필요로 한다. 참고문헌 [5]를 참조하라.

경계층의 기술 경계층의 발달 혹은 성장은 긴 평판 위를 지나는 유체의 정상균일유동을 고려함으로써 가장 잘 설명할 수 있는데, 이는 선박의 몸체, 비행기의 평평한 단면, 혹은 건물의 옆면을 따라 발생하는 경우와 유사하다. 경계층의 기본적인 특성들은 그림 11-3과 같이 다음의 세 영역으로 구분할 수 있다.

층류유동 유체가 균일한 자유유동속도 **U**로 판의 전단(leading edge) 위로 흐르면, 표면 상의 입자들은 표면에 붙고, 그 위의 입자들은 속도가 느려지며 판의 길이방향으로 멀어지면서 매끄러운 층을 형성한다. 이 초기영역에서 유동은 층

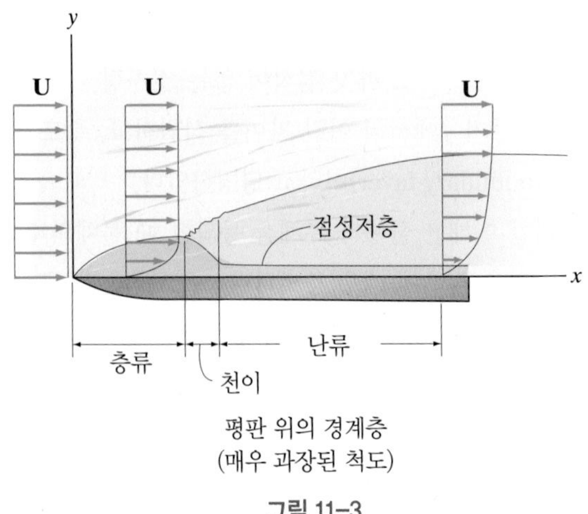

평판 위의 경계층
(매우 과장된 척도)

그림 11–3

류이다. 판을 따라 더 멀리 가면 경계층의 두께는 더욱 증가하며, 더 많은 유체 층들이 점성 전단 효과에 의해 영향을 받는다.

천이유동 판을 따라가면서 층류의 발달은 불안정해지고 붕괴가 일어나는 어느 점에 도달한다. 이것이 **천이영역**(transition region)으로서 이곳에서는 입자들의 일부가, 큰 입자그룹이 한 층에서 다른 층으로 이동하여 불규칙하게 혼합되는 특징을 갖는, 난류를 발생시킨다.

난류유동 유체의 혼합이 발생하여 급격하게 경계층의 두께를 성장시키고, 결과적으로 **난류경계층**(turbulent boundary layer)을 형성한다. 층류로부터 난류로의 천이에도 불구하고 유체가 판의 표면을 따라 붙어있어야 하기 때문에 '느리게 움직이는' 유체의 **층류** 혹은 **점성저층**(laminar or viscous sublayer)은 항상 난류경계층의 밑에 남아있다.

경계층두께 판을 따라 각각의 위치에서 경계층의 두께 안쪽 속도형상은 **점근적으로** 자유유동속도에 접근한다. 이 두께는 잘 정의되어 있지 않으므로 공학자들은 그 값을 정하기 위해 세 가지 방법을 사용한다.

교란두께 각 위치에서 경계층의 두께를 정하는 가장 간단한 방법은 도달하는 최대속도가 자유유동속도의 일정 백분율과 같아지는 높이 h로 정의하는 것이다. 일반적으로 통용되는 값은 그림 11-4에 보인 것처럼 $u = 0.99U$이다.

배제두께 경계층의 두께는 **배제두께** δ^*로 나타낼 수도 있다. 배제두께는 우리가 이상유체를 다룰 경우 이 새로운 경계를 갖는 질량유량(그림 11-5b)이 실제유체(그림 11-5a)에서의 그것과 같게 되도록 실제 표면으로부터 배제되어야 하는 거리를 말한다. 이 개념은 풍동과 제트엔진의 입구를 설계하는 데 종종 사용된다.

거리 δ^*를 결정하려면 각각의 경우에 대하여 질량유량의 감소 혹은 **질량유**

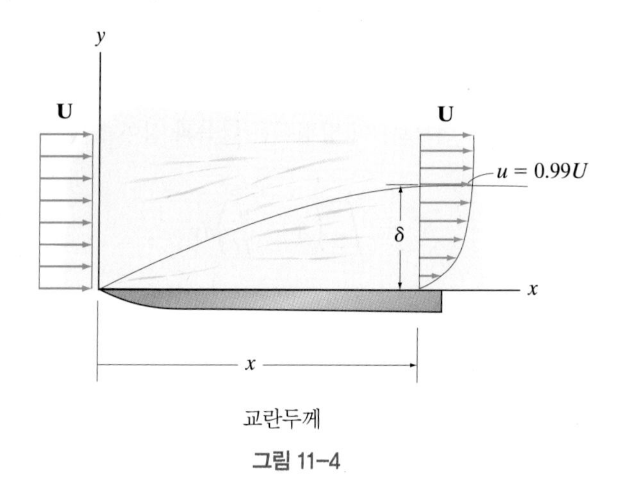

교란두께

그림 11-4

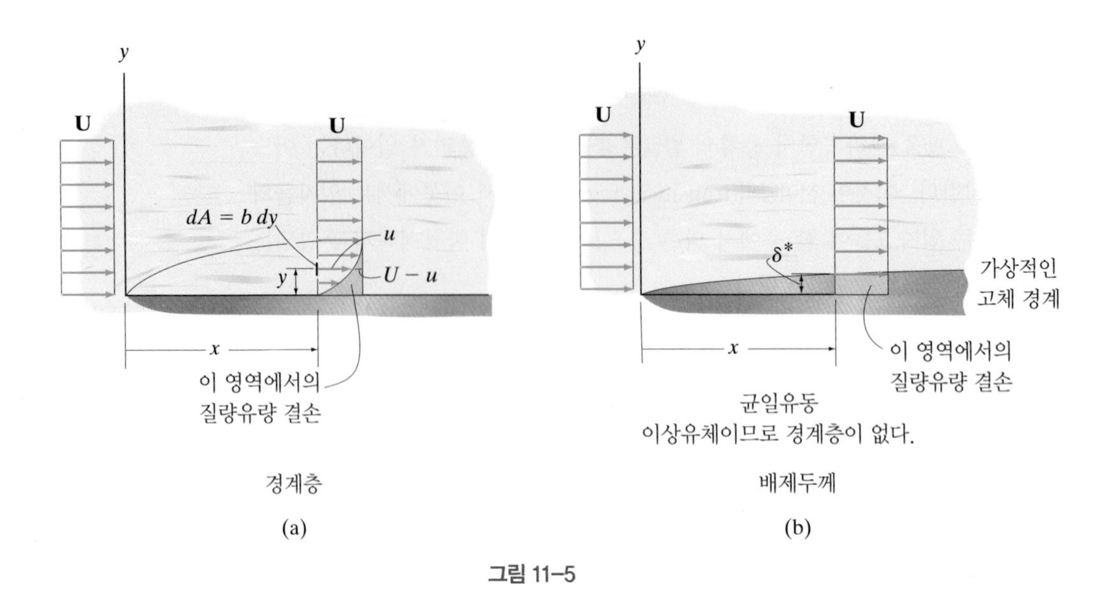

그림 11–5

량 결손을 알아야 한다. 표면(혹은 평판)이 폭 b를 갖고 있다면, 실제유체(그림 11-5a)의 경우에는 y에서 미소면적 $dA = b\,dy$를 통과하는 질량유량은 $d\dot{m} = \rho u\,dA = \rho u(b\,dy)$이다. 만일 이상유체가 존재한다면 점성효과는 발생하지 않고, 따라서 $u = U$이며 y에서의 질량유량은 $d\dot{m}_0 = \rho U(b\,dy)$이다. 점성으로 인한 **질량유량 결손**은 따라서 $d\dot{m}_0 - d\dot{m} = \rho(U - u)(b\,dy)$이다. 전체 경계층에 대하여 그림 11-5a의 어두운 청색 음영에서 표시된 이 총결손을 결정하기 위해서는 그 높이까지의 적분이 필요하다.

이 결손은 그림 11-5b의 이상유체에 대해서 동일해야 한다. 그 값은 $\rho U(b\delta^*)$이므로,

$$\rho U\left(b\delta^*\right) = \int_0^\infty \rho(U - u)(b\,dy)$$

균일유동에 있어서의 손실   경계층 내에서의 손실

ρ, U 그리고 b가 상수이므로, 이 방정식은 다음과 같이 쓸 수 있다.

$$\delta^* = \int_0^\infty \left(1 - \frac{u}{U}\right)dy \tag{11-1}$$

따라서 배제두께를 결정하려면 경계층의 속도형상 $u = u(y)$이 반드시 알려져야 한다. 그러면 판을 따라 각각의 위치 x에서 이 적분값을 해석적 혹은 수치적으로 정할 수 있다.

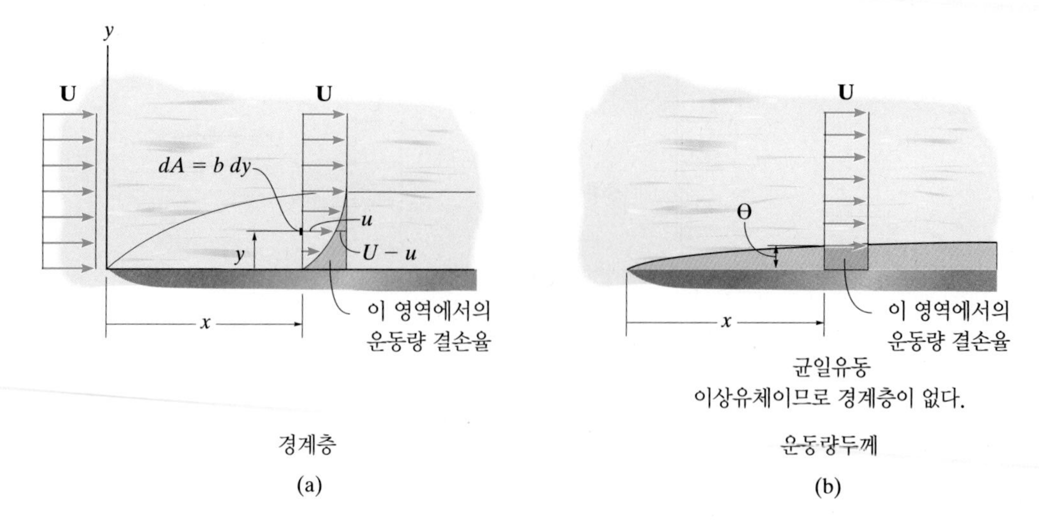

그림 11–6

운동량두께 경계층에 의한 속도 교란을 다루기 위한 다른 한 가지 방법은 유동의 **운동량 변화율**(rate of momentum)이 유체가 이상적이라고 가정한 경우와 동일하게 되기 위해 실제 표면이 얼마나 이동하여야 하는가를 고려하는 것이다. 이 표면의 높이 변화(그림 11-6b)를 **운동량두께** Θ라고 한다. 운동량두께는 이상적인 유동에 대비한 경계층에서의 운동량 손실을 나타낸다. 이 값을 알기 위해서는 각각의 경우에 운동량 유동결손율을 결정해야 한다. 판의 폭이 b라면 그림 11-6a에 나타낸 바와 같이 실제유체의 경우 높이 y에서 면적 dA를 통과하는 유체는 운동량 변화율 $d\dot{m}\,u = \rho(dQ)u = \rho(u\,dA)u$를 갖는다. $dA = b\,dy$이므로 그러면 $d\dot{m}\,u = \rho(ub\,dy)u$이다. 그러나 질량유량 $d\dot{m}$이 속도 U를 갖고 있으면, 운동량 유동결손율은 $\rho[ub\,dy](U - u)$이다. 그림 11-6b의 이상유체의 경우, 운동량 유동결손율은 $\rho dQU = \rho(U\Theta b)U$이다. 따라서 다음 조건이 성립하여야 한다.

$$\rho(U\Theta b)U = \int_0^\infty \rho u\,(U - u)b\,dy$$

혹은

$$\Theta = \int_0^\infty \frac{u}{U}\left(1 - \frac{u}{U}\right)dy \qquad (11\text{-}2)$$

요약하면, 경계층두께에 대한 정의는 세 가지가 있다: δ는 경계층이 유동을 교란하여 속도가 $0.99U$가 되는 곳까지의 높이를 말하고; δ^*와 Θ는 유체가 이상적이고 자유유동속도 $\mathbf{U}$로 흐르는 것으로 가정한 경우, 이 유체가 실제유체의 경우

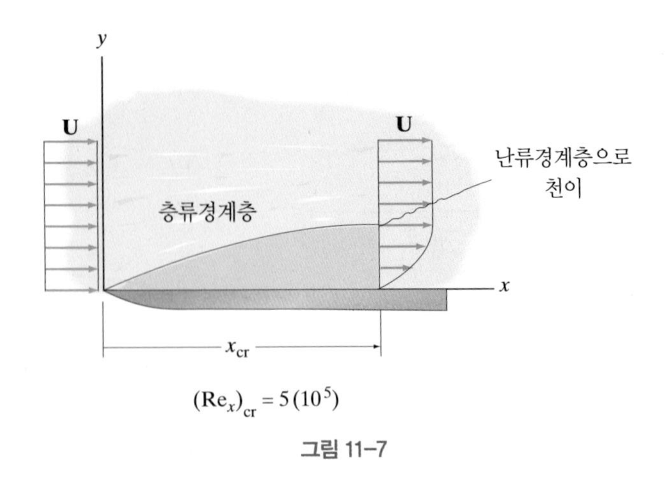

그림 11-7

에서와 동등한 질량유량 및 운동량 흐름을 만들 수 있도록 표면을 이동시키거나 재위치시켜야 하는 높이를 정의한다.

경계층의 분류 유체가 판의 표면에 만드는 전단응력의 크기는 경계층 내부의 **유동형식**에 의존하므로, 층류가 어느 지점에서 난류로의 천이를 시작하는지 알아 내는 것이 중요하다. 경계층 발달에 있어 관성력과 점성력이 모두 역할을 하므로, 이를 위해서는 레이놀즈수가 사용될 수 있다. 평판을 따라 흐르는 유동(그림 11-7)의 경우 평판의 전단으로부터 하류쪽으로의 거리인 '특성길이' x에 기초해 레이놀즈수를 정의한다. 따라서

$$\mathrm{Re}_x = \frac{Ux}{\nu} = \frac{\rho Ux}{\mu} \tag{11-3}$$

실험으로부터 층류는 $\mathrm{Re}_x = 1(10^5)$ 근처에서 허물어지기 시작하는 것으로 알려져 있으나, $3(10^6)$까지 유지될 수도 있다. 난류가 발생하는 특정값은 오히려 판의 표면조도, 유동의 균일성, 그리고 판의 표면을 따라 발생하는 온도 혹은 압력변화에 민감하다. 참고문헌 [11]을 참조하라. 이 책에서는 일관된 값을 제시하기 위해 이 레이놀즈수에 대한 임계값을 다음의 값으로 정한다.

$$\left(\mathrm{Re}_x\right)_{cr} = 5\left(10^5\right)$$

평판

예를 들어, 온도 20°C 표준압력에서 25 m/s로 흐르는 공기에 있어 경계층은 판의 전단으로부터 임계거리인 $x_{cr} = (\mathrm{Re}_x)_{cr}\,\nu/U = 5(10^5)(15.1(10^{-6})\ \mathrm{m^2/s})/(25\ \mathrm{m/s}) = 0.302\ \mathrm{m}$까지 층류를 유지한다.

11.2 층류경계층

$\text{Re}_x \le 5(10^5)$이면 표면에는 층류경계층만 형성된다. 이 절에서는 속도와 전단응력이 층류경계층 내에서 어떻게 변화하는지에 관하여 논의한다. 이를 위해 경계층 내의 **점성유동**에 대하여 고려하면서, 동시에 연속방정식과 운동량방정식을 모두 만족시켜야 한다. 7.11절에서는 미소 유체요소에 대하여 기술된 운동량방정식의 성분들이 나비에-스토크스 방정식의 성분이 됨을 보였다. 이 방정식들은 경계층 영역 내에서 일정한 가정과 함께 단순화되어 적용되었을 때 유용한 해를 만들기도 하지만, 알려진 일반해가 없는 복잡한 연립편미분방정식을 형성한다.

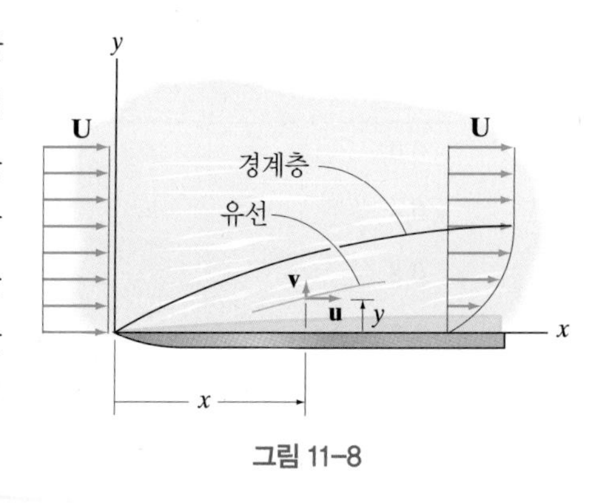

그림 11-8

여기서는 유체가 비압축성이고 정상**층류유동**인 평판 위를 지나는 흐름(그림 11-8)에 대한 적용에 대하여 해를 제시하고 그 응용에 대하여 설명한다. 실험을 통해 유체가 평판 위를 움직임에 따라 유동의 유선들은 점차 위쪽으로 구부러지고, (x, y)에 위치한 입자는 속도성분 u와 v를 갖게 된다는 것이 확인되었다. 높은 레이놀즈수에서 경계층은 매우 얇고 또한 마찬가지로 수직성분 v도 수평성분 u보다 훨씬 작다. 또한 점성으로 인해 y 방향으로 u와 v의 변화, 즉 $\partial u/\partial y$, $\partial v/\partial y$ 그리고 $\partial^2 u/\partial y^2$는 x 방향으로의 변화인 $\partial u/\partial x$, $\partial v/\partial x$ 그리고 $\partial^2 u/\partial x^2$에 비해 **훨씬 크다**. 더욱이 경계층 내의 유선들은 단지 약간 위쪽으로 굽었기에 이 곡률을 야기시킨 y 방향의 압력변화는 **실질적으로 일정하고**, 따라서 $\partial p/\partial y \approx 0$이다. 마지막으로, 경계층 위의 압력은 일정하므로, 그러면 경계층의 작은 높이로 인해 경계층의 내부에서 $\partial p/\partial x \approx 0$이다. 이 가정들과 함께 Prandtl은 식 (7-75)의 세 나비에-스토크스 방정식을 x 방향의 한 개로 축약시켰으며, 그 식은 연속방정식과 함께 다음의 식이 된다.

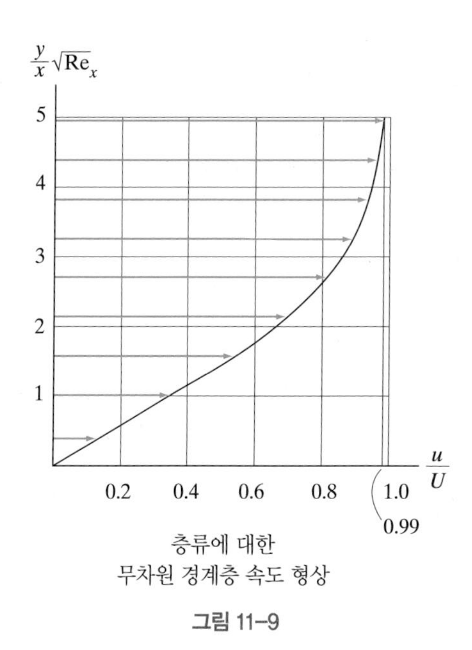

층류에 대한
무차원 경계층 속도 형상

그림 11-9

$$u\frac{\partial u}{\partial x} + v\frac{\partial u}{\partial y} = \nu\frac{\partial^2 u}{\partial y^2}$$

$$\frac{\partial u}{\partial x} + \frac{\partial v}{\partial y} = 0$$

경계층 내부의 속도분포를 얻으려면 경계조건인 $y = 0$에서 $u = v = 0$과 $y = \infty$에서 $u = U$를 사용하여, u와 v에 대한 이 식들을 동시에 푸는 것이 필요하다. 1908년에 Prandtl의 대학원생 중 하나였던 Paul Blasius는 수치해석을 이용하여 이를 수행했다. 참고문헌 [16]을 참조하라. 그는 결과를 그림 11-9에 보인 것처럼 무차원 속도 u/U 대 무차원 변수 $(y/x)\sqrt{\text{Re}_x}$ 축 상에 그려진 하나의 곡선 형태로 제시했다. 여기서 Re_x는 식 (11-3)에 의해 정의된 것이다. 편의상 이 곡선에 대한 수치들은 표 11-1에 나열하였다. 따라서 그림 11-8의 정해진 한 점 (x, y)와

표 11-1 블라시우스의 해 – 층류경계층

$\frac{y}{x}\sqrt{Re_x}$	u/U	$\frac{y}{x}\sqrt{Re_x}$	u/U
0.0	0.0	2.8	0.81152
0.4	0.13277	3.2	0.87609
0.8	0.26471	3.6	0.92333
1.2	0.39378	4.0	0.95552
1.6	0.51676	4.4	0.97587
2.0	0.62977	4.8	0.98779
2.4	0.72899	∞	1.00000

자유유동속도 U에 대하여, 경계층 내부의 한 입자에 대한 속도 u는 위 곡선 혹은 표로부터 결정될 수 있다. 예상대로 그 해는 경계층의 속도가 자유유동속도에 점근적으로 접근하여 $y \to \infty$함에 따라 $u/U \to 1$로 된다.

교란두께 $y = \delta$인 이 두께는 흐름의 속도가 자유유동속도의 99%인 점, 즉 $u/U = 0.99$인 점이다. 그림 11-9에 보인 블라시우스의 해로부터 이는

$$\frac{y}{x}\sqrt{Re_x} = 5.0$$

일 때 나타난다. 따라서,

$$\delta = \frac{5.0}{\sqrt{Re_x}}x \tag{11-4}$$

층류경계층의 두께

이다. 이 결과를 이용하여 층류경계층이 실제로 어느 정도 얇은지에 유념할 필요가 있다. 예를 들면, 속도 U가 충분히 커서 레이놀즈수가 $x_{cr} = 100$ mm에서 임계값 $(Re_x)_{cr} = 5(10^5)$에 도달한다면 이 거리에서의 층류경계층두께는 겨우 0.707 mm이다.

배제두께 그림 11-9에 보인 u/U에 대한 블라시우스의 해를 식 (11-1)에 대입하면 수치적분을 거쳐 층류경계층에 대한 배제두께가 다음과 같이 됨을 보일 수 있다.

$$\delta^* = \frac{1.721}{\sqrt{Re_x}}x \tag{11-5}$$

일단 이 값을 얻으면, 이 두께는 층류유동을 비점성 혹은 이상유동으로 간주할 수 있는 새로운 고체경계의 위치를 모사하는 데 사용될 수 있다. 예를 들면, 그림 11-10에서와 같이 δ^*를 수용하기 위해 유동실의 개구부를 증가시킬 수 있다. 이와 같은 방법으로 실을 통과하는 질량유량은 일정단면에 대하여 균일하게 된다.

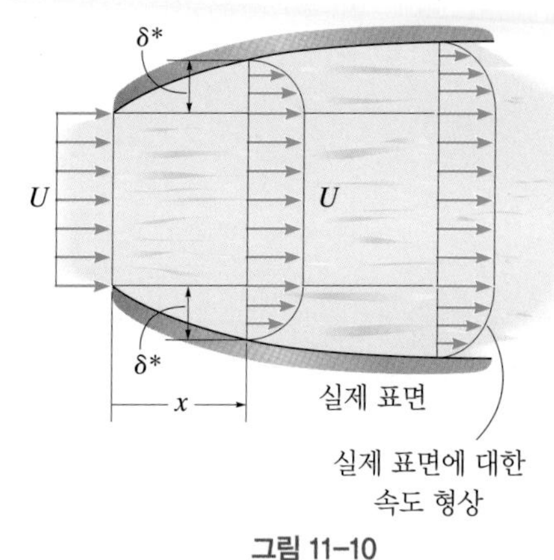

그림 11–10

운동량두께 경계층의 운동량두께를 얻으려면 u/U를 위한 블라시우스 해를 사용하여 식 (11-2)를 적분해야 한다. 수치적분 후의 결과는 다음과 같이 된다.

$$\Theta = \frac{0.664}{\sqrt{\text{Re}_x}}x \tag{11-6}$$

$\text{Re}_x = Ux/\nu$이므로 이들 각각의 경우에 있어 δ, δ^* 그리고 Θ는 모두 레이놀즈수 혹은 자유유동속도 U가 증가함에 따라 감소한다.

전단응력 그림 11-11a에 보인 층류경계층에 대해 뉴턴유체는 판의 표면에 다음의 전단응력이 작용한다.

$$\tau_0 = \mu\left(\frac{du}{dy}\right)_{y=0} \tag{11-7}$$

$y = 0$에서의 속도구배는 그림 11-9의 블라시우스 해의 선도로부터 얻어질 수 있다. 그 값은

$$\left.\frac{d\left(\dfrac{u}{U}\right)}{d\left(\dfrac{y}{x}\sqrt{\text{Re}_x}\right)}\right|_{y=0} = 0.332$$

로 알려져 있다. 특정 위치 x와 상수값 U와 ν에 대해서는 레이놀즈수 $\text{Re}_x = Ux/\nu$ 역시 일정하고, 따라서 $d(u/U) = du/U$이고 $d(y\sqrt{\text{Re}_x}/x) = dy\sqrt{\text{Re}_x}/x$이다. 재배열하면, 미분 du/dy는 다음과 같이 된다.

$$\frac{du}{dy} = 0.332\left(\frac{U}{x}\right)\sqrt{\text{Re}_x}$$

이를 식 (11-7)에 대입하면

$$\tau_0 = 0.332\mu\left(\frac{U}{x}\right)\sqrt{\text{Re}_x} \tag{11-8}$$

이 식을 이용하여 이제 판의 선단으로부터 임의의 위치 x에서 판에 미치는 전단

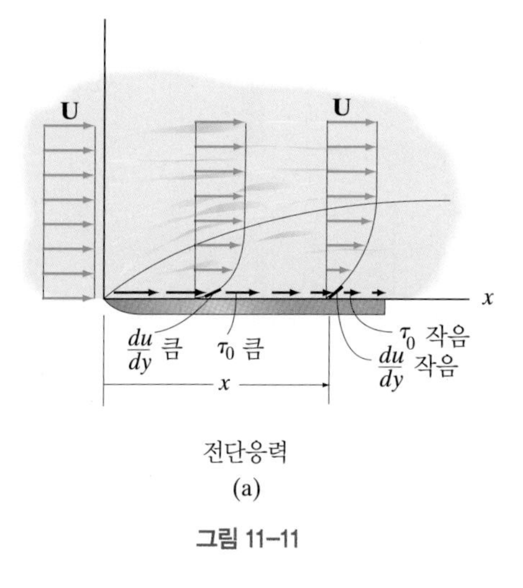

전단응력
(a)

그림 11–11

응력을 계산할 수 있다. 이 응력은 그림 11-11a에 보인 바와 같이 거리 x가 증가함에 따라 점차 작아질 것이라는 점에 주목하라.

τ_0는 판에 항력을 유발하므로 유체역학에서는 항력을 유체의 동압과의 곱으로 표현한다. 즉,

$$\tau_0 = c_f\left(\frac{1}{2}\rho U^2\right) \tag{11-9}$$

식 (11-8)을 τ_0에 대입하고 $\text{Re}_x = \rho Ux/\mu$를 사용하면, **표면마찰계수**(skin friction coefficient) c_f는 아래 식으로부터 결정된다.

$$c_f = \frac{0.664}{\sqrt{\text{Re}_x}} \tag{11-10}$$

전단응력과 마찬가지로 c_f는 판의 선단으로부터의 거리 x가 증가함에 따라 점점 작아진다.

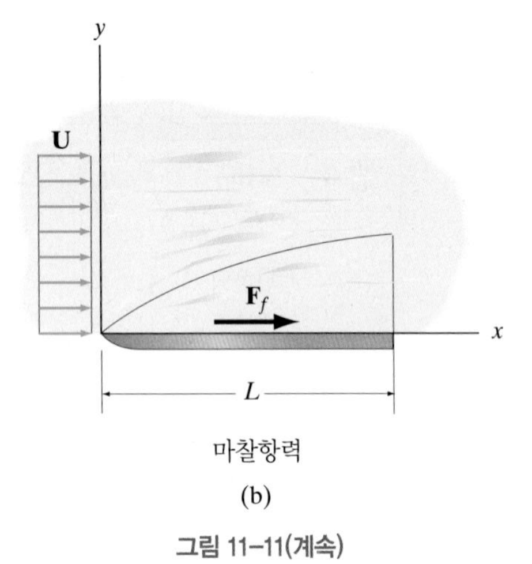

마찰항력

(b)

그림 11-11(계속)

마찰항력 판의 표면에 작용하는 합력이 결정되기 위해서는 표면에 걸쳐 식 (11-8)의 적분이 필요하다. 이 힘을 **마찰항력**(friction drag)이라고 부르며, 그림 11-11b에 보인 것처럼 판의 폭이 b이고 길이가 L이라면

$$F_{Df} = \int_A \tau_0\, dA = \int_0^L 0.332\mu\left(\frac{U}{x}\right)\left(\sqrt{\frac{\rho Ux}{\mu}}\right)(b\,dx) = 0.332b\, U^{3/2}\sqrt{\mu\rho}\int_0^L \frac{dx}{\sqrt{x}}$$

$$F_{Df} = \frac{0.664b\rho U^2 L}{\sqrt{\text{Re}_L}} \tag{11-11}$$

여기서

$$\text{Re}_L = \frac{\rho UL}{\mu} \tag{11-12}$$

층류경계층에 의해 판에 작용하는 마찰항력을 측정하기 위한 실험이 수행되었고, 그 결과는 식 (11-11)로부터 얻어지는 값들과 가깝게 일치했다.

길이 L인 판에 대한 무차원 **마찰항력계수**(friction drag coefficient)는 식 (11-9)와 유사한 방법으로 유체의 동압의 항으로 정의될 수 있다. 마찰항력은 면적 bL 위에서 작용하므로,

$$F_{Df} = C_{Df}bL\left(\frac{1}{2}\rho U^2\right) \tag{11-13}$$

이다. 식 (11-11)을 F_{Df}에 대입하고 C_{Df}에 관해 풀면,

$$C_{Df} = \frac{1.328}{\sqrt{\mathrm{Re}_L}} \tag{11-14}$$

요점 정리

- 점성이 작고 빨리 움직이는 유체가 평판의 표면 위를 흐를 때에는 매우 얇은 경계층이 표면 위에 형성된다. 이 층 내에서는 전단응력이 유체의 속도형상을 변화시켜서 판의 표면에서는 영(zero)이고 표면 위 유동의 자유유동속도 U에 점근적으로 접근한다.

- 점성으로 인해 경계층의 두께는 판의 길이 방향으로 증가한다. 그에 따라 경계층 내부의 유동은 흐름이 지나가는 평판이 충분히 긴 경우에는 층류로부터, 천이로, 그 다음 난류로 변할 수 있다. 이 책에서는 관례적으로 층류경계층의 최대 길이 x_{cr}을 레이놀즈수 $(\mathrm{Re}_x)_{cr} = 5(10^5)$인 것으로 정의하였다.

- 경계층 이론의 주요 목적 중 하나는 유동이 판의 표면에 미치는 전단응력분포를 결정하고, 이로부터 표면 상에서의 마찰항력을 결정하는 것이다.

- 판을 따라 임의의 위치에서 흐름이 속도 $0.99U$에 도달하는 높이로서 경계층의 교란두께 δ를 정의한다. 배제두께 δ^*와 운동량두께 Θ는 유체가 이상유체이고 균일속도 U로 흐르고 있을 때 그것이 실제유체의 경우에서와 각각 동등한 질량 및 운동량 유량을 만들어주도록 고체경계면이 밀려나거나 혹은 재위치되어야 하는 높이이다.

- 평판의 표면을 따른 층류경계층의 두께, 속도형상 및 전단응력분포에 대한 수치해는 Blasius에 의해 유도되었다. 그의 결과들은 선도 및 표의 형태로 제시된다.

- 경계층에 의한 마찰항력 F_{Df}는 일반적으로 판의 면적 bL과 유체의 동압의 곱과 함께 무차원 마찰항력계수 C_{Df}를 사용하여 $F_{Df} = C_{Df}(bL)(\frac{1}{2}\rho U^2)$로 표시된다. C_{Df} 값들은 레이놀즈수의 함수이다.

예제 11.1

물이 그림 11-12a에 있는 판 주위로 평균속도 0.25 m/s로 흐른다. 한 측면을 따라 전단응력분포와 경계층두께를 정하고, 길이 1 m 위치에서 경계층을 그려라. $\rho_w = 1000\ \text{kg/m}^3$ 그리고 $\mu_w = 0.001\ \text{N}\cdot\text{s/m}^2$이다.

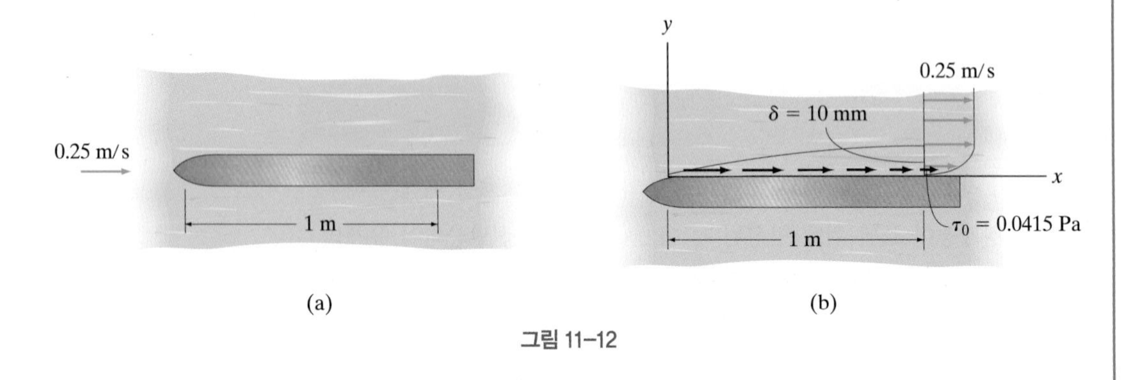

그림 11–12

풀이

유체 설명 판을 따라 정상 비압축성 유동이라 가정한다.

해석 식 (11-3)을 사용하면, x의 항으로 표현되는 유동에 대한 레이놀즈수는

$$\text{Re}_x = \frac{\rho_w U x}{\mu_w} = \frac{(1000\ \text{kg/m}^3)(0.25\ \text{m/s})x}{0.001\ \text{N}\cdot\text{s/m}^2} = 2.5(10^5)x$$

$x = 1$ m일 때, $\text{Re}_x = 2.5(10^5) < 5(10^5)$이므로 경계층은 층류로 유지된다. 따라서 전단응력분포는 식 (11-8)로부터 결정될 수 있다.

$$\begin{aligned}\tau_0 &= 0.332\ \mu_w \frac{U}{x}\sqrt{\text{Re}_x}\\ &= 0.332(0.001\ \text{N}\cdot\text{s/m}^2)\left(\frac{0.25\ \text{m/s}}{x}\right)\sqrt{2.5(10^5)x}\\ &= \left(\frac{0.0415}{\sqrt{x}}\right)\text{Pa}\end{aligned}$$ 답

경계층두께는 식 (11-4)를 적용하여 구한다.

$$\delta = \frac{5.0}{\sqrt{\text{Re}_x}}x = \frac{5.0}{\sqrt{2.5(10^5)x}}x = 0.010\sqrt{x}\ \text{m}$$ 답

경계층 형상은 $0 \le x \le 1$ m에 대하여 그림 11-12b에 나와 있다. x가 증가함에 따라, τ_0는 감소하고 δ는 증가함에 주목하라. 특히 $x = 1$ m일 때 $\tau_0 = 0.0415$ Pa이고 $\delta = 10$ mm이다.

예제 11.2

그림 11-13a의 배가 고요한 물을 가로질러 0.2 m/s로 천천히 움직이고 있다. 뱃머리로부터 $x = 1$ m 지점에서의 경계층두께 δ를 구하라. 또한 이 위치에서 경계층 내 $y = \delta$와 $y = \delta/2$에서의 물의 속도를 구하라. $\nu_w = 1.10(10^{-6})\text{m}^2/\text{s}$이다.

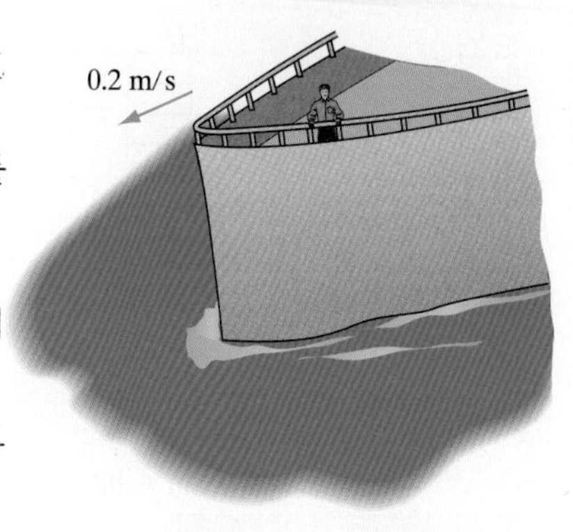

(a)

풀이

유체 설명 배의 선체는 평판이고, 배를 기준으로 물은 정상 비압축성 유동을 하는 것으로 가정한다.

교란두께 먼저 경계층이 $x = 1$ m에서 층류인지를 확인한다.

$$\text{Re}_x = \frac{Ux}{\nu_w} = \frac{0.2\ \text{m/s}(1\ \text{m})}{1.10\left(10^{-6}\right)\ \text{m}^2/\text{s}} = 1.818\left(10^5\right) < \left(\text{Re}_x\right)_{\text{cr}} = 5\left(10^5\right)\ \text{OK}$$

이제 블라시우스의 해, 식 (11-4)를 사용하여 $x = 1$ m에서의 경계층두께를 정한다.

$$\delta = \frac{5.0}{\sqrt{\text{Re}_x}}x = \frac{5.0}{\sqrt{1.818\left(10^5\right)}}(1\ \text{m}) = 0.01173\ \text{m} = 11.7\ \text{mm}$$ 답

속도 $x = 1$ m, $y = \delta = 0.01173$ m에서 정의에 의해 $u/U = 0.99$이다. 따라서 그림 11-13b의 이 점에서 물의 속도는

$$u = 0.99(0.2\ \text{m/s}) = 0.198\ \text{m/s}$$ 답

$x = 1$ m, $y = \delta/2 = 5.86(10^{-3})$ m에서 물의 속도를 결정하기 위해 우선 그림 11-9a의 그래프 혹은 표 11-1로부터 u/U의 값을 찾는다. 여기서

$$\frac{y}{x}\sqrt{\text{Re}_x} = \frac{5.86\left(10^{-3}\right)\ \text{m}}{1\ \text{m}}\sqrt{1.818\left(10^5\right)} = 2.5$$

표에 주어진 값 2.4와 2.8 사이에서 2.5를 위한 선형보간을 사용하면,

$$\frac{u/U - 0.72899}{2.5 - 2.4} = \frac{0.81152 - 0.72899}{2.8 - 2.4}; \qquad u/U = 0.7496$$

$$u = 0.7496(0.2\ \text{m/s}) = 0.150\ \text{m/s}$$ 답

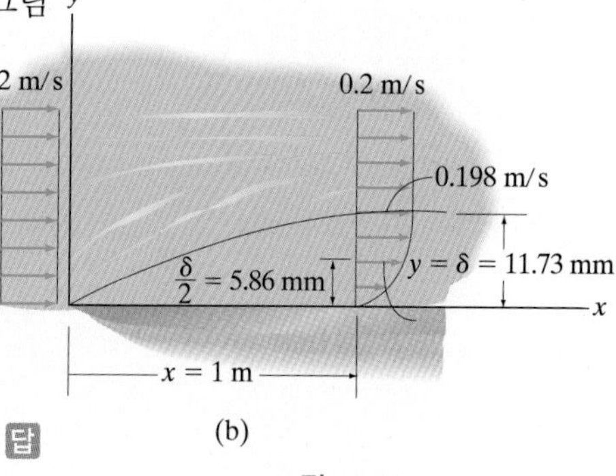

(b)

그림 11–13

그림 11-13b에 있는 속도형상을 따르는 다른 점들에 대해서도 유사한 방법으로 얻을 수 있다. 또한 이 방법은 다른 x값에 대한 u를 찾는 데에도 사용될 수 있으나, x의 최댓값은 x_{cr}을 넘지 않아야 하는 점을 유념하라. 즉,

$$\left(\text{Re}_x\right)_{\text{cr}} = \frac{Ux_{\text{cr}}}{\nu_w}; \qquad 5\left(10^5\right) = \frac{(0.2\ \text{m/s})x_{\text{cr}}}{1.10\left(10^{-6}\right)\ \text{m/s}}; \qquad x_{\text{cr}} = 2.75\ \text{m}$$

이 거리를 넘어서면 경계층은 천이를 시작하고, 더 멀어지면 난류가 된다.

예제 11.3

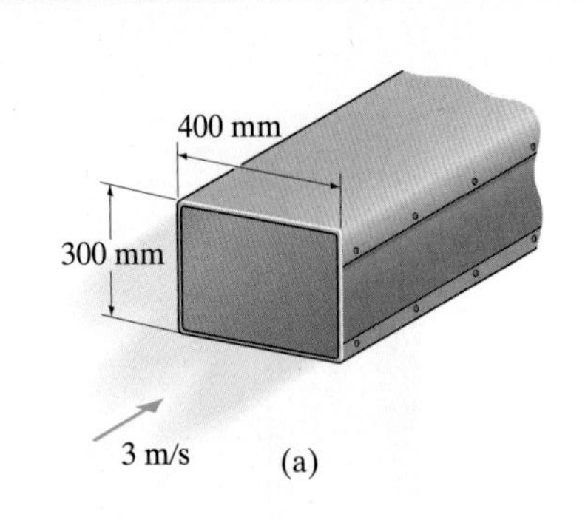

(a)

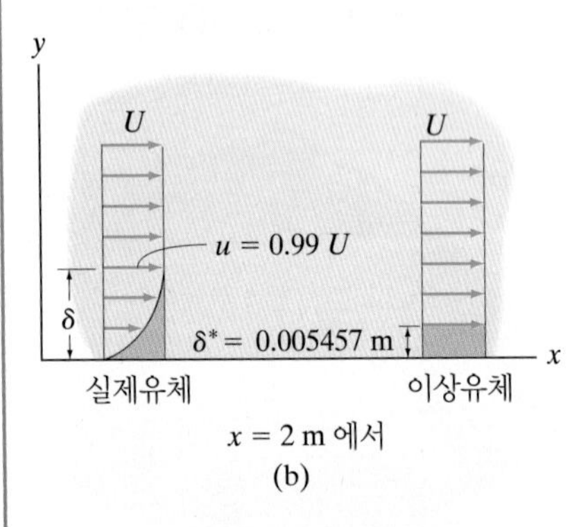

x = 2 m 에서
(b)

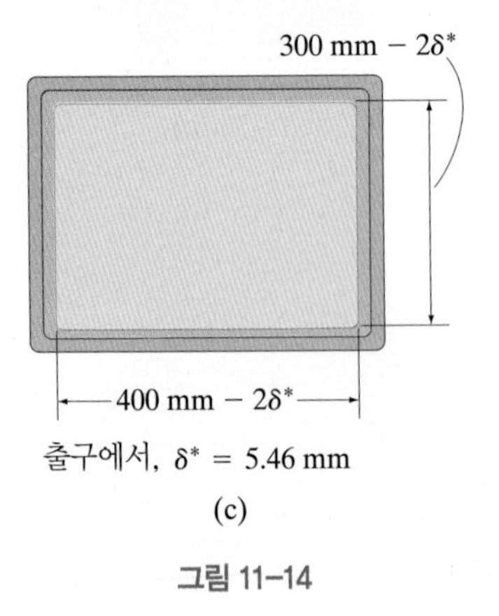

출구에서, δ* = 5.46 mm
(c)

그림 11-14

공기가 그림 11-14a에서 3 m/s로 직사각형 덕트로 흐른다. 2 m 길이 끝에서의 배제두께 및 덕트를 빠져나올 때 공기의 균일속도를 구하라. $\rho_a = 1.20$ kg/m^3 그리고 $\mu_a = 18.1(10^{-6})$ N·s/m^{2}이다.

풀이

유체 설명 공기는 비압축성이고 정상유동인 것으로 가정한다.

배제두께 식 (11-3)을 사용하면, 공기가 덕트를 통과할 때의 레이놀즈수는

$$\mathrm{Re}_x = \frac{\rho_a U x}{\mu_a} = \frac{(1.20\ \mathrm{kg/m^3})(3\ \mathrm{m/s})x}{18.1(10^{-6})\ \mathrm{N\cdot s/m^2}} = 0.1989(10^6)x$$

$x = 2$ m이면, $\mathrm{Re}_x = 3.978(10^5) < 5(10^5)$이고, 덕트를 따라 층류경계층이 발생한다. 따라서, 식 (11-5)를 사용하여 배제두께를 결정할 수 있다.

$$\delta^* = \frac{1.721}{\sqrt{\mathrm{Re}_x}}x = \frac{1.721}{\sqrt{0.1989(10^6)x}}x = 3.859(10^{-3})\sqrt{x}\ \mathrm{m} \qquad (1)$$

여기서 $x = 2$ m, $\delta^* = 0.005457$ m = 5.46 mm이다. 답

속도 공기가 이상유체일 경우, 실제 흐름의 경우와 같은 질량유량을 덕트로 통과시키기 위해서는 그림 11-14b의 오른쪽에 보인 바와 같이, $x = 2$ m에서 덕트 단면의 크기가 줄어들어야 한다. 다시 말해, 그림 11-14c의 약한 음영으로 보인 것처럼, 출구 단면적은

$$A_{\mathrm{out}} = [0.3\ \mathrm{m} - 2(0.005457\ \mathrm{m})][0.4\ \mathrm{m} - 2(0.005457\ \mathrm{m})] = 0.1125\ \mathrm{m^2}$$

이어야 한다.

일정한 질량유량이 각 단면을 지나가지만, 덕트를 빠져나가는 공기의 균일한 부분은 덕트에 들어오는 균일한 공기흐름보다 더 큰 속도를 갖게 된다. 그 값을 정하기 위해 연속방정식을 적용해야 한다.

$$\frac{\partial}{\partial t}\int_{\mathrm{cv}} \rho\, d\forall + \int_{\mathrm{cs}} \rho \mathbf{V}\cdot d\mathbf{A} = 0$$

$$0 - \rho U_{\mathrm{in}} A_{\mathrm{in}} + \rho U_{\mathrm{out}} A_{\mathrm{out}} = 0$$

$$-(3\ \mathrm{m/s})(0.3\ \mathrm{m})(0.4\ \mathrm{m}) + U_{\mathrm{out}}(0.1125\ \mathrm{m^2}) = 0$$

$$U_{\mathrm{out}} = 3.20\ \mathrm{m/s}$$

답

이 U의 증가는 경계층이 유동의 통로를 감소시켰기 때문에 발생하였다. 다시 말해, 단면적이 배제두께에 의해 감소되었다. 대신 덕트를 통해 3 m/s의 균일속도를 유지하려 한다면, 식 (1)에 따라 길이방향으로 $2\delta^*$씩 덕트의 크기가 증가되도록 단면이 확대되어야 할 것이다.

예제 11.4

소형잠수함이 선미에 그림 11-15a에 보이는 치수를 가진 삼각형 안정핀(stabilizing fin)을 가지고 있다. 물의 온도가 50°F일 때, 잠수함이 3 ft/s로 이동할 때 핀에 작용하는 항력을 구하라.

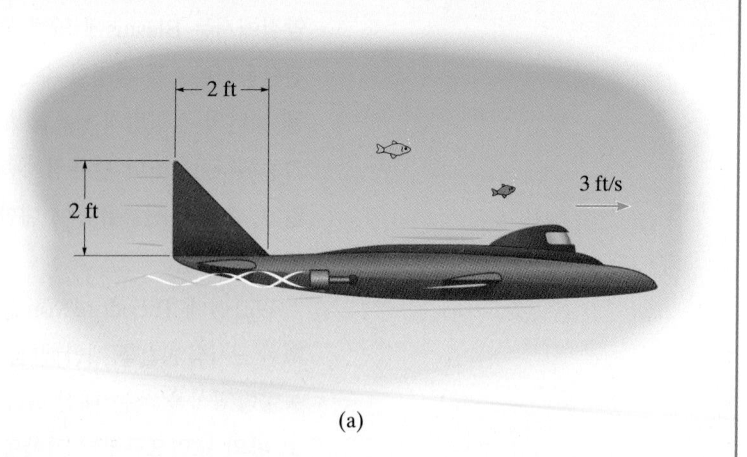

(a)

풀이

유체 설명 잠수함을 기준으로, 유동은 정상 비압축성 유동이다. 부록 A로부터 50°F의 물에 대하여 $\rho = 1.940\ \text{slug/ft}^3$ 그리고 $\nu = 14.1(10^{-6})\ \text{ft}^2/\text{s}$를 이용한다.

해석 먼저 경계층 내의 유동이 층류인지 결정한다. 가장 큰 레이놀즈수는, 그림 11-15b의 x값이 가장 큰, 핀의 기초에서 만들어지므로

$$(\text{Re})_{\max} = \frac{Ux}{\nu} = \frac{(3\ \text{ft/s})(2\ \text{ft})}{14.1\left(10^{-6}\right)\ \text{ft}^2/\text{s}} = 4.26\left(10^5\right) < 5\left(10^5\right)\quad \text{층류}$$

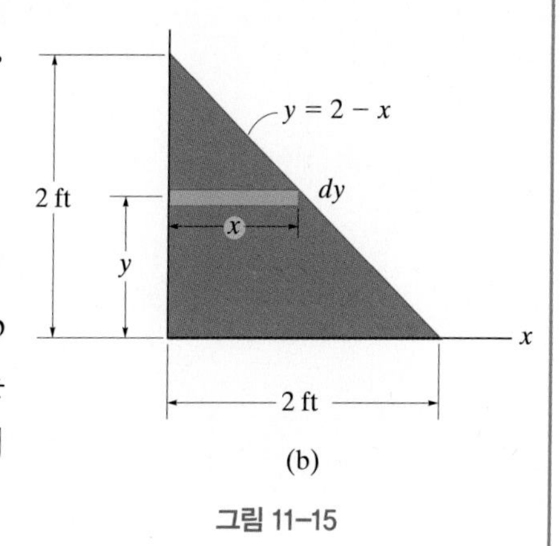

(b)

그림 11–15

여기에서는 핀의 길이 x가 y에 따라 변하므로 적분이 필요하다. 그림 11-15b와 같이 x와 y축을 잡으면, 핀의 임의의 미소 띠는 $dA = x\,dy$의 면적을 갖는다. $y = 2 - x$가 되므로 $dA = (2 - y)dy$이다. 식 (11-11)을 적용하면, 띠의 양면에 작용하는 항력은

$$d\mathbf{F}_{Df} = 2\left[\frac{0.664 b\rho U^2 L}{\sqrt{\text{Re}_x}}\right] = 2\left[\frac{0.664\,dy\left(1.940\ \text{slug/ft}^2\right)(3\ \text{ft/s})^2(2 - y)}{\sqrt{\dfrac{(3\ \text{ft/s})(2 - y)}{14.1\left(10^{-6}\right)\ \text{ft}^2/\text{s}}}}\right]$$

$$= 0.05027\,\frac{(2 - y)}{(2 - y)^{1/2}}\,dy = 0.05027(2 - y)^{1/2}\,dy$$

따라서 핀의 면적을 이루는 모든 띠에 작용하는 총 항력은

$$F_{Df} = 0.05027\int_0^{2\ \text{ft}} (2 - y)^{1/2}\,dy$$

$$= 0.05027\left[-\frac{2}{3}(2 - y)^{3/2}\right]_0^{2\ \text{ft}} = 0.0948\ \text{lb}\qquad \text{답}$$

이다. 항력은 사실상 매우 작은 값이며, 작은 속도와 낮은 동점성계수의 결과이다.

11.3 운동량 적분방정식

앞절에서는 Blasius에 의해 고안된 해를 이용하여 층류경계층에 의해 야기되는 전단응력분포를 결정할 수 있었다. 이 해석은 속도형상에 대한 블라시우스의 해를 뉴턴의 점성법칙 $\tau = \mu(du/dy)$를 이용해 전단응력과 관련지을 수 있었기에 가능했다. 그러나 난류경계층에 대해서는 τ와 u 사이에 그런 관계가 성립하지 않고, 그래서 난류유동에 대한 효과를 연구하기 위해서는 다른 접근방법이 사용되어야 한다.

1921년에 Theodore von Kármán은 층류와 난류 모두에 적합한 경계층 해석을 위한 근사적 방법을 제안했다. 한 점에서 미소 검사체적에 대한 연속방정식과 운동량방정식을 쓰는 대신 von Kármán은 이를 그림 11-6a와 같이 두께 dx를 갖고 판의 표면으로부터 경계층과 교차하는 유선까지 뻗는 미소 검사체적에 적용하는 것을 고려하였다. 이 요소를 통하여 유동은 정상이며, 작은 높이로 인해 그 안의 압력은 사실상 일정하다. 시간의 경과와 함께 유동의 x성분은 왼편의 개방된 검사표면 ABC로 유입되고, 오른편의 개방된 검사표면 DE를 통해 빠져나간다. 속도는 언제나 유선에 접하기에 어떤 유동도 고정된 검사표면인 AE 혹은 유선경계 CD를 가로지를 수 없다.

연속방정식 지면에 수직하게 놓인 판의 단위 폭에 대하여 연속방정식은

$$\frac{\partial}{\partial t}\int_{\text{cv}} \rho d\forall + \int_{\text{cs}} \rho \mathbf{V} \cdot d\mathbf{A} = 0$$

$$0 - \int_0^{\delta_l} \rho u_l dy - \dot{m}_{BC} + \int_0^{\delta_r} \rho u_r dy = 0 \qquad (11\text{-}15)$$

이 된다. 여기서 $\dot{m}_{BC}$는 일정속도 U의 흐름이 경계층의 상단과 유선 사이의 영

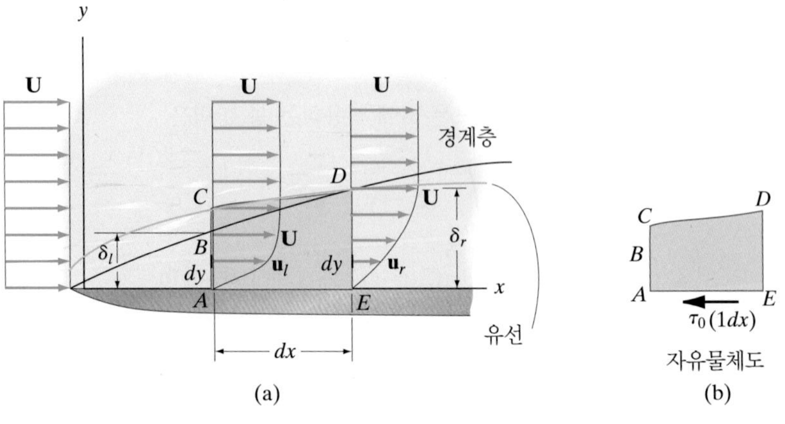

그림 11-16

역으로 유입되는 질량유량이다.

운동량방정식 검사체적의 자유물체도는 그림 11-16b에 나타내었다. 검사체적 내부에서의 압력 p는 본질적으로 일정하고, $AE = dx$이기에 높이 $h_{AC} \approx h_{ED}$이므로 각각의 열린 검사표면에 작용하는 압력에 의한 합력은 서로 상쇄된다. 닫힌 검사표면에 작용하는 유일한 외력은 판으로부터의 전단응력에 의한 것이다. 이 힘은 $\tau_0(1dx)$이다. 운동량방정식을 적용하면,

$$\xrightarrow{+} \Sigma F_x = \frac{\partial}{\partial t}\int_{cv} V\rho\, d\forall + \int_{cs} V\rho\, \mathbf{V}\cdot d\mathbf{A}$$

$$-\tau_0(1dx) = 0 + \int_0^{\delta_r} \rho u_r^2\, dy - \int_0^{\delta_l} \rho u_l^2\, dy - U\dot{m}_{BC}$$

식 (11-15)에서 $\dot{m}_{BC}$에 대해 풀고, 비압축성 유체에 대하여 ρ가 일정하다는 점을 상기하여 윗식에 대입하면,

$$-\tau_0\, dx = \rho\int_0^{\delta_r} u_r^2\, dy - \rho\int_0^{\delta_l} u_l^2\, dy - U\rho\left[\int_0^{\delta_r} u_r\, dy - \int_0^{\delta_l} u_l\, dy\right]$$

$$-\tau_0\, dx = \rho\int_0^{\delta_r}\left(u_r^2 - Uu_r\right)dy - \rho\int_0^{\delta_l}\left(u_l^2 - Uu_l\right)dy$$

수직면 AC와 ED가 미소거리 dx만큼 떨어져 있으므로 우변의 항들은 적분의 미소 차이를 나타낸다. 즉,

$$-\tau_0\, dx = \rho d\left[\int_0^{\delta}\left(u^2 - Uu\right)dy\right]$$

자유유동속도 U는 일정하므로 이 식은 무차원 속도비 u/U의 항으로 나타낼 수 있고, 전단응력을 다음과 같이 나타낼 수 있다.

$$\tau_0 = \rho U^2 \frac{d}{dx}\int_0^{\delta} \frac{u}{U}\left(1 - \frac{u}{U}\right)dy \tag{11-16}$$

적분은 식 (11-2)의 운동량두께를 나타낸다는 점을 상기하면

$$\tau_0 = \rho U^2 \frac{d\Theta}{dx} \tag{11-17}$$

로 쓸 수 있다. 위의 2개의 방정식 모두 평판에 대한 **운동량 적분방정식**이라 불린다. 이를 적용하려면 각 위치 x에서 속도 형상 $u = u(y)$를 알거나 혹은 $u/U = f(y/\delta)$ 형식을 갖는 식에 의해 근사화하여야 한다. 몇 가지의 근사적인 속도분포

표 11-2

속도형상		δ	c_f	C_{Df}
Blasius		$5.00\dfrac{x}{\sqrt{\text{Re}_x}}$	$0.664/\sqrt{\text{Re}_x}$	$1.328/\sqrt{\text{Re}_x}$
선형	$\dfrac{u}{U}=\dfrac{y}{\delta}$	$3.46\dfrac{x}{\sqrt{\text{Re}_x}}$	$0.578/\sqrt{\text{Re}_x}$	$1.156/\sqrt{\text{Re}_x}$
2차식	$\dfrac{u}{U}=-\left(\dfrac{y}{\delta}\right)^2+2\left(\dfrac{y}{\delta}\right)$	$5.48\dfrac{x}{\sqrt{\text{Re}_x}}$	$0.730/\sqrt{\text{Re}_x}$	$1.460/\sqrt{\text{Re}_x}$
3차식	$\dfrac{u}{U}=-\dfrac{1}{2}\left(\dfrac{y}{\delta}\right)^3+\dfrac{3}{2}\left(\dfrac{y}{\delta}\right)$	$4.64\dfrac{x}{\sqrt{\text{Re}_x}}$	$0.646/\sqrt{\text{Re}_x}$	$1.292/\sqrt{\text{Re}_x}$

형상들이 표 11-2에 나열되어 있다. 이들 중 어느 하나를 사용하여 식 (11-16)에 있는 적분값을 정할 수 있으나, 상부적분 한계로 인해 그 결과는 δ의 항으로 나타나게 된다. δ를 x의 함수로 결정하기 위해서는 τ_0도 역시 δ와 연관지어져야 한다. 층류경계층의 경우에는 다음의 예에 나타낸 바와 같이 뉴턴의 점성법칙을 이용해 이를 수행할 수 있다. 표 11-2에 제시된 δ, c_f, 그리고 C_{Df}의 결과가 어떻게 결정되었는지를 보임으로써 운동량 적분식의 응용을 예시하고 있다. 다음 절에서는 이 방법을 난류경계층 유동에 적용하는 방법을 소개한다.

예제 11.5

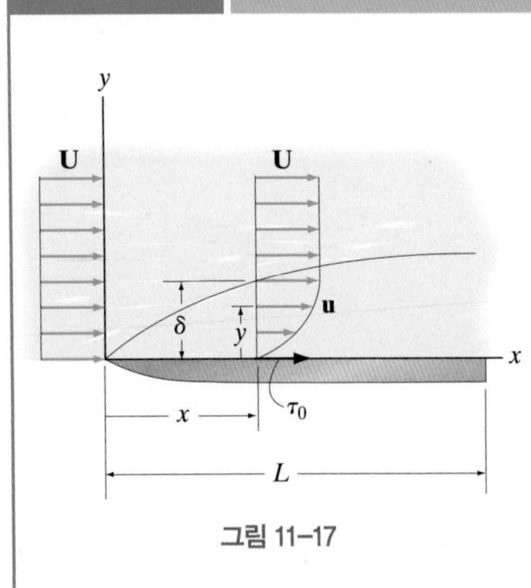

그림 11-17

폭이 b이고 길이가 L인 판 위에 형성된 층류경계층에 대한 속도형상은 그림 11-17과 같이 2차식 $u/U=-(y/\delta)^2+2(y/\delta)$으로 근사된다. 경계층의 두께 δ, 표면마찰계수 c_f, 그리고 마찰항력계수 C_{Df}를 x의 함수로 구하라.

풀이

유체 설명 면 위를 지나는 유동은 정상 비압축성 층류유동이다.

경계층두께 함수 u/U를 식 (11-16)에 대입하고 적분하면,

$$\tau_0=\rho U^2\frac{d}{dx}\int_0^\delta\frac{u}{U}\left(1-\frac{u}{U}\right)dy$$

$$\tau_0=\rho U^2\frac{d}{dx}\int_0^\delta\left(-\left(\frac{y}{\delta}\right)^2+2\frac{y}{\delta}\right)\left(1+\left(\frac{y}{\delta}\right)^2-2\frac{y}{\delta}\right)dy=\rho U^2\frac{d}{dx}\left[\frac{2}{15}\delta\right]$$

$$\tau_0=\rho U^2\left[\frac{2}{15}\frac{d\delta}{dx}\right] \tag{1}$$

δ를 얻기 위해 판의 표면($y = 0$)에서의 τ_0를 δ의 항으로 표시해야 한다. 층류 유동이므로, $y = 0$에서 뉴턴의 점성법칙을 사용하여 τ_0를 구할 수 있다.

$$\tau_0 = \mu \frac{du}{dy}\bigg|_{y=0} = \mu U \frac{d}{dy}\left[-\left(\frac{y}{\delta}\right)^2 + 2\left(\frac{y}{\delta}\right)\right]_{y=0} = \frac{2\mu U}{\delta} \tag{2}$$

따라서, 식 (1)은

$$\frac{2\mu U}{\delta} = \rho U^2\left[\frac{2}{15}\frac{d\delta}{dx}\right] \quad \text{혹은} \quad \rho U\,\delta\,d\delta = 15\mu\,dx$$

$x = 0$, 즉 유체가 초기에 판과 접촉할 때 $\delta = 0$이므로, 적분을 수행하면

$$\rho U \int_0^{\delta} \delta\,d\delta = \int_0^x 15\mu\,dx; \qquad \delta = \sqrt{\frac{30\mu x}{\rho U}} \tag{3}$$

$\mathrm{Re}_x = \rho U x/\mu$이므로 이 표현을 또 다음과 같이 쓸 수도 있다.

$$\delta = \frac{5.48x}{\sqrt{\mathrm{Re}_x}}$$ 답

표면마찰계수 식 (3)을 식 (2)에 대입하면, x의 함수로 표현된 판에 작용하는 전단응력은 따라서

$$\tau_0 = \frac{2\mu U}{\sqrt{\dfrac{30\mu x}{\rho U}}} = 0.365\sqrt{\frac{\mu\rho U^3}{x}} = 0.365\frac{\mu U}{x}\sqrt{\mathrm{Re}_x}$$

식 (11-9)를 이용하면,

$$c_f = \frac{\tau_0}{(1/2)\rho U^2} = \frac{0.365\dfrac{\mu U}{x}\sqrt{\mathrm{Re}_x}}{(1/2)\rho U^2} = \frac{0.730}{\sqrt{\mathrm{Re}_x}}$$ 답

마찰항력계수 C_{Df}를 정하기 위해서는 먼저 F_{Df}를 구한다.

$$F_{Df} = \int_A \tau_0\,dA = \int_0^x 0.365\sqrt{\frac{\mu\rho U^3}{x}}(b\,dx) = 0.365b\sqrt{\mu\rho U^3}\left(2x^{1/2}\right)\Big|_0^x = 0.730b\sqrt{\mu\rho U^3 x}$$

따라서 식 (11-13)을 이용하면,

$$C_{Df} = \frac{F_{Df}/bx}{(1/2)\rho U^2} = \frac{1.460b\sqrt{\mu\rho U^3 x}}{\rho U^2 bx}$$

$$C_{Df} = \frac{1.460}{\sqrt{\mathrm{Re}_x}}$$ 답

여기서 얻어진 세 결과는 표 11-2에 나열되어 있다.

11.4 난류경계층

난류경계층은 층류에서 보다 더 두껍고, 내부의 속도형상은 유체의 불규칙한 혼합으로 인해 더 균일해진다. 운동량 적분방정식을 이용해 난류경계층에 의한 항력을 결정할 수 있다. 하지만 먼저 속도형상을 y의 함수로 표현해야 한다. 결과의 정확도는 물론 이 함수가 얼마나 실제 속도분포에 근사한지에 따라 좌우된다. 많은 다른 공식들이 지금까지 제안되었지만, 가장 많이 이용되는 간단한 식은 Prandtl의 1/7승 법칙이다.

$$\frac{u}{U} = \left(\frac{y}{\delta}\right)^{1/7} \tag{11-18}$$

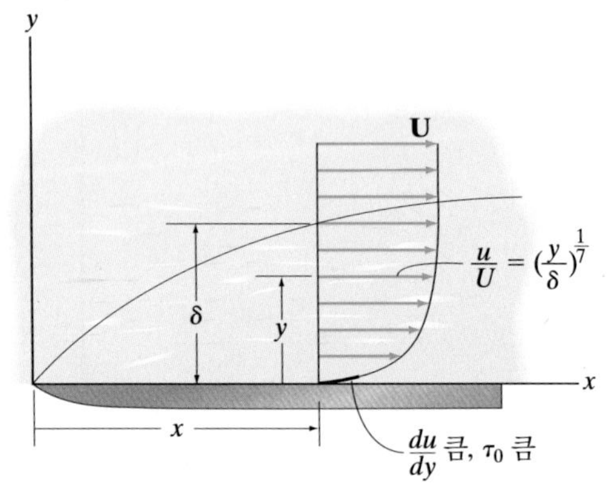

Prandtl의 1/7승 법칙
(a)

그림 11–18

이 식의 속도분포는 그림 11-18a에 보여진다. 여기서 속도분포 형상은 층류경계층에서 보다 속도가 더 꽉 차있다는 점에 주목하라. 앞에서 기술한 바와 같이, 평평함(flatness)은 난류유동 내부에 높은 수준의 유체혼합과 운동량 전달이 존재하기 때문에 나타난다. 또한 이 평평함으로 인해 판의 표면 근처에서는 더 큰 속도구배가 존재한다. 그 결과 표면에 형성되는 전단응력은 층류경계층에 의한 것보다 훨씬 더 커진다.

프란틀의 식은 $y = 0$에서는 속도구배 $du/dy = (U/7\delta)(y/\delta)^{-6/7}$가 무한대가 되어 실제와는 다르기 때문에 적용되지 않는다. 따라서 모든 난류경계층의 경우에 표면전단응력 τ_0는 실험에 의해 δ와 연관되어야 한다. 실험자료와 잘 일치하는 실험적 공식은 Prandtl과 Blasius에 의해 제안되었다.

$$\tau_0 = 0.0225\rho U^2\left(\frac{\nu}{U\delta}\right)^{1/4} \tag{11-19}$$

운동량 적분방정식은 위 두 식을 함께 적용하여 난류경계층의 두께 δ를 위치 x의 함수로 얻는다. 식 (11-16)을 적용하면,

$$\tau_0 = \rho U^2 \frac{d}{dx}\int_0^\delta \frac{u}{U}\left(1 - \frac{u}{U}\right)dy$$

$$0.0225\rho U^2\left(\frac{\nu}{U\delta}\right)^{1/4} = \rho U^2 \frac{d}{dx}\int_0^\delta \left(\frac{y}{\delta}\right)^{1/7}\left(1 - \left(\frac{y}{\delta}\right)^{1/7}\right)dy$$

$$0.0225\left(\frac{\nu}{U\delta}\right)^{1/4} = \frac{d}{dx}\left(\frac{7}{8}\delta - \frac{7}{9}\delta\right) = \frac{7}{72}\frac{d\delta}{dx}$$

$$\delta^{1/4}d\delta = 0.231\left(\frac{\nu}{U}\right)^{1/4}dx$$

모든 경계층들이 초기에는 층류이지만(그림 11-3), 판의 앞쪽 면이 거칠다고 가정하면 경계층은 처음부터 실질적으로 난류가 될 수밖에 없을 것이다. 따라서

$\delta = 0$인 $x = 0$으로부터 적분하면,

$$\int_0^{\delta} \delta^{1/4}\, d\delta = 0.231\left(\frac{\nu}{U}\right)^{1/4} \int_0^x dx \quad \text{혹은} \quad \delta = 0.371\left(\frac{\nu}{U}\right)^{1/5} x^{4/5}$$

이 얻어진다. 식 (11-3)을 사용하여 레이놀즈수의 항으로 경계층두께를 나타내면,

$$\delta = \frac{0.371}{(\text{Re}_x)^{1/5}}x \tag{11-20}$$

이다.

평판을 따른 전단응력 식 (11-20)을 식 (11-19)에 대입하면, 그림 11-18b에 보이는 것처럼 판을 따라 전단응력을 x의 함수로 얻는다.

$$\tau_0 = 0.0225\rho U^2\left(\frac{\nu(\text{Re}_x)^{1/5}}{U(0.371x)}\right)^{1/4}$$
$$= \frac{0.0288\rho U^2}{(\text{Re}_x)^{1/5}} \tag{11-21}$$

판에 미치는 항력 그림 11-18c와 같이 판의 길이가 L이고 폭이 b이면, 항력은 전단응력을 판의 면적에 대해 적분하여 얻을 수 있다.

$$F_{Df} = \int_A \tau_0\, dA = \int_0^L \frac{0.0288\rho U^2}{\left(\dfrac{Ux}{\nu}\right)^{1/5}}(b\,dx) = 0.0360\rho U^2 \frac{bL}{(\text{Re}_L)^{1/5}} \tag{11-22}$$

따라서 식 (11-13)의 마찰항력계수는

$$C_{Df} = \frac{F_{Df}/bL}{(1/2)\rho U^2} = \frac{0.0721}{(\text{Re}_L)^{1/5}} \tag{11-23}$$

이 결과는 많은 실험들에 의해 검증되었고 좀 더 정확한 C_{Df} 값이 상수 0.0721을 0.0740으로 바꿔줌으로써 얻어질 수 있음이 확인되었다:

$$C_{Df} = \frac{0.0740}{(\text{Re}_L)^{1/5}} \qquad 5\left(10^5\right) < \text{Re}_L < 10^7 \tag{11-24}$$

하한값은 층류경계층에 대한 한계를 나타낸다. 더 높은 레이놀즈수에 대해서는 관련된 실험결과와 잘 맞는 또 다른 경험식이 Hermann Schlichting에 의해 제안되었다. 참고문헌 [16]을 참조하라.

$$C_{Df} = \frac{0.455}{(\log_{10}\text{Re}_L)^{2.58}} \qquad 10^7 \leq \text{Re}_L < 10^9 \tag{11-25}$$

이 모든 식들은 난류경계층이 판 전체 길이에 걸쳐 확장된 경우에만 유효하다는 점을 상기하라.

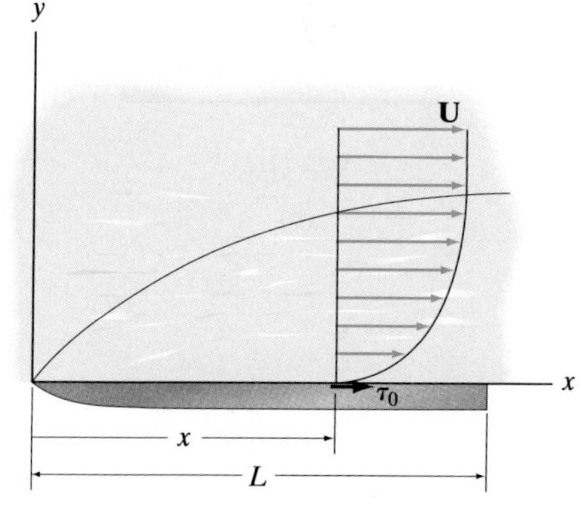

판에 작용하는 전단응력

(b)

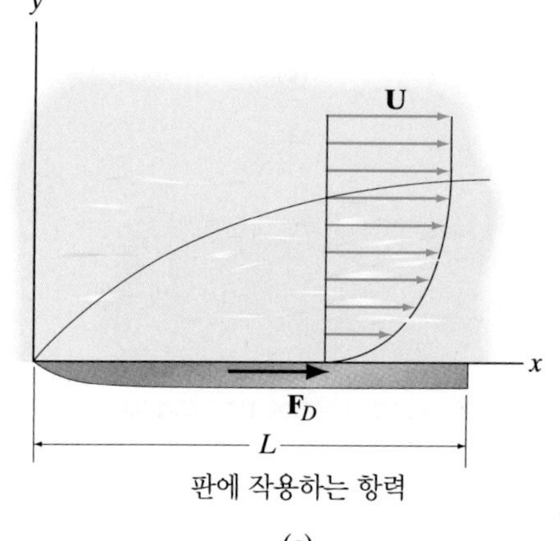

판에 작용하는 항력

(c)

그림 11-18(계속)

11.5 층류 및 난류경계층

11.1절에서 언급한 바와 같이 매끄러운 평판 위의 실제 경계층은 먼저 층류 영역을 만들고, 높이가 성장하여 $(\text{Re}_x)_{\text{cr}} = 5(10^5)$ 근처에서 불안정해져 결국 천이를 거쳐 난류가 된다. 따라서 판 위의 마찰항력을 계산할 때 좀 더 엄밀한 접근방법을 채택하기 위해서는 경계층의 층류와 난류 부분 모두에 대한 고려가 필요하다. 실험을 통해 Prandtl은 빠른 흐름에 있어 천이영역이 판을 따라 매우 짧은 거리에 해당하므로 그 영역 내의 마찰항력을 무시함으로써 이러한 해석이 가능하다는 점을 발견하였다. 이에 따라 경계층을 그림 11-19a에 보인 바와 같이 모형화할 수 있다.

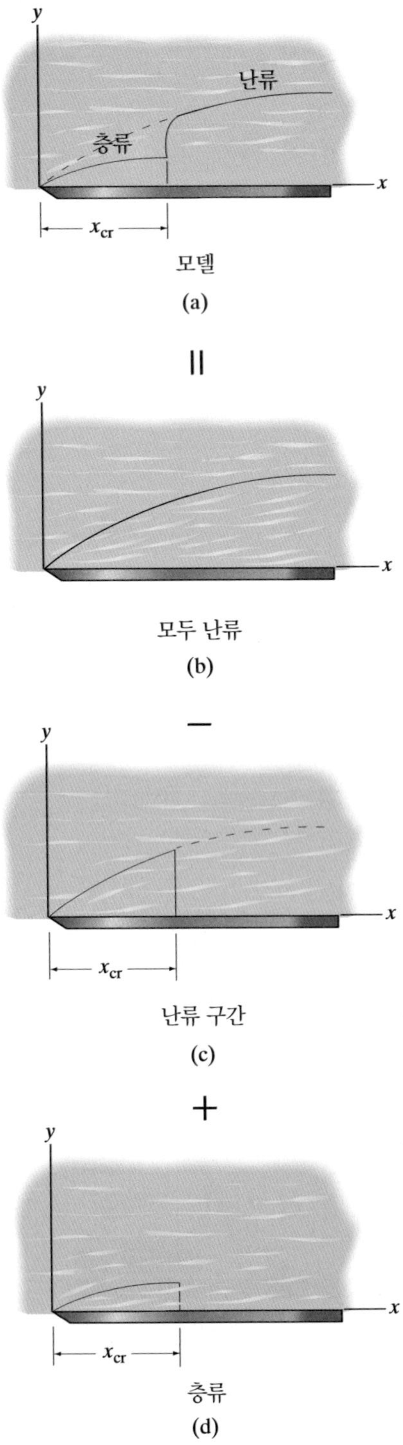

마찰항력을 계산하기 위해 Prandtl은 먼저 경계층이 그림 11-19b처럼 판의 전체 길이 L에 대해 완전히 난류라고 가정하였으며, 높은 레이놀즈수 혹은 아주 큰 거리 x에 대하여 식 (11-25)를 사용하여 항력을 구할 수 있다. 그 후 식 (11-24)와 그림 11-19c에 나타난 임계영역의 시작점 $x = x_{\text{cr}}$까지의 난류부분의 항력을 빼주고, 마지막으로 이 점까지의 층류부분에 의한 항력(블라시우스의 해; 식 (11-14) 및 그림 11-19d)을 더해줌으로써 전체적인 결과에 대한 조정이 이루어진다. 따라서 판에 작용하는 마찰항력은

$$F_{Df} = \frac{0.455}{(\log_{10}\text{Re}_L)^{2.58}}(1/2)\rho U^2(bL) - \frac{0.0740}{(\text{Re}_x)_{\text{cr}}^{1/5}}(1/2)\rho U^2(bx_{\text{cr}}) + \frac{1.328}{\sqrt{(\text{Re}_x)_{\text{cr}}}}(1/2)\rho U^2(bx_{\text{cr}})$$

판에 대한 C_{Df}는 식 (11-13)에 정의되어 있으므로, 마찰항력계수는

$$C_{Df} = \frac{0.455}{(\log_{10}\text{Re}_L)^{2.58}} - \frac{0.0740}{(\text{Re}_x)_{\text{cr}}^{1/5}}\frac{x_{\text{cr}}}{L} + \frac{1.328}{\sqrt{(\text{Re}_x)_{\text{cr}}}}\frac{x_{\text{cr}}}{L}$$

마지막으로, 비례관계 $x_{\text{cr}}/L = (\text{Re}_x)_{\text{cr}}/\text{Re}_L$에 따라 $(\text{Re}_x)_{\text{cr}} = 5(10^5)$이라 하고 $5(10^5) \le \text{Re}_L < 10^9$ 사이의 레이놀즈수 값들에 대해 실험자료와 맞추면,

$$C_{Df} = \frac{0.455}{(\log_{10}\text{Re}_L)^{2.58}} - \frac{1700}{\text{Re}_L} \qquad 5(10^5) \le \text{Re}_L < 10^9 \qquad (11\text{-}26)$$

을 얻는다. 일반적인 레이놀즈수 범위에 대한 마찰항력계수를 결정하기 위해 사용되는 위 식의 선도가 그림 11-20에 나와있다. 여러 서로 다른 연구자들로부터 얻어진 실험값들이 이 이론과 매우 근접함을 나타내고 있음을 상기하라. 곡선은 경계층 흐름에서의 천이가 레이놀즈수 $5(10^5)$에서 일어날 때에만 유효하다는 점을 확인하라. 만일 자유유동속도가 갑작스럽게 교란되거나 혹은 판의 표면이 거칠면 유동의 천이는 보다 낮은 레이놀즈수에서 발생한다. 이렇게 되면 식 (11-

모델
(a)

모두 난류
(b)

난류 구간
(c)

층류
(d)

그림 11-19

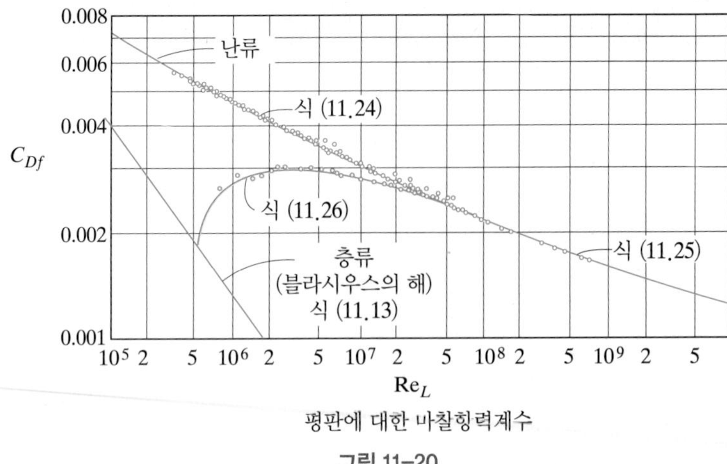

평판에 대한 마찰항력계수

그림 11–20

26)의 두 번째 항의 상수(1700)는 이 변화를 보상하기 위해 수정되어야 한다. 이런 효과들을 보상하는 계산들은 여기서 소개하지 않는다. 상수보상은 관련된 문헌에 다루어져 있다. 참고문헌 [16]을 참조하라.

요점 정리

- 경계층 적분방정식은 층류 혹은 난류경계층에 의해 생기는 경계층두께와 표면전단응력 분포를 얻기 위한 근사적인 방법을 제공한다. 이 식을 적용하기 위해서는 속도형상 $u = u(y)$를 알고 전단응력을 경계층두께 δ의 항, 즉 $\tau_0 = f(\delta)$로 표현할 수 있어야 한다.

- $u = u(y)$에 대한 블라시우스의 해는 층류경계층에 대하여 사용될 수 있고, 전단응력 τ_0는 뉴턴의 점성법칙을 이용해 δ와 연관될 수 있다. 난류경계층에 대해서는 유동이 불규칙하므로 필요한 관계식은 실험에서 얻어지는 결과로부터 얻어야 한다. 예를 들면, 전체적으로 난류경계층인 경우 프란틀과 블라시우스에 의한 공식과 함께 Prandtl의 1/7승 속도 법칙이 잘 맞는다.

- 층류경계층은 난류경계층에 비해 표면에 훨씬 작은 전단응력을 가한다. 난류경계층 내에서 강한 유체혼합이 발생하고, 이로 인해 표면에서는 더욱 큰 속도구배를 형성함으로써 더 높은 전단응력을 만든다.

- 층류와 난류경계층의 혼합으로 인한 평면 상의 마찰항력계수는 천이유동이 발생하는 영역을 무시한 상태에서 중첩에 의해 얻을 수 있다.

예제 11.6

기름이 그림 11-21에 있는 평판 윗면에서 자유유동속도 20 m/s로 흐른다. 판의 길이가 2 m이고 폭이 1 m일 때 층류와 난류경계층의 조합이 형성되어 판에 작용하는 마찰항력을 구하라. $\rho_o = 890\ \text{kg/m}^3$ 그리고, $\mu_o = 3.40(10^{-3})\ \text{N}\cdot\text{s/m}^2$ 이다.

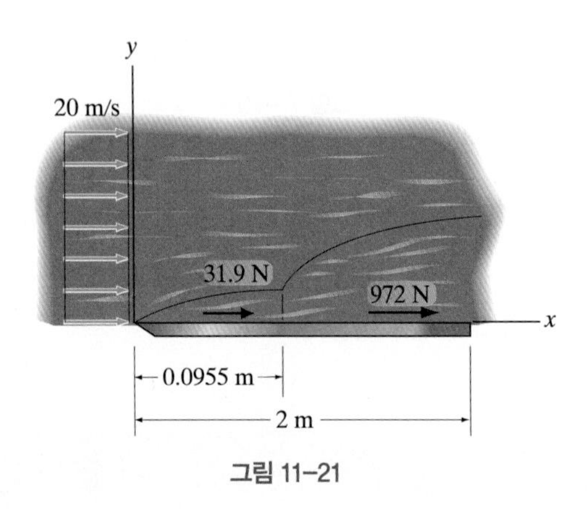

그림 11-21

풀이

유체 설명 정상유동이며 기름은 비압축성으로 가정한다.

해석 먼저 층류경계층이 난류로 천이하기 시작하는 위치 x_{cr}을 정한다. 여기서 $(\text{Re}_x)_{cr} = 5(10^5)$이고,

$$(\text{Re}_x)_{\text{cr}} = \frac{\rho_o U x}{\mu_o}$$

$$5\left(10^5\right) = \frac{\left(890\ \text{kg/m}^3\right)(20\ \text{m/s})x_{\text{cr}}}{3.40\left(10^{-3}\right)\ \text{N}\cdot\text{s/m}^2}$$

$$x_{\text{cr}} = 0.0955\ \text{m} < 2\,\text{m}$$

또한 판의 끝에서

$$\text{Re}_L = \frac{\rho_o U L}{\mu_o} = \frac{\left(890\ \text{kg/m}^3\right)(20\ \text{m/s})(2\ \text{m})}{3.40\left(10^{-3}\right)\ \text{N}\cdot\text{s/m}^2} = 1.047\left(10^7\right)$$

식 (11-26)이 $5(10^5) \le \text{Re}_L < 10^9$ 범위 내의 층류–난류경계층에 적용되므로 이 식을 이용하면,

$$C_{Df} = \frac{0.455}{(\log_{10}\text{Re}_L)^{2.58}} - \frac{1700}{\text{Re}_L}$$
$$= \frac{0.455}{\left[\log_{10}1.047\left(10^7\right)\right]^{2.58}} - \frac{1700}{1.047\left(10^7\right)}$$
$$= 0.002819$$

판에 작용하는 총마찰항력은 이제 식 (11-13)을 사용하여 구한다.

$$F_{Df} = C_{Df}\left(\frac{1}{2}\right)\rho U^2 bL$$
$$= 0.002819\left(\frac{1}{2}\right)\left(890\ \text{kg/m}^3\right)\left(20\ \text{m/s}\right)^2(1\ \text{m})(2\ \text{m})$$
$$= 1004\ \text{N}$$ 답

이 힘 중 판의 앞쪽 0.0955 m를 따라 확장되는 층류경계층에 의한 부분은 식 (11-11)로부터 정해진다.

$$(F_{Df})_{\text{lam}} = \frac{0.664 b\rho U^2 L}{\sqrt{(\text{Re}_x)_{\text{cr}}}}$$
$$= \frac{0.664(1\ \text{m})\left(890\ \text{kg/m}^3\right)(20\ \text{m/s})^2(0.0955\ \text{m})}{\sqrt{5\left(10^5\right)}}$$
$$= 31.9\ \text{N}$$

비교해보면, 난류경계층이 마찰항력에 가장 크게 기여한다.

$$(F_{Df})_{\text{tur}} = 1004\ \text{N} - 31.9\ \text{N} = 972\ \text{N}$$

예제 11.7

그림 11-22에 보이는 판의 거친 면 위로 물이 자유유동속도 10 m/s로 흐르면서 경계층이 갑자기 난류로 변하고 있다. $x = 2$ m에서 표면에 작용하는 전단응력과 이 위치에서의 경계층의 두께를 구하라. $\rho_w = 1000\ \text{kg/m}^3$ 그리고 $\mu_w = 1.00(10^{-3})\ \text{N}\cdot\text{s/m}^2$이다.

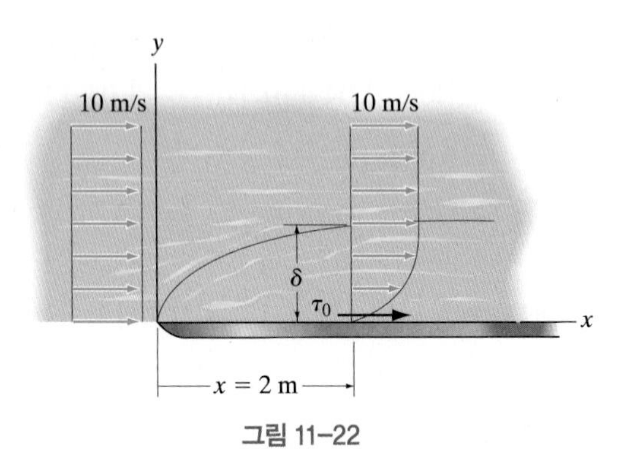

그림 11–22

풀이

유체 설명 흐름은 정상유동이고, 물은 비압축성으로 가정한다.

해석 이 경우 레이놀즈수는

$$\text{Re}_x = \frac{\rho_w U x}{\mu_w} = \frac{(1000\ \text{kg/m}^3)(10\ \text{m/s})(2\ \text{m})}{1.00(10^{-3})\ \text{N}\cdot\text{s/m}^2} = 20(10^6)$$

경계층이 완전히 난류인 것으로 확인되었으므로 식 (11-21)을 사용하면, $x = 2$ m에서 면에 작용하는 전단응력은

$$\tau_0 = \frac{0.0288\rho_w U^2}{(\text{Re}_x)^{1/5}} = \frac{0.0288(1000\ \text{kg/m}^3)(10\ \text{m/s})^2}{[20(10^6)]^{1/5}}$$

$$= 99.8\ \text{Pa}$$ 답

또한 식 (11-20)으로부터 $x = 2$ m에서 경계층의 두께는

$$\delta = \frac{0.370x}{(\text{Re}_x)^{1/5}} = \frac{0.370(2\ \text{m})}{[20(10^6)]^{1/5}} = 0.02565\ \text{m} = 25.6\ \text{mm}$$ 답

물론 두께가 큰 값은 아니지만, 층류경계층보다는 훨씬 더 두껍다. 또한 $x = 2$ m에서 계산된 전단응력은 층류경계층에 의한 것보다 더 크다.

예제 11.8

그림 11-23의 비행기 날개가 평균폭 6 ft와 길이 18 ft를 갖는 평판이라고 가정했을 경우, 마찰항력을 예측하라. 비행기가 300 ft/s의 속도로 비행하고 있다. 공기는 비압축성이라고 가정한다. $\rho_a = 0.00204\ \text{slug/ft}^3$ 그리고 $\mu_a = 0.364(10^{-6})\ \text{lb}\cdot\text{s/ft}^2$이다.

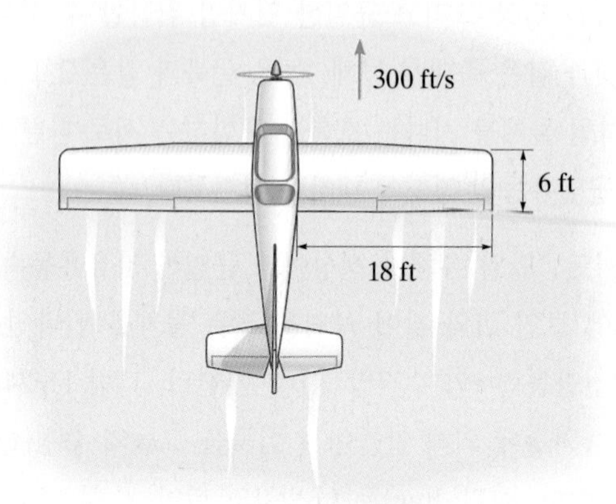

그림 11-23

풀이

유체 설명 흐름은 비행기에 관하여 정상 비압축성 유동이다.

해석 날개의 후연 혹은 뒤쪽 모서리에서 레이놀즈수는

$$\text{Re}_L = \frac{\rho_a U L}{\mu_a} = \frac{(0.00204\ \text{slug/ft}^3)(300\ \text{ft/s})(6\ \text{ft})}{0.364(10^{-6})\ \text{lb}\cdot\text{s/ft}^2} = 1.009(10^7) > 5(10^5)$$

따라서 날개는 조합된 층류와 난류경계층이라고 볼 수 있다. $5(10^5) < \text{Re}_L < 10^9$에 적용되는 식 (11-26)을 적용하면,

$$\begin{aligned} C_{Df} &= \frac{0.455}{(\log_{10}\text{Re}_L)^{2.58}} - \frac{1700}{\text{Re}_L} \\ &= \frac{0.455}{[\log_{10}1.009(10^7)]^{2.58}} - \frac{1700}{1.009(10^7)} \\ &= 0.002831 \end{aligned}$$

마찰항력이 날개의 윗면 및 아랫면에 모두 작용하므로 식 (11-13)을 사용하면,

$$\begin{aligned} F_{Df} &= 2C_{Df}bL\left(\frac{1}{2}\rho_a U^2\right) \\ &= 2\left[(0.002831)(18\ \text{ft})(6\ \text{ft})\left(\frac{1}{2}(0.00204\ \text{slug/ft}^3)(300\ \text{ft/s})^2\right)\right] \\ &= 56.1\ \text{lb} \end{aligned}$$

답

11.6 항력과 양력

거의 모든 경우에 있어 유체의 자연적인 흐름은 비정상적이고 또한 비균일하다. 예를 들어 바람의 속도는 시간과 고도에 따라 변하며, 또한 강 또는 개천에서 물의 속도도 그렇다. 그렇지만 공학적인 응용에 있어서는 이들 비균일한 효과를 평균화하거나 혹은 최악의 조건을 고려함으로써 근사할 수 있다. 이러한 근사를 사용하여 흐름을 정상 그리고 균일한 것처럼 취급할 수 있다. 이 절 및 이후의 절에서는 로켓과 같은 축대칭 물체, 높은 굴뚝과 같은 2차원 물체, 그리고 자동차와 같은 3차원 물체를 지나는 흐름을 포함하는 서로 다른 형상을 갖는 물체에 미치는 정상 균일유동의 영향에 대하여 살펴본다.

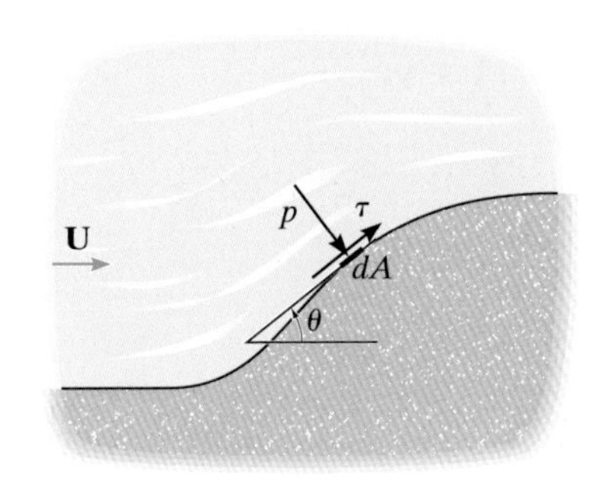

고정된 표면에 작용하는 압력과 전단응력
(a)

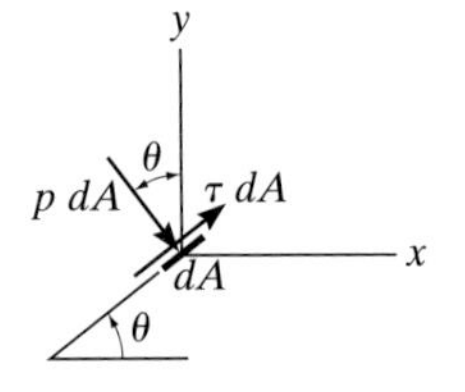

표면 면적요소에 작용하는 힘들
(b)

그림 11-24

항력과 양력성분 만일 유체가 정상이고 균일한 자유유동속도 **U**를 갖고 있고, 그림 11-24a에 보인 바와 같이 곡면을 갖는 물체를 만나면, 유체는 물체 표면에 점성 접선전단응력 τ와 수직압력 p를 가한다. 그림 11-24b의 표면 상의 요소 dA에 대하여 τ와 p에 의해 만들어진 힘들을 그들의 수평(x) 및 수직(y) 성분으로 분해할 수 있다. **항력**(drag)은 **U** 방향의 힘이다. 물체의 모든 표면에 대하여 적분하면, 이 힘은

$$F_D = \int_A \tau \cos\theta \, dA + \int_A p \sin\theta \, dA \tag{11-27}$$

양력(lift)은 **U**에 수직으로 작용하는 힘이다. 따라서

$$F_L = \int_A \tau \sin\theta \, dA - \int_A p \cos\theta \, dA \tag{11-28}$$

표면에서의 τ와 p의 분포가 제공된다면, 이 적분은 수행될 수 있다. 다음은 이 적분이 수행되는 한 예이다.

적재용 램프가 수직 자세로 유지되어 있기 때문에, 트럭에 큰 압력항력을 미치고 연료효율을 감소시킨다.

예제 11.9

그림 11-25a에 있는 반원형 빌딩은 길이가 12 m이고 정상상태에서 속도 18 m/s의 균일한 바람을 받고 있다. 공기를 이상유체로 가정한 경우, 빌딩에 작용하는 양력과 항력을 구하라. $\rho = 1.23\ \text{kg/m}^3$이다.

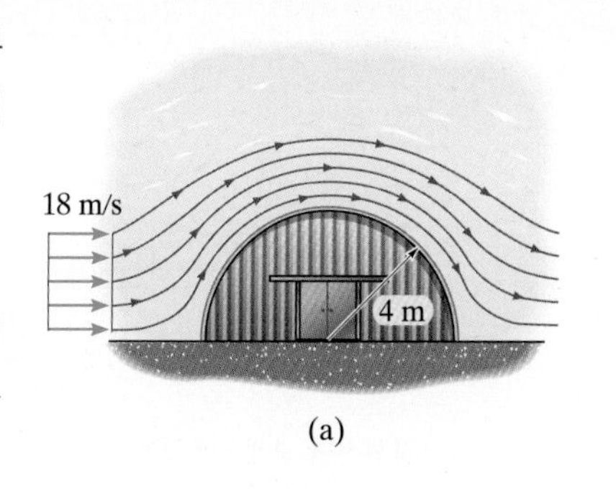

(a)

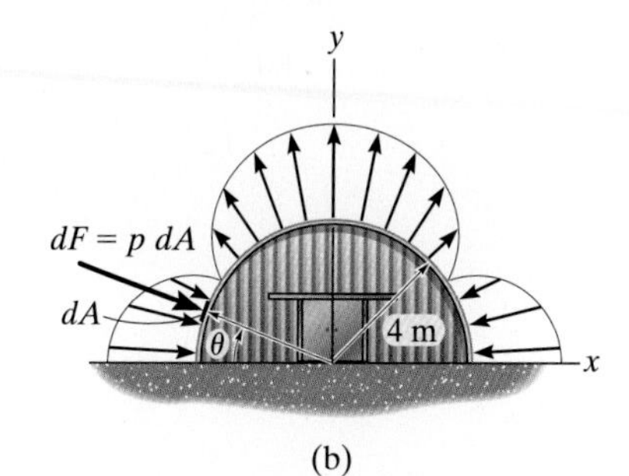

(b)

그림 11-25

풀이

유체 설명 공기는 이상유체로 가정되므로 점성은 없고, 따라서 경계층이나 점성전단응력은 건물에 작용하지 않고, 다만 압력분포가 존재한다. 또한 건물은 충분히 길어서 끝단 효과는 이 2차원 정상유동을 방해하지 않는다고 가정한다.

해석 7.10절에서 개괄한 이상유동 이론을 사용하여 실린더 표면 상의 압력분포는 대칭이고, 그림 7-25b에 보인 반원형인 경우에는 식 (7-67)로 나타낼 수 있다. 즉,

$$p = p_0 + \frac{1}{2}\rho U^2\left(1 - 4\sin^2\theta\right)$$

이다. $p_0 = 0$(계기압력)이므로,

$$p = 0 + \frac{1}{2}\left(1.23\ \text{kg/m}^3\right)\left(18\ \text{m/s}\right)^2\left(1 - 4\sin^2\theta\right) = 199.26\left(1 - 4\sin^2\theta\right)$$

그림 11-25b에 보인 것처럼 항력은 $d\mathbf{F}$의 수평 혹은 x 방향 성분이다. 전체 빌딩에 대해 이 값은

$$\begin{aligned} F_D &= \int_A (p\,dA)\cos\theta = \int_0^{\pi}(199.26)\left(1 - 4\sin^2\theta\right)\cos\theta\left[(12\ \text{m})(4\ \text{m})\,d\theta\right] \\ &= 9564.48\int_0^{\pi}\left(1 - 4\sin^2\theta\right)\cos\theta\,d\theta \\ &= 9564.48\left[\sin\theta - \frac{4}{3}\sin^3\theta\right]_0^{\pi} = 0 \end{aligned}$$

답

압력분포가 y축에 대하여 대칭이므로 이 결과는 기대된 결과이다.

양력은 $d\mathbf{F}$의 수직 혹은 y 방향 성분이다. 여기서 $d\mathbf{F}_y$는 $-y$를 향하므로 음의 값이고, 따라서

$$\begin{aligned} F_L &= \int_A (p\,dA)\sin\theta = -\int_0^{\pi}(199.26)\left(1 - 4\sin^2\theta\right)\sin\theta\left[(12\ \text{m})(4\ \text{m})d\theta\right] \\ &= -9564.48\int_0^{\pi}\left(1 - 4\sin^2\theta\right)\sin\theta\,d\theta \\ &= -9564.48\left[3\cos\theta - \frac{4}{3}\cos^3\theta\right]_0^{\pi} \\ &= 31.88\left(10^3\right)\ \text{N} = 31.9\ \text{kN} \end{aligned}$$

답

양(+)의 부호는 '양력'이라는 말이 제시하듯이, 공기흐름이 건물을 위로 끌어당기는 경향이 있음을 의미한다.

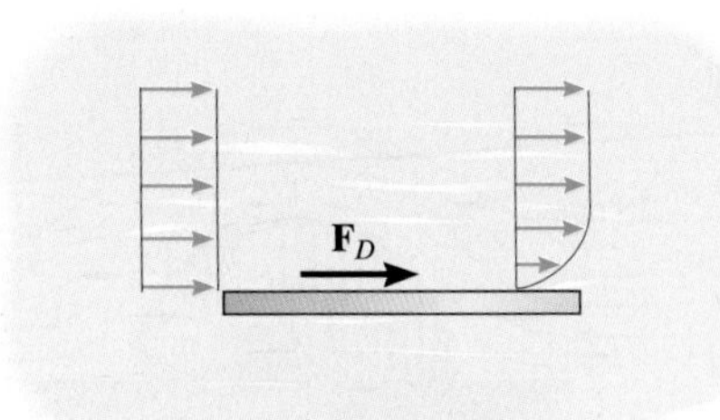

점성전단 경계층에 의한
마찰항력
(a)

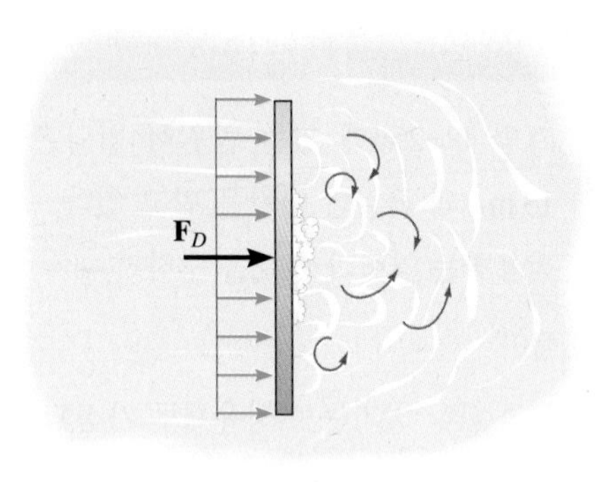

유체의 운동량 변화에
의한 압력항력
(b)

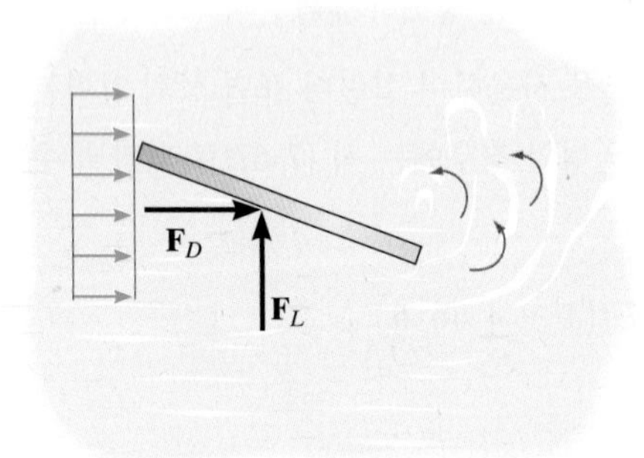

마찰항력과 압력항력의
조합
(c)

그림 11-26

11.7 압력구배효과

이전 절에서는 항력과 양력이 물체의 표면에 작용하는 점성 전단응력과 압력의 조합의 결과라는 점에 주목했다. 예를 들어, 평판의 경우를 고려해보자. 그림 11-26a에서와 같이 면이 흐름과 나란할 때에는 **점성 전단항력**만 판 위에 만들어진다. 그러나 그림 11-26b에서와 같이 흐름이 판에 수직하면, 판은 마치 **막힌 물체**와 같이 거동한다. 여기서는 압력항력만이 생성된다. **압력항력**은 제6장에서 논의된 바와 같이, 유체의 운동량 변화에 의해 야기된다. 전단응력들이 똑같이 판의 앞면 위쪽과 아래쪽으로 작용하기 때문에, 이 경우 총 전단항력은 영(zero)이다. 두 가지 모두의 경우에 있어 어느 효과도 흐름에 수직한 연직 방향의 힘을 만들지 못하므로 양력은 영(zero)이다. 양력과 항력을 모두 얻기 위해서는, 그림 11-26c와 같이 판은 흐름에 대하여 각도를 이루고 있어야 한다. 곡면이나 불규칙한 면을 가진 물체도 양력과 항력을 받을 수 있으며, 이 힘이 어떻게 만들어지는지 더 잘 이해하기 위해 긴 원통의 면을 지나는 균일유동에 대하여 고려해보자.

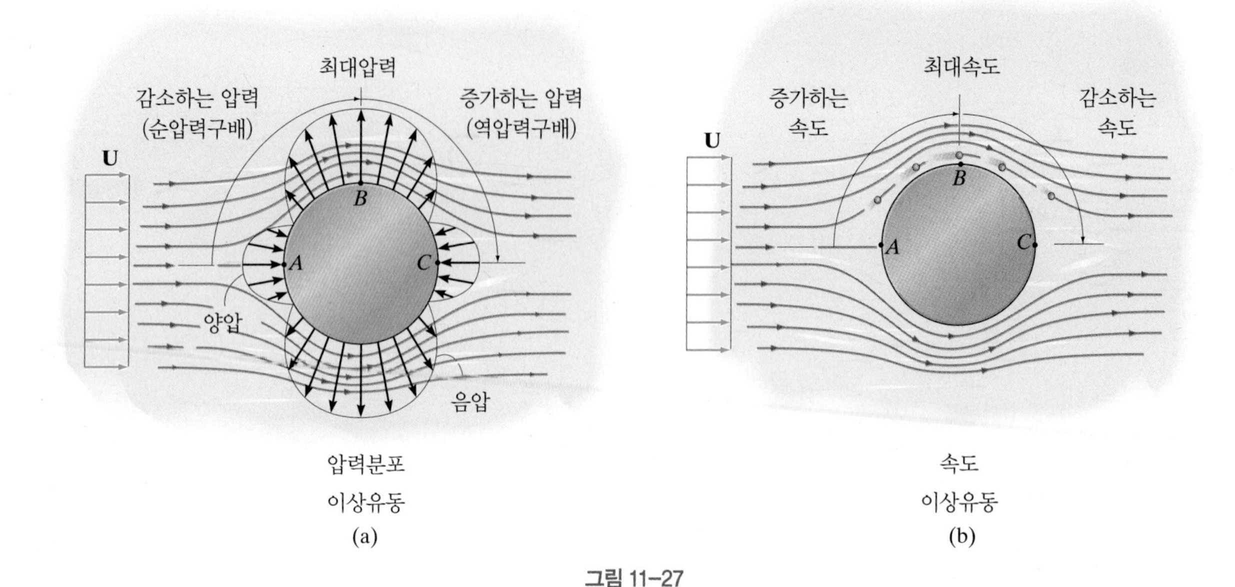

압력분포
이상유동
(a)

속도
이상유동
(b)

그림 11-27

실린더 주위의 이상유동 7.10절에서는 실린더 주위를 지나가는 **이상유체**의 균일유동이 어떻게 그 표면 위에 **변화하는 압력구배**를 만들게 되는지 논의하였다. 그 결과는 그림 11-27a에 보여진다. 면의 일부분은 양압(밀어냄)을 받지만, 다른 부분들은 음압(빨아들임)을 받는다. 여기에서 우리는 어떻게 이 압력이 **변화하는지**에만 주목한다. 이 변화는 **압력구배**(pressure gradient)이다. 베르누이 방정식($p/\gamma + V^2/2g$ = 일정)은 A에서 B쪽으로 발생하는 **감소하는** 혹은 **음의 압력구배**가 이 영역 내에서 속도의 증가를 가져옴(그림 11-27b)을 나타내고 있다. 흐름이 증가하기 때문에 이것을 **순압력구배**(favorable pressure gradient)라고 하며, 이 경우 정체점 A에서 영(zero)으로부터 B에서 최댓값으로 증가한다. 마찬가지로, B에서 C쪽으로 발생하는, **증가하는** 혹은 **양의 압력구배**는 **속도**의 **감소**를 초래한다. 이것을 **역압력구배**(adverse pressure gradient)라고 하는데, 그 이유는 유체를 느리게 하기 때문이며, 여기서는 B에서 최댓값으로부터 정체점 C에서 영(zero)으로 감소한다. 우리가 이상유체를 다루고 있기 때문에 압력분포는 실린더 주위에서 **대칭**이며, 그로 인해 실린더 표면에 작용하는 **총압력항력**(수평력)은 영(zero)이다. 더욱이 이상유체는 점성이 없으므로, 실린더에 작용하는 **점성 전단항력**도 없다.

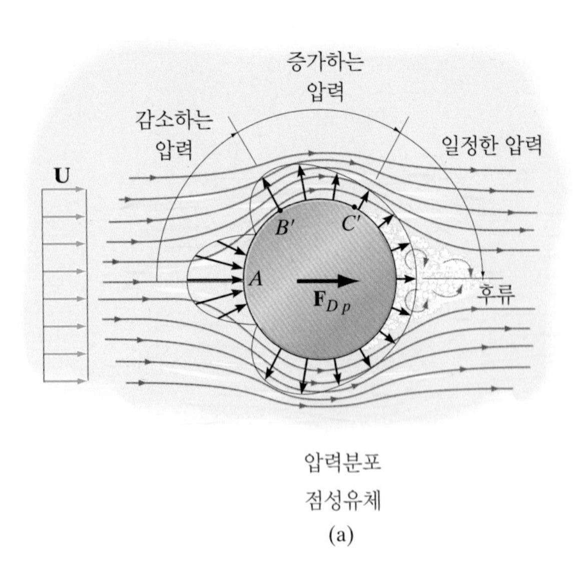

압력분포
점성유체
(a)

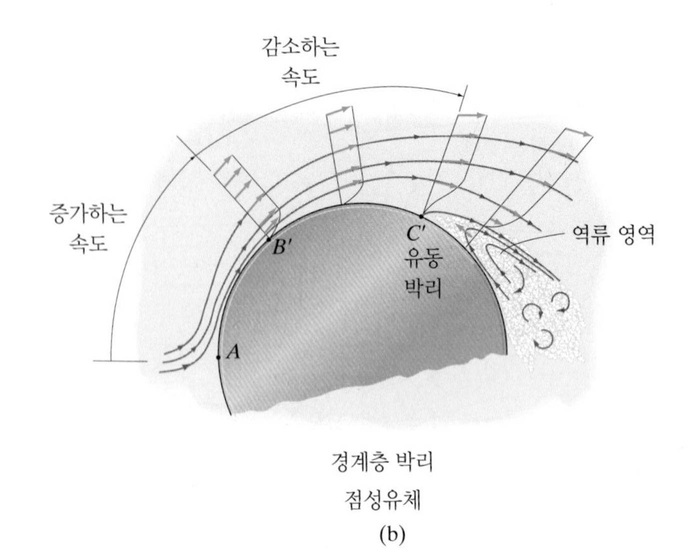

경계층 박리
점성유체
(b)

그림 11-28

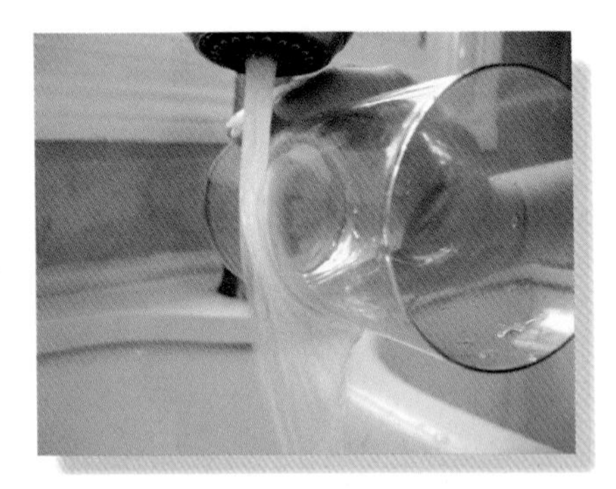

물이 유리에 달라붙어 물의 흐름이 구부러져 나타나는 코안다 효과

이 사진에서 기둥의 옆면으로부터 유동박리는 명확하다.

실린더 주위의 실제 흐름 실린더 주위를 자유롭게 미끄러질 수 있는 이상유체와 달리, 실제유체는 점성을 가지고 있으며, 그 결과 유체는 경계층을 형성하고 그 둘레를 흐르는 동안 실린더의 표면에 **달라붙게** 된다. 이 현상은 1900년대 초에 루마니아 공학자 Henri Coanda에 의해 연구되었으며, **코안다 효과**라고 부른다.

이 점성 거동을 이해하기 위하여 그림 11-28a에 보인 긴 실린더를 고려한다. 흐름은 정체점 A에서 시작하여 유체가 표면을 돌아 이동하기 시작하고, 그 후 실린더 표면에 층류경계층을 만든다. 이 초기 영역 내의 **순압력구배**(압력감소)는 그림 11-28b와 같이 속도를 증가시킨다. 유동은 경계층 내부의 점성마찰의 항력효과를 극복해야 하므로, 최소압력과 최대속도가 점 B'에서 나타난다. 이것은 이상유체 유동의 경우에서보다 더 이르다.

그림 11-28a와 같이, 경계층은 점 B'의 하류에서 두께가 계속 성장하지만, 이 영역 내에서 작동하는 역압력구배(증가하는 압력) 때문에 속도는 여기서 감소한다. 점 C'은 표면 근처의 느리게 움직이는 입자들의 속도가 감소하여 결국 이 점에서 영(zero)이 되므로, 실린더로부터 유동의 박리가 발생한다. C'을 지나면 경계층 내에서 흐름은 역류하기 시작하여 자유유동의 반대방향으로 움직인다. 이것은 궁극적으로 와류(vortex)를 형성하고, 그림 11-28b에 나타낸 바와 같이, 실린더로부터 떨어져 나간다. 일련의 이 와류 혹은 소용돌이들은 **후류**(wake)를 만들고, 그 에너지는 결국 열로 소산된다. 후류 내의 압력은 상대적으로 일정하고, 실린더 주위의 전체 압력분포의 합력은 그림 11-28a와 같이 **압력항력** $\mathbf{F}_{Dp}$를 만든다. 이 힘의 크기는 흐름이 실린더로부터 박리하는 점 C'의 위치에 의해 어느 정도 좌우됨을 주목하라.

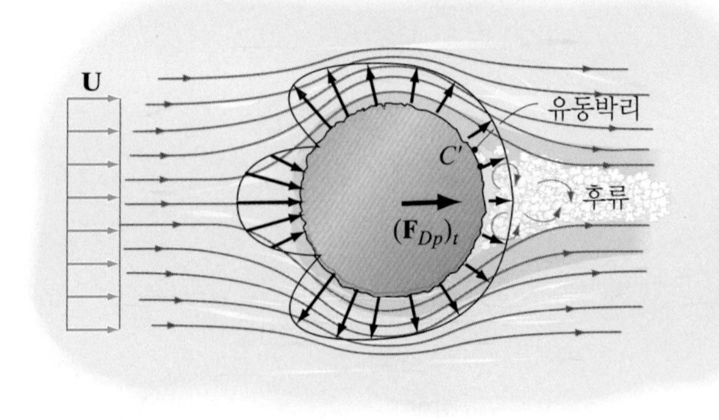

거친 실린더
난류경계층
더 작은 항력
(a)

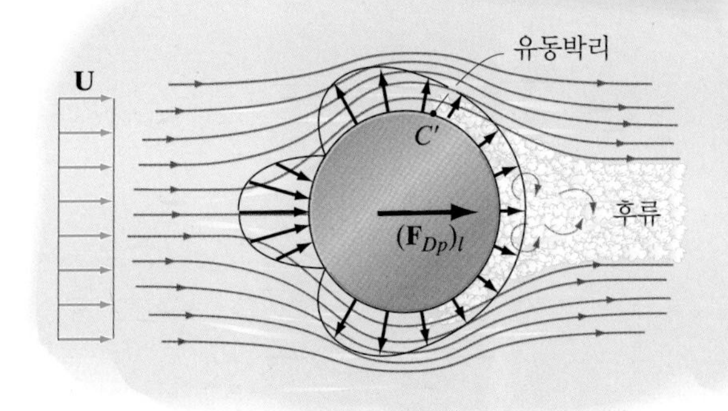

매끄러운 실린더
층류경계층
더 큰 항력
(b)

그림 11-29

그림 11-29a와 같이 경계층 내부의 유동이 완전히 난류이면, 경계층 유동이 층류인 경우(그림 11-29b)보다 나중에 박리가 일어난다(그림 11-29a). 이는 난류경계층 내에서는 층류의 경우에서 보다 유체가 더 많은 운동에너지를 갖고 있기 때문이다. 그 결과 역압력구배가 유동을 정지시키는 데 더 오래 걸리고, 박리점은 표면의 훨씬 뒤쪽에 있다. 결과적으로 그림 11-29a의 압력분포의 합력($\mathbf{F}_{Dp}$)은 층류의 경우(그림 11-29b)보다 더 작은 압력항력 $(\mathbf{F}_{Dp})_t$를 만든다. 표면 거칠기는 난류경계층을 만드는 효과가 있기 때문에, 직관에 반하는 것처럼 보이겠지만, 압력항력을 감소시키는 한 방법은 실린더의 전면을 거칠게 만드는 것이다.

유감스럽게도 층류이든 난류경계층이든 실제 유동박리점 C'은 근사적인 방법을 제외하고는 해석적으로 결정될 수 없다. 하지만 실험으로부터 층류에서 난류로의 천이점이 레이놀즈수의 함수임이 확인되었고, 따라서 점성 혹은 마찰항력과 마찬가지로 압력항력은 이 레이놀즈수의 함수로 볼 수 있다. 실린더의 경우, 해당 레이놀즈수를 찾기 위한 '특성길이'는 직경 D이며, 따라서 $\text{Re} = \rho VD/\mu$이다.

고래의 지느러미발에는 이 사진에 보이는 것처럼 그 선단에 작은 혹들이 있다. 각 쌍의 작은 혹 사이의 물의 흐름은 시계방향과 반시계방향의 와류를 만들어낸다는 사실이 풍동시험을 통해 밝혀졌다. 이것은 경계층 내의 난류를 더 강화하여 경계층이 결절로부터 박리되는 것을 막아준다. 이것은 고래에게 더 많은 기동성과 더 작은 항력을 제공한다. (© MASA USHIODA/Alamy)

와류유출 실린더 주위의 유동이 낮은 레이놀즈수에서 일어나면 층류가 지배적이고, 경계층은 각 측면으로부터 규칙적으로 박리하여 그림 11-30에 보이는 것처럼 서로 반대방향으로 회전하는 소용돌이를 형성한다. 레이놀즈수가 증가함에 따라 이 소용돌이들은 길게 늘어지며, 다른 하나가 다른 쪽에서 떨어져 나가기 전에, 하나가 면의 한쪽 측면에서 떨어져 나가기 시작한다. 이 교차하는 와류유출의 흐름은 압력이 실린더의 각 측면에서 진동하게 만들고, 반대로 실린더는 흐름에 수직하게 진동하게 만든다. Theodore von Kármán은 이 효과를 최

이 높고 얇은 벽을 가진 금속 굴뚝은 극심한 풍하중을 받을 수 있다. 임계풍속에서 그것의 원통형 형상은 그림 11-30에서 본 각 측면에서 떨어져 나오는 von Kármán 와열을 만든다. 이 와열은 바람에 수직한 방향으로 굴뚝이 진동하게 할 수 있다. 이를 막기 위해 펜스 혹은 'strake'라고 불리는 스파이럴 와인딩을 설치하여 유동을 교란시키고 와류의 형성을 막는다.

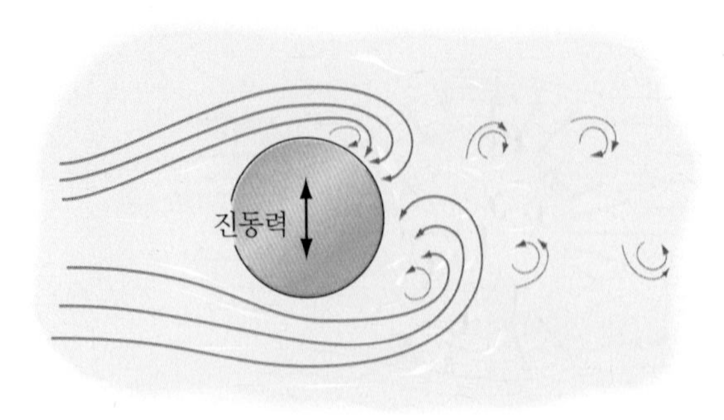

von Kármán 와열

그림 11-30

초로 연구한 사람 중 한 명이며, 이렇게 형성된 와류 흐름을 종종 **폰 칼만 와열**(von Kármán vortex trail) 혹은 **와 길**(vortex street)이라고 하는데, 이는 교차하는 와류들이 마치 거리에 있는 집들처럼 놓여 있어서 붙여진 이름이다.

와류가 직경 D인 실린더의 각 측면에서 유출되는 와류의 주파수 f는 다음과 같이 정의되는 **스트로우할수**의 함수이다.

$$\mathrm{St} = \frac{fD}{V}$$

이 무차원수는 체코의 과학자 Vincenc Strouhal을 기려 명명되었으며, 이 현상이 공기흐름 중에 매달려있는 전선들에 의해 만들어지는 'singing' 소음과 관련하여 연구하였다. 스트로우할수에 대한 경험적인 값들은, 실린더 주위의 흐름이 레이놀즈수에 관계되며 문헌에서 찾아볼 수 있다. 참고문헌 [29]를 참조하라. 그렇지만 매우 높은 레이놀즈수에서는 와류소산이 발생하여 실린더의 양쪽에서 떨어져 나오는 균일난류로 와류가 해체되어 진동이 사라지는 경향이 있다. 그럼에도 불구하고 와류소산에 의한 진동력은 높은 굴뚝, 안테나, 잠수함의 잠망경, 그리고 심지어 현수교의 케이블과 같은 구조물을 설계할 때 반드시 고려해야 하는 유동관련 진동을 발생시킨다.

11.8 항력계수

전술한 바와 같이 물체에 작용하는 항력과 양력은 점성마찰과 압력 분포의 조합이며 표면에서의 전단 및 압력분포가 알려지면, 이 힘은 예제 11.9와 같이 결정될 수 있다. 유감스럽게도 p와 특히 τ의 분포는 일반적으로 실험 혹은 다른 해석적인 절차를 통해 얻기 어렵다. 항력과 양력을 찾는 좀 더 간단한 방법은 직접 실험을 통해 측정하는 것이다. 이 절에서는 항력에 대해 이것이 이 방법을 고려하고, 이후 11.11절에서는 양력에 대하여 고려한다.

유체역학에서는 항력을 유체의 동압, 물체의 유체흐름으로의 **투영면적** A_p, 그리고 무차원 **항력계수** C_D의 항으로 나타내는 것이 표준절차가 되었다. 그 관계는

$$F_D = C_D A_p \left(\frac{\rho V^2}{2} \right) \tag{11-29}$$

C_D의 값은 실험으로부터 결정되며, 보통 풍동이나 수동 혹은 수로에 놓여진 원형이나 모델에 대하여 수행된다. 예를 들면, 자동차에 대한 C_D는 실차를 풍동 내에 위치시켜 구하는데, 각각의 풍속 V에 대해 자동차의 움직임을 막는 데 필요한 수평방향 힘 F_D에 대한 측정이 이루어진다. 각 속도별 C_D 값은

$$C_D = \frac{F_D}{(1/2)\rho V^2 A_p}$$

로부터 결정된다. C_D의 구체적인 값은 일반적으로 넓은 범위의 형상에 대하여 공학용 핸드북과 산업용 카탈로그에서 얻을 수 있다. 그 값들은 일정하지 않다. 오히려 실험에 의하면 이 계수들은 많은 요인들에 의존한다. 이제 여러 가지 다른 경우에 있어 몇몇의 변수들에 관하여 논의한다.

가속도는 이 사람들의 무게가 공기에 의한 항력보다 더 클 때 나타난다. 속력이 증가함에 따라 항력은 종말속도에까지 증가하고, 평형은 약 200 kph 혹은 120 mi/h일 때 얻어진다.

레이놀즈수 일반적으로 항력계수는 레이놀즈수에 크게 의존한다. 특히 공기중에서 낙하하는 분말 혹은 물에서 가라앉는 가는 모래와 같이 매우 작은 크기와 무게를 갖는 물체 혹은 입자들은 매우 작은 레이놀즈수를 갖는다(Re $\ll$ 1). 여기서는 입자의 측면으로부터의 유동박리는 일어나지 않으며, 항력은 오직 층류에 의해 생기는 점성마찰에 기인한다.

물체가 구형이면 층류에 있어 항력은 1851년에 George Stokes에 의해 유도된 해를 사용하여 해석적으로 결정될 수 있다. Stokes는 나비에-스토크스 방정식과 연속방정식을 풀어서 결과를 얻었으며, 그의 결과는 실험에 의해 확인되었다. 참고문헌 [7]을 참조하라. 항력은*

$$F_D = 3\pi\mu VD$$

이다. 구가 유동에 **투영된 면적**이 $A_p = (\pi/4)D^2$인 경우에 식 (11-29)에 있는 마

* 이 방정식은 종종 매우 높은 점도를 갖는 유체의 점도를 측정하기 위해 사용된다. 실험은 무게와 직경을 알고 있는 작은 구를 긴 실린더에 담겨있는 유체에 떨어뜨리고 그 종말속도를 측정하여 수행된다. 그러면 $\mu = F_D/(3\pi VD)$이다. F_D를 얻기 위한 더 자세한 사항은 예제 11.12에 소개된다.

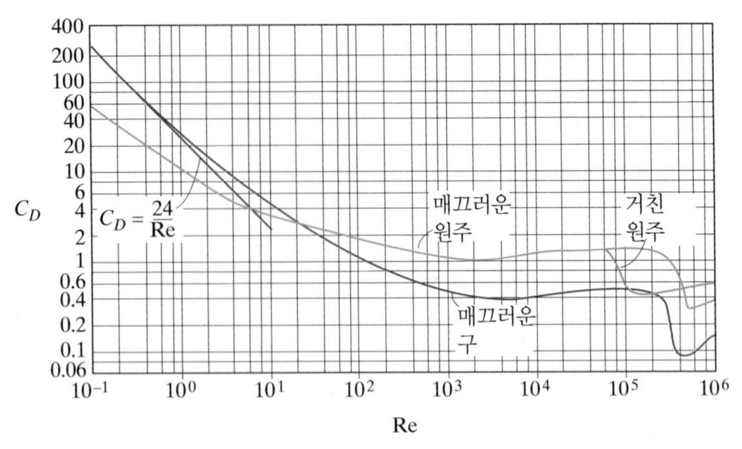

구와 긴 원주에 대한 항력계수

그림 11-31

찰계수 정의를 사용하면, C_D를 레이놀즈수 $Re = \rho VD/\mu$의 항으로 표시할 수 있다. 즉

$$C_D = 24/Re \tag{11-30}$$

이다. 실험으로부터 다른 형상들에 대한 C_D도 역시 $Re \le 1$인 경우, Re의 역수에 대한 의존성을 갖는다. 예를 들면, 흐름에 수직으로 움직이는 원형 디스크는 $C_D = 20.4/Re$를 갖는다. 참고문헌 [19]를 참조하라.

원주 레이놀즈수의 함수로서의 매끄러운 원주와 거친 원주를 지나는 유동에 대한 C_D의 실험값은 그림 11-31의 그래프 상에 보여진다(참고문헌 [18]). 레이놀즈수가 증가함에 따라 C_D는 $Re \approx 10^3$ 부근에서 일정한 값에 도달할 때까지 감소한다. 이 점으로부터 $Re \approx 10^5$까지 층류 경계층이 실린더 주위에 존재한다. 높은 레이놀즈수 범위 $10^5 < Re < 10^6$ 내에서 C_D의 갑작스런 감소가 나타난다. 앞 절에서 언급한 바와 같이, 이 현상은 더 작은 후류영역이 형성되어 더 작은 압력항력을 초래한다. 비록 점성항력에 있어 미소한 증가가 있기는 하나, 전체적인 효과는 여전히 총항력의 감소를 야기시킨다. 또한 거친 면은 매끄러운 면보다 더 빨리 경계층이 난류가 되도록 교란하기 때문에 C_D의 감소는 거친 면을 가진 원주에서 더 일찍[$Re \approx 6(10^4)$] 발생한다.

구 유체가 3차원 물체 주위를 흐를 때, 유동은 2차원의 경우에서와 마찬가지로 거동한다. 그러나 여기서 유동은 측면을 돌아갈 뿐만 아니라 물체의 양단을 돌아갈 수도 있다. 그로인해 유동박리점을 뒤로 늘리는 효과가 있으며, 따라서 물체에 작용하는 항력을 더 작게 한다. 예를 들면, 매끄러운 구에 작용하는 항력은 그림 11-31과 참고문헌 [18]에 나와 있다. 낮은 레이놀즈수, 즉 $\mathrm{Re} < 1$의 영역에서는 스토크스 방정식을 따름에 주목하라. C_D 곡선의 모양은 실린더에서의 경우와 유사하다. 그러나 높은 레이놀즈수에 대해서는 구에 대한 C_D 값이 원주에 대한 C_D 값의 약 절반이다. 원주와 마찬가지로 높은 레이놀즈수에서 C_D의 감소는 층류에서 난류경계층으로의 이른 천이에 기인한다. 또한 원주에서와 마찬가지로 구의 거친 면은 C_D의 더 큰 감소에 기여한다. 이런 이유로 골프공에 딤플을 붙이고, 테니스공을 거칠게 한다. 거친 공들은 더욱 빠른 속력으로 움직이고, 특정 레이놀즈수의 범위 내에서 거친 면은 더 낮은 C_D를 만들어 공은 매끄러운 면을 가졌을 경우에서 보다 더 멀리 이동한다.

선수 아래쪽의 둥글게 나온 부분은 선수파의 높이와 선수 주위의 난류를 현저하게 감소시킨다. 감소된 항력계수로 인해 연료비가 절약된다.

프라우드수 중력이 항력에 주도적인 역할을 할 때에는, 항력계수는 프라우드수 $\mathrm{Fr} = V/\sqrt{gl}$의 함수이다. 8.4절에서 프라우드수와 레이놀즈수 모두가 배의 상사연구를 위해 사용된 점을 상기하라. 항력은 선체에 작용하는 점성마찰과 파를 형성하는 물의 양력 모두에 의해 만들어지기 때문에 이 무차원수들은 모두 중요하다. 우리는 이 효과들을 **독립적으로** 연구하기 위해 모델들이 어떻게 시험되는지 살펴보았다. 특히 파 항력계수 $(C_D)_{\mathrm{wave}}$와 프라우드수 사이에는 실험적 관계가 성립될 수 있고, 서로 다른 형태의 선박모형에 대하여 Fr 대 $(C_D)_{\mathrm{wave}}$의 데이터를 도시함으로써 설계를 위한 적절한 형상을 선정하기 이전에 형상의 비교가 가능하다.

마하수 유체가 공기와 같은 기체일 때, 물체에 작용하는 항력을 결정할 때에는 압축성을 고려해야만 하는 경우가 있다. 결과적으로, 압력 이외에도 물체에 작용하는 주도적인 힘들이 관성, 점성, 그리고 압축성*에 의해 야기되기 때문에, 그 때에는 항력계수는 레이놀즈수와 마하수 모두의 함수이다.

압축성이 중요해질 때, 항력이 물체에 작용하는 점성마찰과 압력 모두에 의해 영향을 받기는 하지만, 이 두 성분의 효과는 유동이 비압축성일 때와는 상당히 다르다. 왜 그런지 이해하기 위해, 그림 11-32의 뭉툭한 물체(원통)와 테이퍼되거나 원뿔형 노즈에 대한 C_D 대 M에 있어서의 변화를 고려해보자(참고문헌 [6]). 낮은 마하수($\mathrm{M} \ll 1$) 혹은 음속 이하의 속도에서 항력은 주로 레이놀즈수의 영향을 받는다. 그 결과 두 경우에 있어 C_D는 단지 조금 증가한다. 초음속 유동에 접근함에 따라 C_D는 급격히 증가한다. $\mathrm{M} = 1$인 점에서는 충격파가 물체 위에 혹은 앞쪽에 형성된다. 충격파는 대략 $0.3\ \mu\mathrm{m}$로 매우 얇고, 제13장에서 논의되는 바와 같이 유동 특성의 급작스런 변화를 초래한다. 여기서 중요한 것은 파를 가로질러 갑작스러운 **압력의 증가**가 일어나고, 이 증가로 인해 물체에

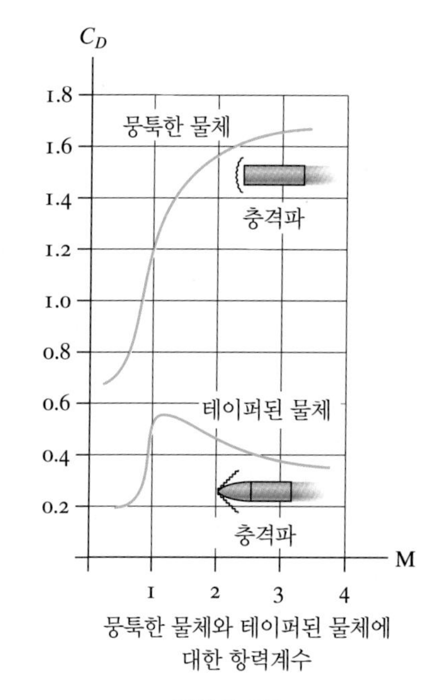

뭉툭한 물체와 테이퍼된 물체에 대한 항력계수

그림 11–32

* 마하수는 $\mathrm{M} = V/c$이고, 이때 c는 유체에서 측정되는 음속임을 상기하라.

추가적인 항력이 발생한다는 점을 인식하는 것이다. 항공학에서는 그것을 **파항력**(wave drag)이라고 부른다. 이런 고속에서는 항력은 레이놀즈수에 무관하다. 대신 충격파 전후의 압력변화에 의해 만들어지는 파항력만이 항력의 지배적인 양을 만든다.

제트기에서와 같이 노즈(앞부분)가 테이퍼된 경우에는 파항력이 노즈의 작은 '전단' 영역에 국한되므로, 항력이 크게 감소되는 점에 주목하라. 끝이 뭉툭한 물체나 테이퍼된 물체 모두에 있어 마하수가 증가하면서 충격파는 더 뒤쪽으로 기울고, 이에 따라 파 뒤쪽의 파의 폭도 감소하여 C_D의 감소를 초래한다. 지배적인 항력이 충격파에 의해 야기되므로, 초음속 유동에 있어서는 끝이 뭉툭하거나 테이퍼된 물체 모두 후단의 모양은 C_D를 감소시키는 데 별 영향을 주지 않는다. 그러나 아음속 유동의 경우에는 충격파가 형성되지 않고, 따라서 후단이 테이퍼되면, 이로 인해 유동박리가 억제되어 점성항력이 감소한다.

11.9 여러 가지 형상을 가진 물체들에 대한 항력계수

여러 가지 서로 다른 형상을 갖는 물체 주위의 유동은 원주와 구 주위의 유동과 유사한 거동을 따른다. 여러 가지 현상에 대한 실험으로부터 $\text{Re} > 10^4$ 정도의 높은 레이놀즈수에서는, 유동이 물체의 날카로운 모서리에서 박리되고 후류가 형성되므로, 일반적으로 항력계수 C_D는 근본적으로 일정함이 확인되었다. 몇몇 형상들에 대한 전형적인 항력계수 값들이 $\text{Re} > 10^4$에 대하여 표 11-3에 주어졌다. 많은 다른 예들을 문헌에서 찾을 수 있다. 참고문헌 [19]를 참조하라. 각각의 C_D 값은 물체의 형상과 레이놀즈수뿐만 아니라 물체가 유동 안에서 향하고 있는 각도와 물체의 표면조도에도 의존한다는 점에 유의하라.

응용 표 11-3에 나열된 형상들로 **합성된 물체**가 유동속에 있을 때, $F_D = C_D A_p(\rho V^2/2)$(식 11-30)로 결정되는 항력은 각 형상에 대하여 계산된 항력의 중첩이 된다. 표 혹은 C_D에 대한 실험 데이터를 사용할 때에는 적용조건을 고려하는 데 주의가 필요하다. 실제로는 인접하고 있는 물체가 전체 물체 주위의 유동형태에 영향을 줄 수 있고, 따라서 실제 C_D 값에 크게 영향을 미칠 수 있다. 예를 들면, 대도시에서 구조공학자들은 설계될 건물을 둘러싸고 있는 기존건물들의 모형을 제작하고, 이 전체 시스템을 풍동에서 시험한다. 때때로 복잡한 바람의 유동형상이 빌딩에 증가된 압력부하를 초래하고, 그 증가는 설계부하의 일부로 고려되어야 한다. 마지막으로 기억해야 할 것은, 표의 자료는 실제 자연에서는 결코 일어나지 않는 정상 균일유동에 대하여 측정된 자료라는 점이다. 결과적으로 C_D 값을 선택할 때에는 유동에 대한 경험과 직관에 근거한 훌륭한 공학적 판단이 이루어져야 한다.

표 11–3 Re $>10^4$에 대한 항력계수

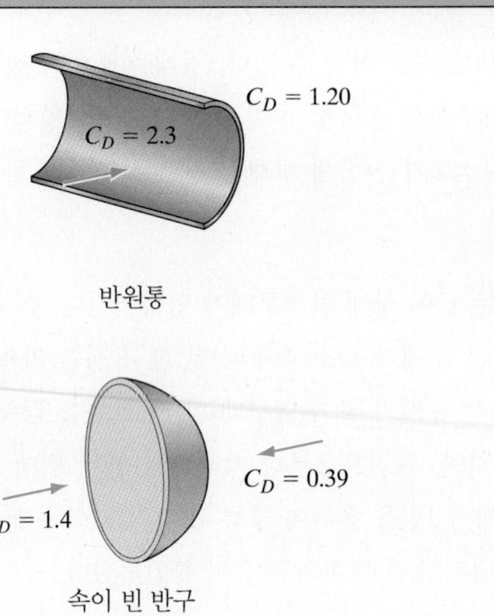

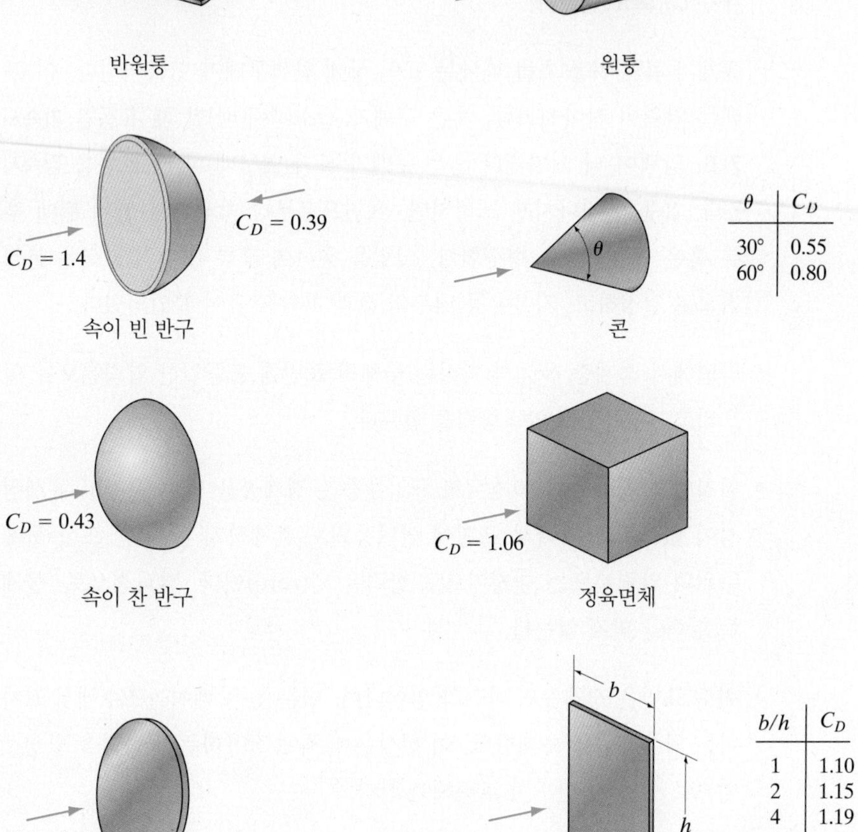

요점 정리

- 유동은 물체에 두 가지 형태의 항력을 만들 수 있다. 경계층에 의한 접선 방향의 마찰항력, 그리고 유체흐름의 운동량 변화로 인한 수직방향의 압력항력이다. 이 힘들의 조합된 효과가 실험에 의해 결정되는 무차원 항력계수 C_D로 표현된다.

- 유체가 곡면 위를 흐를 때에는 표면 상에 압력구배가 만들어진다. 이 구배는 압력이 작아지거나, 혹은 구배가 감소(순구배)할 때 유동을 가속시키고, 압력이 더 커지거나 혹은 구배가 증가(역구배)할 때 흐름을 감속시킨다. 유동이 지나치게 느려지면, 표면으로부터 박리되어 물체 뒤에 후류 혹은 난류영역을 형성한다. 실험을 통하여 후류 내부의 압력은 본질적으로 일정하고, 자유유동 내부의 값과 거의 같음이 확인되었다.

- 곡면에서 경계층 유동의 박리는 물체의 표면에 불균일한 압력분포를 일으키고, 이로 인해 압력항력을 만든다.

- 대칭인 물체 주변의 이상유체 균일유동은 경계층을 만들지 않고 유체점성이 없으므로 따라서 표면에 전단응력도 존재하지 않는다. 또한 물체 주위의 압력분포는 대칭이므로 합력은 영(zero)이다. 결과적으로, 물체는 항력을 받지 않는다.

- 원주 표면은 경계층의 박리가 일어나며, 이는 높은 레이놀즈수에서 교차하는 와류유출을 초래한다. 이 현상은 물체에 작용하는 진동력을 발생시키므로 설계 시 반드시 고려해야 한다.

- 원주, 구, 그리고 여러 가지 단순한 형상들에 대한 항력계수 C_D는 실험적으로 구해졌고 문헌에서 찾아볼 수 있다. 구체적인 값들은 표로 만들어져 있거나 또는 그래프 형태로 제시된다. 어느 경우에 있어서나 C_D는 레이놀즈수, 물체의 형상, 유동에 대한 방향, 그리고 표면조도의 함수이다. 응용분야에 따라 점성 이외의 힘들이 중요한 경우도 있는데, 예를 들면 C_D가 프라우드수나 마하수에 의존할 수도 있다.

예제 11.10

그림 11-33에 있는 반구형 접시가 60 ft/s의 직접 균일풍속을 받고 있다. 바람에 의해 접시에 생기는 힘이 기둥의 기저 A에 미치는 모멘트를 구하라. 공기에 대하여 $\rho_a = 0.00238\ \text{slug/ft}^3$이고 $\mu_a = 0.374(10^{-6})\ \text{lb}\cdot\text{s/ft}^2$이다.

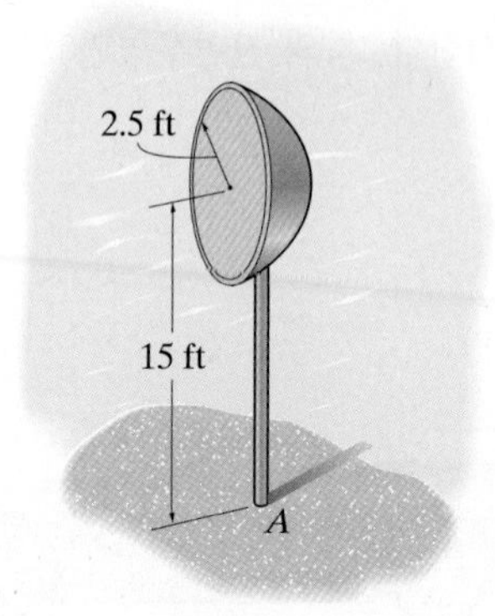

그림 11-33

풀이

유체 설명 상대적으로 느린 속도로 인해 공기는 비압축성이고, 유동은 정상인 것으로 가정한다.

해석 접시의 '특성길이'는 직경이고 5 ft이다. 그러므로 유동에 대한 레이놀즈수는

$$\text{Re} = \frac{\rho_a V D}{\mu_a} = \frac{\left(0.00238\ \text{slug/ft}^3\right)(60\ \text{ft/s})(5\ \text{ft})}{0.374\left(10^{-6}\right)\ \text{lb}\cdot\text{s/ft}^2} = 1.91\left(10^6\right) > \left(10^4\right)$$

표 11-3으로부터 항력계수 $C_D = 1.4$이고, 식 (11-29)를 적용하면

$$\begin{aligned} F_D &= C_D A_p\left(\frac{\rho_a V^2}{2}\right) \\ &= 1.4\left[\pi(2.5\ \text{ft})^2\right]\left(\frac{\left(0.00238\ \text{slug/ft}^3\right)(60\ \text{ft/s})^2}{2}\right) \\ &= 117.8\ \text{lb} \end{aligned}$$

직경과 속도는 각각 제곱이므로, 이 변수들이 얼마만큼 결과에 영향을 미치는지 그 중요성에 주목하라. 바람의 분포가 균일하므로 F_D는 접시의 기하학적 중심을 통과하여 작용한다. A에 대한 이 힘의 모멘트는

$$M = (117.8\ \text{lb})(15\ \text{ft}) = 1766\ \text{lb}\cdot\text{ft}$$ 답

기둥(실린더)에 작용하는 바람부하의 추가적인 모멘트도 포함될 수 있다.

예제 11.11

그림 11-34a의 경주용 자동차와 운전자의 총 질량은 2.3 Mg이다. 운전자가 변속기를 중립에 놓았을 때 차는 11 m/s로 이동하고 있고 자유롭게 관성으로 움직이게 두어 165초가 지난 후에 그 속도가 10 m/s에 도달한다. 항력계수가 일정하다고 가정하고, 차에 대한 항력계수를 구하라. 차체의 흔들림과 다른 기계적인 저항효과는 무시한다. 차의 전면투영면적은 0.75 m^2이다.

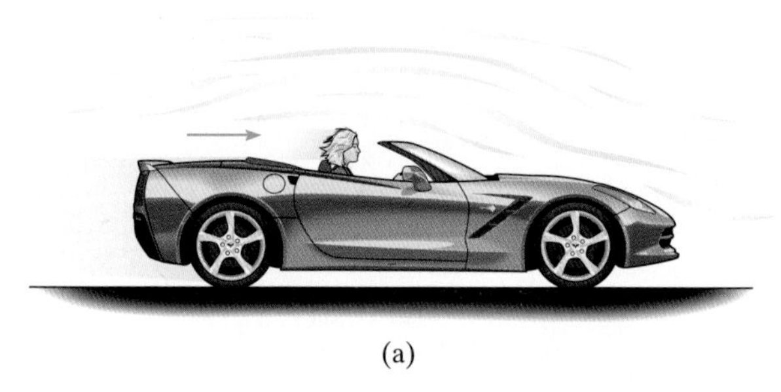

(a)

그림 11-34

풀이

유체 설명 차가 점점 느려지므로 차에 대해서 유동은 균일 비정상유동이다. 공기는 비압축성으로 가정한다. 표준온도에서 $\rho_a = 1.23\ \text{kg/m}^3$이다.

해석 차를 강체로 고려할 수 있으므로, 운동방정식 $\Sigma F = ma$를 적용할 수 있고, 차의 속도를 시간과 연관시키기 위해 $a = dV/dt$를 사용한다. 동일한 결과를 가져오겠지만, 차를 '검사체적'으로 선택하고 그림 11-34b와 같이 자유물체도를 그리고 운동량방정식을 적용한다.

$$\overset{+}{\rightarrow}\Sigma F_x = \frac{\partial}{\partial t}\int_{cv} V\rho\, d\forall + \int_{cs} V\rho \mathbf{V}\, d\mathbf{A}$$

열린 검사체적이 없으므로, 마지막 항은 영(zero)이다. 우변의 첫 번째 항은 $V\rho$가 차의 체적과 무관함에 유념하면 $\int_{cv} d\forall = \forall$이다. $\rho\forall = m$, 즉 차와 운전자의 질량이므로 위의 방정식은

$$\overset{+}{\rightarrow}\Sigma F_x = \frac{d(mV)}{dt} = m\frac{dV}{dt}$$

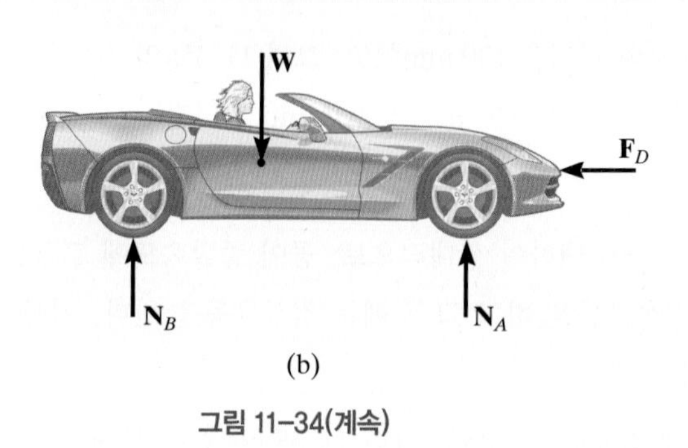

(b)

그림 11-34(계속)

이 된다. 마지막으로, F_D는 차에 작용하는 항력이므로,

$$-C_D A_p\left(\frac{\rho_a V^2}{2}\right) = m\frac{dV}{dt}$$

이고, 변수 V와 t를 분리하여 적분하면,

$$\frac{1}{2}C_D A_p \rho_a \int_0^t dt = -m\int_{V_0}^{V}\frac{dV}{V^2}$$

$$\frac{1}{2}C_D A_p \rho_a t\,\Big|_0^t = m\frac{1}{V}\Big|_{V_0}^{V}$$

$$\frac{1}{2}C_D A_p \rho_a t = m\left(\frac{1}{V}-\frac{1}{V_0}\right)$$

을 얻는다. 주어진 데이터를 대입하면,

$$\frac{1}{2}C_D\left(0.75\ \text{m}^2\right)\left(1.23\ \text{kg/m}^3\right)(165\ \text{s}) = \left(2.3\left(10^3\right)\text{kg}\right)\left(\frac{1}{10\ \text{m/s}}-\frac{1}{11\ \text{m/s}}\right)$$

$$C_D = 0.275$$ 답

이 예제에 사용된 2014년형 C7 corvette의 공력학적 설계는 CFD 해석과 700시간 이상의 풍동시험을 기초로 하였다. 실험의 목적은 낮은 C_D를 유지하면서도, 최적의 zero 양력과 기계적 냉각을 위해 요구되는 공기유량을 얻는 것이었다. (© General Motors, LLC).

예제 11.12

(a)

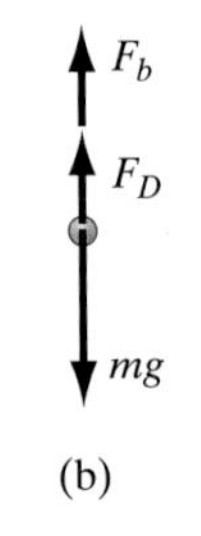

(b)

그림 11–35

0.5 kg의 공의 직경은 100 mm이고, 그림 11-35a의 기름탱크에 떨어진다. 낙하시 종말속도를 구하라. $\rho_o = 900\ \text{kg/m}^3$ 그리고 $\mu_o = 0.0360\ \text{N}\cdot\text{s/m}^2$이다.

풀이

유체 설명 공에 대하여 상대적으로, 공이 종말속도에 도달할 때까지의 초기에는 비정상유동을 하고 그 후에는 정상유동을 한다. 기름은 비압축성으로 가정한다.

해석 공에 작용하는 힘에는 그림 11-35b와 같이 무게, 부력, 그리고 항력이다. 공이 종말속도에 도달했을 때 평형이 이루어지므로,

$$+\uparrow\Sigma F_y = 0; \qquad F_b + F_D - mg = 0$$

부력은 $F_b = \rho_o g\forall$이고, 항력은 식 (11-29)에 의해 표시된다. 따라서

$$\rho_o g\forall + C_D A_p\left(\frac{\rho_o V_t^2}{2}\right) - mg = 0$$

$$\left(900\ \text{kg/m}^3\right)\left(9.81\ \text{m/s}^2\right)\left(\frac{4}{3}\right)\pi(0.05\ \text{m})^3 + C_D\pi(0.05\ \text{m})^2\left(\frac{\left(900\ \text{kg/m}^3\right)V_t^2}{2}\right) - (0.5\ \text{kg})\left(9.81\ \text{m/s}^2\right) = 0$$

$$C_D V_t^2 = 0.07983\ \text{m}^2/\text{s}^2 \qquad (1)$$

C_D 값은 그림 11-31에서 찾아야 하고 레이놀즈수에 따라 정해진다.

$$\text{Re} = \frac{\rho_o V_t D}{\mu_o} = \frac{\left(900\ \text{kg/m}^3\right)\left(V_t\right)(0.1\ \text{m})}{0.0360\ \text{N}\cdot\text{s/m}^2} = 2500V_t \qquad (2)$$

해는 반복과정을 사용하여 진행된다. 우선, C_D 값을 가정하고 식 (1)을 사용하여 V_t를 계산한다. 이 결과는 이제 식 (2)에서 레이놀즈수를 계산하는 데 사용된다. 그림 11-31에서 이 값을 사용하여 그에 상응하는 C_D 값이 얻어진다. 가정된 값에 가깝지 않으면, 그것들이 근사적으로 같아질 때까지 같은 절차를 반복한다. 반복계산과정이 표에 정리되어 있다.

반복횟수	C_D (가정된 값)	V_t(m/s) (식 1)	Re (식 2)	C_D (그림 11–31)
1	1	0.2825	706	0.55
2	0.55	0.3810	952	0.50
3	0.50	0.3996	999	0.48 (okay)

따라서, 종말속도는 다음과 같다.

$$V_t = 0.3996\ \text{m/s} = 0.400\ \text{m/s}$$

답

11.10 항력을 줄이기 위한 방법들

11.7절에서 실린더의 전면이 인위적으로 거칠게 되면 그림 11-29a와 같이 난류가 경계층 내에 더 빨리 발생하고, 그 결과로 원주 상의 유동박리점을 더 뒤로 움직임을 보였다. 그 결과 압력항력은 감소한다. 박리점을 뒤로 움직이게 하는 또 다른 방법은, 그림 11-36에 보인 바와 같이, 눈물방울의 형태를 갖는 것처럼 물체를 유선형화하는 것이다. **압력항력이 감소되더라도** 더 많은 표면이 유체흐름과 접촉하므로 **마찰항력은 증가**한다. 최적형상은 압력항력과 마찰항력 모두의 조합인 **총항력**이 최소가 될 때 나타난다.

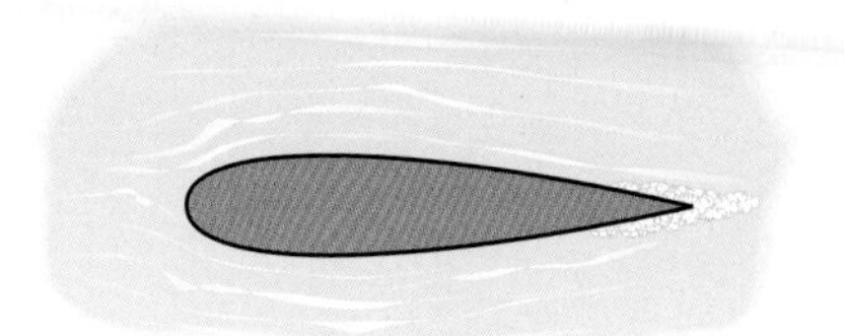

유선형 물체

그림 11–36

불규칙적으로 생긴 물체 주위의 유동은 복잡하여 임의의 유선형 물체에 대한 최적형상은 반드시 실험에 의해 결정되어야 한다. 또한 어느 한 범위의 레이놀즈수 영역 내에서 잘 작동되는 설계는 다른 범위 내에서는 그렇게 효과적이지 않을 수 있다. 일반적인 규칙으로, 낮은 레이놀즈수에서는 점성전단이 항력의 최대 성분을 만들고, 높은 수에서는 압력항력 성분이 지배한다.

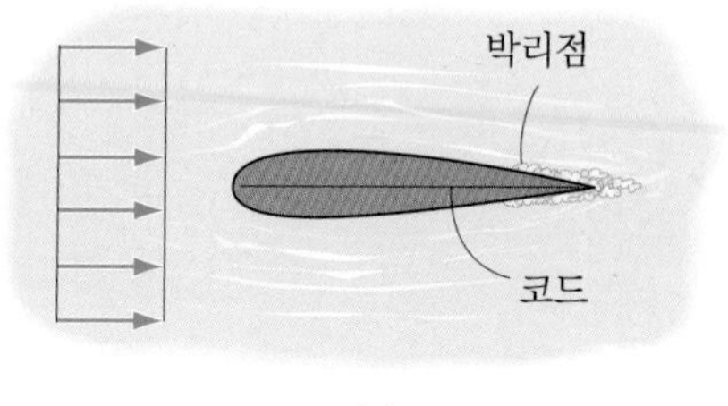

(a)

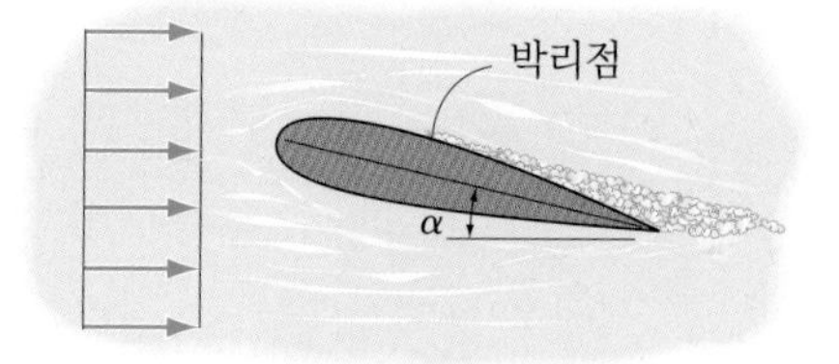

받음각 α에서의 유동박리

(b)

그림 11–37

익형 일반적인 유선형 형상은 그림 11-37a의 익형이며, 그 위에 작용하는 항력은 그림 11-37b와 같이 자유유동 공기흐름과 이루는 **받음각** α에 의존한다. 그림과 같이, 이 각도는 수평으로부터 날개의 **코드**, 즉 전연으로부터 후연까지 측정된 길이로 정의된다. α가 증가함에 따라 날개의 경사는 공기흐름 방향으로 더 넓은 면적을 투영하고 후면의 압력은 감소하므로, 유동박리점은 전연 쪽으로 이동하고 이것은 압력항력을 증가시킨다.

압력항력이 감소하도록 익형을 적절히 설계하려면, 박리점은 전연으로부터 최대한 뒤쪽에 있어야 한다. 이를 이루기 위해서 현대식 날개들은 날개의 전면에서는 층류경계층을 유지하기 위해 매끄러운 표면을 갖고, 난류로 천이가 발생하는 점에서는 거친 표면이나 혹은 날개 윗면에 있는 작은 돌출핀인 와류생성기를 사용하여 경계층에 에너지가 공급된다. 이렇게 함으로써 경계층은 날개 표면상의 더욱 뒤까지 붙어있게 된다. 따라서 비록 마찰항력을 증가시키기는 하지만, 원주의 경우에서 살펴본 바와 같이, 압력항력을 감소시킨다.

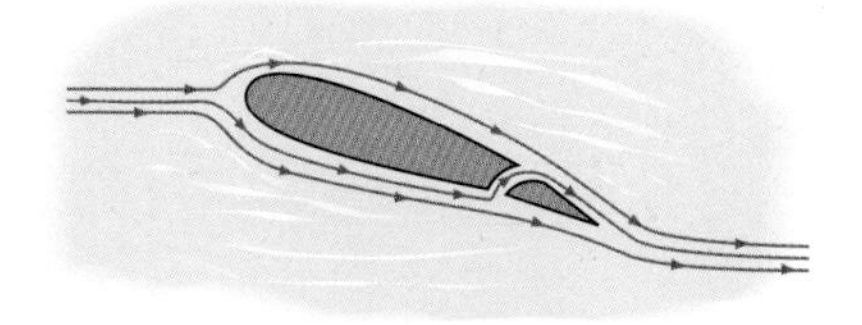

슬롯이 있는 플랩

익형을 위한 적절한 형상을 정의하는 것과는 별개로, 항공공학자들은 경계층 제어를 위한 다른 방법들을 고안해냈다. 큰 받음각에 대해 박리를 지연시키기 위해 그림 11-38에 나타낸 바와 같이 슬롯트 플랩이나 전연 슬롯을 사용하는 방법이 있다. 이 장치들은 경계층에 에너지를 공급하기 위한 노력으로 빠른 속도의 공기를 날개의 밑에서 윗면으로 이동하도록 설계된다. 또 다른 방법은 경계층 안의 느리게 움직이는 공기를 슬롯이나 다공성 표면의 사용을 통해 빨아들이는 것이다. 이 방법들 모두 경계층 내부의 유속을 증가시키고, 이에 따라 박리를 지연시킨다. 이러한 방법은 경계층을 얇게 하고, 이에 따라 층류에서 난

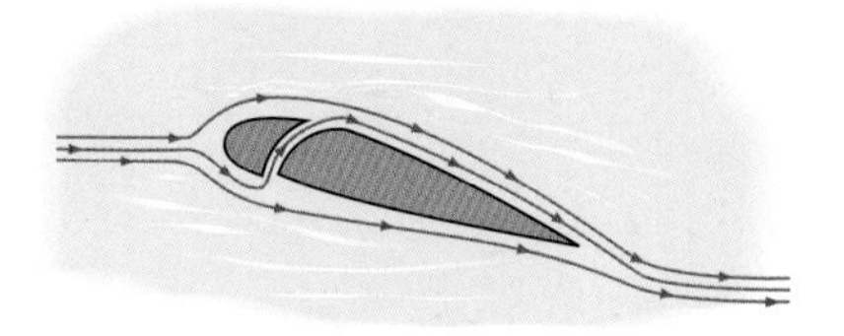

슬롯이 있는 날개

그림 11–38

류로의 천이를 지연시키는 장점이 있다. 그러나 이런 설계가 성공하기 위해서는 추가로 발생하는 구조적 및 기계적 문제들을 해결해야 하므로 더욱 독창성을 요구하기 때문에 어려울 수도 있다.

익형의 항력계수 익형에 작용하는 항력은 NACA*(미국 국립항공자문위원회)에 의해 철저하게 연구되었다. NACA에서는 항공공학자들이 여러 가지 형상의 비행기 날개에 적용되는 **단면항력계수**$(C_D)_\infty$를 정하는 데 사용되어온 그래프들을 제공하고 있다. 언급된 바와 같이, 이 계수는 **단면항력**을 위한 것이다. 즉, 날개는 무한한 길이를 가지므로 날개 끝 주위의 흐름은 고려되지 않는다. 2409 날개 형상에 대한 전형적인 예가 그림 11-39에 보여진다. 날개 끝에서의 추가적인 유동은 날개에 **유도항력**을 만들고, 그 효과에 대해서는 다음 절에서 다룬다. 일단 $(C_D)_\infty$와 유도항력계수 $(C_D)_i$가 알려지면, '총' 항력계수 $C_D = (C_D)_\infty + (C_D)_i$가 결정될 수 있다. 그러면 익형에 작용하는 항력은

$$F_D = C_D A_{pl}\left(\frac{\rho V^2}{2}\right) \tag{11-31}$$

이고, 여기서 A_{pl}은 날개의 **윤곽**, 즉 위 혹은 아래 면의 투영면적이다.

차량 수년 동안 연료소비를 절감하기 위해 자동차, 버스, 그리고 트럭들에 작용하는 공기역학적 항력을 감소시키는 것이 중요하게 되었다. 유선형화는 차량의 길이제약으로 인해 제한되지만, 차량에 대하여 전후면의 형상을 재설계하거

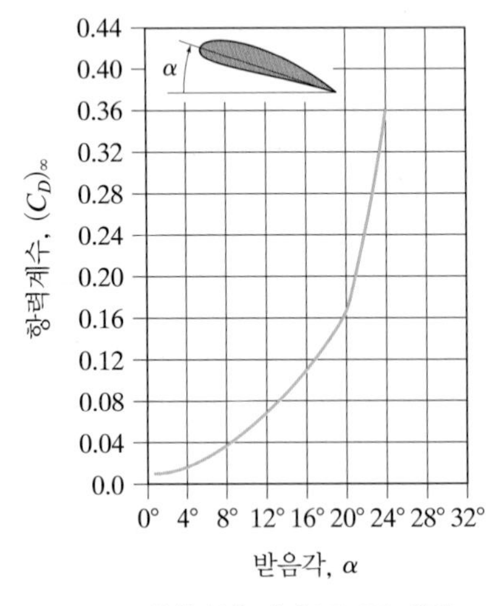

무한 폭을 가진 NACA 익형 2409 날개의 항력계수 $(C_D)_\infty$

그림 11-39

* 이 기관은 1958년에 새로 출범한 NASA(미국 항공우주국)에 통합되었다.

표 11-4

차량	C_D
화물용 트럭	0.6~0.8
SUV(Sport Utility Vehicle)	0.35~0.4
Lamborghini Countach	0.42
VW Beetle	0.38
Toyota Celica convertible	0.36
Chevrolet Corvette C5	0.29
Toyota Prius	0.25
자전거	1~1.5

현대식 트럭들은 전면에 둥근 그릴, 측면 하단을 따라 덮개 그리고 천정 유선형 구조를 갖고 있다. 잘 맞춰진 경우 이것들은 항력을 감소시키고 약 6%의 연료절약을 이룰 수 있다. 또한 후면의 펜더(완충용 구조물)는 난류를 줄이고 항력을 더욱 감소시킨다.

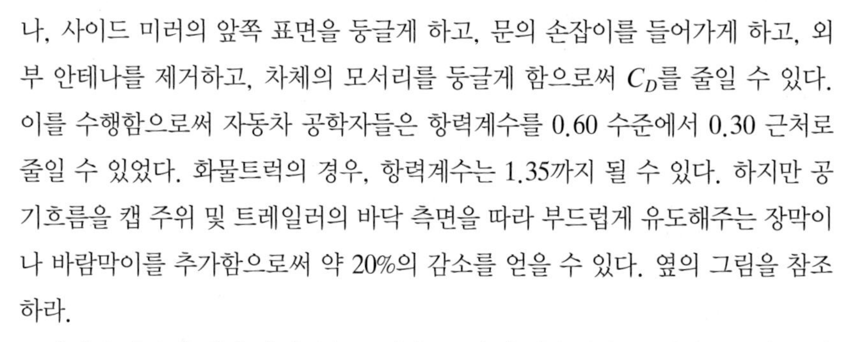

나, 사이드 미러의 앞쪽 표면을 둥글게 하고, 문의 손잡이를 들어가게 하고, 외부 안테나를 제거하고, 차체의 모서리를 둥글게 함으로써 C_D를 줄일 수 있다. 이를 수행함으로써 자동차 공학자들은 항력계수를 0.60 수준에서 0.30 근처로 줄일 수 있었다. 화물트럭의 경우, 항력계수는 1.35까지 될 수 있다. 하지만 공기흐름을 캡 주위 및 트레일러의 바닥 측면을 따라 부드럽게 유도해주는 장막이나 바람막이를 추가함으로써 약 20%의 감소를 얻을 수 있다. 옆의 그림을 참조하라.

임의의 차종에 대한 항력계수는 레이놀즈수의 함수이다. 그러나 C_D 값은 전형적인 고속도로 속력 범위 내에서 사실상 일정하다. 특정 차량에 대한 구체적인 C_D 값들은 간행된 문헌자료에서 얻을 수 있고, 표 11-4는 몇몇 현대식 차량에 대한 C_D 값들을 나열하고 있다. 참고문헌 [23]을 참조하라. 일단 C_D가 얻어지면, 항력은 식 (11-29)를 이용하여 결정될 수 있다. 즉,

경주용 차들은 안정성을 유지하고 또한 항력을 최소화하기 위해 차에 미치는 하향력을 극대화시켜야 한다. (© Bob Daemmrich/Alamy)

$$F_D = C_D A_p \left(\frac{\rho V^2}{2} \right)$$

이때 A_p는 차량의 흐름방향 **투영면적**이다. 화물용 트럭과 SUV들에 있어 이 면적은 약 25 ft^2(2.32 m^2)이고, 승용차의 평균크기는 대략 8.50 ft^2(0.79 m^2)이다.

11.11 익형에 미치는 양력과 항력

물체의 표면 위를 흐르는 유체의 영향은 물체에 항력을 발생시킬 뿐 아니라 양력도 발생시킨다. 항력은 공기흐름의 운동방향으로 작용하지만, 양력은 그에 수직하게 작용한다는 점은 이미 언급하였다.

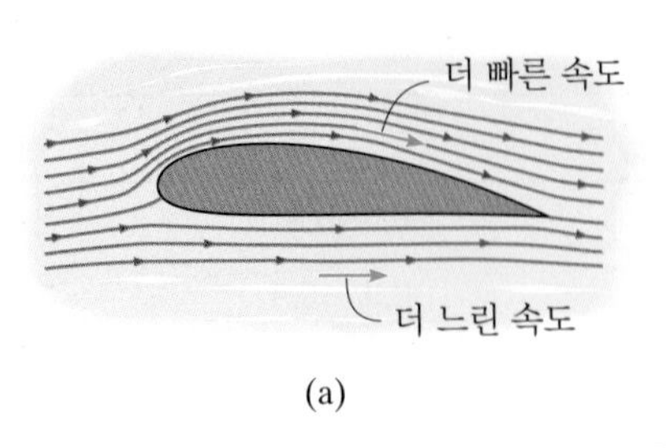

(a)

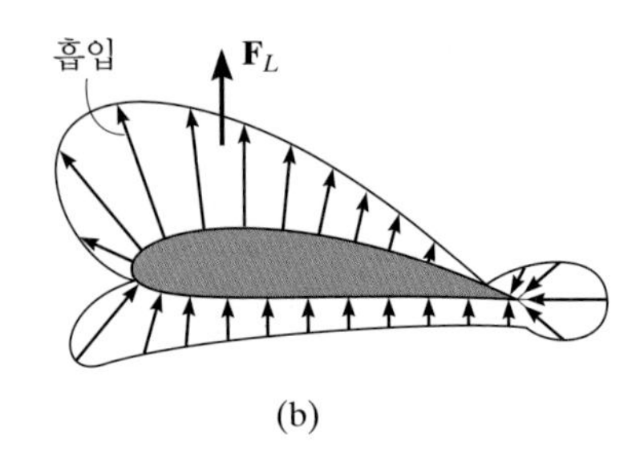

(b)

그림 11-40

익형양력 익형 혹은 날개에 의해 만들어지는 양력현상은 서로 다른 방법으로 설명될 수 있다. 가장 일반적으로 베르누이 방정식이 이를 위해 사용된다.* 기본적으로 속도가 더 빠를수록 압력은 더 낮아지고, 그 역도 성립한다($p/\gamma + V^2/2g =$ 일정). 그림 11-40a에서와 같이, 익형의 더 긴 윗면 위를 지나는 유동은 더 짧은 밑면 아래보다 더 빠르기 때문에, 윗면의 압력은 아래쪽보다 더 낮다. 이것은 그림 11-40b에서 보인 것과 같은 압력분포를 만들어주고, 그 합력 F_L은 양력을 만든다.

그러나 양력은 11.7절에서 논의되었던 코안다 효과를 사용함으로써 더욱 충실하게 설명될 수 있다. 예를 들어 그림 11-41a에 있는 날개 표면 위를 지나가는 공기흐름을 고려해보자. 점성은 공기를 표면에 달라 붙게 하므로, 표면 바로 위의 공기층은 그것들이 경계층을 형성하여 결국 공기의 속도가 날개에 대하여 균일한 공기흐름 속도 $\mathbf{V}_{a/w}$와 같아질 때까지 점점 더 빠르게 이동하기 시작

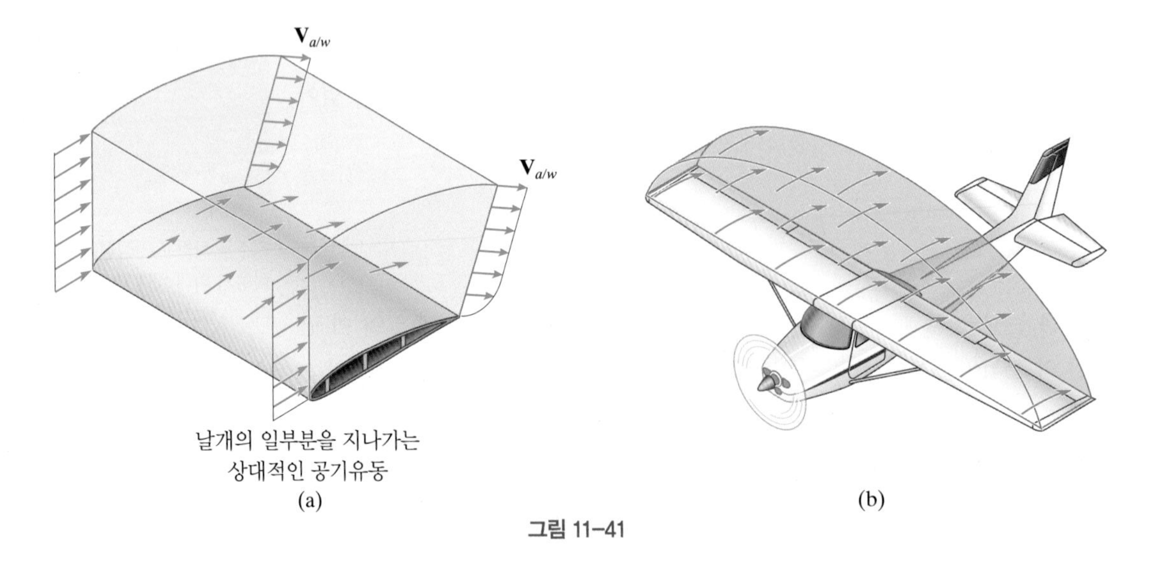

날개의 일부분을 지나가는 상대적인 공기유동
(a)
(b)

그림 11-41

* 이 식은 왜 양력이 발생하는가에 대한 개념적 이유를 제시한다. 그러나 날개의 윗면 위를 지나는 유동은 바닥면을 지나는 유동과 직접적으로 상응하지 않기 때문에 실제로 양력을 계산하는 데 사용될 수는 없다.

한다. 이들 움직이는 층 사이의 전단력 및 압력힘은 흐름이 각각의 느리게 움직이는 층의 방향으로 구부러지게 한다. 다시 말해, 공기는 날개의 표면을 따르게 된다. 이 공기의 흐름방향을 재조정하는 효과는, 공기흐름 내부의 압력이 유체층 사이의 공백형성을 방지하는 경향이 있으므로, 음속으로 날개의 표면으로부터 위쪽으로 전달된다. 그 결과 날개 위의 매우 큰 체적의 공기가 방향을 아래쪽으로 바꾸어 궁극적으로 그림 11-41b에 보이는 바와 같이 날개 뒤쪽에 '하향류(downwash)'를 만든다. 날개가 그림 11-41c에 보인 것처럼 속도 $\mathbf{V}_w$인 고요한 공기 중을 움직이면 날개의 후연으로부터 떨어져 나오는 공기의 속도는 날개에 의해 (혹은 조종사에 의해) 관찰되는 바와 같이 $\mathbf{V}_{a/w}$가 된다. 그림 11-41d의 벡터 합에 의해, 지상의 관찰자가 보는 공기의 '하향류' 속도는 $\mathbf{V}_a = \mathbf{V}_w + \mathbf{V}_{a/w}$이므로 거의 수직에 가깝다. 다시 말하면, 비행기가 머리 위에 가깝게 날아가면, 지상의 관찰자는 공기흐름이 마치 수직 아래로 향하는 것으로 느끼게 될 것이다.

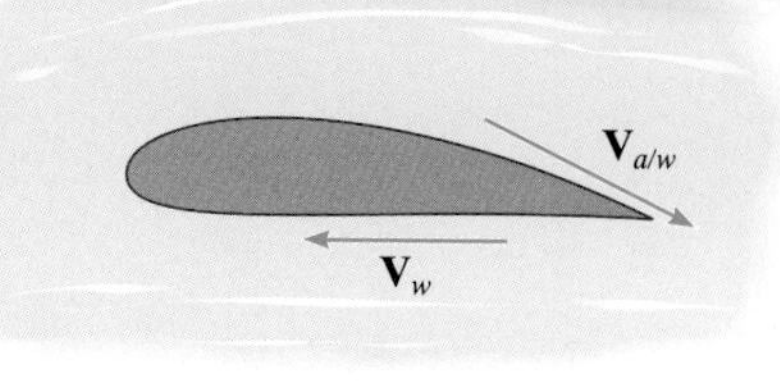

(c)

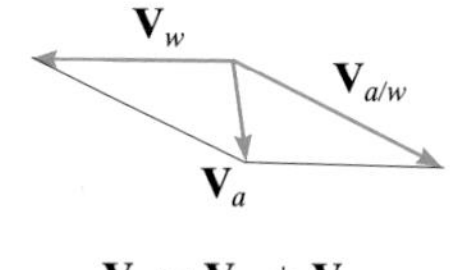

$\mathbf{V}_a = \mathbf{V}_w + \mathbf{V}_{a/w}$

(d)

그림 11-41(계속)

지금 설명한 바와 같이, 날개 주위의 공기의 구부러짐은 사실상 공기에 (거의) 수직한 운동량을 주게 된다. 이렇게 하기 위해서는 날개는 공기흐름에 아래쪽으로 향하는 힘을 만들어야 하고, 뉴턴의 제3법칙에 의해, 공기흐름은 반드시 날개에 크기가 같고 반대방향인 위쪽을 향하는 힘을 만들어야 한다. 양력을 만드는 것은 바로 이 힘이다. 그림 11-42a의 압력분포로부터 가장 큰 양력(가장 큰 음압 혹은 흡입압력)은 날개의 앞쪽 1/3 지점에서 발생하는 점에 주목하라. 왜냐하면 여기서 공기흐름이 날개의 표면을 따르기 위해 가장 많이 구부러져야 하기 때문이다. 바닥면에도 역시, 압력이 양의 값이기는 하지만, 흐름의 방향전환에 의해 야기되는 양력 성분이 존재한다. 물론 이 총 양력은, 그림 11-42b에서와 같이, 날개형상이 어느 정도 구부러지거나 캠버(camber)가 있는 경우 더 크다.

순환 7.10절에서 실린더가 균일유동을 받는 동안 실린더 주위에 순환 Γ를 중첩시켰을 때, 이상유체가 회전하는 실린더에 양력을 야기시킴을 보였다. Martin

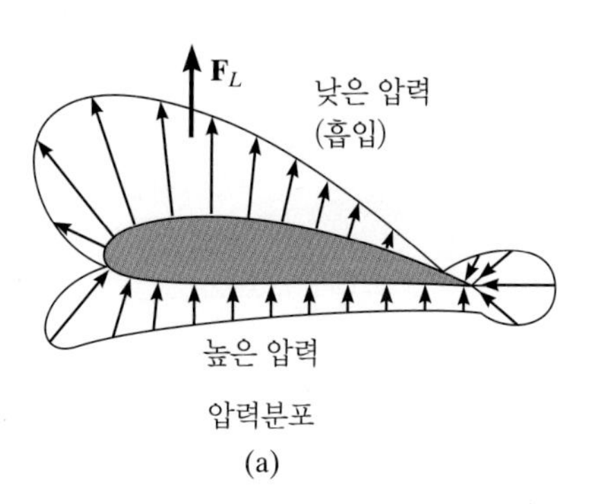

압력분포

(a)

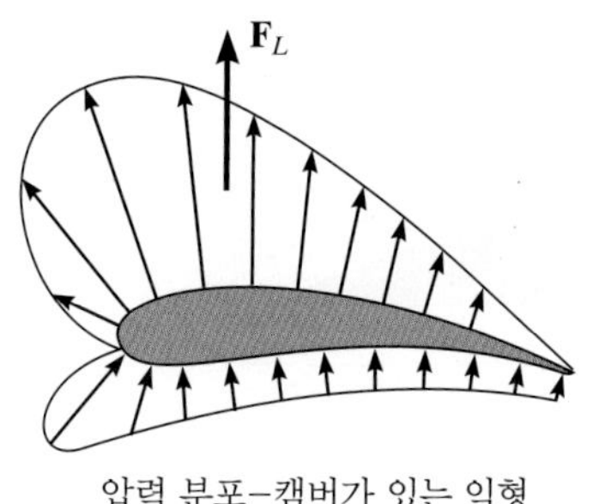

압력 분포–캠버가 있는 익형

(b)

그림 11-42

Kutta와 Nikolai Joukowski는 독립적으로 식 (7-73), $L = \rho U \Gamma$로 계산되는 양력은 2차원 유동을 맞는 임의의 닫힌 형상 물체에 대해서도 유효하다는 것을 보였다. 이 중요한 결과는 **쿠타-주코프스키 이론**으로 알려져 있고, 공기역학에서는 익형과 하이드로포일 양자에 작용하는 양력을 추정하는 데 자주 사용된다.

이 원리가 어떻게 이루어지는지 보이기 위해 그림 11-43a에 있는 균일유동 U를 받고 있는 익형에 대하여 고려해보자. 여기서 정체점은 전연 A와 뒤쪽에 있는 후연의 위 B에 생긴다. 그러나 이상유체는 후연의 아래쪽을 돌아 정체점 B로 올라올 것이므로, 이런 유동은 존재할 수가 없다. 이 경우에는 날카로운 모서리를 돌아가기 위해 속도의 방향이 변해야 하므로 무한대의 수직가속도를 필요로 하게 되며, 물리적으로 가능하지 않다. 흐름이 꼬리부분을 부드럽게 빠져나가 일직선으로 흐르게 하기 위해, 1902년에 Kutta는 그림 11-43b에 보이는 것처럼 익형 주위에 시계방향 순환 Γ를 추가할 것을 제안했다. 이 방법으로 그림 11-43a와 11-43b의 두 흐름이 중첩될 때 익형 윗면의 공기는 아래쪽의 그것보다 더 빨리 이동하고, 정체점 B는 그림 11-43c와 같이 후연으로 이동한다. 아랫면에서 느리게 움직이는 공기는 더 높은 압력을 갖는 반면, 윗면에서 빨리 움직이는 공기는 보다 낮은 압력을 가지며, 이 압력차가 $L = \rho U \Gamma$에 의해 계산되는 바와 같이 양력을 발생시킨다. 항공공학자들은 이 식을 사용하여 왔으며, 작은 받음각을 갖는 익형에 대하여 실험적으로 측정된 양력과 비교하여 잘 일치됨이 밝혀졌다.

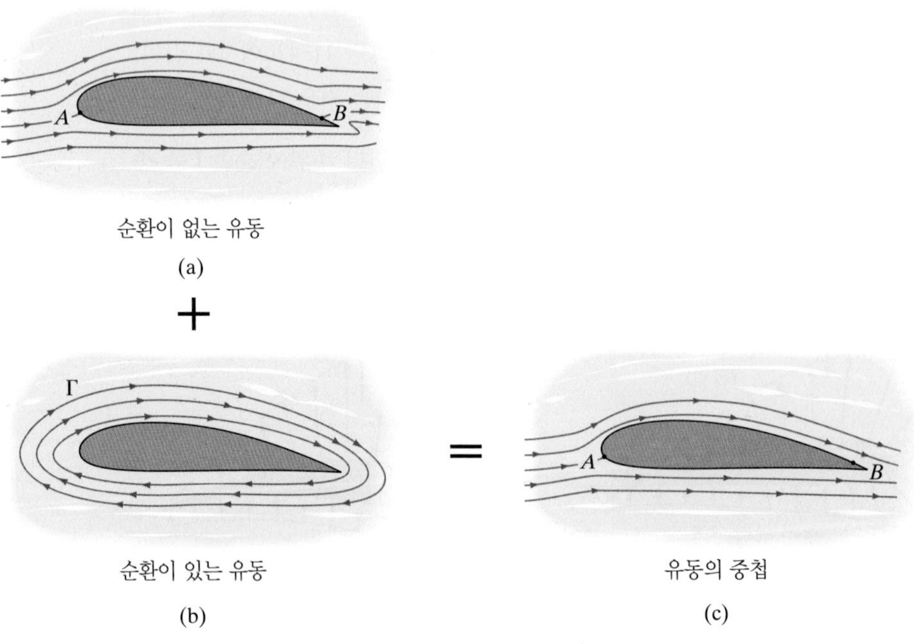

그림 11-43

실험자료 작은 받음각에 대해서는 **양력계수** C_L이 해석적으로 계산될 수 있으나, 큰 받음각의 경우 C_L 값은 반드시 실험에 의해 결정되어야 한다. C_L의 값은 대개 받음각의 함수로 도시되며, 2409 NACA 날개단면에 대한 선도인, 그림 11-44와 같이 표현된다. 이 자료 및 날개의 평면도 면적 A_{pl}을 가지면, 아래 식을 이용하여 양력이 계산된다.

$$F_L = C_L A_{pl}\left(\frac{\rho V^2}{2}\right) \tag{11-32}$$

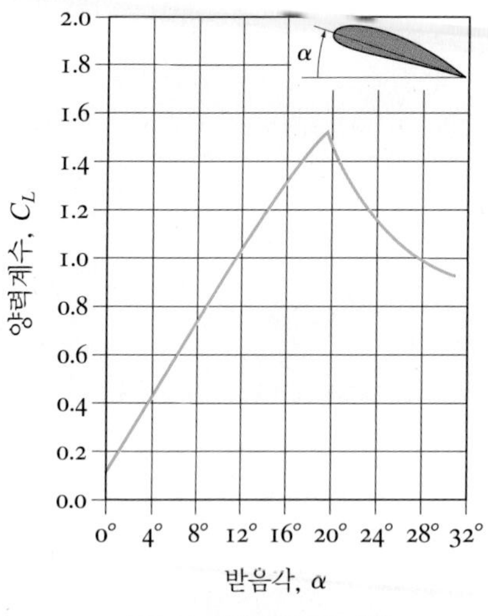

NACA 익형 2409에 대한 양력계수 C_L

그림 11-44

익형의 받음각이 증가함에 따라 양력에 무슨 일이 일어나는지에 주목해보자. 그림 11-45a에 보인 바와 같이, 적절히 설계된 익형에 대하여 경계층의 박리점은 받음각이 영(zero)일 때 날개의 후연 근처에 있다. 그러나 α가 증가함에 따라 이는 경계층 내의 공기를 전연 위에서 더 빠르게 움직이게 하여 박리점이 앞쪽으로 이동하게 만든다. 받음각이 임계값에 도달하면 날개 윗면에 걸쳐 크게 요동치는 후류가 성장하여, 항력을 증가시키고 양력은 순간적으로 감소하게 된다. 이것이 **실속**(stall) 조건이라고 한다(그림 11-45b). 그림 11-44에서 이는 최대 양력계수 $C_L = 1.5$를 갖는 점으로 $\alpha \approx 20°$에서 발생한다. 실속은 수평비행을 회복하기에 충분한 고도를 갖지 못하는 모든 저공항공기에는 매우 위험하다.

양력을 만들기 위해 받음각을 변화시키는 방법 외에도 현대식 비행기는 그림 11-46과 같이 날개의 곡률을 증가시키기 위해 전연과 후연에 가변 플랩을 가지고 있다. 플랩들은 속도가 낮고 항력에 대한 양력의 제어 필요성이 가장 중요한 때인 이착륙 동안에 사용된다.

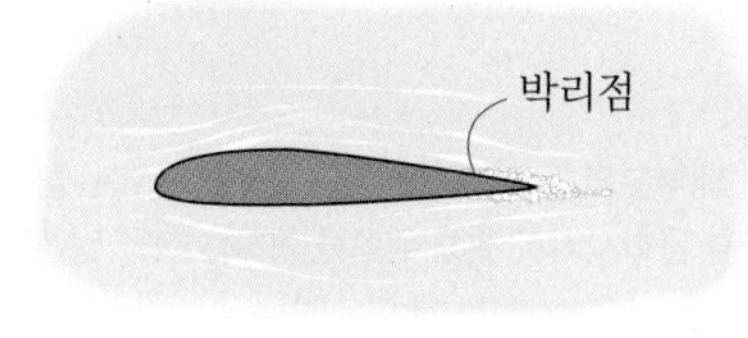

(a)

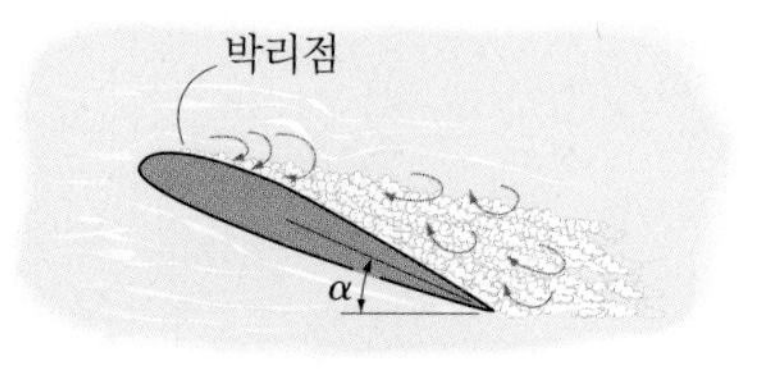

실속

(b)

그림 11-45

경주용 자동차 비행기 날개에서 기술되는 것과 같은 익형들이 경주용 자동차에도 장착된다. 615쪽의 사진을 참조하라. 독특한 차체 형상과 함께 이 장치들은 익형의 공기역학적 효과에 의해 하향력을 발생시켜 차의 제동력을 증가시키기 위해 설계된다. 이러한 익형이 없는 경우, 차의 바닥에서 형성되는 양력은 타이어의 노면 접촉을 잃게 하여 안정성과 제어를 잃게 할 수도 있다. 유감스럽

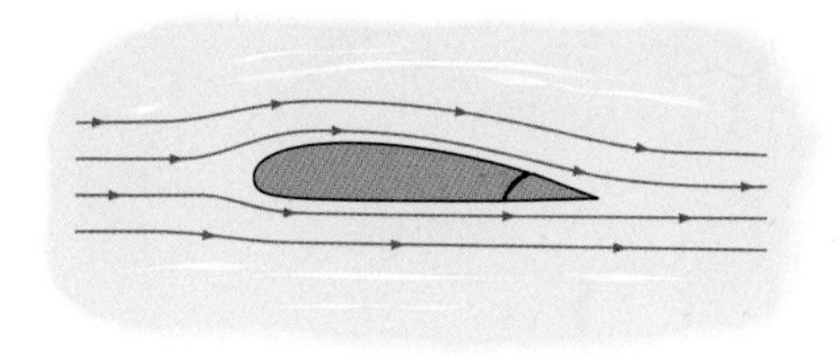

플랩 올림

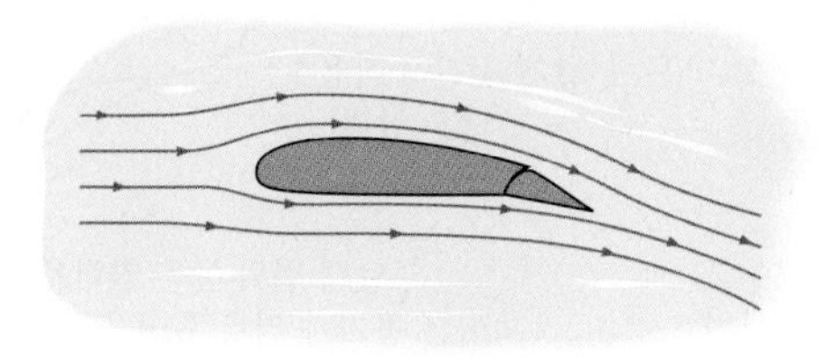

플랩 내림

그림 11-46

게도 이 용도로 사용되는 익형은 정상적인 차량보다 더 높은 항력계수를 초래한다. 예를 들면, 포뮬라원 경주용 자동차는 0.7~1.1 범위의 항력계수를 갖는다.

끝단 와류 궤적은 이 농업용 비행기의 날개 끝에서 명확하게 보여진다. (© NASA Archive/Alamy)

이제 대부분의 제트기들은 유도항력을 만드는 끝단 와류를 완화시키기 위해 위쪽을 향하는 작은 날개를 갖고 있다. (© Konstantin Yolshin/Alamy)

끝단와류와 유도항력 익형(날개)에 의해 생성되는 항력에 대한 이전의 논의는 날개 길이의 변화나 날개 끝의 조건에 대한 고려 없이 날개 위를 지나는 유동에 관한 것이었다. 다시 말하면, 날개는 **무한한 날개폭**을 갖는 것으로 고려되었다. 실제 날개 위를 지나는 유동을 고려하고자 한다면, 후연과 날개 끝에서 떨어져 나온 하향 유동이 항공기에 추가적인 항력을 기여하는 **끝단와류**라고 불리는 소용돌이를 만든다.

이 와류가 어떻게 발생하는가를 보이기 위해 그림 11-47에 보인 날개를 고려하기로 한다. 보는 바와 같이 날개 바닥에 작용하는 더욱 높은 압력은 흐름이 후연 위로 올라가고, 또한 날개의 끝을 돌아가게 한다. 이는 흐름을 날개 밑에서 왼쪽으로 끌어 당기고, 흐름이 끝단에서 떨어져 돌아감에 따라 날개 윗면의 흐름을 오른쪽으로 밀게 된다. 그 결과 후연에서 떨어져 나온 횡류가 복수개의 와류(**와류 자취**)를 형성한다. 관찰 결과, 이 와류는 불안정하고 또한 끝단에서 말려 날개 끝에서 두 개의 강한 '자취를 남기는' 와류를 형성한다. 이 교란을 만드는 데에는 에너지가 요구되고, 결국 **유도항력**을 초래하여 양력에 추가적인 부담을 주며, 이에 대한 고려가 전체 항력과 날개의 강도를 계산할 때 반드시 필요하다. 실제로 대형 항공기에 의해 이런 방식으로 만들어지는 난류는 강도가 상당할 수 있고 수분 동안 지속되어 뒤에서 비행하는 더 작은 비행기에 위험을 초래한다.

전형적인 제트기에 작용하는 유도항력은 일반적으로 전체 항력의 30%에서 50%에 이르고, 이륙과 착륙 시와 같이 저속에서는 이 백분율이 더 높다. 이 힘

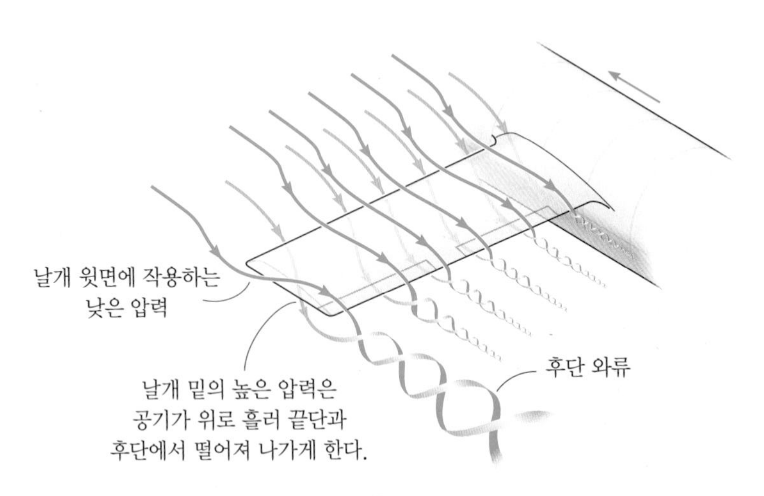

그림 11-47

의 성분을 줄이기 위해 현대식 항공기들은 옆에 있는 사진과 같이 날개 끝에 **윙렛**(고정식 앞날개) 혹은 작은 위쪽을 향한 익형을 추가한다. 풍동에서의 실험들로부터 윙렛을 사용했을 때 자취를 남기는 와류는 강도를 잃게 되고 순항속도에서 항공기 총항력 대비 약 5%의 감소를 가져오며, 이는 이착륙 동안에 더 많이 감소함이 확인되었다.

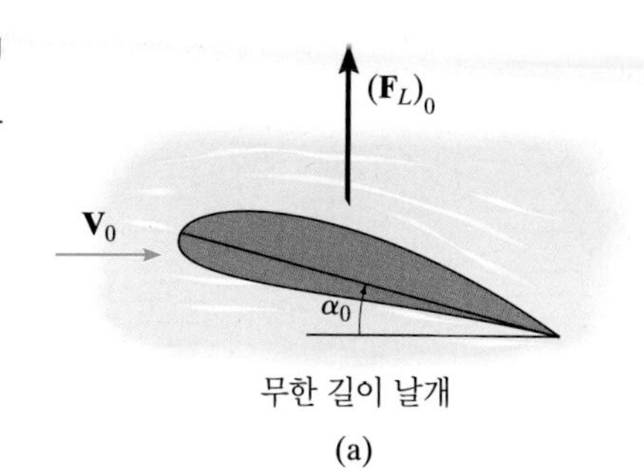

무한 길이 날개

(a)

유도항력계수 무한한 길이를 갖고 $\mathbf{V}_0$의 속도로 이동하고 있는 익형은 단면항력만 극복하면 된다. 그리고 비행 중에는 그림 11-48a에 보인 것처럼 양력 $(F_L)_0$을 유지하기 위해 유효받음각 α_0로 방향을 잡게 된다. 그러나 유한한 길이를 갖는 익형은 단면항력뿐만 아니라 유도항력까지도 극복해야 한다. 날개 끝의 밑면에 있는 공기가 말려올라가 유도속도 $\mathbf{V}'$로 내려가면, 그림 11-48b에서 보듯 벡터합에 의해 $\mathbf{V}_0$는 $\mathbf{V}$가 된다. 이 경우 필요한 양력을 제공하기 위하여 받음각은 α_0에서 더 큰 값인 α로 변한다. 이 각도차 $\alpha_i = \alpha - \alpha_0$는 매우 작고, 실제양력 $\mathbf{F}_L$은 $(\mathbf{F}_L)_0$에 비해 약간 클 뿐이다. 그림 11-48c에 보인 바와 같이, 벡터를 합하면 수평성분 $(\mathbf{F}_D)_i$는 유도항력이고, 작은 각도에 대해서 그 크기는 양력과 $(F_D)_i = F_L\alpha_i$에 의해 관련지어진다.

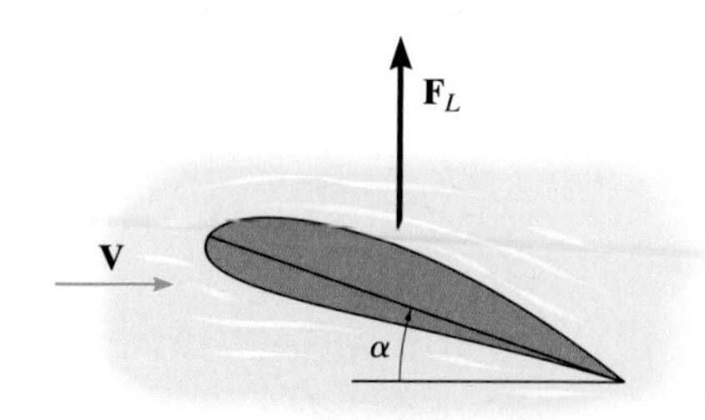

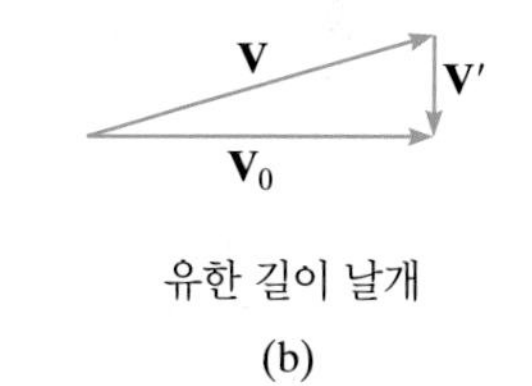

유한 길이 날개

(b)

실험 및 해석을 통해 Prandtl은 많은 실제의 경우들과 가깝게 유사한 그림 11-41b에서와 같이, 포물선 형상을 가진 날개 위에서 공기가 교란되면, α_i는 양력계수 C_L, 날개 길이 b, 그리고 평면도 영역 A_{pl}의 함수로 된다. 그의 결과는

$$\alpha_i = \frac{C_L}{\pi b^2/A_{pl}} \tag{11-33}$$

이다. 유도항력과 양력계수는 각 힘에 비례하므로 그림 11-48c로부터,

$$\alpha_i = \frac{(F_D)_i}{F_L} = \frac{(C_D)_i}{C_L}$$

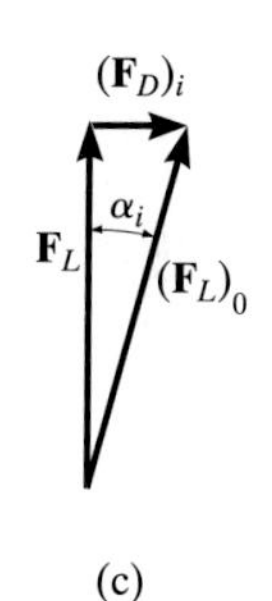

(c)

그림 11-48

그래서 식 (11-33)을 이용하여 **유도항력계수**(induced drag coefficient)는 다음과 같이 결정된다.

$$(C_D)_i = \frac{C_L^2}{\pi b^2/A_{pl}}$$

만일 $b \to \infty$이면, 기대하는 바와 같이 $(C_D)_i \to 0$임에 주목하라.

위의 식은 임의의 날개형상에 대한 최소한의 유도항력계수를 나타내며, 이를 사용하면 날개에 대한 전체항력계수는 다음과 같다.

$$C_D = (C_D)_\infty + \frac{C_L^2}{\pi b^2/A_{pl}} \tag{11-34}$$

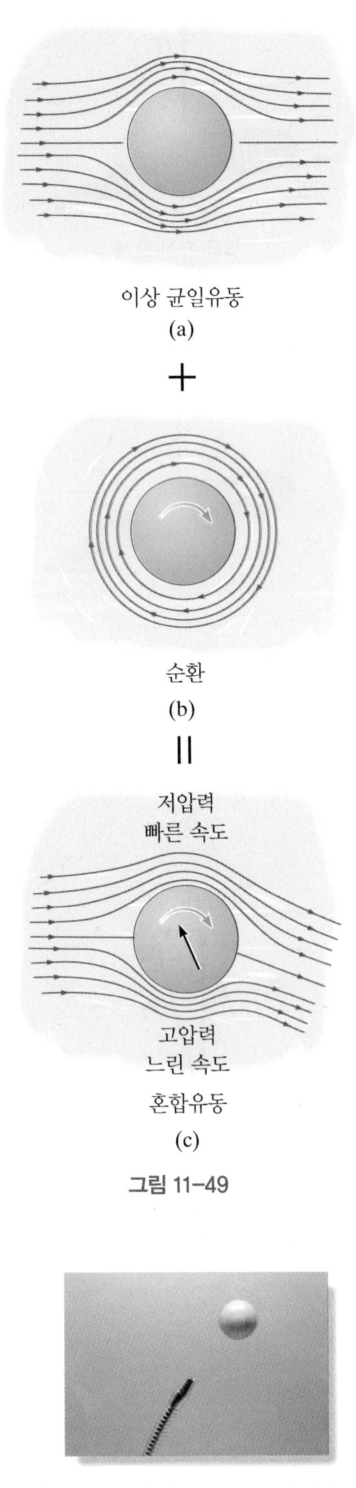

그림 11-49

이 회전하는 구는 마그누스 효과, 즉 회전에 의해 만들어지는 양력과 공기흐름의 방향전환이 공의 무게와 균형을 이루는 효과로 인해 공중에 떠 있게 된다.

회전하는 구 양력은 또한 회전 구의 궤적에 막대한 영향을 미칠 수 있는데, 회전으로 인해 구 주위의 압력분포가 변하고, 공기 운동량의 방향이 그에 따라 변하기 때문이다. 이를 입증하기 위해 그림 11-49a의 회전이 없는 상태에서 왼쪽으로 이동하는 구를 고려해보자. 여기서 공기는 구의 주위를 대칭적으로 흐르고, 공은 수평항력을 받는다. 구만 회전할 경우 무슨 현상이 일어나는지 살펴보면, 거친 표면이 구 주위의 공기를 당겨 그림 11-49b와 같이 회전방향으로 경계층을 형성한다. 이 두 효과를 합하면 그림 11-49c에 보인 조건이 만들어진다. 즉, 그림 11-49a와 11-49b 모두에서 공기는 구의 위쪽에서 같은 방향으로 흐른다. 이것은 에너지를 증가시키고 경계층이 더 긴 시간 동안 표면에 부착되어 있도록 허용한다. 구의 아래쪽을 지나는 공기는 두 경우 모두에 있어 반대방향으로 가며, 결국 에너지를 잃고 더 이른 경계층 박리를 야기한다. 이것에 대한 반응으로서 익형과 마찬가지로 공기는 반대로 일정한 각도를 갖고 볼을 위로 밀어내거나 혹은 들어올린다(그림 11-49c).

매끄러운 회전 구에 대한 실험자료는 그림 11-50에 소개되어 있다. 이 자료는 $\text{Re} = VD/\nu = 6(10^4)$에 대하여 유효하다. 참고문헌 [20]을 참조하라. 어느 점까지, 어떻게 양력계수가 구의 각속도에 크게 의존하는지에 주목하라. 이 점을 지나서는 ω의 증가는 양력에 거의 영향을 미치지 않는다. 양력은 표면을 거칠게 함으로써 더욱 크게 얻을 수 있는데, 왜냐하면 거칠기가 난류와 구 주위의 순환을 증가시켜 위와 아래 사이에 더욱 큰 압력차를 만들어주기 때문이다. 또한 거

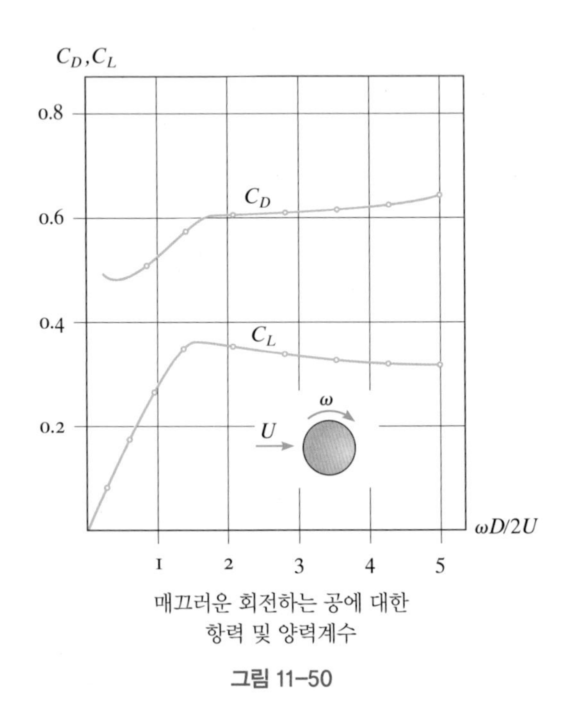

매끄러운 회전하는 공에 대한
항력 및 양력계수

그림 11-50

친 표면은 경계층의 박리를 지연시키기 때문에 항력이 감소한다. 회전구가 양력을 발생시키는 이 현상은 이를 발견한 독일 과학자 Heinrich Magnus의 이름을 기려 **마그누스 효과**라고 부른다. 야구, 테니스, 혹은 탁구를 하는 대부분의 사람들은 본능적으로 이 효과를 알고, 공을 던지거나 칠 때 이를 이용한다.

요점 정리

- 물체를 유선형으로 만들면 물체에 미치는 압력항력을 감소시키지만, 마찰항력을 증가시키는 효과가 있다. 적절한 설계를 위해서는 이 효과가 모두 최소화되어야 한다.

- 유선형 물체에 미치는 압력항력은 표면 위에 층류경계층을 확장시키거나 혹은 경계층이 표면으로부터 박리하는 것을 방지함으로써 감소된다. 익형(익형)의 경우 날개 슬롯, 와류발생기를 사용하거나 표면을 거칠게 하는 방법, 그리고 경계층으로 공기를 빨아들이기 위한 다공성 표면을 사용하는 방법 등이 있다.

- 익형을 설계할 때에는 항력과 양력이 모두 중요하다. 이 힘들은 항력계수 C_D와 양력계수 C_L과 연관되며, 실험적으로 결정되며 받음각의 함수로 도시된다.

- 공기흐름이 날개 위를 지나면서 방향이 바뀌게 되므로 익형에 의해 양력이 발생된다. 날개형상은 공기의 운동량을 변화시키는 힘을 만들고, 따라서 공기는 아래쪽으로 흐르게 된다. 하향류는 날개 위의 공기가 반대 방향의 힘을 작용하게 하여 양력을 만들어준다.

- 끝단 와류는 날개의 윗면과 아랫면에 작용하는 압력차에 의해 항공기의 날개 끝단으로부터 만들어진다. 공기가 이동하고 날개 끝에서 가로질러 흐르면서, 이 와류는 설계 시 반드시 고려하여야 하는 유도항력을 만든다.

- 회전하는 구의 궤적은 회전으로 인해 구의 표면상에 비균일 압력분포가 생기고, 이로 인해 공기의 운동량 방향이 바뀜으로 인해 양력이 만들어지므로 정상 공기흐름에서 궤적이 구부러진다.

예제 11.13

그림 11-51에 있는 비행기는 질량 1.20 Mg을 가지고 있고 고도 7 km에서 수평으로 비행하고 있다. 각 날개가 스팬 6 m와 코드길이 1.5 m를 갖는 NACA 2409 단면으로 분류된다면, 비행기가 공기속도 70 m/s를 가질 때 받음각을 구하라. 또한 날개로 인해 비행기에 작용하는 항력은 얼마인가? 그리고 비행기를 실속케하는 받음각과 속도는 얼마인가?

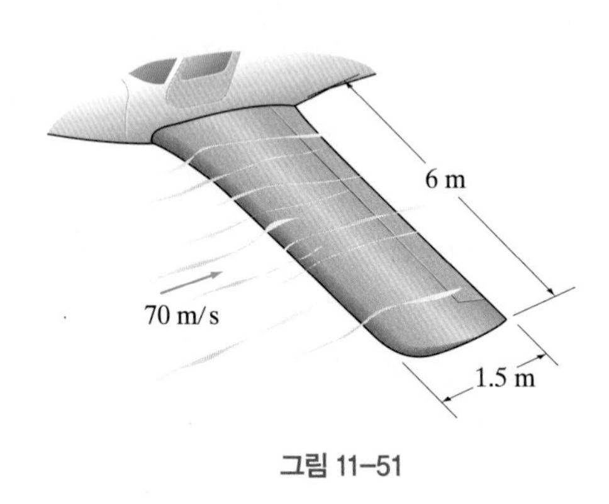

그림 11-51

풀이

유체 설명 공기유동은 비행기에 대해 상대적으로 정상유동을 갖는다. 또한 공기는 비압축성으로 간주된다. 부록 A를 사용하면, 7-km 고도에서 $\rho_a = 0.590\ \text{kg/m}^3$이다.

받음각 수직방향의 평형에 있어, 양력은 비행기의 무게와 같아야 하고, 식 (11-32)를 이용하여 요구되는 양력계수를 결정할 수 있다. 날개가 두 개 있으므로,

$$F_L = 2C_L A_{pl}\left(\frac{\rho V^2}{2}\right)$$

$$\left(1.20\left(10^3\right)\ \text{kg}\right)\left(9.81\ \text{m/s}^2\right) = 2C_L(6\ \text{m})(1.5\ \text{m})\left(\frac{\left(0.590\ \text{kg/m}^3\right)\left(70\ \text{m/s}\right)^2}{2}\right)$$

$$C_L = 0.452$$

그림 11-44로부터 받음각은 대략 다음과 같다.

$$\alpha = 5^\circ$$ 답

항력 이 받음각에서 단면항력계수는 그림 11-39로부터 결정된다. 이 값은 무한한 길이의 날개에 관한 값이다. 대략

$$(C_D)_\infty = 0.02$$

날개에 대한 총항력계수는 식 (11-34)로부터 결정된다.

$$\begin{aligned} C_D &= (C_D)_\infty + \frac{C_L^2}{\pi b^2/A_{pl}} \\ &= 0.02 + \frac{(0.452)^2}{\pi(6\text{ m})^2/[(6\text{ m})(1.5\text{ m})]} \\ &= 0.02 + 0.0163 = 0.0363 \end{aligned}$$

따라서, 양 날개에 작용하는 항력은

$$\begin{aligned} F_D &= 2C_D A_{pl}\left(\frac{\rho V^2}{2}\right) \\ &= 2(0.0363)[(6\text{ m})(1.5\text{ m})]\left(\frac{(0.590\text{ kg/m}^3)(70\text{ m/s})^2}{2}\right) \end{aligned}$$

$$F_D = 944\text{ N}$$ 답

실속 그림 11-44로부터 실속은 $C_L = 1.5$가 되는 받음각 약 20°일 때 발생한다. 실속이 발생할 때 비행기의 속도는

$$F_L = 2C_L A_{pl}\left(\frac{\rho V^2}{2}\right)$$

$$\left(1.20\left(10^3\right)\text{ kg}\right)\left(9.81\text{ m/s}^2\right) = 2(1.5)(6\text{ m})(1.5\text{ m})\left(\frac{\left(0.590\text{ kg/m}^3\right)V_s^2}{2}\right)$$

$$V_s = 38.4\text{ m/s}$$ 답

참고문헌

1. T. von Kármán, "Turbulence and skin friction," *J Aeronautics and Science*, Vol. 1, No. 1. 1934, p. 1.
2. W. P. Graebel, *Engineering Fluid Mechanics*, Taylor Francis, NY, 2001.
3. W. Wolansky et al., *Fundamentals of Fluid Power*, Houghton Mifflin, Boston, MA., 1985.
4. A. Azuma, *The Biokinetics of Flying and Swimming*, 2nd ed., American Institute of Aeronautics and Astronautics, Reston, VA, 2006.
5. J. Schetz, et al., *Boundary Layer Analysis*, 2nd ed., American Institute of Aeronautics and Astronautics, Reston, VA, 2011.
6. J. Vennard and R. Street, *Elementary Fluid Mechanics*, 5th ed., John Wiley, 1975.
7. G. Tokaty, *A History and Philosophy of Fluid Mechanics*, Dover Publications, New York, NY, 1994.
8. E. Torenbeek and H. Wittenberg, *Flight Physics*, Springer-Verlag, New York, NY, 2002.
9. T. von Kármán, *Aerodynamics*, McGraw-Hill, New York, NY, 1963.
10. L. Prandtl and O. G. Tietjens, *Applied Hydro- and Aeromechanics*, Dover Publications, New York, NY, 1957.
11. D. F. Anderson and S. Eberhardt, *Understanding Flight*, McGraw-Hill, New York, NY, 2000.
12. H. Blasius, "The boundary layers in fluids with little friction," NACA. T. M. 1256, 2/1950.
13. L. Prandtl, "Fluid motion with very small friction," NACA. T. M. 452, 3/1928.
14. P. T. Bradshaw et al., *Engineering Calculation Methods for Turbulent Flow*, Academic Press, New York, NY, 1981.
15. O. M. Griffin and S. E. Ramberg, "The vortex street wakes of vibrating cylinders," *J Fluid Mechanics*, Vol. 66, 1974, pp. 553–576.
16. H. Schlichting, *Boundary-Layer Theory*, 8th ed., Springer-Verlag, New York, NY, 2000.
17. F. M. White, *Viscous Fluid Flow*, 3rd ed., McGraw-Hill, New York, NY, 2005.
18. L. Prandtl, *Ergebnisse der aerodynamischen Versuchsanstalt zu Göttingen*, Vol. II, p. 29, R. Oldenbourg, 1923.
19. *CRC Handbook of Tables for Applied Engineering Science*, 2nd ed., CRC Press, Boca Raton, Fl, 1973.
20. S. Goldstein, *Modern Developments in Fluid Dynamics*, Oxford University Press, London, 1938.
21. J. D. Anderson, *Fundamentals of Aerodynamics*, 4th ed., McGraw-Hill, New York, NY, 2007.
22. E. Jacobs, et al., The Characteristics of 78 Related Airfoil Sections from Tests in the Variable-Density Wind Tunnel. National Advisory Committee for Aeronautics, Report 460, U.S. Government Printing Office, Washington, DC.
23. A. Roshko, "Experiments on the flow past a circular cylinder at very high Reynolds numbers," *J Fluid Mechanics*, Vol. 10, 1961, pp. 345–356.
24. W. H. Huchs, *Aerodynamics of Road Vehicles*, 4th ed., Society of Automotive Engineers, Warrendable, PA, 1998.
25. S. T. Wereley, and C. D. Meinhort, "Recent Advances in Micro-Particle Image Velocimetry," *Annual Review of Fluid Mechanics*, 42(1): 557–576, 2010.

연습문제

11-1 기름이 평판 위를 자유유동속도 $U = 3$ ft/s로 흐른다. 경계층이 층류에서 난류로 천이를 시작하는 곳까지의 거리를 구하라. $\mu_o = 1.40(10^{-3})$ lb·s/ft 그리고 $\gamma_o = 55.1$ lb/ft³이다.

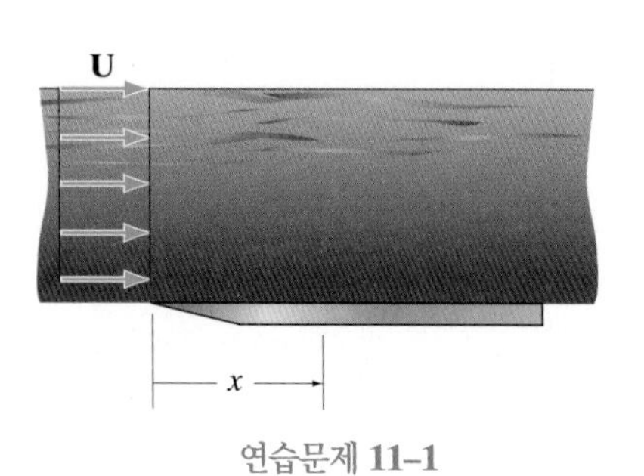

연습문제 **11–1**

11-2 15°C의 물이 평판 위를 자유유동속도 $U = 2$ m/s로 흐른다. 판의 표면 상 점 A에서의 전단응력을 구하라.

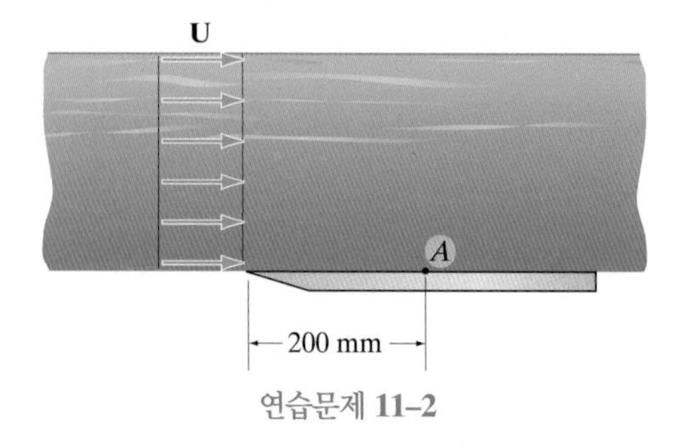

연습문제 **11–2**

11-3 거친 지형 위로 부는 바람에 대한 경계층은 식 $u/U = (y/(y + 0.01))$로 근사될 수 있다(y의 단위는 미터이다). 바람의 자유유동속도가 15 m/s라고 할 때, 지면으로부터 고도 $y = 0.1$ m와 $y = 0.3$ m에서의 속도를 구하라.

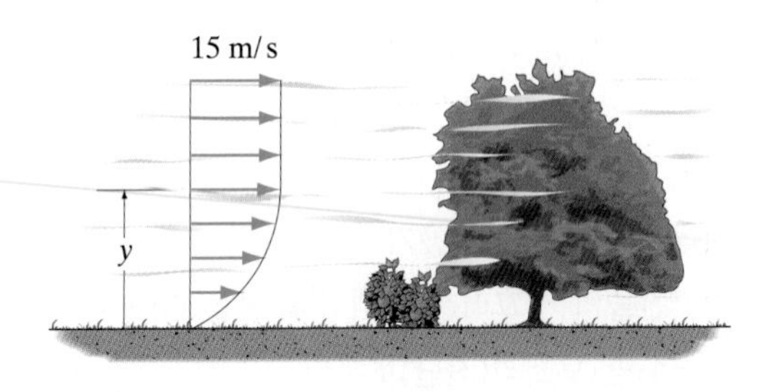

연습문제 **11–3**

***11-4** 기름-가스 혼합물이 이 두 유체를 처리하기 위한 분리기 내에 놓여있는 판의 윗면을 지나 흐른다. 자유유동속도가 0.8 m/s라고 할 때, 판의 표면 위를 지나는 최대 경계층두께를 구하라. $\nu = 42(10^{-6})\ \text{m}^2/\text{s}$이다.

11-5 기름-가스 혼합물이 이 두 유체를 처리하기 위한 분리기 내에 놓여있는 판의 윗면을 지나 흐른다. 자유유동속도가 0.8 m/s라고 할 때, 판의 표면 위에 작용하는 마찰항력을 구하라. $\nu = 42(10^{-6})\ \text{m}^2/\text{s}$ 그리고 $\rho = 910\ \text{kg/m}^3$이다.

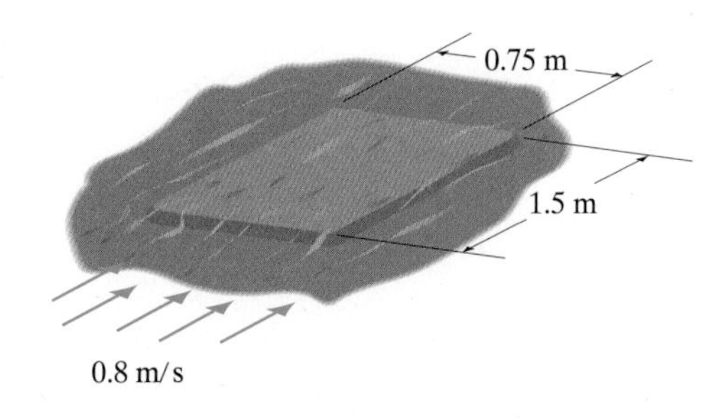

연습문제 **11–4/5**

11-6 바람이 직사각형 표지판의 옆면을 따라 흐른다. 공기 온도가 60°F이고 자유유동속도가 6 ft/s이면, 표지판의 전면에 미치는 마찰항력을 구하라.

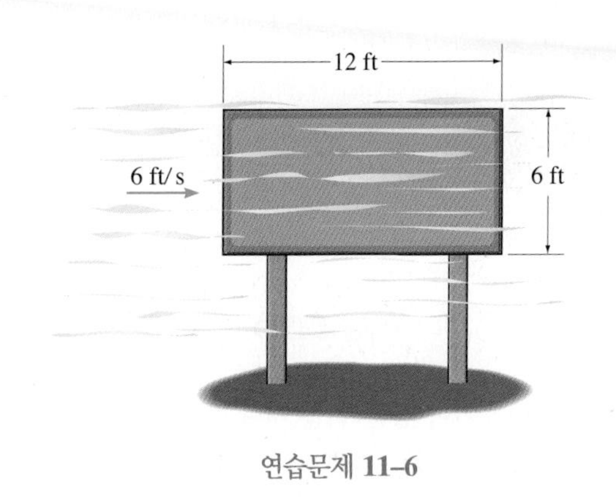

연습문제 **11–6**

11-7 평판이 고분자물질로 코팅이 된다. 판의 모서리로부터 0.5 m 떨어진 곳에서의 코팅과정 동안 발생하는 층류경계층의 두께가 10 mm라고 할 때, 이 유체의 자유유동속도를 구하라. $\nu = 4.68(10^{-6})\ \text{m}^2/\text{s}$이다.

***11-8** 길이가 0.4 m인 평판의 끝에서 물 경계층의 두께를 공기 경계층의 두께와 비교하라. 두 유체 모두 20°C이고, 자유유동속도는 $U = 0.8$ m/s이다.

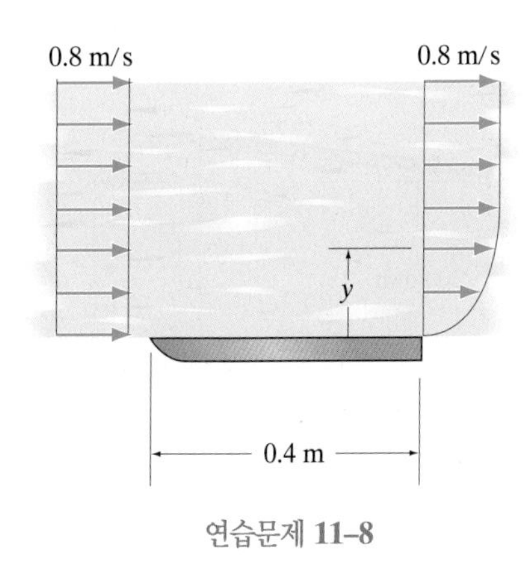

연습문제 **11–8**

11-9 점성계수 μ, 밀도 ρ, 그리고 자유유동속도 U인 액체가 판 위를 흐른다. 경계층이 액체 깊이 a의 절반이 되는 경계층두께를 갖게 되는 거리 x를 구하라. 층류로 가정하라.

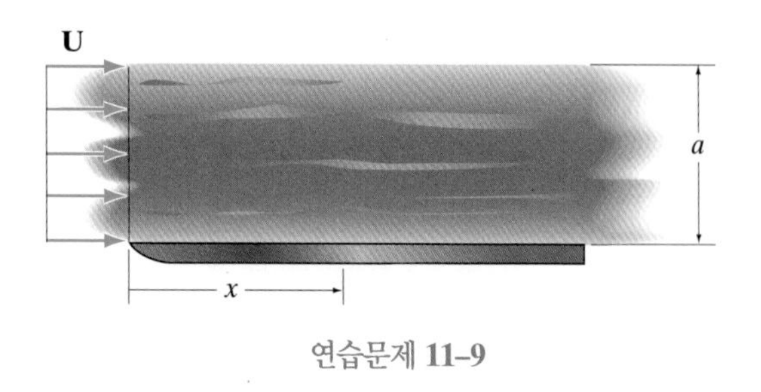

연습문제 11–9

11-10 유체는 층류이며 평판 위를 지나고 있다. 판의 모서리로부터의 거리가 0.5 m인 곳에서의 경계층두께가 10 mm라고 할 때, 1 m 거리에서의 경계층두께를 구하라.

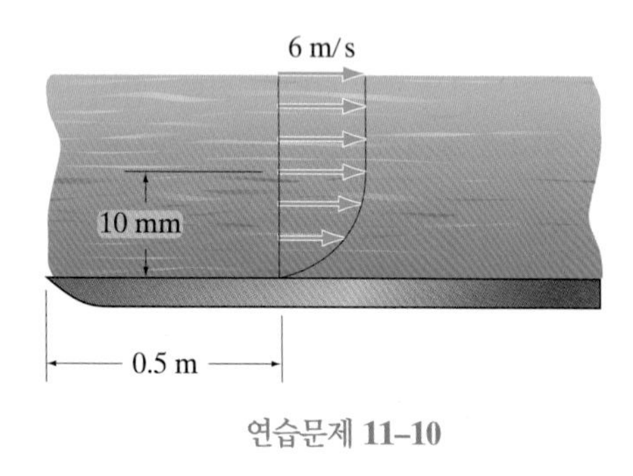

연습문제 11–10

11-11 60°C의 공기가 매우 넓은 덕트를 통해 흐른다. 중앙의 200-mm 코어 흐름속도가 일정한 자유유동속도 0.5 m/s를 유지하기 위해 $x = 4$ m에서 요구되는 덕트의 폭 a를 구하라.

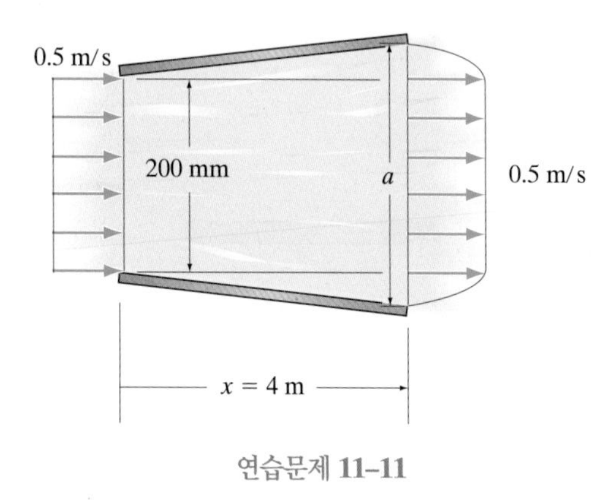

연습문제 11–11

*11-12 관로에 갇혀진 기름이 $U = 6$ m/s로 판형 핀을 지나간다. 핀의 양면에 작용하는 마찰저항을 구하라. $\nu_o = 40(10^{-6})$ m^2/s 그리고 $\rho_o = 900$ kg/m^{3}이다. 끝단 효과는 무시하라.

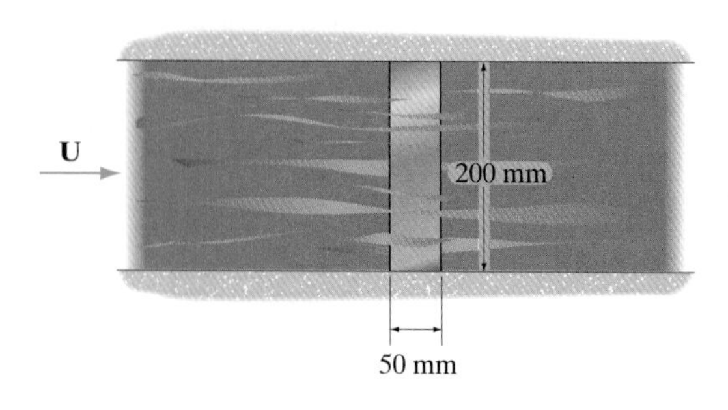

연습문제 11–12

11-13 80°F 대기압 하의 공기가 4 ft/s의 자유유동속도를 갖고 있다. 건물의 매끄러운 유리창 표면을 따라 지나가는 경우, 창문의 앞 모서리(전단)로부터 0.2 ft의 거리에서 경계층두께를 구하라. 또한 이 점의 창문 표면에서 0.003 ft 떨어진 곳에서의 공기속도는 얼마인가?

11-14 40°C의 물이 0.3 m/s의 자유유동속도를 갖는다. 평판 위 $x = 0.2$ m와 $x = 0.4$ m에서의 경계층의 두께를 구하라.

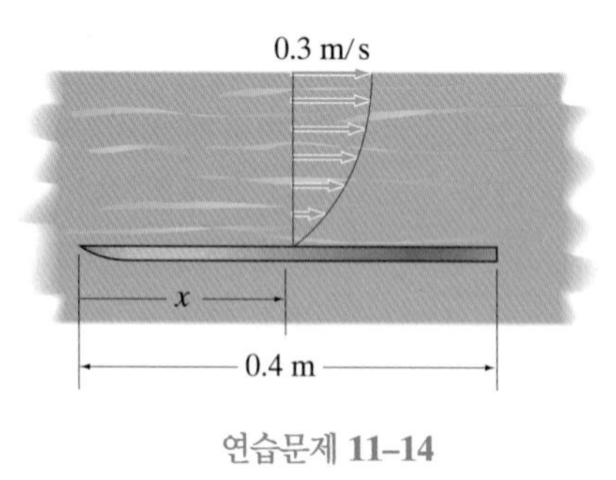

연습문제 11–14

11-15 40°C의 물이 0.3 m/s의 자유유동속도를 갖는다. $x = 0.2$ m와 $x = 0.4$ m에서 판의 표면에 작용하는 전단응력을 구하라.

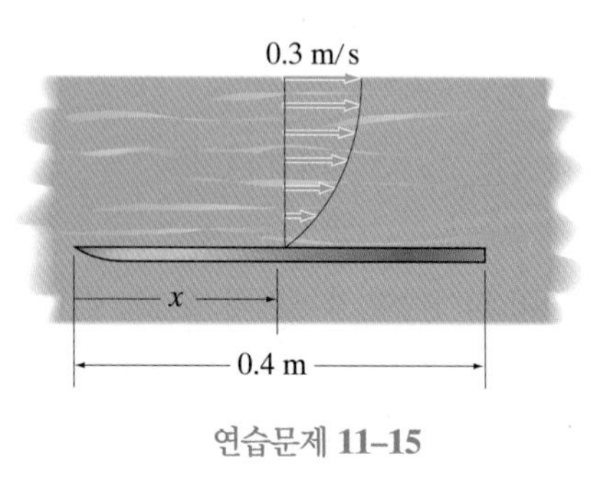

연습문제 11–15

*11-16 보트가 온도 60°F인 잔잔한 물을 가로질러 0.7 ft/s로 이동하고 있다. 배의 키를 평판으로 가정하면, 끝단(후연) A에서의 경계층두께를 구하라. 또한 이 점에서 경계층의 배제두께는 얼마인가?

11-17 보트가 온도 60°F인 물을 가로질러 0.7 ft/s로 이동하고 있다. 배의 키를 높이 2 ft, 길이 1.75 ft의 평판으로 가정하였을 때, 키의 양면에 작용하는 마찰항력을 구하라.

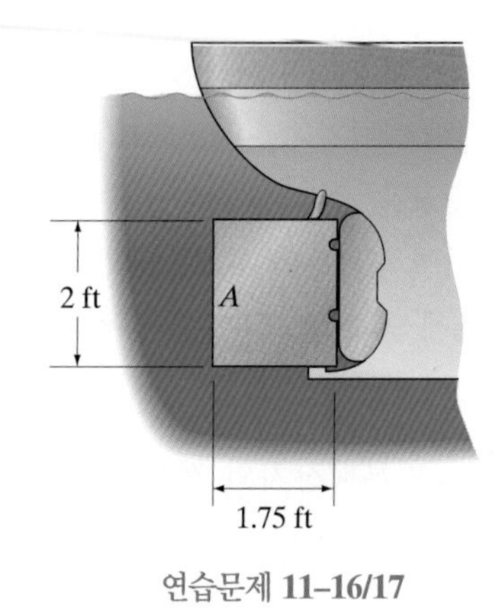

연습문제 11–16/17

11-18 온도 40°F의 공기가 판 위를 0.6 ft/s로 흐른다. 경계층의 교란두께가 1.5 in.가 되는 거리 x를 구하라.

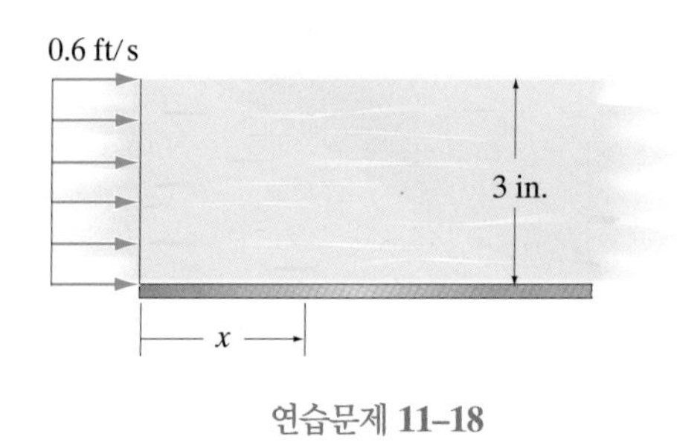

연습문제 11–18

11-19 힘 **F**가 막대를 3 m/s로 들어올린다면, 페인트의 저항을 극복하는 데 드는 막대에 작용하는 마찰항력을 구하라. $\rho = 920\ \text{kg/m}^3$ 그리고 $\nu = 42(10^{-6})\ \text{m}^2/\text{s}$이다.

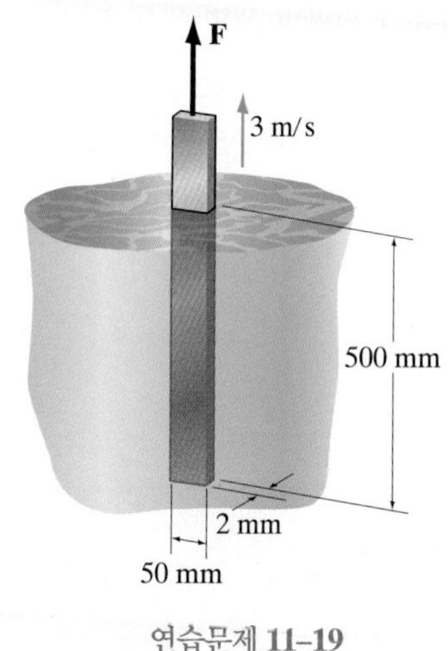

연습문제 11–19

*11-20 공기덕트 내부에 2개의 분리도관을 통해 흐름을 나누기 위한 판형 핀이 2 ft 연장되어 있다. 폭이 0.3 ft이고 공기속도가 25 ft/s라고 할 때, 핀에 작용하는 마찰항력을 구하라. $\rho_a = 0.00257\ \text{slug/ft}^3$ 그리고 $\mu_a = 0.351(10^{-6})\ \text{lb}\cdot\text{s/ft}^2$이다.

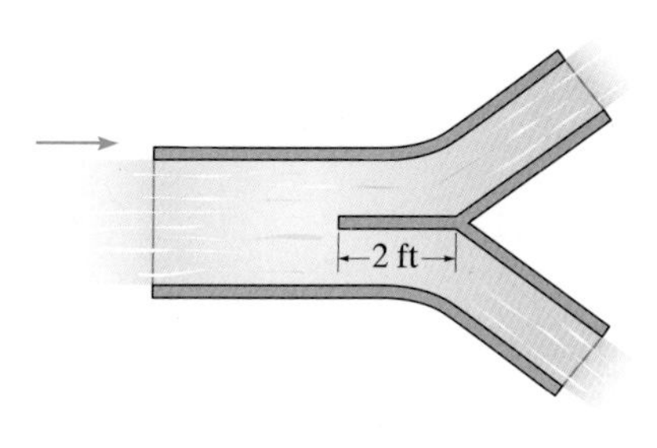

연습문제 11–20

11-21 20°C의 원유가 폭 0.7 m인 평판 위를 흐른다. 자유유동속도가 $U = 10\ \text{m/s}$이면, 판을 따라 경계층의 두께와 전단응력을 도시하라. 판에 작용하는 마찰항력은 얼마인가?

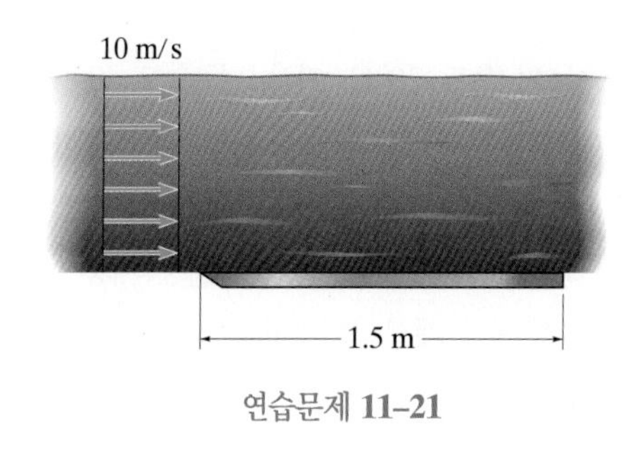

연습문제 11–21

11-22 피마자유가 평판의 표면 위를 2 m/s의 속도로 흐른다. 판의 폭은 0.5 m이고, 길이는 1 m이다. 경계층과 전단응력을 x에 대해 도시하라. 매 0.5 m에 대하여 값을 제시하라. 또 판에 작용하는 마찰항력을 계산하라. $\rho_{co} = 960\ \mathrm{kg/m^3}$ 그리고 $\mu_{co} = 985(10^{-3})\ \mathrm{N\cdot s/m^2}$이다.

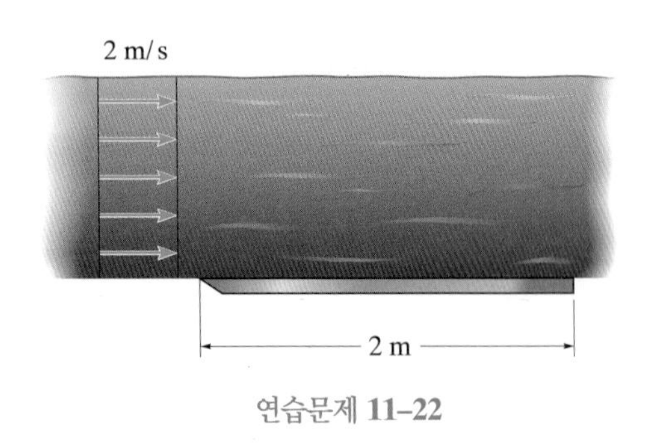

연습문제 **11–22**

11-23 경계층은 선형적이고 $u = U(y/\delta)$로 정의되는 속도형상을 갖는 것으로 가정한다. 운동량 적분방정식을 사용하여 평판 위를 지나는 유체에 대하여 τ_0를 구하라.

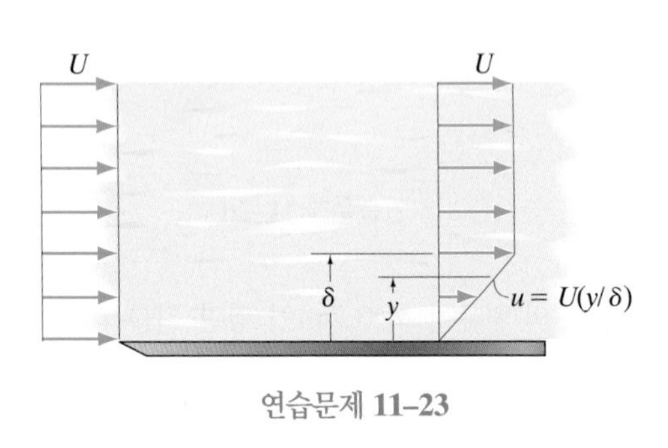

연습문제 **11–23**

***11-24** 풍동이 온도 20°C, 자유유동속도 40 m/s의 공기를 사용하여 작동된다. 이 속도가 전 터널을 통하여 중심의 1 m 코어에서 유지되도록 하려면, 성장하는 경계층을 수용하기 위한 출구에서의 크기 a를 구하라. 경계층이 난류임을 보이고, 배제두께를 계산하기 위해 $\delta^* = 0.0463x/(\mathrm{Re}_x)^{1/5}$이다.

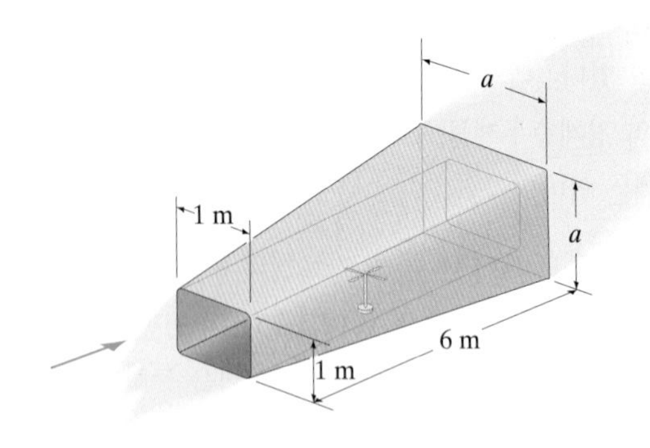

연습문제 **11–24**

11-25 유체에 대한 난류경계층은 $u = U(y/\delta)^{1/6}$으로 근사할 수 있는 속도형상을 갖는 것으로 가정한다. 운동량 적분방정식을 이용하여 경계층의 두께를 x의 함수로 구하라. Prandtl과 Blasius에 의해 제안된 경험적 공식인 식 (11-19)를 사용하라.

11-26 공기가 공기분배장치의 정사각형 덕트에 속도 6 m/s와 온도 1°C로 들어간다. $x = 1$ m에서 경계층의 두께와 운동량두께를 구하라.

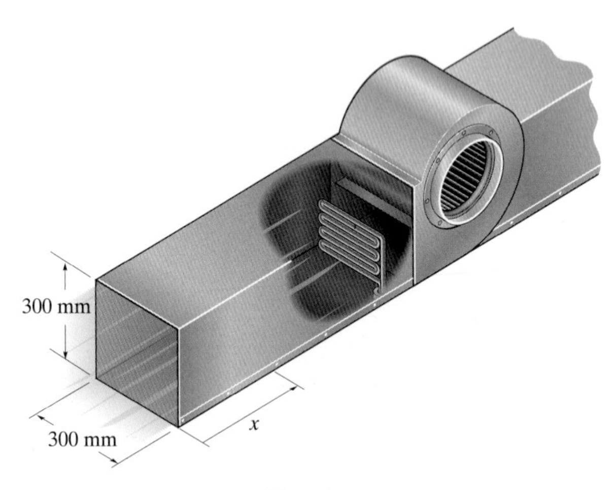

연습문제 **11–26**

11-27 공기가 공기분배장치의 정사각형 덕트에 속도 6 m/s와 온도 10°C로 들어간다. $x = 1$ m 하류에서 경계층의 배제두께를 구하라. 또 이 위치에서 공기의 균일속도는 얼마인가?

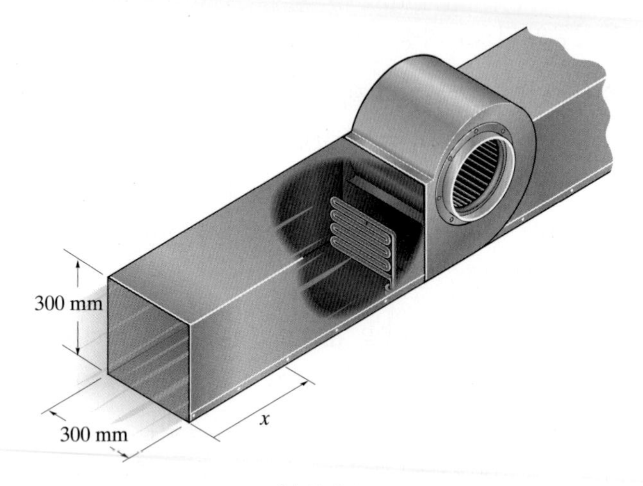

연습문제 11–27

*11-28 유체에 대한 난류경계층은 $u = U(y/\delta)^{1/6}$으로 근사할 수 있는 속도형상을 갖는 것으로 가정한다. 운동량 적분방정식을 이용하여 배제두께를 x와 Re_x의 함수로 구하라. Prandtl과 Blasius에 의해 제안된 경험적 공식인 식 (11-19)를 사용하라.

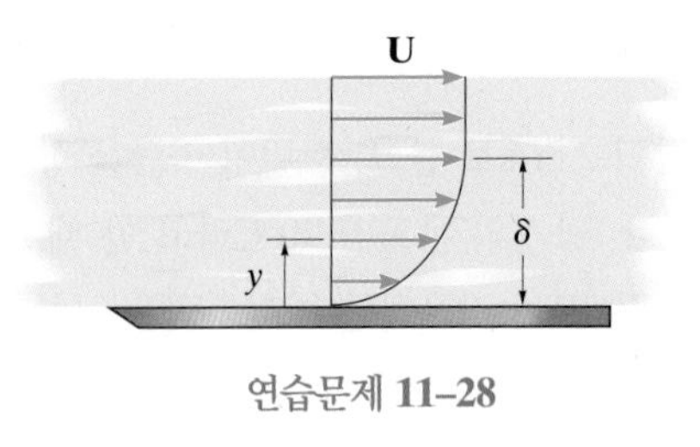

연습문제 11–28

11-29 유체에 대한 층류경계층은 $u/U = C_1 + C_2(y/\delta) + C_3(y/\delta)^2$와 같이 포물선형(2차식)으로 가정된다. 자유유동속도 U가 $y = \delta$에서 시작한다고 할 때, 상수 C_1, C_2 및 C_3를 구하라.

11-30 유체에 대한 층류경계층은 $u/U = C_1 + C_2(y/\delta) + C_3(y/\delta)^3$와 같이 3차식으로 가정된다. 자유유동속도 U가 $y = \delta$에서 시작한다고 할 때, 상수 C_1, C_2 및 C_3를 구하라.

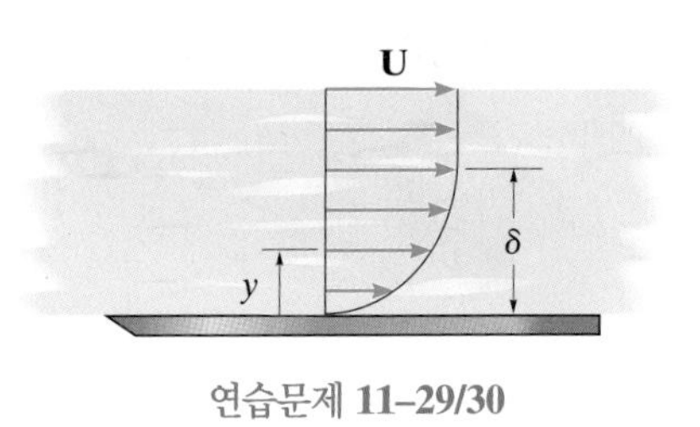

연습문제 11–29/30

11-31 유체에 대한 층류경계층이 $u/U - y/\delta$에 의해 근사될 수 있다고 가정한다. 경계층의 두께를 x와 Re_x의 함수로 구하라.

*11-32 유체에 대한 층류경계층이 $u/U = \sin(\pi y/2\delta)$에 의해 근사될 수 있다고 가정한다. 경계층의 두께를 x와 Re_x의 함수로 구하라.

11-33 유체에 대한 층류경계층이 $u/U = \sin(\pi y/2\delta)$에 의해 근사될 수 있다고 가정한다. 경계층에 대한 배제두께 δ^*를 x와 Re_x의 함수로 구하라.

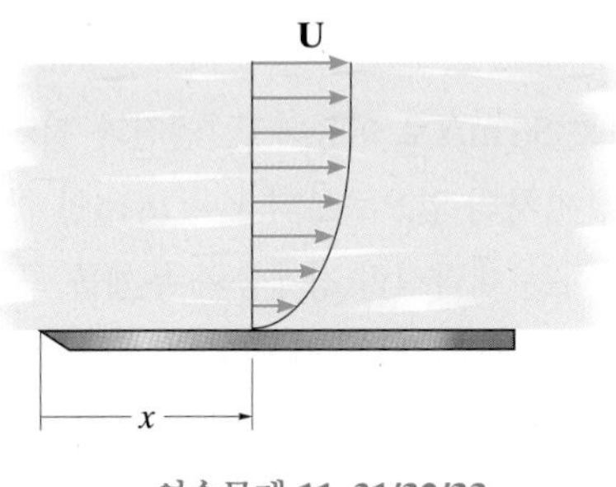

연습문제 11–31/32/33

11-34 유체의 층류경계층에 대한 속도형상은 $u/U = 1.5(y/\delta) - 0.5(y/\delta)^3$으로 대표된다. 경계층의 두께를 x와 Re_x의 함수로 구하라.

11-35 유체의 층류경계층에 대한 속도형상은 $u/U = 1.5(y/\delta) - 0.5(y/\delta)^3$으로 대표된다. 표면에 작용하는 전단응력 분포를 x와 Re_x의 함수로 구하라.

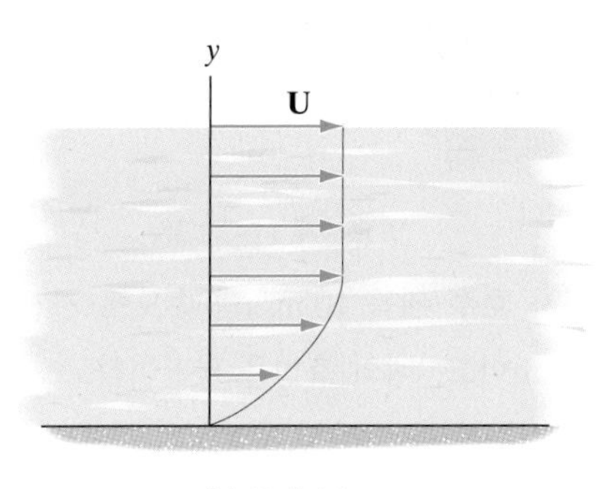

연습문제 11–34/35

***11-36** 판 위를 지나는 유체의 층류경계층은 식 $u/U = C_1(y/\delta) + C_2(y/\delta)^2 + C_3(y/\delta)^3$에 의해 근사될 수 있다. 경계조건, $y = \delta$일 때 $u = U$; $y = \delta$일 때 $du/dy = 0$; 그리고 $y = 0$일 때 $d^2u/dy^2 = 0$을 이용하여 상수 C_1, C_2, C_3를 구하라. 운동량 적분방정식을 사용하여 경계층의 두께를 x와 Re_x의 함수로 구하라.

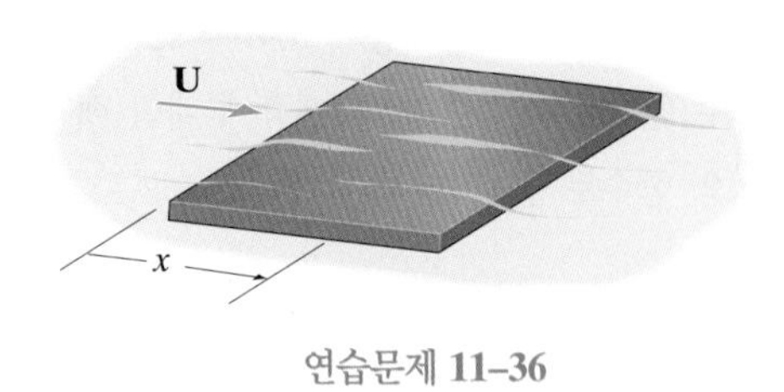

연습문제 **11–36**

11-37 기차는 30 m/s로 이동하고, 엔진과 일련의 차량들로 구성된다. 기차의 앞으로부터 $x = 18$ m인 곳에서 차량의 위에 작용하는 대략적인 경계층의 두께를 구하라. 공기는 바람이 없고 온도는 20°C이다. 표면이 매끄럽고 평평하며, 경계층은 완전히 난류인 것으로 가정한다.

11-38 기차는 30 m/s로 이동하고, 엔진과 일련의 차량들로 구성된다. 기차의 앞으로부터 $x = 18$ m인 곳에서 차량의 위에 작용하는 대략적인 전단응력을 구하라. 공기는 바람이 없고 온도는 20°C이다. 표면이 매끄럽고 평평하며, 경계층은 완전히 난류인 것으로 가정한다.

연습문제 **11–37/38**

11-39 배가 호수 위를 10 m/s의 속도로 전진하고 있다. 길이가 100 m이고, 배의 측면을 평판이라고 가정할 수 있다면, 배의 전 길이를 따라서 폭 1 m의 띠에 작용하는 항력을 구하라. 물은 잔잔하고 온도는 15°C이다. 경계층은 완전히 난류인 것으로 가정한다.

***11-40** 비행기가 평균적으로 각각 길이 5 m, 폭 3 m인 날개를 갖고 있다. 비행기가 고도 2 km에서 바람이 없는 공기 속을 600 km/h로 비행할 때 날개에 작용하는 마찰항력을 구하라. 날개들은 평판이고 경계층은 완전히 난류인 것으로 가정한다.

11-41 유조선의 매끄러운 표면적 $4.5(10^3)\ \mathrm{m}^2$이 바다와 접촉하고 있다. 배의 속도가 2 m/s일 때 배의 선체에 작용하는 마찰항력과 이 힘을 극복하기 위해 요구되는 동력을 구하라. $\rho = 1030\ \mathrm{kg/m^3}$ 그리고 $\mu = 1.14(10^{-3})\ \mathrm{N \cdot s/m^2}$이다.

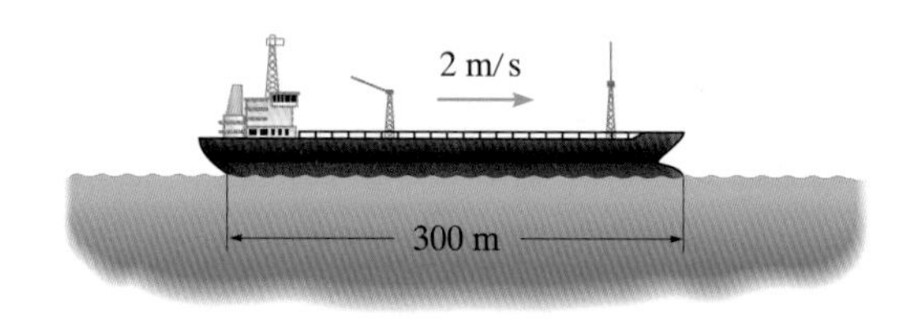

연습문제 **11–41**

11-42 바람이 2 m/s로 불고, 트럭이 바람을 향해 8 m/s로 전진하고 있다. 공기의 온도가 20°C라고 할 때, 트럭의 평평한 옆면 $ABCD$에 작용하는 마찰항력을 구하라. 경계층은 완전히 난류인 것으로 가정한다.

11-43 바람이 2 m/s로 불고, 트럭이 바람을 향해 8 m/s로 전진하고 있다. 공기의 온도가 20°C라고 할 때, 트럭의 윗면 $BCFE$에 작용하는 마찰항력을 구하라. 경계층은 완전히 난류인 것으로 가정한다.

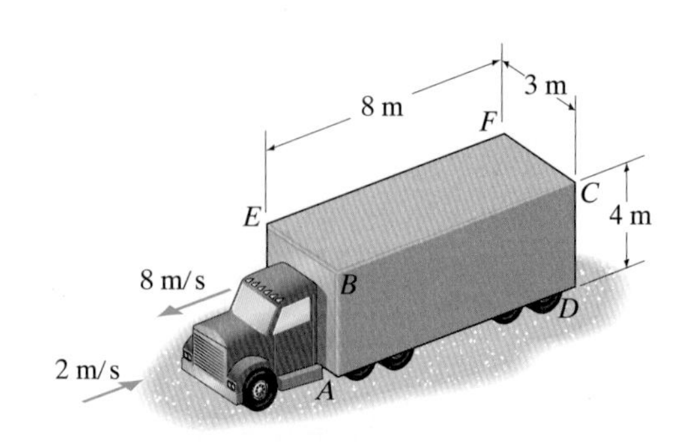

연습문제 **11–42/43**

*11-44 바닥이 평평한 보트가 물 온도 15°C인 호수 위를 4 m/s로 이동하고 있다. 보트의 길이가 10 m이고 폭이 2.5 m일 때, 보트 바닥에 작용하는 대략적인 항력을 구하라. 경계층은 완전히 난류인 것으로 가정한다.

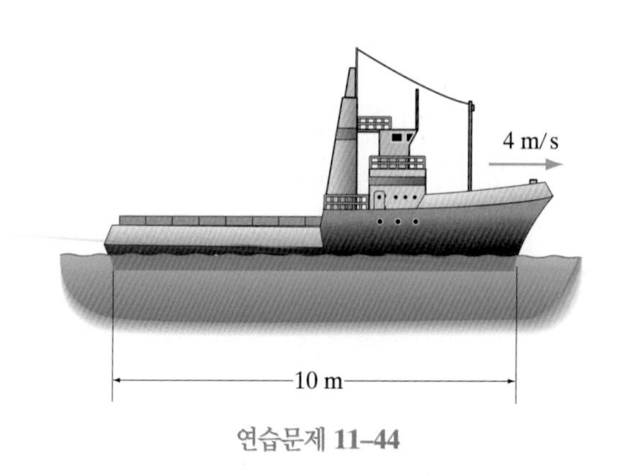

연습문제 11-44

11-45 비행기가 고도 5000 ft에서 고요한 공기속을 170 ft/s로 날고 있다. 날개를 각각 폭 7 ft를 갖는 평판으로 가정할 수 있다면, 경계층이 완전히 난류라고 할 때, 뒷전 혹은 후연에서의 경계층의 두께를 구하라.

11-46 비행기가 고도 5000 ft에서 고요한 공기속을 170 ft/s로 날고 있다. 날개를 폭 7 ft와 길이 15 ft를 갖는 평판으로 가정할 수 있다면, 경계층이 완전히 난류라고 할 때, 각 날개에 미치는 마찰항력을 구하라.

11-47 비행기가 90 m/s의 속도로 날고 있다. 날개를 폭 2.5 m인 평면으로 가정했을 때, 뒷전 혹은 후연에서의 경계층두께 δ와 전단응력을 구하라. 경계층은 완전히 난류인 것으로 가정한다. 비행기는 고도 1 km에서 비행한다.

*11-48 비행기가 고도 1 km에서 90 m/s의 속도로 날고 있다. 날개를 폭 2.5 m와 길이 7 m인 평판으로 가정했을 때, 각 날개에 미치는 마찰항력을 구하라. 경계층은 완전히 난류인 것으로 가정한다.

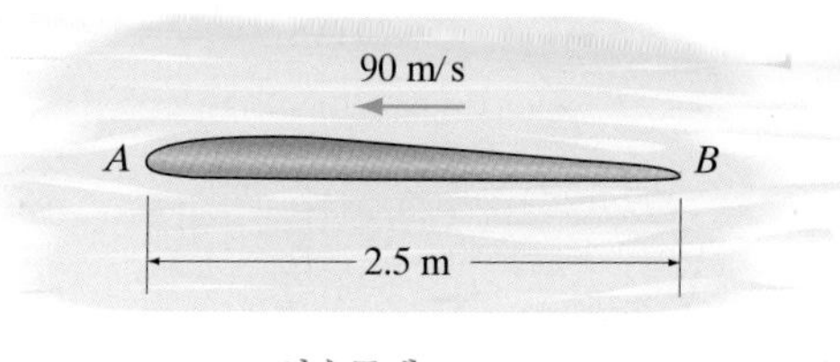

연습문제 11-47/48

11-49 비행기의 꼬리날개는 대략 폭이 1.5 ft이고 길이는 4.5 ft이다. 꼬리날개에 부는 공기흐름은 균일한 것으로 가정했을 때, 경계층의 두께 δ를 도시하라. 층류경계층에 대해서는 매 0.05 ft의 증분에 대하여, 그리고 난류경계층에 대해서는 0.25 ft의 증분에 대한 값들을 세시하라. 또한 수직꼬리날개에 작용하는 마찰항력을 구하라. 비행기는 바람이 없는 공기중을 고도 5000 ft에서 500 ft/s의 속도로 날고 있다.

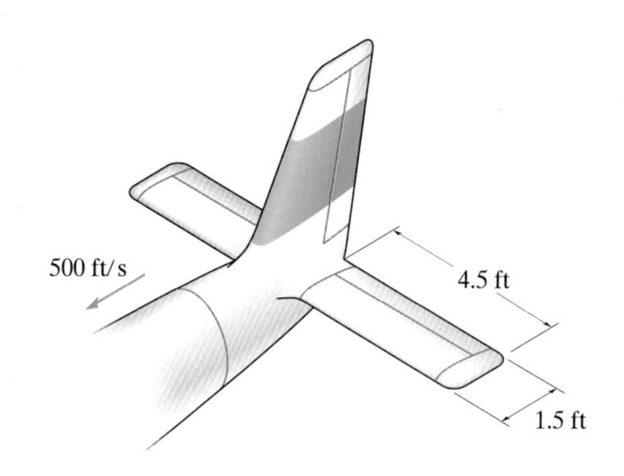

연습문제 11-49

11-50 두 대의 수중익이 20 m/s로 이동하는 보트에서 사용된다. 물의 온도가 15°C이고, 각각의 블레이드는 길이 4 m, 폭 0.25 m인 평판이라고 하면, 각 블레이드의 끝단 혹은 후연에서의 경계층의 두께를 구하라. 각 블레이드에 작용하는 항력은 얼마인가? 유동은 완전한 난류인 것으로 가정한다.

11-51 두 대의 수중익이 20 m/s로 이동하는 보트에서 사용된다. 물의 온도가 15°C이고, 각각의 블레이드는 길이 4 m, 폭 0.25 m인 평판이라고 하면, 각 블레이드에 작용하는 항력을 구하라. 층류와 난류경계층을 모두 고려하라.

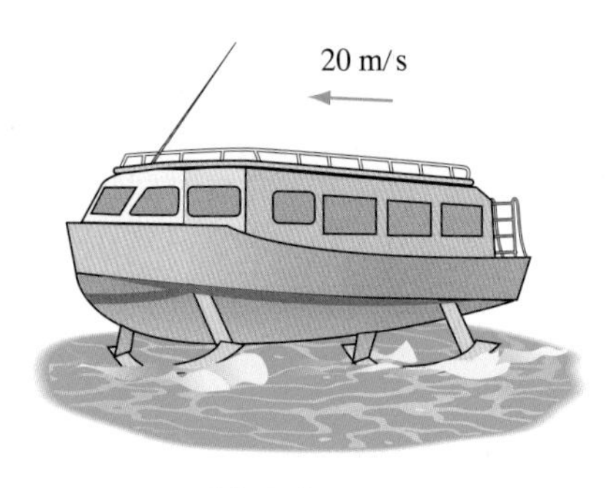

연습문제 11–50/51

*11-52 비행기가 고도 3 km에서 700 km/h의 속도로 비행하고 있다. 각 날개가 폭 2 m, 길이 6 m의 평면을 갖는 것으로 가정하면, 각 날개에 작용하는 마찰항력을 구하라. 층류와 난류경계층을 모두 고려하라.

11-53 바지선이 온도 60°F인 잔잔한 물에서 15 ft/s로 전진하고 있다. 바지선의 바닥을 길이 120 ft, 폭 25 ft인 평판으로 가정할 수 있다면, 바지선의 바닥면에 작용하는 물의 마찰저항을 극복하기 위해 요구되는 엔진의 동력을 구하라. 층류와 난류경계층을 모두 고려하라.

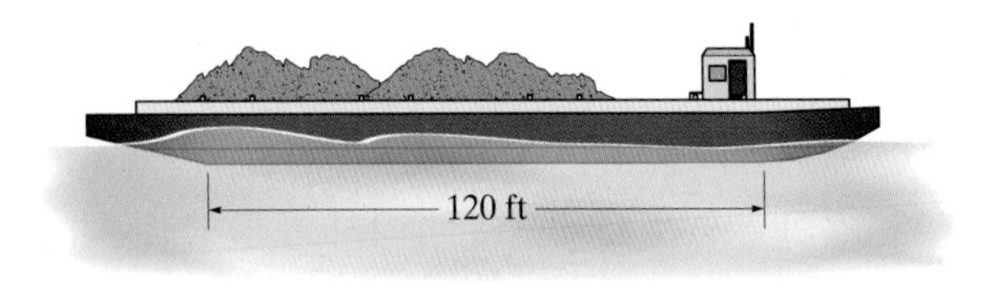

연습문제 11–52/53

11-54 판은 폭이 2 m이고 보이는 바와 같이 바람에 대해 각도 12°를 유지하고 있다. 판 밑의 평균압력은 40 kPa, 위에서는 60 kPa이라고 할 때, 판에 작용하는 압력항력을 구하라.

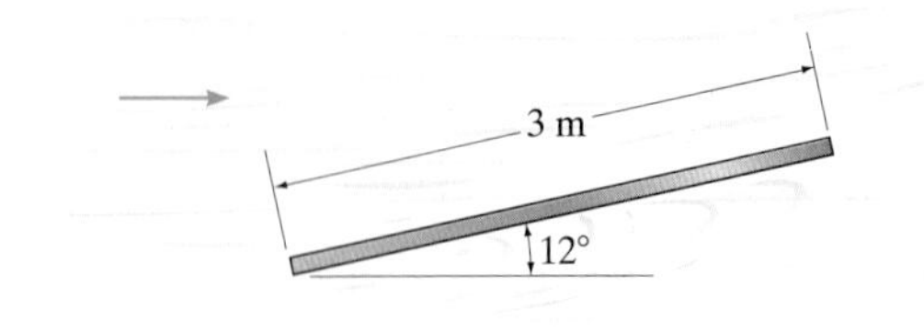

연습문제 11–54

11-55 바람이 경사진 면 위로 불고 보여진 대략적인 압력분포를 만든다. 평면의 폭이 3 m라고 할 때, 면에 작용하는 압력항력을 구하라.

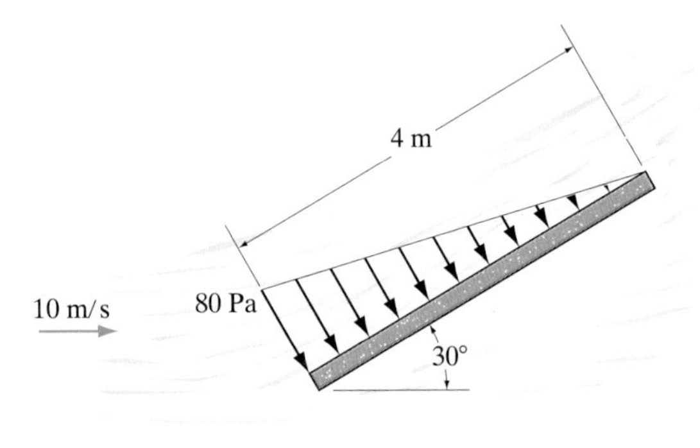

연습문제 11–55

*11-56 간판이 $p = (112.5\,\rho y^{0.6})$ Pa(y의 단위는 미터)로 근사화되는 압력분포를 이루는 바람형상(wind profile)에 노출되어 있다. 바람으로 인한 총 압력력(pressure force)을 구하라. 공기는 온도 20°C이고 간판은 폭이 0.5 m이다.

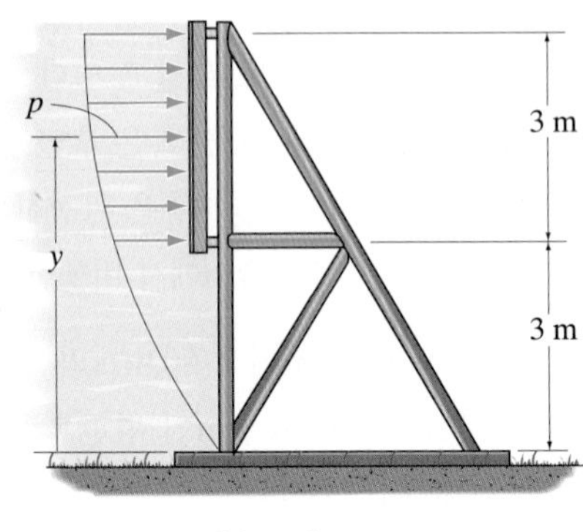

연습문제 11–56

11-57 만곡된 물체의 표면 위의 A에서 B로 작용하는 공기압력은 $p = (5 - 1.5\,\theta)$ kPa(여기서 θ의 단위는 radian임)로 근사화될 수 있다. $0° \le \theta \le 90°$에서 물체에 작용하는 압력항력을 구하라.

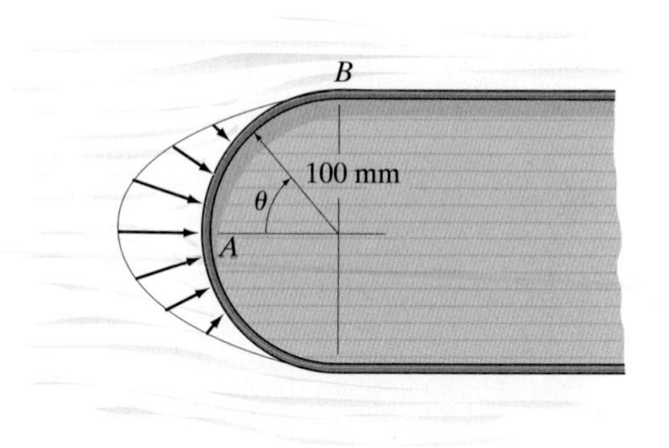

연습문제 **11–57**

11-58 경사면에 작용하는 공기압은 보여진 선형분포에 의해 근사화된다. 폭이 3 m일 때, 면에 작용하는 총 수평력의 크기를 구하라.

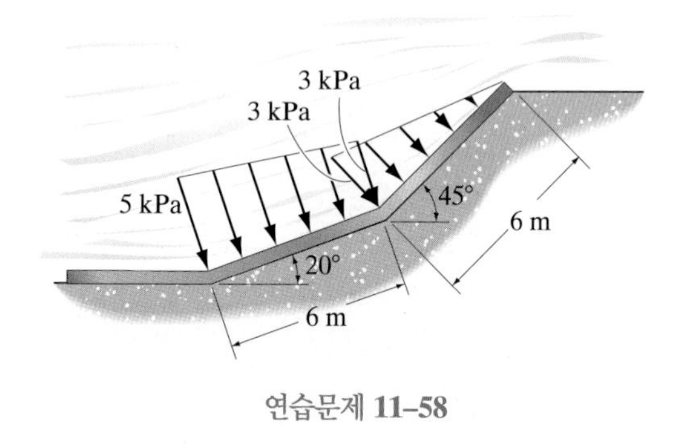

연습문제 **11–58**

11-59 건물의 전면은 $p = (0.25y^{1/2})$ lb/ft^2(여기서 y는 지표로부터 ft 단위로 측정된 거리임)의 압력을 작용시키는 바람을 받고 있다. 이 하중에 의해 건물의 바람을 향한 면에 작용하는 압력의 합력을 구하라.

***11-60** 건물이 속도 80 ft/s의 균일한 바람을 받고 있다. 공기 온도가 40°F라고 할 때, 항력계수 1.43을 갖는 건물의 전면에 작용하는 압력의 합력을 구하라.

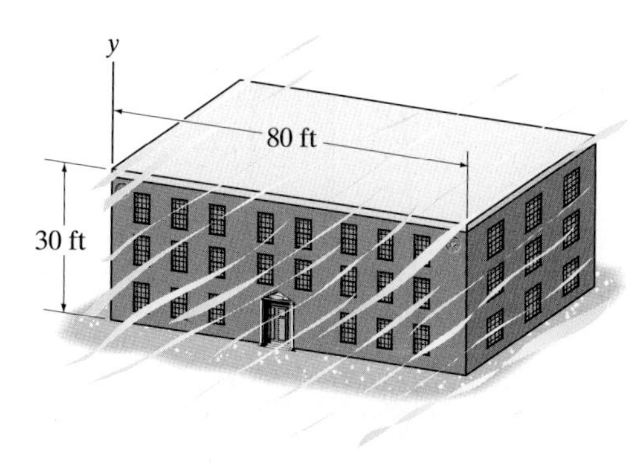

연습문제 **11–59/60**

11-61 간판의 전면이 16 m/s의 바람을 받고 있다면, 바람 항력에 의한 정사각형 간판의 기저 A에 발생하는 모멘트를 구하라.

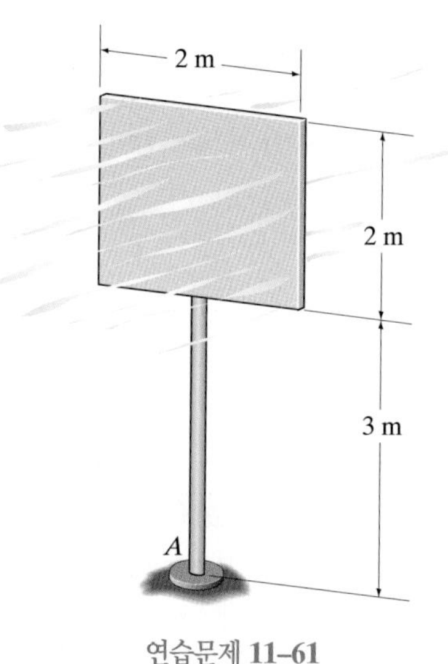

연습문제 **11–61**

11-62 보트에 있는 돛대는 직경 0.75 in., 총 길이 130 ft인 로프로 구성되는 삭구(장비)에 의해 제 위치를 유지한다. 로프를 원통형으로 가정하고, 보트가 30 ft/s로 전진할 때, 보트에 작용하는 항력을 구하라. 공기는 온도가 60°F 이다.

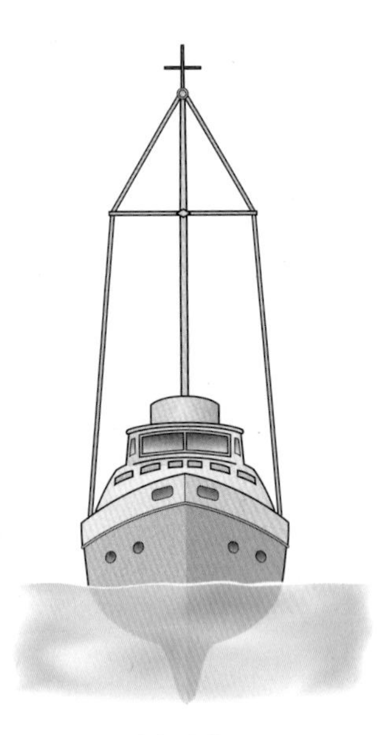

연습문제 11–62

*11-64 매끄러운 다리의 교각(원주)은 각각 직경이 0.75 m이다. 강이 평균속도 0.08 m/s를 유지한다고 할 때, 물이 각 교각에 미치는 항력을 구하라. 수온은 20°C이다.

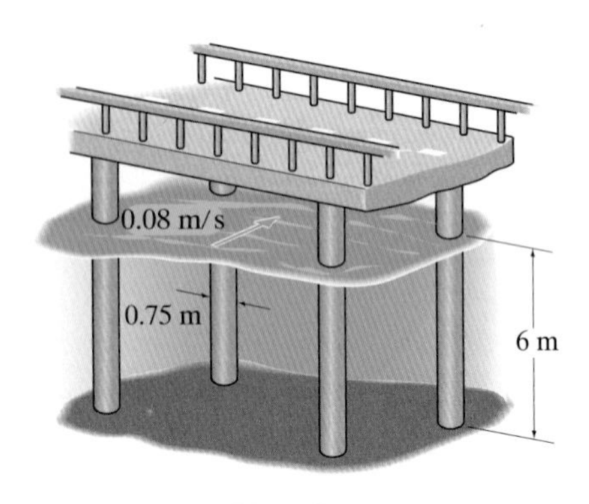

연습문제 11–64

11-63 20°C에서 직경이 100 mm인 깃대를 향해 바람이 1.20 m/s의 속도로 불고 있다. 깃대의 높이가 8 m이라면, 깃대에 작용하는 항력을 구하라. 깃대는 매끄러운 원주라고 간주하라. 이 항력은 생각한 정도의 힘이라고 생각하는가?

연습문제 11–63

11-65 60 mi/h의 바람이 트러스의 옆으로 분다. 부재의 폭이 각각 4 in.라고 할 때, 트러스에 작용하는 항력을 구하라. 공기는 60°F이고, $C_D = 1.2$이다. 1 mi = 5280 ft이다.

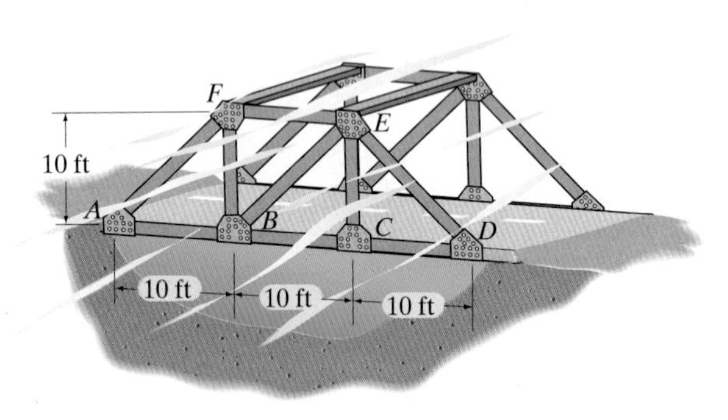

연습문제 11–65

11-66 잠수함의 잠망경은 잠수길이가 2.5 m이고 직경이 50 mm이다. 잠수함이 8 m/s로 이동 중일 때, 잠망경의 기초에 발생하는 모멘트를 구하라. 물의 온도는 15°C이다. 잠망경은 매끄러운 원통으로 간주하라.

11-67 건물 위의 안테나는 높이가 20 ft이고 직경이 12 in. 이다. 평균속도 80 ft/s를 갖는 바람을 받는 경우, 평형상태 유지를 위한 기초에서의 구속모멘트를 구하라. 공기의 온도는 60°F이다. 안테나를 매끄러운 원주로 간주하라.

연습문제 **11–67**

***11-68** 트럭은 일정한 속도 80 km/h로 이동할 때 항력계수 $C_D = 1.12$를 갖는다. 트럭의 평균전면투영면적이 10.5 m^{2}이라고 할 때, 이 속도에서 트럭을 몰기 위해 필요한 동력을 구하라. 공기의 온도는 10°C이다.

11-69 트럭은 일정한 속도 60 km/h로 이동할 때 항력계수 $C_D = 0.86$를 갖는다. 트럭의 평균전면투영면적이 10.5 m^{2}이라고 할 때, 이 속도에서 트럭을 몰기 위해 필요한 동력을 구하라. 공기의 온도는 10°C이다.

연습문제 **11–68/69**

11-70 10°C의 바람이 30 m 높이의 굴뚝을 향해 2.5 m/s로 분다. 굴뚝 직경이 2 m이면, 굴뚝이 제자리에 있도록 기초에 형성되어야 하는 모멘트를 구하라. 굴뚝은 거친 원통으로 간주하라.

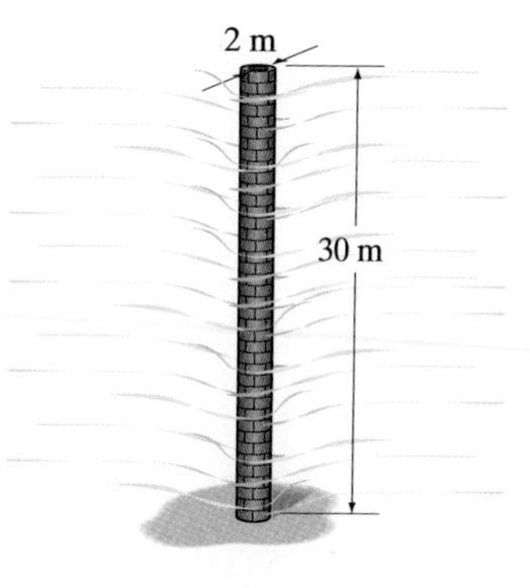

연습문제 **11–70**

11-71 장방형 판이 0.5 m/s로 흐르는 기름유동에 잠겨있다. AB가 전연이 되도록 향해지는 경우와 BC가 전연이 되도록 시계 반대방향으로 90° 회전되었을 때 판에 작용하는 항력을 비교하라. 판의 폭은 0.8 m이다. $\rho_o = 880\ \text{kg/m}^3$이다.

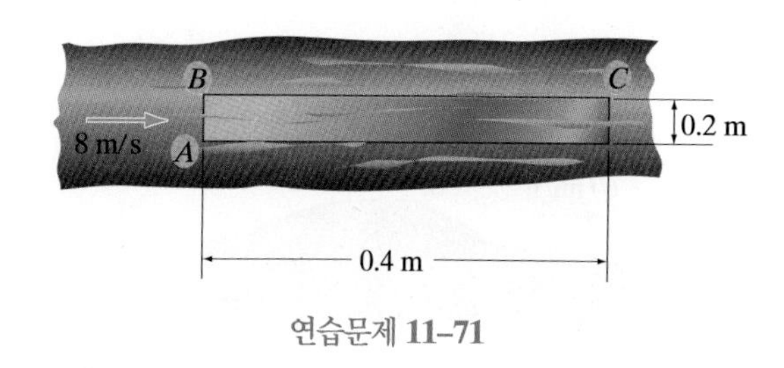

연습문제 **11–71**

***11-72** 낙하산은 항력계수 $C_D = 1.36$과 개방직경 4 m를 갖는다. 사람이 낙하산을 타고 낙하할 때 종말속도를 구하라. 공기는 20°C이다. 낙하산과 사람의 총 질량은 90 kg이다. 사람에게 작용하는 항력은 무시한다.

11-73 낙하산은 항력계수 $C_D = 1.36$을 갖는다. 사람이 종말속도 10 m/s를 얻기 위해 요구되는 낙하산의 개방직경을 구하라. 공기는 20°C이다. 낙하산과 사람의 총 질량은 90 kg이다. 사람에게 작용하는 항력은 무시한다.

11-74 사람과 낙하산의 총 질량은 90 kg이다. 낙하산이 개방직경 6 m를 갖고, 사람이 종말속도 5 m/s로 내려올 때, 낙하산의 항력계수를 구하라. 공기는 20°C이다. 사람에게 작용하는 항력은 무시한다.

연습문제 **11–72/73/74**

11-75 자동차의 전면투영면적은 14.5 ft^{2}이다. 항력계수 $C_D = 0.83$이고 공기는 60°F라고 할 때, 일정 속도 60 mi/h로 주행하기 위한 요구 동력을 구하라. 1 mi = 5280 ft이다.

연습문제 **11–75**

***11-76** 5 m 직경의 풍선이 고도 2 km 지점에 있다. 풍선이 종말속도 12 km/h로 움직이고 있다고 할 때, 풍선에 작용하는 항력을 구하라.

11-77 차의 항력계수 $C_D = 0.28$이고, 20°C 공기유동으로의 투영면적은 2.5 m^{2}이다. 일정 속도 160 km/h를 유지하기 위해 엔진이 공급해야 하는 동력을 구하라.

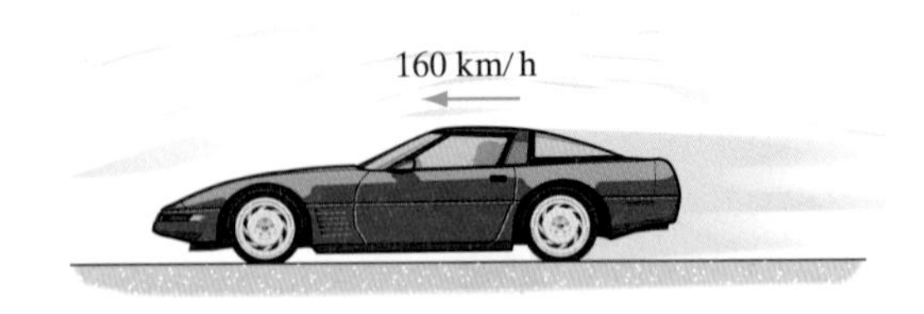

연습문제 **11–77**

11-78 로켓은 60°의 노즈콘을 가지고 있고, 기초 직경 1.25 m를 갖는다. 로켓이 온도 10°C인 공기 중에서 60 m/s로 이동 중일 때, 콘에 작용하는 공기의 항력을 구하라. 콘에 대해서는 표 11-3을 사용하라. 왜 이 값은 정확한 가정이 아님을 설명하라.

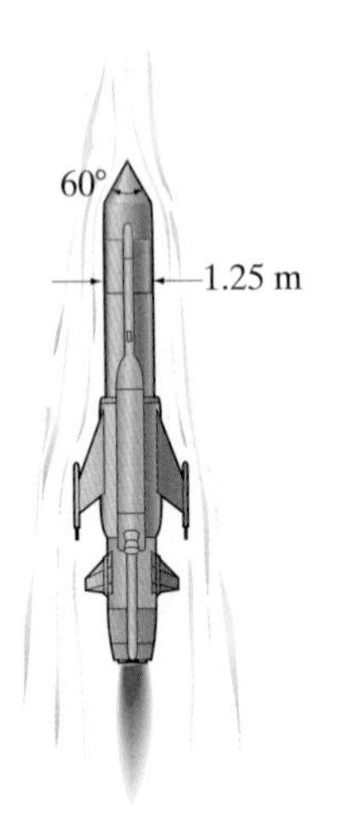

연습문제 **11–78**

11-79 일정 속도 2 m/s로 이동하는 보트가 약 0.35 m 직경의 반쯤 가라앉은 통나무를 끈다. 항력계수 $C_D = 0.85$이면, 장력이 수평방향인 경우 견인로프의 장력을 구하라. 통나무의 방향은 흐름이 통나무의 길이와 나란하도록 향해져 있다.

*11-80 0.25 lb인 공의 직경은 3 in.이다. 초기속도 20 ft/s로 수직 아래쪽으로 공이 던져졌을 때 공의 초기 가속도를 구하라. 공기 온도는 60°F이다.

11-81 한 변의 길이가 1 ft인 정사각형 판이 50 ft/s로 부는 온도 60°F의 공기 중에 있다. 공기흐름에 수직으로 있을 때와 나란하게 있을 때 판에 작용하는 항력을 비교하라.

11-82 매끄럽고 속이 빈 드럼은 질량이 8 kg이고 정마찰계수 $\mu_s = 0.3$인 면 위에 놓여있다. 드럼을 넘어지게 하거나 혹은 미끄러지게 하는 데 필요한 바람의 속도를 구하라. 공기의 온도는 30°C이다.

11-83 매끄럽고 속이 빈 드럼은 질량이 8 kg이고 정마찰계수 $\mu_s = 0.6$인 면 위에 놓여있다. 드럼을 넘어지게 하거나 혹은 미끄러지게 하는 데 필요한 바람의 속도를 구하라. 공기의 온도는 30°C이다.

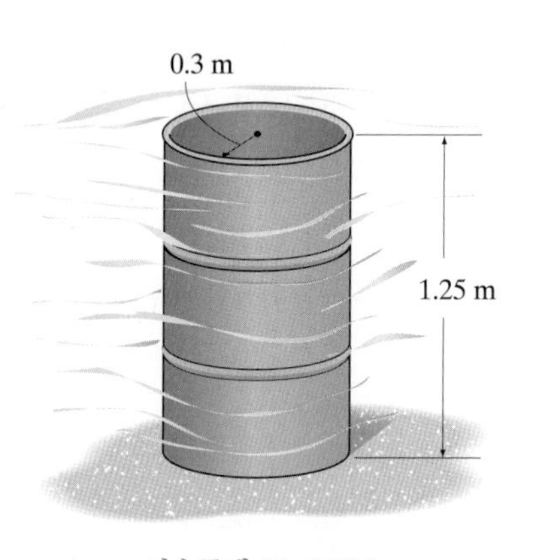

연습문제 **11–82/83**

*11-84 믹서의 날들은 밀도 ρ이고 점도 μ인 액체를 휘젓는 데 사용된다. 각각의 날이 길이 L이고 넓이가 w이면, 일정 각속도 ω로 날을 회전시키는 데 필요한 토크 $\mathbf{T}$를 구하라. 날 단면의 항력계수는 C_D이다.

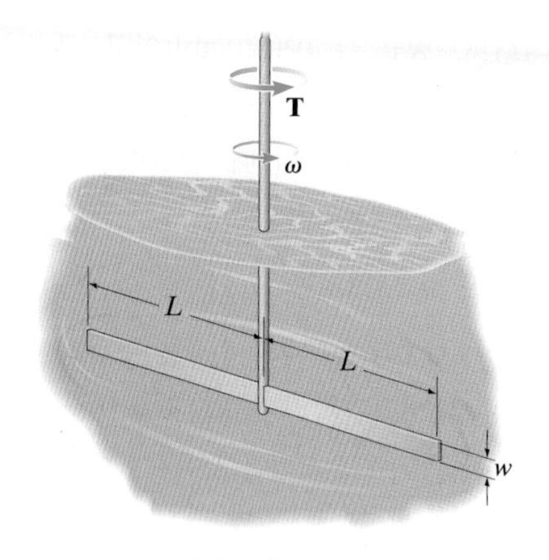

연습문제 **11–84**

11-85 공은 직경이 60 mm이고, 기름 내에서 종말속도 0.8 m/s로 떨어진다. 공의 밀도를 구하라. 기름에 대하여 $\rho_o = 880\ \text{kg/m}^3$이고 $\nu_0 = 40(10^{-6})\ \text{m}^2/\text{s}$이다. 주의 : 구의 체적은 $V = \frac{4}{3}\pi r^3$이다.

11-86 공은 직경이 8 in .이다. 18 ft/s의 속력으로 찼을 경우, 공에 작용하는 초기 항력을 구하라. 이 힘은 일정하게 유지되는가? 공기의 온도는 60°F이다.

11-87 상층부 대기 내의 고도 8 km에 있는 입자상 물질은 평균직경이 3 μm이다. 입자의 질량이 $42.5(10^{-12})$ g이라고 할 때, 지구상에 가라앉는 데 필요한 시간을 구하라. 중력은 일정한 것으로 가정하고, 공기에 대해 $\rho = 1.202\ \text{kg/m}^3$이고 $\mu = 18.1(10^{-6})\ \text{N}\cdot\text{s/m}^2$이다.

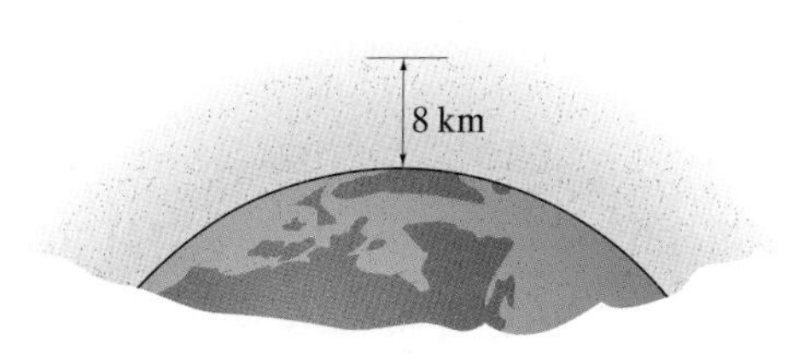

연습문제 **11–87**

***11-88** 단단한 공은 직경이 20 mm이고, 밀도는 3.00 $\mathrm{Mg/m^3}$이다. 이 공이 밀도 $\rho = 2.30\,\mathrm{Mg/m^3}$, 점도 $\nu = 0.052\,\mathrm{m^2/s}$인 액체에 떨어졌다고 할 때, 종말속도를 구하라. 주의 : 구의 체적은 $V = \frac{4}{3}\pi r^3$이다.

11-89 $t = 0$일 때 수평속도 30 m/s로 캔을 떠난 대기부유 고체입자의 $t = 10\,\mu\mathrm{s}$일 때의 속도를 구하라. 입자의 평균직경은 0.4 μm이고 각각의 질량은 $0.4(10^{-12})$ g이다. 공기는 20°C이다. 속도의 수직성분은 무시한다. 구의 체적은 $V = \frac{4}{3}\pi r^3$이다.

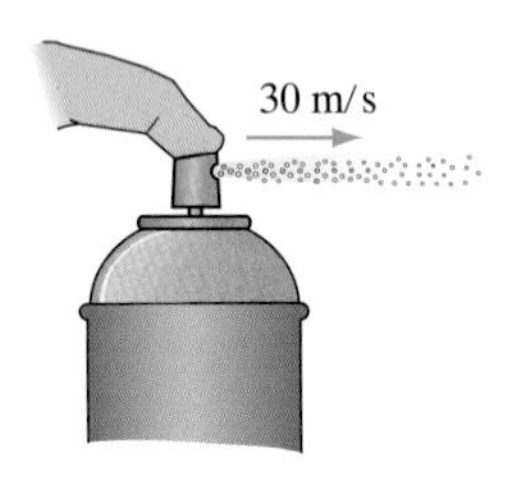

연습문제 **11–89**

11-90 20°C의 더러운 물이 저장탱크에 들어가 수위 2 m까지 찬 후 흐름을 멈춘다. 직경이 0.05 mm 이상인 모든 침전물 입자들이 바닥에 가라 앉는 데 필요한 최단시간을 구하라. 입자의 밀도는 $\rho = 1.6\,\mathrm{Mg/m^3}$ 혹은 그 이상으로 가정한다. 구의 체적은 $V = \frac{4}{3}\pi r^3$이다.

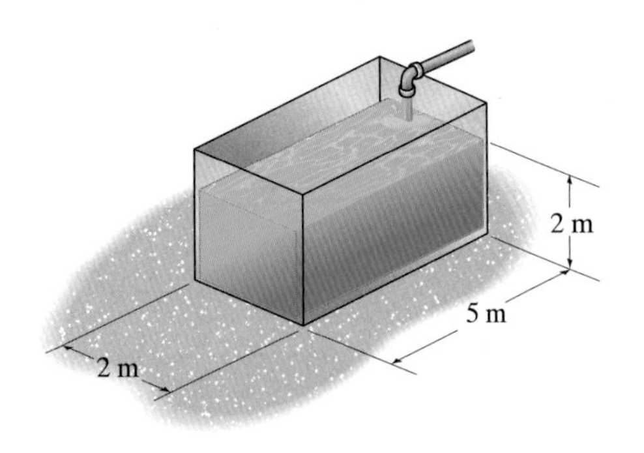

연습문제 **11–90**

11-91 직경이 0.6 m이고 질량 0.35 kg인 공이 10°C의 대기중에서 떨어지고 있다. 종말속도를 구하라. 구의 체적은 $V = \frac{4}{3}\pi r^3$이다.

***11-92** 빗방울의 직경은 1 mm이다. 낙하할 때의 대략적인 종말속도를 구하라. 공기는 일정한 밀도 $\rho_a = 1.247\,\mathrm{kg/m^3}$와 $\nu_a = 14.2(10^{-6})\,\mathrm{m^2/s}$를 갖는 것으로 가정하라. 부력은 무시한다. 구의 체적은 $V = \frac{1}{6}\pi D^3$이다.

11-93 2 Mg 경주용 차의 전면투영면적은 1.35 $\mathrm{m^2}$이고 항력계수는 $(C_D)_C = 0.28$이다. 차가 60 m/s로 달리고 있는 경우, 차의 속도를 4초 이내에 20 m/s로 줄이는 데 필요한 낙하산의 직경을 구하라. 낙하산에 대하여 $(C_D)_p = 1.15$이다. 공기는 20°C이다. 바퀴는 자유롭게 구른다.

연습문제 **11–93**

11-94 밀도가 2.40 $\mathrm{Mg/m^3}$이고 직경이 2 mm인 모래입자가 튜브 안에 담긴 기름의 표면에 정지상태에서 놓여졌다. 입자가 아래쪽으로 떨어지면서 '느린 점성류'가 그 주위에 만들어진다. 약 Re = 1 정도에서 스토크스의 법칙이 유효하지 않게 될 때 입자의 속도와 시간을 구하라. 기름의 밀도는 $\rho_o = 900\,\mathrm{kg/m^3}$이고, 점도는 $\mu_o = 30.2(10^{-3})\,\mathrm{N\cdot s/m^2}$이다. 입자는 구형이며, 그 체적은 $V = \frac{4}{3}\pi r^3$이다.

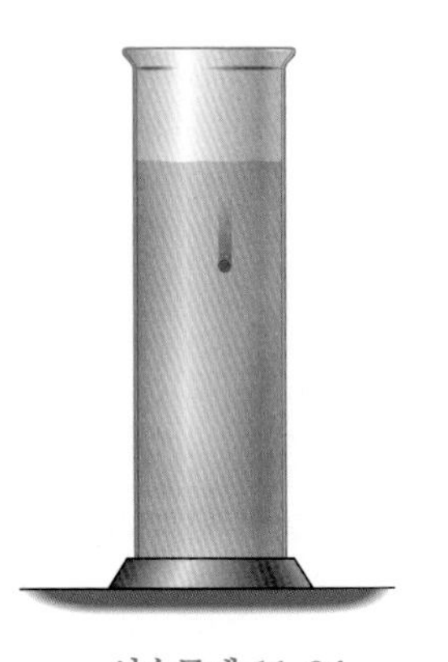

연습문제 **11–94**

11-95 평균직경이 0.05 mm이고, 평균밀도가 450 kg/m^{3}인 먼지입자들이 공기흐름에 의해 흩어지고, 600 mm 높이의 책상 모서리에서 떨어져 0.5 m/s의 수평방향 정상유동의 바람에 실린다. 책상의 모서리에서 대부분의 입자들이 바닥에 떨어지는 곳까지의 거리 d를 구하라. 공기는 20°C이다. 구의 체적은 $V = \frac{4}{3}\pi r^3$이다.

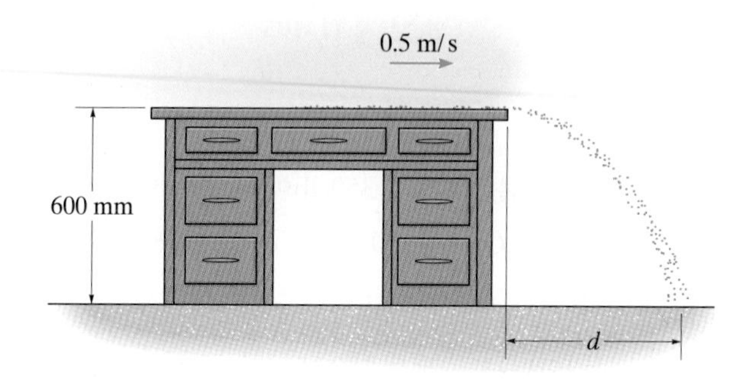

연습문제 **11–95**

***11-96** 바윗돌이 평균물 온도가 15°C인 호수의 표면에서 정지상태로부터 놓여진다. $C_D = 0.5$일 경우, 바윗돌이 600 mm 깊이에 도달했을 때의 속도를 구하라. 바윗돌은 직경이 50 mm이고 밀도가 $\rho_r = 2400$ kg/m^{3}인 구로 가정한다. 구의 체적은 $V = \frac{4}{3}\pi r^3$이다.

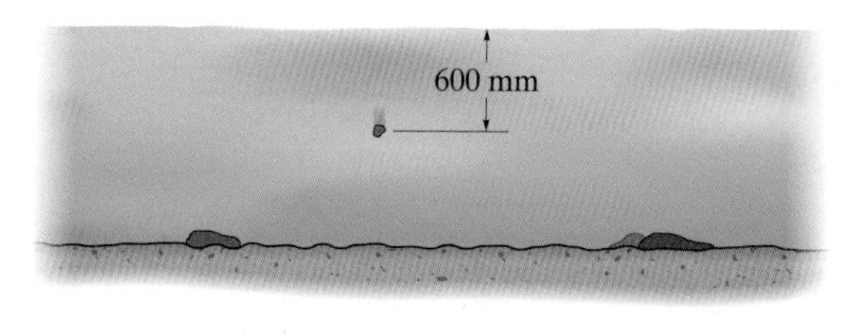

연습문제 **11–96**

11-97 매끄러운 원통이 레일에 매달려있고 부분적으로 물에 잠겨져 있다. 바람이 8 m/s로 불고있다고 할 때, 원통의 종말속도를 구하라. 물과 공기는 모두 20°C이다.

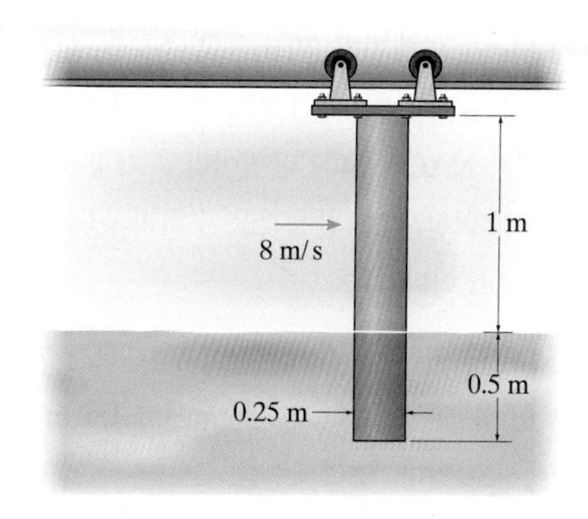

연습문제 **11–97**

11-98 직경 5 m인 풍선과 그 안에 있는 기체의 질량은 80 kg이다. 종말 하강속도를 구하라. 공기온도는 20°C로 가정한다. 구의 체적은 $V = \frac{4}{3}\pi r^3$이다.

11-99 매끄러운 공은 직경이 43 mm이고 질량은 45 g이다. 수직 윗방향으로 20 m/s의 속력으로 던져졌을 때, 공의 초기 가속도를 구하라. 온도는 20°C이다.

***11-100** 낙하산의 총질량은 90 kg이고, 직경 3 m인 낙하산을 개방했을 때 6 m/s로 자유낙하하고 있다. 속도가 10 m/s로 증가되는 시간을 구하라. 또한 종말속도는 얼마인가? 계산을 위해 낙하산은 속이 빈 반구로 가정한다. 공기의 밀도는 $\rho_a = 1.25$ kg/m^{3}이다.

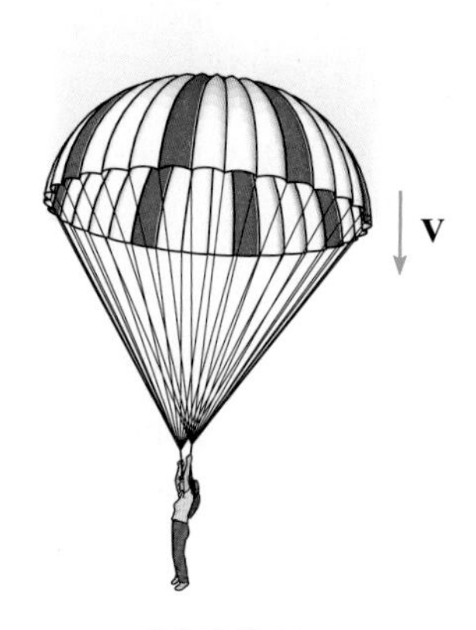

연습문제 **11–100**

11-101 3 Mg의 비행기가 70 m/s의 속도로 비행하고 있다. 각 날개가 길이 5 m, 폭 1.75 m의 직사각형이라고 가정하고, 날개가 NACA 2409 단면이라고 가정했을 때 양력을 발생시키기 위한 최소 받음각을 구하라. 공기의 밀도는 $\rho = 1.225\ \text{kg/m}^3$이다.

11-102 5 Mg의 비행기는 각각 길이 5 m, 폭 1.75 m의 날개를 갖고 있다. 비행기는 고도 3 km에서 150 m/s의 속도로 수평비행하고 있다. 양력계수를 구하라.

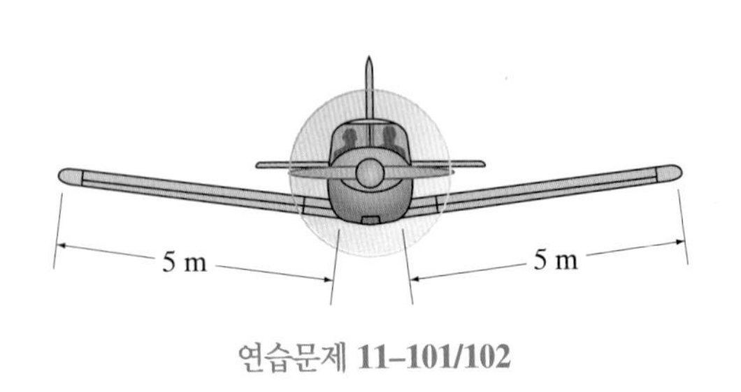

연습문제 **11–101/102**

11-103 5 Mg의 비행기는 각각 길이 5 m, 폭 1.75 m의 날개를 갖고 있다. 고도 3 km에서 150 m/s의 속도로 수평비행할 때와 같이, 5 km 고도에서 수평비행할 때 같은 양력을 발생시키기 위한 속도를 구하라.

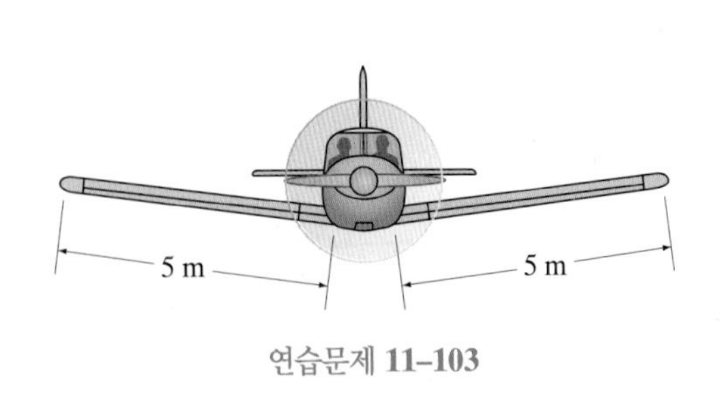

연습문제 **11–103**

***11-104** 4 Mg의 비행기가 70 m/s의 속도로 비행하고 있다. 각 날개가 길이 5 m, 폭 1.75 m의 직사각형이라고 가정했을 때, 적절한 받음각 α로 비행 중 각 날개에 미치는 항력을 구하라. 각각의 날개는 NACA 2409 단면이라고 가정한다. 공기의 밀도는 $\rho_a = 1.225\ \text{kg/m}^3$이다.

11-105 비행기는 고도 2 km에 위치한 공항에 있을 때 250 km/h에서 이륙할 수 있다. 해수면에 있는 공항에서의 이륙속도를 구하라.

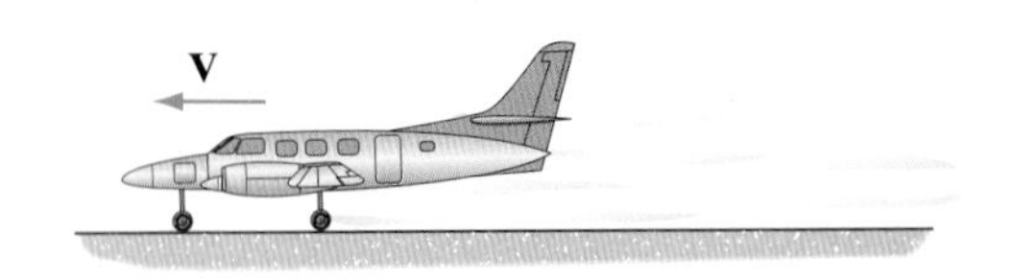

연습문제 **11–105**

11-106 글라이더는 무게가 350 lb이다. 항력계수 $C_D = 0.456$, 양력계수 $C_L = 1.20$, 그리고 총 날개면적 $A = 80\ \text{ft}^2$이면, 일정 속도에서의 하강 각도 θ를 구하라.

11-107 글라이더는 무게가 350 lb이다. 항력계수 $C_D = 0.316$, 양력계수 $C_L = 1.20$, 그리고 총 날개면적 $A = 80\ \text{ft}^2$이면, 고도 1.5 km인 곳으로부터 5 km 떨어진 곳에 위치하고 길이 1.5 km인 활주로에 착륙이 가능한지 결정하라. 공기의 밀도는 일정한 것으로 가정한다.

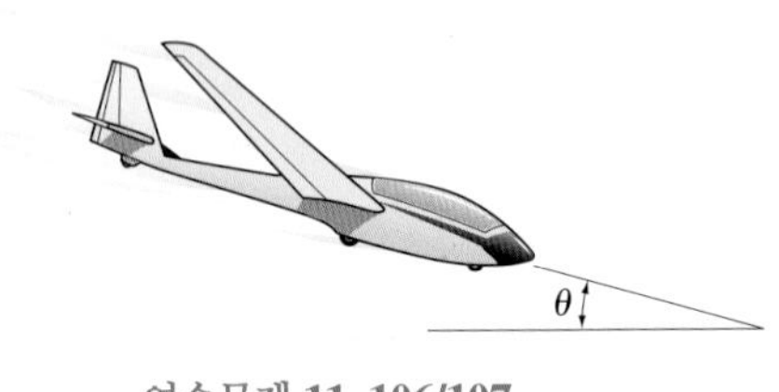

연습문제 **11–106/107**

***11-108** 20000 lb 비행기의 두 날개들은 각각 길이가 25 ft이고, 평균코드길이는 5 ft이다. 날개 부분의 1/15 축척모형이 풍동에서 밀도 $\rho_g = 7.80(10^{-3})\ \text{slug/ft}^3$인 가스를 사용하여 풍속 1500 ft/s로 시험될 때, 총 항력은 160 lb이다. 비행기가 밀도 $\rho_a = 1.75(10^{-3})\ \text{slug/ft}^3$인 일정한 고도에서 속력 400 ft/s로 비행할 때 날개에 작용하는 총 항력을 구하라. 타원형 양력분포를 가정한다.

11-109 글라이더는 바람이 없는 공기 중에서 8 m/s의 일정 속력을 갖는다. 양력계수 $C_L = 0.70$과 날개 항력계수 $C_D = 0.04$를 갖는 경우, 하강각도 θ를 구하라. 글라이더는 매우 긴 날개길이를 가지므로 날개에 작용하는 항력에 비하면 동체에 작용하는 항력은 무시할 만하다.

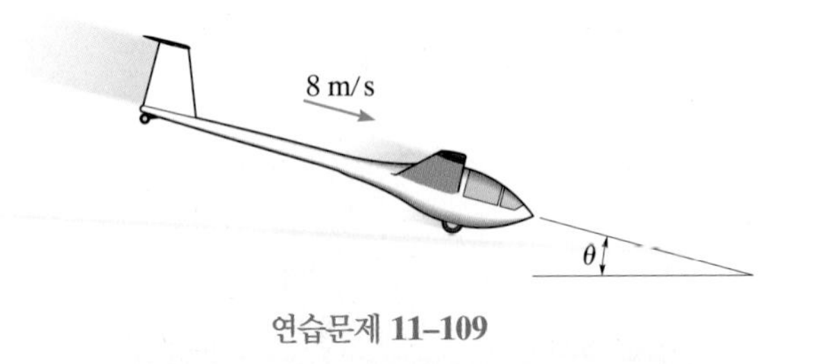

연습문제 **11–109**

11-110 2000 lb의 비행기가 고도 5000 ft에서 비행 중이다. 각각의 날개는 길이가 16 ft이고 코드길이는 3.5 ft이다. 각 날개가 NACA 2409 단면으로 분류된다면, 비행기가 225 ft/s로 비행 중일 때 양력계수와 받음각을 구하라.

11-111 2000 lb의 비행기가 고도 5000 ft에서 비행 중이다. 각각의 날개는 길이가 16 ft이고 코드길이는 3.5 ft이며, 또한 NACA 2409 단면으로 분류할 수 있다. 비행기가 225 ft/s로 비행 중일 때, 날개에 작용하는 총 항력을 구하라. 또한 실속조건이 발생할 때의 받음각과 그에 상응하는 속도는 얼마인가?

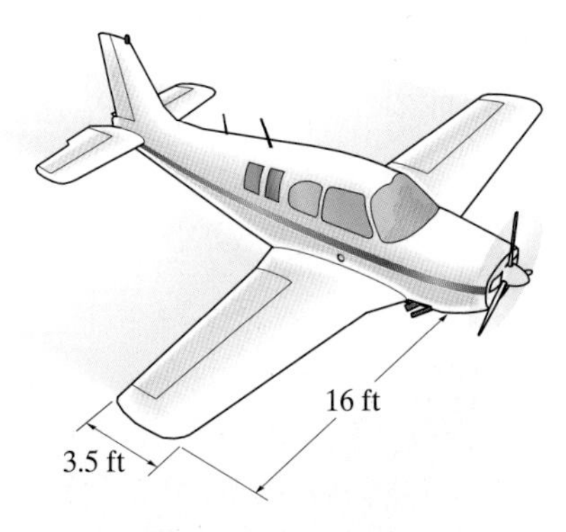

연습문제 **11–110/111**

***11-112** 비행기를 20 m/s로 비행시키기 위해 80 kW의 동력이 필요하다면, 그 비행기를 25 m/s로 비행시키기 위해서는 얼마만큼의 동력이 필요한가? C_D는 일정하게 유지된다고 가정한다.

11-113 비행기의 무게는 9000 lb이고 공기속도가 125 mi/h에 도달했을 때 비행장에서 이륙할 수 있다. 추가적으로 750 lb의 짐을 실으면, 동일한 받음각에서 이륙 전 공기속도는 얼마나 되어야 하는가?

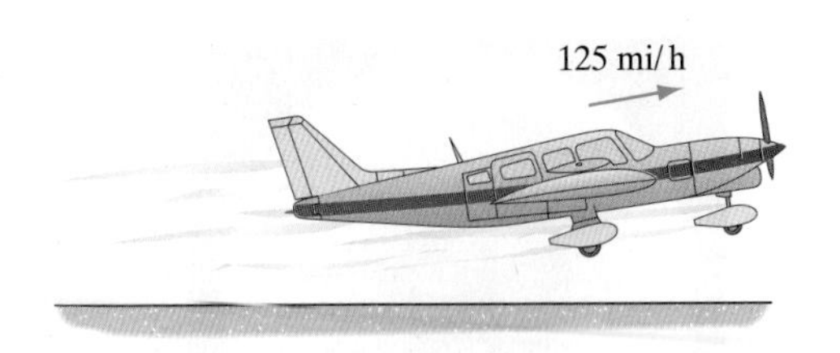

연습문제 **11–113**

11-114 야구공은 직경이 73 mm이다. 속도 5 m/s와 각속도 60 rad/s로 던져졌을 때, 공에 작용하는 양력을 구하라. 공의 표면은 매끄러운 것으로 가정한다. $\rho_a = 1.20\ \text{kg/m}^3$이고 $\nu_a = 15.0(10^{-6})\ \text{m}^2/\text{s}$로 하고, 그림 11-50이다.

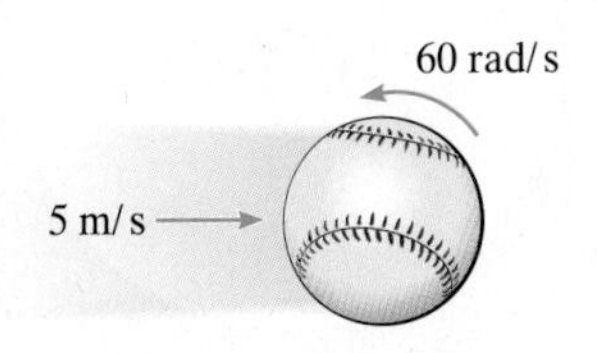

연습문제 **11–114**

11-115 직경 50 mm인 0.5 kg의 공이 속도 10 m/s와 각속도 400 rad/s로 던져진다. 10 m 거리만큼 떨어져 있는 목표점에서 수평으로부터 빗나간 거리 d를 구하라. $\rho_a = 1.20\ \text{kg/m}^3$이고 $\nu_a = 15.0(10^{-6})\ \text{m}^2/\text{s}$로 하고, 그림 11-50이다.

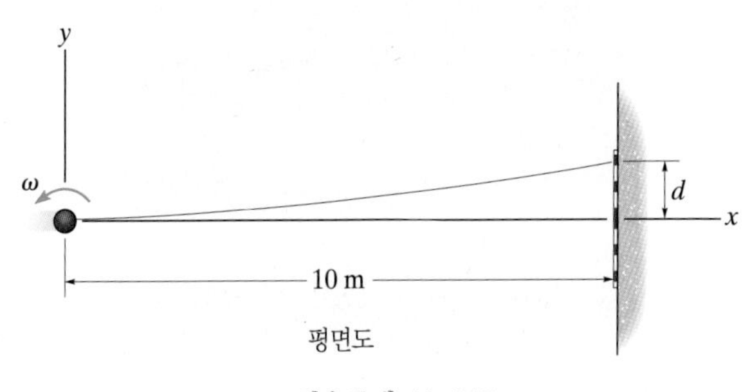

연습문제 **11–115**

개념문제

P11-1 컵에 있는 뜨거운 차를 저을 때, 맨 윗사진처럼 '차잎들'은 결국 바닥에서 컵의 중앙에 가라앉는 것처럼 보인다. 차잎은 왜 가장자리에 모이지 않고 중앙에 모이는가? 설명하라.

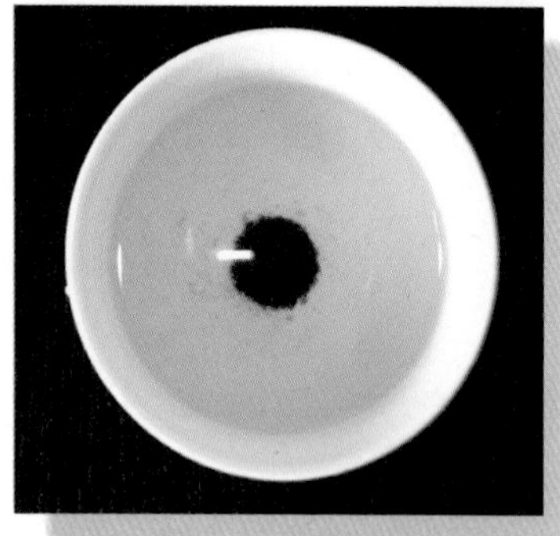

P11-1

P11-2 삼각형 건물과 돔형 건물 중 어느 구조물이 허리케인에서 잘 견딜까? 각각의 경우 유동에 대한 압력분포와 유선을 그리고, 답을 설명하라.

P11-2

P11-3 양력, 항력, 추력 그리고 무게가 비행기에 작용한다. 비행기가 이륙하는 동안 상승할 때 양력은 비행기의 무게보다 더 작은가, 더 큰가, 아니면 같은가? 설명하라.

P11-3

P11-4 야구공이 대기 중에서 위로 던져진다. 가장 높은 곳까지의 이동시간은 공이 던져진 동일한 높이로 떨어지는 데 드는 시간보다 긴가, 짧은가, 혹은 동일한가?

P11-4

장 복습

경계층은 물체의 표면 위 영역에 위치한 유체의 매우 얇은 층이다. 경계층 내에서 속도는 표면에서 영(zero)으로부터 유체의 자유유동 속도까지 변한다.

평판의 표면 위에 형성되는 경계층 내의 유동은 임계거리 x_{cr}까지는 층류이다. 이 책에서 이 거리는 $(\text{Re}_x)_{cr} = Ux_{cr}/\nu = 5(10^5)$로부터 결정된다.

층류경계층에 대한 속도형상은 Blasius에 의해 구해졌다. 그 해는 선도 및 표의 형태로 주어진다. 이 속도형상을 알면 경계층의 두께와 유동이 평판 위에 미치게 되는 마찰항력을 구할 수 있다.

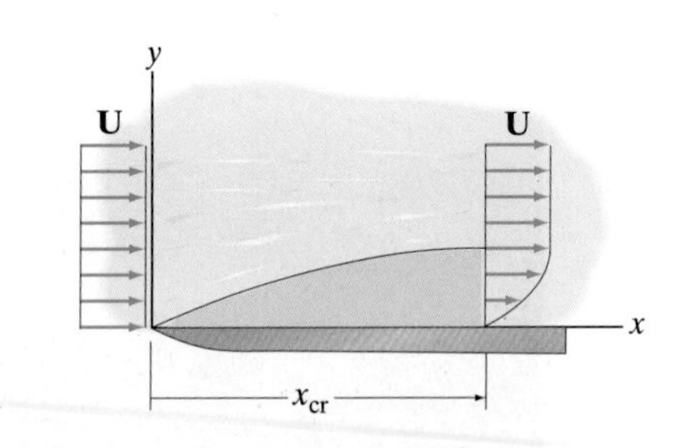

난류경계층에 의한 마찰항력은 실험에 의해 결정된다. 층류와 난류의 경우 모두 이 힘은 레이놀즈수의 함수인 무차원 마찰항력계수 C_{Df}를 사용하여 표현된다.

$$F_{Df} = C_{Df}A\left(\frac{1}{2}\rho U^2\right)$$

층류와 난류경계층 모두에 대하여 두께와 전단응력 분포는 운동량 적분방정식을 사용하는 근사적 방법으로 결정될 수 있다.

난류는 층류에 비해 표면에서 보다 큰 전단응력을 야기하므로, 난류경계층은 표면에 더 큰 마찰항력을 야기시킨다.

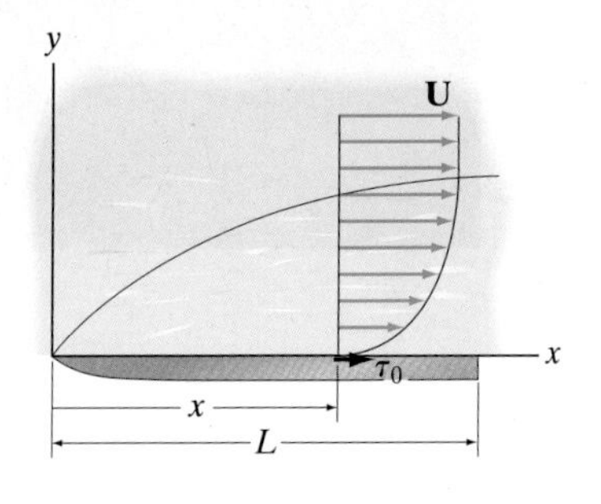

점성마찰과 압력으로 인한 실험적 항력계수 C_D는 원주, 구, 그리고 많은 다른 형상들에 대해 구해졌다. 일반적으로 C_D는 레이놀즈수, 물체의 형상, 유체 내에서의 방향, 그리고 표면조도의 함수이다. 어떤 경우에는 항력계수가 프라우드수 혹은 마하수에 의존될 수도 있다.

$$F_D = C_DA_p\left(\frac{\rho V^2}{2}\right)$$

익형을 설계할 때에는 항력과 양력이 모두 중요하다. 항력과 양력 계수인 C_D와 C_L은 실험에 의해 결정되고 받음각의 함수로 그래프로 제시된다.

Chapter 12

(© Tim Roberts Photography/Shutterstock)

개수로는 배수용과 관개용으로 자주 사용된다. 개수로를 통해 적당한
유동이 유지될 수 있도록 적절하게 설계하는 것이 중요하다.

개수로 유동

학습목표

- 개수로 내의 유동을 비에너지의 개념에 근거하여 설명한다.
- 둔덕 위와 슬루스 게이트 아래를 지나는 유동에 대하여 설명한다.
- 수로를 통한 정상 균일유동 및 정상 비균일유동에 대한 해석방법을 소개한다.
- 수력도약에 대해 논의하고 여러 가지 형태의 위어를 사용한 개수로에서의 유동 측정방법을 소개한다.

12.1 개수로 흐름의 유형

개수로(open channel)는 개방 혹은 자유표면을 갖는 임의의 도관이다. 예로는 강, 운하, 지하배수로, 그리고 용수로 등이 있다. 이들 중 강과 개울은 변화하는 단면을 갖고 있고 이는 시간의 경과에 따라 침식과 흙의 퇴적으로 인해 변한다. **운하**(canal)는 일반적으로 매우 길고 곧으며, 배수, 물대기, 혹은 항해에 사용된다. **지하배수로**(culvert)는 보통 꽉 찬 상태로 흐르지 않으며, 대개 콘크리트나 석조로 만들어진다. 지하배수로는 종종 노면 밑에서 배수를 운반하는 데 사용된다. 마지막으로 **용수로**(flume)는 지상에서 지지되고 오목한 홈 위로 배수를 운송하기 위해 설계된다.

수로가 일정한 단면을 가지고 있을 때 이는 **각기둥 수로**(prismatic channel)라 부른다. 예를 들어, 지하배수로와 용수로들은 종종 원형 혹은 타원형상을 갖는 반면, 운하들은 전형적으로 장방형 혹은 사다리꼴 단면으로 건축된다. 강과 개울은 비각기둥 단면을 갖고 있다. 그러나 대략적인 해석을 위해 단면들은 때때로 사다리꼴과 준타원형과 같은 일련의 서로 다른 크기의 각기둥 단면들로 모형화된다.

층류와 난류 층류는 개수로에서 일어날 수 있지만, 공학적 사례는 매우 드물다. 이는 유동이 층류에 대한 레이놀즈수 기준을 만족할 만큼 아주 느려야 하기 때문이다. 실제로 개수로 유동은 대부분 난류이다. 실제 일어나는 액체의 혼합

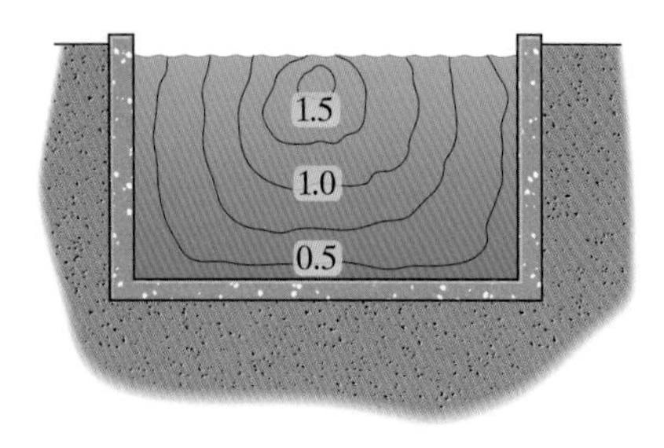

직사각형 수로에 대한
전형적인 속도 등고선

그림 12-1

은 표면 위로 부는 바람의 마찰력과 수로의 양 옆을 따르는 마찰력에 의해 일어난다. 이런 효과들은 속도형상을 매우 비정상적으로 만들고, 그 결과 최대 속도가 액체표면의 근처에 나타나나, 보통 표면에서 나타나지는 않는다. 개방된 직사각형 개수로를 통과해 흐르는 물에 대한 전형적인 속도구배는 그림 12-1에 나타낸 바와 유사하게 보일 수 있다. 따라서 유동이 층류인 것처럼 표면이 잠잠해 보인다 하더라도 표면의 아래는 난류일 수 있다. 난류의 불규칙성에도 불구하고 일반적으로 실제유동을 균일한 1차원 유동으로 **근사화**할 수 있고, 유동 예측에 있어 상당히 타당한 결과를 얻는다.

균일유동과 정상유동 개수로 유동은 층류 혹은 난류 외에 다른 방법으로도 분류될 수 있다.

균일유동(uniform flow)은 액체의 깊이가 수로의 길이방향으로 **일정하게 유지**될 때 일어나는데, 이 경우 액체의 속도는 위치가 한 곳에서 다음 위치로 갈 때 변하지 않기 때문이다. 한 예로 작은 기울기를 갖는 수로(그림 12-2a)에서는 흐름을 야기하는 중력과 흐름에 저항하는 마찰력이 균형을 이루게 된다. 길이를 따라 깊이가 변하면 유동은 **비균일**하게 된다. 이는 경사가 변하거나 혹은 수로의 단면적이 변할 경우에 발생할 수 있다. **가속 비균일유동**은 그림 12-2b와 같이 흐름의 깊이가 하류로 가면서 감소할 때 발생한다. **감속 비균일유동**은 그림 12-2c에서와 같이 아래쪽으로 기울어진 수로의 물이 댐의 물마루에 도달할 만큼 뒷받침되는 경우와 같이 깊이가 증가하는 경우에 발생한다.

수로 내의 **정상유동**(steady flow)은 유동이 그림 12-2a에서와 같이 **시간 경과에 따라 유동이 일정하게 유지**될 때 일어나고, 따라서 특정 위치에서의 그 깊이는 일정하게 유지된다. 이 유동은 개수로 유동을 포함하는 대다수 문제에 적용된다. 그러나 파동이 특정 위치를 지나가면, 그 깊이와 그에 따른 유동은 시간에 따라 변하게 되고, 이것은 **비정상유동**으로 분류된다.

균일 정상유동,
일정 깊이

(a)

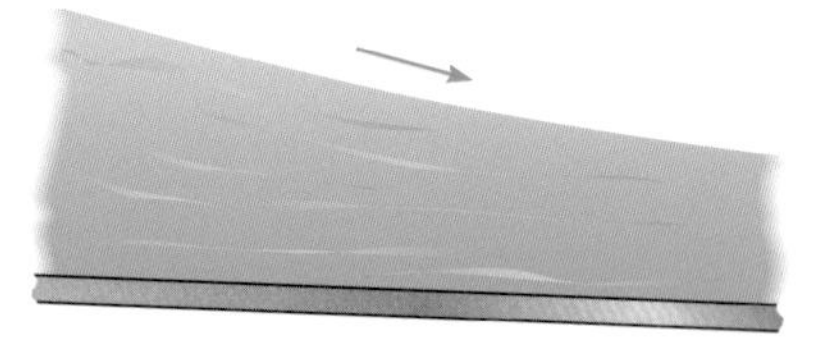
가속 비균일유동

(b)

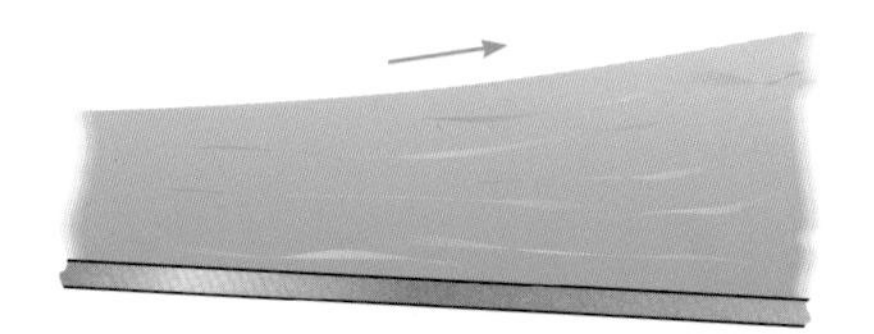
감속 비균일유동

(c)

그림 12-2

수력도약 위에서 언급한 유동 형식 외에도 개수로에서 발생할 수 있는 또 다른 현상이 있다. **수력도약**(hydraulic jump) 현상은 유동으로부터 동적 에너지를 빠르게 소산시켜주는 국부적인 난류이다. 이 현상은 그림 12-3과 같이 일반적으로 여울 혹은 배수로의 바닥에서 발생한다.

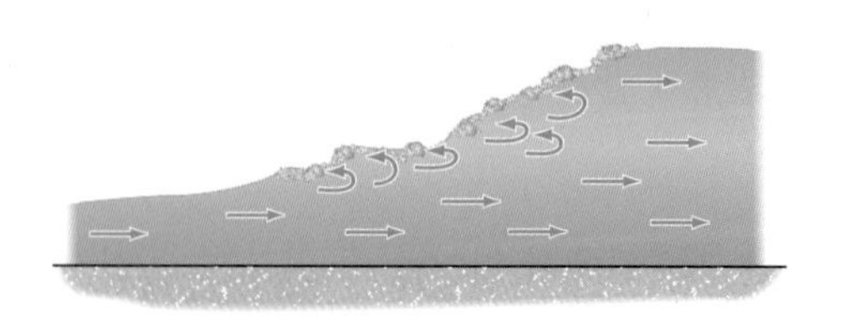
수력도약

그림 12-3

12.2 개수로 유동의 분류

이 절의 후반부에는 개수로에서 나타나는 유동형식을 수로 내의 액체 속도와 표면에서의 파동 속도와 비교함으로써 분류될 수 있음을 보게 될 것이다. 이 비교를 위해서는 먼저 파의 속도를 구하는 방법을 공식화할 필요가 있다. 특히 수로에서의 액체의 속도에 대한 파의 상대적인 속도를 **파의 속도**(wave celerity) c라고 한다.

c를 결정하기 위해, 그림 12-4a에 보인 것처럼, 파의 높이 Δy가 액체의 깊이 y에 비해 작다고 고려한다. 표면장력의 영향을 무시한다면 수로를 따르는 파의 전파는 중력에 의해 가정된다.* 고정관찰자에게는 비정상유동이 발생할 것이다. 왜냐하면 초기에는 액체가 정지상태에 있다가 그 후 파동이 지나가면서 파 아래의 액체는 교란되고 속도 $\mathbf{V}$를 갖게 될 것이다. 파가 지나가면서 실세는 그렇지 않지만 마치 파를 이루는 액체가 속도 c로 표면 위를 실제로 이동하는 착각을 일으키지만, 파의 형상은 다만 유체를 위 아래로 움직이게 함을 유의하라.

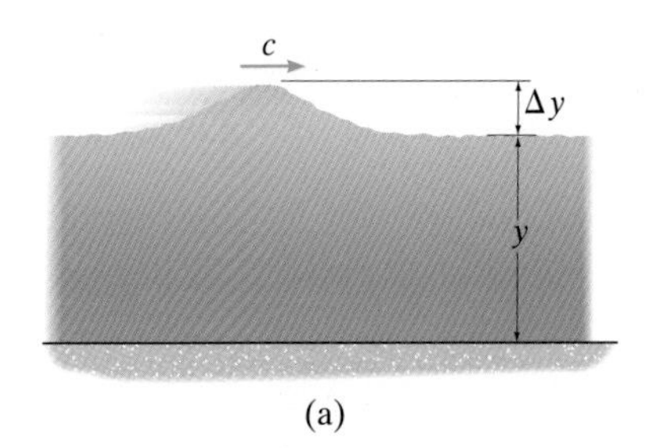

(a)

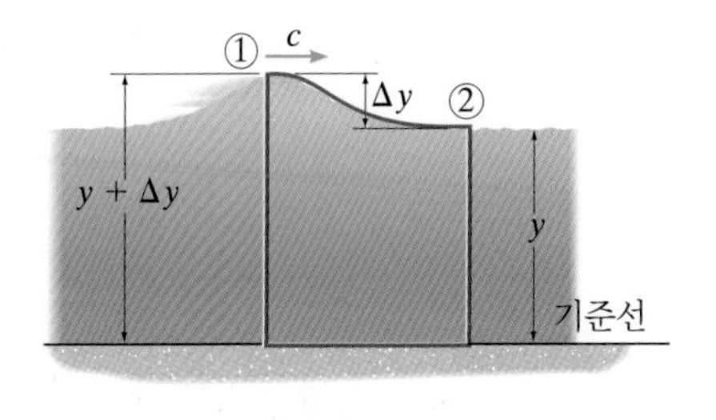

(b)

그림 12-4

해석을 위해 기준 좌표를 파와 함께 이동하는 검사체적에 고정함으로써 유동이 파의 관찰자에게는 그림 12-4b처럼 정상유동으로 보이게 하는 방법이 보다 편리하다. 다시 말하면, 1차원 유동의 경우 개방된 검사표면 2에서 액체는 c의 속도로 왼쪽으로 이동하고, 개방된 검사표면 1에서 액체는 $\mathbf{V}$의 속도로 왼쪽으로 이동한다. 액체를 이상유체로 가정하고, 수로가 일정한 폭 b를 갖는다고 가정하면, 연속방정식은

$$\frac{\partial}{\partial t}\int_{\text{cv}} \rho \, d\forall + \int_{\text{cs}} \rho \mathbf{V}_{f/\text{cs}} \cdot d\mathbf{A} = 0$$

$$0 + \rho(-c)(yb) + \rho[V(y + dy)b] = 0$$

$$V = \frac{cy}{y + \Delta y}$$

베르누이 방정식은 표면 유선 상의 점 1과 2에 적용될 수 있다.† 즉,

$$\frac{p_1}{\gamma} + \frac{V_1^2}{2g} + z_1 = \frac{p_2}{\gamma} + \frac{V_2^2}{2g} + z_2$$

$$0 + \frac{V^2}{2g} + (y + \Delta y) = 0 + \frac{c^2}{2g} + y$$

연속방정식의 결과를 사용하여 V에 대입하고 c에 대하여 풀면,

$$c = \left[\frac{2g\left(y^2 + 2y\Delta y + (\Delta y)^2\right)}{2y + \Delta y}\right]^{1/2}$$

---

* 파동방정식에 대한 보다 완벽한 논의는 참고문헌 [6]을 참조하라.

† 열린 검사표면의 어떤 점도 예제 5.11에 언급된 바와 같이 선택될 수 있다.

파동은 액체깊이 y에 비해 작은 높이 Δy를 가지므로, Δy는 무시될 수 있고, 따라서 결과는 아래와 같다.

$$c = \sqrt{gy} \tag{12-1}$$

파의 속도는 액체깊이만의 함수이며, 유체의 다른 물리적 성질들과 무관하다. 대양에서 파의 속도는 매우 높은 값에 도달할 수 있다는 점에 주목하라. 예를 들면, 대양의 깊이가 3 km이면, 지진에 의해 생성되는 쓰나미 파는 172 m/s(384 mi/h)의 속도로 이동할 것이다!

프라우드수 모든 개수로 유동의 원동력은 중력에 의한다. 1871년에 William Froude는 프라우드수를 공식화하고 그것이 개수로 유동을 설명하는 데 어떻게 사용될 수 있는지를 보였다. 제8장에서 프라우드수가 중력에 대한 관성력의 비의 제곱근으로 정의되었음을 상기하라. 그 결과는 다음과 같이 표현된다.

$$\mathrm{Fr} = \frac{V}{\sqrt{gy}} = \frac{V}{c} \tag{12-2}$$

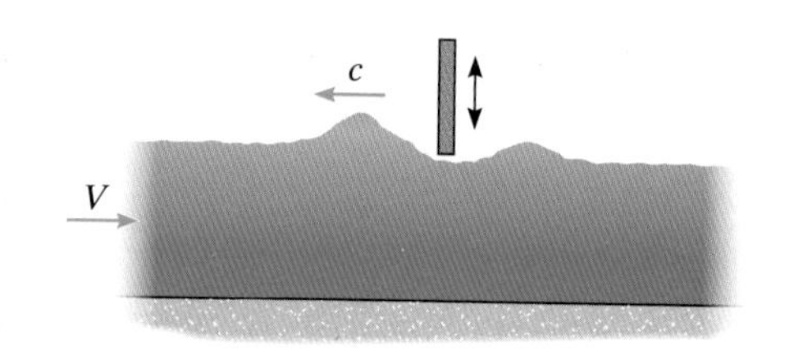

잔잔한 유동 : 파는 상류로 이동 $c > V$
임계유동 : 정지파 $V = c$
빠른 유동 : 파는 하류로 이동 $V > c$

(c)

그림 12-4(계속)

이때 V는 수로 내 액체의 평균속도이고, y는 깊이이다. 프라우드수가 왜 중요한지를 보이기 위해, 그림 12-4c에 나타낸 것처럼 판이 갑자기 정상유동을 방해하여 2개의 파를 생성하는 경우를 고려해보자. $\mathrm{Fr} = 1$이면, 식 (12-2)로부터 액체는 속도 $V = c$를 가져야 한다. 이 경우가 발생하면, 왼쪽의 파는 **정지상태**에 있게 된다. 이 경우를 **임계유동**이라 부른다. $\mathrm{Fr} < 1$이면, $c > V$이고, 이 파동은 상류로 전달되며 **잔잔한 유동**[역자주 : 상류(常流)]의 조건이다. 다시 말하면, 중력 혹은 파의 무게는 그 이동에 의한 관성력을 극복한다. 끝으로, $\mathrm{Fr} > 1$이면, $V > c$이고 파는 하류로 씻겨간다. 이 경우를 **빠른 유동**[역자주 : 사류(射流)]이라고 하며, 중력이 파의 관성력에 의해 압도된 결과이다.

12.3 비에너지

개수로를 따라 각 위치에서 유동의 실제 거동은 그 위치에서 유동의 **총에너지**에 의존한다. 이 에너지를 찾기 위해서는 이상적인 액체의 정상유동을 가정하는 베르누이 방정식을 적용한다. 그림 12-5에 나타낸 바와 같이 수로의 바닥에 기준선(datum)을 잡고, 액체표면 상의 유선을 선택하면, 그곳에서 압력은 대기압이며, $p_1 = p_2 = 0$이고 베르누이 방정식은 다음과 같게 된다.*

---

* 개방된 경계표면 상의 임의 점들은 예제 5.11에 표시된 것처럼 선택될 수 있다.

$$\frac{p_1}{\gamma} + \frac{V_1^2}{2g} + y_1 = \frac{p_2}{\gamma} + \frac{V_2^2}{2g} + y_2$$

$$y_1 + \frac{V_1^2}{2g} = y_2 + \frac{V_2^2}{2g} \quad (12\text{-}3)$$

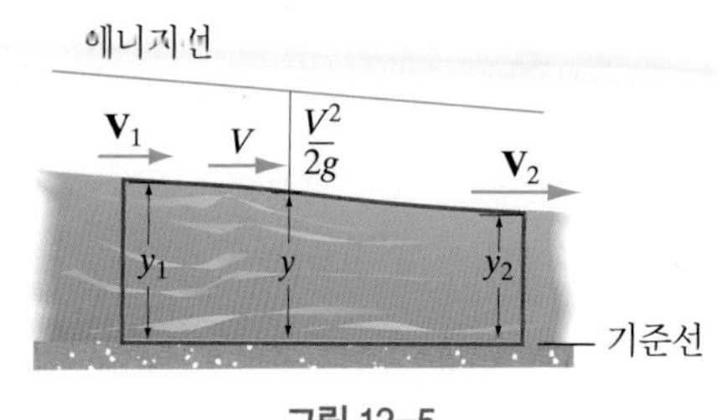

그림 12-5

따라서, 임의의 중간 위치(그림 12-5)에서 유동에 대한 총에너지를 표현할 수 있다. 즉

$$E = \frac{V^2}{2g} + y \quad (12\text{-}4)$$

이다. 이 합은 특정 위치에서 단위 액체무게당 운동에너지와 위치에너지의 양을 말하므로 **비에너지** E라고 한다. 다른 방식으로 기술하면, **비수두**라 불리기도 하는데, 그 이유는 비수두가 길이단위를 가지며, 따라서 그림 12-5에서와 같이 수로의 바닥으로부터 에너지선까지의 수직거리를 나타내기 때문이다.

비에너지는 $Q = VA$를 이용하여 체적유량의 항으로도 나타낼 수 있다. 따라서,

$$E = \frac{Q^2}{2gA^2} + y \quad (12\text{-}5)$$

더 나아가 특정 단면을 고려함으로써 E를 y만의 함수로도 표현할 수 있다.

직사각형 단면 만약 단면이 그림 12-6a와 같이 직사각형이라면, $A = by$이고, 따라서

$$E = \frac{Q^2}{2gb^2y^2} + y \quad (12\text{-}6)$$

비에너지

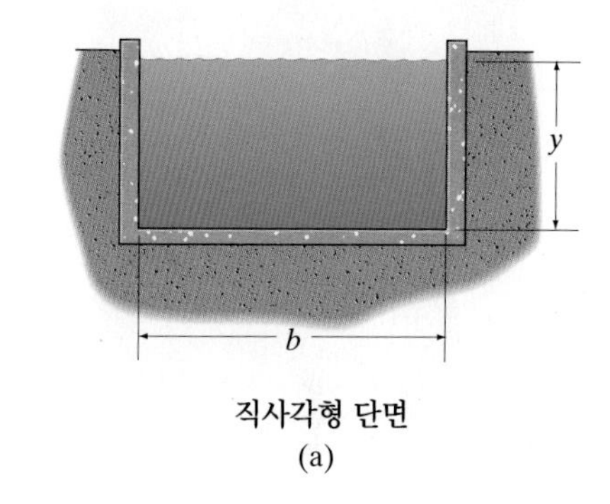

직사각형 단면
(a)

이 식에는 2개의 독립변수 Q와 y가 있다. 만일 Q가 일정하게 유지되면, 식 (12-6)의 선도는 그림 12-6b에 보인 형상을 갖게 된다. 이 선도를 **비에너지 선도**라고 한다. 만일 $Q = 0$이면 45° 기울어진 선인 $E = y$가 된다. 이 선은 움직이지 않는, 즉 운동에너지가 없고 위치에너지만 있는 액체상태를 나타낸다. 액체가 유량 Q를 가질 때에는 동일한 비에너지 $E = E'$을 갖는 두 개의 가능한 깊이 y_1과 y_2가 존재한다. 여기서 더 작은 값 y_1은 낮은 위치에너지와 높은 운동에너지를 나타낸다. 이 상태는 빠른 유동, 즉 초임계유동이다. 더 큰 y_2값은 높은 위치에너지와 낮은 운동에너지를 나타낸다. 이 상태는 잔잔한 유동, 즉 아임계유동을 나타낸다.

그래프에 나타낸 바와 같이 비에너지의 **최솟값** E_{min}은 임계깊이에서 나타난다. 이 값은 식 (12-6)의 미분값을 영(zero)으로 놓고 $y = y_c$에서 그 결과값을 구하여 얻을 수 있다. Q는 일정하므로,

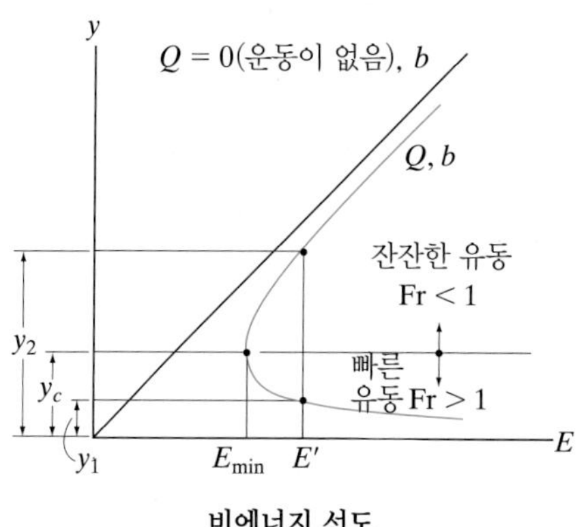

비에너지 선도
(b)

그림 12-6

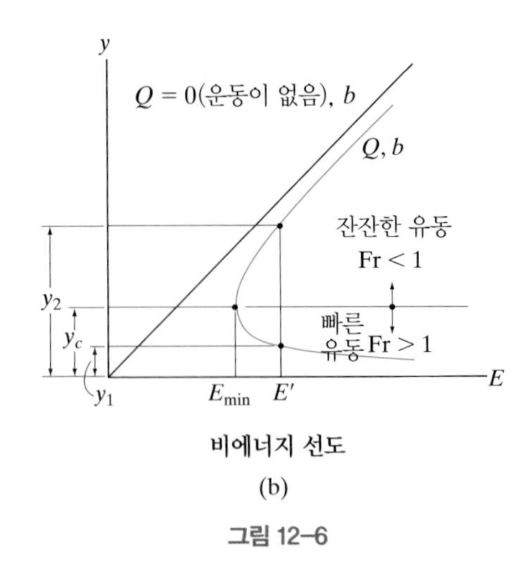

비에너지 선도

(b)

그림 12–6

직사각형 단면을 갖는 운하들은 유량이 적거나 공간이 비좁은 거주 지역의 제안된 공간 내에서 종종 사용된다.

$$\frac{dE}{dy} = \frac{-Q^2}{gb^2y_c^3} + 1 = 0$$

$$y_c = \left(\frac{Q^2}{gb^2}\right)^{1/3} \tag{12-7}$$

y_c를 식 (12-6)에 대입하면, E_{min}의 값은

$$E_{min} = \frac{y_c^3}{2y_c^2} + y_c = \frac{3}{2}y_c \tag{12-8}$$

요약하면, 이 값은 액체가 요구 유량 Q를 유지하면서 가질 수 있는 가장 작은 비에너지 값이다. 이 값은 그림 12-6b에서 곡선의 코의 위치에서 발생하는데, 여기서는 유량 Q가 임계깊이 y_c에 있게 된다.

이 깊이에서의 임계속도를 찾기 위해서는 $Q = V_c(by_c)$를 식 (12-7)에 대입한다. 그 결과

$$y_c = \left(\frac{V_c^2b^2y_c^2}{gb^2}\right)^{1/3}$$

따라서

$$V_c = \sqrt{gy_c} \tag{12-9}$$

유체가 임계속도에 있을 때 프라우드수는 다음과 같이 된다.

$$\text{Fr} = \frac{V_c}{\sqrt{gy_c}} = 1$$

따라서, 그림 12-6b에 있는 곡선의 윗부분에 있는 임의의 점에 대하여 유동의 깊이는 임계깊이를 초과한다: $y = y_2 > y_c$. 이 유동이 발생하면, $V < V_c$이고, 또한 Fr < 1이다. 즉, 아임계 혹은 잔잔한 유동이다. 마찬가지로, 곡선의 아랫부분에 있는 임의의 점에 대하여 유동의 깊이는 임계깊이보다 작고 ($y = y_1 < y_c$), 그러면 $V > V_c$이고 Fr > 1이다. 이 유동은 초임계 혹은 빠른 유동이다. 세 가지 유동의 구분은 다음과 같다.

$$\begin{array}{lll} \mathrm{Fr} < 1, y > y_c & \text{혹은}\ V < V_c & \text{아임계(잔잔한)유동} \\ \mathrm{Fr} = 1, y = y_c & \text{혹은}\ V = V_c & \text{임계유동} \\ \mathrm{Fr} > 1, y < y_c & \text{혹은}\ V > V_c & \text{초임계(빠른)유동} \end{array} \tag{12-10}$$

대형 배수로들은 종종 건축이 상대적으로 쉬운 사다리꼴 형상으로 만들어진다. 공학자들은 지하수 흡수로 인해 내벽에 생기는 정수력학적 압력을 감소시키기 위해 사면을 따라 '물구멍(weep holes)'을 설치한 점에 주의하라.

비에너지 선도가 y_c에서 분지되기 때문에 공학자들은 임계깊이의 유동까지 수로를 설계하지 않는다. 임계깊이 이하의 유동은 **정지파** 혹은 **기복**(undulation) 현상이 액체표면에서 발생하고, 유동깊이의 미소 교란은 액체가 아임계와 초임계유동 사이에서 계속적으로 바뀌게 되면서 불안정 조건을 유발한다.

비직사각형 단면 수로단면이 그림 12-7과 같이 비직사각형일 때 최소 비에너지는 식 (12-5)의 미분을 취하여 그 값을 영(zero)으로 놓고 $A = A_c$를 만족시켜 얻어야 한다. 그러면

$$\frac{dE}{dy} = \frac{-Q^2}{gA_c^3}\frac{dA}{dy} + 1 = 0$$

수로의 상단에서는 요소면적의 띠 $dA = b_{\text{top}}dy$이고, 따라서

$$\frac{gA_c^3}{Q^2 b_{\text{top}}} = 1 \tag{12-11}$$

그림 12-7에서 b_{top}과 A_c가 모두 단면의 기하학적 형상에 의해 임계깊이 y_c와 연관된다면, y_c에 대한 해는 이 식으로부터 결정할 수 있다(예제 12.3 참조).

유동의 임계속도를 얻기 위해 $Q = V_cA_c$를 윗식에 대입하고 V_c에 대하여 푼다. 그러면

$$V_c = \sqrt{\frac{gA_c}{b_{\text{top}}}} \tag{12-12}$$

를 얻는다. 이 속도에서 Fr = 1이고, 마찬가지로 임의의 다른 V에 대하여 유동은 식 (12-10)에 따라 초임계 혹은 아임계로 구분될 수 있다.

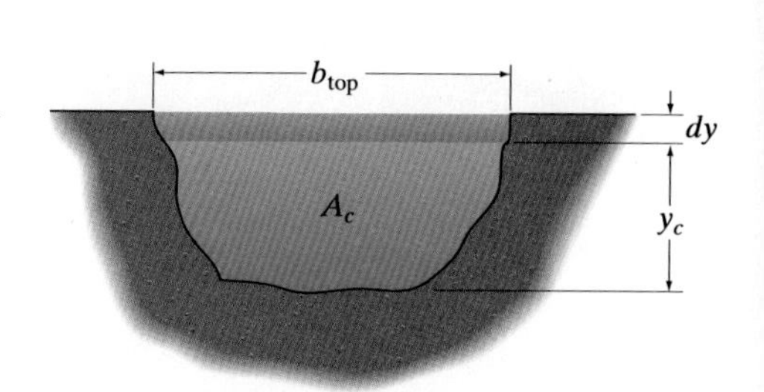

임의의 단면을 가진
수로 내의 임계깊이

그림 12-7

요점 정리

- 개수로 유동은 대부분 액체 내부에서 일어나는 혼합작용으로 인한 난류 현상이다. 비록 속도형상이 매우 불규칙하기는 하지만, 타당한 해석을 위해 액체는 이상유체이고 유동은 1차원적이며, 단면에 걸쳐 평균속도를 갖는 것으로 가정할 수 있다.
- 정상유동은 시간의 경과에 따라 특정 단면에서의 속도형상이 일정하게 유지될 것을 요구한다. 균일유동은 이 형상이 모든 단면에 있어 동일하게 유지된다. 개수로에 균일유동이 일어날 때, 유동의 깊이는 전 수로를 통해 일정하게 유지된다.
- 개수로 유동은 중력에 대한 관성력의 비의 제곱근인 프라우드수에 따라 분류된다. $\mathrm{Fr} = 1$일 때, **임계유동**이 깊이 y_c에서 일어난다. 표면에 생기는 파동은 정적인 상태에 있다. $\mathrm{Fr} < 1$일 때에는, **잔잔한 유동**이 깊이 $y > y_c$에서 일어난다. 표면 상의 모든 파동은 상류로 이동한다. 마지막으로, $\mathrm{Fr} > 1$일 때에는, **빠른 유동**이 깊이 $y < y_c$에서 발생한다. 파동은 하류로 씻겨 내려간다.
- 개수로에서 유동의 비에너지 혹은 비수두 E는 운동에너지와 수로의 바닥에 위치한 기준선으로부터 측정되는 위치에너지의 합이다. 비에너지는 길이 단위를 갖는다. 비에너지 선도는 주어진 유량 Q에 대한 $E = f(y)$의 선도이다. 유동이 비에너지 E를 가질 때, 낮은 깊이 $y < y_c$(높은 운동에너지와 낮은 위치에너지)에서는 $V > V_c$로 빨리 이동하거나, 더 깊은 깊이 $y > y_c$(낮은 운동에너지와 높은 위치에너지)에서는 잔잔한 유동인 $V < V_c$로 천천히 이동함을 나타낸다.
- 주어진 유량 Q의 비에너지는 유동이 **임계깊이** y_c에 있을 때 최소이다.

예제 12.1

물이 그림 12-8a에 나타낸 바와 같이 직사각형 수로에서 흐르고 평균속도는 4 m/s이다. 만일 흐름의 깊이가 3 m인 경우, 유동을 분류하라. 그 유동과 동일한 비에너지를 공급하는 다른 깊이에서의 유동의 속도는 얼마인가?

풀이

유체 설명 유동은 정상이고, 물은 이상유체라고 가정한다.

해석 유동을 분류하기 위해, 먼저 식 (12-7)로부터 임계깊이를 결정한다. 유동은 $Q = VA = (4\text{ m/s})(3\text{ m})(2\text{ m}) = 24\text{ m}^3/\text{s}$이므로,

$$y_c = \left(\frac{Q^2}{gb^2}\right)^{1/3} = \left(\frac{(24\text{ m}^3/\text{s})^2}{(9.81\text{ m/s}^2)(2\text{ m})^2}\right)^{1/3} = 2.45\text{ m}$$

여기서 $y_c < y = 3\text{ m}$이므로 유동은 아임계유동 혹은 잔잔한 유동이다. 답

임의의 깊이 y에 대하여, 유동에 대한 비에너지는 식 (12-6)을 사용하여 결정된다.

$$E = \frac{(24\text{ m}^3/\text{s})^2}{2(9.81\text{ m/s}^2)(2\text{ m})^2y^2} + y \qquad (1)$$

이 식의 선도는 그림 12-8c에 보여진다. $y = 3\text{ m}$에서

$$E = \frac{Q^2}{2gb^2y^2} + y = \frac{(24\text{ m}^3/\text{s})^2}{2(9.81\text{ m/s}^2)(2\text{ m})^2(3\text{ m})^2} + 3\text{ m} = 3.815\text{ m}$$

$E = 3.815\text{ m}$와 동일한 비에너지를 제공하는 다른 깊이를 찾기 위해, 식 (1)에 이 값을 대입해야 한다. 식을 정리하면 다음을 얻게 된다.

$$y^3 - 3.815y^2 + 7.339 = 0$$

3차 방정식을 풀면,

$y = 3.00\text{ m} > 2.45\text{ m}$ 아임계(이전과 같음)

$y = 2.02\text{ m} < 2.45\text{ m}$ 초임계 답

$y = -1.21\text{ m}$ 비실제적임

그림 12-8b의 초임계 혹은 빠른 유동의 경우, 깊이가 $y = 2.02\text{ m}$일 때, 속도는 반드시

$$Q = VA; \qquad 24\text{ m}^3/\text{s} = V(2.02\text{ m})(2\text{ m})$$

$$V = 5.93\text{ m/s}$$ 답

이다. 임계유동에서의 비에너지는 식 (12-8), 즉 $E_{\min} = \left(\frac{3}{2}\right)y_c$, 혹은 $y_c = 2.45\text{ m}$임을 이용하여 식 (1)로부터 결정할 수 있다. 그 값은 3.67 m이고, 그림 12-8c에 보여진다.

요약하면, $E = 3.815\text{ m}$의 비에너지 혹은 비수두를 갖는 유동은 깊이 2.02 m에서 빨라지고 혹은 3.00 m의 깊이에서는 잔잔하다. 동일한 유동이 다른 비에너지 값 E를 가지면, 식 (1)의 해로부터 얻어지는 2개의 서로 다른 깊이에서 나타난다.

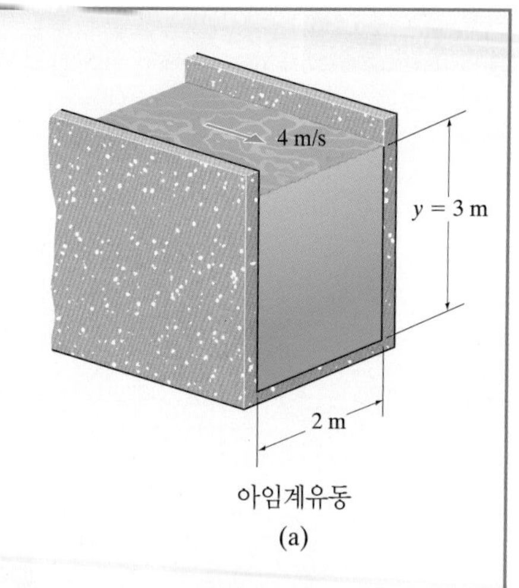

아임계유동
(a)

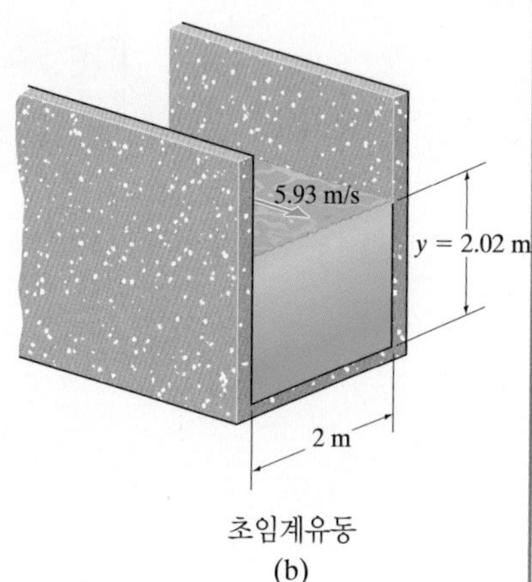

초임계유동
(b)

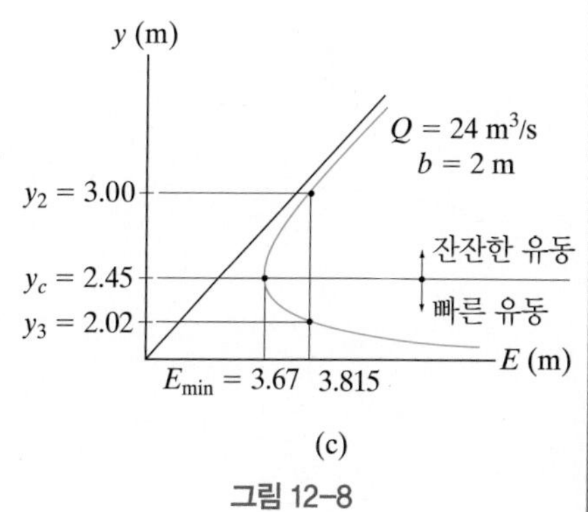

(c)

그림 12-8

예제 12.2

그림 12-9a에 나타난 수평 직사각형 수로는 폭이 6 ft이고 점차적으로 좁아져 폭이 3 ft로 된다. 물이 300 ft^3/s의 유량으로 흐르고 6-ft 단면에서 깊이가 2 ft 라면, 3-ft 단면에서의 깊이를 구하라.

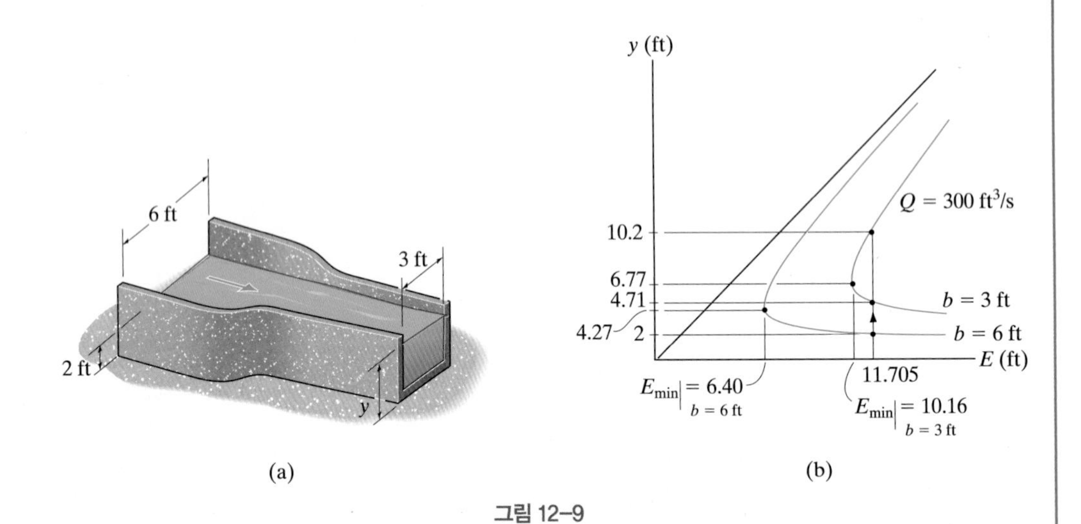

그림 12-9

풀이

유체 설명 천이구간에서 비균일유동이 존재하기는 하지만, 각 영역에서 정상유동이다. 물은 이상유체로 가정한다.

해석 마찰손실이 발생하지 않으므로 유동에 대한 비에너지는 각 단면에서 동일해야 한다. 넓은 단면에서 임계깊이는

$$y_c = \left(\frac{Q^2}{gb^2}\right)^{1/3} = \left(\frac{\left(300\ \text{ft}^3/\text{s}\right)^2}{\left(32.2\ \text{ft/s}^2\right)(6\ \text{ft})^2}\right)^{1/3} = 4.27\ \text{ft}$$

넓은 단면에서는 깊이 $y = 2\ \text{ft} < 4.27\ \text{ft}$이므로 유동은 초임계이며, 빠른 유동이다.

$b = 6$ ft인 이 단면에서의 유동에 대한 비에너지는 식 (12-6)을 사용하여 구한다.

$$E = \frac{Q^2}{2gb^2y^2} + y = \frac{\left(300\ \text{ft}^3/\text{s}\right)^2}{2\left(32.2\ \text{ft/s}^2\right)(6\ \text{ft})^2y^2} + y \tag{1}$$

수로의 바닥이 수평을 유지하고 또한 마찰손실이 없으므로, 이 E값은 수로를

통하여 반드시 상수값을 유지해야 한다.

폭이 3 ft일 때, 식 (12-6)은

$$E = \frac{Q^2}{2gb^2y^2} + y = \frac{\left(300\ \text{ft}^3/\text{s}\right)^2}{2\left(32.2\ \text{ft/s}^2\right)\left(3\ \text{ft}\right)^2y^2} + y \qquad (2)$$

가 된다. $y = 2$ ft일 때, $E = 11.705$ ft이다. $b = 3$ ft일 때, 이 값을 이용하면, 다음을 얻는다.

$$11.705\ \text{ft} = \frac{\left(300\ \text{ft}^3/\text{s}\right)^2}{2\left(32.2\ \text{ft/s}^2\right)(3\ \text{ft})^2y^2} + y$$

$$y^3 - 11.705y^2 + 155.28 = 0 \qquad (3)$$

이 단면에서 임계깊이는

$$y_c = \left(\frac{Q^2}{gb^2}\right)^{1/3} = \left(\frac{\left(300\ \text{ft}^3/\text{s}\right)^2}{\left(32.2\ \text{ft/s}^2\right)(3\ \text{ft})^2}\right)^{1/3} = 6.77\ \text{ft}$$

식 (3)을 깊이에 대하여 풀면,

$y = 10.2\ \text{ft} > 6.77\ \text{ft}$ 아임계

$y = 4.71\ \text{ft} < 6.77\ \text{ft}$ 초임계

$y = -3.22\ \text{ft}$ 비실제적임

유동이 원래 초임계상태였기에 그 상태를 유지하고 따라서 3-ft 단면에서의 깊이는

$$y = 4.71\ \text{ft}$$ 답

이다. 식 (1)과 (2)를 그림 12-9b와 같이 도시하면, 왜 300 ft^3/s의 유동이 전 수로를 통해 초임계상태를 유지하는지 이해하는 데 도움이 될 것이다. 그림에서 E_{min}의 값은 식 (12-8)로부터 얻어진다. 수로의 폭이 점차 6 ft에서 3 ft로 좁아짐에 따라 수위는 $b = 6$ ft에 대한 곡선 상의 $y = 2$ ft로부터, $b = 3$ ft에 대한 곡선 상의 점에 도달할 때까지 상승한다. 이는 $y = 4.71$ ft 깊이에서 일어난다. 물이 이 단면에서 $y = 10.2$ ft 이상의 깊이에 도달하는 것은 불가능하다. 왜냐하면 비에너지가 일정하게 유지되어야 하므로, 그것이 $E_{\text{min}} = 10.16$ ft까지 감소했다가, 다시 요구되는 $E = 11.705$ ft에까지 증가하는 것은 불가능하다.

예제 12.3

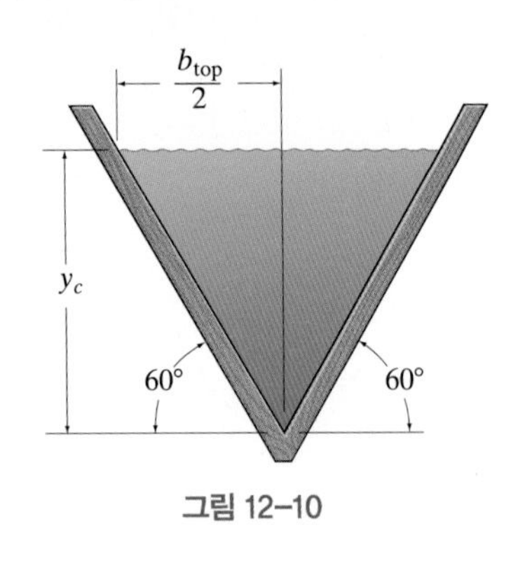

그림 12-10

수로는 그림 12-10에 보인 바와 같이 삼각형 단면을 갖는다. 유량이 12 m^3/s이면, 임계깊이를 구하라.

풀이

유체 설명 이상유체의 정상유동이라고 가정한다.

해석 임계유동에 대하여 비에너지는 최솟값이 요구되며, 이는 식 (12-11)을 만족해야 함을 의미한다. 그림 12-10으로부터,

$$b_{top} = 2(y_c \cot 60°) = 1.1547y_c$$

$$A_c = 2\left(\frac{1}{2}(y_c \cot 60°)(y_c)\right) = 0.5774y_c^2$$

따라서,

$$\frac{gA_c^3}{Q^2 b_{top}} = 1$$

$$\frac{(9.81\text{m/s}^2)(0.5774y_c^2)^3}{(12\text{ m}^3/\text{s})^2(1.1547y_c)} = 1$$

이를 풀면

$$y_c = 2.45\text{ m}$$ 답

12.4 둔덕 혹은 요철 위의 개수로 유동

액체가 그림 12-11a에 나타낸 것처럼 수로바닥의 둔덕 위를 흐를 때에는, 수로바닥의 **증가된 고도**가 액체질량의 위치에너지를 증가시킬 것이므로, 유동의 깊이가 변하게 된다. 이 효과를 살펴보기 위해 높이 변화가 작고 점진적으로 일어난다는 가정하에 유동을 1차원, 즉 수평방향으로 고려한다. 또한 변화가 짧은 거리에 걸쳐 일어나므로 모든 마찰효과는 무시한다.

둔덕 먼저 그림 12-11a와 같이 $y_1 < y_c$가 되어, 접근하는 유동이 빠른 경우를 고려하자. 흐름이 둔덕 위를 지나감에 따라 액체는 거리 h만큼 들리게 되고, 수로의 낮은 부분의 바닥을 기준으로 액체의 비에너지는 그림 12-11b와 같이 E_1에서 E_2로 감소하며, 한편 유동의 깊이는 y_1에서 y_2로 **증가**한다. 다시 말하자면, 액체를 h만큼 들어올리기 위해 에너지가 사용됨에 따라(위치에너지 증가), 연속방

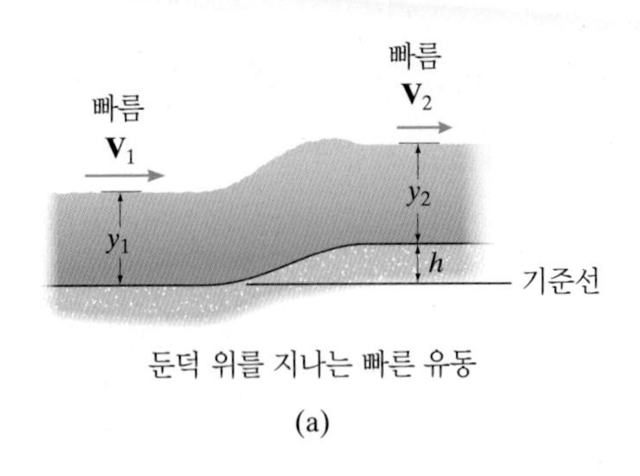

둔덕 위를 지나는 빠른 유동

(a)

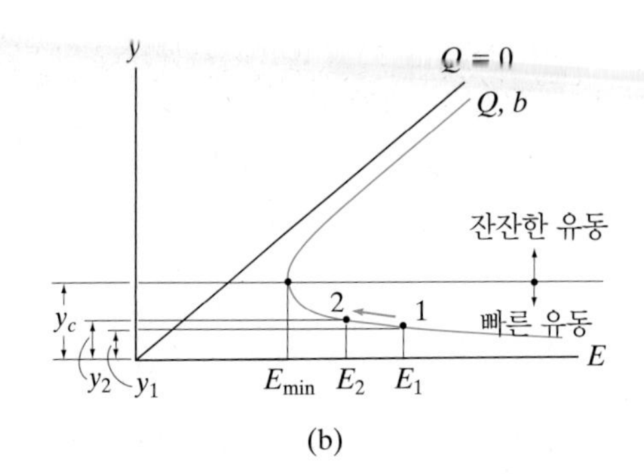

(b)

정식으로 인해, 액체는 여전히 빠른 유동을 유지하기는 하지만 느려진다(운동에너지 감소).*

이제 잔잔한 유동의 경우, 그림 12-11c에서와 같이 $y_1 > y_c$인 경우를 고려하면, 둔덕을 지난 후 비에너지는 그림 12-11d와 같이 E_1에서 E_2로 감소한다. 여기서 유동의 깊이가 y_1에서 y_2로 감소(위치에너지 감소)하므로 유동속도의 증가(운동에너지 증가)를 초래한다. 하지만 잔잔한 유동이 지배적이다.

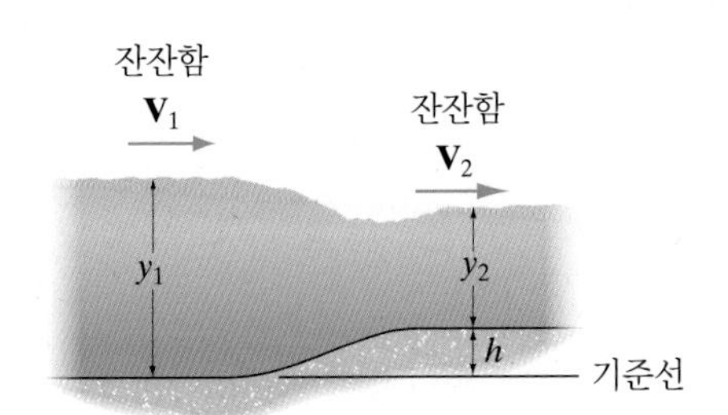

둔덕 위를 지나는 잔잔한 유동

(c)

요철 그림 12-11e와 같이, 수로 바닥에 요철 혹은 언덕이 있으면, 유체를 들어 올리는 데 있어 E가 감소할 수 있는 상한이 존재한다. 그림 12-11f에 보인 바와 같이, 그 값은 $(E_1 - E_{min})$이다. 이 값이 요철의 최대 높이 $(y_c - y_1) = h_c$를 결정한다. 이 높이를 가지도록 요철이 적절하게 설계되면, 비에너지는 곡선의 노즈 근처를 따라갈 수 있고 유동은 그에 따라 빠른 유동에서 잔잔한 유동으로 변한다.† 다시 말하면, 요철의 꼭대기에 도달할 때, 유동은 임계깊이에 있게 된다. 그리고 요철이 아래쪽으로 경사지기 시작하면서, 운동에너지가 유동에 더해진다. 비에너지가 E_1으로 돌아가면서 위치에너지로 변환되어 깊이를 y_2로 높여준다.

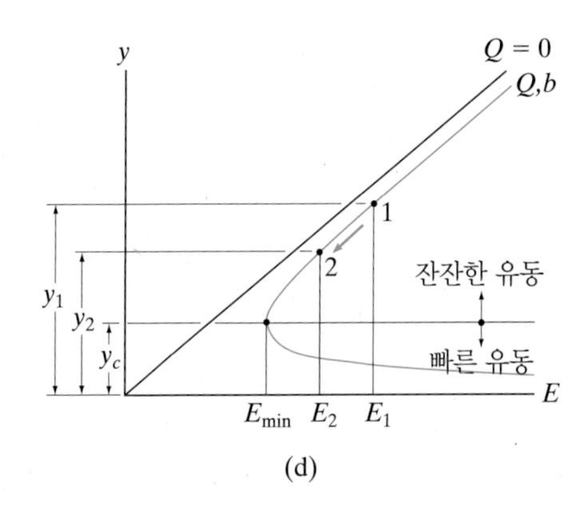

(d)

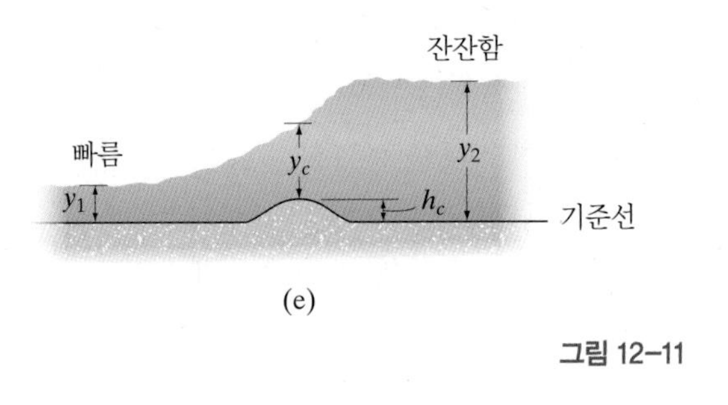

(e)

그림 12-11

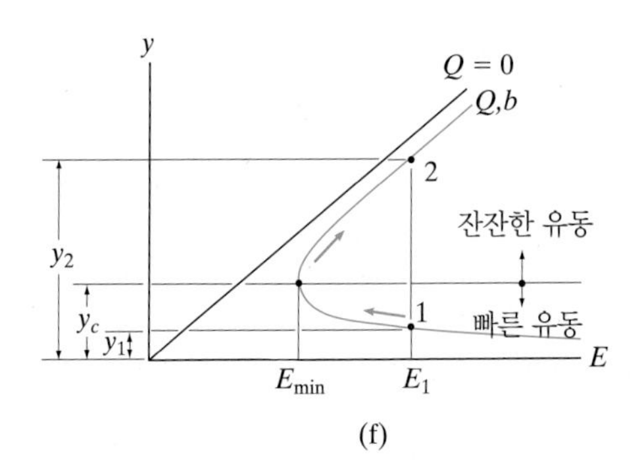

(f)

* 유동의 연속성은 $Q = V_1(y_1 b) = V_2(y_2 b)$ 혹은 $V_2 = V_1(y_1/y_2)$를 요구한다. 그러나 $y_1/y_2 < 1$이고, 따라서 $V_2 < V_1$이다.

† 설계가 적절치 못하면 흐름은 빠른 유동으로 되돌아간다. 또한 요철은 잔잔한 유동을 빠른 유동으로 변화시킬 수 있다.

예제 12.4

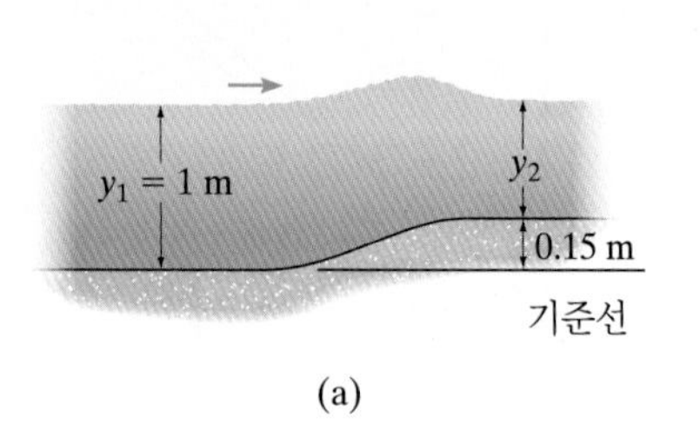

(a)

물이 그림 12-12a의 폭 1.5 m인 직사각형 개수로를 통해 흐른다. 초기 깊이는 1 m이고 유량은 10 m^3/s이다. 수로 바닥이 0.15 m 상승할 때, 새로운 깊이를 구하라.

풀이

유체 설명 유동은 정상유동이다. 물은 이상유체로 가정한다.

해석 유동에 대한 임계깊이는 식 (12-7)로부터 정해진다.

$$y_c = \left(\frac{Q^2}{gb^2}\right)^{1/3} = \left(\frac{(10\text{ m}^3/\text{s})^2}{(9.81\text{ m/s}^2)(1.5\text{ m})^2}\right)^{1/3} = 1.65\text{ m}$$

최소 비에너지는 식 (12-8)에 의해

$$E_{\min} = \frac{3}{2}y_c = \frac{3}{2}(1.65\text{ m}) = 2.48\text{ m}$$

원래 $y = 1\text{ m} < 1.65\text{ m}$이므로, 유동은 초임계 혹은 빠른(유동) 상태이다.

물이 둔덕 위를 지남에 따라 위치에너지가 증가하도록 올라가기 때문에 그 운동에너지의 일부가 감소된다. $Q = 10\text{ m}^3/\text{s}$인 유동에 대하여, 동일한 기준선을 사용하면, 비에너지는 둔덕의 양쪽에서 동일해야 한다. $y_1 = 1$ m에서 식 (12-6)을 사용하면

$$E = \frac{Q^2}{2gb^2y_1^2} + y_1$$

$$\frac{(10\text{ m}^3/\text{s})^2}{2(9.81\text{ m/s}^2)(1.5\text{ m})^2(1\text{ m})^2} + 1\text{ m} = 3.27\text{ m}$$

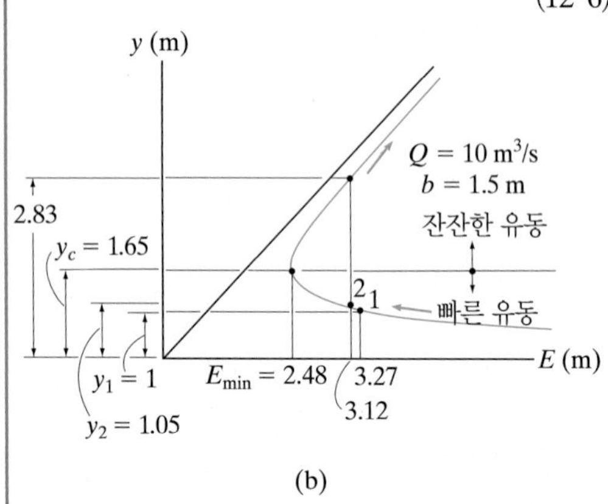

(b)

그림 12–12

또한 y_2에서 동일한 기준선에 대해 다음과 같이 요구된다.

$$\frac{(10\text{ m}^3/\text{s})^2}{2(9.81\text{ m/s}^2)(1.5\text{ m})^2y_2^2} + (y_2 + 0.15\text{ m}) = 3.27\text{ m}$$

$$y_2^3 - 3.115y_2^2 + 2.265 = 0$$

3개의 근에 대하여 풀면

$$y_2 = 2.83\text{ m} > 1.65\text{ m} \quad \text{아임계}$$
$$y_2 = 1.05\text{ m} < 1.65\text{ m} \quad \text{초임계}$$
$$y_2 = -0.764\text{ m} \quad \text{비실제적임}$$

유동은 들려올려지면서 $E_{\min} = 2.48$ m보다 더 작은 비에너지를 가질 수 없으므로 초임계상태를 유지해야 한다. 다시 말해, 비에너지 E는 그림 12-12b와 같이 $(3.27\text{ m} - 0.15\text{ m}) = 3.12$ m와 3.27 m 사이로 제약된다. 결과적으로

$$y_2 = 1.05\text{ m}$$ 답

예제 12.5

물이 그림 12-13a의 폭 3 ft를 가진 수로를 통해 흐른다. 유량이 80 ft^3/s이고 원래 깊이는 잔잔한 유동으로 2 ft이다. 상류 흐름이 빠른 유동이고, 유동이 하류에서 잔잔한 유동으로 변할 수 있도록 하기 위해 수로 바닥에 놓이게 될 요철의 요구높이를 구하라.

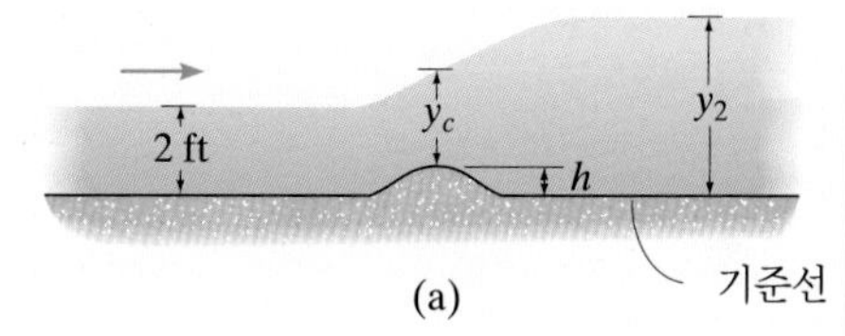

(a)

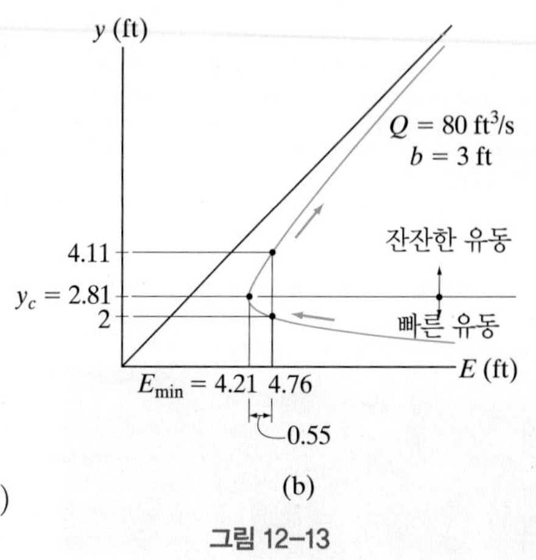

(b)

그림 12-13

풀이

유체 설명 유동은 정상유동이고, 물은 이상유체로 간주한다.

해석 유동에 대한 임계깊이는

$$y_c = \left(\frac{Q^2}{gb^2}\right)^{1/3} = \left(\frac{(80\ \text{ft}^3/\text{s})^2}{(32.2\ \text{ft/s}^2)(3\ \text{ft})^2}\right)^{1/3} = 2.81\ \text{ft}$$

$y = 2\ \text{ft} < 2.81\ \text{ft}$이므로, 요철 전의 유동은 빠른 유동이다.

또 최소 비에너지는

$$E_{\min} = \frac{3}{2}y_c = 4.21\ \text{ft}$$

일반적으로 유동에 대한 비에너지는

$$E = \frac{Q^2}{2gb^2y^2} + y \qquad E = \frac{(80\ \text{ft}^3/\text{s})^2}{2(32.2\ \text{ft/s}^2)(3\ \text{ft})^2y^2} + y$$

$$E = \frac{11.04}{y^2} + y \tag{1}$$

따라서 깊이 $y = 2$ ft에서는 그림 12-13b와 같이 $E = 4.76$ ft이다. 동일한 비에너지에서의 잔잔한 유동에 대한 깊이는 다음 식을 풀어서 결정할 수 있다.

$$4.76 = \frac{11.04}{y^2} + y$$

$$y^3 - 4.76y^2 + 11.04 = 0$$

3개의 근들은

$$y_2 = 4.11\ \text{ft} > 2.81\ \text{ft} \quad \text{아임계}$$
$$y_2 = 2\ \text{ft} < 2.81\ \text{ft} \quad \text{초임계(이전과 같음)}$$
$$y_2 = -1.34\ \text{ft} \quad \text{비실제적임}$$

그림 12-13b에 보인 바와 같이, 요철을 지나 잔잔한 유동을 만들려면 요철 높이는 물로부터 4.76 ft − 4.21 ft = 0.55 ft만큼의 비에너지를 먼저 제거해야 한다. 그 다음에 요철의 정상을 막 지난 후, 요철이 적절하게 설계되었다면, 동일한 양의 에너지가 회복될 것이고 잔잔한 유동이 새로운 깊이 $y_2 = 4.11$ ft에서 생기게 된다. 그러므로 요구되는 요철의 높이는

$$h = 0.55\ \text{ft}$$ 답

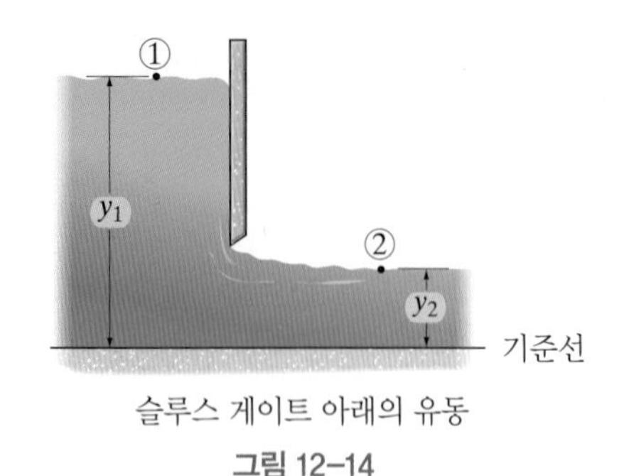

슬루스 게이트 아래의 유동

그림 12-14

12.5 슬루스 게이트 아래의 개수로 유동

슬루스 게이트(sluice gate)는 저수지로부터 수로로 액체의 배출량을 조절하기 위해 자주 사용되는 구조물이다. 그림 12-14에 보인 예에서 수문은 부분적으로 개방되어 있다. 만일 수문을 통한 마찰손실을 무시하고 이상유체의 정상유동을 가정할 수 있다면, 본질적으로 유동이 없는 점 1과 평균속도 V_2를 갖는 정상유동 상태인 점 2 사이의 유선에 대하여 베르누이 방정식을 적용할 수 있다.

$$\frac{p_1}{\gamma} + \frac{V_1^2}{2g} + y_1 = \frac{p_2}{\gamma} + \frac{V_2^2}{2g} + y_2$$

$$0 + 0 + y_1 = 0 + \frac{V_2^2}{2g} + y_2$$

슬루스 게이트들은 댐 위에 있는 저수지의 수위 조절을 유지하기 위해 댐의 물마루에 설치되어 있다.

흐름을 깊이의 함수로 얻기 위해 (직사각형) 수로의 폭이 b일 때, $Q = V_2 b y_2$를 이용할 수 있다. V_2에 대입하고 Q에 대하여 정리하면,

$$y_1 = \frac{Q^2}{2gb^2y_2^2} + y_2$$

$$Q = \sqrt{2gb^2}\left(y_2^2y_1 - y_2^3\right)^{1/2} \tag{12-13}$$

수문의 개방과 폐쇄는 y_2와 또한 수문을 통과하는 유량을 변화시킨다. 최대유량은 윗식의 미분을 취하고 그 값을 영(zero)으로 놓아 결정할 수 있다.

$$\frac{dQ}{dy_2} = \sqrt{2gb^2}\left(\frac{1}{2}\right)\left[\left(y_2^2y_1 - y_2^3\right)^{-1/2}\left(2y_2y_1 - 3y_2\right)\right] = 0$$

그 해는

$$y_2 = \frac{2}{3}y_1 \tag{12-14}$$

을 요구한다.

y_2가 임계깊이일 때, 최대유량은 식 (12-13)으로부터 결정된다.

$$Q_{\max} = \sqrt{\frac{8}{27}gb^2y_1^3} \tag{12-15}$$

최대유량, 즉 $y_2 = \left(\frac{2}{3}\right)y_1$이고 $V = Q_{max}/by_2$일 때, 프라우드수는

$$\mathrm{Fr} = \frac{V}{\sqrt{gy_2}} = \frac{Q_{max}/by_2}{\sqrt{gy_2}} = \frac{1}{by_2\sqrt{gy_2}}\sqrt{\frac{8gb^2y_1^3}{27}}$$

$$= \sqrt{\frac{8}{27}\left(\frac{y_1}{\frac{2}{3}y_1}\right)^3} = 1$$

따라서, 슬루스 게이트를 지나는 유동의 분류는

$$\begin{array}{ll} \mathrm{Fr} < 1 & \text{아임계(잔잔한)유동} \\ \mathrm{Fr} = 1 & \text{임계유동} \\ \mathrm{Fr} > 1 & \text{초임계(빠른)유동} \end{array}$$

과 같다. 이 결과들은 다음과 같이 설명될 수 있다. 수문이 초기에 개방되면, ($\mathrm{Fr} > 1$)이고 유량은 증가한다. 깊이가 $y_2 = \left(\frac{2}{3}\right)y_1$($\mathrm{Fr} = 1$)이면, 유량은 최대 배출량에 도달한다. 수문이 그 이상 열리면($\mathrm{Fr} < 1$) 유량은 이제 감소하게 된다. 이때에는 중력이 관성력보다 더 커지게 된다. 다시 말하면, 반대편의 y_2가 충분히 커서 유체의 무게가 유량의 증가를 제한하기 때문에 액체가 수문 밑을 통과하기가 더 어렵다. 실제 이 해석의 결과들은 수문 아래의 마찰손실을 고려하기 위해 어느 정도 수정된다. 이를 위해 보통 유량에 실험적 **배출계수**를 곱하여 사용한다. 이 부분은 배출계수가 위어에 적용되는 12.9절에서 논의하기로 한다.

요점 정리

- 유동은 수로가 폭의 변화나 고도의 변화(상승 혹은 하강)를 경험하기 이전과 이후에는 잔잔하거나 빠른 상태를 유지한다.
- 요철은 유동을 하나의 형식에서 다른 형식으로 변화시키고자 할 때 설계될 수 있다. 요철이 처음에는 유동으로부터 비에너지를 제거하여 유동이 임계깊이가 되도록 하고, 그 다음에 원래의 비에너지로 되돌아오게 하기 때문에 이 현상이 일어난다. 그렇게 함으로써 비에너지가 비에너지 선도의 '노즈' 근처로 이동할 수 있게 해준다.
- 수로의 상승, 요철, 혹은 슬루스 게이트 밑을 지나는 정상유동은 천이 길이가 대개 짧기 때문에 마찰손실이 없는 1차원 유동으로 가정할 수 있다. 천이의 양쪽 유동은 프라우드수에 따라 분류된다.
- 슬루스 게이트 밑을 통과하는 최대유량은 출구유동의 깊이가 $y_2 = \frac{2}{3}y_1$이 되도록 개방되었을 때 발생한다.

예제 12.6

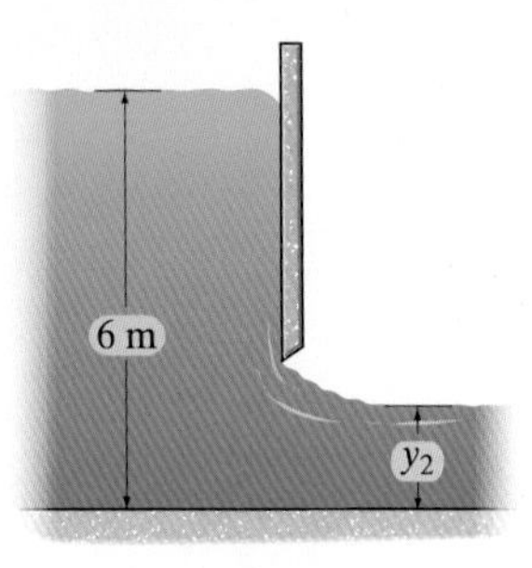

그림 12–15

그림 12-15의 슬루스 게이트는 깊이 6 m의 대형 저수지로부터 물의 흐름을 제어하는 데 사용된다. 폭 4 m인 수로로 개방되면, 수로를 통해 발생 가능한 최대유량 및 관련된 유동의 깊이를 구하라.

풀이

유체 설명 저수지의 수면은 수위가 일정하며 정상유동을 갖는다. 또한 물은 이상유체로 가정된다.

해석 최대유량은 임계깊이에서 발생하고, 식 (12-14)로부터 결정된다.

$$y_2 = \frac{2}{3}y_1 = \frac{2}{3}(6\text{ m}) = 4\text{ m}$$ 답

이 깊이에서 유량은 식 (12-15)로부터 결정된다.

$$Q_{\max} = \sqrt{\frac{8}{27}gb^2y_1^3}$$
$$= \sqrt{\frac{8}{27}\left(9.81\text{ m/s}^2\right)(4\text{ m})^2(6\text{ m})^3}$$
$$= 100.23\text{ m}^3/\text{s} = 100\text{ m}^3/\text{s}$$ 답

기대한 바와 같이, 이 유동에 대한 프라우드수는 다음과 같다.

$$\text{Fr} = \frac{V_c}{\sqrt{gy_c}} = \frac{\left(100.23\text{ m}^3/\text{s}\right)/\left[4\text{ m}(4\text{ m})\right]}{\sqrt{\left(9.81\text{ m/s}^2\right)(4\text{ m})}} = 1$$

예제 12.7

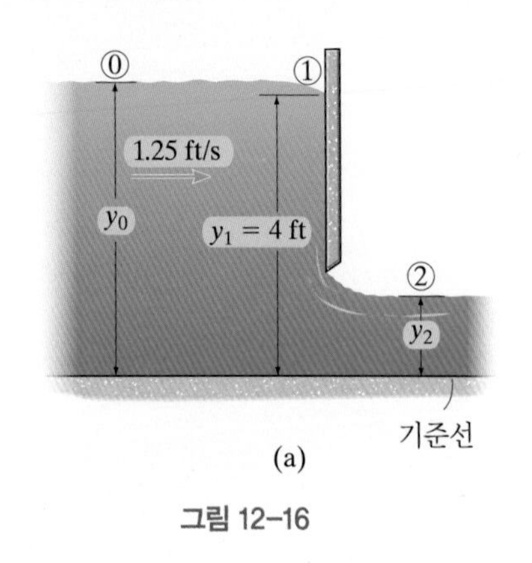

그림 12–16

그림 12-16a의 폭 8-ft의 수로에서 흐름이 슬루스 게이트에 의해 통제된다. 슬루스 게이트는 부분적으로 개방되어 게이트 근처의 물의 깊이는 4 ft이고 평균속도는 1.25 ft/s이다. 사실상 정지상태에 있는 먼 상류의 물의 깊이를 구하고, 또한 게이트 하류에서의 깊이를 구하라.

풀이

유체 설명 슬루스 게이트에서 멀리 떨어진 곳의 물은 깊이가 일정하여 점 1과 2에서의 유동은 정상인 것으로 가정한다. 또한 물은 이상유체로 가정한다.

해석 베르누이 방정식이 수면의 유선 상에 위치한 점 0과 1 사이에 적용되면,

$$\frac{p_0}{\gamma} + \frac{V_0^2}{2g} + y_0 = \frac{p_1}{\gamma} + \frac{V_1^2}{2g} + y_1$$

$$0 + 0 + y_0 = 0 + \frac{(1.25 \text{ ft/s})^2}{2(32.2 \text{ ft/s}^2)} + 4 \text{ ft}$$

$$y_0 = 4.024 \text{ ft} = 4.02 \text{ ft}$$ 답

베르누이 방정식은 점 1과 2 사이에 적용될 수 있으나, 또한 점 0과 2 사이에도 적용 가능하다. 그렇게 하면,

$$\frac{p_0}{\gamma} + \frac{V_0^2}{2g} + y_0 = \frac{p_2}{\gamma} + \frac{V_2^2}{2g} + y_2$$

$$0 + 0 + 4.024 \text{ ft} = 0 + \frac{V_2^2}{2(32.2 \text{ ft/s}^2)} + y_2 \quad (1)$$

연속방정식은 1과 2에서 유량이 동일하여야 함을 요구한다.

$$Q = V_1A_1 = V_2A_2$$

$$(1.25 \text{ ft/s})(4 \text{ ft})(8 \text{ ft}) = V_2 y_2 (8 \text{ ft})$$

$$V_2y_2 = 5$$

$V_2 = 5/y_2$를 식 (1)에 대입하면,

$$y_2^3 - 4.024y_2^2 + 0.3882 = 0$$

3개의 해를 구하면,

$y_2 = 4.00$ ft　　아임계(이전과 같음)
$y_2 = 0.3239$ ft　　초임계
$y_2 = -0.2996$ ft　　현실성 없음

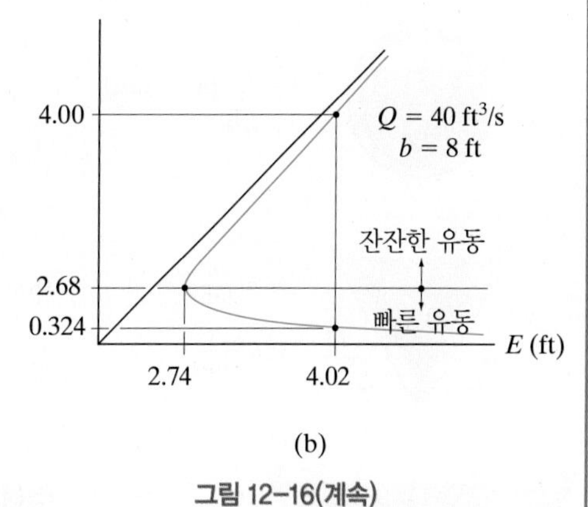

(b)

그림 12-16(계속)

첫 번째 해는 깊이 $y_0 = 4.00$ ft를 보이고, 두 번째 해는 게이트 하류의 깊이이다. 따라서,

$$y_2 = 0.324 \text{ ft}$$ 답

이다. 수로의 바닥높이는 일정하고 게이트를 통한 마찰손실은 (이상유체로) 무시하였으므로, 유동에 대한 비에너지는 점 0, 1, 혹은 2로부터 결정된다. 점 1을 이용하여,

$$E = \frac{Q^2}{2gb^2y_2^2} + y_2 = \frac{[(1.25 \text{ ft/s})(4 \text{ ft})(8 \text{ ft})]^2}{2(32.2 \text{ ft/s}^2)(8 \text{ ft})^2(4 \text{ ft})^2} + 4 \text{ ft} = 4.024 \text{ ft} = 4.02 \text{ ft}$$

비에너지의 선도는 그림 12-16b에 보여진다. 여기서

$$y_c = \frac{2}{3}y_0 = \frac{2}{3}(4.024 \text{ ft}) = 2.683 \text{ ft} = 2.68 \text{ ft}$$

$$E_{\min} = \frac{Q^2}{2gb^2y_c^2} + y_c = \frac{\left[(1.25 \text{ ft/s})(4 \text{ ft})(8 \text{ ft})\right]^2}{2\left(32.2 \text{ ft/s}^2\right)(8 \text{ ft})^2(2.683 \text{ ft})^2} + 2.683 \text{ ft} = 2.74 \text{ ft}$$

언급한 바와 같이, 게이트 주위의 상류에는 잔잔한 유동이 발생하고, 하류에는 빠른 유동이 생긴다.

12.6 정상균일 채널유동

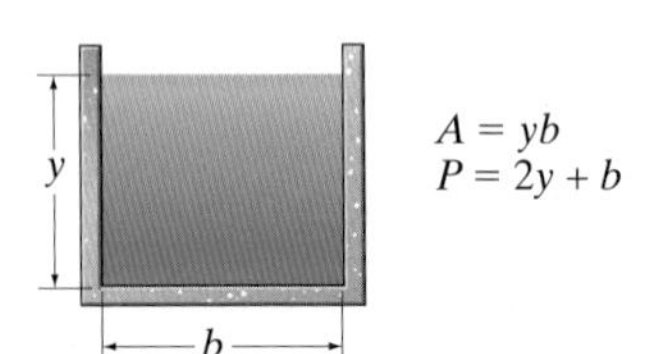

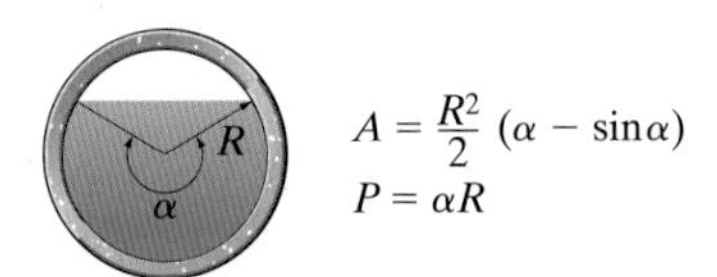

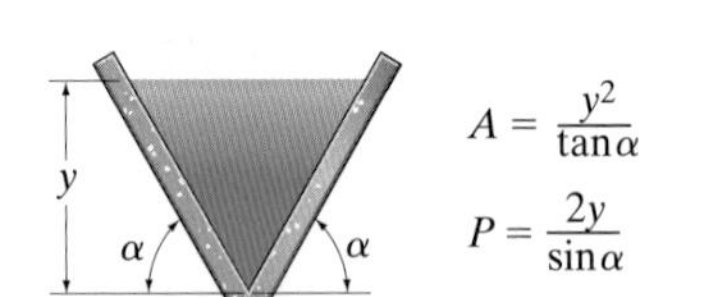

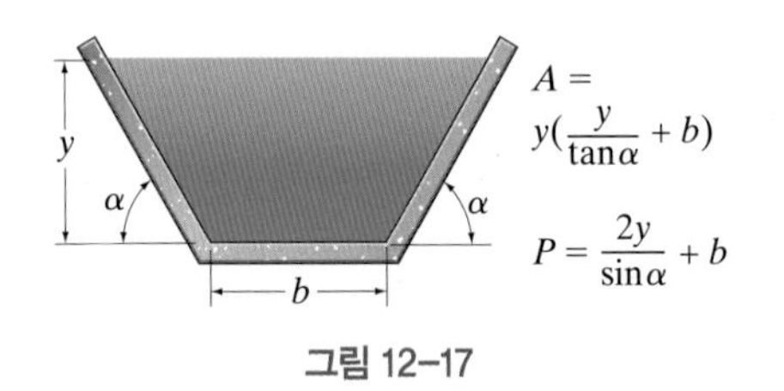

그림 12-17

모든 개수로들은 **거친 표면**을 갖고 있으므로, 수로 내에서 정상균일유동을 유지하기 위해서는 길이방향을 따라 **일정한 경사**와 **일정한 단면적**과 **표면조도**를 필수적으로 갖는다. 이런 조건들이 실제로는 거의 발생하지 않음에도 불구하고, 이런 가정들에 기초한 해석이 종종 배수로와 관개 시스템용의 많은 형식의 수로설계에서 사용되고 있다. 더욱이 이 해석은 때때로 개천과 강 같은 자연수로의 일정 유량특성을 근사화하는 데에도 사용된다.

공학현장에서 일반적으로 사용되는 전형적인 각기둥 단면의 개수로들을 그림 12-17에 나타내었다. 이들 형상과 관계되는 중요한 기하학적 성질들은 다음과 같이 정의된다.

유동면적 A 유동단면의 면적

접수길이 P 수로와 액체가 접촉하는 수로 단면의 둘레. 자유액체표면 위의 거리는 포함되지 않는다.

수력학적 반경 R_h 접수길이에 대한 유동단면 면적의 비

$$R_h = \frac{A}{P} \tag{12-16}$$

레이놀즈수 개수로 유동에서 레이놀즈수는 일반적으로 $\text{Re} = VR_h/\nu$로 정의되고, 여기서 수력학적 반경 R_h가 '특성길이'이다. 실험에 의하면 층류는 단면의 형상에 따라 다르기는 하지만 많은 경우에 $\text{Re} \le 500$으로 명시될 수 있다. 예를 들어, 폭 1 m이고 유동깊이는 0.5 m인 직사각형 단면을 갖는 수로는 $R_h = A/P = [1 \text{ m}(0.5 \text{ m})]/[2(0.5 \text{ m}) + 1 \text{ m}] = 0.25 \text{ m}$의 수력학적 반경을 갖는다. 그 수로가 표준 온도에서 물을 수송하고 있다면, 층류를 유지하기 위한 평균속도는

$$\text{Re} = \frac{VR_h}{\nu}; \qquad 500 = \frac{V(0.25 \text{ m})}{1.12\left(10^{-6}\right) \text{ m}^2/\text{s}} \qquad V = 2.24 \text{ mm/s}$$

이하가 되어야 한다. 이 흐름은 매우 느리고, 따라서 앞에서 언급한 바와 같이

실제로 모든 개수로 유동은 난류이다. 사실상 거의 모든 유동은 매우 높은 레이놀즈수에서 발생한다.

사다리꼴 단면을 가진 배수로

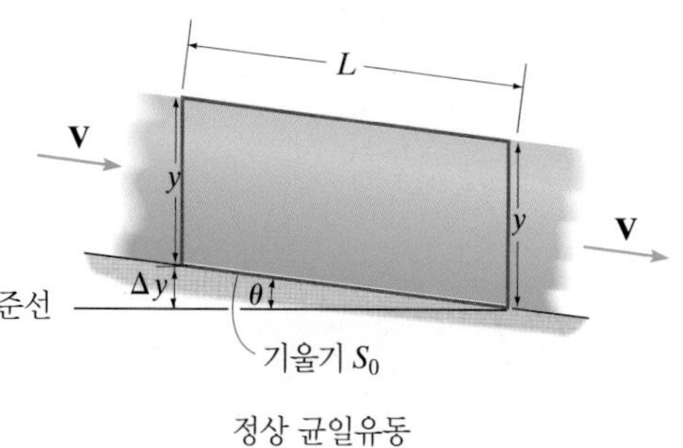

정상 균일유동

그림 12-18

체지 방정식 수로가 표면조도를 갖고 있고 그에 따라 수평길이 L 방향으로 수두손실이 일어나므로 경사진 수로를 따라 흐르는 정상 균일유동을 해석하기 위해서는 에너지방정식을 적용할 것이다. 그림 12-18에 나타난 액체에 대하여 검사체적을 고려한다면, 수직 방향의 검사표면들은 같은 깊이 y를 갖게 된다. 또한 $V_{in} = V_{out} = V$이다. 수력학적 수두 $p/\gamma + z$를 계산하기 위해 액체표면상에 있는 점들을 기준으로 삼는다. 이때 $p_{in} = p_{out} = 0$이다.*

$$\frac{p_{in}}{\gamma} + \frac{V_{in}^2}{2g} + z_{in} + h_{pump} = \frac{p_{out}}{\gamma} + \frac{V_{out}^2}{2g} + z_{out} + h_{turb} + h_L$$

$$0 + \frac{V^2}{2g} + y + \Delta y + 0 = 0 + \frac{V^2}{2g} + y + 0 + h_L$$

작은 경사에 대하여 $\Delta y = L \tan\theta \approx LS_0$이므로,

$$h_L = LS_0$$

이다. 이 수두는 또한 다르시-바이스바흐 식을 이용하여

$$h_L = f\left(\frac{L}{D_h}\right)\frac{V^2}{2g}$$

로도 표현할 수 있다.

수로들은 다양한 단면을 가지므로, 여기서는 10.1절에서 논의한 수력학적 직경 $D_h = 4R_h$을 사용했다. 위의 두 식을 같게 놓고 V에 대하여 풀면,

$$V = C\sqrt{R_h S_0} \tag{12-17}$$

를 얻고, 여기서 $C = \sqrt{8g/f}$이다.

이 결과는 1775년에 이를 실험적으로 추론해 낸 프랑스 공학자 Antoine de Chézy의 이름을 따서 **체지의 식**으로 알려져 있다. 계수 C는 원래 상수로 여겨졌다. 하지만 그후 실험을 통해 계수 C는 수로의 단면형상과 표면조도에 의존하는 것으로 밝혀졌다.

매닝 방정식 1891년에 아일랜드 공학자 Robert Manning은 C의 값을 수력학적 반경과 $s/m^{1/3}$ 혹은 $s/ft^{1/3}$의 단위를 갖는 차원의 **표면조도 계수** n의 함수로 표현하는 방법을 확립하였다. 그는 $C = R_h^{1/6}/n$임을 밝혔다. 공학문제에서 자주 마주치는 조건에 대한 전형적인 SI 단위계에서의 n값들은 표 12-1에 나열되어

---

* 이 수두는 표면에서 일정하게 유지되며 예제 5.11에 소개된 바와 같이 표면상의 한 점에 대해서 계산될 수 있다.

표 12-1 표면조도 계수

수로의 종류	n(s/m$^{1/3}$)
자연수로	
맑은	0.022
잡초가 있는	0.030
작은 돌	0.035
인공수로	
매끄러운 강	0.012
마감된 콘크리트	0.012
마감되지 않은 콘크리트	0.014
목재	0.012
벽돌 쌓기	0.015

있다. 평균속도를 n의 항으로 표시하면, **매닝 방정식**은

$$V = \frac{kR_h^{2/3}S_0^{1/2}}{n} \tag{12-18}$$

이다. k값은 n이 표 12-1로부터 선택될 때 SI 단위계와 FPS 단위계 중 어느 것과 함께 사용되는가에 따라 그 식을 보정하는 데 사용된다. 환산계수 $(0.3048\,\text{m/ft})^{-1/3} = 1.486$의 적용을 요구하므로,

$$\begin{aligned} k &= 1(\text{SI 단위계}) \\ k &= 1.486(\text{FPS 단위계}) \end{aligned} \tag{12-19}$$

이다. $Q = VA$이고, 수력학적 반경은 $R_h = A/P$이므로, 식 (12-18)은 체적유량의 항으로도 표현될 수 있다. 즉

$$Q = \frac{kA^{5/3}S_0^{1/2}}{nP^{2/3}} \tag{12-20}$$

최적의 수력학적 단면 주어진 경사 S_0와 표면조도 n에 대하여, 식 (12-20)에서의 접수길이 P가 감소하면 유량 Q는 증가함을 알 수 있다. 따라서 최대유량 Q는 접수길이 P를 최소화함으로써 얻어질 수 있다. 그런 단면은 수로를 건설하는 데 필요한 재료의 양을 최소화하고 유량을 최대화하기 때문에 **최적의 수력학적 단면**이라고 불린다. 예를 들면, 그림 12-19에서와 같이 수로가 주어진 폭 b를 갖는 직사각형 단면을 갖고 있다면 $A = by$이고, $P = 2y + b = 2y + A/y$가 된다. 따라서 b와 y 사이의 관계는 아직 알려져 있지 않지만, 일정한 A값에 대하여 접수길이의 극한값을 구하면,

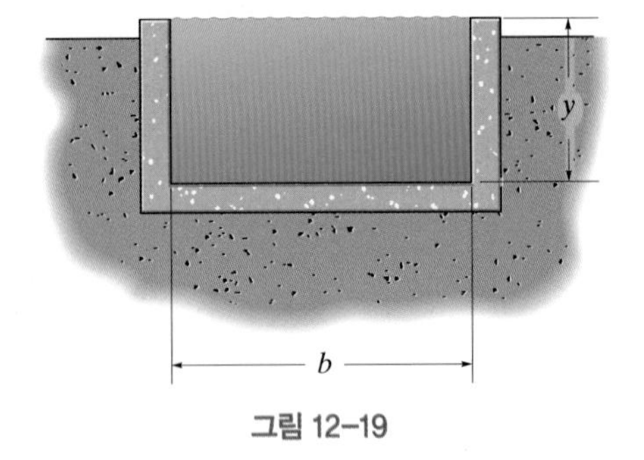

그림 12-19

$$\frac{dP}{dy} = \frac{d}{dy}\left(2y + \frac{A}{y}\right) = 2 - \frac{A}{y^2} = 0$$

$$A = 2y^2 = by \quad \text{혹은} \quad y = \frac{b}{2}$$

따라서 깊이 $y = b/2$를 가지고 흐르는 직사각형 수로는 수로를 건설하기 위해 사용되는 재료가 가장 적게 든다. 이 설계 치수는 최대 균일유동의 유량을 제공해주고 있으므로, 직사각형에 대한 최적의 단면이다.

엄격한 의미에서 준원형 단면은 최고의 설계형상이다. 그러나 매우 큰 유량에 대해서는 이 형식은 일반적으로 토목공사가 어렵고 건설하는 데 비용이 많이 든다. 대신 대형 수로들은 사다리꼴 단면을 갖고 있거나 혹은 낮은 깊이에 대해서는 수로의 단면이 직사각형일 수 있다. 어느 경우이든 주어진 단면형상에 대한 최적의 수력학적 단면은 항상 여기에서 제시된 것처럼, 접수길이를 단면적의 항으로 표현하고 그 미분값을 영(zero)으로 둠으로써 결정될 수 있다. 일단 최적의 단면이 얻어지면, 그 내부의 균일속도는 매닝 방정식을 사용하여 결정될 수

있다.

임계경사 식 (12-20)을 수로의 경사에 관하여 풀면, 수력학적 반경 $R_h = A/P$의 항으로 나타낼 수 있고, 그러면

$$S_0 = \frac{Q^2 n^2}{k^2 R_h^{4/3} A^2} \tag{12-21}$$

수로의 기울기

를 얻는다. 임의의 단면을 가진 수로에 대한 임계경사는 흐름의 깊이가 임계깊이여야 한다는 점을 요구하며, 임계깊이는 식 (12-11)로부터 결정되므로 임계경사에 대한 위의 식은

$$S_c = \frac{n^2 g A_c}{k^2 b_{\text{top}} R_{hc}^{4/3}} \tag{12-22}$$

임계경사

가 된다. 여기서 임계면적 A_c와 수력학적 반경 R_{hc}가 해당 단면에 대하여 $y = y_c$로 하여 결정된다. 깊이 y와 같이, 이 식을 사용하면 수로의 실제경사 S_0를 임계경사 S_c와 비교할 수 있고, 그렇게 함으로써 유동을 분류할 수 있다.

$S_0 < S_c$ 아임계(잔잔한)유동
$S_0 = S_c$ 임계유동
$S_0 > S_c$ 초임계(빠른)유동

다음의 예제들은 이런 개념들의 몇 가지 예를 보여준다.

사다리꼴 단면을 가진 콘크리트 수로를 따라 흘러가는 개수로 유동

요점 정리

- 정상균일 개수로 유동은 수로가 일정한 경사와 표면조도를 가지며, 수로 내의 액체가 일정한 단면을 가질 때 일어날 수 있다. 이 유동이 발생하면, 액체에 미치는 중력은 수로의 바닥과 가장자리를 따라 발생하는 마찰력과 균형을 이룬다.
- 매닝 방정식은 정상 균일유동을 갖는 개수로에서 평균속도를 결정하는데 사용될 수 있다.
- 일정한 유량, 경사 및 표면조도를 갖는 임의의 주어진 형상의 수로에 대하여 최적의 수력학적 단면은 해당 접수길이를 최소화함으로써 결정할 수 있다.
- 수로 내에서의 정상 균일유동의 분류는 경사 S_0를 임계경사 S_c와 비교함으로써 결정될 수 있다.

예제 12.8

그림 12-20의 수로는 마감된 콘크리트로 제작되고, 바닥은 수평거리 1000 ft 당 고도가 2 ft 내려간다. 물의 깊이가 4 ft일 때, 정상균일 유동의 체적유량을 구하라.

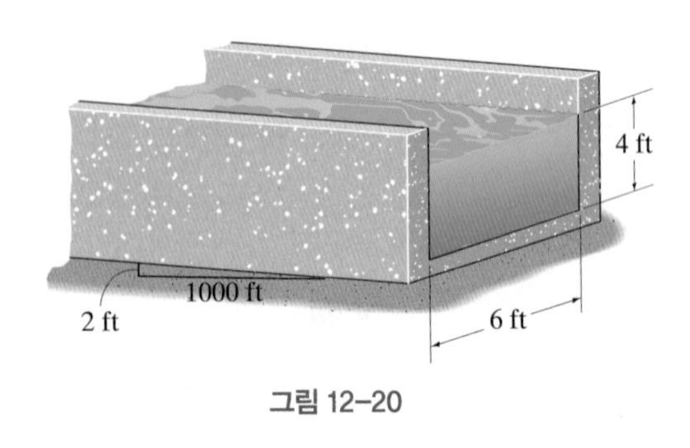

그림 12-20

풀이

유체 설명 유동은 정상 균일유동이고, 물은 비압축성 유체로 가정하며 평균 유속 V를 갖는다.

해석 여기에서는 FPS 단위계에 대한 매닝 방정식을 사용한다. 수로의 경사는 $S_0 = 2\text{ ft}/1000\text{ ft} = 0.002$이고, 표 12-1로부터 마감된 콘크리트에 대하여 $n = 0.012$이다. 또한 물의 폭 4-ft에 대하여 수력반경은

$$R_h = \frac{A}{P} = \frac{(6\text{ ft})(4\text{ ft})}{(4\text{ ft} + 6\text{ ft} + 4\text{ ft})} = 1.714\text{ ft}$$

이다. 따라서,

$$V = \frac{kR_h^{2/3}S_0^{1/2}}{n}$$

$$\frac{Q}{(4\text{ ft})(6\text{ ft})} = \frac{1.486(1.714\text{ ft})^{2/3}(0.002)^{1/2}}{0.012}$$

$$Q = 190\text{ ft}^3/\text{s}$$ 답

예제 12.9

그림 12-21의 수로는 마감되지 않은 콘크리트 단면과 양편에 가벼운 수초가 있는 범람 영역(overflow region) ($n = 0.050$)으로 구성된다. 수로의 바닥이 0.0015의 경사를 가지면, 그림과 같이 깊이 2.5 m일 때 체적유량을 구하라.

풀이

유체 설명 정상 균일유동이고, 물은 비압축성 유체로 가정한다.

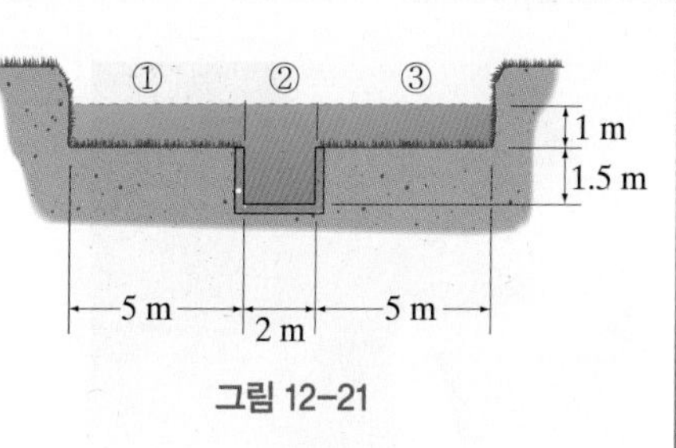

그림 12-21

해석 단면은 그림 12-21과 같이 3개의 조합된 직사각형으로 나뉜다. 따라서 전체 단면을 통과하는 유동은 각각의 조합된 형상을 통한 흐름의 합이다. 계산 과정에서 형상들 사이의 액체 경계는 n이 그 표면에 작용하지 않으므로 접수길이에 포함되지 않음에 주의하라. 전술한 바와 같이, 마감되지 않은 콘크리트에 대하여 $n = 0.014$이고, 수초가 있는 범람영역에 대해서는 $n = 0.050$이므로, 식 (12-20)의 형식으로 쓰여진 매닝 방정식을 사용하면

$$Q = \Sigma\frac{kA^{5/3}S_0^{1/2}}{nP^{2/3}} = (1)\,S_0^{1/2}\left(\frac{A_1^{5/3}}{n_1P_1^{2/3}} + \frac{A_2^{5/3}}{n_2P_2^{2/3}} + \frac{A_3^{5/3}}{n_3P_3^{2/3}}\right)$$

$$= (0.0015)^{1/2}\left[\frac{[(1\text{ m})(5\text{ m})]^{5/3}}{0.050(1\text{ m} + 5\text{ m})^{2/3}} + \frac{[(2\text{ m})(2.5\text{ m})]^{5/3}}{0.014(1.5\text{ m} + 2\text{ m} + 1.5\text{ m})^{2/3}} + \frac{[(5\text{ m})(1\text{ m})]^{5/3}}{0.050(1\text{ m} + 5\text{ m})^{2/3}}\right]$$

$$= 20.7\text{ m}^3/\text{s}$$ 답

이 된다.

예제 12.10

그림 12-22a에 있는 삼각형 용수로가 협곡을 건너 물을 운반하기 위해 사용된다. 용수로는 나무로 만들어지고 경사는 $S_0 = 0.001$이다. 의도된 유량이 $Q = 3\text{ m}^3/\text{s}$이면, 유동의 깊이를 구하라.

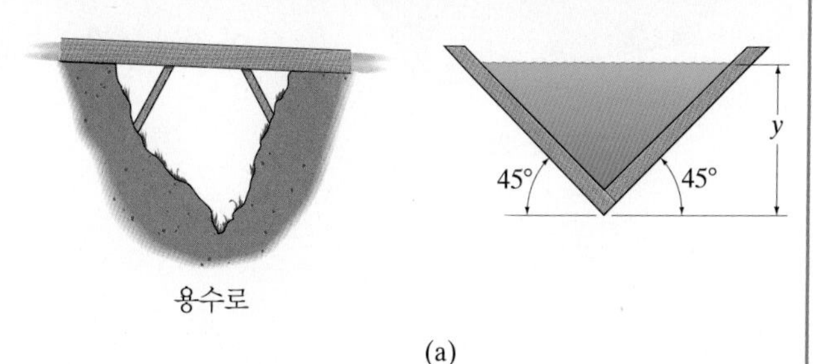

(a)

풀이

유체 설명 비압축성 유체의 정상 균일유동으로 가정한다.

해석 y가 그림 12-22b의 유동의 깊이이면,

$$P = 2\sqrt{2}y \quad \text{이고} \quad A = 2\left[\frac{1}{2}(y)(y)\right] = y^2$$

이다. 표 12-1로부터 나무 면에 대하여 $n = 0.012$이다. SI 단위계에 대하여,

$$Q = \frac{kA^{5/3}S_0^{1/2}}{nP^{2/3}}; \qquad 3\text{ m}^3/\text{s} = \frac{(1)(y^2)^{5/3}(0.001)^{1/2}}{0.012(2\sqrt{2}y)^{2/3}}$$

$$y = 1.36\text{ m}$$ 답

이다.

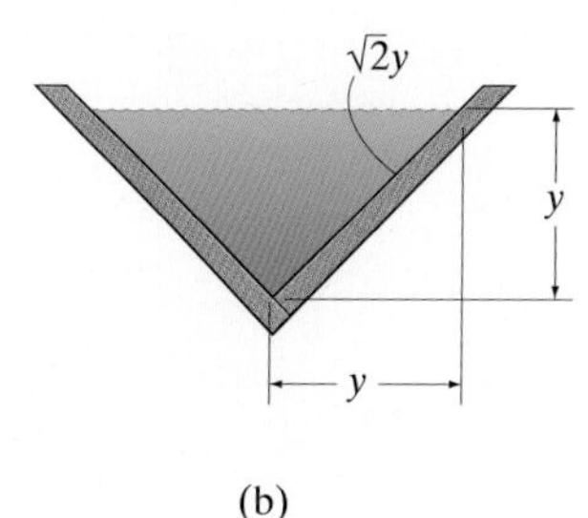

(b)

그림 12-22

예제 12.11

(© Andrew Orlemann/Shutterstock)

그림 12-23의 수로는 삼각형 단면을 갖고 있으며 마감되지 않은 콘크리트로 만들어졌다. 유량이 1.5 m^3/s일 때, 임계유동을 만드는 경사를 구하라.

풀이

유체 설명 비압축성 유체의 정상 균일유동을 가정한다.

해석 임계경사는 식 (12-21)을 사용하여 결정되지만, 먼저 임계깊이를 구해야 한다.

$$A_c = 2\left[(1/2)(y_c \tan 30°)y_c\right] = y_c^2 \tan 30°$$

$$b_{\text{top}} = 2y_c \tan 30°$$

식 (12-11)을 적용하면,

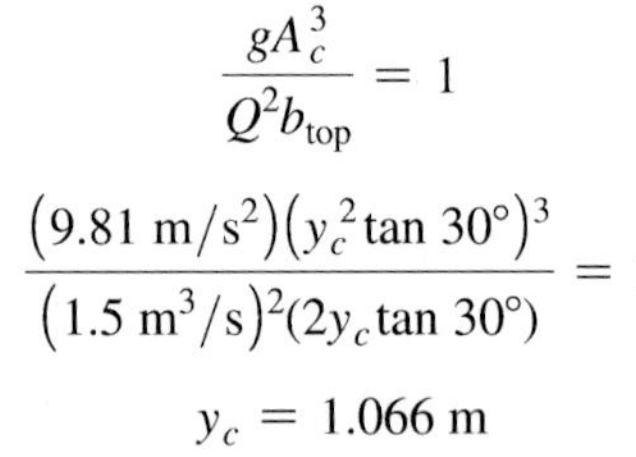

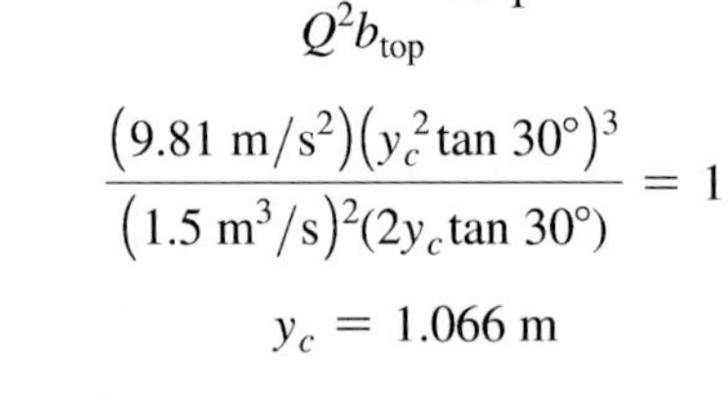

$$\frac{gA_c^3}{Q^2 b_{\text{top}}} = 1$$

$$\frac{(9.81\text{ m/s}^2)(y_c^2 \tan 30°)^3}{(1.5\text{ m}^3/\text{s})^2(2y_c \tan 30°)} = 1$$

$$y_c = 1.066\text{ m}$$

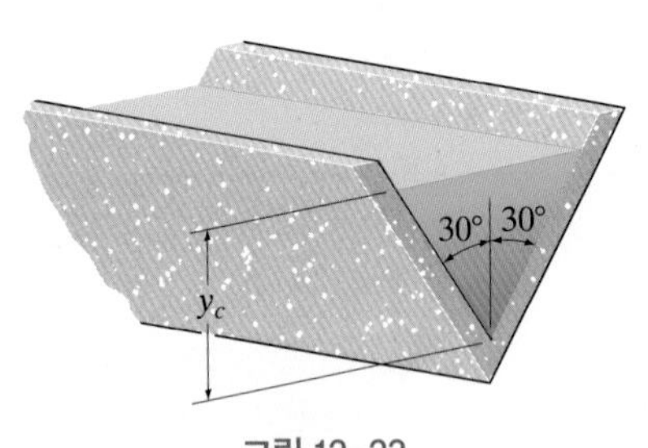

그림 12-23

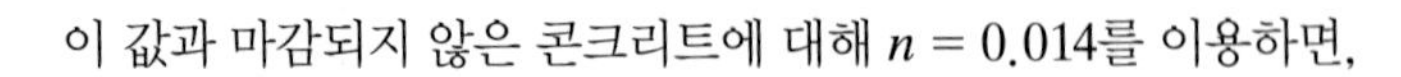

이 값과 마감되지 않은 콘크리트에 대해 $n = 0.014$를 이용하면,

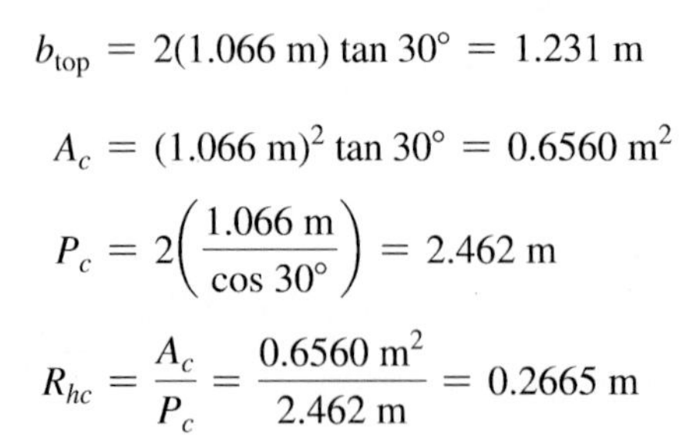

$$b_{\text{top}} = 2(1.066\text{ m})\tan 30° = 1.231\text{ m}$$

$$A_c = (1.066\text{ m})^2 \tan 30° = 0.6560\text{ m}^2$$

$$P_c = 2\left(\frac{1.066\text{ m}}{\cos 30°}\right) = 2.462\text{ m}$$

$$R_{hc} = \frac{A_c}{P_c} = \frac{0.6560\text{ m}^2}{2.462\text{ m}} = 0.2665\text{ m}$$

따라서,

$$S_c = \frac{n^2 g A_c}{k^2 b_{\text{top}} R_{hc}{}^{4/3}} = \frac{(0.014)^2(9.81\text{ m/s}^2)(0.6560\text{ m}^2)}{(1)^2(1.231\text{ m})(0.2665\text{ m})^{4/3}} = 0.00598 \quad \text{답}$$

그러므로 수로가 유량 $Q = 1.5$ m^3/s를 가지면, S_c보다 작은 경사는 아임계(잔잔한)유동을, S_c보다 큰 경사는 초임계(빠른)유동을 만든다.

12.7 깊이가 변하는 점진적 유동

앞절에서는 일정한 경사를 갖는 개수로 내의 정상 균일유동에 관하여 다루었다. 이 경우 유동은 특정 깊이에서 나타나야 하고, 그에 따라 그 깊이는 수로의 길이에 대해 일정하게 유지된다. 그러나 수로의 경사 혹은 단면적이 점차 변화하거나 혹은 수로 내의 표면조도의 변화가 있을 때에는 액체의 깊이는 그 길이를 따라 변하고 정상 비균일유동이 얻어진다.

이 경우를 해석하기 위하여 그림 12-24에 보인 미소검사체적 상의 'in'과 'out' 단면 사이에 에너지방정식을 적용한다. 수력학적 수두항* $p/\gamma + z$를 계산하기 위해 액체표면의 상단에 있는 점을 선택한다. 여기서 $p_{in} = p_{out} = 0$이고, 따라서

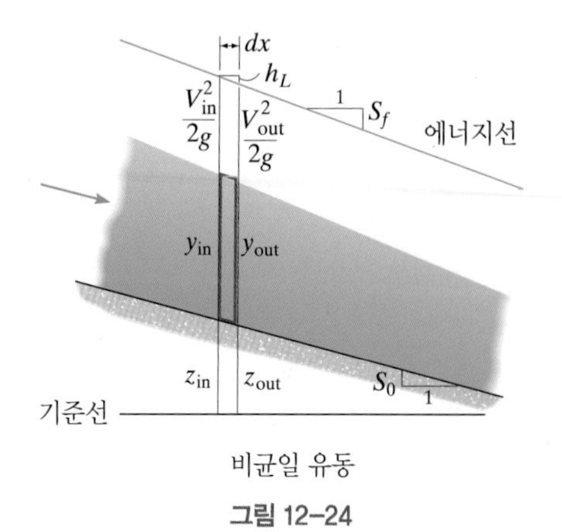

비균일 유동

그림 12-24

$$\frac{p_{in}}{\gamma} + \frac{V_{in}^2}{2g} + z_{in} = \frac{p_{out}}{\gamma} + \frac{V_{out}^2}{2g} + z_{out} + h_L$$

$$0 + \frac{V_{in}^2}{2g} + (z_{in} + y_{in}) = 0 + \frac{V_{out}^2}{2g} + (z_{out} + y_{out}) + h_L$$

$$\frac{V_{in}^2}{2g} - \frac{V_{out}^2}{2g} = (y_{out} - y_{in}) + (z_{out} - z_{in}) + h_L$$

좌변의 두 항들은 길이 dx에 걸친 속도수두의 변화량을 나타낸다. 또한 $y_{out} - y_{in} = dy$이고, $z_{out} - z_{in} = -S_0\,dx$이며, 여기서 S_0는 수로 바닥의 기울기로서 오른쪽으로 낮게 기울 때 양의 값을 갖는다. 따라서

$$-\frac{d}{dx}\left(\frac{V^2}{2g}\right)dx = dy - S_0\,dx + h_L$$

마찰경사 S_f를 에너지선의 기울기로 정의하면, 그림 12-24에 나타낸 바와 같이 $h_L = S_f dx$이다. 이를 위 방정식의 h_L에 대입하고 정리하면,

$$\frac{dy}{dx} + \frac{d}{dx}\left(\frac{V^2}{2g}\right) = S_0 - S_f \tag{12-23}$$

직사각형 단면 만일 수로가 직사각형 단면을 갖고 있다면, $V = Q/by$이고, 따라서

$$\frac{d}{dx}\left(\frac{V^2}{2g}\right) = \frac{d}{dx}\left(\frac{Q^2}{2gb^2y^2}\right) = -2\left(\frac{Q^2}{2gb^2y^3}\right)\frac{dy}{dx} = -\left(\frac{V^2}{gy}\right)\left(\frac{dy}{dx}\right)$$

---

* 예제 5.10에 설명된 바와 같이 개방된 검사표면의 임의의 점이 선택될 수 있다.

최종적으로 이 결과는 프라우드수의 항으로 나타낼 수 있다. $\mathrm{Fr} = V/\sqrt{gy}$이므로, $V^2/gy = \mathrm{Fr}^2$이다. 따라서

$$\frac{d}{dx}\left(\frac{V^2}{2g}\right) = -\mathrm{Fr}^2\frac{dy}{dx}$$

직사각형 단면에 대하여 식 (12-23)은 이제 다음과 같이 표현될 수 있다.

$$\frac{dy}{dx} = \frac{S_0 - S_f}{1 - \mathrm{Fr}^2} \tag{12-24}$$

표면형상 Fr^2은 y의 함수이므로, 윗식은 수로를 따라 x의 함수로 액체표면의 깊이 y를 얻기 위해 적분을 요구하는 비선형 1계 미분방정식이다. 특별히 수로 바닥의 기울기가 변하거나 유동이 댐 혹은 슬루스 게이트와 같은 방해물을 만날 때에는 이 **표면의 형상과 그 깊이**를 결정할 수있어야 한다는 점이 중요하다. 왜냐하면 홍수, 범람, 혹은 다른 예기치 못한 현상이 발생할 가능성이 있기 때문이다.

표 12-2에 보인 바와 같이, 액체표면이 형성될 수 있는 12개의 가능한 형상들이 나와있다. 각 그룹의 형상들은 수로의 경사에 의해 분류되는데, 즉 수평(H), 완만함(M), 임계(C), 가파름(S), 혹은 역전(A)으로 분류된다. 또한 각각의 형상은 **균일 혹은 정규유동**의 깊이 y_n 및 **임계유동**의 깊이 y_c에 비교한 **실제유동**의 깊이 y에 의해 결정되는 무차원 수에 의해 표현되는 **영역(zone)**으로 분류된다. 제 1영역은 y값이 크고, 제 2영역은 중간 값, 그리고 제 3영역은 낮은 값이다. 액체 표면의 모양과 형상들이 어떻게 수로에서 발생할 수 있는지에 관한 전형적인 예들이 그림 12-25a에 소개되어 있다.

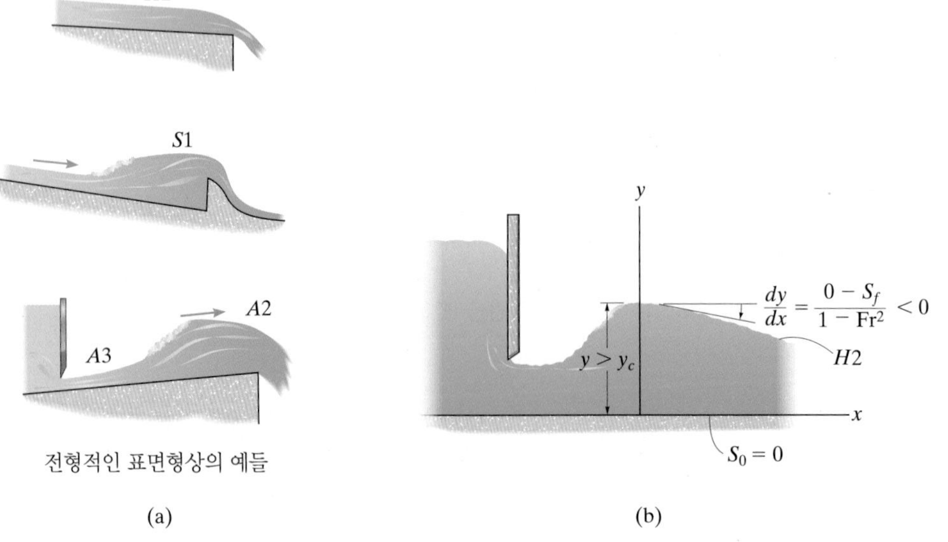

그림 12-25

이 12가지의 형상들 중 임의의 액체표면 형상은 식 (12-24)에 의해 정의된 것처럼 그 기울기의 특성을 연구함으로써 도시할 수 있다. 예를 들면, 그림 12-25b에 보인 $H2$ 형상의 경우에는, $y > y_c$이므로 유동은 아임계 혹은 잔잔한 유동이고, 그에 따라 $\mathrm{Fr} < 1$이다. 그러면 식 (12-24)로부터 $S_0 = 0$이고 $\mathrm{Fr} < 1$일 때, 수면의 초기 기울기 dy/dx는 보는 바와 같이 음의 값이고, 따라서 실제로 깊이는 x가 증가함에 따라 감소하게 된다.

표면형상의 계산 물 표면형상이 분류되면, 실제형상은 식 (12-23)을 적분하여 결정할 수 있다. 수년 간 여러 가지 절차들이 이를 수행하기 위해 개발되어 왔다. 그렇지만 여기에서는 수치적분을 수행하기 위한 유한차분방법을 사용하기로 한다. 이를 위해 먼저 식 (12-23)을 다음의 형태로 쓴다.

$$\frac{d}{dx}\left(y + \frac{V^2}{2g}\right) = S_0 - S_f \quad \text{혹은} \quad dx = \frac{d(y + V^2/2g)}{S_0 - S_f}$$

표 12-2 표면형상 분류

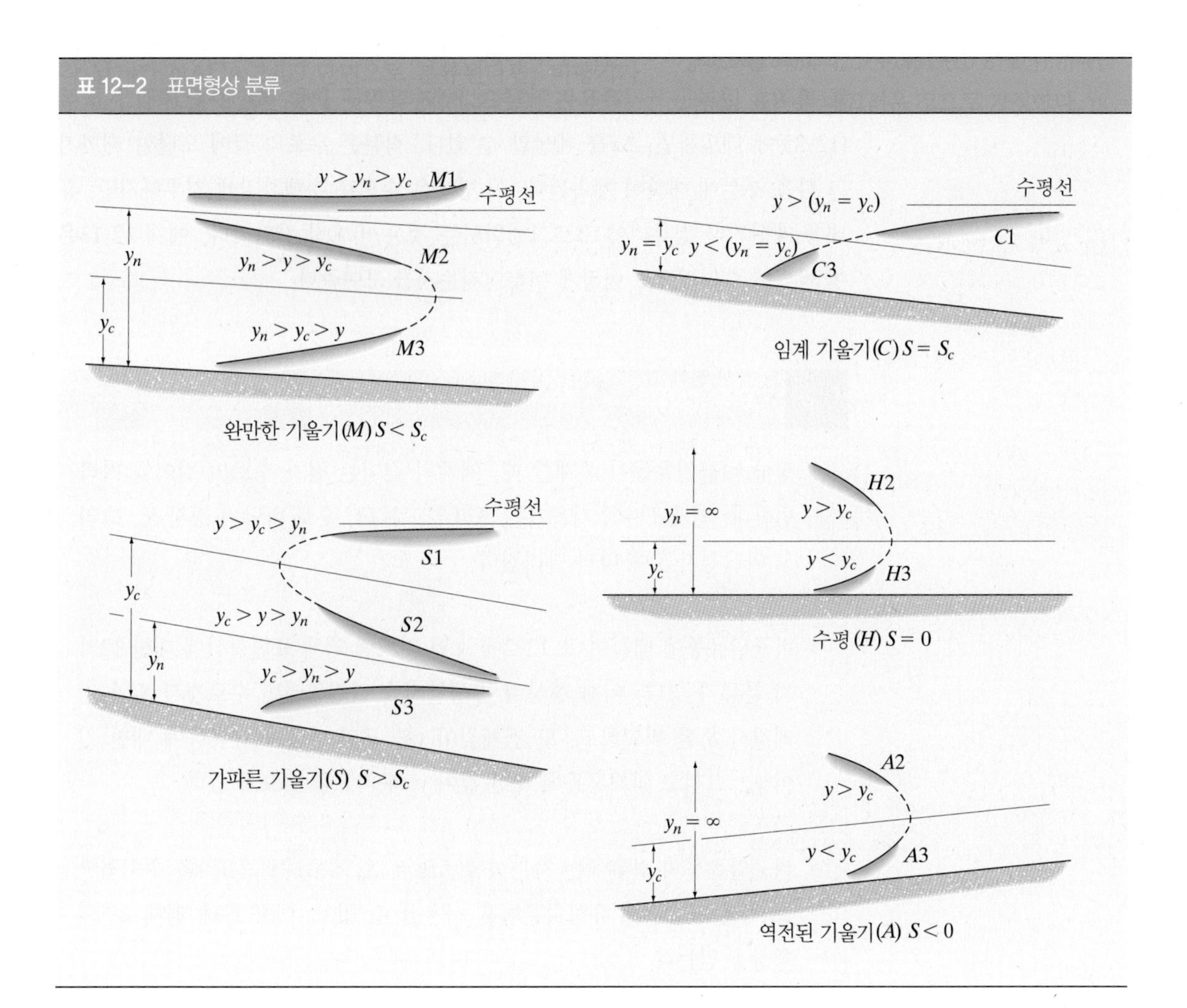

만일 수로를 작은 유한한 지역 혹은 구간으로 분할하면, 이 식은 다음과 같은 유한차분의 항으로 쓸 수 있다.

$$\Delta x = \frac{(y_2 - y_1) + (V_2^2 - V_1^2)/2g}{S_0 - S_f} \tag{12-25}$$

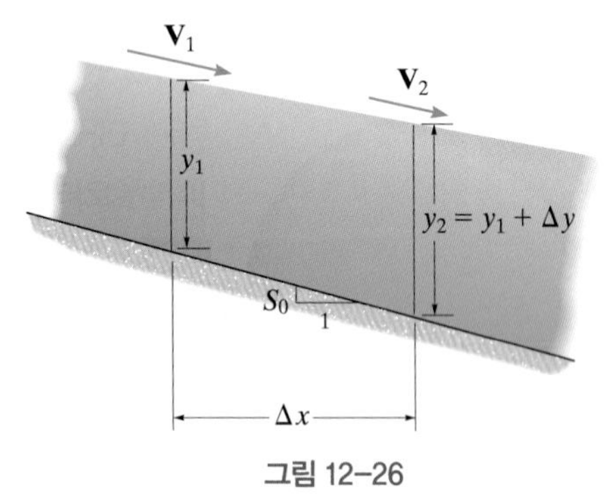

그림 12-26

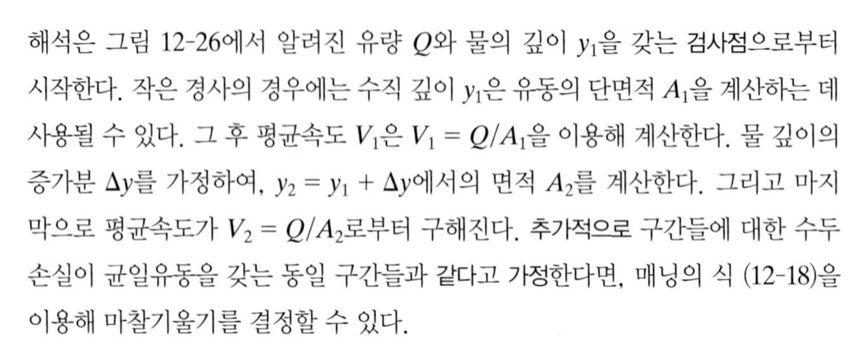

해석은 그림 12-26에서 알려진 유량 Q와 물의 깊이 y_1을 갖는 검사점으로부터 시작한다. 작은 경사의 경우에는 수직 깊이 y_1은 유동의 단면적 A_1을 계산하는 데 사용될 수 있다. 그 후 평균속도 V_1은 $V_1 = Q/A_1$을 이용해 계산한다. 물 깊이의 증가분 Δy를 가정하여, $y_2 = y_1 + \Delta y$에서의 면적 A_2를 계산한다. 그리고 마지막으로 평균속도가 $V_2 = Q/A_2$로부터 구해진다. 추가적으로 구간들에 대한 수두 손실이 균일유동을 갖는 동일 구간들과 같다고 가정한다면, 매닝의 식 (12-18)을 이용해 마찰기울기를 결정할 수 있다.

$$S_f = \frac{n^2 V_m^2}{k^2 R_{hm}^{4/3}} \tag{12-26}$$

V_m과 R_{hm} 값들은 평균속도와 평균수력반경의 평균값들이다. 관련된 값들을 식 (12-25)에 대입하면, Δx를 계산할 수 있다. 적분은 수로의 끝에 도달할 때까지 그 다음 부분에 대하여 계속된다. 이 방법은 손으로 수행하기에 지루하지만, 휴대용 계산기나 컴퓨터에 프로그램화하는 것은 비교적 간단하다. 예제 12.13은 이 방법이 수치적으로 어떻게 이루어지는지를 보여준다.

요점 정리

- 정상 비균일유동이 존재할 때, 액체의 깊이는 점차 수로의 길이를 따라 변한다. 액체표면의 기울기는 프라우드수 Fr, 수로 바닥의 경사 S_0, 그리고 마찰경사 S_f에 따라 달라진다.

- 비균일유동에 대하여 표 12-2에 보인 것처럼 액체 표면형상에 대한 12가지 분류가 있다. 어떤 형상이 발생할지를 결정하려면 수로경사 S_0와 임계경사 S_c를 비교하고, 또 액체깊이 y를 균일 혹은 정규유동에 대한 깊이 y_n, 그리고 임계유동에 대한 깊이 y_c와 비교할 필요가 있다.

- 비균일유동의 경우에는 차분식 $dy/dx = (S_0 - S_f)/(1 - \mathrm{Fr}^2)$을 수치적으로 적분하기 위해 유한차분법을 사용할 수 있고, 이를 통해 액체표면의 형상을 얻는다.

예제 12.12

그림 12-27a의 직사각형 수로는 마감되지 않은 콘크리트로 만들어지고 $S_0 = 0.035$의 경사를 가지고 있다. 어느 한 지점에서 물의 깊이는 1.25 m이고 유량은 $Q = 0.75\ \text{m}^3/\text{s}$이다. 유동에 대한 표면형상을 분류하라.

풀이

유체 설명 유동은 정상이고, 흐름은 비균일유동을 만들 것으로 가정되는 깊이에서 일어난다. 물은 비압축성이다.

해석 표면형상을 분류하기 위해 임계깊이 y_c, 정규유동깊이 y_n, 그리고 임계경사 S_c를 정해야 한다. 식 (12-7)로부터

$$y_c = \left(\frac{Q^2}{gb^2}\right)^{1/3} = \left(\frac{(0.75\ \text{m}^3/\text{s})^2}{9.81\ \text{m}/\text{s}^2(2\ \text{m})^2}\right)^{1/3} = 0.2429\ \text{m}$$

$y = 1.25\ \text{m} > y_c = 0.2429\ \text{m}$이므로 유동은 잔잔하다. 마감되지 않은 콘크리트의 경우 $n = 0.014$이다. $Q = 0.75\ \text{m}^3/\text{s}$를 위한 정규 혹은 균일유동을 만드는 깊이 y_n은 매닝의 식으로부터 결정된다.

$$R_h = \frac{A}{P} = \frac{(2\ \text{m})y_n}{(2y_n + 2\ \text{m})} = \frac{y_n}{(y_n + 1)}$$

이므로, 식 (12-20)은 다음과 같이 된다.

$$Q = \frac{kA^{5/3}S_0^{1/2}}{nP^{2/3}}; \qquad 0.75\ \text{m}^3/\text{s} = \frac{(1)\left[(2\ \text{m})y_n\right]^{5/3}(0.035)^{1/2}}{0.014(2y_n + 2\ \text{m})^{2/3}}$$

$$\frac{y_n^{5/3}}{(2y_n + 2\ \text{m})^{2/3}} = 0.017678$$

시행오차에 의해 풀거나 수치적인 절차를 사용하면,

$$y_n = 0.1227\ \text{m}$$

를 얻는다. 임계경사는 식 (12-22)로부터 정한다.

$$S_c = \frac{n^2 g A_c}{k^2 b_{\text{top}} R_{hc}^{\ 4/3}} = \frac{(0.014)^2\left(9.81\ \text{m}/\text{s}^2\right)(2\ \text{m})(0.2429\ \text{m})}{(1)^2(2\ \text{m})\left[\dfrac{2\ \text{m}(0.2429\ \text{m})}{2(0.2429\ \text{m}) + 2\ \text{m}}\right]^{4/3}}$$

$$= 0.004118$$

$y = 1.25\ \text{m} > y_c > y_n$이고 $S_0 = 0.035 > S_c$이므로, 표면이 $S1$ 형상에 의해 정의되는 비균일유동이다. 표 12-2에 의하면 물 표면은 그림 12-27b와 같이 보이게 될 것이다.

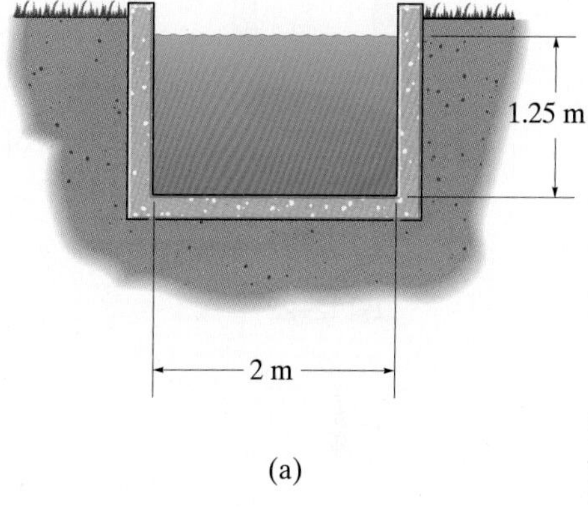

(a)

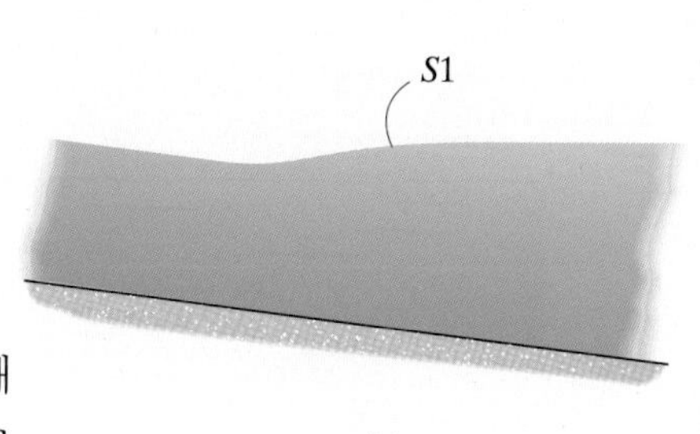

(b)

그림 12–27

예제 12.13

물이 저수지로부터 슬루스 게이트 아래로 흘러 그림 12-28a와 같이 수평으로 폭 1.5 m의 마감되지 않은 콘크리트 수로로 들어간다. 시작점 0에서 측정된 유량은 $2\ m^3/s$이고 깊이는 0.2 m이다. 이 점의 하류에서 측정되는 수로를 따른 물 깊이의 변화를 구하라.

풀이

유체 설명 저수지는 일정한 수위를 유지한다고 가정하면, 유동은 정상이다. 0점의 바로 뒤에서 깊이가 변하므로 비균일유동이다. 물은 비압축성으로 가정하고 평균속도형상을 사용한다.

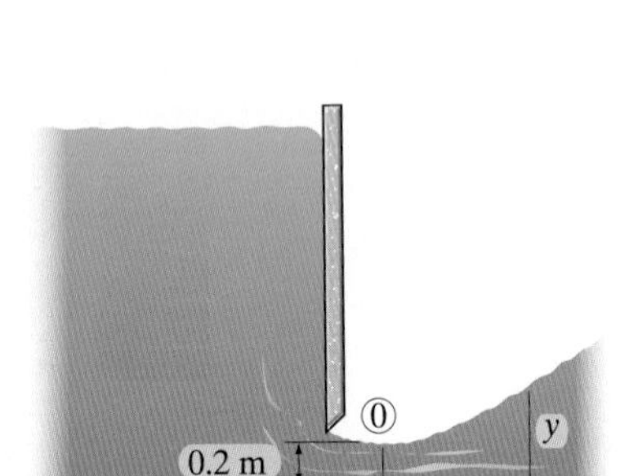

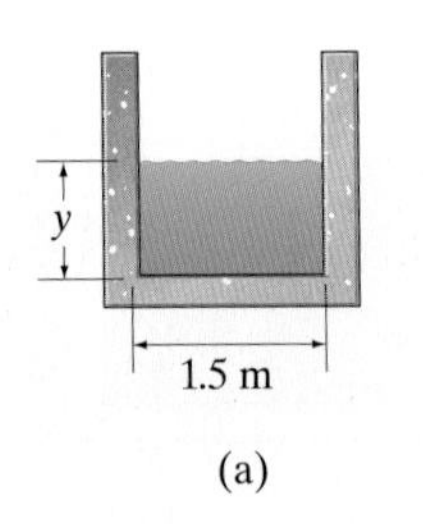

(a)

그림 12-28

해석 먼저 물의 표면형상을 분류한다. 임계깊이는

$$y_c = \left(\frac{Q^2}{gb^2}\right)^{1/3} = \left(\frac{(2\ \text{m}^3/\text{s})^2}{(9.81\ \text{m/s}^2)(1.5\ \text{m})^2}\right)^{1/3} = 0.5659\ \text{m}$$

여기서 $y = 0.2\ \text{m} < y_c = 0.5659\ \text{m}$이고, 유동은 빠른 유동이다. 수로가 수평이므로 $S_0 = 0$이다. 표 12-2를 이용하면, 그림 12-28a에 나타낸 바와 같이, 수면의 형상은 $H3$이다. 따라서 시작점으로부터 x가 증가함에 따라 물의 깊이가 증가함을 나타낸다. (수로가 경사져 있는 경우에는 y_n의 값이 형상분류를 위해 필요하므로 이 값을 구하려면 매닝의 식을 반드시 사용해야 한다.)

하류의 깊이를 구하기 위해 깊이 증분을 $\Delta y = 0.01\ \text{m}$로 선택하여 계산구간을 나눈다. 초기 지점 0에서 $y = 0.2\ \text{m}$이고, 속도는

$$V_0 = \frac{Q}{A_0} = \frac{2\ \text{m}^3/\text{s}}{(1.5\ \text{m})(0.2\ \text{m})} = 6.667\ \text{m/s}$$

따라서 수력반경은

$$R_{h0} = \frac{A_0}{P_0} = \frac{(1.5\ \text{m})(0.2\ \text{m})}{(1.5\ \text{m} + 2)(0.2\ \text{m})} = 0.1579\ \text{m}$$

이 결과들은 그림 12-28b에 보인 표의 첫 줄에 입력된다.

위치	y (m)	V (m/s)	V_m (m/s)	R_h (m)	R_{hm} (m)	S_{fm}	Δx (m)	x (m)
0	0.2	6.667		0.1579				0
			6.508		0.1610	0.09479	2.116	
1	0.21	6.349		0.1641				2.12
			6.205		0.1671	0.08200	2.104	
2	0.22	6.061		0.1701				4.22
			5.929		0.1731	0.07144	2.089	
3	0.23	5.797		0.1760				6.31

(b)

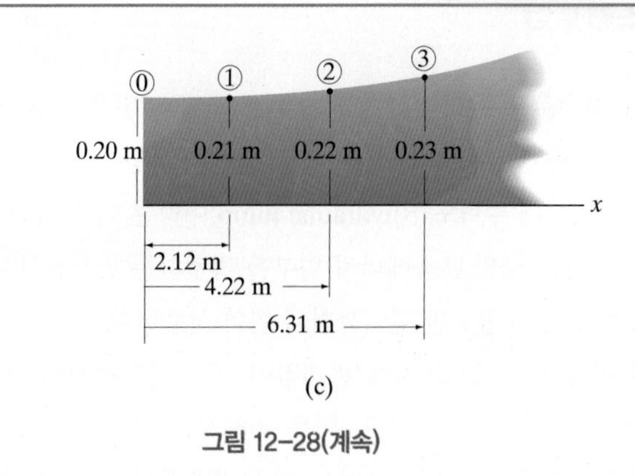

(c)

그림 12-28(계속)

지점 1에서 $y_1 = 0.2\text{ m} + 0.01\text{ m} = 0.21\text{ m}$이므로 $V_1 = Q/A_1 = 6.349\text{ m/s}$이고, $R_{h1} = A_1/P_1 = 0.1641\text{ m}$이다(표의 세 번째 줄). 중간의 두 번째 줄의 값들은

$$V_m = \frac{V_0 + V_1}{2} = \frac{6.667\text{ m/s} + 6.349\text{ m/s}}{2} = 6.508\text{ m/s}$$

$$R_{hm} = \frac{R_{h0} + R_{h1}}{2} = \frac{0.1579\text{ m} + 0.1641\text{ m}}{2} = 0.1610\text{ m}$$

$$S_{fm} = \frac{n^2 V_m^2}{k^2 R_{hm}^{4/3}} = \frac{(0.014)^2(6.508\text{ m/s})^2}{(1)^2(0.1610\text{ m})^{4/3}} = 0.09479$$

$$\Delta x = \frac{(y_1 - y_0) + \left(V_1^2 - V_0^2\right)/2g}{S - S_{fm}}$$

$$= \frac{(0.21\text{ m} - 0.2\text{ m}) + \left[(6.349\text{ m/s})^2 - (6.667\text{ m/s})^2\right]/\left[2\left(9.81\text{ m/s}^2\right)\right]}{(0 - 0.09479)}$$

$$= 2.116\text{ m}$$

추가적인 계산은 표에 보인 바와 같이 그 다음의 두 지점에 대하여 반복되고, 그 결과가 그림 12-28c에 도시되었다. 각각의 증분 $\Delta y = 0.01\text{ m}$가 어느 정도 균일한 Δx의 변화를 만드므로, 결과는 만족스러운 것으로 보인다. 더 큰 변화량이 얻어졌다면, 유한차분법의 정확도를 개선하기 위해 좀 더 작은 증분 Δy가 선택되어야 한다.

12.8 수력도약

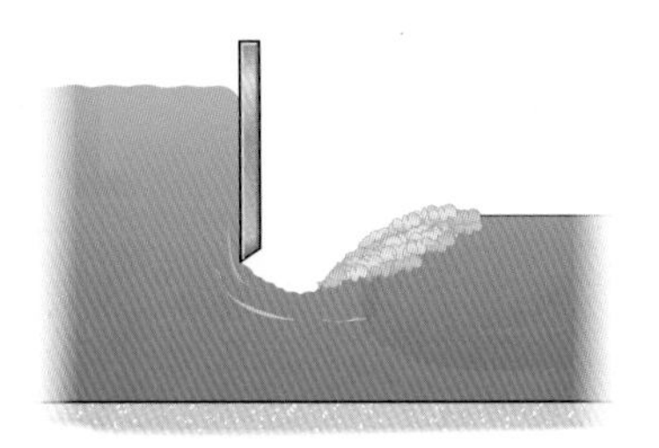

수력도약

그림 12-29

물이 댐의 여수로로 흘러내리거나 슬루스 게이트 밑을 지날 때의 흐름은 그림 12-29와 같이 빠른 유동이다. 훨씬 느린 잔잔한 유동으로의 천이가 하류에서 일어날 수 있고, 이때 **수력도약**(hydraulic jump)이라는 아주 갑작스런 변화가 발생한다. 수력도약은 물의 운동에너지 일부를 방출하는 난류혼합이며, 그 과정에서 잔잔한 유동을 위해 필요한 깊이까지 수면이 상승한다.

도약이 어떻게 형성되는지에 관계없이, 도약과정에서의 에너지손실과 수위변화를 결정하는 것은 가능하다. 이를 위해서는 그림 12-30a의 도약영역을 포함하는 검사체적에 대해 연속방정식, 운동량방정식, 그리고 에너지방정식을 적용하여야 한다. 해석을 위해 도약이 폭 b를 갖는 직사각형 채널의 수평바닥을 따라 발생하는 것으로 고려한다.

연속방정식 검사체적이 도약을 지나 정상유동 영역까지 확장되므로,

$$\frac{\partial}{\partial t}\int_{cv} \rho\, d\forall + \int_{cs} \rho\, \mathbf{V}\cdot d\mathbf{A} = 0$$

$$0 - \rho V_1(y_1 b) + \rho V_2(y_2 b) = 0$$

$$V_1 y_1 = V_2 y_2 \qquad (12\text{-}27)$$

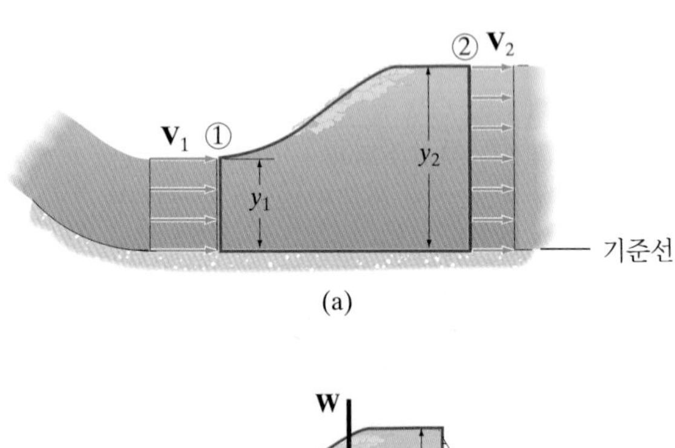

(a)

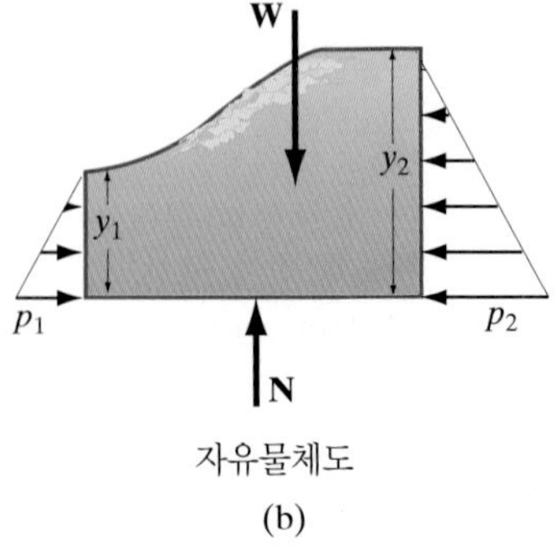

자유물체도

(b)

그림 12-30

운동량방정식 도약은 짧은 거리에서 발생한다는 것이 실험으로 확인되었고, 따라서 수로의 바닥과 측면에서의 고정된 검사표면인 그림 12-30b에 작용하는 마찰력은 압력에 의한 힘에 비해 무시해도 될 정도이다. 수평방향으로 운동량방정식을 적용하면,

전형적인 수력도약의 형성

$$\Sigma \mathbf{F} = \frac{\partial}{\partial t}\int_{cv} \mathbf{V}\rho\, d\forall + \int_{cs} \mathbf{V}\rho\, \mathbf{V}\cdot d\mathbf{A}$$

$$\frac{1}{2}(\rho g y_1 b)y_1 - \frac{1}{2}(\rho g y_2 b)y_2 = 0 + V_2\rho\left[V_2(by_2)\right] + V_1\rho\left[-V_1(by_1)\right]$$

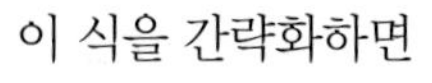

이 식을 간략화하면

$$\frac{y_1^2}{2} - \frac{y_2^2}{2} = \frac{V_2^2}{g}y_2 - \frac{V_1^2}{g}y_1$$

V_2를 제거하기 위해 연속방정식을 사용하고, 각 항을 $y_1 - y_2$로 나누고 마지막으로 양변을 $2y_2/y_1^2$으로 곱하면,

$$\frac{2V_1^2}{gy_1} = \left(\frac{y_2}{y_1}\right)^2 + \frac{y_2}{y_1} \qquad (12\text{-}28)$$

단면 1에서의 프라우드수는 $\mathrm{Fr}_1 = V_1\sqrt{gy_1}$이므로,

$$2\mathrm{Fr}_1^2 = \left(\frac{y_2}{y_1}\right)^2 + \frac{y_2}{y_1}$$

2차 방정식의 근의 공식을 이용하여, 양의 근 y_2/y_1에 관하여 풀면,

$$\frac{y_2}{y_1} = \frac{1}{2}\left(\sqrt{1 + 8\mathrm{Fr}_1^2} - 1\right) \qquad (12\text{-}29)$$

상류에서 임계유동이 발생하면 $\mathrm{Fr}_1 = 1$이고, 이 식으로부터 $y_2 = y_1$임을 알 수 있다. 다시 말하자면, 도약은 발생하지 않는다. 상류에서 빠른 유동이 발생하면 $\mathrm{Fr}_1 > 1$이고, 따라서 $y_2 > y_1$이다. 이 경우에는 잔잔한 유동이 하류에서 발생한다.

에너지방정식 그림 12-30에서 개방된 검사표면 1(in)과 2(out)에서의 수면 상의 점들 사이에 $p_1 = p_2 = 0$임을 상기하면서 에너지방정식을 적용하면,

$$\frac{p_1}{\gamma} + \frac{V_1^2}{2g} + z_1 + h_{\text{pump}} = \frac{p_2}{\gamma} + \frac{V_2^2}{2g} + z_2 + h_{\text{turb}} + h_L$$

$$0 + \frac{V_1^2}{2g} + y_1 + 0 = 0 + \frac{V_2^2}{2g} + y_2 + 0 + h_L$$

비에너지의 항으로 다시 표현하면 수두손실은

$$h_L = E_1 - E_2 = \left(\frac{V_1^2}{2g} + y_1\right) - \left(\frac{V_2^2}{2g} + y_2\right)$$

소하천에서의 수력도약

이 손실은 도약 내부에 있는 액체의 난류혼합을 반영하는데, 이는 열의 형태로 소산된다. 연속방정식 $V_2 = V_1(y_1/y_2)$을 이용하여, 다음과 같이 쓸 수 있다.

$$h_L = \frac{V_1^2}{2g}\left[1 - \left(\frac{y_1}{y_2}\right)^2\right] + (y_1 - y_2)$$

마지막으로, 식 (12-28)을 V_1^2에 대해서 풀고, 그 결과를 윗식에 대입하면, 간략화 과정 후에 다음과 같이 도약에서의 수두손실을 구할 수 있다.

$$h_L = \frac{(y_2 - y_1)^3}{4y_1y_2} \tag{12-30}$$

어떤 실제유동에 있어서도, 항상 h_L은 양(+)의 값이어야 한다. 마찰력은 에너지를 소산시키기만 할 뿐, 결코 유체에 에너지를 더하지 않으므로, 음(−)의 값은 열역학 제2법칙을 위배하는 것이다. 식 (12-30)에 보인 바와 같이, h_L은 $y_2 > y_1$일 때에만 양(+)의 값이고, 수력도약은 유동이 상류의 빠른 유동에서 하류의 잔잔한 유동으로 변할 때에만 발생한다.

요점 정리

- 수로에서는 갑작스럽게 비균일유동이 수력도약의 형태로 나타날 수 있다. 이 과정은 빠른 유동으로부터 에너지를 소산시키고, 이에 따라 매우 짧은 거리를 두고 흐름을 잔잔한 유동으로 변환시킨다. 도약의 특징은 연속, 운동량, 에너지방정식을 만족시킴으로써 결정될 수 있다.

예제 12.14

물은 댐의 배수로로 흘러내려 그림 12-31과 같은 수력도약을 형성한다. 도약 직전의 유동속도는 25 ft/s이고, 물의 깊이는 0.5 ft이다. 수로 내에서 하류유동의 평균속도를 구하라.

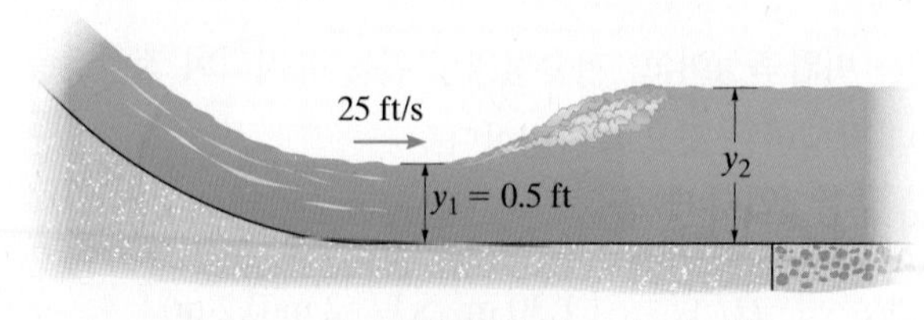

그림 12-31

풀이

유체 설명 정상 균일유동이 도약 전후에 발생한다. 물은 비압축성으로 가정되고, 평균속도형상이 사용된다.

해석 도약 전 유동에 대한 프라우드수는

$$\mathrm{Fr}_1 = \frac{V_1}{\sqrt{gy_1}} = \frac{25\ \mathrm{ft/s}}{\sqrt{32.2\ \mathrm{ft/s^2}(0.5\ \mathrm{ft})}} = 6.2310 > 1$$

이다. 따라서 유동은 빠른 유동이고, 도약이 발생한다. 도약 후의 물의 깊이는

$$\frac{y_2}{y_1} = \frac{1}{2}\left(\sqrt{1 + 8\mathrm{Fr}_1^2} - 1\right)$$

$$\frac{y_2}{0.5\ \mathrm{ft}} = \frac{1}{2}\left(\sqrt{1 + 8(6.2310)^2} - 1\right)$$

$$y_2 = 4.163\ \mathrm{ft}$$

이다. 이제 연속방정식, 식 (12-27)을 적용하여 속도 V_2를 얻는다.

$$V_1 y_1 = V_2 y_2$$

$$(25\ \mathrm{ft/s})(0.5\ \mathrm{ft}) = V_2(4.163\ \mathrm{ft})$$

$$V_2 = 3.00\ \mathrm{ft/s}$$ 답

예제 12.15

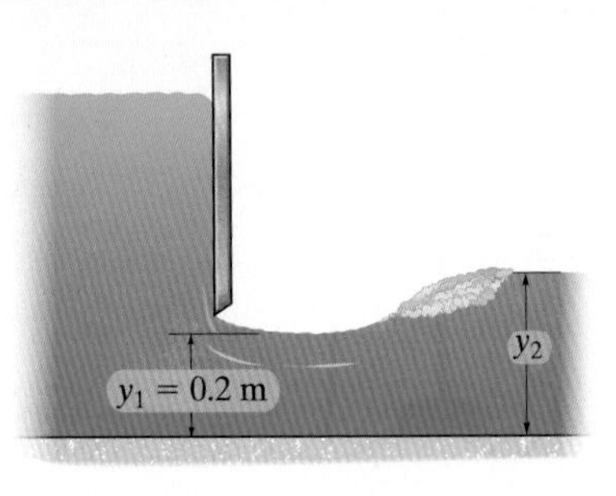

그림 12-32

그림 12-32의 슬루스 게이트가 폭 2 m인 수로에서 부분적으로 개방되어 있고, 게이트 밑을 지나는 물은 수력도약을 형성한다. 도약 직전의 저수위에서 물의 깊이는 0.2 m이고, 측정된 유량은 1.30 m³/s이다. 더 하류에서의 수로 내 물의 깊이와 도약에 의한 수두손실을 구하라.

풀이

유체 설명 물은 비압축성이고, 저수지의 수위는 유지되어 정상유동이 슬루스 게이트를 지나 발생하는 것으로 가정한다.

해석 도약 직전에 프라우드수는

$$\text{Fr}_1 = \frac{V_1}{\sqrt{gy_1}} = \frac{Q/A_1}{\sqrt{gy_1}} = \frac{\left(1.30 \text{ m}^3/\text{s}\right)/\left[2 \text{ m}(0.2 \text{ m})\right]}{\sqrt{9.81 \text{ m/s}^2(0.2 \text{ m})}} = 2.320 > 1$$

따라서 유동은 빠른 유동이고 도약이 발생한다. 도약 후의 물의 깊이를 결정하기 위해 식 (12-29)를 적용하면,

$$\frac{y_2}{y_1} = \frac{1}{2}\left(\sqrt{1 + 8\text{Fr}_1^2} - 1\right); \quad \frac{y_2}{0.2 \text{ m}} = \frac{1}{2}\left(\sqrt{1 + 8(2.320)^2} - 1\right)$$

$$y_2 = 0.5638 \text{ m} = 0.564 \text{ m}$$ 답

이 깊이에서,

$$\text{Fr}_2 = \frac{Q/A_2}{\sqrt{gy_2}} = \frac{\left(1.30 \text{ m}^3/\text{s}\right)/(2 \text{ m})(0.5638 \text{ m})}{\sqrt{9.81 \text{ m/s}^2(0.5638 \text{ m})}} = 0.4902 < 1$$

기대된 바와 같이 유동은 잔잔한 유동이다. 수두손실은 식 (12-30)으로부터 결정된다.

$$h_L = \frac{(y_2 - y_1)^3}{4y_1y_2} = \frac{(0.5638 \text{ m} - 0.2 \text{ m})^3}{4(0.2 \text{ m})(0.5638 \text{ m})} = 0.1068 \text{ m} = 0.107 \text{ m}$$ 답

유동의 원래 비에너지는

$$E_1 = \frac{Q^2}{2gb^2y_1^2} + y_1 = \frac{\left(1.30 \text{ m}^3/\text{s}\right)^2}{2\left(9.81 \text{ m/s}^2\right)(2 \text{ m})^2(0.2 \text{ m})^2} + 0.2 \text{ m} = 0.7384 \text{ m}$$

이므로, 도약 후의 유동의 비에너지는

$$E_2 = E_1 - h_L = 0.7384 \text{ m} - 0.1068 \text{ m} = 0.6316 \text{ m}$$

가 됨에 주목하라. 이 값으로부터 다음과 같이 도약 내에서 손실되는 에너지의 백분율을 구한다.

$$E_L = \frac{h_L}{E_1} \times 100\% = \frac{0.1068 \text{ m}}{0.7384 \text{ m}}(100\%) = 14.46\%$$

12.9 위어(둑, 보)

대부분의 개수로 유동의 유량은 **위어**(weir)에 의해 측정된다. 이 장치는 수로 내에 놓여 물이 차 오르고 마침내 그 위를 넘쳐흐르게 하는 날카로운 장애물로 구성된다. 일반적으로 두 가지 형식의 위어가 있다. 칼날마루 위어와 넓은마루 위어가 그것들이다.

저수지로부터 흘러오는 물의 홍수 제어

칼날마루 위어 **칼날마루 위어**(sharp-crested weir)는 보통 그림 12-33과 같이 상류 측에서 물과의 접촉을 최소화하기 위해 날카로운 모서리를 갖는 직사각형 또는 삼각형 판의 형태를 갖는다. 물이 위어의 위로 흐름에 따라 **냅**(nappe)이라고 불리는 베나 콘트랙타(vena contracta)를 형성한다. 이 형상을 유지하기 위해서는 물이 위어 판으로부터 떨어져서 낙하할 수 있도록 냅의 아래쪽에 적절한 공기 환기구를 준비해 줄 필요가 있다. 특히 그림 12-33에서와 같이 수로의 전체 폭까지 확장되는 직사각형 판의 경우에는 더욱 필요하다.*

냅 내부의 유선은 **곡선**이고 여기서 나타나는 가속도는 **비균일유동**을 야기하게 된다. 또한 위어 판 근처의 수로에서 유동은 난류와 와류운동의 영향을 포함한다. 그러나 이 영역의 상류에서는 유선은 대략적으로 나란하고, 압력은 정수압적으로 변하며, 유동은 균일하다. 따라서 액체를 이상유체로 가정한다면 위어 위를 지나는 유동은 액체의 **상류깊이**만의 함수라는 것을 확인할 수 있고, 이는 위어를 유량측정을 위한 편리한 장치로 만들어주는 요소이다.

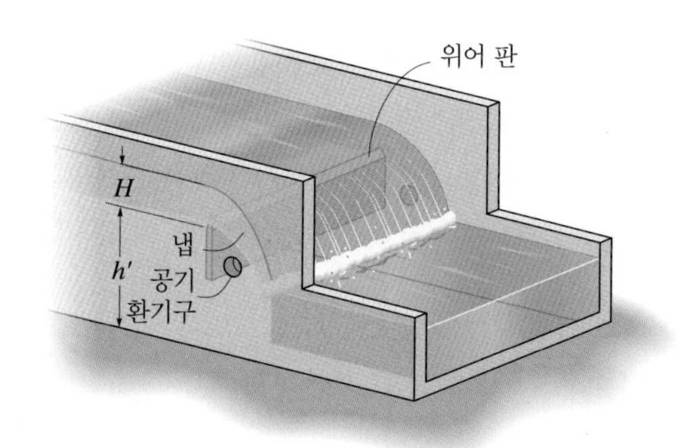

직사각형 위어 위의 유동

그림 12-33

---

* 대형 댐의 배수로가 자유낙하하는 냅과 동일한 형상을 갖는다는 점을 상기하는 것은 흥미로운 일이다. 이때 물은 배수로 표면과 경미한 접촉 상태가 되고, 면 위의 압력분포는 거의 대기압이기 때문이다.

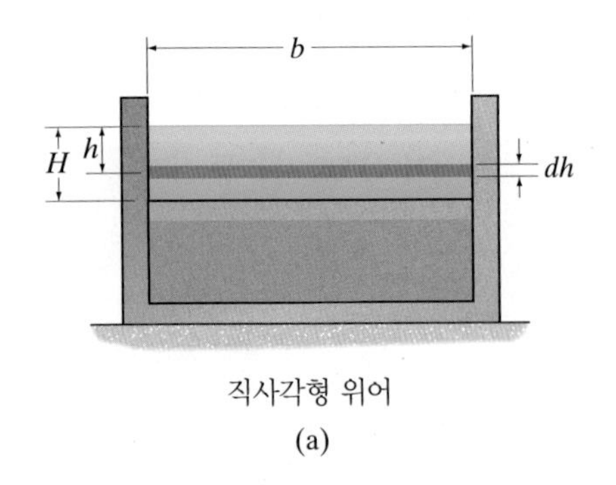

직사각형 위어

(a)

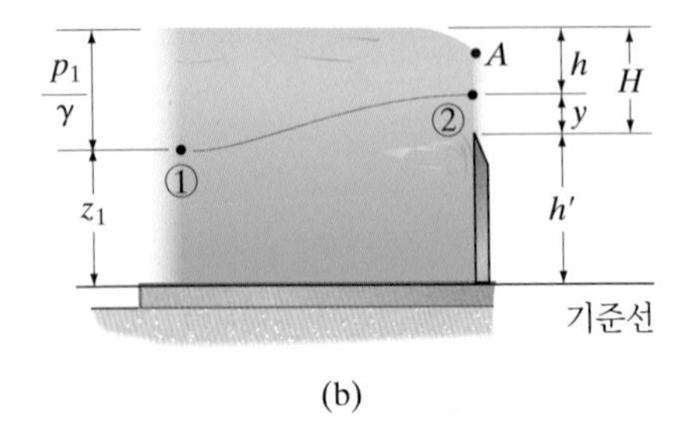

(b)

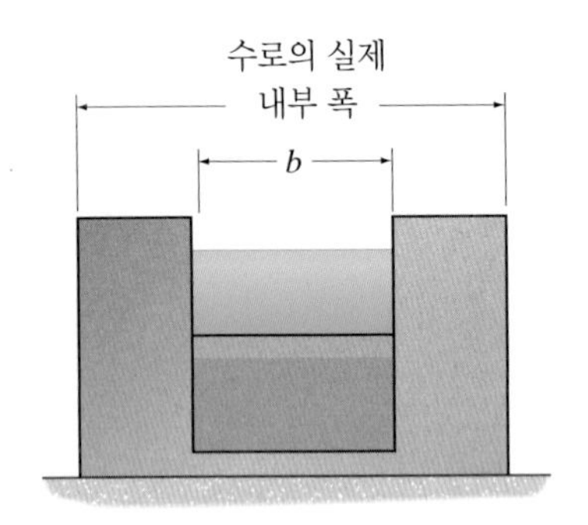

수축된 직사각형 위어

(c)

그림 12-34

직사각형 위어가 그림 12-34a와 같이 전 수로폭에 걸쳐 확장되는 직사각형 개구부를 갖고 있다면, 베르누이 방정식은 그림 12-34b에 보여진 유선 상의 점 1과 2 사이에 적용될 수 있다. 접근속도 V_1이 V_2에 비해 작다고 가정하여 V_1이 무시될 수 있다면,

$$\frac{p_1}{\gamma} + \frac{V_1^2}{2g} + z_1 = \frac{p_2}{\gamma} + \frac{V_2^2}{2g} + z_2$$

$$\frac{p_1}{\gamma} + 0 + z_1 = 0 + \frac{V_2^2}{2g} + (h' + y)$$

여기서 냅의 내부에서는 액체가 자유낙하 상태이고, 압력은 대기압이므로 $p_2 = 0$이다. 또한 그림 12-34b로부터 수력학적 수두 $p_1/\gamma + z_1 = h' + y + h$임을 주목하라. 이를 대입하고 V_2에 관하여 풀면,

$$V_2 = \sqrt{2gh} \tag{12-31}$$

을 얻는다. 속도는 h의 함수이므로 냅의 전 단면적(그림 12-34a)을 통한 **이론 배출량**은 적분에 의해 결정된다. 이론 배출량은

$$Q_t = \int_A V_2\,dA = \int_0^H \sqrt{2gh}(b\,dh) = \sqrt{2g}\,b\int_0^H h^{1/2}dh$$

$$= \frac{2}{3}\sqrt{2g}\,bH^{3/2} \tag{12-32}$$

이다. 마찰손실의 효과와 적용된 다른 가정들을 고려하여 실험적으로 결정되는 **배출계수** C_d**가 실제 배출량**을 계산하는 데 사용된다. 이 값은 또한 위어 위를 지나는 흐름이 수면보다 더 낮은 깊이(그림 12-34b의 점 A)를 갖는 현상과 냅의 수축량에 대해서도 보상해준다. C_d의 구체적인 값들은 개수로 유동에 관한 문헌들에서 찾아볼 수 있다. 참고문헌 [9]를 참조하라. 식 (12-32)에서 C_d를 사용하면,

$$Q_{\text{actual}} = C_d\frac{2}{3}\sqrt{2g}\,bH^{3/2} \tag{12-33}$$

이 된다. 상류유속 V_1을 더욱 느리게 하기 위해 그림 12-34c에 보이는 **수축된 직사각형 위어**가 사용된다. 그러나 매우 좁은 폭의 경우에는 냅이 수평적으로도 수축할 것이므로, 폭 b를 선정하는 데 있어 주의가 필요하다

삼각형 배출량이 적을 때에는 그림 12-35의 삼각형 개구부를 갖는 위어판을 사용하는 것이 편리하다. 베르누이 방정식은 이전과 마찬가지로 속도에 대하여

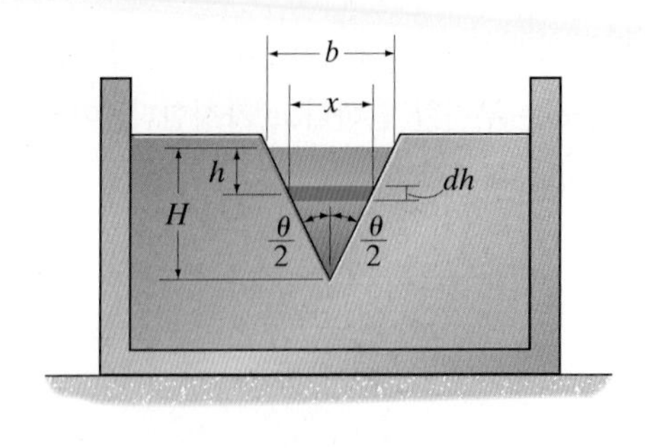

삼각형 위어

그림 12-35

동일한 결과를 나타내며, 식 (12-31)에 의해 표현된다. 미소면적 $dA = x\,dh$를 사용하면, 이론 배출량은 이제

$$Q_t = \int_A V_2\,dA = \int_0^H \sqrt{2gh}\,x\,dh$$

가 된다. 여기서 x 값은 닮은꼴 삼각형에 의해 h와 연관되며,

$$\frac{x}{H-h} = \frac{b}{H}$$

$$x = \frac{b}{H}(H-h)$$

따라서

$$Q_t = \sqrt{2g}\,\frac{b}{H}\int_0^H h^{1/2}(H-h)dh = \frac{4}{15}\sqrt{2g}\,bH^{3/2}$$

이다. $\tan(\theta/2) = (b/2)/H$이므로,

$$Q_t = \frac{8}{15}\sqrt{2g}\,H^{5/2}\ \tan\frac{\theta}{2} \qquad (12\text{-}34)$$

이다. 실험으로부터 얻어진 배출계수 C_d를 사용하면, 삼각형 위어를 통과하는 실제유량은

$$Q_{\text{actual}} = C_d\frac{8}{15}\sqrt{2g}\,H^{5/2}\tan\frac{\theta}{2} \qquad (12\text{-}35)$$

이다.

넓은마루 위어 **넓은마루 위어**는 그림 12-36에 나타낸 것처럼 수평한 거리 위를 흐르는 냅 유동을 지지하는 위어 블록으로 구성된다. 이 장치는 임계깊이 y_c와

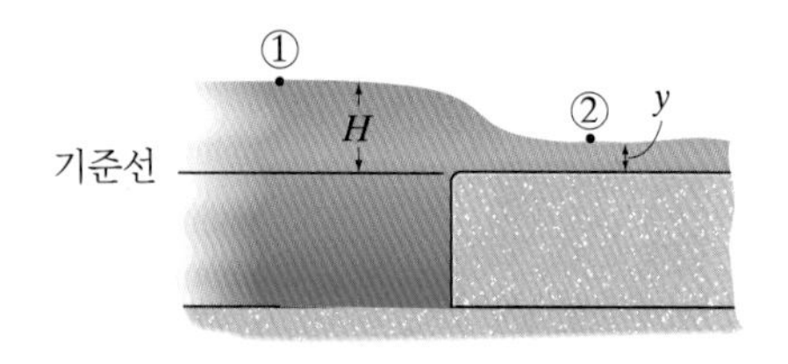

넓은마루 위어

그림 12-36

유량 모두를 얻기 위한 수단으로 사용한다. 앞의 두 경우들과 마찬가지로 유체는 이상적이고 접근속도는 무시할 만하다고 가정한다. 이제 유선상의 점 1과 2 사이에 베르누이 방정식을 적용하면,

$$\frac{p_1}{\gamma} + \frac{V_1^2}{2g} + z_1 = \frac{p_2}{\gamma} + \frac{V_2^2}{2g} + z_2$$

$$0 + 0 + H = 0 + \frac{V_2^2}{2g} + y$$

를 얻는다. 따라서

$$V_2 = \sqrt{2g(H - y)}$$

이다. 유동이 처음부터 잔잔하다면, 위어 블록 위를 지나면서 최대 배출량이 발생하고 비에너지는 최소가 되는 임계깊이 $y = y_c$로 깊이가 감소할 때까지 가속된다. 이때 식 (12-9)가 적용된다.

$$V_2 = V_c = \sqrt{gy_c}$$

이 결과를 윗식에 대입하면,

$$y_c = \frac{2}{3}H \qquad (12\text{-}36)$$

강의 유량을 측정하기 위해 사용되는 위어

를 얻는다. 수로가 직사각형이고 폭 b를 가졌다면, 이들 결과를 사용하여 이론 배출량은

$$Q_t = V_2A = \sqrt{g\left(\frac{2}{3}H\right)}\left[b\left(\frac{2}{3}H\right)\right]$$

$$= b\sqrt{g}\left(\frac{2}{3}H\right)^{3/2} \qquad (12\text{-}37)$$

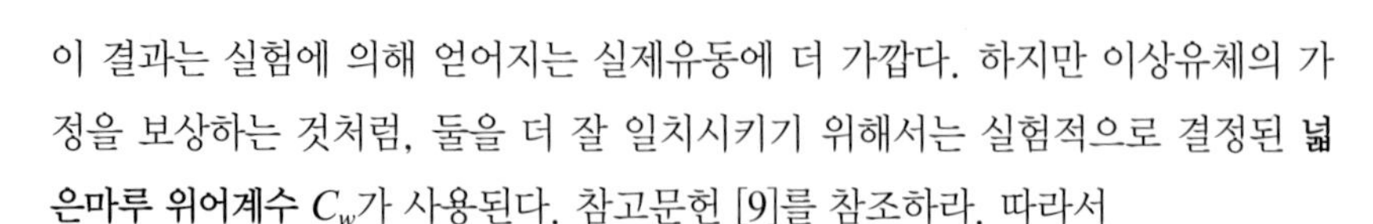

이 결과는 실험에 의해 얻어지는 실제유동에 더 가깝다. 하지만 이상유체의 가정을 보상하는 것처럼, 둘을 더 잘 일치시키기 위해서는 실험적으로 결정된 **넓은마루 위어계수** C_w가 사용된다. 참고문헌 [9]를 참조하라. 따라서

$$Q_{\text{actual}} = C_w b\sqrt{g}\left(\frac{2}{3}H\right)^{3/2} \qquad (12\text{-}38)$$

이다.

요점 정리

- 칼날마루 및 넓은마루 위어는 개수로에서 유량을 측정하는 데 사용된다.
- 칼날마루 위어는 직사각형 혹은 삼각형 형상을 갖는 판들이며, 수로에서 흐름에 수직한 방향으로 놓인다.
- 넓은마루 위어는 수평거리 위를 지나는 유동을 지지해준다. 이 장치는 임계깊이와 배출량을 측정하는 데 사용된다.
- 위어 위를 지나는 유동 혹은 배출량은 베르누이 방정식을 사용하여 결정될 수 있으며, 그 결과는 실험적으로 결정되는 배출계수를 사용하여 마찰손실 및 다른 효과들을 보상하기 위해 조정된다.

예제 12.16

그림 12-37에서 수로의 물은 깊이가 2 m이고, 삼각형 위어의 바닥으로부터 수로 바닥까지의 깊이는 1.75 m이다. 배출계수 $C_d = 0.57$일 때, 수로 내의 체적유량을 구하라.

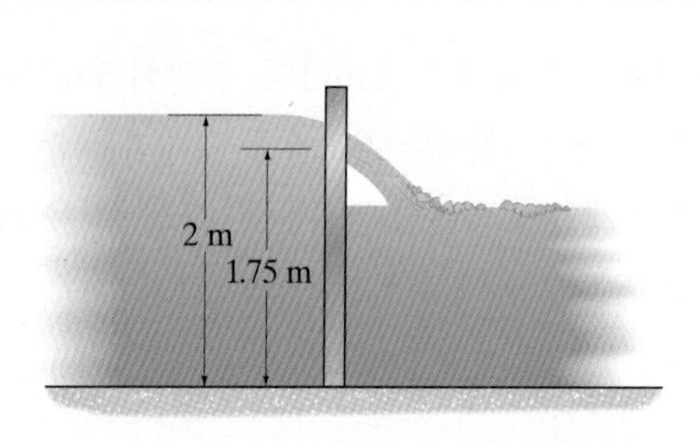

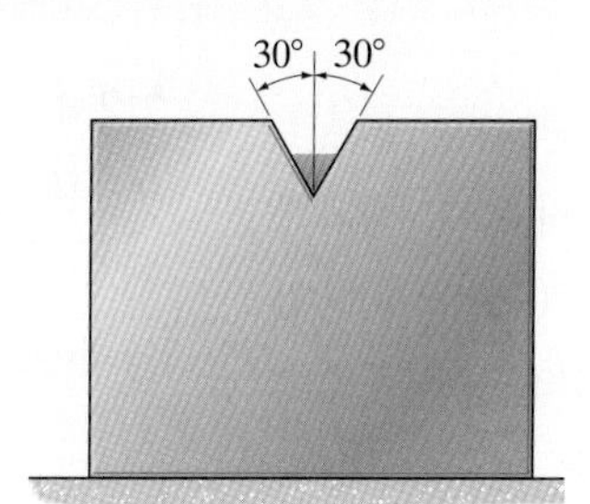

그림 12-37

풀이

유체 설명 수로의 수위는 일정한 것으로 가정하고, 정상유동이다. 또한 물은 비압축성으로 간주한다.

해석 여기서 $H = 2\text{ m} - 1.75\text{ m} = 0.25\text{ m}$이다. 식 (12-35)를 적용하면, 유량은 다음과 같다.

$$Q_{\text{actual}} = C_d \frac{8}{15}\sqrt{2g}\,H^{5/2}\tan\frac{\theta}{2}$$

$$= (0.57)\frac{8}{15}\sqrt{2\left(9.81\text{ m/s}^2\right)}\,(0.25\text{ m})^{5/2}\tan 30° = 0.0243\text{ m}^3/\text{s}$$ 답

참고문헌

1. R. W. Carter et al., "Friction factors in open channels," *Journal Hydraulics Division, ASCE,* Vol. 89, No. AY2, 1963, pp. 97–143.
2. V. T. Chow, *Open Channel Hydraulics,* McGraw-Hill, New York, NY, 2009.
3. R. French, *Open Channel Hydraulics,* McGraw-Hill, New York, NY, 1992.
4. C. E. Kindsater and R. W. Carter, "Discharge characteristics of rectangular thin-plate weirs," *Trans ASCE,* 124, 1959, pp. 772–822.
5. R. Manning, "The flow of water in open channels and pipes," *Trans Inst of Civil Engineers of Ireland,* Vol. 20, Dublin, 1891, pp. 161–201.
6. H. Rouse, *Fluid Mechanics for Hydraulic Engines*, Dover Publications, Inc., New York, N. Y.
7. A. L. Prasuhn, *Fundamentals of Fluid Mechanics*, Prentice-Hall, NJ, 1980.
8. E. F. Brater, *Handbook of Hydraulics,* 7th ed., McGraw-Hill, New York, NY.
9. P. Ackers et al., *Weirs and Flumes for Flow Measurement,* John Wiley, New York, NY, 1978.
10. M. H. Chaudhry, *Open Channel Flow,* 2nd ed., Springer-Verlag, New York, NY, 2007.

연습문제

12.1~12.4절

12-1 대형 탱크에 깊이 4 m의 물이 담겨져 있다. 탱크가 하강하고 있는 승강기에 있다면, 하강율이 (a) 8 m/s로 일정할 때, (b) $4\ m/s^2$으로 가속될 때, (c) $9.81\ m/s^2$으로 가속될 때, 표면에 생성되는 파의 속도를 구하라.

12-2 강의 깊이는 4 m이고 평균속도 2 m/s로 흐른다. 강에 돌이 던져졌을 때 파는 상류와 하류방향으로 얼마나 빠르게 이동할 것인가?

12-3 직사각형 수로는 깊이가 2 m이다. 유량이 $5\ m^3/s$이면, 물 깊이가 0.5 m일 때, 프라우드수를 구하라. 이 깊이에서 유동은 아임계인가 혹은 초임계인가? 또한 그 유동의 임계속도는 얼마인가?

***12-4** 직사각형 수로의 폭은 2 m이다. 유량이 $5\ m^3/s$이면, 물 깊이가 1.5 m일 때, 프라우드수를 구하라. 이 깊이에서 유동은 아임계인가 혹은 초임계인가? 또한 그 유동의 임계속도는 얼마인가?

12-5 직사각형 수로가 물을 $8\ m^3/s$로 수송한다. 수로 폭은 3 m이고 물의 깊이는 2 m이다. 그 흐름은 아임계인가 혹은 초임계인가?

12-6 물이 폭 5 ft인 직사각형 수로에서 평균속도 6 ft/s로 흐르고 있다. 물의 깊이가 2 ft이면 비에너지를 구하고 동일한 유량을 제공하는 다른 깊이를 구하라.

12-7 물이 직사각형 수로에서 깊이 1.25 m, 유속 3 m/s로 흐르고 있다. 동일한 비에너지를 갖는 다른 유동깊이가 있다면 얼마인가?

***12-8** 물이 직사각형 수로에서 깊이 4 m, 평균유속 6 m/s로 흐르고 있다. 동일한 비에너지를 갖는 다른 평균속도가 있다면 얼마인가?

12-9 폭이 3 m인 직사각형 수로로 물 40 m^3/s를 수송하여야 한다. 유동의 임계깊이와 임계속도를 구하라. 임계깊이 및 깊이 2 m일 때의 비에너지 값은 얼마인가?

12-10 수로를 통해 8 m^3/s의 물이 수송되고 있다. 유동의 깊이가 $y = 1.5$ m라면, 유동이 아임계인지 혹은 초임계인지 구하라. 유동의 임계깊이는 얼마인가? 유동의 비에너지를 최저 비에너지와 비교하라.

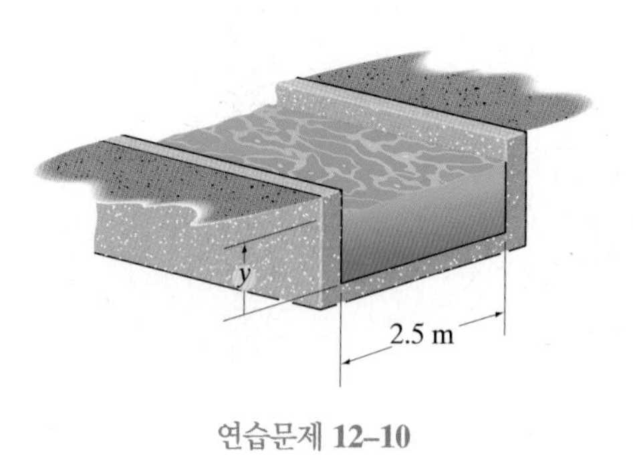

연습문제 12–10

12-11 물이 직사각형 수로에서 8 m^3/s의 유량으로 흐르고 있다. 두 개의 가능한 유동깊이를 구하고, 비에너지가 2 m라면, 그 유동이 초임계인지 혹은 아임계인지 식별하라. 또한 비에너지 다이어그램을 그려라.

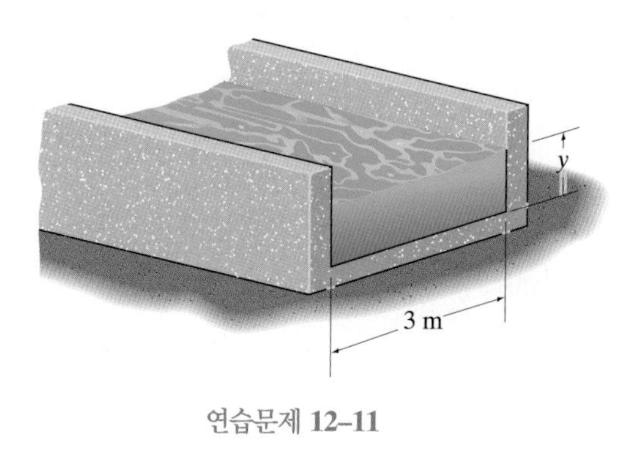

연습문제 12–11

***12-12** 직사각형 수로는 물을 4 m^3/s로 수송한다. 임계깊이 y_c를 정하고 그 유동에 대한 비에너지 선도를 그려라. $E = 1.25$ m에 대한 y를 표시하라.

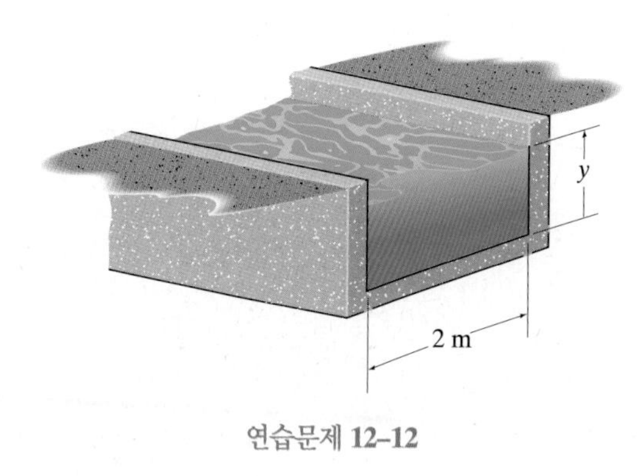

연습문제 12–12

12-13 직사각형 수로는 물을 8 m^3/s로 수송한다. 임계깊이 y_c를 정하고 그 유동에 대한 비에너지 선도를 그려라. $E = 2$ m에 대한 y를 표시하라.

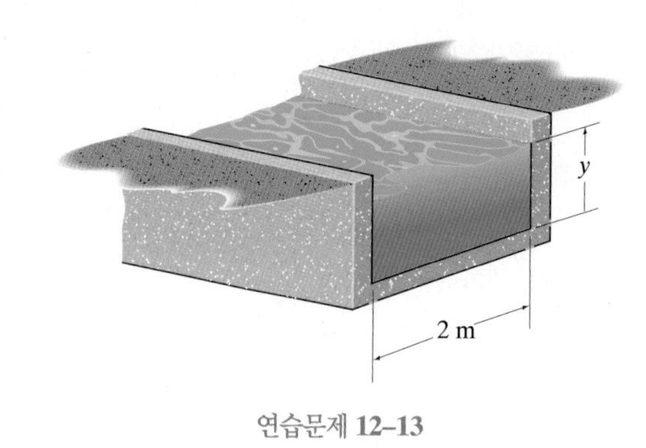

연습문제 12–13

12-14 물이 직사각형 수로 안에서 유량 4 m^3/s로 흐른다. 유동의 임계깊이와 최소 비에너지를 구하라. 만일 비에너지가 8 m이면 두 개의 가능한 유동깊이는 얼마인가?

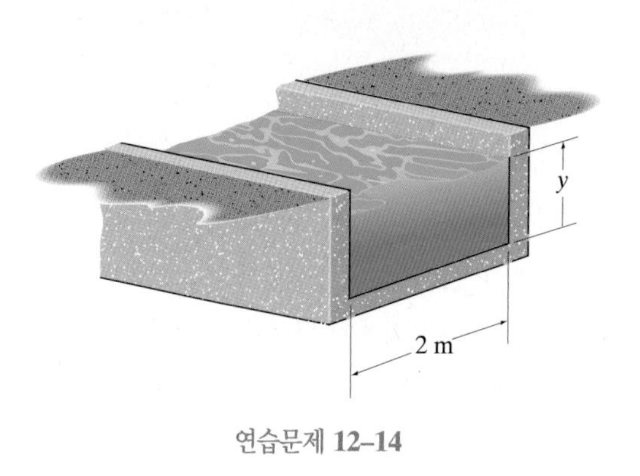

연습문제 12–14

12-15 직사각형 수로는 물을 유량 8 m^3/s로 수송한다. 유동에 대한 비에너지 선도를 그리고 $E = 3$ m에 대한 y를 표시하라.

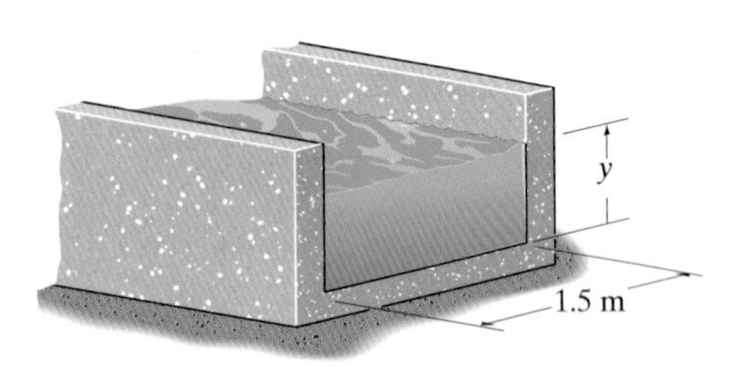

연습문제 12–15

***12-16** 직사각형 수로가 폭 1.5 m로 좁아지는 천이영역을 통과한다. 유량이 5 m^3/s이고 $y_A = 3$ m라면, B에서의 유동의 깊이를 구하라.

12-17 직사각형 수로는 폭이 1.5 m로 좁아지는 천이영역을 가지고 있다. 유량 5 m^3/s이고 $y_A = 5$ m라면, B에서의 유동의 깊이를 구하라.

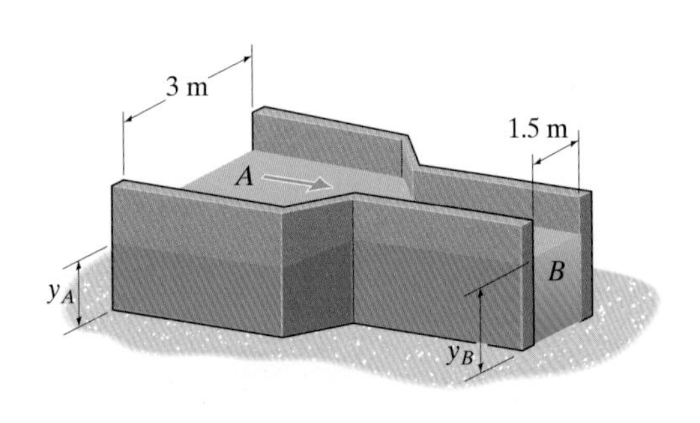

연습문제 12–16/17

12-18 체적유량을 측정하기 위해 수로 내에 벤투리가 놓여 있다. A에서의 유동깊이는 $y_A = 2.50$ m이고, 목 B에서는 $y_B = 2.35$ m라고 할 때, 수로를 통과하는 유량을 구하라.

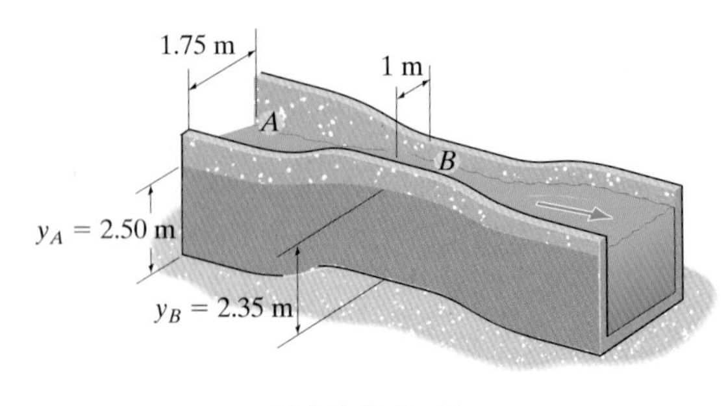

연습문제 12–18

12-19 물이 처음에 폭 6 ft로 흐르다가 점차 좁아져 $b_2 = 4$ ft로 된 수로에서 25 ft^3/s로 흐른다. 처음 물의 깊이가 3 ft이면, 좁은 통로를 통과한 후 깊이 y_2를 구하라. 임계유동 $y_2 = y_c$을 만들려면 폭 b_2는 얼마여야 하는가?

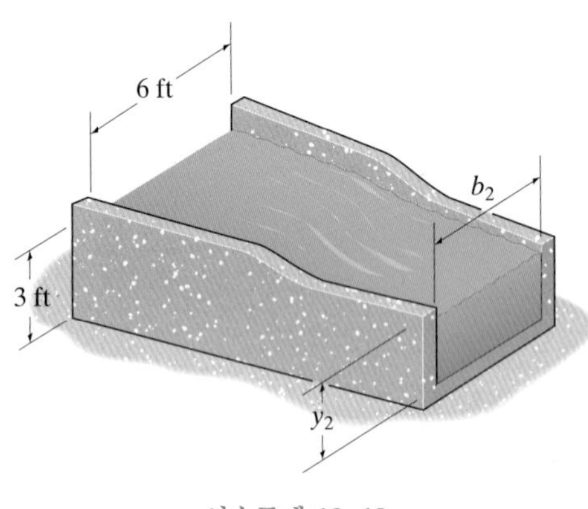

연습문제 12–19

12.4절

***12-20** 직사각형 수로는 폭이 8 ft이고 물을 30 ft^3/s로 수송한다. A에서 흐름의 깊이는 6 ft라고 할 때, B에서 임계유동을 만들기 위해 수로 바닥이 어느 높이 h만큼 상승해야 하는지 구하라.

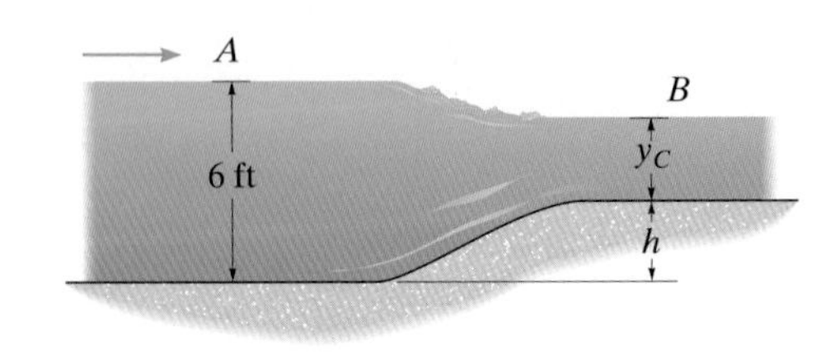

연습문제 12–20

12-21 수로는 폭이 2 m이고 물을 18 m^3/s로 수송한다. 바닥의 높이가 0.25 m 상승했다면 새로운 물의 깊이 y_2는 얼마인지 구하라. 새로운 유동은 아임계인가 아니면 초임계인가?

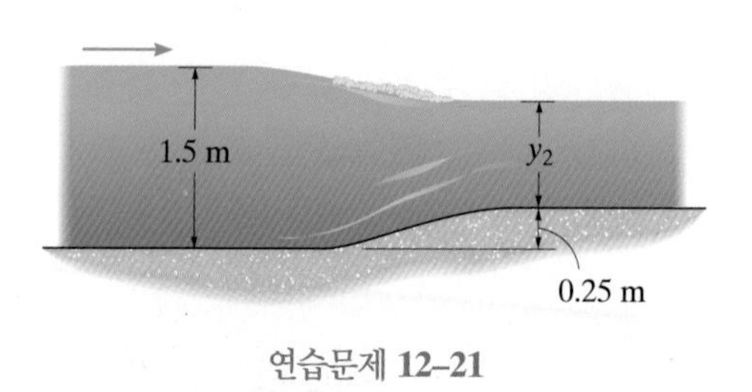

연습문제 **12–21**

12-22 수로는 폭이 2 m이고 물을 18 m^3/s로 수송한다. 바닥의 높이가 0.1 m 낮아졌다면 새로운 물 깊이 y_2는 얼마인지 구하라.

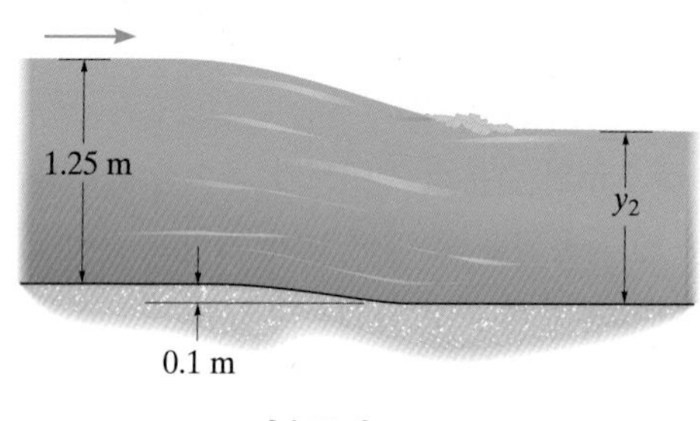

연습문제 **12–22**

12-23 물이 폭 4 ft인 직사각형 수로를 통해 18 ft^3/s로 흐른다. 유동의 깊이가 y_A = 4 ft이면, 물이 0.25 ft 상승면 위를 지난 후 깊이가 증가할지 혹은 감소할지를 구하라. y_B의 값은 얼마인가?

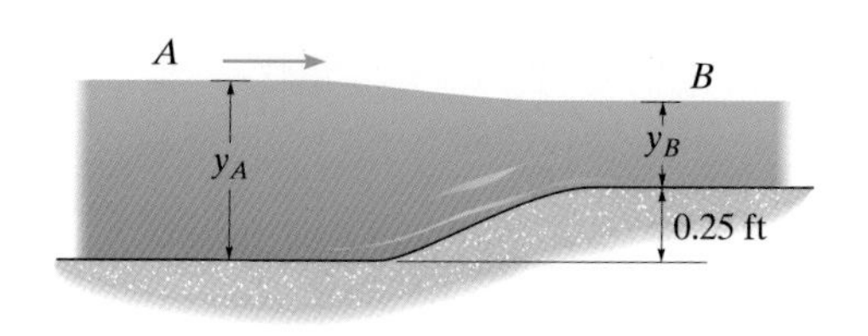

연습문제 **12–23**

***12-24** 물이 폭 4 ft인 직사각형 수로를 통해 18 ft^3/s로 흐른다. 깊이가 y_A = 0.5 ft이면, 물이 0.25 ft 상승면 위를 지난 후 깊이 y_B가 증가할지 혹은 감소할지를 정하라. y_B의 값은 얼마인가?

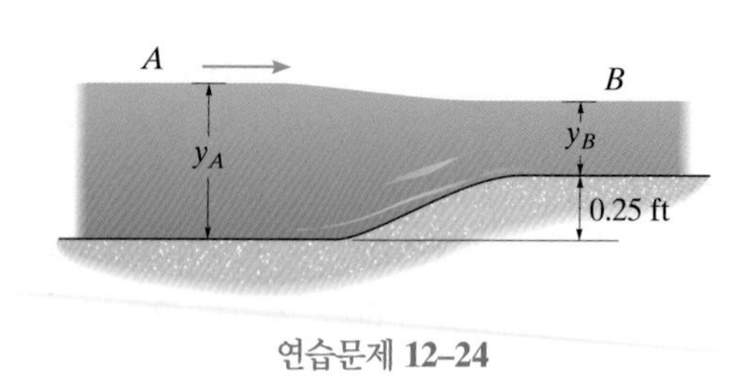

연습문제 **12–24**

12-25 물이 폭 4 m인 직사각형 수로에서 20 m^3/s로 흐른다. 하류 끝에서 유동의 깊이 y_B 및 A와 B에서의 유동속도를 구하라. y_A = 5 m이다.

12-26 물이 폭 4 m인 직사각형 수로에서 20 m^3/s로 흐른다. 하류 끝에서 유동의 깊이 y_B 및 A와 B에서의 유동속도를 구하라. y_A = 0.5 m이다.

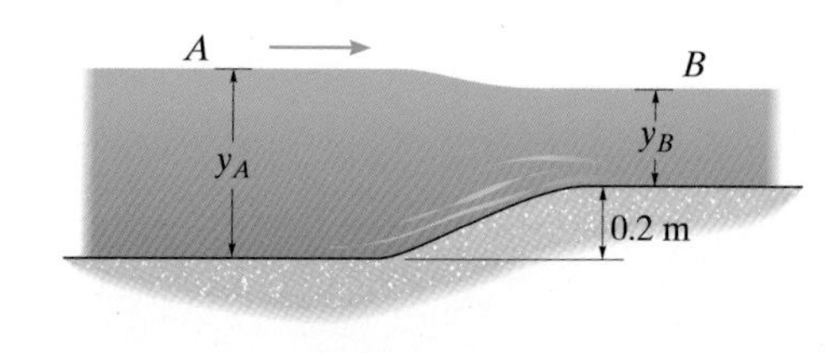

연습문제 **12–25/26**

12-27 직사각형 수로는 폭이 2 m이고, 평균속도 0.5 m/s로 흐를 때 물의 깊이는 1.5 m이다. 상류유동은 잔잔한 유동이고, 요철 위를 지난 후에 빠른 유동으로 변할 수 있게 하기 위해 요구되는 요철의 높이 h를 구하라. 빠른 유동에 대한 새로운 깊이 y_2는 얼마인가?

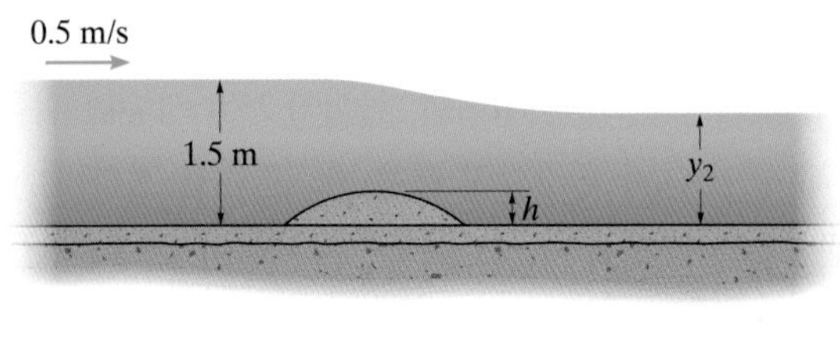

연습문제 12–27

*12-28 직사각형 수로는 폭이 2 m이며, 평균속도 4 m/s로 흐를 때 물의 깊이는 0.75 m이다. 상류유동은 빠른 유동이고, 요철 위를 지난 후에 잔잔한 유동으로 변환되기 위해 요구되는 요철의 높이 h를 구하라. 잔잔한 유동에 대한 새로운 깊이 y_2는 얼마인가?

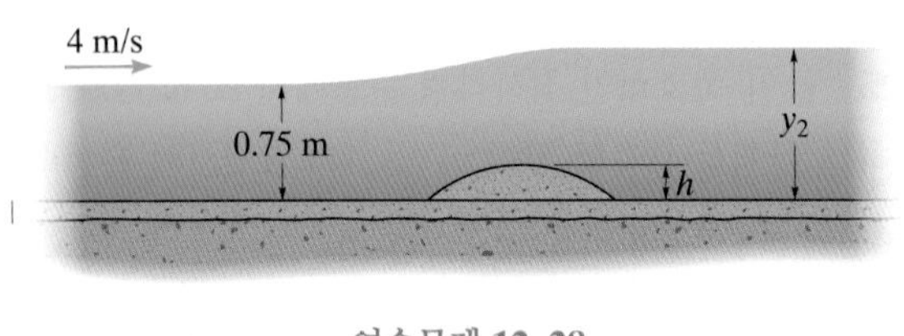

연습문제 12–28

12-29 직사각형 수로는 폭이 3 ft이고 물의 깊이는 원래 4 ft이다. 유량이 50 ft^3/s이면, 상류유동이 잔잔한 유동일 때, 하류유동이 빠른 유동으로 변환되기 위해 요구되는 요철 위에서의 물의 깊이 y'을 구하라. 하류에서의 깊이는 얼마인가?

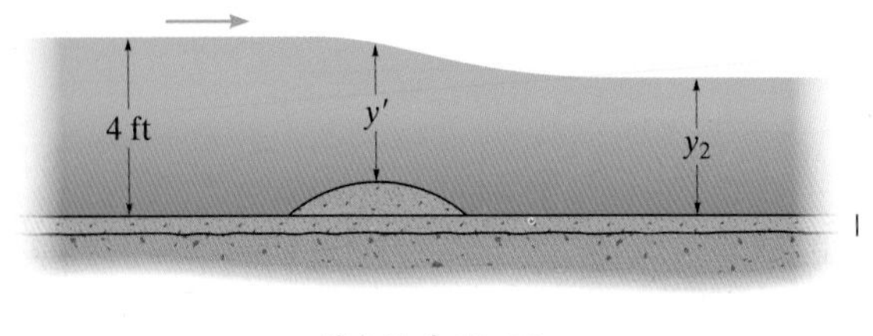

연습문제 12–29

12.5절

12-30 슬루스 게이트는 폭이 5 ft이다. 유량이 200 ft^3/s라고 할 때, 유동의 깊이 y_2와 수문의 하류의 유동형식을 구하라. 수문을 통과할 수 있는 물의 최대 체적유량은 얼마인가?

12-31 슬루스 게이트는 폭이 5 ft이다. y_2 = 2 ft일 때, 수문을 통과하는 물의 체적유량을 구하라. 어떤 형식의 유동이 발생하는가?

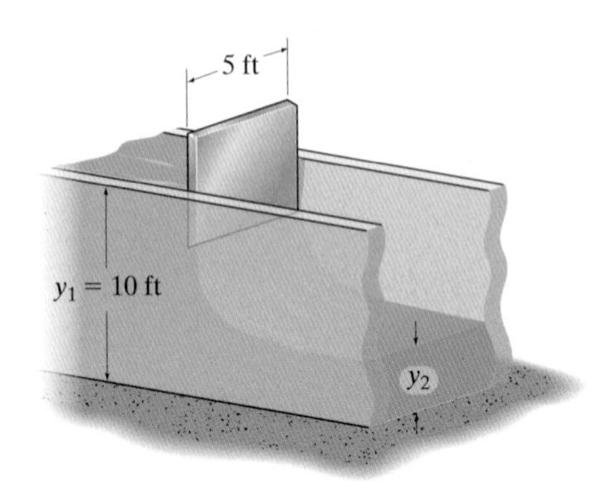

연습문제 12–30/31

*12-32 폭 2 m의 슬루스 게이트가 급수장에서 물 유량을 제어하는 데 사용된다. 깊이 y_1 = 4 m이고 y_2 = 0.75 m이면, 수문을 통과하는 체적유량과 수문 바로 앞에서의 깊이 y_3를 구하라.

12-33 폭 2 m의 슬루스 게이트가 급수장에서 물 유량을 제어하는 데 사용된다. 유량이 10 m^3/s이고 깊이 y_1 = 4 m이면, 깊이 y_2와 수문 바로 앞에서의 깊이 y_3를 구하라.

12-34 슬루스 게이트와 수로가 모두 2 m의 폭을 갖고 있다. A에서의 유동 깊이가 y_1 = 3 m이면, 수로를 통과하는 체적유량을 깊이 y_2의 함수로 나타내고 깊이 y_2가 각각 (a) 1 m, (b) 2 m일 때 Q를 구하라.

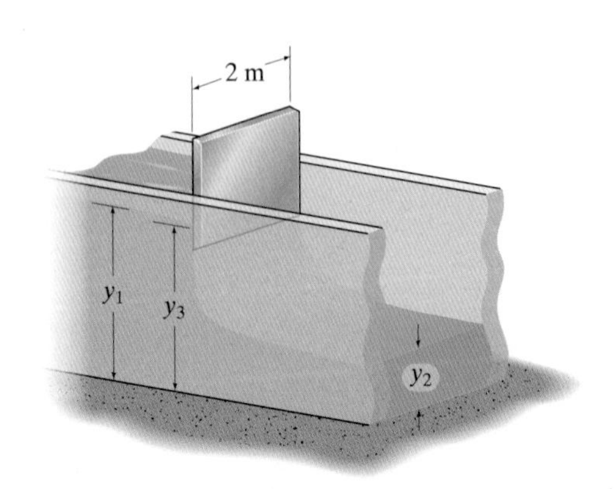

연습문제 12–32/33/34

12.6절

12-35 각각의 수로 단면에 대하여 수력반경을 구하라.

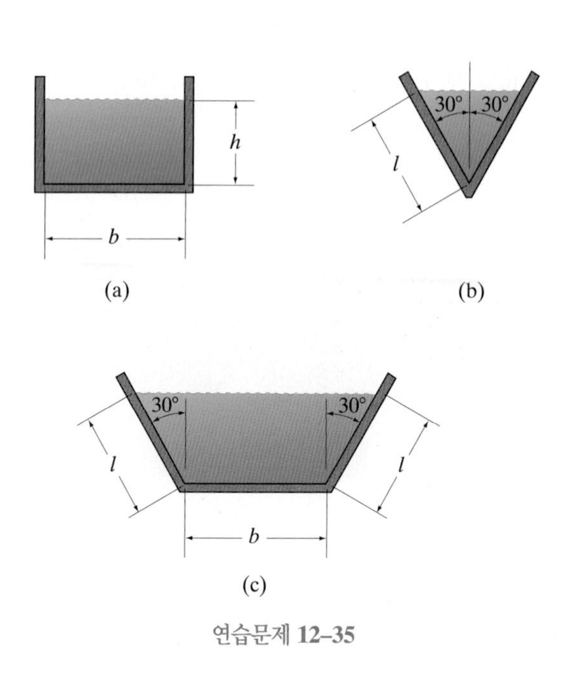

연습문제 **12-35**

*** 12-36** 수로는 삼각형 단면을 가지고 있다. 임계깊이 $y = y_c$를 θ와 유량 Q의 항으로 구하라.

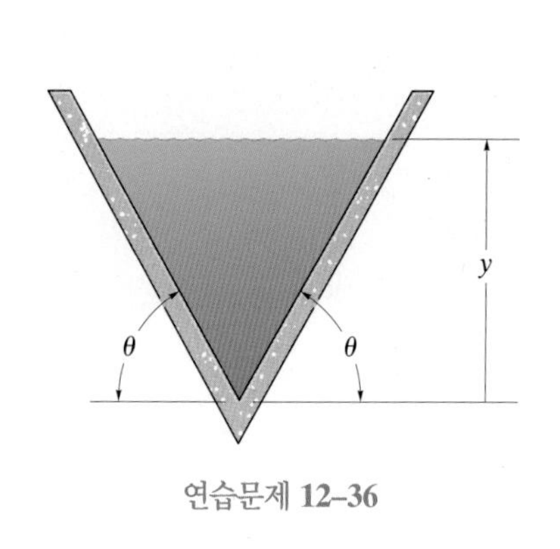

연습문제 **12-36**

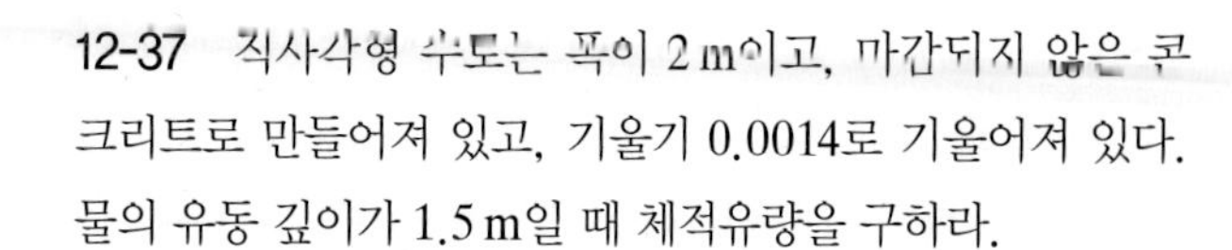

12-37 직사각형 수로는 폭이 2 m이고, 마감되지 않은 콘크리트로 만들어져 있고, 기울기 0.0014로 기울어져 있다. 물의 유동 깊이가 1.5 m일 때 체적유량을 구하라.

12-38 수로는 나무로 만들어져 있고, 아래쪽으로 기울기 0.0015를 갖는다. $y = 2$ ft일 때, 물의 체적유량을 구하라.

12-39 수로는 나무로 만들어져 있고, 아래쪽으로 기울기 0.0015를 갖는다. 물이 꽉 찬 상태로 흐르고 있을 때, 즉 $y = h$일 때 최소량의 나무를 사용하여 최대의 체적유량을 만들기 위한 유동깊이 y를 구하라. 이때 체적유량은 얼마인가?

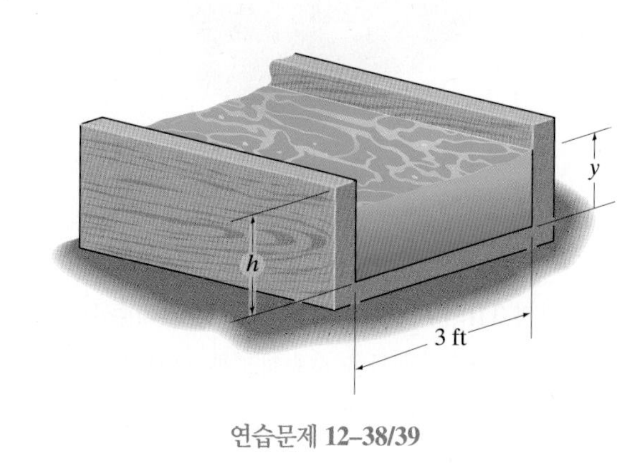

연습문제 **12-38/39**

*** 12-40** 배수로는 아래쪽으로 기울기 0.002를 갖는다. 바닥과 측면에 잡초가 무성하다면, 유동깊이가 2.5 m일 때 물의 체적유량을 구하라.

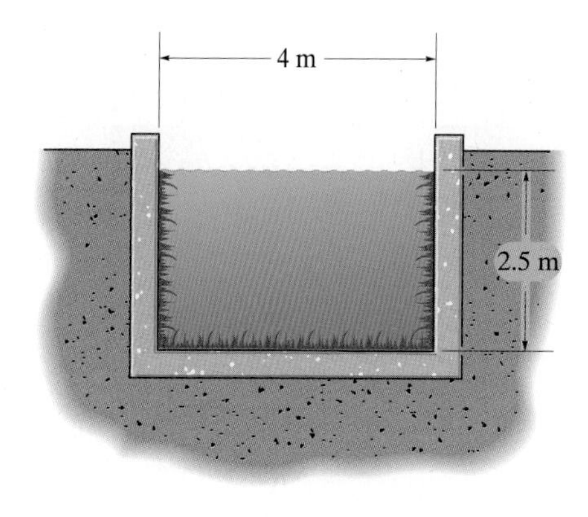

연습문제 **12-40**

12-41 마감되지 않은 콘크리트로 만들어진 하수관에 물이 절반으로 채워졌을 때 60 ft^3/s의 물을 수송하도록 요구된다. 관의 하향구배가 0.0015이면, 요구되는 관의 내부반경을 구하라.

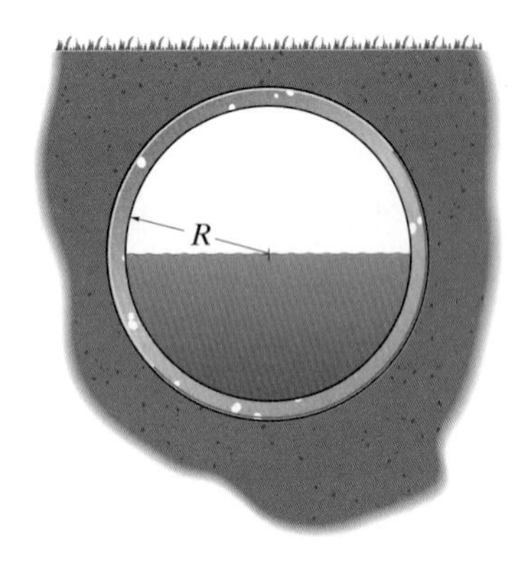

연습문제 12–41

12-42 직경 3 ft의 마감되지 않은 콘크리트 배수관은 깊이 2.25 ft일 때 80 ft^3/s의 물을 수송하도록 설계되었다. 관에 요구되는 하향구배를 구하라.

12-43 물이 하향구배 0.0083을 가진 삼각수로를 따라 균일하게 흘러내려간다. 벽면이 마감된 콘크리트로 만들어졌다면, y = 1.5 m일 때 체적유량을 구하라.

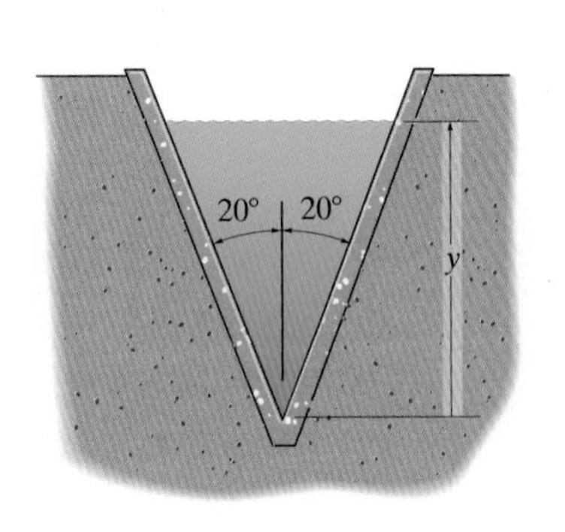

연습문제 12–43

***12-44** 직사각형 수로는 하향구배 0.006과 폭 3 m를 갖고 있다. 물의 깊이는 4 m이다. 수로를 통한 체적유량이 30 m^3/s일 때, 매닝 방정식의 n값을 구하라.

12-45 수로는 마감되지 않은 콘크리트로 만들어졌고 그림에서 보는 단면을 갖고 있다. 하향구배가 0.0008이면, y = 4 m일 때 수로를 통한 물의 유량을 구하라.

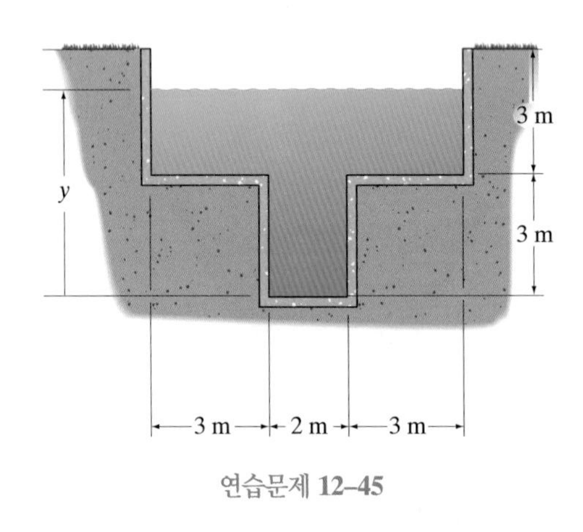

연습문제 12–45

12-46 수로는 마감되지 않은 콘크리트로 만들어졌고 그림에서 보는 단면을 갖고 있다. 하향구배가 0.0008이면, y = 6 m일 때 수로를 통한 물의 유량을 구하라.

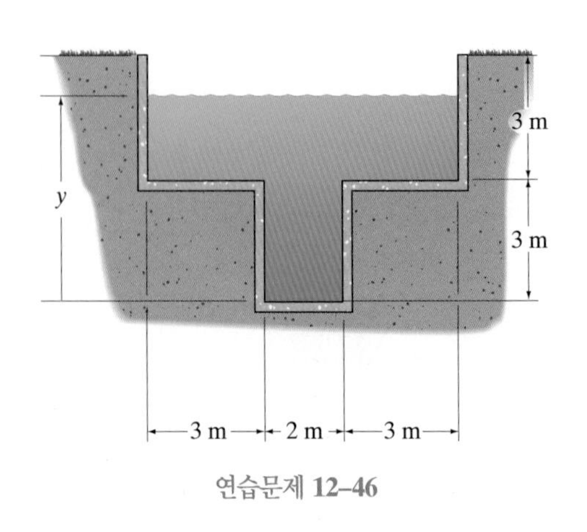

연습문제 12–46

12-47 수로는 삼각형 단면을 갖고 있으며 물로 가득 채워져 흐르고 있다. 벽면이 나무로 만들어졌고 하향구배가 0.002일 때, 체적유량을 구하라.

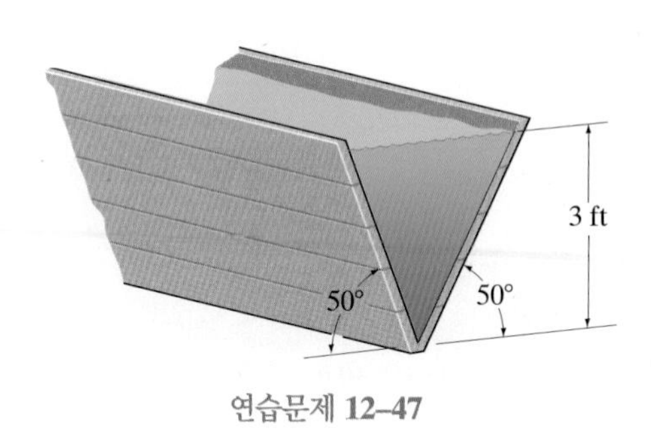

연습문제 **12–47**

***12-48** 배수관은 마감되지 않은 콘크리트로 만들어졌고 하향구배는 0.0025이다. 중심 깊이가 $y = 3$ ft일 때, 관으로부터의 체적유량을 구하라.

12-49 배수관은 마감되지 않은 콘크리트로 만들어졌고 하향구배는 0.0025이다. 중심 깊이가 $y = 1$ ft일 때, 관으로부터의 체적유량을 구하라.

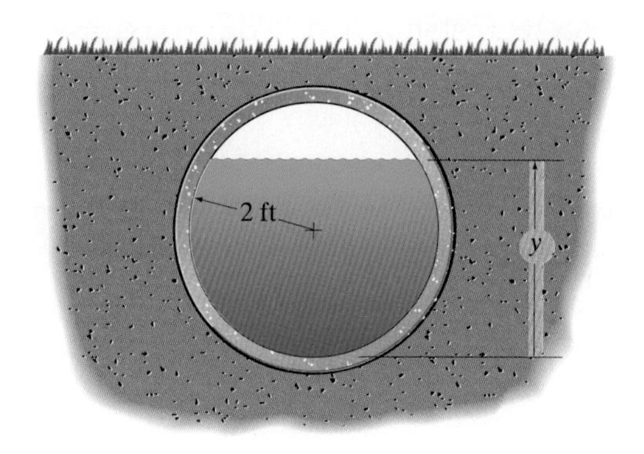

연습문제 **12–48/49**

12-50 지하배수로가 물을 수송하고 하향구배 S_0를 갖는다. 최대 체적유량을 만들어내는 깊이 y를 구하라.

12-51 지하배수로가 물을 수송하고 하향구배 S_0를 갖는다. 유동의 최대 속도를 만들어내는 깊이 y를 구하라.

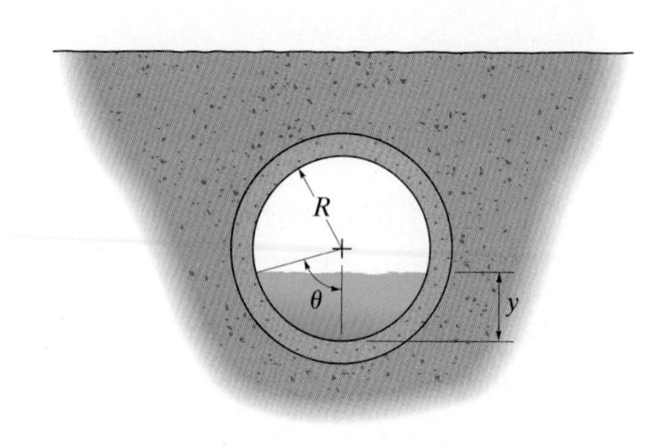

연습문제 **12–50/51**

***12-52** 수로는 마감되지 않은 콘크리트로 만들어졌고 하향구배 0.003을 갖는다. 깊이가 $y = 2$ m일 때 체적유량을 구하라. 유동은 아임계인가 혹은 초임계인가?

12-53 수로는 마감되지 않은 콘크리트로 만들어졌고 하향구배 0.003을 갖는다. 깊이가 $y = 3$ m일 때 체적유량을 구하라. 유동은 아임계인가 혹은 초임계인가?

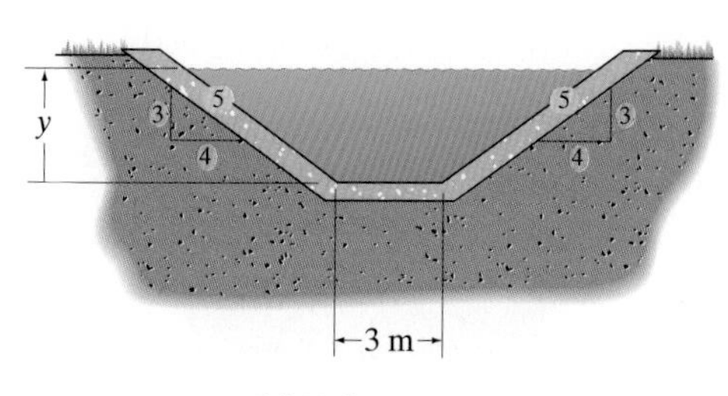

연습문제 **12–52/53**

12-54 수로는 마감되지 않은 콘크리트로 만들어졌고 사다리꼴 단면을 갖는다. 물의 깊이가 2 m일 때 유동의 평균 속도가 6 m/s이면, 요구되는 경사를 구하라.

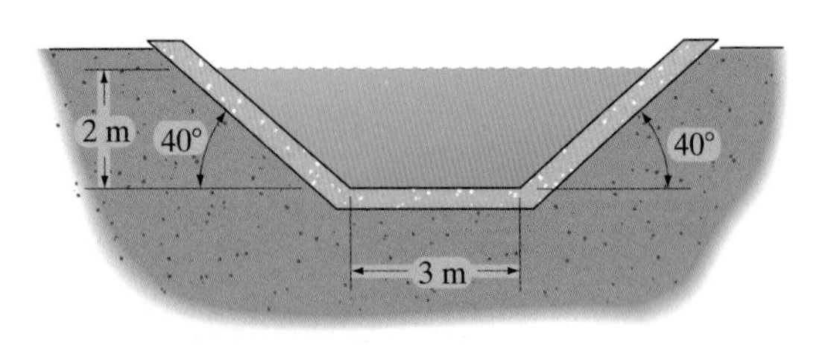

연습문제 **12–54**

12-55 수로는 마감되지 않은 콘크리트로 만들어졌다. 바닥은 수평길이 1000 ft에 대해 2 ft의 높이 강하가 있다. 깊이가 $y = 8$ ft일 때 체적유량을 구하라. 유동은 아임계인가 혹은 초임계인가?

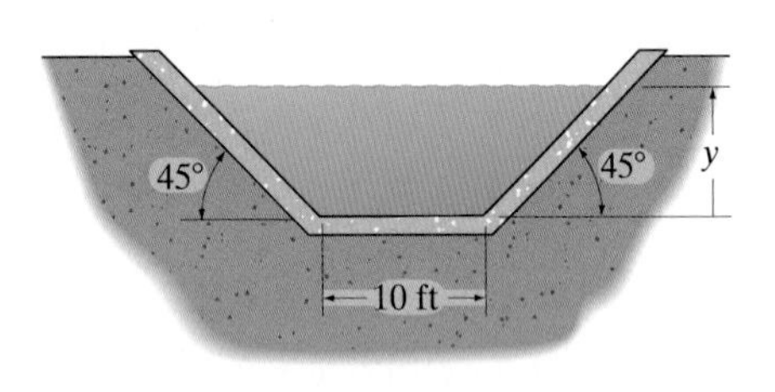

연습문제 **12–55**

***12-56** 수로는 마감되지 않은 콘크리트로 만들어졌다. 바닥은 수평길이 1000 ft에 대해 2 ft의 높이 강하가 있다. 깊이가 $y = 4$ ft일 때 체적유량을 구하라. 유동은 아임계인가 혹은 초임계인가?

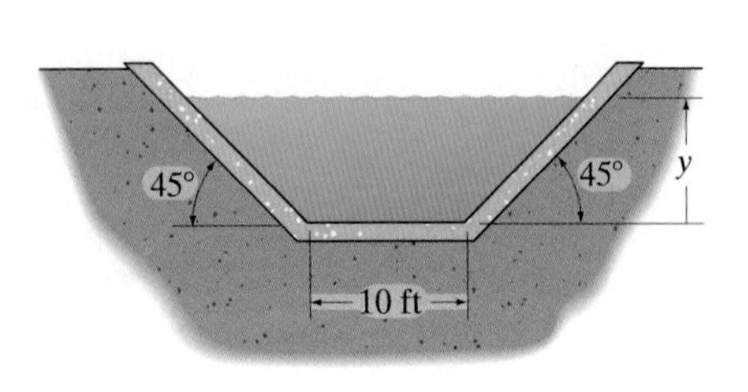

연습문제 **12–56**

12-57 수로 바닥은 수평길이 1000 ft에 대해 2 ft 강하한다. 마감되지 않은 콘크리트로 만들어졌고 물의 깊이가 $y = 6$ ft일 때 체적유량을 구하라.

12-58 수로 바닥은 수평길이 1000 ft에 대해 2 ft 강하한다. 마감되지 않은 콘크리트로 만들어졌고 유량 $Q = 800\ \text{ft}^3/\text{s}$일 때 물의 깊이를 구하라.

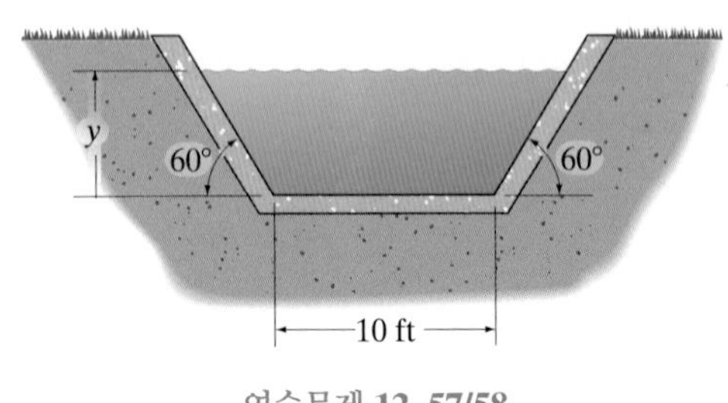

연습문제 **12–57/58**

12-59 유동의 깊이가 $y = 1.25$ m이고 수로의 하향구배가 0.005일 때 수로를 통한 물의 체적유량을 구하라. 수로의 벽면은 마감된 콘크리트이다.

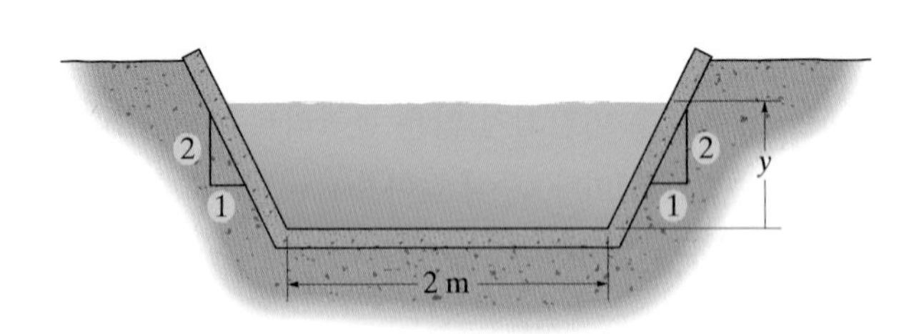

연습문제 **12–59**

***12-60** 유량이 $Q = 15\ \text{m}^3/\text{s}$이면 수로 내의 물의 등류수심(等類水深)을 구하라. 수로의 벽면은 마감된 콘크리트이고 하향구배는 0.005이다.

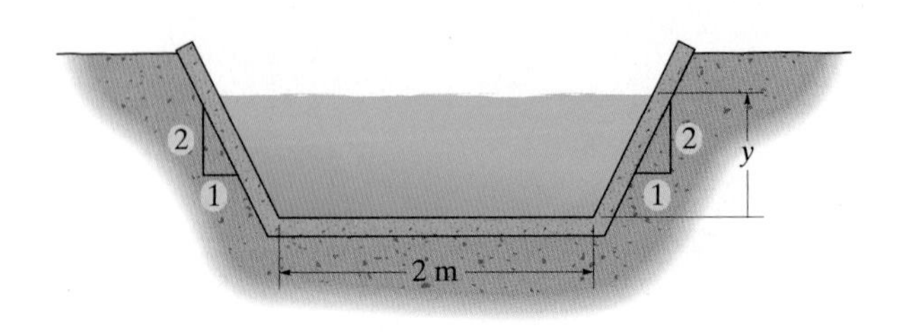

연습문제 **12–60**

12-61 수로는 마감되지 않은 콘크리트로 만들어졌다. 400 ft^3/s의 물을 수송해야 하는 경우, 임계깊이 $y = y_c$와 임계구배를 구하라.

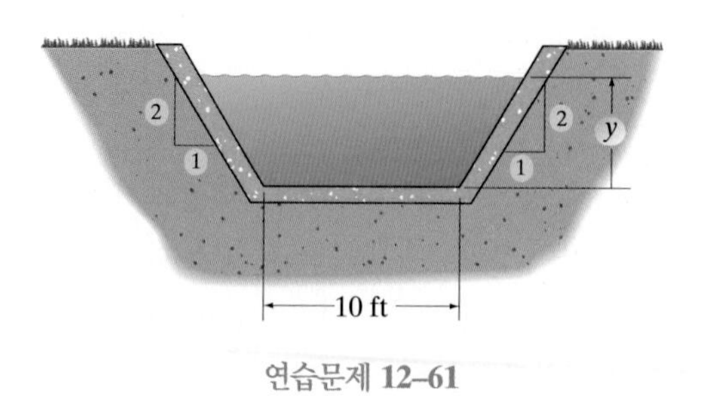

연습문제 **12–61**

12-62 수로는 마감되지 않은 콘크리트로 만들어졌다. 400 ft^3/s의 물을 수송해야 하는 경우, 물의 깊이가 4 ft일 때 하향구배를 구하라. 또한 이 깊이에 대한 임계구배는 얼마이며, 상응하는 임계유량은 얼마인가?

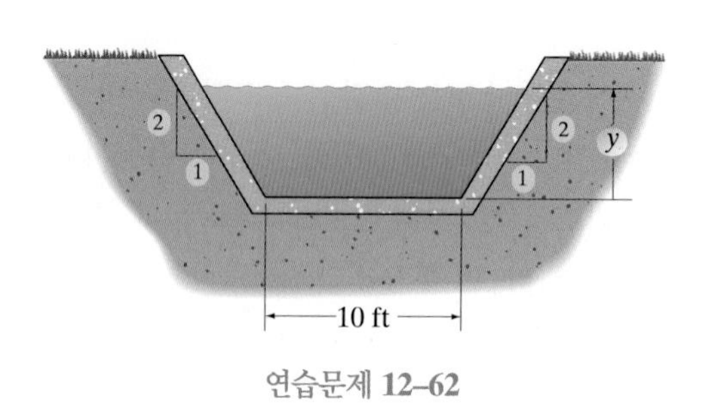

연습문제 **12–62**

12-63 마감되지 않은 콘크리트 수로는 하향구배 0.002와 60°의 경사벽면을 갖도록 의도되었다. 유량이 100 m^3/s로 추정된다면 수로 바닥의 기저폭 b를 구하라.

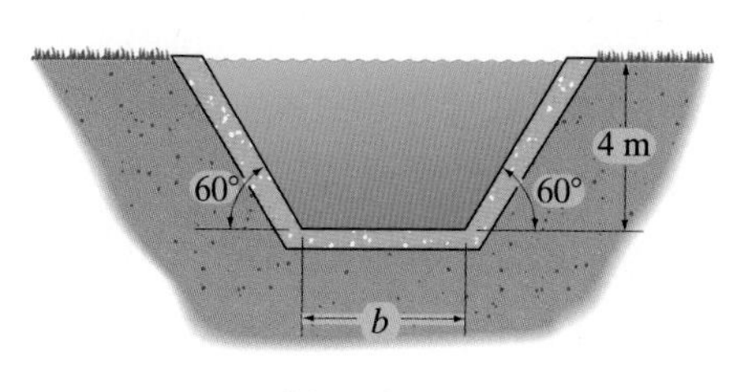

연습문제 **12–63**

***12-64** 직사각형 수로는 폭 2.5 m이고 마감되지 않은 콘크리트로 만들어졌다. 하향구배가 0.0014이면, 배출량 12 m^3/s를 얻기 위한 물의 깊이는 얼마인가?

12-65 주어진 배출량에 대해 최소량의 재료를 사용하는 최적의 수력학적 삼각형 단면을 만들기 위한 수로의 각도 θ를 구하라.

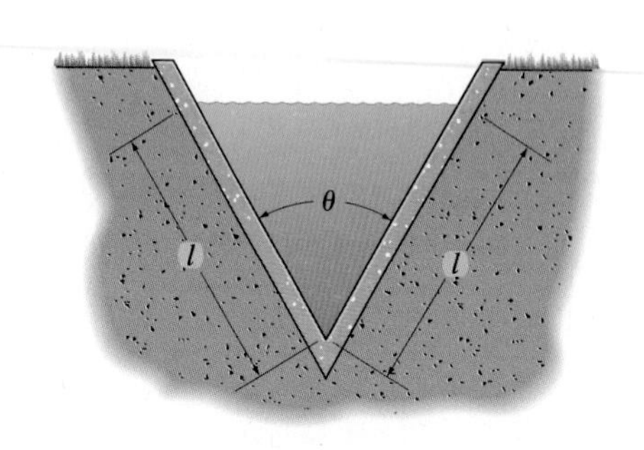

연습문제 **12–65**

12-66 꽉찬 깊이의 유동에서 주어진 배출량에 대하여 최소량의 재료를 사용하는 최적 수력학적 단면을 제공하기 위한 수로의 측면 길이 a를 기저폭 b의 항으로 구하라.

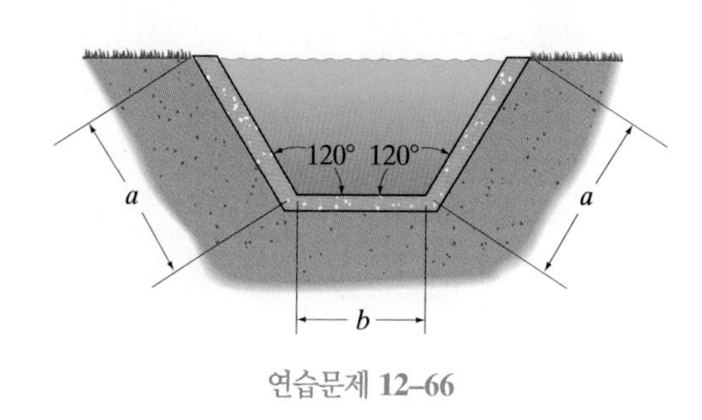

연습문제 **12–66**

12-67 수로가 기저폭 b의 최적 수력학적 사다리꼴 단면을 갖도록 각도 θ와 측면 길이 l을 구하라.

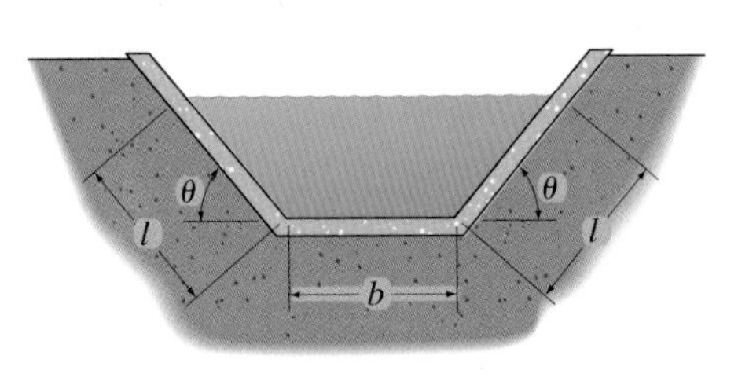

연습문제 **12–67**

***12-68** 주어진 단면적과 각도 θ에 대하여 접수길이를 최소화하기 위한 폭은 $b = 2h(\csc\theta - \cot\theta)$임을 보여라. 주어진 단면적과 깊이 h에 대해 어느 각도 θ에서 접수길이가 최소가 될 것인가?

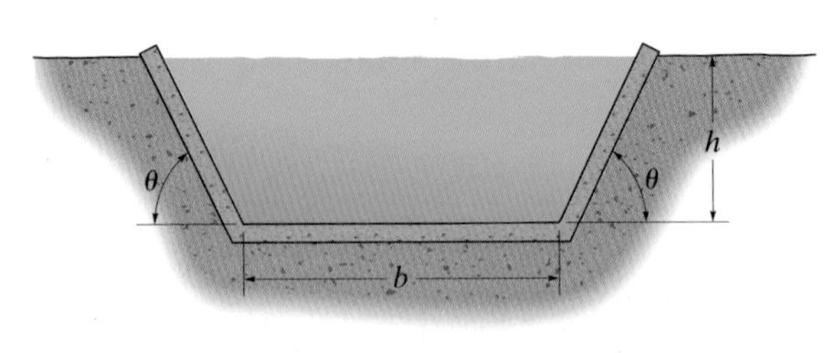

연습문제 **12–68**

12-69 유동의 깊이가 $y = R$일 때, 반원형 수로는 최적의 수력학적 단면을 제공함을 보여라.

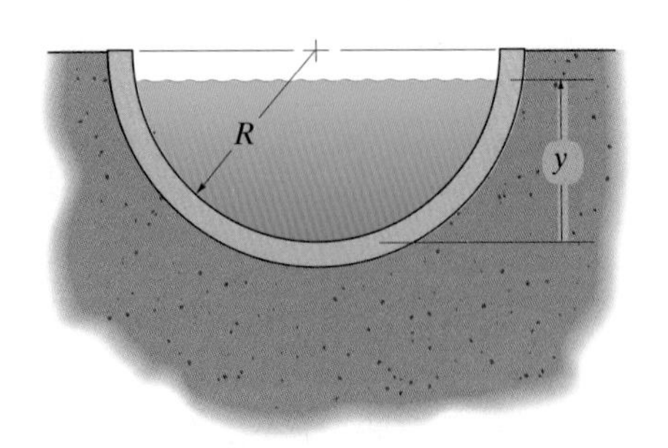

연습문제 **12–69**

12.7절

12-70 직사각형 수로는 마감되지 않은 콘크리트로 만들어졌고, 폭은 1.25 m이며 상향구배 0.01을 갖는다. 유량이 $0.8\ \text{m}^3/\text{s}$이고 특정 위치에서의 물의 깊이가 0.5 m일 때 유동에 대한 표면형상을 구하라. 이 형상을 그려라.

12-71 직사각형 수로는 마감된 콘크리트로 만들어졌고, 폭은 1.25 m이며 상향구배 0.01을 갖는다. 유량이 $0.8\ \text{m}^3/\text{s}$이고 특정 위치에서의 물의 깊이가 0.2 m일 때 유동에 대한 표면형상을 구하라. 이 형상을 그려라.

***12-72** 직사각형 수로는 마감된 콘크리트로 만들어졌고, 폭은 1.25 m이며 하향구배 0.01을 갖는다. 유량이 $0.8\ \text{m}^3/\text{s}$이고 특정 위치에서의 물의 깊이가 0.6 m일 때 유동에 대한 표면형상을 구하라. 이 형상을 그려라.

12-73 직사각형 수로는 마감된 콘크리트로 만들어졌고, 폭은 1.25 m이며 하향구배 0.01을 갖는다. 유량이 $0.8\ \text{m}^3/\text{s}$이고 특정 위치에서의 물의 깊이가 0.3 m일 때 유동에 대한 표면형상을 구하라. 이 형상을 그려라.

12-74 물이 마감되지 않은 콘크리트로 만들어진 수평 수로를 따라 $4\ \text{m}^3/\text{s}$로 흐른다. 수로가 폭 2 m와 검사단면 A에서 물 깊이 0.9 m를 가지면, 검사단면으로부터 $x = 2$ m인 단면에서의 깊이를 근사하라. 증분 $\Delta y = 0.004$ m를 사용하고, $0.884\ \text{m} \le y \le 0.9\ \text{m}$에 대한 형상을 그려라.

12-75 물이 마감되지 않은 콘크리트로 만들어진 수평 수로를 따라 $4\ \text{m}^3/\text{s}$로 흐른다. 수로가 폭 2 m와 검사단면 A에서 물 깊이 0.9 m를 가지면, A로부터 깊이가 0.8 m가 되는 곳까지의 근사거리 x를 구하라. 증분 $\Delta y = 0.025$ m를 사용하고, $0.8\ \text{m} \le y \le 0.9\ \text{m}$에 대한 형상을 그려라.

***12-76** 물이 마감되지 않은 콘크리트로 된 직사각형 수로를 따라 12 m^3/s로 흐른다. 수로는 폭 4 m와 하향구배 0.008을 가지며 물 깊이는 검사단면 A에서 2 m이다. A로부터의 깊이가 2.4 m가 되는 곳까지의 거리 x를 구하라. 증분 $\Delta y = 0.1$ m를 사용하고, 2 m $\le y \le$ 2.4 m에 대한 형상을 그려라.

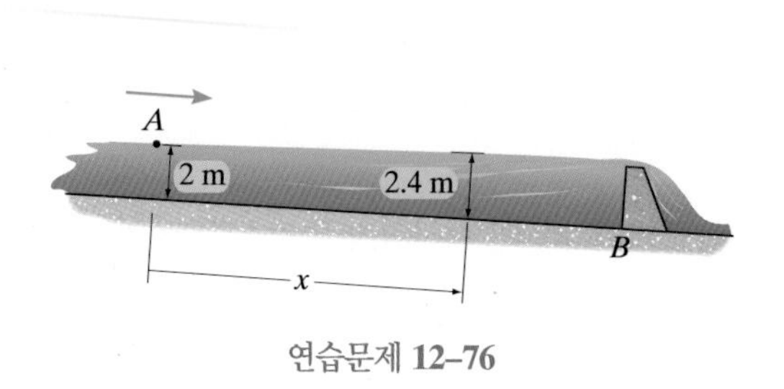

연습문제 12-76

12-77 마감되지 않은 콘크리트 수로는 폭 4 ft와 상향구배 0.0025를 갖는다. 검사단면 A에서 물의 깊이는 4 ft이고 평균속도는 40 ft/s이다. A로부터 40 ft 하류에서의 물의 깊이 y를 구하라. 증분 $\Delta y = 0.1$ ft를 사용하고, 4 ft $\le y \le$ 4.4 ft에 대한 형상을 그려라.

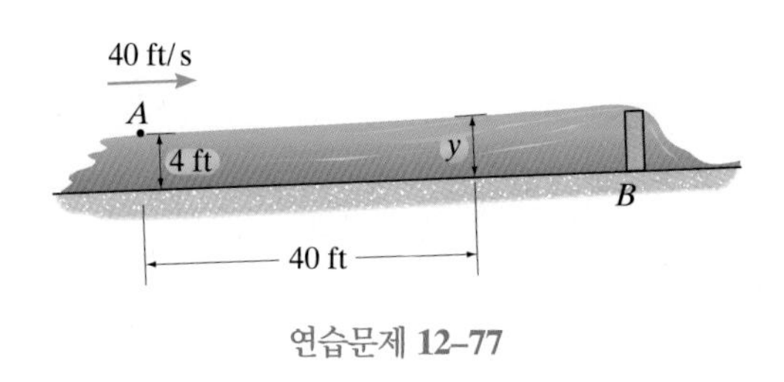

연습문제 12-77

12.8절

12-78 물이 직사각형 수로 안에 있는 부분적으로 개방된 슬루스 게이트 아래로 흐른다. 물이 그림에 나타낸 깊이를 가지면, 수력도약이 형성될 것인지 결정하고, 도약이 있을 경우 도약의 하류 끝단에서의 깊이 y_C를 구하라.

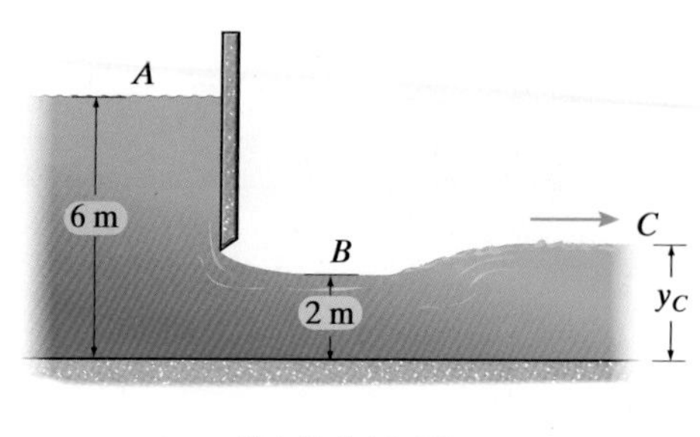

연습문제 12-78

12-79 A에 있는 수중보는 수로 내에 수력도약을 형성시킨다. 수로의 폭이 1.5 m인 경우, 상류 및 하류에서의 물의 속도를 구하라. 도약에서 얼마만큼의 에너지수두가 손실되는가?

연습문제 12-79

*12-80 폭 4 m인 댐의 배수로 위로 물이 18 m^3/s로 흐른다. 바닥의 끝자락에서 물의 깊이가 0.5 m일 때 수력도약 후의 물의 깊이 y_2를 구하라.

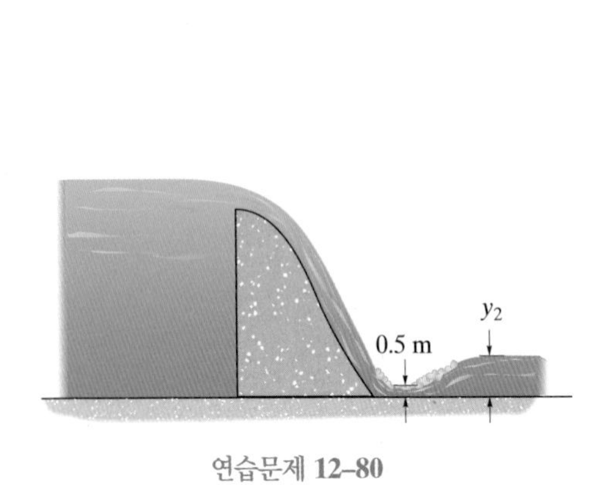

연습문제 12–80

12-81 경사진 수로로부터 수평수로로 물이 8 m^3/s로 흘러 수력도약을 형성한다. 수로 폭은 2 m이고 도약 전의 물은 깊이가 0.25 m일 때, 도약 후의 물의 깊이를 구하라. 도약을 할 동안 손실된 에너지는 얼마인가?

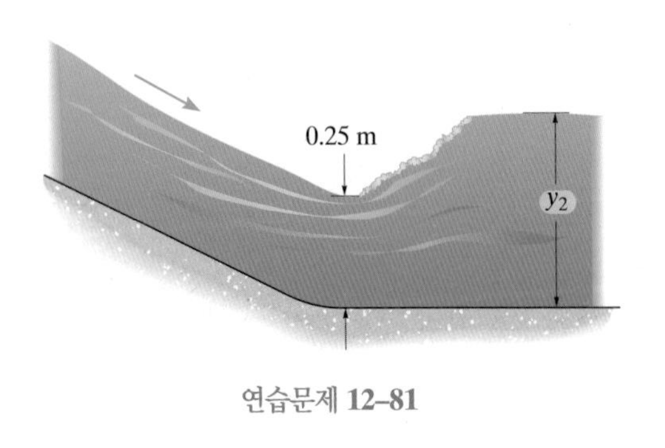

연습문제 12–81

12-82 수력도약은 하류 끝에서 깊이 5m를 갖고 속도는 1.25 m/s이다. 수로의 폭이 2 m이면, 도약 전의 물의 깊이 y_1과 도약하는 동안 잃어버린 에너지수두를 구하라.

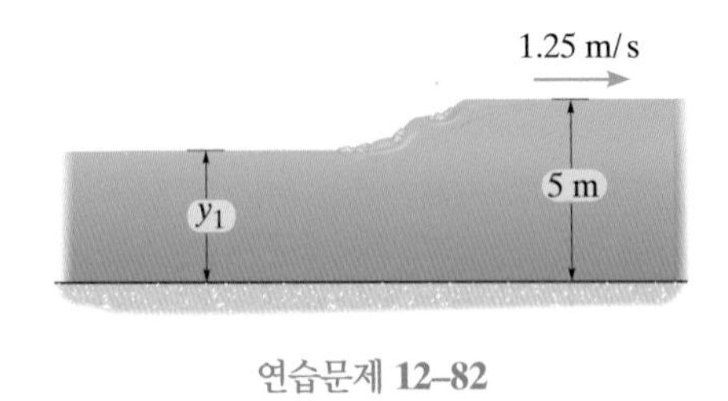

연습문제 12–82

12-83 물이 폭 4 ft인 직사각형 수로를 통해 30 ft^3/s로 흐른다. 수력도약이 일어날 것인지 정하고, 도약이 발생하는 경우 도약 후의 유동의 깊이 y_2와 도약으로 인해 손실된 에너지수두를 구하라.

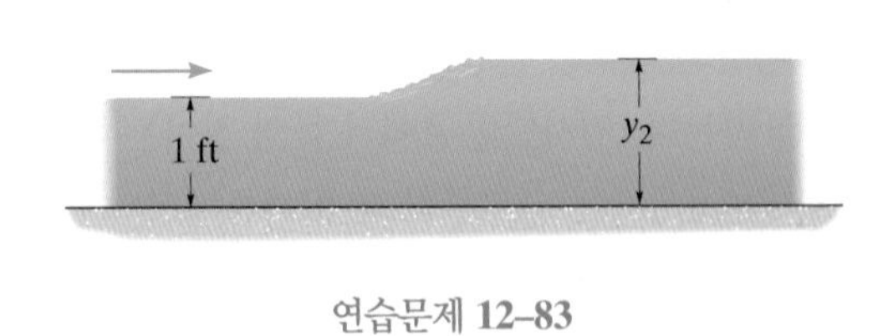

연습문제 12–83

*12-84 물이 폭 3 m인 배수로를 따라 흘러내리고, 바닥에서 깊이 0.4 m를 갖고 8 m/s의 속도를 얻는다. 수력도약이 일어날 것인지 정하고, 도약이 있을 경우 유동의 속도와 도약 후의 깊이를 구하라.

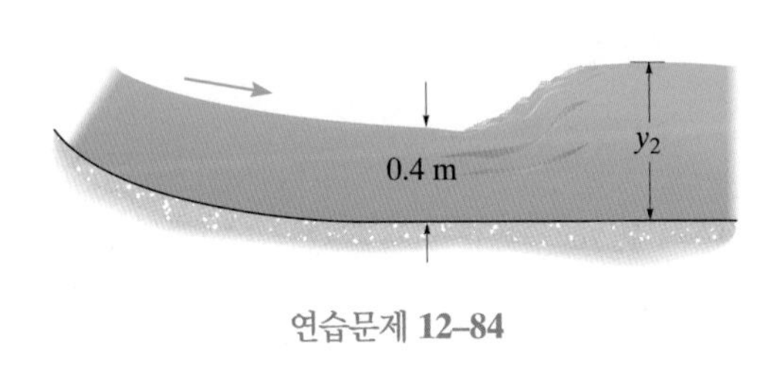

연습문제 12–84

12.9절

12-85 직사각형 수로는 폭이 3 m이고 유동의 깊이는 1.5 m이다. 직사각형 칼날마루 위어 위를 지나는 물의 체적유량을 구하라. $C_d = 0.83$이다.

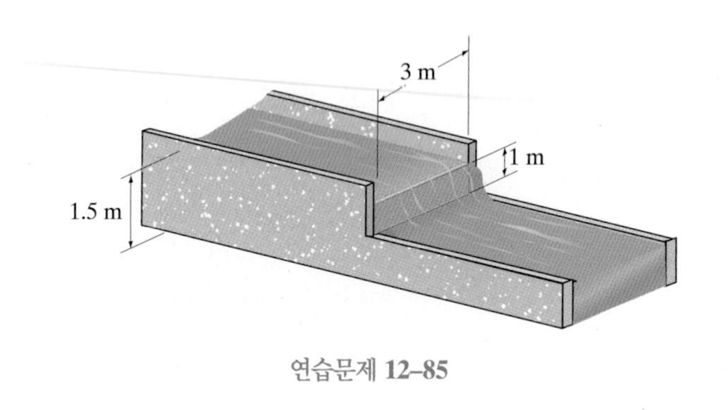

연습문제 **12–85**

12-86 직사각형 수로는 90° 삼각형 위어판과 맞추어져 있다. 수로 내 상류 물의 깊이는 2 m이고, 위어판의 바닥이 수로 바닥으로부터 1.5 m에 있을 때 위어 위를 지나는 물의 체적유량을 구하라. $C_d = 0.61$이다.

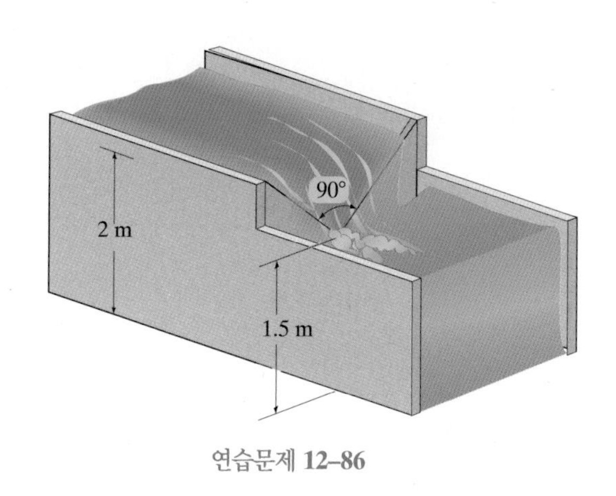

연습문제 **12–86**

12-87 넓은 마루위어를 지나는 물의 유량은 15 m^3/s이다. 보와 수로의 폭이 3 m라면, 수로 내의 물의 깊이 y를 구하라. $C_w = 0.80$이다.

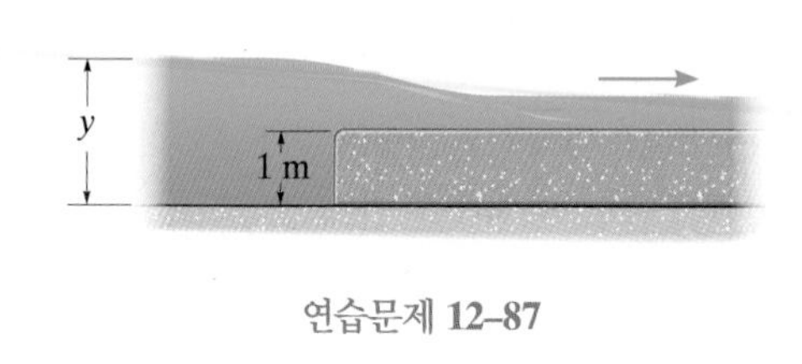

연습문제 **12–87**

***12-88** 폭 5 ft인 수로 내에서 넓은 마루위어를 지나는 물의 체적유량을 구하라. $C_w = 0.95$이다.

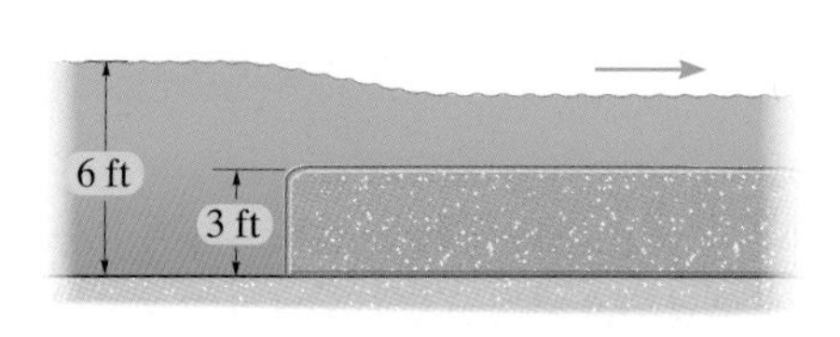

연습문제 **12–88**

장 복습

실제로 모든 개수로 유동은 난류이다. 해석을 위해 유동은 1차원이라고 가정하고 단면을 지나는 평균속도를 사용한다.	
액체표면 위를 이동하는 파의 속도는 파속(wave celerity)이라 불린다. 파속은 수로의 깊이의 함수이다.	$c = \sqrt{gy}$ 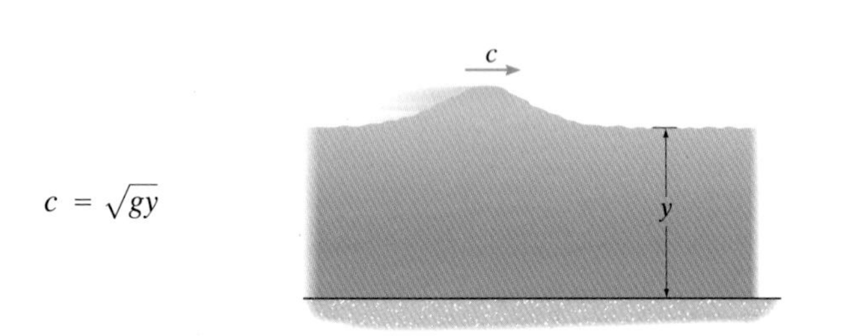
수로를 따르는 유동의 특성은 중력이 개수로 유동에 대한 구동력이므로 프라우드수를 사용하여 분류된다. $\text{Fr} < 1$이면 유동은 잔잔하고(tranquil), $\text{Fr} > 1$이면 유동은 빠르다(rapid). $\text{Fr} = 1$이라면 임계유동이 되며, 이 경우에는 액체표면에 정지파가 형성될 수 있다.	$\text{Fr} = \dfrac{V}{\sqrt{gy}}$
빠르거나 잔잔한 유동 모두 주어진 유동과 수로폭에 대하여 같은 비에너지를 생산할 수 있다. 임계유동이 그 정점에서 발생하도록 적절히 설계된 요철을 사용하면 유동은 빠른 상태(rapid)에서 잔잔한 상태로 혹은 잔잔한 상태에서 빠른 상태로 변할 수 있다.	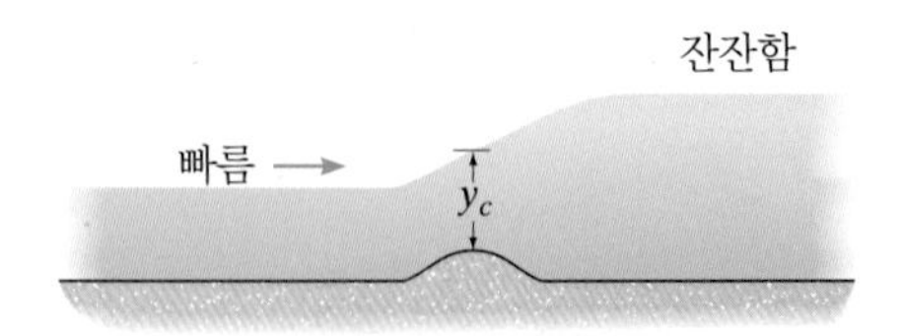
높아진 수로 상부 혹은 슬루스 게이트 하부 유동은 연속방정식과 베르누이 방정식을 사용하여 해석할 수 있다.	

개수로 내의 정상 균일유동은 수로가 일정한 단면, 경사 그리고 표면조도를 갖고 있는 경우에 발생 가능하다. 유동의 속도는 표면조도를 나타내기 위한 경험적 계수 n을 사용하는 매닝 방정식을 사용하여 결정할 수 있다.

$$V = \frac{kR_h^{2/3}S_0^{1/2}}{n}$$

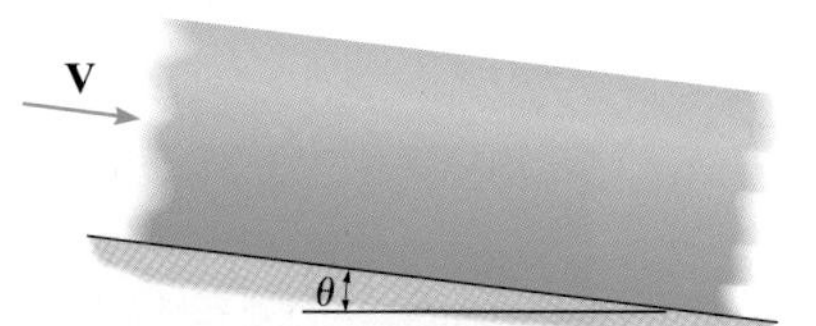

만일 수로에서 비균일유동이 발생하면, 12개의 가능한 표면형상 유형이 존재한다. 그 형상은 에너지방정식으로부터 유도되는 유한차분법을 사용하여 수치적으로 결정할 수 있다.

비균일유동이 개수로에서 갑자기 발생할 수 있으며, 수력도약을 야기한다. 도약은 유동으로부터 에너지를 제거하여 유동을 빠른 상태로부터 잔잔한 유동으로 변화시킨다.

개수로에서의 유동은 칼날마루 혹은 넓은마루 위어를 사용하여 측정될 수 있다. 특히 넓은마루 위어는 흐름을 임계깊이를 갖는 유동으로 전환시킬 수도 있다.

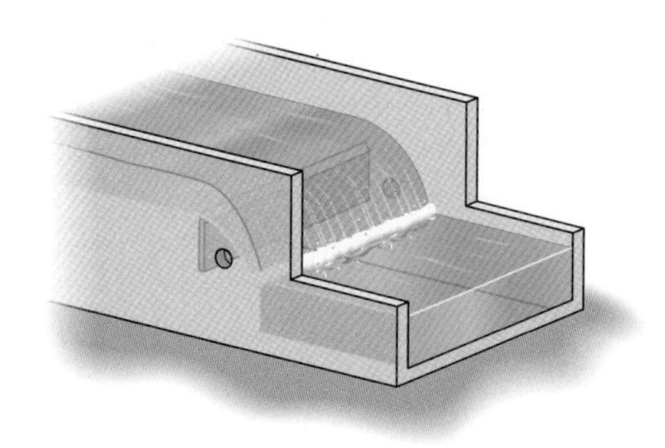

Chapter 13

(© Super Nova Images/Alamy)

기류가 음속이 될 때 제트기의 표면에서 발생하는 국소 충격파가 형성되며,
습한 기류로 인하여 충격파에서 응축이 발생한다.

압축성 유동

학습목표

- 압축성 기체 유동 해석에 사용되는 열역학의 중요한 개념들을 제시한다.
- 단면적 변화와 등엔트로피 유동의 관계에 대해 논의하고, 기체의 온도 및 압력 그리고 밀도에 어떠한 영향을 미치는지 논의한다.
- 관 내에서 발생하는 마찰(파노 유동)과 관 벽으로부터 가열 또는 냉각(레일리히 유동)이 압축성 유동에 어떠한 영향을 미치는지 논의한다.
- 축소-확대 노즐에서 발생하는 충격파에 대하여 논의하고, 곡면이나 불규칙한 벽면에서 형성되는 압축파와 팽창파에 대해 논의한다.
- 압축성 유동에 적용되는 압력 및 속도 측정법을 소개한다.

13.1 열역학의 개념

지금까지는 비압축성 유체에 대해서만 유체역학을 적용해왔다. 그러나 이 장에서는 압축성 효과를 포함하여 도시 및 공업용 가스관을 통해 흐르는 고속 유동, 난방 및 환기에 사용되는 통풍관 그리고 로켓, 항공기, 제트 엔진의 설계에서 중요하게 논의되는 압축성 효과에 대해 공부할 것이다.

압축성 기체유동과 관련된 열역학의 매우 중요한 개념을 제시하면서 이 장을 시작할 것이다. 열역학은 압축성 유체 거동을 이해하는 데 중요한 역할을 한다. 기체의 운동에너지에 일어나는 급격한 변화는 열에너지로 전환되고, 이것은 기체의 밀도 및 압력이 크게 변하는 원인이 된다.

이상기체의 법칙 이 장에서는 탄성 구와 같이 거동하는 분자들로 구성된 **이상기체**를 고려하게 될 것이다. 분자 간의 거리가 분자의 크기보다 크기 때문에 분자들은 불규칙적으로 운동하게 되고 서로 간섭을 하지 않는다고 가정한다. 지구 환경의 압력과 온도에서 실제기체들은 이상기체와 매우 유사하며, 이 근사는 기체의 밀도가 낮아질수록 더욱 정확해진다.

이상기체의 절대온도 및 절대압력 그리고 밀도는 **이상기체의 법칙**(ideal gas law)이라 불리는 다음의 단일 방정식과 관련된다는 것이 실험을 통해 발견되었다.

$$p = \rho RT \tag{13-1}$$

여기서 R은 기체상수이며, 각 기체에 따라 특정한 값을 가진다. 특정한 상태나 조건일 때, 기체의 p, ρ, T 세 가지 **상태량**과 관련 있기 때문에 이상기체의 법칙은 **상태방정식**이라 불린다.

내부에너지와 열역학 제1법칙 또 다른 중요한 상태량은 **내부에너지**이며, 이상기체의 경우 내부에너지는 분자 및 원자들의 운동에너지와 위치에너지를 종합하여 말한다. 기체에 열과 일 출입이 생기면 내부에너지에 변화가 발생한다. **열역학 제1법칙**은 열과 일 그리고 내부에너지의 균형에 관한 법칙이다. 만약 기체의 단위 질량을 하나의 시스템으로 생각하면, 임의의 한 상태에서 다른 상태로 변화하면서 발생되는 내부에너지 변화(du)는 시스템으로 전달된 열에너지(dq)에서 시스템에 의해 외부로 발생된 일(dw)을 뺀 것과 같다. 그 일은 5.5절에서 언급된 것처럼, 유동일로 정의되며, $dw = p\,dv$로 쓰여진다. 그러므로

$$\underbrace{du}_{\text{내부 에너지 변화}} = \overbrace{dq}^{\text{공급열}} - \underbrace{p\,dv}_{\text{배출 유동일}} \tag{13-2}$$

내부에너지의 변화는 한 상태에서 다른 상태로 시스템이 변화되는 과정과는 무관하나, dq와 $p\,dv$는 이 과정에 크게 의존하게 된다. 전형적인 과정들은 정적, 정압, 등온과정, 혹은 시스템으로 열이 들어오거나 나가지 않는 단열과정이 있다.

비열 열의 양 dq는 기체의 물리량인 **비열** c에 의한 기체의 온도 변화 dT와 직접적으로 관련된다. 여기서 비열은 기체의 단위 질량당 온도를 1°C 올리는 데 필요한 열의 양으로 정의할 수 있다.

$$c = \frac{dq}{dT} \tag{13-3}$$

비열은 가열 과정에 의존하며, 단위는 J/(kg·K) 또는 ft·lb/(slug·R)이다. 보통 정적 비열(c_v)과 정압 비열(c_p)로 정의된다.

정적 과정 체적이 일정하게 유지될 때, $dv = 0$이고, 외부로부터의 유동일은 없다. 그러면 열역학 제1법칙은 $du = dq$가 된다. 즉, 기체의 내부에너지는 공급된 열의 양에 의해서만 증가하게 된다. 그러므로 식 (13-3)은 다음과 같이 된다.

$$c_v = \frac{du}{dT} \tag{13-4}$$

대부분의 공학적 응용 범위에서 c_v는 온도변화에 따라 일정하게 나타나므로 임의의 두 상태 간에 윗식을 다음과 같이 적분하여 나타낼 수 있다.

$$\Delta u = c_v \Delta T \tag{13-5}$$

따라서, c_v를 안다면 주어진 온도변화 ΔT에 대한 내부에너지 변화를 알 수 있다.

정압 과정 정압 과정 동안 기체는 팽창하게 되므로 식 (13-2)는 내부에너지 변화와 유동일을 고려해야 한다. 식 (13-3)을 이용하여 dq에 대해 풀면

$$c_p = \frac{du + p\,dv}{dT}$$

윗식을 간소화하기 위해 기체의 상태량 **엔탈피** h를 정의한다. 공식적으로 엔탈피는 기체의 단위 질량당 유동일 pv와 내부에너지 u의 합으로 정의된다. 비체적 v는 $1/\rho$이므로

$$h = u + pv = u + \frac{p}{\rho} \tag{13-6}$$

또한 이상기체의 법칙을 사용하여 엔탈피를 온도에 관해 정리하면 다음과 같다.

$$h = u + RT \tag{13-7}$$

엔탈피의 변화를 알기 위해 식 (13-6)을 미분하면

$$dh = du + dp\,v + p\,dv \tag{13-8}$$

압력은 일정하므로 $dp = 0$이고, $dh = du + p\,dv$가 된다. 따라서 c_p는

$$c_p = \frac{dh}{dT} \tag{13-9}$$

c_p는 온도만의 함수이기 때문에 임의의 두 상태에 대해 이 식을 적분할 수 있다. 일반적으로 공학에서 고려하는 온도범위 내에서 c_p는 c_v와 같이 근본적으로 일정하다. 그러므로

$$\Delta h = c_p \Delta T \tag{13-10}$$

따라서, c_p가 주어져 있다면 온도 변화량 ΔT에 대응하여 발생하는 엔탈피 변화량(내부에너지와 유동일)을 계산할 수 있게 된다.

식 (13-7)을 미분하고 식 (13-4)와 (13-9)를 대입하면 기체상수와 c_p와 c_v 간의 관계식을 다음과 같이 얻을 수 있다.

$$c_p - c_v = R \tag{13-11}$$

이 비열비를 다음과 같이 정의하고

$$\boxed{k = \frac{c_p}{c_v}} \tag{13-12}$$

식 (13-11)을 대입하면

$$c_v = \frac{R}{k - 1} \tag{13-13}$$

그리고

$$c_p = \frac{kR}{k - 1} \tag{13-14}$$

일반적인 기체들의 k와 R은 부록 A에 주어져 있으며, 위의 두 식으로부터 c_p와 c_v를 계산할 수 있다.

엔트로피와 열역학 제2법칙 엔트로피(S)는 기체의 열역학적 상태량이며, 이 상태량이 어떻게 변화하는지에 대해 이 장에서 공부하게 될 것이다. **엔트로피의 변화**는 기체의 질량당 압력, 체적 및 온도가 다른 상태로 변화할 때 발생되는 온도당 열의 양으로 정의된다.

$$ds = \frac{dq}{T} \tag{13-15}$$

예를 들어, 서로 다른 온도의 두 물체가 단열 용기 안에 같이 있다고 생각해보자. 고온에서 저온으로 이동하는 열 dq로 인해 결국 온도가 같아지게 될 것이다. 이때 한쪽은 엔트로피를 얻고, 다른 한쪽은 엔트로피를 잃게 된다. 고온에서 저온으로 열이 흐르는 과정은 비가역적이다. 즉, 열은 저온에서 고온으로 절대로 흐르지 않는다. 그 이유는 저온일 때보다 고온일 때 내부에너지나 분자들 간의 열교란이 많이 발생하기 때문이다.

열역학 제2법칙은 엔트로피 변화에 기초하며, 물리적 현상이 일어날 때의 시간항에 대한 순서를 결정한다. 또한, 열역학 제2법칙은 우선적인 방향을 가지는데, 이것을 '시간이 흐르는 방향'이라고 부르며, 변화과정이 **비가역적**이면 엔트로피는 항상 증가한다. 기체에서는 점성 마찰력에 의해 엔트로피가 증가하고 열이 발생한다. 만약 **가역**과정이라 가정한다면, 내부 마찰과 엔트로피 변화가 없는 등엔트로피 유동이 발생될 것이다. 그러므로,

$$\begin{aligned} ds &= 0 \qquad \text{가역적} \\ ds &> 0 \qquad \text{비가역적} \end{aligned} \tag{13-16}$$

계산의 목적으로 dq를 소거하기 위해 열역학 제1법칙과 식 (13-15)를 결합하여 강도성 상태량 T와 ρ 그리고 엔트로피 변화량 간의 관계식을 다음과 같이 얻을 수 있다.

$$T\,ds = du + p\,dv \tag{13-17}$$

이 식에 $v = 1/\rho$와 이상기체의 법칙 $p = \rho RT$ 그리고 c_v에 대해 정의한 식 (13-4)를 대입하여 나타내면

$$ds = c_v \frac{dT}{T} + \frac{R}{1/\rho} d\left(\frac{1}{\rho}\right)$$

온도가 변화하는 동안 c_v는 여전히 일정하므로 적분하면 다음과 같다.

$$s_2 - s_1 = c_v \ln \frac{T_2}{T_1} - R \ln \frac{\rho_2}{\rho_1} \tag{13-18}$$

또한, 엔트로피 변화는 T와 p에 연관된다. 먼저 엔탈피는 식 (13-8)에 식 (13-17)을 대입함으로써 엔트로피와 관련지어 나타낼 수 있다.

$$T\,ds = dh - v\,dp \tag{13-19}$$

그런 다음 c_p에 대해 정의한 식 (13-9)와 이상기체의 법칙 $p = RT/v$를 사용하면 다음과 같이 얻을 수 있으며,

$$ds = c_p \frac{dT}{T} - R\frac{dp}{p}$$

다시 적분하여 다음과 같은 식이 얻어진다.

$$s_2 - s_1 = c_p \ln \frac{T_2}{T_1} - R \ln \frac{p_2}{p_1} \tag{13-20}$$

T–s 선도 압축성 유체유동 문제들을 해석할 때, 온도에 따른 엔트로피 변화를 나타내는 **T–s 선도**가 도움이 된다. 예를 들어, 엔트로피의 모든 변화에서 온도는 그림 13-1의 T_c와 같이 일정하게 되므로, 정온도 과정은 수평선으로 그릴 수 있다. 대신에 $\forall_c$처럼 기체의 체적을 일정하게 하면 $dv = 0$이 되고, 식 (13-17)과 (13-4)로부터 du를 소거하면 다음과 같다.

$$T ds = c_v dT + p\,dv$$

$$\frac{dT}{ds} = \frac{T}{c_v}$$

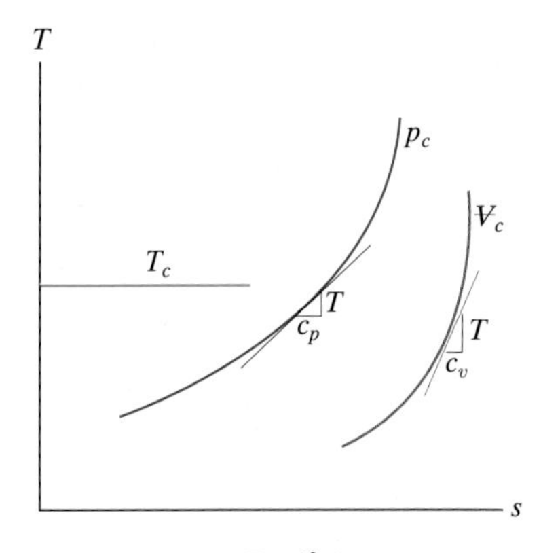

T–s 선도

그림 13–1

이 식은 그림 13-1에서 체적이 일정할 때의 기울기를 나타낸다. 마지막으로 p_c처럼 압력을 일정하게 하면 $dp = 0$이 되고, 식 (13-19)와 (13-9)로부터 dh를 소거하게 되면 다음 식과 같다.

$$T\,ds = c_p\,dT - v\,dp$$

$$\frac{dT}{ds} = \frac{T}{c_p}$$

이 식은 그림 13-1에서 압력이 일정할 때의 기울기를 나타낸다. 이외에도 13.7절과 13.8절에서 이론결과들의 해석을 위해 $T-s$ 선도가 어떻게 사용되는지 설명할 것이다.

등엔트로피 과정 관이나 노즐을 통과하는 압축성 유동을 포함한 많은 종류의 문제들은 **매우 짧은 시간**에 걸쳐 국소적으로 발생한다. 대부분의 경우, 유동하는 기체의 상태변화를 **등엔트로피 과정**으로 간주할 수 있다. 등엔트로피 과정에서는 기체가 한 상태에서 다른 상태로 갑자기 변하는 동안에 주변으로의 열전달이 발생하지 않으며, 이러한 과정을 **단열과정**($dq = 0$)이라 한다. 또한, **가역과정**으로 마찰손실을 무시할 수 있으므로 $ds = 0$가 된다. 따라서 식 (13-17)과 (13-19)에서 등엔트로피 과정이 되면 다음과 같이 된다.

$$0 = du + p\,dv$$

$$0 = dh - v\,dp$$

윗식을 비열에 대해 나타내면 다음과 같은 식을 얻는다.

$$0 = c_v\,dT + p\,dv$$

$$0 = c_p\,dT - v\,dp$$

여기서 dT를 소거하고 식 (13-12)와 $k = c_p/c_v$를 사용하여 나타내면

$$\frac{dp}{p} + k\frac{dv}{v} = 0$$

k는 일정하기 때문에 임의의 두 상태점에 대해 적분하면

$$\ln\frac{p_2}{p_1} + k\ln\frac{v_2}{v_1} = 0 \qquad \left(\frac{p_2}{p_1}\right)\left(\frac{v_2}{v_1}\right)^k = 1$$

$v = 1/\rho$로 대입하고 다시 정리하면, 밀도와 압력의 관계는 다음과 같이 된다.

$$\frac{p_2}{p_1} = \left(\frac{\rho_2}{\rho_1}\right)^k \tag{13-21}$$

또한 이 식으로부터 이상기체의 법칙($p = \rho RT$)을 이용하여 압력을 절대온도에 대해서 다음과 같이 나타낼 수 있다.

$$\frac{p_2}{p_1} = \left(\frac{T_2}{T_1}\right)^{k/(k-1)} \tag{13-22}$$

이 장 전체에 걸쳐 앞서 정의한 식들을 이용해서 등엔트로피 또는 단열 압축성 유동에 관해 설명할 것이다.

요점 정리

- 대부분의 공학응용에서 기체는 이상기체로 간주될 수 있다. 이상기체는 분자크기보다 더 큰 거리로 임의의 운동을 하는 분자들로 구성된다. 그리고 이상기체의 법칙($p = \rho RT$)을 따른다.
- 평형상태의 시스템은 압력, 밀도, 온도, 내부에너지, 엔트로피, 엔탈피 등과 같은 일정한 상태량을 가진다.
- 시스템의 단위 질량에 대한 내부에너지 변화량은 가열에 의해 증가하거나, 유동일에 의한 냉각으로 인해 감소된다. 이것이 열역학 제1법칙이다($du = dq - p\,dv$).
- 엔탈피는 내부에너지와 압력 그리고 밀도 세 가지로 정의되는 기체의 상태량이다($h = u + p/\rho$).
- 정적 비열은 온도 변화에 따른 기체의 내부에너지 변화와 관련이 있다($\Delta u = c_v \Delta T$).
- 정압 비열은 온도 변화에 따른 기체의 엔탈피 변화와 관련이 있다($\Delta h = c_p \Delta T$).
- 엔트로피(ds)의 변화량으로 온도당 발생하는 열의 양을 알 수 있다($ds = dq/T$).
- 열역학 제2법칙은 **비가역과정**에서 엔트로피는 마찰로 인해 언제나 증가한다는 것을 의미한다($ds > 0$). 만약 마찰이 없거나 **가역과정**일 경우, 엔트로피의 변화는 없다($ds = 0$).
- 정적 비열 c_v는 식 (13-18)과 같이 T 및 ρ의 변화에 따른 엔트로피 변화량 Δs과 관련하여 사용될 수 있으며, 정압 비열 c_p는 식 (13-20)과 같이 T 및 p의 변화에 따른 엔트로피 변화량 Δs와 관련하여 나타낼 수 있다.
- 등엔트로피 과정에서는 주변과의 열전달과 유동마찰이 없다. 즉, 단열 유동 및 가역과정을 말한다($ds = 0$).

예제 13.1

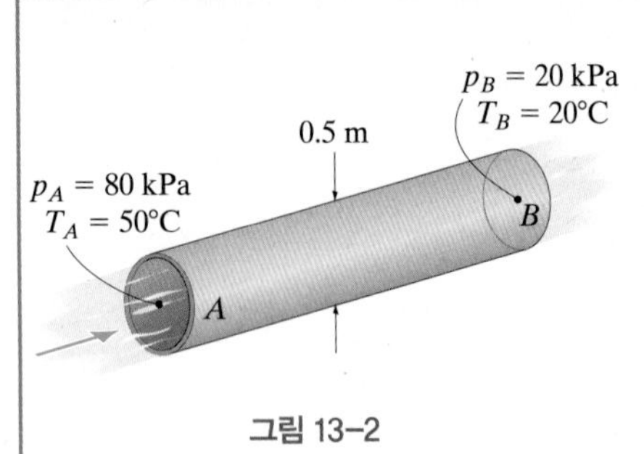

그림 13–2

그림 13-2와 같이 공기가 유량 5 kg/s로 관을 통해 흐른다. A에서의 압력 및 온도는 $p_A = 80$ kPa과 $T_A = 50°C$이고, B에서는 $p_B = 20$ kPa과 $T_B = 20°C$이다. 두 점에서 공기의 엔탈피, 내부에너지 그리고 엔트로피 변화량을 구하라.

풀이

유체 설명 A와 B 사이에 온도와 압력이 변하기 때문에 밀도 또한 변화한다. 그러므로 정상 압축성 유동이 된다. ($k = 1.4$, $R = 286.9$ J/kg·K)

엔탈피 변화 엔탈피 변화량은 식 (13-10)으로부터 구할 수 있다. 그러나 이에 앞서 식 (13-14)를 이용하여 정압비열을 반드시 구해야 한다.

$$c_p = \frac{kR}{k-1} = \frac{1.4(286.9 \text{ J/kg}\cdot\text{K})}{(1.4-1)} = 1004.15 \text{ J/kg}\cdot\text{K}$$

SI 단위에서의 열역학 계산의 온도는 반드시 켈빈(kelvin)으로 표현해야 한다. 그러므로

$$\Delta h = c_p(T_B - T_A) = 1004.15 \text{ J/kg}\cdot\text{K}[(273+20)\text{ K} - (273+50)\text{ K}]$$
$$= -30.1 \text{ kJ/kg}$$ 답

여기서 음(−)의 부호는 엔탈피의 감소를 의미한다.

내부에너지 변화 식 (13-13)을 적용하여 정적 비열을 먼저 구한다.

$$c_v = \frac{R}{k-1} = \frac{286.9 \text{ J/kg}\cdot\text{K}}{(1.4-1)} = 717.25 \text{ J/kg}\cdot\text{K}$$

$$\Delta u = c_v(T_B - T_A) = (717.25 \text{ J/kg}\cdot\text{K})[(273+20)\text{ K} - (273+50)\text{ K}]$$
$$= -21.5 \text{ kJ/kg}$$ 답

여기서, 고온에서 저온으로 기체의 이동은 기체의 내부에너지를 감소시킨다.

엔트로피 변화 점 A와 B에서의 압력과 온도를 모두 알기 때문에 식 (13-20)을 사용하여 Δs를 찾을 수 있다. p와 T는 절대값이 된다는 것을 항상 기억하라.

$$s_B - s_A = c_p \ln\frac{T_B}{T_A} - R\ln\frac{p_B}{p_A}$$

$$\Delta s = (1004.15 \text{ J/kg}\cdot\text{K})\ln\frac{(273+20)\text{ K}}{(273+50)\text{ K}} - (286.9 \text{ J/kg}\cdot\text{K})\ln\frac{(101.3+20)\text{ kPa}}{(101.3+80)\text{ kPa}}$$
$$= 17.4 \text{ J/kg}\cdot\text{K}$$ 답

예상대로, $\Delta s > 0$이다.

주의 : 점 A에서의 속도는 질량유량으로부터 구할 수 있다, $\dot{m} = \rho_A V_A A_A$. 여기서 공기의 밀도 ρ_A는 $p_A = \rho_A R T_A$로부터 구할 수 있다. 그 결과로 $\rho_A = 1.956$ kg/m³, $V_A = 13.0$ m/s이다.

예제 13.2

그림 13-3과 같이 이동이 가능한 뚜껑을 가진 밀폐 용기에 계기압력 100 kPa과 온도가 20°C인 헬륨 4 kg이 들어 있다. 힘 **F**를 가해 기체의 압력이 250 kPa이 될 때까지 등엔트로피적으로 압축했을 때, 기체의 온도와 밀도를 구하라.

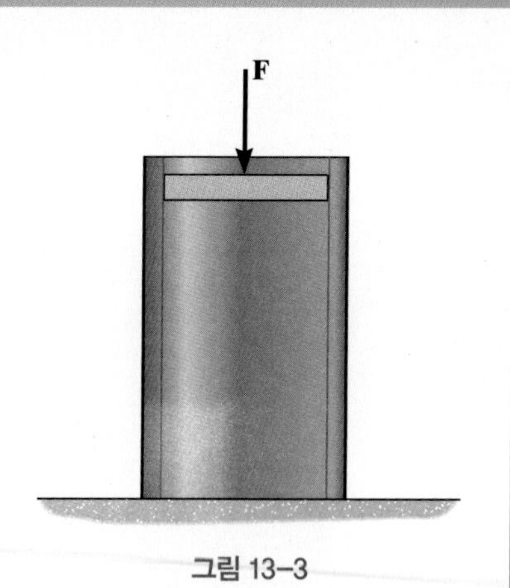

그림 13-3

풀이

유체 설명 등엔트로피 과정이기 때문에 열전달 및 마찰손실이 발생하지 않는다.

온도 가압 전후의 압력을 알기 때문에 식 (13-22)를 사용하여 온도를 구할 수 있다. 그리고 부록 A로부터 헬륨의 $k = 1.66$을 얻을 수 있다.

$$\frac{p_2}{p_1} = \left(\frac{T_2}{T_1}\right)^{k/(k-1)}$$

$$\frac{(101.3 + 250)\text{ kPa}}{(101.3 + 100)\text{ kPa}} = \left(\frac{T_2}{(273 + 20)\text{ K}}\right)^{\frac{1.66}{(1.66-1)}}$$

$$T_2 = 365.6\text{ K} = 366\text{ K}$$ 답

밀도 헬륨의 초기 밀도는 이상기체의 법칙으로부터 구할 수 있고, $R = 2077\text{ J/kg}\cdot\text{K}$이므로

$$p_1 = \rho_1 R T_1$$

$$(101.3 + 100)(10^3)\text{ Pa} = \rho_1(2077\text{ J/kg}\cdot\text{K})(273 + 20)\text{ K}$$

$$\rho_1 = 0.3308\text{ kg/m}^3$$

가압 후의 밀도를 구하기 위해 식 (13-21)을 적용하면

$$\frac{p_2}{p_1} = \left(\frac{\rho_2}{\rho_1}\right)^k$$

$$\frac{(101.3 + 250)\text{ kPa}}{(101.3 + 100)\text{ kPa}} = \left(\frac{\rho_2}{(0.3307\text{ kg/m}^3)}\right)^{1.66}$$

$$\rho_2 = 0.463\text{ kg/m}^3$$ 답

다른 방법으로는 이상기체의 법칙을 사용하여 구할 수 있다.

$$p = \rho RT; \qquad (101.3 + 250)\text{ kPa} = \rho_2(2077\text{ J/kg}\cdot\text{K})(365.6\text{ K})$$

$$\rho_2 = 0.463\text{ kg/m}^3$$ 답

이 결과는 40%의 밀도 변화를 나타낸다.

13.2 압축성 유체에서의 파동 전파

유체를 **비압축성**이라 가정한다면, 어떤 압력 교란이든 유체 내의 모든 지점에서 즉시 알 수 있을 것이다. 그러나 모든 유체는 **압축성**이라서 압력 교란은 유체 내부를 통해 **한정된 속도**로 전파하게 될 것이다. 이러한 **속도** c를 **음속**이라 한다.

그림 13-4a에서와 같이 유체가 담긴 열린 관을 고려하여 음속을 정의할 수 있다. 우측 방향으로 피스톤을 속도 ΔV로 약간의 거리를 이동하는 경우, 피스톤 바로 옆의 압력이 Δp만큼 갑자기 상승하게 된다. 이 지점의 분자 충돌이 우측에 인접한 유체분자들로 전파되고, 발생하는 운동량 교환은 피스톤으로부터 멀어지고 음속(c)으로 관을 따라 이동하는 매우 얇은 파의 형태로 관 하류를 향해 차례대로 전달될 것이다($c \gg \Delta V$). 그림 13-4b에서 이 파의 미소 검사체적에 대해 살펴보면, 관의 하류로 파가 전파됨에 따라 파 뒤에서는 피스톤 운동이 유체의 밀도, 압력, 속도를 각각 $\Delta\rho$, Δp, ΔV만큼 증가시킨다. 파 앞의 유체는 아직 파의 영향을 받지 않았으므로 밀도, 압력, 속도가 0이다.

정지된 상태로 파를 관찰하게 되는 경우, 원래 정지되어 있던 유체가 파의 전파에 의해 시간에 따라 변화하기 때문에 관찰자를 지나는 유동은 비정상유동으로 나타날 것이다. 대신에 여기서는 그림 13-4c와 같이 관찰자를 파에 고정하고 음속 c로 똑같이 움직이는 것으로 간주할 것이다. 이 관점으로부터 **정상유동**을 얻을 수 있고, 그 결과 속도 c로 들어오고, $c - \Delta V$로 나가는 유동이 나타나게 된다.

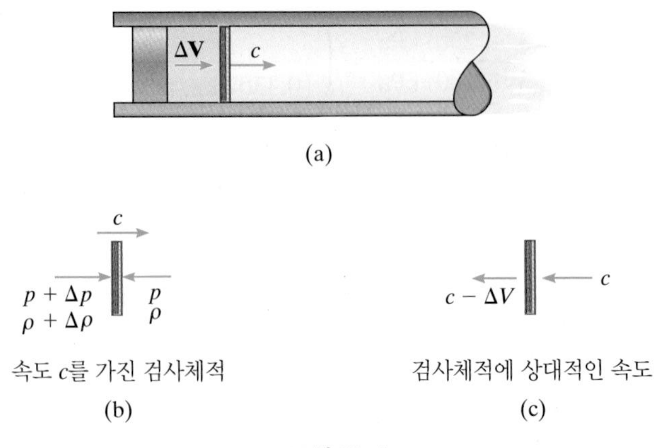

그림 13-4

연속방정식 검사체적의 각 면의 단면적 A는 같기 때문에, 파의 1차원 정상유동에 대한 연속방정식은

$$\frac{\partial}{\partial t}\int_{cv} \rho\, d\forall + \int_{cs} \rho \mathbf{V}_{f/cs} \cdot d\mathbf{A} = 0$$

$$0 - \rho c A + (\rho + \Delta\rho)(c - \Delta V)A = 0$$

$$-\rho c A + \rho c A - \rho A \Delta V + c\Delta\rho A - \Delta\rho \Delta V A = 0$$

$\Delta\rho$와 ΔV는 0에 가까우므로, 마지막 항은 0이 되어 소거된다. 따라서, 이 식을 간소화하면 다음과 같다.

$$c\, d\rho = \rho\, dV$$

선형 운동량방정식 그림 13-4d의 자유물체도와 같이 열린 검사표면을 움직이는 힘은 압력에 의해서만 발생된다. 정상유동인 검사체적에 운동량방정식을 적용하고

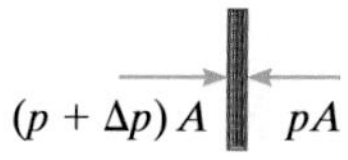

$(p + \Delta p)\, A$ | pA

(d)

그림 13–4(계속)

$$\overset{+}{\rightarrow} \Sigma \mathbf{F} = \frac{\partial}{\partial t}\int_{cv} \mathbf{V}_{f/cv}\, \rho\, d\forall + \int_{cs} \mathbf{V}_{f/cs}\, \rho \mathbf{V}_{f/cs} \cdot d\mathbf{A}$$

$$(p + \Delta p)A - pA = 0 + \left[-c\rho(-cA) - (c - \Delta V)(\rho + \Delta\rho)(c - \Delta V)A\right]$$

미소변화의 극한을 취해 2차항과 3차항을 무시하면,

$$dp = 2\rho c\, dV - c^2\, d\rho$$

연속방정식을 사용하여 c에 대해 풀면 다음과 같이 얻어진다.

$$c = \sqrt{\frac{dp}{d\rho}} \qquad (13\text{-}23)$$

파는 매우 얇으며, 유체를 지나가는 매우 짧은 시간 동안 검사체적의 내외부로 전달되는 **열은 없다**는 것에 주의하여 절대온도에 대하여 음속 c를 표현할 수 있다. 즉, **단열과정**이라 할 수 있다. 또한 '얇은' 파 안의 마찰손실은 무시할 수 있고, 압력과 밀도 변화는 **가역과정**과 관련된다. 결과적으로 음파 또는 압력 교란은 **등엔트로피 과정**을 형성한다. 그러므로 식 (13-21)을 사용하여 밀도와 압력을

연관지어 다음과 같은 형태로 나타낼 수 있다.

$$p = C\rho^k$$

역기서 C는 상수이며, 미분하여 나타내면 p와 ρ의 관계는

$$\frac{dp}{d\rho} = Ck\rho^{k-1} = Ck\left(\frac{\rho^k}{\rho}\right) = Ck\left(\frac{p/C}{\rho}\right) = k\left(\frac{p}{\rho}\right)$$

이상기체의 법칙($p/\rho = RT$)과 식 (13-23)을 결합하여 다음 식을 얻을 수 있다.

$$\boxed{c = \sqrt{kRT}} \tag{13-24}$$

음속

따라서 기체의 음속은 기체의 절대온도에 크게 의존한다. 예로 공기 15°C(288K)에서 음속 c는 340 m/s로 실험에서 얻어진 값과 상당히 일치한다.

또한 체적탄성계수와 유체의 밀도에 대하여 음속을 나타낼 수 있다. 체적탄성계수를 식 (1-12)에 의해 나타내면

$$E_{V\!\!\!\!-} = -\frac{dp}{dV\!\!\!\!-/V\!\!\!\!-}$$

질량은 $m = \rho V\!\!\!\!-$, 질량 변화량은 $dm = d\rho\, V\!\!\!\!- + \rho\, dV\!\!\!\!-$이다. 질량은 상수이므로 $dm = 0$이 되고, $-dV\!\!\!\!-/V\!\!\!\!- = d\rho/\rho$가 된다. 그러므로

$$E_{V\!\!\!\!-} = \frac{dp}{d\rho/\rho}$$

식 (13-23)으로부터 다음과 같은 식이 주어진다.

$$c = \sqrt{\frac{E_{V\!\!\!\!-}}{\rho}} \tag{13-25}$$

이 결과는 음속이 매질의 탄성 또는 압축성($E_{V\!\!\!\!-}$) 그리고 초기 상태량(ρ)에 의존한다는 것을 보여준다. 비압축성 유체에서는 더 빠른 압력파가 전파되고, 더 큰 밀도의 유체에서는 느린 파가 전파될 것이다. 예를 들어 물의 밀도는 공기의 밀도에 약 천 배이지만, 물의 체적탄성계수가 공기에 비해 매우 크기 때문에 물에서의 음속이 공기의 음속보다 네 배 가량 빠르게 전파된다(20°C에서 $c_a = 343$ m/s, $c_w = 1482$ m/s).

13.3 압축성 유동의 형태

압축성 유동을 분류하기 위해, 제8장에서 정의된 마하수 M(유체에 작용하는 압축력 대 관성력의 비의 제곱으로 나타낼 수 있는 무차원수)을 사용할 것이다. 그 장에서 음속은 유체 내의 압력파에 의해 생성되는 음속 c와 유체의 속도 V의 비로 나타낼 수 있다는 것을 알았다. 그러므로 식 (13-24)를 사용하여 마하수를 나타내면

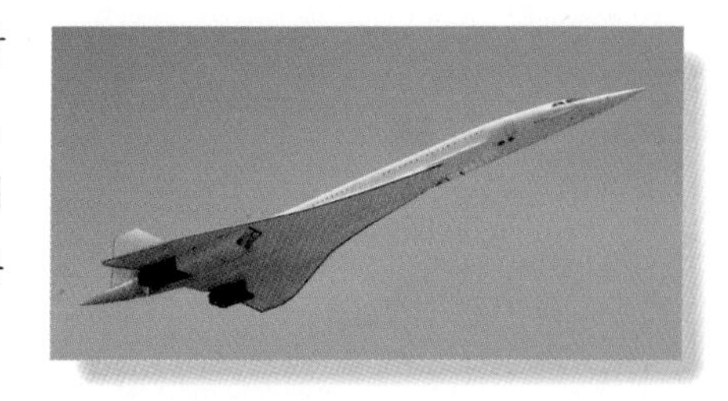

콩코드기는 M = 2.3의 속도로 비행할 수 있는 상업용 초음속 항공기였다.

$$\mathrm{M} = \frac{V}{c} = \frac{V}{\sqrt{kRT}} \tag{13-26}$$

또는 마하수를 알고있다면 다음과 같이 된다.

$$\boxed{V = \mathrm{M}\sqrt{kRT}} \tag{13-27}$$

그림 13-5a에서와 같이 속도 V로 유체를 통과하는 익형과 같은 물체를 고려해 보자. 운동하는 동안 그림 13-4의 피스톤과 같이 물체의 앞 면은 앞의 공기를 압축시키고, 표면으로부터 음속으로 나가는 압력파의 발생을 야기한다. 이 효과는 V에 크게 의존한다.

아음속유동, $\mathrm{M} < 1$ 물체가 아음속 V로 계속 이동하는 동안 물체가 생성한 압력파들은 항상 $c - V$의 상대속도로 물체의 앞으로 이동하게 될 것이다. 어떤 의미에서는 이러한 압력 교란들이 앞으로 전파되면서 물체가 도달하기 전에 유체의 상태량을 미리 조정하는 것이 가능하게 하므로, 전진하는 물체 앞에 있는 유체에 신호를 보내는 것과 같은 의미로 여겨진다. 결과적으로 그림 13-5a에 나타낸 것과 같이 물체 표면 주변 및 전체에 걸쳐 부드러운 유동이 발생되어 유체 분자들이 물체에서 떨어져 이동하게 된다. 일반적으로 물체의 운동에 의해 발생되는 압력 변화는 $\mathrm{M} > 0.3$이나 $V > 0.3c$일 때 현저하게 발생하기 시작한다. 속도 $V = 0.3c$에서 공기의 압축률은 1% 정도의 압력 변화를 일으킨다. 그리고 이전 장에서 가정한 바와 같이, c의 30% 또는 0.3 이하의 속도는 비압축성 유동으로 해석될 수 있으며, 이는 대부분의 공학 분야에서 충분한 정확성을 가진다. $0.3c < V < c$ 범위 안의 유동을 아음속 압축성 유동이라 한다.

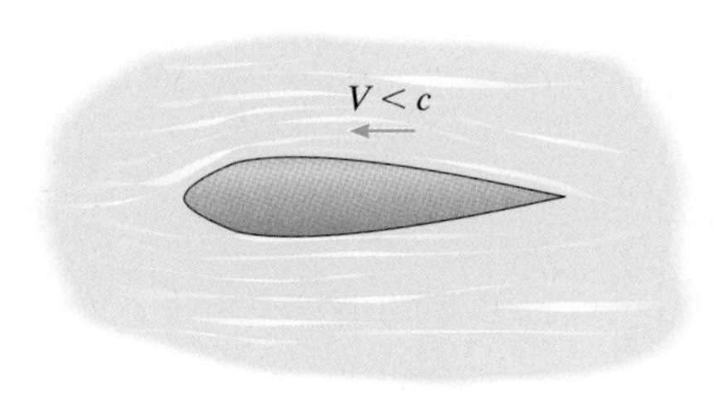

아음속 유동

(a)

그림 13–5

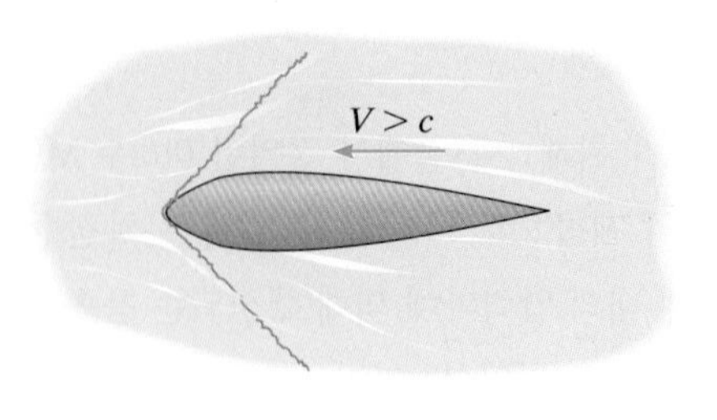

초음속 유동
(b)

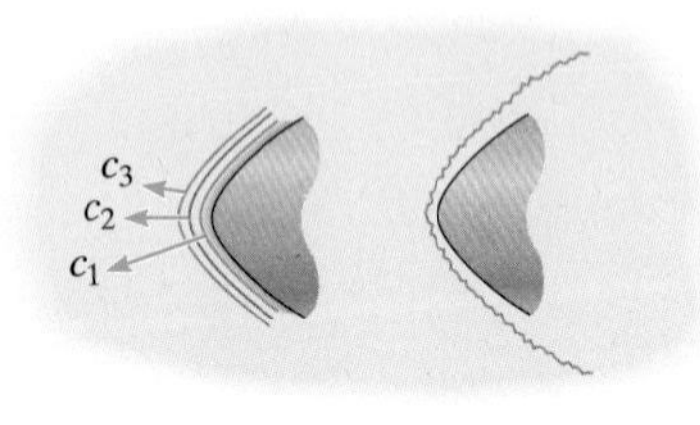

$c_1 > c_2 > c_3$의 관계에 의해
파가 합쳐지고 충격파를 형성한다.
(c)

그림 13-5(계속)

음속 및 초음속 유동, M ≥ 1 물체가 압력파보다 빠르거나 같은 속도 V로 이동하는 경우, 물체 앞의 유체는 전진하는 물체를 탐지하지 못한다. 유체가 비켜가는 대신 압력파들이 모이게 되고 그림 13-5b와 같이 물체 앞에서 매우 얇은 충격파의 형태로 형성된다.

이 현상을 이해하기 위해, 그림 13-5c*에 나타낸 유체와 물체의 표면 간의 상호작용에 대한 확대부를 고려해보자. 유체가 표면에 충돌함으로써 분자 충돌이 생기고 유체 안에서는 온도 구배(표면에서 가장 높은 온도가 발생)가 발생된다. 음속은 온도의 함수이므로($c = \sqrt{kRT}$), 표면 가까이에서 형성된 압력파나 교란은 c_1에서 표면으로부터 멀어지면서 가장 높은 음속을 가지게 될 것이다. 그 결과, $c_1 > c_2$이기 때문에 앞의 파를 따라잡게 된다. 물체의 표면에서 벗어난 모든 음파들은 모이게 될 것이고, 국부적으로 증가된 압력 구배를 만들어내게 된다. 각각의 연속적인 압력파 및 교란은 13.2절에서 언급된 바와 같이 등엔트로피 과정으로 간주되지만, 이러한 파들의 집합은 점성마찰 및 열전도 효과가 안정적으로 발생되기 시작해 매우 큰 압력을 얻을 수 있는 상태점까지 도달하게 된다. 이러한 과정은 등엔트로피 과정이 아니며, 표준 대기에서 그 두께가 분자 평균 자유 경로의 몇 배로 약 0.03 μm 정도로 정의된다. 이러한 파들의 집합을 **충격파**(shock wave)라 부르며, 충격파가 유체를 지나가면서 국소적인 압력, 밀도 그리고 온도의 변화를 발생시킨다. 물체나 충격파가 마하수 1로 이동하는 경우($M = 1$)를 **음속 유동**(sonic flow)이라 하며, 마하수가 1보다 클 경우($M > 1$)를 **초음속 유동**(supersonic)이라 부른다. 미사일이나 우주 왕복선 등과 같이 마하수가 5 이상 되는 **극초음속 유동**(hypersonic)에 대해서는 추후에 구분하기로 한다.

마하콘 충격파의 발생은 움직이는 물체의 표면이나 그 근처에서 발생하는 매

---

* 자세한 사항은 참고문헌[5]에 설명되어 있다.

우 국부적인 현상임을 인식하는 것이 중요하다. 어느 한 지점에서 다른 지점으로 물체가 이동함으로써 형성되는 각 충격파는 음속으로 물체로부터 떨어져 이동하게 될 것이다. 이를 설명하기 위해 그림 13-6에서와 같이 초음속 V로 수평 비행하고 있는 제트기를 생각해보자. 각 지점에서 제트기는 음속(c)으로 대기를 통과하는 구면의 충격파를 생성할 것이다. 그림과 같이 $t = 0$일 때 만들어진 충격파는 비행기가 Vt'까지 이동할 때($t = t'$), ct'까지 이동하게 된다. t가 $t'/3$과 $2t'/3$일 때 생성된 충격파의 일부 또한 그림에서 볼 수 있다. 시간 t 동안 생성된 모든 파들을 합치면 원뿔형의 경계층이 되며, 이것을 **마하콘**이라 한다. 충격파에 의해 발생되는 소음은 마하콘 안에 있는 누군가에게 들리게 될 것이고, 그 밖에서는 제트기에 의해 발생되는 소리를 들을 수 없게 된다. 파들의 에너지는 구면형태 파들의 상호작용으로 인해 대부분 마하콘의 면에 집중된다. 그리고 그 면을 지날 때, 파에 의해 큰 압력 변화가 생성되고, 이로 인해 '크랙' 또는 소닉 붐과 같은 상당히 시끄러운 소음이 발생된다.

그림 13-6에서 마하콘의 경사각 α는 제트기의 속도에 크게 의존하고, 마하콘 안에 빨간색 음영으로 칠해진 삼각형으로 정의할 수 있다.

$$\sin \alpha = \frac{c}{V} = \frac{1}{\mathrm{M}} \qquad (13\text{-}28)$$

속도 V가 증가되면, $\sin \alpha$, 따라서 경사각 α는 작아지게 된다.

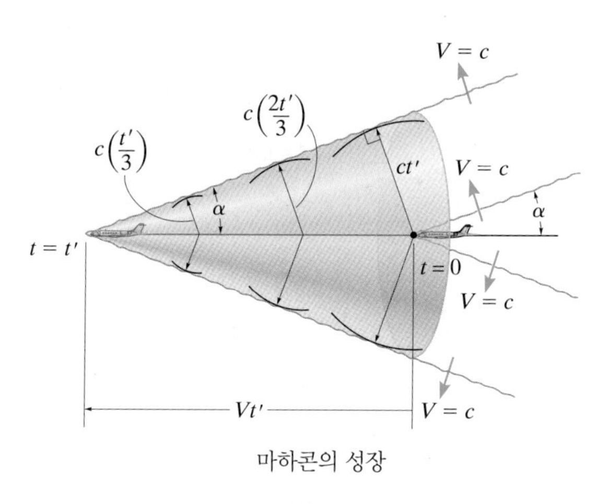

마하콘의 성장

그림 13-6

요점 정리

- 매질을 통해 이동하는 압력파의 속도를 음속 c라 한다. 왜냐하면 압력 변화의 결과로 소리가 발생하기 때문이다. 모든 압력파들은 등엔트로피 과정으로 진행되며, 특정한 기체의 음속은 $c = \sqrt{kRT}$로 정의된다.
- 압축성 유동은 마하수를 사용하여 구분된다($M = V/c$). 아음속 유동($M < 1$)의 압력파는 항상 물체 앞에서 이동하며, 물체가 전진할 때 물체에 대하여 유체의 상태량을 조절하기 위해 물체 앞의 유체에 신호를 보낸다. $M \le 0.3$인 경우, 일반적으로 비압축성 유체로 간주된다.
- 음속($M = 1$)이나 초음속($M > 1$)의 경우, 압력파들은 물체의 앞에서 이동할 수 없다. 따라서 물체의 앞에서 겹쳐져 물체의 표면이나 그 근처에서 충격파가 발생된다. 충격파의 발생으로 마하콘이 생성되고, 물체로부터 $M = 1$로 이동하게 되는 면이 만들어진다.

예제 13.3

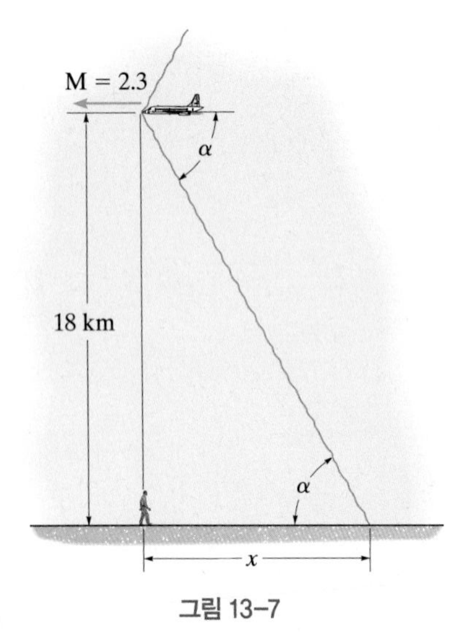

그림 13–7

그림 13-7과 같이 제트기가 $M = 2.3$으로 고도 18 km 상공을 비행하고 있다. 누군가의 머리 위로 제트기가 지나간 후 땅 위의 그 누군가가 비행기의 소리를 듣게 되는 시간을 구하라. $c = 295$ m/s이다.

풀이

유체 설명 비행기가 초음속으로 비행하고 있기 때문에, 비행기 앞의 공기를 압축하게 된다. 음속(또는 마하수)이 공기의 온도(해발 고도에 따라 달라짐)에 크게 의존하지만, 여기서는 간단하게 하기 위해 c가 일정하다고 가정한다.

해석 제트기 위에 형성된 마하콘의 경사각은

$$\sin\alpha = \frac{c}{V} = \frac{1\text{ M}}{2.3\text{ M}} = 0.4340 \qquad \alpha = 25.77^\circ$$

그림 13-7과 같이 땅에서도 같은 각 α가 형성되므로

$$\tan 25.77^\circ = \frac{18\text{ km}}{x}$$
$$x = 37.28\text{ km}$$

따라서

$$x = Vt; \qquad 37.28(10^3)\text{ m} = 2.3(295\text{ m/s})t$$
$$t = 54.9\text{ s}$$ 답

이 결과는 상당한 지연시간을 보여주며, 소리를 듣고 제트기의 위치를 찾는 것은 어렵다.

13.4 정체 상태량

노즐 및 단면의 변화 그리고 벤투리를 통한 고속기체유동은 보통 **등엔트로피 과정**으로 근사할 수 있게 된다. 유동이 짧은 거리에 걸쳐 있으며, 그 결과 온도변화는 미세하게 된다. 따라서, 열전달이 발생하지 않고 마찰 효과는 무시할 수 있다는 가정은 타당하다.

유동 중 기체의 상태는 온도, 압력 그리고 밀도로 설명될 수 있다. 이 절에서는 주어진 한 점의 상태값으로부터 임의점의 상태값들을 어떻게 얻을 수 있는지 보여줄 것이다. 압축성 유동에 관련된 문제에서는 기준점으로 유동의 **정체점**을 선택할 것이다. 13.13절에서 제시할 내용과 같이 이 기준점으로 편리하게 실험적 측정이 되기 때문이다.

정체온도 **정체온도**(stagnation temperature) T_0는 기체의 속도가 0이 되었을 때의 온도를 나타낸다. 예를 들어 저장고 안의 정지된 기체의 온도는 정체온도이다. 열이 빠져나가지 않는 등엔트로피 유동이나 단열유동에서 T_0는 **전온도**(total temperature)로 불린다. 정지된 후의 유동에서의 모든 점에서 전온도는 동일하다. 그러나 유동과 함께 움직이는 관찰자에 의해 측정된 **정온도**(static temperature) T는 다르다.

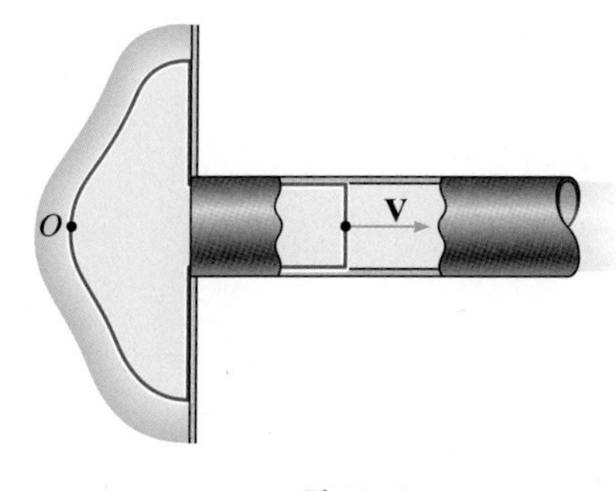

그림 13-8

그림 13-8과 같이 고정 검사체적이 고려된 기체의 정체온도는 정온도와 연관된다. 저장고 안의 점 O는 정체온도 T_0이고, 속도 V_0는 0이다. 그리고 파이프 안의 온도는 정온도 T이고 속도는 V이다. 식 (5-15)의 에너지방정식을 적용하면, 기체의 내부에너지는 무시하고, 단열유동으로 가정할 수 있으므로

$$\dot{Q}_{\text{in}} - \dot{W}_{\text{turb}} + \dot{W}_{\text{pump}} = \left[\left(h_{\text{out}} + \frac{V_{\text{out}}^2}{2} + gz_{\text{out}}\right) - \left(h_{\text{in}} + \frac{V_{\text{in}}^2}{2} + gz_{\text{in}}\right)\right]\dot{m}$$

$$0 - 0 + 0 = \left[\left(h + \frac{V^2}{2} + 0\right) - (h_0 + 0 + 0)\right]\dot{m}$$

$$h_0 = h + \frac{V^2}{2} \qquad (13\text{-}29)$$

이 결과는 식 (13-10)을 이용하여 온도에 관하여 나타낼 수 있게 된다[$\Delta h = c_p\Delta T$ 또는 $h_0 - h = c_p(T_0 - T)$]. 그러므로 다음과 같이 얻어진다.

$$c_pT_0 = c_pT + \frac{V^2}{2}$$

또는

$$T_0 = T\left(1 + \frac{V^2}{2c_pT}\right) \qquad (13\text{-}30)$$

식 (13-14)인 $c_p = kR/(k-1)$와 식 (13-24)인 $c = \sqrt{kRT}$를 이용하여 c_p를 소거

하고 마하수에 관하여 나타내면 다음과 같다.

$$T_0 = T\left(1 + \frac{k-1}{2}\mathrm{M}^2\right) \tag{13-31}$$

요약하면 한 점에서의 정온도 T는 유동에 관련되어 측정되는 값인 반면에, 전온도 T_0는 단열유동을 통해 한 지점에서 유동이 정지된 후의 온도를 나타낸다. 마하수가 0일 때, 식 (13-31)은 기체의 정온도 T와 전온도 T_0가 같아지게 된다는 것을 보여준다.

정체압력 한 점에서 기체의 압력 p는 유동에 관련되어 측정되기 때문에 정압력이라 불린다. 정체압력 또는 전압력 p_0는 등엔트로피적으로 유동이 정지된 점에서의 기체압력이다. 그렇지 않으면 열전달과 마찰효과에 의해 전압력이 변화될 것이기 때문에 이 과정은 반드시 등엔트로피 과정이 된다. 이상기체에서 등엔트로피 과정(단열 및 가역과정) 동안 온도와 압력은 식 (13-22)와 연관된다.

$$p_0 = p\left(\frac{T_0}{T}\right)^{k/(k-1)}$$

식 (13-31)을 대입하면 다음과 같은 식을 얻게 된다.

$$p_0 = p\left(1 + \frac{k-1}{2}\mathrm{M}^2\right)^{k/(k-1)} \tag{13-32}$$

정압 p가 변한다 하더라도 정체압 p_0는 공급된 유동이 등엔트로피 과정의 유선을 따르는 모든 점에서 동일하다.

공기 및 산소 그리고 질소의 비열비 $k = 1.4$일 때, 온도비(T/T_0)와 압력비(p/p_0)는 다양한 마하수에 대해 상기의 두 식으로부터 계산할 수 있게 되며, 부록 B의 표 B-1*에서 편리하게 찾을 수 있다. 부록의 표를 통해 보면 온도비(T/T_0)와 압력비(p/p_0)가 항상 1보다 작다는 것을 확인할 수 있다. 그 결과로부터 정온도 T와 정압 p는 그에 상응하는 정체온도 T_0와 p_0에 비해 항상 작다는 것을 알 수 있다.

정체밀도 식 (13-32)를 식 (13-21)과 $p = C\rho^k$에 대입하면, 기체의 정체밀도 ρ_0와 정밀도 ρ 간의 관계식을 얻을 수 있다.

$$\rho_0 = \rho\left(1 + \frac{k-1}{2}\mathrm{M}^2\right)^{1/(k-1)} \tag{13-33}$$

예상한 바와 같이 ρ_0는 T_0 및 p_0처럼 등엔트로피 유동에서 어떤 유선을 따르는 모든 점에서 값들이 동일하게 된다.

---

* 압축성 유동과 관련된 많은 식들은 프로그램이 가능한 전자계산기를 이용해 해결될 수 있고, 그 계산된 값들은 웹사이트를 통해서도 확인할 수 있다.

요점 정리

- 단열유동에서 유선 위 각 점의 정체온도 T_0는 같다. 그리고 등엔트로피 유동(마찰손실이 없고 단열유동)에서는 정체압 p_0와 정체밀도 ρ_0는 똑같이 유지된다. 대부분의 경우, 이러한 특성은 기체가 정체되거나 정지되는 저장고에서 측정된다.
- 정온도 T와 정압 p 그리고 밀도 ρ는 기체가 이동할 때 측정된다.
- 단열과정이라는 가정하에 에너지방정식을 이용하여 T와 T_0의 관계식을 정의할 수 있다. 노즐을 통한 기체의 유동은 기본적으로 등엔트로피 유동이기 때문에 p와 ρ는 p_0과 ρ_0에 연관된다. 각각의 경우에 대해 상응하는 값들은 마하수와 기체의 비열비 k에 크게 의존한다.

예제 13.4

100°C의 공기가 그림 13-9와 같이 큰 탱크 내에 압력을 받고 있다. 노즐을 열었을 때, M = 0.6으로 공기가 분출된다. 노즐 출구에서의 온도를 구하라.

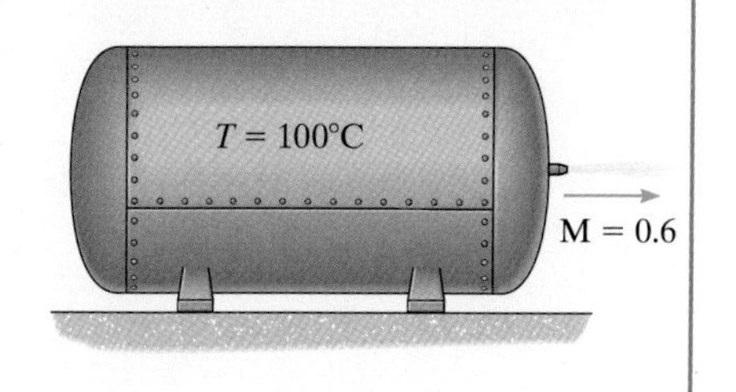

그림 13-9

풀이

유체 설명 마하수 M = 0.6 < 1이므로 아음속 압축성 유동과 관련된 문제이며 정상유동으로 가정한다.

해석 탱크 안의 공기는 정지되어 있기 때문에 정체온도 $T_0 = (273 + 100)$ K = 373 K이다. 노즐을 통한 유동을 단열유동이라 가정하면, 열손실이 발생하지 않아 유동 전체의 정체온도는 동일하게 된다. 식 (13-31)을 적용하면

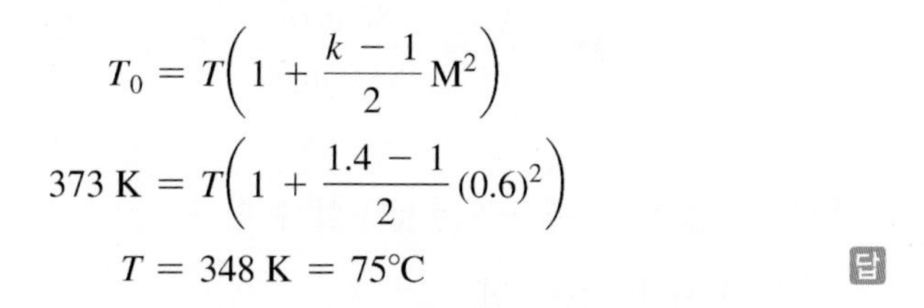

$$T_0 = T\left(1 + \frac{k-1}{2}\mathrm{M}^2\right)$$

$$373\text{ K} = T\left(1 + \frac{1.4-1}{2}(0.6)^2\right)$$

$$T = 348\text{ K} = 75°\text{C} \qquad \text{답}$$

또한 온도비(T/T_0)가 나열된 표 B-1을 이용하여 M = 0.6일 때의 온도 T를 구할 수 있다.

$$T = 373\text{ K}(0.9328) = 348\text{ K} \qquad \text{답}$$

유동에 대해 측정된 낮은 압력은 공기가 탱크에서 분출되며 발생하는 압력 저하의 결과이다.

예제 13.5

질소가 그림 13-10과 같이 계기압력 $p = 200\text{ kPa}$, 온도 80°C 그리고 속도 150 m/s로 파이프를 통해 등엔트로피 유동을 한다.

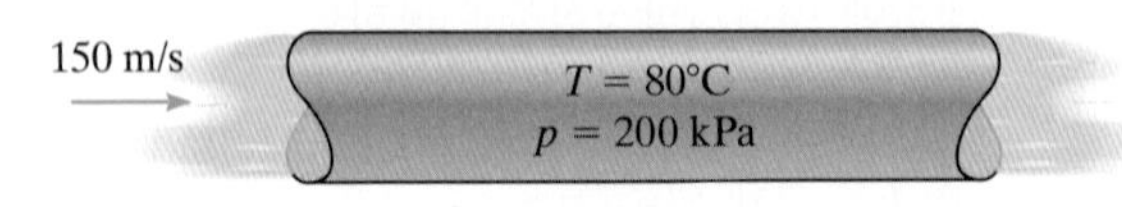

그림 13-10

풀이

유체 설명 마하수를 먼저 정의한다. 질소온도 $T = (273 + 80)\text{ K} = 353\text{ K}$의 음속은

$$c = \sqrt{kRT} = \sqrt{1.40(296.8\text{ J/kg}\cdot\text{K})(353\text{ K})} = 383.0\text{ m/s}$$

그러므로

$$\text{M} = \frac{V}{c} = \frac{150\text{ m/s}}{383.0\text{ m/s}} = 0.3917 < 1$$

정상 아음속 압축성 유동이라는 것을 알 수 있다.

해석 식 (13-31)을 적용하면

$$T_0 = T\left(1 + \frac{k-1}{2}\text{M}^2\right) = 353\text{ K}\left(1 + \frac{1.4-1}{2}(0.3917)^2\right)$$

$$T_0 = 363.8\text{ K} = 364\text{ K}$$ 답

정체압력 정압은 $p = 200\text{ kPa}$이다. 식 (13-32)를 적용하고 결과를 절대 정체 압력으로 풀이해서 나타내면

$$p_0 = p\left(1 + \frac{k-1}{2}\text{M}^2\right)^{k/(k-1)}$$

$$p_0 = (101.3 + 200)\text{ kPa}\left(1 + \frac{1.4-1}{2}(0.3917)^2\right)^{\frac{1.4}{1.4-1}}$$

$$p_0 = 334.9\text{ kPa} = 335\text{ kPa}$$ 답

질소의 비열비 $k = 1.4$이기 때문에 T_0와 p_0의 값을 표 B-1을 이용함으로써 구할 수 있게 된다. 이 장에서는 수치적 정확도를 향상시키기 위해 부록 B의 표들의 값을 사용할 때 선형 보간법을 사용할 것이다. 예를 들어, 부록 B-1에서 온도비가 다음과 같이 정의된다면; $\text{M} = 0.39$, $T/T_0 = 0.9705$와 $\text{M} = 0.40$, $T/T_0 = 0.9690$, $\text{M} = 0.3917$의 온도비는 다음과 같이 구한다.

$$\frac{0.4 - 0.39}{0.4 - 0.3917} = \frac{0.9690 - 0.9705}{0.9690 - T/T_0}$$

$$0.009690 - 0.01T/T_0 = 0.00001251$$

$$T/T_0 = 0.97025$$

따라서

$$T_0 = \frac{353\text{ K}}{0.97025} = 364\text{ K}$$

여기서는 등엔트로피 유동이기 때문에 엔트로피는 변하지 않는다. 이것은 식 (13-20)을 적용하여 증명할 수 있다.

$$s - s_0 = c_p \ln\frac{T}{T_0} - R\ln\frac{p}{p_0}$$

$$\Delta s = \left(\frac{1.4(296.8\text{ J/kg}\cdot\text{K})}{1.4-1}\right)\ln\left(\frac{353\text{ K}}{363.8\text{ K}}\right) - (296.8\text{ J/kg}\cdot\text{K})\ln\left(\frac{301.3\text{ kPa}}{334.9\text{ kPa}}\right)$$

$$\Delta s = 0$$

예제 13.6

그림 13-11에서 파이프 입구 안의 절대압력은 98 kPa이다. 밸브를 열었을 때 파이프 안으로 들어오는 질량유량을 구하라. 주변의 공기는 온도 20°C와 대기압(101.3 kPa)으로 정지되어 있다. 그리고 파이프의 직경은 50 mm이다.

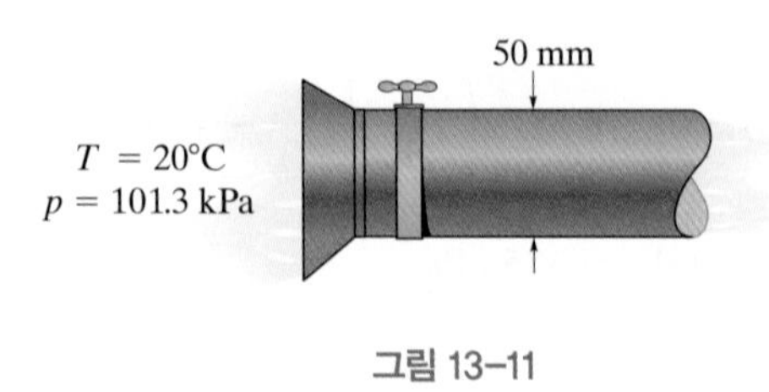

그림 13-11

풀이

유체 설명 입구를 통한 정상 등엔트로피 유동이라 가정한다. 압력이 주어졌기 때문에 식 (13-32)를 사용하여 마하수를 구할 수 있다. 주변의 공기는 정지상태이므로 정체압력 $p_0 = 101.3$ kPa이고, 파이프 안의 정압은 $p = 98$ kPa이다. 공기의 비열비 $k = 1.4$이므로

$$p_0 = p\left(1 + \frac{k-1}{2}\mathrm{M}^2\right)^{k/(k-1)}$$

$$101.3\text{ kPa} = 98\text{ kPa}\left(1 + \frac{1.4-1}{2}\mathrm{M}^2\right)^{\frac{1.4}{1.4-1}}$$

$$\mathrm{M} = 0.218 < 1 \quad \text{아음속 유동}$$

압축성 유동으로 구분지었던($\mathrm{M} > 0.3$) 마하수보다는 낮은 값이지만, 속도에 상관없이 실제로 모든 유동은 압축성 유동이다. 또한, 이 값은 표 B-1과 보간법에 의해 얻을 수 있다($p/p_0 = 98\text{ kPa}/101.3\text{ kPa} = 0.0967$).

해석 질량유량은 $\dot{m} = \rho AV$로 정의된다. 따라서 반드시 기체의 밀도와 속도를 구해야 된다.

온도 $T = 20°\text{C}$에서 기체의 정체밀도는 부록 A로부터 찾을 수 있다($\rho_0 = 1.202\text{ kg/m}^3$). 식 (13-33)을 사용하여 파이프에서 기체의 밀도를 구하면

$$\rho_0 = \rho\left(1 + \frac{k-1}{2}\mathrm{M}^2\right)^{1/(k-1)}$$

$$1.202\text{ kg/m}^3 = \rho\left(1 + \frac{1.4-1}{2}(0.218)^2\right)^{\frac{1}{1.4-1}}$$

$$\rho = 1.1739\text{ kg/m}^3$$

또한 이 값은 식 (13-21), 즉 $p/p_0 = (\rho/\rho_0)^k$으로부터 얻을 수도 있다는 것에 주의하라.

입구 안의 유동속도는 식 (13-27)을 통해 정의된다($V = \mathrm{M}\sqrt{kRT}$). 이 값은 유동 중인 유체의 온도에 크게 의존한다. 온도는 M = 0.218에 대해 표 B-1과 식 (13-31)을 사용하여 찾을 수 있다.

$$T_0 = T\left(1 + \frac{k-1}{2}\mathrm{M}^2\right)$$

$$(273 + 20)\ \mathrm{K} = T\left(1 + \frac{1.4 - 1}{2}(0.218)^2\right)$$

$$T = 290.24\ \mathrm{K}$$

따라서

$$V = \mathrm{M}\sqrt{kRT} = 0.218\sqrt{1.4(286.9\ \mathrm{J/kg\cdot K})(290.24\ \mathrm{K})} = 74.44\ \mathrm{m/s}$$

질량유량은 다음과 같다.

$$\dot{m} = \rho VA = 1.1739\ \mathrm{kg/m^3}(74.44\ \mathrm{m/s})\left[\pi(0.025\ \mathrm{m})^2\right]$$
$$= 0.172\ \mathrm{kg/s}$$ 답

주의 : 이 문제를 이상기체(마찰이 없고 비압축성)로 생각하고 풀면, 정상유동이 되고, 베르누이 방정식을 이용하여 속도를 정의할 수 있게 된다. 이 경우,

$$\frac{p_0}{\rho} + \frac{V_0^2}{2} = \frac{p_1}{\rho} + \frac{V_1^2}{2}$$

$$\frac{101.3\left(10^3\right)\ \mathrm{N/m^2}}{1.202\ \mathrm{kg/m^3}} + 0 = \frac{98\left(10^3\right)\ \mathrm{N/m^2}}{1.202\ \mathrm{kg/m^3}} + \frac{V_1^2}{2}$$

$$V_1 = 74.10\ \mathrm{m/s}$$

이 값은 기체의 압축성을 고려하여 해석한 $V = 74.44\ \mathrm{m/s}$의 값과 약 0.46%의 오차를 가진다.

13.5 가변면적을 통과하는 등엔트로피 유동

압축성 유동 해석은 제트엔진 및 로켓 노즐의 덕트를 지나는 기체에 적용된다. 이러한 응용을 위해 기체가 흐르는 덕트의 단면적 변화에 의해 기체의 압력 및 속도 그리고 밀도가 어떠한 영향을 받는지를 보여주고 논의할 것이다. (해석을 위해) 미소 거리에 대한 등엔트로피 과정 및 정상유동을 생각하자. 또한, 덕트의 단면적은 서서히 변화한다고 가정하여 유동을 1차원 유동으로 간주하면 표준 기체 상태량을 사용할 수 있게 된다. 그림 13-12a와 같이 고정 검사체적은 덕트 안 기체의 일부분을 포함한다.

연속방정식 속도 및 밀도 그리고 단면적 모두 변하기 때문에 연속방정식은 다음과 같이 주어진다.

$$\frac{\partial}{\partial t}\int_{\text{cv}} \rho\, d\forall + \int_{\text{cs}} \rho \mathbf{V}\cdot d\mathbf{A} = 0$$

$$0 - \rho VA + (\rho + \Delta\rho)(V + \Delta V)(A + \Delta A) = 0$$

$\Delta x \to 0$을 취하면 2차 및 3차 항들은 소거되고 다시 간소화하면

$$\rho V dA + VA\,d\rho + \rho A\,dV = 0$$

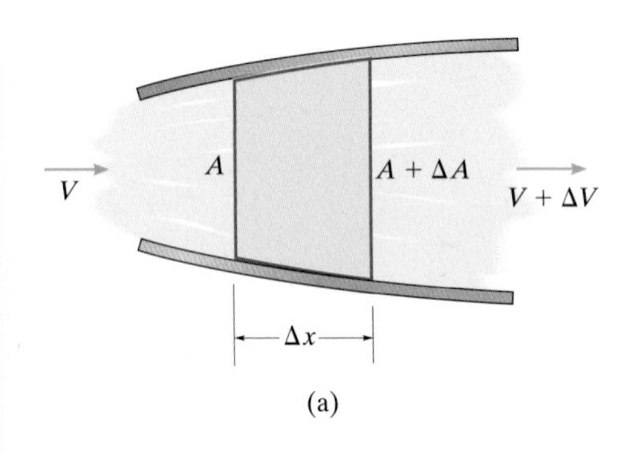

(a)

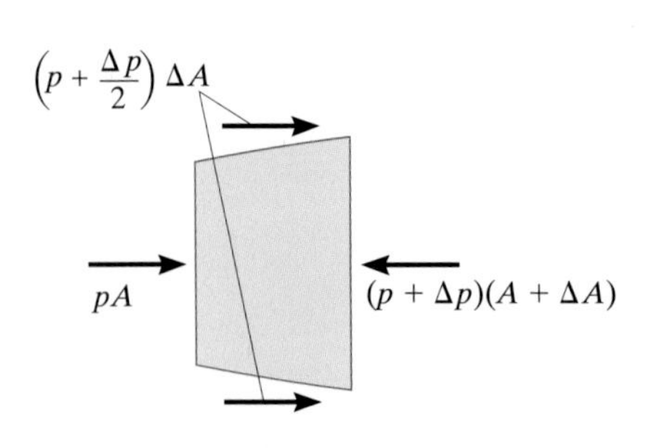

자유물체도
(b)

그림 13-12

속도 변화에 대해 풀면 다음과 같이 얻어진다.

$$dV = -V\left(\frac{d\rho}{\rho} + \frac{dA}{A}\right) \qquad (13\text{-}34)$$

선형 운동량방정식 그림 13-12b의 검사체적 자유물체도에 보이는 것과 같이 주변 기체가 검사표면의 앞과 뒤로 압력을 가한다. 덕트의 측면은 ΔA만큼 증가하기 때문에 **평균압력**$(p + \Delta p/2)$은 증가된 면적에 의해 수평으로 작용될 것이다. 유동방향으로 선형 운동량방정식을 적용하면

$$\overset{+}{\rightarrow} \Sigma \mathbf{F} = \frac{\partial}{\partial t}\int_{\text{cv}} \mathbf{V}\rho\, d\forall + \int_{\text{cs}} \mathbf{V}\rho\mathbf{V}\cdot d\mathbf{A}$$

$$pA + \left(p + \frac{\Delta p}{2}\right)\Delta A - (p + \Delta p)(A + \Delta A) = 0 + V\rho(-VA) + (V + \Delta V)(\rho + \Delta\rho)(V + \Delta V)(A + \Delta A)$$

윗식을 전개하고 다시 고차 항들을 극한으로 하여 제거하여 명확하게 나타내면

$$dp = -\left(2\rho V dV + V^2 d\rho + \rho V^2 \frac{dA}{A}\right) \qquad (13\text{-}35)$$

식 (13-34)로부터 dV에 대해 값을 대입하면

$$dp = \rho V^2\left(\frac{d\rho}{\rho} + \frac{dA}{A}\right)$$

식 (13-23), 즉 $d\rho = dp/c^2$을 대입함으로써 $d\rho$를 소거한 다음 마하수($\mathrm{M} = V/c$)에 대하여 나타내면, 면적 변화에 따른 압력 변화를 구할 수 있게 된다.

$$dp = \frac{\rho V^2}{1 - \mathrm{M}^2}\frac{dA}{A} \tag{13-36}$$

면적변화에 따른 속도변화는 식 (13-35)와 식 (13-36)을 동일시하여 정의한 다음 식 (13-34)를 사용하여 $d\rho/\rho$항을 소거하면 다음과 같이 된다.

$$dV = -\frac{V}{1 - \mathrm{M}^2}\frac{dA}{A} \tag{13-37}$$

마지막으로 면적변화에 따른 밀도변화는 식 (13-34)와 (13-37)을 동일시하여 정의할 수 있다. 그 결과 다음과 같은 식을 얻을 수 있다.

$$d\rho = \frac{\rho \mathrm{M}^2}{1 - \mathrm{M}^2}\frac{dA}{A} \tag{13-38}$$

아음속 유동 아음속 유동일 때($\mathrm{M} < 1$), 윗식에서 $(1 - \mathrm{M}^2)$ 항은 양(+)의 값이 된다. 그 결과 그림 13-13a와 같이 면적이 증가하거나 확대되는 덕트에서는 압력과 밀도가 증가하고 속도는 감소하게 될 것이다. 마찬가지로 면적이 줄어들거나 축소되는 덕트에서는 그림 13-13b와 같이 압력과 밀도는 감소하게 되고 속도는 증가한다. 압력과 속도에 대한 이 결과들은 베르누이 방정식으로부터 알려진 비압축성 유동에 대한 결과와 유사하다. 예를 들어 압력이 높아지면 속도는 줄어들게 된다. 반대의 경우에도 마찬가지이다.

초음속 유동 초음속 유동일 때($\mathrm{M} > 1$), 윗식에서 $(1 - \mathrm{M}^2)$ 항은 음(−)의 값이 된다. 그 결과 반대의 효과가 발생한다. 그림 13-13c와 같이 덕트 면적이 증가하면 압력과 밀도가 감소하고 속도는 증가하게 될 것이다. 반면에 덕트 면적이 줄어들면 그림 13-13d와 같이 압력과 밀도는 증가하고 속도는 감소된다. 이 결과는 예상했던 바와는 상반되지만 실험결과에서는 실제로 그렇게 나타나고 있다. 어떤 의미에서 초음속 유동은 일반 도로의 자동차 흐름과 유사한 거동을 한다. 도로의 폭이 넓어지면 차들의 속도가 증가하게 되고(높은 속도), 넓게 퍼지기 시작한다(낮은 압력 및 밀도). 반대로 도로 폭이 좁아지면 밀집되게 되고(높은 압력 및 밀도) 속도가 저하되게 된다(낮은 속도).

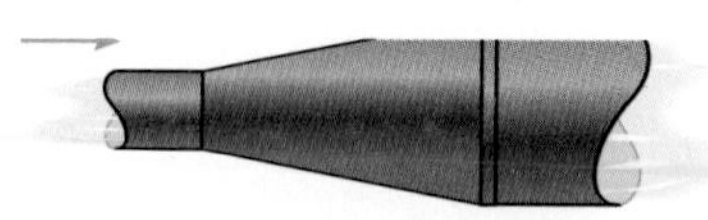

$\mathrm{M} < 1$(아음속 유동)
확대유로 $+\,dA$
압력과 밀도는 증가한다.
속도는 감소한다.
(a)

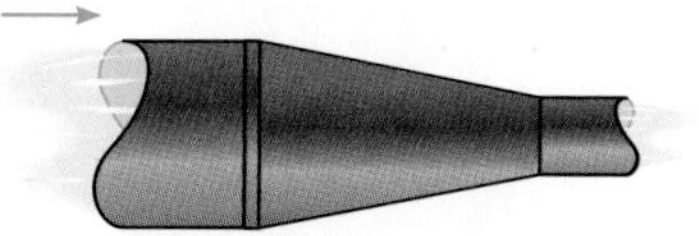

$\mathrm{M} < 1$(아음속 유동)
축소유로 $-\,dA$
압력과 밀도는 감소한다.
속도는 증가한다.
(b)

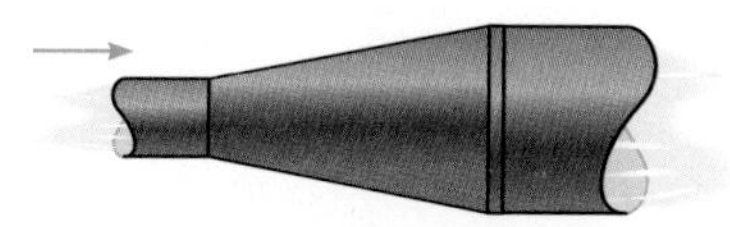

$\mathrm{M} > 1$(초음속 유동)
확대유로 $+\,dA$
압력과 밀도는 감소한다.
속도는 증가한다.
(c)

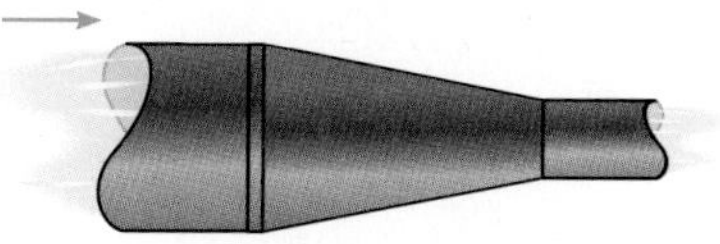

$\mathrm{M} > 1$(초음속 유동)
축소유로 $-\,dA$
압력과 밀도는 증가한다.
속도는 감소한다.
(d)

그림 13-13

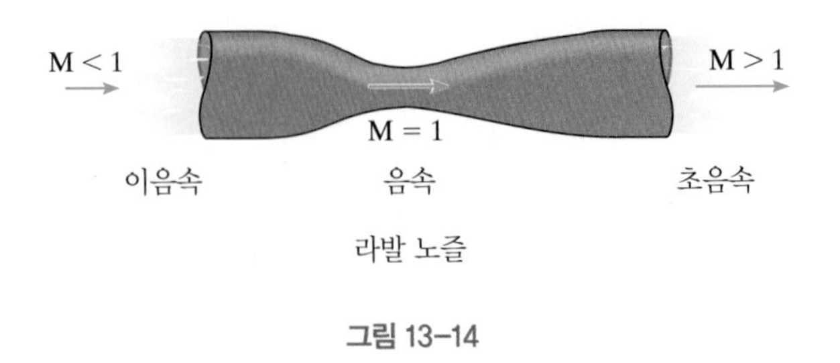

그림 13–14

라발 노즐 노즐의 형상은 그림 13-14와 같다. 시작되는 축소부에서 아음속 유동($\mathrm{M} > 1$)을 노즐목에서 음속($\mathrm{M} = 1$)이 될 때까지 가속시키며, 이후 이어지는 확대부에서 음속에서 초음속 유동($\mathrm{M} > 1$)까지 속도를 증가시킨다. 이러한 형태의 노즐을 **라발 노즐**(Laval nozzle)이라 하며, 이는 1893년에 증기 터빈에 사용하기 위해 스웨덴 공학자 Carl de Laval에 의해 고안되었다. 여기서 중요한 점은 **노즐목을 통해서는 음속($\mathrm{M} = 1$) 이상의 속도를 내는 것이 불가능하다는 것이다.** 음속에 도달하게 되면 노즐 유동의 가속을 야기하기 위해 압력파가 상류로 이동할 수 없게 되기 때문이다.

면적비 연속방정식을 이용하여 마하수에 대하여 정의함으로써 노즐에 따른 임의의 점에서의 단면적을 구할 수 있다. 노즐목에서 음속조건이 된다고 하면 노즐목의 단면적(A^*)을 기준으로 한다. 이 조건에서 $T = T^*$, $\rho = \rho^*$ 그리고 $\mathrm{M} = 1$이다. 임의의 다른 점에서, $V = \mathrm{M}c = \mathrm{M}\sqrt{kRT}$이기 때문에 연속방정식이 필요하다.

$$\dot{m} = \rho VA = \rho^* V^* A^* = \rho\left(\mathrm{M}\sqrt{kRT}\right)A = \rho^*\left(1\sqrt{kRT^*}\right)A^*$$

또는

$$\frac{A}{A^*} = \frac{1}{\mathrm{M}}\left(\frac{\rho^*}{\rho}\right)\sqrt{\frac{T^*}{T}} \tag{13-39}$$

또한 이 결과는 정체밀도와 온도에 관한 면적비로 다음과 같이 나타낼 수 있다.

$$\frac{A}{A^*} = \frac{1}{\mathrm{M}}\left(\frac{\rho^*}{\rho_0}\right)\left(\frac{\rho_0}{\rho}\right)\sqrt{\frac{T^*}{T_0}}\sqrt{\frac{T_0}{T}} \tag{13-40}$$

식 (13-31)과 (13-33)을 대입하고, ρ^*/ρ_0와 T^*/T_0 항들은 $\mathrm{M} = 1$일 때의 값이기 때문에 간소화하면

$$\boxed{\frac{A}{A^*} = \frac{1}{\mathrm{M}}\left[\frac{1 + \frac{1}{2}(k-1)\mathrm{M}^2}{\frac{1}{2}(k+1)}\right]^{\frac{k+1}{2(k-1)}}} \tag{13-41}$$

주어진 비열비(k)에 대한 윗식의 그래프를 그림 13-15에 나타내었다. $A - A^*$인 경우를 제외하면, 각 A/A^*에 대한 마하수는 두 개의 값을 가진다. M_1은 아음속 유동이 존재하는 구간의 면적 A'이고, M_2는 초음속 유동이 흐르는 구간의 면적 A'이다. M_1과 M_2에 대해 식 (13-41)을 푸는 것보다 비열비가 $k = 1.4$로 주어진다면 표 B-1을 사용하는 것이 편리하다. 그림 13-15에서 표의 값들이 어떠한 곡선의 모양을 따라가는지 주목하라. 표를 보면 M의 증가에 따라 A/A^*는 $M = 1$이 되는 구간까지 감소하다가 그 이후 다시 증가하게 된다.

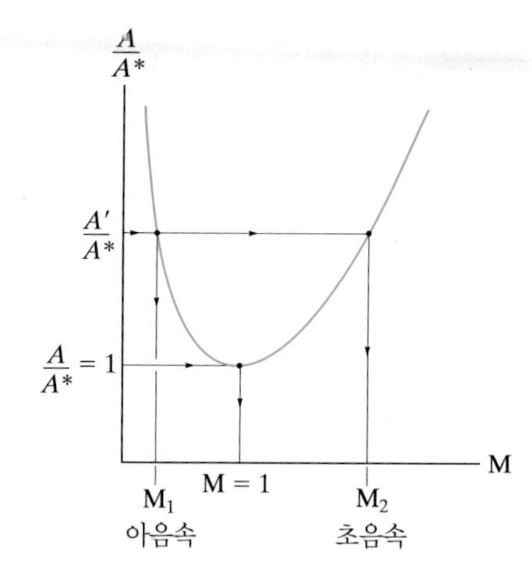

라발 노즐을 통과하는 유동
면적비 대 마하수
그림 13–15

M_1과 다른 임의의 점의 단면적 A_1이 주어진다면 표 B-1이나 식 (13-41)로 마하수가 반드시 M_2가 되는 지점에서의 노즐 단면적 A_2를 정의할 수 있다. 이러한 방법에서 표가 어떻게 사용되는지 보여주기 위해 그림 13-16과 같은 경우를 생각한다. 여기서 $M_1 = 0.5$, $A_1 = \pi(0.03 \text{ m}^2)$ 그리고 $M_2 = 1.5$이다. 표에서 A/A^*가 사용되기 때문에 A_2를 구하기 위해 노즐목의 면적 A^*에 대한 A_1과 A_2의 각 비를 참고할 것이다. 표 B-1로부터 $M_1 = 0.5$, $M_2 = 1.5$일 때의 면적비를 찾으면, 각각 $A_1/A^* = 1.3398$, $A_2/A^* = 1.176$이다. 이 두 면적비로 다음과 같이 구할 수 있다.

$$\frac{A_1}{A_2} = \frac{A_1/A^*}{A_2/A^*} = \frac{1.3398}{1.176}$$

또

$$A_2 = \frac{1}{4}\pi d_2^2 = \pi(0.03 \text{ m})^2\left(\frac{1.176}{1.3398}\right)$$

$$d_2 = 56.2 \text{ mm}$$

또한 이 방법은 노즐목을 통한 유동이 $M = 1$이 되지 않더라도 타당한 결과를 얻을 수 있다. 이와 같은 경우, 노즐이 면적 A^*로 좁아지는 목을 가진다고 생각할 수 있다. 이것은 $M = 1$이 되는 기준점이며 윗식에서 절대 면적비 A^*는 계산할 수 없기 때문에 소거한다. 다시 말해서, 윗식에서 면적비 A^*가 상쇄되는 기준점으로만 A^*를 고려했다.

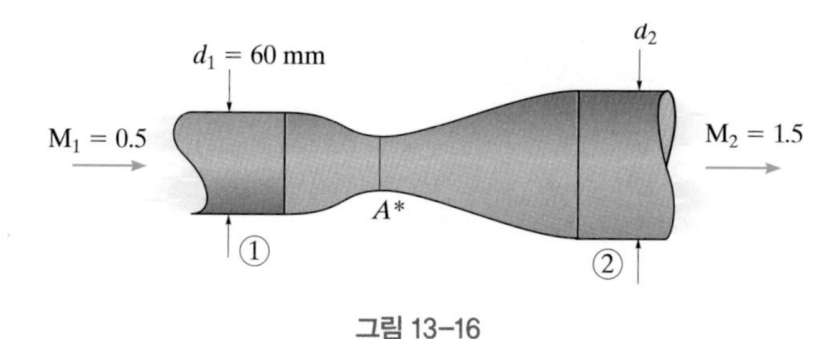

그림 13–16

예제 13.7

공기는 그림 13-17과 같이 50 mm 직경의 파이프를 통해 유입되고, $V_1 = 150$ m/s의 속도로 구간 1을 통과한다. 그리고 $p_1 = 400$ kPa의 절대압력과 $T_1 = 350$ K의 절대온도를 갖는다. 노즐목에서 음속을 생성하기 위한 노즐목의 면적을 구하라. 또한, 초음속 유동이 구간 2에서 발생되는 경우, 이 위치에서 속도, 온도 및 요구되는 압력을 구하라.

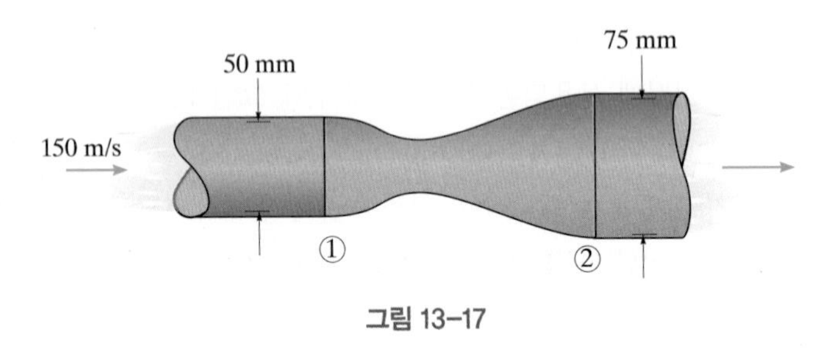

그림 13-17

풀이

유체 설명 노즐을 통한 등엔트로피 정상유동으로 가정한다.

노즐목 면적 구간 1에서의 마하수를 먼저 계산한다. 공기는 $k = 1.4$, $R = 286.9$ J/kg·K이므로

$$M_1 = \frac{V_1}{\sqrt{kRT_1}} = \frac{150 \text{ m/s}}{\sqrt{1.4(286.9 \text{ J/kg}\cdot\text{K})(350 \text{ K})}} = 0.40$$

식 (13-41)을 사용하여 노즐목에서의 M_1과 A_1을 결정할 수 있지만, $k = 1.4$로부터 표 B-1을 사용하는 것이 더 간편하다. 따라서, $M_1 = 0.40$에서는 다음과 같다.

$$\frac{A_1}{A^*} = 1.5901$$

$$A^* = \frac{\pi(0.025 \text{ m})^2}{1.5901} = 0.001235 \text{ m}^2$$

답

구간 2에서의 상태량 A^*를 알고 있으므로 A_2에서 마하수는 식 (13-41)로부터 결정될 수 있다. 그러나 여기서도 표 B-1을 사용하는 것이 더 간단하다.

$$\frac{A_2}{A^*} = \frac{\pi(0.0375\ \text{m})^2}{0.001235\ \text{m}^2} = 3.58$$

면적비로부터 대략적으로 $M_2 = 2.8230$을 얻고, 초음속 유동이 확대부의 끝에서 발생한다. (두 개의 마하수 중 다른 하나는 $M_1 = 0.155$이고, 이는 출구에서 아음속 유동을 나타낸다.)

출구에서의 온도 및 압력은 $M = 2.8230$과 식 (13-31)과 (13-32)를 사용하여 결정할 수 있다. 그러나 이에 앞서 정체값인 T_0와 p_0를 구해야 한다. 또한 이 값들을 찾기 위해 식 (13-31)과 (13-32), $M_1 = 0.40$, p_1, T_1의 값을 다시 사용할 수 있다. 더 간단한 방법은 다음과 같이 표 B-1을 사용하여 온도비와 압력비, T_2/T_1 및 p_2/p_1를 얻는 것이다.

$$\frac{T_2}{T_1} = \frac{T_2/T_0}{T_1/T_0} = \frac{0.38553}{0.96899} = 0.39787$$

$$\frac{p_2}{p_1} = \frac{p_2/p_0}{p_1/p_0} = \frac{0.035578}{0.89562} = 0.03972$$

따라서, T_0 및 p_0를 찾을 필요 없이, 다음과 같이 계산된다.

$$T_2 = 0.3983T_1 = 0.39787(350\ \text{K}) = 139.25\ \text{K}$$ 답

$$p_2 = 0.03990p_1 = 0.03972(400\ \text{kPa}) = 15.9\ \text{kPa}$$ 답

출구에서의 낮은 압력은 50 mm 직경의 파이프를 통해 150 m/s의 속도로 공기를 끌어들일 것이다.

구간 2에서 공기의 평균속도는 다음과 같다.

$$V_2 = M_2\sqrt{kRT_2} = 2.8230\sqrt{1.4(286.9\ \text{J/kg}\cdot\text{K})(139.25\ \text{K})}$$

$$= 668\ \text{m/s}$$ 답

13.6 축소 및 확대 노즐을 통과하는 등엔트로피 유동

이 절에서는 그림 13-18a와 같이 정체된 가스의 대형 용기 또는 저장고에 부착된 노즐로부터 발생하는 압축성 유동을 연구한다. 여기서 노즐의 끝부분에서 파이프는 탱크 및 진공 펌프에 연결된다. 펌프를 작동하고 파이프의 밸브를 개방함으로써 탱크 내의 배압(backpressure) p_b와 노즐을 통한 유동을 조절할 수 있게 된다. 이때의 배압이 노즐을 통한 질량유량과 압력에 어떠한 영향을 미치는지에 대해 관심을 가지고 공부할 것이다.

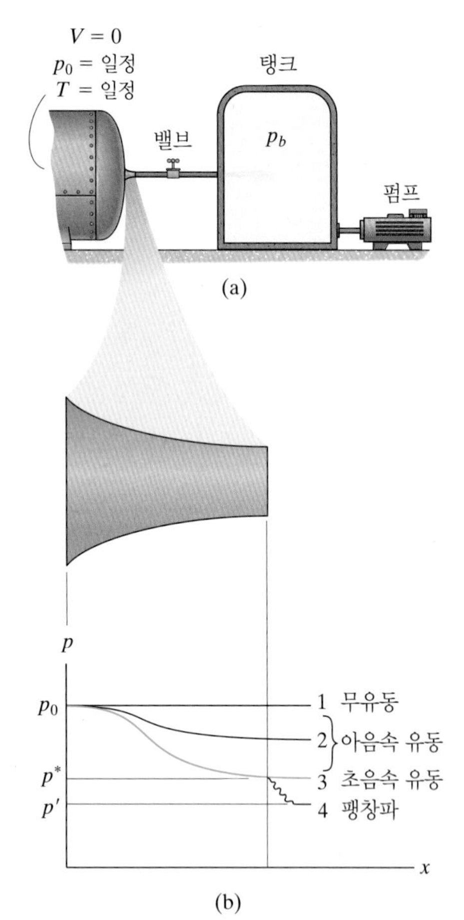

축소 노즐 그림 13-18a와 같이 탱크에 축소 노즐을 부착하였을 때에 대해 고려해보자.

- 배압과 저장고의 압력이 같은 경우($p_b = p_0$), 그림 13-18b의 압력분포곡선 1에서 나타내는 바와 같이 노즐을 통한 유동은 발생되지 않는다.
- p_b가 p_0보다 약간 낮은 경우, 노즐을 통해 흐르는 유동은 아음속으로 유지된다. 여기에서 속도는 노즐을 통해 증가하게 되고, 선 2에 나타난 바와 같이 압력은 감소하게 된다.
- 이후 p_b의 압력강하로 결국 노즐 출구에서의 유동이 음속 유동 M = 1에 도달할 것이다. 이 지점에서의 배압을 **임계압력** p^*라 부른다(선 3). 여기서의 압력은 식 (13-32)에서 M = 1로 하여 정의할 수 있다. p_0는 정체압력이므로, 결과는 다음과 같이 표현된다.

$$\frac{p^*}{p_0} = \left(\frac{2}{k+1}\right)^{k/(k-1)} \tag{13-42}$$

예를 들면, 공기 $k = 1.4$일 때, $p^*/p_0 = 0.5283$이다(표 B-1 참조). 즉, 음속에 도달하기 위한 노즐 외부의 압력은 저장고의 압력에 약 절반이 되어야 한다. 배압이 $p_b = p_0$에서 $p_b = p^*$으로 감소되는 동안 유동은 등엔트로피 유동으로 간주된다. 그 이유는 절대압력이 노즐 내에서 항상 양의 값으로 유지되고, 얇은 경계층의 결과로 노즐을 통해 유동을 가속함에 있어 최소 마찰손실이 생성되어 빠른 유동이 발생되기 때문이다.

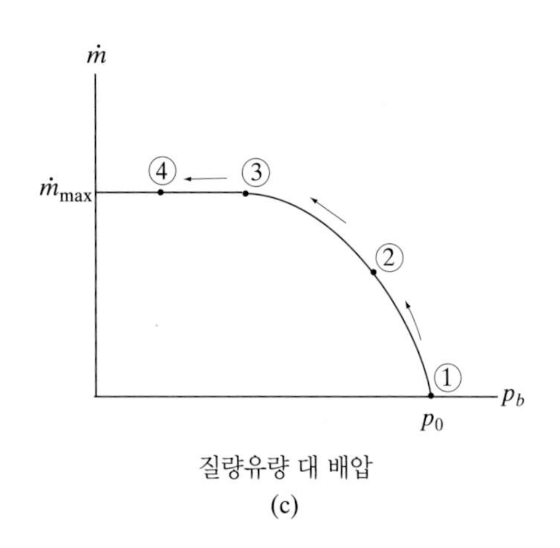

질량유량 대 배압
(c)

그림 13-18

- 배압이 더욱 저하된 경우($p' < p^*$)는 노즐의 압력분포와 유동의 질량유량에 영향을 미치지 않는다. '노즐목', 즉 노즐 출구에서의 압력은 반드시 p^*로 유지되기 때문에 노즐이 **초킹**되었다고 말할 수 있다. 음속에서 p^*보다 낮은 압력은 노즐을 통해 더 많은 기체를 유입하기 위해 상류 유동으로 영향을 줄 수

없음을 기억하라. 낮은 배압 p'에서 외부와 노즐의 출구 바로 앞의 압력은 갑자기 감소하게 된다. 그러나 이 압력감소는 단지 노즐 출구에서 3차원 팽창파의 형성으로 인해 발생되는 것이다(선 4). 가스의 팽창은 열손실과 마찰로 인해 엔트로피 증가를 초래하기 때문에 이 영역에서 등엔트로피 과정은 유지되지 않는다.

이러한 네 가지의 경우 각각에 대한 배압의 함수로서 유량은 그림 13-18c와 같이 도시된다.

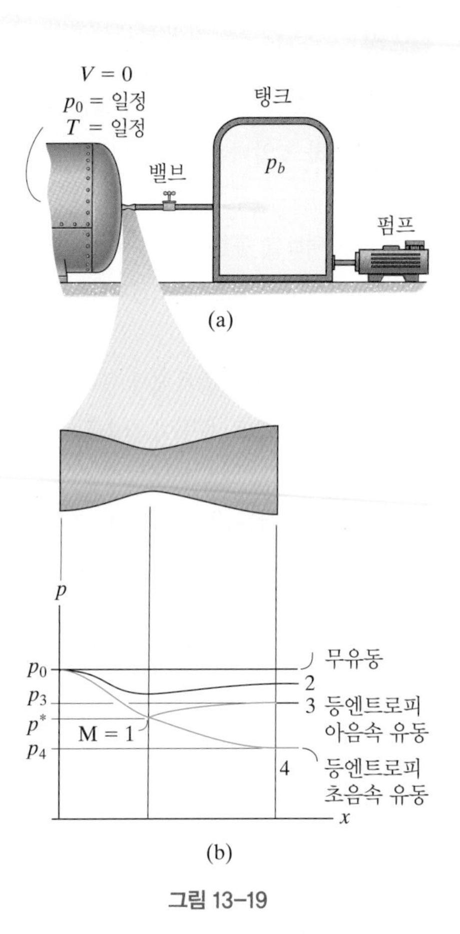

그림 13-19

축소-확대 노즐 축소-확대 또는 라발 노즐을 이용하여 그림 13-19a와 같이 동일한 경우를 고려해보자.

- 이전처럼, 배압이 저장고의 압력과 동일한 경우($p_b = p_0$), 노즐을 통해 압력이 일정하기 때문에 그림 13-19b의 선 1과 같이 노즐에서는 유동이 발생하지 않는다.
- 배압이 다소 떨어지는 경우에는 아음속 유동이 발생한다. 축소부를 통과하여 노즐목에서는 압력이 최저로 감소되는 동안 속도는 최대로 증가된다.
- 배압이 p_3가 되면, 노즐목에서의 압력은 p^*로 떨어지고 그 결과 음속(M = 1)에 도달하게 된다. 이 경우는 축소 및 확대부 모두에서 아음속이 발생하는 제한적인 경우이다(선 3). 노즐목에서의 속도가 최대(M = 1)이기 때문에 배압이 약간 감소하더라도 노즐을 통한 **질량유량**은 증가하지 않을 것이다. 따라서 노즐이 초킹되고, 질량유량이 일정하게 유지된다.
- 확대부에서 유동을 **등엔트로피적으로** 가속시키기 위해, 선 4에 도시된 바와 같이 배압이 p_4에 도달할 때까지 계속 감소시킬 필요가 있다. 다시 한 번 강조하지만, 노즐이 초킹되기 때문에 질량유량은 더 이상 증가하지 않는다.
- 선 3과 4의 압력분기 때문에 $p \le p_3$와 $p = p_4$의 조건에서 노즐을 통한 등엔트로피 유동이 발생한다. A/A^*(노즐목 면적 대 출구면적)으로 주어진 면적비에 대해 식 (13-41)은 그림 13-15(M_1 아음속과 M_2 초음속)에서 언급한 바와 같이 두 개의 출구 마하수를 제공하기 때문이다. 그러므로, 배압이 p_3와 p_4의 엔트로피 출구 압력 사이에 있는 경우 또는 p_4보다 낮은 경우, 출구 압력은 노즐 안이나 바로 바깥쪽에 형성된 **충격파**를 통해서 갑작스럽게 배압으로 전환된다. 충격파는 마찰손실을 포함하기 때문에 **등엔트로피** 유동이 아니며, 노즐의 비효율적인 사용을 초래할 것이다. 이 현상에 대해서는 13.7절에서 논의할 것이다.

군용 제트기는 벌어지거나 닫히는 것이 가능한 노즐을 이용하여 추진 효율을 조절한다.

요점 정리

- 축소 덕트를 통한 아음속 유동은 속도 증가와 압력 감소를 발생시킨다. 초음속 유동은 반대의 효과가 발생된다(속도는 감소하고 압력은 증가된다).
- 확대 덕트를 통한 아음속 유동은 속도 감소와 압력 증가를 발생시킨다. 초음속 유동은 반대의 효과가 발생된다(속도는 증가하고 압력은 감소된다).
- 라발 노즐은 노즐목에서 음속(M = 1)까지 아음속 유동을 가속하기 위해 축소부를 가지고 이후 위치한 확대부를 통해 초음속으로 유동이 가속된다.
- 노즐목에서는 음속(M = 1) 이상의 기체유동이 발생되지 않는다. 이 속도에서 노즐목의 압력은 유동의 증가신호를 상류로 보낼 수 없기 때문이다.
- 노즐의 단면적 A에서의 마하수는 노즐목 면적의 함수이다. 여기서 M = 1이다.
- 노즐목에서 초킹되는 조건은 M = 1이다. 이때 노즐목의 압력은 임계압력(p^*)으로 불린다. 이 조건은 노즐을 통한 최대 질량유량을 공급한다.
- 라발 노즐의 경우, 노즐목에서 M = 1일 때 노즐에서 등엔트로피 유동을 발생하는 두 가지 배압을 가진다. 하나는 확대부 내에서 아음속(M < 1)을 발생하고, 다른 하나는 확대부 내에 초음속(M > 1)을 생성한다. 그러나 두 경우 모두 충격파는 발생되지 않는다.

예제 13.8

그림 13-20

그림 13-20과 같이 직경이 2 in.인 파이프의 위치 1에서 가장 강한 유동이 발생하기 위한 입구 압력을 구하라. 파이프 밖의 공기는 표준 대기조건(압력 및 온도)이다. 이때의 질량유량은 얼마인가?

풀이

유체 설명 노즐을 통한 등엔트로피 정상유동으로 가정한다.

해석 밖의 공기가 정지된 상태이기 때문에 정체압력, 온도, 밀도는 '표준대기압'과 동일하다. 부록 A에서, $p_0 = 14.7$ psi, $T_0 = 59°\text{F}$, $\rho_0 = 0.00238\ \text{slug/ft}^3$이다. 파이프의 최대 유량은 파이프 입구 마하수가 M = 1일 때 발생된다. 즉,

M = 1의 유동이 발생되면, 파이프를 통해 흐르는 공기는 M = 1보다 더 빠르게 상류쪽으로 감소된 압력을 전달할 수 없게 된다. 표 B-1 또는 식 (13-32)를 이용하여 필요한 압력을 얻고, 이를 이용해 다음과 같이 계산된다.

$$p_0 = p_1\left(1 + \frac{k-1}{2}\mathrm{M}_1^2\right)^{k/(k-1)} \qquad 14.7\,\mathrm{psi} = p_1\left(1 + \frac{1.4-1}{2}(1)^2\right)^{1.4/(1.4-1)}$$

$$p_1 = 7.77\,\mathrm{psi}$$ 답

$\dot{m} = \rho AV$를 이용해 질량유량을 구하기 위해 먼저 M = 1의 유동을 생성하는 공기의 속도와 밀도를 구한다. 위치 1에서 파이프 내 공기의 밀도는 식 (13-33) 또는 식 (13-21)로부터 결정될 수 있다. $p_2/p_1 = (\rho_2/\rho_1)^k$과 식 (13-33)을 사용하면

$$\rho_0 = \rho_1\left(1 + \frac{k-1}{2}\mathrm{M}_1^2\right)^{1/(k-1)}$$

$$0.00238\,\mathrm{slug/ft^3} = \rho_1\left(1 + \frac{1.4-1}{2}(1)^2\right)^{1/(1.4-1)}$$

$$\rho_1 = 0.001509\,\mathrm{slug/ft^3}$$

속도는 식 $V = \mathrm{M}\sqrt{kRT}$과 같이 파이프 내 공기 온도의 함수이다. 표 B-1과 M = 1일 때, 식 (13-31)을 사용하거나 식 (13-22), $p_2/p_1 = (T_2/T_1)^{k/(k-1)}$을 사용하여 온도를 얻을 수 있다. 식 (13-31)을 사용하여 다음과 같이 계산할 수 있다.

$$T_0 = T_1\left(1 + \frac{k-1}{2}\mathrm{M}_1^2\right) \qquad (460 + 59)\ \mathrm{R} = T_1\left(1 + \frac{1.4-1}{2}(1)^2\right)$$

$$T_1 = 432.5\ \mathrm{R}$$

따라서

$$V_1 = \mathrm{M}_1\sqrt{kRT_1} = (1)\sqrt{1.4(1716\,\mathrm{ft\cdot lb/slug\cdot R})(432.5\,\mathrm{R})} = 1019.3\,\mathrm{ft/s}$$

질량유량은 다음과 같다.

$$\begin{aligned}\dot{m} &= \rho_1 V_1 A_1\\ &= (0.001509\,\mathrm{slug/ft^3})(1019.3\,\mathrm{ft/s})\left[\pi\left(\frac{1}{12}\,\mathrm{ft}\right)^2\right]\\ &= 0.0336\,\mathrm{slug/s}\end{aligned}$$ 답

예제 13.9

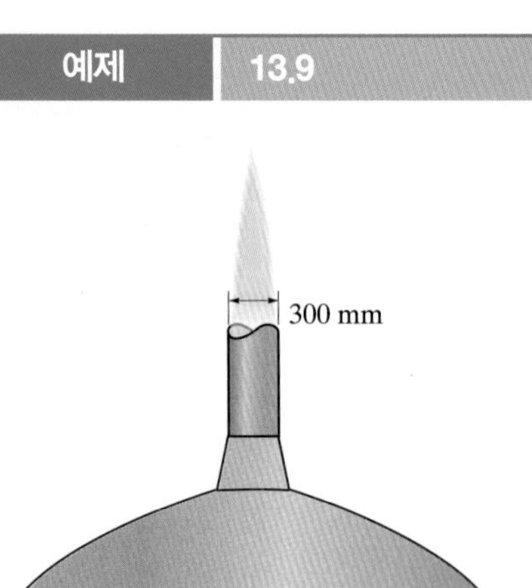

그림 13–21

그림 13-21에서 탱크의 축소 노즐의 출구는 300 mm의 직경을 갖는다. 탱크 내의 질소는 500 kPa의 절대압력 및 1,200 K의 절대온도를 가진다. 파이프 내의 절대압력이 300 kPa인 경우 노즐에서의 질량유량을 구하라.

풀이

유체 설명 노즐을 통한 등엔트로피 정상유동으로 가정한다.

해석 탱크 내의 질소가 정지해 있기 때문에, 정체온도와 압력은 $p_0 = 500\text{ kPa}$과 $T_0 = 1200\text{ K}$이다. 노즐을 통한 최대 질량유량을 발생하기 위해서는 출구 마하수가 M = 1이 되어야 한다. 그러므로 표 B-1이나 식 (13-32)로부터

$$\frac{p^*}{p_0} = 0.5283 \quad \text{또는} \quad p^* = (500\text{ kPa})(0.5283) = 264.15\text{ kPa}$$

이 문제에서 압력 $p = 300\text{ kPa}$이므로 264.15 kPa보다 더 크다. 따라서, 노즐의 출구에서는 초킹이 일어나지 않는다.

p와 p_0 모두를 알고있기 때문에 $p/p_0 = 300\text{ kPa}/500\text{ kPa} = 0.6$이 되고, 식 (13-32) 또는 표 B-1로부터 마하수 M = 0.8864를 구한다.

식 $\dot{m} = \rho VA$로 질량유량을 구하기 위해 출구에서의 밀도와 속도를 찾아야 한다. 먼저 온도는 식 (13-31)이나 M = 0.8864 또는 $p/p_0 = 0.6$에 대해 표 B-1을 이용하여 구할 수 있다.

$$\frac{T}{T_0} = 0.8642$$

$$T = 0.8642(1200\text{ K}) = 1037\text{ K}$$

따라서, 질소의 출구속도는 다음과 같다.

$$V = \text{M}\sqrt{kRT} = (0.8864)\sqrt{1.4(296.8\text{ J/kg}\cdot\text{K})(1037\text{ K})} = 581.9\text{ m/s}$$

밀도는 이상기체의 법칙을 이용하여 구할 수 있다. 따라서 노즐로부터 나오는 질량유량은 다음과 같이 된다.

$$\dot{m} = \rho VA = \left(\frac{p}{RT}\right)VA = \left(\frac{300(10^3)\text{ N/m}^2}{(296.8\text{ J/kg}\cdot\text{K})(1037\text{ K})}\right)(581.9\text{ m/s})\left[\pi(0.15\text{ m})^2\right]$$

$$\dot{m} = 40.1\text{ kg/s}$$

답

예제 13.10

그림 13-22에서 라발 노즐은 350 kPa의 공기로 차있는 챔버와 연결된다. 노즐 안에서 초킹되고 파이프에서는 등엔트로피 아음속 유동이 발생될 때, 파이프의 위치 B에서의 배압을 구하라. 또한 등엔트로피 초음속 유동을 발생시키기 위해 필요한 배압은 얼마인가?

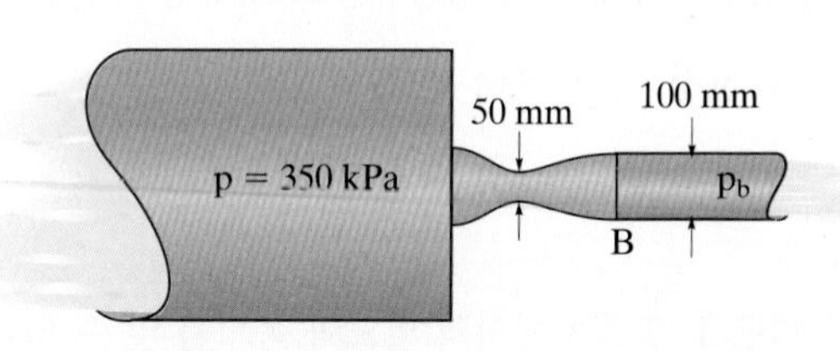

그림 13-22

풀이

유체 설명 노즐을 통한 등엔트로피 정상유동으로 가정한다.

해석 여기서 노즐목에서 M = 1을 생산하는 데 필요한 두 배압을 찾아야 한다(그림 13-19b의 p_3와 p_4). 노즐 출구와 목 사이의 면적비는

$$\frac{A_B}{A^*} = \frac{\pi(0.05\text{ m})^2}{\pi(0.025\text{ m})^2} = 4$$

이 면적비를 식 (13-41)에 사용하는 경우, 그림 13-15와 같이 출구 마하수 M이 두 개로 결정된다. 또한 표 B-1을 사용해서도 문제를 해결할 수 있다. $A_B/A^* = 4$일 때, $M_1 = 0.1467$(아음속 유동) 및 $p_B/p_0 = 0.9851$을 얻을 수 있다. 그러므로, 위치 B에서 아음속 유동을 발생시키는 배압은

$$(p_B)_{\max} = 0.9851(350\text{ kPa}) = 345\text{ kPa}$$ 답

또한 표에서 다른 해답은, $A_B/A^* = 4$에서 $M_2 = 2.940$(초음속 유동)과 $p_B/p_0 = 0.02980$이므로, 위치 B에서 초음속 유동을 발생시키는 배압은 다음과 같이 얻어진다.

$$(p_B)_{\min} = 0.02980(350\text{ kPa}) = 10.4\text{ kPa}$$ 답

예제 13.11

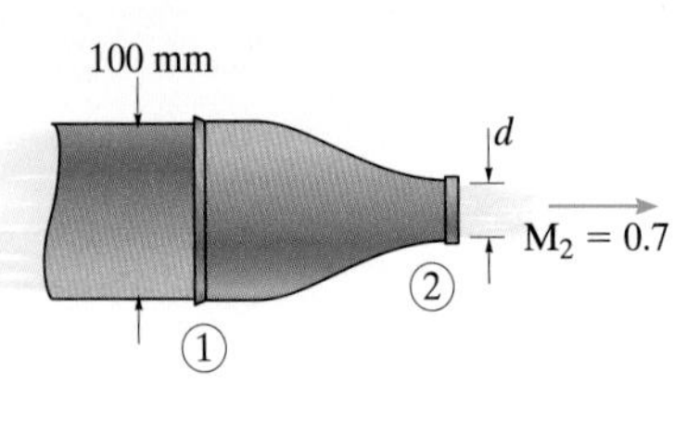

그림 13–23

공기가 그림 13-23에서 $p_1 = 90\,\text{kPa}$의 절대압력으로 100 mm 직경의 파이프를 통해 흐른다. 노즐을 나가는 등엔트로피 유동이 $M_2 = 0.7$로 흐를 때, 노즐 끝단에서의 직경 d를 구하라. 파이프 내의 공기는 표준 대기상태(압력 및 온도)의 대형 저장고로부터 나온다.

풀이 I

유체 설명 노즐을 통한 등엔트로피 정상유동으로 가정한다.

해석 직경 d는 연속방정식으로부터 구할 수 있다.

$$\dot{m} = \rho_1 V_1 A_1 = \rho_2 V_2 A_2 \qquad (1)$$

먼저 M_1을 찾은 다음 1, 2 위치에서의 밀도와 속도를 알 수 있다.

대기의 정체값은 부록 A로부터 찾을 수 있다($p_0 = 101.3\,\text{kPa}$, $T_0 = 15°\text{C}$, $\rho_0 = 1.225\,\text{kg/m}^3$). p_1 및 p_0를 안다면, 식 (13-32)를 사용하여 노즐 입구 위치 1에서의 M_1을 결정할 수 있다.

$$p_0 = p_1\left(1 + \frac{k-1}{2}M_1^2\right)^{k/(k-1)}$$

$$101.3\,\text{kPa} = (90\,\text{kPa})\left(1 + \frac{1.4-1}{2}M_1^2\right)^{\frac{1.4}{1.4-1}}$$

$$M_1 = 0.4146$$

예상대로, $M_1 < M_2 = 0.7$이다.

$V = M\sqrt{kRT}$이기 때문에, 입구와 출구의 온도를 찾기 위해 식 (13-31)을 적용하면 다음과 같다.

$$T_0 = T_1\left(1 + \frac{k-1}{2}M_1^2\right)$$

$$(273 + 15)\,\text{K} = T_1\left(1 + \frac{1.4-1}{2}(0.4146)^2\right)$$

$$T_1 = 278.4\,\text{K}$$

$$T_0 = T_2\left(1 + \frac{k-1}{2}M_2^2\right)$$

$$(273 + 15)\,\text{K} = T_2\left(1 + \frac{1.4-1}{2}(0.7)^2\right)$$

$$T_2 = 262.3\,\text{K}$$

따라서, 입구와 출구에서의 속도는

$$V_1 = \mathrm{M}_1\sqrt{kRT_1} = 0.4146\sqrt{1.4(286.9\ \mathrm{J/kg\cdot K})(278.4\ \mathrm{K})} = 138.6\ \mathrm{m/s}$$

$$V_2 = \mathrm{M}_2\sqrt{kRT_2} = 0.7\sqrt{1.4(286.9\ \mathrm{J/kg\cdot K})(262.3\ \mathrm{K})} = 227.2\ \mathrm{m/s}$$

노즐의 입구와 출구에서의 공기 밀도는 식 (13-33)을 사용하여 결정한다.

$$\rho_0 = \rho_1\left(1 + \frac{k-1}{2}\mathrm{M}_1^2\right)^{1/(k-1)} \qquad 1.225\ \mathrm{kg/m^3} = \rho_1\left[1 + \frac{1.4-1}{2}(0.4146)^2\right]^{\frac{1}{1.4-1}}$$

$$\rho_1 = 1.126\ \mathrm{kg/m^3}$$

$$\rho_0 = \rho_2\left(1 + \frac{k-1}{2}\mathrm{M}_2^2\right)^{1/(k-1)} \qquad 1.225\ \mathrm{kg/m^3} = \rho_2\left[1 + \frac{1.4-1}{2}(0.7)^2\right]^{\frac{1}{1.4-1}}$$

$$\rho_2 = 0.9697\ \mathrm{kg/m^3}$$

마지막으로 식 (1)을 적용하면 다음과 같다.

$$\rho_1 V_1 A_1 = \rho_2 V_2 A_2$$

$$(1.126\ \mathrm{kg/m^3})(138.6\ \mathrm{m/s})[\pi(0.05\ \mathrm{m})^2] = (0.9697\ \mathrm{kg/m^3})(227.2\ \mathrm{m/s})\pi\left(\frac{d}{2}\right)^2$$

$$d = 84.2\ \mathrm{mm}$$ 답

풀이 II

노즐의 끝단에서 아음속 유동이 발생하더라도, 표 B-1을 사용하는 직접적인 방법으로 이 문제를 해결할 수도 있다. 이를 위해, $\mathrm{M} = 1$과 $A = A^*$의 조건에서 노즐의 가상적인 확장을 기준으로 한 다음, $\mathrm{M}_1 = 0.4146$의 면적비 A_1과 $\mathrm{M}_2 = 0.7$의 면적비 A_2에 관한 관계식을 만든다. 표 B-1을 사용하면

$$\frac{A_2}{A_1} = \frac{A_2/A^*}{A_1/A^*}$$

따라서

$$A_2 = A_1\left(\frac{A_2/A^*}{A_1/A^*}\right)$$

$$\left(\pi\frac{d^2}{4}\right) = \pi(0.05\ \mathrm{m})^2\left(\frac{1.0944}{1.5450}\right)$$

$$d = 84.2\ \mathrm{mm}$$ 답

산업용 파이프 내의 높은 체적유량을 가진 가스 유동은 압축성 유동 해석을 사용하여 연구될 수 있다. (© Kodda/Shutterstock)

13.7 압축성 유동에 대한 마찰의 영향

대부분의 실제 상황에서 수도관이나 가스관은 거친 표면을 가지고 있어, 가스가 그 관을 통하여 유동하면 마찰이 발생하게 되고 그 마찰이 가스를 가열시킨다. 그렇게 되면 유동의 특성이 변화된다. 이 현상은 일반적으로 배기가스 및 압축 공기 파이프에서 발생한다. 이 절에서는 일정한 단면을 가진 파이프 내에서 유동이 어떻게 변화하는지와 벽면 **마찰계수** f를 고려할 것이다. f는 무디 선도로부터 알아본다.* 이상기체와 정상유동으로 가정한다. 또한, 기체에서 생성된 열이 빠져나가지 않는다고 가정한다면, 그 과정은 단열이라고 볼 수 있다. 이러한 형태의 유동을 보통 **파노 유동**이라고 부른다. 이 현상을 첫 번째로 연구한 Gino Fanno의 이름에서 유래되었다.

마찰과 마하수가 유동에 어떠한 영향을 미치는지 연구하기 위해, 그림 13-24a와 같이 고정 미소 검사체적에 유체역학의 기본방정식을 적용할 것이다. 유동 상태량들은 각각의 열린 검사표면에 나열되어 있다.

연속방정식 정상유동이기 때문에, 연속방정식은 다음과 같이 된다.

$$\frac{\partial}{\partial t}\int_{\text{cv}} \rho \, d\forall + \int_{\text{cs}} \rho \mathbf{V} \cdot d\mathbf{A} = 0$$

$$0 + (\rho + \Delta\rho)(V + \Delta V)A + \rho(-VA) = 0$$

극한을 취하면 2차항이 무시되고,

$$\frac{d\rho}{\rho} + \frac{dV}{V} = 0 \tag{13-43}$$

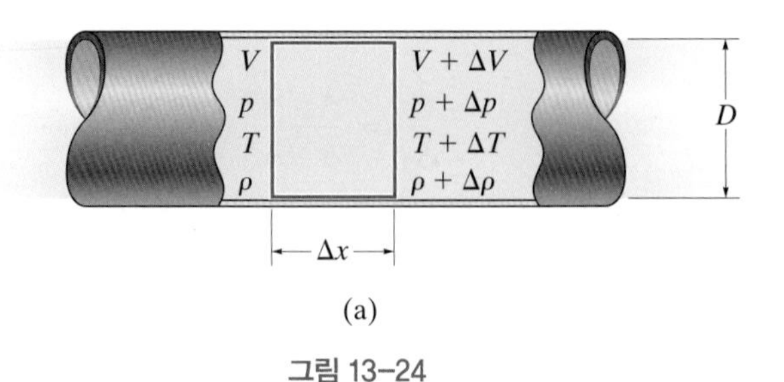

(a)

그림 13–24

* 대부분 관의 단면이 원형이지만, 다른 형상이 고려될 경우, $D_h = 4A/P$로 정의된 관의 수력직경으로 파이프 직경 D를 대체할 수 있다. 여기서 A는 단면적이며, P는 관의 경계이다. 참고로, 필요에 따라 $D_h = 4(\pi D^2/4)/(\pi D) = D$로 사용할 수 있다.

선형 운동량방정식 그림 13-24b의 자유물체도와 같이 마찰력 ΔF_f는 밀폐된 검사표면에서 작용하고, 제9장에서 언급된 벽면 전단력 τ_w이며, 식 (9-16), $\tau_w = \frac{r}{2}\frac{\partial}{\partial x}(p + \gamma h)$에 의해 정의된다. 유체는 기체이기 때문에 그 중량을 무시할 수 있고, 그래서 다음과 같은 식을 얻을 수 있다.

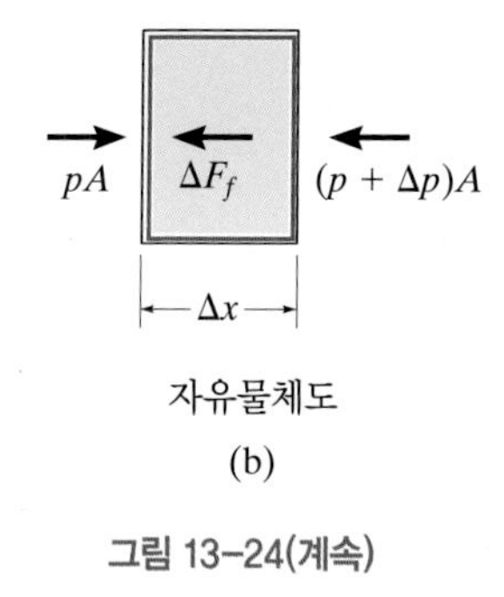

자유물체도

(b)

그림 13-24(계속)

$$\tau_w = \left(\frac{D}{4}\right)\left(\frac{\Delta p}{\Delta x}\right)$$

식 (10-1), $\Delta h_L = \Delta p/\rho g$ 또는 식 (10-3), $\Delta h_L = f(\Delta x/D)(V^2/2g)$의 수두손실에 의해 Δp를 소거할 수 있다. 두 방정식의 오른쪽 항들을 동일하게 두고 Δp에 관하여 푼다면, $\Delta p = f(\Delta x/D)(\rho V^2/2)$를 얻게 된다. 그러므로

$$\tau_w = \left(\frac{D}{4}\right)\left(\frac{f}{D}\right)\left(\frac{\rho V^2}{2}\right) = \frac{f\rho V^2}{8}$$

마지막으로, τ_w가 검사면적$(\pi D\, \Delta x)$에 작용하고, 열린 검사표면의 면적이 $A = \pi D^2/4$이기 때문에, 마찰력은 아래와 같다.

$$\Delta F_f = \tau_w[\pi D \Delta x] = \frac{fA}{D}\left(\frac{\rho V^2}{2}\right)\Delta x$$

이 결과를 이용하여, 검사체적에 대한 운동량방정식을 다음과 같이 적용한다.

$$\xrightarrow{+} \Sigma \mathbf{F} = \frac{\partial}{\partial t}\int_{cv} \mathbf{V}\rho\, d\forall + \int_{cs} \mathbf{V}\rho\, \mathbf{V}\cdot d\mathbf{A}$$

$$-\frac{fA}{D}\left(\frac{\rho V^2}{2}\right)\Delta x - (p + \Delta p)A + pA = 0 + (V + \Delta V)(\rho + \Delta\rho)(V + \Delta V)A + V\rho(-VA)$$

$\Delta x \to 0$일 때, 2차 및 3차 항을 무시할 수 있고, 식 (13-43)을 사용하여 아래의 식을 얻을 수 있다.

$$-\frac{f}{D}\left(\frac{\rho V^2}{2}\right)dx - dp = \rho V dV \qquad (13\text{-}44)$$

유동의 마하수에 $f\,dx/D$를 연관시키기 위해 이상기체의 법칙과 에너지방정식을 함께 이 결과를 사용해야 한다.

이상기체의 법칙 이상기체의 법칙은 $p = \rho RT$이다. 하지만 이 식의 미분형태는

$$dp = d\rho RT + \rho R\,dT$$

또는

$$dp = \left(\frac{d\rho}{\rho}\right)p + \frac{p\,dT}{T}$$

여기서 ρ는 연속방정식 식 (13-43)을 사용하여 제거할 수 있다.

$$\frac{dp}{p} = \frac{dT}{T} - \frac{dV}{V} \tag{13-45}$$

에너지방정식 단열유동이기 때문에, 파이프에 걸쳐 정체온도는 일정하게 유지되며, 에너지방정식을 적용하여 식 (13-31)이 만들어진다.

$$T_0 = T\left(1 + \frac{k-1}{2}\mathrm{M}^2\right) \tag{13-46}$$

미분을 할 경우, 위의 식을 단순화시킬 수 있다.

$$\frac{dT}{T} = -\frac{2(k-1)\,\mathrm{M}}{2 + (k-1)\,\mathrm{M}^2}\,d\mathrm{M} \tag{13-47}$$

또한, $V = \mathrm{M}\sqrt{kRT}$이기 때문에, 위의 도함수는 아래의 식과 같이 된다,

$$\frac{dV}{V} = \frac{d\mathrm{M}}{\mathrm{M}} + \frac{1}{2}\frac{dT}{T} \tag{13-48}$$

이상기체의 법칙을 사용하여 식 (13-44)에서 ρ을 제거하고 $V = \mathrm{M}\sqrt{kRT}$를 적용하면 아래의 식을 얻을 수 있다.

$$\frac{1}{2}f\frac{dx}{D} + \frac{dp}{k\mathrm{M}^2 p} + \frac{dV}{V} = 0$$

이 방정식에 식 (13-45), (13-47), (13-48)을 대입하면 단순화된 최종 식을 구할 수 있다.

$$f\frac{dx}{D} = \frac{\left(1 - \mathrm{M}^2\right)d\left(\mathrm{M}^2\right)}{k\mathrm{M}^4\left(1 + \frac{1}{2}(k-1)\mathrm{M}^2\right)} \tag{13-49}$$

파이프 길이 대 마하수 그림 13-25a의 위치 1에서 2로 파이프를 따라 식 (13-49)를 적분할 때, 그 결과는 복잡한 표현이 될 것이며, 수치상으로 나타내기 위해서 추가적인 작업이 필요하게 된다. 그러나 파이프가 실제로 충분히 길다면 (또는 충분히 길다고 생각한다면), 마찰 효과는 유동을 음속($\mathrm{M} = 1$)으로 변화시키는 경향을 나타낼 것이다. 음속은 **임계점**에서 발생되고, 위치 1에서 $x_{cr} = L_{max}$

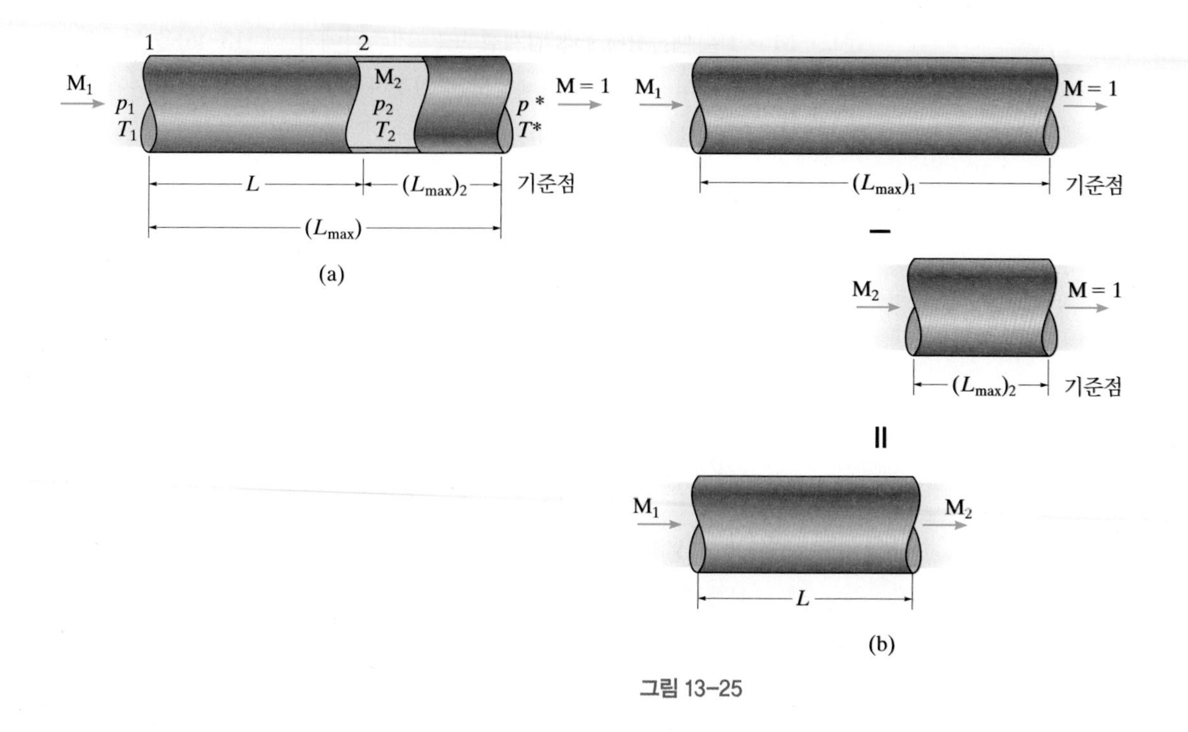

그림 13-25

의 위치까지 구간적분을 적용하기 위해서 이 임계점을 **기준점**으로 사용할 수 있을 것이다. 그림 13-25a의 기준점에서 $\mathrm{M} = 1$, $p = p^*$, $T = T^*$, $\rho = \rho^*$이다. 길이 L_{max}에 따라 마찰계수는 실제로 달라지는데, 이는 f가 레이놀즈수의 함수이기 때문이다. 하지만 레이놀즈수는 일반적으로 높으므로, 여기서는 f의 **평균값***을 사용한다. 그러므로,

$$\frac{f}{D}\int_0^{L_{max}} dx = \int_{\mathrm{M}}^{1} \frac{\left(1 - \mathrm{M}^2\right) d\left(\mathrm{M}^2\right)}{k\mathrm{M}^4\left(1 + \frac{1}{2}(k-1)\mathrm{M}^2\right)}$$

$$\boxed{\frac{fL_{max}}{D} = \frac{1 - \mathrm{M}^2}{k\mathrm{M}^2} + \frac{k+1}{2k}\ln\left[\frac{\left[(k+1)/2\right]\mathrm{M}^2}{1 + \frac{1}{2}(k-1)\mathrm{M}^2}\right]} \tag{13-50}$$

이 식으로부터, 파이프 길이가 $L \le L_{max}$이면, 마하수 M_1에서 M_2로 변화시키기 위해 필요한 파이프의 길이 L를 결정할 수 있다. 그림 13-25b에 도시된 바와 같이, 위의 식을 단순화시킬 필요가 있다.

$$\frac{fL}{D} = \left.\frac{f(L_{max})_1}{D}\right|_{\mathrm{M}_1} - \left.\frac{f(L_{max})_2}{D}\right|_{\mathrm{M}_2} \tag{13-51}$$

* 높은 값의 레이놀즈수는 거의 일정한 값 f를 가지게 되는데, 이는 무디 선도가 점차 수평에 가까워지는 경향을 보이기 때문이다.

온도 M = 1일 때, 위치 1과 임계점 또는 기준점에서 식 (13-46)을 적용한다면, 단열과정이 되기 때문에 정체온도는 일정하게 유지되므로, 마하수에 관하여 표현된 온도비를 구할 수 있다.

$$\frac{T}{T^*} = \frac{T/(T_0)_1}{T^*/(T_0)_1} = \frac{\frac{1}{2}(k+1)}{1+\frac{1}{2}(k-1)\mathrm{M}^2} \tag{13-52}$$

속도 속도는 마하수와 연관되고, 아래와 같이 속도비로 표현하기 위해 식 (13-52)를 사용할 수 있다.

$$\frac{V}{V^*} = \frac{\mathrm{M}\sqrt{kRT}}{(1)\sqrt{kRT^*}} = \mathrm{M}\left[\frac{\frac{1}{2}(k+1)}{1+\frac{1}{2}(k-1)\mathrm{M}^2}\right]^{1/2} \tag{13-53}$$

밀도 $\rho VA = \rho^* V^* A$ 연속방정식을 적용하고, 식 (13-53)을 사용하면 밀도비는 $\rho/\rho^* = V^*/V$이거나 또는

$$\frac{\rho}{\rho^*} = \frac{1}{\mathrm{M}}\left[\frac{1+\frac{1}{2}(k-1)\mathrm{M}^2}{\frac{1}{2}(k+1)}\right]^{1/2} \tag{13-54}$$

압력 이상기체방정식 $p = \rho RT$으로부터, $p/p^* = (\rho/\rho^*)(T/T^*)$를 얻을 수 있다. 그러므로 식 (13-52)와 (13-54)로부터 압력비를 얻을 수 있다.

$$\frac{p}{p^*} = \frac{1}{\mathrm{M}}\left[\frac{\frac{1}{2}(k+1)}{1+\frac{1}{2}(k-1)\mathrm{M}^2}\right]^{1/2} \tag{13-55}$$

마지막으로, 등엔트로피 과정이 아니기 때문에 정체 압력비는 파이프에 따라 달라질 수 있다. 정체 압력비는 $p_0/p_0^* = (p_0/p)(p/p^*)(p^*/p_0^*)$에 의해서 얻을 수 있고, 식 (13-32)와 (13-55)를 사용하여 나타내면

$$\frac{p_0}{p_0^*} = \frac{1}{\mathrm{M}}\left[\left(\frac{2}{k+1}\right)\left(1+\frac{k-1}{2}\mathrm{M}^2\right)\right]^{(k+1)/2(k-1)} \tag{13-56}$$

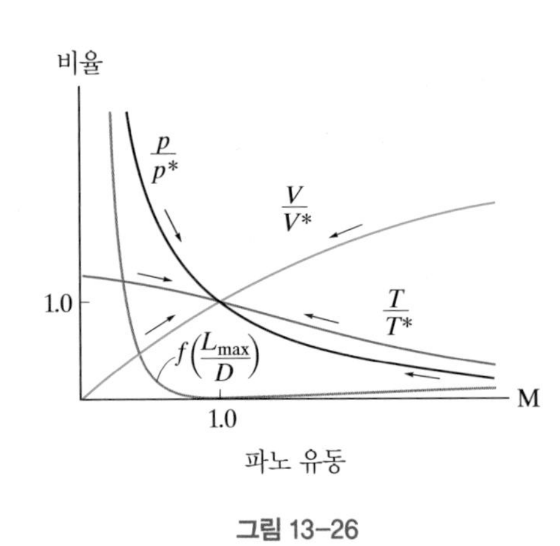

그림 13–26

그림 13-26은 T/T^*, V/V^*, p/p^*, $f(L_{\max}/D)$ 대 M의 비에 대한 변화 그래프이고, 구체적인 수치 값은 방정식이나, 인터넷상에서 계산된 값을 사용하여 결정할 수 있다. 또는 $k = 1.4$라면, 부록 B의 표 B-2를 사용하여 결정할 수 있다.

파노 선 앞서 유도한 방정식들을 이용하여 완벽하게 유동을 설명할 수 있지만, 온도의 함수인 엔트로피가 파이프에 따라 어떻게 변화하는지 고려함으로써 유체 거동에 어떠한 영향을 미치는지 살펴보는 것이 도움이 된다. 이렇게 하려면, 관을 따른 초기 위치 1과 어떤 임의의 위치 사이의 엔트로피 변화를 반드시 표현해야 한다.

식 (13-18)을 시작으로,

$$s - s_1 = c_v \ln \frac{T}{T_1} + R \ln \frac{\rho_1}{\rho} \tag{13-57}$$

온도의 관점에서 ρ_1/ρ로 표현할 것이다. A가 일정하기 때문에, 연속방정식은 $\rho_1/\rho = V/V_1$이 필요하고, 정체온도는 단열과정 동안 일정하게 유지되기 때문에, 다음 식 (13-30)으로부터 $V = \sqrt{2c_p(T_0 - T)}$를 얻는다. 식 (13-57)에 대입하면

$$\begin{aligned} s - s_1 &= c_v \ln T - c_v \ln T_1 + R \ln \sqrt{2c_p(T_0 - T)} - R \ln V_1 \\ &= c_v \ln T + \frac{R}{2} \ln (T_0 - T) + \left[-c_v \ln T_1 + \frac{R}{2} \ln 2c_p - R \ln V_1 \right] \end{aligned} \tag{13-58}$$

마지막 세 개의 항들은 일정하고 파이프의 초기 위치에서 정해진다. 여기서 $T = T_1$과 $V = V_1$이다. 그림 13-27에 보여지는 그림과 같이 식 (13-58)을 그래프화하면, 유동에 대한 **파노 선**(T-s 도표)을 구할 수 있다.

상기 식의 도함수를 사용함으로써 최대 엔트로피의 지점을 찾을 수 있다. $ds/dT = 0$인 위치에서 유동은 음속($\mathrm{M} = 1$)이 발생한다. $\mathrm{M} = 1$보다 위의 구간은 아음속이고($\mathrm{M} < 1$), 아래의 구간은 초음속 유동이다($\mathrm{M} > 1$). 두 경우 모두, 기체를 파이프의 하류로 이동시킴으로써 발생하는 **마찰로 인해 엔트로피가 증가된**다. 예상한 바와 같이, **초음속 유동**에서는 마하수는 $\mathrm{M} = 1$에 도달할 때까지 감소한다. 여기서 유동은 임계길이에서 초킹된다. 하지만, **아음속 유동**일 때는 마하수가 증가한다. 이 결과는 일반적인 직관적 예상과는 반대이다. $\mathrm{M} \leq 1$일 때, 그림 13-26에서 언급한 바와 같이 압력이 급격하게 떨어지기 때문에 이러한 일이 발생한다. 이러한 압력 저하는 유속을 증가시킨 다음, 마찰은 유동을 감속시키는 저항을 제공할 수 있다.

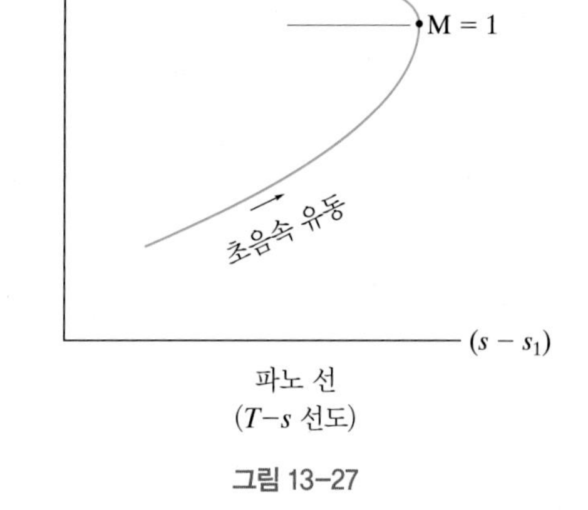

파노 선
(T−s 선도)

그림 13-27

요점 정리

- 열 손실 없이 파이프의 벽을 따라 마찰의 효과를 포함하는 파이프 또는 관을 통해 이상기체가 유동하는 것을 파노 유동이라고 한다. 마찰계수 f에 대한 평균값을 사용하여, 기체 상태량 T, V, ρ, p는 마하수가 알려진 파이프의 임의의 위치에서 결정될 수 있고, 제공된 상태량들은 $\mathrm{M} = 1$이 되는 기준점 또는 임계점에서 알 수 있다.
- 파이프 안의 마찰은 **아음속 유동**에서 $\mathrm{M} = 1$에 도달할 때까지 마하수를 증가시키고, **초음속 유동**에서는 마하수를 감소시킨다.

예제 13.12

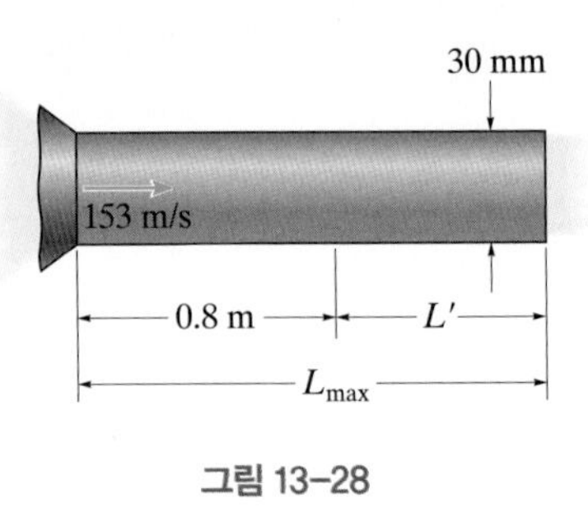

그림 13-28

공기가 그림 13-28과 같은 30 mm 직경의 파이프에 속도 153 m/s 및 온도 300 K로 유입된다. 평균마찰계수 $f = 0.040$이라면 출구에서 음속이 되기 위해서는 파이프의 길이 L_{max}가 얼마가 되어야 하는가? 또한, L_{max}에서와 $L = 0.8$m에서의 속도를 각각 구하라.

풀이

유체 설명 파이프를 따라 단열 및 정상 압축성 파노 유동이 흐른다고 가정한다.

최대 파이프길이 파이프의 임계 길이 L_{max}는 식 (13-50)이나 표 B-2를 이용하여 구할 수 있다. 먼저 초기 마하수를 구한다.

$$V = M\sqrt{kRT}; \qquad 153 \text{ m/s} = M_1\sqrt{1.4(286.9 \text{ J/kg}\cdot\text{K})(300 \text{ K})}$$

$$M_1 = 0.4408 < 1 \text{ 아음속 유동}$$

표 B-2를 이용하여, $(f/D)(L_{max}) = 1.6817$을 얻으면 최대 파이프 길이는

$$L_{max} = \left(\frac{0.03 \text{ m}}{0.040}\right)(1.6817) = 1.2613 \text{ m} = 1.26 \text{ m}$$ 답

출구에서 M = 1이다. 기체의 속도는 표로부터 얻을 수 있다. $M_1 = 0.4408$인 경우, $V_1/V^* = 0.47371$이다. 따라서,

$$V^* = \frac{V_1}{V_1/V^*} = \left(\frac{1}{0.47371}\right)(153 \text{ m/s}) = 322.98 \text{ m/s} = 323 \text{ m/s}$$ 답

$L = 0.8$m에서의 유동 상태량 표 및 식들은 임계점을 이용하기 때문에 이 지점의 $(f/D)L$을 반드시 구해야 한다. 그러므로

$$\frac{f}{D}L' = \frac{0.04}{0.03 \text{ m}}(1.2613 \text{ m} - 0.8 \text{ m}) = 0.6150$$

표를 이용하여 V/V^*에 대해 보간된 값으로

$$V = \frac{V}{V^*}V^* = (0.60667)(322.98 \text{ m/s}) = 196 \text{ m/s}$$ 답

공기가 파이프 하류로 800 mm 이동할 때, 속도가 153 m/s에서 196 m/s로 어떻게 증가되는지 주목하라. 연습문제로 온도가 300 K에서 260 K로 감소되면 파이프 끝의 속도 V^*가 식 $V^* = (1)\sqrt{kRT^*}$를 이용해 계산될 수 있음을 보여라. 여기서 $T^* = 259.71$ K이다.

예제 13.13

큰 저장고의 공기가 그림 13-29a와 같이 직경이 50 mm인 파이프로 흐른다 (M = 0.5). 파이프 출구에서 기체의 마하수를 구하라. $L = 1$m이다. 파이프를 늘려 $L = 2$ m가 되면 어떤 현상이 발생하는지 설명하라. 여기서 파이프의 마찰계수 $f = 0.030$이다.

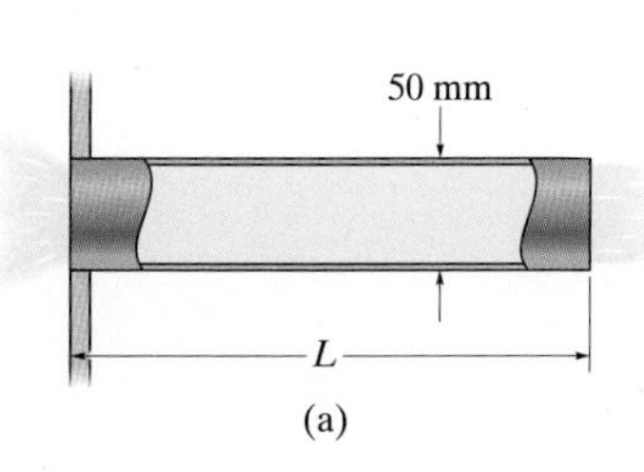

풀이

유체 설명 파이프를 따라 단열 및 정상 압축성 파노 유동이 흐른다고 가정한다.

$L = 1$ 먼저 파이프의 최대 길이 L_{max}를 계산하고 그 결과 $M_1 = 0.5$의 마하수로 입구공기가 유입될 때 출구에서는 음속(M = 1) 유동으로 초킹된다. 식 (13-50)이나 표 B-2로부터 다음을 얻을 수 있다.

$$\frac{f L_{max}}{D} = 1.0691; \quad L_{max} = \frac{1.0691(0.05 \text{ m})}{0.030} = 1.782 \text{ m}$$

$L = 1 \text{ m} < 1.782 \text{ m}$이므로 출구에서는

$$\frac{f}{D}L' = \frac{0.030}{(0.05 \text{ m})}(1.782 \text{ m} - 1 \text{ m}) = 0.4691$$

표 B-2를 사용하여

$$M_2 = 0.606$$ 답

$L = 2$ 최대 길이 L_{max}는 $M_1 = 0.5$일 때 출구에서 음속 유동(M = 1)을 만든다. 파이프의 길이를 2 m로 늘린 후 마찰이 파이프에 축소된 유동을 발생시킨다. 그 결과 음속 유동은 파이프의 출구에서 초킹된다. 이 경우,

$$\frac{f L_{max}}{D} = \frac{(0.03)(2 \text{ m})}{(0.05 \text{ m})} = 1.2$$

그 다음 표 B-2를 사용하여 새로운 입구 마하수를 구하면

$$M_1 = 0.485$$ 답

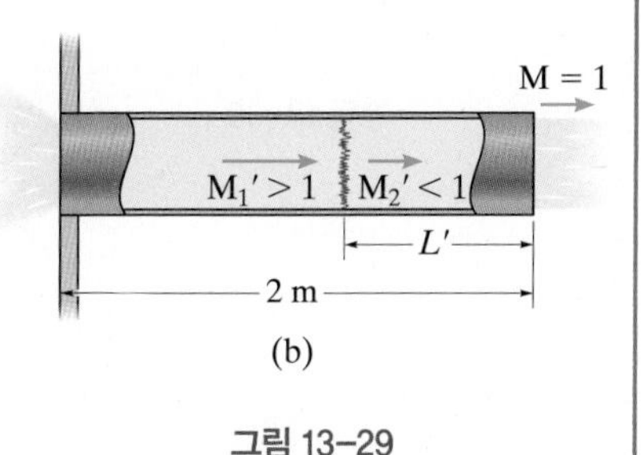

그림 13-29

주의 : 만약 확장된 파이프의 입구를 통해 초음속 유동이 유입된다면 어떤 현상이 발생할지 생각해보자. 이러한 경우, 여전히 파이프의 출구에서는 음속 유동(M = 1)이 될 것이다. 그러나 파이프 안에는 그림 13-19b와 같이 수직 충격파가 발생될 것이다. 이 충격파는 우측의 아음속 유동을 파가 지나가고 난 후 파 좌측의 유동을 초음속으로 바꿀 것이다. 13.9절에서 충격파 양쪽의 마하수 M_1'와 M_2'가 어떻게 연관되는지 보여줄 것이다. L'_1의 출구 마하수는 1이 되어야 하므로, 관계식들로 충격파의 특정 길이 L'을 구할 수 있게 된다. 파이프가 더 길어지면 충격파는 더욱 입구 쪽으로 이동할 것이고, 그런 다음 초음속 유동이 공급되는 노즐 안으로 이동한다. M = 1의 지점이 노즐목에 다다르면 유동은 초킹되고, 그로 인해 유량은 줄어들게 된다.

예제 13.14

방 안의 압력은 대기압(101 kPa)이고, 온도는 293 K이다. 방 안으로부터 공기가 100 mm 직경의 파이프로 등엔트로피적으로 유입된다고 하면, 파이프 입구에서의 절대압력 $p_1 = 80$ kPa이다. 이때의 질량유량을 구하고, $L = 0.9$ m에서의 정체압력과 온도를 계산하라. 평균마찰계수는 $f = 0.03$이다. 그리고 파이프의 전체길이 0.9 m에 작용하는 전체 마찰력은 얼마인가?

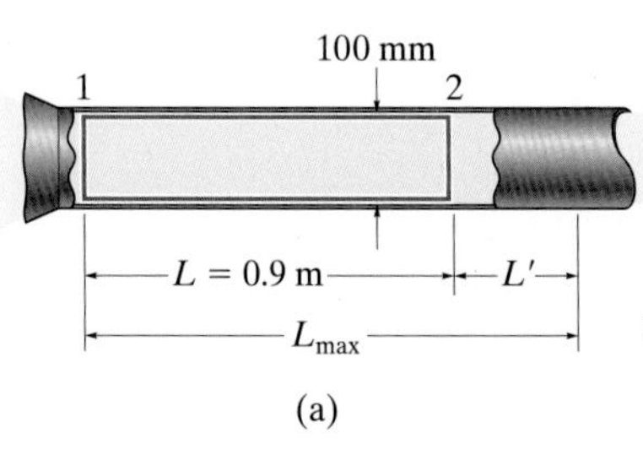

(a)

그림 13–30

풀이

유체 설명 파이프를 따라 단열 및 정상 압축성 파노 유동이 흐른다고 가정한다.

질량유량 파이프의 입구로 들어가는 질량유량은 식 $\dot{m} = \rho_1 V_1 A_1$으로 계산할 수 있으나, 이에 앞서 V_1과 ρ_1을 구해야 한다. 파이프 안 유동은 등엔트로피 유동이고, 정체압력 $p_0 = 101$ kPa인 동안 압력 $p_1 = 80$ kPa이기 때문에, 기체의 마하수와 입구온도를 식 (13-32)와 (13-31)을 사용하여 구할 수 있다.

$$\frac{p_1}{p_0} = \frac{80\text{ kPa}}{101\text{ kPa}} = 0.792$$

$$\text{M}_1 = 0.5868 \quad \text{and} \quad \frac{T_1}{T_0} = 0.93557$$

따라서, $T_1 = 0.93557(293\text{ K}) = 274.12$ K이 되므로

$$V_1 = \text{M}_1\sqrt{kRT_1} = 0.5868\sqrt{1.4(286.9\text{ J/kg}\cdot\text{K})(274.12\text{ K})}$$

$$= 194.71\text{ m/s}$$

ρ_1을 구하기 위해 이상기체방정식을 사용하면

$$p_1 = \rho_1 RT_1; \qquad 80\left(10^3\right)\text{ Pa} = \rho_1(286.9\text{ J/kg}\cdot\text{K})(274.12\text{ K})$$

$$\rho_1 = 1.0172\text{ kg/m}^3$$

질량유량은

$$\dot{m} = \rho_1 V_1 A_1 = \left(1.0172\text{ kg/m}^3\right)(194.71\text{ m/s})\left[\pi(0.05\text{ m})^2\right]$$

$$\dot{m} = 1.5556\text{ kg/s} = 1.56\text{ kg/s}$$ 답

정체압력 및 온도 파이프를 통한 단열유동이기 때문에 정체온도는 일정하게 유지된다.

$$(T_0)_2 = (T_0)_1 = 293\text{ K}$$ 답

등엔트로피 유동이 아니기 때문에 마찰은 파이프 전체에 걸쳐 **정체압력**을 변

화시킬 것이다. 표 B-2나 식 (13-56)을 사용함으로써 $L = 0.9$ m에서의 $(p_0)_2$를 계산할 수 있다.* 먼저 유동이 초킹되기 위해 필요한 파이프의 최대 길이 L_{max}를 찾아야 된다. $M_1 = 0.5868$을 이용하면 식 (13-50)으로 $fL_{max}/D = 0.03\ L_{max}/0.1 = 0.5455$가 되므로, $L_{max} = 1.8183$ m가 된다. 이 지점에서 식 (13-53), (13-56) 그리고 (13-55)는 다음과 같이 된다.

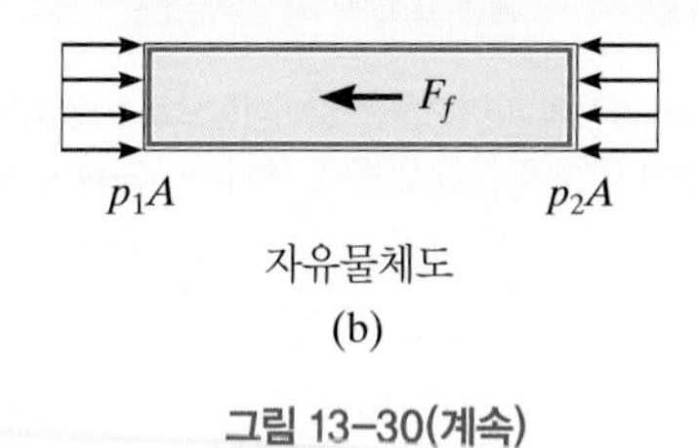

자유물체도
(b)

그림 13-30(계속)

$$\frac{V_1}{V^*} = 0.6218 \qquad V^* = \frac{194.71\text{ m/s}}{0.6218} = 313.16\text{ m/s}$$

$$\frac{(p_0)_1}{p_0^*} = 1.2043; \qquad p_0^* = \frac{101\text{ kPa}}{1.2043} = 83.87\text{ kPa}$$

$$\frac{p_1}{p^*} = 1.8057; \qquad p^* = \frac{80\text{ kPa}}{1.8057} = 44.30\text{ kPa}$$

L_{max}는 기준점이기 때문에 그림 13-30a의 2 지점에서 $fL'/D = 0.03(1.8183\text{ m} - 0.9\text{ m})/0.1\text{ m} = 0.27548$이 된다. 이 지점의 정체압력은 식 (13-56)으로부터

$$\frac{(p_0)_2}{p_0^*} = 1.1188; \qquad (p_0)_2 = 1.1188(83.87\text{ kPa}) = 93.8\text{ kPa}$$ 답

마찰력 발생되는 마찰력은 그림 13-30b에서와 같이 검사체적의 자유물체도에 적용된 운동량방정식을 이용해 얻을 수 있다. 먼저, 정압 p_2와 속도 V_2를 반드시 구해야 한다. $fL'/D = 0.27548$에서

$$\frac{p_2}{p^*} = 1.5689 \qquad p_2 = 1.5689(44.30\text{ kPa}) = 69.51\text{ kPa}$$

$$\frac{V_2}{V^*} = 0.7021; \quad V_2 = 0.7021(313.16\text{ m/s}) = 219.9\text{ m/s}$$

따라서

$$\overset{+}{\rightarrow} \Sigma \mathbf{F} = \frac{\partial}{\partial t}\int_{cv} \mathbf{V}\rho\, d\forall + \int_{cs} \mathbf{V}\rho\mathbf{V}\cdot d\mathbf{A}$$

$$-F_f + p_1 A - p_2 A = 0 + V_2 \dot{m} + V_1(-\dot{m})$$

$$-F_f + \left[80\left(10^3\right)\text{ N/m}^2\right]\left[\pi(0.05\text{ m})^2\right] - \left[69.51\left(10^3\right)\text{ N/m}^2\right]\left[\pi(0.05\text{ m})^2\right]$$
$$= 0 + 1.5556\text{ kg/s}\,(219.9\text{ m/s} - 194.71\text{ m/s})$$
$$F_f = 43.4\text{ N}$$ 답

* 표에 있는 값을 선형보간으로 구해 사용하는 것보다 식을 사용하면 더 정확한 값을 얻을 수 있다.

화학처리공장의 파이프들은 길이방향으로 가열되어 레일리히 유동 조건을 만든다. (© Eric Gevaert/Alamy)

13.8 압축성 유동에 대한 열전달의 영향

이 절에서는 일정한 단면적을 갖는 곧은 관의 벽을 통한 열전달이 있을 때, 일정한 비열을 갖는 이상기체의 압축성 정상유동에 열전달이 어떠한 영향을 미칠 것인지에 대해 고찰할 것이다. 이런 형태의 유동은 일반적으로 터보제트 엔진의 연소실에 있는 관과 덕트 안에서 발생한다. 여기서 열전달은 중요인자이며, 마찰은 무시될 수 있다. 또한 열은 관벽을 통해서만이 아니라 가스 자체에서도 추가된다. 예를 들면, 화학 공정이나 핵 방사선에 의해 발생될 수 있다. 어떤 형식으로든지 가열된 유동은 영국의 물리학자 Lord Rayleigh의 이름을 따서 **레일리히 유동**이라고 불린다. 수치 작업을 단순화하기 위해, 파노 유동과 동일하게 관에서 M = 1의 유동이 발생되는 임계 또는 초크 상태의 가스 상태량 T^*, p^*, ρ^* 그리고 V^*에 대한 기준점을 만들어 마하수에 관한 필수적인 방정식을 얻을 것이다. 이러한 상태에 대한 미소 검사체적은 그림 13-31a에 도시되어 있다. 여기서 ΔQ는 기체에 열이 공급된다면 양의 값이 되고, 냉각될 경우에는 음의 값이 된다.

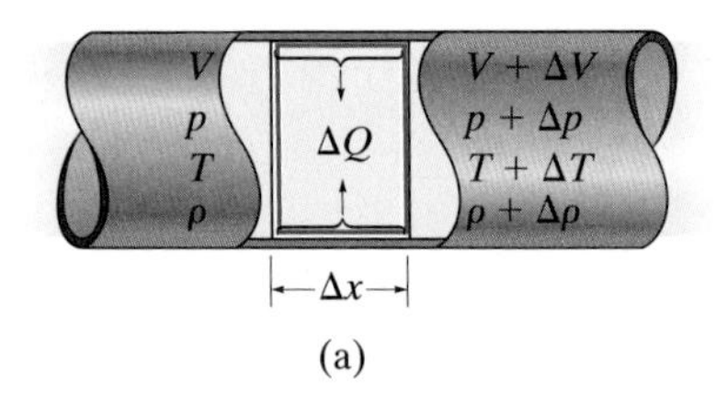

(a)

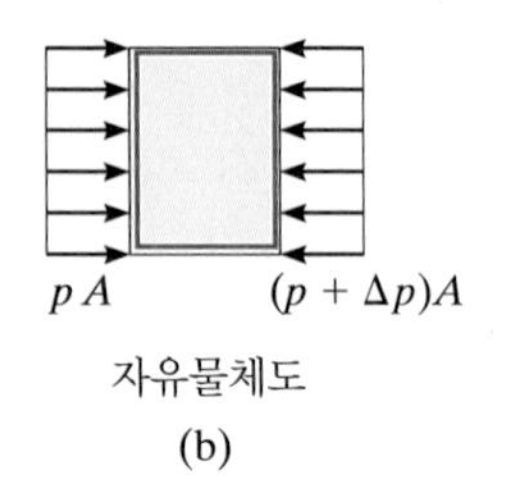

자유물체도

(b)

그림 13-31

연속방정식 연속방정식은 식 (13-43)과 동일하다. 즉,

$$\frac{d\rho}{\rho} + \frac{dV}{V} = 0 \tag{13-59}$$

선형 운동량방정식 그림 13-31b의 자유물체도와 같이 압력은 열린 검사표면에만 작용한다.

$$\overset{+}{\rightarrow} \Sigma \mathbf{F} = \frac{\partial}{\partial t}\int_{cv} \mathbf{V}\rho\, d\forall + \int_{cs} \mathbf{V}\rho\mathbf{V}\cdot d\mathbf{A}$$

$$-(p + \Delta p)A + p(A) = 0 + (V + \Delta V)(\rho + \Delta\rho)(V + \Delta V)A + V(-\rho VA)$$

식 (13-59)를 이용해 $d\rho$를 제거하면, 다음을 얻는다.

$$dp + \rho V dV = 0$$

p로 이 식을 나누고, ρ와 T를 제거하기 위해 이상기체의 법칙($p = \rho RT$)과 $V = \mathrm{M}\sqrt{kRT}$를 사용하면, 다음 식을 얻는다.

$$\frac{dp}{p} + k\mathrm{M}^2\frac{dV}{V} = 0 \tag{13-60}$$

이상기체의 법칙 이상기체 방정식($p = \rho RT$)을 연속방정식이 결합된 비분 형태로 표현되며, 다음 식 (13-45)를 얻게 된다.

$$\frac{dp}{p} = \frac{dT}{T} - \frac{dV}{V} \tag{13-61}$$

에너지방정식 기체에 대한 축일과 내부에너지의 변화가 없으므로 에너지방정식은 다음과 같이 된다.

$$\dot{Q}_{in} - \dot{W}_{turb} + \dot{W}_{pump} = \left[\left(h_{out} + \frac{V_{out}^2}{2} + gz_{out}\right) - \left(h_{in} + \frac{V_{in}^2}{2} + gz_{in}\right)\right]\dot{m}$$

$$\dot{Q} - 0 + 0 = \left[\left(h + \Delta h + \frac{(V + \Delta V)^2}{2} + 0\right) - \left(h + \frac{V^2}{2}\right)\right]\dot{m}$$

$\dot{m}$으로 양변을 나누면 다음과 같이 된다.

$$\frac{dQ}{dm} = dh + VdV$$

$$= d\left(h + \frac{V^2}{2}\right)$$

정체점에서, $h + V^2/2 = h_0$와 식 (13-10), $dh = c_p\,dT$를 사용하여 유한 열전달(ΔQ)에 대해 전개하면

$$\frac{dQ}{dm} = d(h_0) = c_p\,dT_0$$

$$\boxed{\frac{\Delta Q}{\Delta m} = c_p\left[(T_0)_2 - (T_0)_1\right]} \tag{13-62}$$

예상대로 단열과정이 아니기 때문에, 정체온도는 일정하게 유지되지 않는다는 것을 알 수 있다. 오히려 열전달의 작용으로 정체온도는 증가된다.

속도, 압력 그리고 온도가 마하수와 어떻게 연관되는지 설명하기 위해 위의 식들을 결합한 다음 적분할 것이다.

속도 $V = \mathrm{M}\sqrt{kRT}$이기 때문에, 파생된 식은 다음 식 (13-48)을 만들어낸다.

$$\frac{dV}{V} = \frac{d\mathrm{M}}{\mathrm{M}} + \frac{1}{2}\frac{dT}{T} \tag{13-63}$$

식 (13-60)과 (13-61)과 함께 이 식을 결합하면 다음을 얻을 수 있다.

$$\frac{dV}{V} = \frac{2}{\mathrm{M}(1 + k\mathrm{M}^2)}\,d\mathrm{M} \tag{13-64}$$

$V = V^*$, $M = 1$에서 $V = V$, $M = M$ 사이를 적분하면, 다음을 얻는다.

$$\frac{V}{V^*} = \frac{M^2(1 + k)}{1 + kM^2} \tag{13-65}$$

밀도 연속방정식으로부터 한정된 길이의 파이프에 대해, $\rho^* V^* A = \rho V A$나 $V/V^* = \rho^*/\rho$ 그리고 밀도들은 다음과 연관된다.

$$\frac{\rho}{\rho^*} = \frac{1 + kM^2}{M^2(1 + k)} \tag{13-66}$$

압력 압력에 대해 식 (13-60)과 (13-64)를 결합하면 다음을 얻는다.

$$\frac{dp}{p} = -\frac{2kM}{-1 + kM^2}\,dM$$

$p = p^*$, $M = 1$에서 $p = p$, $M = M$까지 적분하면 아래의 식과 같다.

$$\frac{\rho}{\rho^*} = \frac{1 + kM^2}{M^2(1 + k)} \tag{13-67}$$

온도 마지막으로, 온도비는 식 (13-64)를 식 (13-63)으로 대입함으로써 결정된다.

$$\frac{dT}{T} = \frac{2\left(1 - kM^2\right)}{M\left(1 + kM^2\right)}\,dM$$

그리고 $T = T^*$, $M = 1$에서 $T = T$, $M = M$까지 적분하면 다음의 식을 얻을 수 있다.

$$\frac{T}{T^*} = \frac{M^2(1 + k)^2}{\left(1 + kM^2\right)^2} \tag{13-68}$$

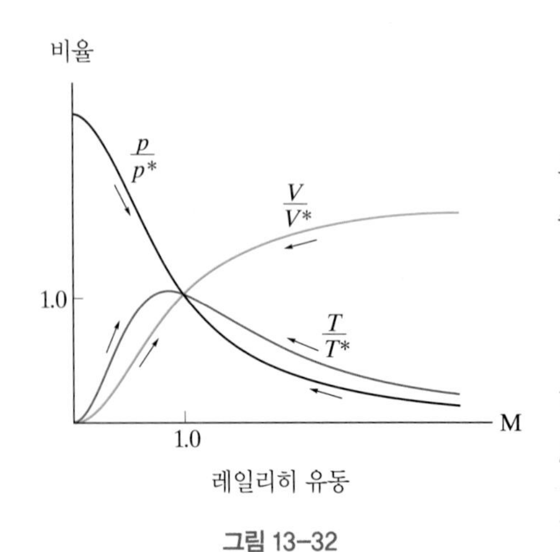

그림 13-32

마하수 대 V/V^*, p/p^*그리고 T/T^*의 변화를 그림 13-32에 도시하였고, $k = 1.4$에 대한 수치들은 부록 B의 표 B-3에서 얻었다.

정체온도 및 압력 파이프의 한 위치, 임계 및 기준점에서의 정체온도와 정체압력비는 계산이 필요하다. 식 (13-68)과 (13-31)을 사용하여 다음과 같이 정의된다.

$$\frac{T_0}{T_0^*} = \frac{T_0}{T}\frac{T}{T_0^*}\frac{T^*}{T_0^*} = \left(1 + \frac{k-1}{2}M^2\right)\left[\frac{M^2\left(1 + k\right)^2}{\left(1 + kM^2\right)^2}\right]\frac{2}{k + 1}$$

$$\frac{T_0}{T_0^*} = \frac{2(k + 1)M^2\left(1 + \frac{k-1}{2}M^2\right)}{\left(1 + kM^2\right)^2} \tag{13-69}$$

유사한 방식으로, 식 (13-67)과 (13-32)의 압력비를 사용함으로써 다음을 얻는다.

$$\frac{p_0}{p_0^*} = \left(\frac{1 + k}{1 + k\text{M}^2}\right)\left[\left(\frac{2}{k + 1}\right)\left(1 + \frac{k - 1}{2}\text{M}^2\right)\right]^{k/(k-1)} \tag{13-70}$$

편의를 위해 이 비율들은 표 B-3에서 주어진다.

레일리히 선 레일리히 유동을 쉽게 이해하기 위해서, 파노 유동에서 다뤘던 것처럼 기체의 엔트로피가 온도에 의해 어떻게 변하는가를 설명할 것이다. M = 1인 임계상태에서, 온도비 및 압력비에 관련된 엔트로피의 변화는 식 (13-20)로 설명된다.

$$s - s^* = c_p \ln \frac{T}{T^*} - R \ln \frac{p}{p^*}$$

마지막 항은 식 (13-67)을 제곱함으로써 온도에 관하여 표현될 수 있으며, 이를 식 (13-68)에 대입함으로써 다음을 구할 수 있다.

$$\left(\frac{p}{p^*}\right)^2 = \frac{T}{\text{M}^2 T^*}$$

그 결과, 식 (13-68)에서 M_2에 대해 풀고 위의 식에 대입하였을 때, 엔트로피의 변화는 다음과 같다.

$$s - s^* = c_p \ln \frac{T}{T^*} - R \ln \left[\frac{k + 1}{2} \pm \sqrt{\left(\frac{k + 1}{2}\right)^2 - k\frac{T}{T^*}}\right]$$

이 방정식을 그래프화하면, 그림 13-33에서 보여지는 **레일리히 선도**(T-s 선도)가 나타난다. $ds/dT = 0$의 조건일 때, 파노 유동과 같이 엔트로피의 최대치는 M = 1에서 발생한다. 또한, 파노 유동처럼 그래프의 상부는 아음속 유동(M < 1)으로 정의되고, 하부는 초음속 유동(M > 1)으로 정의된다. **초음속 유동**에서 가열은 기체온도의 증가를 야기시키는 반면, M = 1에 도달할 때까지 마하수는 감소한다. M = 1에서 유동은 초킹된다. 따라서 초음속 유동을 증가시키기 위해서는 가열 열량보다 더 큰 냉각 열량이 필요하다. **아음속 유동**에서의 가열은 최대 온도 $T_{\max}$에 도달하게 만들고, 마하수를 $\text{M} = 1/\sqrt{k}$까지 증가시킨다($dT/ds = 0$). 그런 다음 기체의 온도는 떨어지게 될 것이고, 마하수는 M = 1로 최대치가 된다. 이러한 현상은 그림 13-32에서 분명하게 나타난다.

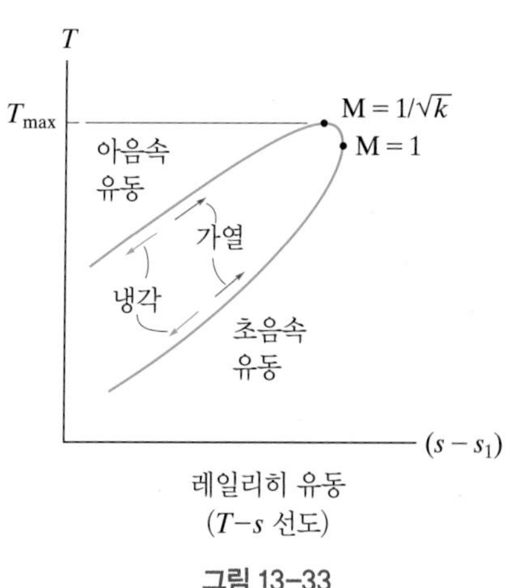

레일리히 유동
(T−s 선도)

그림 13-33

요점 정리

- 레일리히 유동은 기체가 파이프나 덕트를 통해 흐를 때 열이 추가되거나 빠져나가면서 발생한다. 그 과정은 단열과정이 아니기 때문에, 정체 온도는 일정하지 않다.
- 파이프 안의 마하수를 알고, 기준 및 임계점(M = 1)에서의 상태량이 주어진다면 특정 위치에서의 기체상태량 V, ρ, p, 그리고 T를 정의할 수 있다.

예제 13.15

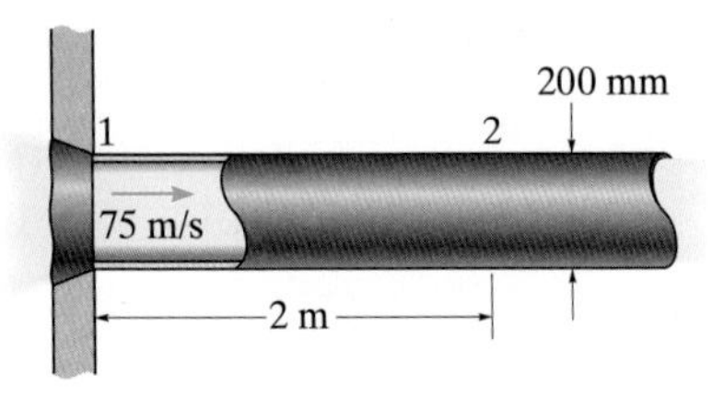

그림 13-34

그림 13-34와 같이 외부의 공기가 직경 200 mm의 파이프에 등엔트로피적으로 유입된다. 공기가 위치 1에 닿을 때의 온도 295 K, 속도 75 m/s 그리고 절대압력은 135 kPa이다. 파이프 벽면에서 100 kJ/kg·m의 열이 공급된다면 위치 2에서 기체의 상태량을 구하라.

풀이

유체 설명 비점성 정상 압축성 유동이라 가정한다. 가열되기 때문에 레일리히 유동이다.

임계점에서 기체의 상태량 위치 2에서 기체의 상태량은 표 B-3에 있는 임계점에서의 상태량(M = 1)을 이용하여 구할 수 있다. 먼저 위치 1에서의 상태량들을 이용하여 마하수 M_1을 구한다.

$$V_1 = M_1\sqrt{kRT_1} \qquad 75\text{ m/s} = M_1\sqrt{1.4(286.9\text{ J/kg}\cdot\text{K})(295\text{ K})}$$

$$M_1 = 0.2179 < 1 \quad \text{아음속}$$

표 B-1을 이용하면

$$T^* = \frac{T_1}{T_1/T^*} = \frac{295\text{ K}}{0.24046} = 1226.84\text{ K}$$

$$p^* = \frac{p_1}{p_1/p^*} = \frac{135\text{ kPa}}{2.2504} = 59.99\text{ kPa}$$

$$V^* = \frac{V_1}{V_1/V^*} = \frac{75\text{ m/s}}{0.10686} = 701.84\text{ m/s}$$

위치 2에서 기체의 상태량 식 (13-69)를 사용하여 위치 2에서의 마하수를 구할 수 있다. 그러나 그 전에 표나 식을 이용하여 정체온도 $(T_0)_2$와 $T_0{}^*$를 찾아야 한다. 먼저 식 (13-31)이나 표 B-1에서 $M_1 = 0.2179$에 대한 $(T_0)_1$를 구할 수 있다.

$$(T_0)_1 = \frac{T_1}{T_1/(T_0)_1} = \frac{295\text{ K}}{0.9904} = 297.86\text{ K}$$

여기에 식 (13-62)의 에너지방정식을 이용하면

$$c_p = \frac{kR}{k-1} = \frac{1.4(286.9\text{ J/kg}\cdot\text{K})}{1.4-1} = 1004.15\text{ J/kg}\cdot\text{K}$$

$$\frac{\Delta Q}{\Delta m} = c_p\left[(T_0)_2 - (T_0)_1\right]$$

$$\frac{100(10^3)\text{ J}}{\text{kg}\cdot\text{m}}(2\text{ m}) = \left[1.00415(10^3)\text{ J/kg}\cdot\text{K}\right]\left[(T_0)_2 - 297.9\text{ K}\right]$$

$$(T_0)_2 = 497.03\text{ K}$$

또한 $M_1 = 0.2179$에 대해 표 B-3으로부터 임계점에서 정체온도를 찾아 대입하면

$$T_0^* = \frac{(T_0)_1}{(T_0)_1/T_0^*} = \frac{297.86\text{ K}}{0.20229} = 1472.44\text{ K}$$

마지막으로 정체온도비로부터 M_2를 구하면

$$\frac{(T_0)_2}{T_0^*} = \frac{497.03\text{ K}}{1472.44\text{ K}} = 0.33756$$

표 B-3을 이용해 $M_2 = 0.2949$를 얻게 된다. M_2에서의 다른 값들은

$$T_2 = T^*\left(\frac{T_2}{T^*}\right) = 1226.84\text{ K}(0.39813) = 488\text{ K}$$ 답

$$p_2 = p^*\left(\frac{p_2}{p^*}\right) = 59.99\text{ kPa}(2.1394) = 128\text{ kPa}$$ 답

$$V_2 = V^*\left(\frac{V_2}{V^*}\right) = 701.84\text{ m/s}\ (0.18612) = 131\text{ m/s}$$ 답

이 결과는 $M_1 = 0.2179$에서 $M_2 = 0.2949$로 증가함에 따라 압력은 135 kPa에서 128 kPa로 감소하고, 온도는 295 K에서 488 K로, 속도는 75 m/s에서 131 m/s로 각각 증가하는 것을 나타낸다. 이러한 변화는 그림 13-32의 레일리히 아음속 유동에 대한 경향과 같다.

이 로켓의 배기장치는 이론상 충격파가 발생되지 않고, 초음속으로 노즐을 통과하게 설계되었다. 그러나 로켓이 상승하므로 주변 압력은 감소하게 되고, 그 결과 배기장치는 노즐의 밖으로 팽창파를 발생시킬 것이다. (© Valerijs Kostreckis/Alamy)

13.9 수직 충격파

고속의 비행기나 로켓, 초음속 풍동에 사용되는 노즐 또는 디퓨저를 설계할 때, 노즐 내부에 정지 충격파를 발생시키는 것이 가능하다. 이전의 내용에서 언급했듯이, 파노와 레일리히 유동 모두에서 관 안에 정지 충격파가 발생될 수 있다. 이 절에서는 마하수의 함수인 유동 상태량들이 충격파를 지나 어떻게 변하는지 알아본다. 이를 위해 연속방정식과 운동량방정식, 에너지방정식 그리고 이상기체방정식을 사용한다.

13.3절에 본 바와 같이 충격파는 매우 얇은 고강도 압축파이다. 만약 충격파가 '고정상태'라면 그것이 정지되어 있음을 의미한다. 그림 13-35a와 같이 충격파의 하류에서는 온도와 압력 그리고 밀도는 높아지고 속도는 느려지는 반면에, 상류에서는 반대의 효과가 나타난다. 다량의 열전달과 점성마찰이 기체분자의 빠른 감속으로 인해 충격파 내에서 발생된다. 결과적으로, 충격파 내의 열역학적 과정은 **비가역과정**이고, 충격파를 지나게 되면 엔트로피는 증가될 것이다. 그러므로, 그 과정은 등엔트로피 과정이 아니게 된다. 만약 충격파를 둘러싸는 검사체적과 약간의 거리를 확장하는 것을 고려한다면, 검사표면을 통해 열이 통과되지 않기 때문에 검사체적 안의 기체 시스템은 **단열과정**을 겪는다. 대신 온도변화는 검사체적 내에서 발생된다.

① ②
T_1, p_1, ρ_1(낮음) T_2, p_2, ρ_2(높음)
$M_1 > 1$ $M_2 < 1$
충격파 상류 충격파 하류
뒤 앞

고정 충격파

(a)

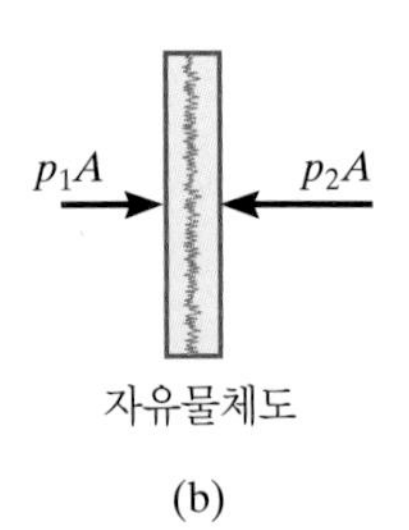

자유물체도

(b)

그림 13-35

연속방정식 충격파가 정지된 상태일 때, 유동은 정상상태이고* 연속방정식은 다음과 같다.

$$\frac{\partial}{\partial t}\int_{cv} \rho \, d\forall + \int_{cs} \rho \mathbf{V} \cdot d\mathbf{A} = 0$$

$$0 - \rho_1 V_1 A + \rho_2 V_2 A = 0$$

$$\rho_1 V_1 = \rho_2 V_2 \qquad (13\text{-}71)$$

선형 운동량방정식 그림 13-35b에 검사체적의 자유물체도에 보여지는 것과 같이, 압력에 의한 힘은 파의 각 면에만 작용한다. 하지만 이 힘들은 기체를 감속시키는 차이를 가지고 있고, 이로 인해 운동량 손실이 발생된다. 선형 운동량방정식을 적용하면,

$$\overset{+}{\rightarrow} \Sigma \mathbf{F} = \frac{\partial}{\partial t}\int_{cv} \mathbf{V} \rho \, d\forall + \int_{cs} \mathbf{V} \rho \mathbf{V} \cdot d\mathbf{A}$$

$$p_1 A - p_2 A = 0 + V_1 \rho_1(-V_1 A) + V_2 \rho_2 (V_2 A)$$

$$p_1 + \rho_1 V_1^2 = p_2 + \rho_2 V_2^2 \qquad (13\text{-}72)$$

* 충격파가 이동한다 해도 기준점을 충격파에 고정하면 정상유동이 발생되어 같은 결과를 얻게 된다.

이 식을 통하여 파의 각 면과 관련된 마하수와 파를 지나고 다음 가스 상태량의 비, T, p_1 그리고 ρ를 얻을 수 있다.

이상기체의 법칙 일정 비열이 포함된 이상기체를 고려하고, $p = \rho RT$인 이상기체의 법칙을 사용하면 다음 식 (13-72)를 얻는다.

$$p_1\left(1 + \frac{V_1^2}{RT_1}\right) = p_2\left(1 + \frac{V_2^2}{RT_2}\right)$$

$V = \mathrm{M}\sqrt{kRT}$이기 때문에, 압력비는 마하수와 관련하여 다음의 식이 유도된다.

$$\frac{p_2}{p_1} = \frac{1 + k\mathrm{M}_1^2}{1 + k\mathrm{M}_2^2} \tag{13-73}$$

에너지방정식 단열과정이 발생하기 때문에, 정체온도는 충격파를 지나 일정하게 유지될 것이다. 그러므로, $(T_0)_1 = (T_0)_2$이 되고, 에너지방정식으로부터 유도된다.

$$\frac{T_2}{T_1} = \frac{1 + \dfrac{k-1}{2}\mathrm{M}_1^2}{1 + \dfrac{k-1}{2}\mathrm{M}_2^2} \tag{13-74}$$

충격파의 각 면에 대한 속도비는 식 (13-27), $V = \mathrm{M}\sqrt{kRT}$로부터 결정된다.

$$\frac{V_2}{V_1} = \frac{\mathrm{M}_2\sqrt{kRT_2}}{\mathrm{M}_1\sqrt{kRT_1}} = \frac{\mathrm{M}_2}{\mathrm{M}_1}\sqrt{\frac{T_2}{T_1}} \tag{13-75}$$

식 (13-74)를 사용하면 다음 결과를 얻는다.

$$\frac{V_2}{V_1} = \frac{\mathrm{M}_2}{\mathrm{M}_1}\left[\frac{1 + \dfrac{k-1}{2}\mathrm{M}_1^2}{1 + \dfrac{k-1}{2}\mathrm{M}_2^2}\right]^{1/2} \tag{13-76}$$

식 (13-71)의 연속방정식으로부터 밀도비를 얻을 수 있다.

$$\frac{\rho_2}{\rho_1} = \frac{V_1}{V_2} = \frac{\mathrm{M}_1}{\mathrm{M}_2}\left[\frac{1 + \dfrac{k-1}{2}\mathrm{M}_2^2}{1 + \dfrac{k-1}{2}\mathrm{M}_1^2}\right]^{1/2} \tag{13-77}$$

이상기체의 법칙을 사용하여 얻어지는 온도비에 의해 마하수 M_1과 M_2 사이의 관계식을 만들 수 있다.

$$\frac{T_2}{T_1} = \frac{p_2/\rho_2 R}{p_1/\rho_1 R} = \frac{p_2}{p_1}\left(\frac{\rho_1}{\rho_2}\right)$$

식 (13-73)과 (13-74), (13-77)을 대입하고 식 (13-74)와 동일시하면, M_1에 관하여 M_2를 풀 수 있을 것이다. 두 가지 해법이 가능하다. 첫 번째 해는 무의미한 것으로 $M_2 = M_1$을 만족시키고, 충격파가 없는 등엔트로피 유동의 경우이다. 두 번째 해는 비가역 유동에 대한 해로서, 다음과 같은 관계식이 주어진다.

$$M_2^2 = \frac{M_1^2 + \dfrac{2}{k-1}}{\dfrac{2k}{k-1}M_1^2 - 1} \tag{13-78}$$

그러므로 M_1을 안다면, M_2는 이 식으로부터 알 수 있다. 또한 충격파의 앞 뒤에서 발생하는 p_2/p_1, T_2/T_1, V_2/V_1 그리고 ρ_2/ρ_1는 이전의 방정식들로부터 결정된다.

마지막으로 충격파를 지나고 발생하는 엔트로피의 증가는 식 (13-20)[또는 식 (13-19)]으로부터 알 수 있다.

$$s_2 - s_1 = c_p \ln\frac{T_2}{T_1} - R\ln\frac{p_2}{p_1} \tag{13-79}$$

충격파를 지난 정체압력은 $s_2 - s_1$의 증가로 감소할 것이다. $(p_0)_2/(p_0)_1$를 결정하기 위해서, 식 (13-32)를 사용하면

$$\frac{(p_0)_2}{(p_0)_1} = \left(\frac{(p_0)_2}{p_2}\right)\left(\frac{p_2}{p_1}\right)\left(\frac{p_1}{(p_0)_1}\right) = \frac{p_2}{p_1}\left[\frac{1 + \dfrac{k-1}{2}M_2^2}{1 + \dfrac{k-1}{2}M_1^2}\right]^{k/(k-1)} \tag{13-80}$$

식 (13-73)과 (13-78)을 조합하면

$$\frac{p_2}{p_1} = \frac{2k}{k+1}M_1^2 - \frac{k-1}{k+1} \tag{13-81}$$

윗식과 식 (13-78)을 식 (13-80)에 대입하여 간소화하면 다음 결과를 얻는다.

$$\frac{(p_0)_2}{(p_0)_1} = \frac{\left[\dfrac{\dfrac{k+1}{2}M_1^2}{1 + \dfrac{k-1}{2}M_1^2}\right]^{k/(k-1)}}{\left[\dfrac{2k}{k+1}M_1^2 - \dfrac{k-1}{k+1}\right]^{1/(k-1)}} \tag{13-82}$$

편의를 위해, p_2/p_1, ρ_2/ρ_1, T_2/T_1와 M_2와 더불어 이 비는 $k = 1.4$에 대해서 부록 B의 표 B-4에 첨부되어 있다.

k의 특정 값에 대해, 그림 13-35a처럼 초음속 유동($M_1 > 1$)이 충격파 뒤에서 발생할 때, 충격파 앞에서는 항상 아음속 유동($M_2 < 1$)이 발생한다는 것을 식 (13-78)을 사용함으로써 알 수 있다. 이러한 현상은 식 (13-79)로부터 결정

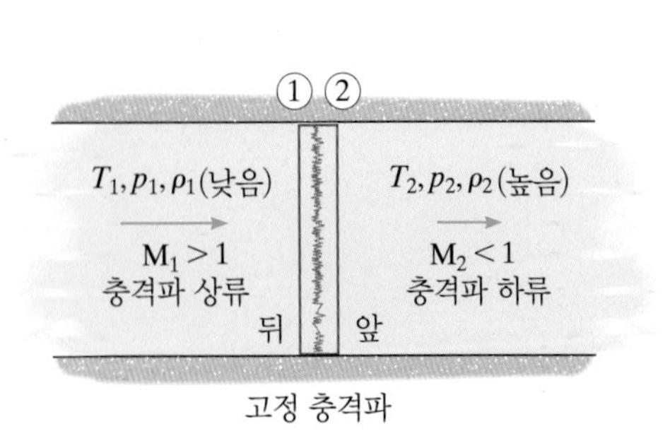

고정 충격파

(a)

그림 13-35

되는 엔트로피의 증가 때문에 생기며, 이는 열역학 제2법칙에 따른다. 충격파 뒤의 유동은 아음속($M_1 < 1$)이 될 수 없다는 것을 인지하라. 만약 충격파 뒤의 유동이 아음속이 된다면 식 (13-78)에 의해 충격파 앞의 유동이 반드시 초음속($M_2 > 1$)이 되게 된다. 이는 식 (13-79)로부터 엔트로피의 감소를 초래하며, 이 결과는 열역학 제2법칙을 위배하는 것으로 불가능하다.

13.10 노즐 내에서의 충격파

예를 들어, 로켓에 사용되는 추진노즐은 로켓이 상승할 때 외부 압력과 온도의 조건을 변화시킨다. 그 결과로 압력의 함수인 추진력 역시 변할 것이다. 따라서 노즐 안에 충격파를 형성시키고, 그 다음 노즐효율이 손실될 것이다. 이 과정을 이해하기 위해서, 그림 13-36a와 같이 다양한 배압 변화에 따른 축소-확대(라발) 노즐에서의 압력 변화들을 다시 복습해보자.

- 그림 13-36b에 나타나 있는 것과 같이 배압이 정체압력과 같을 때($p_1 = p_0$) 노즐을 통한 유동은 발생하지 않는다(선 1).
- p_2로 배압을 낮추면, 노즐을 통해 아음속 유동이 발생하고 최저압력과 최고 속도는 노즐목에서 나타난다. 이 유동은 등엔트로피 유동이다(선 2).
- 배압이 p_3로 낮아졌을 때, 노즐목에서 음속($M = 1$)이 되고, 아음속 등엔트로피 유동은 노즐의 축소부와 확대부에서 계속 발생한다. 이 부분에서, 노즐을 통한 **최대 질량유량**이 발생되고, 이후 배압을 더 감소시켜도 질량유량은 증가하지 않는다(선 3).
- 배압이 p_5로 낮아졌을 때, 수직충격파는 그림 13-36c와 같이 노즐의 확대부 안에서 발생될 것이며, 이 유동은 등엔트로피 유동이 아니다. 그림 13-36b(선 5)처럼 충격파를 지난 압력은 A에서 B까지 급격하게 증가하게 되고, 충격파부터 노즐 끝단까지 아음속 유동을 발생시킨다. 즉, 그 압력은 B로부터의 곡선을 따르고 출구에서 배압에 도달한다.
- 배압(p_6)의 추가적인 감소는 그림 13-36d와 같이 출구로 충격파를 이동시킬 것이다. 여기서 확대부의 전체에 걸쳐 초음속 유동이 발생되고, 충격파 왼쪽의 압력이 p_4에 도달하게 된다. 출구에서의 충격파는 p_4에서 p_6까지 급격하게 압력을 변화시키고, 그 결과 출구 유동을 아음속으로 만든다(선 6).
- 또한 p_6에서 p_7까지 배압의 추가적인 감소는 노즐 출구면의 왼쪽에 위치한 압력에 영향을 주지 않을 것이다. 그리고 $p_4 < p_7$의 상태로 유지될 것이다. 이 조건하에, p_4에서 그 기체분자들은 p_7일 때보다 압력이 더 떨어지게 되고, 그 기체는 **과도팽창**(overexpanded)되었다고 말한다. 결과적으로 그림 13-36e와 같이 노즐로부터 유동이 확장되고 기체의 압력이 배압과 같아지도록 상승하

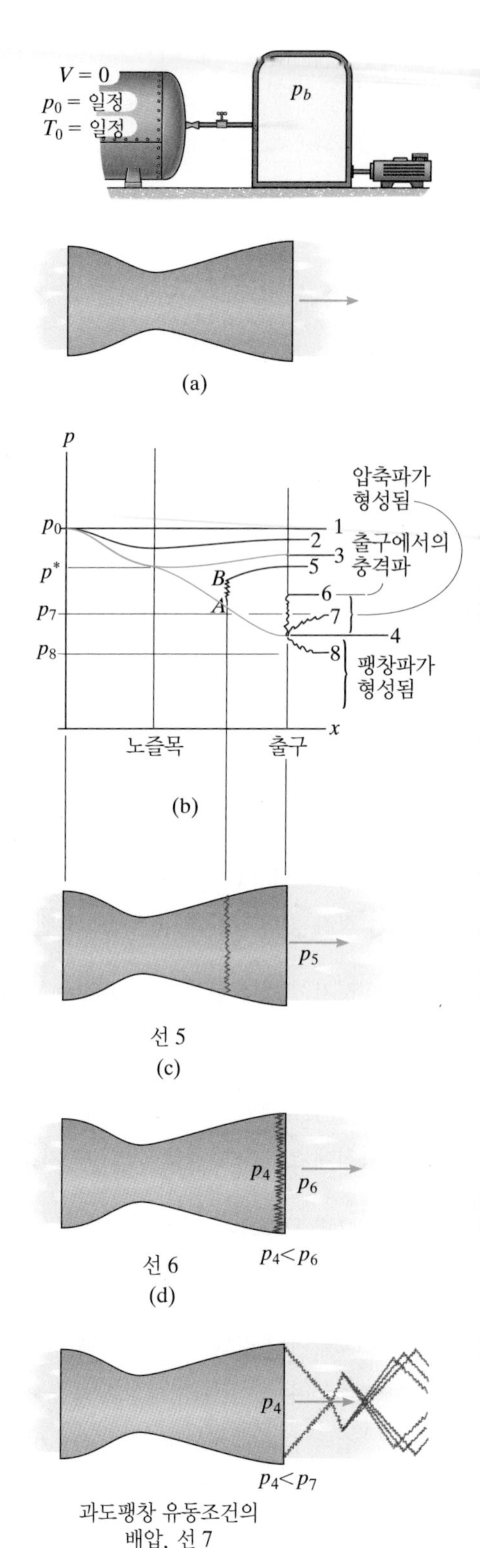

그림 13-36

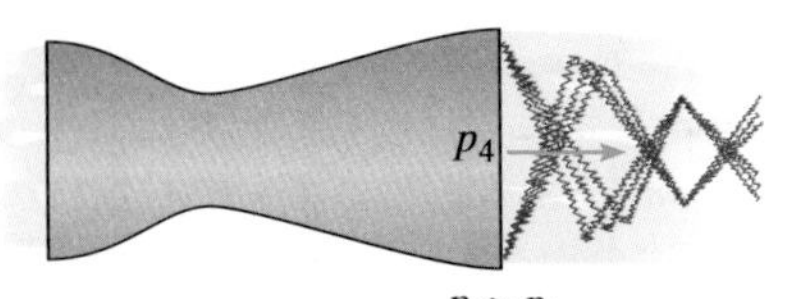

부족팽창 유동조건의 배합, 선 8

(f)

그림 13-36(계속)

게 되므로(p_7), 노즐 외부에서는 다이아몬드 형태의 경사 압축 충격파(oblique compression shock waves)가 발생할 것이다.

- 배압이 p_4로 낮아졌을 경우 축소부의 아음속 유동과 노즐목에서의 음속 유동 그리고 확대부에서는 초음속 유동이 발생되는 노즐의 등엔트로피 설계 조건을 만족하게 된다(선 4). 이때 **충격파는 생성되지 않게 되고,** 에너지가 손실이 발생되지 않아 최대 효율 조건이 된다.
- 배압의 추가적인 감소는 노즐 출구부의 왼쪽에 위치한 압력(p_4)이 배압(p_8)보다 더 높아지기 때문에($p_4 > p_8$) **부족팽창되는** 확대부의 내부 유동을 야기시킬 것이다. 결과적으로 그림 13-36f처럼 압력이 배압과 같아질 때까지 노즐 외부에서는 **다이아몬드 형태**의 팽창파가 발생하게 될 것이다.

과도팽창 유동과 부족팽창 유동의 효과는 13.12절에 잘 설명되어 있다. 또한, 이에 대한 자세한 설명은 기체역학과 관련된 책에서 더욱 철저히 다루어진다. 예를 들어 참고문헌 [3]을 참조하라.

요점 정리

- 충격파는 매우 얇다. 충격파 내부의 마찰효과로 인해 엔트로피가 증가하므로 등엔트로피 과정이 아니다. 단열과정이기 때문에 열을 얻거나 손실되지 않으며, 충격파의 각 면에 대한 정체온도는 같다. 하지만, 정체압력과 밀도는 정지 충격파 앞에서 엔트로피 변화로 인해 더욱 커질 것이다.
- 정지 충격파 뒤의 유동 마하수(M_1)를 안다면, 충격파 앞의 마하수(M_2)를 구할 수 있다. 또한, 그 충격파 뒤의 온도, 압력 그리고 밀도, T_1, p_1, ρ_1을 알 수 있는 값이라면, 충격파 앞에 위치한 T_2, p_2, ρ_2 값 역시 알 수 있다.
- 정지 충격파 뒤의 유동은 항상 초음속이고, 충격파 앞의 유동은 항상 아음속이 된다. 그 반대 효과는 열역학 제2법칙에 위배되기 때문에 발생되지 않는다.
- 그림 13-35b의 선 4와 같이 축소-확대 노즐은 노즐목에서 M = 1과 출구에서는 초음속으로 등엔트로피 유동을 발생시키는 배압을 이용할 때 가장 효율적이다. 이 조건은 열전달이 없거나 마찰손실을 발생시키지 않는 설계 조건이다.
- 노즐이 초킹될 때, 노즐목에서 M = 1과 출구에서 아음속 유동 상태를 가진다(선 3). 이후 배압의 감소는 노즐의 확대부(선 5) 안에서 형성하는 충격파 발생을 야기시킨다. p_6까지의 배압이 감소하면 충격파는 출구를 향해 이동하여 결국 출구에 도달하게 된다(선 6).
- p_7까지 배압을 감소시키면 노즐의 가장자리에서 멀리 형성되는 충격파가 생성된다. 배압이 p_4로 줄었을 때, 초음속 등엔트로피 유동이 발생한다. 그리고 마지막으로, 배압이 p_8으로 떨어졌을 때, 노즐 가장자리에 **부족팽창**의 상태를 만들어내는 팽창파가 형성될 것이다.

예제 13.16

그림 13-37의 파이프로 공기가 이송된다. 고정 충격파 바로 뒤에서 측정된 공기의 상태량은 각각 온도 20°C, 절대압력 30 kPa, 속도 550 m/s이다. 고정 충격파 앞의 기체에 대한 온도, 압력, 속도를 구하라.

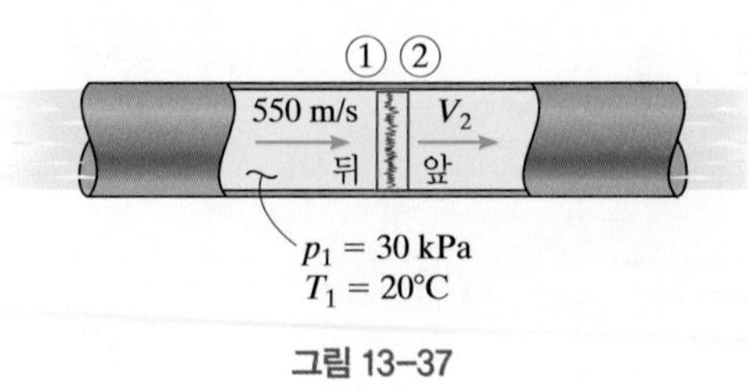

그림 13–37

풀이

유체 설명 충격파는 단열과정이며, 앞뒤로 정상유동이 발생된다.

해석 그림 13-37에서 보이는 것과 같이 검사체적에는 충격파가 포함된다. 공기의 비열비는 1.4이므로 식을 이용하는 것보다 표 B-4를 이용하여 문제를 푸는 것이 더 쉽다. 그렇지만 먼저 M_1을 구해야 한다.

$$M_1 = \frac{V_1}{\sqrt{kRT_1}} = \frac{550 \text{ m/s}}{\sqrt{1.4(286.9 \text{ J/kg}\cdot\text{K})(273 + 20) \text{ K}}} = 1.6032$$

$M_1 > 1$이므로 $M_2 < 1$이 될 것이고, 충격파 앞의 압력과 온도는 증가될 것이다.

$M_1 = 1.6032$를 이용하여 충격파 앞의 M_2와 압력비 및 온도비는 표 B-4로부터 얻을 수 있다.

$$M_2 = 0.66747$$

$$\frac{p_2}{p_1} = 2.8322$$

$$\frac{T_2}{T_1} = 1.3902$$

따라서

$$p_2 = 2.8322(30 \text{ kPa}) = 85.0 \text{ kPa}$$ 답

$$T_2 = 1.3902(273 + 20) \text{ K} = 407.3 \text{ K}$$ 답

충격파 앞에 기체의 속도는 식 (13-76)이나 이미 T_2를 알기 때문에 식 (13-27)을 사용하여 구할 수 있다.

$$V_2 = M_2\sqrt{kRT_2} = 0.66747\sqrt{1.4(286.9 \text{ J/kg}\cdot\text{K})(407.3 \text{ K})} = 270 \text{ m/s}$$ 답

예제 13.17

절대압력 50 kPa과 온도 8°C에서 제트기가 M = 1.5로 이동하고 있다. 이 속도에서는 그림 13-38a에서 보이는 것과 같이 엔진 흡입구에서 충격파가 발생된다. 충격파 바로 앞의 기체 압력과 속도를 구하라.

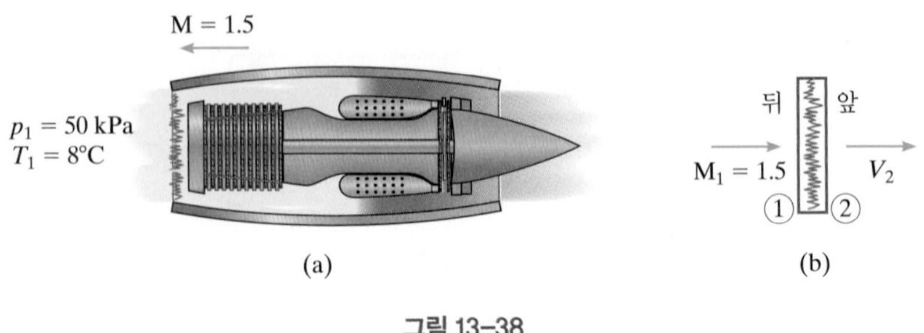

그림 13-38

풀이

유체 설명 충격파를 포함한 검사체적은 엔진과 같이 움직이고 그 결과 검사표면을 통해 정상유동이 발생된다. 그리고 충격파 안은 단열과정이다.

해석 식 $V_2 = M_2\sqrt{kRT_2}$로부터 속도 V_2를 구할 수 있으므로 먼저 M_2와 T_2를 찾아야 한다. 비열비 $k = 1.4$이고, $M_1 = 1.5$(초음속)에 대해 식 (13-78), (13-81), (13-74)를 사용하거나 표 B-4로부터 값을 찾으면

$$M_2 = 0.70109 \quad \text{이음속}$$

$$\frac{p_2}{p_1} = 2.4583$$

$$\frac{T_2}{T_1} = 1.3202$$

그러므로 충격파 바로 앞의 상태량들은

$$p_2 = 2.4583(50\text{ kPa}) = 123\text{ kPa}$$ 답

$$T_2 = 1.3202(273 + 8)\text{ K} = 370.92\text{ K}$$

따라서 엔진에 대한 공기의 속도는

$$V_2 = M_2\sqrt{kRT_2} = 0.70109\sqrt{1.4(286.9\text{ J/kg}\cdot\text{K})(370.98\text{ K})}$$

$$V_2 = 271\text{ m/s}$$ 답

예제 13.18

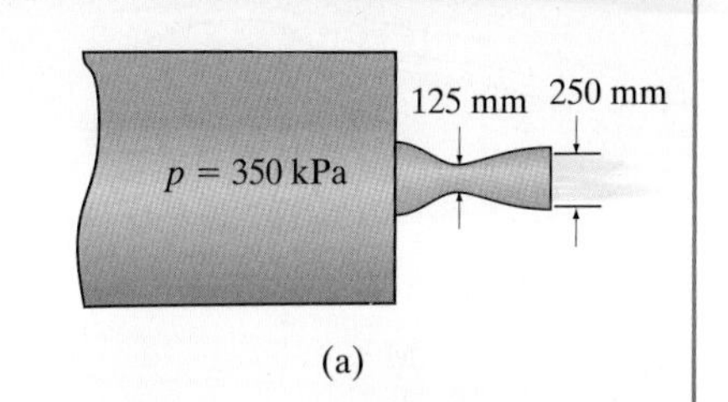

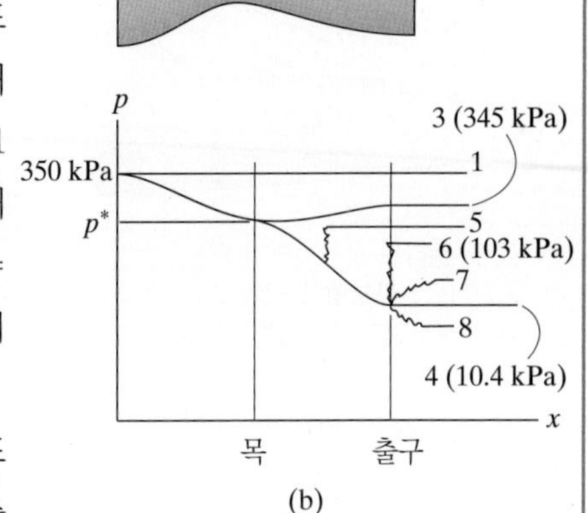

그림 13-39

그림 13-39a에서와 같이 노즐이 절대압력 350 kPa의 대형 저장고와 연결되어 있다. 노즐 안과 노즐 출구에서 충격파가 발생되는 배압의 범위를 구하라.

풀이

유체 설명 노즐을 통과하는 유동은 정상유동이라 가정한다.

해석 먼저 그림 13-39b의 선 3과 4와 같이 노즐을 통해 아음속 및 초음속 등엔트로피 유동을 발생하는 배압을 설정할 수 있다. 노즐(확대부)의 목과 출구의 면적비는 $A/A^* = \pi(0.125\text{m})^2/\pi(0.125\text{m})^2 = 4$이다. 이 값에 대해 표 B-1($k = 1.4$)로부터 두 개의 출구 마하수를 얻을 수 있다. $A/A^* = 4$에 대해 확대부(선 3)의 유동이 **등엔트로피 아음속 유동**인 경우 $\text{M} \approx 0.1467 < 1$과 $p/p_0 = 0.9851$의 결과를 얻는다. 여기서는 충격파가 발생하지 않기 때문에 유동 전체에 걸쳐 정체압력은 350 kPa이다. 이때 출구압력 $p_3 = 0.9851(350\text{ kPa}) = 345\text{ kPa}$이 된다. 다시 말해서, 이 배압은 노즐목에서 M = 1과 출구 마하수 M = 0.1467의 등엔트로피 아음속 유동을 발생시킨다.

$A/A^* = 4$이고 확대부(선 4)의 유동이 **등엔트로피 초음속 유동**인 경우, 표 B-1로부터 $\text{M} \approx 2.9402 > 1$과 $p/p_0 = 0.02979$의 결과를 얻는다. 따라서, 출구압력은 $p_4 = 0.02979(350\text{ kPa}) = 10.43\text{ kPa} = 10.4\text{ kPa}$이 된다.

출구 마하수가 M = 2.9402의 초음속 유동을 생성해야 하기 때문에 압력은 이전의 압력보다 작아진다. 이 두 경우는 노즐에서 충격파가 발생되지 않는 배압의 등엔트로피 유동이지만, 두 경우 모두 노즐목에서는 초크 상태이다(M = 1).

그림 13-39b(선 6)처럼 노즐 출구에서 수직 충격파가 발생된다면, 충격파 바로 왼쪽, 즉 충격파 바로 뒤의 압력은 10.4 kPa이 될 것이다. 이때 충격파 앞의 배압을 찾기 위해 표 B-4에서 M = 2.9402에 대해 p_6/p_4 값을 찾으면, $p_6/p_4 = 9.9176$이 되므로 $p_6 = 9.9176\ p_4 = 9.9176(10.13\text{ kPa}) = 103\text{ kPa}$이 된다.

따라서, 배압의 범위가 아래와 같을 때 수직 충격파는 노즐(선 3과 6 사이의 선 5와 같이)의 확대부 안에서 생성된다.

$$345\text{ kPa} > p_b > 103\text{ kPa}$$ 답

선 7과 같이 출구에서 **압축파**를 발생하기 위한 배압(선 6과 4 사이)의 범위는 다음과 같다.

$$103\text{ kPa} > p_b > 10.4\text{ kPa}$$ 답

마지막으로 **팽창파**는 다음과 같이 선 4 이하(선 8과 같이)의 어디서든 형성될 것이다.

$$10.4\text{ kPa} > p_b$$ 답

13.11 경사 충격파

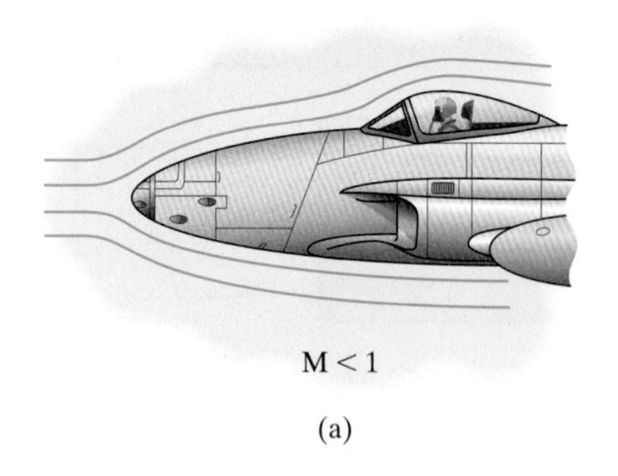
M < 1

(a)

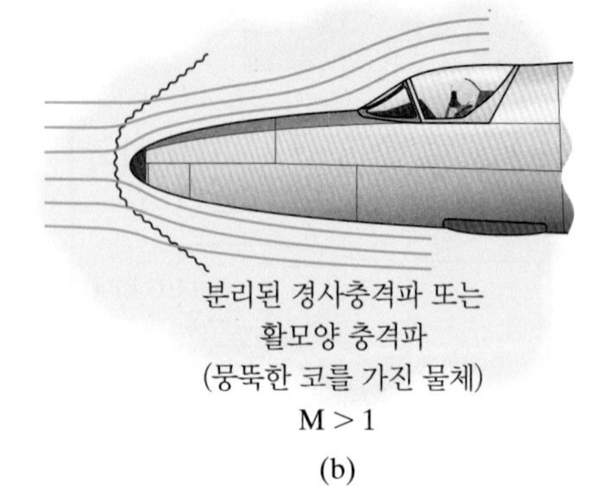
분리된 경사충격파 또는 활모양 충격파 (뭉뚝한 코를 가진 물체) M > 1

(b)

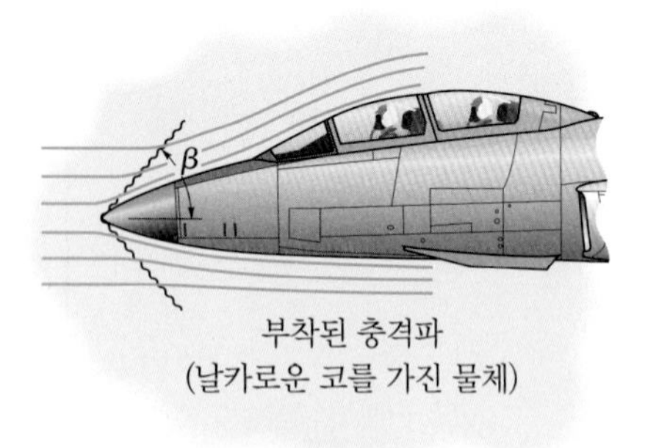

부착된 충격파 (날카로운 코를 가진 물체)

M > 1

(c)

그림 13-40

13.2절에서 제트기나 빠른 속도로 움직이는 물체가 앞의 주변 공기와 충돌하게 되면, 물체에 의해 생성된 압력이 주위의 공기를 밀어낸다는 것을 보였다. 아음속(M < 1)에서는 그림 13-40a와 같이 유선이 표면의 형상을 따르거나 조절된다. 그러나 물체의 속도가 초음속(M ≥ 1)으로 증가하게 되면, 표면 앞에서 생성된 압력은 앞의 공기가 표면을 따라 흐를 정도로 빠르게 상류로 전달되지 않게 된다. 대신에 공기의 분자들이 모여 **경사 충격파**를 생성한다. 이 충격파는 그림 13-40b와 같이 표면 앞에서 꺾이기 시작한다. 여기서 충격파는 표면으로부터 분리된다. 그림 13-40c와 같이 더 빠른 속도에서 물체의 앞부분이 날카로운 경우에는 더욱 가파른 각(β)의 충격파가 발생되고 표면과 붙게 된다. 이후 속도를 더 증가하게 되면 이 각 β는 계속해서 감소한다. 표면으로부터 더 멀어진 경우에는 그림 13-41과 같이 충격파의 영향은 약해지고 대기압을 통해 M = 1로 이동하는 마하각(α)을 가지는 마하콘이 발생된다. 이 모든 결과는 유동에 대한 유선의 방향을 변화시킬 것이며, 경사 충격파의 원점 부근에서 유선은 대부분 꺾어져 물체의 표면과 거의 평행하게 된다.* 그러나 더 멀리의 약한 마하콘을 지나는 경우에는 방향이 변하지 않고 유지된다.

경사 충격파에서는 유선의 방향변화가 중요하게 여겨지지만, 수직 충격파와 동일한 방법으로 해석할 수 있다. 이러한 상황들을 분석하기 위해, 형상을 정의하는 두 개의 각도를 사용한다. 그림 13-42a에 나타낸 바와 같이, β는 충격파의 각도를 말하며, θ는 유선의 변위각 또는 충격파 앞의 속도 $\mathbf{V}_2$의 방향을 의미한다. 편의를 위해 충격파의 수직 및 접선 유동을 고려한다. n과 t의 성분들을 이용하여 $\mathbf{V}_1$과 $\mathbf{V}_2$를 해석하면

$$V_{1n} = V_1 \sin\beta \qquad V_{2n} = V_2 \sin(\beta - \theta)$$

$$V_{1t} = V_1 \cos\beta \qquad V_{2t} = V_2 \cos(\beta - \theta)$$

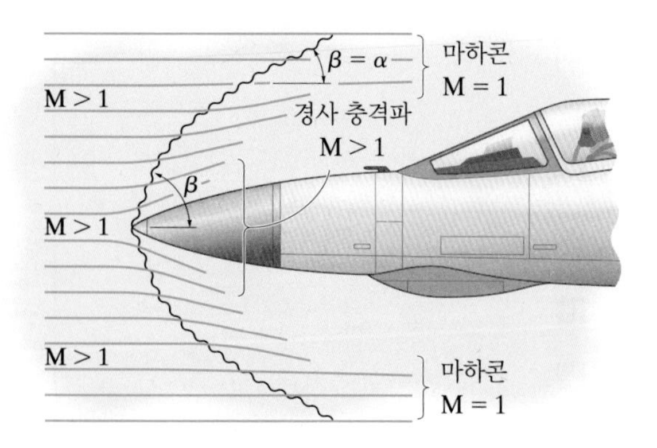

그림 13-41

또는, M = V/c이므로

$$\mathrm{M}_{1n} = \mathrm{M}_1 \sin\beta \qquad \mathrm{M}_{2n} = \mathrm{M}_2 \sin(\beta - \theta) \tag{13-83}$$

$$\mathrm{M}_{1t} = \mathrm{M}_1 \cos\beta \qquad \mathrm{M}_{2t} = \mathrm{M}_2 \cos(\beta - \theta) \tag{13-84}$$

해석을 위해, 정지 충격파로 간주하고 그림 13-42a와 같이 앞뒤의 각 면적이 A인 충격파의 임의의 한 부분을 포함하는 고정 검사체적을 선택한다.

* 초음속에서 경계층은 매우 얇다. 그 결과 유선의 방향에 미치는 영향이 크지 않다.

연속방정식 단위 면적당 유동은 정상유동이며, 충격파를 통해 t 방향의 유동은 발생되지 않는다고 가정하면

$$\frac{\partial}{\partial t}\int_{cv}\rho\, d\forall + \int_{cs}\rho\mathbf{V}\cdot d\mathbf{A} = 0$$

$$0 - \rho_1 V_{1n} A + \rho_2 V_{2n} A = 0$$

$$\rho_1 V_{1n} = \rho_2 V_{2n} \qquad (13\text{-}85)$$

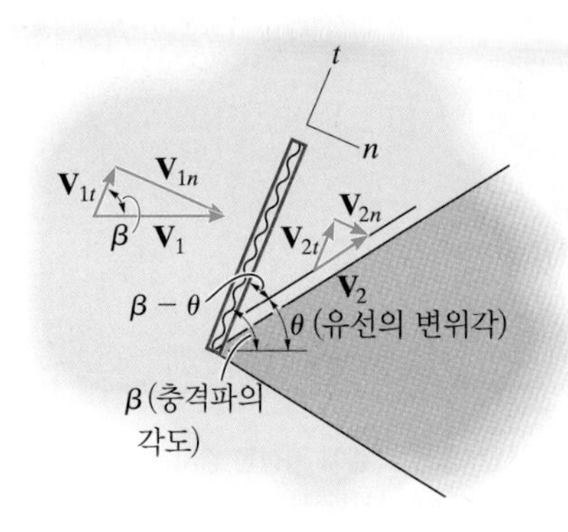

(a)

운동량방정식 그림 13-24b의 검사체적의 자유물체도에 나타낸 바와 같이, 압력은 n 방향으로만 작용한다. 또한, 유동 $\rho\mathbf{V}\cdot\mathbf{A}$는 $\mathbf{V}_1$ 및 $\mathbf{V}_2$의 수직성분에 의해서만 야기된다. 따라서, t 방향에 운동량방정식을 적용하면

$$+\nearrow \Sigma F_t = \frac{\partial}{\partial t}\int_{cv} V_t\rho\, d\forall + \int_{cs} V_t\rho\mathbf{V}\cdot d\mathbf{A}$$

$$0 = 0 + V_{1t}(-\rho_1 V_{1n} A) + V_{2t}(\rho_2 V_{2n} A)$$

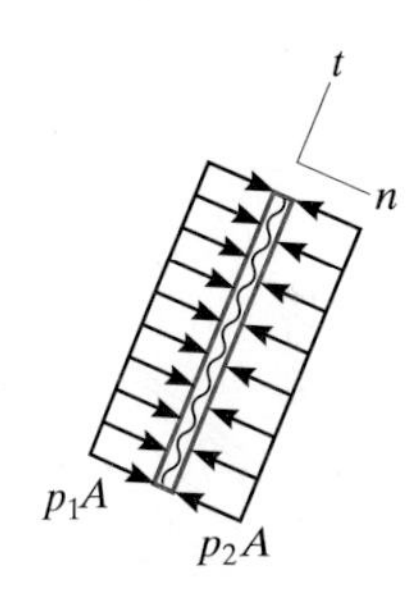

자유물체도

(b)

그림 13-42

식 (13-85)를 사용하여, 다음을 얻을 수 있다.

$$V_{1t} = V_{2t} = V_t$$

즉, 접선방향의 속도성분은 충격파의 양쪽에 그대로 남아 있다.

n 방향은

$$\searrow^{+} \Sigma F_n = \frac{\partial}{\partial t}\int_{cv} V_n\rho\, d\forall + \int_{cs} V_n\rho\mathbf{V}\cdot d\mathbf{A}$$

$$p_1 A - p_2 A = 0 + V_{1n}(-\rho_1 V_{1n} A) + V_{2n}(\rho_2 V_{2n} A)$$

또는

$$p_1 + \rho_1 V_{1n}^2 = p_2 + \rho_2 V_{2n}^2 \qquad (13\text{-}86)$$

에너지방정식 중력의 영향을 무시하고, 단열과정이 발생한다고 가정하여 에너지방정식을 적용하면

$$\left(\frac{dQ}{dt}\right)_{in} - \left(\frac{dW_s}{dt}\right)_{out} = \left[\left(h_{out} + \frac{V_{out}^2}{2} + gz_{out}\right) - \left(h_{in} + \frac{V_{in}^2}{2} + gz_{in}\right)\right]\dot{m}$$

$$0 - 0 = \left[\left(h_2 + \frac{V_{2n}^2 + V_{2t}^2}{2} + 0\right) - \left(h_1 + \frac{V_{1n}^2 + V_{1t}^2}{2} + 0\right)\right]\dot{m}$$

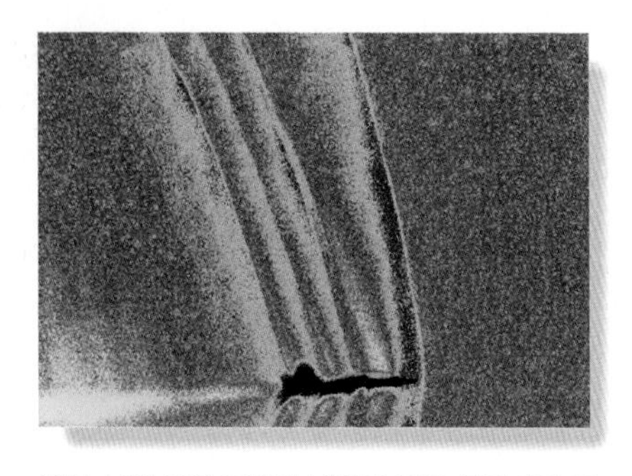

풍동 시험 중인 모델에 형성된 경사 충격파를 보여주는 슐리렌 가시화 사진 (© L. Weinstein/Science Source)

$V_{1t} = V_{2t}$이기 때문에 다음을 얻는다.

$$h_1 + \frac{V_{1n}^2}{2} = h_2 + \frac{V_{2n}^2}{2} \tag{13-87}$$

식 (13-85), (13-86) 그리고 (13-87)은 식 (13-71), (13-72) 그리고 (13-29)와 동일하다. 결과적으로, 경사 충격파에서의 수직방향 유동은 이전에 성립한 수직 충격파 방정식(표 B-4)을 사용하여 설명할 수 있다. 방정식들을 정리하면 다음과 같다.

$$\mathrm{M}_{2n}^2 = \frac{\mathrm{M}_{1n}^2 + \dfrac{2}{k-1}}{\dfrac{2k}{k-1}\mathrm{M}_{1n}^2 - 1} \tag{13-88}$$

$$\frac{p_2}{p_1} = \frac{2k}{k+1}\mathrm{M}_{1n}^2 - \frac{k-1}{k+1} \tag{13-89}$$

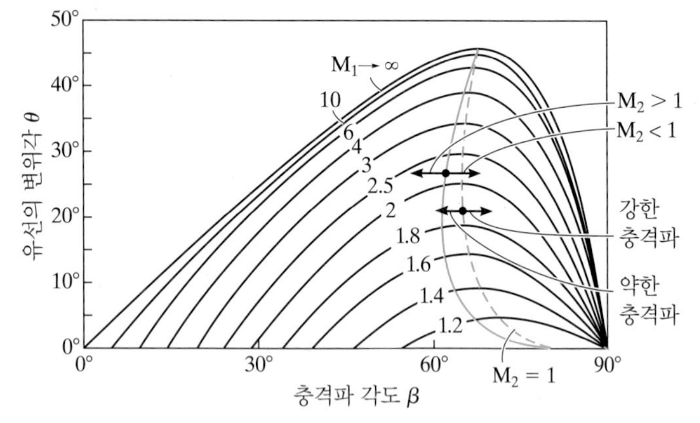

경사변위 대 파의 경사각
(k = 1.4)

그림 13-43

$$\frac{(p_0)_2}{(p_0)_1} = \frac{\left[\dfrac{\dfrac{k+1}{2}\mathrm{M}_{1n}^2}{1 + \dfrac{k-1}{2}\mathrm{M}_{1n}^2}\right]^{k/(k-1)}}{\left[\dfrac{2k}{k+1}\mathrm{M}_{1n}^2 - \dfrac{k-1}{k+1}\right]^{1/(k-1)}} \tag{13-90}$$

$$\frac{T_2}{T_1} = \frac{1 + \dfrac{k-1}{2}\mathrm{M}_{1n}^2}{1 + \dfrac{k-1}{2}\mathrm{M}_{2n}^2} \tag{13-91}$$

$$\frac{\rho_2}{\rho_1} = \frac{V_{1n}}{V_{2n}} = \frac{\mathrm{M}_{1n}}{\mathrm{M}_{2n}}\left[\frac{1 + \dfrac{k-1}{2}\mathrm{M}_{2n}^2}{1 + \dfrac{k-1}{2}\mathrm{M}_{1n}^2}\right]^{1/2} \tag{13-92}$$

충격파의 양쪽 면에서 M_1 및 M_2가 모두 초음속이고, M_{1n} 또한 초음속이면 M_{2n}는 반드시 아음속이 되어야 한다. 그래야만이 열역학 제2법칙에 위배되지 않게 된다. 실제의 많은 경우에서는, 초기 유동 상태량 V_1, p_1, T_1, ρ_1과 각도 θ는 이미 알려져 있다.

마하수 M_1과 θ 및 β을 다음의 식을 통해 연관시킬 수 있다. $V_{1t} = V_{2t}$이기 때문에 식 (13-27)에 의해

$$\mathrm{M}_{1t}\sqrt{kRT_1} = \mathrm{M}_{2t}\sqrt{kRT_2}$$

$$\mathrm{M}_{2t} = \mathrm{M}_{1t}\sqrt{\frac{T_1}{T_2}}$$

그림 13-42a의 속도와 같이 $M_{2n} = M_{2t} \tan(\beta - \theta)$이므로

$$M_{2n} = M_{1t}\sqrt{\frac{T_1}{T_2}}\tan(\beta - \theta) = M_1 \cos\beta\sqrt{\frac{T_1}{T_2}}\tan(\beta - \theta)$$

이 제곱하고 식 (13-91)의 온도비를 대입하면, 다음 식이 얻어진다.

$$M_{2n}^2 = M_1^2 \cos^2\beta\left(\frac{1 + \dfrac{k-1}{2}M_{2n}^2}{1 + \dfrac{k-1}{2}M_{1n}^2}\right)\tan^2(\beta - \theta)$$

식 (13-88)과 (13-83)을 결합하고, 그림 13-42a의 속도 삼각형에서 $M_{1n} = M_1 \sin\beta$를 사용하면 다음과 같이 최종 결과를 얻는다.

$$\tan\theta = \frac{2\cot\beta\left(M_1^2\sin^2\beta - 1\right)}{M_1^2(k + \cos 2\beta) + 2} \tag{13-93}$$

다양한 M_1에 대한 이 방정식의 그래프는 그림 13-43에서 β 대 θ의 곡선으로 제공된다. 예를 들어, 곡선($M_1 = 2$)에서 변위각이 $\theta = 20°$인 경우 충격파의 각도 β는 두 개의 값을 가진다. 낮은 값 $\beta = 53°$는 약한 충격파에 대응하고, 높은 값인 $\beta = 74°$는 강한 충격에 대응한다. 대부분의 경우 약한 충격파의 압력비가 작을 것이기 때문에 약한 충격파는 강한 충격파 이전에 형성된다.* 또한, 약 45° 이상의 변위각에서는 이 해법을 적용하는 것이 불가능하다. 더 높은 변위각에서 충격파는 표면으로부터 분리되게 되고, 표면의 앞부분에서 더 높은 저항을 발생시킬 것이다. 편향이 없는 극단적인 경우($\theta = 0°$)에는, 식 (13-93)에서 $\beta = \sin^{-1}(1/M_1) = \alpha$로 주어지게 되고, 이는 그림 13-41의 마하콘을 생성한다.

요점 정리

- 경사 충격파는 $M \geq 1$로 이동하는 물체의 표면에서 형성된다. 속도의 증가에 따라, 충격파는 몸체의 표면에 부착하게 되고, 충격파의 각도 β가 감소하기 시작한다. 충격파의 국부적인 부분으로부터 멀리 떨어진 곳에서는 마하콘이 형성되고 $M = 1$에서 이동된다.
- 경사 충격파의 마하수나 속도의 접선성분은 충격파의 양쪽에서 동일하게 유지된다. 수직성분은 수직 충격파와 동일한 식을 사용하여 분석될 수 있다. 그리고 이 식을 사용하여 충격파를 지나는 유선의 변위각을 구할 수 있다.

* 압력 증가는 표면 형상의 급격한 변화에 의해 유동이 차단되는 경우 하류에서 발생할 수 있다. 이러한 경우, 압력비는 높아지게 되고 강한 충격파가 생성된다.

예제 13.19

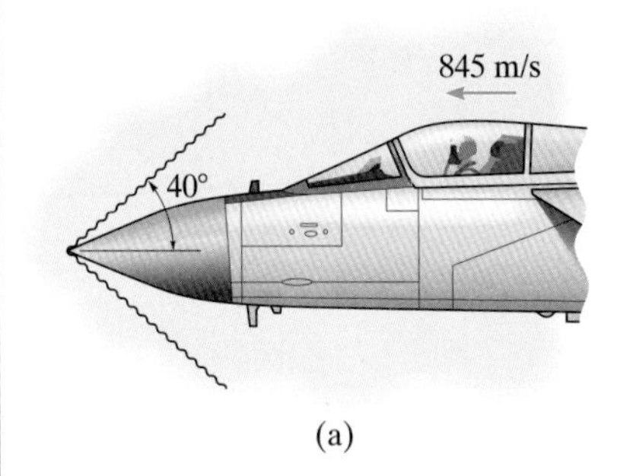

(a)

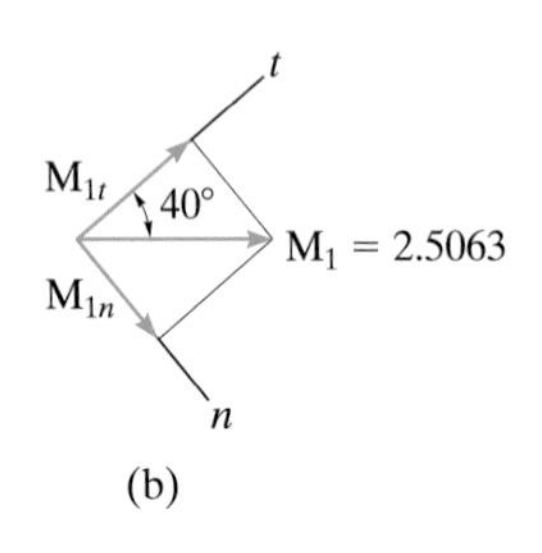

(b)

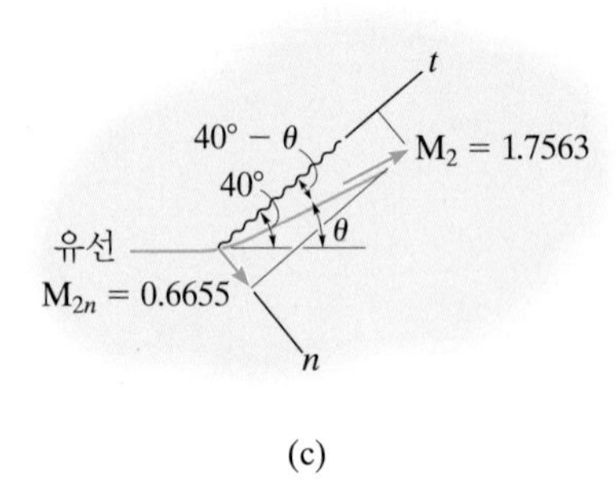

(c)

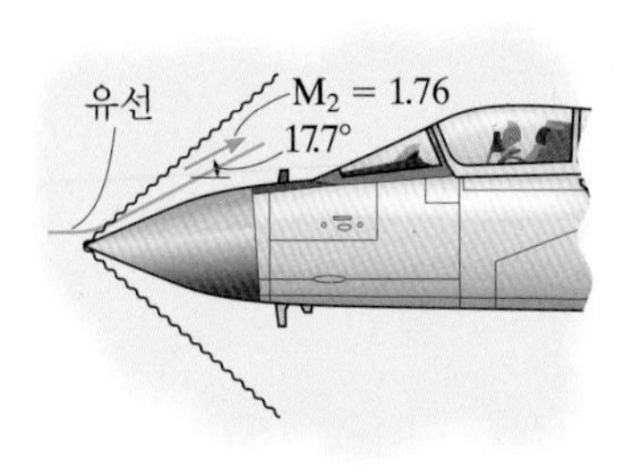

(d)

그림 13–44

제트기가 수평으로 845 m/s의 속도로 비행하고 있다. 비행 고도의 공기 온도는 10°C이고, 절대압력은 80 kPa이다. 그림 13-44a에 나타낸 각도와 같이 경사 충격파가 제트기의 앞부분에 형성되었다면, 압력과 온도는 얼마인가? 그리고 충격파 바로 뒤의 공기의 방향을 구하라.

풀이

유체 설명 공기는 압축성이며, 충격파는 단열과정이나 등엔트로피 유동은 아니다. 제트기에서 보면 정상유동이 발생한다.

해석 먼저 제트기의 마하수를 결정하여야 한다.

$$\mathrm{M}_1 = \frac{V_1}{c} = \frac{V_1}{\sqrt{kRT}} = \frac{845\ \mathrm{m/s}}{\sqrt{1.4(286.9\ \mathrm{J/kg\cdot K})(273+10)\,\mathrm{K}}} = 2.5063$$

그림 13-44b에 나타낸 형상에서, M_1은 충격파에 대한 수직 및 접선성분으로 구해진다. 수직성분은 $\mathrm{M}_{1n} = 2.5063 \sin 40° = 1.6110$이다. 충격파의 앞에서 발생하는 압력, 온도, 속도를 얻기 위해 표 B-4를 사용하거나, 식 (13-88), (13-89), 그리고 (13-91)을 사용할 수 있다. 표를 사용하여, $\mathrm{M}_{2n} = 0.6651$을 얻는다. 아음속의 결과이며, 예상했듯이 열역학 제2법칙에 위배되지 않는다. 또한 표 B-4로부터,

$$\frac{T_2}{T_1} = 1.3956;\ \ T_2 = 1.3956(273 + 10)\ \mathrm{K} = 394.96\ \mathrm{K} = 395\ \mathrm{K}$$ 답

$$\frac{p_2}{p_1} = 2.8619;\ \ p_2 = 2.8619(80\ \mathrm{kPa}) = 228.91\ \mathrm{kPa} = 229\ \mathrm{kPa}$$ 답

꺾임각 θ는 M_1과 β를 알기 때문에 식 (13-93)에서 바로 얻을 수 있다. 그러나 다른 계산 방법은 먼저 M_2를 찾는 것이다. 이는 먼저 충격파 앞에서 정체온도를 구함으로써 찾을 수 있다. 표 B-1을 사용하여 $\mathrm{M}_1 = 2.5063$에 대해 찾으면

$$\frac{T_1}{(T_0)_1} = 0.4432;\quad (T_0)_1 = \frac{(273 + 10)\ \mathrm{K}}{0.4432} = 638.54\ \mathrm{K}$$

충격파를 지나는 유동은 단열유동이므로 정체온도는 일정하다. 따라서 $(T_0)_1 = (T_0)_2$이다. 표 B-1을 사용하면

$$\frac{T_2}{(T_0)_2} = \frac{394.96\ \mathrm{K}}{638.54\ \mathrm{K}} = 0.6185;\ \ \mathrm{M}_2 = 1.7563$$

마지막으로, 그림 13-44c에서 유선의 변위각은 다음과 같이 결정될 수 있다.

$$\mathrm{M}_{2n} = \mathrm{M}_2 \sin(\beta - \theta);\qquad 0.66551 = 1.7563 \sin(40° - \theta)$$

$$\theta = 40° - \sin^{-1}\frac{0.6651}{1.7563} = 17.7°$$ 답

결과적으로 나타나는 유동은 그림 13-44d에 도시되어 있다.

13.12 압축 및 팽창파

익형 또는 어떤 물체가 초음속으로 움직이고 있다면, 앞면에 경사 충격파가 형성될 뿐만 아니라 물체의 곡면을 따라 유동이 발생하는 동안 유체의 방향이 바뀜에 따라 압축파나 팽창파가 형성되게 된다. 그림 13-45a를 예로 제트기 위의 오목한 표면에서는 압축파를 발생시킨다. 이 압축파들이 한 개의 파로 모여 합쳐지면 이전 장에서 공부한 경사 충격파가 된다. 그러나 볼록한 표면의 경우에는 공기가 면을 따라 흐르기 때문에 팽창되어 갈라지는 다수의 팽창파가 형성되고, 그림 13-45b와 같이 무수히 많은 마하파의 연속인 '팬'이 생성된다. 이러한 거동은 그림 13-45c처럼 날카로운 모퉁이에서도 발생한다. 팽창과정 동안에 각 팽창파의 마하각 α가 줄어듦에 따라 마하수는 증가하게 된다. 각 파들이 형성될 때 생기는 기체 상태량 변화는 미소하기 때문에 생성된 각 파를 등엔트로피 과정으로 간주할 수 있고, 이 파들의 집합인 '팬' 전체 또한 등엔트로피 과정이다.

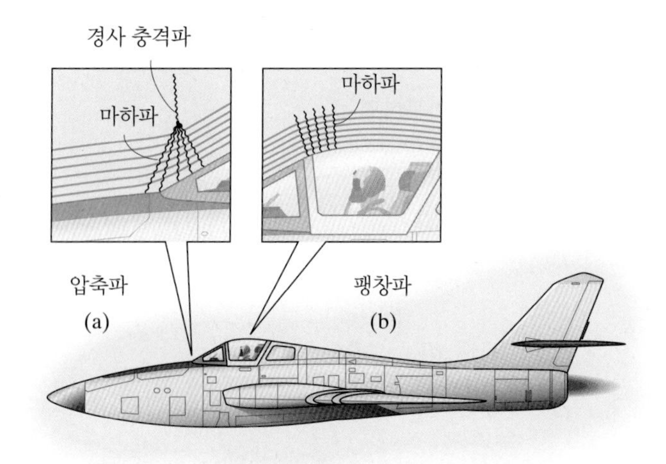

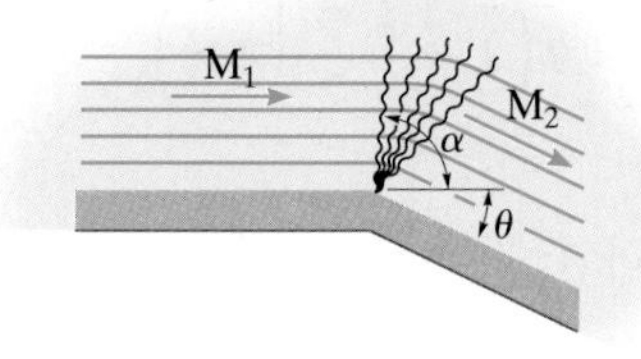

팽창파

(c)

그림 13–45

이러한 팽창파 팬에 대해 공부하기 위해 하나의 파에 국한시키고 그림 13-46a 처럼 차분적인 변위각 $d\theta$만큼의 차이로 파를 통과하며 유선이 바뀐다고 가정한다. 파의 바로 앞 마하수 M에 대해 $d\theta$의 항으로 표현해보자. 여기서 $M > 1$이고 파는 마하각(α)에서 작용한다. 법선과 접선성분으로 속도 $\mathbf{V}$와 $\mathbf{V} + d\mathbf{V}$를 해석하고 접선방향의 속도성분들은 동일하게 유지된다는 것을 이용하면 $V_{t1} = V_{t2}$이 되고, 다음의 관계식이 성립된다.

$$V \cos \alpha = (V + dV) \cos (\alpha + d\theta) = (V + dV)(\cos \alpha \cos d\theta - \sin \alpha \sin d\theta)$$

$d\theta$는 작기 때문에, $\cos d\theta \approx 1$이고 $\sin d\theta \approx d\theta$가 된다. 따라서, 식은 $dV/V = (\tan \alpha)\, d\theta$가 된다. 식 (13-28), $\sin \alpha = 1/\mathrm{M}$을 사용하면 $\tan \alpha$는

$$\tan \alpha = \frac{\sin \alpha}{\cos \alpha} = \frac{\sin \alpha}{\sqrt{1 - \sin^2 \alpha}} = \frac{1}{\sqrt{\mathrm{M}^2 - 1}}$$

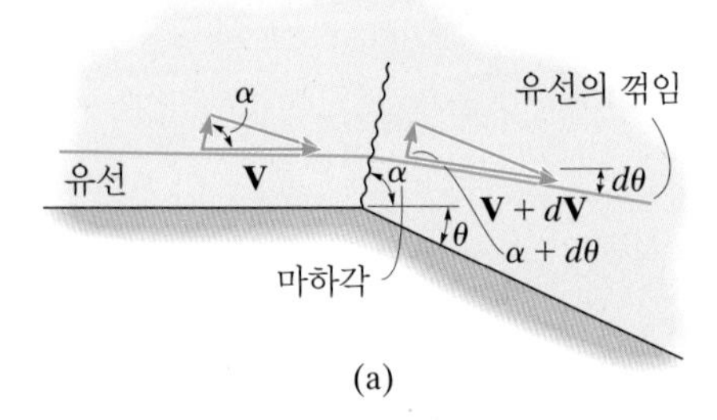

(a)

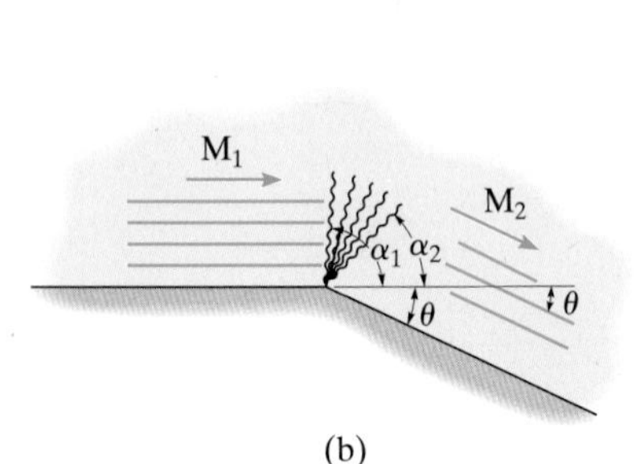

(b)

그림 13-46

그러므로

$$\frac{dV}{V} = \frac{d\theta}{\sqrt{\mathrm{M}^2 - 1}} \tag{13-94}$$

$V = \mathrm{M}\sqrt{kRT}$이기 때문에, 미분하면

$$dV = d\mathrm{M}\sqrt{kRT} + \mathrm{M}\left(\frac{1}{2}\right)\frac{kR}{\sqrt{kRT}}\, dT$$

또는

$$\frac{dV}{V} = \frac{d\mathrm{M}}{\mathrm{M}} + \frac{1}{2}\frac{dT}{T} \tag{13-95}$$

단열유동에서 정체온도와 정온도의 관계식은 식 (13-31)로부터 정의된다.

$$T_0 = T\left(1 + \frac{k - 1}{2}\mathrm{M}^2\right)$$

윗식을 미분하고 다시 정리하면

$$\frac{dT}{T} = -\frac{2(k - 1)\mathrm{M}\, d\mathrm{M}}{2 + (k - 1)\mathrm{M}^2} \tag{13-96}$$

마지막으로 식 (13-94), (13-95), (13-96)을 결합하면 파의 꺾임각은 마하수와

마하수의 변화에 대해 나타낼 수 있게 된다.

$$d\theta = \frac{2\sqrt{M^2 - 1}}{2 + (k - 1)M^2}\frac{dM}{M}$$

한정된 변위각 θ에 대해 각각 다른 마하수를 가지는 처음과 끝의 파 사이에 이 관계식을 미분한다. 일반적으로 유동 끝의 마하수는 알 수 없으므로, $M = 1$과 $\theta = 0°$의 기준점으로부터 이 관계식을 적분하는 것이 더 간편하다. 이 기준점으로부터 팽창된 유동을 통과하는 변위각 $\theta = \omega$를 정의할 수 있고, 그 결과 $M = 1$에서 M까지의 마하수가 변한다.

$$\int_0^{\omega} d\theta = \int_1^{M} \frac{2\sqrt{M^2 - 1}}{2 + (k - 1)M^2}\frac{dM}{M}$$

$$\omega = \sqrt{\frac{k + 1}{k - 1}}\tan^{-1}\left(\sqrt{\frac{k - 1}{k + 1}}\left(M^2 - 1\right)\right) - \tan^{-1}\left(\sqrt{M^2 - 1}\right) \quad (13\text{-}97)$$

이 식은 **프란틀-마이어 팽창 함수**라 불리며, Ludwig Prandtl과 Theodore Meyer에 의해 명명되었다. 이 식으로 팽창파 팬에 의해 발생되는 유동의 전체 변위각을 구할 수 있다. 예를 들어 그림 13-46b에서 유동이 초기 마하수 M_1과 θ로 방향이 바뀐다면 M_1에 대해 ω_1을 얻기 위해 식 (13-97)을 적용함으로써 M_2를 계산할 수 있다. $\theta = \omega_2 - \omega_1$이기 때문에, $\omega_2 = \omega_1 + \theta$이다. 그런 다음 ω_2로 M_2를 계산하기 위해 다시 식 (13-97)에 적용한다. 이러한 수치적 절차가 필요하지만, 식 (13-97)에 대해 표로 나타낸 값을 사용하면 더욱 편리하다. 그 값들은 부록 B의 표 B-5에 나열되어 있다.

요점 정리

- 유동이 표면의 끝이나 곡면을 지남에 따라 $M \geq 1$일 때, 압축파나 팽창파가 발생된다.
- 압축파들은 경사 충격파로 합쳐진다.
- 팽창파들은 무한히 많은 수의 마하파로 구성된 팬으로 형성된다. 팽창파들에 의해 발생되는 유선 변위각은 프란틀-마이어 팽창 함수를 사용하여 구할 수 있다.

예제 13.20

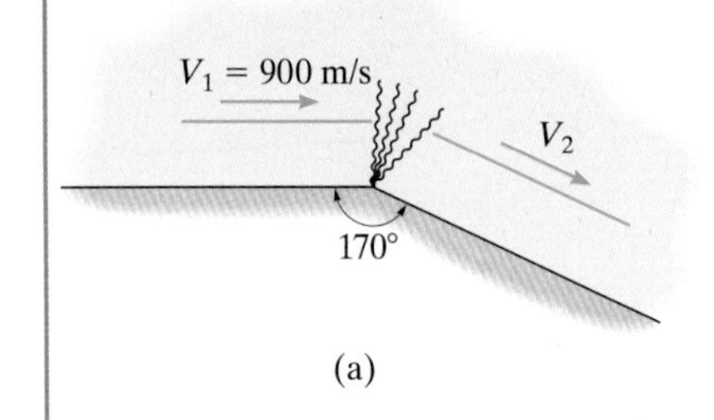

(a)

공기가 속도 900 m/s, 절대압력 100 kPa 그리고 온도 30°C로 표면을 따라 흐르고 있다. 그림 13-47a에서 볼 수 있듯이 날카로운 모퉁이에서 팽창파들이 발생된다. 팽창파의 바로 오른쪽에서의 속도, 온도, 압력을 구하라.

풀이

유체 설명 등엔트로피적으로 팽창되는 정상 압축성 유동이다.

상류 및 초기 마하수는 다음과 같다.

$$M_1 = \frac{V_1}{c} = \frac{V_1}{\sqrt{kRT}} = \frac{900\ \text{m/s}}{\sqrt{1.4(286.9\ \text{J/kg}\cdot\text{K})(273 + 30)\ \text{K}}} = 2.5798$$

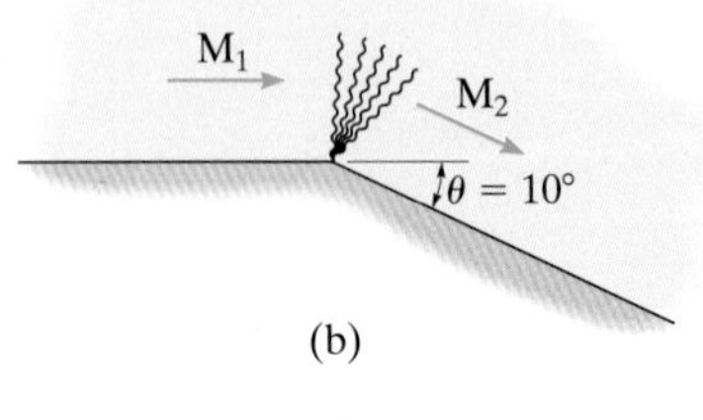

(b)

그림 13-47

해석 식 (13-97)의 프란틀-마이어 팽창 함수는 M = 1을 기준점으로 하므로 ω_1을 구하면

$$\omega_1 = \sqrt{\frac{k+1}{k-1}}\tan^{-1}\sqrt{\frac{k-1}{k+1}\left(M_1^2 - 1\right)} - \tan^{-1}\sqrt{M_1^2 - 1} \tag{1}$$

$$= \sqrt{\frac{1.4+1}{1.4-1}}\tan^{-1}\sqrt{\frac{1.4-1}{1.4+1}\left((2.5798)^2 - 1\right)} - \tan^{-1}\sqrt{(2.5798)^2 - 1}$$

$$= 40.96°$$

또한 이와 근사한 값을 표 B-5로부터 얻을 수 있다. 경사면 위의 경계층이 매우 얇기 때문에 유선의 변위각은 그림 13-47b와 같이 표면의 변위각과 동일하게 정의된다(180° − 170° = 10°). 그러므로 하류의 팽창파는 반드시 변위각이 40.96° + 10° = 50.96°인 마하수 M_2가 된다.

변위각을 이용하여 식 (13-97)의 프란틀-마이어 팽창 함수를 사용하여 시행착오를 거쳐 M_2를 구하기 위해 시도하는 것보다 표를 이용하여 ω_2 = 50.796°에 대한 값을 찾는 것이 낫다.

$$M_2 = 3.0631$$ 

즉, 팽창파는 $M_1 = 2.5798$에서 $M_2 = 3.0631$까지 마하수를 증가시킨다. 그러나 이러한 증가는 열역학 제2법칙에 위배되지 않음을 알아야 한다. 파의 법선성분은 초음속에서 아음속으로 변환되기 때문이다.

등엔트로피 팽창이기 때문에 파 바로 앞의 온도를 식 (13-74)를 사용하여 구할 수 있다.

$$\frac{T_2}{T_1} = \frac{1 + \frac{k-1}{2}M_1^2}{1 + \frac{k-1}{2}M_2^2} = \frac{1 + \frac{1.4-1}{2}(2.5798)_1^2}{1 + \frac{1.4-1}{2}(3.0631)^2} = 0.8104$$

$$T_2 = 0.8104(273 + 30)\text{ K} = 245.54\text{ K} = 246\text{ K}$$ 답

또한 표 B-1을 사용하면 다음과 같이 된다.

$$\frac{T_2}{T_1} = \frac{T_2}{T_0}\frac{T_0}{T_1} = (0.34764)\left(\frac{1}{0.42894}\right) = 0.8104$$

그 결과 $T_2 = 0.8104(273 + 30)\text{ K} = 246\text{ K}$가 된다.

비슷한 방법으로, 식 (13-22)나 표 B-1을 사용하여 압력을 얻을 수 있다.

$$\frac{p_2}{p_1} = \frac{p_2}{p_0}\frac{p_0}{p_1} = (0.02478)\left(\frac{1}{0.052170}\right) = 0.4793$$

또는

$$p_2 = 0.4793(100\text{ kPa}) = 47.9\text{ kPa}$$ 답

팽창파를 지난 유동의 속도는 다음과 같다.

$$V_2 = M_2\sqrt{kRT_2} = 3.0631\sqrt{1.4(286.9\text{ J/kg}\cdot\text{K})(245.54\text{ K})} = 962\text{ m/s}$$ 답

13.13 압축성 유동 측정

압축성 기체 유동에서 압력과 속도는 다양한 방법으로 측정될 수 있다. 여기서 그 중에 몇 가지에 대해 논의할 것이다.

피토관 및 액주계 5.3절에 비압축성 유동의 경우에 거론되었던 피토-정압 관은 압축성 유동 측정에서도 쓰여진다. 유동 안의 정압 p는 관의 옆 면에서 측정되는 반면에, 정체 또는 전압 p_0는 관의 앞면에서 발생되는 정체점에서 측정된다. 정체점에서 유동은 마찰 손실 없이 신속히 정지되므로 이 과정을 등엔트로피 과정으로 가정할 수 있다.

아음속 유동 아음속 압축 유동에서는 압력이 식 (13-32)와 연관된다. $V = \mathrm{M}\sqrt{kRT}$이므로 식 (13-32)에 이 식을 대입하여 M에 대하여 푼 다음 V에 대해 다시 풀면

$$V = \sqrt{\frac{2kRT}{k-1}\left[\left(\frac{p_0}{p}\right)^{(k-1)/k} - 1\right]} \tag{13-98}$$

온도 T를 알고있다면, 이 식을 사용하여 유동의 속도를 구할 수 있다.

실제로 유동에서의 T보다 차라리 정체점에서의 정체온도 T_0를 측정하는 것이 더 쉽다. 유동은 쉽게 방해를 받기 때문이다. 이러한 경우에 사용되는 관계식은 식 (13-30)과 (13-98)을 결합하여 얻을 수 있다.

$$V = \sqrt{2c_pT_0\left[1 - \left(\frac{p_0}{p}\right)^{(k-1)/k} - 1\right]} \tag{13-99}$$

그런 다음 측정량의 대입하면 방해되지 않은 기체의 자유-유동 속도를 얻게 된다.

초음속 유동 기체가 초음속으로 흐른다면 그림 13-48b에서 보여지듯 피토관에 도달하기 바로 전에 충격파가 형성될 것이다. 이 충격파는 위치 1의 초음속을 위치 2에서의 아음속으로 바꾼다. 따라서 이러한 경우의 유동속도를 구하기 위해 충격파 전면에 걸친 압력 p_1과 p_2가 연관된 식 (13-73)을 사용한다. 또한 측정된 정체압력 p_0와 p_2 간의 관계식을 식 (13-32)를 사용하여 정의한다. 이 두 식을 결합하고 식 (13-78)을 사용하여 상류 마하수에 관한 식으로 그 결과를 나타낸다. 이 과정으로

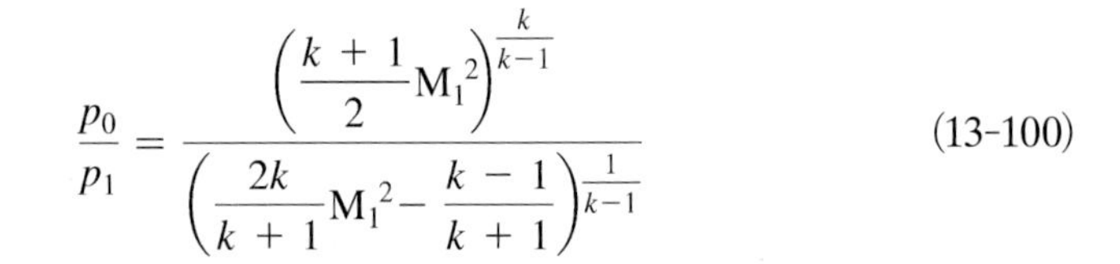

$$\frac{p_0}{p_1} = \frac{\left(\dfrac{k+1}{2}\mathrm{M}_1^2\right)^{\frac{k}{k-1}}}{\left(\dfrac{2k}{k+1}\mathrm{M}_1^2 - \dfrac{k-1}{k+1}\right)^{\frac{1}{k-1}}} \tag{13-100}$$

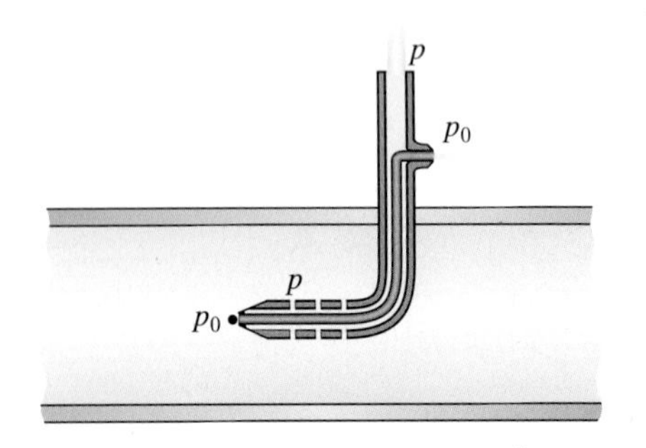

피토-정압 관
아음속 유동
(a)

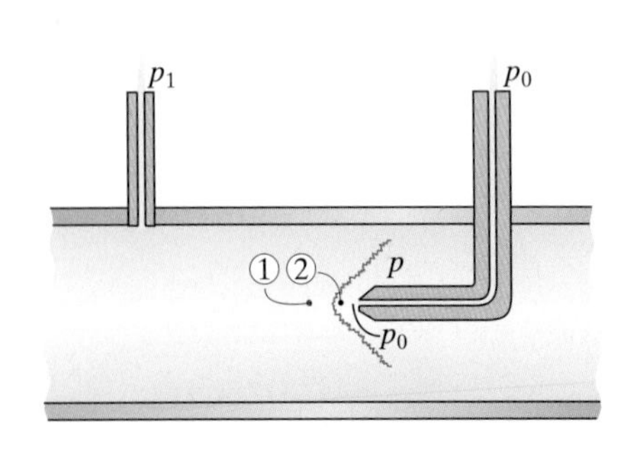

피토관과 액주계
아음속 및 초음속 유동
(b)

그림 13-48

압력 p_1은 그림 13-48b와 같이 유동의 경계층에 액주계를 사용하여 녹사석으로 측정할 수 있다. 그런 다음 p_1 및 p_0 값과 식 (13-100)을 사용하여 초음속 유동에 대한 마하수를 얻을 수 있다. 충격파 전후의 정체온도는 일정하므로 식 (13-30)과 (13-27)을 결합한 후 유동속도를 정의할 수 있다.

$$V_1 = \left[\frac{2c_p T_0}{1 + \left(2c_p/kR\mathrm{M}_1^2\right)} \right]^{1/2} \tag{13-101}$$

피토관과 액주계를 사용하는 것보다 더 좋은 방법으로는 10.5절에 설명되었던 열선유속계(hot-wire anemometer)를 사용하여 기체의 속도를 측정하는 방법이다.

벤투리 유량계 그림 13-49의 벤투리 유량계를 사용한다면 노즐목에서 유량을 측정할 때의 밀도 변화를 반드시 고려해야 한다. 마찰손실이 작고 공기가 유량계를 통해 빠르게 이동하기 때문에 이 유동은 등엔트로피 유동으로 가정할 수 있다. 위치 1과 2에서의 연속방정식은

$$\frac{\partial}{\partial t}\int_{cv} \rho\, d\forall + \int_{cs} \rho \mathbf{V} \cdot d\mathbf{A} = 0; \quad 0 - \rho_1 A_1 V_1 + \rho_2 A_2 V_2$$

그리고 유동 안에서 어떤 두 지점 간에 적용되었던 식 (13-29)의 에너지방정식은 다음과 같이 된다.

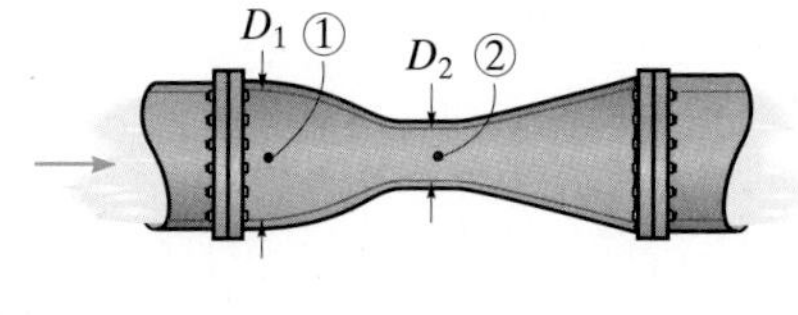

그림 13-49

$$h_1 + \frac{V_1^{\,2}}{2} = h_2 + \frac{V_2^{\,2}}{2}$$

등엔트로피 유동에서 압력은 식 (13-21), $p_1/\rho_1^k = p_2/\rho_2^k$에 의해 밀도와 연관된다. 그리고 엔탈피 변화는 식 (13-10), $h_2 - h_1 = c_p(T_2 - T_1)$에 의해 온도변화와 연관된다. 이 네 개의 식을 결합하면, 노즐목에서의 이론 질량유량을 정의할 수 있다. 여기서 실제유동에서 발생되는 손실은 알 수 없으므로 노즐목에서 레이놀즈수의 함수로 정의되고, 실험으로부터 얻어진 **속도계수 C_v**를 곱하여 손실을 고려한다. 실제 압축성 질량유량은 다음과 같이 된다.

$$\dot{m} = C_v A_2 \sqrt{\frac{2k}{k-1} \frac{p_1\rho_1\left[(p_2/p_1)^{2/k} - (p_2/p_1)^{(k+1)/k}\right]}{\left[1 - (A_2/A_1)^2 (p_2/p_1)^{2/k}\right]}}$$

만약 유동속도가 낮다면($V < 0.3\mathrm{M}$), 기체는 비압축성 유체로 간주되고 5.3절에서 보여진 것과 같이 다음의 식으로 질량유량을 구할 수 있게 된다.

$$\dot{m} = C_v V_2 \rho A_2 = C_v A_2 \sqrt{\frac{2\rho(p_1 - p_2)}{1 - (D_2/D_1)^4}} \tag{13-102}$$

실제로는 식 (13-102)는 압축성 유동과의 비교를 위해 수정되기도 한다. 실험적으로 정의된 **팽창계수** Y를 사용하므로 압축성 유동에 대해 다음과 같이 사용된다.

$$\dot{m} = C_v Y A_2 \sqrt{\frac{2\rho_1(p_1 - p_2)}{[1 - (D_2/D_1)^4]}} \tag{13-103}$$

팽창계수나 속도계수의 값은 다양한 압력에 대한 그래프로부터 이용된다. 식 (13-102)와 (13-103)은 작동되는 기본 개념이 같기 때문에 노즐유동이나 오리피스 유량계에도 사용된다.

참고문헌

1. J. E. A. John, *Gas Dynamics*, Prentice Hall, Upper Saddle River, NJ, 2005.
2. F. M. White, *Fluid Mechanics,* McGraw-Hill, New York, NY, 2011.
3. H. Liepmann, *Elements of Gasdynanics*, Dover, New York, NY, 2002.
4. P. H. Oosthuizen and W. E. Carsvallen, *Compressible Fluid Flow*, McGraw-Hill, New York, NY, 2003.
5. S. Schreier, *Compressible Flow*, Wiley-Interscience Publication, New York, N.Y., 1982.
6. W. B. Brower, *Theory, Table, and Data for Compressible Flow*, Taylor and Francis, New York, NY, 1990.

연습문제

13.1절

13-1 온도의 변화 없이 절대압력 600 kPa에서 100 kPa로 산소의 압력이 줄어들었다. 엔트로피와 엔탈피의 변화를 구하라.

13-2 파이프에 100 kPa 계기압력과 20°C의 헬륨이 들어있을때 헬륨의 밀도를 구하라. 헬륨이 등엔트로피적으로 계기압력 250 kPa로 압축되었다면 온도는 얼마인가? 대기압은 101.3 kPa이다.

13-3 밀폐용기 안에 절대압력 400 kPa의 헬륨이 들어있다. 온도가 20°C에서 85°C까지 상승할 때, 압력과 엔트로피의 변화를 구하라.

***13-4** 파이프 A 안에 들어있는 산소의 온도는 60°C, 절대압력은 280 kPa인 반면, B에서는 온도가 80°C, 절대압력은 200 kPa이다. 두 단면 사이의 내부에너지, 엔탈피, 엔트로피의 단위 질량당 변화를 구하라.

13-5 파이프 A 단면에 들어있는 수소의 온도는 60°F, 절대압력은 30 lb/in^{2}이다. 반면에 파이프 B는 온도가 100°F, 절대압력이 20 lb/in^{2}이다. 두 단면 사이의 내부에너지, 엔탈피, 엔트로피의 단위 질량당 변화를 구하라.

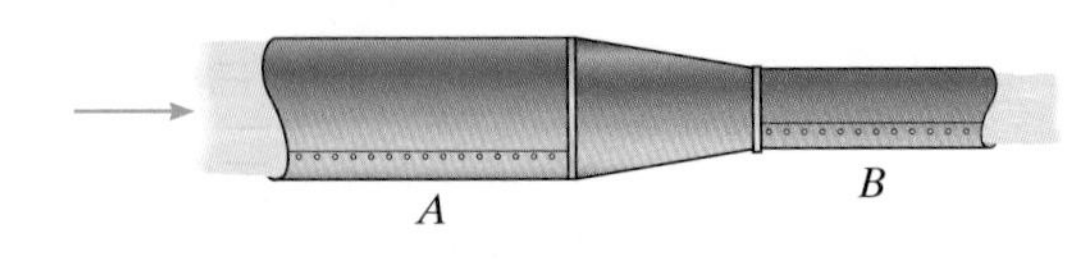

연습문제 **13–4/5**

13-6 밀폐된 탱크에 온도가 200°C이고 절대압력이 530 kPa인 헬륨이 들어있다. 온도가 250°C로 상승할 때, 밀도와 압력의 변화를 구하라. 헬륨의 내부에너지와 엔탈피의 단위 질량당 변화를 구하라.

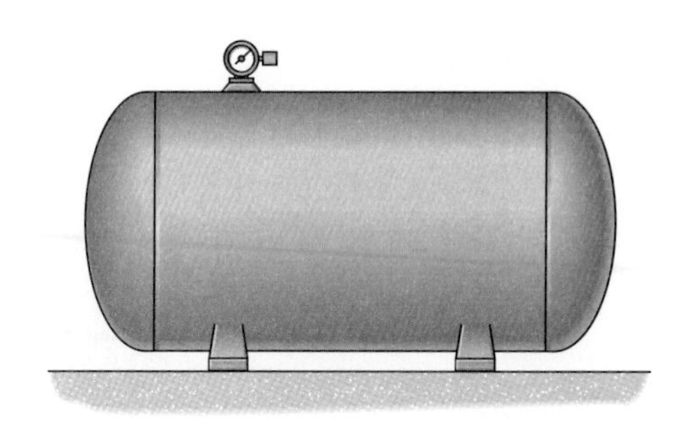

연습문제 **13–6**

13-7 밀폐된 탱크에 온도가 400°F, 절대압력이 30 lb/in^{2}인 산소가 들어있다. 온도가 300°F로 감소할 때, 그에 따른 밀도와 압력의 변화를 구하라. 산소의 단위 질량당 내부에너지 및 엔탈피의 변화를 구하라.

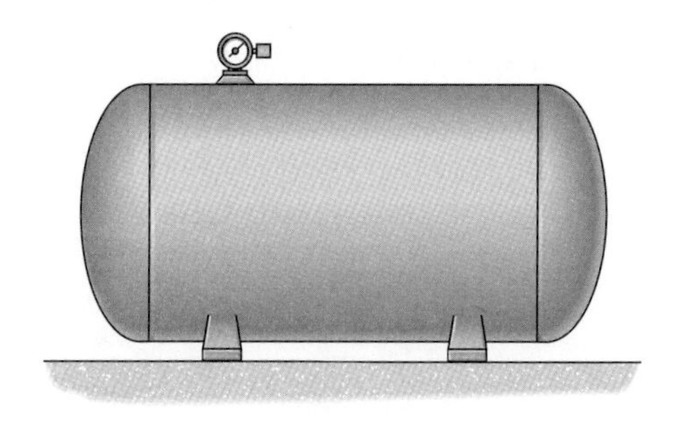

연습문제 **13–7**

***13-8** 어떤 가스의 비열은 절대온도에 따라 $c_p = \{1256 + 36728/T_2\}$ J/kg·K의 식으로 변한다. 온도가 300 K에서 400 K로 증가할 때 단위 질량당 엔탈피의 변화량을 구하라.

13-9 관 A에 온도 600° R, 100 psi의 절대압력을 가진 공기가 들어있다. 공기가 면적변화를 거쳐 관 B에서는 온도가 500° R, 절대압력이 40 psi로 변한다. 이때 밀도의 변화와 공기의 단위 질량당 엔트로피의 변화를 구하라.

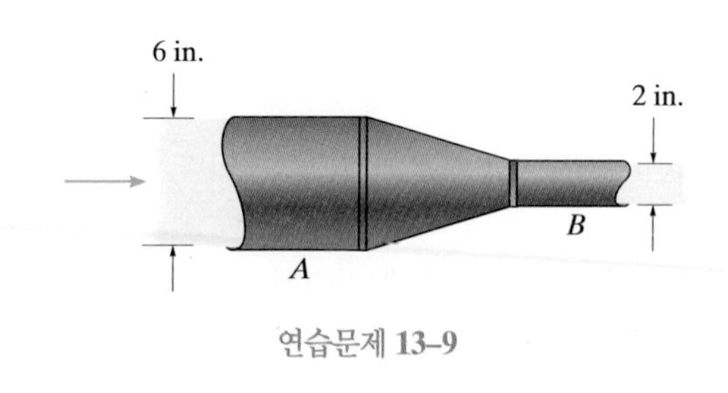

연습문제 **13–9**

13-10 관 A에 온도는 600° R, 절대압력은 100 psi인 공기가 들어있다. 공기가 면적변화를 거쳐 관 B에서는 온도가 500° R, 절대압력이 400 psi로 변한다. 이때 공기의 단위 질량당 내부에너지의 변화와 엔탈피의 변화를 구하라.

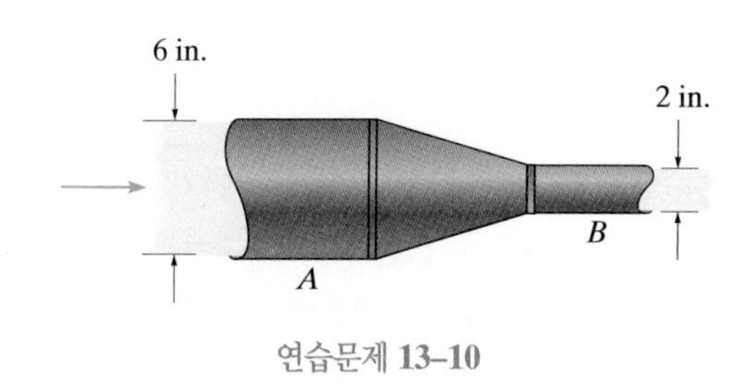

연습문제 **13–10**

13-11 20°C 온도의 공기가 속도 180 m/s로 수평관에서 흐른다. 만약 유속이 250 m/s로 증가한다면, 공기의 온도는 얼마가 되는가? 힌트 : Δh를 구하기 위해 에너지방정식을 사용하라.

13.2~13.3절

***13-12** 로켓의 마하콘 절반각도 α는 20°이다. 공기의 온도가 65°F일 때, 로켓의 속도를 구하라.

13-13 해발 10,000 ft에서 마하수 2.3으로 비행하는 제트기의 속도를 구하라. 부록 A에 있는 표준 대기표를 사용하라.

13-14 20°C에서 물과 공기의 음속을 비교하라. $T = 20°\text{C}$에서 물의 체적탄성률은 $E_V = 2.2$ GPa이다.

13-15 온도 60°F에서 물과 공기의 음속을 구하라. 물의 체적탄성계수는 $E_V = 311(10^3)$ psi이다.

***13-16** 깊이가 3 km인 바다에 배가 떠있다. 수중 음파 탐지기 신호가 바다의 바닥에서 반사하여 선박으로 되돌아오는 데 필요한 시간을 구하라. 물의 온도는 10°C로 가정한다. 바닷물의 밀도는 1030 kg/m^{3}이고, 체적탄성계수는 $E_V = 2.11(10^9)$Pa이다.

13-17 온도 20°C에서 M = 0.3이 되기 위해 경주용 자동차는 얼마나 빠르게 움직여야 하는가?

13-18 제트기가 마하 2.2로 날고 있다. 제트기의 속도(km/h)를 구하라. 공기의 온도는 10°C이다.

13-19 40°F의 물이 있다. 만약 음파 탐지기 신호가 큰 고래를 감지하는 데 3초가 걸린다면, 배에서부터 고래까지의 거리를 구하라. 바닷물의 밀도와 체적탄성계수는 $\rho = 1.990$ slug/ft^3, $E_V = 311(10^3)$ psi이다.

***13-20** 15 mi/h의 속도로 달리는 자전거의 마하수를 구하라. 공기의 온도는 70°F이다. 1 mi = 5280 ft이다.

13-21 10,000 ft에서 600 mi/h의 속도로 비행하는 제트기가 있다. 이때 제트기의 마하수를 구하라. 1 mi = 5280 ft이다. 부록 A에 있는 표준 대기표를 사용하라.

13-22 제트기가 1125 m/s의 속도로 5°C의 대기를 비행하고 있을 때, 제트기의 마하콘의 절반각도 α를 구하라.

13-23 600 m/s의 속도로 날고있는 제트기가 있다. 공기의 온도가 10°C일 때, 마하수와 마하콘의 절반각도 α를 구하라.

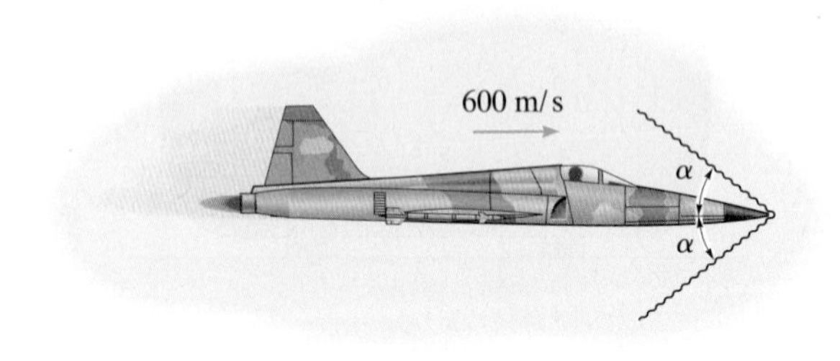

연습문제 **13–23**

***13-24** 제트기가 5 km의 속도로 머리 위의 수직 위치를 지나가고 있다. 제트기의 소리가 6초 후에 들린다면, 비행기의 속도는 얼마인가? 공기의 평균기온은 10°C이다.

13-25 B에서 풍동 기류의 마하수는 M = 2.0이며 공기의 온도는 10°C이고, 절대압력은 25 kPa이다. A의 큰 저장소 내부에서의 절대압력과 온도를 구하라.

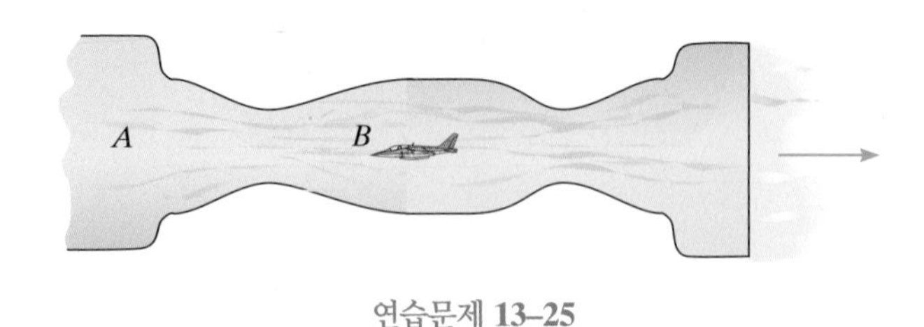

연습문제 **13–25**

13-26 정체온도가 25°C일 때, 공기의 정체 절대압력은 875 kPa이다. 관의 절대압력이 630 kPa일 때, 공기의 속도를 구하라.

13-27 절대압력이 16 kPa이고, 온도가 200 K인 공기가 풍동 내에서 M = 2.5의 속도로 흐른다. 공기의 속도를 구하고, 공기 공급 저장소 안의 온도와 절대압력을 구하라.

***13-28** 직경이 4 in.인 파이프에 M = 1.36의 속도로 공기가 흐른다. 이때 측정된 절대압력은 60 psi, 온도는 95°F이다. 파이프를 통과하는 질량유량을 구하라.

13-29 직경이 4 in.인 파이프에 M = 0.83의 속도로 공기가 흐른다. 공기의 정체온도가 85°F이고, 정체 절대압력이 14.7 psi이면, 파이프를 통과하는 공기의 질량유량은 얼마인가?

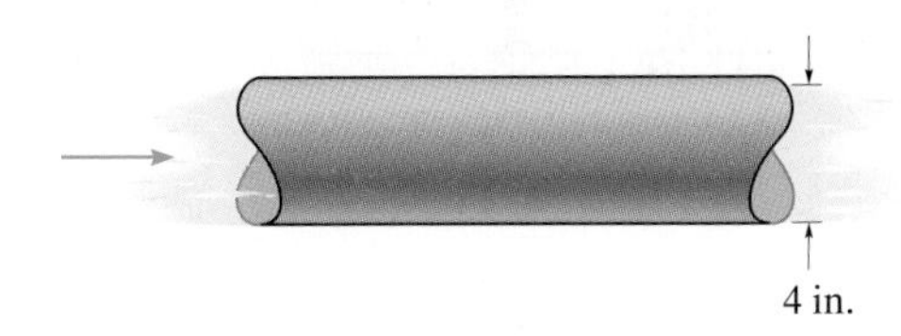

연습문제 **13–28/29**

13-30 메탄가스의 정체온도가 70°F일 때, 정체 절대압력은 110 lb/in^{2}이다. 메탄가스가 압력 80 lb/in^{2}으로 유동할 때, 이에 대응하는 유동의 속도를 구하라.

13-31 원형 관을 흐르는 공기의 온도와 절대압력은 각각 40°C, 800 kPa이다. 질량유량이 30 kg/s일 때, 이 유동의 마하수를 구하라.

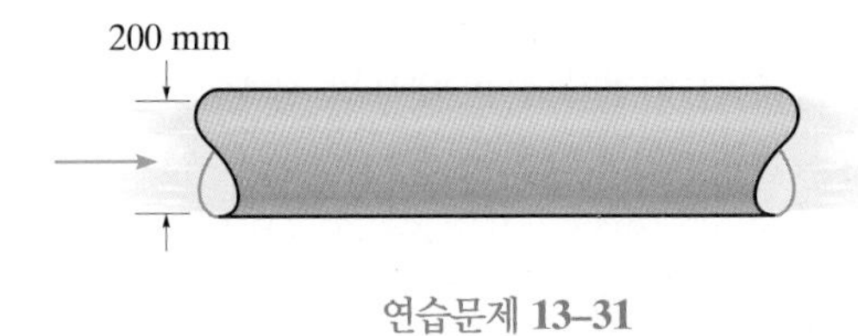

연습문제 **13–31**

***13-32** 공기가 1600 km/h로 흐를 때 공기의 압력을 구하라. 정지된 공기의 온도는 20°C이고 절대압력은 101.3 kPa이다.

13-33 메탄가스의 임계압력과 정체압력의 비, 임계온도와 정체온도의 비, 임계밀도와 정체밀도의 비를 구하라.

13.5~13.6절

13-34 노즐이 절대압력 175 psi, 절대온도 500°R인 큰 공기 저장소에 설치되어 있다. 노즐을 통과하는 최대 질량유량을 구하라. 목의 직경은 2 in.이다.

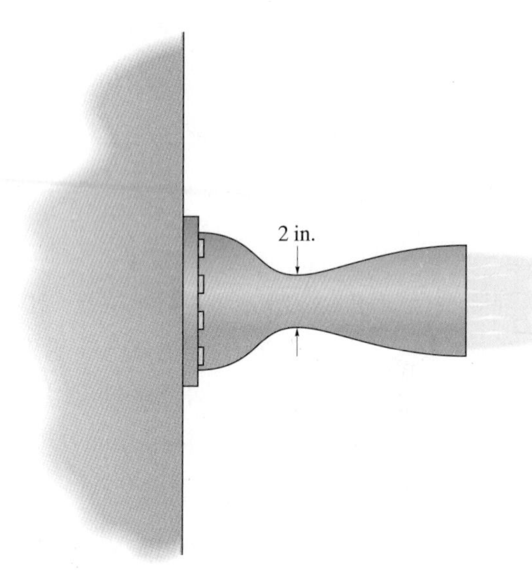

연습문제 **13–34**

13-35 큰 저장소 안에 있는 질소의 온도는 20°C, 절대압력은 300 kPa이다. 노즐을 통과하는 질량유량을 구하라. 대기압은 100 kPa이다.

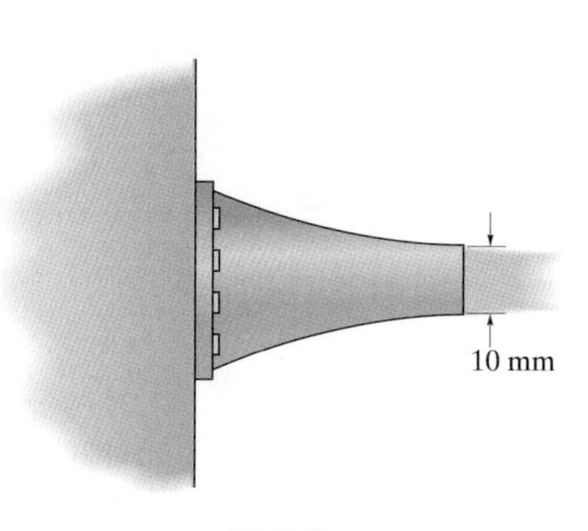

연습문제 **13–35**

*13-36 큰 탱크 안에 절대압력 150 kPa, 온도 20°C인 공기가 들어있다. 직경 5 mm의 노즐 A가 탱크의 공기를 외부로 배출하기 위해 열려있다. 질량유량과 탱크가 움직이는 것을 방지하기 위해 탱크에 가해주는 수평력을 구하라.

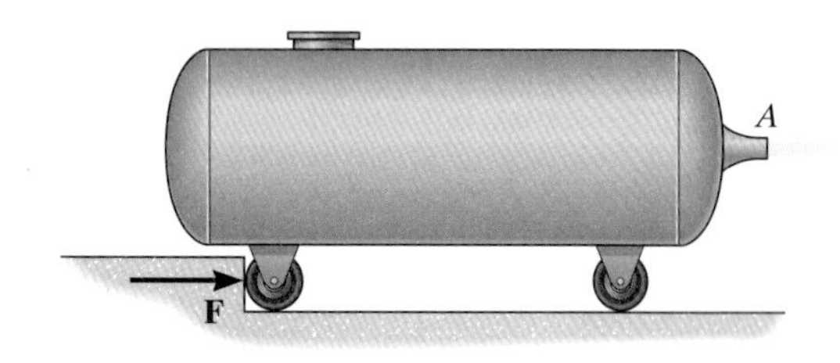

연습문제 13–36

13-37 대형 탱크 내부에 절대압력 600 kPa, 온도 800 K인 질소가 들어있다. 노즐을 통과하는 동안 초크가 발생하고 노즐 확대부에서 등엔트로피 초음속 유동이 생성되기 위한 호스의 배압을 구하라. 노즐의 외경은 40 mm이고, 목 부분의 직경은 20 mm이다.

13-38 대형 탱크 내부에 절대압력 600 kPa, 온도 800 K인 질소가 들어있다. 노즐을 통과하는 동안 초크가 발생하고 노즐 확대부에서 등엔트로피 아음속 유동이 생성되기 위한 호스의 배압을 구하라. 노즐의 외경은 40 mm이고, 목 부분의 직경은 20 mm이다.

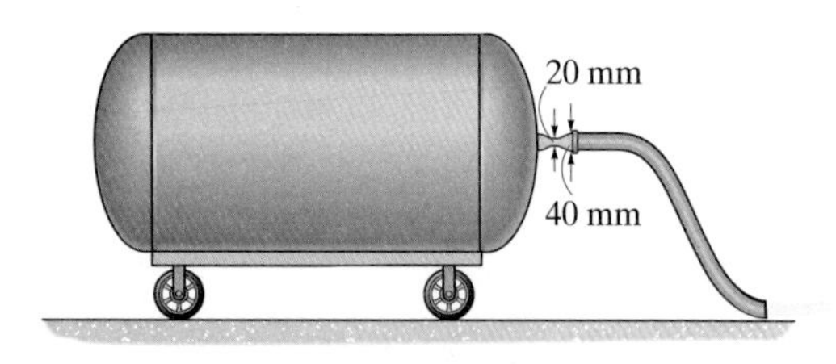

연습문제 13–37/38

13-39 대형 탱크 내부에 절대압력 700 kPa, 온도 400 K인 공기가 들어있다. 출구 직경이 40 mm인 축소노즐이 부착된 파이프를 통해 공기가 배출될 때 질량유량을 구하라. 파이프 내의 절대압력은 150 kPa이다.

*13-40 대형 탱크 내부에 절대압력 700 kPa, 온도 400 K인 공기가 들어있다. 출구 직경이 40 mm인 축소노즐이 부착된 파이프를 통해 공기가 배출될 때 질량유량을 구하라. 파이프 안의 절대압력은 400 kPa이다.

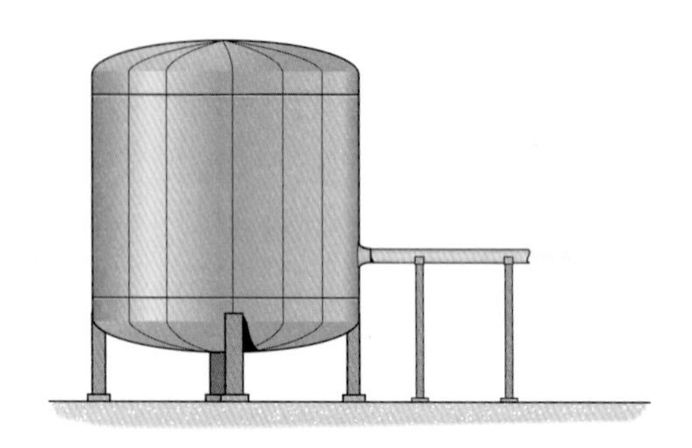

연습문제 13–39/40

13-41 대형 탱크 내부에 절대압력 600 kPa, 온도 70°C인 공기가 들어있다. 직경이 20 mm인 목과 출구 직경이 50 mm을 가지는 라발 노즐이 부착되어 있다. 노즐에서 초크가 일어나고 노즐 확대부에서 등엔트로피 아음속 유동이 유지되기 위한 연결 파이프 내의 절대압력을 구하라. 파이프 내부의 절대압력이 150 kPa이면 탱크로부터 질량유량은 얼마인가?

13-42 대형 탱크 내부에 절대압력 600 kPa, 온도 70°C인 공기가 들어있다. 직경이 20 mm인 목과 출구 직경이 50 mm을 가지는 라발 노즐이 부착되어 있다. 노즐에서 초크가 발생하고 노즐의 확대부에서 등엔트로피 초음속 유동을 생성하기 위한 연결 파이프 내부의 절대압력과 파이프를 통과하는 질량유량을 구하라.

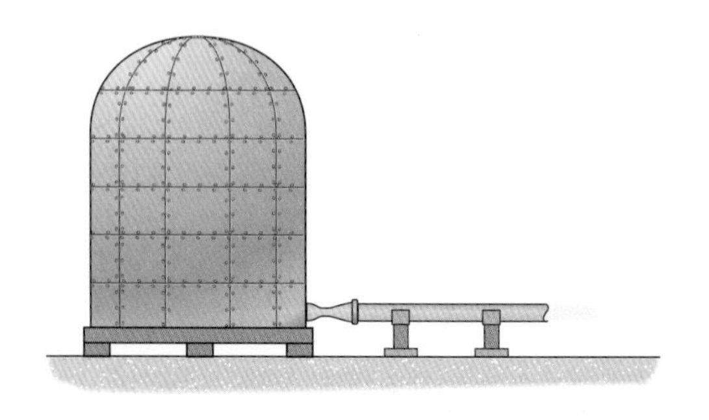

연습문제 13–41/42

13-43 대형 탱크 내부에 들어있는 공기의 절대압력은 400 kPa이고, 온도는 20°C이다. 탱크에 부착된 노즐 입구 A에서의 압력이 300 kPa이면, 노즐 출구를 통하여 빠져나가는 질량유량은 얼마인가?

***13-44** 절대압력은 103 kPa이고 온도는 20°C인 대기 중의 공기가 탱크 안의 축소 노즐을 통하여 들어온다. 노즐 위치 A에서의 절대압력이 30 kPa일 때 탱크 내부로 들어오는 공기의 질량유량을 구하라.

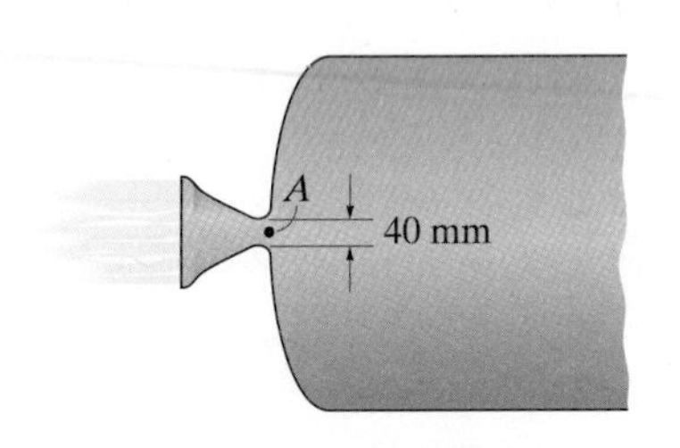

연습문제 **13–43/44**

13-45 대형 탱크로부터 출구 직경이 20 mm인 축소 노즐을 통하여 공기가 나간다. 만약 탱크 안의 공기 온도가 35°C이고 절대압력이 600 kPa이라면, 노즐로 배출되는 공기의 속도는 얼마인가? 탱크 외부의 절대압력은 101.3 kPa이다.

13-46 대형 탱크로부터 출구 직경이 20 mm인 축소 노즐을 통하여 공기가 나간다. 탱크 안의 공기 온도가 35°C이고 절대압력이 150 kPa일 때, 노즐로부터 배출되는 공기의 질량유량을 구하라. 탱크 외부의 절대압력은 101.3 kPa이다.

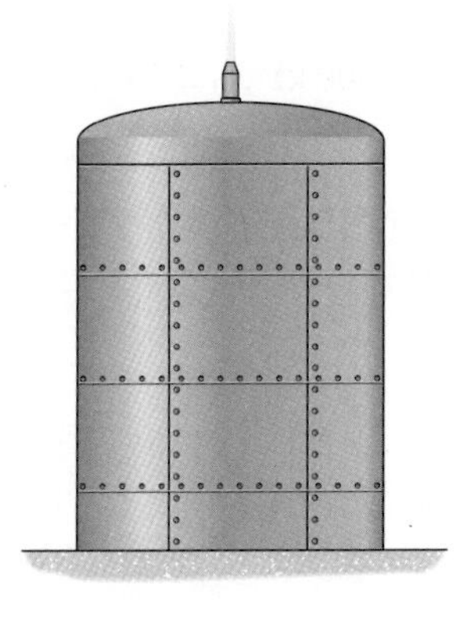

연습문제 **13–45/46**

13-47 대형 탱크 내에 절대압력 20 psi, 온도 25°F인 질소가 들어있다. 외부의 절대압력이 14.7 psi일 때, 노즐로부터 배출되는 질소의 질량유량을 구하라. 노즐목 부분의 직경은 0.25 in.이다.

***13-48** 대형 탱크 내에 절대압력 80 psi, 온도 25°F인 질소가 들어있다. 외부의 절대압력이 14.7 psi일 때, 노즐로부터 배출되는 질소의 질량유량을 구하라. 노즐목 부분의 직경은 0.25 in.이다.

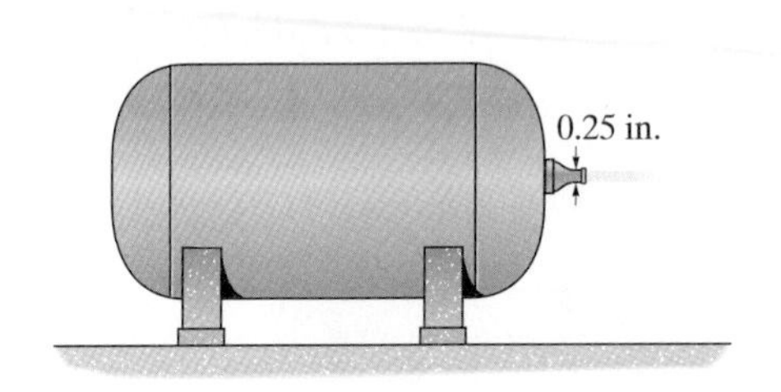

연습문제 **13–47/48**

13-49 로켓의 챔버 내의 절대압력 1.30 MPa의 연료 혼합물이 들어있다. 출구와 노즐목의 면적 비가 2.5일 때, 배기관의 마하수를 구하라. 완전하게 확장된 초음속 유동이 발생한다고 가정한다. 연료 혼합물의 $k = 1.40$이다. 대기압은 101.3 kPa이다.

연습문제 **13–49**

13-50 대형 탱크에 계기압력 170 lb/in^2, 온도 120°F인 공기가 들어있다. 노즐목의 직경은 0.35 in.이고, 출구의 직경은 1 in.이다. 파이프를 통하여 등엔트로피 초음속 유동을 갖는 제트를 분사하기 위한 파이프 내의 절대압력을 구하라. 이 유동의 마하수는 얼마인가? 대기압은 14.7 psi이다.

13-51 대형 탱크에 계기압력 170 lb/in^2, 온도 120°F인 공기가 들어있다. 노즐목의 직경은 0.35 in.이고 출구의 직경은 1 in.이다. 노즐에서 초킹이 발생되고 파이프를 통해 등엔트로피 아음속 유동이 유지되기 위한 파이프 내의 절대압력을 구하라. 또한, 이 조건에서 파이프를 통해 흐르는 유동의 속도는 얼마인가? 대기압은 14.7 psi이다.

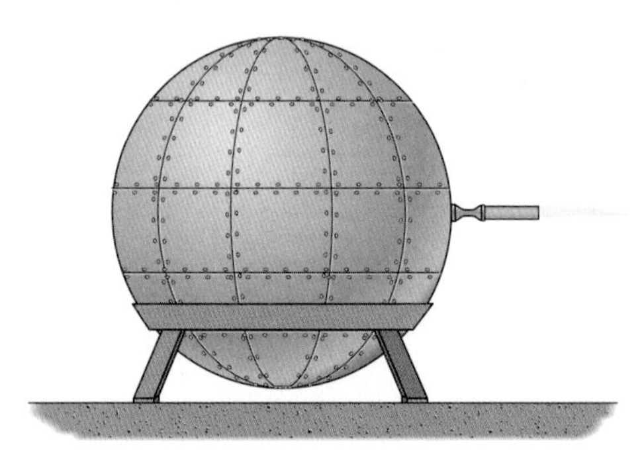

연습문제 **13–50/51**

***13-52** 축소 노즐의 출구 직경은 50 mm이다. 노즐 입구가 절대압력 500 kPa, 온도 125°C인 공기가 들어있는 대형 탱크에 연결되어 있을 때, 노즐을 통과하는 질량유량을 구하라. 외부 공기의 절대압력은 101.3 kPa이다.

13-53 축소 노즐의 출구 직경은 50 mm이다. 노즐 입구가 절대압력 180 kPa, 온도 125°C인 공기가 들어있는 대형 탱크에 연결되어 있을 때, 탱크에서부터 배출되는 공기의 질량유량을 구하라. 외부 공기의 절대압력은 101.3 kPa이다.

13-54 온도 1200 K인 공기가 $V_A = 100$ m/s의 속도로 흐르고 절대압력이 $p_A = 6.25$ MPa이다. 파이프 B의 직경 d를 구하라. B에서 M = 1이다.

13-55 온도 1200 K인 공기가 $V_A = 100$ m/s의 속도로 흐르고 절대압력이 $p_A = 6.25$ MPa이다. 파이프 B의 직경 d를 구하라. B에서 M = 0.8이다.

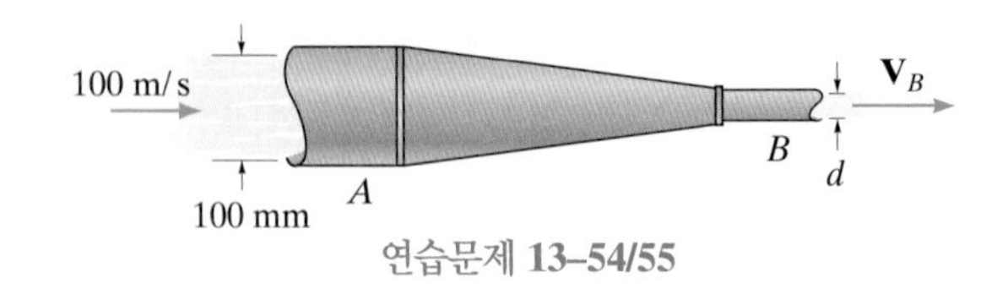

연습문제 **13–54/55**

***13-56** 파이프를 통하여 공기가 200 m/s의 속도로 흐른다. 공기의 온도가 500 K이고 절대 정압이 200 kPa이면, 마하수와 질량유량은 얼마인가? 등엔트로피 유동으로 가정한다.

13-57 파이프를 통하여 공기가 200 m/s의 속도로 흐른다. 공기의 온도가 400 K이고 절대 정압이 280 kPa이면, 유동 내의 정압은 얼마인가? 등엔트로피 유동으로 가정한다.

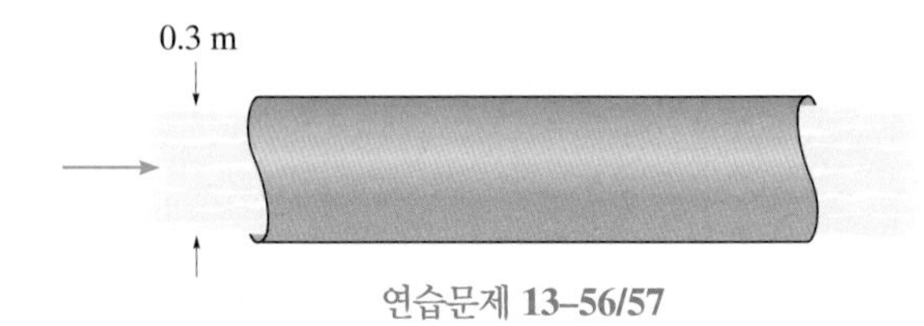

연습문제 **13–56/57**

13-58 초음속 제트 엔진의 끝단부에 설치되는 축소-확대형 노즐은 외부공기의 절대압력이 25 kPa일 때 효율적으로 작동하도록 설계되어야 한다. 엔진 내의 절대 정체압력은 400 kPa이고, 정체온도는 1200 K일 때, 질량유량이 15 kg/s가 될 수 있는 출구면의 직경과 노즐목의 직경을 구하라. $k = 1.40$ 그리고 $R = 256$ J/kg·K이다.

13-59 천연가스(메탄)는 절대압력이 400 kPa이며, M = 0.1의 속도로 파이프를 통해 흐른다. M = 1이 되기 위한 노즐목의 직경을 구하라. 또한, 정압과 노즐목에서의 압력, 그리고 파이프 B를 통해 흐르는 아음속과 초음속의 마하수는 얼마인가?

***13-60** 절대압력이 400 kPa이고 M = 0.5의 속도로 파이프 A를 통해 흐르는 공기가 있다. 직경 $d_t = 110$ mm인 노즐목에서의 마하수와 파이프 B에서의 마하수를 구하라. 또한, 파이프 B에서의 정압과 정체압력을 구하라.

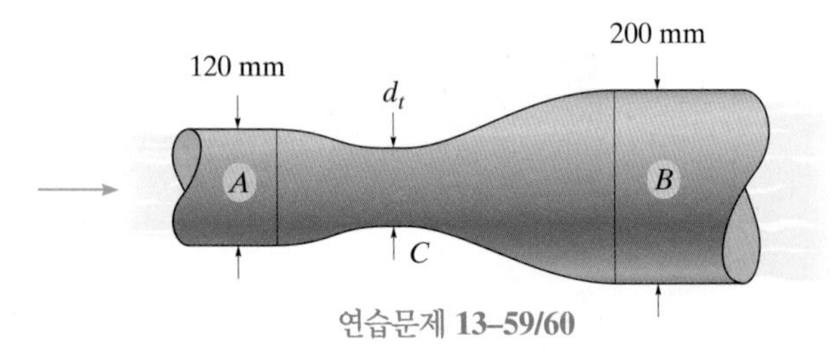

연습문제 **13–59/60**

13-61 온도 70°C, 절대압력 800 kPa인 산소가 탱크에 들어있다. 축소 노즐의 출구 부분 직경이 6 mm이고, 외부의 절대압력이 100 kPa일 때 탱크로부터 배출되는 산소의 초기 질량유량을 구하라.

13-62 온도 80°C, 절대압력 175 kPa인 헬륨이 탱크에 들어있다. 축소 노즐의 출구 부분 직경이 6 mm이고, 외부의 절대압력이 98 kPa일 때 탱크로부터 배출되는 헬륨의 초기 질량유량을 구하라.

연습문제 **13–61/62**

13-63 대형 탱크에 온도 250 K, 절대압력 1.20 MPa인 공기가 들어있다. 밸브가 개방될 때, 노즐에 초크가 발생한다. 이때 외부 대기압은 101.3 kPa이다. 탱크로부터 배출되는 공기의 질량유량을 구하라. 노즐 출구의 직경은 40 mm이고, 노즐목의 직경은 20 mm이다.

***13-64** 대형 탱크에 온도 250 K, 절대압력 1.20 MPa인 공기가 들어있다. 밸브가 열릴 때, 노즐에 초크가 일어날지 아닐지를 판별하라. 외부 대기압은 90 kPa이다. 이때 탱크의 배출유량을 구하라. 유동은 등엔트로피로 가정하라. 노즐의 출구 직경은 40 mm이고, 노즐목의 직경은 20 mm이다.

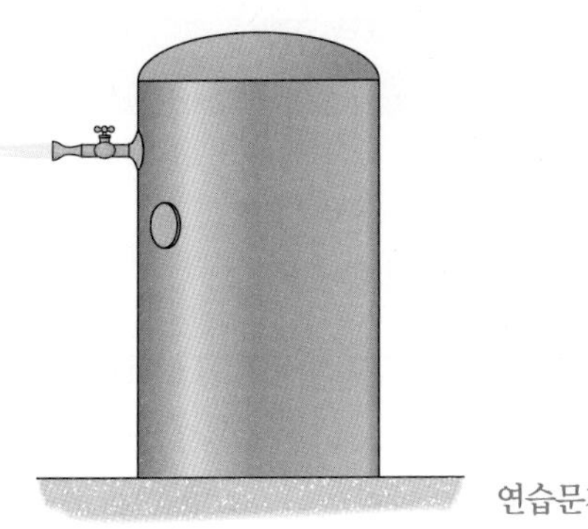

연습문제 **13–63/64**

13-65 노즐의 A 지점으로 M = 0.4의 속도로 공기가 유입된다. C와 B에서의 마하수를 구하라.

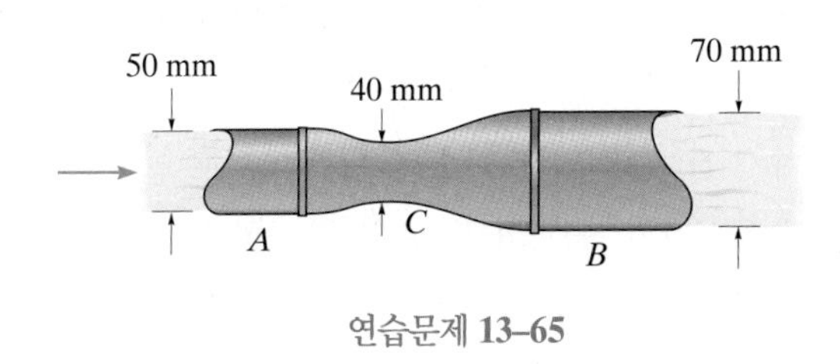

연습문제 **13–65**

13-66 노즐의 A 지점으로 M = 0.4의 속도로 공기가 유입된다. p_A = 125 kPa이고 T_A = 300 K이라면, B에서의 압력과 속도를 구하라.

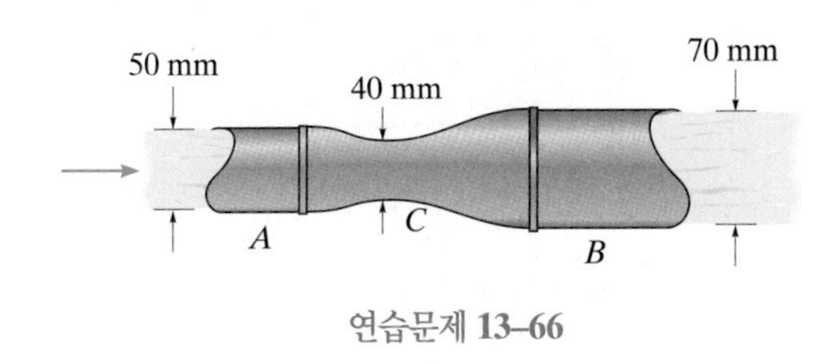

연습문제 **13–66**

13-67 공기가 M_A = 0.2의 속도로 노즐 안에서 등엔트로피 유동을 하고 M_B = 2의 속도로 밖으로 배출된다. A에서 노즐의 직경이 30 mm일 때, 노즐목의 직경과 B에서의 직경을 구하라. 또한, A에서의 절대압력이 300 kPa이라면, B에서의 정압과 정체압력을 구하라.

***13-68** 공기가 M_A = 0.2의 속도로 노즐 안에서 등엔트로피 유동을 하고 M_B = 2의 속도로 밖으로 배출된다. A에서 노즐의 직경이 30 mm일 때, 노즐목의 직경과 B에서의 직경을 구하라. 또한, A에서의 온도가 300 K이라면, B에서의 정체온도와 유동의 온도를 구하라.

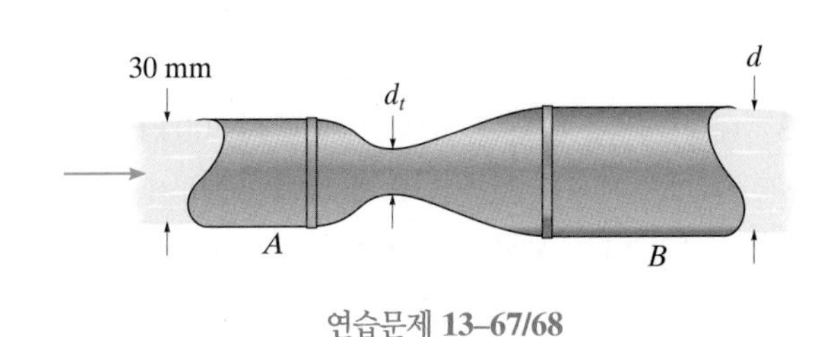

연습문제 **13–67/68**

13-69 공기가 직경이 50 mm인 파이프를 통해 유동한다. 공기의 정체온도는 20°C이고 절대압력은 300 kPa, 정체압력은 375 kPa일 때 공기의 질량유량을 구하라.

13-70 온도가 25°C이고 압력이 표준 대기압(101.3 kPa)인 공기가 절대 내부압력이 80 kPa인 파이프 안으로 노즐을 통해 들어간다. 공기의 질량유량을 구하라. 노즐목의 직경은 10 mm이다.

13-71 온도가 25°C이고 압력이 표준 대기압(101.3 kPa)인 공기가 절대 내부압력이 30 kPa인 파이프 안으로 노즐을 통해 들어간다. 공기의 질량유량을 구하라. 노즐목의 직경은 10 mm이다.

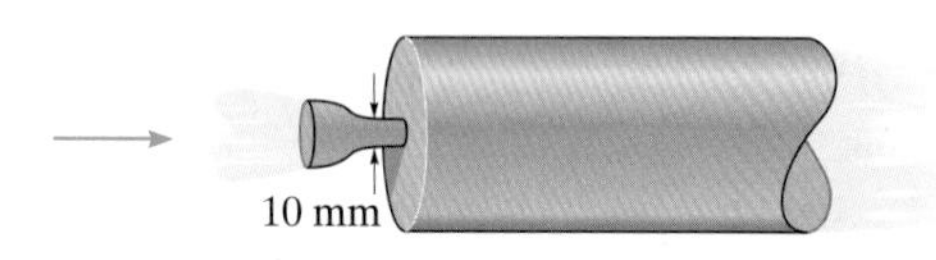

연습문제 **13–70/71**

***13-72** 절대압력 800 kPa, 온도 150°C인 공기가 대형 탱크에 들어있다. 축소 노즐의 출구 직경이 20 mm라면, 탱크 밖으로 나가는 공기의 질량유량은 얼마인가? 여기서 표준 대기압은 101.3 kPa이다.

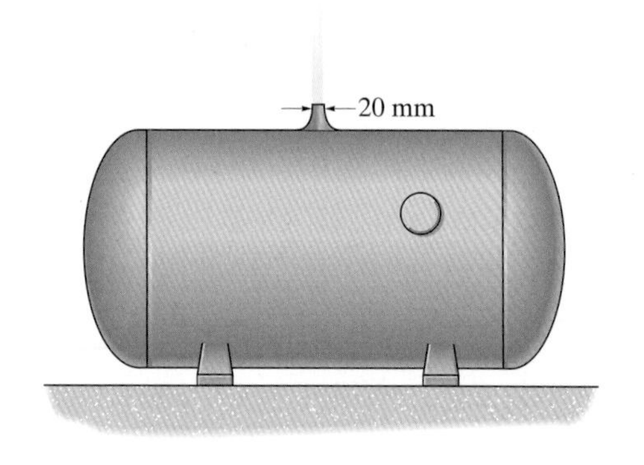

연습문제 **13–72**

13.7절

13-73 대형 저장소에 온도 20°C, 절대압력 300 kPa인 공기가 들어있다. 공기는 노즐을 통해 등엔트로피적으로 유동한다. 노즐을 나온 공기는 직경 50 mm, 길이 1.5 m, 평균마찰계수 0.03을 가진 파이프를 통해 유동한다. 유동이 지점 2에서 초크되었다면, 파이프를 지나가는 공기의 질량유량을 구하고 입구 1과 출구 2에서의 속도와 압력, 온도를 구하라.

13-74 대형 저장소에 온도 20°C, 절대압력 300 kPa인 공기가 들어있다. 공기는 노즐을 통해 등엔트로피적으로 유동한다. 노즐을 나온 공기는 직경 50 mm, 길이 1.5 m, 평균마찰계수 0.03을 가진 파이프를 통해 유동한다. 파이프가 지점 2에서 초킹되었다면, 출구 2에서의 정체온도와 압력을 구하고, 입구 1과 출구 2 사이의 엔트로피 변화를 구하라.

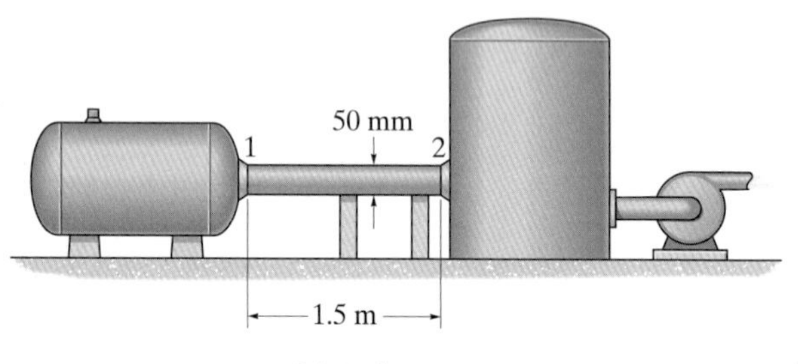

연습문제 **13–73/74**

13-75 직경이 200 mm인 관이 있다. 평균마찰계수는 $f = 0.003$이며, 주입구에서 속도 200 m/s, 온도 300 K, 절대압력 180 kPa인 공기가 유입될 때, 출구에서의 속도, 온도 및 압력을 구하라.

***13-76** 직경이 200 mm인 관이 있다. 평균마찰계수는 $f = 0.003$이며, 주입 구에서 속도 200 m/s, 온도 300 K, 절대압력 180 kPa인 공기가 유입될 때, 관에서의 질량유량을 구하고, 길이 30 m 관에 대해 유동의 결과로 생긴 마찰력을 구하라.

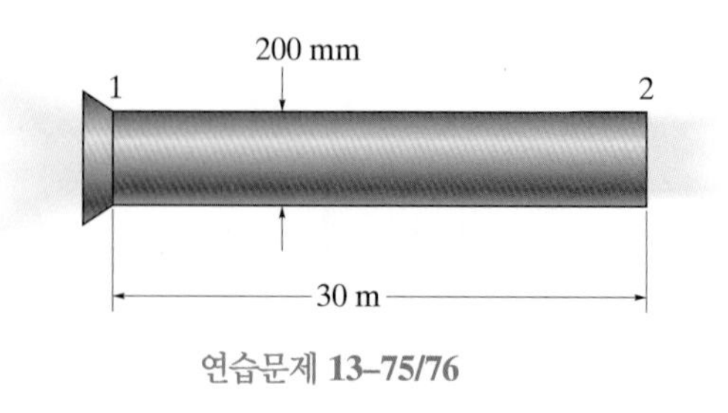

연습문제 **13–75/76**

13-77 큰 방에 온도 24°C, 절대압력 101 kPa인 공기가 들어있다. 200 mm 직경의 관으로 공기가 등엔트로피적으로 유입되고 구간 1에서의 절대압력이 90 kPa이라면, 유동의

초크가 발생하는 관의 임계길이 L_{max}와 구간 2에서의 압력, 마하수, 온도를 구하라. 평균 마찰계수 $f = 0.002$이다.

13-78 큰 방에 온도 24°C, 절대압력 101 kPa인 공기가 들어있다. 200 mm 직경의 관으로 공기가 등엔트로피적으로 유입되고 구간 1에서의 절대압력이 90 kPa이라면, 관에서의 질량유량을 구하고 그 결과에 의해 발생하는 관의 마찰력을 구하라. 또한, 유동에 초크가 발생하기 위한 길이 L_{max}는 얼마인가? 평균마찰계수 $f = 0.002$이다.

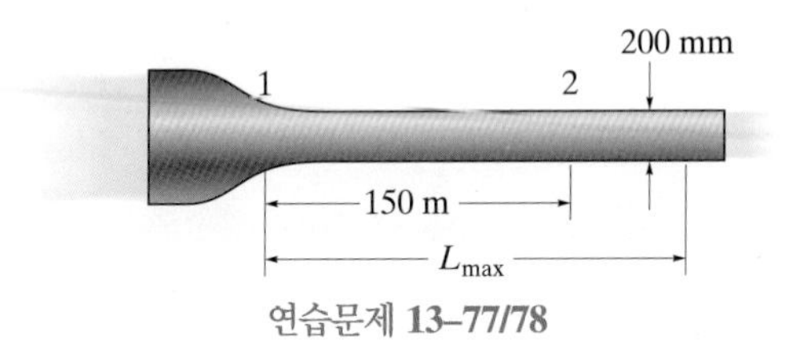

연습문제 **13-77/78**

13-79 직경이 40 mm인 파이프가 $f = 0.015$의 마찰계수를 가진다. 대형 탱크 A의 노즐은 구간 1의 파이프로 속도 1200 m/s, 온도 460 K, 절대압력 750 kPa인 질소를 등엔트로피 유동으로 보낸다. 질량유량을 구하라. 파이프 내에서는 정상적인 충격파가 나타난다. $L' = 1.35$ m이다.

***13-80** 직경이 40 mm인 파이프가 $f = 0.015$의 마찰계수를 가진다. 대형 탱크 A의 노즐은 구간 1의 파이프로 속도 200 m/s, 온도 460 K인 질소를 등엔트로피 유동으로 보낸다. $L' = 3$ m라면, $L = 2$ m에서 질소의 속도와 온도를 구하라.

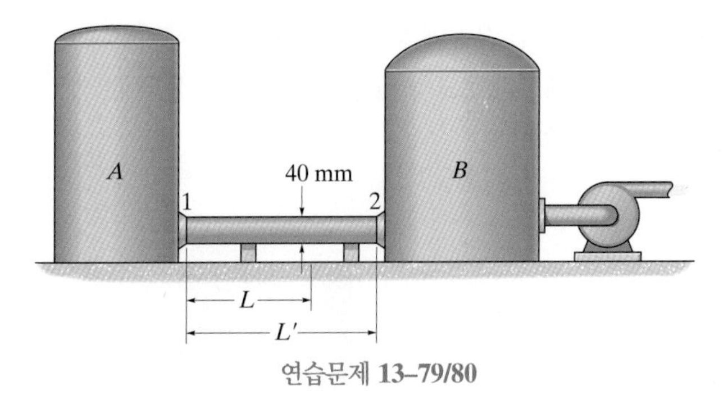

연습문제 **13-79/80**

13-81 직경이 100 mm인 파이프가 온도 40°C, 절대압력 450 kPa인 공기가 들어있는 대형 저장소 노즐과 연결되어 있다. 구간 1에서의 절대압력이 30 kPa이라면, 파이프를 통과하는 질량유량과 90 kPa의 배압을 가진 탱크에서 파이프를 통과할 때 초음속 유동을 유지하기 위한 파이프의 길이 L을 구하라. 파이프는 전체적으로 0.0085의 일정한 마찰계수를 가진다고 가정한다.

13-82 직경이 100 mm인 파이프가 온도 40°C, 절대압력 450 kPa인 공기가 들어있는 대형 저장소 노즐과 연결되어 있다. 구간 1에서의 절대압력이 30 kPa이라면, 파이프를 통과하는 질량유량과 탱크 안에서 음속 유동이 일어나기 위한 파이프의 길이 L을 구하라. 이때 음속 유동이 발생하기 위해 필요한 탱크의 배압은 얼마인가? 파이프는 전체적으로 0.0085의 일정한 마찰계수를 가진다고 가정한다.

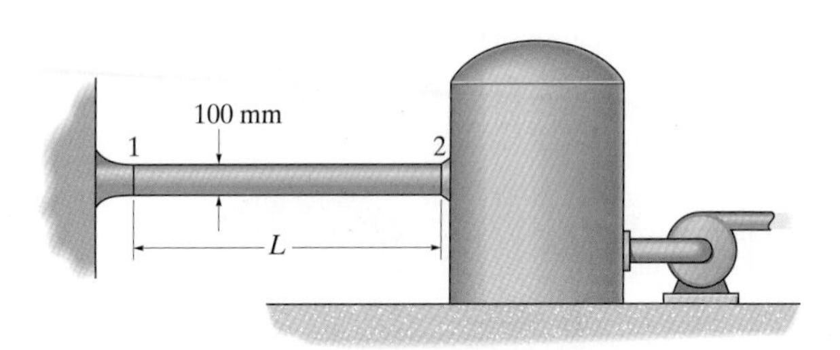

연습문제 **13-81/82**

13-83 직경이 100 mm인 파이프가 온도 40°C, 절대압력 450 kPa인 공기가 들어있는 대형 저장소 노즐과 연결되어 있다. $L = 5$ m일 때, 배압측이 $M_1 > 1$이고, 구간 2의 출구에서 유동이 초킹된다면, 파이프를 통과하는 질량유량을 구하라. 파이프 전반에 걸쳐 0.0085의 일정한 마찰계수를 가진다고 가정한다.

***13-84** 직경이 100 mm인 파이프가 온도 40°C, 절대압력 450 kPa인 공기가 들어있는 대형 저장소 노즐과 연결되어 있다. $L = 5$ m일 때, 배압측이 $M_1 < 1$이고, 구간 2의 출구에서 유동이 초킹된다면, 파이프를 통과하는 질량유량을 구하라. 파이프 전반에 걸쳐 0.0085의 일정한 마찰계수를 가진다고 가정한다.

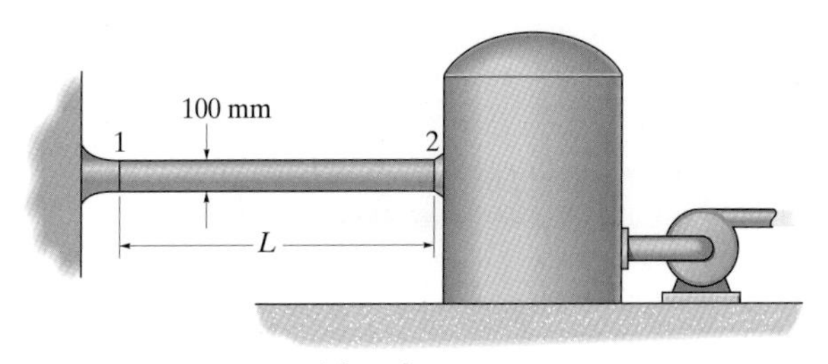

연습문제 **13-83/84**

13.8절

13-85 60°F의 외부공기가 등엔트로피적으로 관 내부에 들어오고, $200(10^3)$ ft·lb/slug으로 관을 따라 가열된다. 구간 1에서의 온도는 $T = 30°F$이고 압력은 13.9 psi이다. 구간 2에서의 마하수, 온도, 압력을 구하라. 마찰은 무시한다.

13-86 60°F의 외부공기가 등엔트로피적으로 관 내부에 들어오고, $200(10^3)$ ft·lb/slug으로 관을 따라 가열된다. 구간 1에서의 온도는 $T = 30°F$이고 압력은 13.9 psi이다. 질량유량을 구하고 구간 1과 2 사이에서 발생하는 단위 질량당 엔트로피의 변화를 구하라.

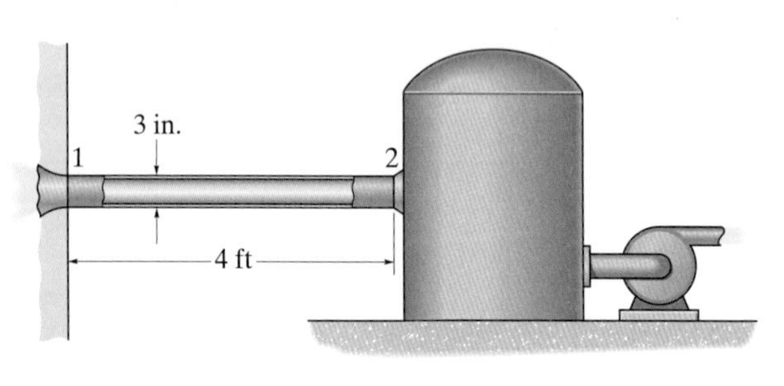

연습문제 **13–85/86**

13-87 온도는 $T_1 = 270$ K, 절대압력은 $p_1 = 330$ kPa인 질소가 $M_1 = 0.3$으로 매끄러운 파이프를 유동한다. 질소가 100 kJ/kg·m로 가열된다면, 파이프 끝단인 구간 2에서의 질소의 속도와 압력을 구하라.

***13-88** 온도는 $T_1 = 270$ K, 절대압력은 $p_1 = 330$ kPa인 질소가 $M_1 = 0.3$으로 매끄러운 파이프를 유동한다. 질소가 100 kJ/kg·m로 가열된다면, 구간 1, 2에서 정체온도와 이 두 구간 사이의 단위 질량당 엔트로피 변화를 구하라.

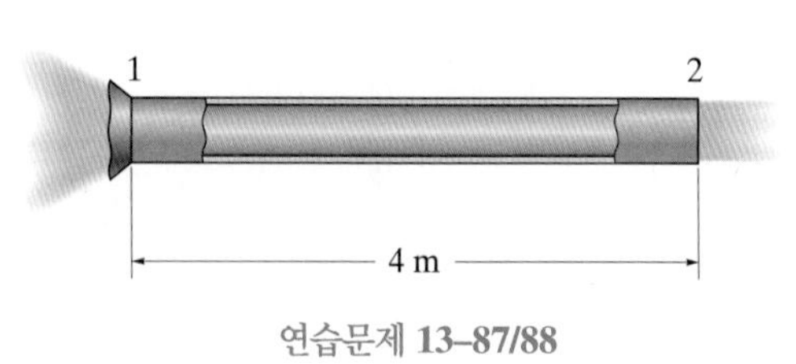

연습문제 **13–87/88**

13-89 공기가 $V_1 = 640$ m/s, $T_1 = 80°C$, 절대압력 $p_1 = 250$ kPa으로 등엔트로피 상태로 파이프 내를 흐른다. 파이프 끝단에서의 속도가 470 m/s일 때, 파이프가 공기로부터 공급받는 단위 질량당 열량을 구하라.

13-90 공기가 $V_1 = 640$ m/s, $T_1 = 80°C$, 절대압력 $p_1 = 250$ kPa으로 등엔트로피 상태로 파이프 내를 흐른다. 파이프 끝단에서의 속도가 470 m/s일 때, 구간 1과 2에서 정체온도와 단위 질량당 엔트로피 변화를 구하라.

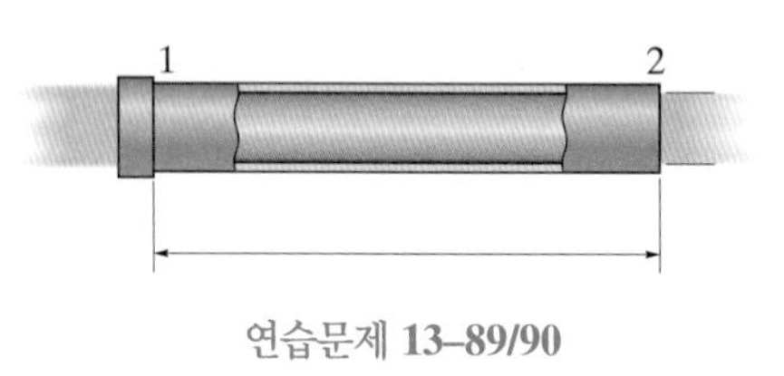

연습문제 **13–89/90**

13-91 대형 저장소에 온도는 275 K, 절대압력은 101 kPa인 공기가 들어있다. 구간 1의 관으로 등엔트로피 유동의 공기가 들어간다. 유동에 80 kJ/kg의 열이 가해지면, 구간 1에서 가질 수 있는 최대 속도를 구하라. 구간 2에서의 배압은 $M_1 < 1$이다.

***13-92** 대형 저장소에 온도는 275 K, 절대압력은 101 kPa인 공기가 들어있다. 구간 1의 관으로 등엔트로피 유동의 공기가 들어간다. 유동에 80 kJ/kg의 열이 가해지면, 관 입구인 구간 1에서의 온도와 압력을 구하라. 구간 2에서의 배압은 $M_1 > 1$이다.

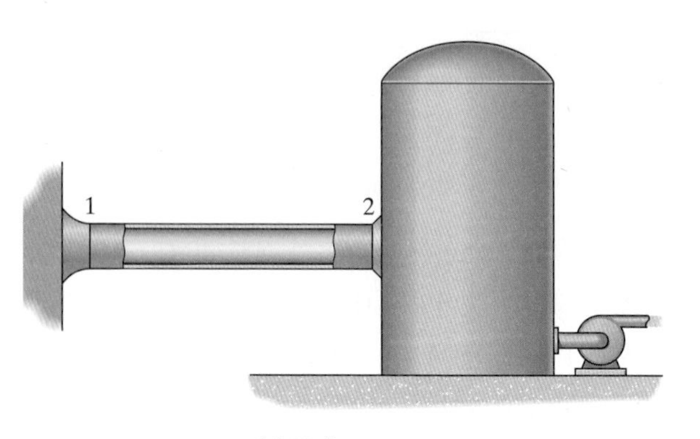

연습문제 **13–91/92**

13-93 직경이 100 mm인 관을 통해 온도가 300 K, 절대압력이 450 kPa인 질소가 대형 저장소로 유동한다. 이 유동으로, 100 kJ/kg의 열이 가해진다. 배압은 $M_1 > 1$이고, 구간 2에서 유동이 초킹되면, 구간 1에서의 온도, 압력, 밀도는 얼마인가?

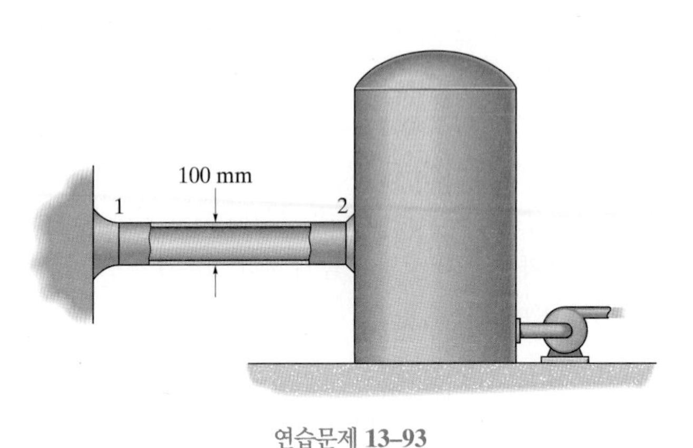

연습문제 **13–93**

13-94 직경이 100 mm인 관을 통해 온도가 300 K, 절대압력이 450 kPa인 질소가 대형 저장소로 유동한다. 이 유동으로, 100 kJ/kg의 열이 가해진다. 배압은 $M_1 < 1$이고, 구간 2에서 유동이 초킹되면, 구간 1에서의 온도, 압력, 밀도는 얼마인가?

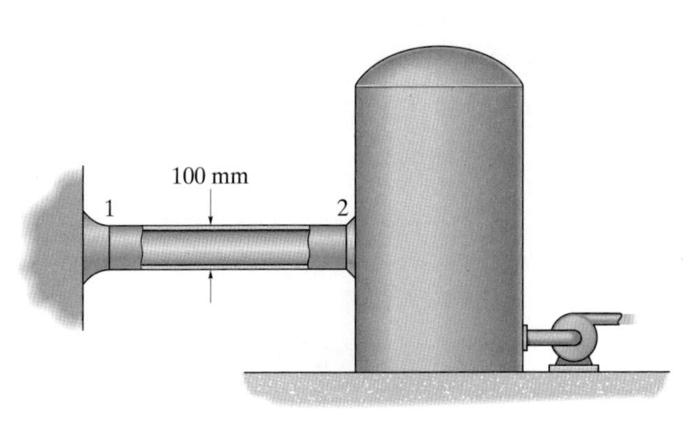

연습문제 **13–94**

13.9~13.10절

13-95 출구 직경이 0.25 m인 축소 노즐이 있다. 대형 탱크 내의 연료-산화제 혼합물은 절대압력이 4 MPa, 온도가 1800 K이라면, 배압이 진공일 때 노즐로부터의 질량유량을 구하라. 혼합물의 $k = 1.38$이고 $R = 296$ J/kg·K이다.

***13-96** 출구 직경이 0.25 m인 축소 노즐이 있다. 대형 탱크 내의 연료-산화제 혼합물은 절대압력이 4 MPa, 온도가 1800 K이라면, 대기압이 100 kPa일 때 노즐로부터의 질량유량을 구하라. 혼합물의 $k = 1.38$이고 $R = 296$ J/kg·K이다.

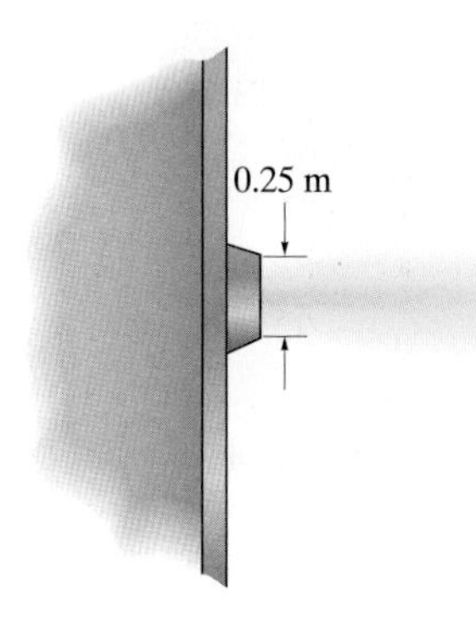

연습문제 **13–95/96**

13-97 탱크에 절대압력이 900 kPa, 온도가 20°C인 0.13 m^3의 산소가 들어있다. 노즐의 출구 직경이 15 mm라면, 밸브가 열려졌을 때 탱크 안의 절대압력이 300 kPa로 떨어질 때까지 필요한 시간을 구하라.

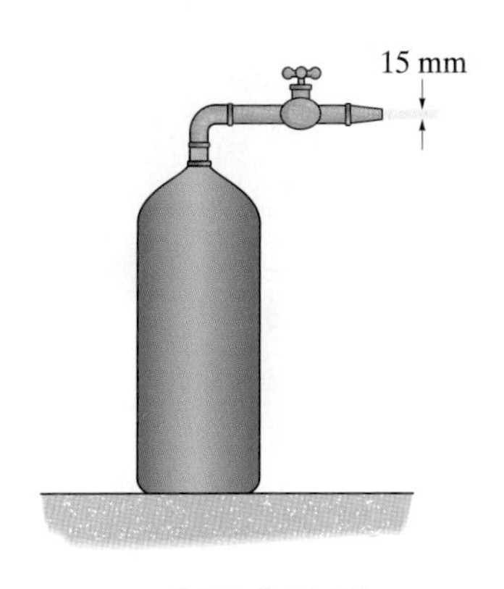

연습문제 **13–97**

13-98 로켓에 축소-확대 배기 노즐이 있다. 노즐 입구에서의 절대압력은 200 lb/in^{2}이고, 혼합연료의 온도는 3250°R이다. 노즐에서 300 ft/s 속도로 혼합물이 흐르고 등엔트로피 초음속 유동으로 배출된다면, 노즐목과 출구의 면적은 얼마인가? 노즐 입구의 직경은 18 in.이다. 외부의 절대압력은 14.7 psi이다. 연료 혼합물의 $k = 1.4$이고 $R = 1600$ ft·lb/slug·R이다.

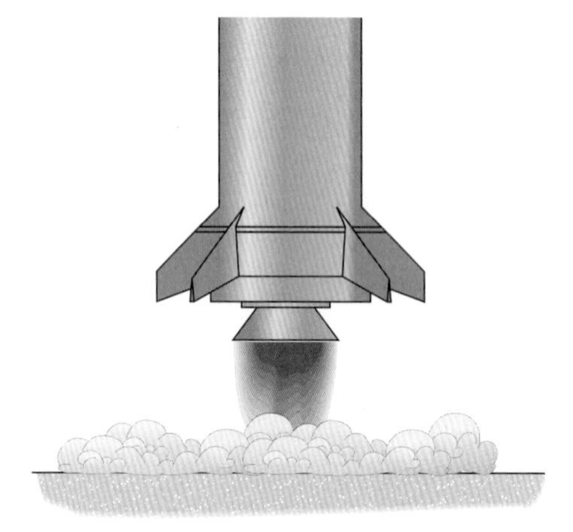

연습문제 **13–98**

13-99 로켓에 축소-확대 배기 노즐이 있다. 노즐 입구에서의 절대압력은 200 lb/in^{2}이고, 혼합연료의 온도는 3250°R이다. 노즐에서 500 ft/s 속도로 혼합물이 흐르고 등엔트로피 초음속 유동으로 배출된다면, 노즐목과 출구의 면적은 얼마인가? 노즐의 입구의 직경은 18 in.이다. 외부의 절대압력은 7 psi이다. 연료 혼합물의 $k = 1.4$이고 $R = 1600$ ft·lb/slug·R이다.

연습문제 **13–99**

*13-100 제트 엔진이 101.3 kPa의 표준 대기압의 지상에서 테스트를 받고 있다. 절대압력이 300 kPa, 온도가 800 K인 항공연료 혼합물이 250 m/s의 속도로 300 mm 직경의 노즐의 흡입구에 진입한 후, 초음속 유동으로 나갈 때 엔진배기 가스의 속도를 구하라. $k = 1.4$이고 $R = 249$ J/kg·K이며, 엔트로피 유동으로 가정한다.

13-101 제트 엔진이 101.3 kPa의 표준 대기압의 지상에서 테스트를 받고 있다. 절대압력이 300 kPa, 온도가 800 K인 항공연료 혼합물이 250 m/s의 속도로 300 mm 직경의 노즐의 흡입구에 진입한 후, 초음속 유동으로 나갈 때, 유동이 출구에서 등엔트로피 초음속 유동이 되기 위한 노즐의 목 직경 d_t와 출구의 직경 d_e를 구하라. $k = 1.4$이고 $R = 249$ J/kg·K이다.

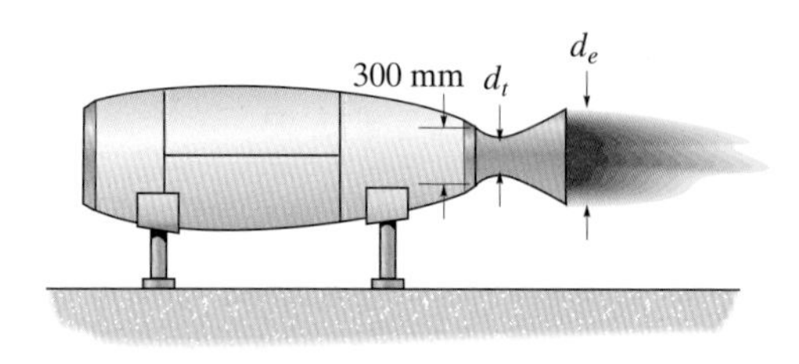

연습문제 **13–100/101**

13-102 노즐이 파이프의 끝에 연결되어 있다. 파이프에서 공급된 공기의 정체온도는 120°C이고 절대 정체압력은 800 kPa이다. 배압이 60 kPa일 때 노즐에서의 질량유량을 구하라.

13-103 노즐이 파이프의 끝에 연결되어 있다. 파이프에서 공급된 공기의 정체온도는 120°C이고 절대 정체압력은 800 kPa이다. 유동이 등엔트로피 유동을 유지할 때 초크가 발생하는 배압 값 두 개를 구하라. 또한, 등엔트로피 유동의 최고 속도는 얼마인가?

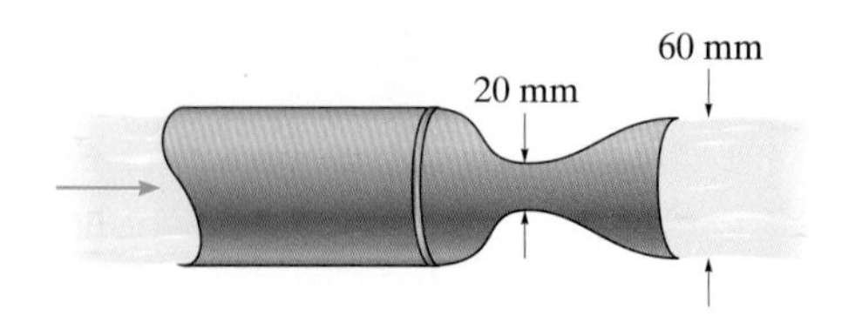

연습문제 **13–102/103**

***13-104** 제트기가 대기 중에서 온도가 20°C, 절대압력이 80 kPa인 충격파를 만든다. 제트기가 1200 m/s로 이동할 때, 충격파 이후의 압력과 온도를 구하라.

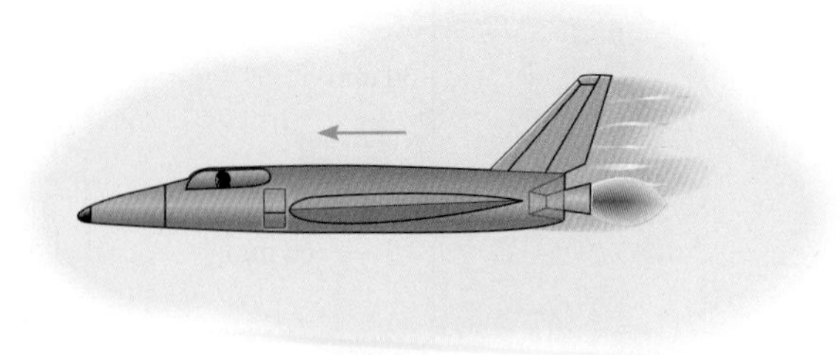

연습문제 **13–104**

13-105 제트기가 15000 ft 고도에서 M = 1.8로 날고있다. 엔진의 공기 유입구에서 충격파가 발생한다면, 충격파 바로 뒤의 엔진 내에서의 정체압력과 짧은 거리에 있는 엔진 챔버 안의 정체압력을 구하라.

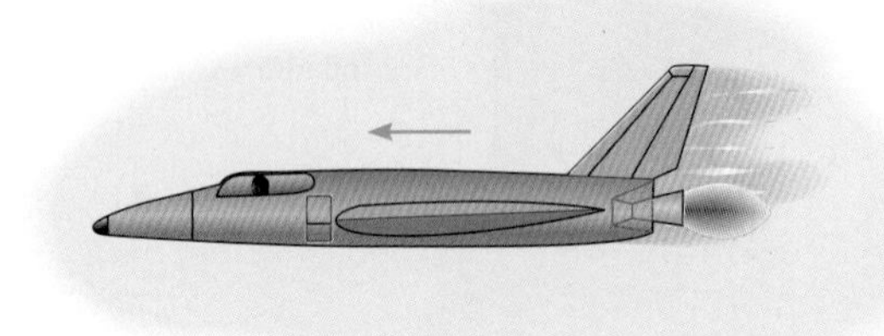

연습문제 **13–105**

13-106 2600 ft/s 속도로 비행하는 제트기에 의해 충격파가 발생한다. 공기의 온도는 60°F, 절대압력은 12 lb/in^{2}이라면, 충격파 후의 비행기의 상대적 공기 속도와 공기의 온도를 구하라.

13-107 2600 ft/s 속도로 비행하는 제트기에 의해 충격파가 발생한다. 공기의 온도는 60°F, 절대압력은 12 lb/in^{2}이라면, 충격파 후의 정체압력과 정압을 구하라.

***13-108** 상류에서의 공기는 절대압력이 p_1 = 80 kPa, 온도가 T_1 = 75°C, 속력이 V_1 = 700 m/s이고, 파이프 내에서 정지 충격파가 발생한다. 하류에서의 공기 압력, 온도, 속도를 구하라. 또한 상류 및 하류에서의 마하수는 얼마인가?

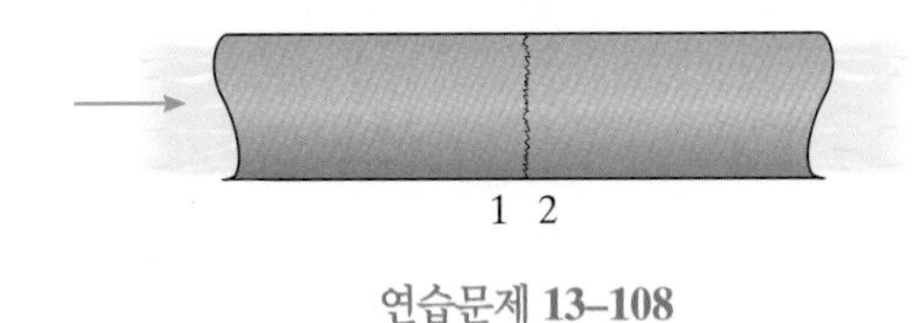

연습문제 **13–108**

13-109 대형 탱크로부터 온도가 350 K, 절대압력이 600 kPa인 공기를 노즐로 배출한다. 노즐목의 직경은 0.3 m이고 출구의 직경은 0.5 m일 때, 팽창파를 출구로 내보내기 위한 배압의 범위를 구하라.

연습문제 **13–109**

13-110 대형 탱크로부터 온도가 350 K, 절대압력이 600 kPa인 공기를 노즐로 배출한다. 노즐목의 직경이 0.3 m이고 출구의 직경이 0.5 m일 때, 출구에서 경사 충격파를 발생시킬 수 있는 배압의 범위를 구하라.

연습문제 **13–110**

13-111 절대 정체압력이 60 psi, 정체온도가 400°R인 공기를 운반하는 노즐이 파이프의 끝에 부착되어 있다. 노즐 안에 정지 충격파를 일으키는 배압의 범위를 구하라.

***13-112** 절대 정체압력이 60 lb/in^2, 정체온도가 400°R인 공기를 운반하는 노즐이 파이프의 끝에 부착되어 있다. 노즐 출구에서 경사 충격파를 발생시키는 배압의 범위를 구하라.

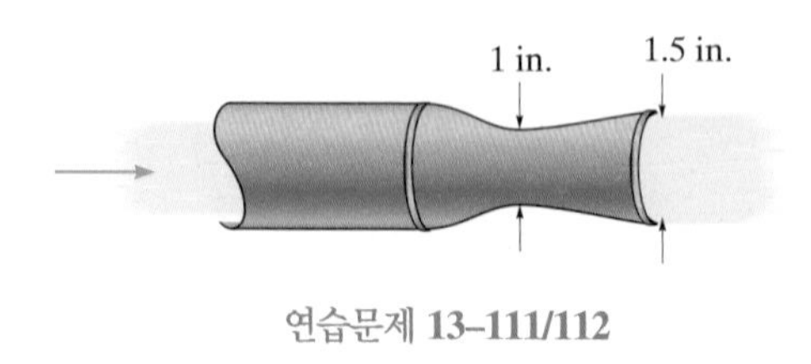

연습문제 **13–111/112**

13-113 직경이 200 mm인 파이프에 온도가 10°C, 절대압력이 100 kPa인 공기가 흐르고 있다. 파이프 안에 충격파가 발생되고, 충격파 앞의 공기의 속도가 1000 m/s일 때, 충격파 후의 공기 속도를 구하라.

13-114 절대 대기압이 50 kPa인 공기 속에서 M = 1.3으로 제트기가 날고 있다. 엔진의 유입구에 충격파가 형성될 때, 직경이 0.6 m인 엔진 안의 공기 유동의 마하수를 구하라. 또한, 이 구역에서의 압력과 정체압력은 얼마인가? 엔진 안의 유동은 등엔트로피 유동으로 가정한다.

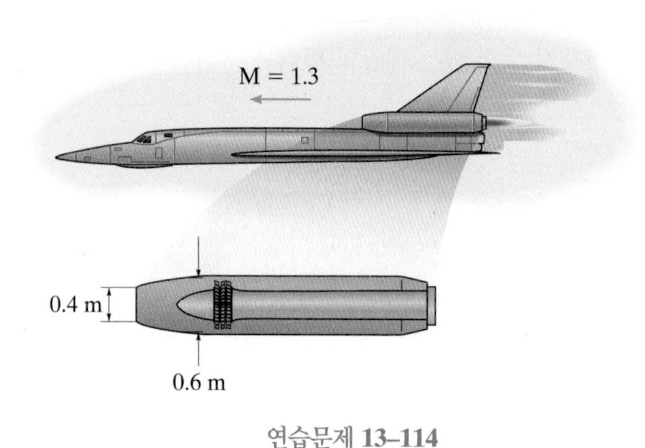

연습문제 **13–114**

13-115 대형 탱크로부터 온도가 350 K, 절대압력이 600 kPa인 공기가 노즐을 통해 배출된다. 목의 직경이 30 mm이고 출구 직경이 60 mm일 때, 출구에서 경사 충격파가 발생되는 배압의 범위를 구하라.

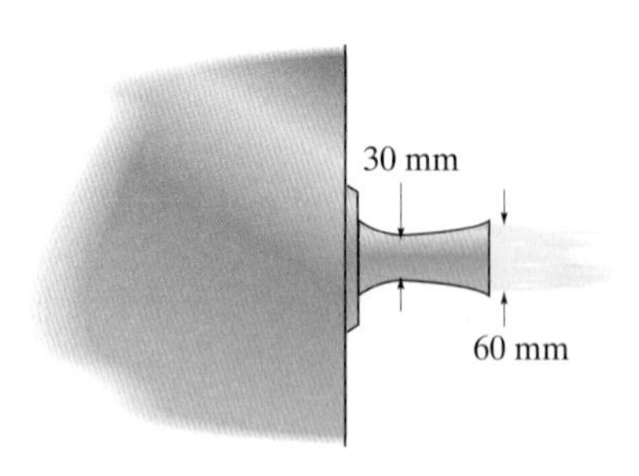

연습문제 **13–115**

***13-116** 대형 탱크로부터 온도가 350 K, 절대압력이 600 kPa인 공기가 노즐을 통해 배출된다. 목의 직경이 30 mm이고 출구 직경이 60 mm일 때, 노즐 안에서 정지 충격파가 발생되는 배압의 범위를 구하라.

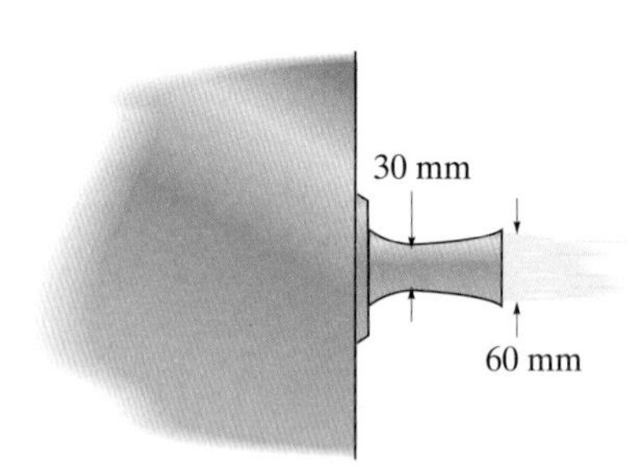

연습문제 **13–116**

13–117 직경이 100 mm인 노즐의 C 지점에서 충격파가 형성된다. 파이프의 A를 통과하는 공기 유동은 $M_A = 3.0$이고 절대압력은 $p_A = 15$ kPa이다. 파이프의 B 지점의 압력을 구하라.

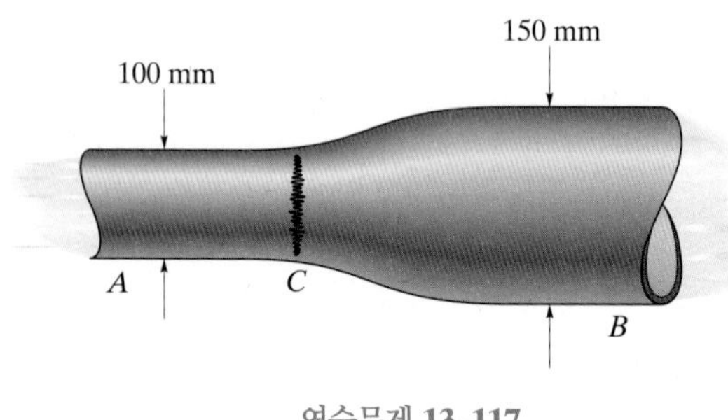

연습문제 **13–117**

13-118 온도가 20°C, 절대압력인 180 kPa인 공기가 대형 탱크에서 노즐을 통과하여 흐른다. 노즐의 직경이 50 mm인 위치에서 충격파를 발생시키는 출구 배압을 구하라.

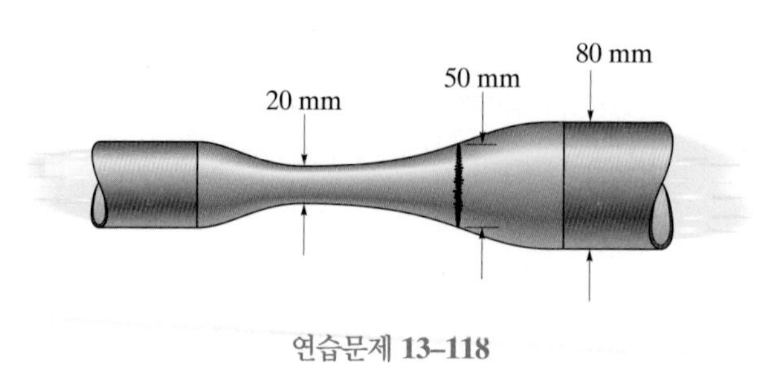

연습문제 **13–118**

13-119 공기가 들어있는 대형 탱크 A에 노즐이 부착되어 있다. 탱크 안에 절대압력이 14.7 psi일 때, B 지점에서의 팽창파를 발생시키는 출구의 배압 범위를 구하라.

***13-120** 공기가 들어있는 대형 탱크 A에 수축-확대 노즐이 부착되어 있다. 탱크 안에 절대압력이 14.7 psi일 때, 노즐 안에 수직 정지충격파를 발생시키는 B에서의 압력 범위를 구하라.

13-121 공기가 들어있는 대형 탱크 A에 수축-확대 노즐이 부착되어 있다. 탱크 안에 절대압력이 14.7 psi일 때, 출구에서 경사 충격파를 발생시키는 B 지점에서의 압력의 범위를 구하라.

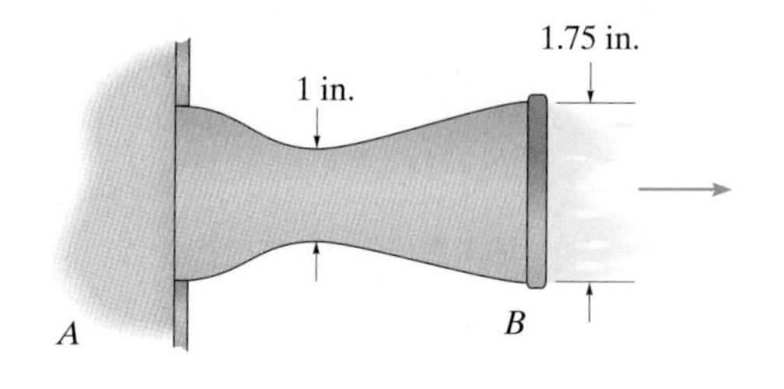

연습문제 **13–119/120/121**

13-122 대형 저장소 A에 있는 공기는 절대압력이 70 lb/in^{2}이다. 노즐 안에서 수직 정지 충격파를 형성하기 위한 B 지점에서의 배압의 범위를 구하라.

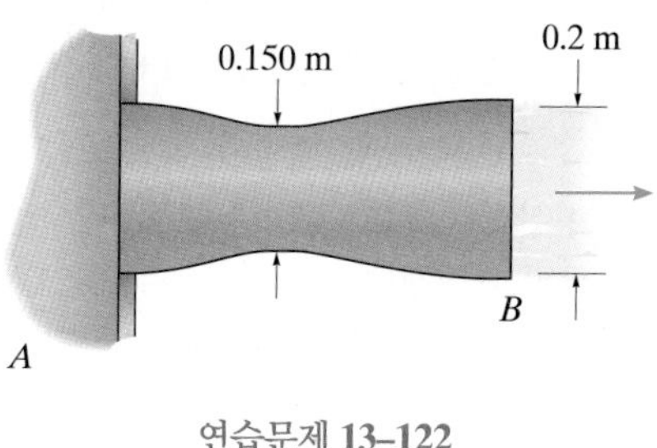

연습문제 **13–122**

13-123 대형 저장소 A에 있는 공기는 절대압력이 70 lb/in^{2}이나. 출구에서 경사 충격파를 발생시키기 위한 B 지점에서의 배압의 범위를 구하라.

***13-124** 대형 저장소 A에 있는 공기는 절대압력이 70 lb/in^{2}이다. 출구에서 팽창파를 발생시키기 위한 B 지점에서의 배압의 범위를 구하라.

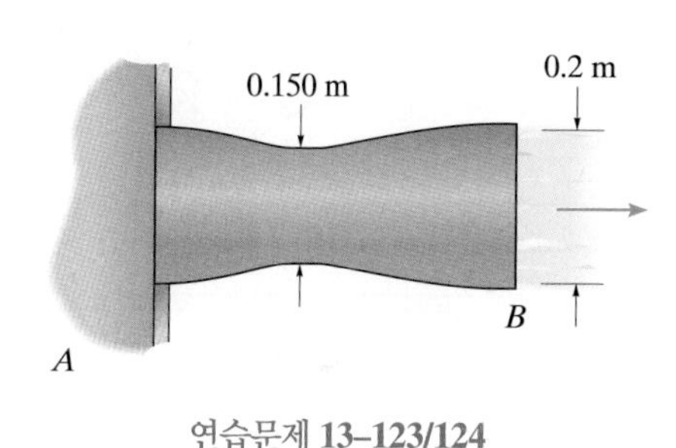

연습문제 **13–123/124**

13-125 원통형 플러그가 파이프 안에서 150 m/s의 속도로 이동한다. 파이프 내의 정지상태 공기의 온도는 20°C이고, 절대압력은 100 kPa이다. 플러그의 이동은 충격파가 하류로 움직이도록 한다. 충격파의 이동 속도와 플러그에 가해지는 압력을 구하라.

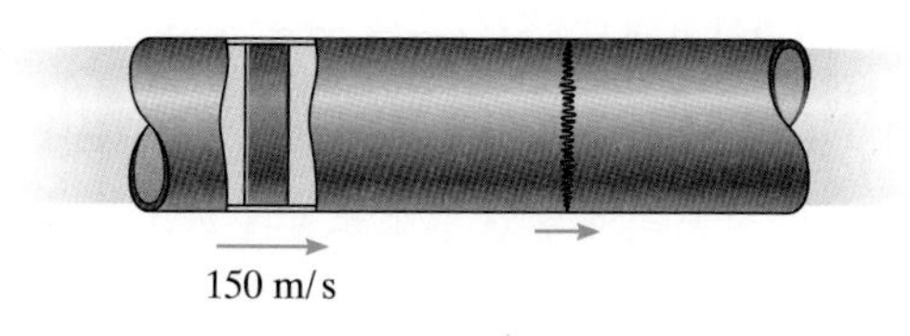

연습문제 **13–125**

13.11~13.12절

13-126 공기가 800 m/s의 속도로 풍동 속의 긴 덕트를 통과하여 흐른다. 풍동의 공기 온도는 20°C이고, 절대압력은 90 kPa이다. 풍동 속에 놓인 날개 모형의 선단 모서리는 7° 각도의 쐐기 형상이다. 받음 각 $\alpha = 2°$일 때, 쐐기의 위 표면에 형성된 압력을 구하라.

13-127 공기가 800 m/s의 속도로 풍동 속의 긴 덕트를 통과하여 흐른다. 풍동의 공기 온도는 20°C이고, 절대압력은 90 kPa이다. 풍동 속에 놓인 날개 모형의 선단 모서리는 7° 각도의 쐐기 형상이다. 받음 각 $\alpha = 2°$일 때, 쐐기의 아래 표면에 형성된 압력을 구하라.

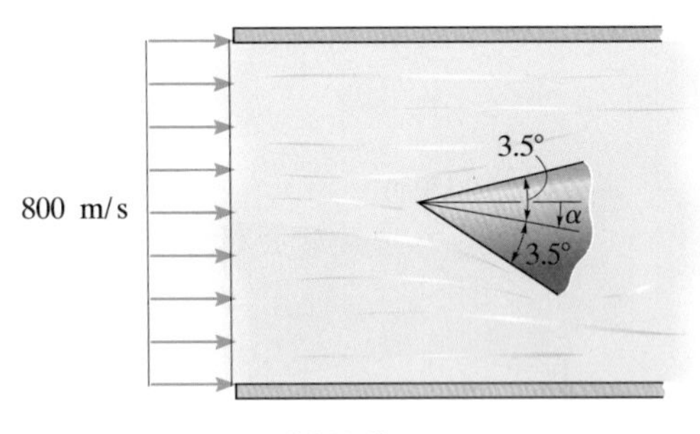

연습문제 **13–126/127**

***13-128** 공기가 800 m/s의 속도로 풍동 속의 긴 덕트를 통과하여 흐른다. 풍동의 공기 온도는 20°C이고, 절대압력은 90 kPa이다. 풍동 속에 놓인 날개 모형의 선단 모서리는 7° 각도의 쐐기 형상이다. 받음 각 $\alpha = 5°$일 때, 쐐기의 위 표면에 형성된 압력을 구하라.

13-129 공기가 800 m/s의 속도로 풍동 속의 긴 덕트를 통과하여 흐른다. 풍동의 공기 온도는 20°C이고, 절대압력은 90 kPa이다. 풍동 속에 놓인 날개 모형의 선단 모서리는 7° 각도의 쐐기 형상이다. 받음 각 $\alpha = 5°$일 때, 쐐기의 아래 표면에 형성된 압력을 구하라.

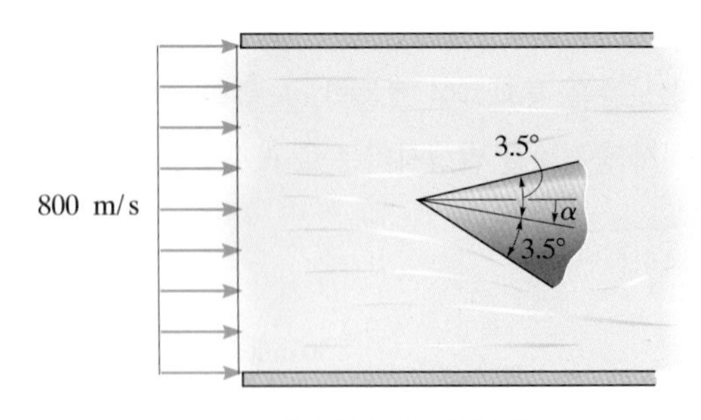

연습문제 **13–128/129**

13-130 제트기가 온도 8°C, 절대압력 90 kPa인 공기 속을 날고 있다. 날개의 선단 모서리는 그림과 같은 쐐기 모양이다. 비행기가 800 m/s의 속도로 날고 받음 각이 2°일 때, 윗면 A에서의 공기의 압력과 온도를 구하라. A는 날개 선단에서 형성된 경사 충격파의 앞이나 오른쪽에 위치한다.

13-131 제트기가 온도 8°C, 절대압력 90 kPa인 공기 속을 날고 있다. 날개의 선단 모서리는 그림과 같은 쐐기 모양이다. 비행기의 속도가 800 m/s이고 받음 각이 2°일 때, 날개 선단에 형성된 경사 충격파의 오른쪽 또는 앞의 아래 표면 B에서의 공기의 압력과 온도를 구하라.

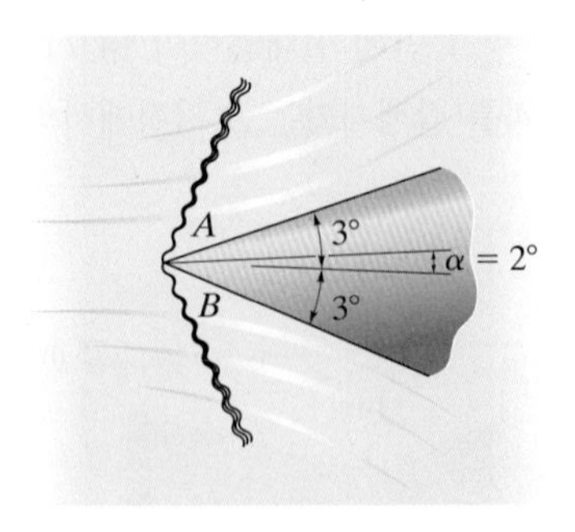

연습문제 **13–130/131**

***13-132** 비행기 날개의 선단 모서리는 다음 그림과 같은 쐐기 모양이다. 비행기가 공중을 900 m/s로 날고 대기의 온도는 5°C이고, 절대압력은 60 kPa일 때, 날개에 형성된 경사 충격파의 각 β를 구하라. 또한 충격파의 오른쪽이나 앞부분 위치에서의 날개의 압력과 온도를 구하라.

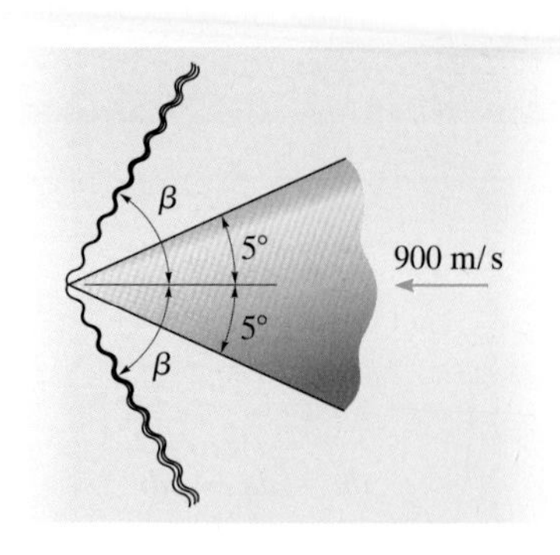

연습문제 **13–132**

13-133 제트 비행기가 온도가 2°C이고 절대압력이 80 kPa인 대기에서 M = 2.4로 날고 있다. 날개의 선단 모서리 각도가 $\delta = 16°$일 때, 날개에 형성된 경사 충격파의 오른쪽이나 앞부분의 대기의 속도, 압력, 온도를 구하라. 충격파가 날개 전면으로부터 분리되기 위한 날개 선단의 각도 δ는 얼마인가?

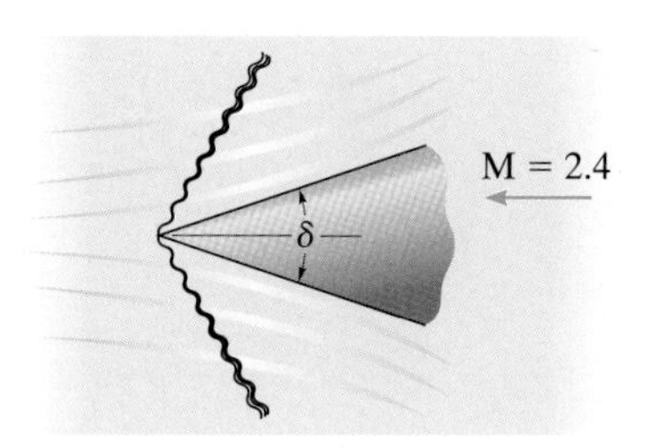

연습문제 **13–133**

13-134 제트기가 위쪽을 향하여 날고있을 때, 제트기의 날개들은 수평에서부터 15°의 받음각을 형성한다. 제트기는 속도 700 m/s로 8°C의 공기와 90 kPa의 절대압력에서 비행하고 있다. 날개 선단의 각도가 8°라면, 날개 선단에서 형성된 팽창파의 바로 앞쪽 또는 오른쪽 편의 공기 압력과 온도를 구하라.

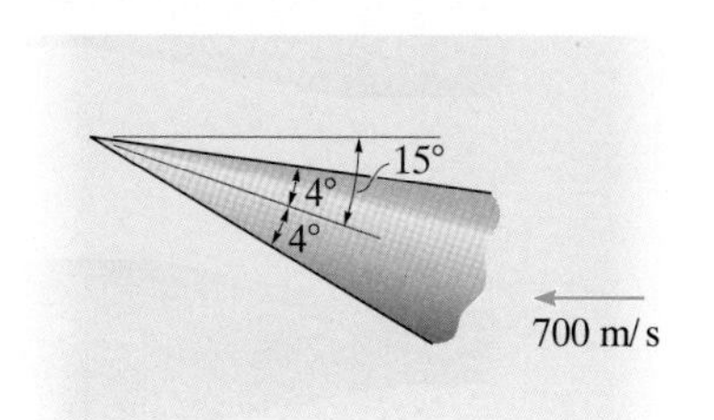

연습문제 **13–134**

13-135 온도가 30°C, 절대압력이 150 kPa인 질소가스가 1200 m/s의 속도로 큰 직사각형 관을 통해 유동한다. 기체는 그림과 같이 덕트의 꺾여진 부분에서 방향을 바꾼다. *A*에서 생성된 경사 충격파의 각 β를 구하고, 바로 앞 또는 파 오른쪽의 질소 압력과 온도를 구하라.

***13-136** 온도가 30°C, 절대압력이 150 kPa인 질소가스가 1200 m/s의 속도로 큰 직사각형 관을 통해 유동한다. 기체는 그림과 같이 덕트의 꺾여진 부분에서 방향을 바꾼다. 관 *B*에서 발생하는 충격파의 바로 앞 또는 파 오른쪽의 질소 압력과 온도를 구하라.

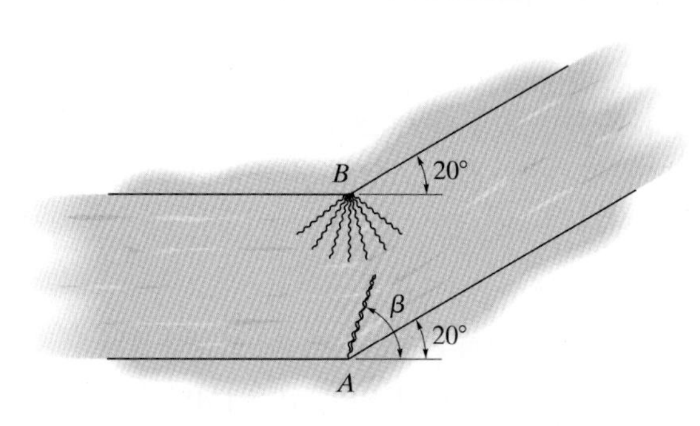

연습문제 **13–135/136**

13-137 제트기의 날개가 그림에서 보여진 형태로 되어 있다. 제트기는 900 m/s의 속도로 수평으로 이동하고 있고, 공기의 온도는 8°C이며, 절대압력은 85 kPa이다. *A*의 상부면에서 경사 충격파의 오른쪽 또는 바로 앞의 압력을 구하고, *B*에서 발생하는 팽창파의 오른쪽 압력을 구하라.

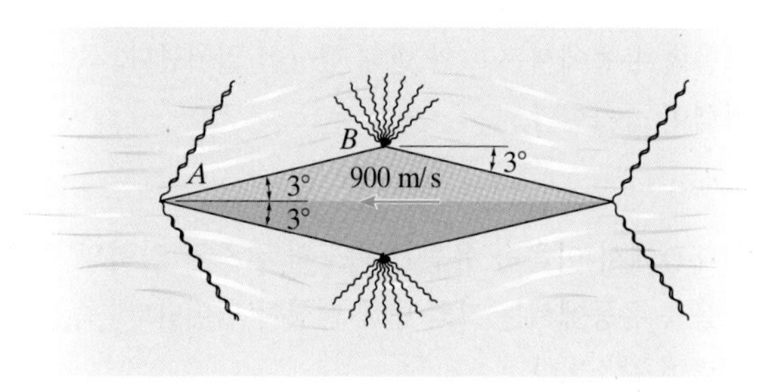

연습문제 **13–137**

장 복습

이상기체는 이상기체의 법칙을 준수한다.	$p = \rho RT$
시스템의 내부에너지 변화인 열역학 제1법칙은 시스템에 열이 더해지면 증가하고 시스템이 유동일을 할 때 감소한다.	$du = dq - \rho dv$
엔트로피 ds의 변화는 기체의 상태가 변하는 동안 특정 온도에서 단위 질량당 전달되는 열에너지를 나타낸다. 열역학 제2법칙의 변화는 마찰로 인해 항상 증가한다.	$ds = \dfrac{dq}{T} > 0$
압력파는 최대속도 c로 매질을 통해 이동하며, 이때의 속도를 음속이라고 한다. 이 과정은 등엔트로피 과정이다; 즉, 열 손실과 마찰이 없다(단열과정, $ds = 0$).	$c = \sqrt{kRT}$
압축성 유동은 마하수 ($\mathrm{M} = V/c$)에 의해 분류된다. $\mathrm{M} < 1$인 유동은 아음속이고, $\mathrm{M} = 1$이면 음속, $\mathrm{M} > 1$이면 초음속이다. $V \leq 0.3c$이면, 비압축성 유동이라고 가정할 수 있다.	
유동이 단열일 경우에 정체온도는 동일하게 유지되고, 유동이 등엔트로피 과정일 경우 정체압력과 정체밀도는 같다. 이러한 특성은 기체가 정지하는 지점에서 측정이 가능하다.	
특정 값의 정온도 T와 압력 p, 밀도 ρ는 정체값 T_0, p_0, ρ_0를 이용한 공식을 통해 얻을 수 있다. 마하수와 기체의 비열비 k에 의존한다.	
축소관에서 아음속 유동은 속도의 증가와 압력의 감소를 야기하고, 초음속 유동에서는 그와 반대 현상이 일어난다; 즉, 속도가 감소하고 압력이 증가한다.	
확대관에서 아음속 유동은 속도의 감소와 압력의 증가를 야기한다. 초음속 유동에서는 그와 반대 현상이 일어난다; 즉, 속도가 증가하고 압력이 감소한다.	

아음속 유동을 노즐목에서 음속으로 변환시키기 위해 라발 노즐의 축소부가 사용된다. 그런 다음 확대부를 통해 가속되어 출구에서는 초음속 유동이 된다.

M = 1일 때 라발 노즐의 목에서 초크가 발생된다. 이 경우에 확대부 전체에 걸쳐 등엔트로피 유동이 발생되는 두 개의 배압을 가진다. 하나는 노즐목 하류에서 아음속 유동을 만들고, 다른 하나는 초음속 유동을 만든다.

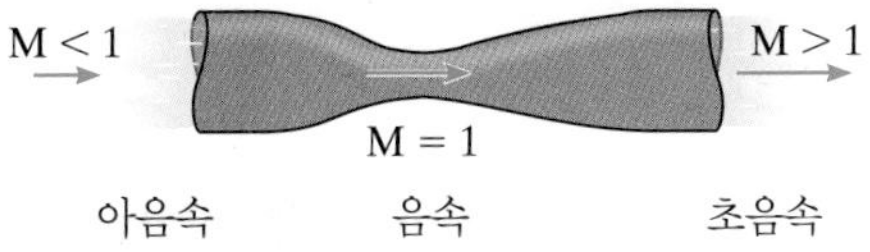

파노 유동은 단열과정이기 때문에 관의 마찰 효과만 고려한다. M = 1인 기준 또는 임계점에서의 상태량을 이용하여 임의의 점의 상태량들을 정의한다.

레일리히 유동은 관을 통해 흐르는 기체에 가열 또는 냉각 효과를 고려한다. M = 1인 기준 또는 임계점의 상태량을 통해 임의의 점의 상태량을 정의할 수 있다.

충격파는 매우 얇은 두께로 발생되므로 엔트로피 과정이 아니다. 단열과정이기 때문에 정체온도는 충격파의 양면에 동일하게 유지된다.

충격파의 양면에 대한 기체의 마하수, 온도, 압력, 밀도는 연관되고, 이 식의 결과로부터 표로 나타내어진다.

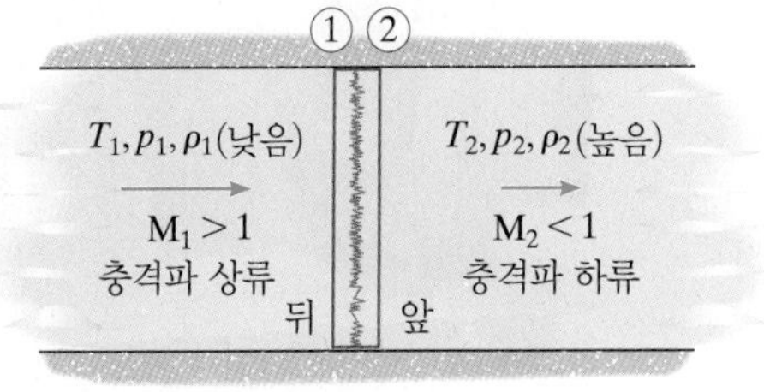

배압이 노즐을 통해 등엔트로피 유동을 생성하지 못하면, 노즐 또는 노즐 출구에서 충격파가 만들어지고, 노즐을 비효율적으로 사용하는 상태가 된다.

표면 위의 속도가 가장 큰 지점에서 경사 충격파가 형성된다. 충격파 양면의 온도, 압력, 밀도의 상태량들은 마하수의 수직성분과 관련되고, 수직 충격파와 동일한 방법으로 구할 수 있다.

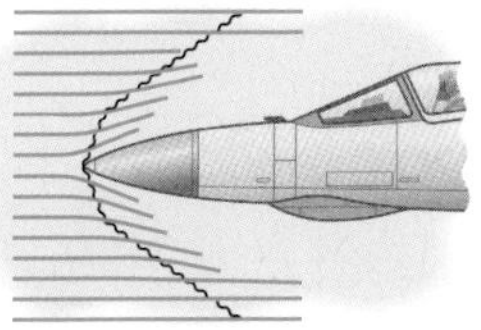

날카로운 모서리 또는 곡면 위의 압축파는 경사 충격파로 병합되거나, 팽창파를 생성할 수 있다. 팽창파에 의해 야기되는 유동의 변위각은 프란틀-마이어 팽창 함수를 사용하여 계산할 수 있다.

압축성 유동은 피토관과 피에조미터 또는 벤투리 유량계를 사용하여 측정할 수 있다. 또한 열선 유속계와 다른 계측기로도 측정이 가능하다.

Chapter 14

(© Liunian/Shutterstock)

펌프는 화학처리공장에서 유체를 이동시키고, 사진에서 보여지는 정수처리장에서 물을 공급하는 데 중요한 역할을 한다.

터보기계

학습목표

- 축류 또는 반경류 펌프 및 터빈이 유체에 에너지를 공급하거나 추출함으로써 어떻게 작동하는지에 대해 논의한다.
- 터보기계의 유동역학 및 토크, 동력, 성능 특성에 대해 학습한다.
- 공동현상의 효과를 논의하고, 그 효과를 어떻게 줄이고 제거할 수 있는지에 대해 설명한다.
- 유동 시스템의 요구사항을 만족시키기 위해 어떻게 펌프를 선택하는지에 대해 설명한다.
- 터보기계의 상사와 관련된 몇 가지 중요한 펌프의 척도법칙들을 제시한다.

14.1 터보기계의 종류

터보기계(turbomachine)는 펌프 및 터빈의 다양한 형태들로 구성되며, 이들 유체기계는 유체 및 회전 블레이드 사이에서 에너지를 전달한다. 팬과 압축기, 송풍기를 포함하는 펌프는 유체에 에너지를 추가시키지만, 터빈은 유체로부터 에너지를 감소시킨다. 이 터보기계들은 유체유동 방식에 의해 분류된다. 유체가 회전축을 따라 흐르는 경우를 **축류 기계**(axial-flow machine)라 부른다. 예를 들면 제트엔진에 포함된 압축기와 터빈은 축류형 유체기계이고 그림 14-1a에 보

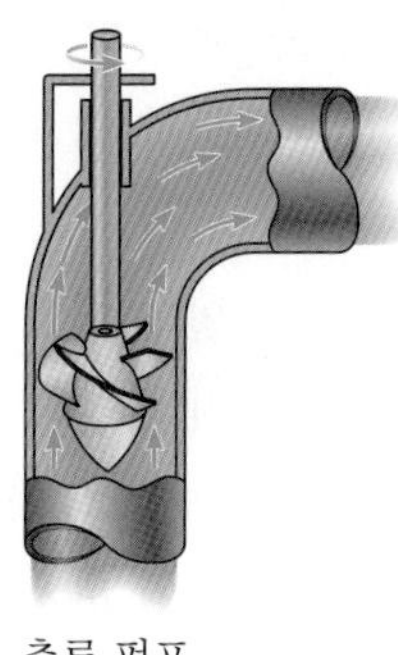

축류 펌프
(a)

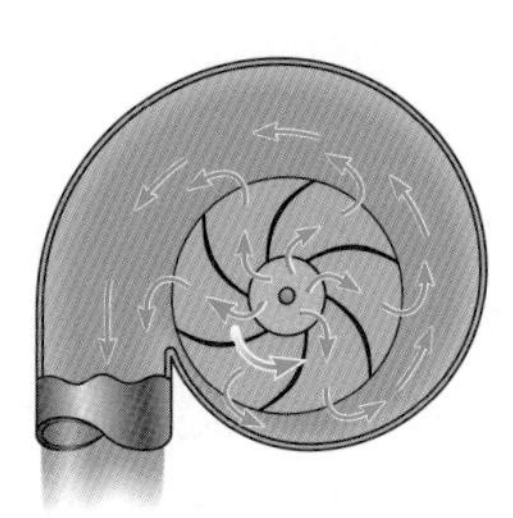

반경류 펌프
(b)

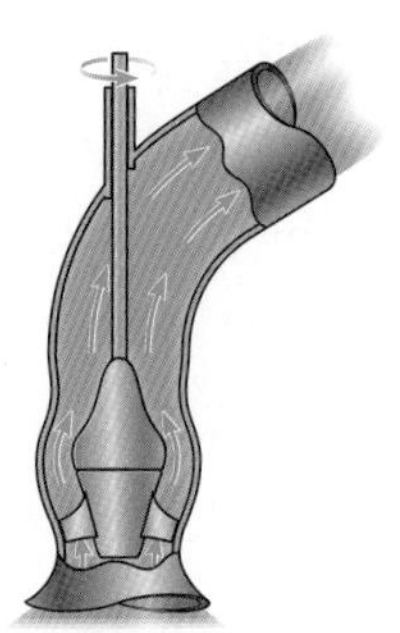

혼합류 펌프
(c)

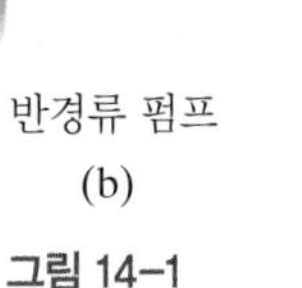

그림 14-1

용적식 펌프

(d)

그림 14-1(계속)

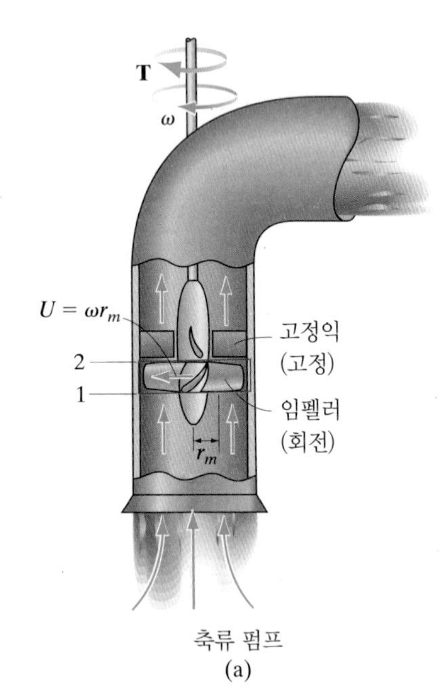

축류 펌프

(a)

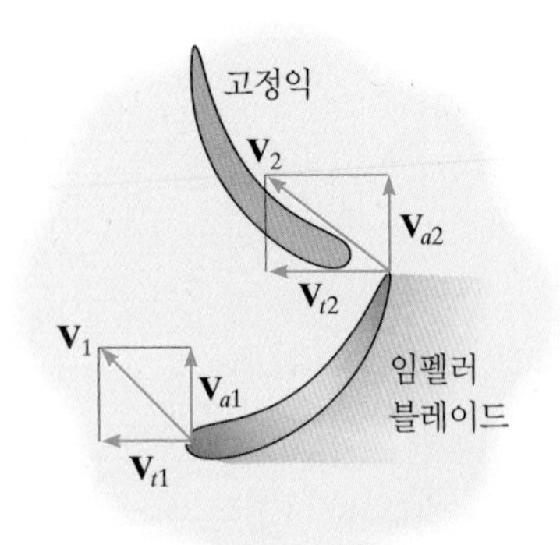

(b)

그림 14-2

는 펌프도 축류 기계이다. **반경류 기계**(radial-flow machine)는 회전 블레이드로 인해 반경방향으로 유동을 형성시킨다. 예를 들면 그림 14-1b와 같은 원심 펌프가 반경류 터보기계이다. 마지막으로, **혼류형 기계**(mixed-flow machine)는 그림 14-1c에 나타난 사류형 펌프와 같이 유동을 반경방향 및 축방향으로 형성시킨다.

앞서 소개한 세 가지의 유체기계는 유동이 회전 블레이드와의 동적인 상호작용으로 변화하기 때문에 **동역학적 유체기계**(dynamic fluid devices)라고 부른다. **용적식 펌프**라 불리는 장치는 이 책에서 다루지 않을 것이다. 이 장치는 유체와 접촉된 체적의 경계를 이동시킴으로써 유체의 비체적을 전달한다. 예를 들면 내연기관에 사용되는 그림 14-1d와 같은 기어 펌프가 있으며, 피스톤과 실린더 혹은 스크류로 구성된 펌프를 포함하고 있다. 이 장치들은 동역학적 유체기계에 의해 생산된 압력보다 높은 압력을 생산하지만, 유량은 훨씬 적다.

14.2 축류 펌프

축류 펌프(axial-flow pump)는 높은 유량을 생산하지만, 상대적으로 낮은 압력에서 유체를 이동시키는 단점이 있다. 이러한 펌프의 형태는 낮은 지대로부터의 액체를 흡입하는 데 효율적이다. 유체를 끌어올리는 과정에서 유동방향의 변화를 없애기 위해서 이러한 장치가 설계된다. 유체들은 축방향으로 들어갔다가 빠져나오게 된다(그림 14-2a). 회전축에 고정된 베인 또는 블레이드로 구성된 **임펠러**(impeller)를 사용함으로써 유체에 에너지가 공급된다. **고정익**(stator vanes)이라 불리는 고정된 디퓨저 베인은 유체속도의 회전 성분을 제거하기 위해 하류 측에 위치된다. 대부분의 경우에는 수직 상승 유동이 발생되지만, 초기 소용돌이가 수반되는 유동일 경우에는 고정익이 상류 측에 위치할 경우도 있다.

그림 14-2b는 임펠러의 블레이드를 고려함으로써 축류 펌프가 어떻게 작동되는지를 잘 보여준다. 유체가 임펠러에 의해 위쪽으로 퍼올려질 때, 유체가 제거되기 때문에 하류 영역의 압력은 낮아진다. 따라서 많은 유체들은 속도 $\mathbf{V}_a$로 흐른다. 블레이드에서 유체속도는 $\mathbf{V}_1$이고, 유체가 임펠러를 빠져나갈 때 더 빠른 속도인 $\mathbf{V}_2$를 가진다.

펌프를 통과하는 유동을 분석하기 위해서, 임펠러의 블레이드 앞과 뒤로 원활하게 흘러가는 이상유체를 가정한다. 이 가정과 함께 임펠러 안에 포함된 액체의 검사체적을 생각할 수 있다(그림 14-2a). 그리고 유동과 관련된 유체역학의 기본방정식을 적용한다. 비록 임펠러 안의 유동이 비정상상태이긴 하지만, 임펠러와 가까운 거리에 위치해 있는 유체는 열린 검사표면에 들어갔다 빠져나올 때 평균적으로는 준정상 상태로 볼 수 있다.

연속성 그림 14-2b에 보여지는 열린 검사표면 1을 통해 들어오는 축류 유동은 열린 검사표면 2를 통해 나가는 축류 유동과 동일해야 한다. 이 표면들은 같은 단면적을 가지기 때문에, 정상유동에서 연속방정식을 적용시킨다.

$$\frac{\partial}{\partial t}\int_{cv} \rho \, d\forall + \int_{cs} \rho \mathbf{V} \cdot d\mathbf{A} = 0$$
$$0 - \rho V_{a1} A + \rho V_{a2} A = 0$$
$$V_{a1} = V_{a2} = V_a$$

이 결과로부터 축방향의 평균유동속도는 일정하게 유지됨을 알 수 있다.

각운동량 액체가 블레이드를 통과할 때, 임펠러에 의해 액체에 작용하는 토크 **T**는 액체의 각운동량을 변화시킨다. 블레이드의 길이가 비교적 짧은 경우, 액체의 각운동량은 첫 번째 근사치로서 임펠러의 평균반경 r_m의 사용을 결정할 수 있다(그림 14-2c). 검사체적 부분의 중심축에 대해서 각운동량 방정식[식 (6-4)]을 적용하면,

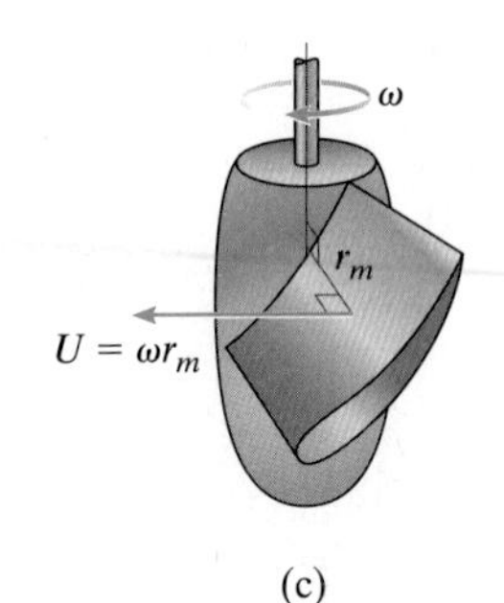

(c)

그림 14-2(계속)

$$\Sigma \mathbf{M} = \frac{\partial}{\partial t}\int_{cv} (\mathbf{r} \times \mathbf{V}) \rho d\forall + \int_{cs} (\mathbf{r} \times \mathbf{V}) \rho \, \mathbf{V} \cdot d\mathbf{A}$$
$$= 0 + \int_{cs} (\mathbf{r} \times \mathbf{V}) \rho \mathbf{V} \cdot d\mathbf{A}$$

$\mathbf{r} \times \mathbf{V}$와 관련한 모멘트를 생산하는 $\mathbf{V}$의 성분은 $\mathbf{V}_t$이고, 질량 유속 $\rho \mathbf{V} \cdot d\mathbf{A}$에 기여하는 성분은 $\mathbf{V}_a$이다. 따라서,

$$T = \int_{cs} (r_m V_t) \rho V_a \, dA \qquad (14\text{-}1)$$

구간 1과 2의 검사표면에 대해서 적분하고, $Q = V_a A$를 사용하면 $T = r_m V_{t2} \rho Q - r_m V_{t1} \rho Q$가 된다. 또는

$$\boxed{T = \rho Q r_m (V_{t2} - V_{t1})} \qquad (14\text{-}2)$$

이 방정식은 **오일러의 터보기계 방정식**(Euler turbomachine equation)이라 불린다. 우변의 항은 펌프에 의해 생성된 질량유량 ρQ와 모멘트 $r_m V_t$이다. 블레이드의 길이가 긴 경우, 액체에 대한 토크는 작은 폭 Δr과 평균반경 r_m을 가진 블레이드로 구간을 나누어 근사치를 계산한다. 이 방법으로, 식 (14-1)는 수치적 분법이 적용된다.

동력 펌프에 의해 생성되는 **축 동력**은 적용되는 토크와 임펠러의 각속도 ω(오메가)로써 정의된다. 식 (14-2)를 사용하면 다음을 얻는다.

$$\dot{W}_{\text{pump}} = T\omega = \rho Q r_m (V_{t2} - V_{t1})\omega \tag{14-3}$$

임펠러의 각속도 대신, 임펠러의 중간점 속도를 이용하여 동력 방정식을 유도할 수 있다. 중간점에서 블레이드는 속도 $U = \omega r_m$을 가지고(그림 14-2c), 동력식은 다음과 같다.

$$\dot{W}_{\text{pump}} = \rho Q U (V_{t2} - V_{t1}) \tag{14-4}$$

위의 식에서 계산되는 토크 및 액체로 전달되는 에너지 전달률은 펌프의 형상 또는 임펠러의 블레이드 수와 무관하다.* 대신, 임펠러 중심점의 원주속도 U와 액체속도의 성분 V_t와는 의존적이다.

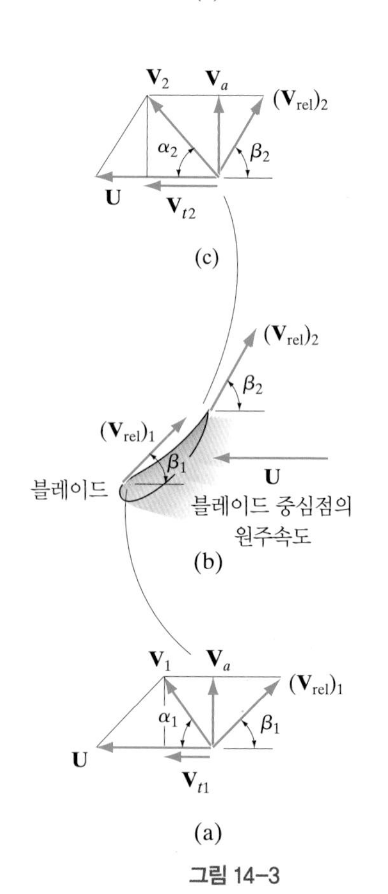

그림 14-3

유동운동학 위 방정식의 속도 구성요소를 정의하기 위해서, 유동이 각각의 임펠러 블레이드의 안팎으로 흐를 때, 유동의 **속도 벡터 선도**를 그려보자(그림 14-3). 블레이드의 중심은 속도 $U = r_m\omega$를 가진다. 따라서, 블레이드에 상대적인 액체속도$(\mathbf{V}_{\text{rel}})_1$은 블레이드 접선각도 β_1를 가진다(그림 14-3a). 원주속도와 상대속도의 상호작용은 각도 α_1의 방향으로 액체의 절대속도 $\mathbf{V}_1$을 형성시킨다. 여기서 α_1과 β_1을 설정하는 규칙을 유념해야 한다. 각도 α_1은 $\mathbf{V}_1$과 $\mathbf{U}$ 사이의 각도이며, 각도 β_1은 $\mathbf{V}_{\text{rel}}$과 $-\mathbf{U}$ 사이의 각도이다. 벡터덧셈의 평행사변형 법칙으로부터, 속도 $\mathbf{V}_1$에 대해 서로 다른 두 벡터로 표현할 수 있다.

$$\mathbf{V}_1 = \mathbf{U} + (\mathbf{V}_{\text{rel}})_1 \tag{14-5}$$

그리고

$$\mathbf{V}_1 = \mathbf{V}_{t1} + \mathbf{V}_a \tag{14-6}$$

여기서 $V_{t1} = V_a \cot\alpha_1$이다.

펌프의 최대 효율을 위해서는, 블레이드 각도 β_1를 $\mathbf{V}_1$이 축방향이 되도록, 즉 $\alpha_1 = 90°$이 되도록 설계해야 한다. 이 경우 액체속도의 유입속도는 $\mathbf{V}_1 = \mathbf{V}_a$의 조건을 만족한다. 또한 동력에 관한, 식 (14-4)로부터 $V_{t1} = 0$ 조건에서 동력이 최대치가 되는 것을 알 수 있다.

---

* 너무 많은 블레이드는 유동을 제한시키고 마찰손실을 증가시키기 때문에 좋지 않다.

액체가 임펠러를 빠져나갈 때에도 유사한 상황이 발생한다. 임펠러 블레이드 후미에서는 액체의 상대속도는 $(\mathbf{V}_{rel})_2$이고, 블레이드 각도 β_2를 따라 흐른다(그림 14-3b). $\mathbf{V}_2$의 속도삼각형은 그림 14-3c에 나타나 있다.

$$\mathbf{V}_2 = \mathbf{U} + (\mathbf{V}_{rel})_2 \tag{14-7}$$

그리고

$$\mathbf{V}_2 = \mathbf{V}_{t2} + \mathbf{V}_a \tag{14-8}$$

그림 14-3d에 보여지듯이, 난류와 마찰손실을 줄이기 위해서는 고정익 베인에 접선방향으로 $\mathbf{V}_2$가 형성되도록 각도 α_2를 적절히 설계하는 것이 요구된다.

해석 절차

다음의 절차는 축류 펌프의 블레이드를 통과하는 유동을 분석하는 방법을 제시한다.

- 블레이드 위의 유동에 대해서, 먼저 블레이드의 중심부 원주속도($\mathbf{U}$)를 구한다. 속도의 크기는 $U = \omega r_m$이고, $\mathbf{U}$와 각도 α_1으로부터 유체의 절대속도 $\mathbf{V}_1$을 구할 수 있다(그림 14-3b).
- 펌프에 유입되는 축류속도 $\mathbf{V}_a$는 항상 $\mathbf{U}$에 수직이다. 속도의 크기는 유량 $Q = V_a A$로부터 결정된다. 면적 A는 블레이드를 통과하는 개방 단면적이다. 그림 14-3b와 같이 $-\mathbf{U}$에서 측정된, 블레이드 위의 유동 상대속도 $(\mathbf{V}_{rel})_1$은 각도 β_1에서 블레이드와 접선을 이룬다.
- 그림 14-3d의 속도 선도를 고려하여 블레이드에서 빠져나오는 절대속도도 유동입구와 같은 절차로 구할 수 있다.
- $\mathbf{U}$, $\mathbf{V}$, $\mathbf{V}_a$, $\mathbf{V}_{rel}$가 구해지면, 접선방향의 속도성분 $\mathbf{V}_t$는 속도삼각형에서 $\mathbf{V}$의 접선성분으로 구할 수 있다. 속도삼각형은 $\mathbf{V} = \mathbf{V}_a + \mathbf{V}_t$와 $\mathbf{V} = \mathbf{U} + \mathbf{V}_{rel}$로 구성된다. 문제에 따라 다양한 크기와 각도를 갖는 속도삼각형을 구할 수 있고, 이를 사용하여 필요한 벡터성분을 구한다.
- 접선방향의 속도성분 $\mathbf{V}_{t1}$과 $\mathbf{V}_{t2}$을 구하면 펌프에 대한 토크와 동력은 식 (14-2)와 (14-4)로부터 구할 수 있다.

예제 14.1

그림 14-4a의 축류 펌프 임펠러는 150 rad/s의 각속도로 회전한다. 블레이드의 길이는 50 mm이고, 50 mm 직경의 축에 고정되어 있다. 펌프의 유량이 0.06 m³/s일 때, 블레이드의 선단각도가 $\beta_1 = 30°$이고, 후미의 블레이드 각도가 $\beta_2 = 60°$일 때 선단과 후미에서의 물의 절대속도를 구하라. 임펠러 내의 평균단면적은 0.02 m²이다.

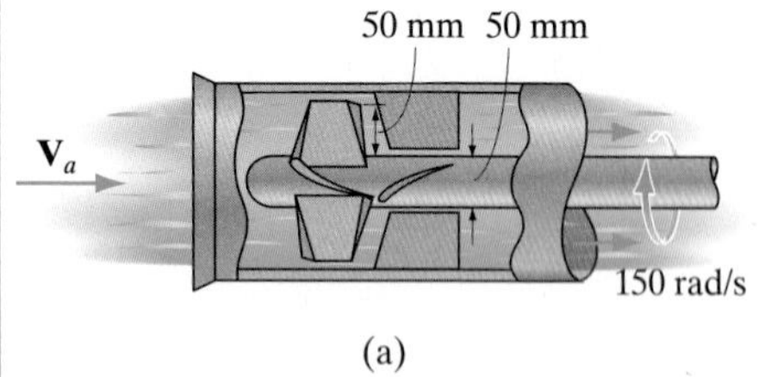

(a)

풀이

유체 설명 평균속도를 사용하여 유동은 정상유동으로 가정한다.

운동학 평균반경을 사용하여 블레이드 중간점의 원주속도는 다음과 같다.

$$U = \omega r_m = (150\ \text{rad/s})\left(0.025\ \text{m} + \frac{0.05\ \text{m}}{2}\right) = 7.50\ \text{m/s}$$

유량이 주어져 있으므로, 블레이드로 들어오는 액체의 축방향 속도는

$$Q = VA; \qquad 0.06\ \text{m}^3/\text{s} = V_a(0.02\ \text{m}^2)$$
$$V_a = 3\ \text{m/s}$$

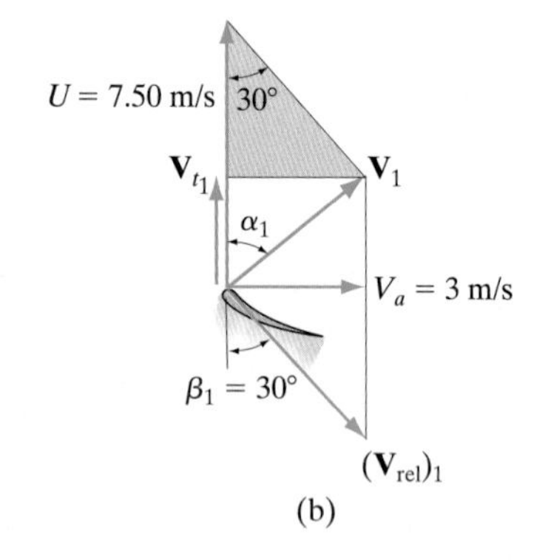

(b)

블레이드 입구에서의 속도삼각형은 그림 14-4b와 같이 표시된다. $\mathbf{V}_1$에 대한 속도삼각형은 $\mathbf{V}_1 = \mathbf{V}_{t1} + \mathbf{V}_a$와 $\mathbf{V}_1 = \mathbf{U} + (\mathbf{V}_{\text{rel}})_1$으로부터 그려진다. 삼각법을 사용하여 V_1을 결정하면

$$V_{t1} = 7.50\ \text{m/s} - (3\ \text{m/s})\cot 30° = 2.304\ \text{m/s}$$
$$\tan\alpha_1 = \frac{3\ \text{m/s}}{2.304\ \text{m/s}}, \quad \alpha_1 = 52.47°$$
$$3\ \text{m/s} = V_1 \sin 52.47°,\ V_1 = 3.78\ \text{m/s}$$ 답

(c)

그림 14-4

블레이드 출구에서의 속도삼각형은 그림 14-4c와 같이 표시된다. V_2를 결정하는 방법은 V_1을 구할 때와 동일하다.

$$\tan 60° = \frac{3\ \text{m/s}}{7.50\ \text{m/s} - V_{t2}}, \quad V_{t2} = 5.768\ \text{m/s}$$

따라서,

$$V_2 = \sqrt{(V_a)^2 + (V_{t2})^2} = \sqrt{(3\ \text{m/s})^2 + (5.768\ \text{m/s})^2} = 6.50\ \text{m/s}$$ 답

예제 14.2

그림 14-5a에서의 축류 펌프는 임펠러 블레이드의 평균반경이 $r_m = 125$ mm이며, 1000 rev/min으로 회전한다. 펌프에 요구되는 유량이 0.2 m^3/s이면, 펌프가 효율적으로 작동되기 위한 블레이드의 선단각도 β_1을 구하라. 유체가 물인 경우, 임펠러의 축에 작용되는 평균토크와 펌프의 평균 동력을 구하라. 단, 임펠러를 통과하는 평균단면적은 0.03 m^{2}이다.

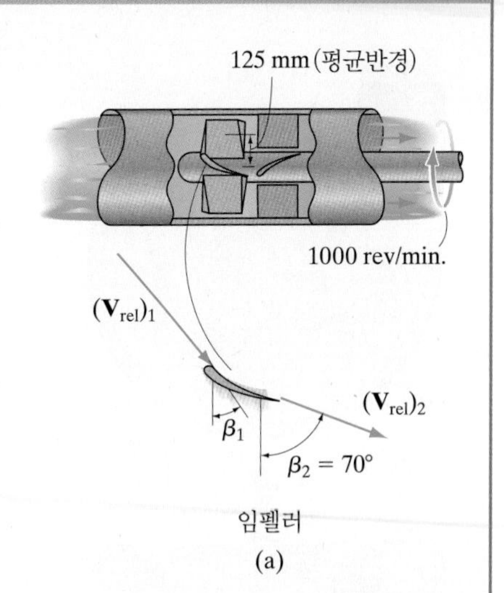

임펠러
(a)

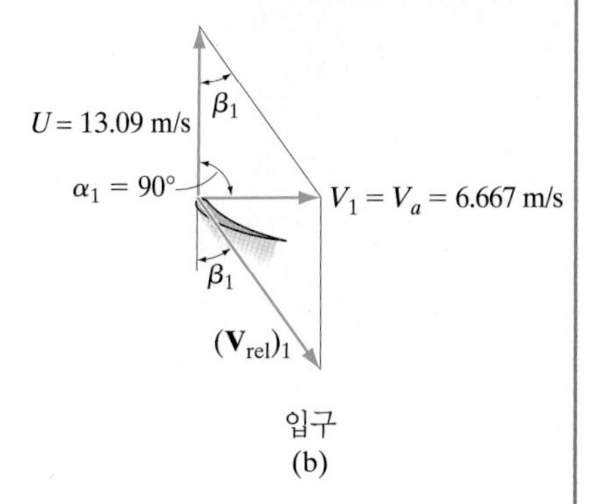

입구
(b)

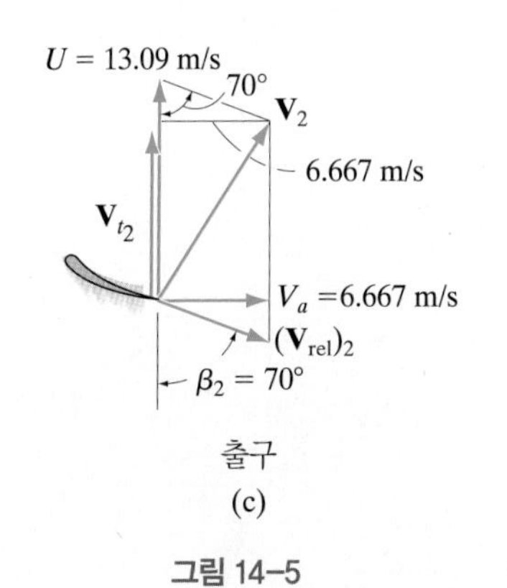

출구
(c)

그림 14–5

풀이

유체 설명 펌프를 통한 유동은 정상유동으로 가정하고, 평균속도를 사용한다. $\rho = 1000$ kg/m^{3}이다.

운동학 블레이드의 중간점 속도는 다음의 크기를 가진다.

$$U = \omega r_m = \left(\frac{1000 \text{ rev}}{\text{min}}\right)\left(\frac{1 \text{ min}}{60 \text{ s}}\right)\left(\frac{2\pi \text{ rad}}{1 \text{ rev}}\right)(0.125 \text{ m}) = 13.09 \text{ m/s}$$

임펠러를 통과하는 유동의 축방향 속도는 다음과 같다.

$$Q = V_a A; \qquad 0.2 \text{ m}^3/\text{s} = V_a\left(0.03 \text{ m}^2\right); \qquad V_a = 6.667 \text{ m/s}$$

그림 14-5b와 같이 블레이드 선단에서의 물의 속도가 $V_1 = V_a = 6.667$ m/s일 때 펌프는 가장 효율적으로 작동할 것이다. 여기서 $\alpha_1 = 90°$이고, 따라서

$$\tan\beta_1 = \frac{6.667 \text{ m/s}}{13.09 \text{ m/s}} \qquad \beta_1 = 27.0°$$ 답

또한, $\alpha_1 = 90°$이므로

$$V_{t1} = 0$$

그림 14-5c의 출구에서는

$$V_{t2} = 13.09 \text{ m/s} - (6.667 \text{ m/s})\cot 70° = 10.664 \text{ m/s}$$

토크와 동력 접선속도의 성분이 알려져 있기 때문에, 토크를 결정하기 위해 식 (14-2)를 적용할 수 있다.

$$\begin{aligned} T &= \rho Q r_m (V_{t2} - V_{t1}) \\ &= \left(1000 \text{ kg/m}^3\right)\left(0.2 \text{ m}^3/\text{s}\right)(0.125 \text{ m})(10.664 \text{ m/s} - 0) \\ &= 267 \text{ N}\cdot\text{m} \end{aligned}$$ 답

식 (14-4)에서, 물 펌프에 공급되는 동력은

$$\begin{aligned} \dot{W}_{\text{pump}} &= \rho Q U (V_{t2} - V_{t1}) \\ &= (1000 \text{ kg/m}^3)(0.2 \text{ m}^3/\text{s})(13.09 \text{ m/s})(10.664 \text{ m/s} - 0) \\ &= 27.9 \text{ kW} \end{aligned}$$ 답

참고 : 만약 $\alpha_1 < 90°$일 때, V_1은 V_{t1}의 성분을 가지게 되며, 앞의 예에서와 같이 동력이 감소할 것이다.

14.3 반경류 펌프

반경류 펌프(radial-flow pump)는 산업에서 가장 일반적으로 사용되는 펌프의 유형이다. 이 펌프는 축류 펌프보다 낮은 유량을 발생시킨다. 그러나 높은 압력의 유동을 생성시킨다. 반경류 펌프는 펌프의 중심에 있는 축방향으로 액체가 유입되도록 설계된다. 유입된 유체는 그림 14-6a처럼 반경방향으로 임펠러로 향한다. 이 펌프가 어떻게 작동하는지 보여주기 위해, 그림 14-6b처럼 임펠러 날개를 고려해 보자. 날개의 회전으로 인하여, 액체의 상승유동이 형성된다. 축류 펌프일 때와 마찬가지로 날개 입구의 압력을 떨어뜨려서 액체를 상승시킬 것이다. 액체는 각각의 블레이드를 흘러나와서 펌프의 케이싱으로 들어간다(그림 14-6a). 액체가 유동하는 방식 때문에, 이러한 펌프의 유형을 **원심**(centrifugal) 또는 **벌류트 펌프**(volute pump)라고 부른다.

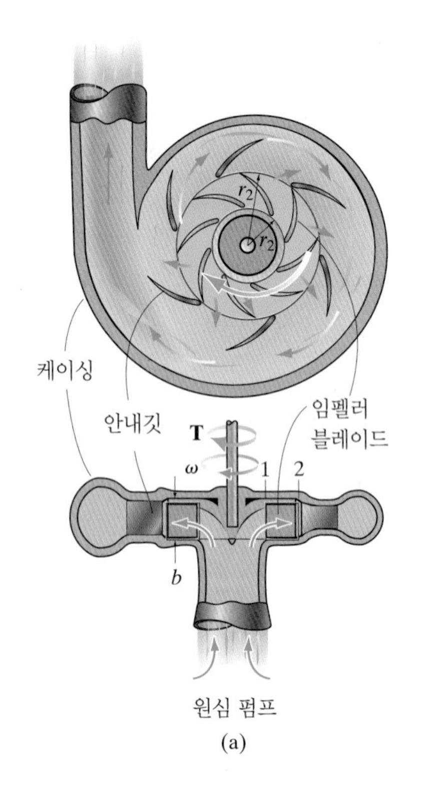

(a)

운동학 14.2절에서 주어진 해석 절차에 따라, 임펠러를 지나는 유동의 운동학은 축류 펌프에 대해 사용되는 방식과 유사한 방식으로 분석할 수 있다.

그림 14-6c는 원심펌프의 전형적인 날개 형태이다. 여기서 날개의 선단 원주속도는 $U_1 = \omega r_1$이고, 후단에서는 더 높은 속도인 $U_2 = \omega r_2$이다. $-\mathbf{U}$와 상대속도 $\mathbf{V}_{\text{rel}}$ 사이에서 날개의 선단과 후단의 각도 β가 어떻게 결정되는지, 또한 유체속도 $\mathbf{V}$와 $\mathbf{U}$ 사이에서 각도 α가 어떻게 결정되는지 신중하게 주의해야 한다. 식 (14-5) 및 식 (14-6)과 유사하게, 두 개의 다른 속도삼각형으로 $\mathbf{V}$를 표현할 수 있다. 즉, $\mathbf{V} = \mathbf{U} + \mathbf{V}_{\text{rel}}$ 또는 접선방향과 반경방향의 구성요소는 $\mathbf{V} = \mathbf{V}_t + \mathbf{V}_r$로 표현할 수 있다.

연속성 유동을 분석하기 위해 유체가 비압축성 유체일 때, 마찰은 무시될 수 있다고 가정하고, 각각의 일정한 폭 b를 가진 임펠러의 날개를 거쳐 유동이 원활하게 흐른다고 가정한다. 그림 14-6a에서와 같이 검사체적은 임펠러 내부의 유체를 포함한다. 열린 검사표면 1과 2를 통한 정상유동은 반경방향으로 발생하기 때문에, 이러한 면에 적용하는 연속방정식은 다음과 같다.

$$\frac{\partial}{\partial t}\int_{cv} \rho \, d\forall + \int_{cs} \rho \mathbf{V} \cdot d\mathbf{A} = 0$$

$$0 - \rho V_{r1}(2\pi r_1 b) + \rho V_{r2}(2\pi r_2 b) = 0$$

또는

$$V_{r1} r_1 = V_{r2} r_2 \tag{14-9}$$

$r_2 > r_1$일 때, 속도성분 $V_{r2} < V_{r1}$임을 주의하라.

$(\mathbf{V}_{\text{rel}})_2$ $\mathbf{V}_2$ 안내깃 β_2 $\mathbf{U}_2$ $(\mathbf{V}_{\text{rel}})_1$ 임펠러 블레이드 β_1 r_2 $\mathbf{V}_1$ r_1 ω $\mathbf{U}_1$

(b)

그림 14-6

각운동량 임펠러 축의 토크는 각운동량 방정식을 이용하여 유체의 각운동량과 관련시킬 수 있다.

$$\Sigma \mathbf{M} = \frac{\partial}{\partial t}\int_{cv} (\mathbf{r} \times \mathbf{V})\rho \, d\forall + \int_{cv} (\mathbf{r} \times \mathbf{V})\rho \mathbf{V} \cdot d\mathbf{A}$$

$\mathbf{r} \times \mathbf{V}$의 요인에서 모멘트를 생성하는 속도 $\mathbf{V}$의 성분은 $\mathbf{V}_t$이다. 그리고 $\rho\mathbf{V}\cdot d\mathbf{A}$ 유동에서 기여하는 요소는 $\mathbf{V}_r$이다. 그러므로, 다음과 같은 식을 얻을 수 있다.

$$\begin{aligned} T &= 0 + r_1 V_{t1}\rho\left[-(V_{r1})(2\pi r_1 b)\right] + r_2 V_{t2}\rho\left[(V_{r2})(2\pi r_2 b)\right] \\ &= \rho(V_{r2})(2\pi r_2 b) r_2 V_{t2} - \rho(V_{r1})(2\pi r_1 b) r_1 V_{t1} \end{aligned} \quad (14\text{-}10)$$

$Q = V_{r1}(2\pi r_1 b) = V_{r2}(2\pi r_2 b)$로 인해, 아래와 같은 방정식으로 표현이 가능하다.

$$T = \rho Q(r_2 V_{t2} - r_1 V_{t1}) \quad (14\text{-}11)$$

그림 14-6c의 임펠러의 운동학으로부터 r에 대해서 $V_t = V_r \cot\alpha$이다. 그러므로 토크는 V_r과 α의 요소로 표현이 가능하다.

$$T = \rho Q(r_2 V_{r2}\cot\alpha_2 - r_1 V_{r1}\cot\alpha_1) \quad (14\text{-}12)$$

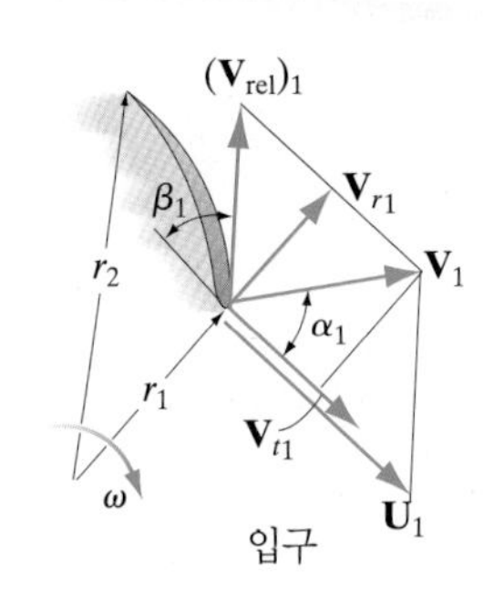

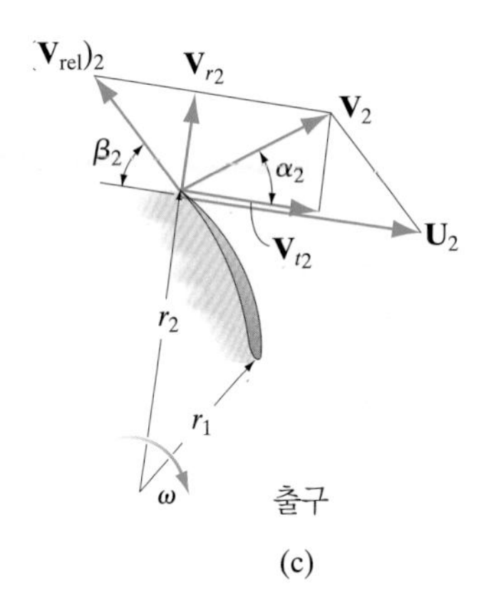

(c)

동력 펌프에 의해 생성된 동력은 **축 마력** 또는 **제동 마력**이라고 불리는데, 이는 모터의 동력이 아니고 펌프 축으로 작용하는 실제 마력을 나타내기 때문이다. FPS 단위에서는 제동 마력 bhp로 실제 마력이 측정된다. 여기서 1 bhp = 550 ft·lb/s이다. SI 단위계에서는 동력은 와트로 측정된다. 여기서 1 W = 1N·m/s이다.

식 (14-12)로부터 유체에 전달된 동력은 임펠러 날개의 선단과 후단의 속도 성분으로 표현이 가능하다. $U_1 = \omega r_1$과 $U_2 = \omega r_2$이므로, 아래와 같은 식을 얻을 수 있다.

$$\dot{W}_{pump} = T\omega = \rho Q\left(U_2 V_{r2}\cot\alpha_2 - U_1 V_{r1}\cot\alpha_1\right) \quad (14\text{-}13)$$

블레이드 각도 β_1은 반경방향으로 임펠러 블레이드의 흡입 유동이 형성되도록 반경류 펌프가 설계된다. 즉, 그림 14-6b처럼 접선속도는 $V_{t1} = 0$이고 $\alpha_1 = 90°$이다. 이런 경우에 위의 식 (14-13)에서 마지막 항이 0이 되기 때문에(cot 90° = 0), 더 큰 동력을 제공할 것이다.

또한 속도의 접선성분의 관점에서 식 (14-13)을 표현할 수 있다. 일반적으로 $V_t = V_r \cot\alpha$로 인해 다음과 같이 표현된다.

$$\dot{W}_{pump} = \rho Q\left(U_2 V_{t2} - U_1 V_{t1}\right) \quad (14\text{-}14)$$

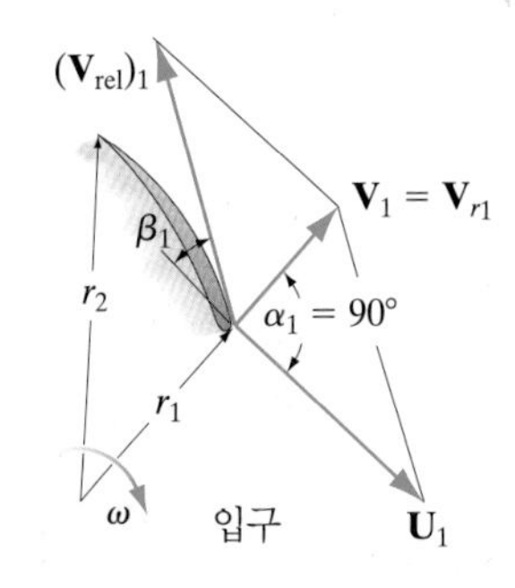

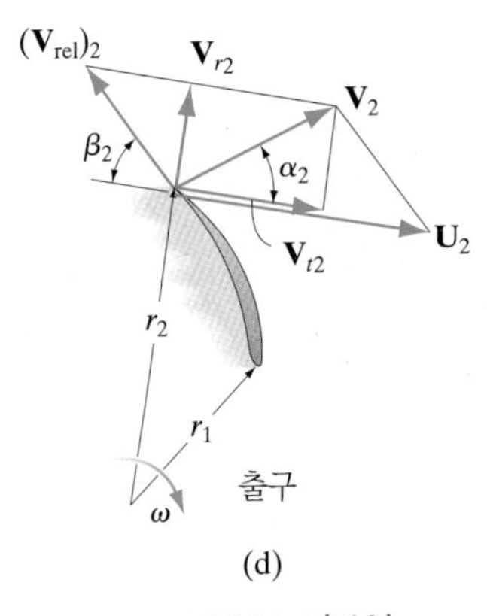

(d)

그림 14-6(계속)

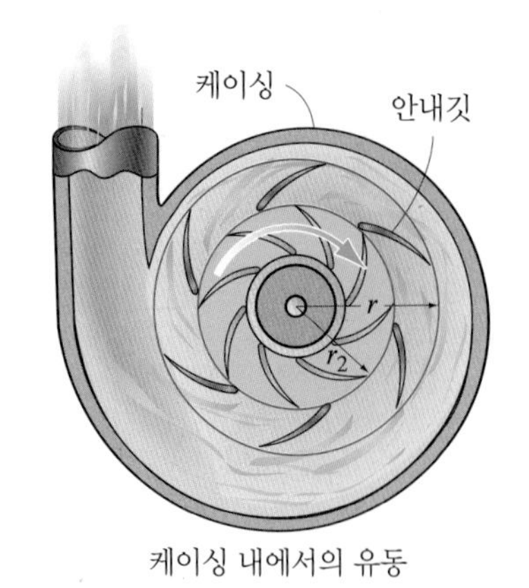

케이싱 내에서의 유동

(e)

그림 14-6(계속)

케이싱 내에서의 유동　케이싱 내의 유동은 케이싱과 안내깃(2)에서 수두를 발생 이후의 열린 검사표면으로 이루어진 검사체적에 대해 각운동량 방정식을 적용함으로써 구할 수 있다. 케이싱 내에서의 액체는 자유 와류 유동이고, 그림 14-6e에 나타내었다. 액체에 대한 토크는 없기 때문에($T = 0$), 식 (14-11)은 다음이 된다.

$$0 = rV_t - r_2V_{t2}$$

또는

$$V_t = \frac{r_2V_{t2}}{r} = \frac{\text{const.}}{r}$$

이 식은 7.9절에서 설명된 것처럼, **자유와류 유동**의 경우를 나타낸다. 그 결과, 케이싱 안의 유동 패턴은 그림 14-6e에서 보는 것과 같다. 가이드 베인을 통과하면서 유동이 축적되기 때문에 케이싱은 나선형 또는 벌류트 형상이 요구된다. 따라서 이러한 펌프를 '벌류트 펌프'라 부른다.

14.4 펌프의 이상적인 성능

유체가 임펠러를 통해 흐를 때, 펌프의 성능은 에너지의 균형에 의존한다. 예를 들어 축류 펌프의 경우, 그림 14-2a와 같이, 열린 검사표면을 통과하는 비압축성 정상유동과 마찰손실을 무시하고, 열린 검사표면 위의 점 1(in)과 점 2(out) 사이에서 에너지방정식[식 (5-13)]을 적용하면 다음이 유도된다.

$$\frac{p_{\text{in}}}{\gamma} + \frac{V_{\text{in}}^2}{2g} + z_{\text{in}} + h_{\text{pump}} = \frac{p_{\text{out}}}{\gamma} + \frac{V_{\text{out}}^2}{2g} + z_{\text{out}} + h_{\text{turb}} + h_L$$

$$h_{\text{pump}} = \left(\frac{p_{\text{out}}}{\gamma} + \frac{V_{\text{out}}^2}{2g} + z_{\text{out}}\right) - \left(\frac{p_{\text{in}}}{\gamma} + \frac{V_{\text{in}}^2}{2g} + z_{\text{in}}\right)$$

마찰손실을 무시하기 때문에, 이 식을 **이상적인 펌프 수두**라 부른다. 이 식은 유체의 전체적인 수두 변화를 의미하며, 축류 펌프와 반경류 펌프에 모두 적용이 가능하다. 식 (5-16)을 이용하면 펌프에 의해 생산되는 이상적인 동력은 다음과 같다.

$$\dot{W}_{\text{pump}} = Q\gamma h_{\text{pump}} \tag{14-15}$$

펌프가 작동할 때 액체에 수두변화가 발생되며, 이 식은 추가적인 수두변화를 의미하고 있기 때문에 펌프에 대한 h_{pump}를 찾는 것이 중요하다.

T
ω
$U = \omega r_m$
2
1
고정익 (고정)
임펠러 (회전)
r_m

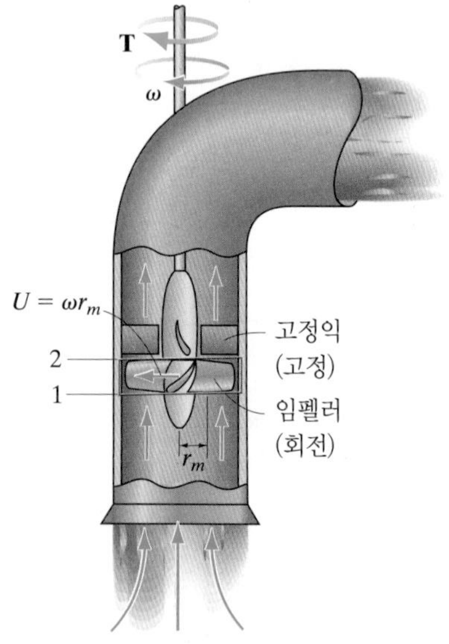

축류 펌프

(a)

그림 14-2(반복)

수두손실과 효율　축류 펌프에 대한 식 (14-4)와 반경류 펌프에 대한 식 (14-14)를 사용하는 임펠러의 접선속도로써 이상적인 펌프 수두를 표현하면,

$$h_{pump} = \frac{U(V_{t2} - V_{t1})}{g} \tag{14-16}$$

축류 펌프

$$h_{pump} = \frac{U_2 V_{t2} - U_1 V_{t1}}{g} \tag{14-17}$$

반경류 펌프

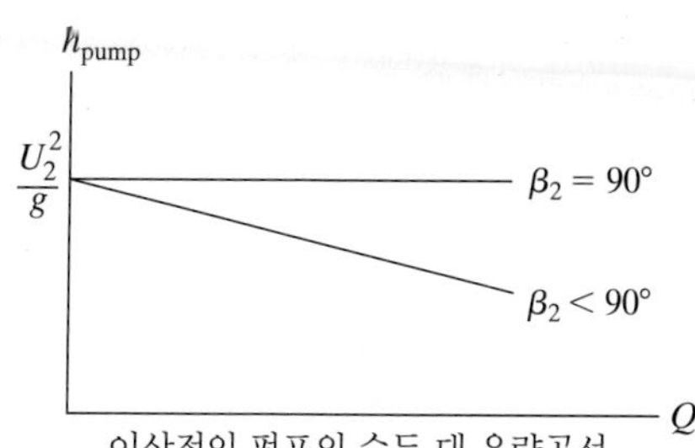

이상적인 펌프의 수두 대 유량곡선

(a)

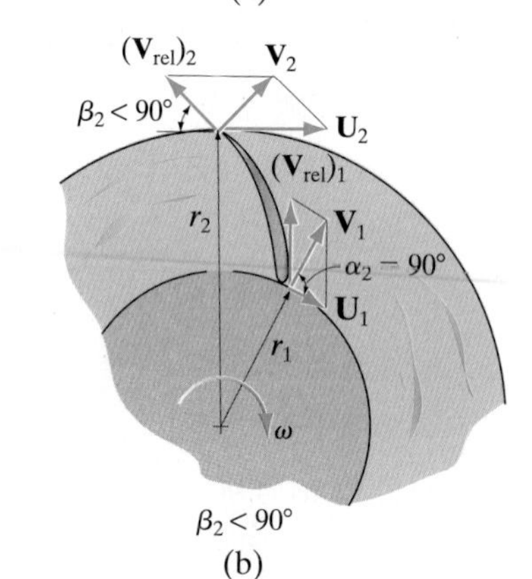

$\beta_2 < 90°$

(b)

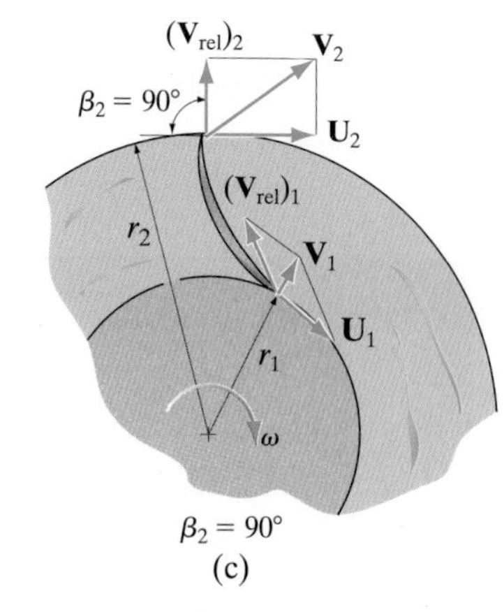

$\beta_2 = 90°$

(c)

그림 14-7

펌프 내의 기계적인 수두 손실 h_L을 고려해야 하기 때문에, 펌프에 의한 실제 성능 $(h_{pump})_{act}$은 이상적인 성능보다는 낮을 것이다. 이 손실은 축 베어링에서의 마찰과 임펠러 및 펌프용기 안에서의 유체마찰, 그리고 임펠러의 유입, 유출부에서 발생되는 소용돌이로 인한 추가적인 유체유동 손실에 대한 결과이다. 수두 손실은 다음과 같이 표현된다.

$$h_L = h_{pump} - (h_{pump})_{act}$$

수력 및 펌프 효율(hydraulic or pump efficiency) η_{pump}(에타)는 이상 수두에 대한 실제 수두의 비이다.

$$\eta_{pump} = \frac{(h_{pump})_{act}}{h_{pump}}(100\%) \tag{14-18}$$

성능-유량 곡선—반경류 펌프 앞서 언급한 바와 같이, 반경류 펌프들은 입구의 와류 생성을 없애기 위해서 $\alpha_1 = 90°$와 $V_{t1} = 0$를 가지도록(그림 14-6d) 설계한다. 이러한 경우 V_{t2}는 블레이드 후단에서의 속도 V_{r2}와 관련이 있는데, $V_{t2} = U_2 - V_{r2} \cot \beta_2$로 나타낼 수 있다. 이상적인 펌프 수두는 다음과 같다.

$$h_{pump} = \frac{U_2 V_{t2} - U_1 V_{t1}}{g} = \frac{U_2(U_2 - V_{r2} \cot \beta_2) - U_1(0)}{g}$$

$Q = V_r A = V_{r2}(2\pi r_2 b)$이므로 그림 14-6b와 같이 b는 블레이드의 폭이며, 다음을 얻는다.

$$h_{pump} = \frac{U_2^2}{g} - \frac{U_2 Q \cot \beta_2}{2\pi\, r_2 b g} \quad (\alpha_1 = 90°) \tag{14-19}$$

이 방정식은 그림 14-7a에 도시되어 있다. $\beta_2 < 90°$(그림 14-7b)와 $\beta_2 = 90°$(그림 14-7c)의 두 가지 경우의 각도에 대해 성능 곡선을 보여준다. 보통의 경우, 임펠러의 블레이드는 $\beta_2 < 90°$로 뒤로 젖혀지고 유량 Q가 증가할 때 이상적인 펌프 수두가 감소한다. $\beta_2 = 90°$인 경우, 블레이드의 후단은 반경방향으로 향한다. 이때 $\cot 90° = 0$이며, h_{pump}는 유량 Q에 의존하지 않는다. 따라서 간단히 $h_{pump} = U_2^2/g$가 된다. 공학자들은 일반적으로 $\beta_2 > 90°$인 전방으로 굽어진 블레이드로 만들어진 반경류 펌프를 설계하지 않는데, 그 이유는 펌프 안에서의

이 송풍기는 방사형 펌프로 작동한다. 소용돌이 모양의 용기로 공기를 모으고 파이프 밖으로 배출한다.

유동이 불안정하고 펌프가 **서징**이 되는 원인이 되기 때문이다. 서징이란 작동점을 찾기 위해 임펠러가 앞뒤로 요동하면서 급속한 압력 변화를 일으키는 현상이다.

요점 정리

- 연속방정식은 축류 펌프를 통과하는 액체의 유속이 일정하게 유지되는 것을 요구한다. 반면, 반경류 펌프는 임펠러에서 증가한 반경방향의 속도성분이 액체가 밖으로 흘러나갈 때 감소해야 한다.
- 축류 펌프와 반경류 펌프에 대한 블레이드 각도는 같은 방법으로 정의할 수 있다. α는 블레이드 원주속도 $\mathbf{U}$와 유동속도 $\mathbf{V}$ 사이에서 측정되고, β는 $-\mathbf{U}$와 유동의 블레이드에 대한 상대속도 $\mathbf{V}_{rel}$ 사이에서 측정된다(그림 14-3 및 그림 14-6b).
- 유동이 블레이드로 들어가고 나갈 때, 축류 펌프와 반경류 펌프에 의해 발생하는 토크와 동력은 블레이드의 운동과 유동의 접선방향 성분과 관련이 있다.
- 축류 펌프와 반경류 펌프는 보통 블레이드로 들어오는 입구유동이 항상 축방향 또는 반경방향에 있도록 설계된다. 따라서, $\alpha_1 = 90°$일 때 $V_{t1} = 0$이다.
- 유체가 임펠러를 통과할 때, 축류 펌프와 반경류 펌프의 수두는 에너지의 증가 또는 펌프에 의해 생산된 수두 h_{pump} 증가로 측정된다. 이 수두는 임펠러의 원주속도 U와 유체의 접선속도 V_t의 차이와 관련이 있다.
- 축류 펌프와 반경류 펌프의 수력 효율은 이상적인 펌프 수두에 의해 나눠진 실제 펌프 수두의 비이다.

예제 14.3

예제 14.2의 펌프에 의해 생성된 마찰 수두 손실이 0.8 m일 경우, 축류 펌프의 수력 효율을 구하라.

풀이

유체 설명 펌프를 통과하는 유동은 정상, 비압축성 유동이라 가정한다.

펌프 수두 식 (14-16)과 예제 14.2의 결과를 사용하여 이상적인 펌프 수두를 결정한다.

$$h_{pump} = \frac{U(V_{t2} - V_{t1})}{g} = \frac{7.50\ \text{m/s}(5.768\ \text{m/s} - 2.304\ \text{m/s})}{9.81\ \text{m/s}^2} = 2.648\ \text{m}$$

실제 펌프 수두는 식 (14-11)로부터 결정된다.

$$(h_{pump})_{act} = (h_{pump}) - h_L = 2.648\ \text{m} - 0.8\ \text{m} = 1.848\ \text{m}$$

수력 효율 식 (14-18)을 적용하여,

$$\eta_{pump} = \frac{(h_{pump})_{act}}{h_{pump}}(100\%) = \frac{1.848\ \text{m}}{2.648\ \text{m}}(100\%) = 69.8\%$$ 답

예제 14.4

그림 14-8a의 반경류 펌프의 임펠러는 평균입구 반경은 50 mm, 출구 반경은 150 mm, 평균폭은 30 mm이다. 블레이드의 각도가 $\beta_1 = 20°$와 $\beta_2 = 10°$인 경우, 임펠러가 400 rev/min로 회전할 때 펌프를 통한 유량 및 이상적인 펌프 수두를 구하라. 단, 임펠러 위의 유동은 반경방향만 있다.

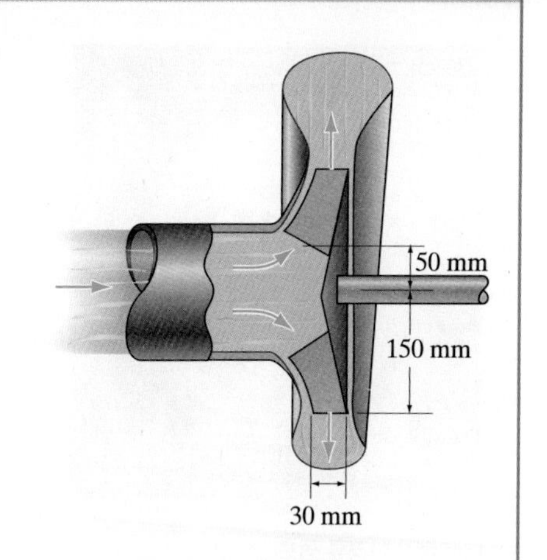

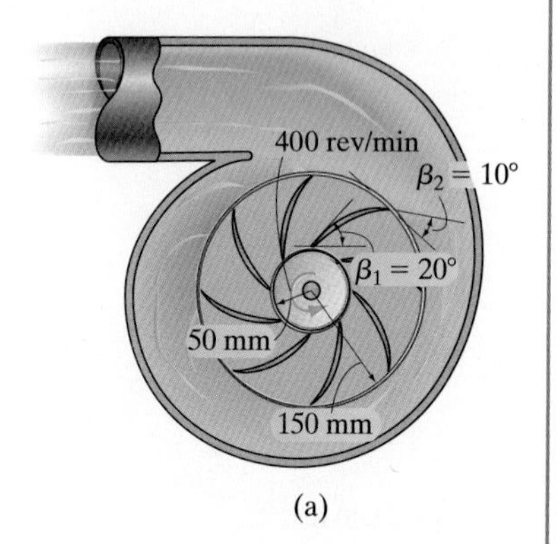

(a)

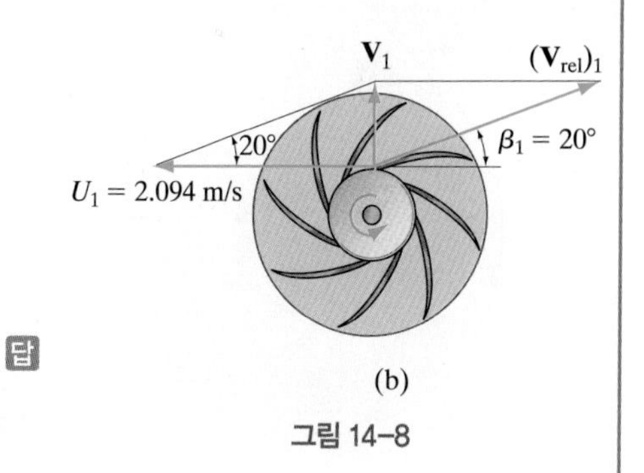

(b)

그림 14–8

풀이

유체 설명 정상, 비압축성 유동이라 가정하고 평균속도를 사용한다.

운동학 유량을 구하기 위해서 먼저 블레이드가 회전함에 따라 발생하는 유체의 속도를 결정해야 한다. 또한, 입구와 출구에서의 블레이드의 원주속도가 필요하다.

$$U_1 = \omega r_1 = \left(\frac{400 \text{ rev}}{\text{min}}\right)\left(\frac{1 \text{ min}}{60 \text{ s}}\right)\left(\frac{2\pi \text{ rad}}{1 \text{ rev}}\right)(0.05 \text{ m}) = 2.094 \text{ m/s}$$

$$U_2 = \omega r_2 = \left(\frac{400 \text{ rev}}{\text{min}}\right)\left(\frac{1 \text{ min}}{60 \text{ s}}\right)\left(\frac{2\pi \text{ rad}}{1 \text{ rev}}\right)(0.150 \text{ m}) = 6.283 \text{ m/s}$$

임펠러의 유동에 대한 속도삼각형은 그림 14-8b과 같이 표시된다. $\mathbf{V}_1$은 반경방향($\alpha_1 = 90°$)이기 때문에,

$$V_1 = V_r = U_1 \tan\beta_1 = (2.094 \text{ m/s}) \tan 20° = 0.7623 \text{ m/s}$$

유량 펌프에서의 유량은 다음과 같다.

$$\begin{aligned} Q = V_1 A_1 &= V_1(2\pi r_1 b_1) \\ &= 0.7623 \text{ m/s}\left[2\pi(0.05 \text{ m})(0.03 \text{ m})\right] \\ &= 0.007184 \text{ m}^3/\text{s} = 0.00718 \text{ m}^3/\text{s} \end{aligned}$$ 답

이상적인 펌프 수두 이상적인 펌프 수두는 다음과 같다.

$$\begin{aligned} h_{\text{pump}} &= \frac{U_2^2}{g} - \frac{U_2 Q \cot\beta_2}{2\pi\, r_2 b g} \\ &= \frac{(6.283 \text{ m/s})^2}{9.81 \text{ m/s}^2} - \frac{(6.283 \text{ m/s})(0.00718 \text{ m}^3/\text{s}) \cot 10°}{2\pi(0.150 \text{ m})(0.03 \text{ m})(9.81 \text{ m/s}^2)} \\ &= 3.10 \text{ m} \end{aligned}$$ 답

예제 14.5

대표적인 반경류 펌프

그림 14-9의 반경류 물 펌프의 임펠러는 외부반경은 5 in., 평균폭은 1.25 in., 후단각도는 $\beta_2 = 20°$이다. 블레이드에 의해 발생하는 유동이 반경방향이며 100 rad/s로 회전되는 경우, 펌프에서의 최적 마력을 구하라. (단, 토출유량은 3 ft³/s이다.)

풀이 I

유체 설명 정상, 비압축성 유동이라 가정하고 평균속도를 사용한다. $\gamma_w = 62.4\ \text{lb/ft}^3$이다.

운동학 동력은 식 (14-13)과 $\alpha_1 = 90°$를 사용하여 결정할 수 있다. 먼저 U_2, V_{r2}, α_2를 구하여야 한다. 먼저 임펠러 출구에서의 원주속도는

$$U_2 = \omega r_2 = (100\ \text{rad/s})\left(\frac{5}{12}\ \text{ft}\right) = 41.67\ \text{ft/s}$$

또한 속도의 반경방향성분인 V_{r2}는 $Q = V_{r2}\ A_2$에서 구할 수 있다.

$$3\ \text{ft}^3/\text{s} = V_{r2}\left[2\pi\left(\frac{5}{12}\ \text{ft}\right)\left(\frac{1.25}{12}\ \text{ft}\right)\right] \qquad V_{r2} = 11.00\ \text{ft/s}$$

그림 14-9에 나타낸 바와 같이

$$V_{t2} = U_2 - V_{r2}\cot 20° = 41.67\ \text{ft/s} - (11.00\ \text{ft/s})\cot 20° = 11.44\ \text{ft/s}$$

따라서,

$$\tan\alpha_2 = \frac{V_{r2}}{V_{t2}} = \left(\frac{11.00\ \text{ft/s}}{11.44\ \text{ft/s}}\right); \quad \alpha_2 = 43.87°$$

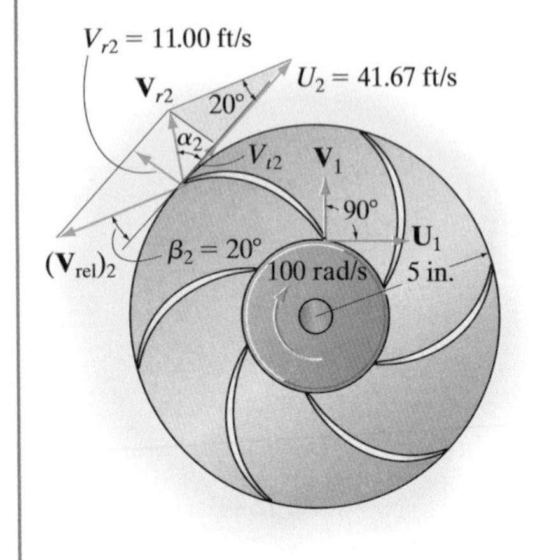

그림 14-9

최적 동력

$$\dot{W}_{\text{pump}} = \rho Q(U_2 V_{r2}\cot\alpha_2 - U_1 V_{r1}\cot\alpha_1)$$
$$= \left(\frac{62.4\ \text{lb/ft}^3}{32.2\ \text{ft/s}^2}\right)(3\ \text{ft}^3/\text{s})(41.67\ \text{ft/s})(11.00\ \text{ft/s})\cot 43.87° - 0$$
$$= (2771.72\ \text{ft}\cdot\text{lb/s})\left(\frac{1\ \text{hp}}{550\ \text{ft}\cdot\text{lb/s}}\right) = 5.04\ \text{hp}$$

답

풀이 II

최적 동력은 식 (14-15)와 이상적인 펌프 수두와 관련이 있다. 먼저 식 (14-19)를 사용하여 h_{pump}를 구해야 한다. 다음과 같이 구할 수 있다.

$$h_{\text{pump}} = \frac{U_2^2}{g} - \frac{U_2 Q\cot\beta_2}{2\pi r_2 b g}$$
$$= \frac{(41.67\ \text{ft/s})^2}{32.2\ \text{ft/s}^2} - \frac{(41.67\ \text{ft/s})(3\ \text{ft}^3/\text{s})\cot 20°}{2\pi\left(\frac{5}{12}\ \text{ft}\right)\left(\frac{1.25}{12}\ \text{ft}\right)(32.2\ \text{ft/s}^2)} = 14.81\ \text{ft}$$

따라서,

$$\dot{W}_{\text{pump}} = Q\gamma h_{\text{pump}} = (3\ \text{ft}^3/\text{s})(62.4\ \text{lb}/\text{ft}^3)(14.81\ \text{ft})$$
$$= 2772\ \text{ft}\cdot\text{lb}/\text{s}\left(\frac{1\ \text{hp}}{550\ \text{ft}\cdot\text{lb}/\text{s}}\right) = 5.04\ \text{hp}$$ 답

14.5 터빈

유체에 에너지를 전달하는 펌프와는 달리, 터빈은 유체로부터 에너지를 추출하는 터보기계이다. 터빈은 두 가지 유형, 즉 충동 터빈과 반동 터빈으로 나뉜다. 각 유형은 특정 방식으로 유체의 에너지를 기계적 에너지로 전환한다.

충동 터빈 **충동 터빈**(impulse turbine)은 그림 14-10a에 나타낸 바와 같이 바퀴에 연속적으로 부착된 '버킷'으로 구성된다. 고속 물 제트가 버킷에 충돌하고, 물의 운동량은 바퀴에 작용하는 각운동량으로 전환된다. 그림 14-10b에서 보여진 것처럼, 두 개의 컵 모양의 버킷을 사용하여 유동이 두 방향으로 균일하게 나눠지게 하는 장치를 일반적으로 **펠톤 수차**(Pelton wheel)라고 지칭하는데, 이는 1870년대 후반에 Lester Pelton에 의해 설계된 터빈이다. 이와 같은 충동 터빈은 주로 산악지역에서 사용된다. 여기서 물은 높은 속도와 작은 유량을 가진다.

그림 14-10b에서 보여지는 것처럼, 펠톤 수차의 버킷에 작용되는 유체에 의해 생성된 힘은 검사체적에서 선형 운동량방정식을 이용하여 구할 수 있다. 여기서 버킷은 휠에 부착되고, 등속 $\mathbf{U}$로 이동한다. $\mathbf{V}$를 노즐로부터 분사된 유동의 속도라면, $\mathbf{V}_{f/cs} = \mathbf{V} - \mathbf{U}$는 각각의 버킷에 대한 상대속도이다(그림 14-10c). 따라서, 그림 14-10d의 자유물체도로부터 $Q = VA$를 만족하고 정상유동일 때, 다음의 식을 얻을 수 있다.

$$\Sigma \mathbf{F} = \frac{\partial}{\partial t}\int_{\text{cv}} \mathbf{V}_{f/\text{cv}}\,\rho\, d\forall + \int_{\text{cs}} \mathbf{V}_{f/\text{cs}}\,\rho\, \mathbf{V}_{f/\text{cs}}\cdot d\mathbf{A}$$

$$(\overset{+}{\rightarrow}) \qquad -F = 0 + V_{f/\text{cs}}\,\rho(-VA) + (-V_{f/\text{cs}}\cos\theta)\,\rho\,(VA)$$

$Q = VA$이므로

$$F = \rho Q V_{f/\text{cs}}(1 + \cos\theta) \qquad (14\text{-}20)$$

출구 각이 $0° \le \theta < 90°$일 때, $\cos\theta$가 양의 값을 유지한다면, $90° \le \theta \le 180°$일 때에 비해 더 큰 힘을 생성한다.

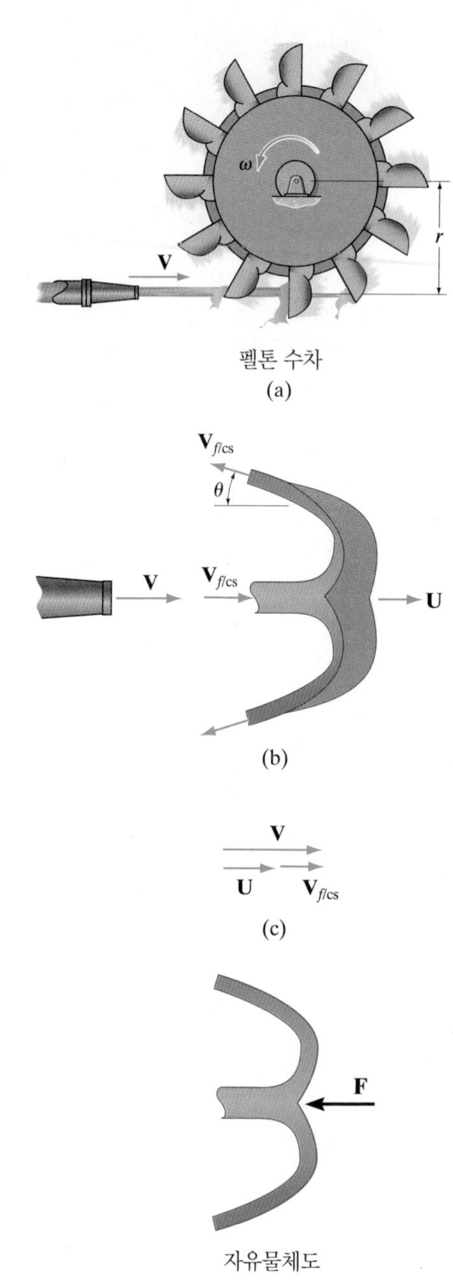

펠톤 수차
(a)

(b)

(c)

자유물체도
(d)

그림 14-10

펠톤 바퀴는 높은 수두와 작은 유량에서 가장 효율적이다. 그림의 수차는 직경이 2.5 m이며, 수두높이 700 m에서 사용되고, 4 m^3/s의 유량과 500 rpm의 회전을 한다.

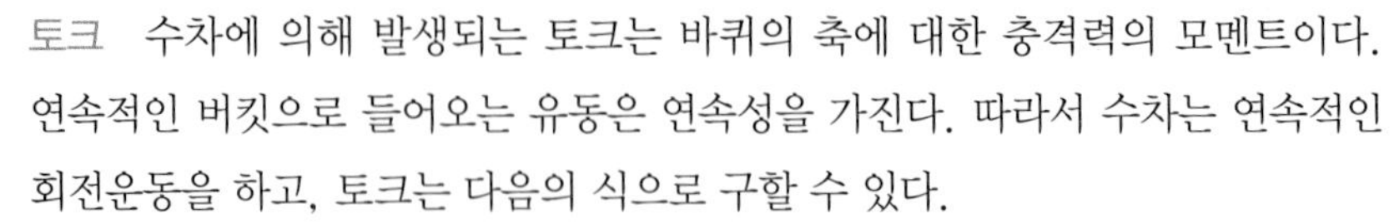

토크 수차에 의해 발생되는 토크는 바퀴의 축에 대한 충격력의 모멘트이다. 연속적인 버킷으로 들어오는 유동은 연속성을 가진다. 따라서 수차는 연속적인 회전운동을 하고, 토크는 다음의 식으로 구할 수 있다.

$$T = Fr = \rho Q V_{f/cs}(1 + \cos\theta)r \tag{14-21}$$

동력 그림 14-10a처럼, 각각의 버킷은 $U = \omega r$의 평균속도를 갖기 때문에, 바퀴에 의해 발생된 축 동력은 아래와 같다.

$$\dot{W}_{\text{turb}} = T\omega = \rho Q V_{f/cs} U(1 + \cos\theta) \tag{14-22}$$

버킷의 각도가 $\theta = 0°$일 때, 유체에 최대 힘이 발생하는데, 그 이유는 $\cos 0° = 1$이기 때문이다. 또한, $V_{f/cs} = V - U$일 때, $\dot{W}_{\text{turb}} = \rho Q(V - U)U(2)$가 된다. $(V - U)\,U$는 최대치가 되어야 하며, 다음 조건이 요구된다.

$$\frac{d}{dU}(V - U)U = (0 - 1)U + (V - U)(1) = 0$$

$$U = \frac{V}{2}$$

따라서, 최대 힘을 생성하기 위해 버킷 위의 유체 상대속도는 $V_{f/cs} = V - V/2 = V/2$가 된다. 따라서 유체가 버킷에서 나갈 때에는, $V = U + V_{f/cs} = V/2 - V/2 = 0$의 속도를 가지게 된다. 즉, 유체는 더 이상의 운동에너지를 가지지 않으며, 대신에 물 제트의 충격력은 수차에 작용하는 힘으로 완전히 변환될 수 있다.

식 (14-22)에 결과를 대입하면, 아래의 값을 얻을 수 있다.

$$(\dot{W}_{\text{turb}})_{\max} = \rho Q\left(\frac{V^2}{2}\right) \tag{14-23}$$

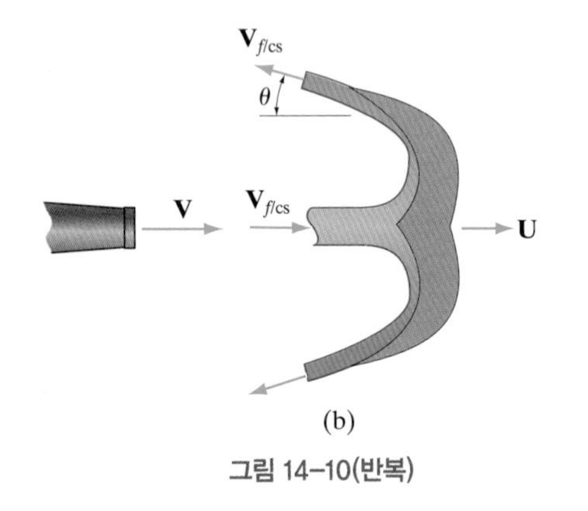

(b)

그림 14-10(반복)

물론, 이 값은 비현실적인 이론 값이다. 왜냐하면 한 개의 버킷에서 빠져 나온 유체는 다음 버킷의 뒷면에 부딪히기 때문에 역충격력을 유발하게 되는데, 이러한 이유에서 비현실적인 이론 값이 된다. 버킷의 뒷면에 충돌하는 것을 방지하기 위해, 그림 14-10b에서 보여지는 것처럼, 일반적으로 20°로 출구 각도를 설계한다. 유체가 뒤로 충돌하는 현상과 점성, 기계적 마찰력 등으로 인한 손실을 고려하면, 펠톤 수차는 유체의 에너지가 바퀴의 회전에너지로 변환될 때 약 85%의 효율을 가진다.

예제 14.6

그림 14-11에서 펠톤 수차의 버킷 편향 각도는 160°, 직경은 3 m이다. 바퀴에 부딪히는 물 제트의 직경이 150 mm이고, 제트의 속도가 8 m/s라면, 3 rad/s로 회전할 때 바퀴에 의해 발생하는 동력을 구하라.

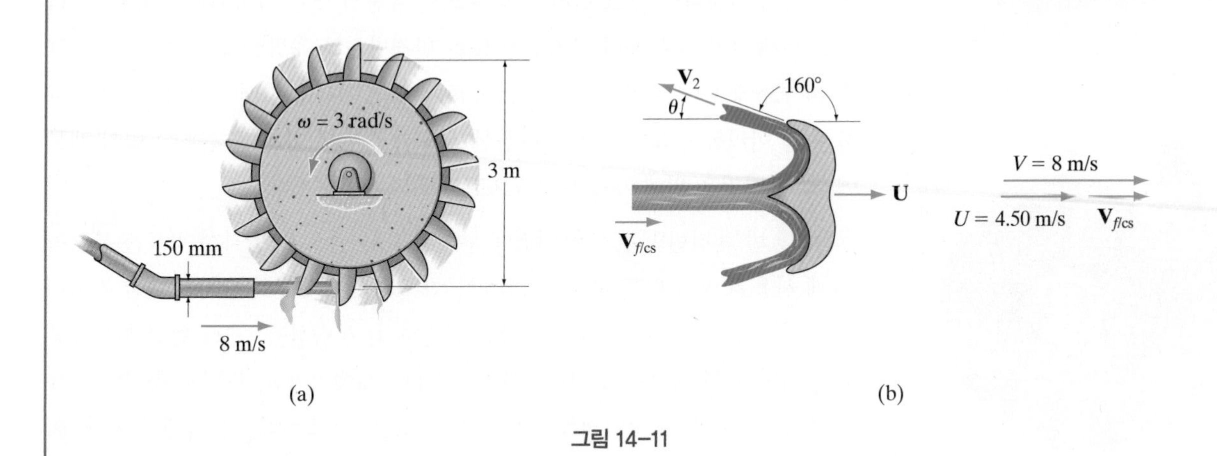

그림 14-11

풀이

유체 설명 블레이드 위에서 유동은 정상유동이며, 물은 $\rho_w = 1000\ \text{kg/m}^3$ 값을 가지는 이상유체로 가정한다.

운동학 버킷의 평균속도는

$$U = \omega r = 3\ \text{rad/s}(1.5\ \text{m}) = 4.50\ \text{m/s}$$

그림 14-11b에서의 속도벡터선도를 보면 버킷에 유입되고 유출되는 물의 유동을 알 수 있다. 여기서 버킷의 유입 유동의 상대속도는 $V_{f/\text{cs}} = 8\ \text{m/s} - 4.50\ \text{m/s} = 3.50\ \text{m/s}$이다.

동력 식 (14-22)를 사용하고, $\theta = 20°$, $Q = VA$이다. 따라서,

$$\begin{aligned}\dot{W}_{\text{turb}} &= \rho_w Q V_{f/\text{cs}} U(1 + \cos\theta)\\ &= \left(1000\ \text{kg/m}^3\right)\left[(8\ \text{m/s})\pi(0.075\ \text{m})^2\right](3.50\ \text{m/s})(4.50\ \text{m/s})(1 + \cos 20°)\\ &= 4.32\ \text{kW}\end{aligned}$$

답

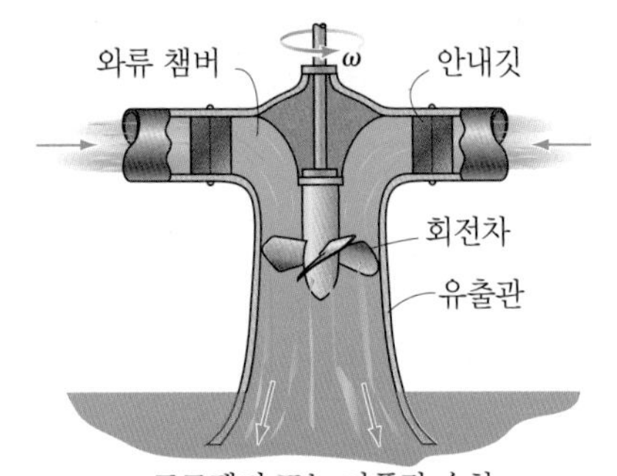

(a)

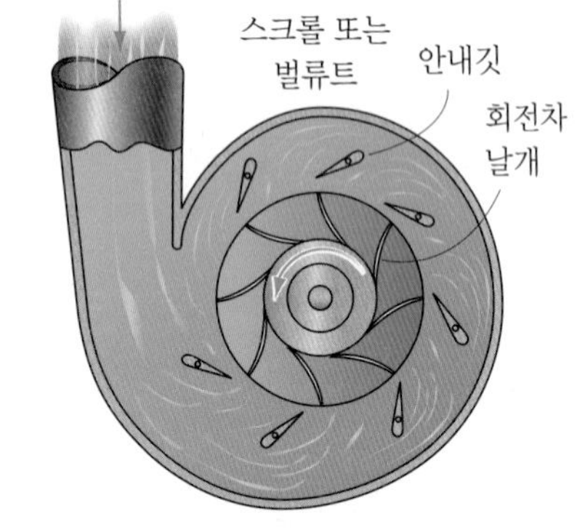

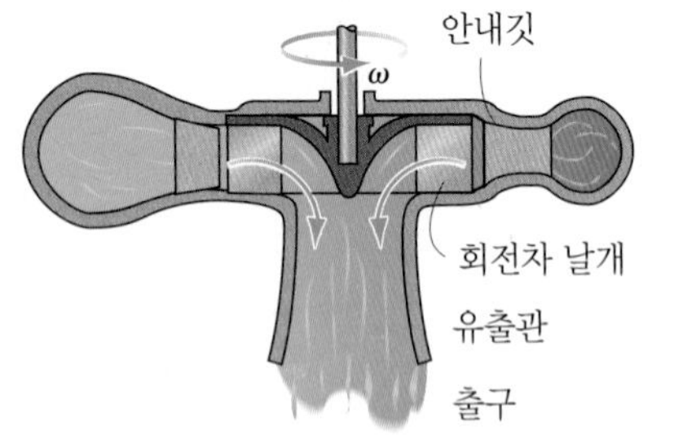

(b)

그림 14-12

반동 터빈 충동 터빈과는 다르게, **반동 터빈**은 블레이드 또는 **회전차**에 상대적으로 유속이 낮은 유체가 지나가지만, 큰 부피의 유체를 처리할 수 있다. 결과적으로, 터빈 케이싱에는 유체가 완전히 가득 차게 된다. 터빈이 축방향의 유동에 의해 작동하도록 설계된 경우를 **프로펠러 수차**라고 부른다. 그림 14-12a에는 Viktor Kaplan의 이름을 따서 불리게 된 **카플란 수차**를 보여주며, 프로펠러 수차의 한 종류이다. 여기서 블레이드는 다양한 경우의 유동을 수용할 수 있도록 조정이 가능하다. 프로펠러 수차는 느린 유동과 낮은 낙차에서 사용된다. 터빈을 통해 흐르는 유동이 반경방향 또는 반경방향과 축방향의 혼합일 경우, 그림 14-12b에 보이는 것과 같이 James Francis의 이름을 따서 **프란시스 수차**라고 불린다. 이러한 형태의 터빈은 다양한 유동과 수두에 대해 설계될 수 있기 때문에, 수력 발전을 위해 가장 보편적으로 사용되는 유형이다.

운동학 반동 터빈의 분석은 이전에 논의된 축류 펌프 및 방사형 펌프를 분석하는 데 사용된 방법과 동일한 방법을 따른다. 또한, 14.2절의 분석에 대한 절차에서 설명된 대로 블레이드의 운동학도 동일하다. 복습삼아, 제트 엔진에서 사용되는 터빈 팬의 경우를 고려해보자. 그림 14-13a에서처럼, 뜨거운 공기와 연료의 혼합물로 이루어진 일정한 축류 유동은 **고정익**과 **회전익**을 통과해야 한다. 이러한 터빈을 **프로펠러 수차 유형**이라고 한다. 그림 14-13b처럼 고정익은 각도 α_1으로 유동을 내어보내고, 유동은 속도 $\mathbf{V}_1$로 회전익에 유입된다. 회전익은 블레이드의 접선방향으로부터 각도 α_2의 방향으로 속도 $\mathbf{V}_2$로 유출되고, 유체는 다음 다음 고정익으로 이동한다. 유동으로부터 터빈이 운동에너지를 축동력으로 전환시키기 때문에, 유동이 회전차의 각 단을 지나갈 때 유체의 속도(운동에너지)는 감소된다($V_2 < V_1$). 펌프와 동일한 규칙을 따라, 어떻게 속도성분을 정의하는지 신중하게 주의해야 한다. 관례적으로 α는 $\mathbf{U}$와 $\mathbf{V}$의 사이에서 측정되고, β는 $-\mathbf{U}$와 $\mathbf{V}_{rel}$의 사이에서 측정된다.

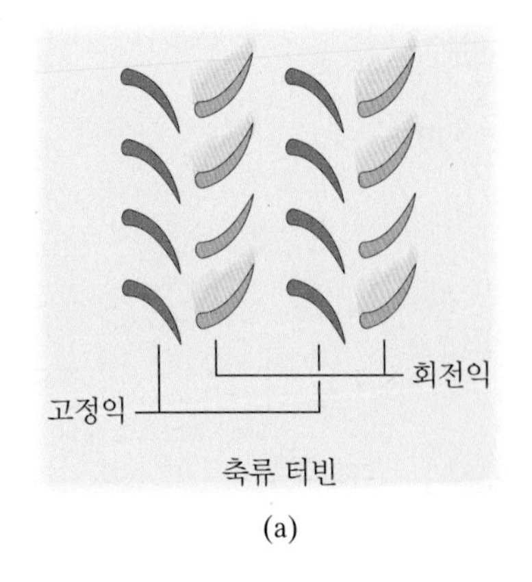

(a)

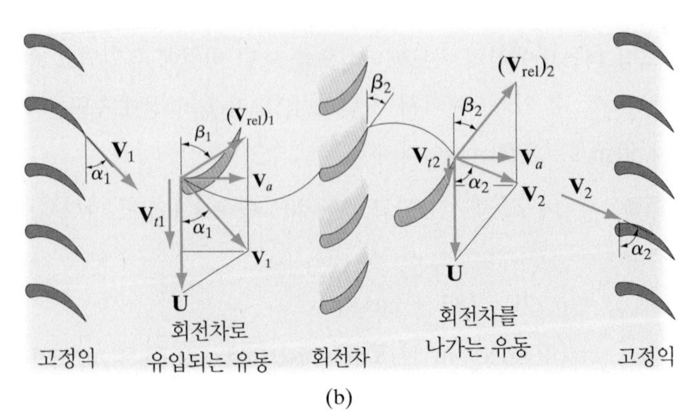

(b)

그림 14-13

토크 회전차에 각운동량 방정식을 적용하면, 식 (14-2) 또는 식 (14-11)로부터 회전차에 작용되는 토크를 결정할 수 있다.

$$T = \rho Q r_m (V_{t2} - V_{t1}) \quad (14\text{-}24)$$

프로펠러 수차

$$T = \rho Q (r_2 V_{t2} - r_1 V_{t1}) \quad (14\text{-}25)$$

프란시스 수차

여기에서 토크는 $V_{t1} > V_{t2}$의 조건으로 인해 음의 값이 될 것이다.

동력 토크 값을 안다면, 터빈에 의해 생성된 동력은 다음과 같다.

$$\dot{W}_{\text{turb}} = T\omega \quad (14\text{-}26)$$

수두와 효율 유체로부터 제거된 이상적인 터빈 수두는 식 (14-15)를 사용하여 동력의 함수로 표현될 수 있다.

$$h_{\text{turb}} = \frac{\dot{W}_{\text{turb}}}{Q\gamma} \quad (14\text{-}27)$$

마지막으로, 터빈으로부터 에너지를 추출한 후, 유체로부터 받은 **실제 터빈 수두**는 이상적인 수두보다 클 것이다. 그 이유는 실제 수두는 마찰손실을 수반하고 있기 때문이다. 실제 수두는 다음과 같다.

$$(h_{\text{turb}})_{\text{act}} = h_{\text{turb}} + h_L$$

따라서, **터빈 효율**은 마찰손실을 기초하여 다음과 같이 정의된다.

$$\eta_{\text{turb}} = \frac{h_{\text{turb}}}{(h_{\text{turb}})_{\text{act}}}(100\%) \quad (14\text{-}28)$$

다음의 예제는 이러한 방정식의 일반적인 응용을 보여준다.

이 프로펠러 수차는 직경이 4.6 m이고, 수두는 7.65 m, 유량은 87.5 m^3/s일 때 사용된다. 그리고 75 rpm의 속도로 회전한다.

이 프란시스 수차는 직경이 4.6 m이며, 수두는 69 m, 유량은 447 mm^3/s일 때 사용된다. 그리고 125 rpm의 속도로 회전한다.

요점 정리

- 펠톤 수차는 충동 터빈의 일종이다. 고속의 유체 제트가 수차의 버킷들에 충돌하면 제트의 운동량을 변화시켜 바퀴를 회전시키는 토크를 생성하고, 이에 의해 동력을 생성하게 된다.
- 버킷과 바퀴의 회전에 의해 유동이 완전히 반전될 때, 버킷을 떠나는 유체의 속도가 0이 되게 하면 펠톤 수차는 최대 동력을 발생시킨다.
- 카플란 수차와 프란시스 수차와 같은 반동 터빈은 각각 축류 펌프, 반경류 펌프와 비슷하다. 모든 터빈은 유체로부터 에너지를 빼어낸다.

예제 14.7

프란시스 수차에서 가이드 베인을 작동하는 데 링크가 사용된다.

그림 14-14a와 같이 프란시스 수차의 가이드 베인은 폭 200 mm의 회전차 블레이드 입구에 $\alpha_1 = 30°$의 각도로 물이 유입되도록 한다. 블레이드는 25 rev/min으로 회전하고, 반경방향으로 $4\ \text{m}^3/\text{s}$로 물을 방출한다. 유출속도는 터빈의 중심방향, 즉 $\alpha_2 = 90°$로 향한다. 이상적인 터빈수두와 발생하는 동력을 구하라.

풀이

유체 설명 블레이드를 지나는 유동은 정상유동이고, 물은 $\rho_w = 1000\ \text{kg/m}^3$인 이상유체로 가정한다.

운동학 동력을 결정하기 위해, 먼저 블레이드 입구와 출구속도의 접선방향 성분을 구해야 한다(그림 14-14b). 유량을 사용하여, $r_1 = 1\ \text{m}$에서 블레이드 입구의 반경방향 속도성분을 아래와 같이 구한다.

$$Q = V_{r1}A_1$$
$$4\ \text{m}^3/\text{s} = V_{r1}\left[2\pi(1\ \text{m})(0.20\ \text{m})\right]$$
$$V_{r1} = 3.183\ \text{m/s}$$

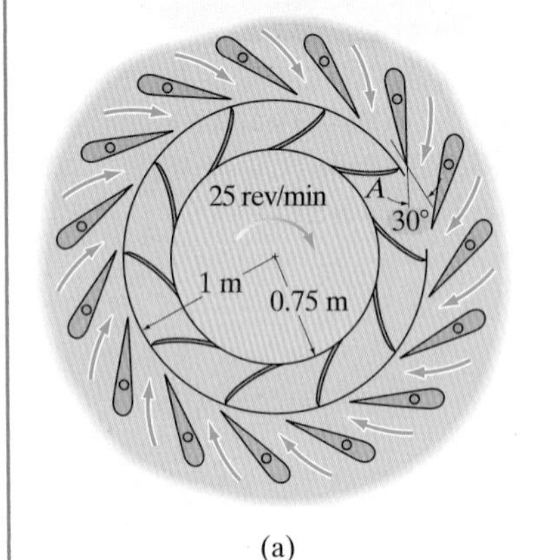

(a)

따라서, 그림 14-14b로부터 접선성분은

$$V_{t1} = (3.183\ \text{m/s})\cot 30° = 5.513\ \text{m/s}$$

수차의 출구에서는 오직 반경방향의 유동만 발생하기 때문에 $V_{t2} = 0$이 된다.

동력 식 (14-25)와 (14-26)을 적용하여, $\dot{W}_{\text{turb}} = \rho_w Q(r_2V_{t2} - r_1V_{t1})\,\omega$를 구할 수 있다. 프란시스 수차이기 때문에, 생산된 동력은 다음과 같다.

$$\dot{W}_{\text{turb}} = (1000\ \text{kg/m}^3)(4\ \text{m}^3/\text{s})\Big[0 - (1\ \text{m})(5.513\ \text{m/s})\Big]\left(\frac{25\ \text{rev}}{\text{min}}\right)\left(\frac{1\ \text{min}}{60\ \text{s}}\right)\left(\frac{2\pi\ \text{rad}}{1\ \text{rev}}\right)$$

$$\dot{W}_{\text{turb}} = -57.74(10^3)\ \text{W} = -57.7\ \text{kW}$$ 답

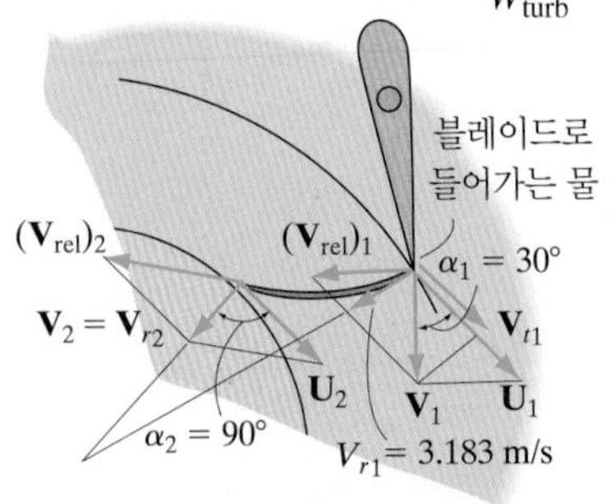

(b)

그림 14-14

음의 부호는 물에서부터의 에너지손실을 나타낸다.

수두손실 이상적인 터빈수두는 식 (14-27)로부터 결정된다.

$$h_{\text{turb}} = \frac{\dot{W}_{\text{turb}}}{Q\gamma} = \frac{-57.74(10^3)\ \text{W}}{(4\ \text{m}^3/\text{s})(1000\ \text{kg/m}^3)(9.81\ \text{m/s}^2)}$$
$$= -1.47\ \text{m}$$ 답

14.6 펌프 성능

펌프 및 파이프 시스템은 정유공장과 화학처리공장에서 중요한 역할을 한다.

적용하고자 하는 분야에 적합한 펌프를 선택하기 위해서는, 펌프의 **성능 특성**에 대한 기본적인 지식이 있어야 한다. 성능 특성은 요구 축동력 $\dot{W}_{\text{pump}}$과 실제 펌프 수두$(h_{\text{pump}})_{\text{act}}$, 그리고 펌프의 효율 η 간의 관계이다. 앞 절에서는 해석적 방법에 기초하여 성능 특성을 계산하는 방법을 다루었다. 그러나 실제 적용에서는 유동으로 인한 손실과 기계적 손실이 발생하기 때문에 성능 곡선은 실험으로 결정되어야 한다. 반경류 펌프에 대해 성능 곡선을 어떻게 구하는지 실험 테스트를 고려해 보자.

펌프의 시험은 참고문헌 [12]에 설명된 표준화된 절차를 따른다. 그림 14-15a에서 실험장치가 나와 있다. 여기서 펌프는 일정한 직경의 파이프를 통해 탱크 A에서 다른 탱크 B로 물(또는 다른 유체)을 순환시킨다. 압력 게이지는 펌프의 전, 후단에 위치하며, B로부터 A로 전달되는 물의 유량을 측정하는 동안 밸브는 유동을 제어하는 데 사용된다. 펌프의 임펠러는 전동 모터에 의해 회전되며, 입력 전력 $\dot{W}_{\text{pump}}$도 측정이 가능하다.

밸브가 잠긴 상태에서 테스트가 시작된다. 펌프는 작동되고 있고 임펠러는 항상 고정된 회전속도 ω_0에서 시험은 시작된다. 이후 밸브를 약간씩 개방하여, 유량 Q와 펌프 입출구의 압력차 $(p_2 - p_1)$, 공급전력 $\dot{W}_{\text{pump}}$를 모두 측정한다. 점 1과 2 사이에서 측정되는 실제 펌프 성능은 에너지방정식을 사용하여 계산된다. 여기서 $V_2 = V_1 = V$이고, 펌프 내에서 수두 손실과 고도차이 $z_2 - z_1$는 압력수두에 포함된다. 즉, $(h_{\text{pump}})_{\text{act}} = h_{\text{pump}} - h_L$이다.

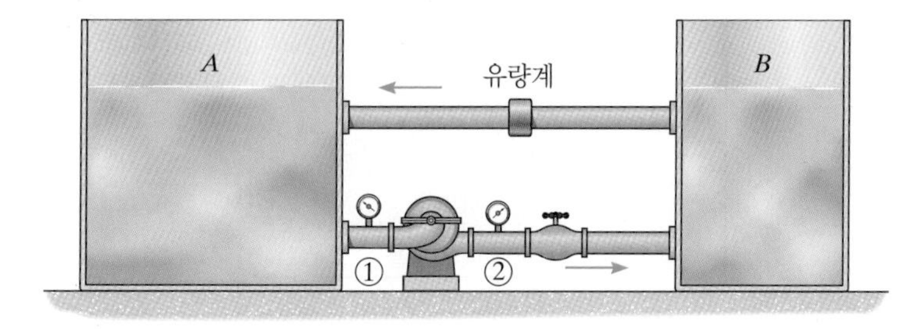

펌프시험장치

(a)

그림 14-15

$$\frac{p_{in}}{\gamma} + \frac{V_{in}^2}{2g} + z_{in} + h_{pump} = \frac{p_{out}}{\gamma} + \frac{V_{out}^2}{2g} + z_{out} + h_{turb} + h_L$$

$$\frac{p_1}{\gamma} + \frac{V^2}{2g} + 0 + (h_{pump})_{act} = \frac{p_2}{\gamma} + \frac{V^2}{2g} + 0 + 0 + 0$$

$$(h_{pump})_{act} = \frac{p_2 - p_1}{\gamma}$$

먼저 $(h_{pump})_{act}$를 계산하고 Q와 $\dot{W}_{pump}$를 측정하면, 식 (14-15)와 (14-18)을 이용하여 수력 효율을 결정할 수 있다. 즉,

$$\eta_{pump} = \frac{(h_{pump})_{act}}{h_{pump}} = \frac{Q\gamma(h_{pump})_{act}}{\dot{W}_{pump}}$$

펌프의 유량이 최대가 될 때까지 Q를 계속 증가시켜 각 Q에 해당하는 $(h_{pump})_{act}$, $\dot{W}_{pump}$, η_{pump} 값을 그래프로 나타낸다면, 그림 14-15b와 유사한 세 개의 **성능 곡선**이 만들어질 것이다. 그래프에 포함된 직선은 그림 14-7에서 구한 이상적인 펌프 수두이다. 이 그래프와 파란 곡선인 실제 펌프 수두는 둘 다 $\beta < 90°$인 후방곡면을 가진 임펠러 블레이드이며, 앞서 언급했듯이 가장 일반적인 경우이다.

파란색 선인 실제 펌프 수두는 이상적인 수두보다 아래에 있다는 것에 주목해야 한다. 그 원인으로 몇몇 인자들이 있다. 가장 중요한 손실 수두는 임펠러

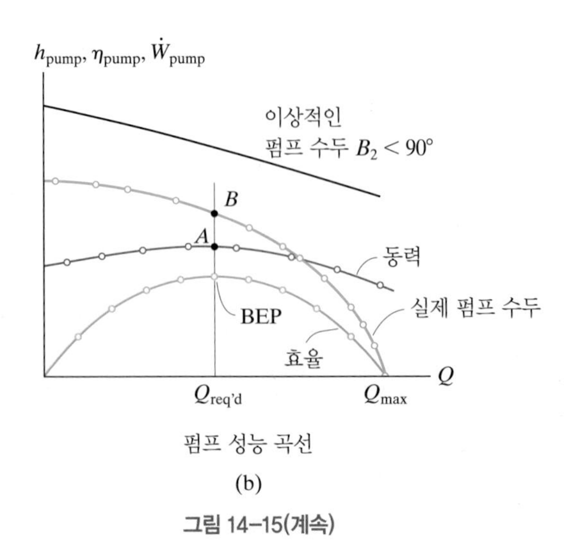

펌프 성능 곡선

(b)

그림 14-15(계속)

가 무한개가 아닌 한정된 블레이드로 구성되어 있기 때문이다. 그 결과, 실질적으로 유동은 블레이드 설계 각도 β_2에 비해 약간 다른 각도에서 블레이드를 떠날 것이다. 이에 따라 펌프 수두는 다소 감소할 것이다. 이런 효과와 더불어 축 베어링과 씰(seals)에서의 유체마찰과 기계적 마찰에 인한 추가적인 손실과 임펠러를 따라 흐르는 부적절한 유동으로 인한 난류 손실이 있다.

효율을 나타내는 초록색 곡선은 Q가 증가함에 따라 효율 곡선이 **최대 효율점**(BEP)이라 불리는 최곳값에 도달할 때까지 증가하게 되며, Q_{max}로 접근하면서 0으로 감소하기 시작한다. 요구되는 설계 유량이 $Q_{req'd}$라면, 유동이 최대 효율(BEP)에서 작동될 수 있도록 성능 곡선에 기반을 두어 펌프를 선택해야 한다. 성능 곡선에서, 빨간색 곡선의 점 A는 필요한 동력을 나타내며, 펌프 수두는 점 B에서 정의된다.

제조업체의 펌프 성능 곡선 제조업체는 비슷한 실험을 수행하여 펌프들에 대한 성능 곡선을 제공한다. 일반적으로, 각각의 펌프는 일정한 정격속도 ω_0에서 운전되도록 설계되었으며, 케이싱 내에 다른 지름을 가진 임펠러를 장착할 수 있도록 설계한다. 그림 14-16은 $\omega_0 = 1750$ RPM으로 운전되는 임펠러를 예시로 나타냈으며, 파란색 곡선에 의해 나타낸 것처럼, 5 in., 5.5 in., 6 in. 지름의 임펠러를 사용할 수 있다. 성능 곡선을 사용하여 요구된 유량에서의 효율(초록색)과 제동마력(빨간색)을 얻을 수 있다. 예를 들어, 임펠러 지름이 6 in.인 펌프가 470 gal/min의 유량을 생산하도록 요구할 때, 86%의 효율(점 A)을 가지며, 21 bhp 제동마력으로 약 140 ft 전체 수두를 생산한다.

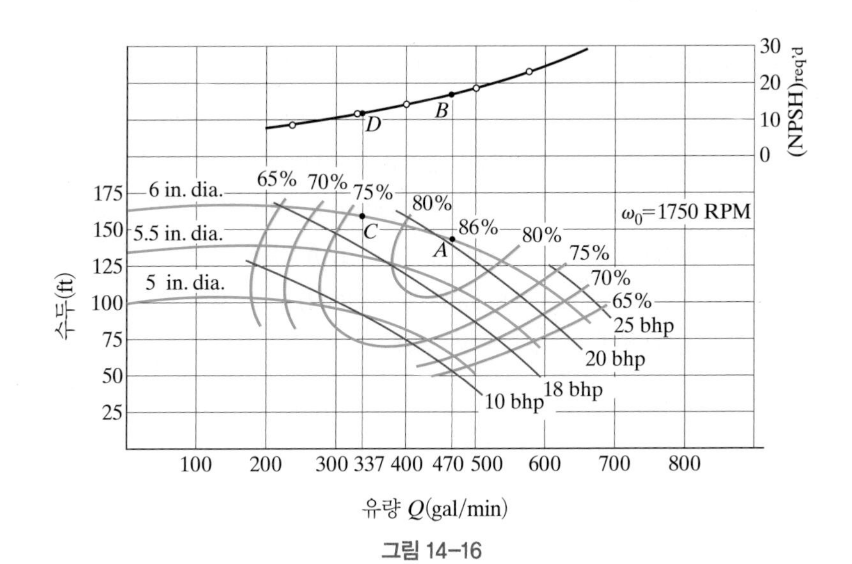

그림 14-16

14.7 공동현상과 정미 유효 흡입 수두

실제로 펌프의 성능을 제한할 수 있는 중요한 현상은 케이싱 내의 압력이 공동현상을 발생시키는 한도 이하로 내려갈 때 발생한다. 1.8절에서 배웠듯이, **공동현상**(cavitation)은 액체 내의 압력이 액체의 **포화증기압** p_v 이하로 떨어질 때 발생한다. 반경류 펌프는 일반적으로 임펠러의 중심에서 압력이 최소가 되기 때문에 흡입면에서 공동현상이 발생한다. 공동현상이 발생할 때, 액체가 비등하게 되어 액체 내에 기포나 공동이 형성될 것이다. 기포가 임펠러의 블레이드를 따라 이동할 때, 기포가 갑자기 붕괴될 수 있는 고압 영역에 도달한다. 기포의 격렬한 붕괴는 인접한 단단한 표면에 반복적으로 충격을 주는 압력파를 발생시키며, 결국 재료 피로와 표면의 마모를 발생시킨다. 마모 과정은 부식이나 다른 전기 기계적 효과에 의해 더욱 악화된다. 공동현상은 진동과 소음을 유발시키는데, 이 소음은 케이싱의 가장자리에 바위나 조약돌로 치는 소리와 유사하다. 공동현상이 한 번 발생하면, 펌프의 효율은 급격하게 떨어진다.

특정한 펌프에 대해 펌프의 흡입면에서 공동현상이 발생하기 시작하는 **임계 흡입 수두**가 존재한다. 임계 흡입 수두는 실험적으로 결정되며, 주어진 유량에서 수면으로부터 펌프의 고도를 변화시킴으로써 결정할 수 있다. 유체를 펌프로 이동시키기 위한 파이프의 수직 길이가 증가할 때, 펌프 효율이 갑자기 떨어지는 곳이 임계고도가 될 것이다. 펌프 입구에서의 물성치와 에너지방정식을 이용하여 임계 흡입 수두를 구할 수 있다. 임계 흡입 수두는 입구에서의 압력과 속도 수두의 합($p/\gamma + V^2/2g$)에 의해 표현된다. 액체의 **포화증기압 수두** p_v/γ를 임계 흡입 수두에서 뺀 값을 **유효 흡입 수두**(NPSH)라고 부른다. 공동현상 혹은 p_v는 실제로 입구가 아닌 펌프 내부에서 발생하기 때문에, NPSH는 입구로부터 펌프 내부의 공동현상 지점까지 유체를 움직이기 위한 추가적인 수두이다.

제조업체들은 일반적으로 다양한 유량에 대해 펌프 종류별로 공동현상 실험을 수행하여, 얻어진 결과들은 성능 곡선과 함께 같은 그래프에 도시한다. 이 값을 **요구 NPSH** 또는 $(\text{NPSH})_{\text{req'd}}$라고 부른다. 그림 14-16에 나온 펌프의 성능 곡선을 자세히 보면, 유량이 470 gal/min, 임펠러 지름이 6 in.인 펌프가 최대 효율(86%)일 때, $(\text{NPSH})_{\text{req'd}}$가 약 17 ft(점 B)인 것을 알 수 있다. 먼저 $(\text{NPSH})_{\text{req'd}}$를 그래프로부터 구한 후, $(\text{NPSH})_{\text{req'd}}$와 **유용 유효 흡입 수두** $(\text{NPSH})_{\text{avail}}$와 비교한다. 이 값을 얻기 위해서는 입구나 펌프의 흡입면 또는 펌프가 사용되고 있는 실제 유동 시스템 내부에 대해 에너지방정식을 반드시 적용해야 한다. 그 결과에서 포화 증기압(p_v) 수두를 빼야 한다. 공동현상을 예방하기 위해서는 다음이 요구된다.

$$(\text{NPSH})_{\text{avail}} \geq (\text{NPSH})_{\text{req'd}} \qquad (14\text{-}29)$$

추가적인 설명을 위해, 이 개념을 적용한 예제를 다음과 같이 나타내었다.

예제 14.8

그림 14-17에 보여진 펌프는 70°F의 하수를 수로에서 하수 처리장으로 이동시키기 위해 사용된다. 유량이 0.75 ft^3/s, 지름은 3 in.인 파이프를 통과한다면, 그림 14-16과 같이 펌프를 사용할 때 공동현상이 발생하는가? 펌프는 물의 수위가 가장 낮은 $h = 10$ ft에 도달하면 작동이 중지된다. 파이프 내의 마찰계수는 $f = 0.02$이며, 부차적 손실은 무시한다.

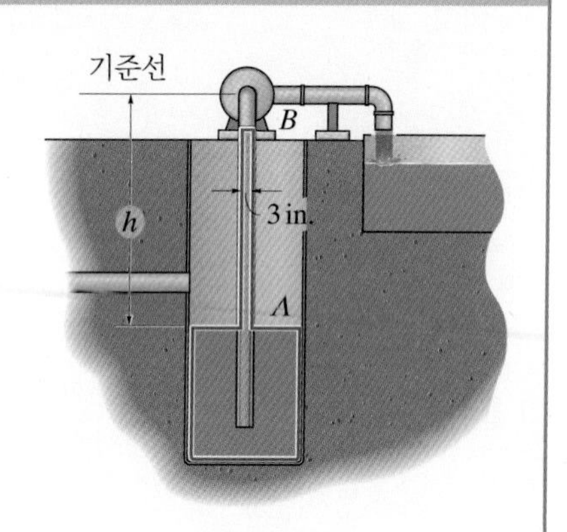

그림 14-17

풀이

유체 설명 비압축성 유체의 정상유동이라 가정한다. 물의 비중은 $\gamma_w = 62.4\ \text{lb/ft}^3$이다.

입구압력 에너지방정식을 적용하여 펌프의 임펠러 입구에서 유효 흡입 수두를 결정할 수 있다. 검사체적은 그림 14-17과 같이, 수직 파이프 내부의 물과 우물로 구성되어 있다. B에서 최대 흡입은 $h = 10$ ft일 때 발생한다. 포화증기압력은 일반적으로 절대압력으로 주어져 있다. A에서 대기압력은 $p_A = 14.7$ psi이다.

$$V_B = V = \frac{Q}{A} = \frac{(0.75\ \text{ft}^3/\text{s})}{\pi\left(\frac{1.5}{12}\ \text{ft}\right)^2} = 15.28\ \text{ft/s}$$

이므로,

$$\frac{p_A}{\gamma} + \frac{V_A^2}{2g} + z_A + h_{\text{pump}} = \frac{p_B}{\gamma} + \frac{V_B^2}{2g} + z_B + h_{\text{turb}} + f\frac{L}{D}\frac{V^2}{2g} + \Sigma K_L \frac{V^2}{2g}$$

$$\frac{(14.7\ \text{lb/in}^2)(12\ \text{in/ft})^2}{62.4\ \text{lb/ft}^3} + 0 - 10\ \text{ft} + 0 =$$

$$\frac{p_B}{62.4\ \text{lb/ft}^3} + \frac{(15.28\ \text{ft/s})^2}{2(32.2\ \text{ft/s}^2)} + 0 + 0 + (0.02)\frac{(10\ \text{ft})}{\left(\frac{3}{12}\ \text{ft}\right)}\frac{(15.28\ \text{ft/s})^2}{2(32.2\ \text{ft/s}^2)} + 0$$

$$p_B = 1085.65\ \text{lb/ft}^2$$

이 된다. 그러므로 펌프 입구에서 유효 흡입 수두는

$$\frac{p_B}{\gamma} + \frac{V_B^2}{2g} = \frac{1085.65\ \text{lb/ft}^2}{62.4\ \text{lb/ft}^3} + \frac{(15.28\ \text{ft/s})^2}{2(32.2\ \text{ft/s}^2)} = 21.02\ \text{ft}$$

이다. 부록 A로부터, 70°F일 때 물의 (절대) 포화 증기압력은 0.363 lb/in^{2}이다. 그러므로, 유용 NPSH은

$$(\text{NPSH})_{\text{avail}} = 21.02\ \text{ft} - \left(\frac{(0.363\ \text{lb/in}^2)(12\ \text{in./1ft})^2}{62.4\ \text{lb/ft}^3}\right) = 20.19\ \text{ft}$$

이 된다. 유량을 분당 갤런으로 표현하면

$$Q = \left(\frac{0.75\ \text{ft}^3}{\text{s}}\right)\left(\frac{7.48\ \text{gal}}{\text{ft}^3}\right)\left(\frac{60\ \text{s}}{\text{min}}\right) = 337\ \text{gal/min}$$

이 된다.

그림 14-16으로부터, $Q = 337$ gal/min인 경우 $(\text{NPSH})_{\text{req'd}} = 12$ ft(점 D)가 된다. 따라서 $(\text{NPSH})_{\text{avail}} > (\text{NPSH})_{\text{req'd}}$가 되므로 펌프 내에서 공동현상이 발생하지 않을 것이다.

또한, 그림 14-16으로부터 지름이 6 in.인 임펠러가 이 펌프(점 C)에 사용된다면, 펌프는 약 77%의 효율을 가질 것이며, 축의 제동마력은 약 19 bhp이 될 것이다.

14.8 유동 시스템과 관련된 펌프의 선택

유동 시스템은 유체를 전달하는 데 사용되는 저장소, 파이프, 이음쇠, 펌프로 구성되어 있다. 시스템에 특정 유량이 요구될 때 가장 경제적이며 효율적인 방법을 사용해야 한다. 예를 들어, 그림 14-18a에 나타낸 것과 같은 시스템을 고려하자. 점 1과 2 사이에 에너지방정식을 적용하면, 다음과 같다.

$$\frac{p_{\text{in}}}{\gamma} + \frac{V_{\text{in}}^2}{2g} + z_{\text{in}} + h_{\text{pump}} = \frac{p_{\text{out}}}{\gamma} + \frac{V_{\text{out}}^2}{2g} + z_{\text{out}} + h_{\text{turb}} + h_L$$

$$0 + 0 + z_1 + (h_{\text{pump}})_{\text{act}} = 0 + 0 + z_2 + 0 + h_L$$

$$(h_{\text{pump}})_{\text{act}} = (z_2 - z_1) + h_L$$

$(h_{\text{pump}})_{\text{act}}$는 펌프에 의해 시스템으로 공급되는 실제 펌프 수두이다. $(h_{\text{pump}})_{\text{act}}$는 Q^2의 함수이며, C가 일정한 경우 손실 수두는 $h_L = C(V^2/2g)$의 형태로 표현된다. $V = Q/A$이므로, $h_L = C(Q^2/2gA^2) = C'Q^2$이 된다. $(h_{\text{pump}})_{\text{act}} = (z_2 - z_1) + C'Q^2$ 식을 그래프화한다면 포물선이 될 것이며, 그림 14-18b에

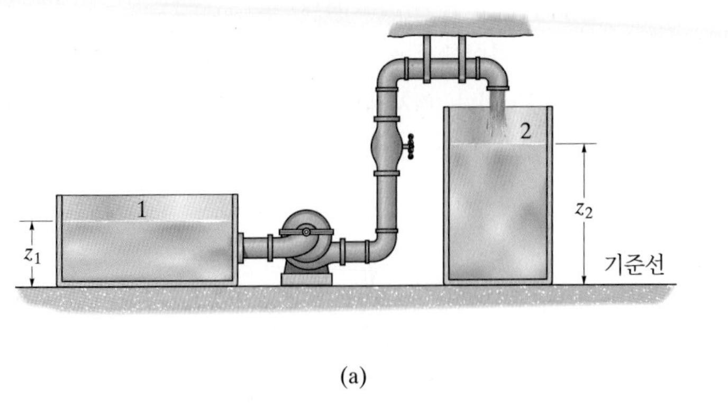

(a)

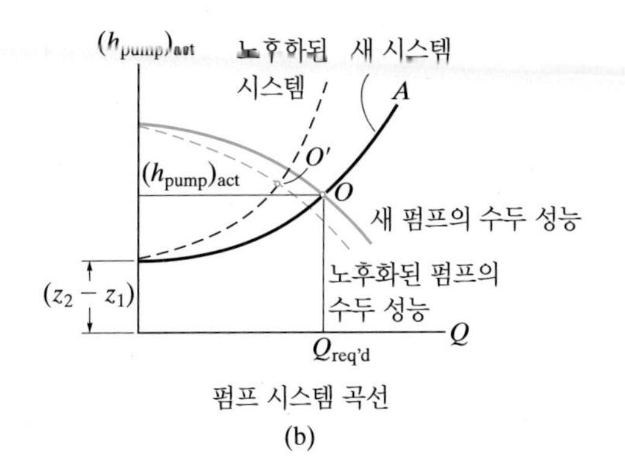

(b)

그림 14-18

나타낸 바와 같이 실선 A와 같이 보일 것이다.

그림 14-18a에서 펌프가 그림 14-15b의 파란색 수두성능 곡선과 같이 펌프 수두 $(h_{pump})_{act}$를 생산한다면, 시스템에 필요한 유동은 $Q_{req'd}$가 되어야 할 것이다. 이는 시스템 곡선의 점 O에 의해 표현된다. 다시 말해서, 이 펌프가 선택된다면 펌프가 생산하는 실제 펌프 수두 $(h_{pump})_{act}$는 시스템의 유동 요구조건 $Q_{req'd}$를 만족시킬 것이다. 교점(점 O)은 시스템의 **작동점**이며, 시스템의 작동점이 펌프(그림 14-15b)의 최대 효율점(BEP)에 근접한다면, 적용할 펌프 선택이 타당한 것이다. 그러나 시간이 지남에 따라 펌프 특성이 변하게 될 것이라는 점을 인지해야 한다. 예를 들어, 시스템 내의 파이프는 마찰수두 손실의 증가를 일으키며 부식될 수도 있다. 이는 그림 14-18b와 같이 시스템 곡선을 증가시킬 것이다. 또한, 펌프도 노후화될 수 있으며, 성능 곡선을 낮게 만든다. 이러한 두 영향은 작동점을 O'으로 옮길 것이며, 펌프 효율도 낮아질 것이다. 최고의 공학 설계를 위해, 펌프를 선택할 때 이러한 변화의 결과를 고려해야 한다.

예제 14.9

그림 14-19a의 반경류 펌프가 호수 A에서 B 저장 탱크로 물을 수송하는 데 사용된다. 물은 직경이 3 in., 길이가 300 ft인 파이프를 통과하며, 파이프의 마찰계수는 0.015이다. 펌프 성능에 대한 제조업체의 데이터는 그림 14-19b에 주어져 있다. 물 수송을 수행하기 위해 직경 6 in.의 임펠러를 가진 펌프를 선택하였을 경우의 유량을 구하라. 부차적 손실은 무시한다.

풀이

유체 설명 펌프가 작동하는 동안 유동은 정상, 비압축성 유동이라 가정한다.

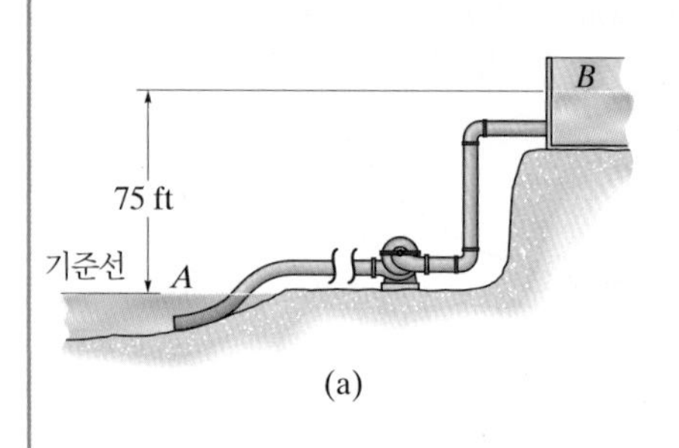

(a)

시스템방정식 A와 B의 물 수위 사이에서 에너지방정식을 적용함으로써, 펌프 수두를 유량 Q와 연관지을 수 있다. 검사체적은 파이프 안의 물과 호수 및 탱크의 물을 포함한다. 마찰계수가 주어져 있으므로, 무디 선도로부터 마찰계수를 구할 필요가 없다.

$$\frac{p_{\text{in}}}{\gamma}+\frac{V_{\text{in}}^2}{2g}+z_{\text{in}}+h_{\text{pump}}=\frac{p_{\text{out}}}{\gamma}+\frac{V_{\text{out}}^2}{2g}+z_{\text{out}}+h_{\text{turb}}+h_L$$

$$\left(h_{\text{pump}}\right)_{\text{act}}=75\text{ ft}+0.015\frac{300\text{ ft}}{\frac{3}{12}\text{ ft}}\frac{V^2}{2\left(32.2\text{ ft/s}^2\right)}$$

또한,

$$Q=V\left[\pi\left(\frac{1.5}{12}\text{ ft}\right)^2\right]$$

위의 두 방정식을 합치면, 다음과 같이 된다.

$$\left(h_{\text{pump}}\right)_{\text{act}}=\left(75+116.0Q^2\right)\text{ ft} \tag{1}$$

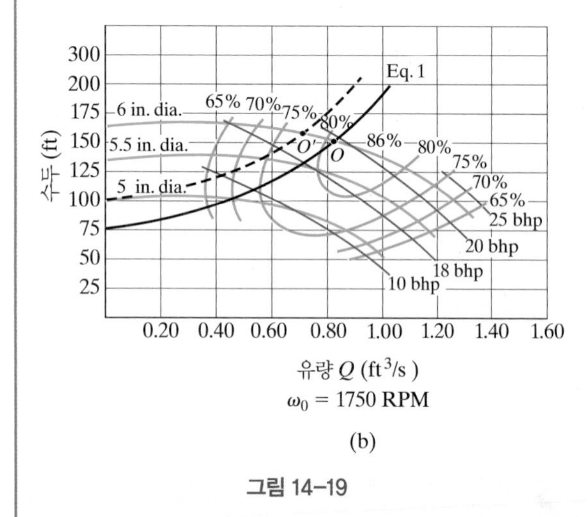

(b)

그림 14-19

이 방정식의 그래프는 식 (1)과 같이 그림 14-19b에 나타내었다. 실제 펌프 수두 $(h_{\text{pump}})_{\text{act}}$는 펌프에 의해 시스템에 $Q_{\text{req'd}}$ 유량을 제공하기 위해 공급되어야 한다. 이 곡선은 펌프에 대한 제조업체의 성능 곡선이다. (편의를 위해 Q를 ft^3/s로 나타내었지만, 실제로는 보통 gal/min로 나타낸다.) 직경 6 in.인 임펠러를 가진 펌프의 작동점 O는 성능 곡선과 시스템 수두 곡선의 교점에 위치하며, 약 $Q = 0.82\ \text{ft}^3/\text{s}$(답)이고 $(h_{\text{pump}})_{\text{act}} = 150\text{ ft}$이다. 그러므로 이 펌프를 사용한다면, 이 유동에서의 효율은 효율 곡선으로 결정되고, 약 $\eta = 81\%$가 된다.* 이 효율은 펌프의 최고 효율(86%)과 가깝게 있으므로, 직경 6 in.인 임펠러를 가진 펌프를 고른 것이 적절한 선택이다.

흥미로운 점은 호수 물의 수위와 저장 탱크 사이의 고도 차이가 75 ft보다 높은 100 ft였다면, 그림 14-19b에서 식 (1)은 점선과 같이 그려진다. 이러한 경우, 작동점 O'은 약 $0.7\ \text{ft}^3/\text{s}$의 유량을 나타내고, 작동 효율은 약 $\eta = 77\%$이다. 이 조건에서는 펌프의 선택이 상대적으로 좋지 않다. 시스템에 더 효율적인 펌프를 선택하기 위해서는 다른 펌프의 성능 곡선이 고려되어야 할 것이다.

* 성능 곡선에서 알 수 있듯이, 직경이 작은 임펠러를 가진 펌프는 더 낮은 효율을 보인다.

14.9 터보기계의 상사성

이전 두 절에 걸쳐, 요구된 유량을 공급하기 위해 반경류 펌프를 선택하는 방법에 대해 배웠다. 하지만 축류 펌프, 반경류 펌프 혹은 사류형 펌프와 같이 특정 작업에 최적화된 펌프 유형을 골라야 한다면, 차원 해석을 사용하는 것이 편리하며, 각각의 기계에 대한 성능 변수를 기계의 기하학 구조와 유동 특성을 포함한 무차원 변수로 표현하는 것이 편리하다. 무차원 변수를 사용하면 펌프의 성능을 유사한 유형의 펌프와 비교할 수 있으며, 펌프 모델을 만들 때 펌프의 성능 특성을 시험하거나 시제품의 특성을 예측하기 위해서 사용할 수 있다.

이전 절에서 성능 곡선을 만들 때, 펌프의 종속 변수로 펌프 수두 h, 동력 $\dot{W}$ 그리고 효율 η를 고려하는 것이 편리함을 알게 되었다. 실험을 통해 세 개의 종속 변수가 유체 물성치인 ρ, μ, 유량 Q, 임펠러 회전속도 ω 그리고 몇 개의 '특성 길이'(일반적으로 임펠러 직경 D)와 연관이 있다는 것을 알 수 있다. 그 결과, 세 가지 종속변수는 아래와 같이 독립변수들과 연관되어 있음을 알 수 있다.

$$gh = f_1(\rho, \mu, Q, \omega, D)$$

$$\dot{W} = f_2(\rho, \mu, Q, \omega, D)$$

$$\eta = f_3(\rho, \mu, Q, \omega, D)$$

차원 해석의 편의를 위해서 gh, 즉 단위 질량당 에너지를 고려하였다. 제8장에서 설명했듯이, 버킹험의 파이 정리를 적용한다면, 이 세 함수 안에서 변수의 무차원 그룹을 만들 수 있다.*

$$\frac{gh}{\omega^2 D^2} = f_4\left(\frac{Q}{\omega D^3}, \frac{\rho\omega D^2}{\mu}\right)$$

$$\frac{\dot{W}}{\rho\omega^3 D^5} = f_5\left(\frac{Q}{\omega D^3}, \frac{\rho\omega D^2}{\mu}\right)$$

$$\eta = f_6\left(\frac{Q}{\omega D^3}, \frac{\rho\omega D^2}{\mu}\right)$$

세 방정식들의 왼쪽에 있는 무차원 변수들은 **양정계수**(head coefficient), **동력계수**(power coefficient) 그리고 앞서 언급했던 것과 같이 **효율**(efficiency)이라 불린다. 오른쪽에 있는 $Q/\omega D^3$는 **유동계수**(flow coefficient)이며, $\rho\omega D^2/\mu$는 펌프 내부의 점성 효과를 고려하는 레이놀즈수의 한 형태이다. 실험에 의하면 펌프나 터빈에서 $(\rho\omega D^2/\mu)$의 수가 유동계수만큼 세 종속 변수의 크기에 영향을 주지

---

* 연습문제 8-37과 8-43을 참조하라.

않는다는 것을 알 수 있다. 이에 따라, $(\rho\omega D^2/\mu)$ 수의 영향을 무시하면, 다음과 같이 정리된다.

$$\frac{gh}{\omega^2 D^2} = f_7\left(\frac{Q}{\omega D^3}\right) \qquad \frac{\dot{W}}{\rho\omega^3 D^5} = f_8\left(\frac{Q}{\omega D^3}\right) \qquad \eta = f_9\left(\frac{Q}{\omega D^3}\right)$$

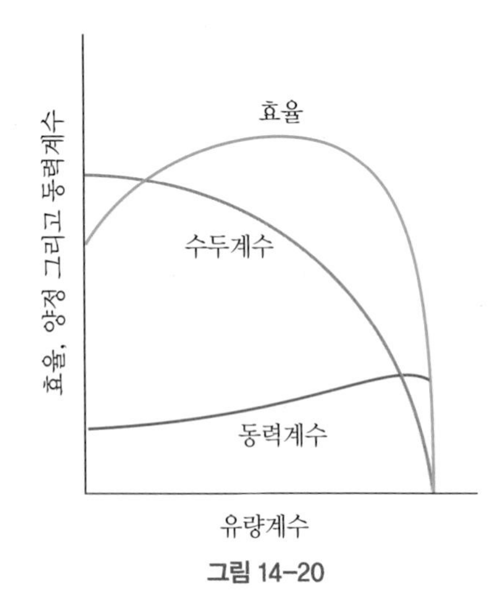

그림 14-20

펌프의 척도법칙 펌프의 특정한 종류에 대해서 세 함수 관계는 다양한 유량계수를 요구하는 실험에 의해 결정할 수 있으며, 양정계수, 동력계수 그리고 효율의 결과를 그래프로 나타낼 수 있다. 그 결과로 곡선은 그림 14-20과 같은 형상을 가진다. 펌프 종류(축류 펌프, 반경류 펌프, 사류 펌프)의 형상이 모두 유사하기 때문에, 계수는 **펌프의 척도법칙**(pump scaling laws)이 되며, 때로는 **펌프의 상사법칙**(pump affinity laws)이라 부른다. 이 법칙은 설계를 위해 사용될 수 있으며, 같은 종류의 두 펌프를 비교할 수도 있다. 예를 들어, 같은 종류의 두 펌프에 대한 유량계수는 반드시 같아야 한다. 다음과 같은 조건을 만족하기 위해서,

$$\underset{\text{유량계수}}{\frac{Q_1}{\omega_1 D_1^3} = \frac{Q_2}{\omega_2 D_2^3}} \tag{14-30}$$

반면에, 척도 특성을 결정하기 위해서 서로 다른 두 계수들은 두 반경류 펌프 사이 혹은 모델과 시제품을 사이에서 동일시될 수 있다. 같은 유체를 사용하였다면, 다음과 같이 된다.

$$\underset{\text{수두계수}}{\frac{h_1}{\omega_1^2 D_1^2} = \frac{h_2}{\omega_2^2 D_2^2}} \tag{14-31}$$

$$\underset{\text{동력계수}}{\frac{\dot{W}_1}{\omega_1^3 D_1^5} = \frac{\dot{W}_2}{\omega_2^3 D_2^5}} \tag{14-32}$$

$$\underset{\text{효율}}{\eta_1 = \eta_2}$$

이전에 언급했듯이, 펌프는 케이싱 내부에 다른 직경의 임펠러는 수용할 수 있으며, 혹은 다른 각속도에서 작동될 수 있다. 그 결과, 척도법칙은 D나 ω를 바꿀 때 펌프의 Q, h와 $\dot{W}$를 결정하는 데 사용될 수 있다. 예를 들어, 임펠러 직경이 D_1일 때 펌프가 수두 h_1을 생산할 수 있으며, 양정계수로부터 임펠러 직경 D_2를 가진 같은 펌프에 의해 생산된 수두를 예측할 수 있으며, 같은 ω를 가졌다면 $h_2 = h_1(D_2^2/D_1^2)$가 될 것이다.

비속도 특정 작업에 사용하는 터보기계의 종류를 선택할 때 기계적 차원이 포함되지 않은 다른 무차원 변수를 사용하는 것이 더욱 유용하다. 이 변수를 **비속도**(specific speed) N_s라 부르며, 차원 해석이나 유량의 비율과 성능계수로부터 임펠러 직경 D를 제거함으로써 구할 수 있다. 정리하면 다음과 같다.

$$N_s = \frac{\left(Q/\omega D^3\right)^{1/2}}{\left(gh/\omega^2 D^2\right)^{3/4}} = \frac{\omega Q^{1/2}}{(gh)^{3/4}} \tag{14-33}$$

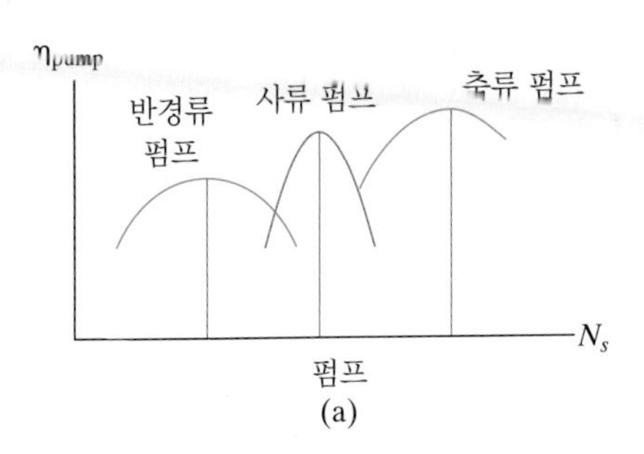

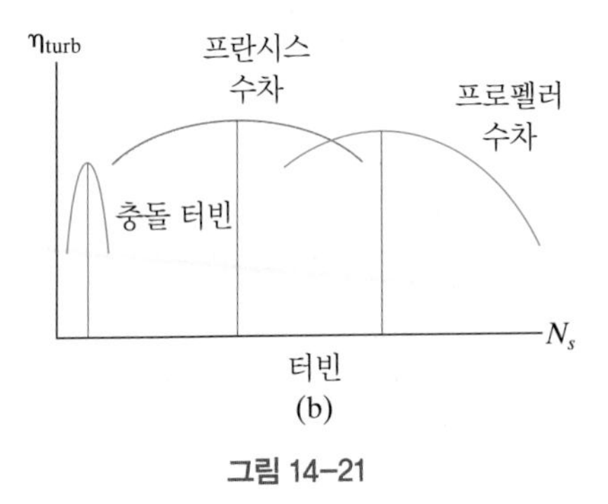

그림 14–21

터보기계의 각 유형에 대해 그림 14-21에 나타낸 바와 같이 효율에 대한 N_s를 그릴 수 있다. 참고문헌 [15]를 참조하라. 특정한 유형에 대한 터보기계의 최대 효율은 각각 곡선의 정점에서 발생하며, 정점은 비속도 N_s의 특정 값에 위치한다. 예를 들어, 반경류 펌프는 낮은 비속도에서 작동하도록 설계되어 있기 때문에 그림 14-21a와 같이 낮은 유량과 높은 수두(높은 압력)를 생산한다. 반면에, 축류 펌프는 높은 유량을 생산하고 낮은 수두(낮은 압력)를 발생시킨다. 이런 펌프들은 높은 비속도에서 잘 작동하지만, 공동현상이 발생하기 쉽다. 혼합 유동을 위해 고안된 펌프는 비속도의 중간 영역에서 작동한다. 세 유형의 펌프에 사용할 임펠러의 대표적인 현상이 그림 14-22에 나타나 있다. 그림 14-21b에서 펌프와 같은 원리로 작동하는 터빈에 대해서도 동일한 경향을 발견할 수 있다.

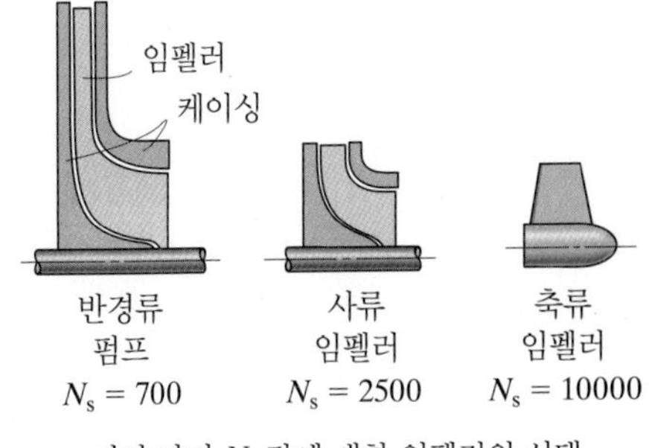

여러 가지 N_s 값에 대한 임펠러의 선택

그림 14–22

요점 정리

- 터보기계에서 기계적 손실과 유체마찰 손실로 인해, 기계의 실제 성능은 실험에 의해 결정된다.
- 공동현상은 터보기계 내에서 액체 압력이 포화증기압 아래로 떨어지는 곳에서 발생할 수 있다. 이 현상을 피하기 위해서, 요구된 $(\text{NPSH})_{\text{req'd}}$보다 큰 유효 $(\text{NPSH})_{\text{avail}}$를 가진 터보기계를 선택하는 것이 중요하다.
- 유량에 대한 효율, 전체 수두, 동력의 성능 곡선은 특정한 적용에 적정한 크기의 펌프를 고르는 수단이 된다. 선택된 펌프는 요구 유량과 유체 시스템의 전체 수두 요구가 일치해야 하며, 높은 효율로 작동해야 한다.
- 펌프나 터빈의 성능 특징은 무차원 변수인 양정, 동력, 유량계수를 이용함으로써 기하학적으로 유사한 펌프나 모델과 비교할 수 있다.
- 특정한 작업에 사용될 터보기계의 선택은 기계의 비속도에 기반을 둔다. 예를 들어, 반경류 펌프는 낮은 유량과 높은 수두로 유체를 수송하기에 효율적인 반면에, 축류 펌프는 높은 유량과 낮은 수두로 유체를 수송하는 데 효율적이다.

예제 14.10

90 m 낙차의 댐에서 터빈이 작동하며, 유량 50 m^3/s를 방출한다. 낙차가 60 m가 될 때까지 저수지 수위가 낮아진다면, 터빈에서 방출되는 유량은 얼마인가?

풀이

$h_1 = 90$ m, $Q_1 = 50$ m^3/s이다. $h_2 = 60$ m인 것을 알기 때문에, h와 Q 사이의 관계를 얻기 위해 유량과 양정계수로부터 미지수 ω_1과 ω_2를 제거한다. 식 (14-30)과 (14-31)을 이용하면, 다음과 같다.

$$\frac{\omega_1}{\omega_2} = \frac{Q_1 D_2^3}{Q_2 D_1^3} \tag{1}$$

$$\frac{\omega_1^2}{\omega_2^2} = \frac{h_1 D_2^2}{h_2 D_1^2}$$

그러므로

$$\frac{Q_1^2 D_2^4}{Q_2^2 D_1^4} = \frac{h_1}{h_2} \tag{2}$$

$D_1 = D_2$이므로 다음과 같이 된다.

$$Q_2 = Q_1\sqrt{\frac{h_2}{h_1}}$$

$$= (50\ \text{m}^3/\text{s})\sqrt{\frac{60\ \text{m}}{90\ \text{m}}} = 40.8\ \text{m}^3/\text{s}$$ 답

예제 14.11

그림 14-23에서 프란시스 수차는 낙차 30 ft, 유량 0.10 m^3/s, 동력 150 hp 그리고 75 rev/min의 각속도로 회전한다. 안내깃이 고정되었다면, 낙차가 15 ft일 때 터빈의 각속도는 얼마가 되는가? 또한, 이에 상응하는 유량과 터빈 동력은 얼마인가?

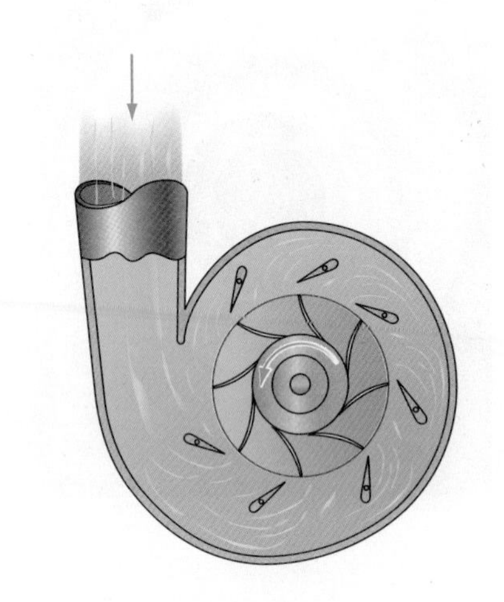

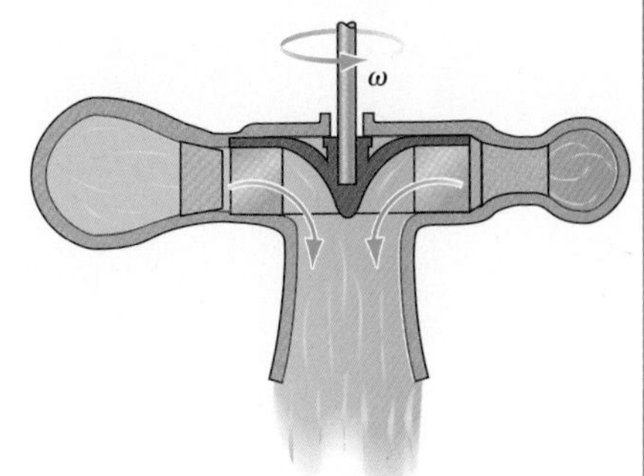

그림 14-23

풀이

$\omega_1 = 75$ rev/min, $h_1 = 30$ ft, $\dot{W} = 150$ hp 그리고 $Q_1 = 0.10$ m^3/s이다. $h_2 = 15$ ft에서, 각속도 ω_2는 식 (14-31)의 양정계수의 상사성으로부터 결정될 수 있다.

$$\frac{h_1}{\omega_1^2 D_1^2} = \frac{h_2}{\omega_2^2 D_2^2}$$

$D_1 = D_2$이므로 다음과 같다.

$$\omega_2 = \omega_1\sqrt{\frac{h_2}{h_1}}$$

$$= (75\text{ rev/min})\sqrt{\frac{15\text{ ft}}{30\text{ ft}}} = 53.0\text{ rev/min}$$ 답

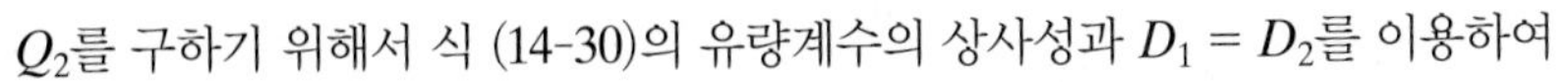

Q_2를 구하기 위해서 식 (14-30)의 유량계수의 상사성과 $D_1 = D_2$를 이용하여

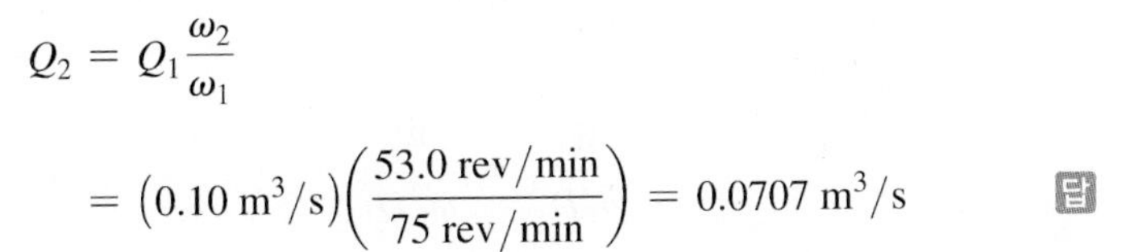

$$Q_2 = Q_1\frac{\omega_2}{\omega_1}$$

$$= \left(0.10\text{ m}^3/\text{s}\right)\left(\frac{53.0\text{ rev/min}}{75\text{ rev/min}}\right) = 0.0707\text{ m}^3/\text{s}$$ 답

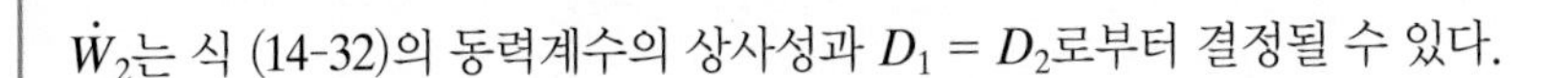

$\dot{W}_2$는 식 (14-32)의 동력계수의 상사성과 $D_1 = D_2$로부터 결정될 수 있다.

$$\dot{W}_2 = \dot{W}_1\left(\frac{\omega_2}{\omega_1}\right)^3$$

$$= (150\text{ hp})\left(\frac{53.0\text{ rev/min}}{75\text{ rev/min}}\right)^3 = 53.0\text{ hp}$$ 답

예제 14.12

펌프는 직경이 8 in.인 임펠러를 가지며, 5 ft^3/s의 유량을 방출할 때 20 ft 수두를 갖는다. 펌프의 요구 동력은 12 hp이다. 8 ft^3/s의 유량을 운송하며, 30 ft의 수두를 생산해야 하는 펌프의 임펠러 직경을 구하라. 이 펌프의 필요 동력은 얼마인가?

풀이

$D_1 = 8$ in., $Q_1 = 5\ \text{ft}^3/\text{s}$, $h_1 = 20$ ft와 $\dot{W}_1 = 12$ hp가 주어졌다. $Q_2 = 8\ \text{ft}^3/\text{s}$, $h_2 = 30$ ft이므로, D_2를 결정하기 위해서 예제 14.10에서 식 (2)를 사용함으로써 각속도 비 ω_1/ω_2를 제거할 수 있다.

$$\frac{Q_1^2 D_2^4}{Q_2^2 D_1^4} = \frac{h_1}{h_2}$$

$$D_2 = D_1\left(\frac{Q_2}{Q_1}\right)^{1/2}\left(\frac{h_1}{h_2}\right)^{1/4}$$

$$= (8\text{ in.})\left(\frac{8\ \text{ft}^3/\text{s}}{5\ \text{ft}^3/\text{s}}\right)^{1/2}\left(\frac{20\ \text{ft}}{30\ \text{ft}}\right)^{1/4} = 9.14\text{ in.}$$ 답

유량계수나 예제 14.10의 식 (1)로부터, 각속도 비는

$$\frac{\omega_1}{\omega_2} = \frac{Q_1 D_2^3}{Q_2 D_1^3}$$

이 된다. 그러므로 ρ가 일정하므로 동력계수의 상사성은 다음과 같이 된다.

$$\frac{\dot{W}_1}{\omega_1^3 D_1^5} = \frac{\dot{W}_2}{\omega_2^3 D_2^5}$$

$$\frac{\dot{W}_1}{\dot{W}_2} = \left(\frac{\omega_1}{\omega_2}\right)^3\left(\frac{D_1}{D_2}\right)^5 = \left(\frac{Q_1}{Q_2}\right)^3\left(\frac{D_2}{D_1}\right)^9\left(\frac{D_1}{D_2}\right)^5 = \left(\frac{Q_1}{Q_2}\right)^3\left(\frac{D_2}{D_1}\right)^4$$

그러므로 필요동력은 다음과 같다.

$$\dot{W}_2 = \dot{W}_1\left(\frac{Q_2}{Q_1}\right)^3\left(\frac{D_1}{D_2}\right)^4 = 12\text{ hp}\left(\frac{8\ \text{ft}^3/\text{s}}{5\ \text{ft}^3/\text{s}}\right)^3\left(\frac{8\text{ in.}}{9.14\text{ in.}}\right)^4 = 28.8\text{ hp}$$ 답

참고문헌

1. W. Janna, *Introduction to Fluid Mechanics*, Brooks/Cole, 1983.
2. F. Yeaple, *Fluid Power Design Handbook*, Marcel Dekker, New York, NY, 1984.
3. R. Warring, *Pumping Manual*, 7th ed., Gulf Publishing, Houston, TX, 1984.
4. O. Balje, *Turbomachines: A Guide to Design, Selection and Theory*, John Wiley, New York, NY.
5. I. J. Karassick, *Pump Handbook*, 2th ed., McGraw-Hill, New York, NY, 1995.
6. R. Evans et al., *Pumping Plant Performance Evaluation*, North Carolina Cooperative Extension Service, Publ. No. AG 452-6.
7. R. Wallis, *Axial Flow Fans and Ducts*, John Wiley, New York, NY.
8. I. J. Karassick, *Pump Handbook*, McGraw-Hill, New York, NY.
9. *Hydraulic Institute Standards*, 14th ed., Hydraulic Institute, Cleveland, OH.
10. P. N. Garay, *Pump Application Desk Book*, Fairmont Press, Lilburn, GA. 1990.
11. G. F. Wislicenus, *Fluid Mechanics of Turbomachinery* 2nd ed., Dover Publications, New York, NY, 1965.
12. *Performance Test Codes: Centrifugal Pumps*, ASME PTC 8.2-1990, New York, NY, 1990.
13. *Equipment Testing Procedure: Centrifugal Pumps*, American Institute of Chemical Engineers, New York, NY.
14. E. S. Logan and R. Roy, *Handbook of Turbomachinery*, 2nd ed., Marcel Dekker, New York, NY, 2003.
15. J. A. Schetz and A. E. Fuhs, *Handbook of Fluid Dynamics and Fluid Machinery*, John Wiley, New York, NY, 1996.
16. L. Nelik, *Centrifugal and Rotary Pumps*, CRC Press, Boca Raton, FL, 1999.

연습문제

14.1~14.2절

14-1 물이 5 m/s의 속도로 축류 펌프의 임펠러를 향해 흐르고 있다. 평균반경 200 mm의 임펠러가 60 rad/s로 회전한다면, $\alpha_1 = 90°$가 되는 초기 블레이드 각도 β_1을 구하라. 또한, 임펠러 블레이드에 흐르는 물의 상대속도를 구하라.

14-2 물이 5 m/s의 속도로 축류 펌프의 임펠러를 향해 흐르고 있다. 평균반경 200 mm의 임펠러가 60 rad/s로 회전한다면, 블레이드로 빠져나가는 물의 속도를 구하고, 임펠러 블레이드로 빠져나가는 물의 상대속도를 구하라.

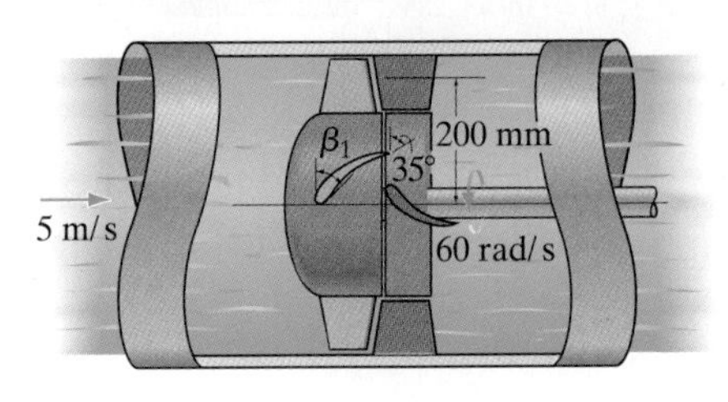

연습문제 **14–1/2**

14-3 물이 $4(10^{-3})$ m³/s의 유량으로 축류 펌프를 통과하며, 임펠러의 각속도는 30 rad/s이다. 블레이드의 각도가 35°라면, 물이 블레이드를 떠날 때의 속도와 접선속도를 구하라. $\rho_w = 1000$ kg/m³이다.

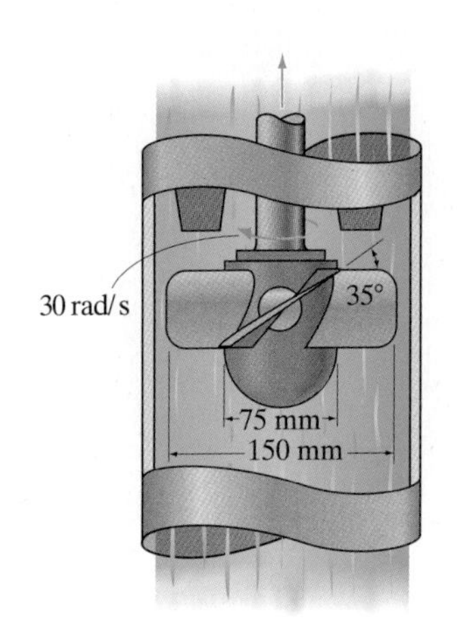

연습문제 **14–3**

***14-4** 물이 6 m/s의 속도로 축류 펌프의 임펠러를 통과하고 있다. 임펠러 블레이드는 $\omega = 100$ rad/s 각속도로 회전할 때, 고정 블레이드에 전달하는 물의 속도를 구하라. 임펠러 블레이드의 평균반경은 100 mm이며, 각도는 그림에 도시한 것과 같다.

14-5 물이 6 m/s의 속도로 축류 펌프의 임펠러를 통과하고 있다. 임펠러 블레이드의 각도는 그림에서 도시한 것과 같이 45°, 30°일 때, $\omega = 100$ rad/s로 회전하는 펌프를 통해 물에 공급되는 동력을 구하라. 임펠러 블레이드의 평균반경은 100 mm이다. 체적유량은 0.4 m^3/s이다.

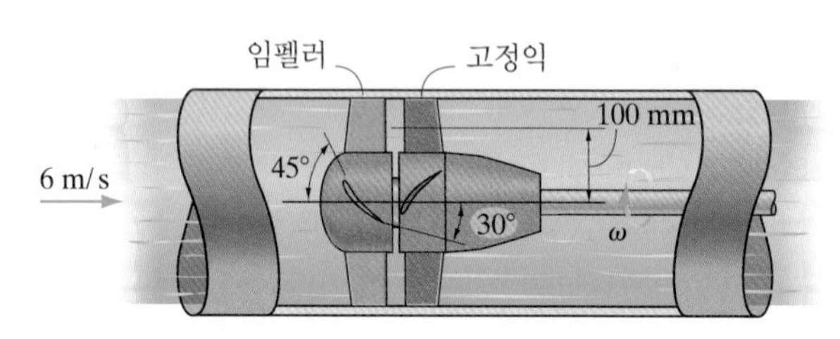

연습문제 **14–4/5**

14-6 임펠러로 흐르는 물의 속도가 3 m/s일 때, 요구되는 초기 블레이드 각도 β_1을 구하라. 또한, 펌프를 통해 물에 공급되는 동력은 얼마인가? 임펠러 블레이드의 평균반경은 50 mm이며, $\omega = 180$ rad/s이다. 체적유량은 0.9 m^3/s이다.

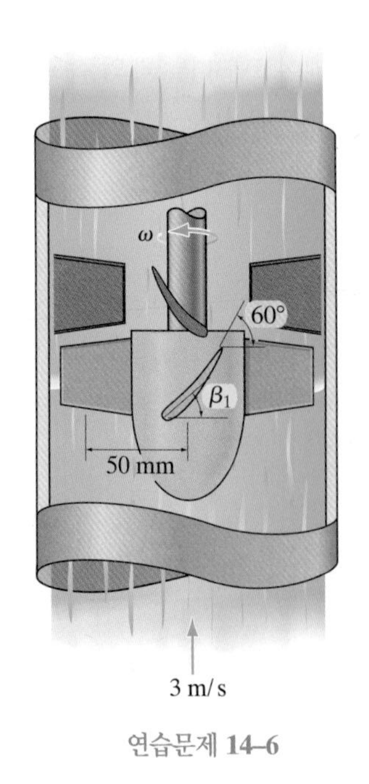

연습문제 **14–6**

14-7 축류 펌프는 평균반경 100 mm인 임펠러를 가지며, 1200 rev/min의 속도로 회전한다. 출구 고정 블레이드 각도는 $\alpha_2 = 70°$이다. 물이 8 m/s의 속도로 임펠러를 떠나갈 때, 물의 접선속도와 상대속도를 구하라.

14.3~14.4절

***14-8** 반경방향 환기 팬은 빌딩의 덕트 안으로 있는 공기를 주입시킨다. 공기의 온도가 20°C이며, 축이 60 rad/s 속도로 회전할 때, 모터의 동력을 구하라. 블레이드의 너비는 30 mm이다. 공기가 반경반향으로 블레이드에 들어가며, 30°의 각도와 50 m/s의 속도로 떠난다.

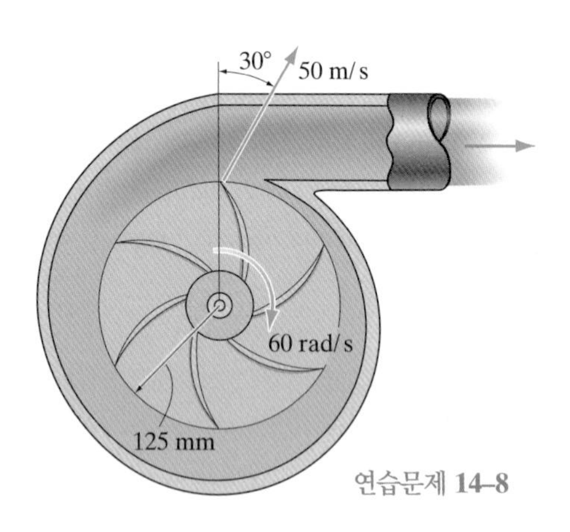

연습문제 **14–8**

14-9 원심 펌프의 블레이드는 너비가 30 mm이며, 60 rad/s 속도로 회전한다. 물은 블레이드를 반경반향으로 들어오며, 20 m/s의 속도로 블레이드를 떠난다. 0.4 m^3/s의 유량을 방출할 때, 펌프의 축에 작용해야 하는 토크를 구하라.

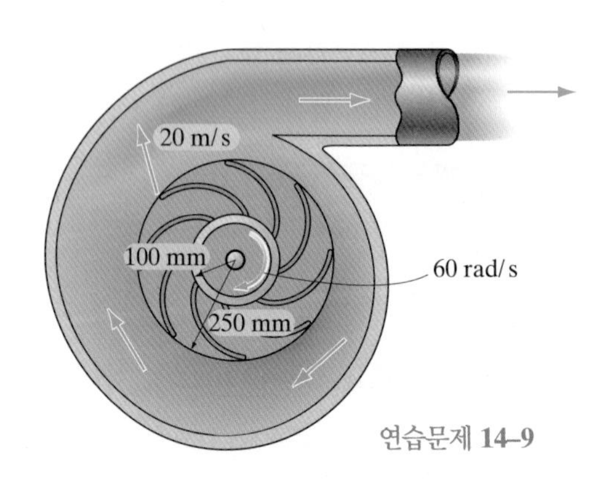

연습문제 **14–9**

14-10 공기는 반경방향으로 너비 3 in.의 블레이드를 통과하며, 후미의 각도 $\beta_2 = 38°$로 블레이드를 떠난다. 공기를 120 ft^3/s 유량으로 방출하고, 100 rad/s 속도로 블레이드를 회전시키기 위해 필요한 동력을 구하라. $\rho_a = 2.36(10^{-3})$ slug/ft^{3}이다.

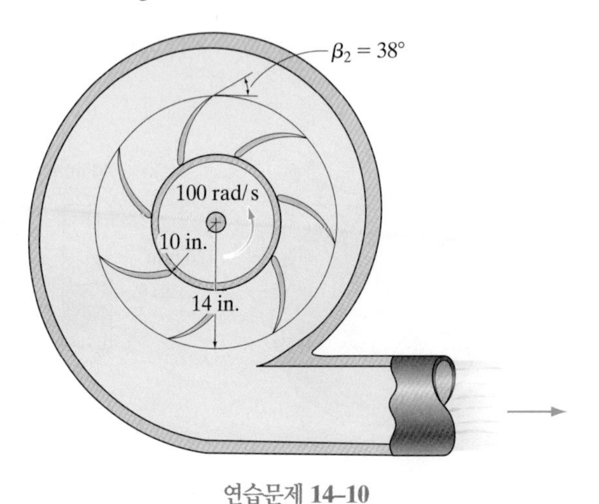

연습문제 **14–10**

14-11 반경류 펌프 임펠러가 600 rev/min의 속도로 회전한다. 블레이드 선단과 후단 각도는 그림과 같고 블레이드의 너비가 2.5 in.라면, 펌프에 의해 발생된 이상적인 펌프 수두를 구하라. 물은 초기에 반경방향으로 임펠러 블레이드로 들어간다.

***14-12** 반경류 펌프 임펠러가 600 rev/min의 속도로 회전한다. 블레이드 선단과 후단 각도는 그림과 같고 블레이드의 너비가 2.5 in.라면, 유량과 물에 공급하는 펌프의 이상 동력을 구하라. 물은 초기에 반경방향으로 임펠러 블레이드로 들어간다.

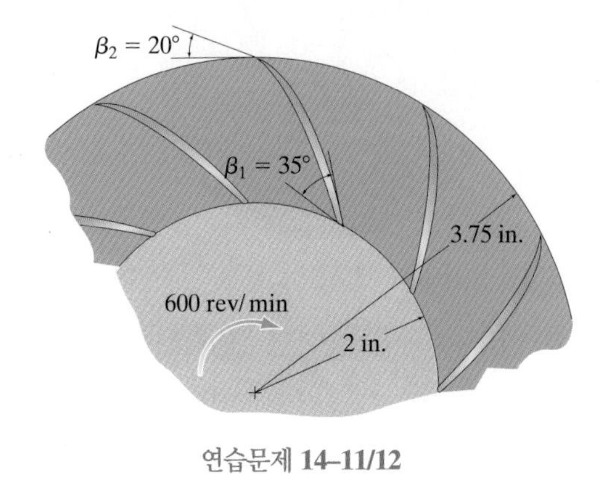

연습문제 **14–11/12**

14-13 반경류 펌프는 60 mm 너비의 임펠러를 가졌다. 블레이드가 160 rad/s 속도로 회전한다면, 물이 반경방향으로 블레이드를 통과할 때 방출량을 구하라.

14-14 반경류 펌프는 60 mm 너비의 임펠러를 가졌다. 블레이드가 160 rad/s 속도로 회전하며 0.3 m^3/s의 유량이 방출된다면, 물에 공급되는 동력을 구하라.

14-15 반경류 펌프는 60 mm 너비의 임펠러를 가졌다. 블레이드가 160 rad/s 속도로 회전하며 0.3 m^3/s의 유량이 방출된다면, 펌프에 의해 생성된 이상 수두를 구하라.

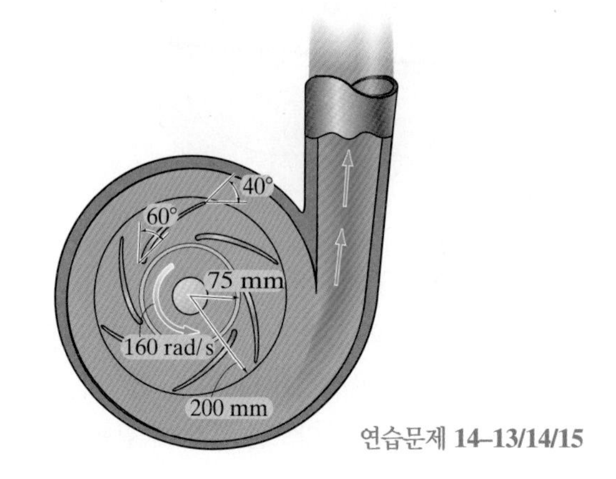

연습문제 **14–13/14/15**

***14-16** 40 mm 너비의 임펠러 블레이드를 가진 반경류 펌프에 흐르는 물의 속도는 그림에 도시한 것과 같이 20°의 각도로 향한다. 유동이 40°의 블레이드 각도로 떠난다면, 펌프가 임펠러에 가하는 토크는 얼마인가?

14-17 40 mm 너비의 임펠러 블레이드를 가진 반경류 펌프에 흐르는 물의 속도는 그림에 도시한 것과 같이 20°의 각도로 향한다. 유동이 40°의 블레이드 각도로 떠난다면, 펌프에 의해 생성된 전체 수두를 구하라.

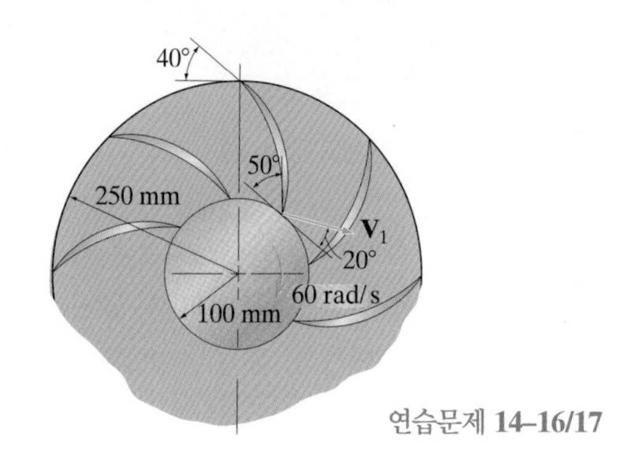

연습문제 **14–16/17**

14-18 물의 입구속도는 $V_1 = 6\text{m/s}$이며, 출구속도는 $V_2 = 10\text{ m/s}$로 원심 펌프 임펠러를 통해 흐른다. $0.04\text{ m}^3/\text{s}$의 유량으로 방출되며, 블레이드 너비가 20 mm일 때, 펌프 축에 작용되는 토크를 구하라.

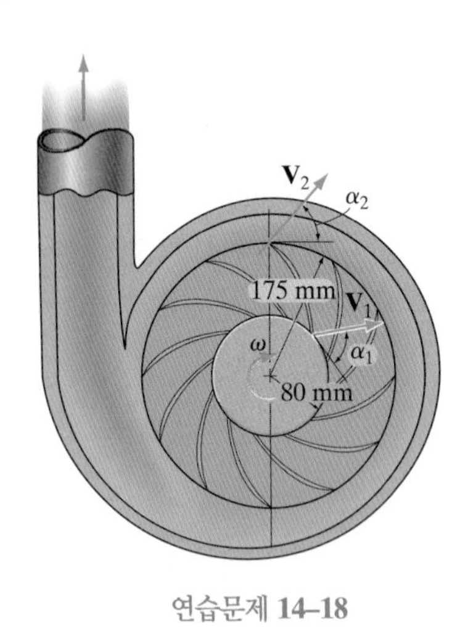

연습문제 **14–18**

14-19 물이 $0.04\text{ m}^3/\text{s}$의 유량으로 반경류 펌프 임펠러를 통해 흐른다. 블레이드 너비가 20 mm이며, 입구와 출구가 각각 $\alpha_1 = 45°$과 $\alpha_2 = 10°$의 각도를 가질 때 펌프 축에 작용되는 토크를 구하라.

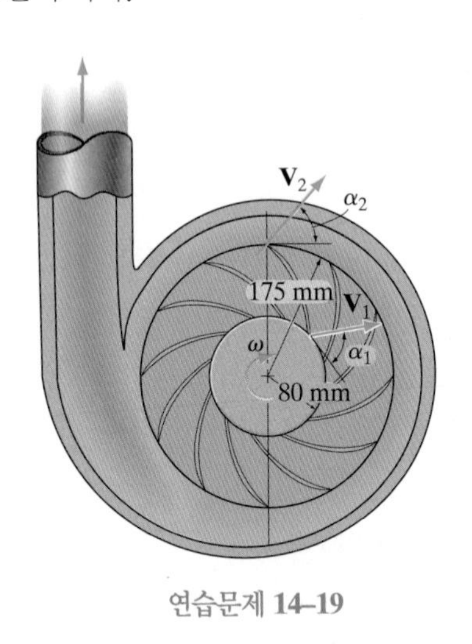

연습문제 **14–19**

***14-20** V_2가 임펠러 블레이드를 떠나는 물의 속도일 때 반경류 펌프에 대한 이상 수두는 $\Delta H = (U_2 V_2 \cos \alpha_2)/g$로 결정될 수 있다는 것을 증명하라. 물은 반경방향으로 임펠러 블레이드에 들어간다.

14-21 물이 40 mm 너비의 블레이드를 가진 반경류 펌프 임펠러로 흐르며, 20° 각도의 출구 속도 V_2는 그림과 같다. 임펠러가 10 rev/s의 속도로 회전하며 유량이 $0.04\text{ m}^3/\text{s}$라면, 물에 공급되는 이상 수두와 임펠러의 회전에 필요한 토크, 그리고 펌프에 공급되는 동력을 구하라. 펌프의 수력 효율 $\eta = 0.65$이다.

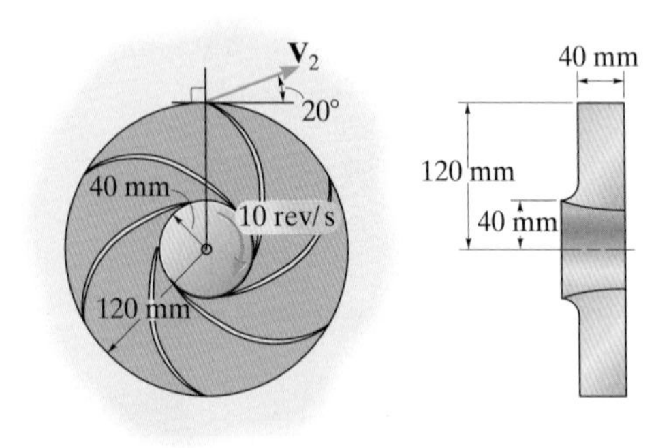

연습문제 **14–21**

14-22 원심 펌프의 임펠러는 1200 rev/s의 속도로 회전하며, $0.03\text{ m}^3/\text{s}$의 유량을 방출한다. 블레이드로 빠져나가는 물의 속도와 펌프에 의해 생산된 이상 수두와 이상 동력을 구하라.

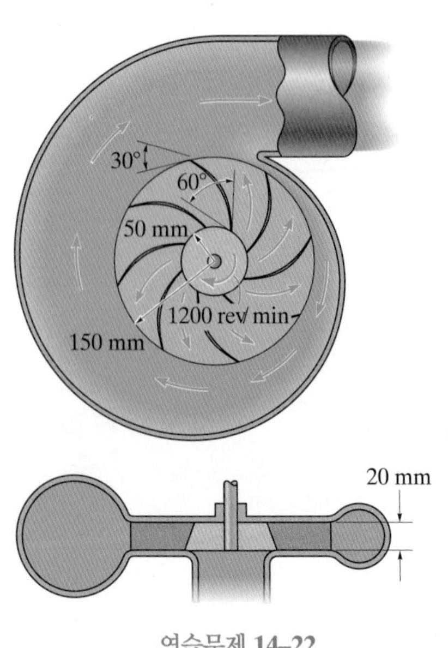

연습문제 **14–22**

14.5절

14-23 펠톤 수차의 버킷은 그림에 나타낸 바와 같이 100 mm 직경의 물제트를 140°로 편향시킨다. 노즐로부터 나오는 물의 속도가 30 m/s라면, 고정된 위치에서 수차가 견디기 위해 필요한 토크를 구하라. 그리고 10 rad/s의 각속도를 유지하는 데 필요한 토크를 구하라.

***14-24** 펠톤 수차의 버킷은 그림에 나타낸 바와 같이 100 mm 직경의 물제트를 140°로 편향시킨다. 노즐로부터 오는 물의 속도가 30 m/s이고, 수차가 2 rad/s의 일정한 각속도로 회전할 때 축에 전달되는 동력을 구하라. 수차로부터 얻어지는 동력을 최대로 하기 위해 얼마나 빨리 회전해야 하는가?

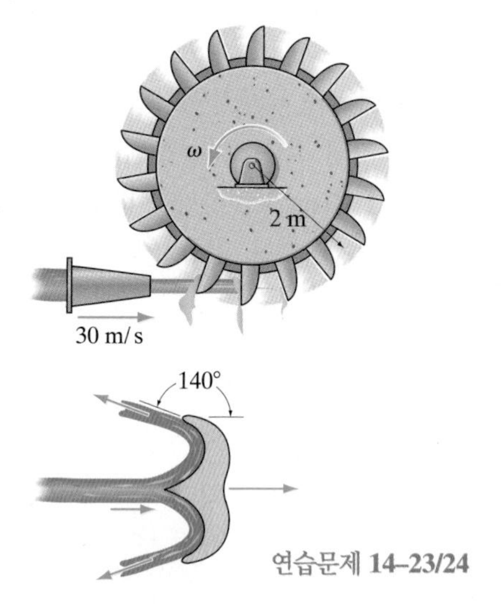

연습문제 14–23/24

14-25 물이 길이 300 m, 직경 300 mm인 파이프를 통해 호수로부터 흐르고 있으며, 마찰계수 $f = 0.015$이다. 유동은 파이프로부터 직경 60 mm인 노즐을 통해 통과하며, 버킷의 편각이 160°인 펠톤 수차를 운전하는 데 사용된다. 수차가 최적화된 조건에서 작동할 때 생산된 동력과 토크를 구하라. 부차적 손실은 무시한다.

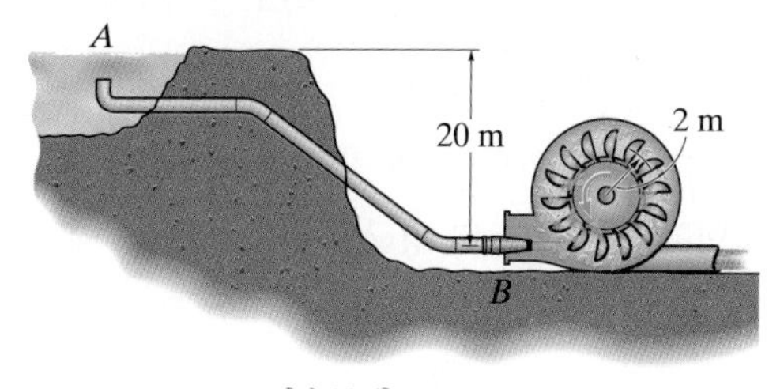

연습문제 14–25

14-26 물이 직경 400 mm인 파이프를 통해 2 m/s의 속도로 흐른다. 직경 50 mm인 네 개의 노즐이 버킷의 편각이 150°인 펠톤 수차에 수직하게 겨눈다. 수차가 10 rad/s로 회전할 때 수차로부터 얻어진 토크와 동력을 구하라.

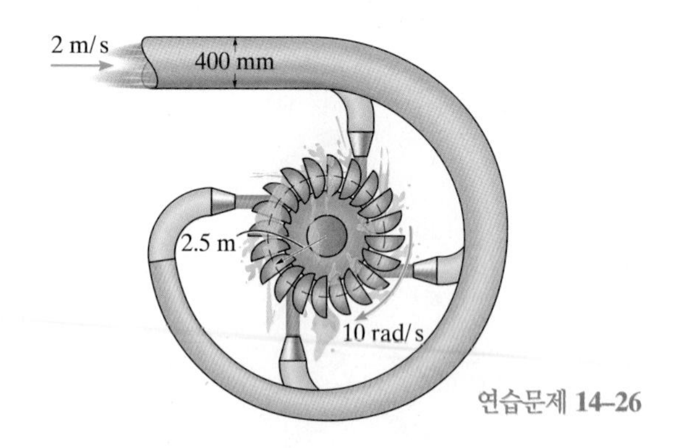

연습문제 14–26

14-27 4 m/s로 흐르는 물이 $\alpha_1 = 28°$의 각도로 고정익으로부터 축류형 터빈의 블레이드로 향하며, $\alpha_2 = 43°$의 각도로 빠져나간다. 블레이드가 80 rad/s로 회전한다면, 인접한 고정익으로 유동을 전달하기 위해 요구되는 터빈 블레이드의 각도 β_1과 β_2를 구하라. 터빈의 평균반경은 600 mm이다.

***14-28** 4 m/s로 흐르는 물이 고정익으로부터 평균반경이 0.75 m인 축류형 터빈의 블레이드로 향한다. 블레이드가 80 rad/s로 회전하며 체적유량이 7 m³/s라면, 물에 의해 생산되는 토크를 구하라.

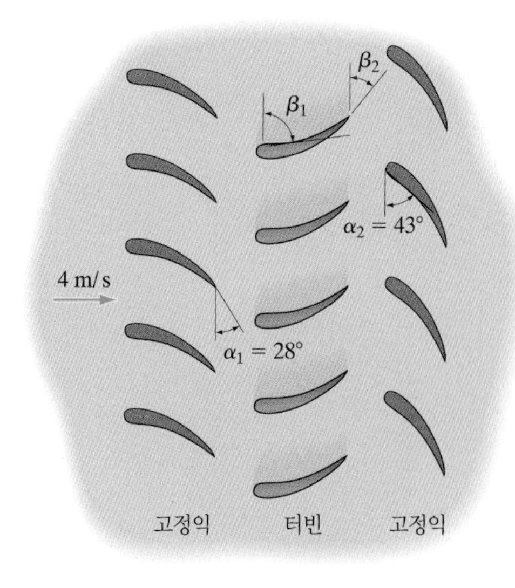

연습문제 14–27/28

14-29 고정익이 8 kg/s의 가스를 20 rad/s의 속도로 회전하는 가스터빈의 블레이드로 안내한다. 터빈 블레이드의 평균반경은 0.8 m이며 블레이드로 들어가는 유동의 속도가 12 m/s일 때, 블레이드에서 나온 가스의 출구 속도를 구하라. 또한, 블레이드 입구에서 요구되는 각도 β_1은 얼마인가?

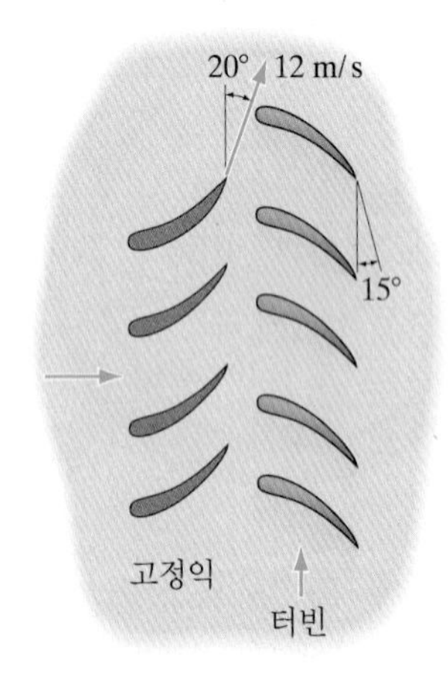

연습문제 **14–29**

14-30 축류형 터빈에서 블레이드는 그림 14-30에 나타낸 제원을 가진다. 물은 60°의 각도로 안내깃을 통과한다. 유량이 0.85 m^3/s라면, 물이 블레이드의 평균반경을 지날 때 물의 속도를 구하라. 힌트 : 안내깃부터 터빈까지의 자유통로 내에서는 자유와류 유동이 발생한다. 즉, $V_t r$은 일정하다.

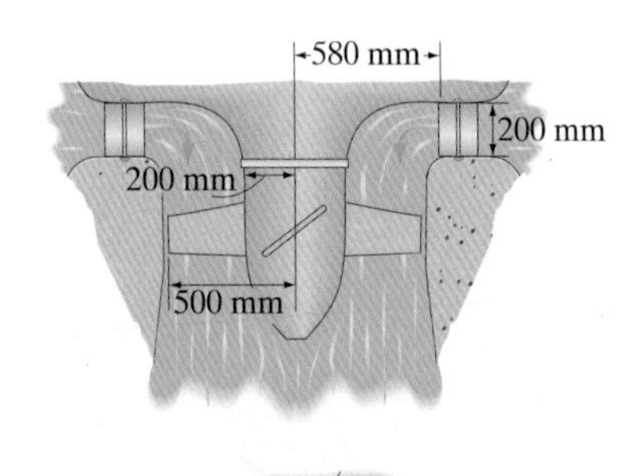

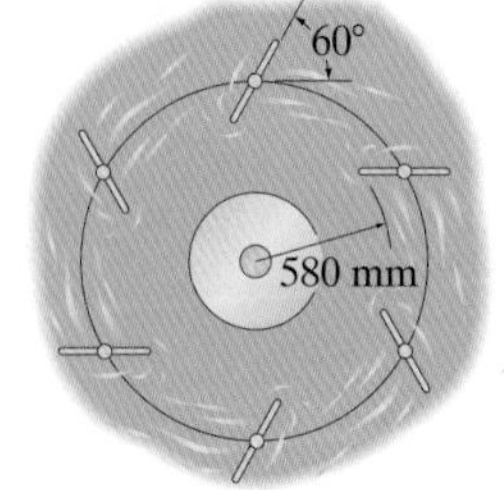

연습문제 **14–30**

14-31 90 mm 너비의 터빈 블레이드 입, 출구의 속도벡터는 그림에서 나타낸 것과 같다. $V_1 = 18$ m/s이고, 블레이드가 80 rad/s의 속도로 회전한다면, 블레이드 유출 유동의 상대속도를 구하라. 또한, 블레이드 각도 β_1과 β_2를 구하라.

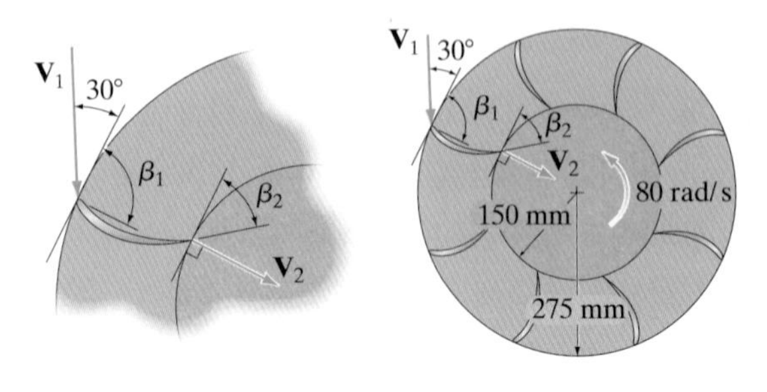

연습문제 **14–31**

***14-32** 90 mm 너비의 터빈 블레이드 입, 출구의 속도벡터는 그림에서 나타낸 것과 같다. 블레이드가 80 rad/s의 속도로 회전하며 1.40 m^3/s로 유량을 방출한다면, 물유동으로부터 얻은 터빈의 동력을 구하라.

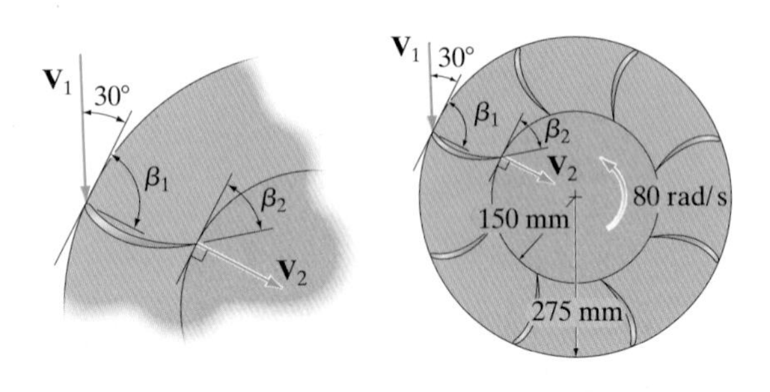

연습문제 **14–32**

14-33 축류 펌프 블레이드의 각도가 $\alpha_1 = 30°$, $\beta_1 = 60°$, $\beta_2 = 30°$이고, 블레이드의 평균반경이 1.5 ft일 때 터빈 블레이드로 들어오고 나가는 물의 속도를 구하라. 터빈은 70 rad/s의 속도로 회전한다.

14-34 축류 펌프 블레이드의 각도가 $\alpha_1 = 30°$, $\beta_1 = 60°$, $\beta_2 = 30°$이고, 블레이드의 평균반경이 1.5 ft일 때 터빈 블레이드의 선단와 후단에서 물의 상대속도를 구하라. 터빈은 70 rad/s의 속도로 회전한다.

14-35 축류 터빈 블레이드의 평균반경은 1.5 ft이며, 70 rad/s의 속도로 회전한다. 터빈 블레이드의 각도가 $\alpha_1 = 30°$, $\beta_1 = 60°$, $\beta_2 = 30°$이고 유량이 900 ft^3/s일 때, 터빈에 공급하는 이상 동력을 구하라.

***14-36** 물이 $\alpha_1 = 50°$의 각도로 카플란 수차 블레이드에 향하며, 수직한 방향으로 블레이드를 떠난다. 각각의 블레이드는 내측반경은 200 mm, 외측반경은 600 mm이다. 블레이드가 $\omega = 28$ rad/s의 속도로 회전하고 유량이 8 m^3/s일 때, 터빈에 공급되는 물의 동력을 구하라.

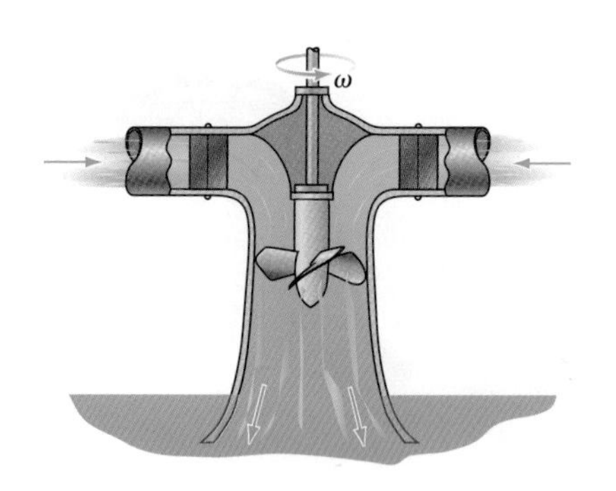

연습문제 **14–36**

14-37 0.5 m^3/s의 유량으로 물이 방출될 때, 프란시스 수차의 블레이드는 40 rad/s의 속도로 회전한다. 물은 $\alpha_1 = 30°$의 각도로 들어오며, 반경방향으로 나간다. 블레이드의 너비가 0.3 m일 때, 물이 터빈 축으로 공급하는 토크와 동력을 구하라.

14-38 0.5 m^3/s의 유량으로 물이 방출될 때, 프란시스 수차의 블레이드는 40 rad/s의 속도로 회전한다. 물은 $\alpha_1 = 30°$의 각도로 들어오며, 반경방향으로 나간다. 블레이드의 너비가 0.3 m이고 터빈이 3 m의 전체 수두에서 작동할 때, 수력효율을 구하라.

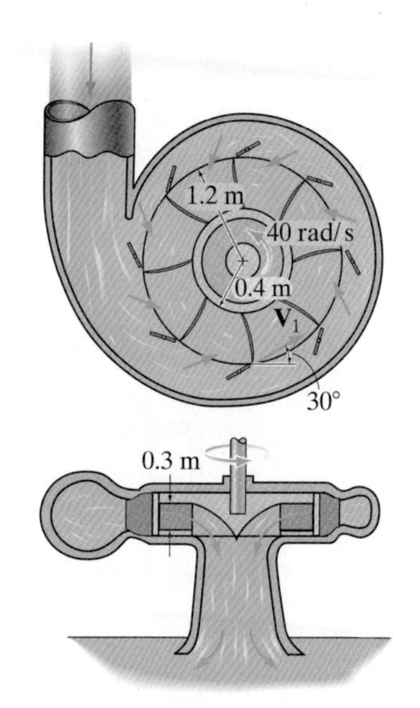

연습문제 **14–37/38**

14-39 그림에 나타낸 바와 같이 물이 20 m/s의 속도로 블레이드 너비가 50 mm인 터빈에 들어간다. 블레이드가 75 rev/min의 속도로 회전하며 블레이드를 나가는 유동이 반경방향이라면, 터빈에 공급되는 물의 동력은 얼마인가?

***14-40** 그림에 나타낸 바와 같이 물이 20 m/s의 속도로 블레이드 너비가 50 mm인 터빈에 들어간다. 블레이드가 75 rev/min의 속도로 회전하며 블레이드를 나가는 유동이 반경방향이라면, 물로부터 얻어지는 터빈의 이상 수두는 얼마인가?

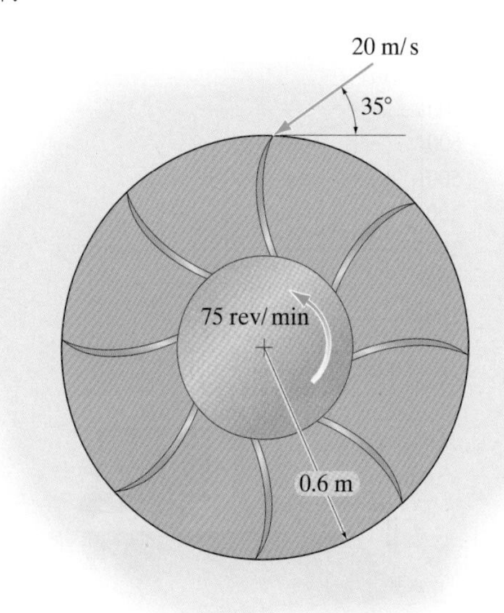

연습문제 **14–39/40**

14.6~14.9절

14-41 파이프 시스템은 직경 2 in., 길이 50 ft인 아연 철판 파이프, 완전히 열린 게이트 밸브, 두 개의 엘보, 동일 평면의 입구 그리고 그림에 나타낸 바와 같이 펌프 수두 곡선을 가진 펌프로 구성되어 있다. 마찰계수가 0.025일 때, 유량과 펌프로부터 생산되는 펌프 수두를 구하라.

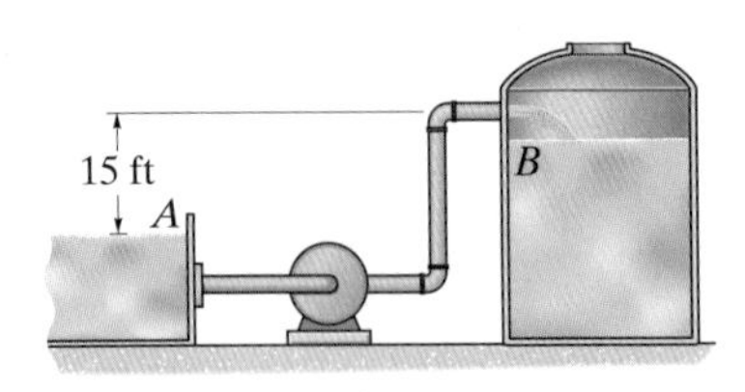

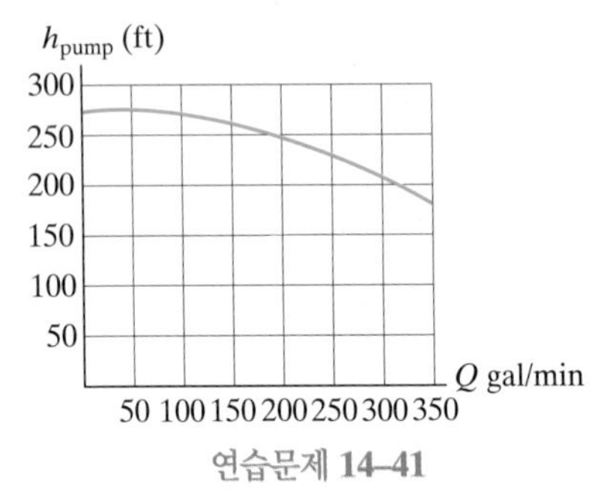

연습문제 **14–41**

14-42 20°C인 물이 직경 50 mm인 아연 철판 파이프를 이용하여 호수로부터 트럭의 탱크로 퍼올려진다. 펌프 성능 곡선이 그림에 나타낸 바와 같다면, 펌프가 이송할 수 있는 최대 유량을 구하라. 전체 파이프 길이는 50 m이다. 5개 엘보의 부차적 손실을 포함시켜라.

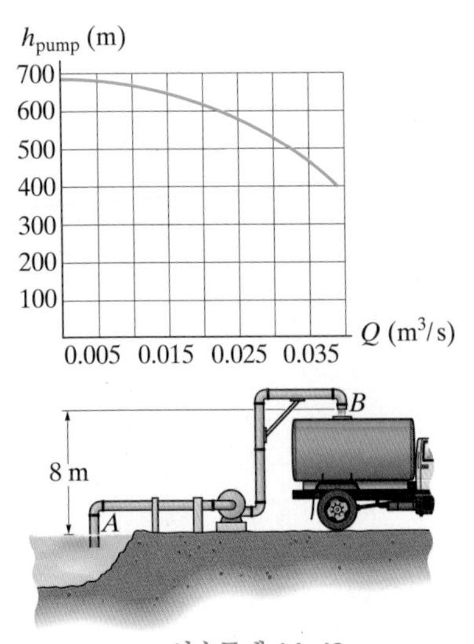

연습문제 **14–42**

14-43 펌프가 60°F인 물을 강에서 퍼올려 농업용수로 수송하기 위해 사용된다. 직경이 3 in.이고, 길이 30 ft인 호스의 마찰계수는 $f = 0.015$이고 $h = 15$ ft이다. 호스를 통과하는 평균속도가 18 ft/s일 때, 공동현상이 발생할지를 예측하라. 그림 14-16의 펌프 성능 곡선을 이용하라. 부차적 손실은 무시한다.

***14-44** 직경이 3 in.이고, 길이가 25 ft이며 마찰계수 $f = 0.030$인 호스를 이용하여 호수로부터 농업용수 지역으로 80°F인 물을 $h = 12$ ft 아래로부터 퍼올린다. 호스를 통과하는 평균속도가 18 ft/s일 때, 펌프 내에 공동현상이 발생할지를 예측하라. 그림 14-16의 펌프 성능 곡선을 이용하라. 부차적 손실은 무시한다.

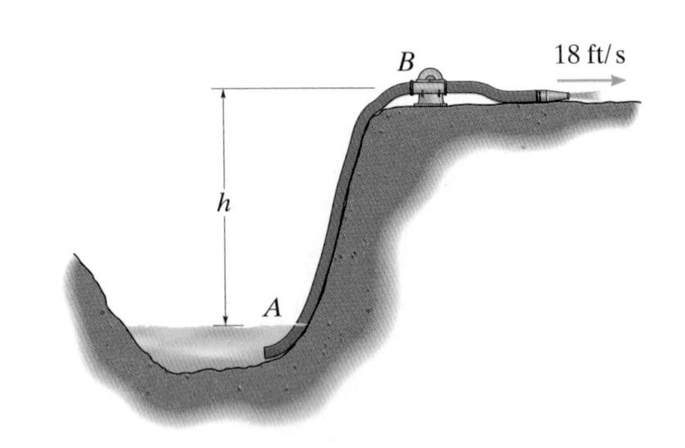

연습문제 **14–43/44**

14-45 직경 5 in.인 임펠러를 가지며, 성능 곡선은 그림 14-16과 같은 원심 펌프는 급수장에서부터 탱크로 물을 퍼올리기 위해 사용된다. 유량이 400 gal/min라면 펌프 효율은 얼마인가? 또한, 탱크를 채울 수 있는 최대 높이 h는 얼마인가? 모든 손실은 무시한다.

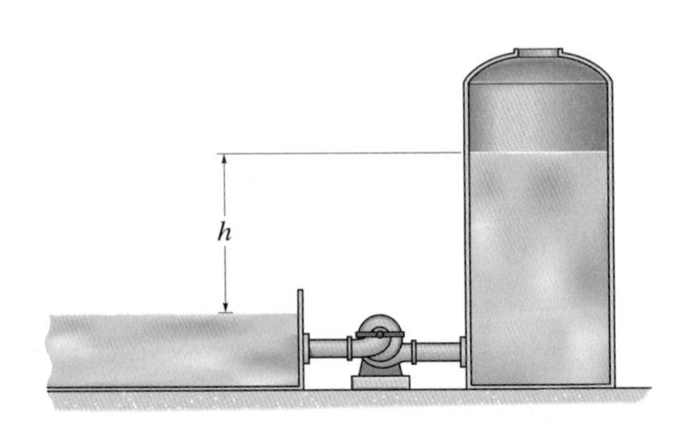

연습문제 **14–45**

14-46 원심 펌프는 직경 5.5 in.인 임펠러를 가지며, 성능 곡선은 그림 14-16과 같다. 급수장에서부터 탱크로 물을 퍼 올리기 위해 사용할 때, 그림에 나타낸 것과 같이 물의 높이가 $h = 80$ ft일 경우에 대한 근사적인 유량을 구하라. 직경이 3 in.인 파이프의 마찰손실은 무시하되, $K_L = 3.5$인 부차넉 손실은 고려하라.

14-47 원심 펌프는 직경 6 in.인 임펠러를 가지며, 성능 곡선은 그림 14-16과 같다. 급수장에서부터 높이가 $h = 115$ ft인 탱크로 물을 퍼올리기 위해 펌프를 사용할 때, 근사적인 유량을 구하라. 부차적 손실은 무시하고 길이 100 ft, 직경 3 in.인 호스의 마찰계수는 $f = 0.02$이다.

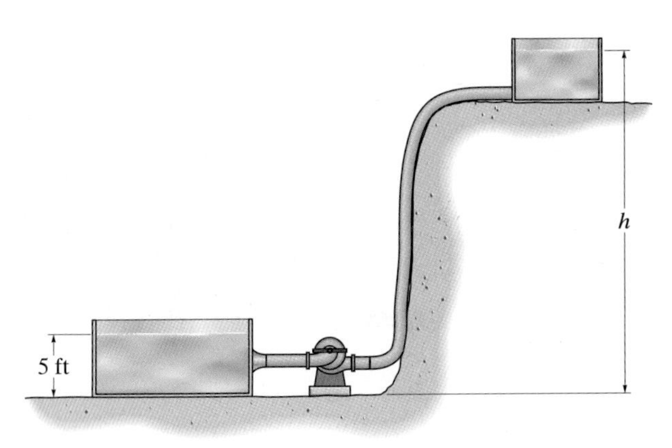

연습문제 **14–46/47**

***14-48** 직경 200 mm인 임펠러를 가진 원심 펌프는 150 rad/s의 속도로 회전하며, 0.3 m의 이상 수두의 변화를 생산한다. 직경이 100 mm이고 80 rad/s로 작동하는 유사 펌프에 대한 수두의 변화를 구하라.

14-49 직경이 200 mm인 임펠러를 가진 원심 펌프는 150 rad/s의 속도로 회전하며, 0.3 m^3/s의 유량을 방출한다. 직경이 100 mm이고 80 rad/s로 작동하는 유사한 펌프에 대한 방출량을 구하라.

14-50 펌프는 임펠러 속도가 1750 rpm일 때 유량 900 gal/min을 생산한다. 이 펌프를 사용하여 열교환기를 통해 액체를 재순환시킴으로써 탱크 내에서 공정 중인 벤젠의 온도는 일정하게 유지된다. 유량이 650 gal/min일 때 열교환기가 온도를 유지할 수 있다면, 요구되는 임펠러의 각속도는 얼마인가?

14-51 펌프는 직경 6 in.인 임펠러를 가지고 유량 900 gal/min을 생산한다. 이 펌프를 사용하여 열교환기를 통해 액체를 재순환시킴으로써 탱크 내에서 공정 중인 벤젠의 온도를 일정하게 유지한다. 유량이 650 gal/min일 때 열교환기가 온도를 유지할 수 있다면, 같은 각속도의 펌프에서 요구되는 임펠러의 직경을 구하라.

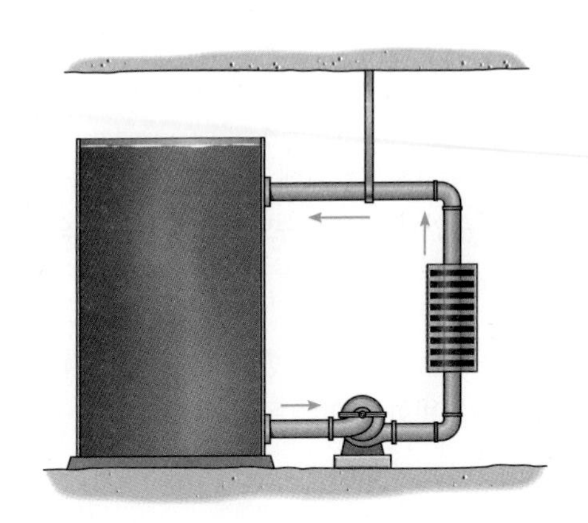

연습문제 **14–50/51**

***14–52** 물 펌프는 직경 8 in.인 임펠러를 가지며 1750 rev/min로 회전한다. 펌프 수두가 35 ft일 때 500 gal/ min의 유량을 방출한다면, 직경이 12 in.이며 같은 속도로 회전하는 임펠러를 가진 유사 펌프를 사용할 때 방출량과 수두를 구하라.

14-53 가변속 펌프가 임펠러 속도 1750 rpm에서 작동하기 위해 28 hp이 요구된다. 임펠러 속도가 630 rpm으로 떨어질 때 요구 동력을 구하라.

14-54 물 펌프 모델은 80 gal/min을 방출하며, 직경 4 in.인 임펠러를 가졌다. 모델 펌프의 요구 동력이 1.5 hp라면, 600 gal/min을 방출하며 직경이 12 in.인 임펠러를 가진 시제품의 요구 동력은 얼마인가?

14-55 물 펌프 모델은 80 gal/min을 방출하며, 직경 4 in.인 임펠러를 가졌다. 압력 수두가 24 ft이며 600 gal/min를 방출하는 시제품 임펠러의 직경을 구하라.

장 복습

축류 펌프는 펌프의 임펠러를 통해 유동이 지나가는 동안 유동의 방향을 유지한다. 반경류 펌프는 임펠러 중심으로부터 외부 케이싱을 향해 유동을 빠르게 반경방향으로 보낸다. 두 펌프의 운동학적 분석은 유사하며, 임펠러의 속도와 블레이드 각도에 의존한다.	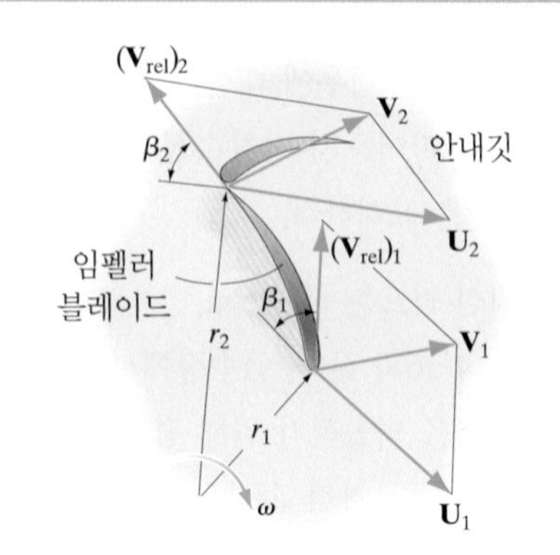
축류형, 반경류 펌프에 의해 생산된 토크, 동력, 수두는 임펠러의 운동과 임펠러를 입출입하는 유동속도의 **접선성분**에 의존한다.	
펠톤 수차는 충동 터빈의 일종이다. 유동이 터빈수차의 버킷에 부딪칠 때, 유량의 운동량 변화에 의해 동력이 생산된다. 카플란과 프란시스 수차를 반동 터빈이라 부른다. 이 장치들의 분석은 각각 축류형, 반경류 펌프와 유사하다.	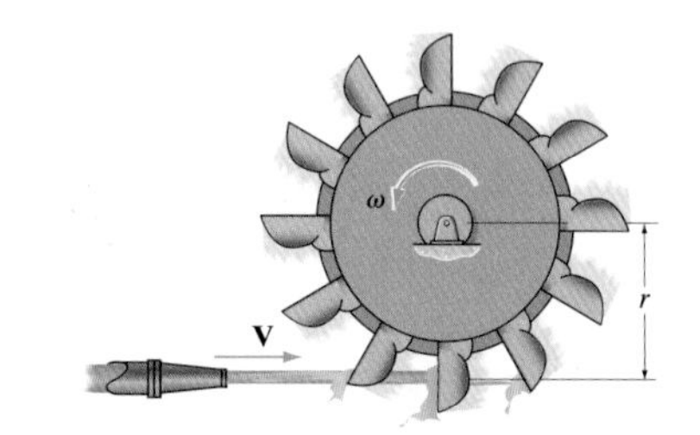
터보기계의 실제 성능 특성은 유체기계 내부의 기계적 손실과 유체적 마찰 손실을 고려하기 위해서 실험으로부터 정해진다. 유동 내의 공동현상은 터보기계 안에서 발생할 수 있다. $(\mathrm{NPSH})_{avail}$이 실험에 의해 결정되는 요구$(\mathrm{NPSH})_{req'd}$보다 크면 이 현상을 피할 수 있다. 유체 시스템 내에서 작동하기 위해 선택된 펌프는 요구된 유량과 펌프 수두를 만족해야 하며 높은 효율로 작동해야 한다.	
같은 종류의 두 터보기계에 대한 성능 특성을 비교하기 위해, 유량, 양정 그리고 동력계수는 반드시 상사성을 가져야 한다.	$\frac{Q_1}{\omega_1 D_1^3} = \frac{Q_2}{\omega_2 D_2^3}$ $\frac{h_1}{\omega_1^2 D_1^2} = \frac{h_2}{\omega_2^2 D_2^2}$ $\frac{\dot{W}_1}{\omega_1^3 D_1^5} = \frac{\dot{W}_2}{\omega_2^3 D_2^5}$
터보기계는 특정 작업을 위해 각속도 ω, 유량 Q, 펌프 수두 h의 함수인 비속도를 기반으로 하여 선택할 수 있다. 반경류 펌프는 낮은 비속도에서 효율적이며, 축류 펌프는 높은 비속도에서 효율적이다.	$N_s = \frac{\omega Q^{1/2}}{(gh)^{3/4}}$

부록 A 유체의 물리적 성질

20°C, 표준대기압(101.3 kPa)에서 액체의 물리적 성질(SI 단위계)

액체	밀도 (kg/m^3)	역학적 점성계수 (N·s/m^2)	동점성계수 (m^2/s)	표면장력 (N/m)
에틸알코올	789	$1.19(10^{-3})$	$1.51(10^{-6})$	0.0229
가솔린	726	$0.317(10^{-3})$	$0.465(10^{-6})$	0.0221
사염화탄소	1590	$0.958(10^{-3})$	$0.603(10^{-6})$	0.0269
등유	814	$1.92(10^{-3})$	$2.36(10^{-6})$	0.0293
글리세린	1260	1.50	$1.19(10^{-3})$	0.0633
수은	13 550	$1.58(10^{-3})$	$0.177(10^{-6})$	0.466
원유	880	$30.2(10^{-3})$	$0.0344(10^{-3})$	

68°F, 표준대기압(14.70 psi)에서 액체의 물리적 성질(FPS 단위계)

액체	밀도 ρ (slug/ft^3)	역학적 점성계수 μ (lb·s/ft^2)	동점성계수 ν (ft^2/s)	표면장력 σ (lb/ft)
에틸알코올	1.53	$24.8(10^{-6})$	$16.3(10^{-6})$	$1.57(10^{-3})$
가솔린	1.41	$6.62(10^{-6})$	$71.3(10^{-6})$	$1.51(10^{-3})$
사염화탄소	3.09	$20.0(10^{-6})$	$6.49(10^{-6})$	$1.84(10^{-3})$
등유	1.58	$40.1(10^{-6})$	$25.4(10^{-6})$	$2.01(10^{-3})$
글리세린	2.44	31.3(10–3)	$12.8(10^{-3})$	$4.34(10^{-3})$
수은	26.3	$33.0\ (10^{-6})$	$1.26(10^{-6})$	$31.9(10^{-3})$
원유	1.71	$0.632(10^{-3})$	$0.370(10^{-3})$	

표준대기압(101.3 kPa)에서 기체의 물리적 성질(SI 단위계)

기체	밀도 ρ (kg/m^3)	역학적 점성계수 μ (N·s/m^2)	동점성계수 ν (m^2/s)	기체상수 R (J/[kg·K])	비열비 $k = c_p/c_v$
공기(15°C)	1.23	$17.9(10^{-6})$	$14.6(10^{-6})$	286.9	1.40
산소(20°C)	1.33	$20.4(10^{-6})$	$15.2(10^{-6})$	259.8	1.40
질소(20°C)	1.16	$17.5(10^{-6})$	$15.1(10^{-6})$	296.8	1.40
수소(20°C)	0.0835	$8.74(10^{-6})$	$106(10^{-6})$	4124	1.41
헬륨(20°C)	0.169	$19.2(10^{-6})$	$114(10^{-6})$	2077	1.66
이산화탄소 (20°C)	1.84	$14.9(10^{-6})$	$8.09(10^{-6})$	188.9	1.30
메탄(20°C) (천연가스)	0.665	$11.2(10^{-6})$	$16.8(10^{-6})$	518.3	1.31

표준대기압(14.70 psi)에서 기체의 물리적 성질(FPS 단위계)

기체	밀도 ρ (slug/ft^3)	역학적 점성계수 μ (lb·s/ft^2)	동점성계수 ν (ft·lb/^{2}/s)	기체상수 R (ft·lb/[slug·°R])	비열비 $k = c_p/c_v$
공기(59°F)	$2.38(10^{-3})$	$0.374(10^{-6})$	$0.158(10^{-3})$	1716	1.40
산소(68°F)	$2.58(10^{-3})$	$0.422(10^{-6})$	$0.163(10^{-3})$	1554	1.40
질소(68°F)	$2.26(10^{-3})$	$0.367(10^{-6})$	$0.162(10^{-3})$	1775	1.40
수소(68°F)	$0.163(10^{-3})$	$0.187(10^{-6})$	$1.15(10^{-3})$	$24.66(10^3)$	1.41
헬륨(68°F)	$0.323(10^{-3})$	$0.394(10^{-6})$	$1.22(10^{-3})$	$12.42(10^3)$	1.66
이산화탄소 (68°F)	$3.55(10^{-3})$	$0.309(10^{-6})$	$87.0(10^{-6})$	1130	1.30
메탄(68°F) (천연가스)	$1.29(10^{-3})$	$0.234(10^{-6})$	$0.181(10^{-3})$	3099	1.31

온도에 따른 물의 물리적 성질(SI 단위계)

온도 T (°C)	밀도 ρ (kg/m^3)	역학적 점성계수 μ (N·s/m^2)	동점성계수 ν (m^2/s)	포화 증기압 p_v (kPa)
0	999.8	$1.80(10^{-3})$	$1.80(10^{-6})$	0.681
5	1000.0	$1.52(10^{-3})$	$1.52(10^{-6})$	0.872
10	999.7	$1.31(10^{-3})$	$1.31(10^{-6})$	1.23
15	999.2	$1.15(10^{-3})$	$1.15(10^{-6})$	1.71
20	998.3	$1.00(10^{-3})$	$1.00(10^{-6})$	2.34
25	997.1	$0.897(10^{-3})$	$0.898(10^{-6})$	3.17
30	995.7	$0.801(10^{-3})$	$0.804(10^{-6})$	4.25
35	994.0	$0.723(10^{-3})$	$0.727(10^{-6})$	5.63
40	992.3	$0.659(10^{-3})$	$0.664(10^{-6})$	7.38
45	990.2	$0.599(10^{-3})$	$0.604(10^{-6})$	9.59
50	988.0	$0.554(10^{-3})$	$0.561(10^{-6})$	12.4
55	985.7	$0.508(10^{-3})$	$0.515(10^{-6})$	15.8
60	983.2	$0.470(10^{-3})$	$0.478(10^{-6})$	19.9
65	980.5	$0.437(10^{-3})$	$0.446(10^{-6})$	25.0
70	977.7	$0.405(10^{-3})$	$0.414(10^{-6})$	31.2
75	974.8	$0.381(10^{-3})$	$0.390(10^{-6})$	38.6
80	971.6	$0.356(10^{-3})$	$0.367(10^{-6})$	47.4
85	968.4	$0.336(10^{-3})$	$0.347(10^{-6})$	57.8
90	965.1	$0.318(10^{-3})$	$0.329(10^{-6})$	70.1
95	961.6	$0.300(10^{-3})$	$0.312(10^{-6})$	84.6
100	958.1	$0.284(10^{-3})$	$0.296(10^{-6})$	101

온도에 따른 물의 물리적 성질(FPS 단위계)

온도 T (°F)	밀도 ρ (slug/ft^3)	역학적 점성계수 μ (lb·s/ft^2)	동점성계수 ν (ft^2/s)	포화 증기압 p_v (kPa)
32	1.940	$37.5(10^{-6})$	$19.3(10^{-6})$	0.0885
40	1.940	$32.3(10^{-6})$	$16.6(10^{-6})$	0.122
50	1.940	$27.4(10^{-6})$	$14.1(10^{-6})$	0.178
60	1.939	$23.6(10^{-6})$	$12.2(10^{-6})$	0.256
70	1.937	$20.2(10^{-6})$	$10.4(10^{-6})$	0.363
80	1.934	$18.1(10^{-6})$	$9.35(10^{-6})$	0.507
90	1.931	$15.8(10^{-6})$	$8.17(10^{-6})$	0.698
100	1.927	$14.4(10^{-6})$	$7.39(10^{-6})$	0.949
110	1.923	$12.8(10^{-6})$	$6.65(10^{-6})$	1.28
120	1.918	$11.8(10^{-6})$	$6.14(10^{-6})$	1.69
130	1.913	$10.7(10^{-6})$	$5.59(10^{-6})$	2.23
140	1.908	$9.81(10^{-6})$	$5.14(10^{-6})$	2.89
150	1.902	$9.06(10^{-6})$	$4.75(10^{-6})$	3.72
160	1.896	$8.30(10^{-6})$	$4.37(10^{-6})$	4.75
170	1.890	$7.80(10^{-6})$	$4.13(10^{-6})$	6.00
180	1.883	$7.20(10^{-6})$	$3.84(10^{-6})$	7.51
190	1.877	$6.82(10^{-6})$	$3.64(10^{-6})$	9.34
200	1.869	$6.36(10^{-6})$	$3.40(10^{-6})$	11.5
212	1.860	$5.93(10^{-6})$	$3.19(10^{-6})$	14.7

고도에 따른 미국 표준대기의 성질, 압력 = 101.3 kPa(SI 단위계)

고도 (km)	온도 T (°C)	압력 p (kPa)	밀도 ρ (kg/m^3)	역학적 점성계수 μ (Pa·s)	동점성계수 ν (m^2/s)
1	8.501	89.88	1.112	17.58(10^{-6})	15.81(10^{-6})
2	2.004	79.50	1.007	17.26(10^{-6})	17.15(10^{-6})
3	−4.491	70.12	0.9092	16.94(10^{-6})	18.63(10^{-6})
4	−10.98	61.66	0.8194	16.61(10^{-6})	20.28(10^{-6})
5	−17.47	54.05	0.7364	16.28(10^{-6})	22.11(10^{-6})
6	−23.96	47.22	0.6601	15.95(10^{-6})	24.16(10^{-6})
7	−30.45	41.10	0.5900	15.61(10^{-6})	26.46(10^{-6})
8	−36.94	35.65	0.5258	15.27(10^{-6})	29.04(10^{-6})
9	−43.42	30.80	0.4671	14.93(10^{-6})	31.96(10^{-6})
10	−49.90	26.45	0.4135	14.58(10^{-6})	35.25(10^{-6})
11	−56.38	22.67	0.3648	14.22(10^{-6})	39.00(10^{-6})
12	−56.50	19.40	0.3119	14.22(10^{-6})	45.57(10^{-6})
13	−56.50	16.58	0.2666	14.22(10^{-6})	53.32(10^{-6})
14	−56.50	14.17	0.2279	14.22(10^{-6})	62.39(10^{-6})
15	−56.50	12.11	0.1948	14.22(10^{-6})	73.00(10^{-6})
16	−56.50	10.35	0.1665	14.22(10^{-6})	85.40(10^{-6})
17	−56.50	8.850	0.1423	14.22(10^{-6})	99.90(10^{-6})
18	−56.50	7.565	0.1217	14.22(10^{-6})	0.1169(10^{-3})
19	−56.50	6.468	0.1040	14.22(10^{-6})	0.1367(10^{-3})
20	−56.50	5.529	0.08891	14.22(10^{-6})	0.1599(10^{-3})
21	−55.57	4.729	0.07572	14.27(10^{-6})	0.1884(10^{-3})
22	−54.58	4.048	0.06451	14.32(10^{-6})	0.2220(10^{-3})
23	−53.58	3.467	0.05501	14.38(10^{-6})	0.2614(10^{-3})
24	−52.59	2.972	0.04694	14.43(10^{-6})	0.3074(10^{-3})
25	−51.60	2.549	0.04008	14.48(10^{-6})	0.3614(10^{-3})

고도에 따른 미국 표준대기의 성질, 압력 = 14.70 psi(FPS 단위계)

고도 (ft)	온도 T (°F)	압력 p (psf)	밀도 ρ (slug/ft^3)	역학적 점성계수 μ (lb·s/ft^2)	동점성계수 ν (ft^2/s)
0	59.00	2116	2.375(10^{-3})	0.3738(10^{-6})	0.1573(10^{-3})
2,500	50.08	1932	2.218(10^{-3})	0.3688(10^{-6})	0.1661(10^{-3})
5,000	41.17	1761	2.043(10^{-3})	0.3637(10^{-6})	0.1779(10^{-3})
7,500	32.25	1602	1.897(10^{-3})	0.3586(10^{-6})	0.1889(10^{-3})
10,000	23.34	1456	1.754(10^{-3})	0.3535(10^{-6})	0.2015(10^{-3})
12,500	14.42	1320	1.620(10^{-3})	0.3483(10^{-6})	0.2151(10^{-3})
15,000	5.509	1195	1.495(10^{-3})	0.3431(10^{-6})	0.2293(10^{-3})
17,500	−3.406	1079	1.377(10^{-3})	0.3378(10^{-6})	0.2451(10^{-3})
20,000	−12.32	973.2	1.266(10^{-3})	0.3325(10^{-6})	0.2624(10^{-3})
22,500	−21.24	875.8	1.163(10^{-3})	0.3271(10^{-6})	0.2812(10^{-3})
25,000	−30.15	786.3	1.069(10^{-3})	0.3217(10^{-6})	0.3006(10^{-3})
27,500	−39.07	704.4	0.9748(10^{-3})	0.3163(10^{-6})	0.3242(10^{-3})
30,000	−47.98	629.6	0.8899(10^{-3})	0.3108(10^{-6})	0.3489(10^{-3})
32,500	−56.90	561.4	0.8110(10^{-3})	0.3052(10^{-6})	0.3760(10^{-3})
35,000	−65.81	499.3	0.7383(10^{-3})	0.2996(10^{-6})	0.4055(10^{-3})
37,500	−69.70	443.2	0.6652(10^{-3})	0.2970(10^{-6})	0.4460(10^{-3})
40,000	−69.70	393.1	0.5841(10^{-3})	0.2970(10^{-6})	0.5080(10^{-3})
42,500	−69.70	348.7	0.5193(10^{-3})	0.2970(10^{-6})	0.5714(10^{-3})
45,000	−69.70	309.5	0.4620(10^{-3})	0.2970(10^{-6})	0.6423(10^{-3})
47,500	−69.70	274.6	0.4099(10^{-3})	0.2970(10^{-6})	0.7238(10^{-3})
50,000	−69.70	243.6	0.3636(10^{-3})	0.2970(10^{-6})	0.8553(10^{-3})
52,500	−69.70	216.1	0.3225(10^{-3})	0.2970(10^{-6})	0.9201(10^{-3})
55,000	−69.70	191.4	0.2840(10^{-3})	0.2970(10^{-6})	1.045(10^{-3})
57,500	−69.70	170.3	0.2549(10^{-3})	0.2970(10^{-6})	1.164(10^{-3})
60,000	−69.70	151.0	0.2252(10^{-3})	0.2970(10^{-6})	1.318(10−3)

표준대기압(101.3 kPa)에서 온도에 따른 공기의 성질(SI 단위계)

온도 T (℃)	밀도 ρ (kg/m^3)	역학적 점성계수 μ (N·s/m^2)	동점성계수 ν (m^2/s)
−50	1.582	14.6(10^{-6})	9.21(10^{-6})
−40	1.514	15.1(10^{-6})	9.98(10^{-6})
−30	1.452	15.6(10^{-6})	10.8(10^{-6})
−20	1.394	16.1(10^{-6})	11.6(10^{-6})
−10	1.342	16.7(10^{-6})	12.4(10^{-6})
0	1.292	17.2(10^{-6})	13.3(10^{-6})
10	1.247	17.6(10^{-6})	14.2(10^{-6})
20	1.202	18.1(10^{-6})	15.1(10^{-6})
30	1.164	18.6(10^{-6})	16.0(10^{-6})
40	1.127	19.1(10^{-6})	16.9(10^{-6})
50	1.092	19.5(10^{-6})	17.9(10^{-6})
60	1.060	20.0(10^{-6})	18.9(10^{-6})
70	1.030	20.5(10^{-6})	19.9(10^{-6})
80	1.000	20.9(10^{-6})	20.9(10^{-6})
90	0.973	21.3(10^{-6})	21.9(10^{-6})
100	0.946	21.7(10^{-6})	23.0(10^{-6})
150	0.834	23.8(10^{-6})	28.5(10^{-6})
200	0.746	25.7(10^{-6})	34.5(10^{-6})
250	0.675	27.5(10^{-6})	40.8(10^{-6}

표준대기압(14.70 psi)에서 온도에 따른 공기의 성질(FPS 단위계)

온도 T (℉)	밀도 ρ (slug/ft^3)	역학적 점성계수 μ (lb·s/ft^2)	동점성계수 ν (ft^2/s)
−40	0.00294	0.316(10^{-6})	0.108(10^{-3})
−20	0.00280	0.328(10^{-6})	0.117(10^{-3})
0	0.00268	0.339(10^{-6})	0.126(10^{-3})
20	0.00257	0.351(10^{-6})	0.137(10^{-3})
40	0.00247	0.363(10^{-6})	0.147(10^{-3})
60	0.00237	0.374(10^{-6})	0.158(10^{-3})
80	0.00228	0.385(10^{-6})	0.169(10^{-3})
100	0.00220	0.396(10^{-6})	0.180(10^{-3})
120	0.00213	0.407(10^{-6})	0.192(10^{-3})
140	0.00206	0.417(10^{-6})	0.203(10^{-3})
160	0.00199	0.428(10^{-6})	0.215(10^{-3})
180	0.00193	0.438(10^{-6})	0.227(10^{-3})
200	0.00187	0.448(10^{-6})	0.240(10^{-3})
300	0.00162	0.496(10^{-6})	0.306(10^{-3})
400	0.00143	0.541(10^{-6})	0.377(10^{-3})
500	0.00129	0.583(10^{-6})	0.454(10^{-3})

부록 B 기체($k = 1.4$)의 압축성 성질

표 B-1 등엔트로피 유동($k = 1.4$)

M	$\frac{T}{T_0}$	$\left(\frac{p}{p_0}\right)$	$\frac{A}{A^*}$
0	1.0000	1.0000	∞
0.10	0.9980	0.9930	5.8218
0.11	0.9976	0.9916	5.2992
0.12	0.9971	0.9900	4.8643
0.13	0.9966	0.9883	4.4969
0.14	0.9961	0.9864	4.1824
0.15	0.9955	0.9844	3.9103
0.16	0.9949	0.9823	3.6727
0.17	0.9943	0.9800	3.4635
0.18	0.9936	0.9776	3.2779
0.19	0.9928	0.9751	3.1123
0.20	0.9921	0.9725	2.9635
0.21	0.9913	0.9697	2.8293
0.22	0.9901	0.9668	2.7076
0.23	0.9895	0.9638	2.5968
0.24	0.9886	0.9607	2.4956
0.25	0.9877	0.9575	2.4027
0.26	0.9867	0.9541	2.3173
0.27	0.9856	0.9506	2.2385
0.28	0.9846	0.9470	2.1656
0.29	0.9835	0.9433	2.0979
0.30	0.9823	0.9395	2.0351
0.31	0.9811	0.9355	1.9765
0.32	0.9799	0.9315	1.9219
0.33	0.9787	0.9274	1.8707
0.34	0.9774	0.9231	1.8229
0.35	0.9761	0.9188	1.7780
0.36	0.9747	0.9143	1.7358
0.37	0.9733	0.9098	1.6961
0.38	0.9719	0.9052	1.6587
0.39	0.9705	0.9004	1.6234
0.40	0.9690	0.8956	1.5901
0.41	0.9675	0.8907	1.5587
0.42	0.9659	0.8857	1.5289
0.43	0.9643	0.8807	1.5007
0.44	0.9627	0.8755	1.4740
0.45	0.9611	0.8703	1.4487
0.46	0.9594	0.8650	1.4246
0.47	0.9577	0.8596	1.4018
0.48	0.9560	0.8541	1.3801
0.49	0.9542	0.8486	1.3595
0.50	0.9524	0.8430	1.3398
0.51	0.9506	0.8374	1.3212
0.52	0.9487	0.8317	1.3034
0.53	0.9468	0.8259	1.2865
0.54	0.9449	0.8201	1.2703
0.55	0.9430	0.8142	1.2550
0.56	0.9410	0.8082	1.2403
0.57	0.9390	0.8022	1.2263
0.58	0.9370	0.7962	1.2130
0.59	0.9349	0.7901	1.2003
0.60	0.9328	0.7840	1.1882
0.61	0.9307	0.7778	1.1767
0.62	0.9286	0.7716	1.1657
0.63	0.9265	0.7654	1.1552
0.64	0.9243	0.7591	1.1452
0.65	0.9221	0.7528	1.1356
0.66	0.9199	0.7465	1.1265
0.67	0.9176	0.7401	1.1179
0.68	0.9153	0.7338	1.1097
0.69	0.9131	0.7274	1.1018
0.70	0.9107	0.7209	1.0944
0.71	0.9084	0.7145	1.0873
0.72	0.9061	0.7080	1.0806
0.73	0.9037	0.7016	1.0742
0.74	0.9013	0.6951	1.0681
0.75	0.8989	0.6886	1.0624
0.76	0.8964	0.6821	1.0570
0.77	0.8940	0.6756	1.0519
0.78	0.8915	0.6691	1.0471
0.79	0.8890	0.6625	1.0425
0.80	0.8865	0.6560	1.0382
0.81	0.8840	0.6495	1.0342
0.82	0.8815	0.6430	1.0305
0.83	0.8789	0.6365	1.0270
0.84	0.8763	0.6300	1.0237
0.85	0.8737	0.6235	1.0207
0.86	0.8711	0.6170	1.0179
0.87	0.8685	0.6106	1.0153
0.88	0.8659	0.6041	1.0129
0.89	0.8632	0.5977	1.0108
0.90	0.8606	0.5913	1.0089
0.91	0.8579	0.5849	1.0071
0.92	0.8552	0.5785	1.0056
0.93	0.8525	0.5721	1.0043
0.94	0.8498	0.5658	1.0031
0.95	0.8471	0.5595	1.0022
0.96	0.8444	0.5532	1.0014
0.97	0.8416	0.5469	1.0008
0.98	0.8389	0.5407	1.0003
0.99	0.8361	0.5345	1.0001
1.00	0.8333	0.5283	1.000
1.01	0.8306	0.5221	1.000
1.02	0.8278	0.5160	1.000
1.03	0.8250	0.5099	1.001
1.04	0.8222	0.5039	1.001
1.05	0.8193	0.4979	1.002
1.06	0.8165	0.4919	1.003
1.07	0.8137	0.4860	1.004
1.08	0.8108	0.4800	1.005
1.09	0.8080	0.4742	1.006
1.10	0.8052	0.4684	1.008
1.11	0.8023	0.4626	1.010
1.12	0.7994	0.4568	1.011
1.13	0.7966	0.4511	1.013
1.14	0.7937	0.4455	1.015
1.15	0.7908	0.4398	1.017
1.16	0.7879	0.4343	1.020
1.17	0.7851	0.4287	1.022
1.18	0.7822	0.4232	1.025
1.19	0.7793	0.4178	1.026
1.20	0.7764	0.4124	1.030
1.21	0.7735	0.4070	1.033
1.22	0.7706	0.4017	1.037
1.23	0.7677	0.3964	1.040
1.24	0.7648	0.3912	1.043
1.25	0.7619	0.3861	1.047
1.26	0.7590	0.3809	1.050
1.27	0.7561	0.3759	1.054
1.28	0.7532	0.3708	1.058
1.29	0.7503	0.3658	1.062
1.30	0.7474	0.3609	1.066

표 B–1 등엔트로피 유동(k = 1.4)

M	$\frac{T}{T_0}$	$\left(\frac{p}{p_0}\right)$	$\frac{A}{A^*}$
1.31	0.7445	0.3560	1.071
1.32	0.7416	0.3512	1.075
1.33	0.7387	0.3464	1.080
1.34	0.7358	0.3417	1.084
1.35	0.7329	0.3370	1.089
1.36	0.7300	0.3323	1.094
1.37	0.7271	0.3277	1.099
1.38	0.7242	0.3232	1.104
1.39	0.7213	0.3187	1.109
1.40	0.7184	0.3142	1.115
1.41	0.7155	0.3098	1.120
1.42	0.7126	0.3055	1.126
1.43	0.7097	0.3012	1.132
1.44	0.7069	0.2969	1.138
1.45	0.7040	0.2927	1.144
1.46	0.7011	0.2886	1.150
1.47	0.6982	0.2845	1.156
1.48	0.6954	0.2804	1.163
1.49	0.6925	0.2764	1.169
1.50	0.6897	0.2724	1.176
1.51	0.6868	0.2685	1.183
1.52	0.6840	0.2646	1.190
1.53	0.6811	0.2608	1.197
1.54	0.6783	0.2570	1.204
1.55	0.6754	0.2533	1.212
1.56	0.6726	0.2496	1.219
1.57	0.6698	0.2459	1.227
1.58	0.6670	0.2423	1.234
1.59	0.6642	0.2388	1.242
1.60	0.6614	0.2353	1.250
1.61	0.6586	0.2318	1.258
1.62	0.6558	0.2284	1.267
1.63	0.6530	0.2250	1.275
1.64	0.6502	0.2217	1.284
1.65	0.6475	0.2184	1.292
1.66	0.6447	0.2151	1.301
1.67	0.6419	0.2119	1.310
1.68	0.6392	0.2088	1.319
1.69	0.6364	0.2057	1.328
1.70	0.6337	0.2026	1.338
1.71	0.6310	0.1996	1.347
1.72	0.6283	0.1966	1.357
1.73	0.6256	0.1936	1.367
1.74	0.6229	0.1907	1.376
1.75	0.6202	0.1878	1.386
1.76	0.6175	0.1850	1.397
1.77	0.6148	0.1822	1.407
1.78	0.6121	0.1794	1.418
1.79	0.6095	0.1767	1.428
1.80	0.6068	0.1740	1.439
1.81	0.6041	0.1714	1.450
1.82	0.6015	0.1688	1.461
1.83	0.5989	0.1662	1.472
1.84	0.5963	0.1637	1.484
1.85	0.5936	0.1612	1.495
1.86	0.5910	0.1587	1.507
1.87	0.5884	0.1563	1.519
1.88	0.5859	0.1539	1.531
1.89	0.5833	0.1516	1.543
1.90	0.5807	0.1492	1.555
1.91	0.5782	0.1470	1.568
1.92	0.5756	0.1447	1.580
1.93	0.5731	0.1425	1.593
1.94	0.5705	0.1403	1.606
1.95	0.5680	0.1381	1.619
1.96	0.5655	0.1360	1.633
1.97	0.5630	0.1339	1.646
1.98	0.5605	0.1318	1.660
1.99	0.5580	0.1298	1.674
2.00	0.5556	0.1278	1.688
2.01	0.5531	0.1258	1.702
2.02	0.5506	0.1239	1.716
2.03	0.5482	0.1220	1.730
2.04	0.5458	0.1201	1.745
2.05	0.5433	0.1182	1.760
2.06	0.5409	0.1164	1.775
2.07	0.5385	0.1146	1.790
2.08	0.5361	0.1128	1.806
2.09	0.5337	0.1111	1.821
2.10	0.5313	0.1094	1.837
2.11	0.5290	0.1077	1.853
2.12	0.5266	0.1060	1.869
2.13	0.5243	0.1043	1.885
2.14	0.5219	0.1027	1.902
2.15	0.5196	0.1011	1.919
2.16	0.5173	0.09956	1.935
2.17	0.5150	0.09802	1.953
2.18	0.5127	0.09649	1.970
2.19	0.5104	0.09500	1.987
2.20	0.5081	0.09352	2.005
2.21	0.5059	0.09207	2.023
2.22	0.5036	0.09064	2.041
2.23	0.5014	0.08923	2.059
2.24	0.4991	0.08785	2.078
2.25	0.4969	0.08648	2.096
2.26	0.4947	0.08514	2.115
2.27	0.4925	0.08382	2.134
2.28	0.4903	0.08251	2.154
2.29	0.4881	0.08123	2.173
2.30	0.4859	0.07997	2.193
2.31	0.4837	0.07873	2.213
2.32	0.4816	0.07751	2.233
2.33	0.4794	0.07631	2.254
2.34	0.4773	0.07512	2.273
2.35	0.4752	0.07396	2.295
2.36	0.4731	0.07281	2.316
2.37	0.4709	0.07168	2.338
2.38	0.4688	0.07057	2.359
2.39	0.4668	0.06948	2.381
2.40	0.4647	0.06840	2.403
2.41	0.4626	0.06734	2.425
2.42	0.4606	0.06630	2.448
2.43	0.4585	0.06527	2.471
2.44	0.4565	0.06426	2.494
2.45	0.4544	0.06327	2.517
2.46	0.4524	0.06229	2.540
2.47	0.4504	0.06133	2.564
2.48	0.4484	0.06038	2.588
2.49	0.4464	0.05945	2.612
2.50	0.4444	0.05853	2.637
2.51	0.4425	0.05762	2.661
2.52	0.4405	0.05674	2.686
2.53	0.4386	0.05586	2.712
2.54	0.4366	0.05500	2.737
2.55	0.4347	0.05415	2.763
2.56	0.4328	0.05332	2.789
2.57	0.4309	0.05250	2.815

표 B-1 등엔트로피 유동(k = 1.4)

M	$\frac{T}{T_0}$	$\left(\frac{p}{p_0}\right)$	$\frac{A}{A^*}$
2.58	0.4289	0.05169	2.842
2.59	0.4271	0.05090	2.869
2.60	0.4252	0.05012	2.896
2.61	0.4233	0.04935	2.923
2.62	0.4214	0.04859	2.951
2.63	0.4196	0.04784	2.979
2.64	0.4177	0.04711	3.007
2.65	0.4159	0.04639	3.036
2.66	0.4141	0.04568	3.065
2.67	0.4122	0.04498	3.094
2.68	0.4104	0.04429	3.123
2.69	0.4086	0.04362	3.153
2.70	0.4068	0.04295	3.183
2.71	0.4051	0.04229	3.213
2.72	0.4033	0.04165	3.244
2.73	0.4015	0.04102	3.275
2.74	0.3998	0.04039	3.306
2.75	0.3980	0.03978	3.338
2.76	0.3963	0.03917	3.370
2.77	0.3945	0.03858	3.402
2.78	0.3928	0.03799	3.434
2.79	0.3911	0.03742	3.467
2.80	0.3894	0.03685	3.500
2.81	0.3877	0.03629	3.534
2.82	0.3860	0.03574	3.567
2.83	0.3844	0.03520	3.601
2.84	0.3827	0.03467	3.636
2.85	0.3810	0.03415	3.671
2.86	0.3794	0.03363	3.706
2.87	0.3777	0.03312	3.741
2.88	0.3761	0.03263	3.777
2.89	0.3745	0.03213	3.813
2.90	0.3729	0.03165	3.850
2.91	0.3712	0.03118	3.887
2.92	0.3696	0.03071	3.924
2.93	0.3681	0.03025	3.961
2.94	0.3665	0.02980	3.999
2.95	0.3649	0.02935	4.038
2.96	0.3633	0.02891	4.076
2.97	0.3618	0.02848	4.115
2.98	0.3602	0.02805	4.155
2.99	0.3587	0.02764	4.194
3.00	0.3571	0.02722	4.235
3.01	0.3556	0.02682	4.275
3.02	0.3541	0.02642	4.316
3.03	0.3526	0.02603	4.357
3.04	0.3511	0.02564	4.399
3.05	0.3496	0.02526	4.441
3.06	0.3481	0.02489	4.483
3.07	0.3466	0.02452	4.526
3.08	0.3452	0.02416	4.570
3.09	0.3437	0.02380	4.613
3.10	0.3422	0.02345	4.657
3.11	0.3408	0.02310	4.702
3.12	0.3393	0.02276	4.747
3.13	0.3379	0.02243	4.792
3.14	0.3365	0.02210	4.838
3.15	0.3351	0.02177	4.884
3.16	0.3337	0.02146	4.930
3.17	0.3323	0.02114	4.977
3.18	0.3309	0.02083	5.025
3.19	0.3295	0.02053	5.073
3.20	0.3281	0.02023	5.121
3.21	0.3267	0.01993	5.170
3.22	0.3253	0.01964	5.219
3.23	0.3240	0.01936	5.268
3.24	0.3226	0.01908	5.319
3.25	0.3213	0.01880	5.369
3.26	0.3199	0.01853	5.420
3.27	0.3186	0.01826	5.472
3.28	0.3173	0.01799	5.523
3.29	0.3160	0.01773	5.576
3.30	0.3147	0.01748	5.629
3.31	0.3134	0.01722	5.682
3.32	0.3121	0.01698	5.736
3.33	0.3108	0.01673	5.790
3.34	0.3095	0.01649	5.845
3.35	0.3082	0.01625	5.900
3.36	0.3069	0.01602	5.956
3.37	0.3057	0.01579	6.012
3.38	0.3044	0.01557	6.069
3.39	0.3032	0.01534	6.126
3.40	0.3019	0.01512	6.184
3.41	0.3007	0.01491	6.242
3.42	0.2995	0.01470	6.301
3.43	0.2982	0.01449	6.360
3.44	0.2970	0.01428	6.420
3.45	0.2958	0.01408	6.480
3.46	0.2946	0.01388	6.541
3.47	0.2934	0.01368	6.602
3.48	0.2922	0.01349	6.664
3.49	0.2910	0.01330	6.727
3.50	0.2899	0.01311	6.790
3.51	0.2887	0.01293	6.853
3.52	0.2875	0.01274	6.917
3.53	0.2864	0.01256	6.982
3.54	0.2852	0.01239	7.047
3.55	0.2841	0.01221	7.113
3.56	0.2829	0.01204	7.179
3.57	0.2818	0.01188	7.246
3.58	0.2806	0.01171	7.313
3.59	0.2795	0.01155	7.382
3.60	0.2784	0.01138	7.450
3.61	0.2773	0.01123	7.519
3.62	0.2762	0.01107	7.589
3.63	0.2751	0.01092	7.659
3.64	0.2740	0.01076	7.730
3.65	0.2729	0.01062	7.802
3.66	0.2718	0.01047	7.874
3.67	0.2707	0.01032	7.947
3.68	0.2697	0.01018	8.020
3.69	0.2686	0.01004	8.094
3.70	0.2675	0.009903	8.169
3.71	0.2665	0.009767	8.244
3.72	0.2654	0.009633	8.320
3.73	0.2644	0.009500	8.397
3.74	0.2633	0.009370	8.474
3.75	0.2623	0.009242	8.552
3.76	0.2613	0.009116	8.630
3.77	0.2602	0.008991	8.709
3.78	0.2592	0.008869	8.789
3.79	0.2582	0.008748	8.870
3.80	0.2572	0.008629	8.951
3.81	0.2562	0.008512	9.032
3.82	0.2552	0.008396	9.115
3.83	0.2542	0.008283	9.198
3.84	0.2532	0.008171	9.282

표 B-1 등엔트로피 유동(k = 1.4)

M	$\frac{T}{T_0}$	$\left(\frac{p}{p_0}\right)$	$\frac{A}{A^*}$
3.85	0.2522	0.008060	9.366
3.86	0.2513	0.007951	9.451
3.87	0.2503	0.007844	9.537
3.88	0.2493	0.007739	9.624
3.89	0.2484	0.007635	9.711
3.90	0.2474	0.007532	9.799
3.91	0.2464	0.007431	9.888
3.92	0.2455	0.007332	9.977
3.93	0.2446	0.007233	10.07
3.94	0.2436	0.007137	10.16
3.95	0.2427	0.007042	10.25
3.96	0.2418	0.006948	10.34
3.97	0.2408	0.006855	10.44
3.98	0.2399	0.006764	10.53
3.99	0.2390	0.006675	10.62
4.00	0.2381	0.006586	10.72
4.01	0.2372	0.006499	10.81
4.02	0.2363	0.006413	10.91
4.03	0.2354	0.006328	11.01
4.04	0.2345	0.006245	11.11
4.05	0.2336	0.006163	11.21
4.06	0.2327	0.006082	11.31
4.07	0.2319	0.006002	11.41
4.08	0.2310	0.005923	11.51
4.09	0.2301	0.005845	11.61
4.10	0.2293	0.005769	11.71
4.11	0.2284	0.005694	11.82
4.12	0.2275	0.005619	11.92
4.13	0.2267	0.005546	12.03
4.14	0.2258	0.005474	12.14
4.15	0.2250	0.005403	12.24
4.16	0.2242	0.005333	12.35
4.17	0.2233	0.005264	12.46
4.18	0.2225	0.005195	12.57
4.19	0.2217	0.005128	12.68
4.20	0.2208	0.005062	12.79
4.21	0.2200	0.004997	12.90
4.22	0.2192	0.004932	13.02
4.23	0.2184	0.004869	13.13
4.24	0.2176	0.004806	13.25
4.25	0.2168	0.004745	13.36
4.26	0.2160	0.004684	13.48
4.27	0.2152	0.004624	13.60
4.28	0.2144	0.004565	13.72
4.29	0.2136	0.004507	13.83
4.30	0.2129	0.004449	13.95
4.31	0.2121	0.004393	14.08
4.32	0.2113	0.004337	14.20
4.33	0.2105	0.004282	14.32
4.34	0.2098	0.004228	14.45
4.35	0.2090	0.004174	14.57
4.36	0.2083	0.004121	14.70
4.37	0.2075	0.004069	14.82
4.38	0.2067	0.004018	14.95
4.39	0.2060	0.003968	15.08
4.40	0.2053	0.003918	15.21
4.41	0.2045	0.003868	15.34
4.42	0.2038	0.003820	15.47
4.43	0.2030	0.003772	15.61
4.44	0.2023	0.003725	15.74
4.45	0.2016	0.003678	15.87
4.46	0.2009	0.003633	16.01
4.47	0.2002	0.003587	16.15
4.48	0.1994	0.003543	16.28
4.49	0.1987	0.003499	16.42
4.50	0.1980	0.003455	16.56
4.51	0.1973	0.003412	16.70
4.52	0.1966	0.003370	16.84
4.53	0.1959	0.003329	16.99
4.54	0.1952	0.003288	17.13
4.55	0.1945	0.003247	17.28
4.56	0.1938	0.003207	17.42
4.57	0.1932	0.003168	17.57
4.58	0.1925	0.003129	17.72
4.59	0.1918	0.003090	17.87
4.60	0.1911	0.003053	18.02
4.61	0.1905	0.003015	18.17
4.62	0.1898	0.002978	18.32
4.63	0.1891	0.002942	18.48
4.64	0.1885	0.002906	18.63
4.65	0.1878	0.002871	18.79
4.66	0.1872	0.002836	18.94
4.67	0.1865	0.002802	19.10
4.68	0.1859	0.002768	19.26
4.69	0.1852	0.002734	19.42
4.70	0.1846	0.002701	19.58
4.71	0.1839	0.002669	19.75
4.72	0.1833	0.002637	19.91
4.73	0.1827	0.002605	20.07
4.74	0.1820	0.002573	20.24
4.75	0.1814	0.002543	20.41
4.76	0.1808	0.002512	20.58
4.77	0.1802	0.002482	20.75
4.78	0.1795	0.002452	20.92
4.79	0.1789	0.002423	21.09
4.80	0.1783	0.002394	21.26
4.81	0.1777	0.002366	21.44
4.82	0.1771	0.002338	21.61
4.83	0.1765	0.002310	21.79
4.84	0.1759	0.002283	21.97
4.85	0.1753	0.002255	22.15
4.86	0.1747	0.002229	22.33
4.87	0.1741	0.002202	22.51
4.88	0.1735	0.002177	22.70
4.89	0.1729	0.002151	22.88
4.90	0.1724	0.002126	23.07
4.91	0.1718	0.002101	23.25
4.92	0.1712	0.002076	23.44
4.93	0.1706	0.002052	23.63
4.94	0.1700	0.002028	23.82
4.95	0.1695	0.002004	24.02
4.96	0.1689	0.001981	24.21
4.97	0.1683	0.001957	24.41
4.98	0.1678	0.001935	24.60
4.99	0.1672	0.001912	24.80
5.00	0.1667	0.001890	25.00
6.00	0.1220	0.0006334	53.18
7.00	0.09259	0.0002416	104.1
8.00	0.07246	0.0001024	190.1
9.00	0.05814	0.00004739	327.2
10.00	0.04762	0.00002356	535.9

표 B-2 파노(Fanno) 유동(k = 1.4)

M	$\frac{fL_{max}}{D}$	$\frac{T}{T^*}$	$\frac{V}{V^*}$	$\frac{p}{p^*}$	$\frac{p_0}{p_0^*}$
0.0	∞	1.2000	0.0	∞	∞
0.1	66.9216	1.1976	0.1094	10.9435	5.8218
0.2	14.5333	1.1905	0.2182	5.4554	2.9635
0.3	5.2993	1.1788	0.3257	3.6191	2.0351
0.4	2.3085	1.1628	0.4313	2.6958	1.5901
0.5	1.0691	1.1429	0.5345	2.1381	1.3398
0.6	0.4908	1.1194	0.6348	1.7634	1.1882
0.7	0.2081	1.0929	0.7318	1.4935	1.0944
0.8	0.0723	1.0638	0.8251	1.2893	1.0382
0.9	0.0145	1.0327	0.9146	1.1291	1.0089
1.0	0.0000	1.0000	1.0000	1.0000	1.0000
1.1	0.0099	0.9662	1.0812	0.8936	1.0079
1.2	0.0336	0.9317	1.1583	0.8044	1.0304
1.3	0.0648	0.8969	1.2311	0.7285	1.0663
1.4	0.0997	0.8621	1.2999	0.6632	1.1149
1.5	0.1360	0.8276	1.3646	0.6065	1.1762
1.6	0.1724	0.7937	1.4254	0.5568	1.2502
1.7	0.2078	0.7605	1.4825	0.5130	1.3376
1.8	0.2419	0.7282	1.5360	0.4741	1.4390
1.9	0.2743	0.6969	1.5861	0.4394	1.5553
2.0	0.3050	0.6667	1.6330	0.4082	1.6875
2.1	0.3339	0.6376	1.6769	0.3802	1.8369
2.2	0.3609	0.6098	1.7179	0.3549	2.0050
2.3	0.3862	0.5831	1.7563	0.3320	2.1931
2.4	0.4099	0.5576	1.7922	0.3111	2.4031
2.5	0.4320	0.5333	1.8257	0.2921	2.6367
2.6	0.4526	0.5102	1.8571	0.2747	2.8960
2.7	0.4718	0.4882	1.8865	0.2588	3.1830
2.8	0.4898	0.4673	1.9140	0.2441	3.5001
2.9	0.5065	0.4474	1.9398	0.2307	3.8498
3.0	0.5222	0.4286	1.9640	0.2182	4.2346

표 B-3 레일리히(Rayleigh) 유동(k = 1.4)

M	$\frac{T}{T^*}$	$\frac{V}{V^*}$	$\frac{p}{p^*}$	$\frac{T_0}{T_0^*}$	$\frac{p_0}{p_0^*}$
0.0	0.0	0.0	2.4000	0.0	1.2679
0.1	0.0560	0.0237	2.3669	0.0468	1.2591
0.2	0.2066	0.0909	2.2727	0.1736	1.2346
0.3	0.4089	0.1918	2.1314	0.3469	1.1985
0.4	0.6151	0.3137	1.9608	0.5290	1.1566
0.5	0.7901	0.4444	1.7778	0.6914	1.1140
0.6	0.9167	0.5745	1.5957	0.8189	1.0753
0.7	0.9929	0.6975	1.4235	0.9085	1.0431
0.8	1.0255	0.8101	1.2658	0.9639	1.0193
0.9	1.0245	0.9110	1.1246	0.9921	1.0049
1.0	1.0000	1.0000	1.0000	1.0000	1.0000
1.1	0.9603	1.0780	0.8909	0.9939	1.0049
1.2	0.9118	1.1459	0.7958	0.9787	1.0194
1.3	0.8592	1.2050	0.7130	0.9580	1.0437
1.4	0.8054	1.2564	0.6410	0.9343	1.0776
1.5	0.7525	1.3012	0.5783	0.9093	1.1215
1.6	0.7017	1.3403	0.5236	0.8842	1.1756
1.7	0.6538	1.3746	0.4756	0.8597	1.2402
1.8	0.6089	1.4046	0.4335	0.8363	1.3159
1.9	0.5673	1.4311	0.3964	0.8141	1.4033
2.0	0.5289	1.4545	0.3636	0.7934	1.5031
2.1	0.4936	1.4753	0.3345	0.7741	1.6162
2.2	0.4611	1.4938	0.3086	0.7561	1.7434
2.3	0.4312	1.5103	0.2855	0.7395	1.8860
2.4	0.4038	1.5252	0.2648	0.7242	2.0450
2.5	0.3787	1.5385	0.2462	0.7101	2.2218
2.6	0.3556	1 .5505	0.2294	0.6970	2.4177
2.7	0.3344	1.5613	0.2142	0.6849	2.6343
2.8	0.3149	1.5711	0.2004	0.6738	2.8731
2.9	0.2969	1.5801	0.1879	0.6635	3.1359
3.0	0.2803	1.5882	0.1765	0.6540	3.4244

표 B-4 수직충격파 유동(k = 1.4)

M_1	M_2	$\frac{p_2}{p_1}$	$\frac{\rho_2}{\rho_1}$	$\frac{T_2}{T_1}$	$\frac{(p_0)_2}{(p_0)_1}$
1.00	1.000	1.000	1.000	1.000	1.000
1.01	0.9901	1.023	1.017	1.007	1.000
1.02	0.9805	1.047	1.033	1.013	1.000
1.03	0.9712	1.071	1.050	1.020	1.000
1.04	0.9620	1.095	1.067	1.026	0.9999
1.05	0.9531	1.120	1.084	1.033	0.9999
1.06	0.9444	1.144	1.101	1.059	0.9997
1.07	0.9360	1.169	1.118	1.016	0.9996
1.08	0.9277	1.194	1.135	1.052	0.9994
1.09	0.9196	1.219	1.152	1.059	0.9992
1.10	0.9118	1.245	1.169	1.065	0.9989
1.11	0.9041	1.271	1.186	1.071	0.9986
1.12	0.8966	1.297	1.203	1.078	0.9982
1.13	0.8892	1.323	1.221	1.084	0.9978
1.14	0.8820	1.350	1.238	1.090	0.9973
1.15	0.8750	1.376	1.255	1.097	0.9967
1.16	0.8682	1.403	1.272	1.103	0.9961
1.17	0.8615	1.430	1.290	1.109	0.9953
1.18	0.8549	1.458	1.307	1.115	0.9916
1.19	0.8485	1.485	1.324	1.122	0.9937
1.20	0.8422	1.513	1.342	1.128	0.9928
1.21	0.8360	1.541	1.359	1.134	0.9918
1.22	0.8300	1.570	1.376	1.141	0.9907
1.23	0.8241	1.598	1.394	1.147	0.9896
1.24	0.8183	1.627	1.411	1.153	0.9884
1.25	0.8126	1.656	1.429	1.159	0.9871
1.26	0.8071	1.686	1.446	1.166	0.9857
1.27	0.8016	1.715	1.463	1.172	0.9842
1.28	0.7963	1.745	1.481	1.178	0.9827
1.29	0.7911	1.775	1.498	1.185	0.9811
1.30	0.7860	1.805	1.516	1.191	0.9794
1.31	0.7809	1.835	1.533	1.197	0.9776
1.32	0.7760	1.866	1.551	1.204	0.9758
1.33	0.7712	1.897	1.568	1.210	0.9738
1.34	0.7664	1.928	1.585	1.216	0.9718
1.35	0.7618	1.960	1.603	1.223	0.9697
1.36	0.7572	1.991	1.620	1.229	0.9676
1.37	0.7527	2.023	1.638	1.235	0.9653
1.38	0.7483	2.055	1.655	1.242	0.9630
1.39	0.7440	2.087	1.672	1.248	0.9607
1.40	0.7397	2.120	1.690	1.255	0.9582
1.41	0.7355	2.153	1.707	1.261	0.9557
1.42	0.7314	2.186	1.724	1.268	0.9531
1.43	0.7274	2.219	1.742	1.274	0.9504
1.44	0.7235	2.253	1.759	1.281	0.9476
1.45	0.7196	2.286	1.776	1.287	0.9448
1.46	0.7157	2.320	1.793	1.294	0.9420
1.47	0.7120	2.354	1.811	1.300	0.9390
1.48	0.7083	2.389	1.828	1.307	0.9360
1.49	0.7047	2.423	1.845	1.314	0.9329
1.50	0.7011	2.458	1.862	1.320	0.9298
1.51	0.6976	2.493	1.879	1.327	0.9266
1.52	0.6941	2.529	1.896	1.334	0.9233
1.53	0.6907	2.564	1.913	1.340	0.9200
1.54	0.6874	2.600	1.930	1.347	0.9166
1.55	0.6841	2.636	1.947	1.354	0.9132
1.56	0.6809	2.673	1.964	1.361	0.9097
1.57	0.6777	2.709	1.981	1.367	0.9061
1.58	0.6746	2.746	1.998	1.374	0.9026
1.59	0.6715	2.783	2.015	1.381	0.8989
1.60	0.6684	2.820	2.032	1.388	0.8952
1.61	0.6655	2.857	2.049	1.395	0.8915
1.62	0.6625	2.895	2.065	1.402	0.8877
1.63	0.6596	2.933	2.082	1.409	0.8538
1.64	0.6568	2.971	2.099	1.416	0.8799
1.65	0.6540	3.010	2.115	1.423	0.8760
1.66	0.6512	3.048	2.132	1.430	0.8720
1.67	0.6485	3.087	2.148	1.437	0.8680
1.68	0.6458	3.126	2.165	1.444	0.8640

표 B-4 수직충격파 유동(k = 1.4)

M_1	M_2	$\frac{p_2}{p_1}$	$\frac{\rho_2}{\rho_1}$	$\frac{T_2}{T_1}$	$\frac{(p_0)_2}{(p_0)_1}$
1.69	0.6431	3.165	2.181	1.451	0.8598
1.70	0.6405	3.205	2.198	1.458	0.8557
1.71	0.6380	3.245	2.214	1.466	0.8516
1.72	0.6355	3.285	2.230	1.473	0.8474
1.73	0.6330	3.325	2.247	1.480	0.8431
1.74	0.6305	3.366	2.263	1.487	0.8389
1.75	0.6281	3.406	2.279	1.495	0.8346
1.76	0.6257	3.447	2.295	1.502	0.8302
1.77	0.6234	3.488	2.311	1.509	0.8259
1.78	0.6210	3.530	2.327	1.517	0.8215
1.79	0.6188	3.571	2.343	1.524	0.8171
1.80	0.6165	3.613	2.359	1.532	0.8127
1.81	0.6143	3.655	2.375	1.539	0.8082
1.82	0.6121	3.698	2.391	1.547	0.8038
1.83	0.6099	3.740	2.407	1.554	0.7993
1.84	0.6078	3.783	2.422	1.562	0.7948
1.85	0.6057	3.826	2.438	1.569	0.7902
1.86	0.6036	3.870	2.454	1.577	0.7857
1.87	0.6016	3.913	2.469	1.585	0.7811
1.88	0.5996	3.957	2.485	1.592	0.7765
1.89	0.5976	4.001	2.500	1.600	0.7720
1.90	0.5956	4.045	2.516	1.608	0.7674
1.91	0.5937	4.089	2.531	1.616	0.7627
1.92	0.5918	4.134	2.546	1.624	0.7581
1.93	0.5899	4.179	2.562	1.631	0.7535
1.94	0.5880	4.224	2.577	1.639	0.7488
1.95	0.5862	4.270	2.592	1.647	0.7442
1.96	0.5844	4.315	2.607	1.655	0.7395
1.97	0.5826	4.361	2.622	1.663	0.7349
1.98	0.5808	4.407	2.637	1.671	0.7302
1.99	0.5791	4.453	2.652	1.679	0.7255
2.00	0.5774	4.500	2.667	1.688	0.7209
2.01	0.5757	4.547	2.681	1.696	0.7162
2.02	0.5740	4.594	2.696	1.704	0.7115
2.03	0.5723	4.641	2.711	1.712	0.7069
2.04	0.5707	4.689	2.725	1.720	0.7022
2.05	0.5691	4.736	2.740	1.729	0.6975
2.06	0.5675	4.784	2.755	1.737	0.6928
2.07	0.5659	4.832	2.769	1.745	0.6882
2.08	0.5643	4.881	2.783	1.754	0.6835
2.09	0.5628	4.929	2.798	1.762	0.6789
2.10	0.5613	4.978	2.812	1.770	0.6742
2.11	0.5598	5.027	2.826	1.779	0.6696
2.12	0.5583	5.077	2.840	1.787	0.6649
2.13	0.5568	5.126	2.854	1.796	0.6603
2.14	0.5554	5.176	2.868	1.805	0.6557
2.15	0.5540	5.226	2.882	1.813	0.6511
2.16	0.5525	5.277	2.896	1.822	0.6464
2.17	0.5511	5.327	2.910	1.821	0.6419
2.18	0.5498	5.378	2.924	1.839	0.6373
2.19	0.5484	5.429	2.938	1.848	0.6327
2.20	0.5471	5.480	2.951	1.857	0.6281
2.21	0.5457	5.531	2.965	1.866	0.6236
2.22	0.5444	5.583	2.978	1.875	0.6191
2.23	0.5431	5.636	2.992	1.883	0.6145
2.24	0.5418	5.687	3.005	1.892	0.6100
2.25	0.5406	5.740	3.019	1.901	0.6055
2.26	0.5393	5.792	3.032	1.910	0.6011
2.27	0.5381	5.845	3.045	1.919	0.5966
2.28	0.5368	5.898	3.058	1.929	0.5921
2.29	0.5356	5.951	3.071	1.938	0.5877
2.30	0.5344	6.005	3.085	1.947	0.5833
2.31	0.5332	6.059	3.098	1.956	0.5789
2.32	0.5321	6.113	3.110	1.965	0.5745
2.33	0.5309	6.167	3.123	1.974	0.5702
2.34	0.5297	6.222	3.136	1.984	0.5658
2.35	0.5286	6.276	3.149	1.993	0.5615
2.36	0.5275	6.331	3.162	2.002	0.5572

표 B-4 수직충격파 유동(k = 1.4)

M_1	M_2	$\frac{p_2}{p_1}$	$\frac{\rho_2}{\rho_1}$	$\frac{T_2}{T_1}$	$\frac{(p_0)_2}{(p_0)_1}$
2.37	0.5264	6.386	3.174	2.012	0.5529
2.38	0.5253	6.442	3.187	2.021	0.5486
2.39	0.5242	6.497	3.199	2.031	0.5444
2.40	0.5231	6.553	3.212	2.040	0.5401
2.41	0.5221	6.609	3.224	2.050	0.5359
2.42	0.5210	6.666	3.237	2.059	0.5317
2.43	0.5200	6.722	3.249	2.069	0.5276
2.44	0.5189	6.779	3.261	2.079	0.5234
2.45	0.5179	6.836	3.273	2.088	0.5193
2.46	0.5169	6.894	3.285	2.098	0.5152
2.47	0.5159	6.951	3.298	2.108	0.5111
2.48	0.5149	7.009	3.310	2.118	0.5071
2.49	0.5140	7.067	3.321	2.128	0.5030
2.50	0.5130	7.125	3.333	2.138	0.4990
2.51	0.5120	7.183	3.345	2.147	0.4950
2.52	0.5111	7.242	3.357	2.157	0.4911
2.53	0.5102	7.301	3.369	2.167	0.4871
2.54	0.5092	7.360	3.380	2.177	0.4832
2.55	0.5083	7.420	3.392	2.187	0.4793
2.56	0.5074	7.479	3.403	2.198	0.4754
2.57	0.5065	7.539	3.415	2.208	0.4715
2.58	0.5056	7.599	3.426	2.218	0.4677
2.59	0.5047	7.659	3.438	2.228	0.4639
2.60	0.5039	7.720	3.449	2.238	0.4601
2.61	0.5030	7.781	3.460	2.249	0.4564
2.62	0.5022	7.842	3.471	2.259	0.4526
2.63	0.5013	7.903	3.483	2.269	0.4489
2.64	0.5005	7.965	3.494	2.280	0.4452
2.65	0.4996	8.026	3.505	2.290	0.4416
2.66	0.4988	8.088	3.516	2.301	0.4379
2.67	0.4980	8.150	3.527	2.311	0.4343
2.68	0.4972	8.213	3.537	2.322	0.4307
2.69	0.4964	8.275	3.548	2.332	0.4271
2.70	0.4956	8.338	3.559	2.343	0.4236
2.71	0.4949	8.401	3.570	2.354	0.4201
2.72	0.4941	8.465	3.580	2.364	0.4166
2.73	0.4933	8.528	3.591	2.375	0.4131
2.74	0.4926	8.592	3.601	2.386	0.4097
2.75	0.4918	8.656	3.612	2.397	0.4062
2.76	0.4911	8.721	3.622	2.407	0.4028
2.77	0.4903	8.785	3.633	2.418	0.3994
2.78	0.4896	8.850	3.643	2.429	0.3961
2.79	0.4889	8.915	3.653	2.440	0.3928
2.80	0.4882	8.980	3.664	2.451	0.3895
2.81	0.4875	9.045	3.674	2.462	0.3862
2.82	0.4868	9.111	3.684	2.473	0.3829
2.83	0.4861	9.177	3.694	2.484	0.3797
2.84	0.4854	9.243	3.704	2.496	0.3765
2.85	0.4847	9.310	3.714	2.507	0.3733
2.86	0.4840	9.376	3.724	2.518	0.3701
2.87	0.4833	9.443	3.734	2.529	0.3670
2.88	0.4827	9.510	3.743	2.540	0.3639
2.89	0.4820	9.577	3.753	2.552	0.3608
2.90	0.4814	9.645	3.763	2.563	0.3577
2.91	0.4807	9.713	3.773	2.575	0.3547
2.92	0.4801	9.781	3.782	2.586	0.3517
2.93	0.4795	9.849	3.792	2.598	0.3487
2.94	0.4788	9.918	3.801	2.609	0.3457
2.95	0.4782	9.986	3.811	2.621	0.3428
2.96	0.4776	10.06	3.820	2.632	0.3398
2.97	0.4770	10.12	3.829	2.644	0.3369
2.98	0.4764	10.19	3.839	2.656	0.3340
2.99	0.4758	10.26	3.848	2.667	0.3312
3.00	0.4752	10.33	3.857	2.679	0.3283

표 B-5 프란틀-마이어(Prandtl-Meyer) 팽창 유동(k = 1.4)

M	ω(도)
1.00	0.00
1.02	0.1257
1.04	0.3510
1.06	0.6367
1.08	0.9680
1.10	1.336
1.12	1.735
1.14	2.160
1.16	2.607
1.18	3.074
1.20	3.558
1.22	4.057
1.24	4.569
1.26	5.093
1.28	5.627
1.30	6.170
1.32	6.721
1.34	7.279
1.36	7.844
1.38	8.413
1.40	8.987
1.42	9.565
1.44	10.146
1.46	10.730
1.48	11.317
1.50	11.905
1.52	12.495
1.54	13.086
1.56	13.677
1.58	14.269
1.60	14.860
1.62	15.452
1.64	16.043
1.66	16.633
1.68	17.222
1.70	17.810
1.72	18.396
1.74	18.981
1.76	19.565
1.78	20.146
1.80	20.725
1.82	21.302
1.84	21.877
1.86	22.449
1.88	23.019
1.90	23.586
1.92	24.151
1.94	24.712
1.96	25.271
1.98	25.827
2.00	26.380
2.02	26.930
2.04	27.476
2.06	28.020
2.08	28.560
2.10	29.097
2.12	29.631
2.14	30.161
2.16	30.688
2.18	31.212
2.20	31.732
2.22	32.249
2.24	32.763
2.26	33.273
2.28	33.780
2.30	34.283
2.32	34.782
2.34	35.279
2.36	35.772
2.38	36.261
2.40	36.746
2.42	37.229
2.44	37.708
2.46	38.183
2.48	38.655
2.50	39.124
2.52	39.589
2.54	40.050
2.56	40.508
2.58	40.963
2.60	41.415
2.62	41.863
2.64	42.307
2.66	42.749
2.68	43.187
2.70	43.622
2.72	44.053
2.74	44.481
2.76	44.906
2.78	45.328
2.80	45.746
2.82	46.161
2.84	46.573
2.86	46.982
2.88	47.388
2.90	47.790
2.92	48.190
2.94	48.586
2.96	48.980
2.98	49.370
3.00	49.757
3.02	50.14
3.04	50.52
3.06	50.90
3.08	51.28
3.10	51.65
3.12	52.01
3.14	52.39
3.16	52.75
3.18	53.11
3.20	53.47
3.22	53.83
3.24	54.18
3.26	54.53
3.28	54.88
3.30	55.22
3.32	55.56
3.34	55.90
3.36	56.24
3.38	56.58
3.40	56.90
3.42	57.24
3.44	57.56
3.46	57.89
3.48	58.21
3.50	58.53

기초문제 해답

제2장

F2–1. $p_B + \rho_w g h_w = 400\left(10^3\right)$ Pa

$$p_B + \left(1000\text{ kg/m}^3\right)\left(9.81\text{ m/s}^2\right)(0.3\text{ m}) = 400\left(10^3\right)\text{ Pa}$$

$$p_B = 397.06\left(10^3\right)\text{ Pa}$$

$$+\uparrow F_R = \Sigma F_y;\ F_R = \left[397.06\left(10^3\right)\text{ N/m}^2\right]\left[\pi(0.025\text{ m})^2\right] - \left[101\left(10^3\right)\text{ N/m}^2\right]\left[\pi(0.025\text{ m})^2\right]$$

$$= 581.31\text{ N} = 581\text{ N}$$ 답

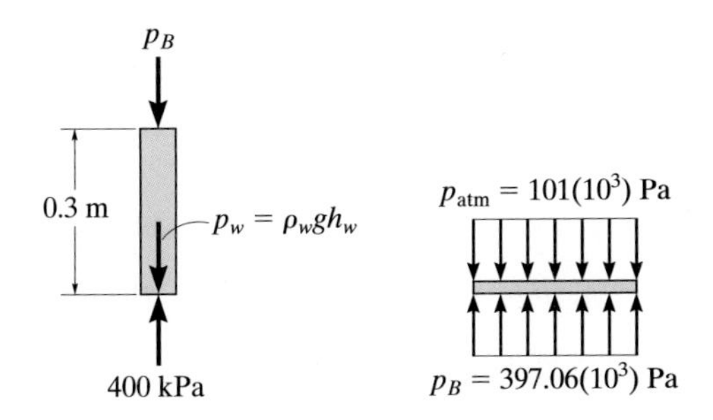

F2–2. 점 A, B, C의 압력을 마노미터 방정식으로부터 구할 수 있다. 점 A로부터 그림 a를 고려하면,

$$p_{atm} + \gamma_w h_w + \gamma_o h_o = p_A$$

$$0 + \left(62.4\text{ lb/ft}^3\right)(4\text{ ft}) + \left(55.1\text{ lb/ft}^3\right)(4\text{ ft}) = p_A$$

$$p_A = \left(470\text{ lb/ft}^2\right)\left(1\text{ ft/12 in.}\right)^2 = 3.264\text{ psi} = 3.26\text{ psi}$$ 답

그림 b를 고려하여 점 B에서의 압력은

$$p_{atm} + \gamma_o h_o - \gamma_w h_w = p_B$$

$$0 + \left(55.1\text{ lb/ft}^3\right)(4\text{ ft}) - \left(62.4\text{ lb/ft}^3\right)(1\text{ ft}) = p_B$$

$$p_B = \left(158.0\text{ lb/ft}^2\right)\left(1\text{ ft/12 in.}\right)^2 = 1.097\text{ psi} = 1.10\text{ psi}$$ 답

그림 c를 고려하여 점 C에서의 압력은

$$p_{atm} + \gamma_o h_o + \gamma_w h_w = p_C$$

$$0 + \left(55.1\text{ lb/ft}^3\right)(4\text{ ft}) + \left(62.4\text{ lb/ft}^3\right)(3\text{ ft}) = p_C$$

$$p_C = \left(407.6\text{ lb/ft}^2\right)\left(1\text{ ft/12 in.}\right)^2 = 2.831\text{ psi} = 2.83\text{ psi}$$ *Ans.*

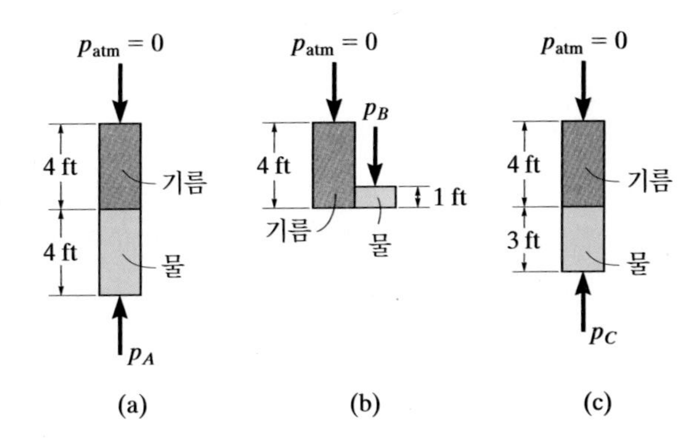

(a) (b) (c)

F2–3. 그림을 참조하면

$$p_{atm} + \rho_w g h_w - \rho_{Hg} g h_{Hg} = p_{atm}$$

$$\rho_w g h_w - \rho_{Hg} g h_{Hg} = 0$$

$$\left(1000\text{ kg/m}^3\right)\left(9.81\text{ m/s}^2\right)(2 + h) - \left(13\,550\text{ kg/m}^3\right)\left(9.81\text{ m/s}^2\right)h = 0$$

$$2000 + 1000h - 13\,550h = 0$$

$$h = 0.1594\text{ m} = 159\text{ mm}$$ 답

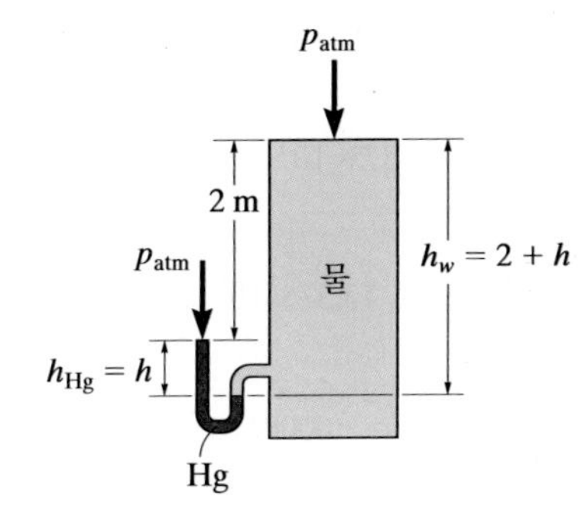

F2–4. $p_{atm} + \rho_w g h_w - \rho_{Hg} g h_{Hg} = p_{atm}$

$$\rho_w h_w = \rho_{Hg} h_{Hg}$$

$$h_w = \left(\frac{\rho_{Hg}}{\rho_w}\right) h_{Hg}$$

$$(h - 0.3\text{ m}) = \left(\frac{13\,550\text{ kg/m}^3}{1000\text{ kg/m}^3}\right)(0.1\text{ m} + 0.5\sin 30^\circ\text{ m})$$

$$h = 5.0425\text{ m} = 5.04\text{ m}$$

$(h - 0.3)$ m

0.5 sin 30° m

0.1 m

0.3 m

F2–5. $p_B - \rho_w g h_w = p_A$

$$p_B - \left(1000\ \text{kg/m}^3\right)\left(9.81\ \text{m/s}^2\right)(0.4\ \text{m}) = 300\left(10^3\right)\text{N/m}^2$$

$$p_B = 303.92\left(10^3\right)\text{Pa} = 304\ \text{kPa}$$ 답

F2–6. $p_{atm} + \rho_{co} g h_{co} + \rho_w g h_w = p_B$

$$\left[101\left(10^3\right)\text{N/m}^2\right] + \left(880\ \text{kg/m}^3\right)\left(9.81\ \text{m/s}^2\right)(1.1\ \text{m}) + \left(1000\ \text{kg/m}^3\right)\left(9.81\ \text{m/s}^2\right)(0.9\ \text{m}) = p_B$$

$$p_B = 119.33\left(10^3\right)\text{Pa} = 119\ \text{kPa}$$ 답

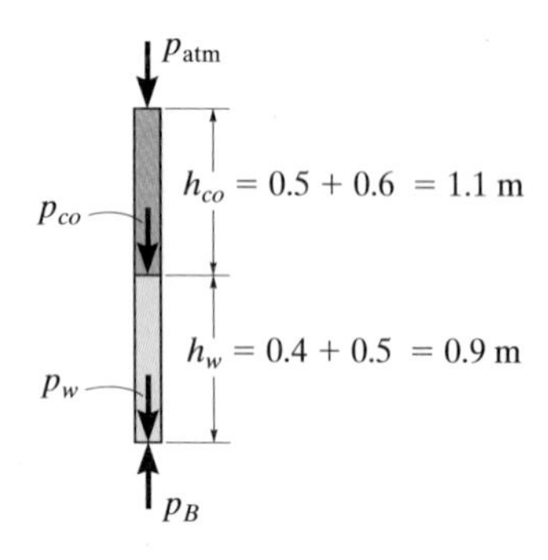

F2–7. A에서 분포하중의 강도는

$$w_A = \rho_w g h_A b = 1000(9.81)(2.5)(1.5) = 36.7875\left(10^3\right)\text{N/m}$$

AB와 BC에서의 합력은

$$(F_R)_{AB} = \frac{1}{2}\left[36.7875\left(10^3\right)\right](2.5) = 45.98\left(10^3\right)\text{N} = 46.0\ \text{kN}$$ 답

$$(F_R)_{BC} = \left[36.7875\left(10^3\right)\right](2) = 73.575\left(10^3\right)\text{N} = 73.6\ \text{kN}$$ 답

또 다른 방법으로는,

$$(F_R)_{AB} = \rho_w g \bar{h}_{AB} A_{AB} = 1000(9.81)\left(2.5/2\right)\left[2.5(1.5)\right] = 45.98\left(10^3\right)\text{N} = 46.0\ \text{kN}$$ 답

$$(F_R)_{BC} = \rho_w g \bar{h}_{BC} A_{BC} = 1000(9.81)(2.5)\left[2(1.5)\right] = 73.575\left(10^3\right)\text{N} = 73.6\ \text{kN}$$ 답

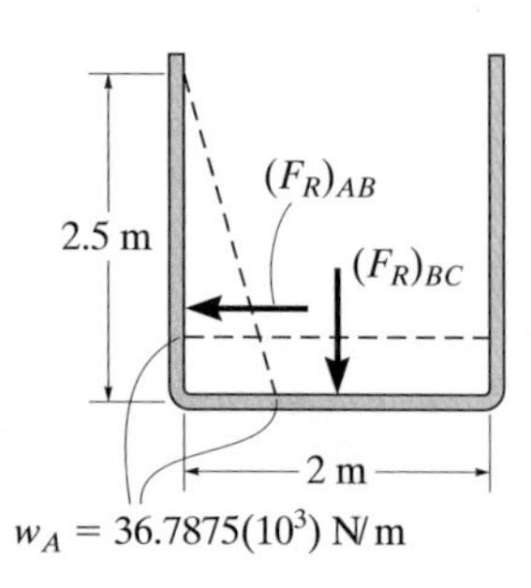

F2–8. 분포하중의 강도는

$$w_A = \rho_o g h_A b = 900(9.81)(3)(2) = 52.974\left(10^3\right)\text{N/m}$$

여기서, $L_{AB} = 3/\sin 60° = 3.464$ m

$$F_R = \tfrac{1}{2}\left[52.974\left(10^3\right)\right](3.464) = 91.8\ \text{kN}$$ 답

또 다른 방법으로는,

$$F_R = \rho_o g \bar{h} A = 900(9.81)(1.5)\left[\left(3/\sin 60°\right)(2)\right] = 91.8\ \text{kN}$$ 답

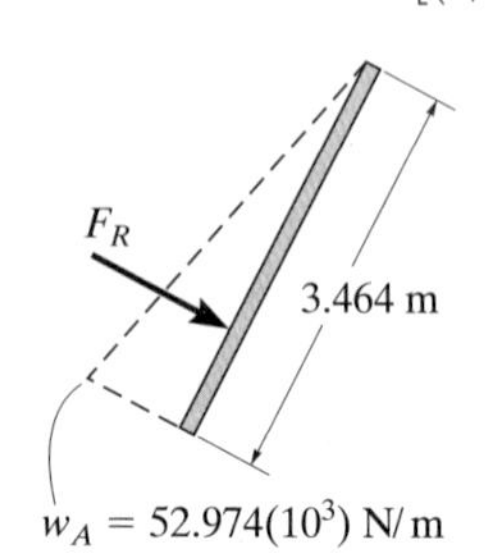

F2–9. A와 B의 바닥에서 분포하중의 강도는

$$w_1 = \rho_w g h_1 b = 1000(9.81)(0.9)(2) = 17.658\left(10^3\right)\text{N/m}$$

$$w_2 = \rho_w g h_2 b = 1000(9.81)(1.5)(2) = 29.43\left(10^3\right)\text{N/m}$$

그러면 합력은

$$(F_R)_A = \frac{1}{2}\left[17.658\left(10^3\right)\right](0.9) = 7.9461\left(10^3\right)\text{N} = 7.94\ \text{kN}$$ 답

$$(F_R)_{B_1} = \left[17.658\left(10^3\right)\right](0.6) = 10.5948\left(10^3\right)\text{N}$$

$$(F_R)_{B_2} = \frac{1}{2}\left[29.43\left(10^3\right) - 17.658\left(10^3\right)\right](0.6) = 3.5316\left(10^3\right)$$

$$(F_R)_B = (F_R)_{B_1} + (F_R)_{B_2} = 10.5948\left(10^3\right) + 3.5816\left(10^3\right) = 14.13\left(10^3\right)\text{N} = 14.1\ \text{kN}$$ 답

합력의 작용점은

$$(y_p)_A = \frac{2}{3}(0.9) = 0.6\ \text{m}$$ 답

$$(y_p)_B = \frac{\left[10.5948\left(10^3\right)\right](0.9 + 0.6/2) + 3.5316\left(10^3\right)\left[0.9 + \frac{2}{3}(0.6)\right]}{14.1264\left(10^3\right)} = 1.225\ \text{m}$$ 답

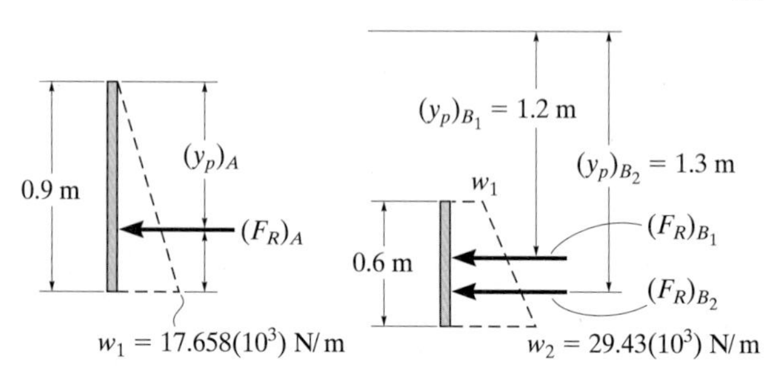

다른 방법으로 A에서의 합력을 구하면

$$(F_R)_A = \rho_w g \bar{h}_A A_A = 1000(9.81)(0.45)(0.9)(2)$$
$$= 7.9461(10^3) = 7.94 \text{ kN}$$ 답

합력의 작용점은

$$(y_p)_A = \frac{(\bar{I}_x)_A}{\bar{y}_A A_A} + \bar{y}_A = \frac{\frac{1}{12}(2)(0.9^3)}{0.45[0.9(2)]} + 0.45 = 0.6 \text{ m}$$ 답

B에서의 합력은

$$(F_p)_B = \rho_w g \bar{h}_B A_B = 1000(9.81)(0.9 + 0.6/2)(0.6)(2)$$
$$= 14.1264(10^3) = 14.1 \text{ kN}$$ 답

합력의 작용점은

$$(y_p)_B = \frac{(\bar{I}_x)_B}{\bar{y}_B A_B} + \bar{y}_B = \frac{\frac{1}{12}(2)(0.6^3)}{(0.9 + 0.6/2)(0.6)(2)} + (0.9 + 0.6/2)$$
$$= 1.225 \text{ m}$$ 답

F2–10. 여기서, $\bar{y}_A = \bar{h}_A = \frac{2}{3}(1.2) = 0.8 \text{ m}$

$A_A = \frac{1}{2}(0.6)(1.2) = 0.36 \text{ m}^2$. 그러므로

$$F_R = \rho_w g \bar{h}_A A_A = 1000(9.81)(0.8)(0.36) = 2825.28 \text{ N}$$
$$= 2.83 \text{ kN}$$ 답

또한, $(\bar{I}_x)_A = \frac{1}{36}(0.6)(1.2^3) = 0.0288 \text{ m}^4$. 그러므로

$$y_p = \frac{(\bar{I}_x)_A}{\bar{y}_A A_A} + \bar{y}_A = \frac{0.0288}{0.8(0.36)} + 0.8 = 0.9 \text{ m}$$ 답

F2–11. $\bar{y} = 2 \text{ m}, \bar{h} = 2 \sin 60° = \sqrt{3} \text{ m}$,

$A = \pi(0.5^2) = 0.25\pi \text{ m}^2$

$(\bar{I}_x) = \frac{\pi}{4}(0.5^4) = 0.015625\pi \text{ m}^4$. 그러므로

$$F_R = \rho_w g \bar{h} A = 1000(9.81)(\sqrt{3})(0.25\pi) = 13.345(10^3) \text{ N}$$
$$= 13.3 \text{ kN}$$ 답

$$y_p = \frac{\bar{I}_x}{\bar{y}A} + \bar{y} = \frac{0.015625\pi}{2(0.25\pi)} + 2 = 2.03125 \text{ m} = 2.03 \text{ m}$$ 답

F2–12. 분포하중의 강도는

$$w_1 = \rho_k g h_k b = 814(9.81)(1 \sin 60°)(2) = 13.831(10^3) \text{ N/m}$$
$$w_2 = w_1 + \rho_w g h_w b = 13.831(10^3) + 1000(9.81)(3 \sin 60°)(2)$$
$$= 64.805(10^3) \text{ N/m}$$

따라서, 합력은

$$F_R = \frac{1}{2}[13.831(10^3)](1) + 13.831(10^3)(3) + \frac{1}{2}[64.805(10^3) - 13.831(10^3)](3)$$
$$= 124.87(10^3) \text{ N} = 125 \text{ kN}$$ 답

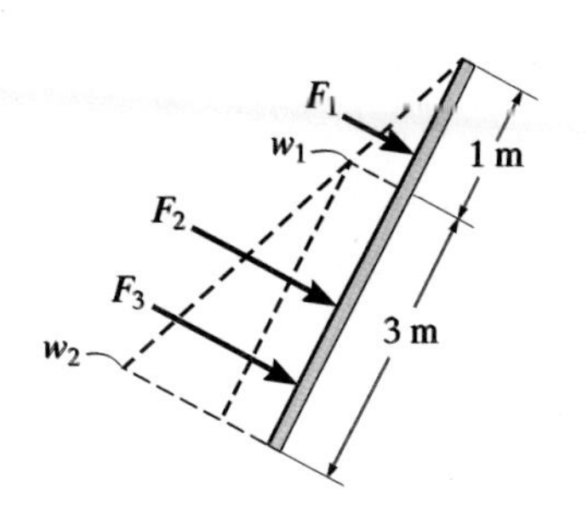

F2–13. 수평성분 :

$$w_A = \rho_w g h_A b$$
$$= (1000 \text{ kg/m}^3)(9.81 \text{ m/s}^2)(3 \sin 30° \text{ m})(0.5 \text{ m}) = 7357.5 \text{ N/m}$$

$$F_R = \frac{1}{2} w_A h_A$$
$$= \frac{1}{2}(7357.58 \text{ N/m})(3 \sin 30° \text{ m}) = 5518.125 \text{ N}$$
$$= 5.518 \text{ kN}$$

수직성분 :

$$F_v = \rho_w g \forall$$
$$= 1000 \text{ kg/m}^3(9.81 \text{ m/s}^2)[\tfrac{1}{2}(3 \cos 30° \text{ m})(3 \sin 30° \text{ m})(0.5 \text{ m})]$$
$$= 9557.67 \text{ N} = 9.558 \text{ kN}$$

$\overset{+}{\rightarrow}\Sigma F_x = 0;\ A_x - 5.518 \text{ kN} = 0 \qquad A_x = 5.52 \text{ kN}$ 답

$+\uparrow \Sigma F_y = 0;\ 9.558 \text{ kN} - A_y = 0 \qquad A_y = 9.56 \text{ kN}$ 답

$\circlearrowleft + \Sigma M_A = 0;\ (9.558 \text{ kN})[\tfrac{1}{3}(3 \cos 30° \text{ m})] + (5.518 \text{ kN})\tfrac{1}{3}(3 \sin 30° \text{ m}) - M_A = 0$

$M_A = 11.0 \text{ kN} \cdot \text{m}$ 답

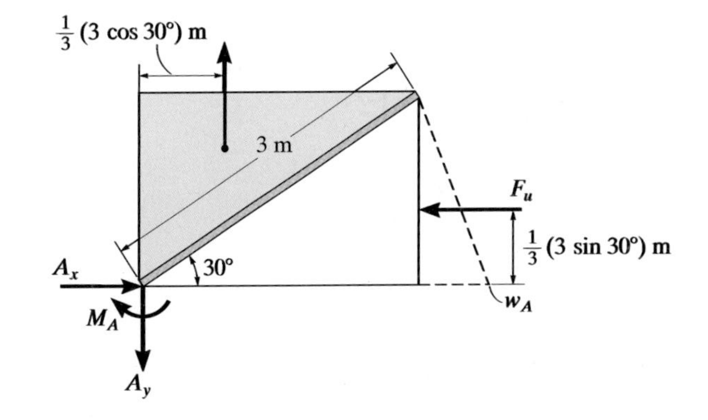

F2–14. 합력은 면 AB 위에 있는 오일의 무게와 같다.

$$F_v = \rho_o g(A_{ACB} + A_{ABDE})b$$

$$= \left(900\ \text{kg/m}^3\right)\left(9.81\ \text{m/s}^2\right)\left[\frac{\pi}{2}(0.5\ \text{m})^2 + (1)(1.5\ \text{m})\right](3\ \text{m})$$

$$= 50.13\left(10^3\right)\ \text{N} = 50.1\ \text{kN}$$ 답

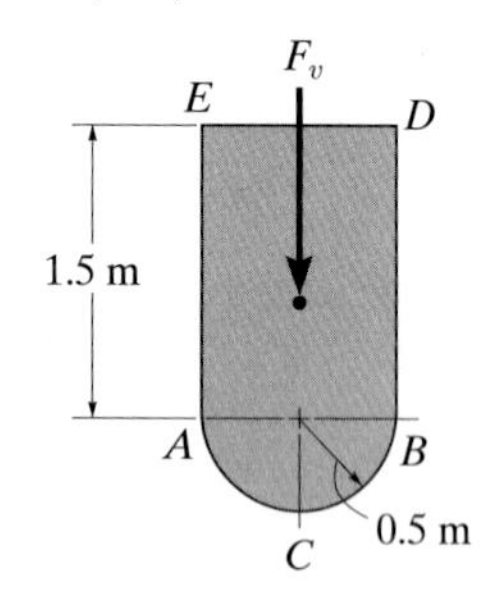

F2–15. 측면 AB

수평성분 :

$$w_B = \rho_w g h_B b = \left(1000\ \text{kg/m}^3\right)\left(9.81\ \text{m/s}^2\right)(2\ \text{m})(0.75\ \text{m})$$

$$= 14.715\left(10^3\right)\ \text{N/m}$$

$$F_h = \frac{1}{2}w_B h_B = \frac{1}{2}\left[14.715\left(10^3\right)\ \text{N/m}\right](2\ \text{m})$$

$$= 14.715\left(10^3\right)\ \text{N} = 14.7\ \text{kN} \rightarrow$$ 답

수직성분 :

$$F_v = \rho_w g \forall$$

$$= \left(1000\ \text{kg/m}^3\right)\left(9.81\ \text{m/s}^2\right)\left[\frac{1}{2}\left(\frac{2\ \text{m}}{\tan 60°}\right)(2\ \text{m})(0.75\ \text{m})\right]$$

$$= 8495.71\ \text{N} = 8.50\ \text{kN}\uparrow$$ 답

측면 CD

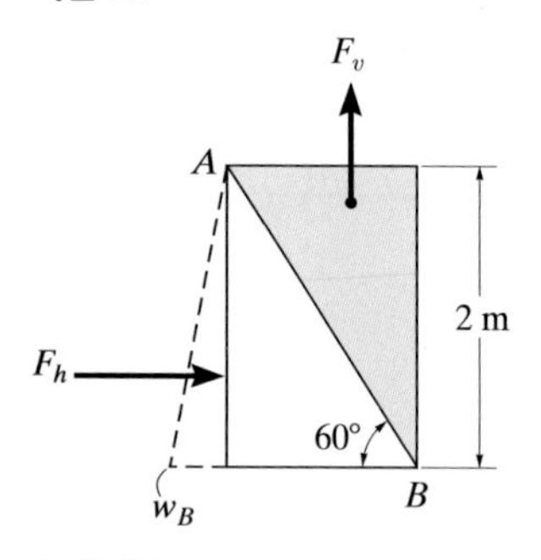

수평성분 :

$$w_D = \rho_w g h_D b = \left(1000\ \text{kg/m}^3\right)\left(9.81\ \text{m/s}^2\right)(2\ \text{m})(0.75\ \text{m})$$

$$= 14.715\left(10^3\right)\ \text{N/m}$$

$$F_h = \frac{1}{2}w_D h_D = \frac{1}{2}\left[14.715\left(10^3\right)\ \text{N/m}\right](2\ \text{m})$$

$$= 14.715\left(10^3\right)\ \text{N} = 14.7\ \text{kN} \leftarrow$$ 답

수직성분 :

$$F_v = \rho_w g \forall$$

$$= \left(1000\ \text{kg/m}^3\right)\left(9.81\ \text{m/s}^2\right)\left[\frac{1}{2}\left(\frac{2\ \text{m}}{\tan 45°}\right)(2\ \text{m})(0.75\ \text{m})\right]$$

$$= 14.715\left(10^3\right)\ \text{N} = 14.7\ \text{kN}\downarrow$$ 답

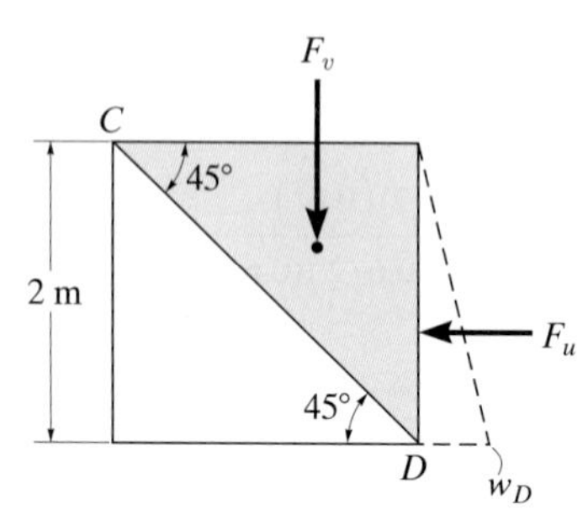

F2–16. 판 AB

수평성분 :

$$w_B = \rho_w g h_B b$$

$$= \left(1000\ \text{kg/m}^3\right)\left(9.81\ \text{m/s}^2\right)(0.5\ \text{m})(2\text{m})$$

$$= 9.81\left(10^3\right)\ \text{N/m}$$

$$w_A = \rho_w g h_A b$$

$$= \left(1000\ \text{kg/m}^3\right)\left(9.81\ \text{m/s}^2\right)(2\ \text{m})(2\ \text{m})$$

$$= 39.24\left(10^3\right)\ \text{N/m}$$

$$(F_h)_1 = \left[9.81\left(10^3\right)\ \text{N/m}\right](1.5\ \text{m}) = 14.715\left(10^3\right)\ \text{N} = 14.715\ \text{kN}$$

$$(F_h)_2 = \tfrac{1}{2}\left[39.24\left(10^3\right)\ \text{N/m} - 9.81\left(10^3\right)\ \text{N/m}\right](1.5\ \text{m})$$

$$= 22.0725\left(10^3\right)\ \text{N} = 22.0725\ \text{kN}$$

따라서,

$$F_h = (F_h)_1 + (F_h)_2 = 14.715\ \text{kN} + 22.0725\ \text{kN}$$

$$= 36.8\ \text{kN} \leftarrow$$ 답

수직성분 :

$$(F_v)_1 = \rho_w g \forall_1$$

$$= \left(1000\ \text{kg/m}^3\right)\left(9.81\ \text{m/s}^2\right)\left[\left(\frac{1.5\ \text{m}}{\tan 60°}\right)(0.5\ \text{m})(2\ \text{m})\right]$$

$$= 8.4957\left(10^3\right)\ \text{N} = 8.4957\ \text{kN}$$

$$(F_v)_2 = \rho_w g \forall_2$$
$$= \left(1000\ \text{kg/m}^3\right)\left(9.81\ \text{m/s}^2\right)\left[\frac{1}{2}\left(\frac{1.5\ \text{m}}{\tan 60°}\right)(1.5\ \text{m})(2\ \text{m})\right]$$
$$= 12.7436\left(10^3\right)\ \text{N} = 12.7436\ \text{kN}$$

따라서,

$$F_v = (F_v)_1 + (F_v)_2$$
$$= 8.4957\ \text{kN} + 12.7436\ \text{kN}$$
$$= 21.2\ \text{kN}\uparrow \qquad \text{답}$$

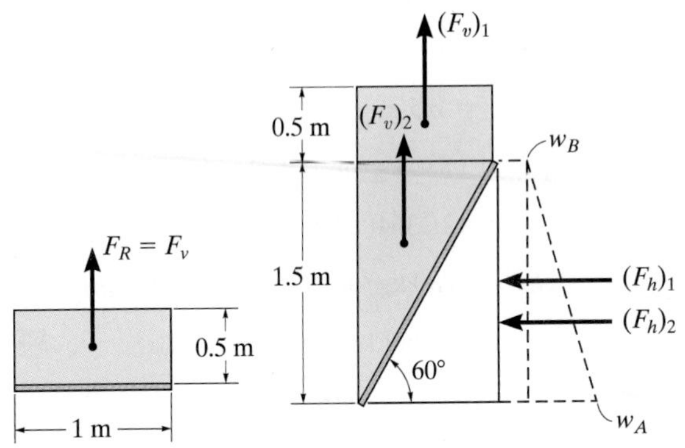

F2–17. 판 *AB*

수평성분 :

$$w_B = \rho_w g h_B b = \left(1000\ \text{kg/m}^3\right)\left(9.81\ \text{m/s}^2\right)(2\ \text{m})(1.5\ \text{m})$$
$$= 29.43\left(10^3\right)\ \text{N/m}$$
$$F_h = \frac{1}{2}w_B h_B = \frac{1}{2}\left[29.43\left(10^3\right)\ \text{N/m}\right](2\ \text{m})$$
$$= 29.43\left(10^3\right)\ \text{N} = 29.4\ \text{kN} \rightarrow \qquad \text{답}$$

수직성분 :

$$F_v = \rho_w g \forall = \left(1000\ \text{kg/m}^3\right)\left(9.81\ \text{m/s}^2\right)\left[\frac{1}{2}\left(\frac{2\ \text{m}}{\tan 45°}\right)(2\ \text{m})(1.50\ \text{m})\right]$$
$$= 29.43\left(10^3\right)\ \text{N} = 29.4\ \text{kN}\uparrow \qquad \text{답}$$

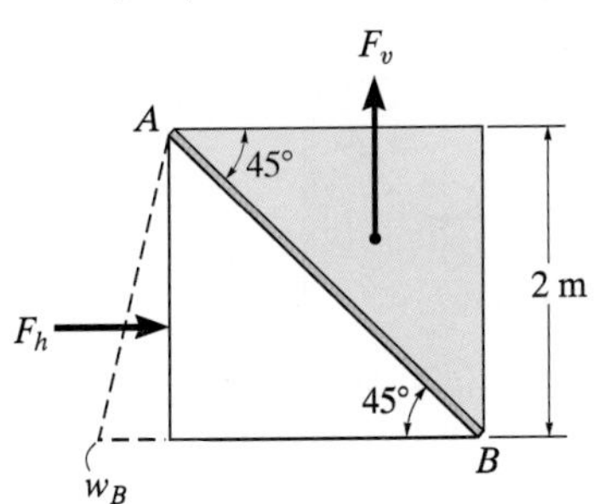

판 *BC*

수평성분 :

$$w_B = \rho_w g h_B b = \left(1000\ \text{kg/m}^3\right)\left(9.81\ \text{m/s}^2\right)(2\ \text{m})(1.5\ \text{m})$$
$$= 29.43\left(10^3\right)\ \text{N/m}$$
$$F_h = \frac{1}{2}w_B h_B = \frac{1}{2}\left[29.43\left(10^3\right)\ \text{N/m}\right](2\ \text{m})$$
$$= 29.43\left(10^3\right)\ \text{N} = 29.4\ \text{kN} \leftarrow \qquad \text{답}$$

수직성분 :

$$F_v = \rho_w g \forall$$
$$= \left(1000\,\text{kg/m}^3\right)\left(9.81\,\text{m/s}^2\right)\left[(2\,\text{m})(2\,\text{m})(1.5\,\text{m}) - \frac{\pi}{4}(2\,\text{m})^2(1.5\,\text{m})\right]$$
$$= 12.631\left(10^3\right)\ \text{N} = 12.6\ \text{kN}\uparrow \qquad \text{답}$$

F2–18. **수평성분 :**

$$w_C = \rho_w g h_C b$$
$$= \left(1000\ \text{kg/m}^3\right)\left(9.81\ \text{m/s}^2\right)(5\ \text{m})(2\ \text{m})$$
$$= 98.1\left(10^3\right)\ \text{N/ m}$$
$$F_h = \tfrac{1}{2}w_C h_C$$
$$= \tfrac{1}{2}\left[98.1\left(10^3\right)\ \text{N/m}\right](5\ \text{m}) = 245.25\left(10^3\right)\ \text{N}$$
$$= 245.25\ \text{kN} \leftarrow$$

수직성분 :

$$F_v = \rho_w g V = \left(1000\ \text{kg/m}^3\right)\left(9.81\ \text{m/s}^2\right)\left[\frac{1}{2}\left(\frac{5\ \text{m}}{\tan\theta}\right)(5\ \text{m})(2\ \text{m})\right]$$
$$= \frac{245.25\left(10^3\right)}{\tan\theta}\ \text{N} = \frac{245.25}{\tan\theta}\ \text{kN}\uparrow$$

$$\circlearrowleft + \Sigma M_A = 0;$$
$$\left(\frac{245.25}{\tan\theta}\ \text{kN}\right)\left[\frac{1}{3}\left(\frac{5\ \text{m}}{\tan\theta}\right)\right] - (245.25\ \text{kN})\left[\frac{2}{3}(5\ \text{m})\right] = 0$$
$$\frac{1}{\tan^2\theta} = 2,\ \ \theta = 35.3° \qquad \text{답}$$

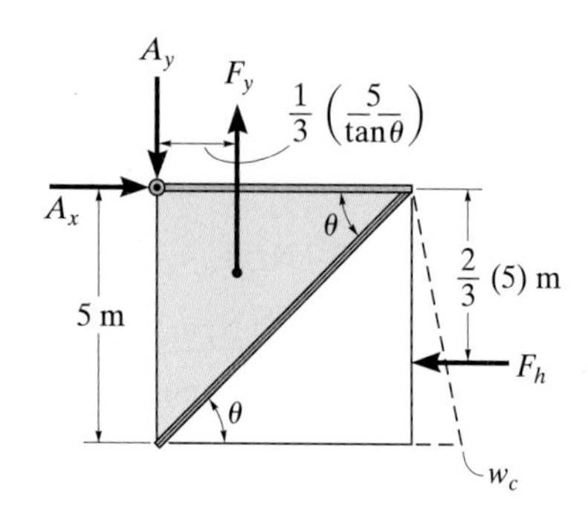

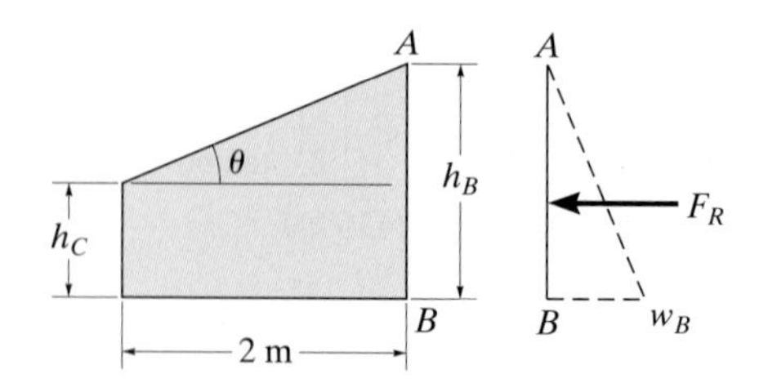

F2–19. $F_b = \rho_w g \forall b$

$$= (1000\text{ kg/m}^3)(9.81\text{ m/s}^2)[\pi(0.1\text{ m})^2 d] = 308.2d$$

$$+\uparrow\Sigma F_y = 0;\quad 308.2d - [2(9.81)\text{ N}] = 0;\quad d = 0.06366\text{ m}$$

$$\forall_w = \forall' - \forall_{wb}$$

$$\pi(0.2\text{ m})^2(0.5\text{ m}) = \pi(0.2\text{ m}^2)h - \pi(0.1\text{ m})^2(0.0636\text{ m})$$

$$h = 0.516\text{ m}$$ 답

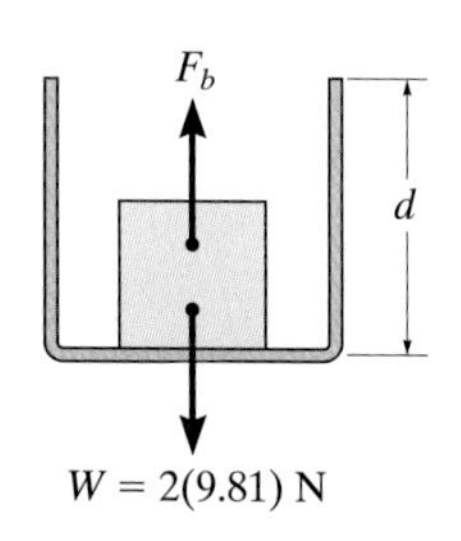

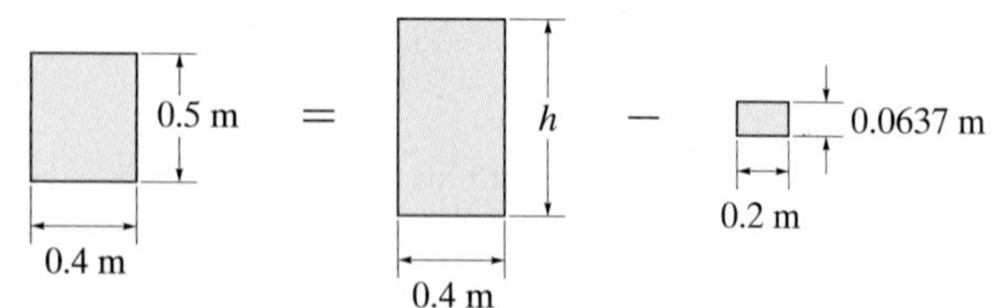

F2–20. $\tan\theta = \dfrac{a_c}{g} = \dfrac{4\text{ m/s}^2}{9.81\text{ m/s}^2} = 0.4077$

$$\theta = 22.18° = 22.2°$$ 답

$$h_B = 1.5\text{ m} + (1\text{ m})\tan 22.18°$$

$$= 1.9077\text{ m}$$

$$w_B = \rho_w g h_B b = (1000\text{ kg/m}^3)(9.81\text{ m/s}^2)(1.9077\text{ m})(3\text{ m})$$

$$= 56.145(10^3)\text{ N/m} = 56.143\text{ kN/m}$$

$$F_R = \frac{1}{2}(56.145\text{ kN/m})(1.9077\text{ m}) = 53.56\text{ kN} = 53.6\text{ kN}$$ 답

F2–21. $\tan\theta = \dfrac{a_c}{g} = \dfrac{6\text{ m/s}^2}{9.81\text{ m/s}^2} = 0.6116$

$$h' = (1.5\text{ m})\tan\theta = (1.5\text{ m})(0.6116) = 0.9174\text{ m}$$

$$h_A = h_B + h' = 0.5\text{ m} + 0.9174\text{ m} = 1.4174\text{ m}$$

$$p_A = \rho_o g h_A = (880\text{ kg/m}^3)(9.81\text{ m/s}^2)(1.4174\text{ m})$$

$$= 12.2364(10^3)\text{ Pa} = 12.2\text{ kPa}$$ 답

$$p_B = \rho_o g h_B = (880\text{ kg/m}^3)(9.81\text{ m/s}^2)(0.5\text{ m})$$

$$= 4.3164(10^3)\text{ Pa} = 4.32\text{ kPa}$$ 답

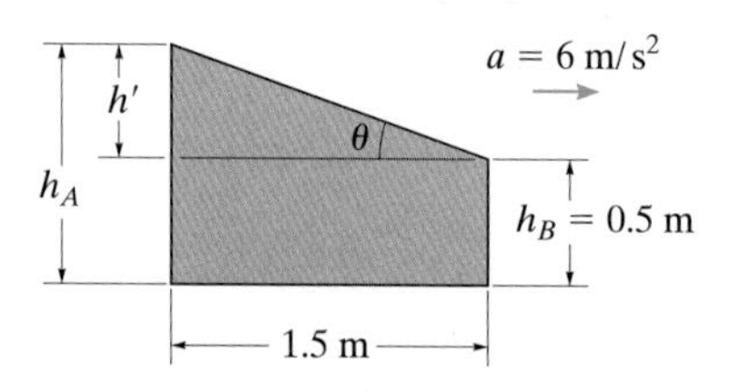

F2–22. $(\forall_{\text{air}})_i = (\forall_{\text{air}})_f$

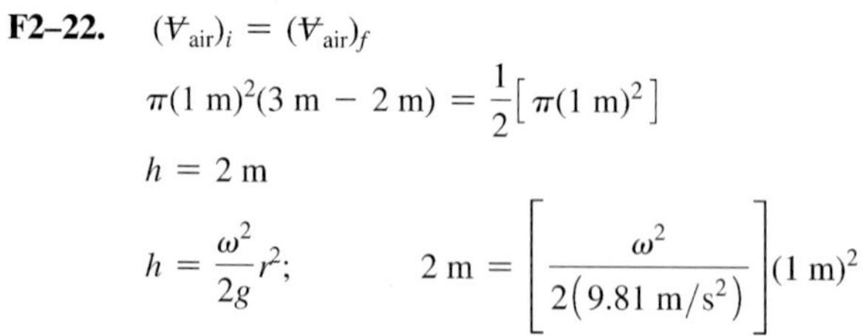

$$\pi(1\text{ m})^2(3\text{ m} - 2\text{ m}) = \frac{1}{2}[\pi(1\text{ m})^2]$$

$$h = 2\text{ m}$$

$$h = \frac{\omega^2}{2g}r^2;\qquad 2\text{ m} = \left[\frac{\omega^2}{2(9.81\text{ m/s}^2)}\right](1\text{ m})^2$$

$$\omega = 6.26\text{ rad/s}$$ 답

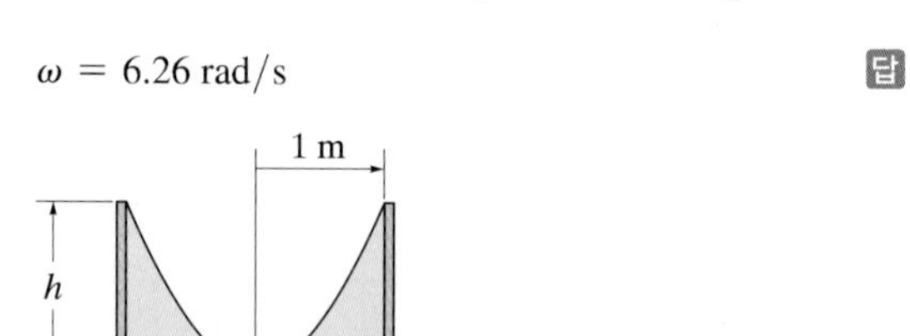

F2–23. $h = \dfrac{\omega^2}{2g}r^2; \qquad h = \left[\dfrac{(8\text{ rad/s})^2}{2(9.81\text{ m/s}^2)}\right](1\text{ m})^2$

$= 3.2620\text{ m}$

$V_w = V' - V_{par}$

$\pi(1\text{ m})^2(2\text{ m}) = \pi(1\text{ m})^2(h_0 + 3.2620\text{ m}) - \frac{1}{2}[\pi(1\text{ m})^2(3.2620\text{ m})]$

$h_0 = 0.3690\text{ m}$

따라서,

$h_{\max} = h + h_0 = 3.2620\text{ m} + 0.3690\text{ m} = 3.6310\text{ m}$

$h_{\min} = h_0 = 0.3690\text{ m}$

$p_{\max} = \rho_w g h_{\max} = (1000\text{ kg/m}^3)(9.81\text{ m/s}^2)(3.6310\text{ m})$

$= 35.62(10^3)\text{ Pa} = 35.6\text{ kPa}$ 답

$p_{\min} = \rho_w g h_{\min} = (1000\text{ kg/m}^3)(9.81\text{ m/s}^2)(0.3690\text{ m})$

$= 3.62(10^3)\text{ Pa} = 3.62\text{ kPa}$ 답

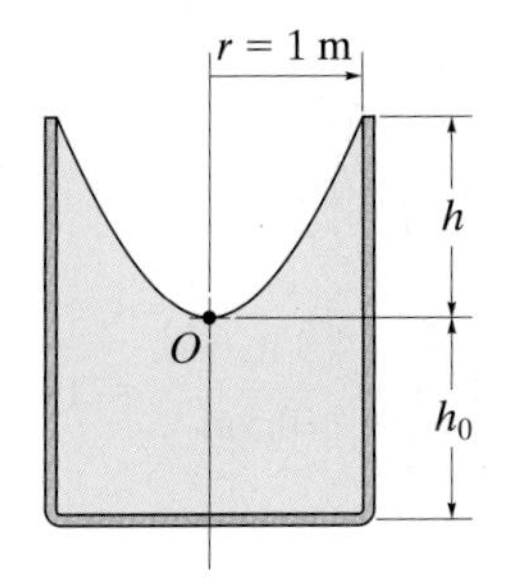

F2–24. $h = \dfrac{\omega^2}{2g}r^2; \qquad h_{\max} = \left[\dfrac{(4\text{ rad/s})^2}{2(9.81\text{ m/s}^2)}\right](1.5\text{ m})^2$

$= 1.8349\text{ m}$

$p_{\max} = \rho_o g h_{\max} = (880\text{ kg/m}^3)(9.81\text{ m/s}^2)(1.8349\text{ m})$

$= 15.84(10^3)\text{ Pa}$

$= 15.8\text{ kPa}$ 답

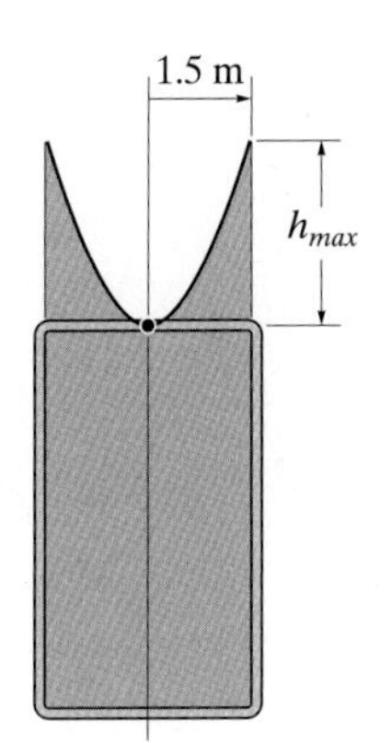

제3장

F3–1. $t = 0$일 때, $x = 2\text{ m}$, $y = 6\text{ m}$이므로

$\dfrac{dx}{dt} = u = \dfrac{1}{4x}; \qquad \displaystyle\int_2^x \frac{dx}{x} = \int_0^t \frac{1}{4}dt$

$\ln x\Big|_2^x = \dfrac{1}{4}t\Big|_0^t; \qquad \ln\dfrac{x}{2} = \dfrac{1}{4}(t)$

$x = 2e^{\frac{1}{4}(t)}$

$\dfrac{dy}{dt} = v = 2t; \qquad \displaystyle\int_6^y dy = \int_0^t 2t\,dt$

$y\Big|_6^y = t^2\Big|_0^t; \quad y - 6 = t^2$

$y = t^2 + 6$

$t = 2\text{ s}$일 때, 입자의 위치는

$x = 2\,e^{\frac{1}{4}(2)} = 3.30\text{ m}, \quad y = (2)^2 + 6 = 10\text{ m}$ 답

F3–2. $\dfrac{dy}{dx} = \dfrac{v}{u}; \qquad \dfrac{dy}{dx} = \dfrac{8y}{2x^2} = \dfrac{4y}{x^2}$

$\displaystyle\int_{3\text{ m}}^y \frac{dy}{y} = \int_{2\text{ m}}^y \frac{4dx}{x^2}; \ \ln y\Big|_{3\text{ m}}^y = -4\left(\frac{1}{x}\right)\Big|_{2\text{ m}}^x$

$\ln\dfrac{y}{3} = -4\left(\dfrac{1}{x} - \dfrac{1}{2}\right)$

$y = 3e^{\frac{2(x-2)}{x}}$ 답

F3–3. $a = \dfrac{\partial V}{\partial t} + v\dfrac{\partial V}{\partial x}$

$\dfrac{\partial v}{\partial t} = 20t; \qquad \dfrac{\partial v}{\partial x} = 600x^2$

$a = [20t + (200x^3 + 10t^2)(600x^2)]\text{ m/s}^2$

$t = 0.2\text{ s}$일 때, $x = 0.1\text{ m}$에서

$a = 20(0.2) + [200(0.1^3) + 10(0.2^2)][600(0.1^2)]$

$= 7.60\text{ m/s}^2$ 답

F3–4. $a = \dfrac{\partial u}{\partial t} + u\dfrac{\partial u}{\partial x}$

$= 0 + 3(x + 4)(3)$

$= 9(x + 4)\text{ m/s}^2$

$x = 0.1\text{ m}$에서

$a = 9(0.1 + 4) = 36.9\text{ m/s}^2$ 답

$$\frac{dx}{dt} = u = 3(x+4); \qquad \int_0^x \frac{dx}{3(x+4)} = \int_0^t dt$$

$$\frac{1}{3}\ln(x+4)\Big|_0^x = t; \qquad \frac{1}{3}\ln\left(\frac{x+4}{4}\right) = t$$

$$x = 4e^{3t} - 4; \qquad x = \left[4\left(e^{3t}-1\right)\right]\text{ m}$$

$t = 0.025$ s일 때

$$x = 4\left[e^{3(0.025)} - 1\right] = 0.2473\text{ m} = 247\text{ mm}$$ 답

F3–5. $(a_x)_{\text{local}} = \dfrac{\partial u}{\partial t} = (4t)\text{ m/s}^2$

$t = 2$ s일 때

$$(a_x)_{\text{local}} = [4(2)]\text{ m/s}^2 = 8\text{ m/s}^2$$

$$(a_x)_{\text{conv}} = u\frac{\partial u}{\partial x} + v\frac{\partial u}{\partial y}$$
$$= \left(3x + 2t^2\right)(3) + \left(2y^3 + 10t\right)(0)$$
$$= \left[3\left(3x + 2t^2\right)\right]\text{ m/s}^2$$

$t = 2$ s일 때, $x = 3$ m에서

$$(a_y)_{\text{conv}} = \left[3\left(3(3) + 2\left(2^2\right)\right)\right]\text{ m/s}^2 = 51\text{ m/s}^2$$

$$(a_y)_{\text{local}} = \frac{\partial v}{\partial t} = 10\text{ m/s}^2$$

$$(a_y)_{\text{conv}} = u\frac{\partial v}{\partial x} + v\frac{\partial v}{\partial y}$$
$$= \left(3x + 2t^2\right)(0) + \left(2y^3 + 10t\right)\left(6y^2\right)$$
$$= \left[6y^2\left(2y^3 + 10t\right)\right]\text{ m/s}^2$$

$t = 2$ s일 때, $y = 1$ m에서

$$(a_y)_{\text{conv}} = \left[6\left(1^2\right)\right]\left[2\left(1^3\right) + 10(2)\right]\text{m/s}^2$$
$$= 132\text{ m/s}^2$$

따라서,

$$a_{\text{local}} = \sqrt{(a_x)^2_{\text{local}} + (a_y)^2_{\text{local}}} = \sqrt{\left(8\text{ m/s}^2\right)^2 + \left(10\text{ m/s}^2\right)^2}$$
$$= 12.8\text{ m/s}^2 \qquad \textit{Ans.}$$

$$a_{\text{conv}} = \sqrt{(a_x)^2_{\text{conv}} + (a_y)^2_{\text{conv}}} = \sqrt{\left(51\text{ m/s}^2\right)^2 + \left(132\text{ m/s}^2\right)^2}$$
$$= 142\text{ m/s}^2$$ 답

F3–6. $a_s = \left(\dfrac{\partial V}{\partial t}\right)_s + V\dfrac{\partial V}{\partial s}$

$$\left(\frac{\partial V}{\partial t}\right)_s = 0\ (\text{정상유동}) \qquad \frac{\partial v}{\partial s} = (40s)\text{ s}^{-1}$$

$$a_s = 0 + (20s^2 + 4)(40s) = \left[40s(20s^2 + 4)\right]\text{ m/s}^2$$

A에서, $s = r\theta = (0.5\text{ m})\left(\dfrac{\pi}{4}\text{ rad}\right) = 0.125\pi\text{ m}$

$$a_s = 40(0.125\pi)\left[20(0.125\pi)^2 + 4\right] = 111.28\text{ m/s}^2$$

$$a_n = \left(\frac{\partial V}{\partial t}\right)_n + \frac{V^2}{\rho}$$

여기서, $\left(\dfrac{\partial v}{\partial t}\right)_n = 0$, $\rho = 0.5$ m, and at A,

$$V = \left[20(0.125\pi)^2 + 4\right]\text{ m/s} = 7.084\text{ m/s}$$

$$a_n = 0 + \frac{(7.0842)^2}{0.5} = 100.37\text{ m/s}^2$$

그러면,

$$a = \sqrt{a_s^2 + a_n^2} = \sqrt{\left(111.28\text{ m/s}^2\right)^2 + \left(100.37\text{ m/s}^2\right)^2}$$
$$= 150\text{ m/s}^2$$ 답

F3–7. 입자의 속도는 일정하므로,

$$a_s = 0$$

유선은 회전하지 않으므로, $(\partial V/\partial t)_n = 0$이다.

그러므로,

$$a_n = \left(\frac{\partial V}{\partial t}\right)_n + \frac{V^2}{R} = 0 + \frac{(3\text{ m/s})^2}{0.5\text{ m}} = 18\text{ m/s}^2$$

따라서,

$$a = \sqrt{a_s^2 + a_n^2} = \sqrt{0^2 + \left(18\text{ m/s}^2\right)^2}$$
$$= 18\text{ m/s}^2$$ 답

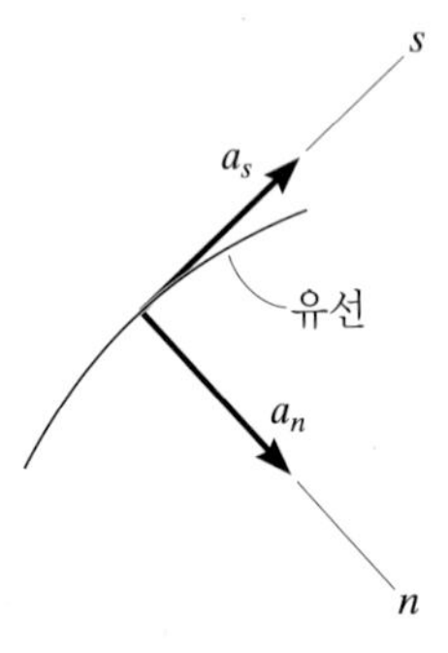

F3–8. $a_s = \left(\dfrac{\partial V}{\partial t}\right)_s + V\dfrac{\partial V}{\partial s}$

$$\left(\frac{\partial V}{\partial t}\right)_s = \left[\frac{3}{2}(1000)\,t^{1/2}\right]\text{ m/s}^2 = \left(1500\,t^{1/2}\right)\text{ m/s}^2$$

$$\frac{\partial V}{\partial s} = (40s)\text{ s}^{-1}$$

$$a_s = \left[1500t^{1/2} + \left(20s^2 + 1000t^{3/2} + 4\right)(40s)\right] \text{ m/s}^2$$

At A, $s = 0.3$ m and $t = 0.02$ s.

$$a_s = \left\{1500\left(0.02^{1/2}\right) + \left[20\left(0.3^2\right) + 1000\left(0.02^{3/2}\right) + 4\right]\left[40(0.3)\right]\right\} \text{m/s}^2$$

$$= 315.67 \text{ m/s}^2$$

$$a_n = \left(\frac{\partial V}{\partial t}\right)_n + \frac{V^2}{\rho}$$

A에서 $\left(\frac{\partial V}{\partial t}\right)_n = 0$, $\rho = 0.5$ m and

$$V = \left[20\left(0.3^2\right) + 1000\left(0.02^{3/2}\right) + 4\right] \text{m/s} = 8.628 \text{ m/s}$$

그러면,

$$a_n = 0 + \frac{(8.628 \text{ m/s})^2}{0.5 \text{ m}} = 148.90 \text{ m/s}^2$$

따라서,

$$a = \sqrt{a_s^2 + a_n^2} = \sqrt{\left(315.67 \text{ m/s}^2\right)^2 + \left(148.90 \text{ m/s}^2\right)^2}$$

$$= 349 \text{ m/s}^2$$ 답

제4장

F4–1.

$$\dot{m} = \rho_w \mathbf{V} \cdot \mathbf{A} = \left(1000 \text{ kg/m}^3\right)(16 \text{ m/s})(0.06 \text{ m})\left[(0.05 \text{ m}) \sin 60°\right]$$

$$= 41.6 \text{ kg/s}$$ 답

F4–2. $p = \rho RT;$

$$(70 + 101)\left(10^3\right) \text{N/m}^2 = \rho(286.9 \text{ J/kg} \cdot \text{K})(15 + 273) \text{ K}$$

$$\rho = 2.0695 \text{ kg/m}^3$$

$$\dot{m} = \rho VA; \quad 0.7 \text{ kg/s} = \left(2.0695 \text{ kg/m}^3\right)(V)\left[\tfrac{1}{2}(0.3 \text{ m})(0.3 \text{ m})\right]$$

$$V = 7.52 \text{ m/s}$$ 답

F4–3. $Q = VA = (8 \text{ m/s})\left[\pi(0.15 \text{ m})^2\right]$

$$= 0.565 \; m^3/s$$ 답

$$\dot{m} = \rho_w Q = \left(1000 \text{ kg/m}^3\right)\left(0.565 \text{ m}^3/\text{s}\right) = 565 \text{ kg/s}$$ 답

F4–4. $Q = \int_A V dA;$

$$0.02 \text{ m}^3/\text{s} = \int_0^{0.2 \text{ m}} V_0\left(1 - 25r^2\right)(2\pi r \, dr)$$

$$\frac{0.01}{\pi} = V_0\left(\frac{r^2}{2} - \frac{25r^4}{4}\right)\Bigg|_0^{0.2 \text{ m}}$$

$$\frac{0.01}{\pi} = V_0\left(\frac{0.2^2}{2} - \frac{25\left(0.2^4\right)}{4}\right)$$

$$V_0 = 0.318 \text{ m/s}$$ 답

또한, $\int_A V dA$는 속도 형상 아래의 포물체의 체적과 같으므로,

$$0.02 \text{ m}^3/\text{s} = \frac{1}{2}\pi(0.2 \text{ m})^2 V_0$$

$$V_0 = 0.318 \text{ m/s}$$ 답

평균속도는 다음과 같이 구해진다.

$$V_{\text{avg}} = \frac{Q}{A} = \frac{0.02 \text{ m}^3/\text{s}}{\pi(0.2 \text{ m})^2} = 0.159 \text{ m/s}$$ 답

F4–5. $p = \rho RT;$

$$(80 + 101)\left(10^3\right) \text{N/m}^2 = \rho(286.9 \text{ J/kg} \cdot \text{K})(20 + 273) \text{ K}$$

$$\rho = 2.1532 \text{ kg/m}^3$$

$$\dot{m} = \rho VA = \left(2.1532 \text{ kg/m}^3\right)\left(3 \text{ m/s}\right)\left[\pi(0.2 \text{ m})^2\right]$$

$$= 0.812 \; kg/s$$ 답

F4–6. $Q = \int_A V dA = \int_0^{0.5 \text{ m}} 6y^2(0.5dy) = \int_0^{0.5 \text{ m}} 3y^2 dy$

$$= 0.125 \text{ m}^3/\text{s}$$ 답

또한 속도 형상 아래의 포물선형 블록의 체적은

$$Q = \tfrac{1}{3}(0.5 \text{ m})\left[6\left(0.5^2\right) \text{ m/s}\right](0.5 \text{ m})$$

$$= 0.125 \; m^3/s$$ 답

F4–7. $\frac{\partial}{\partial t}\int_{\text{cv}} \rho \, d\forall + \int_{\text{cs}} \rho \mathbf{V} \cdot d\mathbf{A} = 0$

$$0 - V_A A_A + V_B A_B + V_C A_C = 0$$

$$0 - (6 \text{ m/s})\left(0.1 \text{ m}^2\right) + (2 \text{ m/s})\left(0.2 \text{ m}^2\right) + V_C\left(0.1 \text{ m}^2\right) = 0$$

$$V_C = 2 \text{ m/s}$$ 답

F4–8. 변화하는 검사체적을 택하면

$$\forall = (3 \text{ m})(2 \text{ m})(y) = (6y) \text{ m}^3; \quad \frac{\partial \forall}{\partial t} = 6\frac{\partial y}{\partial t}$$

따라서,

$$\frac{\partial}{\partial t}\int_{\text{cv}} \rho_l \, d\forall + \int_{\text{cs}} \rho_l \mathbf{V} \cdot d\mathbf{A} = 0$$

$$\rho_l \frac{\partial \forall}{\partial t} - \rho_l V_A A_A = 0$$

$$\frac{\partial \forall}{\partial t} = V_A A_A; \quad 6\frac{\partial y}{\partial t} = \left(4 \text{ m/s}\right)\left(0.1 \text{ m}^2\right)$$

$$\frac{\partial y}{\partial t} = 0.0667 \text{ m/s}$$ 답

F4–9. $\frac{\partial}{\partial t}\int_{cv}\rho\, d\mathcal{V} + \int_{cs}\rho\mathbf{V}\cdot d\mathbf{A} = 0$

$0 - \dot{m}_a - \dot{m}_w + \rho_m V_A = 0$

$0 - 0.05\text{ kg/s} - 0.002\text{ kg/s} + (1.45\text{ kg/m}^3)(V)[\pi(0.01\text{ m}^2)] = 0$

$V = 114\text{ m/s}$ 답

F4–10. $p = \rho_A R T_A;$

$(200 + 101)(10^3)\text{ N/m}^2 = \rho_A(286.9\text{ J/kg}\cdot\text{K})(16 + 273)\text{ K}$

$\rho_A = 3.6303\text{ kg/m}^3$

$p = \rho_B R T_B;$

$(200 + 101)(10^3)\text{ N/m}^2 = \rho_B(286.9\text{ J/kg}\cdot\text{K})(70 + 273)\text{ K}$

$\rho_B = 3.0587\text{ kg/m}^3$

$\frac{\partial}{\partial t}\int_{cv}\rho\cdot d\mathcal{V} + \int_{cs}\rho\mathbf{V}\cdot d\mathbf{A} = 0$

$0 - \rho_A V_A A_A + \rho_B V_B A_B = 0$

$A_A = A_B$

$V_B = \left(\frac{\rho_A}{\rho_B}\right)V_A = \left(\frac{3.6303\text{ kg/m}^3}{3.0587\text{ kg/m}^3}\right)(12\text{ m/s})$

$= 14.2\ m/s$ 답

F4–11. 변화하는 검사체적을 택하면

$\mathcal{V} = \frac{1}{2}(2h\tan 30°)(h)(1\text{ m}) = h^2\tan 30°$

$\frac{\partial \mathcal{V}}{\partial t} = 2\tan 30° h\frac{\partial h}{\partial t}$

따라서,

$\frac{\partial}{\partial t}\int_{cv}\rho_w d\mathcal{V} + \int_{cs}\rho_w\mathbf{V}\cdot d\mathbf{A} = 0$

$\rho_w\frac{\partial \mathcal{V}}{\partial t} - \rho_w VA = 0$

$\frac{\partial \mathcal{V}}{\partial t} = VA$

$2\tan 30° h\frac{\partial h}{\partial t} = (6\text{ m/s})[\pi(0.025\text{ m})^2]$

$$\frac{\partial h}{\partial t} = \frac{0.01020}{h} \quad (1)$$

$\int_{0.1\text{m}}^{h} h\,dh = 0.01020\int_0^t dt$

$h - 0.1\text{ m} = 0.01020t$

$h = (0.01020t + 0.1)\text{ m}$

$t = 10\text{ s}$일 때, $h = 0.01020(10) + 0.1 = 0.2020\text{ m}$이다.

이 결과를 식 (1)에 대입시키면 결과는 다음과 같다.

$\frac{\partial h}{\partial t} = \frac{0.01020}{0.2020} = 0.0505\text{ m/s}$ 답

F4–12. $\frac{\partial}{\partial t}\int_{cv}\rho\, d\mathcal{V} + \int_{cs}\rho\mathbf{V}\cdot d\mathbf{A} = 0$

$0 - V_A A_A - V_B A_B + V_C A_C = 0$

$-(1.5\text{ m/s})[\pi(0.02\text{ m})^2] - (2\text{ m/s})[\pi(0.015\text{ m})^2]$

$+ (7\text{ m/s})\left(\frac{\pi}{4}d^2\right) = 0$

$d = 0.02449\text{ m} = 24.5\text{ mm}$ 답

F4–13. $\frac{\partial}{\partial t}\int_{cv}\rho_o\, d\mathcal{V} + \int_{cs}\rho_o\mathbf{V}\cdot d\mathbf{A} = 0$

$\rho_o\frac{\partial}{\partial t}\mathcal{V} - \rho_o V_A A_A + \rho_o V_B A_B = 0$

$\rho_o\frac{\partial}{\partial t}[y(2\text{ m})(3\text{ m})] - \rho_o(4\text{ m/s})[\pi(0.025\text{ m})^2]$

$+ \rho_o(2\text{ m/s})[\pi(0.01\text{ m})^2] = 0$

$(6\text{ m}^2)\frac{\partial y}{\partial t} = 7.226(10^{-3})\text{ m}^3/\text{s}$

$v_y = \frac{\partial y}{\partial t} = 1.20\text{ mm/s}$ 답

결과가 양수이므로 기름의 표면은 탱크에서 상승한다.

제5장

F5–1. 파이프는 직경이 일정하므로

$V_B = V_A = 6\text{ m/s}$ 답

$\frac{p_A}{\rho_w} + \frac{V_A^2}{2} + gz_A = \frac{p_B}{\rho_w} + \frac{V_B^2}{2} + gz_B$

$\frac{p_A}{1000\text{ kg/m}^3} + \frac{V^2}{2} + (9.81\text{ m/s}^2)(3\text{ m}) = 0 + \frac{V^2}{2} + 0$

$p_A = -29.43(10^3)\text{ Pa} = -29.4\text{ kPa}$ 답

음의 기호는 A에서의 압력이 부분적인 진공임을 나타낸다.

F5–2. $\frac{\partial}{\partial t}\int_{cv}\rho\, d\mathcal{V} + \int_{cs}\rho\mathbf{V}\cdot d\mathbf{A} = 0$

$0 - V_A A_A + V_B A_B = 0$

$-(7\text{ m/s})[\pi(0.06\text{ m})^2] + V_B[\pi(0.04\text{ m})^2] = 0$

$V_B = 15.75\text{ m/s}$ 답

$\frac{p_A}{\rho_0} + \frac{V_A^2}{2} + gz_A = \frac{p_B}{\rho_0} + \frac{V_B^2}{2} + gz_B$

A와 B를 같은 수평 유선에서 선택하면 $z_A = z_B = z$.

$$\frac{300(10^3)\ \text{N/m}^2}{940\ \text{kg/m}^3} + \frac{(7\ \text{m/s})^2}{2} + gz$$

$$= \frac{p_s}{940\ \text{kg/m}^3} + \frac{(15.75\ \text{m/s})^2}{2} + gz$$

$$p_B = 206.44(10^3)\ \text{Pa} = 206\ \text{kPa}$$ 답

F5–3. 여기서, $p_C = p_B = 0$ 그리고 $V_C = 0$이다.

$$\frac{p_B}{\rho_w} + \frac{V_B^2}{2} + gz_B = \frac{p_C}{\rho_w} + \frac{V_C^2}{2} + gz_C$$

$$0 + \frac{V_B^2}{2} + 0 = 0 + 0 + (9.81\ \text{m/s}^2)(2\ \text{m})$$

$$V_B = 6.264\ \text{m/s}$$

$$\frac{\partial}{\partial t}\int_{cv} \rho\, d\forall + \int_{cs} \rho \mathbf{V} \cdot d\mathbf{A} = 0$$

$$0 - V_A A_A + V_B A_B = 0$$

$$0 - V_A[\pi(0.025\ \text{m})^2] + (6.264\ \text{m/s})[\pi(0.005\ \text{m})^2] = 0$$

$$V_A = 0.2506\ \text{m/s}$$

AB의 거리는 짧으므로,

$$\frac{p_A}{\rho_w} + \frac{V_A^2}{2} + gz_A = \frac{p_B}{\rho_w} + \frac{V_B^2}{2} + gz_B$$

$$\frac{p_A}{1000\ \text{kg/m}^3} + \frac{(0.2506\ \text{m/s})^2}{2} + 0 = 0 + \frac{(6.264\ \text{m/s})^2}{2} + 0$$

$$p_A = 19.59(10^3)\ \text{Pa} = 19.6\ \text{kPa}$$ 답

F5–4. 여기서, $V_A = 8\ \text{m/s}$, $V_B = 0$(B는 정체점) 그리고 $z_A = z_B = 0$이다(AB는 수평유선).

$$\frac{p_A}{\rho_w} + \frac{V_A^2}{2} + gz_A = \frac{p_B}{\rho_w} + \frac{V_B^2}{2} + gz_B$$

$$\frac{80(10^3)\ \text{N/m}^2}{1000\ \text{kg/m}^3} + \frac{(8\ \text{m/s})^2}{2} + 0 = \frac{p_B}{1000\ \text{kg/m}^3} + 0 + 0$$

$$p_B = 112(10^3)\ \text{Pa}$$

마노미터 방정식에 의해

$$p_B + \rho_w g h_w = p_C$$

$$112(10^3)\ \text{Pa} + (1000\ \text{kg/m}^3)(9.81\ \text{m/s}^2)(0.3\ \text{m}) = p_C$$

$$p_C = 114.943(10^3)\ \text{Pa} = 115\ \text{kPa}$$ 답

F5–5.

$$\frac{\partial}{\partial t}\int_{cv} \rho_w d\forall + \int_{cs} \rho_w \mathbf{V} \cdot d\mathbf{A} = 0$$

$$\rho_w \frac{\partial \forall}{\partial t} + \rho_w V_B A_B = 0$$

$$\frac{\partial \forall}{\partial t} = V_B A_B$$

그러나 $\forall = (2\ \text{m})(2\ \text{m})y = 4y$

$$\frac{\partial \forall}{\partial t} = 4\frac{\partial y}{\partial t}$$

따라서,

$$4\frac{\partial y}{\partial t} = V_B[\pi(0.01\ \text{m})^2]$$

$$V_A = \frac{\partial y}{\partial t} = 25\pi(10^{-6})V_B \qquad (1)$$

$p_A = p_B = 0$, V_A는 무시된다. 왜냐하면 $V_B \gg V_A$ (Eq. 1).

$$\frac{p_A}{\rho_w} + \frac{V_A^2}{2} + gz_A = \frac{p_B}{\rho_w} + \frac{V_B^2}{2} + gz_B$$

$$0 + 0 + (9.81\ \text{m/s}^2)y = 0 + \frac{V_B^2}{2} + 0$$

$$V_B = \sqrt{19.62\,y}$$

$y = 0.4$ m에서

$$V_B = \sqrt{19.62(0.4)} = 2.801\ \text{m/s}$$

$$Q = V_B A_B = (2.801\ \text{m/s})[\pi(0.01\ \text{m})^2]$$

$$= 0.88(10^{-3})\ \text{m}^3/\text{s}$$ 답

$y = 0.2$ m에서

$$V_B = \sqrt{19.62(0.2)} = 1.981\ \text{m/s}$$

$$Q = V_B A_B = (1.981\ \text{m/s})[\pi(0.01\ \text{m})^2]$$

$$= 0.622(10^{-3})\ \text{m}^3/\text{s}$$ 답

F5–6.

$$\frac{\partial}{\partial t}\int_{cv} \rho d\forall + \int_{cs} \rho \mathbf{V} \cdot d\mathbf{A} = 0$$

$$0 - V_A A_A + V_B A_B = 0$$

$$0 - (4\ \text{m/s})[\pi(0.1\ \text{m})^2] + V_B[\pi(0.025\ \text{m})^2] = 0$$

$$V_B = 64\ \text{m/s}$$

A와 B 사이에서, $z_A = z_B = 0$, $\rho_a = 1000\ \text{kg/m}^3$ at $T = 80°\text{C}$ (부록 A).

$$\frac{p_A}{\rho_a} + \frac{V_A^2}{2} + gz_A = \frac{p_B}{\rho_a} + \frac{V_B^2}{2} + gz_B$$

$$\frac{120(10^3)\ \text{N/m}^2}{1000\ \text{kg/m}^3} + \frac{(4\ \text{m/s})^2}{2} + 0$$

$$= \frac{p_B}{1000\ \text{kg/m}^3} + \frac{(64\ \text{m/s})^2}{2} + 0$$

$$p_B = 117.96(10^3)\ \text{Pa} = 118.0\ \text{kPa}$$ 답

F5–7. $p_A = p_B = 0$, $V_A \cong 0$(큰 저수조), $z_A = 6\ \text{m}$ 그리고 $z_B = 0$.

$$\frac{p_A}{\gamma_w} + \frac{V_A^2}{2g} + z_A = \frac{p_B}{\gamma_w} + \frac{V_B^2}{2g} + z_B$$

$$0 + 0 + 6\ \text{m} = 0 + \frac{V_B^2}{2(9.81\ \text{m/s}^2)} + 0$$

$$V_B = 10.85\ \text{m/s}$$

$$Q = V_B A_B = (10.85\ \text{m/s})[\pi(0.05\ \text{m})^2]$$

$$= 0.0852\ \text{m}^3/\text{s}$$ 답

속도수두는

$$\frac{V_B^2}{2g} = \frac{(10.85\ \text{m/s})^2}{2(9.81\ \text{m/s}^2)} = 6\ \text{m}$$

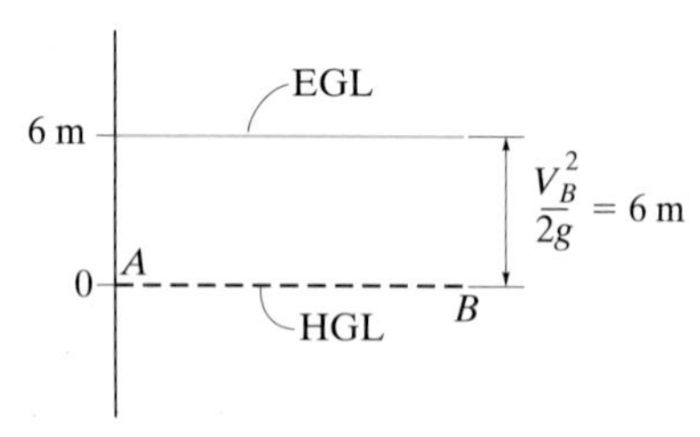

F5–8. $V_A = V_B = V$(일정한 파이프 직경), $z_A = 2\ \text{m}$, $z_B = 1.5\ \text{m}$, and $\rho_{co} = 880\ \text{kg/m}^3$ (부록 A).

$$\frac{p_A}{\gamma_{co}} + \frac{V_A^2}{2g} + z_A = \frac{p_B}{\gamma_{co}} + \frac{V_B^2}{2g} + z_B$$

$$\frac{300(10^3)\ \text{N/m}^2}{(880\ \text{kg/m}^3)(9.81\ \text{m/s}^2)} + \frac{V^2}{2g} + 2\ \text{m}$$

$$= \frac{p_B}{(880\ \text{kg/m}^3)(9.81\ \text{m/s}^2)} + \frac{V^2}{2g} + 1.5\ \text{m}$$

$$p_B = 304.32(10^3)\ \text{Pa} = 304\ \text{kPa}$$ 답

$$H = \frac{p_A}{\gamma_{co}} + \frac{V_A^2}{2g} + z_A$$

$$= \frac{300(10^3)\ \text{N/m}^2}{(880\ \text{kg/m}^3)(9.81\ \text{m/s}^2)} + \frac{(4\ \text{m/s})^2}{2(9.81\ \text{m/s}^2)} + 2\ \text{m}$$

$$= 37.567\ \text{m}$$

$$\frac{V^2}{2g} = \frac{(4\ \text{m/s})^2}{2(9.81\ \text{m/s}^2)} = 0.815\ \text{m}$$

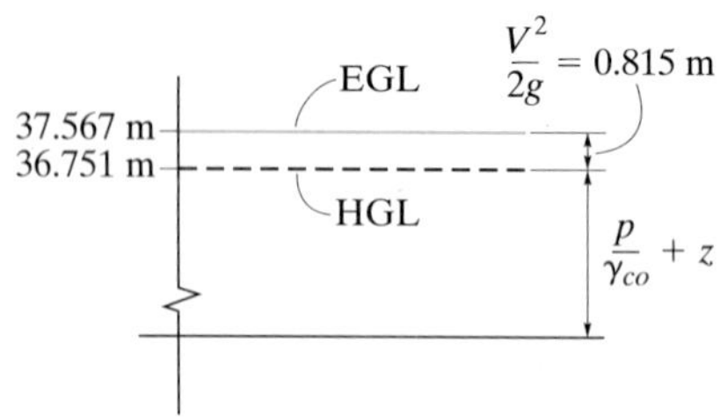

F5–9.
$$\frac{\partial}{\partial t}\int_{cv} \rho\, dV + \int_{cs} \rho \mathbf{V} \cdot d\mathbf{A} = 0$$

$$0 - V_A A_A + V_B A_B = 0$$

$$0 - (3\ \text{m/s})[\pi(0.075\ \text{m})^2] + V_B[\pi(0.05\ \text{m})^2] = 0$$

$$V_B = 6.75\ \text{m/s}$$ 답

또한,

$$0 - V_A A_A + V_C A_C = 0$$

$$-(3\ \text{m/s})[\pi(0.075\ \text{m})^2] + V_C[\pi(0.025\ \text{m})^2] = 0$$

$$V_C = 27\ \text{m/s}$$ *Ans.*

A와 B 사이에서,

$$\frac{p_A}{\gamma_w} + \frac{V_A^2}{2g} + z_A = \frac{p_B}{\gamma_w} + \frac{V_B^2}{2g} + z_B$$

$$\frac{400(10^3)\ \text{N/m}^2}{9810\ \text{N/m}^3} + \frac{(3\ \text{m/s})^2}{2(9.81\ \text{m/s}^2)} + 0$$

$$= \frac{p_B}{9810\ \text{N/m}^3} + \frac{(6.75\ \text{m/s})^2}{2(9.81\ \text{m/s}^2)} + 0$$

$$p_B = 381.72(10^3)\ \text{Pa} = 382\ \text{kPa}$$ 답

A와 C 사이에서,

$$\frac{p_A}{\gamma_m} + \frac{V_A^2}{2g} + z_A = \frac{p_C}{\gamma_w} + \frac{V_C^2}{2g} + z_C$$

$$\frac{400(10^3)\ \text{N/m}^2}{9810\ \text{N/m}^3} + \frac{(3\ \text{m/s})^2}{2(9.81\ \text{m/s}^2)} + 0$$

$$= \frac{p_C}{9810\ \text{N/m}^3} + \frac{(27\ \text{m/s})^2}{2(9.81\ \text{m/s}^2)} + 0$$

$$p_C = 40.0(10^3)\ \text{Pa} = 40\ \text{kPa}$$ 답

$$H = \frac{p_A}{\gamma_w} + \frac{V_A^2}{2g} + z_A$$
$$= \frac{400(10^3)\ \text{N/m}^2}{9810\ \text{N/m}^3} + \frac{(3\ \text{m/s})^2}{2(9.81\ \text{m/s}^2)} + 0$$
$$= 41.233\ \text{m}$$

A와 B 그리고 C에서 속도수두는

$$\frac{V_A^2}{2g} = \frac{(3\ \text{m/s})^2}{2(9.81\ \text{m/s}^2)} = 0.459\ \text{m}$$
$$\frac{V_B^2}{2g} = \frac{(6.75\ \text{m/s})^2}{2(9.81\ \text{m/s}^2)} = 2.322\ \text{m}$$
$$\frac{V_C^2}{2g} = \frac{(27\ \text{m/s})^2}{2(9.81\ \text{m/s}^2)} = 37.156\ \text{m}$$

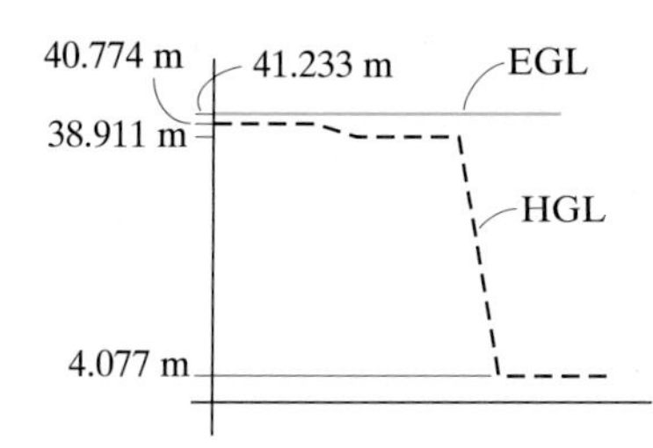

F5–10. $V_A \cong 0,\ p_A = p_C = 0,\ z_A = 40\ \text{m}$, 그리고 $z_C = 0$;

$$\frac{p_A}{\gamma_w} + \frac{V_A^2}{2g} + z_A + h_{\text{pump}} = \frac{p_C}{\gamma_w} + \frac{V_C^2}{2_g} + z_C + h_{\text{turb}} + h_L$$
$$0 + 0 + 40\ \text{m} + 0 = 0 + \frac{(8\ \text{m/s})^2}{2(9.81\ \text{m/s}^2)} + 0 + h_{\text{turb}} + \left(\frac{150}{100}\right)(1.5\ \text{m})$$
$$h_{\text{turb}} = 34.488\ \text{m}$$
$$Q = V_C A_C = (8\ \text{m/s})\left[\pi(0.025\ \text{m})^2\right] = 5\pi(10^{-3})\ \text{m}^3/\text{s}$$
$$\dot{W}i = Q\gamma_w h_s = \left[5\pi(10^{-3})\ \text{m}^3/\text{s}\right](9810\ \text{N/m}^3)(34.488\ \text{m})$$
$$= 5314.43\ \text{W} = 5.314\ \text{kW}$$
$$\varepsilon = \frac{\dot{W}_o}{\dot{W}_i}; \qquad 0.6 = \frac{\dot{W}_o}{5.314\ \text{kW}} \qquad \dot{W}_o = 3.19\ \text{kW}$$ 답

F5–11. $Q = V_B A_B;\ 0.02\ \text{m}^3/\text{s} = V_B\left[\pi(0.025\ \text{m})^2\right]$

$$V_B = 10.19\ \text{m/s}$$
$$p_B = 0,\ z_A = 0,\ z_B = 8\ \text{m}$$
$$\frac{p_A}{\gamma_w} + \frac{V_A^2}{2g} + z_A + h_{\text{pump}} = \frac{p_B}{\gamma_w} + \frac{V_B^2}{2g} + z_B + h_{\text{turb}} + h_L$$
$$\frac{80(10^3)\ \text{N/m}^2}{9810\ \text{N/m}^3} + \frac{(2\ \text{m/s})^2}{2(9.81\ \text{m/s}^2)} + 0 + h_{\text{pump}}$$
$$= 0 + \frac{(10.19\ \text{m/s})^2}{2(9.81\ \text{m/s}^2)} + 8\ \text{m} + 0 + 0.75\ \text{m}$$
$$h_{\text{pump}} = 5.6793\ \text{m}$$

펌프로부터 물로 공급되는 동력은

$$\dot{W} = Q\gamma_w h_{\text{pump}} = (0.02\ \text{m}^3/\text{s})(9810\ \text{N/m}^3)(5.6793\ \text{m})$$
$$= 1.114(10^3)\ \text{W} = 1.11\ \text{kW}$$ 답

F5–12. Here, $\dot{Q}_m = -1.5\ \text{kJ/s}$. 그러므로

$$\dot{Q}_{\text{in}} - \dot{W}_{\text{out}} = \left[\left(h_B + \frac{V_B^2}{2} + gz_B\right) - \left(h_A + \frac{V_A^2}{2} + gz_A\right)\right]\dot{m}$$
$$-1.5(10^3)\ \text{J/s} - \dot{W}_{\text{out}} = \left\{\left[450(10^3)\ \text{J/kg} + \frac{(48\ \text{m/s})^2}{2} + 0\right]\right.$$
$$\left. - \left[600(10^3)\ \text{J/kg} + \frac{(12\ \text{m/s})^2}{2} + 0\right]\right\}(2\ \text{kg/s})$$
$$\dot{W}_{\text{out}} = 298\ \text{kW}$$ 답

음의 기호는 동력이 엔진에 의해 유동으로 공급됨을 의미한다.

제6장

F6–1. $Q = VA; \qquad 0.012\ \text{m}^3/\text{s} = V\left[\pi(0.02\ \text{m})^2\right];$
$V = 9.549\ \text{m/s}$

$$V_A = V_B = V = 9.549\ \text{m/s} \text{ 그리고 } p_B = 0$$
$$\Sigma F = \frac{\partial}{\partial t}\int_{\text{cv}} V\rho\, d\forall + \int_{\text{cs}} V\rho\mathbf{V}\cdot d\mathbf{A}$$
$$\xrightarrow{+}\Sigma F_x = 0 + V_B\rho_w(V_B A_B)$$
$$F_x = (9.549\ \text{m/s})(1000\ \text{kg/m}^3)(0.012\ \text{m}^3/\text{s}) = 114.59\ \text{N} \rightarrow$$
$$+\uparrow\Sigma F_y = 0 + V_A(-\rho_w V_A A_A)$$
$$(160(10^3)\ \text{N/m}^2)(\pi(0.02\ \text{m})^2) - F_y$$
$$= (9.549\ \text{m/s})\left[-(1000\ \text{kg/m}^3)(0.012\ \text{m}^2/\text{s})\right]$$
$$F_y = 315.65\ \text{N}\downarrow$$
$$F = \sqrt{F_x^2 + F_y^2} = \sqrt{(114.59\ \text{N})^2 + (315.65)^2} = 336\ \text{N}$$ 답
$$\theta = \tan^{-1}\left(\frac{F_y}{F_x}\right) = \tan^{-1}\left(\frac{315.65\ \text{N}}{114.59\ \text{N}}\right) = 70.0°$$ 답

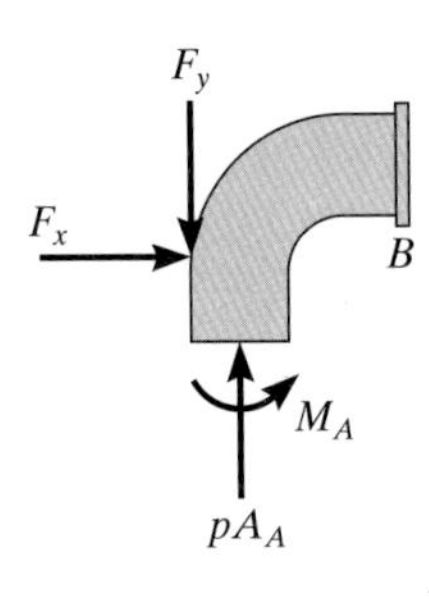

F6–2. $Q_A = V_A A_A; \quad 0.02\ \text{m}^3/\text{s} = V_A[\pi(0.02\ \text{m})^2];$

$V_A = 15.915\ \text{m/s}$

$Q_B = 0.3Q_A = 0.3(0.02\ \text{m}^3/\text{s}) = 0.006\ \text{m}^3/\text{s}$

$Q_C = 0.7Q_A = 0.7(0.02\ \text{m}^3/\text{s}) = 0.014\ \text{m}^3/\text{s}$

또한, $V_B = V_C = V_A = 15.915\ \text{m/s}$ 그리고 $p_A = p_B = p_C = 0$.

$$\Sigma F = \frac{\partial}{\partial t}\int_{cv} V\rho\, d\forall + \int_{cs} V\rho\mathbf{V}\cdot d\mathbf{A}$$

$$\overset{+}{\rightarrow}\Sigma F_x = 0 + V_A[-(\rho_w V_A A_A)] + V_B\cos 60°(\rho_w V_B A_B) + (-V_C\cos 60°)(\rho_w V_C A_C)$$

$$-F_x = (15.915\ \text{m/s})\left[-\left(1000\ \text{kg/m}^3\right)\left(0.02\ \text{m}^3/\text{s}\right)\right] + (15.915\ \text{m/s})(\cos 60°)\left(1000\ \text{kg/m}^3\right)\left(0.006\ \text{m}^3/\text{s}\right) + (-15.915\ \text{m/s})(\cos 60°)\left(1000\ \text{kg/m}^3\right)\left(0.014\ \text{m}^3/\text{s}\right)$$

$F_x = 381.97\ \text{N}$

$$+\uparrow\Sigma F_y = 0 + V_B\sin 60°(\rho_w V_B A_B) + (V_C\sin 60°)[-(\rho_w V_C A_C)]$$

$$-F_y = (15.915\ \text{m/s})\sin 60°\left(1000\ \text{kg/m}^3\right)\left(0.006\ \text{m}^3/\text{s}\right) + (15.915\ \text{m/s})\sin 60°\left[-\left(1000\ \text{kg/m}^3\right)\left(0.014\ \text{m}^3/\text{s}\right)\right]$$

$F_y = 110.27\ \text{N}$

$$F = \sqrt{F_x^2 + F_y^2} = \sqrt{(381.97\,\text{N})^2 + (110.27\,\text{N})^2} = 397.57\ \text{N} = 398\ \text{N}$$ 답

$$\theta = \tan^{-1}\left(\frac{F_y}{F_x}\right) = \tan^{-1}\left(\frac{110.27\ \text{N}}{381.97\ \text{N}}\right) = 16.1°$$ 답

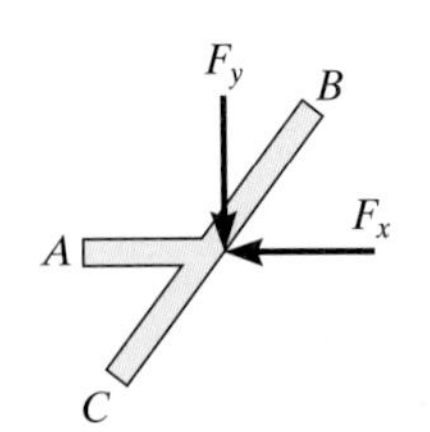

F6–3. $$\Sigma\mathbf{F} = \frac{\partial}{\partial t}\int_{cv}\mathbf{V}\rho\, d\forall + \int_{cs}\mathbf{V}\,\rho\mathbf{V}\cdot d\mathbf{A}$$

$$\overset{+}{\rightarrow}\Sigma F_x = \frac{dV}{dt}\rho_w V_0 + V_A[-(\rho_w V_A A_A)] + V_B(\rho_w V_B A_B)$$

$F_A = p_A A_A = p_A\left[\pi(0.025\ \text{m})^2\right] = 0.625\pi\left(10^{-3}\right)p_A$

$F_B = 0$

$\forall_0 = \left[\pi(0.025\ \text{m})^2\right](0.2\ \text{m}) = 0.125\pi\left(10^{-3}\right)\ \text{m}^3$

$A_A = A_B$ 그러므로 $V_A = V_B$

$$\overset{+}{\rightarrow}\Sigma F_x = \frac{dV}{dt}\rho_w\forall_0;\ \text{where}\ \frac{dV}{dt} = 3\ \text{m/s}^2$$

$$0.625\pi\left(10^{-3}\right)p_A = \left(3\ \text{m/s}^2\right)\left(1000\ \text{kg/m}^3\right)\left[0.125\pi\left(10^{-2}\right)\text{m}^3\right]$$

$p_A = 600\ \text{Pa}$ 답

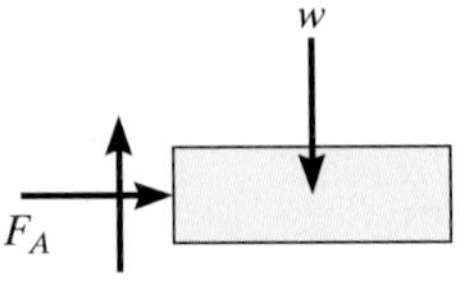

F6–4.

$Q_A = V_A A_A = (6\ \text{m/s})\left[\pi(0.015\ \text{m})^2\right] = 1.35\pi\left(10^{-3}\right)\ \text{m}^3/\text{s}$

$$Q_B = Q_C = \frac{1}{2}Q_A = \frac{1}{2}\left[1.35\pi\left(10^{-3}\right)\ \text{m}^3/\text{s}\right] = 0.675\pi\left(10^{-3}\right)\ \text{m}^3/\text{s}$$

$Q_B = V_B A_B;\quad 0.675\pi\left(10^{-3}\right)\ \text{m}^3/\text{s} = V_B\left[\pi(0.01\ \text{m})^2\right]$

$V_B = 6.75\ \text{m/s}$

$V_C = V_B = 6.75\ \text{m/s}$

$$\Sigma F = \frac{\partial}{\partial t}\int_{cv} V\rho\, d\forall + \int_{cs} V\rho\mathbf{V}\cdot d\mathbf{A}$$

$$\overset{+}{\rightarrow}\Sigma F_x = 0 + (V_C\cos 45°)(\rho_{co}V_C A_C) + (-V_B\cos 45°)(\rho_{co}V_B A_B)$$

$F_x = (V_C\cos 45°)\rho_{co}Q_C - (V_B\cos 45°)\rho_{co}Q_B$

$F_x = 0$

$$+\uparrow\Sigma F_y = 0 + V_A(-\rho_{co}V_A A_A) + V_B\sin 45°(\rho_{co}V_B A_B) + V_C\sin 45°(\rho_{co}V_C A_C)$$

$$\left[80\left(10^3\right)\ \text{N/m}^2\right]\left(\pi\left(0.015\ \text{m}\right)^2\right) - F_y = (6\ \text{m/s})\left[-\left(880\ \text{kg/m}^3\right)\left(1.35\pi\left(10^{-3}\right)\ \text{m}^3/\text{s}\right)\right] + 2(6.75\ \text{m/s})\sin 45°\left[\left(880\ \text{kg/m}^3\right)0.675\pi\left(10^{-3}\right)\ \text{m}^3/\text{s}\right]$$

$F_y = 61.1\ \text{N}$

$F_x = 0$ 이므로

$F = F_y = 61.1\,\text{N}\downarrow$ 답

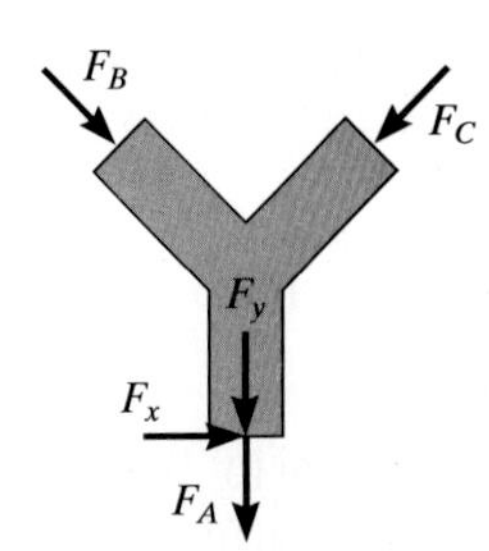

F6–5. $$\Sigma F = \frac{\partial}{\partial t}\int_{cv} V\rho d\forall + \int_{cs} V\rho \mathbf{V}\cdot d\mathbf{A}$$

$$\overset{+}{\rightarrow}\Sigma F_x = 0 + (-V_{out})[\rho_a V_{out} A_{out}]$$

$$-F_f = (-20\text{ m/s})\left[\left(1.22\text{ kg/m}^3\right)(20\text{ m/s})\,\pi(0.125\text{ m})^2\right]$$

$$F_f = 24.0\text{ N}$$ 답

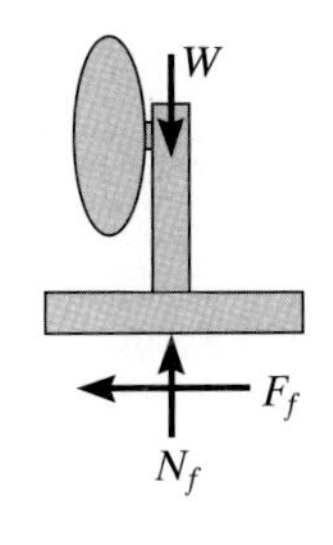

F6–6. $$(\overset{+}{\rightarrow})\mathbf{V}_f = \mathbf{V}_{cv} + \mathbf{V}_{f/cs}$$

$$20\text{ m/s} = -1.5\text{ m/s} + V_{f/cs}$$

$$V_{f/cs} = 21.5\text{ m/s}$$

$$\Sigma F = \frac{\partial}{\partial t}\int_{cv} V\rho d\forall + \int_{cs} V\rho \mathbf{V}\cdot d\mathbf{A}$$

$$\overset{+}{\rightarrow}\Sigma F_x = 0 + (V_{f/cs})_{in}\left[-\rho(V_{f/cs})_{in}A_{in}\right]$$

$$-F_x = (21.5\text{ m/s})\left[-(1000\text{ kg/m}^3)(21.5\text{ m/s})\,\pi(0.01\text{ m})^2\right]$$

$$F_x = 145.2\text{ N}$$

$$+\uparrow\Sigma F_y = 0 + (V_{f/cs})_{out}\left[\rho(V_{f/cs})_{out}(A_{out})\right]$$

$$F_y = (21.5\text{ m/s})\left[\left(1000\text{ kg/m}^3\right)(21.5\text{ m/s})\,\pi(0.01\text{ m})^2\right]$$

$$= 145.2\text{ N}$$

$$F = \sqrt{F_x^2 + F_y^2} = \sqrt{(145.2)^2 + (145.2)^2} = 205\text{ N}$$ 답

$$\theta = \tan^{-1}\left(\frac{F_y}{F_x}\right) = \tan^{-1}\left(\frac{145.2}{145.2}\right) = 45^\circ$$ 답

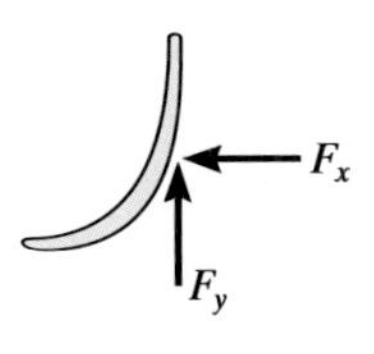

연습문제 해답

제1장

1–1. **a.** kN · m
b. Gg / m
c. μN / s^2
d. GN / s
1–2. **a.** 0.181 N^2
b. $4.53(10^3)$ s^2
c. 26.9 m
1–3. **a.** 11.9 mm/s
b. 9.86 Mm · s/kg
c. 1.26 Mg · m
1–5. $\rho_{\text{Hg}} = 13.6\ \text{Mg/m}^3$
$S_{\text{Hg}} = 13.6$
1–6. $\gamma = 42.5\ \text{lb/ft}^3$
$W = 2.13$ kip
1–7. 91.5 N
1–9. $p = (0.0273\,T_c + 7.45)$ MPa, 여기서 T_c는 C°이다.
1–10. 55.7 N/m^3
1–11. 0.386 lb/ft^3
1–13. $494(10^6)$ lb
1–14. 3.05 m
1–15. 0.629 kg
1–17. $p = (0.619\,T_c + 169)$ kPa, 여기서 T_c는 C°이다.
1–18. 20.1 lb
1–19. 446 N
1–21. 47.5 kN
1–22. 0.362 kg/m^3
1–23. 19.5 kN
1–25. $\rho_2 = 0.986\ \text{kg/m}^3$, $\forall_2 = 0.667\ \text{m}^3$
1–26. 2.02%
1–27. $14.9(10^3)$ lb/in^2
1–29. $1.06(10^3)$ kg/m^3
1–30. $13.6(10^3)$ psi
1–31. 220 kPa
1–33. $40.4(10^{-6})$ lb · s/ft^2
1–34. $8.93(10^{-3})$ N · s/m^2
1–35. 비뉴턴유체
1–37. 0.315 mPa
1–38. 0.1875 mPa
1–39. $\tau_p = 4.26$ Pa, $\tau_{fs} = 5.32$ Pa
1–41. $y = h$에서 $\tau = 0$;
$y = h/2$에서 $\tau = \dfrac{0.354\pi\mu U}{h}$
1–42. $\mu = 0.849\ \text{N}\cdot\text{s/m}^2$
$v = 2.00$ m/s
1–43. 3.00 mN
1–45. $\tau_{y=0} = 31.7\ \text{N/m}^2$
$y = 5\ \mu$m에서 $\tau = 0$이다.
1–46. $y = 1.25\,(10^{-6})$ m, $u = 0.109$ m/s,
$\tau = 23.8\ \text{N/m}^2$
1–47. 0.835 N/m
1–49. $T = 283$ K에서, $\mu = 1.25(10^{-3})\ \text{N}\cdot\text{s/m}^2$
$T = 353$ K에서, $\mu = 0.339(10^{-3})\ \text{N}\cdot\text{s/m}^2$
1–50. $B = 1.36\,(10^{-6})\ \text{N}\cdot\text{s}/(\text{m}^2\cdot\text{K}^{\frac{1}{2}})$, $C = 78.8$ K
1–51. 서덜랜드 식을 사용하면
$T = 283$ K에서, $\mu = 17.9\,(10^{-6})\ \text{N}\cdot\text{s/m}^2$
$T = 353$ K에서, $\mu = 20.8(10^{-6})\ \text{N}\cdot\text{s/m}^2$
1–53. 0.942 N · m
1–54. $T = \left[\dfrac{20(10^{-6})\pi}{t}\right]$ N · m, 여기서 t는 m이다.
1–55. 7.00 mN · m
1–57. $r = 50$ mm에서, $\tau = 3.28$ Pa
$r = 100$ mm에서, $\tau = 6.57$ Pa
1–58. 10.3 mN · m
1–59. $T = \dfrac{\pi\mu\omega R^4}{2t\sin\theta}$
1–61. $p_{\text{atm}} = 4.58$ psi, $T_{\text{boil}} = 158\,°\text{F}$
1–62. 4.25 kPa
1–63. 7.38 kPa
1–65. 3.17 kPa
1–66. $2.08(10^{-3})$ psi
1–67. 0.0931 in.
1–69. 0.116 in.
1–70. $d = 0.075$ in., $h = 0.186$ in.
1–71. $D = 1.0$ mm, $h = 28.6$ mm
1–73. $L = 4\sigma/(\rho g d \sin\theta)$
1–74. $L = (0.0154/\sin\theta)$ m
1–75. 24.3 mm
1–77. 0.0716 N/m

제2장

2–2. $p_g = 137$ kPa, $p_{\text{abs}} = 233$ kPa
2–3. $h_{\text{Hg}} = 301$ mm
2–5. $p_s = 16.0$ kPa $= 2.31$ psi
$p_d = 10.6$ kPa $= 1.54$ psi
2–6. $h_w = 33.9$ ft
$h_{\text{Hg}} = 30.0$ in.
2–7. $p_A = 0$
$p_B = p_C = 7.16$ kPa
$p_D = p_E = 21.5$ kPa

2–9. $(p_A)_g = 1.59$ psi

기름이 B 위치에 도달할 때 최대 절대압력이 발생한다.

$(p_A)_{\text{abs max}} = 3.98$ psi

2–10. $(p_{\max})_g = 4.78$ psi

2–11. $(p_B)_g = 2.57$ psi
$h = 21.3$ ft

2–13. $(p_A)_g = 1.87$ psi
$h = 7.46$ ft

2–14. $F_B = 827$ N
$F_C = 883$ N

2–15. 5.33 m

2–17. 아니다.
탱크의 바닥 형상이 어떻게 생겼든 상관없다.
$(p_b)_g = 6.47$ psi

2–18. $d_s = 0.584$ in.

2–19. 압축성 공기에 대해 $p = 95.92$ kPa
비압축성 공기에 대해 $p = 95.85$ kPa

2–21. $p = -E_V \ln\left(1 - \dfrac{\rho_o g h}{E_V}\right)$

2–22. 비압축성 : $p = 2.943$ MPa
압축성 : $p = 2.945$ MPa

2–23. $p = 95.2$ kPa
$\rho = 1.18\ \text{kg/m}^3$

2–25. $p = p_0\left(\dfrac{T_0 - Cz}{T_0}\right)^{g/RC}$

2–26. $T_0 = 15°\text{C}$
$C = 6.50(10^{-3})°\text{C/m}$
$p = 53.8$ kPa

2–27. 167 kPa

2–29. $p = p_0\left(\dfrac{T_0 - Cz}{T_0}\right)^{g/RC}$

2–30. $p = p_0 e^{-(z-z_0)g/RT_0}$

2–31. 5.43 kPa

2–33. 246 mm

2–34. 851 mm

2–35. 135 mm

2–37. $p_A = 2.60$ psi, $p_B = 1.30$ psi

2–38. 0.870 psi

2–39. 12.7 kPa

2–41. 18.2 kPa

2–42. 893 mm

2–43. 8.73 psi

2–45. 39.9 kPa

2–46. 365 mm

2–47. 736 Pa

2–49. 329 kPa

2–50. 573 kPa

2–51. 15.1 kPa

2–53. 22.6 psi

2–54. 47.4 psi

2–55. $p_A - p_B = e\left[\gamma_t - \left(1 - \dfrac{A_t}{A_R}\right)\gamma_R - \left(\dfrac{A_t}{A_R}\right)\gamma_L\right]$

2–57. 18.5 kPa

2–58. 9.21 in.

2–59. 24.5 psi

2–61. $F_B = 61.1$ kip, $F_A = 170$ kip

2–62. $F_R = 29.3$ kN, $\bar{y}_P = 1.51$ m

2–63. 887 lb

2–65. 5.63 ft

2–66. 77.2°

2–67. 1.65 m

2–69. 9.36 ft

2–70. $N_B = 1.32$ kip
$F_A = 1.06$ kip

2–71. $F_C = 25.3$ kN
$h = 3.5$ m

2–73. $F_{BCDE} = 1.69$ kip, $d = 0.943$ ft
$F_{ABEF} = 6.27$ kip, $d' = 1.71$ ft

2–74. $F_{AB} = 24.0$ kip
$F_{DC} = 3.37$ kip
$F_{BC} = 82.4$ kip

2–75. $F_{BC} = 480$ kN, $F_{CD} = 596$ kN

2–77. 6.71 m

2–78. $F_R = 1.68$ kip
$d = 1.67$ ft

2–79. $F_R = 1.98$ kip
$d = 1.62$ ft

2–81. $F_R = 72.8$ kN
$y_P = 3.20$ m

2–82. $F_R = 72.8$ kN
$y_P = 3.20$ m

2–83. $F_R = 390$ kN
$y_P = 4.74$ m

2–85. $F_R = 18.5$ kip
$d = 3.00$ ft

2–86. $F_R = 73.1$ kN
$d = 917$ mm

2–87. $F_R = 40.4$ kN
$d = 2.44$ m

2–89. $F = 17.3$ kN
$y_P = 0.938$ m

2–90. $F = 17.3$ kN
$y_P = 0.938$ m

2–91. $F_R = 3.68$ kN
$y_P = 442$ mm

2–93. $F_R = 676$ lb
$y_P = 2.29$ ft

2–94. $F_R = 676$ lb
$y_P = 2.29$ ft

2–95. $F_R = 4.83$ kN
$y_P = 1.77$ m
2–97. $F_R = 6.89$ kN
$y_P = 1.80$ m
2–98. $F_R = 6.89$ kN
$y_P = 1.80$ m
2–99. $F_R = 9.18$ kN
$y_P = 1.75$ m
2–101. $F_R = 752$ lb
$y_P = 1.80$ ft
2–102. 2.18 kip
2–103. 9.50 ft
2–105. $N_B = 194$ kN
$A_x = 177$ kN
$A_y = 31.9$ kN
2–106. $N_B = 3.37$ kip
$A_x = 3.37$ kip
$A_y = 1.92$ kip
2–107. 442 kN
2–109. $F_R = 368$ kN
$\theta = 53.1°$
2–110. 179 kN
2–111. $F_R = 73.1$ kN
$\theta = 57.5°$
2–113. $F_R = \left[\sqrt{601(10^6)h^4 + 16.7(10^6)h^6}\right]$ N
여기서 h는 미터 단위이다.
2–114. $F_{AB} = 58.9$ kN
$F_{BC} = 147$ kN
$F_{CD} = 70.7$ kN
2–115. 326 kN
2–117. $T_{BC} = 1.93$ kip
$A_x = 2.56$ kip
$A_y = 1.93$ kip
2–118. $F_h = 3.17$ kip
$F_v = 3.77$ kip
$x = 1.93$ m
$y = 0.704$ m
2–119. $F_R = 163.5$ kN
$\theta = 53.1°$
2–121. $F_R = 2.83$ kip
$\theta = 26.6°$
$x = 1.99$ ft
$y = 2.61$ ft
2–122. $F_R = 243$ kN
$\theta = 33.7°$
2–123. 196 kN·m
2–125. $F_R = 56.1$ kip
$\theta = 15.9°$
2–126. $B_x = 583$ kN
$B_y = 53.2$ kN
2–127. 1.53 m
2–129. 248 lb
2–130. 185 lb
2–131. $F_R = 53.8$ kN
$T = 42.3$ kN·m
2–133. $m_b = 225$ kg
$h = 0.367$ m
2–134. 136 mm
2–135. 21.0 m
2–137. 107 mm
2–138. 0.230 ft
2–139. 3.20 ft
2–141. $T_{AB} = 2.70$ kN
동일하게 남아있다.
2–142. 1.50 kip
2–143. 265 mm
196 mm
2–145. $r = 1.01$ m
$m = 15.6$ kg
2–146. $a = 5.55$ ft
$F = 19.9$ lb
2–147. $h = 11.2$ mm
2–149. 물체는 복원된다.
2–150. **a.** 11.0 kPa
b. 13.3 kPa
2–151. $\theta = 11.5°$
$p_A = 24.6$ kPa
$p_B = 14.6$ kPa
2–153. 정지된 경우 : $p_B = 468\ \text{lb/ft}^2$
가속도를 가질 때 : $\Delta V = 140\ \text{ft}^3$
$p_B = 562\ \text{lb/ft}^2$
2–154. $a_c = 4.45\ \text{m/s}^2$
더 안전한 위치는 탱크의 바닥이다.
2–155. $h'_A = 0.171$ m
$h'_B = 0.629$ m
2–157. 4.12 kPa
2–158. $p_B = -3.06$ kPa
$p_C = 24.6$ kPa
2–159. $p_A = 21.6$ kPa
$p_B = 11.6$ kPa
2–163. $7.02\ \text{ft/s}^2$
2–165. 42.5°
2–166. 4.05 kPa
2–167. 37.7 rad/s
2–169. 132 mm
2–170. −1.29 psi
2–171. 28.1 kPa
2–173. 8.09 rad/s
2–174. $p_B = -2.08$ kPa
$p_C = 3.81$ kPa
2–175. $p_B = 9.92$ kPa
$p_C = 15.8$ kPa
2–177. 36.7 N

제3장

3–5. $V = 19.8\ \text{m/s}$
$\theta = 40.9°$

3–6. $V = 2.19\ \text{m/s}$
$\theta = 43.2°$

3–7. $\ln y^2 + y = 2x - 2.61$
$V = 5.66\ \text{m/s}$
$\theta = 45°\ \measuredangle$

3–9. $y^3 = 6x + 2$
$V = 8.94\ \text{m/s}$
$\theta = 26.6°\ \measuredangle$

3–10. $y = \dfrac{4}{3}(e^{1.2x} - 1)$

3–11. $y = 4(x^{1/2} - 1)$

3–13. $y = x^2/9$

3–14. $y = 1.6x$

3–15. $y = x$

3–17. $t = 1\ \text{s}$에 대해, $y = 4e^{(x^2 + x - 2)/15}$
$t = 2\ \text{s}$에 대해, $y = 4e^{2(x^2 + x - 2)/15}$
$t = 3\ \text{s}$에 대해, $y = 4e^{(x^2 + x - 2)/5}$

3–18. $t = 2\ \text{s}$에 대해, $y = 6e^{2(x^2 + x - 6)/15}$
$t = 5\ \text{s}$에 대해, $y = 6e^{(x^2 + x - 6)/3}$

3–19. $u = 3.43\ \text{m/s}$
$v = 3.63\ \text{m/s}$

3–21. $y^3 = 8x - 15, y = 9\ \text{m}$
$x = 93\ \text{m}$

3–22. $y = \dfrac{2}{3}\ln\left(\dfrac{2}{2 - x}\right)$

3–23. $0 \le t < 10\ \text{s}$ 구간에서, $y = -\dfrac{3}{2}x$
$0 < t \le 15\ \text{s}$ 구간에서, $y = -\dfrac{2}{5}x + 22$

3–25. $y = \dfrac{1}{16}\ln^2\dfrac{x}{2} + \dfrac{1}{2}\ln\dfrac{x}{2} + 6$

3–26. $0 \le t < 5\ \text{s}$에 대해 $y = \dfrac{8}{8 - 2\ln x}$
$5\ \text{s} < t \le 10\ \text{s}$에 대해 $y = 2.67e^{(1/x - 0.0821)}$

3–27. $2y^3 - 1.5x^2 - y - 2x + 52 = 0$
$V = 30.5\ \text{m/s}$

3–29. $a = 24\ \text{m/s}^2$

3–30. $1088\ \text{in./s}^2$

3–31. $30.9\ \text{ft/s}^2$

3–33. $V = 23.3\ \text{m/s}$
$a = 343\ \text{m/s}^2$

3–34. $V = 16.3\ \text{m/s}$
$\theta_v = 79.4°\ \measuredangle$
$a = 164\ \text{m/s}^2$
$\theta_a = 17.0°\ \measuredangle$

3–35. $a = 36.1\ \text{m/s}^2$
$\theta = 33.7°\ \measuredangle$

3–37. $V = 33.5\ \text{m/s}$
$\theta_V = 17.4°$
$a = 169\ \text{m/s}^2$
$\theta_a = 79.1°\ \measuredangle$

3–38. $y = x/2, a = 143\ \text{ft/s}^2$
$\theta = 26.6°\ \measuredangle$

3–39. $y = 2x$
$a = 286\ \text{m/s}^2$
$\theta = 63.4°\ \measuredangle$

3–41. $V = 4.47\ \text{m/s},\ a = 16\ \text{m/s}^2$
$y = \dfrac{1}{2}\ln x + 2$

3–42. $V = 4.12\ \text{m/s}$
$a = 17.0\ \text{m/s}^2$
$x^2 = \dfrac{y^3 + 5}{6y}$

3–43. $V = 0.601\ \text{m/s}$
$a = 0.100\ \text{m/s}^2$
$x^2/(4.24)^2 + y^2/(2.83)^2 = 1$

3–45. $x = 2.72\ \text{m}$
$y = 1.5\ \text{m}$
$z = 0.634\ \text{m}$
$\mathbf{a} = \{10.9\mathbf{i} + 32.6\mathbf{j} + 24.5\mathbf{k}\}\ \text{m/s}^2$

3–46. $y = \dfrac{411}{(4x+6)^{5/2}} - 0.3$
$a = 136\ \text{m/s}^2$
$\theta = 72.9°\ \measuredangle$

3–47. $y = 1.25\ \text{mm}$
$x = 15.6\ \text{mm}$
$a = 0.751\ \text{m/s}^2$
$\theta = 2.29°\ \measuredangle$

3–49. 점 (0, 0)에서
$a = 64\ \text{m/s}^2 \downarrow$
점 (1 m, 0)에서
$a = 89.4\ \text{m/s}^2, \theta = 63.4°\ \measuredangle$
점 (0, 0)을 지나는 유선에 대해
$y = \left[2\ln\left(\dfrac{8}{2x^2 + 8}\right)\right]\ \text{m}$
점 (1 m, 0)을 지나는 유선에 대해
$y = \left[2\ln\left(\dfrac{10}{2x^2 + 8}\right)\right]\ \text{m}$

3–50. 점 (2 m, 0)에서
$a = 0.5\ \text{m/s}^2$
$y = \pm\sqrt{4x^2 - 16}$
점 (4 m, 0)에서
$a = 0.0625\ \text{m/s}^2$
$y = \pm\sqrt{4x^2 - 64}$

3–51. $-1.23\ \text{m/s}^2$
3–53. $72\ \text{m/s}^2$
3–54. $a_s = 3.20\ \text{m/s}^2$
$a_n = 7.60\ \text{m/s}^2$
3–55. $a = 3.75\ \text{m/s}^2$
$\theta = 36.9°$ ⊲
3–57. $a_s = 222\ \text{m/s}^2$
$a_n = 128\ \text{m/s}^2$
3–58. $a_s = 78.7\ \text{m/s}^2$
$a_n = 73.0\ \text{m/s}^2$
3–59. $a = 67.9\ \text{m/s}^2$
$\theta = 45°$ ⊿
$4y^2 - 3x^2 = 1$
3–61. $4x^2 - y^2 = 3$
$a_s = 85.4\ \text{m/s}^2$
$a_n = 11.6\ \text{m/s}^2$

제4장

4–13. $Q = 0.225\ \text{m}^3/\text{s}$
$\dot{m} = 225\ \text{kg/s}$
4–14. $8.51\ \text{m/s}$
4–15. $8.69\left(10^{-3}\right)\ \text{slug/s}$
4–17. $0.955\ \text{m/s}$
4–18. $t = \left(\dfrac{0.382}{D^2}\right)$ min, 여기서 d는 미터 단위이다.
4–19. $1.56\ \text{kg/s}$
4–21. $Q = \dfrac{wU_{\max}h}{2}$
$V = \dfrac{U_{\max}}{2}$
4–22. $2.92\ \text{ft/s}$
4–23. $5.60\ \text{slug/s}$
4–25. $121\ \text{slug/s}$
4–26. $Q_A = 0.036\ \text{m}^3/\text{s}$
$Q_B = 0.0072\ \text{m}^3/\text{s}$
4–27. $0.0493\ \text{m}^3/\text{s}$
4–29. $\dfrac{49}{60}U$
4–30. $\dot{m} = \dfrac{49\pi}{60}\rho U R^2$
4–31. $119\ \text{m}^3/\text{s}$
4–33. $33.5\ \text{slug/s}$
4–34. $6.00\ \text{ft/s}$
4–35. $0.0294\ \text{m}^3/\text{s}$
4–37. $V_A = 3.36\ \text{m/s},\ V_B = 1.49\ \text{m/s}$
$a_A = 0.407\ \text{m/s}^2,\ a_B = 0.181\ \text{m/s}^2$
4–38. $V_A = 12.2\ \text{m/s},\ V_B = 9.98\ \text{m/s}$
4–39. $7.07\left(10^9\right)$
4–41. $9.54\ \text{ms}$
4–42. $u = 58.7\ \text{ft/s},\ a = 16\,523\ \text{ft/s}^2$
4–43. $u = 3.56\ \text{m/s},\ a = 112\ \text{m/s}^2$
4–45. $0.413\ \text{s}$
4–46. $0.217\ \text{s}$
4–47. $2.39\ \text{m/s}$
4–49. $1.50\ \text{ft/s}$
4–50. $3.01\ \text{m/s}$
4–51. $10.0\ \text{m/s}$
4–53. $0.647\ \text{kg/s}$
4–54. $31.9\ \text{m/s}$
4–55. $9.42\ \text{m/s}$
4–57. $4.45\ \text{ft/s}$
4–58. $V_{\text{in}} = (0.0472\pi\theta)\ \text{ft/s}$, 여기서 θ는 도(degree)이다.
4–59. $d = 141\ \text{mm}$
$V = 1.27\ \text{m/s}$
4–61. $V_B = 28.8\ \text{m/s}$
$a_A = 3.20\ \text{m/s}^2$
4–62. $0.6\ \text{m/s}$
4–63. $279\ \text{m/s}^2$
4–65. $V = \dfrac{0.0637}{(0.02 - 0.141x)^2}$
4–66. $\left[\dfrac{1.14\left(10^{-3}\right)}{(0.02 - 0.141x)^5}\right]\ \text{m/s}^2$
4–67. $48.5\ \text{s}$
4–69. $2.48\ \text{hr}$
4–70. $V_s = \left(\dfrac{993}{t}\right)$ m/s, 여기서 t는 시간이다.
4–71. $20.4\ \text{m/s}$
4–73. $1.57\ \text{slug/ft}^3$
4–74. $1.59\ \text{slug/ft}^3$
4–75. $3.15\left(10^{-3}\right)\ \text{ft/s}$
4–77. $18.8\ \text{m/s}$
4–78. $V = (6.25V_p)\ \text{m/s}$
4–79. $1.78\ \text{m/s}$
4–81. $-0.101\ \text{kg}/(\text{m}^3\cdot\text{s})$, 비정상
4–82. $16.4\ \text{lb/ft}^3$
4–83. $422\ \text{ft/s}$
4–85. $\dfrac{\partial h}{\partial t} = \left[0.417\left(10^{-3}\right)D^2\right]\ \text{ft/s}$,
여기서 D는 인치 단위이다.
4–86. $0.00530\ \text{kg}/\left(\text{m}^3\cdot\text{s}\right)$
4–87. $2.94\ \text{g/s}$
4–89. $7.20\ \text{min}$
4–90. $V = V_0\dfrac{y^2\sqrt{H^2 + R^2}}{H\left(H^2 - y^2\right)}$
4–91. $0.0509\ \text{m/s}$
4–93. $3.11\ \text{m/s}$
4–94. $-0.00356\ \text{kg}/(\text{m}^3\cdot\text{s})$
4–95. $\rho_m = 1.656\ \text{slug/ft}^3$
$V_C = 3.75\ \text{ft/s}$

4–97. 0.101 ft/s

4–98. $\dfrac{0.890(10^{-3})}{\sqrt{2h - h^2}}$ m/s

4–99. $\dfrac{dh}{dt} = 0.890\,(10^{-3})$ m/s

$\rho_{avg} = 967\ \text{kg/m}^3$

4–101. 0.0144 m/s

4–102. 5.99 s

4–103. 2.73 s

4–105. 6.77 m^3

4–106. 10.2 s

4–107. $p = (2\,e^{-0.0282t})$ MPa, 여기서 t는 초 단위이다.

4–109. 0.975 slug/ft^3

4–110. −0.0183 m/s

4–111. $\dfrac{dy_c}{dt} = \left(\dfrac{0.157\,(10^{-3})}{0.173y_c + 0.0146}\right)$ m/s

제5장

5–1. −2 kPa

5–2. 0.254 m^3/s

5–3. 152 ft/s^2

5–5. $\Delta p = \rho V^2 \ln(r/r_i)$

5–6. 60.1 psi

5–7. 60.3 psi

5–9. $V_n = (3.283\sqrt{F})$ m/s, 여기서 F는 뉴턴 단위이다.

5–10. 538 kPa

5–11. 11.3 ft/s

5–13. 696 Pa

5–14. 72.8 ft/s

5–15. −36.7 kPa

5–17. $V = 12.7$ m/s, $p = -60.8$ kPa

5–18. $p = 0.5\left[40.5 - \dfrac{6.48(10^6)}{r^2}\right]$ kPa,
여기서 r는 밀리미터 단위이다.

5–19. 2.52 mW

5–21. $3.11(10^{-3})\ \text{m}^3/\text{s}$

5–22. $p_C = -15.4$ Pa

$\dot{W} = 151$ mW

5–23. $Q = 2.78\,(10^{-3})\ \text{m}^3/\text{s}$

$p_E = 38.8$ kPa

5–25. 3.51 m/s

5–26. 7.63 kPa

5–27. 159 Pa

5–29. 3.32 m

5–30. 3.72 ft^3/s

5–31. 34.0 kPa

5–33. $V_B = 5.33$ m/s

$p_B = 121$ kPa

5–34. $V_B = \left[\dfrac{30(10^3)}{d_B{}^2}\right]$ m/s, 여기서 d_B는 밀리미터 단위이다.

$p_B = \left[135 - \dfrac{450(10^6)}{d_B{}^4}\right]$ kPa, 여기서 d_B는 밀리미터 단위이다.

5–35. $p(x) - p_A = (30x - 4.5x^2)$ kPa

5–37. 12.8 kPa

5–38. 2.73 m^3/s

5–39. 0.260 m

5–41. 90 mm

5–42. 66.3 ft^3/s

5–43. 2.69 ft^3/s

5–45. 0.0374 m^3/s

5–46. 114 mm

5–47. 81.6 ft^3/s

5–49. 28.2 kg/s

5–50. 401 kPa

5–51. 101 kPa

5–53. $V_A = 2.83$ ft/s

$V_B = 7.85$ ft/s

5–54. 0.00747 slug/s

5–55. 275.025 kPa

5–57. 1.65 m^3/s

5–58. 33.8 ft

5–59. $d = (0.352\sqrt{149.6\,p_A + 258})$ ft,
여기서 p_A는 프사이 단위이다.

5–61. $V_C = 21.2$ m/s

$p_C = 10.1$ psi

5–62. $V_A = 14.6$ m/s

$V_B = 7.58$ m/s

5–63. $18.9(10^3)$ liters

5–65. $\dfrac{dy}{dt} = \left(-\sqrt{\dfrac{19.6(y + 0.05)}{0.316(10^9)y^4 - 1}}\right)$ m/s,

여기서 y는 미터 단위이다.

5–66. 7.36 ft

5–67. 41.0 mm

5–69. 0.0163 m^3/s

5–70. 23.1 m/s

5–71. $p_C = 7.31$ psi

$Q_A = 1.80\ \text{ft}^3/\text{s}$

5–73. $p_A = -96.4$ kPa

$Q = 0.0277\ \text{m}^3/\text{s}$

5–74. 0.0329 m^3/s

5–75. $dy/dt = 0.496$ m/s, $p = -2.39$ kPa

5–77. 2

5–78. 1.06

5–79. $V_B = 2$ m/s
$p_B = 94.1$ kPa
5–81. $V_B = 8$ m/s
$p_B = 52.9$ kPa
5–82. $V_C = 8$ m/s
$p_C = 51.5$ kPa
5–83. 84.8 ft에서의 EGL, 84.2 ft에서의 HGL
5–85. $p_{A'} = -0.867$ psi
$p_B = -1.30$ psi
5–86. 0.00116 m^3/s
5–87. 0.0197 ft^3/s
5–89. 0.0603 m^3/s
5–90. 1.92 m
5–91. 22.6 kW
5–93. 104 kW
5–94. 314 kW
5–95. 18.2 ft/s
5–97. $Q = 0.853\ ft^3/s$, $p = -1.16$ psi
5–98. $V_C = 17.4$ ft/s
5–99. 14.0 kW
5–101. 29.5 hp
5–102. $V = 45.8$ ft/s, $h_{pump} = 66.1$ ft
5–103. 13.9 kW
5–105. 46.2 hp
5–106. $V = 3.56$ m/s, $p = 278$ kPa
5–107. 0.742 hp
5–109. 1.13 m
5–110. 0.344 hp
5–111. 1.94 ft^3/s
5–113. 4.64 hp
5–114. 2.66 kJ/kg
5–115. 146 J/kg
5–117. 2.91 kW
5–118. 1.98 hp
5–119. 6.13 hp
5–121. 1.02 hp
5–122. 4.45 MW
5–123. 4.99 hp
5–125. 2.38 ft
5–126. 49.2 kW
5–127. 1.61 hp
5–129. $p_B - p_A = 105$ kPa
5–130. 31.2 m/s

제6장

6–1. 어떤 방법이든 $L = 10.1\ kg \cdot m/s$이다.
6–3. 526 N
6–5. 0.467 lb
6–6. $F = [13.7(1 - \cos\theta/2)]$ lb
6–7. 126 N
6–9. $F = [160\pi(1 + \sin\theta)]$ N
6–10. $T_h = 6.28$ kip
$T_v = 2.88$ kip
6–11. $F_x = 10.3$ lb
$F_y = 5.47$ lb
6–13. 302 lb
6–14. 2.26 kN
6–15. 11.3 kPa
6–17. $Q_A = 0.00460\ m^3/s$
$Q_B = 0.0268\ m^3/s$
6–18. 1.57 kN
6–19. $F_x = 125$ N
$F_y = 232$ N
6–21. $h = \dfrac{8Q^2}{\pi^2 d^4 g} - \dfrac{m^2 g}{8\rho_w^2 Q^2}$
6–22. $h = \left[\dfrac{8.26(10^6)Q^4 - 0.307(10^{-6})}{Q^2}\right]$ m
6–23. 1.47 kip
6–25. $V_A = 15.7$ m/s
$T = 2.31$ kN
6–26. 18.7 lb
6–27. 0.659 N
6–29. $F_x = 0$
$F_y = 53.1$ N
6–30. 117 mm
6–31. 418 Pa
6–33. $F = \left[\dfrac{97.7x^2 - 11.1x + 0.157}{(3.69x - 32.6x^2)^2} + 14.3\right]$ N
6–34. $F = \left[\dfrac{2.55(10^3)}{x^2} + 25.5\right]$ N
6–35. 1.43 N
6–37. 0.24 lb
6–38. $F = 0$
6–39. 1.57 kN
6–41. 3.43 kN
6–42. $V_B = 67.8$ ft/s
$N = 280$ lb
6–43. 15.0 lb
6–45. $N = (150 + 26.4\sin\theta)$ lb
6–46. 176 lb
6–47. 0.451 ft
6–49. 72.3 N
6–50. 104 N
6–51. 22.2 lb
6–53. 3.52 kN
6–54. 1.92 kN
6–55. 141 N
6–57. 26.2 hp
6–58. $F_1 = F_2 = F_3 = \rho_w A V^2$

6–59. 994 W
6–61. $12.1\ \text{m/s}^2$
6–62. 24.4 lb
6–63. 15.7 ft/s
6–65. $A_x = 811$ N
$A_y = 354$ N
$M_A = 215\ \text{N}\cdot\text{m}$
6–66. $C_x = 21.3$ N
$C_y = 79.5$ N
$M_C = 15.9\ \text{N}\cdot\text{m}$
6–67. $C_x = 45.0$ N
$C_y = 168$ N
$M_C = 33.6\ \text{N}\cdot\text{m}$
6–69. $D_x = 2.40$ kip
$D_y = 5.96$ kip
$M_D = 10.1\ \text{kip}\cdot\text{ft}$
6–70. 0.754 ft
6–71. $N_D = 60.0$ N
$C_x = 77.6$ N
$C_y = 125$ N
6–73. $A_x = 0$
$A_y = 520$ N
$M_A = 109\ \text{N}\cdot\text{m}$
6–74. $B_x = 4$ kN
$A_x = 1.33$ kN
$A_y = 5.33$ kN
6–75. $A_x = 70.6$ lb
$A_y = 59.7$ lb
$M_A = 106\ \text{lb}\cdot\text{ft}$
6–77. $482\ \text{N}\cdot\text{m}$
6–78. $71.3\ \text{N}\cdot\text{m}$
6–79. 72.8 rad/s
6–81. $e = 0.351$
$F = 90.7$ kN
6–82. $e = 0.714$
$F = 2.72$ kip
6–83. 300 kN
6–85. $V_2 = 38.7$ ft/s
$\dot{W} = 7.04$ hp
6–86. 3.50 MW
6–87. $F = 79.4$ kN
$\dot{W} = 5.51$ MW
$e = 0.5$
6–89. $F = 3.50$ kip
$\dot{W} = 1655$ hp
6–90. $e = 0.616$
$\Delta p = 0.632$ psi
6–93. $V = 9.71$ m/s
$\Delta p = 54.3$ Pa
6–94. 18.2 kN
6–95. 22 kN
6–97. 8.80 kN
6–98. 24.9 m/s
6–99. 9.72 N
6–101. $T_1 = 600$ N
$T_2 = 900$ N
$e_1 = 0.5$
$e_2 = 0.6$
6–102. 18.9 kN
6–103. $102\ \text{ft/s}^2$
6–105. 13.7°
6–106. 330 m/s
6–107. 32.2 slug/s
6–109. 0.00584 kg/s
6–110.

$$V = \left(V_e + \frac{p_e A_e}{\dot{m}_e} - \frac{m_0 c}{\dot{m}_e^2}\right)\ln\left(\frac{m_0}{m_0 - \dot{m}_e t}\right) + \left(\frac{c}{\dot{m}_e} - g\right)t$$

6–111. $V_{\max} = \dfrac{\rho V_e^2 A - F}{\rho V_e A}\ln\left(\dfrac{M + m_0}{M}\right)$

6–113. 654 ft/s

6–114. $\dot{m}_f = -\dfrac{dm}{dt} = \dfrac{m_0}{V_e}(a_0 + g)e^{-(a_0+g)t/V_e}$

6–115. 2단 로켓이 점화될 때, $a = 136\ \text{ft/s}^2$.
모든 연료가 소모된 직후, $a = 180\ \text{ft/s}^2$.

제7장

7–1. $\omega_z = \dfrac{U}{2h}$
$\dot{\gamma}_{xy} = \dfrac{U}{h}$
7–2. $-0.384\ \text{m}^2/\text{s}$
7–3. $\Gamma = 0$
7–6. $\psi = V_0\left[(\cos\theta_0)y - (\sin\theta_0)x\right]$
$\phi = V_0\left[(\cos\theta_0)x + (\sin\theta_0)y\right]$
7–7. 비회전
7–9. $\psi = y^3$
7–10. ϕ는 성립되지 않는다.
7–11. $\psi = 50y^2 + 0.2y$, ϕ는 성립되지 않는다.
7–13. $u = (-4x)$ ft/s
$V = 20$ ft/s
7–14. 회전
$\psi = \dfrac{1}{2}\left(3y^2 - 9x^2\right)$
$y = \sqrt{3x^2 - 39}$
7–15. $p_A = 34$ kPa
$\psi_2 - \psi_1 = 0.5\ \text{m}^2/\text{s}$
7–17. $\psi = 4y - 3x$
$\phi = 4x + 3y$
7–18. $\psi = 2x^2y - \dfrac{1}{3}x^3$

7–19. $v_r = 0$
$v_\theta = 1\ \text{m/s}$
7–21. $\phi = -4x - 8y$
7–22. 5.57 m/s
7–23. 160 m/s
7–25. −1.45 kPa
7–26. 2 m/s
7–27. 9.49 ft/s
7–29. −101 kPa
7–30. 회전
$a = 221\ \text{ft/s}^2$
7–31. $V = 6.32\ \text{ft/s}$
$xy = 3$
7–33. 비회전
7–34. $\psi = 4(y^2 - x^2)$
$y = \pm\sqrt{x^2 - 7}$
7–35. $v_r = 4\ \text{m/s}$
$v_\theta = -6.93\ \text{m/s}$
$\phi = 8(x^2 - y^2)$
7–37. $\psi = \frac{1}{2}(x^2 - y^2 + 2xy)$
$\phi = \frac{1}{2}(x^2 - y^2 - 2xy)$
7–38. $\psi = y^2 - x^2 + 10x$
$\phi = 2y(x - 5)$
7–39. $\psi = x^2 - y^2 + xy$
$\phi = \frac{1}{2}(x^2 - y^2) - 2xy$
7–41. $\psi = \frac{1}{2}(y^2 - x^2)$
7–42. $\phi = V_0[(\sin\theta_0)x - (\cos\theta_0)y]$
7–43. $V = 6.32\ \text{ft/s}$
$y = \frac{3}{x}$
7–45. $\phi = xy^2 - \frac{x^3}{3}$
$p_B = 628\ \text{kPa}$
7–46. $V_A = 114\ \text{m/s}$
$p_O - p_A = 6.02\ \text{MPa}$
7–47. $\phi = \frac{5}{3}y\,(3x^2 - y^2)$
$\psi = \frac{1}{2}(y^2 - x^2)$
7–49. $u = 2\ \text{m/s},\ v = 1\ \text{m/s}$
$a_x = 1\ \text{m/s}^2$
$a_y = 2\ \text{m/s}^2$
7–50. $\psi = 16xy$
7–51. $u = 2y(2 + x)$
7–53. −2.16 kPa
7–55. $\psi = 8\theta$
$V = 1.60\ \text{m/s}^2$
7–57. $V = 60.0\ \text{m/s}$
$p = -2.16\ \text{kPa}$
7–58. $\theta = \pi$
$r = \frac{3}{16\pi}\ \text{m}$
7–59. $z = \frac{\Gamma^2}{8\pi^2 g r^2}$
7–61. $\phi = \frac{5\ \text{m}^2/\text{s}}{2\pi}\ln\frac{r_2}{r_1}$
$\phi = 0$인 등퍼텐셜선은 y축을 따라 형성된다.
7–62. $V = 2.55\ \text{ft/s}$
$a = 1.30\ \text{ft/s}^2$
7–63. $u = \frac{q}{2\pi}\left[\frac{x - 4}{(x - 4^2) + y^2} + \frac{x + 4}{(x + 4^2) + y^2}\right]$
$v = \frac{q}{2\pi}\left[\frac{y}{(x - 4^2) + y^2} + \frac{y}{(x + 4^2) + y^2}\right]$
유동은 비회전이다.
$x = 0$
7–65. $\psi = \frac{q}{2\pi}(\theta_1 + \theta_2)$
7–66. $\sqrt{2}\ \text{m}$
7–67. $y = x\tan[\pi(1 - 32y)]$
7–69. 0.333 ft
$\Delta p = 0.757\ \text{psi}$
7–70. $p = p_0 - \frac{\rho U^2}{2(\pi - \theta)^2}[\sin^2\theta + (\pi - \theta)\sin 2\theta]$
7–71. $r_0 = 0.398\ \text{m}$
$h = 1.25\ \text{m}$
$V = 0.447\ \text{m/s}$
$p = 283\ \text{Pa}$
7–73. $L = 1.02\ \text{m}$
0.0485 m
7–74. $\frac{y}{x^2 + y^2 - 0.25} = \tan 40\pi y$
7–75. $h = 0.609\ \text{m}$
$V = 11.2\ \text{m/s}$
$p = 29.2\ \text{kPa}$
7–77. $F_y = 0.127\ \text{lb/ft}$
$\theta = 6.86°$ and $173°$
7–78. $p_{\max} = 27.6\ \text{kPa}$
$p_{\min} = -4.38\ \text{kPa}$
7–79. 81.0 m/s; yes

7–81.

r (m)	0.1	0.2	0.3	0.4	0.5
V (m/s)	0	4.50	5.33	5.625	5.76
p (kPa)	177	162	156	153	152

7–82. $V = 30\left(1 + \dfrac{9}{r^2}\right)$ m/s

$p = \left[100\,553.5 - 553.5\left(1 + \dfrac{9}{r^2}\right)^2\right]$ Pa

7–83. $(F_R)_y = \dfrac{5}{3}\rho RLU^2$

7–85. 5.93 psi

7–86. $\theta = 90°$ 또는 $270°$

$p_{\min} = -0.555$ psi

7–87. $V|_{\theta=0°} = 0$

$V|_{\theta=90°} = 300$ ft/s

$V|_{\theta=150°} = 150$ ft/s

$p|_{\theta=0°} = 0.185$

$p|_{\theta=90°} = -0.555$ psi

$p|_{\theta=150°} = 0$

7–89. 0.0748 lb/ft

7–90. $p_A = 86.8$ lb/ft^2

$p_B = 80$ lb/ft^2

$F_y = 97.5$ lb/ft

7–91. $p_{\max} = 350$ Pa

$p_{\min} = -802$ Pa

7–93. $F = 5.68$ kN/m

$p = -99.3$ Pa

7–99. $p = -\rho(18x^2 + 18y^2 + gy)$

제8장

8–1. **a.** 예
b. 아니오
c. 아니오
d. 아니오

8–2. **a.** $\dfrac{Vt}{L}$
b. $\dfrac{E_V L}{\sigma}$
c. $\dfrac{V^2}{gL}$

8–3. $\left(\dfrac{M}{LT^2}\right)^{\frac{1}{2}}$

8–5. **a.** $\dfrac{L^6}{FT^2}$
b. $\dfrac{1}{L}$
c. L
d. $\dfrac{F}{L^2}$

8–6. **a.** $\dfrac{L^5}{M}$
b. $\dfrac{1}{L}$
c. L
d. $\dfrac{M}{LT^2}$

8–7. $49.8(10^3)$

8–9. 6.79

8–10. $\dfrac{\rho VL}{\mu}$ 또는 $\dfrac{\mu}{\rho VL}$

8–11. $\dfrac{\rho gD}{p}$ 또는 $\dfrac{p}{\rho gD}$

8–14. $\tau = k\mu\dfrac{du}{dy}$

8–15. $\tau = k\sqrt{\dfrac{m}{\gamma A}}$

8–17. $V = k\sqrt{\dfrac{p}{\rho}}$

8–18. $Q = k\sqrt{gD^5}$

8–19. $V = k\sqrt{gh}$

8–21. $c = k\sqrt{\dfrac{\sigma}{\rho\lambda}}$

18.4%

8–22. $Q = kb\sqrt{gH^3}$

2.83배 증가한다.

8–23. $h = df\left(\dfrac{\sigma}{\rho d^2 g}\right)$

8–25. $\delta = xf(\text{Re})$

8–26. $Q = k\dfrac{T}{\omega\rho D^2}$

8–27. $c = \sqrt{g\lambda}\,f\left(\dfrac{\lambda}{h}\right)$

8–29. $F_D = \rho V^2 L^2 f(\text{Re})$

8–30. $t = \sqrt{\dfrac{d}{g}}\left(\dfrac{\mu}{\rho d^{\frac{3}{2}} g^{\frac{1}{2}}}\right)$

8–31. $h_L = Df(\text{Re})$

8–33. $\tau = \sqrt{\dfrac{\lambda}{g}}\,f\left(\dfrac{h}{\lambda}\right)$

8–34. $F_D = \rho V^2 A f(\text{Re})$

8–35. $T = \rho\omega^2 D^4 f\left(\dfrac{\mu}{\rho\omega D^2}, \dfrac{V}{\omega D}\right)$

8–37. $Q = D^3\omega f\left(\dfrac{\rho D^5\omega^3}{\dot{W}}, \dfrac{D^3\omega^2\mu}{\dot{W}}\right)$

8–38. $V = \dfrac{\mu}{\rho D} f\left(\dfrac{\rho_b}{\rho}, \dfrac{D^3\rho^2 g}{\mu^2}\right)$

8–39. $\Delta p = \rho V^2 f(\text{Re})$

8–41. $p = p_0 f\left(\dfrac{\rho r^3}{m}, \dfrac{E_V}{p_0}\right)$

8–42. $F_D = \dfrac{\mu^2}{\rho} f(\text{Re})$

8–43. $\dot{W} = CQ\Delta p$

8–45. $d = Df(\text{Re, We})$

8–46. $f(\text{Re, M, Eu, Fr, We}) = 0$

8–47. $Q = \sqrt{gH^5} f\left(\dfrac{b}{H}, \dfrac{h}{H}, \dfrac{\mu}{\rho\sqrt{gH^3}}, \dfrac{\sigma}{\rho g H^2}\right)$

8–49. 405 mi/hr

8–50. 4.91 ft/s

8–51. 2.83 Pa

8–53. $V_2 = 1.33$ m/s
$F_2 = 2.80$ N

8–54. 1.90 ft/s

8–55. 0.755 rad/s

8–57. 0.894 m/s

8–58. 4.97 Mm/h

8–59. 18 Mm/h

8–61. 0.463 mi/h

8–62. 12 m/s

8–63. 12 km/h

8–65. 200 kN

8–66. 11.0 kg/m^3

8–67. 4.33 s

8–69. $2.25(10^3)$ ft/s

8–70. 20.0 kN

8–71. 7 kN

8–73. 935 mi/h

8–74. $Q_m = 4.47\ \text{ft}^3/\text{s}$
$H_m = 0.515$ ft

8–75. $V_p = 3.87$ m/s
$(F_D)_p = 250$ kN
$\dot{W} = 967$ kN

제9장

9–1. $0.141(10^{-3})\ \text{m}^3/\text{s}$

9–2. $u_{\max} = 0.132$ m/s
$\tau_t = -8$ Pa
$\tau_b = 8$ Pa

9–3. $p_B - p_A = -1.20\ \text{lb/ft}^2$

9–5. 0.405 m/s

9–6. $0.490(10^{-6})\ \text{m}^3/\text{s}$

9–7. 4.88 m/s

9–9. $1.63(10^{-6})\ \text{m}^3/\text{s}$

9–10. 1.79 mm

9–11. 0.326 N·m

9–13. 1.15 mm/s

9–14. 0.0153 W

9–15. 2.43 ft/s

9–17. $\tau = -27.5\ \text{N/m}^2$
$u = (0.3 - 125y)$ m/s

9–18. 0.797 psi

9–19. $\tau_w = \tau_o = \dfrac{\mu_w\mu_o U}{(\mu_o + \mu_w)a}$

$u_w = \dfrac{\mu_o U}{(\mu_o + \mu_w)a} y$

$u_o = \dfrac{U}{a(\mu_o + \mu_w)}[\mu_w y + a(\mu_o - \mu_w)]$

9–21. $u = \left(\dfrac{U_t - U_b}{a}\right)y + U_b$

$\tau_{xy} = \dfrac{\mu(U_t - U_b)}{a}$

9–22. 층류

9–23. $9.375(10^{-3})$ psi

9–25. $(V)_{\max} = 0.304$ m/s
난류는 발생하지 않는다.

9–26. 112 Pa

9–27. 층류

9–29. 11.9 kPa

9–30. 953 Pa

9–31. 5.24 mm/s

9–33. $\Delta p = 6.14$ Pa
$\tau_{\max} = 7.68\ (10^{-3})$ Pa

9–34. $0.214\ \text{ft}^3/\text{s}$

9–35. $0.0431\ \text{ft}^3/\text{s}$

9–37. $0.0264\ \text{m}^3/\text{s}$

9–38. 56.3 N

9–39. $\tau = 183\ \text{N/m}^2$
$u_{\max} = 1.40$ m/s
$Q = 0.494(10^{-3})\ \text{m}^3/\text{s}$

9–41. 혼합이 일어나지 않는다.

9–42. $\tau_{\max} = 6.15$ Pa
$u_{\max} = 2.55$ m/s

9–43. $0.849(10^{-3})\ \text{m}^3/\text{s}$

9–45. $0.970\ \text{N}\cdot\text{s/m}^2$

9–46. $R = \dfrac{128\mu_a}{\pi D^4}$

9–47. $\tau_w = 350V$

9–49. $t = \frac{32\mu l D^2}{\rho g d^4} \ln\left(\frac{h_1}{h_2}\right)$
9–50. 41.8 mm
9–51. $0.957(10^{-3})\ \text{m}^3/\text{s}$
9–55. $\tau_{rz}|_{r=0.03\ \text{m}} = 349$ Pa
$\tau_{rz}|_{r=0.06\ \text{m}} = -275$ Pa
$(v_z)_{\text{max}} = 10.4$ m/s
9–59. $Q = 0.215\ \text{m}^3/\text{s}$
$L = 13.8$ m
9–61. $u = 18.5$ m/s
$y = 0.203$ mm
9–62. $\tau = 13.1$ Pa
$u = 2.30$ m/s
9–63. $\tau_{\text{visc}} = 1.50$ Pa
$\tau_{\text{turb}} = 11.6$ Pa
9–65. 2.98 m/s
9–66. 벽면에서
$\tau = 0.03125$ psi
중심에서
$\tau = 0$
$u_{\text{max}} = 41.7$ ft/s
9–67. $\tau = 0.0156$ psi
$y = 54.5(10^{-6})$ ft
9–69. At $r = 0.05$ m,
$\tau_{\text{lam}} = 2.50$ Pa
$\tau_{\text{turb}} = 0$
At $r = 0.025$ m,
$\tau_{\text{lam}} = 0.0239$ Pa
$\tau_{\text{turb}} = 1.23$ Pa
9–70. $u = 4.04$ ft/s
$y = 8.31(10^{-3})$ in.
9–71. $278\ \text{mm}^3/\text{s}$

제10장

10–1. 0.056
10–2. 0.616 ft
10–3. 0.0474
10–5. 0.676 psi
10–6. $0.0369\ \text{lb/ft}^2$
10–7. 0.0584
10–9. $h_L = 0.407$ ft
$p_B = 35.5$ psi
10–10. 123 mm
10–11. 0.0368
10–13. $D = 4\frac{5}{8}$ in.를 사용
10–14. 9.50 m
10–15. 17.7 kPa
10–17. $Q = 0.00608\ \text{m}^3/\text{s}$
$\Delta p = 0.801$ Pa
10–18. 693 W
10–19. 76.7 mm
10–21. $\dot{W}_{co} = 13.5$ kW
$\dot{W}_w = 10.9$ kW
10–22. $0.00861\ \text{lb/ft}^2$
10–23. 0.113 ft
10–25. 2.34 ft
10–26. $0.00529\ \text{m}^3/\text{s}$
10–27. $1.01\ \text{ft}^3/\text{s}$
10–29. 0.642 kg/s
10–30. 133 kPa
10–31. 300%
10–33. 5.87 kPa
10–34. $D = 3\frac{7}{8}$ in.를 사용
10–35. 17.4 kPa
10–37. 8.98 liter/s
10–38. 6.94 psi
10–39. $0.265\ \text{ft}^3/\text{s}$
10–41. 25.1 lb
10–42. 22.9 kPa
10–43. 19.5 liter/s
10–45. 4.03 hp
10–46. $0.0145\ \text{m}^3/\text{s}$
10–47. $0.00804\ \text{m}^3/\text{s}$
10–49. 3.72 in.
10–50. 427 W
10–51. 194 W
10–53. 13.6 kW
10–54. 2.83 kW
10–55. 51.3 W
10–57. $0.00431\ \text{m}^3/\text{s}$
10–58. $0.536\ \text{ft}^3/\text{s}$
10–59. $0.0337\ \text{ft}^3/\text{s}$
10–61. 106 mm
10–62. 121 psi
10–63. 147 psi
10–65. 0.901
10–66. 0.797 W
10–67. $p_B - p_A = 1.11$ Pa
10–69. $0.0148\ \text{m}^3/\text{s}$
10–70. 34.4 kPa
10–71. 4.91 psi
10–73. $0.0124\ \text{m}^3/\text{s}$
10–74. $0.0111\ \text{m}^3/\text{s}$
10–75. 201 kPa
10–77. 0.821
10–78. $0.00265\ \text{m}^3/\text{s}$
10–79. $Q_C = 0.00459\ \text{ft}^3/\text{s}$
$Q_D = 0.00449\ \text{ft}^3/\text{s}$
10–81. $0.0335\ \text{m}^3/\text{s}$
10–82. $0.0430\ \text{m}^3/\text{s}$

10–83. $0.00290 \text{ m}^3/\text{s}$
10–85. $0.0277 \text{ m}^3/\text{s}$
10–86. $Q_C = 0.00588 \text{ m}^3/\text{s}$
$Q_D = 0.00412 \text{ m}^3/\text{s}$
10–87. $Q_C = 0.00583 \text{ m}^3/\text{s}$
$Q_D = 0.00417 \text{ m}^3/\text{s}$
10–89. $Q_B = 0.00916 \text{ ft}^3/\text{s}$
$Q_C = 0.0100 \text{ ft}^3/\text{s}$
10–90. 0.106 hp
10–91. $Q_B = 74.1 \text{ gal/min}$
$Q_C = 60.6 \text{ gal/min}$
10–93. $Q_{ABC} = 15.6 \text{ gal/min}$
$Q_{ADC} = 51.7 \text{ gal/min}$
10–94. $Q_{ABC} = 15.7 \text{ gal/min}$
$Q_{ADC} = 51.8 \text{ gal/min}$

제11장

11–1. 136 ft
11–2. 2.25 Pa
11–3. $u|_{y=0.1 \text{ m}} = 13.6 \text{ m/s}$
$u|_{y=0.3 \text{ m}} = 14.5 \text{ m/s}$
11–5. 2.57 N
11–6. 0.00604 lb
11–7. 0.585 m/s
11–9. $x = \dfrac{\rho U a^2}{100\mu}$
11–10. 14.1 mm
11–11. 242 mm
11–13. $\delta = 0.174 \text{ in.}$
$u = 1.36 \text{ ft/s}$ (대략)
11–14. $\delta|_{x=0.2 \text{ m}} = 3.33 \text{ mm}$
$\delta|_{x=0.4 \text{ m}} = 4.70 \text{ mm}$
11–15. $\tau_0|_{x=0.2 \text{ m}} = 0.0987 \text{ Pa}$
$\tau_0|_{x=0.4 \text{ m}} = 0.0698 \text{ Pa}$
11–17. 0.0139 lb
11–18. 2.55 ft
11–19. 1.51 N
11–21. 92.8 N
11–22. 40.8 N
11–23. $\tau_0 = 0.289\mu\left(\dfrac{U}{x}\right)\sqrt{\text{Re}_x}$
11–25. $\delta = \dfrac{0.343x}{(\text{Re}_x)^{\frac{1}{5}}}$
11–26. $\delta = 0.0118 \text{ mm}$
$\Theta = 1.02 \text{ mm}$
11–27. 6.22 m/s
11–29. $C_1 = 0 \quad C_2 = 2 \quad C_3 = -1$
11–30. $C_1 = 0 \quad C_2 = \dfrac{3}{2} \quad C_3 = -\dfrac{1}{2}$
11–31. $\delta = \dfrac{3.46x}{\sqrt{\text{Re}_x}}$
11–33. $\delta^* = \dfrac{1.74x}{\sqrt{\text{Re}_x}}$
11–34. $\delta = \dfrac{4.64x}{\sqrt{\text{Re}_x}}$
11–35. $\tau_0 = 0.323\mu\left(\dfrac{U}{x}\right)\sqrt{\text{Re}_x}$
11–37. 206 mm
11–38. 0.961 Pa
11–39. 7.98 kN
11–41. $F_{Df} = 15.7 \text{ kN}$
$\dot{W} = 31.4 \text{ kW}$
11–42. 6.43 N
11–43. 4.82 N
11–45. 1.34 in.
11–46. 19.8 lb
11–47. $\delta = 34.4 \text{ mm}$
$\tau_0 = 9.62 \text{ Pa}$
11–49. 5.27 lb
11–50. $\delta = 4.36 \text{ mm}$
$F = 1.39 \text{ kN}$
11–51. 1.22 kN
11–53. 35.8 hp
11–54. 24.9 kN
11–55. 240 N
11–57. 124 N
11–58. 43.7 kN
11–59. 2.19 kip
11–61. 2.71 kN·m
11–62. 10.1 lb
11–63. 0.831 N
11–65. 376 lb
11–66. 4.00 kN·m
11–67. 485 lb·ft
11–69. 26.1 kW
11–70. 1.75 kN·m
11–71. $(F_D)_{AB} = 20.9 \text{ N}$
$(F_D)_{BC} = 40.5 \text{ N}$
11–73. 3.71 m
11–74. 2.08
11–75. 17.7 hp
11–77. 36.9 kW
11–78. 2.20 kN
11–79. 81.8 N
11–81. 수직 : $F_D = 3.26 \text{ lb}$
평행 : $F_D = 0.0140 \text{ lb}$
11–82. 6.70 m/s
11–83. 15.7 m/s

11–85. $1210\ kg/m^3$
11–86. 0.0670 lb
11–87. 114일
11–89. 5.45 m/s
11–90. 40.6 min
11–91. 5.03 m/s
11–93. 5.50 m
11–94. $V = 16.8$ mm/s
$t = 2.97$ ms
11–95. 8.88 m
11–97. 0.374 m/s
11–98. 2.67 m/s
11–99. $13.7\ m/s^2$
11–101. 5° (대략)
11–102. 0.274
11–103. 167 m/s
11–105. 227 m/s
11–106. 20.8°
11–107. 글라이드는 착륙할 수 있다.
11–109. 3.27°
11–110. $C_L = 0.345$
$\alpha = 2.75°$
11–111. $F_D = 135$ lb
$\alpha = 20°$
$V_s = 108$ ft/s
11–113. 130 mi/h
11–114. 0.00565 N
11–115. 31.8 mm

제12장

12–1. **a.** 6.26 m/s
b. 4.82 m/s
c. 0
12–2. $(v_u)_u = 4.26$ m/s
$(v_u)_d = 8.26$ m/s
12–3. Fr = 2.26
초임계
$V_c = 2.91$ m/s
12–5. 아임계
12–6. $E = 2.56$ ft
$y = 1.37$ ft
12–7. 1.02 m
12–9. $y_c = 2.63$ m
$V_c = 5.08$ m/s
$E_{min} = 3.94$ m
At $y = 2$ m, $E = 4.27$ m.
12–10. $y_c = 1.01$ m
$E_{min} = 1.52$ m
At $y = 1.5$ m, $E = 1.73$ m.
12–11. $y = 1.90$ m (아임계)
$y = 0.490$ m (초임계)
12–13. $y_c = 1.18$ m
$y = 1.73$ m (아임계)
$y = 0.838$ m (초임계)
12–14. $E_{min} = 1.11$ m
$y_c = 0.742$ m
$y = 8.00$ m (아임계)
$y = 0.161$ m (초임계)
12–15. $y = 2.82$ m (아임계)
$y = 0.814$ m (초임계)
12–17. 4.98 m
12–18. $4.78\ m^3/s$
12–19. $y_2 = 2.96$ ft
$b_c = 1.53$ ft
12–21. 초임계
$y_2 = 1.78$ m
$V_2 = 5.07$ m/s
12–22. 1.22 m
12–23. 3.75 ft
감소한다.
12–25. $y_B = 4.80$ m
$V_A = 1$ m/s
$V_B = 1.04$ m/s
12–26. $y_B = 0.511$ m
$V_A = 10$ m/s
$V_B = 9.79$ m/s
12–27. $y_2 = 0.145$ m
$h = 0.935$ m
12–29. $y_c = 2.05$ ft
$y_2 = 1.18$ m
12–30. $y_2 = 1.73$ ft
$Q_{max} = 488\ ft^3/s$
12–31. $Q = 227\ ft^3/s$
초임계
12–33. $y_2 = 0.613$ m
$y_3 = 3.92$ m
12–34. $Q = \left[\sqrt{78.48 y_2^2(3 - y_2)}\right]\ m^3/s$
a. $12.5\ m^3/s$
b. $16.3\ m^3/s$
12–35. **a.** $R_h = \dfrac{bh}{2h + b}$
b. $R_h = \dfrac{\sqrt{3}}{8} l$
c. $R_h = \dfrac{\sqrt{3} l(l + 2b)}{4(2l + b)}$

12–37. $5.70\ m^3/s$
12–38. $26.0\ ft^3/s$
12–39. $y = 1.5$ ft
$Q = 17.8\ ft^3/s$
12–41. 2.74 ft
12–42. 0.0201
12–43. $2.51\ m^3/s$
12–45. $25.9\ m^3/s$
12–46. $79.4\ m^3/s$
12–47. $40.8\ ft^3/s$
12–49. $9.14\ ft^3/s$
12–50. $1.88R$
12–51. $1.63R$
12–53. $113\ m^3/s$
아임계
12–54. 0.00422
12–55. $1839\ ft^3/s$
아임계
12–57. $865\ ft^3/s$
12–58. 5.73 m
12–59. $15.0\ m^3/s$
12–61. $y_c = 3.46$ ft
$S_c = 0.00286$
12–62. $S_0 = 0.00178$
$Q_c = 504\ ft^3/s$
$S_c = 0.00284$
12–63. 3.08 m
12–65. 90°
12–66. $a = b$
12–67. $\theta = 60°$
$l = b$
12–70. $A2$
12–71. $A3$
12–73. $S2$
12–74. 0.888 m
12–75. 11.0 m
12–77. 4.36 ft
12–78. 4.74 m
12–79. $V_1 = 7.14$ m/s
$V_2 = 4.46$ m/s
$h_L = 0.0844$ m
12–81. $y_2 = 3.49$ m
$h_L = 9.74$ m
12–82. $y_1 = 0.300$ m
$h_L = 17.3$ m
12–83. $y_2 = 1.43$ ft
$h_L = 0.0143$ ft
12–85. $7.35\ m^3/s$
12–86. $0.255\ m^3/s$
12–87. 3.38 m

제13장

13–1. $\Delta h = 0$
$\Delta s = 465$ J/(kg·K)
13–2. $\rho_1 = 0.331\ kg/m^3$
$T_2 = 366$ K
13–3. $\Delta p = 88.7$ kPa
$\Delta s = 631$ J/(kg·K)
13–5. $\Delta u = 2.41(10^6)$ ft·lb/slug
$\Delta h = 3.39(10^6)$ ft·lb/slug
$\Delta s = 16.3(10^6)$ ft·lb/(slug·R)
13–6. 밀도는 일정하게 유지된다.
$\Delta p = 56.0$ kPa
$\Delta u = 157$ kJ/kg
$\Delta h = 261$ kJ/kg
13–7. 밀도 ρ는 일정하게 유지된다.
$\Delta p = -3.49\ lb/in^2$
$\Delta u = -388.5(10^3)$ ft·lb/slug
$\Delta h = -544(10^3)$ ft·lb/slug
13–9. $\Delta \rho = -0.00727\ slug/ft^3$
$\Delta s = 477$ ft·lb/(slug·R)
13–10. $\Delta u = -429(10^3)$ ft·lb/slug
$\Delta h = -601(10^3)$ ft·lb/slug
13–11. 5.01° C
13–13. $2.48(10^3)$ ft/s
13–14. $c_{air} = 343$ m/s
$c_w = 1485$ m/s
13–15. $c_{air} = 1.12(10^3)$ ft/s
$c_w = 4.81(10^3)$ ft/s
13–17. 103 m/s
13–18. $2.67(10^3)$ km/h
13–19. 1.35 mi
13–21. 0.817
13–22. 17.3°
13–23. M = 1.78
$\alpha = 34.2°$
13–25. $T_0 = 509$ K
$p_0 = 196$ kPa
13–26. 232 m/s
13–27. $V = 709$ m/s
$T_0 = 450$ K
$p_0 = 273$ kPa
13–29. 0.127 slug/s
13–30. $1.00(10^3)$ ft/s
13–31. 0.302
13–33. $T^*/T_0 = 0.866$
$p^*/p_0 = 0.544$
$\rho^*/\rho_0 = 0.628$
13–34. 0.388 slug/s
13–35. $0.0547\ kg/m^3$

13–37. 17.9 kPa
13–38. 591 kPa
13–39. 1.78 kg/s
13–41. 등엔트로피 유동에 대해, $p = 596$ kPa
$p = 150$ kPa일 때, $\dot{m} = 0.411$ kg/s
13–42. $p = 8.93$ kPa
$\dot{m} = 0.411$ kg/s
13–43. 1.05 kg/s
13–45. 321 m/s
13–46. 0.103 kg/s
13–47. $0.652(10^{-3})$ slug/s
13–49. 2.44
13–50. M = 3.70
$p_4 = 1.83$ psi
13–51. $p_3 = 184$ psi
$V_3 = 83.9$ ft/s
13–53. 0.714 kg/s
13–54. 49.6 mm
13–55. 50.5 mm
13–57. 236 kPa
13–58. $d_t = 197$ mm
$d_e = 313$ mm
13–59. $p_0 = 403$ kPa
$d_t = 49.5$ mm
$p_t = 219$ kPa
$M_B = 0.0358 < 1$ (아음속)
$M_B = 4.07 > 1$ (초음속)
13–61. 0.0519 kg/s
13–62. $4.15(10^{-3})$ kg/s
13–63. 0.964 kg/s
13–65. $M_C = 0.861$
$M_B = 0.190$
13–66. $p_B = 136$ kPa
$V_B = 66.7$ m/s
13–67. $d_t = 17.4$ mm
$d_B = 22.6$ mm
$p_0 = 308$ kPa
$p_B = 39.4$ kPa
13–69. 1.42 kg/s
13–70. 0.0155 kg/s
13–71. 0.0186 kg/s
13–73. $T_1 = 278$ K
$p_1 = 249$ kPa
$\rho_1 = 3.12$ kg/m^3
$\dot{m} = 1.07$ kg/s
$T^* = 244$ K
$V^* = 313$ m/s
$p^* = 122$ kPa
13–74. $p_0^* = 231$ kPa
$T_0^* = 293$ K
75.1 J/(kg·K)
13–75. $T_e = 288$ K
$V_e = 251$ m/s
$p_e = 138$ kPa
13–77. $L_{max} = 215$ m
$M_2 = 0.565$
$p_2 = 64.3$ kPa
$T_2 = 279$ K
13–78. $\dot{m} = 4.77$ kg/s
$L_{max} = 215$ m
$F_f = 913$ N
13–79. 8.28 kg/s
13–81. $\dot{m} = 3.31$ kg/s
$L = 4.81$ m
13–82. $\dot{m} = 3.31$ kg/s
$L = 4.87$ m
$p_2 = 97.4$ kPa
13–83. 3.16 kg/s
13–85. $M_2 = 0.594$
$T_2 = 517$°R
$p_2 = 13.3$ psi
13–86. $\dot{m} = 0.0701$ slug/s
$\Delta s = 398$ ft·lb/(slug·°R)
13–87. $p_2 = 242$ kPa
$V_2 = 310$ m/s
13–89. 91.2 kJ/kg
13–90. $(T_0)_1 = 557$ K
$(T_0)_2 = 648$ K
$\Delta s = 213$ J/(kg·K)
13–91. $T_1 = 259$ K
$V_1 = 181$ m/s
13–93. $T_1 = 153$ K
$p_1 = 42.4$ kPa
$\rho_1 = 0.936$ kg/m^3
13–94. 6.45 kg/s
13–95. 183 kg/s
13–97. 4.28 s
13–98. $A^* = 48.5$ in^2
$A_{out} = 112$ in^2
13–99. $A^* = 79.8$ in^2
$A_{out} = 293$ in^2
$\dot{m} = 4.89$ slug/ft^3
13–101. $d_t = 254$ mm
$d_e = 272$ mm
13–102. 0.513 kg/s
13–103. 아음속 유동에 대해,
$p_e = 798$ kPa
초음속 유동에 대해,
$p_e = 6.85$ kPa
$V = 766$ m/s
13–105. $(p_0)_1 = 1195$ lb/ft^2
$(p_0)_2 = 971$ lb/ft^2

13–106. $T_2 = 1025°R$
$V_2 = 834$ ft/s
13–107. $p_2 = 73.8$ psi
$(p_0)_2 = 89.4$ psi
13–109. $p_b < 32.2$ kPa
13–110. 32.2 kPa $< p_b <$ 240 kPa
13–111. 28.3 psi $< p_b <$ 57.1 psi
13–113. 261 m/s
13–114. $p_0 = 136$ kPa
$M = 0.256$
$p = 130$ kPa
13–115. 17.9 kPa $< p_b <$ 177 kPa
13–117. 176 kPa
13–118. 40.7 kPa
13–119. $p_b < 0.672$ psi
13–121. 0.672 psi $< p_b <$ 5.43 psi
13–122. 38.9 psi $< p_b <$ 64.3 psi
13–123. 8.12 psi $< p_b <$ 38.9 psi
13–125. $V_s = 445$ m/s
$p_2 = 179$ kPa
13–126. 98.8 kPa
13–127. 126 kPa
13–129. 149 kPa
13–130. $p_A = 95.9$ kPa
$T_A = 286$ K
13–131. $p_B = 123$ kPa
$T_B = 307$ K
13–133. $p_2 = 131$ kPa
$T_2 = 317$ K
$V_2 = 742$ m/s
$\delta = 57.4°$
13–134. $T_2 = 231$ K
$p_2 = 45.3$ kPa
13–135. $\beta = 35.2°$
$p_2 = 641$ kPa
$T_2 = 499$ K
13–137. $p_A = 105$ kPa
$p_B = 68.5$ kPa

제14장

14–1. $\beta_1 = 22.6°$
$(V_{rel})_1 = 13.0$ m/s
14–2. $(V_{rel})_2 = 8.72$ m/s
$V_2 = 6.97$ m/s
14–3. $(V_t)_2 = 1.26$ m/s
$V_2 = 1.29$ m/s
14–5. 10.1 kW
14–6. $\beta_1 = 18.4°$
$\dot{W} = 58.9$ kW
14–7. 12.4 m/s
14–9. 1.81 kN·m
14–10. 1.92 hp
14–11. 5.42 ft
14–13. 0.588 m^3/s
14–14. 241 kW
14–15. 81.7 m
14–17. 18.9 m
14–18. 54.5 N·m
14–19. 59.5 N·m
14–21. $T = 17.5$ N·m
$(\dot{W}_s)_{pump} = 1.69$ kW
$h_{pump} = 2.80$ m
14–22. $V_2 = 16.2$ m/s
$\dot{W}_s = 8.44$ kW
$h_{pump} = 28.7$ m
14–23. $T|_{\omega=0} = 25.0$ kN·m
$T|_{\omega=10\ rad/s} = 8.32$ kN·m
14–25. $T = 2.10$ kN·m
$\dot{W}_{turb} = 10.3$ kW
14–26. $T = 8.21$ kN·m
$\dot{W}_{turb} = 82.1$ kW
14–27. $\beta_1 = 5.64°$
$\beta_2 = 5.23°$
14–29. $\beta_1 = 41.0°$
$V_2 = 4.16$ m/s
14–30. 1.70 m/s
14–31. $\beta_1 = 54.5°$
$\beta_2 = 54.0°$
$(V_{rel})_2 = 20.4$ m/s
14–33. $V_1 = 90.9$ ft/s
$V_2 = 52.5$ ft/s
14–34. $(V_{rel})_1 = 52.5$ ft/s
$(V_{rel})_2 = 90.9$ ft/s
14–35. $17.5(10^3)$ hp
14–37. $T = 230$ N·m
$\dot{W}_s = 9.19$ kW
14–38. 0.624
14–39. 167 kW
14–41. $Q = 325$ gal/min
$h_{pump} = 200$ ft
14–42. 0.03375 m^3/s
14–43. 공동현상이 발생한다.
14–45. $\eta = 76\%$
$h = 80$ ft
14–46. 500 gal/min
14–47. 400 gal/min
14–49. 0.02 m^3/s
14–50. 1264 rpm
14–51. 5.38 in.
14–53. 1.31 hp
14–54. 7.81 hp
14–55. 7.00 in.

찾아보기

ㄱ

역자 소개

김경천

부산대학교 기계공학부 교수

김병수

충남대학교 항공우주공학과 교수

김형민

경기대학교 기계공학과 교수

김희동

안동대학교 기계공학과 교수

심재술

영남대학교 기계공학부 교수

윤준원

군산대학교 기계공학부 교수

전용두

공주대학교 기계공학과 교수

저자 소개

R. C. Hibbeler 박사는 미국 일리노이주립대학교 어배나캠퍼스에서 토목공학(구조 전공) 학사 학위를 받았으며, 같은 대학교에서 핵공학 석사 학위를 받았다. 박사 학위는 노스웨스턴대학교에서 이론 및 응용역학 전공으로 취득하였다.

아르곤 국립연구소에서 박사후 과정으로, 핵반응로의 안전 해석을 연구하였다. 그리고 시카고에 있는 Bridge and Iron 사와 Sargent and Lundy 사에서 구조 및 응력해석 일을 했으며, 이후 오하이오, 뉴욕, 루이지애나에서 엔지니어로 실무적인 일을 수행하였다.

일리노이주립대학교 어배나캠퍼스, 영스톤주립대학교, 일리노이공대, 유니언칼리지에서 강의를 하였고, 현재 루이지애나대학교 라피엣캠퍼스 토목공학과와 기계공학과에서 학생들을 가르치고 있다.

면에 대한 기하학적 특성치

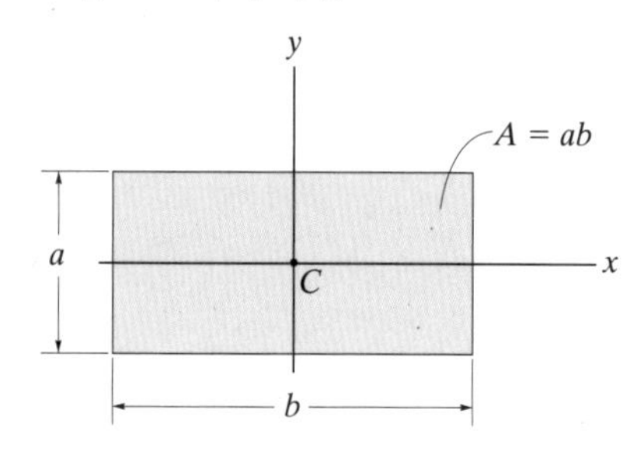

$I_x = \frac{1}{12} ba^3$

$I_y = \frac{1}{12} ab^3$

직사각형

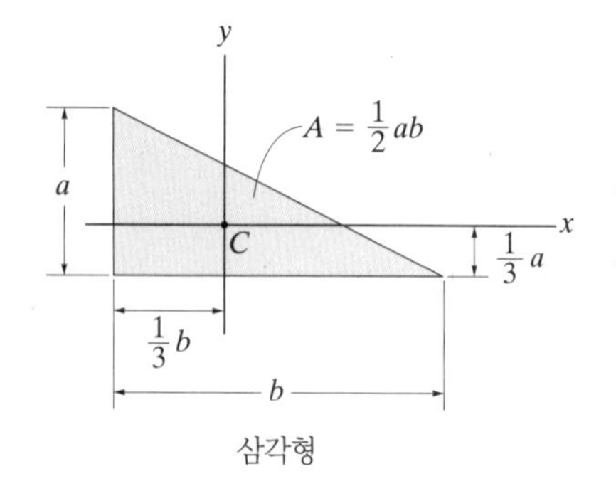

$I_x = \frac{1}{36} ba^3$

$I_y = \frac{1}{36} ab^3$

삼각형

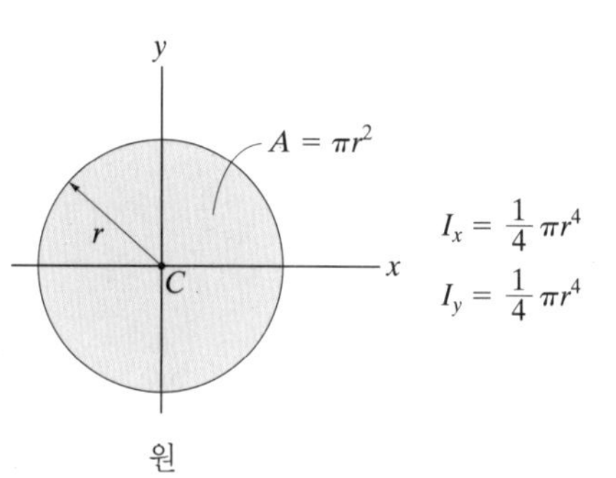

$I_x = \frac{1}{4} \pi r^4$

$I_y = \frac{1}{4} \pi r^4$

원

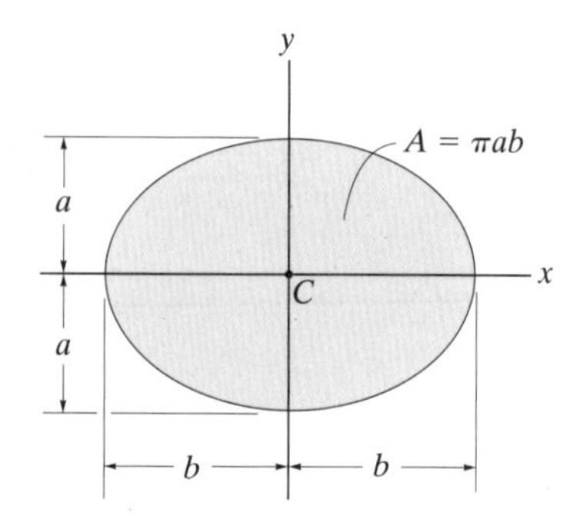

$I_x = \frac{1}{4} \pi ba^3$

$I_y = \frac{1}{4} \pi ab^3$

타원

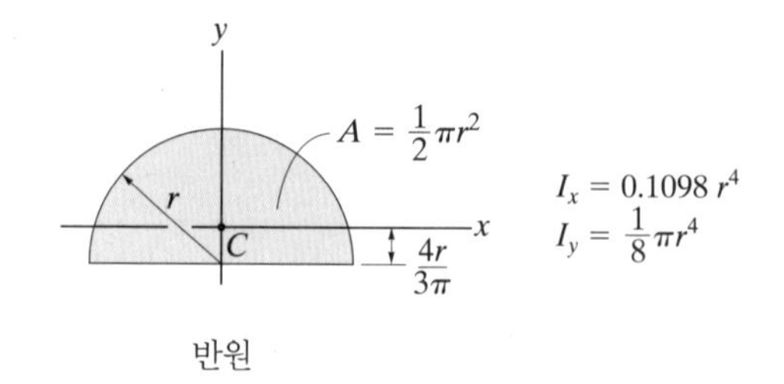

$I_x = 0.1098\, r^4$

$I_y = \frac{1}{8} \pi r^4$

반원

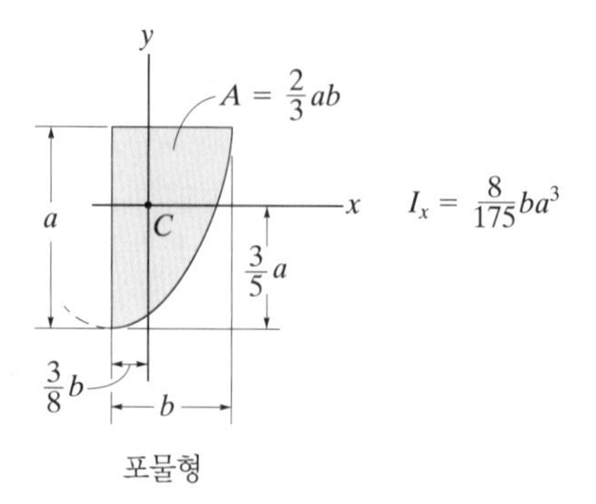

$I_x = \frac{8}{175} ba^3$

포물형

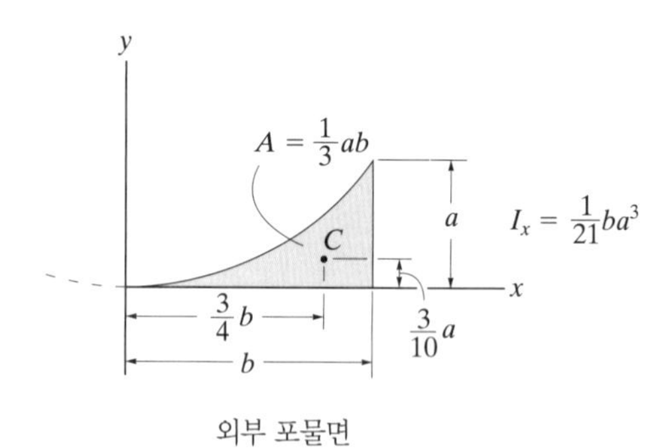

$I_x = \frac{1}{21} ba^3$

외부 포물면

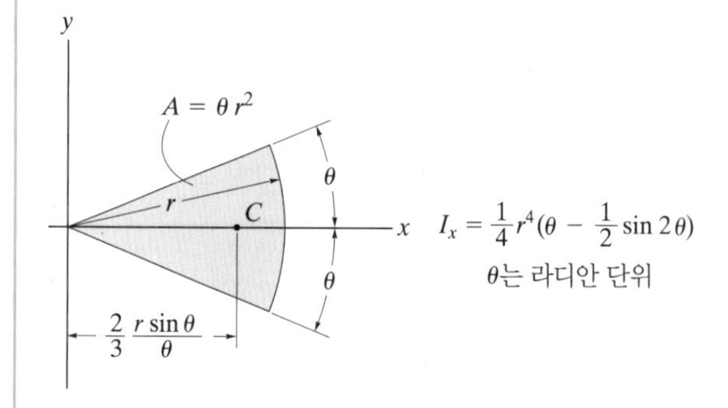

$I_x = \frac{1}{4} r^4 (\theta - \frac{1}{2} \sin 2\theta)$

θ는 라디안 단위

부분 원